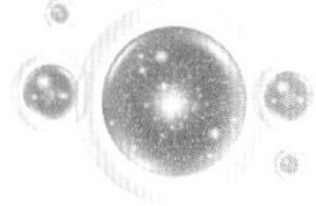

畜禽粪污微生物治理
及其资源化利用丛书

Technologies and Equipments for Resource Recovery of Livestock and Poultry Manure and Sewage

畜禽养殖废弃物资源化利用技术与装备

刘　波
王阶平
夏江平
戴文霄
等 编著

化学工业出版社
·北京·

内容简介

本书为“畜禽粪污微生物治理及其资源化利用丛书”的一个分册，全书共分为九章，以畜禽粪污资源化利用技术与装备为主线，主要介绍了畜禽养殖废弃物资源化利用研究进展、养殖废弃物微生物发酵床资源化技术、农业废弃物膜发酵资源化技术、养殖废弃物异位发酵床资源化技术、养殖废弃物好氧发酵罐资源化技术、养殖废弃物生物肥药堆肥发酵资源化技术、养殖废弃物食用菌培养基质资源化技术、养殖废弃物生物基质资源化技术、微生物菌肥自动化生产线等内容。

本书具有较强的技术应用性和针对性，可供环境工程、畜禽养殖、生物农药、生物肥料、微生物菌剂及微生物行业的科研人员、技术人员和管理人员参考，也可供高等学校环境工程、农业工程、微生物工程及相关专业的师生参阅。

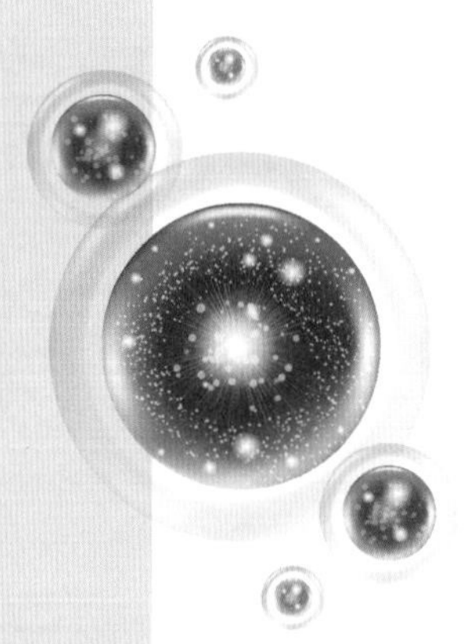

图书在版编目（CIP）数据

畜禽养殖废弃物资源化利用技术与装备 / 刘波等编著 . —北京：化学工业出版社，2021. 12
（畜禽粪污微生物治理及其资源化利用丛书）
ISBN 978-7-122-40494-7

Ⅰ. ①畜… Ⅱ. ①刘… Ⅲ. ①畜禽 - 饲养场废物 - 废物综合利用 Ⅳ. ① X713

中国版本图书馆 CIP 数据核字（2021）第 259472 号

责任编辑：卢萌萌 刘兴春 陆雄鹰 龙 婧
文字编辑：朱雪蕊 李娇娇 杨振美 王云霞
责任校对：王鹏飞 装帧设计：王晓宇
出版发行：化学工业出版社（北京市东城区青年湖南街 13 号 邮政编码 100011）
印 装：北京瑞禾彩色印刷有限公司
787mm × 1092mm 1/16 印张 58¼ 字数 1464 千字
2022 年 2 月北京第 1 版第 1 次印刷
购书咨询：010-64518888 售后服务：010-64518899
网 址：http://www.cip.com.cn
凡购买本书，如有缺损质量问题，本社销售中心负责调换。
定 价：498.00 元

“畜禽粪污微生物治理及其资源化利用丛书”

编 委 会

《畜禽养殖废弃物资源化利用技术与装备》

编著者名单

刘　波　王阶平　夏江平　戴文霄　邵国青　张海峰

朱育菁　蓝江林　车建美　肖荣凤　陈　峥　阮传清

郑雪芳　陈德局　刘国红　陈梅春　潘志针　陈倩倩

林营志　葛慈斌　黄素芳　史　怀　苏明星　刘　芸

曹　宜　陈燕萍　郑梅霞　刘　欣　张习勇

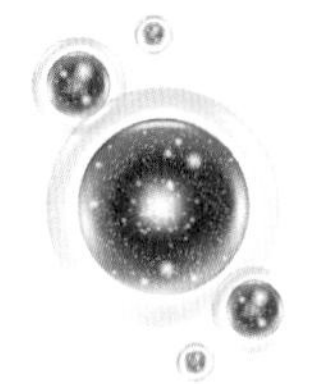

前言

PREFACE

畜禽粪污是畜禽养殖过程中产生的主要污染物。原农业部印发了《畜禽粪污资源化利用行动方案（2017—2020年）》，提供了资源化利用的7种典型技术模式，包括粪污全量收集还田利用模式、粪污专业化能源利用模式、固体粪便堆肥利用模式、异位发酵床模式、粪便垫料回用模式、污水肥料化利用模式和污水达标排放模式；其中，异位发酵床模式、粪便垫料回用模式等均为农村粪污资源化关键技术。微生物发酵床是利用微生物建立起的一套生态养殖系统，具有绿色低碳、清洁环保、就近收集、实时处理、原位发酵、高质化利用等特点，可为建设美丽乡村提供技术保障。

在科技部973项目、863项目、国际合作项目、国家自然科学基金、原农业部行业专项等的支持下，经过20多年的研究，笔者团队结合污染治理、健康养殖、资源化利用的机理，围绕微生物发酵床组织编写了“畜禽粪污微生物治理及其资源化利用丛书”，包括《畜禽养殖微生物发酵床理论与实践》《畜禽粪污治理微生物菌种研究与应用》《畜禽养殖废弃物资源化利用技术与装备》《畜禽养殖发酵床微生物组多样性》《发酵垫料整合微生物组菌剂研发与应用》5个分册，系统介绍了微生物发酵床理论和应用技术。本丛书主要从微生物发酵床畜禽粪污治理与健康养殖出发，研究畜禽粪污治理微生物菌种，设计畜禽粪污资源化利用技术与装备，分析畜禽养殖发酵床微生物组多样性，提出了畜禽粪污高质化利用的新方案，为解决我国畜禽养殖污染及畜禽粪污资源化利用、推动微生物农业特征模式之一的微生物发酵床的发展提供了切实可行的理论依据、技术参考和案例借鉴；有助于达到“零排放”养殖、无臭养殖、无抗养殖、有机质还田、智能轻简、低成本运行，实现种养结合生态循环农业、资源高效利用，助力农业“双减（减肥减药）”及绿色发展。

本丛书反映了笔者及其团队在畜禽养殖微生物发酵床综合技术研发和产业应用实践方面所取得的原创性重大科研成果和创新技术。

（1）提出了原位发酵床和异位发酵床养殖污染微生物治理的新思路，研发了微生物发酵床养殖污染治理技术与装备体系，为我国养殖业污染治理提供了技术支撑。

（2）创建了畜禽养殖污染治理微生物资源库，成功地筛选出一批粪污降解菌、饲用益生菌，并揭示其作用机理，显著提升了微生物发酵床在畜禽养殖业中的应用和效果。

（3）探索了微生物发酵床的功能，研发了环境监控专家系统，阐明了发酵床调温机制，研究了微生物群落动态，揭示了猪病生防机理，建立了发酵床猪群健康指数，制定了微生物发酵床技术规范和相关标准，提升了发酵床养殖的现代化管理水平。

（4）创新了发酵床垫料资源化利用技术与装备，提出整合微生物组菌剂的研发思路，成功研制出机器人堆垛自发热隧道式固体发酵功能性生物基质菌肥自动化生产线，创制出一批整合微生物组菌剂和功能性生物基质新产品，实现了畜禽养殖粪污的资源化利用。

本丛书介绍的内容中，畜禽粪污微生物治理及其资源化利用的关键技术——原位发酵床在福建、山东、江苏、湖北、四川、安徽等 18 个省份的猪、羊、牛、兔、鸡、鸭等畜禽养殖污染治理上得到大面积推广应用。据不完全统计结果显示，近年来家畜出栏累计达 1323 万头，禽类出栏累计达 5.6 亿羽，产生经济效益达 142.9 亿元，并实现了畜禽健康无臭养殖、粪污“零排放”。异位发酵床被农业农村部选为“2018 年十项重大引领性农业技术”，在全国推广超过 5000 套，成为养殖粪污资源化利用的重要技术。而且，使用后的发酵垫料等副产物被开发为功能性生物基质、整合微生物组菌剂、生物有机肥等资源化品超过 100 万吨，取得了良好的社会效益、经济效益和生态效益。发酵床利用微生物技术，将畜禽粪污发酵转化为益生菌，促进动物健康养殖，也能提高发酵产物菌肥的微生物组数量并保存丰富的营养物质，不仅可实现污染治理，还提高了资源化利用整合微生物组菌剂的肥效，成为生态循环农业的重要技术支撑，推进农业的绿色发展。

本书为“畜禽粪污微生物治理及其资源化利用丛书”的一个分册，以畜禽粪污资源化利用技术与装备为主线，共分九章。第一章养殖废弃物资源化利用研究进展，主要介绍了生物有机肥、微生物肥料、农用微生物菌剂的研究现状与发展趋势；第二章养殖废弃物微生物发酵床资源化技术，主要介绍了发酵床垫料的理化特性、微生物生物量、微生物群落脂肪酸特性的变化动态，发酵床垫料发酵程度与挥发性气味物质的关系，发酵床垫料发酵程度判别模型的建立；第三章农业废弃物膜发酵资源化技术，主要介绍了农业废弃物膜发酵研究方法，农业废弃物膜发酵装置建造工艺，农业废弃物膜发酵过程可培养微生物、微生物组、物质组的异质性、生化指标分析、质量指标分析；第四章养殖废弃物异位发酵床资源化技术，主要介绍了异位发酵床系统研究概要、异位发酵床氮素转化相关微生物群落演替、异位发酵床氮素转化 COG 基因与环境因子偶联机制；第五章养殖废弃物好氧发酵罐资源化技术，主要介绍了鸡粪好氧发酵罐处理过程碳氮比变化，鸡粪好氧发酵罐处理过程细菌门、纲、目、科、属、种水平的微生物组变化；第六章养殖废弃物生物肥药堆肥发酵资源化技术，主要介绍了生物肥药功能菌在养猪垫料上的发酵特性，生物肥药功能菌堆肥发酵过程垫料理化性质的变化，生物肥药发酵过程功能菌鉴别及其数量动态，生物肥药发酵过程对微生物群落的影响，生物肥药发酵过程脂肪酸组的变化，生物肥药生产工艺研究；第七章养殖废弃物食用菌培养基质资源化技术，主要介绍了发酵垫料培养基配方对食用菌菌丝生长的影响，发酵垫料食用菌培养基配方优化，基于发酵垫料配方真姬菇的生长特性；第八章养殖废弃物生物基质资源化技术，主要介绍了生物基质研究进展，蔬菜育苗专用基质的成分分析，发酵垫料蔬菜育苗基质配方研究，发酵垫料辣椒育苗基质配方研究，黄瓜基质育苗根外施肥技术，番茄幼苗抗盐性育苗基质的筛选，发酵床垫料生物基质产品研发；第九章微生物菌肥自动化生产线，主要介绍了微生物菌肥自动化生产线系统设计及其操作。该书理论与实践有效结合，具有较强的技术应用性、可操作性和针对性，可供从事畜禽粪污处理处置及资源综合利用的工程技术人员、科研人员和管理人员参考，也可供高等学校环境科学与工程、生物工程、农业工程及相关专业师生参阅。

本书主要由刘波、王阶平、夏江平、戴文霄等编著，邵国青、张海峰、朱育菁、蓝江林、车建美、肖荣凤、陈峥、阮传清、郑雪芳、陈德局、刘国红、陈梅春、潘志针、陈倩倩、林营志、葛慈斌、黄素芳、史怀、苏明星、刘芸、曹宜、陈燕萍、郑梅霞、刘欣、张习勇等参与了部分内容的编著，在此表示感谢。本书内容涉及成果在研究过程中得到了农业种质资源圃（库）（XTCXGC2021019）、发酵床除臭复合菌种（2020R1034009、2018J01036）、饲料微生物发酵床（202110035）、整合微生物组菌剂（2020R1034007、2019R1034-2）、微生物研究与应用科技创新团队（CXTD0099）、农业农村部东南区域农业微生物资源利用科学观测实验站（农科教发〔2011〕8号）、科技部海西农业微生物菌剂国际科技合作基地（国科外函〔2015〕275号）、发改委微生物菌剂开发与应用国家地方联合工程研究中心（发改高技〔2016〕2203号）等项目的支持；在图书编写和出版过程中得到了陈剑平院士、李玉院士、沈其荣院士、谢华安院士、赵春江院士、喻子牛教授、李季教授、姜瑞波研究员、张和平教授、李文均教授、朱昌雄研究员、王琦教授等精心指导，在此一并表示衷心的感谢。

限于编著者水平及编著时间，书中不足和疏漏之处在所难免，敬请读者斧正，共勉于发展微生物农业的征程中。

编著者
2021年3月于福州

CONTENTS

目录

第六章 养殖废弃物生物肥药堆肥发酵资源化技术 /698

第一章

养殖废弃物资源化利用研究进展

- 生物有机肥研究现状与发展趋势
- 微生物肥料研究现状与发展趋势
- 农用微生物菌剂研究现状与发展趋势

第一节 生物有机肥研究现状与发展趋势

一、中国生物有机肥的发展现状与趋势

生物有机肥是指特定功能微生物与主要以动植物残体（如畜禽粪便、农作物秸秆等）为来源并经无害化处理、腐熟的有机物料复合而成的一类兼具微生物肥料和有机肥效应的肥料。生物有机肥对实现资源节约型、环境友好型社会具有重要意义，是实现农业可持续发展的必然选择（付小猛 等，2017）。

1. 中国肥料行业现状

肥料是重要的农业生产资料，农业的持续稳定发展离不开肥料。化肥因其速效养分含量丰富，增产效果显著，在生产中被广泛应用。自 20 世纪 90 年代起，我国成为世界最大的化肥生产和消费国，是全球化肥投入水平最高的地区之一。

根据中国产业研究院的《2021—2025 年中国化肥行业全景调研与发展战略研究报告》，当前全球化肥亩均用量低于主要农业生产国，例如中国、巴西、美国等全球主要农业生产国的亩均化肥用量均显著高于全球平均水平。近些年，中国化肥使用量为 299.17kg/hm^2（1hm^2=10000m^2），巴西、美国分别为 241.38kg/hm^2、190.60kg/hm^2，而同期全球平均水平仅为 153.81kg/hm^2。

全球化肥总使用量稳步提升，增速逐渐趋于平缓。化肥作为农业生产中最主要的农资产品之一，使用规模随着农业的发展逐步扩张。例如，2016 年全球氮、磷、钾化肥的总消费量（分别以 N、P_2O_5、K_2O 计重）为 1.86×10^{8}t，同比增长 1.4%；2020 年全球氮、磷、钾化肥的总消费量达到 1.99×10^{8}t，预计未来整个化肥行业仍然维持低速稳增的发展态势。从使用结构看，化肥在小麦、水稻、玉米等谷物中的使用占比最高，其中玉米占 16.2%，小麦、水稻分别占 15.3%、13.7%，三种主要农作物的化肥使用占比合计为 45.2%。从区域结构看，中国、印度、美国、巴西四大农业生产国是全球化肥的主要使用国家，使用占比分别为 26%、14%、11%、8%，合计占全球化肥使用量的 59%。

土壤是一个国家最重要的自然资源。沈其荣（2012）认为土壤基础地力是实现作物产量潜力的关键因素。但长期以来，我国重施化肥、轻施甚至不施有机肥，使有机质积累缓慢而消耗多。我国土壤有机质平均含量为 1.8%，而西方发达国家则为 3.5%，我国约为发达国家的 1/2。土壤质量整体没有显著提高，有的甚至在退化。目前我国耕地基础地力对粮食生产的贡献率仅为 50% ～ 60%，比 40 年前低 10 个百分点左右，比欧美等发达国家低 20 个百分点。而且，就每千克化肥在不同作物上的平均增产效果而言，1975 年为 25kg 谷粒 /kg 化肥、15kg 油料 /kg 化肥、10kg 棉花 /kg 化肥；2008 年仅为 8 ～ 9kg 谷粒 /kg 化肥、6 ～ 7kg 油料 /kg 化肥、5 ～ 6kg 棉花 /kg 化肥（付小猛 等，2017）。化肥报酬的急剧下降表明，随着化肥的长期使用，土壤的基础地力正在逐渐减弱，而土壤基础地力的减弱已成为影响中国农业可持续发展和农作物高产、稳产的重要因素。

化肥过量施用、盲目施用带来了成本增加、环境污染、土壤退化等一系列问题。我国每年施用的氮肥在被农作物吸收前，通过挥发、淋溶和径流逸失，损失超过 1×10^{7}t，造成土壤、地下水、地表水和空气的污染，我国农业已超过工业成为我国最大的面源污染产业。《中国环境状况公报（2014）》显示，该年度全国废水中主要污染物化学需氧量（COD）、氨氮的排放中，农业源排放占比最大，分别达到 48% 和 31.6%；2014 年发布的《全国土壤污染状况调查公报》显示，全国土壤环境状况总体不容乐观，耕地土壤点位超标率为 19.4%。

过量施用农药和化肥，不仅给农田土壤带来了危害，还给环境和食品安全造成了巨大的威胁。这种不可持续的农业生产方式不仅严重污染了我国有限的土地和水资源，而且，近年突发的食品安全事件也与这种农业生产方式紧密相连。因此，环保的生物肥料将成为未来趋势。

2. 中国农业废弃物基本状况

农业废弃物是指在整个农业生产过程中被丢弃的有机类物质，主要包括农作物秸秆和畜禽粪便等。中国是农业大国，农业废弃物数量巨大。这些废弃物既是宝贵的资源又是严重的污染源，若不经妥善处理进入环境，将会造成环境污染和生态恶化。

中国是秸秆资源最为丰富的国家之一，根据专家的估计，每年可产生 9 亿多吨的秸秆。然而，秸秆的资源化利用率并不高，每年约有 20% 的秸秆腐烂或焚烧，不仅造成了资源的浪费，而且给环境造成了极大的危害。

随着人们生活水平的提高，畜牧业迅猛发展，畜禽养殖在为人们提供肉、蛋、奶的同时，畜禽粪尿的产生量逐年增加，成为我国农业面源污染的主要来源，也是世界各国共同关心的问题。例如，我国畜禽粪便产生量在 1980 年超过了 1.4×10^{9}t，2011 年达 2.121×10^{9}t（朱宁 等，2014）；2015 年全口径统计测算全国生猪、奶牛、肉牛、家禽和羊的粪污产生量约为 5.687×10^{9}t，其中新鲜粪便产生量约为 1.019×10^{9}t，尿液约为 8.9×10^{8}t，冲洗污水约为 3.778×10^{9}t（武淑霞 等，2018）。

利用第一次全国污染源普查成果《畜禽养殖业源产排污系数手册》，武淑霞等（2018）计算了我国畜禽粪尿中氮、磷的含量。从总量上看，在不计污水的情况下，我国猪、牛、羊、禽粪尿资源中氮、磷产生量分别为 1.229×10^{7}t 和 2.046×10^{6}t。我国是畜禽养殖大国，同时也是种植大国，种养结合不仅可以提高土壤质量，减少化肥投入，同时还能减轻畜禽养殖对环境造成的污染。促进畜禽粪便废弃物的综合利用，已成为中国养殖业发展亟待解决的重要问题之一，有利于缓解突出的环境问题，促进循环农业的实现，有利于资源节约及环境保护。畜禽粪便经过“减量化、无害化、资源化”处理，转换为肥料、饲料或能源，不仅可消除其对环境的影响，还可产生较大的经济效益和社会效益。

因此，积极探索农业废弃物资源化利用的方式，使其化害为利、变废为宝，对中国农业的可持续发展具有重要意义。

3. 生物有机肥是农业可持续发展的必然选择

基于目前化肥使用和农业废弃物现状，积极寻求高效环保的化肥替代品，积极探索农业废弃物资源化利用的方式，已成为国内外农业研究的热点。在此背景下，生物有机肥以其独特的优势为农业废弃物和作物生长搭建起一座桥梁，开辟出一条以“农业废弃物—生物有机肥—作物种植”为循环模式的可持续发展道路。

首先，施用生物有机肥是提高土壤基础地力、改善农产品品质的重要途径。生物有机肥研制和生产的初衷是集有机肥料和生物肥料优点于一体，既有助于提高作物产量，又能培肥土壤、调控土壤微生态平衡、减少无机肥料用量，从根本上改善农产品品质，符合中国农业可持续发展和绿色农产品生产的方向。

其次，生产生物有机肥是农业废弃物资源化利用的重要手段。农业废弃物中含有丰富的作物生长必需的营养元素和有机养分，将其资源化利用制成生物有机肥，通过微生物的作用使有机物矿质化、腐殖化和无害化，以供作物吸收利用，不仅可以缓解农业废弃物对环境的压力，还可以变废为宝，获得一定的经济效益。

二、生物有机肥的优势与作用机理

1. 生物有机肥的优势

生物有机肥是在堆肥的基础上，向腐熟物料中添加功能性微生物菌剂进行二次发酵而制成的含有大量功能性微生物的有机肥料。它与其他肥料相比具有培肥土壤、改善产品品质等优势。与化肥相比，生物有机肥的营养元素更为齐全，长期使用可有效改良土壤，调控土壤及根际微生态平衡，提高作物抗病虫能力，提高产品质量。与农家肥相比，生物有机肥的根本优势在于：生物有机肥中的功能菌对提高土壤肥力、促进作物生长具有特定功效。而农家肥由自然发酵生成，不具备优势功能菌的特效。与生物菌肥相比，生物有机肥包含功能菌和有机质，有机质除了能改良土壤，其本身就是功能菌生活的环境，施入土壤后功能菌容易定殖并发挥作用；而生物菌肥只含有功能菌，且其中的功能菌可能不适合个别土壤环境，无法存活或发挥作用。此外，生物有机肥比生物菌肥价格更为便宜（薛玉霞，2013）。

2. 生物有机肥的作用机理

（1）发酵菌和功能菌的作用　在生物有机肥的生产过程中一般添加了发酵菌和功能菌。发酵菌一般由丝状真菌、芽胞杆菌、放线菌、酵母菌、乳酸菌等组成，它们能在不同温度生长繁殖，加快堆肥温度上升，缩短发酵周期，减少发酵过程中臭气的产生，增加各种生理活性物质的含量，提高生物有机肥的肥效。功能菌一般由解钾细菌、解磷细菌、固氮菌、根瘤菌、光合细菌、假单胞菌及链霉菌等组成，它们除了具有解钾、解磷、固氮等作用外，还具有提高植物抗病、抗旱等能力。作物施用生物有机肥后，其中的发酵菌和功能菌大量繁殖，对改良土壤、促进作物生长、减轻作物病虫害具有显著效果。主要原因在于：肥料中的有益微生物会在土壤中大量定殖形成优势种群，抑制其他有害微生物的生长繁殖，甚至对部分病原微生物产生拮抗作用，以减少其侵染作物根际的机会。功能菌发挥功效增进土壤肥力，例如施用含固氮微生物的肥料，可以增加土壤中的氮素来源；施用含解磷、解钾微生物的肥料，其中的微生物可以将土壤中难溶的磷、钾分解出来，以便作物吸收利用（徐福乐 等，2005）。

（2）生理活性物质的作用　生物有机肥中的许多微生物菌种在生长繁殖过程中会产生对作物有益的代谢产物，能够刺激作物生长，增强作物的抗病抗逆能力。例如，维生素、氨基酸、核酸、吲哚乙酸、赤霉素、辅酶 Q、腐殖酸及各种有机酸等生理活性物质，能刺激作物根系生长，提高作物的光合能力，使作物根系发达，生长健壮；腐殖酸能与磷肥形成络合物，这种络合物既能防止土壤对磷的固定，又易被植物吸收，而且也能使土壤中的无效磷活化；堆肥过程中有机物分解产生的草酸、酒石酸、乳酸、苹果酸、乙酸、柠檬酸、琥珀酸等有机酸和磷高效型植物根分泌的有机酸很相似，它们对难溶磷也有较强的活化作用；生物有机肥还含有抗生素类物质，能提高作物的抗病能力（徐福乐 等，2005）。

（3）有机无机养分的作用 生物有机肥中既含有氨基酸、蛋白质、糖、脂肪等有机成分，还含有氮、磷、钾及对作物生长有益的中量元素（钙、镁、硫等）和微量元素（铁、锰、铜、锌、硼、钼等），以及其他对作物生长有益的元素如硅、钴、硒、钠等。这些养分不仅可以供作物直接吸收利用，还能有效改善土壤的保肥性、保水性、缓冲性和通气状况等，为作物提供良好的生长环境。

三、我国生物有机肥的发展现状

1. 我国生物有机肥的生产现状

（1）生产企业与产量 中国产业研究院的《2018—2023 年生物有机肥行业发展策略及深度研究报告》显示，我国目前的生物有机肥生产企业已有 1000 多家，但多为中小型企业，生产规模多数偏小。菌剂类企业年产量一般在几百吨左右，超过上万吨的厂家屈指可数；而菌肥类企业年产量多为（0.5 ～ 1.0）$\times 10^4$t，少数企业能达到（4 ～ 5）$\times 10^4$t，只有个别企业可达到 1.0$\times 10^5$t 以上。目前生物有机肥年产量已达到 3.0$\times 10^6$t 以上，但在整个肥料行业中所占比重仍很低，行业中还没有涌现出知名或旗舰型的企业。

而且，产品质量参差不齐，作用效果不稳定。从行业的整体来看，部分企业还存在设备简陋、生产工艺落后、产品质量不高等现象。特别是近年来新加入的一些菌肥类企业，这些企业一般不具备生产微生物菌剂的能力，而是通过购买菌剂进行复配来生产菌肥类产品。由于缺少相关的检测条件和技术人员，无法对产品的质量进行把关，也就不能保证产品的应用效果。此外，生物有机肥作为含有活菌制剂的肥料产品，作用效果受施用方法、环境条件等方面的限制，生物有机肥产品的作用效果不是非常稳定，这也影响了生物有机肥产品的进一步推广、应用。

（2）生产用菌种 生物有机肥质量的优劣主要取决于其中所含益生菌的作用强度和活菌数量，目前生物有机肥的生产中通常使用活性强且耐高温、耐高渗、抗旱等抗逆性较强的菌种，且在生产过程中要考虑各种菌剂之间的相互作用，不可随意混合（佀国涵 等，2012）。根据微生物在生产中的作用可分为发酵菌和功能菌。发酵菌多由复合菌系组成，具有促进物料分解、腐熟、除臭的功能，常用菌种有酵母菌、光合细菌、乳酸菌、放线菌、青霉、木霉、根霉等；功能菌是指能在产品中发挥特定肥料效应的微生物，以固氮菌、解磷菌、硅酸盐细菌等为主，在物料腐熟后加入（沈德龙 等，2007）。

（3）生产工艺 生物有机肥的生产主要包括发酵菌促进物料腐熟过程、添加功能菌二次发酵过程和成品加工过程。通过发酵使物料完全腐熟是整个生产的关键环节，在发酵腐熟阶段，多数企业采用槽式堆置发酵法。水分、C/N 值、温度、pH 值、通风情况等过程参数直接影响物料腐熟的程度和发酵周期。待物料完全腐熟后，添加固氮菌、解磷菌、解钾菌等复合功能菌群进行二次发酵，通过控制发酵条件提高产品中的有益活菌数，从而达到增强生物有机肥肥效的目的。发酵结束后，为了提高产品的商品性和保证产品中有益微生物的存活率，成品加工多以圆盘造粒后低温烘干工艺为佳（张余莽 等，2010）。

2. 生物有机肥的应用现状

现阶段，国内种植户施用生物有机肥的积极性不高，生物有机肥使用率相对较低，主要在蔬菜、水果、草药、烟草等附加值较高的经济作物上应用。但随着人们消费水平和安全意识的提高，对绿色有机农产品的需求日益增强，生物有机肥将会成为农业生产的必然选择。目前，生物有机肥在一些生态示范区、绿色和有机农产品基地应用取得了较好的效果，这对生物有机肥今后的推广应用起到良好的示范作用。

（1）生物有机肥在烟草上的应用　生物有机肥不仅养分全面、肥效均衡持久，还能有效改善土壤理化和生物学特性，提高烤烟产量和品质，增强烟株抗病性和抗逆性，减少有机废弃物对环境的污染。研究其在烟草上的应用，符合生产绿色、有机、无公害烟叶的发展要求（李亮 等，2016）。

贾芳曌等（2013）采用青枯菌拮抗菌生物有机肥，并结合深耕、石灰消毒措施，研究生物有机肥对烟株生育期及青枯病发病情况的影响。结果表明，先施石灰再施生物有机肥不仅有利于烟株的生长，还对青枯病有较好的防控作用，尤其对烟株生长后期青枯病的防控作用最明显，病情指数比只施烟草专业肥低 48.2%；深耕再施生物有机肥对青枯病的防控效果次之。宋松等（2013）分离获得了 1 株对烟草青枯病病原菌具有较强拮抗能力的拮抗菌（SQR11）并制成生物有机肥，研究了连续施用该生物有机肥对烟草青枯病的防治效果。结合生理生化和 16S rDNA 序列分析，菌株 SQR11 被鉴定为解淀粉芽胞杆菌。施用该生物有机肥后第一季烟草青枯病的生物防治率达到 47% 以上，第二季达到 69% 以上，第三季达到 89% 以上。第三批盆栽试验表明，当根际干土中病原菌数量达到 2×10^5CFU/g 时，植株出现发病症状，随着病原菌数量的增加，发病症状加重。当根际干土中拮抗菌活菌数量达到 2×10^7CFU/g 时，病原菌繁殖得到有效抑制，可有效阻止植株染病；若拮抗菌活菌数量低于 10^7CFU/g，则不能有效抑制病原菌增殖，植株表现发病症状。植株各组织内拮抗菌数量检测发现，未发病植株茎部拮抗细菌数量为 4×10^4CFU/g（组织鲜重，下同）左右，而同处理中发病症状的植株茎部拮抗细菌数量仅为 6×10^3CFU/g；相对应的病原菌数量分别为 1.5×10^2CFU/g（健康植株）和 3×10^3CFU/g（发病植株）。SQR11 菌株制成的生物有机肥还具有较好的促生作用。总之，利用拮抗菌 SQR11 菌株制成的生物有机肥对烟草青枯病具有显著的生物防治作用，在根部进行大量定殖后可有效防止病原菌的侵入，能够获得显著的生防效果。

夏艳等（2014）从不同烟田分离纯化出 238 株细菌菌株，首先经牙签接种初筛，选取对青枯病菌抑制效果较好的菌株制备其抑菌物质的粗提物，以牛津杯法复筛，最终获得 3 株对烟草青枯病菌有明显抑制作用的拮抗细菌。全细胞脂肪酸、16S rDNA 及 *gyrB* 基因测序等分析结果表明，菌株 H19、Y6 为解淀粉芽胞杆菌（*Bacillus amyloliquefaciens*），菌株 H34 为甲基营养型芽胞杆菌（*Bacillus methylotrophicus*）。3 株拮抗菌经 CAS 检测平板法和 Salkowski 比色法，发现均具有产铁载体和吲哚 -3- 乙酸（IAA）的能力，以菌株 H19 能力最强。温室促生试验结果表明，3 株拮抗菌能显著促进烟草株高、鲜重及干重等指标，与对照相比，平均增长率分别达到 70% ～ 115%、40% ～ 49% 和 32% ～ 42%。温室控病试验结果表明，菌株 H19、H34 和 Y6 明显降低烟草青枯病的发病率，防效达 76.57%、60.98% 和 69.83%，稍逊于农用链霉素处理的 78.66%。蒋岁寒等（2016）采用由拮抗菌经二次发酵制成的生物有机肥对 2 个青枯病发病严重的田块进行田间烟草青枯病害防控试验，2 个田块的处理相同，分别为常规施用无机肥处理（CK）和无机肥配施生物有机肥处理（BOF），2 个田块分别标记为 CK1、BOF1 和 CK2、BOF2。通过测定不同处理的青枯病发病率和烟叶产量，探究生物有机肥的田间防效。利用荧光定量聚合酶链反应（PCR）研究根际土壤病原菌数量变化，并用 Biolog-ECO 研究不同时期根际土壤微生物功能多样性。结果表明，BOF1 和 BOF2 处理对烟草青枯病的防控率分别达到 68.1% 和 70.5%，烟叶产量分别提高 8.9% 和 10.8%，产值分别提高 24.9% 和 25.9%；施用生物有机肥能显著降低根际土壤青枯菌的数量，在移栽后 40d、60d 和 80d，BOF 处理的青枯菌数量均比 CK 处理的少 1 个数量级；施用生物有机肥能显著增加烟草根际土壤微生物的功能多样性，改变根际土壤微生物群落结构。说明在大田中施用生物有机肥，通过减少根际土壤病原菌数量和增加根际土壤微生物功能多样性，对烟草青枯病具有较好的防控效果。

刘艳霞等（2017）利用自主筛选的烟草青枯菌拮抗菌 NJL-14，通过二次固体发酵研制成烟草专用拮抗青枯病型生物有机肥（BIO），选取 K326 和红花大金元 2 个烟草品种分别进行育苗和盆栽试验。育苗床基质分别添加 BIO 1%、2%、3%、4% 和 5%，以确定适宜的 BIO 育苗添加量。盆栽试验 2 个品种分别设定 5 个处理：常规基质育苗 + 植烟健康土壤（CKn+CKp）、常规基质育苗 + 青枯病病土（CKn+Rs）、常规基质育苗 + 青枯病病土 + 有机肥（CKn+OFp）、常规基质育苗 + 青枯病病土 +BIO（CKn+BIOp）、育苗和盆栽病土中都施入 BIO（BIOn+BIOp）。分别采用荧光定量 PCR 和 Biolog-ECO 研究育苗基质和盆栽土壤中细菌和真菌数量变化，以及微生物功能多样性，特别是烟草青枯菌及其拮抗菌的消长关系。结果表明，当 BIO 浓度在 2% 以内时，烟草的发芽率与对照无显著差异；与普通漂浮育苗相比，托盘育苗不但能稳定和延长拮抗菌 NJL-14 在根际的定殖，而且显著提高烟苗生物量，K326 经 BIO 育苗处理的烟苗地上部分和地下部分的干重分别比常规基质育苗处理高 17.2% 和 30.8%，而红花大金元分别高 14.9% 和 20.0%；采用育苗与移栽土壤双重使用 BIO 模式对烟草青枯病的防控效果明显，防控效果可以达到 100%，明显优于只在盆栽中使用 BIO 模式，并且能够显著抑制土壤中病原菌数量在 10^7CFU/g 以下，同时有效提高土壤微生物生态多样性。因此，采用育苗与移栽土壤双重使用烟草专用拮抗青枯病型生物有机肥模式可有效防控烟草青枯病，控制土壤中病原菌数量，改善土壤微生物功能多样性，为有效地生物防控烟草青枯病奠定基础。

为研究生物有机肥对烟草青枯病的防控效果及对烟株根际土壤微生物区系的影响，张明宇等（2020）采用拮抗菌复配菌剂添加至有机肥制成生物有机肥，施于烟田，分别在烟株不同生长时期采集根际土壤进行可培养微生物测定及 16S/18S rDNA 基因测序，探究烟株根际土壤微生物区系的变化及其对青枯病发病率、烟叶产量与品质的影响。结果表明，施加生物有机肥的处理组对烟草青枯病的防控率达到了 38.2%，烟叶产量提高 8.6%。基因测序结果显示，旺长期根际土壤中变形菌门（Proteobacteria）、厚壁菌门（Firmicutes）在处理组中的丰度与对照组相比分别降低了 32.1%、48.7%，绿弯菌门（Chloroflexi）、酸杆菌门（Acidobacteria）分别增加了 55.3%、54.6%，各物种多样性指数均为处理组显著高于对照组。在大田中施用生物有机肥能明显改善烟株根际土壤的微生物区系结构，提高生物多样性、增加群落丰富度，对青枯病具有较好的防控效果。旺长期为烟株根际微生物区系变化的关键时期，该时期处理组与对照组之间在群落结构及有益菌上的显著差异可能会影响青枯病的发生。

（2）生物有机肥在果树上的应用

① 在葡萄园上的应用。为了探讨不同有机肥对巨峰葡萄园的施肥效果，为葡萄园的科学施肥提供可靠的依据，王小龙等（2019）研究了 3 种有机肥料［生物有机肥（BF）、羊粪（SM）和猪粪（PM）］在 3 年生的有机葡萄园内设置处理，研究其对辽宁兴城种植葡萄根系生长和土壤养分状况的影响。结果表明，生物有机肥施用增加总根长、根表面积效果最佳；生物有机肥和羊粪处理均能显著提高根系中总氮含量（$P<0.05$），且生物有机肥处理组的含量最高。生物有机肥处理明显提高根系中多数矿质元素含量，尤其在收获期除硼元素外，其他所研究元素的峰值均出现在生物有机肥处理组。施肥处理均提高了转色期和收获期的土壤有机质含量（$P<0.05$），均表现为生物有机肥 > 羊粪 > 猪粪 > 对照组，生物有机肥、羊粪和猪粪在转色期较对照组分别提高了 70.72%、53.67%、52.31%；在收获期，较对照组分别提高了 51.61%、36.14%、34.84%（$P<0.05$）。施用有机肥能提高转色期和收获期土壤中的碱解氮和总氮含量，均表现为生物有机肥 > 羊粪 > 猪粪 > 对照组，其中只有生物有机肥条件下的碱解氮和总氮含量在不同时期均与对照组出现显著性差异（$P<0.05$）。生物有机肥和羊粪处理组的土壤有效磷含量在转色期和收获期均显著高于对照组，而猪粪与对照组不存在显著性差异。施肥处理均能引起土壤矿质元素含量不同程度的提高，其中土壤中硼和钼元素在转色期的含量要低于对照组，其原因可能是由施肥处理后增强了树体对微量元素的吸收，而有机肥中微量元素释放较慢所导致的。与对照组相比，3 种有机肥料均可改善葡萄根系的生长，提高根系内矿质元素含量，提高土壤内有机质、总氮、有效磷及矿质元素含量，但施用生物有机肥效果最佳。

② 在桃树上的应用。探讨生物有机肥的特点及在桃树上的应用效果，王宝申等（2013）通过在辽宁省主要果产区开展生物有机肥施用示范试验，探讨生物有机肥对桃树生长及试验地土壤的影响。结果表明，施用生物有机肥后桃树产量和果实品质都比常规施肥有所提高，其中产量与对照组相比增加 16.4%，果实的维生素 C 及总糖含量也明显提高；施用生物有机肥提高了土壤中总氮、速效磷、有效钾和有机质含量，降低了土壤的容重。因此，生物有机肥可明显改善果实产量和品质，同时可改良果园土壤，在绿色果品生产中具有广阔的应用前景。

③ 在柑橘树上的应用。全乃华等（2016）进行了柑橘树施用生物有机肥的田间试验，结果表明，施用生物有机肥作基肥能明显促进柑橘生长，提高产量，其中贡柑比施用灭活的生物有机肥增产 5.9% ～ 7.3%，比常规施肥增产 10.2% ～ 15.5%，比不施肥增产 11.5% ～ 17.0%；砂糖橘比施用灭活的生物有机肥增产 6.0% ～ 8.1%，比常规施肥增产 13.0% ～ 15.7%，比不施肥增产 15.6% ～ 17.4%，增产效果显著。刘辉等（2015）评价了有机肥料在柑橘（井冈蜜柚）种植上的施用效果、适宜用量及安全性等，并与对照肥料相比较。结果显示，施用复合生物有机肥，2014 年和 2015 年的单果重分别比空白对照增加 16g 和 14g，比常规施肥处理增加 5g；果实外观质量和内在品质也有提高，其农艺性状均优于空白对照区与常规施肥处理。试验期间各药剂处理区柑橘树（井冈蜜柚）均生长正常，未发生肥害及其他不良影响。试验区植株叶片肥厚浓绿，生长旺盛，抗逆能力增强。

④ 在多种果树上的应用。王宝申等（2007）进行了果树施用生物有机肥示范试验，结果表明，果树施用生物有机肥后产量和果实品质都比常规施肥有所提高，其中苹果、葡萄、桃、李分别增产 25.8%、22.1%、31.0%、13.6%。此外，生物有机肥还可以改良果园土壤，保护环境，在绿色果品生产中具有广阔的应用前景。为提高果实品质，改良果园土壤，高

树青等（2011）研制开发了一种生物有机肥，在苹果、李、桃、葡萄上进行了田间对比试验。结果表明，生物有机肥与生产上习惯施用的有机肥相比，均有促进树体生长发育、提高产量、提高果实品质的作用。它表现在果树叶片浓绿、肥大，果实风味变浓、适口，着色艳丽；生物有机肥还对树体养分含量有调节作用，抑制由树体营养过剩造成的疯长，利于结果。生物有机肥还能调节土壤酸碱度，促进土壤养分的活化，使土壤微生物数量增加，土壤微生物活性增强，促进土壤物质的循环与利用，有利于果树的生长与发育。田间肥效优于生产上习惯施用的鸡粪、羊粪、猪粪等传统有机肥。

（3）生物有机肥在蔬菜和其他作物上的应用　李梦梅（2005）以番茄和菜心为材料，通过施用生物有机肥与化肥进行对比来研究生物有机肥对提高蔬菜产量品质的作用机理。其研究结果表明：① 施用生物有机肥后土壤容重、密度、电导率（EC）降低，土壤孔隙度、阳离子交换能力（CEC）增强，pH 值下降的幅度小于对照组；土壤中的有机质、碱解氮、速效磷、速效钾的含量均比对照组增加。② 生物有机肥能提高番茄根系的活力，增加根系的生长量；增加叶片叶绿素含量和 N、P、K 含量，增强光合作用和蒸腾作用，增加植株叶片数和株高，降低第一花序着生节位，提前开花，有效促进番茄的生长发育。同样，施用生物有机肥后菜心的叶面积增大，单株重增加，植株生长旺盛。③ 施用生物有机肥后番茄的可溶性固形物含量比对照组提高 1.3% ～ 10.8%，硝酸盐含量则比对照组降低 14.1% ～ 26.5%；施用与对照组等养分的生物有机肥的处理 A 的产量最高，比对照组增产 1258.1kg/ 亩（1 亩 = 666.67m^2），纯收入增加 784 元 / 亩；施用与对照组等价格的生物有机肥的处理 B 比对照组增产 837.8kg/ 亩，纯收入增加 219 元 / 亩；施用与对照组等价格的生物有机肥和化肥配施（3 ∶ 1）的处理 C 比对照组增产 1058.1kg/ 亩，纯收入增加 500 元 / 亩。④ 施用生物有机肥的处理菜心硝酸盐含量比对照组降低 8.5% ～ 19.2%。

为开发和推广稻草型生物有机肥，姜利红（2007）采用田间小区试验探讨了稻草型生物有机肥对莴苣、茄子和萝卜叶绿素含量，碳氮代谢关键酶（硝酸还原酶、蔗糖合成酶和蔗糖磷酸合成酶）活性，根系活力、根系吸收面积和活性吸收面积，韧皮部汁液中游离氨基酸、可溶性糖、可溶性蛋白含量，产量及品质（维生素 C、可溶性糖、硝酸盐、亚硝酸盐、粗纤维及蛋白氮含量）的影响。其主要结果如下：① 稻草型生物有机肥能提高蔬菜功能叶中的叶绿素含量，提高蔗糖磷酸合成酶、蔗糖合成酶和硝酸还原酶的活性。② 稻草型生物有机肥有利于增强蔬菜的根系活力，分别比纯化肥处理和有机肥处理提高了 5.65% ～ 58.26% 和 4.32% ～ 125.19%；稻草型生物有机肥有利于增强蔬菜的根系硝酸还原酶的活性，分别比纯化肥处理和有机肥处理提高了 4.88% ～ 78.61% 和 10.33% ～ 81.83%；稻草型生物有机肥对于提高蔬菜根系总吸收面积和活跃吸收面积方面具有一定优势。③ 稻草型生物有机肥能提高蔬菜韧皮部汁液中游离氨基酸、可溶性糖、可溶性蛋白含量，与纯化肥处理和菜枯肥处理相比，游离氨基酸含量提高幅度分别为 6.28% ～ 81.44% 和 4.14% ～ 32.08%；可溶性糖含量提高幅度分别为 10.31% ～ 79.10% 和 3.13% ～ 43.03%；可溶性蛋白含量提高幅度分别为 7.08% ～ 28.57% 和 8.58% ～ 26.64%。④ 稻草型生物有机肥能较好地促进蔬菜生长，提高产量。稻草型生物有机肥处理蔬菜产量分别比有机肥处理和纯化肥处理提高了 4.48% ～ 26.32% 和 16.01% ～ 29.19%；稻草型生物有机肥处理与纯化肥处理之间的差异达显著或极显著水平。⑤ 稻草型生物有机肥能明显提高蔬菜可食部分的维生素 C、可溶性糖含量，降低硝酸盐和亚硝酸盐的累积，维持粗纤维含量在适宜水平，明显地改善了蔬菜的营养与卫生品质。

朱红梅等（2009）采用田间小区试验研究了稻草型生物有机肥对萝卜功能叶叶绿素含

量、碳氮代谢关键酶活性、萝卜产量和品质的影响。结果表明，稻草型生物有机肥处理Ⅰ与等N、P、K养分施用量的纯化肥处理Ⅱ和菜枯肥处理Ⅲ相比，可提高萝卜功能叶叶绿素含量，防止功能叶早衰；提高硝酸还原酶、蔗糖合成酶、蔗糖磷酸合成酶3种碳氮代谢关键酶活性。处理Ⅰ使萝卜的产量分别比处理Ⅱ和处理Ⅲ提高4.48%、6.01%，维生素C含量分别提高22.48%、28.24%，可溶性糖含量分别提高10.39%、19.91%，萝卜硝酸盐含量分别下降8.78%和16.67%，且以上4个指标处理Ⅰ与处理Ⅱ和处理Ⅲ的差异均达极显著水平，此外亚硝酸盐含量也明显降低。

姜利红等（2011）采用田间小区试验研究了稻草型生物有机肥对莴苣根系特性、产量和品质的影响。结果表明，稻草型生物有机肥增强了莴苣的根系活力，提高了莴苣根系的硝酸还原酶活性，显著提高了莴苣的产量，增加了莴苣茎叶中可溶性糖、维生素C的含量，降低了莴苣茎叶中硝酸盐、亚硝酸盐及粗纤维的含量。

吕彦彬等（2007）选用3种类型的马铃薯品种——紫花白、内薯3号、坝薯10号，它们分别为早、中、晚熟和高、中、低淀粉含量品种，研究了底施生物有机肥、锰肥、锌肥在马铃薯上的施用效果。结果表明，不同品种、不同施肥种类对马铃薯产量和淀粉含量的影响差异显著，它们对马铃薯产量和淀粉含量的效应为施肥＞品种。其中施肥方式对马铃薯产量和淀粉含量的效应为生物有机肥＞锰肥＞锌肥；品种对产量的效应为紫花白＞内薯3号＞坝薯10号，对淀粉含量的效应为坝薯10号＞内薯3号＞紫花白。

四、生物有机肥的发展展望

早在20世纪下半叶日本就已经开始使用生物有机肥。20世纪70年代，国际上已经认可了有机肥的应用，并且成立了国际有机农业运动联盟（IFOAM）。20世纪末，全世界有机农场数量已经过万。我国在1994年成立了国家环境保护局有机食品发展中心（OFDC）。进入21世纪以来，我国增加了有机肥料的应用推广。

生物有机肥可以达到以下应用效果（侯会静 等，2019；张紫玉，2017）：① 增强土地营养，改善土壤物化特性。生物有机肥在增强土壤肥料含量的基础上还提升了土壤的有机质含量，所提升的有机质在经过微生物分解作用后形成新的营养基质，混合土壤中其他营养物质，形成新的无机复合体，加速土地中营养团粒的形成，达到协调土壤水肥、营养物质的效果，使得土壤松化从而提升耕作效果。② 改善农作物的品质。生物有机肥能够达到缓慢释放的效果，营养物质通过铵根基离子传递给农作物，完成农作物对于氮元素的需求。这种形式的氮元素在无细胞壁作用力的情况下进入农作物，农作物吸收快，能满足生产需求，农作物饱满质量高。③ 活化难溶化合物，提高土壤的供氧能力。在生物有机肥料中含有1种固氮微生物，这种微生物的主要作用就是将空气中的氮还原成农作物能够吸收的成分。生物有机肥中还存在解磷微生物和硅酸盐细菌，这种成分的存在增强了生物的吸收能力，提高了土壤的供肥能力。④ 改善土壤的微生物系统。腐蚀的有机肥中含有很多的有益微生物，这些微生物可以产生大量的活性物质，起到固氮、解磷和解钾的作用，还能够改善土壤中微生物生态环境。⑤ 改善土壤的生态环境，减少植物的病虫害发生。在生物有机肥中含有多种有益于生物生长的激素。在微生物的生长繁殖过程中能够产生多种抗病毒和害虫的植物激素，这种激素能够加快植物的生长，还能够保护生物不受侵害，使得生物能够快速生长，提高生物的抗逆性。

我国现今有机肥应用已经得到了一定的发展，但由于各个方面的复杂因素，生物有机肥在研究、应用过程中还存在一些明显的不足及缺陷。例如先期生产设备不足，导致产品质量不高，生产效率低等，这些都严重制约了生物有机肥产业的健康发展。未来生物有机肥的发展亟待一套标准化、体系化的生产管理模式，产品出厂标准、生产工艺流程、检测审计标准等都是规范行业标准中必须要解决的。应用方面，要先进入绿色农产品生产基地、生态示范区中，经由商业模式推广进入大众视野。生物有机肥是绿色生态农业发展的基础，大力发展有机肥是我国农业生产应用走向现代化的关键（付小猛 等，2017）。

第二节 微生物肥料研究现状与发展趋势

一、复合微生物肥料

复合微生物肥料把无机营养元素、有机质、微生物菌有机结合于一体，体现无机化学肥料、有机肥料以及微生物肥料的综合效果，是化解土壤板结现象，修复和调理土壤，提高化学肥料利用率，减少江河污染，减少病虫害发生，增强农作物抗逆能力，提高农作物果实品质和产量的有效途径（王明富 等，2012）。

复合微生物肥料在农作物上推广应用，化学肥料利用率可以提高 10% ～ 30%，应用试验表明，用侧胞芽胞杆菌生产的复合微生物肥料连续使用 2 年以上，土壤中有益放线菌数量增加 8.4 倍，固氮菌增加 39 倍，从而达到活化、疏松土壤和提高土壤肥力的作用，有益微生物菌的大量繁殖，可以把多年沉积固定在土壤中的化学肥料活化后再一次供农作物吸收利用。同时土壤中侧胞芽胞杆菌数量的增加，对土传真菌性病害以及根结线虫能进行有效生物防治，其防治率高达 70% ～ 80%，与化学农药防效相当，从而减少化学农药的使用量，提高农作物的品质和产量以及抗重茬的能力（王明富 等，2012）。

近几年来，生物有机肥料、复合微生物肥料的应用日趋广泛，特别是复合微生物肥料迅速崛起，这将使我国肥料行业进入一个崭新时代。复合微生物肥料在农业生产中的应用表明，在提高化学肥料利用率、疏松土壤、减少江河污染、培肥地力、减少病虫害的发生、增强作物的抗逆性等方面都有着非常好的效果。

1. 化学肥料、有机肥料以及微生物肥料之间的关系

长期以来，有一些从事化学肥料、有机肥料、微生物肥料的企业或技术人员总要站在自己的行业与专业角度对三者进行比较。其实，在农业生产中化学肥料、有机肥料、微生物肥料之间没有可比性，根本就不存在谁取代谁的问题，它们之间的关系就像人们餐桌上的鱼肉、蔬菜、水果之间的相辅相成、互相补充的关系，复合微生物肥料充分地把三者有机结合在一起，发挥 1+1+1 ＞ 3 的作用（王明富 等，2012）。

2. 微生物制剂、生物有机肥料以及复合微生物肥料之间的关系

（1）微生物制剂、生物有机肥料以及复合微生物肥料　微生物制剂、生物有机肥料以及复合微生物肥料虽然都属于微生物肥料，生物有机肥料和复合微生物肥料又称微生物复合肥料或菌肥，但是它们之间在功效和使用方法上存在一定的差异。微生物制剂是借助工业发酵技术设备生产的微生物菌液，通过草炭、蛭石或其他代用品作载体吸附菌液或加入其他助剂制备成固体或液体微生物制剂，一般每亩使用 0.5 ～ 2kg，使用后可明显增加农作物根系有益功能菌的数量，常用的有根瘤菌制剂、解磷菌制剂、硅酸盐细菌制剂、光合细菌制剂等；生物有机肥料是把一定数量的特定微生物菌和有机质结合在一起，发挥微生物菌和有机质的双重作用；而复合微生物肥料是把一定数量的特定微生物菌和有机质以及一定数量的无机营养元素有机地结合在一起，充分发挥三者结合后的共同效果（王明富 等，2012）。

（2）生产和应用中存在的问题　① 概念不清，夸大宣传。通过近几年对四川、河北、山东、北京、云南、贵州、海南等地微生物肥料使用情况的调查，发现 90% 以上的农户、基层经销商，甚至有的生产企业技术人员对微生物制剂、生物有机肥料以及复合微生物肥料概念区分不清，更不用说其功效和使用方法了。因此有的企业抓住了这点，夸大宣传称每亩使用 500g 微生物制剂、20 ～ 30kg 生物有机肥或者低含量复合微生物肥料就可满足作物对无机、有机营养物质的需求，这些“坑农”“害农”的宣传事件常有发生。② 产品质量控制不严，检测力度不够。生物有机肥料、复合微生物肥料在生产过程中，添加的有机质存在一些问题。有的企业所采用的畜禽粪便，不经过高温腐熟杀菌过程，直接烘干粉碎后作为有机质原料；甚至有的企业还采用垃圾作为有机质，这些有机质含有大量的有害微生物或重金属物质，一旦进入土壤后不仅污染环境，而且对农作物产生毒害作用，造成农作物减产；同时对微生物肥料中的微生物菌数量、种类以及存活率检测力度不够，导致产品鱼目混珠，使用后难以达到微生物肥料应起到的作用和效果，在一些地区产生负面影响，严重损害微生物肥料形象。③ 应加强微生物肥料正确、科学使用方法的宣传。微生物肥料的作用和效果毋庸置疑，关键是怎样科学地使用微生物肥料才能达到更好的效果，尤其是生物有机肥料和复合微生物肥料，施用生物有机肥料时应配合使用适量的化学肥料，化学肥料可以减少 20% ～ 30% 用量，施用复合微生物肥料时应根据肥料中 N、P、K 含量高低决定添加化学肥料还是单独使用，对微生物肥料生产企业来说，只有严把质量关，同时加强对广大农民宣传正确、科学的施用方法，微生物肥料才能达到理想效果，才能受到广大农民的欢迎（王明富 等，2012）。

3. 复合微生物肥料的功能特点

复合微生物肥料具有以下功能特点（王明富 等，2012）：

（1）全营养型　不仅给作物生长提供所需的 N、P、K 和中微量元素外，还能为作物提供有机质和有益微生物活性菌。

（2）肥效具有缓释的功效，提高肥料的利用率　在生产过程中，部分无机营养元素溶解后被有机质吸附络合在一起，形成有机态 N、P、K，进入土壤后不易流失和固定，化学肥料利用率可提高 10% ～ 30%，肥效可持续 3 ～ 4 个月。

（3）疏松土壤，解磷解钾，培肥地力　肥料进入土壤后，微生物在有机质、无机营养元素、水分、温度的协助下大量繁殖，减少了有害微生物群体的生存空间，从而增加了土壤有

益微生物菌的数量；微生物菌产生大量的有机酸可以把多年沉积在土壤中的磷和钾元素部分溶解释放出来供作物再次吸收利用，长期使用后土壤会变得越来越疏松和肥沃。

（4）防病防虫抗重茬　微生物菌在肥料中处于休眠状态，进入土壤萌发繁殖后，分泌大量的几丁质酶、胞外酶和抗生素等物质，可以有效裂解有害真菌的孢子壁、线虫卵壁，从而抑制有害菌的生长，有效地控制土传性病虫害的发生，起到防病防虫和抗重茬的功效。

（5）生根壮苗，降低亚硝酸盐含量，提高品质，增产增收　微生物菌在土壤中繁殖后产生大量的植物激素和有机酸，刺激根系生长发育，增强作物的光合强度，作物生长根深叶茂，可有效提高作物果实的糖度，降低作物产品中硝酸盐及其他有害物质的含量，提高品质，作物可增产 10% ～ 30%。

（6）加速土壤中有机质的降解　不仅为农作物生长提供更多有机营养物质，提高农作物的抗逆性；同时还可以减少土壤中一些病原菌的生存空间。

二、微生物肥料的现状和发展趋势

1. 微生物肥料的概念

微生物肥料（microbial fertilizer）又称细菌肥料（bacterial fertilizer）或生物肥料（bio-fertilizer），是以微生物的生命活动导致作物得到特定肥料效应的一种制品，是农业生产中使用肥料的一种。我国土壤微生物学的奠基人之一——陈华癸先生在论述微生物肥料的含义时指出，所谓的微生物肥料，是指“一类含有活微生物的特定制品，应用于农业生产中，能获得特定的肥料效应，在这种效应的产生中制品中活微生物起关键作用，符合上述定义的制品均应归入微生物肥料”。微生物肥料在我国已有近 50 年的历史，从根瘤菌剂到细菌肥料再到微生物肥料（生物肥料），名称上的演变已说明我国微生物肥料逐步发展的过程（郐士鹏，2005）。

微生物肥料应用于农业生产，通过其中所含微生物的生命活动，增加植物养分的供应量或促进植物生长，提高产量，改善农产品品质及农业生态环境。它具有制造营养和协助作物吸收营养、增进土壤肥力、增强植物抗病和抗干旱能力、降低和减轻植物病虫害、产生多种生理活性物质刺激和调控作物生长、减少化肥使用、促进农作物废弃物与城市垃圾的腐熟和开发利用、土壤环境的净化和修复作用、保护环境，以及提高农作物产品品质和食品安全等多方面的功效，在可持续农业战略发展及在农牧业中的地位日趋重要。

2. 国外微生物肥料的发展概况

（1）根瘤菌剂是最早研发的产品，已在全世界范围推广应用　据统计，至少有 70 多个国家生产和应用豆科根瘤菌剂，生产应用规模较大的国家有美国、巴西、阿根廷、澳大利亚、新西兰、日本、意大利、奥地利、加拿大、法国、荷兰、芬兰、泰国、韩国、印度、卢旺达等。在美国、巴西等大豆种植的主要国家，根瘤菌接种率达到了 95% 以上，澳大利亚、新西兰等国家对豆科牧草的接种面积不断扩大，种植的其他豆科作物也逐步扩大适宜的根瘤菌接种应用范围。世界各国一直在研究与豆科作物及其品种相匹配的优良根瘤菌生产用菌株，根瘤菌剂产品在稳步提高。为保证根瘤菌剂的产品质量，各国制定了相应的标准，强化产品的监督管理（赵子定 等，2001）。

（2）固氮细菌、解磷细菌和解钾细菌等的研究不断深入，产品应用逐步扩大　除根瘤菌以外，许多国家在其他一些有益微生物的研究和应用方面也做了大量的工作。苏联及东欧一些国家的科研人员进行了固氮菌肥料和磷细菌肥料的研究和应用，代表性的菌种为圆褐固氮菌和巨大芽胞杆菌。他们和前捷克斯洛伐克、英国及印度的研究固氮菌的工作者证实，这类细菌能分泌生长物质和一种抗真菌的抗生素，能促进种子发芽和根的生长。20 世纪 70 年代末和 80 年代初，一些国家对固氮细菌和解磷细菌进行了田间试验，所得结果之间迥异，引起科学家对其作用的争议。更进一步的研究表明，固氮螺菌与禾本科作物联合共生的效果显著，已在许多国家推广应用。总结 20 年来世界上一些国家的田间试验结果表明，固氮螺菌接种在土壤和气候不同的地区可以提高作物的产量，在 60% ～ 70% 的试验中可增产 5% ～ 30%。这类菌剂促进生长的主要机制是产生能促进植物生长的物质，具体表现在促进根毛的密度和长度、侧根出现的频率及根的表面积（沈德龙 等，2014）。

3. 我国微生物肥料的发展概况

我国微生物肥料的研究应用和国际上一样，也是从豆科植物上应用根瘤菌接种剂开始的，并且在 20 世纪 50 ～ 60 年代期间，根瘤菌剂成为应用最为广泛的微生物肥料产品，其中大豆、花生、紫云英及豆科牧草接种面积较大，增产效果明显。紫云英根瘤菌在未种植过紫云英的地区应用，紫云英产草量可成倍增长。大豆接种根瘤菌每公顷可增产大豆 225 ～ 300kg，花生根瘤菌可使花生增产 10% ～ 50%。豆科作物从根瘤菌中获得的氮素约占其一生所需氮素的 30% ～ 80%，而且豆科根瘤固定的氮素大部分可被植物吸收利用。在保证作物产量稳步增长的同时，产品品质亦相应提高，环境效益更是不可估量。由于根瘤菌菌剂质量与应用效果、生产成本等问题未能很好地解决，目前我国花生、大豆等作物的根瘤菌接种面积尚不足其播种面积的 1.0%（沈德龙 等，2014）。

其他微生物肥料产品的研发应用也取得了一定的进展。20 世纪 50 年代，我国从苏联引进自生固氮菌、磷细菌和硅酸盐细菌剂（当时俗称为细菌肥料），60 年代又推广使用制成的“5406”放线菌抗生菌肥料和固氮蓝绿藻肥；70 ～ 80 年代中期，又开始研究 VA 菌根（现也称为 AM 菌根），在改善植物磷素营养条件和提高水分利用率方面，效果显著；80 年代中期至 90 年代，农业生产中又相继应用联合固氮菌和复合菌剂作为拌种剂；近几年来又推广应用由不同的菌剂与有机和无机复合的生物有机肥、复合微生物肥料作基肥施用。

4. 我国微生物肥料的行业现状

我国微生物肥料的研究、生产和应用已有 60 多年的历史，其间经历了 3 次大的起伏，目前正处在第 4 次发展阶段。前几次起伏原因主要是没有行业标准，导致产品质量无法得到保证，另外一点是微生物肥料产品没有纳入肥料管理系统，以致每次发展的时间不长。目前，微生物肥料发展势头很好，该行业的总体情况可概括如下（沈德龙 等，2014）：

① 基本形成了微生物肥料产业，约有 500 个企业，年产量达到 4×10^6t，已逐渐成为肥料家族中的重要成员。获得原农业部（现为农业农村部）临时登记证的产品近 500 个，其中已有 200 多个产品转为正式登记。

② 产品种类繁多。在农业部登记的产品种类有 12 个，包括固氮菌剂、硅酸盐菌剂、解磷菌剂、光合菌剂、有机物料腐熟剂、复合菌剂、微生物产气剂、农药残留降解菌剂、水体净化菌剂、土壤生物改良剂（或称生物修复剂）、复合生物肥和生物有机肥类产品。

③ 微生物肥料使用菌种种类不断扩大，所使用的菌种早已不限于根瘤菌，即使是根瘤

菌种类也达 10 多种。其他的诸如各种自生、联合固氮微生物，纤维素分解菌，根际促生菌（PGPR）等，据统计，目前使用菌种已达到 100 多种。

④ 应用效果逐渐被使用者认可。微生物肥料的应用效果不仅表现在产量增加上，而且表现在产品品质的改善、减少化肥的使用、降低病虫害的发生、保护农田生态环境等方面，应用面积不断扩大，累计达 2000 多万公顷。

⑤ 质量意识开始深入人心，质检体系初步形成。农业部于 1996 年将微生物肥料纳入国家登记管理范畴，对微生物肥料的生产、销售、应用、宣传等方面进行监管。至今相关农业部门已举办了 14 期标准和技术培训班，发表了有关标准、产品质量、应用误区等文章，社会各界的产品质量意识有了较大的提高。

⑥ 少数产品开始进入国际市场，主要是硅酸盐菌剂产品、复合菌剂和生物有机肥产品出口到澳大利亚、泰国、印度等国家。

⑦ 国家产业政策对行业的发展给予了一定的重视和支持，在科研资金支持力度和产业化示范项目建设上的立项都是空前的。

与其他国家相比，我国的微生物肥料具有品种种类多、应用范围广的特点，尤其是在研制开发微生物与有机营养物质、微生物与无机营养物质复合而成的新产品方面，处于领先的地位。这些产品目前在我国已形成较大生产规模，在降低化肥使用量、提高化肥利用率和减少化肥过量使用导致环境污染方面已取得了较好的效果。

5. 微生物肥料的发展趋势

微生物肥料纳入登记管理以来，产品质量得到了保障，对行业的发展起到了积极的促进作用，目前行业处于一个良好的发展时期，但微生物肥料的发展潜力还没有得到完全发挥，以下几个方面是微生物肥料今后发展的重点（沈德龙 等，2014）。

① 菌株的筛选和联合菌群的应用。在深入了解有关微生物特性的基础上，采用新的技术手段，根据用途把几种所用菌种进行恰当、巧妙组合，使其某种或几种性能从原有水平再提高一步，使复合或联合菌群发挥互惠、协同、共生等作用，排除相互拮抗的发生。

② 生产条件的改善和生产工艺的改进。发酵条件、工艺流程、合适的载体、剂型、黏着剂的发展，尤其是在产品保质期方面需要开展深入的研究。

③ 研发的热点产品主要有有机物料腐熟剂（或称发酵剂）、根瘤菌剂、生物修复剂、促生菌剂、生物有机肥等。

有机物料腐熟剂作为接种菌剂可以使堆肥物料快速达到高温，控制堆肥过程中臭气的产生，缩短堆肥腐熟进程；可以有效杀灭病原体和降解有机污染物，提高堆肥质量。有机物料腐熟剂虽然在促进农作物秸秆和残茬的物质转化腐熟以及畜禽粪便除臭腐熟等方面发挥了非常好的作用，但产品效果的稳定性以及菌种组成的合理性方面还需要开展深入的研究工作，需要开发出效果更稳定、针对性更强的产品并应用在实际生产中。

根瘤菌剂作为微生物肥料中的一类重要品种，在我国却没有得到普遍应用，这主要是由于科学普及不够，农民对根瘤菌的作用不了解。另外，存在的根瘤菌剂产品质量不稳定、使用菌种的有效性低、接种后在种子上存活时间短、结瘤效果差、产品保质期短等问题未得到很好的解决。因此，这方面需要国家加大投入，开展相关的研究，加快新产品的开发与应用。由于接种根瘤菌剂还能有效降低豆科作物重茬的病害，因此根瘤菌剂在我国具有良好的应用前景。

第三节 农用微生物菌剂研究现状与发展趋势

一、芽胞杆菌微生物菌剂

1. 枯草芽胞杆菌菌剂

毛露甜等（2013）以干燥或发酵处理的鸡粪为载体经辐照处理后，分别接种固氮菌、解磷巨大芽胞杆菌、硅酸盐细菌和枯草芽胞杆菌制作微生物肥料。以煤渣为载体设对照组，通过测定有效活菌数和杂菌率，优化鸡粪处理的最佳方法；从保存时间、温度、光照、pH 值几个因素探讨微生物肥料的稳定性。结果表明：经堆肥腐熟并辐照处理的鸡粪作载体效果最佳，固氮菌肥和硅酸盐细菌肥料的保质期为 6 个月，解磷菌肥和枯草芽胞杆菌肥的保质期为 9 个月；阳光直射处保存 3 个月的菌肥有效活菌数低，杂菌率高，而室内暗处保存的活菌数高，杂菌率低；菌肥的保存温度超过 30℃时，有效活菌数急剧下降，杂菌率上升；将菌肥的 pH 值调至 7 时，有利于提高有效活菌数。可见鸡粪可用作微生物肥料的载体，保存在避光、阴凉、干燥处可有效提高菌肥的有效活菌数，从而延长产品的保质期。

枯草群芽胞杆菌中枯草芽胞杆菌（*Bacillus subtilis*）、解淀粉芽胞杆菌（*Bacillus amyloliquefaciens*）、地衣芽胞杆菌（*Bacillus licheniformis*）和短小芽胞杆菌（*Bacillus pumilus*）是微生物肥料中的常用菌种，用传统方法鉴定费时费力，有必要建立检测和鉴定这些芽胞杆菌的特异性 PCR 方法。利用已登录的 *gyrA*、*rpoA* 基因和 16S rRNA 基因序列分别设计和筛选上述菌种的特异引物并建立多重 PCR 反应体系。以基因组 DNA 为模板，扩增芽胞杆菌、类芽胞杆菌和短芽胞杆菌 3 属 15 种的标准菌株（共 33 株），4 个目标种分别产生了大小不同的唯一产物，除个别种与短小芽胞杆菌引物有交叉反应外，其余参考菌株均为阴性。从 23 株枯草群菌株的基因组 DNA 扩增发现，PCR 鉴定与常规鉴定结果一致。建立的多重 PCR 方法具有较好的特异性，可快速准确鉴定枯草群的 4 个种，在微生物肥料检测方面有良好的实用前景（曹凤明 等，2008）。

2. 解淀粉芽胞杆菌菌剂

白志辉等（2015）利用甘薯淀粉废水培养解淀粉芽胞杆菌，并将其作为微生物肥料用于雪菜种植。结果表明，利用淀粉废水培养解淀粉芽胞杆菌不仅可以资源化利用废水，并且其产物可作为一种绿色肥料应用于蔬菜种植。鉴于解淀粉芽胞杆菌 SQR9 易在逆境中形成芽胞，具有耐盐性好、抗病、广谱促生等特点，梁晓琳等（2015）利用其通过固态发酵研制的生物有机肥添加一定配比的无机化肥研制“全元”复合微生物肥料。同时通过粉状、颗粒复合微生物肥料存放试验和田间试验对“全元”复合微生物肥料的配方、工艺和肥效进行了初步的研究。结果表明，粉状和颗粒复合微生物肥料贮存 6 个月时，功能菌活菌数量均超过国家标准（2×10^7CFU/g，干重）。田间试验结果表明，复合微生物肥料能明显促进番茄的生长，与等养分有机无机复合肥、化肥处理和不施肥处理相比，在总养分 100g/kg 施肥水平下，番茄增产幅度分别达 8.23%、10.26% 和 37.73%；在总养分 140g/kg 施肥水平下，番茄增产幅度分别达 7.36%、13.92% 和 44.77%。因此，利用解淀粉芽胞杆菌 SQR9 能够生产粉状和颗粒状复合微生物肥料。

3. 巨大芽胞杆菌菌剂

巨大芽胞杆菌是一种很有潜力的功能型细菌，具有营养要求低、培养条件简单、生长快等优点，现已广泛应用于微生物肥料、生物防治、畜牧养殖、水体净化和外源蛋白表达系统等（吕黎 等，2014）。

巨大芽胞杆菌是微生物肥料生产中的常用菌种，与之形态相似的蜡样群芽胞杆菌（蜡样芽胞杆菌、苏云金芽胞杆菌、蕈状芽胞杆菌）则是产品中常见的污染菌，传统方法区分两者费时费力，有必要建立检测这两类芽胞杆菌的 PCR 方法。曹凤明等（2009）利用已登录的 *spoOA* 基因序列分别设计和筛选了上述 2 个种（群）的特异引物，并建立了多重 PCR 检测技术。使用该方法对巨大芽胞杆菌、蜡样群芽胞杆菌和其他芽胞菌共 3 属 13 种 24 株标准菌株的基因组 DNA 进行扩增，以检验其特异性。结果显示，巨大芽胞杆菌、蜡样群芽胞杆菌基因组 DNA 分别产生大小不同的唯一产物，其他芽胞杆菌均为阴性。该多重 PCR 检测方法的灵敏度经测定为 10^5CFU/mL。同时对 10 株待测菌株和 8 种微生物肥料产品进行检测，其鉴定结果与常规鉴定结果一致。以上结果表明，建立的多重 PCR 方法具有较高的特异性和灵敏度，可快速、准确鉴定巨大芽胞杆菌和蜡样群芽胞杆菌，在微生物肥料检测方面有良好的实用前景。

圆褐固氮菌、巨大芽胞杆菌和硅酸盐细菌是微生物肥料中常用的几种固氮、解磷和解钾微生物菌株，为了延长这几种菌混合菌液的存活期和降低杂菌率，江丽华等（2010）针对 3 种菌的混合菌液筛选了细胞包埋固定化材料，组合了 2 种配方，对比了 2 种包埋配方中 3 种菌的包埋条件、存活情况及释放情况，为固定化混合微生物菌剂的应用提供一定的理论基础。试验结果表明，2 种包埋剂包埋的混合菌液的存活期均比直接保存菌液长，而且经包埋的颗粒中菌的数量还有一个缓慢的增加过程。2 种包埋材料对混合菌的起始包埋能力不同，其中以配方 1（3% 海藻酸钠 +1% 褐煤 +0.5% 淀粉溶液）包埋效果较好，保存在包埋剂配方 1 中的包埋颗粒内部菌的纯度高；配方 2（3% 海藻酸钠 +1.5% 褐煤 +0.3% 淀粉溶液 +0.3% 明胶溶液）中的包埋颗粒内部容易滋生杂菌。

为了提高微生物肥料生产菌株——巨大芽胞杆菌 1013 的发酵产芽胞数量，刘清术等（2013）采用响应面分析法对其发酵培养基进行优化。首先采用单因子试验筛选出最佳碳源和氮源；然后设计基础培养基，采用 Plackett-Burman 方法对基础培养基中影响发酵产芽胞数各因素的效应进行评价，筛选出有显著效应的因素；最后通过响应面分析法优化主要因素的最佳浓度。结果表明：最佳碳源为糖蜜，最佳氮源为豆饼粉和硝酸铵；基础培养基中对产芽胞数有显著效应的因素为糖蜜和豆饼粉，响应面优化后这 2 个因素的最佳含量为糖蜜 4.17%，豆饼粉 1.53%。采用优化后的培养基进行摇瓶发酵，巨大芽胞杆菌的发酵产芽胞数为（89.34±3.87）×10^8CFU/mL，比基础培养基提高了 3.35 倍。

4. 地衣芽胞杆菌菌剂

为给水生植物芡实生物肥料的研制提供优良的菌株资源，张义等（2015）采用保绿法和萝卜子叶增重法从芡实根际土壤中筛选出 2 株作用效果较好的细菌 Q6-2 和 Q67，用高效液相色谱法（HPLC）定量分析菌株产植物激素和有机酸的能力；通过盆栽试验研究 2 株细菌对苗期芡实的促生作用；结合生理生化试验和16S rDNA序列分析对2株细菌进行鉴定。结果显示：2株细菌均能够产生玉米素、激动素等植物激素和少量有机酸，Q6-2还能够产生吲哚乙酸；接种Q6-2后，芡实幼苗茎长、叶片数、最大叶面积、生物量（干重）分别比对照高出18.85%、40.67%、76.28%和37.50%，接种Q67的处理各项指标分别比对照高出27.47%、42.81%、96.05%和42.97%，差异显著；接种Q6-2和Q67后，叶绿素含量分别高出对照43.27%和51.46%，根系活力则分别高出5.41%和7.05%，差异显著。经鉴定，Q6-2和Q67均为地衣芽胞杆菌。2株细菌有效促进了芡实幼苗生长发育水平，在微生物肥料的生产中具有广阔的应用前景。杨柳等（2011）从土壤中分离得到1株具有解钾能力且有一定抗逆性的菌株YJ09，对其进行生理生化性质研究、16S rRNA序列分析，并考察解钾菌培养液中的组分及各组分对钾长石的分解作用。菌株YJ09为地衣芽胞杆菌；解钾菌培养液中含有0.54g/L的有机酸、0.413mg/L的氨基酸和2.80g/L的多糖，起解钾作用的主要是多糖。该研究为具有解钾能力的地衣芽胞杆菌在微生物肥料中的应用提供了理论依据。

5. 类芽胞杆菌属菌剂

陈倩等（2011a）采用无氮培养基富集、筛选固氮菌，用对峙法筛选拮抗菌；用乙炔还原法测定固氮酶活性，用PCR扩增16S rDNA和*nifH*基因；通过形态、生理生化特征和16S rDNA序列分析鉴定菌种；采用温室盆栽小白菜试验接种效果。他们筛选到1株固氮菌GD812，该菌株固氮酶活性达到30.661nmol C_2H_4/（h·mg蛋白），同时具有拮抗麦类赤霉病菌（*Gibberella zeae*）和棉花黄萎病菌大丽轮枝菌（*Verticillium dahliae*）功能，抑菌率分别达到59.5%和49.3%。根据形态、生理生化特征和16S rDNA序列分析结果，GD812被鉴定为类芽胞杆菌（*Paenibacillus* sp.）；该菌株的*nifH*基因长度300bp，与类芽胞杆菌（*Paenibacillus* sp.）Bs57的*nifH*基因序列相似性达98%；GD812可以利用35种供试碳源中的20种，耐酸碱（pH值为4～11），在4～50℃温度范围内均可生长，盆栽试验接种比对照小白菜鲜重增加52%。因此，固氮菌GD812有望进一步研发成为优良的固氮微生物肥料生产菌种。为了寻求钾肥替代技术，李新新等（2014）从江西红壤中筛选到1株解钾效率为27.62%的高效解钾菌株G4，结合菌落形态特征、生理生化特性、16S rDNA序列分析，初步鉴定为类芽胞杆菌属（*Paenibacillus* sp.）；通过单因素试验与正交试验对G4的发酵条件进行优化，结果表明G4的最佳发酵条件为：麦芽糖1%、蛋白胨0.2%、磷酸氢二钾0.05%、培养温度25℃、初始pH7.5、装液量80mL/250mL（250mL三角瓶装液量为80mL）、培养时间48h、接种量7%。G4有较强的解钾能力，有望用于微生物肥料的开发。

孙建光等（2009a）从全国13个省、直辖市、自治区的70份土样中分离、采集到了非共生固氮微生物资源181份。从形态特征、生理生化特征和16S rDNA序列分析表明，采集到的菌种资源在科学分类上属于24属66种，大约占到已报道非共生固氮微生物属的1/2，具备一定的多样性和代表性。在分类学上的特点是分类地位相对集中，有65株菌属于类芽胞杆菌属，占总量的36%；52株菌属于芽胞杆菌属，占总量的29%；19株菌属于节杆菌属，占总量的11%。这3个属菌株合计占采集资源总量的76%。随地域和作物种类分布的特点是芽胞杆菌属和类芽胞杆菌属的菌种资源具有很强的地域广泛性和作物广泛性，即从采自全国各地、各种作物的土壤样品中几乎都可以分离到这2类菌种。孙建光等（2009b）采用无氮培养基富集、加热筛选固氮芽胞杆菌；用乙炔还原法测定固氮酶活性；采用盆栽小白菜选育高效固氮芽胞杆菌，研究菌种竞争适应能力与接种固氮效能；通过形态、生理生化特征和

16S rDNA 序列分析鉴定菌种。他们筛选到了 3 株固氮酶活性相对较高、固氮能力较强的菌株 GD062、GD082 和 GD282，其中 GD062 和 GD082 初步鉴定为芽胞杆菌（*Bacillus* spp.），GD282 被鉴定为类芽胞杆菌（*Paenibacillus* sp.）。进一步的研究结果表明菌株 GD082 竞争适应能力较强，在盆栽试验自然土壤条件下接种固氮效能与施用化肥试验处理效果相当，可望进一步研发用于生产固氮微生物肥料。试验结果同时显示，供试菌株的固氮酶活性与其接种固氮效能并不直接相关，菌株的竞争适应能力对接种固氮效能影响很大，接种固氮芽胞杆菌使小白菜根际土壤细菌多样性显著增加。综上，筛选到的芽胞杆菌 GD082 固氮酶活性较高、固氮能力较强、竞争适应能力较强，有望进一步研发成为优良的固氮微生物肥料生产用菌种。

胶质类芽胞杆菌（*Paenibacillus mucilaginosus*）因其具有多功能、强抗逆等特点而成为微生物肥料的首选菌种，它在农业生产中表现出提高土壤速效钾与速效磷含量、促进作物生长、提高作物产量和品质等多方面的效应（马鸣超 等，2014）。胶质类芽胞杆菌（*Paenibacillus mucilaginosus*）和慢生大豆根瘤菌（*Bradyrhizobium japonicum*）作为微生物肥料的生产菌种，凭借其良好的解钾解磷促生效果及共生固氮功能，广泛应用于农业生产，目前对其单一菌种促生或固氮效果及机理已有较多报道。马鸣超等（2015）开展了胶质类芽胞杆菌与慢生大豆根瘤菌复合接种研究，评价其接种效果，并对作用机理进行初步探究，为开发功能复合型微生物菌剂及丰富微生物肥料产品提供技术支持。田间小区试验在山东省泰安市农业科学院邱家店科研基地进行。设 T1（空白对照）、T2（胶质类芽胞杆菌 3016 单接种）、T3（慢生大豆根瘤菌 5136 单接种）、T4（胶质类芽胞杆菌 3016 和慢生大豆根瘤菌 5136 复合接种）和 T5（常规施肥）5 个处理，4 次重复。分析大豆播种前（0d）、花荚期（50d）、鼓粒期（80d）和成熟期（110d）土壤肥力、土壤微生物区系的变化及对大豆品质的影响。接种胶质类芽胞杆菌和慢生大豆根瘤菌的各处理均能提高单株籽粒重、产量和收获指数，其中以复合接种处理效果最优，分别高于对照处理12.8%、9.3%和41.0%，且差异显著；该处理下，大豆茎叶和籽粒的氮、磷、钾含量都具有较高水平，特别是籽粒钾、茎叶氮和茎叶磷，分别比对照提高了 5.7%、9.3% 和 38.5%，复合接种能显著提高大豆产量和品质。在土壤肥力方面，施用胶质类芽胞杆菌、慢生大豆根瘤菌和化学肥料对土壤总氮、速效磷、速效钾和有机质均有一定程度的改善和提高，其中以复合接种效果最佳，成熟期各指标分别比对照提高了 16.5%、43.7%、8.5% 和 15.5%；相对于化学肥料，施用胶质类芽胞杆菌和慢生大豆根瘤菌的各处理，对土壤肥力提高效果更有持久性且对土壤 pH 值影响更小，其中复合接种能显著改善土壤肥力。除此之外，复合接种还能够丰富土壤微生物群落多样性，提高微生物总量，尤其是增加细菌和放线菌数量，抑制真菌增长，有利于土壤实现由“真菌型”向“细菌型”的良性转变。典型对应分析结果表明，pH 值和速效钾是引起土壤细菌群落变化的主控环境因子。胶质类芽胞杆菌和慢生大豆根瘤菌复合接种不仅能够改善大豆品质、增加产量，还能提高土壤肥力、改善土壤微生物区系，是一种节本增效的施肥方式，具有良好的应用前景。

陶树兴和房薇（2006）采用二倍稀释法研究了生产微生物肥料用的 8 种细菌对 10 种化肥和代表不同类别的 5 种农药的敏感性。试验结果表明，10 种化肥在试验质量浓度达 200g/L 时，对 8 种细菌均无杀灭作用。化肥中碳酸氢铵抑菌作用最强，对圆褐固氮菌（*Azotobacter chroococcum*）ACCC8011 抑制作用最强。5 种农药在试验质量浓度达 10g/L 时，对试验菌株均无杀灭作用。多菌灵、甲基硫菌灵、溴氰菊酯和阿维菌素对胶质类芽胞杆菌（*Paenibacillus mucilaginosus*）ACCC10013、圆褐固氮菌 ACCC 8011、大豆根瘤菌（*Bradyrhizobium japonicum*）61A76 和细黄链霉菌（*Streptomyces microflavus*）5406 有一定的抑制作用，草甘膦对 8 种细菌都有抑制作用。

胶质芽胞杆菌（*Bacillus mucilaginosus*）因具有分解土壤矿物释放钾素和水溶性磷的能力而被广泛用于微生物肥料的生产，为了解不同禾本科植物根际胶质芽胞杆菌遗传多样性，赵艳等（2010）利用简单重复序列间扩增（ISSR）技术对 31 份胶质芽胞杆菌材料进行遗传差异分析。从 100 条通用 ISSR 引物中筛选出 18 条重复性好、条带清晰的引物，31 份材料共产生多态性条带 112 条，依据 ISSR 数据，利用非加权组平均法（UPGMA）构建聚类树，将 31 份胶质芽胞杆菌材料分为主要的 2 个聚类；材料间的遗传相似系数值为 0.21 ～ 0.97；其中菌株 K04（山西太谷）与 K17（海南三亚）以及 K08（北京）与 K25（海南文昌）之间的遗传相似系数最小（0.21），从山西太谷不同植物根际分离的菌株 K03 与 K04 之间的遗传相似系数最大（0.97）；相关系数（*R*）为 0.94，表明聚类分析的结果与原遗传距离矩阵之间的拟合程度极高。利用主成分分析（PCA）可将 31 个材料清晰地分为 3 个类群，与聚类树（GS=0.55）所得到的结论相一致。研究结果表明，不同植物根际分离的胶质芽胞杆菌材料间表现出较为丰富的遗传多样性，同时表明菌株的聚类结果和其地域性分布之间呈现出较明显相关性。赵艳等（2009）利用土壤矿物为钾源的硅酸盐细菌选择性培养基，从我国部分省市土壤中筛选到 30 株胶质芽胞杆菌，以辽宁菌种保藏中心胶质芽胞杆菌 LICC10201（编号 K31）为参照菌株，对其生理生化特性、耐盐性、耐酸碱性、温度敏感性及解钾能力等生物学特性进行了测定。结果表明，30 株胶质芽胞杆菌菌体均为杆状，产生椭圆至圆形芽胞。其中 K3、K9、K19、K31 为短杆状，30 株菌株均为 G^-。NO_4^+、NO_3^- 为良好氮源，且能在无氮培养基上生长。菌株 K5、K12 和 K31 解钾能力较强，释放的钾比不加菌液对照分别增加 2.39 倍、2.28 倍和 2.27 倍；K5、K11、K26、K31 在 3% NaCl 的培养基上能生长；在 25 ～ 30℃温度范围内供试胶质芽胞杆菌均能良好生长。

6. 其他芽胞杆菌菌剂

优良菌种是微生物肥料的基础，根际竞争能力是微生物肥料菌株发挥作用的前提，崔晓双等（2015）基于根际营养竞争能力筛选植物根际促生菌，利用玉米、黄瓜、番茄 3 种作物的根系分泌物为初筛培养基的营养源，从相对应作物的根际土壤样品中分离筛选能利用根系分泌物快速生长的菌株，通过测定所筛菌株的促生特性，进一步结合平皿幼苗促生试验复筛优良菌株，并通过盆栽试验评价促生效果。初筛所得 24 株菌株，均可在以植物根系分泌物为唯一营养来源的培养基上迅速生长，具有溶磷、产氨、产吲哚乙酸（IAA）及产铁载体等一种或多种促生性能，其中具有产氨能力的 14 株，占所筛菌株的 58.3%；可产 IAA 的 20 株，占所筛菌株的 83.3%，菌株 JScB 的 IAA 产量最大，达到了 73.28mg/L；产铁载体的 12 株，占所筛菌株的 50.0%；具有溶解有机磷能力的 15 株，占所筛菌株的 62.5%；获得的各菌株均有一定的溶解无机磷的能力，但差异很大，溶磷量范围为 19.14 ～ 200.05mg/L。结合平皿幼苗促生试验，最终筛选出 12 株菌株用于盆栽试验，接种所筛菌株于相应作物后，其株高、生物量、根系形态（总根长、根表面积等）和叶绿素含量等均高于不接种对照组。经 16S rDNA 序列同源性鉴定，5 株为芽胞杆菌属（*Bacillus*），3 株为剑菌属（*Ensifer*），2 株为根瘤菌属（*Rhizobium*），1 株为苍白杆菌属（*Ochrobactrum*），1 株为微杆菌属（*Microbacterium*）。

侯俊杰等（2014）筛选出能显著促进桉树幼苗生长的芽胞杆菌菌株，探究酶活性与桉树幼苗生长的相关性，初步揭示芽胞杆菌对桉树幼苗的促生机制。他们以分离自广东广州、阳江桉树林地土壤的 32 个芽胞杆菌菌株为研究对象，测定桉树幼苗接种盆栽试验以及菌株 1- 氨基环丙烷 -1- 羧酸（ACC）脱氨酶活性与幼苗 N、P 养分。结果表明，接种菌株 2306、2403、2301 能够显著促进桉树幼苗苗高生长和生物量积累，尤以菌株 2306 的促生效果最佳，其苗高、生物量分别比对照增加 53.1% 和 190.2%。芽胞杆菌的 ACC 脱氨酶活性与桉树幼苗苗高生长极显著相关，与生物量显著相关；而且上述 3 个菌株均能提高桉树幼苗的 N、P 含量。研究结果将进一步丰富桉树促生菌资源，促进桉树微生物肥料的开发。闫海洋等（2015）从吉林省不同玉米栽培区土壤中以胶状几丁质为碳源分离筛选分解几丁质微生物，最终筛选出功能菌株并命名为 CC-1，采用 16S rRNA 序列扩增法鉴定为芽胞杆菌（*Bacillus* sp.），通过十二烷基硫酸钠 - 聚丙烯酰胺凝胶电泳（SDS-PAGE）分析法进一步确定该菌株的几丁质酶生产能力和几丁质酶的蛋白分子量为 30000。通过盆栽试验进行微生物肥料对不同肥力中的玉米促生效果的研究，结果表明，以 CC-1 菌株生产的微生物肥料效果受土壤的基础肥力状况影响较大，土壤的肥力状况与微生物的增产效应成反比，相对贫瘠的土壤对微生物处理的响应较为敏感，对玉米的生物学性状及产量表现出了一定的促进作用，增产达到了 13.08%。王磊（2012）采用无氮培养基富集、加热筛选出 2 株固氮芽胞杆菌，编号为 JZ4 和 JZ5。采用固氮芽胞杆菌对唯一碳源、唯一氮源的利用和其对抗生素抗性的测定分析，探讨 JZ4 和 JZ5 对逆境的适应能力。试验结果显示，固氮芽胞杆菌 JZ4、JZ5 的竞争适应能力较强，而 JZ5 的竞争能力较 JZ4 强，可望进一步研发成为优良的固氮微生物肥料生产用菌种。

张燕春等（2009）对所选育出的一株固氮芽胞杆菌（GD272）进行了形态、生理生化测定和接种效果研究。通过 16S rDNA 基因比对以及生理生化鉴定表明，该菌株属于芽胞杆菌（*Bacillus* sp.）；乙炔还原法测定显示该菌株具有较高的固氮酶活性；小白菜盆栽试验看出，接种芽胞杆菌 GD272 达到了施用化学氮肥的同等效果。说明，菌株 GD272 在固氮微生物肥料生产中具有较好的开发应用前景。为了从棉花根际土壤中筛选出能与棉花凝集素具有亲和作用的高效促生细菌，夏觅真等（2008）以选择性培养基从棉花根部初步筛选具有固氮能力、解磷能力及解钾能力的促生细菌，再以异硫氰酸荧光素（FITC）标记的棉花凝集素为复筛工具，从棉花根际促生细菌中筛选能与棉花凝集素结合的亲和性菌株，分别挑选 2 株固氮菌、2 株解磷菌和 2 株解钾菌作为微生物肥料接种到棉花根部进行盆栽试验，观察其在根部定殖情况。结果发现，在选择性平板上有 20% ～ 30% 的菌株具有凝集素染色阳性。盆栽试验显示，接种的 6 株亲和性菌株能在棉花根部成功定殖，根际细菌数量约是灭活对照的 10 倍。通过初步鉴定，固氮菌株 N1111 为固氮菌属（*Azotobacter*），N2121 属于德克斯氏菌属（*Derxia*）；解磷菌株 P2126 属于黄单胞菌属（*Xanthomonas*），P1108 菌株为假单胞菌属（*Pseudomonas*）；解钾菌株 K2204 和 K2116 属于芽胞杆菌属（*Bacillus*）。

侧胞短芽胞杆菌是应用于微生物肥料的一种重要功能菌，夏帆（2007）采用正交试验筛选了侧胞短芽胞杆菌的发酵培养基配方，并探讨了发酵工艺条件。结果表明，侧胞芽胞杆菌的摇瓶发酵最佳培养基为蔗糖 3.0%、酵母膏 0.8%、蛋白胨 1.2%、$MgSO_4$ 0.075%、KH_2PO_4 0.25%、$MnSO_4$ 0.010%、$CaCO_3$ 0.8%；培养条件为温度 32.5℃、转速 200r/min、接种量 2% 以上、pH 值为 7.6，发酵液中的所得菌浓度可达 9×10^8CFU/mL。

为了解河南省土壤中芽胞杆菌资源状况，获得一批有应用价值的菌株，刘秀花等（2006）从河南省不同地区的土壤中分离纯化需氧芽胞杆菌。采用平板分离法从 22 个土样中获得 415 株纯培养物，对其进行形态学特征观察与测量、生理生化试验测定，并依据《伯杰氏系统细菌学手册》进行菌种鉴定，它们分属于14个不同的芽胞杆菌菌种。其中检出率较高的3个菌种依次为枯草芽胞杆菌（22.4%）、蜡状芽胞杆菌（16.1%）、蕈状芽胞杆菌（12.5%）。出土率大于60%的5个菌种分别是蕈状芽胞杆菌（86.4%）、蜡样芽胞杆菌（81.8%）、枯草芽胞杆菌（77.3%）、坚强芽胞杆菌（68.2%）、巨大芽胞杆菌（63.6%）。分析发现，不同农作区的优势菌种种类及其检出率不同，与地理条件和耕作制度有一定关系。从产酶种类、耐盐性、产酸能力、解磷能力等方面进行分析，部分菌株可以作为微生物酶制剂、微生物肥料生产的待选菌株。

二、抗病微生物菌剂

1. 真菌类抗病微生物菌剂

为了使蛋鸡粪有机肥兼有防治作物土传病害的多功能性。从安徽省农业科学院试验田及蛋鸡养殖场等环境中共分离出170株真菌，首先将分离菌与辣椒炭疽病菌（*Colletotrichum capsici*）进行平板对峙试验，再通过复筛选出7株菌，同时对该7株菌进行抑菌谱、耐温试验和蛋鸡粪肥中增殖试验，效果较好的菌株最终进行分子生物学鉴定。结果表明，筛选出的编号为TCC53的菌株对油菜菌核病和麦纹枯的抑菌率分别可达90.4%、82.3%；TCC157对辣椒炭疽病和辣椒疫霉的抑菌率分别可达88.6%、71.2%；同时这2株菌均可在40℃以上生长。通过分子生物学鉴定得出TCC53和TCC157分别为棘孢曲霉（*Aspergillus aculeatus*）和皮落青霉（*Penicillium crustosum*）。皮落青霉和棘孢曲霉均为环境中的常见真菌，生长快，不具有致病性，将其添加至蛋鸡粪有机肥中有望提高作物的抗病效果，又可改善土壤结构（陈丽园 等，2014）。

2. 细菌类抗病微生物菌剂

肖伟和闫培生（2014）利用海带渣对生防菌株JGA2(-5)27-2进行固体发酵。对不同发酵条件下发酵产物对植物病原真菌寄生曲霉的抑制活性与对发酵产植物激素6-糠氨基嘌呤的能力进行测定。通过单因素试验和响应面试验优化了发酵条件：蔗糖为最优的碳源；硝酸盐为最优的氮源；蔗糖浓度、KNO_3浓度、最佳的培养时间、含水量、培养温度、接种量和pH值分别为2.091%、0.507%、8.24d、60%、35℃、4%和自然pH值。在发酵过程中以添加KNO_3的形式向发酵菌肥中加入K^+。试验证明，利用生防菌株JGA2(-5)27-2进行海带渣的固体发酵生产多功能微生物肥料具有可行性。橘黄假单胞菌JD37是一株具有生防促生作用的植物根际促生菌，王婧等（2012）从载体和保护剂两方面研究JD37微生物肥料的制备。研究结果表明，滑石粉为载体对JD37菌体的吸附和保存能力均高于硅藻土，滑石粉菌剂中的活菌体释放率比硅藻土高2.74倍。保护剂的筛选试验表明羧甲基纤维素钠（CMC-Na）是最适合的保护剂。选用以滑石粉为载体，0.1% CMC-Na为保护剂制备的粉末状JD37菌剂，以水溶液形式施用于番茄植株，其释放的活菌体在番茄根际土壤的定殖能力稳定维持在10^6CFU/g，并且能够显著促进番茄幼苗生长。

荣良燕等（2014）从岷山红三叶根际分离出高效解磷菌，并对其分泌生长激素、拮抗病原菌特性进行测定。筛选出优良促生菌6株，根瘤菌1株，按照一定比例混合制成复合菌肥，进行盆栽试验，研究复合菌肥对岷山红三叶产量、品质及异黄酮含量的影响。结果表明，利用筛选的优良促生菌和根瘤菌研制的复合微生物菌肥符合《微生物肥料》（NY/T 227—1994）标准。75% 化肥 +PGPR 菌肥处理使岷山红三叶干草总产量较 CK 增加 4.76%，同时，该处理可提高红三叶粗蛋白、粗灰分、钙、磷含量，降低中、酸性洗涤纤维含量；50% 化肥 + PGPR 菌肥处理对岷山红三叶的总干草产量、营养品质以及 4 种异黄酮的含量均没有显著影响。

师利艳等（2015）研究了恩格兰微生物菌剂在金神农烤烟生产中的应用效果，结果表明，恩格兰微生物菌剂可促进金神农烤烟早生快发，根系发达，增强抗病力，增加经济效益，提高烟叶品质。产量和质量以常规施肥 + 恩格兰微生物菌剂 30kg/hm^2 的处理表现最好，与常规施肥相比，产量增加 17kg/hm^2，产值增加 1350.41 元 /hm^2，均价增加 0.46 元 /kg，中上等烟率增加 4.7 个百分点。叶片稍厚，油分较足，化学成分较为协调，感官质量较好，具有良好的应用效果。光合菌肥是目前发展较快的新型微生物肥料，罗定棋等（2008）为研究其在烟草上的应用效果，在 2007 ～ 2008 年间进行田间试验研究。试验结果表明，在烟草上应用光合菌肥，能有效改善烟草的生物、经济性状，提高烟株的抗病抗逆性，具有明显的增产、提质、增效作用。

赵栋等（2012）以“宁杞 1 号”为试验材料，探讨 4 种微生物肥料对枸杞生理特性、植物学性状和病害的影响。结果表明：在高氮水平下施用微生物肥料，枸杞叶片叶绿素含量比常规施肥叶绿素含量高；4 种微生物肥料处理的枸杞叶片可溶性蛋白质的含量分别比对照组增加 3.7%、4.8%、6.6% 和 6.0%；与对照组相比，各处理枸杞叶片过氧化物酶活性分别提高了 4.39%、20.84%、31.45% 和 30.94%；超氧化物歧化酶、过氧化氢酶活性均有所提高，丙二醛含量降低；施用微生物肥料对枸杞植物学性状有明显改善作用，并可以降低枸杞发病率。油茶（*Camellia oleifera*）是我国重要的木本油料树种，其种子提取的茶油富含不饱和脂肪酸，素有“东方橄榄油”之称。由层生镰刀菌（*Fusarium proliferatum*）引起的油茶根腐病，导致植株不能正常吸收养分和水分而干枯死亡，给油茶产业发展带来了严重的威胁。硅酸盐细菌是一类重要的微生物肥料菌种，同时具有一定的生防功效。周国英等（2010）从油茶根际土壤中分离、纯化获得硅酸盐细菌，采用平板对峙培养法，筛选对油茶根腐病原菌层生镰刀菌有拮抗作用的菌株。结果表明：分离纯化得到的 73 株硅酸盐细菌，有 7 株具有拮抗作用，其中菌株 K56 抑制效果最好，平板对峙抑制率达到 85.9%；对其稳定性进行分析发现，该菌抑菌活性物质经过热处理以后，基本失去生物活性；在 pH 值为 5.0 ～ 8.0 时都有一定的抑菌活性，其中 pH 值为 6.0 时抑菌效果最好，抑菌圈直径达到 8.8mm；紫外线照射 60min 后，抑菌圈直径为 8.6mm。

三、固氮微生物菌剂

1. 共生固氮菌和联合固氮菌微生物菌剂

紫花苜蓿（*Medicago sativa* L.）是营养价值很高的饲用作物，也是北京市大力发展的牧草品种之一，筛选与之共生的固氮根瘤菌，用于微生物肥料的生产，具有重要意义。贾小红等（2007）获得的 XJ83073 和 XJ83097 为 2 株具有高效固氮活性的根瘤菌菌株，根盘试验表明，接种 XJ83073 和 XJ83097 的紫花苜蓿植株鲜重（产量）较未接种空白对照分别增加 12.7% ～ 65.2% 和 25.0% ～ 81.0%。摇瓶试验结果表明，2 株根瘤菌在酵母甘露琼脂（YMA）

培养基中适宜放罐时间分别为30h和36h，发酵液中根瘤菌活菌数分别达8.9×10^9CFU/mL和5.1×10^9CFU/mL。他们进一步制备了种衣剂与草炭剂两种剂型的根瘤菌接种剂，盆栽试验表明，种衣剂处理苜蓿种子后其产量较草炭剂型与未接种对照组分别提高17.6%和27.9%。进一步田间试验表明，XJ83073和XJ83097两菌株包衣处理可使苜蓿地上部干重较对照组分别增加85.9%和69.6%，增产效果显著。为探讨微生物肥源替代或部分替代化肥的应用潜力，韩华雯等（2013）利用前期从苜蓿（*Medicago sativa* L.）和小麦（*Triticum aestivum* L.）根际分离的3株解磷菌（*Bacillus* sp.，*Pseudomonas* sp.和*Azotobacter* sp.）和1株苜蓿中华根瘤菌（*Sinorhizobium meliloti*）研制苜蓿根际新型专用接种剂，并进行田间随机区组试验，测定其对苜蓿生长特性的影响。结果表明：单一菌种接种剂+半量磷肥对苜蓿的促生效果不及复合菌种接种剂+半量磷肥，与对照组（全量磷肥）相比，复合菌种接种剂+半量磷肥处理对苜蓿的各项生长指标均有明显的促生效应；其中以复合接种剂+半量磷肥处理的效果最佳：苜蓿株高、叶绿素含量、叶茎比、干鲜比及产量分别较对照组增加9.00%、51.98%、13.79%、19.57%、11.98%（第1茬）和8.26%、48.08%、16.87%、20.07%、20.95%（第2茬）；单一菌种接种剂+半量磷肥处理的效果不及全量磷肥处理，但处理根瘤接种剂+半量磷肥效果较好。因此，推荐根瘤接种剂和（Jm170+Jm92+Lx191）解磷菌+根瘤菌复合接种剂为适用于苜蓿的最佳单一及复合菌株接种剂。

韩华雯等（2013b）以木炭、泥炭、花土、有机肥、菌糠为不同基质载体，利用前期从植物根际分离出的3株解磷菌和1株联合固氮菌制作PGPR菌肥，并进行田间随机区组试验，研究其对燕麦草产量和籽粒产量的影响。结果表明，除菌肥4以外，其余处理活菌数均符合《微生物肥料》（NY/T 227—1994）质量标准，其中，菌肥1和菌肥2的活菌数最优，适宜作为PGPR菌肥载体；施用不同PGPR菌肥对燕麦的株高、干草产量和籽粒产量具有明显的促进作用，其中，各处理对株高影响不显著，而燕麦草产量的增产效果与作物所处的生育期有关，灌浆期菌肥1的促生效果良好，成熟期菌肥5的促生效果较佳。菌肥1干草产量和籽粒产量较对照分别提高20.4%和10.8%，说明配方1可作为PGPR菌肥的良好载体。席琳乔等（2008）结合气相色谱仪（GC），利用乙炔还原等方法对盐碱地棉花根际联合固氮菌进行了分离，同时对固氮和分泌生长激素IAA能力进行了测定。从长绒棉和陆地棉根际分离出固氮菌182株，其中长绒棉菌株104株。利用乙炔还原法测定，最终筛选出8个固氮酶活性较高的菌株，其中AC2菌株固氮酶活性（以C_2H_4计）最高，高达636.61nmol /（h · mL），达到极显著水平，NC1最小为23.40nmol /（h · mL）。长绒棉与陆地棉的固氮酶活性相比，陆地棉的差异更大，最高者是最低的27倍左右。单从固氮酶活性来看，陆地棉地区草地有开发潜力的优良菌株相对较多，如AC2，而长绒棉根际固氮菌的能力相对较差。从长绒棉和陆地棉根际分离的菌株均有分泌生长激素能力，分别为6.62～22.83μg/mL和26.12～623.92μg/g，其中，NL2和AC2无论固氮能力，还是分泌IAA的能力均表现很好，具有开发微生物肥料的潜力。

2. 非共生固氮菌微生物菌剂

1-氨基环丙烷-1-羧酸（1-aminocyclopropane-1-carboxylate，ACC）脱氨酶是近年来发现的许多植物根际促生菌（plant growth promoting rhizobacteria，PGPR）共有的一个特征性酶，很多具有ACC脱氨酶活性的细菌能够增强植物抗逆性，缓解干旱、淹水、盐碱、高温、病虫害等对植物的危害。因此，ACC脱氨酶阳性细菌的筛选和研究对促进农业生产具有重要意义。陈倩等（2011b）从大量样品中分离、筛选到 1 株 ACC 脱氨酶阳性固氮菌，编号为 7037，该菌株 ACC 脱氨酶活性为 2.530μmol *α*- 丁酮酸 /（h · mg 蛋白），固氮酶活性为 10.068nmol C_2H_4/（h · mg 蛋白）；具有较为广泛的碳源利用能力和很强的环境适应能力，被鉴定为节杆菌属（*Arthrobacter* sp.）的一个种。盆栽试验显示，小白菜接种 7037 菌株比对照组鲜重增加了 139%，差异极显著。因此，该菌株有望进一步开发成为微生物肥料的生产菌种。秦宝军等（2012）筛选具有 ACC 脱氨酶活性的小麦内生固氮菌，确定其系统发育地位与分类地位，为微生物肥料生产收集菌种资源。样品表面灭菌后采用无氮培养法筛选内生固氮菌，用乙炔还原法测定菌株固氮酶活性；采用 ACC 唯一氮源法筛选 ACC 脱氨酶阳性菌，用比色法定量测定 ACC 脱氨酶活性；PCR 扩增得到菌株，通过 16S rDNA 序列测定和相似性分析研究菌株的系统发育；通过形态、生理生化特征和 16S rDNA 序列比对鉴定菌种。结果表明，小麦体内固氮菌数量为（0.2 ～ 17.8）$\times 10^5$ CFU/g 鲜重；分离到小麦内生固氮菌 60 株，固氮酶活性在 1 ～ 36nmol C_2H_4/（h · mg 蛋白），其中 9 株具有 ACC 脱氨酶活性，活性为 0.87 ～ 9.32μmol *α*- 丁酮酸 /（h · mg 蛋白）；新分离菌株 9136 的固氮酶活性为 1.82nmol C_2H_4/（h · mg 蛋白），ACC 脱氨酶活性为 9.32μmol *α*- 丁酮酸 /（h · mg 蛋白），初步鉴定为假单胞菌（*Pseudomonas* sp.）。

固氮微生物菌种选育是固氮微生物肥料生产应用的基础。孙建光等（2010）从玉米根际土壤中分离出 1 株高效固氮菌株 GD542，菌体短杆状，0.4μm×（1.0 ～ 1.5）μm，革兰氏阴性；固氮酶活性为 5.046nmol C_2H_4/（h · mg 蛋白）；利用碳源较广泛，抗逆性较强，既可在 4℃低温生长，也可以在 37℃下生长，耐盐性高达 10%。16S rDNA 序列分析结果表明，该菌株与固氮鞘氨醇单胞菌（*Sphingomonas azotifigens*）的 16S rDNA 序列有高达 96% 的同源性，结合形态特征和生理生化特征等，将其初步鉴定为鞘氨醇单胞菌（*Sphingomonas* sp.）。接种小白菜的温室盆栽试验表明，菌株 GD542 具有很好的固氮效能，与无氮对照组相比，接种 GD542 处理植株干重增加 206%，含氮量增加 230%，达到统计学显著差异水平，开发应用前景较好。李朔等（2012）从供试土壤中分离出可固氮、解磷、解钾的菌株目的菌，测定其代谢能力，分别进行 16S rDNA 测序分析鉴定，并进行液体培养正交试验，以及尝试固体培养复合微生物有机肥。分离得到代谢能力较强的固氮、解磷、解钾菌 N2、P1、K5；鉴定分别为产酸克雷伯氏菌（*Klebsiella oxytoca*）、蜡样芽胞杆菌（*Bacillus cereus*）和胶质类芽胞杆菌（*Paenibacillus mucilaginous*）；培养条件对有效活菌数的影响大小程度为温度 >C/N 值 > pH 值 > 转速，最佳培养条件为温度 32℃，C/N 值 30，pH 值 7.0，转速 140r/min，在最佳条件下 48h 达到 1.78×10^{10}CFU/mL；尝试利用该复合微生物进行固体发酵生产复合微生物有机肥，96h 得到有效活菌数 2.23×10^9CFU/g。

为挑选具有高固氮能力的自生固氮菌菌株，卢秉林等（2009）用乙炔还原法对甘肃省春小麦和玉米等非豆科作物根际土壤中分离所得的 13 株菌进行固氮酶活性测定，并通过盆栽试验对其进行春小麦肥效试验。结果表明：供试 13 株自生固氮菌对春小麦籽粒、生物产量及其构成因素均有一定促进作用，N6、N10、N13、N14、N27 和 N426 株菌对春小麦产量的促进作用相对较高，具有一定的应用前景，有望成为微生物肥料研制的菌种。其中 N13 对春小麦的增产效果最为明显，与施同量肥料（1/3N）的对照相比，籽粒增产 66.04%，生物产量增产 54.19%，穗重增加 47.65%，穗粒数增多 37.91%，千粒重增加 20.42%，株高增加 5.16%，穗长增加 21.89%，且具有较强的固氮能力，每盆固氮量为 212.55mg，固氮酶活性也显著高于其他菌株，达到 139.79nmol C_2H_4/（h · mL）。

毛露甜等（2014）用无氮培养基以稀释倒平板法和种土法筛选自生固氮菌 1 株，以菌糠为载体制备固氮菌肥。研究表明固氮菌肥浸提液浓度低于 50% 时对小白菜种子的发芽有促进作用，而浓度高于 75% 的浸提液对种子有一定毒副作用。固氮菌肥肥效试验中，菠菜株高菌肥组比菌糠组和对照组分别高 16.1% 和 49.3%，空心菜株高菌肥组比菌糠组和对照组分别高 31.2% 和 49.4%。菠菜叶片叶绿素总含量菌肥组比菌糠组和对照组分别高 28.3% 和 34.5%，空心菜叶片叶绿素总含量菌肥组比菌糠组和对照组分别高 31.9% 和 45.7%。菠菜维生素 C 含量菌肥组比菌糠组和对照组分别高 22.8% 和 38.2%。空心菜维生素 C 含量菌肥组比菌糠组和对照组分别高 15.3% 和 35.9%。结果表明，该固氮菌肥具有良好的肥力，能较好地促进蔬菜生长，是值得推广应用的一种微生物肥料。荣良燕等（2013）通过测定植物根际促生菌株固氮酶活性、解磷量、分泌植物生长素量、对病原菌的拮抗作用及菌株生长速度，筛选出了 5 株具有较好促生特性的优良菌株。利用筛选的优良菌株研制复合接种剂，并于 2009 年和 2010 年进行田试，测定其部分替代化肥对玉米生长的影响。结果表明：利用筛选的优良促生菌研制的复合微生物接种剂符合《微生物肥料》（NY/T 227—1994）标准。施用接种剂替代 20% ～ 30% 的化肥，玉米株高、地上植物量、穗长、穗粗、单位面积穗数、穗粒数和经济产量等均有提高。研制的微生物接种剂（菌肥 +80% 化肥），于 2010 年进行大田推广使用，玉米增产 9.86%，减少化肥投入、增产收入及直接经济效益分别为 620.1 元 /hm^2、2291.4 元 /hm^2 和 2851.5 元 /hm^2。

王国基等（2014）通过对前期分离自玉米根际促生菌（PGPR）菌株生长速度、固氮酶活性、解磷量及分泌 IAA 能力的测定，筛选获得 7 株优良 PGPR 菌株，将其制成玉米专用菌肥，于 2013 年进行田间试验，测定菌肥配施化肥对玉米叶面积与干物质积累的影响。结果表明，研制的玉米专用菌肥符合《微生物肥料》（NY/T 227—1994）标准。菌肥配施化肥减量 15% ～ 30%，在开花期前对玉米单株叶面积影响表现为全量化肥（A）>85% 化肥 + 菌肥处理（B）>70% 化肥 + 菌肥（C）>100% 菌肥（D）> 不施肥（E）；开花期后表现为 B>A>C>D>E。对干物质积累量影响在开花期前表现为 A>B>C>D>E；开花期后表现为 B>A>C>D>E。在玉米整个生育期菌肥配施减量化肥对玉米叶面积和干物质积累的影响变化是一致的。成熟期经济产量表现为：处理 B 显著高于其他处理（$P<0.05$），比全量化肥显著提高 2.7%；干草产量处理 A、B、C 间差异不显著，表现为 B>A>C，处理 B 比全量化肥干草产量提高 2.1%；经济产量及干草产量处理 C 与 A 相比均有所下降，但差异不显著。

为了开发新的可替代化肥、农药的促植物生长微生物肥料，许明双等（2014）对从水稻种子中分离得到的 1 株具有抗氧化活性的内生细菌 K12G2 进行分类鉴定，检测其促生特性，并通过平板培养和水培试验测定其对水稻幼苗的促生长作用。结合菌株 K12G2 的形态学、生理生化特征检测及分子生物学鉴定，K12G2 为柠檬色短小杆菌（*Curtobacterium citreum*）；该菌株表现为产 IAA、解磷、固氮及淀粉酶活性的促生特性；在限菌平板培养条件下，菌株 K12G2 培养液浸种 1h 处理比 4h 处理后对水稻种子的萌发和生长效果明显，培养液处理的水稻幼苗根长和芽长显著增加；在水培条件下，接种 K12G2 的水稻幼苗根长显著提高 47.08%，生长至三叶期的幼苗比例是对照组的 4.5 倍。结果表明，菌株 K12G2 促生作用明显，具有一定的应用前景。

四、解磷微生物菌剂

宋娟等（2020）从枫香（*Liquidambar formosana* Hance）根际土壤中分离和鉴定有效解磷菌（PSB），采用形态学及生理生化特征、微生物鉴定系统（MIDI）、Biolog 细菌鉴定和 16S rDNA 序列分析等方法鉴定解磷菌；应用离子发射光谱法测定各解磷菌菌株（JX7、JX18、JX21、WH10）处理下枫香叶片大量及微量元素的含量，分析解磷菌菌株对植物生长的影响。结果表明，解磷菌菌株 JX7 鉴定为争论贪噬菌（*Variovorax paradoxus*），JX18 和 JX21 鉴定为蜡样芽胞杆菌（*Bacillus cereus*），WH10 鉴定为蕈状芽孢杆菌（*Bacillus mycoides*）。菌株 JX21 的可溶性磷酸盐含量最高，为（9.35±0.89）mg/L，其次是 JX7［（6.63±0.09）mg/L］、WH10［（6.16±0.12）mg/L］和 JX18［（5.32±0.07）mg/L］。这些解磷菌在培养 72h 后，其溶磷量均达到最大值。筛选自枫香根际的解磷菌菌株（JX7、WH10、JX18、JX21）接种枫香幼苗比对照显著提高了枫香的苗高和地径（$P<0.05$）。在室温条件下接种解磷菌显著提高枫香叶片内的 P、Ca、Mg、Zn 的含量（$P<0.05$）。

为探究盐生植物田菁及其根际功能微生物改良盐碱地的效果，王艳霞（2020）从黄河三角洲盐碱区田菁根际土壤中分离促生菌，并明确其耐盐促生效果；采用选择培养方法从田菁根际土壤中分离固氮菌、解磷菌以及解钾菌，并进行 16S rRNA 分子生物学鉴定；对菌株的耐盐及促生特性进行测定，筛选性状优良菌株进行玉米促生作用研究。结果表明，共分离得到 105 株根际促生菌，其中 N102 兼具多种促生特性且耐盐性达 15%。田菁种子发芽试验表明，N102 可显著提高田菁发芽率（47%，$P<0.05$）、芽长（48.5%，$P<0.05$）和根长（60%，$P<0.05$）；玉米盆栽试验结果表明，N102 对盐胁迫下玉米的株高、根长、叶绿素含量、地上部干重以及根干重具有显著的促进作用。经系统发育分析，N102 与 *Enterobacter soli* ATCC BAA-2102 的序列相似度为 99.30%，因此，将其鉴定为土壤肠杆菌（*Enterobacter soli*）。

广西喀斯特石漠化地区水土流失和植被退化严重，土壤有效磷含量低是限制植被修复的因素之一，筛选乡土高效解磷菌株，可以加快修复石漠化生态环境。张中峰等（2018）通过调查筛选石漠化地区常见植物根际土壤解磷菌，检测解磷菌株解磷能力，并将优良菌株培养后接种至顶果木（*Acrocarpus fraxinifolius*）幼苗根际土壤，检测解磷菌对植物的促生效应。结果表明，石漠化地区土壤中解磷微生物丰富，共筛选出 20 株解有机磷菌和 24 株解无机磷菌，分别属于 11 个类群，其中，假单胞菌属（*Pseudomonas*）为石漠化植物根际土壤解磷菌的优势类群。解有机磷菌解磷能力为 35.4 ～ 79.2μg/mL，解无机磷菌解磷能力为 112 ～ 253.2μg/mL。接种解磷菌剂对顶果木生长和养分吸收具有显著促进作用，植株地上生物量比对照组增加 14.5% ～ 30.5%，根系生物量比对照增加 27.6% ～ 45.7%。接种 IP-HLG1 和 IP-CTM11 处理的植株氮、磷含量显著高于对照组处理，分别比对照组处理高 9.3%、19.7% 和 24.6%、20.3%。与对照组处理相比，接种菌剂处理的土壤有效磷含量增加了 34.5% ～ 69.1%，IP-HLG1 和 IP-CTM11 处理增加显著。

为了减少化学磷肥的施用量，何建清等（2018）以蒙金娜有机磷培养基为分离培养基，从西藏不同地区青稞根际土壤中分离解磷菌株；对分离出的解磷圈直径与菌落直径的比值（*D*/*d* 值）在 2.0 以上的解磷菌株分别进行解磷能力定量测定，筛选出优良解磷菌 2 株；对其进行种子萌发和盆栽促生效应试验。结果表明，菌株 10BN-11 和 12-BN-6 的解磷效果较好，有效磷分别达 122.63mg/L 和 35.72mg/L。种子萌发试验结果表明，菌株 10BN-11 与对照组相比，对增加青稞发芽率、发芽势、发芽指数、株高、根长、鲜重都有明显的促进作用；菌株 12-BN-6 对青稞种子的萌发具有抑制作用，但对株高、根长和鲜重具有明显的促进作用。盆栽试验结果显示，菌株 10BN-11 和 12-BN-6 菌液对青稞株高、根长、鲜重均有较明显的促进效果，较对照组分别提高了 35.00% 和 29.92%，35.54% 和 58.32%，21.59% 和 6.31%。2 个菌株对青稞总氮和总磷含量均有明显的提升效应，分别比对照组高出 72.24% 和 25.75%，74.68% 和 53.75%。说明所筛选的菌株能产生良好的促生效应，为开发经济环保的生物肥料提供了菌种资源。

吴伟等（2018）对山西长治地区连翘根际土壤进行高效解磷细菌的筛选及鉴定，测定其促生长特性。从连翘根际土壤中分离筛选出解有机磷能力较强的细菌 9 株，经形态特征、生理生化特性、Biolog 鉴定和 16S rDNA 基因序列分析，分属于嗜麦芽寡养单胞菌、嗜根寡养单胞菌、荧光假单胞菌、蜡状芽胞杆菌及密歇根克雷伯菌。9 株菌均具有产 IAA 和嗜铁素的能力，其中菌株 LQYJ3 和 LQYJ8 具有产 NH_3 能力，LQYJ3 和 LQYJ4 具有产 HCN 能力，LQYJ2 和 LQYJ5 具有固氮能力，LQYJ6、LQYJ7 及 LQYJ8 具有产 ACC 脱氨酶活性。因此，连翘根际具有丰富的多种促生长特性的解有机磷细菌资源。

晋婷婷等（2016）以分离自南方红豆杉根际的 1 株解有机磷细菌 JYD-4 为研究对象，对其进行分类鉴定；采用钼锑抗比色法研究 JYD-4 菌种在不同碳源、氮源和 pH 值条件下的解有机磷能力；提取 JYD-4 菌株磷酸酯酶，测定在不同温度和 pH 值条件下的磷酸酯酶活性；采用温室盆栽试验研究 JYD-4 菌株对南方红豆杉实生苗的促生长作用。结果表明：① 分离自南方红豆杉根际的解有机磷细菌 JYD-4 为嗜麦芽寡养单胞菌（*Stenotrophomonas maltophilia*）；② 菌株 JYD-4 在卵黄固体培养基上产生的解磷圈直径与菌落直径比为 2.01，在液体培养基中的解磷量为 72.38mg/L；③ 菌株 JYD-4 解磷最适碳源为葡萄糖，最适氮源为牛肉膏，最适 pH 值为 7.0；④ 菌株 JYD-4 产生的磷酸酯酶主要为胞内酶，该酶在 20 ～ 65℃温度范围均能发挥较高酶活性，但仅能在 pH 值为 9.0 条件下产生较高酶活性；⑤ 菌株 JYD-4 接种能够明显提高南方红豆杉实生苗的苗高、地径和生物量。说明嗜麦芽寡养单胞菌 JYD-4 是一株高效解有机磷细菌，主要分泌碱性磷酸酯酶，对南方红豆杉具有明显的促生长作用。

油茶（*Camellia oleifera* Abel.）是我国特有的木本油脂食用经济林种，具有重要的经济价值和生态价值，对我国林业发展和生态建设具有十分重要的意义，特别是对提高红壤区农业经济水平具有积极的作用。而红壤对磷有较强的吸附固定力，土壤磷缺乏问题较为严重，很难满足植物生长所需。因此，施肥尤其是磷肥的施用已成为增加油茶产量必不可少的基本技术措施。王舒（2015）以江西、湖南两地油茶主产区 10 年生油茶根际土壤为材料，进行高效解无机磷细菌的分离、筛选，并通过形态特征、生理生化特性及 16S rDNA 进行菌株鉴定，优化高效解磷细菌的溶磷条件，探究高效解磷细菌的安全性，同时将 2 株高效解磷菌剂回接至 1 年生油茶幼苗盆栽土壤中，探讨了解磷菌剂对油茶幼苗植株生长、养分吸收、土壤养分含量、土壤微生物数量及土壤酶活性的影响，取得以下主要研究结果。

① 利用解磷透明圈法和钼锑抗比色法分离筛选出 20 株具有高效解磷能力的解磷细菌，并对其解磷机理和菌株种属进行初步研究。结果表明，*D*/*d* 值与解磷细菌的有效磷含量间没有显著的相关性；发酵液 pH 值（x）与有效磷含量（y）呈极显著负相关（R^2=0.5011，P<0.01），线性回归方程为 y=−131.71x+1090.3；发酵液 OD600 值（x）与有效磷含量（y）呈极显著负相关（R^2=0.4249，P<0.01），线性回归方程为 y=−584.85x−79.05。筛选获得的 20 株具有高效解磷能力的解磷细菌各处理发酵液中有效磷含量均显著高于对照组（54.33mg/L），

且各处理间差异显著。解磷细菌处理发酵液有效磷含量在385.92～494.78mg/L之间，增长幅度为331.59～440.45mg/L，解磷率介于8.84%～11.75%。而其中菌株JX285发酵液中的有效磷含量最高（494.78mg/L），为对照组的9.10倍，解磷率为11.75%。HN038次之，其发酵液中的有效磷含量为475.01mg/L，为对照组的8.74倍，解磷率为11.22%。通过形态特征、生理生化特性、Biolog系统及16S rDNA对6株高效解磷菌株进行鉴定，最终鉴定菌株HN038、JX285、JX039（HN075）、HN053（JX068）分别为耳假单胞杆菌（*Pseudomonas auricularis*）、阿氏芽胞杆菌（*Bacillus aryabhattai*）、杓兰果胶杆菌（*Pectobacterium cypripedii*）、路德维希果胶杆菌（*Enterobacter ludwigii*）。

② 利用正交试验设计优化高效溶磷细菌JX285、HN038的最适解磷条件。结果表明，解磷菌株JX285最适碳源和氮源分别为葡萄糖和$(NH_4)_2SO_4$，最佳解磷条件为A2B2C1D3，即温度28℃，初始pH值为7.5，接种量1%，溶解氧量100mL。其影响因素依次为：温度＞pH值＞溶解氧量＞接种量。经优化后的培养液的有效磷含量为586.73mg/L，比普通解磷培养液的有效磷含量（404.20mg/L）高出45.16%。解磷菌株HN038最适碳源和氮源分别为葡萄糖和NH_4NO_3，且最佳培养条件为A2B1C1D1，即温度28℃，初始pH值为6.5，接种量1%，溶解氧量25mL。其影响因素依次为：温度＞pH值＞溶解氧量＞接种量。经优化后的培养液的有效磷含量为520.96mg/L，比普通解磷培养液的有效磷含量（352.57mg/L）高出47.76%。

③ 利用苜蓿模型和毒力基因测定来对筛选出的高效解磷菌株JX285、HN038进行简捷有效的安全性检测，发现JX285和HN038均无致病性，安全性较高。

④ 采用盆栽试验系统研究了解磷细菌对1年生油茶幼苗生长发育、光合特性、土壤养分、土壤微生物区系及酶活性的影响，结果表明，接种3种解磷菌剂均可不同程度地促进油茶植株的株高、生物量、净光合速率、叶绿素含量、氮含量和磷含量。接种3种菌剂后，油茶根际土壤碱解氮、速效磷和速效钾含量均有不同程度的提高。接种3种菌剂均能增加油茶根际土壤中细菌和放线菌的数量，减少真菌的数量，提高土壤蔗糖酶和脲酶活性。解磷菌剂在土壤低磷胁迫情况下，能更好地发挥解磷作用和促生效果。在接种不同解磷菌剂和施磷水平下，混合菌剂促生效果优于单一菌剂，试验对照CK1和CK2对所有试验指标结果均无影响。

植物根际解磷菌不仅可以提高植物对土壤磷素的利用率，同时可以促进根瘤菌的结瘤和固氮作用。李玉娥等（2010）利用液体培养法对5株解磷菌的解磷特性和分泌IAA的能力进行研究，并通过盆栽试验研究接种解磷菌对苜蓿（*Medicago sativa* L.）生长的影响。结果表明：各供试菌株解磷能力差异较大，解磷能力最强的是LM18（300.3mg/mL）；菌株都具有分泌IAA的特性，最大分泌量为17.95μg/mL（LM12）。接种解磷菌后苜蓿株高、茎粗、干重、干鲜比和叶茎比都比对照组明显增加。因此，解磷能力和分泌IAA能力较强的菌株（LM12和LM18）可作为研制微生物肥料的优良菌株。

五、解钾微生物菌剂

1. 来自药用植物根际的解钾菌及应用于药用植物的解钾微生物菌剂

周浓等（2021）研究了不同生境药用植物滇重楼的根际土壤解钾菌的解钾能力，筛选出具有高效解钾能力的菌株，为滇重楼的栽培及品质提升奠定理论基础。他们以云南、四川和贵州3个地区10个不同地点的野生和移栽品的滇重楼根际土壤为研究对象，分离纯化解钾菌，使用火焰分光光度法测定解钾能力，并通过生理生化及分子生物学进行鉴定。纯化后获得26株解钾菌，野生和移栽品滇重楼根际土壤中各获得13株。通过解钾能力测定发现，26株解钾菌的解钾能力存在明显差异，其发酵液中的K^+质量浓度为1.04～2.75mg/L，增钾量为0.01～1.82mg/L。通过生理生化和16S rDNA基因序列分析，这些菌株被鉴定为芽胞杆菌属、农杆菌属、葡萄球菌属，其中解淀粉芽胞杆菌（4株）为芽胞杆菌属的优势菌。滇重楼根际解钾菌的生理生化特性不同，生活环境不同，解钾能力也随之变化，分离纯化得到解钾能力最强的Y4-1菌株为解淀粉芽胞杆菌，增钾量为1.82mg/L。

孙科等（2020）通过选择性培养基初筛，利用可溶性钾含量和产吲哚乙酸（IAA）能力测定进行复筛，从牛蒡根际土壤中筛选解钾能力较强的菌株，通过形态观察、生理生化试验及16S rDNA基因序列分析对其进行鉴定，并通过单因素试验和响应面试验对其解钾条件进行优化，最后，通过牛蒡盆栽试验验证其促生能力。结果表明，从牛蒡根际土壤中筛选到一株降解钾能力及IAA生产能力较高的菌株PB-9，并被鉴定为巨大芽胞杆菌（*Bacillus megaterium*）。其最优解钾条件为发酵温度31℃、初始pH值为6.8、接种量6.6%、发酵时间53h。在此最优条件下，可溶性钾含量为38.46mg/L，增长率为136.24%。与空白对照（CK）组相比，菌株PB-9能使牛蒡的株高、叶片数和地上部分鲜质量分别提高25.78%、28.48%、26.54%，对牛蒡的生长具有显著的促进作用（$P<0.05$）。

为提高降香黄檀-檀香人工林的土壤肥力，罗娜等（2016）从不同林龄的降香黄檀、檀香根际土壤中分离筛选高效解钾菌。从钾细菌富集培养基上初筛和解钾菌筛选培养基复筛得到可培养物89个。采用原子吸收分光光度法测定菌株解钾能力。结果表明，可溶性钾含量在70μg/mL以上的菌株有6株，其中菌株JT-K21、JT-K11和JT-K18的解钾率为80%以上。JT-K21培养液的可溶性钾含量高达132.68μg/mL，解钾率达到221.18%。基于形态学、生理生化特性及16S rDNA序列比较分析，JT-K21被初步鉴定为恶臭假单胞菌（*Pseudomonas putida*）。不同碳氮源试验表明，JT-K21对蔗糖和硫酸铵的吸收效果最好。单因素试验及正交试验结果表明，菌株JT-K21液体发酵最优培养基为蔗糖（10g/L）、硫酸铵（0.2g/L）、氯化钠（0.1g/L）、钾长石（5g/L），JT-K21液体发酵解钾活性最佳的培养基为蔗糖（10g/L）、硫酸铵（0.2g/L）、氯化钠（0.1g/L）、钾长石（3g/L）。

为了提高钾肥的利用效率，根据解钾菌的特性及分离方法，张妙宜等（2016）从药用植物蓖麻根际土壤中分离出6株高效解钾菌，测定并分析它们的解钾效率。结果表明，获得1株最高效、稳定的解钾细菌，将其命名为MY-1。通过形态观察、生理生化特性和16S rDNA基因序列分析，菌株MY-1被初步鉴定为嗜线虫沙雷氏菌（*Serratia nematodiphila*）。并对菌株MY-1的发酵条件进行优化，确定其在温度37℃、时间24h、钾长石粉10g、pH值5、摇床转速250r/min，以蔗糖和硫酸铵为碳、氮源时发酵效果最佳，发酵液中可溶性钾含量最高达65.04mg/L。

任建国和王俊丽（2015）应用Ashby培养基和亚历山大硅酸盐细菌培养基从太子参根际土壤中分离固氮菌和解钾菌，并选取固氮菌和解钾菌进行固氮、解钾作用研究，以为太子参生物菌肥的研制提供菌源。结果表明，从太子参根际土壤中获得太子参自生固氮菌34株，解钾菌26株。选取固氮菌和解钾菌各5株，分别测定其固氮效能和解钾能力，发现自生固氮菌ATS 25的固氮效能最高，达21.51mg/g；解钾能力最好的菌株为KTS 24，液体培养7d后可溶性钾含量为7.42mg/L。菌株培养特征、菌体形态观察、菌株生理生化反应测试并结合 16S rDNA 基因序列分析，将菌株 ATS 25 和 KTS 24 鉴定为同一个种，即栗树类芽胞杆菌（*Paenibacillus castaneae*）。

2. 来自蔬菜植物根际的解钾菌及应用于蔬菜的解钾微生物菌剂

吴红艳等（2020）以钾长石粉为唯一钾源的硅酸盐细菌选择性培养基，采用梯度稀释分离法平板划线对番茄土壤中的解钾细菌进行筛选；利用原子吸收火焰分光光度法测定解钾细菌培养液中可溶性钾的含量，筛选高效解钾菌株。通过形态观察和 16S rDNA 序列分析对解钾能力最强的菌株 K02 进行鉴定，该解钾菌被初步鉴定为胶质类芽胞杆菌（*Paenibacillus mucilaginosus*）；利用单因素试验法对 K02 菌株培养基组分及发酵条件进行优化，初步确定菌株 K02 最佳培养基组分以解钾复筛培养基为基础，其碳源、氮源及无机盐以可溶性淀粉 1%、酵母膏 0.2%、K_2HPO_4 0.05% 为最佳；菌株 K02 最佳发酵条件为：培养温度为 30℃，培养时间为 48h，培养基装量为 50mL/250mL，培养基初始 pH 值为 7.5，接菌量为 5%。这一结果为解钾菌肥的研制和生产提供参考。

我国耕地土壤钾元素严重匮乏，亟须解决我国北方山区土壤缺钾的现状，寻求钾肥替代技术。宋聪等（2020）从土壤中筛选得到 1 株高效解钾菌 32-2，在含钾矿石的复筛培养基中发酵 15d，发酵液中可溶性钾含量达到 37.77mg/L，是对照组的 16.22 倍，经鉴定为苜蓿中华根瘤菌（*Sinorhizobium meliloti*）。盆栽试验结果表明，与对照组相比，菌株 32-2 对黄瓜种子、幼苗有显著的促生效果，其中发芽率提高 13.33%，发芽势提高 8.08%，株高、地下鲜质量、地上干质量、壮苗指数、干重根冠比、根系活力分别提高 15.83%、13.95%、7.45%、5.19%、9.46%、38.52%；同时，可显著提高黄瓜产量和品质，黄瓜产量增加 8.50%，可溶性固形物、可溶性糖、维生素 C、可溶性蛋白含量分别提高 6.82%、2.78%、43.21%、20.90%。因此，菌株 32-2 可用于微生物肥料的开发。葛红莲和纪秀娥（2017）以黄瓜根际土壤为试材，采用亚历山大硅酸盐细菌培养基从黄瓜根际土壤中分离筛选解钾菌，用原子吸收法测定菌株的解钾能力，选出解钾能力较强的菌株进行菌种鉴定，同时研究其对黄瓜幼苗生长的影响。结果表明，从黄瓜根际土壤中共分离获得 9 株细菌，其中 PK1、PK3 和 PK7 具有较强的解钾能力，液体培养 96h 后其解钾率分别为 30.05%、33.78% 和 44.01%。依据菌株的形态学特征和生理生化特征进行鉴定，PK1 和 PK3 为恶臭假单胞菌（*Pseudomones putida*），PK7 为胶质类芽胞杆菌（*Paenibacillus mucilaginosus*）。盆栽试验结果表明，与对照组相比，移栽 14d 后 PK1 处理组黄瓜的根长、株高、鲜质量和干质量分别提高了 42.60%、10.45%、48.65%、33.01%，PK3 处理组分别提高了 65.26%、21.09%、83.78% 和 49.48%，PK7 处理组分别提高了 79.46%、44.26%、105.41% 和 113.03%。

3. 来自烟草根际的解钾菌及应用于烟草的解钾微生物菌剂

为提高烟草对钾的利用率和烟叶含钾量，高加明等（2021）从土壤中分离筛选具有解钾作用的菌株，获得解钾能力最强的胶质类芽胞杆菌（*Paenibacillus mucilaginosus*）菌株 NGW1。在盆栽试验中，菌株在烟草根际的最大定殖数量为 5.33×10^5CFU/g，且施用该菌可显著提升烟草株高、最大叶长、最大叶宽、茎围，同时还可提高土壤缓效钾和速效钾含量。盆栽 60d 时，下部烟叶最高含钾量 1.57%，比对照组（1.43%）提高了约 9.80%，中上部烟叶最高含钾量 1.90%，比对照组（1.49%）提高了约 27.52%。由此可见，胶质芽胞杆菌 NGW1 菌株能够通过定殖于烟草根际并促进烟草植株对钾元素的吸收和利用，提升烟草品质及产量。吴俊林等（2020）以河南省驻马店市泌阳县植烟区土壤为原料，从中筛选与鉴定了一株高效解钾菌并对其进行实验室和烟田解钾和解磷试验。结果表明，该解钾菌为不动杆菌，实验室验证该菌株的解钾和解磷能力比较强；烟草大田试验表明，该解钾菌能够使土壤中的不溶性钾溶解，供烟草吸收和生长需要，对烟叶中钾含量的吸收与利用有协调促进作用，对烟草植株的生长有明显的促进作用，从而提高烟田烟叶的产量和质量，有利于增加植烟的经济效益。

刘晓倩等（2019）通过向植烟土壤中增施解磷菌、解钾菌生物菌肥，明确其对烤烟生长发育和根际土壤酶活性的影响；采用田间小区试验，在云南省昆明市石林县进行了单独施用解磷菌生物菌肥（T1）、单独施用解钾菌生物菌肥（T2）、混合施用解钾菌与解磷菌生物菌肥（T3）和不施用生物菌肥（CK）处理试验，分析各处理对烤烟产质量和根际酶活性的影响。结果表明：① 生物菌肥的施用，尤其是解磷菌、解钾菌肥的混合施用，使产量和产值分别比对照组提高了 6.1% 和 15.1%，促进了烟株的生长发育，明显提升了经济效益；② 生物菌肥能改善烟叶内在化学成分，使烟叶还原糖和钾元素含量分别提高了 35.8% 和 53.7%；③ 混合施用解钾菌、解磷菌处理使土壤过氧化氢酶、脲酶、蔗糖酶和酸性磷酸酶 4 种生物酶类活性分别比对照组提高了 40.2%、95.6%、119.4% 和 29.0%。因此，适宜的解磷菌、解钾菌生物菌肥的施用是改善烟株营养，促进烟株生长发育，增加土壤磷素、钾素供应的有效途径之一。

曹媛媛等（2019）选取前期从烟草根际筛选出的 4 株烟草特异性解钾菌 TK5、TK37、TK57 和 TK89 菌株，考察这些菌株对烟草生长及钾素吸收的影响。结果表明，4 株解钾菌对烟草生长及钾素吸收均有一定的促进作用，其中 TK89 菌株效果最佳，接种 TK89 的烟草植株其上部叶鲜重、中部叶鲜重、下部叶鲜重、根系鲜重、上部叶干重、中部叶干重、下部叶干重、根系干重、叶片含钾量及土壤速效钾含量分别较未施菌的烟草植株提高了 64.99%、27.16%、54.22%、54.70%、67.78%、27.56%、54.20%、50.81%、33.60% 和 15.79%，各项指标较对照差异均达显著水平，4 株解钾菌对烟草根系生长及叶片含钾量均有显著促进作用。说明解钾菌可促进烟草对土壤钾素营养的吸收，促进烟草生长，提高烟叶含钾量。

刘璇等（2012）以钾长石粉为唯一钾源的硅酸盐细菌选择性培养基，利用梯度稀释分离法和平板划线分离法对烟草根际土壤的细菌进行筛选。用火焰分光光度法测定培养液中的速效钾含量，以筛选出高效菌株。通过形态观察和 16S rDNA 序列分析对菌株进行种属鉴定，得到 8 个高效解钾菌。结果表明，变栖克雷伯氏菌（*Klebsiella variicola*）、产气肠杆菌（*Enterobacter aerogenes*）、阴沟肠杆菌（*Enterobacter cloacae*）、成团泛菌（*Pantoea agglomerans*）产生速效钾的能力较强。罗华元等（2011）从云南石林县、建水县采取烟草根部土样，按 10^{-4}、10^{-5} 梯度稀释并涂布平板，在 28℃培养条件下，从硅酸盐固体培养基上初步筛选得到 77 株解钾菌株，其中具有透明圈的 65 株。采用液体培养法（火焰分光光度计法）测定其解钾能力做进一步复筛，获得 34 株具有较高解钾能力的菌株，其有效钾活性为 0.4 ～ 10.6mg/L，同时采用高温筛选出一株耐 70℃高温，且具有较好解钾能力的菌株 K77，经初步鉴定为侧胞短芽胞杆菌（*Brivibacillus lateraporus*），该菌解钾活性达到 10.6mg/L。

4. 来自粮油作物根际的解钾菌及应用于粮油作物的解钾微生物菌剂

东北地区作为全国玉米的主产区，土壤缺钾严重限制了玉米的高产。解钾促生菌可活化土壤中难溶的钾，提高土壤钾的有效性，进而促进植物生长。陈腊等（2021）从中国东北黑土区的玉米根际土壤中筛选鉴定高效解钾菌，研究其在缺钾条件下对玉米生长的促生效果，为开发适应当地环境的微生物钾肥提供优良的菌种资源。他们采用选择性培养基从玉米根际土中筛选解钾菌；采用 16S rRNA 基因序列分析鉴定菌株的分类地位；采用生理生化特征鉴定培养基测定其生态适应性（耐酸碱、耐盐、耐干旱及耐农药）；2 年的田间接种试验验证解钾菌在缺钾条件下对玉米的促生效果。筛选出 3 株高效解钾促生菌 MZ4、KM1 和 KM2，经鉴定 MZ4 和 KM2 属于芽胞杆菌属，KM1 属于短芽胞杆菌属；3 株菌可耐受强干旱、强碱、不同浓度的吡虫啉和嘧菌酯，并耐受一定程度的酸和盐；田间试验结果表明，与缺钾区不接种解钾菌相比，接种 MZ4、KM1 和 KM2 增加了拔节期、吐丝期玉米的株高、地上生物量、叶面积指数和叶绿素含量，接种 MZ4 和 KM2 显著增加了玉米产量，可增产 9.65%～11.50%。

张立成等（2018）利用湖南省安仁县渡口乡的长期定位试验平台（建于 1985 年 4 月），研究稻 - 稻 - 油菜轮作土壤中芽胞杆菌丰度变化以及对作物产生促生长作用的解磷菌和解钾菌的影响。试验于 2015 年 7 月、2015 年 10 月和 2016 年 4 月从试验点采集土壤样品，测定芽胞杆菌丰度，分离解磷和解钾菌株并进行种属鉴定和能力测试。通过荧光定量 PCR 分析，发现稻 - 稻 - 油菜轮作土壤中芽胞杆菌的数量较稻 - 稻连作土壤高 24% ～ 36%。通过 Blast 在线比对，发现轮作和连作土壤中解磷菌和解钾菌种类存在不同，但优势菌类均为芽胞杆菌。通过解磷和解钾量大小分析，发现分离自轮作土壤和连作土壤的菌株之间并无显著差异。结果表明，与稻 - 稻连作相比，稻 - 稻 - 油菜轮作能够提高土壤中芽胞杆菌的丰度，且影响解磷菌和解钾菌的种类。

植物根际促生菌（PGPR）可分泌植物生长激素，促进土壤养分循环，是生物肥料重要的种质资源。刘泽平等（2018）从水稻根际土壤分离纯化根际促生菌，进行菌株鉴定，测定其促生能力。经过 16S rDNA 测序比对，筛选得到解磷菌 4 株［短小芽胞杆菌（*Bacillus pumilus*）LZP02、阿氏芽胞杆菌（*Bacillus aryabhattai*）LZP08、表皮葡萄球菌（*Staphylococcus epidermidis*）LZP10、惠州芽胞杆菌（*Bacillus huizhouensis*）LZP05］，解磷菌 3 株［巨大芽胞杆菌（*Bacillus megaterium*）LZP03、稻壳芽胞杆菌（*Bacillus oryzaecorticis*）LZP04、人参土芽胞杆菌（*Bacillus ginsengisoli*）LZP07］，解钾菌 3 株［阿氏芽胞杆菌（*Bacillus aryabhattai*）LZP01、枯草芽胞杆菌（*Bacillus subtilis*）LZP06、地衣芽胞杆菌（*Bacillus licheniformis*）LZP09］。养分转化能力测试结果表明，阿氏芽胞杆菌（*Bacillus aryabhattai*）LZP01 和枯草芽胞杆菌（*Bacillus subtilis*）LZP06 解钾能力较好；短小芽胞杆菌（*Bacillus pumilus*）LZP02 和惠州芽胞杆菌（*Bacillus huizhouensis*）LZP05 解磷能力较强；巨大芽胞杆菌（*Bacillus megaterium*）LZP03 和人参土芽胞杆菌（*Bacillus ginsengisoli*）LZP07 溶磷能力较好。对养分转化能力较强的菌株进行激素分泌能力测定，结果表明 6 种菌株均能产生生长素、赤霉素，均具有合成铁载体的能力。综合分析菌株养分转化与激素分泌能力发现，巨大芽胞杆菌（*Bacillus megaterium*）LZP03、惠州芽胞杆菌（*Bacillus huizhouensis*）LZP05 和枯草芽胞杆菌（*Bacillus subtilis*）LZP06 促生能力较强，具有较强的开发利用潜力。研究成果为水稻微生物肥料的开发与生产提供了理论和技术支持。

为获得高效的解钾菌株，伍善东等（2016）从湖南省长沙市长沙县油菜田土壤中分离出有较强解钾能力的菌株，结合菌落形态和生理生化特性及 16S rDNA 序列分析对菌株进行鉴定，通过单因子试验与正交试验对解钾能力最强的菌株发酵条件进行优化。结果表明，解钾能力最强菌株 JK-3 为枯草芽胞杆菌（*Bacillus subtilis*），其发酵上清液中有效钾含量较对照组增加 13.7mg/L；最优培养基为葡萄糖 4.0%、蛋白胨 0.1%、鱼粉 1.0%、$MgSO_4 \cdot 7H_2O$ 0.5%；

最优培养条件为培养温度28℃、培养时间36h、初始pH值7.2、转速180r/min、接种量2.0%、装液量40mL/500mL（500mL三角瓶装液量为40mL）。

5. 来自果树林木根际的解钾菌及应用于果树林木的解钾微生物菌剂

为获得具有高效解磷解钾能力的菌株，王勇等（2019）采用选择性培养基从柑橘根部土壤中分离筛选具有解磷解钾作用的菌株，通过液体培养法进一步比较筛选菌株的解磷解钾能力，选择解磷解钾能力强的菌株进行形态特征、生理生化特征、16S rDNA及*gyrB*基因序列分析。结果表明，LW-1、LW-2、LW-3和LW-4这4株菌株具有解磷解钾作用。其中，LW-3的解磷解钾能力最强，其溶解无机磷量为19.06μg/mL，增加了38.64%；溶解有机磷量为17.06μg/mL，增加了28.57%；溶解钾量为33.59μg/mL，增加了15.96%。经鉴定，菌株LW-3被确定为纺锤形赖氨酸芽胞杆菌LW-3。

为探明苹果树根际解钾菌的种群特征和解钾性能，姜霁航等（2017）从苹果树根际土壤中分离获得解钾能力较强的高效解钾菌。他们以钾长石为唯一钾源，分离获得118株具有解钾活性的菌株，重复片段PCR基因指纹分析（repetitive-element PCR，rep-PCR）将其聚为29个类群。利用火焰分光光度法测定菌株解钾能力，获得5株高效解钾菌，平均解钾活性达到41.47mg/L，其中K105的解钾能力最强，有效态钾增长23.09%。采用H_2O_2消煮后测得的K^+浓度升高，有效态钾增长最高达31.22%。采用形态特征观察、生理生化特性检测和基于16S r RNA基因序列的系统发育分析对高效解钾菌株进行鉴定，结果表明，K1为不动杆菌属（*Acinetobacter*），K98、K105和K115为假单胞菌属（*Pseudomonas*），K168为芽胞杆菌属（*Bacillus* ）。研究结果为连作土壤的改良和苹果专用微生物菌肥的开发提供依据。

为给核桃专用微生物肥的研制提供菌株材料，张晶晶等（2016）通过对解钾菌的分离纯化，筛选对新疆核桃根际土壤具有解钾作用且能在其根际稳定定殖的优质高效菌株。结果表明，从阿克苏、和田、喀什3个新疆核桃主产区的根际土壤中分离出解钾菌27株；采用火焰分光光度法对其解钾能力进行测定，选出解钾菌16株；经耐利福平诱导后剩余14株；将其进行大田定殖试验后，最终筛选出10株解钾能力较强的菌株。经16S rDNA基因序列分析，得出这10株解钾菌归属于3个属，分别为假单胞菌属（*Pseudomonas*）、芽胞杆菌属（*Bacillus*）、微杆菌属（*Microbacterium*），其中假单胞菌属为优势种属。

我国的杨树产业非常发达，在全国分布广泛，品种数量齐全，杨树人工林面积超过其他国家人工林面积的总和，是我国速生用材的重要树种。但是近50年来，人工林的面积不断扩大，轮伐期不断缩短，造成林地地力衰退，生产力下降，这与林地土壤肥力下降密切相关，其中钾素供应不足是突出而且普遍性的问题。钾是植物生长发育的必需养分。植物缺钾主要是由于土壤中能被其利用的有效钾很少，若能将土壤矿物钾转化为有效钾，则能有效改善目前缺钾的现状。解钾菌是指从土壤中分离出来的，能分解钾长石等硅铝酸盐矿物，把难溶性的钾、磷、硅转变为可溶性状态，促进植物生长发育，提高产量的一类微生物。由于不同植物根际的解钾菌的种类和数量存在差异，不同种类的解钾菌或不同菌株之间的解钾能力存在较大差异，所以从特定植物根际筛选高效解钾细菌的工作显得尤为重要。鞠伟（2016）从杨树根际土壤分离并筛选出3株高效解钾菌株JW-4、JW-5和JW-7并进行了鉴定，对杨树的促生作用进行了研究，最后对促生效果最好的菌株JW-7的发酵条件进行了优化，主要研究结果如下。①利用硅酸盐培养基，采用稀释涂布平板法，初筛到13株解钾菌。对这13株菌进行摇瓶释钾试验，测定其解钾效率，从中筛选出3株高效解钾菌JW-4、

JW-5 和 JW-7，其解钾效率分别达到 26.30%、34.27% 和 38.70%。② 对 3 株高效解钾细菌采用形态学观察、生理生化特征及 16S rDNA 序列分析的方法进行了鉴定。JW-4 初步鉴定为根瘤菌属（*Rhizobium*），JW-5 属于中华根瘤菌属（*Sinorhizobium*），JW-7 属于假单胞菌属（*Pseudomonas*）。③ 以杨树苗作为供试植物，接种 JW-4、JW-5、JW-7 于盆栽杨树上，结果表明，JW-7 对杨树的促生效果最好。苗高和地径分别比对照组增长了 37.64% 和 19.44%，鲜重和干重分别比对照组增长了 65.82% 和 110.71%，杨树根际土壤中的细菌、放线菌、硅酸盐细菌的数量均有显著升高，而真菌的数量都有不同程度的降低。④ 采用单因素试验法，对解钾培养基中的碳源、氮源和无机盐的种类进行了优化。适合 JW-7 菌株生长的解钾培养基的最佳碳源为麦芽糖，最适浓度为 1%；最佳氮源为蛋白胨，最适浓度为 0.2%；最佳无机盐为磷酸氢二钾，最适浓度为 0.05%。利用单因素试验与正交设计试验相结合的方法，对 JW-7 菌株的培养条件（装液量、接种量、培养温度、初始 pH 值、培养时间）进行了优化，结果显示，JW-7 菌株的最佳培养条件为：装液量 80mL，接种量 7%，培养温度 30℃，初始 pH 值 7.5，培养时间 72h。

马海林等（2013）从樱桃根围采集根际土壤样品，采用 MRS 培养基和改良麦氏培养基，分别在 28℃、37℃条件下培养 2 ～ 3d，进行菌株分离，利用系列稀释涂布平板筛选出分离物 DY-3 和 DY-4。根据菌体形态、菌落形态观察和生理生化试验结果，结合 18S rDNA 或 16S rDNA 序列测定，将 DY-3 鉴定为酿酒酵母菌（*Saccharomyces cerevisiae*），DY-4 鉴定为干酪乳杆菌（*Lactobacillus casei*）。测其解磷解钾能力，酿酒酵母菌 DY-3 有较好的解钾能力，干酪乳杆菌 DY-4 有较好的解磷能力。因此，该研究筛选的 2 菌株可望进一步研究开发成为微生物肥料的生产菌种。

6. 应用于土壤修复的解钾微生物菌剂

煤炭资源的开发利用极大地促进了区域经济的快速发展，但同时也引发了严重的生态环境问题。井下开采导致地下形成采空区，采空区的沉陷严重破坏地形地貌，造成地下水位下降、土壤养分转移、植被衰退，加剧土地盐碱化和贫瘠化。采矿沉陷区土地治理与生态修复是目前恢复生物学所关注的重大课题之一。土壤微生物作为物质循环过程中的关键一环，对于改善沉陷区土壤性质、土壤肥力以及增强植物抗病能力都起着非常重要的作用，采煤沉陷区的生态修复离不开微生物的参与。为了获得具有应用潜力且环境亲和性好的微生物菌剂活性菌株，包苏日娜（2018）以陕西省神木市大柳塔采矿区作为样地，利用选择性培养基，对土壤中的土壤微生物进行分离、筛选，利用常规检测方法测定菌株的解磷、解钾能力，筛选出具有较强分解能力的菌株，根据菌株的形态特征、生理特性和 16S rDNA 序列分析对菌株进行鉴定，其主要研究结果如下。① 初步筛选到 21 株解磷菌和 4 株解钾菌。通过形态学观察发现解磷菌的菌落形态为圆形不透明、湿润光滑、有凸起、颜色淡黄；解钾菌的菌落形态是圆形透明、湿润光滑、边缘整齐、较为黏稠。筛选获得的菌株均为革兰氏阴性菌。② 复筛得到的 15 株解磷菌中的 CW01-2、CW01-5、CW01-9 菌株的解有机磷活性最强，分别为 46.32μg/mL、45.17μg/mL、45.49μg/mL。解钾菌 K-9、K-10、K-11 的解钾率分别为 4.49mg/kg、7.84mg/kg、7.05mg/kg。③ 解磷菌可以利用蔗糖、麦芽糖、甘油和葡萄糖为碳源，所有解钾菌均可利用蔗糖和甘油为碳源。解磷菌 CW01-2、CW01-5、CW01-9、WC23-14、WC23-30 在硝酸盐和铵盐为氮源的培养基上均可以生长，解钾菌 K-5、K-11 以硝酸盐为氮源，K-10 以铵盐为氮源，K-9 能以硝酸盐和铵盐为氮源，具有一定的固氮能力，可在 pH 值为 7 ～ 11，NaCl 含量为 3% 的培养基上生长，有一定的耐盐碱性。④16S rDNA 序列分析结果表明，解磷菌均为假单胞菌属（*Pseudomonas*），解钾菌均为类芽胞杆菌属（*Paenibacillus*）。通过构建系统发育树发现，恶臭假单胞菌（*Pseudomonas putida*）、韩国假单胞菌（*Pseudomonas koreensis*）和荧光假单胞菌（*Pseudomonas fluorescens*）的遗传进化距离最近。⑤ 筛选获得的解磷菌和解钾菌有一定的解磷和解钾能力，可利用的碳源广泛，有一定的固氮能力，耐盐碱性好，抗逆性强，可作为矿区复垦微生物肥料的有效菌株。

山西省是我国重要的煤炭生产基地之一，矿区复垦工作已开展多年，但形势依然严峻，其关键是改善土壤条件，恢复土地的再利用。钾是植株生长必需的营养元素，矿区土壤养分贫瘠，缺钾比较严重，解钾菌的研究对恢复矿区土壤钾素利用十分必要。党雯（2015）通过山西孝义、长治、古交等典型矿区复垦土壤中解钾菌的筛选、鉴定和解钾效果试验，结合盆栽和模拟验证试验，筛选出对矿区复垦土壤养分恢复和作物生长具有促进作用的土著优势菌株，其主要研究结果如下。① 初筛得到 26 株解钾菌，菌落形态的共同特点是圆形透明、湿润光滑、边缘整齐、有凸起、较为黏稠。复筛得到 5 株解钾能力较强的菌株（K15、K17、K19、K24 和 K26），其解钾率分别为 21.18%、22.29%、27.89%、23.4% 和 17.89%，均高于市售标准菌株 GSY（胶质芽胞杆菌），其中 K19 解钾率最高。5 株菌在阿须贝、有机磷、无机磷培养基上均生长，说明其有一定的固氮和解磷能力。其中 K19 与 GSY 较为相似，硝酸盐还原试验和卵磷脂酶试验呈阴性反应，在无氮培养基上生长最好，说明其固氮能力较强。② 通过采用 Biolog 鉴定法和 16S rDNA 测序法对 5 株菌进行了鉴定，结果表明 K15、K17、K24 和 K26 亲缘性较高，为鞘氨醇杆菌，K19 为胶质类芽胞杆菌。③ 选择解钾效果最好的菌株 K19 和 K24 制备成液体菌剂，进行盆栽试验和室内模拟验证试验，试验结果显示，接种解钾菌不仅有利于植株的生长及生物量的积累，以及植株对氮、磷、钾的吸收，同时也增加了矿区土壤中速效钾、缓效钾的含量，提高了土壤脲酶、过氧化氢酶和蔗糖酶的活性，增加了土壤中细菌和放线菌的数量，改善了土壤微生物群落结构的多样性。其中，K19 菌液效果尤其显著，已达到与市售标准解钾菌（GSY）或每亩施用 9.45kg 氯化钾肥料相当的效果，且表现出更多的优越性。研究表明，土著解钾菌 K19 解钾效果明显，可利用碳源丰富，抗逆性强，可作为解钾生物肥的有效备用菌株。

六、促生微生物菌剂

1. 粮油作物促生菌

（1）玉米促生菌　土壤盐渍化严重影响我国农业经济可持续化发展。研究发现有些特殊的根际或内生微生物与植物相互作用可有效提高植物的耐盐能力。王华笑（2020）分离获得了一株可提高盐碱胁迫下玉米生长的菌株解淀粉芽胞杆菌（*Bacillus amyloliquefaciens*）YM6；探究了 YM6 菌株对盐胁迫下玉米生长的影响，通过代谢组学研究发现了与盐胁迫有关联的特殊短肽，随后通过转录组学技术来探索短肽提高玉米耐盐性的分子机理，取得如下结果。① 植物水培试验表明，YM6 菌株可促进玉米株高增加 15.2%、根长增加 22.3%、茎粗增加 5.2%。盐渍地田间试验接种 YM6 的青贮玉米产量比对照高 35.7%。YM6 菌株具有解淀粉、溶解磷、产吲哚乙酸（IAA）、抑制尖孢镰刀菌等植物病原菌的特性。②YM6 菌株可有效缓解盐胁迫对玉米幼苗根尖细胞结构的损伤；接种 YM6 菌株后玉米植株体内脯氨酸（Pro）含量（样品鲜重，下同）为136.92μg/g、超氧化物歧化酶SOD最大酶活性为282.28U/g、过氧化氢酶（CAT）最大酶活性为271.9U/g、过氧化物酶（POD）最大酶活性为742.72U/g，且K^+、Ca^{2+}等含量均显著提高，并使玉米植株体内Na^+含量降低至0.99g/kg，K^+/Na^+化提高了20.6%。③ 利用代谢组学技术分析发现，接种YM6菌株组与未接种组相比，玉米植株内有60种差异代谢物。根据KEGG的功能途径分析发现，YM6菌株可以诱导玉米植物合成渗透调节类氨基酸如谷氨酸，积累类黄酮抗氧化剂如木樨草素（Luteolin）等。④ 通过代谢组学筛选出差异代谢物包括多肽及氨基类、黄酮类等。通过外源添加短肽Arg-Gln-Arg-Gly，发现其对盐胁迫下玉米生长有一定的调节作用，短肽浓度为$1\times10^{-4}\sim1\times10^{-3}$mol/L时可显著抑制玉米生长（$P<0.05$）；最佳促生浓度为$1\times10^{-8}\sim1\times10^{-7}$mol/L。利用转录组学及代谢组学分析外源短肽对提高玉米耐盐性机理，结果表明，短肽参与玉米组织渗透调节功能、氨基酸代谢、能量代谢、抗氧化物质代谢、信号通路传导、细胞结构成分合成等基因调控，并参与嘌呤嘧啶代谢、类胡萝卜素合成、亚油酸代谢等过程。结果表明，解淀粉芽胞杆菌YM6及短肽Arg-Gln-Arg-Gly对盐胁迫下玉米有很好的促生效果，其提高玉米耐盐机制是基于物质代谢、离子平衡、抗氧化剂代谢等途径调节。

詹寿发等（2017）从钾矿区优势蕨类植物——芒萁内生真菌中筛选出具解磷、解钾、分泌吲哚乙酸（IAA）的功能菌株，并研究其对农作物的促生作用。采用菌株的形态学特性、培养特征及5.8S rDNA、18S rDNA ITS序列分析方法对菌株进行鉴定，并结合液体培养和固体培养方法初步测定菌株的解磷、解钾能力，采用回接及盆栽试验研究它们对玉米幼苗的促生作用。从42株芒萁内生真菌中筛选得到2株具有高效解磷、解钾、分泌IAA功能的内生真菌菌株（MQ013和MQ039），经鉴定MQ013菌株为泡盛曲霉（*Aspergillus awamori*），MQ039菌株为黑曲霉（*Aspergillus niger*）。促生作用试验结果显示，MQ013、MQ039菌株能有效提高玉米植株体内叶绿素及磷、钾含量。MQ013、MQ039菌株具有一定的解磷、解钾和分泌IAA活性，并对玉米幼苗的生长有明显的促进作用。

为了明确解淀粉芽胞杆菌B9601-Y2（Y2）的促生长机制，崔文艳等（2019）通过摇瓶培养，检测其解磷解钾固氮活性；通过盆栽试验，探索Y2对玉米生长量和解磷解钾量的影响。结果表明，在第7天时，Y2固氮量为2.9mg/L，解钾量为13.5μg/mL；在第4天时，解磷量达732μg/mL。与空白对照相比，Y2发酵液能增加玉米株高28.29%、根长27.21%、叶宽18.56%、鲜重80.93%、干重66.67%；提高土壤中速效氮、速效磷和速效钾含量分别为20.42%、111.01%和17.24%，提高植株氮、磷、钾含量分别为45.46%、120.17%、68.45%。研究结果表明，Y2活化土壤中难溶性磷、钾并具有固氮能力，并能促进植株对氮、磷、钾营养的吸收利用。崔文艳等（2015）通过平板对峙培养及盆栽试验，研究解淀粉芽胞杆菌B9601-Y2（Y2）防治玉米小斑病和茎基腐病以及提高玉米生物量的效果。平板对峙培养结果表明，Y2发酵液、无菌滤液及菌体悬液对玉米小斑病菌和茎基腐病原菌均有拮抗作用。盆栽试验结果显示，3种处理对玉米小斑病防效达60%左右，对茎基腐病防效达50%左右，防效依次为Y2发酵液 > 菌体悬液 > 无菌滤液。单独使用Y2发酵液、无菌滤液及菌体悬液处理的苗根长、株高、鲜重和干重均显著高于清水和病原菌对照20%以上，喷施或灌溉接种病原菌的玉米苗生长量显著高于单独接种病原菌处理，有效消除了病原菌对植株生长的影响。因此，生防菌Y2具有用于防治玉米病害和促进根肥及叶面肥的潜力。

（2）小麦促生菌　为利用盐碱地微生物促进植物适应盐逆境，王丹等（2020）从新疆玛纳斯河流域盐碱土壤中分离筛选出的耐盐菌株中，通过测定菌株生长特性及产吲哚乙酸

（IAA）、铁载体、解磷、固氮能力，得到1株耐盐高效促生菌株wp-8；结合形态观察、生理生化特性及16S rDNA序列分析鉴定了其种类；采用室内盆栽试验检测了其对盐胁迫小麦的效应。结果表明，菌株wp-8最适生长温度为30℃，最适生长pH值为9，最适生长盐度为5%，吲哚乙酸分泌量为15.90mg/L，铁载体相对含量为68%，溶解有机磷及无机磷量分别为0.34mg/L和1.10mg/L；鉴定该菌株为根际涅斯捷连科氏菌（*Nesterenkonia rhizosphaerae*）。在150mmol/L NaCl胁迫下，小麦种子接种wp-8生长50d后，与对照组相比，小麦株高、根长及根鲜重显著增加（$P<0.05$），增长率分别为9.35%、27.15%、150%；单株鲜重也有所增加，但差异不显著；小麦幼苗根部丙二醛（MDA）含量显著降低（$P<0.05$），超氧化物歧化酶（SOD）、过氧化物酶（POD）、过氧化氢酶（CAT）活性及叶片脯氨酸（Pro）含量显著增加，分别较对照组增加160.63%、30.41%、44.93%、10.04%。说明菌株wp-8可缓解小麦盐胁迫并促进幼苗生长，尤其促进小麦根系的发育。

中国盐碱地面积大、分布广、类型丰富，主要分布在东北、西北、华北及滨海地区，近年来的研究表明，通过生物治理方式接种植物根际促生菌可提高植物对盐胁迫的抗性，从而加速盐碱地治理。许芳芳等（2018）初步揭示了肠杆菌（*Enterobacter* sp.）FYP1101对盐胁迫下小麦幼苗的促生效应和机理，以期为该菌株的田间应用提供理论依据。基于涂布划线技术，以植酸磷培养基进行分离纯化，分别以Ashby培养基、无机磷培养基进行具有固氮、解无机磷能力细菌的初筛，之后对纯化所得细菌进行固氮、解植酸磷、解无机磷、产铁载体、产1-氨基环丙烷-1-羧酸（ACC）脱氨酶、产吲哚乙酸（IAA）能力的分析；基于16S rRNA基因序列分析对FYP1101进行初步鉴定；设置3种处理（施加含FYP1101的颗粒菌肥，FP；施加不含菌的空载体颗粒，NK；颗粒菌肥和空载体颗粒都不施加的空白处理，CK），采用盆栽试验分析不同处理下的盐胁迫小麦生长性状及其根际土理化性质变化。结果表明，共分离得到96株菌，其中一株编号为FYP1101的菌株耐盐性达8%，且具有较强的固氮能力［固氮酶活性为2.59nmol C_2H_4/（h·mg蛋白）］、解植酸磷能力（2.70μg/mL）、解无机磷能力（4.29μg/mL）、产铁载体能力（*D*/*d*值为2.88）、ACC脱氨酶活性［7.32μmol *α*-丁酮酸/（h·mg蛋白）］、产IAA能力（24.93mg/L）；基于16S rRNA基因序列，将FYP1101鉴定为肠杆菌属（*Enterobacter*）的菌株；FP相比NK和CK处理，显著提高了盐胁迫下小麦的叶绿素含量及地上和地下的生物量（提高约19%～54%），显著增加了根长（增幅约46%）；根际土有机质和速效氮含量也显著提高，提高约52%～98%，根际土pH值略降低（0.12和0.17），盐度升高约40%。说明肠杆菌（*Enterobacter* sp.）FYP1101具有多种植物促生特性，可显著影响盐胁迫下小麦幼苗根形态的建成，提高根际土营养，降低小麦对盐的吸收，促进小麦幼苗生长，在促进植物适应逆境胁迫方面具有良好的应用潜力。

盐胁迫严重影响植物生长，是制约农业生产力最主要的原因之一。植物根际促生菌（PGPR）可与植物密切协作，从而缓解盐胁迫并促进植物生长。荒漠由于气候、地理环境特殊，导致土壤的含盐量通常较高，因此荒漠可能是耐盐植物促生菌的重要来源。杨杉杉（2018）利用Ashby培养基和无机磷培养基，以涂布划线技术对内蒙古荒漠植物根际土中的PGPR进行分离纯化；利用平板培养检测菌株耐盐（NaCl）性能；通过16S rRNA基因序列同源性分析对菌株进行分类鉴定；以选择性培养基或比色法等方法对纯化所得细菌进行固氮、解无机磷、解有机磷（植酸磷）、产铁载体、分泌ACC脱氨酶等促生性状分析，通过发芽试验筛选出能够促进小麦发芽的菌株，将其制作成菌肥颗粒（以菌株编号代表含单一菌株的菌肥颗粒，VK和CK分别代表施加空载体颗粒和不施加菌肥颗粒或空载体颗粒的空白对照）进行盆栽试验；筛选出促生效果显著的单菌构建复合菌颗粒（以 JF 表示）再次进行盆栽试验；分析根际土理化指标和小麦幼苗生长相关理化指标，初步揭示 PGPR 对盐胁迫下小麦幼苗的促生效应和机理，其主要的研究结果如下。① 从植物根际土中共分离纯化得到 165 株 PGPR 菌株；其中，解无机磷菌 87 株，固氮菌 78 株，分属于 34 个细菌属，其中丰度大于 6% 的属有苍白杆菌属（23.64%）、芽胞菌属（11.52%）、假单胞菌属（7.88%）、节杆菌属（7.27%）、类芽胞菌属（7.27%）以及肠杆菌属（6.06%）；81.82% 的菌株均能在 3% NaCl 的 R2A 固体平板上生长；同时具有固氮、解无机磷、解有机磷（植酸磷）、分泌铁载体、分泌 ACC 脱氨酶以及耐盐促生特性的 PGPR 共 30 株，其中苍白杆菌属、肠杆菌属、芽胞杆菌属为优势属，促生性状全面、促生能力强的有 13 株。②PGPR 单菌对不同浓度盐胁迫下小麦种子发芽的影响：有 8 株在 NaCl 浓度为 0mmol/L 和 100mmol/L 处理下均能够促进小麦种子发芽，且促生效果显著，小麦幼苗的株高、根长以及干重分别提高了 3.19% ～ 30.64%、5.38% ～ 63.63%、6.30% ～ 51.10%。③PGPR 单菌对不同浓度盐胁迫下盆栽小麦的影响：在同一浓度的盐胁迫下，不同 PGPR 对小麦的促生效果不同；在不同浓度的盐胁迫下，同一 PGPR 对小麦的促生效果也不同。其中，BN9 在 0mmol/L、100mmol/L、200mmol/L、300mmol/L NaCl 下均增加了小麦地上部分干重、根际土速效氮含量及速效磷含量，而株高仅在 100mmol/L NaCl 下显著提高，地下部分干重以及根际土有机质含量在 100mmol/L、200mmol/L、300mmol/L NaCl 下均显著增加。④ 复合 PGPR 对盐胁迫下盆栽小麦的影响：复合菌株颗粒肥（含 PGPR 菌株 BN9、BP11、FYP1101、SN0509、SP0114，简称 JF）在 0 ～ 300mmol/L NaCl 下均能促进小麦的生长，其盐度适应范围较单菌更广，促生效果较单菌更稳定。综上，筛选获得具有较强耐盐性和植物促生性状的细菌主要为苍白杆菌、肠杆菌、芽胞杆菌，对盐胁迫下小麦幼苗有显著的促生效应，尤其是不同菌株的复合后效应更强，这可能与土壤营养改善、植物激素增加等有关。

土壤盐碱化不利于植物生产，是最严重的土壤环境问题之一。植物根际促生菌（PGPR）可促进盐碱胁迫下植物的生长，应用 PGPR 是盐碱地改良最具潜力的生物措施之一。荒漠干旱少雨、盐碱性往往很高，有可能是耐盐碱 PGPR 的丰富菌种资源库。许芳芳（2017）基于涂布划线技术，对内蒙古荒漠植物根际土中的耐盐碱 PGPR 进行分离纯化，分别以 Ashby 培养基、植酸磷培养基和无机磷培养基进行固氮、解植酸磷、解无机磷细菌的初筛；基于 16S rDNA 基因序列分析对菌株进行初步鉴定；再对纯化所得细菌进行产铁载体、产 1- 氨基环丙烷 -1- 羧酸（ACC）脱氨酶、产吲哚乙酸（IAA）能力的分析，并结合小麦出苗试验快速筛选功能特性较强的菌株，制备相应的微生物颗粒肥料（以菌株编号和菌株数量分别代表含单一菌株和复合菌株的菌肥颗粒，NK 和 CK 分别代表施加空载体颗粒和不施加菌肥颗粒或空载体颗粒的空白对照），研究盐胁迫下 PGPR 对小麦、燕麦和油葵的促生效应和机理，研究的主要结果如下。① PGPR 的类群组成：共筛选得到 203 株细菌，隶属于 40 个属，优势属（丰度大于 5%）有肠杆菌属（*Enterobacter*，19.21%）、芽胞杆菌属（*Bacillus*，12.80%）、火山芽胞杆菌属（*Scopulibacillus*，11.82%）、节杆菌属（*Arthrobacter*，9.35%）和假单胞菌属（*Pseudomonas*，7.88%）；其中，46 株 PGPR 兼具固氮、解植酸磷、解无机磷、产铁载体、产 IAA、产 ACC 脱氨酶及耐盐功能特性，优势属为肠杆菌属，功能特性最强的 PGPR 有 18 株，优势属也为肠杆菌属。② 复合 PGPR 对盐胁迫下盆栽小麦的影响：复合菌株颗粒肥（将上述功能特性最强 18 株菌及实验室收集所得 3 株马西利亚菌、5 株泛菌和 9 株苍白杆菌分别构建复合菌株的颗粒肥，分别简称 C18、M3、F5 和 C9）均能不同程度地促进小麦的生长；其中，相比 CK 和 NK，C18 处理的小麦根长增加 196.70%、根干重增加 107.47%、根际土盐度降低了 49.88%，F5 处理的有机质含量增加 50.33%，M3 处理的速效磷含量增加了 21.71%。③ 35 株 PGPR 对盐胁迫下小麦出苗的影响：对 35 株 PGPR 进行盐胁迫小麦出苗试验的快速复筛，得到 9 株促生效果最显著的 PGPR，显著提高了盐胁迫下小麦苗长、根长和种子活力指数，且盐浓度越高，相比 CK 和 NK 的促生效果差异越显著。其中，盐浓度为 300mmol/L 时，接种菌株 168 的根长和种子活力指数增加 1225.55% 和 222.45%，FWP0503 苗长增加 80.27%。④ 9 株 PGPR 对盐胁迫下盆栽小麦、燕麦及油葵的影响：不同 PGPR 对同一植物的促生效果不同，同一 PGPR 对不同植物的促生效果也不同。其中，SP0509 显著增加了小麦及燕麦地上部干重、燕麦及油葵根际土速效氮含量；FYP1101 显著增加了小麦及油葵地下部干重、燕麦及油葵根际土有机质含量；B333-1 显著增加了小麦及燕麦根长和根际土速效氮含量。综上，荒漠植物根际土是 PGPR 的丰富菌株资源库，它们具有固氮、解植酸磷、解无机磷、产铁载体、产 ACC 脱氨酶、产 IAA 多种功能特性。其中，肠杆菌属是优势属，是促进盐胁迫下植物生长最具潜力的菌种之一。

（3）水稻促生菌　为丰富微生物肥料菌种储备库以及向菌肥菌种的选育提供依据，刘丽辉等（2020）从南方野生稻（*Oryza meridionalis*）中分离纯化内生细菌，通过十二烷基硫酸钠 - 聚丙烯酰胺凝胶（SDS-PAGE）全细胞蛋白电泳、插入序列指纹图谱（IS-PCR）聚类分析，对分离的各类群代表菌株进行 16S rRNA 基因系统发育分析和鉴定，并测试代表菌株固氮、解磷、解钾、分泌生长素和 1- 氨基环丙烷 -1- 羧酸（ACC）脱氨酶、产铁载体等促生特性。结果表明，共分离到 58 株内生细菌，聚为 11 个类群。其中菌株 JH40、JH50 促生能力强：JH40、JH50 的固氮酶活性最高，分别为 360.61nmol/（mL·h）和 494.14nmol/（mL·h）；JH40、JH50 产吲哚乙酸能力分别为 27.84mg/L 和 29.97mg/L，ACC 脱氨酶活性分别为 24.76μmol/（mg·h）和 22.94μmol/（mg·h），JH40、JH50 还具有解磷和解钾能力。说明南方野生稻内生菌具有丰富的遗传和功能多样性，包含多种优质促生菌，可以作为微生物肥料储备菌种。

泛菌属（*Pantoea*）菌株是广泛分布在自然界中的一类功能多样的细菌。郭鹤宝等（2019）对分离自水稻种子内生的泛菌菌株进行系统发育分析及功能评价，从而确定分类地位、种类多样性、分布特征及功能特性。采用乙醇 - 次氯酸钠联合灭菌方法进行水稻种子的表面灭菌，进行内生细菌的分离与纯化；其次将纯化后的菌株进行 16S rRNA 基因 PCR 扩增及序列分析，通过 MEGA 7 软件构建系统发育树；测定菌株的解磷、产 IAA、产铁载体、拮抗病原真菌等特性，最后检测菌株的溶血性；水稻分型采用 SSR 方法，并对水稻农学性状如分蘖数、株高、植株重及产量进行调查。对分离自 8 个不同基因型水稻种子中的 146 株内生泛菌菌株进行系统发育分析及功能评价，结果发现，所分离到的泛菌菌株主要属于分散泛菌（*Pantoea dispersa*）、成团泛菌（*Pantoea agglomerans*）、杓兰泛菌（*Pantoea cypripedii*）以及布伦纳氏泛菌（*Pantoea brenneri*）4 个种，其中分散泛菌的菌株数量最多，分布最广，并且存在于所有的 8 个水稻种子样品中。对其中 66 株菌进行功能检测，发现 86.3% 和 69.7% 的菌株具有解磷和产 IAA 能力，有 7 株菌具有产铁载体能力，未发现对真菌病害串珠镰刀菌（*Fusarium moniliforme*）有拮抗作用的菌株，并发现 3 株菌具有溶血性；未发现泛菌组成与水稻系统发育及农学性状存在明显的相关性。

为从尼瓦拉野生稻（*Oryza nivara*）中收集农业微生物肥料生产的菌种资源，郜晨等（2018）对其内生菌进行分离、固氮酶活性测定、IS-PCR 指纹图谱聚类、产生长素、解钾能力及生理生化特性测定；选取 IS-PCR 指纹图谱 8 个类群的代表菌株进行 16S rRNA 基因系统发育分析。结果表明，从尼瓦拉野生稻中共分离到 57 株内生细菌，其中 44 株为内生固氮菌，固氮酶活性在 5.79 ～ 899.72nmol/（mL・h）之间。16S rRNA 基因序列分析及生理生化特性表明，所分离的植物内生菌分别属于污染伯克氏菌（*Burkholderia contaminans*）、草螺菌（*Herbaspirillum seropedicae*）、根瘤菌（*Rhizobium* sp.）、甲基营养型芽胞杆菌（*Bacillus methylotrophicus*）、氧化木糖无色杆菌（*Achromobacter xylosoxidan*）、贝纳尔德氏金黄杆菌（*Chryseobacterium bernardeti*）、槟榔假单胞菌（*Pseudomonas beteli*）和准肺炎克雷伯氏菌（*Klebsiella quasipneumoniae*），表明尼瓦拉野生稻内生菌具有多样性。分离到的内生细菌均有产生长素的能力，其中 N8、N35、N36 产生长素能力最强，分别为 41.66mg/L、34.96mg/L、30.41mg/L。25 株菌株具有不同程度的解钾能力，N37、N16 解钾能力最强，分别为 312mg/L、289mg/L。N8、N35、N36、N37、N16 接种生菜后，生菜株高增加 12.47% ～ 26.17%、叶片数增加 20.41% ～ 44.90%、叶长增长 49.73% ～ 62.23%、地上鲜重增加 37.93% ～ 68.00%、地下鲜重增加 31.08% ～ 40.56%、叶绿素含量增加 27.94% ～ 85.29%。接种菌株 N37、N16 的土壤与对照组相比，土壤速效钾含量分别增加 52.55% 和 57.85%，表明菌株具有明显的促生效果。

王秀呈等（2014）从湖南祁阳中国农业科学院红壤实验站具有 30 年长期稻 - 稻 - 绿肥轮作定位试验田中采集水稻根并分离内生细菌，通过乙炔还原法测定其固氮酶活性，筛选出固氮活性较高的菌株，运用 16S rRNA 基因、*nifH* 基因以及脂肪酸分析确定其分类地位。同时采用 Salkowski 比色法测定其生长素的分泌能力，CAS 蓝色平板检测法测定产铁载体能力，解磷透明圈法测定解磷性，对其促生特性进行分析。结果显示，共分离获得 48 株内生菌，其中 DX35 固氮酶活性最高，经鉴定属于草螺菌（*Herbaspirillum seropedicae*），其固氮酶活性为 181.21nmol C_2H_4/（h・mg 蛋白），约是参比菌株圆褐固氮菌（*Azotobacter chroococcum*）ACCC10006 的 10 倍。另外，该菌株还具有一定的分泌铁载体能力和解磷特性。

（4）花生促生菌　为了获得具有固氮、解磷解钾及合成生长素的多功能花生根际促生菌（PGPR），提高和改善河南花生种植区的花生产量和品质，刘晔等（2017）从华北地区花生根际沙质潮土中筛选出 5 株多功能促生菌 HS4、HS7、HS9、HS10、HS11，通过对其各功能指标的对比挑选出菌株 HS9，其固氮酶活性、解磷、解钾以及产 IAA 能力分别达到 15.53nmol C_2H_4/（h・mL）、279.23mg/L、22.5mg/L 和 40.96mg/L。经形态观察、生理生化指标以及 16S rDNA 序列分析鉴定，确定该菌株为弯曲芽胞杆菌（*Bacillus flexus*）。最后通过花生盆栽试验验证其促生能力。盆栽试验表明：接种 HS9 能显著提高土壤中速效磷、钾含量，极显著地提高了土壤中 IAA 的含量；植株的根总长、根表面积、根体积和根尖数分别增加了 109.60%、84.30%、76.08% 和 386.24%，促进植株对养分的吸收和利用，提高植株生物量以及养分含量；植株鲜重、株高、叶绿素值（soil and plant analyzer development，SPAD）及氮、磷、钾含量分别提高了 70.05%、28.35%、16.06%、23.11%、83.04% 和 23.95%。说明该多功能菌株对花生具有良好的促生作用，具有广阔的农业应用前景。

姜瑛等（2015）从南京板桥镇的灰潮土中，筛选出了一株高效固氮解磷菌，命名为 JX14，其固氮酶活性达 38.9nmol C_2H_4/（h・mL），对磷酸三钙的转化量达 96.19mg/L。通过形态观察、生理生化特征及 16S rDNA 基因序列分析，确定 JX14 为贪噬菌属（*Variovorax*）。在温室条件下进行花生盆栽试验，结果表明，接种 JX14 菌株的处理，土壤 NO_4^+-N、NO_3^--N、矿质氮含量较不接菌处理分别提高了 1.08 倍、1.18 倍、1.16 倍，土壤有效磷含量提高了

18.14%。花生根系总长、表面积、体积以及根尖数，较对照分别提高了 1.61 倍、1.28 倍、1.37 倍、1.12 倍，花生根系变得更长更粗并且具有更多的分支，增强了根对土壤中营养元素的吸收，花生地上部鲜重、株高显著提高了 44.78%、14.10%，花生总氮、总磷、总钾含量分别显著提高了 35.14%、171.43%、133.33%。徐文思等（2014）从南京板桥镇自然条件下的潮土中，筛选出 JX15 菌株，具有较强分泌 IAA 的能力且性能稳定，20h 分泌 IAA 达到 22.55μg/mL，并兼具解磷能力。经形态观察、部分生理生化特征测定及 16S rRNA 序列分析鉴定，初步确定该菌株为巨大芽胞杆菌（*Bacillus megaterium*）。设置单因素试验对菌株生长和发酵条件进行初步研究，结果表明，促进菌株 JX15 生长和增强分泌 IAA 的最佳培养条件基本一致，最佳培养条件是初始 pH 值为 7 ～ 8，装液量为 50mL/250 mL，30℃摇床培养 24h；最佳碳、氮源分别是甘露醇和酵母粉。在实验室条件下进行花生盆栽试验，结果表明，接种 JX15 菌液的处理，花生植株较未接种菌液的处理其鲜重、株高、总氮、总磷、总钾及花生根系总长度、根平均直径、根表面积和根尖数均有显著增加。

（5）大豆促生菌　曾庆飞等（2017）从贵州毕节地区大豆根际土壤中分离解磷菌株，从大豆根瘤中分离根瘤菌株，对分离出的解磷圈直径与菌落直径的比值（*D*/*d* 值）在 2.20 以上的解磷菌株分别进行解磷能力、生长素 IAA 及有机酸分泌能力、产酸产碱性能测定，筛选出优良解磷菌 4 株；对分离出的根瘤菌通过大豆试管苗回接及促生效应试验，筛选出高效根瘤菌 2 株；将筛选出的 6 株菌经拮抗反应试验后分别按单一解磷菌接种剂、单一根瘤菌接种剂、溶磷菌 + 根瘤菌复合接种剂 3 种处理制备菌悬液，采用盆栽方法分别对大豆和百脉根进行促生效应试验。结果表明，与对照相比，除单一根瘤接种剂对增加大豆株高无效果外，另外 2 个处理对大豆株高有提升效果，所有处理对大豆茎粗、生物量、结荚数、荚重、单粒数及单粒重都有明显的促进作用。其中溶磷菌 + 根瘤菌复合菌液对大豆株高、茎粗、幼苗地上生物量和地下生物量的促进效果最好，分别比对照组高出 21.26%、40.79%、15.88% 和 42.19%。3 个处理对百脉根的第一、第二茬株高及地上生物量、总氮、总磷和粗蛋白含量均有明显的提升效应，其中依然是解磷菌 + 根瘤菌复合菌液的处理效果最好，分别比对照组高出 20.82%、54.88%、106.14%、148.78%、19.34%、61.88% 和 19.34%，与对照组差异均达极显著水平（$P<0.01$）。

慢生大豆根瘤菌和胶质类芽胞杆菌单一菌株固氮或促生效果及机理已有较多研究，但两者双接种对作物的作用和增产机理尚未有所报道。刘丽等（2015）以慢生大豆根瘤菌 5136 与胶质类芽胞杆菌 3016 为研究对象，通过田间小区试验研究根瘤菌与促生菌不同施用模式对大豆生长和土壤酶活的影响，以期为开发新型高效复合菌剂提供理论依据。试验设对照（T1）、接种胶质类芽胞杆菌 3016 菌剂（T2）、接种慢生大豆根瘤菌 5136 菌剂（T3）、胶质类芽胞杆菌 3016 和慢生大豆根瘤菌 5136 双接种（T4）、常规施肥（T5）5 个处理，分别于大豆不同生育期调查大豆的农艺性状和结瘤状况，测定土壤酶活性，用 BOX-PCR 技术监测慢生大豆根瘤菌 5136 的占瘤率。结果显示：① 在大豆成熟期，双接种（T4）处理的大豆单株分枝数、单株粒数、收获指数和产量均为最高，分别比 T1 高 11.3%、9.7%、41.0% 和 9.3%，且单株空荚数最低，比 T1 降低 44.0%；② 在花荚期，双接种（T4）处理的占瘤率为 25.4%，比 T3 处理高 8.0%，且单株根瘤数和单株根瘤干重均为最高，分别比 T1 高 41.6% 和 47.1%，说明双接种处理下，胶质类芽胞杆菌 3016 能够促进慢生大豆根瘤菌 5136 结瘤固氮；③ 接种微生物菌剂均可不同程度地提高土壤酶活性，以双接种（T4）处理的效果最为显著，在大豆成熟期，土壤过氧化氢酶、脲酶和蔗糖酶活性均为最高，分别比对照组高 12.9%、

8.9%和9.4%；④ 相关性分析表明，土壤酶活性与大豆收获指数呈显著正相关或极显著正相关（$P<0.01$ 或 $P<0.05$），其中过氧化氢酶与产量呈显著正相关，单株根瘤数和单株根瘤干重均与收获指数和蔗糖酶活性呈极显著正相关，与产量呈显著正相关。结果表明，慢生大豆根瘤菌和胶质类芽胞杆菌双接种可以促进大豆生长，显著增加大豆的单株分枝数、单株粒数、收获指数和占瘤率，降低单株空荚数，增加大豆产量，同时可显著提高相关土壤酶活性。

赵龙飞等（2016）从大豆根瘤中筛选具1-氨基环丙烷-1-羧酸（ACC）脱氨酶活性的内生细菌，对活性菌株的抗盐碱性、系统分类地位以及代表菌株的促生长作用进行研究，为发掘和应用抗逆、促生优良菌种资源提供理论基础。以ACC作为唯一氮源测定菌株产ACC脱氨酶特性，采用标准曲线法测定*α*-丁酮酸含量，用比色法定量测定ACC脱氨酶活力，用固体平板筛选法对活性菌株进行抗性分析，通过菌体形态及生理生化特性测定、16S rRNA基因序列同源性分析鉴定菌株分类地位，采用盆栽试验验证代表菌株的促生作用。结果显示，从河南省13个市（地区）36个点采集的大豆根瘤中筛选出8株ACC脱氨酶内生细菌，其中菌株DD132的酶活性最高（15.712U/mg）。筛选菌株可耐受4%～6% NaCl盐浓度，其中菌株DD165、DD132可耐受9% NaCl盐浓度。在pH值为11时，5株（DD14、DD132、DD67、DD141、DD131）生长良好，说明这些菌株有较强耐碱性。8株产ACC脱氨酶菌株分属于4属，即芽胞杆菌属（*Bacillus*）、肠杆菌属（*Enterobacter*）、寡养单胞菌属（*Stenotrophomonas*）和泛菌属（*Pantoea*）。接种试验表明内生菌DD132对小麦幼苗具有明显促生长作用。结果表明，大豆根瘤内ACC脱氨酶高活性菌株有较强耐盐碱性，其中菌株DD132对小麦幼苗有明显促生长作用。赵龙飞等（2015）对采自河南省不同地区的大豆根瘤进行内生菌分离纯化、解磷性筛选试验。根据能否产生解磷圈及解磷圈直径（*D*）、菌落直径（*d*）和*D*/*d*值大小确定菌株解磷能力，采用钼锑抗比色法测定培养液中有效磷含量；平板筛选法对筛选菌株进行耐盐性、耐酸碱、重金属等抗性测定，并对筛选菌株进行理化特性、16S rDNA、*recA*基因序列和系统发育分析。结果表明，从分离纯化的324株内生菌中筛选出36株具有解磷特性，其中20株有较强解磷性。菌株DD291发酵液中可解性磷含量最高（452mg/L），发酵液pH值与对照组相比均有不同程度下降，最大降幅达2.92。大部分解磷性内生菌具有较强耐盐碱性，对Pb^{2+}、Cr^{6+}和Cu^{2+}有较高耐受性，对Ni^{2+}和Hg^{2+}抗性较弱。结合细胞形态、生理生化、16S rDNA、*recA*基因序列和系统发育分析结果，这些菌株被确定为蜡样芽胞杆菌（*Bacillus cereus*）、生癌肠杆菌（*Enterobacter cancerogenus*）、阴沟肠杆菌（*Enterobacter cloacae*）和恶臭假单胞菌（*Pseudomonas putida*）。

薛晓昀等（2011）通过解磷和生长素分泌的定性测定，从大豆根际土壤及实验室保藏菌株中分离筛选植物根际促生菌（PGPR），采用大豆根瘤菌和促生菌双接种的蛭石盆栽试验，初筛获得能够促进大豆植株生长、提高大豆根瘤菌结瘤固氮作用的促生菌5株。进一步的土壤盆栽复筛试验表明，筛选得到的5株促生菌与大豆根瘤菌进行双接种，能够在阜阳、济宁和延安的3种土壤中明显提高大豆的根瘤数量、根瘤干重、植株干重和总氮含量，并且能够促进植株对磷素的吸收。解磷能力定量测定表明，5株促生菌均具有溶解无机磷的能力，有的菌株具有较高的解磷能力；高效液相色谱法（HPLC）测定促生菌发酵液的成分，结果显示，5株促生菌具有产生植物激素和有机酸的能力。经过16S rRNA基因序列分析，所分离的根际促生菌1-3、P7和P13分别属于芽胞杆菌（*Bacillus* sp.）、叶杆菌（*Phyllobacterium* sp.）和中华根瘤菌（*Sinorhizobium* sp.）。

卢林纲（2005）针对黑龙江省大豆生产机械化施肥特点和大豆种子拌杀菌剂等问题，以大豆根瘤菌复合颗粒肥的研制、生产工艺及其应用技术研究为主要目的；根据黑龙江省主要生态区的土壤类型和大豆品种，开展了高效大豆根瘤菌株筛选以及根瘤菌与植物根际促生菌、微量元素复合应用试验。筛选出优良根瘤菌株 NK246、NK316 和 NK5511；确定了根瘤菌与解钾菌、解磷菌等复合应用的促生增产作用；明确了根瘤菌和微量元素钼、钴、钨复合应用对大豆结瘤固氮的互促效应；综合各项试验结果，提出了 3 种以大豆根瘤菌为主的高效复合生物肥配方。经过 3 个生产周期的多项研究与反复调试，系统地提出了复合颗粒菌肥工厂化生产的工艺流程、关键技术以及各项指标；科学地设计出先平模挤压，后圆盘滚动的两次造粒技术和先顺流烘干，再逆流冷却的低温干燥工艺；确定了颗粒菌肥烘干时介质适宜温度为 72 ～ 77℃、物料温度不高于 45℃、烘干时间不长于 16min 等技术参数。通过根瘤菌不同接种方式对大豆根瘤分布及产量性状的影响，施用根瘤菌肥节省化肥用量及复合颗粒菌肥应用效果等专项试验，提出了大豆根瘤菌复合颗粒肥种床施用技术，连续 4 年稳定增产 8.5% ～ 12.3%；试验结果显示出大豆根瘤菌复合颗粒肥的节肥作用，在比较贫瘠的白浆土上可以节省 20% 的化肥，在肥沃的草甸黑土上可以节省 30% ～ 40% 的化肥。4 年研制复合颗粒菌肥 1408.8t，累计推广面积 40250hm^2，增收节支合计 3382.7 万元。生产实践证明，大豆根瘤菌复合颗粒肥适合机械化大面积施用，增产增收、节肥降本效果稳定，经济效益和生态效益显著，有利于生产绿色食品和发展生态农业。

（6）油菜促生菌　为了筛选获得复合型功能微生物（PGPR）菌株材料，进而从功能微生物的角度理解稻－油轮作制度的优势，张亮等（2020）以稻－稻、稻－油轮作制度下耕层水稻土壤作为筛选源，采用选择性培养基传统培养法对可培养细菌、固氮菌、解磷菌以及产 IAA 菌株进行分离和筛选，并利用人工气候箱培育试验验证了对部分筛选获得的复合型促生菌株对油菜、黄瓜幼苗早期生物促生效果。结果表明：稻－稻轮作耕层土壤可分离固氮菌 35 株、解磷菌 3 株；稻－油轮作耕层土壤可分离固氮菌 38 株、解磷菌 35 株；具有固氮、解磷以及较强生长素分泌能力的复合型促生菌株 6 株，对油菜和黄瓜早期幼苗株高生长具有一定的促生效果，可分别提高 25.45% ～ 111.96% 和 4.45% ～ 18.22%；此外，DD-69 和 DY-111 菌株对黄瓜根长、DY-6 和 DD-79 菌株对黄瓜鲜质量具有显著的促生作用。

随着工业的发展，土壤重金属污染日益严重，由此造成的环境和人类健康问题引起了广泛的关注。根际促生细菌不但可以稳定土壤中的重金属、减缓其对植物的毒害，还可以促进植物的生长。以根际促生细菌为基础的生物修复技术是中轻度重金属污染土壤边种植边修复的有效手段之一。于素梅（2018）从根际土壤中分离了一株植物促生细菌芽胞杆菌（*Bacillus* sp.）YM-1，并对其重金属吸附特征和促生特性进行分析，将该促生菌固定于菌糠载体上，通过盆栽试验研究其对土壤 Pb 的生物有效性和油菜生长的影响，主要研究结果如下。① 耐 Pb 植物促生细菌的分离筛选与鉴定：从矿区植物根际土壤中筛选出一株耐 Pb 植物促生革兰氏阳性细菌，可在含有 500mg/L Pb 的固体培养基上正常生长。经形态学、生理生化测定及 16S rDNA 序列分析，鉴定该菌株属于芽胞杆菌属（*Bacillus*），命名为芽胞杆菌（*Bacillus* sp.）YM-1。② 植物促生细菌 YM-1 的重金属耐受性与植物促生能力：Pb、Zn、Cu 对 YM-1 的最低抑制浓度为 500mg/L、800mg/L、400mg/L。在不同浓度的 3 种重金属胁迫下，YM-1 均表现出了较好的促生特性，其中 ACC 脱氨酶最高活性为 1.194μmol *α*- 酮丁酸 /(mg・h)，吲哚乙酸（IAA）最大产量为 66.29mg/L，铁载体最高产量为 74.27% SU，最大解磷量为 26.88 mg/L。在不同 Pb 浓度胁迫下，YM-1 菌液浸种后油菜种子的发芽率显著提高，提高幅度为 6.82% ～ 54.17%。③ 菌株 YM-1 对 Pb^{2+} 的吸附性能研究：菌株 YM-1 对 Pb^{2+} 的最佳吸附条件为 pH 值 5.5、Pb^{2+} 初始浓度 100mg/L、菌体浓度 1.5g/L、吸附时间 30min，在此条件下，菌体 YM-1 对 Pb^{2+} 的吸附率和吸附量为 89.62% 和 14.94mg/L。对吸附前后的 YM-1 细胞进行透射电镜（TEM）和能量散射 X 射线谱（EDX）分析发现，吸附前 YM-1 的细胞呈规则的杆状形态，能谱图中未发现 Pb 元素吸收峰，吸附后细胞变得不规则，细胞表面附着了一层黑色堆积物，能谱图中出现了 Pb 元素的吸收峰。④ YM-1 及 YM-1 固定化菌剂在土壤中的存活动态：将促生细菌 YM-1 固定于菌糠载体制成固定化菌剂，比较 YM-1 和 YM-1 固定化菌剂在土壤中的存活动态，结果发现固定化菌剂在 Pb 污染土壤中接种 40d 后，活菌数为 8.42×10^6CFU/g，而菌株 YM-1 的活菌数降至 9.52×10^2CFU/g。⑤ YM-1 及 YM-1 固定化菌剂对有效态 Pb 含量及土壤理化性质的影响：Tessier 五步连续提取法分析土壤中 Pb 的形态发现，与对照相比，YM-1 处理、菌糠处理、YM-1+ 菌糠处理、YM-1 固定化菌剂处理均显著降低了可交换态 Pb 的含量，下降幅度分别为 12.61% ～ 27.09%、14.86% ～ 32.99%、40.38% ～ 55.10%、55.24% ～ 70.66%。此外，碳酸盐结合态和铁锰氧化物结合态 Pb 的含量也降低，即土壤中的有效态 Pb 含量降低。这 4 种处理还显著提高了土壤的 pH 值，分别提高了 0.16 ～ 0.43、0.31 ～ 0.62、0.67 ～ 1.14、0.72 ～ 1.17 个 pH 单位，阳离子交换量和有机质的含量也显著增加。土壤 Pb 形态与土壤理化性质相关性分析结果显示，pH 值、有机质、阳离子交换量、速效磷、速效钾与有效态 Pb 呈极显著的负相关，与残渣态和有机质结合态呈正相关，而电导率与有效态 Pb 呈极显著的正相关。⑥ YM-1 及 YM-1 固定化菌剂对油菜生长及 Pb 吸收的影响：盆栽试验结果表明，菌株 YM-1 处理组、菌糠载体处理组、菌株 YM-1+ 菌糠处理组、YM-1 固定化菌剂处理组的促生效果显著高于对照组。不同 Pb 浓度（0 ～ 400mg/kg）胁迫下，各处理组油菜的生物量相比对照组分别增加了 7.7% ～ 15.33%、5.81% ～ 16.56%、14.53% ～ 24.63%、18.02% ～ 31.34%。各组油菜的茎长与根长的变化规律与其生物量的变化规律相似，都显著高于对照组（$P<0.05$）。油菜体内的 Pb 含量也明显下降，与对照组相比，地下部分最大的下降幅度为 50.00%、43.26%、75.01%、93.26%，地上部分为 30.95%、50.00%、90.48%、99.52%。油菜体内抗氧化酶活性、叶绿素、脯氨酸等指标也反映了 4 组不同处理能有效地促进油菜的生长，缓解 Pb 对油菜的毒害作用。

油菜是我国和世界主要油料作物之一，对氮磷肥需求量大，但是氮磷肥利用率低，会造成资源浪费和环境污染等问题。由于根际促生菌能够改善植物生长并促进养分吸收，近些年来不少生物肥料中添加根际促生菌。王丹等（2017）采用土培试验，探究了两种根际促生菌（巨大芽胞杆菌和短小芽胞杆菌）在不同氮、磷条件下对油菜生长和养分吸收的影响，以期为油菜肥料研制和施肥技术提供帮助。结果表明，油菜在缺氮或缺磷条件下的地上部分干重仅为正常氮磷供应的 20%；巨大芽胞杆菌在正常氮磷供应条件下改善了油菜生长，促进了油菜对磷、钾、锌和硼 4 种营养元素的吸收，而在缺氮和缺磷条件下没有效果；短小芽胞杆菌在缺氮、缺磷和正常氮与磷条件下均没有效果。因此，氮、磷肥对油菜生长至关重要，巨大芽胞杆菌能够在适当氮、磷供应条件下发挥促生作用。

植物病害是植物在生物或非生物因子影响下，发生一系列形态、生理和生化上的病理变化，阻碍了植物正常生长、发育进程，从而影响经济效益的现象。其中，油菜菌核病是一种世界性油菜病害。该病在我国油菜产区均有发生，是影响我国油菜产量和品质的第一大病害。西葫芦根腐病的致病菌之一是尖孢镰刀菌（*Fusarium oxysporum*），在土壤中的腐生竞争能力强，存活时间长，因此被认为是西葫芦根腐病中极具破坏力的病原物之一。目前，利用植物根际促生菌（PGPR）制剂防治这两种病害已经成为国内外学者关注的重点之一。孙广正（2015）以前期研究获得的 19 株 PGPR 菌为对象，测定了菌株的解磷（解磷透明圈法和钼蓝比色法）、固氮（乙炔还原法）和分泌生长素（高效液相色谱法）特性；测试了 PGPR 菌对油菜菌核病菌和尖孢镰刀菌的拮抗作用（平板对峙生长法），及其对其他病原菌的拮抗作用；研究了微生物接种剂对油菜菌核病和西葫芦根腐病的生防效果；鉴定了优良生防菌株（形态学观察、生理生化和分子生物学方法）；研究了微生物接种剂对油菜幼苗和西葫芦生长的影响。主要研究结果如下：① 各 PGPR 菌株促生特性差异较大。供试的 19 株 PGPR 菌中，13 株具有良好的溶解磷酸钙能力（解磷量 3.79 ～ 204.74μg/mL）；14 株具有较强的固氮能力［固氮酶活性 7.14 ～ 246.46nmol C_2H_4/(h・mL)］；10 株具有分泌 IAA 的能力（分泌量 4.34 ～ 54.36μg/mL）。② 筛选到具有较强拮抗 6 种病原菌的 PGPR 菌株。菌株 LHS11 和 FX2 对油菜菌核病菌、尖孢镰刀菌、黄瓜枯萎病菌、小麦长蠕孢、番茄早疫病菌和立枯丝核菌的抑菌活性均较好，菌株 LHS11 的抑制率分别达到 85.71%、65.98%、67.38%、71.03%、65.34% 和 69.53%，菌株 FX2 的抑制率分别达到 82.14%、66.80%、69.07%、78.17%、70.52% 和 73.82%。菌株 LHS11 和 FX2 能使病原菌菌丝发生不同程度扭曲变形，其次生代谢物（发酵液）对部分病原菌起到抑制作用。综合分析菌株 LHS11 和 FX2 具有较广谱的抑菌性，可以通过次生代谢物、营养和空间位点竞争等多种方式抑制病原菌的生长。③ PGPR 菌株中的拮抗菌分别为芽胞杆菌属和假单胞菌属。将筛选得到的 11 株 PGPR 菌通过形态特征观察、生理生化特性和 16S rDNA 序列测定，鉴定结果为菌株 LHS11 和 FX2 为枯草芽胞杆菌（*Bacillus subtilis*），菌株 XX2、LM4-3、F1-4 和 LX22 为短小芽胞杆菌（*Bacillus pumilus*），菌株 XX6 为简单芽胞杆菌（*Bacillus simplex*），菌株 FX1 和 XX1 为蜡样芽胞杆菌（*Bacillus cereus*），菌株 XX5 和 PGRS-3 为荧光假单胞杆菌（*Pseudomonas fluorescens*）。④ 复合接种剂（LHS11+FX2）对油菜和西葫芦促生防病效果较好。菌株 LHS11 和 FX2 对油菜菌核病菌的抑制率均大于 80%，对尖孢镰刀菌的抑制率均大于 60%，且菌株 LHS11 和 FX2 之间没有拮抗作用，将其制成不同组合处理的微生物接种剂。在油菜离体叶片和温室盆栽试验中，复合接种剂（LHS11+FX2）对油菜菌核病抑制率分别达到 83.75% 和 80.51%；在西葫芦温室盆栽试验中，复合接种剂（LHS11+FX2）对西葫芦根腐病抑制率达到 57.14%。此外，在油菜温室盆栽试验中，复合接种剂（LHS11+FX2）能显著增加油菜的株高、地上鲜重、地下鲜重和地下干重，和对照组相比，分别提高了 32.30%、73.87%、323.08% 和 186.67%。复合接种剂（LHS11+FX2）促生防病效果均好于单一接种剂。⑤ 85% 化肥 + 复合接种剂对西葫芦促生效果较好。利用 7 株优良 PGPR 菌研制的西葫芦复合接种剂符合《微生物肥料》（NY/T 227—1994）标准。在田间试验中将其拌种与化肥配施，与无肥对照组相比，发现复合接种剂配施化肥对西葫芦盛花期和成熟期的地上鲜重、地上干重、地下鲜重、地下干重、根表面积、根长影响显著，其中以 85% 化肥 + 复合接种剂处理效果较优，其对西葫芦成熟期的产量显著提高 27.13%，在一定程度上节约了化肥投入成本和提高了增产效益。

崔松松（2014）研究了 32 株菌株的产铁载体和产吲哚乙酸（IAA）的能力，测定其 1-氨基环丙烷 -1- 羧酸（ACC）脱氨酶和解磷活性。采用 CAS 检测法测定菌株的产铁载体能力，结果表明 32 株菌株中有 30 株菌株具有产铁载体能力，占菌株总数的 93.75%，其中有 16 株菌株达到 5+（+++++）水平，占 50%；16 株菌株产 IAA，占总菌株数的 50%，产量在 0.79 ～ 30.49mg/L 之间，菌株 P17 产量最高，达到 30.49mg/L；根据钼蓝比色法测定 32 株菌株的解磷能力，结果显示 29 株菌株具有解磷能力，解磷量在 0.40 ～ 134.00μg/mL 之间，约占总菌株数的 90.63%，有 7 株达到 100.00mg/mL，约占 21.87%，菌株 P2 解磷能力最强，达到 134.00mg/mL。7 株菌株可以产生 ACC 脱氨酶，占供试菌株的 21.87%，菌株 P16 的酶活最高，酶的比活达到 2.15U/mg。测定 32 株根际促生菌株对峙植物病原微生物的性能，5 株菌株对植物病原真菌具有抑制作用。用这 32 株油菜根际亲和细菌进行盆栽试验，评价其对油菜的促生效果。A 组采用 11 株链霉菌处理油菜，有 9 株处理油菜的生物量干重比对照组的油菜生物量增加，其中 5 株菌株对油菜的促生效果达 10% 以上；虽然多数菌株在生物量的增加上没有达到显著水平，干重增加的总体趋势仍反映采用凝集素筛选获得的菌株对油菜具有一定的促生效果。B 组采用 8 株具有固氮活性的菌株处理油菜，有 6 株固氮菌株处理油菜的生物量比该组对照油菜生物量增加，3 株菌株对油菜的促生效果达到 10% 以上，菌株 N10 处理的油菜生物量比该组对照增加 20.06%，差异显著，说明油菜根际固氮菌在氮素供给上发挥了作用。C 组采用 9 株具有解磷活性菌株处理油菜，有 6 株菌处理的油菜生物量与该组对照的油菜生物量相比有不同程度的增加，菌株 P8 和 P17 的处理使油菜干重增加 10% 以上，表明供试菌株能够促进油菜生长。D 组采用 4 株具有解钾活性的菌株处理油菜，4 株解钾活性菌株处理的油菜生物量与对照组的油菜生物量相比均有增加，K6 处理的油菜生物量比对照组增加 27.12%，差异显著，表明有一定的促生长效应；4 株解钾细菌处理油菜的干重与施全肥的对照组油菜的干重相比都有一定的增加，说明具有解钾活性的菌株促生效果较好。试验证明 32 株供试菌株中有 25 株菌株具有不同程度的促生作用；与对照组相比，有 13 株菌株处理的油菜生物量干重均增加 10% 以上，2 株细菌的促生效果显著，具有很好的应用前景。

2. 蔬菜作物促生菌

（1）辣椒促生菌　为了获得辣椒根际促生菌（PGPR）并探究其抗病促生特性，杨茉等（2020）采用固氮、无机磷和有机磷培养基从江苏省徐州市采集的辣椒根际土壤中分离筛选根际促生菌（PGPR）菌株，通过形态特征及 16S rDNA 序列分析进行菌株鉴定，对菌株的固氮、解磷、分泌 3- 吲哚乙酸（IAA）能力及对 4 种辣椒病害病原菌抗病能力进行探究。结果显示，得到 13 株辣椒 PGPR 菌株，经鉴定分别属于芽胞杆菌属（*Bacillus*）、假单胞菌属（*Pseudomonas*）、雷勒特氏菌属（*Lelliottia*）、干燥杆菌属（*Siccibacter*）、无色杆菌属（*Achromobacter*）、微杆菌属（*Microbacterium*）和类芽胞杆菌属（*Paenibacillus*），13 株 PGPR 菌株均有固氮功能。其中 7 株可解有机磷，分别属于雷勒特氏菌属（*Lelliottia*）、芽胞杆菌属（*Bacillus*）、干燥杆菌属（*Siccibacter*）、微杆菌属（*Microbacterium*）、类芽胞杆菌属（*Paenibacillus*）；5 株可解无机磷，分别属于雷勒特氏菌属（*Lelliottia*）、芽胞杆菌属（*Bacillus*）、干燥杆菌属（*Siccibacter*）、假单胞菌属（*Pseudomonas*）；3 株具有分泌 IAA 的能力，分别属于雷勒特氏菌属（*Lelliottia*）、干燥杆菌属（*Siccibacter*）、芽胞杆菌属（*Bacillus*）；5 株具有抗病能力，分别属于芽胞杆菌属（*Bacillus*）、雷勒特氏菌属（*Lelliottia*）、干燥杆菌属（*Siccibacter*）。

为研究植物根际促生菌（PGPR）菌剂在田间条件下对辣椒的促生效果及其对根际土壤微生物结构的影响，黄文茂等（2020）以筛选到的 4 株 PGPR 菌株制备的复合菌剂为研究对象、辣椒为试验材料进行田间试验，分别设置了 100% 化肥组（CK）、100% 化肥 +PGPR 复合菌剂组、80% 化肥 +PGPR 复合菌剂组共 3 个处理组，在幼苗期、始花期和坐果期对辣椒进行灌根，测定了不同处理组辣椒的株高及茎粗、产量和根际微生物的结构变化。结果表明，PGPR 复合菌剂能有效促进辣椒植株增高和茎粗增加，单株产量及挂果数较 100% 化肥组分别增加34.14%、38.62%和47.44%、52.89%，每公顷鲜椒增产约9000～10000kg。微生物菌群的结构变化表现为，PGPR菌剂灌根的处理组中，微生物总量和细菌数量显著增加，真菌数量减少，放线菌数量则表现为盛果期显著增加；解磷菌、解钾菌及固氮菌等功能菌群的数量总体上升，增幅不一致。表明施用PGPR复合菌剂对辣椒的促生效果显著，且影响了辣椒根际的土壤微生物结构。

丛枝菌根真菌（AMF）和植物共生放线菌（PSA）具有促进植物生长、抑菌、抗逆和防病等作用。然而，AMF与PSA之间是否能协同发挥促生防病作用值得探究。宁楚涵等（2019）评价了AMF和PSA对茄科蔬菜的促生防病效应，获得高效AMF+PSA组合。温室盆栽试验采用辣椒（羊角椒）和茄子（黑冠长茄子），分别接种和不接种AMF摩西斗管囊霉（Fm）、变形球囊霉（Gv）、PSA浑圆链霉菌（H6-1）、娄彻氏链霉菌（S2-2）、珊瑚链霉菌（D11-4）和病原真菌灰葡萄孢，共48个处理，测定各处理植株生长、发病和根系共生体发育状况等。结果表明：Fm与PSA能相互促进侵染定殖，而Gv与PSA相互抑制。与不接种对照组相比，接种AMF、PSA和AMF+PSA各处理均能不同程度地提高辣椒和茄子植株的光合性能、根系活力和生长量。接种病原真菌条件下，接种AMF和PSA处理均显著促进植株生长，降低植株的病情指数，其中，PSA的促生防病效应大于AMF，Fm+H6-1组合对辣椒的促生防病效果最好，对灰霉病的防效达69.1%；Fm+D11-4对茄子的促生防病效果最佳，对灰霉病的防效达75.5%。说明Fm+H6-1和Fm+D11-4分别是辣椒和茄子促生防病的高效组合。

为探讨枯草芽胞杆菌（*Bacillus subtilis*）菌株B1409对番茄早疫病和辣椒疫霉病的防效和生防机制，谢梓语等（2018）采用平板对峙法和盆栽法测定了该菌株对番茄早疫病菌和辣椒疫霉病菌菌丝生长的抑制作用、对2种病害的盆栽防效以及对番茄和辣椒植株促生长效果和防御酶活性的影响。结果表明，菌株B1409能明显抑制番茄早疫病菌和辣椒疫霉病菌菌丝生长，且导致菌丝发生畸变。10^8CFU/mL B1409菌液对番茄早疫病和辣椒疫霉病的预防效果分别为67.82%和61.22%，治疗效果分别为41.22%和56.43%。不同浓度B1409菌液均能促进番茄和辣椒植株生长，并能增强其体内超氧化物歧化酶、过氧化物酶和过氧化氢酶活性，且浓度越高促进效果越明显。番茄和辣椒植株的平均干重分别在10^2CFU/mL和10^4CFU/mL B1409菌液处理后显著高于对照组，增长率分别为42.35%和4.87%。番茄和辣椒植株经10^2CFU/mL B1409菌液处理后，体内超氧化物歧化酶活性比对照组显著增加，增长率分别为91.23%和19.58%。研究表明枯草芽胞杆菌B1409菌株可通过直接抑制菌丝生长及诱导植物体自身抗病性等方式来有效防治番茄早疫病和辣椒疫霉病。

为研究促植物生长根际细菌A21-4对辣椒生长发育和根际土壤微生态的影响，吕雅悠等（2016）将细菌A21-4灌根处理辣椒进行田间试验，测定了辣椒生长指标、土壤酶活性、速效氮、磷、钾及微生物种群数量。结果表明，细菌A21-4处理显著提高了辣椒成株期的茎粗、叶绿素含量和根系活力，辣椒移栽30d后分别比对照组提高了23.66%、56.26%和42.24%；移栽60d后对辣椒果实的蛋白质、维生素C和硝态氮的含量分别提高了29.32%、53.97%和129.84%；移栽30～70d，辣椒根际土壤过氧化氢酶、脲酶和磷酸酶活性分别显著提高22.95%～32.31%、24.32%～94.11%和49.41%～271.74%；土壤速效氮、磷、钾含量分别显著增加7.60%～49.25%、7.24%～17.93%和12.70%～25.61%；显著增加根际土壤细菌和放线菌数量，而降低真菌数量。张杨等（2015）将根际促生菌（PGPR）与普通育苗基质联合，研制成生物育苗基质，进而促进功能菌株苗期的根际定殖和移苗后促生功能的发挥；利用从辣椒根际分离筛选的产 IAA 和 ACC 脱氨酶菌株，保活添加至普通育苗基质研制成生物育苗基质，通过比较育苗效果筛选出生物育苗基质的最佳配伍菌株。结果显示，从辣椒根际分离获得 6 株 IAA 产生量大于 5mg/L 的菌株，其中菌株 NJAU-G10、NJAU-N5 和 NJAU-N1 同时能产 ACC 脱氨酶，且能力高于其他菌株；两季苗盘育苗试验结果表明，添加菌株 NJAU-G10 的生物基质，表现出较其他菌株更为突出的根际定殖和促进幼苗生长的能力，并确定其最佳接种量为 5%；盆栽试验结果表明，菌株 NJAU-G10 在移苗后对辣椒的生长仍具有显著的促进作用，且能够有效地在根际定殖；结合形态、生理生化特性和 16S rDNA 基因序列分析，初步鉴定菌株 NJAU-G10 为枯草芽胞杆菌。为研制高效的 PGPR 生物菌肥，促进有机农业的发展，谢春琼等（2013）利用温室盆栽试验，研究从云南多种作物根际土壤中分离到的 7 株 PGPR 菌株对辣椒生长的影响，筛选出对辣椒促生作用明显的菌株。结果表明：盆栽 68d 后，接种过 7 株 PGPR 菌株的处理，株高、根长、茎粗、地上部分鲜重与干重和地下部分鲜重与干重分别比对照组增加 27.65% ～ 60.29%、33.55% ～ 104.64%、7.41% ～ 18.52%、81.10% ～ 179.92%、61.76% ～ 141.18%、85.71% ～ 285.71% 与 40.00% ～ 160.00%。7 株菌株均能显著促进辣椒幼苗的生长。其中，以 A2 菌株为最好，与对照组相比各项指标均达到极显著差异水平（$P<0.01$）；其次为 A1、A3 ～ A6；表现最差的是 A7，但各项指标仍高于对照组。

（2）白菜促生菌　为了对根际促生菌（PGPR）与硒共同作用对植物生长的影响做进一步研究，刘东昀等（2021）通过水培试验，研究了不同浓度的外源硒条件下，接种根际促生菌肠杆菌（*Enterobacter* sp.）EG16 对小白菜生长、生理代谢以及硒含量的影响。结果表明，无论接种 EG16 与否，硒对小白菜的生长均产生低促高抑的影响，开始产生生理毒害的阈值范围为 5 ～ 10mg/L。蛋白质、丙二醛（MDA）含量随硒浓度上升而增加，过氧化氢酶（CAT）活性则随硒浓度上升先增加后减少。单独接种 EG16 使小白菜的鲜质量和根分支数显著增加，并促使小白菜根系体积增大，还使得小白菜体内 MDA 含量显著降低。低浓度硒（≤ 5mg/L）条件下，EG16 的接种促使小白菜叶片数增加，并使根系伸长、根分支变多、根系体积增大。EG16 也一定程度上促进了硒从小白菜地下部向地上部的转运。高浓度硒（≥ 10mg/L）条件下，虽然小白菜地上部与地下部硒含量显著上升，但其受到较为严重的生长胁迫，小白菜部分死亡。而接种 EG16 的小白菜体内过氧化物酶（POD）活性显著上升，植物抗逆性有所增强，在高硒环境下存活率更高。说明 EG16 能促进小白菜的生长，并在一定程度上促进小白菜的硒积累，在高硒胁迫环境中还能提高小白菜的抗逆性。

为明确哈茨木霉菌对大白菜的促生作用及对根肿病的防治效果，马赛等（2020）采用盆栽法，分别设置不同浓度的哈茨木霉菌（0.75×10^6CFU/mL、1.50×10^6CFU/mL、3.00×10^6CFU/mL）、50% 氟啶胺悬浮剂（对照药剂，250mg/L）、清水（空白对照，CK）处理，测定不同处理对白菜根肿病的防治效果及对大白菜生长的影响。结果表明，经哈茨木霉菌处理的大白菜出苗率与 CK 无显著差异，根长、单株鲜重均显著高于 CK，株高明显高于 CK。哈茨木霉菌浓度为 1.50×10^6CFU/mL、3.00×10^6CFU/mL 时，对白菜根肿病的病株防效分别为 70.80%、71.11%，病指防效分别为 84.95%、85.26%，与对照组药剂差异不显著；哈茨木霉菌浓度为 0.75×10^6CFU/mL 时，对白菜根肿病的病株防效和病指防效分别为 50.47%、62.49%，显著低于其他处理。综上，哈茨木霉菌对大白菜具有防病和促生作用，建议使用浓度为 1.5×10^6CFU/mL 以上。

邢芳芳等（2016）从番茄根际采集的土壤中分离筛选得到 12 株产 IAA 的菌株，经复筛获得 1 株具有较好 IAA 生产能力的细菌，其发酵 24h 产 IAA 水平达到 48mg/L 以上，将其命名为 HB-1。通过对菌株 HB-1 的 16S rDNA 序列分析对该菌进行鉴定，并将菌株 HB-1 进行液体发酵扩繁，将得到的发酵液冲施白菜，试验其促生作用。结果表明，该高产 IAA 菌株为枯草芽胞杆菌。盆栽试验结果表明，菌株 HB-1 对白菜生长具有明显的促进作用，施加 HB-1 发酵液处理的叶绿素含量、叶片数均高于对照组（CK）；HB-1 发酵液处理的鲜质量、干质量与冲施清水的 CK 相比都增加，鲜质量增加 1.54 ～ 17.98g，增幅达 1.16% ～ 13.55%，差异达到显著水平；干质量增加 0.26 ～ 1.32g，增幅达到 2.97% ～ 14.92%。其中添加发酵液 1.0mL/ 盆的处理组效果较好，叶绿素含量比 CK 高 5.02%，叶片数比 CK 高 15.78%，鲜质量较空白处理增加 17.98g，增幅达 13.55%，差异达极显著水平，干质量平均增加 1.32g，增幅达到 14.92%。王心选等（2009）通过萝卜、白菜的种子萌发试验、幼苗盆栽试验以及小区试验，对小麦内生枯草芽胞杆菌 E1R-J 菌株的促生作用进行了研究。结果表明，E1R-J 无菌滤液不同浓度稀释液及菌悬液可促进白菜种子的萌发，使萌芽整齐、萌发率增高。其无菌滤液 10 倍稀释液浇灌处理的盆栽白菜幼苗，株高、鲜质量、干质量分别比清水对照组增长 53%、200% 和 700%。同时发现，浇灌处理的盆栽萝卜幼苗与清水对照相比，株高、鲜质量、干质量也分别增长 24.4%、215% 和 159%。田间小区试验结果也证明内生枯草芽胞杆菌 E1R-J 具有促生作用，但促生效果低于盆栽试验。利用丙酮直接浸提法测定盆栽白菜叶片中的叶绿素含量，发现无菌滤液 10 倍稀释液和菌悬液 10 倍稀释液处理的叶绿素含量增高 2 倍左右。

（3）番茄促生菌　魏婷等（2020）从番茄根际分离并筛选出了一株耐镉（Cd）的细菌菌株 D36，利用 16S rDNA 序列对该菌进行了分子生物学鉴定，并分析其促生性能。通过水培试验，研究了 Cd 胁迫下接种该菌株对番茄幼苗生长及 Cd 累积的影响。结果表明，该菌株属于鞘氨醇单胞菌（*Sphingomonas* sp.），具有解磷、产铁载体和产吲哚乙酸的性能；接种该菌株使得 Cd 胁迫下番茄幼苗的根长、株高分别提高了 210.74% 和 14.97%，地上部分和地下部分的鲜重分别提高了 18.33% 和 15.09%，总叶绿素含量提高了 13.40%，根部 H_2O_2 含量降低了 35.09%，且过氧化物酶（POD）活性提高了 74.94%，同时，接种 D36 使得番茄根部的 Cd 含量降低了 27.63%，地上部 Cd 含量无显著性变化（$P<0.05$）。贺字典等（2020）采用解磷透明圈法从 15 株 PGPR 中筛选透明圈直径最大的菌株，并采用将解磷菌加入番茄育苗基质和灌根方式测定了解磷菌对幼苗期和成株期番茄促生作用及根围土壤养分的影响。结果显示，经过 16s rRNA 序列比对，2 株解磷菌 LZT-5 和 FQG-5 分别为不动杆菌（*Acinetobacter* sp.）和嗜麦芽寡养单胞菌（*Stenotrophomonas maltophilia*），其解磷透明圈直径分别为 2.33cm 和 2.27cm。用 10% 的 FQG-5 和 LZT-5 菌液育苗后番茄幼苗株高、茎粗和叶面积最高，分别为 13.66cm、0.35cm、28.95cm^2 和 13.70cm、0.36cm、29.75cm^2，显著高于其他处理组。用 FQG-5 灌根后露地番茄根围的速效磷、速效钾、硝态氮、有机质、总氮、总磷、总钾含量分别为 40.05mg/kg、193.00mg/kg、78.30mg/kg、50.53mg/kg、37.79g/kg、0.79g/kg 和 2.03 g/kg，均显著高于其他处理组。因此，解磷菌 FQG-5 可以促进番茄根围土壤养分转化成速效性养分，从而促进番茄植株生长，提高产量。

郑娜等（2018）从来源于盐碱地和重金属污染地的 8 株菌中筛选对盐胁迫下番茄幼苗具有明显促生作用的菌株，并研究这些菌株的相关生物学特性及其对番茄幼苗的盐耐受机制，检测菌株产 1- 氨基 - 环丙烷 -1- 羧酸（ACC）酶活性、吲哚乙酸（IAA）产量、解磷能力、生物膜形成能力、耐盐性、菌株对盐胁迫下植株叶片中的超氧化物歧化酶（SOD）与过氧化物酶（POD）活性、叶片中丙二醛（MDA）与脯氨酸及叶绿素含量的影响。结果显示，其中的 4 个株菌［防护假单胞菌（*Pseudomonas protegens*）TM1109、无色杆菌（*Achromobacter* sp.）KY5104、贪噬菌（*Variovorax* sp.）TY4204 和防护假单胞菌（*Pseudomonas protegens*）KY4410］在 0.7% 盐胁迫下对番茄鲜重增长效果更好，增长率范围为 33% ～ 50%。盐耐受机制的研究结果显示，TY4204 和 KY5104 通过诱导或增强 SOD 和 POD 活性来清除番茄体内氧自由基对番茄的损伤。它们也可以合成 ACC 脱氨酶来抗盐胁迫，同时通过降低叶片中 MDA 含量来减轻番茄在盐胁迫下的损伤。TM1109 和 KY4410 虽然不产生 ACC 脱氨酶，IAA 产量水平也较低，但可以在盐胁迫下通过诱导或增强 SOD 和 POD 活性来清除番茄体内氧自由基对番茄的损伤，具备溶解有机磷能力，且 TM1109 可溶解无机磷并具备良好的生物膜形成能力，有助于番茄对营养的吸收和生物膜对离子的选择性吸收以抵抗盐胁迫。结果表明，TM1109、KY5104、TY4204 和 KY4410 菌株可以通过多种作用机制来缓解番茄盐胁迫并促进番茄的生长。

邓振山和段阳阳（2018）从秋海棠中筛选植物促生菌，并探究其对植物促生防病作用机制。将健康的秋海棠植株整株挖出，采集健康部位的根部和茎部，清洗后进行表面消毒，并切割为 6 ～ 8 段（每段长度约 0.5cm），将切段的材料分别置于 3 种筛选培养基（PDA 培养基、YMA 培养基、牛肉膏蛋白胨培养基）中进行培养，以筛选出目标促生菌，并分析促生菌的促生能力以及抑菌活性；最后采用盆栽试验和大田试验，均以无菌水处理为对照组，分析了促生菌对大豆和番茄生长的影响。结果显示，从秋海棠根部和茎部分离获得 22 株菌株，其中 11 株菌具有多种促生和防病作用。盆栽试验结果表明，与对照组相比，单一促生菌处理大豆的株高、根长、茎长、茎直径和果实鲜质量分别平均增加 27.33%、15.84%、23.46%、13.20%、22.39%；Y-01 与 Y-02 混合菌液处理的促生效应明显优于单一促生菌，大豆株高、根长、茎长、茎直径和果实鲜质量较对照分别增加了 37.42%、25.65%、38.53%、16.42% 和 34.84%。大田试验结果表明，灌根处理 15d 和 60d 后，11 株单一促生菌和 Y-01 与 Y-02 混合菌液处理能明显促进番茄的生长。

（4）黄瓜促生菌　王亚楠等（2020）以甲基营养型芽胞杆菌（*Bacillus methylotrophicus*）菌株 BMF 04 为试材，采用平板透明圈法、比色法和盆栽试验，研究海洋细菌 BMF 04 发酵液不同处理方法对黄瓜幼苗生长的影响，测定菌株的固氮、解磷、解钾作用以及产 IAA、铁载体、ACC 脱氨酶能力，以期明确 BMF04 菌株的促生作用及其机理。结果表明，BMF 04 菌株发酵液处理的黄瓜种子及其栽培土壤，均能显著提高黄瓜的出苗率、地上部分和地下部分鲜质量、茎粗、株高和须根数，其中拌土处理效果最好，三叶期幼苗茎粗为 4.7mm，株高为 12.4cm，单株地上部分鲜质量和地下部分鲜质量分别为 9.49g、0.95g，单株须根数 152 根；BMF 04 菌株具有固氮作用，可以产生 ACC 脱氨酶、IAA 和铁载体，其中铁载体和 IAA 产生量随着培养时间的延长逐渐增加，24h 产铁载体的相对含量达到最高为 34.82%，32h IAA 的分泌量达到最大值为 2.647mg/L，随后两者的分泌量逐渐减少；该菌株不具有解磷和解钾能力。

为获得耐盐促生菌株并明确其促生特性，钱兰华等（2019）通过耐盐试验和 ACC 脱氨酶活性对沿海滩涂盐碱地土壤中的微生物进行分离筛选，得到 5 株耐盐菌株，其中 B7 的耐盐活性最强。接着采用平皿法和盆栽法研究了盐胁迫下黄瓜种子发芽及盆栽试验中 B7 对黄瓜的耐盐促生作用。同时对 B7 的多种促生能力进行测定，最后通过菌株形态、生理生化特征测定及 16S rDNA 序列鉴定出 B7 菌株为巨大芽胞杆菌（*Bacillus megaterium*）。研究结果表明，该菌株能明显提高黄瓜耐盐促生能力，同时具有产吲哚乙酸（IAA）、产氨、固氮及解磷等多种促生能力，因而具有广泛的应用前景。杨榕等（2019）在盆栽试验中分别接种3株长枝木霉（*Trichoderma longibrachiatum*）菌株MF-1、MF-2和MF-3，以不接种木霉菌处理作为对照组，研究木霉菌接种对土著AM真菌和黄瓜幼苗生长的影响。结果表明，菌株MF-1和MF-2显著提高了AM真菌侵染率和根外菌丝密度，与对照组相比，AM真菌侵染率分别提高了26.85%和54.66%，根外菌丝密度分别是对照组的3.94倍和3.76倍。接种菌株MF-2使植株地上部生物量显著提高了39.07%。菌株MF-3显著提高土壤pH值和土壤有效磷含量。皮尔森（Pearson）相关分析发现，添加木霉菌后，AM真菌侵染率与根外菌丝密度和孢子密度均呈显著正相关关系，土壤pH值与植株地上部分生物量和土壤有效磷含量均呈显著正相关关系。说明3株长枝木霉与土著AM真菌的联合作用效果有明显差异，菌株MF-1和MF-2显著促进AM真菌生长，菌株MF-2更有利于黄瓜幼苗生长，而菌株MF-3主要改善土壤pH值和有效磷含量；将几种木霉菌复合应用，有助于达到联合促生和改善土壤环境的综合效果。为探讨植物根际促生菌（PGPR）多黏类芽胞杆菌（*Paenibacillus polymyxa*）G15-7、NSY50和绿针假单胞菌（*Pseudomonas chlomraphis*）HG28-5在设施栽培黄瓜上的应用效果，李英楠等（2019）以“博杰605”黄瓜为试验材料，采用菌液灌根方法，研究其对黄瓜植株生长、果实品质和根际土壤环境的影响，以期改善黄瓜土壤环境并促进其生长。结果表明，3种菌株能够促进黄瓜植株生长、提高叶绿素含量和根系活力、改善果实营养品质；同时提高根际土壤蔗糖酶、脲酶、磷酸酶和过氧化酶的活性，增加根际土壤细菌、放线菌的数量以及根际土壤中速效氮、速效磷、速效钾的含量，有利于改善黄瓜根际土壤环境。3种菌株中，G15-7处理效果最佳。

土壤盐渍化严重影响农业生产和生态环境，造成植物生理干旱和养分吸收不平衡，严重影响植株的生长状况。为实现我国农业可持续发展和土地资源的合理利用，对盐渍化土壤进行综合治理和科学管理具有重要意义。韩泽宇（2019）通过分离筛选实验室保存的62株耐盐菌株，进行室内常规菌种特性的鉴定；并结合购买自菌种中心的8菌株，开展室内菌液培养皿试验，探究其植株促生效果；初步筛选耐盐促生菌后，进行菌液复配浇灌的盆栽育苗试验，筛选具有植物促生和土壤活化作用的菌株；对高效菌株协同的盐化土壤生物调理剂研发进行初探；为开发耐盐促生的复合微生物制剂提供理论依据。其研究结果如下。① 首先筛选了高效耐盐菌株，从实验室菌种库中通过NA平板初筛和生长曲线测定，共筛选出2株高效耐盐菌株NX-3和NX-4，最高耐盐度为14%；同时开展黄瓜种子培养皿促生试验，筛选出不同盐浓度梯度下均可促进黄瓜幼苗生长的优势促生菌NX-48、NX-59和NX-62，0mmol/L NaCl浓度下添加菌株NX-48、NX-59和NX-62处理分别较空白对照组（CK）显著提高种子活力指数30.48%、4.50%和14.61%，添加菌株NX-48处理黄瓜幼苗的侧根长度显著增长了27.75%；100mmol/L NaCl浓度下，较CK而言，添加菌株NX-48、NX-59和NX-62处理分别显著提高种子活力指数20.00%、16.14%和57.20%；其中菌株NX-3和NX-4具有固氮能力，NX-62具有ACC脱氨酶活性，这使得菌株具有促生性能，对下一步复配菌剂的研发具有重要意义。② 通过复配菌株进行盆栽黄瓜试验表明，添加复配菌株后，植株茎粗、叶绿素含量和植株鲜重均显著大于CK和仅添加盐溶液的处理，复配菌剂的施加使植株对环境的适应能力增强，有效提高黄瓜幼苗耐盐性，促进其生长发育。在盐胁迫环境下施用复配菌液后，土壤pH值均显著升高，电导率（EC）均显著下降，盐处理下土壤EC值为0.93mS/cm，属于盐渍化土壤，添加复配菌液NX3-48处理组显著降低土壤EC值，最终盐化土壤EC值为 0.75mS/cm；添加复配菌液 NX4-48 和 NX4-56 的处理组显著降低土壤有机质含量，分别降低 36.22% 和 31.08%；各处理下土壤速效磷含量均显著高于仅添加盐溶液的处理；土壤总氮和速效钾含量差异不显著；添加复配菌液后土壤过氧化氢酶、蔗糖酶和磷酸酶活性保持在较高水平。综上，复配菌液的施加可有效促进黄瓜生长并且改善盐化土壤环境。综合评价表明，复配菌液 NX4-62 处理效果最佳。③ 通过形态学、生理生化特征和分子生物学鉴定，菌株 NX-3 和 NX-59 均为地衣芽胞杆菌（*Bacillus licheniformis*），NX-4 为芽胞杆菌（*Bacillus* sp.），NX-48 和 NX-62 均为枯草芽胞杆菌（*Bacillus subtilis*）。④ 探究了不同碳源与氮源种类、温度、初始 pH 值和装液量对复配菌液发酵效果的影响，结果表明，复配菌株的最适生长条件为：以葡萄糖作为最佳碳源，酵母浸粉作为最佳氮源，最佳培养温度为 30℃，初始 pH 值为 7.0 ～ 7.5，最佳装液量为30mL/500mL。

为探讨植物根际促生菌普城沙雷菌 A21-4 在黄瓜上的应用效果，丁方丽等（2018）将 A21-4 菌悬液灌注到黄瓜根际土壤，调查其对黄瓜生长发育和根际土壤微生态的影响。结果表明，根部灌注 A21-4 能显著促进苗期和田间生育期黄瓜生长发育，并显著提高根系活力及黄瓜产量和品质，黄瓜产量比对照组增加 32.22%，且黄瓜果实中蛋白质、可溶性糖和维生素 C 含量均比对照显著增加；同时，A21-4 对黄瓜根际土壤具有明显的调节作用，显著提高了黄瓜根际土壤脲酶、磷酸酶、蔗糖酶和过氧化氢酶活性，还提高了黄瓜根际土壤细菌和放线菌的数量及黄瓜根际土壤速效氮、磷、钾的含量。植物体内普遍存在一定数量的内生放线菌，对植物的生长发育具有促进作用。梁新冉等（2018）采用组织研磨培养法和放线菌分离培养基对番茄根内放线菌进行分离，利用 Salkowski 比色法、钼锑抗比色法和 CAS 平板检测法进一步筛选出具有较强促生特性的菌株，通过番茄和黄瓜苗期盆栽试验验证其促生效果。结合形态、生理生化特征以及 16S rRNA 基因序列相似性和系统发育分析，对菌株进行鉴定。结果显示，分离筛选出一株吲哚乙酸（indole-3-acetic acid，IAA）产量达 25.56mg/L 的内生放线菌 NEAU-D1，能够产生铁载体并且对多种难溶性磷酸盐具有良好的溶解效果，通过 16S rRNA 基因序列分析，该菌株属链霉菌属。番茄和黄瓜苗期盆栽试验结果表明，接种该菌株的番茄幼苗其根长、株高、植株鲜重和干重较对照组分别显著增加了 9%、23%、47% 和 92%，而接种该菌株的黄瓜幼苗根长、株高、植株鲜重和干重较对照组分别显著增加了 43%、47%、134% 和 58%。说明，链霉菌 NEAU-D1 可以作为潜在的促生菌资源用于设施蔬菜多功能生物菌肥的研发。

为了探明解淀粉芽胞杆菌（*Bacillus amyloliquefaciens*）K103 对黄瓜穴盘苗的促生效果及作用机理，董春娟等（2018）以草炭、蛭石、珍珠岩混合物料为基质，播种前基质接种 K103，测定黄瓜穴盘苗生长发育参数，并采用 454 焦磷酸测序技术分析穴盘苗根际细菌群落结构和多样性。结果表明，解淀粉芽胞杆菌 K103 具有较高的固氮和溶解有机磷活性；基质接种 K103 提高了黄瓜穴盘苗根系活力和矿质养分吸收积累量，促进黄瓜生长；K103 可在黄瓜穴盘苗根际定殖，并显著提高了根际食菌蛭弧菌、鞘氨醇单胞菌 CHNTR37、德氏嗜酸菌、鹰嘴豆中慢生根瘤菌等 9 种细菌的相对丰度，这些细菌对植物多具有促生潜力。为研究促植物生长根际细菌 HG28-5 对黄瓜生长发育和根际土壤微生态的影响，王娟等（2016）采用 HG28-5 菌悬液进行黄瓜浸种处理后播种到穴盘，调查出苗和苗期生育指标，确认其对黄瓜的促生作用；测定黄瓜苗期根际土壤酶活性，速效氮、磷、钾和微生物种群数量，了解 HG28-5 对黄瓜苗期根际土壤微生态的影响；并检测 HG28-5 在黄瓜苗期植株根部和根际土壤的定殖密度。结果表明：HG28-5 浸种处理能显著提高黄瓜的出苗势、出苗指数，提高出苗整齐度；显著增加苗期黄瓜株高、叶片数、根长、地上部分和根鲜质量，显著提高根系活力；显著提高黄瓜苗期根际土壤脲酶、磷酸酶和蔗糖酶的活性，显著增加根际土壤速效磷的含量；显著增加黄瓜苗期根际土壤细菌和放线菌的数量，显著减少根际土壤真菌数量；另外，HG28-5在黄瓜根际具有良好的定殖能力，播种后第30天时，在黄瓜根系和根际土壤中的定殖密度分别为9.20×10^5CFU/g和5.90×10^5CFU/g。刘艳萍等（2011）从大棚蔬菜根际土中分离到一株嗜铁素高产菌株A3，铬天青（CAS）法定量检测其嗜铁素相对含量达93.40%，Shenker实验确定为羧酸型嗜铁素。在不同底物诱导下，该菌株可不同程度地产生吲哚乙酸（IAA）及1-氨基环丙烷-1-羧酸（ACC）脱氨酶，并具有一定的解磷能力。根据形态特征、生理生化特征、API系统及16S rRNA基因序列分析，将菌株A3鉴定为恶臭假单胞菌（*Pseudomonas putida*）。在缺铁霍格兰氏（Hoagland）营养液中添加难溶性铁及菌株A3嗜铁素发酵滤液的处理组，能够显著提高黄瓜幼苗的株高、根长、叶长、鲜重及叶绿素含量，表明菌株A3产生的嗜铁素在低铁条件下对黄瓜幼苗具有促生作用。

（5）马铃薯促生菌　马铃薯（*Solanum tuberosum* L.）和番茄（*Lycopersicon esculentum* Miller）分别是我国重要的主粮作物和蔬菜。随着化肥使用量的逐年增加，施用过多化肥导致一系列环境问题，包括肥力降低、土壤盐渍化、重金属污染、土壤板结和水体富营养化等。施用微生物肥料能够在增加作物产量的基础上减少化肥对环境的危害。微生物因具有产吲哚乙酸（IAA）、解磷、解钾等功能，可在农业生产中作为肥料促进植物体生长，达到增产增收的目的。李培根（2020）以产IAA、溶磷、解磷、解钾等能力为靶标，从马铃薯、番茄根际土壤中筛选根际促生细菌，获得产IAA菌株32株、溶磷菌株33株、解磷菌株37株、解钾菌株100株。将产IAA能力较高的菌株343a、105a、N1-5a，溶磷能力较好的283p，解磷、溶磷能力较好的菌株181p以及促生效果稳定的菌株379a进行促生效果验证。经形态学鉴定、生理生化指标、16S rDNA序列分析对379a、343a、181p、283p、105a、N1-5a进行鉴定。结果发现，379a、343a为阿氏芽胞杆菌（*Bacillus aryabhattai*），181p为地衣芽胞杆菌（*Bacillus lincheniformis*），283p为解淀粉芽胞杆菌（*Bacillus amyloliquefaciens*），N1-5a为简单芽胞杆菌（*Bacillus simplex*），105a为甲基营养型芽胞杆菌（*Bacillus methylotrophicus*）。春季马铃薯盆栽试验表明，379a在马铃薯株高、鲜重、干重、根总长较空白对照组（CK）增加11.9%、32.1%、45.5%、20.8%。在产量方面增加38%。秋季马铃薯盆栽试验表明，379a、283p和N1-5a具有明显促生效果。379a促生效果最显著，其根总长、干重、鲜重、叶绿素含量分别增加了60.9%、162.6%、165.2%、40.3%。番茄盆栽试验表明，379a、181p和105a、343a均具有促生效果。181p促生效果最显著，其番茄株高、茎粗、根长、鲜重、干重分别增加31.9%、27.3%、42.3%、91.1%、106.3%。促生菌阿氏芽胞杆菌379a菌株发酵优化单因素试验结果表明，通过单因素试验选取玉米粉为碳源，豆粕为氮源，K_2HPO_4、KH_2PO_4为主要无机盐，培养温度为37℃，pH值为7.0，接种量为2%。进行PB试验选取碳源、氮源、pH值为主要影响因素，进行响应面优化，得到在玉米粉含量为1.79%、豆粕含量为0.88%、pH值为6.79时具有最大菌体量，为1.21×10^8CFU/mL。

薄层杆菌（*Hymenobacter*）是不利生长环境（如营养贫瘠的荒漠土壤）中的优势细菌类群，目前对该类菌的研究集中于分离鉴定，尚无对植物促生相关的研究报道。路晓培等（2020）从浑善达克荒漠土壤中分离鉴定细菌，并分析菌株对马铃薯快繁苗生长的影响。基于选择性培养基，以涂布划线方法进行细菌的分离培养；扩增16S rRNA基因并测序，分析序列相似性和系统发育，并参考形态和生理生化特征对菌株进行初步分类鉴定；以选择性培养基或比色法等方法对纯培养物进行促生性状分析；采用 MS 固体培养基分析菌株对马铃薯快繁苗生长的影响。结果显示，分离得到一株编号为 L28 的细菌，其 16S rRNA 基因序列与韩国薄层杆菌（*Hymenobacter koreensis*）GYR3077^T 的相似性最高，为 96.46%；菌株 L28 具有固氮、解磷酸钙 - 磷、解植酸磷 - 磷、产吲哚 -3- 乙酸（IAA）（7.51mg/L）、产铁载体（*D*/*d* 值为 2.47）和有 1- 氨基环丙烷 -1- 羧酸（ACC）脱氨酶活性等多种植物促生特性；接种 L28 相比不接种显著提高了马铃薯快繁苗的节点数、株高、根长、茎长、根干重和茎干重（提高了 28.57% ～ 234.94%）；移栽后，接种菌株 L28 相比不接种显著提高了种薯数量和质量，分别提高了 40% 和 181.87%。因此，分离自浑善达克荒漠土壤的薄层杆菌菌株 L28 具有多种植物促生特性，能显著促进马铃薯快繁苗生长及其移栽后种薯的形成。

崔伟国等（2020）采用 3 种不同的培养基从马铃薯根际土壤和叶片中共分离出 78 株细菌，优势菌属是泛菌属（*Pantoea*），占菌株总数的 55.13%。马铃薯根际土采用 R2A 培养基（27 株优势菌，13 个菌属）分离的细菌多样性相对较好，阿须贝培养基（31 株优势菌，9 个菌属）次之，土壤浸提液培养基（1 株优势菌，1 个菌属）最少；马铃薯叶片内生菌用阿须贝培养基（19 株优势菌，3 个菌属）分离的细菌多样性较差。采用 Salkowski 比色液显色法定量测定菌株产 IAA 能力，结果表明有 58 株细菌具有分泌 IAA 的能力，占测定菌株总数的 74.36%，从马铃薯根际土（42 株优势菌，13 个菌属）筛选的产 IAA 菌数量及细菌多样性均高于马铃薯叶片内生菌（16 株优势菌，2 个菌属）。根据菌株产 IAA 能力强弱和分离部位及分离培养基的差异，选择 7 株产 IAA 菌进行促生特性和马铃薯盆栽幼苗促生能力等研究，结果显示：有 6 株产 IAA 菌具有 ACC 脱氨酶能力，1 株产 IAA 菌具有溶解无机磷能力，2 株产 IAA 菌具有溶解有机磷能力；两轮温室促生试验结果显示，菌株泛菌（*Pantoea* sp.）MLS-34-25 对马铃薯幼苗具有明显的促生作用，是生产微生物肥料的潜在菌种。为了探明微生物菌肥在马铃薯生产中的应用效果，李星星等（2019）通过田间试验研究了不同用量 F01 复合微生物菌剂对马铃薯植株生长，各器官氮、磷、钾积累量及产量和品质的影响。结果表明，与不施菌剂相比，在一定范围内随 F01 复合微生物菌剂施用量增加均不同程度地促进了马铃薯植株生长，提高了植株对氮、磷、钾养分的积累量及单株薯重和块茎产量，提高了块茎粗蛋白质含量，但对块茎淀粉含量影响不大。膜下滴灌马铃薯施用适量 F01 复合微生物菌剂具有良好的增产增收效果，以菌剂施用量 75.0kg/hm^2 为最大，其产量达 46957.90kg/hm^2，较对照组增产 16.0%，单株薯重增加 16.9%，纯经济收益增加 4391.8 元 /hm^2，增收 29.8%；全株氮、磷、钾积累量较对照组分别增加 66.1%、31.7% 和 87.3%。

李艳星等（2017）分离鉴定块根块茎类作物内生固氮菌，研究块根块茎类作物内生固氮菌的系统发育，分析测定块根块茎类作物内生固氮菌的促生特性，探讨块根块茎类作物内生固氮菌的种群特点及其随寄主植物的分布特征。表面消毒块根块茎样品后采用低氮培养法分离内生细菌；通过对菌株 *nifH* 的 PCR 扩增、测序确认分离细菌是固氮菌；通过 16S rRNA 基因测序、比对初步鉴定菌株，分析菌株的系统发育关系；通过测定菌株产生 ACC 脱氨酶、植物激素 IAA、拮抗病原真菌研究菌株的促生特性。结果显示，从胡萝卜、白萝卜、马铃薯、紫甘蓝、山药、莲藕、芋头、红薯、生姜、甜菜等 14 个块根块茎类作物的块根、块茎中共分离到内生固氮菌 219 株。基于 16S rRNA 序列，这些菌株在系统发育上分别属于不动杆菌属（*Acinetobacter*）、节杆菌属（*Arthrobacter*）、芽胞杆菌属（*Bacillus*）、短芽胞杆菌属（*Brevibacillus*）、短杆菌属（*Brevibacterium*）、金黄杆菌属（*Chryseobacterium*）、柠檬酸杆菌属（*Citrobacter*）、代尔夫特氏菌属（*Delftia*）、房间芽胞杆菌属（*Domibacillus*）、肠杆菌属

（*Enterobacter*）、虚构芽胞杆菌属（*Fictibacillus*）、黄色单胞菌属（*Flavimonas*）、黄杆菌属（*Flavobacterium*）、微杆菌属（*Microbacterium*）、微球菌属（*Micrococcus*）、类芽胞杆菌属（*Paenibacillus*）、泛菌属（*Pantoea*）、假单胞菌属（*Pseudomonas*）、拉恩氏菌属（*Rahnella*）、根瘤菌属（*Rhizobium*）、鞘氨醇杆菌属（*Sphingobacterium*）、葡萄球菌属（*Staphylococcus*）、寡养单胞菌属（*Stenotrophomonas*）、贪噬菌属（*Variovorax*），共计 24 属 79 种，显示了块根块茎内生固氮菌丰富的种群多样性。鉴定结果显示，219 株新分离菌株中有 77 株属于芽胞杆菌的 23 个种，29 株属于假单胞菌属的 10 个种，两者合计为 33 种 106 株，分别占种数和新分离菌株数的 41.77% 和 48.40%，说明芽胞杆菌属和假单胞菌属是新分离块根块茎类作物内生固氮菌的优势种群。从 219 株新分离菌株中选取了 79 株代表菌株进行促生特性研究，结果显示 8.86% 菌株检测到了 ACC 脱氨酶活性［0.026 ～ 13.76μmol *α*- 丁酮酸 /（h·mg 蛋白）］、64.56% 菌株检测到了产 IAA（0.34 ～ 28.99μg/mL）活性，6.33% ～ 13.92% 菌株具有拮抗病原真菌能力（抑菌率 41% ～ 63%）。

共同分布在相同生态位的植物根际促生菌（PGPR）与丛枝菌根真菌（AMF）是重要的种质资源。徐丽娟等（2017）调查了大田栽培的生姜和马铃薯根区土壤和根系中 PGPR 和 AMF 资源分布状况，从山东龙口、临沂、青岛、平度和莱芜生姜样地分离获得拮抗生姜青枯菌（*Ralstonia solanacearum* R1）的 PGPR 菌 20 株，其中，4 个假单胞菌（*Pseudomonas* sp.）菌株 s1-10、s3-11、s5-8 和 s6-4 抑制能力最强；获得拮抗马铃薯青枯菌（*Ralstonia solanacearum* R2）的 PGPR 菌 25 株，其中，4 个芽胞杆菌（*Bacillus* sp.）菌株 m1-12、m3-4、m4-7 和 m5-13 抑制能力最强。从上述生姜样地分离到 AMF 菌 3 属 11 种，其中无梗囊霉属（*Acaulospra*）2 种、管柄囊霉属（*Funneliformis*）1 种、球囊霉属（*Glomus*）8 种；双网无梗囊霉（*Acaulospra bireticulata*）、摩西管柄囊霉（*Funneliformis mosseae*）和地表球囊霉（*Glomus versiforme*）为优势种。从马铃薯样地则获得 4 属 10 种，其中，无梗囊霉属 2 种、管柄囊霉属（*Funneliformis*）1 种、球囊霉属 6 种、巨孢囊霉属（*Gigaspora*）1 种；根内根孢囊霉（*Glomus intraradices*）、摩西管柄囊霉和变形球囊霉为优势种。

内生固氮菌是一类重要的植物促生菌，占据着植物组织内有利于营养供应和微环境适宜的生态位，能更好地发挥促生功能，促生机制包括固氮、解磷、产植物生长素、产 ACC 脱氨酶、产铁载体及拮抗病害等。张磊等（2016）从连作 3 年马铃薯根筛选获得 8 株内生固氮菌，其中短杆菌属（*Brevibacterium*）3 株、芽胞杆菌属（*Bacillus*）3 株和泛菌属（*Pantoea*）2 株。促生特性研究发现：短杆菌（*Brevibacterium* sp.）GWR4 具有较高固氮酶活性［16.206nmol C_2H_4/（h·mg 蛋白）］，与圆褐固氮菌的固氮酶活性具有极显著性差异（$P<0.01$）；泛菌（*Pantoea* spp.）GWR2、GWR3 具有极高的产 IAA 能力，分别为 186.07μg/mL、162.21μg/mL，GWR2 兼具产 ACC 脱氨酶活性［3.74 μmol/（h·mg 蛋白）］，GWR3 兼具溶解无机磷的能力；短杆菌（*Brevibacterium* sp.）GWR5 可以拮抗尖孢镰刀菌（*Fusarium xysporum*）MLS-OF 和茄病镰刀菌（*Fusarium solani*）MLS-QB，兼具溶解有机磷和产 IAA 能力；芽胞杆菌（*Bacillus* spp.）GWR7、GWR8 兼具固氮和产 IAA 能力。盆栽试验显示，分别接种泛菌（*Pantoea* sp.）GWR3，短杆菌（*Brevibacterium* spp.）GWR4、GWR5 和芽胞杆菌（*Bacillus* spp.）GWR7、GWR8 后小白菜鲜重显著高于未接菌对照处理组。可见，这 5 株菌兼具多种促生特性且对小白菜具有较好的促生效果，有望进一步研究开发成为微生物肥料生产菌种。

为了研究腐殖酸微生物菌剂在连作马铃薯上的应用效果，高觅等（2014）采用沟施（处理 1）及拌种（处理 2）两种方法，研究了腐殖酸微生物菌剂对连作马铃薯的抗病促生作用。

试验结果表明，施用腐殖酸微生物菌剂改善了马铃薯连作土壤的基本性状；施用腐殖酸微生物菌剂与对照组（处理3）相比，有效促进了连作马铃薯的生长发育，提高了马铃薯的保苗率，增强了马铃薯的抗病性；处理1和处理2与对照组相比，增产效果显著，分别增产13.54%和17.00%；处理1和处理2间差异不显著。

3. 果树促生菌

（1）苹果促生菌　目前针对苹果树内生细菌有相关研究，但对不同品种苹果树内生细菌群落多样性分析比较的相关报道还较少。古丽尼沙·沙依木等（2020）通过分析比较新疆本地和吉尔吉斯斯坦引进的8个不同品种苹果树内生细菌群落多样性的差异，以期挖掘其蕴含的丰富微生物资源；采用Miseq高通量测序技术分别测定不同品种苹果树内生细菌群落16S rRNA基因V3～V4区序列并进行生物信息学分析。结果显示，不同品种苹果树中获得的V3～V4区有效序列数在61487～71583条之间，聚成24～92个操作分类单元（operational taxonomic unit，OTU），香农（Shannon）指数和辛普森（Simpson）指数分别在0.729～1.177和0.265～0.457之间，新疆本地品种的苹果树内生细菌种类和多样性高于吉尔吉斯斯坦品种。内生细菌种群分析结果表明，变形菌门和放线菌门的OTU总计分别覆盖了不同品种苹果树内生细菌的61.16%～97.08%，为苹果树的主要优势细菌门。优势细菌属数量、组成及其丰度随苹果品种的不同而有所差异。马赛菌属（*Massilia*）和节杆菌属（*Arthrobacter*）的总丰度最高，其丰度分别在6.06%～71.37%、1.29%～17.86%之间，且优势细菌属中存在具有一定促生抗逆或与降解环境有毒有害物质相关的有益功能性状的微生物类群。群落功能预测分析初步显示，不同品种的苹果树内生细菌群落功能有所差异，新疆本地品种微生物群落的功能信息多于吉尔吉斯斯坦品种，主要体现在化能异养、需氧化能异养、尿素分解、砷酸盐解毒和异化砷还原等功能方面。此外，这8个品种苹果树内生菌中可能还存在大量的未知属，其范围在13.74%～69.60%之间。

苹果的连作障碍严重影响了果树的生长发育以及苹果的产量和质量，物理方法和化学方法不能有效地防治连作障碍，研究表明生物防治的方法在植物连作障碍防治中具有不可替代的优势。宋晓军（2017）从烟台栖霞苹果园区选取种植了5年、10年、15年和20年的苹果树，每个年限随机选取3棵苹果树作为重复，每个重复选取在树干到树冠投影之间距离的10%、30%、50%、70%和100%五个位点处根际土壤进行取样，共计60个样品，取得的研究结果如下。

① 对上述的60个样品进行土壤总DNA的提取，通过高通量测序结果分析，所有样品总共测得16671个OTU（97%相似水平），通过年限的分析可以看出10年的OTU水平最高，达到了9193个，通过位点的分析可以看出靠近树干或者靠近树冠投影边缘的样品的OTU水平要高于中间50%位点处样品的OTU。根据分类统计分析，得到了43个门和712个属。其中主要的菌门有：变形菌门（Proteobacteria）、酸杆菌门（Acidobacteria）、浮霉菌门（Planctomycetes）、放线菌门（Actinobacteria）、疣微菌门（Verrucomicrobia）、拟杆菌门（Bacteroidetes）、芽单胞菌门（Gemmatimonadetes）、绿弯菌门（Chloroflexi）和厚壁菌门（Firmicutes），其中核心门变形菌门、浮霉菌门、放线菌门和酸杆菌门的相对丰度约占62.33%。主要的菌属有：芽单胞菌属（*Gemmatimonas*）、鞘氨醇单胞菌（*Sphingomonas*）、盖亚菌属（*Gaiella*）、浮霉菌属（*Planctomyces*）、候选属（Candidatus_*Koribacter*）、苔藓杆菌属（*Bryobacter*）、出芽菌属（*Gemmata*）、小梨形菌属（*Pirellula*）、硝化螺菌

属（*Nitrospira*）、根瘤微菌属（*Rhizomicrobium*）、海管菌属（*Haliangium*）、罗纳杆菌属（*Rhodanobacter*）、出芽小链菌属（*Blastocatella*）、莱朗菌属（*Reyranella*）、类胆固醇杆菌属（*Steroidobacter*）、金色绳菌属（*Chryseolinea*）、芽胞杆菌属（*Bacillus*）和节杆菌属（*Arthrobacter*），约占总菌属的17%。

② 对土壤样品进行总氮、铵态氮、硝态氮、有机质、速效磷和速效钾含量的测定，发现15年的样品中的这6种营养元素含量要高于其他3个年限，因此种植15年苹果树具有最好的生长环境。而微生物群落与环境因子的冗余分析（RDA），可以知道芽胞杆菌属（*Bacillus*）、罗纳杆菌属（*Rhodanobacter*）、鞘氨醇单胞菌（*Sphingomonas*）、乳球菌属（*Lactococcus*）、类芽胞杆菌（*Paenibacillus*）、分枝杆菌属（*Mycobacterium*）、根瘤微菌属（*Rhizomicrobium*）、东氏菌属（*Dongia*）、出芽小链菌属（*Blastocatella*）、假单胞菌属（*Pseudomonas*）和酸球形菌属（*Acidisphaera*）可以提升果树土壤中营养元素的含量，有利于果树的生长发育；相反，小梨形菌属（*Pirellula*）、浮霉菌属（*Planctomyces*）、吴泰光菌属（*Ohtaekwangia*）、出芽菌属（*Gemmata*）、硝化螺菌属（*Nitrospira*）、海管菌属（*Haliangium*）、玫瑰弯菌属（*Roseiflexus*）、莱朗菌属（*Reyranella*）、节杆菌属（*Arthrobacter*）、伯克氏菌属（*Burkholderia*）、候选属（Candidatus_*Koribacter*）和海面菌属（*Aquicella*）则降低了土壤中营养元素的含量，不利于果树的生长发育。

③ 共筛选出15株效果好的功能菌，其中产蛋白酶的菌有4株，产生长素的菌有3株，解磷菌有4株，拮抗4种镰刀菌的细菌有4株。通过形态学观察、生理生化鉴定和16S rDNA序列分析，4株高产蛋白酶的菌分别被鉴定为甲基营养型芽胞杆菌（*Bacillus methylotrophicus*）YL17、蜡样芽胞杆菌（*Bacillus cereus*）Y2、甲基营养型芽胞杆菌（*Bacillus methylotrophicus*）YL15和嗜线虫沙雷氏菌（*Serratia nematodiphila*）YS8；3株生长素产生菌分别是路氏肠杆菌（*Enterobacter ludwigii*）YS2、路氏肠杆菌（*Enterobacter ludwigii*）YH22和变栖克雷伯氏菌（*Klebsiella variicola*）YD8；4株解磷菌分别是枯草芽胞杆菌（*Bacillus subtilis*）YD28、耳假单胞菌（*Pseudomonas auricularis*）YD11、雷氏普罗威登斯菌（*Providencia rettgeri*）YD6和嗜线虫沙雷氏菌（*Serratia nematodiphila*）YG7；4株病原拮抗菌分别是甲基营养型芽胞杆菌（*Bacillus methylotrophicus*）Y9、甲基营养型芽胞杆菌（*Bacillus methylotrophicus*）YK50、甲基营养型芽胞杆菌（*Bacillus methylotrophicus*）Y4和多黏类芽胞杆菌（*Paenibacillus polymyxa*）YA24。

连作障碍会导致苹果植株生长缓慢、病害严重、土壤理化性状恶化并导致大面积的减产。为有效缓解苹果连作障碍，胡秀娜（2016）自山东烟台采集苹果园土壤样品，从中筛选苹果病原真菌拮抗细菌、铁载体产生细菌及根皮苷降解细菌；并通过盆栽试验验证了几株菌对苹果砧木平邑甜茶的促生效果，为苹果连作障碍的防治提供依据。结果显示，自苹果根际土壤中筛选出促生菌13株，其中根腐病原菌拮抗细菌3株，分别是甲基营养型芽胞杆菌（*Bacillus methylotrophicus*）PQ11及PA19、多黏类芽胞杆菌（*Paenibacillus polymyxa*）PY7；高产铁载体菌株7株，分别是甲基营养型芽胞杆菌（*Bacillus methylotrophicus*）GEN11及GEN12、粪产碱菌（*Alcaligenes faecalis*）PJ3和PK48、暹罗芽胞杆菌（*Bacillus siamensis*）PE4、绿针假单胞菌（*Pseudomonas chlororaphis*）PD1、嗜线虫沙雷氏菌（*Serratia nematodiphila*）PJ6；根皮苷降解菌4株，分别是绿针假单胞菌（*Pseudomonas chlororaphis*）PD1、阿氏芽胞杆菌（*Bacillus aryabhattai*）PD4、地中海假单胞菌（*Pseudomonas mediterranea*）PD14、嗜线虫沙雷氏菌（*Serratia nematodiphila*）PK50，为研制苹果专用微生物肥料提供了菌种资源。通过盆栽试验验证了多黏类芽胞杆菌（*Paenibacillus polymyxa*）PY7、实验室保存菌种甲基营养型芽胞杆菌（*Bacillus methylotrophicus*）FKM10、路氏肠杆菌（*Enterobacter ludwigii*）KD49 对苹果砧木平邑甜茶的促生效果。研究结果如下。

① 与空白对照（CK）组相比，施菌 50d 后施菌处理组平邑甜茶幼苗株高、地径、叶片数开始表现出优势。其中，FKM10 处理株高、地径分别在 50 ～ 90d、70 ～ 90d 表现出显著性差异；PY7 处理平邑甜茶株高、地径、叶片数分别在 50 ～ 90d、50 ～ 110d、50 ～ 70d 内有显著性差异；KD49 处理株高、地径、叶片数分别在 50 ～ 70d、50 ～ 90d、50 ～ 70d 有显著性差异。3 株菌中多黏类芽胞杆菌 PY7 对平邑甜茶的促生作用时间最长且综合效果最好。施菌后处理组植株总鲜重、地上部分鲜重、地下部分鲜重均高于 CK 组，其中 PY7 对植株鲜重的影响最明显，其植株根、茎、叶各部分的干重均高于 CK 组；KD49 对植株干重的影响最明显，在茎干重、根干重具有显著性优势，PY7 处理组在茎干重方面具有显著性优势。FKM10 对植株钾的积累无明显效果，但能够显著提高植株根、叶中氮与磷的积累；PY7 对植株氮、磷的积累影响不明显，但能够显著提高对植株根、茎、叶钾的积累；KD49 对苹果植株钾素的积累无明显效果，能够显著增加植株各部分总磷含量的增加及植株茎的氮素积累。

② 与 CK 组相比，施菌处理组能够在不同程度上提高植株 SOD、POD 酶活性，诱导平邑甜茶抗逆性。除 60d 外，2 ～ 90d 内，FKM10 处理平邑甜茶 SOD、POD 酶活性高于 CK 组，并达到显著性差异；KD49、PY7 处理 SOD、POD 酶活性在施菌后一定时间内显著高于 CK 组，其中以 FKM10 对植株防御相关酶活性影响最为显著。

③ 与 CK 组相比，施菌后土壤磷酸酶、脲酶、蔗糖酶活性均得到不同程度的提高，其中 PY7 处理酶活性最高，FKM10 处理次之，KD49 处理效果最差。施菌处理过氧化氢酶活性降低，FKM10、PY7 处理组活性有显著性的降低。FKM10 处理组土壤速效磷、速效氮含量低于 CK 组，速效钾含量高于 CK 组；PY7 处理组速效磷、速效钾、速效氮含量均低于 CK 组；KD49 处理组土壤速效磷、速效钾、速效氮含量均低于 CK 组。这与植株总氮、总磷、总钾含量有相反的变化趋势，可能是施菌后菌剂促进植株对速效养分的吸收导致土壤中速效养分的降低。

④ 利用 Illumina Miseq 高通量测序方法测定平邑甜茶根际土壤细菌及真菌群落结构发现，相较于 CK 组，3 个处理组土壤细菌多样性及丰富度有不同程度的提高，土壤真菌多样性及丰富度有不同程度的降低，其中 PY7 处理、KD49 处理细菌丰富度优于 FKM10 处理，但细菌多样性略低于 FKM10 处理；对土壤真菌多样性及丰富度降低效果最明显的是 PY7 处理，其次为 KD49 处理，FKM10 处理效果略差。这说明菌剂会引起土壤中细菌数量和种类的增加，真菌数量和种类的减少，这对于改善土壤质量、防治连作障碍有重要意义。与 CK 组相比，FKM10 处理相对丰度具有显著性差异的细菌属有 10 个，其中 1 个特有属，8 个属相对丰度显著提高，苍白杆菌属（*Ochrobactrum*）相对丰度显著降低；有显著性差异的真菌属 11 个，其中 6 个属显著降低，5 个属显著增加。PY7 处理 16 个细菌属相对丰度显著提高，其中特有属 4 个；11 个真菌属相对丰度有显著差异，其中 6 个属显著性降低，5 个属有显著性提高。KD49 处理 8 个细菌属相对丰度有显著性差异，其中 2 个特有属，6 个属相对丰度显著提高；6 个真菌属达到显著性差异，其中 3 个属有显著性降低，3 个属有显著性提高。3 株菌中 PY7 及 FKM10 对土壤群落结构影响更为明显，KD49 效果略次之。施菌处理组红杆菌属（*Rhodobacter*）等细菌属相对丰度的提高可能对加快土壤物质转化、提高土壤有机质含

量及土壤自毒物质降解具有一定作用。镰刀菌属（*Fusarium*）、土赤壳属（*Ilyonectria*）、轮枝菌属（*Lecanicillium*）、枝氯霉属（*Ramichloridium*）等病原菌相对丰度的显著降低及丛赤壳属（*Nectria*）、单顶孢属（*Monacrosporium*）等有益菌属相对丰度的显著性增加对降低土壤病原菌数量、提高植物抗病能力以及减少苹果根际根结线虫数量可能具有重要意义。

国辉等（2011）利用选择性培养基，对多年生苹果树根际与连作幼树根际促生菌进行了分离和测数，并采用 BOX-PCR 技术进行聚类分析。结果表明，多年生苹果树根际细菌总量及固氮细菌、解磷细菌、硅酸盐细菌、拮抗细菌 4 类根际促生菌的数量均高于连作幼树根际。在多年生苹果树根际，硅酸盐细菌的数量最大，解磷细菌和固氮细菌的数量次之，拮抗细菌的数量最小；在连作幼树根际，解磷细菌的数量最大，硅酸盐细菌和固氮细菌的数量次之，拮抗细菌的数量最小。从两种土壤中获得的促生细菌分离株的 BOX-PCR 图谱最大的相异百分数都在 125% 以上，说明这些细菌分离株的遗传进化距离比较接近。在细菌 BOX-PCR 图谱相异百分数为 25% 的水平上，多年生苹果树根际促生细菌分为 79 个聚类群，其中固氮细菌 18 个聚类群、解磷细菌 29 个聚类群、硅酸盐细菌 19 个聚类群、拮抗细菌 18 个聚类群；连作幼树根际促生细菌分为 46 个聚类群，其中固氮细菌 15 个聚类群，解磷细菌 19 个聚类群，硅酸盐细菌 8 个聚类群，拮抗细菌 9 个聚类群。多年生苹果树 4 类根际促生细菌的多样性、丰富度和均匀度指数均高于连作幼树根际，而优势度指数低于连作幼树根际。与连作幼树相比，多年生苹果树根际促生细菌具有丰富的种属多样性。

（2）梨树促生菌　窦承阳等（2017）对每棵树采用每次根施 800mL 稀释液（含 100mL 原液）的方式，将吡咯伯克氏菌（*Burkholderia pyrrocinia*）JK-SH007 菌株、根际促生解淀粉芽胞杆菌（*Bacillus amyloliquefaciens*）FZB42 菌株和水生拉恩氏菌（*Rahnella aquatilis*）JZ-GX1 菌株 3 种促生有益微生物应用于上海地区生长的梨树上，比较分析它们在促进梨树生长、提升叶片生理指标（叶片的叶绿素含量和叶片组织中的含水率）、增加树体根际土壤有效磷含量、提高果实品质（果实的平均单果质量和可溶性固形物含量）中的作用。结果显示，施菌处理 8 个月后，3 种菌剂均可以明显地增加梨树的地径，以施用 JK-SH007 菌剂的效果最为显著，可以使地径增加 0.34cm；施菌剂处理 5 个月后，3 种菌剂可提高梨树叶片中叶绿素含量和叶片含水率，且以 JZ-GX1 菌剂的提高最为显著，可以使叶片中叶绿素含量（以 SPAD 值表示）增加 1.8，使叶片含水率增加 3.4%；施菌处理 8 个月后，3 种菌剂可增加根际土壤的有效磷含量，以施用 JK-SH007 的土壤增加最多，增加了 42.9mg/kg。施用 JK-SH007 菌剂可以显著增加 6 年生梨的平均单果质量，JK-SH007 与 FZB42 菌剂能显著增加 6 年生梨的可溶性固形物含量。张宝俊等（2010）从梨树木质部分离到 1 株具有强烈抑菌活性的内生细菌 LP-5，通过形态观察、生理生化测定、16S rDNA 序列分析及特异基因片段扩增，将其鉴定为解淀粉芽胞杆菌（*Bacillus amyloliquefaciens*）。盆栽试验结果表明，该菌株可明显促进黄瓜幼苗的生长，其 20 倍稀释发酵液处理黄瓜种子，可使其胚根长度增长 36.32%。用同稀释倍数的发酵液处理黄瓜幼苗，可使幼苗株高、茎粗、干重分别提高 9.06%、14.67% 和 24.14%。高效液相色谱分析表明，该菌株具有促生作用可能是因为产生植物激素 IAA。

（3）葡萄促生菌　为了明确微生态制剂绿康威和绿地康对葡萄的田间促生防病效果，为实现葡萄的安全高效生产提供依据，善文辉等（2020）在包头市以“巨峰”和“寒香蜜”葡萄为材料，比较微生态制剂和杀菌剂单独或交替使用的 5 个处理在生长量、产量和果实品质、对霜霉病防效上的差别。结果显示，微生态制剂的使用能显著促进“巨峰”和“寒香蜜”茎粗、茎长的生长，提高叶片叶绿素含量，同时增加产量和百粒质量，而对叶长、叶宽的影响不稳定，对可溶性固形物含量无影响。生长季在地上部分和地下部分同时使用绿康威和绿地康 7 次，对“巨峰”葡萄的霜霉病防效最好，可达 75.68%；而田间常规用药防效仅为 38.74%，单独在地下部分使用绿地康的防效为 57.66%。因此，地上部分和地下部分同时使用微生态制剂对葡萄促生长和霜霉病绿色防控有良好效果。

葡萄在我国作为一种重要的经济作物，栽培面积很广，并且种植历史也十分悠久。山东省葡萄的栽培面积达到全国的 1/3，而胶东半岛酿酒葡萄的产量达到山东省的 90%。近年来，烟台由于具有适宜葡萄生长的生态条件，逐渐发展成为全国重要的鲜食葡萄和葡萄酒产区。然而，由于葡萄的抗逆性差，针对一些病虫害以及养分不足的预防和治理通常采用的措施是施加农药化肥等，而这些农业措施不仅会对土壤造成污染，还会污染葡萄，进一步污染葡萄制品等。内生真菌的寄主很多，分布范围也十分广泛，并且具有成为潜在生物肥料的优势。王朝霞（2015）以山东烟台地区葡萄根系为材料，进行葡萄根部内生真菌的分离、鉴定、多样性研究以及促生效应研究，并且利用从葡萄根系中筛选出来的优势内生真菌对葡萄进行促生效应的研究，为以后对葡萄病虫害的预防和大规模推广生物菌剂打下基础，其主要研究结果如下。① 根据形态特征和序列分析结合的方法，从 4 种葡萄品种中的 2420 块根段组织中分离得到 1331 株内生真菌，被鉴定为 19 属。分离得到的内生真菌多数属于子囊菌（96.54%），其中以粪壳菌纲为优势菌（占 73.570%），少数属于担子菌（占 3.46%），都属于伞菌纲。从目的分类上看，肉座菌目（Hypocreales）为优势菌群，占总菌数的 68.61%；从科的分类上看，赤壳科（Nectriaceae）为优势菌群，占总菌数的 67.78%；从属的分类上看，以镰刀菌属（*Fusarium*）、土赤壳属（*Ilyonectria*）和柱孢属（*Cylindrocarpon*）为优势菌群，分别占总菌数的 33.9%、17.35% 和 15.7%；从种的分类上看，*Ilyonectria macrodidyma*、尖孢镰刀菌（*Fusarium oxysporum*）为优势菌群，分别占总菌数的 15.7% 和 11.570%。② 从分离获得的葡萄根部内生真菌的多样性指数来看，蛇龙珠的最高而赤霞珠的最低并且表现为蛇龙珠＞玫瑰香＞烟七三＞赤霞珠。从均匀度指数来看，可以发现 4 种不同品种葡萄根系中内生真菌种群均匀度各不相同，并且均匀度指数都大于 0.7，蛇龙珠葡萄根部内生真菌的均匀度指数最高为 0.8170，而赤霞珠的最低为 0.7722。③ 通过组培苗进行的初筛得到了 6 种对葡萄生长有促进作用的内生真菌，分别属于粉红螺旋聚孢霉属、青霉属、蛇形虫草属、枝孢菌属、拟茎点霉属和隔孢伏革属。这 6 种内生真菌能促进葡萄植株的发育，增加幼苗的株高、茎粗、干重、鲜重，提高葡萄幼苗叶片中的叶绿素荧光参数，可溶性糖和可溶性蛋白的含量也得到了相应的提高。

王艳霞（2005）从赤霞珠等 10 个葡萄品种的健康果实内分离获得 182 个内生芽胞杆菌菌株，通过生物测定获得 3 株作用效果明显的菌株 WX1、WX5、WX9。田间试验表明，WX1、WX5、WX9 均能促进葡萄扦插枝条生根发芽，发芽率分别提高 4.6%、5.8%、11.4%；葡萄果实糖度分别提高 8.9%、5.1%、9.0%；产量分别提高 13.3%、9.5%、14.6%；对于霜霉病的防治效果分别为 25.3%、12.6%、32.4%。其中以 WX9 作用效果最为明显。对于 3 个菌株进行了作用机制研究，结果表明，3 个菌株在葡萄体内均能很好地定殖，3 个菌株代谢液中均含有 IAA，但含量并不高，接种 3 个菌株后，葡萄体内 IAA 含量、过氧化物酶（POD）、多酚氧化酶（PPO）活性均有所提高，初步解释了 3 个菌株的促生抗病的可能机理。菌株 WX9 在田间试验中表现出具有明显促进生根发芽、提高产量、提高糖度和抗病作用，并且定殖能力强，对于葡萄体内的 IAA 含量及 POD、PPO 活性均有大幅度的提高。因此 WX9 作为有益内生菌进行研究开发，有望用于葡萄的优质、高产栽培。

（4）香蕉促生菌　BEB17是分离自健康香蕉根部的具有良好抑菌活性的内生解淀粉芽胞杆菌（*Bacillus amyloliquefaciens*）。桑建伟等（2018）采用直接灌根法，评价了该菌株对4个不同香蕉品种组培杯苗的促生作用和其对香蕉枯萎病菌（*Fusarium oxysporum* f.sp. *cubense* race 4，FOC4）的防治效果。结果表明，经BEB17回接后的香蕉杯苗平均株高、叶片数和鲜重均显著优于对照组，其中对南天黄品种的促生效果最好，株高增加48.24%，鲜重增加111.19%；带菌植株接种病原菌FOC4后，香蕉杯苗在发病率和病情指数上均显著低于对照组，其中该菌株对南天黄和桂蕉1号的防治效果最明显，相对防效分别可达到81.51%和77.46%。通过稀释平板涂布法，观察其在不同品种香蕉苗的定殖情况，发现BEB17能稳定定殖于4种香蕉品种，其中在南天黄的根部定殖10d后定殖量最高，达6.43×10^4CFU/g，在桂蕉1号定殖10d和20d后茎部和叶部定殖量达峰值，分别为1.58×10^3CFU/g和1.43×10^3CFU/g；品种比对发现菌株BEB17与南天黄和桂蕉1号的亲和性较强，定殖数量呈先升后降趋势。

覃柳燕等（2017）研究了棘孢木霉菌株PZ6对香蕉植株促生效应、抗氧化酶活性及枯萎病菌室内防效的影响。以清水为对照组（CK），分别设PZ6孢子液与枯萎病菌菌液（FOC4）5个不同组合处理：①PZ6；②PZ6+FOC4；③PZ6（3d）+FOC4；④FOC4（3d）+PZ6；⑤FOC4。采用盆栽伤根淋灌法，于6～7叶期对香蕉苗根际进行接种处理；于不同时期调查不同处理香蕉苗植株性状，测定香蕉苗根系活力及叶片超氧化物歧化酶（SOD）、过氧化氢酶（CAT）和过氧化物酶（POD）活性；通过解剖球茎考察病情指数，评价PZ6对枯萎病的室内防效。结果显示，与其他处理相比，单施PZ6菌液处理可极显著提高香蕉苗新增株高和根系活力（$P<0.01$，下同），两者分别为6.33 cm和487.43μg TTF/（g·h）；与FOC4处理相比，配施PZ6菌液的FOC4菌液处理也可极显著提高香蕉苗根系活力。接种FOC4菌液50d后，不同处理香蕉苗球茎枯萎病发病指数和防治效果均以PZ6（3d）+FOC4处理表现最佳，其病情指数为37.50，防治效果为48.28%，其次为PZ6+FOC4处理，而FOC4(3d)+PZ6处理表现较差。处理45d后，除PZ6处理与CK间的叶片POD活性无显著差异（$P>0.05$）外，不同处理的香蕉苗叶片SOD、POD和CAT活性均与CK呈极显著差异；除CK外，不同处理间不同酶活性呈一定的变化规律。叶片SOD活性与根系活力表现相似，均以PZ6处理最高［423.71U/（g FW·h）］，其次为PZ6（3d）+FOC4、PZ6+FOC4、FOC4（3d）+PZ6和FOC4处理；叶片POD活性表现相反，以FOC4处理最高［355.07U/（g·min）］，比对照组极显著增加82.33U/（g·min），以处理PZ6最低［273.84U/（g·min）］。结果说明，棘孢木霉PZ6菌株可在一定程度上提高香蕉苗对枯萎病菌的防御能力，提前施用PZ6菌株可有效阻止病原菌FOC4侵入香蕉苗，延缓植株发病。

王飞（2016）进行了香蕉根际土壤抗枯萎病固氮菌的筛选，希望筛选出具有固氮作用的拮抗菌，以便减少化肥农药的大量施用对蕉园生态环境的破坏。从香蕉根际土壤中初步分离筛选出了266株固氮细菌、95株固氮放线菌。进一步从中筛选出了对香蕉枯萎病有拮抗作用的2株固氮细菌、1株固氮放线菌。综合菌株形态特征、生理生化特征以及测序分析结果，将菌株6N-20鉴定为解淀粉芽胞杆菌（*Bacillus amyloliquefaciens*），将菌株3N-25鉴定为铜绿假单胞菌（*Pseudomonas aeruginosa*），将菌株8N-10鉴定为诺尔斯氏链霉菌（*Streptomyces noursei*）。测量了筛选出的3株菌的固氮活性，在100mL Ashby无氮液体培养基中培养15d，接种菌株6N-20的液体培养基氮含量为（64.67±11.13）mg/kg，接种菌株3N-25的液体培养基氮含量为（37.93±10.93）mg/kg，接种菌株8N-10的液体培养基氮含量为（2.27±0.88）mg/kg。

经乙炔还原法测定菌株 6N-20 固氮酶活性为（140.89±3.09）nmol/(mL·h)，菌株 3N-25 固氮酶活性为（78.93±2.96）nmol/(mL·h)，菌株 8N-10 固氮酶活性为（0.549±0.11）nmol/(mL·h)。用平板对峙试验和孢子萌发试验测定 3 株菌对香蕉枯萎病菌 4 号小种的拮抗活性。试验结果表明，菌株 6N-20 的抑菌带宽度为（10.5±1.22）mm，对孢子萌发的抑制率为 70.01%；菌株 3N-25 的抑菌带宽为（11.4±0.97）mm，对孢子萌发的抑制率为 30.13%；菌株 8N-10 的抑菌带宽度为（15.5±0.65）mm，对孢子萌发的抑制率达 75.09%。3 株菌对 8 种香蕉常见病害的病原菌均有广谱抗菌活性。对菌株 6N-20 发酵液的防病效果进行了盆栽试验，结果表明菌株 6N-20 发酵液的相对防治效果在 67.5% 左右。用荧光定量 PCR 方法跟踪检测了盆栽试验中病原菌含量的消长动态，只接染病原菌的一组土壤的病原菌含量先是快速增长，在接菌第 21 天时土壤病原菌含量达到最大值（约 10528827CFU/g）。之后在第 23 ～ 27 天时间内病原菌数量快速下降，当接菌第 27 天时病原菌含量下降到每克土中约 2605032 个。此后又开始缓慢升高，在第 31 天时达到新的土壤含量最大值（约 5758060CFU/g）。然后菌量又开始平缓下降，最后在每克土中约 1159196 个时达到相对稳定，这可能是病原菌之间经过一段时间的种内竞争后，达到一个相对的平衡状态。接染病原菌后施加接菌发酵液的一组，在前 21d 的时间里病原菌数量迅速下降，从每克土含量约 688019.1 个下降到 773.4315 个，说明菌株 6N-20 的发酵液对病原菌的生长有很好的抑制作用。之后病原菌与拮抗菌之间达到了一个动态平衡，病原菌含量一直在 103CFU/g 附近徘徊。用荧光定量 PCR 对香蕉枯萎病菌数量的精确跟踪测量，为拮抗菌的拮抗机理提供一定的理论基础。在浇灌 6N-20 发酵液后，香蕉苗的叶绿素含量比对照组高，相对电导率比对照组低，可溶性蛋白含量增加，丙二醛含量少，过氧化氢酶活性增强，还原性谷胱甘肽含量增加，这些都说明 6N-20 发酵液对香蕉苗应对环境胁迫具有有利影响。菌株 6N-20 发酵液能明显促进菌株的株高、茎粗、鲜重、干重和根系活力，根长也有一定的增长。

解磷微生物或溶磷微生物（phosphate-solubilizing microorganism）是指土壤里能够将磷矿粉等植物难以吸收利用的磷酸盐转化为可吸收利用形态的微生物。土壤缺乏磷素使植物的生长受到严重影响。直接施加化学磷肥，可一定程度缓解土壤缺磷现象，但现在植物对磷肥等化学肥料吸收利用率很低，不足 25%，造成资源浪费，并且还会造成土壤板结、酸碱化等问题。因此，微生物磷肥的研究是现代农业研究的热点项目。柯春亮（2015）以磷矿粉为底物，从香蕉根际土壤分离、筛选和鉴定一批高效解磷细菌，并研究了代表菌株的解磷能力，优化了培养条件和解磷菌剂对香蕉幼苗的促生效果。其主要研究结果如下。① 筛选并鉴定了 3 株具有高效溶解磷矿粉能力的细菌。香蕉根际土壤经过解磷透明圈法和钼锑抗比色法测定发酵液有效磷含量并进行初筛、复筛，得到了对磷矿粉溶解效果较好的解磷微生物 B3-5-6、M-3-01 和 T1-4-01 菌株。通过菌体形态观察、生理生化测定和 16S rDNA 分子生物学鉴定，可以判定菌株 B3-5-6 为嗜气芽胞杆菌（*Bacillus aerophilus*），M-3-01 为嗜线虫沙雷氏菌（*Serratia nematodiphila*），T1-4-01 为阿氏肠杆菌（*Enterobacter asburiae*）。其中 M-3-01 菌株溶解磷矿粉效果最好，解磷能力为 37.85mg/L，将其作为本试验解磷微生物代表菌株做更深入的研究。② 优化了 M-3-01 代表菌株的解磷发酵配方工艺。单因子试验筛选了最佳碳源为葡萄糖，氮源为草酸铵。再通过确定碳源、氮源、磷矿粉、无机盐 4 组主要影响因子，进行 $L9$（3^4）正交试验，筛选最优培养基浓度配方，再通过使用单因子试验，筛选最优配方的起始 pH 值、转速、接种量等条件。最终确定了代表菌株 M-3-01 的高效解磷发酵配方。最终优化结果为：葡萄糖 15g/L、草酸铵 1.5g/L、磷矿粉 2.5g/L、无机盐 1.92g/L、接菌量 2%、

pH 值 6、摇床转速 150r/min、培养温度 37℃。并对其配方进行了试验验证，优化组有效磷含量达 88.64mg/L，是对照组（CK）有效磷含量的 2.34 倍。③ 将代表解磷菌株 M-3-01 制成菌剂，与化肥磷矿粉作对照，研究菌剂对香蕉幼苗的促生效果。盆栽试验研究发现，菌株 M-3-01 菌剂 + 磷矿粉处理对香蕉幼苗促生效果最佳：该处理下香蕉植株的平均株高、茎围、鲜重、干重分别是对照组的 1.26 倍、1.16 倍、1.38 倍、1.47 倍；且脂膜过氧化及质膜透性渗透调节物质含量及效果均显著高于其他几个处理。针对香蕉植株根际土壤的理化因子进行分析，接种解磷菌剂的处理组的有效磷含量显著高于 CK，有效钾和总氮的含量明显比 CK 的低，pH 值变化相对稳定，接近中性。

为研究添加拮抗菌 4-L-16 和 T3-G-59 的 6 种基质发酵液对香蕉幼苗的促生作用，周登博等（2015）在盆栽条件下，以麦麸、豆饼、花生饼、菜籽饼、芝麻饼、花椒饼为发酵基质，分别研究了不同发酵液对香蕉幼苗地上部和根系生长、植株生物量和叶片生理性状的影响。结果表明，6 种基质发酵液对香蕉幼苗均有显著的促生作用，添加拮抗菌的不同基质发酵液对香蕉苗的促生作用更为显著。综合对比香蕉幼苗形态和生理指标，以菜籽饼拮抗菌发酵液处理为最佳，豆饼、花生饼拮抗菌发酵液处理次之。豆饼、花生饼、菜籽饼拮抗菌发酵液处理的香蕉根冠比显著高于其他处理，这 3 个处理的香蕉根系生长更为发达，形态构成更为合理。张晖等（2015）研究了 4 种香蕉根际促生菌对香蕉枯萎病镰刀菌和几种重要作物病原菌的抑菌活性，及其对番茄和玉米的促生作用；在培养皿中测定根际促生菌对作物病原菌的拮抗作用，通过盆栽试验测定根际促生菌发酵液对作物生长的促进作用。结果显示，从健康香蕉根际土中分离获得的枯草芽胞杆菌（*Bacillus subtilis*）、解淀粉芽胞杆菌（*Bacillus amyloliquefaciens*）、中耳炎假单胞菌（*Pseudomonas otitidis*）和绿针假单胞菌（*Pseudomonas choloeaphtis*）对香蕉枯萎病镰刀菌 4 号小种（*Fusarium oxysporum* f.sp. *cubense*）具有强烈的抑菌活性，对番茄早疫病菌（*Alternaria solani*）、玉米纹枯病菌（*Rhizoctonia solani*）、荔枝炭疽病菌（*Colletotrichum gloeosporioides*）、香蕉炭疽病菌（*Colletotrichum musarum*）、青瓜枯萎病菌（*Fusarium oxysporum* f.sp *cucumerinum*）、小麦赤霉病菌（*Fusarium graminearum*）和荔枝霜霉病菌（*Penorophythora litchi*）等作物病原菌也具有很好的抑菌活性；4 种香蕉根际土壤细菌中耳炎假单胞菌生长最快、抑菌效果最好，其生长半径分别是枯草芽胞杆菌、解淀粉芽胞杆菌、绿针假单胞菌的 2.75 倍、2.61 倍和 2.70 倍，其对香蕉枯萎病、番茄早疫病菌、玉米纹枯病菌、荔枝炭疽病菌、香蕉炭疽病菌、青瓜枯萎病菌、小麦赤霉病菌和荔枝霜霉病的抑菌率分别达到 50.70%、62.95%、70.85%、68.10%、58.58%、59.30%、51.34% 和 63.08%；用中耳炎假单胞菌发酵液培养植物使番茄和玉米株高分别提高 16% 和 33%，并且使番茄叶片总叶绿素含量增加 40%。

陈平亚等（2014）通过随机区组试验，研究了施用枯草芽胞杆菌（*Bacillus subtilis*）BLG01 与覆盖对香蕉长势、枯萎病病情指数、枯萎病病原菌（*Fusarium oxysporum* f.sp. *cubense* race4，FOC4）与可培养细菌数量的影响。结果表明，与对照相比，在香蕉移栽 100d 时，不同覆盖模式下，施用 BLG01 能促进香蕉生长和提高枯萎病防治作用，其中以玉米覆盖与共同施用 BLG01 防治作用最显著，香蕉株高、茎围、地上部分鲜重、地下部分鲜重和防效显著提高，病情指数下降了 43.07% ～ 60.56%，根际 FOC4 的 lgCFU 降低了 72.15% ～ 131.18%，可培养细菌数量的 lgCFU 增加了 31.21% ～ 35.02%，相关性分析表明，FOC4 与细菌数量呈显著负相关关系，与病情指数呈极显著正相关关系。施用枯草芽胞杆菌结合覆盖可促进香蕉生长，降低枯萎病病原菌数量，提高根际可培养细菌数量，增强对香蕉枯萎病的防治效果。

李文英等（2012）通过盆栽试验，研究了从香蕉根际土壤分离筛选的植物根际促生菌（PGPR）芽胞杆菌 PAB-1、PAB-2 菌株制剂对香蕉幼苗生长、养分吸收利用和香蕉枯萎病防治的效应研究。结果表明：试验处理 56d 后，施用植物根际促生菌菌剂的处理，株高、假茎围、地上部分生物量、根长、根系生物量、总生物量、单株叶面积和叶绿素含量分别比对照组增加 18.5%～28.9%、17.0%～18.2%、16.8%～33.9%、41.5%～47.6%、65.5%～69.5%、24.8%～39.8%、24.0%～38.3% 和 30.0%～44.9%；施用 PAB-2 菌剂的处理，地上部氮、磷、钾、钙、镁养分吸收量分别比对照组增加 51.1%、46.1%、165.2%、7.4% 和 32.8%。接种香蕉枯萎病病原菌（FOC4）的处理中，施用 PGPR 菌剂的香蕉叶片丙二醛含量显著低于只接种 FOC4 的，降低 4.4%～10.6%；56d 后香蕉枯萎病病情指数比只接种 FOC4 的降低 12.5%～31.3%，防控效果达到 18.8%～46.9%。说明施用 PGPR 菌剂能显著促进香蕉苗期植株生长，提高植株养分吸收，有效防控香蕉枯萎病的发生。为探讨香蕉内生枯草芽胞杆菌 EBT1 对香蕉生长和抗病性的诱导作用，杨秀娟等（2010）研究了 EBT1 培养液对台蕉 2 号（AAA）丛生芽增殖及再生苗生长的影响，并测定香蕉苗对枯萎病 4 号生理小种孢子及其毒素的抗性。结果表明，培养基中添加 10%（体积分数）EBT1 培养液能明显提高丛生芽的增殖、苗株重、假茎高、抗毒素和抗病能力，并增加香蕉苗保护酶 SOD、PAL、POD、PPO 和 CAT 活性。在 EBT1 培养液全程诱导、增殖诱导和生根诱导中，全程诱导对香蕉苗生长及其抗性的诱导效果最好，增殖诱导次之，毒素处理 1～7d 后，源于 EBT1 培养液全程诱导处理的香蕉苗酶活水平较高，其 5 种保护酶活性峰值分别为对照组的 3.82 倍、1.18 倍、1.50 倍、2.70 倍和 1.52 倍。

4. 药用植物促生菌

蓝桃菊等（2020）从红树植物内生真菌中筛选能促进铁皮石斛（*Dendrobium officinale*）生长的内生真菌菌株，并对其进行分类鉴定，为下一步开展铁皮石斛乃至其他特色作物专用菌剂（肥）开发利用提供理论依据。以北部湾红树植物内生真菌为研究对象，通过平皿和盆栽试验筛选对铁皮石斛具有优良促生作用的菌株，并综合形态学特征观察及 ITS 序列和 18S rDNA 序列分析结果对表现突出的促生菌株进行分类鉴定。结果显示，从 32 株内生真菌中筛选获得对铁皮石斛具有良好促生效果的深色有隔内生真菌（DSE）菌株 1 株，该菌株分离自木榄（*Bruguiera gymnorrhiza*）茎，编号 HS40；通过再分离及显微观察，发现菌株 HS40 可定殖于铁皮石斛根部并产生 DSE 的典型特征——微菌核和菌丝。盆栽铁皮石斛苗接种菌株 HS40 6 个月后，其株高、分蘖数、总鲜重、总干重和茎干多糖含量分别较对照组增加 21.7%、375.0%、94.7%、57.6% 和 15.8%，其中，株高、总鲜重、总干重和茎干多糖含量与对照组相比达极显著差异水平（$P<0.01$），分蘖数达显著差异水平（$P<0.05$）。综合形态观察和序列分析结果，将菌株 HS40 鉴定为球腔菌科（Mycosphaerellaceae）的 *Zasmidium citrigriseum*。结果表明，菌株 HS40 可显著促进铁皮石斛的生长并提高其茎干多糖含量，有望用于开发铁皮石斛专用菌剂（肥）。

四川省甘孜藏族自治州地处川西高原，是四川盆地西缘山地向青藏高原过渡的地带，自然条件复杂，气候多变。该地区药用植物丰富，共计 800 余种，是我国名贵中药材的主要产区。常年生长于高海拔、高辐射、温差大等极端环境中的药用植物，为植物内生放线菌的筛选提供了丰富资源。张瀚能（2019）以甘孜藏族自治州地区药用植物为研究对象，结合传统分离方法、活性筛选及分子生物学技术，对药用植物内生放线菌的多样性和抗菌促生功能进行分析。从44种药用植物中分离了215株内生放线菌。根据放线菌的形态特征和BOXAIR-PCR指纹图谱分析，选取84株代表菌株进行16S rRNA基因序列分析，结果表明，这些内生放线菌属于8个属，分别是链霉菌属（*Streptomyces*）、假诺卡氏菌属（*Pseudonocardia*）、短杆菌属（*Brevibacterium*）、韩国生工菌属（*Kribbella*）、拟无枝酸菌属（*Amycolatopsis*）、发仙菌属（*Pilimelia*）、微杆菌属（*Microbacterium*）、诺卡氏菌属（*Nocardia*），其中链霉菌为药用植物内放线菌的优势种群。84株代表菌株的抗菌活性初筛结果显示，58.6%的菌株对供试的病原菌表现出不同程度的抗性。其中对西瓜枯萎菌拮抗效果最好，对大肠杆菌（又称大肠埃希菌）、沙门氏菌、肺炎克雷伯氏菌拮抗效果较差；对7种功能基因进行扩增，非核糖体肽合成酶PKS Ⅰ、PKS Ⅱ、NRPS、Halo、CYP、phzE、dTGD的阳性检出率分别为32.1%、64.3%、33.3%、26.2%、46.4%、36.9%、34.5%，其中PKS Ⅱ所占比例最高，进一步构建了PKS Ⅱ KSa基因簇序列的系统发育树，结果表明甘孜藏族自治州地区药用植物的PKS Ⅱ功能基因一部分与色素产生相关，一部分与芳香聚酮类化合物的合成关系密切。对药用植物内生放线菌促生能力进行检测，38.1%的菌株具有产IAA的能力，31.0%的菌株具有产几丁质酶（又称壳多糖酶）的能力和产纤维素酶的能力，20.2%的菌株具有产蛋白酶的能力，16.7%的菌株具有产铁载体的能力，而具有解磷能力的菌株只有15.5%。根据药用植物内生放线菌的促生初筛结果，以药用植物白及为材料，选取促生效果较好的菌株2、12、20、49、72、122、156、179以及混合处理（菌株72+菌株2）进行盆栽实验，评价各菌株的促生效果。对白及的各项生理指标的测定结果表明，大部分菌株均有促生效果，其中菌株20和菌株12效果最好，在菌株12和菌株20的作用下，白及叶长增长了117.55%和86.47%，分根数增加了91.75%和208.25%，最长根长增长了295.21%和355.09%，茎长增长了112.93%和56.46%，株高增长了320.75%和186.17%，叶宽增加了234.04%和140.43%。揭示了药用植物内生放线菌对白及的促生作用。

为了研究植物根际促生菌对桔梗的促生效应，并为克服桔梗连作障碍的促生菌剂研发提供优良的菌种资源，冀玉良等（2021）以1-氨基环丙烷-1-羧酸（ACC）为唯一氮源，从大豆根际土壤中初步分离筛选出具有ACC脱氨酶活性的细菌69株，酶活性测定表明，有8株菌的ACC脱氨酶活性较高，其中菌株PG41的ACC脱氨酶活性最强，PG25次之，分别为0.2871U/mg和0.2512U/mg，两株菌的酶活性比枯草芽胞杆菌（对照）的酶活性分别高1143%和9874%。促生试验表明，8株菌对桔梗均有明显促生作用，且酶活性大小与菌株对桔梗的促生作用强弱之间呈正相关。与对照组相比，在采用菌液培养接种法试验中，菌株PG41使桔梗的根和下胚轴伸长率分别为139.80%和134.54%，PG25使桔梗的根和下胚轴伸长率分别为136.64%和129.29%；在采用菌液浸种接种法试验中，菌株PG41使桔梗的根和下胚轴伸长率分别为138.62%和137.01%，PG25使桔梗的根和下胚轴伸长率分别为135.94%和132.84%。两种接种法中菌株PG41和PG25促进桔梗根和下胚轴的伸长均达到极显著水平（$P<0.01$），而枯草芽胞杆菌对桔梗的生长表现有抑制作用。生理生化特征测定表明，酶活性和促生作用最大的菌株PG41为革兰氏阴性菌，其耐酸碱和耐盐的能力较强，适应的温度范围较宽。筛选到的PG41菌株为微生物促生肥料的研发提供了菌种资源。冀玉良（2017）以解磷和解钾能力为筛选指标，从商州区油菜根际土壤中分离了根际促生菌，通过测定产氨、产IAA和固氮能力等多项指标对促生菌进行了筛选，进一步通过接种菌悬液的种子萌发试验，测定了分离的菌株对桔梗幼苗生长的促进效应。结果表明，从油菜根际土壤中分离

出 19 株同时具有解磷和解钾能力的功能菌，其中 6 株菌（N-1、N-3、N-15、N-33、K-25、K-18）具备产氨、产 IAA 和固氮能力，3 株菌（N-1、N-15、K-25）接种后的桔梗种子发芽率和幼苗茎长均明显高于未接菌的对照组，对桔梗有明显的促生作用，其中 K-25 菌株的促生效果最强。证明了从一种植物根际能分离出对另一种植物有促生作用的功能菌，促生菌在不同植物根际的分布和作用存在交叉现象。

王涵等（2019）分离野生金线莲内生真菌，考察它们系统发育地位；构建菌苗共同生长的体系，通过生长指标和有效成分变化评价菌株促生效应；监测金线莲中若干酶的活性变化，并对共生真菌促生机制进行探讨。结果显示，筛选的 12 株内生真菌分别归属于 10 个种属，亲缘关系较远。其中多数内生真菌能够促进金线莲株高和黄酮含量，但降低了多糖和游离氨基酸含量。用熵权法对其中的 cw-10 和 cw-4 菌株进行评分，数值接近，但菌株 cw-10 对提高金线莲黄酮和多糖含量分别为菌株 cw-4 的 1.38 倍和 1.60 倍，因而选定 cw-10 为优良促生菌株。促生真菌对金线莲多酚氧化酶（PPO）和苯丙氨酸解氨酶（PAL）活性没有太大影响，但显著提高了过氧化物酶（POD）、4- 香豆酸辅酶 A 连接酶（4CL）和查尔酮异构酶（CHI）的活性。研究表明，促生真菌通过刺激黄酮合成酶活性增加金线莲黄酮的累积。

为了揭示檀香内生真菌分布特点及其在抗菌物质开发和檀香快速栽培研究中的潜在应用，刘军等（2018）对檀香内生真菌的生物多样性及其抗菌与促生特性进行了研究。檀香内生真菌分离及类群分析结果显示，分离到的 325 株檀香内生真菌（其中来自根 86 株，茎 105 株，叶 134 株）隶属于 16 个属；不同部位内生真菌的分离率与定殖率呈现相同的变化规律，从高到低依次为叶、茎、根；根部内生真菌的多样性指数明显高于茎和叶，不同部位优势内生真菌类群存在较大的差异：根部为镰刀菌属（*Fusarium*，占 50.00%）和链格孢属（*Alternaria*，占 10.47%），茎部为链格孢属（占 58.11%）和枝顶孢霉属（*Acremonium*，占 20.00%），而叶部是盘长孢属（*Gloeosporium*，占 74.63%）。40 株代表性檀香内生真菌菌株发酵液的抗菌活性分析结果显示：90% 内生真菌至少对其中 1 种测试菌表现出抑制活性，其对大肠杆菌、产气肠杆菌、伤寒沙门菌、痢疾杆菌（志贺菌属）、金黄色葡萄球菌、枯草芽胞杆菌具有抑制活性的菌株分别占总数的 45.0%、30%、47.5%、55%、72.5%、62.5%。对它们的促生特性进行分析，筛选到 5 株具解磷活性的内生真菌，8 株可分泌 IAA 的内生真菌，以及 4 株可产铁载体的内生真菌，其中内生真菌念珠霉（*Monilia* sp.）TXRF45 既具解磷活性，又能产生 IAA 和铁载体。以上研究结果表明檀香内生真菌具有丰富的物种多样性且其分布具有一定的组织特异性，部分菌株具有较好的抗菌和促生活性。

内生菌具有提高植物抗逆性、促进植物生长、修复生态环境和生物防治等多种作用。牛大力是我国传统中药材，目前研究多集中于化学成分、药理作用及栽培技术等方面，关于内生菌与其宿主之间相互作用的研究几乎空白。苏坤（2018）以药用植物野生牛大力（*Millettia speciosa* Champ.）为试验材料，对其新鲜根、茎中内生细菌进行分离鉴定，并初步探讨内生细菌的抑菌效果及其对宿主植物的促生作用，主要结果如下。① 从牛大力块根和茎中共分离得到 59 株内生细菌，通过菌落形态特征、生理生化特性和 16S rDNA 基因测序方法将其鉴定分为 4 门 6 纲 8 目 12 科 16 属，并构建系统发育树，确定内生细菌分为 20 种，其中变形菌门细菌 34 株、厚壁菌门细菌 16 株、拟杆菌门细菌 7 株和放线菌门细菌 2 株，涉及肠杆菌目、假单胞菌目、黄单胞菌目、芽胞杆菌目、黄杆菌目等，其中肠杆菌目的细菌种数最多，芽胞杆菌属细菌为优势菌群。② 每种内生细菌选取一株代表菌株，对 20 种内生细菌进行促生潜力评估。结果表明，能够产 IAA 的有 13 株，占总数的 65%，XDR1-2 和 NR5-3 有较强合成IAA的能力，产IAA量分别为43.10mg/L、35.48mg/L；具有产铁载体能力的7株，其中6株菌分泌铁载体的活性均大于50%，属于高螯合铁载体，以XDR1-2活性最高，达70.19%；具有解磷性的有17株，占总数的85%，TBR7、RH1-4等4个菌株的有效磷增量极显著增加，最高达17.44mg/L；具有固氮能力内生细菌11株，占总数的55%。③不同菌液处理对种子萌发和幼苗根系生长均有不同程度的促进作用。18种菌液浸种提高了种子发芽率，与对照组差值达0.88%～12.65%；TBR7、XDR3-4菌液对牛大力根鲜重促进作用效果较好，分别是对照组的3.94倍和3.08倍；这可能与内生细菌促进了植物体内蔗糖合酶（SS）活性、腺苷二磷酸葡萄糖焦磷酸化酶（AGPase）活性和淀粉分支酶（SBE）活性有关。④菌株活体抑菌试验表明，PH1-4、RH17-1和GR1-1等7株内生细菌对不同植物病原菌有较好的抑菌作用，其中RH17-1和RH1-4等对罗汉果斑枯病病原菌和苦玄参褐斑病病原菌抑菌作用显著。所筛选的抑菌菌株发酵液抗菌效果比菌株活体效果更好，其中RH17-1拮抗作用普遍较强，抗真菌谱较广。

阳洁等（2016）以药用稻（*Oryza officinalis*）为材料，采用2种选择性无氮培养基结合乙炔还原法进行内生固氮菌的分离，利用平板筛选法从所分离的内生固氮菌中筛选出高效解磷解钾菌，应用全细胞蛋白十二烷基硫酸钠-聚丙烯酰胺凝胶电泳（sodium dodecyl sulfate-polyacrylamide gel electrophoresis，SDS-PAGE）对所筛选到的菌株进行快速聚类。选取每个类群的代表菌株进行16S rRNA基因序列测定及生理生化鉴定。通过钼锑抗比色法和四苯硼钠法测定其解磷解钾量，同时通过接种水稻对其促生作用进行分析。结果表明，从药用稻中筛选到了4株具有高效解磷解钾能力的内生固氮菌，其固氮酶活性在8.78～8.88μmol C_2H_4/（mL·h）之间。全细胞蛋白SDS-PAGE将4株菌聚为1个类群。16S rRNA基因序列相似性分析及理化鉴定表明，代表菌株yy01为久留里伯克氏菌（*Burkholderia kururiensis*），菌株yy01发酵培养5d后，溶解无机磷量达116.28mg/L，是参比菌株变栖克雷伯氏菌（*Klebsiella variicola*）的2.73倍；解钾量达268.31mg/L，是参比菌株变栖克雷伯氏菌的4.67倍。此外，yy01还具有分泌生长素等特性，接种水稻之后能明显促进水稻的生长，其中水稻叶长增加了25.90%，根增长了42.30%，分蘖数增加了79.64%，鲜重增加了166.90%，氮、磷、钾的含量分别增加了61.54%、41.18%和54.05%。因此，从药用稻中筛选到的4株具有高效解磷解钾能力的内生固氮菌是一类对农业生产有着重要意义的菌株。谢玲等（2016）从不同植物的茎和叶中分离获得204株真菌，通过对白菜的致病性测定筛选获得1株能显著促进白菜生长的内生真菌菌株24L-4。结合形态学特征观察进行ITS rDNA和18S rDNA序列分析，对其进行鉴定，确定为*Devriesia lagerstroem*。该菌株对铁皮石斛组培苗的株高、叶宽、茎径和干质量分别较未接种对照处理增加33.3%、65.7%、27.3%和45.1%，显著高于对照组处理。同时，盆栽试验表明：施用*Devriesia lagerstroem*铁皮石斛盆栽苗的茎径、鲜质量和干质量分别较无接种对照组增加了104.0%、83.9%和114.7%，显著高于对照组处理。显微镜观察发现：*Devriesia lagerstroem*可定殖于铁皮石斛根部的外皮层和皮层。结果表明，*Devriesia lagerstroem*对铁皮石斛具有明显的促生作用，可用于铁皮石斛菌肥的开发。

张缇和龚凤娟（2015）采用富集筛选法从绞股蓝根中筛选得到6株具有ACC脱氨酶活性的细菌，其中菌株JDG-6、JDG-7、JDG-14、JDG-16、JDG-23均具有较强的产铁载体能力，但菌株JDG-32没有产铁载体能力。抑菌试验结果显示，菌株JDG-6、JDG-7、JDG-14和JDG16对一种或多种供试菌有抑菌作用，其中菌株JDG-14能抑制大肠埃希菌、藤黄八叠球菌和白色念珠菌的生长。促生试验表明，菌株JDG-6、JDG-7和JDG-14均能促进水稻幼苗根的伸长，其中菌株 JDG-14 的促生作用最为明显，与对照组相比水稻幼苗的根长和根鲜重分别增长了 26% 和 21%。通过形态特征观察、生理生化试验以及 16S rDNA 序列分析，菌株 JDG-6、JDG-7、JDG-16 和 JDG-23 属于假单胞杆菌（*Pseudomonas*），菌株 JDG-14 为木糖葡萄球菌（*Staphylococcus xylosus*），而菌株 JDG-32 为枯草芽胞杆菌（*Baclilus subtilis*）。菌株 JDG-6、JDG-7 和 JDG-14 均是具有 ACC 脱氨酶活性和抑菌活性的促生菌。田磊等（2014）结合初筛和复筛的方法从人参内生细菌中筛选具有 1- 氨基环丙烷 -1- 羧酸（ACC）脱氨酶活性的菌株；采用 Ashby 培养基和固氮酶基因验证其固氮潜能；菌碟法及钼锑抗比色法测定其解磷能力；CAS 方法检测产生铁载体能力；通过室内及田间试验测定菌株对人参生长的促进作用；通过形态学、生理生化测定及 16S rRNA 序列分析明确菌株的分类地位。结果显示，从 120 株人参内生菌中获得了 1 株具有较高 ACC 脱氨酶活性的菌株 JJ8-3，其酶活性为 6.7μmol α- 酮丁酸 /（h · mg 蛋白）；且具有解磷特性、固氮潜能和产生铁载体能力；能明显促进人参种子及根部的生长；经鉴定，菌株 JJ8-3 为荧光假单胞菌（*Pseudomonas fluorescens*）。

周佳宇等（2013）对江苏省道地药材茅苍术叶片可培养内生细菌的多样性及其固氮、解磷、解钾、产生长素的能力进行研究。依据菌落形态的不同，共分离得到 52 株内生细菌。能正常传代培养的 45 株内生细菌经核糖体 DNA 扩增片段限制性内切酶分析（ARDRA）后归入 14 个聚类簇，簇内菌株的 BOX-PCR 指纹图谱相似度不高，在属水平上显示出茅苍术内生细菌丰富的多样性。各聚类簇代表菌株 16S rDNA 的序列分析表明，分离得到的内生细菌与泛菌属、微杆菌属、短杆菌属、农杆菌属、假单胞菌属、芽胞杆菌属细菌亲缘关系相近，优势内生细菌与假单胞菌属细菌亲缘关系相近。45 株能正常传代培养的内生细菌中，有 10 株能够在无氮培养基上正常生长，具固氮潜力。使用 *nifH* 基因通用引物对其基因组进行扩增后，除 ALEB 33 外，其他 9 株内生细菌均可获得与 *nifH* 基因片段大小相近的条带。分别使用 NBRIP 培养基和蒙金娜有机磷培养基筛选后，获得 19 株和 15 株能够溶解磷酸钙和卵磷脂的内生细菌，其中 ALEB 43 溶解无机磷的能力最强，达（251.43±6.55）mg/L；ALEB 4A 溶解有机磷的能力最强，达（23.63±1.46）mg/L。部分内生细菌溶解无机磷的能力与其产酸能力呈正相关，而菌株溶解有机磷的能力却无此相关性。通过硅酸盐培养基的筛选，获得具有解钾潜力的菌株 24 株。43 株内生细菌能够将色氨酸转化为生长素，其中 ALEB 44 产生长素的能力最强，达（268.44±10.12）μg/mL。

张越己（2013）以江苏连云港沿海滩涂地区采集的药用植物中华补血草为材料，从中分离得到大量内生及根际细菌（包括放线菌），以 ACC 脱氨酶为主要筛选指标结合其他潜在促生指标获得活性菌，并进行种子萌发、组培回接试验，分析接菌幼苗生长及生理指标的变化，同时结合黄酮等化合物的变化综合分析，初步评价促生菌对植物生长的影响及其解盐促生机制，从中发掘出有解盐促生作用的菌种资源，主要研究结果如下。① 从中华补血草中分离得到 506 株内生及根际细菌（包括放线菌），编号为 KLBMP4901 ～ KLBMP5407。② 以 ACC 为唯一氮源，对 506 株菌定性筛选出 54 株有活性的菌株，并对其进行 IAA 活性、固氮、解磷的检测。进一步定量检测 ACC 脱氨酶及 IAA 活性，综合筛选得到 32 株高活性菌株。结合形态观察和 16S rRNA 基因序列分析，鉴定为芽胞杆菌属（*Bacillus*）、节杆菌属（*Arthrobacter*）、假单胞菌属（*Pseudomonas*）等 17 个属。③ 经发种子芽率试验，发现 4 株（KLBMP4941、KLBMP4942、KLBMP5084 和 KLBMP5180）菌能不同程度地促进盐胁迫下中华补血草种子的萌发；对回接后幼苗的生长均表现出不同程度的促进作用。生态学指标显示，盐浓度较高条件下不同菌株处理后植株在各项指标上均比对照组有显著性增加。④ 经过对回接处理幼苗生理学指标的检测结果显示：菌处理的植株体内丙二醛含量均比对照组降低；POD 活性变化基本呈上升趋势。对 4 株不同盐度梯度下幼苗的化合物含量的检测发现，试验组的总黄酮、总酚及多糖含量均高于对照组。

枯草芽胞杆菌（*Bacillus subtilis*）具有对人畜无毒无害、不污染环境、非致病性和抗逆性强等特点，它能够产生多种生长激素类物质和丰富的抗菌物质，促进植物生长，改善植株生长发育，增加植物对盐胁迫等逆境的抵御能力，从而提高植物的抗病性。最新研究表明枯草芽胞杆菌可以调控某些植物代谢产物的积累。党参［*Codonopsis pilosula*（Franch.）Nannf.］为桔梗科多年生草本党参属植物，为甘肃省栽培的重要道地药材。党参含有丰富的萜类、苷类、氨基酸和多糖等成分，党参炔苷含量丰富，具有抗癌、抗菌、抗炎、镇静、降压、抗胃酸分泌等功效。除此以外，党参含有人体所必需的 7 种氨基酸，使其具有更多的用途。吴永娜（2013）以党参为材料，研究了枯草芽胞杆菌 GB03 菌株对党参种子萌发、幼苗生长、耐盐性和代谢产物积累的调控，主要研究结果如下。① GB03 菌液浸泡党参种子 5min、10min 和 20min 后，较对照组（无菌水）显著（$P<0.05$）提高党参种子发芽势，其中 5min 效果最佳，显著（$P<0.05$）提高发芽势 211.8%；GB03 菌液浸泡党参种子 5min 和 20min 后发芽率分别显著（$P<0.05$）提高 8.0% 和 11.6%。GB03 菌体挥发物较大肠杆菌 DH5α、LB 培养基和水，分别显著（$P<0.05$）提高党参种子发芽势 94.4%、105.9% 和 116.8%；分别显著（$P<0.05$）提高发芽率 14.1%、18.7% 和 23.6%。② GB03 较 LB 培养基对生长 20d、40d 和 60d 的党参苗均有明显的促进作用，显著（$P<0.05$）提高了各时间段的党参株高、根长、分枝数、生物量、叶面积和叶绿素含量。GB03 显著（$P<0.05$）提高了生长 60d 党参的蒸腾速率、气孔导度和净光合速率，降低了胞间 CO_2 的浓度，从而促进了党参的光合作用。③ GB03 较 LB 培养基提高了 0mmol/L、50mmol/L、100mmol/L、150mmol/L NaCl 胁迫下党参株高、根长、生物量以及光合作用的相关指标；显著（$P<0.05$）降低 100mmol/L NaCl 胁迫下党参叶片渗透势 20.8%，提高了植株的渗透调节能力；显著（$P<0.05$）降低了 100mmol/L 和 150mmol/L NaCl 胁迫下党参叶片丙二醛（MDA）含量，降低幅度分别为 41.5% 和 7.9%。④ GB03 较 DH5α、LB 和水分别显著（$P<0.05$）提高党参的主根直径 18.1%、30.1% 和 26.4%，增加根体积 6.5%、37.3% 和 25.2%，提高根干重 49.8%、55% 和 37.7%，从而显著（$P<0.05$）提高了党参产量。较 DH5α、LB 和水，GB03 对党参体内代谢产物积累均有不同程度的提高：根部总氨基酸含量分别提高 10.6%、6.2% 和 5.6%，地上部总氨基酸含量分别提高 10.8%、0.5% 和 4.3%，根部 7 种必需氨基酸总含量分别提高 11.8%、6.7% 和 7.7%，地上部分 7 种必需氨基酸总含量分别提高 13.8%、2.5% 和 5.0%；枯草芽胞杆菌 GB03 较 DH5α、LB 和水分显著（$P<0.05$）提高了党参根部炔苷含量，提高幅度分别为 75.2%、71.5% 和 51.9%。本研究结果为药用植物抗逆栽培、产量提高以及品质改善提供了理论依据，具有潜在的应用价值，也为根际有益微生物与植物互作的研究提供了新思路。

龚凤娟和张宇凤（2011）采用富集筛选法从杜仲根中分离到 5 株具有 ACC 脱氨酶活性的内生细菌，利用纸片法测定它们的抑菌活性，通过形态特征、生理生化试验和 16S rRNA 序列分析对分离菌株进行鉴定。结果显示，5 株杜仲内生细菌均具有较高的 ACC 脱氨酶活性，其中 4 株茵对大肠杆菌 CGMCC1.1103 和枯草芽胞杆菌 CGMCC1.769 均有较好的抑菌活性，通过生理生化试验和 16S rRNA 序列分析，将菌株 JDM-2、JDM-8、JDM-11、JDM-14 和 JDM-19 分别鉴定为韩国假单胞菌（*Pseudomonas koreensis*）、肺炎克雷伯氏菌（*Klebsiella pneumoniae*）、路氏肠杆菌（*Enterobacter ludwigii*）、变栖克雷伯氏菌（*Klebsiella variicola*）和阿氏肠杆菌（*Enterobacter asburiae*）。

5. 烟草促生菌

（1）拮抗烟草黑腐病菌相关的促生菌　为挖掘对烟草根黑腐病菌有较高拮抗效果的根际促生菌资源，罗云艳等（2021）从四川广元和陕西汉中等地采集 30 份烟草根际土壤，以烟草根黑腐病菌为靶标，采用温度筛选法和平板对峙法分离筛选出有高效拮抗活性的菌株，并对该菌株进行系统发育分析，采用抗生素标记法和温室盆栽法测定菌株 LY79 的定殖规律、对烟草的促生效果以及对烟草根黑腐病的防治效果。结果显示：①从烟草根际土壤分离到一株烟草根黑腐病高效拮抗菌株 LY79，经形态学、生理生化鉴定结合 16S rRNA 和 *ropB* 基因序列分析将菌株 LY79 鉴定为解淀粉芽胞杆菌（*Bacillus amyloliquefaciens*）；②抗生素标记菌株 LY79A 在烟草根际土定殖规律为先下降后上升再下降最终趋于稳定，且施药 40d 后仍能在烟草根际土、根系、茎、叶分离到 1.34×10^6CFU/g、2.91×10^4CFU/g、1.81×10^4CFU/g、1.01×10^4CFU/g 的菌株 LY79A，说明其定殖能力较强；③菌株 LY79 对烟草促生效果较好，处理 60d 后，烟草的株高、茎粗、整株干质量、根干质量分别增加了 34.68%、37.85%、103.79%、72.55%；④$1\times10^9$CFU/mL 浓度的菌株 LY79 发酵液对烟草根黑腐病的盆栽防效达 71.54%，仅略低于对照组药剂 70% 甲基硫菌灵 500 倍液。因此，解淀粉芽胞杆菌 LY79 在烟草根黑腐病防治中具有较大的应用潜力。

（2）拮抗烟草黑胫病菌相关的促生菌　烟草黑胫病是一种分布广泛、危害严重的世界性病害，所以病害的防治已成为烟草生产中最重要的环节，随着化学药剂防治对环境的破坏及对人类的伤害，迫切需要一种安全高效的防治方法，目前利用植物根际细菌防治烟草黑胫病已成为生物防治的研究热点。为了获得对烟草黑胫病菌具有较好拮抗效果的木霉菌株，李小杰等（2020）从河南省各烟区烟草根茎类病害发生较重烟田健康烟株的根际土壤中，共分离获得疑似木霉菌 28 株，通过平板对峙培养，筛选出菌株 XYPQ-1、ZMD-1 和 XYLS-5 对烟草疫霉菌具有较强抑制作用，5d 后抑菌率达 90% 以上。利用分子生物学方法分别将其鉴定为绿木霉菌（*Trichoderma virens*）、拟康宁木霉菌（*Trichoderma koningiopsis*）和近渐绿木霉菌（*Trichoderma paraviridescens*）。对其代谢物抑菌活性及防病促生效果进行了初步研究，结果表明，3 种木霉菌产生的挥发性和非挥发性代谢物均对疫霉菌具有明显的抑制作用，其中 XYLS-5 的抑制效果最好，处理后 5d，其挥发性和非挥发性代谢产物的抑菌率分别达 61.71% 和 100.00%。3 种木霉菌对烟草黑胫病均具有较好的室内防效，其中 XYLS-5 的防效最高，达 80% 以上，且具有促进烟草种子萌发和根系生长的作用，可作为烟草黑胫病生物防治的拮抗菌加以开发应用。徐立国等（2018）以山东潍坊烟田土壤为研究对象，对其根际解磷解钾细菌进行筛选鉴定并分析该类细菌对烟草生长的影响，结果如下。①从山东潍坊烟田土壤样品分离得到 34 个细菌分离物。以烟草黑胫病菌（*Phytophthora parasitica*）和烟草青枯病菌（*Ralstonia solanacearum*）为指示菌，筛选出对 2 种病原菌有良好拮抗效果的菌株 13 株。②测定发现 8 株菌株具有良好的解磷能力，菌株培养液中可溶性磷含量最高为 241mg/L。5 株菌株具有解钾能力，菌株培养液中速效钾含量最高为 13.95mg/L。5 株菌株具有产 IAA 能力，最高 IAA 产量为 104.71μg/mL。③菌株 H1-2、3183 可明显促进烟草生长，其浇灌后的烟草地上部分和地下部分鲜重均高于对照组。④经 16S rDNA 序列分析得出，菌株 3183 和 1441 为贝莱斯芽胞杆菌（*Bacillus velezensis*），菌株 H1-2 为多黏类芽胞杆菌（*Peanibacillus polymyxa*），菌株 G2-7 和 D2 为伯克氏菌（*Burkholderia* spp.）。

植物根际细菌具有解钾、固氮、根部定殖及分泌抑菌物质等特性，不仅可以促进植物的生长，而且还可以抑制病原菌减轻病害，主要有芽胞杆菌属（*Bacillus*）、伯克氏菌属（*Burkholderia*）等。方换男（2018）对多黏类芽胞杆菌（*Paenibacillus polymyxa*）菌株 H1-2，枯草芽胞杆菌（*Bacillus subtilis*）菌株 3183 和菌株 1441，伯克氏菌（*Burkholderia*）菌株 G2-7、D2 及菌株 N7-8-17，进行抑菌能力等对生物学功能测定，通过室内盆栽防病和促生试验对菌株进行浓度梯度筛选、不同菌株及其组合与优化添加物的处理测定对烟草生长指标的影响及对烟草黑胫病的防治，其主要研究结果如下。① 从抑菌活性、解钾、固氮和定殖能力等方面分析了 6 个菌株的生物功能。抑菌效果发现，菌株 G2-7 对烟草黑胫病菌有较好的拮抗活性，抑菌直径达到 2cm，其他菌株抑菌直径为 1 ～ 1.5cm；解钾定量分析发现，6 个菌株中，菌株 H1-2 的解钾能力最强，有效钾含量达到 13.76mg/L，其他 5 菌株有效钾含量为 0.59 ～ 12.97mg/L；定殖能力测定发现，菌株 H1-2、N7-8-17 在烟草根部的定殖能力较强，菌体定殖浓度分别为 2.73×10^{5}CFU/mg、2.67×10^{5}CFU/mg；根系活力分析表明，菌株 G2-7、H1-2 处理能显著增强根系的活力，还原强度达到 80μg/（g・h）、80μg/（g・h）。② 为综合利用各菌株的生物功能，分析了不同菌株及其组合菌株处理对烟草幼苗生长及黑胫病防治的效果。为了解不同菌体处理是否具有浓度效应，首先选择菌株 H1-2 进行浓度效应测定，室内盆栽试验发现，H1-2 的不同菌体浓度对烟草生长及防病效果不同，其中菌体浓度为 10^{8}CFU/mL 时，烟草在最大叶宽、最大叶长、株高、地下干重分别比对照组增加 17.91%、7.33%、15.63%、21.92%，防治效果达 61.11%，明显高于其他两个处理；结果表明 10^{8}CFU/mL 促生作用和防病效果明显好于其他两个浓度。将各菌株按 1 ∶ 1 分别进行组合，分析了在 10^{8}CFU/mL 浓度下不同菌株及其组合菌株的防病、促生效果，结果发现，菌株 H-2 ∶ G2-7（1 ∶ 1）防治效果最好，达到 68.09%，其在最大叶宽、最大叶长、株高、地上干重、地下干重分别比对照组增加 22.08%、6.64%、15.83%、37.47%、41.75%，均高于其他组合及单菌株处理。表明菌株 H1-2 ∶ G2-7（1 ∶ 1）时防病效果和促生作用最强。③ 为延长活菌体的贮存期，提高大田防病效果，采用正交 $L18$（3^{5}）实验设计选择菌株 H1-2 对多种添加物进行优化。结果发现，5 种添加物的优化配方为海藻酸钠（HZSN）0.5%、羧甲基纤维素钠（CMC-Na）2%、透明质酸（MHA）2%、腐殖酸（FZS）1%、MHJ 2%。为了解优化添加物与组合菌株 H1-2/G2-7 对烟草是否有促生作用及抗病作用，将各个添加物按上述比例与菌株组合 H1-2/G2-7 进行配比，分析各处理的防病促生效果，结果发现，烟苗在最大叶宽、最大叶长、株高、地上干重、地下干重与对照组相比差别明显，分别比对照组增加 29.38%、13.99%、26.80%、41.88%、51.71%，最大叶长、株高明显高于其他处理；从防治效果发现，优化添加物与组合菌株 H1-2/G2-7 达到 76.73%，其他处理防治效果达到 59.58% ～ 70.07%，表明添加物与组合菌株 H1-2/G2-7 配比能显著增强烟草的生长及对黑胫病的抗性。④ 田间防病促生作用研究。添加物与组合菌株 H1-2/G2-7 配比稀释成 10^{8}CFU/mL，在烟草黑胫病重病田进行防病促生田间试验，结果发现，与对照组相比，菌剂的处理对烟草生长和黑胫病防治都有明显的效果，株高比对照组增加 33.4%，防治效果均为 73.47%。结果表明，添加物与组合菌株 H1-2/G2-7 配比处理时能显著增强烟草的生长及对黑胫病的抗性。

岳耀稳等（2016）通过常规分离方法、平板对峙培养法从健康烟株的根、茎、叶中分离得到内生细菌 127 株，从中筛选出 8 株菌株对烟草黑胫病菌有明显抗性，并对其进行了皿内拮抗试验、发酵液抑菌试验、温室盆栽试验和发酵液浸种与灌根试验，结果表明：8 个菌株培养液滤液中存在具有明显抑菌作用的活性成分。以菌株 wy11 对烟草黑胫病的防效最好，防效为 51.7%；菌株 wy2 发酵液浸种对烟草幼苗有显著促生作用，能显著提高地上部分鲜重、茎围、根长、叶长、叶宽。为了获得能促进烟草生长和防治黑胫病的稳定菌株，杨珍福等（2014）通过常规方法从烟草茎、叶中分离到 478 株内生细菌，其中 65 株能拮抗烟草黑胫病菌，占 13.60%。菌株 YN201408、YN201442、YN201448 和 YN201458 对烟草疫霉的抑菌率分别为 63.85%、60.82%、64.72% 和 76.07%，用 1.0×10^{7}CFU/mL 拮抗菌液浸烟苗根系 30min，移栽后浇灌 1 次，在温室盆栽试验中控病效果分别为 68.24%、65.47%、69.12% 和 41.40%。YN201448 对烟草种子萌芽率和烟草的生长都有促进作用，烟草的发芽率、第 5 ～ 6 真叶期苗高和地上部分鲜重分别高于清水对照组 10.95%、29.31% 和 67.24%。依据菌体形态、生理生化特征和 16S rDNA 序列分析，YN201408、YN201442 和 YN201448 鉴定为解淀粉芽胞杆菌，YN201458 为铜绿假单胞菌。YN201448 因良好的促生长和控病效果而具有继续开发应用的潜力。

（3）拮抗烟草其他病害相关的促生菌　为获得对烟草赤星病菌具有较好生防效果的芽胞杆菌，王雯丽等（2021）从福建、山东、云南等地烟草叶片中分离得到 187 株菌株，对烟草种子进行浸种处理，通过测定发芽率筛选到能够促进种子萌发的 6 株菌株；利用平板拮抗法、离体叶片接种法、温室生测，发现 FJ1、FJ1-6 能促进烟草生长且对赤星病防效较好；通过生理生化和分子生物学鉴定，FJ1 为萎缩芽胞杆菌（*Bacillus atrophaeus*），FJ1-6 为贝莱斯芽胞杆菌（*Bacillus velezensis*）。防病特性研究发现，2 菌株含有参与脂肽类抗生素 Surfactin、Fengycin 和 Iturin 合成的基因，且脂肽类粗提物对赤星病菌丝生长有明显的抑制作用，抑制率分别为 56.9%、65.0%。综上，FJ1、FJ1-6 具有优良的促生防病特性及显著的促种子萌发效应，可应用于烟草育苗及赤星病的防治。

烟草花叶病毒（tobacco mosaic virus，TMV）是危害烟草的主要病毒之一，其寄主范围广、侵染力和抗逆性强，尚无有效的抗病毒药剂。利用植物根际促生菌（PGPR）对寄主的促生以及对病毒的钝化作用进行病毒病早期预防，是控制 TMV 的有效途径。刘笑玮等（2018）对筛选到的 2 株 PGPR 菌株 Sa 和 Sk 进行了菌株鉴定及促生和防病作用研究。结果表明：Sa 为芽孢杆菌（*Bacillus* sp.），Sk 为假单胞菌（*Pseudomonas* sp.）。在霍格兰氏营养液中添加 Sa、Sk 的发酵上清液，能显著促进烟苗的根系发育和茎叶生长；"半叶法"试验结果显示，Sa、Sk 的发酵上清液能在体外钝化 TMV，并且 Sa 的粗蛋白溶液、去蛋白上清液、蛋白失活后的粗蛋白溶液对 TMV 的抑制效果分别为 85.2%、83.1%、36.2%，说明 Sa 的发酵物中对 TMV 起钝化作用的活性物质主要包括蛋白和非蛋白两类；Sk 的粗蛋白溶液、去蛋白上清液抑制 TMV 的效果分别为 88.0%、0，说明 Sk 的发酵物中对 TMV 起钝化作用的活性物质主要为蛋白类。利用 TMV30B 侵染性克隆，观察到 Sa、Sk 发酵上清液能显著抑制病毒的初侵染。室内栽培烟株喷施 Sa、Sk 发酵上清液后，对 TMV 的防效分别为 27.71% 和 18.55%。芽胞杆菌 Sa 生防效果好于 Sk，具备抗病毒剂的开发潜力。

杨焕文等（2018）采用稀释分离法和平板对峙法从烟草种子中分离筛选拮抗烟草疫霉的内生菌，并通过发酵液抑菌、室内发芽、温室盆栽及漂浮育苗试验测定拮抗菌株对烟草幼苗的防病促生效果。结果显示，从烟草种子中共计分离得到 34 株内生细菌，筛选出 4 株对烟草疫霉具有较强抑制作用的拮抗菌株，其中以 YN201716 的抑菌带最宽，YN201728 的抑菌谱最广；温室盆栽试验结果表明，YN201728 菌株发酵液灌根处理后，对烟草黑胫病的防效达 58.84%。此外，YN201728 菌株还促进种子萌发及烟草幼苗植株生长，与无菌水对照组相比，幼苗的根长、株高、叶绿素、最大叶长、叶宽、鲜重和干重分别增加 23.4%、83.3%、176.4%、124.6%、97.10%、487.8% 和 196.8%。结合形态特征、生理生化测试、16S rRNA 基因序列分析的结果，YN201709、YN201728 菌株被鉴定为解淀粉芽胞杆菌（*Bacillus amyloliquefaciens*）、YN201702 菌株为沙福芽胞杆菌（*Bacillus safensis*），YN201716 菌株被鉴定为短短芽胞杆菌（*Brevibacillus brevis*）。结果表明，烟草种子内生菌 YN201728 菌株对烟草具有较好的防病促生效果，具有开发为微生物农药和菌肥的巨大潜力。

烟草青枯病（*Ralstonia solanacearum*）是烟叶生产上危害较严重的病害，威胁烟草生长及烟叶的品质，造成经济损失。常规的防治方法存在多种弊端，利用土壤根际有益微生物防治该类病害不仅达到防病的目的，而且对保护土壤微生态环境有重要意义。王翠（2017）从山东潍坊烟田土壤中共筛选获得 108 株细菌分离物，经平板对峙培养，获得 5 个抗菌作用明显的菌株。经温室盆栽试验和田间初步测定，对各菌株及菌株组合的促生作用与防病效果进行了分析，其主要研究结果如下。① 从烟草根际和根围土壤中筛选出 5 株对烟草青枯病菌具有较好拮抗作用的菌株，结合形态特征、16S rDNA 序列分析，将菌株 3183 和 1441 鉴定为枯草芽胞杆菌（*Bacillus subtilis*），G2-7 和 D2 鉴定为唐菖蒲伯克氏菌（*Burkholderia gladioli*），H1-2 鉴定为多黏类芽胞杆菌（*Paenibacillus polymyxa*）。采用对峙培养法对 5 株细菌进行相互作用分析，结果显示，5 个菌株间均无明显的相互抑制作用。② 对筛选出的 5 个菌株产 IAA 量进行分析发现，5 个菌株都有产 IAA 的能力，其中菌株 3183 和 1441 产 IAA 的能力较强，分别为 104.71μg/mL 和 86.42μg/mL。③ 分别测定了各菌株的解磷活性，结果表明，5 个菌株在磷酸钙为唯一磷源的平板上生长 3d 后，菌株 G2-7 和 D2 出现明显的透明圈，其他 3 个菌株未表现解磷能力。进一步定量分析发现，G2-7 菌株在 48h 解磷能力达到最大值，可溶性磷含量最大可达到 119.42μg/mL。D2 菌株在 24h 时解磷能力达到最大值，可溶性磷含量最高为 123.24μg/mL。④ 为了解不同菌株对 NaCl 的耐受性，以便于在盐碱性土壤使用，对各菌株在不同 NaCl 浓度下的菌体生长量进行测定，发现菌株 3183 耐盐能力最强，在不同盐浓度下连续培养 24h 后，菌体生长量差异明显，其中 2.5% NaCl 浓度下菌体浓度最高，随着盐浓度的不断提高，菌株生长量逐渐降低。其他菌株的耐盐能力均比 3183 菌株稍差，在 2.5% NaCl 浓度下菌体生长受抑制。⑤ 为延长活菌体的保存期，提高大田防病效果，以菌株 3183 为代表，分析了 3183 菌株在室温下保存 60d 后，腐殖酸、MHJ、CMC-Na、海藻酸钠和 MHA 这 5 种添加物在不同浓度下对菌体存活量的影响。结果表明，不同添加物对菌体存活量差异较大，其中在 0.5% MHJ 中保存，菌体存活量为 1.5×10^9 CFU/mL，在添加 1.0% MHA 中存活率为 1.78×10^9CFU/mL，这 2 种物质对菌体有较好的保存效果，与初菌体的浓度无差异，其他添加物的菌株的存活量下降。⑥ 室内盆栽法测定了不同菌株处理对烟草的促生与防病作用，结果表明，单菌株处理与菌株组合对烟草都有一定的促生作用，其中菌株 H1-2 和 3183 组合处理后，对烟草的促生作用最明显，其中株高、叶绿素、地上部分鲜重和地下部分鲜重分别比清水处理增加了 29.38%、15.92%、28.98% 和 44.78%，比各菌株单独处理也有明显增加。室内盆栽法分析了各菌株处理对烟草青枯病的防治效果，结果发现，处理后 25 d，菌株 3183 的防治效果为 65%，菌株 H1-2、G2-7、3183、1441 和 D2 组合对烟草青枯病的相对防效为 65%，G2-7 的防效为 60%。⑦ 田间试验分析了 5 个菌株组合对烟草的促生作用及对烟草青枯病和黑胫病的防治效果。结果显示，经菌株组合处理后，烟草在株高、叶绿素和叶间距等比对照组分别增加 10.9%、6.1% 和 20.44%；对青枯病的防效为 33.5%，对黑胫病的防治效果为 37.7%，具有较好的防治效果。

（4）具有解磷解钾等功能的烟草促生菌　为探讨植物根际促生菌用于强化烟草修复Cd污染土壤的可行性，李一伦等（2020）采用盆栽试验比较了4种根际促生菌剂对烟草吸收和积累Cd的影响。结果表明，4种植物根际促生菌（友益君菌剂、光合细菌菌剂、胶冻样芽胞杆菌菌剂、巨大芽胞杆菌菌剂）均提高了烟草地上部分、地下部分的Cd含量，并提高了烟草干质量，其中以光合细菌菌剂处理效果最优。相比对照组（不加菌处理），施用光合细菌菌剂使烟草地上部分、地下部分Cd含量分别提高了36.4%、52.4%，使Cd总含量提高了191.2%，同时使烟草地上部分、地下部分的干质量均提高了100.0%。进一步分析发现，光合细菌菌剂处理提高了土壤有效Cd含量、总氮含量。因此，光合细菌菌剂有望成为用于强化烟草修复Cd污染土壤的有效措施。

为了筛选高效植物根际促生菌（PGPR），考察PGPR对烟草幼苗、成苗的促生作用，为研发烟草微生物肥料提供可靠材料，马宁等（2020）以从烟草根际分离的25株功能菌为供试菌株，通过测定菌株产氰化氢（HCN）、生物固氮、解磷、解钾、分泌吲哚乙酸（IAA）等能力，得到不同菌株的功能特性；通过烟草的各项生长指标，探究PGPR菌株对烟草的促生作用；采用熵权法对烟草生长状态的多性状进行客观评价。结果显示，25株PGPR菌株产HCN、生物固氮、解磷、解钾、产IAA能力各有不同。除菌株L2外，供试PGPR均能促进烟草成苗根系和地上部分生长，其中菌株PS-S和F2促生效果最好，菌株L25和VC48次之，随后是菌株W1。采用熵权法得到根系活力的权重为0.034，较其他性状大，对评价结果有更大的影响。经综合评价，菌株W1、F2、VC48和LX5共4株高效PGPR菌株兼具多种功能特性，同时可以显著促进烟草生长，有望进一步研究开发成为微生物肥料生产菌种。

为了获得具有解磷、抑菌作用的根际促生菌，分析其对烤烟的防病、促生效果，刘春菊等（2020）从潍坊烟区根际土壤中筛选出解磷细菌，并进行*recA*基因鉴定，通过室内、田间试验研究其抑菌和促生效果。结果表明，从土壤中筛选到10株解磷效果较好的菌株，其中菌株CT45-1解磷、抑菌、促生效果较好，被鉴定为新洋葱伯克霍尔德氏菌（*Burkholderia cenocepacia*）；选用此菌株在温室、田间试验中单独及与草酸青霉QM-10混合施用，均能提高烤烟对磷的吸收利用，改善烤烟农艺性状，提高烟叶产量和品质，并在一定程度上提高烟株抗病能力。

为挖掘四川烟草主栽区根际促生菌资源，吴翔等（2019）采集5个烟草主栽区根际土壤样品，采用稀释平板法分离微生物。通过检测菌株产IAA、铁载体和HCN的能力，从分离的微生物中筛选促生菌并构建促生菌系，检测促生菌系对烟草主栽品种种子发芽率的影响。结果表明，分离的923株微生物中，有5株细菌（YBT-003-B-5、YB-001-B-8、FY-001-B-9、MT-002-B-12、L2-001-B-16）具有较好的促生能力。促生菌系1345（YBT-003-B-5、FY-001-B-9、MT-002-B-12、L2-001-B-16）能显著提高烟草种子的发芽率。16S rDNA序列分析结果表明，菌株YBT-003-B-5、FY-001-B-9、MT-002-B-12分别属于特基拉芽胞杆菌（*Bacillus tequilensis*）、香坊肠杆菌（*Enterobacter xiangfangensis*）、变栖克雷伯氏菌（*Klebsiella variicola*），而菌株L2-001-B-16可能属于肠杆菌科（Enterobacteriaceae）的新种。

李想等（2017）筛选并鉴定了贵州烟区烟草根际促生菌（PGPR）菌株，测定PGPR产激素能力、定殖能力以及对烟草苗期促生作用，以具备多项促生能力为筛选标准，确定目标PGPR，再通过16S rDNA、平板对峙以及PCR技术对目标PGPR进行属鉴定、抗病能力测定。结果显示，通过筛选获得的7株目标PGPR均能产生脱落酸、细胞分裂素、赤霉素和生长素。烟苗盆栽试验表明，7株PGPR均具有促生效果，其中LX-7处理的烟苗鲜重和根系活力最大；大田移栽30d后，LX-7根际定殖数量可维持10^7CFU/g，显著高于其他菌株；抑菌试验证实LX-4、LX-5和LX-7具有广谱抗菌作用。综合考量，LX-4、LX-5和LX-7具有显著的促生效果，经16S rDNA鉴定分别为枯草芽胞杆菌、地衣芽胞杆菌和解淀粉芽胞杆菌。

植物根际促生菌（PGPR）生存于植物根表或根际，直接或间接促进植物生长，可以增强植物的抗性如抗病性、抗逆性，从而间接地减少病害的发生。施文（2015）分离筛选了烟草根际促生菌，研究了其生理生化特性及其对烟草的促生作用，其研究结果如下。① 根据菌株的产生IAA能力、解磷能力、产生铁载体和竞争定殖能力，从烟草根表和根际土壤中筛选出2株对烟草具有促生作用并兼有拮抗烟草青枯病的菌株T8、T38，通过对其形态特征、生理生化特性以及16S rRNA基因序列的分析，菌株T8和T38分别初步鉴定为杀香鱼假单胞菌（*Pseudomonas plecoglossicida*）、噬烟碱节杆菌（*Arthrobacter nicotinovorans*）。菌株T8的最适生长条件为：装液量50mL/250mL，温度30℃，pH值为7，最佳碳源为淀粉，最佳氮源为酵母粉，菌株T8可以抗万古霉素、罗红霉素、麦迪霉素、氯霉素等11种抗生素，最大耐氯化钠浓度为5%。菌株T38的最适生长条件为：装液量50mL/250mL，温度30℃，pH值为6，最佳碳源为淀粉，最佳氮源为蛋白胨，可以抗多黏菌素B、磷霉素2种抗生素，最大耐氯化钠浓度为2%，经检测，T8菌株能产生促生物质GA3，其含量为112.1mg/L；T38菌株能产生促生物质GA3，含量为123.3mg/L。② 分别用T8、T38的菌液和发酵的上清液对烟草幼苗进行处理，发现两者都能促进烟草幼苗根系的生长。在盆钵试验中，T8、T38以及2株菌的混合液都能促进烟草的生长，尤以2株菌混合起来促生效果最好，其在株高、地上部分鲜重、地下部分鲜重的提高率分别比对照组（CK）提高了10.9%、71.5%、174.5%。同时采用盆栽试验研究了由促生菌T8、T38发酵制成的生物有机肥对烟草的促生作用，结果发现施用生物有机肥和有机肥都能促进烟草植株的生长，可以提高烟草的茎围、最大叶面积、叶片数、叶绿素含量，而生物有机肥的促生效果好于有机肥；在生物有机肥的盆栽试验中，又以2株菌混合制备的生物有机肥（BOF8+38）的促生效果最好，BOF8+38处理在株高、地上部分鲜重、地上部分干重、地下部分鲜重、地下部分干重是CK的1.18倍、1.27倍、1.54倍、1.74倍和1.75倍。③ 用促生菌发酵的生物有机肥可以抑制烟草青枯病的发生，尤其以2株菌混合制备的生物有机肥防病效果优于单一菌株制备的生物有机肥，其防病效率可以达到66.1%；实时荧光定量的检测结果表明，生物有机肥可以增加烟草根际的细菌数量，同时减少烟草根际真菌和青枯菌的数量。经抗生素平板的检测，在45d后，T8的数量维持在10^4CFU/g土，而T38的数量能达到10^6CFU/g土；生物有机肥能提高烟草植株POD、SOD、CAT的活性，但能降低MDA的含量。④ 烟苗移栽时用25%淀粉的菌悬液蘸根配合使用有机肥，可以增加菌株在烟草根际的定殖，根际促生菌的数量级显著增加；无论在水培还是土培中，T38菌株的定殖效果都优于T8。

为筛选具有烟草亲和性的解钾PGPR菌株，考察PGPR对烟草生长和叶片钾含量的促进作用，为烟草专用生物钾肥的研发提供试验材料和理论依据。龚文秀（2015）采用解钾细菌培养基和烟草凝集素双重筛选技术，从健康烟草幼苗根际土壤中筛选具有高促生潜力的烟草亲和性解钾PGPR。综合考察菌株的解钾能力、产IAA能力、产铁载体能力、抑制植物病原菌能力和促生效果，选取具有良好促生潜力的解钾PGPR菌株进行Hoagland半固体接种试验和盆栽接种试验，考察PGPR对烟草生长、叶片含钾量和钾肥利用率的影响，其主要研究结果如下。① 利用解钾细菌培养基，从健康烟草根际筛选获得101株解钾细菌，其中约84.16%（85株）PGPR具有烟草凝集素特异亲和性。采用摇瓶试验检测烟草亲和性细菌的解钾能力，试验表明共有 57 株根际细菌的培养液中钾浓度大于 55.86μg/mL，比对照组增加 100% 以上；其中 17 株具有较强的解钾能力，比对照组增加 150% 以上。产 IAA 试验表明，共有 77 株 PGPR 具有产 IAA 能力，其中 18 株菌菌液中 IAA 浓度大于 10μg/mL。采用液体培养法测定烟草根际细菌产铁载体能力，试验表明共有 77 株 PGPR 具有产铁载体能力；其中 17 株产铁载体能力达到 3 个 +(+++) 水平，28 株产铁载体能力达到 4 个 +(++++) 水平，7 株产铁载体能力达到 5 个 +（+++++） 水平。采用平板对峙试验考察烟草根际促生菌对 7 种植物病原菌的抑制作用，发现 28 株 PGPR 对植物病原菌有抑制作用；其中 5 株根际促生菌对 6 种及以上植物病原菌均有抑制能力；7 株菌具有抑制烟草赤星病菌和烟草炭疽病菌的作用。② 根据以上试验结果，选取 63 株解钾能力较强的烟草亲和性 PGPR 进行半固体培养试验，考察 PGPR 对烟草幼苗的促生长潜力。试验结果显示，PGPR 对烟草的促生效果存在显著差异，其中约 69.84%（44 株）细菌处理的烟草植株干重显著增加。③ 根据前期试验，选取18株具有较好促生效果的PGPR，采用半固体和盆栽试验考察PGPR对烟草生长的影响。试验结果显示，盆栽比半固体更适合用于考察 PGPR 对烟草的促生效果。在盆栽试验中，7 株 PGPR（约 38.89%）显著促进植株根系和地上部分干物质积累。分析烟草根系发现，共有 13 株 PGPR 显著促进烟草幼苗根系生长发育，其中 12 株 PGPR（约 66.67%）的显著促进参数（根系总长度、总表面积、平均直径、总体积、根尖数、分枝数）达到 3 个 +(+++) 以上；5 株 PGPR 明显促进烟草根系二级侧根总数的增加。④ 分别选取 34 株和 11 株 PGPR 进行盆栽试验，考察烟草亲和性 PGPR 对烟草叶片含钾量和钾肥利用率的影响。钾肥使用量提高，烟草叶片含钾量提高。低肥水平时，共有 26 株处理的烟草叶片含钾量高于 CK1（施 50% 钾肥，下同），其中 13 株处理高于 CK2（施 100% 钾肥，下同）。高肥水平时，共有 11 株处理的烟草叶片含钾量高于 CK1。试验结果表明，PGPR 处理烟草可以提高烟草叶片含钾量。⑤ 钾肥使用量提高，土壤速效钾含量和烟草植株钾含量提高。低肥水平时，25 株处理的土壤速效钾显著低于 CK1，其中 23 株处理低于 CK0（不施钾肥）；33 株处理的烟草植株钾含量高于 CK1，其中 26 株处理高于 CK2。高肥水平时，7 株处理的烟草根际土壤速效钾含量高于 CK1；10 株处理的烟草植株含钾量高于 CK1。试验结果表明，PGPR 处理烟草能够促进土壤其他形式的钾素向速效钾转化，促进烟草植株对土壤中钾素的吸收和利用。⑥ 低肥水平，随着钾肥使用量的提高，盆栽系统钾肥利用率逐渐升高。32 株处理的钾肥利用率高于 CK1，31 株处理高于 CK2。高肥水平时，随着钾肥使用量的提高，盆栽系统钾肥利用率逐渐降低。10 株处理的钾素损失量高于 CK1。试验表明，PGPR 处理能够提高钾肥的利用率。⑦ 经鉴定，本研究重点研究的 18 株烟草 PGPR 分属 7 个属，其中芽胞杆菌属（*Bacillus*）、类芽胞杆菌属（*Paenibacillus*）、假单胞菌属（*Pseudomonas*）为常见解钾细菌类群；而微杆菌属（*Microbacterium*）、鞘氨醇单胞菌属（*Sphingomonas*）、短小杆菌属（*Curtobacterium*）、链霉菌属（*Streptomyces*）4 属为本试验首次证明具有较强解钾活性的 PGPR 类群。研究结果说明植物根际解钾细菌资源具有丰富的多样性，表明烟草凝集素介导筛选高效专用 PGPR 具有可行性。

侯贞（2015）从湖南官地坪和浏阳烟科所烟田各采集 5 个烟草根际土壤样品。分别采用脱脂奶粉培养基和几丁质培养基，系列稀释涂布平板法筛选蛋白酶产生菌和几丁质酶产生菌；采用氨化细菌培养基、石蕊试剂变色法筛选氨化细菌。经反复纯化验证，共得到在脱脂奶粉培养基上能够稳定产生解磷透明圈的细菌 25 株；得到在几丁质培养基上能够稳定产生解磷透明圈的细菌 5 株；得到氨化细菌 6 株。对上述菌株进行了 16S rRNA 鉴定，得到鉴定结果如下：PR1为平流层芽胞杆菌（*Bacillus stratosphericus*）、PR2为荧光假单胞菌（*Pseudomonas fluorescens*）、PR3为高地芽胞杆菌（*Bacillus altitudinis*）、PR4为嗜线虫沙雷氏菌（*Serratia nematodiphila*）、PR5为副溶血性弧菌（*Vibrio patahaemolyticus*）、PR10为平流层芽胞杆菌（*B. stratosphericus*）、HYC1为黏质沙雷氏菌（*Serratia marcescens*）、HYC2为气单胞菌属（*Aeromonas*）、HYC3为嗜线虫沙雷氏菌（*Serratia nematodiphila*）、HYC4为荧光假单胞菌（*Pseudomonas fluorescens*）、HYC5为甲基营养型芽胞杆菌（*Bacillus methylotrophicus*）、HN1为假单胞菌属（*Pseudomonas*）、HN2为嗜线虫沙雷氏菌（*Serratia nematodiphila*）、HN3为深红沙雷氏菌（*Serratia rubidaea*）、HN4为甲基营养型芽胞杆菌（*Bacilus methylotrophicus*）、HN5为死谷芽胞杆菌（*Bacillus vallismortis*）、HN6为平流层芽胞杆菌（*Bacilus stratosphericus*）。进一步测定了上述菌株的解磷、解钾以及产生植物激素能力。以上菌株各项功能综合分析结果表明，平流层芽胞杆菌PR1、平流层芽胞杆菌PR10、阴沟肠杆菌JP6、阴沟肠杆菌JP9、沙福芽胞杆菌JX9具有较好的植物促生潜力。对具有促生潜力的PR1、PR10、JP6、JP9、JX9菌株进行了培养基的优化。以豆芽汁培养基为基础培养基，通过单因素试验确定各菌株的适合碳源、氮源、无机盐种类。单因素试验中所用碳源为玉米粉、可溶性淀粉、葡萄糖、蔗糖、麦芽糖、乳糖；有机氮源为豆饼粉、蛋白胨、酵母膏；无机氮源为尿素、$(NH_4)_2SO_4$、NH_4NO_3、NH_4Cl；无机盐为K_2HPO_4、KH_2PO_4、$MgSO_4$、$CaCO_3$。然后通过正交试验得到每株菌的最优培养基。得到PRl的最优培养基为：1.5%蔗糖、0.5%玉米粉、2.5%豆饼粉、0.3%尿素、0.3% K_2HPO_4。PR10的最优培养基为：2%葡萄糖、3%豆饼粉、0.3% NH_4NO_3、0.3% $MgSO_4$。JP6的最优培养基为：1.5%葡萄糖、2%豆饼粉、0.5% NH_4Cl、0.5% $CaCO_3$。JP9的最优培养基为：1.5%葡萄糖、3%豆饼粉、0.1% NH_4Cl、0.1% $CaCO_3$。JX9的最优培养基为：1.5%玉米粉、3%豆饼粉、0.5% NH_4Cl、0.5% $CaCO_3$。用优化的培养基培养48h后，通过菌落计数试验得到PR1菌落数由3.02×10^8CFU/g增加至8.86×10^9CFU/g；PR10菌落数由1.11×10^8CFU/g增加至183×10^8CFU/g；JP6菌落数由5.92×10^8CFU/g增加至755×10^9CFU/g；JP9菌落数由4.85×10^8CFU/g增加至7.58×10^9CFU/g；JX9菌落数由309×10^8CFU/g增加至525×10^9CFU/g。

第二章

养殖废弃物微生物发酵床资源化技术

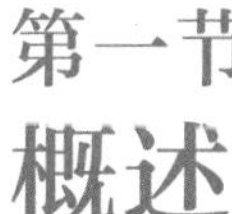

第一节 概述

一、微生物发酵床技术研究进展

1. 微生物发酵床的类型

微生物发酵床养猪发展至今，出现了原位微生物发酵床（in situ fermentation bed），利用农业副产物，如谷壳、锯末、秸秆、椰糠等配方形成有机物垫料，铺满猪舍，猪养殖其上，粪便落在垫料上，通过微生物分解消纳，实现无臭味、零排放（刘波 等，2014）。异位微生物发酵床（displaced fermentation bed），在传统猪舍的周围，建造一个独立的微生物发酵床，铺设有机物垫料，将猪舍的排泄物引导到异位微生物发酵床内，通过翻堆机将排泄物与发酵垫料混合，进行发酵，消纳粪污，消除臭味，实现零排放（刘波 等，2017a）。低位微生物发酵床（separated fermentation bed），其基本原理是：选择垫料组合（常用的垫料原料有锯末、秸秆、稻壳等）制成微生物发酵床，在发酵床床体上方 2m 铺设漏缝地板，猪不直接接触发酵床，在漏缝地板上进行生猪养殖。猪通过漏缝地板将粪尿直接排放在下面的发酵床里，经发酵床里有益微生物菌落的发酵，翻料机等机械翻耙，猪粪尿和垫料充分混合并得到高效的分解和转化，不再需要对猪的粪尿排泄物进行人工清理、冲洗，垫料使用 3 年后，废弃垫料生产优质有机肥，真正实现粪污零排放和资源循环再利用（刘波 等，2016）。饲料微生物发酵床（fodder fermentation bed），是利用猪可饲性农业副产物为垫料，铺满猪舍，猪养其上，粪便排泄其上，粪便作为可饲性垫料的补充氮源，与垫料一同发酵，形成发酵饲料，猪取食发酵饲料垫料，外加补充饲料，增强免疫抗病能力，促进生猪健康生长，形成无臭味、无排放、无清理、循环利用的饲料发酵床（刘波 等，2017b）。

2. 微生物发酵床养猪技术

养猪是我国农业生产的重要组成部分，是农民增收致富的重要手段，猪肉年产量 5×10^7t 左右，居世界第一。然而，在养猪业迅猛发展的同时，一直困扰着养猪业发展的难题也愈演愈烈，已成为阻碍我国生猪产业可持续发展的重要因素。例如养猪业中产生的大量的污水、粪便等污染物对广大农村、河流甚至饮用水源地造成较为严重的污染，若不能有效处理不仅会对环境造成巨大的危害，甚至不利于我国国民经济的和谐发展；其次猪饲料中添加大量的抗生素、微量元素，使得消费者对猪肉生产的食品安全提出疑问；另外，近年来许多病毒性疾病（如蓝耳病）和细菌性疾病（如猪大肠杆菌病）在规模猪场大量肆虐，给养猪业带来了很大的冲击和影响。这些问题使得传统养猪模式遭到了前所未有的挑战，目前养猪粪污处理主要采用的物理学方法、自然净化法以及生物学方法由于存在耗能大、占地面积多、消纳时间长以及残渣二次污染等，都无法从根本上解决污染问题。微生物发酵床养猪技术是一种更为理想、行之有效的粪便处理技术，它能有效治理养猪业带来的环境污染，降低养猪成本，提高猪肉品质。

微生物发酵床养猪技术又称自然养猪法、环保养猪法、生态养猪技术、零污染养猪技术，源自日本，国外称为 pig-on-litter（Tiquia et al.，1997）、deep-litter-system（Li et al.，2017；Zoric et al.，2008）、in situ decompostion of manure 和 bio-bed System，从 1992 年开始，日本鹿儿岛大学的专家教授对发酵床养猪技术进行系统研究，形成了较为完善的技术规范。具体是根据微生态理论和生物发酵技术，从土壤或样品中筛选功能微生物菌种，将微生物按一定比例掺拌锯末、谷壳等材料，控制发酵条件形成优势群落最后制成有机垫料。将有机垫料在猪舍内铺成一定厚度形成发酵床，利用生猪拱翻的生活习性，使猪的排泄物能和垫料充分混合，通过微生物的发酵分解，使猪粪尿中的有机物质得到充分的消纳、转化，最终达到降解、消化猪粪尿，除去异味和无害化的目的，是一种无污染、零排放的新型环保养猪技术（王连珠 等，2008）。

与传统养猪模式相比，微生物发酵床养猪技术结合了微生物技术、发酵技术及畜禽养殖技术，有许多优点。① 微生物发酵床养猪技术利用垫料里活性有益微生物进行发酵，猪的排泄物被这些微生物作为营养迅速降解、消化，不再需要冲洗粪污，从而减少废弃物向外排放，猪舍内无臭味，可减少氨、氧化亚氮、硫化氢和吲哚等臭味物质产生和挥发（Chan et al.，1994）。② 微生物发酵床猪舍为全开放猪舍，发酵床垫料非常松软，适应猪只翻拱的自然生活习性，改善了猪的生活环境，提高了猪场的卫生水平。相对传统养猪模式中猪只能在有限的环境活动，并需要自动化的通风设备、漏缝地板和液体肥料处理系统等缺点而言，发酵床养猪是自然式的通风，能容纳的猪只数量更多，且每只猪的活动空间更大（Morrison et al.，2003）。③ 猪舍内通风透气，温湿度均适宜猪的生长，与传统养猪法相比，发酵床的猪花在站立、拱翻等运动上的活动时间更长，机体抵抗力增强（Morrison et al.，2007）。猪只发病减少，特别是呼吸道和消化道疾病的减少，从而大大减轻了因饲养规模扩大而导致的疾病增多。减少抗生素、抗菌性药物的使用，饲料转化率提高，料肉比进一步降低，猪肉品质大大提高，生产出真正意义上的有机猪肉。④ 猪粪尿与垫料的混合物在微生物的作用下迅速发酵分解，产生热量，中心温度可达 40 ～ 50℃，表层温度能长期维持在 25 ～ 30℃，能很好地解决猪舍的冬季保温难题，节约了能源。⑤ 由于微生物发酵床养猪技术不需要用水冲猪舍，可节约大量用水，不需要每天清除粪便，采用自动给食、自动饮水技术等众多优势，一个人可同时饲养几百头猪只，节省人力资源，生猪体内无寄生虫、无需治病，节省药品费用，因此在现代化规模养猪场中运用该项技术，经济效益将十分明显。

3. 微生物发酵床垫料的研究

近 20 年来，许多学者及农牧畜业的技术人员对微生物发酵床养猪模式进行了大量研究，主要集中在微生物发酵床养猪的基本原理、工艺流程、适宜的猪舍条件、菌种采集、垫料制作、发酵床制备、微生态制剂的使用及日常发酵床的管理、发酵床益生菌鉴定等方面。施光华等（2006）、樊志刚等（2008）、陈绿素等（2010）均研究了微生物发酵舍养猪技术的原理及优点。我国 20 世纪 90 年代部分省市开展了发酵床养猪技术的试验示范，肖泸燕（2009）通过深入分析，得出该技术的优势和潜在问题；王少华和徐光（2007）报道了山东省沂南县某养猪公司采用日本生物发酵舍环保节能无公害养猪技术，将猪舍演变为物质不断循环利用、生态系统良性循环的绿色工厂，从源头上解决了污染问题。由于微生物发酵床养猪是一种无污染、零排放的有机农业技术，许多养猪户一直不敢使用常规消毒药对发酵床进行消毒，担心会影响微生物降解能力而造成死床，王振玲等（2009）采用二氧化氯和威特消毒王 2 种消毒药对发酵床消毒后，结果表明这 2 种消毒药对 0cm、-5cm、-15cm 三个层面的垫料菌数有影响，经过48h后细菌数量开始增长，如果观察到垫料对粪便降解能力下降，可及时喷洒营养剂缓解或清除垫料表层。虽然发酵床养猪有许多优点，但是近年来人们逐渐发现它在生产中也存在一些弊端，由于发酵床垫料主要采用锯末，需求量大，若大规模推广发酵床养猪，会使市场供应不足（梁桂，2010）；此外垫料中存在发酵菌种，病猪必须隔离治疗，一旦暴发疾病，将很难控制；发酵床中的温度（约40～70℃）并不能彻底杀灭病原菌，垫料可以维持使用的时间限度说法不一等。

“发酵床”是填入垫料池中垫料原料的总称，它是微生物发酵床养猪法中的核心技术之一，良好的垫料应该是价廉易得，它能使动物安乐、舒适，吸水、吸氨气性能强，粉尘少，有害有毒物质少，粪尿不易腐败。杨旭等（2007）探讨了常用试验动物垫料刨花、玉米芯以及再生纸的物理性能、卫生标准及细胞毒性作用，结果表明刨花和玉米芯等农业副产品可以作为试验动物垫料。应三成等（2010）对不同使用时间和类型的生猪发酵床垫料中的22个有机和无机成分进行了测定分析，结果表明废弃垫料不能直接用作有机肥还田。Morrison等（2003）研究发现，微生物发酵床养猪后的垫料废弃物可以作为天然的肥料。发酵床垫料管理的好坏不仅关系到垫料使用的年限，而且会影响猪群的健康状况和饲养效果（王兆勇，2009），其中垫料的含水率、翻动、温度、填充料的选择等是发酵床运行良好的重要因素，在堆肥过程中，适宜的起始含水率为50%～60%，当垫料水分含量<40%时，有机物难以分解，不利于微生物生长。

微生物发酵床养猪体系中，垫料发酵水平的控制是垫料管理的核心，如何使猪的排泄物与垫料的处理能力达到平衡对发酵床养猪非常关键。由于地区和操作过程的差异，有些猪场垫料的发酵效果并不理想，存在发霉、发酸、不发酵的现象，直接导致发酵的失败，造成人力、物力的大量浪费，甚至会造成猪只的中毒现象。Groenestein和van Faassent（1996）在混合肥料和锯屑的微生物发酵过程中，每周测定发酵床温度、湿度、pH值、尿素、氨气、亚硝酸盐、氟化物、氧化还原电位数、可溶性与不溶性蛋白质和锯屑颗粒大小的变化，发现垫料发酵水平直接影响着发酵床的猪粪降解、臭气分解、物质转化、病原菌防控。Chan等（1994）研究发现要使垫料发酵成功，其含水率必须维持在50%左右，具有较高的pH值和较低的尿素、氨气和亚硝酸盐含量，但是不溶性蛋白质和硫酸盐含量较高，从而可知管理得当的发酵床垫料有利于控制恶臭气体的产生。Tiquia等（1997）研究发现发酵不成功的垫料循环回收利用于农业土壤中，会产生危害植物的毒性物质影响种子发芽、农作物的生长。

二、微生物发酵床的微生物特性的研究

1. 微生物发酵床的微生物种类的研究

目前，不少学者对微生物发酵床养猪中的微生物进行了研究，张庆宁等（2009）从生态养猪模式的发酵床中分离纯化到14株优势好氧细菌，这些菌株在猪粪和垫料组成的发酵床生长优势强，耐发酵高热，能产生多种与猪粪降解相关的酶类，除臭效果明显，对某些病原菌具有抑制作用，对猪安全并有促进生长的功能。刘让等（2010）通过实验室和野外采集样本，分别获得1株地衣芽胞杆菌、3株蜡样芽胞杆菌、1株短小芽胞杆菌、1株乳酸杆菌，研究表明这6株菌对大肠杆菌、葡萄球菌均有不同程度的抑制作用，且动物试验安全，为生态养猪提供了发酵菌种。

大肠菌群是关系到食品安全的主要微生物，根据畜禽粪便无公害化处理技术的要求，栾炳志（2009）研究了微生物垫料在发酵进行的过程中大肠菌群值均低于 10^4 CFU/100g 垫料，达到了《粪便无害化卫生标准》（GB 7959—1987）中规定的无公害化卫生标准要求。维持发酵床的适当高温是抑制大肠杆菌的有效手段，在微生物发酵床垫料养猪生产中粪便不断排入发酵床中，垫料发酵也能持续进行，大肠菌群得到了有效抑制，由此可以看出微生物发酵床养猪所得到的猪肉产品在对食品安全方面造成严重威胁的大肠菌群方面不存在问题。

2. 微生物发酵床的微生物生物量的研究

在微生物发酵床的发酵过程中，猪粪尿排泄在垫料上，自然发酵不断进行，微生物在发酵进程中发挥着重要作用，微生物种类和数量的变化影响着发酵床的运行状况，其过程与禽畜粪便堆肥的腐熟过程有许多相似之处。凌云等（2007）研究发现，在禽畜粪便堆肥过程中，发酵床里细菌数量最多，在不同堆肥温度时期各微生物的数量有不同的变化，如升温期各种微生物数量均增加，高温期只有高温细菌和高温放线菌的数量继续上升，在腐熟期细菌数量下降，而放线菌和霉菌数量明显上升，发酵床的微生物群落结构不断发生着变化。虽然通过平板培养基分离的方法可以计算出发酵床常见微生物（即细菌、真菌、放线菌）的数量变化，但是该方法操作烦琐，工作量大，人为因素干扰较多，且大部分微生物在普通培养基是不可培养的，所以运用琼脂培养基法并不能完整地显示发酵床在发酵过程中微生物的种类和含量的变化。

土壤微生物调节土壤中的物质循环和能量流动，微生物既可作为养分的“库”也可作为养分的“源”，是土壤有机质的活性部分。微生物对环境变化很敏感，能够较早地指示生态系统功能的变化，因此微生物量库的任何变化，都会影响养分的循环和有效性。土壤微生物生物量是植物所需营养元素的转化因子和资源库，一般仅占土壤有机质的 1% ～ 3%，但却控制着土壤有机物的分解、腐殖质的形成、养分转化和循环等各个生化过程。微生物发酵床上也生长着大量微生物，若将发酵床视为一个生态系统，运行良好的发酵床上的动物、植物、微生物与周围环境之间是和谐的，则微生物生物量可以指示发酵床生态系统功能的变化；土壤微生物生物量通常用于评价土壤的生物状态和土壤肥力，而废弃的发酵床垫料也可以循环利用作为植物生长的肥料，鉴于发酵床垫料与土壤在微生物特性上的这些相似之处，是否可以通过测定发酵床的微生物生物量，了解发酵床在自然发酵进程中的微生物数量的变化，而这一设想可以与发酵床垫料经琼脂培养法所测得的微生物种类和数量进行比较。如果两种方法测得的结果非常接近，今后就可以直接检测发酵床垫料的微生物生物量氮、碳的含量，掌握发酵床在自然发酵过程中微生物的变化，从而正确指导发酵床的日常运行。

三、微生物发酵床的微生物群落结构的研究

1. 微生物群落结构常见的研究方法

微生物是生态系统的重要组成部分，它既受到外界环境的影响，而其自身的结构和功能变化也会对环境产生持续的作用，这些作用主要是通过群落代谢功能差异来实现。因此，研究微生物群落结构和功能多样性能够揭示微生物与环境间相互作用的内在机制（田雅楠 等，2011），对于开发微生物资源，揭示群落结构与功能的联系，从而掌握微生物群落功能的定

向调控具有重要意义。微生物群落结构的研究是指在一定区域内或生境下，微生物组成、数量及相互关系决定了生态功能的特性和强弱，是实现生态功能、标记环境变化的重要因素（车玉伶 等，2005）。微生物群落结构及多样性研究方法大体可分为两类：一类用于分析可培养的微生物群落；另一类用于分析整个微生物群落。前一类分析方法基于微生物分离的菌株形态判别、微生物分离菌株在微平板法（Biolog GN）微滴定板中的反应和微生物分离菌株的脂肪酸甲酯谱（FAME profiles）等；后一类分析方法不需要培养微生物，包括微生物群落水平生理图谱（CLPP）分析、磷脂脂肪酸（phospholipid fatty acid，PLFAs）方法等。

传统的微生物生态学研究是基于微生物的直接培养来分析环境中微生物的种群结构及其生态关系的，吕德国等（2011）利用选择性培养基，研究野生条件下嫁接于砧木东北山樱根际细菌、真菌、放线菌的数量与群落组成以及种群多样性；张海耿等（2011）采用传统微生物培养方法，培养计数不同时期生物载体上的异养细菌、氨氧化细菌及硝化菌，结合变性梯度凝胶电泳技术，分析了细菌群落特征 DNA 指纹图谱，对优势菌属进行同源性分析并建立系统发育树。靳振江等（2011）用稀释平板菌落计数法和聚合酶链式反应－变性梯度凝胶电泳（PCR-DGGE）研究了含铜、铬与镍废水的三阶段波形潜流人工湿地中微生物的数量和群落结构的变化。由于自然界中可培养微生物数量不足实际微生物数量的 1%，同时培养基方法存在着一定的局限性，如可分离培养的微生物种类有限、分离培养后微生物的生理特性易发生改变等，传统方法显然不适合微生物群落结构研究。

近年来广泛应用的分子生物学方法，如荧光原位杂交法、温度梯度凝胶电泳（TGGE）、DGGE 等，通过核酸序列测定得到环境样品中各种微生物的菌落指纹和特征性核苷酸序列，来确定微生物的多样性及其分类地位，这种方法虽然不经过分离培养技术而直接对环境微生物进行分析，可以直接可靠地反映微生物的群落结构信息，但是只能检测到样品中数量高于 1% 的优势种群，却无法获得微生物群落代谢功能与总体活性的信息。梁昱婷（2010）利用限制性片段长度多态性分析（RFLP）和实时荧光定量 PCR 两种方法分析了人工制成的酸性矿坑水和矿石表面的微生物种群的多样性；董萍等（2011）利用 T-RFLP 技术（综合运用 PCR 技术、DNA 限制性酶切技术和 DNA 序列自动分析技术）对温榆河不同尺度、不同时期的微生物群落结构进行了研究；郭飞宏等（2011）利用 PCR-DGGE 技术研究塔式蚯蚓生态滤池微生物群落结构变化。Biolog 方法是目前已知的研究微生物代谢功能多样性较有力的方法，是一种群落水平的生理特性分析方法，该方法利用 Biolog GN 系统获得关于微生物群落碳源利用能力的大量数据，反映出关于微生物活性的丰富信息，但是这种方法对接种量和培养时间有较严格要求，Choi 和 Dobbs 等（1999）利用 Biolog GN 和 Biolog ECO 板对 6 种不同水样（3 种淡水水样、3 种海水水样）中的微生物群落进行比较，结果表明，不同水体中的好氧异养微生物群落的代谢特征差异明显，微量营养元素的不同会引起微生物对同种碳源的代谢差异。

2. 以磷脂脂肪酸为代表的生物标记法

磷脂是活细胞膜上的重要组分，其含量与微生物的生物量的比例相对固定（Vestal et al.，1989），在真核生物和细菌的膜中磷脂分别占约 50% 和 98%（Bai et al.，2006），而且磷脂在细胞死亡后迅速降解。磷脂脂肪酸（PLFAs）是磷脂的构成成分，它具有结构多样性和生物特异性，各种基质中 PLFAs 的存在及其丰度可揭示特定生物或生物种群的存在及其丰度。因此，运用 PLFAs 方法不仅克服了传统微生物培养法和分子生物学方法的局限，还可以准确、快速地研究环境中微生物的群落结构，而且 PLFAs、酯链磷脂脂肪酸（EL-PLFAs）法对微生物总生物量可以进行定量分析（齐鸿雁 等，2003）。

目前 PLFAs 生物标记在土壤、海河沉积物、堆肥垫料和其他样品等微生物群落结构研究中得到广泛应用。Song 等（1999）对基于分析 PLFAs 图谱的土壤识别模式进行了探索，对种植不同作物（牧草、西红柿、稻谷、杏仁、棉花、无花果、胡桃木等）的土壤成功地进行了分类识别。White 等（1979）最先利用脂肪酸标记法研究了河口沉积物中微生物群落数量的变化。刘波等（2008）运用脂肪酸生物标记法研究了零排放猪舍基质垫层微生物群落的多样性，结果表明不同生物标记多样性指数在基质垫层不同层次分布不同，提出了微生物群落分布的特征指标，构建发酵指数指示基质垫层的发酵特性；秦臻等（2011）以 PLFAs 组成信息为指标，描述了大曲类固态发酵体系微生物群落结构特征，结果显示：5 种不同生产工艺的大曲样品中检出 18 种 PLFAs，优势 PLFAs 是 16 ∶ 0、18 ∶ 2 ω6，9 和 18 ∶ 1 ω9，占总 PLFAs 物质的量的 90% 以上；秦臻等（2011）以 PLFAs 为指标，研究了不同窖龄（5a、100a 和 300a）的窖池窖泥、糟醅和黄水的微生物群落结构特征，结果表明：窖泥中总 PLFAs 含量最高，糟醅次之，黄水最低，PLFAs 的组成因窖龄而异。

四、微生物发酵床的气味物质的研究

1. 传统养猪猪舍的恶臭成分的研究

传统养猪生产过程中的恶臭主要来源于猪舍水泥地板累积的粪尿和猪舍外的粪堆、粪池，这些粪尿分解产生的有害挥发性气体种类多且浓度大，风能使气味传播很远。猪舍内粪尿分解产生的臭气使猪的抵抗力和免疫力下降，生产能力降低，代谢强度减弱，对疾病的感染性提高。有资料显示长期生活在养猪场周边恶臭环境中的人们更易患气管炎、支气管炎、肺炎等呼吸系统疾病（Mitloehner et al.，2007）。

国家规定的《恶臭污染物排放标准》（GB 14554—1993）包含以下物质：氨、三甲胺、硫化氢、甲硫醇、甲硫醚、二甲基二硫醚、二硫化碳、苯乙烯。猪排泄物在微生物作用下厌氧分解产生的恶臭物质多达 160 种，主要包括挥发性脂肪酸、酚类、吲哚类、氨和挥发性胺、含硫化合物，其中挥发性脂肪酸包括乙酸、丙酸、异戊酸、己酸等，吲哚和酚类化合物主要包括吲哚、粪臭素、甲酚和 4- 乙酚，挥发性含硫化合物主要包括硫化物、甲硫醇和乙硫醇，来自粪中硫酸盐的还原和含硫氨基酸的代谢（Le et al.，2005）。

2. 微生物发酵床养猪猪舍的气味物质的研究

微生物发酵床猪舍为全开放猪舍，猪舍通风透气，阳光普照，温湿度适宜猪的生长，猪生活在垫料上，猪的排泄物被垫料中的细菌作为营养迅速降解、消化，猪舍内无明显异味感，猪舍内不会臭气熏天和蝇蛆滋生。猪舍地面由于填满干净的圈底有机垫料，及时翻埋，没有污水、粪便，圈底有机垫料干净卫生，铲起来松软适度，没有传统猪舍的过度臭味。

在微生物发酵床养猪过程中，猪粪尿排泄在垫料上，在微生物的作用下两者自然发酵，垫料中微生物发酵得好坏直接影响着猪粪的分解，当垫料中微生物因某些原因生长不良时，排泄在垫料上的猪粪无法分解，使得发酵床产生严重的猪粪尿恶臭味，无法达到微生物降解猪粪的目的。微生物发酵床挥发出的挥发性有机化合物是粪尿中厌氧菌分解不同底物的中间或终端产物，成分复杂，且各组分的臭味相互干扰而非简单叠加，它由不同的挥发性物质组成，恶臭成分也能够判别发酵床微生物发酵的好坏。Groenestein 和 van Faassent（1996）测定了发酵床的 NH_3、N_2O、NO 气体的挥发，结果表明在混合肥料和锯屑的微生物发酵过程中，如果发酵条件不理想，就会产生污染空气的挥发性中间气体 N_2O 和 NO，直接影响猪只的生长。Chan 等（1994）的研究也发现具有良好发酵进程的发酵床可以减少尿素、氨、氧化亚氮、硫化氢、吲哚、3- 甲基吲哚等臭味物质的产生和挥发。但也有研究发现发酵床猪舍的有害气体不但没有减少，反而增加的结果，Philippe 等（2007）分别在传统的水泥地面和以稻草为主铺成的厚垫草地面饲养 5 个批次的肥育猪，每个月运用红外线光声检测气体 NH_3、N_2O、CH_4、CO_2 的排放，最后发现发酵床比传统的水泥地板养猪产生更多的污染气体，如水泥地板养猪和发酵床的 NH_3 排放量分别是 6.2g/d、13.1g/d。

五、微生物发酵床垫料的发酵程度的判定

1. 垫料发酵腐熟程度的研究

虽然微生物发酵床垫料的发酵水平的控制对发酵床的有效长期运行有重要作用，而目前国内外以养猪发酵床垫料为材料探讨其发酵程度的研究尚未见报道，但是许多国内外学者研究了大量堆肥的腐熟指标。堆肥是利用含有肥料成分的动植物遗体和排泄物，加上泥土和矿物质混合堆积，在高温、高湿的条件下，经过发酵腐熟、微生物分解而制成的一种有机肥料，对畜禽粪便堆肥的腐熟指标也有不少的报道，包括养鸡场、养牛场和养猪场等的鸡粪（鲍艳宇 等，2007）、牛粪（解开治 等，2007）和猪粪（吴银宝 等，2003）的堆肥。我国在畜禽粪便堆肥处理质量控制上，堆肥产品质量标准除卫生学指标外，从堆肥产品的含水率、pH 值、养分含量等理化指标评价产品的肥效性（钱晓雍 等，2009），也有比较全面和科学的堆肥腐熟度评价指标。堆肥腐熟度作为衡量堆肥反应过程的控制指标，从堆肥腐熟的实用意义上看，植物生长试验应是评价堆肥腐熟度最终和最具有说服力的方法（秦殿武 等，2009）。

2. 微生物发酵床垫料的发酵程度判别体系的探讨

养猪发酵床是把有机垫料在猪舍铺设成发酵床，利用生猪拱翻的生活习性，使垫料和猪排泄物充分混合，通过有益微生物菌群的分解发酵，使猪粪尿中难降解的物质得到充分的消纳、转化。虽然发酵床的发酵过程与堆肥腐熟进程有相似之处，但是由于发酵床在使用过程中，随着时间的增长，猪的粪便、尿等在垫料上发酵后转变的物质很难测定，发酵时间的不同，其转变的物质也不同，前人的研究中未发现有效的方法检测到垫料实际发酵过程中的营养成分的变化、微生物群落的变化等，而这些物质变化都与垫料的发酵程度密切相关。

发酵床垫料是一个复杂的混合体系，根据物理评价指标虽然可以粗略观察垫料的发酵程度，这种方法总的来说具有直观、检测简便、快速的优点，不需要大量的仪器和复杂的测定，常用于定性描述垫料发酵过程所处的状态，适合有经验的技术人员现场应用。但是难以定量表征垫料的发酵程度，缺乏可信度和可操作性，由于缺乏量化的测定指标，容易造成人为引起的主观误差，只能与其他指标结合使用。且垫料的发酵水平受诸多因素影响，如何通过发酵水平的化学指标来简单直观地判断其发酵程度，用于指导生产实践，目前尚未见相关文献报道。

第二节 发酵床垫料理化特性变化动态

一、概述

生物垫料发酵床养猪法中的技术核心之一就是“发酵床”（即填入垫料池中垫料原料的总称），好的垫料应该是价廉易得、来源广泛且未加工的材料，它能使动物安乐、舒适，吸水、吸氨气性能强，粉尘少，有害有毒物质少，粪尿不易腐败。垫料的主要作用是保温、隔热、吸收粪尿和水分，从而维持动物的舒适性和栏内的清洁度，使动物生活在舒适的环境中，它直接与动物体接触，也影响着猪舍内的微环境，对试验动物的健康和试验结果有极大的影响（王连珠 等，2008）。发酵床垫料管理良好，畜禽排泄粪污可被垫料中的微生物分解，畜禽舍无臭味，畜禽生产性能提高，福利改善，并且垫料使用期限延长，而且会影响猪群的健康状况和饲养效果（Mitloehner et al.，2007；孙永梅 等，2009）。

垫料可以使用 2 年左右，但是垫料在我国实际养猪生产中却存在着一定的问题。我国尽管已经开展厚垫料发酵床养猪有 10 多年的时间，但是并没有关于垫料中各项物理性状参数的研究，生产中对该技术的应用也多是凭生产经验进行，缺乏必要的理论数据支持。

猪只进栏后，一直生活在垫料上，对垫料的踩踏以及微生物作用，必然会影响垫料物理、化学性质，本试验结合生产实际测定了发酵床垫料的理化性质，了解垫料中各项物理指标的变化规律，判断垫料的理化性质变化与其发酵程度的关系，对确定垫料的使用年限以及确保发酵的顺利进行都有具体的指导意义。

二、研究方法

1. 供试材料

供试样品：养猪微生物发酵床垫料。采集时间：2010 年 8 月 3 日～ 2011 年 7 月 19 日，其间共采样 4 次，垫料使用时间分别为 5 个月、7 个月、9 个月、16 个月。采集地点：福州新店养猪场，面积 80m×10m，共分 10 个猪栏，每个猪栏发酵床垫料面积为 6m×8m，饲养生猪 30 头。采集方法：在每个猪栏纵向中轴线上距采食台边沿 1m、3m、5m 处设 3 个采样点，每个采样点直径约 40cm，将垫料上下纵深翻匀，取样 500g 待用，共 30 个样品。

2. 仪器和试剂

仪器：Starter 3C 通用型 pH 计、电热恒温鼓风干燥箱、HI 993310 便捷式水质电导率土壤盐度测定仪、Sartorius 型电子天平、定氮蒸馏装置、火焰光度计振荡器、250 目标准分样筛、300 目标准分样筛、2mm 土样筛、1000mL 量筒、25mL 量筒、250mL 烧杯、100mL 三角瓶、50mL 离心管、药匙、滤纸、铝制称样皿、干燥器（内盛变色硅胶或无水氯化镁）。

试剂：去离子水、去 CO_2 蒸馏水、重铬酸钾（$K_2Cr_2O_7$）标准溶液、硫酸亚铁（$FeSO_4$）标准溶液、二氧化硅（SiO_2）、NaCl 溶液［质量浓度分别为 0%、5%、10%、15%、20%、

25%（饱和液为 26.5%）]、硫酸（pH 值 1.84）、40% 氢氧化钠、30% 过氧化氢、硼酸、钒钼酸铵试剂、磷标准溶液（50μg/mL）、钾标准贮备溶液（1mg/mL）、钾标准溶液（100μg/mL）。

3. 发酵床垫料酸碱度测定

称取过 2mm 土样筛的风干垫料 10g，放在 100mL 三角瓶中，采用土水比 1 ∶ 5，加无 CO_2 蒸馏水 50mL，盖好瓶塞，在振荡器上振荡 30min，放置 30min，通过 300 目标准分样筛过滤垫料溶液，滤液倒入 50mL 离心管，使用 Starter 3C 通用型 pH 计测量，每个样品做 3 次重复。

4. 发酵床垫料电导率测定

称取过 2mm 土样筛的风干垫料 10g，放在 100mL 三角瓶中，采用土水比 1 ∶ 2.5，加去离子水 25mL，盖好瓶塞，在振荡器上振荡 30min，放置 30min，通过 300 目标准分样筛过滤垫料溶液，滤液倒入 50mL 离心管，用 HI 993310 便捷式水质电导率土壤盐度测定仪测定电导率，每个样品做 3 次重复。

5. 发酵床垫料含水率测定

用洁净的铝制称样皿于（105±2）℃的电热恒温鼓风干燥箱中烘烤 1h，取出后置于干燥器中 30min，准确称重，继续烘烤 30min，冷却后再称重，至 2 次称重之差小于 0.0005g 为恒重；将称样皿在分析天平上回零后，准确称取垫料样品（平行样）10g 于已恒重的铝制称样皿中；开盖放入（105±2）℃的电热恒温鼓风干燥箱中烘烤 3h；取出称样皿后，于干燥器中放置 30min 后准确称重；再用烘烤 1h，冷却，称重，至 2 次称重之差小于 0.002g 为恒重，每个样品重复 3 次。按公式计算含水率：

$$含水率=\frac{烘干前铝制称样皿及样品质量-烘干后铝制称样皿及样品质量}{烘干后铝制称样皿及样品质量-烘干空铝制称样皿质量}\times 100\%$$

6. 发酵床垫料吸水性测定

称取 10g 垫料于 250mL 烧杯中，倒入 200mL 蒸馏水搅拌均匀，浸泡 1h 取出，放在 300 目标准分样筛过滤，以水滴不再滴下为准，称重，此时为吸水后垫料的质量，计算垫料的吸水性，吸水性以每克垫料吸水克数表示（孙永梅 等，2009），每个样品做 3 次重复，其吸水性计算公式为：

$$吸水性=\frac{吸水后质量-初质量}{初质量}$$

7. 发酵床垫料盐度测定

用 HI 993310 便捷式水质电导率土壤盐度测定仪的 HI 76305（不锈钢探头）测定盐度，将探头尖完全和垫料接触，如果干燥，则加入去离子水，等到显示的数值稳定后再读数，每个样品做 3 次重复。

8. 发酵床垫料悬浮率测定

运用“盐梯度悬浮法”测定发酵床垫料悬浮率。称取 10g 垫料于 1000mL 量筒中；量取

1000mL 不同浓度 NaCl 溶液倒入量筒中，充分混合后，静置 5min，将上层悬浮物用药匙捞取于滤纸上；下层垫料通过 250 目标准分样筛过滤，控干水分，直到不滴水为止；将下层垫料捞取于滤纸上；分别连同滤纸将上下层垫料烘干；然后称量上下层垫料的干重。每个浓度梯度的 NaCl 溶液处理重复 3 次，计算悬浮率：

$$悬浮率=\frac{上层垫料干重}{上层垫料干重+下层垫料的干重}\times100\%$$

9. 发酵床垫料的肥力检测

取所采集的垫料样品各 100g 在实验室进行风干后研磨至粉状，而后对样品的主要营养物质有机质、总氮、总磷进行分析测试，委托福建省农业科学院土壤肥料研究所检测。其具体检测方法如下。

（1）有机质含量测定（重铬酸钾容量法） 在加热条件下，用过量的重铬酸钾 - 硫酸（$K_2Cr_2O_7$-H_2SO_4）溶液，来氧化样品有机质中的碳，$Cr_2O_7^{2-}$ 等被还原成 Cr^{3+}，剩余的重铬酸钾（$K_2Cr_2O_7$）用硫酸亚铁（$FeSO_4$）标准溶液滴定，根据消耗的重铬酸钾量计算出有机碳量，再乘以系数 1.724，即为样品的有机质含量。

（2）总氮（TN）含量测定 采用半微量凯氏法，样品在加速剂的参与下，用浓硫酸消煮时，各种含氮有机化合物经过复杂的高温分解反应转化为铵态氮。碱化后蒸馏出来的氨用硼酸吸收，以酸标准溶液滴定，求出垫料总氮含量。

（3）总磷（TP）含量测定 有机肥料试样采用硫酸和过氧化氢消煮，在酸性条件下，试液中的 P（正磷酸盐）与钼酸形成配合物——磷钼杂多酸（又叫磷钼酸杂聚配合物）。在一定酸度下，加入还原剂后，杂多酸中的 Mo 被还原，产生特殊蓝色——钼蓝，其中一部分 Mo^{6+} 被还原成 Mo^{5+} 或 Mo^{3+}，或 Mo^{3+}、Mo^{5+} 都有。在一定浓度范围内，黄色溶液的吸光度与含磷量呈正比，在钼蓝的吸收光谱曲线中有 2 个吸收峰（660nm 或 880nm），测定时可以根据分光光度计的性能选用。

10. 数据处理

利用 Excel 软件进行数据处理，以 DPS v7.05 版统计软件对数据进行差异显著性比较，试验结果以平均值 ± 标准误（SD）表示。

三、酸碱度与垫料发酵程度的相关性

不同使用时间垫料的酸碱度见表 2-1，垫料的 pH 均呈中性偏碱，随着使用时间的延长，pH 值逐渐升高，这是由于垫料使用初期，有机物质分解产生有机酸而使垫料的 pH 值下降，随着垫料使用时间的延长，猪粪排泄在垫料上，蛋白质类有机物大量分解，释放出 NH_3，NH_3 的积累又会使 pH 值升高。在 5% 显著水平下，10 个猪栏的垫料在相同期限内的 pH 值差异不显著，在不同使用时间内，使用 5 个月垫料的 pH 值与其他 3 个时间的均有显著性差异，7 个月的与 16 个月的有显著差异。其中使用 5 个月垫料的 pH 值为 7.22 ～ 8.53，平均为 7.99；使用 7 个月垫料的 pH 值平均为 8.41；16 个月的垫料达到 8.79，比 9 个月的垫料大 0.31，而比 5 个月的垫料大 0.81，从而可知后期随着垫料发酵时间的延长，垫料的 pH 值之间差异比较显著，说明垫料经 1 年半使用，其 pH 值仍维持在微生物较适宜的范围内。

表 2-1　不同使用时间垫料的酸碱度

使用时间	不同猪栏 pH 值										
	1	2	3	4	5	6	7	8	9	10	平均值
5 个月	8.19	7.22	8.45	8.51	8.53	7.39	8.24	7.74	8.05	7.56	7.99±0.4807 c
7 个月	8.27	8.38	8.72	8.54	8.96	8.06	8.29	8.51	8.67	7.65	8.41±0.3694 b
9 个月	8.67	8.73	8.77	9.07	8.53	8.51	8.05	8.25	8.23	8.09	8.49±0.3309 ab
16 个月	8.79	8.88	8.96	9.08	8.5	9.13	8.78	9.32	8.19	8.34	8.80±0.3596 a

注：表内同列数据后不同小写字母表示差异显著（$P < 0.05$），下同。

1 栏、3 栏、5 栏、7 栏、9 栏垫料的酸碱度的变化动态见图 2-1。其中 1 栏、3 栏、7 栏垫料的 pH 值随着使用时间的延长而升高，5 栏和 9 栏垫料的 pH 值在使用 7 个月时最高，而后下降到 5 个月时的 pH 值。这 5 个猪栏垫料的 pH 值随使用时间的延长，其变化幅度较小，这可能是由于随着垫料发酵的进行，NH_3 释放量减少，同时有机质分解产生的有机酸又起中和作用，使 pH 值增幅减小。

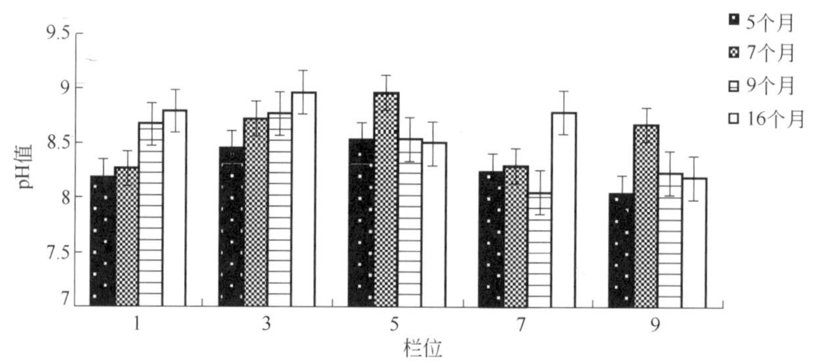

图 2-1　部分猪栏垫料的 pH 值变化动态

pH 值是影响微生物生长的重要条件之一。垫料的发酵过程，主要是微生物的降解活动，需要一个微酸性或中性的环境条件，酸碱度是变化的，pH 值过高或过低都不利于微生物的繁殖和有机物的降解，都会影响好氧发酵的效率。

四、电导率与垫料发酵程度的相关性

电导率（EC）是以数字形式来表示溶液的导电能力，它能间接推测出垫料浸提液中的离子总浓度（敬芸仪 等，2006），即可溶性盐的含量，EC 值越大，可溶性盐含量越高。

不同使用时间垫料的电导率见表 2-2，随着垫料使用时间的延长，电导率呈增长的态势。使用 5 个月的第 5 栏垫料，其电导率最小为 2.31mS/cm，最大的是 2 栏的 4.31mS/cm。在其他 3 个使用时间段，10 个栏位样品的电导率最大值和最小值都相差 2mS/cm 以上，即垫料使用的时间相同，不同猪栏样品的电导率也不同，使用 5 个月和 7 个月垫料的平均电导率与其他 3 个期限的差异显著（$P<0.05$），而使用 9 个月和 16 个月垫料之间差异不显著（$P>0.05$），说明随着垫料使用时间的延长，电导率变化较小。

表 2-2　不同使用时间垫料的电导率

使用时间	不同猪栏电导率 / (mS/cm)										
	1	2	3	4	5	6	7	8	9	10	平均值
5 个月	2.48	4.31	3.27	3.02	2.31	4.16	3.08	3.41	3.53	3.77	3.34±0.65c
7 个月	4.43	5.01	4.25	5.15	4.12	3.23	3.74	3.65	5.74	5.68	4.50±0.865b
9 个月	4.91	4.84	5.52	6.16	4.46	5.55	4.32	6.62	6.29	5.81	5.45±0.792a
16 个月	5.55	6.01	5.59	5.06	6.54	5.49	6.06	7.7	5.7	5.45	5.92±0.747a

部分猪栏垫料的电导率变化动态见图 2-2。间隔选取的 5 个猪栏垫料的电导率随着垫料使用时间的延长而增大，不同样品的电导率变化幅度差异较大。1 栏和 9 栏垫料的电导率都从使用 5 个月到 7 个月时大幅度升高，而后增幅不显著；5 栏和 7 栏垫料的电导率一开始是逐步增大，在最后 2 次时间内陡增，这是因为电导率的影响因素很复杂。敬芸仪等（2006）指出，电导率不仅与材料含水率、盐分、质地等有关，还与材料的容重、pH 值、阳离子交换量以及有机质含量等因素均有一定的相关性。

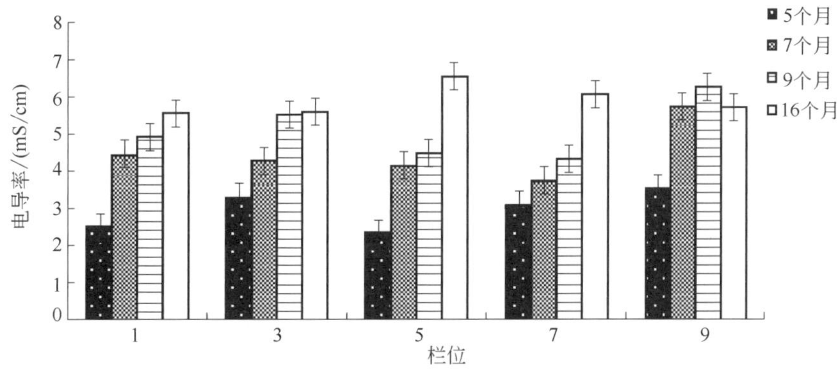

图 2-2　部分猪栏垫料的电导率变化动态

五、含水率与垫料发酵程度的相关性

不同使用时间垫料的含水率见表 2-3 和图 2-3。使用 5 个月垫料的含水率平均为 44.752%±9.2328%，与其他 3 个使用时间的平均含水率呈显著性差异。不同猪栏样品含水率变化趋势也不同，1 栏、2 栏和 9 栏垫料样品随使用时间延长，含水率越高，而 3 栏和 10 栏垫料样品则呈现先升高后降低的趋势；4 栏、5 栏、6 栏和 7 栏的样品含水率呈现升高—降低—升高—降低的反复变化。

表 2-3　不同使用时间垫料的含水率

使用时间	不同猪栏含水率 /%										
	1	2	3	4	5	6	7	8	9	10	平均值
5 个月	45.8	44.79	36.2	39.43	34.7	55.7	58.3	57	35.2	40.4	44.75±9.23b
7 个月	50.55	51.76	58.67	63.92	61.52	59.67	58.95	51.29	50.59	53.37	56.03±5.04a

续表

使用时间	不同猪栏含水率 /%										
	1	2	3	4	5	6	7	8	9	10	平均值
9 个月	52.78	57.35	56.03	52.21	55.64	56.52	57.02	58.85	61.83	60.2	56.84±2.99a
16 个月	56.8	58.53	55.07	60.82	57.43	62.97	66.8	49.97	65.9	48.82	58.31±6.06a

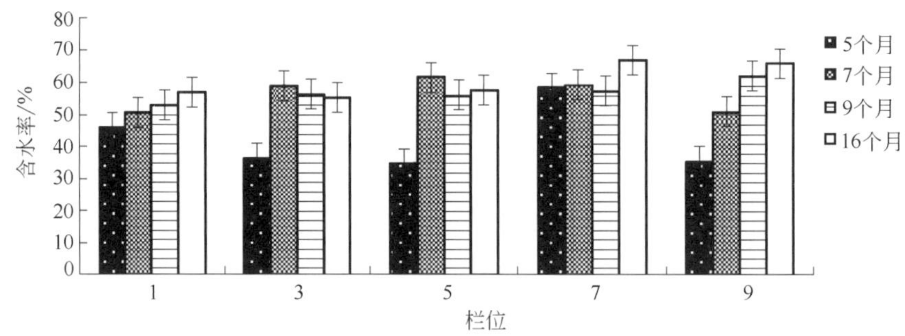

图 2-3　部分猪栏垫料的含水率变化动态

水分是微生物繁殖和活动的重要因素，也是好氧发酵中最重要的控制因素（Rynk，2000）。垫料的含水率影响发酵床的通气性，水分过少，发酵床空气流通好，垫料不能吸水软化，微生物不易侵入和分解，微生物活动因此会受阻，发酵缓慢。适当提高垫料的含水率可以促进微生物生长，加速粪污分解。然而，含水率过高时，发酵床空气少，通气不良，供氧低使厌氧微生物比例升高，从而使 NH_3 排放量增加，同样会降低垫料分解粪污的能力。试验研究证明，垫料的含水率在 50% 为宜。如果低于 45%，猪粪尿的分解速率就会下降，垫料过干会导致发酵床的表面起灰尘，引起猪的呼吸道疾病，若含水率达到 55% ～ 60%，会使垫料分解过快，缩短发酵床的使用寿命，高于 65% 则会导致垫料的厌氧发酵，产生有害气体，不利于猪只健康生长。水分的含量不仅直接关系到养猪垫料是否能够持续高效使用，而且会影响到 pH 值的变化。所以随着垫料发酵进程的加深，需要经常控制垫料的含水率，使其不至于含水率过高，从而降低垫料降解粪污的能力。因此，为了使发酵床含水率控制在一定范围内，猪场管理人员需要根据各栏发酵床的湿度情况、季节变化等来进行人为调控。

六、吸水性与垫料发酵程度的相关性

不同使用时间垫料的吸水性见表 2-4 和图 2-4。使用 5 个月垫料的吸水性最大，平均值为 1.077±0.267，与其他 3 个使用时间段差异显著，而 7 个月后的垫料吸水性差异不显著，到了 16 个月时，垫料的平均吸水性降到了 0.674±0.1235，这可能与垫料长期使用，垫料中的锯末纤维素、木质素等大分子物质不断被分解，导致垫料持水力下降有关（盛清凯 等，2010）。随着使用时间越长，垫料吸水性不断下降，2 栏垫料样品的下降幅度最大，使用 5 个月到 16 个月，吸水性下降了 59.3% 左右。下降幅度最小的是 7 栏，仅降低 2.2% 左右。

表 2-4　不同使用时间垫料的吸水性

使用时间	不同猪栏吸水性										
	1	2	3	4	5	6	7	8	9	10	平均值
5 个月	0.95	1.62	1.33	0.85	0.85	0.88	0.91	1.35	0.93	1.10	1.077±0.267a
7 个月	0.88	0.79	0.87	0.72	0.78	0.70	0.82	0.82	0.85	0.74	0.797±0.0624b
9 个月	0.78	1.08	0.82	0.69	0.68	0.62	0.76	0.76	0.67	0.59	0.745±0.1383b
16 个月	0.70	0.66	0.83	0.76	0.67	0.57	0.89	0.54	0.60	0.52	0.674±0.1235b

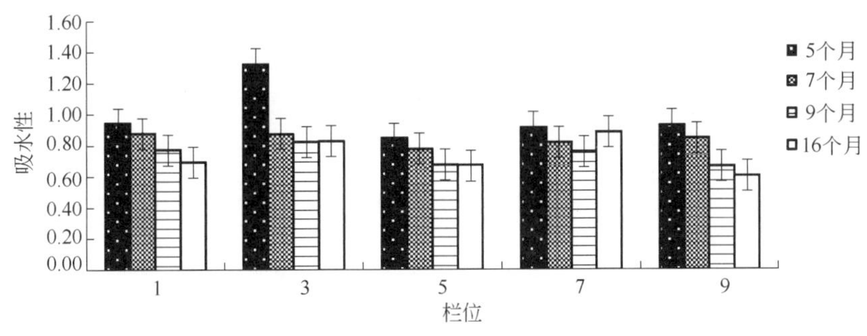

图 2-4　部分猪栏垫料的吸水性变化动态

吸水性是要求垫料具有吸收动物排泄物中的水分，保持试验动物生活环境干燥舒适的特性。发酵床微生物生长繁殖所需的外部环境被改变，垫料吸水性是否适宜直接影响好氧微生物分解粪污的能力大小。因此随垫料使用时间延长，发酵程度加深，发酵床越应加强管理，保持适合的吸水性，才能延长发酵床的使用寿命。

七、盐度与垫料发酵程度的相关性

不同使用时间垫料的盐度见表 2-5 和图 2-5。10 个猪栏垫料的平均盐度随着时间的延长逐渐增加。使用 5 个月的垫料样品平均盐度为（0.453±0.055）g/L，与其他 3 个应用时间段的盐度差异显著，而使用 7 个月与 9 个月的平均盐度差异性不显著，说明粪便中的无机盐会逐渐累积在发酵床垫料中。

表 2-5　不同使用时间垫料的盐度

使用时间	不同猪栏盐度 / (g/L)										
	1	2	3	4	5	6	7	8	9	10	平均值
5 个月	0.48	0.51	0.38	0.46	0.49	0.53	0.42	0.47	0.36	0.43	0.453±0.055c
7 个月	0.57	0.62	0.56	0.71	0.48	0.55	0.66	0.41	0.74	0.61	0.591±0.1003b
9 个月	0.49	0.61	0.44	0.77	0.57	0.80	0.60	0.76	0.70	0.42	0.616±0.1387b
16 个月	0.88	0.71	0.63	0.78	0.83	0.73	0.93	0.60	0.61	0.83	0.753±0.1161a

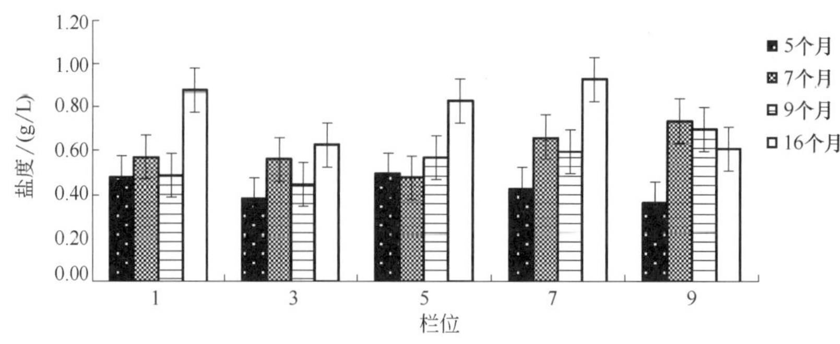

图 2-5 部分猪栏垫料的盐度变化动态

垫料样品盐度的变化规律总体呈上升趋势，如 1 栏样品使用 5 个月时的盐度为 0.48g/L，使用 7 个月时为 0.57g/L，后又回落，使用 9 个月时为 0.49g/L，到使用 16 个月时为 0.88g/L。垫料的盐度积累与使用时间呈正相关。出现这些规律的变化可能与猪栏的地理位置分布、猪只在不同猪栏内的固定排泄区、垫料翻动均匀度等有关。

在发酵床系统中，猪排泄物经发酵床中有益微生物的降解，其中大部分有机物被降解或呈挥发性有机酸挥发出去，极少部分无机物通过氧化还原作用，如 NH_3、NO_x、H_2S 等也可能挥发离开发酵床系统。但猪排泄物中的无机盐累积在发酵床中，长期使用可能使垫料呈盐渍化，从而影响垫料对粪便的降解作用（朱红 等，2006）。有机垫料连续使用，如果发酵床运行出问题，必然会造成可溶性盐分的大量积累，但是运行良好的发酵床，垫料不断被消耗和补充，盐类不会富集。

八、悬浮率与垫料发酵程度的相关性

不用使用时间垫料的悬浮率见表 2-6。随着垫料使用时间的延长，10 个猪栏垫料的悬浮率基本呈现出递减的趋势，使用 5 个月的垫料悬浮率为 18%±5.55%，与其他 3 个时间段的有显著性差异，使用 7 个月的垫料平均悬浮率为 8.81%±4.50%，与使用 16 个月的差异显著，而使用 9 个月与 16 个月的垫料平均悬浮率无显著性差异，从而可知新垫料盐梯度悬浮率比旧垫料的变化大，旧垫料发酵降解的速率虽然低于新垫料，但垫料累积降解产生的腐殖质、纤维素、木质素随着垫料使用时间的延长也会逐渐增加。

部分猪栏垫料的悬浮率变化动态见图 2-6。1 栏和 3 栏垫料的悬浮率随着时间延长，变化幅度较小，5 栏、7 栏、9 栏垫料的悬浮率从 20% 左右下降到 1% 左右，说明新垫料的发酵、粪便降解的速率在短时间内较快，随着时间延长，垫料悬浮率下降迅速，垫料原料被降解得较为充分。

发酵床垫料随着使用时间的延长，垫料原料中的木屑、谷壳等经过微生物发酵降解产生腐殖质、纤维素、木质素的含量也相应增加，垫料的吸水性和含水量也有一定变化，经过测定不同发酵程度垫料在不同浓度盐溶液中的悬浮物的差异可知，垫料原料经过发酵分解后的物质在不同质量浓度的盐溶液中的悬浮性发生变化，发酵程度越高的垫料在不同质量浓度的盐浓液中的悬浮性下降越大，表现出了指示垫料发酵程度的规律。

表 2-6　不同使用时间垫料的悬浮率

使用时间	不同猪栏悬浮率 /%										
	1	2	3	4	5	6	7	8	9	10	平均值
5 个月	13.26	29.83	21.87	25.93	17.96	25.65	25.38	18.29	26.17	30.64	18±5.55a
7 个月	11.27	19.48	18.19	14.59	5.55	15.89	6.71	11.74	14.19	14.11	8.81±4.50b
9 个月	8.63	8.69	7.55	6.24	13.67	7.37	13.13	8.51	10.67	6.94	5.46±2.55bc
16 个月	3.59	2.30	3.27	1.11	0.18	1.07	1.57	0.86	0.88	0.24	1.48±1.19c

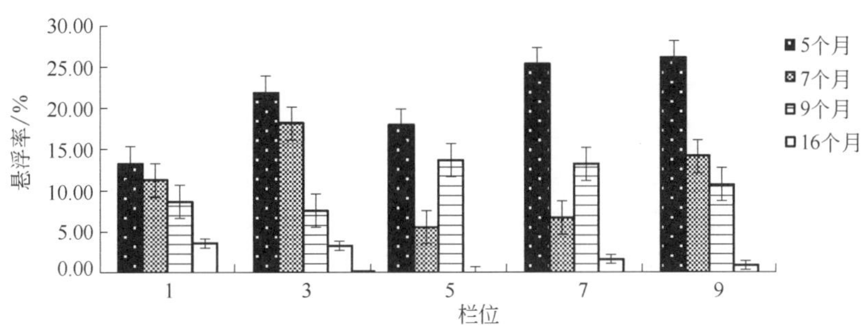

图 2-6　部分猪栏垫料的悬浮率变化动态

九、不同发酵程度垫料的肥力含量

1. 垫料的有机质含量

不同使用时间垫料的有机质含量见表 2-7 和图 2-7，使用 5 个月垫料的有机质含量与其他 3 个使用时间的差异显著，使用 7 个月和 9 个月的均与 16 个月的差异显著。10 个猪栏垫料在使用 5 个月时的有机质平均含量为 59.72%±5.93%，使用 16 个月后，平均含量为 38.41%±7.34%，有机质含量明显降低。各个猪栏的垫料随着时间延长，有机质含量同样呈现下降趋势，说明在一定使用范围内，随使用时间延长，垫料的发酵程度越深，其有机质含量越低，总体呈下降趋势。

由于在垫料自然发酵发生的各种生化反应中，有机质是微生物赖以生存和繁殖的基本条件（高伟 等，2006），因此有机质的变化能在一定程度上反映出垫料发酵的进程。

表 2-7　不同使用时间垫料的有机质含量

使用时间	不同猪栏有机质含量 /%										
	1	2	3	4	5	6	7	8	9	10	平均值
5 个月	66.36	64.62	66.38	65.40	58.52	52.33	54.69	50.75	57.00	61.19	59.72±5.93a
7 个月	55.75	50.04	52.04	48.23	51.95	56.77	39.17	46.79	50.50	42.16	49.34±5.53b
9 个月	53.39	42.33	47.20	44.71	48.40	49.37	54.30	37.51	34.22	38.01	44.94±6.84b
16 个月	47.73	45.35	32.60	31.11	33.31	50.32	39.20	31.15	40.89	32.41	38.41±7.34c

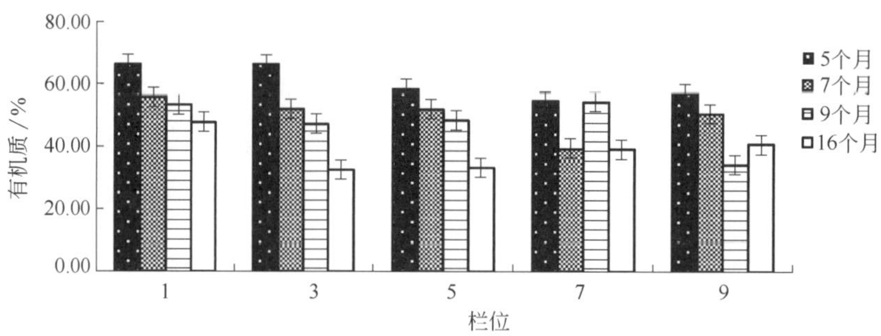

图 2-7　部分猪栏垫料的有机质变化动态

2. 垫料的总氮含量

发酵床垫料中总氮包括有机氮和无机氮，其中有机氮的变化主要包括氮素的固定和释放。由于发酵过程是有机氮处在不断累积、矿化和再固定过程，持续性氨的挥发及硝态氮的反硝化作用均引起发酵过程中氮素的损失（李玉红 等，2006），有机氮含量的损失关系到发酵时间持续的长短。

不同使用时间垫料总氮含量见表 2-8 和图 2-8，使用 5 个月垫料的总氮含量为 0.78%±0.08%，与其他 3 个使用时间段差异显著。随着垫料发酵的进行，垫料总氮的平均含量呈降低的趋势。但是使用 16 个月垫料总氮含量较使用 7 个月的略高，可能是因为有机质不断分解成 CO_2 和 H_2O 而散失，堆体的体积随之减小，总氮因此被浓缩而含量略有增加（Fang et al.，1999）。

表 2-8　不同使用时间垫料的总氮含量

使用时间	不同猪栏总氮含量 /%										
	1	2	3	4	5	6	7	8	9	10	平均值
5 个月	0.691	0.924	0.834	0.75	0.833	0.829	0.685	0.833	0.667	0.764	0.78±0.08a
7 个月	0.606	0.519	0.742	0.752	0.585	0.653	0.695	0.69	0.7	0.664	0.66±0.07b
9 个月	0.792	0.662	0.513	0.413	0.663	0.488	0.463	0.561	0.725	0.662	0.59±0.12b
16 个月	0.644	0.68	0.73	0.57	0.608	0.535	0.592	0.638	0.751	0.533	0.63±0.08b

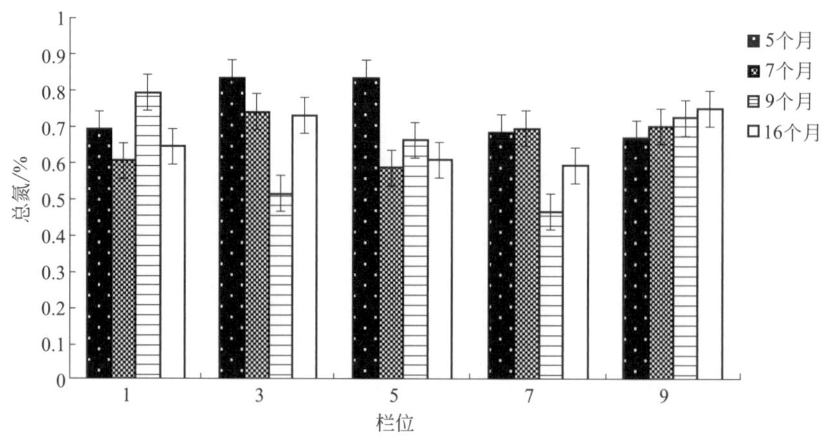

图 2-8　部分猪栏垫料的总氮变化动态

发酵床垫料在使用过程中主要进行的是好氧发酵，好氧发酵的主要物质损失是氮素（杨延梅 等，2005），一般的粪便好氧发酵氮素损失率更是高达 77%（Martins et al.，1992）。研究表明，垫料氮素的损失率较小，使用 5 个月到 16 个月时，仅损失了 19.6%，这可能是因为研究发酵床的时间跨度较小，其自然发酵的进程处于初级阶段，氮素的变化不明显。

3. 垫料的全钾含量

钾素能加速植物对 CO_2 的同化过程，能促进碳水化合物的转移、蛋白质的合成和细胞的分裂；钾素能减弱植物蒸腾作用，调节植物组织中的水分平衡，增强植物的抗性。

不同使用时间垫料的总钾含量见表 2-9。随着垫料使用时间的延长，垫料的总钾含量逐步累积增加，使用 5 个月垫料的总钾平均含量为 0.42%±5.55%，使用 7 个月为 0.52%±4.49%，两者差异不显著，而与使用 9 个月与 16 个月差异显著。

表 2-9　不同使用时间垫料的总钾含量

使用时间	不同猪栏总钾含量 /%										
	1	2	3	4	5	6	7	8	9	10	平均值
5 个月	0.33	0.311	0.469	0.454	0.394	0.488	0.464	0.499	0.495	0.31	0.42±5.55a
7 个月	0.51	0.484	0.575	0.487	0.485	0.413	0.553	0.522	0.561	0.589	0.52±4.49a
9 个月	0.808	0.648	0.872	0.71	0.528	0.972	0.958	0.896	0.963	0.934	0.83±2.55b
16 个月	0.813	0.844	0.832	0.748	1.085	1.09	0.979	0.796	1.12	0.934	0.92±1.18b

部分猪栏垫料的总钾变化动态见图 2-9。5 个栏位垫料的总钾含量随使用时间延长呈现增长趋势，但是由于各个时间段发酵床垫料的发酵速度不一样，增长幅度略有不同，其中 1 栏、3 栏、7 栏、9 栏垫料的总钾含量都是在使用 7 个月到 9 个月期间迅速上升，而后趋于平稳。这可能是由于垫料使用到 7 个月时，垫料的发酵状态良好，猪的排泄物和垫料组分在微生物作用下充分混合发酵，有机质降解速率加快。

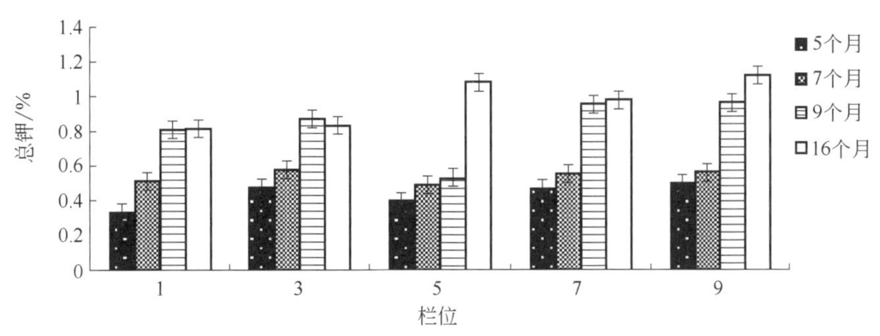

图 2-9　部分猪栏垫料的总钾变化动态

4. 垫料的总磷含量

磷素是植物细胞核的重要成分，它对细胞分裂和植物各器官组织的分化发育具有重要作用，是植物体内生理代谢活动必不可少的一种元素（林振清，2010）。

不同使用时间垫料的总磷含量见表 2-10 和图 2-10。随着垫料发酵程度的加深，垫料的总磷含量呈上升趋势，但增幅程度因时间间隔和猪栏位置不同而存在显著差异，垫料的平均总磷含量随使用时间的延长明显升高，依次分别为 0.28%±0.06%、0.35%±0.03%、0.44%±0.07%、0.53%±0.08%。在垫料相同使用时间内，不同猪栏的总磷含量也不同，如使用 5 个月垫料的总磷含量最大的是 9 栏垫料，为 0.385%，最小的是 6 栏，为 0.194%。这可能与猪只排泄情况的差异和猪拱食垫料的强度、人工翻动垫料的差异等有关。

表 2-10　不同使用时间垫料的总磷含量

使用时间	不同猪栏总磷含量 /%										
	1	2	3	4	5	6	7	8	9	10	平均值
5 个月	0.318	0.204	0.342	0.311	0.256	0.194	0.286	0.278	0.385	0.228	0.28±0.06a
7 个月	0.367	0.369	0.405	0.318	0.355	0.348	0.375	0.34	0.309	0.302	0.35±0.03b
9 个月	0.471	0.422	0.486	0.379	0.35	0.399	0.448	0.414	0.593	0.49	0.44±0.07c
16 个月	0.56	0.537	0.422	0.399	0.474	0.638	0.614	0.591	0.482	0.569	0.53±0.08d

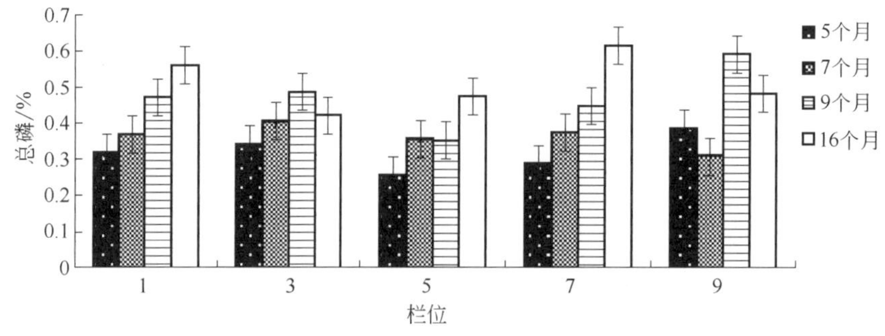

图 2-10　部分猪栏垫料的总磷变化动态

各个猪栏垫料的总磷含量大部分呈逐步升高的趋势，这可能是由于有机物质的快速分解，发酵床体积和垫料质量不断减小，磷被浓缩，其相对含量不断上升；而 3 栏和 9 栏垫料总磷含量到了 16 个月时略微下降，可能是由于随着垫料发酵进程加深，有机质的降解速率显著减小，难降解的木质素相对含量上升，氨态氮的硝化固定使总磷含量相对降低。

垫料的自然发酵过程是一个复杂的生物化学过程，垫料中的磷主要来源也是垫料组分及猪的排泄物，伴随着发酵进程，磷的释放和固定，磷的含量直接影响废弃垫料最终作为肥料的品质。

十、讨论与总结

发酵床养殖技术的关键为垫料管理，垫料直接与猪只接触，影响着猪舍内的微环境，垫料管理的好坏不仅关系到垫料使用的年限，而且会影响猪群的健康状况和饲养效果，其中垫料的含水率、翻动次数、温度、填充料的选择等是发酵床运行良好的重要因素。管理得当的垫料物质发酵后可以作为天然的生物肥料，垫料的发酵程度不同，其理化性质也有差异。通过对福州新店部队生猪养殖场1年半内的10个猪栏的发酵床垫料理化性质的研究，包括垫料的pH值、电导率、盐度、含水率、吸水性、悬浮率、有机质、总氮、总磷、总钾的测定，发现在1年半的使用范围内，垫料的自然发酵进程不断加深，其间采样的4个时间点垫料的平均pH均呈中性偏碱，随着使用时间的增加，pH值呈逐渐升高的态势，与pH值有相同变化趋势的理化指标有电导率、含水率、盐度、总磷、总钾，而有的理化指标呈现下降的趋势，如垫料的吸水性、悬浮率、有机质含量。虽然10个猪栏垫料理化性质的平均值随着使用时间的延长出现一些规律性变化，但每个猪栏由于空间地理分布、猪只的生活习性、猪只在不同猪栏内的固定排泄区、垫料翻动均匀度等不可预测的因素不同，各个猪栏内垫料的理化性质的变化趋势与平均值也不是一致的。

通过比较1年半内4个时间点发酵床垫料理化性质发现，随着垫料发酵程度的不断加深，垫料的理化性质出现一些规律性的变化。与新垫料相比，旧垫料的理化性质的测定结果表明要使发酵床能够持续良好运行，使垫料的发酵程度缓慢，延长垫料的使用周期，使垫料对猪粪的承载能力不会大幅度下降，就要对旧垫料发酵床养殖更加精细地管理，可以借鉴生态学方法，将发酵垫料视为一个生态系统，进行更加深入的研究，有望进一步提高垫料对猪粪的承载量，改善使用效果，减少维护成本，加速发酵床养殖技术的推广应用。

第三节 发酵床垫料微生物生物量变化动态

一、概述

土壤微生物调节土壤中的物质循环和能量流动，微生物既可作为养分的“库”也可作为养分的“源”，是土壤有机质的活性部分（李香真 等，2002），同样的微生物对发酵床在降解猪只排放的粪便尿液等方面发挥着重要的作用，微生物数量和种类的多少显著影响着发酵床的日常运行状况。

生物量（biomass）是生态学术语，或对植物专称植物量，是指某一时间单位面积或体积栖息地内所含一个或一个以上生物种，或所含一个生物群落中所有生物种的总个数或总干重（包括生物体内所存食物的质量）。广义的生物量是生物在某一特定时刻单位空间的个体数、质量或其含能量，可用于指某种群、某类群生物的（如浮游动物）或整个生物群落的生物量。狭义的生物量仅指以质量表示的，可以是鲜重或干重。

“微生物生物量”的提法通常出现于土壤中，用于指示土壤微生物特性，土壤微生物生物量常被作为植物所需营养元素的转化因子和资源库而日益受到人们的重视，是指土壤中体积小于$5\times10^3\mu m^3$生物个体的总量，一般仅占土壤有机质的1%～3%，但却控制着土壤有机物的分解、养分转化和循环等，且决定着土壤团粒结构的形成及稳定。土壤微生物生物量碳（MBC）反映了土壤有机碳（SOC）情况，其值大小代表了土壤肥力的高低。

微生物对环境变化很敏感，能够较早地指示生态系统功能的变化（Andeson et al., 1993），因此微生物量库的任何变化，都会影响养分的循环和有效性。在土壤生态系统中，微生物生物量作为有机质降解和转化的动力，是植物养分的重要源和库，对植物养分转化、有机碳代谢及污染物降解具有极其重要的作用，它对了解土壤养分水平、土壤养分的转化和循环具有重要意义（何振立，1997）。微生物生物量库能代表参与调控土壤中能量流动和养分循环以及有机质转化的相应微生物的数量，同时，土壤微生物生物量碳或氮转化速率的快慢可以很好地表征土壤总碳或总氮的变化，是比较敏感的生物学指标（Bååth，1989）。

对照土壤微生物生物量的上述特征，发现微生物发酵床上也生长着大量微生物，若借鉴生态学的方法，将发酵床视为一个生态系统，运行良好的发酵床上的动物、植物、微生物与周围环境之间是和谐的，则微生物生物量可以指示发酵床这个生态系统功能的变化；土壤微生物生物量通常是用于评价土壤的生物状态和土壤肥力（王慧春 等，2006），而废弃的发酵床垫料也可以循环利用作为植物生长的肥料，基于以上几点相似性，本实验借鉴土壤微生物生物量的测定方法研究垫料的微生物生物量碳、氮。

参照土壤微生物生物量的测定方法，研究垫料微生物生物量的方法为氯仿熏蒸浸提法（Jenkinson et al.，1976），该法是根据被杀死的微生物细胞因矿化作用而释放的 CO_2 量的激增来估计微生物生物量的，熏蒸杀菌作用受土壤水分的影响。Ross（1987）指出，用此法所测得的土壤微生物生物量之所以随季节而异，是由于在不同季节里土壤含水量不同所致，即土壤微生物生物量与土壤含水量呈负相关，这是因为潮湿土壤中微生物不容易被熏蒸剂所杀死，即使已被杀死的，其矿化作用也因土壤含水量过大而受阻碍，测得的微生物生物量必然偏低。

氯仿熏蒸 - 培养法，包括气态氯仿熏蒸和 K_2SO_4 溶液浸提两个主要步骤，土壤经熏蒸后，土壤中可被 0.5mol/L K_2SO_4 溶液浸提的碳含量增加，测得的土壤微生物生物量碳是依据熏蒸土样和对照（未熏蒸土样）在 K_2SO_4 提取液中的含量差值确定的（Brokes et al.，1985）。氯仿熏蒸 - 培养法测得微生物生物量碳与紫外分光光度法（280nm）测的微生物有机质呈极显著相关，Nunan 等（1998）提出与熏蒸提取法测定微生物生物量碳显著相关的氯仿熏蒸提取 -UV_{280nm} 法，对热带和温带森林土壤的研究显示，熏蒸前后 UV_{280nm} 值的增量与熏蒸提取法测得的微生物生物量碳、氮成比例，由此形成了基于 UV 的回归方程以分析微生物生物量。

二、研究方法

1. 实验仪器

土壤样品粉碎机、土壤筛、分析天平、TC 总碳测定仪、紫外分光光度计、定氮蒸馏装置、硬质开氏烧瓶、研钵、锥形瓶、电炉（300W 变温电炉）、通风橱、密闭箱、振荡器、滤纸、量筒、擦镜纸、比色皿、密闭箱、三角瓶、组培瓶等。

2. 实验试剂

重铬酸钾（$K_2Cr_2O_7$）标准溶液、硫酸亚铁（$FeSO_4$）标准溶液、二氧化硅（SiO_2）、硫酸（pH 值 1.84）（分析纯、化学纯）、40% 氢氧化钠、30% 过氧化氢、硼酸 - 指示剂混合液、加速剂、高锰酸钾溶液、还原铁粉、辛醇等。

3. 垫料总碳（TC）的测定

使用 TC 总碳测定仪测定垫料的总碳：测定温度为 900℃，通过 Co_3O_4+ 铂金触媒的催化作用，土壤样品中的碳被氧化，CO_2 释放，产生的混合气体通过卤素吸收管和干燥管除去杂质气体，得到纯净 CO_2 气体，通过红外检测器检测，测定垫料中总碳的含量。

垫料有机质用重铬酸钾氧化 - 外加热法测定（张万儒 等，1999），在加热条件下，用过量的重铬酸钾 - 硫酸（$K_2Cr_2O_7$-H_2SO_4）溶液来氧化样品有机质中的碳，$Cr_2O_7^{2-}$ 等被还原成 Cr^{3+}，剩余的重铬酸钾（$K_2Cr_2O_7$）用硫酸亚铁（$FeSO_4$）标准溶液滴定，根据消耗的重铬酸钾量计算出有机碳量，再乘以常数 1.724，即为样品的有机质含量。

4. 垫料总氮（TN）的测定

同第二节。

5. 垫料的微生物生物量碳、氮（MBC、MBN）的测定

各个样点垫料在密闭箱中用氯仿熏蒸 24h 后取出，在通气良好的地方放置 2 ～ 3h，使残留垫料中的氯仿尽可能挥发完全。未熏蒸的样品置于冰箱中 4℃保存至分析。

称取相当于烘干垫料 10g 的新鲜垫料，转入组培瓶中，加 50mL 0.5mol/L K_2SO_4，振荡 30min 后过滤，立即在 280nm 紫外光下测定吸光度。熏蒸和未熏蒸做相同处理，每处理 3 个重复。

微生物生物量（MB）用单位样品中的吸光度增量 ΔUV_{280nm}（$10^{-3}g^{-1}$）表示，ΔUV_{280nm}=（$abs_{熏}/m_{熏}$）-（$abs_{未熏}/m_{未熏}$），其中 abs 代表 $UV_{280\,nm}$ 的吸光度，*m* 代表相当于烘干垫料 10 g 的新鲜垫料的质量。

微生物在土壤有机质分解和养分转化中起着重要作用，有机质含量可能会影响土壤 UV_{280nm} 吸光度的增量。但是运用 UV_{280nm} 和有机质的校准模型能表达用氯仿熏蒸提取法测定的森林土壤微生物生物量碳、氮的 86% ～ 93% 的含量变化。

基于紫外吸光度的回归方程将 UV_{280nm} 的吸光度增量转换成微生物生物量碳（MBC）、微生物生物量氮（MBN），见下式：

$$MBC=(6570 \pm 695)\times \Delta UV_{280nm}+(10.8 \pm 0.9)\times TC$$

$$MBN=(1113 \pm 115)\times \Delta UV_{280nm}+(27.1 \pm 2.1)\times TN$$

式中，MBC、MBN 的单位为 mg/kg；ΔUV_{280nm} 的单位为 $10^{-3}g^{-1}$；总碳（TC）、总氮（TN）的单位为 g/kg。

三、不同使用时间垫料的紫外吸光度

不同使用时间垫料紫外吸光度见表 2-11。垫料经熏蒸后，在 280nm 紫外光下吸光值变大，不同使用时间的垫料其变化幅度有明显差异，因为垫料经熏蒸后，垫料中可被 0.5mol/L K_2SO_4 溶液浸提的碳含量增加，从而吸光值增大。

使用 5 个月的熏蒸垫料样品的吸光度达 0.750 以上，未熏蒸的在 0.295 ～ 0.559 之间，两组的吸光度差异显著；使用 7 个月的熏蒸垫料样品的吸光度最大为 1.219，未熏蒸的最大为 0.783，两者差值最大为 0.436，比使用 5 个月垫料的吸光度差值小；使用 9 个月的未熏蒸

垫料样品最大吸光度为0.885，熏蒸样品的吸光度最大为0.981，两者差值为0.096；使用16个月的熏蒸垫料样品的最大吸光度为1.031，而未熏蒸样品最大为0.569，两者差值为0.462。

表2-11　不同使用时间垫料的紫外吸光度

样品	使用5个月		使用7个月		使用9个月		使用16个月	
	abs熏	abs未熏	abs熏	abs未熏	abs熏	abs未熏	abs熏	abs未熏
1	0.790	0.353	0.965	0.633	0.981	0.885	0.583	0.281
2	0.881	0.295	0.927	0.572	0.394	0.331	0.642	0.289
3	0.885	0.537	1.067	0.724	0.672	0.602	0.850	0.376
4	0.996	0.559	0.944	0.650	0.504	0.450	0.968	0.521
5	0.909	0.363	0.757	0.514	0.739	0.721	0.823	0.511
6	1.002	0.548	0.902	0.567	0.840	0.768	0.492	0.210
7	0.880	0.420	1.219	0.783	0.824	0.778	1.031	0.569
8	1.239	0.547	0.926	0.656	0.534	0.449	0.527	0.309
9	0.914	0.496	1.106	0.721	0.747	0.675	0.705	0.307
10	0.896	0.401	0.943	0.553	0.601	0.549	0.572	0.420

四、不同使用时间垫料的微生物生物量

1.使用5个月垫料的微生物生物量（MB）

使用5个月垫料的微生物生物量见表2-12，使用5个月的垫料含水率均在35%以上，吸光值差值（abs差值）大于0.3，垫料的微生物生物量用单位垫料中吸光度增量ΔUV_{280nm}表示，可知微生物生物量最小的是第7栏垫料，为$19.17\times10^{-3}g^{-1}$，最大的是第5栏垫料，达$35.65\times10^{-3}g^{-1}$，变化幅度为$16.48\times10^{-3}g^{-1}$。

表2-12　使用5个月垫料的微生物生物量

样品	垫料的含水率/%	*m*/g	abs差值	ΔUV_{280nm}/（$\times10^{-3}g^{-1}$）
1	45.80	18.5	0.437	23.67
2	44.79	18.1	0.586	32.37
3	36.20	15.7	0.315	20.08
4	39.43	16.5	0.436	26.43
5	34.70	15.3	0.546	35.65
6	55.70	22.6	0.455	20.14
7	58.30	24.0	0.460	19.17
8	57.00	23.3	0.692	29.77
9	35.20	15.4	0.418	27.09
10	40.40	16.8	0.495	29.48

2. 使用 7 个月垫料的微生物生物量（MB）

使用 7 个月垫料的微生物生物量见表 2-13，垫料的含水率为 50% ～ 64%，在 280nm 下垫料熏蒸前后吸光度差值为 0.243 ～ 0.436，微生物生物量最大为 $19.02\times10^{-3}g^{-1}$，最小为 $9.36\times10^{-3}g^{-1}$，两者相差 $9.66\times10^{-3}g^{-1}$，比使用 5 个月垫料的微生物生物量小。

表 2-13　使用 7 个月垫料的微生物生物量

样品	垫料的含水率 /%	*m*/g	$abs_{差值}$	ΔUV_{280nm}/（$\times10^{-3}g^{-1}$）
1	50.55	20.2	0.332	16.40
2	51.76	20.7	0.355	17.11
3	58.67	24.2	0.343	14.18
4	63.92	27.7	0.294	10.62
5	61.52	26.0	0.243	9.36
6	59.67	24.8	0.335	13.52
7	58.95	24.4	0.436	17.91
8	51.29	20.5	0.270	13.14
9	50.59	20.2	0.385	19.02
10	53.37	21.4	0.390	18.20

3. 使用 9 个月垫料的微生物生物量（MB）

使用 9 个月垫料的微生物生物量见表 2-14，根据垫料的含水率可知相当于烘干垫料 10g 的新鲜垫料的质量为 20.9 ～ 26.2g，吸光度差值大于 0.02，微生物生物量 ΔUV_{280nm} 大于 $0.9\times10^{-3}g^{-1}$，最大为 $4.55\times10^{-3}g^{-1}$，变化幅度很大，达 $3.6\times10^{-3}g^{-1}$。

表 2-14　使用 9 个月垫料的微生物生物量

样品	垫料的含水率 /%	*m*/g	$abs_{差值}$	ΔUV_{280nm}/（$\times10^{-3}g^{-1}$）
1	52.78	21.2	0.096	4.55
2	57.35	23.4	0.063	2.67
3	56.03	22.7	0.070	3.08
4	52.21	20.9	0.054	2.60
5	55.64	22.5	0.021	0.93
6	56.52	23.0	0.072	3.13
7	57.02	23.3	0.046	1.96
8	58.85	24.3	0.084	3.47
9	61.83	26.2	0.071	2.72
10	60.20	25.1	0.052	2.08

4. 使用 16 个月垫料的微生物生物量（MB）

使用 16 个月垫料的微生物生物量见表 2-15，垫料的含水率差异不明显，为 48.82% ～ 66.80%，*m* 最大为 30.12g，最小为 19.54g，吸光度的差值在 0.152 ～ 0.462 之间，综合可得微生物生物量 ΔUV_{280nm} 最大的是第 3 个猪栏的垫料，达 $21.28\times10^{-3}g^{-1}$，最小的是第 6 栏的样品，为 $6.72\times10^{-3}g^{-1}$。

表 2-15　使用 16 个月垫料的微生物生物量

样品	垫料的含水率 /%	m/g	$abs_{差值}$	ΔUV_{280nm}/（$\times10^{-3}g^{-1}$）
1	56.80	23.15	0.302	13.03
2	58.53	24.11	0.353	14.65
3	55.07	22.26	0.474	21.28
4	60.82	25.52	0.447	17.51
5	57.43	23.49	0.312	13.30
6	62.97	27.01	0.281	6.72
7	66.80	30.12	0.462	15.35
8	49.97	19.99	0.218	10.91
9	65.90	29.33	0.398	13.57
10	48.82	19.54	0.152	7.80

五、垫料的微生物生物量碳、氮

1. 使用 5 个月垫料的微生物生物量碳、氮（MBC、MBN）

实验结果见表 2-16，使用 5 个月垫料的有机质含量较丰富，平均约为 59.72%；总碳含量最低为 294.37g/kg，最高为第 3 栏样品的 385.03g/kg；总氮含量为 6.67 ～ 9.24g/kg，最小的是第 9 栏样品，最大的是第 2 栏样品。根据基于 UV 的回归方程将 UV_{280nm} 的吸光度换算成微生物生物量碳、氮的公式，可得使用 5 个月垫料的微生物生物量碳为 3374.83 ～ 4312.30mg/kg，最小的是 8 栏样品，最大的是第 1 栏样品，平均约为 3914.66mg/kg；而微生物生物量氮最小的是第 7 栏垫料，为 206.97mg/kg，最大的是第 2 栏样品，是 286.43mg/kg，平均约为 241.02mg/kg；与微生物生物量模型校准前的 ΔUV_{280nm} 变化趋势不一致，说明垫料的有机质、总碳、总氮的变化显著影响了 UV_{280nm} 吸光度的增量。

表 2-16　使用 5 个月垫料的微生物生物量碳、氮（MBC、MBN）

样品	有机质 /%	总碳 /（g/kg）	微生物生物量碳 /（mg / kg）	总氮 /（g/kg）	微生物生物量氮 /（mg / kg）
1	66.36	384.89	4312.30	6.91	213.60
2	64.62	374.83	4260.80	9.24	286.43
3	66.38	385.03	4290.27	8.34	248.36

续表

样品	有机质 /%	总碳 / (g/kg)	微生物生物量碳 / (mg / kg)	总氮 / (g/kg)	微生物生物量氮 / (mg / kg)
4	65.40	379.35	4270.62	7.50	232.67
5	58.52	339.41	3899.92	8.33	265.43
6	52.33	303.54	3410.54	8.29	247.08
7	54.69	317.23	3551.99	6.85	206.97
8	50.75	294.37	3374.83	8.33	258.88
9	57.00	330.60	3748.41	6.67	210.90
10	61.19	354.93	4026.95	7.64	239.86

2. 使用 7 个月垫料的微生物生物量碳、氮（MBC、MBN）

实验结果见表 2-17，10 个垫料样品中均含有较丰富的垫料有机质和总氮，其中垫料有机质含量均在 39% 以上，不同猪栏垫料的总碳含量差异相对明显，为 227.20 ～ 329.29g/kg，而总氮的含量差异并不明显，为 5.19 ～ 7.52g/kg。计算可知垫料微生物生物量碳（MBC）最大的是第 6 栏垫料样品，为 3645.21mg/kg，最小的为 2571.48mg/kg，变化幅度为 1073.73mg/kg；微生物生物量氮（MBN）为 159.69 ～ 216.86mg/kg，最大和最小的分别是第 3 栏和第 2 栏样品，变化幅度为 57.17mg/kg。

表 2-17　使用 7 个月垫料的微生物生物量碳、氮（MBC、MBN）

样品	有机质 /%	总碳 / (g/kg)	微生物生物量碳 / (mg / kg)	总氮 / (g/kg)	微生物生物量氮 / (mg / kg)
1	55.75	323.35	3599.90	6.06	182.48
2	50.04	290.26	3247.16	5.19	159.69
3	52.04	301.86	3353.18	7.42	216.86
4	48.23	279.76	3091.14	7.52	215.61
5	51.95	301.33	3315.93	5.85	168.96
6	56.77	329.29	3645.21	6.53	192.02
7	39.17	227.20	2571.48	6.95	208.28
8	46.79	271.40	3017.46	6.90	201.61
9	50.50	292.92	3288.55	7.00	210.87
10	42.16	244.55	2760.70	6.64	200.20

3. 使用 9 个月垫料的微生物生物量碳、氮（MBC、MBN）

实验结果见表 2-18，10 个猪栏垫料的有机质含量为 34.22% ～ 54.30%；总碳含量最大为 314.94g/kg，是 7 栏的垫料样品，最低的是第 9 栏，为 198.49g/kg；总氮含量为 4.13 ～ 7.92g/kg，平均约为 5.94g/kg。微生物生物量碳（MBC）在 2161.60 ～ 3414.21mg/kg 之间，微生物生物量氮（MBN）含量在 114.81 ～ 219.69mg/kg 之间。

表 2-18　使用 9 个月垫料的微生物生物量碳、氮（MBC、MBN）

样品	有机质 /%	总碳 /（g/kg）	微生物生物量碳 /（mg / kg）	总氮 /（g/kg）	微生物生物量氮 /（mg/kg）
1	53.39	309.69	3374.50	7.92	219.69
2	42.33	245.53	2669.32	6.62	182.38
3	47.20	273.78	2977.07	5.13	142.45
4	44.71	259.34	2817.92	4.13	114.81
5	48.40	280.74	3038.14	6.63	180.71
6	49.37	286.37	3113.35	4.88	135.73
7	54.30	314.94	3414.21	4.63	127.66
8	37.51	217.58	2372.61	5.61	155.89
9	34.22	198.49	2161.60	7.25	199.51
10	38.01	220.48	2394.82	6.62	181.72

4. 使用 16 个月垫料的微生物生物量碳、氮（MBC、MBN）

实验结果见表 2-19，有机质含量较低，平均约为 38.41%；总碳含量最低为 180.45g/kg，最高为 6 栏的 291.88g/kg；总氮含量为 5.33 ~ 7.51g/kg，最小的是第 10 栏样品，最大的是第 9 栏样品。计算可知使用 16 个月垫料的微生物生物量碳（MBC）平均约为 2496.49mg/kg，最小的是第 8 栏样品，为 2023.05mg/kg，最大的是第 6 栏，为 3220.74mg/kg；微生物生物量氮（MBN）最小的是第 10 栏垫料，为 153.12 mg/kg，最大的是第 3 栏，为 221.52mg/kg，平均约为 185.56 mg/kg；与微生物生物量模型校准前的 ΔUV_{280nm} 变化趋势不一致，说明垫料的有机质、总碳、总氮的变化显著影响了 UV_{280nm} 吸光度的增量。

表 2-19　使用 16 个月垫料的微生物生物量碳、氮（MBC、MBN）

样品	有机质 /%	总碳 /（g/kg）	微生物生物量碳 /（mg / kg）	总氮 /（g/kg）	微生物生物量氮 /（mg / kg）
1	47.73	276.83	3075.35	6.44	189.03
2	45.35	263.05	2937.22	6.80	200.59
3	32.60	189.10	2182.05	7.30	221.52
4	31.11	180.45	2063.95	5.70	173.96
5	33.31	193.18	2173.75	6.08	179.57
6	50.32	291.88	3220.74	5.35	156.58
7	39.20	227.38	2556.53	5.92	177.52
8	31.15	180.68	2023.05	6.38	185.04
9	40.89	237.18	2650.72	7.51	218.63
10	32.41	187.99	2081.55	5.33	153.12

六、不同使用时间垫料的微生物生物量、微生物生物量碳、微生物生物量氮的比较

实验结果见表 2-20，经氯仿熏蒸和未熏蒸的垫料在 280nm 紫外光吸光度下的吸光度差值 $abs_{差值}$和吸光度增量 ΔUV_{280nm} 从垫料使用 5 个月到 9 个月逐渐下降，如第 1 栏的 $abs_{差值}$从 0.437 降到 0.332 再到 0.096，ΔUV_{280nm} 从 $23.67\times10^{-3}g^{-1}$ 降到 $16.40\times10^{-3}g^{-1}$ 再到 $4.55\times10^{-3}g^{-1}$，到了使用 16 个月时 $abs_{差值}$和 $\Delta UV_{280\ nm}$ 都有所上升，第 1 栏的 $abs_{差值}$升到了 0.302，$\Delta UV_{280\ nm}$ 上升到了 $13.03\times10^{-3}g^{-1}$，其他各栏也有类似的变化规律，说明在垫料使用的短时间内（约 1 年），垫料在 280nm 紫外光吸光度下的吸光度差值和吸光度增量呈现逐渐下降趋势，之后又会上升。垫料的微生物生物量碳含量在一定使用时间内，随着使用时间的延长，呈现下降的趋势，如第 3 栏的微生物生物量碳从使用 5 个月到 16 个月的变化依次为：4290.27mg/kg → 3353.18mg/kg → 2977.07mg/kg → 2182.05mg/kg，这说明垫料有机质的显著变化会影响微生物生物量碳的变化。垫料的微生物生物量氮含量在一定使用时间内，随着使用时间的延长，变化规律不明显，4 个时间段的微生物生物量氮介于 127.66 ～ 265.43mg/kg 之间，这与不同垫料的总氮含量不同有显著关系。

表 2-20　不同使用时间垫料的微生物生物量、微生物生物量碳、微生物生物量氮

使用时间	样品	$abs_{差值}$	UV_{280nm}/（$10^{-3}g^{-1}$）	微生物生物量碳 /（mg/kg）	微生物生物量氮 /（mg/kg）
5 个月	1	0.437	23.67	4312.30	213.60
	3	0.315	20.08	4290.27	248.36
	5	0.546	35.65	3899.92	265.43
	7	0.460	19.17	3551.99	206.97
	9	0.418	27.09	3748.41	210.90
7 个月	1	0.332	16.40	3599.90	182.48
	3	0.343	14.18	3353.18	216.86
	5	0.243	9.36	3315.93	168.96
	7	0.436	17.91	2571.48	208.28
	9	0.385	19.02	3288.55	210.87
9 个月	1	0.096	4.55	3374.50	219.69
	3	0.070	3.08	2977.07	142.45
	5	0.021	0.93	3038.14	180.71
	7	0.046	1.96	3414.21	127.66
	9	0.071	2.72	2161.60	199.51
16 个月	1	0.302	13.03	3075.35	189.03
	3	0.474	21.28	2182.05	221.52
	5	0.312	13.30	2173.75	179.57
	7	0.462	15.35	2556.53	177.52
	9	0.398	13.57	2650.72	218.63

七、讨论与总结

对使用约 1.5 年内的垫料进行微生物生物量碳、氮的测定发现：新店 10 个猪栏不同使用时间垫料样品在 280nm 紫外光下测定的熏蒸和未熏蒸的吸光度变化大，不同使用时间的垫料其变化幅度有明显差异，说明垫料经熏蒸后吸光值增大；从发酵床垫料的含水量，以及垫料经氯仿熏蒸前后吸光度的差值，可知新店 10 个猪栏垫料的微生物生物量（用单位质量垫料的吸光度增量 ΔUV_{280nm} 表示）随着垫料使用时间的延长，出现先下降一年后又上升的变化趋势，这与不同发酵程度的垫料吸水性和含水率的变化有显著关系；垫料的微生物生物量碳含量随着使用时间的延长，呈现逐渐下降的趋势，如第 1 栏的微生物生物量碳从使用 5 个月到 16 个月的变化依次为：4312.30mg/kg → 3599.90mg/kg → 3374.50mg/kg → 3075.35mg/kg，这说明垫料有机质的显著变化会影响微生物生物量碳的变化。垫料的微生物生物量氮含量随着使用时间的延长，变化规律不明显，4 个时间点的微生物生物量氮变化介于 127.66 ～ 265.43mg/kg 之间，这与不同垫料的总氮含量不同有显著关系。

经过分析一定使用时间内垫料的微生物生物量碳、氮的变化规律，可知垫料的微生物生物量的大小对发酵床的良好运行起重要作用，新垫料的微生物生物量碳、氮含量比旧垫料的大，所以垫料使用时间短的发酵床对猪粪便尿液的分解速率快，对有机质降解和转化的动力大，会影响发酵床养分的循环和有效性，充分降解的垫料废弃后可以作为植物养分的重要来源，从而对植物养分转化、有机碳代谢和污染物降解具有极其重要的作用。

通过比较土壤的微生物生物量与垫料中的微生物的相似特征，借鉴土壤微生物生物量的测定方法，对新店不同使用时间的不同猪栏共 120 份垫料样品中的微生物生物量碳、氮的含量变化进行了研究，发现测量结果与垫料随时间延长的发酵程度的变化规律一致，说明运用氯仿熏蒸法测定发酵床的微生物生物量碳、氮的含量可信度较高，但要观察不同地区、不同配方的发酵床的微生物生物量碳、氮的变化规律，则需要大量的样本来验证这个方法的可靠性。

第四节 发酵床垫料微生物群落脂肪酸特性变化动态

一、概述

研究微生物群落结构多样性的传统方法多是采用琼脂培养法，但由于培养基的成分、微生物的生长温度和 pH 值的不同，会显著影响微生物的生长情况，而且约 99% 的微生物在普通培养基上是非可培养的，资料显示可培养微生物不到 1%，此外琼脂培养法工作量大而烦琐、容易受人为操作的影响，需要研究的样品量大，所以应用琼脂培养法得到的信息不能完全反映整个微生物环境状态。近些年通过核酸分析技术研究微生物群落的分子生物学方法，如 DGGE、SSCP 等，通过核酸序列测定得到环境样品中各种微生物的特征性核苷酸序列和菌落指纹来确定微生物的多样性及其分类地位，但只能检测到样品中数量高于 1% 的优势种群，对样品微生物群落结构只能进行定性分析，而不能确定微生物的具体含量。

目前基于现代生物化学技术发展起来的磷脂脂肪酸生物标记（PLFAs）分析方法，是依据微生物的群落结构变化的生物标记原理而发展起来的微生物生态学研究方法，是一种可靠、快捷的分析方法。由于磷脂几乎是所有微生物细胞膜的重要组成部分，在自然生理条件下含量相对恒定，不同微生物的磷脂脂肪酸种类和数量也不同，某些脂肪酸只特异性地存在于某种微生物的细胞膜中，磷脂在细胞死亡后迅速分解，代表了有活性的那部分细胞，适合于微生物群落的动态监测，又因 PLFAs 在进行气相色谱 - 质谱联用技术分析前要甲酯化生成脂肪酸甲酯（fatty acid methyl ester，FAME），所以 PLFAs 分析又称为 FAME 分析。PLFAs 法除广泛用于土壤微生物多样性的分析（时亚南 等，2007；唐莉娜 等，2008），地下水（Poerschmann et al.，2004）、沉积物（Findlay et al.，1989）、稻草发酵（喻曼 等，2007），以及与水处理相关的生物膜和菌胶团等微生物群落结构和功能。

本研究利用 PLFAs 法，运用美国 MIDI 公司开发的微生物鉴定自动化系统（sherlock microbial identification system，MIS），分析不同使用时间的养猪微生物发酵床垫料的微生物磷脂脂肪酸，探讨随着使用时间的延长，养猪微生物发酵床垫料的微生物群落结构的变化、微生物群落分布在零污染养殖技术中起着关键作用，对发酵床中的微生物进行动态分析具有重要的意义。

二、研究方法

1. 实验仪器

脂肪酸检测系统：采用美国 MIDI 公司生产的微生物自动鉴定系统，包括 Agilent 6890N 型气相色谱仪、全自动进样装置、石英毛细管柱及氢火焰离子化检测器、氢气、氮气、空气。

其他：研钵、滤纸、剪刀、50mL 离心管、移液管、水浴锅、离心机、干燥机、GC 小瓶。

2. 实验试剂

75% 酒精、10% 次氯酸钠、脂肪酸提取试剂、0.2mol/L 的 KOH 甲醇溶液、1.0mol/L 的冰醋酸溶液、正己烷、1 ∶ 1 的正己烷与甲基叔丁基醚混合液、细菌脂肪酸标样［BAME（Bacterial Acid Methyl Esters）Mix］、C19 ∶ 0 内标。

3. 微生物发酵床群落脂肪酸生物标记的检测步骤

PLFAs 的提取方法参考 Frostegård 等（1993）和 Kourtev 等（2002）的研究并略做修改。提取过程分脂肪酸的释放与甲酯化、溶液的中和、脂肪酸的萃取、脂肪酸的溶解 4 个步骤。具体操作如下：称取 10g 垫料于 50mL 离心管中，加入 15mL 0.2mol/L 的 KOH 甲醇溶液，充分振荡混匀 5min，于 37℃温浴 1h（每 10min 振荡样品 1 次，共 6 次）；加入 3mL 1.0mol/L 的冰醋酸溶液调节 pH 值，充分摇匀；加入 10 mL 正己烷充分摇匀，在 4℃、2000r/min 条件下离心 15min，打开管盖，利用移液管将上层正己烷相转入干净玻璃试管中，氮气吹干溶剂挥发（注意：此过程要小心，宁可少取有机相，绝不可吸入甲醇相，避免损坏气相色谱仪的色谱柱）；最后在玻璃管中加入 0.5mL 体积比为 1 ∶ 1 的正己烷和甲基叔丁基醚混合溶液，充分溶解 3 ～ 5min，转入 GC 小瓶，用于脂肪酸测定。

脂肪酸成分采用美国 Agilent 6890N 型气相色谱仪测定，用微生物自动分析仪（美国 MIDI 公司生产）分析。在下述色谱条件下平行分析脂肪酸甲酯混合物标样和待检样本：色谱柱 HP-ULTRA2，分流进样，进样量 1μL，分流比为 100 ∶ 1，载气（H_2）流速为 2mL/min，尾吹气（N_2）流速为 30mL/min。二阶程序升高柱温：以 5℃/min 的速率使柱温由 170℃升温至 260℃；再以 40℃/min 的速率升温至 310℃，保持 90s。气化室温度为 250℃，检测器温度为 300℃，柱前压 10.00psi（1psi = 6.895kPa）。

4. 微生物发酵床群落脂肪酸生物标记总量和种类的比较

选取 1、3、5、7、9 栏分析，将不同使用时间的 5 个猪栏垫料的微生物脂肪酸生物标记分别计算总和，以各猪栏微生物脂肪酸生物标记的平均总量代表微生物群落总量，作图比较不同使用时间下垫料微生物群落总量和种类的变化，分析处理效果。

5. 微生物发酵床群落脂肪酸生物标记的检测

选取 1、3、5、7、9 栏分析，以不同猪栏为指标，以脂肪酸生物标记为样本，构建表格，总体分析各脂肪酸生物标记在不同使用时间垫料中的分布。

6. 不同使用时间垫料的脂肪酸种类和含量比较

选取不同使用时间、平均每个猪栏（1、3、5、7、9 栏）的垫料中都分布的，且已有文献报道的指示菌株的脂肪酸生物标记的百分含量在不同使用时间的垫料中比较作图，观察各使用时间垫料的脂肪酸生物标记含量变化。

7. 微生物发酵床群落脂肪酸生物标记的聚类分析

以垫料的使用时间为指标，选取不同使用时间、平均每个猪栏（1、3、5、7、9 栏）的垫料中都分布的，且已有文献报道的指示菌株的脂肪酸生物标记，它们在不同猪栏的平均含量为样本，构建数据矩阵，将数据进行规格化处理，马氏距离为聚类尺度，用可变类平均法对数据进行系统聚类，分析各类的特点。

8. 微生物发酵床群落脂肪酸生物标记非线性映射分析

非线性映射分析是一种几何降维的方法，即将高维变量归纳为少数几个综合变量，使综合指标能够最大限度地表达原来多个指标的信息，在很大程度上克服了聚类分析的不足。目前非线性映射分析主要应用于医学、地质学等高精度领域。本研究以垫料的使用时间为样本，以垫料的各脂肪酸生物标记在不同猪栏的平均含量为变量，构建数据矩阵，对脂肪酸生物标记 PLFAs 值采用取对数的数据转换方式后，进行非线性映射分析。

三、微生物发酵床垫料群落脂肪酸生物标记总量和种类的比较

实验结果见图 2-11，将不同使用时间猪栏垫料的微生物脂肪酸生物标记分别计算总和及种类数量，以每栏平均微生物脂肪酸生物标记的总量代表微生物群落总量。选取 1、3、

5、7、9 栏的垫料进行分析。在垫料使用 16 个月时间内，各猪栏垫料样品微生物标记脂肪酸平均含量的变化呈现先上升后下降的趋势，使用 5 个月垫料的生物标记脂肪酸含量最低，PLFAs 数量为 2273884，7 个月为 4495753、9 个月为 5165258、16 个月为 2750095。微生物脂肪酸生物标记种类较多，其中最多的是使用 7 个月的垫料，有 78 种；其后依次是 5 个月的有 75 种，9 个月的有 70 种；最少的是使用 16 个月的垫料，为 64 种。4 个时间段的微生物脂肪酸标记含量差异极显著（$P<0.01$），说明垫料的使用时间对其微生物群落影响显著。

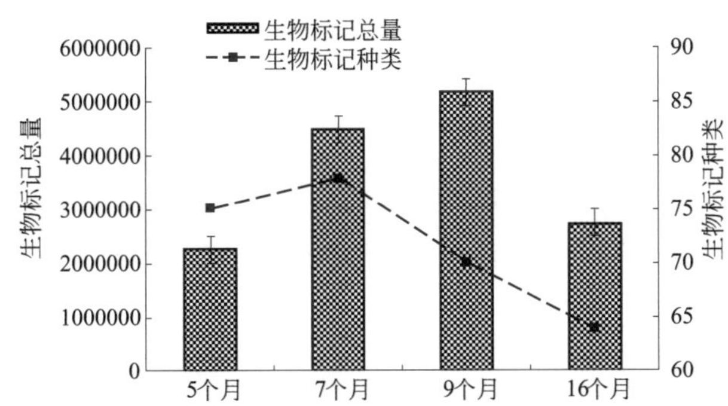

图 2-11　不同使用时间垫料的脂肪酸生物标记总量和种类变化

四、不同使用时间的垫料中微生物磷脂脂肪酸生物标记的分布

不同使用时间的垫料中脂肪酸生物标记（PLFAs）检测结果表明猪舍垫料的 PLFAs 种类丰富，其含有各种饱和的、不饱和的、分支的及环状的脂肪酸。其中，有好氧细菌 PLFAs 生物标记，如 *i*20 ：0、*a*15 ：0、*i*15 ：0；有革兰氏阳性菌 PLFAs 生物标记，如 *a*16 ：0；有革兰氏阴性菌 PLFAs 生物标记，如 17 ：1 *ω*8*c*、cy17 ：0、*i*15 ：0 3OH；有放线菌 PLFAs 生物标记，如 10Me 18 ：0。

1. 使用 5 个月的垫料中微生物磷脂脂肪酸生物标记的分布

实验结果见表 2-21。从 1、3、5、7、9 栏使用 5 个月的垫料中检测到 75 个脂肪酸生物标记，指示着不同类群的微生物，包括细菌、真菌、放线菌、原生生物等，不同脂肪酸生物标记在各猪栏的垫料中的分布有 6 种类型。① 生物标记数量小，PLFAs 数量在 5000 以下，在各猪栏样品中为不完全分布。如脂肪酸 *a*15 ：1A 指示着细菌，分布在第 1、3、5、9 栏样品；*i*20 ：0 指示着耗氧细菌，仅在第 3 栏样品中有分布；类似分布的标记还有 8 ：0 3OH、11 ：0 3OH、*i*12 ：0 3OH、*i*13 ：0 3OH、14 ：0 2OH、*i*14 ：1E、16 ：1 *ω*7*c* alcohol。② 生物标记数量小，PLFAs 数量在 5000 以下，在各猪栏样品中为完全分布，共有 4 种生物标记，分别为 *i*11 ：0、10 ：0、13 ：0 和 13 ：1 AT 12-13。③ 生物标记数量中等，PLFAs 数量在 5000 ～ 50000 之间，在各猪栏样品中为不完全分布。共有 16 种生物标记，如脂肪酸 *i*15 ：0 3OH 指示细菌，分布在第 1、3、5 栏样品；11Me 18 ：1 *ω*7*c* 指示纤维菌属，分布在第 1、3、7 栏样品中；类似分布的还有 12 ：0 3OH（细菌）、*i*15 ：1F、*i*15 ：0 3OH（细菌）、16 ：0 3OH、*i*16 ：0 3OH、17 ：0 2OH 等。④ 生物标记数量中等，PLFAs 数量在 5000 ～ 50000 之间，在各猪栏样品中完全分布，共有 29 种生物标记，如 *i*11 ：0 3OH

和 14 ：1ω5c 分别指示细菌和假单胞杆菌，在 5 个猪栏的垫料中完全分布；类似的还有 10 ：0 3OH、12 ：1 3OH、14 ：0（细菌）、15 ：0 2OH（耗氧细菌）、*a*16 ：0、16 ：0 N alcohol（莫拉氏菌属）、16 ：1 2OH（雷尔氏菌属）等。⑤ 生物标记数量大，PLFAs 数量在 50000 ～ 500000 之间，在各猪栏中不完全分布，共有 6 种生物标记，如 10Me 16 ：0 指示硫酸盐还原细菌，分布在第 1、3、7、9 栏；类似分布的还有 17 ：0 3OH、*i*17 ：0 3OH、*i*17 ：1 ω9c、*i*18 ：0、*a*19 ：0。⑥ 生物标记数量大，PLFAs 数量在 50000 ～ 500000 之间，在各猪栏样品中完全分布，共有 11 种生物标记，如 *i*15 ：0 指示耗氧细菌，数量在 63427 ～ 165693 之间，在各猪栏样品中均有分布，类似分布的有 16 ：0（假单胞杆菌）、cy17 ：0（细菌 G^+）、*i*17 ：0（耗氧细菌）、18 ：0（氢杆菌属）等。

表 2-21　使用 5 个月垫料的脂肪酸生物标记在部分猪栏的分布

序号	生物标记	微生物类型	第 1 栏	第 3 栏	第 5 栏	第 7 栏	第 9 栏
1	8 ：0 3OH		567	0	0	0	0
2	10 ：0		1182	2447	929	618	582
3	10 ：0 3OH		37645	42238	72003	10373	10140
4	*i*11 ：0	细菌（bacteria in general）	2018	1948	714	940	772
5	11 ：0 3OH		4028	3894	0	1555	1424
6	*i*11 ：0 3OH	细菌 G^+（Gram-positive bacteria）	15453	15169	16286	4058	3722
7	12 ：0	细菌（bacteria in general）	19874	13668	14549	10409	8594
8	12 ：0 2OH		7503	7483	10573	2255	2831
9	12 ：0 3OH	细菌 G^+（Gram-positive bacteria）	7916	15027	6440	3091	0
10	*i*12 ：0 3OH		0	798	0	0	0
11	12 ：1 3OH		43499	58594	191299	18635	24482
12	13 ：0		2806	2327	1760	1796	1416
13	*i*13 ：0	黄杆菌属（*Flavobacterium*）	5633	3887	3285	3333	2614
14	*i*13 ：0 3OH		6041	2534	1466	560	0
15	13 ：1AT 12-13		4624	2848	1730	1569	1829
16	14 ：0	细菌（bacteria in general）	44703	45042	40716	35193	28594
17	14 ：0 2OH		0	3137	0	0	0
18	*i*14 ：0	耗氧细菌 G^+（aerobes G^+）	22272	18583	25816	13203	9538
19	*i*14 ：1 E		3061	3388	0	1091	0
20	14 ：1 ω5c	假单胞杆菌（*Pseudomonas* sp.）	14534	6995	7941	4623	3833
21	15 ：0		53812	40550	32626	28085	25689
22	*a*15 ：0	耗氧细菌 G^+（aerobes G^+）	61611	66712	50364	38269	42500
23	*i*15 ：0	耗氧细菌 G^+（aerobes G^+）	165693	118270	98943	84998	63427
24	*a*15 ：1 A	细菌 G^+（Gram-positive bacteria）	4062	3500	1661	0	934

续表

序号	生物标记	微生物类型	第1栏	第3栏	第5栏	第7栏	第9栏
25	*i*15：1 F		0	6241	0	0	0
26	*i*15：1 G	细菌（bacteria in general）	19578	11779	9521	8330	7783
27	15：1 *ω*8*c*		19636	15938	45790	5706	9857
28	15：0 2OH	耗氧细菌 G^+（aerobes G^+）	25427	18020	8007	15909	7941
29	15：0 3OH	耗氧细菌 G^+（aerobes G^+）	15920	24040	10608	14163	13126
30	*i*15：0 3OH	细菌 G^-（Gram-negative bacteria）	36078	49241	27327	0	0
31	16：0	假单胞杆菌（*Pseudomonas* sp.）	494577	400137	414754	338679	281328
32	*a*16：0	细菌 G^+（Gram-positive bacteria）	17867	26714	10908	13762	18434
33	*i*16：0	细菌 G^+（Gram-positive bacteria）	64523	45087	39056	30758	25244
34	16：0 N alcohol	莫拉氏菌属（*Moraxella*）	17886	14546	5929	11398	6335
35	16：1 2OH	雷尔氏菌属（*Ralstonia*）	12300	7879	10096	12474	3799
36	16：0 3OH	细菌 G^-（Gram-negative bacteria）	0	6169	0	0	0
37	*i*16：0 3OH		0	9458	0	0	2410
38	*i*16：1 G	雷尔氏菌属（*Ralstonia*）	0	0	0	0	5724
39	*i*16：1 H		11558	0	0	5439	0
40	16：1 *ω*5*c*	甲烷氧化菌（methane-oxidizing bacterial）	92344	46155	27550	31475	20947
41	16：1 *ω*9*c*	细菌 G^-（Gram-negative bacteria）	23907	18443	12768	20242	6747
42	16：1 *ω*7*c* alcohol		4282	0	1218	0	0
43	10Me 16：0	硫酸盐还原细菌（G^+）（sulfate-reducing bacteria）	110904	86529	0	72156	44288
44	17：0	节杆菌属（*Arthrobacter*）	31670	20099	31327	20391	17057
45	cy17：0	细菌 G^-（Gram-negative bacteria）	51439	43784	77664	39262	39468
46	*a*17：0	细菌 G^+（Gram-positive bacteria）	38571	34651	27480	25544	35560
47	*i*17：0	耗氧细菌 G^+（aerobes G^+）	70431	51902	41486	50137	24846
48	17：0 2OH		26669	0	0	0	0
49	17：0 3OH	细菌 G^+（Gram-positive bacteria）	0	0	0	52608	0
50	*i*17：0 3OH	细菌 G^-（Gram-negative bacteria）	0	137747	0	0	71386
51	10Me 17：0	放线菌（*Actinobacteria*）	33374	10933	11278	12823	2665
52	17：1 *ω*8*c*	细菌 G^-（Gram-negative bacteria）	30562	16801	25281	18247	9597
53	*i*17：1 *ω*9*c*	细菌（bacteria in general）	0	0	50078	0	0
54	*i*17：1 *ω*10*c*		0	0	15721	0	0
55	18：0	氢杆菌属（*Hydrogenobacter*）	94134	69798	73547	84915	53420
56	*i*18：0	细菌 G^+（Gram-positive bacteria）	87405	0	93820	0	0

续表

序号	生物标记	微生物类型	第1栏	第3栏	第5栏	第7栏	第9栏
57	18 ：0 2OH		0	0	0	47910	27751
58	18 ：0 3OH		18922	7242	21538	17835	0
59	18 ：1 2OH	细菌 G^+（Gram-positive bacteria）	0	3712	82415	0	0
60	10Me 18 ：0	放线菌（*Actinobacteria*）	67001	47612	87372	60655	31069
61	18 ：1 *ω6c*		0	0	0	30927	0
62	18 ：1 *ω7c*	假单胞杆菌（*Pseudomonas* sp.）	159353	147551	175610	123821	83661
63	18 ：1 *ω9c*	真菌（fungi）	279501	206070	193385	198072	114565
64	11Me 18 ：1 *ω7c*	纤维单胞菌属（*Cellulomonas*）	50621	49607	0	41786	0
65	18 ：3 *ω6c*（6，9，12）	真菌（fungi）	14954	9771	14347	18840	7546
66	19 ：0	细菌（bacteria in general）	96754	75793	89129	85800	70284
67	*a*19 ：0		15555	0	0	0	0
68	*i*19 ：0	细菌（bacteria in general）	27910	14284	25042	40064	12197
69	*i*19 ：1 I		0	17552	87815	0	29229
70	cy19 ：0 *ω8c*	洋葱伯克氏菌（*Burkholderia cepacia*）	104112	52315	79415	48005	30847
71	20 ：0	细菌（bacteria in general）	53690	7101	35666	42173	11088
72	*i*20 ：0	耗氧细菌 G^+（Aerobes G^+）	0	2502	0	0	0
73	20 ：1 *ω7c*		69111	21222	24175	0	7027
74	20 ：1 *ω9c*	海洋嗜热解氢菌（*Hydrogenothermus marinus*）	19305	5085	20747	17778	7059
75	20 ：4 *ω*6，9，12，15*c*	原生生物（protozoa）	63168	37543	59268	52209	19399

注：*i*、*a*、cy 和 Me 分别表示异、反异、环丙基和甲基分枝脂肪酸；*ω*、*c* 和 *t* 分别表示脂肪端、顺式空间构造和反式空间构造，下同。

2. 使用 7 个月的垫料中微生物磷脂脂肪酸生物标记的分布

实验结果见表 2-22。从 1、3、5、7、9 栏使用 7 个月的垫料中检测到 78 个脂肪酸生物标记。不同脂肪酸生物标记在各猪栏垫料中的分布有 6 种类型。① 生物标记数量小，PLFAs 数量在 5000 以下，在各猪栏中为不完全分布，如脂肪酸 10 ：0 2OH 只在第 5 栏样品有分布，类似分布的标记还有 10 ：0、11 ：0 等。② 生物标记数量小，PLFAs 数量在 5000 以下，在各猪栏样品中为完全分布，有 1 种，即脂肪酸 *i*11 ：0（细菌）。③ 生物标记数量中等，PLFAs 数量在 5000 ～ 50000 之间，在各猪栏样品中为不完全分布。共有 18 种生物标记，如 12 ：0 指示着细菌，分布在第 1、3、7 栏样品。④ 生物标记数量中等，PLFAs 数量在 5000 ～ 50000 之间，在各猪栏样品中为完全分布，共有 15 种，如 10 ：0 3OH、*i*11 ：0 3OH（细菌）、*i*13 ：0（黄杆菌属）、*i*14 ：0 3OH（细菌）等。⑤ 生物标记数量大，PLFAs 数量在 50000 ～ 500000 之间，在各猪栏样品中为不完全分布，共有 12 种，如脂肪酸 *i*20 ：0

指示着耗氧细菌，分布在第3栏样品中，类似分布的还有 *a*17 ： 1 *ω*9*c*（假单胞杆菌）、*i*18 ： 0(细菌)、18 ： 1 *ω*9*c*(真菌)、18 ： 3 *ω*6*c*（6，9，12)(真菌)等。⑥生物标记数量大，PLFAs数量在50000～500000之间，在各猪栏样品中为完全分布，共有27种，如14 ： 0和 *i*16 ： 0都指示着细菌，在各猪栏样品中均有分布，类似分布的有 *i*14 ： 0（耗氧细菌）、*i*15 ： 0（耗氧细菌）、16 ： 0（假单胞杆菌）、10Me 16 ： 0（硫酸盐还原细菌）、16 ： 0 N alcohol（莫拉氏菌属）、16 ： 1 *ω*5*c*（甲烷氧化菌）等。

表2-22 使用7个月垫料的脂肪酸生物标记在部分猪栏的分布

序号	生物标记	微生物类型	第1栏	第3栏	第5栏	第7栏	第9栏
1	10 ： 0		0	1589	0	1359	2081
2	10 ： 0 2OH		0	0	515	0	0
3	10 ： 0 3OH		13243	13229	3887	7722	23292
4	11 ： 0		0	4690	0	0	0
5	*i*11 ： 0	细菌（bacteria in general）	1782	1222	157	1573	1887
6	11 ： 0 3OH		7760	4717	1917	2719	0
7	*i*11 ： 0 3OH	细菌 G^+（Gram-positive bacteria）	7528	4992	1666	3141	5887
8	12 ： 0	细菌（bacteria in general）	38267	44056	0	13674	0
9	12 ： 0 2OH		12186	5840	3263	1784	9391
10	12 ： 0 3OH	细菌 G^+（Gram-positive bacteria）	24557	22313	0	2925	0
11	*i*12 ： 0 3OH		0	0	1265	0	6166
12	12 ： 1 3OH		38224	28568	32241	14873	50440
13	12 ： 1 AT 11-12		5616	4150	0	0	0
14	13 ： 0		14073	20309	2786	2107	5955
15	*i*13 ： 0	黄杆菌属（*Flavobacterium*）	11844	8911	4185	4973	8797
16	13 ： 0 2OH		32568	17533	13500	4912	31006
17	*i*13 ： 0 3OH		19271	11060	3705	2005	13397
18	13 ： 1 AT 12-13		11921	5886	1873	874	8040
19	14 ： 0	细菌（bacteria in general）	110374	179464	43605	34917	58050
20	*i*14 ： 0	耗氧细菌 G^+（aerobes G^+）	59049	84636	24535	19608	34771
21	14 ： 0 2OH		32245	15148	0	0	0
22	*i*14 ： 0 3OH	细菌 G^-（Gram-negative bacteria）	18921	5849	734	1245	11354
23	14 ： 1 *ω*5*c*	假单胞杆菌（*Pseudomonas* sp.）	9529	4306	6953	2676	17528
24	*i*14 ： 1E		7065	0	0	0	0
25	15 ： 0		93234	141653	29569	22059	47980
26	*i*15 ： 0	耗氧细菌 G^+（aerobes G^+）	264064	260508	139155	136826	178057
27	*a*15 ： 0	耗氧细菌 G^+（aerobes G^+）	129462	201398	74177	55407	96704
28	15 ： 0 2OH	耗氧细菌 G^+（aerobes G^+）	60120	22230	9709	5647	43209

续表

序号	生物标记	微生物类型	第1栏	第3栏	第5栏	第7栏	第9栏
29	15 ∶ 0 3OH	耗氧细菌 G$^+$(aerobes G$^+$)	0	0	10468	9036	0
30	15 ∶ 1 *ω6c*		0	12627	0	0	0
31	15 ∶ 1 *ω8c*		33029	18773	14065	7989	30606
32	*i*15 ∶ 1 F		18190	0	0	0	0
33	*i*15 ∶ 1 G	细菌（bacteria in general）	46884	37252	26335	18650	55803
34	16 ∶ 0	假单胞杆菌（*Pseudomonas* sp.）	946626	1670000	394166	314947	506472
35	*i*16 ∶ 0	细菌 G$^+$（Gram-positive bacteria）	92326	114717	57429	43999	88410
36	*a*16 ∶ 0	细菌 G$^+$（Gram-positive bacteria）	37042	33590	14006	6362	34301
37	10Me 16 ∶ 0	硫酸盐还原细菌 G$^+$（sulfate-reducing bacteria）	208247	206205	112898	87889	158582
38	16 ∶ 0 2OH	细菌 G$^+$（Gram-positive bacteria）	34603	0	0	0	0
39	16 ∶ 0 3OH	细菌 G$^-$（Gram-negative bacteria）	30455	56567	0	0	0
40	16 ∶ 1 2OH	雷尔氏菌属（*Ralstonia*）	49623	0	6456	7080	34494
41	*i*16 ∶ 0 3OH		0	60575	0	0	0
42	*i*16 ∶ 1 H		39543	0	12801	10589	42512
43	16 ∶ 1*ω7c* alcohol		0	21907	0	0	0
44	16 ∶ 0 N alcohol	莫拉氏菌属（*Moraxella*）	65162	128590	6849	4842	26170
45	16 ∶ 1 *ω5c*	甲烷氧化菌（methane-oxidizing bacterial）	110800	71443	96904	64414	117829
46	16 ∶ 1 *ω9c*	细菌 G$^-$（Gram-negative bacteria）	89350	119356	13474	16844	33416
47	17 ∶ 0	节杆菌属（*Arthrobacter*）	97743	103415	23913	19366	63683
48	*i*17 ∶ 0	耗氧细菌 G$^+$(Aerobes G$^+$)	145257	127547	53333	47658	83149
49	*a*17 ∶ 0	细菌 G$^+$（Gram-positive bacteria）	77726	80260	36393	23221	77342
50	cy17 ∶ 0	细菌 G$^-$（Gram-negative bacteria）	169770	134392	54934	54345	100919
51	17 ∶ 0 3OH	细菌 G$^+$（Gram-positive bacteria）	105558	240933	19084	4166	53334
52	*i*17 ∶ 0 3OH	细菌 G$^-$（Gram-negative bacteria）	0	0	21513	0	0
53	17 ∶ 1 *ω8c*	细菌 G$^-$（Gram-negative bacteria）	81829	81123	22720	14037	51987
54	*a*17 ∶ 1 *ω9c*	假单胞杆菌（*Pseudomonas* sp.）	0	68464	0	0	0
55	10Me 17 ∶ 0	放线菌（*Actinobacteria*）	51233	0	10783	10634	36947
56	18 ∶ 0	氢杆菌属（*Hydrogenobacter*）	257530	303538	89763	61710	132309
57	*i*18 ∶ 0	细菌 G$^+$（Gram-positive bacteria）	106566	0	0	0	0
58	18 ∶ 0 3OH		60237	80274	17991	5885	40903
59	18 ∶ 1 2OH	细菌 G$^+$（Gram-positive bacteria）	0	0	19341	0	0
60	10Me 18 ∶ 0	放线菌（*Actinobacteria*）	172166	588189	48989	34989	93343
61	18 ∶ 1 *ω5c*		129277	0	0	19249	0

续表

序号	生物标记	微生物类型	第 1 栏	第 3 栏	第 5 栏	第 7 栏	第 9 栏
62	18 ：1 *ω6c*		0	218950	0	0	0
63	18 ：1 *ω7c*	假单胞杆菌（*Pseudomonas* sp.）	457541	778277	194670	148305	297758
64	18 ：1 *ω9c*	真菌（fungi）	606844	0	213992	174033	285534
65	*i*18 ：1 H		40931	0	0	0	0
66	18 ：3 *ω6c*（6，9，12）	真菌（fungi）	64654	111155	0	0	0
67	11Me18 ：1 *ω7c*	纤维单胞菌属（*Cellulomonas*）	143414	0	36396	14213	54230
68	19 ：0	细菌（bacteria in general）	110492	147794	49179	21783	79957
69	*i*19 ：0	细菌（bacteria in general）	119091	196691	9715	2544	26497
70	*a*19 ：0		0	114005	0	0	0
71	*i*19 ：1 I		109063	0	15955	2603	54317
72	cy19 ：0 *ω8c*	洋葱伯克氏菌（*Burkholderia cepacia*）	178682	174488	68739	47743	113799
73	20 ：0	细菌（bacteria in general）	149414	163085	40235	18186	106223
74	*i*20 ：0	耗氧细菌 G^+（aerobes G^+）	0	124430	0	0	0
75	20 ：1 *ω7c*		159017	174151	0	13549	46783
76	20 ：1 *ω9c*	海洋嗜热解氢菌（*Hydrogenothermus marinus*）	56992	62619	19789	7119	41363
77	20 ：2 *ω6*，*9c*		39444	99914	0	0	26428
78	20 ：4 *ω6*，9，12，15*c*	原生生物（protozoa）	157059	193951	62075	17944	130855

3. 使用 9 个月的垫料中微生物磷脂脂肪酸生物标记的分布

实验结果见表 2-23。从 1、3、5、7、9 栏使用 9 个月的垫料中检测到 70 个脂肪酸生物标记。不同脂肪酸生物标记在各猪栏的垫料中的分布有 5 种类型。① 生物标记数量小，PLFAs 数量在 5000 以下，在各猪栏样品中为不完全分布，共有 7 种生物标记，如脂肪酸 14 ：0 2OH 仅在第 5 栏样品中有分布，类似的还有 10 ：0、10 ：0 2OH、*i*12 ：0 等。② 生物标记数量小，PLFAs 数量在 5000 以下，在各猪栏样品中为完全分布，共有 2 种，分别为脂肪酸 11 ：0 3OH、*i*11 ：0。③ 生物标记数量中等，PLFAs 数量在 5000 ～ 50000 之间，在各猪栏样品中为不完全分布，共有 12 种生物标记，如脂肪酸 15 ：0 3OH 指示耗氧细菌，分布在第 1、9 栏样品。④ 生物标记数量中等，PLFAs 数量在 5000 ～ 50000 之间，在各猪栏样品中为完全分布，共有 28 种生物标记，如脂肪酸 *i*11 ：0 3OH 和 12 ：0 都指示着细菌，在各猪栏样品中都有分布。⑤ 生物标记数量大，PLFAs 数量在 50000 ～ 500000 之间，在各猪栏样品中为完全分布，共有 21 种生物标记，如脂肪酸 14 ：0、cy17 ：0 都指示着细菌，类似分布的还有 *a*15 ：0、16 ：0、*i*16 ：0 等。

表 2-23 使用 9 个月垫料的脂肪酸生物标记在部分猪栏的分布

序号	生物标记	微生物类型	第 1 栏	第 3 栏	第 5 栏	第 7 栏	第 9 栏
1	10：0		0	215	2670	0	2593
2	10：0 2OH		1779	1475	0	1447	0
3	10：0 3OH		7178	5577	60529	5788	30063
4	*i*11：0	细菌（bacteria in general）	916	957	2300	595	1198
5	11：0 3OH		4689	4860	8283	4523	2351
6	*i*11：0 3OH	细菌 G^+（Gram-positive bacteria）	5975	3806	11131	4420	8049
7	12：0	细菌（bacteria in general）	12502	19324	24431	13318	19712
8	*i*12：0		790	1533	0	2445	0
9	12：0 2OH		4824	3600	6490	7581	3188
10	12：0 3OH	细菌 G^+（Gram-positive bacteria）	20460	11231	21010	17632	7118
11	12：1 3OH		30957	24712	68659	38767	38459
12	*i*12：0 3OH		838	0	1488	0	0
13	12：1 AT 11-12		0	0	0	2346	0
14	13：0		4116	4110	5375	6670	2086
15	*i*13：0	黄杆菌属（*Flavobacterium*）	7238	7619	12017	10358	5838
16	13：0 2OH		15609	10871	23355	24874	10876
17	*i*13：0 3OH		5282	1643	6947	9832	2506
18	13：1 AT 12-13		1303	1270	2392	3277	950
19	14：0	细菌（bacteria in general）	86233	74818	89965	87435	46503
20	*i*14：0	耗氧细菌 G^+（aerobes G^+）	40519	36030	52036	51189	27079
21	14：0 2OH		0	0	4073	0	0
22	14：1 *ω*5*c*	假单胞杆菌（*Pseudomonas* sp.）	14428	6985	15363	11671	9529
23	15：0		66159	57148	68243	76335	32500
24	*i*15：0	耗氧细菌 G^+（aerobes G^+）	387113	327980	437661	343466	216913
25	*a*15：0	耗氧细菌 G^+（aerobes G^+）	157657	150284	182184	173258	86044
26	15：0 2OH	耗氧细菌 G^+（aerobes G^+）	28077	27451	35201	65537	15433
27	15：0 3OH	耗氧细菌 G^+（aerobes G^+）	31839	0	0	0	15521
28	*i*15：0 3OH	细菌 G^-（Gram-negative bacteria）	46482	31304	47855	71582	17162
29	*i*15：1 G	细菌（bacteria in general）	54430	43595	60509	63913	28133
30	15：1 *ω*8*c*		15046	10174	20785	23172	13734
31	16：0	假单胞杆菌（*Pseudomonas* sp.）	958877	902317	917318	894190	485451
32	*i*16：0	细菌 G^+（Gram-positive bacteria）	149351	141139	155415	164083	75514
33	*a*16：0	细菌 G^+（Gram-positive bacteria）	51399	50528	50363	63642	22674
34	16：0 2OH	细菌 G^+（Gram-positive bacteria）	14003	0	10385	0	0
35	16：0 3OH	细菌 G^-（Gram-negative bacteria）	19650	0	16786	0	0
36	16：1 2OH	雷尔氏菌属（*Ralstonia*）	26301	24070	31577	64334	14203
37	*i*16：0 3OH		20541	0	0	0	0

续表

序号	生物标记	微生物类型	第 1 栏	第 3 栏	第 5 栏	第 7 栏	第 9 栏
38	16 ：0 N alcohol	莫拉氏菌属（*Moraxella*）	22766	16760	17091	38385	9678
39	*i*16 ：1 H		0	38726	28283	64507	18994
40	16 ：1 *ω*7*c* alcohol		0	0	0	9893	0
41	16 ：1 *ω*5*c*	甲烷氧化菌（methane-oxidizing bacterial）	175918	176101	372271	216497	118826
42	16 ：1 *ω*9*c*	细菌 G^-（Gram-negative bacteria）	47815	39112	39285	53887	28970
43	10Me 16 ：0	硫酸盐还原细菌 G^+（sulfate-reducing bacteria）	281747	256651	355169	340839	157140
44	17 ：0	节杆菌属（*Arthrobacter*）	54501	55398	62450	107535	34094
45	*i*17 ：0	耗氧细菌 G^+（aerobes G^+）	159360	152536	208665	198000	89452
46	*a*17 ：0	细菌 G^+（Gram-positive bacteria）	102849	107474	109211	135362	50166
47	cy17 ：0	细菌 G^-（Gram-negative bacteria）	167084	144894	173673	224209	83506
48	17 ：0 3OH	细菌 G^+（Gram-positive bacteria）	36666	35936	35108	91506	0
49	*i*17 ：0 3OH	细菌 G^-（Gram-negative bacteria）	0	0	78768	175178	0
50	17 ：1 *ω*8*c*	细菌 G^-（Gram-negative bacteria）	49828	49795	49319	94616	30621
51	10Me 17 ：0	放线菌（*Actinobacteria*）	60695	48983	41501	89138	16546
52	18 ：0	氢杆菌属（*Hydrogenobacter*）	196396	191751	197520	245730	106475
53	*i*18 ：0	细菌 G^+（Gram-positive bacteria）	72741	61753	115421	195931	72521
54	18 ：0 2OH		0	0	39409	139649	32847
55	18 ：0 3OH		15187	14342	20461	59219	7302
56	18 ：1 *ω*5*c*		0	0	61221	0	0
57	18 ：1 *ω*7*c*	假单胞杆菌（*Pseudomonas* sp.）	389676	362795	374621	473810	224213
58	18 ：1 *ω*9*c*	真菌（fungi）	538682	536626	463093	499622	238095
59	18 ：3 *ω*6*c*（6，9，12）	真菌（fungi）	23213	19150	0	0	12119
60	10Me18 ：0	放线菌（*Actinobacteria*）	144985	158413	120015	149498	57439
61	11Me 18 ：1 *ω*7*c*	纤维单胞菌属（*Cellulomonas*）	46848	35500	54728	90899	34016
62	19 ：0	细菌（bacteria in general）	47603	39803	41264	97765	40598
63	*i*19 ：0	细菌（bacteria in general）	20648	22734	19406	50903	11624
64	*i*19 ：1I		30868	24209	0	56929	15972
65	cy19 ：0 *ω*8*c*	洋葱伯克氏菌（*Burkholderia cepacia*）	192478	156176	208952	196430	86682
66	20 ：0	细菌（bacteria in general）	30168	20990	21166	96650	12703
67	*i*20 ：0	耗氧细菌 G^+（aerobes G^+）	0	0	2552	0	0
68	20 ：1 *ω*7*c*		29003	19165	11309	61251	8327
69	20 ：1 *ω*9*c*	海洋嗜热解氢菌（*Hydrogenothermus marinus*）	15328	15837	18069	62267	9228
70	20 ：4 *ω*6，9，12，15*c*	原生生物（protozoa）	104674	88403	96814	179951	56481

4. 使用 16 个月的垫料中微生物磷脂脂肪酸生物标记的分布

实验结果见表 2-24。从 1、3、5、7、9 栏使用 16 个月的垫料中检测到 64 个脂肪酸生物标记。不同脂肪酸生物标记在各猪栏的垫料中的分布有 5 种类型。① 生物标记数量小，PLFAs 数量在 5000 以下，在各猪栏样品中为不完全分布，共有 4 种生物标记，分别为脂肪酸 10 ∶ 0 2OH、11 ∶ 0、12 ∶ 1 AT 11-12 和 *i*13 ∶ 0 3OH。② 生物标记数量小，PLFAs 数量在 5000 以下，在各猪栏样品中完全分布，共有 4 种。③ 生物标记数量中等，PLFAs 数量在 5000 ～ 50000 之间，在各猪栏样品中为不完全分布，共有 13 种生物标记，如脂肪酸 12 ∶ 0 3OH 指示着细菌，分布在第 1、3、5、9 栏样品。④ 生物标记数量中等，PLFAs 数量在 5000 ～ 50000 之间，在各猪栏样品中为完全分布，共有 29 种生物标记，如脂肪酸 12 ∶ 0、14 ∶ 0 和 *a*16 ∶ 0 都指示着细菌，在各猪栏样品中都有分布。⑤ 生物标记数量大，PLFAs 数量在 50000 ～ 500000 之间，在各猪栏样品中为完全分布，共有 14 种生物标记，如脂肪酸 *i*15 ∶ 0 指示着耗氧细菌，类似分布的还有 16 ∶ 0、*i*16 ∶ 0、10Me 16 ∶ 0、16 ∶ 1 *ω5c* 等。

表 2-24 使用 16 个月垫料的脂肪酸生物标记在部分猪栏的分布

序号	生物标记	微生物类型	第 1 栏	第 3 栏	第 5 栏	第 7 栏	第 9 栏
1	10 ∶ 0		3769	1490	466	280	2442
2	10 ∶ 0 2OH		0	1204	1906	1444	2676
3	10 ∶ 0 3OH		15592	4907	10090	4135	14394
4	11 ∶ 0		0	931	0	1387	0
5	*i*11 ∶ 0	细菌（bacteria in general）	2763	1696	774	756	1631
6	11 ∶ 0 3OH		4106	5308	8925	7042	5816
7	*i*11 ∶ 0 3OH	细菌 G^+（Gram-positive bacteria）	3835	1302	2646	2114	3248
8	12 ∶ 0	细菌（bacteria in general）	15361	19929	15763	15074	20752
9	12 ∶ 0 2OH		1901	3369	5630	7895	6623
10	12 ∶ 0 3OH	细菌 G^+（Gram-positive bacteria）	6125	8924	13757	0	17771
11	*i*12 ∶ 0 3OH		0	2519	3838	7019	5490
12	12 ∶ 1 3OH		11696	11050	22268	20540	19775
13	12 ∶ 1 AT 11-12		1652	971	0	0	0
14	13 ∶ 0		3280	5061	4394	11004	12045
15	*i*13 ∶ 0	黄杆菌属（*Flavobacterium*）	5569	6437	10095	11724	12726
16	13 ∶ 0 2OH		5354	12122	19613	0	22685
17	*i*13 ∶ 0 3OH		887	0	0	0	9170
18	13 ∶ 1 AT 12-13		1083	2850	0	7398	5740
19	14 ∶ 0	细菌（bacteria in general）	46846	44814	48873	56098	74155
20	*i*14 ∶ 0	耗氧细菌 G^+（aerobes G^+）	24576	30948	34670	36113	42315
21	14 ∶ 0 2OH		0	0	0	21487	0

续表

序号	生物标记	微生物类型	第1栏	第3栏	第5栏	第7栏	第9栏
22	14：1 *ω5c*	假单胞杆菌（*Pseudomonas* sp.）	3035	3173	10999	0	5864
23	15：0		40727	28028	34175	32558	68012
24	*i*15：0	耗氧细菌 G^+（aerobes G^+）	179818	155032	193496	116849	173934
25	*a*15：0	耗氧细菌 G^+（aerobes G^+）	71896	93763	100518	101570	113269
26	*i*15：1 G	细菌（bacteria in general）	29786	34457	43027	43052	55574
27	*a*15：1 A	细菌 G^+（Gram-positive bacteria）	8285	12182	18646	0	0
28	15：0 2OH	耗氧细菌 G^+（aerobes G^+）	17313	12580	14193	30738	25911
29	15：0 3OH	耗氧细菌 G^+（aerobes G^+）	14815	0	0	0	0
30	*i*15：0 3OH	细菌 G^-（Gram-negative bacteria）	0	0	23669	0	0
31	15：1 *ω8c*		7550	7840	12364	15402	18233
32	16：0	假单胞杆菌（*Pseudomonas* sp.）	433066	376328	480560	372277	565329
33	*i*16：0	细菌 G^+（Gram-positive bacteria）	53020	55914	70011	61329	72614
34	*a*16：0	细菌 G^+（Gram-positive bacteria）	14370	19380	28232	39010	24919
35	16：0 N alcohol	莫拉氏菌属（*Moraxella*）	6248	7532	0	29791	30739
36	*i*16：1 H		11004	17790	27620	41911	25497
37	16：0 3OH	细菌 G^-（Gram-negative bacteria）	5652	0	0	0	17786
38	16：1 2OH	雷尔氏菌属（*Ralstonia*）	10823	13760	15132	29211	26152
39	10Me 16：0	硫酸盐还原细菌 G^+（sulfate-reducing bacteria）	138648	109602	164313	113279	135448
40	16：1 *ω5c*	甲烷氧化菌（methane-oxidizing bacterial）	81916	58638	117318	52635	60968
41	16：1 *ω9c*	细菌 G^-（Gram-negative bacteria）	25400	20556	19363	28300	39038
42	17：0	节杆菌属（*Arthrobacter*）	23443	18795	20427	31497	48566
43	*i*17：0	耗氧细菌 G^+（aerobes G^+）	59000	51102	69011	66086	73919
44	*a*17：0	细菌 G^+（Gram-positive bacteria）	34214	40829	44566	62547	56784
45	cy17：0	细菌 G^-（Gram-negative bacteria）	95562	89031	168751	102358	134711
46	17：0 3OH	细菌 G^+（Gram-positive bacteria）	22748	14044	8468	35946	34050
47	*i*17：0 3OH	细菌 G^-（Gram-negative bacteria）	63748	32728	14862	97016	90420
48	17：1 *ω8c*	细菌 G^-（Gram-negative bacteria）	27084	19621	26619	34634	38934
49	10Me 17：0	放线菌（*Actinobacteria*）	20443	19373	17798	42775	23730
50	18：0	氢杆菌属（*Hydrogenobacter*）	79800	71621	64424	95978	125611
51	18：0 3OH		5210	4253	6150	24493	25780

续表

序号	生物标记	微生物类型	第1栏	第3栏	第5栏	第7栏	第9栏
52	10Me 18 ：0	放线菌（*Actinobacteria*）	66411	55172	48584	58977	79356
53	18 ：1 *ω5c*		0	30465	19662	48440	51216
54	18 ：1 *ω7c*	假单胞杆菌（*Pseudomonas* sp.）	196057	182992	155125	201891	318606
55	18 ：1 *ω9c*	真菌（fungi）	266269	240272	187913	259455	419873
56	11Me 18 ：1 *ω7c*	纤维单胞菌属（*Cellulomonas*）	24478	20504	13288	32446	33482
57	19 ：0	细菌（bacteria in general）	30067	31120	28539	46283	47938
58	*i*19 ：0	细菌（bacteria in general）	9303	6210	4733	23431	23264
59	*i*19 ：11		0	0	0	0	26357
60	cy19 ：0 *ω8c*	洋葱伯克氏菌（*Burkholderia cepacia*）	80437	53653	84846	60759	71116
61	20 ：0	细菌（bacteria in general）	11646	10089	10825	57685	50556
62	20 ：1 *ω7c*		8178	5952	5513	53161	24179
63	20 ：1 *ω9c*	海洋嗜热解氢菌（*Hydrogenothermus marinus*）	5555	5760	6649	25691	24352
64	20 ：4 *ω*6，9，12，15*c*	原生生物（protozoa）	27491	20110	17583	64578	60709

五、不同使用时间垫料的脂肪酸种类和含量比较

选取不同使用时间、平均每个猪栏（1、3、5、7、9 栏）的垫料中都分布的，且已有文献报道的指示菌株的脂肪酸生物标记的百分含量在不同使用时间的垫料中比较作图，观察各使用时间垫料的脂肪酸生物标记含量变化，实验结果见图 2-12，各使用时间垫料中都分布的且已知指示菌株的脂肪酸生物标记共有 40 个，从 C_{11} 至 C_{20} 都有分布，其中 4 个时间段的磷脂脂肪酸累积百分含量小于 10% 的有 29 个，即 *i*11 ：0（细菌）、*i*11 ：0 3OH（细菌 G^+）、12 ：0（细菌）、12 ：0 3OH（细菌 G^+）、*i*13 ：0（黄杆菌属）、14 ：0（细菌）、*i*14 ：0（耗氧细菌）、14 ：1 *ω5c*（假单胞杆菌）、17 ：0（节杆菌属）、11Me 18 ：1 *ω7c*（纤维单胞菌属）等，累积百分含量大于 10% 的有 11 个，如 *i*15 ：0（耗氧细菌）、*a*15 ：0（耗氧细菌）、16 ：1 *ω5c*（甲烷氧化菌）、10Me 16 ：0（硫酸盐还原细菌）等，累计百分含量最高的 3 个脂肪酸生物标记是 16 ：0 指示革兰氏阴性细菌 G^-（假单胞杆菌）（White et al.，1996）、18 ：1 *ω9c* 指示真菌（White et al.，1996；Wilkinson et al.，2002）、18 ：1 *ω7c* 指示假单胞杆菌（Vestal et al.，1989）。从总体上看，磷脂脂肪酸生物标记 16 ：0、18 ：1 *ω7c* 在不同饲养时间、不同猪栏分布的平均数量趋势相近，而与 18 ：1 *ω9c* 分布差异较大，革兰氏阴性细菌 16 ：0 和假单胞杆菌 18 ：1 *ω7c* 的在不同使用时间、不同猪栏中都有分布且含量相近，而真菌 18 ：1 *ω9c* 在使用 7 个月的第 3 个猪栏内没有分布，在使用 7 个月的其他猪栏及其他时间的各个猪栏内都有分布，说明这 3 种微生物在不同使用时间、不同猪栏的猪舍垫料中的分布总量最大，为优势菌群，它们对猪粪尿的降解起了主要作用。

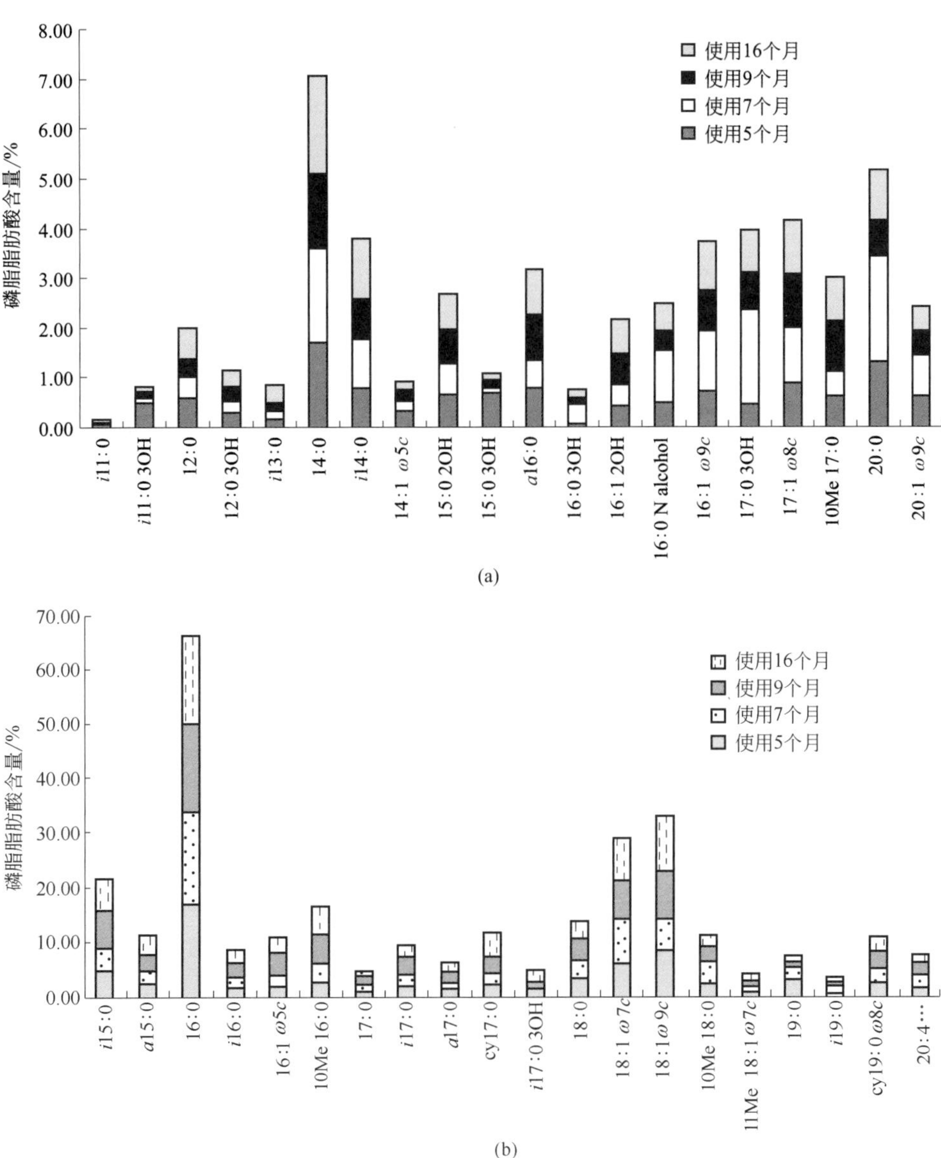

图 2-12　不同使用时间垫料的脂肪酸生物标记的百分含量比较

六、微生物发酵床垫料群落脂肪酸生物标记的聚类分析

选取不同使用时间且在各猪栏（1、3、5、7、9 栏）垫料中都分布的脂肪酸生物标记平均含量为样本，以垫料的使用时间为指标，构建数据矩阵，将数据进行规格化处理，马式距离为聚类尺度，用可变类平均法对数据进行系统聚类，结果见图 2-13。当马氏距离为 56.15 时，40 种发酵床垫料的微生物群落脂肪酸生物标记可分为为三类：第一类包括 21 种，脂肪酸生物标记分别为 *i*11 ∶ 0、12 ∶ 0 3OH、12 ∶ 0、*a*16 ∶ 0、*i*13 ∶ 0、16 ∶ 0 3OH 等，该类群的特点是垫料脂肪酸生物标记的生物量小，在各猪栏中为不完全分布，不同使用时间、不同猪栏的脂肪酸生物标记的平均 PFLAs 值介于 1193.2 ～ 85282.0 之间；第二类包括 13 种，

分别为 *i*16 ∶ 0、cy19 ∶ 0 *ω*8*c*、*i*17 ∶ 0、18 ∶ 0、10Me 18 ∶ 0、*a*15 ∶ 0 等，该类群的脂肪酸生物标记的生物量中等，分布不完全，其平均 PFLAs 值介于 4302.6 ～ 187574.4 之间；第三类包括 *i*15 ∶ 0、16 ∶ 1 *ω*5*c*、10Me 16 ∶ 0、18 ∶ 1 17*c*、16 ∶ 0、18 ∶ 1 19*c* 这 6 种，该类群特征脂肪酸生物标记的生物量大，在不同使用时间不同猪栏垫料中均有分布，平均 PFLAs 值介于 43694.2 ～ 831630.6 之间。

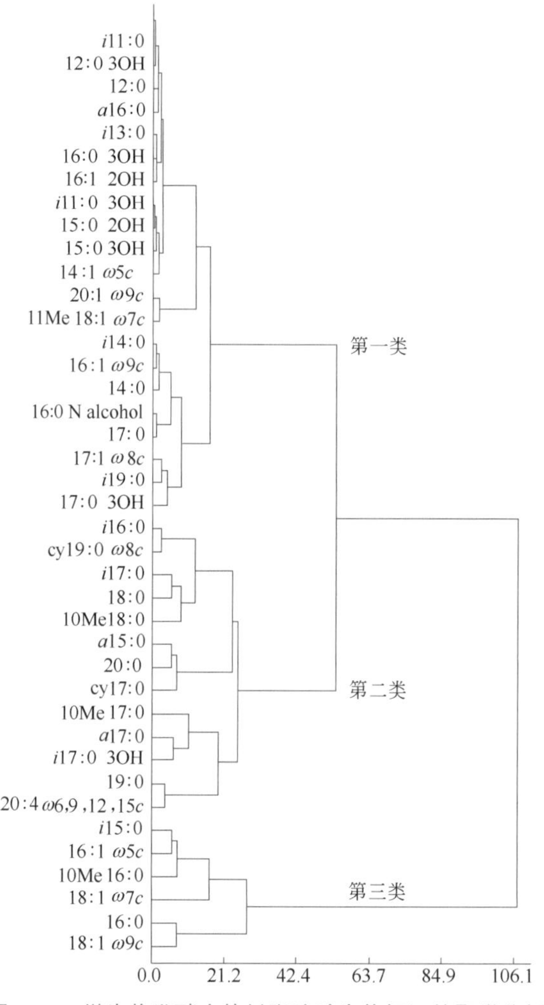

图 2-13　微生物发酵床垫料脂肪酸生物标记的聚类分析

七、微生物发酵床垫料群落脂肪酸生物标记的非线性映射分析

以垫料的使用时间为样本，以垫料各脂肪酸生物标记在不同猪栏样品的平均含量为变量，将表 2-21 ～表 2-24 的数据构建数据矩阵，对脂肪酸生物标记 PLFAs 值进行取对数的数据转换方式，进行非线性映射分析，结果见图 2-14，映射误差 E=0.0183，表 2-25 给出了各脂肪酸生物标记在非线性映射二维图中的坐标，综合图和表可以得到：

① 4 个使用时间垫料的脂肪酸生物标记种类共有 89 个。

② 不同使用时间的垫料共有的脂肪酸生物标记有 10 ：0、10 ：0 3OH、*i*11 ：0、11 ：0 3OH、*i*11 ：0 3OH、12 ：0、12 ：0 2OH、12 ：0 3OH、12 ：1 3OH、*i*12 ：0 3OH、13 ：0 等，共 55 个，这些脂肪酸生物标记在不同发酵程度垫料中都有存在。

③ *i*14 ：1 E、*i*15 ：1 F、15 ：1 *ω8c*、*i*15 ：1 G、*i*16 ：0 3OH、16 ：1 *ω7c* alcohol、18 ：3 *ω6c*（6，9，12）、18 ：1 2OH、18 ：1 *ω6c*、*a*19 ：0、*i*20 ：0 为使用 5 个月和使用 7 个月垫料共有的脂肪酸生物标记。

④ *i*16 ：0 3OH、16 ：1 *ω7c* alcohol、18 ：3 *ω6c*（6，9，12）、*i*20 ：0 为使用 5 个月和使用 9 个月垫料共有的脂肪酸生物标记。

⑤ 使用 5 个月和使用 16 个月垫料共有的脂肪酸生物标记有 *i*15 ：0 3OH、15 ：1 *ω8c*、*i*15 ：1 G。

⑥ 使用 7 个月和 9 个月垫料共有的脂肪酸生物标记有 10 ：0 2OH、12 ：1 AT 11-12、13 ：0 2OH、16 ：0 2OH、*i*16 ：0 3OH、16 ：1 *ω7c* alcohol、*i*18 ：0、18 ：1 *ω5c*、18 ：3 *ω6c*（6，9，12）、*i*20 ：0。

⑦ 10 ：0 2OH、11 ：0、12 ：1 AT 11-12、13 ：0 2OH、15 ：1 *ω8c*、*i*15 ：1 G、18 ：1 *ω5c* 为使用 7 个月和 16 个月垫料共有的脂肪酸生物标记。

⑧ 10 ：0 2OH、12 ：1 AT 11-12、13 ：0 2OH、18 ：1 *ω5c* 为使用 9 个月和 16 个月垫料共有的脂肪酸生物标记。

⑨ 8 ：0 3OH、*i*16 ：1 G、*i*17 ：1 *ω10c*、17 ：0 2OH、*i*17 ：1 *ω9c* 这 5 种脂肪酸生物标记只存在于使用 5 个月的垫料中。

⑩ *i*14 ：0 3OH、15 ：1 *ω6c*、*a*17 ：1 *ω9c*、*i*18 ：1H、20 ：2 *ω6*，*9c* 这 5 种脂肪酸生物标记只存在于使用 7 个月的垫料中。

⑪ *i*12 ：0、*i*15 ：1 G、15 ：1 *ω8c* 这 3 种脂肪酸生物标记只存在于使用 9 个月的垫料中。

表 2-25　非线性映射二维图中的坐标

脂肪酸生物标记	*X*	*Y*
10 ：0	121.9825	-9.8640
8 ：0 3OH	109.1412	-13.1110
10 ：0 2OH	118.4469	-1.6406
10 ：0 3OH	127.0704	-10.0392
11 ：0	112.9767	-5.6102
*i*11 ：0	122.1608	-9.6689
11 ：0 3OH	124.2024	-8.9650
*i*11 ：0 3OH	124.8887	-10.0874
12 ：0	127.0008	-8.8289
*i*12 ：0	111.1569	-1.0615
12 ：0 2OH	124.9428	-9.3312
12 ：0 3OH	126.0449	-8.7539
12 ：1 3OH	128.6044	-9.9683

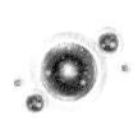

续表

脂肪酸生物标记	X	Y
*i*12：0 3OH	120.9478	-8.3208
12：1 AT 11-12	117.9680	-3.2297
13：0	124.6448	-8.3111
*i*13：0	125.3624	-8.5652
13：0 2OH	123.8020	-0.3275
*i*13：0 3OH	124.1208	-8.2161
13：1 AT 12-13	123.6406	-9.2708
*i*14：1 E	113.2742	-12.1568
14：0	129.6701	-8.7219
*i*14：0	128.4397	-8.4198
14：0 2OH	122.7089	-8.0734
*i*14：0 3OH	109.7475	-7.5550
14：1 *ω5c*	125.5693	-9.3341
*i*15：1 G	113.4497	2.0829
15：1 *ω8c*	112.7918	1.1817
*a*15：1 A	117.4532	-19.3294
15：0	129.2664	-8.8305
*i*15：0	131.9087	-8.6267
*a*15：0	130.6196	-8.4404
15：0 2OH	127.7616	-8.5575
15：0 3OH	125.2302	-10.3798
15：1*ω6c*	110.0321	-6.8425
*i*15：0 3OH	124.3951	-17.9078
15：1 *ω8c*	121.4656	-16.7408
*i*15：1 F	113.5584	-11.7700
*i*15：1 G	122.3660	-17.3625
*i*16：1 G	110.2626	-14.9733
16：0	134.1403	-8.7872
*i*16：0	130.0547	-8.3862
*a*16：0	128.0307	-8.3495
16：0 2OH	115.1844	-1.9293
16：0 3OH	124.7839	-7.4912
16：1 2OH	127.2483	-8.2317
*i*16：0 3OH	118.1617	-6.0922
16：0 N alcohol	127.4050	-8.7217
*i*16：1 H	126.9048	-7.4472

续表

脂肪酸生物标记	X	Y
16 ∶ 1 ω7c alcohol	117.3618	-6.9907
16 ∶ 1 ω5c	130.4478	-8.1413
16 ∶ 1 ω9c	128.3646	-8.6134
10Me 16 ∶ 0	131.3462	-8.3175
17 ∶ 0	128.8861	-8.5976
i17 ∶ 0	130.2869	-8.4494
a17 ∶ 0	129.5127	-8.3656
cy17 ∶ 0	130.7218	-8.2472
17 ∶ 0 2OH	111.0357	-16.2663
17 ∶ 0 3OH	128.2860	-7.8987
i17 ∶ 0 3OH	128.2905	-11.2555
17 ∶ 1 ω8c	128.6500	-8.5176
10Me 17 ∶ 0	127.8892	-8.1448
18 ∶ 0	131.0402	-8.8027
i18 ∶ 0	121.8266	-1.5226
18 ∶ 0 2OH	117.8448	1.3511
i17 ∶ 1 ω9c	111.3554	-16.795
i17 ∶ 1 ω10c	110.7676	-15.8210
18 ∶ 0 3OH	127.4487	-8.9136
18 ∶ 1 ω5c	124.5339	-0.0412
a17 ∶ 1 ω9c	109.6110	-7.0812
18 ∶ 1 ω7c	132.5098	-8.4629
18 ∶ 1 ω9c	132.7470	-8.9794
18 ∶ 3 ω6c（6，9，12）	119.7948	-4.0178
10Me 18 ∶ 0	130.5918	-9.1150
11Me 18 ∶ 1 ω7c	128.6960	-8.8449
19 ∶ 0	129.6529	-9.6292
i19 ∶ 0	128.0329	-9.3948
18 ∶ 1 2OH	114.9291	-14.7964
18 ∶ 1 ω6c	114.7940	-13.8484
a19 ∶ 0	114.3998	-13.1286
i19 ∶ 1 I	127.3185	-9.8989
i18 ∶ 1 H	109.7266	-7.4926
cy19 ∶ 0 ω8c	130.6021	-8.6943
20 ∶ 0	128.8712	-9.2322
i20 ∶ 0	116.6979	-8.1185

续表

脂肪酸生物标记	X	Y
20 ： 1 ω7c	128.3079	-9.2759
20 ： 1 ω9c	127.5028	-8.9749
20 ： 4 ω6，9，12，15c	129.9072	-8.9824
20 ： 2 ω6，9c	109.7426	-6.2008

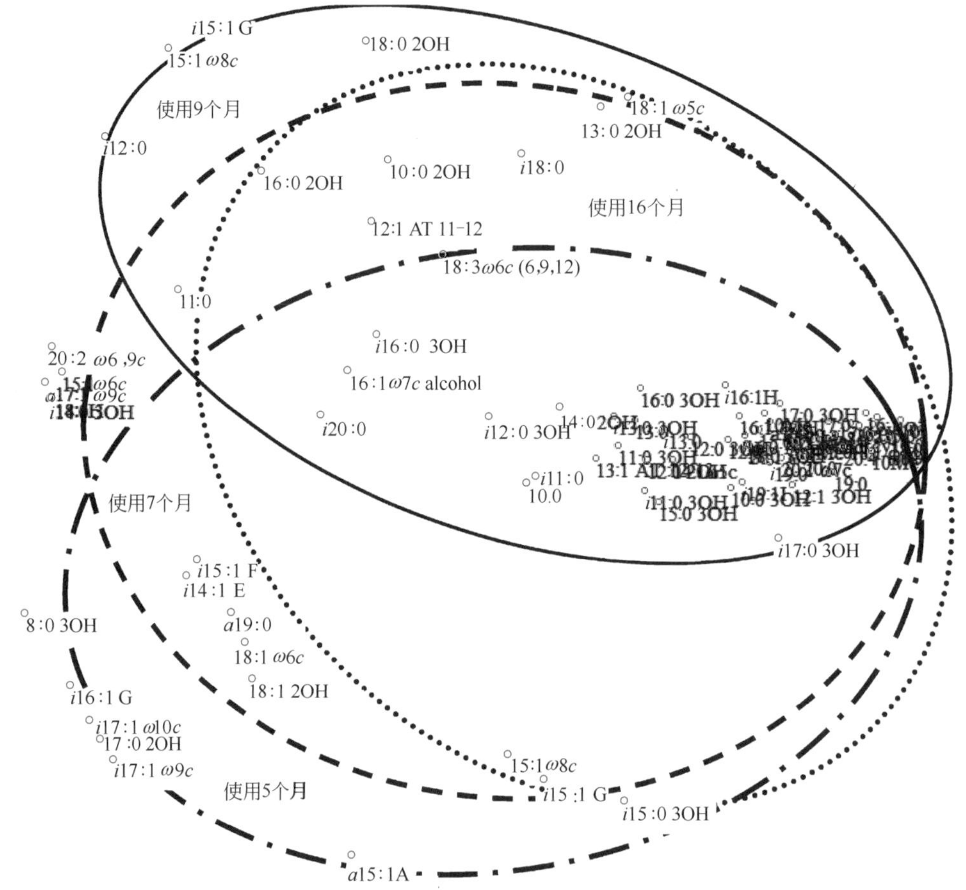

图 2-14　微生物发酵床垫料脂肪酸生物标记的非线性映射分析

八、讨论与总结

脂类是最常见的生物标志物，它作为标志物用于细菌鉴定早在20世纪60年代就开始了，现代微生物学研究表明：微生物细胞结构中普遍含有的脂肪酸成分与微生物DNA具有高度的同源性，脂肪酸既是菌株基因组差异的外在表现，也反映了菌株对外界环境条件的不同反应，各种微生物具有其特征性的细胞脂肪酸指纹图谱。利用气相色谱或气相色谱－质谱联用分析微生物的脂肪酸分布，是从细胞组分水平上鉴定微生物的重要内容，开辟了微生物检测和鉴定的新途径。

总脂肪酸（FAME）谱图中某些特征脂肪酸是细菌、真菌和放线菌特有的，一般情况下生物细胞膜中的 PLFAs 有以下规律：① 真菌大多含有多个不饱和键，如生物标记 l8 ：2 *ω*6，9*c* 及 18 ：3 *ω*6*c* 可作为真菌的指标；② 细菌主要含的是链长为奇数的、带支链的、主链上含有环丙基或羟基的脂肪酸，*i*15 ：0、15 ：0、*i*16 ：0、16 ：1 *ω*7*c*、17 ：0、cyl7 ：0、cyl9 ：0、18 ：1 *ω*7*c* 可指示细菌；③ 10Me 18 ：0 指示放线菌；④ 革兰氏阳性菌含有较大比例的带支链的脂肪酸；⑤ 革兰氏阴性菌含有较大比例的羟基脂肪酸。

研究采用磷脂脂肪酸法对不同使用时间的养猪微生物发酵床垫料的微生物群落结构进行分析，得到 89 种脂肪酸生物标记，它们在各猪栏垫料中有 6 种分布类型，生物标记有特异性，即生物标记在不同使用时间垫料的分布具有特征性。通过微生物群落脂肪酸生物标记总量的比较，表征了不同发酵程度垫料的微生物脂肪酸生物标记数量变化。

不同微生物的脂肪酸在组成和含量上有较大差异，它和微生物的遗传变异、耐药性等有极为密切的关系，已有文献报道的可指示菌株的脂肪酸生物标记在不同发酵程度的垫料中的累积百分含量小于 10% 的有 29 个，即 *i*11 ：0、*i*11 ：0 3OH、12 ：0 等，大于 10% 的有 11 个，如 *i*15 ：0、*a*15 ：0、16 ：1 *ω*5*c* 等，累计百分含量最高的 3 个脂肪酸生物标记是 16 ：0（指示革兰氏阴性细菌）、18 ：1 *ω*9*c*（指示真菌）、18 ：1 *ω*7*c*（指示假单胞杆菌），说明这 3 种微生物在不同发酵时间、不同猪栏垫料中的分布总量最大，为优势菌群，它们对猪粪尿的降解起了主要作用。

对垫料的脂肪酸生物标记进行聚类分析，结果将具有完全分布特性的，同时含量最高的生物标记聚成了一类，说明它们是分解粪便排泄物的主要微生物的指示生物标记。对脂肪酸标记进行非线性映射分析，可以很直观清楚地得到生物标记在不同使用时间垫料中的分布信息，有 55 个脂肪酸生物标记在不同发酵程度垫料中都有存在；生物标记 8 ：0 3OH、*i*16 ：1 G、*i*17 ：1 *ω*10*c* 等 5 个只存在于使用 5 个月的垫料中；*i*14 ：0 3OH、15 ：1 *ω*6*c*、*a*17 ：1 *ω*9*c* 等 5 个只存在于使用 7 个月的垫料中；*i*12 ：0、*i*15 ：1 G、15 ：1 *ω*8*c* 只存在于使用 9 个月的垫料中。因为一类磷脂脂肪酸代表了一类微生物，这类微生物的存在与否、含量的多少与垫料的自然发酵、猪只的生长情况等有密切的关系，但是到底这些生物标记与发酵床运行状况有哪些关系，是否这些生物标记可以用来指示垫料的发酵程度级别，值得我们进一步研究和探索。

第五节　发酵床垫料发酵程度与挥发性气味物质的关系

一、概述

传统的地面养猪技术由于多数尚无完善的粪尿处理设施，以及养殖户为了减少养殖成本，猪粪尿排泄物随意排放，造成了大气的恶臭污染和土壤、水体的有机物及病原菌污染。对地面、空气、水源产生了严重的影响，甚至影响着人类的健康。而微生物发酵床猪舍为全开放猪舍，猪舍通风透气，阳光普照，温湿度适宜猪的生长，猪生活在垫料上，猪的排泄物被垫料中的细菌作为营养迅速降解、消化，猪舍内无明显异味感，猪舍内不会臭气熏天和蝇蛆滋生。猪舍地面由于填满干净的圈底有机垫料，及时翻埋，没有污水、粪便，圈底有机垫料干净卫生，铲起来松软适度，没有传统猪舍的过度臭味。

在微生物发酵养猪过程中，猪粪尿排泄在垫料上，在微生物的作用下两者自然发酵，垫料中微生物发酵的好坏直接影响着猪粪的分解程度，当垫料中微生物因某些原因生长不良时排泄在垫料上的猪粪无法分解，使得发酵床产生严重的猪粪尿恶臭味，无法达到微生物降解猪粪的目的（蓝江林 等，2010）。微生物发酵床挥发出的挥发性恶臭有机化合物是粪尿中厌氧菌分解不同底物的中间或终端产物，成分复杂，且各组分的臭味相互干扰而非简单叠加（黄灿 等，2009），它是由不同的挥发性物质组成，恶臭成分也能够判别发酵床微生物发酵的好坏。

本研究利用气相色谱 - 质谱联用技术分析发酵床不同发酵状态垫料的挥发性物质组成和含量，结合垫料发酵时间和程度测定，探讨微生物发酵床猪舍环境气味的时间动态变化，从而采取相应的措施以减少有害挥发性气体的释放，使垫料的发酵处在最佳水平，延长微生物发酵床的使用寿命和降低使用成本。

二、研究方法

1. 实验仪器

美国 Agilent 7890A/5975C 气相色谱 - 质谱联用仪、美国 Supleco 公司的 SPME 萃取柄和 100μm 聚二甲基硅氧烷萃取头、电子天平（Navigator NO4120）、恒温摇床（HZQ-F160）、pH 计、250mL 三角瓶、封口膜。

2. 微生物发酵床垫料挥发性物质收集与分析

（1）SPME 老化方法　使用前将 SPME 萃取头旋入萃取柄，用丙酮浸泡萃取头 1h 后，将 SPME 萃取头在气相色谱 - 质谱联用仪的进样口 250℃老化 30min。

（2）挥发性气味收集　称取垫料样品 100g 于 250mL 三角瓶内，有孔橡皮塞封口，用封口膜将橡皮塞孔封住，室温（32℃左右）放置 24h。插入 SPME 的萃取柄，采集时间为 2h。

（3）进样方式　手动进样。

（4）色谱条件　采用 HP5-MS 色谱柱，进样口温度 250℃，压力 4.5338psi（1psi=6894.76Pa，下同），总流量 10^4mL/min，隔垫吹扫流量 3mL/min，不分流。

（5）升温程序　50℃保持 2min，以 5℃/min 升温速率上升到 280℃，保持 3min。

（6）质谱条件　采集模式为全扫描；EMV 模式为相对值；全扫描参数为开始时的质量数 50.0amu，结束时的质量数 550.0amu；MS 温度为离子源 230℃，MS 四极杆 150℃。

由气相色谱 - 质谱联用仪得到的谱图，经计算机在 NIST05 标准谱库的检索，确定出挥发性物质，并采用峰面积归一化法算出各成分的峰面积。

3. 微生物发酵床垫料挥发性物质的分析

选取 1、3、5、7、9 栏的垫料，分析使用 1.5 年时间内的 5 个猪栏垫料的挥发性物质的种类和分布频次。

4. 不同使用时间的微生物发酵床垫料挥发性物质种类和含量比较

选取 1、3、5、7、9 栏的垫料分析，以挥发性物质的保留时间、相对含量、匹配度为指标，以不同猪栏的垫料挥发性物质为样本，构建表格，总体分析各挥发性物质在不同使用时间垫料中的分布。

5. 微生物发酵床垫料挥发性物质在样品中分布特性的聚类分析

以垫料的使用时间为指标，以各挥发性物质在不同猪栏的相对含量为样本，构建数据矩阵，将数据进行规格化处理，马氏距离为聚类尺度，用可变类平均法对数据进行系统聚类，分析各类的特点。

6. 微生物发酵床垫料挥发性物质的非线性映射分析

以垫料的使用时间为样本，以垫料中各挥发性物质在不同猪栏的相对含量为变量，数据取对数，构建数据矩阵，进行非线性映射分析。

三、微生物发酵床垫料挥发性物质的分析

选取 1、3、5、7、9 栏的垫料共 20 个样品，分析挥发性物质，结果见表 2-26。以匹配度≥ 80%、相对含量≥ 4% 为标准，共检测到挥发性物质 7 类 27 种，编号 1 ～ 27。其中烷类物质 12 种，烯类物质 5 种，酯类物质 4 种，苯类和酚类物质各 2 种，哌啶类和噻吩类物质各 1 种。从各类物质在样品中的分布来看，烷类物质分布普遍，分布频次最高的是物质 23（butylated hydroxytoluene，二丁基羟基甲苯），在不同使用时间的 5 个猪栏的垫料中都存在；其次物质 4（eicosane，正二十烷）在 11 个样品中存在；物质 8（hexacosane，正二十六烷）在 9 个样品中存在；物质 9（heptacosane，正二十七烷）在 7 个样品中存在；物质 7（pentacosane，二十五烷）和 16（[1*S*-(1*α*,3*aβ*,4*α*,8*aβ*)]-decahydro-4,8,8-trimethyl-9-methylene-1,4-methanoazulene，长叶烯）均在 4 个样品中存在；物质 6、11 和 18 均存在于 3 个样品中；物质 3 存在于 2 个样品中；其余物质 1、2、5、10、12、13、14、15、17、19、20、21、22、24、25、26 和 27 均在 1 个样品中检测到。

表 2-26　微生物发酵床垫料挥发性物质特性（匹配度≥ 80%，相对含量≥ 4%）

编号	名称	CAS 号	中文名	分子式	分布频次
1	hexadecane	544-76-3	正十六烷	$C_{16}H_{34}$	1
2	1-iodohexadecane	544-77-4	碘代十六烷	$C_{16}H_{33}I$	1
3	octadecane	593-45-3	正十八烷	$C_{18}H_{38}$	2
4	eicosane	112-95-8	正二十烷	$C_{20}H_{42}$	11
5	heneicosane	629-94-7	正二十一烷	$C_{21}H_{44}$	1
6	tetracosane	646-31-1	正二十四烷	$C_{24}H_{50}$	3

续表

编号	名称	CAS 号	中文名	分子式	分布频次
7	pentacosane	629-99-2	二十五烷	$C_{25}H_{52}$	4
8	hexacosane	630-01-3	正二十六烷	$C_{26}H_{54}$	9
9	heptacosane	593-49-7	正二十七烷	$C_{27}H_{56}$	7
10	octacosane	630-02-4	二十八烷	$C_{28}H_{58}$	1
11	nonacosane	630-03-5	正二十九烷	$C_{29}H_{60}$	3
12	*meso*-4,5-dicyclohexy l-2,7-dimethyloctan	65149-86-2	4,5-二环己基-2,7-环己烷	$C_{22}H_{42}$	1
13	1-octadecene	112-88-9	十八烯	$C_{18}H_{36}$	1
14	[3*R*-(3*α*,3*aβ*,7*β*,8*aα*)]-2,3,4,7,8,8*a*-hexahydro-3,6,8,8-tetramethyl-1*H*-3*a*,7-methanoazulene	469-61-4	[3*R*-(3*α*,3*aβ*,7*β*,8*aα*)]-2,3,4,7,8,8*a*-六氢-3,6,8,8-四甲基-1*H*-3*a*,7-甲醇甘菊环烃	$C_{17}H_{24}$	1
15	[1*S*-(1*α*,4*α*,7*α*)]-1,2,3,4,5,6,7,8-octahydro-1,4-dimethyl-7-(1-methylethenyl)-azulene	3691-12-1	[1*S*-(1*α*,4*α*,7*α*)]-1,2,3,4,5,6,7,8-八氢-1,4-二甲基-7-(1-甲基乙烯基)-甘菊环烃	$C_{15}H_{24}$	1
16	[1*S*-(1*α*,3*aβ*,4*α*,8*aβ*)]-decahydro-4,8,8-trimethyl-9-methylene-1,4-methanoazulene	475-20-7	长叶烯	$C_{15}H_{24}$	4
17	[1*S*-(1*α*,2*α*,3*aβ*,4*α*,8*aβ*,9*R*)]-decahydro-1,5,5,8*a*-tetramethyl-1,2,4-methenoazulene	1137-12-8	烯类物质	$C_{15}H_{24}$	1
18	*n*-nonadecanoic acid, pentamethyldisilyl ester	1000217-02-3	*n*-十九烷酸五甲基二硅酯		3
19	*trans*-(+)-cyclopentanepropanoi acid, 2-methyl-3-oxo-methyl ester	92486-10-7	酯类物质		1
20	benzoic acid, 4-methyl-2-trimethylsilyloxy-trimethylsilyl ester	1000153-59-3	酯类物质		1
21	diethyl phthalate	84-66-2	邻苯二甲酸二乙酯	$C_{12}H_{14}O_4$	1
22	toluene	108-88-3	甲苯	C_7H_8	1
23	butylated hydroxytoluene	128-37-0	二丁基羟基甲苯	$C_{15}H_{24}O$	20
24	2,6-bis(1,1-dimethylethyl)-4-(1-oxopropyl)phenol	14035-34-8	酚类物质	$C_{17}H_{26}O_2$	1
25	2,6-bis(1,1-dimethylethyl)-4-(1-methylpropyl)phenol	17540-75-9	2,6-双(1,1-二甲基乙基)-4-(1-丙酮基)酚	$C_{18}H_{30}O$	1
26	1-(5-trifluoromethyl-2-pyridyl)-4-(1*H*-pyrrol-1-yl)piperidine	1000268-74-7	哌啶类物质		1
27	2-decyl-thiophene	24769-39-9	2-癸基噻吩	$C_{14}H_{24}S$	1

四、不同使用时间的微生物发酵床垫料挥发性物质种类和含量比较

1. 使用 5 个月垫料的挥发性物质种类和含量

选取 1、3、5、7、9 栏垫料分析，使用 5 个月的垫料共检测到挥发性物质 73 种，其中匹配度≥ 80%、相对含量≥ 4% 的挥发性物质见表 2-27，共 7 种，包括苯类、酚类、烷类等，各栏垫料样品的挥发性物质均有 2 种以上，其中挥发性物质二丁基羟基甲苯在保留时间 21.811 min 时出现，在各栏垫料中均有分布，而且相对含量较高达 60.73%，匹配度超过 95%，说明二丁基羟基甲苯在垫料中普遍存在。其次是酯类物质 *n*- 十九烷酸五甲基二硅酯，在 3、5 栏垫料样品中的相对含量分别为 19.39% 和 22.78%，保留时间 45.534 min，匹配度 80% 以上；在第 5 栏垫料样品中检测到酚类物质 2,6- 双 (1,1- 二甲基乙基)-4-(1- 甲基丙基) 酚，相对含量较高，为 9.59%，匹配度 97%；第 9 栏垫料中检测到 2 种烷类物质，即 4,5- 二环己基 -2,7- 环己烷和正二十烷，含量总和分别为 5.06% 和 8.97%。

表 2-27　使用 5 个月垫料的挥发性物质特性（匹配度≥ 80%，相对含量≥ 4%）

样品	名称	中文名	保留时间 /min	相对含量 /%	匹配度 /%
1 栏	[1*S*-(1*α*,4*α*,7*α*)]-1,2,3,4,5,6,7,8-octahydro-1,4-dimethyl-7-(1-methylethenyl)-azulene	[1*S*-(1*α*,4*α*,7*α*)]-1,2,3,4,5,6,7,8- 八氢 -1,4- 二甲基 -7-(1- 甲基乙烯基)- 甘菊环烃	20.658	4.43	80
	butylated hydroxytoluene	二丁基羟基甲苯	21.811	60.73	96
3 栏	butylated hydroxytoluene	二丁基羟基甲苯	21.799	15.25	98
	n-nonadecanoic acid, pentamethyl disilyl ester	*n*- 十九烷酸五甲基二硅酯	45.534	19.39	90
5 栏	butylated hydroxytoluene	二丁基羟基甲苯	21.805	5.34	98
	2,6-bis(1,1-dimethylethyl)-4-(1-methylpropyl)-phenol	2,6- 双 (1,1- 二甲基乙基)-4-(1- 甲基丙基) 酚	24.300	9.59	97
	n-nonadecanoic acid, pentamethyldisilyl ester	*n*- 十九烷酸五甲基二硅酯	45.534	22.78	82
7 栏	butylated hydroxytoluene	二丁基羟基甲苯	21.782	58.77	98
	2-decyl-thiophene	2- 癸基噻吩	25.564	7.09	80
9 栏	butylated hydroxytoluene	二丁基羟基甲苯	21.776	49.62	98
	meso-4,5-dicyclohexyl-2,7-dimethyloctan	4,5 - 二环己基 -2,7- 环己烷	25.553	5.06	80
	eicosane	正二十烷	38.399	4.81	98
	eicosane	正二十烷	40.550	4.16	98

2. 使用 7 个月垫料的挥发性物质种类和含量

使用 7 个月的垫料样品共检测到挥发性物质 180 种，其中匹配度≥ 80%、相对含量≥

4% 的挥发性物质见表 2-28，共 9 种，包括烯类、苯类、烷类、酚类、酯类。二丁基羟基甲苯在 5 个猪栏垫料样品中均有检测到，相对含量大于 20% 以上，匹配度达 97% 以上；十八烯仅在第 1 栏样品中发现，相对含量高达 20.50%，保留时间 6.133min；在 1、5、9 栏样品中均检测到烷类物质，匹配度在 93% 以上，其中正二十烷、二十五烷、正二十六烷、正二十七烷在 5、9 栏样品中均存在，匹配度大于 98%，相对含量 4% ～ 11%；第 7 栏检测到的酯类物质 *n*- 十九烷酸五甲基二硅酯的相对含量很高，达 42.62%。

表 2-28　使用 7 个月垫料的挥发性物质特性（匹配度≥ 80%，相对含量≥ 4%）

样品	名称	中文名	保留时间 /min	相对含量 /%	匹配度 /%
1 栏	1-octadecene	十八烯	6.133	20.50	92
	butylated hydroxytoluene	二丁基羟基甲苯	21.805	22.94	98
	octadecane	正十八烷	43.045	6.73	93
3 栏	butylated hydroxytoluene	二丁基羟基甲苯	21.722	20.12	97
	2,6-bis(1,1-dimethylethyl)-4-(1-oxopropyl)phenol	2,6- 双 (1,1- 二甲基乙基)-4-(1- 丙酮基) 酚	24.294	6.34	90
5 栏	butylated hydroxytoluene	二丁基羟基甲苯	21.799	43.92	98
	pentacosane	二十五烷	38.416	6.30	98
	hexacosane	正二十六烷	40.567	8.06	98
	heptacosane	正二十七烷	42.118	10.15	98
	eicosane	正二十烷	43.526	9.78	98
	eicosane	正二十烷	45.122	8.07	98
7 栏	butylated hydroxytoluene	二丁基羟基甲苯	21.788	70.04	98
	n-nonadecanoic acid, pentamethyl disilyl ester	*n*- 十九烷酸五甲基二硅酯	42.965	42.62	90
9 栏	butylated hydroxytoluene	二丁基羟基甲苯	21.799	31.15	98
	pentacosane	二十五烷	38.422	4.01	99
	hexacosane	正二十六烷	40.568	5.52	98
	heptacosane	正二十七烷	42.118	7.07	99
	eicosane	正二十烷	43.531	6.58	98
	eicosane	正二十烷	45.128	5.53	98

3. 使用 9 个月垫料的挥发性物质种类和含量

使用 9 个月的 5 个猪栏垫料样品的挥发性物质共检测到 213 种，其中匹配度≥ 80%、相对含量≥ 4% 的挥发性物质见表 2-29，共有 13 种。其中烯类物质 1 种，在第 1 栏垫料样品中存在，为 [3*R*-(3*α*,3*aβ*,7*β*,8*aα*)]-2,3,4,7,8,8*a*- 六氢 -3,6,8,8- 四甲基 -1*H*-3*a*,7- 甲醇甘菊环烃；苯类 2 种，分别为二丁基羟基甲苯和甲苯；烷类有 8 种，分别为正十六烷、碘代十六烷、正二十烷、正二十四烷、二十五烷、正二十六烷、正二十七烷、正二十九烷；酯类有 2 种，相对含量最高的是二丁基羟基甲苯，在第 3 栏和第 7 栏样品中分别为 43.60%、50.65%，其次为酯类物质苯甲酸 4- 甲基 -2- 三甲基硅氧基 - 三甲基硅酯，分布在第 3 栏样品中，相对含量为 28.60%；烷类物质中含量最高的是正二十烷，在第 5 栏样品中相对含量总和为 27.46%，第 5 栏样品中甲苯的相对含量也较高，达 17.33%。

表 2-29　使用 9 个月垫料的挥发性物质特性（匹配度≥ 80%，相对含量≥ 4%）

样品	名称	中文名	保留时间 /min	相对含量 /%	匹配度 /%
1 栏	[3*R*-(3*α*,3*aβ*,7*β*,8*aα*)]-2,3,4,7,8,8*a*-hexahydro-3,6,8,8-tetramethyl-1*H*-3*a*,7-methanoazulene	[3*R*-(3*α*,3*aβ*,7*β*,8*aα*)]-2,3,4,7,8,8*a*-六氢 -3,6,8,8- 四甲基 -1*H*-3*a*,7- 甲醇甘菊环烃	19.759	5.17	97
	butylated hydroxytoluene	二丁基羟基甲苯	21.799	25.47	98
	tetracosane	正二十四烷	36.654	4.02	97
	eicosane	正二十烷	38.428	6.37	98
	hexacosane	正二十六烷	40.579	6.55	98
	eicosane	正二十烷	42.130	5.20	98
3 栏	benzoic acid, 4-methyl-2-trimethylsilyloxy-trimethylsilyl ester	苯甲酸 4- 甲基 -2- 三甲基硅氧基 - 三甲基硅酯	9.397	28.60	80
	butylated hydroxytoluene	二丁基羟基甲苯	21.799	43.60	98
	pentacosane	二十五烷	38.422	5.76	93
	hexacosane	正二十六烷	40.567	7.78	98
	eicosane	正二十烷	42.118	8.85	98
	eicosane	正二十烷	43.531	7.66	98
	eicosane	正二十烷	45.128	5.22	98
5 栏	toluene	甲苯	4.201	17.33	91
	butylated hydroxytoluene	二丁基羟基甲苯	21.811	13.16	97
	tetracosane	正二十四烷	36.665	4.00	99
	eicosane	正二十烷	38.445	9.13	98
	hexacosane	正二十六烷	40.590	12.85	98
	heptacosane	正二十七烷	42.135	16.53	99
	eicosane	正二十烷	43.554	18.33	98
	nonacosane	正二十九烷	45.151	14.27	98
7 栏	[3*R*-(3*α*,3*aβ*,7*β*,8*aα*)]-2,3,4,7,8,8*a*-hexahydro-3,6,8,8-tetramethyl-1*H*-3*a*,7-methanoazulene	[3*R*-(3*α*,3*aβ*,7*β*,8*aα*)]-2,3,4,7,8,8*a*-六氢 -3,6,8,8- 四甲基 -1*H*-3*a*,7- 甲醇甘菊环烃	19.785	5.32	98
	butylated hydroxytoluene	二丁基羟基甲苯	21.799	50.65	98
	hexadecane	正二十六烷	23.405	6.40	97
9 栏	butylated hydroxytoluene	二丁基羟基甲苯	21.799	13.06	98
	hexadecane	正十六烷	23.430	8.52	98
	heptacosane	正二十七烷	42.152	4.79	99
	1-iodohexadecane	碘代十六烷	43.571	4.11	95
	nonacosane	正二十九烷	45.174	4.00	99

4. 使用 16 个月垫料的挥发性物质种类和含量

使用 16 个月的 5 个猪栏垫料的挥发性物质共检测到 85 种，其中匹配度≥ 80%、相对含量≥ 4% 的物质见表 2-30，共 15 种，包括烯类、苯类、烷类、酚类、酯类、哌啶类。烯类物质 2 种，长叶烯和 [1*S*-(1*α*,2*α*,3*aβ*,4*α*,8*aβ*, 9*R**)]- 十氢 -1,5,5,8*a*- 四甲基 -1,2,4- 甲醇甘菊环烃，其中长叶烯在 5 个栏位样品中均有分布，相对含量为 4.14% ～ 9.80%。苯类物质仅 1 种，为二丁基羟基甲苯，在 5 个猪栏样品中都存在，相对含量为 6.72% ～ 63.17%。在 5 个猪栏样品中都检测到烷类物质，种类从正十八烷到正二十九烷，相对含量最高的是正二十烷，总和达 25.05%，分布在第 3 栏样品中；其次为正二十七烷，相对含量为 14.72%，分布在第 5 栏样品中；其余的烷类物质相对含量为 4.00% ～ 13.71%。哌啶类物质 1-(5- 三氟甲基 -2- 吡啶基)-4-(1*H*- 吡咯 -1- 基)- 哌啶，仅存在于在第 1 栏垫料样品中。邻苯二甲酸二乙酯和反式环戊丙酸 2- 甲基 -3- 氧 - 甲酯，则分别存在于第 5 栏和第 9 栏垫料样品中，相对含量分别为 5.94% 和 5.57%。

表 2-30　使用 16 个月垫料的挥发性物质特性（匹配度≥ 80%，相对含量≥ 4%）

样品	名称	中文名	保留时间 /min	相对含量 /%	匹配度 /%
1 栏	[1*S*-(1*α*,3*aβ*,4*α*,8*aβ*)]-decahydro-4,8,8-trimethyl-9-methylene-1,4-methanoazulene	长叶烯	19.605	6.84	99
	butylated hydroxytoluene	二丁基羟基甲苯	21.805	20.05	97
	heptacosane	正二十七烷	42.130	4.25	99
	eicosane	正二十烷	43.537	6.56	99
	1-(5-trifluoromethyl-2-pyridyl)-4-(1*H*-pyrrol-1-yl)-piperidine	1-(5- 三氟甲基 -2- 吡啶基)-4-(1*H*- 吡咯 -1- 基)- 哌啶	44.962	10.00	80
	heneicosane	正二十一烷	45.134	7.37	96
3 栏	[1*S*-(1*α*,2*α*,3*aβ*,4*α*,8*aβ*,9*R**)]-decahydro-1,5,5,8*a*-tetramethyl-1,2,4-methenoazulene	[1*S*-(1*α*,2*α*,3*aβ*,4*α*,8*aβ*, 9*R**)]- 十氢 -1,5,5,8*a*- 四甲基 -1,2,4- 甲醇甘菊环烃	18.781	4.01	99
	[1*S*-(1*α*,3*aβ*,4*α*,8*aβ*)]-decahydro-4,8,8-trimethyl-9-methylene-1,4-methanoazulene	长叶烯	19.576	9.80	99
	butylated hydroxytoluene	二丁基羟基甲苯	21.794	6.72	98
	tetracosane	正二十四烷	36.648	4.00	98
	eicosane	正二十烷	38.427	9.00	98
	hexacosane	正二十六烷	40.573	13.71	99
	eicosane	正二十烷	42.124	16.05	98
	octacosane	二十八烷	43.537	13.06	99
	nonacosane	正二十九烷	45.134	8.25	98

续表

样品	名称	中文名	保留时间 /min	相对含量 /%	匹配度 /%
5 栏	[1*S*-(1*α*,3*aβ*,4*α*,8*aβ*)]-decahydro-4,8,8-trimethyl-9-methylene-1,4-methanoazulene	长叶烯	19.588	4.14	99
	butylated hydroxytoluene	二丁基羟基甲苯	21.805	21.67	98
	diethyl phthalate	邻苯二甲酸二乙酯	23.450	5.94	95
	pentacosane	二十五烷	38.433	7.29	99
	hexacosane	正二十六烷	40.590	11.67	98
	heptacosane	正二十七烷	42.135	14.72	98
	eicosane	正二十烷	43.549	13.61	98
	nonacosane	正二十九烷	45.145	9.82	99
7 栏	[1*S*-(1*α*,3*aβ*,4*α*,8*aβ*)]-decahydro-4,8,8-trimethyl-9-methylene-1,4-methanoazulene	长叶烯	19.588	6.63	99
	butylated hydroxytoluene	二丁基羟基甲苯	21.794	63.17	98
	hexacosane	正二十六烷	40.562	4.04	98
	heptacosane	正二十七烷	42.112	5.50	98
	eicosane	正二十烷	43.526	5.10	98
	eicosane	正二十烷	45.122	4.04	99
9 栏	[1*S*-(1*α*,3*aβ*,4*α*,8*aβ*)]-decahydro-4,8,8-trimethyl-9-methylene-1,4-methanoazulene	长叶烯	19.571	5.98	99
	butylated hydroxytoluene	二丁基羟基甲苯	21.782	40.58	98
	trans-(+)-cyclopentanepropanoi acid, 2-methyl-3-oxo-methyl ester	反式环戊丙酸 2- 甲基 -3- 氧 - 甲酯	25.565	5.57	81
	octadecane	正十八烷	38.405	6.94	93
	eicosane	正二十烷	40.550	8.37	98
	eicosane	正二十烷	42.107	9.01	98
	eicosane	正二十烷	43.520	6.50	98
	octadecane	正十八烷	45.117	4.89	95

五、微生物发酵床垫料挥发性物质在样品中分布特性的聚类分析

以垫料的使用时间为指标，以各挥发性物质在 5 个猪栏样品中的平均相对含量为样本，构建数据矩阵，结果见表 2-31，将数据进行规格化处理，兰氏距离为聚类尺度，用可变类平

均法对数据进行系统聚类，聚类结果见图 2-15。当兰氏距离 λ=6.16 时，可将这 27 种挥发性物质分为 4 类。

表 2-31　不同使用时间的垫料的挥发性物质含量比较

编号	名称	CAS 号	不同使用时间的平均相对含量 /%			
			5 个月	7 个月	9 个月	16 个月
1	hexadecane	544-76-3	0	0	1.704	0
2	1-iodohexadecane	544-77-4	0	0	0.822	0
3	octadecane	593-45-3	0	1.346	0	2.366
4	eicosane	112-95-8	1.794	5.992	12.152	15.648
5	heneicosane	629-94-7	0	0	0	1.474
6	tetracosane	646-31-1	0	0	1.590	0.800
7	pentacosane	629-99-2	0	2.062	1.152	1.458
8	hexacosane	630-01-3	0	2.716	6.716	5.884
9	heptacosane	593-49-7	0	3.444	4.264	4.894
10	octacosane	630-02-4	0	0	0	2.612
11	nonacosane	630-03-5	0	0	3.654	3.614
12	*meso*-4,5-dicyclohexyl-2,7-dimethyloctan	65149-86-2	1.012	0	0	0
13	1-octadecene	112-88-9	0	4.100	0	0
14	[3*R*-(3*α*,3*aβ*,7*β*,8*aα*)]-2,3,4,7,8,8*a*-hexahydro-3,6,8,8-tetramethyl-1*H*-3*a*,7-methanoazulene	469-61-4	0	0	2.098	0
15	[1*S*-(1*α*,4*α*,7*α*)]-1,2,3,4,5,6,7,8-octahydro-1,4-dimethyl-7-(1-methylethenyl)-azulene	3691-12-1	0.886	0	0	0
16	[1*S*-(1*α*,3*aβ*,4*α*,8*aβ*)]-decahydro-4,8,8-trimethyl-9-methylene-1,4-methanoazulene	475-20-7	0	0	0	6.678
17	[1*S*-(1*α*,2*α*,3*aβ*,4*α*,8*aβ*,9*R**)]-decahydro-1,5,5,8*a*-tetramethyl-1,2,4-methenoazulene	1137-12-8	0	0	0	0.802
18	*n*-nonadecanoic acid, pentamethyldisilyl ester	1000217-02-3	8.434	8.524	0	0
19	*trans*-(+)-cyclopentanepropanoi acid, 2-methyl-3-oxo-methyl ester	92486-10-7	0	0	0	1.114
20	benzoic acid-4-methyl-2-trime-thylsilyloxy-trimethylsilyl ester	1000153-59-3	0	0	5.720	0

续表

编号	名称	CAS 号	不同使用时间的平均相对含量 /%			
			5 个月	7 个月	9 个月	16 个月
21	diethyl phthalate	84-66-2	0	0	0	1.188
22	toluene	108-88-3	0	0	3.466	0
23	butylated hydroxytoluene	128-37-0	37.942	37.634	29.188	30.438
24	2,6-bis(1,1-dimethylethyl)-4-(1-oxopropyl) phenol	14035-34-8	0	1.268	0	0
25	2,6-bis(1,1-dimethylethyl)-4-(1-methylpropyl)-2,6-phenol	17540-75-9	1.918	0	0	0
26	1-(5-trifluoromethyl-2-pyridyl)-4-2-(1*H*-pyrrol-1-yl)-piperidine	1000268-74-7	0	0	0	2
27	2-decyl-thiophene	24769-39-9	1.418	0	0	0

类别Ⅰ有 7 种物质，包括物质 1（CAS 号：544-76-3）、物质 14（CAS 号：469-61-4）、物质 2（CAS 号：544-77-4）、物质 20（CAS 号：1000153-59-3）、物质 22（CAS 号：108-88-3）、物质 6（CAS 号：646-31-1）、物质 11（CAS 号：630-03-5），特点是在使用 9 个月的垫料中都有检测到这类挥发性物质，其中有 5 种物质仅在使用 9 个月垫料中存在，其他样品里没有分布，平均相对含量为 0.800% ～ 5.720%。

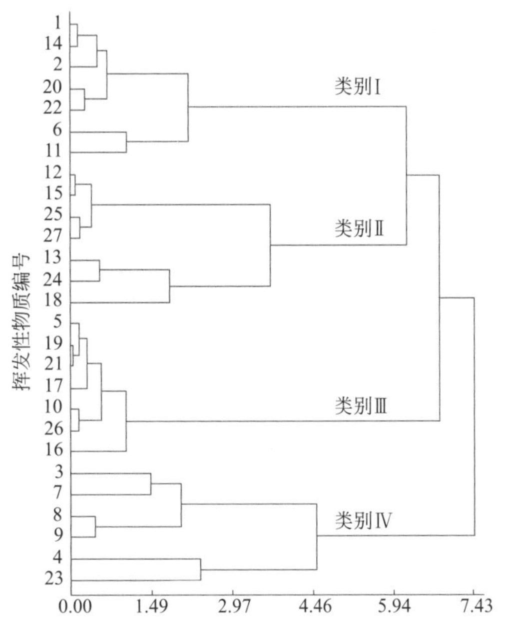

图 2-15　微生物发酵床垫料挥发性物质的聚类分析

类别Ⅱ有 7 种物质，包括物质 12（CAS 号：65149-86-2）、物质 15（CAS 号：3691-12-1）、物质 25（CAS 号：17540-75-9）、物质 27（CAS 号：24769-39-9）、物质 13（CAS 号：112-88-9）、物质 24（CAS 号：14035-34-8）、物质 18（CAS 号：1000217-02-3），该类特点是在使用 5 个月的垫料中都有检测到这类物质，其中有 4 种物质仅在使用 5 个月垫料中存在，其他样品中没有分布，平均相对含量为 0.886% ～ 8.524%。

类别Ⅲ有 7 种物质，包括物质 5（CAS 号：629-94-7）、物质 19（CAS 号：92486-10-7）、物质 21（CAS 号：84-66-2）、物质 17（CAS 号：1137-12-8）、物质 10（CAS 号：630-02-4）、物质 26（CAS 号：1000268-74-7）、物质 16（CAS 号：475-20-7），特点是仅在使用 16 个月的垫料中有检测到这类挥发性物质，而其他样品中没有分布，平均相对含量为

0.802% ～ 6.678%。

类别Ⅳ有6种物质，包括物质3（CAS号：593-45-3）、物质7（CAS号：629-99-2）、物质8（CAS号：630-01-3）、物质9（CAS号：593-49-7）、物质4（CAS号：112-95-8）、物质23（CAS号：128-37-0），至少在2个使用时间段的垫料中都有检测到该类物质，其中物质4和物质23在4个时间段垫料中都有分布，物质4烷平均相对含量为1.794% ～ 15.648%，物质23的含量为29.188 % ～ 37.942%，说明这2种物质在一定使用时间范围内的垫料中普遍存在；物质7、物质8、物质9在使用7个月、9个月和16个月的垫料中均检测到，平均相对含量为1.152% ～ 6.716%。

六、微生物发酵床垫料挥发性物质的非线性映射分析

以垫料的使用时间为样本，以垫料中各挥发性物质在不同猪栏的平均相对含量为变量，将表2-31的数据构建数据矩阵，对挥发性物质的平均相对含量进行取对数的数据转换方式，进行非线性映射分析，结果见图2-16，映射误差 E=0.0174，综合表和图可得到：

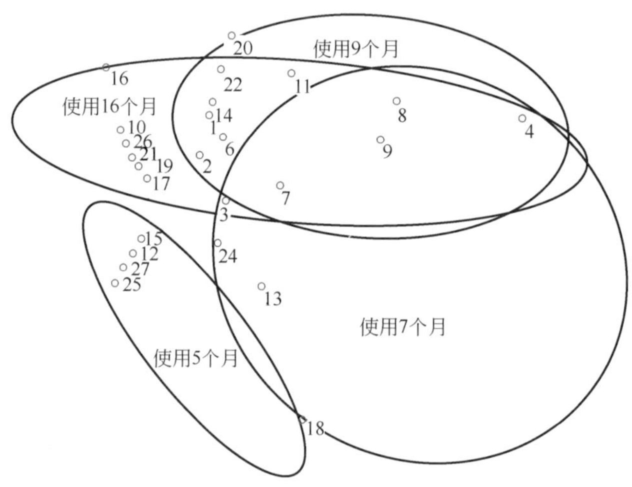

图2-16　微生物发酵床垫料挥发性物质的非线性映射分析

① 不同使用时间的垫料均存在的挥发性物质是物质4（正二十烷）和物质23（二丁基羟基甲苯）。

② 物质18（*n*-十九烷酸五甲基二硅酯）均存在于使用5个月和7个月垫料样品中。

③ 物质7（二十五烷）、物质8（二十六烷）、物质9（二十七烷）均存在于使用7个月和9个月垫料中。

④ 物质3（十八烷）、物质7（二十五烷）、物质8（二十六烷）、物质9（二十七烷）存在于使用7个月和16个月垫料中。

⑤ 物质6（二十四烷）、物质7（二十五烷）、物质8（二十六烷）、物质9（二十七烷）和物质11（二十九烷）存在于使用9个月和16个月垫料中。

⑥ 物质12(4,5-二环己基-2,7-环己烷)、物质15([1*S*-(1α,4α,7α)]-1,2,3,4,5,6,7,8-八氢-1,4-二甲基-7-(1-甲基乙烯基)-甘菊环烃)、物质25[2,6-双（1,1-二甲基乙基)-4-(1-仲丁基）酚]

和物质 27（2- 癸基噻吩），共 4 种，只存在于使用 5 个月的垫料中。

⑦ 物质 13（十八烯）、物质 24 [2,6- 双（1,1- 二甲基乙基）-4-（1- 丙酮基）酚] 只存在于使用 7 个月的垫料中。

⑧ 物质 1（正十六烷）、物质 2（碘代十六烷）、物质 14（[3*R*-(3*α*,3*aβ*,7*β*,8*aα*)]-2,3,4,7,8,8*a*-六氢 -3,6,8,8- 四甲基 -1*H*-3*a*,7- 甲醇甘菊环烃）、物质 20（苯甲酸 4- 甲基 -2- 三甲基硅氧基 - 三甲基硅酯）和物质 22（甲苯）共 5 种，只存在于使用 9 个月的垫料中。

⑨ 物质 10（二十八烷）、物质 16（长叶烯）、物质 17（[1*S*-(1*α*,2*α*,3*aβ*,4*α*,8*aβ*,9*R**)]- 十氢 -1,5,5,8*a*- 四甲基 -1,2,4- 甲醇甘菊环烃）、物质 19[反式环戊丙酸 2- 甲基 -3- 氧 - 甲酯]、物质 21（diethyl phthalate，酞酸二乙酯）和物质 26[1-(5- 三氟甲基 -2- 吡啶基)-4-(1*H*- 吡咯 -1- 基)- 哌啶]，共 6 种挥发性物质，只存在于使用 16 个月的垫料中。

七、讨论与总结

猪排泄物在微生物作用下厌氧分解产生的恶臭物质多达 160 余种，主要包括挥发性脂肪酸、吲哚类、酚类、氨和挥发性胺、含硫化合物（Le et al.，2005）。其中挥发性脂肪酸包括乙酸、丙酸、异戊酸等；吲哚和酚类化合物主要包括吲哚、粪臭素和甲酚等；挥发性含硫化合物主要包括硫化物、甲硫醇和乙硫醇，来自粪中硫酸盐的还原和含硫氨基酸的代谢。猪舍内粪尿分解产生的恶臭使猪抵抗力和免疫力降低，代谢强度减弱，生产能力下降，对疾病的易感性提高（Philippe et al.，2007）。

微生物发酵床猪舍没有明显的臭气，发酵床猪舍的温湿度适宜猪的生长（苏铁 等，2010），空气环境质量也比较好，本研究利用气相色谱 - 质谱联用技术，分析养猪微生物发酵床不同发酵程度垫料挥发性物质的种类和含量，共检测了使用 5 个月、7 个月、9 个月和 16 个月的 5 个猪栏 20 份垫料的挥发性物质，其中匹配度≥ 80%、相对含量≥ 4% 的共 7 类 27 种，包括烷类物质 12 种，烯类 5 种，酯类 4 种，苯类和酚类各 2 种，哌啶类和噻吩类各 1 种。从各类物质在样品中的分布看，烷类物质分布普遍，其中分布频次最高的是二丁基羟基甲苯，在不同使用时间的 5 个猪栏的垫料中都存在；其次正二十烷存在于 11 个样品中；正二十六烷在 9 个样品中存在；二十七烷在 7 个样品中存在；二十五烷和长叶烯均在 4 个样品中存在；物质 6、11 和 18 均存在于 3 个样品中；物质 3 存在于 2 个样品中；其余物质 1、2、5、10、12、13、14、15、17、19、20、21、22、24、25、26 和 27 均在 1 个样品中检测到。

通过垫料的挥发性物质的聚类分析和非线性映射分析，可分为 4 类，结果是将存在于使用 5 个月、9 个月、16 个月的垫料样品中的物质和分布于 2 个使用时间以上的挥发性物质各自聚成了一类。此外，正二十烷和二丁基羟基甲苯在不同发酵程度垫料中都有存在，有些物质是在 2 个使用时间的垫料中都存在，如 *n*- 十九烷酸五甲基二硅酯均存在于使用 5 个月和 7 个月垫料样品中，使用 7 个月和 9 个月垫料样品中都检测到二十五烷、正二十六烷和正二十七烷；而有的物质仅存在于在某个使用月份的垫料样品中，如 4,5- 二环己基 -2,7- 环己烷、[1*S*-(1*α*,4*α*,7*α*)]-1,2,3,4,5,6,7,8- 八氢 -1,4- 二甲基 -7-(1- 甲基乙烯基)- 甘菊环烃、2,6- 双 (1,1- 二甲基乙基)-4-(1- 丙酮基) 酚、2- 癸基噻吩这 4 种物质仅存在于使用 5 个月垫料样品中，说明不同发酵程度的垫料的挥发性物质有明显的不同，指示了微生物发酵床垫料的发酵程度的差异性。

第六节 发酵床垫料发酵程度判别模型的建立

一、概述

本章研究中对发酵床垫料的理化性状和微生物生物量进行分析，选取影响发酵床垫料发酵程度的适宜的因子进行斯皮尔曼（Spearman）非参数相关分析，对这些因子做主成分分析。主成分分析是因子分析的一种，因子分析是利用较少的公因子的线性组合和特定因子之和表达原来的每个变量，从研究相关矩阵内部的依赖关系出发，把大量错综复杂的变量归结为少数几个公因子的多元统计分析方法（陈友华，2010），主成分分析法可以比较客观、准确地把握发酵床垫料发酵程度判别指标体系中单个指标对总体的影响程度，在保证数据信息丢失最少的原则下，对高维变量做降维处理，以达到简化数据、便于分析的目的。接着对主成分分析中的主要因子进行线性回归方程模型的建立，通过检测福建省不同地区不同使用时间的垫料发酵程度的因子，代入方程中，检验发酵床垫料发酵程度判别模型的准确性。

二、研究方法

1. 供试材料

在 2011 年 3 月～ 2011 年 9 月期间采集以下 4 个地区的发酵床垫料：① 使用 4 个月的福建宁德九都扶摇村零排放垫料（饲养小猪）；② 使用 6 个月的福建省福安市溪柄村养猪场垫料（饲养小猪）；③ 使用 8 个月的福建省驻福州市中国人民解放军 73121 部队养猪场（饲养小猪）；④ 使用 15 个月的福建省福安市溪柄村养猪场垫料（饲养中猪）。每个地方都采集饲养密度相近的 6 个猪栏的垫料，每个猪栏采用 5 点法取样，混合均匀，各栏采集 200g 备用。

2. 不同使用时间发酵床垫料的理化性状、微生物生物量间的相关性

对实际影响发酵床垫料发酵程度的理化性状指标和微生物生物量进行斯皮尔曼相关性（Spearman’s correlation）分析。

3. 不同使用时间发酵床垫料的理化性状、微生物生物量的主成分分析

对实际影响发酵床垫料发酵程度的理化性状指标和微生物生物量进行主成分分析，根据主成分的贡献率和若干个主成分的累积贡献率，由累积贡献率≥ 85% 确定主成分个数和影响发酵床发酵程度的指标，并作主成分图和因子空间载荷图。

4. 发酵床垫料发酵程度判别模型的建立和验证

对主成分分析得出的影响垫料发酵程度的主要因子进行线性回归方程的建立，对其他不同地点使用相同时间的垫料的因子进行测定，并代入方程，检验垫料发酵程度判别模型的准确性。

三、不同使用时间发酵床垫料的理化性状、微生物生物量间的相关性

共测定了10个理化性状的指标，即垫料的pH值、电导率、含水率、吸水性、盐度、悬浮率、有机质、总氮、总磷、总钾。因为要使垫料处于良好的发酵状态，发酵床含水量需要控制在一定范围内，猪场管理人员需要根据各栏发酵床的湿度情况、季节变化等来进行人为调控，所以随着发酵床发酵程度的加深，垫料的含水率都在一定范围，与发酵程度相关性很小；此外，垫料的配方、质地、来源等显著影响着发酵床的有机质、总磷和总钾的含量，虽然在垫料自然发酵发生的各种生化反应中，这些物质的变化能够在一定程度上反映发酵的进程，但是由于各地发酵床垫料的原材料不同，会导致这些物质的变化规律不一致，故综合考虑，在研究不同地区发酵床的发酵程度的普遍规律时，没有考虑这些理化性状。

运用Spearman非参数相关分析对不同使用时间影响发酵床发酵程度的理化性状、微生物生物量间进行分析，结果见表2-32，在0.05和0.01水平下，除pH值和吸水性之间无相关性外，具有显著相关的有垫料的pH值与电导率、总氮、微生物生物量氮、微生物生物量碳之间，其余指标之间两两极显著相关，说明这些理化性状和微生物生物量间具有密切的关系，共同指示了发酵床垫料发酵程度的变化。

表2-32　微生物发酵床垫料的理化性状、微生物生物量间的相关性

项目	pH值	吸水性	盐度	悬浮率	电导率	总氮	微生物生物量氮
吸水性	-0.311						
盐度	0.405**	-0.515**					
悬浮率	-0.580**	0.686**	-0.633**				
电导率	0.357*	-0.626**	0.683**	-0.671**			
总氮	-0.343*	0.500**	-0.464**	0.537**	-0.431**		
微生物生物量氮	-0.346*	0.567**	-0.496**	0.568**	-0.500**	0.973**	
微生物生物量碳	-0.396*	0.626**	-0.617**	0.781**	-0.786**	0.419**	0.498**

注：*指显著相关（$P<0.05$）；**指极显著相关（$P<0.01$），下同。

四、不同使用时间发酵床垫料的理化性状、微生物生物量的主成分分析

根据实际影响发酵床垫料发酵程度的理化性状和微生物生物量可知，共有8个指标，每个指标下都是4个使用时间的总样本（即40个，每个时间都有10个样本），表2-33显示了各个指标的平均值、标准方差和统计量，4个时间点的pH值的平均值为8.42，吸水性平均值为0.8233，盐度平均值为0.6033g/L，微生物生物量碳平均值为3108.3948mg/kg。

表 2-33　每个指标的描述统计量和公因子方差比

项目	平均值	标准方差	样本数	初始值	提取值
pH 值	8.42	0.47491	40	1.000	0.450
吸水性	0.8233	0.22191	40	1.000	0.635
盐度	0.6033g/L	0.14895	40	1.000	0.638
悬浮率	11.8293%	8.84045	40	1.000	0.814
电导率	4.7993mS/cm	1.24281	40	1.000	0.782
总氮	0.6660%	0.11310	40	1.000	0.932
微生物生物量氮	196.5718mg/kg	37.93040	40	1.000	0.939
微生物生物量碳	3108.3948mg/kg	658.06225	40	1.000	0.823

运用 SPSS17.0 版软件对这 8 个指标进行主成分分析，可以得出各主成分的贡献率、累积贡献率，选择累积贡献率大于 85% 的为主成分，由表 2-33 可知，8 个指标中公因子方差比最大的前 3 个指标分别为：微生物生物量氮（0.939）、总氮（0.932）、微生物生物量碳（0.823），公因子方差比代表各指标中信息分别被提取出的比例，其值在 0 ～ 1 之间，取值越大，说明这 3 个指标能被因子说明的程度越高；表 2-34 显示了各指标的特征值和主成分贡献率及累积贡献率，图 2-17 是各指标的主成分图，综合表和图可知第一、第二、第三主成分的特征值分别为 61.891%、13.279%、8.957%，前 3 个主成分的累积贡献率为 84.127%，说明前 3 个主成分可以代表全部因子的综合信息，其余主成分所起的作用很小，因此选择前 3 个主成分作为影响发酵床发酵程度的重要因子，并结合各指标的公因子方差比可知，前 3 个主成分分别为微生物生物量氮、总氮、微生物生物量碳。

表 2-34　各指标总的变异特性

序号	初始特征值			提取的载荷平方和		
	总计	方差比例 /%	累积比例 /%	总计	方差比例 /%	累积比例 /%
1	4.951	61.891	61.891	4.951	61.891	61.891
2	1.062	13.279	75.170	1.062	13.279	75.170
3	0.717	8.957	84.127			
4	0.505	6.311	90.438			
5	0.360	4.499	94.937			
6	0.250	3.131	98.068			
7	0.138	1.724	99.792			
8	0.017	0.208	100.000			

为了更好地解释主成分因子，对主成分负载进行凯撒归一化最大方差（varimax with Kaiser normalization）正交旋转，旋转后的主成分各因子二维空间载荷图见图 2-18，处于第一象限的因子有微生物生物量氮、总氮、吸水性、悬浮率、微生物生物量碳，处于第三象限的因子有电导率、盐度、pH 值，而第二象限和第四象限没有因子的分布。

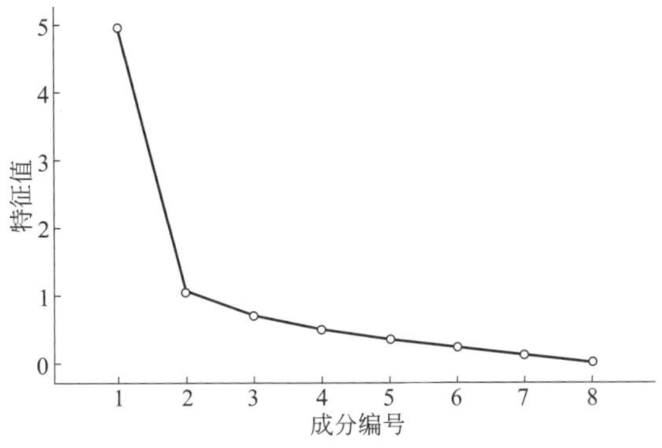

图 2-17 各指标的主成分图

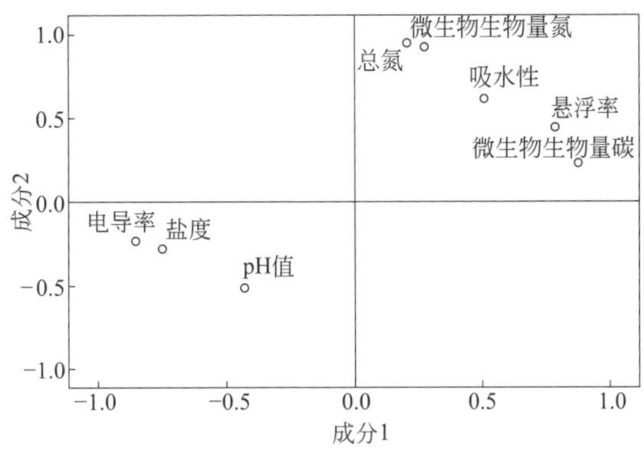

图 2-18 各因子正交旋转后的二维空间载荷图

五、发酵床垫料发酵程度判别模型的建立和验证

1. 发酵床垫料发酵程度判别模型的建立

运用 SPSS17.0 版软件对主成分分析得出的影响垫料发酵程度的 3 个主要因子进行线性回归方程的模型建立，所拟合模型的拟合优度情况见表 2-35，显示在模型 1 中相关系数 R 为 0.830，而决定系数 R^2 为 0.688，校正决定系数为 0.662，德宾 - 沃森检验（Durbin-Watson）统计量为 1.099，该统计量的取值在 0 ～ 4 之间，如果残差间相互独立，则取值在 2 附近，而本模型中该统计量离 2 较远，可见残差间有一定的相关性。

表 2-35 拟合模型的拟合优度情况

模型	相关系数 R	决定系数 R^2	校正决定系数	估计值的标准误	显著性检验					Durbin-Watson
					决定系数	F 值	自由度 1	自由度 2	P 值	
1	0.830	0.688	0.662	0.65810	0.688	26.483	3	36	0.000	1.099

对所拟合的模型进行检验，结果见表 2-36，可以看出这就是一个标准的方差分析表，可见所用的回归模型 F 值为 26.483，P 值为 0.000，因此这个回归模型是有统计学意义的。

表 2-36　拟合模型的方差分析

模型		方和	总自由度	均方	F 值	P 值
1	回归	34.409	3	11.470	26.483	0.000
	残差	15.591	36	0.433		
	总计	50.000	39			

再对模型中包括常数项在内的所有系数进行 t 检验，结果见表 2-37，同时还给出了标化 / 未标化系数，常数项、总氮、微生物生物量氮、微生物生物量碳的未标化系数分别为 7.232、3.395、−0.018、−0.001，其 P 值分别为 0.000、0.469、0.213、0.000，可见总氮、微生物生物量氮、微生物生物量碳是有统计学意义的，常数项虽然没有统计学意义，但这无关紧要，出于常识我们一般将其保留在方程中。

综合拟合模型的拟合优度、模型检验及所有系数的检验结果，设定模型中的变量用 x 表示，则有 x_1（总氮）、x_2（微生物生物量氮）、x_3（微生物生物量碳），发酵床发酵程度级别用 y 表示，可以得到发酵床垫料发酵程度判别的线性回归模型方程为：$y=7.232+3.395x_1-0.018x_2-0.001x_3$（$R^2=0.688$）。

表 2-37　拟合模型中的所有系数的检验结果

模型		非标准化系数		标准化系数	t 检验值	P 值
		B	标准误	β		
1	常数项	7.232	0.805		8.982	0.000
	总氮	3.395	4.636	0.339	0.732	0.469
	微生物生物量氮	−0.018	0.014	−0.611	−1.268	0.213
	微生物生物量碳	−0.001	0.000	−0.637	−5.671	0.000

进一步对拟合模型进行残差分析，其数据结果见表 2-38，该表给出的是拟合模型的预测值、残差、标化预测值、标化残差、预测值的标准误差和校正的预测值的描述统计量，可以看出该拟合模型较准确。虽然对残差的数据分析较详细，但是并不直观，所以对残差作图形化分析，结果见图 2-19，图中的正态曲线显示残差分布较均匀，无极端值，故这种分布是可以接受的。

表 2-38　拟合模型的残差分析

项目	最小值	最大值	平均值	标准偏差	样本数
预测值	0.4738	3.9666	2.5000	0.93929	40
残差	−0.97339	1.40081	0.00000	0.63228	40
标化预测值	−2.157	1.561	0.000	1.000	40
标化残差	−1.479	2.129	0.000	0.961	40

续表

项目	最小值	最大值	平均值	标准偏差	样本数
预测值的标准误差	0.106	0.302	0.202	0.052	40
校正的预测值	0.3576	3.9627	2.4963	0.94855	40

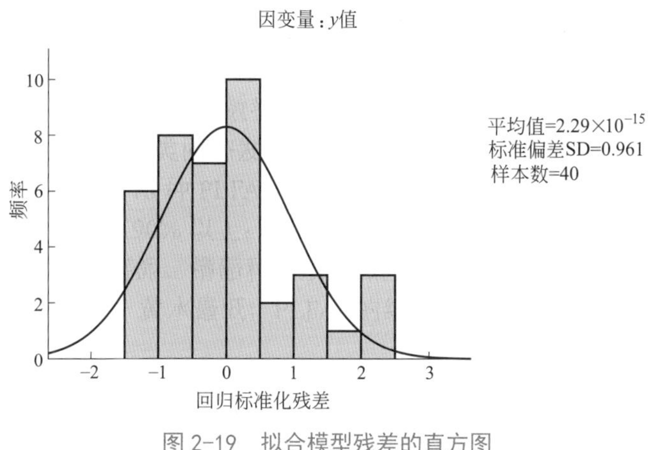

图 2-19　拟合模型残差的直方图

图 2-20 为所拟合模型中的因变量观测值累计概率和模型预测值累计概率间的正态 *P-P* 图，也是用于观察残差是否服从正态分布。从图 2-20 可知，40 个散点基本呈直线趋势，且并未发现极端值。

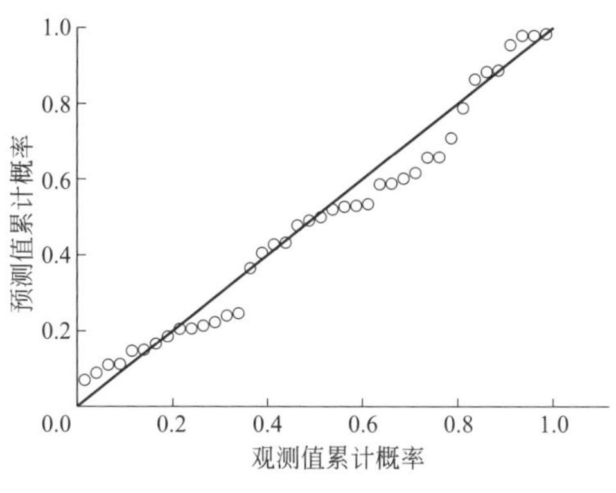

图 2-20　标准化残差的正态 ***P-P*** 图

对拟合模型中因变量与 3 个自变量进行散点作图，结果见图 2-21 ～图 2-23，横轴分别为 3 个自变量，纵轴为因变量，用于观察因变量是否有随自变量增大而改变的趋势，在图 2-21 中，40 个散点分布无明显规律，但是可以观察到因变量 y 随着自变量总氮的增大而呈略微上升的趋势；在图 2-22 和图 2-23 中，虽然 40 个散点图分布较杂乱，但都可以观察到因变量随着自变量微生物生物量氮和微生物生物量碳而呈下降趋势，说明因变量和自变量间有一定的相关性。

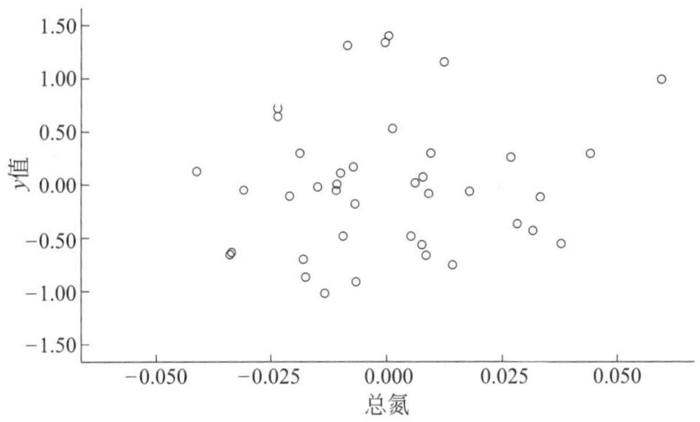

图 2-21　发酵床发酵程度（y）对总氮的散点图

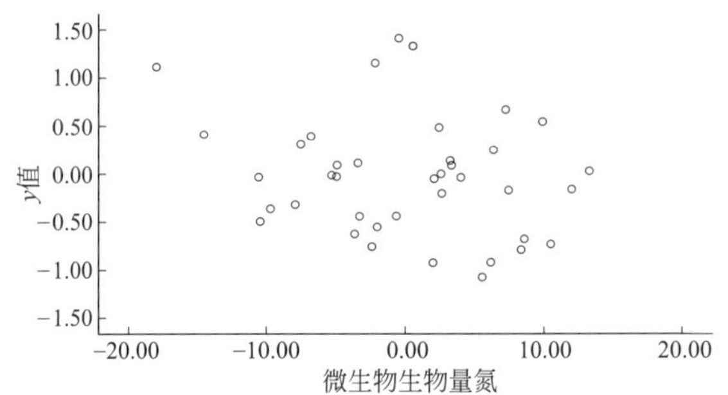

图 2-22　发酵床发酵程度（y）对微生物生物量氮的散点图

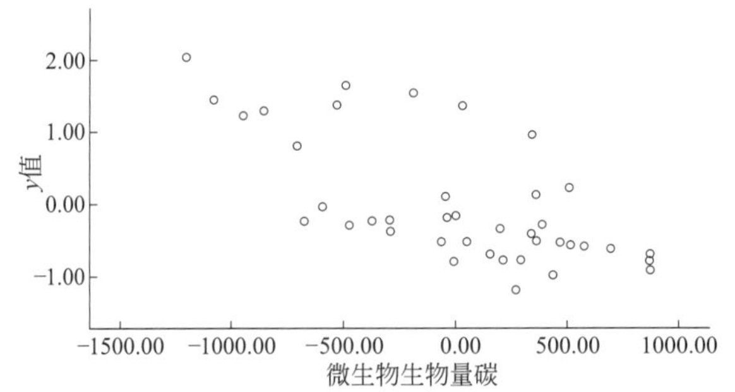

图 2-23　发酵床发酵程度（y）对微生物生物量碳的散点图

2. 发酵床垫料发酵程度判别指标体系的验证

为了检验上述建立的发酵床垫料发酵程度判别模型的实用性，我们分别采集了福建省不同地区的发酵床垫料进行模型中因子的检测，代入模型检验其准确性，这些垫料分别是：① 使用 4 个月的福建宁德九都扶摇村零排放垫料（饲养小猪）；② 使用 6 个月的福建省福安市溪柄村养猪场垫料（饲养小猪）；③ 使用 8 个月的福建省驻福州市中国人民解放军 73121 部队养猪场（饲养小猪）；④ 使用 15 个月的福建省福安市溪柄村养猪场垫料（饲养中猪）。

每个地方都采集饲养密度相近的 6 个猪栏的垫料，每个猪栏采用 5 点法取样，混合均匀，设定这 4 个地方垫料的发酵程度级别依次为 1 级、2 级、3 级、4 级。

上述 4 个地方垫料的相应的检测结果见表 2-39。不同地区不同使用时间垫料的含水率相差较大，处于 43.22% ～ 66.23% 之间，使用 15 个月的福安溪柄村垫料的含水率普遍偏高，均在 50% 以上，这可能与饲养的猪只大小不同有关；根据微生物生物量的测定方法，计算出垫料熏蒸前后在 280nm 紫外光下的吸光度差值（$abs_{差值}$）和微生物生物量（ΔUV_{280nm}），其中各个地区的 $abs_{差值}$较集中，在 0.152 ～ 0.450 之间，而各地区 ΔUV_{280nm} 测定的结果相差较多，范围在（7.51 ～ 24.28）$\times 10^{-3}g^{-1}$ 之间；随着使用时间的延长，不同地区垫料的总氮和有机质的含量都呈现略微下降的趋势，最低值分别为 0.44% 和 31.4%，最高达 1.72% 和 65.4%，说明即使地区不一样，垫料的配方也有略微不同，但是由垫料的使用时间导致的理化性质也有一定的变化规律。

表 2-39　福建省不同地区微生物发酵床垫料的特性

使用时间	样品	含水率 /%	$abs_{差值}$	ΔUV_{280nm} /（$10^{-3}g^{-1}$）	总氮 /%	有机质 /%
4 个月	1	46.80	0.340	17.91	1.34	63.80
	2	48.40	0.390	19.93	0.99	65.40
	3	45.60	0.274	14.89	1.36	58.50
	4	43.22	0.343	19.48	1.72	51.20
	5	47.10	0.281	14.88	1.44	58.80
	6	48.50	0.312	16.09	1.22	62.70
6 个月	1	47.88	0.193	10.08	1.47	54.80
	2	57.60	0.346	14.67	0.95	55.45
	3	48.56	0.182	9.34	1.40	46.30
	4	43.20	0.297	16.87	1.07	50.10
	5	45.55	0.450	24.28	0.98	51.30
	6	50.21	0.185	9.23	1.48	44.30
8 个月	1	47.00	0.152	8.04	1.18	37.20
	2	49.30	0.415	21.04	0.62	53.00
	3	45.80	0.232	12.56	0.68	46.70
	4	47.60	0.347	18.18	0.53	43.00
	5	52.60	0.202	9.56	0.51	49.43
	6	48.10	0.335	17.40	0.49	41.20
15 个月	1	50.89	0.343	16.86	0.64	33.80
	2	59.60	0.218	8.79	0.51	32.70
	3	60.10	0.324	12.91	0.52	50.60
	4	66.23	0.222	7.51	0.44	33.60
	5	62.30	0.316	11.90	0.67	40.50
	6	57.40	0.301	12.83	0.54	31.40

依照前述微生物生物量氮、碳的计算公式，根据表 2-39 的测定数据可以计算出福建省不同地区不同使用时间垫料的微生物生物量氮、碳，随着垫料使用时间的延长，垫料的微生物生物量氮、碳呈现逐渐下降的趋势，分别处于 127.60 ～ 487.80mg/kg 和 2051.33 ～ 4227.96mg/kg 之间。结合发酵床垫料发酵程度判别模型 $y=7.232+3.395x_1-0.018x_2-0.001x_3$，将表 2-40 中的总氮、微生物生物量氮、微生物生物量碳数据代入该模型中，计算 y 值，按四舍五入可知福建省各个地区发酵床垫料的发酵程度，计算得出的表 2-40 中发酵程度级别 y 值中使用 4 个月的 6 个样品为 1 级，使用 6 个月的 5 个样品为 2 级，使用 8 个月的 5 个样品为 3 级，使用 15 个月的 4 个样品位 4 级，其中 y 值后有标注 * 的说明判定结果与事实不符合，共有 4 个样品，分别是使用 6 个月中的第 1 个样品原为 2 级的判为 1 级，使用 8 个月的第 2 个样品原为 3 级的判为 2 级，使用 15 个月的第 3、第 5 个样品原为 4 级判为 3 级，所以运用该模型检验福建省不同地区发酵床垫料发酵程度的判别概率的准确率达 83.3%，精确度可以满足垫料发酵程度归类。

表 2-40　微生物发酵床垫料的发酵程度判别模型的检验

使用时间	样品	总氮 /%	微生物生物量氮 /（mg/kg）	微生物生物量碳 /（mg/kg）	发酵程度级别 y 值
4 个月	1	1.34	383.07	4114.42	0.77
	2	0.99	290.48	4227.96	1.14
	3	1.36	385.13	3762.54	1.15
	4	1.72	487.80	3335.38	0.96
	5	1.44	406.80	3781.30	1.02
	6	1.22	348.52	4033.52	1.07
6 个月	1	1.47	409.59	3499.15	1.35*
	2	0.95	273.78	3570.05	1.96
	3	1.4	389.80	2961.86	2.01
	4	1.07	308.75	3249.35	2.06
	5	0.98	292.61	3373.24	1.92
	6	1.48	411.35	2835.80	2.02
8 个月	1	1.18	328.73	2383.21	2.94
	2	0.62	191.44	3458.45	2.43*
	3	0.68	198.26	3008.02	2.96
	4	0.53	163.87	2813.20	3.27
	5	0.51	148.85	3159.35	3.12
	6	0.49	152.16	2695.32	3.46
15 个月	1	0.64	192.21	2228.18	3.72
	2	0.51	148.00	2106.27	4.19
	3	0.52	155.29	3254.69	2.95*
	4	0.44	127.60	2154.20	4.27
	5	0.67	194.81	2615.30	3.38*
	6	0.54	160.62	2051.33	4.12

注：* 表示判定结果与事实不符。

六、讨论与总结

本节中采用 Spearman 非参数相关分析对不同使用时间影响发酵床发酵程度的理化性质（pH 值、吸水性、盐度、悬浮率、电导率、总氮等）、微生物生物量进行分析，在 0.05 和 0.01 水平下，除 pH 值和吸水性之间无相关性外，具有显著相关的有垫料的 pH 值与电导率、总氮、微生物生物量氮、微生物生物量碳之间，其余指标之间两两极显著相关，说明这些理化性状和微生物生物量间具有密切的关系，共同指示了发酵床垫料发酵程度的变化。

对影响垫料发酵程度的 8 个指标进行主成分分析，其中公因子方差比最大的前三个指标分别为微生物生物量氮（0.939）、总氮（0.932）、微生物生物量碳（0.823），说明这 3 个指标能被因子说明的程度最高，第一、第二、第三主成分的特征值分别为 61.891%、13.279%、8.957%，前 3 个主成分的累积贡献率为 84.127%，说明前 3 个主成分可以代表全部因子的综合信息。

通过检测福建省不同地区不同使用时间的 24 份垫料样品，验证其发酵程度判别模型的准确度，研究结果可知所测得的发酵程度级别与实际相比较，对于 20 份样品，判别概率的准确率达 83.3%，精确度可以满足垫料发酵程度归类。

垫料是生物发酵床养猪技术体系中的核心，它直接与猪只接触，影响着猪舍内的微环境，发酵床垫料管理的好坏不仅关系到垫料使用的年限，而且会影响猪群的健康状况和饲养效果。管理得当的垫料物质发酵后可以作为天然的生物肥料，但是发酵程度不充分的垫料会产生许多恶臭气体，不利于循环回收利用于农业土壤中，会产生危害植物的毒性物质影响种子发芽、农作物的生长。所以发酵床垫料的发酵程度的研究显得非常重要，可以用来直接指导发酵床的管理，为发酵床垫料循环利用模式的建立提供实验依据，有利于废弃垫料作为有机肥和生物肥药的研究。

针对垫料的发酵进程和不同时间发酵后的营养物质的变化，已有文献报道。但是这些指标的测定需要应用大量仪器，方法复杂，没有统一的标准，很难在实际生产中得到应用推广。根据物理评价指标，即垫料的颜色、气味、腐烂度、湿度、成分的完整性等特点，可将垫料分为不同的发酵级别，这种方法总的来说具有直观、检测简便、快速的优点，不需要大量的仪器和复杂的测定，常用于描述垫料发酵过程所处的状态，可以定性地描述垫料的发酵程度，适合有经验的技术人员现场应用。但是难以定量表征垫料的发酵程度，缺乏可信度和可操作性，由于缺乏量化的测定指标，容易造成人为引起的主观误差，只能与其他指标结合使用。

第三章

农业废弃物膜发酵资源化技术

- 概述
- 农业废弃物膜发酵研究方法
- 农业废弃物膜发酵装置建造工艺
- 农业废弃物膜发酵过程可培养微生物分析
- 农业废弃物膜发酵微生物组分析
- 农业废弃物膜发酵过程物质组的异质性
- 农业废弃物膜发酵过程生化指标分析
- 农业废弃物膜发酵过程质量指标分析

第一节 概述

一、农业废弃物种类、危害与资源化利用

1. 农业废弃物的种类

农业废弃物可分为：① 农田和果园残留物，如秸秆、残株、杂草、落叶、果实外壳、藤蔓、树枝和其他废弃物；② 牲畜和家禽粪便以及栏圈铺垫物等；③ 农产品加工废弃物；④ 人粪尿、城市污泥以及生活产生的废弃物品。

2. 农业废弃物的危害性

大型畜牧场和以舍饲方式大规模饲养家禽家畜的场所都排放大量的粪便以及使用畜栏、禽舍的铺垫物。如果注意农牧业结合，这些物质就可成为一项重要的有机肥源；如果不加处理排入环境，就会污染环境。例如未经处理的粪便排入江河湖泊，会使水质污浊，生化需氧量（BOD）负荷增加，形成厌氧腐化或富营养化现象，威胁鱼类、贝类和藻类的生存，也会传染疾病，影响居民健康。如果灌溉用水受到农业废弃物的严重污染，会使水中的氨氮和蛋白氮含量过高，从而造成水稻徒长、倒伏、晚熟或不熟；此外，还可能使地下蓄水层中有过量的硝酸盐，或者使周围环境孳生大量苍蝇和其他害虫（刘迎旗，2014）。

3. 农业废弃物处理和利用

农业秸秆可用于制取沼气和作为农用有机肥料，也可作为饲养牲畜的粗饲料和栏圈铺垫物。将禽畜粪便和栏圈铺垫物，或切碎的秸秆混掺以适量的人畜粪尿作高温堆肥，经过短期发酵，可大量杀灭人畜粪便中的致病菌、寄生虫卵，各种秸秆中隐藏的植物害虫以及各种杂草种子等，然后再投入沼气池，进行发酵，产生沼气（吴浩玮 等，2020）。这种处理方法既能提供沼气燃料，又可获得优质有机肥料；粪肥经过密封处理，还可以防止苍蝇孳生。这种处理方法，在中国农村已经广泛应用，并受到世界各国的重视。蚯蚓含蛋白质丰富，是家禽、鱼类的优质饲料，蚯蚓粪是综合性的有机肥料；可以把农业秸秆、禽畜粪便及其铺垫物作为蚯蚓食料，推广蚯蚓人工养殖业（张威，2008）。

农产品加工产生的废弃物，大多也可以综合利用，如肉食加工工业的废弃物可用以生产皮革制品、肥皂、动物胶、生物药剂、羽绒、骨粉等（孟令洋，2014）。农田和果园有些残留物是生产皱褶纸板、软质纤维板和纸张的原材料，可用以制造纤维板、造纸以及进一步利用木质素、纤维素等制造化工产品。

二、农业废弃物膜发酵处理技术及其原理

1. 膜发酵堆肥系统

农业废弃物膜发酵处理系统由德国 UTV AG 率先设计出来，创新开发的一种先进的通

过“生物”和“纳米膜”材料有机结合处理有机固体废弃物的静态堆肥好氧发酵技术，发酵过程使用特殊高分子材料制作而成的纳米膜覆盖，为堆肥物料创造了一个真正的“气候箱”，不受外界气候的影响。

2. 戈尔膜的特性

农业废弃物膜发酵是一种新的堆肥发酵技术系统。它的关键技术在半透性的纳米膜上，通常称为戈尔膜（GORE™）。戈尔膜是由膨体聚四氟乙烯（ePTFE）膜与二氧化硅气凝胶技术相结合打造的材料，由戈尔公司（W.L. Gore & Associates）开发研制；戈尔膜的孔径为 0.22 ～ 0.5μm，并具有极高的空隙率，因此具有较高的过滤精度和渗透通量；滤膜材质为膨体聚四氟乙烯，无其他材质复合，具有良好的耐腐蚀性，特别是能够长期经受盐水中游离氯和氯酸盐的腐蚀；膜的厚度大，为一次成型结构，无复合及达接缝，能够避免达接处的破裂，具有较高的机械强度；膜组件骨架采用了耐腐蚀的三元乙丙橡胶，柔性骨架使反冲洗效果亦有很大改善；膜的滤管直径很小，使得滤膜比表面积大，相同体积的过滤器可装入相对较多的滤膜来增大过滤面积。

3. 戈尔膜的优势

戈尔膜处理农业废弃物的优势在于：① 该系统功能膜具有可形成微超压，内部通风均匀利于发酵，不会形成厌氧区，从根源上降低产生臭气的条件；② 膜上 0.2μm 孔径的小孔是灰尘、气溶胶和微生物的有效物理屏障，阻止它们向外扩散；③ 在处理过程中，由于堆体内外的温差，膜的内表面会生成一层冷凝水膜，尾气中大多数的臭气物质，如氨气（强溶解于水）、H_2S、挥发性有机化合物（VOCs）等，都会溶解于水膜中，之后，又随水滴回落到料堆上，继续被微生物分解。

4. 戈尔膜的用途

戈尔膜微孔孔径较大，开孔率高，过滤压力损失小，在 0.1MPa 的压力下可实现固液分离。戈尔膜做成袋式过滤器，可实现全过程自动控制。但是膜上作为底衬的聚丙烯容易受到盐水中游离氯的腐蚀，使用寿命较短，膜更换频繁，在实际生产过程中操作不方便，膜消耗快，成本较高。但是其过滤后的盐水质量是传统工艺无法比拟的。据 GORE 公司介绍，他们采用的膜孔径为 0.2μm，膜的厚度为 0.5mm，所以他们保证的悬浮物指标小于 0.5×10^{-6}，过滤通量大于 $0.5m^3/(m^2 \cdot h)$。对膜组件的密封工艺进行了改进，由原来的 5 根螺丝增加到 9 根，希望解决膜管易脱落的问题，据 GORE 公司介绍改进后强度可以增加近 3 倍。

戈尔膜有许多的用途。尹燕亓等（2019）报道了饱和盐水膜法脱硝技术在江苏安邦电化有限公司的应用情况，并与原冷冻工艺做对比，阐述了饱和盐水膜法脱硝工艺的技术先进性，分析了在实际生产中产生的经济效益。贡胜军（2019）报道了戈尔膜技术用于盐水精制，指出戈尔膜具有耐酸碱、耐高温、对滤饼有不黏性、本身摩擦系数低、易反冲等特点。戈尔膜过滤器与 PE 管式过滤器相似，反冲靠管间液体突然下降形成的负压使滤饼抖落，并靠滤管内精制盐水反渗透洗涤滤饼沉降到罐底，定期排出。配以挠性气动阀，过滤、反冲、澄清、排渣全部自动控制。其设备在常压下运行，占地面积小、可靠性高。赵宗强等（2017）比较了凯膜与戈尔膜技术在一次盐水精制系统中的应用效果，黄一东（2013）介绍了戈尔膜过滤系统的核心部件与工作原理，详细阐述了戈尔膜过滤技术在黄金冶炼厂冶炼废水处理中的使用方法与应用效果，结果表明，戈尔膜过滤技术与传统工艺相比具有明显的优势，该技术为冶炼废水的处理提供了一条新的途径。可充电反复使用的小家电偶尔会产生爆炸而伤害使用者，赵勇（2013）报道了家电产品中镍氢电池的氢气释放以及解决方法，通过模拟小家电实际使用情况研究 AA 镍氢充电电池在使用和充电过程中的潜在爆炸根源，并分析了戈尔膨体聚四氟乙烯（ePTFE）透气膜对防止爆炸所起的作用。

郭恒萍（2010）报道了含砷污酸与酸性含砷废水处理试验及应用研究。针对某复杂精金矿冶炼厂技术改造工程排放的污酸及酸性废水具有低 pH 值及含砷浓度高的污染特性，对该冶炼企业污酸、污废水进行了净化机理研究，通过对预选处理方案的试验研究，得出相应较优的处理工艺，并根据研究结果进行工艺设计。通过对预选方案的试验研究、进出水水质情况分析及工艺比选，得出：采用硫化法 + 石灰石二段中和处理法，对含砷污酸进行减量化、降酸性处理，其出水与厂区酸性含砷废水混合后进行下一步处理；针对酸性含砷废水设计采用石灰法 + 二段石灰 + 铁盐法，对酸性含砷废水进行降解处理，同时在工艺设计时增加出水深化处理（戈尔膜处理法），使出水水质完全达标，并实现在生产中的循环利用。含砷污酸处理设计采用硫化法 + 石灰石二段中和处理法，处理出水中砷的去除率可达到 97.64%，在去除砷的同时，As、Hg、F 的含量也明显降低。工艺设计一段采用硫化法，投加 Na_2S 药剂，主要去除污酸中的 Hg 离子，同时降低 As 离子含量，控制反应 pH 值为 7 ～ 9；二段采用石灰石中和法，将污酸 pH 值调节至 8 ～ 10，As 含量可降低到排放标准以下，同时出水呈碱性，可与厂区酸性含砷废水中和后再进行后续处理。酸性含砷废水的处理设计采用石灰 + 二段石灰 + 铁盐法，在酸性含砷废水中加入 10% 的 $Ca(OH)_2$，调节废水 pH 值为 10 ～ 11；在二段处理过程中同时加入 10% 的 $FeSO_4 \cdot 7H_2O$ 和石灰，调节处理出水 pH 值在 6 ～ 9 之间，并通入有压空气曝气。在反应过程中，Fe^{2+} 转变成 Fe^{3+}，As^{3+} 转变成 As^{5+}，从而生成溶解度很小的 $FeAsO_4$ 沉淀，在 $FeAsO_4$ 沉淀的同时起到絮凝共沉作用，彻底去除酸性废水中的砷和其他金属离子，使最终处理出水中砷的去除率达到 99.7%。

湖北宜化肥业有限公司开展了戈尔膜提纯工业磷酸的新技术研究与开发。工艺主要应用于工业磷酸提纯领域。进行戈尔膜提纯工业磷酸的目的：从各个取酸点通过输送泵将预提纯的工业磷酸送至提纯器，在提纯器里面对工业磷酸进行提纯并达到清淤分流的效果，清酸经溢流至清酸槽（缓冲槽）并经输送泵送至酸贮槽贮存或送下一道工序，淤酸经由提纯器的底部锥形瓶口排出至淤酸槽（地槽）并经输送泵送至淤酸处理装置，使生产中工业磷酸的杂质含量降低，提高生产线的开车率。技术原理：① 新增磷酸提纯装置，将预提纯的工业磷酸控制在合适的温度下，以一定的流量匀速打入磷酸提纯装置进行提纯，提纯的清液按照设计的路线送出进入磷酸库区酸贮槽，提纯后剩下的杂质通过设计的路线排放进入淤渣收集装置；② 利用电脑自控程序及相关设备通过脉冲反冲洗因表面附着有大量淤渣而失效的戈尔膜，达到戈尔膜活性再生的效果。性能指标：① 提纯装置进口酸温 $T \leqslant 45℃$；② 提纯装置进口酸质，杂质含量（质量分数）=2.5% ～ 3.5%；③ 提纯装置出口酸质，杂质含量（质量分数）=1.0% ～ 2.0%。

高生军和宋绍富（2008）报道了戈尔膜过滤器在采油废水处理中的应用。“聚合物驱”采油技术在提高原油采收率的同时也产生了大量的采油废水。传统处理工艺多采用核桃壳过滤，处理效果不理想。戈尔膜过滤器因其具有效率高、运行稳定、易于维修以及全自动化控制等优点，更适合现行处理工艺的改造需求，在采油废水处理中避免了一些生物与化学处理所引起的二次污染等问题，具有较高的推广价值。王小龙等（2005）报道了戈尔膜技术处理污酸污水的新工艺。将戈尔薄膜液体过滤器用于处理冶炼厂的污酸污水，自2000年投运以来，环保监测表明，该厂工业废水达到国家规定的排放标准，每年节约工业用水约 5×10t，减少铜损失 70 多万元。

三、戈尔膜覆盖堆肥技术原理及应用

1. 戈尔膜覆盖堆肥技术

随着中国经济的不断发展，生活垃圾、绿化废弃物、人畜粪便等有机固体废弃物日益增多。国人在享受生活水平提高的同时，也忍受着垃圾增加的烦恼。另一方面，我国农田大量使用的化肥、农药，不仅造成土壤退化，也给食品安全埋下隐患。那么，能不能把大量垃圾变成有机肥，垃圾减量的同时改良农田？来自德国的零臭味戈尔膜覆盖堆肥技术，可能是解决该难题的一条路径（郑挺颖，崔悦，2018）。

膜覆盖好氧堆肥技术是近年来有机质好氧处理方式的研究热点。该技术主要由膜覆盖系统、微压送风系统和控制系统组成；膜覆盖层是由两层高品质抗紫外线布层和一层聚四氟乙烯半透膜组成的三层材料，具有耐水透气的优点，既能阻隔外界环境使堆体不受雨雪天气影响，又能减少臭气的挥发，使堆体达到封闭发酵的环境条件（杨丽楠 等，2020）。戈尔膜覆盖好氧堆肥技术是在通气条件好、氧气充足的条件下，好氧菌对废弃物进行吸收、氧化以及分解的一种技术。好氧微生物通过自身的生命活动，把一部分被吸收的有机物氧化成简单的无机物，同时释放出可供微生物生长活动所需的能量。通常，好氧堆肥的堆内温度较高，一般在 55 ～ 60℃时比较好，所以好氧堆肥也称高温堆肥。高温堆肥可以最大限度地杀灭病原菌。同时，高温堆肥所需时间短，臭气发生量少，是堆肥化的首选。膜覆盖好氧堆肥技术已用于畜禽粪便、城市污泥、餐厨垃圾等其他有机垃圾处理领域。

2. 戈尔膜覆盖堆肥技术在我国的应用

（1）戈尔膜覆盖堆肥技术在畜禽粪便处置上的应用　近年来，伴随着畜禽养殖业发展迅猛，畜禽粪便的处置问题受到越来越多的重视，未经处理的粪便，不仅对环境破坏严重，也是一种资源的浪费。好氧堆肥工艺凭借其设备简单、投资较低、产品的稳定性较好等优点，已成为处理畜禽粪便的主要方式之一。

孙晓曦等（2016）进行了智能型膜覆盖好氧堆肥反应器设计与试验。设计了 1 种智能型膜覆盖好氧堆肥反应器试验系统，主要包括发酵系统、布气系统、覆膜系统和控制系统。依据热力学及相关原理，进行了各子系统和整体系统的优化设计。发酵系统采用圆柱形反应器，有效容积约 90L；布气系统采用变频泵精确调速，可提供最大 20L/min 曝气量，曝气精度 0.1L/min；覆膜系统选用具有选择渗透性的聚四氟乙烯材料 GORE 膜并与发酵系统密封良好；控制系统实现多点温度、氧体积分数、压力、气体监测以及经多元反馈实时调控通风供氧量。通过好氧堆肥性能试验并经物理、化学和生物学指标综合评价，结果表明：该膜覆盖好氧堆肥反应器试验系统具有良好的发酵效果，智能化程度高，可满足开展不同需求的膜覆盖好氧堆肥试验。孙晓曦等（2018）进行了智能型规模化膜覆盖好氧堆肥系统设计与试验。设计了 1 种适用于规模化生产的节能环保智能型膜覆盖好氧堆肥系统，主要包括总控系统、风控系统、传感系统和覆膜系统。结合各系统的功能性需求，进行了系统整体性设计、功能模块独立设计选型，该系统可实现堆肥关键参数的高精度实时监测、通风供氧的灵活智能反馈控制、多设备无线通信等功能。利用该系统进行规模化膜覆盖好氧堆肥性能试验，结果表明：整个堆肥过程高温时段满足粪便无害化处理需求，堆体氧浓度维持在适宜水平，覆膜工艺下可确保堆体发酵状况良好；从所监测的流量、频率、温度、压力、氧浓度等多元参数和总体性能来看，与传统技术模式相比，该系统智能化程度显著提升，生产能耗和气体产排显著降低。

黄光群等（2018）开展了奶牛粪微好氧耦合功能膜贮存稳定性与气体减排研究。采用具有选择渗透性的功能膜作为覆盖材料同时耦合微好氧环境，对比分析未覆膜大气环境下贮存物料特性动态变化，探索微好氧耦合功能膜技术对奶牛粪稳定贮存和气体减排的可行性。以奶牛粪为原料，在智能型膜覆盖好氧堆肥反应器系统中进行为期 30d 的贮存试验，试验设置覆膜组和对照组，采用反馈调节模式使反应器内氧气体积分数处于 4% ～ 6% 的微好氧状态，监测分析贮存过程堆体理化指标、生物学指标的动态变化和主要气体排放规律。其研究结果表明：微好氧耦合功能膜技术更有利于奶牛粪的稳定贮存，且与对照组相比，贮存过程排放至环境中的氨气量减少 14.4%，总温室气体排放量减少 25.58%，减排效果显著。马双双等（2017）报道了功能膜覆盖好氧堆肥过程氨气减排性能研究。以猪粪和小麦秸秆为试验原料，采用具有选择渗透性的 GORE 膜作为覆盖材料，在实验室好氧堆肥反应器系统中进行了为期 27d 的好氧堆肥试验。试验设置覆膜组和对照组，采用开启 1h、关闭 1h 间歇通风方式，通风速率为 3L/min，重点监测堆肥过程堆体温度、氧浓度和 NH_3 排放速率等。其研究表明：覆膜组比对照组高温期持续时间略长，更有利于杀死堆体有害病原菌；相比于对照组，覆膜组 NH_3 排放量减少 18.87%；相比于温度峰值出现的时间，两组试验 NH_3 峰值出现时间均延后，且覆膜组延后时间更长。

金涣峻（2017）开展了半透膜覆盖好氧堆肥系统处理牛粪 / 秸秆的效能及功能微生物作用机制的研究。以农业废弃物牛粪及秸秆为研究对象，采用半透膜好氧堆肥工艺，探讨其堆肥特性与效能。其主要研究结果如下：① 根据堆体内温度变化情况，可将堆肥过程分为三个阶段，1 ～ 22d 为升温阶段，22 ～ 42d 为高温阶段，42 ～ 60d 为降温及腐熟阶段，高温阶段维持了 21d，发芽率指数（GI）83.53%。② 堆肥结束时，有机质含量 27.05%，C/N 值为 22.8，pH 8.2，总养分约 3%。重金属含量满足国家农业行业标准《有机肥料》（NY 525—2012）对有机肥料重金属含量的要求，其中，总砷 2.75mg/kg、总镉 1.5mg/kg、总铬 86.1mg/kg、总汞 0.05mg/kg、总铅 3.9mg/kg。③ 高通量测序结果表明，整个堆肥过程中，一共得到 20 个不同的细菌纲，主要分布有拟杆菌纲（Bacteroidia）、γ- 变形菌纲（Gammaproteobacteria）、芽胞杆菌纲（Bacilli）、厌氧绳菌纲（Anaerolineae）、梭菌纲（Clostridia）、放线菌纲（Actinobacteria）、芽单胞菌纲（Gemmatimonadetes）、α- 变形菌纲（Alphaproteobacteria）和黄杆菌纲（Flavobacteriia）。④ 厌氧堆肥和半透膜覆盖的好氧堆肥效能相比较，膜覆盖好氧堆肥在第 2 天温度达到 67℃，而厌氧堆肥系统在第 3 天温度才达到 60℃。且膜覆盖好氧堆肥，可长期保持在最优温度 55 ～ 65℃之间。⑤ 从好氧堆肥高温阶段的堆体中筛选出高温秸秆降解菌群，考察各环境条件对其降解秸秆的效能影响。高温降解菌群在各环境条件影响下对秸秆的去除率依次为：25.90%（C/N 值为 15，D）＞ 22.83%（10% 接种量，A）＞ 22.03%（20% 接种量，B）＞ 11.60%（秸秆粒径 3cm，C）＞ 11.26%（C/N 值为 60，E）。发酵 10d 后氨氮去除率排序为 B ＞ C ＞ D ＞ A ＞ E，接种量 20% 对氨氮去除率最好；多糖释放量排序为 D ＞ A ＞ B ＞ E ＞ C，C/N 值为 15 的多糖释放量最高；蛋白质释放量排序为 A ＞ B ＞ E ＞ C ＞ D，接种量 10% 的蛋白质释放量最高；腐殖酸浓度排序为 B ＞ C ＞ D ＞ E ＞ A，接种量 20% 的腐殖酸产生最多。

（2）戈尔膜覆盖堆肥技术在城市污泥处置上的应用　随着我国经济社会的发展和人民生活质量的不断提高，水的需求量以及污水的产生量逐年上升，因而导致最近二十几年污水处理厂呈现爆发式增长，城市污水处理过程往往产生大量的污泥。城市污泥的处置是目前我国固体废弃物处置中的一个关键问题，好氧堆肥因为具有分解速度快、可资源化利用高、运行费用低等优点被广泛应用于污泥处置中。虽然污泥好氧堆肥技术不断提升，然而在好氧堆肥过程中依然存在臭气逸散严重等问题。如何在污泥堆肥过程中减少臭气排放以及降低氮素损失对污泥好氧堆肥的发展和应用具有重要意义。防水透气膜因具有防水、透气、经济实用等特点而被广泛应用到工业和生活中。将防水透气膜与织物加工成功能膜，在堆肥过程中覆盖功能膜并构建功能膜覆盖式污泥堆肥系统的研究在国内刚刚开始。

林英等（2019）以潮州某污水处理厂污泥处理为案例，介绍了高温膜覆盖好氧发酵的工艺路线、工程设计、处理成本等，以供其他市政污泥处理借鉴。盛金良等（2013）建立了污泥膜覆盖好氧发酵通风实验装置，结合污泥不同发酵阶段通风量的需求，分别通过风机入口节流调节和变频调节实现实验堆体系统通风量的改变，量取了相应的堆体风压和风机功率。其结果表明：两种调节方式均适用于膜覆盖好氧发酵工艺，但变频调节在调节性能上优于节流调节；而且，变频调节的风机能耗远小于节流调节，在小风量通风时相差可达 5 ～ 6 倍；由于功能膜的作用，变频调节的通风量近似为频率的二次函数而非理论上的线性关系。盛金良等（2013）开展了污泥膜覆盖好氧发酵堆体流场模拟及应用研究。运用 Gambit 软件建立了污泥好氧发酵堆体的多孔介质模型，通过自行设计的实验装置获得了堆体的通风黏性阻力系数和惯性阻力系数以及功能膜压差与透气量之间的关系。用 Fluent 软件分析了堆体不同截面形状及底部通风管数量对堆体通风均匀性的影响，为确定合理的通风管数量及截面几何形状提供理论依据。对上海奉贤区城镇污水厂污泥处理工程发酵仓进行堆体流场模拟，确定了堆体采用小拱形截面形状，堆高 2m、宽 8m，底部设置 4 条通风管，实际运行效果良好。朱海伟等（2015a）利用上海奉贤区污泥厂的新鲜脱水生活污泥，采用两阶段共 24d 的膜覆盖高温好氧发酵工艺，结果表明：通过调节物料含水量和 C/N，经过膜覆盖高温好氧发酵处理，污泥有机质发生降解，含水量不断下降，最终稳定在 45% 左右；2 种不同工况的最高温度均达到 70℃以上，并在 60℃维持 8d 以上，有效杀灭病原菌及杂草种子，实现污泥无害化、稳定化和减量化的要求。为了解不同粒径生活污泥对膜覆盖高温好氧发酵腐熟度的影响及差异，朱海伟等（2015b）以上海奉贤区污泥厂的生活污泥为研究对象，将 0 ～ 60mm 待发酵混合污泥细分为 0 ～ 15mm、>15 ～ 25mm、>25 ～ 35mm、>35 ～ 45mm 及 >45 ～ 60mm 五个粒径组，在发酵的第 6 天、第 12 天、第 18 天、第 24 天分别采样测定其腐熟度指标如发芽率指数（GI）、含水量、温度、T 值，并对测得的数据进行对比分析。其结果表明：不同粒径污泥对腐熟度的影响不同，其中 15 ～ 25mm 膜覆盖高温好氧发酵产品的发芽率指数（GI）、含水量、温度、T 值等指标均反映其腐熟程度较好。

功能膜覆盖对污泥好氧堆肥过程的影响以及在功能膜覆盖式污泥堆肥系统中添加沸石对堆肥过程中臭气去除的影响鲜有报道。李广坤（2016）以城市污泥为主要堆肥原料，以树叶、木屑以及秸秆作为调理剂，采用料仓式静态强制通风的方式进行污泥好氧堆肥。在堆体上面覆盖一层功能膜并调节适当的运行参数，探究功能膜对堆肥过程的影响；在功能膜覆盖污泥堆肥的条件下添加10%的沸石，探究沸石如何影响堆肥过程中臭气的逸散。其研究结果表明：功能膜的存在能够使堆肥过程中氨气的逸散量减少60%左右，堆肥前10天系统pH值提高0.2～0.4，堆肥最终产品的氮元素含量更高。在供氧充足的功能膜覆盖式污泥堆肥系统中，氨气的逸散浓度与通风量呈正相关关系，但通风量变大不会导致氨气逸散浓度剧烈升高。在功能膜覆盖条件下，添加10%沸石能够使氨气的逸散量减少32%左右，堆肥过程中堆体的pH值有所下降，下降幅度在0.05～0.2之间；相比于普通堆肥，功能膜与沸石的联合作用使堆肥过程中氨气的逸散量减少70%左右，很大程度上降低了堆肥过程中臭气对周围环境的影响。

第二节
农业废弃物膜发酵研究方法

一、膜发酵过程可培养微生物分析

（一）可培养细菌分离鉴定

1. 样本采集

（1）采样地点　福建省福清市渔溪镇江平生物公司膜发酵槽内。

（2）取样方法　①时间动态取样，即从发酵第1天开始，每3天取样1次，从A、B、C、D这4个口取样，取浅层（0～20cm）和深层（50～70cm）样本各约1500g（表3-1和图3-1）。②平行取样，包括不同发酵堆（发酵程度不同）、不同陈化时间、成品等。

表3-1　农业废弃物膜发酵样品信息

序号	样品入库编号	采样点	编号	发酵时间/d	样品类型
1	TU-FJAT-FJ-13209	A点浅层	AY-3d	3	城市污泥发酵土
2	TU-FJAT-FJ-13210	A点深层	AL-3d	3	城市污泥发酵土
3	TU-FJAT-FJ-13211	B点浅层	BY-3d	3	城市污泥发酵土
4	TU-FJAT-FJ-13212	B点深层	BL-3d	3	城市污泥发酵土
5	TU-FJAT-FJ-13213	C点浅层	CY-3d	3	城市污泥发酵土
6	TU-FJAT-FJ-13214	C点深层	CL-3d	3	城市污泥发酵土
7	TU-FJAT-FJ-13215	D点浅层	DY-3d	3	城市污泥发酵土
8	TU-FJAT-FJ-13216	D点深层	DL-3d	3	城市污泥发酵土

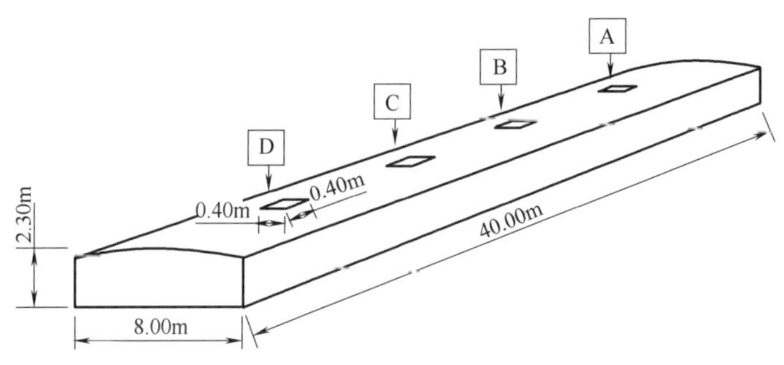

图 3-1　城市污泥膜发酵堆体与采样示意图

2. 实验材料

培养基为 LB 培养基，配方（g/L）：胰蛋白胨 10，氯化钠 10，酵母粉 5。用 NaOH 调节 pH 值到 7，之后加入 1.5% 琼脂，121℃，20min 高压灭菌，在超净工作台中倒入培养皿，冷却，待使用。

试验仪器：试管、锥形瓶 150mL、移液枪、移液枪头、涂布棒、培养皿、振荡器、恒温培养箱、摇床、超净工作台、高压蒸汽灭菌锅等。

3. 样本处理

膜发酵取样物料，每种发酵物料称取 10g 加到 90mL 的无菌水中，再将其放入 30℃、170r/min 的摇床中 30min，充分混匀，配制成 10^{-1} 的稀释度。最后用移液枪吸取 1mL 的原液加到装有 9mL 无菌水的试管中，稀释至 10^{-2} 的稀释度，同法配制 10^{-3}、10^{-4}、10^{-5}、10^{-6} 的稀释度。

4. 细菌分离

（1）细菌分离平板涂布　在超净工作台中无菌操作，样品溶液在振荡器上振荡 10s，各样品吸取 200μL 滴至平板中央，用涂布棒涂匀并静置 1h，使样品溶液完全渗透进平板中。每个梯度做两个平行；涂布梯度为 10^{-2}、10^{-3}、10^{-4}、10^{-5}、10^{-6}。

（2）细菌培养　将涂好的平板用塑料袋装好倒置于恒温箱中 30℃培养 2d。

（3）菌落计数　统计培养平板上菌落数，算出同一稀释度的菌落平均数，计算公式：

每克土样中微生物的数量＝同一稀释度的菌落平均数 × 稀释倍数 / 涂布样品质量（g）

5. 菌株纯化与保藏

（1）纯化菌株　采取平板划线分离法，用接种环在无菌操作条件下挑取平板上的单菌落在新的平板上划线，划线完毕后，盖上培养皿盖，倒置恒温 30℃培养。培养 2 ～ 3d，重复两次，一直到分离的菌株纯化为止。

（2）菌种保藏　对纯化菌种依照本研究所要求进行编号，对菌落形态拍照并保存。取 160mL LB 液体培养基与 40mL 甘油混合，即培养基 : 甘油 =4:1，121℃，20 min 高压灭菌后超净工作台内分装于 1.8mL 保菌管中，每管 1mL，刮菌环刮取一定数量菌落，混匀。每个菌株保菌 3 管，于 −80℃冰箱保存。

6. 细菌鉴定

（1）PCR 扩增引物　采用细菌通用 16S rDNA 引物 27F (5′-GAG TTTGAT CCT GGC TCA G-3′) 和 1492R (5′-ACG GCT ACCTTG TTA CGA CTT-3′)，引物由上海生物工程有限公司合成。PCR 反应试剂：Mix［含 10×Buffer，dNTP（每个 10mmol/L），*Taq* 酶（2.5 U/μL）］（上海博尚生工生物工程技术服务有限公司），100 bp Marker（上海英骏生物技术有限公司）。DNA 提取试剂：100mmol/L NaCl，10mmol/L Tris/HCl，1mmol/L EDTA，Tris-saturated phenol，氯仿。仪器：UVP GelDoc-It TS Imaging System 凝胶成像仪、华粤行仪器有限公司 Tpersonal Biometra 梯度 PCR 仪、PowerPac Basic BIO-RAD 电泳仪、离心机（eppendorf Centrifuge 5418R）。

（2）细胞悬浮液制备　于 1.5mL EP 管中加入 400μL STE，用刮菌环从平板中刮取适量已纯化好的菌落，混匀。DNA 提取：1mL 的细胞悬液在 8000g 下离心 2min，弃去上清后用 400μL STE 缓冲液冲洗细胞两次，8000g 离心 2min，弃去上清（若为平板，则用 400μL STE 缓冲液悬浮，离心，弃上清）。用 200μL TE 缓冲液悬浮细胞，然后用 100μL 的 Tris-saturated phenol（取下层）加到离心管中，涡旋混合 60s（振荡用浮板）。在 4℃下 13000g 离心 5min 以从有机相中分离出水相，取 160μL 上清液转移到干净的 1.5mL EP 管中。加 40μL TE 缓冲液到 EP 管中，用 100μL 氯仿混合，4℃、13000g 离心 5min，用氯仿提取的方法纯化裂解，直到没有白色的界面出现，此过程重复 2 ～ 3 遍，每次直接加入 100μL 氯仿，离心。取 160μL 上清液到干净的 1.5mL EP 管中，再加 40μL TE 缓冲液在 37℃下放置 10min，以分解 RNA。将 100μL 氯仿加到离心管中混匀后，在 4℃下 13000g 离心 5min。将 150μL 上清液转移到干净的 1.5mL EP 管中，此时的上清液包含纯化的 DNA，且可以直接用于序列实验，并可在 -20℃保存。

（3）PCR 反应体系　ddH_2O，9.5μL；Mix，12μL；上引物，1μL；下引物，1μL；DNA，1.5μL；PCR 扩增条件，94℃预变性 5min，94℃变性 30s，55℃退火 60s，72℃延伸 90s，共 30 个循环，最后 72℃延伸 10min，10℃保存。PCR 产物检测：取 5μL PCR 产物，点样于 1% 的琼脂糖凝胶中，以 100bp Marker 作为标准分子量，110V 电压，电泳 30min，用凝胶成像系统观察结果。测序：将检测出有条带的菌株 PCR 产物送至铂尚生物技术有限公司进行测序。

（4）16S rDNA 序列分析　将所得序列在细菌序列比对网站 EZtaxon-e.ezbiocloud.net 上进行序列比对分析后，选择相关参考菌株序列，用软件 Mega 5.1 进行聚类分析（方法为 Neighbour-Joining，Nucleotide: Jukes-Cantor），构建聚类树。

（二）可培养真菌分离鉴定

1. 实验材料

（1）培养基　含硫酸链霉素的 PDA 培养基（分离真菌）：马铃薯 200g，葡萄糖 20g，琼脂 18g，蒸馏水 1000mL，0.3g 链霉素，pH 自然。121℃灭菌 20min 后，制成平板备用。

（2）仪器　超净工作台、振荡器、微量移液器、酒精灯、接种环、恒温培养箱、涂布棒等。

2. 实验步骤

（1）称量　称取垫料样品 10g，加到装有 90mL 无菌水的三角瓶中，充分振荡，使之充分溶解，即配成 10^{-1} 稀释度的悬浮液。

（2）稀释　吸取 1mL 的 10^{-1} 稀释度的悬浮液至装有 9mL 无菌水的试管中，即配成 10^{-2} 稀释度，依次配制 10^{-3}、10^{-4} 稀释度。

（3）平板涂布　超净工作台上无菌操作，溶液振荡 15min，吸取 100μL 至相应标记浓度平板上，溶液滴至平板中央涂布均匀。真菌梯度为 10^{-2}、10^{-3}；涂布好的平板正放，静置至溶液渗透入平板中，每个梯度重复 2 次。

（4）培养　将涂好的平板包好，倒置于恒温箱中培养。

（5）计数　培养 48 ～ 96h 时统计不同样品平板上的菌落种类及菌落数。

每克样品中微生物数量 = 同一稀释度的菌落平均数 × 稀释倍数 / 该菌样品质量（g）

（6）纯化　观察分离培养的菌落，挑选不同类型的菌落标上标记，用无菌牙签粘取少量菌株点接于 PDA 平板中央。28℃培养 7 ～ 10d。编号拍照与甘油保存 3 管。

3. 种类鉴定

用真菌 DNA 提取试剂盒提取真菌总 DNA，采用 ITS 引物进行 PCR 扩增。引物为 ITS1，5′TCCG TAGG TGAA CCTG CGG 3′；ITS4，5′TCCT CCGC TTAT TGAT ATGC 3′。PCR 体系为（25μL），PCR Mix 12μL，上 / 下游引物各 1μL，DNA 模板 1.5μL，ddH_2O 补足；PCR 程序，95℃预变性 5min，95℃变性 1min，55℃退火 1min，72℃延伸 1min，72℃ 10min。

（三）可培养放线菌分离鉴定

1. 实验材料

高氏 1 号培养基（g/L）：可溶性淀粉 20，氯化钠 0.5，硫酸亚铁 0.01，硝酸钾 1，磷酸氢二钾 0.5，硫酸镁 0.5，重铬酸钾 0.05，琼脂 15，最终 pH 7.3。121℃，20min 高压灭菌，在超净工作台中倒入培养皿，冷却，待使用。

试验仪器：试管 150mL、锥形瓶 150mL、移液枪、移液枪头、涂布棒、培养皿、振荡器、恒温培养箱、摇床、超净工作台、高压蒸汽灭菌锅等。

2. 菌株分离

（1）样本处理　每种土样称取 10g 加入 90mL 的无菌水中，再将其放入 30℃、170r/min 的摇床中 30min，充分混匀，配制成 10^{-1} 稀释度样品，用移液枪吸取 1mL 的原液加到装有 9mL 无菌水的试管中，稀释至 10^{-2} 稀释度，同法配制 10^{-3} 稀释度，直至配制到 10^{-6} 稀释度。

（2）平板涂布　在超净工作台中无菌操作，样品溶液在振荡器上振荡 10s，各样品吸取 200μL 滴至平板中央，用涂布棒涂匀并静置 1h，使样品溶液完全渗透进平板中。每个梯度做两个平行；涂布梯度为 10^{-3}、10^{-4}、10^{-5}、10^{-6}。

（3）菌株培养　将涂好的平板用塑料袋装好倒置于恒温箱中 30℃培养 5d。

（4）含量计数　统计培养平板上菌落数，算出同一稀释度的菌落平均数。计算公式：

每克土样中微生物的数量＝同一稀释度的菌落平均数 × 稀释倍数 / 涂布样品质量（g）

3. 菌株纯化与保藏

（1）纯化菌株　采取平板划线分离法，用接种环在无菌操作条件下挑取平板上的单菌落在新的平板上划线，划线完毕后，盖上培养皿盖，倒置恒温 30℃培养。培养 5 ～ 7d，重复 2 次，一直到分离的菌株纯化为止。

（2）菌种保藏　对纯化菌种依照本研究所要求进行编号，对菌落形态拍照并保存。取 160mL 高氏 1 号液体培养基与 40mL 甘油混合，即培养基∶甘油 =4 ∶ 1，121℃，20min 高压灭菌后超净工作台内分装于 1.8mL 保菌管中，每管 1mL，刮菌环刮取一定数量菌落，混匀。每个菌株保菌 3 管，于 −80℃冰箱保存。

4. 菌种鉴定

将纯化得到的菌株送福州白鲸生物科技有限公司进行测序。将所得序列在 NCBI 网站上进行序列比对分析。

二、膜发酵过程微生物组高通量测序

1. 宏基因组高通量测序总 DNA 的提取

按土壤 DNA 提取试剂盒 Fast DNA SPIN Kit for Soil 的操作指南，分别提取各垫料样本的总 DNA，琼脂糖凝胶电泳检测 DNA 浓度，稀释至终浓度为 1ng/μL。① 称取 500mg 土壤样品至 Lysing Matrix E Tube（注意：可适当减少土壤样品量，使试管顶部留有 250 ～ 500μL 空隙，便于土样的均质化）；② 向 Lysing Matrix E Tube 中加入 978 μL Sodium Phosphate Buffer，然后再立即加入 122μL MT Buffer；③ 在 FastPre 快速核酸提取仪中以 6.0 的速度处理 40s（注意：为了使土样充分均质化，处理 40s 后可将试管立即冰浴 2min，再以 6.0 的速度处理 40s）；④14000g 室温离心 5 ～ 10min；⑤ 将上清液转移至一个干净的 2mL 离心管中，向其中加入 250μL PPS 试剂并手动轻轻摇晃试管 10 次，使液体混匀；⑥14000g 室温离心 5min；⑦ 将上清液转移至一干净的 10mL 离心管中，再加入 1mL Binding Matrix Suspension（注意：Binding Matrix Suspension 使用前要摇匀）；⑧Votex 混匀，使 DNA 充分结合至 Binding Matrix Suspension 上，静置 3min，使基质沉淀至管底；⑨ 小心去除 500μL 上清液，避免碰到沉淀的 Binding Matrix Suspension；⑩ 用试管中剩下的液体重悬 Binding Matrix Suspension，吸取 600μL 混合物至 SPIN™ Filter 管中，14000g 室温离心 1min，弃去 Catch Tube 中的收集液并将 SPIN™ Filter 放回 Catch Tube；⑪ 把剩下的混合物再加入原 SPIN™ Filter 管中，14000g 室温离心 1min，弃去 Catch Tube 中的收集液并将 SPIN™ Filter 放回 Catch Tube；⑫ 向 SPIN™ Filter 管中加入 500μL SEWS-M 试剂，用吸头轻轻吹打均匀（注意：SEWS-M 首次使用要加入规定量的无水乙醇，并做好标记）；⑬14000g 室温离心 1min，弃去 Catch Tube 中的收集液，并将 SPIN™ Filter 放回 Catch Tube；⑭14000g 离心 2min，将 SPIN™ Filter 柱放入干净的新的 Catch Tube 中，并敞口室温放置 5min，以彻底去除 SEWS-M 试剂及其中的乙醇；⑮ 往 SPIN™ Filter 柱中央加入 55℃预热的 60μL（50 ～ 100μL）DES 洗脱液，使 Binding Matrix Suspension 重悬其中；⑯14000g 离心 1min，Catch Tube 中的收集液即含有所需的土壤微生物总 DNA；⑰ 用 1% 琼脂糖凝胶电泳检测 DNA 的质量，用

NanoDrop 2000c 分光光度计测量 DNA 浓度及 $OD_{260\ nm}/OD_{280\ nm}$ 和 $OD_{260\ nm}/OD_{230\ nm}$ 比值。

2.16S rDNA 测序文库的构建

采用扩增原核生物 16S rDNA 的 V3 ～ V4 区的通用引物 U341F 和 U785R 对各垫料样本的总 DNA 进行 PCR 扩增。PCR 反应重复 3 次，取相同体积混合。采用 2% 琼脂糖凝胶进行电泳检测。电泳结束后，对目的片段进行胶回收，所用胶回收试剂盒为 AxyPrepDNA 凝胶回收试剂盒（Axygen 公司）；回收产物用 Tris-HCl 洗脱；采用 2% 琼脂糖电泳验证回收效果。采用 QuantiFluor™ -ST 蓝色荧光定量系统（Promega 公司）对 PCR 产物进行定量检测。使用 TruSeq™ DNA Sample Prep Kit 建库试剂盒进行文库的构建，构建插入片段为 350bp 的双末端（paired-end，PE）文库，经过 Qubit 定量和文库检测，HiSeq 上机测序，PE 读序 read 为 300bp。

3. 宏基因组测序数据质控

数据质控去除序列尾部质量值 20 以下的碱基，过滤质控后长度在 50 bp 以下的序列，去除未知的碱基序列；根据 PE 序列之间的重叠关系，进行序列拼接，最小重叠序列长度为 10bp；设置拼接序列的序列重叠区最大错配比率为 0.2；根据拼接序列两端的分子标记和引物区分样品，调整序列方向，重叠序列允许的错配数为 0，最大引物错配数为 2；序列长度范围为 250 ～ 500nt，使用软件为 FLASH、Trimmomatic。

采用 UPARSE software（UPARSE v7.0.1001, http://drive5.com/uparse/）对有效数据进行 OTU（operational taxonomic unit）聚类（≥ 97%）和物种分类分析，提取非重复序列，去除单序列，对聚类后的序列进行嵌合体过滤后，得到用于物种分类的 OTU。采用 RDP classifier 贝叶斯算法对 97% 相似水平的 OTU 代表序列进行分类学分析（Wang et al., 2007）。从各个 OTU 中挑选出一条序列作为该 OTU 的代表序列，将该代表序列与已知物种的 16 SrDNA 数据库（Silva，http://www.arb-silva.de）进行物种注释分析；根据每个 OTU 中序列的条数，得到各个 OTU 的丰度值（Quast et al., 2013）。物种丰度分析：在门纲目科属水平，将每个注释上的物种或 OTU 在不同样本中的序列数整理在一张表格，形成物种丰度的柱状图、星图及统计表等（Oberauner et al., 2013）。

为避免因各样本数据大小不同而造成分析时的偏差，在样本达到足够测序深度的情况下，根据 α- 多样性（alpha diversity）指数分析结果样本进行抽平处理。QIIME (Version 1.7.0) 和 R software (Version 2.15.3) 进行 α- 多样性（样本内）和 β- 多样性（样本间）分析（Schloss et al., 2009；Bolyen et al., 2019）。采用 QIIME 软件的迭代算法（Bolyen et al., 2019），进行主成分分析（principal component analysis，PCA）；计算 β- 多样性距离矩阵，R 语言 vegan 软件包作 NMDS 分析和作图（Kambura et al., 2016）。反映组间各样品之间的共有及特有 OTU 数目的维恩（Venn）图，采用 VennDiagram 软件生成。物种热图利用颜色梯度可以很好地反映出样本在不同物种下的丰度大小以及物种聚类、样本聚类信息，可利用 R 语言的 gplots 包的 heatmap.2 函数实现（Jami et al., 2013）。R 语言 vegan 软件包中 rda 或者 cca 分析和作图进行 RDA 分析。FastTree（version 2.1.3 http://www.microbesonline.org/fasttree/），通过选择 OTU 或某一水平上分类信息对应的序列根据最大似然法（maximum-likelihood）构建系统发生树（phylogenetic tree，又称进化树），使用 R 语言作图绘制进化树。结果可以通过进化树与序列丰度组合图的形式呈现。

三、膜发酵过程物质组分析

1. 实验材料

膜发酵基质土样、乙酸乙酯，分析天平、高速离心机、Agilent7890A 型气相色谱 - 质谱联用仪。

2. 样品制备

取 1g 基质土样置于 10mL 离心管中，加 2mL 乙酸乙酯静置过夜。于 8000r/min 离心 3min，上清液经 0.22μm 微孔滤膜过滤后置于气相进样小瓶中待用。

3. 色谱分析

进样体积，3μL；色谱柱，Agilent 19091J-413 30m×320μm×0.25μm；气相色谱条件，柱箱程序为 50℃用于 5min，然后 15℃ /min 升温到 200℃，保持时间 1min，然后 4℃ /min 升温到 300℃，保持时间 3min，然后 4℃ /min 升温到 320℃，保持时间 5min；运行时间 53min。质谱条件：离子源 EI；采集模式为全扫描；溶剂延迟 6min；EMV 模式为相对值；质量扫描范围 25.00 ～ 550.00amu；阈值设为 0；辅助加热温度为 280℃；MS 离子源温度为 230℃，MS 四极杆温度 150℃。

4. 物质鉴定

检测的化合物经 NIST 谱库检索，结合保留指数与文献报道进行鉴定。采用线性升温公式计算各组分的实验保留指数（KI），与 NIST Chemistry Web Book 上保留指数比对。组分相对含量采用峰面积归一化法进行计算，表示为各组分的峰面积占总峰面积之比值。

第三节 农业废弃物膜发酵装置建造工艺

一、分子膜发酵需要的土建基础

1. 建设分子膜发酵的发酵区（以 200m 为例）

在养殖场贮粪区附近不超过 50m 的地方，优选地势高、平坦、背风、铲车易作业的区域作为分子膜发酵区。在分子膜发酵区，建立满足铲车作业的防渗基础。① 水泥浇筑长 23m、宽不低于 7.5m、厚 0.2m 的防渗基础（推荐）；② 在主发酵区外建槽式围墙，槽式发酵设备比条垛式发酵处理的粪污量多出约 1/3（图 3-2）。

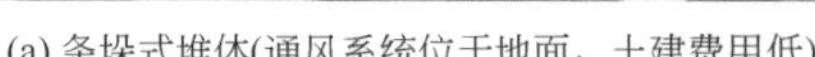
(a) 条垛式堆体(通风系统位于地面，土建费用低)

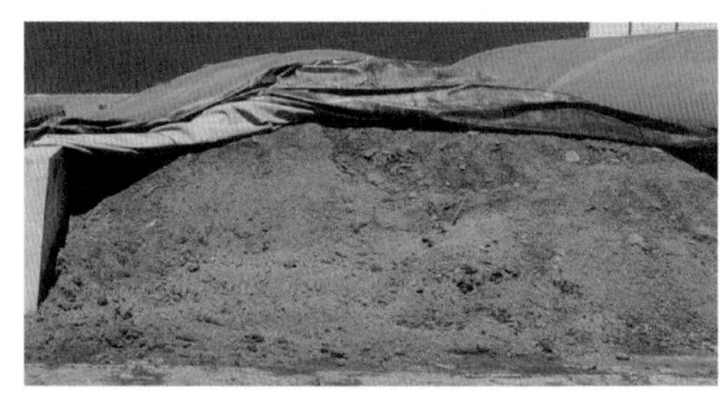
(b) 槽式堆体(处理能力提高30%，土建费用高)

图 3-2　膜发酵装置不同的物料堆垛方式

2. 膜发酵装置通风管的安装

根据设计要求，按照图纸，布设通风管道，通风管需要利用稻壳、菇渣等蓬松性物料将通风管完全覆盖防止黏性物料堵塞风管风口。

3. 分子膜发酵装置

（1）覆盖膜材　由于中海环境 NCS 智能分子膜采用纳米级的薄膜。这种高科技分子膜材具有单向透过性：水蒸气、二氧化碳等小分子气体可通过，挥发性有机物、氨气等大分子无法通过（图 3-3）。

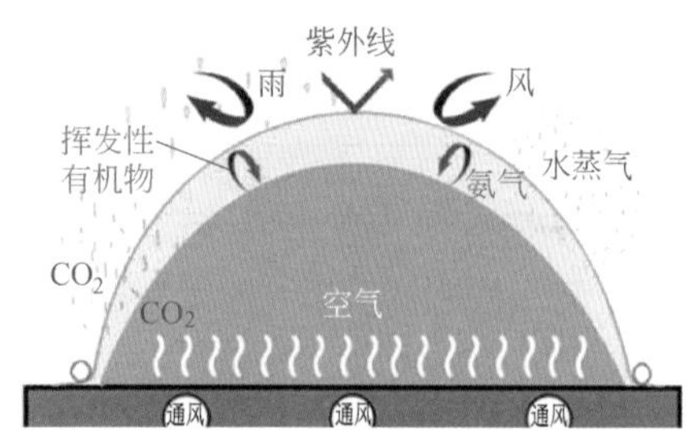

图 3-3　分子膜发酵内部原理

用含氟新材料 ePTFE 分子膜将有机废弃物包裹，通过微压送风系统，让氧气与有机废弃物充分接触，迅速发酵升温，利用戈尔膜的单向透过性特点，使得其他水分快速通过膜材料的表面，降低物料含水量，同时能阻止臭气分子通过，刺激性气味的氨气与凝结水一起回落到物料中，这样无需外加除臭系统便解决环保臭气的问题，同时提高了肥效。而且，外界雨水进不去，可以实现露天运行，无需建设厂房，减少建设投资，最终实现资源化利用，生产出有机肥。

（2）分子膜发酵　在充分供氧的条件下，分子膜发酵主要利用好氧微生物发酵进行堆肥处理过程。

（3）分子膜发酵装置　在分子膜发酵系统、微正压供风系统、智能控制系统三大系统共同工作下，分子膜发酵可露天正常发酵。

4. 分子膜发酵预处理原料

通过破碎、添加花生壳等辅料的方式调整畜禽粪便堆肥原料的含水量（60%）达到适宜发酵的条件。分子膜覆膜发酵是堆肥原料从最初的积温升温阶段、高温灭菌阶段，再到降温稳定阶段的降解过程。

二、分子膜发酵工程与选址

1. 所需区域

分子膜发酵工程需要：① 预处理区；② 覆膜发酵区；③ 二次发酵区。

2. 分子膜发酵选址

应符合村镇建设发展规划、土地利用发展规划和环境保护规划要求。统筹畜禽养殖场（小区）区位特点，充分利用已建的堆肥处理设施，合理布局。覆膜发酵区要求地形平坦，地势稍高，利于排水，通风良好，易机械作业，应远离居民区或与居民区隔离。覆膜发酵区设在畜禽养殖区域内应符合《畜禽场场区设计技术规范》（NY/T 682—2003）的要求，即应设在养殖场的生产区、生活管理区的常年主导风向的下风向或侧风向处。覆膜发酵区应采用水泥或防渗材料做防渗处理。

3. 分子膜发酵主体工程建设

① 根据处理能力合理规划建立覆膜发酵区，合理布局通风管道。

② 畜禽粪便贮存设施应符合《畜禽粪便贮存设施设计要求》（GB/T 27622—2011）的规定。

4. 膜发酵工艺流程

采用分子膜发酵覆盖反馈控制通风好氧发酵堆肥以及相关组合工艺，包括物料预处理、覆膜发酵、二次发酵、后处理、腐熟度判定等工艺环节。堆肥主要原料为畜禽粪便，辅料可选择秸秆、食用菌渣、尾菜等农业废弃物中的一种或多种。功能膜好氧发酵处理技术工艺流程如图 3-4 所示。

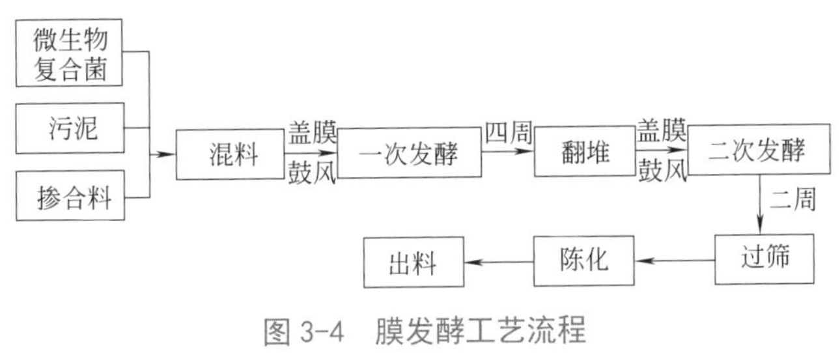

图 3-4　膜发酵工艺流程

三、分子膜发酵堆肥过程与方法

1. 备料

分子膜发酵堆肥前，根据畜禽粪便种类及特性，宜加入农业废弃物作为辅料，调节堆肥原料含水量、碳氮比（C/N），便于提供良好的微生物好氧发酵条件，使得混合辅料的含水量在 60% 以下为佳。① 为了节省辅料用量、提高发酵效果、降低成本，新产生的畜禽粪便一定先与辅料提前进行混合、静置，充分吸水。② 畜禽粪便可以多种混合，养鸡场就地处理不宜用禽类粪便，优选牛粪、猪粪、羊粪等；养猪场就地处理不得用其他猪场粪便，优选牛羊粪；草食性动物不得用其他草食性动物粪便。

2. 混料

按配方要求，利用混匀设备将原料、辅料、微生物菌剂混匀。混匀时宜先将微生物菌剂按一定比例与辅料搅拌均匀稀释，再按接种量与其他物料混匀，如处理 100m^3 的物料时，通过铲车等搅拌设备将 35 ～ 50kg 的微生物菌剂与辅料混匀。混匀的堆肥物料的含水量宜控制在 50% ～ 60%，物料必须充分混匀；采用铲车拌料；堆肥物料含水量是最重要的指标，鸡粪、猪粪堆肥含水量小于 60%。

3. 建堆

将混匀的物料按梯形建堆，堆体上部宽度一般不低于堆体底部宽度的 2/3，堆体底部宽度为发酵区设计宽度，堆体高度一般宜为 1.2 ～ 1.8m。布料时应保证物料均匀、松散，防止出现物料厚度不一致、含水量不均等情况。以 100m^3 堆体为例，通过铲车将混合好物料运至发酵区，建堆，高度、宽度应根据物料种类、特性、堆肥季节等进行适当调整，高一般不低于 1.8m，宽 6.0m。布料时应保证物料均匀、松散。

4. 覆膜

将纳米膜完全覆盖在堆体上，利用压边袋或其他方式压实纳米膜边缘，保持边缘不漏气。在堆肥发酵前 7d 保持边缘不漏气，待发酵后期（堆肥 12 ～ 20d）无臭味、温度较高时，延长通风时间，可以根据情况，适当放气保证膜处于鼓起紧绷状态，去水。

四、分子膜发酵过程控制

1. 自动控制系统

过程控制参数包括通风、温度以及氧气浓度。处理过程根据料堆中的氧气浓度和发酵温度控制通风，主要控制通风量和通风时间。所需氧浓度和温度信息用不锈钢探头插入料堆中测定，数据传入计算机及时反映处理过程现状并记录在案。处理过程可以实现遥控。一般采用温度控制，将微生物的活性维持在适当水平。即设定控制温度，当测试值低于控制温度时，加大通风供氧，增强微生物活性，增加产热量；相反，当测试值高于控制温度时，减少通风供氧，降低微生物活性，使温度回落（图 3-5）。

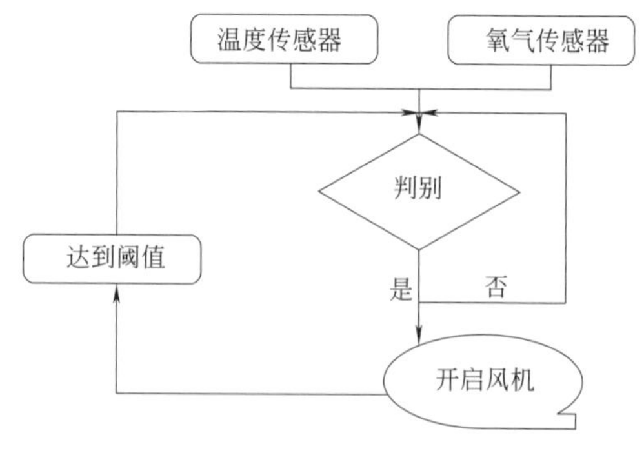

图 3-5　膜发酵通风控制系统

2. 温度控制

发酵过程中必须测定堆层温度的变化情况（图 3-6）。堆体发酵温度应控制在 55 ～ 70℃，当堆体温度超过 75℃时应进行翻堆或强制通风；堆层各测定点温度均应保持在 55℃以上，且持续时间不得少于 7d，发酵温度不宜大于 75℃，而且在 65 ～ 70℃的高温期维持 3d 以上。覆膜发酵周期内，堆肥温度达到 60℃以上，保持 7 ～ 10d 可翻堆 1 次。翻堆时须均匀彻底，应尽量将底层物料翻入堆体中上部，以便充分腐熟。（注：在堆肥发酵第 10 天建议翻堆 1 次，提高发酵效果，保证收益。）

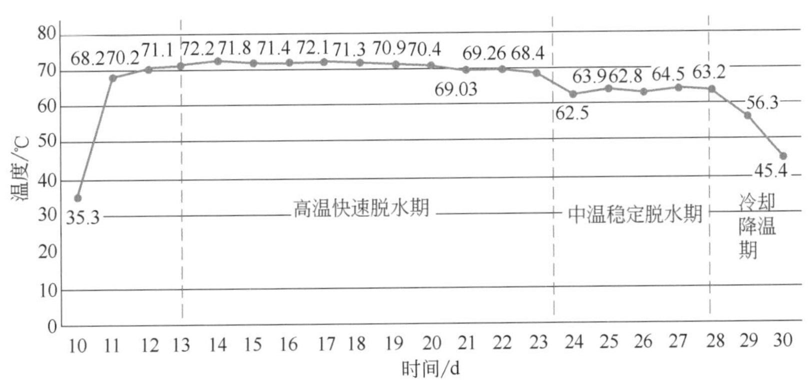

图 3-6 发酵温度曲线

3. 水分控制

随着堆肥发酵含水量逐渐下降，到覆膜发酵结束时含水量应为 35% ～ 45%。

4. 氧气浓度控制

发酵过程中，应进行氧气浓度的测定。必须通过强制通风使堆体内氧气浓度保持在 8% 以上，宜控制在 10% ～ 15%。跟踪耗氧速率，及时调整通风量，标准状态下的风量宜为 0.05 ～ 0.20 m^3/min；风压可按堆层物料每增加 1m，风压增加 1.0 ～ 1.5kPa 选取。通风次数和时间应保证发酵在最适宜条件下进行。发酵初期，通风量以膜鼓起且膜可压住为主，但后期以长时间通风去水为主。

5. 控制方式

覆膜发酵过程可选用参数控制、节点控制等控制方式，参数控制方式宜选择温度 - 氧气浓度联动控制，节点控制方式可选择时间节点控制、温度节点控制以及时间 - 温度节点联动控制。

6. 二次发酵

若需要进一步提高堆肥产物的腐熟度，可将堆体移出覆膜发酵区继续堆置 15 ～ 30d，中间翻堆 1 ～ 2 次。二次发酵也叫陈化或后腐熟，过程包括降温期。二次发酵过程中，严禁再次添加新鲜的堆肥原料。含水量宜控制在 40% ～ 45%。为减少养分损失，物料温度宜控制在 50℃以下，可通过调节物料层高控制堆温。二次发酵周期一般为 15 ～ 30d。发酵终止时腐熟堆肥应符合下列要求：① 外观颜色为褐色或为灰褐色、疏松、无臭味、无机械杂质；② 含水量宜小于 30%；③ 碳氮比（C/N）<20 ∶ 1；④ 耗氧速率趋于稳定。

7. 后处理及利用

将生产出的腐熟堆肥散装或装袋存放于防雨地方待售。制得的腐熟堆肥可进行粉碎、筛分、深加工等处理。经过纳米膜好氧发酵获得的腐熟堆肥可直接还田利用，应符合《畜禽粪便还田技术规范》（GB/T 25246—2010）的规定。生产商品有机肥料的，应符合《有机肥料》（NY 525—2021）的规定。生产生物有机肥的，应符合《生物有机肥》（NY 884—2012）的规定。生产有机 - 无机复合肥的，应符合《有机无机复混肥料》（GB/T 18877—2020）的规定。

第四节 农业废弃物膜发酵过程可培养微生物分析

一、概述

农业废弃物膜发酵技术是由德国引进的污染物微生物处理技术，采用分子膜覆盖发酵废弃物形成有机肥，利用微生物的生长繁殖代谢实现静态好氧发酵，然后经陈化腐熟，配方包装生产出检验合格的有机肥。膜发酵静态好氧堆肥技术对有机肥的品质有几方面的影响：第一，膜发酵静态好氧堆肥能实现长时间的高温发酵，有效杀灭堆肥中的致病病原菌、虫卵、杂草籽等病虫草害，确保分子膜发酵有机肥施用后不会污染土壤，生长杂草，给作物带来病菌和虫害；第二，膜发酵静态好氧堆肥的分子膜覆盖，为堆肥形成了一个“气候箱”的稳定环境，分子膜具有半透性，空气和水蒸气可以透过膜，大分子物质如氨气等无法透过膜，雨水不可穿透膜，这样，膜发酵过程不怕雨淋，空气、水蒸气可以透过膜使得物料干燥，氨气等不可透过膜，使得发酵过程无臭气散发；第三，膜发酵可以将高温发酵产生的水蒸气首先在膜内形成一个水膜，这样发酵过程产生的氨、硫化氢等含有养分的物质首先被水膜溶解吸收，然后又回流到堆肥，被微生物消化转化到堆肥，往复循环，氨、硫不外泄，被保留在堆肥中形成有机肥的养分。

膜发酵系统静态发酵，外部供氧，保证了微生物的生长，繁殖环境稳定，有利于并加速微生物的生长、繁殖和代谢，从而把有机质有效矿物质化，转化为腐殖酸，确保发酵成作物能利用、对土壤有用的有机质。本节以农业废弃物城市污泥为例，分析膜发酵处理过程可培养微生物（细菌、真菌、放线菌）群落变化动态，揭示发酵过程微生物的功能和作用。

二、可培养细菌群落动态

1. 细菌分离

以膜发酵物料第 3 天的样本为例，将不同稀释度的土壤悬液涂布于 LB 培养基平板培养 2d 后，平板上长出许多形态、大小不相同的菌落，如图 3-7 所示。不同采样点不同深度的物料细菌菌落种类和数量存在差异，如 AY-3d 样品的细菌总数为 6.4×10^{8} CFU/g；AL-3d 样品的细菌总数为 1.98×10^{9} CFU/g；BY-3d 样品的细菌总数为 1.58×10^{9} CFU/g；BL-3d 样品的细菌总数为 2.43×10^{9} CFU/g；CY-3d 样品的细菌总数为 2.62×10^{9} CFU/g；CL-3d 样品的细菌总数为 1.88×10^{9} CFU/g；DY-3d 样品的细菌总数为 6.9×10^{8} CFU/g；DL-3d 样品的细菌总数为 4.7×10^{8} CFU/g。膜发酵样本 0d、3d、6d、9d、12d、17d、21d、24d、27d，共 9 次采样，每次采样 A、B、C、D 四个点，每个点采样浅层（Y）和深层（L），都按举例进行细菌涂布分离；共进行 72 个物料的细菌分离。

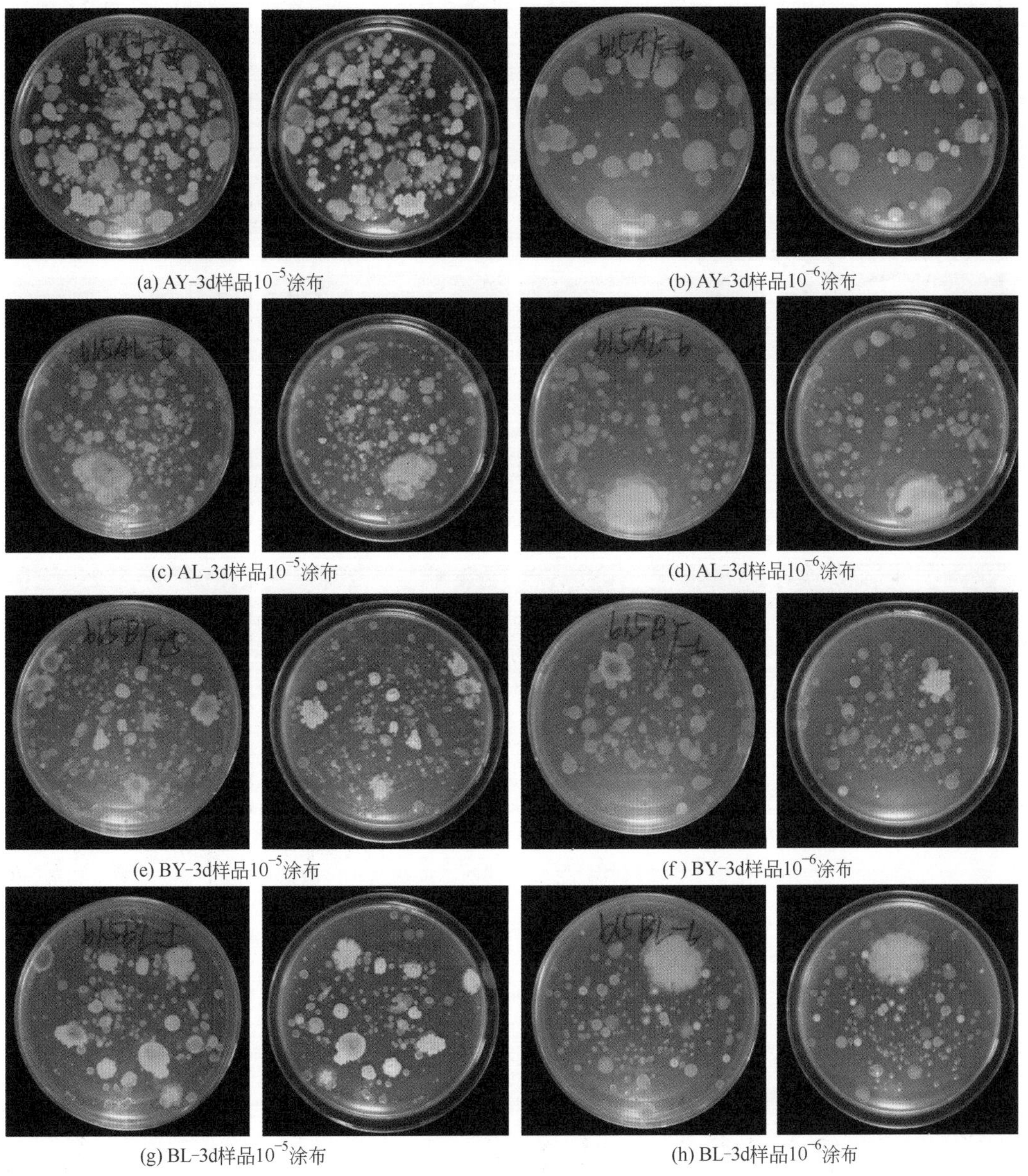

(a) AY-3d样品10^{-5}涂布　(b) AY-3d样品10^{-6}涂布

(c) AL-3d样品10^{-5}涂布　(d) AL-3d样品10^{-6}涂布

(e) BY-3d样品10^{-5}涂布　(f) BY-3d样品10^{-6}涂布

(g) BL-3d样品10^{-5}涂布　(h) BL-3d样品10^{-6}涂布

图 3-7

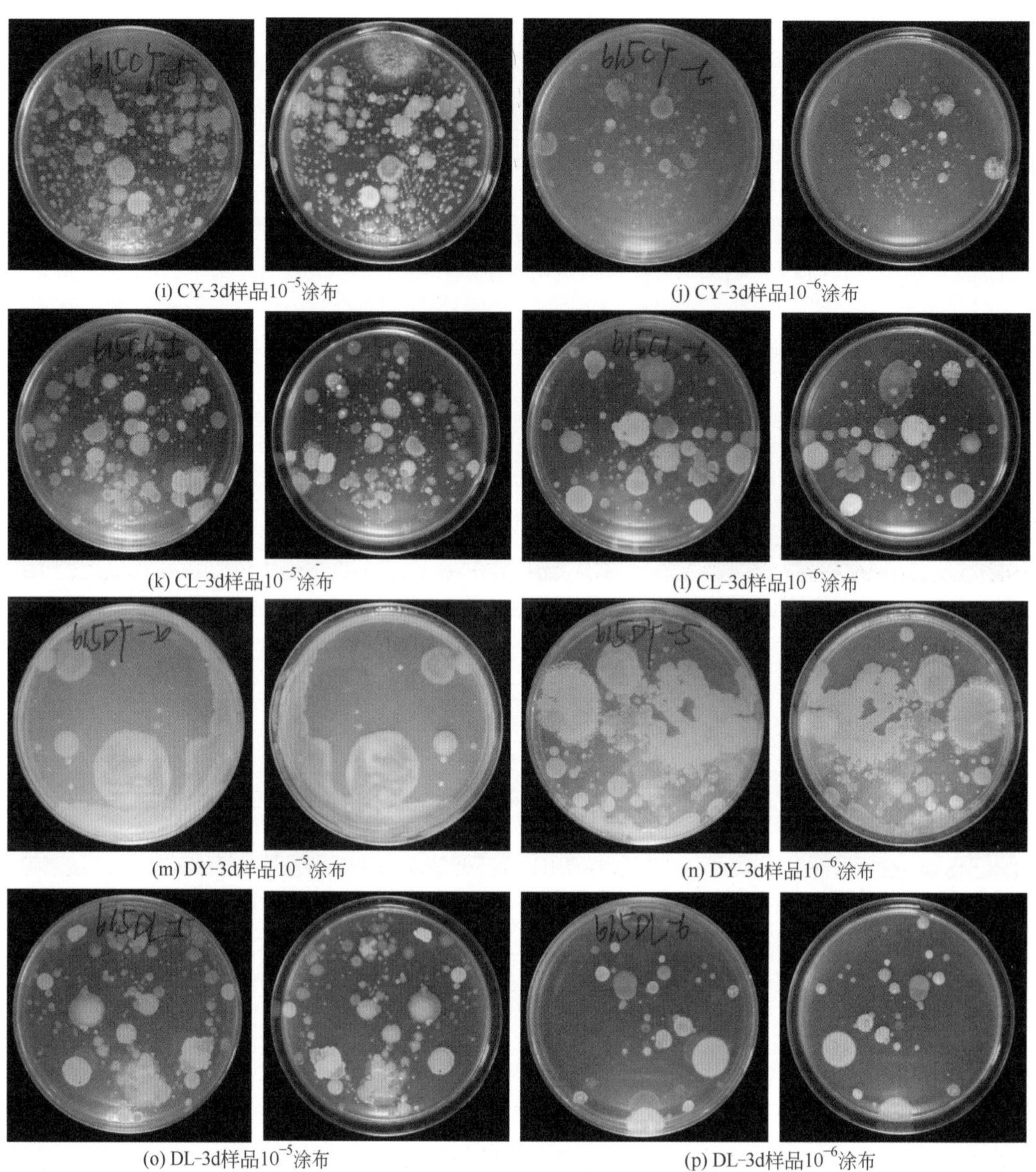

(i) CY-3d样品10^{-5}涂布　(j) CY-3d样品10^{-6}涂布

(k) CL-3d样品10^{-5}涂布　(l) CL-3d样品10^{-6}涂布

(m) DY-3d样品10^{-5}涂布　(n) DY-3d样品10^{-6}涂布

(o) DL-3d样品10^{-5}涂布　(p) DL-3d样品10^{-6}涂布

图 3-7　膜发酵物料第 3 天的样本细菌涂布分离案例

2. 菌落形态

以第 3 天采样的膜发酵物料细菌分离为例，根据不同的菌落形态特征，从不同浓度的土壤稀释液在 LB 培养基平板上长出的菌落中辨别出不同的菌落形态特征，计算不同形态菌落的数量。分别挑取每种菌落，在新的 LB 培养基平板上进行纯化，至完全纯化后再进行保存。菌落的形态特征描述见表 3-2，细胞形态特征见图 3-8。由图 3-8、表 3-2 可知，每个样品中菌落形态各异，膜发酵物料样品中各菌种含量差异较大。

表 3-2　膜发酵 3d 物料细菌菌落形态特征

样品编号	编号	菌株编号	大小	形状	颜色	边缘	表面	高度	透明度	干湿
TU-FJAT-FJ-13156	1	FJAT-54322	中	圆	白	光滑	光滑	隆起	不透明	湿润
	2	FJAT-54323	中	圆	橘红	光滑	光滑	隆起	不透明	湿润
	3	FJAT-54324	小	圆	橘色	光滑	光滑	凸起	不透明	湿润
	4	FJAT-54325	中	圆	黄	光滑	光滑	隆起	不透明	湿润
	5	FJAT-54326	中	圆	白	光滑	光滑	隆起	不透明	湿润
	6	FJAT-54327	小	点状	黄	光滑	光滑	隆起	不透明	湿润
	7	FJAT-54328	大	圆	白	光滑	光滑	隆起	不透明	湿润
	8	FJAT-54329	小	圆	黄	光滑	蜡面	隆起	不透明	湿润
	9	FJAT-54330	小	圆	白	粗糙	光滑	扁平	不透明	湿润
	10	FJAT-54331	小	圆	黄	光滑	光滑	隆起	不透明	湿润
	11	FJAT-54332	小	圆	黄	光滑	光滑	隆起	不透明	湿润
	12	FJAT-54333	中	圆	黄	光滑	光滑	凸起	不透明	湿润
	13	FJAT-54334	小	圆	黄	光滑	光滑	凸起	不透明	湿润
	14	FJAT-54335	中	圆	粉	波形	光滑	隆起	不透明	湿润
TU-FJAT-FJ-13157	15	FJAT-54336	中	圆	白	光滑	蜡面	隆起	不透明	湿润
	16	FJAT-54337	中	圆	白	光滑	光滑	凸起	不透明	湿润
	17	FJAT-54338	中	圆	白	光滑	光滑	隆起	不透明	湿润
	18	FJAT-54339	小	点状	黄	光滑	光滑	隆起	不透明	湿润
	19	FJAT-54340	中	圆	白	粗糙	蜡面	隆起	不透明	湿润
	20	FJAT-54341	中	圆	白	光滑	光滑	隆起	不透明	湿润
	21	FJAT-54342	大	圆	白	锯齿	粗糙	隆起	不透明	湿润
	22	FJAT-54343	大	圆	白	波形	褶皱	隆起	不透明	黏稠
	23	FJAT-54344	小	圆	白	光滑	光滑	隆起	不透明	湿润
TU-FJAT-FJ-13158	24	FJAT-54345	小	圆	黄	光滑	光滑	隆起	不透明	湿润
	25	FJAT-54346	小	圆	黄	光滑	光滑	隆起	不透明	湿润
	26	FJAT-54347	中	圆	白	粗糙	褶皱	隆起	不透明	黏稠
	27	FJAT-54348	中	圆	白	粗糙	褶皱	隆起	不透明	黏稠
	28	FJAT-54349	大	圆	灰	粗糙	光滑	扁平	不透明	湿润
	29	FJAT-54350	中	圆	白	光滑	光滑	隆起	不透明	湿润
	30	FJAT-54351	大	圆	灰	粗糙	粗糙	隆起	不透明	湿润

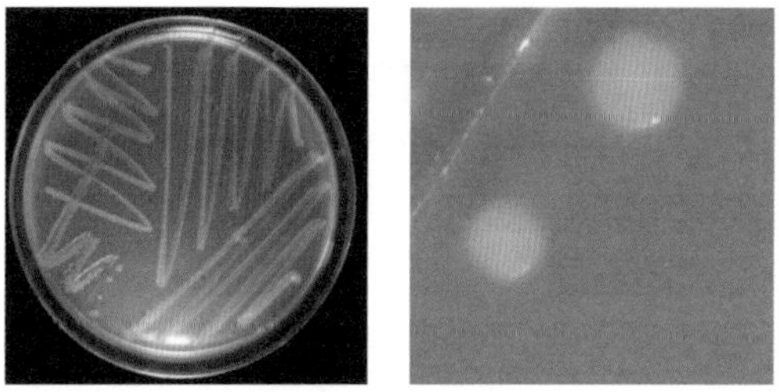

(a) FJAT-54322

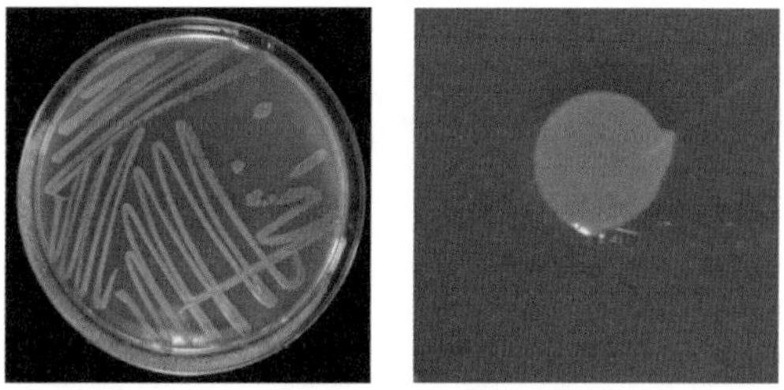

(b) FJAT-54323

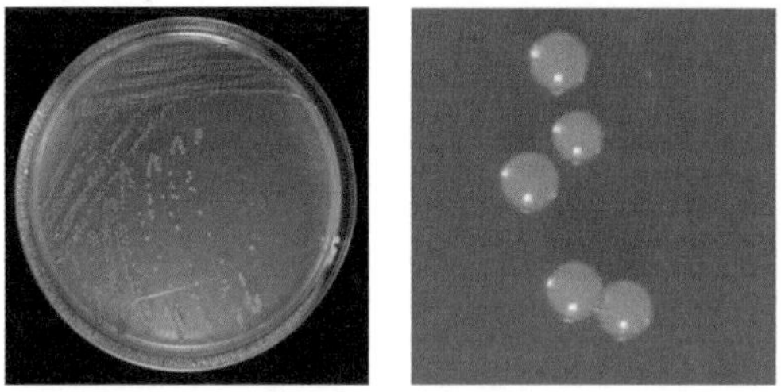

(c) FJAT-54324

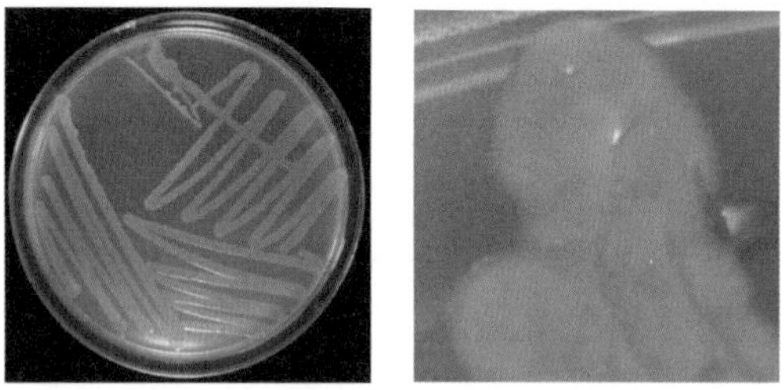

(d) FJAT-54325

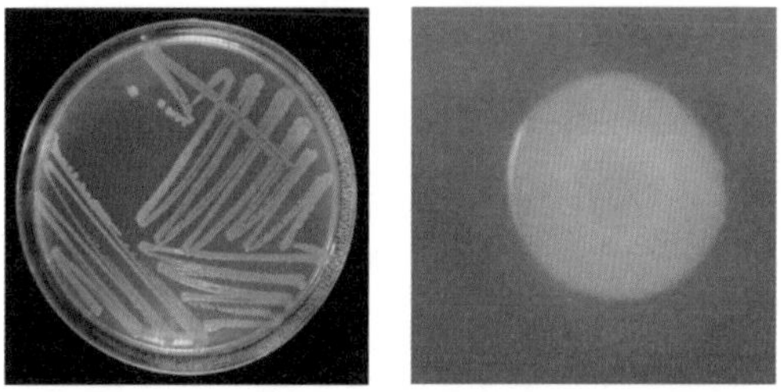

(e) FJAT-54326

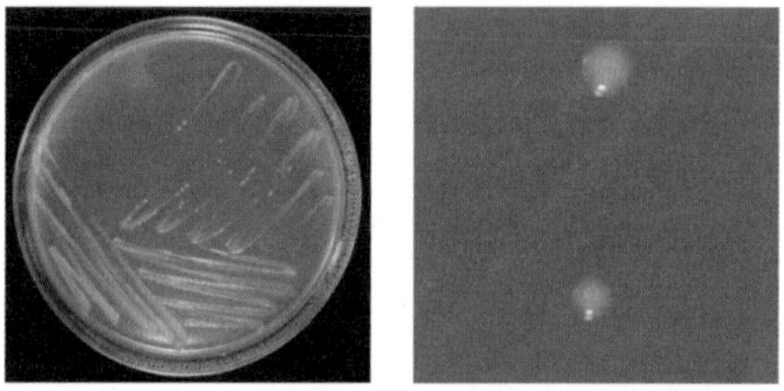

(f) FJAT-54327

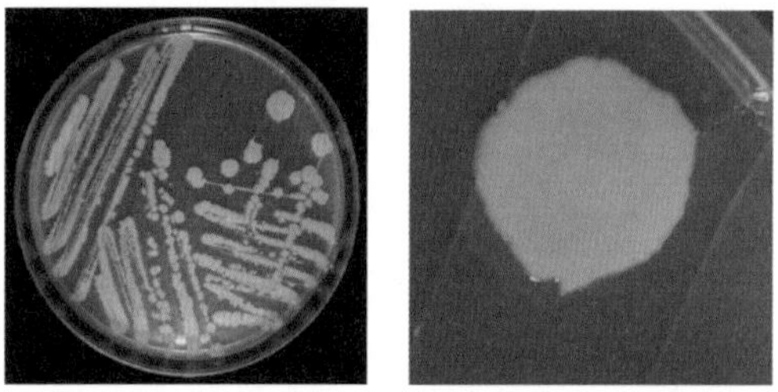

(g) FJAT-54328

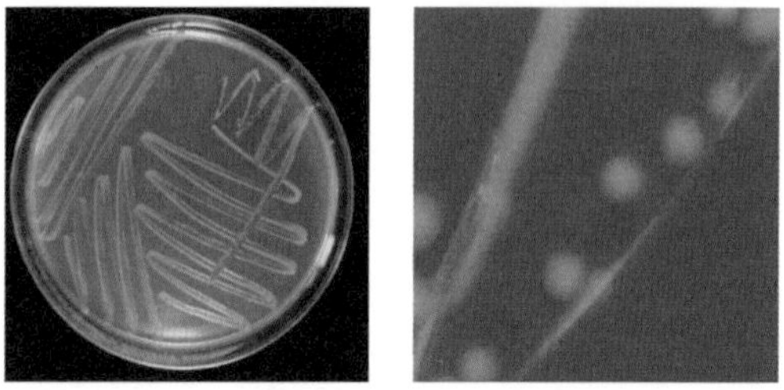

(h) FJAT-54329

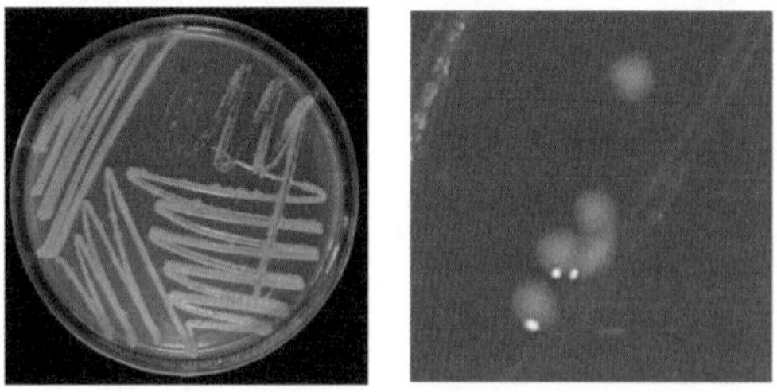

(i) FJAT-54330

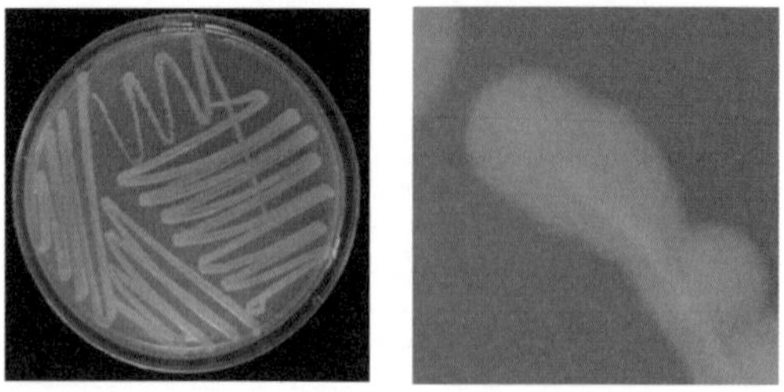

(j) FJAT-54331

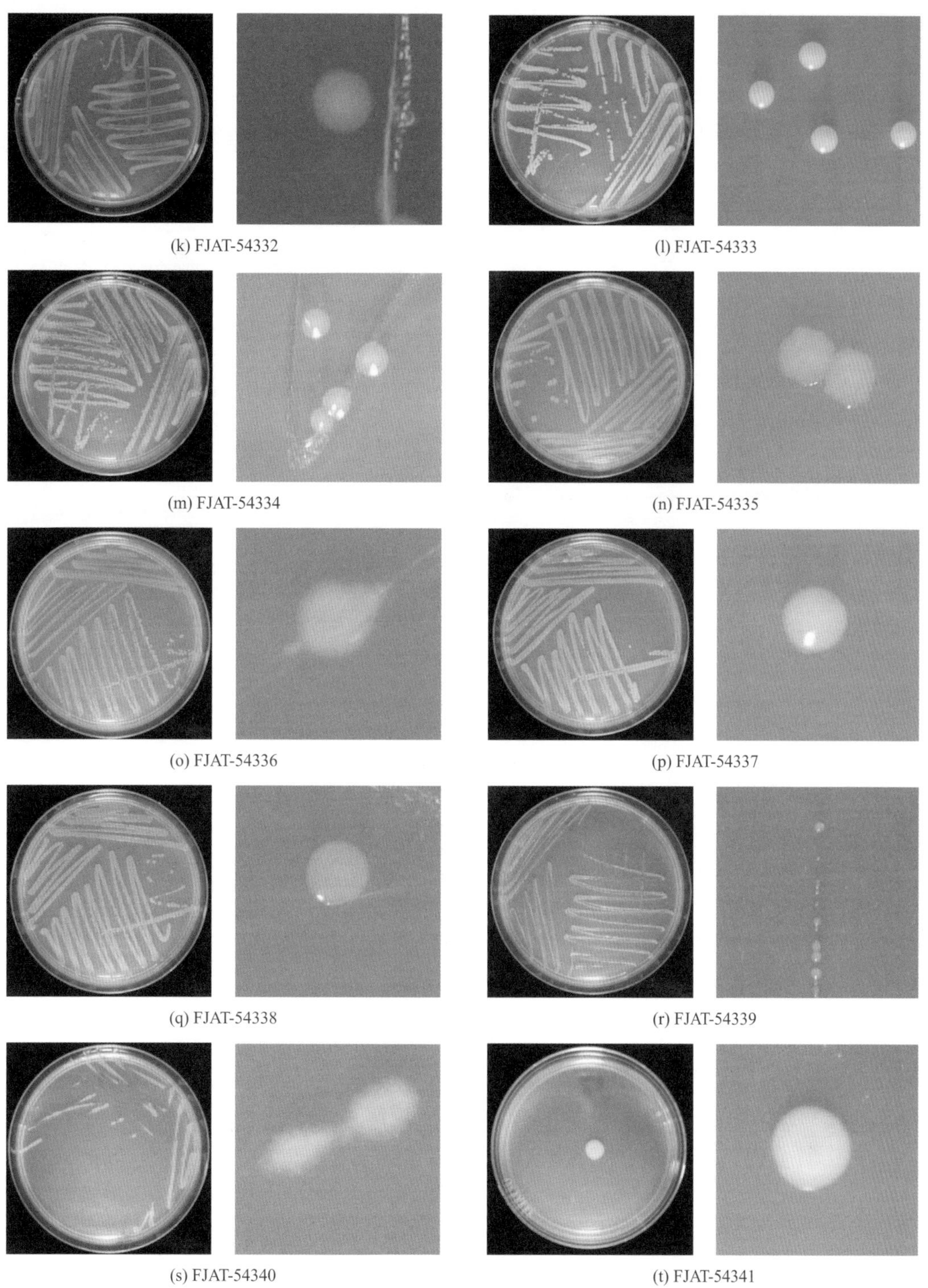

(k) FJAT-54332

(l) FJAT-54333

(m) FJAT-54334

(n) FJAT-54335

(o) FJAT-54336

(p) FJAT-54337

(q) FJAT-54338

(r) FJAT-54339

(s) FJAT-54340

(t) FJAT-54341

图 3-8

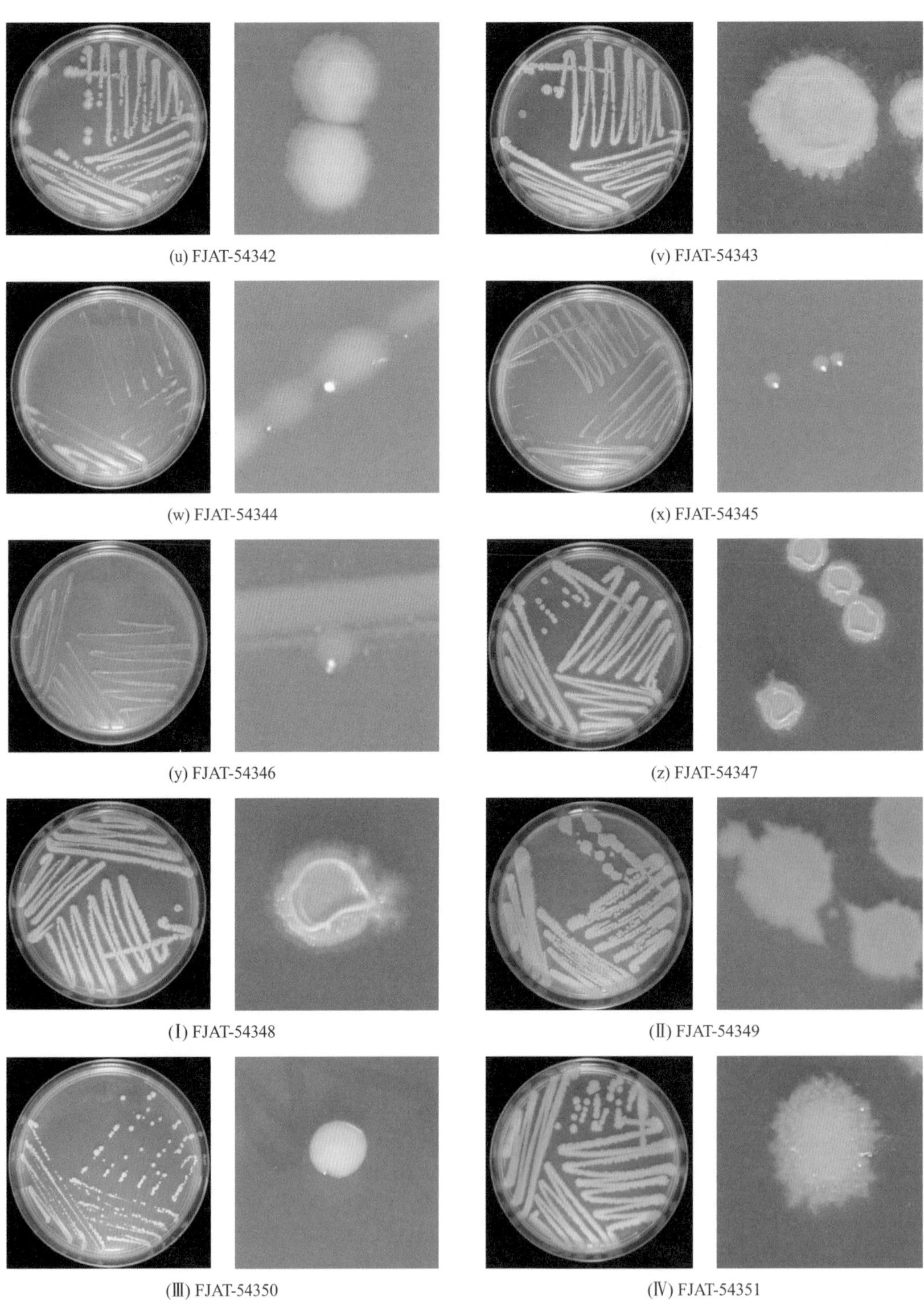
(u) FJAT-54342
(v) FJAT-54343
(w) FJAT-54344
(x) FJAT-54345
(y) FJAT-54346
(z) FJAT-54347
(Ⅰ) FJAT-54348
(Ⅱ) FJAT-54349
(Ⅲ) FJAT-54350
(Ⅳ) FJAT-54351

图 3-8 膜发酵第 3 天物料样品分离细菌的细胞形态举例

3. 细菌鉴定

膜发酵样本9次采样，4个采样点（A、B、C、D），2个采样深度（浅层Y和深层L），共有72个物料的细菌分离；标记出30个特征菌落，进行测序鉴定。将所得序列在网站eztaxon-e.ezbiocloud.net核酸序列数据库中进行同源序列比较，比对结果见表3-3。渔溪膜发酵物料样品中共分离得到30株菌落形态特异的可区别的细菌，经16S rDNA鉴定判断为17个属，25个种。① 芽胞杆菌属（*Bacillus*）有5个种：韦尔瓦芽胞杆菌（*Bacillus onubensis*）、热乳芽胞杆菌（*Bacillus thermolactis*）、阿氏芽胞杆菌（*Bacillus aryabhattai*）、地衣芽胞杆菌（*Bacillus licheniformis*）、蜡样芽胞杆菌（*Bacillus cereus*）。② 细胞芽胞杆菌属（*Cytobacillus*）有2个种：坚强细胞芽胞杆菌（*Cytobacillus firmus*）、农田细胞芽胞杆菌（*Cytobacillus praedii*）。③ 韩科院菌属（*Kaistella*）1个种：山韩科院菌（*Kaistella montana*）。④ 韩农技院菌属（*Niabella*）1个种：水生韩农技院菌（*Niabella aquatica*）。⑤ 浅黄杆菌属（*Ravibacter*）1个种：农田浅黄杆菌（*Ravibacter arvi*）。⑥ 红寡食菌属（*Rhodoligotrophos*）1个种：金生红寡食菌（*Rhodoligotrophos jinshengii*）。⑦ 螯合球菌属（*Chelatococcus*）1个种：堆肥螯合球菌（*Chelatococcus composti*）。⑧ 变形杆菌属（*Proteus*）1个种：奇异变形杆菌（*Proteus mirabilis*）。⑨ 丛毛单胞菌属（*Comamonas*）1个种：水生丛毛单胞菌（*Comamonas aquatica*）。⑩ 短杆菌属（*Brevibacterium*）1个种：表皮短杆菌（*Brevibacterium epidermidis*）。⑪ 假单胞菌属（*Pseudomonas*）3个种：耐热假单胞菌（*Pseudomonas thermotolerans*）、北城假单胞菌（*Pseudomonas boreopolis*）、硝基还原假单胞菌（*Pseudomonas nitroreducens*）。⑫ 假黄单胞菌属（*Pseudoxanthomonas*）1个种：台湾假黄单胞菌（*Pseudoxanthomonas taiwanensis*）。⑬ 卡斯特兰尼氏菌属（*Castellaniella*）1个种：大田卡斯特兰尼氏菌（*Castellaniella daejeonensis*）。⑭ 葡萄球菌（*Staphylococcus*）1个种：沃氏葡萄球菌（*Staphylococcus warneri*）。⑮ 鞘氨醇杆菌属（*Sphingobacterium*）1个种：嗜热鞘氨醇杆菌（*Sphingobacterium thermophilum*）。⑯ 微杆菌属（*Microbacterium*）2个种：酯香微杆菌（*Microbacterium esteraromaticum*）、水原微杆菌（*Microbacterium suwonense*）。⑰ 芽胞束菌属（*Sporosarcina*）1个种：海水芽胞束菌（*Sporosarcina aquimarina*）。其中，分离的菌株与其最相近物种模式菌株间的16S rDNA相似性有5株低于98.65%，为潜在新种。

表3-3　膜发酵物料典型细菌菌株的鉴定

供试菌株	拉丁文学名	比对菌株	中文学名	相似性/%
FJAT-54342	*Bacillus aryabhattai*	B8W22	阿氏芽胞杆菌	99.72
FJAT-54351	*Bacillus cereus*	ATCC 14579	蜡样芽胞杆菌	99.79
FJAT-54330	*Bacillus licheniformis*	ATCC 14580	地衣芽胞杆菌	99.65
FJAT-54347	*Bacillus licheniformis*	ATCC 14580	地衣芽胞杆菌	98.76
FJAT-54348	*Bacillus licheniformis*	ATCC 14580	地衣芽胞杆菌	99.37
FJAT-54328	*Bacillus onubensis*	0911MAR22V3	韦尔瓦芽胞杆菌	99.04
FJAT-54340	*Bacillus thermolactis*	R-6488	热乳芽胞杆菌	99.65
FJAT-54333	*Brevibacterium epidermidis*	NBRC 14811	表皮短杆菌	99.71

续表

供试菌株	拉丁文学名	比对菌株	中文学名	相似性 /%
FJAT-54332	*Castellaniella daejeonensis*	MJ06	大田卡斯特兰尼氏菌	99.29
FJAT-54344	*Chelatococcus composti*	PC-2	堆肥鳌合球菌	99.63
FJAT-54329	*Comamonas aquatica*	NBRC 14918	水生丛毛单胞菌	99.57
FJAT-54349	*Cytobacillus firmus*	NBRC 15306	坚强细胞芽胞杆菌	99.59
FJAT-54343	*Cytobacillus praedii*	FJAT-25547	农田细胞芽胞杆菌	98.97
FJAT-54327	*Kaistella montana*	WG4	山韩科院菌	98.57
FJAT-54334	*Microbacterium esteraromaticum*	DSM 8609	酯香微杆菌	99.65
FJAT-54331	*Microbacterium suwonense*	M1T8B9	水原微杆菌	98.99
FJAT-54346	*Niabella aquatica*	RP-2	水生韩农技院菌	93.45
FJAT-54341	*Proteus mirabilis*	ATCC 29906	奇异变形杆菌	99.65
FJAT-54325	*Pseudomonas boreopolis*	ATCC 33662	北城假单胞菌	99.57
FJAT-54335	*Pseudomonas nitroreducens*	DSM 14399	硝基还原假单胞菌	99.36
FJAT-54322	*Pseudomonas thermotolerans*	CM3	耐热假单胞菌	99.57
FJAT-54336	*Pseudomonas thermotolerans*	CM3	耐热假单胞菌	99.36
FJAT-54345	*Pseudoxanthomonas taiwanensis*	CB-226	台湾假黄单胞菌	99.5
FJAT-54339	*Ravibacter arvi*	J77-1	农田浅黄杆菌	92.76
FJAT-54324	*Rhodoligotrophos jinshengii*	BUT-3	金生红寡食菌	98.24
FJAT-54326	*Sphingobacterium thermophilum*	CKTN2	嗜热鞘氨醇杆菌	98.68
FJAT-54337	*Sphingobacterium thermophilum*	CKTN2	嗜热鞘氨醇杆菌	99.28
FJAT-54338	*Sphingobacterium thermophilum*	CKTN2	嗜热鞘氨醇杆菌	98.48
FJAT-54323	*Sporosarcina aquimarina*	SW28	海水芽胞束菌	99.02
FJAT-54350	*Staphylococcus warneri*	ATCC 27836	沃氏葡萄球菌	99.72

4. 优势种类

（1）膜发酵 0d　将不同稀释度的土壤悬液涂布于 LB 培养基平板培养 2d 后，平板上长出许多形态、大小不相同的菌落，如图 3-9 所示。AY-0d 样品的细菌总数为 3.4×10^8CFU/g；AL-0d 样品的细菌总数为 5.7×10^8CFU/g；BY-0d 样品的细菌总数为 3.2×10^8CFU/g；BL-0d 样品的细菌总数为 2.83×10^9CFU/g；CY-0d 样品的细菌总数为 2.62×10^9CFU/g；CL-0d 样品的细菌总数为 3.2×10^8CFU/g；DY-0d 样品的细菌总数为 2.4×10^8CFU/g；DL-0d 样品的细菌总数为 2.5×10^8CFU/g。发酵初期，除 C 点外，A、B、D 点的深层细菌总数均大于浅层，可能原因为深层温度较高。

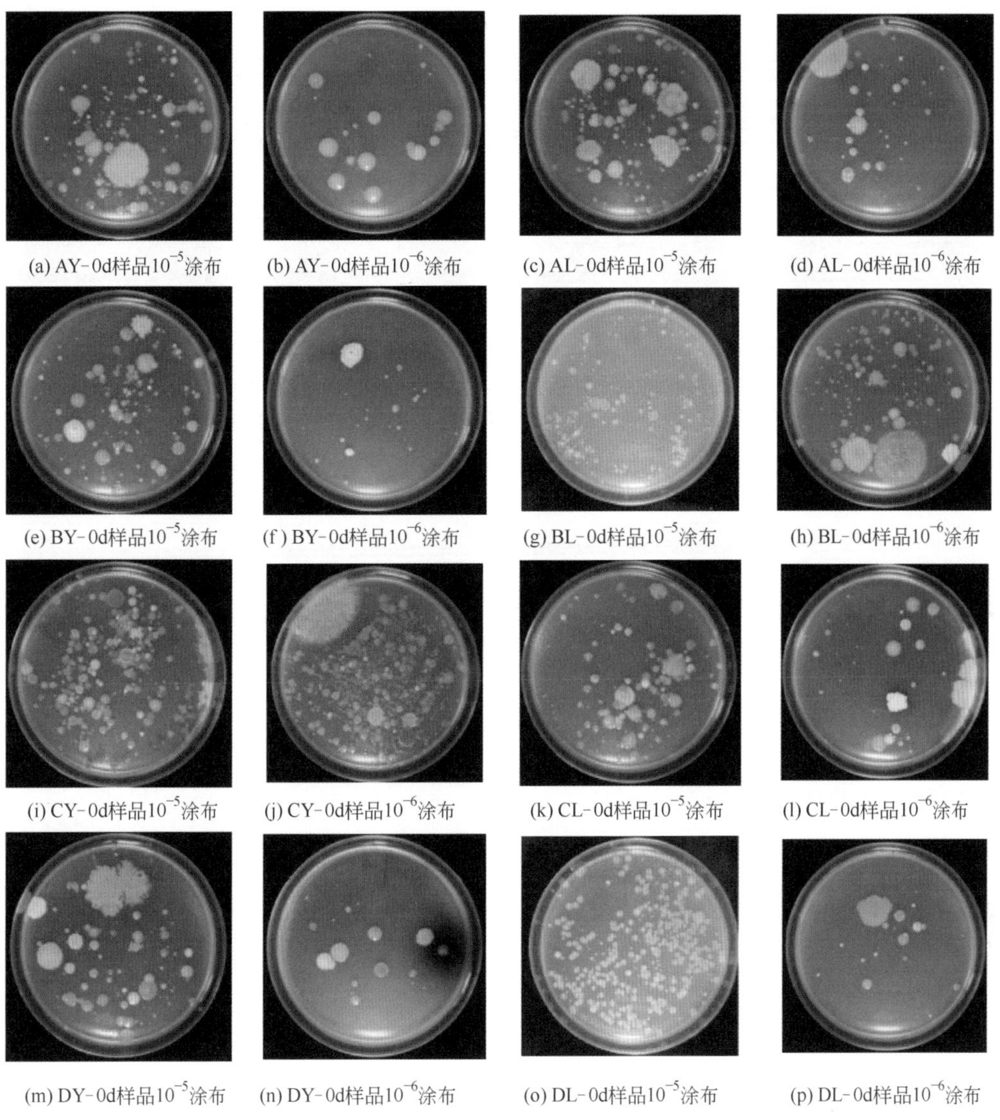

图 3-9　膜发酵 0d 堆体不同方位细菌优势种分离

膜发酵 0d，从堆体不同方位分离到细菌优势种 25 个，它们分别是阿里莱特谷氨酸杆菌、积累不动杆菌、耐酸芽胞杆菌、地衣芽胞杆菌、解蛋白芽胞杆菌、暹罗芽胞杆菌、动物溃疡伯杰氏菌、皮氏博德特氏菌、堆肥鳌合球菌、诺曼阴沟小杆菌、坚强细胞芽胞杆菌、农田细胞芽胞杆菌、温带噬氢菌、类肺炎克雷伯氏菌、酯香微杆菌、解油橄榄杆菌、食尼古丁类节杆菌、北城假单胞菌、施氏假单胞杆菌、耐热假单胞菌、台湾假黄单胞菌、农田浅黄杆菌、沃氏葡萄球菌、人参土寡养单胞菌、短热单胞菌（表 3-4）。

在取样的 8 个点中，诺曼阴沟小杆菌出现在了除 D 点浅层的其他取样点中，A 点浅层和深层的优势菌均为酯香微杆菌，B 点浅层的优势菌为暹罗芽胞杆菌，B 点深层的优势菌为人参土寡养单胞菌，C 点浅层的优势菌为台湾假黄单胞菌，C 点深层的优势菌为诺曼阴沟小杆菌，D 点浅层的优势菌为堆肥鳌合球菌，D 点深层的优势菌为阿里莱特谷氨酸杆菌。

单个采样点含量较高的3个细菌种类为人参土寡养单胞菌（5800×10^5CFU/g）、台湾假黄单胞菌（3000×10^5CFU/g）、酯香微杆菌（600×10^5CFU/g）；含量较低的3个细菌种类为诺曼阴沟小杆菌（10×10^5CFU/g）、坚强细胞芽胞杆菌（10×10^5CFU/g）、短热单胞菌（2×10^5CFU/g）。

表3-4 膜发酵0d堆体不同方位样品可培养细菌种类与菌落数

入库编号	样品编号	菌株编号	拉丁文学名	中文学名	菌落数/（10^5CFU/g）
FJAT-FJ-13200	AY-0d	FJAT-54292	*Stenotrophomonas panacihumi*	人参土寡养单胞菌	100
		FJAT-54295	*Acinetobacter cumulans*	积累不动杆菌	200
		FJAT-54297	*Bacillus licheniformis*	地衣芽胞杆菌	100
		FJAT-54298	*Glutamicibacter arilaitensis*	阿里莱特谷氨酸杆菌	200
		FJAT-54299	*Bacillus proteolyticus*	解蛋白芽胞杆菌	15
		FJAT-54302	*Microbacterium esteraromaticum*	酯香微杆菌	300
		FJAT-54303	*Bordetella petrii*	皮氏博德特氏菌	200
		FJAT-54316	*Cloacibacterium normanense*	诺曼阴沟小杆菌	15
		FJAT-54342	*Cytobacillus praedii*	农田细胞芽胞杆菌	150
FJAT-FJ-13201	AL-0d	FJAT-54295	*Acinetobacter cumulans*	积累不动杆菌	100
		FJAT-54298	*Glutamicibacter arilaitensis*	阿里莱特谷氨酸杆菌	200
		FJAT-54299	*Bacillus proteolyticus*	解蛋白芽胞杆菌	100
		FJAT-54302	*Microbacterium esteraromaticum*	酯香微杆菌	600
		FJAT-54304	*Paenarthrobacter nicotinovorans*	食尼古丁类节杆菌	40
		FJAT-54305	*Olivibacter oleidegradans*	解油橄榄杆菌	100
		FJAT-54310	*Cytobacillus firmus*	坚强细胞芽胞杆菌	10
		FJAT-54314	*Thermomonas brevis*	短热单胞菌	400
		FJAT-54316	*Cloacibacterium normanense*	诺曼阴沟小杆菌	10
		FJAT-54320	*Pseudomonas thermotolerans*	耐热假单胞菌	400
		FJAT-54324	*Pseudomonas boreopolis*	北城假单胞菌	300
		FJAT-54343	*Chelatococcus composti*	堆肥螯合球菌	300
FJAT-FJ-13202	BY-0d	FJAT-54292	*Stenotrophomonas panacihumi*	人参土寡养单胞菌	100
		FJAT-54294	*Bergeyella zoohelcum*	动物溃疡伯杰氏菌	40
		FJAT-54297	*Bacillus licheniformis*	地衣芽胞杆菌	100
		FJAT-54302	*Microbacterium esteraromaticum*	酯香微杆菌	20
		FJAT-54311	*Pseudomonas stutzeri*	施氏假单胞菌	100
		FJAT-54314	*Thermomonas brevis*	短热单胞菌	100
		FJAT-54315	*Bacillus siamensis*	暹罗芽胞杆菌	150
		FJAT-54316	*Cloacibacterium normanense*	诺曼阴沟小杆菌	10
		FJAT-54338	*Ravibacter arvi*	农田浅黄杆菌	100
		FJAT-54342	*Cytobacillus praedii*	农田细胞芽胞杆菌	100
		FJAT-54343	*Chelatococcus composti*	堆肥螯合球菌	30

续表

入库编号	样品编号	菌株编号	拉丁文学名	中文学名	菌落数 /（10^5 CFU/g）
FJAT-FJ-13203	BL-0d	FJAT-54291	*Bacillus aciditolerans*	耐酸芽胞杆菌	100
		FJAT-54292	*Stenotrophomonas panacihumi*	人参土寡养单胞菌	5800
		FJAT-54298	*Glutamicibacter arilaitensis*	阿里莱特谷氨酸杆菌	30
		FJAT-54299	*Bacillus proteolyticus*	解蛋白芽胞杆菌	10
		FJAT-54316	*Cloacibacterium normanense*	诺曼阴沟小杆菌	300
FJAT-FJ-13204	CY-0d	FJAT-54291	*Bacillus aciditolerans*	耐酸芽胞杆菌	100
		FJAT-54292	*Stenotrophomonas panacihumi*	人参土寡养单胞菌	560
		FJAT-54294	*Bergeyella zoohelcum*	动物溃疡伯杰氏菌	300
		FJAT-54298	*Glutamicibacter arilaitensis*	阿里莱特谷氨酸杆菌	20
		FJAT-54303	*Bordetella petrii*	皮氏博德特氏菌	20
		FJAT-54304	*Paenarthrobacter nicotinovorans*	食尼古丁类节杆菌	300
		FJAT-54314	*Thermomonas brevis*	短热单胞菌	2
		FJAT-54315	*Bacillus siamensis*	暹罗芽胞杆菌	300
		FJAT-54316	*Cloacibacterium normanense*	诺曼阴沟小杆菌	20
		FJAT-54324	*Pseudomonas boreopolis*	北城假单胞菌	200
		FJAT-54344	*Pseudoxanthomonas taiwanensis*	台湾假黄单胞菌	3000
FJAT-FJ-13205	CL-0d	FJAT-54299	*Bacillus proteolyticus*	解蛋白芽胞杆菌	30
		FJAT-54301	*Hydrogenophaga temperata*	温带噬氢菌	300
		FJAT-54303	*Bordetella petrii*	皮氏博德特氏菌	100
		FJAT-54304	*Paenarthrobacter nicotinovorans*	食尼古丁类节杆菌	200
		FJAT-54305	*Olivibacter oleidegradans*	解油橄榄杆菌	100
		FJAT-54311	*Pseudomonas stutzeri*	施氏假单胞菌	200
		FJAT-54316	*Cloacibacterium normanense*	诺曼阴沟小杆菌	350
		FJAT-54324	*Pseudomonas boreopolis*	北城假单胞菌	20
		FJAT-54338	*Ravibacter arvi*	农田浅黄杆菌	150
		FJAT-54342	*Cytobacillus praedii*	农田细胞芽胞杆菌	100
		FJAT-54343	*Chelatococcus composti*	堆肥螯合球菌	300
FJAT-FJ-13206	DY-0d	FJAT-54291	*Bacillus aciditolerans*	耐酸芽胞杆菌	150
		FJAT-54298	*Glutamicibacter arilaitensis*	阿里莱特谷氨酸杆菌	300
		FJAT-54303	*Bordetella petrii*	皮氏博德特氏菌	200
		FJAT-54343	*Chelatococcus composti*	堆肥螯合球菌	400
FJAT-FJ-13207	DL-0d	FJAT-54291	*Bacillus aciditolerans*	耐酸芽胞杆菌	100
		FJAT-54294	*Bergeyella zoohelcum*	动物溃疡伯杰氏菌	200
		FJAT-54298	*Glutamicibacter arilaitensis*	阿里莱特谷氨酸杆菌	300
		FJAT-54303	*Bordetella petrii*	皮氏博德特氏菌	30
		FJAT-54304	*Paenarthrobacter nicotinovorans*	食尼古丁类节杆菌	250
		FJAT-54305	*Olivibacter oleidegradans*	解油橄榄杆菌	100
		FJAT-54314	*Thermomonas brevis*	短热单胞菌	300
		FJAT-54316	*Cloacibacterium normanense*	诺曼阴沟小杆菌	250
		FJAT-54349	*Staphylococcus warneri*	沃氏葡萄球菌	200
		FJAT-54379	*Klebsiella quasipneumoniae*	类肺炎克雷伯氏菌	100

（2）膜发酵 3d　将不同稀释浓度的样品悬液涂布于 LB 培养基平板培养 2d 后，平板上长出许多形态、大小不相同的菌落，如图 3-10 所示。AY-3d 样品的细菌总数为 6.4×10^{8}CFU/g；AL-3d 样品的细菌总数为 1.98×10^{9}CFU/g；BY-3d 样品的细菌总数为 1.58×10^{9}CFU/g；BL-3d 样品的细菌总数为 2.43×10^{9}CFU/g；CY-3d 样品的细菌总数为 2.62×10^{9}CFU/g；CL-3d 样品的细菌总数为 1.88×10^{9}CFU/g；DY-3d 样品的细菌总数为 6.9×10^{8}CFU/g；DL-3d 样品的细菌总数为 4.7×10^{8}CFU/g。

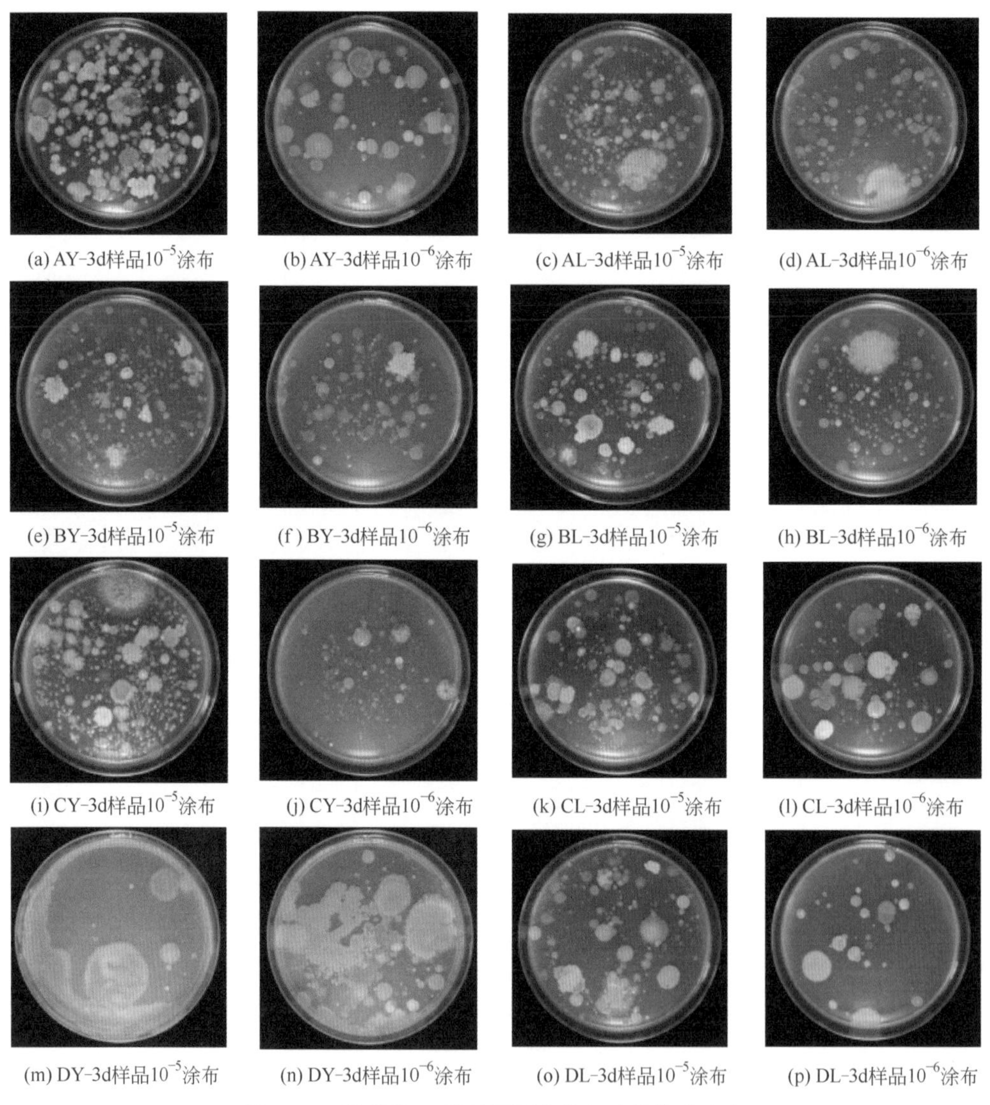

(a) AY-3d样品10^{-5}涂布　(b) AY-3d样品10^{-6}涂布　(c) AL-3d样品10^{-5}涂布　(d) AL-3d样品10^{-6}涂布

(e) BY-3d样品10^{-5}涂布　(f) BY-3d样品10^{-6}涂布　(g) BL-3d样品10^{-5}涂布　(h) BL-3d样品10^{-6}涂布

(i) CY-3d样品10^{-5}涂布　(j) CY-3d样品10^{-6}涂布　(k) CL-3d样品10^{-5}涂布　(l) CL-3d样品10^{-6}涂布

(m) DY-3d样品10^{-5}涂布　(n) DY-3d样品10^{-6}涂布　(o) DL-3d样品10^{-5}涂布　(p) DL-3d样品10^{-6}涂布

图 3-10　膜发酵 3d 堆体不同方位细菌优势种分离

膜发酵 3d 时，从堆体不同方位分离到细菌优势种 21 个（表 3-5），即积累不动杆菌、耐酸芽胞杆菌、巨大芽胞杆菌、解蛋白芽胞杆菌、暹罗芽胞杆菌、热乳芽胞杆菌、堆肥鳌合球菌、诺曼阴沟小杆菌、水生丛毛单胞菌、农田细胞芽胞杆菌、阿里莱特谷氨酸杆菌、山韩科院菌、变化马赛菌、酯香微杆菌、食尼古丁类节杆菌、北城假单胞菌、耐热假单胞菌、台湾假黄单胞菌、嗜热鞘氨醇杆菌、沃氏葡萄球菌、短热单胞菌。

在取样的 8 个点中，A 点浅层的优势菌为嗜热鞘氨醇杆菌和耐热假单胞菌，A 点深层的优势菌为诺曼阴沟小杆菌，B 点浅层的优势菌为台湾假黄单胞菌与诺曼阴沟小杆菌，B 点深层的优势菌为巨大芽胞杆菌，C 点浅层的优势菌为酯香微杆菌，C 点深层的优势菌为热乳芽胞杆菌，D 点浅层和 D 点深层的优势菌均为阿里莱特谷氨酸杆菌。该时期为膜发酵初期，A 点和 B 点浅层菌数小于深层菌数，而 C 点和 D 点的浅层细菌总数大于深层细菌总数，随机性较强，深层与浅层并无普遍的细菌数量差异。

单个采样点含量较高的 3 个细菌种类为诺曼阴沟小杆菌（3500×10^5CFU/g）、台湾假黄单胞菌（3500×10^5CFU/g）、热乳芽胞杆菌（3300×10^5CFU/g）；含量较低的 3 个细菌种类为巨大芽胞杆菌（10×10^5CFU/g）、农田细胞芽胞杆菌（10×10^5CFU/g）、耐酸芽胞杆菌（10×10^5CFU/g）。

表 3-5　膜发酵 3d 堆体不同方位样品可培养细菌种类与菌落数

入库编号	样品编号	菌株编号	拉丁文学名	中文学名	菌落数 /（10^5 CFU/g）
FJAT-FJ-13209	AY-3d	FJAT-54302	*Microbacterium esteraromaticum*	酯香微杆菌	200
		FJAT-54320	*Pseudomonas thermotolerans*	耐热假单胞菌	400
		FJAT-54325	*Sphingobacterium thermophilum*	嗜热鞘氨醇杆菌	400
		FJAT-54342	*Cytobacillus praedii*	农田细胞芽胞杆菌	10
		FJAT-54343	*Chelatococcus composti*	堆肥螯合球菌	100
		FJAT-54362	*Massilia varians*	变化马赛菌	10
		FJAT-54367	*Bacillus megaterium*	巨大芽胞杆菌	10
FJAT-FJ-13210	AL-3d	FJAT-54295	*Acinetobacter cumulans*	积累不动杆菌	100
		FJAT-54298	*Glutamicibacter arilaitensis*	阿里莱特谷氨酸杆菌	300
		FJAT-54299	*Bacillus proteolyticus*	解蛋白芽胞杆菌	100
		FJAT-54302	*Microbacterium esteraromaticum*	酯香微杆菌	90
		FJAT-54304	*Paenarthrobacter nicotinovorans*	食尼古丁类节杆菌	100
		FJAT-54316	*Cloacibacterium normanense*	诺曼阴沟小杆菌	750
		FJAT-54344	*Pseudoxanthomonas taiwanensis*	台湾假黄单胞菌	300
FJAT-FJ-13211	BY-3d	FJAT-54315	*Bacillus siamensis*	暹罗芽胞杆菌	40
		FJAT-54316	*Cloacibacterium normanense*	诺曼阴沟小杆菌	3500
		FJAT-54325	*Sphingobacterium thermophilum*	嗜热鞘氨醇杆菌	900
		FJAT-54342	*Cytobacillus praedii*	农田细胞芽胞杆菌	100
		FJAT-54344	*Pseudoxanthomonas taiwanensis*	台湾假黄单胞菌	3500
FJAT-FJ-13212	BL-3d	FJAT-54291	*Bacillus aciditolerans*	耐酸芽胞杆菌	30
		FJAT-54342	*Cytobacillus praedii*	农田细胞芽胞杆菌	10
		FJAT-54367	*Bacillus megaterium*	巨大芽胞杆菌	50

续表

入库编号	样品编号	菌株编号	拉丁文学名	中文学名	菌落数 / （10^5 CFU/g）
FJAT-FJ-13213	CY-3d	FJAT-54302	*Microbacterium esteraromaticum*	酯香微杆菌	1800
		FJAT-54314	*Thermomonas brevis*	短热单胞菌	1000
		FJAT-54315	*Bacillus siamensis*	暹罗芽胞杆菌	100
		FJAT-54324	*Pseudomonas boreopolis*	北城假单胞菌	1400
FJAT-FJ-13214	CL-3d	FJAT-54326	*Kaistella montana*	山韩科院菌	900
		FJAT-54339	*Bacillus thermolactis*	热乳芽胞杆菌	3300
		FJAT-54349	*Staphylococcus warneri*	沃氏葡萄球菌	600
FJAT-FJ-13215	DY-3d	FJAT-54298	*Glutamicibacter arilaitensis*	阿里莱特谷氨酸杆菌	500
		FJAT-54349	*Staphylococcus warneri*	沃氏葡萄球菌	100
		FJAT-54328	*Comamonas aquatica*	水生丛毛单胞菌	400
		FJAT-54326	*Kaistella montana*	山韩科院菌	200
FJAT-FJ-13216	DL-3d	FJAT-54291	*Bacillus aciditolerans*	耐酸芽胞杆菌	10
		FJAT-54298	*Glutamicibacter arilaitensis*	阿里莱特谷氨酸杆菌	500
		FJAT-54304	*Paenarthrobacter nicotinovorans*	食尼古丁类节杆菌	200

（3）膜发酵 6d　将不同稀释浓度的土壤悬液涂布于 LB 培养基平板培养 2d 后，平板上长出许多形态、大小不相同的菌落，如图 3-11 所示。AY-6d 样品的细菌总数为 8.4×10^8CFU/g；AL-6d 样品的细菌总数为 3.1×10^8CFU/g；BY-6d 样品的细菌总数为 2.6×10^8CFU/g；BL-6d 样品的细菌总数为 2.4×10^8CFU/g；CY-6d 样品的细菌总数为 1.1×10^8CFU/g；CL-6d 样品的细菌总数为 6×10^7CFU/g；DY-6d 样品的细菌总数为 5.1×10^8CFU/g；DL-6d 样品的细菌总数为 8.2×10^8CFU/g。

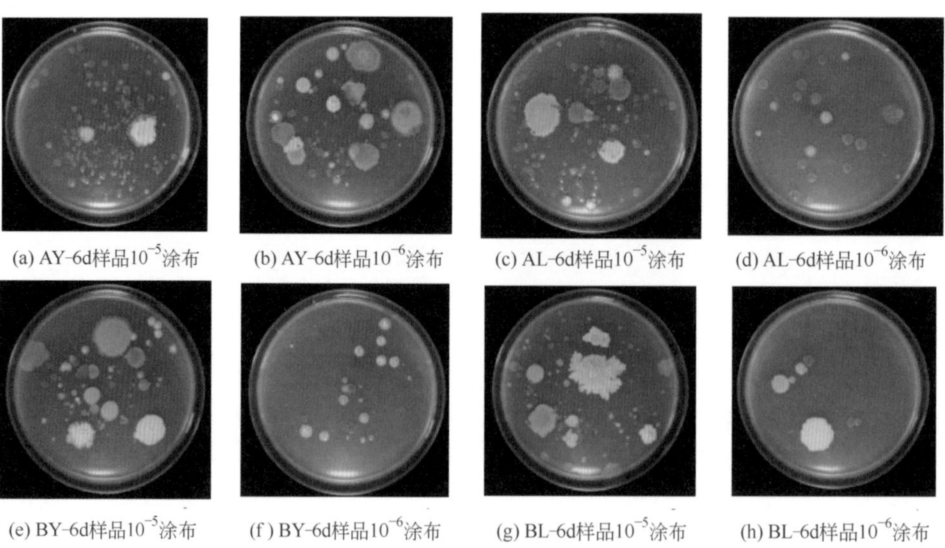

(a) AY-6d样品10^{-5}涂布　(b) AY-6d样品10^{-6}涂布　(c) AL-6d样品10^{-5}涂布　(d) AL-6d样品10^{-6}涂布

(e) BY-6d样品10^{-5}涂布　(f) BY-6d样品10^{-6}涂布　(g) BL-6d样品10^{-5}涂布　(h) BL-6d样品10^{-6}涂布

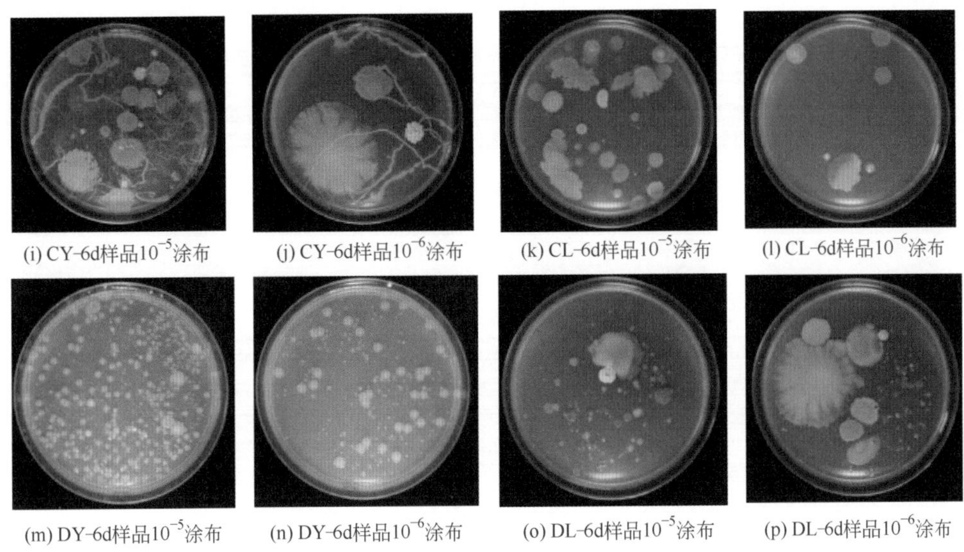

(i) CY-6d样品10^{-5}涂布　(j) CY-6d样品10^{-6}涂布　(k) CL-6d样品10^{-5}涂布　(l) CL-6d样品10^{-6}涂布

(m) DY-6d样品10^{-5}涂布　(n) DY-6d样品10^{-6}涂布　(o) DL-6d样品10^{-5}涂布　(p) DL-6d样品10^{-6}涂布

图 3-11　膜发酵 6d 堆体不同方位细菌优势种分离

膜发酵 6d 时，从堆体不同方位分离到细菌优势种 19 个（表 3-6），即积累不动杆菌、耐酸芽胞杆菌、巨大芽胞杆菌、解蛋白芽胞杆菌、暹罗芽胞杆菌、动物溃疡伯杰氏菌、堆肥螯合球菌、诺曼阴沟小杆菌、农田细胞芽胞杆菌、阿里莱特谷氨酸杆菌、霍伊尔两面神杆菌、类肺炎克雷伯氏菌、酯香微杆菌、北城假单胞菌、施氏假单胞菌、台湾假黄单胞菌、沃氏葡萄球菌、人参土寡养单胞菌、短热单胞菌。

在取样的 8 个点中，A 点浅层的优势菌为人参土寡养单胞菌，A 点深层的优势菌为北城假单胞菌，B 点浅层的优势菌为短热单胞菌和北城假单胞菌，B 点深层的优势菌为沃氏葡萄球菌，C 点浅层的优势菌为酯香微杆菌，C 点深层的优势菌为暹罗芽胞杆菌，D 点浅层的优势菌为北城假单胞菌，D 点深层的优势菌为酯香微杆菌。

单个采样点含量较高的 3 个细菌种类为沃氏葡萄球菌（3400×10^5CFU/g）、酯香微杆菌（1400×10^5CFU/g）、北城假单胞菌（1300×10^5CFU/g）；含量较低的 3 个细菌种类为耐酸芽胞杆菌（10×10^5CFU/g）、巨大芽胞杆菌（10×10^5CFU/g）、解蛋白芽胞杆菌（10×10^5CFU/g）。

表 3-6　膜发酵 6d 堆体不同方位样品可培养细菌种类与菌落数

入库编号	样品编号	菌株编号	拉丁文学名	中文学名	菌落数 /（10^5 CFU/g）
FJAT-FJ-13217	AY-6d	FJAT-54292	*Stenotrophomonas panacihumi*	人参土寡养单胞菌	1200
		FJAT-54316	*Cloacibacterium normanense*	诺曼阴沟小杆菌	380
		FJAT-54342	*Cytobacillus praedii*	农田细胞芽胞杆菌	20
FJAT-FJ-13218	AL-6d	FJAT-54299	*Bacillus proteolyticus*	解蛋白芽胞杆菌	20
		FJAT-54324	*Pseudomonas boreopolis*	北城假单胞菌	1300
		FJAT-54344	*Pseudoxanthomonas taiwanensis*	台湾假黄单胞菌	380

续表

入库编号	样品编号	菌株编号	拉丁文学名	中文学名	菌落数 /（10^5 CFU/g）
FJAT-FJ-13219	BY-6d	FJAT-54314	*Thermomonas brevis*	短热单胞菌	300
		FJAT-54315	*Bacillus siamensis*	暹罗芽胞杆菌	20
		FJAT-54324	*Pseudomonas boreopolis*	北城假单胞菌	300
		FJAT-54343	*Chelatococcus composti*	堆肥螯合球菌	100
		FJAT-54351	*Janibacter hoylei*	霍伊尔两面神杆菌	100
		FJAT-54367	*Bacillus megaterium*	巨大芽胞杆菌	10
FJAT-FJ-13220	BL-6d	FJAT-54291	*Bacillus aciditolerans*	耐酸芽胞杆菌	10
		FJAT-54299	*Bacillus proteolyticus*	解蛋白芽胞杆菌	10
		FJAT-54311	*Pseudomonas stutzeri*	施氏假单胞菌	100
		FJAT-54314	*Thermomonas brevis*	短热单胞菌	200
		FJAT-54316	*Cloacibacterium normanense*	诺曼阴沟小杆菌	170
		FJAT-54324	*Pseudomonas boreopolis*	北城假单胞菌	200
		FJAT-54342	*Cytobacillus praedii*	农田细胞芽胞杆菌	20
		FJAT-54344	*Pseudoxanthomonas taiwanensis*	台湾假黄单胞菌	170
		FJAT-54349	*Staphylococcus warneri*	沃氏葡萄球菌	3400
		FJAT-54351	*Janibacter hoylei*	霍伊尔两面神杆菌	100
		FJAT-54367	*Bacillus megaterium*	巨大芽胞杆菌	100
FJAT-FJ-13221	CY-6d	FJAT-54302	*Microbacterium esteraromaticum*	酯香微杆菌	520
		FJAT-54349	*Staphylococcus warneri*	沃氏葡萄球菌	30
FJAT-FJ-13222	CL-6d	FJAT-54299	*Bacillus proteolyticus*	解蛋白芽胞杆菌	20
		FJAT-54315	*Bacillus siamensis*	暹罗芽胞杆菌	30
FJAT-FJ-13223	DY-6d	FJAT-54298	*Glutamicibacter arilaitensis*	阿里莱特谷氨酸杆菌	100
		FJAT-54314	*Thermomonas brevis*	短热单胞菌	400
		FJAT-54315	*Bacillus siamensis*	暹罗芽胞杆菌	20
		FJAT-54324	*Pseudomonas boreopolis*	北城假单胞菌	750
		FJAT-54351	*Janibacter hoylei*	霍伊尔两面神杆菌	100
		FJAT-54379	*Klebsiella quasipneumoniae*	类肺炎克雷伯氏菌	40
FJAT-FJ-13224	DL-6d	FJAT-54291	*Bacillus aciditolerans*	耐酸芽胞杆菌	200
		FJAT-54294	*Bergeyella zoohelcum*	动物溃疡伯杰氏菌	200
		FJAT-54295	*Acinetobacter cumulans*	积累不动杆菌	500
		FJAT-54302	*Microbacterium esteraromaticum*	酯香微杆菌	1400

（4）膜发酵 9d　将不同稀释度的土壤悬液涂布于 LB 培养基平板培养 2d 后，平板上长出许多形态、大小不相同的菌落，如图 3-12 所示。AY-9d 样品的细菌总数为 6.4×10^8CFU/g；

AL-9d 样品的细菌总数为 2.2×10^7CFU/g；BY-9d 样品的细菌总数为 1.1×10^8CFU/g；BL-9d 样品的细菌总数为 8×10^7CFU/g；CY-9d 样品的细菌总数为 5×10^7CFU/g；CL-9d 样品的细菌总数为 4.7×10^7CFU/g；DY-9d 样品的细菌总数为 1.88×10^8CFU/g；DL-9d 样品的细菌总数为 4.7×10^7CFU/g。

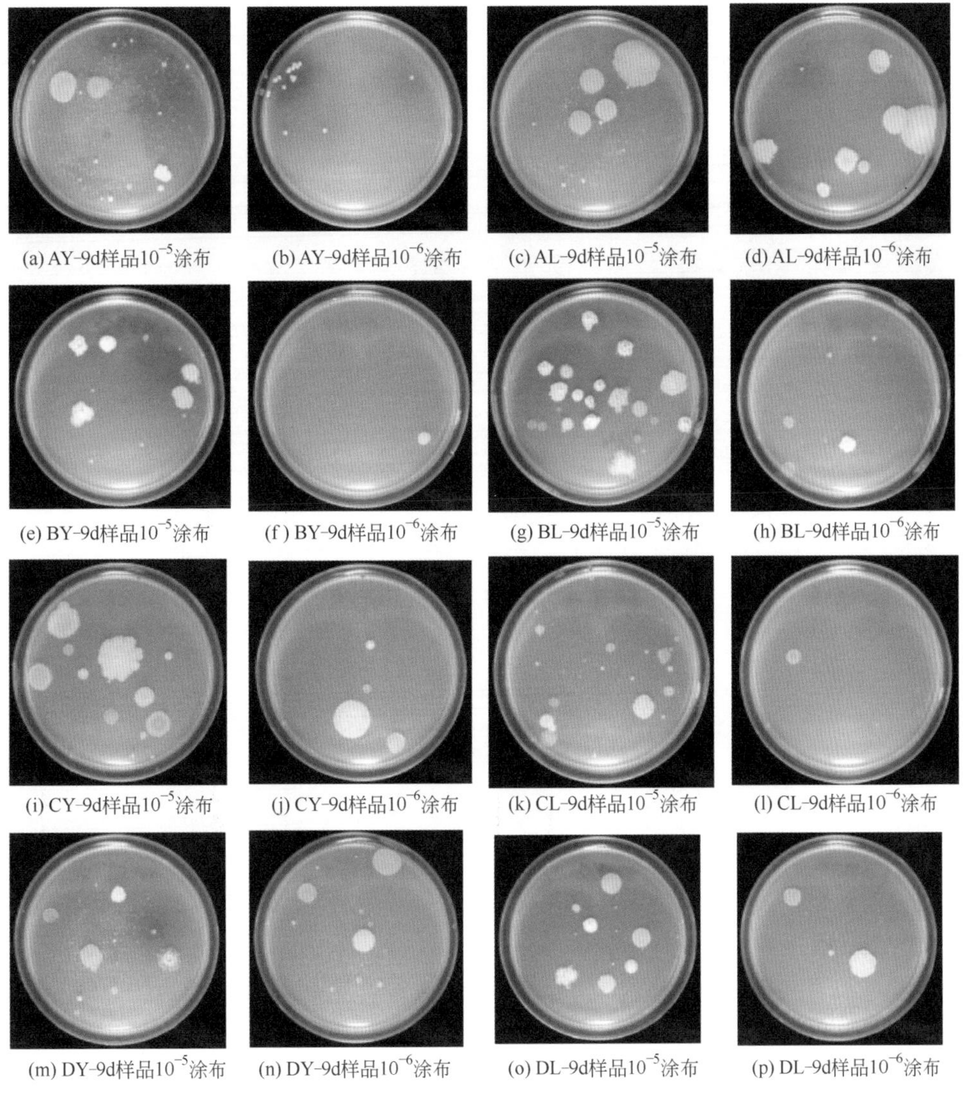

图 3-12　膜发酵 9d 堆体不同方位细菌优势种分离

膜发酵 9d 时，从堆体不同方位分离到细菌优势种 17 个（表 3-7），即耐酸芽胞杆菌、阿氏芽胞杆菌、蜡样芽胞杆菌、地衣芽胞杆菌、巨大芽胞杆菌、解蛋白芽胞杆菌、暹罗芽胞杆菌、皮氏博德特氏菌、堆肥鳌合球菌、坚强细胞芽胞杆菌、农田细胞芽胞杆菌、阿里莱特谷氨酸杆菌、霍伊尔两面神杆菌、变化马赛菌、耐热假单胞菌、台湾假黄单胞菌、人参土寡养单胞菌。

在取样的8个点中，A点浅层的优势菌为皮氏博德特氏菌，A点深层的优势菌为阿里莱特谷氨酸杆菌，B点浅层的优势菌为暹罗芽胞杆菌，B点深层的优势菌为变化马赛菌，C点浅层的优势菌为台湾假黄单胞菌与解蛋白芽胞杆菌，C点深层的优势菌为堆肥螯合球菌和FJAT-54430，D点浅层的优势菌为人参土寡养单胞菌，D点深层的优势菌为耐热假单胞菌。

单个采样点含量较高的3个细菌种类为皮氏博德特氏菌（2000×10^5CFU/g）、人参土寡养单胞菌（1200×10^5CFU/g）、变化马赛菌（400×10^5CFU/g）；含量较低的后3个细菌种类为霍伊尔两面神杆菌（10×10^5CFU/g）、农田细胞芽胞杆菌（10×10^5CFU/g）、巨大芽胞杆菌（1×10^5CFU/g）。

表3-7　膜发酵9d堆体不同方位样品可培养细菌种类与菌落数

入库编号	样品编号	菌株编号	拉丁文学名	中文学名	菌落数/（10^5CFU/g）
FJAT-FJ-13225	AY-9d	FJAT-54292	*Stenotrophomonas panacihumi*	人参土寡养单胞菌	440
		FJAT-54297	*Bacillus licheniformis*	地衣芽胞杆菌	10
		FJAT-54303	*Bordetella petrii*	皮氏博德特氏菌	2000
		FJAT-54342	*Cytobacillus praedii*	农田细胞芽胞杆菌	10
FJAT-FJ-13226	AL-9d	FJAT-54291	*Bacillus aciditolerans*	耐酸芽胞杆菌	10
		FJAT-54298	*Glutamicibacter arilaitensis*	阿里莱特谷氨酸杆菌	200
		FJAT-54310	*Cytobacillus firmus*	坚强细胞芽胞杆菌	30
		FJAT-54350	*Bacillus cereus*	蜡样芽胞杆菌	10
		FJAT-54367	*Bacillus megaterium*	巨大芽胞杆菌	1
FJAT-FJ-13227	BY-9d	FJAT-54315	*Bacillus siamensis*	暹罗芽胞杆菌	20
		FJAT-54362	*Massilia varians*	变化马赛菌	10
FJAT-FJ-13228	BL-9d	FJAT-54342	*Cytobacillus praedii*	农田细胞芽胞杆菌	40
		FJAT-54343	*Chelatococcus composti*	堆肥螯合球菌	100
		FJAT-54362	*Massilia varians*	变化马赛菌	400
FJAT-FJ-13229	CY-9d	FJAT-54297	*Bacillus licheniformis*	地衣芽胞杆菌	10
		FJAT-54299	*Bacillus proteolyticus*	解蛋白芽胞杆菌	20
		FJAT-54344	*Pseudoxanthomonas taiwanensis*	台湾假黄单胞菌	20
		FJAT-54351	*Janibacter hoylei*	霍伊尔两面神杆菌	10
FJAT-FJ-13230	CL-9d	FJAT-54343	*Chelatococcus composti*	堆肥螯合球菌	50
		FJAT-54430	*		50
FJAT-FJ-13231	DY-9d	FJAT-54292	*Stenotrophomonas panacihumi*	人参土寡养单胞菌	1200
		FJAT-54315	*Bacillus siamensis*	暹罗芽胞杆菌	10
		FJAT-54341	*Bacillus aryabhattai*	阿氏芽胞杆菌	10
FJAT-FJ-13232	DL-9d	FJAT-54291	*Bacillus aciditolerans*	耐酸芽胞杆菌	10
		FJAT-54320	*Pseudomonas thermotolerans*	耐热假单胞菌	100
		FJAT-54342	*Cytobacillus praedii*	农田细胞芽胞杆菌	10
		FJAT-54343	*Chelatococcus composti*	堆肥螯合球菌	12

注：* 表示未比对到已知物种，为潜在新种，全书同。

（5）膜发酵 12d　将不同稀释度的土壤悬液涂布于 LB 培养基平板培养 2d 后，平板上长出许多形态、大小不相同的菌落，如图 3-13 所示。AL-12d 样品的细菌总数为 3.5×10^8CFU/g；BY-12d 样品的细菌总数为 2.2×10^8CFU/g；BL-12d 样品的细菌总数为 1.8×10^8CFU/g；CY-12d 样品的细菌总数为 6.0×10^8CFU/g；CL-12d 样品的细菌总数为 2.4×10^8CFU/g；DY-12d 样品的细菌总数为 5.2×10^8CFU/g；DL-12d 样品的细菌总数为 3.3×10^8CFU/g。

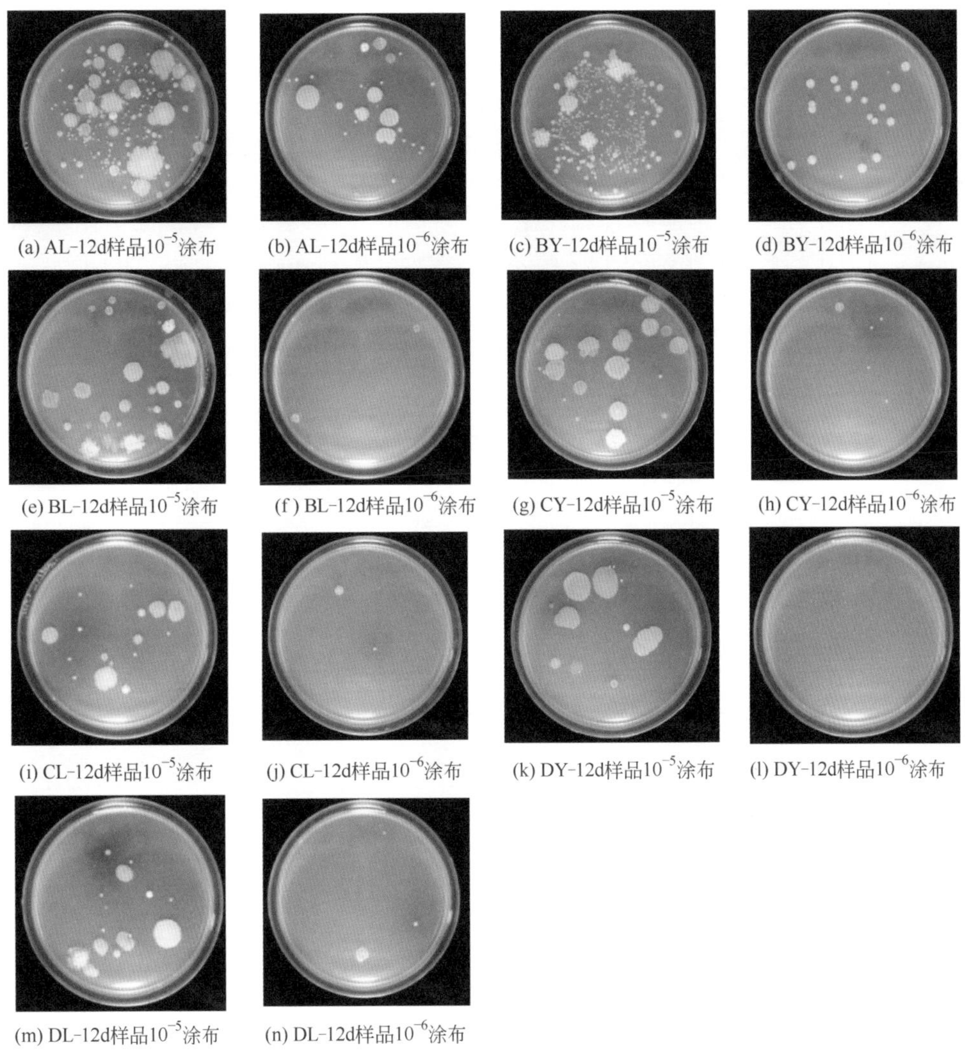

(a) AL-12d样品10^{-5}涂布　(b) AL-12d样品10^{-6}涂布　(c) BY-12d样品10^{-5}涂布　(d) BY-12d样品10^{-6}涂布

(e) BL-12d样品10^{-5}涂布　(f) BL-12d样品10^{-6}涂布　(g) CY-12d样品10^{-5}涂布　(h) CY-12d样品10^{-6}涂布

(i) CL-12d样品10^{-5}涂布　(j) CL-12d样品10^{-6}涂布　(k) DY-12d样品10^{-5}涂布　(l) DY-12d样品10^{-6}涂布

(m) DL-12d样品10^{-5}涂布　(n) DL-12d样品10^{-6}涂布

图 3-13　膜发酵 12d 堆体不同方位细菌优势种分离

膜发酵 12d 时，从堆体不同方位分离到细菌优势种 17 个（表 3-8），即积累不动杆菌、耐酸芽胞杆菌、阿氏芽胞杆菌、蜡样芽胞杆菌、地衣芽胞杆菌、巨大芽胞杆菌、韦尔瓦芽胞杆菌、解蛋白芽胞杆菌、暹罗芽胞杆菌、堆肥鳌合球菌、坚强细胞芽胞杆菌、农田细胞芽胞杆菌、阴沟肠杆菌、霍伊尔两面神杆菌、变化马赛菌、小束噬脯氨酸菌、耐热假单胞菌。

在取样的 8 个点中，A 点浅层未分离到菌，A 点深层的优势菌为解蛋白芽胞杆菌，B 点浅层的优势菌为小束噬脯氨酸菌，B 点深层的优势菌为农田细胞芽胞杆菌，C 点浅层的优势菌为韦尔瓦芽胞杆菌，C 点深层的优势菌为阴沟肠杆菌，D 点浅层的优势菌为 FJAT-54428，D 点深层的优势菌为地衣芽胞杆菌和堆肥螯合球菌。

单个采样点含量较高的 3 个细菌种类为小束噬脯氨酸菌（190×10^5CFU/g）、FJAT-54428（188×10^5CFU/g）、解蛋白芽胞杆菌（50×10^5CFU/g）；含量较低的 3 个细菌种类为农田细胞芽胞杆菌（10×10^5CFU/g）、阴沟肠杆菌（10×10^5CFU/g）、变化马赛菌（10×10^5CFU/g）。

表 3-8 膜发酵 12d 堆体不同方位样品可培养细菌种类与菌落数

入库编号	样品编号	菌株编号	拉丁文学名	中文学名	菌落数 /（10^5 CFU/g）
FJAT-FJ-13234	AL-12d	FJAT-54299	*Bacillus proteolyticus*	解蛋白芽胞杆菌	50
		FJAT-54341	*Bacillus aryabhattai*	阿氏芽胞杆菌	10
		FJAT-54350	*Bacillus cereus*	蜡样芽胞杆菌	20
		FJAT-54362	*Massilia varians*	变化马赛菌	20
		FJAT-54367	*Bacillus megaterium*	巨大芽胞杆菌	10
FJAT-FJ-13235	BY-12d	FJAT-54315	*Bacillus siamensis*	暹罗芽胞杆菌	10
		FJAT-54342	*Cytobacillus praedii*	农田细胞芽胞杆菌	30
		FJAT-54351	*Janibacter hoylei*	霍伊尔两面神杆菌	30
		FJAT-54363	*Prolinoborus fasciculus*	小束噬脯氨酸菌	190
FJAT-FJ-13236	BL-12d	FJAT-54342	*Cytobacillus praedii*	农田细胞芽胞杆菌	40
		FJAT-54362	*Massilia varians*	变化马赛菌	10
		FJAT-54367	*Bacillus megaterium*	巨大芽胞杆菌	20
FJAT-FJ-13237	CY-12d	FJAT-54291	*Bacillus aciditolerans*	耐酸芽胞杆菌	10
		FJAT-54327	*Bacillus onubensis*	韦尔瓦芽胞杆菌	40
		FJAT-54425	*Enterobacter cloacae*	阴沟肠杆菌	10
		FJAT-54429	*Pseudomonas thermotolerans*	耐热假单胞菌	20
FJAT-FJ-13238	CL-12d	FJAT-54295	*Acinetobacter cumulans*	积累不动杆菌	25
		FJAT-54341	*Bacillus aryabhattai*	阿氏芽胞杆菌	10
		FJAT-54425	*Enterobacter cloacae*	阴沟肠杆菌	50
FJAT-FJ-13239	DY-12d	FJAT-54342	*Cytobacillus praedii*	农田细胞芽胞杆菌	10
		FJAT-54428	*		188
		FJAT-54429	*Pseudomonas thermotolerans*	耐热假单胞菌	20
		FJAT-54431	*Cytobacillus firmus*	坚强细胞芽胞杆菌	30
FJAT-FJ-13240	DL-12d	FJAT-54297	*Bacillus licheniformis*	地衣芽胞杆菌	30
		FJAT-54343	*Chelatococcus composti*	堆肥螯合球菌	30

（6）膜发酵 17d　将不同稀释度的土壤悬液涂布于 LB 培养基平板培养 2d 后，平板上长出许多形态、大小不相同的菌落，如图 3-14 所示。AY-17d 样品的细菌总数为 0.5×10^7CFU/g；AL-17d 样品的细菌总数为 1.6×10^7CFU/g；BY-17d 样品的细菌总数为 0.8×10^7CFU/g；BL-17d

样品的细菌总数为 1.8×10^{7}CFU/g；CY-17d 样品的细菌总数为 0.3×10^{7}CFU/g；CL-17d 样品的细菌总数为 1.4×10^{7}CFU/g；DY-17d 样品的细菌总数为 1.2×10^{7}CFU/g；DL-17d 样品的细菌总数为 1.8×10^{7}CFU/g。

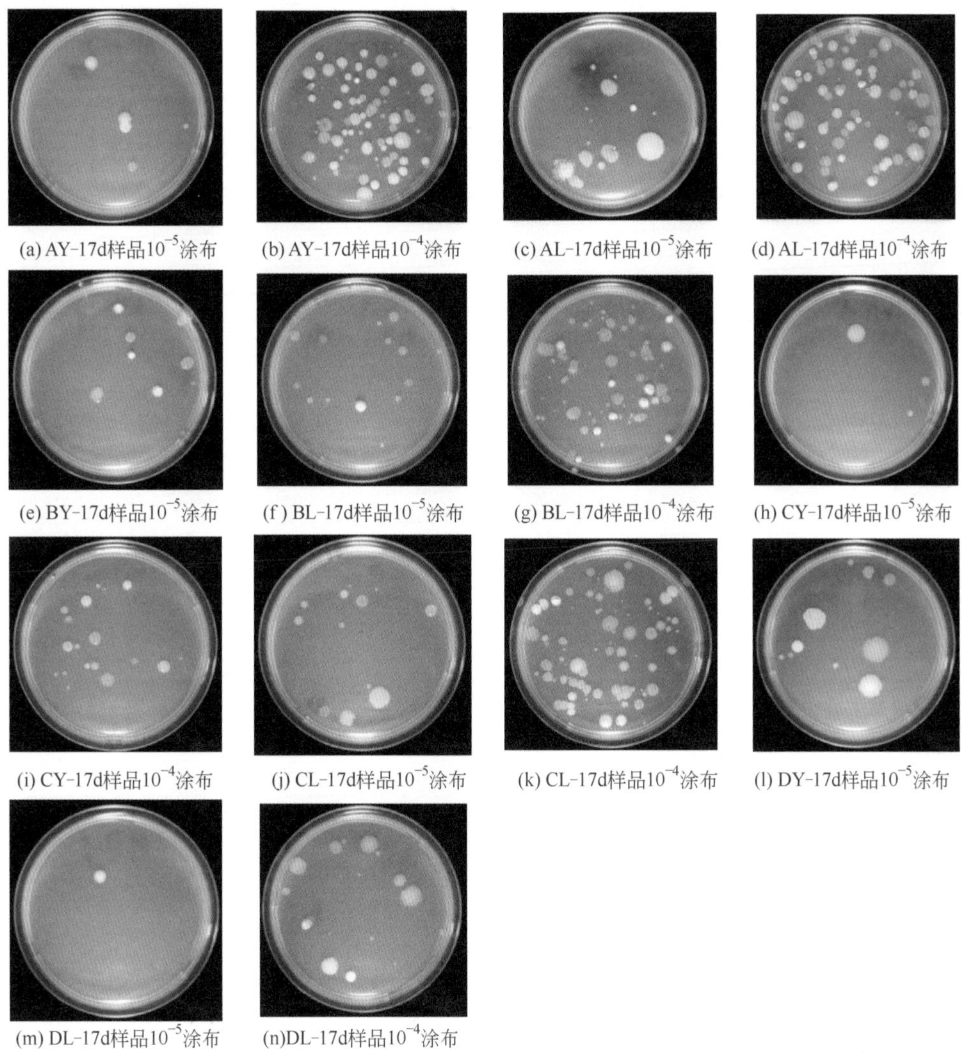

(a) AY-17d样品10^{-5}涂布　(b) AY-17d样品10^{-4}涂布　(c) AL-17d样品10^{-5}涂布　(d) AL-17d样品10^{-4}涂布

(e) BY-17d样品10^{-5}涂布　(f) BL-17d样品10^{-5}涂布　(g) BL-17d样品10^{-4}涂布　(h) CY-17d样品10^{-5}涂布

(i) CY-17d样品10^{-4}涂布　(j) CL-17d样品10^{-5}涂布　(k) CL-17d样品10^{-4}涂布　(l) DY-17d样品10^{-5}涂布

(m) DL-17d样品10^{-5}涂布　(n)DL-17d样品10^{-4}涂布

图 3-14　膜发酵 17d 堆体不同方位细菌优势种分离

膜发酵 17d 时，从堆体不同方位分离到细菌优势种 15 个（表 3-9），即积累不动杆菌、耐酸芽胞杆菌、阿氏芽胞杆菌、蜡样芽胞杆菌、地衣芽胞杆菌、巨大芽胞杆菌、韦尔瓦芽胞杆菌、暹罗芽胞杆菌、动物溃疡伯杰氏菌、堆肥鳌合球菌、霍伊尔两面神杆菌、类肺炎克雷伯氏菌、变化马赛菌、食尼古丁类节杆菌、施氏假单胞菌。

在取样的 8 个点中，A 点浅层的优势菌为积累不动杆菌，A 点深层的优势菌为蜡样芽胞杆菌，B 点浅层的优势菌为变化马赛菌，B 点深层的优势菌为堆肥鳌合球菌，C 点浅层的优势菌为韦尔瓦芽胞杆菌，C 点深层的优势菌为暹罗芽胞杆菌，D 点浅层的优势菌为施氏假单胞菌，D 点深层的优势菌为堆肥螯合球菌。

单个采样点含量较高的 3 个细菌种类为堆肥螯合球菌（130×10^5CFU/g）、积累不动杆菌（100×10^5CFU/g）、蜡样芽胞杆菌（80×10^5CFU/g）；含量较低的 3 个细菌种类为类肺炎克雷伯氏菌（2×10^5CFU/g）、变化马赛菌（1×10^5CFU/g）、食尼古丁类节杆菌（1×10^5CFU/g）。

表 3-9　膜发酵 17d 堆体不同方位样品可培养细菌种类与菌落数

入库编号	样品编号	菌株编号	拉丁文学名	中文学名	菌落数 / (10^5 CFU/g)
FJAT-FJ-13156	AY-17d	FJAT-54295	*Acinetobacter cumulans*	积累不动杆菌	100
		FJAT-54350	*Bacillus cereus*	蜡样芽胞杆菌	7
		FJAT-54362	*Massilia varians*	变化马赛菌	1
		FJAT-54367	*Bacillus megaterium*	巨大芽胞杆菌	3
		FJAT-54379	*Klebsiella quasipneumoniae*	类肺炎克雷伯氏菌	2
FJAT-FJ-13157	AL-17d	FJAT-54297	*Bacillus licheniformis*	地衣芽胞杆菌	10
		FJAT-54341	*Bacillus aryabhattai*	阿氏芽胞杆菌	10
		FJAT-54350	*Bacillus cereus*	蜡样芽胞杆菌	80
		FJAT-54362	*Massilia varians*	变化马赛菌	4
		FJAT-54367	*Bacillus megaterium*	巨大芽胞杆菌	2
FJAT-FJ-13158	BY-17d	FJAT-54294	*Bergeyella zoohelcum*	动物溃疡伯杰氏菌	10
		FJAT-54362	*Massilia varians*	变化马赛菌	30
FJAT-FJ-13159	BL-17d	FJAT-54343	*Chelatococcus composti*	堆肥螯合球菌	100
		FJAT-54362	*Massilia varians*	变化马赛菌	8
FJAT-FJ-13160	CY-17d	FJAT-54291	*Bacillus aciditolerans*	耐酸芽胞杆菌	3
		FJAT-54304	*Paenarthrobacter nicotinovorans*	食尼古丁类节杆菌	1
		FJAT-54327	*Bacillus onubensis*	韦尔瓦芽胞杆菌	20
FJAT-FJ-13161	CL-17d	FJAT-54315	*Bacillus siamensis*	暹罗芽胞杆菌	20
		FJAT-54341	*Bacillus aryabhattai*	阿氏芽胞杆菌	10
		FJAT-54343	*Chelatococcus composti*	堆肥螯合球菌	8
		FJAT-54350	*Bacillus cereus*	蜡样芽胞杆菌	2
		FJAT-54367	*Bacillus megaterium*	巨大芽胞杆菌	10
FJAT-FJ-13162	DY-17d	FJAT-54311	*Pseudomonas stutzeri*	施氏假单胞菌	20
		FJAT-54351	*Janibacter hoylei*	霍伊尔两面神杆菌	10
FJAT-FJ-13163	DL-17d	FJAT-54343	*Chelatococcus composti*	堆肥螯合球菌	130

（7）膜发酵 21d　将不同稀释度的土壤悬液涂布于 LB 培养基平板培养 2d 后，平板上长出许多形态、大小不相同的菌落，如图 3-15 所示。AY-21d 样品的细菌总数为 1.32×10^8CFU/g；

AL-21d 样品的细菌总数为 1.4×10^7CFU/g；BY-21d 样品的细菌总数为 7.4×10^7CFU/g；BL-21d 样品的细菌总数为 7.8×10^7CFU/g；CY-21d 样品的细菌总数为 4.2×10^7CFU/g；CL-21d 样品的细菌总数为 4.7×10^7CFU/g；DY-21d 样品的细菌总数为 3.1×10^7CFU/g；DL-21d 样品的细菌总数为 2.5×10^7CFU/g。

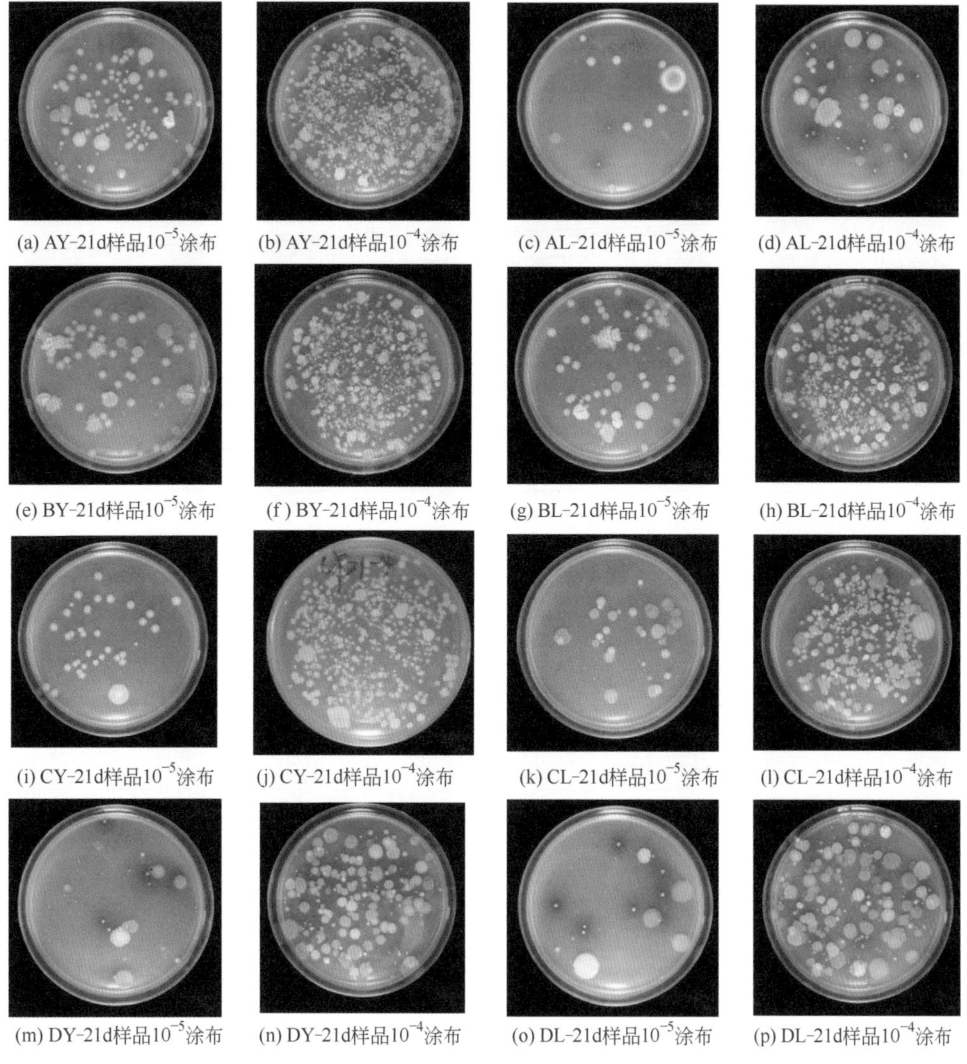

(a) AY-21d样品10^{-5}涂布　(b) AY-21d样品10^{-4}涂布　(c) AL-21d样品10^{-5}涂布　(d) AL-21d样品10^{-4}涂布

(e) BY-21d样品10^{-5}涂布　(f) BY-21d样品10^{-4}涂布　(g) BL-21d样品10^{-5}涂布　(h) BL-21d样品10^{-4}涂布

(i) CY-21d样品10^{-5}涂布　(j) CY-21d样品10^{-4}涂布　(k) CL-21d样品10^{-5}涂布　(l) CL-21d样品10^{-4}涂布

(m) DY-21d样品10^{-5}涂布　(n) DY-21d样品10^{-4}涂布　(o) DL-21d样品10^{-5}涂布　(p) DL-21d样品10^{-4}涂布

图 3-15　膜发酵 21d 堆体不同方位细菌优势种分离

膜发酵 21d 时，从堆体不同方位分离到细菌优势种 17 个（表 3-10），即积累不动杆菌、阿氏芽胞杆菌、蜡样芽胞杆菌、地衣芽胞杆菌、巨大芽胞杆菌、解蛋白芽胞杆菌、暹罗芽胞杆菌、波茨坦短芽胞杆菌、堆肥鳌合球菌、农田细胞芽胞杆菌、温带噬氢菌、类肺炎克雷伯氏菌、变化马赛菌、解油橄榄杆菌、耐热假单胞菌、解鸟氨酸拉乌尔氏菌、人参土寡养单胞菌。

在取样的 8 个点中，AY-21d 的优势菌为解鸟氨酸拉乌尔氏菌、AL-21d 的优势菌为解鸟氨酸拉乌尔氏菌、BY-21d 的优势菌为农田细胞芽胞杆菌、BL-21d 的优势菌为堆肥螯合球菌、CY-21d 的优势菌为解油橄榄杆菌、CL-21d 的优势菌为 FJAT-54428、DY-21d 的优势菌为 FJAT-54428、DL-21d 的优势菌为人参土寡养单胞菌。

单个采样点含量较高的 3 个细菌种类为堆肥螯合球菌（1600×10^5CFU/g）、解鸟氨酸拉乌尔氏菌（670×10^5CFU/g）、解油橄榄杆菌（360×10^5CFU/g）；含量较低的 3 个细菌种类为变化马赛菌（2×10^5CFU/g）、积累不动杆菌（1.5×10^5CFU/g）、蜡样芽胞杆菌（1×10^5CFU/g）。

表 3-10　膜发酵 21d 堆体不同方位样品可培养细菌种类与菌落数

入库编号	样品编号	菌株编号	拉丁文学名	中文学名	菌落数 /（10^5 CFU/g）
FJAT-FJ-13177	AY-21d	FJAT-54320	*Pseudomonas thermotolerans*	耐热假单胞菌	16
		FJAT-54341	*Bacillus aryabhattai*	阿氏芽胞杆菌	2
		FJAT-54343	*Chelatococcus composti*	堆肥螯合球菌	160
		FJAT-54362	*Massilia varians*	变化马赛菌	10
		FJAT-54367	*Bacillus megaterium*	巨大芽胞杆菌	10
		FJAT-54427	*Raoultella ornithinolytica*	解鸟氨酸拉乌尔氏菌	670
		FJAT-54430	*		50
FJAT-FJ-13178	AL-21d	FJAT-54295	*Acinetobacter cumulans*	积累不动杆菌	1.5
		FJAT-54299	*Bacillus proteolyticus*	解蛋白芽胞杆菌	20
		FJAT-54341	*Bacillus aryabhattai*	阿氏芽胞杆菌	2
		FJAT-54362	*Massilia varians*	变化马赛菌	2
		FJAT-54367	*Bacillus megaterium*	巨大芽胞杆菌	2
		FJAT-54427	*Raoultella ornithinolytica*	解鸟氨酸拉乌尔氏菌	60
		FJAT-54428	*		19
FJAT-FJ-13179	BY-21d	FJAT-54295	*Acinetobacter cumulans*	积累不动杆菌	10
		FJAT-54342	*Cytobacillus praedii*	农田细胞芽胞杆菌	80
		FJAT-54355	*Brevibacillus borstelensis*	波茨坦短芽胞杆菌	10
		FJAT-54362	*Massilia varians*	变化马赛菌	3
FJAT-FJ-13180	BL-21d	FJAT-54342	*Cytobacillus praedii*	农田细胞芽胞杆菌	150
		FJAT-54343	*Chelatococcus composti*	堆肥螯合球菌	1600
		FJAT-54362	*Massilia varians*	变化马赛菌	330
		FJAT-54427	*Raoultella ornithinolytica*	解鸟氨酸拉乌尔氏菌	320
FJAT-FJ-13181	CY-21d	FJAT-54305	*Olivibacter oleidegradans*	解油橄榄杆菌	360
		FJAT-54341	*Bacillus aryabhattai*	阿氏芽胞杆菌	10
		FJAT-54343	*Chelatococcus composti*	堆肥螯合球菌	20
		FJAT-54427	*Raoultella ornithinolytica*	解鸟氨酸拉乌尔氏菌	350
		FJAT-54430	*		10

续表

入库编号	样品编号	菌株编号	拉丁文学名	中文学名	菌落数/(10^5CFU/g)
FJAT-FJ-13182	CL-21d	FJAT-54305	*Olivibacter oleidegradans*	解油橄榄杆菌	50
		FJAT-54315	*Bacillus siamensis*	暹罗芽胞杆菌	10
		FJAT-54341	*Bacillus aryabhattai*	阿氏芽胞杆菌	10
		FJAT-54350	*Bacillus cereus*	蜡样芽胞杆菌	1
		FJAT-54379	*Klebsiella quasipneumoniae*	类肺炎克雷伯氏菌	10
		FJAT-54427	*Raoultella ornithinolytica*	解鸟氨酸拉乌尔氏菌	50
		FJAT-54428	*		180
FJAT-FJ-13183	DY-21d	FJAT-54355	*Brevibacillus borstelensis*	波茨坦短芽胞杆菌	2
		FJAT-54428	*		90
FJAT-FJ-13184	DL-21d	FJAT-54292	*Stenotrophomonas panacihumi*	人参土寡养单胞菌	200
		FJAT-54297	*Bacillus licheniformis*	地衣芽胞杆菌	10
		FJAT-54301	*Hydrogenophaga temperata*	温带噬氢菌	20
		FJAT-54342	*Cytobacillus praedii*	农田细胞芽胞杆菌	5

（8）膜发酵 24d　将不同稀释度的土壤悬液涂布于 LB 培养基平板培养 2d 后，平板上长出许多形态、大小不相同的菌落，如图 3-16 所示。AY-24d 样品的细菌总数为 2.42×10^8CFU/g；AL-24d 样品的细菌总数为 2.23×10^8CFU/g；BY-24d 样品的细菌总数为 1.8×10^8CFU/g；BL-24d 样品的细菌总数为 1.4×10^8CFU/g；CY-24d 样品的细菌总数为 1.2×10^8CFU/g；CL-24d 样品的细菌总数为 3.07×10^8CFU/g；DY-24d 样品的细菌总数为 1.98×10^8CFU/g；DL-24d 样品的细菌总数为 1.82×10^8CFU/g。

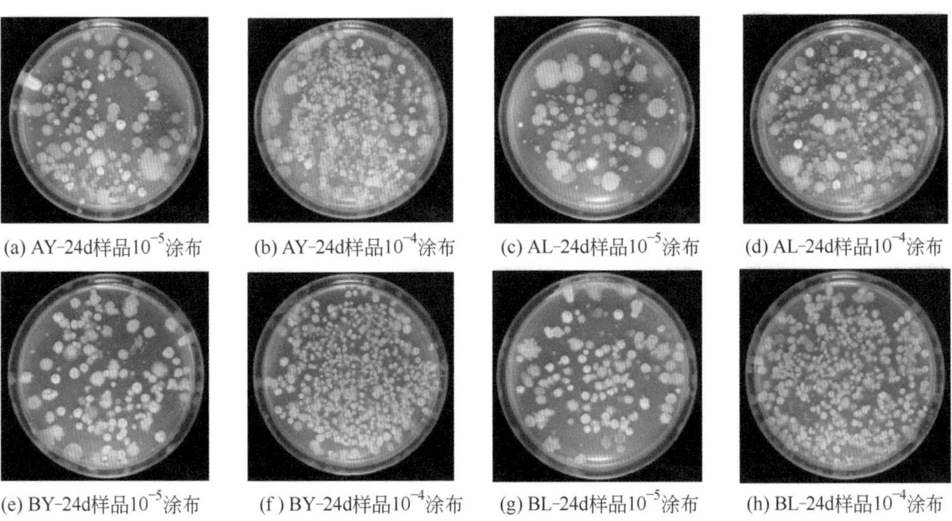

(a) AY-24d样品10^{-5}涂布　(b) AY-24d样品10^{-4}涂布　(c) AL-24d样品10^{-5}涂布　(d) AL-24d样品10^{-4}涂布

(e) BY-24d样品10^{-5}涂布　(f) BY-24d样品10^{-4}涂布　(g) BL-24d样品10^{-5}涂布　(h) BL-24d样品10^{-4}涂布

图 3-16

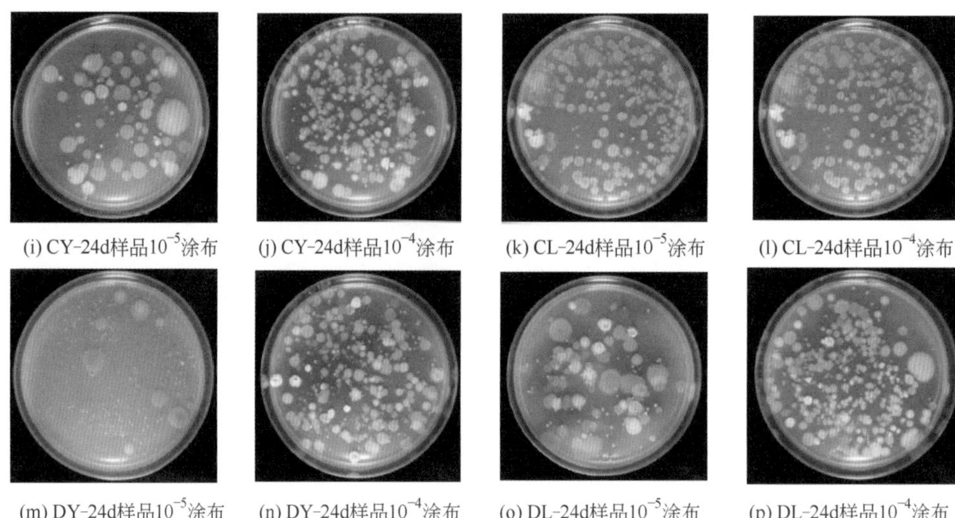

(i) CY-24d样品10^{-5}涂布 (j) CY-24d样品10^{-4}涂布 (k) CL-24d样品10^{-5}涂布 (l) CL-24d样品10^{-4}涂布

(m) DY-24d样品10^{-5}涂布 (n) DY-24d样品10^{-4}涂布 (o) DL-24d样品10^{-5}涂布 (p) DL-24d样品10^{-4}涂布

图 3-16 膜发酵 24d 堆体不同方位细菌优势种分离

膜发酵 24d 时，从堆体不同方位分离到细菌优势种 22 个（表 3-11），即积累不动杆菌、中间气单胞菌、阿氏芽胞杆菌、蜡样芽胞杆菌、地衣芽胞杆菌、巨大芽胞杆菌、解蛋白芽胞杆菌、暹罗芽胞杆菌、波茨坦短芽胞杆菌、堆肥螯合球菌、坚强细胞芽胞杆菌、农田细胞芽胞杆菌、阴沟肠杆菌、迈索尔谷氨酸杆菌、类肺炎克雷伯氏菌、变化马赛菌、嗜硼间芽胞杆菌、小束噬脯氨酸菌、耐热假单胞菌、台湾假黄单胞菌、嗜热鞘氨醇杆菌、人参土寡养单胞菌。

在取样的 8 个点中，AY-24d 的优势菌为变化马赛菌，AL-24d 的优势菌为 FJAT-54430，BY-24d 的优势菌为暹罗芽胞杆菌，BL-24d 的优势菌为堆肥螯合球菌和迈索尔谷氨酸杆菌，CY-24d 的优势菌为地衣芽胞杆菌，CL-24d 的优势菌为嗜硼间芽胞杆菌，DY-24d 的优势菌为人参土寡养单胞菌，DL-24d 的优势菌为波茨坦短芽胞杆菌。

单个采样点含量较高的 3 个细菌种类为人参土寡养单胞菌（500×10^5CFU/g）、FJAT-54430（290×10^5CFU/g）、暹罗芽胞杆菌（260×10^5CFU/g）；含量较低的 3 个细菌种类为蜡样芽胞杆菌（2×10^5CFU/g）、波茨坦短芽胞杆菌（2×10^5CFU/g）、阿氏芽胞杆菌（3×10^5CFU/g）。

表 3-11 膜发酵 24d 堆体不同方位样品可培养细菌种类与菌落数

入库编号	样品编号	菌株编号	拉丁文学名	中文学名	菌落数/（10^5CFU/g）
FJAT-FJ-13185	AY-24d	FJAT-54299	*Bacillus proteolyticus*	解蛋白芽胞杆菌	7
		FJAT-54320	*Pseudomonas thermotolerans*	耐热假单胞菌	20
		FJAT-54341	*Bacillus aryabhattai*	阿氏芽胞杆菌	3
		FJAT-54342	*Cytobacillus praedii*	农田细胞芽胞杆菌	3
		FJAT-54343	*Chelatococcus composti*	堆肥螯合球菌	4
		FJAT-54350	*Bacillus cereus*	蜡样芽胞杆菌	8
		FJAT-54362	*Massilia varians*	变化马赛菌	35
		FJAT-54367	*Bacillus megaterium*	巨大芽胞杆菌	8

续表

入库编号	样品编号	菌株编号	拉丁文学名	中文学名	菌落数/（10^5CFU/g）
FJAT-FJ-13186	AL-24d	FJAT-54320	*Pseudomonas thermotolerans*	耐热假单胞菌	90
		FJAT-54341	*Bacillus aryabhattai*	阿氏芽胞杆菌	130
		FJAT-54350	*Bacillus cereus*	蜡样芽胞杆菌	2
		FJAT-54362	*Massilia varians*	变化马赛菌	14
		FJAT-54367	*Bacillus megaterium*	巨大芽胞杆菌	4
		FJAT-54430	*		290
FJAT-FJ-13187	BY-24d	FJAT-54315	*Bacillus siamensis*	暹罗芽胞杆菌	260
		FJAT-54342	*Cytobacillus praedii*	农田细胞芽胞杆菌	50
		FJAT-54362	*Massilia varians*	变化马赛菌	20
FJAT-FJ-13188	BL-24d	FJAT-54343	*Chelatococcus composti*	堆肥螯合球菌	90
		FJAT-54344	*Pseudoxanthomonas taiwanensis*	台湾假黄单胞菌	4
		FJAT-54363	*Prolinoborus fasciculus*	小束噬脯氨酸菌	50
		FJAT-54376	*Glutamicibacter mysorens*	迈索尔谷氨酸杆菌	90
FJAT-FJ-13189	CY-24d	FJAT-54295	*Acinetobacter cumulans*	积累不动杆菌	10
		FJAT-54297	*Bacillus licheniformis*	地衣芽胞杆菌	130
		FJAT-54325	*Sphingobacterium thermophilum*	嗜热鞘氨醇杆菌	110
		FJAT-54342	*Cytobacillus praedii*	农田细胞芽胞杆菌	10
		FJAT-54343	*Chelatococcus composti*	堆肥螯合球菌	20
		FJAT-54350	*Bacillus cereus*	蜡样芽胞杆菌	10
		FJAT-54362	*Massilia varians*	变化马赛菌	10
		FJAT-54367	*Bacillus megaterium*	巨大芽胞杆菌	50
FJAT-FJ-13190	CL-24d	FJAT-54315	*Bacillus siamensis*	暹罗芽胞杆菌	30
		FJAT-54373	*Mesobacillus boroniphilus*	嗜硼间芽胞杆菌	153
		FJAT-54379	*Klebsiella quasipneumoniae*	类肺炎克雷伯氏菌	7
FJAT-FJ-13191	DY-24d	FJAT-54292	*Stenotrophomonas panacihumi*	人参土寡养单胞菌	500
		FJAT-54315	*Bacillus siamensis*	暹罗芽胞杆菌	5
		FJAT-54341	*Bacillus aryabhattai*	阿氏芽胞杆菌	3
		FJAT-54350	*Bacillus cereus*	蜡样芽胞杆菌	40
		FJAT-54355	*Brevibacillus borstelensis*	波茨坦短芽胞杆菌	2
		FJAT-54425	*Enterobacter cloacae*	阴沟肠杆菌	24
		FJAT-54428	*		150
		FJAT-54431	*Cytobacillus firmus*	坚强细胞芽胞杆菌	18
FJAT-FJ-13192	DL-24d	FJAT-54342	*Cytobacillus praedii*	农田细胞芽胞杆菌	30
		FJAT-54343	*Chelatococcus composti*	堆肥螯合球菌	120
		FJAT-54350	*Bacillus cereus*	蜡样芽胞杆菌	2
		FJAT-54355	*Brevibacillus borstelensis*	波茨坦短芽胞杆菌	130
		FJAT-54362	*Massilia varians*	变化马赛菌	20
		FJAT-54426	*Aeromonas media*	中间气单胞菌	30
		FJAT-54428	*		13

（9）膜发酵 27d　将不同稀释度的土壤悬液涂布于 LB 培养基平板培养 2d 后，平板上长出许多形态、大小不相同的菌落，如图 3-17 所示。AY-27d 样品的细菌总数为 1.1×10^{7}CFU/g；AL-27d 样品的细菌总数为 1.4×10^{7}CFU/g；BY-27d 样品的细菌总数为 4.6×10^{7}CFU/g；BL-27d 样品的细菌总数为 1.9×10^{7}CFU/g；CY-27d 样品的细菌总数为 3.5×10^{7}CFU/g；CL-27d 样品的细菌总数为 1.12×10^{8}CFU/g；DY-27d 样品的细菌总数为 1.1×10^{7}CFU/g；DL-27d 样品的细菌总数为 8.7×10^{7}CFU/g。

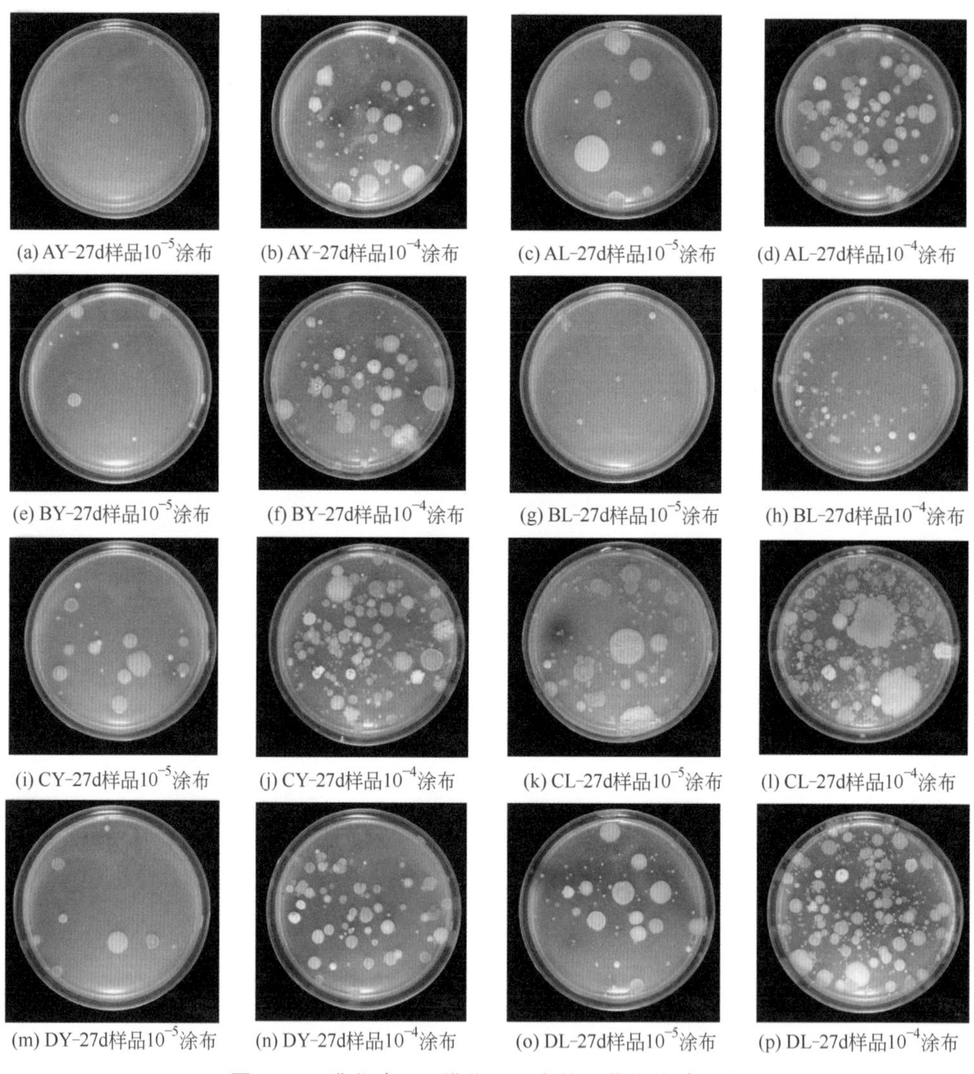

图 3-17　膜发酵 27d 堆体不同方位细菌优势种分离

膜发酵 27d 时，从堆体不同方位分离到细菌优势种 18 个（表 3-12），即积累不动杆菌、耐酸芽胞杆菌、阿氏芽胞杆菌、蜡样芽胞杆菌、地衣芽胞杆菌、巨大芽胞杆菌、韦尔瓦芽胞杆菌、解蛋白芽胞杆菌、暹罗芽胞杆菌、波茨坦短芽胞杆菌、堆肥鳌合球菌、坚强细胞芽胞杆菌、农田细胞芽胞杆菌、类肺炎克雷伯氏菌、变化马赛菌、耐热假单胞菌、嗜热鞘氨醇杆菌、人参土寡养单胞菌。

在取样的 8 个点中，A 点浅层的优势菌为人参土寡养单胞菌，A 点深层的优势菌为变化马赛菌，B 点浅层的优势菌为积累不动杆菌和农田细胞芽胞杆菌，B 点深层的优势菌为变化马赛菌，C 点浅层的优势菌为嗜热鞘氨醇杆菌，C 点深层的优势菌为变化马赛菌，D 点浅层的优势菌为暹罗芽胞杆菌，D 点深层的优势菌为波茨坦短芽胞杆菌。

单个采样点含量较高的 3 个细菌种类为变化马赛菌（95×10^5CFU/g）、嗜热鞘氨醇杆菌（70×10^5CFU/g）、波茨坦短芽胞杆菌（60×10^5CFU/g）；含量较低的 3 个细菌种类为巨大芽胞杆菌（1×10^5CFU/g）、耐酸芽胞杆菌（1×10^5CFU/g）、解蛋白芽胞杆菌（1×10^5CFU/g）。

表 3-12 膜发酵 27d 堆体不同方位样品可培养细菌种类与菌落数

入库编号	样品编号	菌株编号	拉丁文学名	中文学名	菌落数/（10^5 CFU/g）
FJAT-FJ-13194	AL-27d	FJAT-54291	*Bacillus aciditolerans*	耐酸芽胞杆菌	1
		FJAT-54295	*Acinetobacter cumulans*	积累不动杆菌	1.3
		FJAT-54310	*Cytobacillus firmus*	坚强细胞芽胞杆菌	10
		FJAT-54320	*Pseudomonas thermotolerans*	耐热假单胞菌	10
		FJAT-54341	*Bacillus aryabhattai*	阿氏芽胞杆菌	3
		FJAT-54362	*Massilia varians*	变化马赛菌	20
FJAT-FJ-13193	AY-27d	FJAT-54291	*Bacillus aciditolerans*	耐酸芽胞杆菌	10
		FJAT-54292	*Stenotrophomonas panacihumi*	人参土寡养单胞菌	60
		FJAT-54299	*Bacillus proteolyticus*	解蛋白芽胞杆菌	2
		FJAT-54320	*Pseudomonas thermotolerans*	耐热假单胞菌	4
		FJAT-54343	*Chelatococcus composti*	堆肥螯合球菌	20
		FJAT-54350	*Bacillus cereus*	蜡样芽胞杆菌	1.5
		FJAT-54367	*Bacillus megaterium*	巨大芽胞杆菌	1
FJAT-FJ-13195	BY-27d	FJAT-54295	*Acinetobacter cumulans*	积累不动杆菌	4
		FJAT-54315	*Bacillus siamensis*	暹罗芽胞杆菌	2
		FJAT-54342	*Cytobacillus praedii*	农田细胞芽胞杆菌	4
		FJAT-54343	*Chelatococcus composti*	堆肥螯合球菌	3
		FJAT-54362	*Massilia varians*	变化马赛菌	3
		FJAT-54367	*Bacillus megaterium*	巨大芽胞杆菌	1
FJAT-FJ-13196	BL-27d	FJAT-54327	*Bacillus onubensis*	韦尔瓦芽胞杆菌	8
		FJAT-54362	*Massilia varians*	变化马赛菌	95

续表

入库编号	样品编号	菌株编号	拉丁文学名	中文学名	菌落数 /（10^5 CFU/g）
FJAT-FJ-13197	CY-27d	FJAT-54291	*Bacillus aciditolerans*	耐酸芽胞杆菌	1
		FJAT-54297	*Bacillus licheniformis*	地衣芽胞杆菌	10
		FJAT-54325	*Sphingobacterium thermophilum*	嗜热鞘氨醇杆菌	70
		FJAT-54342	*Cytobacillus praedii*	农田细胞芽胞杆菌	30
		FJAT-54343	*Chelatococcus composti*	堆肥螯合球菌	10
		FJAT-54362	*Massilia varians*	变化马赛菌	20
		FJAT-54367	*Bacillus megaterium*	巨大芽胞杆菌	10
FJAT-FJ-13198	CL-27d	FJAT-54299	*Bacillus proteolyticus*	解蛋白芽胞杆菌	1
		FJAT-54315	*Bacillus siamensis*	暹罗芽胞杆菌	10
		FJAT-54320	*Pseudomonas thermotolerans*	耐热假单胞菌	20
		FJAT-54341	*Bacillus aryabhattai*	阿氏芽胞杆菌	10
		FJAT-54350	*Bacillus cereus*	蜡样芽胞杆菌	1.5
		FJAT-54362	*Massilia varians*	变化马赛菌	30
		FJAT-54379	*Klebsiella quasipneumoniae*	类肺炎克雷伯氏菌	7
FJAT-FJ-13199	DY-27d	FJAT-54315	*Bacillus siamensis*	暹罗芽胞杆菌	2
FJAT-FJ-13200	DL-27d	FJAT-54342	*Cytobacillus praedii*	农田细胞芽胞杆菌	2
		FJAT-54343	*Chelatococcus composti*	堆肥螯合球菌	26
		FJAT-54355	*Brevibacillus borstelensis*	波茨坦短芽胞杆菌	60
		FJAT-54367	*Bacillus megaterium*	巨大芽胞杆菌	3

5. 种群动态

（1）优势种群分离　对膜发酵堆体共进行了 9 次采样，即分别在 0d、3d、6d、9d、12d、17d、21d、24d、27d 采样，每次采样 A、B、C、D 四个点，每个点采样浅层（Y）和深层（L），进行细菌涂布分离，共有 72 个物料细菌分离。统计培养平板上分离出来的菌株菌落数，算出同一稀释度的菌落平均数，计算公式：

每克样品中微生物的数量＝同一稀释度的菌落平均数 × 稀释倍数 / 涂布样品质量（g）

细菌种类通过 16S rDNA 测序鉴定，分析结果见表 3-13。共分离鉴定了 70 个菌株，属于 29 个种类，其中芽胞杆菌类占 11 种，包括耐酸芽胞杆菌、阿氏芽胞杆菌、蜡样芽胞杆菌、地衣芽胞杆菌、巨大芽胞杆菌、解蛋白芽胞杆菌、暹罗芽胞杆菌、热乳芽胞杆菌、波茨坦短芽胞杆菌、农田细胞芽胞杆菌、嗜硼间芽胞杆菌；其他细菌 18 个种，即积累不动杆菌、皮氏博德特氏菌、堆肥螯合球菌、诺曼阴沟小杆菌、阿里莱特谷氨酸杆菌、迈索尔谷氨酸杆菌、变化马赛菌、酯香微杆菌、解油橄榄杆菌、小束噬脯氨酸菌、北城假单胞菌、施氏假单胞菌、耐热假单胞菌、台湾假黄单胞菌、解鸟氨酸拉乌尔氏菌、嗜热鞘氨醇杆菌、沃氏葡萄球菌、人参土寡养单胞菌。

在 29 个细菌种中，有 10 个细菌种类未见在中国研究与应用的报道，本次分离为首次在中国分离到，为中国新记录种，它们是农田细胞芽胞杆菌、嗜硼间芽胞杆菌、阿里莱特谷氨酸杆菌、变化马赛菌、解油橄榄杆菌、小束噬脯氨酸菌、耐热假单胞菌、嗜热鞘氨醇杆菌、人参土寡养单胞菌、积累不动杆菌。

表 3-13　膜发酵不同时间、不同方位、不同深度物料样本细菌种群菌落数与优势菌株

发酵时间 /d	取样区域	细菌菌落 /（10^7 CFU/g）	优势菌株	
			拉丁文学名	中文学名
0	A 点浅层	34	*Microbacterium esteraromaticum*	酯香微杆菌
	A 点深层	57	*Microbacterium esteraromaticum*	酯香微杆菌
	B 点浅层	32	*Bacillus siamensis*	暹罗芽胞杆菌
	B 点深层	283	*Stenotrophomonas panacihumi*	人参土寡养单胞菌
	C 点浅层	262	*Pseudoxanthomonas taiwanensis*	台湾假黄单胞菌
	C 点深层	32	*Cloacibacterium normanense*	诺曼阴沟小杆菌
	D 点浅层	24	*Chelatococcus composti*	堆肥螯合球菌
	D 点深层	25	*Glutamicibacter arilaitensis*	阿里莱特谷氨酸杆菌
3	A 点浅层	64	*Pseudomonas thermotolerans*	耐热假单胞菌
	A 点深层	198	*Cloacibacterium normanense*	诺曼阴沟小杆菌
	B 点浅层	158	*Cloacibacterium normanense*	诺曼阴沟小杆菌
	B 点深层	243	*Bacillus megaterium*	巨大芽胞杆菌
	C 点浅层	262	*Microbacterium esteraromaticum*	酯香微杆菌
	C 点深层	188	*Bacillus thermolactis*	热乳芽胞杆菌
	D 点浅层	69	*Glutamicibacter arilaitensis*	阿里莱特谷氨酸杆菌
	D 点深层	47	*Glutamicibacter arilaitensis*	阿里莱特谷氨酸杆菌
6	A 点浅层	84	*Stenotrophomonas panacihumi*	人参土寡养单胞菌
	A 点深层	31	*Pseudomonas boreopolis*	北城假单胞菌
	B 点浅层	26	*Pseudomonas boreopolis*	北城假单胞菌
	B 点深层	24	*Staphylococcus warneri*	沃氏葡萄球菌
	C 点浅层	11	*Microbacterium esteraromaticum*	酯香微杆菌
	C 点深层	6	*Bacillus siamensis*	暹罗芽胞杆菌
	D 点浅层	51	*Pseudomonas boreopolis*	北城假单胞菌
	D 点深层	82	*Microbacterium esteraromaticum*	酯香微杆菌
9	A 点浅层	64	*Bordetella petrii*	皮氏博德特氏菌
	A 点深层	2.2	*Glutamicibacter arilaitensis*	阿里莱特谷氨酸杆菌
	B 点浅层	11	*Bacillus siamensis*	暹罗芽胞杆菌
	B 点深层	8	*Massilia varians*	变化马赛菌
	C 点浅层	5	*Bacillus proteolyticus*	解蛋白芽胞杆菌
	C 点深层	4.7	*Chelatococcus composti*	堆肥螯合球菌
	D 点浅层	18.8	*Stenotrophomonas panacihumi*	人参土寡养单胞菌
	D 点深层	4.7	*Pseudomonas thermotolerans*	耐热假单胞菌

续表

发酵时间 /d	取样区域	细菌菌落 /（10^7 CFU/g）	优势菌株	
			拉丁文学名	中文学名
12	A 点浅层	0		
	A 点深层	35	*Bacillus proteolyticus*	解蛋白芽胞杆菌
	B 点浅层	22	*Prolinoborus fasciculus*	小束噬脯氨酸菌
	B 点深层	18	*Cytobacillus praedii*	农田细胞芽胞杆菌
	C 点浅层	60	*Bacillus onubensis*	韦尔瓦芽胞杆菌
	C 点深层	24	*Enterbacter cloacae*	阴沟肠杆菌
	D 点浅层	52	*	
	D 点深层	33	*Bacillus licheniformis*	地衣芽胞杆菌
17	A 点浅层	0.5	*Acinetobacter cumulans*	积累不动杆菌
	A 点深层	1.6	*Bacillus cereus*	蜡样芽胞杆菌
	B 点浅层	0.8	*Massilia varians*	变化马赛菌
	B 点深层	1.8	*Chelatococcus composti*	堆肥螯合球菌
	C 点浅层	0.3	*Bacillus onubensis*	韦尔瓦芽胞杆菌
	C 点深层	1.4	*Bacillus siamensis*	暹罗芽胞杆菌
	D 点浅层	1.2	*Pseudomonas stutzeri*	施氏假单胞菌
	D 点深层	1.8	*Chelatococcus composti*	堆肥螯合球菌
21	A 点浅层	13.2	*Raoultella ornithinolytica*	解鸟氨酸拉乌尔氏菌
	A 点深层	1.4	*Raoultella ornithinolytica*	解鸟氨酸拉乌尔氏菌
	B 点浅层	7.4	*Cytobacillus praedii*	农田细胞芽胞杆菌
	B 点深层	7.8	*Chelatococcus composti*	堆肥螯合球菌
	C 点浅层	4.2	*Olivibacter oleidegradans*	解油橄榄杆菌
	C 点深层	4.7	*	
	D 点浅层	3.1	*	
	D 点深层	2.5	*Stenotrophomonas panacihumi*	人参土寡养单胞菌
24	A 点浅层	24.2	*Massilia varians*	变化马赛菌
	A 点深层	22.3	*	
	B 点浅层	18	*Bacillus siamensis*	暹罗芽胞杆菌
	B 点深层	14	*Chelatococcus composti*	堆肥螯合球菌
	C 点浅层	12	*Bacillus licheniformis*	地衣芽胞杆菌
	C 点深层	30.7	*Mesobacillus boroniphilus*	嗜硼间芽胞杆菌
	D 点浅层	19.8	*Stenotrophomonas panacihumi*	人参土寡养单胞菌
	D 点深层	18.2	*Brevibacillus borstelensis*	波茨坦短芽胞杆菌
27	A 点浅层	1.1	*Stenotrophomonas panacihumi*	人参土寡养单胞菌
	A 点深层	1.4	*Massilia varians*	变化马赛菌
	B 点浅层	4.6	*Cytobacillus praedii*	农田细胞芽胞杆菌
	B 点深层	1.9	*Massilia varians*	变化马赛菌
	C 点浅层	3.5	*Sphingobacterium thermophilum*	嗜热鞘氨醇杆菌
	C 点深层	11.2	*Massilia varians*	变化马赛菌
	D 点浅层	1.1	*Bacillus siamensis*	暹罗芽胞杆菌
	D 点深层	8.7	*Brevibacillus borstelensis*	波茨坦短芽胞杆菌

（2）种群数量分布　膜发酵不同空间采样点细菌种群数量见表 3-14。从空间分布上看，同一方位不同深度采样的细菌数量存在随机性差异，同一深度，不同方位采样点细菌数量同样存在随机性差异，其统计分析结果见表 3-15。

表 3-14　膜发酵不同空间采样点细菌种群数量分布

空间样点	膜发酵进程细菌种群数量 / (10^7 CFU/g)									总和
	0d	3d	6d	9d	12d	17d	21d	24d	27d	
A 点浅层	34.0	64.0	84.0	64.0	0.0	0.5	13.2	24.2	1.1	285.0
A 点深层	57.0	198.0	31.0	2.2	35.0	1.6	1.4	22.3	1.4	349.9
B 点浅层	32.0	158.0	26.0	11.0	22.0	0.8	7.4	18.0	4.6	279.8
B 点深层	283.0	243.0	24.0	8.0	18.0	1.8	7.8	14.0	1.9	601.5
C 点浅层	262.0	262.0	11.0	5.0	60.0	0.3	4.2	12.0	3.5	620.0
C 点深层	32.0	188.0	6.0	4.7	24.0	1.4	4.7	30.7	11.2	302.7
D 点浅层	24.0	69.0	51.0	18.8	52.0	1.2	3.1	19.8	1.1	240.0
D 点深层	25.0	47.0	82.0	4.7	33.0	1.8	2.5	18.2	8.7	222.9
总和	749.0	1229	315.0	118.4	244.0	9.3	44.3	159.2	33.5	

表 3-15　膜发酵不同空间采样点细菌种群平均数统计

空间样点	样本数	均值	标准差	标准误	95% 置信区间	
A 点浅层	9	31.67	45.34	15.11	4.40	65.29
A 点深层	9	38.88	21.10	7.03	20.34	52.77
B 点浅层	9	31.09	20.59	6.86	14.08	45.73
B 点深层	9	66.83	68.49	22.83	13.50	118.79
C 点浅层	9	68.88	65.32	21.77	17.81	118.23
C 点深层	9	33.63	26.73	8.91	10.19	51.29
D 点浅层	9	26.67	36.92	12.31	−3.57	53.19
D 点深层	9	24.77	44.48	14.83	−11.17	57.21

方差分析结果表明，区组间（不同发酵时间）种群数量平方和 173302.52，F 值 9.5130，区组间差异极显著（P=0.0000）；处理间（不同空间采样点），种群数量平方和 20384.46，F 值 1.2790，种群数量差异不显著（表 3-16）。膜发酵不同空间采样点细菌种群 Tukey 法多重比较，差异显著 Tukey05=70.8202，差异极显著 Tukey01=83.8610（表 3-17）；空间采样点细菌种群差异不显著（表 3-18）。

表 3-16　膜发酵不同空间采样点细菌种群方差分析

变异来源	平方和	自由度	均方	F 值	P 值
区组间	173302.52	8	21662.8144	9.5130	0.0000
处理间	20384.46	7	2912.0651	1.2790	0.2775

续表

变异来源	平方和	自由度	均方	*F* 值	*P* 值
误差	127516.17	56	2277.0744		
总变异	321203.14	71			

表 3-17　膜发酵不同空间采样点细菌种群 Tukey 法多重比较

采样点	均值	C 点浅层	B 点深层	A 点深层	C 点深层	A 点浅层	B 点浅层	D 点浅层	D 点深层
C 点浅层	68.8889		0.9999	0.8540	0.7139	0.7057	0.6907	0.5430	0.4909
B 点深层	66.8333	1.876 (0.12)		0.8892	0.7635	0.7558	0.7418	0.5980	0.5455
A 点深层	38.8778	31.464 (1.98)	29.589 (1.86)		0.9999	0.9999	0.9999	0.9995	0.9987
C 点深层	33.6333	37.276 (2.34)	35.400 (2.23)	5.811 (0.37)		0.9999	0.9999	0.9999	0.9999
A 点浅层	31.6667	37.576 (2.36)	35.700 (2.24)	6.111 (0.38)	0.300 (0.02)		0.9999	0.9999	0.9999
B 点浅层	31.0889	38.114 (2.40)	36.239 (2.28)	6.650 (0.42)	0.839 (0.05)	0.539 (0.03)		0.9999	0.9999
D 点浅层	26.6667	43.209 (2.72)	41.333 (2.60)	11.744 (0.74)	5.933 (0.37)	5.633 (0.35)	5.094 (0.32)		0.9999
D 点深层	24.7667	44.998 (2.83)	43.122 (2.71)	13.533 (0.85)	7.722 (0.49)	7.422 (0.47)	6.883 (0.43)	1.789 (0.11)	

注：下三角为均值差及统计量，上三角为 *P* 值，全书同。

表 3-18　膜发酵不同空间采样点细菌种群差异性统计检验

处理	均值	10% 显著水平	5% 显著水平	1% 极显著水平
C 点浅层	68.8889	a	a	A
B 点深层	66.8333	a	a	A
A 点深层	38.8778	a	a	A
C 点深层	33.6333	a	a	A
A 点浅层	31.6667	a	a	A
B 点浅层	31.0889	a	a	A
D 点浅层	26.6667	a	a	A
D 点深层	24.7667	a	a	A

将各空间采样点种群数量总和进行统计，从时间动态上看，发酵初期（0d）细菌种群数量达 749.0×10^7 CFU/g，种群起点较高，随着发酵进程，到第 3 天细菌种群数量达到高峰（1229×10^7 CFU/g），随后逐渐下降，直到发酵结束细菌种群数量下降到 33.5×10^7 CFU/g（图 3-18）。

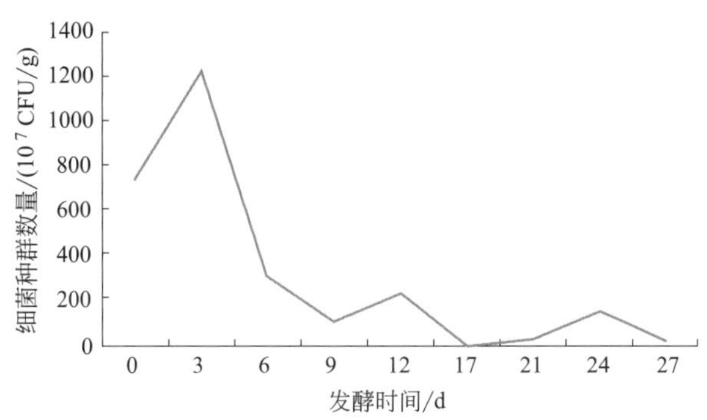

图 3-18　膜发酵不同时间采样点细菌种群数量动态

6. 时空分布

（1）A 点浅层细菌优势种群时空分布　膜发酵取样点 A 物料浅层（AY）分离细菌结果表明，发酵 0d 时优势种群为酯香微杆菌（300×10^5CFU/g）、3d 为耐热假单胞菌（400×10^5CFU/g）、6d 为人参土寡养单胞菌（1200×10^5CFU/g）、9d 为皮氏博德特氏菌（2000×10^5CFU/g）、12d 未分离到优势菌群、17d 为积累不动杆菌（100×10^5CFU/g）、21d 为解鸟氨酸拉乌尔氏菌（670×10^5CFU/g）、24d 为变化马赛菌（35×10^5CFU/g）、27d 为人参土寡养单胞菌（60×10^5CFU/g）。膜发酵 6d 的人参土寡养单胞菌种群含量最高。

（2）A 点深层细菌优势种群时空分布　膜发酵取样点 A 物料深层（AL）分离细菌结果表明，发酵 0d 优势种为酯香微杆菌（600×10^5CFU/g）、3d 为诺曼阴沟小杆菌（750×10^5CFU/g）、6d 为北城假单胞菌（1300×10^5CFU/g）、9d 为阿里莱特谷氨酸杆菌（200×10^5CFU/g）、12d 为解蛋白芽胞杆菌（50×10^5CFU/g）、17d 为蜡样芽胞杆菌（80×10^5CFU/g）、21d 为解鸟氨酸拉乌尔氏菌（60×10^5CFU/g）、24d 为 FJAT-54430（290×10^5CFU/g）、27d 为变化马赛菌（20×10^5CFU/g）。其中，6d 的北城假单胞菌菌种群含量最高。

（3）B 点浅层细菌优势种群时空分布　膜发酵取样点 B 物料浅层（BY）分离细菌结果表明，发酵 0d 时优势种群为暹罗芽胞杆菌（150×10^5CFU/g）、3d 为诺曼阴沟小杆菌（3500×10^5CFU/g）、6d 为北城假单胞菌（300×10^5CFU/g）、9d 为暹罗芽胞杆菌（20×10^5CFU/g）、12d 为小束噬脯氨酸菌（190×10^5CFU/g）、17d 为变化马赛菌（30×10^5CFU/g）、21d 为农田细胞芽胞杆菌（80×10^5CFU/g）、24d 为暹罗芽胞杆菌（260×10^5CFU/g）、27d 为农田细胞芽胞杆菌（4×10^5CFU/g）。其中，3d 的诺曼阴沟小杆菌种群含量最高。

（4）B 点深层细菌优势种群时空分布　膜发酵取样点 B 物料深层（BL）分离细菌结果表明，发酵 0d 优势种群为人参土寡养单胞菌（5800×10^5CFU/g）、3d 为巨大芽胞杆菌（50×10^5CFU/g）、6d 为沃氏葡萄球菌（3400×10^5CFU/g）、9d 为变化马赛菌（400×10^5CFU/g）、12d 为农田细胞芽胞杆菌（40×10^5CFU/g）、17d 为堆肥螯合球菌（100×10^5CFU/g）、21d 为堆肥螯合球菌（1600×10^5CFU/g）、24d 为堆肥螯合球菌（90×10^5CFU/g）、27d 为变化马赛菌（95×10^5CFU/g），其中，0d 的人参土寡养单胞菌优势种群含量最高。

（5）C 点浅层细菌优势种群时空分布　膜发酵取样点 C 物料浅层（CY）分离细菌结果表明，发酵 0d 时优势种群为台湾假黄单胞菌（3000×10^5CFU/g）、3d 为酯香微杆菌（1800×10^5CFU/g）、6d为酯香微杆菌（520×10^5CFU/g）、9d为解蛋白芽胞杆菌（20×10^5CFU/g）、12d为韦尔瓦芽胞杆菌（40×10^5CFU/g）、17d为韦尔瓦芽胞杆菌（20×10^5CFU/g）、21d为解油橄榄杆菌（360×10^5CFU/g）、24d为地衣芽胞杆菌（130×10^5CFU/g）、27d为嗜热鞘氨醇杆菌（70×10^5CFU/g）。其中，0d的台湾假黄单胞菌种群含量最高。

（6）C点深层细菌优势种群时空分布　膜发酵取样点C物料深层（CL）分离细菌结果表明，发酵0d时优势种群为诺曼阴沟小杆菌（350×10^5CFU/g）、3d为热乳芽胞杆菌（3300×10^5CFU/g）、6d为暹罗芽胞杆菌（30×10^5CFU/g）、9d为堆肥螯合球菌（50×10^5CFU/g）、12d为阴沟肠杆菌（50×10^5CFU/g）、17d为暹罗芽胞杆菌（20×10^5CFU/g）、21d为FJAT-54428（180×10^5CFU/g）、24d为嗜硼间芽胞杆菌（153×10^5CFU/g）、27d为变化马赛菌（30×10^5CFU/g）。其中，3d的热乳芽胞杆菌种群含量最高。

（7）D点浅层细菌优势种群时空分布　膜发酵取样点D物料浅层（DY）分离细菌结果表明，发酵0d时优势种群为堆肥螯合球菌（400×10^5CFU/g）、3d为阿里莱特谷氨酸杆菌（500×10^5CFU/g）、6d为北城假单胞菌（750×10^5CFU/g）、9d为人参土寡养单胞菌（1200×10^5CFU/g）、12d为FJAT-54428（188×10^5CFU/g）、17d为施氏假单胞菌（20×10^5CFU/g）、21d为FJAT-54428（90×10^5CFU/g）、24d为人参土寡养单胞菌（500×10^5CFU/g）、27d为暹罗芽胞杆菌（2×10^5CFU/g）。其中，9d的人参土寡养单胞菌种群含量最高。

（8）D点深层细菌优势种群时空分布　膜发酵取样点D物料深层（DL）分离细菌结果表明，发酵0d时优势种群为阿里莱特谷氨酸杆菌（300×10^5CFU/g）、3d为阿里莱特谷氨酸杆菌（500×10^5CFU/g）、6d为酯香微杆菌（1400×10^5CFU/g）、9d为耐热假单胞菌（100×10^5CFU/g）、12d为地衣芽胞杆菌（30×10^5CFU/g）、17d为堆肥螯合球菌（130×10^5CFU/g）、21d为人参土寡养单胞菌（200×10^5CFU/g）、24d为波茨坦短芽胞杆菌（130×10^5CFU/g）、27d为波茨坦短芽胞杆菌（60×10^5CFU/g）。其中，6d的酯香微杆菌种群含量最高。

7. 聚类分析

膜发酵过程，细菌群落数量随着时间的进程相应地发生变化，以表3-13为数据矩阵，膜发酵时间为样本，采样点细菌数量为指标，欧氏距离为尺度，采用可变类平均法进行系统聚类，分析结果见表3-19和图3-19。分析结果可将发酵阶段分为3组。

第1组为发酵初期（0d），此时细菌含量中等，表明发酵前无需接种，物料来源的细菌含量达到一定的水平，范围在24.0×10^7～283.0×10^7CFU/g。第2组为发酵中期，包括了发酵3d，细菌含量经过3d的发酵大幅度提升，到达了种群的高峰，范围在47×10^7～262.0×10^7CFU/g。第3组为发酵后期，细菌优势种含量较低，包括了7个时间段，膜发酵3d后进入发酵后期，细菌含量大幅度下降，范围在11.8×10^7～26.7×10^7CFU/g。

膜发酵过程细菌群落高峰主要发生在发酵第3天，此时，物料的发酵最为旺盛，物质转化的能力最强，也是考察膜发酵质量的关键时期。从上述膜发酵单个取样点的细菌优势种群时空分布的分析中也可以看到类似的发酵阶段的划分，随着膜发酵细菌含量高峰的到来，物料分解加剧，营养物质消耗，随后抑制细菌群落的发展，出现含量高峰后细菌种类和数量逐渐下降，直到发酵结束。

表 3-19　膜发酵过程细菌群落生长阶段的聚类分析

组别	发酵时间 /d	膜发酵不同采样点不同采样深度细菌含量 / (10^7 CFU/g)							
		A 点浅层	A 点深层	B 点浅层	B 点深层	C 点浅层	C 点深层	D 点浅层	D 点深层
1	0	34.0	57.0	32.0	283.0	262.0	32.0	24.0	25.0
第 1 组 1 个样本平均值		34.0	57.0	32.0	283.0	262.0	32.0	24.0	25.0
2	3	64.0	198.0	158.0	243.0	262.0	188.0	69.0	47.0
第 2 组 1 个样本平均值		64.0	198.0	158.0	243.0	262.0	188.0	69.0	47.0
3	6	84.0	31.0	26.0	24.0	11.0	6.0	51.0	82.0
3	9	64.0	2.2	11.0	8.0	5.0	4.7	18.8	4.7
3	12	0.0	35.0	22.0	18.0	60.0	24.0	52.0	33.0
3	17	0.5	1.6	0.8	1.8	0.3	1.4	1.2	1.8
3	21	13.2	1.4	7.4	7.8	4.2	4.7	3.1	2.5
3	24	24.2	22.3	18	14	12	30.7	19.8	18.2
3	27	1.1	1.4	4.6	1.9	3.5	11.2	1.1	8.7
第 3 组 7 个样本平均值		26.7	13.6	12.8	10.8	13.7	11.8	21	21.6

8. 多样性指数

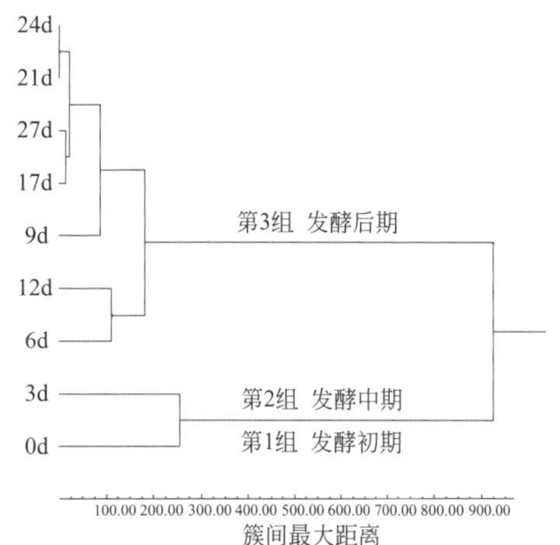

图 3-19　膜发酵过程细菌群落生长阶段的聚类分析

膜发酵过程每个阶段细菌种类和含量不同，以发酵时间为样本，空间采样点为指标，计算时间生境细菌多样性指数，结果见表 3-20。结果表明膜发酵阶段时间生境细菌菌群的多样性指数差异显著。从含量总和上看，发酵 12d 以前含量较高，数量范围 118×10^7 ～ 1229×10^7CFU/g，17 ～ 27d 细菌群落数量大幅度下降；从丰富度上看，膜发酵时间生境细菌丰富度范围在 0.98 ～ 3.13，最高的为发酵 17d，为 3.13，最低为发酵 3d，为 0.98；丰富度指标代表细菌的数量和分布。优势度指数（Simpson）、香农指数（Shannon）、均匀度指数存在着一定的相关性，优势度表明细菌分布的集中程度，均匀度表明细菌分布的分散程度，香农指数表明含量和分布的综合；膜发酵不同时期，香农指数存在显著差异，数据变化范围为 1.49 ～ 1.95，最高值落在时间生境第 17 天，最低值在第 9 天；相应的优势度指数和均匀度指数与香农指数变化趋势相同。

表 3-20　膜发酵过程细菌群落生长阶段的多样性指数

发酵时间 /d	有菌样点	含量 / (10^7 CFU/g)	丰富度指数	优势度指数 (*D*)	香农指数 (*H*)	均匀度指数
0	8	749.0	1.06	0.72	1.56	0.75
3	8	1229.0	0.98	0.84	1.94	0.93
6	8	315.0	1.22	0.81	1.82	0.88
9	8	118.4	1.47	0.67	1.49	0.72
12	7	244.0	1.09	0.84	1.86	0.96
17	8	9.3	3.13	0.95	1.95	0.94
21	8	44.3	1.85	0.84	1.88	0.91
24	8	159.2	1.38	0.87	2.04	0.98
27	8	33.5	1.99	0.81	1.74	0.84

以表 3-20 为数据矩阵，时间生境（发酵阶段）为样本，多样性指数为指标，马氏距离为尺度，采用可变类平均法进行系统聚类，分析结果见表 3-21 和图 3-20。可将时间生境聚为 3 组，第 1 组为发酵初期，包括了时间生境 0d、3d，该时期的特点是细菌含量较高，平均值为 989.00×10^7CFU/g，丰富度较低（1.02），表明该发酵阶段细菌生长旺盛，而优势度和均匀度较低，该时期物料条件较好，细菌的生长不是集中在特定的种群上，而是大多数细菌种群在此阶段得到了发展；第 2 组为发酵中期，包括了时间生境 6d、9d、12d，该时期的特点是细菌含量中等，平均值为 225.80×10^7CFU/g，丰富度中等（1.26），表明该发酵阶段细菌生长从旺盛趋向缓和，而优势度和均匀度提升，该时期物料条件经细菌的消耗开始恶化，细菌的生长开始集中在特定的种群上，大多数细菌种群在此阶段被抑制；第 3 组为发酵后期，包括了时间生境 17d、21d、24d、27d，该时期的特点是细菌含量较低，平均值为 32.85×10^7CFU/g，丰富度较高（2.21），表明该发酵阶段细菌生长衰弱，而优势度和均匀度提高，该时期经过细菌生长消耗物料条件变差，生长条件仅允许特定的细菌生存，大多数细菌种群在此阶段被抑制。

表 3-21　膜发酵过程细菌群落生长阶段的多样性指数的聚类分析

组别	发酵时间 /d	含量 / (10^7 CFU/g)	丰富度指数	优势度指数 (*D*)	香农指数 (*H*)	均匀度指数
1	0	749.0	1.06	0.72	1.56	0.75
1	3	1229.0	0.98	0.84	1.94	0.93
第 1 组 2 个样本平均值		989.00	1.02	0.78	1.75	0.84
2	6	315.0	1.22	0.81	1.82	0.88
2	9	118.4	1.47	0.67	1.49	0.72
2	12	244.0	1.09	0.84	1.86	0.96
第 2 组 3 个样本平均值		225.80	1.26	0.77	1.72	0.85
3	17	9.3	3.13	0.95	1.95	0.94
3	21	44.3	1.85	0.84	1.88	0.91
3	24	159.2	1.38	0.87	2.04	0.98
3	27	33.5	1.99	0.81	1.74	0.84
第 3 组 4 个样本平均值		32.85	2.21	0.86	1.86	0.90

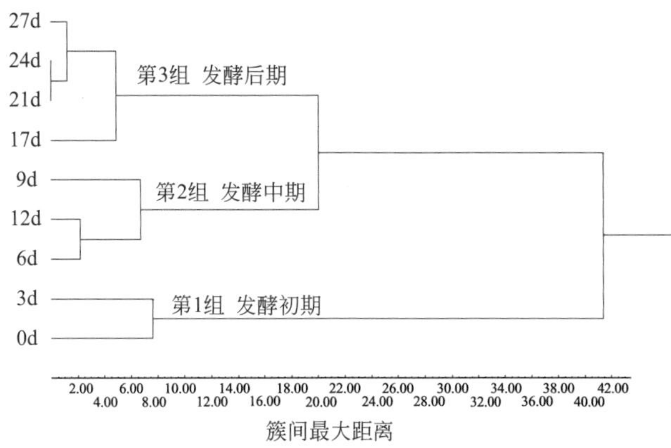

图 3-20　膜发酵过程细菌群落生长阶段的多样性指数的聚类分析

9. 生态位特性

膜发酵过程不同发酵时间，微生物菌群变化、物料营养变化、培养条件变化形成了特定的时间生境，以表 3-13 为数据矩阵，膜发酵时间为样本，采样点序列为指标，采用 Levins 测度计算时间生境生态位宽度，Pianka 测度计算时间生境生态重叠，分析结果见表 3-22 和表 3-23。

从生态位宽度看，膜发酵时间生境生态位宽度的大小排序为 24d（7.4266）>17d（6.5299）>3d（6.3392）>12d（5.9524）>21d（5.6492）>6d（5.2917）>27d（4.6273）>0d（3.5873）>9d（2.9773）；0d 和 9d 生态位宽度较小，这与膜发酵微生物时间生境相关，0d 时微生物启动发酵，适合于微生物发酵的环境正在建立，种群发酵较慢，此时生态位宽度较低；9 d 是膜发酵微生物种群生长一个周期的低谷，微生物种群发展到高峰后，环境条件恶化，不利用微生物发展，需要转换一批适应环境的微生物继续生长，此时时间生境生态位宽度较低。3d（6.3392）和 17d（6.5299）时间生境生态位宽度较大，3d 是膜发酵微生物生长最旺盛的时期，此时环境条件最有利于微生物菌群的发展，生态位宽度最大；同样，17d 是膜发酵微生物菌群发酵的第二个周期的峰值，环境条件有利于微生物菌群发展，生态位宽度最大。生态位宽度综合地体现了微生物菌种生长的时期生境条件，如菌群基数、营养条件、生长条件等。生态位宽度越大，越有利于微生物的发展。

表 3-22　膜发酵时间生境生态位宽度（Levins 测度）

发酵时间 /d	Levins	频次	截断比例	常用资源种类			
0	3.5873	2	0.13	S4=37.78%	S5=34.98%		
3	6.3392	4	0.13	S2=16.11%	S4=19.77%	S5=21.32%	S6=15.30%
6	5.2917	3	0.13	S1=26.67%	S7=16.19%	S8=26.03%	
9	2.9773	2	0.13	S1=54.05%	S7=15.88%		
12	5.9524	3	0.14	S1=14.34%	S4=24.59%	S6=21.31%	
17	6.5299	4	0.13	S2=17.15%	S4=19.29%	S6=15.01%	S8=19.29%

续表

发酵时间 /d	Levins	频次	截断比例	常用资源种类			
21	5.6492	3	0.13	S1=29.80%	S3=16.70%	S4=17.61%	
24	7.4266	3	0.13	S1=15.20%	S2=14.01%	S6=19.28%	
27	4.6273	3	0.13	S3=13.73%	S6=33.43%	S8=25.97%	

表 3-23 膜发酵时间生境生态位重叠（Pianka 测度）

发酵时间 /d	0	3	6	9	12	17	21	24	27
0	1	0.8536	0.3434	0.2560	0.6664	0.5773	0.5916	0.5916	0.3769
3	0.8536	1	0.4913	0.3560	0.8225	0.7904	0.7147	0.7147	0.6635
6	0.3434	0.4913	1	0.7822	0.6025	0.7492	0.7716	0.7716	0.5516
9	0.2560	0.356	0.7822	1	0.2927	0.3878	0.8638	0.8638	0.2536
12	0.6664	0.8225	0.6025	0.2927	1	0.7589	0.5154	0.5154	0.6469
17	0.5773	0.7904	0.7492	0.3878	0.7589	1	0.6525	0.6525	0.7615
21	0.5916	0.7147	0.7716	0.8638	0.5154	0.6525	1	1	0.5438
24	0.5060	0.8188	0.7934	0.6411	0.7729	0.8901	0.8216	1	0.8059
27	0.3769	0.6635	0.5516	0.2536	0.6469	0.7615	0.5438	0.5438	1

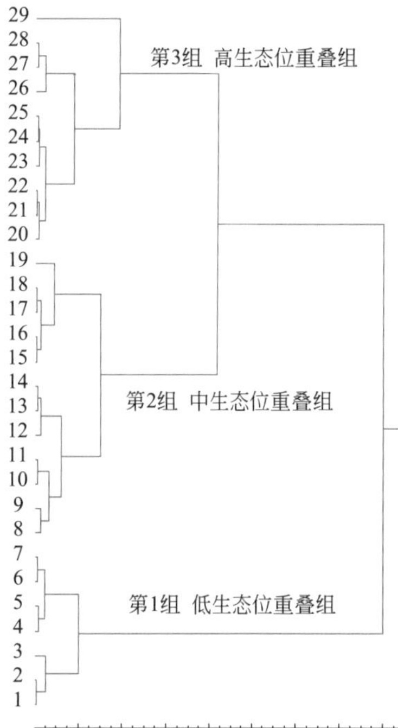

图 3-21 膜发酵时间生境生态位宽度分级聚类分析

膜发酵时间生境生态位宽度频次分级见表 3-22，以欧氏距离为尺度，采用可变类平均法对生态位宽度频次分级进行系统聚类，分析结果见图 3-21 和表 3-24。结果表明生态位重叠值频次由 29 个级别组成，范围为 0.2536 ～ 1.0000；聚类分析结果表明可见生态位重叠频次分为 3 组，第 1 组为低生态位重叠组，平均重叠值为 0.3238；第 2 组为中生态位重叠组，平均重叠值为 0.6015；第 3 组为高生态位重叠组，平均重叠值为 0.8154。不同的时间生境组之间的生态位重叠值差异较大，如时间生境 0d 与 3d 生态位重叠值为 0.8536，属于高重叠组，与 12d 生态位重叠值为 0.6664，属于中等生态位重叠组，与 9d 生态位重叠值为 0.2560，属于低生态位重叠组。不同的生态位重叠值指示着两个时间生境微生物菌群生存条件的异同性；生态位重叠值越高，微生物的生存条件越趋同。

表 3-24　膜发酵时间生境生态位宽度分级聚类分析

频次划分		频次聚类		
序号	x	组别	样本号	x
1	0.2536	1	1	0.2536
2	0.2560	1	2	0.2560
3	0.2927	1	3	0.2927
4	0.3434	1	4	0.3434
5	0.3560	1	5	0.3560
6	0.3769	1	6	0.3769
7	0.3878	1	7	0.3878
第 1 组 7 个样本平均值				0.3238
8	0.4913	2	8	0.4913
9	0.5154	2	9	0.5154
10	0.5438	2	10	0.5438
11	0.5516	2	11	0.5516
12	0.5773	2	12	0.5773
13	0.5916	2	13	0.5916
14	0.6025	2	14	0.6025
15	0.6469	2	15	0.6469
16	0.6525	2	16	0.6525
17	0.6635	2	17	0.6635
18	0.6664	2	18	0.6664
19	0.7147	2	19	0.7147
第 2 组 12 个样本平均值				0.6015
20	0.7492	3	20	0.7492
21	0.7589	3	21	0.7589
22	0.7615	3	22	0.7615
23	0.7716	3	23	0.7716
24	0.7822	3	24	0.7822
25	0.7904	3	25	0.7904
26	0.8225	3	26	0.8225
27	0.8536	3	27	0.8536
28	0.8638	3	28	0.8638
29	1.0000	3	29	1.0000
第 3 组 10 个样本平均值				0.8154

三、可培养真菌群落动态

1. 真菌分离

分离纯化获得的菌株，按菌落形态初步归类，共获得 5 种类型，每种类型选择代表性菌株各 1 株进行菌落形态描述，如表 3-25 和图 3-22 所示。根据形态学初步鉴定到属的结果：FJAT-32629 为沃尔夫被孢霉属（*Mortierella* sp.），FJAT-32630、FJAT-32633 为青霉菌属（*Penicillium* sp.），FJAT-33654 和 FJAT-32655 均为曲霉属（*Aspergillus* sp.）。

表 3-25　菌落形态描述

菌株编号	菌落形态描述
FJAT-32629	菌落呈花瓣状展开，毛绒状，菌丝体白色，花瓣中间较薄，边缘较厚
FJAT-32630	菌落正面色泽随其生长，中间由白色变为绿色，边缘白色。菌落呈半绒毛状。表面突起且有放射状沟纹，反面无色
FJAT-32633	菌落呈圆形，边缘白色，中间呈绿色，半毛绒状态。孢子绿色粉末状易飘散
FJAT-33654	菌落白色毛绒状，菌丝体纯白色，中间致密稍厚，边缘较为透明，菌落反面为黄色
FJAT-32655	随着生长菌落中间由白色变为黄褐色，边缘为白色菌丝，半毛绒状，孢子黄色粉末状易飘散。背面呈黄色

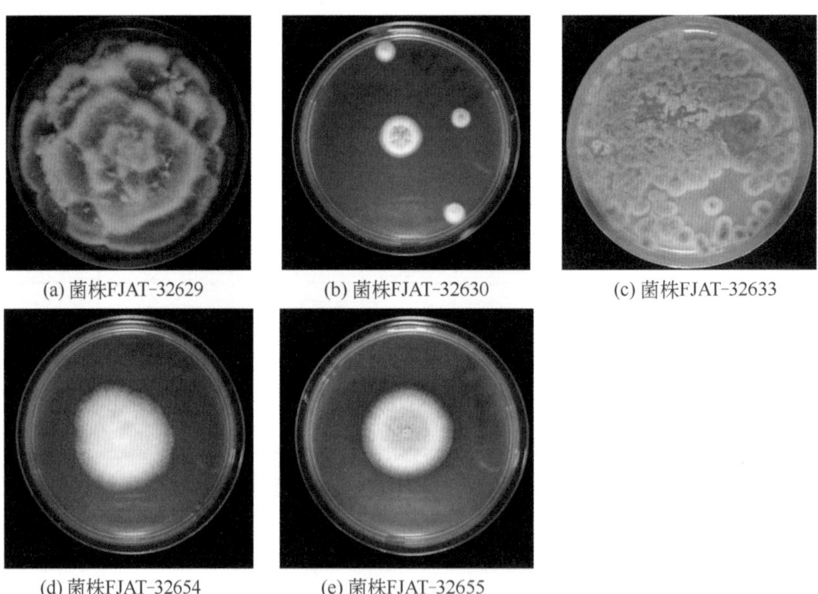
(a) 菌株FJAT-32629　(b) 菌株FJAT-32630　(c) 菌株FJAT-32633
(d) 菌株FJAT-32654　(e) 菌株FJAT-32655

图 3-22　5 种不同菌落形态

2. 真菌鉴定

分离得到的菌株 DNA，用 ITS 引物进行 PCR 扩增，由铂尚生物公司进行测序，将测序结果与 CBS database 网站进行序列比对得到近似种或近缘种基因序列共同构建系统发育树，如图 3-23 所示。其中 FJAT-32629 与沃尔夫被孢霉（*Mortierella wolfii*）、FJAT-32633 与草酸青霉（*Penicillium oxalicum*）、FJAT-32655 与土曲霉（*Aspergillus terreus*）均以 99% 以上的置信度聚在一个枝上。鉴定结果为 5 种菌分别为沃尔夫被孢霉（*Mortierella wolfii*，FJAT-32629）、青霉菌（*Penicillium daleae,* FJAT-32630）、草酸青霉（*Penicillium oxalicum,* FJAT-32633）、棘曲霉（*Aspergillus spinosus,* FJAT-32654）和土曲霉（*Aspergillus terreus,* FJAT-32655）。

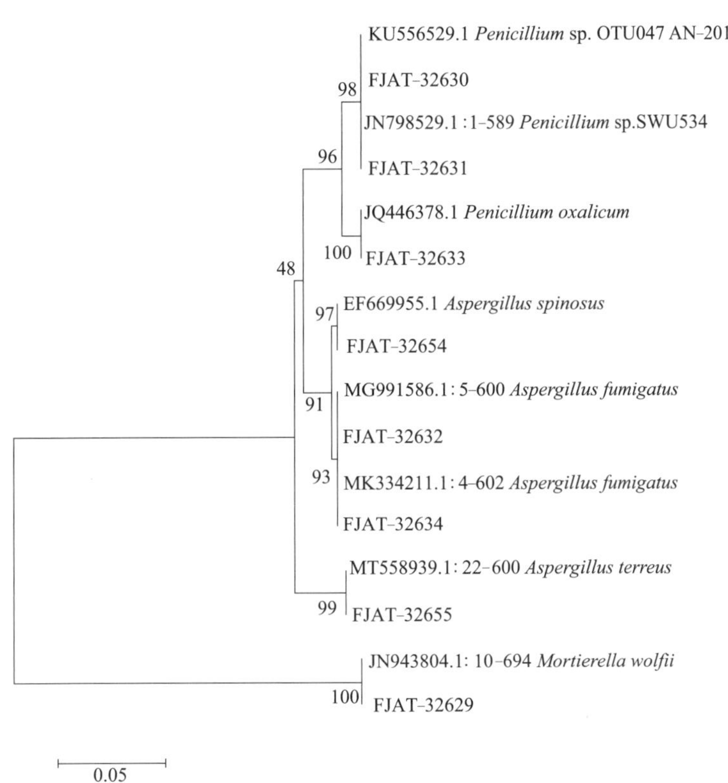

图 3-23　膜发酵过程真菌菌株分子鉴定系统发育树

3. 优势种类

（1）膜发酵 0d　如表 3-26 和图 3-24 所示，从供试的 8 份样品中共分离到 4 种真菌，分别为沃尔夫被孢霉、青霉菌、草酸青霉和棘曲霉。A 点浅层、A 点深层、C 点深层和 D 点浅层均分离到 4 种真菌；C 点浅层和 D 点深层均分离到 3 种真菌；B 点浅层和 B 点深层均分离到 2 种真菌。

表 3-26　膜发酵 0d 不同物料样品中分离到的真菌种类与数量

物料编号	采样区域	菌株编号	中文学名	拉丁文学名	菌落数 /（10^2 CFU/g）
FJAT-FJ-13209	A 点浅层	FJAT-32629	沃尔夫被孢霉	*Mortierella wolfii*	10
		FJAT-32630	青霉菌	*Penicillium daleae*	25
		FJAT-32633	草酸青霉	*Penicillium oxalicum*	4
		FJAT-32654	棘曲霉	*Aspergillus spinosus*	7

续表

物料编号	采样区域	菌株编号	中文学名	拉丁文学名	菌落数 / (10^2 CFU/g)
FJAT-FJ-13210	A 点深层	FJAT-32629	沃尔夫被孢霉	*Mortierella wolfii*	2
		FJAT-32630	青霉菌	*Penicillium daleae*	10
		FJAT-32633	草酸青霉	*Penicillium oxalicum*	1
		FJAT-32654	棘曲霉	*Aspergillus spinosus*	1.5
FJAT-FJ-13211	B 点浅层	FJAT-32630	青霉菌	*Penicullium daleae*	10
		FJAT-32654	棘曲霉	*Aspergillus spinosus*	20
FJAT-FJ-13212	B 点深层	FJAT-32629	沃尔夫被孢霉	*Mortierella wolfii*	10
		FJAT-32633	草酸青霉	*Penicillium oxalicum*	50
FJAT-FJ-13213	C 点浅层	FJAT-32629	沃尔夫被孢霉	*Mortierella wolfii*	3
		FJAT-32630	青霉菌	*Penicillium daleae*	1.5
		FJAT-32633	草酸青霉	*Penicillium oxalicum*	9.5
FJAT-FJ-13214	C 点深层	FJAT-32629	沃尔夫被孢霉	*Mortierella wolfii*	2
		FJAT-32630	青霉菌	*Penicillium daleae*	8
		FJAT-32633	草酸青霉	*Penicillium oxalicum*	4
		FJAT-32654	棘曲霉	*Aspergillus spinosus*	8
FJAT-FJ-13215	D 点浅层	FJAT-32629	沃尔夫被孢霉	*Mortierella wolfii*	5
		FJAT-32630	青霉菌	*Penicillium daleae*	3
		FJAT-32633	草酸青霉	*Penicillium oxalicum*	1
		FJAT-32654	棘曲霉	*Aspergillus spinosus*	11
FJAT-FJ-13216	D 点深层	FJAT-32629	沃尔夫被孢霉	*Mortierella wolfii*	1
		FJAT-32630	青霉菌	*Penicillium daleae*	25
		FJAT-32633	草酸青霉	*Penicillium oxalicum*	41

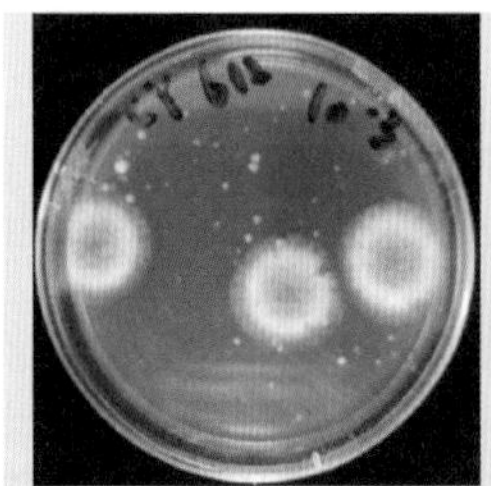

(a) C点浅层

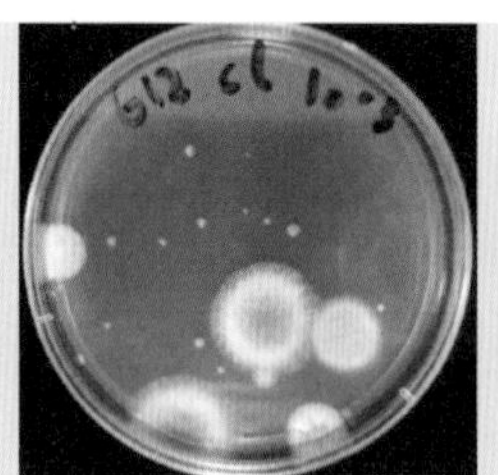
(b) C点深层

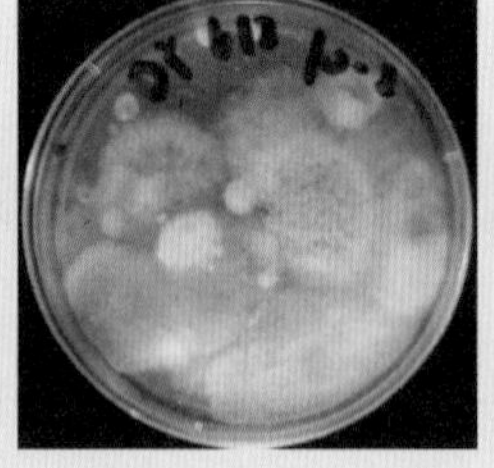
(c) D点浅层

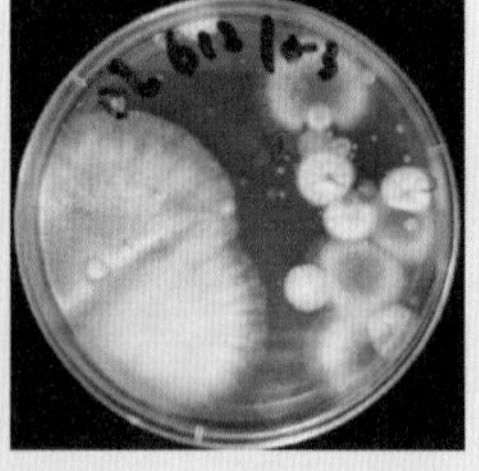
(d) D点深层

图 3-24　膜发酵 0d 不同物料样品的真菌涂布平板图

（2）膜发酵 3d　如表 3-27 和图 3-25 所示，从供试的 8 份样品中共分离到 4 种真菌，分别为沃尔夫被孢霉、青霉菌、草酸青霉和棘曲霉。A 点深层、C 点浅层、D 点浅层和 D 点深层的真菌数量相同，均分离得到 3 种真菌。B 点浅层和 C 深层的真菌种类相同，均分离得到沃尔夫被孢霉、草酸青霉这 2 种真菌。A 点浅层和 B 点深层分离得到的真菌种类最少，只有 1 种，A 点浅层为沃尔夫被孢霉，B 点深层为草酸青霉。A 点浅层优势菌为沃尔夫被孢霉、深层优势菌为草酸青霉；B 点、C 点和 D 点的浅层和深层的优势菌为草酸青霉。

表 3-27　膜发酵 3d 不同物料样品中分离到的真菌种类与数量

物料编号	采样区域	菌株编号	中文学名	拉丁文学名	菌落数 / (10^2CFU/g)
FJAT-FJ-13209	A 点浅层	FJAT-32629	沃尔夫被孢霉	*Mortierella wolfii*	10
FJAT-FJ-13210	A 点深层	FJAT-32629	沃尔夫被孢霉	*Mortierella wolfii*	12
		FJAT-32630	青霉菌	*Penicillium deleae*	2
		FJAT-32633	草酸青霉	*Penicillium oxalicum*	39
FJAT-FJ-13211	B 点浅层	FJAT-32629	沃尔夫被孢霉	*Mortierella wolfii*	10
		FJAT-32633	草酸青霉	*Penicillium oxalicum*	16
FJAT-FJ-13212	B 点深层	FJAT-32633	草酸青霉	*Penicillium oxalicum*	1
FJAT-FJ-13213	C 点浅层	FJAT-32629	沃尔夫被孢霉	*Mortierella wolfii*	4
		FJAT-32633	草酸青霉	*Penicillium oxalicum*	23
		FJAT-32654	棘曲霉	*Aspergillus spinosus*	1
FJAT-FJ-13214	C 点深层	FJAT-32629	沃尔夫被孢霉	*Mortierella wolfii*	15
		FJAT-32633	草酸青霉	*Penicillium oxalicum*	24
FJAT-FJ-13215	D 点浅层	FJAT-32629	沃尔夫被孢霉	*Mortierella wolfii*	35
		FJAT-32633	草酸青霉	*Penicillium oxalicum*	170
		FJAT-32654	棘曲霉	*Aspergillus spinosus*	10
FJAT-FJ-13216	D 点深层	FJAT-32629	沃尔夫被孢霉	*Mortierella wolfii*	10
		FJAT-32633	草酸青霉	*Penicillium oxalicum*	23
		FJAT-32654	棘曲霉	*Aspergillus spinosus*	5

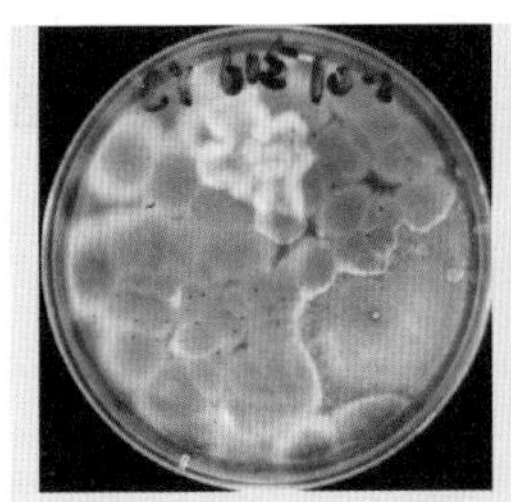

(a) C点浅层

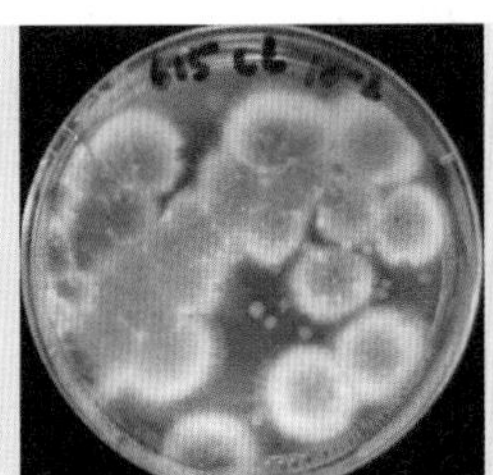

(b) C点深层

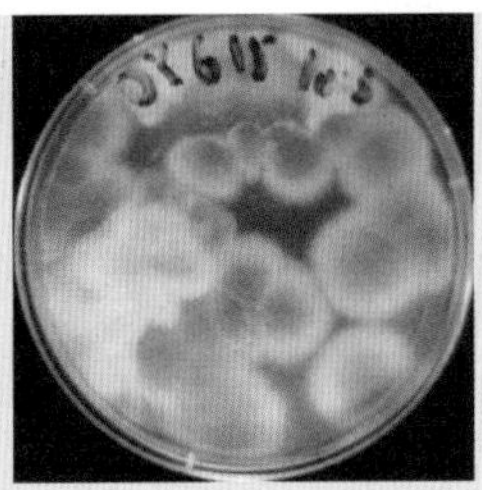

(c) D点浅层

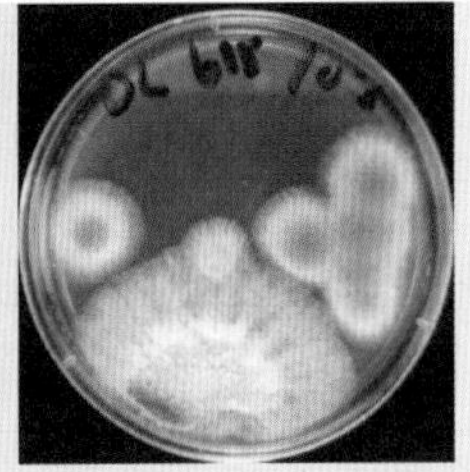

(d) D点深层

图 3-25　膜发酵 3d 不同物料样品的真菌涂布平板图

（3）膜发酵 6d　如表 3-28 和图 3-26 所示从供试的 8 份样品中共分离到 2 种真菌，分别为沃尔夫被孢霉、草酸青霉。A 点深层、B 点浅层、C 点浅层、D 点浅层和 D 点深层的真菌种类相同，均分离得到 2 种真菌，A 点浅层和 B 点深层只分离得到草酸青霉 1 种真菌，而 C 点深层未分离得到任何真菌。A 点、B 点和 D 点浅层和深层以及 C 点浅层的优势菌为草酸青霉。A 点浅层、B 点浅层、D 点深层的菌落数较其他采样区域多了 10 倍以上。

表 3-28 膜发酵 6d 不同物料样品分离到的真菌种类与数量

物料编号	采样区域	菌株编号	中文学名	拉丁文学名	菌落数 /(10^2 CFU/g)
FJAT-FJ-13217	A 点浅层	FJAT-32633	草酸青霉	*Penicillium oxalicum*	163
FJAT-FJ-13218	A 点深层	FJAT-32629	沃尔夫被孢霉	*Mortierella wolfii*	10
		FJAT-32633	草酸青霉	*Penicillium oxalicum*	14
FJAT-FJ-13219	B 点浅层	FJAT-32629	沃尔夫被孢霉	*Mortierella wolfii*	1
		FJAT-32633	草酸青霉	*Penicillium oxalicum*	270
FJAT-FJ-13220	B 点深层	FJAT-32633	草酸青霉	*Penicillium oxalicum*	1
FJAT-FJ-13221	C 点浅层	FJAT-32629	沃尔夫被孢霉	*Mortierella wolfii*	1
		FJAT-32633	草酸青霉	*Penicillium oxalicum*	1.5
FJAT-FJ-13222	C 点深层	FJAT-32629	沃尔夫被孢霉	*Mortierella wolfii*	0
		FJAT-32633	草酸青霉	*Penicillium oxalicum*	0
FJAT-FJ-13223	D 点浅层	FJAT-32629	沃尔夫被孢霉	*Mortierella wolfii*	1
		FJAT-32633	草酸青霉	*Penicillium oxalicum*	24
FJAT-FJ-13224	D 点深层	FJAT-32629	沃尔夫被孢霉	*Mortierella wolfii*	10
		FJAT-32633	草酸青霉	*Penicillium oxalicum*	144

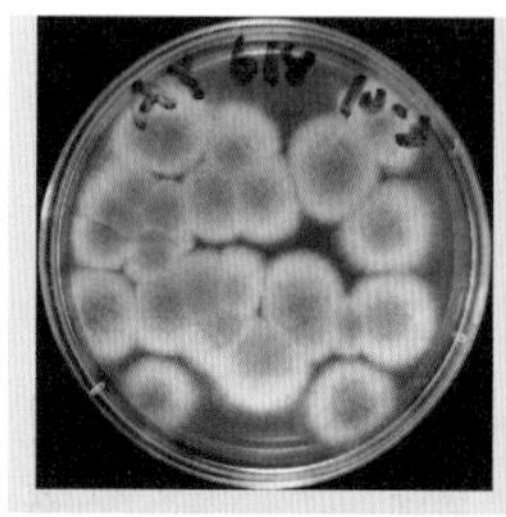
(a) A点浅层

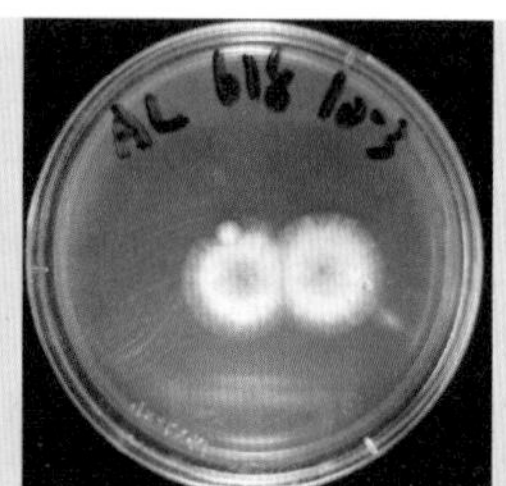
(b) A点深层

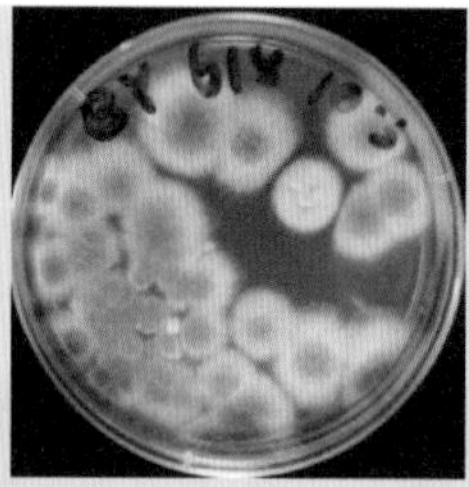
(c) B点浅层

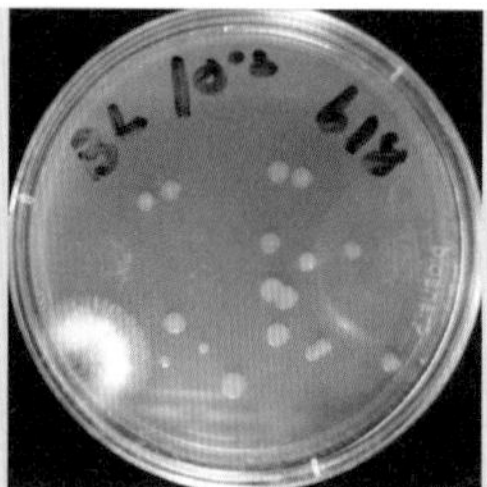
(d) B点深层

图 3-26 膜发酵 6d 不同物料样品的真菌涂布平板图

（4）膜发酵 9d 如表 3-29 和图 3-27 所示，从供试的 8 份样品中共分离到 3 种真菌，分别为青霉菌、草酸青霉、土曲霉。A 点浅层和 C 点浅层均分离得到 2 种真菌，A 点浅层为草酸青霉和土曲霉，C 点浅层为青霉菌和土曲霉。A 点深层、B 点深层、C 点深层、D 点浅层和 D 点深层只分离得到草酸青霉 1 种真菌，B 点浅层分离得到土曲霉。B 点浅层土曲霉为优势菌，A 点浅层、A 点深层、B 点深层、C 点深层、D 点浅层和 D 点深层优势菌均为草酸青霉。四个区域的深层的真菌菌落数均少于浅层土壤，C 点深层的真菌菌落数在所有区域中最少，为 10CFU/g。

表 3-29　膜发酵 9d 不同物料样品分离到的真菌种类与数量

物料编号	采样区域	菌株编号	中文学名	拉丁文学名	菌落数 / (10 CFU /g)
FJAT-FJ-13225	A 点浅层	FJAT-32633	草酸青霉	*Penicillium oxalicum*	410
		FJAT-32655	土曲霉	*Aspergillus terreus*	55
FJAT-FJ-13226	A 点深层	FJAT-32633	草酸青霉	*Penicillium oxalicum*	150
FJAT-FJ-13227	B 点浅层	FJAT-32655	土曲霉	*Aspergillus terreus*	1800
FJAT-FJ-13228	B 点深层	FJAT-32633	草酸青霉	*Penicillium oxalicum*	16
FJAT-FJ-13229	C 点浅层	FJAT-32630	青霉菌	*Penicillium daleae*	95
		FJAT-32655	土曲霉	*Aspergillus terreus*	4200
FJAT-FJ-13230	C 点深层	FJAT-32633	草酸青霉	*Penicillium oxalicum*	1
FJAT-FJ-13231	D 点浅层	FJAT-32633	草酸青霉	*Penicillium oxalicum*	1350
FJAT-FJ-13232	D 点深层	FJAT-32633	草酸青霉	*Penicillium oxalicum*	383

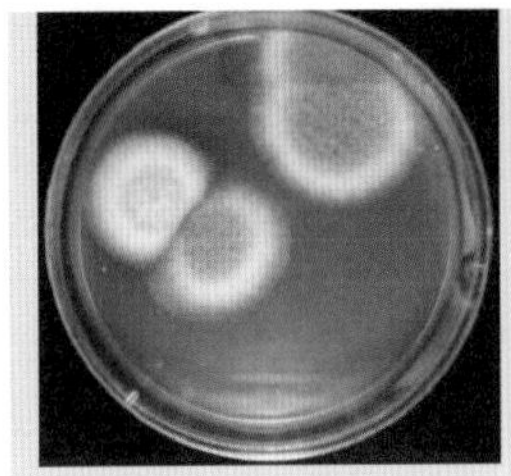
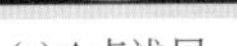
(a) A点浅层

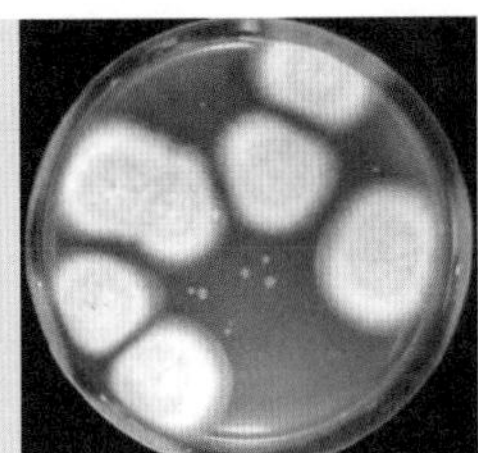
(b) B点浅层

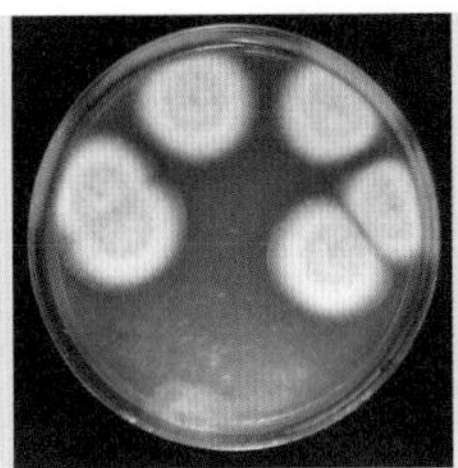
(c) C点浅层

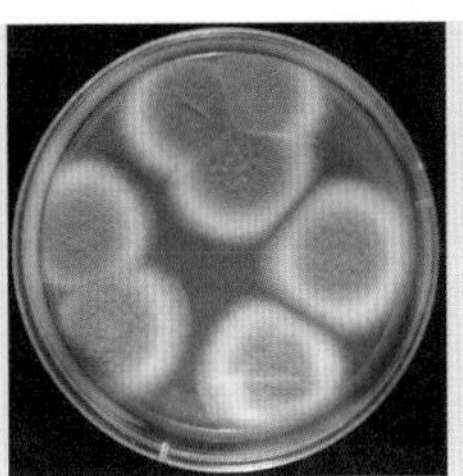
(d) D点浅层

图 3-27　膜发酵 9d 不同物料样品的真菌涂布平板图

（5）膜发酵 12d　如表 3-30 和图 3-28 所示，从供试的 8 份样品中共分离到 4 种真菌，分别为青霉菌、草酸青霉、棘曲霉、土曲霉。A 点深层和 B 点深层均分离得到 2 种真菌，A 点深层为草酸青霉和土曲霉，B 点深层为草酸青霉和棘曲霉。A 点浅层、C 点浅层、C 点深层、D 点浅层和 D 点深层只分离得到草酸青霉 1 种真菌，B 点浅层分离得到青霉菌。B 点浅层青霉菌为优势菌，B 点深层的优势菌为棘曲霉，A 点浅层、A 点深层、C 点浅层、C 点深层、D 点浅层和 D 点深层优势菌均为草酸青霉。C 点的菌落数是 4 个点中最少的，其中 C 点深层的真菌菌落数在所有区域中最少，为 25CFU/g。

表 3-30　膜发酵 12d 不同物料样品分离到的真菌种类与数量

物料编号	采样区域	菌株编号	中文学名	拉丁文学名	菌落数 /(10 CFU/g)
FJAT-FJ-13233	A 点浅层	FJAT-32633	草酸青霉	*Penicillium oxalicum*	335
FJAT-FJ-13234	A 点深层	FJAT-32633	草酸青霉	*Penicillium oxalicum*	8000
		FJAT-32655	土曲霉	*Aspergillus terreus*	3000
FJAT-FJ-13235	B 点浅层	FJAT-32630	青霉菌	*Penicillium daleae*	550
FJAT-FJ-13236	B 点深层	FJAT-32633	草酸青霉	*Penicillium oxalicum*	1
		FJAT-32654	棘曲霉	*Aspergillus spinosus*	11

续表

物料编号	采样区域	菌株编号	中文学名	拉丁文学名	菌落数 /(10 CFU/g)
FJAT-FJ-13237	C 点浅层	FJAT-32633	草酸青霉	*Penicillium oxalicum*	110
FJAT-FJ-13238	C 点深层	FJAT-32633	草酸青霉	*Penicillium oxalicum*	2.5
FJAT-FJ-13239	D 点浅层	FJAT-32633	草酸青霉	*Penicillium oxalicum*	290
FJAT-FJ-13240	D 点深层	FJAT-32633	草酸青霉	*Penicillium oxalicum*	675

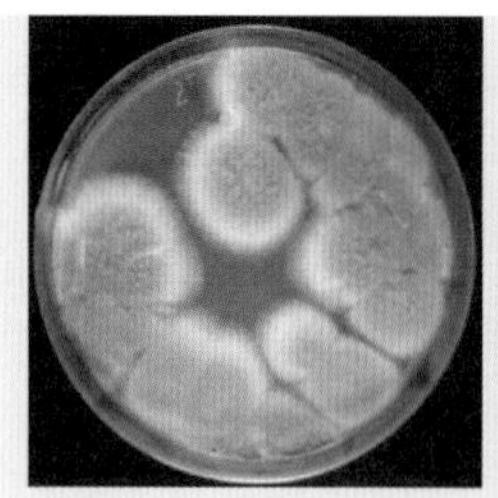
(a) A点浅层

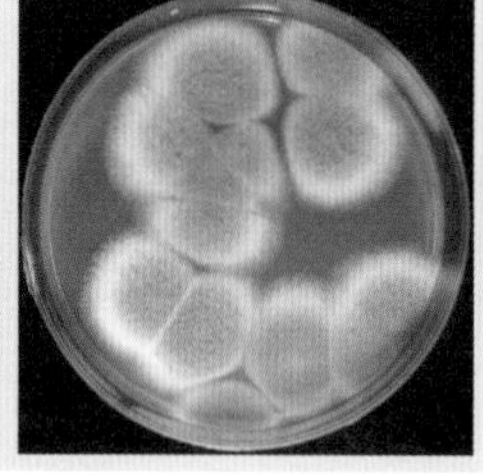
(b) A点深层

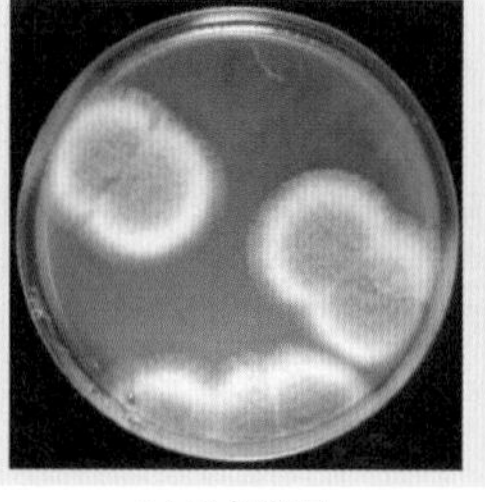
(c) D点浅层

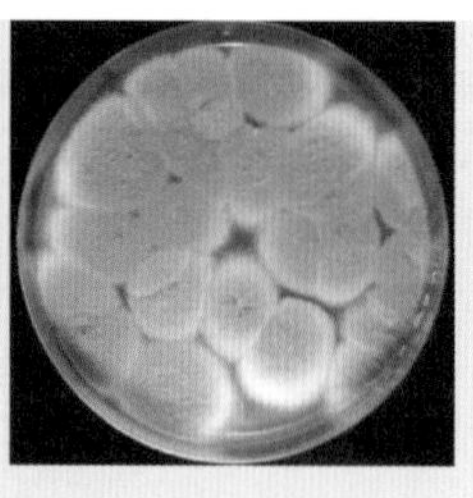
(d) D点深层

图 3-28　膜发酵 12d 不同物料样品的真菌涂布平板图

（6）膜发酵 17d　如表 3-31 和图 3-29 所示，从供试的 8 份样品中共分离到 3 种真菌，分别为沃尔夫被孢霉、草酸青霉、土曲霉。A 点浅层和 D 点浅层均分离得到 3 种真菌，A 点深层和 C 点深层分离得到 2 种真菌，A 点深层为草酸青霉和土曲霉，C 点深层为沃尔夫被孢霉和草酸青霉。B 点深层、C 点浅层只分离得到土曲霉 1 种真菌。A 点浅层、A 点深层、C 点深层和 D 点浅层均以草酸青霉为优势菌，B 点深层、C 点浅层以土曲霉为优势菌。在 B 点浅层和 D 点深层未分离得到任何真菌。

表 3-31　膜发酵 17d 不同物料样品分离到的真菌种类与数量

物料编号	采样区域	菌株编号	中文学名	拉丁文学名	菌落数 /（10CFU/g）
FJAT-FJ-13156	A 点浅层	FJAT-32629	沃尔夫被孢霉	*Mortierella wolfii*	20
		FJAT-32633	草酸青霉	*Penicillium oxalicum*	594
		FJAT-32655	土曲霉	*Aspergillus terreus*	100
FJAT-FJ-13157	A 点深层	FJAT-32633	草酸青霉	*Penicillium oxalicum*	295
		FJAT-32655	土曲霉	*Aspergillus terreus*	10
FJAT-FJ-13158	B 点浅层	FJAT-32629	沃尔夫被孢霉	*Mortierella wolfii*	0
FJAT-FJ-13159	B 点深层	FJAT-32655	土曲霉	*Aspergillus terreus*	5.5
FJAT-FJ-13160	C 点浅层	FJAT-32655	土曲霉	*Aspergillus terreus*	10
FJAT-FJ-13161	C 点深层	FJAT-32629	沃尔夫被孢霉	*Mortierella wolfii*	1
		FJAT-32633	草酸青霉	*Penicillium oxalicum*	1.5
FJAT-FJ-13162	D 点浅层	FJAT-32629	沃尔夫被孢霉	*Mortierella wolfii*	10
		FJAT-32633	草酸青霉	*Penicillium oxalicum*	32
		FJAT-32655	土曲霉	*Aspergillus terreus*	10
FJAT-FJ-13163	D 点深层	FJAT-32633	草酸青霉	*Penicillium oxalicum*	0

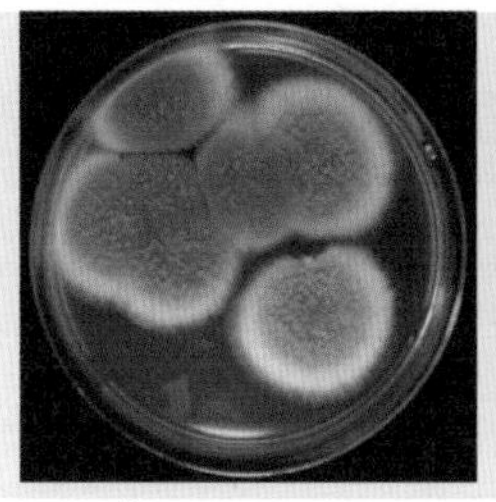
(a) A点浅层

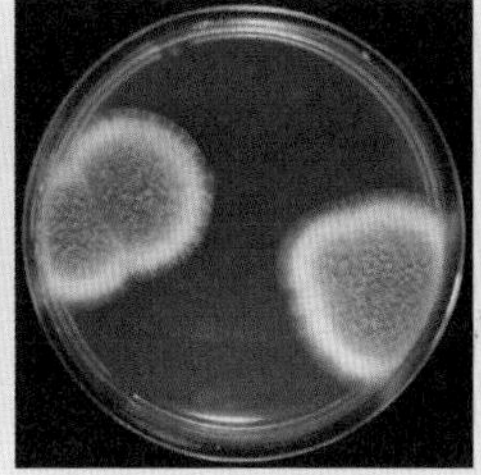
(b) A点深层

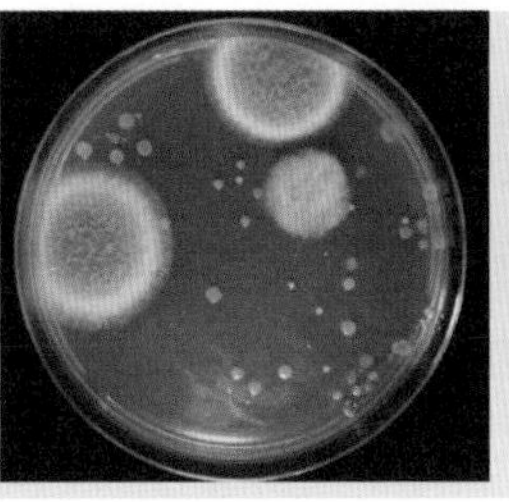
(c) C点浅层

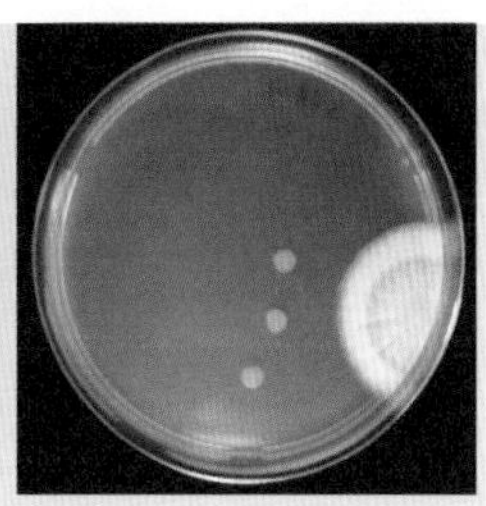
(d) C点深层

图 3-29　膜发酵 17d 不同物料样品的真菌涂布平板图

（7）膜发酵 21d　如表 3-32 和图 3-30 所示，从供试的 8 份样品中共分离到 3 种真菌，分别为沃尔夫被孢霉、青霉菌、草酸青霉。B 点深层、C 点浅层、C 点深层、D 点浅层和 D 点深层均分离得到 3 种真菌，A 点浅层、A 点深层和 B 点浅层分离得到沃尔夫被孢霉和草酸青霉 2 种真菌。A 点浅层、A 点深层、B 点浅层、C 点浅层、D 点浅层和 D 点深层以草酸青霉为优势菌，B 点深层以沃尔夫被孢霉和草酸青霉为优势菌，C 点深层以沃尔夫被孢霉为优势菌。B 点和 C 点的真菌菌落数少于 A 点和 D 点。

表 3-32　膜发酵 21d 不同物料样品分离到的真菌种类与数量

物料编号	采样区域	菌株编号	中文学名	拉丁文学名	菌落数 /（10CFU/g）
FJAT-FJ-13177	A 点浅层	FJAT-32629	沃尔夫被孢霉	*Mortierella wolfii*	73
		FJAT-32633	草酸青霉	*Penicillium oxalicum*	875
FJAT-FJ-13178	A 点深层	FJAT-32629	沃尔夫被孢霉	*Mortierella wolfii*	76
		FJAT-32633	草酸青霉	*Penicillium oxalicum*	90
FJAT-FJ-13179	B 点浅层	FJAT-32629	沃尔夫被孢霉	*Mortierella wolfii*	5
		FJAT-32633	草酸青霉	*Penicillium oxalicum*	10
FJAT-FJ-13180	B 点深层	FJAT-32629	沃尔夫被孢霉	*Mortierella wolfii*	4.5
		FJAT-32630	青霉菌	*Penicillium daleae*	4
		FJAT-32633	草酸青霉	*Penicillium oxalicum*	4.5
FJAT-FJ-13181	C 点浅层	FJAT-32629	沃尔夫被孢霉	*Mortierella wolfii*	5
		FJAT-32630	青霉菌	*Penicillium daleae*	6
		FJAT-32633	草酸青霉	*Penicillium oxalicum*	13
FJAT-FJ-13182	C 点深层	FJAT-32629	沃尔夫被孢霉	*Mortierella wolfii*	10
		FJAT-32630	青霉菌	*Penicillium daleae*	6
		FJAT-32633	草酸青霉	*Penicillium oxalicum*	7.5
FJAT-FJ-13183	D 点浅层	FJAT-32629	沃尔夫被孢霉	*Mortierella wolfii*	92.5
		FJAT-32630	青霉菌	*Penicillium daleae*	30
		FJAT-32633	草酸青霉	*Penicillium oxalicum*	255

续表

物料编号	采样区域	菌株编号	中文学名	拉丁文学名	菌落数 /（10CFU/g）
FJAT-FJ-13184	D 点深层	FJAT-32629	沃尔夫被孢霉	*Mortierella wolfii*	3.5
		FJAT-32630	青霉菌	*Penicillium daleae*	17.5
		FJAT-32633	草酸青霉	*Penicillium oxalicum*	89

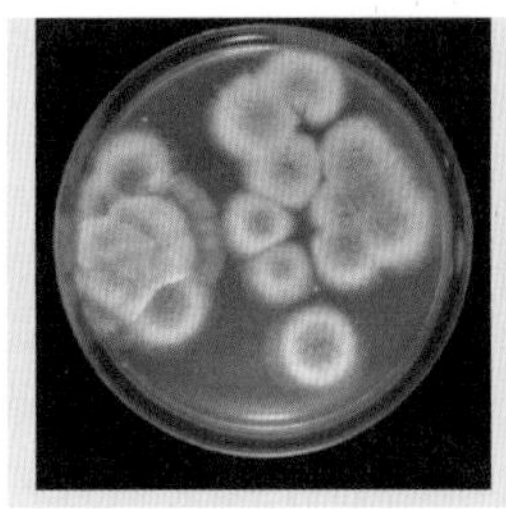
(a) A点浅层

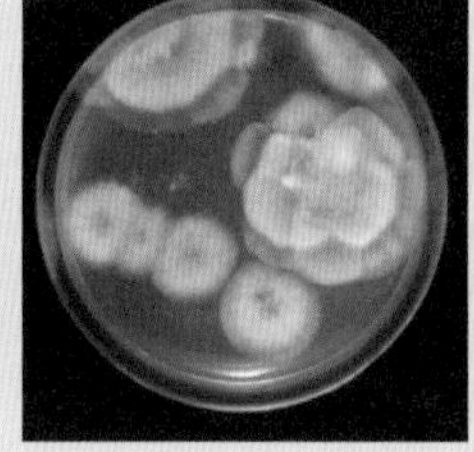
(b) A点深层

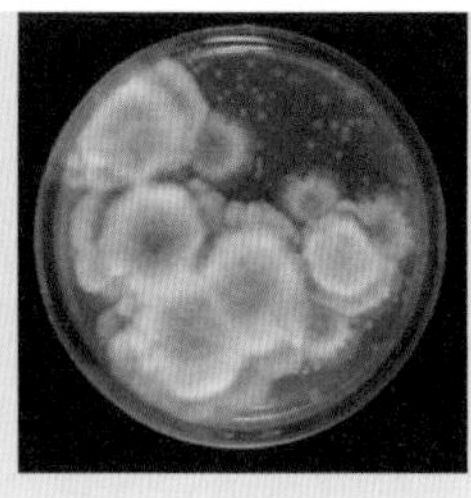
(c) B点浅层

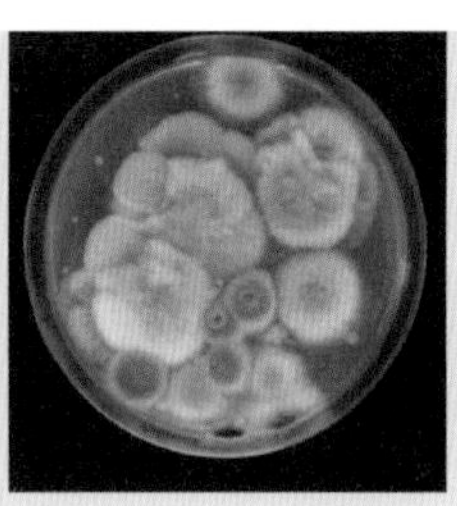
(d) B点深层

图 3-30　膜发酵 21d 不同物料样品的真菌涂布平板图

（8）膜发酵 24d　如表 3-33 和图 3-31 所示，从供试的 8 份样品中共分离到 2 种真菌，分别为沃尔夫被孢霉和草酸青霉。A 点浅层、A 点深层、B 点浅层、B 点深层、C 点深层、D 点浅层和 D 点深层均分离得到 2 种真菌，C 点浅层只分离得到沃尔夫被孢霉 1 种真菌。A 点浅层、A 点深层、B 点深层、C 点深层和 D 点深层以草酸青霉为优势菌，B 点浅层、C 点浅层和 D 点浅层以沃尔夫被孢霉为优势菌。从菌落个数来看，B 点为四个区域内真菌菌落数最少的区域。

表 3-33　膜发酵 24d 不同物料样品分离到的真菌种类与数量

物料编号	采样区域	菌株编号	中文学名	拉丁文学名	菌落数 /（10CFU/g）
FJAT-FJ-13185	A 点浅层	FJAT-32629	沃尔夫被孢霉	*Mortierella wolfii*	15
		FJAT-32633	草酸青霉	*Penicillium oxalicum*	70
FJAT-FJ-13186	A 点深层	FJAT-32629	沃尔夫被孢霉	*Mortierella wolfii*	875
		FJAT-32633	草酸青霉	*Penicillium oxalicum*	1000
FJAT-FJ-13187	B 点浅层	FJAT-32629	沃尔夫被孢霉	*Mortierella wolfii*	6
		FJAT-32633	草酸青霉	*Penicillium oxalicum*	4
FJAT-FJ-13188	B 点深层	FJAT-32629	沃尔夫被孢霉	*Mortierella wolfii*	6
		FJAT-32633	草酸青霉	*Penicillium oxalicum*	8
FJAT-FJ-13189	C 点浅层	FJAT-32629	沃尔夫被孢霉	*Mortierella wolfii*	87.5
FJAT-FJ-13190	C 点深层	FJAT-32629	沃尔夫被孢霉	*Mortierella wolfii*	33
		FJAT-32633	草酸青霉	*Penicillium oxalicum*	104
FJAT-FJ-13191	D 点浅层	FJAT-32629	沃尔夫被孢霉	*Mortierella wolfii*	200
		FJAT-32633	草酸青霉	*Penicillium oxalicum*	66
FJAT-FJ-13192	D 点深层	FJAT-32629	沃尔夫被孢霉	*Mortierella wolfii*	8
		FJAT-32633	草酸青霉	*Penicillium oxalicum*	143

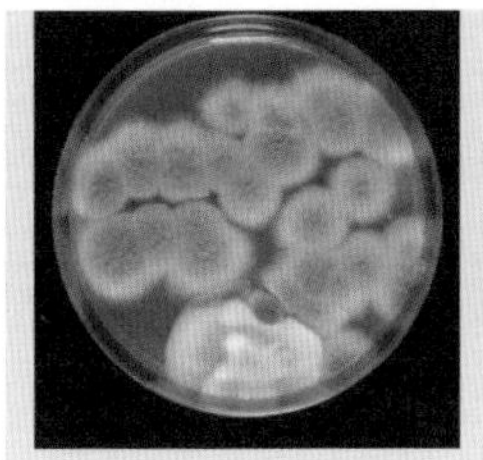
(a) A点深层

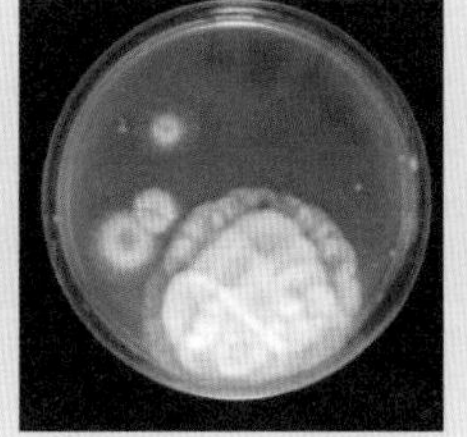
(b) B点深层

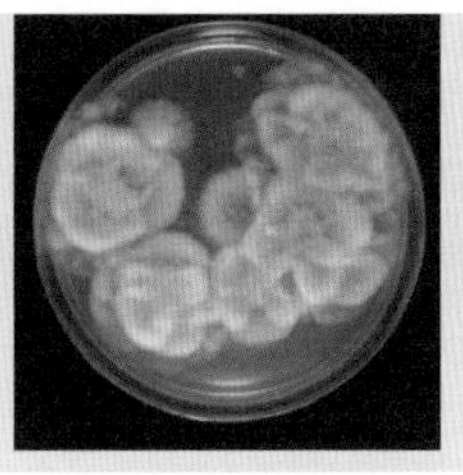
(c) C点深层

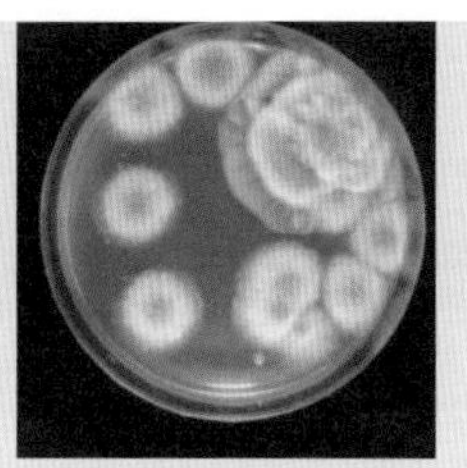
(d) D点深层

图 3-31　膜发酵 24d 不同物料样品的真菌涂布平板图

（9）膜发酵 27d　如表 3-34 和图 3-32 所示，从供试的 8 份样品中共分离到 2 种真菌，分别为沃尔夫被孢霉和草酸青霉。A 点深层、B 点浅层、C 点浅层、D 点深层均分离得到 2 种真菌，A 点浅层、B 点深层、C 点深层只分离得到沃尔夫被孢霉 1 种真菌，而 D 点浅层未分离得到任何菌落。A 点深层、B 点浅层和 D 点深层以草酸青霉为优势菌，A 点浅层、B 点深层、C 点浅层、C 点深层以沃尔夫被孢霉为优势菌。

表 3-34　膜发酵 27d 不同物料样品分离到的真菌种类与数量

物料编号	采样区域	菌株编号	中文学名	拉丁文学名	菌落数 /（10CFU/g）
FJAT-FJ-13193	A 点浅层	FJAT-32629	沃尔夫被孢霉	*Mortierella wolfii*	56
FJAT-FJ-13194	A 点深层	FJAT-32629	沃尔夫被孢霉	*Mortierella wolfii*	10
		FJAT-32633	草酸青霉	*Penicillium oxalicum*	50
FJAT-FJ-13195	B 点浅层	FJAT-32629	沃尔夫被孢霉	*Mortierella wolfii*	6
		FJAT-32633	草酸青霉	*Penicillium oxalicum*	6.5
FJAT-FJ-13196	B 点深层	FJAT-32629	沃尔夫被孢霉	*Mortierella wolfii*	110
FJAT-FJ-13197	C 点浅层	FJAT-32629	沃尔夫被孢霉	*Mortierella wolfii*	100
		FJAT-32633	草酸青霉	*Penicillium oxalicum*	20
FJAT-FJ-13198	C 点深层	FJAT-32629	沃尔夫被孢霉	*Mortierella wolfii*	288
FJAT-FJ-13199	D 点浅层	FJAT-32629	沃尔夫被孢霉	*Mortierella wolfii*	0
		FJAT-32633	草酸青霉	*Penicillium oxalicum*	0
FJAT-FJ-13200	D 点深层	FJAT-32629	沃尔夫被孢霉	*Mortierella wolfii*	35
		FJAT-32633	草酸青霉	*Penicillium oxalicum*	243

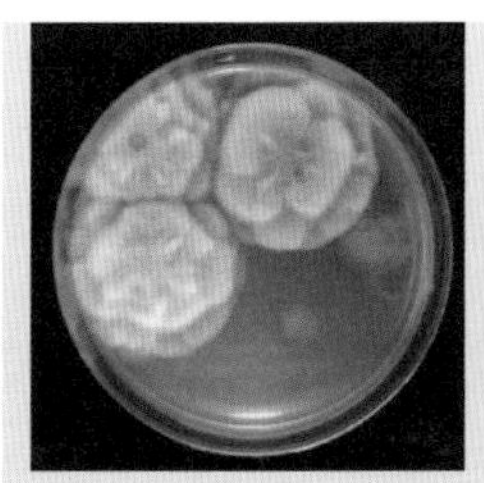

(a) A点浅层

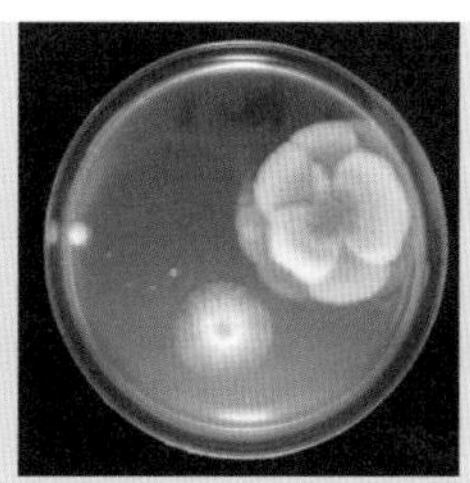
(b) A点深层

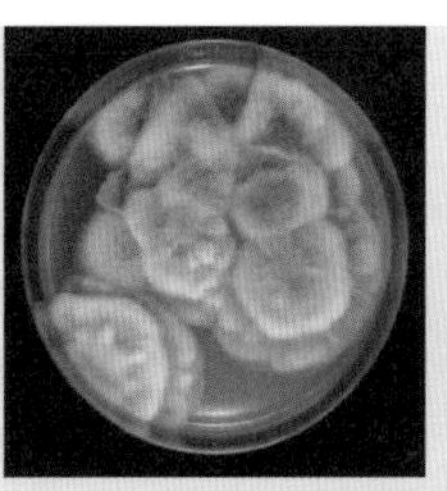
(c) B点浅层

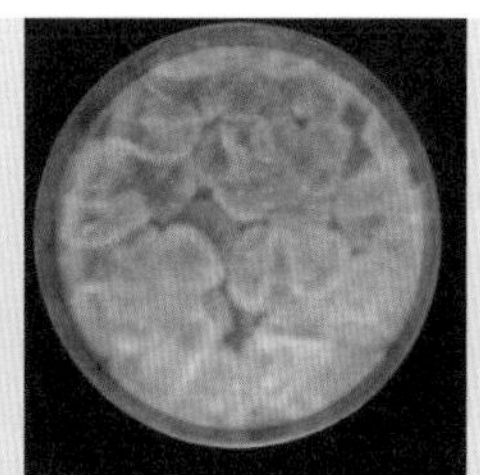
(d) B点深层

图 3-32　膜发酵 27d 不同物料样品的真菌涂布平板图

4. 真菌时空分布

如表 3-35 所示，不同采样时间和采样位置的样本所分离到的真菌种群数量有明显差异；单个样本真菌含量最高的种类分别为：草酸青霉（FJAT-32633）含量为 800.0×10^2CFU/g，位于第 12 天采样的 A 点深层物料；土曲霉（FJAT-32655）含量为 420.0×10^2CFU/g，位于第 9 天采样的 C 点浅层物料；青霉菌（FJAT-32630）含量为 55.0×10^2CFU/g，位于第 12 天采样的 B 点浅层物料；棘曲霉（FJAT-32654）含量为 20.0×10^2CFU/g，位于第 0 天采样的 B 点浅层物料；沃尔夫被孢霉（FJAT-32629）含量为 87.5×10^2CFU/g，位于第 24 天采样的 A 点深层物料。

表 3-35 不同物料样品中分离到的真菌种类与数量

采样区域	菌株编号	中文学名	拉丁文学名	真菌菌落数 / (10^2CFU/g)								
				0d	3d	6d	9d	12d	17d	21d	24d	27d
A 点浅层	FJAT-32629	沃尔夫被孢霉	*Mortierella wolfii*	10	10	0	0	0	2	7.3	1.5	5.6
	FJAT-32630	青霉菌	*Penicillium daleae*	25	0	0	0	0	0	0	0	0
	FJAT-32633	草酸青霉	*Penicillium oxalicum*	4	0	163	41	33.5	59.4	87.5	7	0
	FJAT-32654	棘曲霉	*Aspergillus spinosus*	7	0	0	0	0	0	0	0	0
	FJAT-32655	土曲霉	*Aspergillus terreus*	0	0	0	5.5	0	10	0	0	0
A 点深层	FJAT-32629	沃尔夫被孢霉	*Mortierella wolfii*	2	12	10	0	0	0	7.6	87.5	1
	FJAT-32630	青霉菌	*Penicillium daleae*	10	2	0	0	0	0	0	0	0
	FJAT-32633	草酸青霉	*Penicillium oxalicum*	1	39	14	15	800	29.5	9	100	5
	FJAT-32654	棘曲霉	*Aspergillus spinosus*	1.5	0	0	0	0	0	0	0	0
	FJAT-32655	土曲霉	*Aspergillus terreus*	0	0	0	0	300	1	0	0	0
B 点浅层	FJAT-32629	沃尔夫被孢霉	*Mortierella wolfii*	0	10	1	0	0	0	0.5	0.6	0.6
	FJAT-32630	青霉菌	*Penicillium daleae*	10	0	0	0	55	0	0	0	0
	FJAT-32633	草酸青霉	*Penicillium oxalicum*	0	16	270	0	0	0	1	0.4	0.65
	FJAT-32654	棘曲霉	*Aspergillus spinosus*	20	0	0	0	0	0	0	0	0
	FJAT-32655	土曲霉	*Aspergillus terreus*	0	0	0	180	0	0	0	0	0
B 点深层	FJAT-32629	沃尔夫被孢霉	*Mortierella wolfii*	10	0	0	0	0	0	0.45	0.6	11
	FJAT-32630	青霉菌	*Penicillium daleae*	0	0	0	0	0	0	0.4	0	0
	FJAT-32633	草酸青霉	*Penicillium oxalicum*	50	1	1	1.6	0.1	0	0.45	0.8	0
	FJAT-32654	棘曲霉	*Aspergillus spinosus*	0	0	0	0	1.1	0	0	0	0
	FJAT-32655	土曲霉	*Aspergillus terreus*	0	0	0	0	0	0.55	0	0	0
C 点浅层	FJAT-32629	沃尔夫被孢霉	*Mortierella wolfii*	3	4	1	0	0	0	0.5	8.75	10
	FJAT-32630	青霉菌	*Penicillium daleae*	1.5	0	0	9.5	0	0	0.6	0	0
	FJAT-32633	草酸青霉	*Penicillium oxalicum*	9.5	23	1.5	0	11	0	1.3	0	2
	FJAT-32654	棘曲霉	*Aspergillus spinosus*	0	1	0	0	0	0	0	0	0
	FJAT-32655	土曲霉	*Aspergillus terreus*	0	0	0	420	0	1	0	0	0
C 点深层	FJAT-32629	沃尔夫被孢霉	*Mortierella wolfii*	2	15	0	0	0	0.1	1	3.3	28.8
	FJAT-32630	青霉菌	*Penicillium daleae*	8	0	0	0	0	0	0.6	0	0
	FJAT-32633	草酸青霉	*Penicillium oxalicum*	4	24	0	0.1	0.25	0.15	0.75	10.4	0
	FJAT-32654	棘曲霉	*Aspergillus spinosus*	8	0	0	0	0	0	0	0	0
	FJAT-32655	土曲霉	*Aspergillus terreus*	0	0	0	0	0	0	0	0	0

续表

采样区域	菌株编号	中文学名	拉丁文学名	真菌菌落数 / (10^2CFU/g)								
				0d	3d	6d	9d	12d	17d	21d	24d	27d
D 点浅层	FJAT-32629	沃尔夫被孢霉	*Mortierella wolfii*	5	35	1	0	0	1	9.25	20	0
	FJAT-32630	青霉菌	*Penicillium daleae*	3	0	0	0	0	0	3	0	0
	FJAT-32633	草酸青霉	*Penicillium oxalicum*	1	170	24	135	29	3.2	25.5	6.6	0
	FJAT-32654	棘曲霉	*Aspergillus spinosus*	11	10	0	0	0	0	0	0	0
	FJAT-32655	土曲霉	*Aspergillus terreus*	0	0	0	0	0	1	0	0	0
D 点深层	FJAT-32629	沃尔夫被孢霉	*Mortierella wolfii*	1	10	10	0	0	0	0.35	0.8	3.5
	FJAT-32630	青霉菌	*Penicillium daleae*	25	0	0	0	0	0	1.75	0	0
	FJAT-32633	草酸青霉	*Penicillium oxalicum*	41	23	144	38.3	67.5	0	8.9	14.3	24.3
	FJAT-32654	棘曲霉	*Aspergillus spinosus*	0	5	0	0	0	0	0	0	0
	FJAT-32655	土曲霉	*Aspergillus terreus*	0	0	0	0	0	0	0	0	0

5. 真菌种群动态

膜发酵过程不同真菌种群数量变化动态见表 3-36。分别统计不同采样时间各种类真菌在 4 个采样点（A、B、C、D）浅层和深层种群数量平均值，统计结果见表 3-36。从空间分布上看，在物料浅层和深层 *P. oxalicum* 种群数量最多，分别为 1126.1×10^2CFU/g 和 1468.6×10^2CFU/g，在物料浅层和深层 *A. spinosus* 种群数量最少，分别为 49.0×10^2CFU/g 和 15.6×10^2CFU/g，说明 *P. oxalicum* 在物料中适宜生长，而 *A. spinosus* 在物料中不适宜生长。*P. oxalicum* 和 *M. wolfii* 在物料的深层生长数量高于浅层数量，而 *A. spinosus*、*A. terreus* 和 *P. daleae* 的结果反之。戈尔膜浅层物料的通气条件优于深层，表明不同真菌种类对通气条件的适应性有差异。

表 3-36　膜发酵过程不同真菌种群数量变化动态

真菌种名	分布层次	真菌种群数量分布 / (10^2CFU/g)									
		0d	3d	6d	9d	12d	17d	21d	24d	27d	总和
Penicillium oxalicum	浅层	14.5	209.0	458.5	176.0	73.5	62.6	115.3	14.0	2.7	1126.1
	深层	96.0	87.0	159.0	55.0	867.9	29.7	19.2	125.5	29.3	1468.6
Aspergillus spinosus	浅层	38.0	11.0	0.0	0.0	0.0	0.0	0.0	0.0	0.0	49.0
	深层	9.5	5.0	0.0	0.0	1.1	0.0	0.0	0.0	0.0	15.6
Aspergillus terreus	浅层	0.0	0.0	0.0	605.5	0.0	12.0	0.0	0.0	0.0	617.5
	深层	0.0	0.0	0.0	0.0	300.0	1.6	0.0	0.0	0.0	301.6
Mortierella wolfii	浅层	38.0	59.0	3.0	0.0	0.0	3.0	17.6	30.9	17.2	168.7
	深层	15.0	37.0	20.0	0.0	0.0	0.1	9.5	92.2	44.3	218.1
Penicillium daleae	浅层	39.5	0.0	0.0	9.5	55.0	0.0	3.6	0.0	0.0	107.6
	深层	43.0	2.0	0.0	0.0	0.0	0.0	2.8	0.0	0.0	47.8

发酵过程中，真菌总量随时间的动态变化（图 3-33）结果表明：真菌总量由起初的 2.935×10^4CFU/g 逐步上升，到了发酵第 12 天达到高峰值（1.30×10^5CFU/g），而后数量急

剧下降到 9.35×10³CFU/g（27d）。单个真菌种类的数量随时间的动态变化结果表明：深层物料中的 *P. oxalicum* 和 *A. terreus*，以及浅层物料中的 *P. daleae* 均在发酵 12d 时达到高峰值；物料深层中的 *P. oxalicum*、*A. spinosus*、*A. terreus* 和 *P. daleae* 的菌量在发酵 17 ～ 27d 间均在低位波动，而 *M. wolfii* 在物料发酵的 17 ～ 27d 数量变化较大。*A. spinosus*、*A. terreus* 和 *P. daleae* 分别在物料发酵至 6d、21d 和 24d 后很难检测到。不同的真菌种类随时间的动态变化规律有差别，可能与真菌种类的自身生长特性有关。

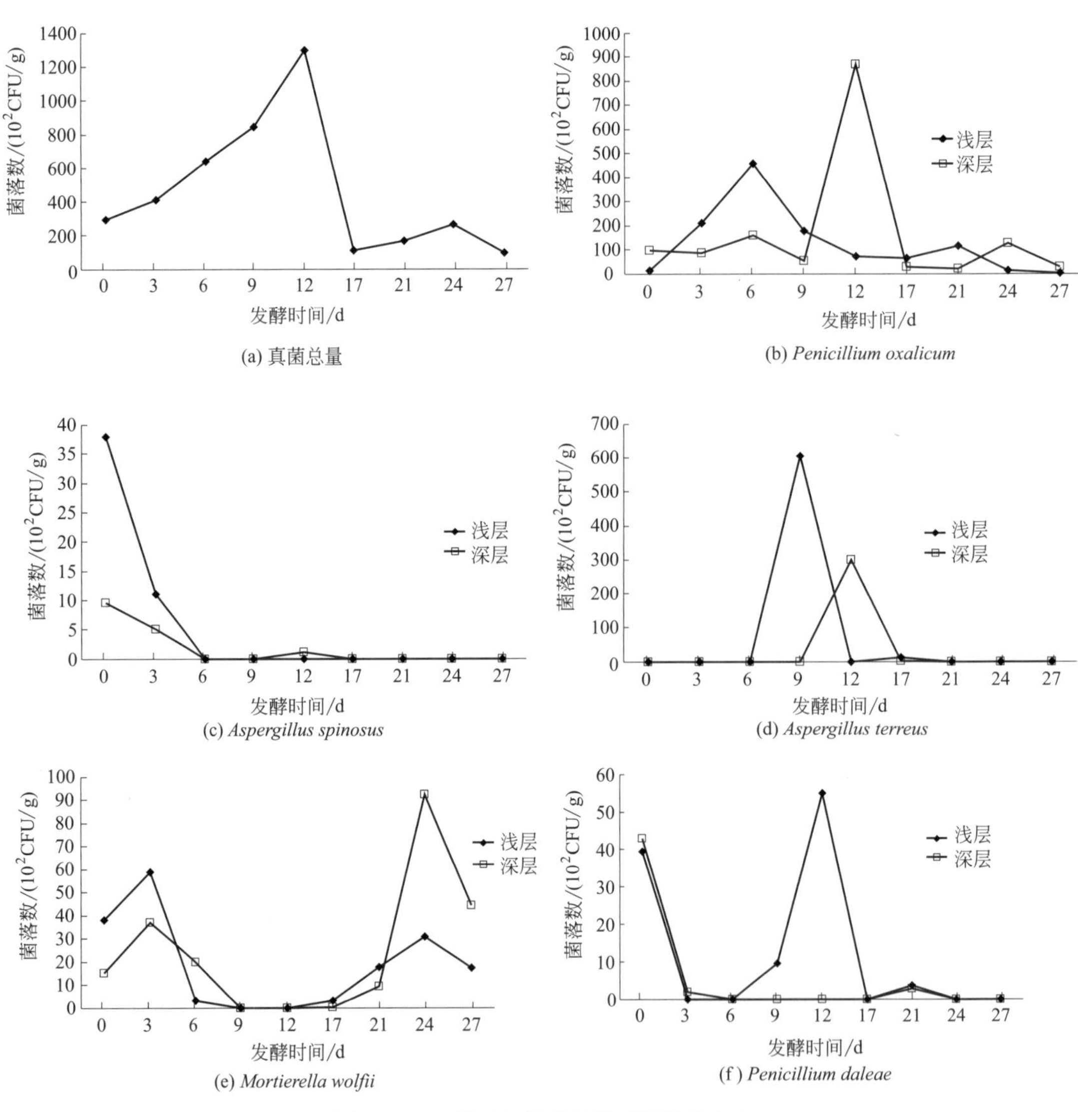

图 3-33　各种类真菌随发酵时间数量变化

6. 种群空间分布型聚集度分析

以表 3-36 为矩阵，发酵时间为样本，真菌种类为指标，马氏距离为尺度，用可变类平均法进行系统聚类，分析结果见表 3-37 和表 3-38。

从发酵前期看（0 ～ 12d，表 3-37），I 指标 >0、M^*/M 指标 >1、Ca 指标 >0、扩散系数 C>1、K 指标 >0，表明发酵前期 5 种真菌种群空间分布型为聚集分布。Iwao 模型方程为 $M^*=4443.84952+2.78851M$，$R=0.8539$，$\alpha>0$，真菌种群个体间相互吸引，分布的基本成分成为个体群，$\beta>1$，种群为聚集分布。Taylor 幂法则方程为 $\lg(v)= 0.39550+1.98473\lg(M)$，$R=0.9772$，$\beta>1$，种群为聚集分布。上述各空间分布型指标测定结果均表明，发酵前期真菌种群的空间分布型为聚集分布。

表 3-37　发酵前期真菌种群空间分布型

真菌名称	分布层次	发酵前期（0 ～ 12d）真菌空间分布型指数					
		拥挤度 M^*	I 指标	M^*/M 指标	Ca 指标	扩散系数 C	K 指标
Penicillium oxalicum	浅层	34323.22	15693.22	1.84	0.84	15694.22	1.19
	深层	72568.23	47270.23	2.87	1.87	47271.23	0.54
Aspergillus spinosus	浅层	3746.35	2766.35	3.82	2.82	2767.35	0.35
	深层	854.17	542.17	2.74	1.74	543.17	0.58
Aspergillus terreus	浅层	72659.00	60549.00	6.00	5.00	60550.00	0.20
	深层	35999.00	29999.00	6.00	5.00	30000.00	0.20
Mortierella wolfii	浅层	5666.50	3666.50	2.83	1.83	3667.50	0.55
	深层	3100.81	1660.81	2.15	1.15	1661.81	0.87
Penicillium daleae	浅层	5098.59	3018.59	2.45	1.45	3019.59	0.69
	深层	4921.22	4021.22	5.47	4.47	4022.22	0.22

从发酵后期看（17 ～ 27d，表 3-38），*Aspergillus spinosus* 的浅层深层分布数量为 0，不列入计算。这些真菌种群数量分布的 I 指标 >0、M^*/M 指标 >1、Ca 指标 >0、扩散系数 C>1、K 指标 >0，表明发酵后期，4 种真菌种群空间分布型为聚集分布；Iwao 模型方程为 $M^*=223.16998+2.01534M$，$R=0.9897$，$\alpha>0$，真菌种群个体间相互吸引，分布的基本成分成为个体群，$\beta>1$，种群为聚集分布。Taylor 幂法则方程为 $\lg(v)=1.24614+1.64795\lg(M)$，$R=0.9901$，$\beta>1$，种群为聚集分布。

表 3-38　发酵后期真菌种群空间分布型

真菌名称	分布层次	发酵后期（17 ～ 27d）真菌空间分布型指数					
		拥挤度 M^*	I 指标	M^*/M 指标	Ca 指标	扩散系数 C	K 指标
Penicillium oxalicum	浅层	10310.28	5445.28	2.12	1.12	5446.28	0.89
	深层	9991.55	4899.05	1.96	0.96	4900.05	1.04
Aspergillus terreus	浅层	1499.00	1199.00	5.00	4.00	1200.00	0.25
	深层	199.00	159.00	4.98	3.98	160.00	0.25
Mortierella wolfii	浅层	2472.42	754.92	1.44	0.44	755.92	2.28
	深层	8412.88	4760.38	2.30	1.30	4761.38	0.77
Penicillium daleae	浅层	449.00	359.00	4.99	3.99	360.00	0.25
	深层	349.00	279.00	4.99	3.99	280.00	0.25

7. 多样性指数

18 个不同空间样本的真菌种群多样性指数分析结果表明（表 3-39）：空间样本 9d 深层样本仅分离到 1 个物种，故其多样性指数均为 0。其他 17 个空间样本丰富度在 0.09 ～ 0.32 之间、均匀度在 0.06 ～ 0.98 之间、优势度指数在 0.01 ～ 0.72 之间。真菌种群丰富度处于前 3 位的空间样本为 0d 浅层、0d 深层和 3d 深层，均分离到 4 个种类，丰富度在 0.31 ～ 0.32 之间；均匀度处于前 3 位的空间样本为 12d 浅层、24d 深层和 27d 深层，均分离到 2 个种类，均匀度在 0.97 ～ 0.98 之间；优势度处于前 3 位的空间样本为 0d 浅层、0d 深层和 21d 深层，分离到 3 ～ 4 个种类，优势度指数在 0.53 ～ 0.72 之间。空间样本 12d 深层的真菌数量最大，为 1.169×10^5CFU/g，包含 3 个种类，分别为 *P. oxalicum*、*A. spinosus* 和 *A. terreus*，其种群的丰富度、均匀度和优势度指数分别为 0.17、0.52 和 0.38。发酵时间为 6d、9d、24d 和 27d 采集的空间样本分离到的真菌种类平均数均为 2 种，其余发酵时间为 3 ～ 4 种。上述结果均说明，不同发酵时间采集的空间样本的种群具有明显的多样性，且呈不均匀分布。

表 3-39　膜发酵过程总体采样真菌种群多样性指数

空间样本	种类	数量 / (10^2CFU/g)	丰富度指数	均匀度指数	优势度指数 (*D*)
浅层 -0d	4	130	0.32	0.96	0.72
浅层 -3d	3	279	0.20	0.61	0.39
浅层 -6d	2	461.5	0.09	0.06	0.01
浅层 -9d	3	791	0.18	0.54	0.36
浅层 -12d	2	128.5	0.11	0.98	0.49
浅层 -17d	3	77.6	0.22	0.53	0.32
浅层 -21d	3	136.5	0.21	0.46	0.27
浅层 -24d	2	44.9	0.12	0.90	0.43
浅层 -27d	2	19.9	0.13	0.57	0.23
深层 -0d	4	163.5	0.31	0.76	0.57
深层 -3d	4	131	0.32	0.59	0.48
深层 -6d	2	179	0.10	0.51	0.20
深层 -9d	1	55	0.00	0.00	0.00
深层 -12d	3	1169	0.17	0.52	0.38
深层 -17d	3	31.4	0.25	0.20	0.10
深层 -21d	3	31.5	0.25	0.80	0.53
深层 -24d	2	217.7	0.10	0.98	0.49
深层 -27d	2	73.6	0.11	0.97	0.48

四、可培养放线菌群落动态

（一）膜发酵物料的放线菌菌株分离

1. 第一批（0d）膜发酵物料的放线菌菌株分离

（1）菌株分离　第一批菌株分离针对膜发酵 0d 时的物料，将不同稀释度的土壤悬液涂布于高氏 1 号培养基平板培养 5d 后，平板上长出许多形态、大小不相同的菌落，如图 3-34 所示。从 10^{-3}、10^{-4}、10^{-5}、10^{-6} 稀释度的膜发酵物料样品中分离出 22 种不同的菌落。

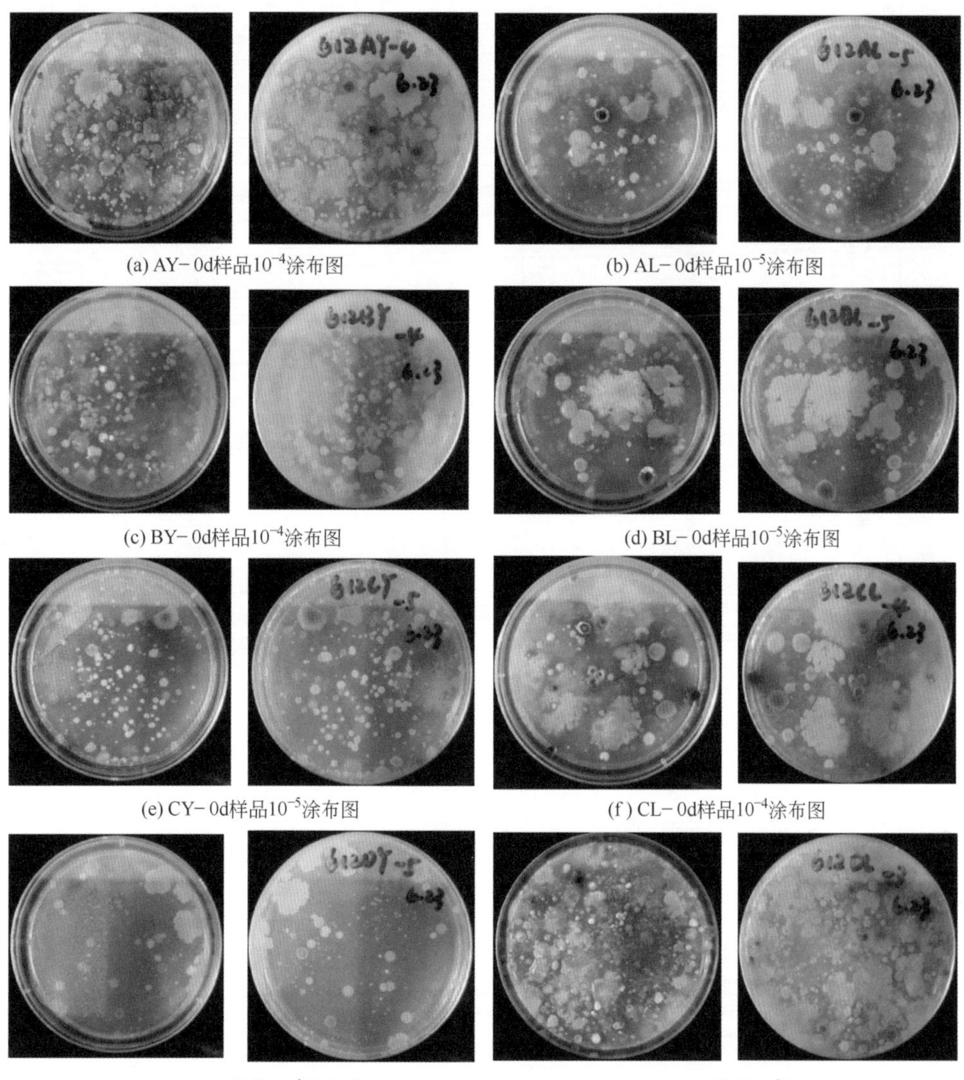

(a) AY- 0d样品10^{-4}涂布图　(b) AL- 0d样品10^{-5}涂布图

(c) BY- 0d样品10^{-4}涂布图　(d) BL- 0d样品10^{-5}涂布图

(e) CY- 0d样品10^{-5}涂布图　(f) CL- 0d样品10^{-4}涂布图

(g) DY- 0d样品10^{-4}涂布图　(h) DL- 0d样品10^{-3}涂布图

图 3-34　第一批（0d）膜发酵物料样品的放线菌菌株分离

（2）菌落形态　根据不同的菌落形态特征，从土壤不同稀释度在高氏 1 号培养基平板上长出的菌落中辨别出不同的菌落形态特征，计算不同形态菌落的数量。分别挑取每种菌落，在新的高氏 1 号培养基平板上进行纯化，至完全纯化后再进行保存。菌落的形态特征描述及数量见表 3-40，形态特征见图 3-35。由表 3-40 可知，每个样品中菌落形态各异，土壤中各菌种含量差异较大。

表 3-40　膜发酵第一批（0d）分离到的放线菌菌落形态特征和含量

样本编号	菌株编号	大小 /mm	形状	颜色		边缘	表面	高度	透明度	干湿	含量 /（CFU/g）
				正面	反面						
FJ-13202	AL0d-1	2.8 ～ 5.9	圆	黑褐	灰褐	丝状放射	粗糙	突起	不透明	干	2.0×10^7
	AL0d-2	3.2 ～ 4.5	圆	白	米	粗糙	粗糙	突起	不透明	干	1.3×10^7
	AL0d-3	2.9 ～ 3.8	圆	红	深红	粗糙	皱褶	突起	不透明	干	1.8×10^7
	AL0d-4	2.3 ～ 5.1	圆	米白	米	粗糙	粗糙	突起	不透明	干	3.0×10^7
FJ-13201	AY0d-1	3.1 ～ 5.6	圆	白	黑	丝状放射	粗糙	突起	不透明	干	1.0×10^7
	AY0d-2	1.8 ～ 3.7	圆	白	米	粗糙	粗糙	突起	不透明	干	7.5×10^7
	AY0d-3	3.6 ～ 5.5	圆	米白	米	粗糙	粗糙	突起	不透明	干	2.5×10^6
	AY0d-4	3.7 ～ 6.8	圆	红	深红	粗糙	皱褶	突起	不透明	干	5.0×10^6
FJ-13204	BL0d-1	2.6 ～ 8.8	圆	黑褐	灰褐	丝状放射	粗糙	突起	不透明	干	3.0×10^7
	BL0d-2	1.8 ～ 5.3	圆	白	黑	丝状放射	粗糙	突起	不透明	干	5.0×10^6
FJ-13203	BY0d-1	3.2 ～ 5.8	圆	黑褐	灰褐	丝状放射	粗糙	突起	不透明	干	1.0×10^7
	BY0d-2	2.1 ～ 4.6	圆	白	米	粗糙	粗糙	突起	不透明	干	7.5×10^6
	BY0d-3	3.6 ～ 5.7	圆	红	深红	粗糙	皱褶	突起	不透明	干	1.0×10^7
FJ-13206	CL0d-1	2.6 ～ 7.2	圆	黑褐	灰褐	丝状放射	粗糙	突起	不透明	干	6.5×10^7
	CL0d-2	4.1 ～ 8.3	圆	白	米	粗糙	粗糙	突起	不透明	干	2.0×10^7
FJ-13205	CY0d-1	4.5 ～ 5.3	圆	黑褐	灰褐	丝状放射	粗糙	突起	不透明	干	2.0×10^7
	CY0d-2	4.8 ～ 9.6	圆	白	米	粗糙	粗糙	突起	不透明	干	1.3×10^7
	CY0d-3	5.1 ～ 6.5	圆	红	深红	粗糙	皱褶	突起	不透明	干	1.0×10^7
FJ-13208	DL0d-1	3.8 ～ 6.1	圆	黑褐	灰褐	丝状放射	粗糙	突起	不透明	干	1.3×10^7
	DL0d-2	1.1 ～ 4.6	圆	白	米	粗糙	粗糙	突起	不透明	干	2.5×10^7
	DL0d-3	2.8 ～ 4.8	圆	红	深红	粗糙	皱褶	突起	不透明	干	7.5×10^6
FJ-13207	DY0d-1	1.2 ～ 3.9	圆	白	米	粗糙	粗糙	突起	不透明	干	1.0×10^7

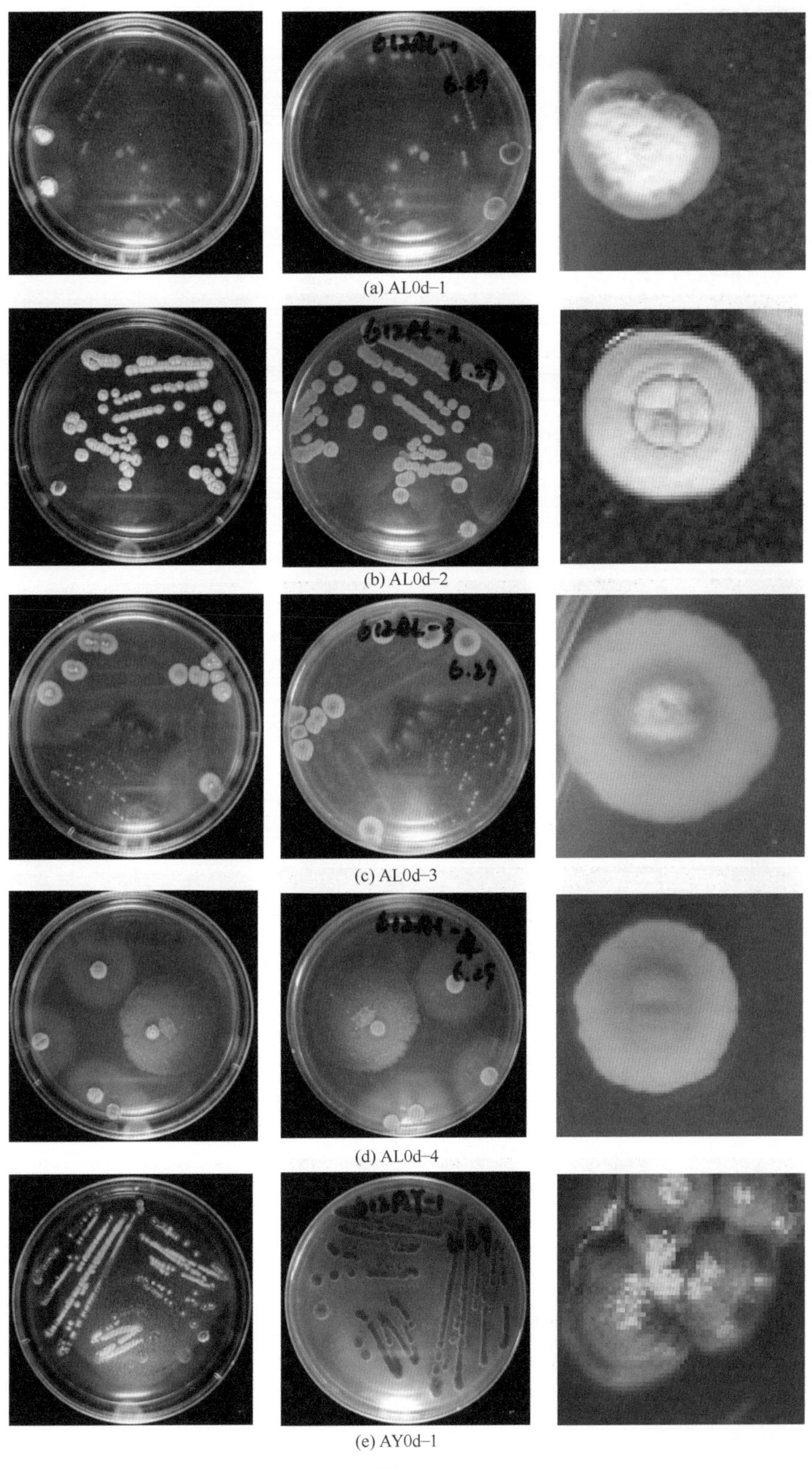

(a) AL0d–1

(b) AL0d–2

(c) AL0d–3

(d) AL0d–4

(e) AY0d–1

图 3-35

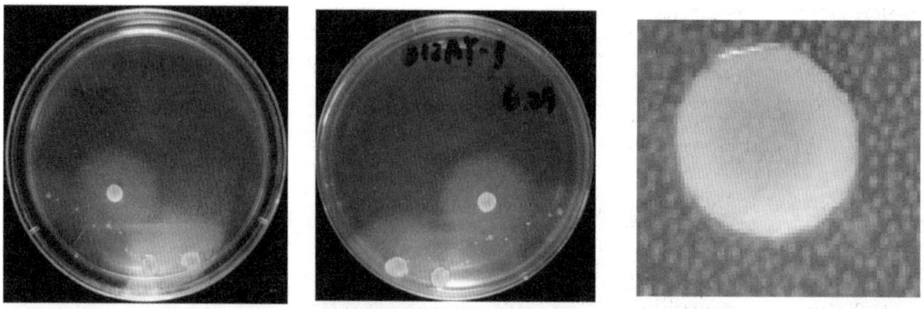

(f) AY0d–3

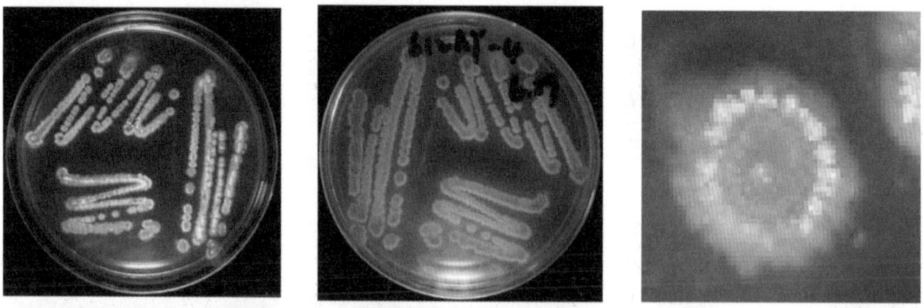

(g) AY0d – 4

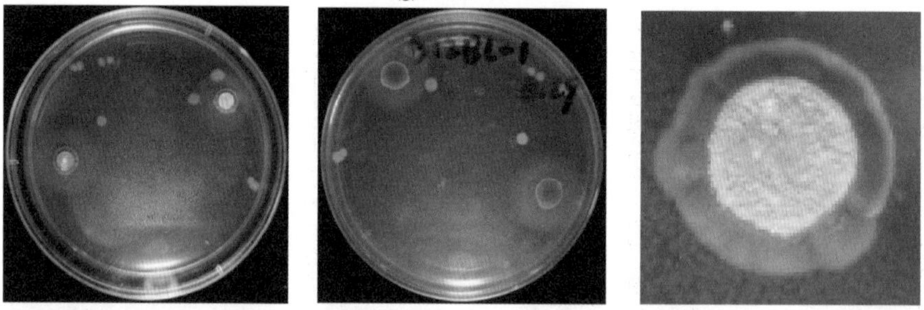

(h) BL0d – 1

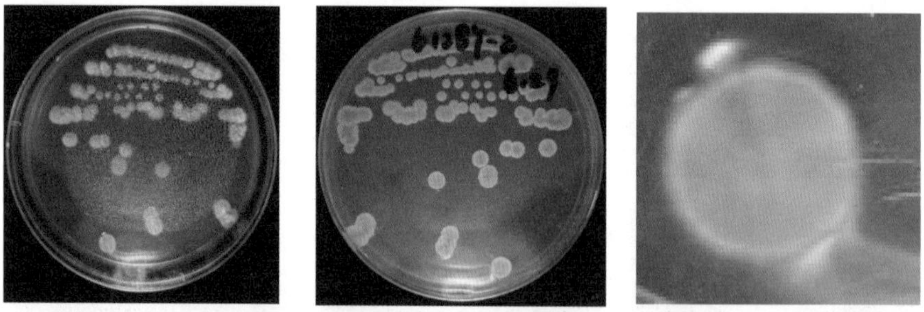

(i) BY0d–2

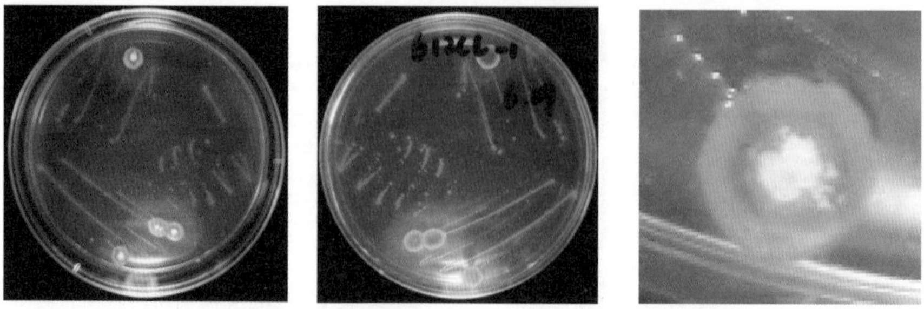

(j) CL0d – 1

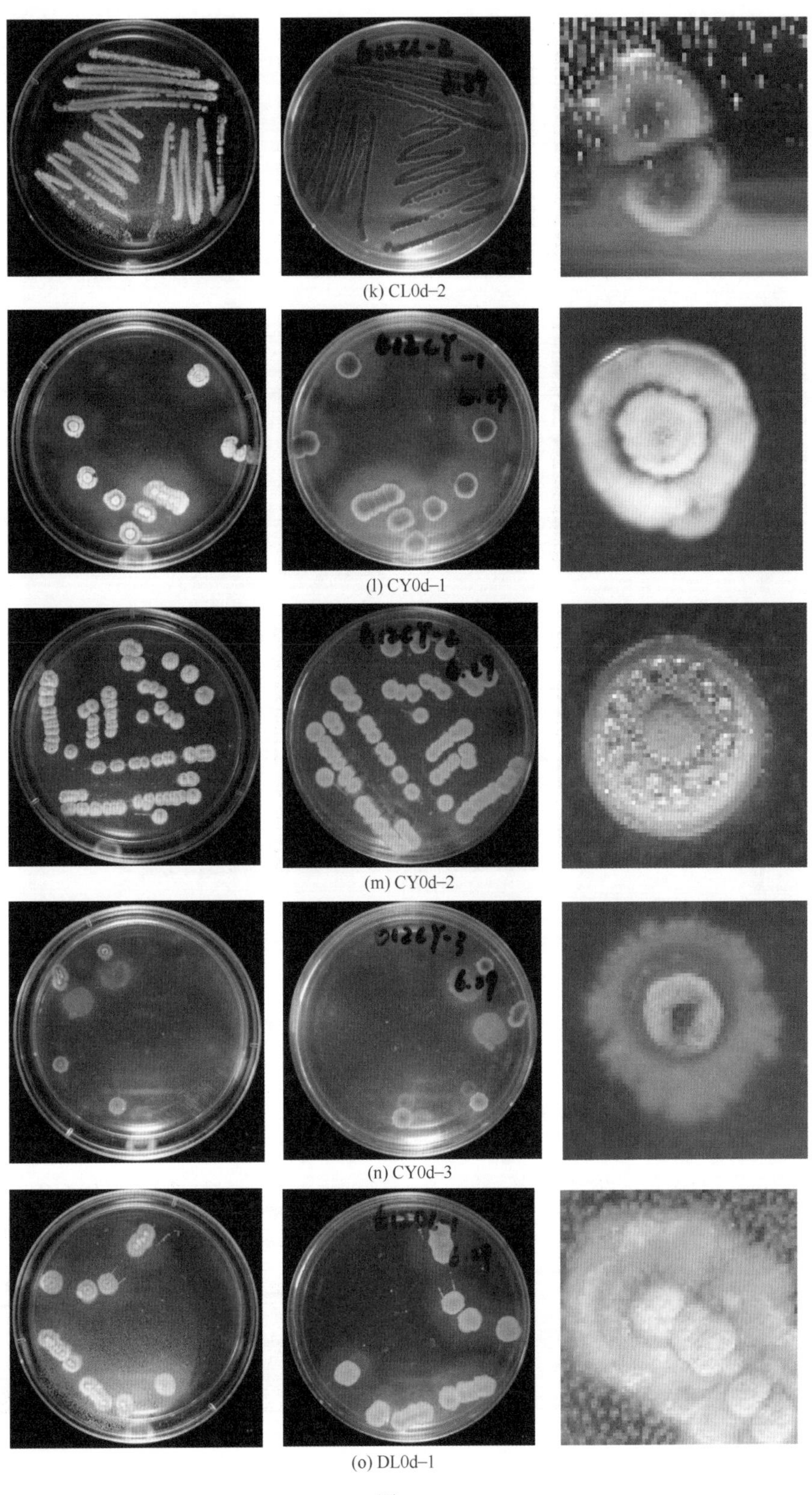

(k) CL0d–2

(l) CY0d–1

(m) CY0d–2

(n) CY0d–3

(o) DL0d–1

图 3-35

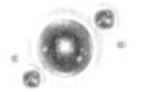

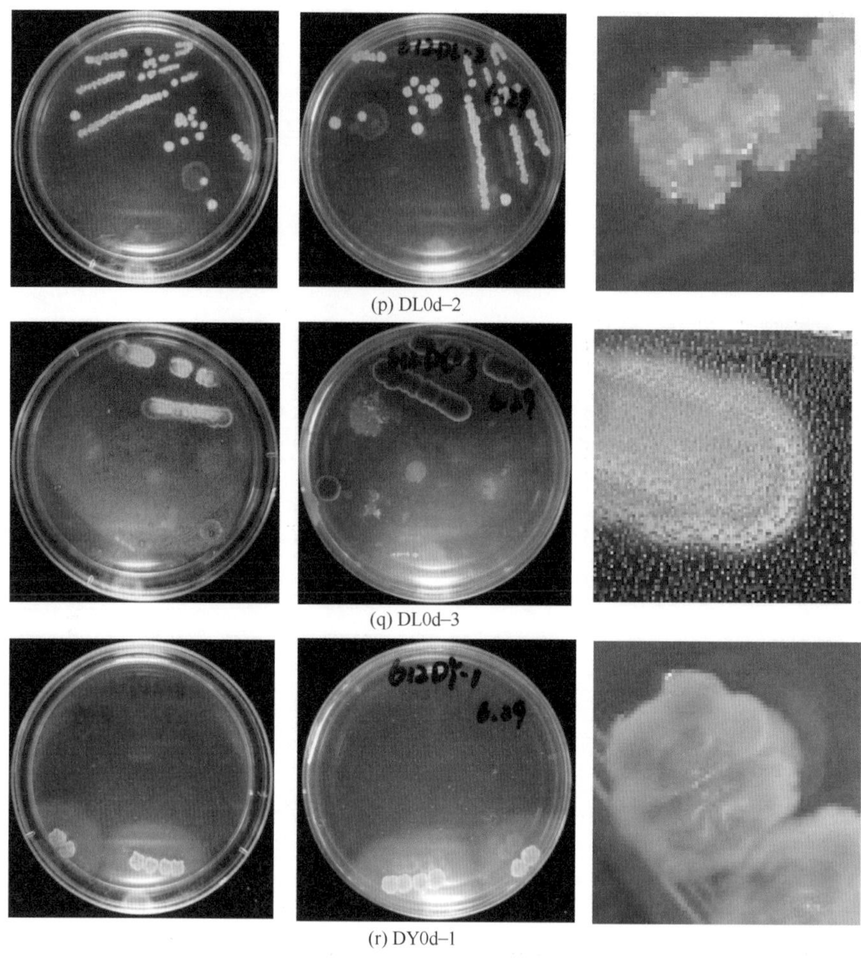

(p) DL0d-2

(q) DL0d-3

(r) DY0d-1

图 3-35　膜发酵 0d 分离到的放线菌形态特征

2. 第二批（3d 和 6d）膜发酵物料放线菌菌株分离

（1）菌株分离　将不同稀释度的物料悬液涂布于高氏 1 号培养基平板培养 5d 后，平板上长出许多形态、大小不相同的菌落，如图 3-36 所示。从 10^{-3}、10^{-4}、10^{-5}、10^{-6} 稀释度的膜发酵物料样品中分离出 43 种形态、大小、数量不同的菌落。

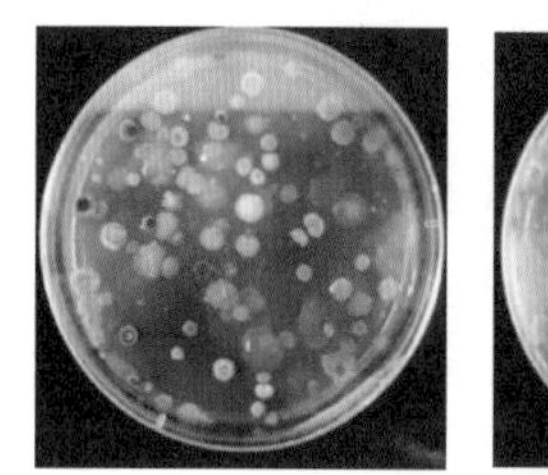

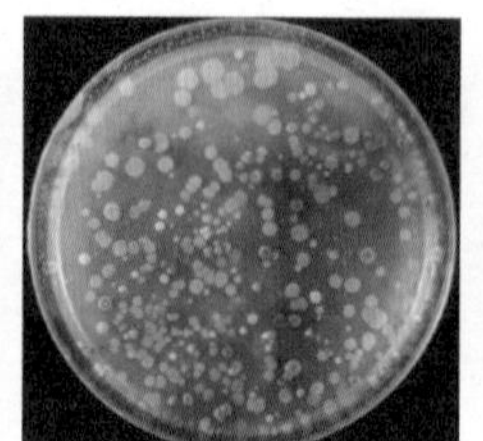

(a) AY-3d样品10^{-5}涂布图

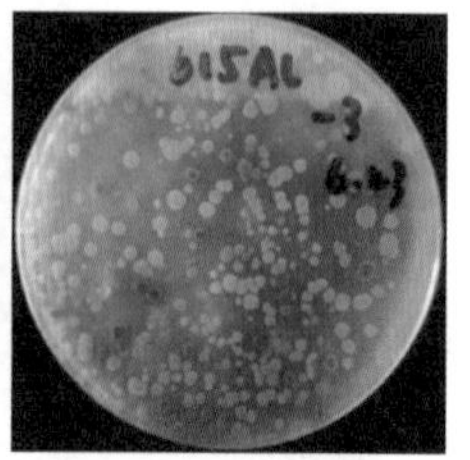

(b) AL-3d样品10^{-3}涂布图

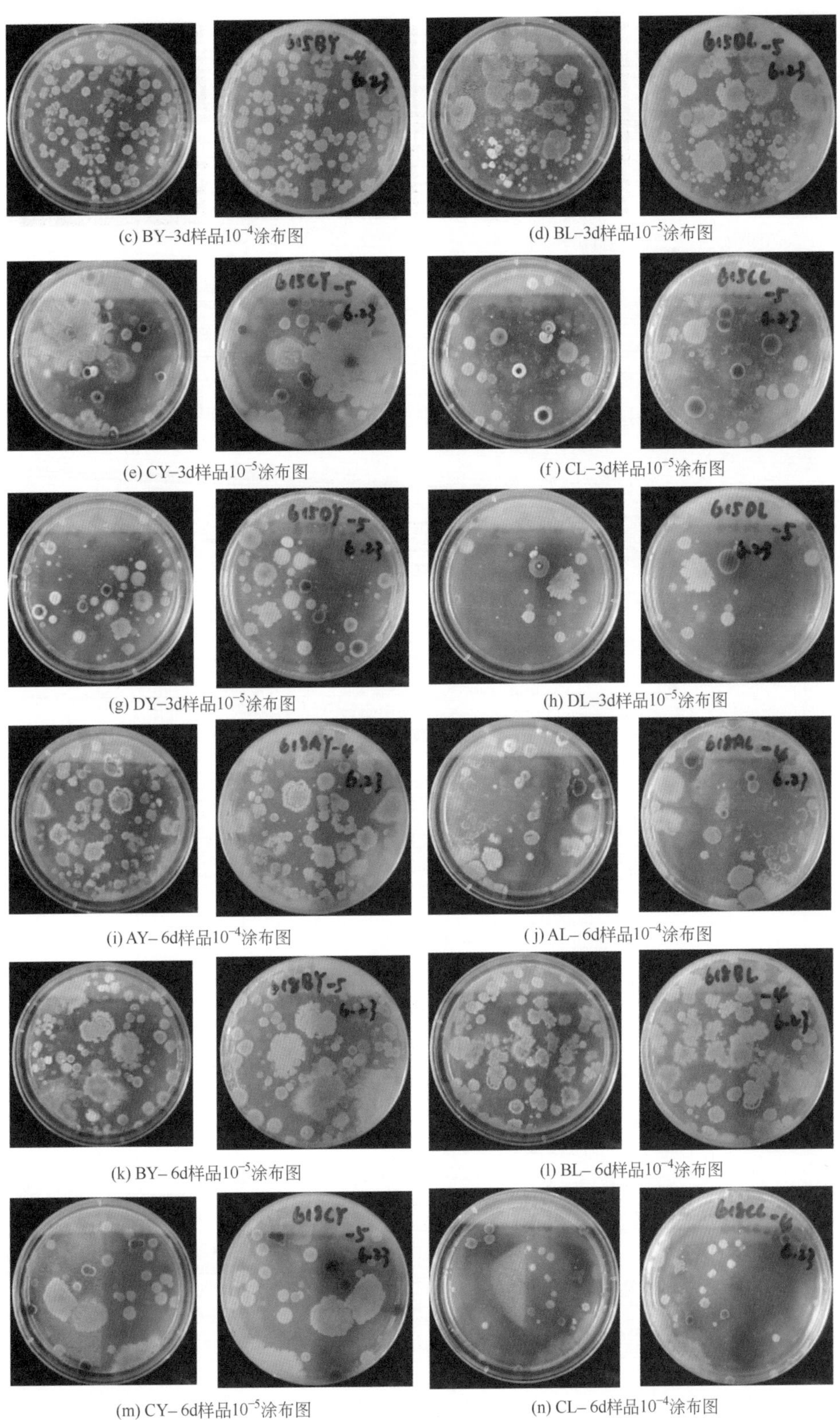

(c) BY–3d样品10^{-4}涂布图

(d) BL–3d样品10^{-5}涂布图

(e) CY–3d样品10^{-5}涂布图

(f) CL–3d样品10^{-5}涂布图

(g) DY–3d样品10^{-5}涂布图

(h) DL–3d样品10^{-5}涂布图

(i) AY– 6d样品10^{-4}涂布图

(j) AL– 6d样品10^{-4}涂布图

(k) BY– 6d样品10^{-5}涂布图

(l) BL– 6d样品10^{-4}涂布图

(m) CY– 6d样品10^{-5}涂布图

(n) CL– 6d样品10^{-4}涂布图

图 3-36

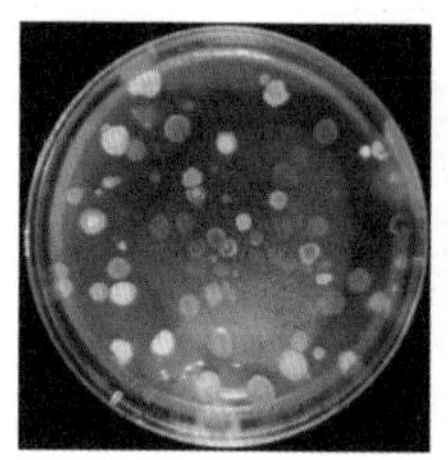
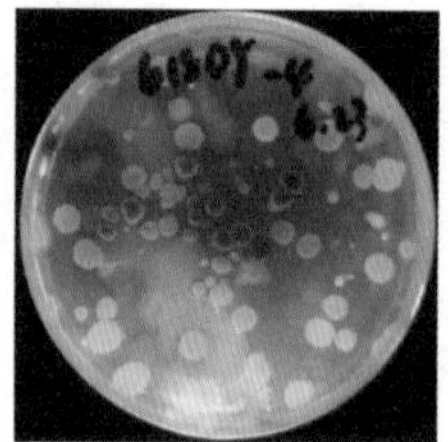

(o) DY- 6d样品10^{-4}涂布图

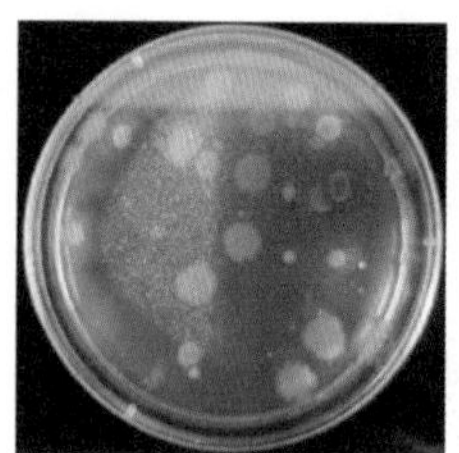
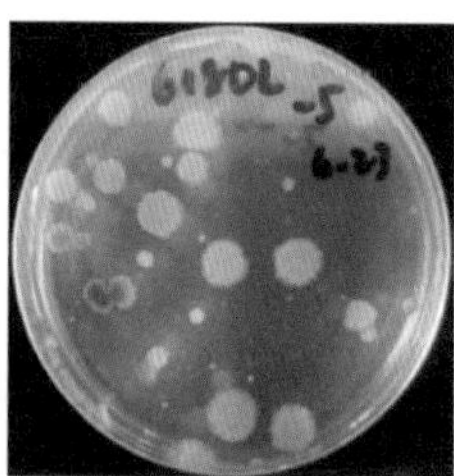

(p) DL- 6d样品10^{-5}涂布图

图 3-36 第二批（3d 和 6d）膜发酵物料样品的放线菌菌株分离

（2）菌落形态 根据不同的菌落形态特征，从物料不同稀释度在高氏 1 号培养基平板上长出的菌落中辨别出不同的菌落形态特征，计算不同形态菌落的数量。菌落的形态特征描述及数量见表 3-41。由表 3-41 可知，每个样品中菌落形态各异，物料中各菌种含量差异较大。

表 3-41 膜发酵第二批（3d 和 6d）分离到的放线菌菌落形态特征和含量

样本编号	菌株编号	大小 /mm	形状	颜色		边缘	表面	高度	透明度	干湿	含量 /（CFU/g）
				正面	反面						
FJ-13210	AL3d-1	1.8 ～ 6.7	圆	黑褐	灰褐	丝状放射	粗糙	突起	不透明	干	4.5×10^{7}
	AL3d-2	2.3 ～ 4.6	圆	白	米	粗糙	粗糙	突起	不透明	干	4.5×10^{7}
	AL3d-3	1.3 ～ 1.8	圆	红	深红	粗糙	皱褶	突起	不透明	干	5.0×10^{6}
FJ-13209	AY3d-1	3.2 ～ 5.1	圆	黑褐	灰褐	丝状放射	粗糙	突起	不透明	干	3.0×10^{8}
	AY3d-2	3.4 ～ 7.2	圆	白	黑	丝状放射	粗糙	突起	不透明	干	5.5×10^{8}
	AY3d-3	3.0 ～ 5.8	圆	白	米	粗糙	粗糙	突起	不透明	干	3.5×10^{8}
	AY3d-4	1.6 ～ 2.8	圆	红	深红	粗糙	皱褶	突起	不透明	干	2.0×10^{8}
FJ-13212	BL3d-1	0.8 ～ 3.1	圆	黑褐	灰褐	丝状放射	粗糙	突起	不透明	干	7.5×10^{6}
	BL3d-2	1.1 ～ 4.5	圆	白	米	粗糙	粗糙	突起	不透明	干	8.5×10^{8}
FJ-13211	BY3d-1	0.8 ～ 2.3	圆	黑褐	灰褐	丝状放射	粗糙	突起	不透明	干	3.3×10^{7}
	BY3d-2	0.7 ～ 2.1	圆	红	深红	粗糙	皱褶	突起	不透明	干	1.3×10^{7}
FJ-13214	CL3d-1	6.9 ～ 10.2	圆	黑褐	灰褐	丝状放射	粗糙	突起	不透明	干	1.0×10^{8}
	CL3d-2	8.2 ～ 10.3	圆	红	深红	粗糙	皱褶	突起	不透明	干	1.0×10^{8}
	CL3d-3	3.3 ～ 8.1	圆	白	黑	丝状放射	粗糙	突起	不透明	干	5.0×10^{7}
FJ-13213	CY3d-1	4.3 ～ 6.1	圆	黑褐	灰褐	丝状放射	粗糙	突起	不透明	干	3.0×10^{8}
	CY3d-2	3.2 ～ 7.4	圆	红	深红	粗糙	皱褶	突起	不透明	干	1.5×10^{8}
	CY3d-3	1.1 ～ 4.6	圆	白	黑	丝状放射	粗糙	突起	不透明	干	5.0×10^{7}
	CY3d-4	1.6 ～ 4.8	圆	白	米	粗糙	粗糙	突起	不透明	干	1.0×10^{8}
FJ-13216	DL3d-1	4.8 ～ 6.5	圆	黑褐	灰褐	丝状放射	粗糙	突起	不透明	干	7.5×10^{6}
	DL3d-2	2.1 ～ 12.5	圆	红	深红	粗糙	皱褶	突起	不透明	干	2.8×10^{7}
	DL3d-3	3.2 ～ 6.3	圆	白	黑	丝状放射	粗糙	突起	不透明	干	2.0×10^{7}
	DL3d-4	2.5 ～ 3.8	圆	白	米	粗糙	粗糙	突起	不透明	干	1.0×10^{7}

续表

样本编号	菌株编号	大小 /mm	形状	颜色		边缘	表面	高度	透明度	干湿	含量 /（CFU/g）
				正面	反面						
FJ-13215	DY3d-1	4.3 ～ 8.8	圆	黑褐	灰褐	丝状放射	粗糙	突起	不透明	干	5.0×10^7
	DY3d-2	2.2 ～ 7.3	圆	红	深红	粗糙	皱褶	突起	不透明	干	5.0×10^7
	DY3d-3	1.2 ～ 5.3	圆	白	米	粗糙	粗糙	突起	不透明	干	2.0×10^8
FJ-13218	AL6d-1	1.3 ～ 7.2	圆	黑褐	灰褐	丝状放射	粗糙	突起	不透明	干	7.5×10^6
	AL6d-2	1.3 ～ 10.2	圆	红	深红	粗糙	皱褶	突起	不透明	干	2.5×10^7
	AL6d-3	6.3 ～ 9.8	圆	白	黑	丝状放射	粗糙	突起	不透明	干	7.5×10^6
	AL6d-4	1.4 ～ 8.7	圆	白	米	粗糙	粗糙	突起	不透明	干	3.8×10^7
FJ-13217	AY6d-1	3.8 ～ 4.5	圆	黑褐	灰褐	丝状放射	粗糙	突起	不透明	干	5.0×10^6
	AY6d-2	1.9 ～ 3.6	圆	白	米	粗糙	粗糙	突起	不透明	干	1.0×10^7
FJ-13220	BL6d-1	3.8 ～ 5.2	圆	白	米	粗糙	粗糙	突起	不透明	干	1.0×10^8
FJ-13219	BY6d-1	1.7 ～ 4.9	圆	白	米	粗糙	粗糙	突起	不透明	干	7.5×10^8
FJ-13222	CL6d-1	1.2 ～ 9.9	圆	黑褐	灰褐	丝状放射	粗糙	突起	不透明	干	6.8×10^7
FJ-13221	CY6d-1	0.9 ～ 9.2	圆	黑褐	灰褐	丝状放射	粗糙	突起	不透明	干	2.0×10^8
	CY6d-2	1.1 ～ 7.1	圆	白	黑	丝状放射	粗糙	突起	不透明	干	1.5×10^8
FJ-13224	DL6d-1	3.5 ～ 6.0	圆	黑褐	灰褐	丝状放射	粗糙	突起	不透明	干	1.5×10^8
	DL6d-2	7.1 ～ 8.2	圆	白	黑	丝状放射	粗糙	突起	不透明	干	2.5×10^7
	DL6d-3	0.8 ～ 2.5	圆	红	深红	粗糙	皱褶	突起	不透明	干	1.3×10^7
FJ-13223	DY6d-1	1.3 ～ 10.6	圆	黑褐	灰褐	丝状放射	粗糙	突起	不透明	干	4.0×10^7
	DY6d-2	3.2 ～ 8.3	圆	白	黑	丝状放射	粗糙	突起	不透明	干	2.0×10^7
	DY6d-3	2.8 ～ 6.9	圆	红	深红	粗糙	皱褶	突起	不透明	干	5.0×10^6
	DY6d-4	1.8 ～ 6.3	圆	白	米	粗糙	粗糙	突起	不透明	干	2.0×10^7

3. 第三批（9d 和 12d）膜发酵物料的放线菌菌株分离

（1）菌株分离　将不同稀释度的物料悬液涂布于高氏 1 号培养基平板培养 5d 后，平板上长出许多形态、大小不相同的菌落，如图 3-37 所示。渔溪膜发酵基质样品在 10^{-4}、10^{-5}、10^{-6} 稀释度平板中分离出 35 种形态、大小、数量不同的菌落。

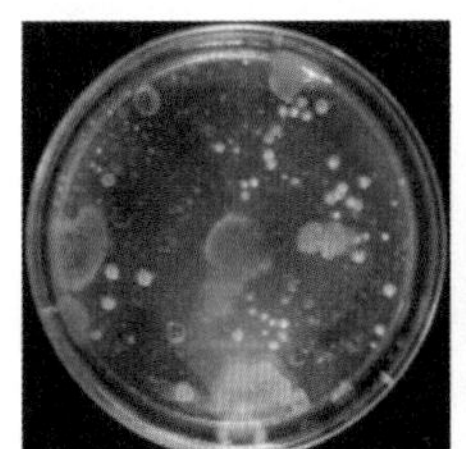

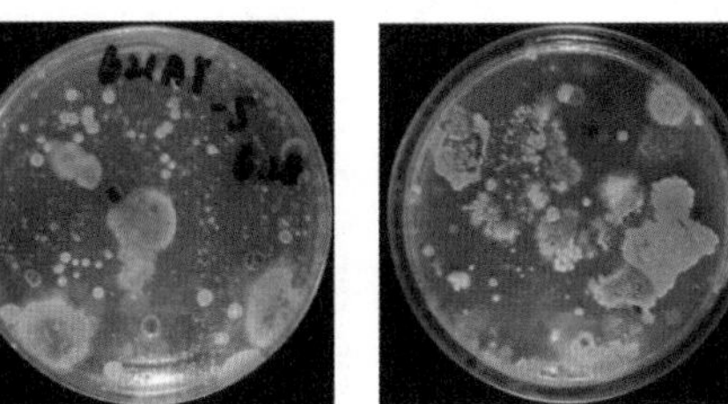

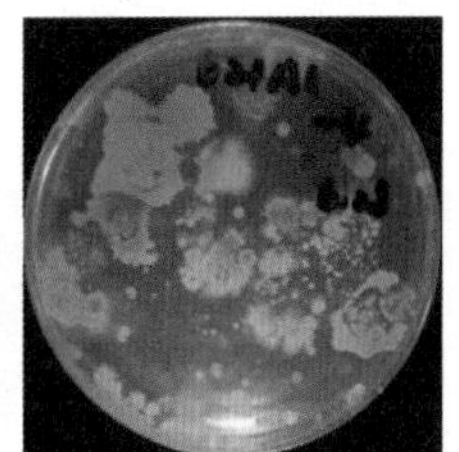

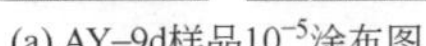

(a) AY–9d样品10^{-5}涂布图　　(b) AL–9d样品10^{-4}涂布图

图 3-37

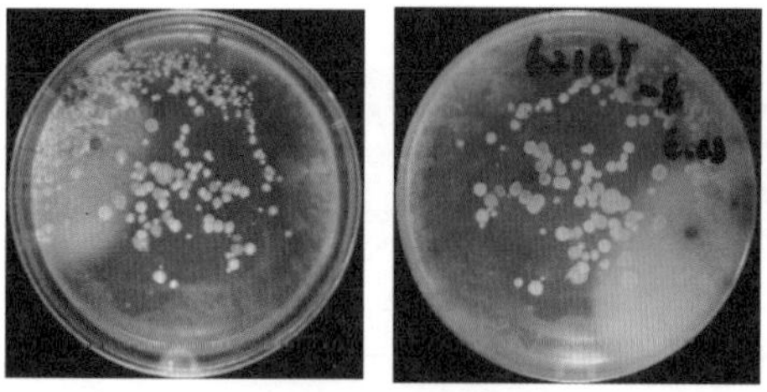

(c) BY–9d样品10^{-6}涂布图

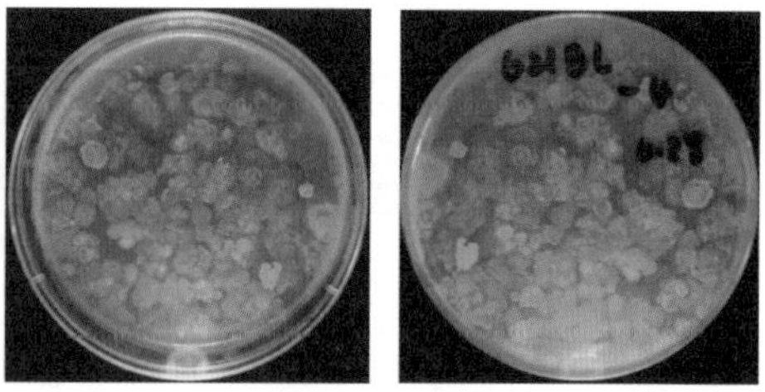

(d) BL–9d样品10^{-4}涂布图

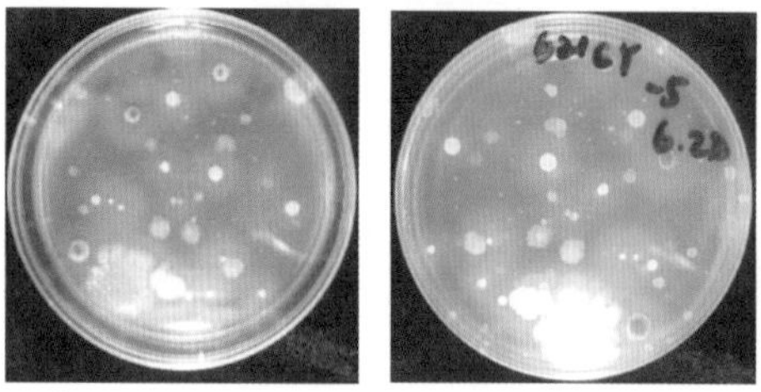

(e) CY–9d样品10^{-5}涂布图

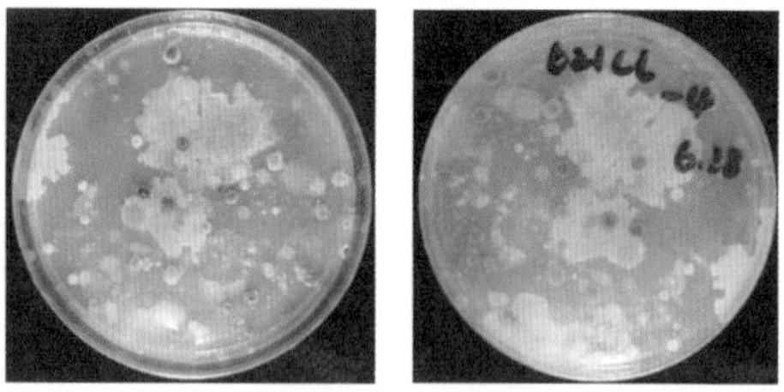

(f) CL–9d样品10^{-4}涂布图

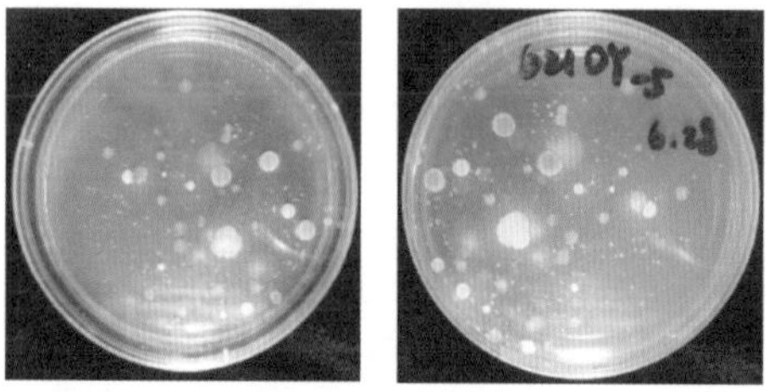

(g) DY–9d样品10^{-5}涂布图

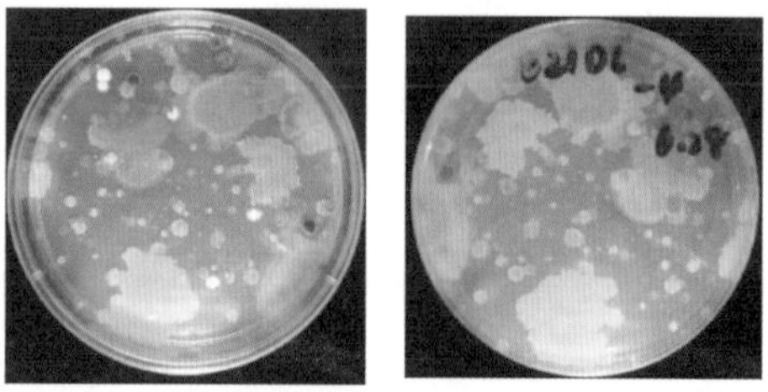

(h) DL–9d样品10^{-4}涂布图

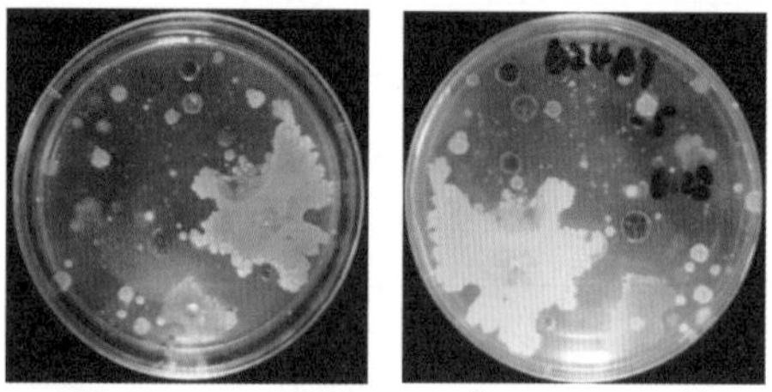

(i) AY–12d样品10^{-5}涂布图

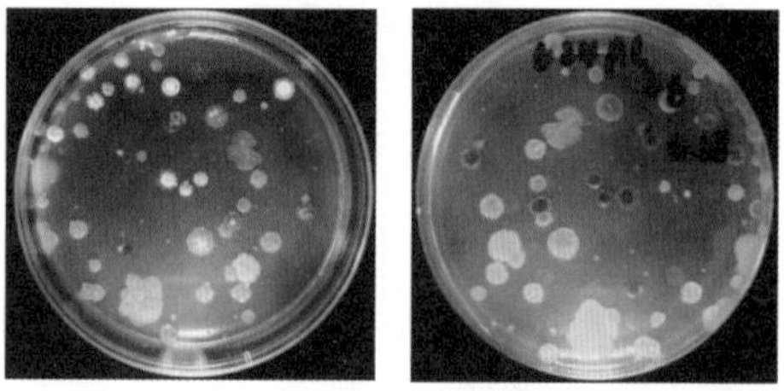

(j) BL–12d样品10^{-6}涂布图

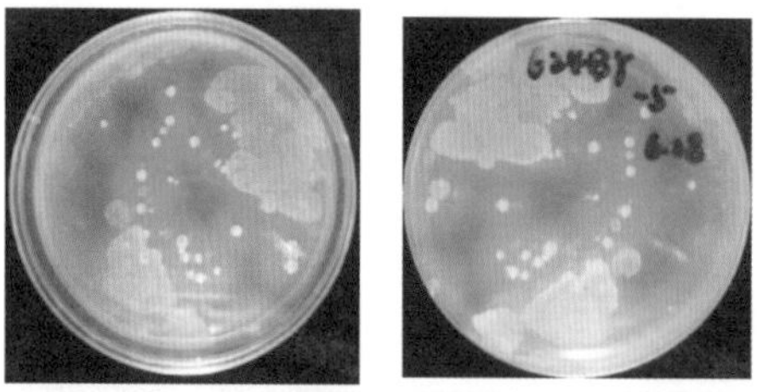

(k) BY–12d样品10^{-5}涂布图

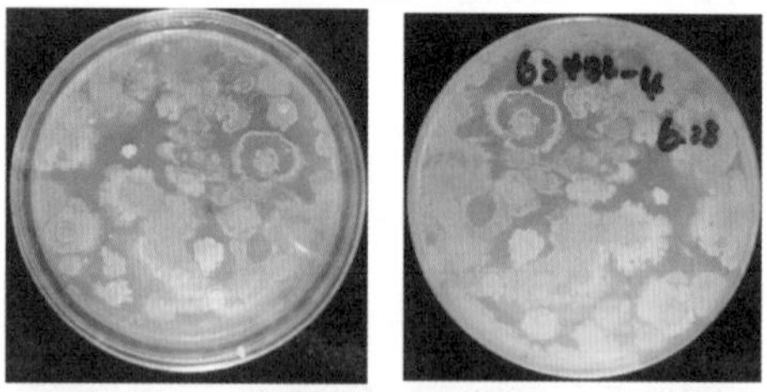

(l) BL–12d样品10^{-4}涂布图

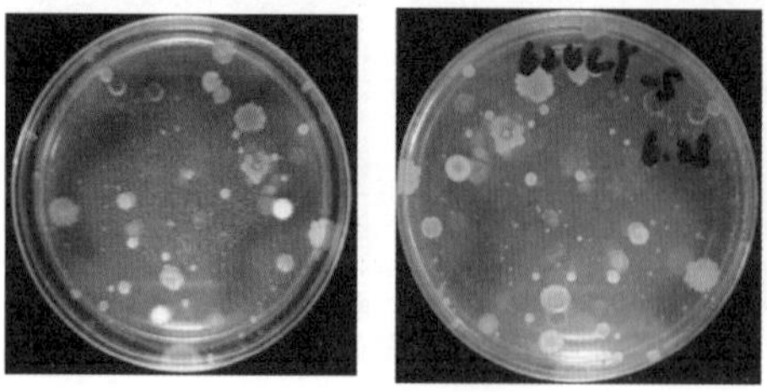

(m) CY–12d样品10^{-5}涂布图

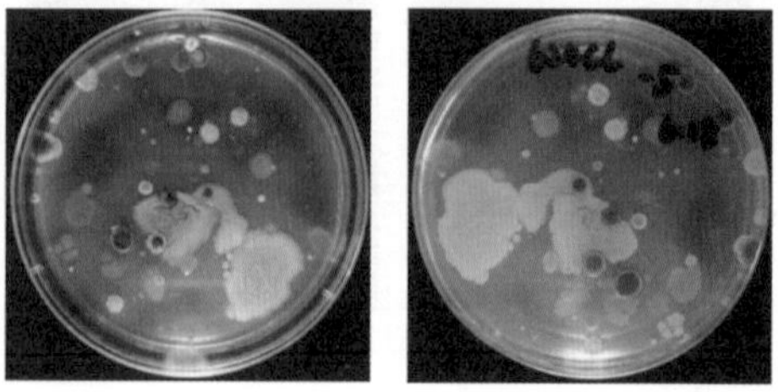

(n) CL–12d样品10^{-5}涂布图

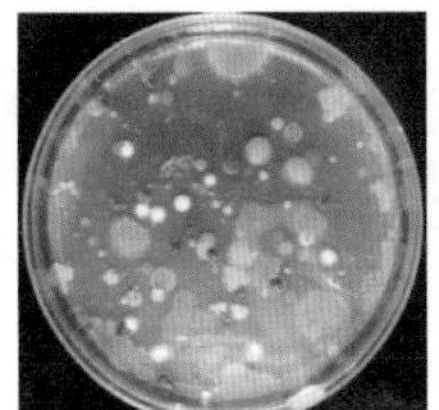
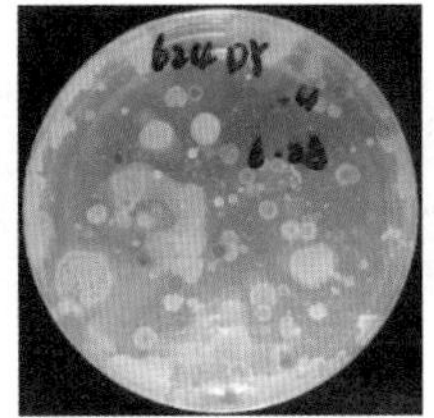

(o) DY-12d样品10^{-4}涂布图

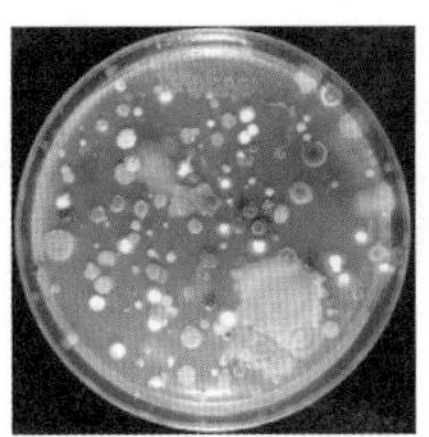
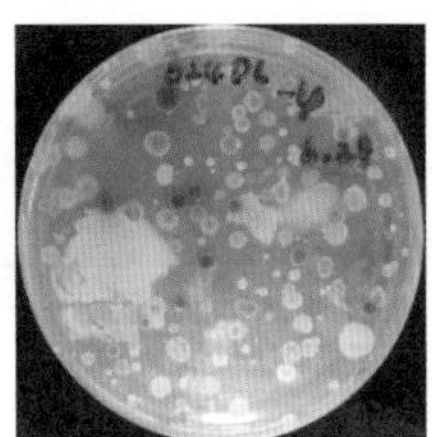

(p) DL-12d样品10^{-4}涂布图

图 3-37 第三批（9d 和 12d）膜发酵物料样品的放线菌菌株分离

（2）菌落形态 根据不同的菌落形态特征，从土壤不同稀释度在高氏 1 号培养基平板上长出的菌落中辨别出不同的菌落形态特征，计算不同形态菌落的数量。菌落的形态特征描述及数量见表 3-42。由表 3-42 可知，每个样品中菌落形态各异，土壤中各菌种含量差异较大。

表 3-42 膜发酵第三批（9d 和 12d）分离到的放线菌菌落形态特征和含量

样本编号	菌株编号	大小 /mm	形状	颜色		边缘	表面	高度	透明度	干湿	含量 /（CFU/g）
				正面	反面						
FJ-13226	AL9d-1	1.3 ～ 3.4	圆	黑褐	灰褐	丝状放射	粗糙	突起	不透明	干	2.5×10^{7}
	AL9d-2	1.4 ～ 4.3	圆	红	深红	粗糙	皱褶	突起	不透明	干	5.0×10^{6}
FJ-13225	AY9d-1	2.4 ～ 4.8	圆	黑褐	灰褐	丝状放射	粗糙	突起	不透明	干	2.0×10^{8}
	AY9d-2	1.0 ～ 4.2	圆	白	米	粗糙	粗糙	突起	不透明	干	2.3×10^{9}
	AY9d-3	3.3 ～ 6.9	圆	红	深红	粗糙	皱褶	突起	不透明	干	7.5×10^{7}
FJ-13228	BL9d-1	1.2 ～ 3.6	圆	黑褐	灰褐	丝状放射	粗糙	突起	不透明	干	7.5×10^{6}
FJ-13227	BY9d-1	1.6 ～ 3.1	圆	黑褐	灰褐	丝状放射	粗糙	突起	不透明	干	2.8×10^{9}
	BY9d-2	0.9 ～ 3.1	圆	白	米	粗糙	粗糙	突起	不透明	干	8.5×10^{9}
FJ-13230	CL9d-1	2.1 ～ 4.3	圆	黑褐	灰褐	丝状放射	粗糙	突起	不透明	干	5.8×10^{7}
	CL9d-2	1.9 ～ 4.1	圆	白	米	粗糙	粗糙	突起	不透明	干	1.3×10^{7}
FJ-13229	CY9d-1	1.1 ～ 8.9	圆	黑褐	灰褐	丝状放射	粗糙	突起	不透明	干	1.5×10^{8}
FJ-13232	DL9d-1	1.3 ～ 3.8	圆	黑褐	灰褐	丝状放射	粗糙	突起	不透明	干	2.8×10^{7}
	DL9d-2	3.6 ～ 4.9	圆	红	深红	粗糙	皱褶	突起	不透明	干	1.8×10^{7}
	DL9d-3	2.7 ～ 4.6	圆	白	米	粗糙	粗糙	突起	不透明	干	1.8×10^{7}
FJ-13231	DY9d-1	1.3 ～ 3.9	圆	黑褐	灰褐	丝状放射	粗糙	突起	不透明	干	3.8×10^{7}
	DY9d-2	0.2 ～ 4.1	圆	红	深红	粗糙	皱褶	突起	不透明	干	6.0×10^{7}
FJ-13234	AL12d-1	0.9 ～ 4.1	圆	黑褐	灰褐	丝状放射	粗糙	突起	不透明	干	2.3×10^{9}
	AL12d-2	1.2 ～ 8.3	圆	红	深红	粗糙	皱褶	突起	不透明	干	2.0×10^{9}
	AL12d-3	4.2 ～ 8.6	圆	白	黑	丝状放射	粗糙	突起	不透明	干	5.0×10^{9}
	AL12d-4	1.4 ～ 4.2	圆	白	米	粗糙	粗糙	突起	不透明	干	8.5×10^{9}
FJ-13233	AY12d-1	1.3 ～ 5.2	圆	黑褐	灰褐	丝状放射	粗糙	突起	不透明	干	1.3×10^{8}
	AY12d-2	1.4 ～ 7.2	圆	红	深红	粗糙	皱褶	突起	不透明	干	5.0×10^{7}
	AY12d-3	1.3 ～ 4.0	圆	白	米	粗糙	粗糙	突起	不透明	干	2.0×10^{7}
	AY12d-4	1.8 ～ 3.6	圆	白	黑	丝状放射	粗糙	突起	不透明	干	1.0×10^{7}

续表

样本编号	菌株编号	大小 /mm	形状	颜色		边缘	表面	高度	透明度	干湿	含量 /（CFU/g）
				正面	反面						
FJ-13236	BL12d-1	1.4 ～ 8.6	圆	黑褐	灰褐	丝状放射	粗糙	突起	不透明	干	2.5×10^{6}
FJ-13238	CL12d-1	1.4 ～ 9.8	圆	黑褐	灰褐	丝状放射	粗糙	突起	不透明	干	5.8×10^{8}
	CL12d-2	3.8 ～ 10.6	圆	白	米	粗糙	粗糙	突起	不透明	干	2.5×10^{8}
FJ-13237	CY12d-1	3.3 ～ 5.2	圆	黑褐	灰褐	丝状放射	粗糙	突起	不透明	干	1.5×10^{8}
	CY12d-2	7.2 ～ 9.0	圆	白	米	粗糙	粗糙	突起	不透明	干	5.0×10^{7}
FJ-13240	DL12d-1	1.0 ～ 5.3	圆	黑褐	灰褐	丝状放射	粗糙	突起	不透明	干	7.3×10^{7}
	DL12d-2	0.9 ～ 3.9	圆	白	米	粗糙	粗糙	突起	不透明	干	1.4×10^{7}
	DL12d-3	1.5 ～ 3.7	圆	红	深红	粗糙	皱褶	突起	不透明	干	2.8×10^{7}
FJ-13239	DY12d-1	0.9 ～ 4.1	圆	黑褐	灰褐	丝状放射	粗糙	突起	不透明	干	5.8×10^{7}
	DY12d-2	1.3 ～ 3.9	圆	红	深红	粗糙	皱褶	突起	不透明	干	3.3×10^{7}
	DY12d-3	2.1 ～ 4.2	圆	白	米	粗糙	粗糙	突起	不透明	干	5.3×10^{7}

（二）膜发酵物料中的放线菌数量分布

城市污泥膜发酵过程放线菌的数量分布见表 3-43。不同时间、不同方位、不同深度膜发酵物料的放线菌数量分布差异显著。不同采样点放线菌的分布与物料营养成分组成的微环境有关，具有随机性，堆体不同深度采样放线菌的差异也表现在样点微环境的差异上；不同时间取样放线菌的差异来自取样点初始菌源、营养条件、生长条件的微环境差异。所有采样点中放线菌含量最低的为 0，含量最高的采样点 B 的浅层样本发酵 9d 后的物料（BY9d），放线菌含量 850.0×10^{7}CFU/g；表明膜发酵过程放线菌的生长受到物料样点的微环境中微生物相互作用，温度、湿度、通气量的变化，营养条件如碳氮比等变化的影响，这种影响存在着随机性。

表 3-43　膜发酵不同时期物料中的放线菌菌落大小和含量

样本	样本编号	菌株编号	大小 /mm	含量 /（10^{7}CFU/g）
发酵 0d 样本 -6.12	AL	AL0d-1	2.8 ～ 5.9	2
		AL0d-2	3.2 ～ 4.5	1.3
		AL0d-3	2.9 ～ 3.8	1.8
		AL0d-4	2.3 ～ 5.1	3
	AY	AY0d-1	3.1 ～ 5.6	1
		AY0d-2	1.8 ～ 3.7	7.5
		AY0d-3	3.6 ～ 5.5	0.25
		AY0d-4	3.7 ～ 6.8	0.5
	BL	BL0d-1	2.6 ～ 8.8	3
		BL0d-2	1.8 ～ 5.3	0.5

续表

样本	样本编号	菌株编号	大小 /mm	含量 / (10^7CFU/g)
发酵 0d 样本 -6.12	BY	BY0d-1	3.2 ～ 5.8	1
		BY0d-2	2.1 ～ 4.6	0.75
		BY0d-3	3.6 ～ 5.7	1
	CL	CL0d-1	2.6 ～ 7.2	6.5
		CL0d-2	4.1 ～ 8.3	2
	CY	CY0d-1	4.5 ～ 5.3	2
		CY0d-2	4.8 ～ 9.6	1.3
		CY0d-3	5.1 ～ 6.5	1
	DL	DL0d-1	3.8 ～ 6.1	1.3
		DL0d-2	1.1 ～ 4.6	2.5
		DL0d-3	2.8 ～ 4.8	0.75
	DY	DY0d-1	1.2 ～ 3.9	1
发酵 3d 样本 -6.15	AL	AL3d-1	1.8 ～ 6.7	4.5
		AL3d-2	2.3 ～ 4.6	4.5
		AL3d-3	1.3 ～ 1.8	0.5
	AY	AY3d-1	3.2 ～ 5.1	30
		AY3d-2	3.4 ～ 7.2	55
		AY3d-3	3.0 ～ 5.8	35
		AY3d-4	1.6 ～ 2.8	20
	BL	BL3d-1	0.8 ～ 3.1	0.75
		BL3d-2	1.1 ～ 4.5	85
	BY	BY3d-1	0.8 ～ 2.3	3.3
		BY3d-2	0.7 ～ 2.1	1.3
	CL	CL3d-1	6.9 ～ 10.2	10
		CL3d-2	8.2 ～ 10.3	10
		CL3d-3	3.3 ～ 8.1	5
	CY	CY3d-1	4.3 ～ 6.1	30
		CY3d-2	3.2 ～ 7.4	15
		CY3d-3	1.1 ～ 4.6	5
		CY3d-4	1.6 ～ 4.8	10
	DL	DL3d-1	4.8 ～ 6.5	0.75
		DL3d-2	2.1 ～ 12.5	2.8
		DL3d-3	3.2 ～ 6.3	2
		DL3d-4	2.5 ～ 3.8	1
	DY	DY3d-1	4.3 ～ 8.8	5
		DY3d-2	2.2 ～ 7.3	5
		DY3d-3	1.2 ～ 5.3	20

续表

样本	样本编号	菌株编号	大小 /mm	含量 /（10^7CFU/g）
发酵 6d 样本 -6.18	AL	AL6d-1	1.3 ～ 7.2	0.75
		AL6d-2	1.3 ～ 10.2	2.5
		AL6d-3	6.3 ～ 9.8	0.75
		AL6d-4	1.4 ～ 8.7	3.8
	AY	AY6d-1	3.8 ～ 4.5	0.5
		AY6d-2	1.9 ～ 3.6	1
	BL	BL6d-1	3.8 ～ 5.2	10
	BY	BY6d-1	1.7 ～ 4.9	75
	CL	CL6d-1	1.2 ～ 9.9	6.8
	CY	CY6d-1	0.9 ～ 9.2	20
		CY6d-2	1.1 ～ 7.1	15
	DL	DL6d-1	3.5 ～ 6.0	15
		DL6d-2	7.1 ～ 8.2	2.5
		DL6d-3	0.8 ～ 2.5	1.3
	DY	DY6d-1	1.3 ～ 10.6	4
		DY6d-2	3.2 ～ 8.3	2
		DY6d-3	2.8 ～ 6.9	0.5
		DY6d-4	1.8 ～ 6.3	2
发酵 9d 样本 -6.21	AL	AL9d-1	1.3 ～ 3.4	2.5
		AL9d-2	1.4 ～ 4.3	0.5
	AY	AY9d-1	2.4 ～ 4.8	20
		AY9d-2	1.0 ～ 4.2	230
		AY9d-3	3.3 ～ 6.9	7.5
	BL	BL9d-1	1.2 ～ 3.6	0.75
	BY	BY9d-1	1.6 ～ 3.1	280
		BY9d-2	0.9 ～ 3.1	850
	CL	CL9d-1	2.1 ～ 4.3	5.8
		CL9d-2	1.9 ～ 4.1	1.3
	CY	CY9d-1	1.1 ～ 8.9	15
	DL	DL9d-1	1.3 ～ 3.8	2.8
		DL9d-2	3.6 ～ 4.9	1.8
		DL9d-3	2.7 ～ 4.6	1.8
	DY	DY9d-1	1.3 ～ 3.9	3.8
		DY9d-2	0.2 ～ 4.1	6

续表

样本	样本编号	菌株编号	大小 /mm	含量 /（10^7CFU/g）
发酵 12d 样本 -6.24	AL	AL12d-1	0.9 ～ 4.1	230
		AL12d-2	1.2 ～ 8.3	200
		AL12d-3	4.2 ～ 8.6	500
		AL12d-4	1.4 ～ 4.2	850
	AY	AY12d-1	1.3 ～ 5.2	13
		AY12d-2	1.4 ～ 7.2	5
		AY12d-3	1.3 ～ 4.0	2
		AY12d-4	1.8 ～ 3.6	1
	BL	BL12d-1	1.4 ～ 8.6	0.25
	BY	无		0
	CL	CL12d-1	1.4 ～ 9.8	58
		CL12d-2	3.8 ～ 10.6	25
	CY	CY12d-1	3.3 ～ 5.2	15
		CY12d-2	7.2 ～ 9.0	5
	DL	DL12d-1	1.0 ～ 5.3	7.3
		DL12d-2	0.9 ～ 3.9	1.4
		DL12d-3	1.5 ～ 3.7	2.8
	DY	DY12d-1	0.9 ～ 4.1	5.8
		DY12d-2	1.3 ～ 3.9	3.3
		DY12d-3	2.1 ～ 4.2	5.3
发酵 17d 样本 -6.29	AL	AL17d-1	0.9 ～ 10.3	5
		AL17d-2	1.0 ～ 6.5	2.5
	AY	AY17d-1	0.8 ～ 8.6	18
		AY17d-2	1.2 ～ 8.3	5
		AY17d-3	6.1 ～ 6.4	5
	BL	BL17d-1	2.2 ～ 3.1	2.5
	BY	BY17d-1	4.1 ～ 5.3	2.5
	CL	CL17d-1	1.0 ～ 5.8	5
	CY	CY17d-1	0.8 ～ 5.2	2
	DL	DL17d-1	4.8 ～ 6.5	0.75
	DY	DY17d-1	1.3 ～ 4.8	5.5
		DY17d-2	2.5 ～ 5.1	6
		DY17d-3	1.2 ～ 3.9	1.8

续表

样本	样本编号	菌株编号	大小 /mm	含量 / (10^7CFU/g)
发酵 21d 样本 -7.3	AL	AL21d-1	1.3 ～ 7.2	5
		AL21d-2	3.6 ～ 10.6	5
		AL21d-3	4.1 ～ 10.3	2.5
	AY	AY21d-1	0.9 ～ 8.7	43
		AY21d-2	2.1 ～ 13.2	20
		AY21d-3	2.6 ～ 4.3	7.5
	BL	无		
	BY	BY21d-1	0.9 ～ 4.7	1.5
		BY21d-2	2.1 ～ 5.8	0.75
	CL	CL21d-1	0.8 ～ 3.7	7.5
		CL21d-2	2.1 ～ 10.9	7.5
		CL21d-3	6.5 ～ 9.6	2.5
	CY	CY21d-1	0.8 ～ 3.9	4
		CY21d-2	1.4 ～ 5.8	1.3
	DL	DL21d-1	4.5 ～ 6.3	25
		DL21d-2	5.5 ～ 7.9	23
		DL21d-3	1.2 ～ 2.8	0.75
	DY	DY21d-1	3.6 ～ 11.3	25
		DY21d-2	1.1 ～ 4.2	15
		DY21d-3	4.6 ～ 9.6	13
发酵 24d 样本 -7.6	AL	AL24d-1	0.9 ～ 3.8	130
		AL24d-2	1.3 ～ 4.9	60
		AL24d-3	1.1 ～ 2.8	30
	AY	AY24d-1	0.7 ～ 3.2	90
		AY24d-2	1.3 ～ 3.8	35
	BL	无		0
	BY	无		0
	CL	CL24d-1	0.7 ～ 1.5	4.5
	CY	CY24d-1	0.8 ～ 6.3	58
		CY24d-2	3.6 ～ 8.2	28
		CY24d-3	3.3 ～ 3.6	5
	DL	DL24d-1	8.1 ～ 11.3	10
		DL24d-2	1.9 ～ 10.5	1.8
	DY	DY24d-1	1.2 ～ 6.7	2.3
		DY24d-2	1.3 ～ 10.6	9
		DY24d-3	1.6 ～ 5.9	1

续表

样本	样本编号	菌株编号	大小 /mm	含量 /（10^7CFU/g）
发酵 27d 样本 -7.9	AL	AL27d-1	1.1 ～ 5.8	1.8
		AL27d-2	2.3 ～ 12.5	1.8
		AL27d-3	0.9 ～ 1.4	0.5
	AY	AY27d-1	1.2 ～ 6.2	1.5
		AY27d-2	3.5 ～ 8.6	0.5
		AY27d-3	4.1 ～ 4.8	0.5
	BL	BL27d-1	3.1 ～ 11.6	1.3
	BY	BY27d-1	2.3 ～ 4.0	0.5
	CL	CL27d-1	2.6 ～ 4.8	2.5
		CL27d-2	0.8 ～ 11.9	7.5
	CY	CY27d-1	1.3 ～ 8.2	28
		CY27d-2	6.1 ～ 6.8	5
	DL	DL27d-1	1.8 ～ 7.9	20
		DL27d-2	4.1 ～ 7.2	15
		DL27d-3	2.4 ～ 6.8	10
	DY	DY27d-1	1.9 ～ 3.3	2.5
		DY27d-2	4.3 ～ 8.4	7.5

（三）菌株鉴定

经 16S rDNA 测序，在 NCBI 网站上比对，查找与其同源性为 100% 和 99% 的菌株，最终确定其测序结果如表 3-44 所列。本次试验共分离出 22 株菌，经 16S rDNA 分子鉴定，有 5 株菌有结果，FJ-13203 中分离到的两株菌分别为硝基还原假单胞菌与沃氏食酸菌，FJ-13204 中分离到的一株菌为韩国假黄单胞菌，FJ-13205 中分离到的一株菌为耐热假单胞菌，FJ-13206 中分离到的一株菌为氧化假节杆菌。

表 3-44　膜发酵第一批（0d）分离出的放线菌鉴定

标号	样品编号	细菌号	拉丁文学名	中文名	相似度 /%
1	FJ-13203	BY0d-3	*Pseudomonas nitroreducens*	硝基还原假单胞菌	99
2	FJ-13206	CL0d-2	*Pseudarthrobacter oxydans*	氧化假节杆菌	99
3	FJ-13204	BL0d-2	*Pseudoxanthomonas koreensis*	韩国假黄单胞菌	99
4	FJ-13205	CY0d-2	*Pseudomonas thermotolerans*	耐热假单胞菌	99
5	FJ-13203	BY0d-2	*Acidovorax wautersii*	沃氏食酸菌	92

（四）膜发酵物料中的放线菌空间分布

对膜发酵过程不同采样点（A、B、C、D），不同采样深度（浅层 Y，深层 L），不同时间（0～27d）采集物料样本，分离的放线菌进行统计，结果见表3-45。从采样点放线菌总和看，膜发酵过程放线菌总和在采样点的分布差异显著，放线菌数量分布范围为54.03×10^{7}～536.28×10^{7}CFU/g，两者相差近10倍，最高含量为A采样点深层样本（AL），最低含量为D采样点浅层样本（DY）。从发酵时间放线菌总和看，膜发酵过程放线菌总和在不同发酵时间的分布差异显著，放线菌的分布范围为16.35×10^{7}～510.53×10^{7}CFU/g，最高含量在发酵12d，最低含量在发酵0d。方差分析结果表明，膜发酵不同时间放线菌含量差异不显著（表3-46、表3-47），表明膜发酵不同方位和物料深度对放线菌生长没有影响；不同发酵时间放线菌含量变化不依赖于进程呈规律变化，而体现放线菌生长周期的特征。

表3-45　膜发酵过程不同方位、不同深度采样点放线菌数量分布

发酵时间/d	膜发酵堆体采样点放线菌含量/(10^{7}CFU/g)								总和/(10^{7}CFU/g)
	AL	AY	BL	BY	CL	CY	DL	DY	
0	2.05	2.31	1.75	0.92	4.25	2.56	1.52	1.00	16.35
3	3.17	35.00	42.88	2.30	8.33	15.00	1.52	10.00	118.19
6	1.95	0.75	10.00	75.00	6.80	17.50	6.27	2.13	120.39
9	1.50	85.83	0.75	376.92	3.55	15.00	5.35	4.90	493.80
12	445.00	5.25	0.25	0.00	41.50	10.00	3.83	4.80	510.63
17	3.75	9.33	2.50	2.50	5.00	2.00	0.75	4.43	30.27
21	4.17	23.50	0.00	1.13	5.83	2.65	16.25	17.67	71.19
24	73.33	62.50	0.00	0.00	4.50	30.33	5.90	4.10	180.67
27	1.37	0.83	1.30	0.50	5.00	16.50	15.00	5.00	45.50
总和	536.28	225.31	59.43	459.26	84.77	111.54	56.38	54.03	

表3-46　膜发酵过程不同方位、不同深度采样点放线菌含量方差分析

变异来源	平方和	自由度	均方	*F*值	*P*值
区组间	29302.21	7	4186.0302	0.867	0.5382
处理间	36771.43	8	4596.4293	0.952	0.4824
误差	270406.7	56	4828.6914		
总变异	336480.4	71			

表3-47　膜发酵过程不同发酵时间采样点放线菌数含量差异性

发酵时间/d	均值	10%显著水平	5%显著水平	1%极显著水平
0	2.044167	a	a	A
3	14.77396	a	a	A
6	15.04896	a	a	A
9	61.725	a	a	A
12	63.82917	a	a	A
24	22.58333	a	a	A

续表

发酵时间 /d	均值	10% 显著水平	5% 显著水平	1% 极显著水平
21	8.898958	a	a	A
27	5.6875	a	a	A
17	3.783333	a	a	A

根据表 3-45 进行统计分析，结果见表 3-48。从放线菌的含量的中位数看，各采样点浅层数量高于深层数量，如 A 采样点深层物料（AL）放线菌含量中位数为 3.17×10^7CFU/g，A 采样点浅层物料（AY）放线菌含量中位数为 9.33×10^7CFU/g；也有的采样点浅层数量低于深层数量，如 D 采样点深层物料（DL）放线菌含量中位数为 5.35×10^7CFU/g，D 采样点浅层物料（DY）放线菌含量中位数为 4.80×10^7CFU/g。

表 3-48　膜发酵过程不同方位、不同深度采样点放线菌数含量统计分析

样品名称	样本数	放线菌含量 / (10^7 CFU/g)						wilks W	P 值
		均值	方差	标准差	中位数	最小值	最大值		
AL	9	59.59	21437.60	146.42	3.17	1.37	445.00	0.47	0.00
AY	9	25.03	941.45	30.68	9.33	0.75	85.83	0.81	0.03
BL	9	6.60	194.69	13.95	1.30	0.00	42.88	0.54	0.00
BY	9	51.03	15533.71	124.63	1.13	0.00	376.92	0.49	0.00
CL	9	9.42	146.81	12.12	5.00	3.55	41.50	0.50	0.00
CY	9	12.39	85.47	9.24	15.00	2.00	30.33	0.90	0.23
DL	9	6.26	32.30	5.68	5.35	0.75	16.25	0.83	0.04
DY	9	6.00	25.23	5.02	4.80	1.00	17.67	0.79	0.01

膜发酵过程采样点放线菌空间型分布的聚集度指标分析见表 3-49。空间型分布聚集度指标中 I 指标表示的意义为，当 $I<0$ 时为均匀分布，当 $I=0$ 时为随机分布，当 $I>0$ 时为聚集分布。平均拥挤度 M^*/M 指标，在 Moore 的拥挤度 M^* 指标的基础上，Lloyd 提出了 M^*/M 指标，即平均拥挤度与其平均值之比值，当 $M^*/M<1$ 时为均匀分布，当 $M^*/M=1$ 时为随机分布，当 $M^*/M>1$ 时为聚集分布。Ca 指标：Kuno 最早提出并认为，当 Ca<0 时为均匀分布，当 Ca=0 时为随机分布，当 Ca>0 时为聚集分布。扩散系数 C：用于检验种群是否偏离随机型，当 $C<1$ 时为均匀分布，当 $C=1$ 时为随机分布，$C>1$ 时为聚集分布。负二项分布中的 K 指标，当 $K<0$ 时为均匀分布，当 $K=0$ 时为随机分布，当 $K>0$ 时为聚集分布。分析结果膜发酵过程放线菌在采样点的空间型分布指标，I 指标 >0、M^*/M 指标 >1，Ca 指标 >0，扩散系数 $C>1$，K 指标 >0，表明放线菌在膜发酵堆体采样点的空间分布为聚集分布。

表 3-49　膜发酵过程采样点放线菌空间型分布聚集度指标

样点	拥挤度 M^*	I 指标	M^*/M 指标	Ca 指标	扩散系数 C	K 指标
AL	418.36	358.77	7.02	6.02	359.77	0.17
AY	61.64	36.61	2.46	1.46	37.61	0.68
BL	35.09	28.49	5.31	4.31	29.49	0.23

续表

样点	拥挤度 M^*	I 指标	M^*/M 指标	Ca 指标	扩散系数 C	K 指标
BY	354.44	303.41	6.95	5.95	304.41	0.17
CL	24.01	14.59	2.55	1.55	15.59	0.65
CY	18.29	5.90	1.48	0.48	6.90	2.10
DL	10.42	4.16	1.66	0.66	5.16	1.51
DY	9.21	3.20	1.53	0.53	4.20	1.87

M^*-M 回归分析 (IWAO)。Iwao 建立了 M^*-M 回归式 M^*，用于研究 M^* 与平均值之间的相关关系，$M^*=\alpha+\beta M$。α 为分布的基本成分按大小分布的平均拥挤度：当 $\alpha=0$ 时，分布的基本成分为单个个体；当 $\alpha>0$ 时，个体间相互吸引，分布的基本成分为个体群；当 $\alpha<0$ 时，个体之间相互排斥。β 为基本成分的空间分布图式：当 $\beta<1$ 时，为均匀分布；当 $\beta=1$ 时，为随机分布；当 $\beta>1$ 时，为聚集分布。膜发酵放线菌分析结果：$M^*=-51.68550+7.62724M$（$R=0.9772$），$\alpha=-51.68550<0$，放线菌个体之间相互排斥，$\beta=7.62724>1$，放线菌为聚集分布。

幂法则，Taylor 在大量生物种群资料的统计分析中，发现样本平均数与方差的对数值之间存在着以下很有意义的回归关系 $\lg S^2=\lg a + b\lg\bar{x}$，亦即乘幂函数关系 $S^2=a\lg\bar{x}^b$。在幂法则中，当 $b\to0$ 时为均匀分布，$b=1$ 时为随机分布，$b>1$ 时为聚集分布；膜发酵放线菌分析结果：$\lg(v)=-0.51259+2.66448\lg(M)$（$R=0.9582$），$b=2.66448>1$，放线菌为聚集分布。

（五）放线菌种群动态

浅层物料（AY）与深层物料（AL）比较（图 3-38），发酵过程放线菌种群消长趋势相似，峰值都属于中峰型，浅层物料（AY）与深层物料（AL）放线菌含量分别在第 9 天和第 12 天达到高峰，峰值分别为 482.65×10^7CFU/g 和 490.58×10^7CFU/g；随后，浅层物料（AY）与深层物料（AL）放线菌含量分别在第 12 天和第 17 天迅速降到低谷。结果表明，膜发酵过程浅层物料（AY）与深层物料（AL）放线菌数量动态趋势相近，深层物料放线菌含量峰值较浅层物料后移 3d；放线菌种群含量总量变化动态呈多元方程变化（图 3-39）。

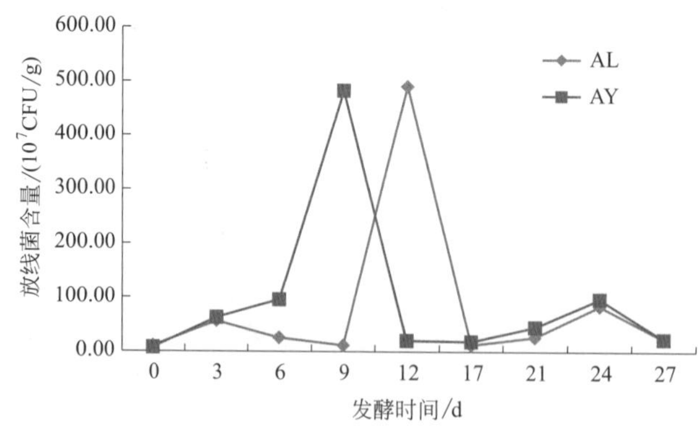

图 3-38　浅层物料（AY）与深层物料（AL）放线菌种群消长比较

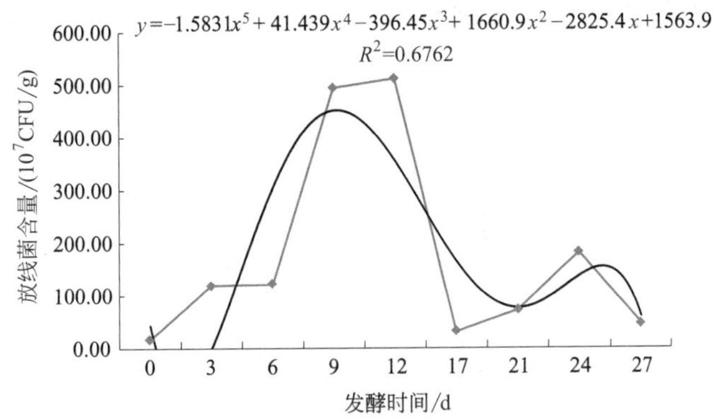

图 3-39　膜发酵过程物料放线菌种群总量的变化动态

(六) 放线菌生长阶段

以表 3-45 构建矩阵，以发酵时间为样本，放线菌采样点数量为指标，马氏距离为尺度，用可变类平均法进行系统聚类，分析膜发酵过程放线菌的生长阶段，分析结果见表 3-50 和图 3-40。结果可将膜发酵过程放线菌生长阶段分为 3 组，第 1 组为发酵初期，包括了发酵时间 0 ～ 6d，为放线菌种群建立的初期，数量较低，在 2.39×10^7 ～ 26.07×10^7CFU/g 之间；第 2 组为发酵中期，包括了发酵时间 9 ～ 12d，为放线菌种群生长高峰期，数量较高，含量变化较大，在 0.50×10^7 ～ 223.25×10^7CFU/g 之间；第 3 组为发酵后期，包括了发酵时间 17 ～ 27d，为放线菌种群生长的后期，数量回落，在 1.03×10^7 ～ 24.04×10^7CFU/g 之间。

表 3-50　基于放线菌种群数量的膜发酵阶段聚类分析

组别	发酵时间 /d	采样点放线菌数量（10^7 CFU/g）							
		AL	AY	BL	BY	CL	CY	DL	DY
1	0	2.05	2.31	1.75	0.92	4.25	2.56	1.52	1.00
1	3	3.17	35.00	42.88	2.30	8.33	15.00	1.52	10.00
1	6	1.95	0.75	10.00	75.00	6.80	17.50	6.27	2.13
第 1 组 3 个样本平均值		2.39	12.69	18.21	26.07	6.46	11.69	3.10	4.37
2	9	1.50	85.83	0.75	376.92	3.55	15.00	5.35	4.90
2	12	445.00	5.25	0.25	0.00	41.50	10.00	3.83	4.80
第 2 组 2 个样本平均值		223.25	45.54	0.50	188.46	22.52	12.50	4.59	4.85
3	17	3.75	9.33	2.50	2.50	5.00	2.00	0.75	4.43
3	21	4.17	23.50	0.00	1.13	5.83	2.65	16.25	17.67
3	24	73.33	62.50	0.00	0.00	4.50	30.33	5.90	4.10
3	27	1.37	0.83	1.30	0.50	5.00	16.50	15.00	5.00
第 3 组 4 个样本平均值		20.65	24.04	0.95	1.03	5.08	12.87	9.47	7.80

（七）生长时期生境多样性

以表 3-45 构建矩阵，以发酵时间为样本，放线菌采样点数量为指标，计数生境多样性指数，见表 3-51。结果表明，从总体采样看，不同生长时期生境多样性指数差异显著。发酵前期（0 ～ 6d）放线菌含量平均值为 84.97×10^7CFU/g，发酵中期（9 ～ 12d）含量平均值为 502.21×10^7CFU/g，发酵后期含量平均值为 81.90×10^7CFU/g；相应的丰富度指数平均值分别为 1.81、1.045、1.56，发酵初期丰富度指数最高；相应的香农指数平均值分别为 1.62、0.65、1.59，发酵初期香农指数最大。

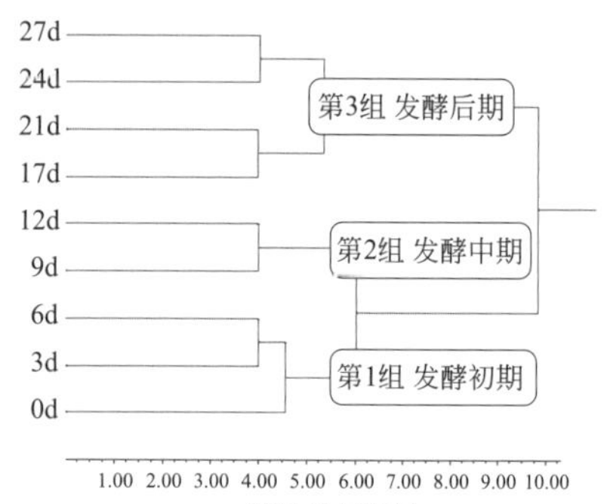

图 3-40　基于放线菌种群数量的膜发酵阶段聚类分析

表 3-51　膜发酵过程物料可培养放线菌生长时期生境多样性指数

发酵时间 /d	物种出现生境数量	放线菌含量 /（10^7CFU/g）	生境多样性指数			
			丰富度指数	优势度指数	香农指数	均匀度指数
0	8	16.35	2.50	0.90	1.97	0.95
3	8	118.19	1.47	0.76	1.62	0.78
6	8	120.39	1.46	0.58	1.27	0.61
9	8	493.80	1.13	0.39	0.77	0.37
12	7	510.63	0.96	0.23	0.53	0.27
17	8	30.27	2.05	0.85	1.88	0.91
21	7	71.19	1.41	0.78	1.61	0.83
24	6	180.67	0.96	0.69	1.32	0.74
27	8	45.50	1.83	0.75	1.55	0.74

（八）生长时期时间生态位

以表 3-45 构建矩阵，以发酵时间为样本，放线菌采样点数量为指标，计算生境生态位宽度和生态位重叠，分析结果见表 3-52 和表 3-53。从生境生态位宽度看，不同生长时期生境生态位宽度随着发酵时间的变化差异显著。0d 生境生态位宽度最宽，达 6.4663，常用的时间资源为 3d（S2=14.13%）、12d（S5=25.99%）、17d（S6=15.65%）；最窄的生态位宽度出现在 12d，为 1.3043，常用的时间资源为 0d（S1=87.15%）。总体上看发酵前期（0 ～ 6d）生态位宽度较宽，发酵中期（9 ～ 12d）生态位宽度下降，发酵后期（17 ～ 27d）生态宽度回升，反映了放线菌种群在不同发酵时期的时间生态资源的利用效率。

表 3-52 膜发酵过程物料可培养放线菌生长时期生境生态位宽度（Levins 测度）

发酵时间 /d	Levins	频数	截断比例	常用资源种类		
0	6.4663	3	0.13	S2=14.13%	S5=25.99%	S6=15.65%
3	4.0196	2	0.13	S2=29.61%	S3=36.28%	
6	2.3661	2	0.13	S4=62.30%	S6=14.54%	
9	1.6286	2	0.13	S2=17.38%	S4=76.33%	
12	1.3043	1	0.14	S1=87.15%		
17	5.6238	3	0.13	S2=30.84%	S5=16.52%	S8=14.65%
21	4.2658	3	0.14	S2=33.01%	S6=22.83%	S7=24.82%
24	3.1764	3	0.15	S1=40.59%	S2=34.59%	S4=16.79%
27	3.7521	2	0.13	S6=36.26%	S7=32.97%	

从生境生态位重叠看，发酵 0d，与 3d、6d、9d、12d、17d、21d、24d、27d 生态位重叠值分别为 0.6610、0.3523、0.2470、0.3956、0.8267、0.6214、0.6205、0.6534。生境生态位重叠值越高表明放线菌生境同质性越强，越低异质性越强。生态位重叠最高的两个生境为 6d 和 9d，表明这两个时期放线菌生长生境极其相似，形成发酵时期转换的衔接；生态位重叠最低的两个生境为 9d 和 12d，表明这两个时期放线菌生长生境差异极大。在发酵中期，放线菌生长旺盛，不同种群形成互补，错开生境条件的竞争。生态位重叠的变化表明了放线菌种群生长间的相互关系。

表 3-53 膜发酵过程物料可培养放线菌生长时期生境生态位重叠

发酵时间 /d	0	3	6	9	12	17	21	24	27
0	1	0.661	0.3523	0.247	0.3956	0.8267	0.6214	0.6205	0.6534
3	0.6610	1	0.2132	0.185	0.0817	0.7557	0.5551	0.4957	0.3266
6	0.3523	0.2132	1	0.9468	0.039	0.3103	0.1244	0.1005	0.2617
9	0.2470	0.1850	0.9468	1	0.0084	0.3694	0.201	0.1529	0.0696
12	0.3956	0.0817	0.0390	0.0084	1	0.3452	0.1553	0.739	0.1016
17	0.8267	0.7557	0.3103	0.3694	0.3452	1	0.8246	0.7452	0.363
21	0.6214	0.5551	0.1244	0.2010	0.1553	0.8246	1	0.5865	0.5321
24	0.6205	0.4957	0.1005	0.1529	0.7390	0.7452	0.5865	1	0.3294
27	0.6534	0.3266	0.2617	0.0696	0.1016	0.3630	0.5321	0.3294	1

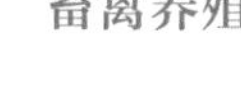

第五节 农业废弃物膜发酵微生物组分析

一、膜发酵过程微生物组信息分析

1. 发酵过程微生物组统计

（1）测序信息统计　城市污泥膜发酵过程，4 个点采样（A、B、C、D），不同深度样本（浅层物料 AY，深层物料 AL），不同采样时间（0 ～ 27 d）采集的样本，经过高通量测序，基本信息见表 3-54。同一个采样点同一个深度不同时间采样的样本序列数量存在一定差异，序列基础数量也存在差异，短序列平均长度差异不显著。序列数量的差异代表了微生物组的差异。

表 3-54　城市污泥膜发酵样本测序信息统计

样品编号	read 数量	碱基数量 /nt	平均长度 /nt	最小长度 /nt	最大长度 /nt
AL0d	32796	13533505	412.6572	245	469
AL3d	44783	18517515	413.4943	244	491
AL6d	53982	22234225	411.8822	203	506
AL9d	47030	19333314	411.0847	270	499
AL12d	56183	23169951	412.4015	204	486
AL21d	58895	24235699	411.5069	216	521
AL24d	59155	24284270	410.5193	240	472
AL27d	60632	24913642	410.8992	235	485
AY0d	42917	17702715	412.4872	215	478
AY3d	49690	20568139	413.9291	223	511
AY6d	37779	15584109	412.5072	227	452
AY9d	37179	15431648	415.0636	344	452
AY12d	38510	15852519	411.6468	262	466
AY21d	41511	17237276	415.246	217	516
AY24d	52938	21837086	412.503	232	493
AY27d	67932	27962569	411.6259	246	491
BL0d	38937	16124477	414.1171	216	498
BL3d	46468	19289041	415.1037	241	467
BL6d	45343	18736196	413.2103	207	511
BL9d	51404	21211009	412.6334	247	517
BL12d	51792	21423880	413.6523	255	453

续表

样品编号	read 数量	碱基数量 /nt	平均长度 /nt	最小长度 /nt	最大长度 /nt
BL21d	45949	18973825	412.9323	265	501
BL24d	61119	25316452	414.2157	223	489
BL27d	56006	23345360	416.8368	214	499
BY0d	41201	16958251	411.598	218	496
BY3d	40709	16893639	414.9854	232	516
BY6d	57619	23761676	412.3931	218	499
BY9d	43944	18231072	414.8706	247	453
BY12d	58670	24353722	415.0967	245	506
BY21d	48207	19973641	414.3307	246	516
BY24d	57410	23910179	416.4811	247	499
BY27d	52747	21879611	414.8029	205	495
CL0d	53209	21982974	413.1439	243	491
CL3d	47586	19627454	412.4628	234	503
CL6d	49585	20422459	411.8677	235	516
CL9d	56959	23421695	411.2027	216	491
CL12d	69429	28610147	412.0778	244	502
CL21d	50645	20946635	413.5973	200	496
CL24d	49636	20481473	412.6334	223	498
CL27d	53577	22108747	412.6537	282	484
CY0d	46024	19142831	415.9315	245	486
CY3d	45445	18856897	414.9389	203	522
CY6d	50895	20982568	412.2717	277	453
CY9d	37255	15348313	411.9799	226	478
CY12d	57941	24022942	414.6104	287	494
CY21d	61381	25521730	415.792	244	489
CY24d	55511	22913963	412.7824	247	524
CY27d	54269	22391494	412.6019	229	511
DL0d	40373	16688128	413.3487	230	496
DL3d	43644	18094867	414.6015	258	459
DL6d	40171	16624255	413.8372	244	455
DL9d	40209	16573519	412.1843	265	502
DL12d	49580	20497343	413.4196	265	515
DL21d	55774	23082009	413.8489	288	471
DL24d	50227	20713662	412.4009	245	457

续表

样品编号	read 数量	碱基数量 /nt	平均长度 /nt	最小长度 /nt	最大长度 /nt
DL27d	46094	18966590	411.4763	216	489
DY0d	56525	23412326	414.1942	250	500
DY3d	38556	16017285	415.4291	247	503
DY6d	42547	17595708	413.5593	232	455
DY9d	52285	21559318	412.3423	293	521
DY12d	59019	24547421	415.924	232	475
DY21d	64612	26784781	414.5481	208	508
DY24d	58010	23908469	412.1439	225	526
DY27d	48211	19915966	413.1	246	494

（2）分类阶元数量　农业废弃物城市污泥膜发酵过程，4 个采样点，深层和浅层，每 3d 采样一次，经高通量测序，采样全过程的物种统计结果表明，共鉴定出细菌门（phylum）50 个，细菌纲（class）156 个，细菌目（order）362 个，细菌科（family）583 个，细菌属（genus）1118 个，细菌种（species）2126 个，细菌分类单元（OUT）4842 个。

（3）分类阶元物种含量　表 3-55 列出了部分细菌分类阶元的名称对照和细菌总量。含量最高的前 3 个种是候选目 SBR1031 的 1 种来自厌氧池宏基因组的细菌（anaerobidigester_metagenome_SBR1031），含量为 194825（read），属于绿弯菌门厌氧绳菌纲的种类；嗜热球形杆菌（*Sphaerobacter_thermophilus* DSM_20745），含量为 51894，属于绿弯菌门热微菌科（Thermomicrobiaceae），球形杆菌属（*Sphaerobacter*）的种类；候选目 SBR1031 的 1 种（SBR1031-OTU3585），含量 45737，属于绿弯菌门厌氧绳菌纲的种类。整个发酵过程中，芽胞杆菌的含量较高，达 42824，包含了 18 个属 151 个种，18 个属分别是脂环酸芽胞杆菌属（*Alicyclobacillus*）、芽胞杆菌属（*Bacillus*）、短芽胞杆菌属（*Brevibacillus*）、热碱芽胞杆菌属（*Caldalkalibacillus*）、多变芽胞杆菌属（*Effusibacillus*）、地芽胞杆菌属（*Geobacillus*）、解氢芽胞杆菌属（*Hydrogenibacillus*）、新建芽胞杆菌属（*Novibacillus*）、类芽胞杆菌属（*Paenibacillus*）、鲁梅尔芽胞杆菌属（*Rummeliibacillus*）、中华芽胞杆菌属（*Sinibacillus*）、土壤芽胞杆菌属（*Solibacillus*）、土地芽胞杆菌属（*Terribacillus*）、嗜热芽胞杆菌属（*Thermobacillus*）、肿块芽胞杆菌属（*Tuberibacillus*）、尿素芽胞杆菌属（*Ureibacillus*）、火山芽胞杆菌属（*Vulcanibacillus*）、木聚糖芽胞杆菌属（*Xylanibacillus*）。动物疑似病原菌梭菌含量较低，为 3447，包含了 10 个属 19 个种，10 个属分别是狭义梭菌属 1（*Clostridium_sensu_stricto* 1）、狭义梭菌属 11（*Clostridium_sensu_stricto* 11）、狭义梭菌属 12（*Clostridium_sensu_stricto* 12）、狭义梭菌属 13（*Clostridium_sensu_stricto* 13）、狭义梭菌属 18（*Clostridium_sensu_stricto* 18）、狭义梭菌属 2（*Clostridium_sensu_stricto* 2）、狭义梭菌属 3（*Clostridium_sensu_stricto* 3）、狭义梭菌属 5（*Clostridium_sensu_stricto* 5）、狭义梭菌属 6（*Clostridium_sensu_stricto* 6）和狭义梭菌属 7（*Clostridium_sensu_stricto* 7）。表明经过膜发酵，芽胞杆菌有益菌种类和含量增加，动物病原菌梭菌种类和含量下降。

表 3-55　细菌分类阶元的名称和细菌总量

门	纲	目	科	属	种	OTU	读序总和（read）
Chloroflexi	Anaerolineae	SBR1031	SBR1031	SBR1031	anaerobidigester_metagenome_SBR1031	OTU2522	194825
Chloroflexi	Chloroflexia	Thermomicrobiales	Thermomicrobiaceae	*Sphaerobacter*	*Sphaerobacter_thermophilus* DSM_20745	OTU3610	51894
Chloroflexi	Anaerolineae	SBR1031	SBR1031	SBR1031	SBR1031	OTU3585	45737
Gemmatimonadota	S0134_terrestrial_group	S0134_terrestrial_group	S0134_terrestrial_group	S0134_terrestrial_group	S0134_terrestrial_group	OTU718	34580
Coprothermobacterota	Coprothermobacteria	Coprothermobacterales	Coprothermobacteraceae	*Coprothermobacter*	*Coprothermobacter*	OTU1122	30031
Chloroflexi	Anaerolineae	Anaerolineales	Anaerolineaceae	Anaerolineaceae	Anaerolineaceae	OTU2949	28535
Chloroflexi	Anaerolineae	SBR1031	A4b	A4b	compost_bacterium_A4b	OTU3563	20398
Chloroflexi	Chloroflexia	Chloroflexales	Roseiflexaceae	Roseiflexaceae	Roseiflexaceae	OTU4526	18817
Actinobacteriota	Actinobacteria	KIST-JJY010	KIST-JJY010	KIST-JJY010	KIST-JJY010	OTU643	15968
Gemmatimonadota	S0134_terrestrial_group	S0134_terrestrial_group	S0134_terrestrial_group	S0134_terrestrial_group	S0134_terrestrial_group	OTU2175	14006
Acidobacteriota	Vicinamibacteria	Vicinamibacterales	Vicinamibacterales	Vicinamibacterales	Vicinamibacterales	OTU4484	13503
Chloroflexi	Chloroflexia	Thermomicrobiales	JG30-KF-CM45	JG30-KF-CM45	JG30-KF-CM45	OTU2091	12119
Firmicutes	Bacilli	Thermoactinomycetales	Thermoactinomycetaceae	*Thermoflavimicrobium*	*Thermoflavimicrobium*	OTU3155	10999

（4）物种多样性指数　以 CHAO 指数分析为例，CHAO 算法用来估计样本中所含 OTU 数目的指数，CHAO 在生态学中常用来估计物种总数。膜发酵浅层微生物组 CHAO 指数动态见图 3-41（a），深层见图 3-41（b）。总体趋势上看，CHAO 指数在浅层和深层的动态趋势相近，未发酵时（0d）多样性指数（CHAO 指数）较高，发酵 3d 后多样性指数（CHAO 指数）下降，并维持到发酵结束。同一个采样时间，不同深度采样的多样性指数（CHAO 指数）在不同采样点的数据差异显著，表明微生物组多样性指数分布的随机性。

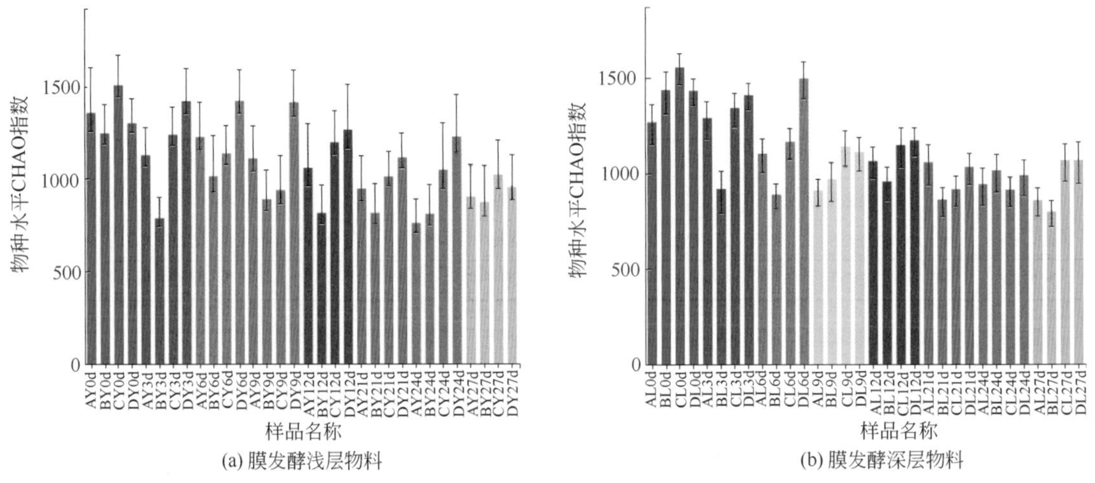

(a) 膜发酵浅层物料　　(b) 膜发酵深层物料

图 3-41　膜发酵物料不同时空的微生物组多样性 CHAO 指数

从多样性指数时间动态上看，不同采样点（A、B、C、D）总体趋势相近，都是发酵初期 CHAO 指数较高，而后随着发酵进程逐渐下降。不同采样点的 CHAO 指数具体变化动态存在显著差异，如 A 采样点浅层采样的微生物组多样性指数（CHAO 指数）高峰值在 0d，低峰在 24d；而同一采样点的深层采样的微生物组多样性指数（CHAO 指数）高峰值在 3d，低峰在 27d，两者存在着差异（图 3-42）。同样这种差异也存在于采样点 B、C、D。

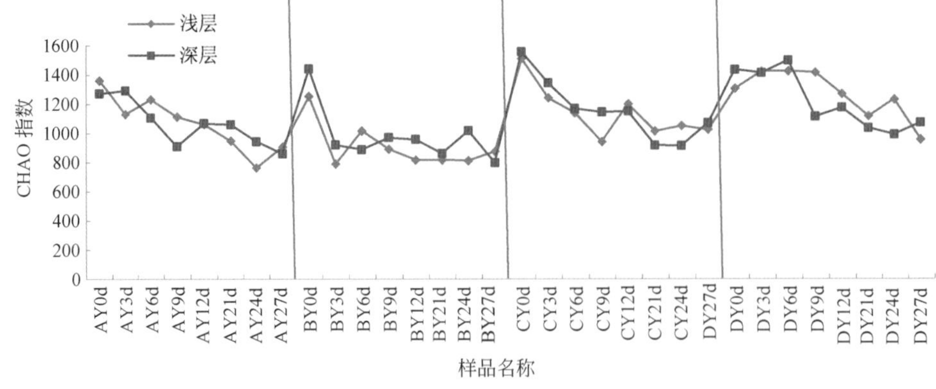

图 3-42　膜发酵不用采样点不同深度微生物组多样性 CHAO 指数变化动态

2. 膜发酵堆体不同深度微生物组的差异分析

（1）不同深度细菌独有种类与共有种类 以采样点 A 为例，分析 A 点不同深度样本微生物组的差异；采样点 A 浅层和深层样本的微生物组检测结果表明，细菌门（phylum）49 个，细菌纲（class）152 个，细菌目（order）345 个，细菌科（family）540 个，细菌属（genus）1014 个，细菌种（species）1868 个，分类单元（OTU）3698 个。

从细菌分类阶元上看，采样点 A 的浅层样本（Y）不同分类阶元细菌微生物组独有种类落多于深层样本（L），但是，差异不显著。如细菌门水平，浅层样本独有细菌菌群 3 个，深层样本独有细菌菌群 1 个；细菌纲水平，浅层样本独有细菌菌群 9 个，深层样本独有细菌菌群 3 个；细菌目水平，浅层样本独有细菌菌群 23 个，深层样本独有细菌菌群 10 个；细菌科水平，浅层样本独有细菌菌群 35 个，深层样本独有细菌菌群 31 个；细菌属水平，浅层样本独有细菌菌群 93 个，深层样本独有细菌菌群 79 个；细菌种水平，浅层样本独有细菌菌群 204 个，深层样本独有细菌菌群 177 个（图 3-43）。

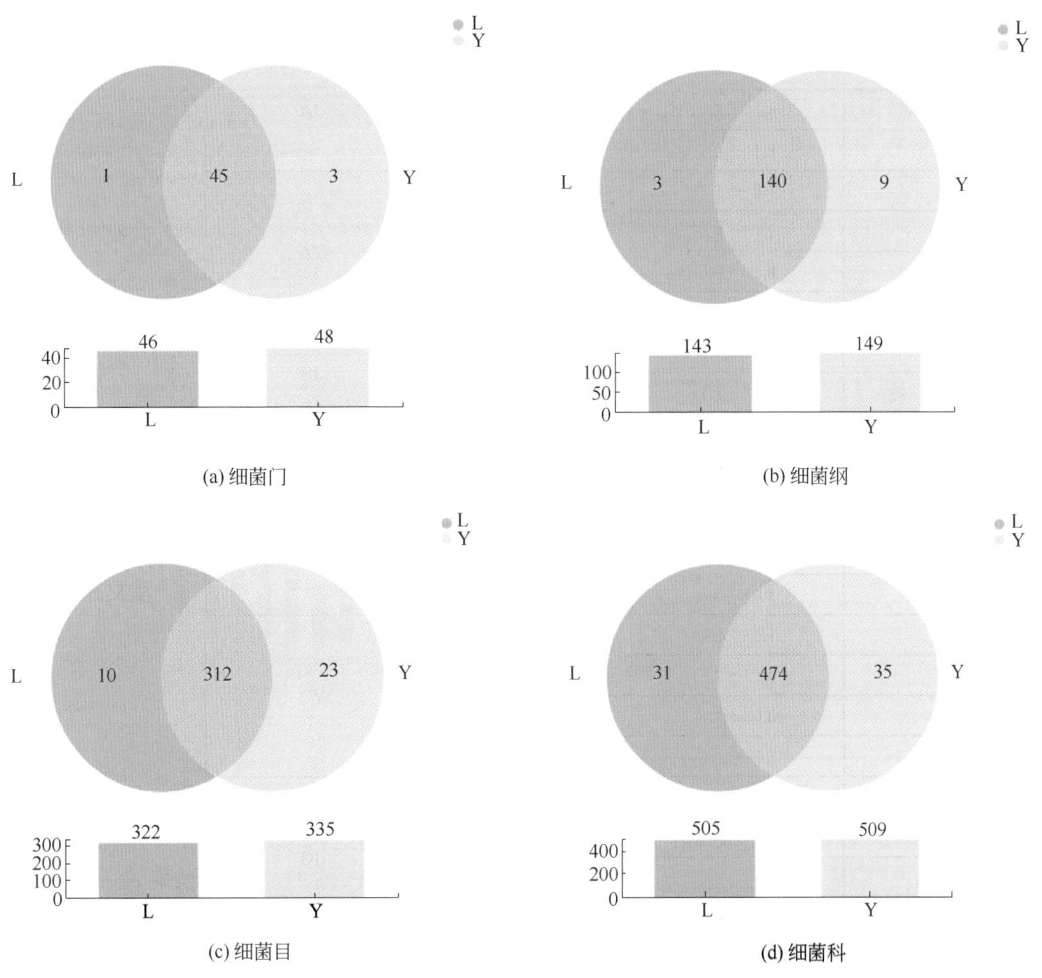

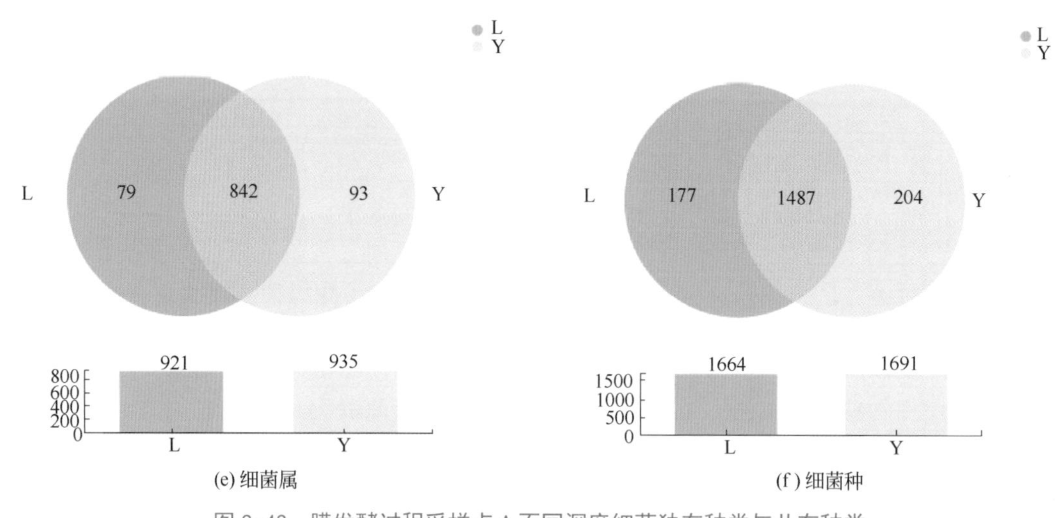

(e) 细菌属　　(f) 细菌种

图 3-43　膜发酵过程采样点 A 不同深度细菌独有种类与共有种类

（2）不同深度微生物组结构差异　从细菌门水平看，膜发酵物料中的前 15 个细菌门分别是绿弯菌门、放线菌门、厚壁菌门、变形菌门、芽单胞菌门、酸杆菌门、候选门 Patescibacteria、拟杆菌门、黏球菌门、浮霉菌门、疣微菌门、异常球菌门、硝化螺旋菌门、装甲菌门、候选苏美神菌门，浅层样本和深层样本这 15 个细菌门含量差异不显著（$P>0.05$）（图 3-44）；优势细菌门绿弯菌门不同发酵时期浅层样本和深层样本菌群含量变化动态趋势相近（图 3-45）。浅层样本前 3 个高含量的细菌门为绿弯菌门（36.26%）＞放线菌门（16.21%）＞变形菌门（13.49%）；深层样本前 3 个高含量的细菌门为绿弯菌门（41.63%）＞放线菌门（15.69%）＞厚壁菌门（13.96%）。

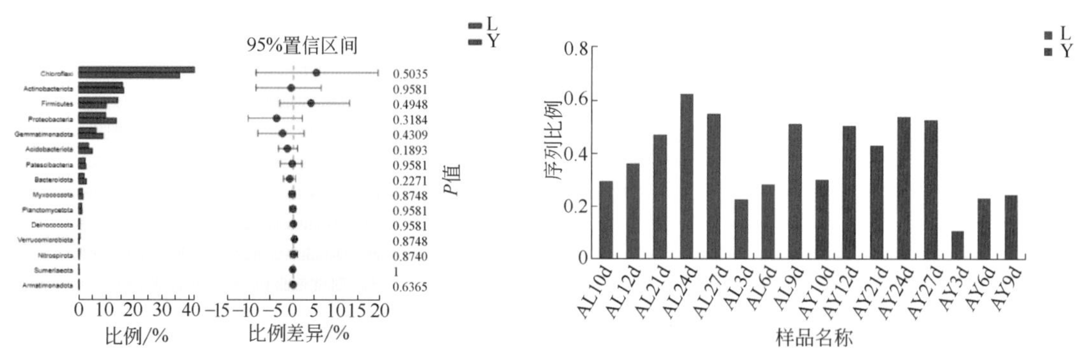

图 3-44　膜发酵浅层和深层样本细菌门差异比较　　图 3-45　绿弯菌门在浅层和深层样本中含量变化动态

从细菌纲水平看，膜发酵物料中的前 15 个细菌纲分别是厌氧绳菌纲、放线菌纲、绿弯菌纲、梭菌纲、S0134 陆生菌群的 1 纲、γ- 变形菌纲、芽胞杆菌纲、α- 变形菌纲、酸微菌纲、糖单胞菌纲、疣微菌纲、拟杆菌纲、候选纲 Blastocatellia、嗜热油菌纲、共生杆菌纲，浅层样本和深层样本这 15 个细菌纲含量差异不显著（$P>0.05$）（图 3-46）。优势细菌纲厌氧绳菌纲不同发酵时期浅层样本和深层样本菌群含量变化动态趋势相近（图 3-47）。浅层样本前 3 个高含量的细菌纲为厌氧绳菌纲（28.33%）＞放线菌纲（12.81%）>S0134 陆生菌群的 1 纲

（8.217%）；深层样本前 3 个高含量的细菌纲为厌氧绳菌纲（33.29%）> 放线菌纲（11.52%）> 绿弯菌纲（7.019%）。

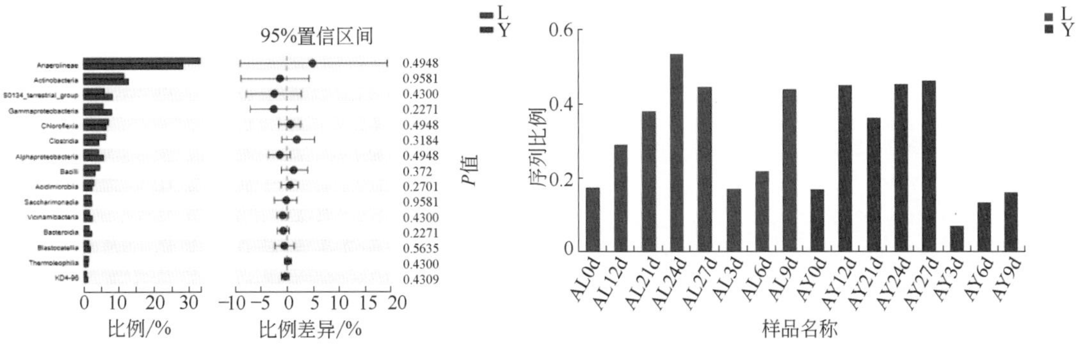

图 3-46　浅层和深层样本细菌纲差异比较　　图 3-47　厌氧绳菌纲在浅层和深层样本中含量变化动态

从细菌目水平看，膜发酵过程前 15 个细菌目，包括了候选目 SBR1031、S0134 陆生菌群的 1 纲的 1 目、厌氧绳菌目、绿弯菌目、小单孢菌目、根瘤菌目、热微菌目、梭菌纲分类地位未定的 1 目、链霉菌目、丁酸弧菌目、黄单胞菌目、链孢囊菌目、糖单胞菌目、候选目 KIST-JJY010、微丝菌目，浅层样本和深层样本这 15 个细菌目含量差异不显著（P>0.05）（图 3-48）。优势细菌目候选目 SBR1031 不同发酵时期浅层样本和深层样本菌群含量变化动态趋势相近（图 3-49）。浅层样本前 3 个高含量的细菌目为候选目 SBR1031（22.26%）>S0134 陆生菌群的 1 纲的 1 目（8.217%）> 厌氧绳菌目（4.12%）；深层样本前 3 个高含量的细菌目为候选目 SBR1031（25.26%）> 厌氧绳菌目（6.082%）>S0134 陆生菌群的 1 纲的 1 目（5.846%）；深层样本与浅层样本前 3 个高含量的细菌目相同，仅排序不同。

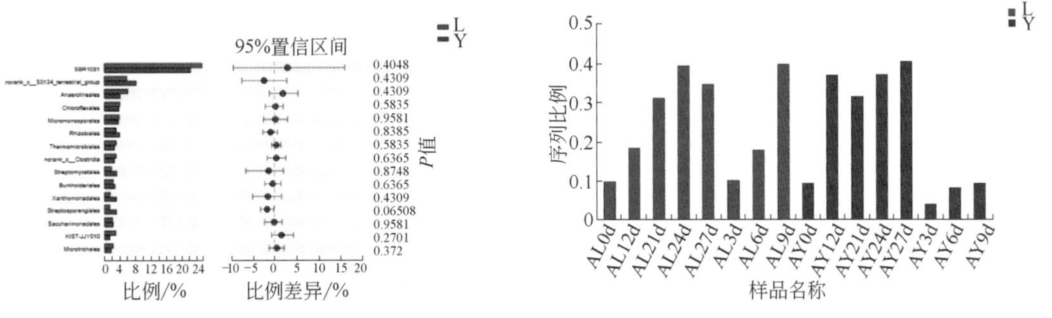

图 3-48　膜发酵浅层和深层样本细菌目差异比较　图 3-49　候选目 SBR1031 在浅层和深层样本中含量变化动态

从细菌科水平看，膜发酵过程前 15 个细菌科，包括了候选目 SBR1031 的 1 科、厌氧绳菌科、S0134 陆生菌群的 1 纲的 1 科、小单孢菌科、玫瑰弯菌科、候选目 KIST-JJY010 分类地位未定的 1 科、纤细杆菌科、候选科 A4b、链霉菌科、嗜热放线菌科、候选科 JG30-KF-CM45、芽胞杆菌科、糖单胞菌目分类地位未定的1科、暖绳菌科、生丝微菌科，浅层样本和深层样本这 15 个细菌科含量差异不显著（P>0.05）（图 3-50）。优势细菌科候选目 SBR1031 的 1 科在不同发酵时期浅层样本和深层样本菌群含量变化动态趋势相近（图 3-51）。浅层样本前 3 个高含量的细菌科为候选目 SBR1031 的 1 科（20.45%）>S0134 陆生菌群的 1 纲的 1

科（8.217%）> 厌氧绳菌科（4.12%）；深层样本前 3 个高含量的细菌科为候选目 SBR1031 的 1 科（23.34%）> 厌氧绳菌科（6.082%）>S0134 陆生菌群的 1 纲的 1 科（5.846%）；深层与浅层样本前 3 个高含量的细菌科相同，仅排序不同。

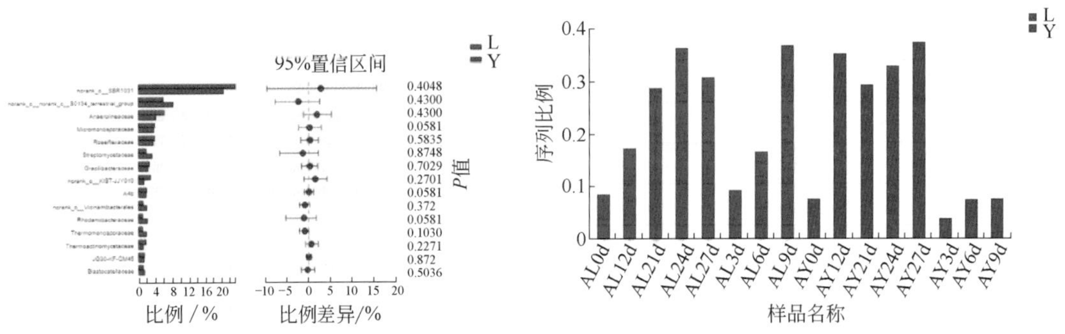

图 3-50 膜发酵浅层和深层样本细菌科差异比较　图 3-51 候选目 SBR1031 的 1 科在浅层和深层样本中含量变化动态

从细菌属水平看，膜发酵过程前 15 个细菌属，包括了候选目 SBR1031 的 1 属、S0134 陆生菌群的 1 纲的 1 属、厌氧绳菌科的 1 属、候选目 KIST-JJY010 的 1 属、玫瑰弯菌科的 1 属、淤泥生孢菌属、小单孢菌属、候选科 A4b 的 1 属、厌氧绳菌属、链霉菌属、热黄微菌属、小单孢菌科的 1 属、候选科 JG30-KF-CM45 的 1 属、糖单胞菌目的 1 属、友邻杆菌目的 1 属，浅层样本和深层样本这 15 个细菌属含量差异不显著（P>0.05）（图 3-52）。优势细菌属候选目 SBR1031 的 1 属在不同发酵时期浅层样本和深层样本菌群含量变化动态趋势相近（图 3-53）。浅层样本前 3 个高含量的细菌属为候选目 SBR1031 的 1 属（20.45%）>S0134 陆生菌群的 1 纲的 1 属（8.217%）> 链霉菌属（3.186%）；深层样本前 3 个高含量的细菌属为候选目 SBR1031 的 1 属（23.34%）>S0134 陆生菌群的 1 纲的 1 属（5.846%）> 厌氧绳菌科的 1 属（3.988%）；深层样本优势细菌属与浅层样本优势细菌属有所差异。

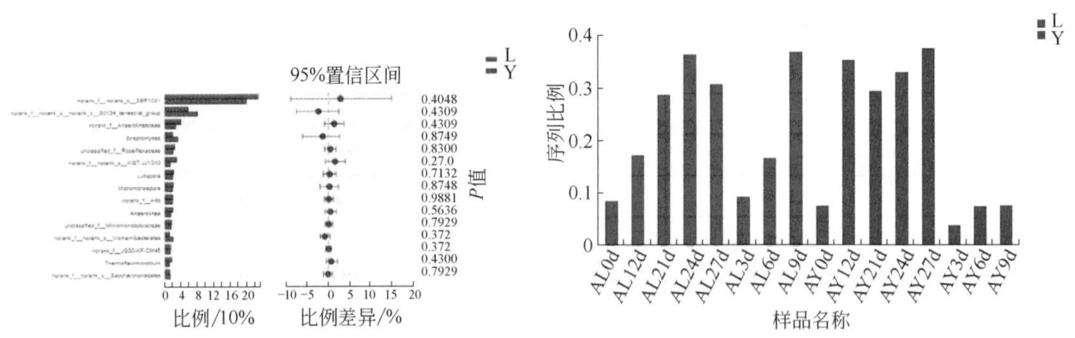

图 3-52 膜发酵浅层和深层样本细菌属差异比较　图 3-53 候选目 SBR1031 的 1 属在浅层和深层含量变化动态

从细菌种水平看，膜发酵过程前 15 个细菌种，包括了候选目 SBR1031 来自厌氧池的 1 种、候选目 SBR1031 的 1 种、S0134 陆生菌群的 1 纲的 1 种、厌氧绳菌科的 1 种、玫瑰弯菌科的 1 种、候选目 KIST-JJY010 未培养的 1 种、棘孢小单孢菌、链霉菌属的 1 种、小单孢菌科的 1 种、候选科 A4b 来自堆肥细菌的 1 种、厌氧绳菌属的 1 种、热黄微菌属的 1 种、候选科 JG30-KF-CM45 的 1 种、友邻杆菌目的 1 种、淤泥生孢菌属的 1 种，浅层样本和深层样本中这 15 个细菌种含量差异不显著（P>0.05）（图 3-54）。优势细菌种候选目 SBR1031 来自厌氧池的 1 种在不同发酵时期浅层样本和深层样本菌群含量变化动态趋势相近（图 3-55）；浅层样本前 3 个高含量的细菌种为候选目 SBR1031 来自厌氧池的 1 种（12.89%）>S0134 陆生菌群的 1 纲的 1 种（7.108%）> 候选目 SBR1031 的 1 种（6.751%）；深层样本前 3 个高含量的细菌种为候选目 SBR1031 来自厌氧池的 1 种（14.51%）> 候选目 SBR1031 的 1 种（7.674%）> S0134 陆生菌群的 1 纲的 1 种（4.986%）。深层样本与浅层样本前 3 个高含量的细菌种相同，排序不同。

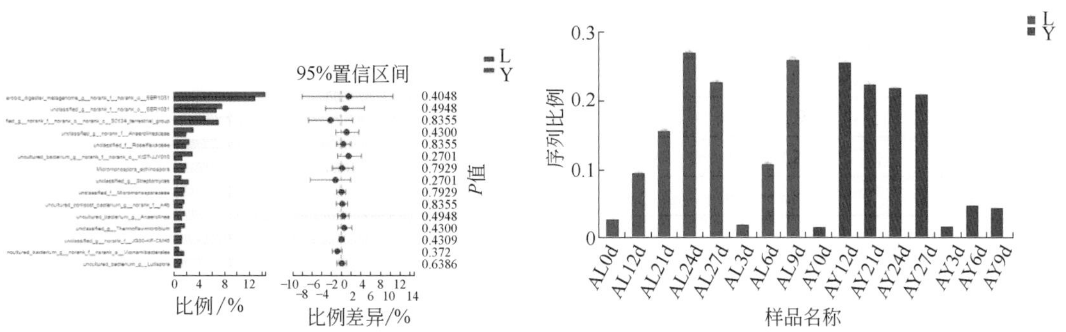

图 3-54　膜发酵浅层和深层样本细菌种差异比较

图 3-55　候选目 SBR1031 来自厌氧池的 1 种在浅层和深层样本中含量变化动态

二、膜发酵过程细菌门水平微生物组变化动态

1. 细菌门水平菌群结构

（1）菌群含量变化动态　膜发酵过程细菌门菌群含量变化动态见表 3-56。发酵过程总体分离到 50 个细菌门，优势菌群包含了 3 个细菌门，即绿弯菌门（发酵过程占比总和 = 297.21%）、厚壁菌门（113.85%）、放线菌门（111.33%）。

表 3-56　膜发酵过程细菌门菌群含量

细菌门	膜发酵过程细菌门含量 /%							
	0d	3d	6d	9d	12d	21d	24d	27d
绿弯菌门（Chloroflexi）	29.61	24.61	30.35	37.06	34.95	45.09	49.74	45.80
厚壁菌门（Firmicutes）	8.84	9.90	25.27	20.59	16.69	9.28	9.12	14.16
放线菌门（Actinobacteriota）	14.67	21.11	16.19	13.59	13.29	10.80	10.98	10.70
变形菌门（Proteobacteria）	19.47	21.04	12.24	8.73	9.36	8.55	6.28	6.70
芽单胞菌门（Gemmatimonadetes）	1.00	3.15	4.73	7.44	10.66	12.87	8.91	8.10
酸杆菌门（Acidobacteria）	8.33	4.77	1.89	2.02	2.03	3.27	3.56	3.39
拟杆菌门（Bacteroidetes）	5.90	5.40	2.39	1.96	2.30	2.91	3.53	2.64
候选门 Patescibacteria	4.47	2.56	1.99	1.37	1.62	0.75	0.68	0.78
黏球菌门（Myxococcota）	0.58	2.10	1.21	1.81	2.43	2.07	1.79	1.94

续表

细菌门	膜发酵过程细菌门含量 /%							
	0d	3d	6d	9d	12d	21d	24d	27d
粪热杆菌门（Coprothermobacterota）	0.10	0.01	0.76	2.18	3.57	0.55	1.84	2.32
浮霉菌门（Planctomycetota）	1.73	1.21	0.52	0.52	0.57	0.74	0.63	0.43
异常球菌门（Deinococcota）	0.14	1.16	0.68	0.99	0.83	0.92	0.62	0.58
装甲菌门（Armatimonadota）	0.38	0.23	0.21	0.22	0.22	0.40	0.57	0.46
候选苏美神菌门（Sumerlaeota）	0.06	0.11	0.06	0.21	0.16	0.63	0.56	0.73
硝化螺旋菌门（Nitrospirota）	1.55	0.14	0.04	0.13	0.19	0.07	0.06	0.16
疣微菌门（Verrucomicrobiota）	0.51	0.74	0.24	0.20	0.14	0.12	0.18	0.14
未分类的细菌门（unclassified_Bacteria）	0.22	0.10	0.12	0.18	0.22	0.32	0.37	0.40
脱硫杆菌门（Desulfobacterota）	0.48	0.41	0.23	0.22	0.13	0.09	0.09	0.06
互养菌门（Synergistota）	0.44	0.03	0.29	0.15	0.11	0.04	0.04	0.04
候选门 NB1-j	0.06	0.15	0.04	0.11	0.18	0.20	0.19	0.11
蛭弧菌门（Bdellovibrionota）	0.08	0.21	0.07	0.07	0.09	0.08	0.09	0.10
依赖菌门（Dependentiae）	0.25	0.22	0.06	0.04	0.03	0.01	0.01	0.01
候选门 MBNT15	0.05	0.09	0.04	0.02	0.02	0.04	0.05	0.05
候选门 Zixibacteria	0.19	0.11	0.02	0.01	0.01	0.00	0.00	0.00
蓝细菌门（Cyanobacteria）	0.08	0.04	0.05	0.03	0.02	0.06	0.03	0.03
产氢菌门（Hydrogenedentes）	0.03	0.09	0.04	0.04	0.03	0.04	0.04	0.02
候选门 Latescibacterota	0.18	0.08	0.01	0.00	0.00	0.00	0.00	0.00
螺旋体门（Spirochaetota）	0.05	0.03	0.07	0.04	0.05	0.02	0.01	0.02
候选门 WPS-2	0.12	0.01	0.07	0.03	0.03	0.01	0.00	0.00
候选门 Dadabacteria	0.02	0.02	0.00	0.00	0.02	0.05	0.01	0.04
候选门 SAR324_cladeMarine_group_B	0.11	0.01	0.01	0.00	0.00	0.00	0.00	0.00
热丝菌门（Caldisericota）	0.05	0.00	0.02	0.01	0.01	0.00	0.00	0.00
暖发菌门（Calditrichota）	0.05	0.04	0.00	0.00	0.00	0.00	0.00	0.00
产水菌门（Aquificota）	0.00	0.00	0.00	0.01	0.03	0.00	0.00	0.04
纤维杆菌门（Fibrobacterota）	0.05	0.02	0.01	0.00	0.00	0.00	0.00	0.00
候选门 RCP2-54	0.01	0.04	0.01	0.00	0.00	0.00	0.00	0.00
候选门 WS4	0.02	0.01	0.01	0.00	0.00	0.00	0.00	0.00
候选门 WS2	0.03	0.01	0.00	0.00	0.00	0.00	0.00	0.00
盐厌氧菌门（Halanaerobiaeota）	0.01	0.01	0.00	0.00	0.00	0.00	0.00	0.01
难觅微菌门（Elusimicrobiota）	0.04	0.00	0.00	0.00	0.00	0.00	0.00	0.00
隐居菌门（Abditibacteriota）	0.00	0.01	0.00	0.00	0.00	0.00	0.01	0.01
弯曲杆菌门（Campilobacterota）	0.01	0.00	0.01	0.00	0.01	0.00	0.00	0.00
候选门 TX1A-33	0.00	0.01	0.00	0.00	0.00	0.00	0.00	0.00
热黑杆菌门（Caldatribacteriota）	0.01	0.00	0.00	0.00	0.00	0.00	0.00	0.00
甲基奇异菌门（Methylomirabilota）	0.00	0.00	0.00	0.00	0.00	0.00	0.00	0.00
阴沟单胞菌门（Cloacimonadota）	0.00	0.00	0.00	0.00	0.00	0.00	0.00	0.00

续表

细菌门	膜发酵过程细菌门含量 /%							
	0d	3d	6d	9d	12d	21d	24d	27d
发酵杆菌门（Fermentibacterota）	0.00	0.00	0.00	0.00	0.00	0.00	0.00	0.00
热袍菌门（Thermotogota）	0.00	0.00	0.00	0.00	0.00	0.00	0.00	0.00
硝化刺菌门（Nitrospinota）	0.00	0.00	0.00	0.00	0.00	0.00	0.00	0.00
候选门 FCPU426	0.00	0.00	0.00	0.00	0.00	0.00	0.00	0.00

（2）独有种类和共有种类　膜发酵阶段细菌门共有种类和独有种类见图 3-56。在细菌门水平上，不同发酵阶段的共有种类 40 种，独有种类仅在发酵初期（0d）时有 1 种，其余阶段没有独有种类。表明发酵过程的细菌门来源于发酵物料，经过 27d 的发酵，细菌门仅减少一种，其余都在发酵过程中发挥作用。不同发酵阶段的细菌门种类有所差别，种类最多的是发酵 9d 和发酵初期（0d），细菌门 48 个；最少的是发酵 27d，细菌门仅 41 个。

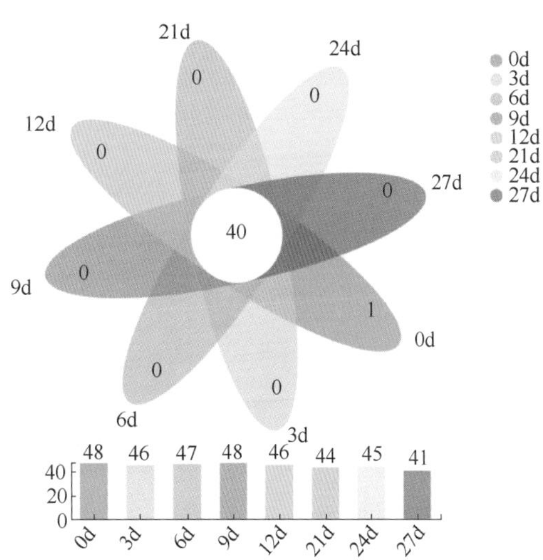

图 3-56　膜发酵阶段细菌门共有种类和独有种类

（3）膜发酵物料的菌群结构　膜发酵过程细菌门组成结构见图 3-57。不同发酵阶段的前 4 个高含量细菌门种类相同，即绿弯菌门（发酵阶段占比总和 =297.21%）> 厚壁菌门（113.85%）> 放线菌门（111.33%）> 变形菌门（92.37%）；绿弯菌门属于后峰型，峰值在第 24 天；厚壁菌门属于中峰型，峰值在第 6 天；放线菌门属于前峰型，峰值在第 3 天；变形菌门属于前峰型，峰值在第 3 天。

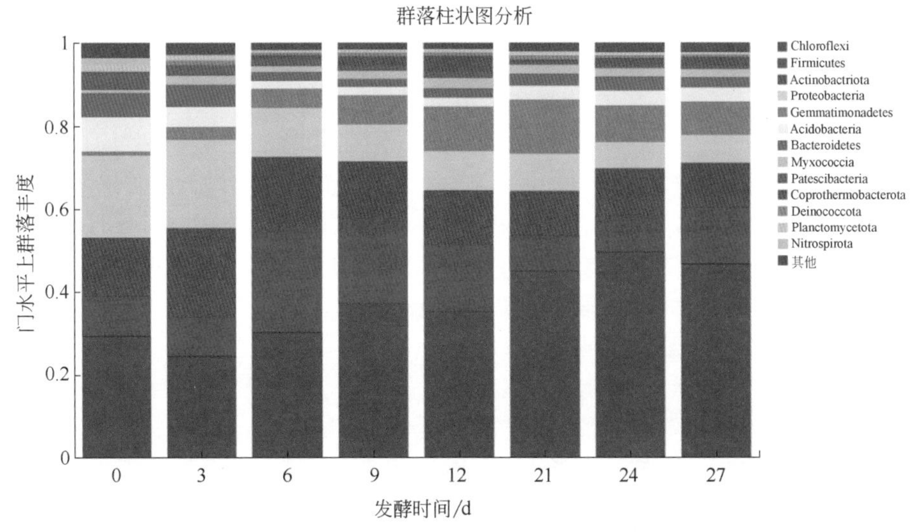

图 3-57　膜发酵过程细菌门组成结构

2. 细菌门水平菌群分析

（1）优势菌群热图分析　膜发酵过程细菌门菌群热图分析见图 3-58。从菌群聚类看，发酵过程前 30 个细菌门菌群可以聚为 3 组，即高含量的绿弯菌门、厚壁菌门、放线菌门、变形菌门、芽单胞菌门、酸杆菌门、拟杆菌门、候选门 Patescibacteria、黏球菌门、粪热杆菌门为第 1 组；低含量的依赖菌门、候选门 Zixibacteria、候选门 Latescibacterota、螺旋体门、候选门 WPS-2、候选门 Dadabacteria、蓝细菌门、候选门 MBNT15、产氢菌门为第 2 组；中含量的浮霉菌门、装甲菌门、候选苏美神菌门、硝化螺菌门、疣微菌门、未分类的细菌门、脱硫杆菌门、互养菌门、候选门 NB1-j、蛭弧菌门、异常球菌门细菌门为第 3 组。

从发酵阶段上看，膜发酵过程可分为 3 个阶段，第 1 阶段为发酵初期，包括了 0d、3d；第 2 阶段为发酵中期，包括了 6d、9d、12d；第 3 阶段为发酵后期，包括了 21d、24d、27d。

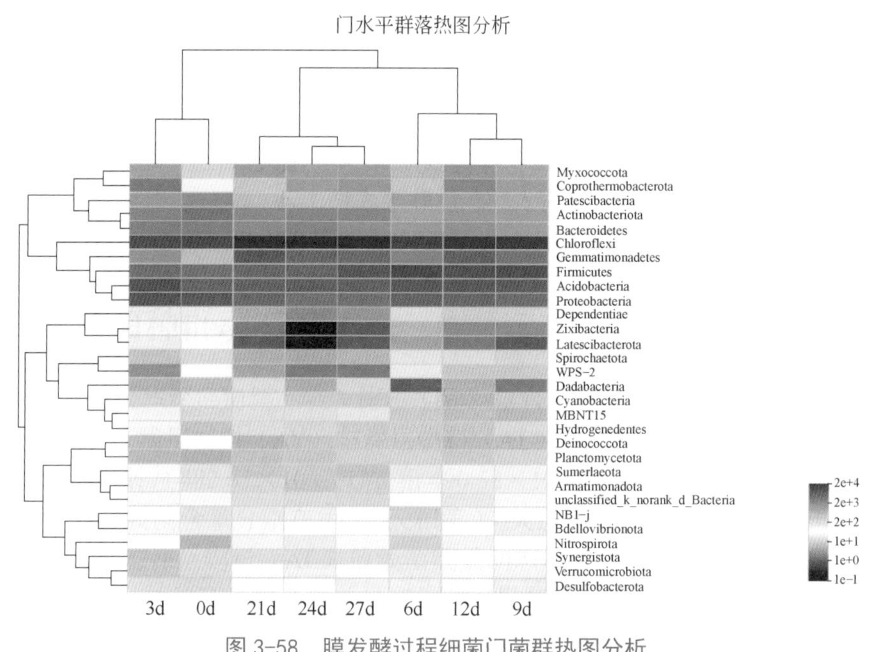

图 3-58　膜发酵过程细菌门菌群热图分析

（2）菌群样本坐标分析　膜发酵过程不同时间采样样本细菌门微生物组主坐标分析（PCoA）结果见图 3-59，偏最小二乘法判别分析（PLS-DA）结果见图 3-60。主坐标分析结果表明，发酵过程 0 ～ 3d 样本微生物组主要落在第 4 象限，6 ～ 12d 样本微生物组主要落在第 1 象限，21 ～ 27d 样本微生物组主要落在第 2 和第 3 象限。主坐标分析可以总体地区分出发酵阶段的样本分布。

偏最小二乘法判别分析（PLS-DA）结果进一步表明，发酵过程 0d 样本微生物组主要落在同一个区域，3 ～ 6d 样本微生物组主要落在同一个区域，12 ～ 27d 样本微生物组主要落在同一个区域，PLS-DA 分析可以总体地区分出发酵阶段的样本分布（图 3-60）。

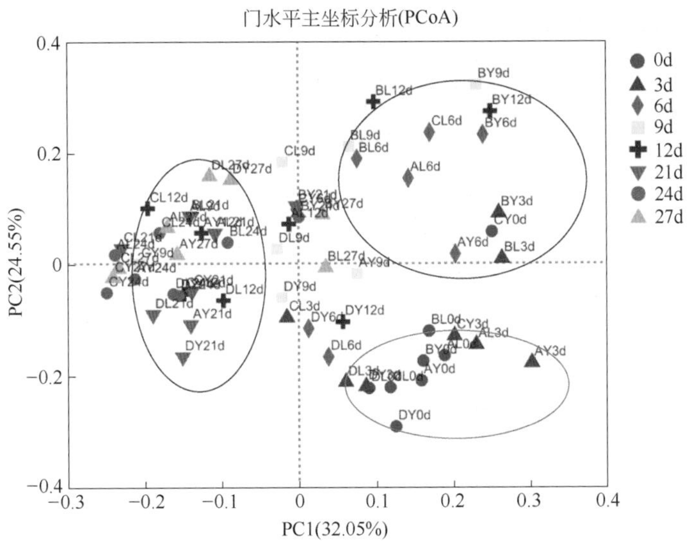

图 3-59　膜发酵过程样本细菌门微生物组主坐标分析（PCoA）

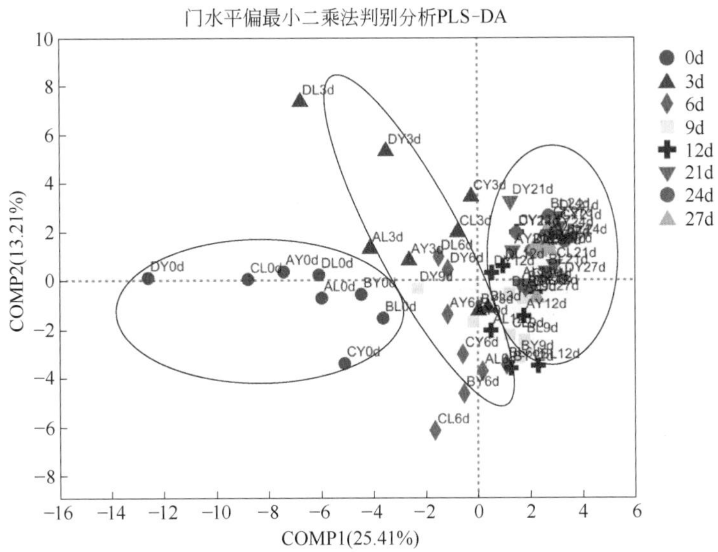

图 3-60　膜发酵过程样本微生物组偏最小二乘法判别分析（PLS-DA）

（3）发酵阶段菌群差异　膜发酵不同时间细菌门微生物组差异分析见图 3-61。分析结果表明绿弯菌门、厚壁菌门、放线菌门、变形菌门、芽单胞菌门等 5 个细菌门为膜发酵过程的主要细菌门；不同发酵时间这 5 个细菌门的含量差异显著，绿弯菌门属于后峰型、厚壁菌门属于中峰型、放线菌门属于前峰型、变形菌门属于前峰型、芽单胞菌门属于后峰型。

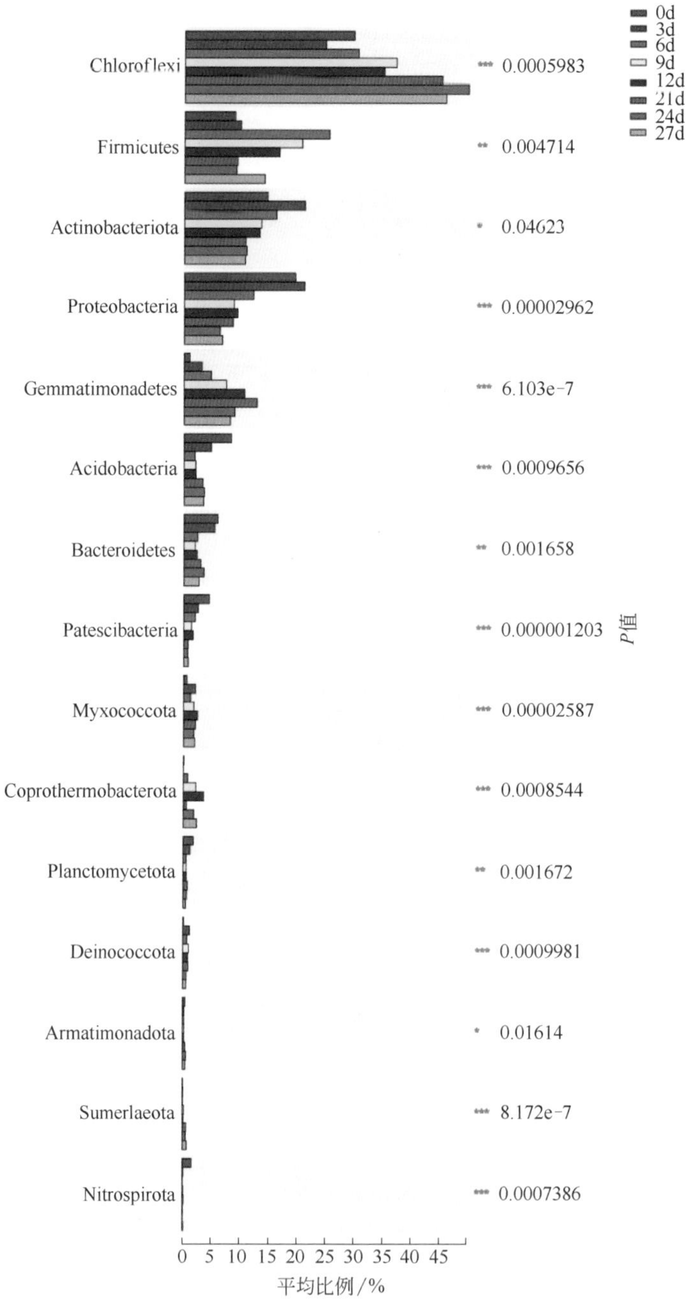

图 3-61　膜发酵不同时间细菌门微生物组差异分析

（4）菌群系统进化分析　膜发酵不同时间 50 个主要细菌门微生物组系统进化分析见图 3-62。从进化树看，绿弯菌门、厚壁菌门、放线菌门、变形菌门、芽单胞菌门等 5 个细菌门为发酵过程的主要细菌门，且在整个膜发酵过程中 5 个优势细菌门都在起作用；其余的细菌门含量较低，发酵过程起的作用较小。

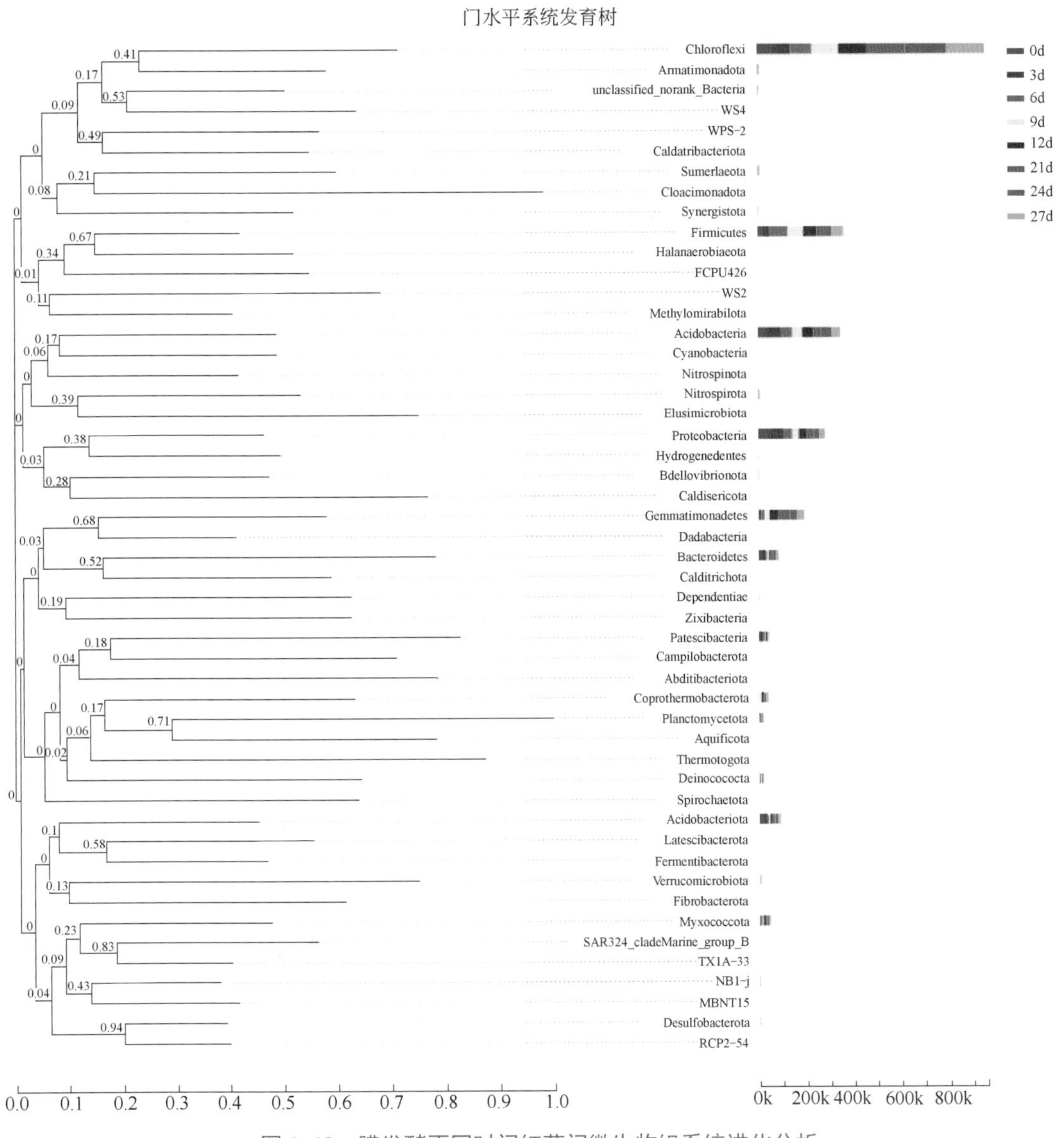

图 3-62　膜发酵不同时间细菌门微生物组系统进化分析

3. 菌群数量变化

（1）优势菌群数量变化　膜发酵阶段细菌门优势菌群数量变化动态见图 3-63。绿弯菌门、厚壁菌门、放线菌门、变形菌门、芽单胞菌门为优势菌群。随着发酵进程，绿弯菌门数量逐渐增加，属于后峰型曲线，线性方程为 y(chl）=3.3463x+22.093（R^2=0.8375）。随着发酵进程，厚壁菌门数量逐渐增加，到第 6 天达到高峰，而后逐渐下降，属于中峰型曲线，多项式方程为 y(fir）=0.4161x^3−6.2724x^2+27.103x−15.196（R^2=0.6633）。随着发酵进程，放线菌门数量逐渐下降，属于前峰型曲线，线性方程为 y(act）= 23.356x−0.603（R^2=0.8737）。变形菌门随着发酵进程，数量逐渐下降，属于前峰型曲线，幂指数方程为 y(pro）=19.442$e^{-0.08x}$

（R^2=0.6945）。芽单胞菌门随着发酵进程，数量逐渐增加，属于后峰型曲线，方程为y（gem）=1.3091x−1.1084（R^2=0.8753）。

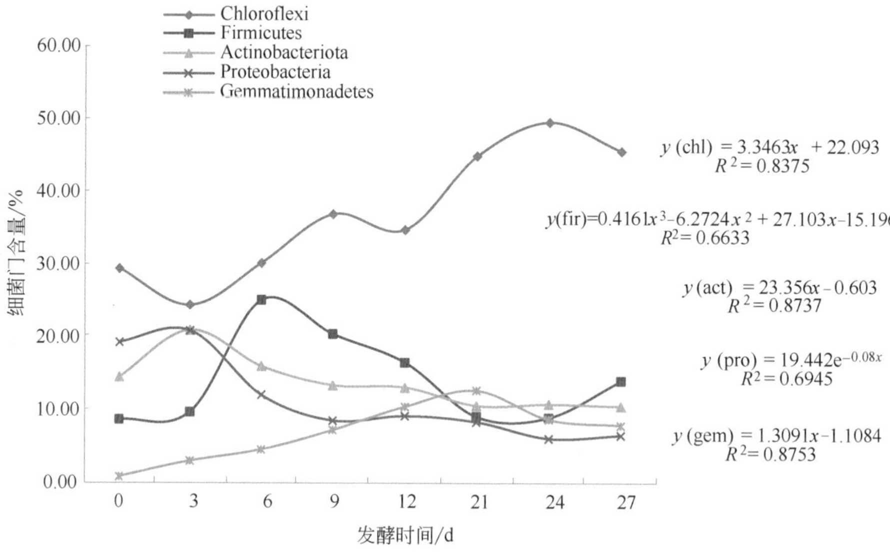

图 3-63　膜发酵阶段细菌门优势菌群数量变化动态

（2）优势菌群多样性指数　利用表 3-56，以细菌门为样本，发酵时间为指标，统计主要细菌门的多样性指数，膜发酵过程主要细菌门的多样性指数见表 3-57。分析结果表明，发酵过程细菌门数量占比累计值最高为绿弯菌门（297.21%），最低的为疣微菌门（2.27%）；从丰富度上看，最高的为疣微菌门（8.55），最低的为绿弯菌门（1.23）。优势度指数（D）的范围为 0.86（厚壁菌门）～ 1.45（疣微菌门）；香农指数（H）范围为 1.24（硝化螺旋菌门）～ 2.05（绿弯菌门）；均匀度指数范围为 0.60（硝化螺旋菌门）～ 0.99（绿弯菌门）。

表 3-57　膜发酵过程主要细菌门的多样性指数

细菌门	占有发酵单元数	数量占比累计值 /%	丰富度指数	优势度指数 (D)	香农指数 (H)	均匀度指数
绿弯菌门（Chloroflexi）	8	297.21	1.23	0.87	2.05	0.99
厚壁菌门（Firmicutes）	8	113.85	1.48	0.86	2.00	0.96
放线菌门（Actinobacteriota）	8	111.33	1.49	0.88	2.05	0.99
变形菌门（Proteobacteria）	8	92.37	1.55	0.86	1.98	0.95
芽单胞菌门（Gemmatimonadotetes）	8	56.86	1.73	0.86	1.92	0.92
酸杆菌门（Acidobacteria）	8	29.25	2.07	0.87	1.95	0.94
拟杆菌门（Bacteroidetes）	8	27.03	2.12	0.89	2.00	0.96
候选门 Patescibacteria	8	14.23	2.64	0.88	1.88	0.90
黏球菌门（Myxococcota）	8	13.92	2.66	0.93	2.02	0.97

续表

细菌门	占有发酵单元数	数量占比累计值 /%	丰富度指数	优势度指数 (*D*)	香农指数 (*H*)	均匀度指数
粪热杆菌门（Coprothermobacterota）	8	11.32	2.88	0.86	1.67	0.81
浮霉菌门（Planctomycetota）	8	6.34	3.79	1.00	1.96	0.94
异常球菌门（Deinococcota）	8	5.94	3.93	1.03	1.98	0.95
装甲菌门（Armatimonadota）	8	2.69	7.08	1.36	2.01	0.97
候选苏美神菌门（Sumerlaeota）	8	2.53	7.55	1.31	1.75	0.84
硝化螺旋菌门（Nitrospirota）	8	2.32	8.30	0.94	1.24	0.60
疣微菌门（Verrucomicrobiota）	8	2.27	8.55	1.45	1.85	0.89

（3）优势菌群生态位特征　利用表 3-56，以细菌门为样本，发酵时间为指标，用 Levins 测度计算细菌门的时间生态位宽度，统计结果见表 3-58。结果表明，发酵过程不同细菌门时间生态位宽度差异显著，生态位宽度分为 3 个等级。生态位宽度 6 ～ 8，为宽生态位宽度菌群，包含了 20 个细菌门，即绿弯菌门、放线菌门、黏球菌门、装甲菌门、盐厌氧菌门、异常球菌门、厚壁菌门、拟杆菌门、候选门 NB1-j、未分类的细菌门、蛭弧菌门、候选门 MBNT15、变形菌门、蓝细菌门、产氢菌门、螺旋体门、芽单胞菌门、浮霉菌门、酸杆菌门、候选门 TX1A-33；生态位宽度 4 ～ 6，为中等生态位宽度菌群，包含了 12 个细菌门，即甲基奇异菌门、候选门 Patescibacteria、脱硫杆菌门、隐居菌门、候选门 Dadabacteria、疣微菌门、热黑杆菌门、候选苏美神菌门、粪热杆菌门、候选门 WS4、弯曲杆菌门、互养菌门；生态位宽度 1 ～ 4，为窄生态位宽度菌群，包含了 18 个细菌门，即候选门 WPS-2、依赖菌门、阴沟单胞菌门、产水菌门、候选门 WS2、热袍菌门、热丝菌门、候选门 RCP2-54、候选门 Zixibacteria、硝化刺菌门、硝化螺旋菌门、暖发菌门、候选门 Latescibacterota、纤维杆菌门、发酵杆菌门、候选门 SAR324_cladeMarine_group_B、难觅微菌门、候选门 FCPU426。

表 3-58　发酵过程细菌门时间生态位宽度

细菌门	生态位宽度	频数	截断比例	常用资源种类			
绿弯菌门（Chloroflexi）	7.61	3	0.13	S6=15.17%	S7=16.74%	S8=15.41%	
放线菌门（Actinobacteriota）	7.58	3	0.13	S1=13.18%	S2=18.96%	S3=14.54%	
黏球菌门（Myxococcota）	7.28	4	0.13	S2=15.07%	S5=17.44%	S6=14.85%	S8=13.94%
装甲菌门（Armatimonadota）	6.97	4	0.13	S1=14.01%	S6=14.84%	S7=21.36%	S8=17.22%
盐厌氧菌门（Halanaerobiaeota）	6.93	3	0.13	S1=17.78%	S2=19.54%	S8=18.96%	
异常球菌门（Deinococcota）	6.92	4	0.13	S2=19.60%	S4=16.72%	S5=14.01%	S6=15.56%
厚壁菌门（Firmicutes）	6.87	3	0.13	S3=22.20%	S4=18.08%	S5=14.66%	
拟杆菌门（Bacteroidetes）	6.85	3	0.13	S1=21.82%	S2=19.99%	S7=13.05%	
候选门 NB1-j	6.82	4	0.13	S2=14.35%	S5=16.93%	S6=19.09%	S7=17.84%
未分类的细菌门（unclassified_Bacteria）	6.74	3	0.13	S6=16.62%	S7=19.04%	S8=20.76%	

续表

细菌门	生态位宽度	频数	截断比例	常用资源种类			
蛭弧菌门（Bdellovibrionota）	6.74	1	0.13	S2=26.27%			
候选门 MBNT15	6.68	4	0.13	S1=13.56%	S2=24.51%	S7=13.52%	S8=14.46%
变形菌门（Proteobacteria）	6.60	3	0.13	S1=21.08%	S2=22.78%	S3=13.25%	
蓝细菌门（Cyanobacteria）	6.53	3	0.13	S1=24.70%	S3=15.12%	S6=17.33%	
产氢菌门（Hydrogenedentes）	6.38	1	0.13	S2=28.56%			
螺旋体门（Spirochaetota）	6.36	4	0.13	S1=17.51%	S3=23.26%	S4=15.16%	S5=17.16%
芽单胞菌门（Gemmatimonadetes）	6.30	5	0.13	S4=13.08%	S5=18.75%	S6=22.64%	S7=15.67%
浮霉菌门（Planctomycetota）	6.26	2	0.13	S1=27.21%	S2=19.00%		
酸杆菌门（Acidobacteria）	6.17	2	0.13	S1=28.46%	S2=16.32%		
候选门 TX1A-33	6.10	4	0.13	S2=26.00%	S3=14.98%	S5=16.85%	S8=15.73%
甲基奇异菌门（Methylomirabilota）	5.89	4	0.13	S1=21.38%	S2=24.74%	S3=16.30%	S6=14.12%
候选门 Patescibacteria	5.52	3	0.13	S1=31.42%	S2=17.99%	S3=14.02%	
脱硫杆菌门（Desulfobacterota）	5.48	3	0.13	S1=28.00%	S2=23.91%	S3=13.50%	
隐居菌门（Abditibacteriota）	5.31	4	0.13	S1=13.08%	S2=27.43%	S7=21.29%	S8=19.54%
候选门 Dadabacteria	5.25	3	0.13	S1=14.26%	S6=28.00%	S8=25.27%	
疣微菌门（Verrucomicrobiota）	5.20	2	0.13	S1=22.30%	S2=32.64%		
热黑杆菌门（Caldatribacteriota）	5.06	2	0.13	S1=34.62%	S2=17.26%		
候选苏美神菌门（Sumerlaeota）	4.82	3	0.13	S6=24.77%	S7=22.15%	S8=28.74%	
粪热杆菌门（Coprothermobacterota）	4.72	4	0.13	S4=19.22%	S5=31.56%	S7=16.28%	S8=20.49%
候选门 WS4	4.54	3	0.13	S1=37.96%	S2=18.04%	S3=15.92%	
弯曲杆菌门（Campilobacterota）	4.44	3	0.14	S1=24.97%	S3=30.60%	S5=21.90%	
互养菌门（Synergistota）	4.03	3	0.13	S1=38.73%	S3=25.90%	S4=13.63%	
候选门 WPS-2	3.57	2	0.13	S1=43.46%	S3=25.53%		
依赖菌门（Dependentiae）	3.36	2	0.13	S1=39.70%	S2=35.22%		
阴沟单胞菌门（Cloacimonadota）	3.13	2	0.15	S1=45.97%	S3=30.13%		
产水菌门（Aquificota）	3.11	2	0.15	S3=31.18%	S6=44.55%		
候选门 WS2	2.91	2	0.13	S1=53.81%	S2=19.50%		
热袍菌门（Thermotogota）	2.85	3	0.2	S1=36.17%	S2=22.74%	S3=41.09%	
热丝菌门（Caldisericota）	2.81	2	0.13	S1=53.45%	S3=23.69%		
候选门 RCP2-54	2.42	3	0.13	S1=16.92%	S2=59.99%	S3=15.32%	
候选门 Zixibacteria	2.37	2	0.13	S1=56.33%	S2=31.41%		
硝化刺菌门（Nitrospinota）	2.22	1	0.2	S2=61.33%			
硝化螺旋菌门（Nitrospirota）	2.15	1	0.13	S1=66.81%			

续表

细菌门	生态位宽度	频数	截断比例	常用资源种类			
暖发菌门（Calditrichota）	2.13	2	0.18	S1=54.88%	S2=40.92%		
候选门 Latescibacterota	2.12	2	0.13	S1=62.00%	S2=29.02%		
纤维杆菌门（Fibrobacterota）	2.08	2	0.14	S1=65.73%	S2=20.21%		
发酵杆菌门（Fermentibacterota）	1.46	1	0.2	S1=80.57%			
候选门 SAR324_cladeMarine_group_B	1.45	1	0.13	S1=82.49%			
难觅微菌门（Elusimicrobiota）	1.23	1	0.15	S1=89.97%			
候选门 FCPU426	1.00	1	0.2	S1=100.00%			

选择 5 个高含量细菌门和 5 个低含量细菌门，计算发酵过程时间生态位重叠，分析结果见表 3-59 和表 3-60。分析结果表明，高含量细菌门之间时间生态位重叠值大于 0.64，表明菌群间生态位重叠较高，充分利用时间生态位资源共同生长。绿弯菌门与芽单胞菌门重叠值为 0.9401 较大，两菌群共存于同一生态位概率较高。变形菌门与芽单胞菌门重叠值为 0.6492 最小，两菌群共存于同一生态位概率最低。

表 3-59　发酵过程高含量细菌门时间生态位重叠（Pianka 测度）

高含量细菌门	Chloroflexi	Firmicutes	Actinobacteriota	Proteobacteria	Gemmatimonadetes
绿弯菌门（Chloroflexi）	1	0.8846	0.9035	0.8059	0.9401
厚壁菌门（Firmicutes）	0.8846	1	0.9114	0.8049	0.8193
放线菌门（Actinobacteriota）	0.9035	0.9114	1	0.9654	0.7904
变形菌门（Proteobacteria）	0.8059	0.8049	0.9654	1	0.6492
芽单胞菌门（Gemmatimonadetes）	0.9401	0.8193	0.7904	0.6492	1

从低含量细菌门看，低含量细菌门之间时间生态位重叠值范围为 0.1987 ～ 0.8973，变化范围较大，表明菌群间生态位重叠异质性较高。硝化螺旋菌门与浮霉菌门、异常球菌门、装甲菌门、候选苏美神菌门之间的时间生态位重叠值分别为 0.7943、0.2447、0.5114、0.1987，表明硝化螺旋菌门与浮霉菌门、装甲菌门之间具有较高的生态位重叠，对同一资源利用的概率较大；硝化螺旋菌门与异常球菌门、候选苏美神菌门之间的时间生态位重叠值较小，表明它们对同一资源利用的概率较小（表 3-60）。

表 3-60　发酵过程低含量细菌门时间生态位重叠（Pianka 测度）

低含量细菌门	Planctomycetota	Deinococcota	Armatimonadota	Sumerlaeota	Nitrospirota
浮霉菌门（Planctomycetota）	1	0.7542	0.8247	0.5499	0.7943
异常球菌门（Deinococcota）	0.7542	1	0.8073	0.7225	0.2447
装甲菌门（Armatimonadota）	0.8247	0.8073	1	0.8973	0.5114
候选苏美神菌门（Sumerlaeota）	0.5499	0.7225	0.8973	1	0.1987
硝化螺旋菌门（Nitrospirota）	0.7943	0.2447	0.5114	0.1987	1

（4）发酵过程亚群落分化　利用表 3-56 为矩阵，细菌门为样本，发酵时间为指标，马氏距离为尺度，用可变类平均法进行系统聚类，分析结果见表 3-61 和图 3-64。分析结果可见细菌门分为 3 组亚群落，第 1 组为高含量亚群落，包含了 7 个细菌门菌群，即绿弯菌门、厚壁菌门、放线菌门、变形菌门、芽单胞菌门、拟杆菌门、候选门 Patescibacteria，它们在发酵过程的平均值范围为 11.99% ～ 13.31%；第 2 组为中含量亚群落，包含了 11 个细菌门菌群，即酸杆菌门、黏球菌门、粪热杆菌门、浮霉菌门、异常球菌门、装甲菌门、候选苏美神菌门、硝化螺旋菌门、未分类的细菌门、脱硫杆菌门、互养菌门，它们在发酵过程的平均值范围为 0.55% ～ 1.27%；第 3 组为低含量亚群落，包含了 32 个细菌门菌群，如蛭弧菌门、依赖菌门、候选门 MBNT15、候选门 Zixibacteria、蓝细菌门、产氢菌门、候选门 Latescibacterota、螺旋体门、候选门 WPS-2、候选门 Dadabacteria 等，它们在发酵过程的平均值范围为 0.02% ～ 0.06%。

表 3-61　发酵过程细菌门菌群亚群落分化聚类分析

组别	细菌门	发酵过程细菌门含量 /%							
		0d	3d	6d	9d	12d	21d	24d	27d
1	绿弯菌门（Chloroflexi）	29.61	24.61	30.35	37.06	34.95	45.09	49.74	45.80
1	厚壁菌门（Firmicutes）	8.84	9.90	25.27	20.59	16.69	9.28	9.12	14.16
1	放线菌门（Actinobacteriota）	14.67	21.11	16.19	13.59	13.29	10.80	10.98	10.70
1	变形菌门（Proteobacteria）	19.47	21.04	12.24	8.73	9.36	8.55	6.28	6.70
1	芽单胞菌门（Gemmatimonadetes）	1.00	3.15	4.73	7.44	10.66	12.87	8.91	8.10
1	拟杆菌门（Bacteroidetes）	5.90	5.40	2.39	1.96	2.30	2.91	3.53	2.64
1	候选门 Patescibacteria	4.47	2.56	1.99	1.37	1.62	0.75	0.68	0.78
第 1 组 7 个样本平均值		11.99	12.54	13.31	12.96	12.69	12.89	12.75	12.70
2	酸杆菌门（Acidobacteria）	8.33	4.77	1.89	2.02	2.03	3.27	3.56	3.39
2	黏球菌门（Myxococcota）	0.58	2.10	1.21	1.81	2.43	2.07	1.79	1.94
2	粪热杆菌门（Coprothermobacterota）	0.10	0.01	0.76	2.18	3.57	0.55	1.84	2.32
2	浮霉菌门（Planctomycetota）	1.73	1.21	0.52	0.52	0.57	0.74	0.63	0.43
2	异常球菌门（Deinococcota）	0.14	1.16	0.68	0.99	0.83	0.92	0.62	0.58
2	装甲菌门（Armatimonadota）	0.38	0.23	0.21	0.22	0.22	0.40	0.57	0.46
2	候选苏美神菌门（Sumerlaeota）	0.06	0.11	0.06	0.21	0.16	0.63	0.56	0.73
2	硝化螺旋菌门（Nitrospirota）	1.55	0.14	0.04	0.13	0.19	0.07	0.06	0.16
2	未分类的细菌门（unclassified_Bacteria）	0.22	0.10	0.12	0.18	0.22	0.32	0.37	0.40
2	脱硫杆菌门（Desulfobacterota）	0.48	0.41	0.23	0.22	0.13	0.09	0.09	0.06
2	互养菌门（Synergistota）	0.44	0.03	0.29	0.15	0.11	0.04	0.04	0.04
第 2 组 11 个样本平均值		1.27	0.93	0.55	0.78	0.95	0.83	0.92	0.96
3	疣微菌门（Verrucomicrobiota）	0.51	0.74	0.24	0.20	0.14	0.12	0.18	0.14

续表

组别	细菌门	发酵过程细菌门含量 /%							
		0d	3d	6d	9d	12d	21d	24d	27d
3	候选门 NB1-j	0.06	0.15	0.04	0.11	0.18	0.20	0.19	0.11
3	蛭弧菌门（Bdellovibrionota）	0.08	0.21	0.07	0.07	0.09	0.08	0.09	0.10
3	依赖菌门（Dependentiae）	0.25	0.22	0.06	0.04	0.03	0.01	0.01	0.01
3	候选门 MBNT15	0.05	0.09	0.04	0.02	0.02	0.04	0.05	0.05
3	候选门 Zixibacteria	0.19	0.11	0.02	0.01	0.01	0.00	0.00	0.00
3	蓝细菌门（Cyanobacteria）	0.08	0.04	0.05	0.03	0.02	0.06	0.03	0.03
3	产氢菌门（Hydrogenedentes）	0.03	0.09	0.04	0.04	0.03	0.04	0.04	0.02
3	候选门 Latescibacterota	0.18	0.08	0.01	0.00	0.00	0.00	0.00	0.00
3	螺旋体门（Spirochaetota）	0.05	0.03	0.07	0.04	0.05	0.02	0.01	0.02
3	候选门 WPS-2	0.12	0.01	0.07	0.03	0.03	0.01	0.00	0.00
3	候选门 Dadabacteria	0.02	0.02	0.00	0.00	0.02	0.05	0.01	0.04
3	候选门 SAR324_cladeMarine_group_B	0.11	0.01	0.01	0.00	0.00	0.00	0.00	0.00
3	热丝菌门（Caldisericota）	0.05	0.00	0.02	0.01	0.01	0.00	0.00	0.00
3	暖发菌门（Calditrichota）	0.05	0.04	0.00	0.00	0.00	0.00	0.00	0.00
3	产水菌门（Aquificota）	0.00	0.00	0.00	0.01	0.03	0.00	0.00	0.04
3	纤维杆菌门（Fibrobacterota）	0.05	0.02	0.01	0.00	0.00	0.00	0.00	0.00
3	候选门 RCP2-54	0.01	0.04	0.01	0.00	0.00	0.00	0.00	0.00
3	候选门 WS4	0.02	0.01	0.01	0.00	0.00	0.00	0.00	0.00
3	候选门 WS2	0.03	0.01	0.00	0.00	0.00	0.00	0.00	0.00
3	盐厌氧菌门（Halanaerobiaeota）	0.01	0.01	0.00	0.00	0.00	0.00	0.00	0.01
3	难觅微菌门（Elusimicrobiota）	0.04	0.00	0.00	0.00	0.00	0.00	0.00	0.00
3	隐居菌门（Abditibacteriota）	0.00	0.01	0.00	0.00	0.00	0.00	0.01	0.01
3	弯曲杆菌门（Campilobacterota）	0.01	0.00	0.01	0.00	0.01	0.00	0.00	0.00
3	候选门 TX1A-33	0.00	0.01	0.00	0.00	0.00	0.00	0.00	0.00
3	热黑杆菌门（Caldatribacteriota）	0.01	0.00	0.00	0.00	0.00	0.00	0.00	0.00
3	甲基奇异菌门（Methylomirabilota）	0.00	0.00	0.00	0.00	0.00	0.00	0.00	0.00
3	阴沟单胞菌门（Cloacimonadota）	0.00	0.00	0.00	0.00	0.00	0.00	0.00	0.00
3	发酵杆菌门（Fermentibacterota）	0.00	0.00	0.00	0.00	0.00	0.00	0.00	0.00
3	热袍菌门（Thermotogota）	0.00	0.00	0.00	0.00	0.00	0.00	0.00	0.00
3	硝化刺菌门（Nitrospinota）	0.00	0.00	0.00	0.00	0.00	0.00	0.00	0.00
3	候选门 FCPU426	0.00	0.00	0.00	0.00	0.00	0.00	0.00	0.00
第 3 组 32 个样本平均值		0.06	0.06	0.03	0.02	0.02	0.02	0.02	0.02

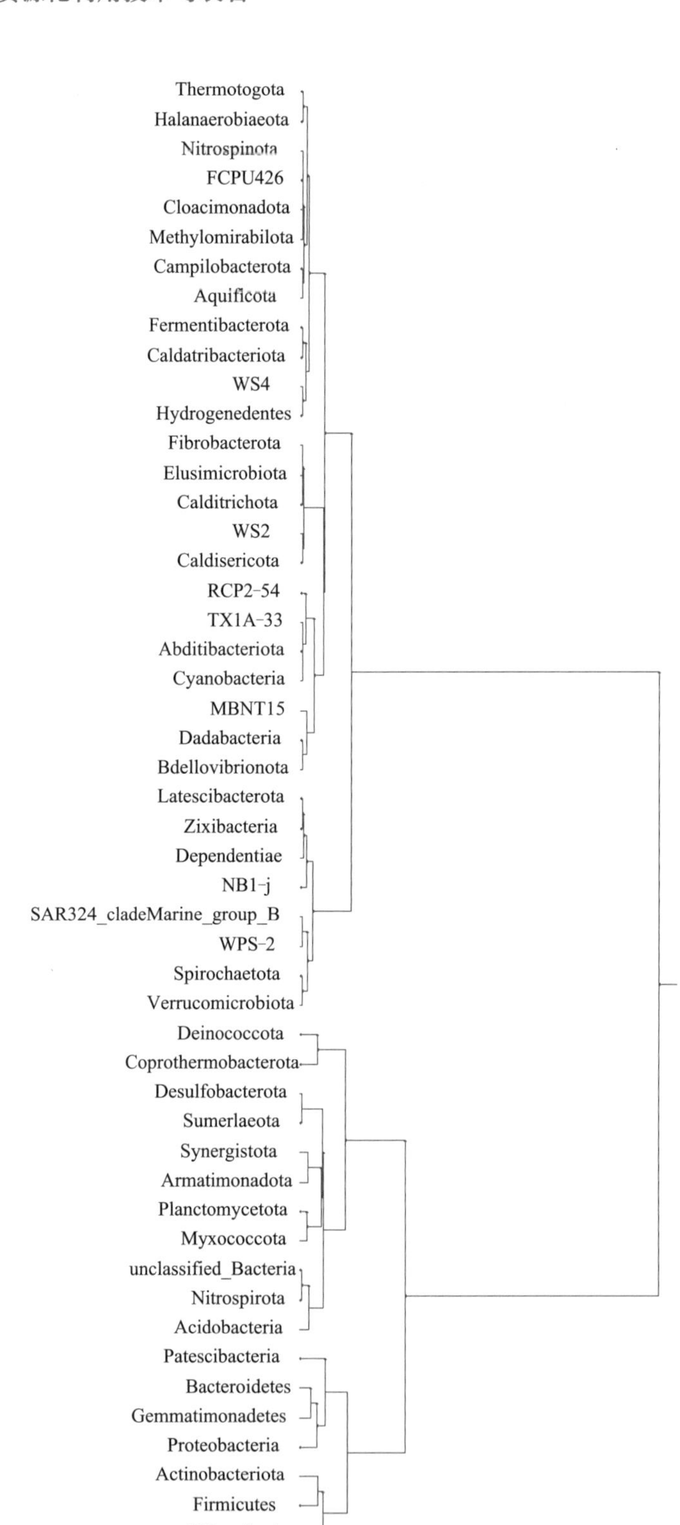

图 3-64　发酵过程细菌门菌群亚群落分化聚类分析

三、膜发酵过程细菌纲水平微生物组变化动态

1. 细菌纲水平菌群结构

（1）菌群含量变化动态 膜发酵过程细菌纲菌群含量变化动态见表 3-62。发酵过程总体分离到 156 个细菌纲，优势菌群包含了 8 个细菌纲，即厌氧绳菌纲（发酵过程占比总和 = 218.94%）> 放线菌纲（80.70%）> 绿弯菌纲（65.21%）> γ- 变形菌纲（53.26%）>S0134 陆生菌群的 1 纲（52.44%）> 芽胞杆菌纲（43.73%）> 梭菌纲（39.36%）>α- 变形菌纲（39.11%）。其中，厌氧绳菌纲占有绝对优势。

表 3-62 膜发酵过程细菌纲菌群含量

细菌纲	膜发酵过程细菌纲含量 /%							
	0d	3d	6d	9d	12d	21d	24d	27d
厌氧绳菌纲（Anaerolineae）	19.66	17.72	21.58	27.56	27.27	32.04	38.75	34.36
放线菌纲（Actinobacteria）	8.03	17.32	12.12	9.52	10.09	7.96	7.94	7.72
绿弯菌纲（Chloroflexia）	6.56	5.01	6.53	7.83	6.38	12.05	10.21	10.64
γ- 变形菌纲（Gammaproteobacteria）	11.65	13.75	6.92	4.52	5.23	4.63	3.13	3.42
S0134 陆生菌群的 1 纲（S0134_terrestrial_group）	0.45	1.44	4.48	7.29	10.32	12.24	8.45	7.78
芽胞杆菌纲（Bacilli）	4.62	5.67	7.83	6.09	5.80	4.02	4.33	5.38
梭菌纲（Clostridia）	3.10	3.52	8.73	7.80	5.54	3.30	2.66	4.72
α- 变形菌纲（Alphaproteobacteria）	7.82	7.29	5.32	4.20	4.13	3.92	3.15	3.28
酸微菌纲（Acidimicrobiia）	4.88	2.02	3.12	2.96	2.47	2.08	2.32	2.28
拟杆菌纲（Bacteroidia）	4.40	4.24	1.96	1.33	1.77	2.15	3.07	2.14
友邻杆菌纲（Vicinamibacteria）	1.66	1.23	0.63	1.21	1.24	2.28	2.87	2.80
糖单胞菌纲（Saccharimonadia）	3.72	2.24	1.83	1.23	1.49	0.67	0.63	0.70
粪热杆菌纲（Coprothermobacteria）	0.10	0.01	0.76	2.18	3.57	0.55	1.84	2.32
出芽小链菌纲（Blastocatellia）	5.14	2.60	0.98	0.59	0.40	0.55	0.38	0.27
湖绳菌纲（Limnochordia）	0.31	0.30	2.26	2.12	1.83	0.66	0.79	1.18
多囊菌纲（Polyangia）	0.39	1.49	0.58	0.93	1.40	1.32	1.18	1.21
嗜热油菌纲（Thermoleophilia）	1.69	1.76	0.90	1.08	0.72	0.75	0.71	0.69
候选纲 KD4-96	1.69	1.10	1.49	1.15	0.92	0.54	0.41	0.36
共生杆菌纲（Symbiobacteriia）	0.18	0.15	2.71	1.73	0.95	0.44	0.46	0.95
异常球菌纲（Deinococci）	0.14	1.16	0.68	0.99	0.83	0.92	0.62	0.58
黏球菌纲（Myxococcia）	0.17	0.60	0.63	0.87	1.03	0.74	0.61	0.73
热厌氧杆菌纲（Thermoanaerobacteria）	0.19	0.04	1.38	0.70	0.64	0.19	0.18	0.28

续表

细菌纲	膜发酵过程细菌纲含量 /%							
	0d	3d	6d	9d	12d	21d	24d	27d
芽单胞菌纲（Gemmatimonadetes）	0.53	1.60	0.17	0.06	0.18	0.42	0.27	0.13
候选纲 OLB14	0.93	0.21	0.35	0.37	0.26	0.30	0.26	0.33
海草球形菌纲（Phycisphaerae）	0.33	0.24	0.21	0.30	0.43	0.48	0.40	0.29
浮霉菌纲（Planctomycetes）	0.87	0.83	0.26	0.15	0.10	0.15	0.14	0.11
候选苏美神菌纲（Sumerlaeia）	0.06	0.11	0.06	0.21	0.16	0.63	0.56	0.73
懒惰杆菌纲（Ignavibacteria）	0.86	0.67	0.14	0.11	0.12	0.20	0.09	0.07
候选纲 D8A-2	0.01	0.01	0.76	0.41	0.39	0.10	0.12	0.42
酸杆菌纲（Acidobacteriae）	0.22	0.26	0.12	0.17	0.35	0.40	0.28	0.30
细菌域的 1 纲（k_d_Bacteria）	0.22	0.10	0.12	0.18	0.22	0.32	0.37	0.40
硝化螺旋菌纲（Nitrospiria）	1.55	0.14	0.01	0.00	0.00	0.00	0.00	0.00
红嗜热菌纲（Rhodothermia）	0.08	0.21	0.18	0.42	0.24	0.27	0.18	0.11
脱硫肠状菌纲（Desulfotomaculia）	0.05	0.06	0.46	0.26	0.32	0.14	0.10	0.20
装甲菌门的 1 纲（p_Armatimonadota）	0.08	0.06	0.07	0.15	0.13	0.27	0.42	0.32
衣原体纲（Chlamydiae）	0.30	0.62	0.18	0.11	0.09	0.07	0.05	0.05
全噬菌纲（Holophagae）	0.90	0.28	0.06	0.02	0.02	0.01	0.01	0.01
厚壁菌门的 1 纲（p_Firmicutes）	0.02	0.02	0.17	0.24	0.34	0.09	0.08	0.22
候选纲 BRH-c20a	0.08	0.03	0.19	0.22	0.16	0.11	0.18	0.20
开普敦杆菌纲（Kapabacteria）	0.04	0.02	0.04	0.09	0.15	0.29	0.19	0.32
互养菌纲（Synergistia）	0.44	0.03	0.29	0.15	0.11	0.04	0.04	0.04
长微菌纲（Longimicrobia）	0.02	0.11	0.09	0.09	0.16	0.21	0.19	0.19
硫杆形菌纲（Sulfobacillia）	0.01	0.01	0.02	0.40	0.25	0.06	0.07	0.24
候选门 NB1-j 的 1 纲（p_NB1-j）	0.06	0.15	0.04	0.11	0.18	0.20	0.19	0.11
候选纲 OM190	0.51	0.12	0.05	0.06	0.04	0.10	0.07	0.03
纤毛单胞菌纲（Fimbriimonadia）	0.19	0.13	0.10	0.04	0.06	0.09	0.12	0.13
摩尔氏菌纲（Moorellia）	0.01	0.01	0.25	0.22	0.14	0.05	0.03	0.10
候选门 Patescibacteria 的 1 纲（p_Patescibacteria）	0.32	0.21	0.04	0.07	0.04	0.04	0.04	0.04
疣微菌纲（Verrucomicrobiae）	0.18	0.12	0.05	0.09	0.05	0.05	0.14	0.08
候选纲 Babeliae	0.25	0.22	0.06	0.04	0.03	0.01	0.01	0.01
热脱硫弧菌纲（Thermodesulfovibrionia）	0.00	0.00	0.02	0.12	0.18	0.07	0.06	0.16
纤线杆菌纲（Ktedonobacteria）	0.15	0.14	0.14	0.04	0.04	0.05	0.02	0.01

续表

细菌纲	膜发酵过程细菌纲含量 /%							
	0d	3d	6d	9d	12d	21d	24d	27d
热厌氧杆菌纲（Thermoanaerobaculia）	0.23	0.30	0.04	0.01	0.01	0.00	0.00	0.00
候选纲 JG30-KF-CM66	0.28	0.12	0.08	0.02	0.02	0.01	0.01	0.00
互营杆菌纲（Syntrophobacteria）	0.08	0.18	0.08	0.10	0.05	0.02	0.02	0.01
候选纲 TK10	0.09	0.11	0.06	0.04	0.02	0.06	0.05	0.06
候选纲 SJA-28	0.27	0.13	0.05	0.01	0.01	0.00	0.00	0.00
蛭弧菌纲（Bdellovibrionia）	0.05	0.13	0.04	0.04	0.06	0.04	0.04	0.05
脱硫杆菌门的 1 纲（p_Desulfobacterota）	0.07	0.09	0.04	0.05	0.04	0.05	0.05	0.03
互营单胞菌纲（Syntrophomonadia）	0.03	0.01	0.12	0.12	0.08	0.02	0.01	0.02
候选纲 Kryptonia	0.24	0.12	0.01	0.00	0.00	0.00	0.00	0.00
脱亚硫酸杆菌纲（Desulfitobacteriia）	0.03	0.02	0.14	0.05	0.06	0.03	0.02	0.04
候选门 MBNT15 的 1 纲（p_MBNT15）	0.05	0.09	0.04	0.02	0.02	0.04	0.05	0.05
阴壁菌纲（Negativicutes）	0.15	0.01	0.07	0.04	0.04	0.01	0.01	0.02
候选门 Zixibacteria 的 1 纲（p_Zixibacteria）	0.19	0.11	0.02	0.01	0.01	0.00	0.00	0.00
绿弯菌门的 1 纲（p_Chloroflexi）	0.19	0.02	0.07	0.02	0.02	0.01	0.00	0.01
产氢菌纲（Hydrogenedentia）	0.03	0.09	0.04	0.04	0.03	0.04	0.04	0.02
寡养弯菌纲（Oligoflexia）	0.03	0.07	0.03	0.02	0.03	0.04	0.05	0.05
热猎矛胞菌纲（Thermovenabulia）	0.01	0.01	0.06	0.09	0.05	0.01	0.03	0.05
互营菌纲（Syntrophia）	0.15	0.03	0.05	0.02	0.01	0.01	0.00	0.00
候选门 WPS-2 的 1 纲（p_WPS-2）	0.12	0.01	0.07	0.03	0.03	0.01	0.00	0.00
候选门 Latescibacterota 的 1 纲（p_Latescibacterota）	0.16	0.07	0.01	0.00	0.00	0.00	0.00	0.00
热氧杆菌纲（Thermaerobacteria）	0.03	0.03	0.04	0.03	0.04	0.03	0.02	0.03
脱卤拟球菌纲（Dehalococcoidia）	0.04	0.03	0.03	0.01	0.03	0.03	0.03	0.02
候选纲 Parcubacteria	0.20	0.01	0.01	0.00	0.00	0.00	0.00	0.00
土单胞菌纲（Chthonomonadetes）	0.08	0.04	0.03	0.02	0.02	0.01	0.01	0.01
红蝽菌纲（Coriobacteriia）	0.08	0.01	0.05	0.04	0.01	0.01	0.01	0.01
候选纲 Gitt-GS-136	0.01	0.14	0.02	0.01	0.01	0.01	0.01	0.00
厚壁菌门的 1 纲（p_Firmicutes）	0.01	0.00	0.05	0.05	0.03	0.01	0.01	0.04
候选纲 Aminicenantia	0.09	0.04	0.03	0.01	0.01	0.01	0.00	0.00
螺旋体纲（Spirochaetia）	0.02	0.02	0.05	0.03	0.04	0.01	0.01	0.01
候选纲（Dojkabacteria）	0.01	0.02	0.03	0.02	0.06	0.02	0.01	0.03

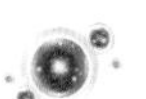

续表

细菌纲	膜发酵过程细菌纲含量 /%							
	0d	3d	6d	9d	12d	21d	24d	27d
蝙蝠弧菌纲（Vampirivibrionia）	0.07	0.03	0.04	0.01	0.00	0.01	0.01	0.01
候选纲 Dadabacteriia	0.02	0.02	0.00	0.00	0.02	0.05	0.01	0.04
硫还原杆菌纲（Dethiobacteria）	0.00	0.01	0.02	0.02	0.02	0.01	0.01	0.06
候选纲 Sericytochromatia	0.01	0.01	0.01	0.02	0.01	0.04	0.02	0.02
候选门 Patescibacteria 的 1 纲（p_Patescibacteria）	0.03	0.02	0.03	0.02	0.02	0.01	0.00	0.01
候选门 SAR324_cladeMarine_group_B 的 1 纲（p_SAR324_cladeMarine_group_B）	0.11	0.01	0.01	0.00	0.00	0.00	0.00	0.00
纤细杆菌纲（Gracilibacteria）	0.09	0.02	0.01	0.00	0.00	0.00	0.00	0.00
互营杆形菌纲（Syntrophorhabdia）	0.05	0.02	0.02	0.01	0.01	0.00	0.00	0.00
热丝菌纲（Caldisericia）	0.05	0.00	0.02	0.01	0.01	0.00	0.00	0.00
暖发菌纲（Calditrichia）	0.05	0.04	0.00	0.00	0.00	0.00	0.00	0.00
钩端螺旋体纲（Leptospirae）	0.03	0.01	0.01	0.01	0.01	0.01	0.01	0.01
产水菌纲（Aquificae）	0.00	0.00	0.00	0.01	0.03	0.00	0.00	0.04
贝克尔杆菌纲（Berkelbacteria）	0.03	0.01	0.02	0.01	0.00	0.01	0.00	0.00
候选纲 Subgroup_22	0.05	0.02	0.01	0.00	0.00	0.00	0.00	0.00
热产醋菌纲（Thermacetogenia）	0.00	0.00	0.02	0.02	0.02	0.00	0.01	0.02
候选纲 BD7-11	0.00	0.02	0.00	0.01	0.01	0.02	0.01	0.00
候选门 RCP2-54 的 1 纲（p_RCP2-54）	0.01	0.04	0.01	0.00	0.00	0.00	0.00	0.00
脱硫弧菌纲（Desulfovibrionia）	0.02	0.03	0.01	0.01	0.00	0.00	0.00	0.00
候选纲 CPR2	0.02	0.01	0.02	0.01	0.01	0.00	0.00	0.00
几丁质弧菌纲（Chitinivibrionia）	0.05	0.01	0.00	0.00	0.00	0.00	0.00	0.00
装甲菌门的 1 纲（p_Armatimonadota）	0.00	0.00	0.01	0.01	0.01	0.02	0.01	0.01
候选纲 Microgenomatia	0.03	0.01	0.01	0.01	0.00	0.00	0.00	0.00
候选纲 Subgroup_21	0.00	0.01	0.01	0.00	0.00	0.01	0.01	0.00
脱硫叶菌纲（Desulfobulbia）	0.03	0.01	0.01	0.00	0.00	0.00	0.00	0.00
脱硫杆菌纲（Desulfobacteria）	0.03	0.01	0.01	0.00	0.00	0.00	0.00	0.00
候选门 WS4 的 1 纲（p_WS4）	0.02	0.01	0.01	0.00	0.00	0.00	0.00	0.00
脱硫念珠菌纲（Desulfomonilia）	0.02	0.01	0.01	0.01	0.00	0.01	0.00	0.00
候选门 WS2 的 1 纲（p_WS2）	0.03	0.01	0.00	0.00	0.00	0.00	0.00	0.00
候选纲 WWE3	0.02	0.01	0.01	0.00	0.00	0.00	0.00	0.00
盐厌氧菌纲（Halanaerobiia）	0.01	0.01	0.00	0.00	0.00	0.00	0.00	0.01

续表

细菌纲	膜发酵过程细菌纲含量 /%							
	0d	3d	6d	9d	12d	21d	24d	27d
候选纲 bacteriap25	0.03	0.01	0.00	0.00	0.00	0.00	0.00	0.00
脱硫单胞菌纲（Desulfuromonadia）	0.01	0.02	0.00	0.00	0.00	0.00	0.00	0.00
热脱硫杆菌纲（Thermodesulfobacteria）	0.00	0.00	0.00	0.01	0.01	0.00	0.01	0.01
候选纲 Subgroup_18	0.02	0.01	0.00	0.00	0.00	0.00	0.00	0.00
隐居菌纲（Abditibacteria）	0.00	0.01	0.00	0.00	0.00	0.00	0.01	0.01
难觅微菌纲（Elusimicrobia）	0.03	0.00	0.00	0.00	0.00	0.00	0.00	0.00
圣诞岛菌纲（Kiritimatiellae）	0.02	0.00	0.00	0.00	0.00	0.00	0.00	0.00
脱硫橄榄形菌纲（Desulfobaccia）	0.01	0.01	0.01	0.01	0.00	0.00	0.00	0.00
弯曲杆菌纲（Campylobacteria）	0.01	0.00	0.01	0.00	0.01	0.00	0.00	0.00
候选纲 Latescibacteria	0.02	0.01	0.00	0.00	0.00	0.00	0.00	0.00
蓝细菌纲（Cyanobacteriia）	0.01	0.00	0.00	0.00	0.00	0.00	0.00	0.00
装甲菌纲（Armatimonadia）	0.03	0.00	0.00	0.00	0.00	0.00	0.00	0.00
脱硫杆菌门的 1 纲（p_Desulfobacterota）	0.02	0.00	0.00	0.00	0.00	0.00	0.00	0.00
候选纲 AT-s3-28	0.02	0.01	0.00	0.00	0.00	0.00	0.00	0.00
候选纲 c5LKS83	0.01	0.01	0.01	0.00	0.00	0.00	0.00	0.00
候选纲 ABY1	0.01	0.00	0.00	0.00	0.00	0.00	0.00	0.00
候选门 TX1A-33 的 1 纲（p_TX1A-33）	0.00	0.01	0.00	0.00	0.00	0.00	0.00	0.00
绿弯菌门的 1 纲（p_Chloroflexi）	0.00	0.01	0.00	0.00	0.00	0.01	0.00	0.00
候选纲 Pla4_lineage	0.01	0.00	0.00	0.00	0.00	0.00	0.00	0.00
候选纲 MB-A2-108	0.00	0.00	0.00	0.00	0.00	0.00	0.00	0.00
候选纲 Omnitrophia	0.01	0.00	0.00	0.00	0.00	0.00	0.00	0.00
热黑杆菌纲（Caldatribacteriia）	0.01	0.00	0.00	0.00	0.00	0.00	0.00	0.00
甲基奇异菌纲（Methylomirabilia）	0.00	0.00	0.00	0.00	0.00	0.00	0.00	0.00
阴沟单胞菌纲（Cloacimonadia）	0.00	0.00	0.00	0.00	0.00	0.00	0.00	0.00
纤维杆菌纲（Fibrobacteria）	0.00	0.00	0.00	0.00	0.00	0.00	0.00	0.00
放线菌门的 1 纲（p_Actinobacteriota）	0.00	0.00	0.00	0.00	0.00	0.00	0.00	0.00
候选纲 SHA-26	0.00	0.00	0.00	0.00	0.00	0.00	0.00	0.00
黏胶球形菌纲（Lentisphaeria）	0.00	0.00	0.00	0.00	0.00	0.00	0.00	0.00
候选纲 Lineage_IIb	0.00	0.00	0.00	0.00	0.00	0.00	0.00	0.00
候选纲 TSAC18	0.00	0.00	0.00	0.00	0.00	0.00	0.00	0.00

续表

细菌纲	膜发酵过程细菌纲含量 /%							
	0d	3d	6d	9d	12d	21d	24d	27d
候选纲 WCHB1-81	0.00	0.00	0.00	0.00	0.00	0.00	0.00	0.00
候选纲 Pla3_lineage	0.00	0.00	0.00	0.00	0.00	0.00	0.00	0.00
发酵杆菌纲（Fermentibacteria）	0.00	0.00	0.00	0.00	0.00	0.00	0.00	0.00
候选纲 MD2896-B216	0.00	0.00	0.00	0.00	0.00	0.00	0.00	0.00
候选纲 vadinHA49	0.00	0.00	0.00	0.00	0.00	0.00	0.00	0.00
人袍菌纲（Thermotogae）	0.00	0.00	0.00	0.00	0.00	0.00	0.00	0.00
候选纲 Lineage_IIc	0.00	0.00	0.00	0.00	0.00	0.00	0.00	0.00
内生微菌纲（Endomicrobia）	0.00	0.00	0.00	0.00	0.00	0.00	0.00	0.00
候选纲 DG-56	0.00	0.00	0.00	0.00	0.00	0.00	0.00	0.00
候选纲 P9X2b3D02	0.00	0.00	0.00	0.00	0.00	0.00	0.00	0.00
黏球菌门的 1 纲（p_Myxococcota）	0.00	0.00	0.00	0.00	0.00	0.00	0.00	0.00
候选纲 NLS2-31	0.00	0.00	0.00	0.00	0.00	0.00	0.00	0.00
候选门 FCPU426 的 1 纲（p_FCPU426）	0.00	0.00	0.00	0.00	0.00	0.00	0.00	0.00
候选纲 JS1	0.00	0.00	0.00	0.00	0.00	0.00	0.00	0.00

（2）独有种类和共有种类　膜发酵阶段细菌纲共有种类和独有种类见图 3-65。在细菌纲水平上，不同发酵阶段的共有种类 119 个，与细菌门水平相比较独有种类有所增加，独有种类仅在发酵初期（0d）时有 3 个，其余阶段没有独有种类。表明发酵过程的细菌纲来源于发酵物料，经过 27d 的发酵，细菌纲仅减少 3 个，其余都在发酵过程中发挥作用。不同发酵阶段的细菌纲种类有所差别，种类最多的是发酵初期（0d），细菌纲 154 个；最少的是发酵 27d，细菌纲仅 125 个。

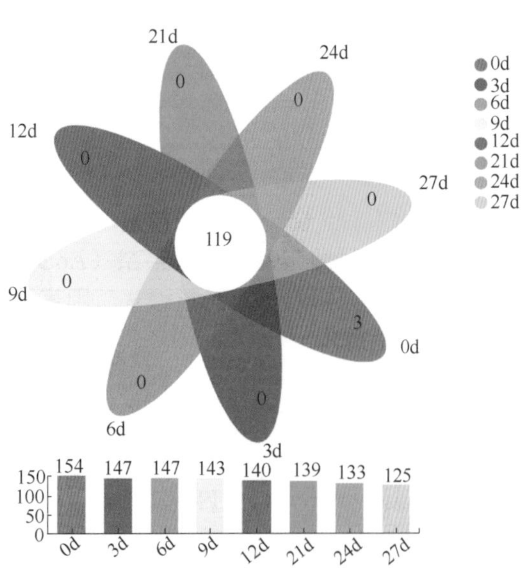

图 3-65　膜发酵阶段细菌纲共有种类和独有种类

（3）菌群组成结构　膜发酵过程细菌纲组成结构见图 3-66。不同发酵阶段细菌纲优势菌群存在差异，发酵初期（0d）高含量前 5 的优势菌群为厌氧绳菌纲（19.66%）＞γ- 变形菌纲（11.65%）＞放线菌纲（8.03%）>α- 变形菌纲（7.82%）＞绿弯菌纲（6.56%）；3d 的优势菌群为厌氧绳菌纲（17.72%）＞放线菌纲（17.32%）＞γ- 变形菌纲（13.75%）>α- 变形菌纲（7.29%）＞芽胞杆菌纲（5.67%）；6d 的优势菌群为厌氧绳菌纲（21.58%）＞放线菌纲（12.12%）＞梭菌纲（8.73%）＞芽胞杆菌纲（7.83%）＞γ- 变形菌纲（6.92%）；9d 的优势菌群为厌氧绳菌纲（27.56%）＞放线菌纲（9.52%）＞绿弯菌纲（7.83%）＞梭菌纲（7.80%）>S0134 陆生菌群的 1 纲（7.29%）；12d 的优势菌群为厌氧绳菌纲（27.27%）> S0134 陆生菌群的 1 纲（10.32%）> 放线菌纲（10.09%）> 绿弯菌纲（6.38%）> 芽胞杆菌纲（5.80%）；21d 的优势菌群为厌氧绳菌纲（32.04%）>S0134 陆生菌群的 1 纲（12.24%）> 绿弯菌纲（12.05%）> 放线菌纲（7.96%）> γ- 变形菌纲（4.63%）；24d 的优势菌群为厌氧绳菌纲（38.75%）> 绿弯菌纲（10.21%）>S0134 陆生菌群的 1 纲（8.45%）> 放线菌纲（7.94%）> 芽胞杆菌纲（4.33%）；27d 的优势菌群为厌氧绳菌纲（34.36%）> 绿弯菌纲（10.64%）> S0134 陆生菌群的 1 纲（7.78%）> 放线菌纲（7.72%）> 芽胞杆菌纲（5.38%）。

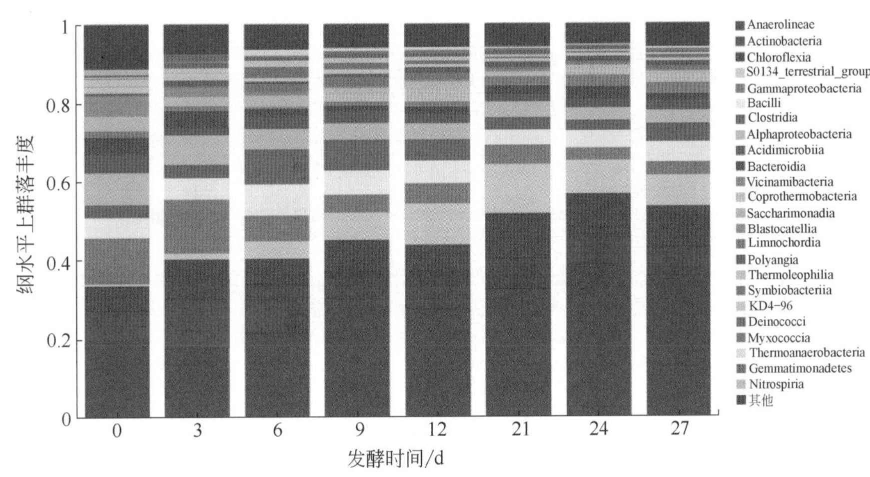

图 3-66　膜发酵过程细菌纲组成结构

2. 细菌纲水平菌群分析

（1）优势菌群热图分析　膜发酵过程细菌纲菌群热图分析见图 3-67。从菌群聚类看，发酵过程前 30 个高含量细菌纲菌群可以聚为 3 组，第 1 组高含量组，包括了 8 个细菌纲，即厌氧绳菌纲、放线菌纲、绿弯菌纲、γ- 变形菌纲、S0134 陆生菌群的 1 纲、芽胞杆菌纲、梭菌纲、α- 变形菌纲；第 2 组中含量组，包括了 9 个细菌纲，即湖绳菌纲、共生杆菌纲、多囊菌纲、异常球菌纲、黏球菌纲、粪热杆菌纲、友邻杆菌纲、酸微菌纲、拟杆菌纲；第 3 组低含量组，包括了 13 个细菌纲，即热厌氧杆菌纲、芽单胞菌纲、候选纲 OLB14、海草球形菌纲、浮霉菌纲、候选苏美神菌纲、懒惰杆菌纲、候选纲 D8A-2、酸杆菌纲、嗜热油菌纲、候选纲 KD4-96、出芽小链菌纲、糖单胞菌纲。

从发酵阶段上看，膜发酵过程可分为 3 个阶段：第 1 阶段为发酵初期，包括了 0d、3d；第 2 阶段为发酵中期，包括了 6d、9d、12d；第 3 阶段为发酵后期，包括了 21d、24d、27d。

（2）菌群样本坐标分析　膜发酵过程不同时间采样样本细菌纲微生物组主坐标分析（PCoA）见图 3-68，偏最小二乘法判别分析（PLS-DA）见图 3-69。主坐标分析结果表明，发酵过程 0 ～ 3d 样本微生物组主要落在第 4 象限，6 ～ 12d 样本微生物组主要落在第 1 象限，21 ～ 27d 样本微生物组主要落在第 2 象限和第 3 象限。主坐标分析可以总体地区分出发酵阶段的样本分布。

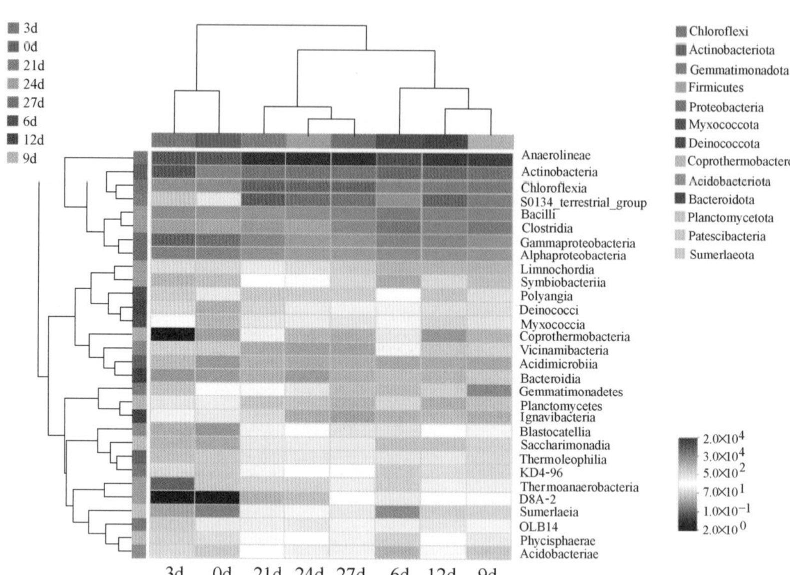

图 3-67 膜发酵过程细菌纲菌群热图分析

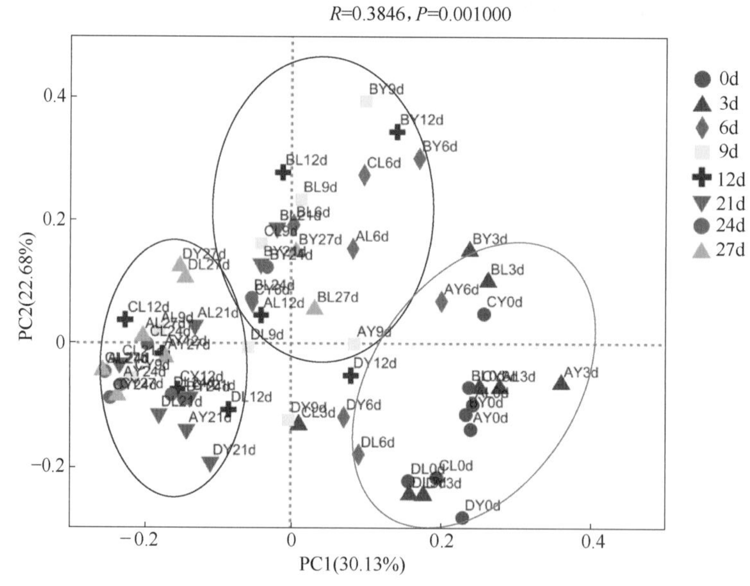

图 3-68 膜发酵过程样本细菌纲微生物组主坐标分析（PCoA）

偏最小二乘法判别分析（PLS-DA）结果进一步表明，发酵过程 0d 样本细菌纲微生物组主要落在同个区域，在第 2 象限和第 3 象限交界处；3 ～ 6d 样本微生物组主要落在同一个区域，横跨第 2 象限和第 4 象限；12 ～ 27d 样本微生物组主要落在同一个区域，处于第 1 象限和第 4 象限；PLS-DA 分析可以总体地区分出发酵阶段的样本分布，样本间形成一定的交错（图 3-69）。

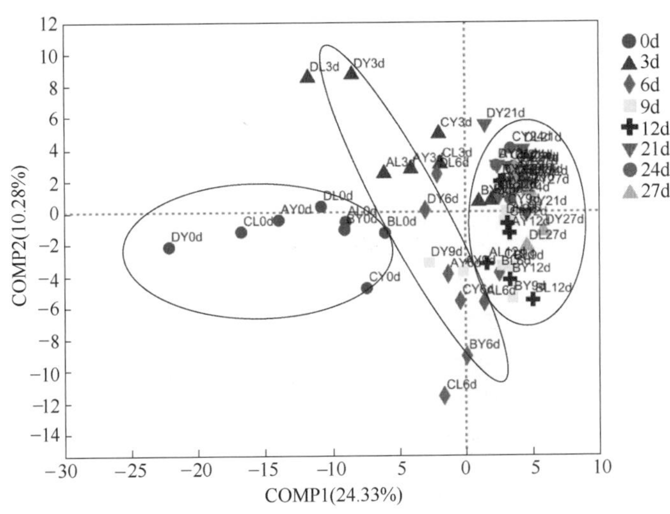

图 3-69 膜发酵过程样本细菌纲微生物组偏最小二乘法判别分析（PLS-DA）

（3）发酵阶段菌群差异 膜发酵不同时间细菌纲微生物组差异分析见图 3-70。分析结果表明 15 个细菌纲为主要微生物组菌群，即厌氧绳菌纲、放线菌纲、绿弯菌纲、γ- 变形菌纲、S0134 陆生菌群的 1 纲、芽胞杆菌纲、梭菌纲、α- 变形菌纲、酸微菌纲、拟杆菌纲、友邻杆菌纲、糖单胞菌纲、粪热杆菌纲、出芽小链菌纲、湖绳菌纲。

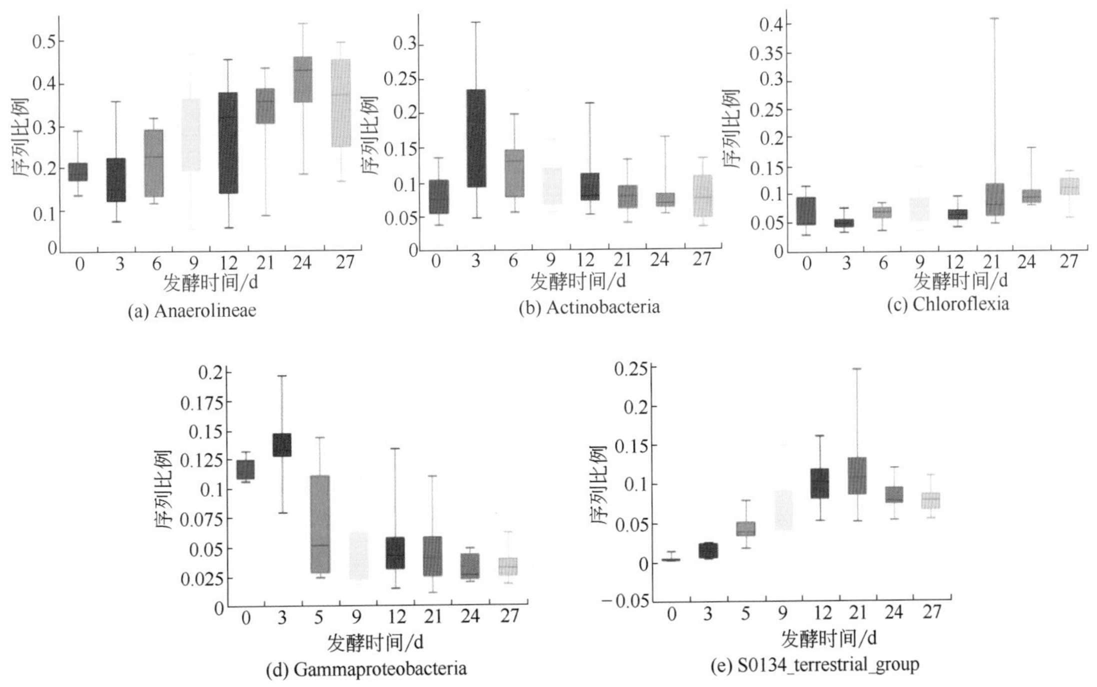

图 3-70 发酵阶段细菌纲优势菌群数量动态

其中厌氧绳菌纲、放线菌纲、绿弯菌纲、γ-变形菌纲、S0134陆生菌群的1纲共5个细菌纲膜发酵过程含量较高，不同发酵时间这5个细菌纲的含量差异显著，厌氧绳菌纲属于后峰型、放线菌纲属于前峰型、绿弯菌纲属于后峰型、γ-变形菌纲属于前峰型、S0134陆生菌群的1纲属于后峰型（图3-71）。

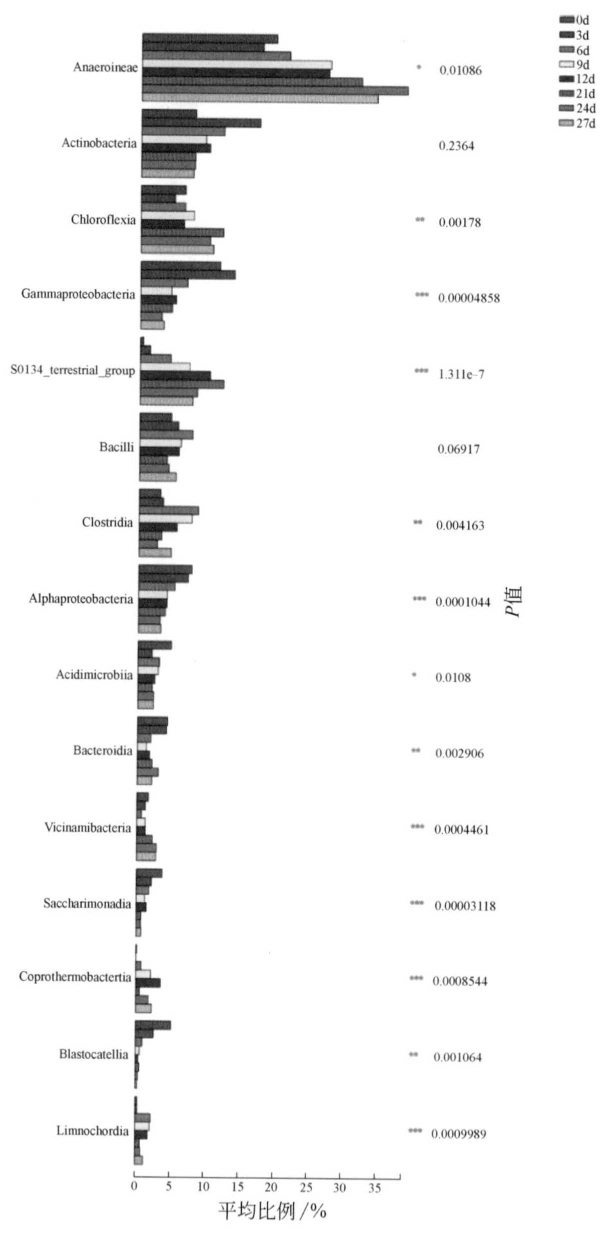

图3-71　膜发酵不同时间细菌纲微生物组差异分析

（4）菌群系统进化分析　膜发酵不同时间50个主要细菌纲微生物组系统进化分析见图3-72。从进化树看，厌氧绳菌纲（发酵过程占比累计值=218.94%）、放线菌纲（80.70%）、绿弯菌纲（65.21%）、γ- 变形菌纲（53.26%）、S0134 陆生菌群的 1 纲（52.44%）、芽胞杆菌纲（43.73%）、α- 变形菌纲（39.11%）、梭菌纲（39.36%）8 个细菌纲为发酵过程的主要细菌纲，且在整个膜发酵过程中 8 个优势菌群都在起作用；其余的种类含量较低，发酵过程中起的作用较小。

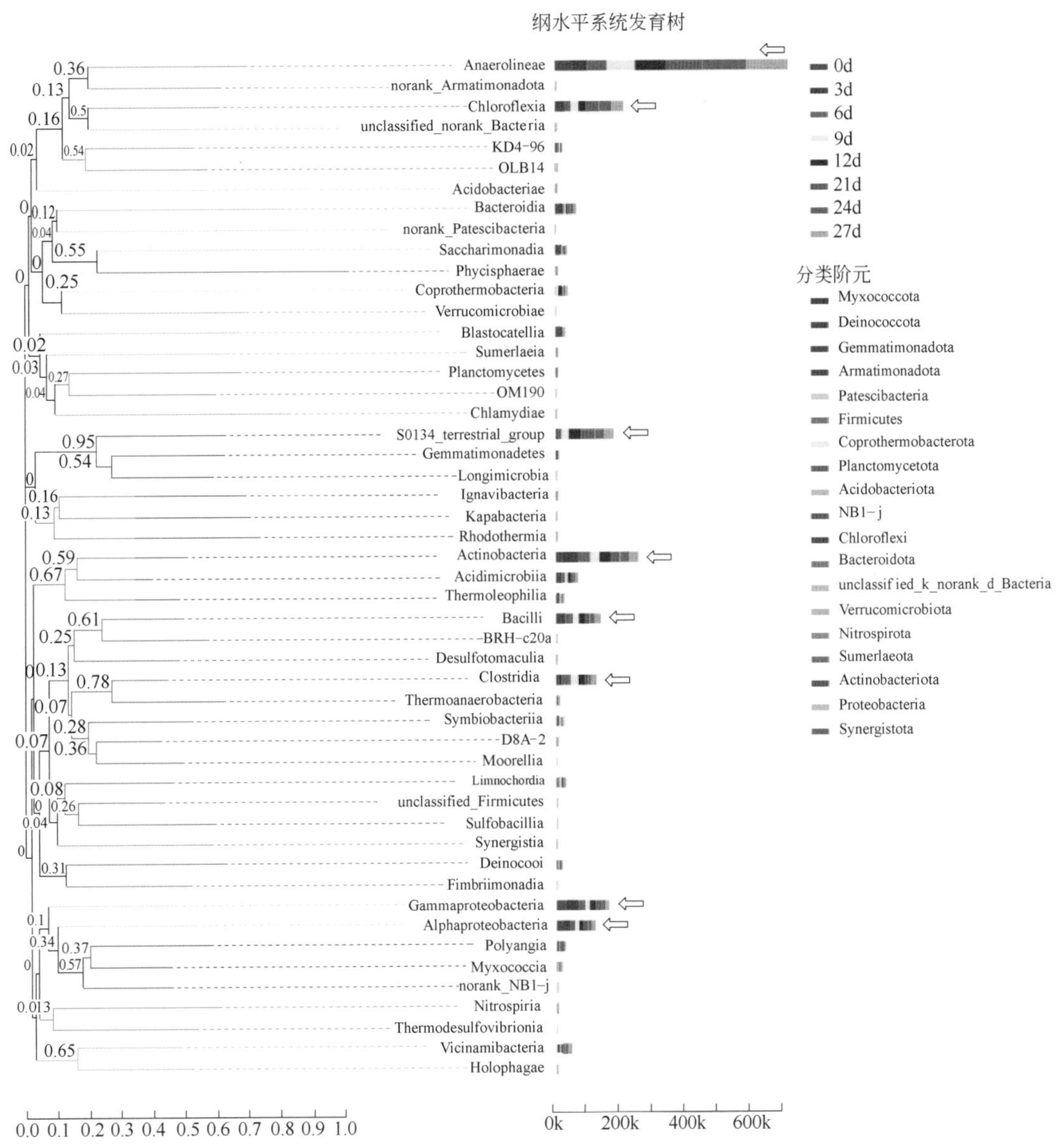

图 3-72　膜发酵不同时间细菌纲微生物组系统进化分析

3. 菌群数量变化

（1）优势菌群数量变化　膜发酵阶段细菌纲优势菌群数量变化动态见图 3-73。厌氧绳菌纲、放线菌纲、绿弯菌纲、γ- 变形菌纲、S0134 陆生菌群的 1 纲为优势菌群，厌氧绳菌纲随着发酵进程，细菌纲数量逐渐增加，属于后峰型曲线，指数方程为 $y(\text{ana})=16.348e^{0.1071x}$（$R^2$=0.8862）。放线菌纲随着发酵进程，细菌纲数量逐渐增加，到第 3 天达到高峰，而后逐渐下降，属于前峰型曲线，多项式方程为 $y(\text{act})=0.1823x^3-2.5964x^2+9.883x+2.2931$（$R^2$=0.5931）。绿弯菌纲随着发酵进程，细菌纲数量逐渐增加，属于后峰型曲线，指数方程为 $y(\text{chl})=4.9415e^{0.1021x}$（$R^2$=0.6675）。γ- 变形菌纲随着发酵进程，细菌纲数量逐渐下降，属于前峰型曲线，指数方程为 $y(\text{gam})=14.474e^{0.203x}$（$R^2$=0.8446）。S0134 陆生菌群的 1 纲随着发酵进程，细菌纲数量逐渐增加，属于后峰型曲线，幂指数方程为 $y(\text{s0134})=0.594x^{1.5318}$（$R^2$=0.8827）。

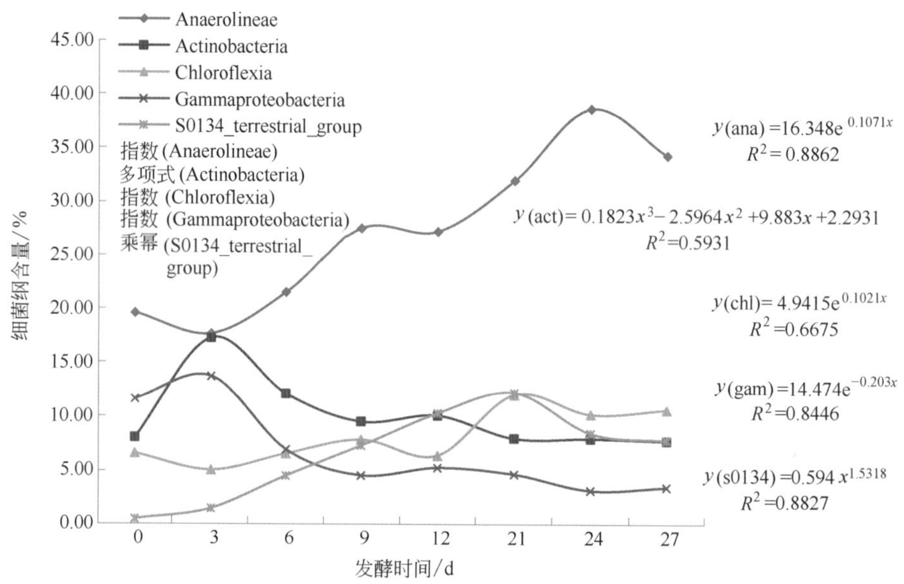

图 3-73 膜发酵阶段细菌纲优势菌群数量变化动态

（2）优势菌群多样性指数　利用表 3-62，以细菌纲为样本，发酵时间为指标，统计主要细菌纲的多样性指数，膜发酵过程主要细菌纲的多样性指数见表 3-63。分析结果表明，发酵过程细菌纲数量占比累计值最高的为厌氧绳菌纲（218.94%），最低的为酸杆菌纲（2.09%）；从丰富度上看，最高的为酸杆菌纲（9.48），最低的为厌氧绳菌纲（1.30）。优势度指数的范围 0.78（出芽小链菌纲）～ 1.65（酸杆菌纲）；香农指数范围 1.55（出芽小链菌纲）～ 2.06（芽胞杆菌纲）；均匀度指数范围 0.75（出芽小链菌纲）～ 0.99（芽胞杆菌纲）。

表 3-63　膜发酵过程主要细菌纲的多样性指数

细菌纲	占有发酵单元数	数量占比累计值 /%	丰富度指数	优势度指数 (*D*)	香农指数 (*H*)	均匀度指数
厌氧绳菌纲（Anaerolineae）	8	218.94	1.30	0.87	2.05	0.98
放线菌纲（Actinobacteria）	8	80.70	1.59	0.87	2.04	0.98
绿弯菌纲（Chloroflexia）	8	65.21	1.68	0.88	2.04	0.98
γ- 变形菌纲（Gammaproteobacteria）	8	53.26	1.76	0.85	1.94	0.93

续表

细菌纲	占有发酵单元数	数量占比累计值 /%	丰富度指数	优势度指数 (*D*)	香农指数 (*H*)	均匀度指数
S0134 陆生菌群的 1 纲（S0134_terrestrial_group）	8	52.44	1.77	0.85	1.86	0.89
芽胞杆菌纲（Bacilli）	8	43.73	1.85	0.89	2.06	0.99
梭菌纲（Clostridia）	8	39.36	1.91	0.87	1.99	0.96
α- 变形菌纲（Alphaproteobacteria）	8	39.11	1.91	0.88	2.02	0.97
酸微菌纲（Acidimicrobiia）	8	22.12	2.26	0.90	2.03	0.98
拟杆菌纲（Bacteroidia）	8	21.06	2.30	0.90	2.00	0.96
友邻杆菌纲（Vicinamibacteria）	8	13.94	2.66	0.92	1.98	0.95
糖单胞菌纲（Saccharimonadia）	8	12.50	2.77	0.90	1.90	0.91
粪热杆菌纲（Coprothermobacteria）	8	11.32	2.88	0.86	1.67	0.81
出芽小链菌纲（Blastocatellia）	8	10.91	2.93	0.78	1.55	0.75
湖绳菌纲（Limnochordia）	8	9.46	3.12	0.92	1.87	0.90
多囊菌纲（Polyangia）	8	8.50	3.27	0.97	2.01	0.97
嗜热油菌纲（Thermoleophilia）	8	8.29	3.31	0.97	2.01	0.96
候选纲 KD4-96	8	7.66	3.44	0.97	1.96	0.94
共生杆菌纲（Symbiobacteriia）	8	7.57	3.46	0.90	1.73	0.83
异常球菌纲（Deinococci）	8	5.94	3.93	1.03	1.98	0.95
黏球菌纲（Myxococcia）	8	5.38	4.16	1.06	2.01	0.96
热厌氧杆菌纲（Thermoanaerobacteria）	8	3.61	5.46	1.06	1.70	0.82
芽单胞菌纲（Gemmatimonadetes）	8	3.35	5.79	1.02	1.61	0.77
候选纲 OLB14	8	3.00	6.37	1.25	1.95	0.94
海草球形菌纲（Phycisphaerae）	8	2.67	7.14	1.39	2.05	0.98
浮霉菌纲（Planctomycetes）	8	2.60	7.32	1.24	1.70	0.82
候选苏美神菌纲（Sumerlaeia）	8	2.53	7.55	1.31	1.75	0.84
懒惰杆菌纲（Ignavibacteria）	8	2.27	8.53	1.34	1.65	0.79
候选纲 D8A-2	8	2.22	8.79	1.41	1.63	0.78
酸杆菌纲（Acidobacteriae）	8	2.09	9.48	1.65	2.02	0.97

丰富度指数与香农指数代表物种数量分布，优势度指数和均匀度指数代表分布均匀程度。丰富度指数与优势度指数呈显著相关（R=0.9496），表明物种丰富度与物种的集中程度密切相关；香农指数与均匀度指数呈显著相关（R=0.9990），表明物种的香农指数与物质的分散均匀程度密切相关（表 3-64）。

表 3-64　细菌纲多样性指数间的相关系数

因子	数量占比累计值 /%	丰富度指数	优势度指数 (*D*)	香农指数 (*H*)	均匀度指数
数量占比累计值		0.0040	0.0354	0.0449	0.0487
丰富度指数	−0.5102		0.0000	0.0170	0.0145
优势度指数 (*D*)	−0.3855	0.9496		0.4245	0.3931
香农指数 (*H*)	0.3688	−0.4325	−0.1514		0.0000
均匀度指数	0.3630	−0.4418	−0.1617	0.9990	

（3）优势菌群生态位特征　利用表 3-62，以细菌纲为样本，发酵时间为指标，用 Levins 测度计算细菌纲的时间生态位宽度，统计结果见表 3-65。结果表明，发酵过程不同细菌纲时间生态位宽度差异显著，生态位宽度分为 3 个等级。生态位宽度 6 ～ 8，为宽生态位宽度菌群，包含了 18 个细菌纲，即芽胞杆菌纲、厌氧绳菌纲、海草球形菌纲、绿弯菌纲、放线菌纲、酸微菌纲、酸杆菌纲、α- 变形菌纲、黏球菌纲、多囊菌纲、异常球菌纲、嗜热油菌纲、拟杆菌纲、梭菌纲、友邻杆菌纲、候选纲 KD4-96、γ- 变形菌纲、候选纲 OLB14；生态位宽度 4 ～ 6，为中等生态位宽度菌群，包含了 9 个细菌纲，即 S0134 陆生菌群的 1 纲、糖单胞菌纲、湖绳菌纲、候选苏美神菌纲、粪热杆菌纲、共生杆菌纲、候选纲 D8A-2、热厌氧杆菌纲、浮霉菌纲；生态位宽度 1 ～ 4，为窄生态位宽度菌群，包含了 3 个细菌纲，即懒惰杆菌纲、芽单胞菌纲、出芽小链菌纲。

不同生态位宽度的细菌纲对时间资源的利用效率不同，如宽生态位宽度的芽胞杆菌纲，时间资源利用效率为发酵第 3 天（S2=13.26%）、发酵第 24 天（S7=17.90%）、发酵第 27 天（S8=13.92%）；中等生态位宽度的粪热杆菌纲，时间资源利用效率为发酵第 3 天（S2=31.56%）、发酵第 9 天（S4=16.28%）、发酵第 12 天（S5=20.49%）、发酵第 27 天（S8=19.22%）；窄生态位宽度的芽单胞菌纲，时间资源利用效率为发酵初期（0 d）（S1=15.69%）、发酵第 21 天（S6=47.79%）。

表 3-65　发酵过程细菌纲时间生态位宽度

细菌纲	生态位宽度	频数	截断比例	常用资源种类				
芽胞杆菌纲（Bacilli）	7.6717	3	0.13	S2=13.26%	S7=17.90%	S8=13.92%		
厌氧绳菌纲（Anaerolineae）	7.5155	3	0.13	S3=14.63%	S4=17.70%	S5=15.69%		
海草球形菌纲（Phycisphaerae）	7.4870	3	0.13	S2=16.00%	S3=17.87%	S4=15.00%		
绿弯菌纲（Chloroflexia）	7.3896	3	0.13	S3=18.48%	S4=15.66%	S5=16.32%		
放线菌纲（Actinobacteria）	7.3189	2	0.13	S6=21.46%	S7=15.02%			
酸微菌纲（Acidimicrobiia）	7.2678	3	0.13	S1=22.04%	S7=14.10%	S8=13.37%		
酸杆菌纲（Acidobacteriae）	7.2304	4	0.13	S2=16.59%	S3=19.05%	S4=13.27%	S5=14.40%	
α- 变形菌纲（Alphaproteobacteria）	7.1700	3	0.13	S1=19.99%	S6=18.64%	S7=13.60%		
黏球菌纲（Myxococcia）	7.1305	4	0.13	S2=19.08%	S3=13.82%	S5=13.66%	S8=16.22%	
多囊菌纲（Polyangia）	7.1254	5	0.13	S2=16.48%	S3=15.56%	S4=13.94%	S5=14.20%	S6=17.50%

续表

细菌纲	生态位宽度	频数	截断比例	常用资源种类				
异常球菌纲（Deinococci）	6.9190	4	0.13	S2=14.01%	S3=15.56%	S6=19.60%	S8=16.72%	
嗜热油菌纲（Thermoleophilia）	6.9001	2	0.13	S1=20.32%	S6=21.20%			
拟杆菌纲（Bacteroidia）	6.8534	3	0.13	S1=20.90%	S4=14.56%	S6=20.14%		
梭菌纲（Clostridia）	6.7384	3	0.13	S2=14.08%	S7=22.18%	S8=19.81%		
友邻杆菌纲（Vicinamibacteria）	6.6981	3	0.13	S3=16.37%	S4=20.61%	S5=20.11%		
候选纲 KD4-96	6.4831	4	0.13	S1=22.12%	S6=14.36%	S7=19.45%	S8=15.01%	
γ- 变形菌纲（Gammaproteobacteria）	6.1200	2	0.13	S1=21.87%	S6=25.82%			
候选纲 OLB14	6.0255	1	0.13	S1=30.93%				
S0134 陆生菌群的 1 纲（S0134_terrestrial_group）	5.9315	5	0.13	S2=19.68%	S3=23.34%	S4=16.10%	S5=14.84%	S8=13.90%
糖单胞菌纲（Saccharimonadia）	5.7361	3	0.13	S1=29.76%	S6=17.89%	S7=14.67%		
湖绳菌纲（Limnochordia）	5.7340	3	0.13	S2=19.36%	S7=23.93%	S8=22.38%		
候选苏美神菌纲（Sumerlaeia）	4.8181	3	0.13	S3=24.77%	S4=22.15%	S5=28.74%		
粪热杆菌纲（Coprothermobacteria）	4.7183	4	0.13	S2=31.56%	S4=16.28%	S5=20.49%	S8=19.22%	
共生杆菌纲（Symbiobacteriia）`	4.5573	2	0.13	S7=35.74%	S8=22.83%			
候选纲 D8A-2	4.4456	4	0.13	S2=17.52%	S5=18.95%	S7=34.48%	S8=18.57%	
热厌氧杆菌纲（Thermoanaerobacteria）	4.3317	3	0.13	S2=17.65%	S7=38.39%	S8=19.49%		
浮霉菌纲（Planctomycetes）	4.2574	2	0.13	S1=33.32%	S6=31.82%			
懒惰杆菌纲（Ignavibacteria）	3.9612	2	0.13	S1=38.05%	S6=29.70%			
芽单胞菌纲（Gemmatimonadetes）	3.5438	2	0.13	S1=15.69%	S6=47.79%			
出芽小链菌纲（Blastocatellia）	3.3876	2	0.13	S1=47.08%	S6=23.82%			

选择 5 个高含量细菌纲和 5 个低含量细菌纲，计算发酵过程时间生态位重叠，分析结果见表 3-66 和表 3-67。分析结果表明，高含量细菌纲之间时间生态位重叠值大于 0.54，表明菌群间生态位重叠较高，充分利用时间生态位资源共同生长；S0134 陆生菌群的 1 纲与厌氧绳菌纲重叠值为 0.9305，较大，两菌群共存于同一生态位概率较高；S0134 陆生菌群的 1 纲与 γ- 变形菌纲重叠值为 0.5452，较小，两菌群共存于同一生态位概率较低。

表 3-66　发酵过程高含量细菌纲时间生态位重叠（Pianka 测度）

细菌纲	Anaerolineae	Actinobacteria	Chloroflexia	Gammaproteobacteria	S0134_terrestrial_group
厌氧绳菌纲（Anaerolineae）	1	0.8781	0.9895	0.7425	0.9305
放线菌纲（Actinobacteria）	0.8781	1	0.8618	0.9336	0.7487
绿弯菌纲（Chloroflexia）	0.9895	0.8618	1	0.7426	0.927

续表

细菌纲	Anaerolineae	Actinobacteria	Chloroflexia	Gammaproteobacteria	S0134_terrestrial_group
γ- 变形菌纲（Gammaproteobacteria）	0.7425	0.9336	0.7426	1	0.5452
S0134 陆生菌群的 1 纲（S0134_terrestrial_group）	0.9305	0.7487	0.927	0.5452	1

从低含量细菌纲看，低含量细菌纲之间时间生态位重叠值范围为 0.2242 ～ 0.9888，变化范围较大，表明菌群间生态位重叠异质性较高；浮霉菌纲与候选苏美神菌纲、懒惰杆菌纲、候选纲 D8A-2、酸杆菌纲之间的时间生态位重叠值分别为 0.3187、0.9888、0.2906、0.6377，表明浮霉菌纲与候选苏美神菌纲、候选纲 D8A-2 之间生态位重叠值较小，对同一资源利用的概率较小；浮霉菌纲与懒惰杆菌纲、酸杆菌纲之间的时间生态位重叠值较大，表明它们对同一资源利用的概率较大。

表 3-67　发酵过程低含量细菌纲时间生态位重叠（Pianka 测度）

细菌纲	Planctomycetes	Sumerlaeia	Ignavibacteria	D8A-2	Acidobacteriae
浮霉菌纲（Planctomycetes）	1	0.3187	0.9888	0.2906	0.6377
候选苏美神菌纲（Sumerlaeia）	0.3187	1	0.3113	0.5260	0.856
懒惰杆菌纲（Ignavibacteria）	0.9888	0.3113	1	0.2242	0.6384
候选纲 D8A-2	0.2906	0.5260	0.2242	1	0.6111
酸杆菌纲（Acidobacteriae）	0.6377	0.8560	0.6384	0.6111	1

（4）发酵过程亚群落分化　利用表 3-62 为矩阵，取发酵过程细菌纲占比总和 >2% 的菌群，以细菌纲为样本，发酵时间为指标，马氏距离为尺度，用可变类平均法进行系统聚类，分析结果见表 3-68 和图 3-74。分析结果可见细菌纲分为 3 组亚群落：第 1 组为高含量亚群落，包含了 11 个细菌纲菌群，即厌氧绳菌纲、放线菌纲、绿弯菌纲、γ- 变形菌纲、S0134 陆生菌群的 1 纲、芽胞杆菌纲、梭菌纲、α- 变形菌纲、拟杆菌纲、友邻杆菌纲、多囊菌纲，它们在发酵过程的含量平均值范围为 6.21% ～ 7.79%；第 2 组为中含量亚群落，包含了 5 个细菌纲菌群，即酸微菌纲、糖单胞菌纲、粪热杆菌纲、出芽小链菌纲、嗜热油菌纲，它们在发酵过程的含量平均值范围为 0.92% ～ 3.10%；第 3 组为低含量亚群落，包含了 14 个细菌纲菌群，即湖绳菌纲、候选纲 KD4-96、共生杆菌纲、异常球菌纲、黏球菌纲、热厌氧杆菌纲、芽单胞菌纲、候选纲 OLB14、海草球形菌纲、浮霉菌纲、候选苏美神菌纲、懒惰杆菌纲、候选纲 D8A-2、酸杆菌纲，它们在发酵过程的含量平均值范围为 0.37% ～ 0.80%。

表 3-68　发酵过程细菌纲菌群亚群落分化聚类分析

组别	细菌纲	发酵过程细菌纲含量 /%							
		0 d	3 d	6 d	9 d	12 d	21 d	24 d	27 d
1	厌氧绳菌纲（Anaerolineae）	19.66	27.27	32.04	38.75	34.36	17.72	21.58	27.56
1	放线菌纲（Actinobacteria）	8.03	10.09	7.96	7.94	7.72	17.32	12.12	9.52

续表

组别	细菌纲	发酵过程细菌纲含量 /%							
		0 d	3 d	6 d	9 d	12 d	21 d	24 d	27 d
1	绿弯菌纲（Chloroflexia）	6.56	6.38	12.05	10.21	10.64	5.01	6.53	7.83
1	γ- 变形菌纲（Gammaproteobacteria）	11.65	5.23	4.63	3.13	3.42	13.75	6.92	4.52
1	S0134 陆生菌群的 1 纲（S0134_terrestrial_group）	0.45	10.32	12.24	8.45	7.78	1.44	4.48	7.29
1	芽胞杆菌纲（Bacilli）	4.62	5.80	4.02	4.33	5.38	5.67	7.83	6.09
1	梭菌纲（Clostridia）	3.10	5.54	3.30	2.66	4.72	3.52	8.73	7.80
1	α- 变形菌纲（Alphaproteobacteria）	7.82	4.13	3.92	3.15	3.28	7.29	5.32	4.20
1	拟杆菌纲（Bacteroidia）	4.40	1.77	2.15	3.07	2.14	4.24	1.96	1.33
1	友邻杆菌纲（Vicinamibacteria）	1.66	1.24	2.28	2.87	2.80	1.23	0.63	1.21
1	多囊菌纲（Polyangia）	0.39	1.40	1.32	1.18	1.21	1.49	0.58	0.93
第 1 组 11 个样本平均值		6.21	7.20	7.81	7.79	7.59	7.15	6.97	7.12
2	酸微菌纲（Acidimicrobiia）	4.88	2.47	2.08	2.32	2.28	2.02	3.12	2.96
2	糖单胞菌纲（Saccharimonadia）	3.72	1.49	0.67	0.63	0.70	2.24	1.83	1.23
2	粪热杆菌纲（Coprothermobacteria）	0.10	3.57	0.55	1.84	2.32	0.01	0.76	2.18
2	出芽小链菌纲（Blastocatellia）	5.14	0.40	0.55	0.38	0.27	2.60	0.98	0.59
2	嗜热油菌纲（Thermoleophilia）	1.69	0.72	0.75	0.71	0.69	1.76	0.90	1.08
第 2 组 5 个样本平均值		3.10	1.73	0.92	1.18	1.25	1.72	1.52	1.61
3	湖绳菌纲（Limnochordia）	0.31	1.83	0.66	0.79	1.18	0.30	2.26	2.12
3	候选纲 KD4-96	1.69	0.92	0.54	0.41	0.36	1.10	1.49	1.15
3	共生杆菌纲（Symbiobacteriia）	0.18	0.95	0.44	0.46	0.95	0.15	2.71	1.73
3	异常球菌纲（Deinococci）	0.14	0.83	0.92	0.62	0.58	1.16	0.68	0.99
3	黏球菌纲（Myxococcia）	0.17	1.03	0.74	0.61	0.73	0.60	0.63	0.87
3	热厌氧杆菌纲（Thermoanaerobacteria）	0.19	0.64	0.19	0.18	0.28	0.04	1.38	0.70
3	芽单胞菌纲（Gemmatimonadetes）	0.53	0.18	0.42	0.27	0.13	1.60	0.17	0.06
3	候选纲 OLB14	0.93	0.26	0.30	0.26	0.33	0.21	0.35	0.37
3	海草球形菌纲（Phycisphaerae）	0.33	0.43	0.48	0.40	0.29	0.24	0.21	0.30
3	浮霉菌纲（Planctomycetes）	0.87	0.10	0.15	0.14	0.11	0.83	0.26	0.15
3	候选苏美神菌纲（Sumerlaeia）	0.06	0.16	0.63	0.56	0.73	0.11	0.06	0.21
3	懒惰杆菌纲（Ignavibacteria）	0.86	0.12	0.20	0.09	0.07	0.67	0.14	0.11
3	候选纲 D8A-2	0.01	0.39	0.10	0.12	0.42	0.01	0.76	0.41
3	酸杆菌纲（Acidobacteriae）	0.22	0.35	0.40	0.28	0.30	0.26	0.12	0.17
第 3 组 14 个样本平均值		0.46	0.58	0.44	0.37	0.46	0.52	0.80	0.67

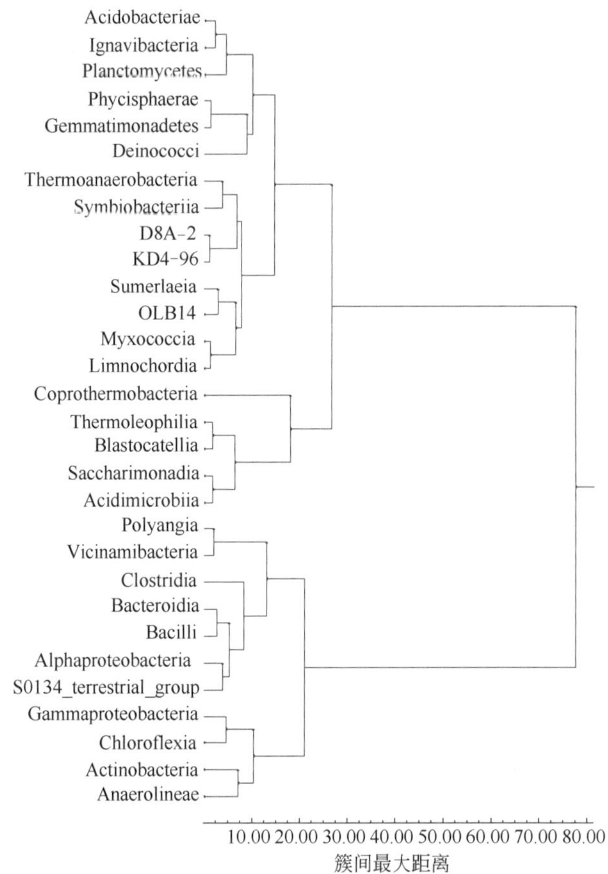

图 3-74 发酵过程细菌纲菌群亚群落分化聚类分析

四、膜发酵过程细菌目水平微生物组变化动态

1. 细菌目水平菌群结构

（1）菌群含量变化动态 膜发酵过程细菌目菌群含量变化动态见表 3-69。发酵过程总体分离到 362 个细菌目，优势菌群包含了 10 个细菌目，即候选目 SBR1031（发酵过程占比总和 =168.02%）>S0134 陆生菌群的 1 纲的 1 目（52.44%）> 热微菌目（41.16%）> 厌氧绳菌目（34.27%）> 根瘤菌目（27.61%）> 绿弯菌目（24.04%）> 小单孢菌目（23.31%）> 链孢囊菌目（22.63%）> 伯克氏菌目（20.12%）> 芽胞杆菌目（16.87%）。候选目 SBR1031 占有绝对优势。

表 3-69 膜发酵过程细菌目菌群含量

细菌目	膜发酵过程细菌目含量 /%							
	0d	3d	6d	9d	12d	21d	24d	27d
候选目 SBR1031	9.57	11.03	14.84	22.09	21.42	27.02	32.40	29.65
S0134 陆生菌群的 1 纲的 1 目（c_S0134_terrestrial_group）	0.45	1.44	4.48	7.29	10.32	12.24	8.45	7.78

续表

细菌目	膜发酵过程细菌目含量 /%							
	0d	3d	6d	9d	12d	21d	24d	27d
热微菌目（Thermomicrobiales）	2.27	3.34	4.03	5.04	3.59	8.89	6.71	7.29
厌氧绳菌目（Anaerolineales）	3.71	3.55	4.12	4.28	4.83	4.23	5.57	3.99
根瘤菌目（Rhizobiales）	5.79	5.09	4.07	3.14	2.84	2.56	2.00	2.13
绿弯菌目（Chloroflexales）	4.29	1.68	2.50	2.79	2.78	3.16	3.50	3.35
小单孢菌目（Micromonosporales）	0.59	1.97	2.91	3.14	3.40	4.20	3.81	3.30
链孢囊菌目（Streptosporangiales）	0.34	4.14	4.58	3.20	3.96	1.93	2.03	2.46
伯克氏菌目（Burkholderiales）	6.37	3.96	2.76	1.90	2.07	0.89	0.93	1.24
芽胞杆菌目（Bacillales）	3.78	1.82	2.66	2.13	2.39	1.11	1.39	1.60
黄单胞菌目（Xanthomonadales）	1.43	7.03	2.74	0.98	1.31	1.68	0.66	0.55
梭菌纲的 1 目（c_Clostridia）	0.71	0.43	3.80	3.25	2.37	1.57	1.25	2.41
微丝菌目（Microtrichales）	4.17	1.48	2.31	1.97	1.63	1.15	1.25	1.26
噬几丁质菌目（Chitinophagales）	2.66	1.95	1.06	0.73	1.28	1.51	2.32	1.56
友邻杆菌目（Vicinamibacterales）	0.74	0.94	0.61	1.21	1.24	2.28	2.87	2.80
糖单胞菌目（Saccharimonadales）	3.72	2.24	1.83	1.23	1.49	0.67	0.63	0.70
粪热杆菌目（Coprothermobacterales）	0.10	0.01	0.76	2.18	3.57	0.55	1.84	2.32
消化链球菌目 / 蒂西耶氏菌目（Peptostreptococcales-Tissierellales）	1.19	1.59	2.83	1.73	1.31	0.77	0.59	0.82
候选目 KIST-JJY010	3.82	2.40	1.27	1.08	0.63	0.44	0.61	0.57
链霉菌目（Streptomycetales）	0.10	6.18	1.40	0.46	0.65	0.59	0.72	0.54
短芽胞杆菌目（Brevibacillales）	0.07	2.09	1.11	0.99	1.03	1.22	1.19	1.25
嗜热放线菌目（Thermoactinomycetales）	0.35	0.73	2.21	1.45	0.77	0.70	0.77	1.33
暖绳菌目（Caldilineales）	3.03	1.86	1.16	0.45	0.47	0.40	0.38	0.28
候选纲 KD4-96 的 1 目（c_KD4-96）	1.69	1.10	1.49	1.15	0.92	0.54	0.41	0.36
共生杆菌目（Symbiobacteriales）	0.18	0.15	2.71	1.73	0.95	0.44	0.46	0.95
出芽小链菌目（Blastocatellales）	3.47	1.86	0.57	0.32	0.29	0.45	0.36	0.25
土壤红色杆菌目（Solirubrobacterales）	1.32	1.37	0.58	0.85	0.55	0.63	0.61	0.61
类芽胞杆菌目（Paenibacillales）	0.10	0.34	1.12	1.07	1.13	0.74	0.61	0.80
湖绳菌目（Limnochordales）	0.10	0.10	1.26	1.35	1.18	0.42	0.48	0.69
异常球菌目（Deinococcales）	0.13	1.15	0.64	0.86	0.68	0.89	0.60	0.47
黏球菌目（Myxococcales）	0.17	0.60	0.63	0.87	1.03	0.74	0.61	0.73
多囊菌目（Polyangiales）	0.19	0.81	0.31	0.72	0.91	0.77	0.76	0.84
梭菌目（Clostridiales）	0.76	1.29	0.66	0.80	0.47	0.45	0.43	0.43

续表

细菌目	膜发酵过程细菌目含量 /%							
	0d	3d	6d	9d	12d	21d	24d	27d
海洋放线菌目（Actinomarinales）	0.18	0.18	0.50	0.72	0.63	0.76	0.92	0.90
微球菌目（Micrococcales）	1.07	0.83	0.80	0.57	0.51	0.21	0.17	0.19
噬纤维菌目（Cytophagales）	0.16	1.37	0.61	0.36	0.26	0.50	0.42	0.38
候选目 RBG-13-54-9	1.36	0.80	0.83	0.33	0.21	0.09	0.06	0.07
热厌氧杆菌目（Thermoanaerobacterales）	0.19	0.04	1.38	0.70	0.64	0.19	0.18	0.28
湖绳菌纲的 1 目（c_Limnochordia）	0.21	0.19	0.88	0.69	0.57	0.21	0.28	0.42
芽单胞菌目（Gemmatimonadales）	0.53	1.60	0.17	0.06	0.18	0.42	0.27	0.13
热粪杆菌目（Caldicoprobacterales）	0.07	0.05	0.51	1.06	0.64	0.18	0.18	0.44
α- 变形菌纲的 1 目（c_Alphaproteobacteria）	0.19	0.36	0.29	0.32	0.41	0.57	0.42	0.55
候选纲 OLB14 的 1 目（c_OLB14）	0.93	0.21	0.35	0.37	0.26	0.30	0.26	0.33
棒杆菌目（Corynebacteriales）	0.55	0.88	0.27	0.34	0.23	0.20	0.20	0.19
丙酸杆菌目（Propionibacteriales）	0.68	0.37	0.42	0.37	0.34	0.17	0.15	0.17
海草球形菌目（Phycisphaerales）	0.33	0.24	0.21	0.30	0.43	0.48	0.40	0.29
候选苏美神菌目（Sumerlaeales）	0.06	0.09	0.06	0.21	0.16	0.63	0.56	0.73
候选目 Run-SP154	0.74	0.22	0.40	0.37	0.32	0.12	0.11	0.13
类固醇杆菌目（Steroidobacterales）	0.26	0.47	0.19	0.16	0.24	0.55	0.26	0.24
候选目 DS-100	1.24	0.34	0.32	0.22	0.09	0.07	0.02	0.01
懒惰杆菌目（Ignavibacteriales）	0.86	0.67	0.14	0.11	0.12	0.20	0.09	0.07
候选纲 D8A-2 的 1 目（c_D8A-2）	0.01	0.01	0.76	0.41	0.39	0.10	0.12	0.42
海管菌目（Haliangiales）	0.14	0.35	0.16	0.13	0.38	0.44	0.30	0.25
候选目 IMCC26256	0.49	0.36	0.30	0.26	0.20	0.17	0.14	0.12
拟杆菌目（Bacteroidales）	0.86	0.43	0.23	0.15	0.14	0.07	0.03	0.05
细菌域的 1 目（k_d_Bacteria）	0.22	0.10	0.12	0.18	0.22	0.32	0.37	0.40
苔藓杆菌目（Bryobacterales）	0.18	0.23	0.11	0.16	0.33	0.38	0.25	0.28
盖亚菌目（Gaiellales）	0.37	0.39	0.33	0.23	0.17	0.12	0.10	0.07
嗜酸铁杆菌目（Acidiferrobacterales）	0.01	0.04	0.05	0.10	0.34	0.43	0.34	0.42
硝化螺旋菌目（Nitrospirales）	1.55	0.14	0.01	0.00	0.00	0.00	0.00	0.00
竞争杆菌目（Competibacterales）	1.31	0.23	0.09	0.02	0.02	0.01	0.00	0.00
红嗜热菌目（Rhodothermales）	0.08	0.21	0.18	0.42	0.24	0.27	0.18	0.11
颤螺菌目（Oscillospirales）	0.06	0.03	0.42	0.47	0.31	0.07	0.05	0.13
弗兰克氏菌目（Frankiales）	0.42	0.27	0.30	0.19	0.21	0.04	0.03	0.05
脱硫肠状菌目（Desulfotomaculales）	0.05	0.06	0.44	0.23	0.29	0.13	0.10	0.19

续表

细菌目	膜发酵过程细菌目含量 /%							
	0d	3d	6d	9d	12d	21d	24d	27d
埃尔斯特氏菌目（Elsterales）	0.01	0.15	0.12	0.15	0.26	0.31	0.29	0.22
装甲菌门的 1 目（c_p_Armatimonadota）	0.08	0.06	0.07	0.15	0.13	0.27	0.42	0.32
出芽菌目（Gemmatales）	0.52	0.34	0.16	0.10	0.06	0.11	0.10	0.08
衣原体目（Chlamydiales）	0.30	0.62	0.18	0.11	0.09	0.07	0.05	0.05
甲基球菌目（Methylococcales）	0.39	0.37	0.11	0.12	0.20	0.06	0.06	0.05
红杆菌目（Rhodobacterales）	0.62	0.24	0.19	0.11	0.10	0.05	0.03	0.02
贝日阿托氏菌目（Beggiatoales）	0.01	0.02	0.06	0.12	0.24	0.30	0.19	0.34
热链菌目（Ardenticatenales）	0.10	0.07	0.07	0.10	0.12	0.21	0.26	0.32
亚群 17 的 1 目（Subgroup_17）	0.92	0.30	0.02	0.00	0.00	0.00	0.00	0.00
亚群 7 的 1 目（Subgroup_7）	0.81	0.27	0.06	0.02	0.02	0.01	0.01	0.01
解硫胺素芽胞杆菌目（Aneurinibacillales）	0.09	0.47	0.17	0.09	0.08	0.09	0.09	0.10
厚壁菌门的 1 目（p_Firmicutes）	0.02	0.02	0.17	0.24	0.34	0.09	0.08	0.22
候选目 C10-SB1A	0.74	0.08	0.16	0.09	0.06	0.02	0.01	0.01
候选纲 BRH-c20a 的 1 目（c_BRH-c20a）	0.08	0.03	0.19	0.22	0.16	0.11	0.18	0.20
开普敦杆菌目（Kapabacteriales）	0.04	0.02	0.04	0.09	0.15	0.29	0.19	0.32
互养菌目（Synergistales）	0.44	0.03	0.29	0.15	0.11	0.04	0.04	0.04
假单胞菌目（Pseudomonadales）	0.24	0.25	0.12	0.29	0.06	0.05	0.08	0.03
候选目 SJA-15	0.38	0.18	0.27	0.14	0.08	0.03	0.02	0.02
候选目 R7C24	0.03	0.07	0.05	0.11	0.17	0.24	0.23	0.23
长微菌目（Longimicrobiales）	0.02	0.11	0.09	0.09	0.16	0.21	0.19	0.19
硫杆形菌目（Sulfobacillales）	0.01	0.01	0.02	0.40	0.25	0.06	0.07	0.24
候选门 NB1-j 的 1 目（c_p_NB1-j）	0.06	0.15	0.04	0.11	0.18	0.20	0.19	0.11
候选目 11-24（O_11-24）	0.42	0.40	0.10	0.05	0.02	0.03	0.01	0.01
醋酸杆菌目（Acetobacterales）	0.19	0.16	0.13	0.14	0.14	0.09	0.09	0.09
柄杆菌目（Caulobacterales）	0.39	0.36	0.10	0.04	0.03	0.03	0.02	0.02
候选纲 OM190 的 1 目（c_OM190）	0.51	0.12	0.05	0.06	0.04	0.10	0.07	0.03
候选目 1-20（O_1-20）	0.73	0.09	0.06	0.02	0.01	0.00	0.01	0.00
芽胞杆菌纲的 1 目（c_Bacilli）	0.05	0.03	0.30	0.07	0.16	0.05	0.15	0.07
纤毛单胞菌目（Fimbriimonadales）	0.19	0.13	0.10	0.04	0.06	0.09	0.12	0.13
鞘氨醇杆菌目（Sphingobacteriales）	0.28	0.14	0.02	0.06	0.06	0.04	0.17	0.09
脱硫线杆菌目（Desulfitibacterales）	0.01	0.01	0.25	0.22	0.14	0.05	0.03	0.10
等球形菌目（Isosphaerales）	0.24	0.44	0.05	0.01	0.01	0.02	0.02	0.01

续表

细菌目	膜发酵过程细菌目含量 /%							
	0d	3d	6d	9d	12d	21d	24d	27d
梭菌纲的 1 目（c_Clostridia）	0.04	0.02	0.19	0.20	0.16	0.06	0.04	0.09
候选门 Patescibacteria 的 1 目（c_p_Patescibacteria）	0.32	0.21	0.04	0.07	0.04	0.04	0.04	0.04
候选目 mle1-27	0.04	0.14	0.08	0.07	0.10	0.10	0.12	0.11
α- 变形菌纲的 1 目（c_Alphaproteobacteria）	0.09	0.17	0.08	0.06	0.08	0.08	0.08	0.08
鞘氨醇单胞菌目（Sphingomonadales）	0.23	0.20	0.05	0.04	0.06	0.03	0.06	0.03
假诺卡氏菌目（Pseudonocardiales）	0.02	0.06	0.07	0.08	0.08	0.08	0.11	0.16
候选目 Babeliales	0.25	0.22	0.06	0.04	0.03	0.01	0.01	0.01
黄杆菌目（Flavobacteriales）	0.21	0.27	0.02	0.01	0.01	0.01	0.06	0.03
热脱硫弧菌目（Thermodesulfovibrionales）	0.00	0.00	0.02	0.12	0.18	0.07	0.06	0.16
γ- 变形菌纲的 1 目（c_Gammaproteobacteria）	0.18	0.15	0.06	0.03	0.04	0.07	0.03	0.02
热厌氧菌目（Thermoanaerobaculales）	0.23	0.30	0.04	0.01	0.01	0.00	0.00	0.00
居热菌目（Thermincolales）	0.01	0.00	0.03	0.08	0.06	0.07	0.04	0.27
铁弧菌目（Ferrovibrionales）	0.01	0.14	0.08	0.07	0.07	0.07	0.04	0.05
候选纲 JG30-KF-CM66 的 1 目（c_JG30-KF-CM66）	0.28	0.12	0.08	0.02	0.02	0.01	0.01	0.00
互营杆菌目（Syntrophobacterales）	0.08	0.18	0.08	0.10	0.05	0.02	0.02	0.01
候选目 EPR3968-O8a-Bc78	0.03	0.04	0.05	0.03	0.08	0.10	0.10	0.09
栖热菌目（Thermales）	0.01	0.01	0.05	0.14	0.15	0.03	0.03	0.11
候选纲 TK10 的 1 目（c_TK10）	0.09	0.11	0.06	0.04	0.02	0.06	0.05	0.06
候选纲 SJA-28 的 1 目（c_SJA-28）	0.27	0.13	0.05	0.01	0.01	0.00	0.00	0.00
候选目 PeM15	0.23	0.08	0.04	0.05	0.03	0.02	0.02	0.01
拟杆菌纲的 1 目（c_Bacteroidia）	0.23	0.07	0.01	0.02	0.03	0.02	0.06	0.03
丹毒丝菌目（Erysipelotrichales）	0.08	0.12	0.05	0.06	0.04	0.04	0.03	0.03
蛭弧菌目（Bdellovibrionales）	0.05	0.13	0.04	0.04	0.06	0.04	0.04	0.05
脱硫杆菌门的 1 目（c_p_Desulfobacterota）	0.07	0.09	0.04	0.05	0.04	0.05	0.05	0.03
污水球菌目（Defluviicoccales）	0.12	0.09	0.04	0.03	0.03	0.04	0.03	0.04
毛螺菌目（Lachnospirales）	0.06	0.03	0.10	0.04	0.08	0.04	0.02	0.05
克里斯滕森菌目（Christensenellales）	0.12	0.02	0.07	0.08	0.07	0.02	0.01	0.02
互营单胞菌目（Syntrophomonadales）	0.03	0.01	0.12	0.12	0.08	0.02	0.01	0.02
候选目 Kryptoniales	0.24	0.12	0.01	0.00	0.00	0.00	0.00	0.00
脱亚硫酸杆菌目（Desulfitobacteriales）	0.03	0.02	0.14	0.05	0.06	0.03	0.02	0.04
候选门 MBNT15 的 1 目（c_p_MBNT15）	0.05	0.09	0.04	0.02	0.02	0.04	0.05	0.05
候选目 MBA03	0.00	0.00	0.12	0.07	0.08	0.03	0.03	0.03

续表

细菌目	膜发酵过程细菌目含量 /%							
	0d	3d	6d	9d	12d	21d	24d	27d
候选目 C0119	0.12	0.05	0.10	0.04	0.03	0.01	0.01	0.01
候选门 Zixibacteria 的 1 目（c_p_Zixibacteria）	0.19	0.11	0.02	0.01	0.01	0.00	0.00	0.00
绿弯菌门的 1 目（p_Chloroflexi）	0.19	0.02	0.07	0.02	0.02	0.01	0.00	0.01
厄泽比氏菌目（Euzebyales）	0.02	0.03	0.02	0.02	0.03	0.06	0.08	0.07
浮霉菌纲的 1 目（c_Planctomycetes）	0.11	0.05	0.04	0.04	0.03	0.03	0.02	0.01
γ- 变形菌纲的 1 目（Gammaproteobacteria_Incertae_Sedis）	0.08	0.11	0.02	0.01	0.02	0.03	0.04	0.02
产氢菌目（Hydrogenedentiales）	0.03	0.09	0.04	0.04	0.03	0.04	0.04	0.02
疣微菌目（Verrucomicrobiales）	0.12	0.02	0.02	0.05	0.02	0.01	0.05	0.02
红螺菌目（Rhodospirillales）	0.03	0.05	0.06	0.03	0.05	0.03	0.04	0.02
军团菌目（Legionellales）	0.03	0.14	0.05	0.03	0.03	0.02	0.01	0.01
脂环酸芽胞杆菌目（Alicyclobacillales）	0.01	0.03	0.04	0.05	0.03	0.02	0.05	0.07
热猎矛胞菌目（Thermovenabulales）	0.01	0.01	0.06	0.09	0.05	0.01	0.03	0.05
纤维弧菌目（Cellvibrionales）	0.13	0.07	0.05	0.02	0.01	0.00	0.01	0.00
互营菌目（Syntrophales）	0.15	0.03	0.05	0.02	0.01	0.01	0.00	0.00
候选门 WPS-2 的 1 目（c_p_WPS-2）	0.12	0.01	0.07	0.03	0.03	0.01	0.00	0.00
候选目 0319-6G20	0.02	0.06	0.02	0.01	0.02	0.03	0.05	0.05
侏囊菌目（Nannocystales）	0.01	0.20	0.02	0.01	0.01	0.00	0.00	0.00
候选目 PLTA13	0.13	0.07	0.03	0.01	0.01	0.01	0.00	0.00
候选门 Latescibacterota 的 1 目（c_p_Latescibacterota）	0.16	0.07	0.01	0.00	0.00	0.00	0.00	0.00
双生立克次氏体目（Diplorickettsiales）	0.03	0.20	0.01	0.01	0.00	0.00	0.00	0.00
纤线杆菌目（Ktedonobacterales）	0.03	0.09	0.04	0.01	0.01	0.04	0.01	0.00
热氧杆菌目（Thermaerobacterales）	0.03	0.03	0.04	0.03	0.04	0.03	0.02	0.03
候选目 Izemoplasmatales	0.00	0.00	0.07	0.04	0.05	0.01	0.02	0.05
嗜盐原体目（Haloplasmatales）	0.00	0.01	0.05	0.02	0.04	0.02	0.01	0.06
优杆菌目（Eubacteriales）	0.06	0.03	0.05	0.03	0.03	0.01	0.01	0.02
土单胞菌纲（Chthonomonadales）	0.08	0.04	0.03	0.02	0.02	0.01	0.01	0.01
候选纲 Gitt-GS-136 的 1 目（c_Gitt-GS-136）	0.01	0.14	0.02	0.01	0.01	0.01	0.01	0.00
土球形菌目（Pedosphaerales）	0.03	0.07	0.01	0.01	0.01	0.01	0.04	0.01
噬蛋白菌目（Proteinivoracales）	0.01	0.02	0.05	0.02	0.02	0.03	0.02	0.02
厚壁菌门的 1 目（c_p_Firmicutes）	0.01	0.00	0.05	0.05	0.03	0.01	0.01	0.04
候选目 Aminicenantales	0.09	0.04	0.03	0.01	0.01	0.01	0.00	0.00
螺旋体目（Spirochaetales）	0.02	0.02	0.05	0.03	0.04	0.01	0.01	0.01

续表

细菌目	膜发酵过程细菌目含量 /%							
	0d	3d	6d	9d	12d	21d	24d	27d
候选目 S085	0.04	0.03	0.03	0.01	0.02	0.02	0.02	0.02
候选纲 Dojkabacteria 的 1 目（c Dojkabacteria）	0.01	0.02	0.03	0.02	0.06	0.02	0.01	0.03
土源杆菌目（Chthoniobacterales）	0.02	0.02	0.01	0.03	0.02	0.02	0.03	0.03
微消化菌目（Micropepsales）	0.03	0.08	0.01	0.00	0.01	0.03	0.01	0.00
韦荣氏菌目 / 月形单胞菌目（Veillonellales-Selenomonadales）	0.07	0.01	0.04	0.02	0.02	0.01	0.00	0.01
候选目 Dadabacteriales	0.02	0.02	0.00	0.00	0.02	0.05	0.01	0.04
候选目 JG36-GS-52	0.07	0.05	0.02	0.01	0.01	0.01	0.00	0.00
候选门 Moranbacteria 的 1 目（Candidatus_Moranbacteria）	0.15	0.00	0.00	0.00	0.00	0.00	0.00	0.00
候选目 MSB-5E12	0.01	0.03	0.02	0.03	0.03	0.01	0.01	0.01
硫还原杆菌目（Dethiobacterales）	0.00	0.01	0.02	0.02	0.02	0.01	0.01	0.06
动孢菌目（Kineosporiales）	0.08	0.04	0.01	0.01	0.01	0.00	0.00	0.00
厌氧绳菌纲的 1 目（c_Anaerolineae）	0.02	0.02	0.02	0.01	0.02	0.02	0.03	0.01
盐硫杆状菌目（Halothiobacillales）	0.00	0.00	0.00	0.11	0.01	0.00	0.00	0.00
莱朗菌目（Reyranellales）	0.04	0.05	0.02	0.01	0.01	0.00	0.00	0.00
候选纲 Sericytochromatia 的 1 目（c_Sericytochromatia）	0.01	0.01	0.01	0.02	0.01	0.04	0.02	0.02
红蝽菌目（Coriobacteriales）	0.06	0.01	0.02	0.02	0.01	0.01	0.01	0.01
候选门 Patescibacteria 的 1 目（p_Patescibacteria）	0.03	0.02	0.03	0.02	0.02	0.01	0.00	0.01
候选门 SAR324_cladeMarine_group_B 的 1 目（c_p_SAR324_cladeMarine_group_B）	0.11	0.01	0.01	0.00	0.00	0.00	0.00	0.00
消化球菌目（Peptococcales）	0.02	0.01	0.03	0.02	0.02	0.01	0.01	0.01
乳杆菌目（Lactobacillales）	0.06	0.03	0.02	0.01	0.00	0.00	0.00	0.00
外硫红螺旋菌目（Ectothiorhodospirales）	0.01	0.05	0.01	0.03	0.00	0.00	0.01	0.01
氨基酸球菌目（Acidaminococcales）	0.08	0.01	0.01	0.01	0.01	0.00	0.00	0.00
全噬菌目（Holophagales）	0.09	0.01	0.00	0.00	0.00	0.00	0.00	0.00
芽胞杆菌纲的 1 目（c_Bacilli）	0.00	0.00	0.01	0.05	0.03	0.00	0.01	0.01
模糊杆菌目（Obscuribacterales）	0.07	0.01	0.02	0.00	0.00	0.00	0.00	0.00
互营杆形菌目（Syntrophorhabdales）	0.05	0.02	0.02	0.01	0.01	0.00	0.00	0.00
热丝菌目（Caldisericales）	0.05	0.00	0.02	0.01	0.01	0.00	0.00	0.00
科克斯氏体目（Coxiellales）	0.01	0.08	0.00	0.00	0.00	0.00	0.00	0.00
暖发菌目（Calditrichales）	0.05	0.04	0.00	0.00	0.00	0.00	0.00	0.00
候选纲 Peregrinibacteria 的 1 目（Candidatus_Peregrinibacteria）	0.07	0.01	0.01	0.00	0.00	0.00	0.00	0.00
钩端螺旋体目（Leptospirales）	0.03	0.01	0.01	0.01	0.01	0.01	0.01	0.01

续表

细菌目	膜发酵过程细菌目含量 /%							
	0d	3d	6d	9d	12d	21d	24d	27d
产氨菌目（Ammonifexales）	0.00	0.00	0.02	0.02	0.03	0.01	0.01	0.01
候选目 AKIW659	0.00	0.00	0.00	0.01	0.01	0.02	0.02	0.02
产水菌目（Aquificales）	0.00	0.00	0.00	0.01	0.03	0.00	0.00	0.04
候选目 WD260	0.05	0.02	0.00	0.00	0.00	0.00	0.00	0.00
贝克尔杆菌纲的 1 目（c_Berkelbacteria）	0.03	0.01	0.02	0.01	0.00	0.01	0.00	0.00
放线菌纲的 1 目（c_Actinobacteria）	0.00	0.05	0.00	0.00	0.00	0.00	0.00	0.00
候选纲 Subgroup_22 的 1 目（c_Subgroup_22）	0.05	0.02	0.01	0.00	0.00	0.00	0.00	0.00
放线菌目（Actinomycetales）	0.05	0.01	0.01	0.01	0.01	0.00	0.00	0.00
候选目 OPB41	0.02	0.01	0.02	0.02	0.01	0.00	0.00	0.00
热产醋菌目（Thermacetogeniales）	0.00	0.00	0.02	0.02	0.02	0.00	0.01	0.02
小棒菌目（Parvibaculales）	0.01	0.04	0.01	0.01	0.00	0.00	0.00	0.00
热碱芽胞杆菌目（Caldalkalibacillales）	0.00	0.00	0.01	0.02	0.01	0.01	0.00	0.01
候选纲 BD7-11 的 1 目（c_BD7-11）	0.00	0.02	0.00	0.01	0.01	0.02	0.01	0.00
候选门 RCP2-54 的 1 目（c_p_RCP2-54）	0.01	0.04	0.01	0.00	0.00	0.00	0.00	0.00
脱硫弧菌目（Desulfovibrionales）	0.02	0.03	0.01	0.01	0.00	0.00	0.00	0.00
海洋螺菌目（Oceanospirillales）	0.01	0.02	0.00	0.01	0.00	0.01	0.01	0.01
泰科院菌目（Tistrellales）	0.01	0.02	0.01	0.00	0.01	0.01	0.01	0.00
候选纲 CPR2 的 1 目（c_CPR2）	0.02	0.01	0.02	0.01	0.01	0.00	0.00	0.00
几丁质弧菌纲的 1 目（c_Chitinivibrionia）	0.05	0.01	0.00	0.00	0.00	0.00	0.00	0.00
厌氧绳菌纲的 1 目（c_Anaerolineae）	0.01	0.01	0.02	0.01	0.01	0.00	0.00	0.00
蝙蝠弧菌目（Vampirovibrionales）	0.00	0.02	0.02	0.01	0.00	0.01	0.01	0.01
装甲菌门的 1 目（p_Armatimonadota）	0.00	0.00	0.01	0.01	0.01	0.02	0.01	0.01
阴壁菌纲的 1 目（c_Negativicutes）	0.00	0.00	0.02	0.01	0.01	0.00	0.01	0.01
固氮螺菌目（Azospirillales）	0.02	0.01	0.01	0.01	0.01	0.00	0.00	0.00
咸水球形菌目（Salinisphaerales）	0.00	0.01	0.00	0.00	0.00	0.02	0.02	0.01
候选纲 Subgroup_21 的 1 目（c_Subgroup_21）	0.00	0.01	0.01	0.00	0.00	0.01	0.01	0.00
全孢菌目（Holosporales）	0.02	0.01	0.01	0.01	0.00	0.01	0.00	0.00
酸微菌纲的 1 目（c_Acidimicrobiia）	0.03	0.01	0.01	0.00	0.00	0.00	0.00	0.00
双歧杆菌目（Bifidobacteriales）	0.03	0.00	0.01	0.01	0.00	0.00	0.00	0.00
脱硫叶菌目（Desulfobulbales）	0.03	0.01	0.01	0.00	0.00	0.00	0.00	0.00
候选纲 Parcubacteria 的 1 目（c_Parcubacteria）	0.05	0.01	0.00	0.00	0.00	0.00	0.00	0.00
能嗜热菌目（Thermicanales）	0.00	0.00	0.00	0.02	0.02	0.00	0.00	0.00

续表

细菌目	膜发酵过程细菌目含量 /%							
	0d	3d	6d	9d	12d	21d	24d	27d
候选门 WS4 的 1 目（c_p_WS4）	0.02	0.01	0.01	0.00	0.00	0.00	0.00	0.00
脱硫杆菌目（Desulfobacterales）	0.03	0.01	0.01	0.00	0.00	0.00	0.00	0.00
湖绳菌纲的 1 目（c_Limnochordia）	0.00	0.00	0.01	0.01	0.01	0.00	0.00	0.03
脱硫念珠菌目（Desulfomonilales）	0.02	0.01	0.01	0.01	0.00	0.01	0.00	0.00
寡养弯菌目（Oligoflexales）	0.00	0.01	0.01	0.01	0.01	0.00	0.00	0.01
候选门 WS2 的 1 目（c_p_WS2）	0.03	0.01	0.00	0.00	0.00	0.00	0.00	0.00
候选纲 WWE3 的 1 目（c_WWE3）	0.02	0.01	0.01	0.00	0.00	0.00	0.00	0.00
候选目 KI89A_clade	0.00	0.01	0.01	0.00	0.01	0.01	0.01	0.00
盐厌氧菌目（Halanaerobiales）	0.01	0.01	0.00	0.00	0.00	0.00	0.00	0.01
基尔菌目（Kiloniellales）	0.00	0.01	0.00	0.00	0.01	0.01	0.01	0.00
候选目 ADurb.Bin180	0.02	0.00	0.01	0.00	0.00	0.00	0.00	0.00
候选纲 bacteriap25 的 1 目（c_bacteriap25）	0.03	0.01	0.00	0.00	0.00	0.00	0.00	0.00
候选目 CCM19a	0.02	0.01	0.00	0.00	0.00	0.00	0.00	0.00
紫螺菌目（Puniceispirillales）	0.00	0.01	0.00	0.00	0.01	0.01	0.00	0.00
土壤杆菌目（Solibacterales）	0.01	0.01	0.01	0.00	0.00	0.00	0.00	0.00
立克次氏体目（Rickettsiales）	0.01	0.01	0.01	0.00	0.00	0.00	0.00	0.00
候选目 SAR202_clade	0.00	0.00	0.00	0.00	0.01	0.01	0.01	0.00
候选目 1013-28-CG33	0.00	0.02	0.01	0.00	0.00	0.00	0.00	0.00
丰佑菌目（Opitutales）	0.00	0.01	0.00	0.00	0.00	0.00	0.01	0.02
热脱硫杆菌目（Thermodesulfobacteriales）	0.00	0.00	0.00	0.01	0.01	0.00	0.01	0.01
候选纲 Subgroup_18 的 1 目（c_Subgroup_18）	0.02	0.01	0.00	0.00	0.00	0.00	0.00	0.00
隐居菌目（Abditibacteriales）	0.00	0.01	0.00	0.00	0.00	0.00	0.01	0.01
候选目 WCHB1-41	0.02	0.00	0.00	0.00	0.00	0.00	0.00	0.00
脱硫橄榄形菌目（Desulfobaccales）	0.01	0.01	0.01	0.01	0.00	0.00	0.00	0.00
γ- 变形菌纲的 1 目（c_Gammaproteobacteria）	0.01	0.01	0.00	0.00	0.00	0.00	0.00	0.00
候选苏美神菌纲 Sumerlaeia 的 1 目（c_Sumerlaeia）	0.00	0.02	0.01	0.00	0.00	0.00	0.00	0.00
候选纲 Pacebacteria 的 1 目（Candidatus_Pacebacteria）	0.02	0.00	0.00	0.00	0.00	0.00	0.00	0.00
候选目 MVP-88	0.03	0.00	0.00	0.00	0.00	0.00	0.00	0.00
弯曲杆菌目（Campylobacterales）	0.01	0.00	0.01	0.00	0.01	0.00	0.00	0.00
候选目 Latescibacterales	0.02	0.01	0.00	0.00	0.00	0.00	0.00	0.00
副杀手杆菌目（Paracaedibacterales）	0.01	0.01	0.01	0.00	0.00	0.00	0.00	0.00
候选目 EC3	0.01	0.00	0.01	0.00	0.00	0.00	0.00	0.00

续表

细菌目	膜发酵过程细菌目含量 /%							
	0d	3d	6d	9d	12d	21d	24d	27d
装甲菌目（Armatimonadales）	0.03	0.00	0.00	0.00	0.00	0.00	0.00	0.00
脱硫杆菌门的 1 目（p_Desulfobacterota）	0.02	0.00	0.00	0.00	0.00	0.00	0.00	0.00
候选目 PB19	0.01	0.01	0.00	0.00	0.00	0.00	0.00	0.00
酸微菌纲的 1 目（c_Acidimicrobiia）	0.01	0.00	0.00	0.00	0.00	0.00	0.00	0.00
候选纲 AT-s3-28 的 1 目（c_AT-s3-28）	0.02	0.01	0.00	0.00	0.00	0.00	0.00	0.00
候选纲 c5LKS83 的 1 目（c_c5LKS83）	0.01	0.01	0.01	0.00	0.00	0.00	0.00	0.00
分类地位未定纲的 1 目（c_norank）	0.00	0.01	0.00	0.00	0.00	0.00	0.00	0.00
绿弯菌门的 1 目（c_p_Chloroflexi）	0.00	0.01	0.00	0.00	0.00	0.01	0.00	0.00
候选纲 Pla4_lineage 的 1 目（c_Pla4_lineage）	0.01	0.00	0.00	0.00	0.00	0.00	0.00	0.00
酸杆菌目（Acidobacteriales）	0.00	0.02	0.00	0.00	0.00	0.00	0.00	0.00
沙胞菌目（Arenicellales）	0.01	0.00	0.00	0.00	0.00	0.00	0.00	0.00
候选目 Elev-16S-1166	0.02	0.00	0.00	0.00	0.00	0.00	0.00	0.00
甲基嗜酸菌目（Methylacidiphilales）	0.01	0.00	0.00	0.00	0.00	0.00	0.00	0.00
候选目 CCD24	0.00	0.01	0.00	0.00	0.00	0.00	0.00	0.00
亚硝化球菌目（Nitrosococcales）	0.01	0.00	0.00	0.00	0.00	0.00	0.00	0.00
候选纲 MB-A2-108 的 1 目（c_MB-A2-108）	0.00	0.00	0.00	0.00	0.00	0.00	0.00	0.00
肠杆菌目（Enterobacterales）	0.01	0.01	0.00	0.00	0.00	0.00	0.00	0.00
东氏菌目（Dongiales）	0.01	0.01	0.00	0.00	0.00	0.00	0.00	0.00
候选目 Omnitrophales	0.01	0.00	0.00	0.00	0.00	0.00	0.00	0.00
着色菌目（Chromatiales）	0.00	0.01	0.00	0.00	0.00	0.00	0.00	0.00
热黑杆菌目（Caldatribacteriales）	0.01	0.00	0.00	0.00	0.00	0.00	0.00	0.00
候选目 SZB7	0.00	0.00	0.00	0.00	0.00	0.00	0.00	0.00
候选纲 Woesebacteria 的 1 目（Candidatus_Woesebacteria）	0.01	0.00	0.00	0.00	0.00	0.00	0.00	0.00
候选目 Ga0077536	0.01	0.00	0.00	0.00	0.00	0.00	0.00	0.00
梭菌纲 UCG-014 群的 1 目（Clostridia_UCG-014）	0.00	0.00	0.00	0.00	0.00	0.00	0.00	0.00
单球菌目（Monoglobales）	0.00	0.00	0.00	0.00	0.00	0.00	0.00	0.00
候选罗伊兹曼杆菌门的 1 目（Candidatus_Roizmanbacteria）	0.01	0.00	0.00	0.00	0.00	0.00	0.00	0.00
硫发菌目（Thiotrichales）	0.01	0.00	0.00	0.00	0.00	0.00	0.00	0.00
斯尼思氏菌目（Sneathiellales）	0.00	0.00	0.00	0.00	0.00	0.00	0.00	0.00
候选目 SZB30	0.00	0.00	0.00	0.00	0.00	0.00	0.00	0.00
候选目 HOC36	0.00	0.00	0.00	0.00	0.00	0.00	0.00	0.00
候选目 Rokubacteriales	0.00	0.00	0.00	0.00	0.00	0.00	0.00	0.00

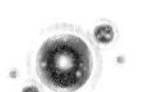

续表

细菌目	膜发酵过程细菌目含量 /%							
	0d	3d	6d	9d	12d	21d	24d	27d
酸硫杆状菌目（Acidithiobacillales）	0.00	0.00	0.00	0.00	0.00	0.00	0.00	0.00
候选纲 ABY1 的 1 目（c_ABY1）	0.01	0.00	0.00	0.00	0.00	0.00	0.00	0.00
候选目 Thermophilales	0.00	0.00	0.00	0.00	0.00	0.00	0.00	0.00
阴沟单胞菌目（Cloacimonadales）	0.00	0.00	0.00	0.00	0.00	0.00	0.00	0.00
纤维杆菌目（Fibrobacterales）	0.00	0.00	0.00	0.00	0.00	0.00	0.00	0.00
地杆菌目（Geobacterales）	0.00	0.00	0.00	0.00	0.00	0.00	0.00	0.00
放线菌门的 1 目（p_Actinobacteriota）	0.00	0.00	0.00	0.00	0.00	0.00	0.00	0.00
梭菌纲 vadinBB60 群的 1 目（Clostridia_vadinBB60_group）	0.00	0.00	0.00	0.00	0.00	0.00	0.00	0.00
纤细杆菌纲的 1 目（c_Gracilibacteria）	0.01	0.00	0.00	0.00	0.00	0.00	0.00	0.00
候选纲 SHA-26 的 1 目（c_SHA-26）	0.00	0.00	0.00	0.00	0.00	0.00	0.00	0.00
酸杆菌纲的 1 目（c_Acidobacteriae-1）	0.01	0.00	0.00	0.00	0.00	0.00	0.00	0.00
酸杆菌纲的 1 目（c_Acidobacteriae-2）	0.01	0.00	0.00	0.00	0.00	0.00	0.00	0.00
噬菌弧菌目（Bacteriovoracales）	0.00	0.00	0.00	0.00	0.00	0.00	0.00	0.00
候选纲 Microgenomatia 的 1 目（c_Microgenomatia）	0.00	0.00	0.00	0.00	0.00	0.00	0.00	0.00
候选目 M55-D21	0.00	0.00	0.00	0.00	0.00	0.00	0.00	0.00
美丽纤细菌目（Kallotenuales）	0.00	0.00	0.00	0.00	0.00	0.00	0.00	0.00
热脱硫弧菌纲的 1 目（c_Thermodesulfovibrionia）	0.00	0.00	0.00	0.00	0.00	0.00	0.00	0.00
糖霉菌目（Glycomycetales）	0.00	0.00	0.00	0.00	0.00	0.00	0.00	0.00
候选法尔科夫菌门的 1 目（Candidatus_Falkowbacteria）	0.01	0.00	0.00	0.00	0.00	0.00	0.00	0.00
候选纲 Magasanikbacteria 的 1 目（Candidatus_Magasanikbacteria）	0.00	0.00	0.00	0.00	0.00	0.00	0.00	0.00
食品谷菌目（Victivallales）	0.00	0.00	0.00	0.00	0.00	0.00	0.00	0.00
候选目 SM1A07	0.00	0.00	0.00	0.00	0.00	0.00	0.00	0.00
候选纲 Lineage_IIb 的 1 目（c_Lineage_IIb）	0.00	0.00	0.00	0.00	0.00	0.00	0.00	0.00
纤细杆菌纲的 1 目（c_Gracilibacteria）	0.00	0.01	0.00	0.00	0.00	0.00	0.00	0.00
小链生孢菌目（Catenulisporales）	0.00	0.00	0.00	0.00	0.00	0.00	0.00	0.00
甲基奇异菌目（Methylomirabilales）	0.00	0.00	0.00	0.00	0.00	0.00	0.00	0.00
候选目 RsaHf231	0.00	0.00	0.00	0.00	0.00	0.00	0.00	0.00
候选纲 TSAC18 的 1 目（c_TSAC18）	0.00	0.00	0.00	0.00	0.00	0.00	0.00	0.00
候选纲 WCHB1-81 的 1 目（c_WCHB1-81）	0.00	0.00	0.00	0.00	0.00	0.00	0.00	0.00
海杆形菌目（Thalassobaculales）	0.00	0.00	0.00	0.00	0.00	0.00	0.00	0.00
候选纲 Pla3_lineage 的 1 目（c_Pla3_lineage）	0.00	0.00	0.00	0.00	0.00	0.00	0.00	0.00

续表

细菌目	膜发酵过程细菌目含量 /%							
	0d	3d	6d	9d	12d	21d	24d	27d
发酵杆菌目（Fermentibacterales）	0.00	0.00	0.00	0.00	0.00	0.00	0.00	0.00
候选纲 MD2896-B216 的 1 目（c_MD2896-B216）	0.00	0.00	0.00	0.00	0.00	0.00	0.00	0.00
无胆甾原体目（Acholeplasmatales）	0.00	0.00	0.00	0.00	0.00	0.00	0.00	0.00
候选目 Blfdi19	0.00	0.00	0.00	0.00	0.00	0.00	0.00	0.00
颗粒球菌目（Granulosicoccales）	0.00	0.00	0.00	0.00	0.00	0.00	0.00	0.00
候选目 Absconditabacteriales_SR1	0.00	0.00	0.00	0.00	0.00	0.00	0.00	0.00
候选纲 vadinHA49 的 1 目（c_vadinHA49）	0.00	0.00	0.00	0.00	0.00	0.00	0.00	0.00
黑森林菌目（Silvanigrellales）	0.00	0.00	0.00	0.00	0.00	0.00	0.00	0.00
葡萄球菌目（Staphylococcales）	0.00	0.00	0.00	0.00	0.00	0.00	0.00	0.00
石袍菌目（Petrotogales）	0.00	0.00	0.00	0.00	0.00	0.00	0.00	0.00
脱硫橡子形菌目（Desulfatiglandales）	0.00	0.00	0.00	0.00	0.00	0.00	0.00	0.00
虫原体目（Entomoplasmatales）	0.00	0.00	0.00	0.00	0.00	0.00	0.00	0.00
候选目 211ds20	0.00	0.00	0.00	0.00	0.00	0.00	0.00	0.00
候选目 B55-F-B-G02	0.00	0.00	0.00	0.00	0.00	0.00	0.00	0.00
候选纲 Parcubacteria 的 1 目（c_Parcubacteria）	0.00	0.00	0.00	0.00	0.00	0.00	0.00	0.00
小弧菌目（Micavibrionales）	0.00	0.00	0.00	0.00	0.00	0.00	0.00	0.00
中温球形菌目（Tepidisphaerales）	0.00	0.00	0.00	0.00	0.00	0.00	0.00	0.00
候选纲 Kaiserbacteria 的 1 目（Candidatus_Kaiserbacteria）	0.00	0.00	0.00	0.00	0.00	0.00	0.00	0.00
拟杆菌门 VC2.1_Bac22 群的 1 目（Bacteroidetes_VC2.1_Bac22）	0.00	0.00	0.00	0.00	0.00	0.00	0.00	0.00
候选纲 Lineage_IIc 的 1 目（c_Lineage_IIc）	0.00	0.00	0.00	0.00	0.00	0.00	0.00	0.00
摩尔氏菌目（Moorellales）	0.00	0.00	0.00	0.00	0.00	0.00	0.00	0.00
内生微菌目（Endomicrobiales）	0.00	0.00	0.00	0.00	0.00	0.00	0.00	0.00
解腈菌目（Nitriliruptorales）	0.00	0.00	0.00	0.00	0.00	0.00	0.00	0.00
嗜热小杆菌目（Thermobaculales）	0.00	0.00	0.00	0.00	0.00	0.00	0.00	0.00
气单胞菌目（Aeromonadales）	0.00	0.00	0.00	0.00	0.00	0.00	0.00	0.00
候选纲 DG-56 的 1 目（c_DG-56）	0.00	0.00	0.00	0.00	0.00	0.00	0.00	0.00
候选纲 P9X2b3D02 的 1 目（c_P9X2b3D02）	0.00	0.00	0.00	0.00	0.00	0.00	0.00	0.00
黏球菌门的 1 目（p_Myxococcota）	0.00	0.00	0.00	0.00	0.00	0.00	0.00	0.00
候选纲 Abawacabacteria 的 1 目（Candidatus_Abawacabacteria）	0.00	0.00	0.00	0.00	0.00	0.00	0.00	0.00
候选纲 NLS2-31 的 1 目（c_NLS2-31）	0.00	0.00	0.00	0.00	0.00	0.00	0.00	0.00
寡养球形菌目（Oligosphaerales）	0.00	0.00	0.00	0.00	0.00	0.00	0.00	0.00
候选纲 Kuenenbacteria 的 1 目（Candidatus_Kuenenbacteria）	0.00	0.00	0.00	0.00	0.00	0.00	0.00	0.00

续表

细菌目	膜发酵过程细菌目含量 /%							
	0d	3d	6d	9d	12d	21d	24d	27d
候选目 WN-HWB-116	0.00	0.00	0.00	0.00	0.00	0.00	0.00	0.00
脱硫单胞菌纲的 1 目（c_Desulfuromonadia）	0.00	0.00	0.00	0.00	0.00	0.00	0.00	0.00
候选目 Lineage_IV	0.00	0.00	0.00	0.00	0.00	0.00	0.00	0.00
候选门 FCPU426 的 1 目（c_p_FCPU426）	0.00	0.00	0.00	0.00	0.00	0.00	0.00	0.00
小梨形菌目（Pirellulales）	0.00	0.00	0.00	0.00	0.00	0.00	0.00	0.00
候选目 Pla1_lineage	0.00	0.00	0.00	0.00	0.00	0.00	0.00	0.00
候选纲 JS1 的 1 目（c_JS1）	0.00	0.00	0.00	0.00	0.00	0.00	0.00	0.00
候选纲 Collierbacteria 的 1 目（Candidatus_Collierbacteria）	0.00	0.00	0.00	0.00	0.00	0.00	0.00	0.00
候选纲 Nomurabacteria 的 1 目（Candidatus_Nomurabacteria）	0.00	0.00	0.00	0.00	0.00	0.00	0.00	0.00
候选目 KF-JG30-C25	0.00	0.00	0.00	0.00	0.00	0.00	0.00	0.00

（2）独有种类和共有种类　膜发酵阶段细菌目共有种类和独有种类见图 3-75。在细菌目水平上，不同发酵阶段的共有种类 255 种，与细菌纲水平相比较独有种类有所增加，独有种类在发酵初期（0d）时有 5 种，发酵 3d 有 6 种，发酵 9d 有 2 种，其余阶段没有独有种类。表明发酵过程的细菌目来源于发酵物料，经过 27d 的发酵，细菌目在特定阶段出现增减，其余都在发酵过程中发挥作用。不同发酵阶段的细菌目种类有所差别，种类最多的是发酵初期（0d），细菌目 339 种；最少的是发酵 27d，细菌目仅 282 种。

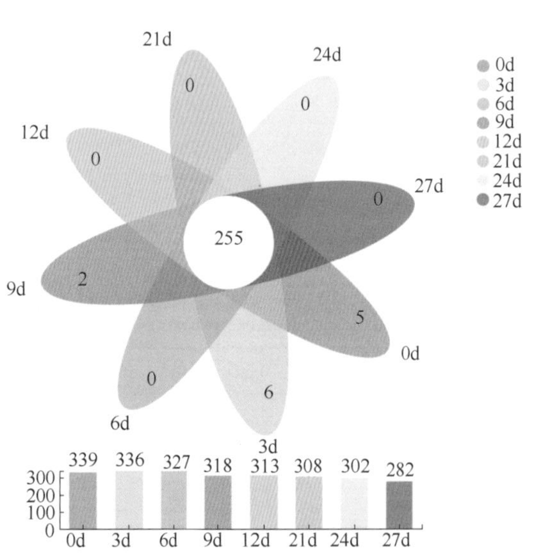

图 3-75　膜发酵阶段细菌目共有种类和独有种类

（3）菌群组成结构　膜发酵过程细菌目组成结构见图 3-76。不同发酵阶段细菌目优势菌群存在差异，发酵初期（0d）高含量前 5 的优势菌群为候选目 SBR1031（9.57%）> 伯克氏菌目（6.37%）> 根瘤菌目（5.79%）> 绿弯菌目（4.29%）> 微丝菌目（4.17%）；3d 的优势菌群为候选目 SBR1031（11.03%）> 黄单胞菌目（7.03%）> 链霉菌目（6.18%）> 根瘤菌目（5.09%）> 链孢囊菌目（4.14%）；6d 的优势菌群为候选目 SBR1031（14.84%）> 链孢囊菌目（4.58%）>S0134 陆生菌群的 1 纲的 1 目（4.48%）> 厌氧绳菌目（4.12%）> 根瘤菌目（4.07%）；9d 的优势菌群为候选目 SBR1031（22.09%）>S0134 陆生菌群的 1 纲的 1 目（7.29%）> 热微菌目（5.04%）> 厌氧绳菌目（4.28%）> 梭菌纲的 1 目（3.25%）；12d 的优势菌群为候选目 SBR1031（21.42%）>S0134 陆生菌群的 1 纲的 1 目（10.32%）> 厌氧绳菌目（4.83%）> 链孢囊菌目（3.96%）> 热微菌目（3.59%）；21d 的优势菌群为候选目 SBR1031（27.02%）>S0134 陆生菌群的 1 纲的 1 目（12.24%）> 热微菌目（8.89%）> 厌氧绳菌目（4.23%）> 小单孢菌目（4.20%）；24d 的优势菌群为候选目 SBR1031（32.40%）> S0134 陆生菌群的 1 纲的 1 目（8.45%）> 热微菌目（6.71%）> 厌氧绳菌目（5.57%）> 小单孢菌目（3.81%）；27d 的优势菌群为候选目 SBR1031（29.65%）>S0134 陆生菌群的 1 纲的 1 目（7.78%）> 热微菌目（7.29%）> 厌氧绳菌目（3.99%）> 绿弯菌目（3.35%）。

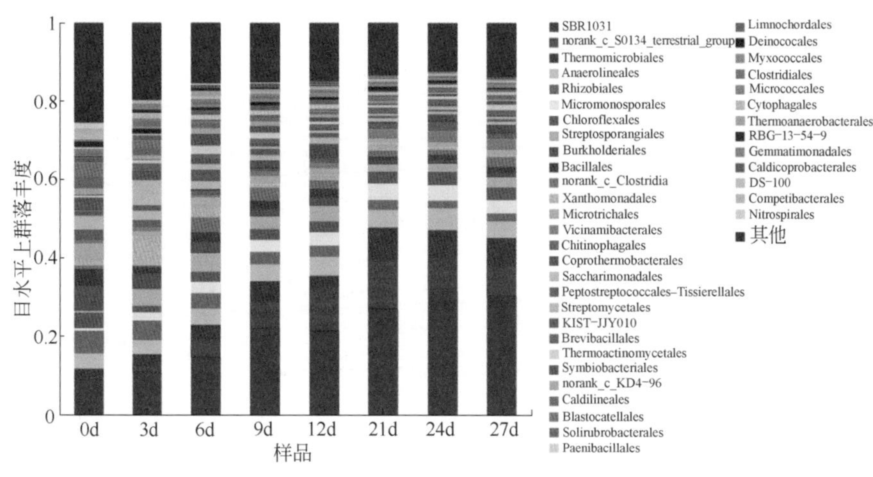

图 3-76 膜发酵过程细菌目组成结构

2. 细菌目水平菌群分析

（1）优势菌群热图分析 膜发酵过程细菌目菌群热图分析见图 3-77。从菌群聚类看，发酵过程前 30 个高含量细菌目菌群可以聚为 3 组，第 1 组高含量组，包括了 4 个细菌目，即候选目 SBR1031、S0134 陆生菌群的 1 纲的 1 目、热微菌目、厌氧绳菌目；第 2 组中含量组，包括了 12 个细菌目，即粪热杆菌目、友邻杆菌目、噬几丁质菌目、短芽胞杆菌目、伯克氏菌目、芽胞杆菌目、微丝菌目、小单孢菌目、绿弯菌目、梭菌纲的 1 目、根瘤菌目、链孢囊菌目；第 3 组低含量组，包括了 14 个细菌目，即暖绳菌目、出芽小链菌目、候选纲 KD4-96 的 1 目、糖单胞菌目、土壤红色杆菌目、类芽胞杆菌目、湖绳菌目、热厌氧杆菌目、消化链球菌目 / 蒂西耶氏菌目、候选目 KIST-JJY010、黄单胞菌目、链霉菌目、共生杆菌目、异常球菌目。

从发酵阶段上看，膜发酵过程可分为 3 个阶段：第 1 阶段为发酵初期，包括了 0d、3d；第 2 阶段为发酵中期，包括了 6d、9d、12d；第 3 阶段为发酵后期，包括了 21d、24d、27d。

（2）菌群样本坐标分析 膜发酵过程不同时间采样样本细菌目微生物组主坐标分析（PCoA）见图 3-78，偏最小二乘法判别分析（PLS-DA）见图 3-79。主坐标分析结果表明，发酵过程 0 ～ 6d 样本细菌目微生物组主要落在第 1 象限和第 4 象限，9 ～ 27d 样本细菌目微生物组主要落在第 2 象限和第 3 象限，主坐标分析可以总体地区分出发酵阶段的样本分布。

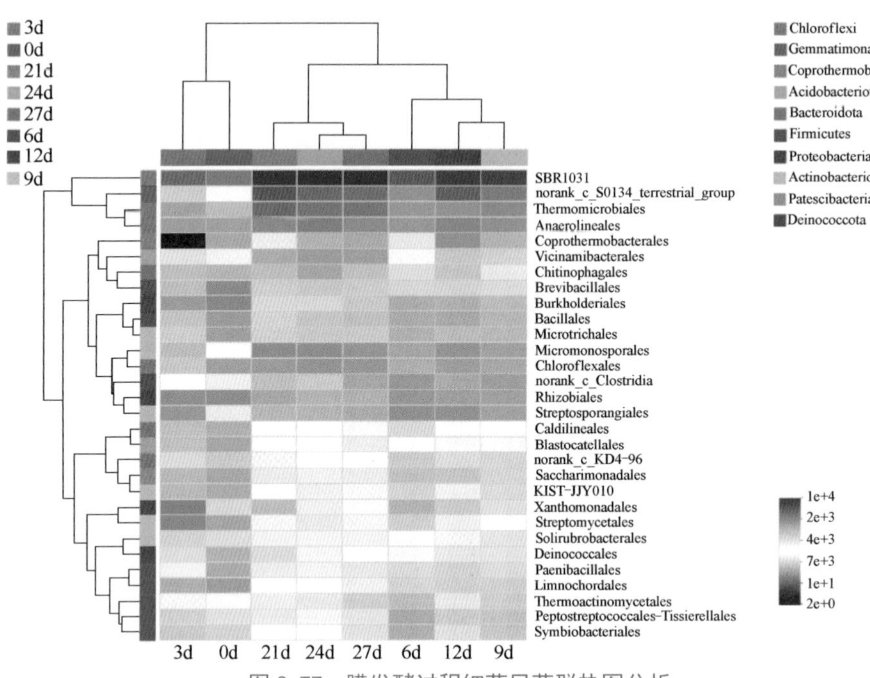

图 3-77 膜发酵过程细菌目菌群热图分析

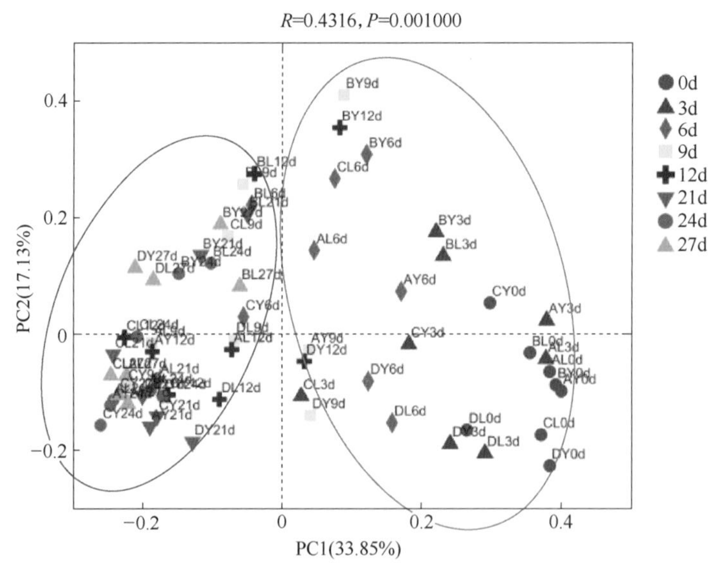

图 3-78 膜发酵过程样本细菌目微生物组主坐标分析（PCoA）

偏最小二乘法判别分析（PLS-DA）结果进一步表明，发酵过程 0d 样本细菌目微生物组主要落在同一个区域，在第 2 象限和第 3 象限交界处；3 ～ 6d 样本微生物组主要落在同一个区域，横跨第 2 象限和第 4 象限；12 ～ 27d 样本微生物组主要落在同一个区域，处于第 1 象限和第 4 象限；PLS-DA 分析可以总体地区分出发酵阶段的样本分布，样本间形成一定的交错（图 3-79）。

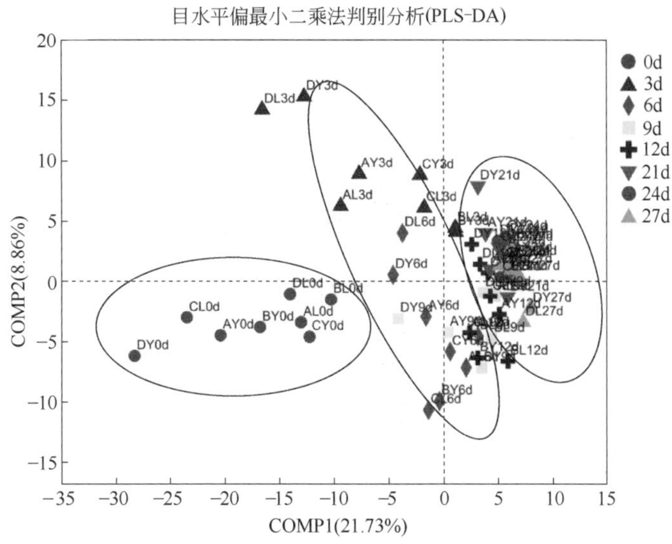

图 3-79　膜发酵过程样本细菌目微生物组偏最小二乘法判别分析（PLS-DA）

（3）发酵阶段菌群差异　膜发酵不同时间细菌目微生物组差异分析见图 3-80。分析结果表明 15 个细菌目为主要微生物组菌群，按含量大小排序，候选目 SBR1031（168.02%）> S0134 陆生菌群的 1 纲的 1 目（52.44%）> 热微菌目（41.16%）> 厌氧绳菌目（34.27%）> 根瘤菌目（27.61%）> 绿弯菌目（24.04%）> 小单孢菌目（23.31%）> 链孢囊菌目（22.63%）> 伯克氏菌目（20.12%）> 芽胞杆菌目（16.87%）> 黄单胞菌目（16.37%）> 梭菌纲的 1 目（15.79%）> 微丝菌目（15.20%）> 噬几丁质菌目（13.06%）> 友邻杆菌目（12.70%）。不同的细菌目菌群在不同发酵阶段数量差异极显著。

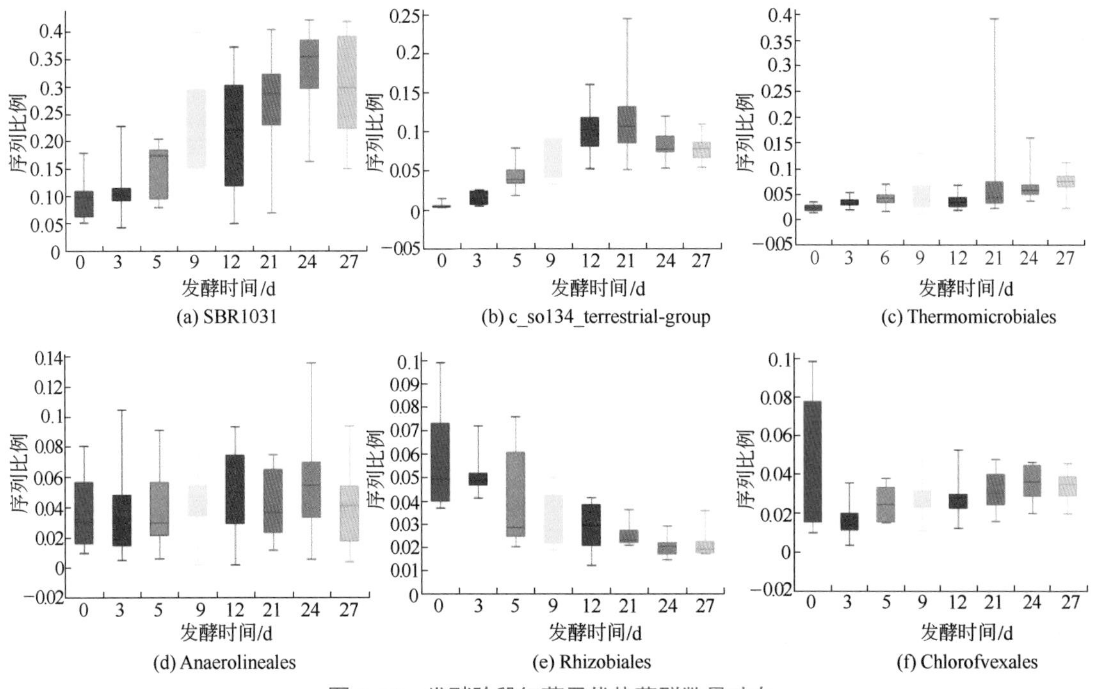

图 3-80　发酵阶段细菌目优势菌群数量动态

其中高含量的 6 个细菌目，候选目 SBR1031 发酵过程属于后峰型、S0134 陆生菌群的 1 个纲的 1 目发酵过程属于后峰型、热微菌目发酵过程属于后峰型、厌氧绳菌目发酵过程属于后峰型、根瘤菌目发酵过程属于前峰型、绿弯菌目发酵过程属于前峰型（图 3-81）。

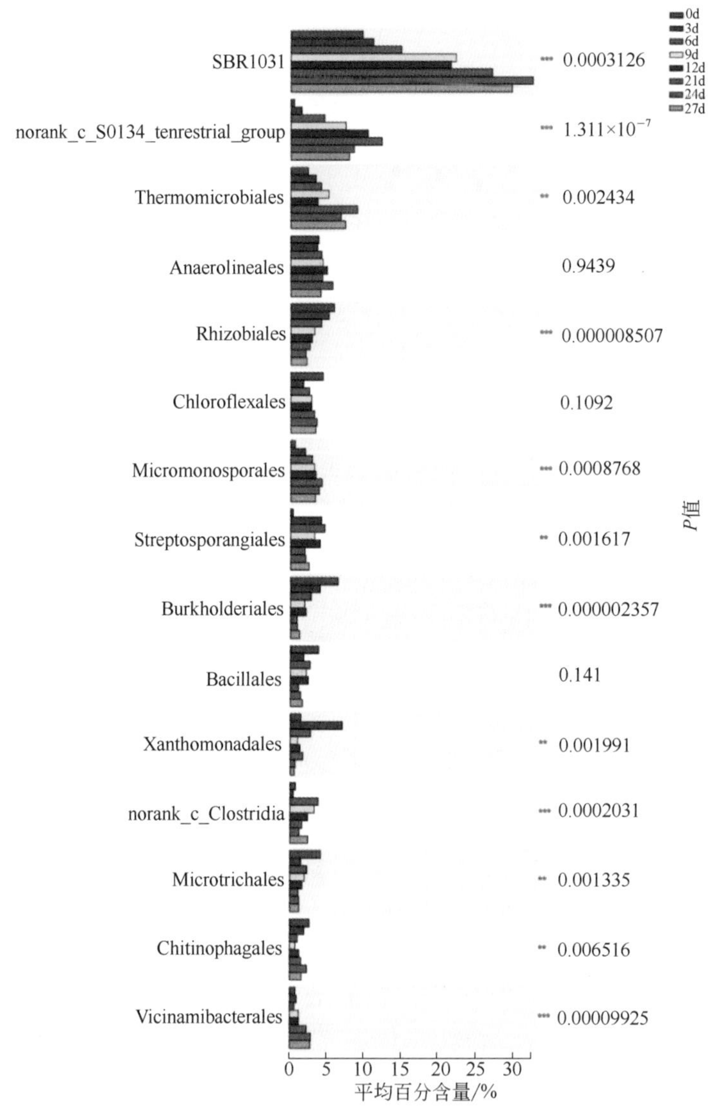

图 3-81　膜发酵不同时间细菌目微生物组差异分析

（4）菌群系统进化分析　膜发酵不同时间 50 个主要细菌目微生物组系统进化分析图 3-82。从进化树看，候选目 SBR1031（发酵过程占比累计值 =168.02%）、S0134 陆生菌群的 1 个纲的 1 目（52.44%）、热微菌目（41.16%）、厌氧绳菌目（34.27%）、根瘤菌目（27.61%）、绿弯菌目（24.04%）、小单孢菌目（23.31%）、链孢囊菌目（22.63%）、伯克氏菌目（20.12%）、芽胞杆菌目（16.87%）10 个目为发酵过程的主要细菌目，且在整个膜发酵过程中 10 个优势菌群都在起作用；其余的种类含量较低，发酵过程起的作用较小。

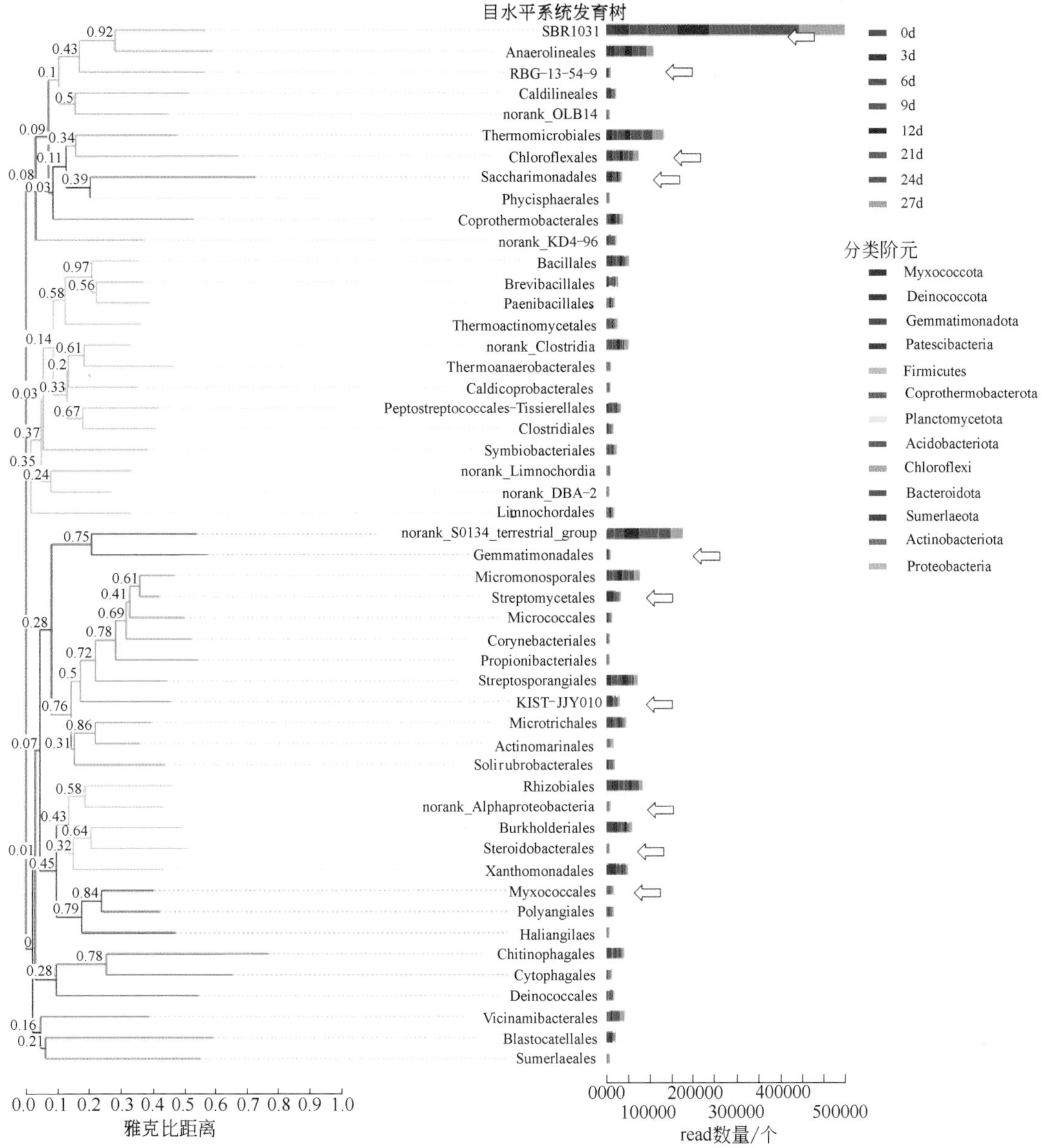

图 3-82　膜发酵不同时间细菌目微生物组系统进化分析

3. 菌群数量变化

（1）优势菌群数量变化　膜发酵阶段细菌目优势菌群数量变化动态见图 3-83。候选目 SBR1031（168.02%）、S0134 陆生菌群的 1 个纲的 1 目（52.44%）、热微菌目（41.16%）、厌氧绳菌目（34.27%）、根瘤菌目（27.61%）为优势菌群。候选目 SBR1031 随着发酵进程，细菌数量逐渐增加，属于后峰型曲线，幂指数方程为 $y(\text{sbr})=8.3664x^{0.6305}$（$R^2=0.9367$）。S0134 陆生菌群的 1 个纲的 1 目随着发酵进程，细菌数量逐渐增加，到 21d 达到高峰，而后逐渐下降，属于后峰型曲线，多项式方程为 $y(\text{s3014})=-0.4207x^2+5.1274x-5.7912$（$R^2=0.8784$）。

热微菌目随着发酵进程，细菌数量逐渐增加，属于后峰型曲线，幂指数方程为 $y(\text{the})=2.2597e^{0.163x}$（$R^2$=0.7572）。厌氧绳菌目随着发酵进程，细菌数量逐渐上升，属于后峰型曲线，幂指数方程为 $y(\text{ana})=3.5678x^{0.131}$（$R^2$=0.4104）。根瘤菌目随着发酵进程，细菌数量逐渐下降，属于前峰型曲线，对数方程为 $y(\text{rhi})=-1.957\ln(x)+6.0451$（$R^2$=0.9723）。

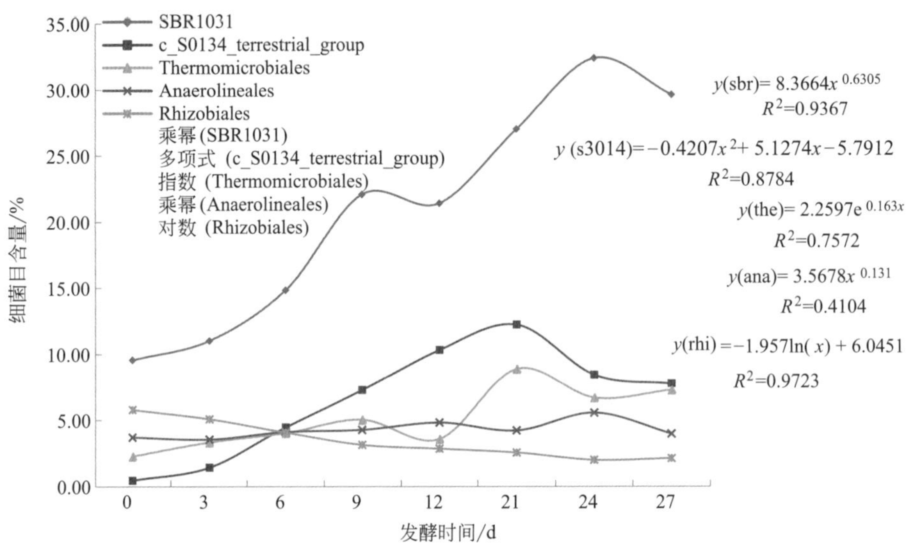

图 3-83　膜发酵阶段细菌目优势菌群数量变化动态

（2）优势菌群多样性指数　利用表 3-69，选用发酵过程细菌目占比总和 >2.0% 的 54 个细菌目构建数据矩阵，以细菌目为样本，发酵时间为指标，统计主要细菌目的多样性指数，膜发酵过程主要细菌目的多样性指数见表 3-70。分析结果表明，发酵过程细菌目数量占比累计值最高为候选目 SBR1031（168.02%），最低的是候选目 IMCC26256（2.05%）；从丰富度上看，最高的是候选目 IMCC26256（9.74），最低的为候选目 SBR1031（1.37）。优势度指数的范围为 0.69（链霉菌目）～ 1.66（候选目 IMCC26256）；香农指数范围为 1.40（候选目 DS-100）～ 2.07（厌氧绳菌目）；均匀度指数范围为 0.67（候选目 DS-100）～ 1.00（厌氧绳菌目）。

表 3-70　膜发酵过程主要细菌目的多样性指数

细菌目	占有发酵单元数	数量占比累计值 /%	丰富度指数	优势度指数 (*D*)	香农指数 (*H*)	均匀度指数
候选目 SBR1031	8	168.02	1.37	0.86	2.00	0.96
S0134 陆生菌群的 1 个纲的 1 目（S0134_terrestrial_group）	8	52.44	1.77	0.85	1.86	0.89
热微菌目（Thermomicrobiales）	8	41.16	1.88	0.87	1.99	0.96
厌氧绳菌目（Anaerolineales）	8	34.27	1.98	0.90	2.07	1.00
根瘤菌目（Rhizobiales）	8	27.61	2.11	0.89	2.01	0.97
绿弯菌目（Chloroflexales）	8	24.04	2.20	0.91	2.05	0.99

续表

细菌目	占有发酵单元数	数量占比累计值 /%	丰富度指数	优势度指数 (*D*)	香农指数 (*H*)	均匀度指数
小单孢菌目（Micromonosporales）	8	23.31	2.22	0.90	1.99	0.96
链孢囊菌目（Streptosporangiales）	8	22.63	2.24	0.89	1.95	0.94
伯克氏菌目（Burkholderiales）	8	20.12	2.33	0.86	1.86	0.90
芽胞杆菌目（Bacillales）	8	16.87	2.48	0.91	2.01	0.97
黄单胞菌目（Xanthomonadales）	8	16.37	2.50	0.81	1.72	0.83
梭菌纲的 1 目（c_Clostridia）	8	15.79	2.54	0.89	1.91	0.92
微丝菌目（Microtrichales）	8	15.20	2.57	0.90	1.98	0.95
噬几丁质菌目（Chitinophagales）	8	13.06	2.72	0.93	2.01	0.97
友邻杆菌目（Vicinamibacterales）	8	12.70	2.75	0.91	1.93	0.93
糖单胞菌目（Saccharimonadales）	8	12.50	2.77	0.90	1.90	0.91
粪热杆菌目（Coprothermobacterales）	8	11.32	2.88	0.86	1.67	0.81
消化链球菌目 / 蒂西耶氏菌目（Peptostreptococcales-Tissierellales）	8	10.82	2.94	0.93	1.97	0.95
候选目 KIST-JJY010	8	10.82	2.94	0.87	1.80	0.86
链霉菌目（Streptomycetales）	8	10.65	2.96	0.69	1.43	0.69
短芽胞杆菌目（Brevibacillales）	8	8.95	3.19	0.96	1.94	0.93
嗜热放线菌目（Thermoactinomycetales）	8	8.32	3.30	0.95	1.95	0.94
暖绳菌目（Caldilineales）	8	8.04	3.36	0.88	1.72	0.83
候选纲 KD4-96 的 1 目（c_KD4-96）	8	7.66	3.44	0.97	1.96	0.94
共生杆菌目（Symbiobacteriales）	8	7.57	3.46	0.90	1.73	0.83
出芽小链菌目（Blastocatellales）	8	7.56	3.46	0.82	1.58	0.76
土壤红色杆菌目（Solirubrobacterales）	8	6.51	3.74	1.01	2.01	0.97
类芽胞杆菌目（Paenibacillales）	8	5.91	3.94	1.02	1.94	0.93
湖绳菌目（Limnochordales）	8	5.58	4.07	1.00	1.82	0.87
异常球菌目（Deinococcales）	8	5.41	4.14	1.05	1.98	0.95
黏球菌目（Myxococcales）	8	5.38	4.16	1.06	2.01	0.96
多囊菌目（Polyangiales）	8	5.31	4.19	1.06	2.00	0.96
梭菌目（Clostridiales）	8	5.29	4.20	1.05	2.00	0.96
海洋放线菌目（Actinomarinales）	8	4.78	4.47	1.07	1.96	0.94
微球菌目（Micrococcales）	8	4.37	4.75	1.08	1.90	0.91
噬纤维菌目（Cytophagales）	8	4.06	4.99	1.08	1.88	0.91

续表

细菌目	占有发酵单元数	数量占比累计值 /%	丰富度指数	优势度指数 (*D*)	香农指数 (*H*)	均匀度指数
候选目 RBG-13-54-9	8	3.75	5.29	1.04	1.64	0.79
热厌氧杆菌目（Thermoanaerobacterales）	8	3.61	5.46	1.06	1.70	0.82
湖绳菌纲的 1 目（c_Limnochordia）	8	3.45	5.65	1.18	1.93	0.93
芽单胞菌目（Gemmatimonadales）	8	3.35	5.79	1.02	1.61	0.77
热粪杆菌目（Caldicoprobacterales）	8	3.13	6.13	1.16	1.75	0.84
α- 变形菌纲的 1 目（c_Alphaproteobacteria）	8	3.11	6.18	1.27	2.03	0.98
候选纲 OLB14 的 1 目（c_OLB14）	8	3.00	6.37	1.25	1.95	0.94
棒杆菌目（Corynebacteriales）	8	2.86	6.66	1.27	1.91	0.92
丙酸杆菌目（Propionibacteriales）	8	2.67	7.12	1.35	1.96	0.94
海草球形菌目（Phycisphaerales）	8	2.66	7.15	1.39	2.05	0.98
候选苏美神菌目（Sumerlaeales）	8	2.50	7.65	1.32	1.73	0.83
候选目 Run-SP154	8	2.41	7.95	1.40	1.88	0.90
类固醇杆菌目（Steroidobacterales）	8	2.37	8.11	1.47	1.99	0.96
候选目 DS-100	8	2.31	8.38	1.16	1.40	0.67
懒惰杆菌目（Ignavibacteriales）	8	2.27	8.53	1.34	1.65	0.79
候选纲 D8A-2 的 1 目（c_D8A-2）	8	2.22	8.79	1.41	1.63	0.78
海管菌目（Haliangiales）	8	2.14	9.18	1.60	1.99	0.96
候选目 IMCC26256	8	2.05	9.74	1.66	1.98	0.95

丰富度指数与香农指数代表物种数量分布，优势度指数和均匀度指数代表分布均匀程度；丰富度指数与优势度指数呈显著相关（R=0.9381），表明物种丰富度与物种的集中程度密切相关；香农指数与均匀度指数呈显著相关（R=0.9990），表明物种的香农指数与物质的分散均匀程度密切相关（表 3-71）。

表 3-71　细菌目多样性指数间的相关系数

因子	数量占比累计值	丰富度指数	优势度指数 (*D*)	香农指数 (*H*)	均匀度指数
数量占比累计值		0.0004	0.0079	0.1529	0.1509
丰富度指数	−0.4644		0.0000	0.1070	0.0897
优势度指数 (*D*)	−0.3577	0.9381		0.4268	0.4772
香农指数 (*H*)	0.1972	−0.2218	0.1104		0.0000
均匀度指数	0.1981	−0.2332	0.0988	0.9990	

注：左下角是相关系数 *R*，右上角是 *P* 值。

（3）优势菌群生态位特征　利用表 3-69，选用发酵过程占比总和 >2.0% 的 54 个细菌目构建数据矩阵，以细菌目为样本，发酵时间为指标，用 Levins 测度计算细菌目的时间生态位宽度，统计结果见表 3-72。结果表明，发酵过程不同细菌目时间生态位宽度差异显著，生态位宽度分为 3 个等级。生态位宽度 6 ～ 8，为宽生态位宽度菌群，包含了 31 个细菌目，即厌氧绳菌目、绿弯菌目、海草球形菌目、α- 变形菌纲的 1 目、黏球菌目、小单孢菌目、多囊菌目、噬几丁质菌目、芽胞杆菌目、根瘤菌目、候选目 SBR1031、土壤红色杆菌目、海管菌目、热微菌目、梭菌目、异常球菌目、类固醇杆菌目、候选目 IMCC26256、短芽胞杆菌目、海洋放线菌目、链孢囊菌目、类芽胞杆菌目、候选纲 KD4-96 的 1 目、微丝菌目、丙酸杆菌目、消化链球菌目 / 蒂西耶氏菌目、嗜热放线菌目、友邻杆菌目、湖绳菌纲的 1 目、梭菌纲的 1 目、候选纲 OLB14 的 1 目；生态位宽度 4 ～ 6，为中等生态位宽度菌群，包含了 18 个细菌目，即微球菌目、S0134 陆生菌群的 1 个纲的 1 目、糖单胞菌目、棒杆菌目、候选目 Run-SP154、湖绳菌目、噬纤维菌目、伯克氏菌目、候选目 KIST-JJY010、热粪杆菌目、候选苏美神菌目、粪热杆菌目、共生杆菌目、候选纲 D8A-2 的 1 目、暖绳菌目、热厌氧杆菌目、候选目 RBG-13-54-9、黄单胞菌目；生态位宽度 1 ～ 4，为窄生态位宽度菌群，包含了 5 个细菌目，即懒惰杆菌目、芽单胞菌目、出芽小链菌目、候选目 DS-100、链霉菌目。

不同生态位宽度的细菌目对时间资源的利用效率不同，如宽生态位宽度的多囊菌目（7.037），时间资源利用效率为发酵第 3 天（S2=15.17%）、发酵第 9 天（S4=13.50%）、发酵第 12 天（S5=17.21%）、发酵第 21 天（S6=14.53%）、发酵第 24 天（S7=14.29%）、发酵第 27 天（S8=15.79%）；中等生态位宽度的棒杆菌目（5.7237），时间资源利用效率为发酵初期（0 d）（S1=19.18%）、发酵第 3 天（S2=30.62%）；窄生态位宽度的出芽小链菌目（3.4845），时间资源利用效率为发酵初期（S1=45.91%）、发酵第 3 天（S2=24.60%）。

表 3-72 发酵过程细菌目时间生态位宽度

细菌目	生态位宽度	频数	截断比例	常用资源种类					
厌氧绳菌目（Anaerolineales）	7.8437	2	0.13	S5=14.09%	S7=16.25%				
绿弯菌目（Chloroflexales）	7.5635	4	0.13	S1=17.85%	S6=13.13%	S7=14.57%	S8=13.93%		
海草球形菌目（Phycisphaerales）	7.4851	3	0.13	S5=16.02%	S6=17.88%	S7=14.99%			
α- 变形菌纲的 1 目（c_Alphaproteobacteria）	7.2811	4	0.13	S5=13.15%	S6=18.43%	S7=13.60%	S8=17.76%		
黏球菌目（Myxococcales）	7.1305	4	0.13	S4=16.22%	S5=19.08%	S6=13.82%	S8=13.66%		
小单孢菌目（Micromonosporales）	7.0483	5	0.13	S4=13.47%	S5=14.58%	S6=18.02%	S7=16.34%	S8=14.14%	
多囊菌目（Polyangiales）	7.037	6	0.13	S2=15.17%	S4=13.50%	S5=17.21%	S6=14.53%	S7=14.29%	S8–15.79%
噬几丁质菌目（Chitinophagales）	7.0359	3	0.13	S1=20.38%	S2=14.90%	S7=17.78%			
芽胞杆菌目（Bacillales）	7.0052	3	0.13	S1=22.43%	S3=15.74%	S5=14.17%			
根瘤菌目（Rhizobiales）	6.9985	3	0.13	S1=20.96%	S2=18.42%	S3=14.75%			
候选目 SBR1031	6.989	4	0.13	S4=13.15%	S6=16.08%	S7=19.28%	S8=17.65%		

续表

细菌目	生态位宽度	频数	截断比例	常用资源种类					
土壤红色杆菌目（Solirubrobacterales）	6.9496	2	0.13	S1=20.21%	S2=21.01%				
海管菌目（Haliangiales）	6.8421	4	0.13	S2=16.23%	S5=17.66%	S6=20.58%	S7=13.86%		
热微菌目（Thermomicrobiales）	6.8304	3	0.13	S6=21.60%	S7=16.30%	S8=17.71%			
梭菌目（Clostridiales）	6.8198	3	0.13	S1=14.38%	S2=24.31%	S4=15.12%			
异常球菌目（Deinococcales）	6.7889	3	0.13	S2=21.26%	S4=15.79%	S6=16.47%			
类固醇杆菌目（Steroidobacterales）	6.7285	2	0.13	S2=19.86%	S6=23.07%				
候选目 IMCC26256	6.6328	3	0.13	S1=23.88%	S2=17.56%	S3=14.76%			
短芽胞杆菌目（Brevibacillales）	6.6122	4	0.13	S2=23.31%	S6=13.66%	S7=13.29%	S8=13.95%		
海洋放线菌目（Actinomarinales）	6.6065	5	0.13	S4=15.13%	S5=13.15%	S6=15.86%	S7=19.23%	S8=18.86%	
链孢囊菌目（Streptosporangiales）	6.5698	4	0.13	S2=18.28%	S3=20.23%	S4=14.12%	S5=17.48%		
类芽胞杆菌目（Paenibacillales）	6.5174	4	0.13	S3=18.93%	S4=18.15%	S5=19.10%	S8=13.49%		
候选纲 KD4-96 的 1 目（c_KD4-96）	6.4831	4	0.13	S1=22.12%	S2=14.36%	S3=19.45%	S4=15.01%		
微丝菌目（Microtrichales）	6.4468	2	0.13	S1=27.40%	S3=15.20%				
丙酸杆菌目（Propionibacteriales）	6.4369	4	0.13	S1=25.59%	S2=13.69%	S3=15.59%	S4=13.81%		
消化链球菌目 / 蒂西耶氏菌目（Peptostreptococcales-Tissierellales）	6.4241	3	0.13	S2=14.66%	S3=26.10%	S4=15.99%			
嗜热放线菌目（Thermoactinomycetales）	6.2288	3	0.13	S3=26.61%	S4=17.45%	S8=15.95%			
友邻杆菌目（Vicinamibacterales）	6.1724	3	0.13	S6=17.97%	S7=22.63%	S8=22.08%			
湖绳菌纲的 1 目（c_Limnochordia）	6.1028	3	0.13	S3=25.46%	S4=19.99%	S5=16.41%			
梭菌纲的 1 目（c_Clostridia）	6.0643	4	0.13	S3=24.04%	S4=20.59%	S5=14.99%	S8=15.26%		
候选纲 OLB14 的 1 目（c_OLB14）	6.0255	1	0.13	S1=30.93%					
微球菌目（Micrococcales）	5.9811	4	0.13	S1=24.53%	S2=19.09%	S3=18.34%	S4=13.14%		
S0134 陆生菌群的 1 个纲的 1 目（S0134_terrestrial_group）	5.9315	5	0.13	S4=13.90%	S5=19.68%	S6=23.34%	S7=16.10%	S8=14.84%	
糖单胞菌目（Saccharimonadales）	5.7361	3	0.13	S1=29.76%	S2=17.89%	S3=14.67%			

续表

细菌目	生态位宽度	频数	截断比例	常用资源种类					
棒杆菌目（Corynebacteriales）	5.7237	2	0.13	S1=19.18%	S2=30.62%				
候选目 Run-SP154	5.578	4	0.13	S1=30.75%	S3=16.56%	S4=15.41%	S5=13.38%		
湖绳菌目（Limnochordales）	5.4586	3	0.13	S3=22.56%	S4=24.16%	S5=21.13%			
噬纤维菌目（Cytophagales）	5.413	2	0.13	S2=33.76%	S3=15.13%				
伯克氏菌目（Burkholderiales）	5.4002	3	0.13	S1=31.64%	S2=19.70%	S3=13.73%			
候选目 KIST-JJY010	4.7985	2	0.13	S1=35.29%	S2=22.16%				
热粪杆菌目（Caldicoprobacterales）	4.7847	4	0.13	S3=16.19%	S4=33.74%	S5=20.37%	S8=14.12%		
候选苏美神菌目（Sumerlaeales）	4.7274	3	0.13	S6=25.05%	S7=22.40%	S8=29.08%			
粪热杆菌目（Coprothermobacterales）	4.7183	4	0.13	S4=19.22%	S5=31.56%	S7=16.28%	S8=20.49%		
共生杆菌目（Symbiobacteriales）	4.5573	2	0.13	S3=35.74%	S4=22.83%				
候选纲 D8A-2 的 1 目（c_D8A-2）	4.4456	4	0.13	S3=34.48%	S4=18.57%	S5=17.52%	S8=18.95%		
暖绳菌目（Caldilineales）	4.3626	3	0.13	S1=37.69%	S2=23.17%	S3=14.47%			
热厌氧杆菌目（Thermoanaerobacterales）	4.3317	3	0.13	S3=38.39%	S4=19.49%	S5=17.65%			
候选目 RBG-13-54-9	4.2078	3	0.13	S1=36.17%	S2=21.36%	S3=22.13%			
黄单胞菌目（Xanthomonadales）	4.1131	2	0.13	S2=42.94%	S3=16.71%				
懒惰杆菌目（Ignavibacteriales）	3.9612	2	0.13	S1=38.05%	S2=29.70%				
芽单胞菌目（Gemmatimonadales）	3.5438	2	0.13	S1=15.69%	S2=47.79%				
出芽小链菌目（Blastocatellales）	3.4845	2	0.13	S1=45.91%	S2=24.60%				
候选目 DS-100	2.9229	3	0.13	S1=53.77%	S2=14.89%	S3=13.80%			
链霉菌目（Streptomycetales）	2.699	2	0.13	S2=58.07%	S3=13.15%				

选择 5 个高含量细菌目和 5 个低含量细菌目，计算发酵过程时间生态位重叠，分析结果见表 3-73 和表 3-74。分析结果表明，高含量细菌目之间时间生态位重叠值大于 0.64，表明菌群间生态位重叠较高，充分利用时间生态位资源共同生长。不同细菌目之间生态位重叠差异显著，如根瘤菌目与候选目 SBR1031、S0134 陆生菌群的 1 个纲的 1 目、热微菌目、厌氧绳菌目之间生态位重叠值分别为 0.7524、0.6457、0.7557、0.8918，而候选目 SBR1031 与 S0134 陆生菌群的 1 个纲的 1 目、热微菌目、厌氧绳菌目之间生态位重叠值分别为 0.9527、0.9794、0.9600。生态位重叠大小表明了菌群间生态关系调节水平，候选目 SBR1031 与热微菌目生态位重叠值达 0.9794，重叠性较高，两菌群共存于同一生态位概率较高；S0134 陆生菌群的 1 个纲的 1 目与根瘤菌目重叠值 0.6457 较小，两菌群共存于同一生态位概率较低。

表 3-73　发酵过程高含量细菌目时间生态位重叠（Pianka 测度）

细菌目	SBR1031	S0134_terrestrial_group	Thermomicrobiales	Anaerolineales	Rhizobiales
候选目 SBR1031	1	0.9527	0.9794	0.9600	0.7524
S0134 陆生菌群的 1 个纲的 1 目（S0134_terrestrial_group）	0.9527	1	0.9433	0.8958	0.6457
热微菌目（Thermomicrobiales）	0.9794	0.9433	1	0.9330	0.7557
厌氧绳菌目（Anaerolineales）	0.9600	0.8958	0.9330	1	0.8918
根瘤菌目（Rhizobiales）	0.7524	0.6457	0.7557	0.8918	1

从低含量细菌目看，低含量细菌目之间时间生态位重叠值范围为 0.3821 ～ 0.9857，变化范围较大，表明菌群间生态位重叠异质性较高；棒杆菌目与丙酸杆菌目、海草球形菌目、候选苏美神菌目、候选目 Run-SP154 之间的时间生态位重叠值分别为 0.8833、0.7521、0.4478、0.8036。菌群之间具有较高的生态位重叠，对同一资源利用的概率较大；菌群之间的时间生态位重叠值较小，表明它们对同一资源利用的概率较小（表 3-74）。

表 3-74　发酵过程低含量细菌目时间生态位重叠（Pianka 测度）

细菌目	Corynebacteriales	Propionibacteriales	Phycisphaerales	Sumerlaeales	Run-SP154
棒杆菌目（Corynebacteriales）	1	0.8833	0.7521	0.4478	0.8036
丙酸杆菌目（Propionibacteriales）	0.8833	1	0.8263	0.4554	0.9857
海草球形菌目（Phycisphaerales）	0.7521	0.8263	1	0.8185	0.7704
候选苏美神菌目（Sumerlaeales）	0.4478	0.4554	0.8185	1	0.3821
候选目 Run-SP154	0.8036	0.9857	0.7704	0.3821	1

（4）发酵过程亚群落分化　利用表 3-69 选用发酵过程占比总和 >2.0% 的 54 个细菌目构建数据矩阵，以细菌目为样本，发酵时间为指标，马氏距离为尺度，用可变类平均法进行系统聚类，分析结果见表 3-75 和图 3-84。分析结果可见细菌目分为 3 组亚群落，第 1 组为高含量亚群落，包含了 6 个细菌目菌群，即候选目 SBR1031、S0134 陆生菌群的 1 个纲的 1 目、热微菌目、厌氧绳菌目、绿弯菌目、小单孢菌目，它们在发酵过程的含量平均值范围为 3.48% ～ 10.07%；第 2 组为中含量亚群落，包含了 23 个细菌目菌群，即根瘤菌目、链孢囊菌目、伯克氏菌目、芽胞杆菌目、黄单胞菌目、梭菌纲的 1 目、微丝菌目、噬几丁质菌目、友邻杆菌目、糖单胞菌目、消化链球菌目 / 蒂西耶氏菌目、候选目 KIST-JJY010、链霉菌目、短芽胞杆菌目、嗜热放线菌目、暖绳菌目、候选纲 KD4-96 的 1 目、共生杆菌目、出芽小链菌目、类芽胞杆菌目、微球菌目、候选目 RBG-13-54-9、热厌氧杆菌目，它们在发酵过程的含量平均值范围为 0.95% ～ 2.13%；第 3 组为低含量亚群落，包含了 25 个细菌目菌群，即粪热杆菌目、土壤红色杆菌目、湖绳菌目、异常球菌目、黏球菌目、多囊菌目、梭菌目、海洋放线菌目、噬纤维菌目、湖绳菌纲的 1 目、芽单胞菌目、热粪杆菌目、α- 变形菌纲的 1 目、候选纲 OLB14 的 1 目、棒杆菌目、丙酸杆菌目、海草球形菌目、候选苏美神菌目、候选目 Run-SP154、类固醇杆菌目、候选目 DS-100、懒惰杆菌目、候选纲 D8A-2 的 1 目、海管菌目、候选目 IMCC26256，它们在发酵过程的含量平均值范围为 0.42% ～ 0.57%。

表 3-75　发酵过程细菌目菌群亚群落分化聚类分析

组别	细菌目	发酵过程细菌目含量 /%							
		0d	3d	6d	9d	12d	21d	24d	27d
1	候选目 SBR1031	9.57	11.03	14.84	22.09	21.42	27.02	32.40	29.65
1	S0134 陆生菌群的 1 个纲的 1 目（S0134_terrestrial_group）	0.45	1.44	4.48	7.29	10.32	12.24	8.45	7.78
1	热微菌目（Thermomicrobiales）	2.27	3.34	4.03	5.04	3.59	8.89	6.71	7.29
1	厌氧绳菌目（Anaerolineales）	3.71	3.55	4.12	4.28	4.83	4.23	5.57	3.99
1	绿弯菌目（Chloroflexales）	4.29	1.68	2.50	2.79	2.78	3.16	3.50	3.35
1	小单孢菌目（Micromonosporales）	0.59	1.97	2.91	3.14	3.40	4.20	3.81	3.30
第 1 组 6 个样本平均值		3.48	3.83	5.48	7.44	7.72	9.96	10.07	9.23
2	根瘤菌目（Rhizobiales）	5.79	5.09	4.07	3.14	2.84	2.56	2.00	2.13
2	链孢囊菌目（Streptosporangiales）	0.34	4.14	4.58	3.20	3.96	1.93	2.03	2.46
2	伯克氏菌目（Burkholderiales）	6.37	3.96	2.76	1.90	2.07	0.89	0.93	1.24
2	芽胞杆菌目（Bacillales）	3.78	1.82	2.66	2.13	2.39	1.11	1.39	1.60
2	黄单胞菌目（Xanthomonadales）	1.43	7.03	2.74	0.98	1.31	1.68	0.66	0.55
2	梭菌纲的 1 目（c_Clostridia）	0.71	0.43	3.80	3.25	2.37	1.57	1.25	2.41
2	微丝菌目（Microtrichales）	4.17	1.48	2.31	1.97	1.63	1.15	1.25	1.26
2	噬几丁质菌目（Chitinophagales）	2.66	1.95	1.06	0.73	1.28	1.51	2.32	1.56
2	友邻杆菌目（Vicinamibacterales）	0.74	0.94	0.61	1.21	1.24	2.28	2.87	2.80
2	糖单胞菌目（Saccharimonadales）	3.72	2.24	1.83	1.23	1.49	0.67	0.63	0.70
2	消化链球菌目 / 蒂西耶氏菌目（Peptostreptococcales-Tissierellales）	1.19	1.59	2.83	1.73	1.31	0.77	0.59	0.82
2	候选目 KIST-JJY010	3.82	2.40	1.27	1.08	0.63	0.44	0.61	0.57
2	链霉菌目（Streptomycetales）	0.10	6.18	1.40	0.46	0.65	0.59	0.72	0.54
2	短芽胞杆菌目（Brevibacillales）	0.07	2.09	1.11	0.99	1.03	1.22	1.19	1.25
2	嗜热放线菌目（Thermoactinomycetales）	0.35	0.73	2.21	1.45	0.77	0.70	0.77	1.33
2	暖绳菌目（Caldilineales）	3.03	1.86	1.16	0.45	0.47	0.40	0.38	0.28
2	候选纲 KD4-96 的 1 目（c_KD4-96）	1.69	1.10	1.49	1.15	0.92	0.54	0.41	0.36
2	共生杆菌目（Symbiobacteriales）	0.18	0.15	2.71	1.73	0.95	0.44	0.46	0.95
2	出芽小链菌目（Blastocatellales）	3.47	1.86	0.57	0.32	0.29	0.45	0.36	0.25
2	类芽胞杆菌目（Paenibacillales）	0.10	0.34	1.12	1.07	1.13	0.74	0.61	0.80
2	微球菌目（Micrococcales）	1.07	0.83	0.80	0.57	0.51	0.21	0.17	0.19
2	候选目 RBG-13-54-9	1.36	0.80	0.83	0.33	0.21	0.09	0.06	0.07

续表

组别	细菌目	发酵过程细菌目含量 /%							
		0d	3d	6d	9d	12d	21d	24d	27d
2	热厌氧杆菌目（Thermoanaerobacterales）	0.19	0.04	1.38	0.70	0.64	0.19	0.18	0.28
第 2 组 23 个样本平均值		2.01	2.13	1.97	1.38	1.31	0.96	0.95	1.06
3	粪热杆菌目（Coprothermobacterales）	0.10	0.01	0.76	2.18	3.57	0.55	1.84	2.32
3	土壤红色杆菌目（Solirubrobacterales）	1.32	1.37	0.58	0.85	0.55	0.63	0.61	0.61
3	湖绳菌目（Limnochordales）	0.10	0.10	1.26	1.35	1.18	0.42	0.48	0.69
3	异常球菌目（Deinococcales）	0.13	1.15	0.64	0.86	0.68	0.89	0.60	0.47
3	黏球菌目（Myxococcales）	0.17	0.60	0.63	0.87	1.03	0.74	0.61	0.73
3	多囊菌目（Polyangiales）	0.19	0.81	0.31	0.72	0.91	0.77	0.76	0.84
3	梭菌目（Clostridiales）	0.76	1.29	0.66	0.80	0.47	0.45	0.43	0.43
3	海洋放线菌目（Actinomarinales）	0.18	0.18	0.50	0.72	0.63	0.76	0.92	0.90
3	噬纤维菌目（Cytophagales）	0.16	1.37	0.61	0.36	0.26	0.50	0.42	0.38
3	湖绳菌纲的 1 目（c_Limnochordia）	0.21	0.19	0.88	0.69	0.57	0.21	0.28	0.42
3	芽单胞菌目（Gemmatimonadales）	0.53	1.60	0.17	0.06	0.18	0.42	0.27	0.13
3	热粪杆菌目（Caldicoprobacterales）	0.07	0.05	0.51	1.06	0.64	0.18	0.18	0.44
3	α- 变形菌纲的 1 目（c_Alphaproteobacteria）	0.19	0.36	0.29	0.32	0.41	0.57	0.42	0.55
3	候选纲 OLB14 的 1 目（c_OLB14）	0.93	0.21	0.35	0.37	0.26	0.30	0.26	0.33
3	棒杆菌目（Corynebacteriales）	0.55	0.88	0.27	0.34	0.23	0.20	0.20	0.19
3	丙酸杆菌目（Propionibacteriales）	0.68	0.37	0.42	0.37	0.34	0.17	0.15	0.17
3	海草球形菌目（Phycisphaerales）	0.33	0.24	0.21	0.30	0.43	0.48	0.40	0.29
3	候选苏美神菌目（Sumerlaeales）	0.06	0.09	0.06	0.21	0.16	0.63	0.56	0.73
3	候选目 Run-SP154	0.74	0.22	0.40	0.37	0.32	0.12	0.11	0.13
3	类固醇杆菌目（Steroidobacterales）	0.26	0.47	0.19	0.16	0.24	0.55	0.26	0.24
3	候选目 DS-100	1.24	0.34	0.32	0.22	0.09	0.07	0.02	0.01
3	懒惰杆菌目（Ignavibacteriales）	0.86	0.67	0.14	0.11	0.12	0.20	0.09	0.07
3	候选纲 D8A-2 的 1 目（c_D8A-2）	0.01	0.01	0.76	0.41	0.39	0.10	0.12	0.42
3	海管菌目（Haliangiales）	0.14	0.35	0.16	0.13	0.38	0.44	0.30	0.25
3	候选目 IMCC26256	0.49	0.36	0.30	0.26	0.20	0.17	0.14	0.12
第 3 组 25 个样本平均值		0.42	0.53	0.45	0.56	0.57	0.42	0.42	0.47

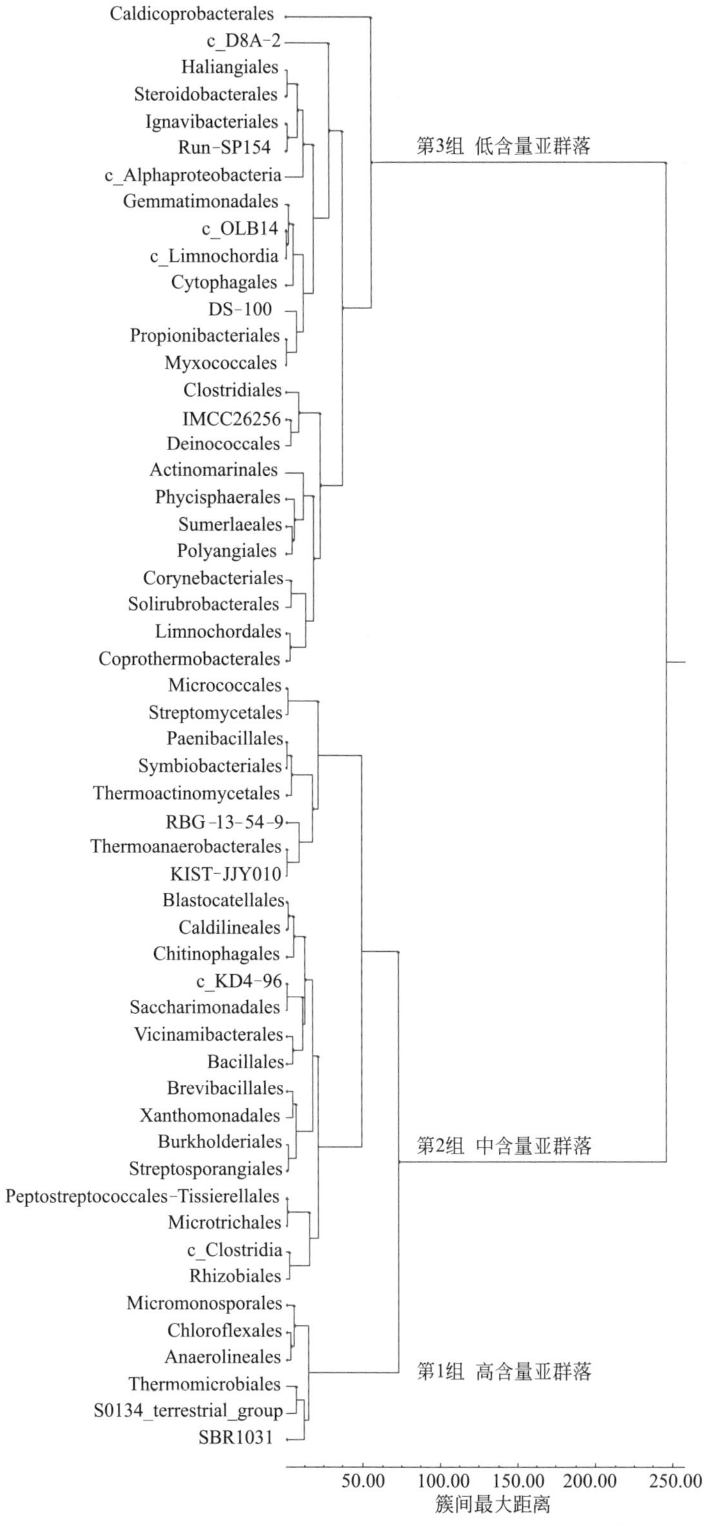

图 3-84　发酵过程细菌目菌群亚群落分化聚类分析

五、膜发酵过程细菌科水平微生物组变化动态

1. 菌群组成结构

（1）菌群含量变化动态　膜发酵过程细菌科菌群含量变化动态见表 3-76。发酵过程总体分离到 587 个细菌科，发酵过程占比总和>2.0% 的有 72 个细菌科，优势菌群包含了 10 个细菌科，即候选目 SBR1031 的 1 科（152.68%）>S0134 陆生菌群的 1 纲的 1 科（52.44%）> 厌氧绳菌科（34.27%）> 热微菌科（24.89%）> 小单孢菌科（23.31%）> 玫瑰弯菌科（22.94%）> 高温单孢菌科（18.37%）> 候选科 A4b（15.32%）> 候选目 JG30-KF-CM45 的 1 科（13.56%）> 芽胞杆菌科（13.30%）。其中，候选目 SBR1031 的 1 科占有绝对优势。

表 3-76　膜发酵过程细菌科菌群含量

细菌科	膜发酵过程细菌科含量 /%								总和 /%
	0d	3d	6d	9d	12d	21d	24d	27d	
候选目 SBR1031 的 1 科（o_SBR1031）	8.34	9.95	13.85	20.62	19.92	24.47	29.43	26.10	152.68
S0134 陆生菌群的 1 纲的 1 科（S0134_terrestrial_group）	0.45	1.44	4.48	7.29	10.32	12.24	8.45	7.78	52.44
厌氧绳菌科（Anaerolineaceae）	3.71	3.55	4.12	4.28	4.83	4.23	5.57	3.99	34.27
热微菌科（Thermomicrobiaceae）	0.50	0.84	2.37	3.40	2.15	6.93	4.12	4.59	24.89
小单孢菌科（Micromonosporaceae）	0.59	1.97	2.91	3.14	3.40	4.20	3.81	3.30	23.31
玫瑰弯菌科（Roseiflexaceae）	4.28	1.54	2.40	2.60	2.53	3.00	3.36	3.23	22.94
高温单孢菌科（Thermomonosporaceae）	0.23	3.47	3.41	2.80	3.23	1.55	1.63	2.06	18.37
候选科 A4b	1.23	1.09	0.99	1.46	1.50	2.55	2.97	3.54	15.32
候选目 JG30-KF-CM45 的 1 科（JG30-KF-CM45）	1.67	2.07	1.47	1.37	1.17	1.59	2.01	2.22	13.56
芽胞杆菌科（Bacillaceae）	2.13	1.68	2.30	1.92	1.87	0.97	1.04	1.39	13.30
纤细杆菌科（Gracilibacteraceae）	0.52	0.33	2.83	2.46	1.68	1.34	1.07	1.96	12.18
友邻杆菌目的 1 科（o_Vicinamibacterales）	0.47	0.77	0.54	1.13	1.18	2.14	2.72	2.69	11.63
粪热杆菌科（Coprothermobacteraceae）	0.10	0.01	0.76	2.18	3.57	0.55	1.84	2.32	11.32
生丝微菌科（Hyphomicrobiaceae）	1.44	1.32	1.37	1.34	1.37	1.54	1.37	1.48	11.22
候选目 KIST-JJY010 的 1 科（o_KIST-JJY010）	3.82	2.40	1.27	1.08	0.63	0.44	0.61	0.57	10.82
噬几丁质菌科（Chitinophagaceae）	0.99	1.53	0.91	0.71	1.26	1.49	2.32	1.56	10.77
链霉菌科（Streptomycetaceae）	0.10	6.18	1.40	0.46	0.65	0.59	0.72	0.54	10.65
罗纳杆菌科（Rhodanobacteraceae）	0.60	5.66	0.79	0.13	0.44	1.31	0.35	0.22	9.49
短芽胞杆菌科（Brevibacillaceae）	0.07	2.09	1.11	0.99	1.03	1.22	1.19	1.25	8.95
嗜热放线菌科（Thermoactinomycetaceae）	0.35	0.73	2.21	1.45	0.77	0.70	0.77	1.33	8.32
暖绳菌科（Caldilineaceae）	3.03	1.86	1.16	0.45	0.47	0.40	0.38	0.28	8.04
黄色杆菌科（Xanthobacteraceae）	2.29	1.74	1.15	0.75	0.66	0.58	0.29	0.30	7.78
候选纲 KD4-96 的 1 科（o_c_KD4-96）	1.69	1.10	1.49	1.15	0.92	0.54	0.41	0.36	7.66
出芽小链菌科（Blastocatellaceae）	3.47	1.86	0.57	0.32	0.29	0.45	0.36	0.25	7.56
共生杆菌科（Symbiobacteraceae）	0.18	0.15	2.70	1.70	0.93	0.40	0.44	0.92	7.43
糖单胞菌目的 1 科（o_Saccharimonadales）	2.03	1.35	1.11	0.68	0.81	0.38	0.37	0.45	7.18

续表

细菌科	膜发酵过程细菌科含量 /%								总和 /%
	0d	3d	6d	9d	12d	21d	24d	27d	
黄单胞菌科（Xanthomonadaceae）	0.83	1.36	1.95	0.85	0.87	0.37	0.31	0.33	6.87
类芽胞杆菌科（Paenibacillaceae）	0.10	0.34	1.12	1.07	1.13	0.74	0.61	0.80	5.91
湖绳菌科（Limnochordaceae）	0.10	0.10	1.26	1.35	1.18	0.42	0.48	0.67	5.54
微丝菌目的 1 科（o_Microtrichales）	0.90	0.53	0.49	0.62	0.51	0.75	0.91	0.83	5.54
特吕珀菌科（Trueperaceae）	0.13	1.15	0.63	0.85	0.67	0.89	0.59	0.47	5.39
海洋放线菌目的 1 科（o_Actinomarinales）	0.18	0.18	0.50	0.72	0.63	0.76	0.92	0.90	4.78
微丝菌科（Microtrichaceae）	1.45	0.67	0.90	0.68	0.54	0.16	0.17	0.21	4.77
消化链球菌目 / 蒂西耶氏菌目的 1 科（o_Peptostreptococcales-Tissierellales）	0.16	0.10	1.75	0.93	0.65	0.15	0.15	0.28	4.16
土壤红色杆菌科（Solirubrobacteraceae）	0.85	0.85	0.38	0.56	0.36	0.32	0.35	0.37	4.04
消化链球菌科（Peptostreptococcaceae）	0.64	0.98	0.44	0.46	0.43	0.35	0.30	0.32	3.92
链孢囊菌科（Streptosporangiaceae）	0.07	0.61	1.12	0.35	0.67	0.33	0.37	0.38	3.90
丛毛单胞菌科（Comamonadaceae）	0.92	0.51	0.63	0.64	0.77	0.11	0.09	0.18	3.85
候选目 RBG-13-54-9 的 1 科（o_RBG-13-54-9）	1.36	0.80	0.83	0.33	0.21	0.09	0.06	0.07	3.75
广布杆菌科（Vulgatibacteraceae）	0.05	0.15	0.48	0.69	0.80	0.49	0.47	0.62	3.75
微颤菌科（Microscillaceae）	0.12	1.29	0.55	0.30	0.24	0.46	0.30	0.28	3.55
亨盖特氏梭菌科（Hungateiclostridiaceae）	0.19	0.10	0.96	0.75	0.67	0.22	0.18	0.44	3.52
湖绳菌纲的 1 科（o_c_Limnochordia）	0.21	0.19	0.88	0.69	0.57	0.21	0.28	0.42	3.45
拜叶林克氏菌科（Beijerinckiaceae）	0.76	0.56	0.75	0.61	0.40	0.17	0.10	0.10	3.45
动球菌科（Planococcaceae）	1.64	0.09	0.35	0.20	0.50	0.12	0.32	0.19	3.41
芽单胞菌科（Gemmatimonadaceae）	0.53	1.60	0.17	0.06	0.18	0.42	0.27	0.13	3.35
沉积杆菌科（Ilumatobacteraceae）	1.26	0.10	0.69	0.50	0.40	0.14	0.10	0.14	3.32
候选科 LWQ8	1.30	0.65	0.44	0.23	0.31	0.09	0.10	0.13	3.25
候选科 SRB2	0.18	0.03	1.32	0.63	0.48	0.17	0.16	0.19	3.15
热粪杆菌科（Caldicoprobacteraceae）	0.07	0.05	0.51	1.06	0.64	0.18	0.18	0.44	3.13
α- 变形菌纲的 1 科（o_c_Alphaproteobacteria）	0.19	0.36	0.29	0.32	0.41	0.57	0.42	0.55	3.11
产碱菌科（Alcaligenaceae）	0.37	0.97	0.29	0.23	0.28	0.07	0.40	0.48	3.08
候选科 SC-I-84	1.05	0.75	0.44	0.30	0.23	0.17	0.06	0.07	3.07
候选纲 OLB14 的 1 科（o_c_OLB14）	0.93	0.21	0.35	0.37	0.26	0.30	0.26	0.33	3.00
红环菌科（Rhodocyclaceae）	1.72	0.27	0.44	0.20	0.17	0.10	0.03	0.05	2.99
喜热菌科（Caloramatoraceae）	0.18	0.81	0.40	0.54	0.24	0.25	0.27	0.27	2.97
间孢囊菌科（Intrasporangiaceae）	0.73	0.44	0.55	0.38	0.35	0.13	0.09	0.08	2.75
候选科 AKYG1722	0.10	0.43	0.19	0.27	0.28	0.38	0.59	0.48	2.70
海草球形菌科（Phycisphaeraceae）	0.33	0.23	0.21	0.30	0.43	0.47	0.40	0.28	2.65
根瘤菌科（Rhizobiaceae）	0.29	0.83	0.44	0.23	0.24	0.16	0.18	0.18	2.55
候选苏美神菌科（Sumerlaeaceae）	0.06	0.09	0.06	0.21	0.16	0.63	0.56	0.73	2.50
候选科 67-14	0.46	0.52	0.20	0.28	0.19	0.31	0.26	0.24	2.47
伯克氏菌科（Burkholderiaceae）	0.51	0.71	0.51	0.23	0.22	0.14	0.07	0.07	2.46

续表

细菌科	膜发酵过程细菌科含量 /%								总和 /%
	0d	3d	6d	9d	12d	21d	24d	27d	
候选目 Run-SP154 的 1 科（o_Run-SP154）	0.74	0.22	0.40	0.37	0.32	0.12	0.11	0.13	2.41
分枝杆菌科（Mycobacteriaceae）	0.45	0.71	0.23	0.30	0.21	0.17	0.17	0.16	2.40
类固醇杆菌科（Steroidobacteraceae）	0.26	0.46	0.19	0.16	0.24	0.54	0.26	0.24	2.35
候选目 DS-100 的 1 科（o_DS-100）	1.24	0.34	0.32	0.22	0.09	0.07	0.02	0.01	2.31
梭菌科（Clostridiaceae）	0.57	0.47	0.25	0.25	0.22	0.19	0.15	0.16	2.28
候选纲 D8A-2 的 1 科（o_c_D8A-2）	0.01	0.01	0.76	0.41	0.39	0.10	0.12	0.42	2.22
海管菌科（Haliangiaceae）	0.14	0.35	0.16	0.13	0.38	0.44	0.30	0.25	2.14
亚硝化单胞菌科（Nitrosomonadaceae）	0.92	0.44	0.12	0.05	0.09	0.11	0.15	0.18	2.07
候选目 IMCC26256 的 1 科（o_IMCC26256）	0.49	0.36	0.30	0.26	0.20	0.17	0.14	0.12	2.05

（2）独有种类和共有种类　膜发酵阶段细菌科共有种类和独有种类见图 3-85。在细菌科水平上，不同发酵阶段的共有种类 366 种，与细菌纲水平相比较独有种类有所增加，独有种类在发酵初期（0d）时有 6 种，发酵 3d 有 14 种，发酵 6d 有 2 种，发酵 9d 有 2 种，发酵 27d 有 1 种，其余阶段没有独有种类。表明发酵过程的细菌科来源于发酵物料，经过 27d 的发酵，细菌科在特定阶段出现增减，其余都在发酵过程中发挥作用。不同发酵阶段的细菌科种类有所差别，种类最多的是发酵初期（0d、3d），细菌科 527 种；最少的是发酵 27d，细菌科仅 440 种。

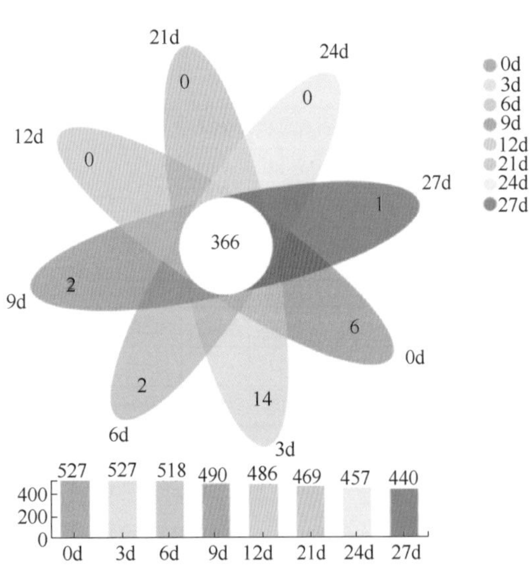

图 3-85　膜发酵阶段细菌科共有种类和独有种类

（3）菌群组成结构　膜发酵过程细菌科组成结构见图 3-86。不同发酵阶段细菌科优势菌群存在差异，发酵初期（0d）高含量前 5 的优势菌群为候选目 SBR1031 的 1 科（8.34%）> 玫瑰弯菌科（4.28%）> 候选目 KIST-JJY010 的 1 科（3.82%）> 厌氧绳菌科（3.71%）> 出芽小链菌科（3.47%）；3d 的优势菌群为候选目 SBR1031 的 1 科（9.95%）> 链霉菌科（6.18%）> 罗纳杆菌科（5.66%）> 厌氧绳菌科（3.55%）> 高温单孢菌科（3.47%）6d 的优势菌群为候选目 SBR1031 的 1 科（13.85%）> S0134 陆生菌群的 1 纲的 1 科（4.48%）> 厌氧绳菌科（4.12%）> 高温单孢菌科（3.41%）> 小单孢菌科（2.91%）；9d 的优势菌群为候选目 SBR1031 的 1 科（20.62%）>S0134 陆生菌群的 1 纲的 1 科（7.29%）> 厌氧绳菌科（4.28%）> 热微菌科（3.40%）> 小单孢菌科（3.14%）；12d 的优势菌群为候选目 SBR1031 的 1 科（19.92%）>S0134 陆生菌群的 1 纲的 1 科的（10.32%）> 厌氧绳菌科（4.83%）> 粪热杆菌科（3.57%）> 小单孢菌科（3.40%）；21d 的优势菌群为候选目 SBR1031 的 1 科（24.47%）> S0134 陆生菌群的 1 纲的 1 科（12.24%）> 热微菌科（6.93%）> 厌氧绳菌科（4.23%）> 小单孢菌科（4.20%）；发酵 24d 的优势菌群为候选目 SBR1031 的 1 科（29.43%）>S0134 陆生菌群的 1 纲的 1 科（8.45%）> 厌氧绳菌科（5.57%）> 热微菌科（4.12%）> 小单孢菌科（3.81%）；发酵 27d 的优势菌群为候选目 SBR1031 的 1 科（26.10%）>S0134 陆生菌群的 1 纲的 1 科（7.78%）> 热微菌科（4.59%）> 厌氧绳菌科（3.99%）> 候选科 A4b（3.54%）。

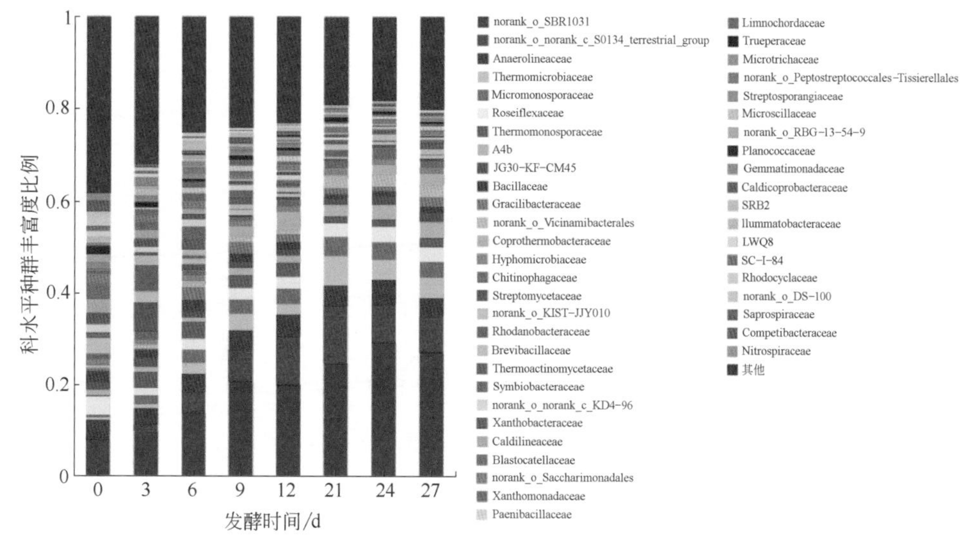

图 3-86　膜发酵过程细菌科组成结构

2. 菌群系统差异

（1）优势菌群热图分析　膜发酵过程细菌科菌群热图分析见图 3-87。从菌群聚类看，发酵过程前 30 个高含量细菌科菌群可以聚为 3 组，第 1 组高含量组，包括了 2 个细菌科，即候选目 SBR1031 的 1 科（152.68%）、S0134 陆生菌群的 1 纲的 1 科（52.44%）；第 2 组中含量组，包括了 10 个细菌科，即链霉菌科（10.65%）、罗纳杆菌科（9.49%）、候选目 KIST-JJY010的1科（10.82%）、暖绳菌科（8.04%）、出芽小链菌科（7.56%）、特吕珀菌科（5.39%）、黄色杆菌科（7.78%）、糖单胞菌目的 1 科（7.18%）、候选纲 KD4-96 的 1 科（7.66%）、黄单胞菌科（6.87%）；第 3 组低含量组，包括了 19 个细菌科，即热微菌科（24.89%）、小单孢菌科（23.31%）、厌氧绳菌科（34.27%）、玫瑰弯菌科（22.94%）、类芽胞杆菌科（5.91%）、湖绳菌科（5.54%）、嗜热放线菌科（8.32%）、共生杆菌科（7.43%）、芽胞杆菌科（13.30%）、短芽胞杆菌科（8.95%）、噬几丁质菌科（10.77%）、候选目 JG30-KF-CM45 的 1 科（13.56%）、生丝微菌科（11.22%）、候选科 A4b（15.32%）、友邻杆菌目的 1 科（11.63%）、高温单孢菌科（18.37%）、粪热杆菌科（11.32%）、纤细杆菌科（12.18%）、微丝菌目的 1 科（5.54%）。

从发酵阶段上看，膜发酵过程可分为 3 个阶段：第 1 阶段为发酵初期，包括了 0d、3d；第 2 阶段为发酵中期，包括了 6d、9d、12d；第 3 阶段为发酵后期，包括了 21d、24d、27d。

（2）菌群样本坐标分析　膜发酵过程不同时间采样样本细菌科微生物组主坐标分析（PCoA）见图 3-88，偏最小二乘法判别分析（PLS-DA）见图 3-89。主坐标分析结果表明，发酵过程 0 ～ 6d 样本细菌科微生物组主要落在第 1 象限和第 4 象限，9 ～ 21d 样本细菌科微生物组主要落在第 3 象限，24 ～ 27d 样本细菌科微生物组主要落在第 2 象限，主坐标分析可以总体地区分出发酵阶段的样本分布。

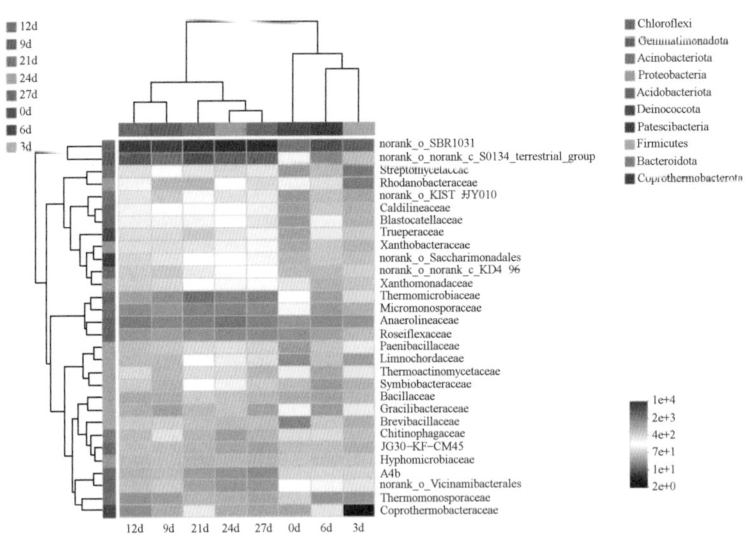

图 3-87 膜发酵过程细菌科菌群热图分析

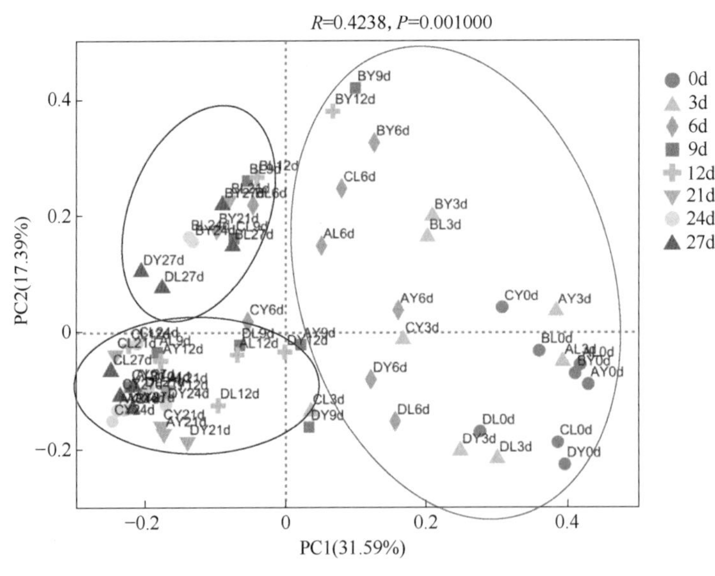

图 3-88 膜发酵过程样本细菌科微生物组主坐标分析（PCoA）

偏最小二乘法判别分析（PLS-DA）结果进一步表明，发酵过程 0d 样本细菌科微生物组主要落在同一个区域，在第 2 象限和第 3 象限交界处；3 ～ 6d 样本微生物组主要落在同一个区域，横跨第 2 象限和第 4 象限；12 ～ 27d 样本微生物组主要落在同一个区域，处于第 1 象限和第 4 象限；PLS-DA 分析可以总体地区分出发酵阶段的样本分布，样本间形成一定的交错（图 3-89）。

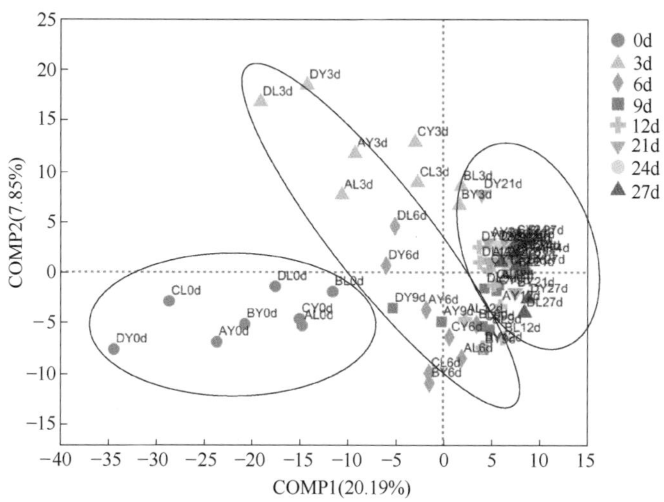

图 3-89　膜发酵过程样本细菌科微生物组偏最小二乘法判别分析（PLS-DA）

（3）发酵阶段菌群差异　膜发酵不同时间细菌科微生物组差异分析见图3-90。分析结果表明15个细菌科为主要微生物组菌群，按含量大小排序，候选目SBR1031的1科（152.68%）>S0134陆生菌群的1纲的1科（52.44%）>厌氧绳菌科（34.27%）>热微菌科（24.89%）>小单孢菌科（23.31%）>玫瑰弯菌科（22.94%）>高温单孢菌科（18.37%）>候选科A4b（15.32%）>候选目JG30-KF-CM45的1科（13.56%）>芽胞杆菌科（13.30%）>纤细杆菌科（12.18%）>友邻杆菌目的1科（11.63%）>粪热杆菌科（11.32%）>生丝微菌科（11.22%）>候选目KIST-JJY010的1科（10.82%）。不同的细菌科菌群在发酵的不同阶段数量差异的显著性不同，厌氧绳菌科、玫瑰弯菌科、芽胞杆菌科、生丝微菌科、候选目KIST-JJY010的1科的细菌菌群不同发酵时间差异不显著，其余的差异显著。

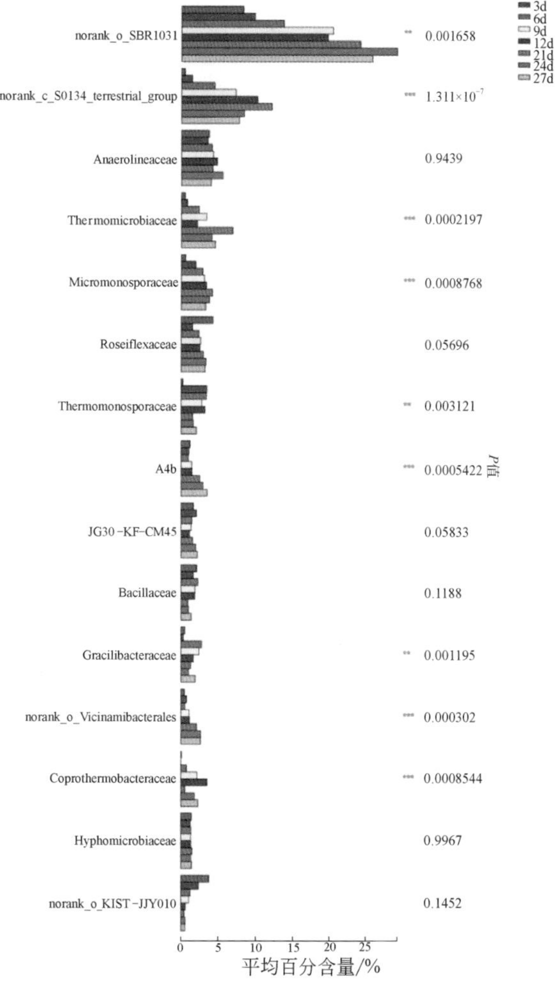

图 3-90　膜发酵不同时间细菌科微生物组差异分析

其中高含量的6个细菌科，候选目SBR1031的1科在发酵过程中属于后峰型、S0134陆生菌群的1纲的1科在发酵过程中属于后峰型、厌氧绳菌科在发酵过程中属于后峰型、热微菌科在发酵过程中属于后峰型、小单孢菌科在发酵过程中属于后峰型、玫瑰弯菌科在发酵过程中属于前峰型（图 3-91）。

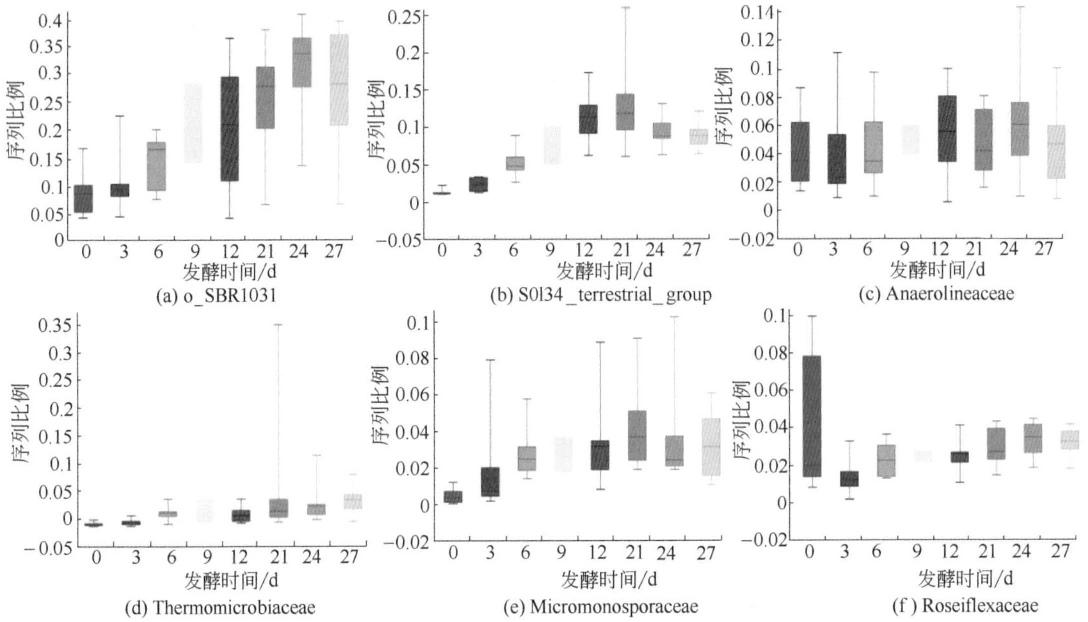

(a) o_SBR1031

(b) S0134 _terrestrial_ group

(c) Anaerolineaceae

(d) Thermomicrobiaceae

(e) Micromonosporaceae

(f) Roseiflexaceae

图 3-91 发酵阶段细菌科优势菌群数量动态

（4）菌群系统进化分析 膜发酵不同时间 50 个主要细菌科微生物组系统进化分析见图 3-92。从进化树看，候选目 SBR1031 的 1 科（发酵过程占比累计值 =152.68%）、S0134 陆生菌群的 1 纲的 1 科（52.44%）、厌氧绳菌科（34.27%）、热微菌科（24.89%）、小单孢菌科（23.31%）、玫瑰弯菌科（22.94%）、高温单孢菌科（18.37%）、候选科 A4b（15.32%）8 个细菌科为发酵过程的主要细菌科，且在整个膜发酵过程中 8 个优势菌群都在起作用；其余的种类含量较低，发酵过程起的作用较小。

3. 菌群生态学特性

（1）优势菌群的数量变化 膜发酵阶段细菌科优势菌群数量变化动态见图 3-93。候选目 SBR1031 的 1 科（发酵过程占比总和 =152.68%）、S0134 陆生菌群的 1 纲的 1 科（52.44%）、厌氧绳菌科（34.27%）、热微菌科（24.89%）、小单孢菌科（23.31%）等细菌科为优势菌群；随着发酵进程，候选目 SBR1031 的 1 科数量逐渐增加，属于后峰型曲线，幂指数方程为 $y(\text{sbr})=7.4907x^{0.6409}$（$R^2$=0.9425）；随着发酵进程，S0134 陆生菌群的 1 纲的 1 科数量逐渐增加，到 21d 达到高峰，而后逐渐下降，属于后峰型曲线，多项式方程为 $y(\text{s0134})=-0.4207x^2+5.1274x-5.7912$（$R^2$=0.8784）；随着发酵进程，厌氧绳菌科数量逐渐增加，属于后峰型曲线，幂指数方程为 $y(\text{ana})=3.5678x^{0.131}$（$R^2$=0.4104）；随着发酵进程，热微菌科数量逐渐上升，属于后峰型曲线，幂指数方程为 $y(\text{the})=0.5003x^{1.1694}$（$R^2$=0.8578）；随着发酵进程，小单孢菌科数量逐渐上升，属于后峰型曲线，对数方程为 $y(\text{mic})=1.5219\ln(x)+0.8961$（$R^2$=0.8749）。

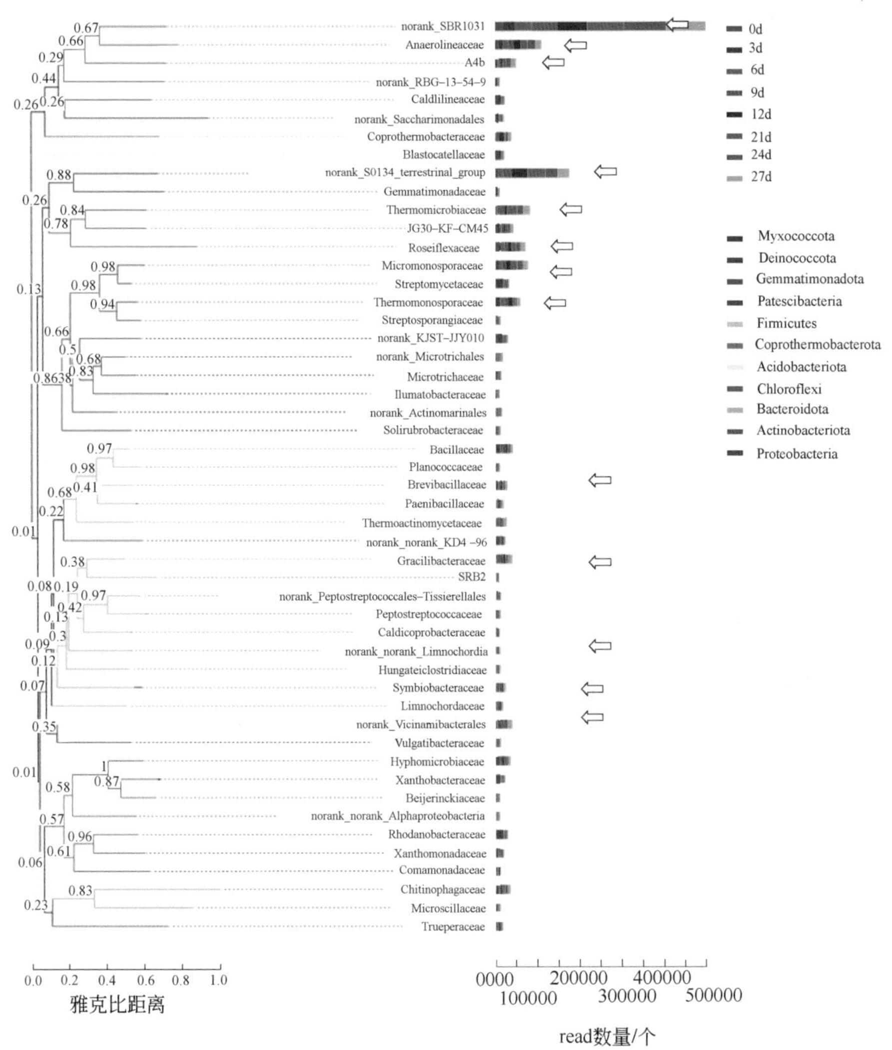

图 3-92　膜发酵不同时间细菌科微生物组系统进化分析

（2）优势菌群多样性指数　利用表 3-76，选用发酵过程细菌科占比总和 >2.0% 的 72 个细菌科构建数据矩阵，以细菌科为样本，发酵时间为指标，统计主要细菌科的多样性指数，膜发酵过程主要细菌科的多样性指数见表 3-77。分析结果表明，发酵过程细菌科数量占比累计值最高为候选目 SBR1031 的 1 科（152.68%），最低的为候选目 IMCC26256 的 1 科（2.05%）；从丰富度上看，最高的为候选目 IMCC26256 的 1 科（9.74），最低的为候选目 SBR1031 的 1 科（1.39）；优势度指数的范围为 0.68（罗纳杆菌科）～ 1.66（候选目 IMCC26256 的 1 科）；香农指数范围为 1.37（罗纳杆菌科）～ 2.08（生丝微菌科）；均匀度指数范围为 0.66（罗纳杆菌）～ 1.00（生丝微菌科）。物种丰富度与优势度指数关系较为密切；香农指数与均匀度指数关系密切，均匀度指数越高，香农指数越高。

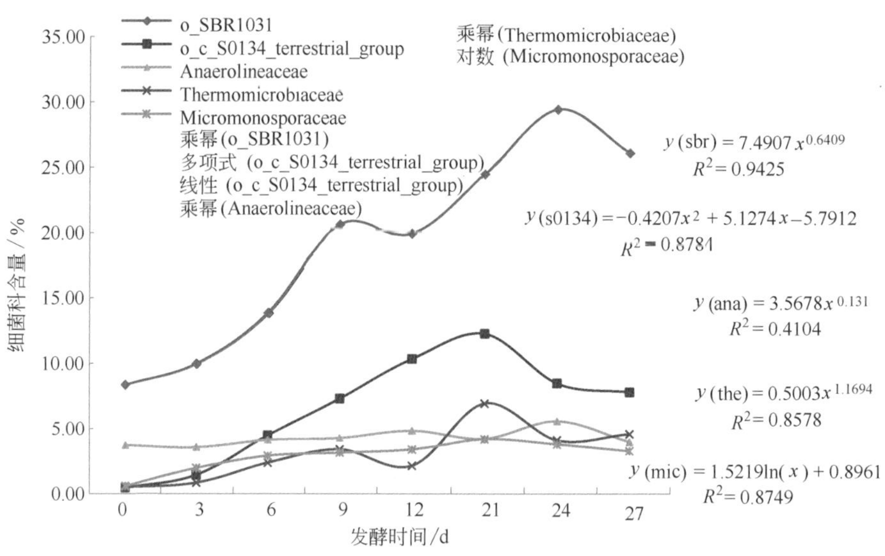

图 3-93 膜发酵阶段细菌科优势菌群数量变化动态

表 3-77 膜发酵过程主要细菌科的多样性指数

细菌科	占有发酵单元数	数量/%	丰富度指数	优势度指数 (*D*)	香农指数 (*H*)	均匀度指数
候选目 SBR1031 的 1 科（o_SBR1031）	8	152.68	1.39	0.86	2.00	0.96
S0134 陆生菌群的 1 纲的 1 科（S0134_terrestrial_group）	8	52.44	1.77	0.85	1.86	0.89
厌氧绳菌科（Anaerolineaceae）	8	34.27	1.98	0.90	2.07	1.00
热微菌科（Thermomicrobiaceae）	8	24.89	2.18	0.86	1.87	0.90
小单孢菌科（Micromonosporaceae）	8	23.31	2.22	0.90	1.99	0.96
玫瑰弯菌科（Roseiflexaceae）	8	22.94	2.23	0.91	2.04	0.98
高温单孢菌科（Thermomonosporaceae）	8	18.37	2.40	0.90	1.94	0.93
候选科 A4b	8	15.32	2.57	0.91	1.97	0.95
候选目 JG30-KF-CM45 的 1 科（JG30-KF-CM45）	8	13.56	2.68	0.94	2.06	0.99
芽胞杆菌科（Bacillaceae）	8	13.30	2.71	0.94	2.04	0.98
纤细杆菌科（Gracilibacteraceae）	8	12.18	2.80	0.91	1.92	0.92
友邻杆菌目的 1 科（o_Vicinamibacterales）	8	11.63	2.85	0.91	1.90	0.91
粪热杆菌科（Coprothermobacteraceae）	8	11.32	2.88	0.86	1.67	0.81
生丝微菌科（Hyphomicrobiaceae）	8	11.22	2.90	0.96	2.08	1.00
候选目 KIST-JJY010 的 1 科（o_KIST-JJY010）	8	10.82	2.94	0.87	1.80	0.86
噬几丁质菌科（Chitinophagaceae）	8	10.77	2.95	0.95	2.02	0.97
链霉菌科（Streptomycetaceae）	8	10.65	2.96	0.69	1.43	0.69
罗纳杆菌科（Rhodanobacteraceae）	8	9.49	3.11	0.68	1.37	0.66

续表

细菌科	占有发酵单元数	数量 /%	丰富度指数	优势度指数 (*D*)	香农指数 (*H*)	均匀度指数
短芽胞杆菌科（Brevibacillaceae）	8	8.95	3.19	0.96	1.94	0.93
嗜热放线菌科（Thermoactinomycetaceae）	8	8.32	3.30	0.95	1.95	0.94
暖绳菌科（Caldilineaceae）	8	8.04	3.36	0.88	1.72	0.83
黄色杆菌科（Xanthobacteraceae）	8	7.78	3.41	0.94	1.86	0.89
候选纲 KD4-96 的 1 科（o_c_KD4-96）	8	7.66	3.44	0.97	1.96	0.94
出芽小链菌科（Blastocatellaceae）	8	7.56	3.46	0.82	1.58	0.76
共生杆菌科（Symbiobacteraceae）	8	7.43	3.49	0.90	1.72	0.83
糖单胞菌目的 1 科（o_Saccharimonadales）	8	7.18	3.55	0.96	1.91	0.92
黄单胞菌科（Xanthomonadaceae）	8	6.87	3.63	0.97	1.90	0.91
类芽胞杆菌科（Paenibacillaceae）	8	5.91	3.94	1.02	1.94	0.93
湖绳菌科（Limnochordaceae）	8	5.54	4.09	1.00	1.81	0.87
微丝菌目的 1 科（o_Microtrichales）	8	5.54	4.09	1.06	2.05	0.99
特吕珀菌科（Trueperaceae）	8	5.39	4.16	1.05	1.97	0.95
海洋放线菌目的 1 科（o_Actinomarinales）	8	4.78	4.47	1.07	1.96	0.94
微丝菌科（Microtrichaceae）	8	4.77	4.48	1.03	1.84	0.89
消化链球菌目 / 蒂西耶氏菌目的 1 科（o_Peptostreptococcales-Tissierellales）	8	4.16	4.91	0.97	1.62	0.78
土壤红色杆菌科（Solirubrobacteraceae）	8	4.04	5.02	1.13	2.00	0.96
消化链球菌科（Peptostreptococcaceae）	8	3.92	5.12	1.14	2.00	0.96
链孢囊菌科（Streptosporangiaceae）	8	3.90	5.14	1.12	1.90	0.91
丛毛单胞菌科（Comamonadaceae）	8	3.85	5.19	1.12	1.86	0.89
候选目 RBG-13-54-9 的 1 科（o_RBG-13-54-9）	8	3.75	5.29	1.04	1.64	0.79
广布杆菌科（Vulgatibacteraceae）	8	3.75	5.30	1.15	1.92	0.92
微颤菌科（Microscillaceae）	8	3.55	5.52	1.11	1.84	0.88
亨盖特氏梭菌科（Hungateiclostridiaceae）	8	3.52	5.56	1.14	1.85	0.89
湖绳菌纲的 1 科（o_c_Limnochordia）	8	3.45	5.65	1.18	1.93	0.93
拜叶林克氏菌科（Beijerinckiaceae）	8	3.45	5.65	1.17	1.87	0.90
动球菌科（Planococcaceae）	8	3.41	5.71	1.02	1.63	0.78
芽单胞菌科（Gemmatimonadaceae）	8	3.35	5.79	1.02	1.61	0.77
沉积杆菌科（Ilumatobacteraceae）	8	3.32	5.83	1.10	1.71	0.82
候选科 LWQ8	8	3.25	5.93	1.10	1.70	0.82
候选科 SRB2	8	3.15	6.10	1.10	1.65	0.79
热粪杆菌科（Caldicoprobacteraceae）	8	3.13	6.13	1.16	1.75	0.84
α- 变形菌纲的 1 科（o_c_Alphaproteobacteria）	8	3.11	6.18	1.27	2.03	0.98

续表

细菌科	占有发酵单元数	数量 /%	丰富度指数	优势度指数 (*D*)	香农指数 (*H*)	均匀度指数
产碱菌科（Alcaligenaceae）	8	3.08	6.22	1.22	1.89	0.91
候选科 SC-I-84	8	3.07	6.24	1.16	1.73	0.83
候选纲 OLB14 的 1 科（o_c_OLB14）	8	3.00	6.37	1.25	1.95	0.94
红环菌科（Rhodocyclaceae）	8	2.99	6.39	0.94	1.39	0.67
喜热菌科（Caloramatoraceae）	8	2.97	6.43	1.27	1.96	0.94
间孢囊菌科（Intrasporangiaceae）	8	2.75	6.93	1.30	1.86	0.89
候选科 AKYG1722	8	2.70	7.04	1.35	1.98	0.95
海草球形菌科（Phycisphaeraceae）	8	2.65	7.20	1.39	2.04	0.98
根瘤菌科（Rhizobiaceae）	8	2.55	7.46	1.35	1.90	0.92
候选苏美神菌科（Sumerlaeaceae）	8	2.50	7.65	1.32	1.73	0.83
候选科 67-14	8	2.47	7.75	1.44	2.02	0.97
伯克氏菌科（Burkholderiaceae）	8	2.46	7.78	1.36	1.82	0.87
候选目 Run-SP154 的 1 科（o__Run-SP154）	8	2.41	7.95	1.40	1.88	0.90
分枝杆菌科（Mycobacteriaceae）	8	2.40	8.00	1.42	1.92	0.93
类固醇杆菌科（Steroidobacteraceae）	8	2.35	8.19	1.48	1.99	0.96
候选目 DS-100 的 1 科（o_DS-100）	8	2.31	8.38	1.16	1.40	0.67
梭菌科（Clostridiaceae）	8	2.28	8.51	1.50	1.96	0.94
候选纲 D8A-2 的 1 科（o_c_D8A-2）	8	2.22	8.79	1.41	1.63	0.78
海管菌科（Haliangiaceae）	8	2.14	9.18	1.60	1.99	0.96
亚硝化单胞菌科（Nitrosomonadaceae）	8	2.07	9.60	1.42	1.65	0.79
候选目 IMCC26256 的 1 科（o_IMCC26256）	8	2.05	9.74	1.66	1.98	0.95

丰富度指数与香农指数代表物种数量分布，优势度指数和均匀度指数代表分布均匀程度；丰富度指数与优势度指数呈显著相关（*R*=0.9183），表明物种丰富度与物种的集中程度密切相关；香农指数与均匀度指数呈显著相关（*R*=0.9993），表明物种的香农指数与物质的分散均匀程度密切相关（表 3-78）。

表 3-78 细菌科多样性指数间的相关系数

因子	数量	丰富度指数	优势度指数 (*D*)	香农指数 (*H*)	均匀度指数
数量		0.0000	0.0025	0.1474	0.1505
丰富度指数	−0.4686		0.0000	0.2088	0.1991
优势度指数 (*D*)	−0.3512	0.9183		0.0450	0.0483
香农指数 (*H*)	0.1725	−0.1499	0.2370		0.0000
均匀度指数	0.1712	−0.1531	0.2336	0.9993	

注：左下角是相关系数 *R*，右上角是 *P* 值。

（3）优势菌群生态位特征　利用表 3-76，选用发酵过程细菌科占比总和 >2.0% 的 72 个细菌科构建数据矩阵，以细菌科为样本，发酵时间为指标，用 Levins 测度计算细菌科的时间生态位宽度，统计结果见表 3-79。结果表明，发酵过程不同细菌科时间生态位宽度差异显著，生态位宽度分为 3 个等级。生态位宽度 6 ～ 8，为宽生态位宽度菌群，包含了 32 个细菌科，即生丝微菌科、厌氧绳菌科、候选目 JG30-KF-CM45 的 1 科、微丝菌目的 1 科、玫瑰弯菌科、海草球形菌科、芽胞杆菌科、α- 变形菌纲的 1 科、噬几丁质菌科、候选科 67-14、小单孢菌科、候选目 SBR1031 的 1 科、海管菌科、土壤红色杆菌科、特吕珀菌科、消化链球菌科、类固醇杆菌科、候选科 AKYG1722、候选目 IMCC26256 的 1 科、短芽胞杆菌科、海洋放线菌目的 1 科、高温单孢菌科、候选科 A4b、类芽胞杆菌科、候选纲 KD4-96 的 1 科、梭菌科、广布杆菌科、喜热菌科、嗜热放线菌科、纤细杆菌科、湖绳菌纲的 1 科、候选纲 OLB14 的 1 科；生态位宽度 4 ～ 6，为中等生态位宽度菌群，包含了 30 个细菌科，即 S0134 陆生菌群的 1 纲的 1 科、友邻杆菌目的 1 科、链孢囊菌科、糖单胞菌目的 1 科、分枝杆菌科、拜叶林克氏菌科、丛毛单胞菌科、黄单胞菌科、热微菌科、间孢囊菌科、产碱菌科、根瘤菌科、候选目 Run-SP154 的 1 科、亨盖特氏梭菌科、湖绳菌科、黄色杆菌科、微丝菌科、伯克氏菌科、微颤菌科、候选目 KIST-JJY010 的 1 科、热粪杆菌科、候选苏美神菌科、粪热杆菌科、候选科 SC-I-84、共生杆菌科、候选纲 D8A-2 的 1 科、沉积杆菌科、暖绳菌科、候选科 LWQ8、候选目 RBG-13-54-9 的 1 科；生态位宽度 1 ～ 4，为窄生态位宽度菌群，包含了 10 个细菌科，即候选科 SRB2、消化链球菌目 / 蒂西耶氏菌目的 1 科、亚硝化单胞菌科、动球菌科、芽单胞菌科、出芽小链菌科、候选目 DS-100 的 1 科、链霉菌科、红环菌科、罗纳杆菌科。

不同生态位宽度的细菌科对时间资源的利用效率不同，如宽生态位宽度的生丝微菌科（7.9803），时间资源利用效率为发酵第 21 天（S6=13.72%）、发酵第 27 天（S8=13.17%）；中等生态位宽度的链孢囊菌科（5.8809），时间资源利用效率为发酵第 3 天（S2=15.59%）、发酵第 6 天（S3=28.61%）、发酵第 12 天（S5=17.22%）；窄生态位宽度的亚硝化单胞菌科（3.7742），时间资源利用效率为发酵初期（S1=44.44%）、发酵第 3 天（S2=21.36%）。

表 3-79　发酵过程细菌科时间生态位宽度

细菌科	生态位宽度	频数	截断比例	常用资源种类				
生丝微菌科（Hyphomicrobiaceae）	7.9803	2	0.13	S6=13.72%	S8=13.17%			
厌氧绳菌科（Anaerolineaceae）	7.8437	2	0.13	S5=14.09%	S7=16.25%			
候选目 JG30-KF-CM45 的 1 科（JG30-KF-CM45）	7.6805	3	0.13	S2=15.29%	S7=14.79%	S8=16.34%		
微丝菌目的 1 科（o_Microtrichales）	7.5752	4	0.13	S1=16.23%	S6=13.61%	S7=16.36%	S8=14.94%	
玫瑰弯菌科（Roseiflexaceae）	7.4833	4	0.13	S1=18.65%	S6=13.09%	S7=14.63%	S8=14.09%	
海草球形菌科（Phycisphaeraceae）	7.4705	3	0.13	S5=16.08%	S6=17.93%	S7=15.06%		
芽胞杆菌科（Bacillaceae）	7.4368	4	0.13	S1=16.04%	S3=17.27%	S4=14.44%	S5=14.04%	
α- 变形菌纲的 1 科（o_c_Alphaproteobacteria）	7.2811	4	0.13	S5=13.15%	S6=18.43%	S7=13.60%	S8=17.76%	
噬几丁质菌科（Chitinophagaceae）	7.1297	4	0.13	S2=14.16%	S6=13.87%	S7=21.52%	S8=14.46%	

续表

细菌科	生态位宽度	频数	截断比例	常用资源种类				
候选科 67-14	7.0822	2	0.13	S1=18.63%	S2=20.99%			
小单孢菌科（Micromonosporaceae）	7.0483	5	0.13	S4=13.47%	S5=14.58%	S6=18.02%	S7=16.34%	S8=14.14%
候选目 SBR1031 的 1 科（o_SBR1031）	7.0033	5	0.13	S4=13.51%	S5=13.05%	S6=16.03%	S7=19.28%	S8=17.10%
海管菌科（Haliangiaceae）	6.8421	4	0.13	S2=16.23%	S5=17.66%	S6=20.58%	S7=13.86%	
土壤红色杆菌科（Solirubrobacteraceae）	6.8006	3	0.13	S1=21.18%	S2=21.03%	S4=13.92%		
特吕珀菌科（Trueperaceae）	6.7773	3	0.13	S2=21.35%	S4=15.81%	S6=16.51%		
消化链球菌科（Peptostreptococcaceae）	6.7506	2	0.13	S1=16.26%	S2=25.02%			
类固醇杆菌科（Steroidobacteraceae）	6.7319	2	0.13	S2=19.68%	S6=23.17%			
候选科 AKYG1722	6.6944	4	0.13	S2=15.73%	S6=13.94%	S7=21.66%	S8=17.79%	
候选目 IMCC26256 的 1 科（o_IMCC26256）	6.6328	3	0.13	S1=23.88%	S2=17.56%	S3=14.76%		
短芽胞杆菌科（Brevibacillaceae）	6.6122	4	0.13	S2=23.31%	S6=13.66%	S7=13.29%	S8=13.95%	
海洋放线菌目的 1 科（o_Actinomarinales）	6.6065	5	0.13	S4=15.13%	S5=13.15%	S6=15.86%	S7=19.23%	S8=18.86%
高温单孢菌科（Thermomonosporaceae）	6.5826	4	0.13	S2=18.88%	S3=18.57%	S4=15.25%	S5=17.56%	
候选科 A4b	6.5367	3	0.13	S6=16.64%	S7=19.40%	S8=23.12%		
类芽胞杆菌科（Paenibacillaceae）	6.5174	4	0.13	S3=18.93%	S4=18.15%	S5=19.10%	S8=13.49%	
候选纲 KD4-96 的 1 科（o_c_KD4-96）	6.4831	4	0.13	S1=22.12%	S2=14.36%	S3=19.45%	S4=15.01%	
梭菌科（Clostridiaceae）	6.3648	2	0.13	S1=25.26%	S2=20.70%			
广布杆菌科（Vulgatibacteraceae）	6.3487	3	0.13	S4=18.32%	S5=21.43%	S8=16.50%		
喜热菌科（Caloramatoraceae）	6.2366	3	0.13	S2=27.36%	S3=13.46%	S4=18.21%		
嗜热放线菌科（Thermoactinomycetaceae）	6.2288	3	0.13	S3=26.61%	S4=17.45%	S8=15.95%		
纤细杆菌科（Gracilibacteraceae）	6.1820	4	0.13	S3=23.20%	S4=20.18%	S5=13.77%	S8=16.09%	
湖绳菌纲的 1 科（o_c_Limnochordia）	6.1028	3	0.13	S3=25.46%	S4=19.99%	S5=16.41%		
候选纲 OLB14 的 1 科（o_c_OLB14）	6.0255	1	0.13	S1=30.93%				
S0134 陆生菌群的 1 纲的 1 科（S0134_terrestrial_group）	5.9315	5	0.13	S4=13.90%	S5=19.68%	S6=23.34%	S7=16.10%	S8=14.84%
友邻杆菌目的 1 科（o_Vicinamibacterales）	5.8932	3	0.13	S6=18.42%	S7=23.37%	S8=23.09%		
链孢囊菌科（Streptosporangiaceae）	5.8809	3	0.13	S2=15.59%	S3=28.61%	S5=17.22%		
糖单胞菌目的 1 科（o_Saccharimonadales）	5.8684	3	0.13	S1=28.30%	S2=18.87%	S3=15.41%		
分枝杆菌科（Mycobacteriaceae）	5.8575	2	0.13	S1=18.95%	S2=29.75%			
拜叶林克氏菌科（Beijerinckiaceae）	5.855	4	0.13	S1=22.02%	S2=16.34%	S3=21.63%	S4=17.61%	
丛毛单胞菌科（Comamonadaceae）	5.7997	5	0.13	S1=23.81%	S2=13.32%	S3=16.36%	S4=16.55%	S5=20.08%
黄单胞菌科（Xanthomonadaceae）	5.7864	2	0.13	S2=19.80%	S3=28.37%			
热微菌科（Thermomicrobiaceae）	5.6987	4	0.13	S4=13.65%	S6=27.82%	S7=16.53%	S8=18.45%	

续表

细菌科	生态位宽度	频数	截断比例	常用资源种类				
间孢囊菌科（Intrasporangiaceae）	5.6838	4	0.13	S1=26.50%	S2=16.14%	S3=20.03%	S4=13.93%	
产碱菌科（Alcaligenaceae）	5.668	2	0.13	S2=31.35%	S8=15.52%			
根瘤菌科（Rhizobiaceae）	5.5922	2	0.13	S2=32.33%	S3=17.38%			
候选目 Run-SP154 的 1 科（o_Run-SP154）	5.578	4	0.13	S1=30.75%	S3=16.56%	S4=15.41%	S5=13.38%	
亨盖特氏梭菌科（Hungateiclostridiaceae）	5.4846	3	0.13	S3=27.21%	S4=21.38%	S5=19.12%		
湖绳菌科（Limnochordaceae）	5.4413	3	0.13	S3=22.64%	S4=24.27%	S5=21.22%		
黄色杆菌科（Xanthobacteraceae）	5.4324	3	0.13	S1=29.48%	S2=22.37%	S3=14.80%		
微丝菌科（Microtrichaceae）	5.4108	4	0.13	S1=30.44%	S2=13.99%	S3=18.81%	S4=14.19%	
伯克氏菌科（Burkholderiaceae）	5.245	3	0.13	S1=20.55%	S2=29.01%	S3=20.60%		
微颤菌科（Microscillaceae）	5.0069	2	0.13	S2=36.38%	S3=15.46%			
候选目 KIST-JJY010 的 1 科（o_KIST-JJY010）	4.7985	2	0.13	S1=35.29%	S2=22.16%			
热粪杆菌科（Caldicoprobacteraceae）	4.7847	4	0.13	S3=16.19%	S4=33.74%	S5=20.37%	S8=14.12%	
候选苏美神菌科（Sumerlaeaceae）	4.7274	3	0.13	S6=25.05%	S7=22.40%	S8=29.08%		
粪热杆菌科（Coprothermobacteraceae）	4.7183	4	0.13	S4=19.22%	S5=31.56%	S7=16.28%	S8=20.49%	
候选科 SC-I-84	4.6157	3	0.13	S1=34.15%	S2=24.56%	S3=14.34%		
共生杆菌科（Symbiobacteraceae）	4.4787	2	0.13	S3=36.35%	S4=22.94%			
候选纲 D8A-2 的 1 科（o_c_D8A-2）	4.4456	4	0.13	S3=34.48%	S4=18.57%	S5=17.52%	S8=18.95%	
沉积杆菌科（Ilumatobacteraceae）	4.3719	3	0.13	S1=37.89%	S3=20.62%	S4=15.07%		
暖绳菌科（Caldilineaceae）	4.3626	3	0.13	S1=37.69%	S2=23.17%	S3=14.47%		
候选科 LWQ8	4.2372	3	0.13	S1=39.99%	S2=20.07%	S3=13.66%		
候选目 RBG-13-54-9 的 1 科（o_RBG-13-54-9）	4.2078	3	0.13	S1=36.17%	S2=21.36%	S3=22.13%		
候选科 SRB2	3.977	3	0.13	S3=41.95%	S4=20.05%	S5=15.22%		
消化链球菌目 / 蒂西耶氏菌目的 1 科（o_Peptostreptococcales-Tissierellales）	3.8557	3	0.13	S3=41.95%	S4=22.36%	S5=15.58%		
亚硝化单胞菌科（Nitrosomonadaceae）	3.7742	2	0.13	S1=44.44%	S2=21.36%			
动球菌科（Planococcaceae）	3.5523	2	0.13	S1=48.21%	S5=14.64%			
芽单胞菌科（Gemmatimonadaceae）	3.5438	2	0.13	S1=15.69%	S2=47.79%			
出芽小链菌科（Blastocatellaceae）	3.4845	2	0.13	S1=45.91%	S2=24.60%			
候选目 DS-100 的 1 科（o_DS-100）	2.9229	3	0.13	S1=53.77%	S2=14.89%	S3=13.80%		
链霉菌科（Streptomycetaceae）	2.699	2	0.13	S2=58.07%	S3=13.15%			
红环菌科（Rhodocyclaceae）	2.6913	2	0.13	S1=57.64%	S3=14.79%			
罗纳杆菌科（Rhodanobacteraceae）	2.5652	2	0.13	S2=59.65%	S6=13.78%			

选择 5 个高含量细菌科和 5 个低含量细菌科，计算发酵过程时间生态位重叠，分析结果见表 3-80 和表 3-81。分析结果表明，高含量细菌科之间时间生态位重叠值大于 0.86，表明菌群间生态位重叠较高，充分利用时间生态位资源共同生长。不同细菌科之间生态位重叠差显著，如候选目 SBR1031 的 1 科与 S0134 陆生菌群的 1 纲的 1 科、厌氧绳菌科、热微菌科、小单孢菌科之间生态位重叠值分别为 0.9556、0.9620、0.9453、0.9834。生态位重叠大小表明了菌群间生态关系调节水平，重叠性较高，两菌群共存于同一生态位概率较高；重叠值较小，两菌群共存于同一生态位概率较低。

表 3-80　发酵过程高含量细菌科时间生态位重叠（Pianka 测度）

细菌科	【1】	【2】	【3】	【4】	【5】
【1】候选目 SBR1031 的 1 科（o_SBR1031）	1	0.9556	0.9620	0.9453	0.9834
【2】S0134 陆生菌群的 1 纲的 1 科（S0134_terrestrial_group）	0.9556	1	0.8958	0.9542	0.9695
【3】厌氧绳菌科（Anaerolineaceae）	0.9620	0.8958	1	0.8623	0.9596
【4】热微菌科（Thermomicrobiaceae）	0.9453	0.9542	0.8623	1	0.9472
【5】小单孢菌科（Micromonosporaceae）	0.9834	0.9695	0.9596	0.9472	1

从低含量细菌科看，低含量细菌科之间时间生态位重叠值范围为 0.2918 ～ 0.9067，变化范围较大，表明菌群间生态位重叠异质性较高。红环菌科与喜热菌科、间孢囊菌科、候选科 AKYG1722、海草球形菌科之间的时间生态位重叠值分别为 0.4177、0.8443、0.2918、0.5238。红环菌科与间孢囊菌科之间具有较高的生态位重叠，表明对同一资源利用的概率较大。红环菌科与候选科 AKYG1722 之间的时间生态位重叠值较小，表明它们对同一资源利用的概率较小。

表 3-81　发酵过程低含量细菌科时间生态位重叠（Pianka 测度）

细菌科	Rhodocyclaceae	Caloramatoraceae	Intrasporangiaceae	AKYG1722	Phycisphaeraceae
红环菌科（Rhodocyclaceae）	1	0.4177	0.8443	0.2918	0.5238
喜热菌科（Caloramatoraceae）	0.4177	1	0.7883	0.8339	0.7808
间孢囊菌科（Intrasporangiaceae）	0.8443	0.7883	1	0.5832	0.7489
候选科 AKYG1722	0.2918	0.8339	0.5832	1	0.9067
海草球形菌科（Phycisphaeraceae）	0.5238	0.7808	0.7489	0.9067	1

（4）发酵过程亚群落分化　利用表 3-76 选用发酵过程细菌科占比总和 >2.0% 的 54 个细菌科构建数据矩阵，以细菌科为样本，发酵时间为指标，马氏距离为尺度，用可变类平均法进行系统聚类，分析结果见表 3-82 和图 3-94。分析结果可见细菌科分为 3 组亚群落，第 1 组为高含量亚群落，包含了 28 个细菌科菌群，即候选目 SBR1031 的 1 科、S0134 陆生菌群的 1 纲的 1 科、厌氧绳菌科、热微菌科、小单孢菌科、玫瑰弯菌科、高温单孢菌科、候选科 A4b、候选目 JG30-KF-CM45 的 1 科、芽胞杆菌科、纤细杆菌科、友邻杆菌目的 1 科、粪热杆菌科、生丝微菌科、候选目 KIST-JJY010 的 1 科、噬几丁质菌科、链霉菌科、罗纳杆菌科、嗜热放线菌科、短芽胞杆菌科、暖绳菌科、黄色杆菌科、出芽小链菌科、糖单胞菌目的

1 科、黄单胞菌科、类芽胞杆菌科、湖绳菌科、链孢囊菌科，它们在发酵过程的含量平均值范围为 1.55% ～ 2.80%；第 2 组为中含量亚群落，包含了 34 个细菌科菌群，即候选纲 KD4-96 的 1 科、共生杆菌科、微丝菌目的 1 科、微丝菌科、消化链球菌目 / 蒂西耶氏菌目的 1 科、消化链球菌科、丛毛单胞菌科、候选目 RBG-13-54-9 的 1 科、广布杆菌科、微颤菌科、亨盖特氏梭菌科、湖绳菌纲的 1 科、拜叶林克氏菌科、动球菌科、芽单胞菌科、沉积杆菌科、候选科 LWQ8、候选科 SRB2、α- 变形菌纲的 1 科、产碱菌科、候选科 SC-I-84、候选纲 OLB14 的 1 科、红环菌科、间孢囊菌科、根瘤菌科、候选苏美神菌科、伯克氏菌科、候选目 Run-SP154 的 1 科、类固醇杆菌科、候选目 DS-100 的 1 科、梭菌科、候选纲 D8A-2 的 1 科、海管菌科、亚硝化单胞菌科，它们在发酵过程的含量平均值范围为 0.23% ～ 0.68%；第 3 组为低含量亚群落，包含了 10 个细菌科菌群，即特吕珀菌科、海洋放线菌目的 1 科、土壤红色杆菌科、热粪杆菌科、喜热菌科、候选科 AKYG1722、海草球形菌科、候选科 67-14、分枝杆菌科、候选目 IMCC26256 的 1 科，它们在发酵过程的含量平均值范围为 0.32% ～ 0.53%。

表 3-82　发酵过程细菌科菌群亚群落分化聚类分析

组别	细菌科	发酵过程细菌科含量 /%							
		0d	3d	6d	9d	12d	21d	24d	27d
1	候选目 SBR1031 的 1 科（o_SBR1031）	8.34	9.95	13.85	20.62	19.92	24.47	29.43	26.10
1	S0134 陆生菌群的 1 纲的 1 科（S0134_terrestrial_group）	0.45	1.44	4.48	7.29	10.32	12.24	8.45	7.78
1	厌氧绳菌科（Anaerolineaceae）	3.71	3.55	4.12	4.28	4.83	4.23	5.57	3.99
1	热微菌科（Thermomicrobiaceae）	0.50	0.84	2.37	3.40	2.15	6.93	4.12	4.59
1	小单孢菌科（Micromonosporaceae）	0.59	1.97	2.91	3.14	3.40	4.20	3.81	3.30
1	玫瑰弯菌科（Roseiflexaceae）	4.28	1.54	2.40	2.60	2.53	3.00	3.36	3.23
1	高温单孢菌科（Thermomonosporaceae）	0.23	3.47	3.41	2.80	3.23	1.55	1.63	2.06
1	候选科 A4b	1.23	1.09	0.99	1.46	1.50	2.55	2.97	3.54
1	候选目 JG30-KF-CM45 的 1 科（JG30-KF-CM45）	1.67	2.07	1.47	1.37	1.17	1.59	2.01	2.22
1	芽胞杆菌科（Bacillaceae）	2.13	1.68	2.30	1.92	1.87	0.97	1.04	1.39
1	纤细杆菌科（Gracilibacteraceae）	0.52	0.33	2.83	2.46	1.68	1.34	1.07	1.96
1	友邻杆菌目的 1 科 (o_Vicinamibacterales)	0.47	0.77	0.54	1.13	1.18	2.14	2.72	2.69
1	粪热杆菌科 (Coprothermobacteraceae)	0.10	0.01	0.76	2.18	3.57	0.55	1.84	2.32
1	生丝微菌科 (Hyphomicrobiaceae)	1.44	1.32	1.37	1.34	1.37	1.54	1.37	1.48
1	候选目 KIST-JJY010 的 1 科（o_KIST-JJY010）	3.82	2.40	1.27	1.08	0.63	0.44	0.61	0.57
1	噬几丁质菌科（Chitinophagaceae）	0.99	1.53	0.91	0.71	1.26	1.49	2.32	1.56
1	链霉菌科（Streptomycetaceae）	0.10	6.18	1.40	0.46	0.65	0.59	0.72	0.54

续表

组别	细菌科	发酵过程细菌科含量/%							
		0d	3d	6d	9d	12d	21d	24d	27d
1	罗纳杆菌科（Rhodanobacteraceae）	0.60	5.66	0.79	0.13	0.44	1.31	0.35	0.22
1	短芽胞杆菌科（Brevibacillaceae）	0.07	2.09	1.11	0.99	1.03	1.22	1.19	1.25
1	嗜热放线菌科（Thermoactinomycetaceae）	0.35	0.73	2.21	1.45	0.77	0.70	0.77	1.33
1	暖绳菌科（Caldilineaceae）	3.03	1.86	1.16	0.45	0.47	0.40	0.38	0.28
1	黄色杆菌科（Xanthobacteraceae）	2.29	1.74	1.15	0.75	0.66	0.58	0.29	0.30
1	出芽小链菌科（Blastocatellaceae）	3.47	1.86	0.57	0.32	0.29	0.45	0.36	0.25
1	糖单胞菌目的 1 科（o_Saccharimonadales）	2.03	1.35	1.11	0.68	0.81	0.38	0.37	0.45
1	黄单胞菌科（Xanthomonadaceae）	0.83	1.36	1.95	0.85	0.87	0.37	0.31	0.33
1	类芽胞杆菌科（Paenibacillaceae）	0.10	0.34	1.12	1.07	1.13	0.74	0.61	0.80
1	湖绳菌科（Limnochordaceae）	0.10	0.10	1.26	1.35	1.18	0.42	0.48	0.67
1	链孢囊菌科（Streptosporangiaceae）	0.07	0.61	1.12	0.35	0.67	0.33	0.37	0.38
第 1 组 28 个样本平均值		1.55	2.07	2.17	2.38	2.48	2.74	2.80	2.70
2	候选纲 KD4-96 的 1 科（o_c_KD4-96）	1.69	1.10	1.49	1.15	0.92	0.54	0.41	0.36
2	共生杆菌科（Symbiobacteraceae）	0.18	0.15	2.70	1.70	0.93	0.40	0.44	0.92
2	微丝菌目的 1 科 (o_Microtrichales）	0.90	0.53	0.49	0.62	0.51	0.75	0.91	0.83
2	微丝菌科 (Microtrichaceae）	1.45	0.67	0.90	0.68	0.54	0.16	0.17	0.21
2	消化链球菌目 / 蒂西耶氏菌目的 1 科（o_Peptostreptococcales-Tissierellales）	0.16	0.10	1.75	0.93	0.65	0.15	0.15	0.28
2	消化链球菌科（Peptostreptococcaceae）	0.64	0.98	0.44	0.46	0.43	0.35	0.30	0.32
2	丛毛单胞菌科（Comamonadaceae）	0.92	0.51	0.63	0.64	0.77	0.11	0.09	0.18
2	候选目 RBG-13-54-9 的 1 科（o_RBG-13-54-9）	1.36	0.80	0.83	0.33	0.21	0.09	0.06	0.07
2	广布杆菌科（Vulgatibacteraceae）	0.05	0.15	0.48	0.69	0.80	0.49	0.47	0.62
2	微颤菌科（Microscillaceae）	0.12	1.29	0.55	0.30	0.24	0.46	0.30	0.28
2	亨盖特氏梭菌科（Hungateiclostridiaceae）	0.19	0.10	0.96	0.75	0.67	0.22	0.18	0.44
2	湖绳菌纲的 1 科（o_c_Limnochordia）	0.21	0.19	0.88	0.69	0.57	0.21	0.28	0.42
2	拜叶林克氏菌科（Beijerinckiaceae）	0.76	0.56	0.75	0.61	0.40	0.17	0.10	0.10
2	动球菌科（Planococcaceae）	1.64	0.09	0.35	0.20	0.50	0.12	0.32	0.19
2	芽单胞菌科（Gemmatimonadaceae）	0.53	1.60	0.17	0.06	0.18	0.42	0.27	0.13
2	沉积杆菌科（Ilumatobacteraceae）	1.26	0.10	0.69	0.50	0.40	0.14	0.10	0.14
2	候选科 LWQ8	1.30	0.65	0.44	0.23	0.31	0.09	0.10	0.13

续表

组别	细菌科	发酵过程细菌科含量 /%							
		0d	3d	6d	9d	12d	21d	24d	27d
2	候选科 SRB2	0.18	0.03	1.32	0.63	0.48	0.17	0.16	0.19
2	α- 变形菌纲的 1 科（o_c_Alphaproteobacteria）	0.19	0.36	0.29	0.32	0.41	0.57	0.42	0.55
2	产碱菌科（Alcaligenaceae）	0.37	0.97	0.29	0.23	0.28	0.07	0.40	0.48
2	候选科 SC-I-84	1.05	0.75	0.44	0.30	0.23	0.17	0.06	0.07
2	候选纲 OLB14 的 1 科（o_c_OLB14）	0.93	0.21	0.35	0.37	0.26	0.30	0.26	0.33
2	红环菌科（Rhodocyclaceae）	1.72	0.27	0.44	0.20	0.17	0.10	0.03	0.05
2	间孢囊菌科（Intrasporangiaceae）	0.73	0.44	0.55	0.38	0.35	0.13	0.09	0.08
2	根瘤菌科（Rhizobiaceae）	0.29	0.83	0.44	0.23	0.24	0.16	0.18	0.18
2	候选苏美神菌科（Sumerlaeaceae）	0.06	0.09	0.06	0.21	0.16	0.63	0.56	0.73
2	伯克氏菌科（Burkholderiaceae）	0.51	0.71	0.51	0.23	0.22	0.14	0.07	0.07
2	候选目 Run-SP154 的 1 科（o_Run-SP154）	0.74	0.22	0.40	0.37	0.32	0.12	0.11	0.13
2	类固醇杆菌科（Steroidobacteraceae）	0.26	0.46	0.19	0.16	0.24	0.54	0.26	0.24
2	候选目 DS-100 的 1 科（o_DS-100）	1.24	0.34	0.32	0.22	0.09	0.07	0.02	0.01
2	梭菌科（Clostridiaceae）	0.57	0.47	0.25	0.25	0.22	0.19	0.15	0.16
2	候选纲 D8A-2 的 1 科（o_c_D8A-2）	0.01	0.01	0.76	0.41	0.39	0.10	0.12	0.42
2	海管菌科（Haliangiaceae）	0.14	0.35	0.16	0.13	0.38	0.44	0.30	0.25
2	亚硝化单胞菌科（Nitrosomonadaceae）	0.92	0.44	0.12	0.05	0.09	0.11	0.15	0.18
第 2 组 34 个样本平均值		0.68	0.49	0.63	0.45	0.40	0.26	0.23	0.29
3	特吕珀菌科（Trueperaceae）	0.13	1.15	0.63	0.85	0.67	0.89	0.59	0.47
3	海洋放线菌目的 1 科（o_Actinomarinales）	0.18	0.18	0.50	0.72	0.63	0.76	0.92	0.90
3	土壤红色杆菌科（Solirubrobacteraceae）	0.85	0.85	0.38	0.56	0.36	0.32	0.35	0.37
3	热粪杆菌科（Caldicoprobacteraceae）	0.07	0.05	0.51	1.06	0.64	0.18	0.18	0.44
3	喜热菌科（Caloramatoraceae）	0.18	0.81	0.40	0.54	0.24	0.25	0.27	0.27
3	候选科 AKYG1722	0.10	0.43	0.19	0.27	0.28	0.38	0.59	0.48
3	海草球形菌科（Phycisphaeraceae）	0.33	0.23	0.21	0.30	0.43	0.47	0.40	0.28
3	候选科 67-14	0.46	0.52	0.20	0.28	0.19	0.31	0.26	0.24
3	分枝杆菌科（Mycobacteriaceae）	0.45	0.71	0.23	0.30	0.21	0.17	0.17	0.16
3	候选目 IMCC26256 的 1 科（o_IMCC26256）	0.49	0.36	0.30	0.26	0.20	0.17	0.14	0.12
第 3 组 10 个样本平均值		0.32	0.53	0.35	0.51	0.38	0.39	0.39	0.37

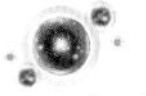

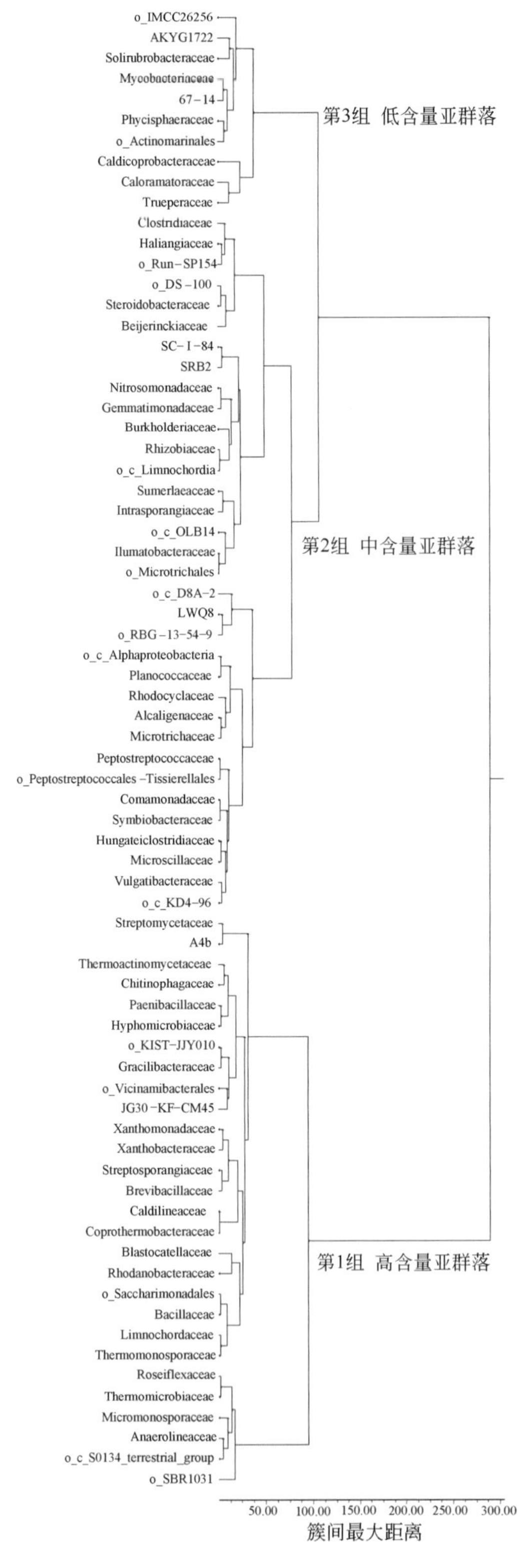

图 3-94 发酵过程细菌科菌群亚群落分化聚类分析

4. 芽胞杆菌科生态学特性

（1）芽胞杆菌的数量变化　膜发酵过程芽胞杆菌科菌群含量见表 3-83 和图 3-95。共分析到 14 个芽胞杆菌科，其中发酵过程含量最高的科为芽胞杆菌科，总和达 13.3004%，含量最低为酸硫杆状菌科，总和为 0.0104%。

表 3-83　膜发酵过程芽胞杆菌科菌群含量

芽胞杆菌科	发酵过程芽胞杆菌含量 /%								总和 /%
	0 d	3 d	6 d	9 d	12 d	21 d	24 d	27 d	
【1】芽胞杆菌科（Bacillaceae）	2.1340	1.6810	2.2970	1.9200	1.8680	0.9694	1.0410	1.3900	13.3004
【2】短芽胞杆菌科（Brevibacillaceae）	0.0653	2.0850	1.1130	0.9948	1.0280	1.2220	1.1890	1.2480	8.9451
【3】类芽胞杆菌科（Paenibacillaceae）	0.1030	0.3383	1.1190	1.0730	1.1290	0.7448	0.6075	0.7973	5.9119
【4】解硫胺素芽胞杆菌科（Aneurinibacillaceae）	0.0945	0.4676	0.1708	0.0926	0.0839	0.0902	0.0926	0.0981	1.1903
【5】硫杆形菌科（Sulfobacillaceae）	0.0060	0.0051	0.0238	0.4001	0.2500	0.0577	0.0741	0.2389	1.0556
【6】芽胞杆菌纲的 1 科（Bacilli-1）	0.0506	0.0289	0.3034	0.0728	0.1586	0.0503	0.1510	0.0713	0.8868
【7】脂环酸芽胞杆菌科（Alicyclobacillaceae）	0.0124	0.0258	0.0407	0.0520	0.0321	0.0233	0.0514	0.0668	0.3045
【8】芽胞乳杆菌科（Sporolactobacillaceae）	0.0061	0.0416	0.0086	0.0058	0.0208	0.0174	0.0200	0.0227	0.1429
【9】盐硫杆状菌科（Halothiobacillaceae）	0.0043	0.0007	0.0004	0.1148	0.0140	0.0022	0.0027	0.0015	0.1406
【10】芽胞杆菌纲的 1 科（Bacilli-2）	0.0032	0.0022	0.0075	0.0460	0.0270	0.0041	0.0064	0.0064	0.1029
【11】热碱芽胞杆菌科（Caldalkalibacillaceae）	0.0021	0.0050	0.0143	0.0229	0.0149	0.0059	0.0031	0.0074	0.0756
【12】乳杆菌科（Lactobacillaceae）	0.0068	0.0209	0.0010	0.0000	0.0000	0.0000	0.0000	0.0000	0.0287
【13】芽胞杆菌目的 1 科（Bacillales）	0.0019	0.0035	0.0043	0.0043	0.0025	0.0030	0.0011	0.0031	0.0238
【14】酸硫杆状菌科（Acidithiobacillaceae）	0.0027	0.0019	0.0004	0.0009	0.0013	0.0012	0.0006	0.0015	0.0104
总和	2.4930	4.7074	5.1041	4.8000	4.6302	3.1914	3.2405	3.9530	

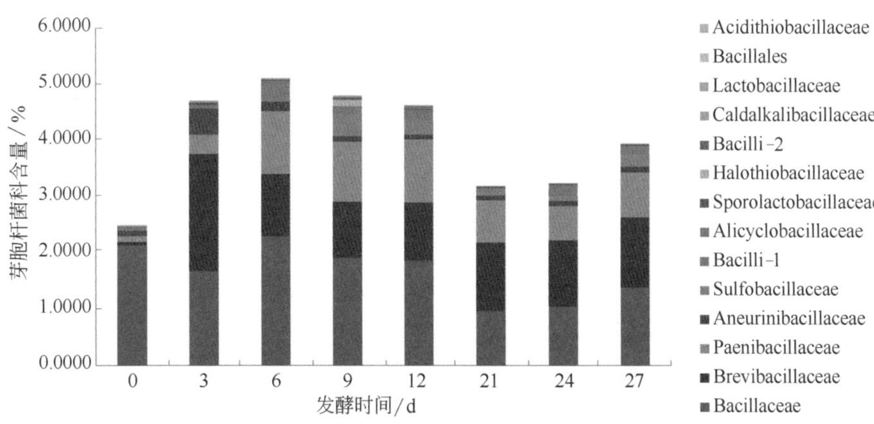

图 3-95　发酵过程芽胞杆菌科菌群种类与数量的结构组成

从发酵过程的菌群结构看，发酵初期（0d）芽胞杆菌科总量较低（2.4930%），发酵到3～12d，数量上升，范围4.6%～5.2%；发酵后期（21～27d），数量有所下降，范围3.1%～4.0%。

从发酵过程优势菌群看，前5个高含量的优势菌群为芽胞杆菌科（总和=13.3004%）、短芽胞杆菌科（8.9451%）、类芽胞杆菌科（5.9119%）、解硫胺素芽胞杆菌科（1.1903%）、硫杆形菌科（1.0556%）（图3-95）。随着发酵进程，芽胞杆菌科数量前期中等，中期较高，后期较低，属于中峰型，多项式方程为$y(\text{bac})=0.0188x^3-0.2617x^2+0.8919x+1.2785$（$R^2=0.682$）；短芽胞杆菌科数量前期高，中期较低，后期有所回升，属于前峰型，幂指数方程为$y(\text{bre})=0.2233x^{1.0115}$（$R^2=0.4477$）；类芽胞杆菌科数量前期较低，中期升高，后期回落，属于中峰型，幂指数方程为$y(\text{pae})=0.1839x^{0.8935}$（$R^2=0.5898$）；解硫胺素芽胞杆菌科数量前期较高，随后逐渐下降，直到发酵结束，属于前峰型，多项式方程$y(\text{ane})=-0.0049x^4+0.0937x^3-0.6115x^2+1.4974x-0.8527$（$R^2=0.7632$）；硫杆形菌科数量前期较低，中期较高，后期回落，属于中峰型，多项式方程$y(\text{sul})=0.006x^4-0.1035x^3+0.5866x^2-1.1773x+0.7008$（$R^2=0.7484$）（图3-96）。

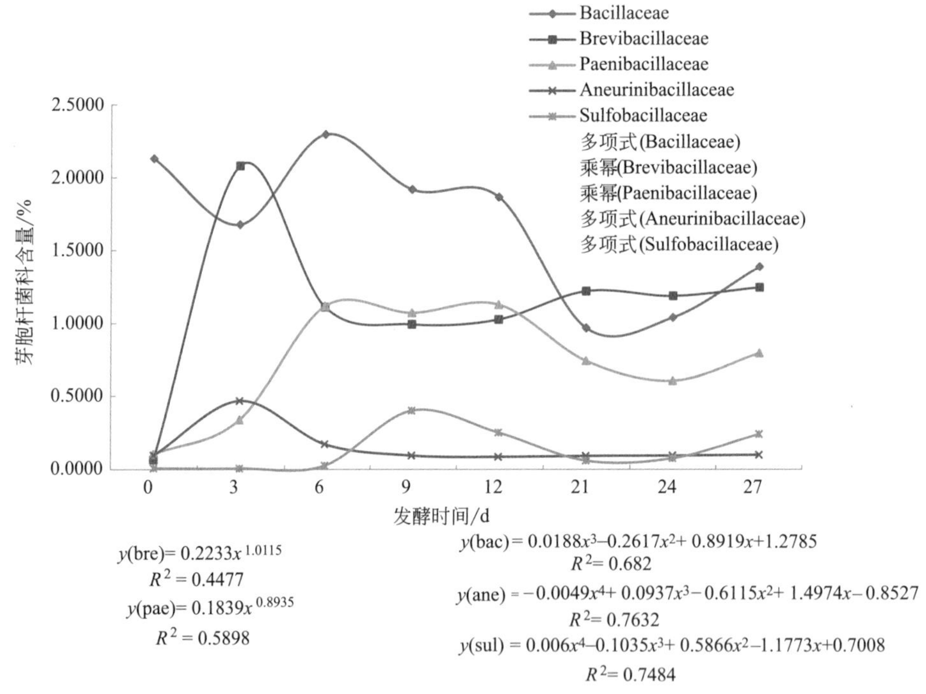

图3-96　膜发酵过程芽胞杆菌科优势菌群数量动态

（2）芽胞杆菌优势菌群多样性指数　利用表3-83，选用发酵过程芽胞杆菌科占比总和>2.0%的3个芽胞杆菌科构建数据矩阵，以芽胞杆菌科为样本，发酵时间为指标，统计主要芽胞杆菌科的多样性指数，分析结果见表3-84。结果表明，数量排序，芽胞杆菌科（13.3004%）>短芽胞杆菌科（8.9451%）>类芽胞杆菌科（5.9119%）；丰富度排序，芽胞杆菌科（2.7050）<短芽胞杆菌科（3.1947）<类芽胞杆菌科（3.9393）；优势度指数排序，芽

胞杆菌科（0.9359）<短芽胞杆菌科（0.9556）<类芽胞杆菌科（1.0189）；香农指数排序，芽胞杆菌科（2.0397）>短芽胞杆菌科（1.9425）≈类芽胞杆菌科（1.9402）；均匀度指数排序，芽胞杆菌科（0.9809）>短芽胞杆菌科（0.9342）≈类芽胞杆菌科（0.9331）。物种丰富度与优势度指数关系较为密切；香农指数与均匀度指数关系密切，均匀度指数越高，香农指数越高。

表 3-84　膜发酵过程芽胞杆菌科优势菌群多样性指数

芽胞杆菌科	占有发酵单元数	数量 /%	丰富度指数	优势度指数 (*D*)	香农指数 (*H*)	均匀度指数
芽胞杆菌科（Bacillaceae）	8	13.3004	2.7050	0.9359	2.0397	0.9809
短芽胞杆菌科（Brevibacillaceae）	8	8.9451	3.1947	0.9556	1.9425	0.9342
类芽胞杆菌科（Paenibacillaceae）	8	5.9119	3.9393	1.0189	1.9402	0.9331

（3）芽胞杆菌生态位特性　利用表 3-83，选取芽胞杆菌科构建数据矩阵，以芽胞杆菌科为样本，发酵时间为指标，用 Levins 测度计算芽胞杆菌科的时间生态位宽度，统计结果见表 3-85。结果表明，发酵过程不同芽胞杆菌科时间生态位宽度差异显著，生态位宽度分为 3 个等级。生态位宽度 6 ～ 8，为宽生态位宽度菌群，包含了 6 个芽胞杆菌科，即芽胞杆菌科、芽胞杆菌目的 1 科、脂环酸芽胞杆菌科、短芽胞杆菌科、类芽胞杆菌科、酸硫杆状菌科；生态位宽度 4 ～ 6，为中等生态位宽度菌群，包含了 4 个芽胞杆菌科，即芽胞乳杆菌科、热碱芽胞杆菌科、芽胞杆菌纲的 1 科（Bacilli-1）、解硫胺素芽胞杆菌科；生态位宽度 1 ～ 4，为窄生态位宽度菌群，包含了 4 个细菌科，即硫杆形菌科、芽胞杆菌纲的 1 科（Bacilli-2）、乳杆菌科、盐硫杆状菌科。

表 3-85　膜发酵过程芽胞杆菌科时间生态位宽度

芽胞杆菌科	生态位宽度	频数	截断比例	常用资源种类			
芽胞杆菌科（Bacillaceae）	7.4368	4	0.13	S1=16.04%	S3=17.27%	S4=14.44%	S5=14.04%
芽胞杆菌目的 1 科（Bacillales）	7.1170	4	0.13	S2=14.87%	S3=18.19%	S4=17.98%	S8=13.21%
脂环酸芽胞杆菌科（Alicyclobacillaceae）	6.6908	4	0.13	S3=13.35%	S4=17.09%	S7=16.89%	S8=21.93%
短芽胞杆菌科（Brevibacillaceae）	6.6122	4	0.13	S2=23.31%	S6=13.66%	S7=13.29%	S8=13.95%
类芽胞杆菌科（Paenibacillaceae）	6.5174	4	0.13	S3=18.93%	S4=18.15%	S5=19.10%	S8=13.49%
酸硫杆状菌科（Acidithiobacillaceae）	6.1784	3	0.13	S1=26.37%	S2=17.89%	S8=14.24%	
芽胞乳杆菌科（Sporolactobacillaceae）	5.8004	4	0.13	S2=29.08%	S5=14.55%	S7=13.99%	S8=15.88%
热碱芽胞杆菌科（Caldalkalibacillaceae）	5.2873	3	0.13	S3=18.90%	S4=30.32%	S5=19.75%	
芽胞杆菌纲的 1 科（Bacilli-1）	5.0312	3	0.13	S3=34.21%	S5=17.88%	S7=17.03%	
解硫胺素芽胞杆菌科（Aneurinibacillaceae）	4.7433	2	0.13	S2=39.28%	S3=14.35%		
硫杆形菌科（Sulfobacillaceae）	3.8547	3	0.13	S4=37.90%	S5=23.68%	S8=22.63%	
芽胞杆菌纲的 1 科（Bacilli-2）	3.5106	2	0.13	S4=44.70%	S5=26.26%		

续表

芽胞杆菌科	生态位宽度	频数	截断比例	常用资源种类			
乳杆菌科（Lactobacillaceae）	1.7035	2	0.2	S1=23.75%	S2=72.76%		
盐硫杆状菌科（Halothiobacillaceae）	1.4742	1	0.13	S4=81.66%			

不同生态位宽度的芽胞杆菌科对时间资源的利用效率不同，如宽生态位宽度的芽胞杆菌科（7.4368），时间资源利用效率为发酵第 0 天（S1=16.04%）、发酵第 6 天（S3=17.27%）、发酵第 9 天（S4=14.44%）、发酵第 12 天（S5=14.04%）；中等生态位宽度的热碱芽胞杆菌科（5.2873），时间资源利用效率为发酵第 6 天（S3=18.90%）、发酵第 9 天（S4=30.32%）、发酵第 12 天（S5=19.75%）。

从生态位重叠看，选择发酵过程 14 个芽胞杆菌科含量变化，计算发酵过程时间生态位重叠，分析结果见表 3-86。分析结果表明，芽胞杆菌科之间时间生态位重叠范围 0.01 ～ 0.95，菌群间生态位重叠差异显著。同一个科与其他科之间的生态位重叠有的重叠性较高，对资源的利用特性较为一致，有的重叠性较低，对资源的利用特性差异较大。例如，芽胞杆菌科与其他科的生态位重叠值排序情况是：芽胞杆菌目的 1 科（0.95）> 类芽胞杆菌科（0.88）> 酸硫杆状菌科（0.87）> 脂环酸芽胞杆菌科（0.86）> 热碱芽胞杆菌科（0.85）> 短芽胞杆菌科（0.84）> 芽胞杆菌纲的 1 科（Bacilli-1）（0.83）> 芽胞乳杆菌科（0.77）> 解硫胺素芽胞杆菌科（0.76）> 芽胞杆菌纲的 1 科（Bacilli-2）（0.70）> 硫杆形菌科（0.68）> 乳杆菌科（0.48）> 盐硫杆状菌科（0.47）。生态位重叠大小表明了菌群间生态关系调节水平，重叠性较高，两菌群共存于同一生态位概率较高；重叠值较小，两菌群共存于同一生态位概率较低。

表 3-86　发酵过程芽胞杆菌科菌群时间生态位重叠（Pianka 测度）

芽胞杆菌科	【1】	【2】	【3】	【4】	【5】	【6】	【7】	【8】	【9】	【10】	【11】	【12】	【13】	【14】
【1】芽胞杆菌科（Bacillaceae）	1.00													
【2】短芽胞杆菌科（Brevibacillaceae）	0.84	1.00												
【3】类芽胞杆菌科（Paenibacillaceae）	0.88	0.85	1.00											
【4】解硫胺素芽胞杆菌科（Aneurinibacillaceae）	0.76	0.89	0.60	1.00										
【5】硫杆形菌科（Sulfobacillaceae）	0.68	0.61	0.82	0.34	1.00									
【6】芽胞杆菌纲的 1 科（Bacilli-1）	0.83	0.70	0.87	0.54	0.51	1.00								
【7】脂环酸芽胞杆菌科（Alicyclobacillaceae）	0.86	0.87	0.92	0.64	0.81	0.78	1.00							
【8】芽胞乳杆菌科（Sporolactobacillaceae）	0.77	0.95	0.71	0.91	0.50	0.57	0.78	1.00						
【9】盐硫杆状菌科（Halothiobacillaceae）	0.47	0.34	0.54	0.21	0.81	0.25	0.50	0.17	1.00					
【10】芽胞杆菌纲的 1 科（Bacilli-2）	0.70	0.56	0.80	0.36	0.94	0.54	0.70	0.41	0.90	1.00				
【11】热碱芽胞杆菌科（Caldalkalibacillaceae）	0.85	0.74	0.94	0.55	0.88	0.76	0.83	0.57	0.76	0.93	1.00			

续表

芽胞杆菌科	【1】	【2】	【3】	【4】	【5】	【6】	【7】	【8】	【9】	【10】	【11】	【12】	【13】	【14】
【12】乳杆菌科（Lactobacillaceae）	0.48	0.59	0.17	0.88	0.01	0.14	0.26	0.70	0.02	0.06	0.18	1.00		
【13】芽胞杆菌目的 1 科（Bacillales）	0.95	0.90	0.92	0.79	0.72	0.78	0.89	0.79	0.54	0.72	0.90	0.46	1.00	
【14】酸硫杆状菌科（Acidithiobacillaceae）	0.87	0.73	0.64	0.74	0.53	0.50	0.69	0.78	0.30	0.49	0.59	0.63	0.79	1.00

（4）芽胞杆菌亚群落分化 利用表 3-83，构建数据矩阵，以芽胞杆菌科为样本，发酵时间为指标，马氏距离为尺度，用可变类平均法进行系统聚类，分析结果见表 3-87 和图 3-97。分析结果可见细菌科分为 3 组亚群落，第 1 组为高含量亚群落，包含了 3 个芽胞杆菌科菌群，即芽胞杆菌科、短芽胞杆菌科、类芽胞杆菌科，它们在发酵过程的含量平均值范围为 0.77% ～ 1.51%；第 2 组为中含量亚群落，包含了 5 个芽胞杆菌科菌群，即解硫胺素芽胞杆菌科、硫杆形菌科、芽胞杆菌纲的 1 科（Bacilli-1）、脂环酸芽胞杆菌科、盐硫杆状菌科，它们在发酵过程的含量平均值范围为 0.03% ～ 0.15%；第 3 组为低含量亚群落，包含了 6 个芽胞杆菌科菌群，即芽胞乳杆菌科、芽胞杆菌纲的 1 科（Bacilli-2）、热碱芽胞杆菌科、乳杆菌科、芽胞杆菌目的 1 科、酸硫杆状菌科，它们在发酵过程的含量平均值范围为 0.00% ～ 0.01%。

表 3-87 发酵过程芽胞杆菌科菌群亚群落分化聚类分析

组别	芽胞杆菌科	发酵过程芽胞杆菌科菌群含量 /%							
		0d	3d	6d	9d	12d	21d	24d	27d
1	芽胞杆菌科（Bacillaceae）	2.13	1.68	2.30	1.92	1.87	0.97	1.04	1.39
1	短芽胞杆菌科（Brevibacillaceae）	0.07	2.09	1.11	0.99	1.03	1.22	1.19	1.25
1	类芽胞杆菌科（Paenibacillaceae）	0.10	0.34	1.12	1.07	1.13	0.74	0.61	0.80
	第 1 组 3 个样本平均值	0.77	1.37	1.51	1.33	1.34	0.98	0.95	1.15
2	解硫胺素芽胞杆菌科（Aneurinibacillaceae）	0.09	0.47	0.17	0.09	0.08	0.09	0.09	0.10
2	硫杆形菌科（Sulfobacillaceae）	0.01	0.01	0.02	0.40	0.25	0.06	0.07	0.24
2	芽胞杆菌纲的 1 科（Bacilli-1）	0.05	0.03	0.30	0.07	0.16	0.05	0.15	0.07
2	脂环酸芽胞杆菌科（Alicyclobacillaceae）	0.01	0.03	0.04	0.05	0.03	0.02	0.05	0.07
2	盐硫杆状菌科（Halothiobacillaceae）	0.00	0.00	0.00	0.11	0.01	0.00	0.00	0.00
	第 2 组 5 个样本平均值	0.03	0.11	0.11	0.15	0.11	0.04	0.07	0.10
3	芽胞乳杆菌科（Sporolactobacillaceae）	0.01	0.04	0.01	0.01	0.02	0.02	0.02	0.02
3	芽胞杆菌纲的 1 科（Bacilli-2）	0.00	0.00	0.01	0.05	0.03	0.00	0.01	0.01
3	热碱芽胞杆菌科（Caldalkalibacillaceae）	0.00	0.00	0.01	0.02	0.01	0.01	0.00	0.01
3	乳杆菌科（Lactobacillaceae）	0.01	0.02	0.00	0.00	0.00	0.00	0.00	0.00
3	芽胞杆菌目的 1 科（Bacillales）	0.00	0.00	0.00	0.00	0.00	0.00	0.00	0.00
3	酸硫杆状菌科（Acidithiobacillaceae）	0.00	0.00	0.00	0.00	0.00	0.00	0.00	0.00
	第 3 组 6 个样本平均值	0.00	0.01	0.01	0.01	0.01	0.01	0.01	0.01

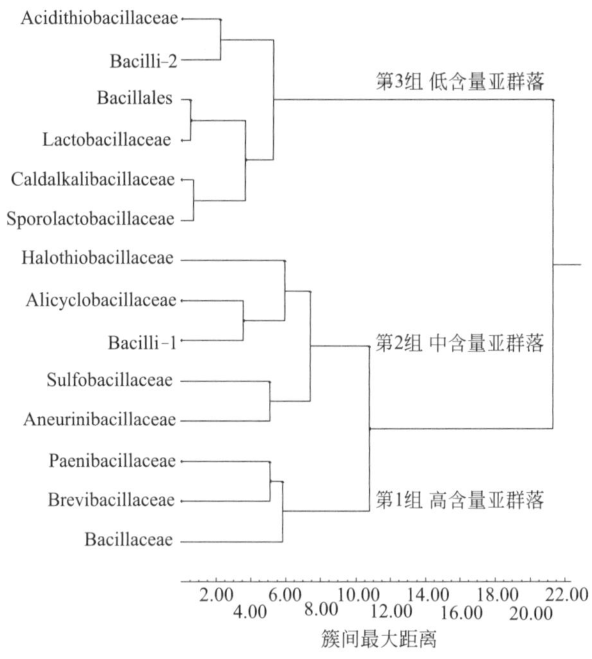

图 3-97　发酵过程芽胞杆菌科菌群亚群落分化聚类分析

六、膜发酵过程细菌属水平微生物组变化动态

1. 菌群组成结构

（1）菌群含量变化动态　膜发酵过程细菌属菌群含量变化动态见表 3-88。发酵过程总体分离到 1124 个细菌属，发酵过程占比总和 >2.0% 的有 73 个细菌属，优势菌群包含了 10 个细菌属，即候选目 SBR1031 的 1 属（152.6760%）>S0134 陆生菌群的 1 纲的 1 属（52.4385%）> 厌氧绳菌科的 1 属（24.3590%）> 球形杆菌属（23.2599%）> 玫瑰弯菌科的 1 属（Roseiflexaceae-1）（15.9766%）> 候选科 A4b 的 1 属（15.2732%）> 小单孢菌科的 1 属（13.7566%）> 候选目 JG30-KF-CM45 的 1 属（13.5600%）> 友邻杆菌目的 1 属（11.6264%）> 粪热杆菌属（11.3248%）。其中，候选目 SBR1031 的 1 属占有绝对优势。

表 3-88　膜发酵过程细菌属菌群含量

细菌属	膜发酵过程细菌属含量 /%								总和 /%
	0d	3d	6d	9d	12d	21d	24d	27d	
候选目 SBR1031 的 1 属	8.3400	9.9460	13.8500	20.6200	19.9200	24.4700	29.4300	26.1000	152.6760
S0134 陆生菌群的 1 纲的 1 属（S0134_terrestrial_group）	0.4515	1.4380	4.4750	7.2880	10.3200	12.2400	8.4450	7.7810	52.4385
厌氧绳菌科的 1 属（Anaerolineaceae）	2.6730	2.4740	2.7000	2.7340	3.1980	2.9150	4.4060	3.2590	24.3590
球形杆菌属（*Sphaerobacter*）	0.4201	0.6008	2.2510	3.3440	2.0620	6.6040	3.7290	4.2490	23.2599

续表

细菌属	膜发酵过程细菌属含量 /%								总和 /%
	0d	3d	6d	9d	12d	21d	24d	27d	
玫瑰弯菌科的 1 属（Roseiflexaceae-1）	0.3656	1.1400	1.1880	2.0450	2.0480	2.8730	3.2690	3.0480	15.9766
候选科 A4b 的 1 属	1.1980	1.0830	0.9832	1.4570	1.4940	2.5470	2.9700	3.5410	15.2732
小单孢菌科的 1 属（Micromonosporaceae）	0.2216	1.0990	1.7890	1.9060	1.8290	2.2040	2.6140	2.0940	13.7566
候选目 JG30-KF-CM45 的 1 属（JG30-KF-CM45）	1.6660	2.0730	1.4740	1.3730	1.1660	1.5860	2.0060	2.2160	13.5600
友邻杆菌目的 1 属（Vicinamibacterales）	0.4697	0.7695	0.5402	1.1280	1.1750	2.1420	2.7170	2.6850	11.6264
粪热杆菌属（*Coprothermobacter*）	0.0993	0.0066	0.7574	2.1770	3.5740	0.5455	1.8440	2.3210	11.3248
候选目 KIST-JJY010 的 1 属（KIST-JJY010）	3.8200	2.3990	1.2670	1.0790	0.6331	0.4448	0.6131	0.5675	10.8235
链霉菌属（*Streptomyces*）	0.0975	6.1840	1.4000	0.4573	0.6504	0.5917	0.7230	0.5447	10.6486
淤泥生孢菌属（*Lutispora*）	0.4380	0.2958	2.5430	2.0840	1.4430	1.2330	0.9032	1.6790	10.6190
热双孢菌属（*Thermobispora*）	0.0570	0.1051	2.2520	2.1510	2.1730	0.6224	0.6689	1.1210	9.1504
短芽胞杆菌属（*Brevibacillus*）	0.0653	2.0850	1.1130	0.9948	1.0280	1.2220	1.1890	1.2480	8.9451
厌氧绳菌属（*Anaerolinea*）	0.2613	0.5811	0.9428	1.3500	1.5480	1.2810	1.1400	0.7109	7.8151
暖绳菌科的 1 属（Caldilineaceae）	2.8390	1.7490	1.1330	0.4482	0.4628	0.3998	0.3782	0.2758	7.6858
候选纲 KD4-96 的 1 属（KD4-96）	1.6940	1.1000	1.4900	1.1500	0.9162	0.5381	0.4074	0.3639	7.6596
共生杆菌属（*Symbiobacterium*）	0.1773	0.1455	2.6980	1.7030	0.9294	0.4043	0.4439	0.9174	7.4188
糖单胞菌目的 1 属（Saccharimonadales）	2.0310	1.3540	1.1060	0.6775	0.8064	0.3785	0.3710	0.4520	7.1764
小单孢菌属（*Micromonospora*）	0.2278	0.5266	0.7811	1.0190	1.3150	1.5100	0.4657	0.7214	6.5666
热黄微菌属（*Thermoflavimicrobium*）	0.3082	0.5136	1.8520	1.0200	0.5460	0.4827	0.5549	1.0290	6.3064
尿素芽胞杆菌属（*Ureibacillus*）	1.4320	0.5613	1.2340	1.1410	0.5771	0.3830	0.2681	0.4521	6.0486
芽胞杆菌属（*Bacillus*）	0.6648	0.9671	0.7787	0.5711	0.8037	0.4747	0.6382	0.6591	5.5574
微丝菌目的 1 属（Microtrichales）	0.8990	0.5272	0.4927	0.6195	0.5129	0.7535	0.9061	0.8273	5.5382
线微菌属（*Filomicrobium*）	0.0972	0.3369	0.6086	0.7876	0.7587	0.9892	0.8926	1.0400	5.5108
湖绳菌科的 1 属（Limnochordaceae）	0.0896	0.0920	1.2480	1.3420	1.1730	0.4193	0.4718	0.6703	5.5059
特吕珀菌属（*Truepera*）	0.1269	1.1510	0.6335	0.8522	0.6733	0.8902	0.5939	0.4694	5.3904
马杜拉放线菌属（*Actinomadura*）	0.1053	3.2390	0.4442	0.2017	0.2851	0.3555	0.3531	0.1758	5.1597
球丝菌属（*Kouleothrix*）	3.2260	0.1074	0.9413	0.2957	0.2609	0.0318	0.0237	0.0386	4.9254
海洋放线菌目的 1 属（Actinomarinales）	0.1786	0.1754	0.4959	0.7231	0.6285	0.7583	0.9193	0.9016	4.7807
水垣杆菌属（*Mizugakiibacter*）	0.1086	2.2820	0.5485	0.0620	0.2092	0.8906	0.2417	0.1293	4.4719

续表

细菌属	膜发酵过程细菌属含量 /%								总和 /%
	0d	3d	6d	9d	12d	21d	24d	27d	
候选属 IMCC26207	1.2320	0.6443	0.8117	0.6249	0.5026	0.1478	0.1635	0.2040	4.3308
中温微菌属（*Tepidimicrobium*）	0.0827	0.0644	1.6780	0.8949	0.6244	0.1351	0.1234	0.2586	3.8615
生丝微菌属（*Hyphomicrobium*）	0.7063	0.6279	0.4672	0.3596	0.4273	0.4252	0.3995	0.3649	3.7779
束缚杆菌属（*Conexibacter*）	0.8355	0.7794	0.3556	0.5377	0.3346	0.2886	0.3106	0.3336	3.7756
候选目 RBG-13-54-9 的 1 属（RBG-13-54-9）	1.3570	0.8012	0.8303	0.3324	0.2128	0.0852	0.0605	0.0722	3.7515
广布杆菌属（*Vulgatibacter*）	0.0522	0.1511	0.4837	0.6869	0.8037	0.4850	0.4686	0.6189	3.7501
出芽小链菌科的 1 属（Blastocatellaceae）	1.5420	1.3810	0.3026	0.0969	0.0754	0.0982	0.0509	0.0123	3.5592
龙包茨氏菌属（*Romboutsia*）	0.5200	0.8860	0.3923	0.4155	0.3937	0.3182	0.2666	0.2942	3.4865
高温单孢菌属（*Thermomonospora*）	0.0336	0.0687	0.5751	0.3777	0.6812	0.4667	0.4655	0.6732	3.3417
赖氨酸芽胞杆菌属（*Lysinibacillus*）	1.6020	0.0841	0.3371	0.1931	0.4897	0.1084	0.3198	0.1826	3.3168
金色线菌属（*Chryseolinea*）	0.0810	1.1520	0.5253	0.2929	0.2363	0.4452	0.2895	0.2682	3.2904
候选科 LWQ8 的 1 属	1.3010	0.6531	0.4445	0.2293	0.3076	0.0947	0.0967	0.1267	3.2536
热芽胞杆菌属（*Thermobacillus*）	0.0341	0.0427	0.7154	0.6908	0.7870	0.3471	0.2337	0.3863	3.2371
候选科 SRB2 的 1 属	0.1790	0.0288	1.3210	0.6315	0.4793	0.1655	0.1569	0.1871	3.1491
热粪杆菌属（*Caldicoprobacter*）	0.0735	0.0536	0.5072	1.0570	0.6381	0.1823	0.1784	0.4423	3.1323
太白山菌属（*Taibaiella*）	0.0300	0.1249	0.1286	0.2328	0.3362	0.5435	0.9690	0.7577	3.1227
α- 变形菌纲的 1 属（Alphaproteobacteria）	0.1861	0.3604	0.2858	0.3186	0.4084	0.5722	0.4224	0.5514	3.1053
生孢产氢菌属（*Hydrogenispora*）	0.2104	0.1915	0.6724	0.6336	0.5297	0.1976	0.2618	0.3946	3.0916
候选科 SC-I-84 的 1 属	1.0480	0.7535	0.4401	0.3015	0.2291	0.1691	0.0582	0.0690	3.0685
候选纲 OLB14 的 1 属	0.9274	0.2134	0.3486	0.3701	0.2556	0.2966	0.2570	0.3300	2.9987
黄色杆菌科的 1 属（Xanthobacteraceae）	0.9155	0.5263	0.4213	0.3161	0.2830	0.2982	0.1122	0.1086	2.9812
候选属 CL500-29_marine_group	1.1450	0.0646	0.6395	0.4352	0.3645	0.1105	0.0590	0.0984	2.9166
假黄单胞菌属（*Pseudoxanthomonas*）	0.4495	0.7606	0.4949	0.4280	0.2934	0.1104	0.1090	0.1184	2.7642
候选科 AKYG1722 的 1 属	0.1014	0.4250	0.1861	0.2712	0.2757	0.3766	0.5853	0.4807	2.7020
红游动菌属（*Rhodoplanes*）	0.7598	0.5191	0.4535	0.2496	0.2036	0.1676	0.1055	0.1158	2.5745
候选苏美神菌属（*Sumerlaea*）	0.0603	0.0936	0.0566	0.2133	0.1622	0.6255	0.5594	0.7263	2.4972
候选科 67-14 的 1 属	0.4598	0.5181	0.1999	0.2838	0.1923	0.3051	0.2646	0.2449	2.4685
候选目 Run-SP154 的 1 属	0.7421	0.2206	0.3996	0.3718	0.3229	0.1188	0.1079	0.1296	2.4133
分枝杆菌属（*Mycobacterium*）	0.4546	0.7136	0.2320	0.2967	0.2068	0.1730	0.1662	0.1559	2.3988

续表

细菌属	膜发酵过程细菌属含量 /%								总和 /%
	0d	3d	6d	9d	12d	21d	24d	27d	
候选目 DS-100 的 1 属	1.2400	0.3433	0.3183	0.2237	0.0879	0.0699	0.0179	0.0053	2.3063
候选属 SM1A02	0.2455	0.1563	0.1694	0.2710	0.3851	0.4427	0.3584	0.2357	2.2641
候选纲 D8A-2 的 1 属	0.0065	0.0064	0.7645	0.4117	0.3885	0.1013	0.1180	0.4202	2.2171
芽单胞菌科的 1 属（Gemmatimonadaceae）	0.4036	1.3360	0.1131	0.0260	0.0543	0.1189	0.0851	0.0673	2.2043
海管菌属（*Haliangium*）	0.1350	0.3479	0.1641	0.1304	0.3786	0.4411	0.2972	0.2493	2.1436
施莱格尔氏菌属（*Schlegelella*）	0.0707	0.2251	0.4348	0.5197	0.6459	0.0710	0.0641	0.1092	2.1406
长孢菌属（*Longispora*）	0.0657	0.0869	0.1738	0.1379	0.1781	0.4070	0.6457	0.4281	2.1233
湖杆菌属（*Limnobacter*）	0.3718	0.6592	0.4540	0.2017	0.1889	0.1226	0.0557	0.0603	2.1142
四球菌属（*Tetrasphaera*）	0.6526	0.2107	0.4776	0.3127	0.2843	0.0791	0.0387	0.0531	2.1088
候选目 IMCC26256 的 1 属	0.4900	0.3603	0.3029	0.2594	0.2039	0.1705	0.1433	0.1220	2.0523
玫瑰弯菌科的 1 属（Roseiflexaceae-2）	0.6846	0.2931	0.2700	0.2606	0.2198	0.0979	0.0629	0.1440	2.0329
亨盖特氏梭菌科的 1 属（Hungateiclostridiaceae）	0.1018	0.0336	0.6139	0.4124	0.3925	0.1147	0.1000	0.2373	2.0062

（2）独有种类和共有种类　膜发酵阶段细菌属共有种类和独有种类见图 3-98。在细菌属水平上，不同发酵阶段的共有种类 621 种，与细菌科水平相比较独有种类有所增加，独有种类在发酵初期（0d）时有 11 种，发酵 3d 有 25 种，发酵 6d 有 3 种，发酵 9d 有 2 种，发酵 27d 有 1 种，其余阶段没有独有种类。表明发酵过程的细菌属来源于发酵物料，经过 27d 的发酵，细菌属在特定阶段出现增减，其余都在发酵过程中发挥作用。不同发酵阶段的细菌属种类有所差别，种类最多的是发酵初期（0d），细菌属 990 种；最少的是发酵 27d，细菌属仅 803 种。

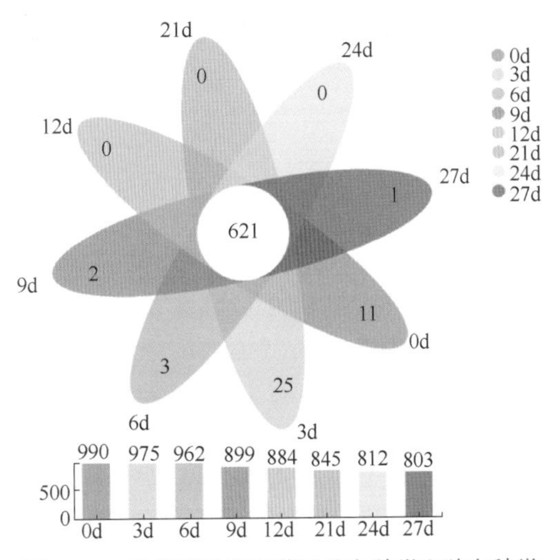

图 3-98　膜发酵阶段细菌属共有种类和独有种类

（3）菌群组成结构　膜发酵过程细菌属组成结构见图 3-99。不同发酵阶段细菌属优势菌群存在差异，发酵初期（0d）高含量前 5 的优势菌群为候选目 SBR1031 的 1 属（8.3400%）> 候选目 KIST-JJY010 的 1 属（3.8200%）> 球丝菌属（3.2260%）> 暖绳菌科的 1 属（2.8390%）> 厌氧绳菌科的 1 属（2.6730%）；3d 的优势菌群为候选目 SBR1031 的 1 属（9.9460%）> 链霉菌属（6.1840%）> 马杜拉放线菌属（3.2390%）> 厌氧绳菌科的 1 属（2.4740%）> 候选目 KIST-JJY010 的 1 属（2.3990%）；6d 的优势菌群为候选目 SBR1031 的 1 属（13.8500%）> S0134 陆生菌群的 1 纲的 1 属（4.4750%）> 厌氧绳菌科的 1 属（2.7000%）> 共生杆菌属（2.6980%）> 淤泥生孢菌属（2.5430%）；9d 的优势菌群为候选目 SBR1031 的 1 属（20.6200%）> S0134 陆生菌群的 1 纲的 1 属（7.2880%）> 球形杆菌属（3.3440%）> 厌氧绳菌科的 1 属（2.7340%）> 粪热杆菌属（2.1770%）；12d 的优势菌群为候选目 SBR1031 的 1 属（19.9200%）> S0134 陆生菌群的 1 纲的 1 属（10.3200%）> 粪热杆菌属（3.5740%）> 厌氧绳菌科的 1 属（3.1980%）> 热双孢菌属（2.1730%）；21d 的优势菌群为候选目 SBR1031 的 1 属（24.4700%）>S0134 陆生菌群的 1 纲的 1 属（12.2400%）> 球形杆菌属（6.6040%）> 厌氧绳菌科的 1 属（2.9150%）> 玫瑰弯菌科的 1 属（Roseiflexaceae-1）（2.8730%）；24d 的优势菌群为候选目 SBR1031 的 1 属（29.4300%）> S0134 陆生菌群的 1 纲的 1 属（8.4450%）> 厌氧绳菌科的 1 属（4.4060%）> 球形杆菌属（3.7290%）> 玫瑰弯菌科的 1 属（Roseiflexaceae-1）（3.2690%）；27d 的优势菌群为候选目 SBR1031 的 1 属（26.1000%）> S0134 陆生菌群的 1 纲的 1 属（7.7810%）> 球形杆菌属（4.2490%）> 候选科 A4b 的 1 属（3.5410%）> 厌氧绳菌科的 1 属（3.2590%）。

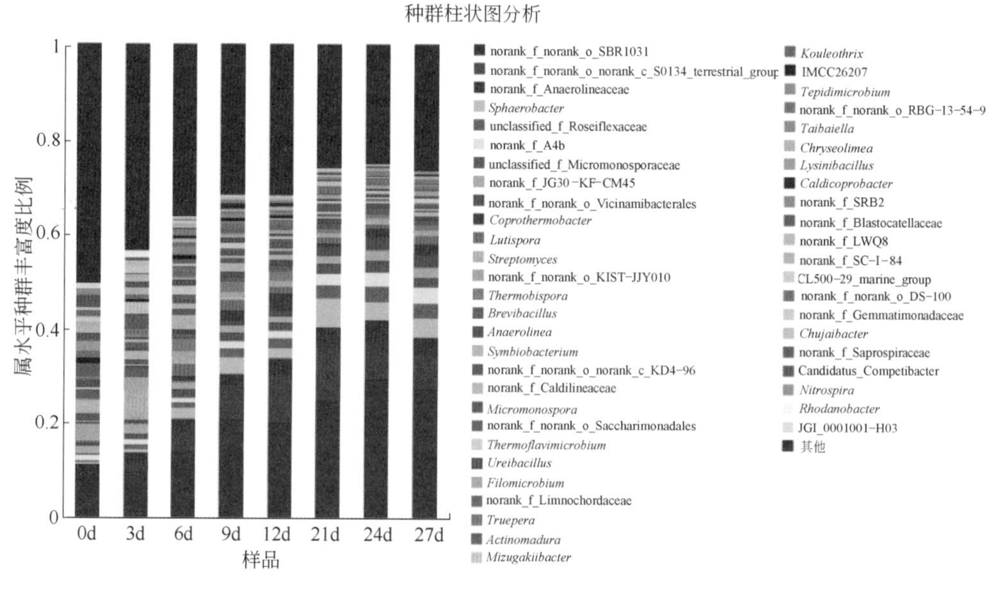

图 3-99　膜发酵过程细菌属组成结构

2. 菌群系统差异

（1）优势菌群热图分析　膜发酵过程细菌属菌群热图分析见图 3-100。从菌群聚类看，发酵过程前 30 个高含量细菌属菌群可以聚为 3 组，第 1 组高含量组，包括了 2 个细菌属，即候选目 SBR1031 的 1 属（152.6760%）、S0134 陆生菌群的 1 纲的 1 属（52.4385%）；第 2 组中含量组，包括了 8 个细菌属，即粪热杆菌属（11.3248%）、淤泥生孢菌属（10.6190%）、热双孢菌属（9.1504%）、玫瑰弯菌科的 1 属（Roseiflexaceae-1）（15.9766%）、候选科 A4b 的 1 属（15.2732%）、小单孢菌科的 1 属（13.7566%）、友邻杆菌目的 1 属（11.6264%）、厌氧绳菌科的 1 属（24.3590%）；第 3 组低含量组，包括了 20 个细菌属，即球形杆菌属

（23.2599%）、候选目 JG30-KF-CM45 的 1 属（13.5600%）、候选目 KIST-JJY010 的 1 属（10.8235%）、链霉菌属（10.6486%）、小单孢菌属（6.5666%）、短芽胞杆菌属（8.9451%）、厌氧绳菌属（7.8151%）、暖绳菌科的 1 属（7.6858%）、候选纲 KD4-96 的 1 属（7.6596%）、共生杆菌属（7.4188%）、糖单胞菌目的 1 属（7.1764%）、热黄微菌属（6.3064%）、尿素芽胞杆菌属（6.0486%）、芽胞杆菌属（5.5574%）、微丝菌目的 1 属（5.5382%）、线微菌属（5.5108%）、湖绳菌科的 1 属（5.5059%）、特吕珀菌属（5.3904%）、马杜拉放线菌属（5.1597%）、球丝菌属（4.9254%）。

从发酵阶段上看，膜发酵过程可分为 3 个阶段：第 1 阶段为发酵初期，包括了 0d、3d；第 2 阶段为发酵中期，包括了 6d；第 3 阶段为发酵后期，包括了 9d、12d、21d、24d、27d。

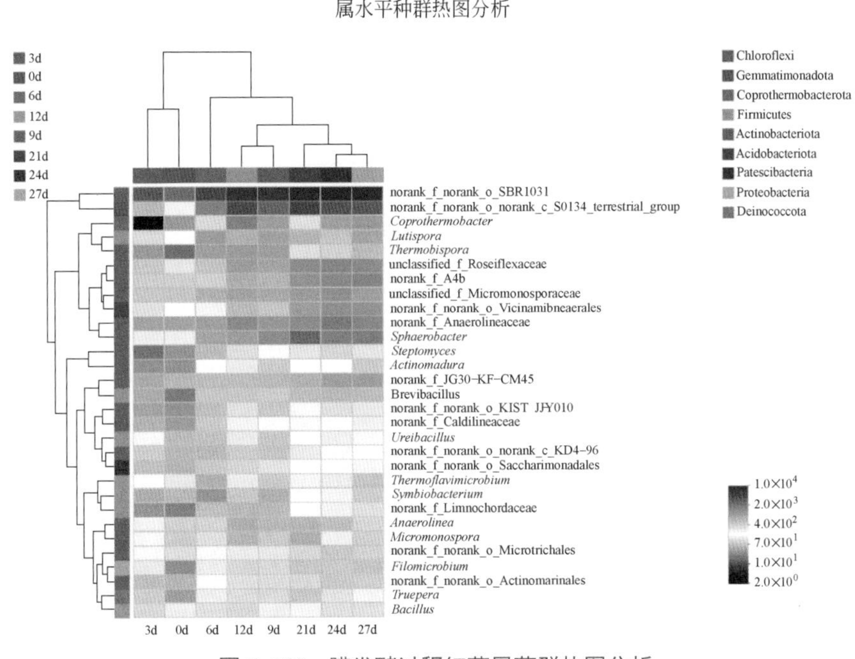

图 3-100　膜发酵过程细菌属菌群热图分析

（2）菌群样本坐标分析　膜发酵过程不同时间采样样本细菌属微生物组主坐标分析（PCoA）见图 3-101，偏最小二乘法判别分析（PLS-DA）见图 3-102。主坐标分析结果表明，发酵过程 0 ～ 3d 样本细菌属微生物组主要落在第 1 象限和第 4 象限，6d 样本细菌属微生物组主要落在第 1 象限和第 4 象限，9 ～ 27d 样本细菌属微生物组主要落在第 2 象限和第 3 象限，主坐标分析可以总体地区分出发酵阶段的样本分布。

偏最小二乘法判别分析（PLS-DA）结果进一步表明，发酵过程 0d 样本细菌属微生物组主要落在同一个区域，在第 3 象限处；3 ～ 6d 样本微生物组主要落在同一个区域，横跨第 2 象限和第 4 象限；12 ～ 27d 样本微生物组主要落在同一个区域，处于第 1 象限和第 4 象限；PLS-DA 分析可以总体地区分出发酵阶段的样本分布，样本间形成一定的交错。

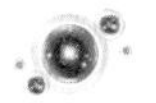

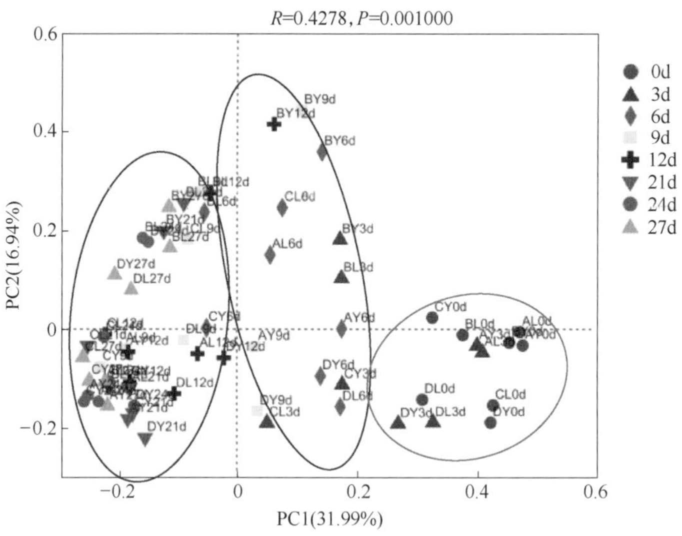

图 3-101 膜发酵过程样本细菌属微生物组主坐标分析（PCoA）

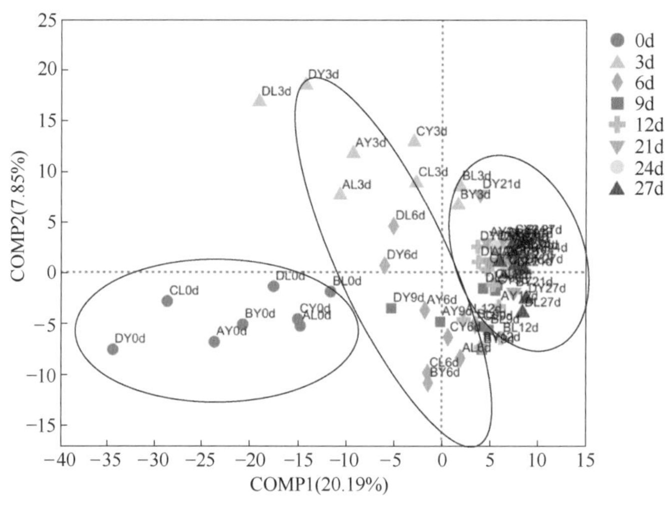

图 3-102 膜发酵过程样本细菌属微生物组偏最小二乘法判别分析（PLS-DA）

（3）发酵阶段菌群差异 膜发酵不同时间细菌属微生物组差异分析见图 3-103。分析结果表明 15 个细菌属为主要微生物组菌群，按含量大小排序，候选目 SBR1031 的 1 属（152.6760%）>S0134 陆生菌群的 1 纲的 1 属（52.4385%）> 厌氧绳菌科的 1 属（24.3590%）> 球形杆菌属（23.2599%）> 玫瑰弯菌科的 1 属（Roseiflexaceae-1）（15.9766%）> 候选科 A4b 的 1 属（15.2732%）> 小单孢菌科的 1 属（13.7566%）> 候选目 JG30-KF-CM45 的 1 属（13.5600%）> 友邻杆菌目的 1 属（11.6264%）> 粪热杆菌属（11.3248%）> 候选目 KIST-JJY010 的 1 属（10.8235%）> 链霉菌属（10.6486%）> 淤泥生孢菌属（10.6190%）> 热双孢菌属（9.1504%）> 短芽胞杆菌属（8.9451%）。不同的细菌属菌群在发酵的不同阶段数量差异的显著性不同，厌氧绳菌科的 1 属、候选目 JG30-KF-CM45 的 1 属、候选目 KIST-JJY010 的 1 属的细菌菌群不同发酵时间差异不显著，其余的差异显著。不同的细菌属发酵过程曲线也不一致，其中高含量的 6 个细菌属，候选目 SBR1031 的 1 属发酵过程属于后峰型、S0134 陆生菌群的 1 纲的 1 属发酵过程属于后峰型、厌氧绳菌科的 1 属发酵过程属于后峰型、球形杆菌属发酵过程属于后峰型、小单孢菌科的 1 属发酵过程属于后峰型、玫瑰弯菌科的 1 属（Roseiflexaceae-1）发酵过程属于后峰型、候选科 A4b 的 1 属为后峰型（图 3-104）。

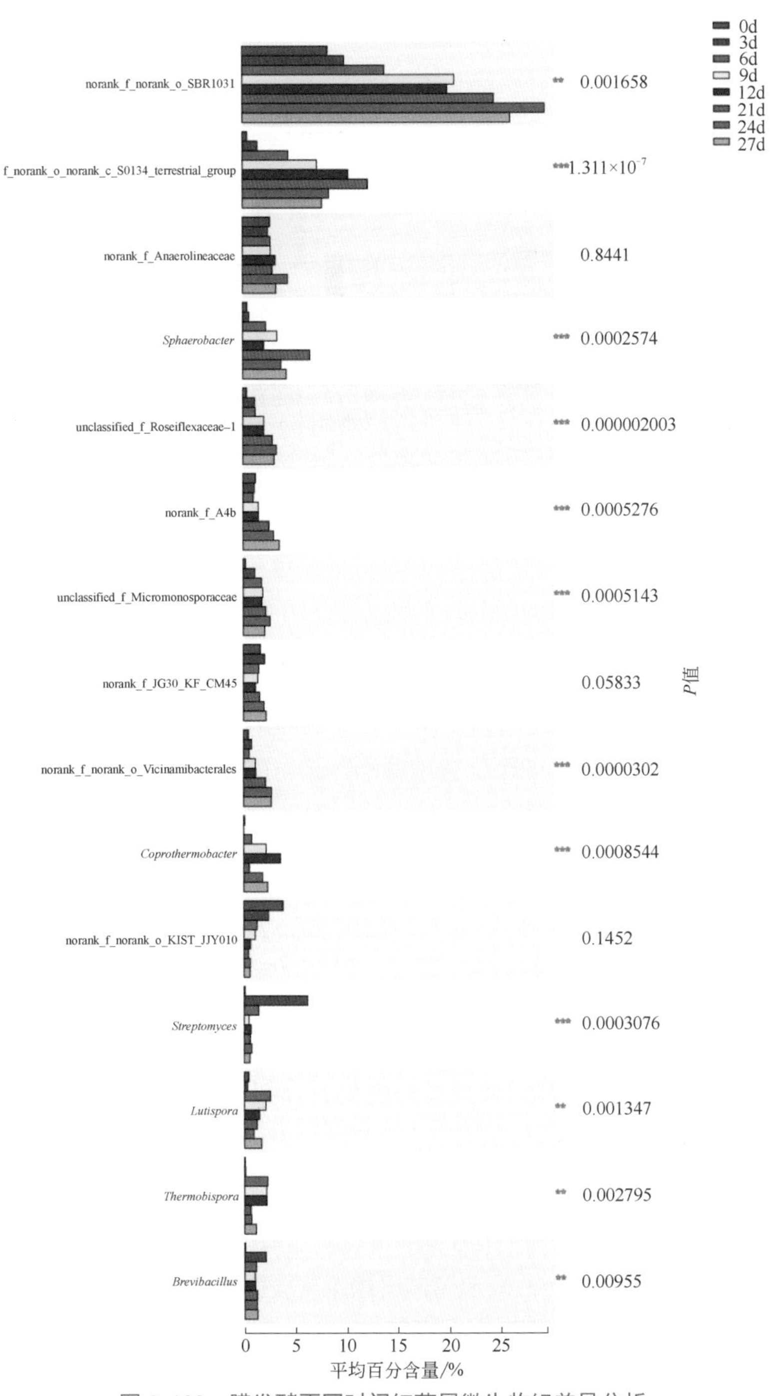

图 3-103　膜发酵不同时间细菌属微生物组差异分析

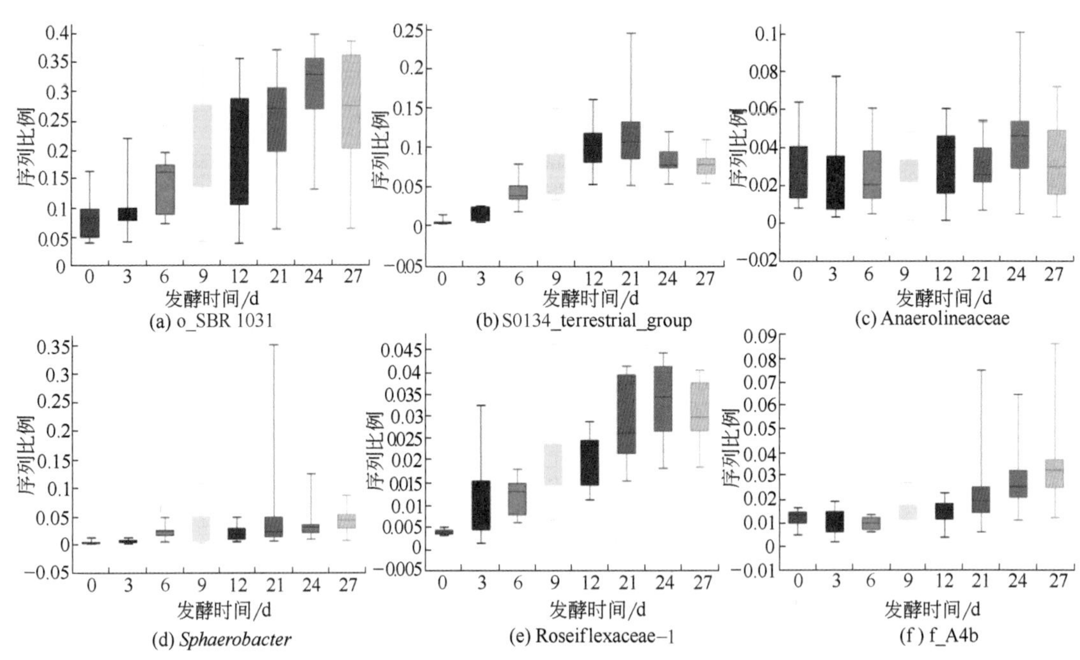

图 3-104　发酵阶段细菌属优势菌群数量动态

（4）菌群系统进化分析　膜发酵不同时间 50 个主要细菌属微生物组系统进化分析图 3-105。从进化树看，候选目 SBR1031 的 1 属（152.6760%）> S0134 陆生菌群的 1 纲的 1 属（52.4385%）> 厌氧绳菌科的 1 属（24.3590%）> 球形杆菌属（23.2599%）> 玫瑰弯菌科的 1 属（Roseiflexaceae-1）（15.9766%）> 候选科 A4b 的 1 属（15.2732%）> 小单孢菌科的 1 属（13.7566%）> 候选目 JG30-KF-CM45 的 1 属（13.5600%）等 8 个细菌属为发酵过程的主要细菌属，且在整个膜发酵过程中 8 个优势菌群都在起作用；其余的种类含量较低，发酵过程起的作用较小。

3. 菌群生态学特性

（1）优势菌群的数量变化　膜发酵阶段细菌属优势菌群数量变化动态见图 3-106。候选目 SBR1031 的 1 属（发酵过程占比总和 =152.6760%）、S0134 陆生菌群的 1 纲的 1 属（52.4385%）、厌氧绳菌科的 1 属（24.3590%）、球形杆菌属（23.2599%）、玫瑰弯菌科的 1 属（Roseiflexaceae-1）（15.9766%）等细菌属为优势菌群。随着发酵进程，候选目 SBR1031 的 1 属数量逐渐增加，属于后峰型曲线，幂指数方程为 $y(\mathrm{sbr})=7.4907x^{0.6409}$（$R^2=0.9425$）；随着发酵进程，S0134 陆生菌群的 1 纲的 1 属数量逐渐增加，到 21d 达到高峰，而后逐渐下降，属于后峰型曲线，幂指数方程为 $y(\mathrm{s01})=0.594x^{1.5318}$（$R^2=0.8827$）；随着发酵进程，厌氧绳菌科的 1 属数量逐渐增加，属于后峰型曲线，线性方程为 $y(\mathrm{ana})=0.177x+2.2482$（$R^2=0.5027$）；随着发酵进程，球形杆菌属数量逐渐上升，属于后峰型曲线，幂指数方程为 $y(\mathrm{sph})=0.4008x^{1.257}$（$R^2=0.8399$）；玫瑰弯菌科的 1 属（Roseiflexaceae-1）随着发酵进程，数量逐渐上升，属于后峰型曲线，幂指数方程为 $y(\mathrm{ros})=0.4321x^{1.018}$（$R^2=0.9548$）。

图 3-105　膜发酵不同时间细菌属微生物组系统进化分析

（2）优势菌群多样性指数　利用表 3-88，选用发酵过程细菌属占比总和 >2.0% 的 72 个细菌属构建数据矩阵，以细菌属为样本，发酵时间为指标，统计主要细菌属的多样性指数，膜发酵过程主要细菌属的多样性指数见表 3-89。分析结果表明，发酵过程细菌属数量占比累计值最高为候选目 SBR1031 的 1 属细菌属（152.68%），最低的是亨盖特氏梭菌科的 1 属（2.01%）；从丰富度上看，最高的是亨盖特氏梭菌科的 1 属（10.05），最低的为候选目 SBR1031 的 1 属（1.39）；优势度指数的范围为 0.66（球丝菌属）～ 1.66（候选目 IMCC26256 的 1 属）；香农指数范围为 1.10（球丝菌属）～ 2.06（厌氧绳菌科的 1 属）；均匀度指数范围为 0.53（球丝菌属）～ 0.99（厌氧绳菌科的 1 属）。物种丰富度与优势度指数关系较为密切；香农指数与均匀度指数关系密切，均匀度指数越高，香农指数越高。

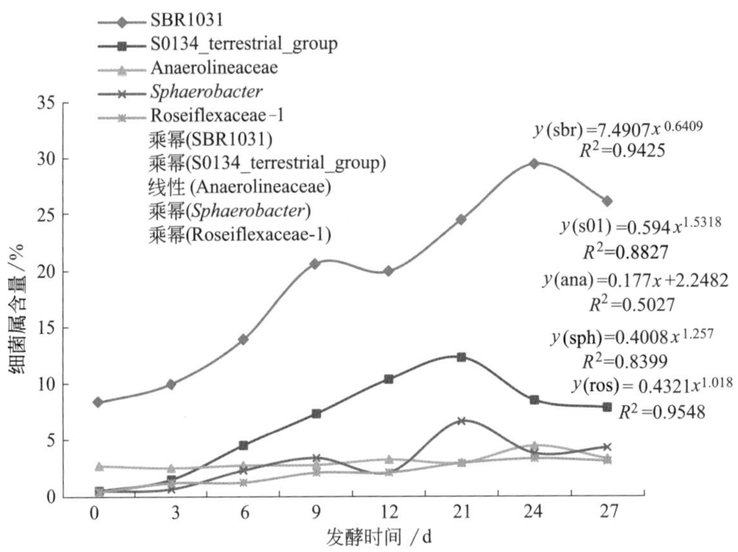

图 3-106 膜发酵阶段细菌属优势菌群数量变化动态

表 3-89 膜发酵过程主要细菌属的多样性指数

细菌属	占有发酵单元数	含量 /%	丰富度指数	优势度指数 (*D*)	香农指数 (*H*)	均匀度指数
候选目 SBR1031 的 1 属	8	152.68	1.39	0.86	2.00	0.96
S0134 陆生菌群的 1 纲的 1 属（S0134_terrestrial_group）	8	52.44	1.77	0.85	1.86	0.89
厌氧绳菌科的 1 属（Anaerolineaceae）	8	24.36	2.19	0.91	2.06	0.99
球形杆菌属（*Sphaerobacter*）	8	23.26	2.22	0.86	1.85	0.89
玫瑰弯菌科的 1 属（Roseiflexaceae-1）	8	15.98	2.53	0.90	1.94	0.93
候选科 A4b 的 1 属	8	15.27	2.57	0.91	1.97	0.95
小单孢菌科的 1 属（Micromonosporaceae）	8	13.76	2.67	0.92	1.97	0.95
候选目 JG30-KF-CM45 的 1 属	8	13.56	2.68	0.94	2.06	0.99
友邻杆菌目的 1 属（Vicinamibacterales）	8	11.63	2.85	0.91	1.90	0.91
粪热杆菌属（*Coprothermobacter*）	8	11.32	2.88	0.86	1.67	0.81
候选目 KIST-JJY010 的 1 属（KIST-JJY010）	8	10.82	2.94	0.87	1.80	0.86
链霉菌属（*Streptomyces*）	8	10.65	2.96	0.69	1.43	0.69
淤泥生孢菌属（*Lutispora*）	8	10.62	2.96	0.92	1.92	0.92
热双孢菌属（*Thermobispora*）	8	9.15	3.16	0.90	1.74	0.84
短芽胞杆菌属（*Brevibacillus*）	8	8.95	3.19	0.96	1.94	0.93
厌氧绳菌属（*Anaerolinea*）	8	7.82	3.40	0.98	1.98	0.95
暖绳菌科的 1 属（Caldilineaceae）	8	7.69	3.43	0.89	1.74	0.84
候选纲 KD4-96 的 1 属（KD4-96）	8	7.66	3.44	0.97	1.96	0.94

续表

细菌属	占有发酵单元数	含量 /%	丰富度指数	优势度指数 (*D*)	香农指数 (*H*)	均匀度指数
共生杆菌属（*Symbiobacterium*）	8	7.42	3.49	0.90	1.72	0.83
糖单胞菌目的 1 属（Saccharimonadales）	8	7.18	3.55	0.96	1.91	0.92
小单孢菌属（*Micromonospora*）	8	6.57	3.72	1.00	1.95	0.94
热黄微菌属（*Thermoflavimicrobium*）	8	6.31	3.80	0.99	1.92	0.93
尿素芽胞杆菌属（*Ureibacillus*）	8	6.05	3.89	1.00	1.93	0.93
芽胞杆菌属（*Bacillus*）	8	5.56	4.08	1.06	2.06	0.99
微丝菌目的 1 属（Microtrichales）	8	5.54	4.09	1.06	2.05	0.99
线微菌属（*Filomicrobium*）	8	5.51	4.10	1.04	1.95	0.94
湖绳菌科的 1 属（Limnochordaceae）	8	5.51	4.10	1.00	1.81	0.87
特吕珀菌属（*Truepera*）	8	5.39	4.16	1.05	1.97	0.95
马杜拉放线菌属（*Actinomadura*）	8	5.16	4.27	0.72	1.35	0.65
球丝菌属（*Kouleothrix*）	8	4.93	4.39	0.66	1.10	0.53
海洋放线菌目的 1 属（Actinomarinales）	8	4.78	4.47	1.07	1.96	0.94
水垣杆菌属（*Mizugakiibacter*）	8	4.47	4.67	0.87	1.48	0.71
候选属 IMCC26207	8	4.33	4.78	1.07	1.87	0.90
中温微菌属（*Tepidimicrobium*）	8	3.86	5.18	0.98	1.55	0.75
生丝微菌属（*Hyphomicrobium*）	8	3.78	5.27	1.18	2.05	0.99
束缚杆菌属（*Conexibacter*）	8	3.78	5.27	1.16	1.99	0.96
候选目 RBG-13-54-9 的 1 属（RBG-13-54-9）	8	3.75	5.29	1.04	1.64	0.79
广布杆菌属（*Vulgatibacter*）	8	3.75	5.30	1.15	1.92	0.92
出芽小链菌科的 1 属（Blastocatellaceae）	8	3.56	5.51	0.91	1.30	0.62
龙包茨氏菌属（*Romboutsia*）	8	3.49	5.60	1.20	2.00	0.96
高温单孢菌属（*Thermomonospora*）	8	3.34	5.80	1.19	1.87	0.90
赖氨酸芽胞杆菌属（*Lysinibacillus*）	8	3.32	5.84	1.03	1.62	0.78
金色线菌属（*Chryseolinea*）	8	3.29	5.88	1.16	1.84	0.89
候选科 LWQ8 的 1 属	8	3.25	5.93	1.10	1.70	0.82
热芽胞杆菌属（*Thermobacillus*）	8	3.24	5.96	1.18	1.79	0.86
候选科 SRB2 的 1 属	8	3.15	6.10	1.10	1.65	0.79
热粪杆菌属（*Caldicoprobacter*）	8	3.13	6.13	1.16	1.75	0.84
太白山菌属（*Taibaiella*）	8	3.12	6.15	1.17	1.75	0.84
α- 变形菌纲的 1 属（Alphaproteobacteria）	8	3.11	6.18	1.27	2.03	0.98
生孢产氢菌属（*Hydrogenispora*）	8	3.09	6.20	1.25	1.96	0.94
候选科 SC-I-84 的 1 属	8	3.07	6.24	1.16	1.73	0.83
候选纲 OLB14 的 1 属	8	3.00	6.37	1.25	1.95	0.94

续表

细菌属	占有发酵单元数	含量 /%	丰富度指数	优势度指数 (*D*)	香农指数 (*H*)	均匀度指数
黄色杆菌科的 1 属（Xanthobacteraceae）	8	2.98	6.41	1.24	1.88	0.90
候选属 CL500-29_marine_group	8	2.92	6.54	1.15	1.65	0.79
假黄单胞菌属（*Pseudoxanthomonas*）	8	2.76	6.88	1.29	1.88	0.90
候选科 AKYG1722 的 1 属	8	2.70	7.04	1.35	1.98	0.95
红游动菌属（*Rhodoplanes*）	8	2.57	7.40	1.34	1.86	0.90
候选苏美神菌属（*Sumerlaea*）	8	2.50	7.65	1.32	1.73	0.83
候选科 67-14 的 1 属	8	2.47	7.75	1.44	2.02	0.97
候选目 Run-SP154 的 1 属	8	2.41	7.95	1.40	1.88	0.90
分枝杆菌属（*Mycobacterium*）	8	2.40	8.00	1.42	1.92	0.93
候选目 DS-100 的 1 属	8	2.31	8.38	1.16	1.40	0.67
候选属 SM1A02	8	2.26	8.57	1.54	2.02	0.97
候选纲 D8A-2 的 1 属	8	2.22	8.79	1.41	1.63	0.78
芽单胞菌科的 1 属（Gemmatimonadaceae）	8	2.20	8.86	1.08	1.30	0.63
海管菌属（*Haliangium*）	8	2.14	9.18	1.60	1.99	0.96
施莱格尔氏菌属（*Schlegelella*）	8	2.14	9.20	1.49	1.75	0.84
长孢菌属（*Longispora*）	8	2.12	9.30	1.53	1.83	0.88
湖杆菌属（*Limnobacter*）	8	2.11	9.35	1.53	1.80	0.87
四球菌属（*Tetrasphaera*）	8	2.11	9.38	1.52	1.77	0.85
候选目 IMCC26256 的 1 属	8	2.05	9.74	1.66	1.98	0.95
玫瑰弯菌科的 1 属（Roseiflexaceae-2）	8	2.03	9.87	1.60	1.86	0.89
亨盖特氏梭菌科的 1 属（Hungateiclostridiaceae）	8	2.01	10.05	1.60	1.79	0.86

丰富度指数与香农指数代表物种数量分布，优势度指数和均匀度指数代表分布均匀程度；丰富度指数与优势度指数呈显著相关（R=0.9011），表明物种丰富度与物种的集中程度密切相关；香农指数与均匀度指数呈显著相关（R=0.9995），表明物种的香农指数与物质的分散均匀程度密切相关（表 3-90）。

表 3-90 细菌属多样性指数间的相关系数

因子	数量	丰富度指数	优势度指数 (*D*)	香农指数 (*H*)	均匀度指数
数量		0.0002	0.0077	0.2005	0.2112
丰富度指数	−0.4290		0.0000	0.2528	0.2446
优势度指数 (*D*)	−0.3094	0.9011		0.0132	0.0143
香农指数 (*H*)	0.1516	−0.1356	0.2889		0.0000
均匀度指数	0.1481	−0.1379	0.2857	0.9995	

注：左下角是相关系数 R，右上角是 P 值。

（3）优势菌群生态位特征 利用表 3-88，选用发酵过程细菌属占比总和 >2.0% 的 72 个细菌属构建数据矩阵，以细菌属为样本，发酵时间为指标，用 Levins 测度计算细菌属的时间生态位宽度，统计结果见表 3-91。结果表明，发酵过程不同细菌属时间生态位宽度差异显著，生态位宽度分为 3 个等级。生态位宽度 6 ～ 8，为宽生态位宽度菌群，包含了 30 个细菌属，即厌氧绳菌科的 1 属、候选目 JG30-KF-CM45 的 1 属、芽胞杆菌属、微丝菌目的 1 属、生丝微菌属、α- 变形菌纲的 1 属、候选属 SM1A02、候选科 67-14 的 1 属、候选目 SBR1031 的 1 属、小单孢菌科的 1 属、海管菌属、厌氧绳菌属、特吕珀菌属、龙包茨氏菌属、束缚杆菌属、候选科 AKYG1722 的 1 属、线微菌属、候选目 IMCC26256 的 1 属、短芽胞杆菌属、海洋放线菌目的 1 属、候选科 A4b 的 1 属、候选纲 KD4-96 的 1 属、玫瑰弯菌科的 1 属（Roseiflexaceae-1）、生孢产氢菌属、小单孢菌属、广布杆菌属、淤泥生孢菌属、尿素芽胞杆菌属、高温单孢菌属、候选纲 OLB14 的 1 属；生态位宽度 4 ～ 6，为中等生态位宽度菌群，包含了 33 个细菌属，即 S0134 陆生菌群的 1 纲的 1 属、热黄微菌属、友邻杆菌目的 1 属、糖单胞菌目的 1 属、分枝杆菌属、假黄单胞菌属、候选属 IMCC26207、黄色杆菌科的 1 属、球形杆菌属、候选目 Run-SP154 的 1 属、红游动菌属、湖绳菌科的 1 属、热芽胞杆菌属、玫瑰弯菌科的 1 属（Roseiflexaceae-2）、长孢菌属、金色线菌属、湖杆菌属、亨盖特氏梭菌科的 1 属、热双孢菌属、四球菌属、太白山菌属、施莱格尔氏菌属、候选目 KIST-JJY010 的 1 属、热粪杆菌属、候选苏美神菌属、粪热杆菌属、候选科 SC-I-84 的 1 属、暖绳菌科的 1 属、共生杆菌属、候选纲 D8A-2 的 1 属、候选科 LWQ8 的 1 属、候选目 RBG-13-54-9 的 1 属、候选属 CL500-29_marine_group；生态位宽度 1 ～ 4，为窄生态位宽度菌群，包含了 10 个细菌属，即候选科 SRB2 的 1 属、中温微菌属、赖氨酸芽胞杆菌属、水垣杆菌属、候选目 DS-100 的 1 属、出芽小链菌科的 1 属、链霉菌属、芽单胞菌科的 1 属、马杜拉放线菌属、球丝菌属。

不同生态位宽度的细菌属对时间资源的利用效率不同，如宽生态位宽度的厌氧绳菌科的 1 属（7.7272），时间资源利用效率为发酵第 12 天（S5=13.13%）、发酵第 24 天（S7=18.09%）、发酵第 27 天（S8=13.38%）；中等生态位宽度的假黄单胞菌属（5.7327），时间资源利用效率为发酵第 0 天（S1=16.26%）、发酵第 3 天（S2=27.52%）、发酵第 6 天（S3=17.90%）、发酵第 9 天（S4=15.48%）；窄生态位宽度的水垣杆菌属（3.1072），时间资源利用效率为发酵第 3 天（S2=51.03%）、发酵第 21 天（S6=19.92%）。

表 3-91 发酵过程细菌属时间生态位宽度

细菌属	生态位宽度	频数	截断比例	常用资源种类				
厌氧绳菌科的 1 属（Anaerolineaceae）	7.7272	3	0.13	S5=13.13%	S7=18.09%	S8=13.38%		
候选目 JG30-KF-CM45 的 1 属	7.6805	3	0.13	S2=15.29%	S7=14.79%	S8=16.34%		
芽胞杆菌属（*Bacillus*）	7.6775	3	0.13	S2=17.40%	S3=14.01%	S5=14.46%		
微丝菌目的 1 属（Microtrichales）	7.5752	4	0.13	S1=16.23%	S6=13.61%	S7=16.36%	S8=14.94%	
生丝微菌属（*Hyphomicrobium*）	7.5244	2	0.13	S1=18.70%	S2=16.62%			
α- 变形菌纲的 1 属（Alphaproteobacteria）	7.2811	4	0.13	S5=13.15%	S6=18.43%	S7=13.60%	S8=17.76%	
候选属 SM1A02	7.1682	3	0.13	S5=17.01%	S6=19.55%	S7=15.83%		

续表

细菌属	生态位宽度	频数	截断比例	常用资源种类				
候选科 67-14 的 1 属	7.0822	2	0.13	S1=18.63%	S2=20.99%			
候选目 SBR1031 的 1 属	7.0033	5	0.13	S4=13.51%	S5=13.05%	S6=16.03%	S7=19.28%	S8=17.10%
小单孢菌科的 1 属（Micromonosporaceae）	6.8789	5	0.13	S4=13.86%	S5=13.30%	S6=16.02%	S7=19.00%	S8=15.22%
海管菌属（*Haliangium*）	6.8421	4	0.13	S2=16.23%	S5=17.66%	S6=20.58%	S7=13.86%	
厌氧绳菌属（*Anaerolinea*）	6.8168	4	0.13	S4=17.27%	S5=19.81%	S6=16.39%	S7=14.59%	
特吕珀菌属（*Truepera*）	6.7773	3	0.13	S2=21.35%	S4=15.81%	S6=16.51%		
龙包茨氏菌属（*Romboutsia*）	6.7689	2	0.13	S1=14.91%	S2=25.41%			
束缚杆菌属（*Conexibacter*）	6.7111	3	0.13	S1=22.13%	S2=20.64%	S4=14.24%		
候选科 AKYG1722 的 1 属	6.6944	4	0.13	S2=15.73%	S6=13.94%	S7=21.66%	S8=17.79%	
线微菌属（*Filomicrobium*）	6.6802	5	0.13	S4=14.29%	S5=13.77%	S6=17.95%	S7=16.20%	S8=18.87%
候选目 IMCC26256 的 1 属	6.6328	3	0.13	S1=23.88%	S2=17.56%	S3=14.76%		
短芽胞杆菌属（*Brevibacillus*）	6.6122	4	0.13	S2=23.31%	S6=13.66%	S7=13.29%	S8=13.95%	
海洋放线菌目的 1 属（Actinomarinales）	6.6065	5	0.13	S4=15.13%	S5=13.15%	S6=15.86%	S7=19.23%	S8=18.86%
候选科 A4b 的 1 属	6.5202	3	0.13	S6=16.68%	S7=19.45%	S8=23.18%		
候选纲 KD4-96 的 1 属	6.4831	4	0.13	S1=22.12%	S2=14.36%	S3=19.45%	S4=15.01%	
玫瑰弯菌科的 1 属（Roseiflexaceae-1）	6.4700	3	0.13	S6=17.98%	S7=20.46%	S8=19.08%		
生孢产氢菌属（*Hydrogenispora*）	6.4651	3	0.13	S3=21.75%	S4=20.49%	S5=17.13%		
小单孢菌属（*Micromonospora*）	6.4126	3	0.13	S4=15.52%	S5=20.03%	S6=23.00%		
广布杆菌属（*Vulgatibacter*）	6.3487	3	0.13	S4=18.32%	S5=21.43%	S8=16.50%		
淤泥生孢菌属（*Lutispora*）	6.1530	4	0.13	S3=23.95%	S4=19.63%	S5=13.59%	S8=15.81%	
尿素芽胞杆菌属（*Ureibacillus*）	6.1526	3	0.13	S1=23.67%	S3=20.40%	S4=18.86%		
高温单孢菌属（*Thermomonospora*）	6.0989	5	0.13	S3=17.21%	S5=20.38%	S6=13.97%	S7=13.93%	S8=20.15%
候选纲 OLB14 的 1 属	6.0255	1	0.13	S1=30.93%				
S0134 陆生菌群的 1 纲的 1 属（S0134_terrestrial_group）	5.9315	5	0.13	S4=13.90%	S5=19.68%	S6=23.34%	S7=16.10%	S8=14.84%
热黄微菌属（*Thermoflavimicrobium*）	5.9121	3	0.13	S3=29.37%	S4=16.17%	S8=16.32%		
友邻杆菌目的 1 属（Vicinamibacterales）	5.8932	3	0.13	S6=18.42%	S7=23.37%	S8=23.09%		
糖单胞菌目的 1 属（Saccharimonadales）	5.8684	3	0.13	S1=28.30%	S2=18.87%	S3=15.41%		
分枝杆菌属（*Mycobacterium*）	5.8575	2	0.13	S1=18.95%	S2=29.75%			
假黄单胞菌属（*Pseudoxanthomonas*）	5.7327	4	0.13	S1=16.26%	S2=27.52%	S3=17.90%	S4=15.48%	
候选属 IMCC26207	5.6407	4	0.13	S1=28.45%	S2=14.88%	S3=18.74%	S4=14.43%	
黄色杆菌科的 1 属（Xanthobacteraceae）	5.6040	3	0.13	S1=30.71%	S2=17.65%	S3=14.13%		

续表

细菌属	生态位宽度	频数	截断比例	常用资源种类				
球形杆菌属（*Sphaerobacter*）	5.6000	4	0.13	S4=14.38%	S6=28.39%	S7=16.03%	S8=18.27%	
候选目 Run-SP154 的 1 属	5.578	4	0.13	S1=30.75%	S3=16.56%	S4=15.41%	S5=13.38%	
红游动菌属（*Rhodoplanes*）	5.4831	3	0.13	S1=29.51%	S2=20.16%	S3=17.62%		
湖绳菌科的 1 属（Limnochordaceae）	5.4149	3	0.13	S3=22.67%	S4=24.37%	S5=21.30%		
热芽胞杆菌属（*Thermobacillus*）	5.4135	3	0.13	S3=22.10%	S4=21.34%	S5=24.31%		
玫瑰弯菌科的 1 属（Roseiflexaceae-2）	5.312	3	0.13	S1=33.68%	S2=14.42%	S3=13.28%		
长孢菌属（*Longispora*）	5.25	3	0.13	S6=19.17%	S7=30.41%	S8=20.16%		
金色线菌属（*Chryseolinea*）	5.1429	3	0.13	S2=35.01%	S3=15.96%	S6=13.53%		
湖杆菌属（*Limnobacter*）	5.0966	3	0.13	S1=17.59%	S2=31.18%	S3=21.47%		
亨盖特氏梭菌科的 1 属（Hungateiclostridiaceae）	5.0821	3	0.13	S3=30.60%	S4=20.56%	S5=19.56%		
热双孢菌属（*Thermobispora*）	5.0666	3	0.13	S3=24.61%	S4=23.51%	S5=23.75%		
四球菌属（*Tetrasphaera*）	5.0104	4	0.13	S1=30.95%	S3=22.65%	S4=14.83%	S5=13.48%	
太白山菌属（*Taibaiella*）	4.8544	3	0.13	S6=17.40%	S7=31.03%	S8=24.26%		
施莱格尔氏菌属（*Schlegelella*）	4.8074	3	0.13	S3=20.31%	S4=24.28%	S5=30.18%		
候选目 KIST-JJY010 的 1 属	4.7985	2	0.13	S1=35.29%	S2=22.16%			
热粪杆菌属（*Caldicoprobacter*）	4.7848	4	0.13	S3=16.19%	S4=33.74%	S5=20.37%	S8=14.12%	
候选苏美神菌属（*Sumerlaea*）	4.7275	3	0.13	S6=25.05%	S7=22.40%	S8=29.08%		
粪热杆菌属（*Coprothermobacter*）	4.7184	4	0.13	S4=19.22%	S5=31.56%	S7=16.28%	S8=20.49%	
候选科 SC-I-84 的 1 属	4.6158	3	0.13	S1=34.15%	S2=24.56%	S3=14.34%		
暖绳菌科的 1 属（Caldilineaceae）	4.4763	3	0.13	S1=36.94%	S2=22.76%	S3=14.74%		
共生杆菌属（*Symbiobacterium*）	4.4754	2	0.13	S3=36.37%	S4=22.96%			
候选纲 D8A-2 的 1 属	4.4455	4	0.13	S3=34.48%	S4=18.57%	S5=17.52%	S8=18.95%	
候选科 LWQ8 的 1 属	4.2373	3	0.13	S1=39.99%	S2=20.07%	S3=13.66%		
候选目 RBG-13-54-9 的 1 属	4.208	3	0.13	S1=36.17%	S2=21.36%	S3=22.13%		
候选属 CL500-29_marine_group	4.1062	3	0.13	S1=39.26%	S3=21.93%	S4=14.92%		
候选科 SRB2 的 1 属	3.9772	3	0.13	S3=41.95%	S4=20.05%	S5=15.22%		
中温微菌属（*Tepidimicrobium*）	3.6212	3	0.13	S3=43.45%	S4=23.17%	S5=16.17%		
赖氨酸芽胞杆菌属（*Lysinibacillus*）	3.5356	2	0.13	S1=48.30%	S5=14.76%			
水垣杆菌属（*Mizugakiibacter*）	3.1072	2	0.13	S2=51.03%	S6=19.92%			
候选目 DS-100 的 1 属	2.9229	3	0.13	S1=53.77%	S2=14.89%	S3=13.80%		
出芽小链菌科的 1 属（Blastocatellaceae）	2.8766	2	0.13	S1=43.32%	S2=38.80%			

续表

细菌属	生态位宽度	频数	截断比例	常用资源种类				
链霉菌属（*Streptomyces*）	2.699	2	0.13	S2=58.07%	S3=13.15%			
芽单胞菌科的 1 属（Gemmatimonadaceae）	2.4415	2	0.13	S1=18.31%	S2=60.61%			
马杜拉放线菌属（*Actinomadura*）	2.3977	1	0.13	S2=62.77%				
球丝菌属（*Kouleothrix*）	2.1163	2	0.13	S1=65.50%	S3=19.11%			

选择 5 个高含量细菌属和 5 个低含量细菌属，计算发酵过程时间生态位重叠，分析结果见表 3-92 和表 3-93。分析结果表明，高含量细菌属之间时间生态位重叠值大于 0.85，表明菌群间生态位重叠较高，充分利用时间生态位资源共同生长。不同细菌属之间生态位重叠差异显著，如候选目 SBR1031 的 1 属与 S0134 陆生菌群的 1 纲的 1 属、厌氧绳菌科的 1 属、球形杆菌属、玫瑰弯菌科的 1 属（Roseiflexaceae-1）之间生态位重叠值分别为 0.9556、0.9701、0.9398、0.9931。生态位重叠大小表明了菌群间生态关系调节水平，重叠性较高，两菌群共存于同一生态位概率较高；重叠值较小，两菌群共存于同一生态位概率较低。

表 3-92　发酵过程高含量细菌属时间生态位重叠（Pianka 测度）

细菌属	SBR1031	S0134_terrestrial_group	Anaerolineaceae	*Sphaerobacter*	Roseiflexaceae-1
候选目 SBR1031 的 1 属	1	0.9556	0.9701	0.9398	0.9931
S0134 陆生菌群的 1 纲的 1 属（S0134_terrestrial_group）	0.9556	1	0.8905	0.9553	0.9587
厌氧绳菌科的 1 属（Anaerolineaceae）	0.9701	0.8905	1	0.8586	0.9422
球形杆菌属（*Sphaerobacter*）	0.9398	0.9553	0.8586	1	0.9506
玫瑰弯菌科的 1 属（Roseiflexaceae-1）	0.9931	0.9587	0.9422	0.9506	1

低含量细菌属之间时间生态位重叠值范围为 0.6252 ～ 0.9654，变化范围较小，表明菌群间生态位重叠异质性较小。湖杆菌属与四球菌属、候选目 IMCC26256 的 1 属、玫瑰弯菌科的 1 属（Roseiflexaceae-2）、亨盖特氏梭菌科的 1 属之间的时间生态位重叠值分别为 0.8276、0.9169、0.8336、0.6359，表明菌群之间具有较高的生态位重叠，对同一资源利用的概率较大。菌群之间的时间生态位重叠值较小，表明它们对同一资源利用的概率较小（表 3-93）。

表 3-93　发酵过程低含量细菌属时间生态位重叠（Pianka 测度）

细菌属	*Limnobacter*	*Tetrasphaera*	IMCC26256	Roseiflexaceae-2	Hungateiclostridiaceae
湖杆菌属（*Limnobacter*）	1	0.8276	0.9169	0.8336	0.6359
四球菌属（*Tetrasphaera*）	0.8276	1	0.939	0.9619	0.7548
候选目 IMCC26256 的 1 属	0.9169	0.939	1	0.9654	0.7019
玫瑰弯菌科的 1 属（Roseiflexaceae-2）	0.8336	0.9619	0.9654	1	0.6252
亨盖特氏梭菌科的 1 属（Hungateiclostridiaceae）	0.6359	0.7548	0.7019	0.6252	1

（4）发酵过程亚群落分化　利用表 3-88 选用发酵过程细菌属占比总和 >2.0% 的 54 个细菌属构建数据矩阵，以细菌属为样本，发酵时间为指标，马氏距离为尺度，用可变类平均法进行系统聚类，分析结果见表 3-94 和图 3-107。分析结果可见细菌属分为 3 组亚群落，第 1 组为高含量亚群落，包含了 6 个细菌属菌群，即候选目 SBR1031 的 1 属、S0134 陆生菌群的 1 纲的 1 属、厌氧绳菌科的 1 属、球形杆菌属、候选科 A4b 的 1 属、友邻杆菌目的 1 属，它们在发酵过程的含量平均值范围为 2.26% ～ 8.62%；第 2 组为低含量亚群落，包含了 32 个细菌属菌群，即玫瑰弯菌科的 1 属（Roseiflexaceae-1）、厌氧绳菌属、特吕珀菌属、生丝微菌属、束缚杆菌属、广布杆菌属、候选科 SRB2 的 1 属、热粪杆菌属、太白山菌属、生孢产氢菌属、候选科 SC-I-84 的 1 属、候选纲 OLB14 的 1 属、黄色杆菌科的 1 属、候选属 CL500-29_marine_group、假黄单胞菌属、候选科 AKYG1722 的 1 属、红游动菌属、候选苏美神菌属、候选科 67-14 的 1 属、候选目 Run-SP154 的 1 属、分枝杆菌属、候选目 DS-100 的 1 属、候选属 SM1A02、芽单胞菌科的 1 属、海管菌属、施莱格尔氏菌属、长孢菌属、湖杆菌属、四球菌属、候选目 IMCC26256 的 1 属、玫瑰弯菌科的 1 属（Roseiflexaceae-2）、亨盖特氏梭菌科的 1 属，它们在发酵过程的含量平均值范围为 0.36% ～ 0.46%；第 3 组为中含量亚群落，包含了 35 个细菌属菌群，即小单孢菌科的 1 属、候选科 JG30-KF-CM45 的 1 属、粪热杆菌属、候选目 KIST-JJY010 的 1 属、链霉菌属、淤泥生孢菌属、热双孢菌属、短芽胞杆菌属、暖绳菌科的 1 属、候选纲 KD4-96 的 1 属、共生杆菌属、糖单胞菌目的 1 属、小单孢菌属、热黄微菌属、尿素芽胞杆菌属、芽胞杆菌属、微丝菌目的 1 属、线微菌属、湖绳菌科的 1 属、马杜拉放线菌属、球丝菌属、海洋放线菌目的 1 属、水垣杆菌属、候选属 IMCC26207、中温微菌属、候选目 RBG-13-54-9 的 1 属、出芽小链菌科的 1 属、龙包茨氏菌属、高温单孢菌属、赖氨酸芽胞杆菌属、金色线菌属、候选科 LWQ8 的 1 属、热芽胞杆菌属、α- 变形菌纲的 1 属、候选纲 D8A-2 的 1 属，它们在发酵过程的含量平均值范围为 0.58% ～ 1.03%。

表 3-94　发酵过程细菌属菌群亚群落分化聚类分析

组别	细菌属	发酵过程细菌属含量 /%							
		0d	3d	6d	9d	12d	21d	24d	27d
1	候选目 SBR1031 的 1 属	8.34	9.95	13.85	20.62	19.92	24.47	29.43	26.10
1	S0134 陆生菌群的 1 纲的 1 属（S0134_terrestrial_group）	0.45	1.44	4.48	7.29	10.32	12.24	8.45	7.78
1	厌氧绳菌科的 1 属（Anaerolineaceae）	2.67	2.47	2.70	2.73	3.20	2.92	4.41	3.26
1	球形杆菌属（*Sphaerobacter*）	0.42	0.60	2.25	3.34	2.06	6.60	3.73	4.25
1	候选科 A4b 的 1 属	1.20	1.08	0.98	1.46	1.49	2.55	2.97	3.54
1	友邻杆菌目的 1 属（Vicinamibacterales）	0.47	0.77	0.54	1.13	1.18	2.14	2.72	2.69
第 1 组 6 个样本平均值		2.26	2.72	4.13	6.10	6.36	8.49	8.62	7.94
2	玫瑰弯菌科的 1 属（Roseiflexaceae-1）	0.37	1.14	1.19	2.05	2.05	2.87	3.27	3.05
2	厌氧绳菌属（*Anaerolinea*）	0.26	0.58	0.94	1.35	1.55	1.28	1.14	0.71
2	特吕珀菌属（*Truepera*）	0.13	1.15	0.63	0.85	0.67	0.89	0.59	0.47
2	生丝微菌属（*Hyphomicrobium*）	0.71	0.63	0.47	0.36	0.43	0.43	0.40	0.36

续表

组别	细菌属	发酵过程细菌属含量 /%							
		0d	3d	6d	9d	12d	21d	24d	27d
2	束缚杆菌属（*Conexibacter*）	0.84	0.78	0.36	0.54	0.33	0.29	0.31	0.33
2	广布杆菌属（*Vulgatibacter*）	0.05	0.15	0.48	0.69	0.80	0.49	0.47	0.62
2	候选科 SRB2 的 1 属	0.18	0.03	1.32	0.63	0.48	0.17	0.16	0.19
2	热粪杆菌属（*Caldicoprobacter*）	0.07	0.05	0.51	1.06	0.64	0.18	0.18	0.44
2	太白山菌属（*Taibaiella*）	0.03	0.12	0.13	0.23	0.34	0.54	0.97	0.76
2	生孢产氢菌属（*Hydrogenispora*）	0.21	0.19	0.67	0.63	0.53	0.20	0.26	0.39
2	候选科 SC-I-84 的 1 属	1.05	0.75	0.44	0.30	0.23	0.17	0.06	0.07
2	候选纲 OLB14 的 1 属	0.93	0.21	0.35	0.37	0.26	0.30	0.26	0.33
2	黄色杆菌科的 1 属（Xanthobacteraceae）	0.92	0.53	0.42	0.32	0.28	0.30	0.11	0.11
2	候选属 CL500-29_marine_group	1.15	0.06	0.64	0.44	0.36	0.11	0.06	0.10
2	假黄单胞菌属（*Pseudoxanthomonas*）	0.45	0.76	0.49	0.43	0.29	0.11	0.11	0.12
2	候选科 AKYG1722 的 1 属	0.10	0.43	0.19	0.27	0.28	0.38	0.59	0.48
2	红游动菌属（*Rhodoplanes*）	0.76	0.52	0.45	0.25	0.20	0.17	0.11	0.12
2	候选苏美神菌属（*Sumerlaea*）	0.06	0.09	0.06	0.21	0.16	0.63	0.56	0.73
2	候选科 67-14 的 1 属	0.46	0.52	0.20	0.28	0.19	0.31	0.26	0.24
2	候选目 Run-SP154 的 1 属	0.74	0.22	0.40	0.37	0.32	0.12	0.11	0.13
2	分枝杆菌属（*Mycobacterium*）	0.45	0.71	0.23	0.30	0.21	0.17	0.17	0.16
2	候选目 DS-100 的 1 属	1.24	0.34	0.32	0.22	0.09	0.07	0.02	0.01
2	候选属 SM1A02	0.25	0.16	0.17	0.27	0.39	0.44	0.36	0.24
2	芽单胞菌科的 1 属（Gemmatimonadaceae）	0.40	1.34	0.11	0.03	0.05	0.12	0.09	0.07
2	海管菌属（*Haliangium*）	0.14	0.35	0.16	0.13	0.38	0.44	0.30	0.25
2	施莱格尔氏菌属（*Schlegelella*）	0.07	0.23	0.43	0.52	0.65	0.07	0.06	0.11
2	长孢菌属（*Longispora*）	0.07	0.09	0.17	0.14	0.18	0.41	0.65	0.43
2	湖杆菌属（*Limnobacter*）	0.37	0.66	0.45	0.20	0.19	0.12	0.06	0.06
2	四球菌属（*Tetrasphaera*）	0.65	0.21	0.48	0.31	0.28	0.08	0.04	0.05
2	候选目 IMCC26256 的 1 属	0.49	0.36	0.30	0.26	0.20	0.17	0.14	0.12
2	玫瑰弯菌科的 1 属（Roseiflexaceae-2）	0.68	0.29	0.27	0.26	0.22	0.10	0.06	0.14
2	亨盖特氏梭菌科的 1 属（Hungateiclostridiaceae）	0.10	0.03	0.61	0.41	0.39	0.11	0.10	0.24
第 2 组 32 个样本平均值		0.45	0.43	0.44	0.46	0.43	0.38	0.38	0.36
3	小单孢菌科的 1 属（Micromonosporaceae）	0.22	1.10	1.79	1.91	1.83	2.20	2.61	2.09
3	候选科 JG30-KF-CM45 的 1 属	1.67	2.07	1.47	1.37	1.17	1.59	2.01	2.22
3	粪热杆菌属（*Coprothermobacter*）	0.10	0.01	0.76	2.18	3.57	0.55	1.84	2.32
3	候选目 KIST-JJY010 的 1 属（KIST-JJY010）	3.82	2.40	1.27	1.08	0.63	0.44	0.61	0.57

续表

组别	细菌属	发酵过程细菌属含量 /%							
		0d	3d	6d	9d	12d	21d	24d	27d
3	链霉菌属（*Streptomyces*）	0.10	6.18	1.40	0.46	0.65	0.59	0.72	0.54
3	淤泥生孢菌属（*Lutispora*）	0.44	0.30	2.54	2.08	1.44	1.23	0.90	1.68
3	热双孢菌属（*Thermobispora*）	0.06	0.11	2.25	2.15	2.17	0.62	0.67	1.12
3	短芽胞杆菌属（*Brevibacillus*）	0.07	2.09	1.11	0.99	1.03	1.22	1.19	1.25
3	暖绳菌科的 1 属（Caldilineaceae）	2.84	1.75	1.13	0.45	0.46	0.40	0.38	0.28
3	候选纲 KD4-96 的 1 属	1.69	1.10	1.49	1.15	0.92	0.54	0.41	0.36
3	共生杆菌属（*Symbiobacterium*）	0.18	0.15	2.70	1.70	0.93	0.40	0.44	0.92
3	糖单胞菌目的 1 属（Saccharimonadales）	2.03	1.35	1.11	0.68	0.81	0.38	0.37	0.45
3	小单孢菌属（*Micromonospora*）	0.23	0.53	0.78	1.02	1.32	1.51	0.47	0.72
3	热黄微菌属（*Thermoflavimicrobium*）	0.31	0.51	1.85	1.02	0.55	0.48	0.55	1.03
3	尿素芽胞杆菌属（*Ureibacillus*）	1.43	0.56	1.23	1.14	0.58	0.38	0.27	0.45
3	芽胞杆菌属（*Bacillus*）	0.66	0.97	0.78	0.57	0.80	0.47	0.64	0.66
3	微丝菌目的 1 属（Microtrichales）	0.90	0.53	0.49	0.62	0.51	0.75	0.91	0.83
3	线微菌属（*Filomicrobium*）	0.10	0.34	0.61	0.79	0.76	0.99	0.89	1.04
3	湖绳菌科的 1 属（Limnochordaceae）	0.09	0.09	1.25	1.34	1.17	0.42	0.47	0.67
3	马杜拉放线菌属（*Actinomadura*）	0.11	3.24	0.44	0.20	0.29	0.36	0.35	0.18
3	球丝菌属（*Kouleothrix*）	3.23	0.11	0.94	0.30	0.26	0.03	0.02	0.04
3	海洋放线菌目的 1 属（Actinomarinales）	0.18	0.18	0.50	0.72	0.63	0.76	0.92	0.90
3	水垣杆菌属（*Mizugakiibacter*）	0.11	2.28	0.55	0.06	0.21	0.89	0.24	0.13
3	候选属 IMCC26207	1.23	0.64	0.81	0.62	0.50	0.15	0.16	0.20
3	中温微菌属（*Tepidimicrobium*）	0.08	0.06	1.68	0.89	0.62	0.14	0.12	0.26
3	候选目 RBG-13-54-9 的 1 属	1.36	0.80	0.83	0.33	0.21	0.09	0.06	0.07
3	出芽小链菌科的 1 属（Blastocatellaceae）	1.54	1.38	0.30	0.10	0.08	0.10	0.05	0.01
3	龙包茨氏菌属（*Romboutsia*）	0.52	0.89	0.39	0.42	0.39	0.32	0.27	0.29
3	高温单孢菌属（*Thermomonospora*）	0.03	0.07	0.58	0.38	0.68	0.47	0.47	0.67
3	赖氨酸芽胞杆菌属（*Lysinibacillus*）	1.60	0.08	0.34	0.19	0.49	0.11	0.32	0.18
3	金色线菌属（*Chryseolinea*）	0.08	1.15	0.53	0.29	0.24	0.45	0.29	0.27
3	候选科 LWQ8 的 1 属	1.30	0.65	0.44	0.23	0.31	0.09	0.10	0.13
3	热芽胞杆菌属（*Thermobacillus*）	0.03	0.04	0.72	0.69	0.79	0.35	0.23	0.39
3	α- 变形菌纲的 1 属（Alphaproteobacteria）	0.19	0.36	0.29	0.32	0.41	0.57	0.42	0.55
3	候选纲 D8A-2 的 1 属	0.01	0.01	0.76	0.41	0.39	0.10	0.12	0.42
第 3 组 35 个样本平均值		0.81	0.97	1.03	0.82	0.79	0.58	0.59	0.68

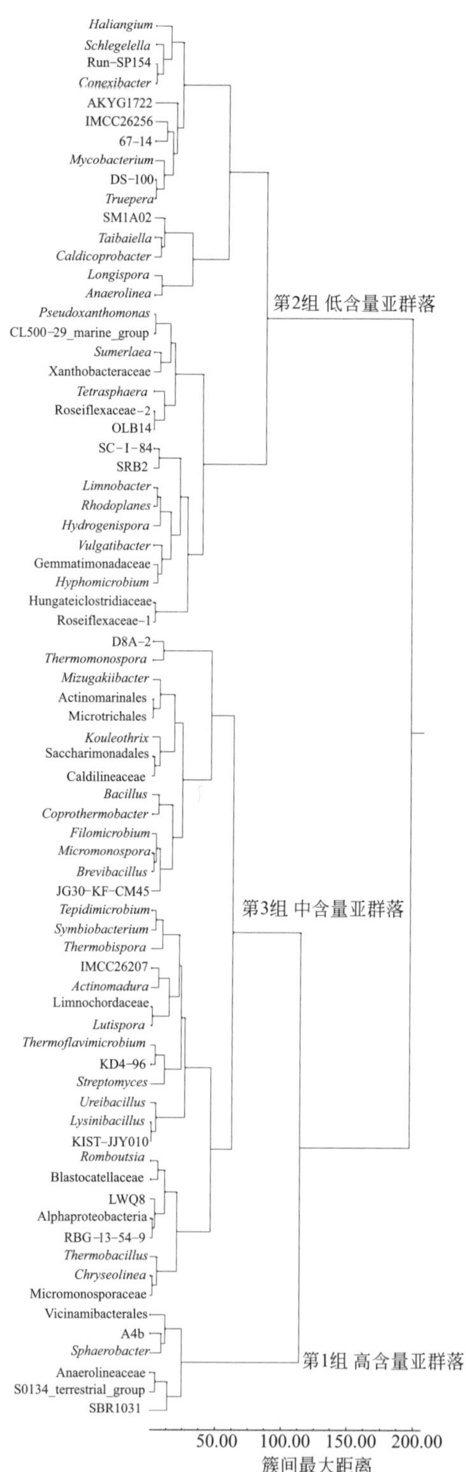

图 3-107 发酵过程细菌属菌群亚群落分化聚类分析

4. 芽胞杆菌的属水平生态学特性

（1）芽胞杆菌的属的数量变化　膜发酵过程芽胞杆菌的属水平菌群含量见表 3-95。共分析到 25 个芽胞杆菌的属，其中发酵过程含量最高的属为短芽胞杆菌属，总和达 8.9451%，含量最低的为土地芽胞杆菌属，总和为 0.007%。

表 3-95　膜发酵过程芽胞杆菌的属水平菌群含量

芽胞杆菌的属	发酵过程芽胞杆菌含量 /%								总和 /%
	0d	3d	6d	9d	12d	21d	24d	27d	
【1】短芽胞杆菌属（*Brevibacillus*）	0.0653	2.0850	1.1130	0.9948	1.0280	1.2220	1.1890	1.2480	8.9451
【2】尿素芽胞杆菌属（*Ureibacillus*）	1.4320	0.5613	1.2340	1.1410	0.5771	0.3830	0.2681	0.4521	6.0486
【3】芽胞杆菌属（*Bacillus*）	0.6648	0.9671	0.7787	0.5711	0.8037	0.4747	0.6382	0.6591	5.5574
【4】赖氨酸芽胞杆菌属（*Lysinibacillus*）	1.6020	0.0841	0.3371	0.1931	0.4897	0.1084	0.3198	0.1826	3.3168
【5】嗜热芽胞杆菌属（*Thermobacillus*）	0.0341	0.0427	0.7154	0.6908	0.7870	0.3471	0.2337	0.3863	3.2371
【6】地芽胞杆菌属（*Geobacillus*）	0.0193	0.0871	0.1792	0.1428	0.3922	0.0646	0.0894	0.2177	1.1923
【7】解硫胺素芽胞杆菌属（*Aneurinibacillus*）	0.0945	0.4676	0.1708	0.0926	0.0839	0.0902	0.0926	0.0981	1.1903
【8】类芽胞杆菌属（*Paenibacillus*）	0.0259	0.1660	0.1126	0.1403	0.1105	0.1575	0.1684	0.1483	1.0295
【9】无氧芽胞杆菌属（*Anoxybacillus*）	0.0058	0.0483	0.0570	0.0240	0.0631	0.0320	0.0332	0.0457	0.3090
【10】膨胀芽胞杆菌属（*Tumebacillus*）	0.0124	0.0244	0.0319	0.0449	0.0304	0.0155	0.0458	0.0640	0.2692
【11】肿块芽胞杆菌属（*Tuberibacillus*）	0.0057	0.0151	0.0083	0.0047	0.0201	0.0158	0.0182	0.0183	0.1062
【12】热碱芽胞杆菌属（*Caldalkalibacillus*）	0.0021	0.0050	0.0143	0.0229	0.0149	0.0059	0.0031	0.0074	0.0756
【13】解氢芽胞杆菌属（*Hydrogenibacillus*）	0.0009	0.0013	0.0014	0.0216	0.0225	0.0010	0.0031	0.0046	0.0563
【14】氨芽胞杆菌属（*Ammoniibacillus*）	0.0040	0.0018	0.0139	0.0139	0.0072	0.0032	0.0014	0.0023	0.0477
【15】土壤芽胞杆菌属（*Solibacillus*）	0.0295	0.0011	0.0037	0.0013	0.0045	0.0026	0.0009	0.0032	0.0469
【16】新建芽胞杆菌属（*Novibacillus*）	0.0052	0.0055	0.0081	0.0047	0.0038	0.0046	0.0046	0.0026	0.0390
【17】中华芽胞杆菌属（*Sinibacillus*）	0.0004	0.0004	0.0070	0.0128	0.0096	0.0030	0.0006	0.0006	0.0343
【18】热芽胞杆菌属（*Caldibacillus*）	0.0000	0.0000	0.0172	0.0052	0.0074	0.0003	0.0000	0.0009	0.0311
【19】多变芽胞杆菌属（*Effusibacillus*）	0.0000	0.0011	0.0081	0.0065	0.0012	0.0059	0.0042	0.0022	0.0292
【20】鲁梅尔芽胞杆菌属（*Rummeliibacillus*）	0.0073	0.0018	0.0024	0.0014	0.0019	0.0055	0.0013	0.0011	0.0226
【21】木聚糖芽胞杆菌属（*Xylanibacillus*）	0.0004	0.0000	0.0042	0.0054	0.0054	0.0006	0.0009	0.0003	0.0173
【22】脂环酸芽胞杆菌属（*Alicyclobacillus*）	0.0000	0.0004	0.0007	0.0007	0.0006	0.0018	0.0014	0.0006	0.0061
【23】纤细芽胞杆菌属（*Gracilibacillus*）	0.0008	0.0011	0.0007	0.0006	0.0006	0.0003	0.0003	0.0015	0.0058
【24】火山芽胞杆菌属（*Vulcanibacillus*）	0.0000	0.0000	0.0000	0.0000	0.0000	0.0002	0.0000	0.0017	0.0020
【25】土地芽胞杆菌属（*Terribacillus*）	0.0000	0.0004	0.0000	0.0000	0.0000	0.0000	0.0000	0.0003	0.0007

从发酵过程的菌群结构看，发酵初期（0d）所有芽胞杆菌的属总量较低（4.01% 左右），发酵到 3 ～ 12d，数量上升，范围 4.1% ～ 4.9%；发酵后期（21 ～ 27d），数量有所下降，范围 2.9% ～ 3.6%。发酵初期（0d）短芽胞杆菌属含量较低（0.0653%），发酵第 3 ～ 27 天短芽胞杆菌属含量大幅度上升（1.0% ～ 2.1%），始终保持着优势种的地位（图 3-108）。短芽胞杆菌属具有较强的耐热能力和营养适应力，开始发酵后，短芽胞杆菌属适应发酵过程中的营养条件和环境条件，保持着较高的种群含量。

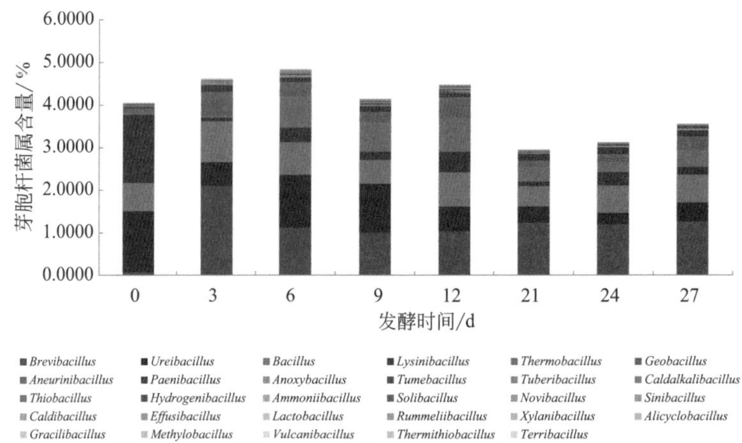

图 3-108　发酵过程芽胞杆菌的属种类与数量的结构组成

从发酵过程优势菌群看，前 5 个高含量的优势菌群为短芽胞杆菌属（总和 =8.9451%）、尿素芽胞杆菌属（6.0486%）、芽胞杆菌属（5.5574%）、赖氨酸芽胞杆菌属（3.3168%）、嗜热芽胞杆菌属（3.2371%）。随着发酵进程，短芽胞杆菌属数量前期较低，而后急剧增加，到中后期波动回落，属于前峰型，幂指数方程为 $y(\mathrm{bre})=0.2233x^{1.0115}$（$R^2=0.4477$）；尿素芽胞杆菌属前期数量较高，而后急剧下降，中期数量波动回升，后期数量逐渐下降，属于前峰型，指数方程为 $y(\mathrm{ure})=1.5186\mathrm{e}^{-0.19x}$（$R^2=0.5868$）；芽胞杆菌属数量前期高，而后逐渐波动下降，属于前峰型，多项式方程为 $y(\mathrm{bac})=0.0077x^3-0.102x^2+0.3538x+0.4632$（$R^2=0.4223$）；赖氨酸芽胞杆菌属数量前期较高，随后逐渐波动下降，属于前峰型，多项式方程为 $y(\mathrm{lys})=0.0485x^2-0.5453x+1.6319$（$R^2=0.5143$）；嗜热芽胞杆菌属数量前期较低，随后逐渐上升，后期数量下降，直到发酵结束，属于中峰型，幂指数方程 $y(\mathrm{the})=0.0483x^{1.2547}$（$R^2=0.5028$）（图 3-109）。芽胞杆菌的属在发酵过程数量变化差异表现出多样性，有的属发酵初期数量高，随着发酵进行，数量下降；有的属发酵初期数量低，随着发酵进行，数量上升。到了发酵后期，芽胞杆菌的属总体数量下降。

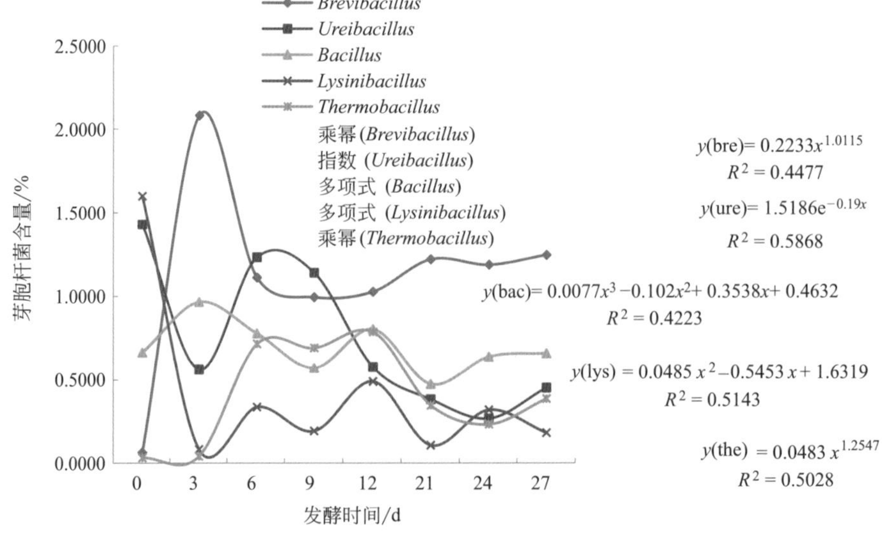

图 3-109　膜发酵过程芽胞杆菌的属优势菌群数量动态

（2）芽胞杆菌优势菌群多样性指数 利用表3-95，选用发酵过程细菌属占比总和 >2.0% 的5个芽胞杆菌的属构建数据矩阵，以芽胞杆菌的属为样本，发酵时间为指标，统计主要芽胞杆菌的属的多样性指数，分析结果见表3-96。结果表明，数量排序依次是短芽胞杆菌属（8.95%）> 尿素芽胞杆菌属（6.05%）> 芽胞杆菌属（5.56%）> 赖氨酸芽胞杆菌属（3.32%）> 嗜热芽胞杆菌属（3.24%）；丰富度排序为嗜热芽胞杆菌属（5.96）> 赖氨酸芽胞杆菌属（5.84）> 芽胞杆菌属（4.08）> 尿素芽胞杆菌属（3.89）> 短芽胞杆菌属（3.19）；优势度指数排序为嗜热芽胞杆菌属（1.18）> 芽胞杆菌属（1.06）> 赖氨酸芽胞杆菌属（1.03）> 尿素芽胞杆菌属（1.00）> 短芽胞杆菌属（0.96）；香农指数排序为芽胞杆菌属（2.06）> 短芽胞杆菌属（1.94）> 尿素芽胞杆菌属（1.93）> 嗜热芽胞杆菌属（1.79）> 赖氨酸芽胞杆菌属（1.62）；均匀度指数排序为芽胞杆菌属（0.99）> 短芽胞杆菌属（0.93）= 尿素芽胞杆菌属（0.93）> 嗜热芽胞杆菌属（0.86）> 赖氨酸芽胞杆菌属（0.78）。物种丰富度与优势度指数关系较为密切；香农指数与均匀度指数关系密切，均匀度指数越高，香农指数越高。

表3-96 膜发酵过程芽胞杆菌的属优势菌群多样性指数

芽胞杆菌的属	占有发酵单元数	含量/%	丰富度指数	优势度指数(*D*)	香农指数(*H*)	均匀度指数
短芽胞杆菌属（*Brevibacillus*）	8	8.95	3.19	0.96	1.94	0.93
尿素芽胞杆菌属（*Ureibacillus*）	8	6.05	3.89	1.00	1.93	0.93
芽胞杆菌属（*Bacillus*）	8	5.56	4.08	1.06	2.06	0.99
赖氨酸芽胞杆菌属（*Lysinibacillus*）	8	3.32	5.84	1.03	1.62	0.78
嗜热芽胞杆菌属（*Thermobacillus*）	8	3.24	5.96	1.18	1.79	0.86

（3）芽胞杆菌生态位特性 利用表3-95，选取芽胞杆菌各属构建数据矩阵，以芽胞杆菌的属为样本，发酵时间为指标，用Levins测度计算芽胞杆菌的属的时间生态位宽度，统计结果见表3-97。结果表明，发酵过程不同芽胞杆菌各属时间生态位宽度差异显著，生态位宽度分为3个等级。第1等级生态位宽度6～8，为宽生态位宽度菌群，包含了9个芽胞杆菌的属，即芽胞杆菌属、新建芽胞杆菌属、类芽胞杆菌属、肿块芽胞杆菌属、无氧芽胞杆菌属、短芽胞杆菌属、膨胀芽胞杆菌属、纤细芽胞杆菌属、尿素芽胞杆菌属；第2等级生态位宽度4～6，为中等生态位宽度菌群，包含了8个芽胞杆菌的属，即嗜热芽胞杆菌属、脂环酸芽胞杆菌属、热碱芽胞杆菌属、地芽胞杆菌属、多变芽胞杆菌属、鲁梅尔芽胞杆菌属、氨芽胞杆菌属、解硫胺素芽胞杆菌属；第3等级生态位宽度1～4，为窄生态位宽度菌群，包含了8个属，即木聚糖芽胞杆菌属、中华芽胞杆菌属、赖氨酸芽胞杆菌属、解氢芽胞杆菌属、热芽胞杆菌属、土壤芽胞杆菌属、土地芽胞杆菌属、火山芽胞杆菌属。

不同生态位宽度的芽胞杆菌的属对时间资源的利用效率不同，如宽生态位宽度的芽胞杆菌属（7.6775），时间资源利用效率为发酵第3天（S2=17.40%）、发酵第6天（S3=14.01%）、发酵第12天（S5=14.46%）；中等生态位宽度的嗜热芽胞杆菌属（5.4135），时间资源利用效率为发酵第6天（S3=22.10%）、发酵第9天（S4=21.34%）、发酵第12天（S5=24.31%）；窄生态位宽度菌群木聚糖芽胞杆菌属（3.8676），时间资源利用效率为发酵第3天（S2=24.37%）、发酵第6天（S3=30.99%）、发酵第9天（S4=31.31%）。

表 3-97 膜发酵过程芽胞杆菌的属时间生态位宽度

芽胞杆菌的属	生态位宽度	频数	截断比例	常用资源种类				
芽胞杆菌属（*Bacillus*）	7.6775	3	0.13	S2=17.40%	S3=14.01%	S5=14.46%		
新建芽胞杆菌属（*Novibacillus*）	7.3161	3	0.13	S1=13.36%	S2=14.00%	S3=20.85%		
类芽胞杆菌属（*Paenibacillus*）	7.1637	5	0.13	S2=16.12%	S4=13.63%	S6=15.30%	S7=16.36%	S8=14.40%
肿块芽胞杆菌属（*Tuberibacillus*）	6.7536	5	0.13	S2=14.19%	S5=18.96%	S6=14.87%	S7=17.13%	S8=17.19%
无氧芽胞杆菌属（*Anoxybacillus*）	6.6410	4	0.13	S2=15.63%	S3=18.44%	S5=20.40%	S8=14.78%	
短芽胞杆菌属（*Brevibacillus*）	6.6122	4	0.13	S2=23.31%	S6=13.66%	S7=13.29%	S8=13.95%	
膨胀芽胞杆菌属（*Tumebacillus*）	6.5094	3	0.13	S4=16.67%	S7=17.03%	S8=23.76%		
纤细芽胞杆菌属（*Gracilibacillus*）	6.3350	3	0.13	S1=13.32%	S2=18.24%	S8=25.91%		
尿素芽胞杆菌属（*Ureibacillus*）	6.1526	3	0.13	S1=23.67%	S3=20.40%	S4=18.86%		
嗜热芽胞杆菌属（*Thermobacillus*）	5.4135	3	0.13	S3=22.10%	S4=21.34%	S5=24.31%		
脂环酸芽胞杆菌属（*Alicyclobacillus*）	5.2964	2	0.14	S5=30.31%	S6=22.47%			
热碱芽胞杆菌属（*Caldalkalibacillus*）	5.2873	3	0.13	S3=18.90%	S4=30.32%	S5=19.75%		
地芽胞杆菌属（*Geobacillus*）	5.1910	3	0.13	S3=15.03%	S5=32.90%	S8=18.26%		
多变芽胞杆菌属（*Effusibacillus*）	5.0733	4	0.14	S2=27.73%	S3=22.19%	S5=20.31%	S6=14.48%	
鲁梅尔芽胞杆菌属（*Rummeliibacillus*）	5.0680	2	0.13	S1=32.45%	S6=24.24%			
氨芽胞杆菌属（*Ammoniibacillus*）	4.7852	3	0.13	S3=29.16%	S4=29.16%	S5=15.06%		
解硫胺素芽胞杆菌属（*Aneurinibacillus*）	4.7433	2	0.13	S2=39.28%	S3=14.35%			
木聚糖芽胞杆菌属（*Xylanibacillus*）	3.8676	3	0.14	S2=24.37%	S3=30.99%	S4=31.31%		
中华芽胞杆菌属（*Sinibacillus*）	3.7477	3	0.13	S3=20.36%	S4=37.18%	S5=28.04%		
赖氨酸芽胞杆菌属（*Lysinibacillus*）	3.5356	2	0.13	S1=48.30%	S5=14.76%			
解氢芽胞杆菌属（*Hydrogenibacillus*）	3.1511	2	0.13	S4=38.30%	S5=39.90%			
热芽胞杆菌属（*Caldibacillus*）	2.5476	3	0.16	S1=55.37%	S2=16.64%	S3=23.93%		
土壤芽胞杆菌属（*Solibacillus*）	2.3729	1	0.13	S1=62.96%				
土地芽胞杆菌属（*Terribacillus*）	1.9882	2	0.2	S1=53.86%	S2=46.14%			
火山芽胞杆菌属（*Vulcanibacillus*）	1.2807	1	0.2	S2=87.47%				

从生态位重叠看，选择发酵过程 25 个芽胞杆菌的属含量变化，计算发酵过程时间生态位重叠，分析结果见表 3-98。分析结果表明，芽胞杆菌各属之间时间生态位重叠范围为 0.02（木聚糖芽胞杆菌属和土地芽胞杆菌属）～ 0.97（类芽胞杆菌属和短芽胞杆菌属），菌群间生态位重叠差异显著。同一个属与其他属之间的生态位重叠值较高，对资源的利用特性较为一致；重叠值较低，对资源的利用特性差异较大。

各属种群之间为高重叠性生态位的有，短芽胞杆菌属和类芽胞杆菌属（生态位重叠值 0.97）> 无氧芽胞杆菌属（0.93）= 芽胞杆菌属（0.93）> 肿块芽胞杆菌属（0.92）> 解硫胺素芽胞杆菌属（0.89）> 新建芽胞杆菌属（0.87）> 膨胀芽胞杆菌属（0.86）> 纤细芽胞杆菌属（0.85）> 脂环酸芽胞杆菌属（0.80）；种群之间为中等重叠生态位的有短芽胞杆菌属和地芽胞杆菌属（0.76）> 多变芽胞杆菌属（0.75）> 热碱芽胞杆菌属（0.74）= 嗜热芽胞杆菌属（0.74）> 土地芽胞杆菌属（0.69）> 尿素芽胞杆菌属（0.67）> 氨芽胞杆菌属（0.65）> 中华芽胞杆菌属（0.59）>

木聚糖芽胞杆菌属（0.58）> 鲁梅尔芽胞杆菌属（0.56）> 解氢芽胞杆菌属（0.54）> 热芽胞杆菌属（0.49）> 火山芽胞杆菌属（0.40）；种群之间为低重叠生态位有短芽胞杆菌属和赖氨酸芽胞杆菌属（0.34）> 土壤芽胞杆菌属（0.21）。

表 3-98　发酵过程芽胞杆菌的属菌群时间生态位重叠（Pianka 测度）

芽胞杆菌的属	【1】	【2】	【3】	【4】	【5】	【6】	【7】	【8】	【9】	【10】
【1】短芽胞杆菌属（*Brevibacillus*）	1.00	0.67	0.93	0.34	0.74	0.76	0.89	0.97	0.93	0.86
【2】尿素芽胞杆菌属（*Ureibacillus*）	0.67	1.00	0.86	0.81	0.76	0.65	0.65	0.71	0.72	0.73
【3】芽胞杆菌属（*Bacillus*）	0.93	0.86	1.00	0.65	0.79	0.82	0.85	0.93	0.94	0.88
【4】赖氨酸芽胞杆菌属（*Lysinibacillus*）	0.34	0.81	0.65	1.00	0.41	0.43	0.38	0.40	0.43	0.45
【5】嗜热芽胞杆菌属（*Thermobacillus*）	0.74	0.76	0.79	0.41	1.00	0.92	0.48	0.79	0.87	0.82
【6】地芽胞杆菌属（*Geobacillus*）	0.76	0.65	0.82	0.43	0.92	1.00	0.54	0.78	0.92	0.82
【7】解硫胺素芽胞杆菌属（*Aneurinibacillus*）	0.89	0.65	0.85	0.38	0.48	0.54	1.00	0.79	0.78	0.64
【8】类芽胞杆菌属（*Paenibacillus*）	0.97	0.71	0.93	0.40	0.79	0.78	0.79	1.00	0.92	0.92
【9】无氧芽胞杆菌属（*Anoxybacillus*）	0.93	0.72	0.94	0.43	0.87	0.92	0.78	0.92	1.00	0.87
【10】膨胀芽胞杆菌属（*Tumebacillus*）	0.86	0.73	0.88	0.45	0.82	0.82	0.64	0.92	0.87	1.00
【11】肿块芽胞杆菌属（*Tuberibacillus*）	0.92	0.63	0.91	0.48	0.75	0.85	0.72	0.94	0.93	0.88
【12】热碱芽胞杆菌属（*Caldalkalibacillus*）	0.74	0.81	0.79	0.40	0.96	0.84	0.55	0.78	0.81	0.80
【13】解氢芽胞杆菌属（*Hydrogenibacillus*）	0.54	0.58	0.61	0.34	0.83	0.82	0.33	0.60	0.64	0.65
【14】氨芽胞杆菌属（*Ammoniibacillus*）	0.65	0.88	0.75	0.49	0.91	0.73	0.51	0.69	0.74	0.71
【15】土壤芽胞杆菌属（*Solibacillus*）	0.21	0.73	0.52	0.97	0.25	0.27	0.30	0.26	0.28	0.31
【16】新建芽胞杆菌属（*Novibacillus*）	0.87	0.92	0.95	0.66	0.80	0.72	0.80	0.89	0.88	0.81
【17】中华芽胞杆菌属（*Sinibacillus*）	0.59	0.72	0.65	0.35	0.93	0.78	0.39	0.64	0.69	0.65
【18】热芽胞杆菌属（*Caldibacillus*）	0.49	0.67	0.59	0.31	0.82	0.68	0.39	0.49	0.70	0.52
【19】多变芽胞杆菌属（*Effusibacillus*）	0.75	0.73	0.73	0.31	0.84	0.62	0.53	0.82	0.76	0.76
【20】鲁梅尔芽胞杆菌属（*Rummeliibacillus*）	0.56	0.82	0.74	0.85	0.51	0.45	0.53	0.62	0.57	0.51
【21】木聚糖芽胞杆菌属（*Xylanibacillus*）	0.58	0.73	0.69	0.40	0.94	0.84	0.39	0.63	0.74	0.67
【22】脂环酸芽胞杆菌属（*Alicyclobacillus*）	0.80	0.54	0.73	0.30	0.71	0.61	0.52	0.89	0.76	0.74
【23】纤细芽胞杆菌属（*Gracilibacillus*）	0.85	0.79	0.91	0.58	0.68	0.75	0.79	0.84	0.84	0.89
【24】火山芽胞杆菌属（*Vulcanibacillus*）	0.40	0.21	0.36	0.11	0.31	0.43	0.20	0.44	0.42	0.62
【25】土地芽胞杆菌属（*Terribacillus*）	0.69	0.30	0.58	0.10	0.20	0.40	0.77	0.58	0.55	0.57

芽胞杆菌的属	【11】	【12】	【13】	【14】	【15】	【16】	【17】	【18】	【19】	【20】
【1】短芽胞杆菌属（*Brevibacillus*）	0.92	0.74	0.54	0.65	0.21	0.87	0.59	0.49	0.75	0.56
【2】尿素芽胞杆菌属（*Ureibacillus*）	0.63	0.81	0.58	0.88	0.73	0.92	0.72	0.67	0.73	0.82
【3】芽胞杆菌属（*Bacillus*）	0.91	0.79	0.61	0.75	0.52	0.95	0.65	0.59	0.73	0.74
【4】赖氨酸芽胞杆菌属（*Lysinibacillus*）	0.48	0.40	0.34	0.49	0.97	0.66	0.35	0.31	0.31	0.85
【5】嗜热芽胞杆菌属（*Thermobacillus*）	0.75	0.96	0.83	0.91	0.25	0.80	0.93	0.82	0.84	0.51
【6】地芽胞杆菌属（*Geobacillus*）	0.85	0.84	0.82	0.73	0.27	0.72	0.78	0.68	0.62	0.45

续表

芽胞杆菌的属	【11】	【12】	【13】	【14】	【15】	【16】	【17】	【18】	【19】	【20】
【7】解硫胺素芽胞杆菌属（*Aneurinibacillus*）	0.72	0.55	0.33	0.51	0.30	0.80	0.39	0.39	0.53	0.53
【8】类芽胞杆菌属（*Paenibacillus*）	0.94	0.78	0.60	0.69	0.26	0.89	0.64	0.49	0.82	0.62
【9】无氧芽胞杆菌属（*Anoxybacillus*）	0.93	0.81	0.64	0.74	0.28	0.88	0.69	0.70	0.76	0.57
【10】膨胀芽胞杆菌属（*Tumebacillus*）	0.88	0.80	0.65	0.71	0.31	0.81	0.65	0.52	0.76	0.51
【11】肿块芽胞杆菌属（*Tuberibacillus*）	1.00	0.67	0.58	0.55	0.35	0.82	0.54	0.43	0.66	0.64
【12】热碱芽胞杆菌属（*Caldalkalibacillus*）	0.67	1.00	0.87	0.95	0.26	0.80	0.97	0.76	0.82	0.49
【13】解氢芽胞杆菌属（*Hydrogenibacillus*）	0.58	0.87	1.00	0.73	0.19	0.52	0.91	0.50	0.51	0.31
【14】氨芽胞杆菌属（*Ammoniibacillus*）	0.55	0.95	0.73	1.00	0.36	0.83	0.93	0.87	0.86	0.55
【15】土壤芽胞杆菌属（*Solibacillus*）	0.35	0.26	0.19	0.36	1.00	0.54	0.20	0.18	0.18	0.84
【16】新建芽胞杆菌属（*Novibacillus*）	0.82	0.80	0.52	0.83	0.54	1.00	0.68	0.70	0.85	0.79
【17】中华芽胞杆菌属（*Sinibacillus*）	0.54	0.97	0.91	0.93	0.20	0.68	1.00	0.75	0.75	0.42
【18】热芽胞杆菌属（*Caldibacillus*）	0.43	0.76	0.50	0.87	0.18	0.70	0.75	1.00	0.74	0.33
【19】多变芽胞杆菌属（*Effusibacillus*）	0.66	0.82	0.51	0.86	0.18	0.85	0.75	0.74	1.00	0.56
【20】鲁梅尔芽胞杆菌属（*Rummeliibacillus*）	0.64	0.49	0.31	0.55	0.84	0.79	0.42	0.33	0.56	1.00
【21】木聚糖芽胞杆菌属（*Xylanibacillus*）	0.57	0.95	0.89	0.93	0.24	0.71	0.98	0.82	0.73	0.40
【22】脂环酸芽胞杆菌属（*Alicyclobacillus*）	0.84	0.63	0.44	0.57	0.18	0.77	0.55	0.40	0.85	0.63
【23】纤细芽胞杆菌属（*Gracilibacillus*）	0.83	0.69	0.50	0.63	0.51	0.81	0.50	0.46	0.60	0.64
【24】火山芽胞杆菌属（*Vulcanibacillus*）	0.50	0.25	0.15	0.13	0.12	0.22	0.06	0.05	0.24	0.19
【25】土地芽胞杆菌属（*Terribacillus*）	0.57	0.26	0.13	0.13	0.10	0.40	0.04	0.03	0.17	0.21

芽胞杆菌的属	【21】	【22】	【23】	【24】	【25】					
【1】短芽胞杆菌属（*Brevibacillus*）	0.58	0.80	0.85	0.40	0.69					
【2】尿素芽胞杆菌属（*Ureibacillus*）	0.73	0.54	0.79	0.21	0.30					
【3】芽胞杆菌属（*Bacillus*）	0.69	0.73	0.91	0.36	0.58					
【4】赖氨酸芽胞杆菌属（*Lysinibacillus*）	0.40	0.30	0.58	0.11	0.10					
【5】嗜热芽胞杆菌属（*Thermobacillus*）	0.94	0.71	0.68	0.31	0.20					
【6】地芽胞杆菌属（*Geobacillus*）	0.84	0.61	0.75	0.43	0.40					
【7】解硫胺素芽胞杆菌属（*Aneurinibacillus*）	0.39	0.52	0.79	0.20	0.77					
【8】类芽胞杆菌属（*Paenibacillus*）	0.63	0.89	0.84	0.44	0.58					
【9】无氧芽胞杆菌属（*Anoxybacillus*）	0.74	0.76	0.84	0.42	0.55					
【10】膨胀芽胞杆菌属（*Tumebacillus*）	0.67	0.74	0.89	0.62	0.57					
【11】肿块芽胞杆菌属（*Tuberibacillus*）	0.57	0.84	0.83	0.50	0.57					
【12】热碱芽胞杆菌属（*Caldalkalibacillus*）	0.95	0.63	0.69	0.25	0.26					
【13】解氢芽胞杆菌属（*Hydrogenibacillus*）	0.89	0.44	0.50	0.15	0.13					
【14】氨芽胞杆菌属（*Ammoniibacillus*）	0.93	0.57	0.63	0.13	0.13					
【15】土壤芽胞杆菌属（*Solibacillus*）	0.24	0.18	0.51	0.12	0.10					
【16】新建芽胞杆菌属（*Novibacillus*）	0.71	0.77	0.81	0.22	0.40					

续表

芽胞杆菌的属	【21】	【22】	【23】	【24】	【25】					
【17】中华芽胞杆菌属（*Sinibacillus*）	0.98	0.55	0.50	0.06	0.04					
【18】热芽胞杆菌属（*Caldibacillus*）	0.82	0.40	0.46	0.05	0.03					
【19】多变芽胞杆菌属（*Effusibacillus*）	0.73	0.85	0.60	0.24	0.17					
【20】鲁梅尔芽胞杆菌属（*Rummeliibacillus*）	0.40	0.63	0.64	0.19	0.21					
【21】木聚糖芽胞杆菌属（*Xylanibacillus*）	1.00	0.52	0.51	0.05	0.02					
【22】脂环酸芽胞杆菌属（*Alicyclobacillus*）	0.52	1.00	0.57	0.31	0.25					
【23】纤细芽胞杆菌属（*Gracilibacillus*）	0.51	0.57	1.00	0.67	0.77					
【24】火山芽胞杆菌属（*Vulcanibacillus*）	0.05	0.31	0.67	1.00	0.64					
【25】土地芽胞杆菌属（*Terribacillus*）	0.02	0.25	0.77	0.64	1.00					

聚类分析表明，芽胞杆菌各属之间生态位重叠可分为 3 组（表 3-99 和图 3-110），第 1 组为高重叠生态位种群，包括了 9 个属，即短芽胞杆菌属、尿素芽胞杆菌属、芽胞杆菌属、类芽胞杆菌属、无氧芽胞杆菌属、膨胀芽胞杆菌属、肿块芽胞杆菌属、新建芽胞杆菌属、纤细芽胞杆菌属，它们与被检测到的 25 个属之间生态位重叠的平均值为 0.6980；第 2 组为低重叠生态位种群，包括了 6 个属，即赖氨酸芽胞杆菌属、解硫胺素芽胞杆菌属、土壤芽胞杆菌属、鲁梅尔芽胞杆菌属、火山芽胞杆菌属、土地芽胞杆菌属，它们与被检测到的 25 个属之间生态位重叠的平均值为 0.4307；第 3 组为中重叠生态位种群，包括了 10 个属，即嗜热芽胞杆菌属、地芽胞杆菌属、热碱芽胞杆菌属、解氢芽胞杆菌属、氨芽胞杆菌属、中华芽胞杆菌属、热芽胞杆菌属、多变芽胞杆菌属、木聚糖芽胞杆菌属、脂环酸芽胞杆菌属，它们与被检测到的 25 个属之间生态位重叠的平均值为 0.5846。

表 3-99　芽胞杆菌的属之间生态位重叠聚类分析

组别	芽胞杆菌的属	平均生态重叠值
1	短芽胞杆菌属（*Brevibacillus*）	0.6946
1	尿素芽胞杆菌属（*Ureibacillus*）	0.6683
1	芽胞杆菌属（*Bacillus*）	0.7426
1	类芽胞杆菌属（*Paenibacillus*）	0.7040
1	无氧芽胞杆菌属（*Anoxybacillus*）	0.7105
1	膨胀芽胞杆菌属（*Tumebacillus*）	0.6811
1	肿块芽胞杆菌属（*Tuberibacillus*）	0.6738
1	新建芽胞杆菌属（*Novibacillus*）	0.7197
1	纤细芽胞杆菌属（*Gracilibacillus*）	0.6873
第 1 组 9 个样本平均值		0.6980
2	赖氨酸芽胞杆菌属（*Lysinibacillus*）	0.4611
2	解硫胺素芽胞杆菌属（*Aneurinibacillus*）	0.6060
2	土壤芽胞杆菌属（*Solibacillus*）	0.3681
2	鲁梅尔芽胞杆菌属（*Rummeliibacillus*）	0.5496
2	火山芽胞杆菌属（*Vulcanibacillus*）	0.3036

续表

组别	芽胞杆菌的属	平均生态重叠值
2	土地芽胞杆菌属（*Terribacillus*）	0.4093
第 2 组 6 个样本平均值		0.4307
3	嗜热芽胞杆菌属（*Thermobacillus*）	0.6500
3	地芽胞杆菌属（*Geobacillus*）	0.6406
3	热碱芽胞杆菌属（*Caldalkalibacillus*）	0.6515
3	解氢芽胞杆菌属（*Hydrogenibacillus*）	0.5029
3	氨芽胞杆菌属（*Ammoniibacillus*）	0.6223
3	中华芽胞杆菌属（*Sinibacillus*）	0.5559
3	热芽胞杆菌属（*Caldibacillus*）	0.4891
3	多变芽胞杆菌属（*Effusibacillus*）	0.6010
3	木聚糖芽胞杆菌属（*Xylanibacillus*）	0.5666
3	脂环酸芽胞杆菌属（*Alicyclobacillus*）	0.5663
第 3 组 10 个样本平均值		0.5846

（4）芽胞杆菌的属亚群落分化　利用表 3-95，构建数据矩阵，以芽胞杆菌的属为样本，发酵时间为指标，马氏距离为尺度，用可变类平均法进行系统聚类，分析结果见表 3-100 和图 3-111。分析结果可见芽胞杆菌的属分为 3 组亚群落，第 1 组为高含量亚群落，包含了 8 个属菌群，即短芽胞杆菌属、尿素芽胞杆菌属、芽胞杆菌属、赖氨酸芽胞杆菌属、嗜热芽胞杆菌属、地芽胞杆菌属、解硫胺素芽胞杆菌属、无氧芽胞杆菌属，它们在发酵过程的含量平均值范围为 0.34% ～ 0.57%；第 2 组为中含量亚群落，包含了 5 个属菌群，即类芽胞杆菌属、膨胀芽胞杆菌属、热碱芽胞杆菌属、解氢芽胞杆菌属、中华芽胞杆菌属，它们在发酵过程的含量平均值范围为 0.01% ～ 0.05%；第 3 组为低含量亚群落，包含了 12 个芽胞杆菌的属菌群，即肿块芽胞杆菌属、氨芽胞杆菌属、土壤芽胞杆菌属、新建芽胞杆菌属、热芽胞杆菌属、多变芽胞杆菌属、鲁梅尔芽胞杆菌属、木聚糖芽胞杆菌属、脂环酸芽胞杆菌属、纤细芽胞杆菌属、火山芽胞杆菌属、土地芽胞杆菌属，它们在发酵过程的含量平均值范围为 0.00% ～ 0.01%。

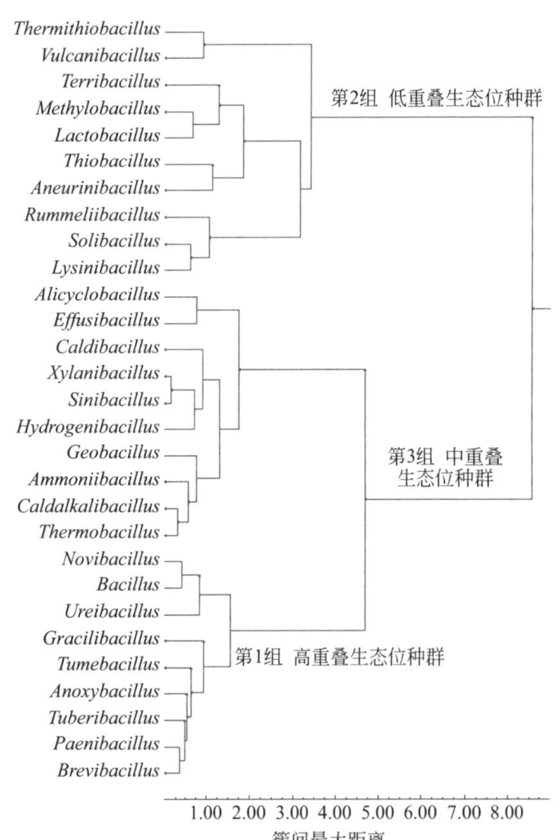

图 3-110　芽胞杆菌的属之间生态位重叠聚类分析

表 3-100　发酵过程芽胞杆菌的属菌群亚群落分化聚类分析

组别	芽胞杆菌的属	发酵过程细菌属菌群含量 /%							
		0d	3d	6d	9d	12d	21d	24d	27d
1	短芽胞杆菌属（*Brevibacillus*）	0.07	2.09	1.11	0.99	1.03	1.22	1.19	1.25
1	尿素芽胞杆菌属（*Ureibacillus*）	1.43	0.56	1.23	1.14	0.58	0.38	0.27	0.45
1	芽胞杆菌属（*Bacillus*）	0.66	0.97	0.78	0.57	0.80	0.47	0.64	0.66
1	赖氨酸芽胞杆菌属（*Lysinibacillus*）	1.60	0.08	0.34	0.19	0.49	0.11	0.32	0.18
1	嗜热芽胞杆菌属（*Thermobacillus*）	0.03	0.04	0.72	0.69	0.79	0.35	0.23	0.39
1	地芽胞杆菌属（*Geobacillus*）	0.02	0.09	0.18	0.14	0.39	0.06	0.09	0.22
1	解硫胺素芽胞杆菌属（*Aneurinibacillus*）	0.09	0.47	0.17	0.09	0.08	0.09	0.09	0.10
1	无氧芽胞杆菌属（*Anoxybacillus*）	0.01	0.05	0.06	0.02	0.06	0.03	0.03	0.05
第 1 组 8 个样本平均值		0.49	0.54	0.57	0.48	0.53	0.34	0.36	0.41
2	类芽胞杆菌属（*Paenibacillus*）	0.03	0.17	0.11	0.14	0.11	0.16	0.17	0.15
2	膨胀芽胞杆菌属（*Tumebacillus*）	0.01	0.02	0.03	0.04	0.03	0.02	0.05	0.06
2	热碱芽胞杆菌属（*Caldalkalibacillus*）	0.00	0.00	0.01	0.02	0.01	0.01	0.00	0.01
2	解氢芽胞杆菌属（*Hydrogenibacillus*）	0.00	0.00	0.00	0.02	0.02	0.00	0.00	0.00
2	中华芽胞杆菌属（*Sinibacillus*）	0.00	0.00	0.01	0.01	0.01	0.00	0.00	0.00
第 2 组 5 个样本平均值		0.01	0.04	0.03	0.05	0.04	0.04	0.04	0.04
3	肿块芽胞杆菌属（*Tuberibacillus*）	0.01	0.02	0.01	0.00	0.02	0.02	0.02	0.02
3	氨芽胞杆菌属（*Ammoniibacillus*）	0.00	0.00	0.01	0.01	0.01	0.00	0.00	0.00
3	土壤芽胞杆菌属（*Solibacillus*）	0.03	0.00	0.00	0.00	0.00	0.00	0.00	0.00
3	新建芽胞杆菌属（*Novibacillus*）	0.01	0.01	0.01	0.00	0.00	0.00	0.00	0.00
3	热芽胞杆菌属（*Caldibacillus*）	0.00	0.00	0.02	0.01	0.01	0.00	0.00	0.00
3	多变芽胞杆菌属（*Effusibacillus*）	0.00	0.00	0.01	0.01	0.00	0.01	0.00	0.00
3	鲁梅尔芽胞杆菌属（*Rummeliibacillus*）	0.01	0.00	0.00	0.00	0.00	0.01	0.00	0.00
3	木聚糖芽胞杆菌属（*Xylanibacillus*）	0.00	0.00	0.00	0.01	0.01	0.00	0.00	0.00
3	脂环酸芽胞杆菌属（*Alicyclobacillus*）	0.00	0.00	0.00	0.00	0.00	0.00	0.00	0.00
3	纤细芽胞杆菌属（*Gracilibacillus*）	0.00	0.00	0.00	0.00	0.00	0.00	0.00	0.00
3	火山芽胞杆菌属（*Vulcanibacillus*）	0.00	0.00	0.00	0.00	0.00	0.00	0.00	0.00
3	土地芽胞杆菌属（*Terribacillus*）	0.00	0.00	0.00	0.00	0.00	0.00	0.00	0.00
第 3 组 12 个样本平均值		0.01	0.00	0.01	0.00	0.00	0.00	0.00	0.00

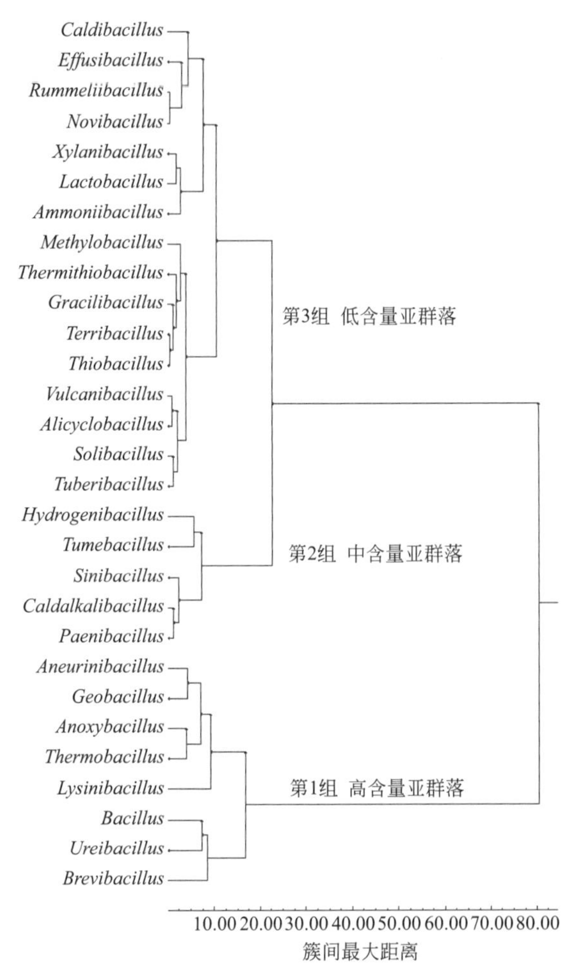

图 3-111 发酵过程芽胞杆菌的属菌群亚群落分化聚类分析

七、膜发酵过程细菌种水平微生物组变化动态

1. 菌群组成结构

（1）菌群含量变化动态 膜发酵过程细菌种菌群含量变化动态见表 3-101。发酵过程总体分离到 2143 个细菌种，发酵过程占比总和 >2.0% 的有 74 个细菌种，优势菌群包含了 10 个细菌种，即候选目 SBR1031 的 1 种来自厌氧池宏基因组的细菌（109.88%）>S0134 陆生菌群的 1 纲的 1 种（g_f_o_c_S0134_terrestrial_group-1）（38.76%）> 候选目 SBR1031 的 1 种（36.72%）> 嗜热球形杆菌（22.99%）> 厌氧绳菌科的 1 种（16.93%）> 玫瑰弯菌科的 1 种（15.98%）> 小单孢菌科的 1 种（13.76%）> 候选科 A4b 的 1 种来自堆肥的细菌（12.65%）> 候选目 JG30-KF-CM45 的 1 种（12.06%）> 粪热杆菌属的 1 种（11.32%）。

表 3-101　膜发酵过程细菌种菌群含量

物种名称	膜发酵过程细菌种的含量 /%								总和 /%
	0d	3d	6d	9d	12d	21d	24d	27d	
候选目 SBR1031 的 1 种来自厌氧池宏基因组的细菌（anaerobic_digester_metagenome_g_f_o_SBR1031）	3.63	4.84	9.09	14.93	13.88	18.53	23.84	21.15	109.88
S0134 陆生菌群的 1 纲的 1 种（g_f_o_c_S0134_terrestrial_group-1）	0.25	1.01	2.69	5.14	7.43	10.15	6.60	5.50	38.76
候选目 SBR1031 的 1 种（g_f_o_SBR1031）	2.64	4.07	3.82	5.21	5.55	5.56	5.25	4.62	36.72
嗜热球形杆菌（*Sphaerobacter thermophilus*）	0.41	0.57	2.23	3.33	2.04	6.54	3.67	4.20	22.99
厌氧绳菌科的 1 种（g_f_Anaerolineaceae）	0.81	1.01	1.49	2.03	2.49	2.36	3.84	2.90	16.93
玫瑰弯菌科的 1 种（f_Roseiflexaceae）	0.37	1.14	1.19	2.05	2.05	2.87	3.27	3.05	15.98
小单孢菌科的 1 种（f_Micromonosporaceae）	0.22	1.10	1.79	1.91	1.83	2.20	2.61	2.09	13.76
候选科 A4b 的 1 种来自堆肥的细菌（compost_bacterium_g_f_A4b）	0.20	0.61	0.70	1.26	1.28	2.34	2.86	3.40	12.65
候选目 JG30-KF-CM45 的 1 种（g_f_JG30-KF-CM45）	1.41	1.64	1.28	1.26	1.01	1.47	1.86	2.13	12.06
粪热杆菌属的 1 种（g_*Coprothermobacter*）	0.10	0.01	0.76	2.18	3.57	0.55	1.84	2.32	11.32
候选目 KIST-JJY010 的 1 种（g_f_o_KIST-JJY010）	3.82	2.40	1.27	1.08	0.63	0.44	0.61	0.57	10.82
友邻杆菌目的 1 种（g_f_o_Vicinamibacterales）	0.07	0.16	0.38	0.86	0.92	1.69	2.18	2.36	8.62
S0134 陆生菌群的 1 纲的 1 种来自堆肥的细菌（compost_bacterium_g_f_o_c_S0134_terrestrial_group）	0.11	0.17	1.31	1.00	1.64	1.01	0.85	1.02	7.11
热黄微菌属的 1 种（g_*Thermoflavimicrobium*）	0.31	0.51	1.85	1.02	0.55	0.48	0.55	1.03	6.31
热普通链霉菌（*Streptomyces thermovulgaris*）	0.07	2.67	1.25	0.37	0.47	0.43	0.54	0.45	6.26
厌氧绳菌属的 1 种（g_*Anaerolinea*）	0.12	0.41	0.62	0.96	1.25	1.18	1.06	0.65	6.23
绿弯菌门厌氧绳菌科的 1 种（Chloroflexi_bacterium_g_f_Anaerolineaceae）	1.37	1.17	0.96	0.60	0.63	0.53	0.54	0.33	6.12
S0134 陆生菌群的 1 纲的 1 种（g_f_o_c_S0134_terrestrial_group-2）	0.08	0.16	0.40	1.06	1.11	0.98	0.93	1.24	5.97
热红短芽胞杆菌（*Brevibacillus thermoruber*）	0.01	1.33	0.62	0.62	0.73	0.79	0.84	0.90	5.84
双孢热双孢菌（*Thermobispora bispora*）	0.03	0.06	1.37	1.29	1.37	0.37	0.39	0.65	5.54
特吕珀菌属的 1 种（g_*Truepera*）	0.13	1.15	0.63	0.85	0.67	0.89	0.59	0.47	5.39
线微菌属的 1 种（g_*Filomicrobium*）	0.09	0.32	0.60	0.77	0.74	0.97	0.87	1.02	5.37
棘孢小单孢菌（*Micromonospora echinospora*）	0.19	0.40	0.65	0.91	1.14	1.20	0.28	0.56	5.34
淤泥生孢菌属的 1 种（g_*Lutispora*）	0.09	0.19	1.44	0.68	0.53	0.80	0.43	0.91	5.07
球丝菌属的 1 种（g_*Kouleothrix*）	3.23	0.11	0.94	0.30	0.26	0.03	0.02	0.04	4.93
嗜热共生杆菌（*Symbiobacterium thermophilum*）	0.05	0.09	1.86	1.25	0.56	0.21	0.23	0.57	4.84
微丝菌目的 1 种（g_f_o_Microtrichales）	0.64	0.43	0.36	0.52	0.43	0.72	0.88	0.79	4.77
嗜热尿素芽胞杆菌（*Ureibacillus thermophilus*）	1.14	0.53	0.93	0.75	0.44	0.35	0.19	0.36	4.68
沉积物水垣杆菌（*Mizugakiibacter sediminis*）	0.11	2.28	0.55	0.06	0.21	0.89	0.24	0.13	4.47

续表

物种名称	膜发酵过程细菌种的含量 /%								总和 /%
	0d	3d	6d	9d	12d	21d	24d	27d	
马杜拉放线菌属的 1 种（g_*Actinomadura*）	0.10	3.22	0.24	0.07	0.21	0.24	0.27	0.12	4.46
海洋放线菌目的 1 种来自堆肥的细菌（compost_bacterium_g_f_o_Actinomarinales）	0.17	0.16	0.44	0.65	0.58	0.72	0.86	0.82	4.40
候选纲 KD4-96 的 1 种（g_f_o_c_KD4-96）	0.95	0.67	0.80	0.60	0.51	0.30	0.22	0.16	4.20
链霉菌属的 1 种（g_*Streptomyces*）	0.02	3.51	0.12	0.04	0.10	0.09	0.13	0.07	4.08
嗜热淤泥生孢菌（*Lutispora thermophila*）	0.32	0.09	0.76	0.91	0.63	0.36	0.40	0.58	4.06
候选属 IMCC26207 的 1 种（g_IMCC26207）	1.16	0.58	0.77	0.59	0.48	0.13	0.14	0.18	4.04
糖单胞菌目的 1 种（g_f_o_Saccharimonadales）	1.25	0.89	0.56	0.31	0.40	0.16	0.19	0.23	3.99
热双孢菌属的 1 种来自堆肥的细菌（compost_bacterium_g_*Thermobispora*）	0.03	0.05	0.88	0.86	0.80	0.25	0.27	0.47	3.61
回肠龙包茨氏菌（*Romboutsia ilealis*）	0.52	0.88	0.39	0.41	0.39	0.32	0.26	0.29	3.46
湖绳菌科的 1 种来自堆肥的细菌（compost_bacterium_g_f_Limnochordaceae）	0.03	0.04	0.81	1.00	0.84	0.18	0.22	0.32	3.44
候选目 SBR1031 的 1 种（g_f_o_SBR1031）	0.83	0.53	0.43	0.35	0.34	0.34	0.32	0.31	3.44
生丝微菌属的 1 种（g_*Hyphomicrobium*）	0.60	0.52	0.41	0.33	0.40	0.41	0.39	0.35	3.40
暖绳菌科的 1 种（g_f_Caldilineaceae-1）	0.89	0.66	0.36	0.24	0.29	0.36	0.34	0.25	3.40
广布杆菌属的 1 种来自堆肥的细菌（compost_bacterium_g_*Vulgatibacter*）	0.03	0.04	0.44	0.62	0.75	0.45	0.42	0.59	3.34
高温单孢菌属的 1 种（g_*Thermomonospora*）	0.03	0.07	0.58	0.38	0.68	0.47	0.47	0.67	3.34
赖氨酸芽胞杆菌属的 1 种（g_*Lysinibacillus*）	1.60	0.08	0.34	0.19	0.49	0.11	0.32	0.18	3.32
酸杆菌纲出芽小链菌科的 1 种（Acidobacteria_bacterium_g_f_Blastocatellaceae）	1.52	1.36	0.29	0.08	0.02	0.02	0.01	0.00	3.31
金色线菌属的 1 种（g_*Chryseolinea*）	0.08	1.15	0.53	0.29	0.24	0.45	0.29	0.27	3.28
束缚杆菌属的 1 种（g_*Conexibacter*）	0.69	0.70	0.27	0.46	0.29	0.25	0.28	0.30	3.24
候选科 SRB2 的 1 种（g_f_SRB2）	0.18	0.03	1.32	0.63	0.48	0.17	0.16	0.19	3.15
太白山菌属的 1 种（g_*Taibaiella*）	0.03	0.12	0.13	0.23	0.34	0.54	0.97	0.76	3.12
候选科 LWQ8 的 1 种（g_f_LWQ8）	1.26	0.57	0.42	0.22	0.30	0.09	0.09	0.12	3.07
候选目 RBG-13-54-9 的 1 种（g_f_o_RBG-13-54-9）	1.00	0.71	0.72	0.27	0.18	0.06	0.05	0.06	3.05
短芽胞杆菌属的 1 种（g_*Brevibacillus*）	0.05	0.75	0.48	0.37	0.29	0.42	0.34	0.34	3.03
黄色杆菌科的 1 种（f_Xanthobacteraceae）	0.92	0.53	0.42	0.32	0.28	0.30	0.11	0.11	2.98
友邻杆菌目的 1 种（g_f_o_Vicinamibacterales）	0.37	0.59	0.16	0.27	0.26	0.45	0.54	0.32	2.96
候选属 CL500-29_marine_group 的 1 种来自宏基因组的细菌（metagenome_g_CL500-29_marine_group）	1.14	0.06	0.64	0.43	0.36	0.11	0.06	0.10	2.89
芽胞杆菌属的 1 种（g_*Bacillus*）	0.55	0.33	0.45	0.25	0.43	0.21	0.34	0.31	2.88
台湾假黄单胞菌（*Pseudoxanthomonas taiwanensis*）	0.43	0.66	0.49	0.43	0.29	0.11	0.11	0.12	2.64

续表

物种名称	膜发酵过程细菌种的含量 /%								总和 /%
	0d	3d	6d	9d	12d	21d	24d	27d	
绿弯菌门候选科 AKYG1722 的 1 种（Chloroflexi_bacterium_g_f_AKYG1722）	0.07	0.40	0.17	0.26	0.27	0.37	0.58	0.47	2.59
红游动菌属的 1 种（g_*Rhodoplanes*）	0.76	0.52	0.45	0.25	0.20	0.17	0.11	0.12	2.57
候选苏美神菌属的 1 种（g_*Sumerlaea*）	0.05	0.08	0.05	0.21	0.16	0.62	0.55	0.72	2.43
候选纲 OLB14 的 1 种（g_f_o_c_OLB14）	0.48	0.10	0.26	0.36	0.25	0.29	0.26	0.33	2.32
候选目 DS-100 的 1 种（g_f_o_DS-100）	1.24	0.34	0.32	0.22	0.09	0.07	0.02	0.01	2.31
嗜热芽胞杆菌属的 1 种（g_*Thermobacillus*）	0.02	0.02	0.56	0.51	0.60	0.19	0.11	0.23	2.24
候选目 Run-SP154 的 1 种来自宏基因组的细菌（metagenome_g_f_o_Run-SP154）	0.68	0.22	0.37	0.33	0.29	0.11	0.11	0.12	2.22
候选纲 D8A-2 的 1 种（g_f_o_c_D8A-2）	0.01	0.00	0.75	0.38	0.38	0.10	0.11	0.42	2.14
共生杆菌属的 1 种（g_*Symbiobacterium*）	0.06	0.05	0.77	0.37	0.28	0.16	0.18	0.27	2.14
热解聚施莱格尔氏菌（*Schlegelella thermodepolymerans*）	0.07	0.23	0.43	0.52	0.65	0.07	0.06	0.11	2.14
暖绳菌科的 1 种来自宏基因组的细菌（metagenome_g_f_Caldilineaceae）	1.14	0.58	0.34	0.04	0.02	0.00	0.00	0.00	2.13
湖杆菌属的 1 种（g_*Limnobacter*）	0.37	0.66	0.45	0.20	0.19	0.12	0.06	0.06	2.11
候选目 SBR1031 暖绳菌科的 1 种（Caldilineaceae_bacterium_g_f_o_SBR1031）	0.92	0.37	0.47	0.13	0.14	0.04	0.02	0.02	2.11
暖绳菌科的 1 种（g_f_Caldilineaceae-1）	0.79	0.49	0.41	0.15	0.14	0.03	0.03	0.02	2.07
候选科 A4b 的 1 种（g_f_A4b）	0.67	0.37	0.22	0.16	0.19	0.19	0.10	0.13	2.03
亨盖特氏梭菌科的 1 种（f_Hungateiclostridiaceae）	0.10	0.03	0.61	0.41	0.39	0.11	0.10	0.24	2.01

（2）独有种类和共有种类　膜发酵阶段细菌种共有种类和独有种类见图 3-112。在细菌种水平上，发酵不同阶段的共有种类 912 种，与细菌属水平相比较独有种类有所增加。独有种类在发酵初期（0d）时有 44 种，发酵 3d 有 40 种，发酵 6d 有 6 种，发酵 9d 有 2 种，发酵 12d 有 2 种，发酵 21d 有 1 种，发酵 24d 有 1 种，发酵 27d 有 1 种，所有的发酵阶段都有独有种类。但是独有种类与共有种类比较，占比很小，表明发酵过程的细菌种来源于发酵物料，经过 27d 的发酵，细菌种在特定阶段出现增减，其余都在发酵过程中发挥作用。不同发酵阶段的细菌种种类有所差别，种类最多的是发酵初期（0d），细菌种 1860 种；最少的是发酵 27d，细菌种仅 1323 种。

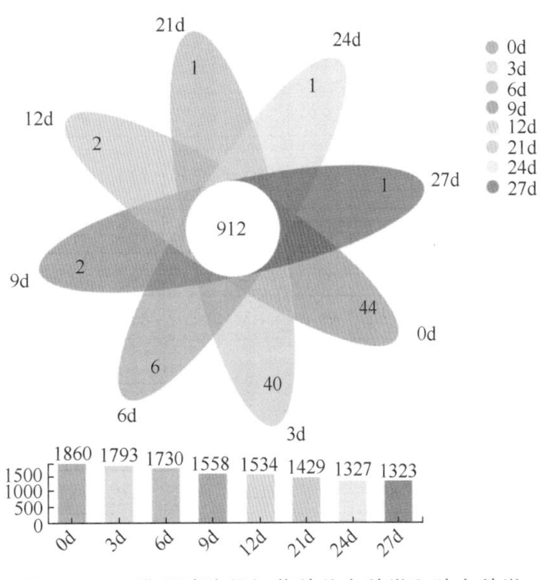

图 3-112　膜发酵阶段细菌种共有种类和独有种类

（3）菌群组成结构　膜发酵过程细菌种组成结构见图3-113。不同发酵阶段细菌种优势菌群存在差异，发酵初期（0d）高含量前 5 的优势菌群为候选目 KIST-JJY010 的 1 种（3.82%）> 候选目 SBR1031 的 1 种来自厌氧池宏基因组的细菌（3.63%）> 球丝菌属的 1 种（3.23%）> 候选目 SBR1031 的 1 种（2.64 %）> 赖氨酸芽胞杆菌属的 1 种（1.60%）；3d 的优势菌群为候选目 SBR1031 的 1 种来自厌氧池宏基因组的细菌（4.84%）> 候选目 SBR1031 的 1 种（4.07%）> 链霉菌属的 1 种（3.51%）> 马杜拉放线菌属的 1 种（3.22%）> 热普通链霉菌（2.67%）；6d 的优势菌群为候选目 SBR1031 的 1 种来自厌氧池宏基因组的细菌（9.09%）> 候选目 SBR1031 的 1 种（3.82%）> S0134 陆生菌群的 1 纲的 1 种（g_f_o_c_S0134_ terrestrial_group-1）（2.69%）> 嗜热球形杆菌（2.23%）> 嗜热共生杆菌（1.86%）；9d 的优势菌群为候选目 SBR1031 的 1 种来自厌氧池宏基因组的细菌（14.93%）> 候选目 SBR1031 的 1 种（g_f_o_SBR1031）（5.21%）> S0134 陆生菌群的 1 纲的 1 种（g_f_o_c_S0134_terrestrial_group-1）（5.14%）> 嗜热球形杆菌（3.33%）> 粪热杆菌属的 1 种（2.18%）；12d 的优势菌群为候选目 SBR1031 的 1 种来自厌氧池宏基因组的细菌（13.88%）> S0134 陆生菌群的 1 纲的 1 种（g_f_o_c_S0134_terrestrial_group-1）（7.43%）> 候选目 SBR1031 的 1 种（5.55%）> 粪热杆菌属的 1 种（3.57%）> 厌氧绳菌科的 1 种（2.49%）；21d 的优势菌群为候选目 SBR1031 的 1 种来自厌氧池宏基因组的细菌（18.53%）>S0134 陆生菌群的 1 纲的 1 种（g_f_o_c_S0134_ terrestrial_group-1）（10.15%）> 嗜热球形杆菌（6.54%）> 候选目 SBR1031 的 1 种（5.56%）> 玫瑰弯菌科的 1 种（2.87%）；24d 的优势菌群为候选目 SBR1031 的 1 种来自厌氧池宏基因组的细菌（23.84%）>S0134 陆生菌群的 1 纲的 1 种（g_f_o_c_S0134_terrestrial_group-1）（6.60%）> 候选目 SBR1031 的 1 种（5.25%）> 厌氧绳菌科的 1 种（3.84%）> 嗜热球形杆菌（3.67%）；27d 的优势菌群为候选目 SBR1031 的 1 种来自厌氧池宏基因组的细菌（21.15%）> S0134 陆生菌群的 1 纲的 1 种（g_f_o_c_S0134_terrestrial_group-1）（5.50%）> 候选目 SBR1031 的 1 种（4.62%）> 嗜热球形杆菌（4.20%）> 候选科 A4b 的 1 种来自堆肥的细菌（3.40%）。

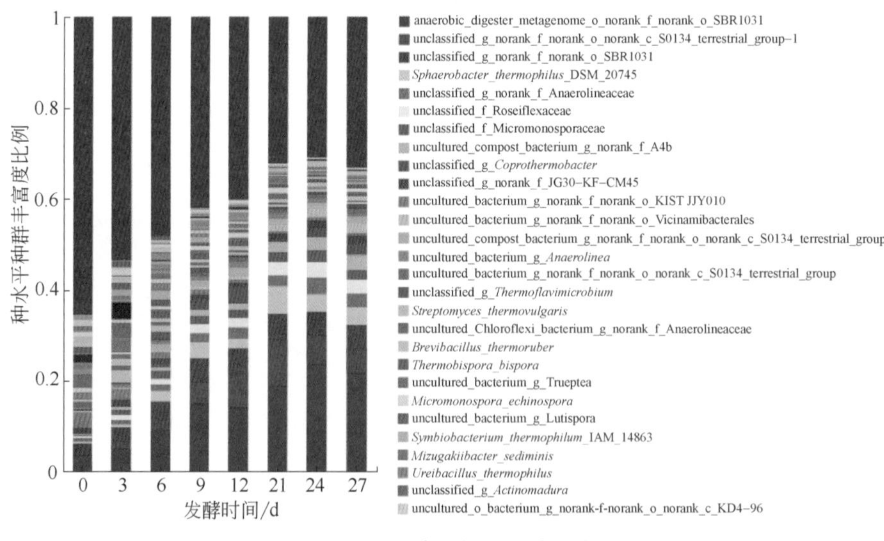

图 3-113　膜发酵过程细菌种组成结构

2. 菌群系统差异

（1）优势菌群热图分析　膜发酵过程细菌种菌群热图分析见图 3-114。从菌群聚类看，发酵过程前 30 个高含量细菌种菌群可以聚为 3 组，第 1 组高含量组，包括了 8 个细菌种，即友邻杆菌目的 1 种（8.62%）、候选目 JG30-KF-CM45 的 1 种（12.06%）、玫瑰弯菌科的 1 种（15.98%）、厌氧绳菌科的 1 种（16.93%）、小单孢菌科的 1 种（13.76%）、候选科 A4b 的 1 种来自堆肥的细菌（12.65%）、候选目 SBR1031 的 1 种来自厌氧池宏基因组的细菌（109.88%）、嗜热球形杆菌（22.99%）；第 2 组中含量组，包括了 19 个细菌种，即 S0134 陆生菌群的 1 纲的 1 种（g_f_o_c_S0134_terrestrial_group-1）（38.76%）、候选目 SBR1031 的 1 种（36.72%）、粪热杆菌属的 1 种（11.32%）、候选目 KIST-JJY010 的 1 种（10.82%）、S0134 陆生菌群的 1 纲的 1 种来自堆肥的细菌（7.11%）、热黄微菌属的 1 种（6.31%）、热普通链霉菌（6.26%）、厌氧绳菌属的 1 种（6.23%）、绿弯菌门厌氧绳菌科的 1 种（6.12%）、S0134 陆生菌群的 1 纲的 1 种（g_f_o_c_S0134_terrestrial_group-2）（5.97%）、热红短芽胞杆菌（5.84%）、双孢热双孢菌（5.54%）、特吕珀菌属的 1 种（5.39%）、线微菌属的 1 种（5.37%）、棘孢小单孢菌（5.34%）、淤泥生孢菌属的 1 种（5.07%）、球丝菌属的 1 种（4.93%）、嗜热共生杆菌（4.84%）、嗜热尿素芽胞杆菌（4.68%）；第 3 组低含量组，包括了 2 个细菌种，即沉积物水垣杆菌（4.47%）、马杜拉放线菌属的 1 种（4.46%）。

从发酵阶段上看，膜发酵过程可分为 3 个阶段，第 1 阶段为发酵初期，包括了 0d，此时 8 个高含量细菌种总和为 8.52%，显著低于第 2 阶段；第 2 阶段为发酵中期，包括了 3d、6d，此时 8 个高含量细菌种总和为 18.66%，显著低于第 3 阶段；第 3 阶段为发酵后期，包括了 9d、12d、21d、24d、27d，此时 8 个高含量细菌种总和为 44.36%。

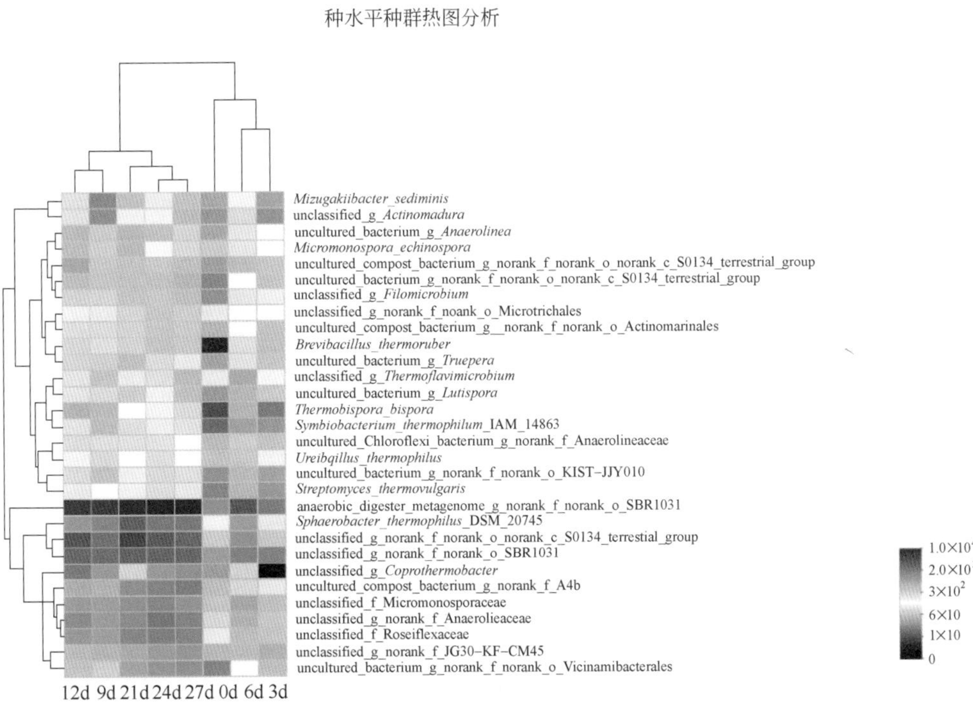

种水平种群热图分析

图 3-114　膜发酵过程细菌种菌群热图分析

（2）菌群样本坐标分析　膜发酵过程不同时间采样样本细菌种微生物组主坐标分析（PCoA）见图 3-115，偏最小二乘法判别分析（PLS-DA）见图 3-116。主坐标分析结果表明，发酵过程 0 ～ 3d 样本细菌种微生物组主要落在第 1 象限和第 4 象限同一区域内，6d 样本细菌种微生物组主要落在第 1 象限和第 4 象限同一区域内，9 ～ 27d 样本细菌种微生物组主要落在第 2 象限和第 3 象限，主坐标分析可以总体地区分出发酵阶段的样本分布。

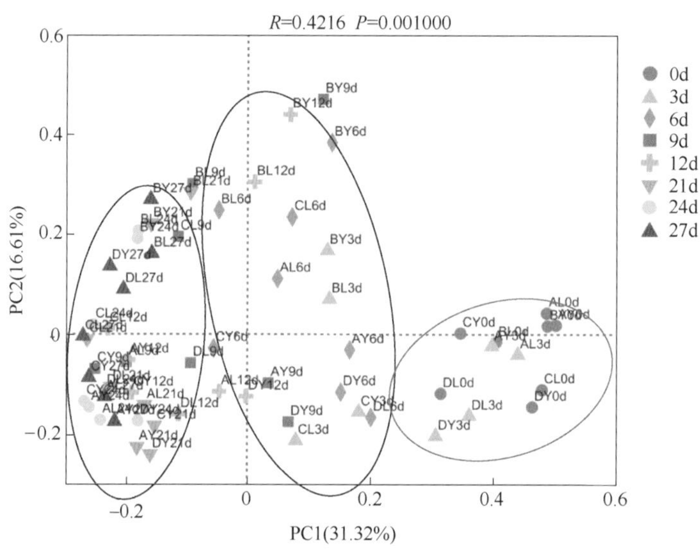

图 3-115　膜发酵过程样本细菌种微生物组主坐标分析（PCoA）

偏最小二乘法判别分析（PLS-DA）结果进一步表明，发酵过程 0d 样本细菌种微生物组主要落在同一个区域，在第 3 象限处；3 ～ 6d 样本微生物组主要落在同一个区域，横跨第 2 象限和第 4 象限；12 ～ 27d 样本微生物组主要落在同一个区域，处于第 1 象限和第 4 象限；PLS-DA 分析可以总体地区分出发酵阶段的样本分布，样本间形成一定的交错（图 3-116）。

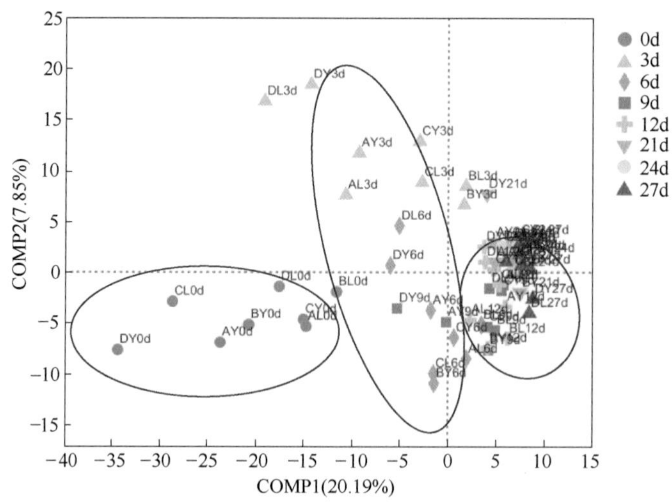

图 3-116　膜发酵过程样本细菌种微生物组偏最小二乘法判别分析（PLS-DA）

（3）发酵阶段菌群差异　膜发酵不同时间细菌种微生物组差异分析见图 3-117。分析结果表明 15 个细菌种为主要微生物组菌群，按含量大小排序，候选目 SBR1031 的 1 种来自厌氧池宏基因组的细菌（109.88%）>S0134 陆生菌群的 1 纲的 1 种（38.76%）> 候选目 SBR1031 的 1 种（36.72%）> 嗜热球形杆菌（22.99%）> 厌氧绳菌科的 1 种（16.93%）> 玫瑰弯菌科的 1 种（15.98%）> 小单孢菌科的 1 种（13.76%）> 候选科 A4b 的 1 种来自堆肥的细菌（12.65%）> 候选目 JG30-KF-CM45 的 1 种（12.06%）> 粪热杆菌属的 1 种（11.32%）> 候选目 KIST-JJY010 的 1 种（10.82%）> 友邻杆菌目的 1 种（8.62%）> S0134 陆生菌群的 1 纲的 1 种来自堆肥的细菌（7.11%）> 热黄微菌属的 1 种（6.31 %）> 热普通链霉菌（6.26%）。不同的细菌种菌群在不同的发酵阶段数量差异的显著性不同，S0134 陆生菌群的 1 纲的 1 种、候选目 JG30-KF-CM45 的 1 种、候选目 KIST-JJY010 的 1 种 3 个细菌种群不同发酵时间差异不显著，其余的差异显著。

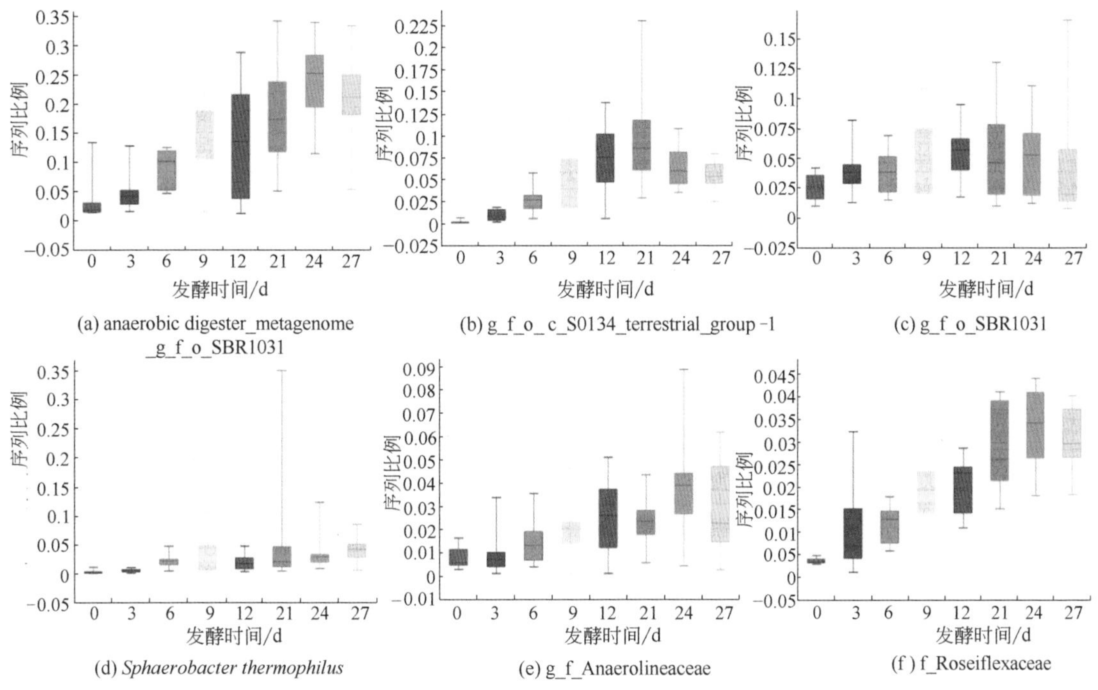

(a) anaerobic digester_metagenome_g_f_o_SBR1031　(b) g_f_o_c_S0134_terrestrial_group -1　(c) g_f_o_SBR1031

(d) *Sphaerobacter thermophilus*　(e) g_f_Anaerolineaceae　(f) f_Roseiflexaceae

图 3-117　膜发酵阶段细菌种优势菌群数量动态

细菌优势种发酵过程曲线特征也不一致，其中高含量的 6 个细菌种，候选目 SBR1031 的 1 种来自厌氧池宏基因组的细菌发酵过程数量变化属于后峰型，S0134 陆生菌群的 1 纲的 1 种发酵过程数量变化属于后峰型，候选目 SBR1031 的 1 种发酵过程数量变化属于平稳型，嗜热球形杆菌发酵过程数量变化属于后峰型，厌氧绳菌科的 1 种发酵过程数量变化属于后峰型，玫瑰弯菌科的 1 种发酵过程数量变化属于后峰型（图 3-118）。

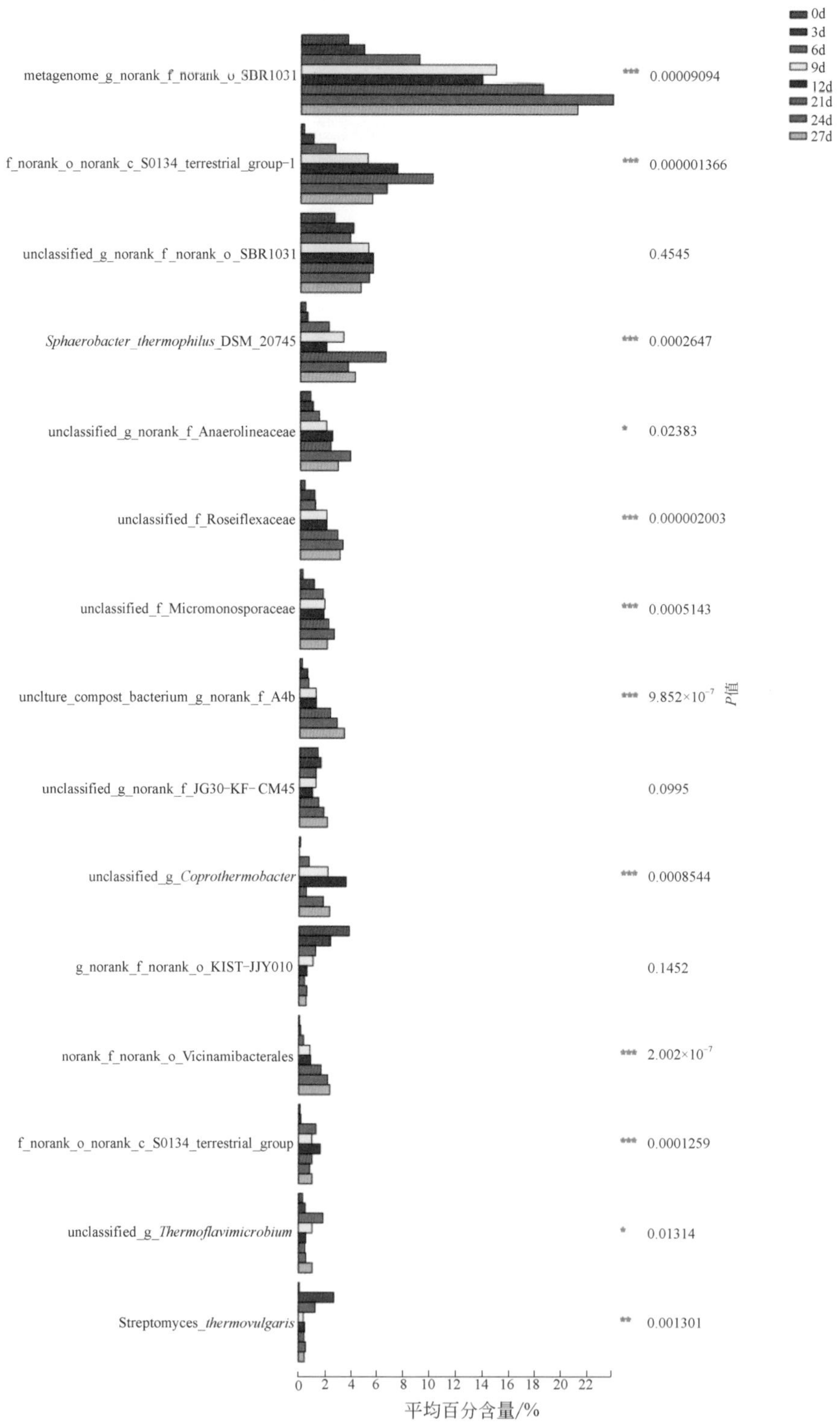

0d
3d
6d
9d
12d
21d
24d
27d

metagenome_g_norank_f_norank_o_SBR1031 *** 0.00009094

f_norank_o_norank_c_S0134_terrestrial_group-1 *** 0.000001366

unclassified_g_norank_f_norank_o_SBR1031 0.4545

*Sphaerobacter_thermophilus*_DSM_20745 *** 0.0002647

unclassified_g_norank_f_Anaerolineaceae * 0.02383

unclassified_f_Roseiflexaceae *** 0.000002003

unclassified_f_Micromonosporaceae *** 0.0005143

unclture_compost_bacterium_g_norank_f_A4b *** 9.852×10^{-7}

unclassified_g_norank_f_JG30-KF-CM45 0.0995

unclassified_g_*Coprothermobacter* *** 0.0008544

g_norank_f_norank_o_KIST-JJY010 0.1452

norank_f_norank_o_Vicinamibacterales *** 2.002×10^{-7}

f_norank_o_norank_c_S0134_terrestrial_group *** 0.0001259

unclassified_g_*Thermoflavimicrobium* * 0.01314

Streptomyces_*thermovulgaris* ** 0.001301

*P*值

0 2 4 6 8 10 12 14 16 18 20 22

平均百分含量/%

图 3-118 膜发酵不同时间细菌种微生物组差异分析

（4）菌群系统进化分析　膜发酵不同时间 50 个主要细菌种微生物组系统进化分析见图 3-119。从进化树看，候选目 SBR1031 的 1 种来自厌氧池宏基因组的细菌（109.88%）> S0134 陆生菌群的 1 纲的 1 种（38.76%）> 候选目 SBR1031 的 1 种（36.72%）> 嗜热球形杆菌（22.99%）> 厌氧绳菌科的 1 种（16.93%）> 玫瑰弯菌科的 1 种（15.98%）> 小单孢菌科的 1 种（13.76%）> 候选科 A4b 的 1 种来自堆肥的细菌（12.65%）等 8 个细菌种为发酵过程的主要细菌种，且在整个膜发酵过程中 8 个优势菌群都在起作用；其余的种类含量较低，发酵过程起的作用较小。

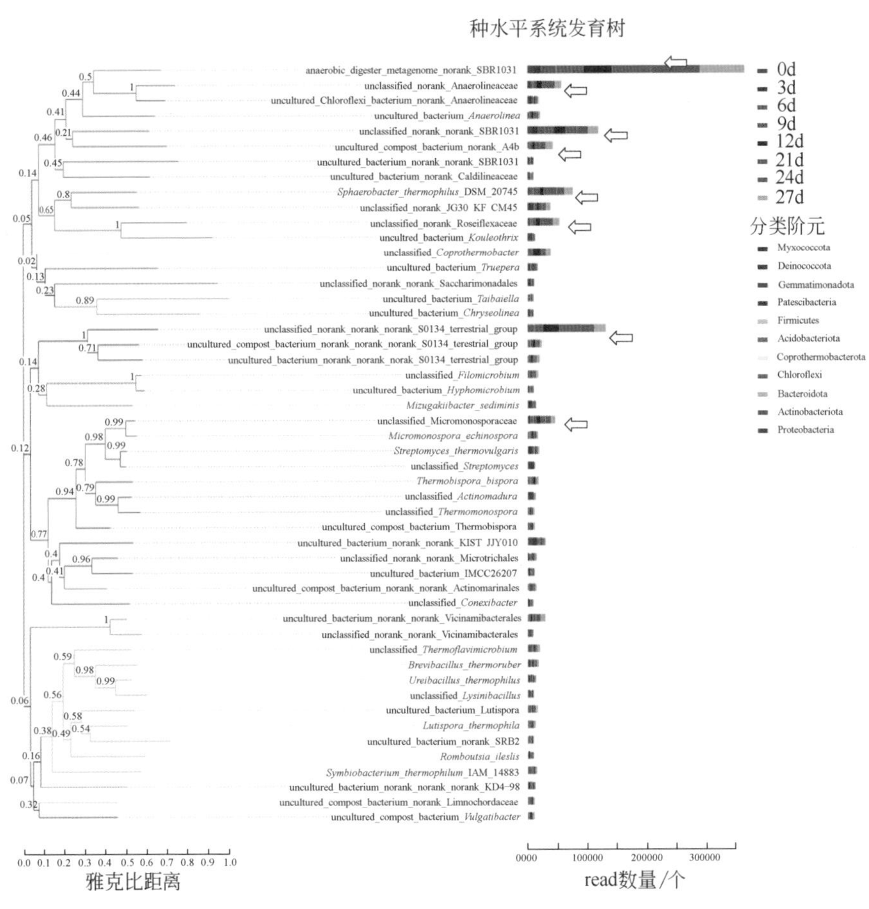

图 3-119　膜发酵不同时间细菌种微生物组系统进化分析

3. 菌群生态学特性

（1）优势菌群的数量变化　膜发酵阶段细菌种优势菌群数量变化动态见图 3-120。候选目 SBR1031 的 1 种来自厌氧池宏基因组的细菌发酵过程数量总和为 109.88%，随着发酵进程，候选目 SBR1031 的 1 种来自厌氧池宏基因组的细菌数量逐渐增加，属于后峰型曲线，幂指数方程为 y(adm1031) =3.2144$x^{0.9625}$（R^2=0.9523）；S0134 陆生菌群的 1 纲的 1 种发酵过程数量总和为 38.76%，随着发酵进程，细菌种数量逐渐增加，21d 到达峰值，属于后峰型曲线，

幂指数方程为 y（s0134）=0.3394$x^{1.6789}$（R^2=0.8913）；候选目 SBR1031 的 1 种发酵过程数量总和为 36.72%，随着发酵进程，细菌种数量平稳变化，曲线属于平稳性，幂指数方程为 y（sbr1031）=2.9462$x^{0.3149}$（R^2=0.753）；嗜热球形杆菌发酵过程数量总和为 22.99%，随着发酵进程，细菌种数量逐渐增加，21d 到达峰值，而后逐渐下降到发酵结束，属于后峰型曲线，幂指数方程为 y（st20745）=0.3898$x^{1.2659}$（R^2=0.8369）；厌氧绳菌科的 1 种发酵过程数量总和为 16.93%，随着发酵进程，细菌种数量逐渐增加，属于后峰型曲线，幂指数方程为 y（ana）= 0.7178$x^{0.7295}$（R^2=0.9267）。

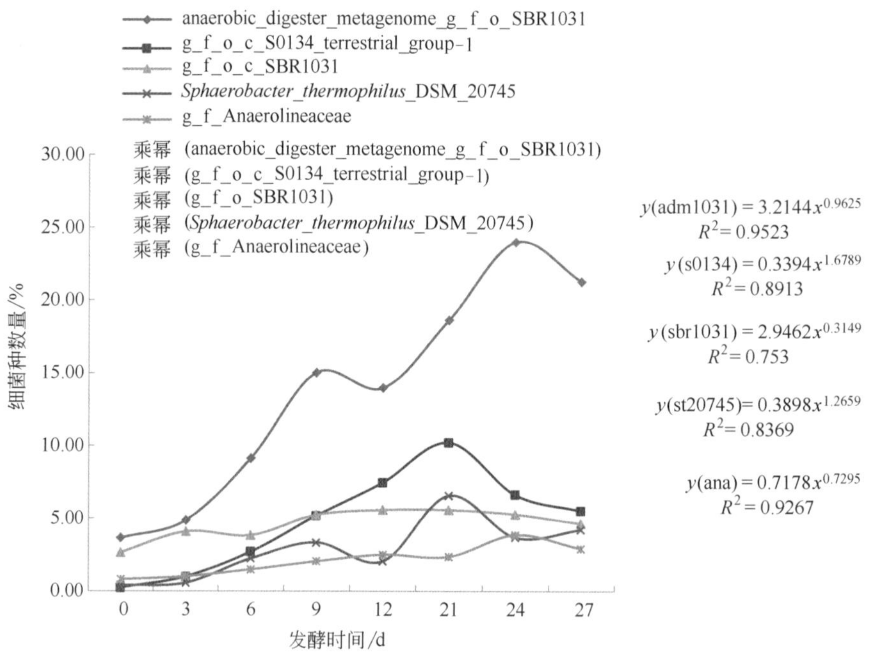

图 3-120　膜发酵阶段细菌种优势菌群数量变化动态

（2）优势菌群多样性指数　利用表 3-101，选用发酵过程细菌种占比总和 >2.0% 的 74 个细菌种构建数据矩阵，以细菌种为样本，发酵时间为指标，统计主要细菌种的多样性指数，膜发酵过程主要细菌种的多样性指数见表 3-102。分析结果表明，发酵过程细菌种数量占比累计值最高为候选目 SBR1031 的 1 种来自厌氧池宏基因组的细菌（109.88%），最低的是亨盖特氏梭菌科的 1 种（2.01%）；从丰富度上看，最高的是亨盖特氏梭菌科的 1 种（10.05），最低的为候选目 SBR1031 的 1 种来自厌氧池宏基因组的细菌（1.49）；优势度指数的范围为 0.34（链霉菌属的 1 种）～ 1.61（候选科 A4b 的 1 种）；香农指数范围为 0.67（链霉菌属的 1 种）～ 2.06（生丝微菌属的 1 种）；均匀度指数范围 0.32（链霉菌属的 1 种）～ 0.99（生丝微菌属的 1 种）。物种丰富度与优势度指数关系较为密切；香农指数与均匀度指数关系密切，均匀度指数越高，香农指数越高。

表 3-102　膜发酵过程主要细菌种的多样性指数

物种名称	占有发酵单元数	数量/%	丰富度指数	优势度指数 (*D*)	香农指数 (*H*)	均匀度指数
候选目 SBR1031 的 1 种来自厌氧池宏基因组的细菌（anaerobic_digester_metagenome_g_f_o_SBR1031）	8	109.88	1.49	0.85	1.94	0.93
S0134 陆生菌群的 1 纲的 1 种（g_f_o_c_S0134_terrestrial_group-1）	8	38.76	1.91	0.84	1.83	0.88
候选目 SBR1031 的 1 种（g_f_o_SBR1031）	8	36.72	1.94	0.89	2.06	0.99
嗜热球形杆菌（*Sphaerobacter thermophilus*）	8	22.99	2.23	0.86	1.85	0.89
厌氧绳菌科的 1 种（g_f_Anaerolineaceae）	8	16.93	2.47	0.90	1.98	0.95
玫瑰弯菌科的 1 种（f_Roseiflexaceae）	8	15.98	2.53	0.90	1.94	0.93
小单孢菌科的 1 种（f_Micromonosporaceae）	8	13.76	2.67	0.92	1.97	0.95
候选科 A4b 的 1 种来自堆肥的细菌（compost_bacterium_g_f_A4b）	8	12.65	2.76	0.89	1.84	0.88
候选目 JG30-KF-CM45 的 1 种（g_f_JG30-KF-CM45）	8	12.06	2.81	0.95	2.05	0.99
粪热杆菌属的 1 种（g_*Coprothermobacter*）	8	11.32	2.88	0.86	1.67	0.81
候选目 KIST-JJY010 的 1 种（g_f_o_KIST-JJY010）	8	10.82	2.94	0.87	1.80	0.86
友邻杆菌目的 1 种（g_f_o_Vicinamibacterales）	8	8.62	3.25	0.90	1.74	0.84
S0134 陆生菌群的 1 纲的 1 种来自堆肥的细菌（compost_bacterium_g_f_o_c_S0134_terrestrial_group）	8	7.11	3.57	0.97	1.89	0.91
热黄微菌属的 1 种（g_*Thermoflavimicrobium*）	8	6.31	3.80	0.99	1.92	0.93
热普通链霉菌（*Streptomyces thermovulgaris*）	8	6.26	3.82	0.89	1.68	0.81
厌氧绳菌属的 1 种（g_*Anaerolinea*）	8	6.23	3.83	1.01	1.94	0.93
绿弯菌门厌氧绳菌科的 1 种（Chloroflexi_bacterium_g_f_Anaerolineaceae）	8	6.12	3.86	1.02	1.99	0.95
S0134 陆生菌群的 1 纲的 1 种（g_f_o_c_S0134_terrestrial_group-2）	8	5.97	3.92	1.00	1.87	0.90
热红短芽胞杆菌（*Brevibacillus thermoruber*）	8	5.84	3.97	1.02	1.92	0.93
双孢热双孢菌（*Thermobispora bispora*）	8	5.54	4.09	0.98	1.73	0.83
特吕珀菌属的 1 种（g_*Truepera*）	8	5.39	4.16	1.05	1.97	0.95
线微菌属的 1 种（g_*Filomicrobium*）	8	5.37	4.16	1.04	1.95	0.94
棘孢小单孢菌（*Micromonospora echinospora*）	8	5.34	4.18	1.03	1.93	0.93
淤泥生孢菌属的 1 种（g_*Lutispora*）	8	5.07	4.31	1.03	1.87	0.90
球丝菌属的 1 种（g_*Kouleothrix*）	8	4.93	4.39	0.66	1.10	0.53
嗜热共生杆菌（*Symbiobacterium thermophilum*）	8	4.84	4.44	0.95	1.63	0.78
微丝菌目的 1 种（g_f_o_Microtrichales）	8	4.77	4.48	1.09	2.04	0.98
嗜热尿素芽胞杆菌属（*Ureibacillus thermophilus*）	8	4.68	4.53	1.07	1.95	0.94
沉积物水垣杆菌（*Mizugakiibacter sediminis*）	8	4.47	4.67	0.87	1.48	0.71
马杜拉放线菌属的 1 种（g_*Actinomadura*）	8	4.46	4.68	0.60	1.11	0.53

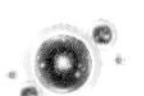

续表

物种名称	占有发酵单元数	数量/%	丰富度指数	优势度指数(D)	香农指数(H)	均匀度指数
海洋放线菌目的1种来自堆肥的细菌（compost_bacterium_g_f_o_Actinomarinales）	8	4.40	4.72	1.10	1.95	0.94
候选纲 KD4-96 的1种（g_f_o_c_KD4-96）	8	4.20	4.88	1.11	1.94	0.93
链霉菌属的1种（g_*Streptomyces*）	8	4.08	4.97	0.34	0.67	0.32
嗜热淤泥生孢菌（*Lutispora thermophila*）	8	4.06	5.00	1.12	1.95	0.94
候选属 IMCC26207 的1种（g_IMCC26207）	8	4.04	5.02	1.09	1.86	0.89
糖单胞菌目的1种（g_f_o_Saccharimonadales）	8	3.99	5.06	1.08	1.84	0.89
热双孢菌属的1种来自堆肥的细菌（compost_bacterium_g_*Thermobispora*）	8	3.61	5.46	1.12	1.76	0.85
回肠龙包茨氏菌（*Romboutsia ilealis*）	8	3.46	5.63	1.20	2.00	0.96
湖绳菌科的1种来自堆肥的细菌（compost_bacterium_g_f_Limnochordaceae）	8	3.44	5.67	1.11	1.69	0.81
候选目 SBR1031 的1种（g_f_o_SBR1031）	8	3.44	5.67	1.21	2.02	0.97
生丝微菌属的1种（g_*Hyphomicrobium*）	8	3.40	5.72	1.23	2.06	0.99
暖绳菌科的1种（g_f_Caldilineaceae-1）	8	3.40	5.72	1.19	1.97	0.95
广布杆菌属的1种来自堆肥的细菌（compost_bacterium_g_*Vulgatibacter*）	8	3.34	5.80	1.19	1.85	0.89
高温单孢菌属的1种（g_*Thermomonospora*）	8	3.34	5.80	1.19	1.87	0.90
赖氨酸芽胞杆菌属的1种（g_*Lysinibacillus*）	8	3.32	5.84	1.03	1.62	0.78
酸杆菌纲出芽小链菌科的1种（Acidobacteria_bacterium_g_f_Blastocatellaceae）	8	3.31	5.84	0.88	1.12	0.54
金色线菌属的1种（g_*Chryseolinea*）	8	3.28	5.89	1.16	1.84	0.89
束缚杆菌属的1种（g_*Conexibacter*）	8	3.24	5.96	1.23	1.99	0.96
候选科 SRB2 的1种（g_f_SRB2）	8	3.15	6.10	1.10	1.65	0.79
太白山菌属的1种（g_*Taibaiella*）	8	3.12	6.15	1.17	1.75	0.84
候选科 LWQ8 的1种（g_f_LWQ8）	8	3.07	6.24	1.13	1.70	0.82
候选目 RBG-13-54-9 的1种（g_f_o_RBG-13-54-9）	8	3.05	6.29	1.15	1.65	0.79
短芽胞杆菌属的1种（g_*Brevibacillus*）	8	3.03	6.32	1.26	1.95	0.94
黄色杆菌科的1种（f_Xanthobacteraceae）	8	2.98	6.41	1.24	1.88	0.90
友邻杆菌目的1种（g_f_o_Vicinamibacterales）	8	2.96	6.46	1.30	2.01	0.97
候选属 CL500-29_marine_group 的1种来自宏基因组的细菌（metagenome_g_CL500-29_marine_group）	8	2.89	6.59	1.16	1.65	0.79
芽胞杆菌属的1种（g_*Bacillus*）	8	2.88	6.62	1.32	2.04	0.98
台湾假黄单胞菌（*Pseudoxanthomonas taiwanensis*）	8	2.64	7.22	1.34	1.90	0.91
绿弯菌门候选科 AKYG1722 的1种（Chloroflexi_bacterium_g_f_AKYG1722）	8	2.59	7.35	1.38	1.95	0.94

续表

物种名称	占有发酵单元数	数量/%	丰富度指数	优势度指数 (*D*)	香农指数 (*H*)	均匀度指数
红游动菌属的 1 种（g_*Rhodoplanes*）	8	2.57	7.40	1.34	1.86	0.90
候选苏美神菌属的 1 种（g_*Sumerlaea*）	8	2.43	7.87	1.33	1.70	0.82
候选纲 OLB14 的 1 种（g_f_o_c_OLB14）	8	2.32	8.31	1.51	2.01	0.97
候选目 DS-100 的 1 种（g_f_o_DS-100）	8	2.31	8.38	1.16	1.40	0.67
嗜热芽胞杆菌属的 1 种（g_*Thermobacillus*）	8	2.24	8.68	1.43	1.71	0.82
候选目 Run-SP154 的 1 种来自宏基因组的细菌（metagenome_g_f_o_Run-SP154）	8	2.22	8.75	1.49	1.89	0.91
候选纲 D8A-2 的 1 种（g_f_o_c_D8A-2）	8	2.14	9.17	1.45	1.62	0.78
共生杆菌属的 1 种（g_*Symbiobacterium*）	8	2.14	9.18	1.49	1.80	0.86
热解聚施莱格尔氏菌（*Schlegelella thermodepolymerans*）	8	2.14	9.20	1.49	1.75	0.84
暖绳菌科的 1 种来自宏基因组的细菌（metagenome_g_f_Caldilineaceae）	8	2.13	9.28	1.16	1.13	0.54
湖杆菌属的 1 种（g_*Limnobacter*）	8	2.11	9.36	1.53	1.80	0.87
候选目 SBR1031 暖绳菌科的 1 种（Caldilineaceae_bacterium_g_f_o_SBR1031）	8	2.11	9.37	1.37	1.52	0.73
暖绳菌科的 1 种（g_f_Caldilineaceae-2）	8	2.07	9.62	1.45	1.58	0.76
候选科 A4b 的 1 种（g_f_A4b）	8	2.03	9.91	1.61	1.88	0.91
亨盖特氏梭菌科的 1 种（f_Hungateiclostridiaceae）	8	2.01	10.05	1.60	1.79	0.86

丰富度指数与香农指数代表物种数量分布，优势度指数和均匀度指数代表分布均匀程度；丰富度指数与优势度指数呈显著相关（*R*=0.8203），表明物种丰富度与物种的集中程度密切相关；香农指数与均匀度指数呈显著相关（*R*=1.0000），表明物种的香农指数与物质的分散均匀程度密切相关（表 3-103）。

表 3-103　细菌种多样性指数间的相关系数

因子	个体数	丰富度指数	优势度指数 (*D*)	香农指数 (*H*)	均匀度指数
个体数		0.0000	0.0040	0.2076	0.2076
丰富度指数	−0.4918		0.0000	0.0777	0.0777
优势度指数 (*D*)	−0.3307	0.8203		0.0011	0.0011
香农指数 (*H*)	0.1482	−0.2064	0.3723		0.0000
均匀度指数	0.1482	−0.2064	0.3723	1.0000	

注：左下角是相关系数 *R*，右上角是 *P* 值。

（3）优势菌群生态位特征　利用表 3-101，选用发酵过程占比总和 >2.0% 的 72 个细菌种构建数据矩阵，以细菌种为样本，发酵时间为指标，用 Levins 测度计算细菌种的时间生态位宽度，统计结果见表 3-104。结果表明，发酵过程不同细菌种时间生态位宽度差异显著，生态位宽度分为 3 个等级。第 1 等级生态位宽度 6 ～ 8，为宽生态位宽度菌群，包含了 30

个细菌种，即生丝微菌属的 1 种、候选目 SBR1031 的 1 种、候选目 JG30-KF-CM45 的 1 种、芽胞杆菌属的 1 种、微丝菌目的 1 种、候选纲 OLB14 的 1 种、友邻杆菌目的 1 种、候选目 SBR1031 的 1 种、小单孢菌科的 1 种、特吕珀菌属的 1 种、回肠龙包汶氏菌、束缚杆菌属的 1 种、绿弯菌门厌氧绳菌科的 1 种、厌氧绳菌科的 1 种、线微菌属的 1 种、海洋放线菌目的 1 种来自堆肥的细菌、热红短芽胞杆菌、厌氧绳菌属的 1 种、绿弯菌门候选科 AKYG1722 的 1 种、短芽胞杆菌属的 1 种、嗜热淤泥生孢菌、玫瑰弯菌科的 1 种、暖绳菌科的 1 种（g_f_Caldilineaceae-1）、候选目 SBR1031 的 1 种来自厌氧池宏基因组的细菌、候选纲 KD4-96 的 1 种、嗜热尿素芽胞杆菌、棘孢小单孢菌、S0134 陆生菌群的 1 纲的 1 种来自堆肥的细菌、高温单孢菌属的 1 种、S0134 陆生菌群的 1 纲的 1 种。

第 2 等级生态位宽度 4 ～ 6，为中等生态位宽度菌群，包含了 33 个细菌种，即广布杆菌属的 1 种来自堆肥的细菌、台湾假黄单胞菌、热黄微菌属的 1 种、淤泥生孢菌属的 1 种、候选目 Run-SP154 的 1 种来自宏基因组的细菌、S0134 陆生菌群的 1 纲的 1 种、黄色杆菌科的 1 种、嗜热球形杆菌、候选属 IMCC26207 的 1 种、红游动菌属的 1 种、候选科 A4b 的 1 种来自堆肥的细菌、候选科 A4b 的 1 种、糖单胞菌目的 1 种、热双孢菌属的 1 种来自堆肥的细菌、金色线菌属的 1 种、湖杆菌属的 1 种、亨盖特氏梭菌科的 1 种、双孢热双孢菌、友邻杆菌目的 1 种、共生杆菌属的 1 种、太白山菌属的 1 种、嗜热芽胞杆菌属的 1 种、热解聚施莱格尔氏菌、粪热杆菌属的 1 种、候选目 KIST-JJY010 的 1 种、湖绳菌科的 1 种来自堆肥的细菌、候选苏美神菌属的 1 种、候选纲 D8A-2 的 1 种、候选目 RBG-13-54-9 的 1 种、候选科 LWQ8 的 1 种、候选属 CL500-29_marine_group 的 1 种来自宏基因组的细菌、嗜热共生杆菌、热普通链霉菌。

第 3 等级生态位宽度 1 ～ 4，为窄生态位宽度菌群，包含了 11 个细菌种，即暖绳菌科的 1 种（g_f_Caldilineaceae-2）、候选科 SRB2 的 1 种、候选目 SBR1031 暖绳菌科的 1 种、赖氨酸芽胞杆菌属的 1 种、沉积物水垣杆菌、候选目 DS-100 的 1 种、暖绳菌科的 1 种来自宏基因组的细菌、酸杆菌纲出芽小链菌科的 1 种、球丝菌属的 1 种、马杜拉放线菌属的 1 种、链霉菌属的 1 种。

不同生态位宽度的细菌种对时间资源的利用效率不同，如宽生态位宽度的生丝微菌属的 1 种（7.7017），时间资源利用效率为发酵初期（0d）（S1=17.59%）、发酵第 3 天（S2=15.25%）；中等生态位宽度的广布杆菌属的 1 种来自堆肥的细菌（5.9802），时间资源利用效率为发酵第 6 天（S3=13.24%）、发酵第 9 天（S4=18.44%）、发酵第 12 天（S5=22.49%）、发酵第 21 天（S6=13.38%）、发酵第 27 天（S8=17.62%）；窄生态位宽度的暖绳菌科的 1 种（g_f_Caldilineaceae-2）（3.9814），时间资源利用效率为发酵初期（S1=38.07%）、发酵第 3 天（S2=23.61%）、发酵第 6 天（S3=19.94%）。

表 3-104　发酵过程细菌种时间生态位宽度

物种名称	生态位宽度	频数	截断比例	常用资源种类				
生丝微菌属的 1 种（g_*Hyphomicrobium*）	7.7017	2	0.13	S1=17.59%	S2=15.25%			
候选目 SBR1031 的 1 种（g_f_o_SBR1031）	7.6658	4	0.13	S4=14.18%	S5=15.12%	S6=15.13%	S7=14.31%	

续表

物种名称	生态位宽度	频数	截断比例	常用资源种类				
候选目 JG30-KF-CM45 的 1 种（g_f_JG30-KF-CM45）	7.6182	3	0.13	S2=13.62%	S7=15.42%	S8=17.69%		
芽胞杆菌属的 1 种（g_*Bacillus*）	7.3592	3	0.13	S1=19.26%	S3=15.61%	S5=15.10%		
微丝菌目的 1 种（g_f_o_Microtrichales）	7.3571	4	0.13	S1=13.33%	S6=15.05%	S7=18.39%	S8=16.60%	
候选纲 OLB14 的 1 种（g_f_o_c_OLB14）	7.1312	3	0.13	S1=20.51%	S4=15.55%	S8=14.20%		
友邻杆菌目的 1 种（g_f_o_Vicinamibacterales）	7.0175	3	0.13	S2=19.91%	S6=15.37%	S7=18.10%		
候选目 SBR1031 的 1 种（g_f_o_SBR1031）	6.9662	2	0.13	S1=24.13%	S2=15.30%			
小单孢菌科的 1 种（f_Micromonosporaceae）	6.8789	5	0.13	S4=13.86%	S5=13.30%	S6=16.02%	S7=19.00%	S8=15.22%
特吕珀菌属的 1 种（g_*Truepera*）	6.7773	3	0.13	S2=21.35%	S4=15.81%	S6=16.51%		
回肠龙包茨氏菌（*Romboutsia ilealis*）	6.7578	2	0.13	S1=14.97%	S2=25.46%			
束缚杆菌属的 1 种（g_*Conexibacter*）	6.7036	3	0.13	S1=21.28%	S2=21.59%	S4=14.33%		
绿弯菌门厌氧绳菌科的 1 种（Chloroflexi_bacterium_g_f_Anaerolineaceae）	6.701	3	0.13	S1=22.39%	S2=19.04%	S3=15.64%		
厌氧绳菌科的 1 种（g_f_Anaerolineaceae）	6.6722	4	0.13	S5=14.70%	S6=13.91%	S7=22.69%	S8=17.15%	
线微菌属的 1 种（g_*Filomicrobium*）	6.6512	5	0.13	S4=14.32%	S5=13.77%	S6=17.99%	S7=16.25%	S8=18.98%
海洋放线菌目的 1 种来自堆肥的细菌（compost_bacterium_g_f_o_Actinomarinales）	6.5792	5	0.13	S4=14.81%	S5=13.13%	S6=16.43%	S7=19.51%	S8=18.72%
热红短芽胞杆菌（*Brevibacillus thermoruber*）	6.5504	4	0.13	S2=22.75%	S6=13.51%	S7=14.44%	S8=15.47%	
厌氧绳菌属的 1 种（g_*Anaerolinea*）	6.5197	4	0.13	S4=15.35%	S5=19.97%	S6=18.98%	S7=16.93%	
绿弯菌门候选科 AKYG1722 的 1 种（Chloroflexi_bacterium_g_f_AKYG1722）	6.5194	4	0.13	S2=15.59%	S6=14.24%	S7=22.23%	S8=18.25%	
短芽胞杆菌属的 1 种（g_*Brevibacillus*）	6.4784	3	0.13	S2=24.72%	S3=15.88%	S6=13.84%		
嗜热淤泥生孢菌（*Lutispora thermophila*）	6.4749	4	0.13	S3=18.62%	S4=22.52%	S5=15.48%	S8=14.27%	
玫瑰弯菌科的 1 种（f_Roseiflexaceae）	6.47	3	0.13	S6=17.98%	S7=20.46%	S8=19.08%		
暖绳菌科的 1 种（g_f_Caldilineaceae-1）	6.3794	2	0.13	S1=26.15%	S2=19.41%			
候选目 SBR1031 的 1 种来自厌氧池宏基因组的细菌（anaerobic_digester_metagenome_g_f_o_SBR1031）	6.376	4	0.13	S4=13.59%	S6=16.86%	S7=21.70%	S8=19.25%	
候选纲 KD4-96 的 1 种（g_f_o_c_KD4-96）	6.3748	4	0.13	S1=22.67%	S2=15.87%	S3=18.94%	S4=14.33%	
嗜热尿素芽胞杆菌（*Ureibacillus thermophilus*）	6.3011	3	0.13	S1=24.35%	S3=19.86%	S4=15.93%		

续表

物种名称	生态位宽度	频数	截断比例	常用资源种类				
棘孢小单孢菌（*Micromonospora echinospora*）	6.2055	3	0.13	S4=17.11%	S5=21.35%	S6=22.53%		
S0134 陆生菌群的 1 纲的 1 种来自堆肥的细菌（compost_bacterium_g_f_o_c_S0134_terrestrial_group）	6.1461	5	0.13	S3=18.38%	S4=14.06%	S5=23.08%	S6=14.25%	S8=14.30%
高温单孢菌属的 1 种（g_*Thermomonospora*）	6.099	5	0.13	S3=17.21%	S5=20.38%	S6=13.97%	S7=13.93%	S8=20.15%
S0134 陆生菌群的 1 纲的 1 种（g_f_o_c_S0134_terrestrial_group-1）	6.011	5	0.13	S4=17.82%	S5=18.66%	S6=16.43%	S7=15.65%	S8=20.72%
广布杆菌属的 1 种来自堆肥的细菌（compost_bacterium_g_*Vulgatibacter*）	5.9802	5	0.13	S3=13.24%	S4=18.44%	S5=22.49%	S6=13.38%	S8=17.62%
台湾假黄单胞菌（*Pseudoxanthomonas taiwanensis*）	5.9658	4	0.13	S1=16.41%	S2=24.95%	S3=18.54%	S4=16.21%	
热黄微菌属的 1 种（g_*Thermoflavimicrobium*）	5.9121	3	0.13	S3=29.37%	S4=16.17%	S8=16.32%		
淤泥生孢菌属的 1 种（g_*Lutispora*）	5.7034	4	0.13	S3=28.31%	S4=13.40%	S6=15.85%	S8=17.96%	
候选目 Run-SP154 的 1 种来自宏基因组的细菌（metagenome_g_f_o_Run-SP154）	5.6353	4	0.13	S1=30.67%	S3=16.46%	S4=14.72%	S5=13.17%	
S0134 陆生菌群的 1 纲的 1 种（g_f_o_c_S0134_terrestrial_group-2）	5.6329	5	0.13	S4=13.27%	S5=19.16%	S6=26.19%	S7=17.03%	S8=14.19%
黄色杆菌科的 1 种（f_Xanthobacteraceae）	5.604	3	0.13	S1=30.71%	S2=17.65%	S3=14.13%		
嗜热球形杆菌（*Sphaerobacter thermophilus*）	5.5878	4	0.13	S4=14.47%	S6=28.46%	S7=15.97%	S8=18.26%	
候选属 IMCC26207 的 1 种（g_IMCC26207）	5.569	4	0.13	S1=28.80%	S2=14.25%	S3=19.03%	S4=14.64%	
红游动菌属的 1 种（g_*Rhodoplanes*）	5.4831	3	0.13	S1=29.51%	S2=20.16%	S3=17.62%		
候选科 A4b 的 1 种来自堆肥的细菌（compost_bacterium_g_f_A4b）	5.4551	3	0.13	S6=18.52%	S7=22.58%	S8=26.87%		
候选科 A4b 的 1 种（g_f_A4b）	5.4203	2	0.13	S1=33.09%	S2=18.11%			
糖单胞菌目的 1 种（g_f_o_Saccharimonadales）	5.2384	3	0.13	S1=31.39%	S2=22.30%	S3=13.97%		
热双孢菌属的 1 种来自堆肥的细菌（compost_bacterium_g_*Thermobispora*）	5.1853	3	0.13	S3=24.35%	S4=23.80%	S5=22.16%		
金色线菌属的 1 种（g_*Chryseolinea*）	5.1422	3	0.13	S2=34.97%	S3=16.00%	S6=13.56%		
湖杆菌属的 1 种（g_*Limnobacter*）	5.096	3	0.13	S1=17.54%	S2=31.20%	S3=21.49%		
亨盖特氏梭菌科的 1 种（f_Hungateiclostridiaceae）	5.0822	3	0.13	S3=30.60%	S4=20.56%	S5=19.56%		
双孢热双孢菌（*Thermobispora bispora*）	4.9831	3	0.13	S3=24.79%	S4=23.31%	S5=24.79%		

续表

物种名称	生态位宽度	频数	截断比例	常用资源种类				
友邻杆菌目的 1 种（g_f_o_Vicinamibacterales）	4.9737	3	0.13	S6=19.55%	S7=25.32%	S8=27.42%		
共生杆菌属的 1 种（g_*Symbiobacterium*）	4.8834	3	0.13	S3=35.80%	S4=17.21%	S5=13.11%		
太白山菌属的 1 种（g_*Taibaiella*）	4.8497	3	0.13	S6=17.42%	S7=31.05%	S8=24.27%		
嗜热芽胞杆菌属的 1 种（g_*Thermobacillus*）	4.8346	3	0.13	S3=25.08%	S4=22.82%	S5=26.78%		
热解聚施莱格尔氏菌（*Schlegelella_thermodepolymerans*）	4.8077	3	0.13	S3=20.31%	S4=24.28%	S5=30.17%		
候选目 KIST-JJY010 的 1 种（g_f_o_KIST-JJY010）	4.7985	2	0.13	S1=35.29%	S2=22.16%			
粪热杆菌属的 1 种（g_*Coprothermobacter*）	4.7183	4	0.13	S4=19.22%	S5=31.56%	S7=16.28%	S8=20.49%	
湖绳菌科的 1 种来自堆肥的细菌（compost_bacterium_g_f_Limnochordaceae）	4.6479	3	0.13	S3=23.48%	S4=29.14%	S5=24.37%		
候选苏美神菌属的 1 种（g_*Sumerlaea*）	4.6035	3	0.13	S6=25.42%	S7=22.68%	S8=29.60%		
候选纲 D8A-2 的 1 种（g_f_o_c_D8A-2）	4.4038	4	0.13	S3=34.92%	S4=17.66%	S5=17.77%	S8=19.38%	
候选目 RBG-13-54-9 的 1 种（g_f_o_RBG-13-54-9）	4.3471	3	0.13	S1=32.82%	S2=23.34%	S3=23.60%		
候选科 LWQ8 的 1 种（g_f_LWQ8）	4.1639	3	0.13	S1=41.16%	S2=18.59%	S3=13.59%		
候选属 CL500-29_marine_group 的 1 种来自宏基因组的细菌（metagenome_g_CL500-29_marine_group）	4.1075	3	0.13	S1=39.23%	S3=21.97%	S4=14.90%		
嗜热共生杆菌（*Symbiobacterium thermophilum*）	4.0368	2	0.13	S3=38.55%	S4=25.89%			
热普通链霉菌（*Streptomyces thermovulgaris*）	4.0132	2	0.13	S2=42.72%	S3=20.02%			
暖绳菌科的 1 种（g_f_Caldilineaceae-2）	3.9814	3	0.13	S1=38.07%	S2=23.61%	S3=19.94%		
候选科 SRB2 的 1 种（g_f_SRB2）	3.977	3	0.13	S3=41.95%	S4=20.05%	S5=15.22%		
候选目 SBR1031 暖绳菌科的 1 种（Caldilineaceae_bacterium_g_f_o_SBR1031）	3.6001	3	0.13	S1=43.36%	S2=17.43%	S3=22.45%		
赖氨酸芽胞杆菌属的 1 种（g_*Lysinibacillus*）	3.5356	2	0.13	S1=48.30%	S5=14.76%			
沉积物水垣杆菌（*Mizugakiibacter sediminis*）	3.1072	2	0.13	S2=51.03%	S6=19.92%			
候选目 DS-100 的 1 种（g_f_o_DS-100）	2.9229	3	0.13	S1=53.77%	S2=14.89%	S3=13.80%		
暖绳菌科的 1 种来自宏基因组的细菌（metagenome_g_f_Caldilineaceae）	2.5862	3	0.13	S1=53.47%	S2=27.46%	S3=15.79%		

续表

物种名称	生态位宽度	频数	截断比例	常用资源种类				
酸杆菌纲出芽小链菌科的 1 种（Acidobacteria_bacterium_g_f_Blastocatellaceae）	2.5765	2	0.13	S1=45.98%	S2=41.03%			
球丝菌属的 1 种（g_*Kouleothrix*）	2.1163	2	0.13	S1=65.50%	S3=19.11%			
马杜拉放线菌属的 1 种（g_*Actinomadura*）	1.8808	1	0.13	S2=72.01%				
链霉菌属的 1 种（g_*Streptomyces*）	1.3502	1	0.13	S2=85.86%				

选择 5 个高含量细菌种和 5 个低含量细菌种，计算发酵过程时间生态位重叠，分析结果见表 3-105 和表 3-106。分析结果表明，高含量细菌种之间时间生态位重叠值大于 0.89，表明菌群间生态位重叠较高，充分利用时间生态位资源共同生长。不同细菌种之间生态位重叠差异不显著；生态位重叠大小表明了菌群间生态关系调节水平，重叠性较高，两菌群共存于同一生态位概率较高；重叠值较小，两菌群共存于同一生态位概率较低。

表 3-105　发酵过程高含量细菌种时间生态位重叠（Pianka 测度）

物种名称	【1】	【2】	【3】	【4】	【5】
【1】候选目 SBR1031 的 1 种来自厌氧池宏基因组的细菌（anaerobic_digester_metagenome_g_f_o_SBR1031）	1	0.9452	0.9438	0.9452	0.9919
【2】S0134 陆生菌群的 1 纲的 1 种（g_f_o_c_S0134_terrestrial_group-1）	0.9452	1	0.921	0.961	0.9285
【3】候选目 SBR1031 的 1 种（g_f_o_SBR1031）	0.9438	0.921	1	0.8962	0.9552
【4】嗜热球形杆菌（*Sphaerobacter thermophilus*）	0.9452	0.961	0.8962	1	0.9063
【5】厌氧绳菌科的 1 种（g_f_Anaerolineaceae）	0.9919	0.9285	0.9552	0.9063	1

从低含量细菌种看，低含量细菌种之间时间生态位重叠值范围为 0.4077 ～ 0.9758，变化范围较大，表明菌群间生态位重叠异质性较大；如赖氨酸芽胞杆菌属的 1 种与生丝微菌属的 1 种、暖绳菌科的 1 种、广布杆菌属的 1 种来自堆肥的细菌、高温单孢菌属的 1 种之间生态位重叠值分别为 0.7549、0.8362、0.4077、0.4116，与前两者的生态位重叠比与后两者的大。表明与前者菌群之间具有较高的生态位重叠，对同一资源利用的概率较大；与后者菌群之间的时间生态位重叠值较小，表明它们对同一资源利用的概率较小。

表 3-106　发酵过程低含量细菌种时间生态位重叠（Pianka 测度）

物种名称	【1】	【2】	【3】	【4】	【5】
【1】生丝微菌属的 1 种（g_*Hyphomicrobium*）	1	0.9618	0.7627	0.7808	0.7549
【2】暖绳菌科的 1 种（g_f_Caldilineaceae-2）	0.9618	1	0.5642	0.5876	0.8362
【3】广布杆菌属的 1 种来自堆肥的细菌（compost_bacterium_g_*Vulgatibacter*）	0.7627	0.5642	1	0.9758	0.4077
【4】高温单孢菌属的 1 种（g_*Thermomonospora*）	0.7808	0.5876	0.9758	1	0.4116
【5】赖氨酸芽胞杆菌属的 1 种（g_*Lysinibacillus*）	0.7549	0.8362	0.4077	0.4116	1

（4）发酵过程亚群落分化　利用表 3-101，选用发酵过程占比总和 >2.0% 的 54 个细菌种构建数据矩阵，以物种为样本，发酵时间为指标，马氏距离为尺度，用可变类平均法进行系统聚类，分析结果见表 3-107 和图 3-121。分析结果可见细菌种分为 3 组亚群落，第 1 组为高含量亚群落，包含了 6 个细菌种菌群，即候选目 SBR1031 的 1 种来自厌氧池宏基因组的细菌、S0134 陆生菌群的 1 纲的 1 种（g_f_o_c_S0134_terrestrial_group-1）、候选目 SBR1031 的 1 种、嗜热球形杆菌、厌氧绳菌科的 1 种、玫瑰弯菌科的 1 种，它们在发酵过程的含量平均值范围为 1.35% ～ 7.75%。

第 2 组为中含量亚群落，包含了 39 个细菌种菌群，即小单孢菌科的 1 种、候选科 A4b 的 1 种来自堆肥的细菌、候选目 JG30-KF-CM45 的 1 种、粪热杆菌属的 1 种、候选目 KIST-JJY010 的 1 种、友邻杆菌目的 1 种、S0134 陆生菌群的 1 纲的 1 种来自堆肥的细菌、热黄微菌属的 1 种、热普通链霉菌、厌氧绳菌属的 1 种、绿弯菌门厌氧绳菌科的 1 种、S0134 陆生菌群的 1 纲的 1 种（g_f_o_c_S0134_terrestrial_group-2）、热红短芽胞杆菌、双孢热双孢菌、特吕珀菌属的 1 种、线微菌属的 1 种、棘孢小单孢菌、淤泥生孢菌属的 1 种、球丝菌属的 1 种、嗜热共生杆菌、微丝菌目的 1 种、嗜热尿素芽胞杆菌、沉积物水垣杆菌、马杜拉放线菌属的 1 种、海洋放线菌目的 1 种来自堆肥的细菌、候选纲 KD4-96 的 1 种、链霉菌属的 1 种、候选属 IMCC26207 的 1 种、糖单胞菌目的 1 种、热双孢菌属的 1 种来自堆肥的细菌、回肠龙包茨氏菌、候选目 SBR1031 的 1 种、生丝微菌属的 1 种、广布杆菌属的 1 种来自堆肥的细菌、高温单孢菌属的 1 种、赖氨酸芽胞杆菌属的 1 种、金色线菌属的 1 种、候选科 SRB2 的 1 种、候候选纲 D8A-2 的 1 种，它们在发酵过程的含量平均值范围为 0.54% ～ 0.81%。

第 3 组为低含量亚群落，包含了 29 个细菌种菌群，即嗜热淤泥生孢菌、湖绳菌科的 1 种来自堆肥的细菌、暖绳菌科的 1 种（g_f_Caldilineaceae-1）、酸杆菌纲出芽小链菌科的 1 种、束缚杆菌属的 1 种、太白山菌属的 1 种、候选科 LWQ8 的 1 种、候选目 RBG-13-54-9 的 1 种、短芽胞杆菌属的 1 种、黄色杆菌科的 1 种、友邻杆菌目的 1 种、候选属 CL500-29_marine_group 的 1 种来自宏基因组的细菌、芽胞杆菌属的 1 种、台湾假黄单胞菌、绿弯菌门候选科 AKYG1722 的 1 种、红游动菌属的 1 种、候选苏美神菌属的 1 种、候选纲 OLB14 的 1 种、候选目 DS-100 的 1 种、嗜热芽胞杆菌属的 1 种、候选目 Run-SP154 的 1 种来自宏基因组的细菌、共生杆菌属的 1 种、热解聚施莱格尔氏菌、暖绳菌科的 1 种来自宏基因组的细菌、湖杆菌属的 1 种、候选目 SBR1031 暖绳菌科的 1 种、暖绳菌科的 1 种（g_f_Caldilineaceae-2）、候选科 A4b 的 1 种、亨盖特氏梭菌科的 1 种，它们在发酵过程的含量平均值范围为 0.21% ～ 0.57%。

表 3-107　发酵过程细菌种菌群亚群落分化聚类分析

组别	物种名称	发酵过程细菌种含量 /%							
		0d	3d	6d	9d	12d	21d	24d	27d
1	候选目 SBR1031 的 1 种来自厌氧池宏基因组的细菌（anaerobic_digester_metagenome_g_f_o_SBR1031）	3.63	4.84	9.09	14.93	13.88	18.53	23.84	21.15
1	S0134 陆生菌群的 1 纲的 1 种（g_f_o_c_S0134_terrestrial_group-1）	0.25	1.01	2.69	5.14	7.43	10.15	6.60	5.50
1	候选目 SBR1031 的 1 种（g_f_o_SBR1031）	2.64	4.07	3.82	5.21	5.55	5.56	5.25	4.62

续表

组别	物种名称	发酵过程细菌种含量 /%							
		0d	3d	6d	9d	12d	21d	24d	27d
1	嗜热球形杆菌（*Sphaerobacter thermophilus*）	0.41	0.57	2.23	3.33	2.04	6.54	3.67	4.20
1	厌氧绳菌科的 1 种（g_f_Anaerolineaceae）	0.81	1.01	1.49	2.03	2.49	2.36	3.84	2.90
1	玫瑰弯菌科的 1 种（f_Roseiflexaceae）	0.37	1.14	1.19	2.05	2.05	2.87	3.27	3.05
第 1 组 6 个样本平均值		1.35	2.11	3.42	5.45	5.57	7.67	7.75	6.90
2	小单孢菌科的 1 种（f_Micromonosporaceae）	0.22	1.10	1.79	1.91	1.83	2.20	2.61	2.09
2	候选科 A4b 的 1 种来自堆肥的细菌（compost_bacterium_g_f_A4b）	0.20	0.61	0.70	1.26	1.28	2.34	2.86	3.40
2	候选目 JG30-KF-CM45 的 1 种（g_f_JG30-KF-CM45）	1.41	1.64	1.28	1.26	1.01	1.47	1.86	2.13
2	粪热杆菌属的 1 种（g_*Coprothermobacter*）	0.10	0.01	0.76	2.18	3.57	0.55	1.84	2.32
2	候选目 KIST-JJY010 的 1 种（g_f_o_KIST-JJY010）	3.82	2.40	1.27	1.08	0.63	0.44	0.61	0.57
2	友邻杆菌目的 1 种（g_f_o_Vicinamibacterales）	0.07	0.16	0.38	0.86	0.92	1.69	2.18	2.36
2	S0134 陆生菌群的 1 纲的 1 种来自堆肥的细菌（compost_bacterium_g_f_o_c_S0134_terrestrial_group）	0.11	0.17	1.31	1.00	1.64	1.01	0.85	1.02
2	热黄微菌属的 1 种（g_*Thermoflavimicrobium*）	0.31	0.51	1.85	1.02	0.55	0.48	0.55	1.03
2	热普通链霉菌（*Streptomyces thermovulgaris*）	0.07	2.67	1.25	0.37	0.47	0.43	0.54	0.45
2	厌氧绳菌属的 1 种（g_*Anaerolinea*）	0.12	0.41	0.62	0.96	1.25	1.18	1.06	0.65
2	绿弯菌门厌氧绳菌科的 1 种（Chloroflexi_bacterium_g_f_Anaerolineaceae）	1.37	1.17	0.96	0.60	0.63	0.53	0.54	0.33
2	S0134 陆生菌群的 1 纲的 1 种（g_f_o_c_S0134_terrestrial_group-2）	0.08	0.16	0.40	1.06	1.11	0.98	0.93	1.24
2	热红短芽胞杆菌（*Brevibacillus thermoruber*）	0.01	1.33	0.62	0.62	0.73	0.79	0.84	0.90
2	双孢热双孢菌（*Thermobispora bispora*）	0.03	0.06	1.37	1.29	1.37	0.37	0.39	0.65
2	特吕珀菌属的 1 种（g_*Truepera*）	0.13	1.15	0.63	0.85	0.67	0.89	0.59	0.47
2	线微菌属的 1 种（g_*Filomicrobium*）	0.09	0.32	0.60	0.77	0.74	0.97	0.87	1.02
2	棘孢小单孢菌（*Micromonospora echinospora*）	0.19	0.40	0.65	0.91	1.14	1.20	0.28	0.56
2	淤泥生孢菌属的 1 种（g_*Lutispora*）	0.09	0.19	1.44	0.68	0.53	0.80	0.43	0.91
2	球丝菌属的 1 种（g_*Kouleothrix*）	3.23	0.11	0.94	0.30	0.26	0.03	0.02	0.04
2	嗜热共生杆菌（*Symbiobacterium thermophilum*）	0.05	0.09	1.86	1.25	0.56	0.21	0.23	0.57
2	微丝菌目的 1 种（g_f_o_Microtrichales）	0.64	0.43	0.36	0.52	0.43	0.72	0.88	0.79

续表

组别	物种名称	发酵过程细菌种含量 /%							
		0d	3d	6d	9d	12d	21d	24d	27d
2	嗜热尿素芽胞杆菌（*Ureibacillus thermophilus*）	1.14	0.53	0.93	0.75	0.44	0.35	0.19	0.36
2	沉积物水垣杆菌（*Mizugakiibacter sediminis*）	0.11	2.28	0.55	0.06	0.21	0.89	0.24	0.13
2	马杜拉放线菌属的 1 种（g_*Actinomadura*）	0.10	3.22	0.24	0.07	0.21	0.24	0.27	0.12
2	海洋放线菌目的 1 种来自堆肥的细菌（compost_bacterium_g_f_o_Actinomarinales）	0.17	0.16	0.44	0.65	0.58	0.72	0.86	0.82
2	候选纲 KD4-96 的 1 种（g_f_o_c_KD4-96）	0.95	0.67	0.80	0.60	0.51	0.30	0.22	0.16
2	链霉菌属的 1 种（g_*Streptomyces*）	0.02	3.51	0.12	0.04	0.10	0.09	0.13	0.07
2	候选属 IMCC26207 的 1 种（g_IMCC26207）	1.16	0.58	0.77	0.59	0.48	0.13	0.14	0.18
2	糖单胞菌目的 1 种（g_f_o_Saccharimonadales）	1.25	0.89	0.56	0.31	0.40	0.16	0.19	0.23
2	热双孢菌属的 1 种来自堆肥的细菌（compost_bacterium_g_*Thermobispora*）	0.03	0.05	0.88	0.86	0.80	0.25	0.27	0.47
2	回肠龙包茨氏菌（*Romboutsia ilealis*）	0.52	0.88	0.39	0.41	0.39	0.32	0.26	0.29
2	候选目 SBR1031 的 1 种（g_f_o_SBR1031）	0.83	0.53	0.43	0.35	0.34	0.34	0.32	0.31
2	生丝微菌属的 1 种（g_*Hyphomicrobium*）	0.60	0.52	0.41	0.33	0.40	0.41	0.39	0.35
2	广布杆菌属的 1 种来自堆肥的细菌（compost_bacterium_g_*Vulgatibacter*）	0.03	0.04	0.44	0.62	0.75	0.45	0.42	0.59
2	高温单孢菌属的 1 种（g_*Thermomonospora*）	0.03	0.07	0.58	0.38	0.68	0.47	0.47	0.67
2	赖氨酸芽胞杆菌属的 1 种（g_*Lysinibacillus*）	1.60	0.08	0.34	0.19	0.49	0.11	0.32	0.18
2	金色线菌属的 1 种（g_*Chryseolinea*）	0.08	1.15	0.53	0.29	0.24	0.45	0.29	0.27
2	候选科 SRB2 的 1 种（g_f_SRB2）	0.18	0.03	1.32	0.63	0.48	0.17	0.16	0.19
2	候选纲 D8A-2 的 1 种（g_f_o_c_D8A-2）	0.01	0.00	0.75	0.38	0.38	0.10	0.11	0.42
第 2 组 39 个样本平均值		0.54	0.78	0.81	0.72	0.75	0.65	0.67	0.75
3	嗜热淤泥生孢菌（*Lutispora thermophila*）	0.32	0.09	0.76	0.91	0.63	0.36	0.40	0.58
3	湖绳菌科的 1 种来自堆肥的细菌（compost_bacterium_g_f_Limnochordaceae）	0.03	0.04	0.81	1.00	0.84	0.18	0.22	0.32
3	暖绳菌科的 1 种（g_f_Caldilineaceae-1）	0.89	0.66	0.36	0.24	0.29	0.36	0.34	0.25
3	酸杆菌纲出芽小链菌科的 1 种（Acidobacteria_bacterium_g_f_Blastocatellaceae）	1.52	1.36	0.29	0.08	0.02	0.02	0.01	0.00
3	束缚杆菌属的 1 种（g_*Conexibacter*）	0.69	0.70	0.27	0.46	0.29	0.25	0.28	0.30
3	太白山菌属的 1 种（g_*Taibaiella*）	0.03	0.12	0.13	0.23	0.34	0.54	0.97	0.76

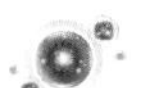

续表

组别	物种名称	发酵过程细菌种含量 /%							
		0d	3d	6d	9d	12d	21d	24d	27d
3	候选科 LWQ8 的 1 种（g_f_LWQ8）	1.26	0.57	0.42	0.22	0.30	0.09	0.09	0.12
3	候选目 RBG-13-54-9 的 1 种（g_f_o_RBG-13-54-9）	1.00	0.71	0.72	0.27	0.18	0.06	0.05	0.06
3	短芽胞杆菌属的 1 种（g_*Brevibacillus*）	0.05	0.75	0.48	0.37	0.29	0.42	0.34	0.34
3	黄色杆菌科的 1 种（f_Xanthobacteraceae）	0.92	0.53	0.42	0.32	0.28	0.30	0.11	0.11
3	友邻杆菌目的 1 种（g_f_o_Vicinamibacterales）	0.37	0.59	0.16	0.27	0.26	0.45	0.54	0.32
3	候选属 CL500-29_marine_group 的 1 种来自宏基因组的细菌（metagenome_g_CL500-29_marine_group）	1.14	0.06	0.64	0.43	0.36	0.11	0.06	0.10
3	芽胞杆菌属的 1 种（g_*Bacillus*）	0.55	0.33	0.45	0.25	0.43	0.21	0.34	0.31
3	台湾假黄单胞菌（*Pseudoxanthomonas taiwanensis*）	0.43	0.66	0.49	0.43	0.29	0.11	0.11	0.12
3	绿弯菌门候选科 AKYG1722 的 1 种（Chloroflexi_bacterium_g_f_AKYG1722）	0.07	0.40	0.17	0.26	0.27	0.37	0.58	0.47
3	红游动菌属的 1 种（g_*Rhodoplanes*）	0.76	0.52	0.45	0.25	0.20	0.17	0.11	0.12
3	候选苏美神菌属的 1 种（g_*Sumerlaea*）	0.05	0.08	0.05	0.21	0.16	0.62	0.55	0.72
3	候选纲 OLB14 的 1 种（g_f_o_c_OLB14）	0.48	0.10	0.26	0.36	0.25	0.29	0.26	0.33
3	候选目 DS-100 的 1 种（g_f_o_DS-100）	1.24	0.34	0.32	0.22	0.09	0.07	0.02	0.01
3	嗜热芽胞杆菌属的 1 种（g_*Thermobacillus*）	0.02	0.02	0.56	0.51	0.60	0.19	0.11	0.23
3	候选目 Run-SP154 的 1 种来自宏基因组的细菌（metagenome_g_f_o_Run-SP154）	0.68	0.22	0.37	0.33	0.29	0.11	0.11	0.12
3	共生杆菌属的 1 种（g_*Symbiobacterium*）	0.06	0.05	0.77	0.37	0.28	0.16	0.18	0.27
3	热解聚施莱格尔氏菌（*Schlegelella thermodepolymerans*）	0.07	0.23	0.43	0.52	0.65	0.07	0.06	0.11
3	暖绳菌科的 1 种来自宏基因组的细菌（metagenome_g_f_Caldilineaceae）	1.14	0.58	0.34	0.04	0.02	0.00	0.00	0.00
3	湖杆菌属的 1 种（g_*Limnobacter*）	0.37	0.66	0.45	0.20	0.19	0.12	0.06	0.06
3	候选目 SBR1031 暖绳菌科的 1 种（Caldilineaceae_bacterium_g_f_o_SBR1031）	0.92	0.37	0.47	0.13	0.14	0.04	0.02	0.02
3	暖绳菌科的 1 种（g_f_Caldilineaceae-2）	0.79	0.49	0.41	0.15	0.14	0.03	0.03	0.02
3	候选科 A4b 的 1 种（g_f_A4b）	0.67	0.37	0.22	0.16	0.19	0.19	0.10	0.13
3	亨盖特氏梭菌科的 1 种（f_Hungateiclostridiaceae）	0.10	0.03	0.61	0.41	0.39	0.11	0.10	0.24
第 3 组 29 个样本平均值		0.57	0.40	0.42	0.33	0.30	0.21	0.21	0.23

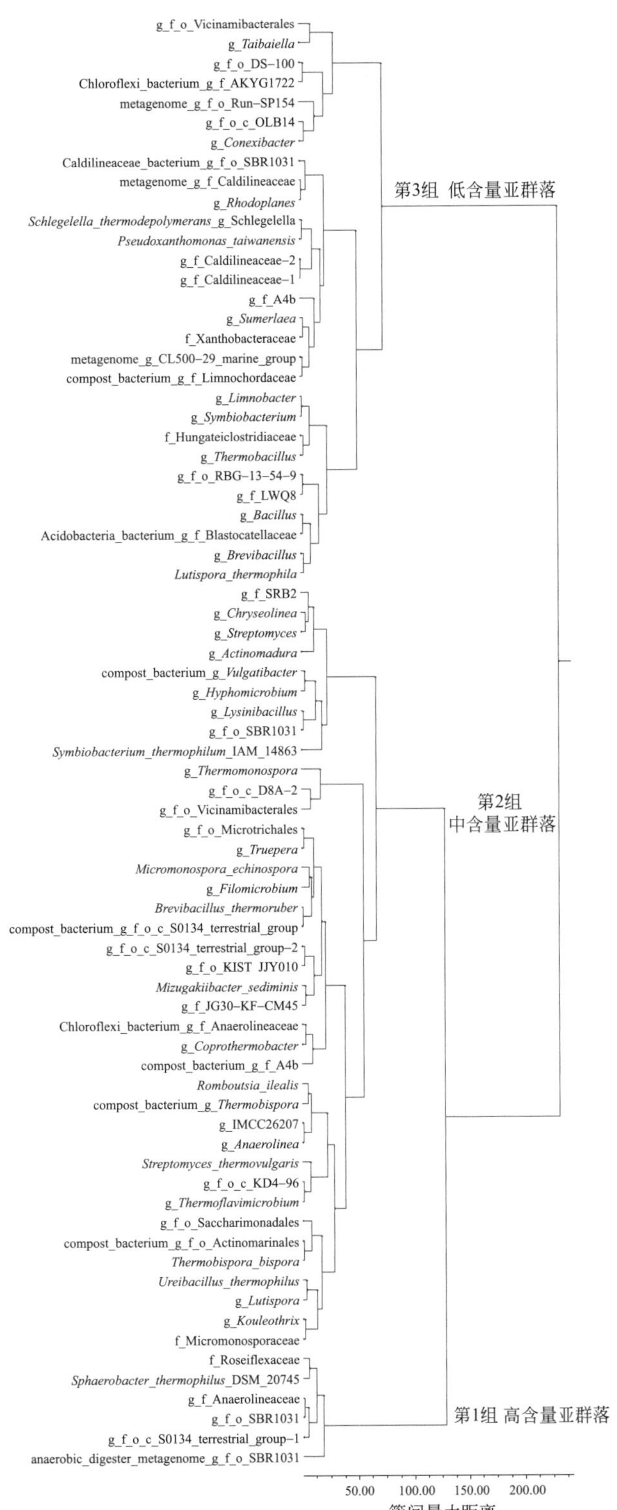

图 3-121　发酵过程细菌种菌群亚群落分化聚类分析

4. 芽胞杆菌种生态学特性

（1）芽胞杆菌种水平的数量变化　膜发酵过程芽胞杆菌种水平的菌群含量见表 3-108 和图 3-122。共分析到 61 种芽胞杆菌，分属于芽胞杆菌的 26 个属，即脂环酸芽胞杆菌属、氨芽胞杆菌属、解硫胺素芽胞杆菌属、无氧芽胞杆菌属、芽胞杆菌属、短芽胞杆菌属、热碱芽胞杆菌属、热芽胞杆菌属、多变芽胞杆菌属、地芽胞杆菌属、纤细芽胞杆菌属、解氢芽胞杆菌属、赖氨酸芽胞杆菌属、新建芽胞杆菌属、类芽胞杆菌属、副地芽胞杆菌属、鲁梅尔芽胞杆菌属、中华芽胞杆菌属、土壤芽胞杆菌属、土地芽胞杆菌属、嗜热芽胞杆菌属、肿块芽胞杆菌属、膨胀芽胞杆菌属、尿素芽胞杆菌属、火山芽胞杆菌属、木聚糖芽胞杆菌属。发酵过程含量最高的种为热红短芽胞杆菌，总和达 5.8385%，含量最低为嗜热芽胞杆菌属的 1 种，总和为 0.0006%。

表 3-108　膜发酵过程芽胞杆菌种水平菌群含量

物种名称	发酵过程芽胞杆菌含量 /%								总和 /%
	0d	3d	6d	9d	12d	21d	24d	27d	
热红短芽胞杆菌（*Brevibacillus thermoruber*）	0.0137	1.3280	0.6161	0.6161	0.7296	0.7886	0.8432	0.9032	5.8385
嗜热尿素芽胞杆菌（*Ureibacillus thermophilus*）	1.1410	0.5287	0.9303	0.7462	0.4400	0.3471	0.1941	0.3575	4.6849
赖氨酸芽胞杆菌属的 1 种（*Lysinibacillus* sp.）	1.6020	0.0841	0.3371	0.1931	0.4897	0.1084	0.3198	0.1826	3.3168
短芽胞杆菌属的 1 种（*Brevibacillus* sp.1）	0.0494	0.7482	0.4806	0.3696	0.2884	0.4187	0.3356	0.3359	3.0264
芽胞杆菌属的 1 种（*Bacillus* sp.1）	0.5544	0.3309	0.4494	0.2521	0.4347	0.2076	0.3422	0.3072	2.8785
嗜热芽胞杆菌属的 1 种（*Thermobacillus* sp.1）	0.0217	0.0161	0.5618	0.5111	0.5998	0.1912	0.1113	0.2269	2.2399
芽胞杆菌属的 1 种（*Bacillus* sp. X12014）	0.0365	0.3991	0.1806	0.1470	0.1509	0.1861	0.1748	0.2432	1.5182
尿素芽胞杆菌属的 1 种（*Ureibacillus* sp.1）	0.0206	0.0196	0.2666	0.3717	0.1130	0.0309	0.0551	0.0845	0.9620
热脱氮地芽胞杆菌（*Geobacillus thermodenitrificans*）	0.0160	0.0439	0.1212	0.0882	0.2393	0.0336	0.0557	0.1443	0.7422
解硫胺素芽胞杆菌属的 1 种（*Aneurinibacillus* sp.1）	0.0837	0.2628	0.0931	0.0495	0.0381	0.0639	0.0559	0.0731	0.7200
类芽胞杆菌属的 1 种（*Paenibacillus* sp.1）	0.0160	0.0944	0.0644	0.0836	0.0702	0.1115	0.1265	0.1220	0.6886
嗜热芽胞杆菌属的 1 种（*Thermobacillus* sp.2）	0.0042	0.0079	0.0512	0.0769	0.1102	0.1094	0.0870	0.1179	0.5646
解硫胺素芽胞杆菌属的 1 种（*Aneurinibacillus* sp. XH2）	0.0101	0.2026	0.0766	0.0404	0.0452	0.0254	0.0334	0.0211	0.4549
就地堆肥副地芽胞杆菌（*Parageobacillus toebii*）	0.0033	0.0432	0.0580	0.0546	0.1529	0.0311	0.0337	0.0734	0.4502
嗜热芽胞杆菌属的 1 种（*Thermobacillus* sp.3）	0.0083	0.0186	0.1019	0.1028	0.0770	0.0465	0.0354	0.0414	0.4319
尿素芽胞杆菌属的 1 种（*Ureibacillus* sp.2）	0.2702	0.0130	0.0370	0.0226	0.0241	0.0050	0.0189	0.0102	0.4011
无氧芽胞杆菌属的 1 种（*Anoxybacillus* sp. ）	0.0058	0.0483	0.0570	0.0240	0.0631	0.0320	0.0332	0.0457	0.3090
芽胞杆菌属的 1 种（*Bacillus* sp.2）	0.0020	0.0015	0.0709	0.1084	0.0875	0.0070	0.0085	0.0144	0.3002
类芽胞杆菌属的 1 种（*Paenibacillus* sp.2）	0.0059	0.0413	0.0400	0.0503	0.0316	0.0388	0.0341	0.0218	0.2638
膨胀芽胞杆菌属的 1 种（*Tumebacillus* sp.）	0.0094	0.0244	0.0315	0.0431	0.0304	0.0133	0.0455	0.0636	0.2611
阿氏芽胞杆菌（*Bacillus aryabhattai*）	0.0065	0.0913	0.0141	0.0107	0.0368	0.0144	0.0323	0.0156	0.2215

续表

物种名称	发酵过程芽胞杆菌含量 /%								总和 /%
	0d	3d	6d	9d	12d	21d	24d	27d	
炭疽芽胞杆菌（*Bacillus anthracis*）	0.0391	0.0666	0.0188	0.0094	0.0220	0.0070	0.0170	0.0047	0.1844
坚强芽胞杆菌（*Bacillus firmus*）	0.0085	0.0538	0.0203	0.0127	0.0312	0.0219	0.0175	0.0164	0.1823
朝日芽胞杆菌（*Bacillus asahii*）	0.0148	0.0107	0.0073	0.0114	0.0135	0.0221	0.0356	0.0450	0.1603
热生肿块芽胞杆菌（*Tuberibacillus calidus*）	0.0057	0.0151	0.0083	0.0047	0.0201	0.0158	0.0182	0.0183	0.1062
热碱芽胞杆菌属的 1 种（*Caldalkalibacillus* sp.1）	0.0021	0.0032	0.0097	0.0175	0.0133	0.0041	0.0020	0.0054	0.0572
施氏解氢芽胞杆菌（*Hydrogenibacillus schlegelii*）	0.0009	0.0013	0.0014	0.0216	0.0225	0.0010	0.0031	0.0046	0.0563
短芽胞杆菌属的 1 种（*Brevibacillus* sp.2）	0.0014	0.0028	0.0137	0.0062	0.0066	0.0095	0.0063	0.0050	0.0516
热乳芽胞杆菌（*Bacillus thermolactis*）	0.0007	0.0073	0.0056	0.0056	0.0137	0.0041	0.0067	0.0075	0.0510
堆肥无氧芽胞杆菌（*Anoxybacillus toebii*）	0.0013	0.0035	0.0099	0.0133	0.0127	0.0026	0.0021	0.0033	0.0487
土壤芽胞杆菌属的 1 种（*Solibacillus* sp.5）	0.0295	0.0011	0.0037	0.0013	0.0045	0.0026	0.0009	0.0032	0.0469
巴伦氏类芽胞杆菌（*Paenibacillus barengoltzii*）	0.0015	0.0205	0.0040	0.0042	0.0025	0.0036	0.0038	0.0033	0.0434
氨芽胞杆菌属的 1 种（*Ammoniibacillus* sp.）	0.0008	0.0007	0.0125	0.0126	0.0066	0.0018	0.0014	0.0020	0.0384
中华芽胞杆菌属的 1 种（*Sinibacillus* sp.4）	0.0004	0.0004	0.0070	0.0128	0.0096	0.0030	0.0006	0.0006	0.0343
热芽胞杆菌属的 1 种（*Caldibacillus* sp.）	0.0000	0.0000	0.0172	0.0052	0.0074	0.0003	0.0000	0.0009	0.0311
嗜热新建芽胞杆菌（*Novibacillus thermophilus*）	0.0043	0.0040	0.0058	0.0037	0.0027	0.0040	0.0038	0.0020	0.0304
短芽胞杆菌属的 1 种（*Brevibacillus* sp.3）	0.0009	0.0056	0.0027	0.0029	0.0037	0.0053	0.0040	0.0044	0.0293
多变芽胞杆菌属的 1 种（*Effusibacillus* sp. ）	0.0000	0.0011	0.0081	0.0065	0.0012	0.0059	0.0042	0.0022	0.0292
厚胞鲁梅尔芽胞杆菌（*Rummeliibacillus pycnus*）	0.0073	0.0018	0.0024	0.0014	0.0019	0.0055	0.0013	0.0011	0.0226
热碱芽胞杆菌属的 1 种（*Caldalkalibacillus* sp.2）	0.0000	0.0018	0.0046	0.0054	0.0017	0.0018	0.0010	0.0020	0.0184
木聚糖芽胞杆菌属的 1 种（*Xylanibacillus* sp. ）	0.0004	0.0000	0.0042	0.0054	0.0054	0.0006	0.0009	0.0003	0.0173
解硫胺素芽胞杆菌属的 1 种（*Aneurinibacillus* sp.2）	0.0008	0.0022	0.0011	0.0027	0.0006	0.0009	0.0033	0.0038	0.0154
又松类芽胞杆菌（*Paenibacillus woosongensis*）	0.0008	0.0021	0.0019	0.0003	0.0025	0.0006	0.0012	0.0003	0.0097
穿琼脂氨芽胞杆菌（*Ammoniibacillus agariperforans*）	0.0033	0.0011	0.0014	0.0013	0.0005	0.0013	0.0000	0.0003	0.0093
类芽胞杆菌属的 1 种（*Paenibacillus* sp.3）	0.0000	0.0045	0.0004	0.0007	0.0009	0.0008	0.0014	0.0003	0.0089
鸟膨胀芽胞杆菌（*Tumebacillus avium*）	0.0030	0.0000	0.0003	0.0018	0.0000	0.0022	0.0003	0.0003	0.0080
纤维素芽胞杆菌（*Bacillus cellulasensis*）	0.0007	0.0011	0.0007	0.0007	0.0003	0.0013	0.0009	0.0014	0.0071
脂环酸芽胞杆菌属的 1 种（*Alicyclobacillus* sp. ）	0.0000	0.0004	0.0007	0.0007	0.0006	0.0018	0.0014	0.0006	0.0061
芽胞杆菌属的 1 种（*Bacillus* sp.3）	0.0013	0.0007	0.0007	0.0007	0.0003	0.0016	0.0006	0.0000	0.0059
蜥蜴纤细芽胞杆菌（*Gracilibacillus dipsosauri*）	0.0008	0.0011	0.0007	0.0006	0.0006	0.0003	0.0003	0.0015	0.0058
新建芽胞杆菌属的 1 种（*Novibacillus* sp.1）	0.0009	0.0007	0.0007	0.0006	0.0011	0.0006	0.0005	0.0006	0.0057
福氏芽胞杆菌（*Bacillus fordii*）	0.0004	0.0015	0.0011	0.0000	0.0006	0.0006	0.0006	0.0003	0.0052
人参地类芽胞杆菌（*Paenibacillus ginsengihumi*）	0.0008	0.0004	0.0010	0.0009	0.0008	0.0010	0.0000	0.0000	0.0048

续表

物种名称	发酵过程芽胞杆菌含量 /%								总和 /%
	0d	3d	6d	9d	12d	21d	24d	27d	
生资所类芽胞杆菌（*Paenibacillus ihbetae*）	0.0007	0.0014	0.0007	0.0000	0.0011	0.0003	0.0000	0.0006	0.0047
地芽胞杆菌属的 1 种（*Geobacillus* sp.）	0.0000	0.0000	0.0003	0.0013	0.0008	0.0010	0.0000	0.0000	0.0033
嗜热嗜气类芽胞杆菌（*Paenibacillus thermoaerophilus*）	0.0000	0.0015	0.0000	0.0000	0.0006	0.0003	0.0005	0.0000	0.0029
新建芽胞杆菌属的 1 种（*Novibacillus* sp.2）	0.0000	0.0007	0.0016	0.0003	0.0000	0.0000	0.0003	0.0000	0.0029
茶叶类芽胞杆菌（*Paenibacillus camelliae*）	0.0003	0.0000	0.0003	0.0003	0.0002	0.0006	0.0009	0.0000	0.0027
火山芽胞杆菌属的 1 种（*Vulcanibacillus* sp.）	0.0000	0.0000	0.0000	0.0000	0.0000	0.0002	0.0000	0.0017	0.0020
戈里土地芽胞杆菌（*Terribacillus goriensis*）	0.0000	0.0004	0.0000	0.0000	0.0000	0.0000	0.0000	0.0003	0.0007
嗜热芽胞杆菌属的 1 种（*Thermobacillus* sp. YonhaC149）	0.0000	0.0000	0.0006	0.0000	0.0000	0.0000	0.0000	0.0000	0.0006

从发酵过程的菌群结构看，发酵初期（0d）芽胞杆菌种总量较低（4.04%），发酵进程到 3 ～ 12d，数量上升，范围为 4.14% ～ 4.83%；发酵后期（21 ～ 27d），数量有所下降，范围为 2.95% ～ 3.55%（图 3-122）。

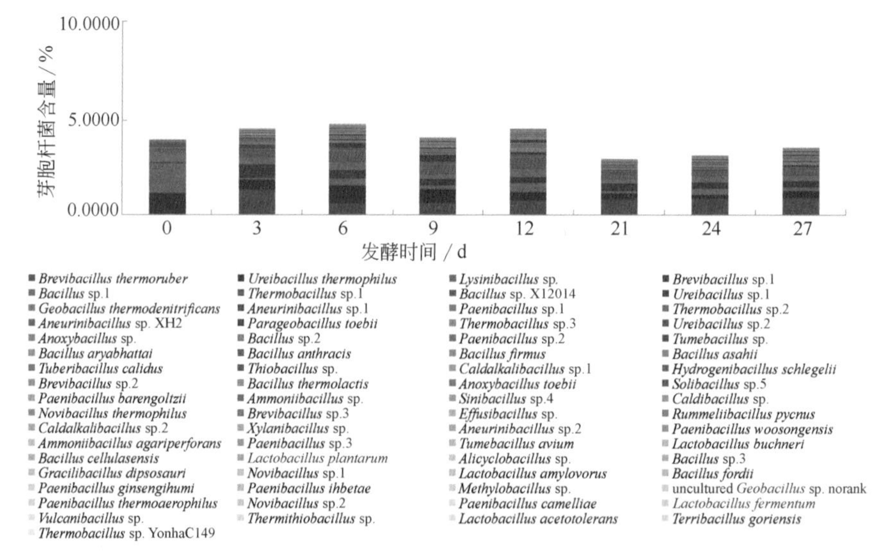

图 3-122 发酵过程芽胞杆菌种种类与数量的结构组成

从发酵过程优势菌群看，前 5 个高含量的优势菌群分别为热红短芽胞杆菌发酵过程含量总和为 5.8385%，随着发酵进程，数量急剧上升，发酵第 3 天达到高峰，而后逐渐波动回落，属于前峰型曲线，幂指数方程为 y(bret) $=0.0659x^{1.5044}$（R^2=0.5235）；嗜热尿素芽胞杆菌发酵过程含量总和为 4.6849%，发酵初期数量达高峰，随着发酵进程，数量波动下降，直到发酵结束，属于前峰型曲线，对数方程为 y(ure) $=-0.386\ln(x)+1.097$（R^2=0.6968）；赖氨酸芽胞杆菌属的 1 种发酵过程含量总和为 3.3168%，发酵初期数量达高峰，随着发酵进程，随后数量波动下降，直到发酵结束，属于前峰型曲线，多项式方程为 y(lys) $=0.0485x^2-0.5453x+1.6319$（$R^2=0.5143$）；短芽胞杆菌属的 1 种（*Brevibacillus* sp.1）发酵过程含量总和为 3.0264%，发酵初期数量较低，随着发酵进程，数量急剧上升，到第 3 天达到峰值，随后逐渐波动下降，直到发酵结束，属于前峰型曲线，多项式方程为 y(bre1) $=0.012x^3-0.1749x^2+0.7316x-0.3946$（$R^2=0.4274$）；芽胞杆菌属的 1 种（*Bacillus* sp.1）发酵过程含量总和为 2.8785%，随着发酵进程，数量出现波动，变化幅度不大，曲线平稳，属于平稳型，对数方程为 y(bac) $=-0.106\ln(x)+0.5002$（$R^2=0.4308$）（图 3-123）。

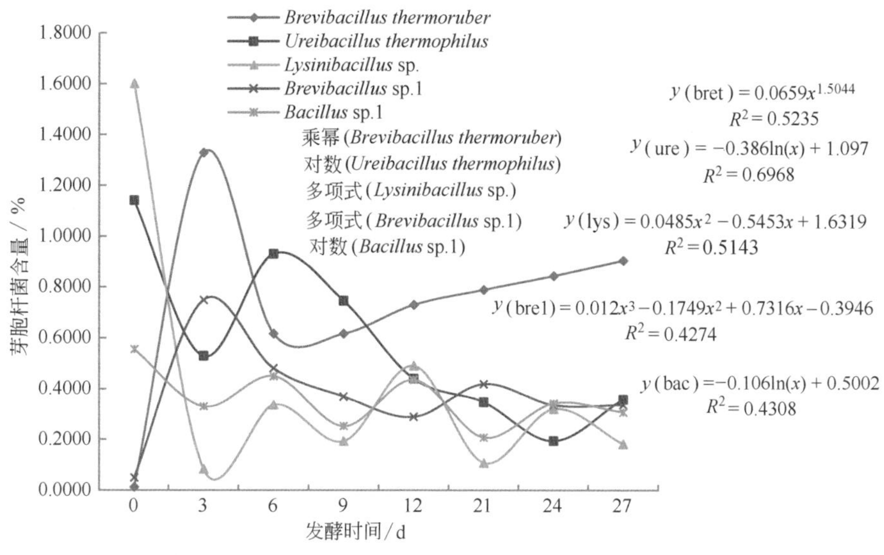

图 3-123　膜发酵过程芽胞杆菌种优势菌群数量动态

（2）芽胞杆菌多样性指数　用于计算芽胞杆菌多样性指数的数据矩阵，采用 OTU 数据，每个发酵时间采样四个点，每个点采样内外两个样方，一个发酵时间共有 8 个样方，每 3 天一次采用共 8 次，采样的样本共有 64 个；以 74 种芽胞杆菌为样本，发酵时间的不同样方为指标，统计主要细菌种的多样性指数，分析结果见表 3-109。

表 3-109　芽胞杆菌种多样性指数间的相关系数

因子	个体数	丰富度指数	优势度指数 (*D*)	香农指数 (*H*)	均匀度指数	Brillouin	Mcintosh(*Dmc*)
个体数		0.0050	0.2626	0.0057	0.4806	0.0003	0.8921
丰富度指数	0.3343		0.0000	0.0000	0.0423	0.0000	0.0010
优势度指数 (*D*)	0.1367	0.5679		0.0000	0.0000	0.0000	0.0000
香农指数 (*H*)	0.3296	0.9375	0.7209		0.0001	0.0000	0.0000
均匀度指数	−0.0863	0.2452	0.8829	0.4506		0.0155	0.0000
Brillouin	0.4250	0.9603	0.5981	0.9747	0.2905		0.0004
Mcintosh(*Dmc*)	0.0166	0.3886	0.9577	0.5728	0.9274	0.4163	

注：左下角是相关系数 *R*，右上角是 *P* 值。

结果表明，芽胞杆菌分布的样方数范围为 1 ～ 64 个，也即嗜热芽胞杆菌属的 1 种（*Thermobacillus* sp. YonhaC149）仅分布在一个样方，芽胞杆菌属的 1 种分布在全部 64 个样方。从数量分布上看，前 10 个高含量（OTU）的芽胞杆菌数量排序：热红短芽胞杆菌（10365.00）> 嗜热尿素芽胞杆菌（8213.00）> 赖氨酸芽胞杆菌属的 1 种（5885.00）> 短芽胞杆菌属的 1 种（5367.00）> 芽胞杆菌属的 1 种（4985.00）> 嗜热芽胞杆菌属的 1 种（3957.00）> 芽胞杆菌属的 1 种（2702.00）> 尿素芽胞杆菌属的 1 种（1746.00）> 热脱氮地芽胞杆菌（1295.00）> 解硫胺素芽胞杆菌属的 1 种（1277.00）（表 3-110）。

从丰富度指数看，指数范围为 0.00 ～ 9.74，前 5 个丰富度高的芽胞杆菌为热生肿块芽胞杆菌（9.74）> 炭疽芽胞杆菌（9.13）> 膨胀芽胞杆菌属的 1 种（8.96）> 类芽胞杆菌属的 1 种（8.79）> 嗜热芽胞杆菌属的 1 种（8.70）；丰富度低的后 3 位的芽胞杆菌为脂环酸芽胞杆菌属的 1 种（0.42）> 纤维素芽胞杆菌（0.00）= 嗜热芽胞杆菌属的 1 种（0.00）。

表 3-110　膜发酵过程芽胞杆菌种优势菌群多样性指数

物种名称	样方	数量（OTU）	丰富度指数	优势度指数 (*D*)	香农指数 (*H*)	均匀度指数
热红短芽胞杆菌（*Brevibacillus thermoruber*）	61	10365.00	6.49	0.91	2.75	0.67
嗜热尿素芽胞杆菌（*Ureibacillus thermophilus*）	63	8213.00	6.88	0.94	3.11	0.75
赖氨酸芽胞杆菌属的 1 种（*Lysinibacillus* sp.）	62	5885.00	7.03	0.83	2.55	0.62
短芽胞杆菌属的 1 种（*Brevibacillus* sp.1）	63	5367.00	7.22	0.96	3.58	0.86
芽胞杆菌属的 1 种（*Bacillus* sp.1）	64	4985.00	7.40	0.96	3.76	0.90
嗜热芽胞杆菌属的 1 种（*Thermobacillus* sp.1）	59	3957.00	7.00	0.95	3.29	0.81
芽胞杆菌属的 1 种（*Bacillus* sp. X12014）	64	2702.00	7.97	0.96	3.53	0.85
尿素芽胞杆菌属的 1 种（*Ureibacillus* sp.1）	59	1746.00	7.77	0.92	3.08	0.75
热脱氮地芽胞杆菌（*Geobacillus thermodenitrificans*）	62	1295.00	8.51	0.92	3.24	0.79
解硫胺素芽胞杆菌属的 1 种（*Aneurinibacillus* sp.1）	63	1277.00	8.67	0.89	3.02	0.73
类芽胞杆菌属的 1 种（*Paenibacillus* sp.1）	62	1205.00	8.60	0.97	3.79	0.92
嗜热芽胞杆菌属的 1 种（*Thermobacillus* sp.2）	56	979.00	7.99	0.96	3.49	0.87
解硫胺素芽胞杆菌属的 1 种（*Aneurinibacillus* sp. XH2）	47	812.00	6.87	0.85	2.53	0.66
就地堆肥副地芽胞杆菌属（*Parageobacillus toebii*）	47	792.00	6.89	0.88	2.72	0.71
嗜热芽胞杆菌属的 1 种（*Thermobacillus* sp.3）	59	783.00	8.70	0.97	3.63	0.89
尿素芽胞杆菌属的 1 种（*Ureibacillus* sp.2）	51	723.00	7.59	0.74	2.22	0.56
无氧芽胞杆菌属的 1 种（*Anoxybacillus* sp.）	41	560.00	6.32	0.88	2.62	0.70
芽胞杆菌属的 1 种（*Bacillus* sp.2）	41	541.00	6.36	0.91	2.74	0.74
类芽胞杆菌属的 1 种（*Paenibacillus* sp.2）	55	464.00	8.79	0.96	3.53	0.88
膨胀芽胞杆菌属的 1 种（*Tumebacillus* sp.）	56	464.00	8.96	0.96	3.44	0.86
阿氏芽胞杆菌（*Bacillus aryabhattai*）	48	375.00	7.93	0.91	2.98	0.77
炭疽芽胞杆菌（*Bacillus anthracis*）	54	331.00	9.13	0.95	3.43	0.86
坚强芽胞杆菌（*Bacillus firmus*）	46	313.00	7.83	0.93	3.09	0.81

续表

物种名称	样方	数量（OTU）	丰富度指数	优势度指数 (*D*)	香农指数 (*H*)	均匀度指数
朝日芽胞杆菌（*Bacillus asahii*）	46	290.00	7.94	0.91	2.96	0.77
热生肿块芽胞杆菌（*Tuberibacillus calidus*）	52	188.00	9.74	0.97	3.56	0.90
热碱芽胞杆菌属的 1 种（*Caldalkalibacillus* sp.1）	37	103.00	7.77	0.96	3.29	0.91
施氏解氢芽胞杆菌（*Hydrogenibacillus schlegelii*）	33	103.00	6.90	0.92	2.95	0.84
短芽胞杆菌属的 1 种（*Brevibacillus* sp.2）	15	101.00	3.03	0.83	2.09	0.77
热乳芽胞杆菌（*Bacillus thermolactis*）	22	97.00	4.59	0.74	2.01	0.65
堆肥无氧芽胞杆菌（*Anoxybacillus toebii*）	28	93.00	5.96	0.90	2.69	0.81
土壤芽胞杆菌属的 1 种（*Solibacillus* sp.5）	32	86.00	6.96	0.82	2.58	0.74
巴伦氏类芽胞杆菌（*Paenibacillus barengoltzii*）	31	84.00	6.77	0.94	3.05	0.89
氨芽胞杆菌属的 1 种（*Ammoniibacillus* sp.）	13	64.00	2.89	0.74	1.77	0.69
中华芽胞杆菌属的 1 种（*Sinibacillus* sp.4）	21	60.00	4.88	0.91	2.62	0.86
热芽胞杆菌属的 1 种（*Caldibacillus* sp.）	18	53.00	4.28	0.92	2.55	0.88
嗜热新建芽胞杆菌（*Novibacillus thermophilus*）	23	52.00	5.57	0.95	2.87	0.92
短芽胞杆菌属的 1 种（*Brevibacillus* sp.3）	29	50.00	7.16	0.97	3.18	0.94
多变芽胞杆菌属的 1 种（*Effusibacillus* sp.）	18	49.00	4.37	0.91	2.53	0.87
厚胞鲁梅尔芽胞杆菌（*Rummeliibacillus pycnus*）	21	38.00	5.50	0.93	2.73	0.90
热碱芽胞杆菌属的 1 种（*Caldalkalibacillus* sp.2）	16	33.00	4.29	0.90	2.40	0.87
木聚糖芽胞杆菌属的 1 种（*Xylanibacillus* sp.）	21	32.00	5.77	0.96	2.83	0.93
解硫胺素芽胞杆菌属的 1 种（*Aneurinibacillus* sp.2）	15	29.00	4.16	0.89	2.38	0.88
又松类芽胞杆菌（*Paenibacillus woosongensis*）	8	19.00	2.38	0.81	1.73	0.83
穿琼脂氨芽胞杆菌（*Ammoniibacillus agariperforans*）	13	17.00	4.24	0.96	2.48	0.97
类芽胞杆菌属的 1 种（*Paenibacillus* sp.3）	11	16.00	3.61	0.95	2.31	0.96
鸟膨胀芽胞杆菌（*Tumebacillus avium*）	13	15.00	4.43	0.98	2.52	0.98
纤维素芽胞杆菌（*Bacillus cellulasensis*）	1	13.00	0.00	0.00	0.00	0.00
脂环酸芽胞杆菌属的 1 种（*Alicyclobacillus* sp.）	2	11.00	0.42	0.18	0.30	0.44
芽胞杆菌属的 1 种（*Bacillus* sp.3）	7	10.00	2.61	0.91	1.83	0.94
蜥蜴纤细芽胞杆菌（*Gracilibacillus dipsosauri*）	9	10.00	3.47	0.98	2.16	0.98
新建芽胞杆菌属的 1 种（*Novibacillus* sp.1）	6	9.00	2.28	0.83	1.58	0.88
福氏芽胞杆菌（*Bacillus fordii*）	8	9.00	3.19	0.97	2.04	0.98
人参地类芽胞杆菌（*Paenibacillus ginsengihumi*）	4	9.00	1.37	0.69	1.15	0.83
生资所类芽胞杆菌（*Paenibacillus ihbetae*）	4	7.00	1.54	0.81	1.28	0.92
地芽胞杆菌属的 1 种（*Geobacillus* sp.）	2	6.00	0.56	0.33	0.45	0.65
嗜热嗜气类芽胞杆菌（*Paenibacillus thermoaerophilus*）	5	5.00	2.49	1.00	1.61	1.00
新建芽胞杆菌属的 1 种（*Novibacillus* sp.2）	5	5.00	2.49	1.00	1.61	1.00

续表

物种名称	样方	数量（OTU）	丰富度指数	优势度指数 (*D*)	香农指数 (*H*)	均匀度指数
茶叶类芽胞杆菌（*Paenibacillus camelliae*）	3	4.00	1.44	0.83	1.04	0.95
火山芽胞杆菌属的 1 种（*Vulcanibacillus* sp.）	3	3.00	1.82	1.00	1.10	1.00
戈里土地芽胞杆菌（*Terribacillus goriensis*）	2	2.00	1.44	1.00	0.69	1.00
嗜热芽胞杆菌属的 1 种（*Thermobacillus* sp. YonhaC149）	1	2.00	0.00	0.00	0.00	0.00

（3）芽胞杆菌生态位特性　利用表 3-108，选取芽胞杆菌种构建数据矩阵，以芽胞杆菌种为样本，发酵时间为指标，用 Levins 测度计算芽胞杆菌种的时间生态位宽度，统计结果见表 3-111。

不同生态位宽度的芽胞杆菌种对时间资源的利用效率不同，如宽生态位较宽、资源利用较多的人参地类芽胞杆菌（生态位宽度 =5.6494），利用 5 个资源，发酵初期（0d）（S1=16.33%）、发酵第 6 天（S3=20.41%）、发酵第 9 天（S4=18.37%）、发酵第 12 天（S5=16.33%）、发酵第 21 天（S6=20.41%）；生态位宽度中等，利用资源较少的巴伦氏类芽胞杆菌（生态位宽度 3.762），发酵第 3 天（S2=47.24%）；生态位宽度较窄，利用资源较少的尿素芽胞杆菌属的 1 种（*Ureibacillus* sp.2）（生态位宽度 2.1124），发酵初期（0d）（S1=67.38%）。芽胞杆菌生态位宽度宽窄，表现在对资源利用率高低，这种利用率可以表现在对一个资源的充分利用上，也可以表现在对多个资源利用的总和上；不同组的生态宽度的芽胞杆菌，其利用资源数量不同，生态位宽度宽的种类，有的对资源利用得多，有的对资源利用得少；生态位宽度中等或窄小的种类，同样，对资源的利用差异显著。

表 3-111　膜发酵过程芽胞杆菌种优势菌群生态位宽度

物种名称	生态位宽度	频数	截断比例	常用资源种类				
新建芽胞杆菌属的 1 种（*Novibacillus* sp.1）	7.5035	2	0.13	S1=15.79%	S5=19.30%			
嗜热新建芽胞杆菌（*Novibacillus thermophilus*）	7.4309	4	0.13	S1=14.19%	S2=13.20%	S3=19.14%	S6=13.20%	
芽胞杆菌属的 1 种（*Bacillus* sp.1）	7.3592	3	0.13	S1=19.26%	S3=15.61%	S5=15.10%		
纤维素芽胞杆菌（*Bacillus cellulasensis*）	6.9723	3	0.13	S2=15.49%	S6=18.31%	S8=19.72%		
短芽胞杆菌属的 1 种（*Brevibacillus* sp.3）	6.9614	4	0.13	S2=18.98%	S6=17.97%	S7=13.56%	S8=14.92%	
类芽胞杆菌属的 1 种（*Paenibacillus* sp.2）	6.9503	4	0.13	S2=15.66%	S3=15.16%	S4=19.07%	S6=14.71%	
类芽胞杆菌属的 1 种（*Paenibacillus* sp.1）	6.9171	4	0.13	S2=13.71%	S6=16.19%	S7=18.37%	S8=17.72%	
热生肿块芽胞杆菌（*Tuberibacillus calidus*）	6.7485	5	0.13	S2=14.22%	S5=18.93%	S6=14.88%	S7=17.14%	S8=17.23%
无氧芽胞杆菌属的 1 种（*Anoxybacillus* sp.）	6.6405	4	0.13	S2=15.63%	S3=18.44%	S5=20.41%	S8=14.78%	
热红短芽胞杆菌（*Brevibacillus thermoruber*）	6.5505	4	0.13	S2=22.75%	S6=13.51%	S7=14.44%	S8=15.47%	
短芽胞杆菌属的 1 种（*Brevibacillus* sp.1）	6.4785	3	0.13	S2=24.72%	S3=15.88%	S6=13.83%		
芽胞杆菌属的 1 种（*Bacillus* sp. X12014）	6.3682	2	0.13	S2=26.29%	S8=16.02%			
膨胀芽胞杆菌属的 1 种（*Tumebacillus* sp.）	6.3466	3	0.13	S4=16.50%	S7=17.42%	S8=24.35%		

续表

物种名称	生态位宽度	频数	截断比例	常用资源种类				
蜥蜴纤细芽胞杆菌（*Gracilibacillus dipsosauri*）	6.3406	3	0.13	S1=13.56%	S2=18.64%	S8=25.42%		
嗜热尿素芽胞杆菌（*Ureibacillus thermophilus*）	6.3011	3	0.13	S1=24.35%	S3=19.86%	S4=15.93%		
热乳芽胞杆菌（*Bacillus thermolactis*）	6.2099	4	0.13	S2=14.26%	S5=26.76%	S7=13.09%	S8=14.65%	
短芽胞杆菌属的 1 种（*Brevibacillus* sp.2）	6.1051	2	0.13	S3=26.60%	S6=18.45%			
坚强芽胞杆菌（*Bacillus firmus*）	5.9683	2	0.13	S2=29.51%	S5=17.11%			
嗜热芽胞杆菌属的 1 种（*Thermobacillus* sp.2）	5.8838	5	0.13	S4=13.62%	S5=19.51%	S6=19.37%	S7=15.41%	S8=20.88%
解硫胺素芽胞杆菌属的 1 种（*Aneurinibacillus* sp.2）	5.8587	4	0.13	S2=14.29%	S4=17.53%	S7=21.43%	S8=24.68%	
嗜热芽胞杆菌属的 1 种（*Thermobacillus* sp.3）	5.753	3	0.13	S3=23.59%	S4=23.80%	S5=17.83%		
朝日芽胞杆菌（*Bacillus asahii*）	5.7431	3	0.13	S6=13.78%	S7=22.19%	S8=28.05%		
人参地类芽胞杆菌（*Paenibacillus ginsengihumi*）	5.6494	5	0.15	S1=16.33%	S3=20.41%	S4=18.37%	S5=16.33%	S6=20.41%
芽胞杆菌属的 1 种（*Bacillus* sp.3）	5.6418	2	0.14	S1=22.03%	S6=27.12%			
又松类芽胞杆菌（*Paenibacillus woosongensis*）	5.5708	3	0.13	S2=21.65%	S3=19.59%	S5=25.77%		
脂环酸芽胞杆菌属的 1 种（*Alicyclobacillus* sp.）	5.4448	2	0.14	S5=29.03%	S6=22.58%			
福氏芽胞杆菌（*Bacillus fordii*）	5.4301	2	0.14	S2=29.41%	S3=21.57%			
就地堆肥副地芽胞杆菌（*Parageobacillus toebii*）	5.1848	2	0.13	S5=33.96%	S8=16.30%			
热碱芽胞杆菌属的 1 种（*Caldalkalibacillus* sp.2）	5.1768	2	0.14	S2=25.14%	S3=29.51%			
热脱氮地芽胞杆菌（*Geobacillus thermodenitrificans*）	5.1497	3	0.13	S3=16.33%	S5=32.24%	S8=19.44%		
解硫胺素芽胞杆菌属的 1 种（*Aneurinibacillus* sp.1）	5.1244	1	0.13	S2=36.49%				
热碱芽胞杆菌属的 1 种（*Caldalkalibacillus* sp.1）	5.1154	3	0.13	S3=16.93%	S4=30.54%	S5=23.21%		
厚胞鲁梅尔芽胞杆菌（*Rummeliibacillus pycnus*）	5.1014	2	0.13	S1=32.16%	S6=24.23%			
多变芽胞杆菌属的 1 种（*Effusibacillus* sp.）	5.0813	4	0.14	S2=27.74%	S3=22.26%	S5=20.21%	S6=14.38%	
堆肥无氧芽胞杆菌（*Anoxybacillus toebii*）	5.0227	3	0.13	S3=20.33%	S4=27.31%	S5=26.08%		
生资所类芽胞杆菌（*Paenibacillus ihbetae*）	5.0087	2	0.15	S2=29.17%	S4=22.92%			
嗜热芽胞杆菌属的 1 种（*Thermobacillus* sp.1）	4.8346	3	0.13	S3=25.08%	S4=22.82%	S5=26.78%		

续表

物种名称	生态位宽度	频数	截断比例	常用资源种类				
穿琼脂氨芽胞杆菌（*Ammoniibacillus agariperforans*）	4.7604	4	0.14	S1=35.87%	S3=15.22%	S4=14.13%	S6=14.13%	
炭疽芽胞杆菌（*Bacillus anthracis*）	4.7001	2	0.13	S1=21.18%	S2=36.08%			
茶叶类芽胞杆菌（*Paenibacillus camelliae*）	4.5676	2	0.15	S5=23.08%	S6=34.62%			
阿氏芽胞杆菌（*Bacillus aryabhattai*）	4.2594	3	0.13	S2=41.18%	S5=16.60%	S7=14.57%		
氨芽胞杆菌属的 1 种（*Ammoniibacillus* sp.）	3.9972	3	0.13	S3=32.55%	S4=32.81%	S5=17.19%		
尿素芽胞杆菌属的 1 种（*Ureibacillus* sp.1）	3.9558	2	0.13	S3=27.71%	S4=38.64%			
解硫胺素芽胞杆菌属的 1 种（*Aneurinibacillus* sp. XH2）	3.9103	2	0.13	S2=44.55%	S3=16.84%			
木聚糖芽胞杆菌属的 1 种（*Xylanibacillus* sp.）	3.8232	3	0.14	S2=24.42%	S3=31.40%	S4=31.40%		
巴伦氏类芽胞杆菌（*Paenibacillus barengoltzii*）	3.762	1	0.13	S2=47.24%				
中华芽胞杆菌属的 1 种（*Sinibacillus* sp.4）	3.7562	3	0.13	S3=20.35%	S4=37.21%	S5=27.91%		
芽胞杆菌属的 1 种（*Bacillus* sp.2）	3.6385	3	0.13	S3=23.62%	S4=36.11%	S5=29.15%		
鸟膨胀芽胞杆菌（*Tumebacillus avium*）	3.5971	3	0.15	S1=37.97%	S3=22.78%	S4=27.85%		
赖氨酸芽胞杆菌属的 1 种（*Lysinibacillus* sp.）	3.5356	2	0.13	S1=48.30%	S5=14.76%			
地芽胞杆菌属的 1 种（*Geobacillus* sp.）	3.3801	3	0.18	S2=38.24%	S3=23.53%	S4=29.41%		
类芽胞杆菌属的 1 种（*Paenibacillus* sp.3）	3.3197	2	0.14	S1=50.00%	S6=15.56%			
施氏解氢芽胞杆菌（*Hydrogenibacillus schlegelii*）	3.1525	2	0.13	S4=38.30%	S5=39.89%			
嗜热嗜气类芽胞杆菌（*Paenibacillus thermoaerophilus*）	2.8508	2	0.18	S1=51.72%	S2=20.69%			
新建芽胞杆菌属的 1 种（*Novibacillus* sp.2）	2.6037	2	0.18	S1=24.14%	S2=55.17%			
热芽胞杆菌属的 1 种（*Caldibacillus* sp.）	2.5387	3	0.16	S1=55.48%	S2=16.77%	S3=23.87%		
土壤芽胞杆菌属的 1 种（*Solibacillus* sp.5）	2.3681	1	0.13	S1=63.03%				
尿素芽胞杆菌属的 1 种（*Ureibacillus* sp.2）	2.1124	1	0.13	S1=67.38%				
戈里土地芽胞杆菌（*Terribacillus goriensis*）	1.96	2	0.2	S1=57.14%	S2=42.86%			
火山芽胞杆菌属的 1 种（*Vulcanibacillus* sp.）	1.2321	1	0.2	S2=89.47%				
嗜热芽胞杆菌属的 1 种（*Thermobacillus* sp. YonhaC149）	1	1	0.2	S1=100.00%				

马氏距离可变类平均法聚类分析结果见表 3-112、图 3-124。结果表明，发酵过程不同芽胞杆菌种时间生态位宽度差异显著，生态位宽度分为 3 组。

第 1 组生态位宽度 4.5676 ～ 7.5035，为高宽度生态位菌群，包含了 40 个芽胞杆菌种：新建芽胞杆菌属的 1 种（7.5035）、嗜热新建芽胞杆菌（7.4309）、芽胞杆菌属的 1 种（7.3592）、纤维素芽胞杆菌（6.9723）、短芽胞杆菌属的 1 种（6.9614）、类芽胞杆菌属的 1 种（6.9503）、类芽胞杆菌属的 1 种（6.9171）、热生肿块芽胞杆菌（6.7485）、无氧芽胞杆菌属的 1 种（6.6405）、热红短芽胞杆菌（6.5505）等。

第 2 组生态位宽度 3.1525 ～ 4.2594，为中等宽度生态位菌群，包含了 13 个芽胞杆菌种，如阿氏芽胞杆菌（4.2594）、氨芽胞杆菌属的 1 种（3.9972）、尿素芽胞杆菌属的 1 种（3.9558）、解硫胺素芽胞杆菌属的 1 种（*Aneurinibacillus* sp. XH2）（3.9103）、木聚糖芽胞杆菌属的 1 种（3.8232）、巴伦氏类芽胞杆菌（3.762）、中华芽胞杆菌属的 1 种（3.7562）、芽胞杆菌属的 1 种（3.6385）、鸟膨胀芽胞杆菌（3.5971）、赖氨酸芽胞杆菌属的 1 种（3.5356）、地芽胞杆菌属的 1 种（3.3801）、类芽胞杆菌属的 1 种（3.3197）、施氏解氢芽胞杆菌（3.1525）。

第 3 组生态位宽度 1.0000 ～ 2.8508 为窄宽度生态位菌群，包含了 8 个芽胞杆菌种，如嗜热嗜气类芽胞杆菌（2.8508）、新建芽胞杆菌属的 1 种（*Novibacillus* sp.2）（2.6037）、热芽胞杆菌属的 1 种（2.5387）、土壤芽胞杆菌属的 1 种（2.3681）、尿素芽胞杆菌属的 1 种（2.1124）、戈里土地芽胞杆菌（1.9600）、火山芽胞杆菌属的 1 种（1.2321）、嗜热芽胞杆菌属的 1 种（1.0000）。

表 3-112　膜发酵过程芽胞杆菌种优势菌群生态位宽度聚类分析

组别	物种名称	生态位宽度	到中心距离
1	新建芽胞杆菌属的 1 种（*Novibacillus* sp.1）	7.5035	1.604603
1	嗜热新建芽胞杆菌（*Novibacillus thermophilus*）	7.4309	1.532003
1	芽胞杆菌属的 1 种（*Bacillus* sp.1）	7.3592	1.460303
1	纤维素芽胞杆菌（*Bacillus cellulasensis*）	6.9723	1.073403
1	短芽胞杆菌属的 1 种（*Brevibacillus* sp.3）	6.9614	1.062503
1	类芽胞杆菌属的 1 种（*Paenibacillus* sp.2）	6.9503	1.051403
1	类芽胞杆菌属的 1 种（*Paenibacillus* sp.1）	6.9171	1.018203
1	热生肿块芽胞杆菌（*Tuberibacillus calidus*）	6.7485	0.849603
1	无氧芽胞杆菌属的 1 种（*Anoxybacillus* sp.）	6.6405	0.741603
1	热红短芽胞杆菌（*Brevibacillus thermoruber*）	6.5505	0.651603
1	短芽胞杆菌属的 1 种（*Brevibacillus* sp.1）	6.4785	0.579603
1	芽胞杆菌属的 1 种（*Bacillus* sp. X12014）	6.3682	0.469303
1	膨胀芽胞杆菌属的 1 种（*Tumebacillus* sp.）	6.3466	0.447703
1	蜥蜴纤细芽胞杆菌（*Gracilibacillus dipsosauri*）	6.3406	0.441703
1	嗜热尿素芽胞杆菌（*Ureibacillus thermophilus*）	6.3011	0.402203
1	热乳芽胞杆菌（*Bacillus thermolactis*）	6.2099	0.311003
1	短芽胞杆菌属的 1 种（*Brevibacillus* sp.2）	6.1051	0.206203
1	坚强芽胞杆菌（*Bacillus firmus*）	5.9683	0.069403
1	嗜热芽胞杆菌属的 1 种（*Thermobacillus* sp.2）	5.8838	0.015097
1	解硫胺素芽胞杆菌属的 1 种（*Aneurinibacillus* sp.2）	5.8587	0.040197
1	嗜热芽胞杆菌属的 1 种（*Thermobacillus* sp.3）	5.753	0.145897
1	朝日芽胞杆菌（*Bacillus asahii*）	5.7431	0.155797
1	人参地类芽胞杆菌（*Paenibacillus ginsengihumi*）	5.6494	0.249497
1	芽胞杆菌属的 1 种（*Bacillus* sp.3）	5.6418	0.257097

续表

组别	物种名称	生态位宽度	到中心距离
1	又松类芽胞杆菌（*Paenibacillus woosongensis*）	5.5708	0.328097
1	脂环酸芽胞杆菌属的 1 种（*Alicyclobacillus* sp.）	5.4448	0.454097
1	福氏芽胞杆菌（*Bacillus fordii*）	5.4301	0.468797
1	就地堆肥副地芽胞杆菌（*Parageobacillus toebii*）	5.1848	0.714097
1	热碱芽胞杆菌属的 1 种（*Caldalkalibacillus* sp.2）	5.1768	0.722097
1	热脱氮地芽胞杆菌（*Geobacillus thermodenitrificans*）	5.1497	0.749197
1	解硫胺素芽胞杆菌属的 1 种（*Aneurinibacillus* sp.1）	5.1244	0.774497
1	热碱芽胞杆菌属的 1 种（*Caldalkalibacillus* sp.1）	5.1154	0.783497
1	厚胞鲁梅尔芽胞杆菌（*Rummeliibacillus pycnus*）	5.1014	0.797497
1	多变芽胞杆菌属的 1 种（*Effusibacillus* sp.）	5.0813	0.817597
1	堆肥无氧芽胞杆菌（*Anoxybacillus toebii*）	5.0227	0.876197
1	生资所类芽胞杆菌（*Paenibacillus ihbetae*）	5.0087	0.890197
1	嗜热芽胞杆菌属的 1 种（*Thermobacillus* sp.1）	4.8346	1.064297
1	穿琼脂氨芽胞杆菌（*Ammoniibacillus agariperforans*）	4.7604	1.138497
1	炭疽芽胞杆菌（*Bacillus anthracis*）	4.7001	1.198797
1	茶叶类芽胞杆菌（*Paenibacillus camelliae*）	4.5676	1.331297
第 1 组 40 个样本平均值		5.898897	RMSTD= 47.5468
2	阿氏芽胞杆菌（*Bacillus aryabhattai*）	4.2594	0.560354
2	氨芽胞杆菌属的 1 种（*Ammoniibacillus* sp.）	3.9972	0.298154
2	尿素芽胞杆菌属的 1 种（*Ureibacillus* sp.1）	3.9558	0.256754
2	解硫胺素芽胞杆菌属的 1 种（*Aneurinibacillus* sp. XH2）	3.9103	0.211254
2	木聚糖芽胞杆菌属的 1 种（*Xylanibacillus* sp.）	3.8232	0.124154
2	巴伦氏类芽胞杆菌（*Paenibacillus barengoltzii*）	3.762	0.062954
2	中华芽胞杆菌属的 1 种（*Sinibacillus* sp.4）	3.7562	0.057154
2	芽胞杆菌属的 1 种（*Bacillus* sp.2）	3.6385	0.060546
2	鸟膨胀芽胞杆菌（*Tumebacillus avium*）	3.5971	0.101946
2	赖氨酸芽胞杆菌属的 1 种（*Lysinibacillus* sp.）	3.5356	0.163446
2	地芽胞杆菌属的 1 种（*Geobacillus* sp.）	3.3801	0.318946
2	类芽胞杆菌属的 1 种（*Paenibacillus* sp.3）	3.3197	0.379346
2	施氏解氢芽胞杆菌（*Hydrogenibacillus schlegelii*）	3.1525	0.546546
第 2 组 13 个样本平均值		3.699046	RMSTD= 17.6478
3	嗜热嗜气类芽胞杆菌（*Paenibacillus thermoaerophilus*）	2.8508	0.767575
3	新建芽胞杆菌属的 1 种（*Novibacillus* sp.2）	2.6037	0.520475
3	热芽胞杆菌属的 1 种（*Caldibacillus* sp.）	2.5387	0.455475
3	土壤芽胞杆菌属的 1 种（*Solibacillus* sp.5）	2.3681	0.284875
3	尿素芽胞杆菌属的 1 种（*Ureibacillus* sp.2）	2.1124	0.029175
3	戈里土地芽胞杆菌（*Terribacillus goriensis*）	1.9600	0.123225
3	火山芽胞杆菌属的 1 种（*Vulcanibacillus* sp.）	1.2321	0.851125
3	嗜热芽胞杆菌属的 1 种（*Thermobacillus* sp. YonhaC149）	1.0000	1.083225
第 3 组 8 个样本平均值		2.083225	RMSTD= 38.1881

图 3-124　膜发酵过程芽胞杆菌种优势菌群生态位宽度聚类分析

从生态位重叠看，选择膜发酵过程含量最高和最低的 5 个芽胞杆菌，分别计算发酵过程时间生态位重叠，分析结果见表 3-113 和表 3-114。分析结果表明，菌群间生态位重叠差异显著，高含量芽胞杆菌之间种群时间生态位重叠在 0.0577 ～ 0.8112 之间，芽胞杆菌属的 1 种与赖氨酸芽胞杆菌属的 1 种生态位重叠值最高，为 0.8112，而与热红短芽胞杆菌的重叠值仅为 0.2111；嗜热尿素芽胞杆菌与其他 4 种芽胞杆菌生态位重叠值居于中等，在 0.41 ～ 0.68 之间，生态共存上比较协调，换言之这几种芽胞杆菌种群在时间生态位重叠上相遇的概率较高。

表 3-113 膜发酵过程高含量芽胞杆菌种菌群时间生态位重叠（Pianka 测度）

物种名称	【1】	【2】	【3】	【4】	【5】
【1】热红短芽胞杆菌（*Brevibacillus thermoruber*）	1	0.585	0.0577	0.6458	0.2111
【2】嗜热尿素芽胞杆菌（*Ureibacillus thermophilus*）	0.5850	1	0.6632	0.4152	0.6797
【3】赖氨酸芽胞杆菌属的 1 种（*Lysinibacillus* sp.）	0.0577	0.6632	1	0.1594	0.8112
【4】短芽胞杆菌属的 1 种（*Brevibacillus* sp.1）	0.6458	0.4152	0.1594	1	0.4211
【5】芽胞杆菌属的 1 种（*Bacillus* sp.1）	0.2111	0.6797	0.8112	0.4211	1

低含量芽胞杆菌之间种群时间生态位重叠在 0.0348 ～ 0.7254 之间，嗜热芽胞杆菌属的 1 种与无氧芽胞杆菌属的 1 种生态位重叠值可高达 0.7254，而与尿素芽胞杆菌属的 1 种重叠值仅为0.1066；类芽胞杆菌属的1种与其他4种芽胞杆菌生态位重叠值较低，在0.1115～0.3881之间，生态共存上协调较差，换言之，这几种芽胞杆菌种群在时间生态位重叠上相遇的概率较低。同一个种与其他种之间的生态位重叠性较高，对资源的利用特性较为一致，重叠性较低，对资源的利用特性差异较大。

表 3-114 膜发酵过程低含量芽胞杆菌种菌群时间生态位重叠（Pianka 测度）

物种名称	【1】	【2】	【3】	【4】	【5】
【1】嗜热芽胞杆菌属的 1 种（*Thermobacillus* sp.3）	1	0.1066	0.7254	0.6241	0.3881
【2】尿素芽胞杆菌属的 1 种（*Ureibacillus* sp.2）	0.1066	1	0.0348	0.0451	0.1115
【3】无氧芽胞杆菌属的 1 种（*Anoxybacillus* sp.）	0.7254	0.0348	1	0.6238	0.2785
【4】芽胞杆菌属的 1 种（*Bacillus* sp.2）	0.6241	0.0451	0.6238	1	0.2303
【5】类芽胞杆菌属的 1 种（*Paenibacillus* sp.2）	0.3881	0.1115	0.2785	0.2303	1

（4）芽胞杆菌亚群落分化　利用表 3-108，构建数据矩阵，以物种为样本，发酵时间为指标，马氏距离为尺度，用可变类平均法进行系统聚类，分析结果见表 3-115 和图 3-125。分析结果可知细菌种分为 3 组亚群落，第 1 组为高含量亚群落，包含了 26 个芽胞杆菌种菌群，即热红短芽胞杆菌、嗜热尿素芽胞杆菌、赖氨酸芽胞杆菌属的 1 种、短芽胞杆菌属的 1 种、芽胞杆菌属的 1 种、嗜热芽胞杆菌属的 1 种、芽胞杆菌属的 1 种、尿素芽胞杆菌属的 1 种、热脱氮地芽胞杆菌、解硫胺素芽胞杆菌属的 1 种、类芽胞杆菌属的 1 种、嗜热芽胞杆菌属的 1 种、解硫胺素芽胞杆菌属的 1 种、就地堆肥副地芽胞杆菌、嗜热芽胞杆菌属的 1 种、尿素芽胞杆菌属的 1 种、无氧芽胞杆菌属的 1 种、芽胞杆菌属的 1 种、类芽胞杆菌属的 1 种、膨胀芽胞杆菌属的 1 种、阿氏芽胞杆菌、炭疽芽胞杆菌、坚强芽胞杆菌、朝日芽胞杆菌、施

氏解氢芽胞杆菌、短芽胞杆菌属的 1 种；第 2 组为中含量亚群落，包含了 18 个芽胞杆菌种菌群，即热生肿块芽胞杆菌、热碱芽胞杆菌属的 1 种、热乳芽胞杆菌、堆肥无氧芽胞杆菌、土壤芽胞杆菌属的 1 种、巴伦氏类芽胞杆菌、氨芽胞杆菌属的 1 种、中华芽胞杆菌属的 1 种、热芽胞杆菌属的 1 种、嗜热新建芽胞杆菌、短芽胞杆菌属的 1 种多变芽胞杆菌属的 1 种、厚胞鲁梅尔芽胞杆菌、木聚糖芽胞杆菌属的 1 种、解硫胺素芽胞杆菌属的 1 种、脂环酸芽胞杆菌属的 1 种、人参地类芽胞杆菌、生资所类芽胞杆菌；第 3 组为低含量亚群落，包含了 17 个芽胞杆菌种菌群，即热碱芽胞杆菌属的 1 种、又松类芽胞杆菌、穿琼脂氨芽胞杆菌、类芽胞杆菌属的 1 种、鸟膨胀芽胞杆菌、纤维素芽胞杆菌、芽胞杆菌属的 1 种、蜥蜴纤细芽胞杆菌、新建芽胞杆菌属的 1 种、福氏芽胞杆菌、地芽胞杆菌属的 1 种、嗜热嗜气类芽胞杆菌、新建芽胞杆菌属的 1 种、茶叶类芽胞杆菌、火山芽胞杆菌属的 1 种、戈里土地芽胞杆菌、嗜热芽胞杆菌属的 1 种。

表 3-115　发酵过程芽胞杆菌种菌群亚群落分化聚类分析

组别	样本号	样方	数量	丰富度指数	优势度指数(*D*)	香农指数(*H*)	均匀度指数
1	热红短芽胞杆菌（*Brevibacillus thermoruber*）	61	10365.00	6.49	0.91	2.75	0.67
1	嗜热尿素芽胞杆菌（*Ureibacillus thermophilus*）	63	8213.00	6.88	0.94	3.11	0.75
1	赖氨酸芽胞杆菌属的 1 种（*Lysinibacillus* sp.）	62	5885.00	7.03	0.83	2.55	0.62
1	短芽胞杆菌属的 1 种（*Brevibacillus* sp.1）	63	5367.00	7.22	0.96	3.58	0.86
1	芽胞杆菌属的 1 种（*Bacillus* sp.1）	64	4985.00	7.40	0.96	3.76	0.90
1	嗜热芽胞杆菌属的 1 种（*Thermobacillus* sp.1）	59	3957.00	7.00	0.95	3.29	0.81
1	芽胞杆菌属的 1 种（*Bacillus* sp. X12014）	64	2702.00	7.97	0.96	3.53	0.85
1	尿素芽胞杆菌属的 1 种（*Ureibacillus* sp.1）	59	1746.00	7.77	0.92	3.08	0.75
1	热脱氮地芽胞杆菌（*Geobacillus thermodenitrificans*）	62	1295.00	8.51	0.92	3.24	0.79
1	解硫胺素芽胞杆菌属的 1 种（*Aneurinibacillus* sp.1）	63	1277.00	8.67	0.89	3.02	0.73
1	类芽胞杆菌属的 1 种（*Paenibacillus* sp.1）	62	1205.00	8.60	0.97	3.79	0.92
1	嗜热芽胞杆菌属的 1 种（*Thermobacillus* sp.2）	56	979.00	7.99	0.96	3.49	0.87
1	解硫胺素芽胞杆菌属的 1 种（*Aneurinibacillus* sp. XH2）	47	812.00	6.87	0.85	2.53	0.66
1	就地堆肥副地芽胞杆菌（*Parageobacillus toebii*）	47	792.00	6.89	0.88	2.72	0.71
1	嗜热芽胞杆菌属的 1 种（*Thermobacillus* sp.3）	59	783.00	8.70	0.97	3.63	0.89
1	尿素芽胞杆菌属的 1 种（*Ureibacillus* sp.2）	51	723.00	7.59	0.74	2.22	0.56
1	无氧芽胞杆菌属的 1 种（*Anoxybacillus* sp.）	41	560.00	6.32	0.88	2.62	0.70
1	芽胞杆菌属的 1 种（*Bacillus* sp.2）	41	541.00	6.36	0.91	2.74	0.74
1	类芽胞杆菌属的 1 种（*Paenibacillus* sp.2）	55	464.00	8.79	0.96	3.53	0.88
1	膨胀芽胞杆菌属的 1 种（*Tumebacillus* sp.）	56	464.00	8.96	0.96	3.44	0.86
1	阿氏芽胞杆菌（*Bacillus aryabhattai*）	48	375.00	7.93	0.91	2.98	0.77
1	炭疽芽胞杆菌（*Bacillus anthracis*）	54	331.00	9.13	0.95	3.43	0.86
1	坚强芽胞杆菌（*Bacillus firmus*）	46	313.00	7.83	0.93	3.09	0.81
1	朝日芽胞杆菌（*Bacillus asahii*）	46	290.00	7.94	0.91	2.96	0.77
1	施氏解氢芽胞杆菌（*Hydrogenibacillus schlegelii*）	33	103.00	6.90	0.92	2.95	0.84
1	短芽胞杆菌属的 1 种（*Brevibacillus* sp.2）	15	101.00	3.03	0.83	2.09	0.77

续表

组别	样本号	样方	数量	丰富度指数	优势度指数(D)	香农指数(H)	均匀度指数
第 1 组 26 个样本平均值		52.96	2101.08	7.49	0.91	3.08	0.78
2	热生肿块芽胞杆菌（*Tuberibacillus calidus*）	52	188.00	9.74	0.97	3.56	0.90
2	热碱芽胞杆菌属的 1 种（*Caldalkalibacillus* sp.1）	37	103.00	7.77	0.96	3.29	0.91
2	热乳芽胞杆菌（*Bacillus thermolactis*）	22	97.00	4.59	0.74	2.01	0.65
2	堆肥无氧芽胞杆菌（*Anoxybacillus toebii*）	28	93.00	5.96	0.90	2.69	0.81
2	土壤芽胞杆菌属的 1 种（*Solibacillus* sp.5）	32	86.00	6.96	0.82	2.58	0.74
2	巴伦氏类芽胞杆菌（*Paenibacillus barengoltzii*）	31	84.00	6.77	0.94	3.05	0.89
2	氨芽胞杆菌属的 1 种（*Ammoniibacillus* sp.）	13	64.00	2.89	0.74	1.77	0.69
2	中华芽胞杆菌属的 1 种（*Sinibacillus* sp.4）	21	60.00	4.88	0.91	2.62	0.86
2	热芽胞杆菌属的 1 种（*Caldibacillus* sp.）	18	53.00	4.28	0.92	2.55	0.88
2	嗜热新建芽胞杆菌（*Novibacillus thermophilus*）	23	52.00	5.57	0.95	2.87	0.92
2	短芽胞杆菌属的 1 种（*Brevibacillus* sp.3）	29	50.00	7.16	0.97	3.18	0.94
2	多变芽胞杆菌属的 1 种（*Effusibacillus* sp.）	18	49.00	4.37	0.91	2.53	0.87
2	厚胞鲁梅尔芽胞杆菌（*Rummeliibacillus pycnus*）	21	38.00	5.50	0.93	2.73	0.90
2	木聚糖芽胞杆菌属的 1 种（*Xylanibacillus* sp.）	21	32.00	5.77	0.96	2.83	0.93
2	解硫胺素芽胞杆菌属的 1 种（*Aneurinibacillus* sp.2）	15	29.00	4.16	0.89	2.38	0.88
2	脂环酸芽胞杆菌属的 1 种（*Alicyclobacillus* sp.）	2	11.00	0.42	0.18	0.30	0.44
2	人参地类芽胞杆菌（*Paenibacillus ginsengihumi*）	4	9.00	1.37	0.69	1.15	0.83
2	生资所类芽胞杆菌（*Paenibacillus ihbetae*）	4	7.00	1.54	0.81	1.28	0.92
第 2 组 18 个样本平均值		22.21	65.42	5.04	0.85	2.44	0.83
3	热碱芽胞杆菌属的 1 种（*Caldalkalibacillus* sp.2）	16	33.00	4.29	0.90	2.40	0.87
3	又松类芽胞杆菌（*Paenibacillus woosongensis*）	8	19.00	2.38	0.81	1.73	0.83
3	穿琼脂氨芽胞杆菌（*Ammoniibacillus agariperforans*）	13	17.00	4.24	0.96	2.48	0.97
3	类芽胞杆菌属的 1 种（*Paenibacillus* sp.3）	11	16.00	3.61	0.95	2.31	0.96
3	鸟膨胀芽胞杆菌（*Tumebacillus avium*）	13	15.00	4.43	0.98	2.52	0.98
3	纤维素芽胞杆菌（*Bacillus cellulasensis*）	1	13.00	0.00	0.00	0.00	0.00
3	芽胞杆菌属的 1 种（*Bacillus* sp.3）	7	10.00	2.61	0.91	1.83	0.94
3	蜥蜴纤细芽胞杆菌（*Gracilibacillus dipsosauri*）	9	10.00	3.47	0.98	2.16	0.98
3	新建芽胞杆菌属的 1 种（*Novibacillus* sp.1）	6	9.00	2.28	0.83	1.58	0.88
3	福氏芽胞杆菌（*Bacillus fordii*）	8	9.00	3.19	0.97	2.04	0.98
3	地芽胞杆菌属的 1 种（*Geobacillus* sp.）	2	6.00	0.56	0.33	0.45	0.65
3	嗜热嗜气类芽胞杆菌（*Paenibacillus thermoaerophilus*）	5	5.00	2.49	1.00	1.61	1.00
3	新建芽胞杆菌属的 1 种（*Novibacillus* sp.2）	5	5.00	2.49	1.00	1.61	1.00
3	茶叶类芽胞杆菌（*Paenibacillus camelliae*）	3	4.00	1.44	0.83	1.04	0.95
3	火山芽胞杆菌属的 1 种（*Vulcanibacillus* sp.）	3	3.00	1.82	1.00	1.10	1.00
3	戈里土地芽胞杆菌（*Terribacillus goriensis*）	2	2.00	1.44	1.00	0.69	1.00
3	嗜热芽胞杆菌属的 1 种（*Thermobacillus* sp. YonhaC149）	1	2.00	0.00	0.00	0.00	0.00
第 3 组 17 个样本平均值		6.33	9.54	2.30	0.76	1.44	0.81

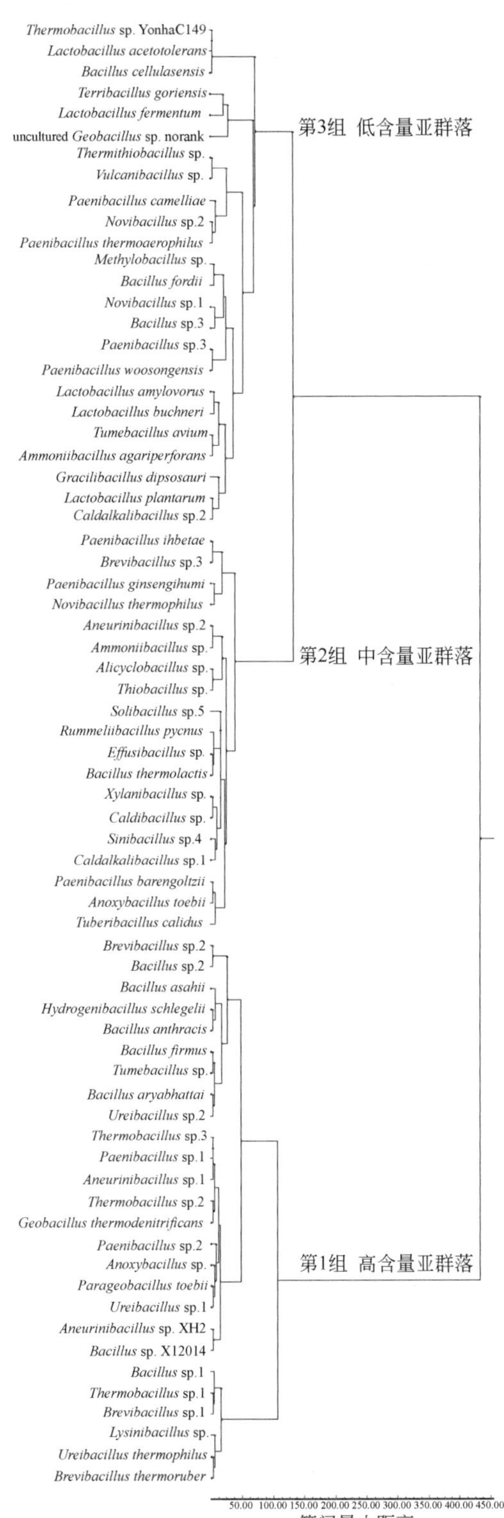

图 3-125　发酵过程芽胞杆菌种菌群亚群落分化聚类分析

第六节 农业废弃物膜发酵过程物质组的异质性

一、概述

利用膜发酵技术，能有效地发酵废弃物（畜禽粪便、农业秸秆、城市污泥、餐厨垃圾等），将其转化为生物有机肥，为农业种植所利用。农业废弃物经过膜发酵，微生物转化有机物的过程，分解形成了大量的物质，组合成特定状态的物质组。研究膜发酵过程物质组的异质性，可以了解发酵环境、微生物变化、有益物质和有害物质的转化等，对于揭示膜发酵的机制具有重要意义。

二、研究方法

1. 样本采集

采样场所为福建省农业科学院福清部队农场实验基地厦门江平生物基质有限公司城市污泥膜发酵现场，时间动态取样，即从发酵第 1 天开始，每 3d 取样 1 次，从 A、B、C、D 这 4 个口取样（图 3-1），取浅层（Y）（0 ～ 20 cm）和深层（L）（50 ～ 70 cm）样本各约 1500 g。采样样本进行编号如表 3-1 所列。

2. 实验材料

膜发酵基质样品、乙酸乙酯、分析天平、高速离心机、Agilent 7890A 型气相色谱 - 质谱联用仪。

3. 样品制备

取 1g 基质样品置于 10mL 离心管中，加 2mL 乙酸乙酯静置过夜。于 8000r/min 离心 3min，上清液经 0.22μm 微孔滤膜过滤后置于气相进样小瓶中待用。

4. 色谱分析

进样体积，3μL；色谱柱，Agilent 19091J-413，30m×320μm×0.25μm，气相色谱条件，柱箱程序为 50℃保持时间 5min，15℃ /min 升温到 200℃，保持时间 1min；然后 4℃ /min 升温到 300℃，保持时间 3min；然后 4℃ /min 升温到 320℃，保持时间 5min，运行时间 53min。

质谱条件：离子源 EI，采集模式为全扫描，溶剂延迟 6min，EMV 模式为相对值。质量扫描范围为 25.00 ～ 550.00amu，阈值设为 0，辅助加热温度为 280℃，MS 离子源温度为 230℃，MS 四极杆温度为 150℃。

5. 物质鉴定

检测的化合物经 NIST 谱库检索，结合保留指数与文献报道进行鉴定。采用线性升温公式计算各组分的实验保留指数（KI），与 NIST Chemistry WebBook 上保留指数比对。组分相对含量采用峰面积归一化法进行计算，表示为各组分的峰面积占总峰面积之比值。

三、膜发酵过程高含量物质组的分析

1. 发酵初期（0d）物料物质组检测

发酵初期（0d）从膜发酵现场堆体的 4 个采样点（A、B、C、D），浅层（Y）和深层（L）采集到共 8 个样本，GC-MS 分析结果见表 3-116。

（1）发酵初期浅层物料物质组分析　膜发酵初期，尚未覆盖膜进行发酵时，检测到物料 A 点浅层样本（FJAT-FJ-13201-0d-A-Y）中高匹配物质有 34 个（图 3-126），物质有棕榈酸、2,2'- 亚甲基双［6-(1,1- 二甲基乙基)-4- 甲基丁］苯酚、硬脂酸、维生素 E、棕榈酸乙酯、2,4- 二叔丁基苯酚、二十七烷、十甲基环戊硅氧烷、反式角鲨烯、二十一烷、十二甲基环己硅氧烷、*N*-(2- 三氟甲基苯)-3- 吡啶甲酰胺肟、二十烷、二十四烷、1- 氯代十八烷等。其中高含量（含量大于 1%）的物质有棕榈酸、2,2'- 亚甲基双［6-(1,1- 二甲基乙基)-4- 甲基］苯酚、硬脂酸、维生素 E、棕榈酸乙酯、2,4- 二叔丁基苯酚等（表 3-116）。

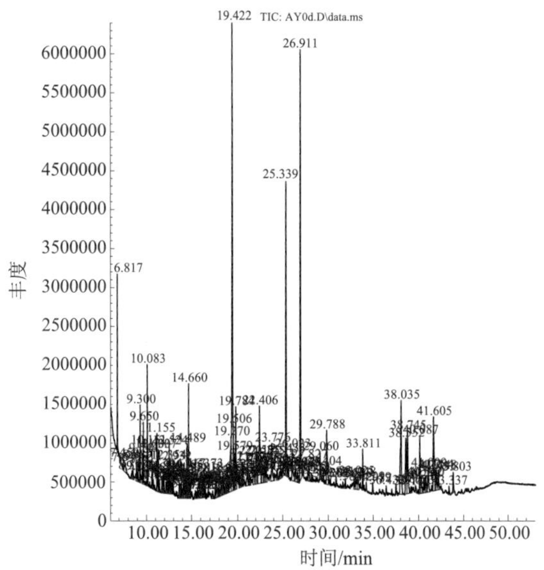

图 3-126　FJAT-FJ-13201-0d-A-Y 物质组分析

其中，相对含量较高的 3 种物质为：棕榈酸（CAS000057-10-3），保留时间 19.424min，相对含量 12.23%；2,2'- 亚甲基双［6-(1,1- 二甲基乙基)-4- 甲基］苯酚（CAS000119-47-1），保留时间 26.909 ～ 27.077min，相对含量 8.93%；硬脂酸（CAS000057-11-4），保留时间 22.406min，相对含量 3.42%。

表 3-116　发酵初期 FJAT-FJ-13201-0d-A-Y 物质组 GC-MS 分析

保留时间 /min	相对含量 /%	物质名称（Library/ID）	匹配率 /%	CAS 号	中文名称
19.424	12.23	*n*-hexadecanoic acid	98	000057-10-3	棕榈酸
14.489	1.14	heptacosane	91	000593-49-7	二十七烷
14.663	1.14	phenol, 2,4-bis(1,1-dimethylethyl)-	96	000096-76-4	2,4- 二叔丁基苯酚
18.406	0.58	heneicosane	91	000629-94-7	二十一烷

续表

保留时间/min	相对含量/%	物质名称（Library/ID）	匹配率/%	CAS 号	中文名称
12.932	0.57	cyclohexasiloxane, dodecamethyl-	90	000540-97-6	十二甲基环己硅氧烷
14.417	0.55	eicosane	90	000112-95-8	二十烷
18.855	0.42	triacontane	94	000638-68-6	三十烷
16.375	0.38	pentadecane, 8-heptyl-	90	071005-15-7	8- 庚基十五烷
14.86	0.34	2-bromo dodecane	93	013187-99-0	2- 溴代十二烷
18.196	0.33	7-acetyl-6-ethyl-1,1,4,4-tetramethyltetralin	98	000088-29-9	7- 乙酰基 -6- 乙基 -1,1,4,4-四甲基四氢化萘
18.95	0.27	7,9-di-tert-butyl-1-oxaspiro(4,5)deca-6,9-diene-2,8-dione	97	082304-66-3	7,9- 二叔丁基 -1- 氧杂螺环(4,5) 癸烷 -6,9- 二烯 -2,8- 二酮
18.489	0.25	triacontane, 1-bromo-	94	004209-22-7	1- 溴三十烷
16.226	0.21	tetracosane	96	000646-31-1	二十四烷
16.813	0.21	docosane	91	000629-97-0	二十二烷
18.687	0.11	eicosane	92	000112-95-8	二十烷
11.153	0.87	cyclopentasiloxane, decamethyl-	94	000541-02-6	十甲基环戊硅氧烷
19.783	1.80	hexadecanoic acid, ethyl ester	98	000628-97-7	棕榈酸乙酯
21.262	0.29	1-triacontanol	95	000593-50-0	1- 三十醇
21.346	0.26	nonadecane	93	000629-92-5	十九烷
22.124	0.50	aspidospermidin-17-ol, 1-acetyl-19,21-epoxy-15,16-dimethoxy-	90	002122-26-1	1- 乙酰基 -19,21- 环氧 -15,16-二甲氧基白坚木碱亚精胺 -17- 醇
22.406	3.42	octadecanoic acid	93	000057-11-4	硬脂酸
23.143	0.64	1-docosene	98	001599-67-3	1- 二十二烯
24.652	0.21	eicosane	95	000112-95-8	二十烷
26.394	0.47	eicosane	93	000112-95-8	二十烷
26.616	0.34	17-pentatriacontene	91	006971-40-0	17- 三十烯
26.909	8.93	phenol, 2,2'-methylenebis[6-(1,1-dimethylethyl)- 4-methyl]-	98	000119-47-1	2,2'- 亚甲基双［6-（1,1- 二甲基乙基）-4- 甲基］苯酚
27.077	0.13	phenol, 2,2'-methylenebis[6-(1,1-dimethylethyl)-4-methyl-]	96	000119-47-1	2,2'- 亚甲基双［6-（1,1- 二甲基乙基）-4- 甲基］苯酚
27.826	0.63	1,2-benzisothiazole, 3-(hexahydro-1*H*- azepin-1-yl)-, 1,1'-dioxide	91	309735-29-3	3-(六氢 -1*H*- 氮卓 -1- 基)-1,1'-二氧 1,2- 苯并异噻唑
28.131	0.18	octadecane, 1-chloro-	93	003386-33-2	1- 氯代十八烷
30.844	0.22	eicosane	90	000112-95-8	二十烷
31.581	0.14	1-bromodocosane	91	006938-66-5	1- 溴代十二烷
32.838	0.29	pyridine-3-carboxamide, oxime, *N*-(2-trifluoromethylphenyl)-	92	288246-53-7	*N*-(2- 三氟甲基苯)-3- 吡啶甲酰胺肟

续表

保留时间 /min	相对含量 /%	物质名称（Library/ID）	匹配率 /%	CAS 号	中文名称
33.245	0.51	pyridine-3-carboxamide, oxime, *N*-(2-trifluoromethylphenyl)-	93	288246-53-7	*N*-(2- 三氟甲基苯)-3- 吡啶甲酰胺肟
33.808	0.77	2,6,10,14,18,22-tetracosahexaene, 2,6,10,15,19,23-hexamethyl-, (all-*E*)-	99	000111-02-4	反式角鲨烯
34.916	0.33	heptacosane, 1-chloro-	96	062016-79-9	1- 氯代二十七烷
38.551	2.07	17-(1,5-dimethylhexyl)-10,13-dimethyl-2,3,4,7,8,9,10,11,12,13,14,15,16,17-tetradecahydro-1*H*-cyclopenta[a]phenanthren-3-ol	98	1000210-38-4	17-(1,5- 二甲基己基)-10,13- 二甲基 -2,3,4,7,8,9,10,11,12,13,14, 15,16,17- 十四氢 -1*H*- 环戊烯并 [*a*] 菲 -3- 醇
38.743	2.19	vitamin E	96	000059-02-9	维生素 E
41.605	2.85	stigmasterol, 22,23-dihydro-	99	1000214-20-7	22,23- 二氢豆甾醇
42.15	0.56	hexadecanoic acid, hexadecyl ester	90	000540-10-3	十六酸十六酯
43.803	0.56	stigmast-4-en-3-one	93	001058-61-3	豆甾醇 -4- 烯 -3- 酮

（2）发酵初期深层物料物质组分析　膜发初期（0d），检测到物料 A 点深层样本（FJAT-FJ-13201-0d-A-L）中高匹配物质有 15 种物质，包括棕榈酸、2,4- 二叔丁基苯酚、棕榈酸乙酯、二十烷、十二甲基环己硅氧烷、十甲基环戊硅氧烷、胆固醇 -5- 烯 -3- 醇（3*β*）、十六烷等。其中高含量（含量大于 1%）的物质有棕榈酸、2,4- 二叔丁基苯酚、棕榈酸乙酯、二十烷、十二甲基环己硅氧烷、十甲基环戊硅氧烷、胆固醇 -5- 烯 -3- 醇（3*β*）等（表 3-117）。

表 3-117　发酵初期 FJAT-FJ-13201-0d-A-L 物质组 GC-MS 分析

保留时间 /min	相对含量 /%	物质名称（Library/ID）	匹配率 /%	CAS 号	中文名称
9.638	1.62	decane, 4-methyl-	93	002847-72-5	4- 甲基癸烷
11.153	1.23	cyclopentasiloxane, decamethyl-	94	000541-02-6	十甲基环戊硅氧烷
11.303	1.02	silane, cyclohexyldimethoxymethyl-	93	017865-32-6	环己基甲基二甲氧基硅烷
12.932	1.28	cyclohexasiloxane, dodecamethyl-	91	000540-97-6	十二甲基环己硅氧烷
14.183	1.35	eicosane	93	000112-95-8	二十烷
14.489	1.25	2-bromo dodecane	93	013187-99-0	2- 溴代十二烷
14.656	3.08	phenol, 2,4-bis(1,1-dimethylethyl)-	96	000096-76-4	2,4- 二叔丁基苯酚
16.369	0.89	hexadecane	94	000544-76-3	十六烷
18.405	1.24	triacontane, 1-bromo-	94	004209-22-7	1- 溴代三十烷
18.855	0.83	octadecane	93	000593-45-3	十八烷
19.358	7.33	*n*-hexadecanoic acid	98	000057-10-3	棕榈酸
19.783	2.07	hexadecanoic acid, ethyl ester	98	000628-97-7	棕榈酸乙酯
29.856	1.67	nonadecane	90	000629-92-5	十九烷
38.605	1.04	cholest-5-en-3-ol (3*β*)	91	000057-88-5	胆固醇 -5- 烯 -3- 醇 (3*β*)
41.653	1.88	stigmasterol, 22,23-dihydro-	91	1000214-20-7	22,23- 二氢豆甾醇

发酵初期 A 点深层（L）样品，高匹配率物质减少，相对含量最高的 3 种物质为：棕榈酸（CAS000057-10-3），保留时间 19.358min，相对含量 7.33%；2,4- 二叔丁基苯酚（CAS000096-76-4），保留时间 14.656min，相对含量 3.08%；棕榈酸乙酯（CAS000628-97-7），保留时间 19.783min，相对含量 2.07%（图 3-127）。

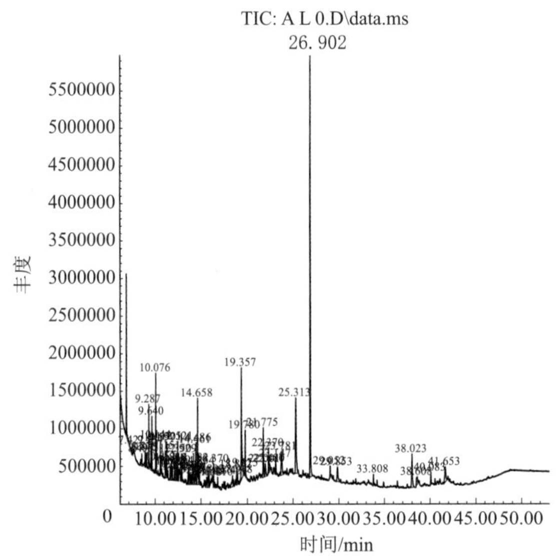

图 3-127　FJAT-FJ-13201-0d-A-L 物质组分析

2. 发酵第 3 天（3d）物料物质组检测

（1）发酵第 3 天浅层物料物质组分析　GC-MS 分析结果表明：发酵第 3 天，检测到物料 A 点浅层样本（FJAT-FJ-13209-3d-A-Y）中高匹配物质有 14 种，物质有 2,2'- 亚甲基双［6-(1,1- 二甲基乙基)-4- 甲基］苯酚、*N*-(2- 三氟甲基苯)-3- 吡啶甲酰胺肟、三十一烷、二十八烷、反式角鲨烯、1- 石竹烯、二十烷 、十甲基环戊硅氧烷等。其中高含量（含量 >1%）的物质有 2,2'- 亚甲基双［6-(1,1- 二甲基乙基)-4-甲基］苯酚、*N*-(2- 三氟甲基苯)-3- 吡啶甲酰胺肟、三十一烷、二十八烷、反式角鲨烯等（表 3-118）。

表 3-118　发酵第 3 天 FJAT-FJ-13209-3d-A-Y 物质组 GC-MS 分析

保留时间 /min	相对含量 /%	物质名称（Library/ID）	匹配率 /%	CAS 号	中文名称
11.159	0.91	cyclopentasiloxane, decamethyl-	91	000541-02-6	十甲基环戊硅氧烷
14.004	0.93	1-caryophyllene	99	000087-44-5	1- 石竹烯
16.357	1.64	pentadecane, 2,6,10-trimethyl-	90	003892-00-0	2,6,10- 三甲基十五烷
18.867	1.36	hentriacontane	93	000630-04-6	三十一烷
19.418	1.19	octacosane	97	000630-02-4	二十八烷
19.843	0.92	eicosane	95	000112-95-8	二十烷
23.202	0.74	17-pentatriacontene	90	006971-40-0	17- 三十烯

续表

保留时间/min	相对含量/%	物质名称（Library/ID）	匹配率/%	CAS 号	中文名称
24.753	1.95	1-naphthalenecarboxylic acid, decahydro-1,4a-dimethyl-6-methylene-5-(3-methyl-2,4-pentadienyl)-, methyl ester, {1*S*-[1*α*,4A*α*,5*α*(*E*),8A*β*]}-	90	015798-13-7	{1*S*-[1*α*,4A*α*,5*α*(*E*),8A*β*]}-十氢-1,4a-二甲基-6-亚甲基-5-(3-甲基-2,4-戊二烯基)-萘羧酸甲酯
26.897	3.75	phenol, 2,2'-methylenebis[6-(1,1-dimethylethyl)-4-methyl-]	95	000119-47-1	2,2'-亚甲基双［6-(1,1-二甲基乙基)-4-甲基］苯酚
30.856	1.32	heneicosane	94	000629-94-7	二十一烷
32.838	2.22	pyridine-3-carboxamide, oxime, *N*-(2-trifluoromethylphenyl)-	92	288246-53-7	*N*-(2-三氟甲基苯)-3-吡啶甲酰胺肟
33.82	1.07	2,6,10,14,18,22-tetracosahexaene, 2,6,10,15,19,23-hexamethyl-, (all-*E*)-	99	000111-02-4	反式角鲨烯
37.048	0.70	pyridine-3-carboxamide, oxime, *N*-(2-trifluoromethylphenyl)-	91	288246-53-7	*N*-(2-三氟甲基苯)-3-吡啶甲酰胺肟
38.569	2.57	17-(1,5-dimethylhexyl)-10,13-dimethyl-2,3,4,7,8,9,10,11,12,13,14,15,16,17-tetradecahydro-1*H*-cyclopenta[a]phenanthren-3-ol	97	1000210-38-4	17-(1,5-二甲基己基)-10,13-甲基-2,3,4,7,8,9,10,11,12,13,14, 15,16,17-十四氢-1*H*-环戊烯并[*a*]菲-3-醇
39.306	0.92	pyridine-3-carboxamide, oxime, *N*-(2-trifluoromethylphenyl)-	90	288246-53-7	*N*-(2-三氟甲基苯)-3-吡啶甲酰胺肟
41.611	3.84	stigmasterol, 22,23-dihydro-	97	1000214-20-7	22,23-二氢豆甾醇

发酵第 3 天 A 点浅层（Y）样品，高匹配率物质 14 种中相对含量较高的 3 种物质为：22,23-二氢豆甾醇（CAS1000214-20-7），保留时间 41.611min，相对含量 3.84%，匹配度 97%；2,2'-亚甲基双［6-(1,1-二甲基乙基)-4-甲基］苯酚（CAS 000119-47-1），保留时间 26.897min，相对含量 3.75%，匹配度 95%；17-(1,5-二甲基己基)-10,13-甲基-2,3,4,7,8,9,10,11,12,13,14, 15,16,17-十四氢-1*H*-环戊烯并[*a*]菲-3-醇（CAS1000210-38-4），保留时间 38.569min，相对含量 2.57%，匹配度 97%（图 3-128）。

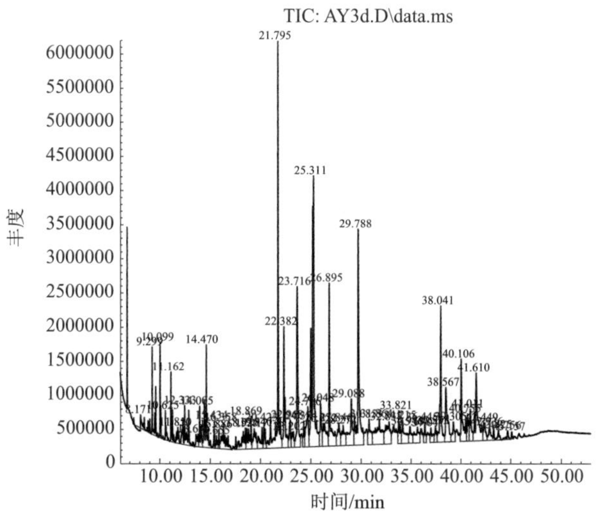

图 3-128　FJAT-FJ-13209-3d-A-Y 物质组分析

（2）发酵第 3 天深层物料物质组分析　发酵第 3 天，检测到物料 A 点深层样本（FJAT-FJ-13210-3d-A-L）中高匹配物质有 15 种物质，有 2,2'- 亚甲基双［6-(1,1-二甲基乙基)-4-甲基］苯酚、六甲基环丙硅氧烷、2,4- 二叔丁基苯酚、八甲基环丁硅氧烷、十甲基环戊硅氧烷、十二甲基环己硅氧烷、二十烷、反式角鲨烯、邻苯二甲酸二异辛酯、二十八烷、十八甲基环壬硅氧烷等。其中高含量（含量大于 1%）的物质有 2,2'- 亚甲基双［6-(1,1-二甲基乙基)-4-甲基］苯酚、六甲基环丙硅氧烷、2,4- 二叔丁基苯酚、八甲基环丁硅氧烷、十甲基环戊硅氧烷、十二甲基环己硅氧烷、二十烷等（表 3-119）。

表 3-119　发酵第 3 天 FJAT-FJ-13210-3d-A-L 物质组 GC-MS 分析

保留时间 /min	相对含量 /%	物质名称（Library/ID）	匹配率 /%	CAS 号	中文名称
6.799	7.85	cyclotrisiloxane, hexamethyl-	91	000541-05-9	六甲基环丙硅氧烷
8.123	4.57	oxime-, methoxy-phenyl-	91	1000222-86-6	甲氧基苯基肟
9.297	3.32	cyclotetrasiloxane, octamethyl-	91	000556-67-2	八甲基环丁硅氧烷
11.159	2.67	cyclopentasiloxane, decamethyl-	91	000541-02-6	十甲基环戊硅氧烷
12.938	2.05	cyclohexasiloxane, dodecamethyl-	90	000540-97-6	十二甲基环己硅氧烷
14.417	1.12	eicosane	90	000112-95-8	二十烷
14.663	4.19	phenol, 2,4-bis(1,1-dimethylethyl)-	97	000096-76-4	2,4- 二叔丁基苯酚
14.86	0.88	1-iodo-2-methylundecane	90	073105-67-6	1- 碘代 -2- 甲基十一烷
16.375	1.37	triacontane	90	000638-68-6	三十烷
16.818	0.48	heptacosane	90	000593-49-7	二十七烷
17.579	0.52	cyclononasiloxane, octadecamethyl-	90	000556-71-8	十八甲基环壬硅氧烷
18.861	0.53	octacosane	94	000630-02-4	二十八烷
26.885	9.41	phenol, 2,2'-methylenebis[6-(1,1-dimethylethyl)-4-methyl-	95	000119-47-1	2,2'- 亚甲基双［6-(1,1- 二甲基乙基)-4- 甲基］苯酚
29.059	0.54	1,2-benzenedicarboxylic acid, diisooctyl ester	97	027554-26-3	邻苯二甲酸二异辛酯
33.82	0.86	2,6,10,14,18,22-Tetracosahexaene, 2,6,10,15,19,23-hexamethyl-, (all-*E*)-	98	000111-02-4	反式角鲨烯

发酵第 3 天 A 点深层（L）样品，高匹配率物质 15 种中相对含量较高的 3 种物质为：2,2'-亚甲基双［6-(1,1- 二甲基乙基)-4-甲基］苯酚（CAS000119-47-1），保留时间 26.885min，相对含量 9.41%，匹配度 95%；六甲基环丙硅氧烷（CAS000541-05-9），保留时间 6.799min，相对含量 7.85%，匹配度 91%；甲氧基苯基肟（CAS1000222-86-6），保留时间 8.123min，相对含量 4.57%，匹配度 91%（图 3-129）。

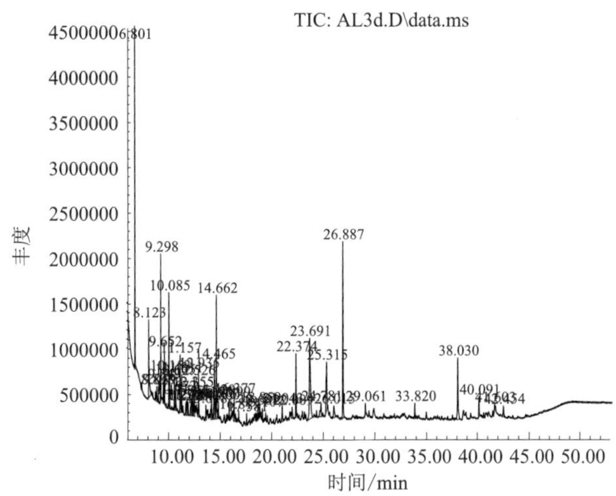

图 3-129　FJAT-FJ-13210-3d-A-L 物质组分析

3. 发酵第 6 天（6d）物料物质组检测

（1）发酵第 6 天浅层物料物质组分析　GC-MS 分析结果表明：发酵第 6 天，检测到物料 A 点浅层样本（FJAT-FJ-13217-6d-A-Y）中高匹配物质有 16 种，物质有八甲基环丁硅氧烷、十甲基环戊硅氧烷、十二甲基环己硅氧烷、2,4- 二叔丁基苯酚、十八甲基环壬硅氧烷、三氟乙酸十六烷基酯、乙酸正十七烷基酯、2,2'- 亚甲基双［6-(1,1- 二甲基乙基)-4- 甲基］苯酚、邻苯二甲酸二异辛酯、反式角鲨烯等。其中高含量（含量大于 1%）的物质有 2,4- 二叔丁基苯酚、反式角鲨烯、邻苯二甲酸二异辛酯、十甲基环戊硅氧烷、2,2'- 亚甲基双［6-(1,1- 二甲基乙基)-4- 甲基］苯酚等（表 3-120）。

表 3-120　发酵第 6 天 FJAT-FJ-13217-6d-A-Y 物质组 GC-MS 分析

保留时间 /min	相对含量 /%	物质名称（Library/ID）	匹配率 /%	CAS 号	中文名称
8.261	10.17	oxime-, methoxy-phenyl-	91	1000222-86-6	甲氧基苯基肟
9.369	0.98	cyclotetrasiloxane, octamethyl-	91	000556-67-2	八甲基环丁硅氧烷
11.195	1.79	cyclopentasiloxane, decamethyl-	90	000541-02-6	十甲基环戊硅氧烷
12.956	0.76	cyclohexasiloxane, dodecamethyl-	90	000540-97-6	十二甲基环己硅氧烷
14.687	1.01	phenol, 2,4-bis(1,1-dimethylethyl)-	96	000096-76-4	2,4- 二叔丁基苯酚
15.926	0.34	chromium, tricarbonyl-η-6-{12-methyl-2-(trimethylsilyloxy)-tricyclo[8.3.0.0(3,8)]trideca-3,5,7-triene-11,13-dione}	90	1000162-19-6	三羰基 -η-6-{12- 甲基 -2-(三甲基硅氧烷)- 三环 [8.3.0.0(3,8)] 十三烷 -3,5,7- 三烯 -11,13- 二酮} 铬
17.615	0.24	cyclononasiloxane, octadecamethyl-	91	000556-71-8	十八甲基环壬硅氧烷
18.31	1.08	5-octadecene, (*E*)-	99	007206-21-5	5- 十八烯
21.178	0.47	acetic acid, trifluoro-, hexadecyl ester	91	006222-03-3	三氟乙酸十六烷基酯
23.191	0.55	1-heptadecanol, acetate	97	000822-20-8	乙酸正十七烷基酯

续表

保留时间/min	相对含量/%	物质名称（Library/ID）	匹配率/%	CAS 号	中文名称
26.969	14.21	phenol, 2,2'-methylenebis[6-(1,1-dimethylethyl)-4-methyl-]	98	000119-47-1	2,2'- 亚甲基双［6-(1,1- 二甲基乙基)-4- 甲基］苯酚
29.131	1.47	1,2-benzenedicarboxylic acid, diisooctyl ester	90	027554-26-3	邻苯二甲酸二异辛酯
33.886	1.40	2,6,10,14,18,22-tetracosahexaene, 2,6,10,15,19,23-hexamethyl-, (all-*E*)-	99	000111-02-4	反式角鲨烯
38.575	2.71	17-(1,5-dimethylhexyl)-10,13-dimethyl-2,3,4,7,8,9,10,11,12,13,14,15,16,17-tetradecahydro-1*H*-cyclopenta[a]phenanthren-3-ol	97	1000210-38-4	17-(1,5- 二甲基己基)-10, 13- 甲基 -2,3,4,7,8,9,10,11, 12,13,14, 15,16,17- 十四氢 -1*H*- 环戊烯并[*a*] 菲 -3- 醇
38.701	0.92	cholestan-3-ol	93	027409-41-2	胆甾 -3- 醇
41.63	4.38	*γ*-sitosterol	95	000083-47-6	*γ*- 谷甾醇

发酵第 6 天 A 点浅层（Y）样品，高匹配率物质 16 种中相对含量较高的 3 种物质为：2,2'- 亚甲基双［6-(1,1- 二甲基乙基)-4-甲基］苯酚（CAS000119-47-1），保留时间 26.969min，相对含量 14.21%，匹配度 98%；甲氧基苯基肟（CAS1000222-86-6），保留时间 8.261min，相对含量 10.17%，匹配度 91%；*γ*- 谷甾醇（CAS000083-47-6），保留时间 41.63min，相对含量 4.38%，匹配度 95%（图 3-130）。

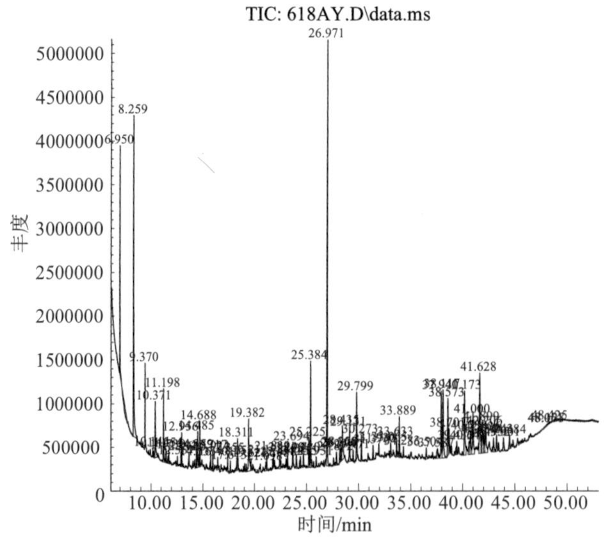

图 3-130　FJAT-FJ-13217-6d-A-Y 物质组分析

（2）发酵第 6 天深层物料物质组分析　发酵第 6 天检测到物料 A 点深层样本（FJAT-FJ-13218-6d-A-L）中高匹配物质有 21 种物质，物质有八甲基环丁硅氧烷、4- 甲基苯酚、十二甲基环己硅氧烷、3- 甲基吲哚、2,4- 二叔丁基苯酚、柏木脑、1- 十七醇、棕榈酸、2,2'- 亚甲基双［6-(1,1- 二甲基乙基)-4-甲基］苯酚、邻苯二甲酸二正辛酯、*N*-(2- 三氟甲基苯)-3- 吡啶甲酰胺肟、油酸酰胺、反式角鲨烯、胆甾烷醇等。其中高含量（含量大于 1%）的物质有邻苯二甲酸二正辛酯、3- 甲基吲哚、油酸酰胺、棕榈酸、4- 甲基苯酚、胆甾烷醇、2,2'- 亚甲基双［6-(1,1- 二甲基乙基)-4- 甲基］苯酚等（表 3-121）。

表 3-121　发酵第 6 天 FJAT-FJ-13218-6d-A-L 物质组 GC-MS 分析

保留时间 /min	相对含量 /%	物质名称（Library/ID）	匹配率 /%	CAS 号	中文名称
8.309	8.16	oxime-, methoxy-phenyl-	91	1000222-86-6	甲氧基苯基肟
9.363	0.73	cyclotetrasiloxane, octamethyl-	91	000556-67-2	八甲基环丁硅氧烷
10.477	2.90	phenol, 4-methyl-	95	000106-44-5	4- 甲基苯酚
12.95	0.36	cyclohexasiloxane, dodecamethyl-	91	000540-97-6	十二甲基环己硅氧烷
13.734	1.62	1*H*-Indole, 3-methyl-	94	000083-34-1	3- 甲基吲哚
14.687	0.83	phenol, 2,4-bis(1,1-dimethylethyl)-	96	000096-76-4	2,4- 二叔丁基苯酚
15.675	0.62	cedrol	94	000077-53-2	柏木脑
18.304	0.74	1-heptadecanol	94	001454-85-9	1- 十七醇
19.376	2.38	*n*-hexadecanoic acid	92	000057-10-3	棕榈酸
21.166	0.27	2-hexadecanol acetate	91	037590-88-8	2- 十六醇乙酸
23.688	1.10	1,2,4-oxadiazol-5(4*H*)-one, 4-(2-chlorophenyl)-3-(3-pyridyl)-	90	288246-55-9	4-(2- 氯苯基)-3-(吡啶 -3- 基)-1,2,4 噁二唑 -5(4*H*)- 酮
26.963	5.44	phenol, 2,2'-methylenebis[6-(1,1-dimethylethyl)-4-methyl-]	96	000119-47-1	2,2'- 亚甲基双［6-(1,1- 二甲基乙基)-4- 甲基］苯酚
28.431	1.14	hexadecanoic acid, 2-hydroxy-1-(hydroxymethyl)ethyl ester	92	023470-00-0	十六酸 2- 羟基 -1-(羟甲基) 乙酯
29.131	1.18	di-*n*-octyl phthalate	90	000117-84-0	邻苯二甲酸二正辛酯
32.916	0.18	pyridine-3-carboxamide, oxime, *N*-(2-trifluoromethylphenyl)-	93	288246-53-7	*N*-(2- 三氟甲基苯)-3- 吡啶甲酰胺肟
33.06	1.64	9-octadecenamide, (*Z*)-	93	000301-02-0	油酸酰胺
33.886	0.91	2,6,10,14,18,22-tetracosahexaene, 2,6,10,15,19,23-hexamethyl-, (all-*E*)-	99	000111-02-4	反式角鲨烯
37.952	3.94	cholestanol	95	000080-97-7	胆甾烷醇
38.575	2.32	17-(1,5-dimethylhexyl)-10,13-dimethyl-2,3,4,7,8,9,10,11,12,13,14,15,16,17-tetradecahydro-1*H*-cyclopenta[a]phenanthren-3-ol	98	1000210-38-4	17-(1,5- 二甲基己基)-10, 13- 二甲基 -2,3,4,7,8,9,10,11, 12,13,14,15, 16,17- 十四氢 -1*H*- 环戊烯并 [a] 菲 -3- 醇
38.701	0.89	cholestan-3-ol	97	027409-41-2	胆甾 -3- 醇
41.629	2.64	*γ*-Sitosterol	95	000083-47-6	*γ*- 谷甾醇

发酵第 6 天 A 点深层（L）样品，高匹配率物质 21 种中相对含量较高的 3 种物质为：甲氧基苯基肟（CAS1000222-86-6），保留时间 8.309min，相对含量 8.16%，匹配度 91%；2,2'-亚甲基双［6-(1,1- 二甲基乙基)-4- 甲基］苯酚（CAS000119-47-1），保留时间 26.963min，相对含量 5.44%，匹配度 96%；胆甾烷醇（CAS000080-97-7），保留时间 37.952min，相对含量 3.94%，匹配度 95%（图 3-131）。

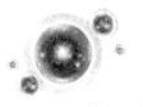

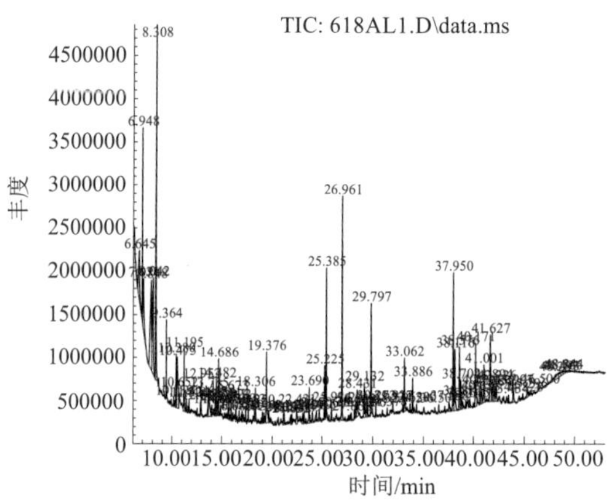

图 3-131 FJAT-FJ-13218-6d-A-L 物质组分析

4. 发酵第 9 天（9d）物料物质组检测

（1）发酵第 9 天浅层物料物质组分析 GC-MS 分析结果表明：发酵第 9 天，检测到物料 A 点浅层样本（FJAT-FJ-13225-9d-A-Y）中高匹配物质有 9 种，物质有六甲基环丙硅氧烷、八甲基环丁硅氧烷、十甲基环戊硅氧烷、十二甲基环己硅氧烷、十四甲基环庚硅氧烷、2,4-二叔丁基苯酚、2,2'- 亚甲基双［6-(1,1- 二甲基乙基)-4- 甲基］苯酚、胆甾 -3- 醇 (3β，5β) 等。其中高含量（含量大于 1%）的物质有六甲基环丙硅氧烷、八甲基环丁硅氧烷、十甲基环戊硅氧烷、十二甲基环己硅氧烷、十四甲基环庚硅氧烷、2,4- 二叔丁基苯酚、2,2'- 亚甲基双［6-(1,1- 二甲基乙基)-4- 甲基］苯酚、胆甾 -3- 醇等（表 3-122）。

表 3-122 发酵第 9 天 FJAT-FJ-13225-9d-A-Y 物质组 GC-MS 分析

保留时间 /min	相对含量 /%	物质名称（Library/ID）	匹配率 /%	CAS 号	中文名称
6.877	12.81	cyclotrisiloxane, hexamethyl-	91	000541-05-9	六甲基环丙硅氧烷
9.327	3.59	cyclotetrasiloxane, octamethyl-	91	000556-67-2	八甲基环丁硅氧烷
11.189	3.12	cyclopentasiloxane, decamethyl-	91	000541-02-6	十甲基环戊硅氧烷
12.95	2.24	cyclohexasiloxane, dodecamethyl-	94	000540-97-6	十二甲基环己硅氧烷
14.483	2.01	cycloheptasiloxane, tetradecamethyl-	95	000107-50-6	十四甲基环庚硅氧烷
14.68	3.28	phenol, 2,4-bis(1,1-dimethylethyl)-	97	000096-76-4	2,4- 二叔丁基苯酚
26.951	22.27	phenol, 2,2'-methylenebis[6-(1,1-dimethylethyl)- 4-methyl-	96	000119-47-1	2,2'- 亚甲基双［6-(1,1- 二甲基乙基)-4- 甲基］苯酚
37.958	1.71	cholestan-3-ol, (3β,5β)-	92	000360-68-9	胆甾 -3- 醇 (3β,5β)
41.635	2.67	stigmasterol, 22,23-dihydro-	91	1000214-20-7	22,23- 二氢豆甾醇

发酵第 9 天 A 点浅层（Y）样品，高匹配率物质 9 种中相对含量较高的 3 种物质为：2,2'- 亚甲基双［6-(1,1- 二甲基乙基)-4- 甲基］苯酚（CAS000119-47-1），保留时间 26.951min，相对含量 22.27%，匹配度 96%；六甲基环丙硅氧烷（CAS000541-05-9），保留时间 6.877min，相对含量 12.81%，匹配度 91%；八甲基环丁硅氧烷（CAS000556-67-2），保留时间 9.327min，

相对含量 3.59%，匹配度 91%（图 3-132）。

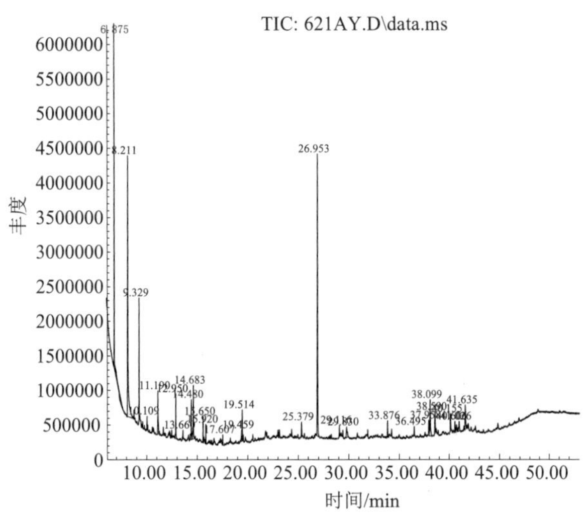

图 3-132 FJAT-FJ-13225-9d-A-Y 物质组分析

（2）发酵第 9 天深层物料物质组分析 发酵第 9 天，检测到物料 A 点深层样本（FJAT-FJ-13226-9d-A-L）中高匹配物质有 9 项物质，物质有 2,4- 二叔丁基苯酚、十四甲基环庚硅氧烷、反式角鲨烯、2,2'- 亚甲基双［6-(1,1- 二甲基乙基)-4- 甲基］苯酚、铁锈醇、十二甲基环己硅氧烷、十甲基环戊硅氧烷、*N*-(2- 三氟甲基苯)-3- 吡啶甲酰胺肟等。其中高含量（含量大于 1%）的物质有铁锈醇、2,4- 二叔丁基苯酚、十甲基环戊硅氧烷、2,2'- 亚甲基双［6-(1,1- 二甲基乙基)-4- 甲基］苯酚等（表 3-123）。

表 3-123 发酵第 9 天 FJAT-FJ-13226-9d-A-L 物质组 GC-MS 分析

保留时间 /min	相对含量 /%	物质名称（Library/ID）	匹配率 /%	CAS 号	中文名称
18.238	0.51	7-acetyl-6-ethyl-1,1,4,4-tetramethyltetralin	98	000088-29-9	7- 乙酰基 -6- 乙基 -1,1,4,4- 丁甲基四氢萘
14.681	1.33	phenol, 2,4-bis(1,1-dimethylethyl)-	97	000096-76-4	2,4- 二叔丁基苯酚
14.483	0.80	cycloheptasiloxane, tetradecamethyl-	93	000107-50-6	十四甲基环庚硅氧烷
33.305	0.94	2,6,10,14,18,22-tetracosahexaene, 2,6,10,15,19,23-hexamethyl-, (all-*E*)-	91	000111-02-4	反式角鲨烯
26.969	17.11	phenol, 2,2'-methylenebis[6-(1,1-dimethylethyl)-4-methyl-]	98	000119-47-1	2,2'- 亚甲基双［6-(1,1- 二甲基乙基)-4- 甲基］苯酚
25.496	1.22	ferruginol	98	000514-62-5	铁锈醇
12.95	0.85	cyclohexasiloxane, dodecamethyl-	91	000540-97-6	十二甲基环己硅氧烷
11.183	2.13	cyclopentasiloxane, decamethyl-	94	000541-02-6	十甲基环戊硅氧烷
33.377	0.90	pyridine-3-carboxamide, oxime, *N*-(2-trifluoromethylphenyl)-	91	288246-53-7	*N*-(2- 三氟甲基苯)-3- 吡啶甲酰胺肟

发酵第9天A点深层（L）样品，高匹配率物质9种中相对含量较高的3种物质为：2,2'-亚甲基双［6-(1,1-二甲基乙基)-4-甲基］苯酚（CAS000119-47-1），保留时间26.969min，相对含量17.11%，匹配度98%；十甲基环戊硅氧烷（CAS000541-02-6），保留时间11.183min，相对含量2.13%，匹配度94%；2,4-二叔丁基苯酚（CAS000096-76-4），保留时间14.681min，相对含量1.33%，匹配度97%（图3-133）。

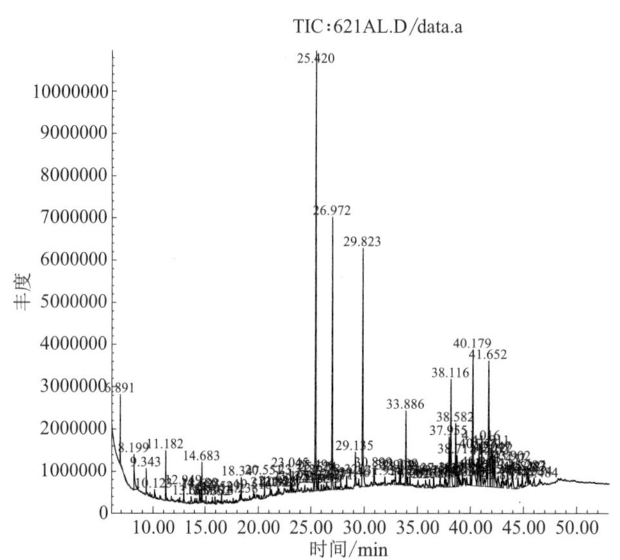

图3-133　FJAT-FJ-13226-9d-A-L 物质组分析

5. 发酵第12天（12d）物料物质组检测

（1）发酵第12天浅层物料物质组分析　GC-MS分析结果表明：发酵第12天，检测到物料A点浅层样本（FJAT-FJ-13233-12d-A-Y）中高匹配物质有22种，物质有苯磺酸-4-溴苯酯、二十烷、1-溴-11-碘十一烷、1-二十六烯、十二甲基环己硅氧烷、维生素E、铁锈醇、十四甲基环庚硅氧烷、2,4-二叔丁基苯酚、十甲基环戊硅氧烷、*N*-(2-三氟甲基苯)-3-吡啶甲酰胺肟、反式角鲨烯、胆固醇-5-烯-3-醇（3*β*）、2,2'-亚甲基双［6-(1,1-二甲基乙基)-4-甲基］苯酚等。其中高含量（含量大于1%）的物质有十甲基环戊硅氧烷、*N*-(2-三氟甲基苯)-3-吡啶甲酰胺肟、反式角鲨烯、胆固醇-5-烯-3-醇（3*β*）、2,2'-亚甲基双［6-(1,1-二甲基乙基)-4-甲基］苯酚等（表3-124）。

表3-124　发酵第12天FJAT-FJ-13233-12d-A-Y物质组GC-MS分析

保留时间/min	相对含量/%	物质名称（Library/ID）	匹配率/%	CAS号	中文名称
11.183	1.06	cyclopentasiloxane, decamethyl-	93	000541-02-6	十甲基环戊硅氧烷
12.944	0.26	cyclohexasiloxane, dodecamethyl-	91	000540-97-6	十二甲基环己硅氧烷
14.477	0.82	cycloheptasiloxane, tetradecamethyl-	93	000107-50-6	十四甲基环庚硅氧烷
14.681	0.85	phenol, 2,4-bis(1,1-dimethylethyl)-	96	000096-76-4	2,4-二叔丁基苯酚

续表

保留时间/min	相对含量/%	物质名称（Library/ID）	匹配率/%	CAS 号	中文名称
15.07	0.23	heptasiloxane, hexadecamethyl-	91	000541-01-5	十六烷基 - 庚硅氧烷
17.01	0.44	cyclohexanol, 2-[2-pyridyl]-	90	099858-60-3	2-[2- 吡啶]- 环己醇
17.603	0.12	cyclononasiloxane, octadecamethyl-	91	000556-71-8	十八烷基环壬硅氧烷
18.244	0.26	7-acetyl-6-ethyl-1,1,4,4-tetramethyltetralin	98	000088-29-9	7- 乙酰基 -6- 乙基 -1,1,4,4- 四甲基四氢萘
23.196	0.22	1-hexacosene	96	018835-33-1	1- 二十六烯
25.496	0.60	ferruginol	99	000514-62-5	铁锈醇
26.448	0.19	eicosane	92	000112-95-8	二十烷
26.957	4.06	phenol, 2,2'-methylenebis[6-(1,1-dimethylethyl)-4-methyl-]	98	000119-47-1	2,2'- 亚甲基双［6-(1,1- 二甲基乙基)-4- 甲基］苯酚
32.563	0.21	1-bromo-11-iodoundecane	91	139123-69-6	1- 溴 -11- 碘十一烷
33.383	0.38	pyridine-3-carboxamide, oxime, *N*-(2-trifluoromethylphenyl)-	93	288246-53-7	*N*-(2- 三氟甲基苯)-3- 吡啶甲酰胺肟
33.886	1.91	2,6,10,14,18,22-tetracosahexaene, 2,6,10,15,19,23-hexamethyl-, (all-*E*)-	99	000111-02-4	反式角鲨烯
35.743	0.17	benzenesulfonic acid, 4-bromo-, phenyl ester	90	005455-14-1	苯磺酸 -4- 溴苯酯
37.108	0.40	pyridine-3-carboxamide, oxime, *N*-(2-trifluoromethylphenyl)-	91	288246-53-7	*N*-(2- 三氟甲基苯)-3- 吡啶甲酰胺肟
37.683	0.26	pyridine-3-carboxamide, oxime, *N*-(2-trifluoromethylphenyl)-	91	288246-53-7	*N*-(2- 三氟甲基苯)-3- 吡啶甲酰胺肟
38.599	2.62	cholest-5-en-3-ol (3β)-	99	000057-88-5	胆固醇 -5- 烯 -3- 醇（3β）
38.731	1.27	cholestan-3-ol	98	027409-41-2	胆甾烷 -3- 醇
38.809	0.53	Vitamin E	92	000059-02-9	维生素 E
38.923	0.48	pyridine-3-carboxamide, oxime, *N*-(2-trifluoromethylphenyl)-	91	288246-53-7	*N*-(2- 三氟甲基苯)-3- 吡啶甲酰胺肟
39.216	0.43	29,30-dinorgammaceran-3-one,22- hydroxy-21,21-dimethyl-,(8α,9β,13α,14β,17α,18β,22α)-	91	043206-44-6	(8α,9β,13α,14β,17α,18β,22α)-22- 羟基 -21,21- 二甲基 -29,30- 二降 γ- 蜡烷 -3- 酮
39.36	0.98	pyridine-3-carboxamide, oxime, *N*-(2-trifluoromethylphenyl)-	91	288246-53-7	*N*-(2- 三氟甲基苯)-3- 吡啶甲酰胺肟
39.977	0.49	pyridine-3-carboxamide, oxime, *N*-(2-trifluoromethylphenyl)-	93	288246-53-7	*N*-(2- 三氟甲基苯)-3- 吡啶甲酰胺肟
40.779	1.74	pyridine-3-carboxamide, oxime, *N*-(2-trifluoromethylphenyl)-	92	288246-53-7	*N*-(2- 三氟甲基苯)-3- 吡啶甲酰胺肟
41.516	1.23	a'-Neogammacer-22(29)-ene	97	001615-91-4	何帕烯
41.671	5.22	stigmasterol, 22,23-dihydro-	99	1000214-20-7	22,23- 二氢豆甾醇
41.929	0.95	pyridine-3-carboxamide, oxime, *N*-(2-trifluoromethylphenyl)-	93	288246-53-7	*N*-(2- 三氟甲基苯)-3- 吡啶甲酰胺肟

续表

保留时间/min	相对含量/%	物质名称（Library/ID）	匹配率/%	CAS 号	中文名称
42.049	1.32	pyridine-3-carboxamide, oxime, *N*-(2-trifluoromethylphenyl)-	91	288246-53-7	*N*-(2- 三氟甲基苯)-3- 吡啶甲酰胺肟
42.228	1.66	pyridine-3-carboxamide, oxime, *N*-(2-trifluoromethylphenyl)-	91	288246-53-7	*N*-(2- 三氟甲基苯)-3- 吡啶甲酰胺肟
42.468	0.62	pyridine-3-carboxamide, oxime, *N*-(2-trifluoromethylphenyl)-	91	288246-53-7	*N*-(2- 三氟甲基苯)-3- 吡啶甲酰胺肟
42.881	0.24	pyridine-3-carboxamide, oxime, *N*-(2-trifluoromethylphenyl)-	90	288246-53-7	*N*-(2- 三氟甲基苯)-3- 吡啶甲酰胺肟

发酵第 12 天 A 点浅层（Y）样品，高匹配率物质 22 种中相对含量较高的 3 种物质为：22,23- 二氢豆甾醇（CAS1000214-20-7），保留时间 41.671min，相对含量 5.22%，匹配度 99%；2,2'- 亚甲基双［6-(1,1- 二甲基乙基)-4-甲基］苯酚（CAS000119-47-1），保留时间 26.957min，相对含量 4.06%，匹配度 98%；胆固醇 -5- 烯 -3- 醇 (3β)（CAS000057-88-5），保留时间 38.599min，相对含量 2.62%，匹配度 99%（图 3-134）。

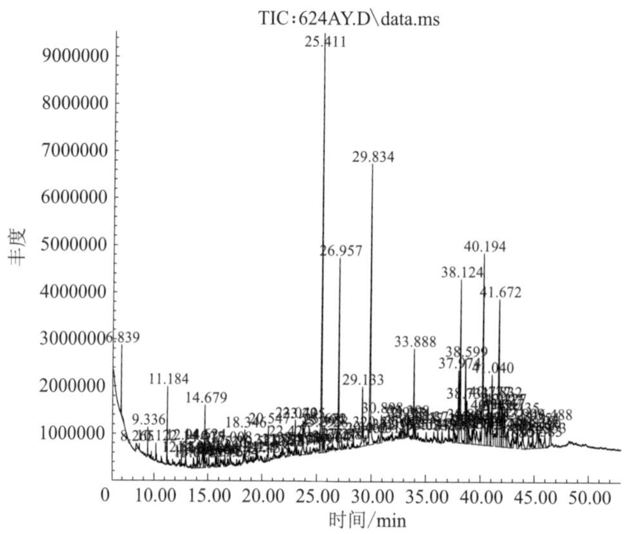

图 3-134　FJAT-FJ-13233-12d-A-Y 物质组分析

（2）发酵第 12 天深层物料物质组分析　发酵第 12 天，检测到物料 A 点深层样本（FJAT-FJ-13234-12d-A-L）中高匹配物质有 24 项物质，物质有二十四烷、正二十三烷、二十五烷、苯磺酸 -4- 溴苯酯、八甲基环丁硅氧烷、十二甲基环己硅氧烷、二十六烷 、二十烷 、十四甲基环庚硅氧烷、2,4- 二叔丁基苯酚、十甲基环戊硅氧烷、反式角鲨烯、胆甾烷 -3- 酮、邻苯二甲酸二异辛酯、*N*-(2- 三氟甲基苯)-3- 吡啶甲酰胺肟、胆甾烷醇、2,2'- 亚甲基双［6-(1,1-二甲基乙基)-4- 甲基］苯酚等。其中高含量（含量大于 1%）的物质有十甲基环戊硅氧烷、反式角鲨烯、胆甾烷 -3- 酮、邻苯二甲酸二异辛酯、*N*-(2- 三氟甲基苯)-3- 吡啶甲酰胺肟、胆甾烷醇、2,2'- 亚甲基双［6-(1,1- 二甲基乙基)-4- 甲基］苯酚等（表 3-125）。

表 3-125　发酵第 12 天 FJAT-FJ-13234-12d-A-L 物质组 GC-MS 分析

保留时间 /min	相对含量 /%	物质名称（Library/ID）	匹配率 /%	CAS 号	中文名称
9.333	0.36	cyclotetrasiloxane, octamethyl-	91	000556-67-2	八甲基环丁硅氧烷
11.177	1.08	cyclopentasiloxane, decamethyl-	93	000541-02-6	十甲基环戊硅氧烷
12.944	0.46	cyclohexasiloxane, dodecamethyl-	90	000540-97-6	十二甲基环己硅氧烷
14.477	0.91	cycloheptasiloxane, tetradecamethyl-	91	000107-50-6	十四甲基环庚硅氧烷
14.681	1.05	Phenol, 2,4-bis(1,1-dimethylethyl)-	97	000096-76-4	2,4- 二叔丁基苯酚
24.706	0.25	tricosane	92	000638-67-5	正二十三烷
26.442	0.19	tetracosane	93	000646-31-1	二十四烷
26.963	8.42	phenol, 2,2'-methylenebis[6- (1,1-dimethylethyl)-4-methyl-	91	000119-47-1	2,2'- 亚甲基双［6-(1,1- 二甲基乙基)-4- 甲基］苯酚
28.179	0.30	pentacosane	92	000629-99-2	二十五烷
28.323	0.33	benzenesulfonic acid, 4-bromo-, phenyl ester	90	005455-14-1	苯磺酸 -4- 溴苯酯
29.125	1.70	1,2-benzenedicarboxylic acid, diisooctyl ester	91	027554-26-3	邻苯二甲酸二异辛酯
29.928	0.54	hexacosane	93	000630-01-3	二十六烷
31.652	0.18	hexadecane, 1,1'-oxybis-	91	004113-12-6	1,1'- 胺醚十六烷
32.706	0.58	eicosane	91	000112-95-8	二十烷
32.91	0.70	phosphine, cyclohexylbis[5-methyl-2-(1-methylethyl)cyclohexyl]-	91	061142-16-3	环己基 [5- 甲基 -2-(1- 甲基乙基) 环己基]- 双磷烷
33.323	0.60	pyridine-3-carboxamide, oxime, *N*-(2-trifluoromethylphenyl)-	91	288246-53-7	*N*-(2- 三氟甲基苯)-3- 吡啶甲酰胺肟
33.389	0.92	pyridine-3-carboxamide, oxime, *N*-(2-trifluoromethylphenyl)-	94	288246-53-7	*N*-(2- 三氟甲基苯)-3- 吡啶甲酰胺肟
33.886	1.33	2,6,10,14,18,22-tetracosahexaene, 2,6,10,15,19,23-hexamethyl-, (all-*E*)-	99	000111-02-4	反式角鲨烯
36.108	0.18	pyridine-3-carboxamide, oxime, *N*-(2-trifluoromethylphenyl)-	91	288246-53-7	*N*-(2- 三氟甲基苯)-3- 吡啶甲酰胺肟
36.503	0.51	pyridine-3-carboxamide, oxime, *N*-(2-trifluoromethylphenyl)-	91	288246-53-7	*N*-(2- 三氟甲基苯)-3- 吡啶甲酰胺肟
37.114	0.57	pyridine-3-carboxamide, oxime, *N*-(2-trifluoromethylphenyl)-	91	288246-53-7	*N*-(2- 三氟甲基苯)-3- 吡啶甲酰胺肟
37.581	0.92	28-Nor-17*α*(*H*)-hopane	90	053584-60-4	
37.695	0.36	pyridine-3-carboxamide, oxime, *N*-(2-trifluoromethylphenyl)-	91	288246-53-7	*N*-(2- 三氟甲基苯)-3- 吡啶甲酰胺肟
37.988	3.72	Cholestanol	93	000080-97-7	胆甾烷醇
38.605	4.91	17-(1,5-dimethylhexyl)-10,13-dimethyl-2,3,4,7,8,9,10,11,12,13,14,15,16,17-tetradecahydro-1*H*-cyclopenta[a]phenanthren-3-ol	99	1000210-38-4	17-(1,5- 二甲基己基)-10,13- 二甲基 -2,3,4,7,8,9,10,11,12,13,14,15,16,17- 十四氢 -1*H*- 环戊烯并 [*a*] 菲 -3- 醇
38.749	3.52	cholestan-3-ol	99	027409-41-2	胆甾烷 -3- 醇

续表

保留时间/min	相对含量/%	物质名称（Library/ID）	匹配率/%	CAS 号	中文名称
39.348	1.59	cholestan-3-one	94	015600-08-5	胆甾烷 -3- 酮
39.659	1.45	9,19-cyclolanost-23-ene-3,25-diol, 3-acetate, (3*β*,23*E*)-	91	054482-56-3	3- 乙酸 , (3*β*,23*E*)-9,19- 环羊毛甾 -23- 烯 -3,25- 二醇
39.977	0.67	pyridine-3-carboxamide, oxime, *N*-(2-trifluoromethylphenyl)-	90	288246-53-7	*N*-(2- 三氟甲基苯)-3- 吡啶甲酰胺肟
40.629	1.28	pyridine-3-carboxamide, oxime, *N*-(2-trifluoromethylphenyl)-	94	288246-53-7	*N*-(2- 三氟甲基苯)-3- 吡啶甲酰胺肟
41.671	6.03	stigmasterol, 22,23-dihydro-	99	1000214-20-7	22,23 二氢豆甾醇
42.037	1.52	pyridine-3-carboxamide, oxime, *N*-(2-trifluoromethylphenyl)-	93	288246-53-7	*N*-(2- 三氟甲基苯)-3- 吡啶甲酰胺肟
42.222	0.0208	pyridine-3-carboxamide, oxime, *N*-(2-trifluoromethylphenyl)-	90	288246-53-7	*N*-(2- 三氟甲基苯)-3- 吡啶甲酰胺肟

发酵第12天A点深层（L）样品，高匹配率物质24种中相对含量较高的3种物质为：2,2'-亚甲基双［6-(1,1- 二甲基乙基)-4- 甲基］苯酚（CAS000119-47-1），保留时间 26.963min，相对含量 8.42%，匹配度 91%；22,23- 二氢豆甾醇（CAS1000214-20-7），保留时间 41.671min，相对含量 6.03%，匹配度 99%；17-(1,5- 二甲基己基)-10,13- 二甲基 -2,3,4,7,8,9,10,11,12,13,14,15,16,17- 十四氢 -1*H*- 环戊烯并 [*a*] 菲 -3- 醇（CAS1000210-38-4），保留时间 38.605min，相对含量 4.91%，匹配度 99%（图 3-135）。

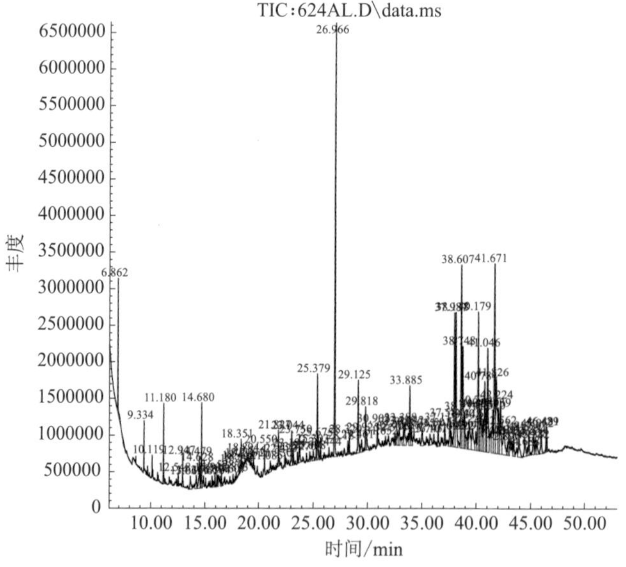

图 3-135　FJAT-FJ-13234-12d-A-L 物质组分析

6. 发酵第 21 天（21d）物料物质组检测

（1）发酵第 21 天浅层物料物质组分析　GC-MS 分析结果表明：发酵第 21 天，检测到物料 A 点浅层样本（FJAT-FJ-13177-21d-A-Y）中高匹配物质有 11 种，物质有八甲基环丁硅氧烷、十二甲基环己硅氧烷、二十一烷、2,4- 二叔丁基苯酚、二十一烷、1- 碘代十八烷、十八烷、诱虫烯、2,2'- 亚甲基双［6-(1,1- 二甲基乙基)-4- 甲基］苯酚等。其中高含量（含量大于 1%）的物质有二十一烷、十二甲基环己硅氧烷、1- 碘代十八烷、诱虫烯、2,4- 二叔丁基苯酚、2,2'- 亚甲基双［6-(1,1- 二甲基乙基)-4- 甲基］苯酚等（表 3-126）。

表 3-126　发酵第 21 天 FJAT-FJ-13177-21d-A-Y 物质组 GC-MS 分析

保留时间 /min	相对含量 /%	物质名称（Library/ID）	匹配率 /%	CAS 号	中文名称
9.303	0.76	cyclotetrasiloxane, octamethyl-	90	000556-67-2	八甲基环丁硅氧烷
12.944	1.20	cyclohexasiloxane, dodecamethyl-	91	000540-97-6	十二甲基环己硅氧烷
14.501	1.13	heneicosane	91	000629-94-7	二十一烷
14.675	9.00	phenol, 2,4-bis(1,1-dimethylethyl)-	97	000096-76-4	2,4- 二叔丁基苯酚
16.387	1.03	heptacosane, 1-chloro-	91	062016-79-9	1- 氯代二十七烷
16.83	0.67	heneicosane	93	000629-94-7	二十一烷
18.429	1.25	octadecane, 1-iodo-	96	000629-93-6	1- 碘代十八烷
18.879	0.72	octadecane	93	000593-45-3	十八烷
23.178	1.46	9-tricosene, (*Z*)-	97	027519-02-4	诱虫烯
26.951	44.54	phenol, 2,2'-methylenebis[6-(1,1-dimethylethyl) -4-methyl-]	98	000119-47-1	2,2'- 亚甲基双［6-(1,1- 二甲基乙基)-4- 甲基］苯酚
41.731	3.45	stigmasterol, 22,23-dihydro-	91	1000214-20-7	22,23- 二氢豆甾醇

发酵第21天A点浅层（Y）样品，高匹配率物质11种中相对含量较高的3种物质为：2,2'- 亚甲基双［6-(1,1- 二甲基乙基)-4- 甲基］苯酚（CAS000119-47-1），保留时间 26.951min，相对含量 44.54%，匹配度 98%；2,4- 二叔丁基苯酚 (CAS000096-76-4)，保留时间 14.675min，相对含量 9.00%，匹配度 97%；诱虫烯（CAS027519-02-4），保留时间 23.178min，相对含量 1.46%，匹配度 97%（图 3-136）。

（2）发酵第21天深层物料物质组分析　发酵第21天，检测到物料A点深层样本（FJAT-FJ-13178-21d-A-L）中高匹配物质有 12 种物质，物质有六甲基环丙硅氧烷、八甲基环丁硅氧烷、十二甲基环己硅氧烷、十四甲基环庚硅氧烷、2,4- 二叔丁基苯酚、2,2'- 亚甲基双［6-(1,1- 二甲基乙基)-4- 甲基］苯酚、二十五烷、二十三烷等。其中高含量（含量 >1%）的物质有十四甲基环庚硅氧烷、2,2'- 亚甲基双［6-(1,1- 二甲基乙基)-4- 甲基］苯酚、六甲基环丙硅氧烷等（表 3-127）。

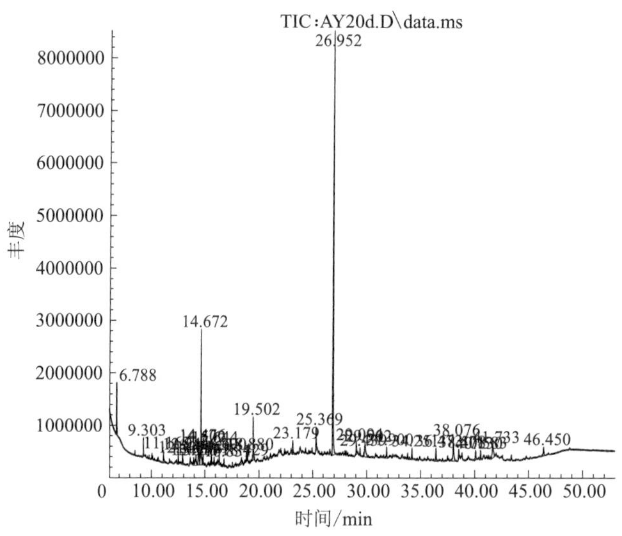

图 3-136 FJAT-FJ-13177-21d-A-Y 物质组分析

表 3-127 发酵第 21 天 FJAT-FJ-13178-21d-A-L 物质组 GC-MS 分析

保留时间/min	相对含量/%	物质名称（Library/ID）	匹配率/%	CAS 号	中文名称
6.77	2.02	cyclotrisiloxane, hexamethyl-	91	000541-05-9	六甲基环丙硅氧烷
9.297	0.62	cyclotetrasiloxane, octamethyl-	91	000556-67-2	八甲基环丁硅氧烷
12.944	0.85	cyclohexasiloxane, dodecamethyl-	90	000540-97-6	十二甲基环己硅氧烷
14.477	2.28	cycloheptasiloxane, tetradecamethyl-	93	000107-50-6	十四甲基环庚硅氧烷
14.675	7.06	phenol, 2,4-bis(1,1-dimethylethyl)-	96	000096-76-4	2,4- 二叔丁基苯酚
16.393	0.30	triacontane, 1-bromo-	91	004209-22-7	1- 溴代三十烷
21.879	0.77	11,13-dimethyl-12-tetradecen-1-ol acetate	90	1000130-81-0	11,13- 二甲基 -12- 十四碳烯 -1- 醇乙酸
23.837	0.25	11,13-dimethyl-12-tetradecen-1-ol acetate	92	1000130-81-0	11,13- 二甲基 -12- 十四碳烯 -1- 醇乙酸
25.005	0.78	decahydro-8a-ethyl-1,1,4a,6-tetramethylnaphthalene	91	1000100-23-6	十氢 -8a- 乙基 -1,1,4a,6- 四甲基萘
26.993	53.43	phenol, 2,2'-methylenebis[6-(1,1-dimethylethyl)-4-methyl-]	98	000119-47-1	2,2'- 亚甲基双［6-(1,1- 二甲基乙基)-4- 甲基］苯酚
28.173	0.39	pentacosane	91	000629-99-2	二十五烷
29.916	0.99	tricosane	90	000638-67-5	二十三烷
41.701	2.63	γ-sitosterol	93	000083-47-6	γ- 谷甾醇

发酵第 21 天 A 点深层（L）样品，高匹配率物质 12 种中相对含量较高的 3 种物质为：2,2'-亚甲基双［6-(1,1- 二甲基乙基)-4- 甲基］苯酚（CAS000119-47-1），保留时间 26.993min，相

对含量 53.43%，匹配度 98%；2,4- 二叔丁基苯酚（CAS000096-76-4），保留时间 14.675min，相对含量 7.06%，匹配度 96%；γ- 谷甾醇（CAS000083-47-6），保留时间 41.701min，相对含量 2.63%，匹配度 93%（图 3-137）。

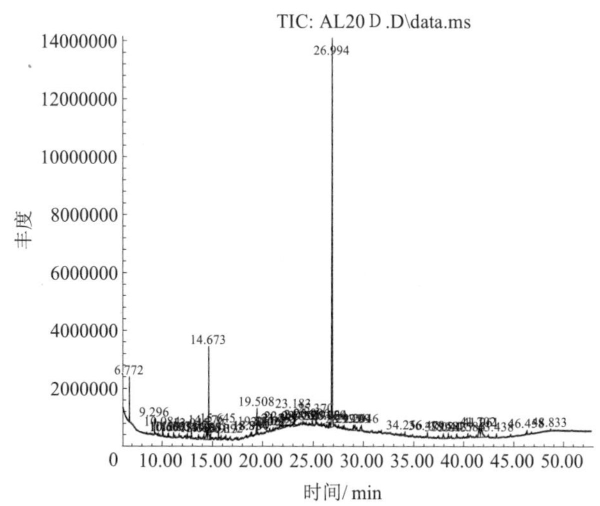

图 3-137　FJAT-FJ-13178-21d-A-L 物质组分析

7. 发酵第 24 天（24d）物料物质组检测

（1）发酵第 24 天浅层物料物质组分析　GC-MS 分析结果表明：发酵第 24 天，检测到物料 A 点浅层样本（FJAT-FJ-13185-24d-A-Y）中高匹配物质有 4 种，物质有 2,4- 二叔丁基苯酚、十二甲基环己硅氧烷、十四甲基环庚硅氧烷、2,2'- 亚甲基双［6-(1,1- 二甲基乙基)-4- 甲基］苯酚。其中高含量（含量 >1%）的物质有 2,4- 二叔丁基苯酚、十二甲基环己硅氧烷、十四甲基环庚硅氧烷、2,2'- 亚甲基双［6-(1,1- 二甲基乙基)-4- 甲基]苯酚等（表 3-128）。

表 3-128　发酵第 24 天 FJAT-FJ-13185-24d-A-Y 物质组 GC-MS 分析

保留时间 /min	相对含量 /%	物质名称（Library/ID）	匹配率 /%	CAS 号	中文名称
14.668	7.24	phenol, 2,4-bis(1,1-dimethylethyl)-	97	000096-76-4	2,4- 二叔丁基苯酚
12.938	1.68	cyclohexasiloxane, dodecamethyl-	90	000540-97-6	十二甲基环己硅氧烷
14.471	1.64	cycloheptasiloxane, tetradecamethyl-	91	000107-50-6	十四甲基环庚硅氧烷
26.909	31.14	phenol, 2,2'-methylenebis[6-(1,1-dimethylethyl)-4-methyl-]	96	000119-47-1	2,2'- 亚甲基双［6-(1,1- 二甲基乙基)-4- 甲基］苯酚

发酵第 24 天 A 点浅层（Y）样品，高匹配率物质 4 种中相对含量较高的 3 种物质为：2,2'- 亚甲基双［6-(1,1- 二甲基乙基)-4- 甲基］苯酚（CAS000119-47-1），保留时间 26.909min，相对含量 31.14%，匹配度 96%；2,4- 二叔丁基苯酚 (CAS000096-76-4)，保留时间 14.668min，相对含量 7.24%，匹配度 97%；十二甲基环己硅氧烷（CAS000540- 97-6），保留时间 12.938min，

相对含量 1.68%，匹配度 90%（图 3-138）。

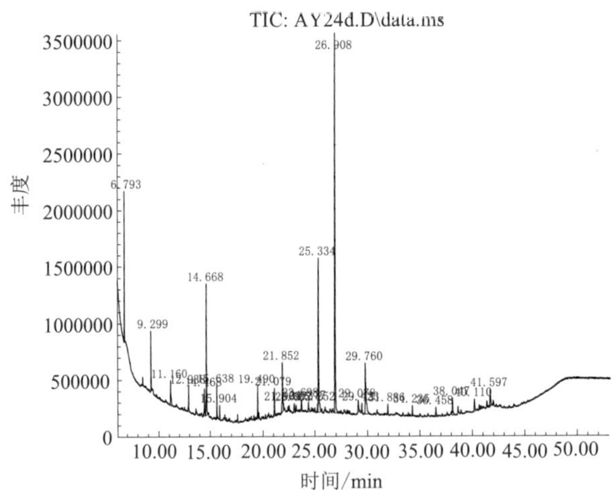

图 3-138　FJAT-FJ-13185-24d-A-Y 物质组分析

（2）发酵第 24 天深层物料物质组分析　发酵第 24 天，检测到物料 A 点深层样本（FJAT-FJ-13186-24d-A-L）中高匹配物质有 5 项物质，物质有六甲基环丙硅氧烷、八甲基环丁硅氧烷、十四甲基环庚硅氧烷、2,4- 二叔丁基苯酚、2,2'- 亚甲基双［6-(1,1- 二甲基乙基)-4- 甲基］苯酚等。其中高含量（含量大于 1%）的物质有六甲基环丙硅氧烷、八甲基环丁硅氧烷、十四甲基环庚硅氧烷、2,4- 二叔丁基苯酚、2,2'- 亚甲基双［6-(1,1- 二甲基乙基)-4- 甲基］苯酚等（表 3-129）。

表 3-129　发酵第 24 天 FJAT-FJ-13186-24d-A-L 物质组 GC-MS 分析

保留时间 /min	相对含量 /%	物质名称（Library/ID）	匹配率 /%	CAS 号	中文名称
6.793	5.62	cyclotrisiloxane, hexamethyl-	91	000541-05-9	六甲基环丙硅氧烷
9.297	2.13	cyclotetrasiloxane, octamethyl-	91	000556-67-2	八甲基环丁硅氧烷
14.471	2.43	cycloheptasiloxane, tetradecamethyl-	92	000107-50-6	十四甲基环庚硅氧烷
14.668	6.47	phenol, 2,4-bis(1,1-dimethylethyl)-	97	000096-76-4	2,4- 二叔丁基苯酚
26.909	45.93	phenol, 2,2'-methylenebis[6-(1,1-dimethylethyl)-4-methyl-]	95	000119-47-1	2,2'- 亚甲基双［6-(1,1- 二甲基乙基)-4- 甲基］苯酚

发酵第 24 天 A 点深层（L）样品，高匹配率物质 5 种中相对含量较高的 3 种物质为：2,2'- 亚甲基双［6-(1,1- 二甲基乙基)-4- 甲基］苯酚（CAS000119-47-1），保留时间 26.909min，相对含量 45.93%，匹配度 95%；2,4- 二叔丁基苯酚（CAS000096-76-4），保留时间 14.668min，相对含量 6.47%，匹配度 97%；六甲基环丙硅氧烷（CAS000541-05-9），保留时间 6.793min，相对含量 5.62%，匹配度 91%（图 3-139）。

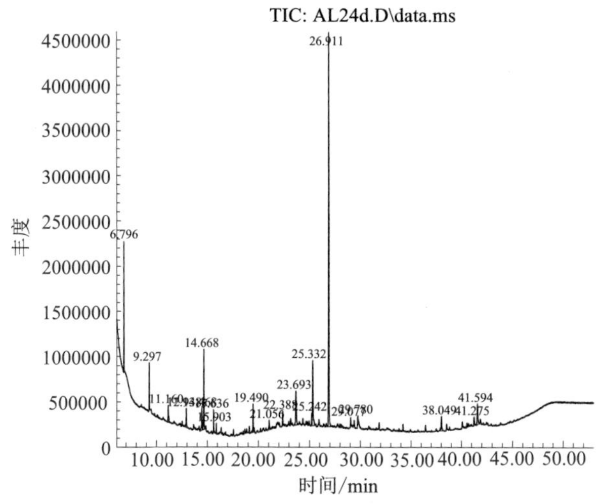

图 3-139　FJAT-FJ-13186-24d-A-L 物质组分析

四、膜发酵过程生物标志性化合物的变化动态

1. 生物标志性化合物的检测

在微生物的作用下农业废弃物膜发酵过程，产生生物标志性化合物（biomarkers）。生物标志性化合物是指那些来源于活的生物体，在有机质的演化过程中具有一定的稳定性、基本保存了原始化学组分的碳架特征、没有或较少发生变化，记录了微生物发酵过程的特殊分子结构信息的有机化合物，具有特殊的标志性意义。生物标志性化合物的意义主要体现在：指示膜发酵过程有机质的生物来源特征，指示微生物发酵过程有机质的关联性及其沉积的环境意义，反映膜发酵过程伴随存在的有机质含量演化特征。

农业废弃物膜发酵过程生物标志性化合物的分析需选择那些在整个膜发酵过程都存在，具有标志性的生物化合物；有些化合物只存在于特定的发酵阶段，不选为生物标志性化合物。采用发酵过程与发酵初始的生物标志性化合物增加或减少的倍数比较，当特定发酵阶段生物标志性化合物增加或减少与发酵初始水平相当时，化合物的倍数记为 1.0，高于发酵初始水平时，标出化合物增加或减少的倍数。分析结果见表 3-130，膜发酵过程共分析到 45 种生物标志性化合物，其中变化倍数最大的前 3 种化合物为 2,2'- 亚甲基双 [6-(1,1– 二甲基乙基)-4- 甲基]- 苯酚（14958575.0 倍数）、十八烷基乙酸酯（4926243.7 倍数）、5- 羟基 -2,4- 叔丁基苯基 - 缬草酸酯（4589118.0 倍数）；其中 2,2'- 亚甲基双 [6-（1,1- 二甲基乙基）-4- 甲基] 苯酚发酵过程 3 ～ 24d 与初始发酵比较，始终存在，含量相当，发酵进入 27d 时，含量增加 14958569.0 倍；十八基乙酸酯在整个发酵过程与初始发酵比较保持着 703749.1 倍的水平；5- 羟基 -2,4- 叔丁基苯基 - 缬草酸酯发酵 3 ～ 12d 与发酵初始含量相当，进入发酵 21d 时，含量增加 4589112.0 倍，随后发酵 24 ～ 27d 含量下降到发酵初始水平。

表 3-130　农业废弃物膜发酵过程生物标志性化合物检测

生物标志性化合物	膜发酵过程生物标志性化合物与发酵初始含量比较的倍数							总和（倍数）
	发酵 3d	发酵 6d	发酵 9d	发酵 12d	发酵 21d	发酵 24d	发酵 27d	
【1】2,2'- 亚甲基双 [6-(1,1– 二甲基乙基)-4- 甲基]- 苯酚	1.0	1.0	1.0	1.0	1.0	1.0	14958569.0	14958575.0
【2】十八烷基乙酸酯	703749.1	703749.1	703749.1	703749.1	703749.1	703749.1	703749.1	4926243.7
【3】5- 羟基 -2,4- 二叔丁基苯基 - 缬草酸酯	1.0	1.0	1.0	1.0	4589112.0	1.0	1.0	4589118.0
【4】3- 乙基 -3- 甲基庚烷	394194.7	394194.7	394194.7	394194.7	394194.7	394194.7	394194.7	2759362.6
【5】2,4- 二叔丁基苯酚	2215696.0	1.0	1.0	1.0	1.0	1.0	1.0	2215702.0
【6】3*β*- 氯代 - 胆甾 -5- 烯	1.0	2070051.9	1.0	1.0	1.0	1.0	1.0	2070057.9
【7】二十烷基 -9- 十六碳烯酸酯	1.0	1.0	1.0	2034643.5	1.0	1.0	1.0	2034649.5
【8】2,4- 二叔丁基苯酚 -879.9	1.0	1.0	1.0	1.0	1.0	1777583.8	1.0	1777589.8
【9】胆甾烷醇	1.0	1.0	1336224.9	1.0	1.0	1.0	1.0	1336230.9
【10】(3*β*,23*E*)- 9,19- 环羊毛甾 -23- 烯 -3,25- 二醇	1.0	1.0	1.0	1294944.2	1.0	1.0	1.0	1294950.2
【11】{1*R*-[1*α*(*R**),2*β*,4A*β*,8A*α*]}-*α*- 乙烯基十氢 -2- 羟基 -*α*,2,5,5,8A- 五甲基 -1- 萘丙醇	1.0	1259509.9	1.0	1.0	1.0	1.0	1.0	1259515.9
【12】2,6,10- 三甲基 - 十二烷	1140355.1	1.0	1.0	1.0	1.0	1.0	1.0	1140361.1
【13】{ 1*S*-[1*α*,4A*α*,5*α*E,8A*β*] } - 十氢 -1,4*a*- 二甲基 -6- 亚甲基 -5-(3- 甲基 -2,4- 戊二烯基)-1- 萘羧酸甲酯	1.0	1.0	1.0	1042920.0	1.0	1.0	1.0	1042926.0
【14】2,6,11- 三甲基十二烷	1003817.2	1.0	1.0	1.0	1.0	1.0	1.0	1003823.2
【15】57.0@2456.6	1.0	1.0	1.0	973155.7	1.0	1.0	1.0	973161.7
【16】2,6,10- 三甲基十二烷 -851.7	1.0	1.0	1.0	1.0	951406.9	307.9	1.0	951719.8

续表

生物标志性化合物	膜发酵过程生物标志性化合物与发酵初始含量比较的倍数							总和（倍数）
	发酵 3d	发酵 6d	发酵 9d	发酵 12d	发酵 21d	发酵 24d	发酵 27d	
【17】2,6- 二甲基十一烷	663336.0	1.0	1.0	1.0	1.0	1.0	1.0	663342.0
【18】2,6,11- 三甲基 - 十二烷 -778.1	640573.8	1.0	1.0	1.0	1.0	1.0	1.0	640579.8
【19】(1*α*,4A*β*,5*α*,8A*α*)- 十氢 -5- 羟甲基 -5,8*a*- 二甲基 -*γ*,2- 双 (亚甲基)-1- 萘戊醇	1.0	1.0	1.0	1.0	1.0	637264.3	1.0	637270.3
【20】2,6,11,15- 四甲基十六烷	611444.8	1.0	1.0	1.0	1.0	1.0	1.0	611450.8
【21】(5*β*,8*α*,9*β*,10*α*,12*α*)- 阿替生 -16- 烯	558665.5	1.0	1.0	1.0	1.0	1.0	1.0	558671.5
【22】二十烷	546729.1	1.0	1.0	1.0	1.0	1.0	1.0	546735.1
【23】[1*R*- (1*α*,4A*β*,4B*α*,7*α*,10A*α*)]-7- 乙烯基 -1,2,3,4,4a,4b,5,6,7,8,10,10a- 十二氢 -1,4a,7- 三甲基 -1- 菲甲酸甲酯	1.0	1.0	1.0	524671.4	1.0	1.0	1.0	524677.4
【24】1- 十八烷醇	1.0	1.0	823.4	516263.1	1.0	1.0	1.0	517091.5
【25】[1*R*- (1*α*,4A*β*,7*β*,10A*α*)]-7- 乙烯基-1,2,3,4,4a,4b,5,6,7,8,10,10a- 十二氢 -1,4a,7- 三甲基 -1- 菲甲酸甲酯	502728.1	1.0	1.0	1.0	1.0	1.0	1.0	502734.1
【26】2,6,11- 三甲基 - 十二烷 -870.6	1.0	1.0	489213.4	1.0	1.0	1.0	1.0	489219.4
【27】2,6,11- 三甲基 - 十二烷 -752.0999	1.0	1.0	1.0	1.0	479334.2	1.0	411.0	479750.1
【28】*C*(14a)- 同 -27- 降伽马腊烷 -14- 烯	1.0	1.0	1.0	1.0	433993.5	1.0	1.0	433999.5
【29】己基 - 十五烷基 - 亚硫酸酯	422093.3	1.0	1.0	1.0	1.0	1.0	1.0	422099.3
【30】[4AR- (4A*α*,6*α*,8A*β*)]- 4a,5,6,7,8,8a- 六氢 -6-[1-(羟甲基) 乙烯基]-4,8a- 二甲基 -2(1*H*)- 萘酮	1.0	1.0	1.0	1.0	1.0	1.0	398291.8	398297.8
【31】7- 乙酰基 -6- 乙基 -1,1,4,4- 四甲基四氢萘	1.0	1.0	1.0	372893.4	1.0	1.0	1.0	372899.4

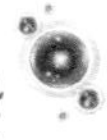

续表

生物标志性化合物	膜发酵过程生物标志性化合物与发酵初始含量比较的倍数							总和（倍数）
	发酵 3d	发酵 6d	发酵 9d	发酵 12d	发酵 21d	发酵 24d	发酵 27d	
【32】69.0@2475.7	1.0	1.0	1.0	351553.3	1.0	1.0	1.0	351559.3
【33】十五烷	347379.9	1.0	1.0	1.0	1.0	1.0	1.0	347385.9
【34】2,6,11- 三甲基十二烷 869.7	1.0	1.0	1.0	1.0	1.0	343183.0	697.1	343885.1
【35】十四烷	336816.8	1.0	1.0	1.0	1.0	1.0	1.0	336822.8
【36】扁枝烯	1.0	318659.9	1.0	1.0	1.0	1.0	1.0	318665.9
【37】2,6,11- 三甲基十二烷 779.4001	1.0	1.0	374.9	311363.8	1.0	1.0	1.0	311743.6
【38】2,6- 双 (1,1- 二甲基乙基)-4- 亚乙基 -2,5- 环己二烯 -1- 酮	274905.6	1.0	1.0	1.0	1.0	1.0	1.0	274911.6
【39】4A,7,7,10A- 四甲基十二氢苯并 [*f*] 铬烯 -3 醇	227354.5	1.0	1.0	1.0	1.0	1.0	1.0	227360.5
【40】7- 乙酰基 -6- 乙基 -1,1,4,4- 四甲基四氢萘 1091.6	214618.4	1.0	1.0	1.0	1.0	1.0	1.0	214624.4
【41】2,6- 双 (1,1- 二甲基乙基)-4- 亚乙基 -2,5- 环己二烯 -1- 酮 -1139.8	1.0	195945.3	1.0	1.0	1.0	1.0	1.0	195951.3
【42】d- 降雄甾烷 (5*α*,14*α*)	1.0	192108.9	1.0	1.0	1.0	1.0	1.0	192114.9
【43】十六酸乙酯	1.0	186748.2	1.0	1.0	1.0	1.0	1.0	186754.2
【44】[*R*-(*E*,*E*)]- 3,7,11,15- 四甲基十六碳 -6,10,14- 三烯 -1- 醇	1.0	171773.3	1.0	1.0	1.0	1.0	1.0	171779.3
【45】2,6,11,15- 四甲基十六烷 1133.5	1.0	148478.6	1.0	1.0	1.0	1.0	1.0	148484.6
总和	10804485.8	5641254.8	2924619.4	8520386.1	7551829.3	3856321.6	16455951.6	

2. 生物标志性化合物的聚类

以表 3-130 为数据矩阵，以生物标志性化合物为样本，发酵时间为指标，马氏距离为尺度，用可变类平均法进行系统聚类，分析结果见表 3-131 和图 3-140。聚类结果可将标志性化合物分为 3 组，第 1 组高倍数上调组，特点是生物标志性化合物上调的倍数高或上调的频率高，包含了 10 个化合物，即 2,2'- 亚甲基双 [6-（1,1– 二甲基乙基）-4- 甲基]- 苯酚、十八烷基乙酸酯、5- 羟基 -2,4- 二叔丁基苯基缬草酸酯、3- 乙基 -3- 甲基庚烷、2,4- 二叔丁基苯酚、3*β*- 氯代 - 胆甾 -5- 烯、2,4- 二叔丁基苯酚 879.9、胆甾烷醇、{1*R*-[1α(*R**),2*β*,4A*β*,8Aα]}-*α*- 乙烯基十氢 -2- 羟基 -*α*,2,5,5,8A- 五甲基 -1- 萘丙醇、2,6,10- 三甲基十二烷。

第 2 组中倍数上调组，特点是生物标志性化合物上调的倍数中等或上调的频率较低，包含了 16 个化合物，即二十烷基 -9- 十六碳烯酸酯、(3*β*,23*E*)- 9,19- 环羊毛甾 -23- 烯 -3,25- 二醇、{ 1*S*-[1*α*,4A*α*,5*αE*,8A*β*] } - 十氢 -1,4a- 二甲基 -6- 亚甲基 -5-(3- 甲基 -2,4- 戊二烯基)-1- 萘羧酸甲酯、2,6,11- 三甲基 - 十二烷、57.0@2456.6、2,6,10- 三甲基十二烷 851.7、2,6- 二甲基十一烷、2,6,11- 三甲基十二烷 778.1、(1*α*,4A*β*,5*α*,8A*α*)- 十氢 -5- 羟甲基 -5,8A- 二甲基 -*γ*,2- 双 (亚甲基)-1- 萘戊醇、2,6,11,15- 四甲基 - 十六烷、(5*β*,8*α*,9*β*,10*α*,12*α*)- 阿替生 -16- 烯、二十烷、[1*R*- (1*α*,4A*β*,4B*α*,7*α*,10A*α*)]-7- 乙烯基 -1,2,3,4,4a,4b,5,6,7,8,10,10a- 十二氢 -1,4a,7- 三甲基 -1- 菲甲酸甲酯、1- 十八烷醇、[1*R*- (1*α*,4A*β*,7*β*,10A*α*)]-7- 乙烯基 -1,2,3,4,4a,4b,5,6,7,8,10,10a- 十二氢 -1,4a,7- 三甲基 -1- 菲甲酸甲酯、2,6,11- 三甲基十二烷 870.6。

第 3 组低倍数上调组，特点是生物标志性化合物上调的倍数较低或上调的频率低，包含了 19 个化合物，即 2,6,11- 三甲基十二烷 752.0999、*C*(14a)- 同 -27- 降伽马腊烷 -14- 烯、己基十五烷基亚硫酸酯、[4AR- (4A*α*,6*α*,8A*β*)]- 4a,5,6,7,8,8a- 六氢 -6-[1-(羟甲基) 乙烯基]-4,8a- 二甲基 -2(1*H*)- 萘酮、7- 乙酰基 -6- 乙基 -1,1,4,4- 四甲基四氢萘、69.0@2475.7、十五烷、2,6,11- 三甲基 - 十二烷 869.7、十四烷、扁枝烯、2,6,11- 三甲基十二烷 - 779.4001、2,6- 双 (1,1- 二甲基乙基)-4- 亚乙基 -2,5- 环己二烯 -1- 酮、4A,7,7,10A- 四甲基十二氢苯并 [*f*] 铬烯 -3 醇、7- 乙酰基 -6- 乙基 -1,1,4,4- 四甲基四氢萘 1091.6、2,6- 双 (1,1- 二甲基乙基)-4- 亚乙基 -2,5- 环己二烯 -1- 酮 1139.8、d- 降雄甾烷 (5*α*,14*α*)、十六酸乙酯、[*R*-(*E*,*E*)]- 3,7,11,15- 四甲基 -6,10,14- 十六碳三烯 -1- 醇、2,6,11,15- 四甲基十六烷 1133.5 等。

3. 基于化合物的发酵阶段聚类

以发酵时间为样本，标志性化合物为指标，对发酵时间进行聚类，分析结果见图 3-141。结果可将膜发酵阶段分为 4 组，第 1 组为发酵 3d，产生的高倍数的物质有 17 种，即 2,4- 二叔丁基苯酚（2215696 倍数）、2,6,10- 三甲基十二烷（1140355 倍数）、2,6,11- 三甲基十二烷（1003817 倍数）、十八烷基乙酸酯（703749.1 倍数）、2,6- 二甲基十一烷（663336 倍数）、2,6,11- 三甲基十二烷 778.1（640573.8 倍数）、2,6,11,15- 四甲基十六烷（611444.8 倍数）、(5*β*,8*α*,9*β*,10*α*,12*α*)- 阿替生 -16- 烯（558665.5 倍数）、二十烷（546729.1 倍数）、[1*R*-(1*α*,4A*β*,7*β*,10A*α*)]-7- 乙烯基 -1,2,3,4,4a,4b,5,6,7,8,10,10a- 十二氢 -1,4a,7- 三甲基 -1- 菲甲酸甲酯（502728.1 倍数）、己基 - 十五烷基亚硫酸酯（422093.3 倍数）、3- 乙基 -3- 甲基庚烷（394194.7 倍数）、十五烷（347379.9 倍数）、十四烷（336816.8 倍数）、2,6- 双 (1,1- 二甲基乙基)-4- 亚乙基 -2,5- 环己二烯 -1- 酮（274905.6 倍数）、4A,7,7,10A- 四甲基十二氢苯并 [*f*] 铬烯 -3 醇（227354.5 倍数）、7- 乙酰基 -6- 乙基 -1,1,4,4- 四甲基四氢萘 1091.6（214618.4 倍数），其余的化合物与发酵初始相当。

表 3-131　农业废弃物膜发酵过程生物标志性化合物聚类分析

组别	生物标志性化合物	编号	膜发酵过程生物标志性化合物与发酵初始含量比较的倍数						
			发酵 3d	发酵 6d	发酵 9d	发酵 12d	发酵 21d	发酵 24d	发酵 27d
1	2,2'- 亚甲基双 [6-(1,1- 二甲基乙基)-4- 甲基]- 苯酚	【A】	1	1	1	1	1	1	14958569
1	十八烷基乙酸酯	【B】	703749.1	703749.1	703749.1	703749.1	703749.1	703749.1	703749.1
1	5- 羟基 -2,4- 二叔丁基苯基缬草酸酯	【C】	1	1	1	1	4589112	1	1
1	3- 乙基 -3- 甲基庚烷	【D】	394194.7	394194.7	394194.7	394194.7	394194.7	394194.7	394194.7
1	2,4- 二叔丁基苯酚	【E】	2215696	1	1	1	1	1	1
1	3*β*- 氯代 - 胆甾 -5- 烯	【F】	1	2070052	1	1	1	1	1
1	2,4- 二叔丁基苯酚 -879.9	【H】	1	1	1	1	1	1777584	1
1	胆甾烷醇	【I】	1	1	1336225	1	1	1	1
1	｛1*R*-[1*α*(*R**),2*β*,4A*β*,8A*α*]｝-*α*- 乙烯基十氢 -2- 羟基 -*α*,2,5,5,8A- 五甲基 -1- 萘丙醇	【K】	1	1259510	1	1	1	1	1
1	2,6,10- 三甲基十二烷	【L】	1140355	1	1	1	1	1	1
第 1 组 10 个样本平均值			445400.1	442751.2	243417.6	109795.2	568706.3	287553.5	1605652
2	二十烷基 -9- 十六碳烯酸酯	【G】	1	1	1	2034644	1	1	1
2	(3*β*,23*E*)- 9,19- 环羊毛甾 -23- 烯 -3,25- 二醇	【J】	1	1	1	1294944	1	1	1
2	｛1S-[1*α*,4A*α*,5*αE*,8A*β*]｝- 十氢 -1,4a- 二甲基 -6- 亚甲基 -5-(3- 甲基 -2,4- 戊二烯基)-1- 萘羧酸甲酯	【M】	1	1	1	1042920	1	1	1
2	2,6,11- 三甲基十二烷	【N】	1003817	1	1	1	1	1	1
2	57.0@2456.6	【O】	1	1	1	973155.7	1	1	1
2	2,6,10- 三甲基十二烷 851.7	【P】	1	1	1	1	951406.9	307.9	1

续表

组别	生物标志性化合物	编号	膜发酵过程生物标志性化合物与发酵初始含量比较的倍数						
			发酵 3d	发酵 6d	发酵 9d	发酵 12d	发酵 21d	发酵 24d	发酵 27d
2	2,6- 二甲基十一烷	【Q】	663336	1	1	1	1	1	1
2	2,6,11- 三甲基十二烷 778.1	【R】	640573.8	1	1	1	1	1	1
2	(1*α*,4A*β*,5*α*,8A*α*)- 十氢 -5- 羟甲基 -5,8a- 二甲基 -*γ*,2- 双 (亚甲基)-1- 萘戊醇	【S】	1	1	1	1	1	637264.3	1
2	2,6,11,15- 四甲基十六烷	【T】	611444.8	1	1	1	1	1	1
2	(5*β*,8*α*,9*β*,10*α*,12*α*)- 阿替生 -16- 烯	【U】	558665.5	1	1	1	1	1	1
2	二十烷	【V】	546729.1	1	1	1	1	1	1
2	[1*R*- (1*α*,4A*β*,4B*α*,7*α*,10A*α*)]-7- 乙烯基 -1,2,3,4,4a,4b,5,6,7,8,10,10a- 十二氢 -1,4a,7- 三甲基 -1- 菲甲酸甲酯	【W】	1	1	1	524671.4	1	1	1
2	1- 十八烷醇	【X】	1	1	823.4	516263.1	1	1	1
2	[1*R*- (1*α*,4A*β*,7*β*,10A*α*)]-7- 乙烯基 -1,2,3,4,4a,4b,5,6,7,8,10,10a- 十二氢 -1,4a,7- 三甲基 -1- 菲甲酸甲酯	【Y】	502728.1	1	1	1	1	1	1
2	2,6,11- 三甲基十二烷 870.6	【Z】	1	1	489213.4	1	1	1	1
第 2 组 16 个样本平均值			282956.5	1	30628.17	399163	59463.87	39849.14	1
3	2,6,11- 三甲基十二烷 752.0999	【AA】	1	1	1	1	479334.2	1	411
3	*C*(14a)- 同 -27- 降伽马腊烷 -14- 烯	【BB】	1	1	1	1	433993.5	1	1
3	己基 - 十五烷基亚硫酸酯	【CC】	422093.3	1	1	1	1	1	1
3	[4AR- (4A*α*,6*α*,8A*β*)]- 4a,5,6,7,8,8a- 六氢 -6-[1-(羟甲基) 乙烯基]-4,8a- 二甲基 -2(1*H*)- 萘酮	【DD】	1	1	1	1	1	1	398291.8
3	7- 乙酰基 -6- 乙基 -1,1,4,4- 四甲基四氢萘	【EE】	1	1	1	372893.4	1	1	1

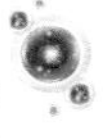

续表

组别	生物标志性化合物	编号	膜发酵过程生物标志性化合物与发酵初始含量比较的倍数						
			发酵 3d	发酵 6d	发酵 9d	发酵 12d	发酵 21d	发酵 24d	发酵 27d
3	69.0@2475.7	【FF】	1	1	1	351553.3	1	1	1
3	十五烷	【GG】	347379.9	1	1	1	1	1	1
3	2,6,11- 三甲基十二烷 869.7	【HH】	1	1	1	1	1	343183	697.1
3	十四烷	【II】	336816.8	1	1	1	1	1	1
3	扁枝烯	【JJ】	1	318659.9	1	1	1	1	1
3	2,6,11- 三甲基十二烷 779.4001	【KK】	1	1	374.9	311363.8	1	1	1
3	2,6- 双 (1,1- 二甲基乙基)-4- 亚乙基 -2,5- 环己二烯 -1- 酮	【LL】	274905.6	1	1	1	1	1	1
3	4A,7,7,10A- 四甲基十二氢苯并 [*f*] 铬烯 -3 醇	【MM】	227354.5	1	1	1	1	1	1
3	7- 乙酰基 -6- 乙基 -1,1,4,4- 四甲基四氢萘 1091.6	【NN】	214618.4	1	1	1	1	1	1
3	2,6- 双 (1,1- 二甲基乙基)-4- 亚乙基 -2,5- 环己二烯 -1- 酮 -1139.8	【OO】	1	195945.3	1	1	1	1	1
3	d- 降雄甾烷 (5α,14α)	【PP】	1	192108.9	1	1	1	1	1
3	十六酸乙酯	【QQ】	1	186748.2	1	1	1	1	1
3	[*R*-(*E*,*E*)]- 3,7,11,15- 四甲基十六碳 -6,10,14- 三烯 -1- 醇	【RR】	1	171773.3	1	1	1	1	1
3	2,6,11,15- 四甲基十六烷 1133.5	【SS】	1	148478.6	1	1	1	1	1
第 3 组 19 个样本平均值			95956.92	63880.38	20.67895	54517.18	48070.77	18063.21	21021.89

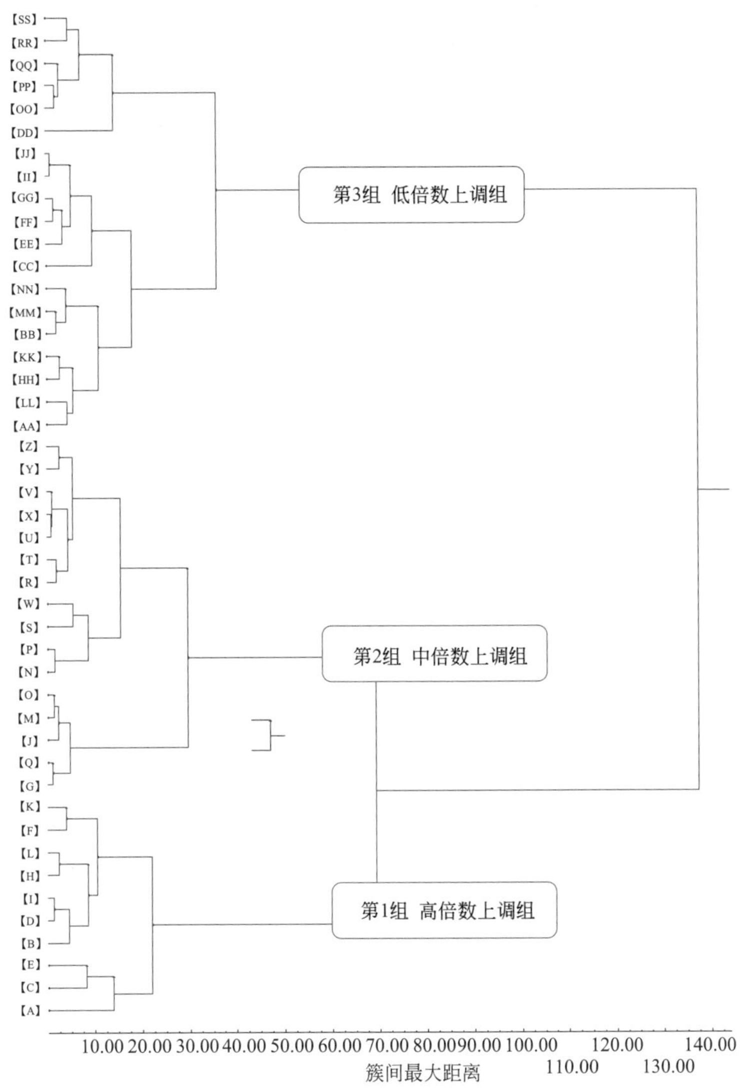

图 3-140　农业废弃物膜发酵过程生物标志性化合物聚类分析

第2组为发酵6d，产生的高倍数的物质有10种，即3*β*-氯代-胆甾-5-烯（2070052倍数）、{ 1*R*-[1*α*(*R**),2*β*,4A*β*,8A*α*] } -*α*- 乙烯基十氢 -2- 羟基 -*α*,2,5,5,8A- 五甲基 -1- 萘丙醇（1259510倍数）、十八烷基乙酸酯 &（703749.1 倍数）、3- 乙基 -3- 甲基庚烷 &（394194.7 倍数）、扁枝烯（318659.9 倍数）、2,6- 双 (1,1- 二甲基乙基)-4- 亚乙基 -2,5- 环己二烯 -1- 酮 -1139.8（195945.3 倍数）、d- 降雄甾烷 (5*α*,14*α*)（192108.9 倍数）、十六酸乙酯（186748.2 倍数）、[*R*-(*E*,*E*)]- 3,7,11,15- 四甲基 -6,10,14- 十六碳三烯 -1- 醇（171773.3 倍数）、2,6,11,15- 四甲基十六烷 1133.5（148478.6 倍数），其中带“&”物质与发酵 3d 相同。

第 3 组包括了发酵 9d、发酵 21d、发酵 24d、发酵 27 d 四个发酵阶段，包含的 15 个物质与其他组具有异质性，即 5- 羟基 -2,4- 叔丁基苯基缬草酸酯、2,6,10- 三甲基十二烷 851.7、十八烷基乙酸酯、2,6,11- 三甲基十二烷 752.0999、*C*(14a)- 同 -27- 降伽马腊烷 -14- 烯、3- 乙

基 -3- 甲基庚烷、(1α,4Aβ,5α,8Aα)- 十氢 -5- 羟甲基 -5,8a- 二甲基 -γ, 2- 双 (亚甲基)-1- 萘戊醇、[4AR-(4Aα,6α,8Aβ)]-4a,5,6,7,8,8a- 六氢 -6-[1-(羟甲基) 乙烯基]-4,8a- 二甲基 -2(1*H*)- 萘酮、2,6,11- 三甲基十二烷 869.7、2,2'- 亚甲基双 [6-（1,1– 二甲基乙基）-4- 甲基]- 苯酚、2,4- 二叔丁基苯酚 879.9、胆甾烷醇、2,6,11- 三甲基十二烷 870.6、1- 十八烷醇、2,6,11- 三甲基十二烷 779.4001。

第 4 组为发酵 12d，产生的高倍数的物质有 11 种，即二十烷基 -9- 十六碳烯酸酯（2034644 倍数）、(3β,23*E*)-9,19- 环羊毛甾 -23- 烯 -3,25- 二醇（1294944 倍数）、{ 1*S*-[1α,4Aα,5αE,8Aβ] } - 十氢 -1,4a- 二甲基 -6- 亚甲基 -5-(3- 甲基 -2,4- 戊二烯基)-1- 萘羧酸甲酯（1042920 倍数）、57.0@2456.6（973155.7 倍数）、十八烷基乙酸酯（703749.1 倍数）、[1*R*-(1α,4Aβ,4Bα,7α,10Aα)]-7- 乙烯基 -1,2,3,4,4a,4b,5,6,7,8,10,10a- 十二氢 -1,4a,7- 三甲基 -1- 菲甲酸甲酯（524671.4 倍数）、1- 十八烷醇（516263.1 倍数）、3- 乙基 -3- 甲基庚烷（394194.7 倍数）、7- 乙酰基 -6- 乙基 -1,1,4,4- 四甲基四氢萘（372893.4 倍数）、69.0@2475.7（351553.3 倍数）、2,6,11- 三甲基十二烷 779.4001（311363.8 倍数）。

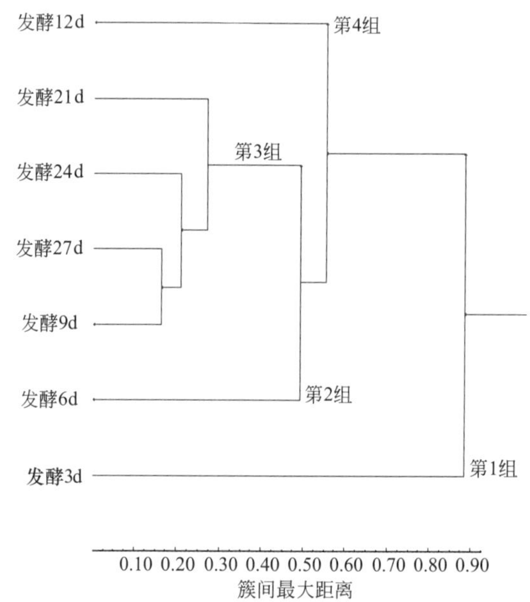

图 3-141　基于生物标志性化合物的农业废弃物膜发酵过程的聚类分析

4. 膜发酵物料陈化后生物标志性化合物

城市污泥膜发酵经过 10d 的发酵处理，而后再经过 17d 的陈化处理，剩余在物料中的高含量生物标志性化合物有 6 个，即 2,2'- 亚甲基双 [6-（1,1– 二甲基乙基）-4- 甲基]- 苯酚（14958569 倍数）、十八烷基乙酸酯（703749.1 倍数）、[4A*R*- (4Aα,6α,8Aβ)]- 4a,5,6,7,8,8a- 六氢 -6-[1-(羟甲基) 乙烯基]-4,8a- 二甲基 -2(1*H*)- 萘酮（398291.8 倍数）、3- 乙基 -3- 甲基庚烷（394194.7 倍数）、2,6,11- 三甲基十二烷 869.7（697.1 倍数）、2,6,11- 三甲基十二烷 752.0999（411 倍数）。

五、膜发酵过程反式角鲨烯的变化动态

1. 角鲨烯

角鲨烯又名三十碳六烯，化学式是 $C_{30}H_{50}$，是一种在生物代谢过程中产生的多不饱和烃类，含有 6 个异戊二烯双键，属于萜类化合物。很多食物中含有角鲨烯，其中鲨鱼肝油中含量较高，在橄榄油和米糠油等少数几种植物油中角鲨烯含量也相对较高，微生物发酵过程角鲨烯的代谢及其重要。

（1）角鲨烯结构　角鲨烯作为烃类化合物，在有机化学中被划入萜类，是这类天然有机化合物中的一种三萜，结构符合异戊二烯规律，其系统命名为 2,6,10,15,19,23- 六甲基 -2,6,10,14,18,22- 二十四碳六烯，分子量为 410.7，是全反式结构。角鲨烯是由 6 个异戊二烯构成的无环三萜烯，分子中的六个双键为反式，是一种非环三萜结构，角鲨烯因含六个双键，极不稳定，容易氧化，在空气中放置会产生特殊臭气，易在镍、铂等金属作用下加氢形成角鲨烷。角鲨烯易环化成二环、四环、五环等三萜类化合物，通过化学反应，角鲨烯可以转变成羊毛甾醇，沟通了萜类化合物与甾体化合物之间的密切生源关系。角鲨烯在常温下为一种无色油状液体，不溶于水，难溶于甲醇、乙醇和冰醋酸，易溶于乙醚、石油醚、丙酮、四氯化碳等有机溶剂。相对密度为 0.8592，折射率为 1.4954，凝固点为 -75℃，在常压下 350℃沸腾，并部分分解，在 266.64Pa、2266.44Pa 和 3300Pa 压强下的沸点分别为 241℃、280℃和 284℃。

（2）角鲨烯来源　机体中的角鲨烯来源于两部分：一是机体代谢过程中产生的角鲨烯，其合成源于乙酰辅酶 A 转变为 3- 羟甲基戊二酸单酰 CoA（HMGCoA），经过一系列催化反应最终形成角鲨烯，并可以进一步转变为胆固醇等固醇类物质；二是通过摄入含角鲨烯的食物。膳食摄入的角鲨烯吸收率高（60% ～ 85%），一部分通常与极低密度脂蛋白相结合后分布至人体的各个组织，脂肪组织和皮肤中角鲨烯含量最高，淋巴结和肝脏等器官中也含有一定量的角鲨烯；另一部分角鲨烯用于胆固醇合成，这部分角鲨烯吸收后进入肝脏，经过脱甲基和化学键重排后最终形成胆固醇。

（3）角鲨烯的主要作用　① 耐缺氧。近些年有多项研究指出角鲨烯具有耐缺氧的功效，国内外多家研究机构相继发表了有关成果。例如小鼠通过灌胃方式摄入角鲨烯后，不同剂量下小鼠常压缺氧耐受时间和亚硝酸钠中毒后存活时间显著延长；在急性脑缺血性缺氧条件下，摄入角鲨烯能够延长受试动物喘气时间。在达到上述功效的同时，并未发现角鲨烯的任何毒副作用。福建省疾控中心的研究也得到了类似结果，给予角鲨烯 30d 后，中高剂量组小鼠在被注射亚硝酸钠和急性脑缺血性缺氧条件下的存活时间和喘气时间均显著提高。基于上述成果，角鲨烯也是国内市场上应用较为广泛的耐缺氧类保健食品功效成分。② 促进皮肤健康。研究表明，角鲨烯的抗氧化能力强于皮肤中的其他脂类分子，皮肤中的角鲨烯有效抑制脂类过氧化反应的级联放大，进而帮助皮肤抵抗由于紫外线照射和其他氧化反应导致的损伤，还有很多研究指出，除了抗氧化外，角鲨烯（及其衍生物角鲨烷）还有润肤、保湿等功效。一项人群实验研究了补充角鲨烯与皮肤健康的关系：40 名超过 50 岁的女性受试者被分为两组，持续 90d 每日分别摄入 13.5g 和 27g 角鲨烯，37 名志愿者最终完成了测试，高剂量组受试者面部皱纹显著减少，面部红疹和色素沉积问题在两组均有显著改善，部分与面部肌肤相关的分子指标在两组中也有不同程度的改善。角鲨烯在化妆品标准配方（如乳油、软

膏、防晒霜）中很容易乳化，因此，可用于膏霜（冷霜、洁肤霜、润肤霜）、乳液、发油、发乳、唇膏、芳香油和香粉等化妆品中作保湿剂，同时还具有抗氧化剂和自由基清除剂的作用。此外，角鲨烯也可用作高级香皂的高脂剂。③ 其他。角鲨烯还可应用于食品机械设备中的润滑剂、杀虫剂、衣物护理剂、铅笔芯稳定剂等的研制。

（4）未来展望　角鲨烯广泛存在于动植物及微生物体内，因其具有较强的生物活性而被广泛应用于食品及化妆品等行业领域。但角鲨烯还未明确被列入食品添加剂的国家标准中，且因角鲨烯存在易氧化、水溶性差等不足，极大地限制了其在食品、化妆品等行业中的应用。虽然已有学者通过将角鲨烯制成微胶囊形式来提高其生物利用率，但水溶性改善不够理想，而利用环糊精的包埋作用改善其稳定性的研究更是鲜有报道。因此，对于环糊精包埋角鲨烯的作用条件及其作用机制等方面还有很大的研究空间（张光杰 等，2019）。城市污泥微生物发酵过程，产生丰富的反式角鲨烯，可以作为发酵有机质的有效成分，用于植物病害的防治。了解膜发酵过程反式角鲨烯变化动态，可以控制发酵的条件和进程，以保存更多的反式角鲨烯，将其作为微生物菌肥的有效成分，服务于农业生产。

2. 膜发酵过程反式角鲨烯的含量变化

城市污泥膜发酵过程，物料浅层和物料深层都能产生反式角鲨烯，代谢行为有所差异。物料浅层，发酵初期反式角鲨烯含量较高（0.77%），随着发酵进程，含量逐渐升高，到发酵第 6 天含量达到高峰（1.40%），而后迅速下降，发酵到第 9 天含量达到低谷，随后迅速上升到第二高峰（1.91%），发酵 21d 后，反式角鲨烯基本消失（表 3-132）。物料浅层反式角鲨烯含量变化的多项式方程为y(浅层)$=-0.1119x^4+1.528x^3-7.1466x^2+13.174x-6.7483$($R^2=0.5119$)。物料深层，也即堆体的靠中心部位，发酵初期反式角鲨烯含量极低，随着发酵进程，含量逐渐升高，发酵到第 12 天，含量达到高峰（1.33%），随后含量下降，到第 21 天，反式角鲨烯基本消失。物料深层反式角鲨烯含量变化的多项式方程为 y（深层）$=-0.1712x^2+1.2399x-1.069$（$R^2=0.7497$）（图 3-142）。

表 3-132　膜发酵过程反式角鲨烯的含量变化

发酵时间 /d	反式角鲨烯的相对含量 /%	
	物料浅层	物料深层
0	0.77	0
3	1.07	0.86
6	1.40	0.91
9	0	0.94
12	1.91	1.33
21	0	0

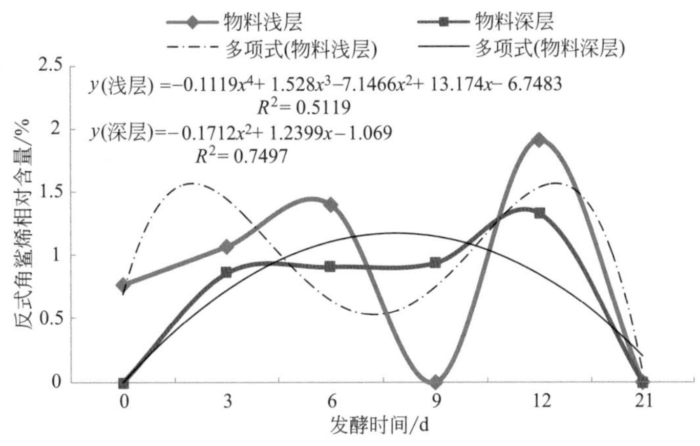

图 3-142　膜发酵过程反式角鲨烯的含量变化动态

第七节 农业废弃物膜发酵过程生化指标分析

一、膜发酵过程可溶性氮变化动态

农业废弃物（城市污泥）膜发酵过程在浅层（0 ～ 20cm）和深层（50 ～ 70cm）取样检测可溶性氮，结果见表 3-133 和图 3-143。可溶性氮含量峰值在膜发酵初期，0d 即样品未发酵时，可溶性氮含量最高（10.7691g/L），发酵到 9d 可溶性氮含量最低（0.6301g/L）。

表 3-133　城市污泥膜发酵过程可溶性氮含量变化动态

发酵时间 /d	可溶性氮 /（g/L）			微生物组总量（read）
	浅层（Y）	深层（L）	总和	
0	7.4333	3.3358	10.7691	22166.00
3	0.4367	0.8682	1.3049	29352.75
6	0.2875	1.1982	1.4857	29352.75
9	0.6167	0.0134	0.6301	37061.25
12	1.3194	0.1150	1.4344	40903.75
17	2.3717	3.2025	5.5742	41038.25
22	2.0327	5.2250	7.2577	40901.00
27	0.1915	2.8333	3.0248	39966.25

浅层和深层可溶性氮的变化趋势相近，膜发酵初期可溶性氮含量较高，随后逐渐下降，在 9d 含量下降到低谷，9d 后可溶性氮含量又逐渐上升，22d 达到高峰，随后可溶性氮逐渐下降，直到发酵结束。随着膜发酵进程微生物组含量逐渐升高，呈幂指数方程变化：

$y=22766x^{0.3105}$（$R^2=0.9207$）（图 3-144）。

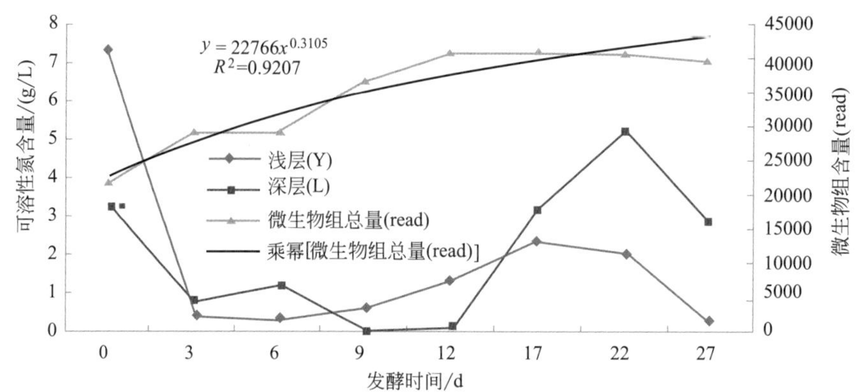

图 3-143　城市污泥膜发酵过程可溶性氮及其微生物组含量变化动态

以可溶性氮总量为横坐标，微生物组含量为纵坐标，建立微生物含量（y）与可溶性氮含量（x）方程，结果表明两者呈多项式函数关系，方程为 $y=-539.58x^2+5261.3x+28906$（$R^2=0.6403$）（图 3-144）；微生物组含量随着可溶性氮含量增加呈抛物线变化，即在可溶性氮含量低时，微生物组含量较低，可溶性氮含量中等，微生物组含量最高，可溶性氮含量最高时，微生物组含量最低。这与膜发酵过程微生物组消耗可溶性氮的特性有关，在发酵初期，微生物种群尚未建立，可溶性氮存量较高；随着发酵进行，微生物的生长大量消耗可溶性氮，此时微生物含量升高，可溶性氮被大量消耗而下降；微生物发酵到顶峰时，群落发展减缓，消耗的可溶性氮量减少，形成一个微生物增长周期。

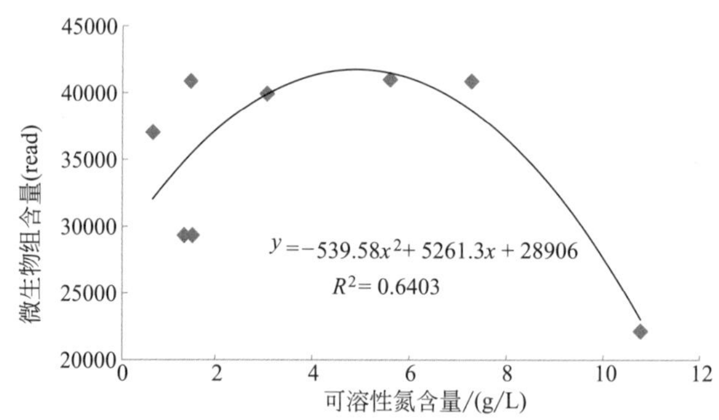

图 3-144　膜发酵过程可溶性氮与微生物组含量的关系

以膜发酵时间为样本，可溶性氮和微生物组含量为指标，马氏距离为尺度，采用可变类平均法进行系统聚类，分析结果见表 3-134 和图 3-145。聚类结果将膜发酵阶段分为 3 组，第 1 组发酵初期，包含了 1 个发酵时期 0d，该时期的特点是发酵刚开始，可溶性氮含量较高，微生物组含量较低，表明发酵初期，微生物含量较低，消耗的可溶性氮较少，可溶性氮含量较高。第 2 组为发酵中期，包括了 3 个发酵时期，即 3d、6d、9d，这一时期可溶性氮含量较低，微生物组含量中等，表明该时期微生物迅速发展，消耗大量可溶性氮，表现出微生物含量提高，可溶性氮含量下降。第 3 组为发酵后期，包括了 4 个发酵时期，即 12d、17d、22d、27d，这几个检测时间间隔 5d，聚类结果分为一类都属于发酵后期，特点是可溶性氮含量中等，低于发酵初期高于发酵中期，微生物组含量较高，表明这一时期，微生物发展到了一定水平，抑制了群落高速增长，减少了可溶性氮的消耗，可溶性氮水平反而有所提高。

表 3-134　城市污泥膜发酵阶段聚类分析

组别	发酵周期 /d	浅层（Y）/（g/L）	深层（L）/（g/L）	微生物组总量（read）
1	0	7.43	3.34	22166.00
第 1 组 1 个样本平均值		7.43	3.34	22166.00
2	3	0.44	0.87	29352.75
2	6	0.29	1.20	29352.75
2	9	0.62	0.01	37061.25
第 2 组 3 个样本平均值		0.45	0.69	31922.25
3	12	1.32	0.12	40903.75
3	17	2.37	3.20	41038.25
3	22	2.03	5.23	40901.00
3	27	0.19	2.83	39966.25
第 3 组 4 个样本平均值		1.48	2.84	40702.31

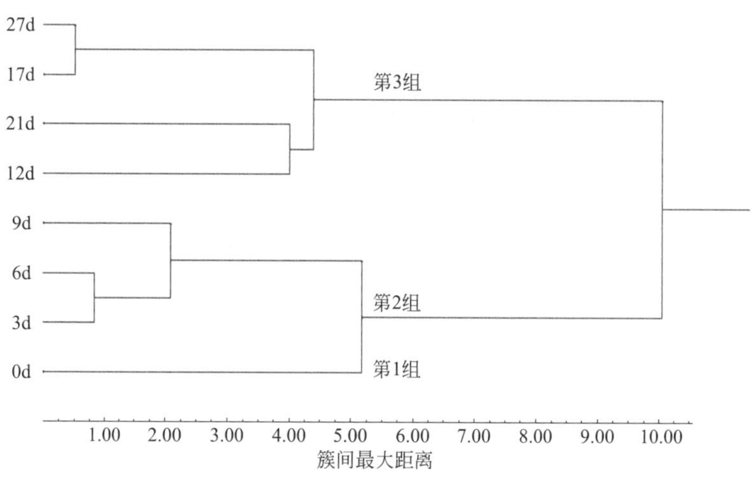

图 3-145　基于可溶性氮含量城市污泥膜发酵阶段聚类分析

二、膜发酵过程总磷变化动态

农业废弃物（城市污泥）膜发酵过程取浅层（0 ～ 20cm）和深层（50 ～ 70cm）取样检测总磷，结果见表 3-135 和图 3-146。总磷含量峰值在膜发酵初期，0d 即样品未发酵时，总磷含量最高（43.38g/L），发酵到 3d 总磷含量最低（0.00g/L）。

表 3-135　城市污泥膜发酵过程总磷及其微生物组含量变化动态

发酵时间 /d	总磷 /（g/L）			微生物组总量（read）
	浅层（Y）	深层（L）	总和	
0	16.58	26.80	43.38	22166.00
3	0.00	0.00	0.00	29352.75
6	0.00	0.00	0.00	29352.75
9	0.00	0.00	0.00	37061.25
12	1.23	0.60	1.83	40903.75
17	0.61	0.60	1.21	41038.25
22	0.00	0.00	0.00	40901.00
27	0.00	0.00	0.00	39966.25

浅层和深层总磷的变化趋势相近，膜发酵初期总磷含量较高，随后逐渐下降，在 3d 含量下降到低谷，12d 后总磷含量又微弱上升，22d 后总磷逐渐下降，直到发酵结束。随着膜发酵进程微生物组含量逐渐升高，呈幂指数方程变化，方程为 y=22766$x^{0.3105}$（R^2=0.9207）。膜发酵过程浅层总磷变化动态呈对数方程，y（浅层）=-10.13ln(x)+16.925（R^2=0.5721）；深层总磷变化动态呈对数方程，y（深层）=-6.161ln(x)+10.469（R^2=0.5613）（图 3-146）。

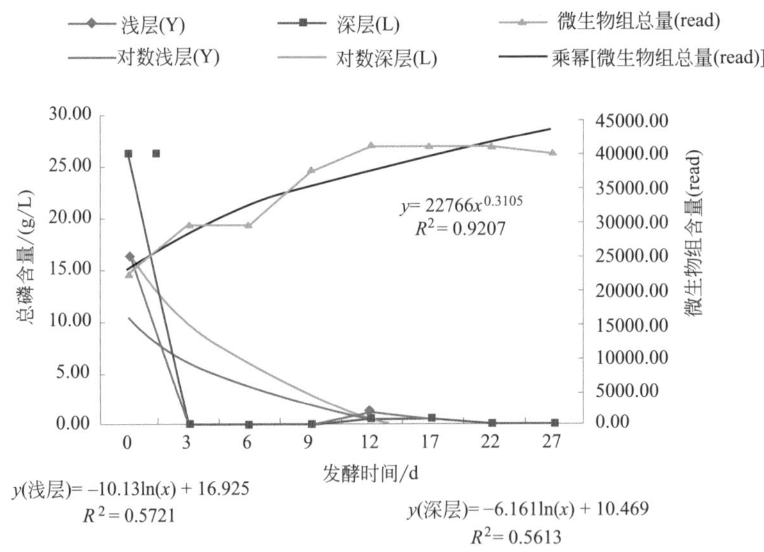

图 3-146　城市污泥膜发酵过程总磷及其微生物组含量变化动态

以总磷总量为横坐标，微生物组含量为纵坐标，建立微生物含量（y）与总磷含量（x）方程，结果表明两者呈多项式函数关系，方程为 y=-91.522x^2+3664.3x+35413（R^2=0.6436）（图 3-147）；微生物组含量随着总磷含量增加呈抛物线变化，即在总磷含量低时，微生物组含量较低，总磷含量中等，微生物组含量最高；总磷含量最高时，微生物组含量最低。这与膜发酵过程微生物组消耗总磷的特性有关，在发酵初期，微生物种群尚未建立，总磷存量较高；

随着发酵进行，微生物的生长大量消耗总磷，此时微生物含量升高，总磷被大量消耗而下降；微生物发酵到顶峰时，群落发展减缓，消耗的总磷量减少，形成一个微生物增长周期。

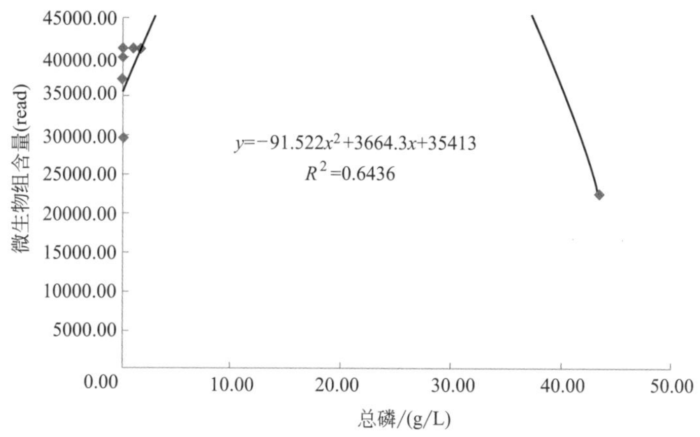

图 3-147　膜发酵过程总磷与微生物组含量的关系

以膜发酵时间为样本，总磷和微生物组含量为指标，马氏距离为尺度，采用可变类平均法进行系统聚类，分析结果见表 3-136 和图 3-148。聚类结果将膜发酵阶段分为 3 组，第 1 组发酵初期，包含了 1 个发酵时期 0 d，该时期的特点是发酵刚开始，总磷含量较高，微生物组含量较低，表明发酵初期，微生物含量较低，消耗的总磷较少，总磷含量较高。第 2 组为发酵中期，包括了 3 个发酵时期，即 3d、6d、9d，这一时期，总磷含量较低，微生物组含量中等，表明该时期微生物迅速发展，消耗大量总磷，表现出微生物含量提高，总磷含量下降。第 3 组为发酵后期，包括了 4 个发酵时期，即 12d、17d、22d、27d，这几个检测时间间隔 5d，聚类结果分为一类都属于发酵后期，特点是总磷含量中等，低于发酵初期高于发酵中期，微生物组含量较高，表明这一时期微生物发展到了一定水平，一方面微生物代谢磷增加，另一方面，微生物量增加抑制了群落高速增长，减少了总磷的消耗，结果总磷水平反而有所提高。

表 3-136　基于总磷含量城市污泥膜发酵阶段聚类分析

组别	发酵周期 /d	浅层（Y）/（g/L）	深层（L）/（g/L）	微生物组总量（read）
1	0	16.58	26.80	22166.00
第 1 组 1 个样本平均值		16.57	26.80	22166.00
2	3	0.00	0.00	29352.75
2	6	0.00	0.00	29352.75
2	9	0.00	0.00	37061.25
第 2 组 3 个样本平均值		0.00	0.00	31922.25
3	12	1.23	0.60	40903.75
3	17	0.61	0.60	41038.25
3	22	0.00	0.00	40901.00

续表

组别	发酵周期 /d	浅层（Y）/（g/L）	深层（L）/（g/L）	微生物组总量（read）
3	27	0.00	0.00	39966.25
第 3 组 4 个样本平均值		0.46	0.30	40702.31

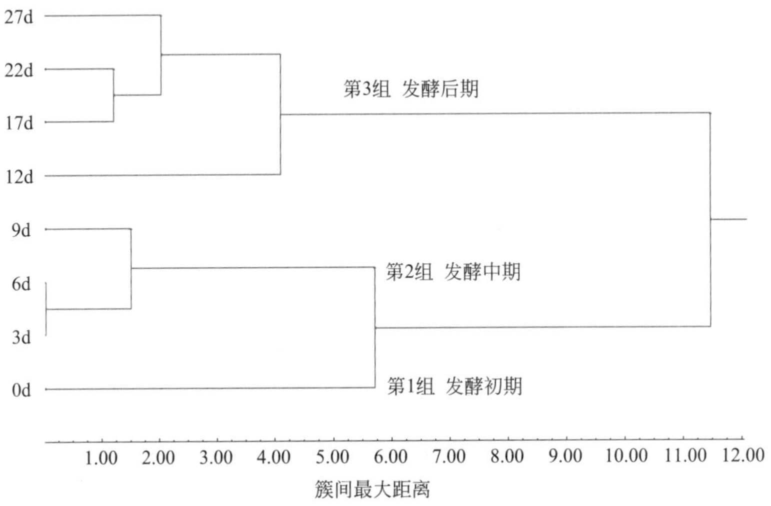

图 3-148 基于总磷含量城市污泥膜发酵阶段聚类分析

三、膜发酵过程 COD 变化动态

农业废弃物（城市污泥）膜发酵过程取浅层（0 ～ 20cm）和深层（50 ～ 70cm）取样检测化学需氧量（COD），结果见表 3-137 和图 3-149。COD 含量峰值在膜发酵初期，0d 即样品未发酵时，COD 含量最高（234.25g/L），发酵到 9dCOD 含量最低（1.18g/L）。

表 3-137 城市污泥膜发酵过程 COD 及其微生物组含量变化动态

发酵时间 / d	COD/（g/L）			微生物组（read）
	浅层（Y）	深层（L）	总和	
0	122.10	112.15	234.25	22166.00
3	11.19	3.41	14.60	29352.75
6	0.68	0.66	1.34	29352.75
9	0.59	0.59	1.18	37061.25
12	118.58	112.83	231.41	40903.75
17	114.50	109.71	224.21	41038.25
22	114.08	11.63	125.72	40901.00
27	12.84	11.43	24.27	39966.25

浅层和深层 COD 的变化趋势相近，膜发酵初期 COD 含量较高，随后迅速下降，在 3d 时含量下降到低谷，维持到 9d；12d 后 COD 含量又迅速上升到峰值，维持峰值到 17d，22d 后 COD 迅速下降，直到 27d 发酵结束。随着膜发酵进程微生物组含量逐渐升高，呈幂指数方程变化，方程为 $y=22766x^{0.3105}$（$R^2=0.9207$）（图 3-149）。COD 为微生物的生长提供了充足的碳源，微生物快速生长，会消耗大量的碳源，使得 COD 含量下降；微生物生长呈周期状，在生长周期转换时期，微生物生长量下降，消耗的 COD 含量就少，表现出 COD 含量上升，这种波动周期随着微生物生长的变化而变化。

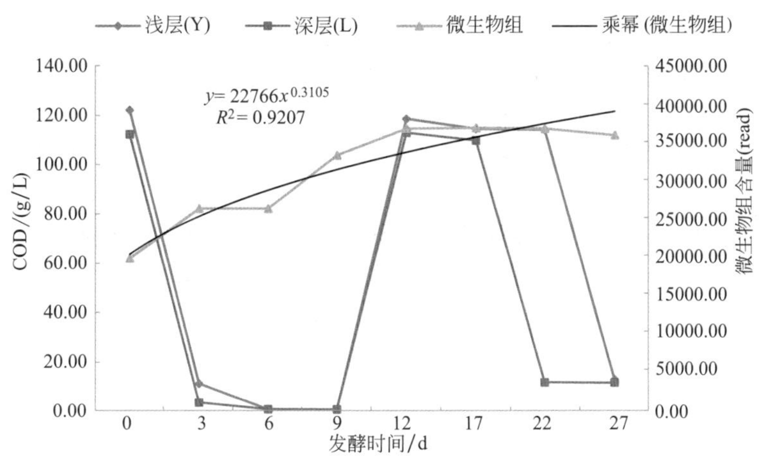

图 3-149　城市污泥膜发酵过程 COD 及其微生物组含量变化动态

以 COD 总量为横坐标，微生物组含量为纵坐标，建立微生物含量（y）与 COD 含量（x）方程（图 3-150），结果表明两者呈多项式函数关系，方程为 $y=-0.3029x^2+106.95x+32772$（$R^2=0.5997$）。微生物组含量随着 COD 含量增加呈抛物线变化，即在 COD 含量低时，微生物组含量较低，COD 含量中等，微生物组含量中等，COD 含量最高时，微生物组含量较高。这与膜发酵过程微生物组消耗 COD 的特性有关，在发酵初期，微生物种群尚未建立，COD 存量较高；随着发酵进行，微生物的生长大量消耗 COD，此时微生物含量升高，COD 大量消耗而下降；微生物发酵到顶峰时，群落发展减缓，消耗的 COD 量减少，形成一个微生物增长周期。

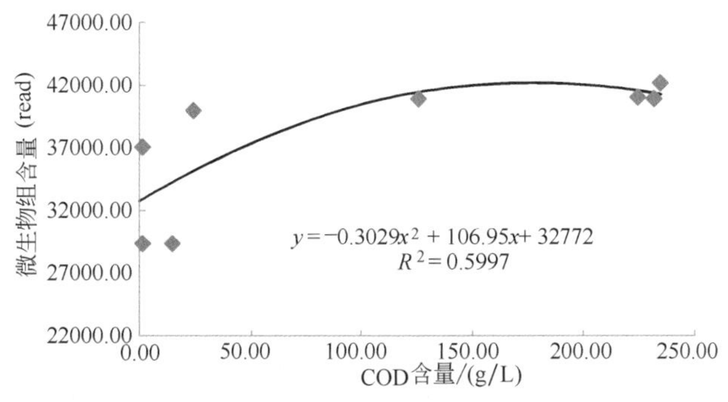

图 3-150　膜发酵过程 COD 与微生物组含量的关系

以膜发酵时间为样本，COD和微生物组含量为指标，欧氏距离为尺度，采用可变类平均法进行系统聚类，分析结果见表3-138和图3-151。聚类结果将膜发酵阶段分为3组，第1组发酵初期，包含了1个发酵时期，0d，该时期的特点是发酵刚开始，COD含量较高，微生物组含量较低，表明发酵初期，微生物含量较低，消耗的COD较少，表现出COD含量较高。第2组为发酵中期，包括了2个发酵时期，即3d、6d，这一时期，随着微生物的生长COD含量降低，微生物组显著增加，含量中等，表明该时期微生物迅速发展，消耗大量COD，表现出微生物含量提高，COD含量下降。第3组为发酵后期，包括了5个发酵时期，即9d、12d、17d、22d、27d，从COD的角度考察，9～27d微生物生长特性和COD的变化规律相近，这几个检测时间聚为一类都属于发酵后期，特点是COD含量中等，低于发酵初期（0d），高于发酵中期（3～6d），微生物组含量较高，表明这一时期，微生物发展到了一定水平，抑制了群落高速增长，减少了COD的消耗，COD水平反而有所提高。

表3-138　基于COD含量城市污泥膜发酵阶段聚类分析

组别	发酵周期/d	浅层（Y）/（g/L）	深层（L）/（g/L）	微生物组（read）
1	0	122.10	112.15	22166.00
第1组1个样本平均值		122.10	112.15	22166.00
2	3	11.19	3.41	29352.75
2	6	0.68	0.66	29352.75
第2组2个样本平均值		5.94	2.04	29352.75
3	9	0.59	0.59	37061.25
3	12	118.58	112.83	40903.75
3	17	114.50	109.71	41038.25
3	22	114.08	11.63	40901.00
3	27	12.84	11.43	39966.25
第3组5个样本平均值		72.12	49.24	39974.10

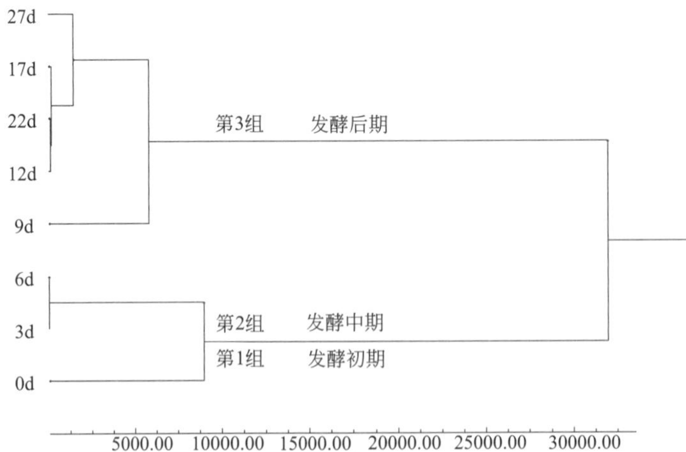

图3-151　基于COD含量城市污泥膜发酵阶段聚类分析

四、膜发酵过程碳氮比变化动态

农业废弃物（城市污泥）膜发酵过程取浅层（0 ～ 20cm）和深层（50 ～ 70cm）取样检测总碳（以 COD 为指标）和总氮，结果见表 3-139、图 3-152、图 3-153。膜发酵浅层与深层方位的碳氮比变化动态差异显著。浅层样本最高碳氮比（C/N）在 12d（89.8801），最低的碳氮比在 9d（0.9601），膜发酵初期碳氮比逐渐升高，3d 后逐渐下降，到 12d 急剧升高，17d 时从高峰回落，而后逐渐升高。相应的微生物厚壁菌门细菌曲线变化趋势相似，微生物含量变化与碳氮比形成一定的互补，即微生物含量高时，碳氮比下降，表明微生物生长消耗碳源和氮源。如膜发酵 6d 时，厚壁菌门细菌形成峰值（read=4533），碳氮比较低（C/N=2.3666）（图 3-152）。

表 3-139 城市污泥膜发酵过程碳氮比及其厚壁菌门微生物含量变化动态

发酵时间 /d	浅层			厚壁菌门（read）	深层			厚壁菌门（read）
	总氮 /(g/L)	总碳（COD）/(g/L)	碳氮比		总氮 /(g/L)	总碳（COD）/(g/L)	碳氮比	
0	7.4333	122.1	16.426	467	3.3358	112.15	33.6199	801
3	0.4367	11.1917	25.6308	1330	0.8682	3.4117	3.9298	1451
6	0.2875	0.6804	2.3666	4533	1.1982	0.6625	0.5529	8306
9	0.6167	0.5921	0.9601	3798	0.0134	0.5863	43.75	3270
12	1.3194	118.5833	89.8801	3048	0.115	112.8333	981.1593	3705
17	2.3717	114.5	48.2771	531	3.2025	109.7083	34.2574	2584
22	2.0327	115.0834	56.6167	1662	5.225	113.5	21.7225	1762
27	0.1915	12.8417	67.0584	1955	2.8333	11.4292	4.0338	2695
平均值	1.836188	61.94658	33.82	2165.5	2.098925	58.03516	27.89	3071.75

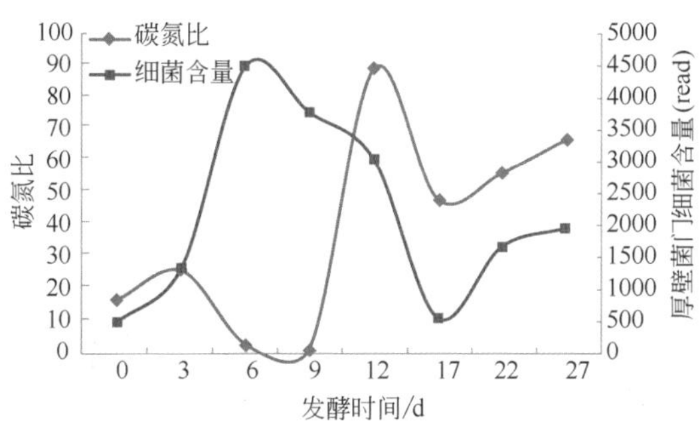

图 3-152 城市污泥膜发酵过程浅层样本碳氮比及其厚壁菌门微生物含量变化动态

深层样本最高碳氮比在 12d（981.1593），膜发酵初期碳氮比逐渐升高，12d 到达高峰后回落，17d 大幅度下降，而后低位波动维持到发酵结束；相应的微生物厚壁菌门细菌曲线变化趋势相似，微生物含量变化与碳氮比形成一定的互补，即微生物含量高时，碳氮比下降，表明微生物生长消耗碳源和氮源，如膜发酵 6d 时，厚壁菌门细菌形成峰值（read=8306），碳氮比则下降到谷底（C/N=0.5529）（图 3-153）。

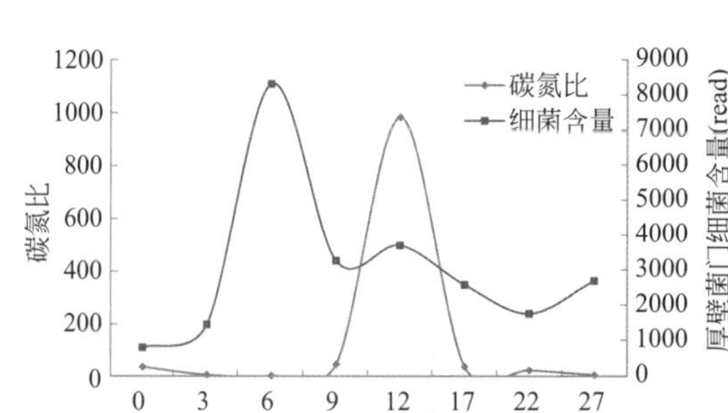

图 3-153　城市污泥膜发酵过程深层样本碳氮比及其厚壁菌门微生物含量变化动态

第八节 农业废弃物膜发酵过程质量指标分析

一、农业发酵物膜发酵有害物的降解

农业废弃物处理采用膜发酵处理，进行复合覆盖，压力曝气，为堆体提供统一的气候条件，发酵均匀，高效，整个过程几乎可降解所有的有机物，最大程度保住肥效，并具有除菌、消毒、除草等作用。传统堆槽和覆盖膜堆槽的堆体截面示意图见图 3-154，与传统堆槽相比，覆盖膜堆槽具有一些优势：其一，膜具有可形成微超压，内部通风均匀利于发酵，不会形成厌氧区，从根源上降低产生臭气的条件；其二，膜上 0.2μm 孔径的小孔是灰尘、气溶胶和微生物的有效物理屏障，阻止它们向外扩散；其三，在处理过程中，由于堆体内外的温差，膜的内表面会生成一层冷凝水膜，尾气中大多数的臭气物质，如氨气（易溶解于水）、硫化氢、挥发性有机化合物（VOCs）等，都会溶解于水膜中，之后又随水滴回落到料堆上，继续被微生物分解。覆盖功能膜能有效降低臭气浓度，因此能保护现场工作人员和周围居民的健康。

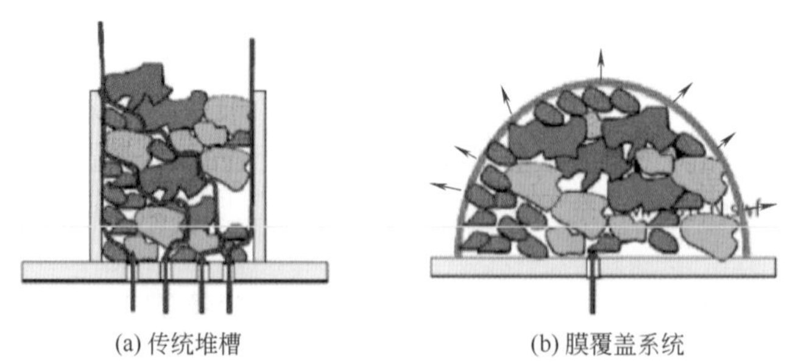

图 3-154　传统堆槽和膜发酵装置的单元结构截面示意图

在减排能力方面，膜覆盖正压通风式堆肥系统等同于采用密闭构筑物的堆肥系统，表 3-140 显示该项目分工序测试臭气排放量的结果。

表 3-140 不同堆肥方法各工序臭气排放量测试结果

项目	强制通风加功能膜（IP+C）	槽式条堆	开放式条堆	堆肥反应器
减排过程	膜覆盖强烈分解和后续分解过程	强烈分解和后续分解过程排气经生物滤池处理	无	强烈分解过程排气经生物滤池处理
有排气处理的分解周期 /d	42	42	—	14
臭气流量 /（OU/s）	透过膜	生物滤池	—	生物滤池
预处理 /（OU/m^3）	108	19	625	217
强烈分解期 /（OU/m^3）	863	1203	69084	45191
翻堆 1/（OU/m^3）	5	29	35	8827
后续分解期 /（OU/m^3）	193	1174	8701	41034
翻堆 2/（OU/m^3）	1	381	9	194
熟化 /（OU/m^3）	201	38116	310	9057
翻堆 3/（OU/m^3）	0.9	696	0.5	366
贮存 /（OU/m^3）	87	152	87	643

表 3-140 列出四种堆肥工艺过程中各工序的臭气排放量的对比，据污染排放总量可见膜覆盖技术远比结构上封闭的、用生物滤池净化排气的技术（槽式条堆、堆肥反应器）优越。车间的总计排放量槽式条堆是强制通风加膜覆盖的 28 倍，在这方面膜覆盖技术与其他两种工艺的差别更大。以上说明了采用膜覆盖和正压鼓风堆肥方法的臭气排放量远低于采用封闭式结构单元加生物滤池的堆肥方法。从满足减少臭气排放量的角度出发，膜覆盖可被认为是较先进的技术。

二、农业废弃物膜发酵物料外观变化

采用功能膜发酵技术（戈尔膜发酵技术），以福州污泥作为单一原材料，以木块作为调理剂增加通气性混合发酵，处理农业废弃物，使污泥稳定、无害化，开展未开发二次资源的利用工作，为后续污泥发酵及应用提供理论参考依据。农业废弃物膜发酵过程物料外观发生变化，处理结果表明，因污泥湿样本身颜色略微灰黑色，经堆肥发酵后物料（湿样）逐渐松散发黑，至发酵陈化结束时，污泥外观呈黑褐色、颗粒状、无恶臭（图 3-155），符合 NY 525—2021 相关标准。

第一批

(a) 7.30污泥原样0d

(b) 8.12污泥13d

(c) 8.15污泥翻堆16d

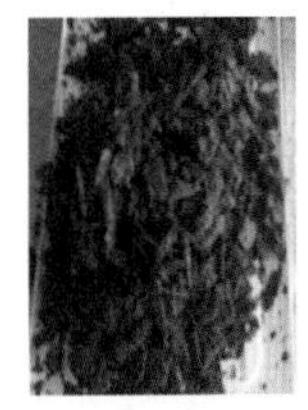
(d) 9.21污泥52d

(e) 污泥成品77d
(工厂过7mm筛)

图 3-155

第二批

(f) 9.3污泥原样0d

(g) 9.21污泥18d

(h) 9.30污泥翻堆27d

(i) 10.8污泥35d

(j) 11.15陈化污泥73d

图 3-155　膜发酵过程物料外观变化

三、农业废弃物膜发酵过程物料温度和湿度变化

1. 发酵过程物料温度变化

第一批污泥与第二批污泥在发酵过程中温度逐渐降低，由 68.0 ～ 72.4℃逐渐降至 30.8 ～ 32.9℃，温度接近环境温度（图 3-156）。第一批污泥与第二批污泥温度高于 55℃阶段超过 14d，符合戈尔膜操作手册上嗜温阶段要求。两批污泥发酵过程中降温阶段的发酵时间不同，可能是堆体体积不同导致的，第一批污泥堆体体积较大，第二批污泥堆体体积较小。

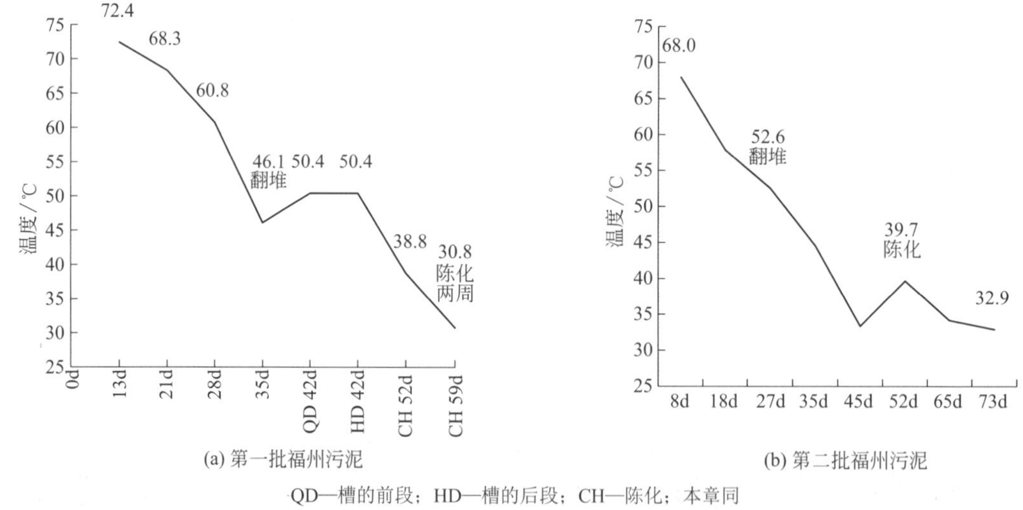

(a) 第一批福州污泥　　(b) 第二批福州污泥

QD—槽的前段；HD—槽的后段；CH—陈化；本章同

图 3-156　农业废弃物膜发酵过程温度变化

2. 发酵过程物料湿度变化

物料水分随发酵时间延长逐渐降低，最初两批污泥的水分在 54.5% ～ 69.0%，至陈化 2 周时两批污泥水分在 47.6% ～ 51.8%（图 3-157）。污泥过筛时水分过高会导致筛网堵塞，因此过筛前还需进行晾晒。

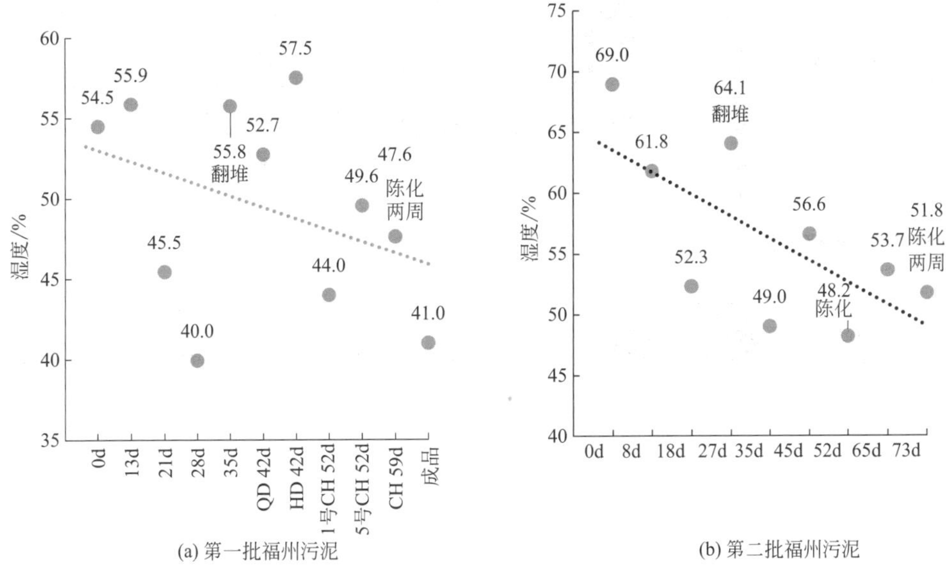

图 3-157　农业废弃物膜发酵过程湿度变化

四、农业废弃物膜发酵产品特性检验

1. 种子发芽指数

种子发芽指数综合反映了堆肥产品的植物毒性，一般种子发芽率在 50% 以上则表示有机肥基本腐熟。在整个发酵陈化期间，两批物料的发芽指数大部分高于 80%（图 3-158 和图 3-159）。第一批污泥发芽指数趋势较为平稳。第二批污泥发芽指数总体为下降趋势，与第一批成品相比相差较多，可能因为陈化时间较短。

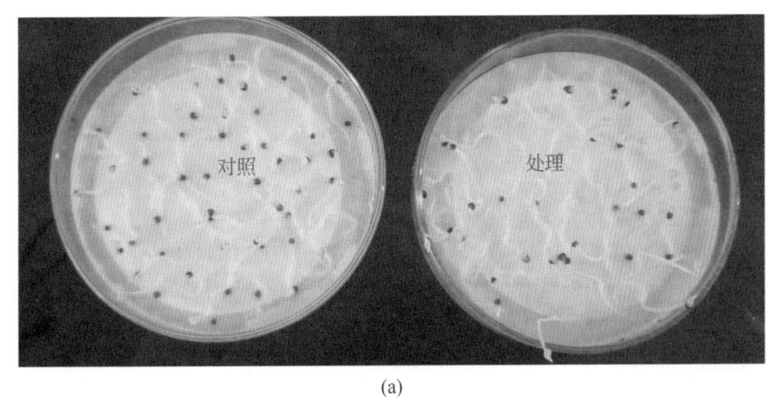

(a)

图 3-158

(b) 7.30污泥原样 122%　(c) 8.12污泥 89%　(d) 8.15污泥翻堆 78%　(e) 9.21污泥 90%　(f) 污泥成品86%（工厂过7mm筛）

(g) 9.3污泥原样 133%　(h) 9.21污泥 109%　(i) 9.30污泥翻堆 89%　(j) 10.8污泥 111%　(k) 11.15陈化污泥 76%

图 3-158　农业废弃物膜发酵产品发酵指数实验

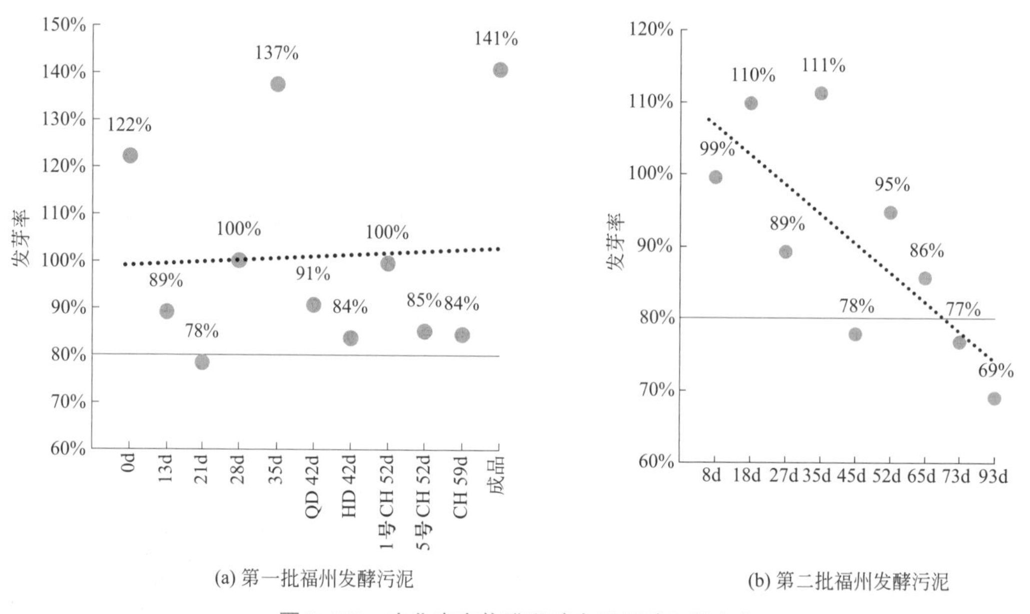

(a) 第一批福州发酵污泥　(b) 第二批福州发酵污泥

图 3-159　农业废弃物膜发酵产品发酵指数变化

2. pH 和 EC 值

第一批物料发酵期间 pH 最高达到 8.2（翻堆），pH 值略有下降后再次上升，pH 值由最初的 7.7 经发酵陈化最后降至 6.5（陈化 2 周时）（图 3-160）。EC 值的变化较大，发酵初期因有机质矿化作用产生大量无机盐离子导致 EC 值升高，发酵过程中因 NH_3 挥发、无机盐沉淀和浸出，以及小分子有机酸和盐类缩合成大分子腐殖质导致 EC 值下降，整个期间物料的 EC 值由最初的 0.491mS/cm 增加到 0.925mS/cm（陈化 2 周时）。第二批物料发酵期间 pH 值总体呈下降趋势，pH 值由最初的 8.0 经发酵陈化最后降至 6.9。EC 值的变化较大，在翻堆和陈化节点 EC 值较高，分别为 0.910mS/cm 和 1.034mS/cm，整个期间物料的 EC 值由最初的 0.254mS/cm 增加到 1.146mS/cm（图 3-160）。

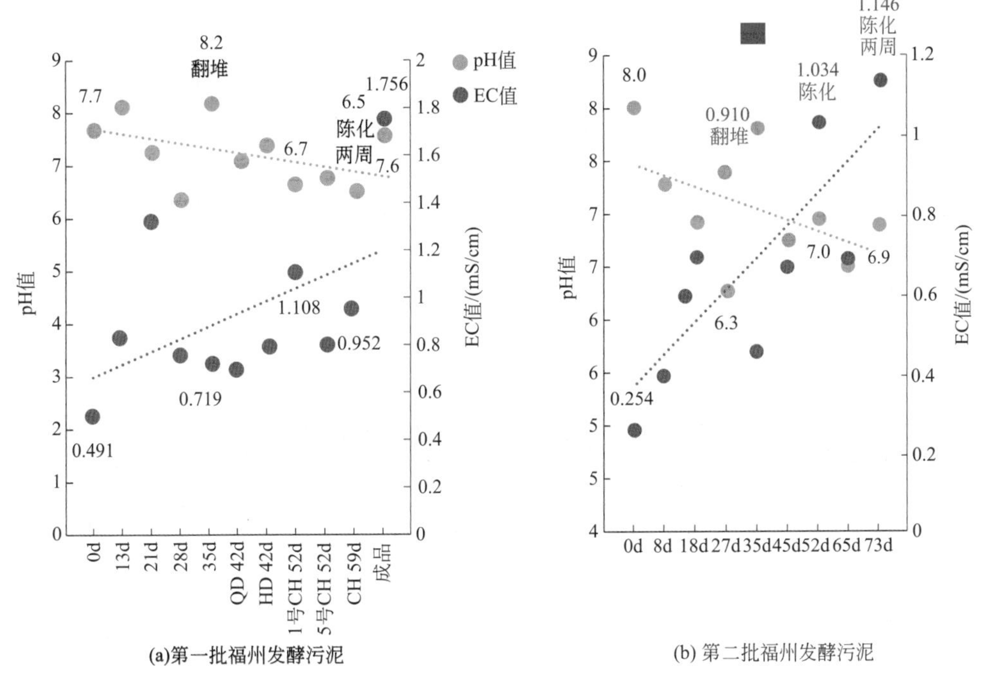

图 3-160　农业废弃物膜发酵产品 pH 值和 EC 值变化

3. 物料铵态氮和硝态氮

铵态氮在整个发酵陈化期间动态变化范围较大（图 3-161）。硝态氮在整个发酵陈化期间第一批污泥整体呈增加趋势，由 240mg/kg 升高至 855mg/kg，第二批污泥硝态氮趋势线性较差，陈化 2 周样品硝态氮含量较高（图 3-162）。腐熟物料的铵态氮 <400mg/kg，硝态氮 <300mg/kg，只有第二、三批福州污泥铵态氮符合这个标准，可能是戈尔膜保氮的特性，导致物料的硝态氮高于标准（易损失）。氮转化过程：尿素态氮 - 铵态氮 - 亚硝态氮 - 硝态氮、铵态氮。主要影响因素为温度、pH 值、氨化细菌活性、通风条件、氮源条件。

4. 物料有机质和 C/N 值

在发酵陈化期间，物料有机质含量整体上在 20% ～ 30% 之间浮动。第一批污泥成品是经工厂过 10mm 筛后得到的样品，其有机质含量高达 75.81%，可能是物料中的掺合料导致的。第二批污泥在整个发酵过程中，有机质含量在 20% 左右上下浮动，至发酵结束时有机质含量达到 30%。两批污泥因本身 C/N 值较低，且发酵过程中 C/N 值均在 20 以下（图 3-163）。

5. 物料总氮、总磷、总钾

第一批污泥发酵陈化期间物料总氮含量由 2.60% 逐渐降低至 1.30%，工厂过筛后污泥的总氮含量较高升至 2.51%，导致总养分升高。总磷含量发酵前后相比略有降低。总钾经陈化两周后，含量较为稳定，保持在 1.1% ～ 1.4% 范围内。第二批污泥总氮总磷降低，总氮从 1.52% 降至 1.42%，总磷从 2.48% 降至 1.78%，总钾从 1.14% 升高至 1.33%（表 3-141）。

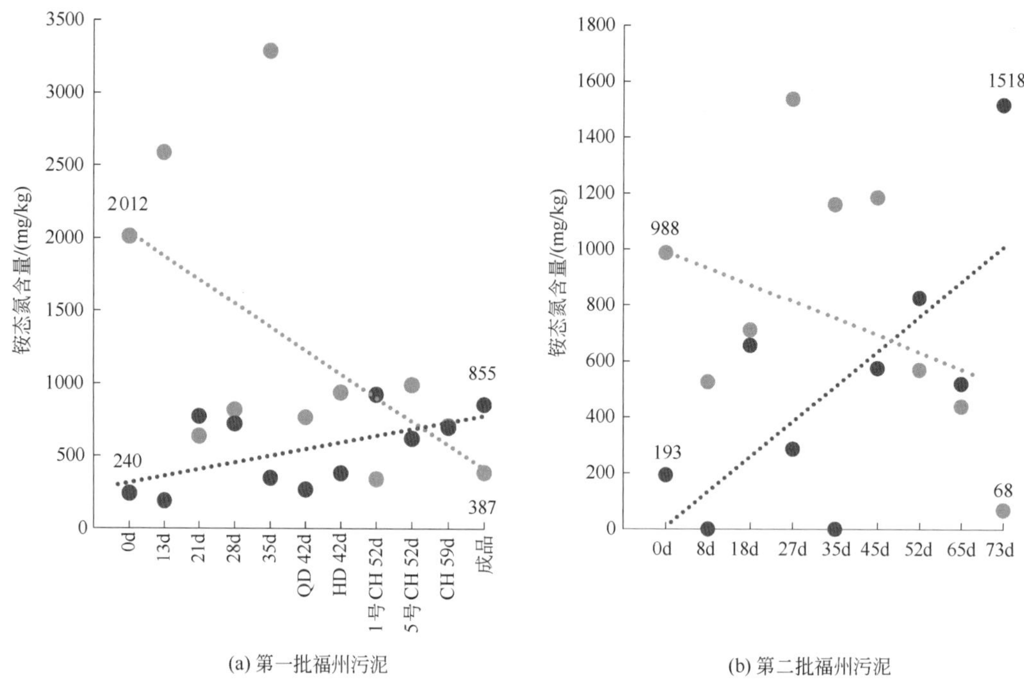

(a) 第一批福州污泥　　(b) 第二批福州污泥

图 3-161　农业废弃物膜发酵产品铵态氮变化

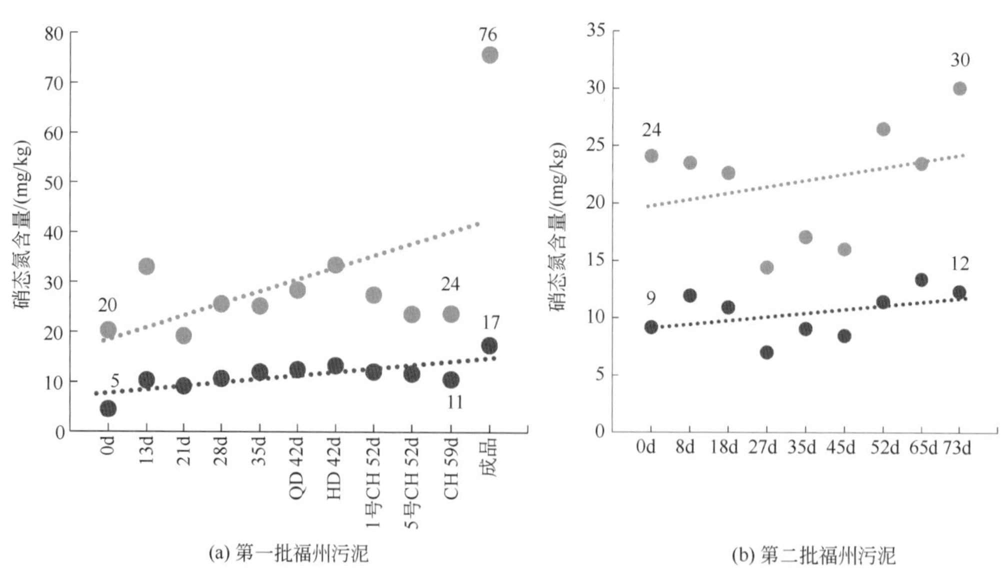

(a) 第一批福州污泥　　(b) 第二批福州污泥

图 3-162　农业废弃物膜发酵产品硝态氮变化

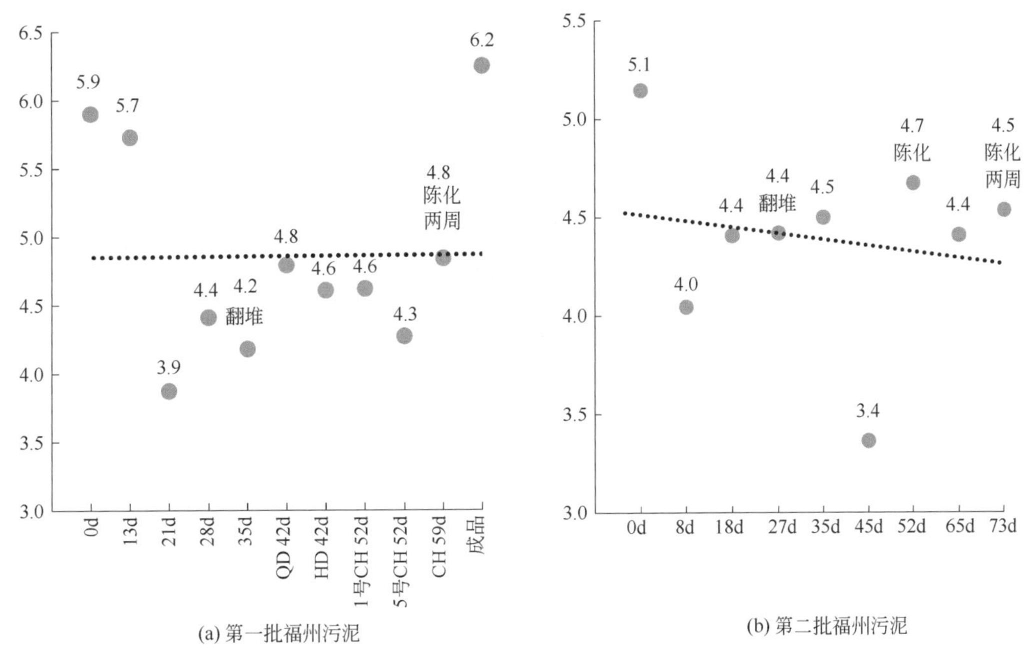

(a) 第一批福州污泥　　(b) 第二批福州污泥

图 3-163　农业废弃物膜发酵产品总养分变化

表 3-141　农业废弃物膜发酵产品物料总氮、总磷、总钾含量

项目	处理	总氮 /%	总磷 /%	总钾 /%	总养分 /%
第一批	0 d	2.60	2.57	0.73	5.91
	陈化 2 周，59 d	1.30	2.19	1.35	4.84
	成品	2.51	2.37	1.36	6.25
第二批	0 d	1.52	2.48	1.14	5.14
	陈化 2 周，73 d	1.42	1.78	1.33	4.53

6. 物料速效磷和速效钾

整体上看，两批污泥发酵前后速效磷与速效钾的变化略有差异，第一批速效磷经发酵后升高，第二批速效磷经发酵后降低，而速效钾均为升高状态（图 3-164）。第一批污泥速效磷由 5091mg/kg 经发酵增加至 6372mg/kg，工厂过筛后样品速效磷含量升高至 8031mg/kg。速效钾由 1186mg/kg 经发酵增加至 2478mg/kg，发酵 13d 时速效钾含量由 1186mg/kg 升高至 6835mg/kg 随后降低，工厂过筛后样品速效钾含量由 2478mg/kg 升高至 8305mg/kg。第二批污泥速效磷由 8104mg/kg 经发酵降低至 5617mg/kg，速效钾由 325mg/kg 经发酵增加至 9677mg/kg。两批污泥发酵前后在含量及变化趋势上差异较大。

7. 腐殖质

未腐熟的堆肥中含有高水平的富里酸以及低水平的胡敏酸，随物料降解腐熟富里酸含量降低或不变，但产生大量的胡敏酸，因此可以通过胡敏酸与富里酸比值即腐殖化系数作为堆肥腐熟度的判断指标之一。H/F= 胡敏酸 / 富里酸，反映有机质的腐殖化程度，H/F 值越高，腐殖化程度越高。经发酵后，第一批与第二批污泥的 H/F 均呈下降趋势，且第二批污泥的线性较差（图 3-165）。研究表明，合适的 C/N 值［（25 ∶ 1）～（30 ∶ 1）］有利于有机质的降解和腐殖化，或因物料初始 C/N 值较低，使得腐质化程度未达到理想状态。

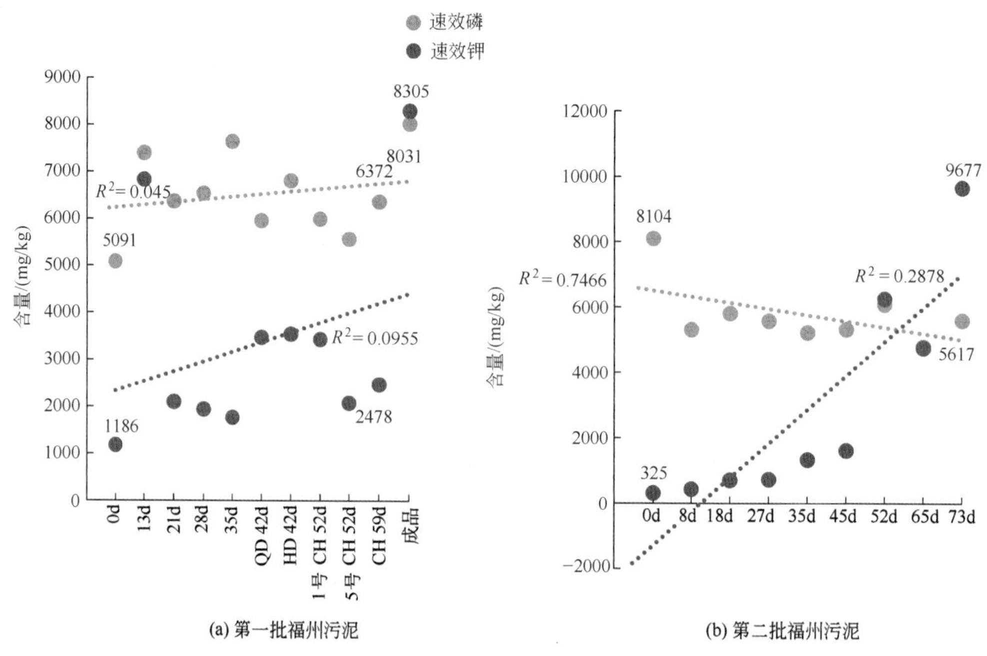

图 3-164　农业废弃物膜发酵产品速效磷、速效钾养分变化

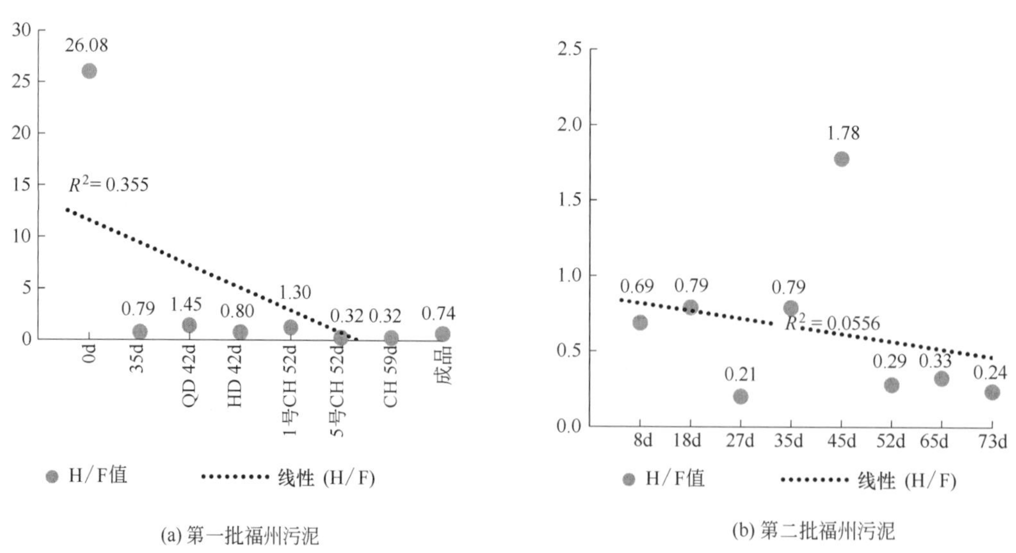

图 3-165　农业废弃物膜发酵产品 H/F 值变化

8. 重金属、矿物油、苯并芘及多环芳烃

因污泥本身背景影响因素较多，每批污泥处理情况建议酌情考虑。污泥堆体体积大小对堆体高温阶段有一定的影响。污泥经发酵后总养分降低为4.53%～4.84%，未达到有机肥标准。若作为肥料、基质需添加其他高养分物料进行调配，同时针对肥料的用途对重金属含量进行把控，如易富集重金属的果蔬类建议降低污泥添加量。本次实验中两批污泥的H/F值均呈降低趋势，胡敏酸含量未有增加趋势，疑似发酵时间略短，或因通风、翻堆不好导致H/F值降低，也可能是因为物料初始C/N值较低（5～9），从而影响腐殖质的生成。污泥单独发酵因木块作为掺合料，以及污泥自身有黏性，因此污泥在发酵过程会有部分粘在木块上，且物料过筛的水分不能过高，晾晒过程中也有损耗，总体计算损耗为73%左右，损耗较大（表3-142）。筛出的掺合料再次使用时最好同样使用在污泥中，避免重金属污染其他物料。

表3-142　农业废弃物膜发酵产品重金属、矿物油、苯并芘及多环芳烃检测

指标（以干污泥计）	污水处理 CJ/T 309		GB 4284		7.30 污泥原样	检测参照	10.26 发酵污泥	检测参照
	A 级污泥	B 级污泥	A 级污泥	B 级污泥				
总镉（Cd）/（mg/kg）	<3	<15	<3	<15	未检出	CJ/T 221	0.35	GB/T 17141
总汞（Hg）/（mg/kg）	<3	<15	<3	<15	0.79	CJ/T 221	0.14	GB/T 22105.1—2008
总铅（Pb）/（mg/kg）	<300	<1000	<300	<1000	52	CJ/T 221	32.1	GB/T 17141
总铬（Cr）/（mg/kg）	<500	<1000	<500	<1000	19.9	CJ/T 221	37	HJ 491
总砷（As）/（mg/kg）	<30	<75	<30	<75	14.8	CJ/T 221	2.55	GB/T 22105.2
总铜（Cu）/（mg/kg）	<500	<1500	<500	<1500	51	CJ/T 221	157	HJ 491
总锌（Zn）/（mg/kg）	<1500	<3000	<1200	<3000	254	CJ/T 221	367	HJ 491
总镍（Ni）/（mg/kg）	<100	<200	<100	<200	12	CJ/T 221	12	HJ 491
矿物油 /（mg/kg）	<500	<3000	<500	<3000	588	CJ/T 221	580	CJ/T 221
苯并（a）芘 /（mg/kg）	<2	<3	<2	<3	未检出	HJ 805	<0.05	HJ 834
多环芳烃（PAHs）/（mg/kg）	<5	<6	<5	<6	未检出		<0.2	

第四章

养殖废弃物异位发酵床资源化技术

第一节 概述

一、异位发酵床的原理

养殖废弃物异位发酵床资源化技术，利用异位发酵床发酵养殖废弃物，如猪粪、牛粪、鸡粪及养殖场废水等，消纳粪污，发酵形成生物菌肥、生物有机肥以及用于植物或食用菌育苗栽培的生物基质原料等，实现养殖废弃物的资源化。微生物发酵床动物养殖技术（如养猪）是根据微生态理论和生物发酵理论，从土壤或样品中筛选出功能微生物菌种，通过特定营养剂的培养形成土著微生物原种，将原种按一定比例掺拌锯末、谷壳、木屑等材料，然后控制一定的条件让其发酵成优势群落，最后制成有机垫料。将这些垫料在养殖大棚内铺设成一定厚度的发酵床，使垫料和猪粪尿充分混合，通过微生物的分解发酵使猪粪尿中的有机物质得到充分的分解和转化，最终达到降解、消化猪粪尿，除异味和无害化的目的。整个养殖过程无废水排放，发酵床垫料淘汰后作为有机肥出售。根据发酵床所处的位置，微生物发酵床养殖又可分为原位发酵床（又称室内发酵床）以及异位发酵床（又称室外发酵床）两种模式。异位发酵床养殖是指养猪与粪污发酵分开，猪不接触垫料，养殖大棚外建垫料发酵舍，垫料铺在发酵舍内，猪场粪污收集后利用潜泵均匀喷在垫料上进行生物菌发酵的粪污处理方法。

二、异位发酵床的优势

原位发酵床养殖是将动物直接养殖在发酵床上，动物与垫料接触，动物粪便通过垫料混合发酵进行消纳；原位发酵床场舍结构与传统养殖差异较大，采用该技术都必须重新建造养殖场舍。对于已经建成的动物养殖场舍，采用异位发酵床养殖方式可避免老圈舍的改造、拆建，只需在养殖圈舍外地势较低处建设异位发酵床，将粪污引流、均匀泼洒到发酵床上，单独处理粪污即可，养殖动物无需在发酵床上，亦可以通过微生物降解污染物，达到降解、消化粪尿，除异味和无害化的目的，并实现污染“零排放”，同时可获得生物有机肥。异位发酵床具有缩小场地，节约成本，反复使用，快速升温，加速分解粪尿，无臭，环保，抑制粪料蝇、蛆、虫生长等特点，可实现养殖零污染、无排放、无臭气，同时可以避免夏季天热给发酵床养殖技术带来的困扰，减少养殖场防疫消毒的麻烦。

三、异位发酵床的制作

（1）面积计算　按每头生猪 0.33m^3 垫料计算异位发酵床的规模，100 头生猪采用 33m^3 垫料，1000 头生猪采用 330m^3 垫料。根据发酵床的深度（80 ～ 160cm）计算阳光棚面积。如养殖 1000 头生猪，深度为 160cm 发酵床，面积为 206m^2。

（2）建造技术　在养殖大棚外选择空地，建设异位发酵床。人工将各猪舍粪尿收集后与垫料混合，发酵分解。散养户的垫料池大小按存栏每头 0.2 ～ 0.4m^3 建造，要求有透光的顶棚屋顶，既保证阳光照射又防止雨水进入池内。池底用水泥固化，以防渗透。发酵床采用下位槽式，从地面深挖 1.6m（0.8 ～ 1.6m）砌水泥槽，槽的宽度与翻堆机匹配，有 4m、8m、12m，多条发酵槽组成发酵床，上面搭盖阳光棚或钢构棚，防雨，墙体采用矮墙，保证通风，阳光棚能提高温度，有利于发酵床工作。

（3）垫料制作　垫料材料来源广泛，如谷壳、锯末、椰糠、菌糠、秸秆粉等，配方可采用等量混合，添加菌种，混合铺平成发酵床。用排污管引粪污浇灌在发酵床上，让其充分吸收，而后用翻堆机进行翻堆，每两天添加粪污一次，翻堆一次。

（4）应用范围　异位发酵床适用于面积大小不同的动物养殖圈舍。对于小型养殖场建立小型异位发酵床，对于大型养殖场建立大型异位发酵床，改造方便，将各个圈舍的粪污通过沟渠或管道送到异位发酵床，统一发酵处理。畜禽不和垫料直接接触，垫料来源选择范围大，粪污集中处理，发酵周期灵活，发酵后形成的生物有机肥用于农田。

四、异位发酵床的推广

福建省农业科学院农业生物资源研究所、福建省农业农村厅畜牧总站、福建农科农业发展有限公司紧密合作，进行了异位发酵床工程化技术的研发与推广，设计了异位发酵床系统，研发了发酵菌种，阐明了除臭机制，揭示了粪污消纳机理；建立了异位发酵床处理技术规范地方标准，2018 年，异位发酵床获国家发明专利，当年入选农业农村部十大引领性农业技术，在全国推广；“异位发酵床养殖粪污微生物治理工程化技术的研究与应用”获 2018 年福建省科技进步奖二等奖，“猪场粪污微生物异位发酵综合技术推广”获 2019 年农业农村部全国农牧渔业丰收奖一等奖。

异位发酵床作为畜禽养殖污染治理的装备之一，享受国家农机补贴，与养殖场废弃物处理配套，作为环境评价依据之一。异位发酵床在福建、江西、广东、安徽、湖北、河北、沈阳等地的养殖场大面积推广，用于猪、牛、羊、鸡、鸭、鹅的养殖粪污微生物治理。到 2020 年，福建省畜禽养殖场安装的异位发酵床超过 1000 家，全国超过 10000 家。异位发酵床的应用同时缓解了农业秸秆污染问题，利用农业秸秆制作异位发酵床垫料，消纳了大量秸秆，生产了大量生物有机肥。福建省农业科学院农业生物资源研究所利用异位发酵床使用过的垫料，通过小量培养基配方，进行二次发酵，生产整合微生物组菌剂（生物菌肥），极大地增加了生物菌肥的微生物组含量，提高了生物菌肥使用效果，开发出新一代微生物组生物菌肥，有着广阔的应用前景。

第二节 异位发酵床系统研究概要

一、模块化异位发酵床处理系统的设计

模块化设计异位发酵床处理系统装备，包括平行粪污槽、条式发酵槽、行走式粪污流加泵、自适应升降式翻抛机、阳光保温棚、运行参数远程采集系统以及手机监测系统等。制定

了模块化标准施工方案，建立了异位发酵床设计建造的经济学模型。① 异位发酵床建设面积方程：$Y_{面积}$＝（0.78×[猪数]－91.83）/4.5。② 异位发酵床建设造价方程：$Y_{造价}$＝0.08×[面积]＋25.04。研发了异位发酵床系统技术，包括垫料配方、发酵菌种研制、管理操作规程；利用垫料发酵降解养殖粪污，大幅度提高了粪污处理效率，消除了粪污臭味，与传统猪场的“沼气 - 曝氧”模式相比，减少环保设施建设投资 25%，降低运行费用 50%；具有操作智能化程度高、能耗低、运行成本低、适应性广的特点，可用于猪、牛、羊、鸡、鸭等动物粪污处理，实现了养殖粪污零排放处理。与福建省农科农业发展有限公司结合，实现了异位发酵床系统技术与装备的产业化。本技术已被列入国务院、生态环境部、农业农村部等政府政策和财政支持的畜禽养殖废弃物资源化利用主要模式之一，成为养殖污染微生物治理的重要装备（图 4-1）。

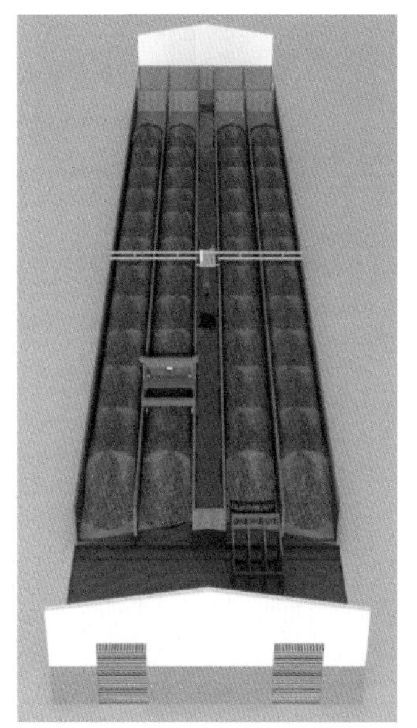
(a) 异位发酵床结构

(b) 自适应升降式翻抛机与行走式粪污流加泵

(c) 运行参数远程监测系统

图 4-1　异位发酵床处理系统设计

二、异位发酵床微生物菌种的筛选

建立了养殖粪污微生物资源库，首次提出了异位发酵床微生物菌种筛选标准——筛选的菌株同时满足“适应高温、缺氮生长、缺碳生长”，筛选出一批具有自主知识产权且适用于不同垫料的高效粪污降解菌和除氨氮硝化细菌；系统研究了菌株生长竞争、培养条件、产酶特性、降解机理、除臭机制，明确了发酵菌剂的功能作用；优化了菌剂发酵条件和生产工艺，创制出异位发酵床专用粪污降解菌剂产品，包括秾窠～Ⅰ粪污降解菌（*Bacillus amyloiquefaciedns* FJAT-B）、秾窠～Ⅲ环境消毒菌（*Lysinibacillus xylanilyticus* FJAT-4748）、秾窠～Ⅶ菌糠发酵降解菌（*Lactobacillus* sp. FJAT-160304）、秾窠～Ⅸ秸秆发酵降解菌（*Bacillus bingmayongensis* FJAT-13831，自主发现的新种）、秾窠～Ⅹ异位发酵床专用发酵菌（*Bacillus subtilis* LPF-I-A），应用于猪、牛、羊、鸡、鸭养殖污染微生物治理系统，提升了发酵床的粪污发酵降解的效果（图 4-2）。

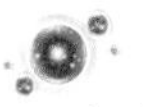

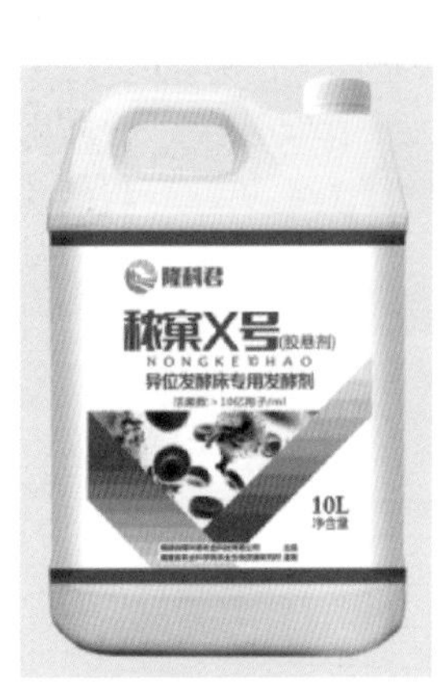

(a) 异位发酵床专用发酵剂

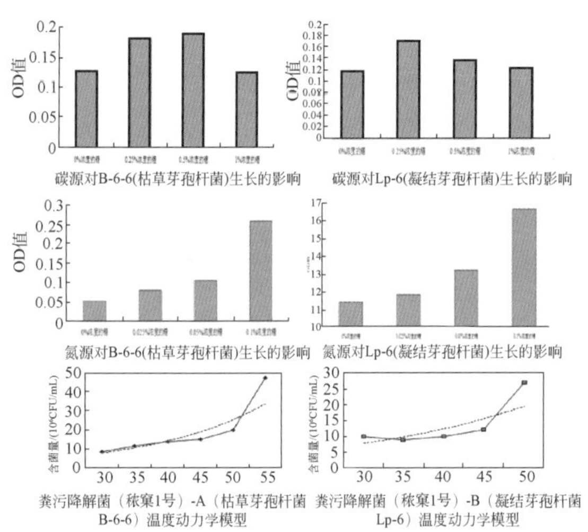

(b) 高温(>45℃)、缺氮、缺碳条件下能生长的菌种筛选标准研究

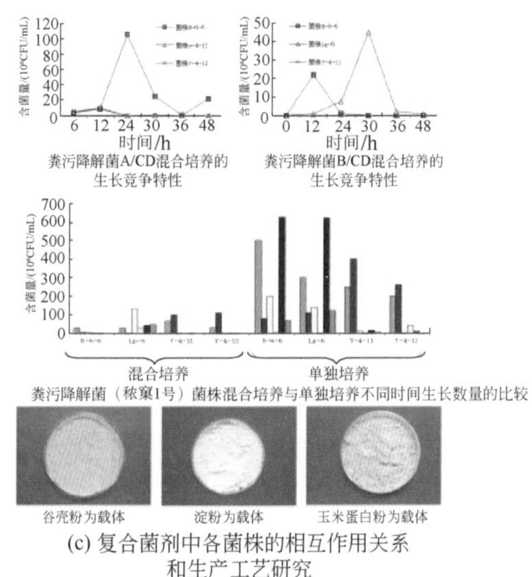

(c) 复合菌剂中各菌株的相互作用关系和生产工艺研究

图 4-2　异位发酵床菌剂研发

三、异位发酵床发酵过程微生物组结构变化

垫料发酵过程微生物组的变化指示着粪污降解的过程，利用宏基因组技术，研究了发酵床垫料微生物群落多样性，研究了发酵过程、冬夏季节、腐熟程度、垫料深度等不同条件下微生物组的变化特性及其与粪污降解的相关性；阐述了微生物群落数量分布多样性、种类分布多样性、丰度分布多样性与发酵阶段的相关性，分析了养殖废弃物发酵过程微生物群落演替，特定的发酵垫料状态具有的独特的微生物优势种，揭示了各阶段的标志性功能微生物；出版专著《异位发酵床微生物组多样性》，阐述微生物粪污降解机理，为指导异位发酵床的管理提供科学基础（图 4-3）。

异位发酵床细菌种类(OTU)多样性分析

样本	Reads	相似性系数0.97					coverage
		OUTs	ace	chao	shannon	simpson	
[illegible] AUG_CK	93475	728	764 (750, 788)	786 (760, 836)	395 (394, 397)	0.0571 (0.0857, 0.0886)	0.999273
[illegible] AUG_H	93475	329	353 (341, 379)	356 (340, 395)	429 (428, 429)	0.0255 (0.0253, 0.0258)	0.999668
[illegible] AUG_L	93475	711	825 (792, 873)	858 (795, 909)	396 (395, 398)	0.0619 (0.061, 0.0627)	0.998566
[illegible] AUG_PM	93475	817	862 (846, 888)	883 (855, 933)	50 (499, 501)	0.0176 (0.0073, 0.0179)	0.999135

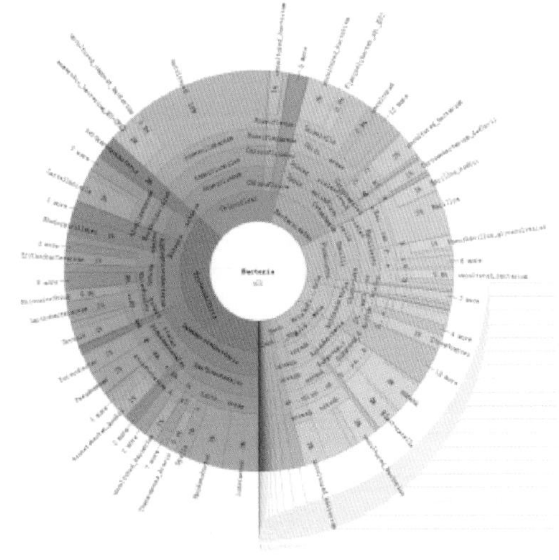

(a) 异位发酵床微生物种类(OTU)多样性分析

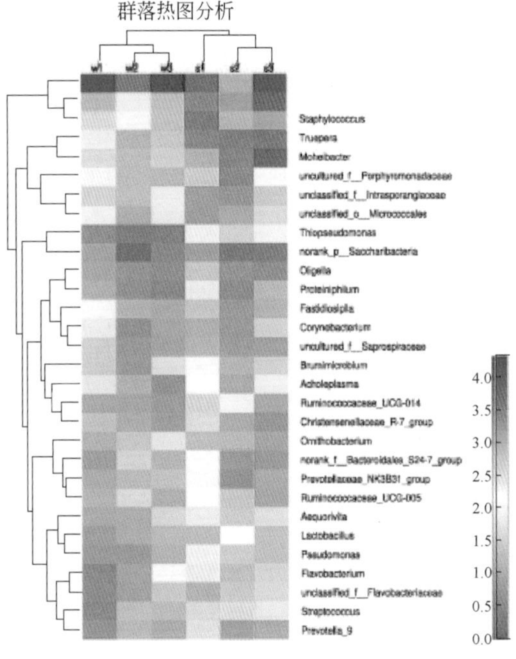

(b) 发酵床细菌群落演替季节变化

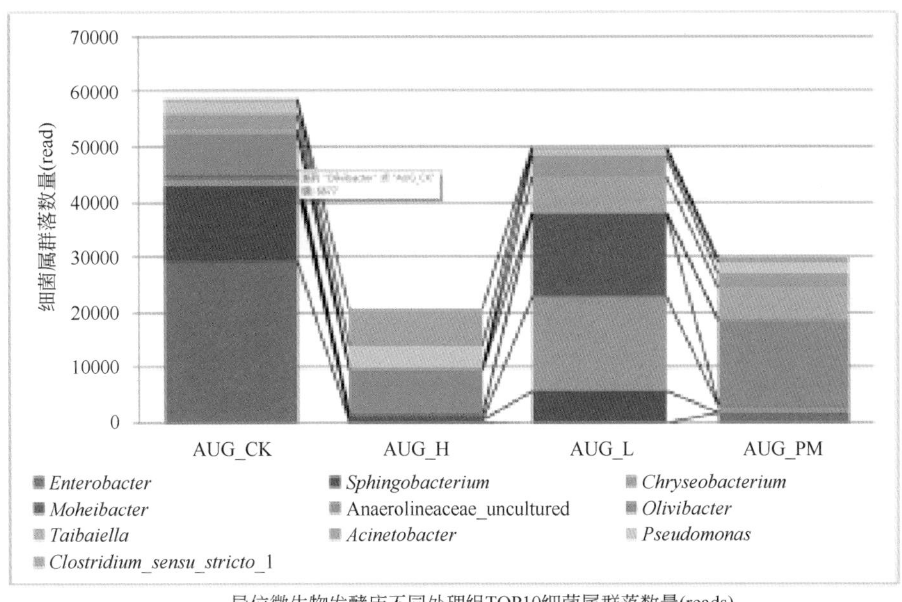

异位微生物发酵床不同处理组TOP10细菌属群落数量(reads)

(c) 发酵不同阶段优势微生物分析

图 4-3　异位发酵床粪污降解机理宏基因组分析

四、异位发酵床发酵过程除臭机制

异位发酵床发酵过程除臭机制包括两个阶段：粪污添加到垫料中，臭味首先被垫料吸附，固定住臭味，阻止其在空气中散发；接着由微生物降解垫料缝隙中的臭味分子（如粪臭素）。根据异位发酵床微生物降解猪粪过程中的物质组变化，建立了垫料发酵过程物质组代谢足迹判别模型，解析了粪污降解的物质转化相互关系；利用 HPLC 研究了发酵床垫料粪臭降解机理，建立了垫料粪臭素降解模型 $y_{粪臭素含量}=-0.2316x_{发酵时间}+4.042$（$R^2=0.99$），经发酵床处理，微生物降解粪臭素可降低其含量 84% ～ 96%；证实了发酵床具有除臭功能，为彻底解决养殖污染引起的环境恶臭提供了有效的治理方法（图 4-4）。

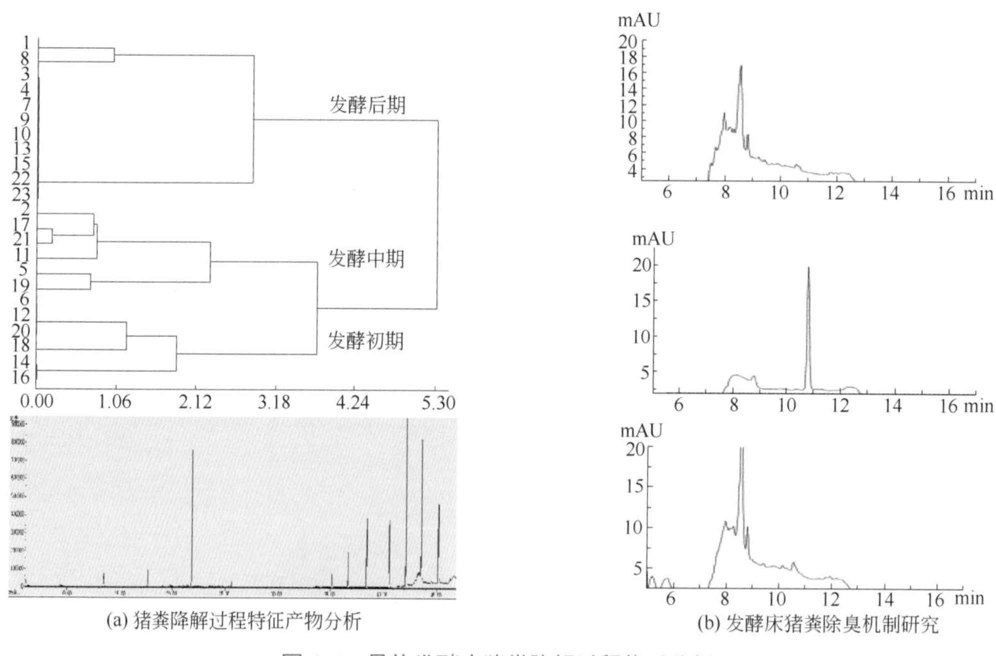

(a) 猪粪降解过程特征产物分析　　(b) 发酵床猪粪除臭机制研究

图 4-4　异位发酵床猪粪降解过程物质分析

五、异位发酵床垫料发酵程度判别模型

系统地测定了垫料的酸碱度、电导率、盐度、感观特性、含水量、吸水性、悬浮率、有机质含量、紫外吸光度、微生物生物量等特性，分析了垫料理化特性与发酵程度等的相关性，将垫料按发酵时间分为 4 个等级，创造性地提出了“盐梯度悬浮法”发酵指数模型基础方法，判别准确率达 95%；利用 GC/MS 测定 4 个级别垫料的挥发性物质代谢足迹，建立电子鼻发酵程度判别模型，为自动监测发酵程度提供技术基础；利用色差技术分析 4 个发酵等级的色差值，建立了发酵等级色差统计模型，发酵程度判别准确率达 94% 以上，获得省专利贡献二等奖，使得垫料发酵程度判别摆脱经验管理的方式，为微生物发酵床垫料管理提供了操作便捷、稳定可靠的检测方法，减少了发酵床死床现象的发生（图 4-5）。

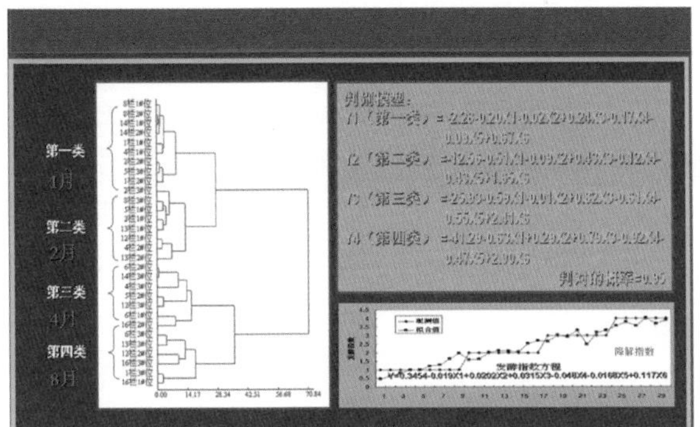

(a) 猪粪降解菌发酵程度判别模型和降解指数研究

(b) 不同发酵程度垫料挥发性物质代谢足迹

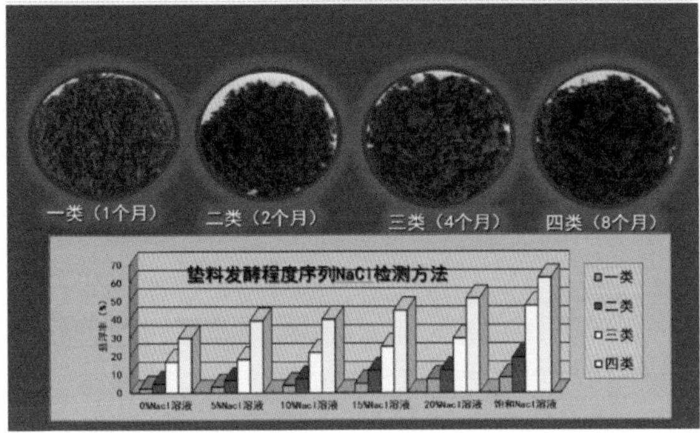

(c) 猪粪降解菌发酵程度“盐梯度悬浮法”研究

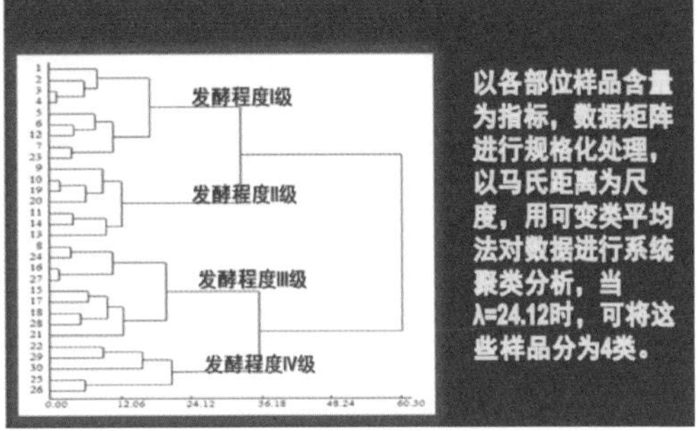

(d) 发酵床垫料挥发性物质代谢组电子鼻检测系统

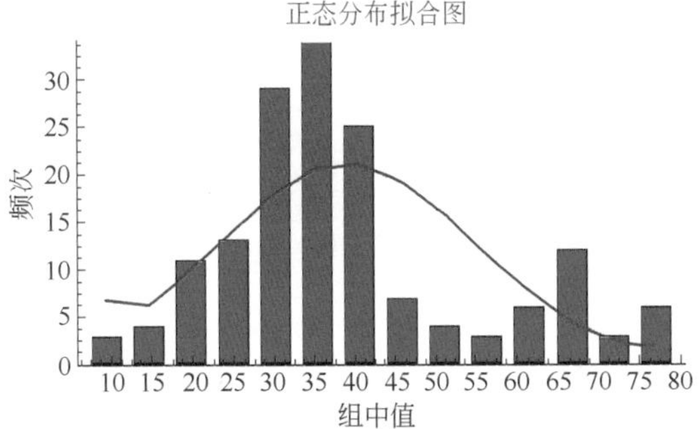

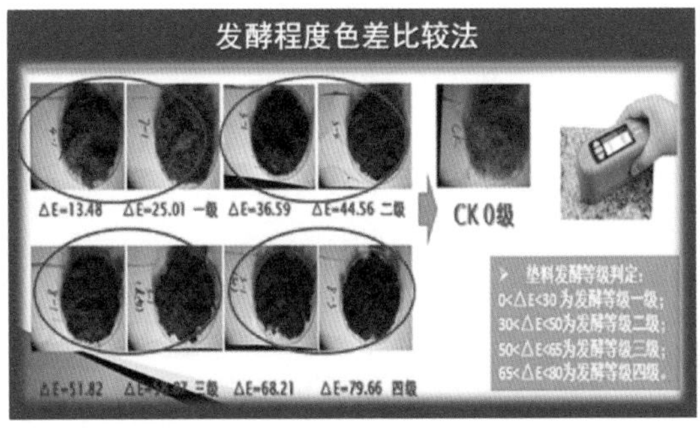

(e) 色差仪发酵程序检测

图 4-5　垫料发酵程度判别方法建立

六、异位发酵床粪污处理技术规范福建省地方标准

研究了异位发酵床的建设和日常管理技术，制定异位发酵床的建设和管理技术规范，完成福建省地方标准《畜禽粪污异位微生物发酵床处理技术规范》的编制，对异位发酵床的粪污处理原则、选址与布局、发酵床建设要求、粪污的收集和运输、粪污的贮存、垫料制作、发酵程度判别、发酵床管理、腐熟垫料处理等内容进行了规定，为养殖企业建设和管理异位发酵床提供了规范标准。

第三节 异位发酵床氮素转化相关微生物群落演替

一、概述

集约化养殖导致大量畜禽粪污产生，造成严重的环境污染，其中猪粪的排放问题备受关注（Chadwick et al.，2015）。异位微生物发酵床是集中处理有机污染物的一种有效方法，具有无臭味、成本低、效率高、分解彻底等优点。发酵床内铺设垫料，将有机污染物引导到异位微生物发酵床内，通过翻堆机将排泄物与发酵垫料混合进行发酵，消纳粪污，消除臭味，实现“零排放”，生产有机肥。异位发酵床可适用于各种有机污染物微生物治理及其废弃物循环利用，具有较高的生态效益、经济效益、社会效益（Guo et al.，2013；Rawoteea et al.，2017）。采用异位发酵床处理粪污可降低氨气产生，减少氮素流失（Guo et al.，2015；Yang et al.，2019b）。

二、研究方法

异位发酵床的垫料由等比例的菇渣和谷壳构成，含水量为 60% ～ 70%。每天观测垫料温度和酸碱度变化。采用五点取样法采集发酵起始（0d）、升温期（5d）、高温期（15d）和腐熟期（35d）的垫料样本，取样深度为 20cm。混合后一部分在 4℃冰箱保存，用于酶活力及理化指标测定使用；剩余部分 -80℃保存，用于堆肥不同时期总 DNA 的提取使用。

垫料中的铵态氮和硝态氮含量按照 Liu 等（2019）的方法测定，总氮、pH 值和含水量按照 Chen 等（2017）的方法检测。蛋白酶、脲酶和硝酸还原酶的测定分别按照前人方法进行（关松荫，1986；Ladd et al.，1972）。

采用 MoBio PowerSoil kit 试剂盒（MoBio，CA）提取微生物发酵床垫料总 DNA，进行宏基因组测序，共得到 426298221 条有效序列，相关序列信息上传 NCBI（序列号：SRP187154）。进一步分析获得序列信息，获得微生物和功能基因组成。

三、异位发酵床垫料理化性质

微生物的生命活动导致垫料温度升高，在异位发酵床中，发酵最高温度可达62℃（第16d），发酵28d进入腐熟期。其中高温期（> 50℃）从第6d持续到第24d，持续的高温可促进有机物降解，杀死病原菌（Guo et al.，2015）。发酵床粪污降解过程的温度变化见图4-6。

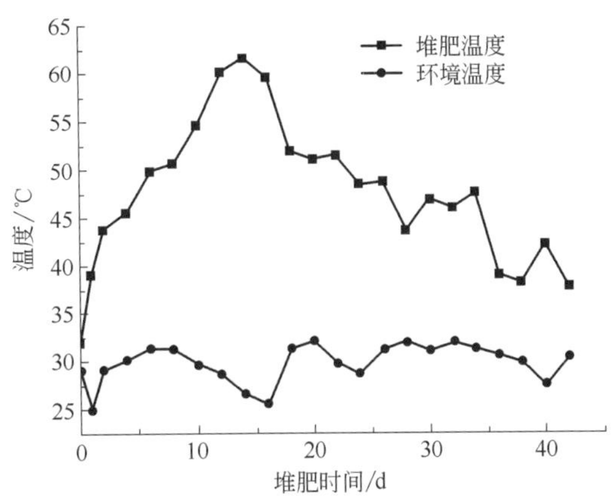

图 4-6 发酵床粪污降解过程的温度变化

降解过程中垫料的理化性质见表4-1。与初始垫料相比，猪粪的连续流加显著提高了样本含氮量，而随着翻扒和微生物代谢作用，样品的pH值和含水量下降。氮是微生物生长必需的元素，氮素的添加促进了微生物的生长。MMC中氮含量的明显升高可能是高温水分蒸发导致，DMC中氮含量的降低则可能是微生物代谢导致。在整个发酵过程中，pH值由8.0降至6.0。

在粪污降解过程中，NH_4^+-N含量降低，NO_3^--N含量升高。ISM中铵态氮含量最高（0.8mg/g），MMC最低（0.25mg/g）。硝态氮在MMC中浓度最高（1.41mg/g），ISM最低（0.02mg/g）。研究表明，异位发酵床能够有效地将铵态氮转化为硝态氮。

硝态氮和铵态氮的变化与环境因素如温度、湿度和pH值等相关（Liu et al.，2017；Cáceres et al.，2018）。进一步分析了硝态氮和铵态氮的变化与环境因素的相关性：湿度和pH值与铵态氮含量呈正相关，与硝态氮含量呈负相关。

表 4-1 异位发酵床粪污降解过程中垫料的理化性质检测

样本	总氮/（mg/g）	pH值	含水量/%	NH_4^+-N/（mg/g）	NO_3^--N/（mg/g）
ISM	10.95±0.018c	8.023±0.050a	73.27±0.001a	0.800±0.004a	0.023±0.000c
SMC	13.74±0.100b	6.267±0.045c	48.99±0.000b	0.621±0.007b	1.260±0.016b
MMC	17.59±0.209a	6.973±0.046b	34.22±0.001c	0.248±0.012d	1.409±0.012a
DMC	13.94±0.140b	6.007±0.023d	49.23±0.002b	0.292±0.003c	1.341±0.021a

注：1. ISM为发酵起始垫料；SMC为轻发酵垫料；MMC为中度发酵垫料；DMC为深发酵垫料。
2. 数据后的小写字母表示样品间差异显著（全书同），$P<0.01$。

四、异位发酵床垫料酶活分析

实验分析了异位发酵床垫料的蛋白酶、脲酶及硝酸还原酶的酶活变化（表4-2）。

蛋白酶能将蛋白质水解为氨基酸，与蛋白质中氮的矿化有关，其活性在堆肥过程中发生显著变化。ISM活性最高（5.369U/g），SMC的活性最低（1.031U/g）。高浓度可降解有机物促进蛋白酶活性升高（Qiao et al.，2019）。蛋白酶活性随着可用底物的减少而降低，发酵初期可降解有机物浓度高，促进了蛋白酶的活性。RDA 分析显示，pH 值、含水量和 NH_4^+-N 浓度与蛋白酶活性密切相关（图 4-7）。

脲酶是一种将有机氮转化为无机氮的重要酶（Wang et al.，2015）。脲酶活性与蛋白酶活性变化相反，在 SMC 中的活性最高。脲酶活性与 NO_3^--N 浓度呈正相关，与 NH_4^+-N 浓度呈负相关。ISM 中抑制脲酶活性的 NH_4^+-N 浓度最高（Liu et al.，2018），因此脲酶活性最低。随着 NH_4^+-N 浓度的降低，脲酶活性增强。研究表明，高温和高 pH 值促进了 NH_3 的挥发（Cao et al.，2020）。

表 4-2　异位发酵床粪污降解过程的酶活变化

样本	蛋白酶 / (U/g)	脲酶 / (U/g)	硝酸还原酶 / (U/g)
ISM	5.369±0.128a	30.86±0.762d	40.74±1.334d
SMC	1.031±0.060c	72.07±0.395a	386.2±5.167a
MMC	2.623±0.066b	40.37±0.847c	343.1±6.327b
DMC	2.259±0.106b	66.07±1.286b	172.5±6.517c

注：1. 表中数据为平均值 ± 标准差，垫料均以干重计，全书同。
2. 统计检验 $P<0.01$。

反硝化过程的第一步是通过硝酸还原酶（Nar）将 NO_3^--N 还原为 NO_2^--N，为其他氮循环过程提供亚硝酸盐（Sun et al.，2016；Tsementzi et al.，2016）。硝酸还原酶的活性也受温度的影响。RDA 分析显示，温度、氮含量和 NO_3^--N 含量与 Nar 活性显著相关（图 4-7）。Nar 活性在 SMC（升温期）和 MMC（高温期）中较高，分别是初始垫料的 9.5 倍和 8.4 倍。在蔬菜废弃物堆肥过程中也观察到高温阶段具有较高的 Nar 活性（Chen et al.，2019）。

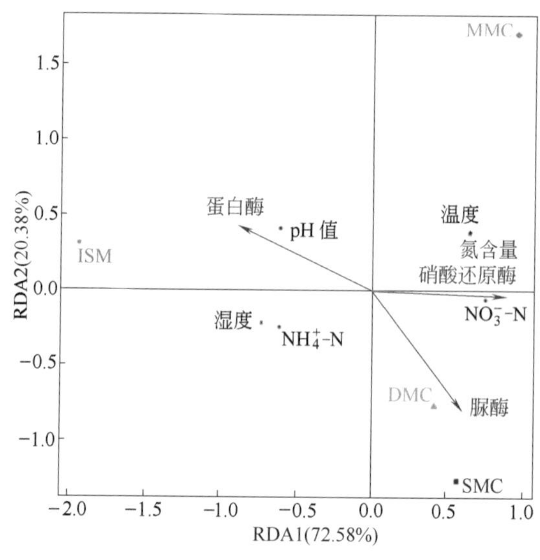

图 4-7　RDA 分析发酵床粪污降解过程的理化因子与酶活关联性

五、异位发酵床垫料微生物组成

宏基因组数据中共获得 426298221 个有效序列，测序读数从 114071702（DMC）到 94705215（ISM）。经预测，共获得 8240796 个 ORF，平均长度为 507bp。Venn 图分析显示，MMC 和 DMC 的共有物种最多（14316 种），而 SMC 和 MMC 的共有物种最少（11895 种）。ISM、SMC、MMC 和 DMC 中与细菌相关的序列分别为 56630392、54495400、68816262 和 67331964，MMC 中细菌含量最高，SMC 中最少。SMC 的真菌含量最高（268240）。

物种多样性先降低后增加，DMC 微生物多样性最高（14962 种），SMC 最低（12762 种）。细菌、古菌和真菌的相对含量分别为 99.2%、0.4% 和 0.2%。细菌、古菌和真菌在堆肥过程中对猪粪降解起着关键作用（Wu et al.，2017；Qiao et al.，2019；Liu et al.，2020）。微生物群落的组成和演替与堆肥过程和堆肥质量密切相关。不同阶段的微生物多样性分析结果显示，不同阶段微生物群落的分类组成在总体水平上相似，但微生物含量差异显著。

细菌多样性分析显示，变形菌门（33.7% ～ 46.3%）、放线菌门（6.9% ～ 56.6%）和拟杆菌门（4.2% ～ 33.96%）是优势菌。堆肥过程中放线菌的含量从 56.6%（SMC）急剧下降到 9.9%（DMC），而拟杆菌的含量则从 5.8% 显著增加到 24.5%（图 4-8）。变形菌门和拟杆菌门细菌在有机物降解和碳循环中起着重要作用（Stevens et al.，2005）。放线菌是堆肥过程中分解有机物的主要分解者，是分解纤维素的优势菌（Liu et al.，2017）。在属水平上，链霉菌属在 SMC 中最高（25.3%），在 MMC 中最低（0.3%）。所有样本均含有高含量的假单胞菌，假单胞菌是众所周知的污染物降解菌，能利用多种多环芳烃，在有机物降解和反硝化中发挥作用（Horel et al.，2015）。堆肥初期，链霉菌（2.84%）、分枝杆菌（2.24%）和酸杆菌（2.04%）是优势菌。嗜酸细菌在中性或低 pH 值下生长最佳，其分布受 pH 值影响（Hausmann et al.，2018）。SMC 中，链霉菌（25.8%）、假黄单胞菌（4.18%）和微杆菌（4.06%）是优势菌。MMC 和 DMC 中参与反硝化作用的黄褐热单胞菌（*Thermomonas fusca*）（Mergaert et al.，2003）的含量升高。参与高温阶段有机质分解的韩国农科院菌（*Niastella koreensis*）（Weon et al.，2006）和污泥金黄杆菌（*Chryseobacterium caeni*）（Quan et al.，2007）在 MMC 和 DMC 中含量高于其他阶段样本。

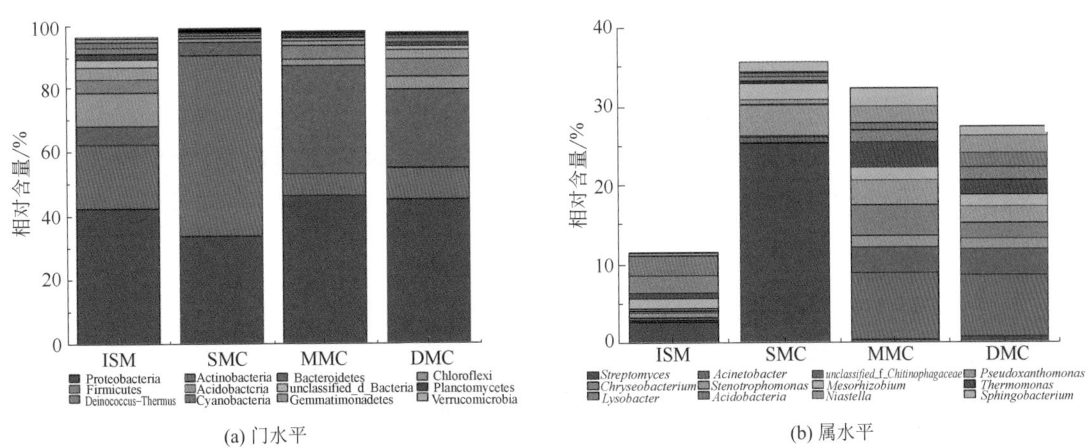

(a) 门水平　　(b) 属水平

图 4-8　异位发酵床细菌群落

子囊菌门是异位发酵床垫料中的主要真菌，也是猪粪堆肥中常见的降解菌（Robledo-Mahón et al.，2020）。子囊菌的相对丰度从 92.5%（SMC）下降到 42.8%（DMC）（图 4-9）。担子菌的相对丰度从 1.8% 升高至 20.8%，担子菌是木材中多种成分的主要降解者，尤其是木质素（Li et al.，2020；Liu et al.，2020）。在异位发酵床系统中，菇渣和谷壳提供了大量木质素，担子菌可能参与了木质素的降解。在科水平上，曲霉科和毛壳菌科是主要的真菌［图 4-9（b)］。它们广泛分布于土壤、植物和堆肥中，能够产生纤维素酶、木聚糖酶和漆酶等酶类，是纤维素降解的主要贡献者（Liu et al.，2020）。不规则噬根菌（*Rhizophagus irregularis*）的含量从 0.42% 急剧增加到 5.34%，该真菌可以提高植物对养分和水分的吸收，促进植物的生长，提高植物对环境胁迫的抵抗力（Keymer et al.，2017）。

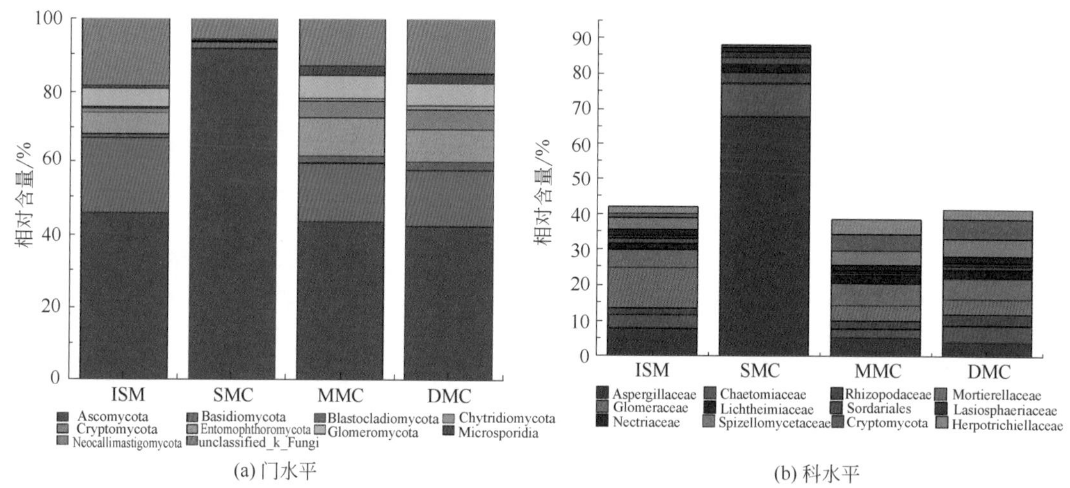

(a) 门水平　　(b) 科水平

图 4-9　异位发酵床真菌群落

六、讨论与总结

异位发酵床能够有效降解养殖粪污。经处理，NO_3^--N 浓度增加了 58.3 倍，而 NH_4^+-N 浓度下降到 0.2mg/g。硝态氮和铵态氮的变化与环境因素如温度、湿度和 pH 值等相关，其中湿度和 pH 值与铵态氮含量呈正相关，与硝态氮含量呈负相关。此外，粪污降解微生物的多样性和丰富性增加。放线菌是堆肥过程中分解有机物的主要分解者，曲霉科和毛壳菌科是纤维素降解的主要贡献者。

第四节 异位发酵床氮素转化COG基因与环境因子偶联机制

一、概述

在粪污处理过程中，微生物驱动了多种物质转化。在氮循环中，氨化作用、硝化作用和反硝化作用是铵态氮转化的重要步骤（Cáceres et al.，2015；Villar et al.，2016；Kuypers et al.，2018），环境因子的变化影响其作用效率。因此，本节分析异位发酵床中氮素转化相关的微生物组及功能基因，并分析环境因子的相关性，以期为更好地调控粪污降解过程、提高降解效率提供参考。

利用微生物的直系同源蛋白基因簇（clusters of orthologous groups，COG），可以分析微生物基因组的功能。由NCBI创建并维护的蛋白基因组数据库，根据细菌完整基因组的编码蛋白系统进化关系分类构建而成，通过比对可以将某个蛋白序列基因组注释到某一个COG中，每一簇COG由直系同源序列构成，从而可以推测该蛋白序列基因的功能。

二、研究方法

利用MetaGene对所有contigs（> 100 bp）的ORF进行预测、检索，将其翻译为氨基酸序列。采用BLAST（E值为10^{-5}）对COG和KEGG数据库进行注释（BLAST版本2.2.28+），分析KO、pathway、EC和module信息。NH_3的转化包括氨化、硝化和反硝化过程（Cáceres et al.，2018）。利用BLAST对比EggNOG数据库分析了这一过程中的功能性微生物及其COGs（Parks，Beiko，2010）。

三、氨化、硝化及反硝化作用相关的微生物和COG的分析

在猪粪处理过程中，NH_3的挥发会造成环境污染，造成氮素的损失。异位发酵床是一种环境友好的养猪场废物处理方法，可以减少NH_3排放并抑制氮损失（Yang et al.，2019a）。与氨化作用相关的COGs（COG0804、COG0831和COG0832）含量在SMC中最高，是ISM的2倍（图4-10）。堆肥过程中，氨化作用在升温阶段最为强烈（Cáceres et al.，2015）。异位发酵床系统中的脲酶活性在升温阶段的SMC中也最高。链霉菌属（25.5%）、不动杆菌属（5.7%）和分枝杆菌属（3.2%）是与氨化作用有关的优势菌属。链霉菌与堆肥中氨的消耗和同化有关（Yang et al.，2019a），异位发酵床系统中氨化速率在升温阶段最高，可能主要受链霉菌的驱动。

硝化作用是由某些细菌和古菌通过氨氧化和亚硝酸盐氧化两步反应将还原态的氮转化为最高氧化态的氮（Canfield et al.，2010）。自养硝化微生物只需一步就能完成硝化过程（Cáceres et al.，2018）。在研究的系统中没有发现自养硝化微生物。氨氧化过程中，氨

单加氧酶（AMO）和羟胺氧化酶（HAO）的 COGs 含量很低。氨氧化是硝化过程的限速步骤（Canfield et al.，2010），氨单加氧酶基因（*amoA*）在 ISM 中含量最高，在 SMC 中含量降低。MMC 中 *amoA* 含量的增加提高了高温阶段的硝化能力。硝化过程通常发生在中温条件下，但有报道称在高温阶段也能进行（Cáceres et al.，2015）。氨氧化细菌（AOB）和氨氧化古菌（AOA）参与氨氧化（Cáceres et al.，2018）。堆肥中的大部分 *amoA* 来自亚硝化球菌属（*Nitrososphaera*）（ENOG41110FM，ENOG4111XMC）和未分类的古菌（ENOG411114F）。亚硝化螺菌属（*Nitrosospira*）（ENOG4111XMC，ENOG410Y0ZG）、食酸菌属（*Acidovorax*）（ENOG4111XMC、ENOG4110CTU、ENOG410Y0ZG 和 ENOG410XSVV）、甲基单胞菌属（*Methylomonas*）（ENOG410Y0ZG、ENOG410XSVV）和亚硝化单胞菌属（*Nitrosomona*）（ENOG410Y0ZG）是堆肥中的主要氨氧化细菌（图 4-11）。这些氨氧化细菌在去除 NH_3 和保持氮方面发挥了重要作用（Yamamoto et al.，2010；Cáceres et al.，2018；Yang et al.，2019a）。在异位发酵床降解体系中 AOB（30.9%）和 AOA（69.1%）共存，但 AOA 群落含量较高。AOA 和 AOB 群落在堆肥过程中具有不同的生态位，AOA 在高温阶段含量较高，在氮转化中起着重要作用，这与之前的研究结果一致（Yang et al.，2019b）。*Hao* 基因分布在亚硝化螺菌属（*Nitrosospira*）、甲基孢囊菌属（*Methylocystis*）、中生根瘤菌属（*Mesorhizobium*）中。亚硝酸盐氧化过程中的硝酸还原酶（COG1140，COG 5013）主要由分枝杆菌属（*Mycobacterium*）、类诺卡氏菌属（*Nocardioides*）和链霉菌属（*Streptomyces*）编码。分枝杆菌属（*Mycobacterium*）和链霉菌属（*Streptomyces*）同时也参与硝酸盐同化过程（Malm et al.，2009；Kuypers et al.，2018）。水分、pH 值、氧气、碳酸氢盐和氨含量也会影响硝化作用的效率（Cáceres et al.，2018）。在异位发酵床系统中，随着发酵过程的进行，样本水分、pH 值和氧含量下降，导致硝化过程中微生物和 COGs 含量的降低。

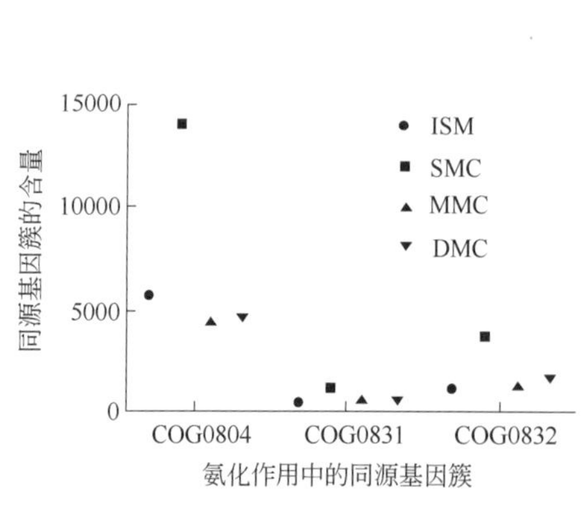

图 4-10　氨化作用相关 COGs 的分布特性

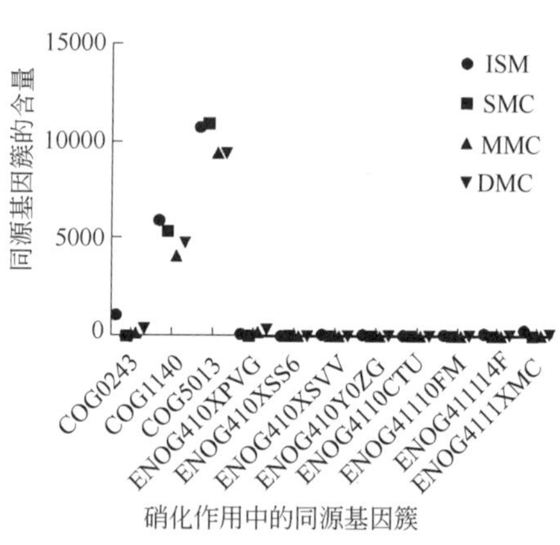

图 4-11　硝化作用相关 COGs 的分布特性

反硝化是将硝酸盐还原为氮气的途径（Canfield et al.，2010）。在反硝化过程中，相关酶包括硝酸还原酶（Nar）、亚硝酸盐还原酶（Nir）、一氧化氮还原酶（Nor）和一氧化二氮还原酶（Nos）（Kuypers et al.，2018）。Nar 还原产生的亚硝酸盐是其他氮循环过程中亚硝酸盐的主要来源（Tsementzi et al.，2016）。膜结合的 Nar 由 NarI、NarH 和 NarG 组成，NarJ 将 NarG、NarH 和 NarI 亚基组装成功能性硝酸还原酶（Malm et al.，2009）。反硝化作用受 pH 值、盐度、有机物和 NO_3^--N 浓度的影响（Wang et al.，2019）。中温 SMC 的 Nar 含量最高。此外，放线菌门、拟杆菌门、变形菌门和绿弯菌门是 Nar 的主要来源。拟杆菌门、变形菌门和绿弯菌门含有 *Nor* 基因，在 MMC 和 DMC 中含量较高。MMC 中变形菌门和拟杆菌门中具有丰富的 *NosZ*，能够将一氧化二氮转化为氮气（Kuypers et al.，2018）。此外，MMC 中热单胞菌（13.4%）、黄杆菌（8.2%）、单胞菌（3.7%）和黄杆菌（3.7%）的相对含量最高（图 4-12）。它们在脱氮过程中起着重要作用（Antwi et al.，2019）。与之前的研究一致，异位发酵床中，高 NO_3^--N 浓度和高温条件有利于编码 *NosZ* 的反硝化细菌生长（Yang et al.，2019a）。

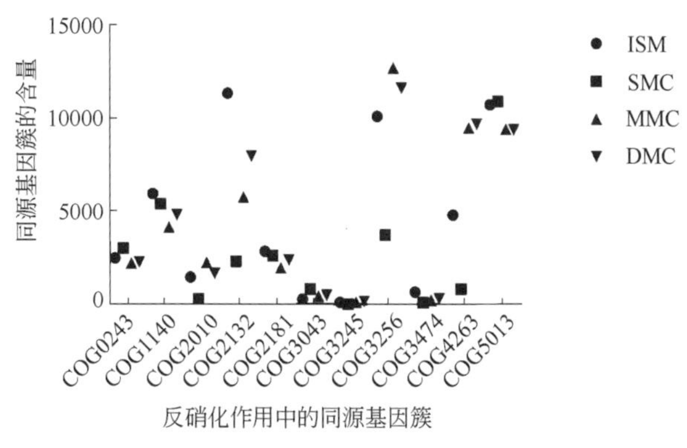

图 4-12　反硝化作用相关 COGs 的分布特性

与氨化作用相比，堆肥中硝化和反硝化作用的 COGs 占优势。随着堆肥过程的进行，参与氨化和硝化作用的 COGs 含量逐渐降低，DMC 的反硝化 COGs 含量最高。

四、异位发酵床中氮循环微生物与环境因子偶联机制

环境条件决定了微生物代谢活动的速率，同时也影响微生物种群的主要选择因素（Qiao et al.，2019）。因此，研究分析了微生物与环境因子（TN、pH 值、水分、NH_4^+-N 和 NO_3^--N）的偶联机制。在异位发酵床系统中，湿度、pH 值和温度是影响堆肥过程中细菌群落的主要影响因素。

链霉菌属（25.5%）、不动杆菌属（5.7%）和分枝杆菌属（3.2%）是氨化反应的优势菌。脲酶活性和氨化 COGs 含量在中温期最高，链霉菌参与中温期的氨化反应。链霉菌的相对含量从 50.0%（SMC）下降到 0.8%（MMC），主要受到 TN、NH_4^+-N 和 NO_3^--N 含量的影响。分枝杆菌属（*Mycobacterium*）、涅瓦河菌属（*Nevskia*）和小双孢菌属（*Microbispora*）与 TN 和 NO_3^--N 的含量呈负相关，与 NH_4^+-N 含量呈正相关（图 4-13）。

在硝化作用中，链霉菌属（*Streptomyces*，11.7%）、热单胞菌属（*Thermomonas*，7.4%）和海栖热菌属（*Marinithermus*，4.8%）为优势属。海栖热菌属（*Marinithermus*）在 ISM 中的含量最高，与湿度呈正相关，与温度呈负相关。SMC 中的优势菌链霉菌属（*Streptomyces*）与 NH_4^+-N 含量呈正相关，与 N 和 NO_3^--N 含量呈负相关。热单胞菌属（*Thermomonas*）与 TN 和 NO_3^--N 含量呈正相关，是 MMC 和 DMC 中主要的硝化细菌（图 4-14）。AOA 与湿度呈正相关。AOB［食酸菌属（*Acidovorax*）、甲基小球菌属（*Methyloglobulus*）和甲基单胞菌属（*Methylomonas*）］与 pH 值、水分和 NH_4^+-N 有显著关系，MMC 和 DMC 中占优势的

AOB［亚硝化螺菌属（*Nitrosospira*）和亚硝化单胞菌属（*Nitrosomonas*）］与这些因素的关系相反。亚硝化单胞菌属（*Nitrosomonas*）是主要的 AOB，在去除氨氮和保持氮方面起着关键作用（Yang et al.，2019a），它的含量在 MMC 和 DMC 中升高，能够促进腐熟期氮素的累积。

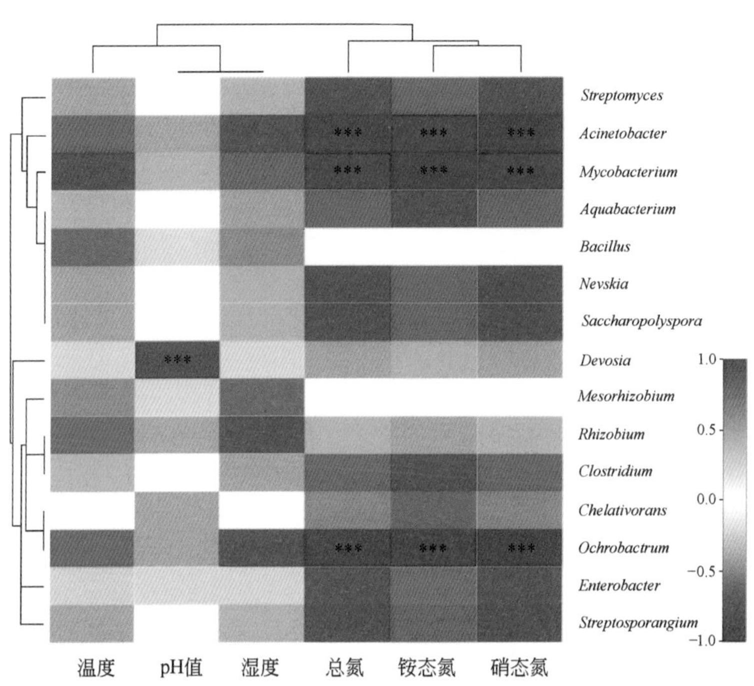

图 4-13　氨化作用相关微生物与环境因子热图分析（***P<0. 001）

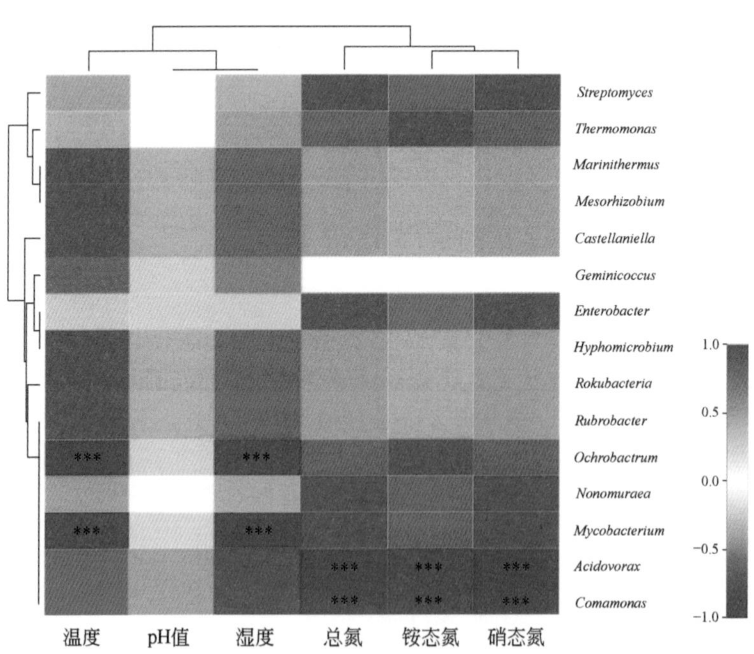

图 4-14　硝化作用相关微生物与环境因子热图分析（***P<0. 001）

反硝化作用最为丰富的属有热单胞菌属（*Thermomonas*，5.7%）、链霉菌属（*Streptomyces*，5.2%）、黄土杆菌属（*Flavihumibacter*，4.3%）、卡斯泰拉尼菌属（*Castellaniella*，3.7%）和中生根瘤菌属（*Mesorhizobium*，3.0%）。这些属与氮、硝态氮含量呈正相关，与铵态氮呈负相关。热单胞菌属（*Thermomonas*）和黄土杆菌属（*Flavihumibacter*）是MMC和DMC中主要的反硝化细菌，链霉菌属（*Streptomyces*）和假黄单胞菌属（*Pseudoxanthomonas*）是ISM中反硝化的主要菌群。在ISM中卡斯泰拉尼菌属（*Castellaniella*）和中生根瘤菌属（*Mesorhizobium*）含量较低，随后在MMC和DMC中增加（图4-15）。如前所述，反硝化作用受pH值、盐度、有机质和NO_3^--N浓度的影响（Wang et al.，2019）。与上述结果一致，高温和高NH_4^+-N浓度可能是影响堆肥微生物变化的主要因素。作为主要反硝化细菌，假单胞菌的最适pH值为7.7～8.5，pH值在整个农场废水堆肥过程中显著降低（Yang et al.，2019a）。在研究的堆肥系统中，随着堆肥量的增加，假单胞菌的pH值也呈下降趋势。

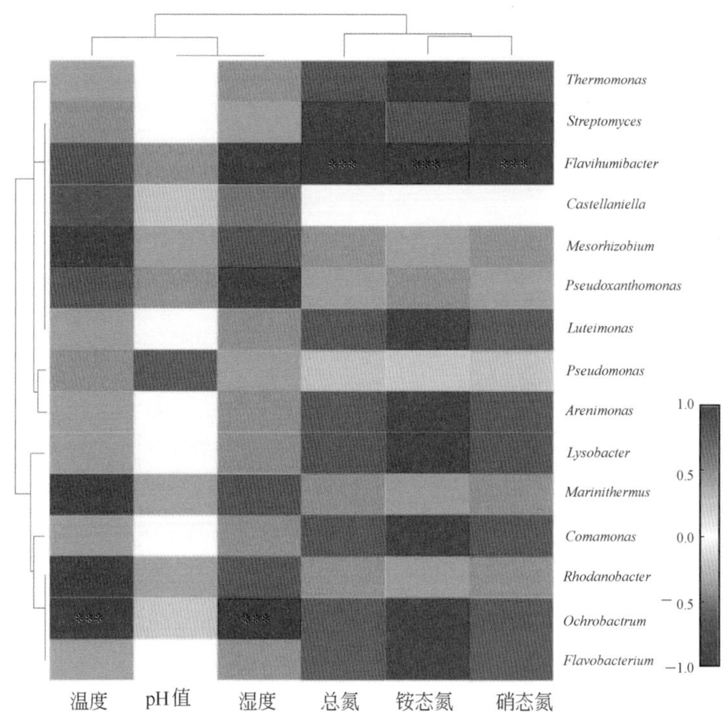

图4-15 反硝化作用相关微生物与环境因子热图分析（***P<0.001）

五、讨论与总结

在基因水平分析，异位发酵床系统促进铵态氮转化为硝态氮，减少NH_3的排放，促进氮素积累。与氨化作用相比，堆肥中硝化、反硝化作用的COGs占优势。此外，AOA比AOB丰富，热单胞菌在反硝化中起重要作用。环境因子偶联分析显示，温度、pH值、湿度和总氮是影响氮素转化的主要因素。

第五章

养殖废弃物好氧发酵罐资源化技术

- 概述
- 研究方法
- 鸡粪好氧发酵罐处理过程碳氮比变化
- 鸡粪好氧发酵罐处理细菌门水平微生物组变化
- 鸡粪好氧发酵罐处理细菌纲水平微生物组变化
- 鸡粪好氧发酵罐处理细菌目水平微生物组变化
- 鸡粪好氧发酵罐处理细菌科水平微生物组变化
- 鸡粪好氧发酵罐处理细菌属水平微生物组变化
- 鸡粪好氧发酵罐处理细菌种水平微生物组变化

第一节
概述

一、养殖废弃物好氧发酵罐技术原理

养殖废弃物好氧发酵罐区别于用于微生物纯培养的通气好氧发酵罐，前者是物料不灭菌的自然发酵，后者是物料灭菌接种微生物菌种的纯培养。养殖废弃物好氧发酵罐资源化技术，利用该装备为容器，将养殖废弃物加入，补充部分微生物菌种，控制一定的湿度、温度和通气量，让养殖废弃物（猪粪、鸡粪、牛粪等）充分发酵，转化成腐殖质，作为生物肥料、生物基质的原料，进而加工成生物有机肥、土壤修复生物基质等产品，实现养殖废弃物的资源化。养殖废弃物好氧发酵罐是一种新型的自然发酵装备，改变了传统的池（槽）法发酵工艺，提高了生产效率，生产的有机肥产品质量上了一个台阶。该发酵设备可以用于处理猪粪、鸡粪、牛粪、羊粪、菌菇渣、作物秸秆等有机废弃物，10h 可完成无害化处理过程，占地少，采用正压送风密闭式发酵，高温杀灭细菌，是广大养殖企业、循环农业、生态农业实现废弃物资源化利用的优先选择。

养殖废弃物好氧发酵罐原理是将畜禽粪便等养殖废弃物、秸秆及锯末等生物质以及回流物料按照一定比例混合均匀，使得微生物所需的碳氮比得以满足，调节含水率达到设计要求的 60% ～ 65% 后进入高温好氧系统的好氧发酵罐，调节原料的水分、氧气含量和温度，满足物料自带的微生物种群的生长条件，通过高压送风系统向物料中不断送氧，在好氧发酵菌的作用下，有机物不断分解，产生大量热量，促进物料中的水分蒸发，同时在高温状态下杀灭病原体、寄生虫以及杂草种子，达到无害化、减量化、稳定化的处理目的；发酵后的物料可作为有机肥原料、园林绿化肥料，实现资源化利用。养殖废弃物好氧发酵罐设备主要由发酵罐（室）、主轴传动系统、液压动力系统、上料提升系统、高压送风系统、智能控制系统组成。

好氧发酵罐设备的结构组成，基于好氧微生物有氧发酵原理设计，采用立式封闭罐体结构，节约占地面积，降低设备安装对面积的要求。整体设备结构分为三部分：下部基座部分包含液压站、风机及大推力液压搅拌轴等；中部为双层隔热罐体、设备自动控制系统、单侧发酵物料导出装置等，罐体内壁采用 304 不锈钢板内衬，有效地延长了罐体寿命和降低腐熟料残留，中间有聚氨酯发泡剂填充的保温层，外壁由加厚的钢板作支撑罐体；上部由风雨棚、检测平台及排风设施等装置构成。附属设备有热交换装置、自动翻斗提升机、废气过滤系统装置。

养殖废弃物好氧发酵罐的运行过程如下：将养殖废弃物（氮源）、垫料和秸秆等生物质（碳源），以及发酵过程的返混料按照一定比例混合，调节物料湿度到 60% ～ 65%，通过物料提升系统进入好氧发酵罐，通过高压送风系统向物料中不断送氧，在好氧发酵菌的作用下有机物不断被分解，臭气不断被分解，产生大量热量，促进物料中的水分蒸发，同时在高温状态下杀灭细菌、寄生虫以及杂草种子，达到无臭味、无害化、减量化、稳定化的处理目的；每 10h 出料一次，补料一次，循环往复，不断地输出发酵好的物料，不断地添加养殖废弃物。发酵后的物料可作为有机肥原料、育苗基质原料、食用菌培养基原料、园林绿化基质、生态修复基质，实现资源化利用。养殖废弃物好氧发酵罐见图 5-1。

图 5-1 养殖废弃物好氧发酵罐（网络照片，博龙）

二、好氧发酵罐用于鸡粪无害化处理

随着养鸡行业发展壮大，鸡场粪污排泄量也越来越多。由于国内鸡粪资源利用率较低，鸡粪若无法及时得到处理，将给生活环境带来极其严重的污染。庞旭楞（2021）通过研究鸡粪有氧发酵的工艺过程，设计了一种好氧发酵罐，该好氧发酵罐可以快速实现鸡粪的无害化。鸡粪通过有氧发酵生成有机肥，既可以减少鸡粪对环境的污染，又可以实现鸡粪的绿色发展。其主要工作如下：

① 对鸡粪好氧发酵工艺流程进行了详细分析。根据发酵工艺流程，对影响鸡粪发酵的因素进行分析，确定了鸡粪的理化参数以及鸡粪预处理措施；根据发酵工艺流程，提出了总体设计方案。

② 完成了好氧发酵罐结构设计。对发酵罐的罐体进行设计，确定罐体尺寸及有效容积；对上下系统进行设计，选择合适的上下料方式；通过建立搅拌机构的数学模型，得到搅拌系统的最大扭矩；并在高扭矩低速的工况下，设计了由液压系统驱动的由棘轮棘爪构成的传动机构。

③ 完成了好氧发酵罐关键零部件的受力分析。基于 ANSYS 软件对关键零部件进行强度校核和应力校核，发现罐体底板中心变形较大，无法满足正常工作状况。并基于分析结果，对罐体底板进行结构上的改进，改进后的结构分析结果表明，经改进的罐底板在强度和刚度上都得到了满足；对搅拌叶片的分析结果表明，叶片最大应力位于轮毂焊接处，最大变形远离轴心（在叶片的末端），且设计的叶片能满足正常工作状况。

④ 完成了好氧发酵罐控制系统设计。根据发酵罐的工艺功能要求，确定控制系统的设

计方案；确定了控制系统的输入输出量并完成 CPU 的选型；完成控制系统的软硬件设计，包括主电路、控制电路、PLC 程序流程设计。

研究针对畜禽粪便传统堆肥发酵耗时长、氨氮等挥发性气体损失严重、对环境污染大、有效养分含量低等问题，以缩短堆肥周期、加强回收循环利用、生产一种无害化并且养分含量高的有机肥产品为出发点，谭莎莎（2017）设计了一款畜禽粪便好氧发酵装置，其好氧发酵罐体积为 75L，兼具加热、通气、搅拌等智能化控制功能，并配置了氨氮回收装置，结合试运行参数进行初步研究，并通过 16S rDNA 高通量测序技术分析了鸡粪堆肥过程中三个重要温度阶段细菌群落多样性变化。其主要研究结果如下：

① 好氧堆肥反应器运行效果评价。此次堆肥实验时间为 44d，好氧堆肥反应器内温度较自然堆肥温度变化显著，堆体温度高于 50℃时达到 3d 左右，而自然堆肥温度无多大变化。利用好氧堆肥反应器生产的堆肥，油菜种子发芽率由发酵前的 31% 提高到发酵后的 85% 以上，堆体发酵过程中恶臭味逐渐消失，未检测到沙门氏菌，大肠杆菌得到有效杀灭，无虫蝇滋扰，堆肥实验效果较好。

② 堆肥过程中细菌群落微生物多样性分析。利用高通量测序技术所扩增的 16S rDNA V4 区域特点，分析鸡粪堆肥发酵过程中 3 个关键性温度阶段细菌群落多样性变化，得到以下几点结论：首先，发现用于后续分析的有效数据达到 63469 个；其次，用于构建 OTUs 并且获得注释信息的 Tags 数目达到 61381 个，而每个样品平均得到的 OTUs 为 417 个。所有个体的测序深度均达到 99% 以上。在门水平上，相对丰富度前十的细菌门有厚壁菌门、变形菌门、拟杆菌门、放线菌门、梭杆菌门、绿弯菌门、酸杆菌门、柔膜菌门、螺旋体门和硝化螺旋菌门；在纲分类水平上，相对丰富度前十的细菌纲有芽胞杆菌纲、γ- 变形菌纲、梭菌纲、黄杆菌纲、放线菌门未鉴定的 1 纲、鞘氨醇杆菌纲、β- 变形菌纲、丹毒丝菌纲、α- 变形菌纲和梭杆菌纲；在目分类水平上，相对丰富度前十的细菌目有芽胞杆菌目、气单胞菌目、梭菌目、黄杆菌目、鞘氨醇杆菌目、乳杆菌目、棒杆菌目、黄单胞菌目、伯克氏菌目和微球菌目；在科分类水平上，相对丰富度前十的细菌科有芽胞杆菌科、气单胞菌科、黄杆菌科、鞘氨醇杆菌科、梭菌目科Ⅺ、动球菌科、棒杆菌科、黄单胞菌科、产碱菌科和肉杆菌科；在属分类水平上，相对丰富度前十的细菌属有少盐芽胞杆菌属、海洋球形菌属、石纯杆菌属、芽胞束菌属、棒杆菌属 1、橄榄杆菌属、藤黄色单胞菌属、类产碱菌属、丹毒丝菌属和鞘氨醇杆菌属。

三、好氧发酵罐用于病死猪无害化处理

高温好氧发酵是一种减量化程度高、效率高、环境友好型的病死猪无害化处理工艺，可以较大程度地缓解我国病死猪的处理压力。汪豪（2020）设计了一种高温好氧发酵罐，在此基础上以玉米秸秆、油菜秸秆、木屑、米糠和麦麸作为辅料进行了病死猪高温好氧发酵处理试验，以成品的物料形态、真蛋白含量、pH 值和含水率等作为评价指标，进行辅料筛选，并对筛选出的辅料进行了工艺优化试验，使该工艺在满足无害化处理的要求下，达到最大减量化的目标。其主要研究结果如下：

① 设计并试制了一个立式病死猪高温好氧发酵罐试验装置。发酵罐主要由罐体、搅拌装置、通气管路、加热系统和控制系统组成。罐体为夹层结构，内层容积为 10L，夹层内通入热水可对发酵罐内物料进行加热以达到高温发酵的条件。空气由通气管涌入发酵罐内，流量通过流量计进行调节。

② 分别以玉米秸秆、油菜秸秆、木屑、米糠和麦麸作为辅料，开展病死猪高温好氧发酵试验，比较了5种辅料对病死猪处理效果的影响，并从中筛选出最适合病死猪高温好氧发酵的辅料。试验结果表明，综合表现较好的是米糠组和玉米秸秆组，其中玉米秸秆组的真蛋白含量和pH值的下降幅度在5种辅料中稍弱于米糠但优于其他3种辅料，分别为11.14%和1.04，成品形态评分为10分，过4目筛、18目筛的比例分别为100%和94.6%，但与米糠组相比，玉米秸秆组发酵过程中臭味消散最早，含水率下降速度合适，于36h达到最低点。比较而言，玉米秸秆作为辅料的综合性能更佳。

③ 以玉米秸秆作为辅料，对病死猪高温好氧发酵过程中的发酵温度、通风量、辅料配比等工艺参数进行优化试验。在各试验中，真蛋白含量随着发酵时间的增加，呈现先迅速下降，而后略微回升，最后小幅度持续波动的趋势；pH值和含水率随着发酵时间的增加，呈现先迅速下降，下降至最低点后基本维持不动的趋势。粪大肠菌群的唯一灭活条件是温度大于或等于60℃。温度试验中，当温度为60℃时，病死猪尸体的过筛情况最好，4目筛的通过率为100%，18目筛的通过率为92.6%，腐臭气味消散最快；真蛋白含量和pH值的降幅最大，分别为9.55%和1.33；含水率在36h达到最低点。在通风量试验中，当通风量为8L/(L·min)时，发酵成品的物理形态评分最高，4目筛的通过率为100%，18目筛的通过率为93.6%，腐臭气味消散最快，真蛋白含量和pH值的降幅最大，分别为8.54%和1.06；含水率在36h达到最低点。在辅料配比试验中，当辅料与猪重配比为1∶5.5时，发酵成品的形态评分最高，通过4目筛的比例为100%，通过18目筛的比例达到了93.4%，腐臭气味消散最快；真蛋白含量和pH值的降幅最大，分别为8.60%和0.76；含水率在36h达到最低点。因此，以玉米秸秆作为辅料时，最优工艺条件为：发酵温度60℃，通风量8m^3/min，辅料配比1∶5.5。

四、好氧发酵罐用于畜禽粪便无害化处理

李明亮等（2020）报道了畜禽粪便好氧发酵罐用热交换机设计，畜禽粪便好氧发酵属于生物发酵，是国家大力推广的一种应用技术，是生产有机肥料的一种较好方法。畜禽粪便好氧发酵罐用热交换机利用发酵后产生的废气热量为后续发酵提供热量，变废为宝，节约能源；热交换机工作原理简单，结构合理，操作简单，制造成本低，安装快捷，维修方便，利于推广应用。好氧发酵罐中有机物的发酵会产生大量的废热，为了更好地回收和利用这部分废热，黄显昆等（2019）设计了一个好氧发酵罐废热回收系统，并利用Aspen HYSY对系统的废气-水换热器和空气源热泵系统进行模拟和分析。模拟结果表明：在模拟工况（排气温度T=50℃、冷凝温度T_c=55℃、蒸发温度T_e=7℃、室外温度T_{air}=25℃）下，以R134a为工质的热泵系统具有较高的COP和较低的压缩机排气温度，是该空气源热泵系统的理想循环工质；在南宁地区夏季（T_c=55℃、T_e=8℃、T_{air}=32℃）和冬季（T_c=60℃、T_e=2℃、T_{air}=15℃）模拟工况下，该热泵系统COP分别达到4.46和3.79，利用空气源热泵系统和废气-水换热器对好氧发酵罐的废气进行回收和利用是可行的；与传统电加热方式相比，该废热回收系统能有效降低能耗，具有明显的节能和环保效益。

随着养殖业蓬勃发展，畜禽养殖废弃物逐年增加。畜禽养殖废弃物由于不能及时处理，给环境带来严重的污染，另外国内养殖废弃物资源存在利用率较低的情况。基于此，黄军（2018）对畜禽养殖废弃物好氧发酵工艺进行研究，根据工艺要求设计了一个好氧发酵罐，可快速实现畜禽粪便无害化处理和利用。畜禽养殖废弃物好氧发酵罐由进出料系统、保温结

构、搅拌系统、通风系统、传动系统等组成。通过理论计算得到最低耗氧量为 $396m^3/h$；对搅拌机构建立数学模型，得到的扭矩为 170742N·m；对大扭矩低转速工况，设计了液压驱动棘轮棘爪传动机构，选用的液压缸行程为 500mm，压力为 16MPa，棘轮为十二齿。应用建模软件 SolidWorks 建立了零部件的三维模型，利用有限元分析软件 ANSYS Workbench 对复杂的受力部件进行强度和应力校核。研究发现分离板中心处变形较大，刚度不能满足要求。针对此情况提出改进，并对改进后的模型进行应力分析，结果得出改进后的分离板刚度和强度均能满足实际要求；对移料机构进行应力分析，得出最大应力分布在叶片与轮毂的焊接处，最大变形在叶片的自由端，设计的移料机构能够正常工作。在机械系统动力学自动分析软件 ADAMS 中对传动机构进行动力学仿真分析，由仿真得到棘轮运动轨迹、棘爪和活塞杆的位移变化曲线，分析各曲线可知设计的传动机构能够按照设计要求进行运动，满足传动要求。利用调控处理的物料进行试验，经过一个周期的发酵，得到的发酵产物深褐色、无臭，检测结果达到 NY 525—2012 标准的要求。

第二节 研究方法

一、鸡粪养殖废弃物发酵样本的采集

配合河南卫辉市鸿达机械厂研发的高温快速发酵机（好氧发酵罐）鸡粪发酵过程碳氮比变化的检测，发酵全过程分为 3 个阶段：① 未发酵阶段，即收集的新鲜鸡粪尚未进行发酵（样本编号 XYZ-1）和新鲜鸡粪与垫料混合，未进行发酵（样本编号 XYZ-2）；② 浅发酵阶段，混合好的鸡粪与垫料放入好氧发酵罐发酵 2h、4h、6h、8h，外部强力通风，搅拌器不断搅拌；③ 深发酵阶段，发酵到第 10h 时，取出进入堆垛陈化阶段，陈化时间 30d。鸡粪好氧发酵罐发酵及其陈化过程的样本信息见表 5-1。取出的样本分为三部分：一部分样本用于化学检测法测定发酵过程的碳氮比变化；一部分样本用于仪器分析法测定发酵过程碳氮比的变化，化学分析法和仪器分析法测定鸡粪发酵过程中碳氮比变化的差异性；其他一部分用于微生物组变化的高通量测序。

表 5-1　鸡粪好氧发酵罐发酵及其陈化过程的样本信息

样本编号	发酵过程	发酵状态
XYZ-1	未发酵：新鸡粪	未发酵：采集和制作物料
XYZ-2	未发酵：新鸡粪与垫料混合	
XYZ-3	浅发酵：进入好氧发酵罐发酵 2h	浅发酵：好氧发酵罐
XYZ-4	浅发酵：进入好氧发酵罐发酵 4h	
XYZ-5	浅发酵：进入好氧发酵罐发酵 6h	
XYZ-6	浅发酵：进入好氧发酵罐发酵 8h	

续表

样本编号	发酵过程	发酵状态
XYZ-7	深发酵：进入陈化初期（10h）	深发酵：堆垛陈化
XYZ-8	深发酵：进入陈化后期（30d）	

二、化学分析法鸡粪碳氮比检测的原理与方法

1. 有机质的测定（重铬酸钾氧化 - 外加热法）

在外加热的条件下（油浴温度为 180℃，沸腾时间 5min），用一定浓度的重铬酸钾 - 硫酸溶液氧化肥料有机质（碳），剩余的重铬酸钾用硫酸亚铁来滴定，通过所消耗的重铬酸钾量，计算有机碳的含量。测得的结果表明，与干烧法对比，本方法只能氧化 90% 的有机碳，因此将测得的有机碳乘以校正系数 1.1，以计算有机碳含量。试验方法所用试剂和水，除特殊说明外，均指分析纯试剂和 GB/T 6682—2008 中规定的三级水。所述溶液如未指明溶剂，均指水溶液。在氧化和滴定过程中的化学反应如下：

$$2K_2Cr_2O_7+8H_2SO_4+3C \longrightarrow 2K_2SO_4+2Cr_2(SO_4)_3+3CO_2+8H_2O$$

$$K_2Cr_2O_7+6FeSO_4+7H_2SO_4 \longrightarrow K_2SO_4+Cr_2(SO_4)_3+3Fe_2(SO_4)_3+7H_2O$$

① 0.4mol/L 重铬酸钾 - 硫酸溶液配制。称取 40.0g 重铬酸钾（烘干，化学纯）溶于 600 ～ 800mL 水中，用滤纸过滤到 1L 量筒内，用水洗涤滤纸，并加水至 1L，将此溶液转移至 3L 大烧杯中。另取 1L 密度为 1.84g/mL 的浓硫酸（化学纯），慢慢倒入重铬酸钾水溶液中，不断搅动。为避免溶液急剧升温，每加约 100mL 浓硫酸后可稍停片刻，并把大烧杯放在盛有冷水的大塑料盆内冷却，当溶液的温度降到不烫手时再加另一份浓硫酸，直到全部加完为止。此溶液浓度 $c(1/6\ K_2Cr_2O_7)$ =0.4mol/L。

② 0.1mol/L 硫酸亚铁标准溶液配制。称取 28.0g 硫酸亚铁（化学纯）或 40.0g 硫酸亚铁铵（化学纯）溶解于 600 ～ 800mL 水中，加浓硫酸（化学纯）20mL 搅拌均匀，静止片刻后用滤纸过滤到 1L 容量瓶内，再用水洗涤滤纸并加水至 1L。此溶液易被空气氧化而致浓度下降，每次使用时均标定其准确浓度。0.1mol/L 硫酸亚铁溶液的标定：吸取 0.1000mol/L 重铬酸钾标准溶液 20.00mL 放入 150mL 三角瓶中，加浓硫酸 3 ～ 5mL 和邻菲罗啉指示剂 3 滴，以硫酸亚铁溶液滴定，根据硫酸亚铁溶液消耗量即可计算出硫酸亚铁溶液的准确浓度。

③ 重铬酸钾标准溶液配制。准确称取 130℃烘 2 ～ 3h 的重铬酸钾（优级纯）4.904g，先用少量水溶解。然后无损地移入 1000mL 容量瓶中，加水定容。此标准溶液浓度 $c(1/6\ K_2Cr_2O_7)$ =0.1000mol/L。

④ 邻菲罗啉（$C_{12}HgN_2 \cdot H_2O$）指示剂配制。称取邻菲罗啉 1.49g 溶于含有 0.70g $FeSO_4 \cdot 7H_2O$ 的水溶液中。此指示剂易变质，应密闭保存于棕色瓶中。

⑤ 操作步骤。准确称取通过 0.25mm 孔径筛风干样 0.01 ～ 0.05g（精确到 0.0001g，称样量根据有机质含量范围而定），放入硬质试管中，然后从自动调零滴定管中准确加入 10.00mL 0.4mol/L 重铬酸钾 - 硫酸溶液，摇匀并在每个试管口插入一玻璃漏斗。将试管逐个插入铁丝笼中，再将铁丝笼沉入 185 ～ 190℃的油浴锅内，使管中的液面低于油面，要求放入后油浴温度下降至 170 ～ 180℃，等试管中的溶液开始沸腾时开始计时，此刻必须控制温

度，不使溶液剧烈沸腾，其间可轻轻提起铁丝笼在油浴锅中晃动几次，以使液温均匀，并维持在 170 ～ 180℃，(5±0.5)min 后将铁丝笼从油浴锅内提出，冷却片刻，擦去试管外的油液。把试管内的消煮液及土壤残渣无损地转入 100mL 三角瓶中，用水冲洗试管及小漏斗，洗液并入三角瓶中，使三角瓶内溶液的总体积控制在 50 ～ 60mL。加 3 滴邻菲罗啉指示剂，用硫酸亚铁标准溶液滴定剩余的 $K_2Cr_2O_7$，溶液的变色过程是橙黄 - 蓝绿 - 棕红。如果滴定所用硫酸亚铁溶液的体积不到下述空白试验所耗硫酸亚铁溶液的体积的 1/3，则应减少肥料称样量，重测。每批分析时，必须至少做 2 ～ 3 个空白试验。

⑥ 结果计算公式如下。

$$O.M = \frac{c \times (V_0 - V) \times 0.003 \times 1.724 \times 1.10}{m} \times 1000$$

式中　$O.M$——肥料有机质的质量分数，g/kg；

V_0——空白试验所消耗硫酸亚铁标准溶液的体积，mL；

V——试样测定所消耗硫酸亚铁标准溶液的体积，mL；

c——硫酸亚铁标准溶液的浓度，mol/L；

0.003——1/4 碳原子的毫摩尔质量，g/mmol；

1.724——由有机碳换算成有机质的系数；

1.10——氧化校正系数；

m——试样的质量，g；

1000——换算成每千克含量的系数。

2. 可溶性有机碳的测定

取 10g 新鲜样，按照土∶水为 1 ∶ 5 的比例混匀，在 25℃条件下，以 250r/min 的转速振荡 1h，接着以转速 15000r/min 离心 10min，上部悬浮液过 0.45μm 薄滤膜。滤液上机测定可溶性有机碳含量。

3. 可溶性有机氮的测定

（1）原理及方法　可溶性有机氮是指肥料中能够被水或盐溶液提取出的有机氮，为肥料有机氮的重要组成部分，在土壤矿化中占有重要地位。现有方法尚不能直接测出肥料可溶性有机氮的含量，只能通过提取液中的总溶解态氮减去矿质氮计算得出。

（2）试剂和材料　① 40%（m/V）氢氧化钠溶液：称取 40g 氢氧化钠溶于 100mL 水中；② 硼酸溶液：$\rho(H_3BO_3) = 20g/L$；③ 硫酸标准液：$c(1/2\ H_2SO_4)=0.02mol/L$，量取 H_2SO_4（化学纯、无氨、ρ=1.84g/mL）2.83mL，加水稀释至 5L；④ 甲基红 - 溴甲酚绿混合指示剂：在约 50mL 乙醇中，加入 0.07g 甲基红、0.10g 溴甲酚绿，溶解后，用乙醇稀释到 100mL，混匀。

（3）操作步骤　铵态氮的测定步骤如下。① 试液制备：称取风干试样约 1g（精确至 0.0001g）于消化（蒸馏）管中，加入 50mL 蒸馏水，摇动，使试料溶解，试液待用。② 蒸馏：蒸馏前对定氮仪进行充分预热，进行空蒸馏清洗管道，直至读数稳定。将上述待测液注入凯氏定氮仪蒸馏管中，参数设置后，对待测液进行测定，其中加碱时间应设为 3s。③ 滴定：用硫酸标准滴定溶液直接滴定接收液至溶液刚呈紫红色。④ 空白试验：除不加试样外，其他步骤同试样溶液。⑤ 结果计算：铵态氮含量以质量分数 W_2 计，数值以 g/kg 表示，按下式计算。

$$W_2 = \frac{(V_2 - V_1) \times c \times 0.01401}{m} \times 1000$$

式中　V_2——测定试样时，使用硫酸标准滴定溶液的体积，mL；

V_1——空白试验时，使用硫酸标准滴定溶液的体积，mL；

c——试样及空白试验时，使用硫酸标准滴定溶液的浓度，mol/L；

0.01401——氮的毫摩尔质量，g/mmol；

m——试料的质量，g。

取平行测定结果的算术平均值为测定结果，结果保留到小数点后两位。

4. 不含硝态氮的可溶性总氮测定

① 试液制备。称取新鲜试样约 2.5 ～ 5g（精确至 0.0001g）于消化（蒸馏）管中，加入 50mL 蒸馏水，摇动，使试料溶解，过 0.45μm 滤膜，备用。吸取 25mL 提取液于 100mL 消煮管中，加 5mL 浓硫酸，在消煮炉上待管内溶液浓缩至约 5mL，然后升高电炉温度至消煮管内冒白烟后取下，稍冷后加 H_2O_2，如此循环直到溶液澄清为止。将消煮液无损转入凯氏管中蒸馏，0.02mol/L 滴定 H_2SO_4。

② 空白试验另取 10mL 无氨水代替试样，同样品操作，制作空白试验。

③ 结果计算。不含硝态氮的可溶性总氮含量以质量分数 g/kg 计，数值以百分率表示，按下式计算。

$$W_1 = \frac{(V_2 - V_1) \times c \times 0.01401}{m} \times 1000$$

式中　V_2——测定试样时，使用硫酸标准滴定溶液的体积，mL；

V_1——空白试验时，使用硫酸标准滴定溶液的体积，mL；

c——试样及空白试验时，使用硫酸标准滴定溶液的浓度，mol/L；

0.01401——氮的毫摩尔质量，g/mmol；

m——试料的质量，g。

取平行测定结果的算术平均值为测定结果，结果保留到小数点后两位。结果计算：

可溶性有机氮含量 = 可溶性总氮含量（不含硝态氮）- 铵态氮含量

三、仪器分析法鸡粪碳氮比检测的原理与方法

1. 总氮 / 总磷 /COD 分析仪工作原理

总氮 / 总磷 /COD 分析仪（NPW-160，美国哈希），用于水中总磷、总氮、COD 的测定。工作原理如下。① 总磷检测（符合国标 GB/T 11893—1989）：过硫酸钾作氧化剂，将待测水样在 120℃条件下消解 30min，使磷化物转化成磷酸根离子，采用钼蓝吸光光度法检测水质的总磷含量（测量波长：700nm）。② 总氮测定（符合标准 HJ 636—2012）：过硫酸钾作氧化剂，将待测水样在 120℃条件下消解 30min，使氮化物转化成硝酸根离子，将样品溶液的 pH 值调节为 2 ～ 3，采用紫外光吸光光度法检测水质中总氮的含量（测量波长：220nm、

275nm，浊度补正：$A = A_{220} - A_{275} \times 2$）。③ COD（UV）测定：双波长吸光光度法（紫外线254nm，可见光546nm）。

2. 总氮 / 总磷 /COD 分析仪检测性能

测量范围：总氮，0 ～ 200mg/L；总磷，0 ～ 20mg/L。分析间隔：1 ～ 6h，可以任意设定。样品条件：温度 2 ～ 40℃；压力 0.02 ～ 0.05MPa；流量 1 ～ 3L/min；每次分析取样量约 67.5mL。NPW-160 总磷 / 总氮分析仪内置多波长检测器，可测量总磷、总氮、COD（UV）三项指标。独立设计的加热分解装置，实现总磷 / 总氮分析仪系统内消解测量一体化设计，简化了管线连接。NPW-160 总磷 / 总氮分析仪内置 CF 卡，数据可长期保存。读数快速准确，且可搭载无线传输功能，智能可靠。试剂消耗和废液排放量少，运行维护成本低，二次污染少。

3. 总氮 / 总磷 /COD 分析仪使用方法

① 样品准备。用天平准确称取样品 10g，添加 100mL 超纯水充分搅拌混匀，静止放置 12h 后，取 25mL 上清液用滤纸过滤，最后将 25mL 过滤液用超纯水稀释 10 倍得到 250 mL 上机样品。总氮 / 总磷 /COD 分析仪每次检测约消耗 80mL 样品，每个样品做 3 次检测技术重复。

② 仪器准备。NPW-160 型总氮 / 总磷 /COD 分析仪所有试剂购置于福州福光水务科技有限公司，试剂包括 2%（质量浓度）过硫酸钾溶液、氢氧化钠溶液、盐酸（1+7.5）、钼酸铵混合液、L（+）- 抗坏血酸溶液、TN/TP 标准液及 COD 标准液等，试剂保质期 1 个月。仪器安装好试剂后开始按照【管理】、【个别动作】、【试剂注入】、【纯水注入】、【零点校准】、【标准校准】、【COD 校准】、【样品检测】等步骤进行。准备好的样品被安装在标准试剂位置，用标准试剂注入管道输送，检测时检测界面选择【标准】，仪器检测一次大约需要 1h，检测下一样品需要手动更换。

③ 数据处理。本实验数据采用 Excel 2013 收集，用 OriginPro 9.1 制图，数据换算公式为原始数据 ×10（稀释倍数）×0.1（总溶剂量）÷10（样品质量），最后数据单位为 mg/g。

四、鸡粪好氧发酵罐处理过程微生物组高通量测序

1. 总 DNA 的提取

按土壤 DNA 提取试剂盒 FastDNA SPIN Kit for Soil 的操作指南，分别提取各养殖废弃物（鸡粪发酵垫料等）样本的总 DNA，于 -80℃冰箱冻存备用。

2.16S rDNA 和 ITS 测序文库的构建

采用扩增原核生物 16S rDNA 的 V3 ～ V4 区的通用引物 U341F 和 U785R 对各垫料样本的总 DNA 进行 PCR 扩增，并连接上测序接头，从而构建成各垫料样本的真细菌和古菌 16S rDNA V3 ～ V4 区测序文库。采用扩增真菌 5.8S rDNA 和 28S rDNA 之间的转录间区的通用引物 ITS-F1-12 和 ITS-R1-12 对各垫料样本的总 DNA 进行 PCR 扩增，并连接上测序接头，从而构建成各垫料样本的真菌 ITS 测序文库。

3. 高通量测序

使用 Illumina MiSeq 测序平台，采用 PE300 测序策略，每个样本至少获得 10 万条读序（reads）。

4. 测序数据质控

通过 PADNAseq 软件利用重叠关系将双末端测序得到的成对读列（read）拼接成一条序列，得到长 read（Masella et al.，2012）。然后使用撰写的程序对拼接后的 read 进行处理而获取去杂短序列（clean read）：去除平均质量值低于 20 的 read；去除 read 含 N 的碱基数超过 3 个的 read；read 长度范围为 250 ～ 500nt。

第三节 鸡粪好氧发酵罐处理过程碳氮比变化

一、化学分析法发酵鸡粪干湿比（鲜样）测定

对样本新鲜鸡粪、拌入垫料的鸡粪、进入好氧发酵罐发酵 2 ～ 8h 时的发酵鸡粪、发酵 10h 取出进入陈化 30d 的鸡粪进行取样，测定鸡粪样本的干湿比，分析鸡粪发酵过程干湿比的变化，分析结果见表 5-2。不同发酵阶段，鸡粪干湿比差异显著：未发酵阶段，鸡粪干湿比较低，平均值为 25.44%；浅发酵阶段，鸡粪经过 8h 好氧发酵罐的发酵，干湿比上升到 48.93%；深发酵阶段，物料经过 30d 的陈化，水分进一步减少，干湿比上升到 81.21%。8h 好氧发酵罐的发酵鸡粪干湿比增大了 1 倍，经过 30d 的陈化，干湿比进一步提升到 80% 以上。

表 5-2 好氧发酵罐鸡粪发酵过程干湿比的测定

发酵状态	原始编号	铝盒质量 /g	铝盒质量 + 鲜样质量 /g	铝盒质量 + 烘干样质量 /g	干湿比 /%
未发酵	XYZ-1	6.5358	10.6391	7.8579	32.19
	XYZ-2	6.7785	13.9010	7.3600	18.69
浅发酵	XYZ-3	7.1706	10.5494	7.7790	18.01
	XYZ-4	6.8018	11.7356	7.7091	18.39
	XYZ-5	6.7861	7.8332	7.6590	83.36
	XYZ-6	6.6930	8.3910	7.9832	75.98
深发酵	XYZ-7	6.7334	7.6799	7.5444	85.68
	XYZ-8	7.2357	7.8952	7.7418	76.74

二、化学分析法发酵鸡粪有机质的测定

鸡粪发酵过程有机质的测定结果见表 5-3。不同发酵阶段，鸡粪物料有机质含量变化差异显著。未发酵阶段，鸡粪物料有机质含量为 579.04g/kg；浅发酵阶段，经过 8h 好氧发酵罐的发酵，鸡粪物料有机质含量上升到 606.93g/kg，发酵过程蒸发了水分，相应地提高了有机质含量；深发酵阶段，鸡粪物料发酵后经过 30d 的陈化，有机质含量进一步提升到 758.78g/kg，鸡粪物料陈化过程进一步蒸发水分，相应的有机质含量进一步提高；鸡粪好氧发酵（浅发酵）和陈化发酵（深发酵）使得鸡粪物料保持了 75% 的有机质含量，有利于鸡粪物料作为有机肥的使用。

表 5-3　好氧发酵罐鸡粪发酵过程有机质的测定结果

发酵状态	原始编号	称重 /g	滴定体积 /mL	有机质含量 /（g/kg）	换算成烘干样含量 /（g/kg）
未发酵	XYZ-1	0.01	33.32	520.29	574.05
	XYZ-2	0.01	34.26	515.62	584.02
浅发酵	XYZ-3	0.01	36.16	360.64	403.23
	XYZ-4	0.01	32.63	598.06	688.34
	XYZ-5	0.01	30.61	678.05	740.19
	XYZ-6	0.01	33.39	530.55	595.95
深发酵	XYZ-7	0.01	29.60	712.21	773.07
	XYZ-8	0.01	30.79	687.24	744.49

三、化学分析法发酵鸡粪可溶性有机碳的测定

鸡粪发酵过程可溶性有机碳的测定结果见表 5-4。不同发酵阶段，鸡粪物料可溶性有机碳含量变化差异显著。未发酵阶段，鸡粪物料的可溶性有机碳含量（按干料计算）的平均值为 57.85g/kg；经过 8h 好氧发酵罐的发酵，可溶性有机碳含量平均值下降到 39.78g/kg；发酵鸡粪经过 30d 的陈化，可溶性有机碳进一步下降到 2.55g/kg，发酵过程和陈化过程消耗了大量可溶性有机碳。

表 5-4　好氧发酵罐鸡粪发酵过程可溶性有机碳的测定结果

发酵状态	样本编号	称重 /g	提取 /mL	稀释倍数	溶液有机碳含量 /（mg/L）	湿料有机碳含量 /（g/kg）	干料有机碳含量 /（g/kg）
未发酵	XYZ-1	10.05	50	5	112.25	2.79	8.92
	XYZ-2	10.15	50	5	404.20	9.93	106.79
浅发酵	XYZ-3	10.05	50	5	334.30	8.32	46.19
	XYZ-4	10.07	50	5	452.10	11.22	61.03
	XYZ-5	5.17	50	5	75.61	3.66	4.39
	XYZ-6	5.13	50	5	740.20	36.10	47.51

续表

发酵状态	样本编号	称重/g	提取/mL	稀释倍数	溶液有机碳含量/(mg/L)	湿料有机碳含量/(g/kg)	干料有机碳含量/(g/kg)
深发酵	XYZ-7	5.08	50	5	61.36	3.02	3.52
	XYZ-8	5.06	50	5	24.76	1.22	1.59

四、化学分析法发酵鸡粪可溶性有机氮的测定

可溶性有机氮 = 可溶性全氮 -（可溶性有机氮 + 铵态氮）。鸡粪发酵过程可溶性有机氮的测定结果见表 5-5。不同发酵阶段，鸡粪物料可溶性有机氮含量变化差异显著。未发酵阶段，鸡粪物料的可溶性有机氮含量（按干料计算）的平均值为 3.125g/kg；经过 8h 好氧发酵罐的发酵，可溶性有机氮含量平均值上升到 12.03g/kg；发酵鸡粪经过 30d 的陈化，可溶性有机氮平均值下降到 0.455g/kg。好氧发酵罐浅发酵过程在微生物的作用下，鸡粪物料可溶性有机氮含量增加，陈化过程深发酵大量消耗了可溶性有机氮，含量下降到低于未发酵的鸡粪物料。

表 5-5　好氧发酵罐鸡粪发酵过程可溶性有机氮的测定结果

发酵状态	原始编号	称重/g	提取/mL	取液/mL	滴定体积/mL	可溶性有机氮含量/(g/kg)	干重折算含量/(g/kg)
未发酵	XYZ-1	5.14	50.00	25.00	1.49	0.14	0.48
	XYZ-2	5.06	50.00	25.00	14.92	1.63	5.77
浅发酵	XYZ-3	5.07	50.00	25.00	36.81	4.04	14.26
	XYZ-4	5.21	50.00	25.00	44.44	4.76	16.80
	XYZ-5	5.01	50.00	25.00	3.70	0.39	1.36
	XYZ-6	2.53	50.00	25.00	20.33	4.45	15.70
深发酵	XYZ-7	5.01	50.00	25.00	2.15	0.21	0.75
	XYZ-8	5.01	50.00	25.00	0.65	0.04	0.16

五、仪器分析法进行发酵鸡粪总氮、总磷、COD 的测定

利用总氮 / 总磷 /COD 分析仪（NPW-160）分析发酵鸡粪总氮、总磷、COD，测定结果见表 5-6。不同发酵阶段，鸡粪物料总氮、总磷、COD 含量变化差异显著。从总氮看，未发酵阶段，鸡粪物料总氮的平均值为 30.42mg/g；经过 8h 好氧发酵罐的发酵，总氮含量平均值上升到 48.88mg/g；发酵鸡粪经过 30d 的陈化，总氮含量平均值降到 10.13 mg/g，发酵过程略提升鸡粪物料的总氮含量，陈化过程鸡粪物料总氮大幅度下降。从总磷看，未发酵阶段，鸡粪物料总磷的平均值为 4.58mg/g；经过 8h 好氧发酵罐的发酵，总磷含量平均值升高到 7.83mg/g；发酵鸡粪经过 30d 的陈化，总磷含量平均值降到 1.75mg/g，发酵过程略提

升鸡粪物料的总磷含量，陈化过程鸡粪物料总磷大幅度下降。从 COD 看，未发酵阶段，鸡粪物料 COD 的平均值为 152.35mg/g；经过 8h 好氧发酵罐的发酵，COD 含量平均值升高到 239.00mg/g；发酵鸡粪经过 30d 的陈化，COD 含量平均值略降到 212.16mg/g，发酵过程略提升鸡粪物料的 COD 含量，陈化过程鸡粪物料 COD 含量维持平稳。

表 5-6　仪器分析法测定好氧发酵罐鸡粪发酵过程总氮、总磷、COD

发酵状态	原始编号	TN/（mg/g）	TP/（mg/g）	COD/（mg/g）
未发酵	XYZ-1	12.49	6.71	222.00
	XYZ-2	48.36	2.45	82.70
浅发酵	XYZ-3	74.17	2.30	126.70
	XYZ-4	40.93	12.92	189.50
	XYZ-5	59.83	13.07	338.30
	XYZ-6	20.59	3.06	301.50
深发酵	XYZ-7	5.46	2.04	70.30
	XYZ-8	14.81	1.47	354.03

六、用仪器分析法计算碳氮比的可行性

常规的物料碳氮比的计算，通过化学分析法测定可溶性有机氮含量和可溶性有机碳含量，根据碳氮比 = 有机碳含量 / 有机氮含量，计算出碳氮比，分析方法十分烦琐。总氮 / 总磷 /COD 分析仪（NPW-160），提供了自动化的总氮和 COD 测定的方法，检测方便快捷，如果能用 COD 和总氮的含量，估算物料碳氮比，则可以大大简化物料碳氮比的测定工作。

化学需氧量（COD）是在一定的条件下，采用一定的强氧化剂处理水样时，所消耗的氧化剂量。它是表示水中还原性物质多少的一个指标。水中的还原性物质有各种有机物、亚硝酸盐、硫化物、亚铁盐等，但主要是有机物（可溶性有机碳）。因此，COD 又往往作为衡量水中有机物含量多少的指标。COD 越大，说明水体受有机物的污染越严重。COD 的测定，随着测定水样中还原性物质以及测定方法的不同，其测定值也有不同。目前应用最普遍的是酸性高锰酸钾氧化法与重铬酸钾氧化法。高锰酸钾法氧化率较低，但比较简便，在测定水样中有机物含量的相对比较值及清洁地表水和地下水水样时可以采用。重铬酸钾法氧化率高，再现性好，适用于废水监测中测定水样中有机物的总量，代表着物料可溶性有机碳的含量水平。

将仪器分析的 TN、COD、有机物总氮比（COD/N），以及化学分析法测定的鸡粪物料发酵过程的可溶性有机氮、可溶性有机碳、碳氮比列于表 5-7 中，作图（图 5-2）。从图 5-2 中可以看到，利用化学分析法计算的物料碳氮比（C/N）与用仪器分析法计算的物料有机物总氮比（COD/N），两者趋势走向类似，未发酵阶段物料碳氮比和有机物总氮比比值较高，浅发酵阶段比值较低，深发酵阶段比值升高（表 5-7）。

表 5-7　仪器分析法计算 COD/N 值和化学分析法计算 C/N 值的比较

发酵状态	原始编号	仪器分析法			化学分析法		
		TN /（mg/g）	COD /（mg/g）	COD/N 值	可溶性有机氮 /（g/kg）	可溶性有机碳 /（g/kg）	C/N 值
未发酵	XYZ-1	12.49	222	17.9	0.48	8.92	17.27
	XYZ-2	48.36	82.7	1.72	5.77	106.79	18.5
浅发酵	XYZ-3	74.17	126.7	1.71	14.26	46.19	3.23
	XYZ-4	40.93	189.5	4.62	16.8	61.03	3.63
	XYZ-5	59.83	338.3	5.65	1.36	4.39	3.62
	XYZ-6	20.59	301.5	14.64	15.7	47.51	3.02
深发酵	XYZ-7	5.46	70.3	12.88	0.75	3.52	4.69
	XYZ-8	14.81	354.03	23.91	0.16	1.59	9.93

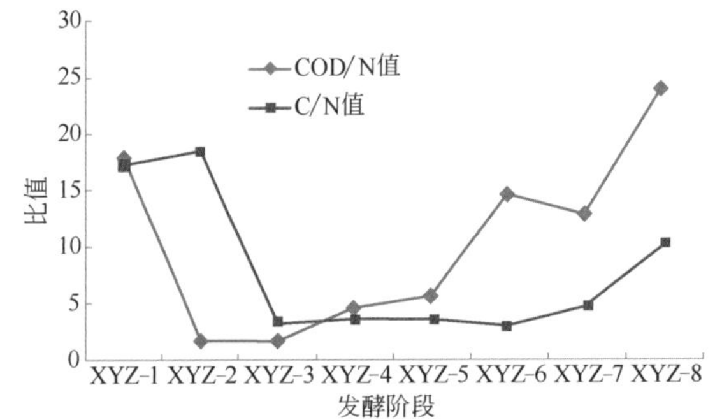

图 5-2　仪器分析法计算 COD/N 值和化学分析法计算 C/N 值的比较

七、碳氮比（C/N）与有机物总氮比（COD/N）函数关系

利用逐步回归法，筛选碳氮比（C/N）与有机物总氮比（COD/N）函数关系，建立 C/N 值与 COD/N 值的多元回归方程，用仪器分析测定 COD/N 值后，将仪器测定的数据代入方程，可计算出物料碳氮比。数据整理见表 5-8。

表 5-8　好氧发酵罐鸡粪处理过程化学分析碳氮比与仪器分析参数

发酵状态	原始编号	TN/（mg/g）	COD/（mg/g）	COD/N 值	C/N 值
未发酵	XYZ-1	12.49	222	17.9	17.27
	XYZ-2	48.36	82.7	1.72	18.5
浅发酵	XYZ-3	74.17	126.7	1.71	3.23
	XYZ-4	40.93	189.5	4.62	3.63
	XYZ-5	59.83	338.3	5.65	3.62
	XYZ-6	20.59	301.5	14.64	3.02
深发酵	XYZ-7	5.46	70.3	12.88	4.69
	XYZ-8	14.81	354.03	23.91	9.93

以 CN 为因变量，TN、COD、COD/N 为自变量，逐步回归建立模型如下。对于一个被测的样品，按照仪器分析的处理方法，上机检测后得到 TN、COD 值，通过公式 COD/N=COD/TN，得到 TN、COD、COD/N，将其代入以上方程，可以估计出碳氮比（C/N）的数值，可以大幅度地简化物料碳氮比的检测分析。

$$C/N=6.8617+0.0601T/N-0.0289COD+0.4957COD/N \quad (R^2=0.6888)$$

通径分析表明，COD/N 直接系数值最大，影响作用最强，COD 直接系数值最小，影响作用最小；通径分析的决定系数 R^2=0.15124，剩余通径系数 =0.92128（表 5-9）。通过仪器分析物料的有机物总氮比，通过模型可以估计物料的碳氮比。如此，用仪器分析法分析物料的碳氮比就变得十分简单。

表 5-9　碳氮比模型的通径分析

变量	直接系数	通过 X1	通过 X2	通过 COD/N 值
TN	0.2306		0.0578	−0.5165
COD	−0.5012	−0.0266		0.3299
COD/N 值	0.6238	−0.1909	−0.2650	

第四节　鸡粪好氧发酵罐处理细菌门水平微生物组变化

一、菌群组成

好氧发酵罐处理鸡粪，未发酵组是将鸡粪与垫料等量混装入发酵罐，浅发酵组是在发酵罐中发酵 10h，深发酵组是在发酵罐发酵 10h 后再陈化堆放 10d。高通量测序结果见表 5-10。总体含量最高的前 5 个细菌门为厚壁菌门（156.3000%）、拟杆菌门（47.9360%）、变形菌门（47.4800%）、放线菌门（21.0010%）、绿弯菌门（11.2410%）。

表 5-10　好氧发酵罐鸡粪处理过程细菌门菌群组成

物种名称	细菌门含量 /%			总和 /%
	未发酵	浅发酵	深发酵	
【1】厚壁菌门 Firmicutes	53.5900	55.8100	46.9000	156.3000
【2】拟杆菌门 Bacteroidetes	20.4700	8.7360	18.7300	47.9360
【3】变形菌门 Proteobacteria	14.6500	16.6100	16.2200	47.4800
【4】放线菌门 Actinobacteria	2.7860	4.4050	13.8100	21.0010
【5】绿弯菌门 Chloroflexi	3.4090	6.3020	1.5300	11.2410

续表

物种名称	细菌门含量 /%			总和 /%
	未发酵	浅发酵	深发酵	
【6】蓝细菌门 Cyanobacteria	1.6300	3.4310	0.7810	5.8420
【7】酸杆菌门 Acidobacteria	0.5661	1.0860	0.2591	1.9112
【8】异常球菌 - 栖热菌门 Deinococcus-Thermus	0.0880	0.1415	0.8930	1.1225
【9】柔膜菌门 Tenericutes	0.7400	0.2904	0.0823	1.1127
【10】细菌域分类地位未定的 1 门 norank_d_Bacteria	0.2523	0.4960	0.1604	0.9087
【11】硝化螺旋菌门 Nitrospirae	0.2452	0.4172	0.0966	0.7590
【12】候选门 Dadabacteria	0.1998	0.4465	0.0933	0.7396
【13】浮霉菌门 Planctomycetes	0.1880	0.3351	0.0811	0.6042
【14】候选门 Patescibacteria	0.2278	0.2810	0.0695	0.5783
【15】芽单胞菌门 Gemmatimonadetes	0.1072	0.2032	0.0741	0.3845
【16】螺旋体门 Spirochaetes	0.1502	0.1673	0.0343	0.3518
【17】海港杆菌门 Poribacteria	0.0887	0.1749	0.0444	0.3080
【18】疣微菌门 Verrucomicrobia	0.0678	0.0927	0.0396	0.2001
【19】互养菌门 Synergistetes	0.1770	0.0201	0.0000	0.1971
【20】硝化刺菌门 Nitrospinae	0.0431	0.0966	0.0182	0.1579
【21】ε - 杆菌门 Epsilonbacteraeota	0.0641	0.0765	0.0134	0.1540
【22】海绵共生菌门 Entotheonellaeota	0.0351	0.0717	0.0143	0.1210
【23】候选门 AncK6	0.0315	0.0586	0.0212	0.1113
【24】梭杆菌门 Fusobacteria	0.0305	0.0647	0.0137	0.1089
【25】候选门 PAUC34f	0.0221	0.0420	0.0060	0.0701
【26】衣原体门 Chlamydiae	0.0141	0.0314	0.0045	0.0499
【27】迷踪菌门 Elusimicrobia	0.0359	0.0059	0.0030	0.0447
【28】纤维杆菌门 Fibrobacteres	0.0082	0.0240	0.0062	0.0384
【29】候选门 RsaHF231	0.0176	0.0162	0.0015	0.0353
【30】脱铁杆菌门 Deferribacteres	0.0302	0.0006	0.0000	0.0308
【31】候选门 WS2	0.0116	0.0168	0.0015	0.0299
【32】候选门 WPS-2	0.0139	0.0090	0.0000	0.0229
【33】谢克曼杆菌门 Schekmanbacteria	0.0047	0.0086	0.0000	0.0133
【34】黏胶球形菌门 Lentisphaerae	0.0012	0.0061	0.0000	0.0072
【35】候选门 Zixibacteria	0.0000	0.0054	0.0015	0.0069
【36】候选门 BRC1	0.0012	0.0036	0.0018	0.0066
【37】候选门 Omnitrophicaeota	0.0012	0.0054	0.0000	0.0066
【38】依赖菌门 Dependentiae	0.0012	0.0012	0.0015	0.0039
【39】阴沟单胞菌门 Cloacimonetes	0.0000	0.0030	0.0000	0.0030

续表

物种名称	细菌门含量 /%			总和 /%
	未发酵	浅发酵	深发酵	
【40】圣诞岛菌门 Kiritimatiellaeota	0.0012	0.0018	0.0000	0.0030
【41】醋热菌门 Acetothermia	0.0012	0.0018	0.0000	0.0030
【42】候选门 FBP	0.0012	0.0018	0.0000	0.0030
【43】候选门 Margulisbacteria	0.0000	0.0012	0.0015	0.0027

二、优势菌群

从菌群结构看，未发酵组细菌门组成一类，前 5 个高含量细菌门优势菌群为厚壁菌门（53.5900%）、拟杆菌门（20.4700%）、变形菌门（14.6500%）、绿弯菌门（3.4090%）、放线菌门（2.7860%）；浅发酵组细菌门组成一类，前 5 个高含量细菌门优势菌群为厚壁菌门（55.8100%）、变形菌门（16.6100%）、拟杆菌门（8.7360%）、绿弯菌门（6.3020%）、放线菌门（4.4050%）；深发酵组细菌门归为一类，前 5 个高含量细菌门优势菌群为厚壁菌门（46.9000%）、拟杆菌门（18.7300%）、变形菌门（16.2200%）、放线菌门（13.8100%）、绿弯菌门（1.5300%）（图 5-3）。

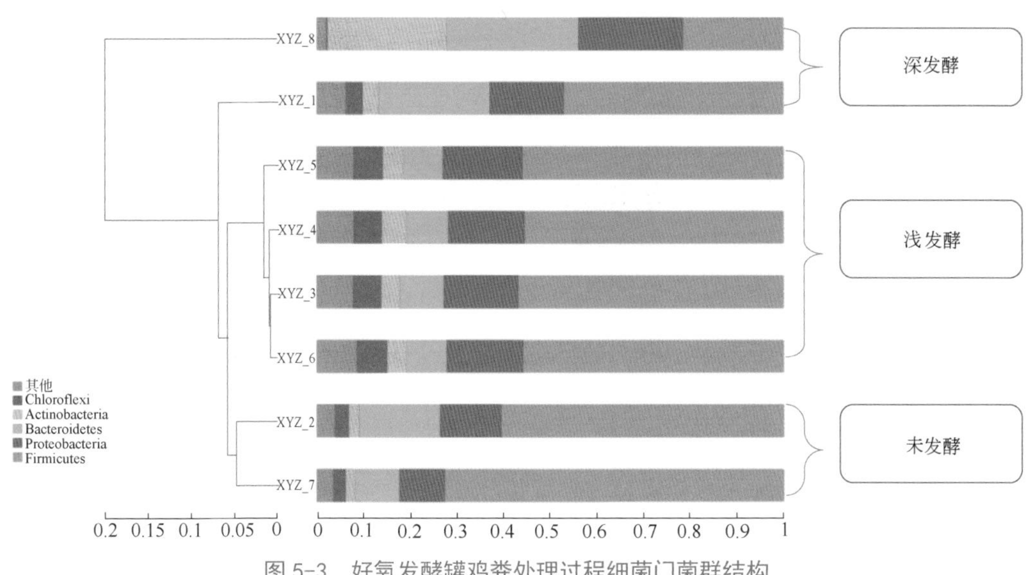

图 5-3　好氧发酵罐鸡粪处理过程细菌门菌群结构

三、菌群种类

从菌群种类看，未发酵组细菌门有 41 个，浅发酵组细菌门 44 个，深发酵组细菌门 33 个，三个处理共有细菌门 31 个；仅浅发酵组有 1 个独有细菌门，未发酵组与浅发酵组共有细菌门 10 个，浅发酵组与深发酵组共有细菌门 2 个，未发酵组与深发酵组没有共有细菌门。分析表明，随着发酵进程，细菌门融合成共有菌群，相邻发酵过程的共有菌群逐渐减少（图 5-4）。

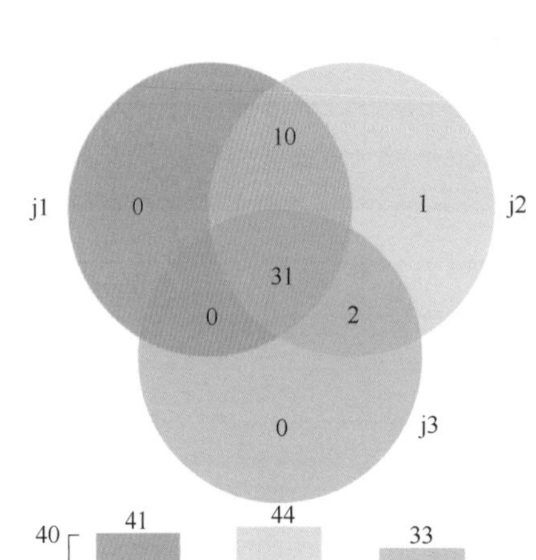

图 5-4　好氧发酵罐鸡粪处理过程细菌门共有菌群和独有菌群

四、菌群差异

从菌群差异性看，不同发酵程度菌群之间无差异的细菌门包括厚壁菌门、拟杆菌门、变形菌门、异常球菌 - 栖热菌门、细菌域分类地位未定的 1 门、浮霉菌门、候选门 Patescibacteria；菌群之间存在显著差异的细菌门包括放线菌门、绿弯菌门、蓝细菌门、酸杆菌门、柔膜菌门、硝化螺旋菌门、候选门 Dadabacteria、芽单胞菌门（图 5-5）。

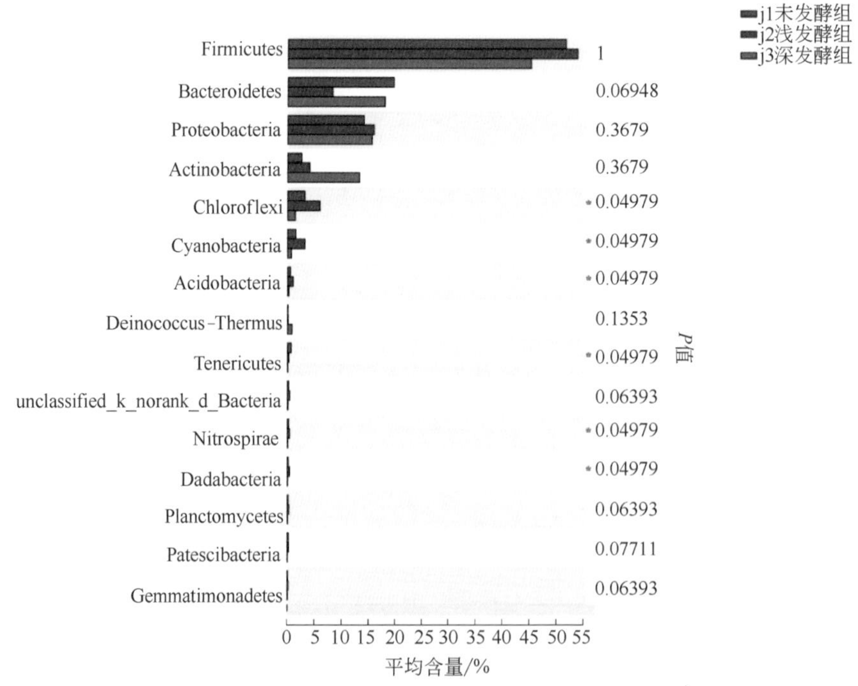

图 5-5　好氧发酵罐鸡粪处理过程细菌门优势菌群差异性比较

五、菌群进化

从菌群进化看，鸡粪发酵罐处理过程细菌门系统进化树见图 5-6，5 个细菌门在好氧发酵罐处理系统中起到优势菌群的作用，即厚壁菌门、拟杆菌门、变形菌门、放线菌门、绿弯菌门。

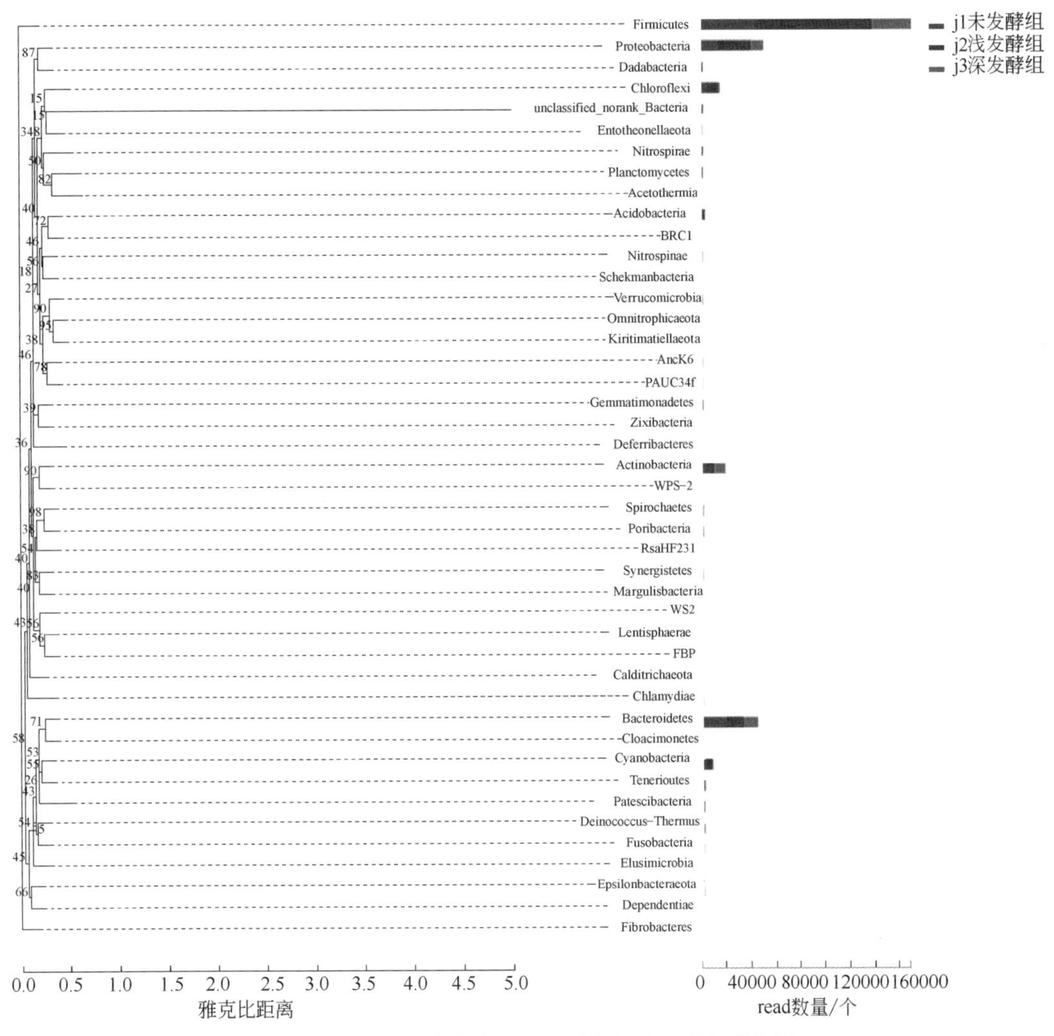

图 5-6　好氧发酵罐鸡粪处理过程细菌门系统进化树

六、菌群动态

从菌群动态看，发酵初期鸡粪 + 垫料装入发酵罐开始发酵，经过 10h 发酵，取出陈化 20d（第 10 小时取出，陈化 20d），5 个优势菌群细菌门动态变化见图 5-7。厚壁菌门在原料中含量较高，随着 10h 的发酵，含量变化不大，进入 20d 陈化，含量急剧下降，由取出时的 24263OTU 下降到 20d 陈化后的 6034OTU，下降了 3/4。其余 4 个细菌门拟杆菌门、变形菌门、绿弯菌门、放线菌门总体含量低于厚壁菌门，原料发酵过程含量波动下降，进入陈化后，含量略有上升。

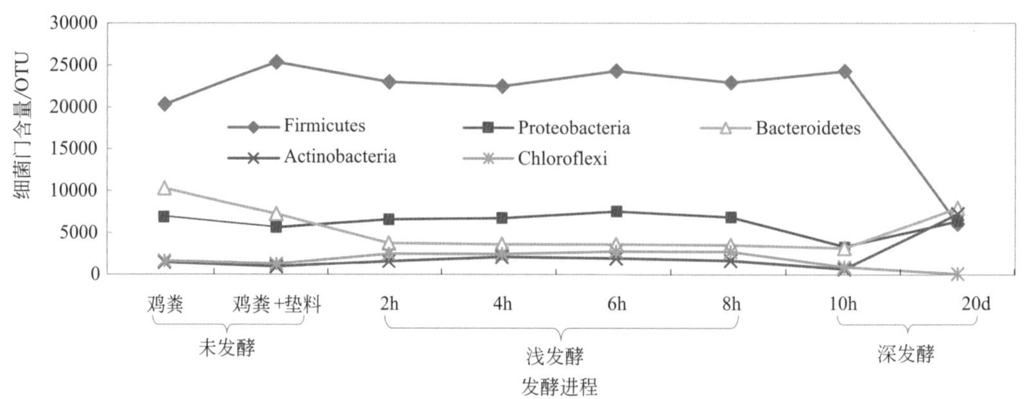

图 5-7　好氧发酵罐鸡粪处理过程细菌门优势菌群动态

七、菌群多样性指数

利用好氧发酵罐鸡粪处理过程细菌门 OTU 组成数据矩阵（表 5-11），以细菌门为样本，发酵进程为指标，计算各细菌门在发酵过程的物种多样性指数，分析结果见表 5-12。鸡粪处理过程 8 次采样，共检测到 44 个细菌门，其中细菌门含量总和超过万级 OTU 的有 5 个细菌门，即厚壁菌门、变形菌门、拟杆菌门、放线菌门、绿弯菌门，为发酵过程主导菌群；总和超过千级的有 4 个细菌门，即蓝细菌门、酸杆菌门、柔膜菌门、细菌域分类地位未定的 1 门，为发酵过程重要菌群；总和超过百级的有 15 个细菌门，即候选门 Dadabacteria、硝化螺旋菌门、异常球菌 - 栖热菌门、浮霉菌门、候选门 Patescibacteria、芽单胞菌门、螺旋体门、海港杆菌门、疣微菌门、硝化刺菌门、ε - 杆菌门、互养菌门、海绵共生菌门、梭杆菌门、候选门 AncK6，为发酵过程辅助菌群。

表 5-11　好氧发酵罐鸡粪处理过程细菌门 OTU 组成数据矩阵

细菌门	好氧发酵罐鸡粪处理过程细菌门相对含量（read）								总和（read）
	未发酵		浅发酵				深发酵		
	XYZ_1	XYZ_2	XYZ_3	XYZ_4	XYZ_5	XYZ_6	XYZ_7	XYZ_8	
【1】厚壁菌门 Firmicutes	20320	25345	22990	22478	24294	22918	24263	6034	168642
【2】变形菌门 Proteobacteria	6905	5615	6568	6705	7510	6825	3329	6347	49804
【3】拟杆菌门 Bacteroidetes	10279	7239	3763	3621	3605	3504	3148	7916	43075
【4】放线菌门 Actinobacteria	1444	941	1596	2116	1943	1660	664	7230	17594
【5】绿弯菌门 Chloroflexi	1632	1283	2494	2480	2768	2728	910	97	14392
【6】蓝细菌门 Cyanobacteria	780	614	1320	1396	1417	1562	483	34	7606

续表

细菌门	好氧发酵罐鸡粪处理过程细菌门相对含量（read）								总和（read）
	未发酵		浅发酵				深发酵		
	XYZ_1	XYZ_2	XYZ_3	XYZ_4	XYZ_5	XYZ_6	XYZ_7	XYZ_8	
【7】酸杆菌门 Acidobacteria	271	213	437	419	479	469	157	14	2459
【8】柔膜菌门 Tenericutes	470	166	121	116	104	140	48	6	1171
【9】细菌域分类地位未定的 1 门 norank_d_Bacteria	131	85	182	186	211	245	98	8	1146
【10】候选门 Dadabacteria	102	69	164	180	198	200	53	8	974
【11】硝化螺旋菌门 Nitrospirae	130	80	176	161	184	172	60	4	967
【12】异常球菌 - 栖热菌门 Deinococcus-Thermus	34	41	56	57	62	60	33	476	819
【13】浮霉菌门 Planctomycetes	98	63	131	127	151	148	52	2	772
【14】候选门 Patescibacteria	116	79	114	126	130	97	43	3	708
【15】芽单胞菌门 Gemmatimonadetes	62	30	88	71	98	81	33	14	477
【16】螺旋体门 Spirochaetes	92	37	61	61	73	83	23	0	430
【17】海港杆菌门 Poribacteria	47	29	73	74	68	75	25	4	395
【18】疣微菌门 Verrucomicrobia	35	23	38	40	43	33	23	3	238
【19】硝化刺菌门 Nitrospinae	26	11	37	42	34	47	11	1	209
【20】ε - 杆菌门 Epsilonbacteraeota	37	18	28	38	34	27	9	0	191
【21】互养菌门 Synergistetes	143	10	14	11	5	3	0	0	186
【22】海绵共生菌门 Entotheonellaeota	18	12	29	34	31	25	6	3	158
【23】梭杆菌门 Fusobacteria	12	14	24	26	38	20	8	1	143
【24】候选门 AncK6	17	10	18	23	37	20	13	1	139
【25】候选门 PAUC34f	13	6	17	15	22	16	4	0	93
【26】衣原体门 Chlamydiae	6	6	11	12	11	18	3	0	67
【27】纤维杆菌门 Fibrobacteres	3	4	9	10	14	7	3	1	51
【28】候选门 RsaHF231	7	8	6	12	9	0	1	0	43
【29】迷踪菌门 Elusimicrobia	29	2	2	1	6	1	2	0	43
【30】候选门 WS2	8	2	5	7	9	7	1	0	39
【31】候选门 WPS-2	10	2	4	3	5	3	0	0	27
【32】脱铁杆菌门 Deferribacteres	22	4	1	0	0	0	0	0	27
【33】谢克曼杆菌门 Schekmanbacteria	2	2	7	5	1	1	0	0	18
【34】黏胶球形菌门 Lentisphaerae	1	0	3	2	1	4	0	0	11
【35】候选门 Omnitrophicaeota	0	1	2	2	4	1	0	0	10
【36】候选门 Zixibacteria	0	0	1	2	2	4	1	0	10

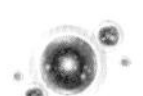

续表

细菌门	好氧发酵罐鸡粪处理过程细菌门相对含量（read）								总和（read）
	未发酵		浅发酵				深发酵		
	XYZ_1	XYZ_2	XYZ_3	XYZ_4	XYZ_5	XYZ_6	XYZ_7	XYZ_8	
【37】候选门 BRC1	0	1	2	1	2	1	0	1	8
【38】阴沟单胞菌门 Cloacimonetes	0	0	2	1	1	1	0	0	5
【39】醋热菌门 Acetothermia	1	0	0	2	0	1	0	0	4
【40】依赖菌门 Dependentiae	0	1	2	0	0	0	1	0	4
【41】候选门 FBP	1	0	1	1	1	0	0	0	4
【42】圣诞岛菌门 Kiritimatiellaeota	1	0	1	1	0	1	0	0	4
【43】候选门 Margulisbacteria	0	0	0	1	0	1	1	0	3
【44】热线菌门 Calditrichaeota	1	0	1	0	0	0	0	0	2

菌群多样性指数分析结果表明（表 5-12），从细菌门菌群分布的时间单元上看，有的细菌门在发酵过程中分布在所有的时间单元上，如厚壁菌门分布在发酵过程 8 次采样的全部时间单元上；有的则分布在部分时间单元上，如热线菌门仅分布在 8 次采样的 2 次时间单元上。

从相对含量上看，最高含量的前 3 个细菌门为厚壁菌门（168642.00）、变形菌门（49804.00）、拟杆菌门（43075.00）；最低含量的后 3 个细菌门为圣诞岛菌门（4.00）、候选门 Margulisbacteria（3.00）、热线菌门（2.00）。

从物种丰富度上看，物种丰富度最高的前 3 个细菌门为候选门 BRC1（2.40）、候选门 FBP（2.16）、圣诞岛菌门（2.16）；最低的后 3 个细菌门为变形菌门（0.65）、脱铁杆菌门（0.61）、厚壁菌门（0.58）；丰富度相差万倍，物种丰富度与优势度呈正比，优势度越高，丰富度越高，反之也成立，表明物种集中程度越高，丰富度就越高。

从物种香农指数上看，香农指数最高的前 3 个细菌门为变形菌门（2.06）、厚壁菌门（2.03）、拟杆菌门（1.98）；最低的后 3 个细菌门为互养菌门（0.88）、热线菌门（0.69）、脱铁杆菌门（0.57）；香农指数与物种均匀度指数呈正比，均匀度指数越高，香农指数越高，反之也成立，表明物种分布越均匀，香农指数越高。

表 5-12　好氧发酵罐鸡粪处理过程细菌门菌群多样性指数

物种	时间单元	相对含量（read）	细菌门多样性指数			
			丰富度	优势度指数（D）	香农指数（H）	均匀度指数
厚壁菌门 Firmicutes	8	168642.00	0.58	0.87	2.03	0.98
变形菌门 Proteobacteria	8	49804.00	0.65	0.87	2.06	0.99
拟杆菌门 Bacteroidetes	8	43075.00	0.66	0.85	1.98	0.95
放线菌门 Actinobacteria	8	17594.00	0.72	0.78	1.79	0.86
绿弯菌门 Chloroflexi	8	14392.00	0.73	0.84	1.91	0.92
蓝细菌门 Cyanobacteria	8	7606.00	0.78	0.84	1.89	0.91
酸杆菌门 Acidobacteria	8	2459.00	0.90	0.84	1.90	0.92

续表

物种	时间单元	相对含量（read）	细菌门多样性指数			
			丰富度	优势度指数（*D*）	香农指数（*H*）	均匀度指数
柔膜菌门 Tenericutes	8	1171.00	0.99	0.78	1.73	0.83
细菌域分类地位未定的 1 门 norank_d_Bacteria	8	1146.00	0.99	0.84	1.91	0.92
候选门 Dadabacteria	8	974.00	1.02	0.84	1.88	0.91
硝化螺旋菌门 Nitrospirae	8	967.00	1.02	0.84	1.90	0.91
异常球菌 - 栖热菌门 Deinococcus-Thermus	8	819.00	1.04	0.64	1.48	0.71
浮霉菌门 Planctomycetes	8	772.00	1.05	0.84	1.90	0.91
候选门 Patescibacteria	8	708.00	1.07	0.85	1.92	0.92
芽单胞菌门 Gemmatimonadetes	8	477.00	1.13	0.85	1.95	0.94
螺旋体门 Spirochaetes	7	430.00	0.99	0.84	1.87	0.96
海港杆菌门 Poribacteria	8	395.00	1.17	0.84	1.91	0.92
疣微菌门 Verrucomicrobia	8	238.00	1.28	0.86	1.96	0.94
硝化刺菌门 Nitrospinae	8	209.00	1.31	0.83	1.85	0.89
ε - 杆菌门 Epsilonbacteraeota	7	191.00	1.14	0.84	1.87	0.96
互养菌门 Synergistetes	6	186.00	0.96	0.40	0.88	0.49
海绵共生菌门 Entotheonellaeota	8	158.00	1.38	0.84	1.90	0.91
梭杆菌门 Fusobacteria	8	143.00	1.41	0.83	1.87	0.90
候选门 AncK6	8	139.00	1.42	0.84	1.90	0.91
候选门 PAUC34f	7	93.00	1.32	0.84	1.84	0.94
衣原体门 Chlamydiae	7	67.00	1.43	0.84	1.83	0.94
纤维杆菌门 Fibrobacteres	8	51.00	1.78	0.84	1.86	0.90
候选门 RsaHF231	6	43.00	1.33	0.82	1.65	0.92
迷踪菌门 Elusimicrobia	7	43.00	1.60	0.53	1.14	0.59
候选门 WS2	7	39.00	1.64	0.84	1.79	0.92
候选门 WPS-2	6	27.00	1.52	0.81	1.64	0.92
脱铁杆菌门 Deferribacteres	3	27.00	0.61	0.32	0.57	0.52
谢克曼杆菌门 Schekmanbacteria	6	18.00	1.73	0.78	1.53	0.86
黏胶球形菌门 Lentisphaerae	5	11.00	1.67	0.82	1.47	0.91
候选门 Omnitrophicaeota	5	10.00	1.74	0.82	1.47	0.91
候选门 Zixibacteria	5	10.00	1.74	0.82	1.47	0.91
候选门 BRC1	6	8.00	2.40	0.93	1.73	0.97
阴沟单胞菌门 Cloacimonetes	4	5.00	1.86	0.90	1.33	0.96
醋热菌门 Acetothermia	3	4.00	1.44	0.83	1.04	0.95
依赖菌门 Dependentiae	3	4.00	1.44	0.83	1.04	0.95
候选门 FBP	4	4.00	2.16	1.00	1.39	1.00

续表

物种	时间单元	相对含量（read）	细菌门多样性指数			
			丰富度	优势度指数（*D*）	香农指数（*H*）	均匀度指数
圣诞岛菌门 Kiritimatiellaeota	4	4.00	2.16	1.00	1.39	1.00
候选门 Margulisbacteria	3	3.00	1.82	1.00	1.10	1.00
热线菌门 Calditrichaeota	2	2.00	1.44	1.00	0.69	1.00

以表 5-11 为数据矩阵，对发酵生境进行多样性分析，以发酵过程为样本，以细菌门为指标，计算种类数、丰富度、香农指数、优势度指数、均匀度指数，分析结果见表 5-13、图 5-8。从发酵生境种类数看，浅发酵生境细菌门种类数最多（38 ～ 42），其次为未发酵生境（36 ～ 38），最少为深发酵生境（23 ～ 32），表明随着发酵进程，进入浅发酵阶段后细菌门数量上升，进入深发酵阶段后数量下降。

表 5-13　基于细菌门菌群的好氧发酵罐鸡粪处理过程生境多样性指数

发酵阶段	编号	种类数	丰富度	香农指数	优势度指数	均匀度指数
未发酵	XYZ_1	38	46.9101	1.5571	0.3050	0.1012
	XYZ_2	36	38.0579	1.2854	0.4121	0.0747
浅发酵	XYZ_3	42	46.3492	1.5122	0.3620	0.0863
	XYZ_4	41	54.4015	1.5463	0.3484	0.0924
	XYZ_5	38	41.1595	1.5313	0.3542	0.0980
	XYZ_6	39	57.5439	1.5413	0.3516	0.0966
深发酵	XYZ_7	32	37.2433	1.0591	0.5443	0.0608
	XYZ_8	23	27.0151	1.4895	0.2411	0.1561

从发酵生境丰富度上看（图 5-8），浅发酵生境的丰富度（41.1595 ～ 57.5439）＞未发酵生境的丰富度（38.0579 ～ 46.9101）＞深发酵生境的丰富度（27.0151 ～ 37.2433），香农指数的变化规律与丰富度相近；多样性指数间的相关性见表 5-14，香农指数与优势度指数的相关系数为 -0.8541（P=0.0069），呈极显著负相关；丰富度与种类数的相关系数为 0.8389，呈极显著正相关（P=0.0092），均匀度指数与优势度指数的相关系数为 -0. 8766，呈极显著负相关（P=0.0043）。

表 5-14　基于细菌门菌群的好氧发酵罐鸡粪处理过程生境多样性指数之间相关性

因子	种类数	丰富度	香农指数	优势度指数	均匀度指数
种类数		0.0092	0.4141	0.7011	0.1270
丰富度	0.8389		0.2763	0.9667	0.3758
香农指数	0.3372	0.4392		0.0069	0.1478
优势度指数	0.1622	0.0178	−0.8541		0.0043
均匀度指数	−0.5858	−0.3637	0.5612	−0.8766	

注：左下角是相关系数 R，右上角是 P 值。

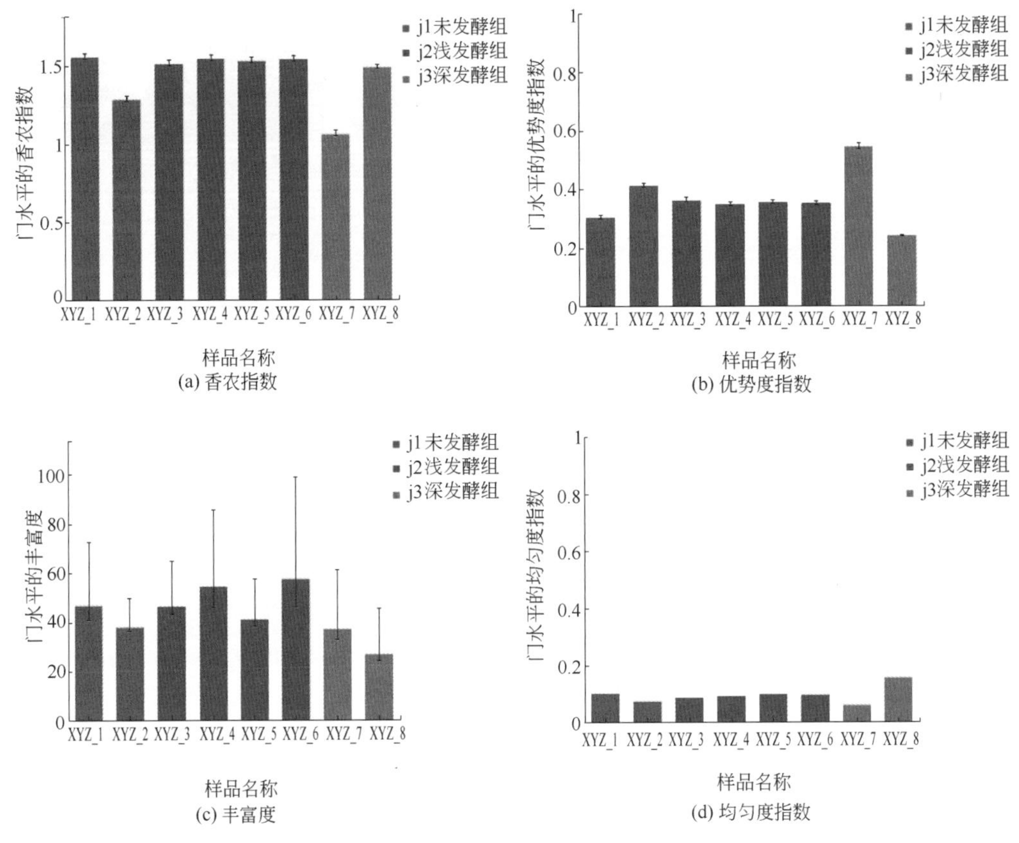

图 5-8　基于细菌门菌群的好氧发酵罐鸡粪处理过程生境多样性指数

八、菌群生态位特征

利用表 5-11，以细菌门为样本，发酵时间为指标，计算生态位宽度，分析结果见表 5-15。生态位最宽的菌群为变形菌门，生态位宽度为 7.71，其相应的常用资源种类为 S1=13.86%（未发酵阶段）、S3=13.19%（浅发酵阶段）、S4=13.46%（浅发酵阶段）、S5=15.08%（浅发酵阶段）、S6=13.70%（浅发酵阶段）；生态位最窄的菌群为脱铁杆菌门，生态位宽度为 1.46，其相应的常用资源种类为 S1=81.48%（未发酵阶段）。不同的细菌门菌群生态位宽度存在差异：生态位宽的菌群，选择多个发酵时间的概率就大，生态适应性就高；生态位窄的菌群，选择发酵阶段的概率就小，生态适应性就差。

表 5-15　好氧发酵罐鸡粪处理过程细菌门菌群生态位宽度

物种	生态位宽度	频数	截断比例	常用资源种类				
变形菌门 Proteobacteria	7.71	5	0.13	S1=13.86%	S3=13.19%	S4=13.46%	S5=15.08%	S6=13.70%
厚壁菌门 Firmicutes	7.43	6	0.13	S2=15.03%	S3=13.63%	S4=13.33%	S5=14.41%	S6=13.59%

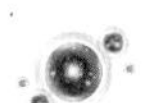

续表

物种	生态位宽度	频数	截断比例	常用资源种类				
疣微菌门 Verrucomicrobia	6.85	5	0.13	S1=14.71%	S3=15.97%	S4=16.81%	S5=18.07%	S6=13.87%
拟杆菌门 Bacteroidetes	6.55	3	0.13	S1=23.86%	S2=16.81%	S8=18.38%		
候选门 Patescibacteria	6.53	5	0.13	S1=16.38%	S3=16.10%	S4=17.80%	S5=18.36%	S6=13.70%
芽单胞菌门 Gemmatimonadetes	6.50	4	0.13	S3=18.45%	S4=14.88%	S5=20.55%	S6=16.98%	
细菌域分类地位未定的 1 门 norank_d_Bacteria	6.37	4	0.13	S3=15.88%	S4=16.23%	S5=18.41%	S6=21.38%	
绿弯菌门 Chloroflexi	6.35	4	0.13	S3=17.33%	S4=17.23%	S5=19.23%	S6=18.95%	
硝化螺旋菌门 Nitrospirae	6.35	5	0.13	S1=13.44%	S3=18.20%	S4=16.65%	S5=19.03%	S6=17.79%
浮霉菌门 Planctomycetes	6.32	4	0.13	S3=16.97%	S4=16.45%	S5=19.56%	S6=19.17%	
海港杆菌门 Poribacteria	6.31	4	0.13	S3=18.48%	S4=18.73%	S5=17.22%	S6=18.99%	
酸杆菌门 Acidobacteria	6.30	4	0.13	S3=17.77%	S4=17.04%	S5=19.48%	S6=19.07%	
ε- 杆菌门 Epsilonbacteraeota	6.20	5	0.14	S1=19.37%	S3=14.66%	S4=19.90%	S5=17.80%	S6=14.14%
蓝细菌门 Cyanobacteria	6.18	4	0.13	S3=17.35%	S4=18.35%	S5=18.63%	S6=20.54%	
螺旋体门 Spirochaetes	6.16	5	0.14	S1=21.40%	S3=14.19%	S4=14.19%	S5=16.98%	S6=19.30%
海绵共生菌门 Entotheonellaeota	6.09	4	0.13	S3=18.35%	S4=21.52%	S5=19.62%	S6=15.82%	
候选门 AncK6	6.07	3	0.13	S4=16.55%	S5=26.62%	S6=14.39%		
候选门 Dadabacteria	6.06	4	0.13	S3=16.84%	S4=18.48%	S5=20.33%	S6=20.53%	
硝化刺菌门 Nitrospinae	5.89	4	0.13	S3=17.70%	S4=20.10%	S5=16.27%	S6=22.49%	
候选门 PAUC34f	5.86	5	0.14	S1=13.98%	S3=18.28%	S4=16.13%	S5=23.66%	S6=17.20%
梭杆菌门 Fusobacteria	5.84	4	0.13	S3=16.78%	S4=18.18%	S5=26.57%	S6=13.99%	
衣原体门 Chlamydiae	5.68	4	0.14	S3=16.42%	S4=17.91%	S5=16.42%	S6=26.87%	
纤维杆菌门 Fibrobacteres	5.64	4	0.13	S3=17.65%	S4=19.61%	S5=27.45%	S6=13.73%	
候选门 WS2	5.57	4	0.14	S1=20.51%	S4=17.95%	S5=23.08%	S6=17.95%	
候选门 BRC1	5.33	2	0.15	S2=25.00%	S4=25.00%			
候选门 RsaHF231	4.93	4	0.15	S1=16.28%	S2=18.60%	S4=27.91%	S5=20.93%	
放线菌门 Actinobacteria	4.47	1	0.13	S8=41.09%				
候选门 WPS-2	4.47	2	0.15	S1=37.04%	S5=18.52%			
柔膜菌门 Tenericutes	4.43	2	0.13	S1=40.14%	S2=14.18%			
候选门 FBP	4.00	4	0.18	S1=25.00%	S2=25.00%	S3=25.00%	S4=25.00%	
圣诞岛菌门 Kiritimatiellaeota	4.00	4	0.18	S1=25.00%	S2=25.00%	S3=25.00%	S4=25.00%	
黏胶球形菌门 Lentisphaerae	3.90	3	0.16	S2=27.27%	S3=18.18%	S5=36.36%		
谢克曼杆菌门 Schekmanbacteria	3.86	2	0.15	S3=38.89%	S4=27.78%			

续表

物种	生态位宽度	频数	截断比例	常用资源种类				
候选门 Omnitrophicaeota	3.85	3	0.16	S2=20.00%	S3=20.00%	S4=40.00%		
候选门 Zixibacteria	3.85	3	0.16	S2=20.00%	S3=20.00%	S4=40.00%		
阴沟单胞菌门 Cloacimonetes	3.57	4	0.18	S1=40.00%	S2=20.00%	S3=20.00%	S4=20.00%	
候选门 Margulisbacteria	3.00	3	0.2	S1=33.33%	S2=33.33%	S3=33.33%		
异常球菌 - 栖热菌门 Deinococcus-Thermus	2.75	1	0.13	S8=58.12%				
醋热菌门 Acetothermia	2.67	3	0.2	S1=25.00%	S2=50.00%	S3=25.00%		
依赖菌门 Dependentiae	2.67	3	0.2	S1=25.00%	S2=50.00%	S3=25.00%		
迷踪菌门 Elusimicrobia	2.08	2	0.14	S1=67.44%	S5=13.95%			
热线菌门 Calditrichaeota	2.00	2	0.2	S1=50.00%	S2=50.00%			
互养菌门 Synergistetes	1.66	1	0.15	S1=76.88%				
脱铁杆菌门 Deferribacteres	1.46	1	0.2	S1=81.48%				

利用表 5-11 的前 5 个高含量细菌门构建矩阵，利用 Pianka 测度计算生态位重叠，结果见表 5-16。结果表明不同菌群间生态位重叠存在显著差异：厚壁菌门与变形菌门生态位重叠值为 0.9391，表明两个菌群生存环境具有较高相似性，表现出协调生长的特性；而厚壁菌门与放线菌门生态位重叠值为 0.5485，表明两个菌群生存环境存在着异质性，表现出互补生长的特性。

表 5-16　好氧发酵罐鸡粪处理过程细菌门菌群生态位重叠（Pianka 测度）

物种	厚壁菌门 Firmicutes	变形菌门 Proteobacteria	拟杆菌门 Bacteroidetes	放线菌门 Actinobacteria	绿弯菌门 Chloroflexi
厚壁菌门 Firmicutes	1	0.9391	0.8184	0.5485	0.937
变形菌门 Proteobacteria	0.9391	1	0.9023	0.7635	0.9229
拟杆菌门 Bacteroidetes	0.8184	0.9023	1	0.7675	0.7033
放线菌门 Actinobacteria	0.5485	0.7635	0.7675	1	0.5051
绿弯菌门 Chloroflexi	0.9370	0.9229	0.7033	0.5051	1

九、菌群亚群落分化

利用表 5-11 构建数据矩阵，以细菌门为样本，发酵时间为指标，马氏距离为尺度，可变类平均法进行系统聚类分析，结果见表 5-17、图 5-9。分析结果可将细菌门亚群落分为 3 组，第 1 组高含量亚群落，包含 5 个细菌门，即厚壁菌门、变形菌门、拟杆菌门、放线菌门、绿弯菌门，其发酵过程含量平均值（read）范围为 5524.80 ～ 8116.00，整个发酵过程中保持较高含量，在发酵过程中起到关键作用。

表 5-17　好氧发酵罐鸡粪处理过程细菌门菌群亚群落分化聚类分析

组别	物种名称	未发酵		浅发酵				深发酵	
		XYZ_1	XYZ_2	XYZ_3	XYZ_4	XYZ_5	XYZ_6	XYZ_7	XYZ_8
1	厚壁菌门 Firmicutes	20320.00	25345.00	22990.00	22478.00	24294.00	22918.00	24263.00	6034.00
	变形菌门 Proteobacteria	6905.00	5615.00	6568.00	6705.00	7510.00	6825.00	3329.00	6347.00
	拟杆菌门 Bacteroidetes	10279.00	7239.00	3763.00	3621.00	3605.00	3504.00	3148.00	7916.00
	放线菌门 Actinobacteria	1444.00	941.00	1596.00	2116.00	1943.00	1660.00	664.00	7230.00
	绿弯菌门 Chloroflexi	1632.00	1283.00	2494.00	2480.00	2768.00	2728.00	910.00	97.00
第 1 组 5 个样本平均值		8116.00	8084.60	7482.20	7480.00	8024.00	7527.00	6462.80	5524.80
2	蓝细菌门 Cyanobacteria	780.00	614.00	1320.00	1396.00	1417.00	1562.00	483.00	34.00
	酸杆菌门 Acidobacteria	271.00	213.00	437.00	419.00	479.00	469.00	157.00	14.00
	柔膜菌门 Tenericutes	470.00	166.00	121.00	116.00	104.00	140.00	48.00	6.00
	细菌域分类地位未定的 1 门 norank_d_Bacteria	131.00	85.00	182.00	186.00	211.00	245.00	98.00	8.00
	候选门 Dadabacteria	102.00	69.00	164.00	180.00	198.00	200.00	53.00	8.00
	硝化螺旋菌门 Nitrospirae	130.00	80.00	176.00	161.00	184.00	172.00	60.00	4.00
	异常球菌 - 栖热菌门 Deinococcus-Thermus	34.00	41.00	56.00	57.00	62.00	60.00	33.00	476.00
	浮霉菌门 Planctomycetes	98.00	63.00	131.00	127.00	151.00	148.00	52.00	2.00
	候选门 Patescibacteria	116.00	79.00	114.00	126.00	130.00	97.00	43.00	3.00
	芽单胞菌门 Gemmatimonadetes	62.00	30.00	88.00	71.00	98.00	81.00	33.00	14.00
	螺旋体门 Spirochaetes	92.00	37.00	61.00	61.00	73.00	83.00	23.00	0.00
	海港杆菌门 Poribacteria	47.00	29.00	73.00	74.00	68.00	75.00	25.00	4.00
	疣微菌门 Verrucomicrobia	35.00	23.00	38.00	40.00	43.00	33.00	23.00	3.00
第 2 组 13 个样本平均值		182.15	117.62	227.77	231.85	247.54	258.85	87.00	44.31
3	硝化刺菌门 Nitrospinae	26.00	11.00	37.00	42.00	34.00	47.00	11.00	1.00
	ε- 杆菌门 Epsilonbacteraeota	37.00	18.00	28.00	38.00	34.00	27.00	9.00	0.00
	互养菌门 Synergistetes	143.00	10.00	14.00	11.00	5.00	3.00	0.00	0.00
	海绵共生菌门 Entotheonellaeota	18.00	12.00	29.00	34.00	31.00	25.00	6.00	3.00
	梭杆菌门 Fusobacteria	12.00	14.00	24.00	26.00	38.00	20.00	8.00	1.00
	候选门 AncK6	17.00	10.00	18.00	23.00	37.00	20.00	13.00	1.00
	候选门 PAUC34f	13.00	6.00	17.00	15.00	22.00	16.00	4.00	0.00

续表

组别	物种名称	未发酵		浅发酵				深发酵	
		XYZ_1	XYZ_2	XYZ_3	XYZ_4	XYZ_5	XYZ_6	XYZ_7	XYZ_8
3	衣原体门 Chlamydiae	6.00	6.00	11.00	12.00	11.00	18.00	3.00	0.00
	纤维杆菌门 Fibrobacteres	3.00	4.00	9.00	10.00	14.00	7.00	3.00	1.00
	候选门 RsaHF231	7.00	8.00	6.00	12.00	9.00	0.00	1.00	0.00
	迷踪菌门 Elusimicrobia	29.00	2.00	2.00	1.00	6.00	1.00	2.00	0.00
	候选门 WS2	8.00	2.00	5.00	7.00	9.00	7.00	1.00	0.00
	候选门 WPS-2	10.00	2.00	4.00	3.00	5.00	3.00	0.00	0.00
	脱铁杆菌门 Deferribacteres	22.00	4.00	1.00	0.00	0.00	0.00	0.00	0.00
	谢克曼杆菌门 Schekmanbacteria	2.00	2.00	7.00	5.00	1.00	1.00	0.00	0.00
	黏胶球形菌门 Lentisphaerae	1.00	0.00	3.00	2.00	1.00	4.00	0.00	0.00
	候选门 Omnitrophicaeota	0.00	1.00	2.00	2.00	4.00	1.00	0.00	0.00
	候选门 Zixibacteria	0.00	0.00	1.00	2.00	2.00	4.00	1.00	0.00
	候选门 BRC1	0.00	1.00	2.00	1.00	2.00	1.00	0.00	1.00
	阴沟单胞菌门 Cloacimonetes	0.00	0.00	2.00	1.00	1.00	1.00	0.00	0.00
	醋热菌门 Acetothermia	1.00	0.00	0.00	2.00	0.00	1.00	0.00	0.00
	依赖菌门 Dependentiae	0.00	1.00	2.00	0.00	0.00	0.00	1.00	0.00
	候选门 FBP	1.00	0.00	1.00	1.00	1.00	0.00	0.00	0.00
	圣诞岛菌门 Kiritimatiellaeota	1.00	0.00	1.00	1.00	0.00	1.00	0.00	0.00
	候选门 Margulisbacteria	0.00	0.00	0.00	1.00	0.00	1.00	1.00	0.00
	热线菌门 Calditrichaeota	1.00	0.00	1.00	0.00	0.00	0.00	0.00	0.00
第 3 组 26 个样本平均值		13.77	4.38	8.73	9.69	10.27	8.04	2.46	0.31

第 2 组中含量亚群落，包含 13 个细菌门，即蓝细菌门、酸杆菌门、柔膜菌门、细菌域分类地位未定的 1 门、候选门 Dadabacteria、硝化螺旋菌门、异常球菌 - 栖热菌门、浮霉菌门、候选门 Patescibacteria、芽单胞菌门、螺旋体门、海港杆菌门、疣微菌门，其发酵过程含量平均值（read）范围为 44.31 ～ 258.85，整个发酵过程中保持中等含量，在发酵过程中起到协同作用。

第 3 组低含量亚群落，包含 26 个细菌门，即硝化刺菌门、ε - 杆菌门、互养菌门、海绵共生菌门、梭杆菌门、候选门 AncK6、候选门 PAUC34f、衣原体门、纤维杆菌门、候选门 RsaHF231、迷踪菌门、候选门 WS2、候选门 WPS-2、脱铁杆菌门、谢克曼杆菌门、黏胶球形菌门、候选门 Omnitrophicaeota、候选门 Zixibacteria、候选门 BRC1、阴沟单胞菌门、醋热菌门、依赖菌门、候选门 FBP、圣诞岛菌门、候选门 Margulisbacteria、热线菌门，其发酵过程含量平均值（read）范围为 0.31 ～ 13.77，整个发酵过程中保持较低含量，在发酵过程中起到辅助作用。

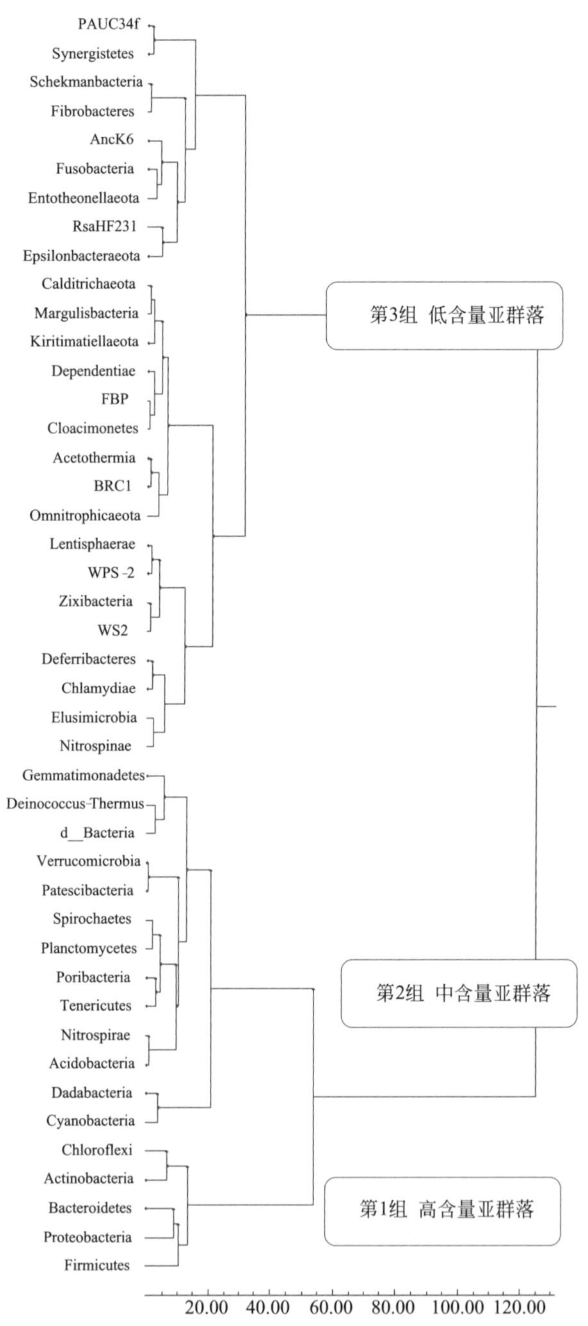

图 5-9 好氧发酵罐鸡粪处理过程细菌门菌群亚群落分化聚类分析

第五节 鸡粪好氧发酵罐处理细菌纲水平微生物组变化

一、菌群组成

好氧发酵罐处理鸡粪，未发酵组是将鸡粪与垫料等量混合装入发酵罐，浅发酵组是在发酵罐中发酵 10h，深发酵组是发酵罐发酵 10h 后，再陈化堆放 20d。高通量测序结果见表 5-18。鸡粪发酵过程共检测到 95 个细菌纲，总体含量最高的前 5 个细菌纲为梭菌纲（109.1300%）、拟杆菌纲（46.7890%）、芽胞杆菌纲（41.4530%）、γ- 变形菌纲（37.5800%）、放线菌纲（21.0010%）。

表 5-18　好氧发酵罐鸡粪处理过程细菌纲菌群组成

物种名称	细菌纲含量 /%			总和 /%
	未发酵	浅发酵	深发酵	
【1】梭菌纲 Clostridia	40.6300	40.2300	28.2700	109.1300
【2】拟杆菌纲 Bacteroidia	20.4200	8.6490	17.7200	46.7890
【3】芽胞杆菌纲 Bacilli	9.8130	13.6800	17.9600	41.4530
【4】γ- 变形菌纲 Gammaproteobacteria	12.0800	12.1200	13.3800	37.5800
【5】放线菌纲 Actinobacteria	2.7860	4.4050	13.8100	21.0010
【6】α- 变形菌纲 Alphaproteobacteria	2.1660	3.7980	2.0240	7.9880
【7】生氧光合杆菌纲 Oxyphotobacteria	1.6040	3.4060	0.7777	5.7877
【8】厌氧绳菌纲 Anaerolineae	1.4880	2.7230	0.6084	4.8194
【9】脱卤拟球菌纲 Dehalococcoidia	1.3770	2.4960	0.6349	4.5079
【10】丹毒丝菌纲 Erysipelotrichia	2.4650	0.7352	0.2754	3.4756
【11】阴壁菌纲 Negativicutes	0.6737	1.1640	0.3044	2.1421
【12】δ - 变形菌纲 Deltaproteobacteria	0.3356	0.5448	0.7427	1.6231
【13】异常球菌纲 Deinococci	0.0880	0.1415	0.8930	1.1225
【14】柔膜菌纲 Mollicutes	0.7400	0.2904	0.0823	1.1127
【15】红嗜热菌纲 Rhodothermia	0.0211	0.0433	0.9974	1.0618
【16】细菌域分类地位未定的 1 门未分类的 1 纲 unclassified_k_norank_d_Bacteria	0.2523	0.4960	0.1604	0.9087
【17】硝化螺旋菌纲 Nitrospira	0.2417	0.4113	0.0951	0.7481
【18】候选纲 Dadabacteria	0.1998	0.4465	0.0933	0.7396
【19】酸杆菌纲 Acidobacteria	0.1708	0.3339	0.0865	0.5912

续表

物种名称	细菌纲含量 /%			总和 /%
	未发酵	浅发酵	深发酵	
【20】候选纲 TK30	0.1736	0.3301	0.0775	0.5812
【21】亚群 9 的 1 纲 Subgroup_9	0.1824	0.3223	0.0710	0.5757
【22】亚群 6 的 1 纲 Subgroup_6	0.1425	0.2770	0.0575	0.4770
【23】糖单胞菌纲 Saccharimonadia	0.1717	0.1858	0.0394	0.3969
【24】芽单胞菌纲 Gemmatimonadetes	0.1072	0.2032	0.0741	0.3845
【25】候选纲 TK17	0.0902	0.2320	0.0510	0.3732
【26】候选纲 OLB14	0.0902	0.1840	0.0590	0.3333
【27】海港杆菌门分类地位未定的 1 纲 norank_p_Poribacteria	0.0887	0.1749	0.0444	0.3080
【28】变形菌门未分类的 1 纲 unclassified_p_Proteobacteria	0.0656	0.1479	0.0659	0.2794
【29】螺旋体纲 Spirochaetia	0.1257	0.1307	0.0224	0.2788
【30】候选纲 JG30-KF-CM66	0.0841	0.1483	0.0373	0.2697
【31】海草球形菌纲 Phycisphaerae	0.0841	0.1401	0.0448	0.2689
【32】绿弯菌纲 Chloroflexia	0.0653	0.1241	0.0512	0.2406
【33】疣微菌纲 Verrucomicrobiae	0.0678	0.0927	0.0396	0.2001
【34】互养菌纲 Synergistia	0.1770	0.0201	0.0000	0.1971
【35】弯曲杆菌纲 Campylobacteria	0.0641	0.0765	0.0134	0.1540
【36】候选纲 P9X2b3D02	0.0408	0.0918	0.0182	0.1507
【37】候选纲 Kazania	0.0444	0.0656	0.0209	0.1309
【38】海绵共生菌纲 Entotheonellia	0.0351	0.0717	0.0143	0.1210
【39】候选门 AncK6 分类地位未定的 1 纲 norank_p_AncK6	0.0315	0.0586	0.0212	0.1113
【40】梭杆菌纲 Fusobacteriia	0.0305	0.0647	0.0137	0.1089
【41】亚群 11 的 1 纲 Subgroup_11	0.0188	0.0568	0.0200	0.0956
【42】候选纲 OM190	0.0304	0.0521	0.0125	0.0950
【43】湖绳菌纲 Limnochordia	0.0000	0.0000	0.0922	0.0922
【44】候选纲 Brocadiae	0.0211	0.0481	0.0060	0.0751
【45】嗜热厌氧杆菌纲 Thermoanaerobaculia	0.0223	0.0312	0.0167	0.0702
【46】候选门 PAUC34f 分类地位未定的 1 纲 norank_p_PAUC34f	0.0221	0.0420	0.0060	0.0701
【47】勾端螺旋体纲 Leptospirae	0.0211	0.0342	0.0119	0.0672
【48】浮霉菌纲 Planctomycetacia	0.0234	0.0307	0.0090	0.0631
【49】候选纲 KD4-96	0.0246	0.0324	0.0060	0.0629
【50】亚群 21 的 1 纲 Subgroup_21	0.0176	0.0360	0.0060	0.0595
【51】黑暗杆菌纲 Melainabacteria	0.0267	0.0253	0.0033	0.0553

续表

物种名称	细菌纲含量 /%			总和 /%
	未发酵	浅发酵	深发酵	
【52】候选纲 OC31	0.0199	0.0235	0.0075	0.0509
【53】衣原体纲 Chlamydiae	0.0141	0.0314	0.0045	0.0499
【54】候选纲 028H05-P-BN-P5	0.0151	0.0284	0.0030	0.0465
【55】迷踪菌纲 Elusimicrobia	0.0359	0.0059	0.0030	0.0447
【56】几丁质弧菌纲 Chitinivibrionia	0.0082	0.0240	0.0062	0.0384
【57】候选门 RsaHF231 分类地位未定的 1 纲 norank_p_RsaHF231	0.0176	0.0162	0.0015	0.0353
【58】懒惰杆菌纲 Ignavibacteria	0.0094	0.0204	0.0015	0.0313
【59】候选纲 VadinHA49	0.0070	0.0212	0.0030	0.0312
【60】脱铁杆菌纲 Deferribacteres	0.0302	0.0006	0.0000	0.0308
【61】绿弯菌门未分类的 1 纲 unclassified_p_Chloroflexi	0.0082	0.0179	0.0045	0.0305
【62】候选门 WS2 分类地位未定的 1 纲 norank_p_WS2	0.0116	0.0168	0.0015	0.0299
【63】候选门 WPS-2 分类地位未定的 1 纲 norank_p_WPS-2	0.0139	0.0090	0.0000	0.0229
【64】候选纲 Parcubacteria	0.0035	0.0159	0.0000	0.0193
【65】候选门 WS6 多伊卡杆菌纲 WS6_Dojkabacteria	0.0083	0.0073	0.0030	0.0185
【66】出芽小链菌亚群 4 的 1 纲 Blastocatellia_Subgroup_4	0.0023	0.0108	0.0015	0.0146
【67】谢克曼杆菌门分类地位未定的 1 纲 norank_p_Schekmanbacteria	0.0047	0.0086	0.0000	0.0133
【68】候选纲 TK10	0.0047	0.0078	0.0000	0.0124
【69】浮霉菌门未分类的 1 纲 unclassified_p_Planctomycetes	0.0047	0.0067	0.0000	0.0114
【70】候选纲 BD7-11	0.0023	0.0061	0.0030	0.0113
【71】热脱硫弧菌纲 Thermodesulfovibrionia	0.0035	0.0059	0.0015	0.0109
【72】全噬菌纲 Holophagae	0.0047	0.0060	0.0000	0.0107
【73】候选纲 Gitt-GS-136	0.0035	0.0066	0.0000	0.0101
【74】亚群 5 的 1 纲 Subgroup_5	0.0035	0.0048	0.0000	0.0083
【75】黏胶球形菌纲 Lentisphaeria	0.0012	0.0061	0.0000	0.0072
【76】硝化刺菌纲 Nitrospinia	0.0023	0.0048	0.0000	0.0072
【77】候选门 Zixibacteria 分类地位未定的 1 纲 norank_p_Zixibacteria	0.0000	0.0054	0.0015	0.0069
【78】候选门 BRC1 分类地位未定的 1 纲 norank_p_BRC1	0.0012	0.0036	0.0018	0.0066
【79】候选纲 V2072-189E03	0.0035	0.0024	0.0000	0.0058
【80】纤细杆菌纲 Gracilibacteria	0.0000	0.0025	0.0030	0.0054
【81】亚群 26 的 1 纲 Subgroup_26	0.0012	0.0037	0.0000	0.0048

续表

物种名称	细菌纲含量 /%			总和 /%
	未发酵	浅发酵	深发酵	
【82】候选门 Patescibacteria 未分类的 1 纲 unclassified_p_Patescibacteria	0.0000	0.0012	0.0033	0.0044
【83】候选门 Omnitrophicaeota 分类地位未定的 1 纲 norank_p_Omnitrophicaeota	0.0000	0.0042	0.0000	0.0042
【84】候选纲 Babeliae	0.0012	0.0012	0.0015	0.0039
【85】阴沟单胞菌纲 Cloacimonadia	0.0000	0.0030	0.0000	0.0030
【86】圣诞岛菌纲 Kiritimatiellae	0.0012	0.0018	0.0000	0.0030
【87】醋热菌纲 Acetothermiia	0.0012	0.0018	0.0000	0.0030
【88】候选门 FBP 分类地位未定的 1 纲 norank_p_FBP	0.0012	0.0018	0.0000	0.0030
【89】候选纲 ABY1	0.0000	0.0029	0.0000	0.0029
【90】候选门 Margulisbacteria 分类地位未定的 1 纲 norank_p_Margulisbacteria	0.0000	0.0012	0.0015	0.0027
【91】候选纲 Omnitrophia	0.0012	0.0012	0.0000	0.0024
【92】候选纲 Aminicenantia	0.0000	0.0023	0.0000	0.0023
【93】候选纲 Pla3_lineage	0.0000	0.0018	0.0000	0.0018
【94】热线菌纲 Calditrichia	0.0012	0.0006	0.0000	0.0018
【95】亚群 18 的 1 纲 Subgroup_18	0.0000	0.0011	0.0000	0.0011

二、优势菌群

从菌群结构看（图 5-10），未发酵组细菌纲聚集成一类，前 5 个高含量细菌纲优势菌群为梭菌纲 Clostridia（40.6300%）、拟杆菌纲（20.4200%）、γ- 变形菌纲（12.0800%）、芽胞杆菌纲（9.8130%）、放线菌纲（2.7860%）；浅发酵组细菌纲聚集成一类，前 5 个高含量细菌纲优势菌群为梭菌纲（40.2300%）、芽胞杆菌纲（13.6800%）、γ- 变形菌纲（12.1200%）、拟杆菌纲（8.6490%）、放线菌纲（4.4050%）；深发酵组细菌纲归为一类，前 5 个高含量细菌纲优势菌群为梭菌纲（28.2700%）、芽胞杆菌纲（17.9600%）、拟杆菌纲（17.7200%）、放线菌纲（13.8100%）、γ- 变形菌纲（13.3800%）。

三、菌群种类

从菌群种类看（图 5-11），未发酵组细菌纲有 84 个，浅发酵组细菌纲 94 个，深发酵组细菌纲 70 个，三个处理共有细菌纲 65 个；未发酵组没有独有细菌纲，浅发酵组有 6 个独有细菌纲，深发酵组有 1 个独有细菌纲；结果表明随着发酵进程，浅发酵阶段分化出较多的独有细菌纲，进入深发酵阶段后，独有细菌纲数量减少。

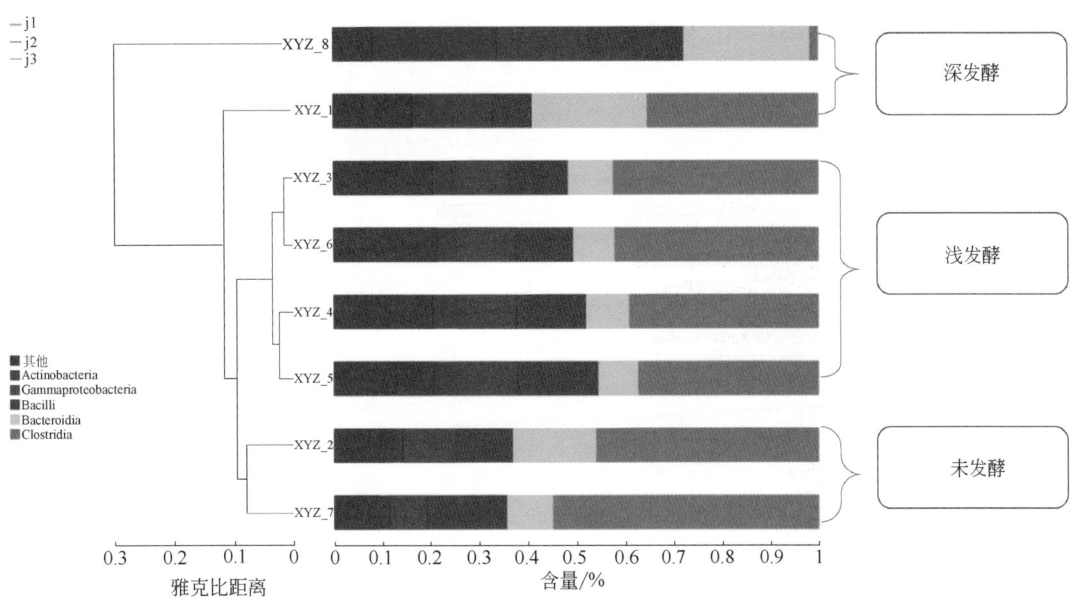

图 5-10　好氧发酵罐鸡粪处理过程细菌纲菌群结构

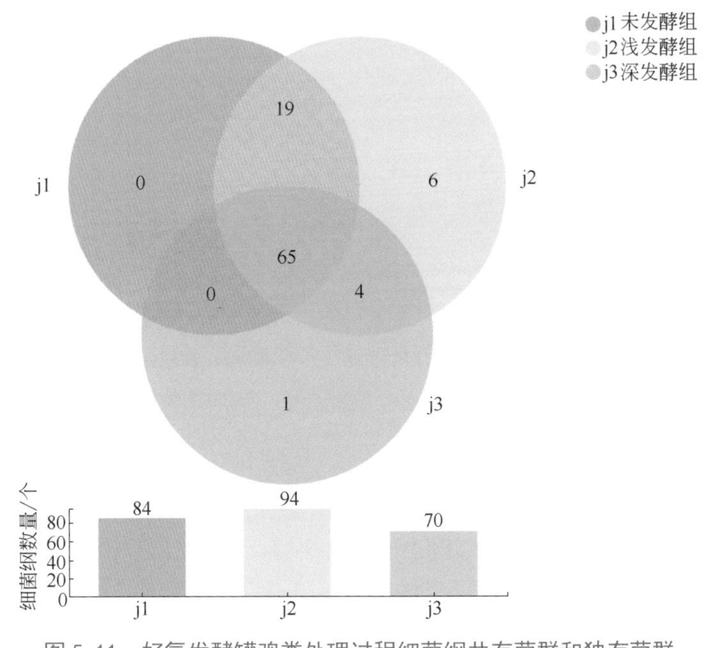

图 5-11　好氧发酵罐鸡粪处理过程细菌纲共有菌群和独有菌群

四、菌群差异

从菌群差异性看，前 15 个高含量细菌纲菌群，仅有 4 个纲发酵过程存在含量差异，即生氧光合杆菌纲、厌氧绳菌纲、脱卤拟球菌纲、柔膜菌纲；其余 11 个纲，发酵过程含量差异不显著，即梭菌纲、拟杆菌纲、芽胞杆菌纲、γ- 变形菌纲、放线菌纲、α- 变形菌纲、丹毒丝菌纲、阴壁菌纲、δ- 变形菌纲、异常球菌纲、红嗜热菌纲（图 5-12）。

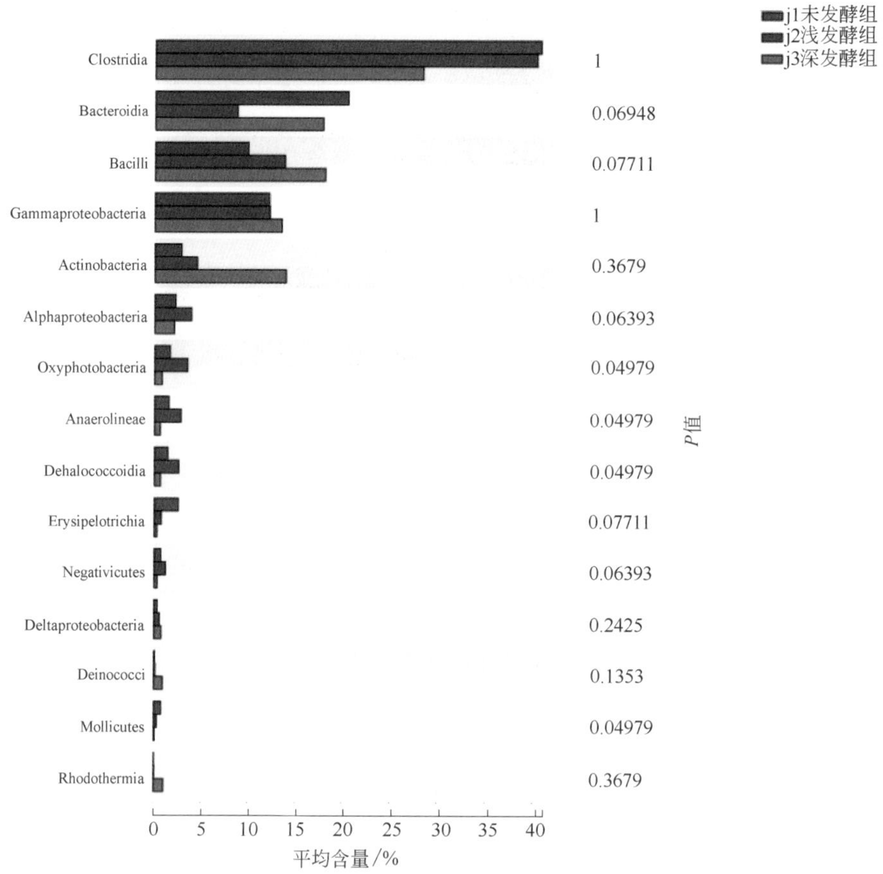

图 5-12 好氧发酵罐鸡粪处理过程细菌纲优势菌群差异性比较

五、菌群进化

鸡粪发酵罐处理过程细菌纲系统进化树见图 5-13。从菌群进化看，5 个细菌纲在好氧发酵罐处理系统中起到优势菌群的作用，即梭菌纲、拟杆菌纲、芽胞杆菌纲、γ- 变形菌纲、放线菌纲（表 5-19）；梭菌纲未发酵和浅发酵阶段含量较高，深发酵阶段含量下降；拟杆菌纲在未发酵和深发酵阶段含量较高，浅发酵阶段含量较低；芽胞杆菌纲和放线菌纲随着发酵进程，含量逐步上升；γ- 变形菌纲发酵过程含量基本保持稳定。发酵阶段作为微生物培养营养和环境条件的综合指标，影响着微生物组的发生、发展和进化。

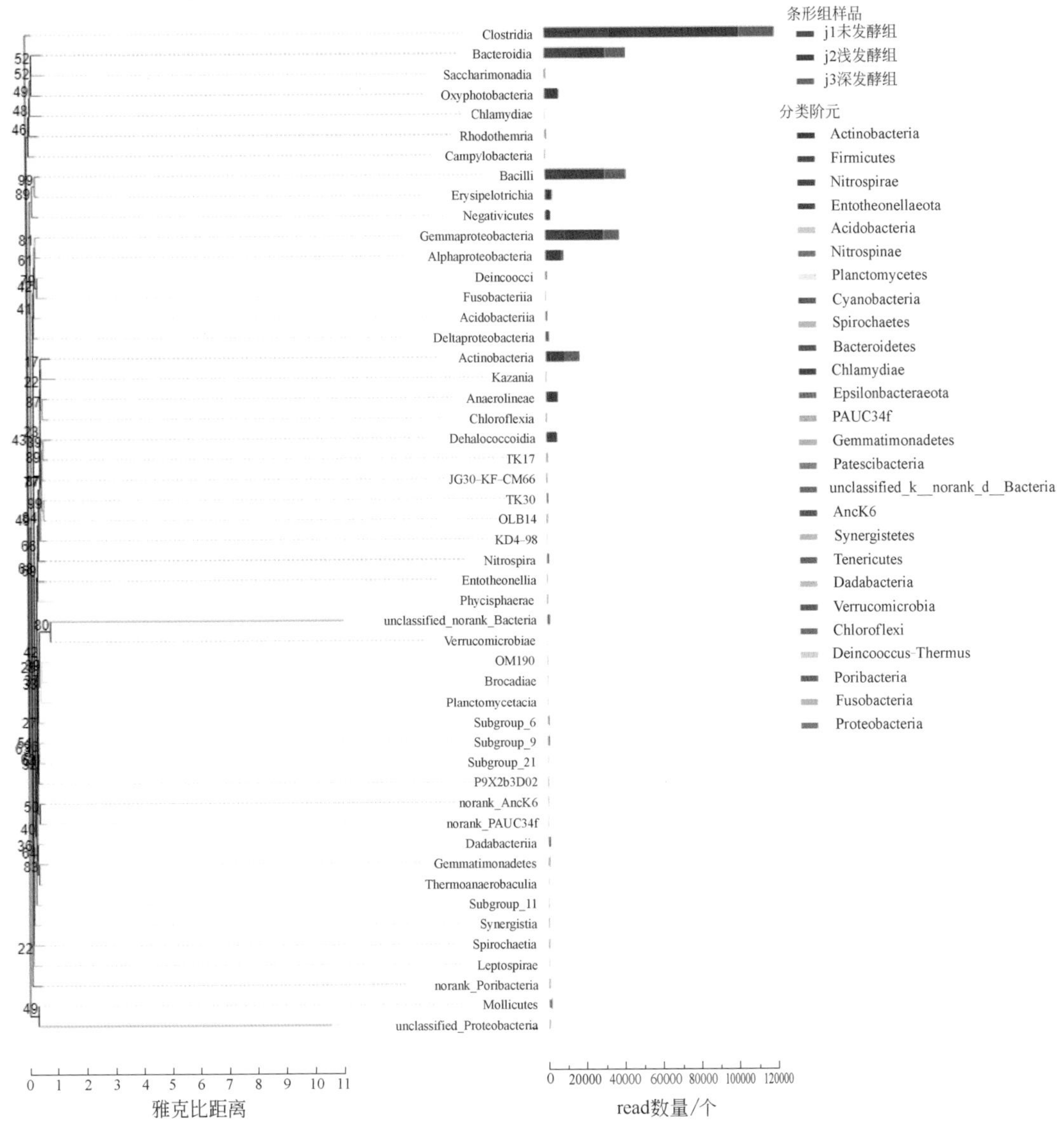

图 5-13　好氧发酵罐鸡粪处理过程细菌纲系统进化树

表 5-19　好氧发酵罐鸡粪处理过程高含量细菌纲菌群系统进化情况

物种名称	发酵过程细菌纲含量 /%		
	未发酵	浅发酵	深发酵
梭菌纲 Clostridia	40.6300	40.2300	28.2700
拟杆菌纲 Bacteroidia	20.4200	8.6490	17.7200
芽胞杆菌纲 Bacilli	9.8130	13.6800	17.9600
γ- 变形菌纲 Gammaproteobacteria	12.0800	12.1200	13.3800
放线菌纲 Actinobacteria	2.7860	4.4050	13.8100

六、菌群动态

从菌群动态看，发酵初期鸡粪 + 垫料装入发酵罐开始发酵，经过 10h 发酵，取出陈化 20d（即第 10 小时取出，陈化 20d），细菌纲 5 个优势菌群动态变化见图 5-14。梭菌纲在未发酵和浅发酵阶段含量较高，小幅波动变化，进入深发酵后，含量迅速下降，到 20d 陈化后，含量急剧下降到谷底，从进入深发酵初期的 18411OTU 下降到 20d 陈化后的 450OTU。其余 4 个细菌纲，即拟杆菌纲、芽胞杆菌纲、γ- 变形菌纲、放线菌纲总体含量低于梭菌纲，从原料到发酵过程含量波动变化，进入深发酵（陈化）后，含量略有上升。

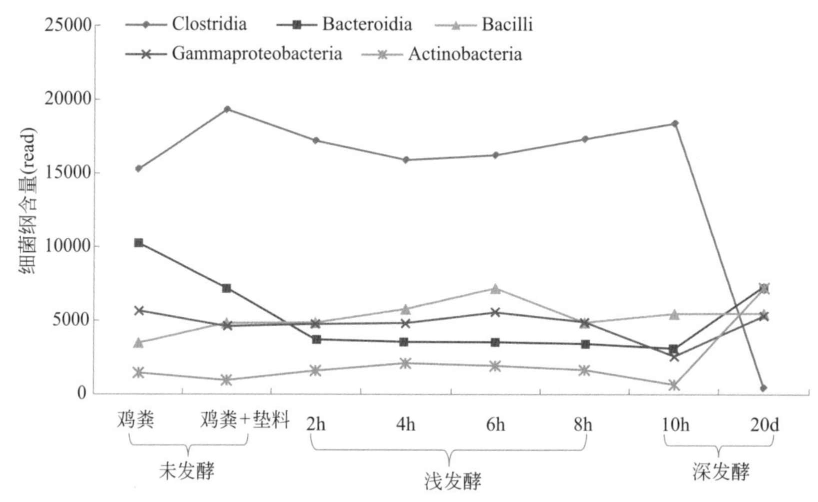

图 5-14　好氧发酵罐鸡粪处理过程细菌纲优势菌群动态变化

七、菌群多样性指数

利用好氧发酵罐鸡粪处理过程细菌纲 OTU 组成数据矩阵（表 5-20），以细菌纲为样本，发酵进程为指标，计算各细菌纲在发酵过程的菌群多样性指数，分析结果见表 5-21。鸡粪处理过程 8 次采样，共检测到 95 个细菌纲。其中细菌纲含量总和超过万级 OTU 的有 5 个细菌纲，即梭菌纲、拟杆菌纲、芽胞杆菌纲、γ- 变形菌纲、放线菌纲，为发酵过程主导菌群；总和超过千级的有 9 个细菌纲，即 α- 变形菌纲、生氧光合杆菌纲、厌氧绳菌纲、脱卤拟球菌纲、丹毒丝菌纲、阴壁菌纲、δ - 变形菌纲、柔膜菌纲、细菌域分类地位未定的 1 门未分类的 1 纲，为发酵过程重要菌群；总和超过百级的有 29 个细菌纲，即候选纲 Dadabacteria、硝化螺旋菌纲、异常球菌纲、酸杆菌纲、候选纲 TK30、亚群 9 的 1 纲、红嗜热菌纲、亚群 6 的 1 纲、候选纲 TK17、糖单胞菌纲、芽单胞菌门的 1 纲、候选纲 OLB14、海港杆菌门的 1 纲 p_Poribacteria、变形菌门未分类的 1 纲、候选纲 JG30-KF-CM66、螺旋体纲、海草球形菌纲、绿弯菌纲、疣微菌纲、候选纲 P9X2b3D02、弯曲杆菌纲、互养菌纲、候选纲 Kazania、海绵共生菌纲、梭杆菌纲、候选门 AncK6 分类地位未定的 1 纲 norank_p_AncK6、亚群 11 的 1 纲、候选纲 OM190、候选纲 Brocadiae，为发酵过程的辅助菌群。

表 5-20　好氧发酵罐鸡粪处理过程细菌纲 OTU 组成数据矩阵

细菌纲	好氧发酵罐鸡粪处理过程细菌纲相对含量（read）								总和
	未发酵		浅发酵				深发酵		
	XYZ_1	XYZ_2	XYZ_3	XYZ_4	XYZ_5	XYZ_6	XYZ_7	XYZ_8	
梭菌纲 Clostridia	15299	19326	17218	15918	16256	17349	18411	450	120227
拟杆菌纲 Bacteroidia	10260	7215	3739	3583	3568	3458	3140	7355	42318
芽胞杆菌纲 Bacilli	3504	4852	4881	5802	7215	4889	5486	5513	42142
γ- 变形菌纲 Gammaproteobacteria	5683	4642	4784	4858	5582	4927	2616	5349	38441
放线菌纲 Actinobacteria	1444	941	1596	2116	1943	1660	664	7230	17594
α- 变形菌纲 Alphaproteobacteria	1032	820	1517	1589	1589	1609	569	663	9388
生氧光合杆菌纲 Oxyphotobacteria	762	609	1303	1387	1406	1557	482	33	7539
厌氧绳菌纲 Anaerolineae	728	545	1032	1098	1225	1171	359	41	6199
脱卤拟球菌纲 Dehalococcoidia	654	523	1009	981	1076	1079	378	40	5740
丹毒丝菌纲 Erysipelotrichia	1162	945	473	279	344	124	181	3	3511
阴壁菌纲 Negativicutes	355	222	418	479	479	556	185	16	2710
δ - 变形菌纲 Deltaproteobacteria	162	125	226	207	258	215	101	334	1628
柔膜菌纲 Mollicutes	470	166	121	116	104	140	48	6	1171
细菌域分类地位未定的 1 门未分类的 1 纲 unclassified_k_norank_d_Bacteria	131	85	182	186	211	245	98	8	1146
候选纲 Dadabacteria	102	69	164	180	198	200	53	8	974
硝化螺旋菌纲 Nitrospira	128	79	174	160	179	170	59	4	953
异常球菌纲 Deinococci	34	41	56	57	62	60	33	476	819
酸杆菌纲 Acidobacteria	81	65	137	108	148	162	52	5	758
候选纲 TK30	69	79	153	125	124	145	46	5	746
亚群 9 的 1 纲 Subgroup_9	89	67	132	126	136	141	44	3	738
红嗜热菌纲 Rhodothermia	8	10	13	19	19	21	2	561	653
亚群 6 的 1 纲 Subgroup_6	74	48	112	117	122	109	35	3	620
候选纲 TK17	40	37	97	87	94	107	33	1	496
糖单胞菌纲 Saccharimonadia	89	58	71	83	89	66	24	2	482
芽单胞菌门的 1 纲 Gemmatimonadetes	62	30	88	71	98	81	33	14	477
候选纲 OLB14	38	39	80	67	87	72	36	3	422
海港杆菌门的 1 纲 p_Poribacteria	47	29	73	74	68	75	25	4	395
变形菌门未分类的 1 纲 unclassified_p_Proteobacteria	28	28	41	51	81	74	43	1	347
候选纲 JG30-KF-CM66	43	29	61	50	76	60	25	0	344
螺旋体纲 Spirochaetia	79	29	50	49	54	64	15	0	340
海草球形菌纲 Phycisphaerae	45	27	50	57	65	61	30	0	335

续表

细菌纲	好氧发酵罐鸡粪处理过程细菌纲相对含量（read）								总和
	未发酵		浅发酵				深发酵		
	XYZ_1	XYZ_2	XYZ_3	XYZ_4	XYZ_5	XYZ_6	XYZ_7	XYZ_8	
绿弯菌纲 Chloroflexia	38	18	44	52	51	59	26	7	295
疣微菌纲 Verrucomicrobiae	35	23	38	40	43	33	23	3	238
候选纲 P9X2b3D02	25	10	37	40	33	42	11	1	199
弯曲杆菌纲 Campylobacteria	37	18	28	38	34	27	9	0	191
互养菌纲 Synergistia	143	10	14	11	5	3	0	0	186
候选纲 Kazania	22	16	27	31	32	19	14	0	161
海绵共生菌纲 Entotheonellia	18	12	29	34	31	25	6	3	158
梭杆菌纲 Fusobacteriia	12	14	24	26	38	20	8	1	143
候选门 AncK6 分类地位未定的 1 纲 norank_p_AncK6	17	10	18	23	37	20	13	1	139
亚群 11 的 1 纲 Subgroup_11	7	9	21	31	19	23	11	2	123
候选纲 OM190	15	11	21	15	31	20	6	2	121
候选纲 Brocadiae	9	9	13	21	23	23	4	0	102
候选门 PAUC34f 分类地位未定的 1 纲 norank_p_PAUC34f	13	6	17	15	22	16	4	0	93
勾端螺旋体纲 Leptospirae	10	8	10	11	17	19	8	0	83
嗜热厌氧杆菌纲 Thermoanaerobaculia	8	11	15	9	17	11	10	1	82
亚群 21 的 1 纲 Subgroup_21	6	9	10	16	20	14	4	0	79
候选纲 KD4-96	12	9	12	8	15	19	4	0	79
浮霉菌纲 Planctomycetacia	12	8	19	3	12	17	6	0	77
衣原体纲 Chlamydiae	6	6	11	12	11	18	3	0	67
黑暗杆菌纲 Melainabacteria	18	5	17	9	11	5	1	1	67
候选纲 028H05-P-BN-P5	10	3	13	13	9	12	2	0	62
候选纲 OC31	8	9	7	11	9	12	5	0	61
湖绳菌纲 Limnochordia	0	0	0	0	0	0	0	52	52
几丁质弧菌纲 Chitinivibrionia	3	4	9	10	14	7	3	1	51
懒惰杆菌纲 Ignavibacteria	3	5	4	8	9	13	1	0	43
迷踪菌纲 Elusimicrobia	29	2	2	1	6	1	2	0	43
候选纲 vadinHA49	3	3	8	9	7	11	2	0	43
候选门 RsaHF231 分类地位未定的 1 纲 norank_p_RsaHF231	7	8	6	12	9	0	1	0	43
绿弯菌门未分类的 1 纲 unclassified_p_Chloroflexi	5	2	2	7	12	9	3	0	40
候选门 WS2 分类地位未定的 1 纲 norank_p_WS2	8	2	5	7	9	7	1	0	39

续表

细菌纲	好氧发酵罐鸡粪处理过程细菌纲相对含量（read）								总和
	未发酵		浅发酵				深发酵		
	XYZ_1	XYZ_2	XYZ_3	XYZ_4	XYZ_5	XYZ_6	XYZ_7	XYZ_8	
候选纲 Parcubacteria	3	0	11	6	2	7	0	0	29
脱铁杆菌纲 Deferribacteres	22	4	1	0	0	0	0	0	27
候选门 WPS-2 分类地位未定的 1 纲 norank_p_WPS-2	10	2	4	3	5	3	0	0	27
出芽小链菌亚群 4 的 1 纲 Blastocatellia_Subgroup_4	1	1	5	5	6	2	1	0	21
候选门 WS6 多伊卡杆菌纲 WS6_Dojkabacteria	2	5	2	5	2	3	2	0	21
谢克曼杆菌门分类地位未定的 1 纲 norank_p_Schekmanbacteria	2	2	7	5	1	1	0	0	18
候选纲 TK10	3	1	3	1	5	4	0	0	17
浮霉菌门未分类的 1 纲 unclassified_p_Planctomycetes	2	2	3	5	2	1	0	0	15
全噬菌纲 Holophagae	2	2	3	2	4	1	0	0	14
候选纲 BD7-11	2	0	3	3	2	2	2	0	14
热脱硫弧菌纲 Thermodesulfovibrionia	2	1	2	1	5	2	1	0	14
候选纲 Gitt-GS-136	2	1	1	4	3	3	0	0	14
黏胶球形菌纲 Lentisphaeria	1	0	3	2	1	4	0	0	11
亚群 5 的 1 纲 Subgroup_5	2	1	1	3	2	2	0	0	11
硝化刺菌纲 Nitrospinia	1	1	0	2	1	5	0	0	10
候选门 Zixibacteria 分类地位未定的 1 纲 norank_p_Zixibacteria	0	0	1	2	2	4	1	0	10
候选门 BRC1 分类地位未定的 1 纲 norank_p_BRC1	0	1	2	1	2	1	0	1	8
亚群 26 的 1 纲 Subgroup_26	1	0	0	2	0	4	0	0	7
候选纲 V2072-189E03	3	0	1	1	2	0	0	0	7
候选门 Omnitrophicaeota 分类地位未定的 1 纲 norank p_Omnitrophicaeota	0	0	2	1	3	1	0	0	7
纤细杆菌纲 Gracilibacteria	0	0	3	1	0	0	2	0	6
候选纲 ABY1	0	0	0	0	4	1	0	0	5
阴沟单胞菌纲 Cloacimonadia	0	0	2	1	1	1	0	0	5
候选门 Patescibacteria 未分类的 1 纲 unclassified_p_Patescibacteria	0	0	0	0	1	1	1	1	4
候选纲 Aminicenantia	0	0	1	0	3	0	0	0	4
圣诞岛菌纲 Kiritimatiellae	1	0	1	1	0	1	0	0	4
候选纲 Babeliae	0	1	2	0	0	0	1	0	4

续表

细菌纲	好氧发酵罐鸡粪处理过程细菌纲相对含量（read）								总和
	未发酵		浅发酵				深发酵		
	XYZ_1	XYZ_2	XYZ_3	XYZ_4	XYZ_5	XYZ_6	XYZ_7	XYZ_8	
候选门 FBP 分类地位未定的 1 纲 norank_p_FBP	1	0	1	1	1	0	0	0	4
醋热菌纲 Acetothermiia	1	0	0	2	0	1	0	0	4
候选纲 Pla3_lineage	0	0	1	1	0	1	0	0	3
候选门 Margulisbacteria 分类地位未定的 1 纲 norank_p_Margulisbacteria	0	0	0	1	0	1	1	0	3
候选纲 Omnitrophia	0	1	0	1	1	0	0	0	3
热线菌纲 Calditrichia	1	0	1	0	0	0	0	0	2
亚群 18 的 1 纲 Subgroup_18	0	0	0	0	2	0	0	0	2

细菌纲菌群多样性指数分析结果见表 5-21。从细菌纲菌群分布的时间单元上看，有的细菌纲在发酵过程中分布在所有的时间单元上，如梭菌纲分布在发酵过程 8 次采样的全部时间单元上；有的则分布在部分时间单元上，如醋热菌纲仅分布在 8 次采样的 3 次时间单元上。

从相对含量上看，最高含量的前 3 个细菌纲为梭菌纲（120227.00）、拟杆菌纲（42318.00）、芽胞杆菌纲（42142.00）；最低含量的后 3 个细菌纲为候选纲 Omnitrophia（3.00）、热线菌纲（2.00）、亚群 18 的 1 纲（2.00）。

从物种丰富度上看，物种丰富度最高的前 3 个细菌纲为候选门 BRC1 分类地位未定的 1 纲 norank_p_BRC1（2.40）、热脱硫弧菌纲（2.27）、候选门 Patescibacteria 未分类的 1 纲（2.16）；最低的后 3 个细菌纲为梭菌纲（0.60）、湖绳菌纲（0.00）、亚群 18 的 1 纲（0.00）；丰富度相差万倍，物种丰富度与优势度呈正比，优势度越高，丰富度越高，反之也成立，表明物种集中程度越高，丰富度就越高。

从物种香农指数上看，香农指数最高的前 3 个细菌纲为芽胞杆菌纲（2.06）、γ- 变形菌纲（2.06）、δ - 变形菌纲（2.02）；最低的后 3 个细菌纲为候选纲 ABY1（0.50）、湖绳菌纲（0.00）、亚群 18 的 1 纲（0.00）；香农指数与物种均匀度指数呈正比，均匀度指数越高，香农指数越高，反之也成立，表明物种分布越均匀，香农指数越高。

表 5-21 好氧发酵罐鸡粪处理过程细菌纲菌群多样性指数

物种	时间单元	相对含量（read）	细菌纲多样性指数			
			丰富度	优势度指数（D）	香农指数（H）	均匀度指数
梭菌纲 Clostridia	8	120227.00	0.60	0.86	1.96	0.94
拟杆菌纲 Bacteroidia	8	42318.00	0.66	0.85	1.98	0.95
芽胞杆菌纲 Bacilli	8	42142.00	0.66	0.87	2.06	0.99
γ- 变形菌纲 Gammaproteobacteria	8	38441.00	0.66	0.87	2.06	0.99
放线菌纲 Actinobacteria	8	17594.00	0.72	0.78	1.79	0.86
α- 变形菌纲 Alphaproteobacteria	8	9388.00	0.77	0.86	2.01	0.97

续表

物种	时间单元	相对含量（read）	细菌纲多样性指数			
			丰富度	优势度指数（D）	香农指数（H）	均匀度指数
生氧光合杆菌纲 Oxyphotobacteria	8	7539.00	0.78	0.84	1.89	0.91
厌氧绳菌纲 Anaerolineae	8	6199.00	0.80	0.84	1.90	0.92
脱卤拟球菌纲 Dehalococcoidia	8	5740.00	0.81	0.84	1.92	0.92
丹毒丝菌纲 Erysipelotrichia	8	3511.00	0.86	0.78	1.70	0.82
阴壁菌纲 Negativicutes	8	2710.00	0.89	0.84	1.91	0.92
δ- 变形菌纲 Deltaproteobacteria	8	1628.00	0.95	0.86	2.02	0.97
柔膜菌纲 Mollicutes	8	1171.00	0.99	0.78	1.73	0.83
细菌域分类地位未定的 1 门未分类的 1 纲 unclassified_k_norank_d_Bacteria	8	1146.00	0.99	0.84	1.91	0.92
候选纲 Dadabacteria	8	974.00	1.02	0.84	1.88	0.91
硝化螺旋菌纲 Nitrospira	8	953.00	1.02	0.84	1.90	0.92
异常球菌纲 Deinococci	8	819.00	1.04	0.64	1.48	0.71
酸杆菌纲 Acidobacteria	8	758.00	1.06	0.84	1.90	0.91
候选纲 TK30	8	746.00	1.06	0.84	1.90	0.92
亚群 9 的 1 纲 Subgroup_9	8	738.00	1.06	0.84	1.90	0.91
红嗜热菌纲 Rhodothermia	8	653.00	1.08	0.26	0.66	0.32
亚群 6 的 1 纲 Subgroup_6	8	620.00	1.09	0.84	1.89	0.91
候选纲 TK17	8	496.00	1.13	0.83	1.86	0.89
糖单胞菌纲 Saccharimonadia	8	482.00	1.13	0.85	1.91	0.92
芽单胞菌门的 1 纲 Gemmatimonadetes	8	477.00	1.13	0.85	1.95	0.94
候选纲 OLB14	8	422.00	1.16	0.85	1.92	0.92
海港杆菌门的 1 纲 p_Poribacteria	8	395.00	1.17	0.84	1.91	0.92
变形菌门未分类的 1 纲 unclassified_p_Proteobacteria	8	347.00	1.20	0.84	1.89	0.91
候选纲 JG30-KF-CM66	7	344.00	1.03	0.84	1.88	0.97
螺旋体纲 Spirochaetia	7	340.00	1.03	0.84	1.85	0.95
海草球形菌纲 Phycisphaerae	7	335.00	1.03	0.85	1.90	0.98
绿弯菌纲 Chloroflexia	8	295.00	1.23	0.85	1.95	0.94
疣微菌纲 Verrucomicrobiae	8	238.00	1.28	0.86	1.96	0.94
候选纲 P9X2b3D02	8	199.00	1.32	0.84	1.86	0.89
弯曲杆菌纲 Campylobacteria	7	191.00	1.14	0.84	1.87	0.96
互养菌纲 Synergistia	6	186.00	0.96	0.40	0.88	0.49
候选纲 Kazania	7	161.00	1.18	0.85	1.90	0.98
海绵共生菌纲 Entotheonellia	8	158.00	1.38	0.84	1.90	0.91
梭杆菌纲 Fusobacteriia	8	143.00	1.41	0.83	1.87	0.90

续表

物种	时间单元	相对含量（read）	细菌纲多样性指数			
			丰富度	优势度指数（*D*）	香农指数（*H*）	均匀度指数
候选门 AncK6 分类地位未定的 1 纲 norank_p_AncK6	8	139.00	1.42	0.84	1.90	0.91
亚群 11 的 1 纲 Subgroup_11	8	123.00	1.45	0.84	1.89	0.91
候选纲 OM190	8	121.00	1.46	0.84	1.90	0.92
候选纲 Brocadiae	7	102.00	1.30	0.83	1.82	0.93
候选门 PAUC34f 分类地位未定的 1 纲 norank_p_PAUC34f	7	93.00	1.32	0.84	1.84	0.94
勾端螺旋体纲 Leptospirae	7	83.00	1.36	0.85	1.89	0.97
嗜热厌氧杆菌纲 Thermoanaerobaculia	8	82.00	1.59	0.86	1.96	0.94
亚群 21 的 1 纲 Subgroup_21	7	79.00	1.37	0.84	1.83	0.94
候选纲 KD4-96	7	79.00	1.37	0.84	1.86	0.96
浮霉菌纲 Planctomycetacia	7	77.00	1.38	0.83	1.82	0.93
衣原体纲 Chlamydiae	7	67.00	1.43	0.84	1.83	0.94
黑暗杆菌纲 Melainabacteria	8	67.00	1.66	0.82	1.78	0.86
候选纲 028H05-P-BN-P5	7	62.00	1.45	0.84	1.80	0.93
候选纲 OC31	7	61.00	1.46	0.86	1.91	0.98
湖绳菌纲 Limnochordia	1	52.00	0.00	0.00	0.00	0.00
几丁质弧菌纲 Chitinivibrionia	8	51.00	1.78	0.84	1.86	0.90
懒惰杆菌纲 Ignavibacteria	7	43.00	1.60	0.82	1.75	0.90
迷踪菌纲 Elusimicrobia	7	43.00	1.60	0.53	1.14	0.59
候选纲 vadinHA49	7	43.00	1.60	0.84	1.80	0.92
候选门 RsaHF231 分类地位未定的 1 纲 norank_p_RsaHF231	6	43.00	1.33	0.82	1.65	0.92
绿弯菌门未分类的 1 纲 unclassified_p_Chloroflexi	7	40.00	1.63	0.82	1.76	0.90
候选门 WS2 分类地位未定的 1 纲 norank_p_WS2	7	39.00	1.64	0.84	1.79	0.92
候选纲 Parcubacteria	5	29.00	1.19	0.77	1.46	0.90
脱铁杆菌纲 Deferribacteres	3	27.00	0.61	0.32	0.57	0.52
候选门 WPS-2 分类地位未定的 1 纲 norank_p_WPS-2	6	27.00	1.52	0.81	1.64	0.92
出芽小链菌亚群 4 的 1 纲 Blastocatellia_Subgroup_4	7	21.00	1.97	0.83	1.70	0.87
候选门 WS6 多伊卡杆菌纲 WS6_Dojkabacteria	7	21.00	1.97	0.87	1.86	0.95
谢克曼杆菌门分类地位未定的 1 纲 norank_p_Schekmanbacteria	6	18.00	1.73	0.78	1.53	0.86

续表

物种	时间单元	相对含量（read）	细菌纲多样性指数			
			丰富度	优势度指数（D）	香农指数（H）	均匀度指数
候选纲 TK10	6	17.00	1.76	0.84	1.65	0.92
浮霉菌门未分类的 1 纲 unclassified_p_Planctomycetes	6	15.00	1.85	0.85	1.67	0.93
全噬菌纲 Holophagae	6	14.00	1.89	0.87	1.71	0.95
候选纲 BD7-11	6	14.00	1.89	0.89	1.77	0.99
热脱硫弧菌纲 Thermodesulfovibrionia	7	14.00	2.27	0.86	1.77	0.91
候选纲 Gitt-GS-136	6	14.00	1.89	0.86	1.67	0.93
黏胶球形菌纲 Lentisphaeria	5	11.00	1.67	0.82	1.47	0.91
亚群 5 的 1 纲 Subgroup_5	6	11.00	2.09	0.89	1.72	0.96
硝化刺菌纲 Nitrospinia	5	10.00	1.74	0.76	1.36	0.84
候选门 Zixibacteria 分类地位未定的 1 纲 norank_p_Zixibacteria	5	10.00	1.74	0.82	1.47	0.91
候选门 BRC1 分类地位未定的 1 纲 norank_p_BRC1	6	8.00	2.40	0.93	1.73	0.97
亚群 26 的 1 纲 Subgroup_26	3	7.00	1.03	0.67	0.96	0.87
候选纲 V2072-189E03	4	7.00	1.54	0.81	1.28	0.92
候选门 Omnitrophicaeota 分类地位未定的 1 纲 norank_p_Omnitrophicaeota	4	7.00	1.54	0.81	1.28	0.92
纤细杆菌纲 Gracilibacteria	3	6.00	1.12	0.73	1.01	0.92
候选纲 ABY1	2	5.00	0.62	0.40	0.50	0.72
阴沟单胞菌纲 Cloacimonadia	4	5.00	1.86	0.90	1.33	0.96
候选门 Patescibacteria 未分类的 1 纲 unclassified_p_Patescibacteria	4	4.00	2.16	1.00	1.39	1.00
候选纲 Aminicenantia	2	4.00	0.72	0.50	0.56	0.81
圣诞岛菌纲 Kiritimatiellae	4	4.00	2.16	1.00	1.39	1.00
候选纲 Babeliae	3	4.00	1.44	0.83	1.04	0.95
候选门 FBP 分类地位未定的 1 纲 norank_p_FBP	4	4.00	2.16	1.00	1.39	1.00
醋热菌纲 Acetothermiia	3	4.00	1.44	0.83	1.04	0.95
候选纲 Pla3_lineage	3	3.00	1.82	1.00	1.10	1.00
候选门 Margulisbacteria 分类地位未定的 1 纲 norank_p_Margulisbacteria	3	3.00	1.82	1.00	1.10	1.00
候选纲 Omnitrophia	3	3.00	1.82	1.00	1.10	1.00
热线菌纲 Calditrichia	2	2.00	1.44	1.00	0.69	1.00
亚群 18 的 1 纲 Subgroup_18	1	2.00	0.00	0.00	0.00	0.00

以表 5-20 为数据矩阵，对发酵生境进行多样性分析，以发酵过程为样本，以细菌纲为指标，计算种类数、丰富度、香农指数、优势度指数、均匀度指数，分析结果见表 5-22、图 5-15。从发酵生境种类数看，浅发酵生境细菌纲种类数最多（75 ～ 87），其次为深发酵生境（81 ～ 86），最少为未发酵生境（42 ～ 68），表明随着发酵进程，进入浅发酵阶段后细菌纲数量上升，进入深发酵阶段后细菌纲数量下降。

表 5-22 基于细菌纲菌群的好氧发酵罐鸡粪处理过程生境多样性指数

发酵阶段	编号	种类数	丰富度	香农指数	优势度指数	均匀度指数
未发酵	XYZ_7	68	76.20	1.62	0.34	0.06
	XYZ_8	42	50.12	1.76	0.21	0.12
浅发酵	XYZ_2	75	80.71	1.83	0.27	0.07
	XYZ_6	84	96.52	2.15	0.22	0.09
	XYZ_5	85	89.43	2.20	0.20	0.10
	XYZ_4	87	98.42	2.18	0.20	0.09
深发酵	XYZ_1	81	86.51	2.07	0.21	0.09
	XYZ_3	86	94.28	2.14	0.22	0.09

从发酵生境丰富度上看（图 5-15），浅发酵生境的丰富度（80.71 ～ 98.42）＞深发酵生境的丰富度（86.51 ～ 94.28）＞未发酵生境的丰富度（50.12 ～ 76.20），香农指数的变化规律与丰富度相近；多样性指数间的相关性见表 5-23，香农指数与优势度指数的相关系数为 -0.7832（P=0.0215），呈显著负相关；丰富度与种类数的相关系数为 0.9837，呈极显著正相关（P=0.000），均匀度指数与优势度指数的相关系数为 -0.8105，呈显著负相关（P=0.0147）。

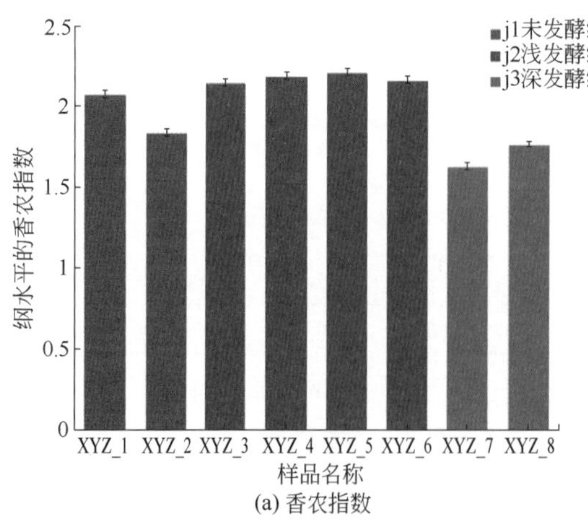

(a) 香农指数

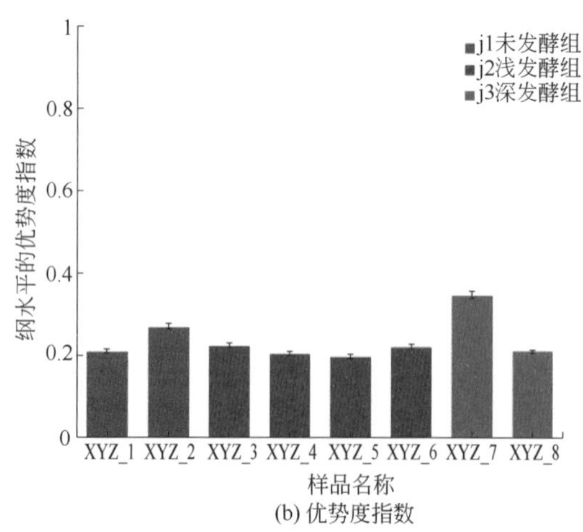

(b) 优势度指数

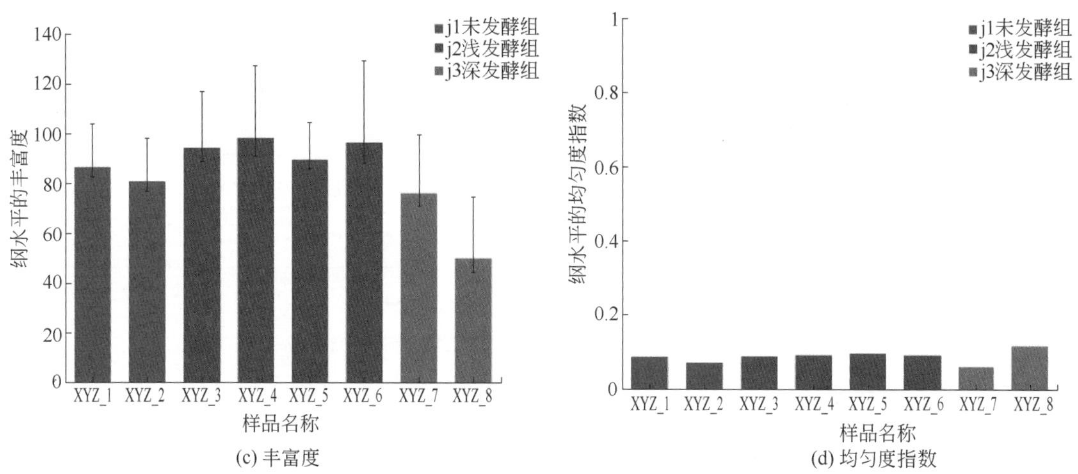

(c) 丰富度　　(d) 均匀度指数

图 5-15　基于细菌纲菌群的好氧发酵罐鸡粪处理过程生境多样性指数

表 5-23　基于细菌纲菌群的好氧发酵罐鸡粪处理过程生境多样性指数之间相关性

因子	种类数	丰富度	香农指数	优势度指数	均匀度指数
种类数		0.0000	0.0280	0.6042	0.3970
丰富度	0.9837		0.0266	0.5954	0.4199
香农指数	0.7620	0.7662		0.0215	0.4142
优势度指数	-0.2179	-0.2231	-0.7832		0.0147
均匀度指数	-0.3489	-0.3332	0.3371	-0.8105	

注：左下角是相关系数 *R*，右上角是 *P* 值。

八、菌群生态位特征

利用表 5-20，以细菌纲为样本，发酵时间为指标，计算生态位宽度，分析结果见表 5-24。生态位最宽的菌群为梭菌纲，生态位宽度为 7.73，其相应的常用资源种类为 S2=16.07%（未发酵阶段）、S3=14.32%（浅发酵阶段）、S4=13.24%（浅发酵阶段）、S5=13.52%（浅发酵阶段）、S6=14.43%（浅发酵阶段）、S7=15.31%（深发酵阶段）；生态位最窄的菌群为热线菌纲，生态位宽度为 1.00，其相应的常用资源种类为 S1=50.00%（未发酵阶段）、S2=50.00%（未发酵阶段）。不同的细菌纲菌群生态位宽度存在差异，生态位宽的菌群，选择多个发酵阶段的概率就大，生态适应性就高；生态位窄的菌群，选择多个发酵阶段的概率就小，生态适应性就差。

表 5-24　好氧发酵罐鸡粪处理过程细菌纲菌群生态位宽度

物种名称	生态位宽度	频数	截断比例	常用资源种类					
梭菌纲 Clostridia	7.73	4	0.13	S2=16.07%	S3=14.32%	S4=13.24%	S5=13.52%	S6=14.43%	S7=15.31%
拟杆菌纲 Bacteroidia	7.73	3	0.13	S1=24.25%	S2=17.05%	S8=17.38%			

续表

物种名称	生态位宽度	频数	截断比例	常用资源种类					
芽胞杆菌纲 Bacilli	7.16	4	0.13	S4=13.77%	S5=17.12%	S7=13.02%	S8=13.08%		
γ- 变形菌纲 Gammaproteobacteria	7.08	4	0.13	S1=14.78%	S5=14.52%	S8=13.91%			
放线菌纲 Actinobacteria	7.01	6	0.13	S8=41.09%					
α- 变形菌纲 Alphaproteobacteria	6.85	5	0.13	S3=16.16%	S4=16.93%	S5=16.93%	S6=17.14%		
生氧光合杆菌纲 Oxyphotobacteria	6.71	4	0.13	S3=17.28%	S4=18.40%	S5=18.65%	S6=20.65%		
厌氧绳菌纲 Anaerolineae	6.59	4	0.13	S3=16.65%	S4=17.71%	S5=19.76%	S6=18.89%		
脱卤拟球菌纲 Dehalococcoidia	6.59	4	0.13	S3=17.58%	S4=17.09%	S5=18.75%	S6=18.80%		
丹毒丝菌纲 Erysipelotrichia	6.56	3	0.13	S1=33.10%	S2=26.92%	S3=13.47%			
阴壁菌纲 Negativicutes	6.50	4	0.13	S1=13.10%	S3=15.42%	S4=17.68%	S5=17.68%	S6=20.52%	
δ - 变形菌纲 Deltaproteobacteria	6.47	4	0.13	S3=13.88%	S5=15.85%	S6=13.21%	S8=20.52%		
柔膜菌纲 Mollicutes	6.46	3	0.13	S1=40.14%	S2=14.18%				
细菌域分类地位未定的 1 门未分类的 1 纲 unclassified_k_norank_d_Bacteria	6.44	5	0.13	S3=15.88%	S4=16.23%	S5=18.41%	S6=21.38%		
候选纲 Dadabacteria	6.40	4	0.13	S3=16.84%	S4=18.48%	S5=20.33%	S6=20.53%		
硝化螺旋菌纲 Nitrospira	6.38	4	0.13	S1=13.43%	S3=18.26%	S4=16.79%	S5=18.78%	S6=17.84%	
异常球菌纲 Deinococci	6.37	5	0.13	S8=58.12%					
酸杆菌纲 Acidobacteria	6.37	4	0.13	S3=18.07%	S4=14.25%	S5=19.53%	S6=21.37%		
候选纲 TK30	6.35	5	0.13	S3=20.51%	S4=16.76%	S5=16.62%	S6=19.44%		
亚群 9 的 1 纲 Subgroup_9	6.33	4	0.13	S3=17.89%	S4=17.07%	S5=18.43%	S6=19.11%		
红嗜热菌纲 Rhodothermia	6.31	4	0.13	S8=85.91%					
亚群 6 的 1 纲 Subgroup_6	6.30	4	0.13	S3=18.06%	S4=18.87%	S5=19.68%	S6=17.58%		
候选纲 TK17	6.28	4	0.13	S3=19.56%	S4=17.54%	S5=18.95%	S6=21.57%		
糖单胞菌纲 Saccharimonadia	6.27	2	0.13	S1=18.46%	S3=14.73%	S4=17.22%	S5=18.46%	S6=13.69%	
芽单胞菌门的 1 纲 Gemmatimonadetes	6.26	4	0.13	S3=18.45%	S4=14.88%	S5=20.55%	S6=16.98%		
候选纲 OLB14	6.24	4	0.13	S3=18.96%	S4=15.88%	S5=20.62%	S6=17.06%		
海港杆菌门的 1 纲 p_Poribacteria	6.20	4	0.13	S3=18.48%	S4=18.73%	S5=17.22%	S6=18.99%		
变形菌门未分类的 1 纲 unclassified_ p_Proteobacteria	6.20	5	0.13	S4=14.70%	S5=23.34%	S6=21.33%			
候选纲 JG30-KF-CM66	6.17	4	0.14	S3=17.73%	S4=14.53%	S5=22.09%	S6=17.44%		

续表

物种名称	生态位宽度	频数	截断比例	常用资源种类					
螺旋体纲 Spirochaetia	6.10	3	0.14	S1=23.24%	S3=14.71%	S4=14.41%	S5=15.88%	S6=18.82%	
海草球形菌纲 Phycisphaerae	6.09	4	0.14	S3=14.93%	S4=17.01%	S5=19.40%	S6=18.21%		
绿弯菌纲 Chloroflexia	6.07	3	0.13	S3=14.92%	S4=17.63%	S5=17.29%	S6=20.00%		
疣微菌纲 Verrucomicrobiae	6.07	3	0.13	S1=14.71%	S3=15.97%	S4=16.81%	S5=18.07%	S6=13.87%	
候选纲 P9X2b3D02	6.06	4	0.13	S3=18.59%	S4=20.10%	S5=16.58%	S6=21.11%		
弯曲杆菌纲 Campylobacteria	6.03	4	0.14	S1=19.37%	S3=14.66%	S4=19.90%	S5=17.80%	S6=14.14%	
互养菌纲 Synergistia	6.01	5	0.15	S1=76.88%					
候选纲 Kazania	5.95	4	0.14	S3=16.77%	S4=19.25%	S5=19.88%			
海绵共生菌纲 Entotheonellia	5.94	4	0.13	S3=18.35%	S4=21.52%	S5=19.62%	S6=15.82%		
梭杆菌纲 Fusobacteriia	5.94	4	0.13	S3=16.78%	S4=18.18%	S5=26.57%	S6=13.99%		
候选门 AncK6 分类地位未定的 1 纲 norank_p_AncK6	5.88	3	0.13	S4=16.55%	S5=26.62%	S6=14.39%			
亚群 11 的 1 纲 Subgroup_11	5.86	5	0.13	S3=17.07%	S4=25.20%	S5=15.45%	S6=18.70%		
候选纲 OM190	5.84	4	0.13	S3=17.36%	S5=25.62%	S6=16.53%			
候选纲 Brocadiae	5.76	2	0.14	S4=20.59%	S5=22.55%	S6=22.55%			
候选门 PAUC34f 分类地位未定的 1 纲 norank_p_PAUC34f	5.75	3	0.14	S1=13.98%	S3=18.28%	S4=16.13%	S5=23.66%	S6=17.20%	
勾端螺旋体纲 Leptospirae	5.69	5	0.14	S5=20.48%	S6=22.89%				
嗜热厌氧杆菌纲 Thermoanaerobaculia	5.68	4	0.13	S2=13.41%	S3=18.29%	S5=20.73%	S6=13.41%		
亚群 21 的 1 纲 Subgroup_21	5.66	4	0.14	S4=20.25%	S5=25.32%	S6=17.72%			
候选纲 KD4-96	5.64	4	0.14	S1=15.19%	S3=15.19%	S5=18.99%	S6=24.05%		
浮霉菌纲 Planctomycetacia	5.64	3	0.14	S1=15.58%	S3=24.68%	S5=15.58%	S6=22.08%		
衣原体纲 Chlamydiae	5.57	4	0.14	S3=16.42%	S4=17.91%	S5=16.42%	S6=26.87%		
黑暗杆菌纲 Melainabacteria	5.49	4	0.13	S1=26.87%	S3=25.37%	S4=13.43%	S5=16.42%		
候选纲 028H05-P-BN-P5	5.33	2	0.14	S1=16.13%	S3=20.97%	S4=20.97%	S5=14.52%	S6=19.35%	
候选纲 OC31	5.26	4	0.14	S2=14.75%	S4=18.03%	S5=14.75%	S6=19.67%		
湖绳菌纲 Limnochordia	5.18	4	0.2	S1=100.00%					
几丁质弧菌纲 Chitinivibrionia	5.16	2	0.13	S3=17.65%	S4=19.61%	S5=27.45%	S6=13.73%		
懒惰杆菌纲 Ignavibacteria	5.07	3	0.14	S4=18.60%	S5=20.93%	S6=30.23%			
迷踪菌纲 Elusimicrobia	5.06	3	0.14	S1=67.44%	S5=13.95%				
候选纲 vadinHA49	4.93	4	0.14	S3=18.60%	S4=20.93%	S5=16.28%	S6=25.58%		
候选门 RsaHF231 分类地位未定的 1 纲 norank_p_RsaHF231	4.90	4	0.15	S1=16.28%	S2=18.60%	S4=27.91%	S5=20.93%		

续表

物种名称	生态位宽度	频数	截断比例	常用资源种类					
绿弯菌门未分类的 1 纲 unclassified_p_Chloroflexi	4.90	3	0.14	S4=17.50%	S5=30.00%	S6=22.50%			
候选门 WS2 分类地位未定的 1 纲 norank_p_WS2	4.79	2	0.14	S1=20.51%	S4=17.95%	S5=23.08%	S6=17.95%		
候选纲 Parcubacteria	4.74	3	0.16	S2=37.93%	S3=20.69%	S5=24.14%			
脱铁杆菌纲 Deferribacteres	4.74	4	0.2	S1=81.48%					
候选门 WPS-2 分类地位未定的 1 纲 norank_p_WPS-2	4.55	3	0.15	S1=37.04%	S5=18.52%				
出芽小链菌亚群 4 的 1 纲 Blastocatellia_Subgroup_4	4.47	2	0.14	S3=23.81%	S4=23.81%	S5=28.57%			
候选门 WS6 多伊卡杆菌纲 WS6_Dojkabacteria	4.47	1	0.14	S2=23.81%	S4=23.81%	S6=14.29%			
谢克曼杆菌门分类地位未定的 1 纲 norank_p_ Schekmanbacteria	4.43	2	0.15	S3=38.89%	S4=27.78%				
候选纲 TK10	4.00	4	0.15	S1=17.65%	S3=17.65%	S5=29.41%	S6=23.53%		
浮霉菌门未分类的 1 纲 unclassified_p _Planctomycetes	4.00	4	0.15	S3=20.00%	S4=33.33%				
全噬菌纲 Holophagae	4.00	4	0.15	S3=21.43%	S5=28.57%				
候选纲 BD7-11	3.90	3	0.15	S2=21.43%	S3=21.43%				
热脱硫弧菌纲 Thermodesulfovibrionia	3.86	2	0.14	S1=14.29%	S3=14.29%	S5=35.71%	S6=14.29%		
候选纲 Gitt-GS-136	3.85	3	0.15	S4=28.57%	S5=21.43%	S6=21.43%			
黏胶球形菌纲 Lentisphaeria	3.84	3	0.16	S2=27.27%	S3=18.18%	S5=36.36%			
亚群 5 的 1 纲 Subgroup_5	3.57	4	0.15	S1=18.18%	S4=27.27%	S5=18.18%	S6=18.18%		
硝化刺菌纲 Nitrospinia	3.27	2	0.16	S3=20.00%	S5=50.00%				
候选门 Zixibacteria 分类地位未定的 1 纲 norank_p_Zixibacteria	3.27	2	0.16	S2=20.00%	S3=20.00%	S4=40.00%			
候选门 BRC1 分类地位未定的 1 纲 norank_p_BRC1	3.13	2	0.15	S2=25.00%	S4=25.00%				
亚群 26 的 1 纲 Subgroup_26	3.00	3	0.2	S2=28.57%	S3=57.14%				
候选纲 V2072-189E03	3.00	3	0.18	S1=42.86%	S4=28.57%				
候选门 Omnitrophicaeota 分类地位未定的 1 纲 norank_p _Omnitrophicaeota	3.00	3	0.18	S1=28.57%	S3=42.86%				
纤细杆菌纲 Gracilibacteria	2.75	1	0.2	S1=50.00%	S3=33.33%				
候选纲 ABY1	2.67	3	0.2	S1=80.00%					
阴沟单胞菌纲 Cloacimonadia	2.67	3	0.18	S1=40.00%	S2=20.00%	S3=20.00%	S4=20.00%		

续表

物种名称	生态位宽度	频数	截断比例	常用资源种类					
候选门 Patescibacteria 未分类的 1 纲 unclassified_p _Patescibacteria	2.57	2	0.18	S1=25.00%	S2=25.00%	S3=25.00%	S4=25.00%		
候选纲 Aminicenantia	2.33	2	0.2	S1=25.00%	S2=75.00%				
圣诞岛菌纲 Kiritimatiellae	2.08	2	0.18	S1=25.00%	S2=25.00%	S3=25.00%	S4=25.00%		
候选纲 Babeliae	2.00	2	0.2	S1=25.00%	S2=50.00%	S3=25.00%			
候选门 FBP 分类地位未定的 1 纲 norank_p_FBP	1.66	1	0.18	S1=25.00%	S2=25.00%	S3=25.00%	S4=25.00%		
醋热菌纲 Acetothermiia	1.60	2	0.2	S1=25.00%	S2=50.00%	S3=25.00%			
候选纲 Pla3_lineage	1.47	1	0.2	S1=33.33%	S2=33.33%	S3=33.33%			
候选门 Margulisbacteria 分类地位未定的 1 纲 norank_p_Margulisbacteria	1.46	1	0.2	S1=33.33%	S2=33.33%	S3=33.33%			
候选纲 Omnitrophia	1.35	1	0.2	S1=33.33%	S2=33.33%	S3=33.33%			
热线菌纲 Calditrichia	1.00	1	0.2	S1=50.00%	S2=50.00%				
亚群 18 的 1 纲 Subgroup_18	1.00	1	0.2	S1=100.00%					

利用表 5-20 的前 5 个高含量细菌纲构建矩阵，以 Pianka 测度计算生态位重叠，结果见表 5-25。结果表明不同菌群间生态位重叠存在显著差异：梭菌纲与芽胞杆菌纲生态位重叠值为 0.9144，表明两个菌群生存环境具有较高相似性，表现出协调生长的特性；而梭菌纲与放线菌纲生态位重叠值为 0.4693，表明两个菌群生存环境存在异质性，表现出互补生长的特性。

表 5-25 好氧发酵罐鸡粪处理过程细菌纲菌群生态位重叠（Pianka 测度）

物种名称	梭菌纲 Clostridia	拟杆菌纲 Bacteroidia	芽胞杆菌纲 Bacilli	γ- 变形菌纲 Gammaproteobacteria	放线菌纲 Actinobacteria
梭菌纲 Clostridia	1	0.796	0.9144	0.8969	0.4693
拟杆菌纲 Bacteroidia	0.796	1	0.8405	0.9265	0.7501
芽胞杆菌纲 Bacilli	0.9144	0.8405	1	0.9646	0.7558
γ- 变形菌纲 Gammaproteobacteria	0.8969	0.9265	0.9646	1	0.7815
放线菌纲 Actinobacteria	0.4693	0.7501	0.7558	0.7815	1

九、菌群亚群落分化

利用表 5-20 构建数据矩阵，以细菌纲为样本，发酵时间为指标，马氏距离为尺度，可变类平均法进行系统聚类分析，结果见表 5-26、图 5-16。分析结果可将细菌纲亚群落分为 3 组。第 1 组高含量亚群落，包含 12 个细菌纲，即梭菌纲、拟杆菌纲、芽胞杆菌纲、γ- 变形菌纲、放线菌纲、α- 变形菌纲、生氧光合杆菌纲、厌氧绳菌纲、脱卤拟球菌纲、丹毒丝菌纲、阴壁菌纲、δ - 变形菌纲，其发酵过程平均值（read）范围为 2252.25 ～ 3420.42，整个发酵过程保持较高含量，在发酵过程中起到关键作用。

第 2 组中含量亚群落，包含 37 个细菌纲，即柔膜菌纲、细菌域分类地位未定的 1 门未分类的 1 纲、候选纲 Dadabacteria、硝化螺旋菌纲、异常球菌纲、酸杆菌纲、候选纲 TK30、亚群 9 的 1 纲、红嗜热菌纲、亚群 6 的 1 纲、候选纲 TK17、糖单胞菌纲、芽单胞菌门的 1 纲、候选纲 OLB14、海港杆菌门的 1 纲、变形菌门未分类的 1 纲、候选纲 JG30-KF-CM66、螺旋体纲、海草球形菌纲、绿弯菌纲、疣微菌纲、候选纲 P9X2b3D02、弯曲杆菌纲、互养菌纲、候选纲 Kazania、海绵共生菌纲、候选门 AncK6 分类地位未定的 1 纲、候选纲 OM190、候选纲 Brocadiae、候选纲 PAUC34f 分类地位未定的 1 纲、嗜热厌氧杆菌纲、浮霉菌纲、黑暗杆菌纲、候选纲 028H05-P-BN-P5、迷踪菌纲、候选纲 Parcubacteria、脱铁杆菌纲，其发酵过程平均值（read）范围 23.54 ～ 65.24，整个发酵过程保持中等含量，在发酵过程起到协同作用。

第 3 组低含量亚群落，包含了 46 个细菌纲，即梭杆菌纲、亚群 11 的 1 纲、勾端螺旋体纲、亚群 21 的 1 纲、候选纲 KD4-96、衣原体纲、候选纲 OC31、湖绳菌纲、几丁质弧菌纲、懒惰杆菌纲、候选纲 vadinHA49、候选门 RsaHF231 分类地位未定的 1 纲、绿弯菌门未分类的 1 纲、候选门 WS2 分类地位未定的 1 纲、候选门 WPS-2 分类地位未定的 1 纲、出芽小链菌亚群 4 的 1 纲、候选门 WS6 多伊卡杆菌纲、谢克曼杆菌门分类地位未定的 1 纲、候选纲 TK10、浮霉菌门未分类的 1 纲、全噬菌纲、候选纲 BD7-11、热脱硫弧菌纲、候选纲 Gitt-GS-136、黏胶球形菌纲、亚群 5 的 1 纲、硝化刺菌纲、候选门 Zixibacteria 分类地位未定的 1 纲、候选门 BRC1 分类地位未定的 1 纲、亚群 26 的 1 纲、候选纲 V2072-189E03、候选门 Omnitrophicaeota 分类地位未定的 1 纲、纤细杆菌纲、候选纲 ABY1、阴沟单胞菌纲、候选门 Patescibacteria 未分类的 1 纲、候选纲 Aminicenantia、圣诞岛菌纲、候选纲 Babeliae、候选门 FBP 分类地位未定的 1 纲、醋热菌纲、候选纲 Pla3_lineage、候选门 Margulisbacteria 分类地位未定的 1 纲、候选纲、热线菌纲、亚群 18 的 1 纲，其发酵过程平均值（read）范围 1.26 ～ 5.43，整个发酵过程保持含量较低，在发酵过程起到辅助作用。

表 5-26　好氧发酵罐鸡粪处理过程细菌纲菌群亚群落分化聚类分析

组别	物种名称	未发酵		浅发酵				深发酵	
		XYZ_1	XYZ_2	XYZ_3	XYZ_4	XYZ_5	XYZ_6	XYZ_7	XYZ_8
1	梭菌纲 Clostridia	15299	19326	17218	15918	16256	17349	18411	450
	拟杆菌纲 Bacteroidia	10260	7215	3739	3583	3568	3458	3140	7355
	芽胞杆菌纲 Bacilli	3504	4852	4881	5802	7215	4889	5486	5513
	γ- 变形菌纲 Gammaproteobacteria	5683	4642	4784	4858	5582	4927	2616	5349
	放线菌纲 Actinobacteria	1444	941	1596	2116	1943	1660	664	7230
	α- 变形菌纲 Alphaproteobacteria	1032	820	1517	1589	1589	1609	569	663
	生氧光合杆菌纲 Oxyphotobacteria	762	609	1303	1387	1406	1557	482	33
	厌氧绳菌纲 Anaerolineae	728	545	1032	1098	1225	1171	359	41
	脱卤拟球菌纲 Dehalococcoidia	654	523	1009	981	1076	1079	378	40
	丹毒丝菌纲 Erysipelotrichia	1162	945	473	279	344	124	181	3

续表

组别	物种名称	未发酵		浅发酵				深发酵	
		XYZ_1	XYZ_2	XYZ_3	XYZ_4	XYZ_5	XYZ_6	XYZ_7	XYZ_8
1	阴壁菌纲 Negativicutes	355	222	418	479	479	556	185	16
	δ - 变形菌纲 Deltaproteobacteria	162	125	226	207	258	215	101	334
第 1 组 12 个样本平均值		3420.42	3397.08	3183.00	3191.42	3411.75	3216.17	2714.33	2252.25
2	柔膜菌纲 Mollicutes	470	166	121	116	104	140	48	6
	细菌域分类地位未定的 1 门未分类的 1 纲 unclassified_k_ norank_d_Bacteria	131	85	182	186	211	245	98	8
	候选纲 Dadabacteria	102	69	164	180	198	200	53	8
	硝化螺旋菌纲 Nitrospira	128	79	174	160	179	170	59	4
	异常球菌纲 Deinococci	34	41	56	57	62	60	33	476
	酸杆菌纲 Acidobacteria	81	65	137	108	148	162	52	5
	候选纲 TK30	69	79	153	125	124	145	46	5
	亚群 9 的 1 纲 Subgroup_9	89	67	132	126	136	141	44	3
	红嗜热菌纲 Rhodothermia	8	10	13	19	19	21	2	561
	亚群 6 的 1 纲 Subgroup_6	74	48	112	117	122	109	35	3
	候选纲 TK17	40	37	97	87	94	107	33	1
	糖单胞菌纲 Saccharimonadia	89	58	71	83	89	66	24	2
	芽单胞菌门的 1 纲 Gemmatimonadetes	62	30	88	71	98	81	33	14
	候选纲 OLB14	38	39	80	67	87	72	36	3
	海港杆菌门的 1 纲 p_Poribacteria	47	29	73	74	68	75	25	4
	变形菌门未分类的 1 纲 unclassified_p_Proteobacteria	28	28	41	51	81	74	43	1
	候选纲 JG30-KF-CM66	43	29	61	50	76	60	25	0
	螺旋体纲 Spirochaetia	79	29	50	49	54	64	15	0
	海草球形菌纲 Phycisphaerae	45	27	50	57	65	61	30	0
	绿弯菌纲 Chloroflexia	38	18	44	52	51	59	26	7
	疣微菌纲 Verrucomicrobiae	35	23	38	40	43	33	23	3
	候选纲 P9X2b3D02	25	10	37	40	33	42	11	1
	弯曲杆菌纲 Campylobacteria	37	18	28	38	34	27	9	0
	互养菌纲 Synergistia	143	10	14	11	5	3	0	0
	候选纲 Kazania	22	16	27	31	32	19	14	0
	海绵共生菌纲 Entotheonellia	18	12	29	34	31	25	6	3
	候选门 AncK6 分类地位未定的 1 纲 norank_p_AncK6	17	10	18	23	37	20	13	1
	候选纲 OM190	15	11	21	15	31	20	6	2
	候选纲 Brocadiae	9	9	13	21	23	23	4	0

续表

组别	物种名称	未发酵		浅发酵				深发酵	
		XYZ_1	XYZ_2	XYZ_3	XYZ_4	XYZ_5	XYZ_6	XYZ_7	XYZ_8
2	候选门 PAUC34f 分类地位未定的 1 纲 norank_p_PAUC34f	13	6	17	15	22	16	4	0
	嗜热厌氧杆菌纲 Thermoanaerobaculia	8	11	15	9	17	11	10	1
	浮霉菌纲 Planctomycetacia	12	8	19	3	12	17	6	0
	黑暗杆菌纲 Melainabacteria	18	5	17	9	11	5	1	1
	候选纲 028H05-P-BN-P5	10	3	13	13	9	12	2	0
	迷踪菌纲 Elusimicrobia	29	2	2	1	6	1	2	0
	候选纲 Parcubacteria	3	0	11	6	2	7	0	0
	脱铁杆菌纲 Deferribacteres	22	4	1	0	0	0	0	0
第 2 组 37 个样本平均值		57.59	32.19	59.97	57.95	65.24	64.68	23.54	30.35
3	梭杆菌纲 Fusobacteriia	12	14	24	26	38	20	8	1
	亚群 11 的 1 纲 Subgroup_11	7	9	21	31	19	23	11	2
	勾端螺旋体纲 Leptospirae	10	8	10	11	17	19	8	0
	亚群 21 的 1 纲 Subgroup_21	6	9	10	16	20	14	4	0
	候选纲 KD4-96	12	9	12	8	15	19	4	0
	衣原体纲 Chlamydiae	6	6	11	12	11	18	3	0
	候选纲 OC31	8	9	7	11	9	12	5	0
	湖绳菌纲 Limnochordia	0	0	0	0	0	0	0	52
	几丁质弧菌纲 Chitinivibrionia	3	4	9	10	14	7	3	1
	懒惰杆菌纲 Ignavibacteria	3	5	4	8	9	13	1	0
	候选纲 vadinHA49	3	3	8	9	7	11	2	0
	候选门 RsaHF231 分类地位未定的 1 纲 norank_p_RsaHF231	7	8	6	12	9	0	1	0
	绿弯菌门未分类的 1 纲 unclassified_p_Chloroflexi	5	2	2	7	12	9	3	0
	候选门 WS2 分类地位未定的 1 纲 norank_p_WS2	8	2	5	7	9	7	1	0
	候选门 WPS-2 分类地位未定的 1 纲 norank_p_WPS-2	10	2	4	3	5	3	0	0
	出芽小链菌亚群 4 的 1 纲 Blastocatellia_Subgroup_4	1	1	5	5	6	2	1	0
	候选门 WS6 多伊卡杆菌纲 WS6_Dojkabacteria	2	5	2	5	2	3	2	0
	谢克曼杆菌门分类地位未定的 1 纲 norank_p_Schekmanbacteria	2	2	7	5	1	1	0	0
	候选纲 TK10	3	1	3	1	5	4	0	0

续表

组别	物种名称	未发酵		浅发酵				深发酵	
		XYZ_1	XYZ_2	XYZ_3	XYZ_4	XYZ_5	XYZ_6	XYZ_7	XYZ_8
3	浮霉菌门未分类的 1 纲 unclassified_p_Planctomycetes	2	2	3	5	2	1	0	0
	全噬菌纲 Holophagae	2	2	3	2	4	1	0	0
	候选纲 BD7-11	2	0	3	3	2	2	2	0
	热脱硫弧菌纲 Thermodesulfovibrionia	2	1	2	1	5	2	1	0
	候选纲 Gitt-GS-136	2	1	1	4	3	3	0	0
	黏胶球形菌纲 Lentisphaeria	1	0	3	2	1	4	0	0
	亚群 5 的 1 纲 Subgroup_5	2	1	1	3	2	2	0	0
	硝化刺菌纲 Nitrospinia	1	1	0	2	1	5	0	0
	候选门 Zixibacteria 分类地位未定的 1 纲 norank_p_Zixibacteria	0	0	1	2	2	4	1	0
	候选门 BRC1 分类地位未定的 1 纲 norank_p_BRC1	0	1	2	1	2	1	0	1
	亚群 26 的 1 纲 Subgroup_26	1	0	0	2	0	4	0	0
	候选纲 V2072-189E03	3	0	1	1	2	0	0	0
	候选门 Omnitrophicaeota 分类地位未定的 1 纲 norank p_Omnitrophicaeota	0	0	2	1	3	1	0	0
	纤细杆菌纲 Gracilibacteria	0	0	3	1	0	0	2	0
	候选纲 ABY1	0	0	0	0	4	1	0	0
	阴沟单胞菌纲 Cloacimonadia	0	0	2	1	1	1	0	0
	候选门 Patescibacteria 未分类的 1 纲 unclassified_p_Patescibacteria	0	0	0	0	1	1	1	1
	候选纲 Aminicenantia	0	0	1	0	3	0	0	0
	圣诞岛菌纲 Kiritimatiellae	1	0	1	1	0	1	0	0
	候选纲 Babeliae	0	1	2	0	0	0	1	0
	候选门 FBP 分类地位未定的 1 纲 norank_p_FBP	1	0	1	1	1	0	0	0
	醋热菌纲 Acetothermiia	1	0	0	2	0	1	0	0
	候选纲 Pla3_lineage	0	0	1	1	0	1	0	0
	候选门 Margulisbacteria 分类地位未定的 1 纲 norank_p_Margulisbacteria	0	0	0	1	0	1	1	0
	候选纲 Omnitrophia	0	1	0	1	1	0	0	0
	热线菌纲 Calditrichia	1	0	1	0	0	0	0	0
	亚群 18 的 1 纲 Subgroup_18	0	0	0	0	2	0	0	0
第 3 组 46 个样本平均值		2.83	2.39	4.00	4.89	5.43	4.83	1.43	1.26

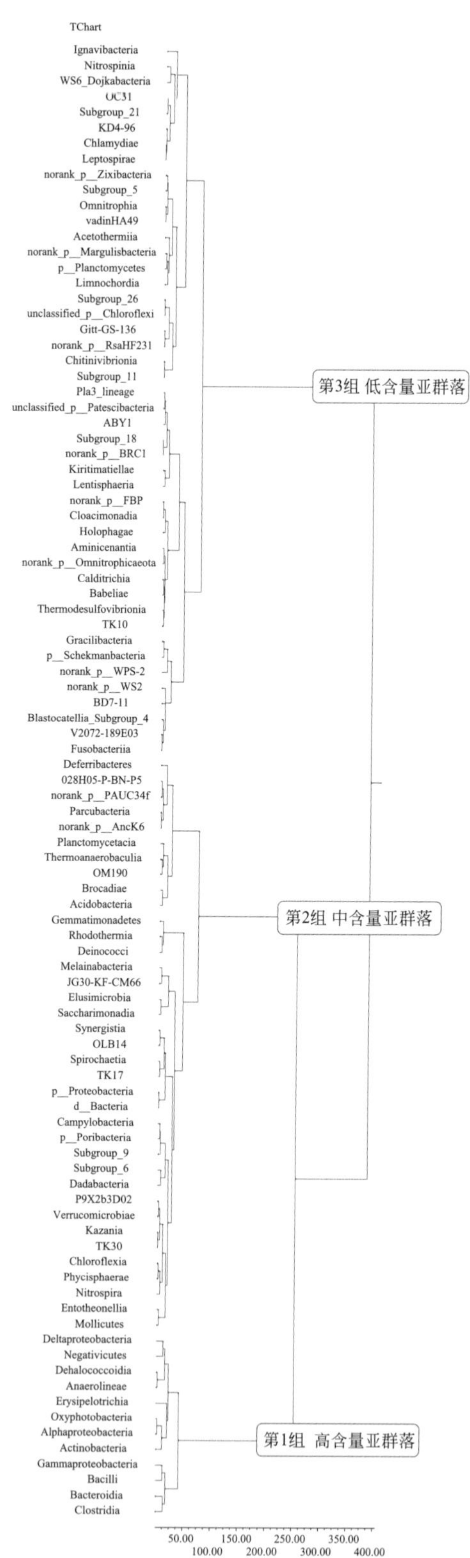

图 5-16 好氧发酵罐鸡粪处理过程细菌纲菌群亚群落分化聚类分析

第六节 鸡粪好氧发酵罐处理细菌目水平微生物组变化

一、菌群组成

好氧发酵罐处理鸡粪，未发酵组是将鸡粪与垫料等量混合装入发酵罐，浅发酵组是在发酵罐中发酵 10h，深发酵组是在发酵罐中发酵 10h 后，取出陈化堆放 20d。根据高通量测序结果，将发酵过程细菌目含量总和＞ 0.5% 细菌目列于表 5-27。鸡粪发酵过程共检测到 221 个细菌目，含量总和＞ 0.5% 有 43 个目，总体含量最高的前 5 个细菌目为梭菌目（106.7600%）、拟杆菌目（含量总和 =31.7130%）、乳杆菌目（28.6930%）、芽胞杆菌目（12.7546%）、β- 变形菌目（10.1974%）。

表 5-27　好氧发酵罐鸡粪处理过程细菌目菌群组成

物种名称	细菌目含量 /%			总和 /%
	未发酵	浅发酵	深发酵	
【1】梭菌目 Clostridiales	40.5000	38.6700	27.5900	106.7600
【2】拟杆菌目 Bacteroidales	19.7400	7.4420	4.5310	31.7130
【3】乳杆菌目 Lactobacillales	8.2350	12.9700	7.4880	28.6930
【4】芽胞杆菌目 Bacillales	1.5780	0.7066	10.4700	12.7546
【5】β- 变形菌目 Betaproteobacteriales	0.9794	1.2860	7.9320	10.1974
【6】链孢囊菌目 Streptosporangiales	0.0000	0.0012	9.3380	9.3392
【7】假单胞菌目 Pseudomonadales	2.6280	3.9980	1.0310	7.6570
【8】肠杆菌目 Enterobacteriales	2.0730	3.8560	1.0070	6.9360
【9】黄杆菌目 Flavobacteriales	0.3271	0.5248	6.0370	6.8889
【10】心杆菌目 Cardiobacteriales	4.7860	0.7394	1.3100	6.8354
【11】SAR202 进化枝的 1 目 SAR202_clade	1.2610	2.2760	0.5926	4.1296
【12】鞘氨醇杆菌目 Sphingobacteriales	0.1460	0.2230	3.6990	4.0680
【13】噬几丁质菌目 Chitinophagales	0.1253	0.2883	3.4240	3.8376
【14】候选目 SBR1031	1.1040	2.0530	0.4495	3.6065
【15】丹毒丝菌目 Erysipelotrichales	2.4650	0.7352	0.2754	3.4756
【16】微球菌目 Micrococcales	0.2677	0.3916	2.5650	3.2243
【17】双歧杆菌目 Bifidobacteriales	0.7744	1.4590	0.4036	2.6370
【18】棒杆菌目 Corynebacteriales	0.8795	1.0310	0.5913	2.5018

续表

物种名称	细菌目含量 /%			总和 /%
	未发酵	浅发酵	深发酵	
【19】热厌氧杆菌目 Thermoanaerobacterales	0.1226	1.5660	0.6521	2.3407
【20】月形单胞菌目 Selenomonadales	0.6737	1.1640	0.3044	2.1421
【21】微丝菌目 Microtrichales	0.4314	0.8884	0.7509	2.0707
【22】根瘤菌目 Rhizobiales	0.6014	1.1060	0.3232	2.0306
【23】醋酸杆菌目 Acetobacterales	0.4300	0.7782	0.1729	1.3811
【24】红杆菌目 Rhodobacterales	0.1667	0.1655	0.8607	1.1929
【25】鞘氨醇单胞菌目 Sphingomonadales	0.2872	0.5067	0.3654	1.1593
【26】γ- 变形菌纲分类地位未定的 1 目 Gammaproteobacteria_Incertae_Sedis	0.0036	0.0128	1.0770	1.0933
【27】班努斯菌目 Balneolales	0.0024	0.0018	0.9926	0.9968
【28】异常球菌目 Deinococcales	0.0482	0.0549	0.8551	0.9582
【29】细菌域分类地位未定的 1 门未分类的 1 目 unclassified_k_norank_d_Bacteria	0.2523	0.4960	0.1604	0.9087
【30】黄单胞菌目 Xanthomonadales	0.3067	0.4381	0.1080	0.8528
【31】暖绳菌目 Caldilineales	0.2689	0.4631	0.1058	0.8378
【32】硝化螺旋菌纲的 1 目 c_Nitrospira	0.2417	0.4113	0.0951	0.7481
【33】候选目 Dadabacteriales	0.1998	0.4465	0.0933	0.7396
【34】气单胞菌目 Aeromonadales	0.4464	0.1291	0.0342	0.6097
【35】贝日阿托氏菌目 Beggiatoales	0.1776	0.3553	0.0727	0.6056
【36】土壤杆菌目 Solibacterales	0.1708	0.3339	0.0865	0.5912
【37】红弧菌目 Rhodovibrionales	0.1871	0.3020	0.0961	0.5852
【38】黏球菌目 Myxococcales	0.1753	0.3235	0.0862	0.5850
【39】δ- 变形菌纲的 1 目 c_Deltaproteobacteria	0.0035	0.0012	0.5776	0.5823
【40】候选纲 TK30 的 1 目 c_TK30	0.1736	0.3301	0.0775	0.5812
【41】亚群 9 的 1 纲的 1 目 c_Subgroup_9	0.1824	0.3223	0.0710	0.5757
【42】无胆甾原体目 Acholeplasmatales	0.5458	0.0153	0.0000	0.5611
【43】柔膜菌纲 RF39 群的 1 目 Mollicutes_RF39	0.1919	0.2673	0.0823	0.5415

二、优势菌群

从菌群结构看（图 5-17），未发酵组细菌目组成一类，前 5 个高含量细菌目优势菌群为梭菌目（40.5000%）、拟杆菌目（19.7400%）、乳杆菌目（8.2350%）、心杆菌目（4.7860%）、假单胞菌目（2.6280%）；浅发酵组细菌目组成有所变动，深发酵中的 10h 采样细菌目靠近浅发酵组，并为一类，前 5 个高含量细菌目优势菌群为梭菌目（38.6700%）、乳杆菌目（12.9700%）、拟杆菌目（7.4420%）、假单胞菌目（3.9980%）、肠杆菌目（3.8560%）；深发酵组仅陈化 20 d 样本的细菌目归为一类，前 5 个高含量细菌目优势菌群为梭菌目（27.5900%）、芽胞杆菌目（10.4700%）、链孢囊菌目（9.3380%）、β- 变形菌目（7.9320%）、乳杆菌目（7.4880%）。三个发酵阶段梭菌目、乳杆菌目成为共有的细菌目，未发酵组优势种以心杆菌目为独有细菌目，浅发酵组的优势种以假单胞菌目和肠杆菌目为独有细菌目，深发酵组优势种以芽胞杆菌目、链孢囊菌目、β- 变形菌目为独有细菌目。

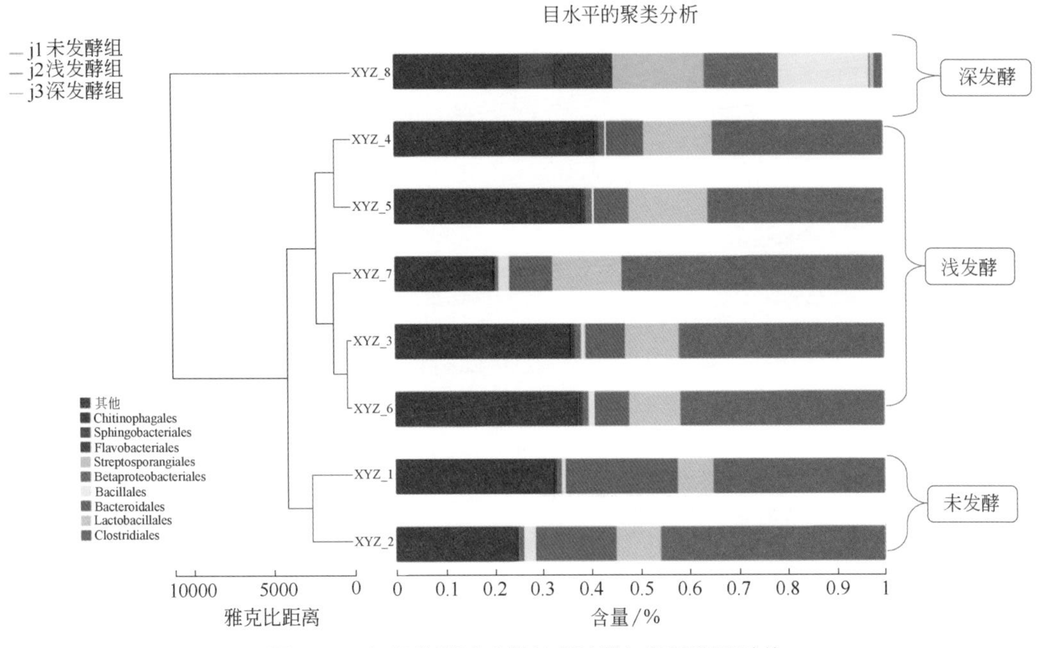

图 5-17　好氧发酵罐鸡粪处理过程细菌目菌群结构

三、菌群种类

从菌群种类看（图 5-18），未发酵组细菌目有 196 个，浅发酵组细菌目 217 个，深发酵组细菌目 169 个，三个处理共有细菌目 158 个；未发酵组具有 1 个独有细菌目，浅发酵组有 14 个独有细菌目，深发酵组有 2 个独有细菌目；分析表明，随着发酵进程分化出较多的独有细菌目，浅发酵阶段独有细菌目远远多于未发酵和深发酵阶段。

四、菌群差异

从菌群差异性看（图 5-19），前 15 个高含量细菌目菌群中，仅有 4 个细菌目发酵过程存在含量差异，即假单胞菌目、肠杆菌目、SAR202 进化枝的 1 目、候选目 SBR1031；其余 10 个细菌目，发酵过程含量差异不显著，即梭菌目、拟杆菌目、乳杆菌目、芽胞杆菌目、β- 变形菌目、链孢囊菌目、黄杆菌目、心杆菌目、鞘氨醇杆菌目、噬几丁质菌目。

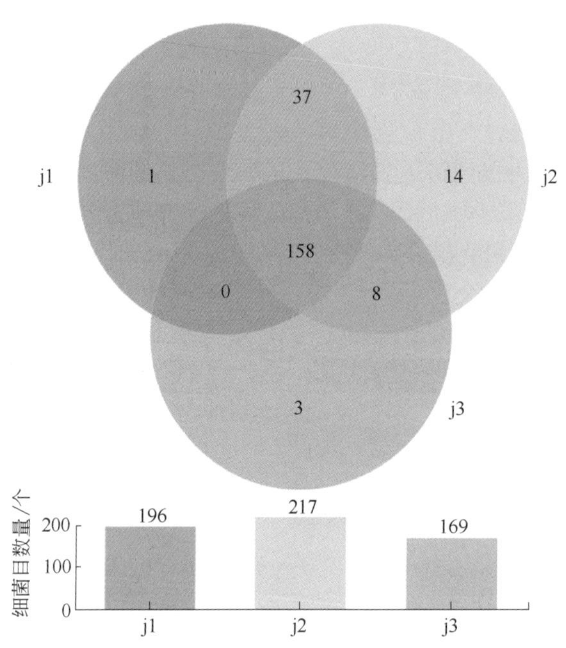

图 5-18　好氧发酵罐鸡粪处理过程细菌目共有菌群和独有菌群

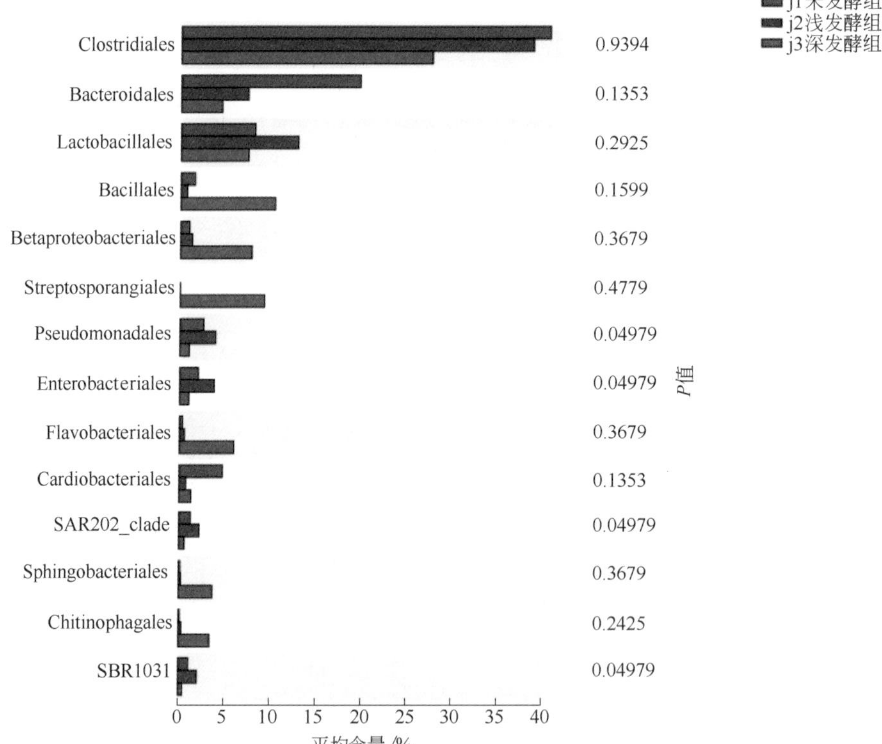

图 5-19　好氧发酵罐鸡粪处理过程细菌目优势菌群差异性比较

五、菌群进化

鸡粪发酵罐处理过程细菌目系统进化树见图 5-20。从菌群进化看，9 个细菌目在好氧发酵罐处理系统中起到优势菌群的作用，即梭菌目、拟杆菌目、乳杆菌目、芽胞杆菌目、β- 变形菌目、链孢囊菌目、假单胞菌目、肠杆菌目、黄杆菌目（表 5-28）。优势菌群在不同发酵阶段表现不同：有的属于随发酵过程含量下降，如梭菌目含量未发酵＞浅发酵＞深发酵；有的属于随发酵过程含量上升，如链孢囊菌目含量未发酵＜浅发酵＜深发酵；有的属于未发酵和深发酵阶段含量低，浅发酵阶段含量高，如乳杆菌目含量深发酵＜未发酵＜浅发酵。发酵阶段作为微生物培养营养和环境条件的综合指标，影响着微生物组的发生、发展和进化。

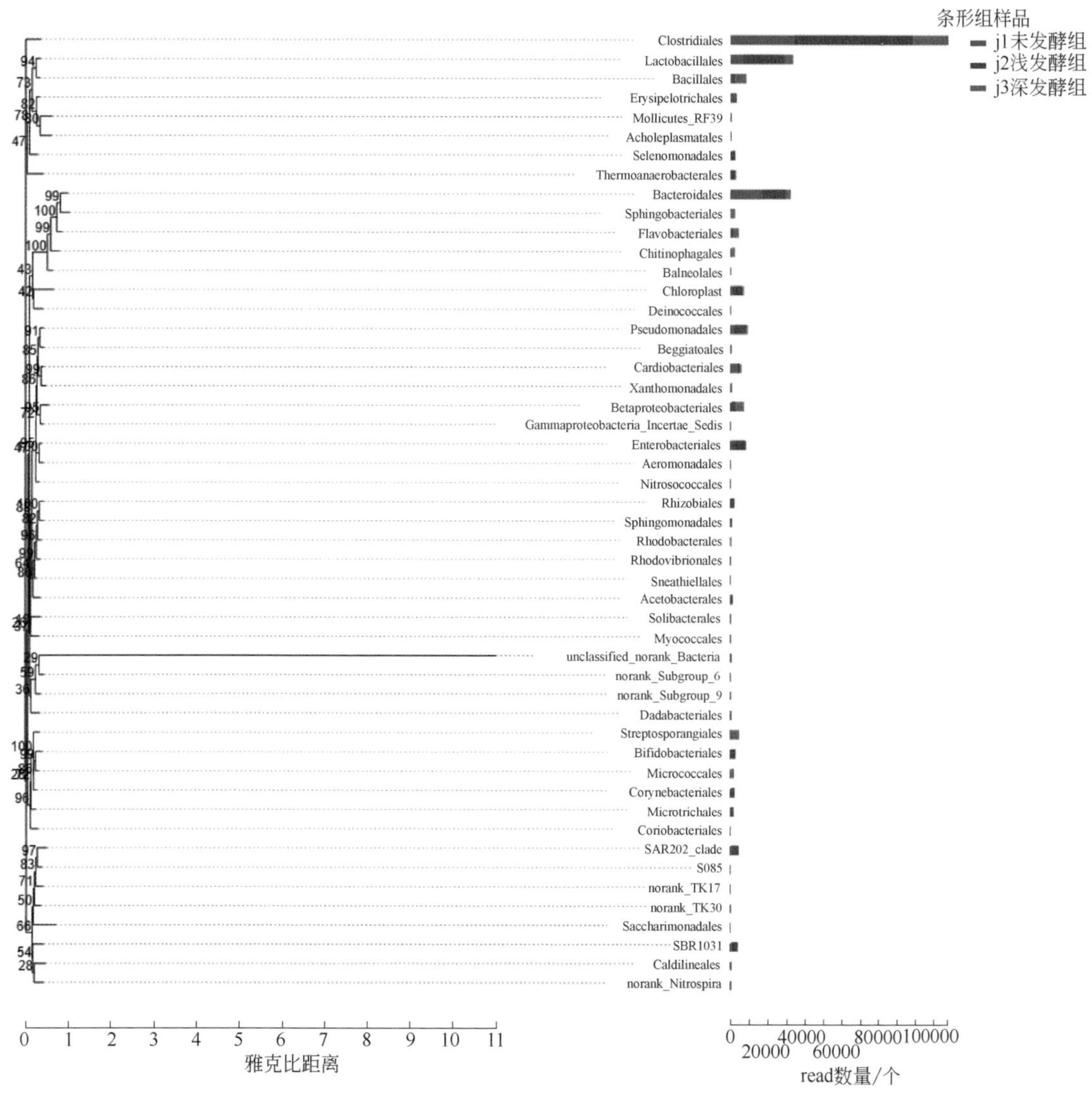

图 5-20 好氧发酵罐鸡粪处理过程细菌目系统进化树

表 5-28　好氧发酵罐鸡粪处理过程高含量细菌目菌群系统进化

物种名称	发酵过程细菌目含量 /%		
	未发酵	浅发酵	深发酵
梭菌目 Clostridiales	40.5000	38.6700	27.5900
拟杆菌目 Bacteroidales	19.7400	7.4420	4.5310
乳杆菌目 Lactobacillales	8.2350	12.9700	7.4880
芽胞杆菌目 Bacillales	1.5780	0.7066	10.4700
β- 变形菌目 Betaproteobacteriales	0.9794	1.2860	7.9320
链孢囊菌目 Streptosporangiales	0.0000	0.0012	9.3380
假单胞菌目 Pseudomonadales	2.6280	3.9980	1.0310
肠杆菌目 Enterobacteriales	2.0730	3.8560	1.0070
黄杆菌目 Flavobacteriales	0.3271	0.5248	6.0370

六、菌群动态

从菌群动态看，发酵初期鸡粪 + 垫料装入发酵罐开始发酵，经过 10h 发酵，取出陈化 20d，细菌目优势菌群动态变化见图 5-21。梭菌目在未发酵和浅发酵阶段含量较高，小幅波动变化，进入深发酵后，含量迅速下降，到 20d 陈化后，含量急剧下降到谷底，从进入深发酵初期的 17974 下降到 20d 陈化后的 433。其余 4 个细菌目乳杆菌目、拟杆菌目、假单胞菌目、肠杆菌目总体含量低于梭菌目，从原料到发酵过程含量波动变化，进入深发酵（陈化）后，含量继续下降。

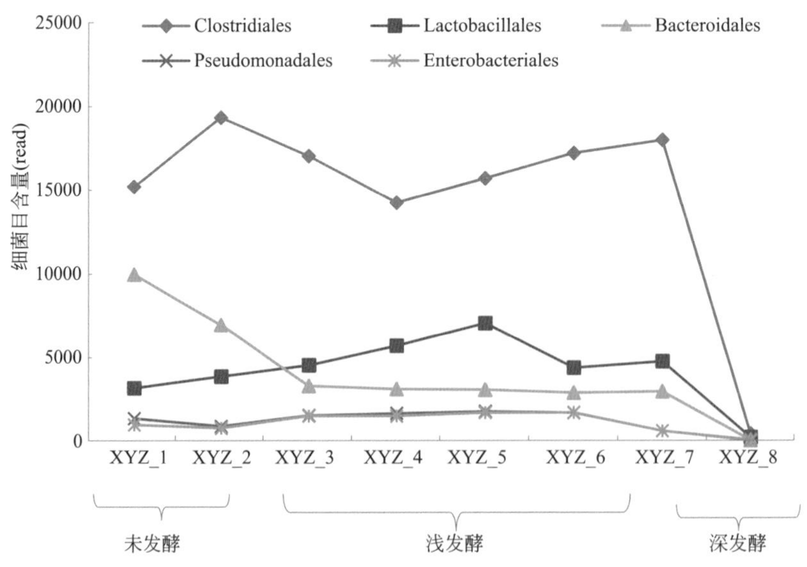

图 5-21　好氧发酵罐鸡粪处理过程细菌目优势菌群动态变化

七、菌群多样性指数

利用好氧发酵罐鸡粪处理过程细菌目（OTU）组成数据矩阵（表 5-29），以细菌目为样本，发酵进程为指标，计算各细菌目在发酵过程的物种多样性指数，分析结果见表 5-30。鸡粪处理过程 8 次采样，共检测到 221 个细菌目。其中细菌目含量总和超过万级的有 3 个细菌目，即梭菌目、乳杆菌目、拟杆菌目，为发酵过程主导菌群；总和超过千级的有 24 个细菌目，即假单胞菌目、肠杆菌目、芽胞杆菌目、β- 变形菌目、心杆菌目、链孢囊菌目、SAR202 进化枝的 1 目、候选目 SBR1031、黄杆菌目、丹毒丝菌目、双歧杆菌目、热厌氧杆菌目、棒杆菌目、月形单胞菌目、鞘氨醇杆菌目、根瘤菌目、噬几丁质菌目、微球菌目、微丝菌目、醋酸杆菌目、鞘氨醇单胞菌目、细菌域分类地位未定的 1 门未分类的 1 目、暖绳菌目、黄单胞菌目，为发酵过程重要菌群；总和超过百级的有 70 个细菌目，为发酵过程辅助菌群。

表 5-29　好氧发酵罐鸡粪处理过程细菌目组成数据矩阵

细菌目	好氧发酵罐鸡粪处理过程细菌目相对含量（read）								总和（read）
	未发酵		浅发酵				深发酵		
	XYZ_1	XYZ_2	XYZ_3	XYZ_4	XYZ_5	XYZ_6	XYZ_7	XYZ_8	
梭菌目 Clostridiales	15191	19318	17024	14234	15699	17196	17974	433	117069
乳杆菌目 Lactobacillales	3165	3854	4522	5684	7047	4367	4751	225	33615
拟杆菌目 Bacteroidales	9959	6936	3292	3104	3063	2885	2962	63	32264
假单胞菌目 Pseudomonadales	1358	892	1531	1652	1766	1693	614	65	9571
肠杆菌目 Enterobacteriales	990	782	1502	1500	1698	1707	613	52	8844
芽胞杆菌目 Bacillales	339	998	359	118	168	522	735	5288	8527
β- 变形菌目 Betaproteobacteriales	420	416	527	503	601	508	203	4304	7482
心杆菌目 Cardiobacteriales	2118	1969	325	285	507	121	878	0	6203
链孢囊菌目 Streptosporangiales	0	0	0	1	1	0	0	5268	5270
SAR202 进化枝的 1 目 SAR202_clade	591	487	922	901	991	967	352	38	5249
候选目 SBR1031	540	404	780	848	902	881	268	28	4651
黄杆菌目 Flavobacteriales	133	146	187	211	212	261	85	3334	4569
丹毒丝菌目 Erysipelotrichales	1162	945	473	279	344	124	181	3	3511
双歧杆菌目 Bifidobacteriales	366	296	518	592	607	706	242	24	3351
热厌氧杆菌目 Thermoanaerobacterales	99	7	194	1683	557	153	437	0	3130
棒杆菌目 Corynebacteriales	492	262	339	616	492	266	186	177	2830
月形单胞菌目 Selenomonadales	355	222	418	479	479	556	185	16	2710
鞘氨醇杆菌目 Sphingobacteriales	77	48	96	77	106	92	32	2060	2588
根瘤菌目 Rhizobiales	279	235	425	424	489	500	194	19	2565
噬几丁质菌目 Chitinophagales	56	51	104	125	108	141	41	1897	2523

续表

细菌目	好氧发酵罐鸡粪处理过程细菌目相对含量（read）								总和（read）
	未发酵		浅发酵				深发酵		
	XYZ_1	XYZ_2	XYZ_3	XYZ_4	XYZ_5	XYZ_6	XYZ_7	XYZ_8	
微球菌目 Micrococcales	132	97	159	175	167	149	57	1399	2335
微丝菌目 Microtrichales	211	158	343	363	394	376	116	326	2287
醋酸杆菌目 Acetobacterales	218	150	315	307	330	340	104	10	1774
鞘氨醇单胞菌目 Sphingomonadales	152	94	186	227	210	218	75	143	1305
细菌域分类地位未定的 1 门未分类的 1 目 unclassified_k_norank_d_Bacteria	131	85	182	186	211	245	98	8	1146
暖绳菌目 Caldilineales	133	97	169	173	227	202	59	10	1070
黄单胞菌目 Xanthomonadales	105	156	172	178	197	181	51	18	1058
候选目 Dadabacteriales	102	69	164	180	198	200	53	8	974
硝化螺旋菌纲的 1 目 c_Nitrospira	128	79	174	160	179	170	59	4	953
红杆菌目 Rhodobacterales	61	81	66	90	62	56	28	462	906
贝日阿托氏菌目 Beggiatoales	89	63	143	123	166	159	44	4	791
土壤杆菌目 Solibacterales	81	65	137	108	148	162	52	5	758
候选纲 TK30 的 1 目 c_TK30	69	79	153	125	124	145	46	5	746
黏球菌目 Myxococcales	87	63	122	124	151	141	53	4	745
亚群 9 的 1 纲的 1 目 c_Subgroup_9	89	67	132	126	136	141	44	3	738
红弧菌目 Rhodovibrionales	89	71	122	144	126	109	43	18	722
柔膜菌纲 RF39 群的 1 目 Mollicutes_RF39	90	74	106	103	98	136	48	6	661
γ- 变形菌纲分类地位未定的 1 目 Gammaproteobacteria_Incertae_Sedis	0	3	9	5	3	4	2	606	632
气单胞菌目 Aeromonadales	261	122	61	67	56	30	17	5	619
异常球菌目 Deinococcales	16	25	17	25	20	29	10	474	616
亚群 6 的 1 纲 c_Subgroup_6	73	47	110	117	118	107	35	3	610
班努斯菌目 Balneolales	0	2	1	2	0	0	0	560	565
亚硝化球菌目 Nitrosococcales	72	40	92	100	100	94	34	4	536
斯尼思氏菌目 Sneathiellales	54	38	93	94	103	107	33	1	523
候选纲 TK17 的 1 目 c_TK17	40	37	97	87	94	107	33	1	496
红蝽杆菌目 Coriobacteriales	105	34	82	184	80	5	6	0	496
无胆甾原体目 Acholeplasmatales	378	92	14	8	3	0	0	0	495
候选目 S085	63	36	87	80	85	112	26	2	491
糖单胞菌目 Saccharimonadales	89	58	71	83	89	66	24	2	482
类固醇杆菌目 Steroidobacterales	44	42	86	94	104	72	30	3	475

续表

细菌目	好氧发酵罐鸡粪处理过程细菌目相对含量（read）								总和（read）
	未发酵		浅发酵				深发酵		
	XYZ_1	XYZ_2	XYZ_3	XYZ_4	XYZ_5	XYZ_6	XYZ_7	XYZ_8	
候选纲 OLB14 的 1 目 c_OLB14	38	39	80	67	87	72	36	3	422
芽单胞菌纲的 1 目 c_Gemmatimonadetes	52	27	73	64	88	73	29	14	420
海港杆菌门的 1 目 p_Poribacteria	47	29	73	74	68	75	25	4	395
海杆形菌目 Thalassobaculales	37	27	92	77	75	64	20	2	394
变形菌门未分类的 1 目 unclassified_p_Proteobacteria	28	28	41	51	81	74	43	1	347
候选纲 JG30-KF-CM66 的 1 目 c_JG30-KF-CM66	43	29	61	50	76	60	25	0	344
螺旋体目 Spirochaetales	79	29	50	49	54	64	15	0	340
海草球形菌目 Phycisphaerales	45	27	50	57	65	61	30	0	335
δ- 变形菌纲的 1 目 c_Deltaproteobacteria	2	1	0	0	1	1	1	325	331
交替单胞菌目 Alteromonadales	37	24	63	57	55	44	20	1	301
噬纤维菌目 Cytophagales	28	26	45	51	63	61	18	0	292
纤维弧菌目 Cellvibrionales	26	9	31	44	40	40	9	71	270
α- 变形菌纲的 1 目 c_Alphaproteobacteria	34	28	45	47	49	36	18	3	260
海洋螺菌目 Oceanospirillales	15	11	26	22	13	12	6	153	258
海洋放线菌目 Actinomarinales	34	21	42	43	40	43	21	1	245
热微菌目 Thermomicrobiales	30	16	34	39	39	48	20	7	233
α- 变形菌纲的 1 目 c_Alphaproteobacteria	23	13	36	37	44	50	24	3	230
柄杆菌目 Caulobacterales	28	33	44	50	28	32	9	1	225
KI89A 进化枝的 1 目 KI89A_clade	28	19	38	39	48	35	14	1	222
候选目 C10-SB1A	26	13	38	34	44	31	16	2	204
栖热菌目 Thermales	18	16	39	32	42	31	23	2	203
疣微菌目 Verrucomicrobiales	27	19	31	35	38	28	19	3	200
候选纲 P9X2b3D02 的 1 目 c_P9X2b3D02	25	10	37	40	33	42	11	1	199
弯曲杆菌目 Campylobacterales	37	18	28	38	34	27	9	0	191
互养菌目 Synergistales	143	10	14	11	5	3	0	0	186
蛭弧菌目 Bdellovibrionales	19	15	32	35	32	28	16	1	178
紫螺菌目 Puniceispirillales	17	10	30	25	34	41	11	1	169
候选纲 Kazania 的 1 目 c_Kazania	22	16	27	31	32	19	14	0	161
放线菌目 Actinomycetales	48	14	18	22	38	13	6	0	159
海绵共生菌目 Entotheonellales	18	12	29	34	31	25	6	3	158

续表

细菌目	好氧发酵罐鸡粪处理过程细菌目相对含量（read）								总和（read）
	未发酵		浅发酵				深发酵		
	XYZ_1	XYZ_2	XYZ_3	XYZ_4	XYZ_5	XYZ_6	XYZ_7	XYZ_8	
候选目 JTB23	19	10	31	29	27	29	6	0	151
候选目 HOC36	16	8	24	32	29	28	12	1	150
γ- 变形菌纲的 1 目 c_Gammaproteobacteria	9	14	22	16	28	23	8	25	145
梭杆菌目 Fusobacteriales	12	14	24	26	38	20	8	1	143
候选门 AncK6 分类地位未定的 1 目 norank_p_AncK6	17	10	18	23	37	20	13	1	139
巴斯德氏菌目 Pasteurellales	14	12	14	24	27	29	18	0	138
丙酸杆菌目 Propionibacteriales	9	18	21	26	28	19	5	11	137
候选目 NB1-j	18	13	32	15	23	19	13	1	134
红螺菌目 Rhodospirillales	20	22	20	24	18	25	0	0	129
亚群 11 的 1 纲的 1 目 c_Subgroup_11	7	9	21	31	19	23	11	2	123
候选纲 OM190 的 1 目 c_OM190	15	11	21	15	31	20	6	2	121
盖亚菌目 Gaiellales	11	8	15	25	26	21	6	5	117
厌氧绳菌目 Anaerolineales	13	14	18	17	20	26	6	1	115
候选目 EPR3968-O8a-Bc78	14	8	11	21	32	15	9	2	112
脱硫弧菌目 Desulfovibrionales	23	19	22	12	16	10	6	0	108
弗兰克氏菌目 Frankiales	8	7	22	19	22	16	7	3	104
候选目 Brocadiales	9	9	13	21	23	23	4	0	102

细菌目菌群多样性指数分析结果见表 5-30。从细菌目菌群分布的时间单元上看，有的细菌目在发酵过程中分布在所有的时间单元上，如梭菌目分布在发酵过程 8 次采样的全部时间单元上；有的则分布在部分时间单元上，如无胆甾原体目仅分布在 8 次采样的 5 次时间单元上。

从相对含量上看，最高含量的前 3 个细菌目为梭菌目（117069.00）、乳杆菌目（33615.00）、拟杆菌目（32264.00）；最低含量的后 3 个细菌目为脱硫弧菌目（108.00）、弗兰克氏菌目（104.00）、候选目 Brocadiales（102.00）。

从物种丰富度上看，物种丰富度最高的前 3 个细菌目为弗兰克氏菌目（1.51）、候选目 EPR3968-O8a-Bc78（1.48）、厌氧绳菌目（1.48）；最低的后 3 个细菌目为梭菌目（0.60）、班努斯菌目（0.47）、链孢囊菌目（0.23）；丰富度相差万倍，物种丰富度与优势度呈正比，优势度越高，丰富度越高，反之也成立，表明物种集中程度越高，丰富度就越高。

从物种香农指数上看，香农指数最高的前 3 个细菌目为鞘氨醇单胞菌目（2.02）、微丝菌目（2.01）、γ- 变形菌纲的 1 目（2.00）；最低的后 3 个细菌目为 δ - 变形菌纲的 1 目（0.12）、班努斯菌目（0.06）、链孢囊菌目（0.00）；香农指数与物种均匀度指数呈正比，均匀度指数越高，香农指数越高，反之也成立，表明物种分布越均匀，香农指数越高。

表 5-30　好氧发酵罐鸡粪处理过程细菌目菌群多样性指数

物种名称	时间单元	相对含量（read）	细菌目多样性指数			
			丰富度	优势度指数（D）	香农指数（H）	均匀度指数
梭菌目 Clostridiales	8	117069.00	0.60	0.86	1.96	0.94
乳杆菌目 Lactobacillales	8	33615.00	0.67	0.85	1.94	0.93
拟杆菌目 Bacteroidales	8	32264.00	0.67	0.81	1.82	0.88
假单胞菌目 Pseudomonadales	8	9571.00	0.76	0.85	1.92	0.92
肠杆菌目 Enterobacteriales	8	8844.00	0.77	0.84	1.91	0.92
芽胞杆菌目 Bacillales	8	8527.00	0.77	0.59	1.33	0.64
β- 变形菌目 Betaproteobacteriales	8	7482.00	0.78	0.64	1.49	0.72
心杆菌目 Cardiobacteriales	7	6203.00	0.69	0.75	1.59	0.81
链孢囊菌目 Streptosporangiales	3	5270.00	0.23	0.00	0.00	0.00
SAR202 进化枝的 1 目 SAR202_clade	8	5249.00	0.82	0.84	1.92	0.92
候选目 SBR1031	8	4651.00	0.83	0.84	1.90	0.91
黄杆菌目 Flavobacteriales	8	4569.00	0.83	0.46	1.10	0.53
丹毒丝菌目 Erysipelotrichales	8	3511.00	0.86	0.78	1.70	0.82
双歧杆菌目 Bifidobacteriales	8	3351.00	0.86	0.84	1.91	0.92
热厌氧杆菌目 Thermoanaerobacterales	7	3130.00	0.75	0.65	1.36	0.70
棒杆菌目 Corynebacteriales	8	2830.00	0.88	0.85	1.99	0.96
月形单胞菌目 Selenomonadales	8	2710.00	0.89	0.84	1.91	0.92
鞘氨醇杆菌目 Sphingobacteriales	8	2588.00	0.89	0.36	0.89	0.43
根瘤菌目 Rhizobiales	8	2565.00	0.89	0.85	1.92	0.92
噬几丁质菌目 Chitinophagales	8	2523.00	0.89	0.42	1.02	0.49
微球菌目 Micrococcales	8	2335.00	0.90	0.62	1.43	0.69
微丝菌目 Microtrichales	8	2287.00	0.90	0.86	2.01	0.97
醋酸杆菌目 Acetobacterales	8	1774.00	0.94	0.84	1.90	0.91
鞘氨醇单胞菌目 Sphingomonadales	8	1305.00	0.98	0.86	2.02	0.97
细菌域分类地位未定的 1 门未分类的 1 目 unclassified_k_norank_d_Bacteria	8	1146.00	0.99	0.84	1.91	0.92
暖绳菌目 Caldilineales	8	1070.00	1.00	0.84	1.91	0.92
黄单胞菌目 Xanthomonadales	8	1058.00	1.01	0.85	1.94	0.93
候选目 Dadabacteriales	8	974.00	1.02	0.84	1.88	0.91
硝化螺旋菌纲的 1 目 c_Nitrospira	8	953.00	1.02	0.84	1.90	0.92
红杆菌目 Rhodobacterales	8	906.00	1.03	0.70	1.62	0.78
贝日阿托氏菌目 Beggiatoales	8	791.00	1.05	0.84	1.88	0.91
土壤杆菌目 Solibacterales	8	758.00	1.06	0.84	1.90	0.91
候选纲 TK30 的 1 目 c_TK30	8	746.00	1.06	0.84	1.90	0.92

续表

物种名称	时间单元	相对含量（read）	细菌目多样性指数			
			丰富度	优势度指数（D）	香农指数（H）	均匀度指数
黏球菌目 Myxococcales	8	745.00	1.06	0.84	1.91	0.92
亚群 9 的 1 纲的 1 目 c_Subgroup_9	8	738.00	1.06	0.84	1.90	0.91
红弧菌目 Rhodovibrionales	8	722.00	1.06	0.85	1.96	0.94
柔膜菌纲 RF39 群的 1 目 Mollicutes_RF39	8	661.00	1.08	0.85	1.94	0.93
γ- 变形菌纲分类地位未定的 1 目 Gammaproteobacteria_Incertae_Sedis	7	632.00	0.93	0.08	0.24	0.12
气单胞菌目 Aeromonadales	8	619.00	1.09	0.75	1.65	0.80
异常球菌目 Deinococcales	8	616.00	1.09	0.40	0.98	0.47
亚群 6 的 1 纲的 1 目 c_Subgroup_6	8	610.00	1.09	0.84	1.89	0.91
班努斯菌目 Balneolales	4	565.00	0.47	0.02	0.06	0.04
亚硝化球菌目 Nitrosococcales	8	536.00	1.11	0.84	1.91	0.92
斯尼思氏菌目 Sneathiellales	8	523.00	1.12	0.84	1.87	0.90
候选纲 TK17 的 1 目 c_TK17	8	496.00	1.13	0.83	1.86	0.89
红蝽杆菌目 Coriobacteriales	7	496.00	0.97	0.76	1.57	0.81
无胆甾原体目 Acholeplasmatales	5	495.00	0.64	0.38	0.72	0.45
候选目 S085	8	491.00	1.13	0.84	1.88	0.90
糖单胞菌目 Saccharimonadales	8	482.00	1.13	0.85	1.91	0.92
类固醇杆菌目 Steroidobacterales	8	475.00	1.14	0.84	1.89	0.91
候选纲 OLB14 的 1 目 c_OLB14	8	422.00	1.16	0.85	1.92	0.92
芽单胞菌纲的 1 目 c_Gemmatimonadetes	8	420.00	1.16	0.85	1.96	0.94
海港杆菌门的 1 目 p_Poribacteria	8	395.00	1.17	0.84	1.91	0.92
海杆形菌目 Thalassobaculales	8	394.00	1.17	0.83	1.85	0.89
变形菌门未分类的 1 目 unclassified_p_Proteobacteria	8	347.00	1.20	0.84	1.89	0.91
候选纲 JG30-KF-CM66 的 1 目 c_JG30-KF-CM66	7	344.00	1.03	0.84	1.88	0.97
螺旋体目 Spirochaetales	7	340.00	1.03	0.84	1.85	0.95
海草球形菌目 Phycisphaerales	7	335.00	1.03	0.85	1.90	0.98
δ - 变形菌纲的 1 目 c_Deltaproteobacteria	6	331.00	0.86	0.04	0.12	0.07
交替单胞菌目 Alteromonadales	8	301.00	1.23	0.84	1.89	0.91
噬纤维菌目 Cytophagales	7	292.00	1.06	0.84	1.86	0.96
纤维弧菌目 Cellvibrionales	8	270.00	1.25	0.84	1.91	0.92
α- 变形菌纲的 1 目 c_Alphaproteobacteria	8	260.00	1.26	0.85	1.94	0.93
海洋螺菌目 Oceanospirillales	8	258.00	1.26	0.62	1.43	0.69
海洋放线菌目 Actinomarinales	8	245.00	1.27	0.85	1.93	0.93

续表

物种名称	时间单元	相对含量（read）	细菌目多样性指数			
			丰富度	优势度指数（*D*）	香农指数（*H*）	均匀度指数
热微菌目 Thermomicrobiales	8	233.00	1.28	0.85	1.97	0.95
α- 变形菌纲的 1 目 c_Alphaproteobacteria	8	230.00	1.29	0.85	1.92	0.92
柄杆菌目 Caulobacterales	8	225.00	1.29	0.84	1.88	0.91
KI89A 进化枝的 1 目 KI89A_clade	8	222.00	1.30	0.84	1.90	0.91
候选目 C10-SB1A	8	204.00	1.32	0.85	1.91	0.92
栖热菌目 Thermales	8	203.00	1.32	0.85	1.93	0.93
疣微菌目 Verrucomicrobiales	8	200.00	1.32	0.86	1.97	0.95
候选纲 P9X2b3D02 的 1 目 c_P9X2b3D02	8	199.00	1.32	0.84	1.86	0.89
弯曲杆菌目 Campylobacterales	7	191.00	1.14	0.84	1.87	0.96
互养菌目 Synergistales	6	186.00	0.96	0.40	0.88	0.49
蛭弧菌目 Bdellovibrionales	8	178.00	1.35	0.85	1.92	0.92
紫螺菌目 Puniceispirillales	8	169.00	1.36	0.83	1.86	0.90
候选纲 Kazania 的 1 目 c_Kazania	7	161.00	1.18	0.85	1.90	0.98
放线菌目 Actinomycetales	7	159.00	1.18	0.81	1.77	0.91
海绵共生菌目 Entotheonellales	8	158.00	1.38	0.84	1.90	0.91
候选目 JTB23	7	151.00	1.20	0.84	1.84	0.94
候选目 HOC36	8	150.00	1.40	0.84	1.88	0.91
γ- 变形菌纲的 1 目 c_Gammaproteobacteria	8	145.00	1.41	0.86	2.00	0.96
梭杆菌目 Fusobacteriales	8	143.00	1.41	0.83	1.87	0.90
候选门 AncK6 分类地位未定的 1 目 norank_p_AncK6	8	139.00	1.42	0.84	1.90	0.91
巴斯德氏菌目 Pasteurellales	7	138.00	1.22	0.85	1.89	0.97
丙酸杆菌目 Propionibacteriales	8	137.00	1.42	0.86	1.97	0.95
候选目 NB1-j	8	134.00	1.43	0.85	1.93	0.93
红螺菌目 Rhodospirillales	6	129.00	1.03	0.84	1.79	1.00
亚群 11 的 1 纲的 1 目 c_Subgroup_11	8	123.00	1.45	0.84	1.89	0.91
候选纲 OM190 的 1 目 c_OM190	8	121.00	1.46	0.84	1.90	0.92
盖亚菌目 Gaiellales	8	117.00	1.47	0.85	1.93	0.93
厌氧绳菌目 Anaerolineales	8	115.00	1.48	0.85	1.91	0.92
候选目 EPR3968-O8a-Bc78	8	112.00	1.48	0.84	1.89	0.91
脱硫弧菌目 Desulfovibrionales	7	108.00	1.28	0.84	1.87	0.96
弗兰克氏菌目 Frankiales	8	104.00	1.51	0.85	1.92	0.92
候选目 Brocadiales	7	102.00	1.30	0.83	1.82	0.93

以表5-29为数据矩阵，对发酵生境进行多样性分析，以发酵过程为样本，以细菌目为指标，计算种类数、丰富度、香农指数、优势度指数、均匀度指数，分析结果见表5-31、图5-22。从发酵生境种类数看，浅发酵生境细菌目种类数最多（182 ～ 197），其次为深发酵生境（183 ～ 191），最少的为未发酵生境（100 ～ 160），表明随着发酵进程，进入浅发酵阶段后细菌目数量上升，进入深发酵阶段后数量下降。

表5-31　基于细菌目菌群的好氧发酵罐鸡粪处理过程生境多样性指数

发酵阶段	编号	种类数	丰富度	香农指数	优势度指数	均匀度指数
未发酵	XYZ_7	160	180.40	2.01	0.32	0.04
	XYZ_8	100	129.18	2.47	0.12	0.11
浅发酵	XYZ_2	182	206.61	2.23	0.25	0.05
	XYZ_6	195	209.88	2.69	0.20	0.07
	XYZ_5	197	208.71	2.78	0.17	0.08
	XYZ_4	193	205.52	2.84	0.16	0.08
深发酵	XYZ_1	183	197.26	2.54	0.19	0.06
	XYZ_3	191	213.81	2.68	0.20	0.07

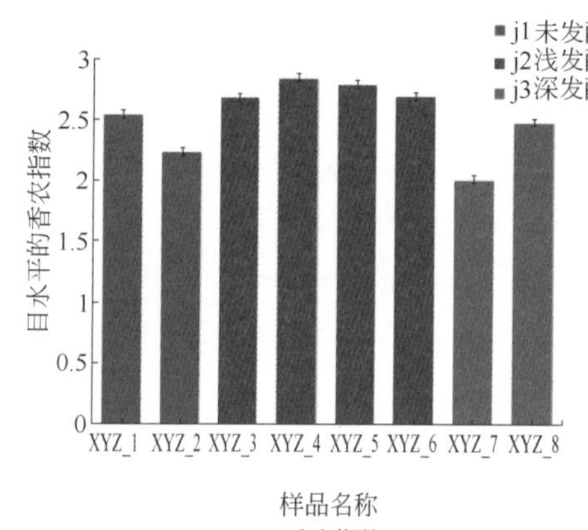

(a) 香农指数

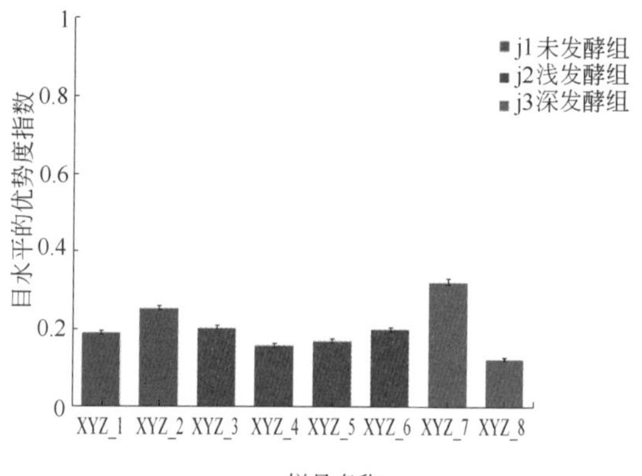

(b) 优势度指数

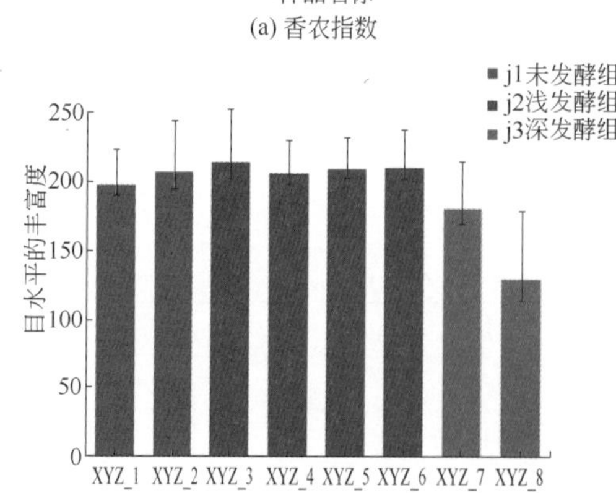

(c) 丰富度

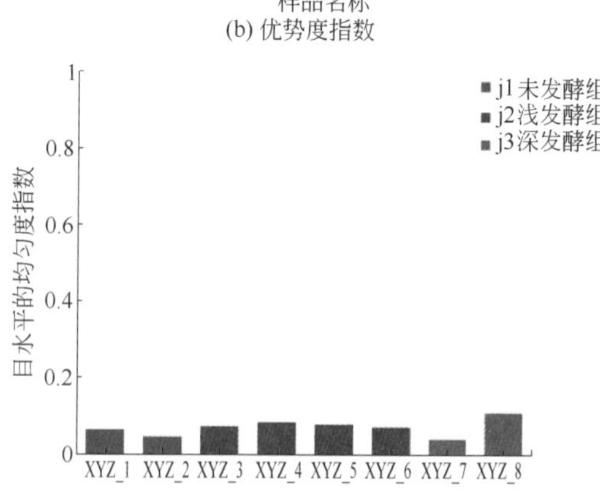

(d) 均匀度指数

图5-22　基于细菌目菌群的好氧发酵罐鸡粪处理过程生境多样性指数

从发酵生境丰富度上看（图 5-22），浅发酵生境的丰富度（205.52 ～ 209.88）＞深发酵生境的丰富度（197.25 ～ 213.81）＞未发酵生境的丰富度（129.18 ～ 180.40），香农指数的变化规律与丰富度相近；多样性指数间的相关性见表 5-32，香农指数与优势度指数的相关系数为 -0.7618（P=0.0280），呈显著负相关；丰富度与种类数的相关系数为 0.9884，呈极显著正相关（P=0.0000），均匀度指数与优势度指数的相关系数为 -0.9229，呈显著负相关（P=0.0011）。

表 5-32 基于细菌目菌群的好氧发酵罐鸡粪处理过程生境多样性指数之间相关性

因子	种类数	丰富度	香农指数	优势度指数	均匀度指数
种类数		0.0000	0.3078	0.5959	0.2219
丰富度	0.9884		0.3884	0.5160	0.1828
香农指数	0.4141	0.3548		0.0280	0.1335
优势度指数	0.2228	0.2712	-0.7618		0.0011
均匀度指数	-0.4862	-0.5238	0.5779	-0.9229	

注：左下角是相关系数 R，右上角是 P 值。

八、菌群生态位特征

利用表 5-29，以细菌目为样本，发酵时间为指标，计算生态位宽度，分析结果见表 5-33。结果表明，98 种细菌目菌群生态位宽度范围在 1.00 ～ 7.22。生态位最宽的菌群为鞘氨醇单胞菌目，生态位宽度为 7.2235，其相应的常用资源种类为 S3=14.25%（浅发酵阶段）、S4=17.39%（浅发酵阶段）、S5=16.09%（浅发酵阶段）、S6=16.70%（浅发酵阶段）。生态位最窄的菌群为链孢囊菌目，生态位宽度为 1.0008，其相应的常用资源种类为 S3=99.96%（浅发酵阶段）。不同的细菌目菌群生态位宽度存在差异：生态位宽的菌群，选择多个发酵阶段的概率就大，生态适应性就强；生态位窄的菌群，选择多个发酵阶段的概率就小，生态适应性就差。

表 5-33 好氧发酵罐鸡粪处理过程细菌目菌群生态位宽度

物种名称	生态位宽度	频数	截断比例	常用资源种类				
【1】鞘氨醇单胞菌目 Sphingomonadales	7.2235	4	0.13	S3=14.25%	S4=17.39%	S5=16.09%	S6=16.70%	
【2】微丝菌目 Microtrichales	7.1138	5	0.13	S3=15.00%	S4=15.87%	S5=17.23%	S6=16.44%	S8=14.25%
【3】梭菌目 Clostridiales	6.986	5	0.13	S2=16.50%	S3=14.54%	S5=13.41%	S6=14.69%	S7=15.35%
【4】γ- 变形菌纲的 1 目 c_Gammaproteobacteria	6.9642	4	0.13	S3=15.17%	S5=19.31%	S6=15.86%	S8=17.24%	
【5】疣微菌目 Verrucomicrobiales	6.8097	5	0.13	S1=13.50%	S3=15.50%	S4=17.50%	S5=19.00%	S6=14.00%
【6】棒杆菌目 Corynebacteriales	6.7652	3	0.13	S1=17.39%	S4=21.77%	S5=17.39%		
【7】热微菌目 Thermomicrobiales	6.6966	4	0.13	S3=14.59%	S4=16.74%	S5=16.74%	S6=20.60%	
【8】乳杆菌目 Lactobacillales	6.687	4	0.13	S3=13.45%	S4=16.91%	S5=20.96%	S7=14.13%	

续表

物种名称	生态位宽度	频数	截断比例	常用资源种类				
【9】丙酸杆菌目 Propionibacteriales	6.6722	5	0.13	S2=13.14%	S3=15.33%	S4=18.98%	S5=20.44%	S6=13.87%
【10】红弧菌目 Rhodovibrionales	6.6395	4	0.13	S3=16.90%	S4=19.94%	S5=17.45%	S6=15.10%	
【11】柔膜菌纲 RF39 群的 1 目 Mollicutes_RF39	6.634	5	0.13	S1=13.62%	S3=16.04%	S4=15.58%	S5=14.83%	S6=20.57%
【12】α- 变形菌纲的 1 目 c_Alphaproteobacteria	6.6249	5	0.13	S1=13.08%	S3=17.31%	S4=18.08%	S5=18.85%	S6=13.85%
【13】海洋放线菌目 Actinomarinales	6.5954	5	0.13	S1=13.88%	S3=17.14%	S4=17.55%	S5=16.33%	S6=17.55%
【14】黄单胞菌目 Xanthomonadales	6.5412	5	0.13	S2=14.74%	S3=16.26%	S4=16.82%	S5=18.62%	S6=17.11%
【15】芽单胞菌纲的 1 目 c_Gemmatimonadetes	6.5411	4	0.13	S3=17.38%	S4=15.24%	S5=20.95%	S6=17.38%	
【16】假单胞菌目 Pseudomonadales	6.5064	5	0.13	S1=14.19%	S3=16.00%	S4=17.26%	S5=18.45%	S6=17.69%
【17】海草球形菌目 Phycisphaerales	6.4687	4	0.14	S3=14.93%	S4=17.01%	S5=19.40%	S6=18.21%	
【18】蛭弧菌目 Bdellovibrionales	6.4661	4	0.13	S3=17.98%	S4=19.66%	S5=17.98%	S6=15.73%	
【19】候选纲 Kazania 的 1 目 c_Kazania	6.4625	3	0.14	S3=16.77%	S4=19.25%	S5=19.88%		
【20】栖热菌目 Thermales	6.4561	4	0.13	S3=19.21%	S4=15.76%	S5=20.69%	S6=15.27%	
【21】根瘤菌目 Rhizobiales	6.4465	4	0.13	S3=16.57%	S4=16.53%	S5=19.06%	S6=19.49%	
【22】糖单胞菌目 Saccharimonadales	6.4406	5	0.13	S1=18.46%	S3=14.73%	S4=17.22%	S5=18.46%	S6=13.69%
【23】SAR202 进化枝的 1 目 SAR202_clade	6.4211	4	0.13	S3=17.57%	S4=17.17%	S5=18.88%	S6=18.42%	
【24】候选目 NB1-j	6.4083	4	0.13	S1=13.43%	S3=23.88%	S5=17.16%	S6=14.18%	
【25】候选纲 OLB14 的 1 目 c_OLB14	6.3802	4	0.13	S3=18.96%	S4=15.88%	S5=20.62%	S6=17.06%	
【26】肠杆菌目 Enterobacteriales	6.373	4	0.13	S3=16.98%	S4=16.96%	S5=19.20%	S6=19.30%	
【27】月形单胞菌目 Selenomonadales	6.3721	5	0.13	S1=13.10%	S3=15.42%	S4=17.68%	S5=17.68%	S6=20.52%
【28】细菌域分类地位未定的 1 门未分类的 1 目 unclassified_k_norank_d_Bacteria	6.3654	4	0.13	S3=15.88%	S4=16.23%	S5=18.41%	S6=21.38%	
【29】黏球菌目 Myxococcales	6.3573	4	0.13	S3=16.38%	S4=16.64%	S5=20.27%	S6=18.93%	
【30】双歧杆菌目 Bifidobacteriales	6.3572	4	0.13	S3=15.46%	S4=17.67%	S5=18.11%	S6=21.07%	
【31】硝化螺旋菌纲的 1 目 c_Nitrospira	6.3538	5	0.13	S1=13.43%	S3=18.26%	S4=16.79%	S5=18.78%	S6=17.84%
【32】亚硝化球菌目 Nitrosococcales	6.3482	5	0.13	S1=13.43%	S3=17.16%	S4=18.66%	S5=18.66%	S6=17.54%
【33】巴斯德氏菌目 Pasteurellales	6.3353	3	0.14	S4=17.39%	S5=19.57%	S6=21.01%		
【34】亚群 9 的 1 纲的 1 目 c_Subgroup_9	6.3307	4	0.13	S3=17.89%	S4=17.07%	S5=18.43%	S6=19.11%	
【35】厌氧绳菌目 Anaerolineales	6.3247	4	0.13	S3=15.65%	S4=14.78%	S5=17.39%	S6=22.61%	

续表

物种名称	生态位宽度	频数	截断比例	常用资源种类				
【36】α- 变形菌纲的 1 目 c_Alphaproteobacteria	6.3096	4	0.13	S3=15.65%	S4=16.09%	S5=19.13%	S6=21.74%	
【37】醋酸杆菌目 Acetobacterales	6.3079	4	0.13	S3=17.76%	S4=17.31%	S5=18.60%	S6=19.17%	
【38】暖绳菌目 Caldilineales	6.3079	4	0.13	S3=15.79%	S4=16.17%	S5=21.21%	S6=18.88%	
【39】海港杆菌门的 1 目 p_Poribacteria	6.3053	4	0.13	S3=18.48%	S4=18.73%	S5=17.22%	S6=18.99%	
【40】候选目 C10-SB1A	6.3035	4	0.13	S3=18.63%	S4=16.67%	S5=21.57%	S6=15.20%	
【41】KI89A 进化枝的 1 目 KI89A_clade	6.2894	4	0.13	S3=17.12%	S4=17.57%	S5=21.62%	S6=15.77%	
【42】候选纲 TK30 的 1 目 c_TK30	6.2828	4	0.13	S3=20.51%	S4=16.76%	S5=16.62%	S6=19.44%	
【43】候选目 SBR1031	6.2797	4	0.13	S3=16.77%	S4=18.23%	S5=19.39%	S6=18.94%	
【44】候选纲 JG30-KF-CM66 的 1 目 c_JG30-KF-CM66	6.2572	4	0.14	S3=17.73%	S4=14.53%	S5=22.09%	S6=17.44%	
【45】土壤杆菌目 Solibacterales	6.2388	4	0.13	S3=18.07%	S4=14.25%	S5=19.53%	S6=21.37%	
【46】交替单胞菌目 Alteromonadales	6.2376	4	0.13	S3=20.93%	S4=18.94%	S5=18.27%	S6=14.62%	
【47】亚群 6 的 1 纲的 1 目 c_Subgroup_6	6.2085	4	0.13	S3=18.03%	S4=19.18%	S5=19.34%	S6=17.54%	
【48】弯曲杆菌目 Campylobacterales	6.1969	5	0.14	S1=19.37%	S3=14.66%	S4=19.90%	S5=17.80%	S6=14.14%
【49】盖亚菌目 Gaiellales	6.1857	3	0.13	S4=21.37%	S5=22.22%	S6=17.95%		
【50】柄杆菌目 Caulobacterales	6.1745	4	0.13	S2=14.67%	S3=19.56%	S4=22.22%	S6=14.22%	
【51】弗兰克氏菌目 Frankiales	6.1595	4	0.13	S3=21.15%	S4=18.27%	S5=21.15%	S6=15.38%	
【52】类固醇杆菌目 Steroidobacterales	6.1243	4	0.13	S3=18.11%	S4=19.79%	S5=21.89%	S6=15.16%	
【53】贝日阿托氏菌目 Beggiatoales	6.1187	4	0.13	S3=18.08%	S4=15.55%	S5=20.99%	S6=20.10%	
【54】脱硫弧菌目 Desulfovibrionales	6.1068	4	0.14	S1=21.30%	S2=17.59%	S3=20.37%	S5=14.81%	
【55】变形菌门未分类的 1 目 unclassified_p_Proteobacteria	6.1007	3	0.13	S4=14.70%	S5=23.34%	S6=21.33%		
【56】候选目 HOC36	6.0976	4	0.13	S3=16.00%	S4=21.33%	S5=19.33%	S6=18.67%	
【57】海绵共生菌目 Entotheonellales	6.0947	4	0.13	S3=18.35%	S4=21.52%	S5=19.62%	S6=15.82%	
【58】纤维弧菌目 Cellvibrionales	6.0872	4	0.13	S4=16.30%	S5=14.81%	S6=14.81%	S8=26.30%	
【59】斯尼思氏菌目 Sneathiellales	6.0794	4	0.13	S3=17.78%	S4=17.97%	S5=19.69%	S6=20.46%	
【60】候选目 S085	6.0752	4	0.13	S3=17.72%	S4=16.29%	S5=17.31%	S6=22.81%	
【61】候选门 AncK6 分类地位未定的 1 目 norank_p_AncK6	6.0739	3	0.13	S4=16.55%	S5=26.62%	S6=14.39%		
【62】候选纲 OM190 的 1 目 c_OM190	6.0676	3	0.13	S3=17.36%	S5=25.62%	S6=16.53%		
【63】候选目 Dadabacteriales	6.0604	4	0.13	S3=16.84%	S4=18.48%	S5=20.33%	S6=20.53%	

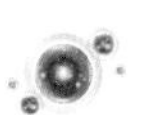

续表

物种名称	生态位宽度	频数	截断比例	常用资源种类				
【64】噬纤维菌目 Cytophagales	6.0471	4	0.14	S3=15.41%	S4=17.47%	S5=21.58%	S6=20.89%	
【65】螺旋体目 Spirochaetales	6.0146	5	0.14	S1=23.24%	S3=14.71%	S4=14.41%	S5=15.88%	S6=18.82%
【66】候选纲 TK17 的 1 目 c_TK17	5.9536	4	0.13	S3=19.56%	S4=17.54%	S5=18.95%	S6=21.57%	
【67】亚群 11 的 1 纲的 1 目 c_Subgroup_11	5.9399	4	0.13	S3=17.07%	S4=25.20%	S5=15.45%	S6=18.70%	
【68】候选纲 P9X2b3D02 的 1 目 c_P9X2b3D02	5.9381	4	0.13	S3=18.59%	S4=20.10%	S5=16.58%	S6=21.11%	
【69】红螺菌目 Rhodospirillales	5.9242	5	0.15	S1=15.50%	S2=17.05%	S3=15.50%	S4=18.60%	S6=19.38%
【70】候选目 JTB23	5.8933	4	0.14	S3=20.53%	S4=19.21%	S5=17.88%	S6=19.21%	
【71】紫螺菌目 Puniceispirillales	5.8611	4	0.13	S3=17.75%	S4=14.79%	S5=20.12%	S6=24.26%	
【72】梭杆菌目 Fusobacteriales	5.8409	4	0.13	S3=16.78%	S4=18.18%	S5=26.57%	S6=13.99%	
【73】海杆形菌目 Thalassobaculales	5.8324	4	0.13	S3=23.35%	S4=19.54%	S5=19.04%	S6=16.24%	
【74】候选目 EPR3968-O8a-Bc78	5.8182	3	0.13	S4=18.75%	S5=28.57%	S6=13.39%		
【75】候选目 Brocadiales	5.636	3	0.14	S4=20.59%	S5=22.55%	S6=22.55%		
【76】拟杆菌目 Bacteroidales	5.359	2	0.13	S1=30.87%	S2=21.50%			
【77】放线菌目 Actinomycetales	5.1001	2	0.14	S1=30.19%	S5=23.90%			
【78】丹毒丝菌目 Erysipelotrichales	4.5465	3	0.13	S1=33.10%	S2=26.92%	S3=13.47%		
【79】红蝽杆菌目 Coriobacteriales	4.1541	4	0.14	S1=21.17%	S3=16.53%	S4=37.10%	S5=16.13%	
【80】心杆菌目 Cardiobacteriales	4.0113	3	0.14	S1=34.14%	S2=31.74%	S7=14.15%		
【81】气单胞菌目 Aeromonadales	4.0094	2	0.13	S1=42.16%	S2=19.71%			
【82】红杆菌目 Rhodobacterales	3.3648	1	0.13	S8=50.99%				
【83】热厌氧杆菌目 Thermoanaerobacterales	2.8775	3	0.14	S4=53.77%	S5=17.80%	S7=13.96%		
【84】β- 变形菌目 Betaproteobacteriales	2.7899	1	0.13	S8=57.52%				
【85】海洋螺菌目 Oceanospirillales	2.6347	1	0.13	S8=59.30%				
【86】微球菌目 Micrococcales	2.6046	1	0.13	S8=59.91%				
【87】芽胞杆菌目 Bacillales	2.419	1	0.13	S8=62.01%				
【88】黄杆菌目 Flavobacteriales	1.8386	1	0.13	S8=72.97%				
【89】噬几丁质菌目 Chitinophagales	1.7373	1	0.13	S8=75.19%				
【90】异常球菌目 Deinococcales	1.6657	1	0.13	S8=76.95%				
【91】互养菌目 Synergistales	1.6553	1	0.15	S1=76.88%				
【92】无胆甾原体目 Acholeplasmatales	1.6161	2	0.16	S1=76.36%	S2=18.59%			
【93】鞘氨醇杆菌目 Sphingobacteriales	1.5621	1	0.13	S8=79.60%				

续表

物种名称	生态位宽度	频数	截断比例	常用资源种类				
【94】γ- 变形菌纲分类地位未定的 1 目 Gammaproteobacteria_Incertae_Sedis	1.0872	1	0.14	S7=95.89%				
【95】δ - 变形菌纲的 1 目 c_Deltaproteobacteria	1.0372	1	0.15	S6=98.19%				
【96】班努斯菌目 Balneolales	1.0179	1	0.18	S4=99.12%				
【97】链孢囊菌目 Streptosporangiales	1.0008	1	0.2	S3=99.96%				

利用表 5-29 的前 5 个高含量细菌目构建矩阵，以 Pianka 测度计算生态位重叠，结果见表 5-34。结果表明不同菌群间生态位重叠存在显著差异，梭菌目与乳杆菌目、拟杆菌目、假单胞菌目、肠杆菌目之间生态位重叠较高，分别为 0.9581、0.8690、0.9347、0.9288，表明菌群间生存环境具有较高相似性，表现出协调生长的特性。

表 5-34　好氧发酵罐鸡粪处理过程细菌目菌群生态位重叠（Pianka 测度）

物种名称	梭菌目 Clostridiales	乳杆菌目 Lactobacillales	拟杆菌目 Bacteroidales	假单胞菌目 Pseudomonadales	肠杆菌目 Enterobacteriales
梭菌目 Clostridiales	1	0.9581	0.869	0.9347	0.9288
乳杆菌目 Lactobacillales	0.9581	1	0.7675	0.9599	0.962
拟杆菌目 Bacteroidales	0.8690	0.7675	1	0.803	0.7543
假单胞菌目 Pseudomonadales	0.9347	0.9599	0.803	1	0.9956
肠杆菌目 Enterobacteriales	0.9288	0.962	0.7543	0.9956	1

九、菌群亚群落分化

利用表 5-29 构建数据矩阵，以细菌目为样本，发酵时间为指标，马氏距离为尺度，可变类平均法进行系统聚类分析，结果见表 5-35、图 5-23。分析结果可将细菌目亚群落分为 3 组。第 1 组高含量亚群落，包含 29 个细菌目，即梭菌目、乳杆菌目、拟杆菌目、假单胞菌目、肠杆菌目、芽胞杆菌目、β- 变形菌目、心杆菌目、链孢囊菌目、SAR202 进化枝的 1 目、候选目 SBR1031、黄杆菌目、丹毒丝菌目、双歧杆菌目、热厌氧杆菌目、棒杆菌目、月形单胞菌目、鞘氨醇杆菌目、根瘤菌目、噬几丁质菌目、微球菌目、微丝菌目、醋酸杆菌目、鞘氨醇单胞菌目、暖绳菌目、黄单胞菌目、候选目 Dadabacteriales、红杆菌目、异常球菌目，其发酵过程平均值（read）范围为 872.57 ～ 1326.30，整个发酵过程保持较高含量，在发酵过程中起到关键作用。

第 2 组中含量亚群落，包含 24 个细菌目，即细菌域分类地位未定的 1 门未分类的 1 目、硝化螺旋菌纲的 1 目、贝日阿托氏菌目、土壤杆菌目、候选纲 TK30 的 1 目、黏球菌目、亚群 9 的 1 纲的 1 目、红弧菌目、柔膜菌纲 RF39 群的 1 目、γ- 变形菌纲分类地位未定的 1 目、亚群 6 的 1 纲的 1 目、班努斯菌目、斯尼思氏菌目、候选纲 TK17 的 1 目、红蝽杆菌目、无胆甾原体目、候选目 S085、糖单胞菌目、类固醇杆菌目、噬纤维菌目、柄杆菌目、互养菌目、丙酸杆菌目、红螺菌目，其发酵过程平均值（read）范围为 29.50 ～ 90.00，整个发酵过程保持中等含量，在发酵过程中起到协同作用。

第 3 组低含量亚群落，包含 44 个细菌目，即气单胞菌目、亚硝化球菌目、候选纲 OLB14 的 1 目、芽单胞菌纲的 1 目、海港杆菌门的 1 目、海杆形菌目、变形菌门未分类的 1 目、候选纲 JG30-KF-CM66 的 1 目、螺旋体目、海草球形菌目、δ - 变形菌纲的 1 目、交替单胞菌目、纤维弧菌目、α- 变形菌纲的 1 目、海洋螺菌目、海洋放线菌目、热微菌目、α- 变形菌纲的 1 目、KI89A 进化枝的 1 目、候选目 C10-SB1A、栖热菌目、疣微菌目、候选纲 P9X2b3D02 的 1 目、弯曲杆菌目、蛭弧菌目、紫螺菌目、候选纲 Kazania 的 1 目、放线菌目、海绵共生菌目、候选目 JTB23、候选目 HOC36、γ- 变形菌纲的 1 目、梭杆菌目、候选门 AncK6 分类地位未定的 1 目、巴斯德氏菌目、候选目 NB1-j、亚群 11 的 1 纲的 1 目、候选纲 OM190 的 1 目、盖亚菌目、厌氧绳菌目、候选目 EPR3968-O8a-Bc78、脱硫弧菌目、弗兰克氏菌目、候选目 Brocadiales，其发酵过程平均值（read）范围为 14.89 ～ 41.70，整个发酵过程保持较低含量，在发酵过程中起到辅助作用。

表 5-35　好氧发酵罐鸡粪处理过程细菌目菌群亚群落分化聚类分析

组别	物种名称	未发酵		浅发酵				深发酵	
		XYZ_1	XYZ_2	XYZ_3	XYZ_4	XYZ_5	XYZ_6	XYZ_7	XYZ_8
1	梭菌目 Clostridiales	15191	19318	17024	14234	15699	17196	17974	433
	乳杆菌目 Lactobacillales	3165	3854	4522	5684	7047	4367	4751	225
	拟杆菌目 Bacteroidales	9959	6936	3292	3104	3063	2885	2962	63
	假单胞菌目 Pseudomonadales	1358	892	1531	1652	1766	1693	614	65
	肠杆菌目 Enterobacteriales	990	782	1502	1500	1698	1707	613	52
	芽胞杆菌目 Bacillales	339	998	359	118	168	522	735	5288
	β- 变形菌目 Betaproteobacteriales	420	416	527	503	601	508	203	4304
	心杆菌目 Cardiobacteriales	2118	1969	325	285	507	121	878	0
	链孢囊菌目 Streptosporangiales	0	0	0	1	1	0	0	5268
	SAR202 进化枝的 1 目 SAR202_clade	591	487	922	901	991	967	352	38
	候选目 SBR1031	540	404	780	848	902	881	268	28
	黄杆菌目 Flavobacteriales	133	146	187	211	212	261	85	3334
	丹毒丝菌目 Erysipelotrichales	1162	945	473	279	344	124	181	3
	双歧杆菌目 Bifidobacteriales	366	296	518	592	607	706	242	24
	热厌氧杆菌目 Thermoanaerobacterales	99	7	194	1683	557	153	437	0
	棒杆菌目 Corynebacteriales	492	262	339	616	492	266	186	177
	月形单胞菌目 Selenomonadales	355	222	418	479	479	556	185	16

续表

组别	物种名称	未发酵		浅发酵				深发酵	
		XYZ_1	XYZ_2	XYZ_3	XYZ_4	XYZ_5	XYZ_6	XYZ_7	XYZ_8
1	鞘氨醇杆菌目 Sphingobacteriales	77	48	96	77	106	92	32	2060
	根瘤菌目 Rhizobiales	279	235	425	424	489	500	194	19
	噬几丁质菌目 Chitinophagales	56	51	104	125	108	141	41	1897
	微球菌目 Micrococcales	132	97	159	175	167	149	57	1399
	微丝菌目 Microtrichales	211	158	343	363	394	376	116	326
	醋酸杆菌目 Acetobacterales	218	150	315	307	330	340	104	10
	鞘氨醇单胞菌目 Sphingomonadales	152	94	186	227	210	218	75	143
	暖绳菌目 Caldilineales	133	97	169	173	227	202	59	10
	黄单胞菌目 Xanthomonadales	105	156	172	178	197	181	51	18
	候选目 Dadabacteriales	102	69	164	180	198	200	53	8
	红杆菌目 Rhodobacterales	61	81	66	90	62	56	28	462
	异常球菌目 Deinococcales	16	25	17	25	20	29	10	474
第 1 组 29 个样本平均值		1318.70	1326.30	1213.20	1212.93	1300.23	1230.77	1065.23	872.57
2	细菌域分类地位未定的 1 门未分类的 1 目 unclassified_k_norank_d_Bacteria	131	85	182	186	211	245	98	8
	硝化螺旋菌纲的 1 目 c_Nitrospira	128	79	174	160	179	170	59	4
	贝日阿托氏菌目 Beggiatoales	89	63	143	123	166	159	44	4
	土壤杆菌目 Solibacterales	81	65	137	108	148	162	52	5
	候选纲 TK30 的 1 目 c_TK30	69	79	153	125	124	145	46	5
	黏球菌目 Myxococcales	87	63	122	124	151	141	53	4
	亚群 9 的 1 纲的 1 目 c_Subgroup_9	89	67	132	126	136	141	44	3
	红弧菌目 Rhodovibrionales	89	71	122	144	126	109	43	18
	柔膜菌纲 RF39 群的 1 目 Mollicutes_RF39	90	74	106	103	98	136	48	6
	γ- 变形菌纲分类地位未定的 1 目 Gammaproteobacteria_Incertae_Sedis	0	3	9	5	3	4	2	606
	亚群 6 的 1 纲的 1 目 c_Subgroup_6	73	47	110	117	118	107	35	3
	班努斯菌目 Balneolales	0	2	1	2	0	0	0	560
	斯尼思氏菌目 Sneathiellales	54	38	93	94	103	107	33	1
	候选纲 TK17 的 1 目 c_TK17	40	37	97	87	94	107	33	1
	红蝽杆菌目 Coriobacteriales	105	34	82	184	80	5	6	0

续表

组别	物种名称	未发酵		浅发酵				深发酵	
		XYZ_1	XYZ_2	XYZ_3	XYZ_4	XYZ_5	XYZ_6	XYZ_7	XYZ_8
2	无胆甾原体目 Acholeplasmatales	378	92	14	8	3	0	0	0
	候选目 S085	63	36	87	80	85	112	26	2
	糖单胞菌目 Saccharimonadales	89	58	71	83	89	66	24	2
	类固醇杆菌目 Steroidobacterales	44	42	86	94	104	72	30	3
	噬纤维菌目 Cytophagales	28	26	45	51	63	61	18	0
	柄杆菌目 Caulobacterales	28	33	44	50	28	32	9	1
	互养菌目 Synergistales	143	10	14	11	5	3	0	0
	丙酸杆菌目 Propionibacteriales	9	18	21	26	28	19	5	11
	红螺菌目 Rhodospirillales	20	22	20	24	18	25	0	0
第 2 组 24 个样本平均值		80.29	47.67	86.04	88.12	90.00	88.67	29.50	51.96
3	气单胞菌目 Aeromonadales	261	122	61	67	56	30	17	5
	亚硝化球菌目 Nitrosococcales	72	40	92	100	100	94	34	4
	候选纲 OLB14 的 1 目 c_OLB14	38	39	80	67	87	72	36	3
	芽单胞菌纲的 1 目 c_Gemmatimonadetes	52	27	73	64	88	73	29	14
	海港杆菌门的 1 目 p_Poribacteria	47	29	73	74	68	75	25	4
	海杆形菌目 Thalassobaculales	37	27	92	77	75	64	20	2
	变形菌门未分类的 1 目 unclassified_p_Proteobacteria	28	28	41	51	81	74	43	1
	候选纲 JG30-KF-CM66 的 1 目 c_JG30-KF-CM66	43	29	61	50	76	60	25	0
	螺旋体目 Spirochaetales	79	29	50	49	54	64	15	0
	海草球形菌目 Phycisphaerales	45	27	50	57	65	61	30	0
	δ - 变形菌纲的 1 目 c_Deltaproteobacteria	2	1	0	0	1	1	1	325
	交替单胞菌目 Alteromonadales	37	24	63	57	55	44	20	1
	纤维弧菌目 Cellvibrionales	26	9	31	44	40	40	9	71
	α- 变形菌纲的 1 目 c_Alphaproteobacteria	34	28	45	47	49	36	18	3
	海洋螺菌目 Oceanospirillales	15	11	26	22	13	12	6	153
	海洋放线菌目 Actinomarinales	34	21	42	43	40	43	21	1
	热微菌目 Thermomicrobiales	30	16	34	39	39	48	20	7
	α- 变形菌纲的 1 目 c_Alphaproteobacteria	23	13	36	37	44	50	24	3

续表

组别	物种名称	未发酵		浅发酵				深发酵	
		XYZ_1	XYZ_2	XYZ_3	XYZ_4	XYZ_5	XYZ_6	XYZ_7	XYZ_8
3	KI89A 进化枝的 1 目 KI89A_clade	28	19	38	39	48	35	14	1
	候选目 C10-SB1A	26	13	38	34	44	31	16	2
	栖热菌目 Thermales	18	16	39	32	42	31	23	2
	疣微菌目 Verrucomicrobiales	27	19	31	35	38	28	19	3
	候选纲 P9X2b3D02 的 1 目 c_P9X2b3D02	25	10	37	40	33	42	11	1
	弯曲杆菌目 Campylobacterales	37	18	28	38	34	27	9	0
	蛭弧菌目 Bdellovibrionales	19	15	32	35	32	28	16	1
	紫螺菌目 Puniceispirillales	17	10	30	25	34	41	11	1
	候选纲 Kazania 的 1 目 c_Kazania	22	16	27	31	32	19	14	0
	放线菌目 Actinomycetales	48	14	18	22	38	13	6	0
	海绵共生菌目 Entotheonellales	18	12	29	34	31	25	6	3
	候选目 JTB23	19	10	31	29	27	29	6	0
	候选目 HOC36	16	8	24	32	29	28	12	1
	γ- 变形菌纲的 1 目 c_Gammaproteobacteria	9	14	22	16	28	23	8	25
	梭杆菌目 Fusobacteriales	12	14	24	26	38	20	8	1
	候选门 AncK6 分类地位未定的 1 目 norank_p_AncK6	17	10	18	23	37	20	13	1
	巴斯德氏菌目 Pasteurellales	14	12	14	24	27	29	18	0
	候选目 NB1-j	18	13	32	15	23	19	13	1
	亚群 11 的 1 纲的 1 目 c_Subgroup_11	7	9	21	31	19	23	11	2
	候选纲 OM190 的 1 目 c_OM190	15	11	21	15	31	20	6	2
	盖亚菌目 Gaiellales	11	8	15	25	26	21	6	5
	厌氧绳菌目 Anaerolineales	13	14	18	17	20	26	6	1
	候选目 EPR3968-O8a-Bc78	14	8	11	21	32	15	9	2
	脱硫弧菌目 Desulfovibrionales	23	19	22	12	16	10	6	0
	弗兰克氏菌目 Frankiales	8	7	22	19	22	16	7	3
	候选目 Brocadiales	9	9	13	21	23	23	4	0
第 3 组 44 个样本平均值		31.66	19.27	36.48	37.18	41.70	35.98	15.25	14.89

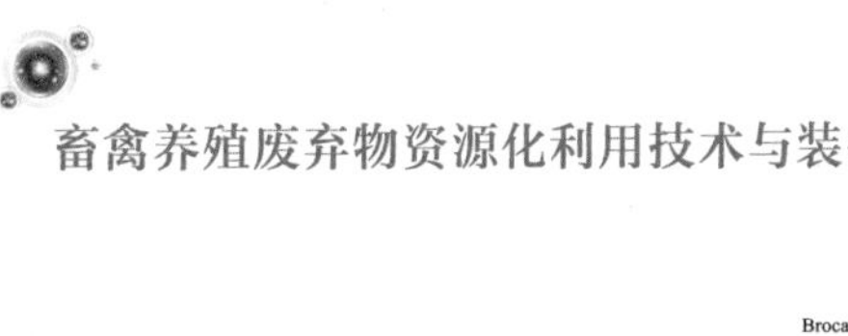

图 5-23 好氧发酵罐鸡粪处理过程细菌目菌群亚群落分化聚类分析

第七节 鸡粪好氧发酵罐处理细菌科水平微生物组变化

一、菌群组成

好氧发酵罐处理鸡粪，未发酵组是将鸡粪与垫料等量混合装入发酵罐，浅发酵组是在发酵罐中发酵 10h，深发酵组是在发酵罐发酵 10h 后再陈化堆放 20d。根据高通量测序结果，将发酵过程含量总和＞ 0.5% 细菌科列于表 5-36。鸡粪发酵过程共检测到 381 个细菌科，含量总和＞0.5%的有 64 个科，发酵过程总体含量最高的前 5 个细菌科为瘤胃球菌科（38.24%）、毛螺菌科（34.46%）、拟杆菌科（22.63%）、梭菌目科XI（19.78%）、乳杆菌科（12.22%）。

表 5-36　好氧发酵罐鸡粪处理过程细菌科菌群组成

物种名称	细菌科含量 /%			总和 /%
	未发酵	浅发酵	深发酵	
【1】瘤胃球菌科 Ruminococcaceae	12.73	19.03	6.48	38.24
【2】毛螺菌科 Lachnospiraceae	10.21	11.51	12.74	34.46
【3】拟杆菌科 Bacteroidaceae	12.34	6.10	4.20	22.63
【4】梭菌目科XI Family_ XI _o_Clostridiales	11.25	5.07	3.46	19.78
【5】乳杆菌科 Lactobacillaceae	3.82	6.70	1.71	12.22
【6】肉杆菌科 Carnobacteriaceae	2.85	3.86	5.01	11.72
【7】芽胞杆菌科 Bacillaceae	0.75	0.18	9.97	10.89
【8】拟诺卡氏菌科 Nocardiopsaceae	0.00	0.00	9.34	9.34
【9】伯克氏菌科 Burkholderiaceae	0.70	0.73	7.75	9.18
【10】肠杆菌科 Enterobacteriaceae	2.07	3.86	1.01	6.94
【11】污蝇单胞菌科 Wohlfahrtiimonadaceae	4.79	0.74	1.31	6.84
【12】黄杆菌科 Flavobacteriaceae	0.23	0.33	5.96	6.52
【13】劣生单胞菌科 Dysgonomonadaceae	5.90	0.43	0.02	6.35
【14】假单胞菌科 Pseudomonadaceae	2.18	3.30	0.86	6.33
【15】热粪杆菌科 Caldicoprobacteraceae	1.70	0.73	3.06	5.49
【16】SAR202 进化枝的 1 目的 1 科 o_SAR202_clade	1.26	2.28	0.59	4.13
【17】鞘氨醇杆菌科 Sphingobacteriaceae	0.14	0.21	3.70	4.04
【18】梭菌科 1 Clostridiaceae_1	2.39	0.94	0.31	3.64
【19】腐螺旋菌科 Saprospiraceae	0.08	0.17	3.34	3.59

续表

物种名称	细菌科含量 /%			总和 /%
	未发酵	浅发酵	深发酵	
【20】丹毒丝菌科 Erysipelotrichaceae	2.47	0.74	0.28	3.48
【21】双歧杆菌科 Bifidobacteriaceae	0.77	1.46	0.40	2.64
【22】候选目 SBR1031 的 1 科 o_SBR1031	0.79	1.47	0.31	2.57
【23】消化链球菌科 Peptostreptococcaceae	1.12	0.76	0.51	2.39
【24】微球菌目的 1 科 o_Micrococcales	0.00	0.00	2.35	2.35
【25】科Ⅲ Family_ Ⅲ	0.12	1.56	0.65	2.34
【26】链球菌科 Streptococcaceae	0.71	1.17	0.31	2.20
【27】韦荣氏菌科 Veillonellaceae	0.56	1.00	0.25	1.81
【28】醋酸杆菌科 Acetobacteraceae	0.43	0.78	0.17	1.38
【29】莫拉氏菌科 Moraxellaceae	0.45	0.70	0.18	1.32
【30】微丝菌科 Microtrichaceae	0.37	0.76	0.16	1.29
【31】棒杆菌科 Corynebacteriaceae	0.59	0.56	0.13	1.27
【32】红杆菌科 Rhodobacteraceae	0.17	0.17	0.86	1.19
【33】诺卡氏菌科 Nocardiaceae	0.27	0.44	0.46	1.16
【34】鞘氨醇单胞菌科 Sphingomonadaceae	0.29	0.51	0.37	1.16
【35】动球菌科 Planococcaceae	0.66	0.33	0.17	1.16
【36】γ- 变形菌纲分类地位未定的 1 科 o_Gammaproteobacteria_Incertae_Sedis	0.00	0.01	1.08	1.09
【37】肠球菌科 Enterococcaceae	0.40	0.50	0.18	1.08
【38】明串珠菌科 Leuconostocaceae	0.35	0.58	0.14	1.07
【39】根瘤菌科 Rhizobiaceae	0.33	0.59	0.15	1.06
【40】候选科 A4b	0.31	0.58	0.14	1.04
【41】班努斯菌科 Balneolaceae	0.00	0.00	0.99	1.00
【42】理研菌科 Rikenellaceae	0.78	0.13	0.06	0.98
【43】特吕珀菌科 Trueperaceae	0.05	0.05	0.86	0.96
【44】细菌域分类地位未定的 1 门未分类的 1 科 unclassified_k_norank_d_Bacteria	0.25	0.50	0.16	0.91
【45】暖绳菌科 Caldilineaceae	0.27	0.46	0.11	0.84
【46】克里斯滕森菌科 Christensenellaceae	0.42	0.27	0.11	0.81
【47】梭菌目的 1 科 o_Clostridiales	0.22	0.17	0.37	0.76
【48】黄单胞菌科 Xanthomonadaceae	0.26	0.40	0.10	0.75
【49】硝化螺旋菌纲的 1 科 c_Nitrospira	0.24	0.41	0.10	0.75

续表

物种名称	细菌科含量 /%			总和 /%
	未发酵	浅发酵	深发酵	
【50】候选目 Dadabacteriales 的 1 科 o_Dadabacteriales	0.20	0.45	0.09	0.74
【51】优杆菌科 Eubacteriaceae	0.08	0.10	0.50	0.68
【52】普雷沃氏菌科 Prevotellaceae	0.17	0.38	0.11	0.66
【53】贝日阿托氏菌科 Beggiatoaceae	0.18	0.36	0.07	0.61
【54】土壤杆菌科亚群 3 Solibacteraceae_Subgroup_3	0.17	0.33	0.09	0.59
【55】δ-变形菌纲的 1 科 c_Deltaproteobacteria	0.00	0.00	0.58	0.58
【56】候选纲 TK30 的 1 科 c_TK30	0.17	0.33	0.08	0.58
【57】气单胞菌科 Aeromonadaceae	0.44	0.11	0.03	0.58
【58】亚群 9 的 1 纲的 1 科 c_Subgroup_9	0.18	0.32	0.07	0.58
【59】拜叶林克氏菌科 Beijerinckiaceae	0.16	0.30	0.11	0.57
【60】无胆甾原体科 Acholeplasmataceae	0.55	0.02	0.00	0.56
【61】应微所菌科 Iamiaceae	0.00	0.00	0.54	0.55
【62】柔膜菌纲 RF39 群的 1 目的 1 科 o_Mollicutes_RF39	0.19	0.27	0.08	0.54
【63】基尔菌科 Kiloniellaceae	0.18	0.30	0.07	0.54
【64】微杆菌科 Microbacteriaceae	0.19	0.27	0.08	0.53

二、优势菌群

从菌群结构看（图 5-24），未发酵组细菌科组成一类，前 5 个高含量细菌科优势菌群为瘤胃球菌科（12.73%）、拟杆菌科（12.34%）、梭菌目科Ⅺ（11.25%）、毛螺菌科（10.21%）、劣生单胞菌科（5.90%）；浅发酵组细菌科组成一类，前 5 个高含量细菌科优势菌群为瘤胃球菌科（19.03%）、毛螺菌科（11.51%）、乳杆菌科（6.70%）、拟杆菌科（6.10%）、梭菌目科Ⅺ（5.07%）；深发酵组细菌科组成一类，前 5 个高含量细菌科优势菌群为毛螺菌科（12.74%）、芽胞杆菌科（9.97%）、拟诺卡氏菌科（9.34%）、伯克氏菌科（7.75%）、瘤胃球菌科（6.48%）。

三、菌群种类

从菌群种类看（图 5-25），未发酵组细菌科有 337 个，浅发酵组细菌科有 370 个，深发酵组细菌科有 291 个，三个处理共有细菌科 266 个；未发酵组具有 4 个独有细菌科，浅发酵组有 19 个独有细菌科，深发酵组有 7 个独有细菌科；研究结果表明，随着发酵进程分化出较多的独有细菌科，浅发酵阶段独有细菌科远远多于未发酵阶段和深发酵阶段。

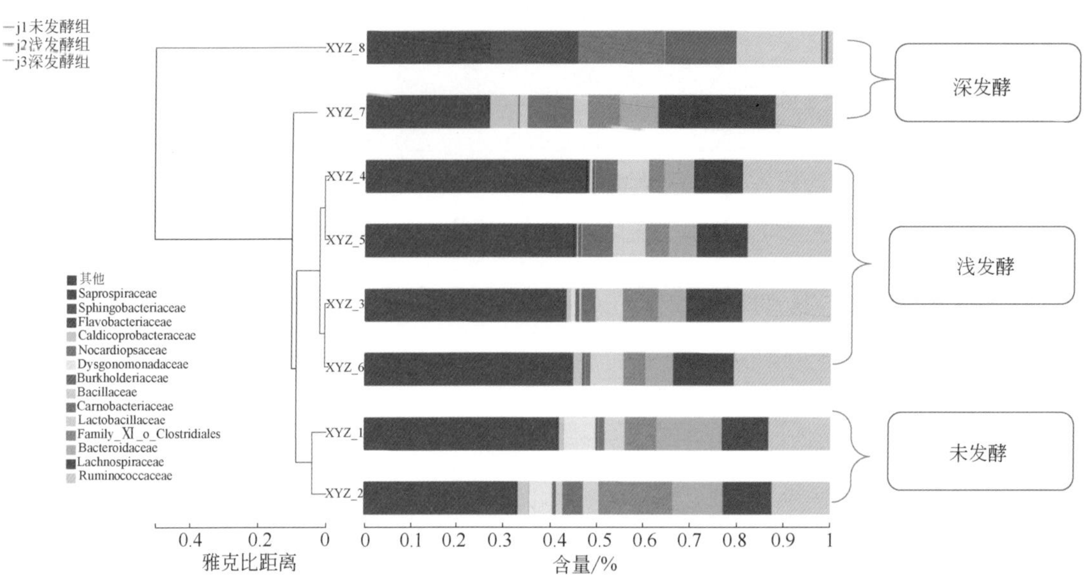

图 5-24　好氧发酵罐鸡粪处理过程细菌科菌群结构

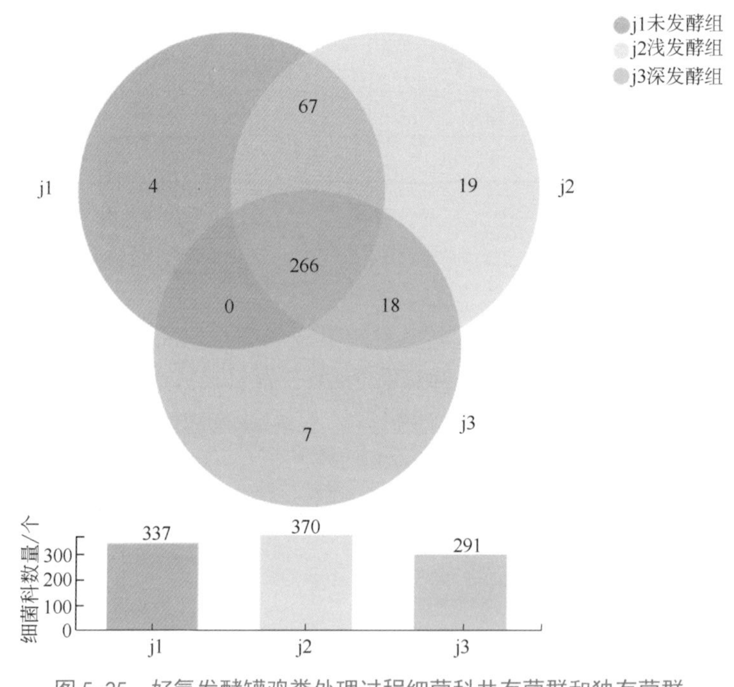

图 5-25　好氧发酵罐鸡粪处理过程细菌科共有菌群和独有菌群

四、菌群差异

从菌群差异性看（图 5-26），前 15 个高含量细菌科菌群，有 6 个科发酵过程存在含量差异，即瘤胃球菌科、乳杆菌科、肠杆菌科、劣生单胞菌科、假单胞菌科、热粪杆菌科；其余 9 个科，发酵过程含量差异不显著，即毛螺菌科、拟杆菌科、梭菌目科Ⅺ、肉杆菌科、芽胞杆菌科、拟诺卡氏菌科、伯克氏菌科、污蝇单胞菌科、黄杆菌科。

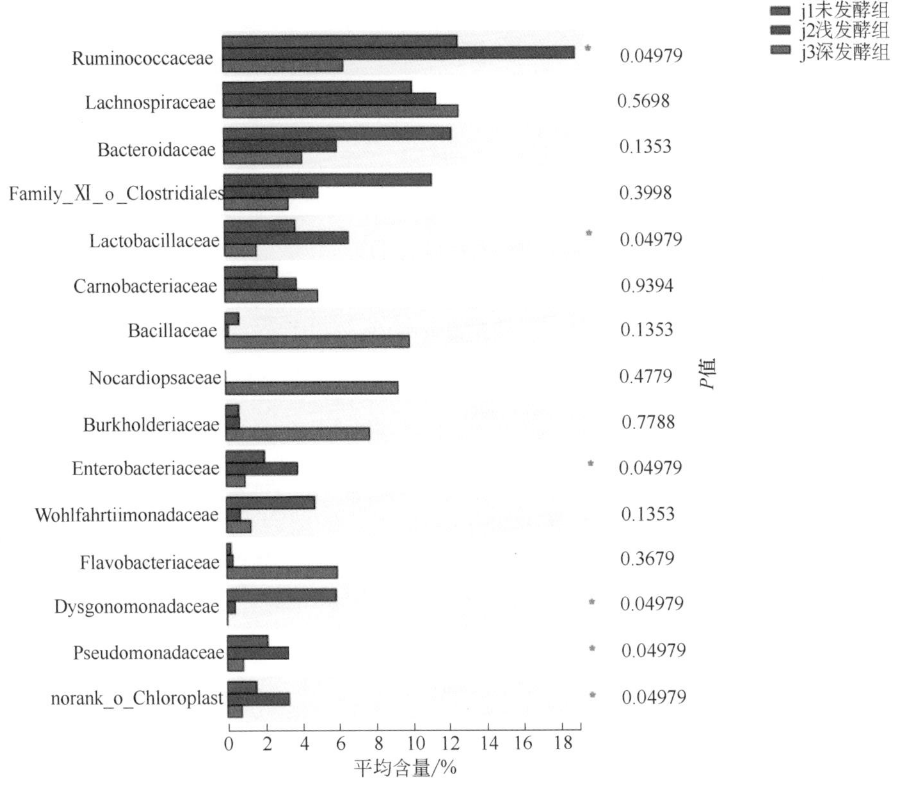

图 5-26 好氧发酵罐鸡粪处理过程细菌科优势菌群差异性比较

五、菌群进化

从菌群进化看，发酵罐鸡粪处理过程细菌科系统进化树见图 5-27，发酵过程含量总和超过 4.0% 有 17 个细菌科，在好氧发酵罐处理系统中起到优势菌群的作用，即瘤胃球菌科（38.24%）、毛螺菌科（34.46%）、拟杆菌科（22.63%）、梭菌目科Ⅺ（19.78%）、乳杆菌科（12.22%）、肉杆菌科（11.72%）、芽胞杆菌科（10.89%）、拟诺卡氏菌科（9.34%）、伯克氏菌科（9.18%）、肠杆菌科（6.94%）、污蝇单胞菌科（6.84%）、黄杆菌科（6.52%）、劣生单胞菌科（6.35%）、假单胞菌科（6.33%）、热粪杆菌科（5.49%）、SAR202 进化枝的 1 目的 1 科（4.13%）、鞘氨醇杆菌科（4.04%）（表 5-37）。优势菌群在不同发酵阶段表现不同：有的科随发酵过程含量下降，如拟杆菌科含量未发酵＞浅发酵＞深发酵；有的科随发酵过程含量上升，如肉杆菌科含量未发酵＜浅发酵＜深发酵；有的科在未发酵和深发酵阶段含量低，浅发酵阶段含量高，如瘤胃球菌科含量浅发酵＞未发酵＞深发酵。发酵阶段作为微生物培养营养和环境条件的综合指标，影响着微生物组的发生、发展和进化。

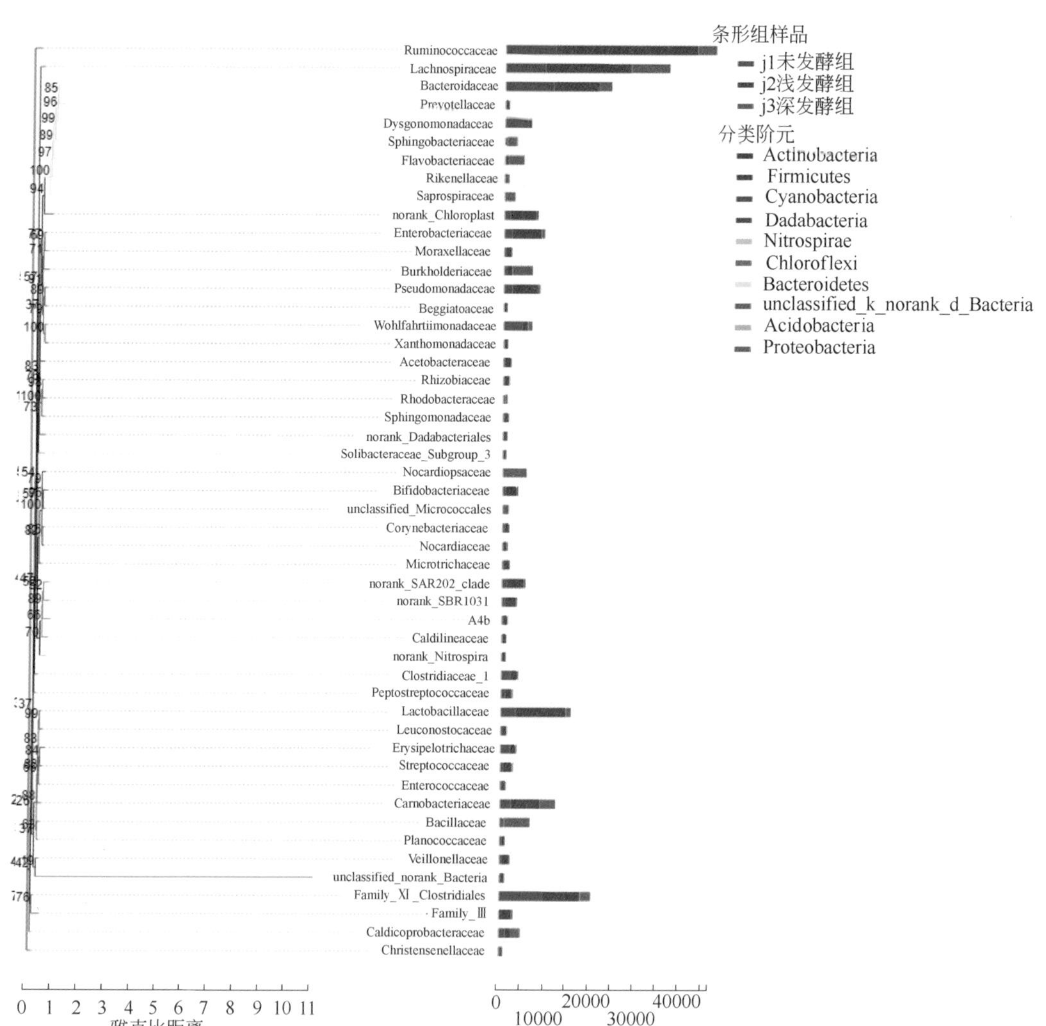

图 5-27　好氧发酵罐鸡粪处理过程细菌科系统进化树

表 5-37　好氧发酵罐鸡粪处理过程高含量细菌科菌群系统进化情况

物种名称	发酵过程细菌科含量 /%		
	未发酵	浅发酵	深发酵
瘤胃球菌科 Ruminococcaceae	12.73	19.03	6.48
毛螺菌科 Lachnospiraceae	10.21	11.51	12.74
拟杆菌科 Bacteroidaceae	12.34	6.10	4.20
梭菌目科XI Family_ XI _o_Clostridiales	11.25	5.07	3.46
乳杆菌科 Lactobacillaceae	3.82	6.70	1.71
肉杆菌科 Carnobacteriaceae	2.85	3.86	5.01
芽胞杆菌科 Bacillaceae	0.75	0.18	9.97

续表

物种名称	发酵过程细菌科含量 /%		
	未发酵	浅发酵	深发酵
拟诺卡氏菌科 Nocardiopsaceae	0.00	0.00	9.34
伯克氏菌科 Burkholderiaceae	0.70	0.73	7.75
肠杆菌科 Enterobacteriaceae	2.07	3.86	1.01
污蝇单胞菌科 Wohlfahrtiimonadaceae	4.79	0.74	1.31
黄杆菌科 Flavobacteriaceae	0.23	0.33	5.96
劣生单胞菌科 Dysgonomonadaceae	5.90	0.43	0.02
假单胞菌科 Pseudomonadaceae	2.18	3.30	0.86
热粪杆菌科 Caldicoprobacteraceae	1.70	0.73	3.06
SAR202 进化枝的 1 目的 1 科 o_SAR202_clade	1.26	2.28	0.59
鞘氨醇杆菌科 Sphingobacteriaceae	0.14	0.21	3.70

六、菌群动态

从菌群动态看，发酵初期鸡粪 + 垫料装入发酵罐开始发酵，经过 10h 发酵，取出陈化 20d 后，细菌科 5 个优势菌群动态变化见图 5-28。瘤胃球菌科在未发酵和浅发酵阶段含量较高，小幅波动变化，进入深发酵后，含量迅速下降，到 20d 陈化后，含量急剧下降到谷底，其含量（read）从进入深发酵初期的 8484 下降到 20d 陈化后的 259。其余 4 个细菌科，即毛螺菌科、拟杆菌科、梭菌目科XI、乳杆菌科的总体含量低于瘤胃球菌科，从原料到发酵过程含量波动变化，进入深发酵（陈化）后，含量继续下降（图 5-28）。

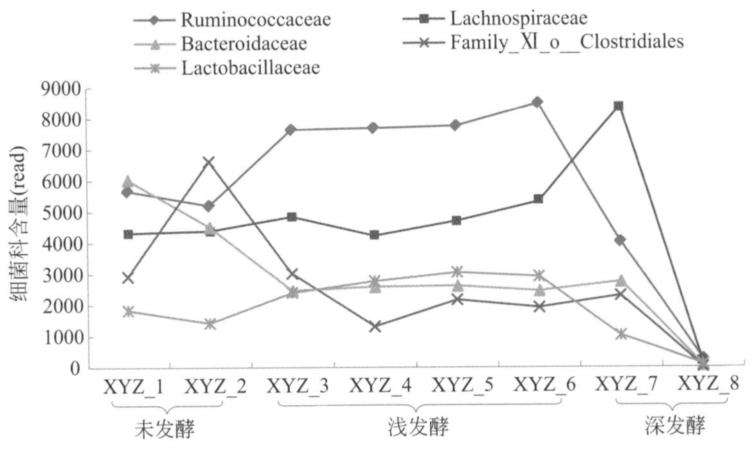

图 5-28　好氧发酵罐鸡粪处理过程细菌科优势菌群动态变化

七、菌群多样性指数

利用好氧发酵罐鸡粪处理过程细菌科（OTU）组成数据矩阵（表 5-38），以细菌科为样本，发酵进程为指标，计算各细菌科在发酵过程的物种多样性指数，分析结果见表 5-39。鸡粪处理过程 8 次采样，共检测到 381 个细菌科，其中含量总和超过万级的有 6 个细菌科，即瘤胃球菌科、毛螺菌科、拟杆菌科、梭菌目科XI、乳杆菌科、肉杆菌科，为发酵过程主导菌群；总和超过千级的有 34 个细菌科，即肠杆菌科、假单胞菌科、芽胞杆菌科、污蝇单胞菌科、伯克氏菌科、劣生单胞菌科、拟诺卡氏菌科、SAR202 进化枝的 1 目的 1 科、热粪杆菌科、黄杆菌科、梭菌科 1、丹毒丝菌科、双歧杆菌科、候选目 SBR1031 的 1 科、科Ⅲ、链球菌科、消化链球菌科、鞘氨醇杆菌科、韦荣氏菌科、腐螺旋菌科、醋酸杆菌科、微丝菌科、莫拉氏菌科、棒杆菌科、根瘤菌科、明串珠菌科、候选科 A4b、微球菌目的 1 科、鞘氨醇单胞菌科、肠球菌科、诺卡氏菌科、动球菌科、细菌域分类地位未定的 1 门未分类的 1 科、暖绳菌科，为发酵过程重要菌群；总和超过百级的有 100 个细菌科，为发酵过程辅助菌群。

表 5-38　好氧发酵罐鸡粪处理过程细菌科组成数据矩阵

细菌科	好氧发酵罐鸡粪处理过程细菌科相对含量（read）								总和（read）
	未发酵		浅发酵				深发酵		
	XYZ_1	XYZ_2	XYZ_3	XYZ_4	XYZ_5	XYZ_6	XYZ_7	XYZ_8	
瘤胃球菌科 Ruminococcaceae	5671	5205	7644	7688	7754	8484	4033	259	46738
毛螺菌科 Lachnospiraceae	4325	4391	4845	4231	4702	5327	8377	137	36335
拟杆菌科 Bacteroidaceae	6038	4519	2461	2588	2616	2455	2752	51	23480
梭菌目科XI Family_ XI _o_Clostridiales	2931	6616	3012	1312	2167	1923	2303	14	20278
乳杆菌科 Lactobacillaceae	1838	1425	2399	2770	3044	2917	1028	101	15522
肉杆菌科 Carnobacteriaceae	572	1844	1243	1897	2906	428	3260	81	12231
肠杆菌科 Enterobacteriaceae	990	782	1502	1500	1698	1707	613	52	8844
假单胞菌科 Pseudomonadaceae	1125	742	1252	1374	1469	1381	506	57	7906
芽胞杆菌科 Bacillaceae	14	615	188	28	33	39	594	5126	6637
污蝇单胞菌科 Wohlfahrtiimonadaceae	2118	1969	325	285	507	121	878	0	6203
伯克氏菌科 Burkholderiaceae	278	319	319	263	350	278	97	4293	6197
劣生单胞菌科 Dysgonomonadaceae	2932	2118	427	179	76	23	12	1	5768
拟诺卡氏菌科 Nocardiopsaceae	0	0	0	1	1	0	0	5268	5270
SAR202 进化枝的 1 目的 1 科 o_SAR202_clade	591	487	922	901	991	967	352	38	5249
热粪杆菌科 Caldicoprobacteraceae	456	984	366	55	30	752	2051	1	4695
黄杆菌科 Flavobacteriaceae	96	100	137	127	124	164	56	3313	4117
梭菌科 1 Clostridiaceae_1	671	1356	517	435	367	237	199	8	3790
丹毒丝菌科 Erysipelotrichaceae	1162	945	473	279	344	124	181	3	3511
双歧杆菌科 Bifidobacteriaceae	366	296	518	592	607	706	242	24	3351
候选目 SBR1031 的 1 科 o_SBR1031	388	287	565	613	662	601	182	23	3321

续表

细菌科	好氧发酵罐鸡粪处理过程细菌科相对含量（read）								总和（read）
	未发酵		浅发酵				深发酵		
	XYZ_1	XYZ_2	XYZ_3	XYZ_4	XYZ_5	XYZ_6	XYZ_7	XYZ_8	
科Ⅲ Family_ Ⅲ	99	6	194	1681	555	153	437	0	3125
链球菌科 Streptococcaceae	346	264	411	507	454	574	184	20	2760
消化链球菌科 Peptostreptococcaceae	537	422	323	357	345	234	335	7	2560
鞘氨醇杆菌科 Sphingobacteriaceae	70	46	91	72	101	89	29	2060	2558
韦荣氏菌科 Veillonellaceae	284	193	351	406	413	497	150	14	2308
腐螺旋菌科 Saprospiraceae	37	32	62	72	67	83	27	1862	2242
醋酸杆菌科 Acetobacteraceae	218	150	315	307	330	340	104	10	1774
微丝菌科 Microtrichaceae	175	140	295	315	327	325	93	12	1682
莫拉氏菌科 Moraxellaceae	233	150	279	278	297	312	108	8	1665
棒杆菌科 Corynebacteriaceae	360	143	178	416	297	40	83	1	1518
根瘤菌科 Rhizobiaceae	153	125	241	221	265	250	89	9	1353
明串珠菌科 Leuconostocaceae	153	144	209	233	247	267	83	11	1347
候选科 A4b	152	117	215	235	240	280	86	5	1330
微球菌目的 1 科 o_Micrococcales	0	0	0	1	0	0	1	1323	1325
鞘氨醇单胞菌科 Sphingomonadaceae	152	94	186	227	210	218	75	143	1305
肠球菌科 Enterococcaceae	209	132	225	196	250	168	105	11	1296
诺卡氏菌科 Nocardiaceae	112	115	151	181	171	221	99	176	1226
动球菌科 Planococcaceae	247	317	89	10	25	412	104	9	1213
细菌域分类地位未定的 1 门未分类的 1 科 unclassified_k_norank_d_Bacteria	131	85	182	186	211	245	98	8	1146
暖绳菌科 Caldilineaceae	133	97	169	173	227	202	59	10	1070
候选目 Dadabacteriales 的 1 科 o_Dadabacteriales	102	69	164	180	198	200	53	8	974
硝化螺旋菌纲的 1 科 c_Nitrospira	128	79	174	160	179	170	59	4	953
黄单胞菌科 Xanthomonadaceae	93	128	159	162	176	166	49	13	946
理研菌科 Rikenellaceae	577	99	54	54	56	57	40	1	938
红杆菌科 Rhodobacteraceae	61	81	66	90	62	56	28	462	906
克里斯滕森菌科 Christensenellaceae	241	123	114	105	113	116	72	4	888
普雷沃氏菌科 Prevotellaceae	84	59	197	120	157	161	68	4	850
贝日阿托氏菌科 Beggiatoaceae	89	63	143	123	166	159	44	4	791
土壤杆菌科亚群 3 Solibacteraceae_Subgroup_3	81	65	137	108	148	162	52	5	758
候选纲 TK30 的 1 科 c_TK30	69	79	153	125	124	145	46	5	746
亚群 9 的 1 纲的 1 科 c_Subgroup_9	89	67	132	126	136	141	44	3	738

续表

细菌科	好氧发酵罐鸡粪处理过程细菌科相对含量（read）								总和（read）
	未发酵		浅发酵				深发酵		
	XYZ_1	XYZ_2	XYZ_3	XYZ_4	XYZ_5	XYZ_6	XYZ_7	XYZ_8	
梭菌目的 1 科 o_Clostridiales	66	123	133	4	121	25	249	0	721
拜叶林克氏菌科 Beijerinckiaceae	76	60	103	118	134	145	68	3	707
基尔菌科 Kiloniellaceae	87	64	119	137	125	109	43	3	687
柔膜菌纲 RF39 群的 1 目的 1 科 o_Mollicutes_RF39	90	74	106	103	98	136	48	6	661
微杆菌科 Microbacteriaceae	96	66	104	117	110	111	28	19	651
候选科 EC94	70	42	103	125	118	121	50	3	632
γ- 变形菌纲分类地位未定的 1 科 o_Gammaproteobacteria_Incertae_Sedis	0	3	9	5	3	4	2	606	632
特吕珀菌科 Trueperaceae	16	25	17	25	20	29	10	474	616
亚群 6 的 1 纲的 1 科 c_Subgroup_6	73	47	110	117	118	107	35	3	610
候选科 bacteriap25	69	54	96	105	123	114	44	3	608
气单胞菌科 Aeromonadaceae	260	119	50	60	48	24	14	5	580
优杆菌科 Eubacteriaceae	38	33	38	13	51	60	329	3	565
班努斯菌科 Balneolaceae	0	2	1	2	0	0	0	560	565
亚硝化球菌科 Nitrosococcaceae	72	40	92	100	100	94	34	4	536
斯尼思氏菌科 Sneathiellaceae	54	38	93	94	103	107	33	1	523
候选纲 TK17 的 1 科 c_TK17	40	37	97	87	94	107	33	1	496
无胆甾原体科 Acholeplasmataceae	378	92	14	8	3	0	0	0	495
候选目 S085 的 1 科 o_S085	63	36	87	80	85	112	26	2	491
红环菌科 Rhodocyclaceae	63	37	82	75	97	79	37	8	478
候选纲 OLB14 的 1 科 c_OLB14	38	39	80	67	87	72	36	3	422
芽单胞菌纲的 1 科 c_Gemmatimonadetes	52	27	73	64	88	73	29	14	420
沃斯氏菌科 Woeseiaceae	40	33	74	79	96	63	28	2	415
葡萄球菌科 Staphylococcaceae	63	51	61	65	80	48	32	4	404
氨基酸球菌科 Acidaminococcaceae	71	29	67	73	66	59	35	2	402
海港杆菌门的 1 科 p_Poribacteria	47	29	73	74	68	75	25	4	395
坦纳氏菌科 Tannerellaceae	163	60	29	40	34	39	22	1	388
海杆形菌目的 1 科 o_Thalassobaculales	34	25	88	69	72	60	18	2	368
变形菌门未分类的 1 科 unclassified_p_Proteobacteria	28	28	41	51	81	74	43	1	347
候选纲 JG30-KF-CM66 的 1 科 c_JG30-KF-CM66	43	29	61	50	76	60	25	0	344
螺旋体科 Spirochaetaceae	79	29	50	49	54	64	15	0	340

续表

细菌科	好氧发酵罐鸡粪处理过程细菌科相对含量（read）								总和（read）
	未发酵		浅发酵				深发酵		
	XYZ_1	XYZ_2	XYZ_3	XYZ_4	XYZ_5	XYZ_6	XYZ_7	XYZ_8	
海草球形菌科 Phycisphaeraceae	45	27	50	57	65	61	30	0	335
δ-变形菌纲的1科 c_Deltaproteobacteria	2	1	0	0	1	1	1	325	331
糖单胞菌目的1科 o_Saccharimonadales	60	44	47	59	68	36	16	0	330
威克斯氏菌科 Weeksellaceae	29	34	30	65	64	72	15	19	328
鼠杆形菌科 Muribaculaceae	39	27	48	60	61	59	24	3	321
应微所菌科 Iamiaceae	3	0	1	4	1	0	0	306	315
气球菌科 Aerococcaceae	42	24	11	46	116	7	68	0	314
奇异菌科 Atopobiaceae	62	23	38	102	51	2	3	0	281
噬几丁质菌科 Chitinophagaceae	18	17	41	53	40	58	14	35	276
α-变形菌纲的1科 c_Alphaproteobacteria	34	28	45	47	49	36	18	3	260
假交替单胞菌科 Pseudoalteromonadaceae	31	21	50	49	50	33	15	1	250
海洋放线菌目的1科 o_Actinomarinales	34	21	42	43	40	43	21	1	245
α-变形菌纲的1科 c_Alphaproteobacteria	23	13	36	37	44	50	24	3	230
KI89A进化枝的1目的1科 o_KI89A_clade	28	19	38	39	48	35	14	1	222
消化球菌科 Peptococcaceae	100	16	12	4	29	29	18	0	208
梭菌目vadinBB60群的1科 Clostridiales_vadinBB60	151	28	10	8	4	2	2	0	205
候选目C10-SB1A的1科 o_C10-SB1A	26	13	38	34	44	31	16	2	204
栖热菌科 Thermaceae	18	16	39	32	42	31	23	2	203
候选纲P9X2b3D02的1科 c_P9X2b3D02	25	10	37	40	33	42	11	1	199
海线菌科 Marinifilaceae	19	16	31	24	28	48	18	2	186
互养菌科 Synergistaceae	143	10	14	11	5	3	0	0	186
微球菌科 Micrococcaceae	13	13	37	30	32	23	15	22	185
巴恩斯氏菌科 Barnesiellaceae	46	19	28	25	20	26	21	0	185
候选目JG30-KF-CM45的1科 JG30-KF-CM45	19	12	28	33	28	37	16	6	179
蛭弧菌科 Bdellovibrionaceae	18	15	31	34	32	25	15	1	171
红蝽杆菌科 Coriobacteriaceae	33	10	35	69	17	2	2	0	168
柄杆菌科 Caulobacteraceae	19	27	36	39	16	20	6	0	163
候选纲Kazania的1科 c_Kazania	22	16	27	31	32	19	14	0	161
放线菌科 Actinomycetaceae	48	14	18	22	38	13	6	0	159
海绵共生菌科 Entotheonellaceae	18	12	29	34	31	25	6	3	158
糖单胞菌科 Saccharimonadaceae	29	14	24	24	21	30	8	2	152
候选目JTB23的1科 o_JTB23	19	10	31	29	27	29	6	0	151

续表

细菌科	好氧发酵罐鸡粪处理过程细菌科相对含量（read）								总和（read）
	未发酵		浅发酵				深发酵		
	XYZ_1	XYZ_2	XYZ_3	XYZ_4	XYZ_5	XYZ_6	XYZ_7	XYZ_8	
沉积杆菌科 Ilumatobacteraceae	17	8	27	23	38	29	7	2	151
候选目 HOC36 的 1 科 o_HOC36	16	8	24	32	29	28	12	1	150
食烷菌科 Alcanivoracaceae	0	0	0	0	0	0	0	148	148
乳杆菌目的 1 科 o_Lactobacillales	5	21	24	35	30	6	23	1	145
γ- 变形菌纲的 1 科 c_Gammaproteobacteria	9	14	22	16	28	23	8	25	145
德沃斯氏菌科 Devosiaceae	11	21	28	20	22	30	5	6	143
螺杆菌科 Helicobacteraceae	27	12	21	29	24	20	8	0	141
候选门 AncK6 分类地位未定的 1 科 norank_p_AncK6	17	10	18	23	37	20	13	1	139
巴斯德氏菌科 Pasteurellaceae	14	12	14	24	27	29	18	0	138
梭杆菌科 Fusobacteriaceae	11	14	21	26	36	19	8	1	136
微丝菌目的 1 科 o_Microtrichales	16	10	20	21	28	22	16	2	135
候选目 NB1-j 的 1 科 o_NB1-j	18	13	32	15	23	19	13	1	134
圆杆菌科 Cyclobacteriaceae	12	13	21	16	30	25	9	0	126
亚群 11 的 1 纲的 1 科 c_Subgroup_11	7	9	21	31	19	23	11	2	123
候选纲 OM190 的 1 科 c_OM190	15	11	21	15	31	20	6	2	121
类芽胞杆菌科 Paenibacillaceae	10	10	11	12	19	14	3	42	121
厌氧绳菌科 Anaerolineaceae	13	14	18	17	20	26	6	1	115
候选目 EPR3968-O8a-Bc78 的 1 科 o_EPR3968-O8a-Bc78	14	8	11	21	32	15	9	2	112
黄色杆菌科 Xanthobacteraceae	12	12	20	12	21	25	8	1	111
脱硫弧菌科 Desulfovibrionaceae	23	19	22	12	16	10	6	0	108
疣微菌科 Verrucomicrobiaceae	12	11	23	15	21	12	13	1	108
嗜热放线菌科 Thermoactinomycetaceae	0	0	0	0	2	1	0	101	104
纤维弧菌目的 1 科 o_Cellvibrionales	15	4	12	27	20	24	1	1	104
候选科 Brocadiaceae	9	9	13	21	23	23	4	0	102
纤维弧菌科 Cellvibrionaceae	3	3	3	4	10	3	6	69	101
甲基寡养菌科 Methyloligellaceae	11	9	14	20	15	25	6	0	100
NS9 海洋菌群的 1 科 NS9_marine_group	6	12	17	14	18	21	11	1	100

表 5-39　好氧发酵罐鸡粪处理过程细菌科菌群多样性指数

物种名称	时间单元	相对含量（read）	细菌科多样性指数			
			丰富度	优势度指数（*D*）	香农指数（*H*）	均匀度指数
瘤胃球菌科 Ruminococcaceae	8	46738.00	0.65	0.85	1.94	0.93
毛螺菌科 Lachnospiraceae	8	36335.00	0.67	0.85	1.93	0.93

物种名称	时间单元	相对含量（read）	细菌科多样性指数			
			丰富度	优势度指数（*D*）	香农指数（*H*）	均匀度指数
拟杆菌科 Bacteroidaceae	8	23480.00	0.70	0.84	1.89	0.91
梭菌目科Ⅺ Family_ Ⅺ _o_Clostridiales	8	20278.00	0.71	0.81	1.82	0.88
乳杆菌科 Lactobacillaceae	8	15522.00	0.73	0.84	1.91	0.92
肉杆菌科 Carnobacteriaceae	8	12231.00	0.74	0.81	1.79	0.86
肠杆菌科 Enterobacteriaceae	8	8844.00	0.77	0.84	1.91	0.92
假单胞菌科 Pseudomonadaceae	8	7906.00	0.78	0.85	1.92	0.93
芽胞杆菌科 Bacillaceae	8	6637.00	0.80	0.39	0.83	0.40
污蝇单胞菌科 Wohlfahrtiimonadaceae	7	6203.00	0.69	0.75	1.59	0.81
伯克氏菌科 Burkholderiaceae	8	6197.00	0.80	0.51	1.20	0.58
劣生单胞菌科 Dysgonomonadaceae	8	5768.00	0.81	0.60	1.11	0.53
拟诺卡氏菌科 Nocardiopsaceae	3	5270.00	0.23	0.00	0.00	0.00
SAR202 进化枝的 1 目的 1 科 o_SAR202_clade	8	5249.00	0.82	0.84	1.92	0.92
热粪杆菌科 Caldicoprobacteraceae	8	4695.00	0.83	0.72	1.49	0.72
黄杆菌科 Flavobacteriaceae	8	4117.00	0.84	0.35	0.87	0.42
梭菌科 1 Clostridiaceae_1	8	3790.00	0.85	0.79	1.76	0.85
丹毒丝菌科 Erysipelotrichaceae	8	3511.00	0.86	0.78	1.70	0.82
双歧杆菌科 Bifidobacteriaceae	8	3351.00	0.86	0.84	1.91	0.92
候选目 SBR1031 的 1 科 o_SBR1031	8	3321.00	0.86	0.84	1.90	0.91
科Ⅲ Family_ Ⅲ	7	3125.00	0.75	0.65	1.36	0.70
链球菌科 Streptococcaceae	8	2760.00	0.88	0.84	1.92	0.92
消化链球菌科 Peptostreptococcaceae	8	2560.00	0.89	0.85	1.93	0.93
鞘氨醇杆菌科 Sphingobacteriaceae	8	2558.00	0.89	0.35	0.86	0.41
韦荣氏菌科 Veillonellaceae	8	2308.00	0.90	0.84	1.90	0.92
腐螺旋菌科 Saprospiraceae	8	2242.00	0.91	0.31	0.77	0.37
醋酸杆菌科 Acetobacteraceae	8	1774.00	0.94	0.84	1.90	0.91
微丝菌科 Microtrichaceae	8	1682.00	0.94	0.84	1.89	0.91
莫拉氏菌科 Moraxellaceae	8	1665.00	0.94	0.85	1.91	0.92
棒杆菌科 Corynebacteriaceae	8	1518.00	0.96	0.80	1.75	0.84
根瘤菌科 Rhizobiaceae	8	1353.00	0.97	0.84	1.91	0.92
明串珠菌科 Leuconostocaceae	8	1347.00	0.97	0.85	1.92	0.92
候选科 A4b	8	1330.00	0.97	0.84	1.90	0.91
微球菌目的 1 科 o_Micrococcales	3	1325.00	0.28	0.00	0.01	0.01
鞘氨醇单胞菌科 Sphingomonadaceae	8	1305.00	0.98	0.86	2.02	0.97
肠球菌科 Enterococcaceae	8	1296.00	0.98	0.85	1.94	0.93
诺卡氏菌科 Nocardiaceae	8	1226.00	0.98	0.87	2.05	0.98
动球菌科 Planococcaceae	8	1213.00	0.99	0.76	1.60	0.77

续表

物种名称	时间单元	相对含量（read）	细菌科多样性指数			
			丰富度	优势度指数（D）	香农指数（H）	均匀度指数
细菌域分类地位未定的 1 门未分类的 1 科 unclassified_k_norank_d_Bacteria	8	1146.00	0.99	0.84	1.91	0.92
暖绳菌科 Caldilineaceae	8	1070.00	1.00	0.84	1.91	0.92
候选目 Dadabacteriales 的 1 科 o_Dadabacteriales	8	974.00	1.02	0.84	1.88	0.91
硝化螺旋菌纲的 1 科 c_Nitrospira	8	953.00	1.02	0.84	1.90	0.92
黄单胞菌科 Xanthomonadaceae	8	946.00	1.02	0.85	1.93	0.93
理研菌科 Rikenellaceae	8	938.00	1.02	0.60	1.35	0.65
红杆菌科 Rhodobacteraceae	8	906.00	1.03	0.70	1.62	0.78
克里斯滕森菌科 Christensenellaceae	8	888.00	1.03	0.84	1.90	0.91
普雷沃氏菌科 Prevotellaceae	8	850.00	1.04	0.84	1.88	0.91
贝日阿托氏菌科 Beggiatoaceae	8	791.00	1.05	0.84	1.88	0.91
土壤杆菌科亚群 3 Solibacteraceae_Subgroup_3	8	758.00	1.06	0.84	1.90	0.91
候选纲 TK30 的 1 科 c_TK30	8	746.00	1.06	0.84	1.90	0.92
亚群 9 的 1 纲的 1 科 c_Subgroup_9	8	738.00	1.06	0.84	1.90	0.91
梭菌目的 1 科 o_Clostridiales	7	721.00	0.91	0.78	1.64	0.85
拜叶林克氏菌科 Beijerinckiaceae	8	707.00	1.07	0.85	1.92	0.92
基尔菌科 Kiloniellaceae	8	687.00	1.07	0.84	1.91	0.92
柔膜菌纲 RF39 群的 1 目的 1 科 o_Mollicutes_RF39	8	661.00	1.08	0.85	1.94	0.93
微杆菌科 Microbacteriaceae	8	651.00	1.08	0.85	1.96	0.94
候选科 EC94	8	632.00	1.09	0.84	1.90	0.91
γ- 变形菌纲分类地位未定的 1 科 o_Gammaproteobacteria_Incertae_Sedis	7	632.00	0.93	0.08	0.24	0.12
特吕珀菌科 Trueperaceae	8	616.00	1.09	0.40	0.98	0.47
亚群 6 的 1 纲的 1 科 c_Subgroup_6	8	610.00	1.09	0.84	1.89	0.91
候选科 bacteriap25	8	608.00	1.09	0.84	1.91	0.92
气单胞菌科 Aeromonadaceae	8	580.00	1.10	0.73	1.60	0.77
优杆菌科 Eubacteriaceae	8	565.00	1.10	0.63	1.41	0.68
班努斯菌科 Balneolaceae	4	565.00	0.47	0.02	0.06	0.04
亚硝化球菌科 Nitrosococcaceae	8	536.00	1.11	0.84	1.91	0.92
斯尼思氏菌科 Sneathiellaceae	8	523.00	1.12	0.84	1.87	0.90
候选纲 TK17 的 1 科 c_TK17	8	496.00	1.13	0.83	1.86	0.89
无胆甾原体科 Acholeplasmataceae	5	495.00	0.64	0.38	0.72	0.45
候选目 S085 的 1 科 o_S085	8	491.00	1.13	0.84	1.88	0.90
红环菌科 Rhodocyclaceae	8	478.00	1.13	0.85	1.95	0.94
候选纲 OLB14 的 1 科 c_OLB14	8	422.00	1.16	0.85	1.92	0.92

续表

物种名称	时间单元	相对含量（read）	细菌科多样性指数			
			丰富度	优势度指数（*D*）	香农指数（*H*）	均匀度指数
芽单胞菌纲的 1 科 c_Gemmatimonadetes	8	420.00	1.16	0.85	1.96	0.94
沃斯氏菌科 Woeseiaceae	8	415.00	1.16	0.84	1.88	0.91
葡萄球菌科 Staphylococcaceae	8	404.00	1.17	0.85	1.95	0.94
氨基酸球菌科 Acidaminococcaceae	8	402.00	1.17	0.85	1.92	0.92
海港杆菌门的 1 科 p_Poribacteria	8	395.00	1.17	0.84	1.91	0.92
坦纳氏菌科 Tannerellaceae	8	388.00	1.17	0.76	1.70	0.82
海杆形菌目的 1 科 o_Thalassobaculales	8	368.00	1.18	0.83	1.85	0.89
变形菌门未分类的 1 科 unclassified_p_Proteobacteria	8	347.00	1.20	0.84	1.89	0.91
候选纲 JG30-KF-CM66 的 1 科 c_JG30-KF-CM66	7	344.00	1.03	0.84	1.88	0.97
螺旋体科 Spirochaetaceae	7	340.00	1.03	0.84	1.85	0.95
海草球形菌科 Phycisphaeraceae	7	335.00	1.03	0.85	1.90	0.98
δ - 变形菌纲的 1 科 c_Deltaproteobacteria	6	331.00	0.86	0.04	0.12	0.07
糖单胞菌目的 1 科 o_Saccharimonadales	7	330.00	1.03	0.84	1.88	0.97
威克斯氏菌科 Weeksellaceae	8	328.00	1.21	0.84	1.95	0.94
鼠杆形菌科 Muribaculaceae	8	321.00	1.21	0.85	1.93	0.93
应微所菌科 Iamiaceae	5	315.00	0.70	0.06	0.16	0.10
气球菌科 Aerococcaceae	7	314.00	1.04	0.77	1.65	0.85
奇异菌科 Atopobiaceae	7	281.00	1.06	0.76	1.57	0.81
噬几丁质菌科 Chitinophagaceae	8	276.00	1.25	0.85	1.97	0.95
α- 变形菌纲的 1 科 c_Alphaproteobacteria	8	260.00	1.26	0.85	1.94	0.93
假交替单胞菌科 Pseudoalteromonadaceae	8	250.00	1.27	0.84	1.89	0.91
海洋放线菌目的 1 科 o_Actinomarinales	8	245.00	1.27	0.85	1.93	0.93
α- 变形菌纲的 1 科 c_Alphaproteobacteria	8	230.00	1.29	0.85	1.92	0.92
KI89A 进化枝的 1 目的 1 科 o_KI89A_clade	8	222.00	1.30	0.84	1.90	0.91
消化球菌科 Peptococcaceae	7	208.00	1.12	0.72	1.55	0.80
梭菌目 vadinBB60 群的 1 科 Clostridiales_vadinBB60	7	205.00	1.13	0.44	0.94	0.48
候选目 C10-SB1A 的 1 科 o_C10-SB1A	8	204.00	1.32	0.85	1.91	0.92
栖热菌科 Thermaceae	8	203.00	1.32	0.85	1.93	0.93
候选纲 P9X2b3D02 的 1 科 c_P9X2b3D02	8	199.00	1.32	0.84	1.86	0.89
海线菌科 Marinifilaceae	8	186.00	1.34	0.84	1.92	0.92
互养菌科 Synergistaceae	6	186.00	0.96	0.40	0.88	0.49
微球菌科 Micrococcaceae	8	185.00	1.34	0.86	2.01	0.97
巴恩斯氏菌科 Barnesiellaceae	7	185.00	1.15	0.85	1.90	0.98
候选目 JG30-KF-CM45 的 1 科 JG30-KF-CM45	8	179.00	1.35	0.85	1.97	0.95

续表

物种名称	时间单元	相对含量（read）	细菌科多样性指数			
			丰富度	优势度指数（*D*）	香农指数（*H*）	均匀度指数
蛭弧菌科 Bdellovibrionaceae	8	171.00	1.36	0.85	1.92	0.92
红蝽杆菌科 Coriobacteriaceae	7	168.00	1.17	0.74	1.52	0.78
柄杆菌科 Caulobacteraceae	7	163.00	1.18	0.83	1.83	0.94
候选纲 Kazania 的 1 科 c_Kazania	7	161.00	1.18	0.85	1.90	0.98
放线菌科 Actinomycetaceae	7	159.00	1.18	0.81	1.77	0.91
海绵共生菌科 Entotheonellaceae	8	158.00	1.38	0.84	1.90	0.91
糖单胞菌科 Saccharimonadaceae	8	152.00	1.39	0.85	1.92	0.93
候选目 JTB23 的 1 科 o_JTB23	7	151.00	1.20	0.84	1.84	0.94
沉积杆菌科 Ilumatobacteraceae	8	151.00	1.40	0.83	1.86	0.89
候选目 HOC36 的 1 科 o_HOC36	8	150.00	1.40	0.84	1.88	0.91
食烷菌科 Alcanivoracaceae	1	148.00	0.00	0.00	0.00	0.00
乳杆菌目的 1 科 o_Lactobacillales	8	145.00	1.41	0.83	1.82	0.88
γ- 变形菌纲的 1 科 c_Gammaproteobacteria	8	145.00	1.41	0.86	2.00	0.96
德沃斯氏菌科 Devosiaceae	8	143.00	1.41	0.85	1.94	0.93
螺杆菌科 Helicobacteraceae	7	141.00	1.21	0.85	1.88	0.96
候选门 AncK6 分类地位未定的 1 科 norank_p_AncK6	8	139.00	1.42	0.84	1.90	0.91
巴斯德氏菌科 Pasteurellaceae	7	138.00	1.22	0.85	1.89	0.97
梭杆菌科 Fusobacteriaceae	8	136.00	1.42	0.84	1.87	0.90
微丝菌目的 1 科 o_Microtrichales	8	135.00	1.43	0.86	1.95	0.94
候选目 NB1-j 的 1 科	8	134.00	1.43	0.85	1.93	0.93
圆杆菌科 Cyclobacteriaceae	7	126.00	1.24	0.84	1.87	0.96
亚群 11 的 1 纲的 1 科 c_Subgroup_11	8	123.00	1.45	0.84	1.89	0.91
候选纲 OM190 的 1 科 c_OM190	8	121.00	1.46	0.84	1.90	0.92
类芽胞杆菌科 Paenibacillaceae	8	121.00	1.46	0.82	1.86	0.89
厌氧绳菌科 Anaerolineaceae	8	115.00	1.48	0.85	1.91	0.92
候选目 EPR3968-O8a-Bc78 的 1 科 o_EPR3968-O8a-Bc78	8	112.00	1.48	0.84	1.89	0.91
黄色杆菌科 Xanthobacteraceae	8	111.00	1.49	0.85	1.91	0.92
脱硫弧菌科 Desulfovibrionaceae	7	108.00	1.28	0.84	1.87	0.96
疣微菌科 Verrucomicrobiaceae	8	108.00	1.50	0.86	1.94	0.93
嗜热放线菌科 Thermoactinomycetaceae	3	104.00	0.43	0.06	0.15	0.14
纤维弧菌目的 1 科 o_Cellvibrionales	8	104.00	1.51	0.81	1.75	0.84
候选科 Brocadiaceae	7	102.00	1.30	0.83	1.82	0.93
纤维弧菌科 Cellvibrionaceae	8	101.00	1.52	0.52	1.20	0.58

续表

物种名称	时间单元	相对含量(read)	细菌科多样性指数			
			丰富度	优势度指数(*D*)	香农指数(*H*)	均匀度指数
甲基寡养菌科 Methyloligellaceae	7	100.00	1.30	0.84	1.86	0.95
NS9 海洋菌群的 1 科 NS9_marine_group	8	100.00	1.52	0.85	1.92	0.93

细菌科菌群多样性指数分析结果见表 5-39。从细菌科菌群分布的时间单元上看，有的细菌科的发酵过程分布在所有的时间单元上，如瘤胃球菌科分布在发酵过程 8 次采样的全部时间单元上；有的则分布在部分时间单元上，如嗜热放线菌科仅分布在 8 次采样的 3 次时间单元上。

从相对含量上看，最高含量的前 3 个细菌科为瘤胃球菌科（46738.00）、毛螺菌科（36335.00）、拟杆菌科（23480.00）；最低含量的后 3 个细菌科为纤维弧菌科（101.00）、NS9 海洋菌群的 1 科（100.00）、甲基寡养菌科（100.00）。

从物种丰富度上看，物种丰富度最高的前 3 个细菌科为 NS9 海洋菌群的 1 科（1.52%）、纤维弧菌科（1.52%）、纤维弧菌目的 1 科（1.51%）；最低含量的后 3 个细菌科为微球菌目的 1 科（0.28%）、拟诺卡氏菌科（0.23%）、食烷菌科（0.00%）。丰富度相差万倍，物种丰富度与优势度呈正比，优势度越高，丰富度越高，反之也成立，表明物种集中程度越高，丰富度就越高。

从物种香农指数上看，香农指数最高的前 3 个细菌科为诺卡氏菌科（2.05%）、鞘氨醇单胞菌科（2.02%）、微球菌科（2.01%）；最低的后 3 个细菌科为微球菌目的 1 科（0.01%）、拟诺卡氏菌科（0.00%）、食烷菌科（0.00%）；香农指数与物种均匀度指数呈正比，均匀度指数越高，香农指数越高，反之也成立，表明物种分布越均匀，香农指数越高。

以表 5-38 为数据矩阵，对发酵生境进行多样性分析，以发酵过程为样本，以细菌科为指标，计算种类数、丰富度、香农指数、优势度指数、均匀度指数，分析结果见表 5-40、图 5-29。从发酵生境种类数看，浅发酵生境细菌科种类数最多（296 ～ 333），其次为深发酵生境（312 ～ 328），最少为未发酵生境（157 ～ 274），表明随着发酵进程，进入浅发酵阶段后细菌科数量上升，进入深发酵阶段后数量下降。

表 5-40 基于细菌科菌群的好氧发酵罐鸡粪处理过程生境多样性指数

发酵阶段	编号	种类数	丰富度	香农指数	优势度指数	均匀度指数
未发酵	XYZ_7	274	328.87	3.04	0.11	0.07
	XYZ_8	157	211.89	2.57	0.12	0.08
浅发酵	XYZ_2	296	346.57	3.28	0.07	0.09
	XYZ_6	319	342.26	3.51	0.08	0.10
	XYZ_5	330	357.59	3.61	0.06	0.11
	XYZ_4	333	356.38	3.61	0.07	0.11
深发酵	XYZ_1	312	340.63	3.51	0.06	0.10
	XYZ_3	328	367.35	3.59	0.07	0.11

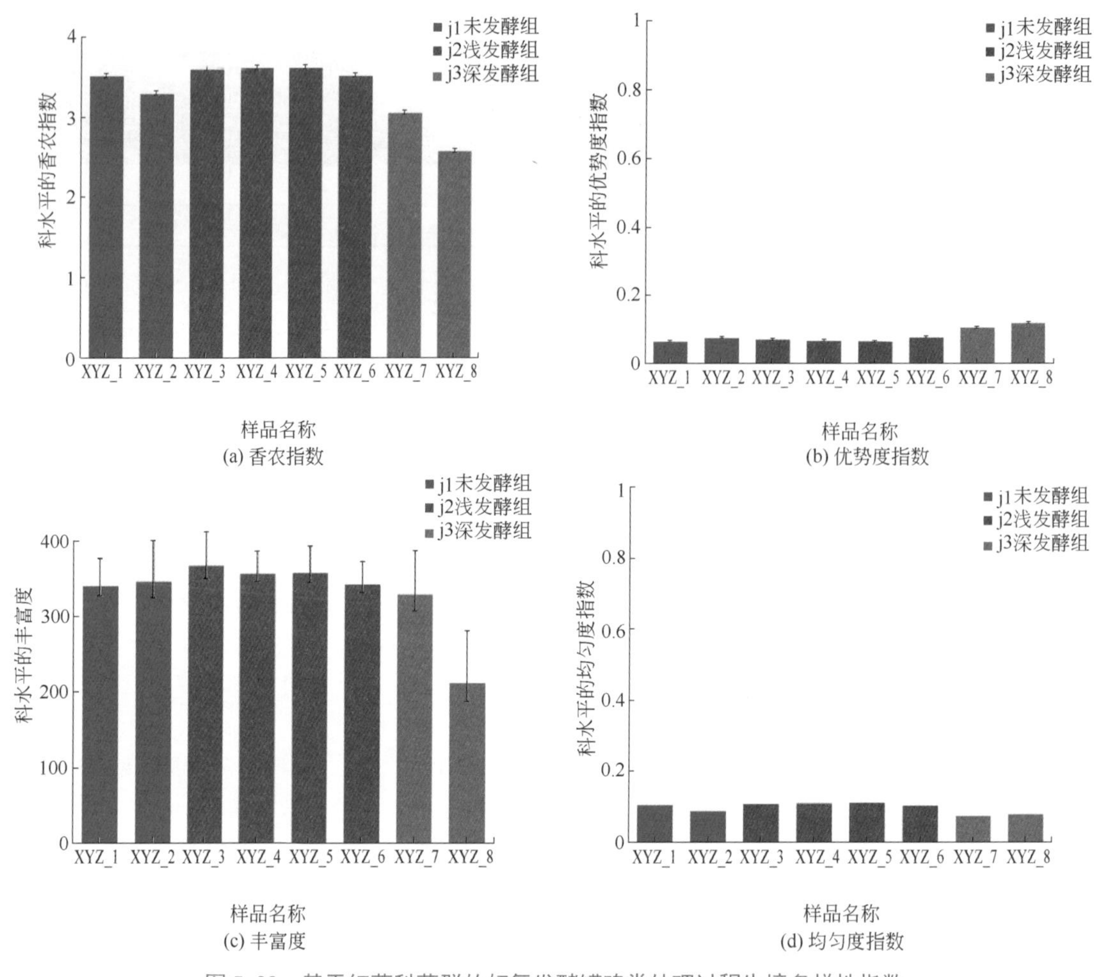

图 5-29　基于细菌科菌群的好氧发酵罐鸡粪处理过程生境多样性指数

从发酵生境丰富度上看（图 5-29），未发酵生境的丰富度（211.89 ～ 328.87）＜浅发酵生境的丰富度（342.26 ～ 357.59）＜深发酵生境的丰富度（340.63 ～ 367.35）；香农指数的变化规律与丰富度相近；多样性指数间的相关性见表 5-41，香农指数与优势度指数的相关系数为 -0.9085（P=0.0018），呈显著负相关；丰富度与种类数的相关系数为 0.9804，呈极显著正相关（P=0.0000），均匀度与优势度指数的相关系数为 -0.8366，呈显著负相关（P=0.0096）。

表 5-41　基于细菌科菌群的好氧发酵罐鸡粪处理过程生境多样性指数之间相关性

因子	种类数	丰富度	香农指数	优势度指数	均匀度
种类数		0.0000	0.0000	0.0076	0.0479
丰富度	0.9804		0.0012	0.0169	0.1100
香农指数	0.9731	0.9192		0.0018	0.0081
优势度指数	-0.8493	-0.8010	-0.9085		0.0096
均匀度	0.7112	0.6077	0.8460	-0.8366	

注：左下角是相关系数 R，右上角是 P 值。

八、菌群生态位特征

利用表 5-38，以细菌科为样本，发酵时间为指标，计算生态位宽度，分析结果见表 5-42。结果表明 140 种细菌科菌群生态位宽度范围在 1.0000 ～ 7.5082；生态位最宽的菌群为诺卡氏菌科，生态位宽度为 7.5082，其相应的常用资源种类为 S4=14.76%（浅发酵阶段）、S5=13.95%（浅发酵阶段）、S6=18.03%（浅发酵阶段）、S8=14.36%（深发酵阶段）。生态位最窄的菌群为食烷菌科，生态位宽度为 1.0000，其相应的常用资源种类为 S1=100.00%（未发酵阶段）。不同的细菌科菌群生态位宽度存在差异：生态位宽的菌群，选择多个发酵阶段的概率就大，生态适应性就高；生态位窄的菌群，选择多个发酵阶段的概率就小，生态适应性就差。

表 5-42　好氧发酵罐鸡粪处理过程细菌科菌群生态位宽度

物种名称	生态位宽度	频数	截断比例	常用资源种类				
【1】诺卡氏菌科 Nocardiaceae	7.5082	4	0.13	S4=14.76%	S5=13.95%	S6=18.03%	S8=14.36%	
【2】鞘氨醇单胞菌科 Sphingomonadaceae	7.2235	4	0.13	S3=14.25%	S4=17.39%	S5=16.09%	S6=16.70%	
【3】微球菌科 Micrococcaceae	7.0292	3	0.13	S3=20.00%	S4=16.22%	S5=17.30%		
【4】γ- 变形菌纲的 1 科 c_Gammaproteobacteria	6.9642	4	0.13	S3=15.17%	S5=19.31%	S6=15.86%	S8=17.24%	
【5】葡萄球菌科 Staphylococcaceae	6.7278	4	0.13	S1=15.59%	S3=15.10%	S4=16.09%	S5=19.80%	
【6】瘤胃球菌科 Ruminococcaceae	6.7167	4	0.13	S3=16.36%	S4=16.45%	S5=16.59%	S6=18.15%	
【7】微丝菌目的 1 科 o_Microtrichales	6.6881	4	0.13	S3=14.81%	S4=15.56%	S5=20.74%	S6=16.30%	
【8】肠球菌科 Enterococcaceae	6.6647	4	0.13	S1=16.13%	S3=17.36%	S4=15.12%	S5=19.29%	
【9】微杆菌科 Microbacteriaceae	6.6590	5	0.13	S1=14.75%	S3=15.98%	S4=17.97%	S5=16.90%	S6=17.05%
【10】消化链球菌科 Peptostreptococcaceae	6.6582	5	0.13	S1=20.98%	S2=16.48%	S4=13.95%	S5=13.48%	S7=13.09%
【11】候选目 JG30-KF-CM45 的 1 科 JG30-KF-CM45	6.6434	4	0.13	S3=15.64%	S4=18.44%	S5=15.64%	S6=20.67%	
【12】柔膜菌纲 RF39 群的 1 目的 1 科 o_Mollicutes_RF39	6.6340	5	0.13	S1=13.62%	S3=16.04%	S4=15.58%	S5=14.83%	S6=20.57%
【13】噬几丁质菌科 Chitinophagaceae	6.6309	4	0.13	S3=14.86%	S4=19.20%	S5=14.49%	S6=21.01%	
【14】α- 变形菌纲的 1 科 c_Alphaproteobacteria	6.6249	5	0.13	S1=13.08%	S3=17.31%	S4=18.08%	S5=18.85%	S6=13.85%
【15】毛螺菌科 Lachnospiraceae	6.5998	3	0.13	S3=13.33%	S6=14.66%	S7=23.05%		
【16】海洋放线菌目的 1 科 o_Actinomarinales	6.5954	5	0.13	S1=13.88%	S3=17.14%	S4=17.55%	S5=16.33%	S6=17.55%
【17】疣微菌科 Verrucomicrobiaceae	6.5750	3	0.13	S3=21.30%	S4=13.89%	S5=19.44%		
【18】红环菌科 Rhodocyclaceae	6.5713	5	0.13	S1=13.18%	S3=17.15%	S4=15.69%	S5=20.29%	S6=16.53%
【19】芽单胞菌纲的 1 科 c_Gemmatimonadetes	6.5411	4	0.13	S3=17.38%	S4=15.24%	S5=20.95%	S6=17.38%	

续表

物种名称	生态位宽度	频数	截断比例	常用资源种类				
【20】氨基酸球菌科 Acidaminococcaceae	6.5252	5	0.13	S1=17.66%	S3=16.67%	S4=18.16%	S5=16.42%	S6=14.68%
【21】假单胞菌科 Pseudomonadaceae	6.5137	5	0.13	S1=14.23%	S3=15.84%	S4=17.38%	S5=18.58%	S6=17.47%
【22】黄单胞菌科 Xanthomonadaceae	6.5009	5	0.13	S2=13.53%	S3=16.81%	S4=17.12%	S5=18.60%	S6=17.55%
【23】海草球形菌科 Phycisphaeraceae	6.4687	4	0.14	S3=14.93%	S4=17.01%	S5=19.40%	S6=18.21%	
【24】鼠杆形菌科 Muribaculaceae	6.4639	4	0.13	S3=14.95%	S4=18.69%	S5=19.00%	S6=18.38%	
【25】候选纲 Kazania 的 1 科 c_Kazania	6.4625	3	0.14	S3=16.77%	S4=19.25%	S5=19.88%		
【26】莫拉氏菌科 Moraxellaceae	6.4591	5	0.13	S1=13.99%	S3=16.76%	S4=16.70%	S5=17.84%	S6=18.74%
【27】栖热菌科 Thermaceae	6.4561	4	0.13	S3=19.21%	S4=15.76%	S5=20.69%	S6=15.27%	
【28】拜叶林克氏菌科 Beijerinckiaceae	6.4478	4	0.13	S3=14.57%	S4=16.69%	S5=18.95%	S6=20.51%	
【29】明串珠菌科 Leuconostocaceae	6.4473	4	0.13	S3=15.52%	S4=17.30%	S5=18.34%	S6=19.82%	
【30】NS9 海洋菌群的 1 科 NS9_marine_group	6.4433	4	0.13	S3=17.00%	S4=14.00%	S5=18.00%	S6=21.00%	
【31】蛭弧菌科 Bdellovibrionaceae	6.4393	4	0.13	S3=18.13%	S4=19.88%	S5=18.71%	S6=14.62%	
【32】链球菌科 Streptococcaceae	6.4271	4	0.13	S3=14.89%	S4=18.37%	S5=16.45%	S6=20.80%	
【33】糖单胞菌科 Saccharimonadaceae	6.4213	5	0.13	S1=19.08%	S3=15.79%	S4=15.79%	S5=13.82%	S6=19.74%
【34】SAR202 进化枝的 1 目的 1 科 o_SAR202_clade	6.4211	4	0.13	S3=17.57%	S4=17.17%	S5=18.88%	S6=18.42%	
【35】德沃斯氏菌科 Devosiaceae	6.4083	5	0.13	S2=14.69%	S3=19.58%	S4=13.99%	S5=15.38%	S6=20.98%
【36】候选目 NB1-j 的 1 科 o_NB1-j	6.4083	4	0.13	S1=13.43%	S3=23.88%	S5=17.16%	S6=14.18%	
【37】乳杆菌科 Lactobacillaceae	6.3944	4	0.13	S3=15.46%	S4=17.85%	S5=19.61%	S6=18.79%	
【38】根瘤菌科 Rhizobiaceae	6.3855	4	0.13	S3=17.81%	S4=16.33%	S5=19.59%	S6=18.48%	
【39】基尔菌科 Kiloniellaceae	6.3815	4	0.13	S3=17.32%	S4=19.94%	S5=18.20%	S6=15.87%	
【40】候选纲 OLB14 的 1 科 c_OLB14	6.3802	4	0.13	S3=18.96%	S4=15.88%	S5=20.62%	S6=17.06%	
【41】候选科 bacteriap25	6.3748	4	0.13	S3=15.79%	S4=17.27%	S5=20.23%	S6=18.75%	
【42】肠杆菌科 Enterobacteriaceae	6.3730	4	0.13	S3=16.98%	S4=16.96%	S5=19.20%	S6=19.30%	
【43】细菌域分类地位未定的 1 门未分类的 1 科 unclassified_k_ norank_d_Bacteria	6.3654	4	0.13	S3=15.88%	S4=16.23%	S5=18.41%	S6=21.38%	
【44】双歧杆菌科 Bifidobacteriaceae	6.3572	4	0.13	S3=15.46%	S4=17.67%	S5=18.11%	S6=21.07%	
【45】硝化螺旋菌纲的 1 科 c_Nitrospira	6.3538	5	0.13	S1=13.43%	S3=18.26%	S4=16.79%	S5=18.78%	S6=17.84%
【46】亚硝化球菌科 Nitrosococcaceae	6.3482	5	0.13	S1=13.43%	S3=17.16%	S4=18.66%	S5=18.66%	S6=17.54%
【47】巴斯德氏菌科 Pasteurellaceae	6.3353	3	0.14	S4=17.39%	S5=19.57%	S6=21.01%		
【48】巴恩斯氏菌科 Barnesiellaceae	6.3344	3	0.14	S1=24.86%	S3=15.14%	S6=14.05%		
【49】威克斯氏菌科 Weeksellaceae	6.3329	3	0.13	S4=19.82%	S5=19.51%	S6=21.95%		
【50】亚群 9 的 1 纲的 1 科 c_Subgroup_9	6.3307	4	0.13	S3=17.89%	S4=17.07%	S5=18.43%	S6=19.11%	

续表

物种名称	生态位宽度	频数	截断比例	常用资源种类				
【51】厌氧绳菌科 Anaerolineaceae	6.3247	4	0.13	S3=15.65%	S4=14.78%	S5=17.39%	S6=22.61%	
【52】α- 变形菌纲的 1 科 c_Alphaproteobacteria	6.3096	4	0.13	S3=15.65%	S4=16.09%	S5=19.13%	S6=21.74%	
【53】醋酸杆菌科 Acetobacteraceae	6.3079	4	0.13	S3=17.76%	S4=17.31%	S5=18.60%	S6=19.17%	
【54】暖绳菌科 Caldilineaceae	6.3079	4	0.13	S3=15.79%	S4=16.17%	S5=21.21%	S6=18.88%	
【55】海港杆菌门的 1 科 p_Poribacteria	6.3053	4	0.13	S3=18.48%	S4=18.73%	S5=17.22%	S6=18.99%	
【56】候选目 C10-SB1A 的 1 科 o_C10-SB1A	6.3035	4	0.13	S3=18.63%	S4=16.67%	S5=21.57%	S6=15.20%	
【57】韦荣氏菌科 Veillonellaceae	6.2949	4	0.13	S3=15.21%	S4=17.59%	S5=17.89%	S6=21.53%	
【58】KI89A 进化枝的 1 目的 1 科 o_KI89A_clade	6.2894	4	0.13	S3=17.12%	S4=17.57%	S5=21.62%	S6=15.77%	
【59】候选纲 TK30 的 1 科 c_TK30	6.2828	4	0.13	S3=20.51%	S4=16.76%	S5=16.62%	S6=19.44%	
【60】候选科 A4b	6.2802	4	0.13	S3=16.17%	S4=17.67%	S5=18.05%	S6=21.05%	
【61】黄色杆菌科 Xanthobacteraceae	6.2766	3	0.13	S3=18.02%	S5=18.92%	S6=22.52%		
【62】候选目 SBR1031 的 1 科 o_SBR1031	6.2629	4	0.13	S3=17.01%	S4=18.46%	S5=19.93%	S6=18.10%	
【63】糖单胞菌目的 1 科 o_Saccharimonadales	6.2579	4	0.14	S1=18.18%	S3=14.24%	S4=17.88%	S5=20.61%	
【64】候选纲 JG30-KF-CM66 的 1 科 c_JG30-KF-CM66	6.2572	4	0.14	S3=17.73%	S4=14.53%	S5=22.09%	S6=17.44%	
【65】候选科 EC94	6.2437	4	0.13	S3=16.30%	S4=19.78%	S5=18.67%	S6=19.15%	
【66】土壤杆菌科亚群 3 Solibacteraceae_Subgroup_3	6.2388	4	0.13	S3=18.07%	S4=14.25%	S5=19.53%	S6=21.37%	
【67】螺杆菌科 Helicobacteraceae	6.2225	5	0.14	S1=19.15%	S3=14.89%	S4=20.57%	S5=17.02%	S6=14.18%
【68】海线菌科 Marinifilaceae	6.2111	3	0.13	S3=16.67%	S5=15.05%	S6=25.81%		
【69】亚群 6 的 1 纲的 1 科 c_Subgroup_6	6.2085	4	0.13	S3=18.03%	S4=19.18%	S5=19.34%	S6=17.54%	
【70】微丝菌科 Microtrichaceae	6.1795	4	0.13	S3=17.54%	S4=18.73%	S5=19.44%	S6=19.32%	
【71】假交替单胞菌科 Pseudoalteromonadaceae	6.1771	4	0.13	S3=20.00%	S4=19.60%	S5=20.00%	S6=13.20%	
【72】克里斯滕森菌科 Christensenellaceae	6.1291	3	0.13	S1=27.14%	S2=13.85%	S6=13.06%		
【73】拟杆菌科 Bacteroidaceae	6.1203	2	0.13	S1=25.72%	S2=19.25%			
【74】贝日阿托氏菌科 Beggiatoaceae	6.1187	4	0.13	S3=18.08%	S4=15.55%	S5=20.99%	S6=20.10%	
【75】脱硫弧菌科 Desulfovibrionaceae	6.1068	4	0.14	S1=21.30%	S2=17.59%	S3=20.37%	S5=14.81%	
【76】变形菌门未分类的 1 科 unclassified_p_Proteobacteria	6.1007	3	0.13	S4=14.70%	S5=23.34%	S6=21.33%		

续表

物种名称	生态位宽度	频数	截断比例	常用资源种类				
【77】候选目 HOC36 的 1 科 o_HOC36	6.0976	4	0.13	S3=16.00%	S4=21.33%	S5=19.33%	S6=18.67%	
【78】海绵共生菌科 Entotheonellaceae	6.0947	4	0.13	S3=18.35%	S4=21.52%	S5=19.62%	S6=15.82%	
【79】斯尼思氏菌科 Sneathiellaceae	6.0794	4	0.13	S3=17.78%	S4=17.97%	S5=19.69%	S6=20.46%	
【80】候选目 S085 的 1 科 o_S085	6.0752	4	0.13	S3=17.72%	S4=16.29%	S5=17.31%	S6=22.81%	
【81】候选门 AncK6 分类地位未定的 1 科 norank_p_AncK6	6.0739	3	0.13	S4=16.55%	S5=26.62%	S6=14.39%		
【82】普雷沃氏菌科 Prevotellaceae	6.0737	4	0.13	S3=23.18%	S4=14.12%	S5=18.47%	S6=18.94%	
【83】圆杆菌科 Cyclobacteriaceae	6.0688	3	0.14	S3=16.67%	S5=23.81%	S6=19.84%		
【84】沃斯氏菌科 Woeseiaceae	6.0687	4	0.13	S3=17.83%	S4=19.04%	S5=23.13%	S6=15.18%	
【85】候选纲 OM190 的 1 科 c_OM190	6.0676	3	0.13	S3=17.36%	S5=25.62%	S6=16.53%		
【86】候选目 Dadabacteriales 的 1 科 o_Dadabacteriales	6.0604	4	0.13	S3=16.84%	S4=18.48%	S5=20.33%	S6=20.53%	
【87】螺旋体科 Spirochaetaceae	6.0146	5	0.14	S1=23.24%	S3=14.71%	S4=14.41%	S5=15.88%	S6=18.82%
【88】候选纲 TK17 的 1 科 c_TK17	5.9536	4	0.13	S3=19.56%	S4=17.54%	S5=18.95%	S6=21.57%	
【89】亚群 11 的 1 纲的 1 科 c_Subgroup_11	5.9399	4	0.13	S3=17.07%	S4=25.20%	S5=15.45%	S6=18.70%	
【90】甲基寡养菌科 Methyloligellaceae	5.9382	4	0.14	S3=14.00%	S4=20.00%	S5=15.00%	S6=25.00%	
【91】候选纲 P9X2b3D02 的 1 科 c_P9X2b3D02	5.9381	4	0.13	S3=18.59%	S4=20.10%	S5=16.58%	S6=21.11%	
【92】候选目 JTB23 的 1 科 o_JTB23	5.8933	4	0.14	S3=20.53%	S4=19.21%	S5=17.88%	S6=19.21%	
【93】梭杆菌科 Fusobacteriaceae	5.8606	4	0.13	S3=15.44%	S4=19.12%	S5=26.47%	S6=13.97%	
【94】候选目 EPR3968-O8a-Bc78 的 1 科 o_EPR3968-O8a-Bc78	5.8182	3	0.13	S4=18.75%	S5=28.57%	S6=13.39%		
【95】海杆形菌目的 1 科 o_Thalassobaculales	5.7878	4	0.13	S3=23.91%	S4=18.75%	S5=19.57%	S6=16.30%	
【96】柄杆菌科 Caulobacteraceae	5.7771	3	0.14	S2=16.56%	S3=22.09%	S4=23.93%		
【97】沉积杆菌科 Ilumatobacteraceae	5.7739	4	0.13	S3=17.88%	S4=15.23%	S5=25.17%	S6=19.21%	
【98】候选科 Brocadiaceae	5.6360	3	0.14	S4=20.59%	S5=22.55%	S6=22.55%		
【99】乳杆菌目的 1 科 o_Lactobacillales	5.6322	5	0.13	S2=14.48%	S3=16.55%	S4=24.14%	S5=20.69%	S7=15.86%
【100】梭菌目科XI Family_ XI _o_Clostridiales	5.3504	3	0.13	S1=14.45%	S2=32.63%	S3=14.85%		
【101】肉杆菌科 Carnobacteriaceae	5.3174	4	0.13	S2=15.08%	S4=15.51%	S5=23.76%	S7=26.65%	
【102】类芽胞杆菌科 Paenibacillaceae	5.2383	2	0.13	S5=15.70%	S8=34.71%			
【103】纤维弧菌目的 1 科 o_Cellvibrionales	5.1702	4	0.13	S1=14.42%	S4=25.96%	S5=19.23%	S6=23.08%	

续表

物种名称	生态位宽度	频数	截断比例	常用资源种类				
【104】棒杆菌科 Corynebacteriaceae	5.1038	3	0.13	S1=23.72%	S4=27.40%	S5=19.57%		
【105】放线菌科 Actinomycetaceae	5.1001	2	0.14	S1=30.19%	S5=23.90%			
【106】梭菌科 1 Clostridiaceae_1	4.8266	3	0.13	S1=17.70%	S2=35.78%	S3=13.64%		
【107】丹毒丝菌科 Erysipelotrichaceae	4.5465	3	0.13	S1=33.10%	S2=26.92%	S3=13.47%		
【108】梭菌目的 1 科 o_Clostridiales	4.5418	4	0.14	S2=17.06%	S3=18.45%	S5=16.78%	S7=34.54%	
【109】气球菌科 Aerococcaceae	4.3423	3	0.14	S4=14.65%	S5=36.94%	S7=21.66%		
【110】坦纳氏菌科 Tannerellaceae	4.2084	2	0.13	S1=42.01%	S2=15.46%			
【111】动球菌科 Planococcaceae	4.1945	3	0.13	S1=20.36%	S2=26.13%	S6=33.97%		
【112】奇异菌科 Atopobiaceae	4.1922	3	0.14	S1=22.06%	S4=36.30%	S5=18.15%		
【113】污蝇单胞菌科 Wohlfahrtiimonadaceae	4.0113	3	0.14	S1=34.14%	S2=31.74%	S7=14.15%		
【114】红蝽杆菌科 Coriobacteriaceae	3.7773	3	0.14	S1=19.64%	S3=20.83%	S4=41.07%		
【115】气单胞菌科 Aeromonadaceae	3.6982	2	0.13	S1=44.83%	S2=20.52%			
【116】热粪杆菌科 Caldicoprobacteraceae	3.6218	3	0.13	S2=20.96%	S6=16.02%	S7=43.68%		
【117】消化球菌科 Peptococcaceae	3.4829	3	0.14	S1=48.08%	S5=13.94%	S6=13.94%		
【118】红杆菌科 Rhodobacteraceae	3.3648	1	0.13	S8=50.99%				
【119】科 III Family_III	2.8759	3	0.14	S4=53.79%	S5=17.76%	S7=13.98%		
【120】优杆菌科 Eubacteriaceae	2.6917	1	0.13	S7=58.23%				
【121】劣生单胞菌科 Dysgonomonadaceae	2.5009	2	0.13	S1=50.83%	S2=36.72%			
【122】理研菌科 Rikenellaceae	2.4677	1	0.13	S1=61.51%				
【123】纤维弧菌科 Cellvibrionaceae	2.0612	1	0.13	S8=68.32%				
【124】伯克氏菌科 Burkholderiaceae	2.0224	1	0.13	S8=69.28%				
【125】梭菌目 vadinBB60 群的 1 科 Clostridiales_vadinBB60	1.7678	1	0.14	S1=73.66%				
【126】特吕珀菌科 Trueperaceae	1.6657	1	0.13	S8=76.95%				
【127】互养菌科 Synergistaceae	1.6553	1	0.15	S1=76.88%				
【128】芽胞杆菌科 Bacillaceae	1.6287	1	0.13	S8=77.23%				
【129】无胆甾原体科 Acholeplasmataceae	1.6161	2	0.16	S1=76.36%	S2=18.59%			
【130】黄杆菌科 Flavobacteriaceae	1.5304	1	0.13	S8=80.47%				
【131】鞘氨醇杆菌科 Sphingobacteriaceae	1.5277	1	0.13	S8=80.53%				
【132】腐螺旋菌科 Saprospiraceae	1.440	1	0.13	S8=83.05%				
【133】γ- 变形菌纲分类地位未定的 1 科 o_Gammaproteobacteria_Incertae_Sedis	1.0872	1	0.14	S7=95.89%				

续表

物种名称	生态位宽度	频数	截断比例	常用资源种类				
【134】嗜热放线菌科 Thermoactinomycetaceae	1.0598	1	0.2	S3=97.12%				
【135】应微所菌科 Iamiaceae	1.0594	1	0.16	S5=97.14%				
【136】δ-变形菌纲的1科 c_Deltaproteobacteria	1.0372	1	0.15	S6=98.19%				
【137】班努斯菌科 Balneolaceae	1.0179	1	0.18	S4=99.12%				
【138】微球菌目的1科 o_Micrococcales	1.0030	1	0.2	S3=99.85%				
【139】拟诺卡氏菌科 Nocardiopsaceae	1.0008	1	0.2	S3=99.96%				
【140】食烷菌科 Alcanivoracaceae	1.0000	1	0.2	S1=100.00%				

利用表5-38的前5个高含量细菌科构建矩阵，以Pianka测度计算生态位重叠，结果见表5-43。结果表明不同菌群间生态位重叠存在显著差异，瘤胃球菌科与毛螺菌科、拟杆菌科、梭菌目科XI、乳杆菌科之间生态位重叠较高，分别为0.9112、0.8688、0.8006、0.9937，表明菌群间生存环境具有较高相似性，表现出协调生长的特性。

表5-43　好氧发酵罐鸡粪处理过程细菌科菌群生态位重叠（Pianka测度）

物种名称	瘤胃球菌科 Ruminococcaceae	毛螺菌科 Lachnospiraceae	拟杆菌科 Bacteroidaceae	梭菌目科XI Family_XI_o_Clostridiales	乳杆菌科 Lactobacillaceae
瘤胃球菌科 Ruminococcaceae	1	0.9112	0.8688	0.8006	0.9937
毛螺菌科 Lachnospiraceae	0.9112	1	0.8736	0.8194	0.8757
拟杆菌科 Bacteroidaceae	0.8688	0.8736	1	0.903	0.8337
梭菌目科XI Family_XI_o_Clostridiales	0.8006	0.8194	0.903	1	0.748
乳杆菌科 Lactobacillaceae	0.9937	0.8757	0.8337	0.748	1

九、菌群亚群落分化

利用表5-38构建数据矩阵，以细菌科为样本，发酵时间为指标，马氏距离为尺度，可变类平均法进行系统聚类分析，结果见表5-44、图5-30。分析结果可将细菌科亚群落分为3组。第1组高含量亚群落，包含13个细菌科，即瘤胃球菌科、毛螺菌科、拟杆菌科、梭菌目科XI、乳杆菌科、肉杆菌科、肠杆菌科、假单胞菌科、芽胞杆菌科、污蝇单胞菌科、伯克氏菌科、劣生单胞菌科、SAR202进化枝的1目的1科；其发酵过程的含量平均值（read）范围为2259.0～731.6，整个发酵过程保持较高含量，在发酵过程起到关键作用。

第2组中含量亚群落，包含41个细菌科，即拟诺卡氏菌科、热粪杆菌科、黄杆菌科、梭菌科1、丹毒丝菌科、双歧杆菌科、候选目SBR1031的1科、科Ⅲ、链球菌科、消化链球菌科、鞘氨醇杆菌科、韦荣氏菌科、腐螺旋菌科、醋酸杆菌科、微丝菌科、莫拉氏菌科、棒杆菌科、根瘤菌科、明串珠菌科、候选科A4b、微球菌目的1科、鞘氨醇单胞菌科、诺卡氏菌科、动球菌科、细菌域分类地位未定的1门未分类的1科、暖绳菌科、候选目Dadabacteriales的1科、黄单胞菌科、理研菌科、红杆菌科、普雷沃氏菌科、梭菌目的1科、拜叶林克氏菌科、γ-变形菌纲分类地位未定的1科、特吕珀菌科、班努斯菌科、变形菌门未分类的1科、δ-变形菌纲的1科、威克斯氏菌科、应微所菌科、气球菌科；其发酵过程的含量平均值（read）范围为142.7～203.0，整个发酵过程保持中等含量，在发酵过程起到协同作用。

第3组低含量亚群落，包含86个细菌科，即肠球菌科、硝化螺旋菌纲的1科、克里斯滕森菌科、贝日阿托氏菌科、土壤杆菌科亚群3、候选纲TK30的1科、亚群9的1纲的1科、基尔菌科、柔膜菌纲RF39群的1目的1科、微杆菌科、候选科EC94、亚群6的1纲的1科、候选科bacteriap25、气单胞菌科、优杆菌科、亚硝化球菌科、斯尼思氏菌科、候选纲TK17的1科、无胆甾原体科、候选目S085的1科、红环菌科、候选纲OLB14的1科、芽单胞菌纲的1科、沃斯氏菌科、葡萄球菌科、氨基酸球菌科、海港杆菌门的1科、坦纳氏菌科、海杆形菌目的1科、候选纲JG30-KF-CM66的1科、螺旋体科、海草球形菌科、糖单胞菌目的1科、鼠杆形菌科、奇异菌科、噬几丁质菌科、α-变形菌纲的1科、假交替单胞菌科、海洋放线菌目的1科、α-变形菌纲的1科、KI89A进化枝的1目的1科、消化球菌科、梭菌目vadinBB60群的1科、候选目C10-SB1A的1科、栖热菌科、候选纲P9X2b3D02的1科、海线菌科、互养菌科、微球菌科、巴恩斯氏菌科、候选目JG30-KF-CM45的1科、蛭弧菌科、红蝽杆菌科、柄杆菌科、候选纲Kazania的1科、放线菌科、海绵共生菌科、糖单胞菌科、候选目JTB23的1科、沉积杆菌科、候选目HOC36的1科、食烷菌科、乳杆菌目的1科、γ-变形菌纲的1科、德沃斯氏菌科、螺杆菌科、候选门AncK6分类地位未定的1科、巴斯德氏菌科、梭杆菌科、微丝菌目的1科、候选目NB1-j的1科、圆杆菌科、亚群11的1纲的1科、候选纲OM190的1科、类芽胞杆菌科、厌氧绳菌科、候选目EPR3968-O8a-Bc78的1科、黄色杆菌科、脱硫弧菌科、疣微菌科、嗜热放线菌科、纤维弧菌目的1科、候选科Brocadiaceae、纤维弧菌科、甲基寡养菌科、NS9海洋菌群的1科，其发酵过程的含量平均值（read）范围为7.3～51.8，整个发酵过程保持含量较低，在发酵过程起到辅助作用。

表5-44　好氧发酵罐鸡粪处理过程细菌科菌群亚群落分化聚类分析

组别	物种名称	未发酵		浅发酵				深发酵	
		XYZ_1	XYZ_2	XYZ_3	XYZ_4	XYZ_5	XYZ_6	XYZ_7	XYZ_8
1	瘤胃球菌科 Ruminococcaceae	5671	5205	7644	7688	7754	8484	4033	259
	毛螺菌科 Lachnospiraceae	4325	4391	4845	4231	4702	5327	8377	137
	拟杆菌科 Bacteroidaceae	6038	4519	2461	2588	2616	2455	2752	51
	梭菌目科XI Family_ XI _o_Clostridiales	2931	6616	3012	1312	2167	1923	2303	14
	乳杆菌科 Lactobacillaceae	1838	1425	2399	2770	3044	2917	1028	101
	肉杆菌科 Carnobacteriaceae	572	1844	1243	1897	2906	428	3260	81
	肠杆菌科 Enterobacteriaceae	990	782	1502	1500	1698	1707	613	52
	假单胞菌科 Pseudomonadaceae	1125	742	1252	1374	1469	1381	506	57
	芽胞杆菌科 Bacillaceae	14	615	188	28	33	39	594	5126
	污蝇单胞菌科 Wohlfahrtiimonadaceae	2118	1969	325	285	507	121	878	0

续表

组别	物种名称	未发酵		浅发酵				深发酵	
		XYZ_1	XYZ_2	XYZ_3	XYZ_4	XYZ_5	XYZ_6	XYZ_7	XYZ_8
1	伯克氏菌科 Burkholderiaceae	278	319	319	263	350	278	97	4293
	劣生单胞菌科 Dysgonomonadaceae	2932	2118	427	179	76	23	12	1
	SAR202 进化枝的 1 目的 1 科 o_SAR202_clade	591	487	922	901	991	967	352	38
第 1 组 13 个样本平均值		2154.6	2259.0	1986.1	1883.6	2119.9	1969.7	1805.4	731.6
2	拟诺卡氏菌科 Nocardiopsaceae	0	0	0	1	1	0	0	5268
	热粪杆菌科 Caldicoprobacteraceae	456	984	366	55	30	752	2051	1
	黄杆菌科 Flavobacteriaceae	96	100	137	127	124	164	56	3313
	梭菌科 1 Clostridiaceae_1	671	1356	517	435	367	237	199	8
	丹毒丝菌科 Erysipelotrichaceae	1162	945	473	279	344	124	181	3
	双歧杆菌科 Bifidobacteriaceae	366	296	518	592	607	706	242	24
	候选目 SBR1031 的 1 科 o_SBR1031	388	287	565	613	662	601	182	23
	科 III Family_III	99	6	194	1681	555	153	437	0
	链球菌科 Streptococcaceae	346	264	411	507	454	574	184	20
	消化链球菌科 Peptostreptococcaceae	537	422	323	357	345	234	335	7
	鞘氨醇杆菌科 Sphingobacteriaceae	70	46	91	72	101	89	29	2060
	韦荣氏菌科 Veillonellaceae	284	193	351	406	413	497	150	14
	腐螺旋菌科 Saprospiraceae	37	32	62	72	67	83	27	1862
	醋酸杆菌科 Acetobacteraceae	218	150	315	307	330	340	104	10
	微丝菌科 Microtrichaceae	175	140	295	315	327	325	93	12
	莫拉氏菌科 Moraxellaceae	233	150	279	278	297	312	108	8
	棒杆菌科 Corynebacteriaceae	360	143	178	416	297	40	83	1
	根瘤菌科 Rhizobiaceae	153	125	241	221	265	250	89	9
	明串珠菌科 Leuconostocaceae	153	144	209	233	247	267	83	11
	候选科 A4b	152	117	215	235	240	280	86	5
	微球菌目的 1 科 o_Micrococcales	0	0	0	1	0	0	1	1323
	鞘氨醇单胞菌科 Sphingomonadaceae	152	94	186	227	210	218	75	143
	诺卡氏菌科 Nocardiaceae	112	115	151	181	171	221	99	176
	动球菌科 Planococcaceae	247	317	89	10	25	412	104	9
	细菌域分类地位未定的 1 门未分类的 1 科 unclassified_k_norank_d_Bacteria	131	85	182	186	211	245	98	8
	暖绳菌科 Caldilineaceae	133	97	169	173	227	202	59	10
	候选目 Dadabacteriales 的 1 科 o_Dadabacteriales	102	69	164	180	198	200	53	8
	黄单胞菌科 Xanthomonadaceae	93	128	159	162	176	166	49	13

续表

组别	物种名称	未发酵		浅发酵				深发酵	
		XYZ_1	XYZ_2	XYZ_3	XYZ_4	XYZ_5	XYZ_6	XYZ_7	XYZ_8
2	理研菌科 Rikenellaceae	577	99	54	54	56	57	40	1
	红杆菌科 Rhodobacteraceae	61	81	66	90	62	56	28	462
	普雷沃氏菌科 Prevotellaceae	84	59	197	120	157	161	68	4
	梭菌目的 1 科 o_Clostridiales	66	123	133	4	121	25	249	0
	拜叶林克氏菌科 Beijerinckiaceae	76	60	103	118	134	145	68	3
	γ- 变形菌纲分类地位未定的 1 科 o_Gammaproteobacteria_Incertae_Sedis	0	3	9	5	3	4	2	606
	特吕珀菌科 Trueperaceae	16	25	17	25	20	29	10	474
	班努斯菌科 Balneolaceae	0	2	1	2	0	0	0	560
	变形菌门未分类的 1 科 unclassified_p_Proteobacteria	28	28	41	51	81	74	43	1
	δ - 变形菌纲的 1 科 c_Deltaproteobacteria	2	1	0	0	1	1	1	325
	威克斯氏菌科 Weeksellaceae	29	34	30	65	64	72	15	19
	应微所菌科 Iamiaceae	3	0	1	4	1	0	0	306
	气球菌科 Aerococcaceae	42	24	11	46	116	7	68	0
第 2 组 41 个样本平均值		192.9	179.1	183.0	217.2	197.7	203.0	142.7	417.3
3	肠球菌科 Enterococcaceae	209	132	225	196	250	168	105	11
	硝化螺旋菌纲的 1 科 c_Nitrospira	128	79	174	160	179	170	59	4
	克里斯滕森菌科 Christensenellaceae	241	123	114	105	113	116	72	4
	贝日阿托氏菌科 Beggiatoaceae	89	63	143	123	166	159	44	4
	土壤杆菌科亚群 3 Solibacteraceae_Subgroup_3	81	65	137	108	148	162	52	5
	候选纲 TK30 的 1 科 c_TK30	69	79	153	125	124	145	46	5
	亚群 9 的 1 纲的 1 科 c_Subgroup_9	89	67	132	126	136	141	44	3
	基尔菌科 Kiloniellaceae	87	64	119	137	125	109	43	3
	柔膜菌纲 RF39 群的 1 目的 1 科 o_Mollicutes_RF39	90	74	106	103	98	136	48	6
	微杆菌科 Microbacteriaceae	96	66	104	117	110	111	28	19
	候选科 EC94	70	42	103	125	118	121	50	3
	亚群 6 的 1 纲的 1 科 c_Subgroup_6	73	47	110	117	118	107	35	3
	候选科 bacteriap25	69	54	96	105	123	114	44	3
	气单胞菌科 Aeromonadaceae	260	119	50	60	48	24	14	5
	优杆菌科 Eubacteriaceae	38	33	38	13	51	60	329	3
	亚硝化球菌科 Nitrosococcaceae	72	40	92	100	100	94	34	4
	斯尼思氏菌科 Sneathiellaceae	54	38	93	94	103	107	33	1
	候选纲 TK17 的 1 科 c_TK17	40	37	97	87	94	107	33	1
	无胆甾原体科 Acholeplasmataceae	378	92	14	8	3	0	0	0

续表

组别	物种名称	未发酵		浅发酵				深发酵	
		XYZ_1	XYZ_2	XYZ_3	XYZ_4	XYZ_5	XYZ_6	XYZ_7	XYZ_8
	候选目 S085 的 1 科 o_S085	63	36	87	80	85	112	26	2
	红环菌科 Rhodocyclaceae	63	37	82	75	97	79	37	8
	候选纲 OLB14 的 1 科 c_OLB14	38	39	80	67	87	72	36	3
	芽单胞菌纲的 1 科 c_Gemmatimonadetes	52	27	73	64	88	73	29	14
	沃斯氏菌科 Woeseiaceae	40	33	74	79	96	63	28	2
	葡萄球菌科 Staphylococcaceae	63	51	61	65	80	48	32	4
	氨基酸球菌科 Acidaminococcaceae	71	29	67	73	66	59	35	2
	海港杆菌门的 1 科 p_Poribacteria	47	29	73	74	68	75	25	4
	坦纳氏菌科 Tannerellaceae	163	60	29	40	34	39	22	1
	海杆形菌目的 1 科 o_Thalassobaculales	34	25	88	69	72	60	18	2
	候选纲 JG30-KF-CM66 的 1 科 c_JG30-KF-CM66	43	29	61	50	76	60	25	0
	螺旋体科 Spirochaetaceae	79	29	50	49	54	64	15	0
	海草球形菌科 Phycisphaeraceae	45	27	50	57	65	61	30	0
	糖单胞菌目的 1 科 o_Saccharimonadales	60	44	47	59	68	36	16	0
	鼠杆形菌科 Muribaculaceae	39	27	48	60	61	59	24	3
	奇异菌科 Atopobiaceae	62	23	38	102	51	2	3	0
3	噬几丁质菌科 Chitinophagaceae	18	17	41	53	40	58	14	35
	α- 变形菌纲的 1 科 c_Alphaproteobacteria	34	28	45	47	49	36	18	3
	假交替单胞菌科 Pseudoalteromonadaceae	31	21	50	49	50	33	15	1
	海洋放线菌目的 1 科 o_Actinomarinales	34	21	42	43	40	43	21	1
	α- 变形菌纲的 1 科 c_Alphaproteobacteria	23	13	36	37	44	50	24	3
	KI89A 进化枝的 1 目的 1 科 o_KI89A_clade	28	19	38	39	48	35	14	1
	消化球菌科 Peptococcaceae	100	16	12	4	29	29	18	0
	梭菌目 vadinBB60 群的 1 科 Clostridiales_vadinBB60	151	28	10	8	4	2	2	0
	候选目 C10-SB1A 的 1 科 o_C10-SB1A	26	13	38	34	44	31	16	2
	栖热菌科 Thermaceae	18	16	39	32	42	31	23	2
	候选纲 P9X2b3D02 的 1 科 c_P9X2b3D02	25	10	37	40	33	42	11	1
	海线菌科 Marinifilaceae	19	16	31	24	28	48	18	2
	互养菌科 Synergistaceae	143	10	14	11	5	3	0	0
	微球菌科 Micrococcaceae	13	13	37	30	32	23	15	22
	巴恩斯氏菌科 Barnesiellaceae	46	19	28	25	20	26	21	0
	候选目 JG30-KF-CM45 的 1 科 JG30-KF-CM45	19	12	28	33	28	37	16	6
	蛭弧菌科 Bdellovibrionaceae	18	15	31	34	32	25	15	1
	红蝽杆菌科 Coriobacteriaceae	33	10	35	69	17	2	2	0

续表

组别	物种名称	未发酵		浅发酵				深发酵	
		XYZ_1	XYZ_2	XYZ_3	XYZ_4	XYZ_5	XYZ_6	XYZ_7	XYZ_8
3	柄杆菌科 Caulobacteraceae	19	27	36	39	16	20	6	0
	候选纲 Kazania 的 1 科 c_Kazania	22	16	27	31	32	19	14	0
	放线菌科 Actinomycetaceae	48	14	18	22	38	13	6	0
	海绵共生菌科 Entotheonellaceae	18	12	29	34	31	25	6	3
	糖单胞菌科 Saccharimonadaceae	29	14	24	24	21	30	8	2
	候选目 JTB23 的 1 科 o_JTB23	19	10	31	29	27	29	6	0
	沉积杆菌科 Ilumatobacteraceae	17	8	27	23	38	29	7	2
	候选目 HOC36 的 1 科 o_HOC36	16	8	24	32	29	28	12	1
	食烷菌科 Alcanivoracaceae	0	0	0	0	0	0	0	148
	乳杆菌目的 1 科 o_Lactobacillales	5	21	24	35	30	6	23	1
	γ- 变形菌纲的 1 科 c_Gammaproteobacteria	9	14	22	16	28	23	8	25
	德沃斯氏菌科 Devosiaceae	11	21	28	20	22	30	5	6
	螺杆菌科 Helicobacteraceae	27	12	21	29	24	20	8	0
	候选门 AncK6 分类地位未定的 1 科 norank_p_AncK6	17	10	18	23	37	20	13	1
	巴斯德氏菌科 Pasteurellaceae	14	12	14	24	27	29	18	0
	梭杆菌科 Fusobacteriaceae	11	14	21	26	36	19	8	1
	微丝菌目的 1 科 o_Microtrichales	16	10	20	21	28	22	16	2
	候选目 NB1-j 的 1 科 o_NB1-j	18	13	32	15	23	19	13	1
	圆杆菌科 Cyclobacteriaceae	12	13	21	16	30	25	9	0
	亚群 11 的 1 纲的 1 科 c_Subgroup_11	7	9	21	31	19	23	11	2
	候选纲 OM190 的 1 科 c_OM190	15	11	21	15	31	20	6	2
	类芽胞杆菌科 Paenibacillaceae	10	10	11	12	19	14	3	42
	厌氧绳菌科 Anaerolineaceae	13	14	18	17	20	26	6	1
	候选目 EPR3968-O8a-Bc78 的 1 科 o_EPR3968-O8a-Bc78	14	8	11	21	32	15	9	2
	黄色杆菌科 Xanthobacteraceae	12	12	20	12	21	25	8	1
	脱硫弧菌科 Desulfovibrionaceae	23	19	22	12	16	10	6	0
	疣微菌科 Verrucomicrobiaceae	12	11	23	15	21	12	13	1
	嗜热放线菌科 Thermoactinomycetaceae	0	0	0	0	2	1	0	101
	纤维弧菌目的 1 科 o_Cellvibrionales	15	4	12	27	20	24	1	1
	候选科 Brocadiaceae	9	9	13	21	23	23	4	0
	纤维弧菌科 Cellvibrionaceae	3	3	3	4	10	3	6	69
	甲基寡养菌科 Methyloligellaceae	11	9	14	20	15	25	6	0
	NS9 海洋菌群的 1 科 NS9_marine_group	6	12	17	14	18	21	11	1
第 3 组 86 个样本平均值		51.8	29.5	50.5	50.7	54.9	50.2	23.9	7.3

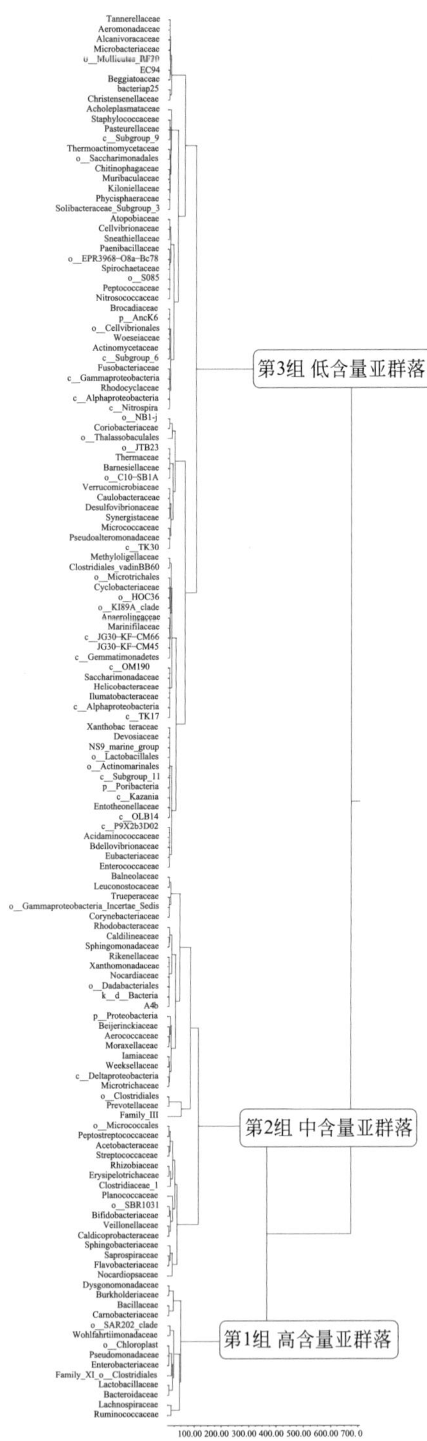

图 5-30 好氧发酵罐鸡粪处理过程细菌科菌群亚群落分化聚类分析

第八节 鸡粪好氧发酵罐处理细菌属水平微生物组变化

一、菌群组成

好氧发酵罐处理鸡粪，未发酵组是将鸡粪与垫料等量混合装入发酵罐，浅发酵组是在发酵罐中发酵 10h，深发酵组是在发酵罐发酵 10h 后，再陈化堆放 20d。鸡粪发酵过程共检测到 821 个细菌属，含量总和> 0.5% 的有 87 个属，列于表 5-45。发酵过程总体含量最高的前 5 个细菌属为拟杆菌属（22.63%）、粪杆菌属（17.32%）、毛螺菌科的 1 属（13.18%）、乳杆菌属（12.10%）、瘤胃球菌科 UCG-014 群的 1 属（12.04%）。

表 5-45　好氧发酵罐鸡粪处理过程细菌属菌群组成

物种名称	细菌属含量 /%			总和 /%
	未发酵	浅发酵	深发酵	
【1】拟杆菌属 *Bacteroides*	12.34	6.10	4.20	22.63
【2】粪杆菌属 *Faecalibacterium*	5.42	9.28	2.62	17.32
【3】毛螺菌科的 1 属 f_Lachnospiraceae	3.68	1.10	8.41	13.18
【4】乳杆菌属 *Lactobacillus*	3.77	6.63	1.70	12.10
【5】瘤胃球菌科 UCG-014 群的 1 属 *Ruminococcaceae*_UCG-014	3.90	6.17	1.98	12.04
【6】奇异杆菌属 *Atopostipes*	2.70	3.69	4.93	11.31
【7】拟诺卡氏菌属 *Nocardiopsis*	0.00	0.00	9.34	9.34
【8】极小单胞菌属 *Pusillimonas*	0.13	0.03	7.21	7.37
【9】伊格纳茨席纳菌属 *Ignatzschineria*	4.79	0.74	1.31	6.84
【10】暖微菌属 *Tepidimicrobium*	3.63	1.56	1.28	6.47
【11】假单胞菌属 *Pseudomonas*	2.18	3.30	0.86	6.33
【12】罗氏菌属 *Roseburia*	1.69	2.96	1.00	5.65
【13】热粪杆菌属 *Caldicoprobacter*	1.70	0.73	3.06	5.49
【14】芽胞杆菌科的 1 属 f_Bacillaceae	0.38	0.09	5.00	5.47
【15】石纯杆菌属 *Ulvibacter*	0.05	0.01	5.28	5.34
【16】嗜蛋白菌属 *Proteiniphilum*	4.67	0.31	0.01	4.99
【17】有益杆菌属 *Agathobacter*	1.41	2.31	0.92	4.64
【18】蒂西耶氏菌属 *Tissierella*	2.30	1.30	0.94	4.54
【19】SAR202 进化枝的 1 目的 1 属 o_SAR202_clade	1.26	2.28	0.59	4.13
【20】鞘氨醇杆菌科的 1 属 f_Sphingobacteriaceae	0.00	0.00	3.63	3.64

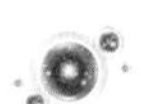

续表

物种名称	细菌属含量 /%			总和 /%
	未发酵	浅发酵	深发酵	
【21】芽胞杆菌科的 1 属 f_Bacillaceae	0.00	0.00	3.39	3.40
【22】居膜菌属 *Membranicola*	0.00	0.00	3.30	3.30
【23】梭菌目科XI的 1 属 f_Family_ XI _o_Clostridiales	2.38	0.29	0.38	3.05
【24】丹毒丝菌属 *Erysipelothrix*	2.05	0.43	0.19	2.67
【25】双歧杆菌属 *Bifidobacterium*	0.77	1.46	0.40	2.62
【26】梭菌科 1 的 1 属 f_Clostridiaceae_1	1.84	0.53	0.20	2.57
【27】候选目 SBR1031 的 1 属 o_SBR1031	0.79	1.47	0.31	2.57
【28】肠杆菌属 *Enterobacter*	0.74	1.34	0.35	2.43
【29】微球菌目的 1 属 o_Micrococcales	0.00	0.00	2.35	2.35
【30】中温厌氧杆菌属 *Tepidanaerobacter*	0.12	1.56	0.65	2.34
【31】龙包茨氏菌属 *Romboutsia*	0.89	0.64	0.45	1.98
【32】变形杆菌属 *Proteus*	0.53	1.01	0.27	1.81
【33】布劳特氏菌属 *Blautia*	0.59	0.88	0.31	1.78
【34】毛螺菌科 NK4A136 群的 1 属 Lachnospiraceae_NK4A136_group	0.54	0.90	0.30	1.74
【35】瘤胃球菌科的 1 属 f_Ruminococcaceae	0.77	0.25	0.71	1.73
【36】科XI的 1 属 f_Family_ XI	1.27	0.21	0.17	1.65
【37】戴阿利斯特杆菌属 *Dialister*	0.50	0.91	0.23	1.63
【38】乳球菌属 *Lactococcus*	0.52	0.86	0.21	1.59
【39】毛螺菌科的 1 属 f_Lachnospiraceae	0.45	0.30	0.70	1.45
【40】泛菌属 *Pantoea*	0.41	0.79	0.19	1.40
【41】居鸡菌属 *Gallicola*	0.37	0.48	0.48	1.34
【42】嗜胨菌属 *Peptoniphilus*	0.64	0.65	0.01	1.30
【43】隐秘小球菌属 *Subdoligranulum*	0.39	0.59	0.30	1.28
【44】醋杆菌属 *Acetobacter*	0.38	0.70	0.15	1.23
【45】棒杆菌属 1 *Corynebacterium_1*	0.55	0.54	0.12	1.21
【46】挑剔优杆菌群的 1 属 *[Eubacterium]_eligens*_group	0.35	0.62	0.20	1.18
【47】不动杆菌属 *Acinetobacter*	0.34	0.67	0.16	1.17
【48】红球菌属 *Rhodococcus*	0.27	0.44	0.46	1.16
【49】产粪甾醇优杆菌群的 1 属 *[Eubacterium]_coprostanoligenes*_group	0.33	0.62	0.19	1.14
【50】Sva0996 海洋菌群的 1 属 Sva0996_marine_group	0.32	0.64	0.13	1.08
【51】向文洲菌属 *Wenzhouxiangella*	0.00	0.00	1.07	1.07
【52】动球菌科的 1 属 f_Planococcaceae	0.64	0.26	0.13	1.02
【53】肠球菌属 *Enterococcus*	0.36	0.48	0.16	1.00
【54】班努斯菌科的 1 属 f_Balneolaceae	0.00	0.00	0.98	0.98

续表

物种名称	细菌属含量 /%			总和 /%
	未发酵	浅发酵	深发酵	
【55】候选科 A4b 的 1 属 f_A4b	0.30	0.54	0.13	0.97
【56】特吕珀菌属 *Truepera*	0.05	0.05	0.86	0.96
【57】细菌域分类地位未定的 1 门未分类的 1 属 unclassified_k_norank_d_Bacteria	0.25	0.50	0.16	0.91
【58】发酵单胞菌属 *Fermentimonas*	0.80	0.08	0.01	0.89
【59】魏斯氏菌属 *Weissella*	0.29	0.45	0.12	0.86
【60】红杆菌科的 1 属 f_Rhodobacteraceae	0.01	0.02	0.81	0.84
【61】暖绳菌科的 1 属 f_Caldilineaceae	0.27	0.46	0.11	0.84
【62】丁酸球菌属 *Butyricicoccus*	0.24	0.44	0.12	0.80
【63】瘤胃球菌属 *Ruminococcus_2*	0.26	0.38	0.15	0.79
【64】克里斯滕森菌科 R-7 菌群的 1 属 Christensenellaceae_R-7_group	0.41	0.26	0.11	0.79
【65】假纤细芽胞杆菌属 *Pseudogracilibacillus*	0.00	0.00	0.76	0.76
【66】梭菌目的 1 属 o_Clostridiales	0.22	0.17	0.37	0.76
【67】硝化螺旋菌属 *Nitrospira*	0.24	0.41	0.10	0.75
【68】候选目 Dadabacteriales 的 1 属 o_Dadabacteriales	0.20	0.45	0.09	0.74
【69】鞘氨醇单胞菌属 *Sphingomonas*	0.21	0.37	0.11	0.69
【70】加西亚氏菌属 *Garciella*	0.06	0.08	0.49	0.62
【71】粪球菌属 2 *Coprococcus_2*	0.17	0.31	0.13	0.62
【72】黄杆菌科的 1 属 f_Flavobacteriaceae	0.02	0.03	0.57	0.62
【73】理研菌科肠道菌群 RC9 的 1 属 Rikenellaceae_RC9_gut_group	0.59	0.02	0.00	0.61
【74】链球菌属 *Streptococcus*	0.19	0.32	0.10	0.61
【75】贝日阿托氏菌属 *Beggiatoa*	0.18	0.36	0.07	0.61
【76】瘤胃球菌属 1 *Ruminococcus_1*	0.18	0.30	0.12	0.60
【77】多雷氏菌属 *Dorea*	0.19	0.31	0.09	0.60
【78】δ- 变形菌纲的 1 属 c_Deltaproteobacteria	0.00	0.00	0.58	0.58
【79】候选纲 TK30 的 1 属 c_TK30	0.17	0.33	0.08	0.58
【80】亚群 9 的 1 纲的 1 属 c_Subgroup_9	0.18	0.32	0.07	0.58
【81】无胆甾原体属 *Acholeplasma*	0.55	0.02	0.00	0.56
【82】寡养单胞菌属 *Stenotrophomonas*	0.16	0.32	0.07	0.56
【83】应微所菌属 *Iamia*	0.00	0.00	0.54	0.55
【84】柔膜菌纲 RF39 群的 1 目的 1 属 o_Mollicutes_RF39	0.19	0.27	0.08	0.54
【85】候选属 PAUC26f	0.16	0.30	0.08	0.53
【86】甲基杆菌属 *Methylobacterium*	0.15	0.28	0.10	0.53
【87】狭义梭菌属 1 *Clostridium_sensu_stricto_1*	0.16	0.28	0.07	0.52

二、优势菌群

从菌群结构看（图 5-31），未发酵组细菌属组成一类，前 5 个高含量细菌属优势菌群为拟杆菌属（12.34%）、粪杆菌属（5.42%）、伊格纳茨席纳菌属（4.79%）、嗜蛋白菌属（4.67%）、瘤胃球菌科 UCG-014 群的 1 属（3.90%）；浅发酵组细菌属组成一类，前 5 个高含量细菌属优势菌群为粪杆菌属（9.28%）、乳杆菌属（6.63%）、瘤胃球菌科 UCG-014 群的 1 属（6.17%）、拟杆菌属（6.10%）、奇异杆菌属（3.69%）；深发酵组细菌属组成一类，前 5 个高含量细菌属优势菌群为拟诺卡氏菌属（9.34%）、毛螺菌科的 1 属（8.41%）、极小单胞菌属（7.21%）、石纯杆菌属（5.28%）、芽胞杆菌科的 1 属（5.00 %）。不同发酵阶段优势菌群差异显著。

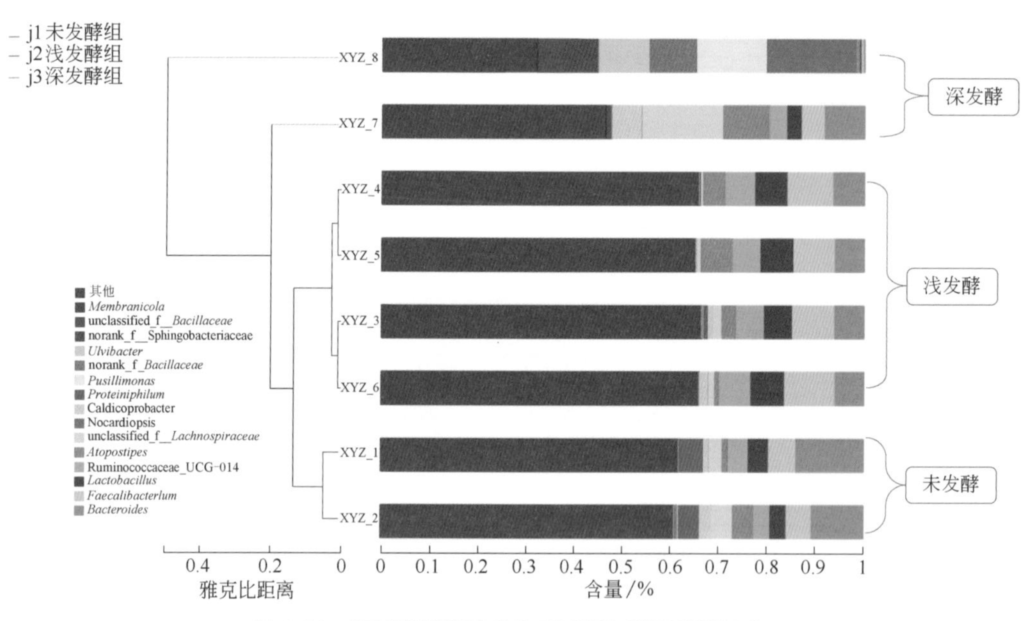

图 5-31　好氧发酵罐鸡粪处理过程细菌属菌群结构

三、菌群种类

从菌群种类看（图 5-32），未发酵组细菌属有 701 个，浅发酵组细菌属有 782 个，深发酵组细菌属有 589 个，三个处理共有细菌属 522 个；未发酵组具有 10 个独有细菌属，浅发酵组有 61 个独有细菌属，深发酵组有 21 个独有细菌属；研究结果表明，随着发酵进程分化出较多的独有细菌属，浅发酵阶段独有细菌属远远多于未发酵和深发酵阶段。

四、菌群差异

从菌群差异性看（图 5-33），前 14 个高含量细菌属菌群中，有 3 个属发酵过程存在含量差异，即粪杆菌属、乳杆菌属、假单胞菌属；其余 11 个属，发酵过程含量差异不显著，即拟杆菌属、毛螺菌科的 1 属、瘤胃球菌科 UCG-014 群的 1 属、奇异杆菌属、拟诺卡氏菌属、极小单胞菌属、伊格纳茨席纳菌属、暖微菌属、罗氏菌属、热粪杆菌属、芽胞杆菌科的 1 属。

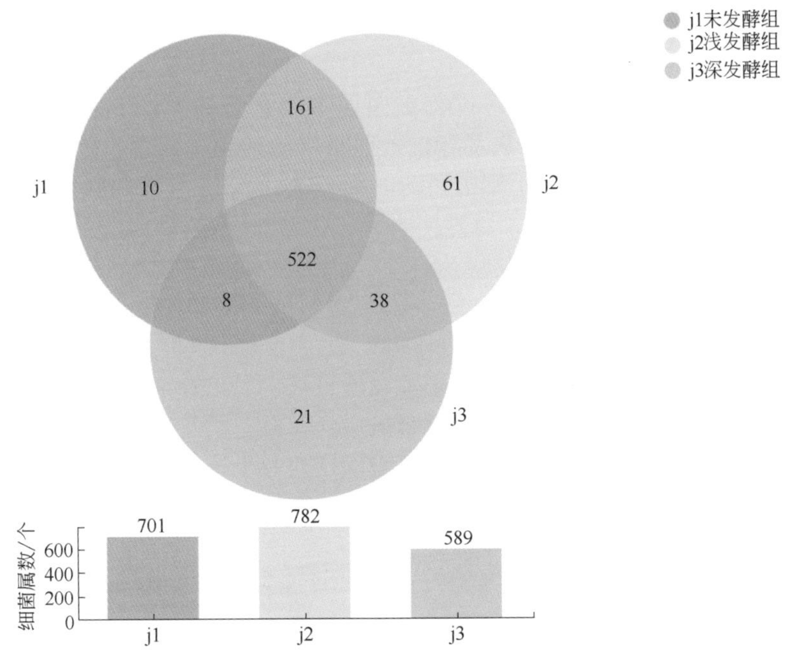

图 5-32　好氧发酵罐鸡粪处理过程细菌属共有菌群和独有菌群

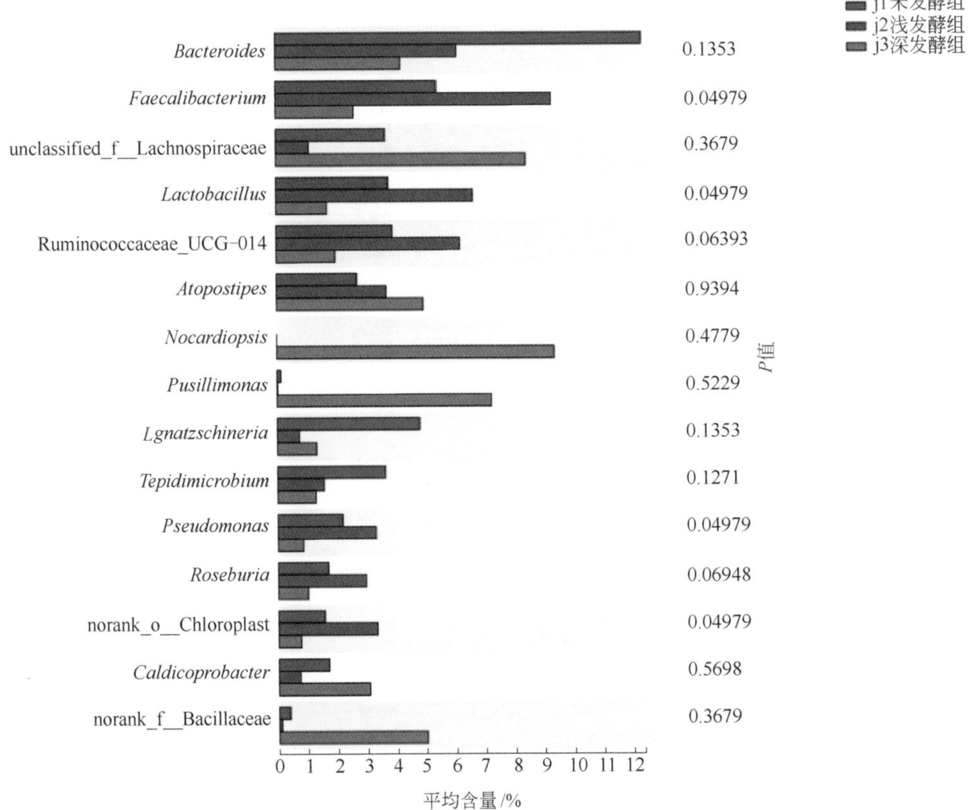

图 5-33　好氧发酵罐鸡粪处理过程细菌属优势菌群差异性比较

五、菌群进化

从菌群进化看，鸡粪发酵罐处理过程细菌属系统进化树见图 5-34。发酵过程含量总和超过 5.0% 有 15 个细菌属，在好氧发酵罐处理系统中起到优势菌群的作用，即拟杆菌属（22.63%）、粪杆菌属（17.32%）、毛螺菌科的 1 属（13.18%）、乳杆菌属（12.10%）、瘤胃球菌科 UCG-014 群的 1 属（12.04%）、奇异杆菌属（11.31%）、拟诺卡氏菌属（9.34%）、极小单胞菌属（7.37%）、伊格纳茨席纳菌属（6.84%）、暖微菌属（6.47%）、假单胞菌属（6.33%）、罗氏菌属（5.65%）、热粪杆菌属（5.49%）、芽胞杆菌科的 1 属（5.47%）、石纯杆菌属（5.34%）（表 5-45）。优势菌群在不同发酵阶段表现不同：有的属于随发酵过程含量下降，如拟杆菌属含量未发酵＞浅发酵＞深发酵；有的属于随发酵过程含量上升，如奇异杆菌属含量未发酵＜浅发酵＜深发酵；有的属于未发酵和深发酵阶段含量低，浅发酵阶段含量高，如粪杆菌属含量未发酵＜浅发酵，深发酵＜浅发酵。发酵阶段作为微生物培养营养和环境条件的综合指标，影响着微生物组的发生、发展和进化。

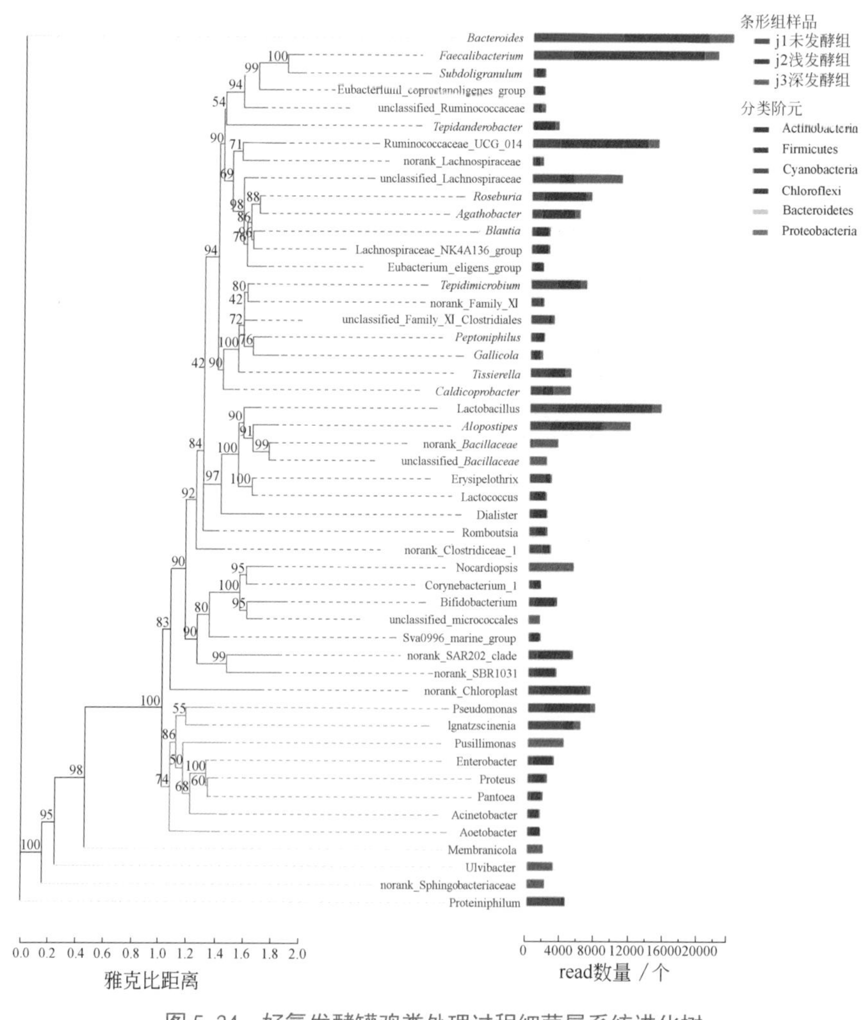

图 5-34　好氧发酵罐鸡粪处理过程细菌属系统进化树

六、菌群动态

从菌群动态看，发酵初期鸡粪＋垫料装入发酵罐开始发酵，经过 10h 发酵，取出陈化 20d，细菌属 5 个优势菌群动态变化见图 5-35。拟杆菌属在未发酵阶段含量最高，随着发酵进程浅发酵阶段含量下降，维持稳定，小幅波动变化，进入深发酵后，含量迅速下降，到 20d 陈化后，含量急剧下降到谷底，其含量（read）从进入深发酵初期的 2752 下降到 20d 陈化后的 51。其余 4 个细菌属，即粪杆菌属、乳杆菌属、瘤胃球菌科 UCG-014 群的 1 属、奇异杆菌属总体含量低于拟杆菌属，从原料到发酵过程含量波动变化，进入深发酵（陈化）后，含量继续下降到谷底（图 5-35）。

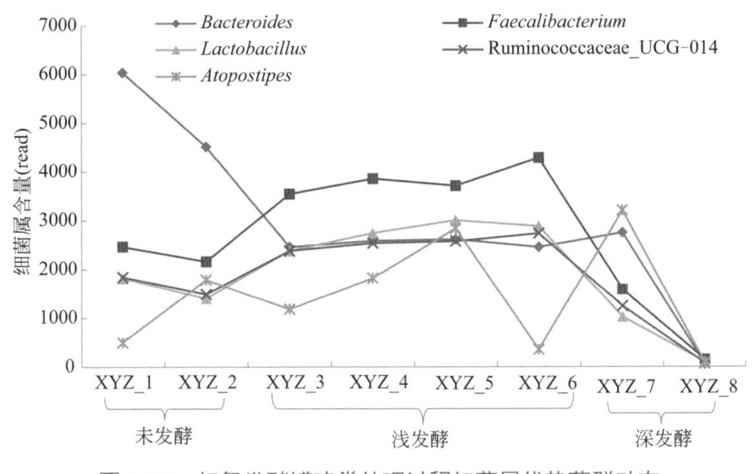

图 5-35　好氧发酵罐鸡粪处理过程细菌属优势菌群动态

七、菌群多样性指数

利用好氧发酵罐鸡粪处理过程细菌属（OTU）总含量（read）＞ 100 的 228 属组成数据矩阵（表 5-45），以细菌属为样本，发酵进程为指标，计算各细菌属在发酵过程的物种多样性指数，分析结果见表 5-46。鸡粪处理过程 8 次采样，共检测到 821 个细菌属。其中细菌属含量总和超过万级的有 6 个细菌属，即拟杆菌属、粪杆菌属、乳杆菌属、瘤胃球菌科 UCG-014 群的 1 属、奇异杆菌属、毛螺菌科的 1 属，为发酵过程主导菌群；总和超过千级的有 51 个细菌属，即假单胞菌属、罗氏菌属、暖微菌属、伊格纳茨席纳菌属、有益杆菌属、拟诺卡氏菌属、SAR202 进化枝的 1 目的 1 属、蒂西耶氏菌属、热粪杆菌属、嗜蛋白菌属、极小单胞菌属、双歧杆菌属、候选目 SBR1031 的 1 属、芽胞杆菌科的 1 属、中温厌氧杆菌属、肠杆菌属、石纯杆菌属、梭菌目科Ⅺ的 1 属、丹毒丝菌属、梭菌科 1 的 1 属、变形杆菌属、布劳特氏菌属、毛螺菌科 NK4A136 群的 1 属、龙包茨氏菌属、戴阿利斯特杆菌属、鞘氨醇杆菌科的 1 属、乳球菌属、芽胞杆菌科的 1 属、居膜菌属、泛菌属、嗜胨菌属、醋杆菌属、科Ⅺ的 1 属、瘤胃球菌科的 1 属、隐秘小球菌属、不动杆菌属、挑剔优杆菌群的 1 属、棒杆菌属 1、居鸡菌属、产粪甾醇优杆菌群的 1 属、Sva0996 海洋菌群的 1 属、毛螺菌科的 1 属、微球菌目的 1 属、候选科 A4b 的 1 属、红球菌属、肠球菌属、细菌域分类地位未定的 1 门未分类的 1 属、魏斯氏菌属、暖绳菌科的 1 属、动球菌科的 1 属、丁酸球菌属，为发酵过程重要菌群；总和超过百级的有 170 个细菌属，为发酵过程辅助菌群。

表 5-46　好氧发酵罐鸡粪处理过程细菌属组成数据矩阵

细菌属	好氧发酵罐鸡粪处理过程细菌属相对含量（read）								总和（read）
	未发酵		浅发酵				深发酵		
	XYZ_1	XYZ_2	XYZ_3	XYZ_4	XYZ_5	XYZ_6	XYZ_7	XYZ_8	
【1】拟杆菌属 *Bacteroides*	6038	4519	2461	2588	2616	2455	2752	51	23480
【2】粪杆菌属 *Faecalibacterium*	2467	2160	3544	3858	3711	4284	1584	146	21754
【3】乳杆菌属 *Lactobacillus*	1819	1408	2381	2745	3005	2883	1023	99	15363
【4】瘤胃球菌科 UCG-014 群的 1 属 *Ruminococcaceae*_UCG-014	1842	1493	2382	2539	2577	2736	1243	68	14880
【5】奇异杆菌属 *Atopostipes*	499	1787	1181	1821	2838	353	3207	79	11765
【6】毛螺菌科的 1 属 f_Lachnospiraceae	1214	1913	786	135	352	546	5631	2	10579
【7】假单胞菌属 *Pseudomonas*	1125	742	1252	1374	1469	1381	506	57	7906
【8】罗氏菌属 *Roseburia*	760	682	1128	1194	1248	1344	627	38	7021
【9】暖微菌属 *Tepidimicrobium*	1631	1469	1232	75	474	796	856	3	6536
【10】伊格纳茨席纳菌属 *Ignatzschineria*	2118	1969	325	285	507	121	878	0	6203
【11】有益杆菌属 *Agathobacter*	665	543	918	911	1005	999	576	32	5649
【12】拟诺卡氏菌属 *Nocardiopsis*	0	0	0	1	1	0	0	5268	5270
【13】SAR202 进化枝的 1 目的 1 属 o_SAR202_clade	591	487	922	901	991	967	352	38	5249
【14】蒂西耶氏菌属 *Tissierella*	225	1719	480	321	615	749	624	3	4736
【15】热粪杆菌属 *Caldicoprobacter*	456	984	366	55	30	752	2051	1	4695
【16】嗜蛋白菌属 *Proteiniphilum*	2181	1807	342	124	36	10	5	0	4505
【17】极小单胞菌属 *Pusillimonas*	33	78	42	4	1	0	0	4070	4228
【18】双歧杆菌属 *Bifidobacterium*	363	294	515	591	607	704	237	24	3335
【19】候选目 SBR1031 的 1 属 o_SBR1031	388	287	565	613	662	601	182	23	3321
【20】芽胞杆菌科的 1 属 f_Bacillaceae	1	318	134	1	1	15	36	2789	3295
【21】中温厌氧杆菌属 *Tepidanaerobacter*	99	6	194	1681	555	153	437	0	3125
【22】肠杆菌属 *Enterobacter*	356	279	521	509	614	584	213	18	3094
【23】石纯杆菌属 *Ulvibacter*	17	28	14	3	2	0	3	2974	3041
【24】梭菌目科Ⅺ的 1 属 f_Family_ Ⅺ _o_Clostridiales	53	1950	339	35	56	49	251	5	2738
【25】丹毒丝菌属 *Erysipelothrix*	1000	751	327	139	219	28	129	0	2593
【26】梭菌科 1 的 1 属 f_Clostridiaceae_1	372	1187	344	261	202	74	135	0	2575
【27】变形杆菌属 *Proteus*	258	197	400	385	449	442	158	17	2306
【28】布劳特氏菌属 *Blautia*	280	222	360	339	359	398	195	11	2164

续表

细菌属	好氧发酵罐鸡粪处理过程细菌属相对含量（read）								总和（read）
	未发酵		浅发酵				深发酵		
	XYZ_1	XYZ_2	XYZ_3	XYZ_4	XYZ_5	XYZ_6	XYZ_7	XYZ_8	
【29】毛螺菌科 NK4A136 群的 1 属 Lachnospiraceae_NK4A136	232	229	356	364	375	402	182	15	2155
【30】龙包茨氏菌属 *Romboutsia*	395	368	278	293	291	194	296	6	2121
【31】戴阿利斯特杆菌属 *Dialister*	255	169	320	372	378	445	138	12	2089
【32】鞘氨醇杆菌科的 1 属 f_Sphingobacteriaceae	2	1	2	0	0	2	0	2048	2055
【33】乳球菌属 *Lactococcus*	257	189	295	373	324	427	126	12	2003
【34】芽胞杆菌科的 1 属 f_Bacillaceae	0	0	0	0	0	4	418	1563	1985
【35】居膜菌属 *Membranicola*	0	0	0	0	0	0	0	1861	1861
【36】泛菌属 *Pantoea*	182	172	305	298	317	388	123	6	1791
【37】嗜胨菌属 *Peptoniphilus*	147	396	465	343	161	103	4	0	1619
【38】醋杆菌属 *Acetobacter*	195	132	284	272	295	303	91	10	1582
【39】科Ⅺ的 1 属 f_Family_ Ⅺ	406	671	278	1	12	53	113	0	1534
【40】瘤胃球菌科的 1 属 f_Ruminococcaceae	147	505	276	20	26	79	477	0	1530
【41】隐秘小球菌属 *Subdoligranulum*	202	132	236	205	272	272	193	5	1517
【42】不动杆菌属 *Acinetobacter*	167	120	263	262	282	305	102	6	1507
【43】挑剔优杆菌群的 1 属 *[Eubacterium]_eligens*_group	162	140	238	264	236	297	123	9	1469
【44】棒杆菌属 1 *Corynebacterium_1*	344	132	170	402	287	37	80	1	1453
【45】居鸡菌属 *Gallicola*	101	212	131	280	306	92	324	0	1446
【46】产粪甾醇优杆菌群的 1 属 *[Eubacterium]_coprostanoligenes* _group	157	128	249	261	246	268	111	11	1431
【47】Sva0996 海洋菌群的 1 属 Sva0996_marine_group	150	120	251	252	272	280	72	10	1407
【48】毛螺菌科的 1 属 f_Lachnospiraceae	312	77	83	77	93	245	468	2	1357
【49】微球菌目的 1 属 o_Micrococcales	0	0	0	1	0	0	1	1323	1325
【50】候选科 A4b 的 1 属 f_A4b	141	115	195	218	220	258	81	5	1233
【51】红球菌属 *Rhodococcus*	112	115	151	181	171	221	99	176	1226
【52】肠球菌属 *Enterococcus*	192	116	212	189	232	161	97	11	1210
【53】细菌域分类地位未定的1门未分类的1属 unclassified_k_norank _d_Bacteria	131	85	182	186	211	245	98	8	1146
【54】魏斯氏菌属 *Weissella*	124	121	159	190	201	204	71	6	1076
【55】暖绳菌科的 1 属 f_Caldilineaceae	133	97	169	173	227	202	59	10	1070
【56】动球菌科的 1 属 f_Planococcaceae	232	311	80	5	18	317	87	0	1050

续表

细菌属	好氧发酵罐鸡粪处理过程细菌属相对含量（read）								总和（read）
	未发酵		浅发酵				深发酵		
	XYZ_1	XYZ_2	XYZ_3	XYZ_4	XYZ_5	XYZ_6	XYZ_7	XYZ_8	
【57】丁酸球菌属 *Butyricicoccus*	111	95	187	170	202	174	70	8	1017
【58】候选目 Dadabacteriales 的 1 属 o_Dadabacteriales	102	69	164	180	198	200	53	8	974
【59】瘤胃球菌属 *Ruminococcus_2*	114	110	142	150	174	167	100	1	958
【60】硝化螺旋菌属 *Nitrospira*	128	79	174	160	179	170	59	4	953
【61】鞘氨醇单胞菌属 *Sphingomonas*	113	66	140	153	156	169	64	9	870
【62】克里斯滕森菌科 R-7 菌群的 1 属 Christensenellaceae_R-7_group	240	114	110	103	110	114	71	4	866
【63】发酵单胞菌属 *Fermentimonas*	453	236	65	40	24	0	5	0	823
【64】贝日阿托氏菌属 *Beggiatoa*	89	63	143	123	166	159	44	4	791
【65】链球菌属 *Streptococcus*	89	75	116	134	130	147	58	8	757
【66】粪球菌属 2 *Coprococcus_2*	84	63	121	123	139	138	83	4	755
【67】候选纲 TK30 的 1 属 c_TK30	69	79	153	125	124	145	46	5	746
【68】多雷氏菌属 *Dorea*	91	74	114	128	130	142	56	6	741
【69】亚群 9 的 1 纲的 1 属 c_Subgroup_9	89	67	132	126	136	141	44	3	738
【70】瘤胃球菌属 1 *Ruminococcus_1*	75	75	128	109	130	136	76	6	735
【71】梭菌目的 1 属 o_Clostridiales	66	123	133	4	121	25	249	0	721
【72】寡养单胞菌属 *Stenotrophomonas*	71	67	131	111	141	152	36	10	719
【73】候选属 PAUC26f	74	61	124	96	134	139	47	5	680
【74】柔膜菌纲 RF39 群的 1 目的 1 属 o_Mollicutes_RF39	90	74	106	103	98	136	48	6	661
【75】狭义梭菌属 1 *Clostridium_sensu_stricto_1*	83	57	120	130	102	117	44	2	655
【76】甲基杆菌属 *Methylobacterium*	69	57	97	108	121	136	64	3	655
【77】候选科 EC94 的 1 属 f_EC94	70	42	103	125	118	121	50	3	632
【78】特吕珀菌属 *Truepera*	16	25	17	25	20	29	10	474	616
【79】亚群 6 的 1 纲的 1 属 c_Subgroup_6	73	47	110	117	118	107	35	3	610
【80】候选科 bacteriap25 的 1 属 f_bacteriap25	69	54	96	105	123	114	44	3	608
【81】向文洲菌属 *Wenzhouxiangella*	0	0	0	0	0	0	0	605	605
【82】毛螺菌科 UCG-004 群的 1 属 Lachnospiraceae_UCG-004	59	58	102	89	98	121	55	1	583
【83】创伤球菌属 *Helcococcus*	17	89	28	165	233	41	4	0	577
【84】班努斯菌科的 1 属 f_Balneolaceae	0	1	0	0	0	0	0	552	553

续表

细菌属	好氧发酵罐鸡粪处理过程细菌属相对含量（read）								总和（read）
	未发酵		浅发酵				深发酵		
	XYZ_1	XYZ_2	XYZ_3	XYZ_4	XYZ_5	XYZ_6	XYZ_7	XYZ_8	
【85】理研菌科肠道菌群 RC9 的 1 属 Rikenellaceae_RC9_gut	448	64	15	7	6	3	0	1	544
【86】厌氧棒杆菌属 *Anaerostipes*	54	36	99	86	91	121	52	3	542
【87】根瘤菌属 *Rhizobium*	52	52	95	86	106	109	30	3	533
【88】瘤胃球菌科 UCG-013 群的 1 属 Ruminococcaceae_UCG-013	54	55	84	96	105	92	37	7	530
【89】毛梭菌属 *Lachnoclostridium*	57	66	93	76	85	90	45	1	513
【90】粪球菌属 3 *Coprococcus*_3	46	54	88	87	109	98	29	2	513
【91】候选属 AT-s3-44	53	36	91	93	101	104	32	1	511
【92】加西亚氏菌属 *Garciella*	25	24	30	4	43	55	323	3	507
【93】候选纲 TK17 的 1 属 c_TK17	40	37	97	87	94	107	33	1	496
【94】无胆甾原体属 *Acholeplasma*	378	92	14	8	3	0	0	0	495
【95】红杆菌科的 1 属 f_Rhodobacteraceae	3	7	4	6	7	10	1	456	494
【96】基尔菌科的 1 属 f_Kiloniellaceae	55	50	88	98	91	77	31	2	492
【97】候选目 S085 的 1 属 o_S085	63	36	87	80	85	112	26	2	491
【98】微杆菌属 *Microbacterium*	70	49	82	93	79	95	20	2	490
【99】候选属 W5053	81	41	11	48	189	30	88	0	488
【100】埃希氏菌 - 志贺氏菌属 *Escherichia-Shigella*	59	46	63	101	94	91	30	3	487
【101】香味菌属 *Myroides*	51	45	74	83	81	107	33	5	479
【102】沙雷氏菌属 *Serratia*	59	31	95	75	78	74	37	5	454
【103】瘤胃球菌科 UCG-005 群的 1 属 Ruminococcaceae_UCG-005	112	65	76	52	61	55	26	4	451
【104】苏黎世杆菌属 *Turicibacter*	71	105	71	66	65	37	28	2	445
【105】海洋球形菌属 *Oceanisphaera*	242	103	26	40	21	1	4	5	442
【106】劣生单胞菌属 *Dysgonomonas*	295	75	20	15	16	13	2	1	437
【107】假纤细芽胞杆菌属 *Pseudogracilibacillus*	1	1	1	1	1	0	2	427	434
【108】候选纲 OLB14 的 1 属 c_OLB14	38	39	80	67	87	72	36	3	422
【109】芽单胞菌纲的 1 属 c_Gemmatimonadetes	52	27	73	64	88	73	29	14	420
【110】候选属 AqS1	62	28	74	82	70	69	31	3	419
【111】鞘氨醇杆菌属 *Sphingobacterium*	55	38	75	60	85	71	23	2	409
【112】樱桃样芽胞杆菌属 *Cerasibacillus*	3	284	34	0	0	0	66	16	403
【113】考拉杆菌属 *Phascolarctobacterium*	71	29	67	73	66	59	35	2	402

续表

细菌属	好氧发酵罐鸡粪处理过程细菌属相对含量（read）								总和（read）
	未发酵		浅发酵				深发酵		
	XYZ_1	XYZ_2	XYZ_3	XYZ_4	XYZ_5	XYZ_6	XYZ_7	XYZ_8	
【114】海港杆菌门的1属 p_Poribacteria	47	29	73	74	68	75	25	4	395
【115】普雷沃氏菌属1 *Prevotella*_1	32	30	118	51	68	76	17	1	393
【116】反刍优杆菌群的1属 *Eubacterium_ruminantium*_group	40	35	62	60	72	63	53	1	386
【117】副拟杆菌属 *Parabacteroides*	161	60	29	40	34	39	22	1	386
【118】黄杆菌科的1属 f_Flavobacteriaceae	5	10	9	8	11	14	4	320	381
【119】毛螺菌属 *Lachnospira*	44	43	56	64	66	70	32	3	378
【120】苛求球菌属 *Fastidiosipila*	169	124	57	14	8	1	2	1	376
【121】海杆形菌目的1属 o_Thalassobaculales	34	25	88	69	72	60	18	2	368
【122】肠杆菌科的1属 f_Enterobacteriaceae	40	27	62	62	65	67	23	2	348
【123】变形菌门未分类的1属 unclassified_p_Proteobacteria	28	28	41	51	81	74	43	1	347
【124】腐螺旋菌科的1属 f_Saprospiraceae	34	29	56	64	58	78	26	1	346
【125】候选纲JG30-KF-CM66的1属 c_JG30-KF-CM66	43	29	61	50	76	60	25	0	344
【126】伯克氏菌科的1属 f_Burkholderiaceae	16	11	21	27	35	20	9	200	339
【127】δ-变形菌纲的1属 c_Deltaproteobacteria	2	1	0	0	1	1	1	325	331
【128】糖单胞菌目的1属 o_Saccharimonadales	60	44	47	59	68	36	16	0	330
【129】苍白杆菌属 *Ochrobactrum*	45	21	48	60	59	65	28	1	327
【130】无色杆菌属 *Achromobacter*	30	24	60	44	85	52	18	5	318
【131】鼠杆形菌科的1属 f_Muribaculaceae	39	26	48	60	59	58	24	3	317
【132】应微所菌属 *Iamia*	3	0	1	4	1	0	0	306	315
【133】厌氧盐杆菌属 *Anaerosalibacter*	234	38	12	0	0	6	21	3	314
【134】葡萄球菌属 *Staphylococcus*	34	31	53	56	60	47	26	2	309
【135】扭链瘤胃球菌群的1属 *Ruminococcus_torques*	63	40	48	34	43	39	30	2	299
【136】瘤胃球菌科UCG-003群的1属 Ruminococcaceae_UCG-003	19	23	53	50	61	62	26	0	294
【137】毛螺菌科UCG-010群的1属 Lachnospiraceae_UCG-010	32	24	48	55	51	54	26	0	290
【138】金黄杆菌属 *Chryseobacterium*	26	33	27	58	57	68	15	3	287
【139】纺锤链杆菌属 *Fusicatenibacter*	28	27	44	46	43	56	42	1	287
【140】别样杆状菌属 *Alistipes*	43	16	36	46	50	53	39	0	283

续表

细菌属	好氧发酵罐鸡粪处理过程细菌属相对含量（read）								总和（read）
	未发酵		浅发酵				深发酵		
	XYZ_1	XYZ_2	XYZ_3	XYZ_4	XYZ_5	XYZ_6	XYZ_7	XYZ_8	
【141】肠道杆菌属 *Intestinibacter*	34	41	34	57	42	36	33	1	278
【142】JTB255 海底菌群的 1 属 JTB255_marine_benthic_group	25	19	49	48	69	46	20	1	277
【143】芽胞杆菌属 *Bacillus*	8	9	9	12	14	11	3	208	274
【144】明串珠菌属 *Leuconostoc*	29	23	50	43	46	63	12	5	271
【145】剑菌属 *Ensifer*	30	25	54	46	63	39	11	1	269
【146】奥尔森氏菌属 *Olsenella*	60	21	33	101	47	2	1	0	265
【147】副萨特氏菌属 *Parasutterella*	44	18	41	42	50	48	20	1	264
【148】α- 变形菌纲的 1 属 c_Alphaproteobacteria	34	28	45	47	49	36	18	3	260
【149】产碱菌属 *Alcaligenes*	29	21	28	36	62	64	12	2	254
【150】瘤胃球菌科 UCG-002 群的 1 属 Ruminococcaceae_UCG-002	27	21	40	30	50	45	38	1	252
【151】海洋放线菌目的 1 属 o_Actinomarinales	34	21	42	43	40	43	21	1	245
【152】假交替单胞菌属 *Pseudoalteromonas*	29	21	47	47	49	30	15	1	239
【153】土单胞菌属 *Terrimonas*	17	17	39	51	39	57	14	4	238
【154】微丝菌科的 1 属 f_Microtrichaceae	20	17	37	58	46	38	19	0	235
【155】候选属 *Soleaferrea* Candidatus_*Soleaferrea*	14	119	57	16	18	8	1	0	233
【156】α- 变形菌纲的 1 属 c_Alphaproteobacteria	23	13	36	37	44	50	24	3	230
【157】螺旋体属 2 *Spirochaeta*_2	19	22	41	38	44	54	11	0	229
【158】瘤胃梭菌属 9 *Ruminiclostridium*_9	34	22	43	37	45	34	14	0	229
【159】脱硝酸体属 *Denitratisoma*	30	10	44	33	51	38	18	3	227
【160】新鞘氨醇杆菌属 *Novosphingobium*	26	19	39	54	41	36	8	0	223
【161】KI89A 进化枝的 1 目的 1 属 o_KI89A_clade	28	19	38	39	48	35	14	1	222
【162】类产碱菌属 *Paenalcaligenes*	54	103	37	1	2	0	0	9	206
【163】梭菌目 vadinBB60 群的 1 科的 1 属 f_Clostridiales_vadinBB60	151	28	10	8	4	2	2	0	205
【164】候选目 C10-SB1A 的 1 属 o_C10-SB1A	26	13	38	34	44	31	16	2	204
【165】法氏菌属 *Facklamia*	10	10	2	41	101	3	33	0	200
【166】候选纲 P9X2b3D02 的 1 属 c_P9X2b3D02	25	10	37	40	33	42	11	1	199

续表

细菌属	好氧发酵罐鸡粪处理过程细菌属相对含量（read）								总和（read）
	未发酵		浅发酵				深发酵		
	XYZ_1	XYZ_2	XYZ_3	XYZ_4	XYZ_5	XYZ_6	XYZ_7	XYZ_8	
【167】栖热菌属 *Thermus*	18	15	38	32	41	31	22	2	199
【168】候选属 SM1A02	27	14	30	31	39	36	17	0	194
【169】黄单胞菌科的 1 属 f_Xanthomonadaceae	15	48	23	45	32	7	11	2	183
【170】副雷沃氏菌属 *Paraprevotella*	26	12	36	23	23	31	30	2	183
【171】颗粒链菌属 *Granulicatella*	17	17	30	34	37	38	6	1	180
【172】候选目 JG30-KF-CM45 的 1 科的 1 属 f_JG30-KF-CM45	19	12	28	33	28	37	16	6	179
【173】互养菌属 *Synergistes*	142	9	12	11	3	1	0	0	178
【174】交替赤杆菌属 *Altererythrobacter*	5	4	5	8	8	5	2	134	171
【175】厌氧球菌属 *Anaerococcus*	0	9	18	36	102	1	0	0	166
【176】普雷沃氏菌属 9 *Prevotella_9*	19	12	20	29	35	36	14	1	166
【177】候选纲 Kazania 的 1 属 c_Kazania	22	16	27	31	32	19	14	0	161
【178】片球菌属 *Pediococcus*	19	17	18	25	39	34	5	2	159
【179】消化球菌科的 1 属 f_Peptococcaceae	80	6	10	1	26	29	7	0	159
【180】梭菌科 1 的 1 属 f_Clostridiaceae_1	86	63	6	0	0	0	0	0	155
【181】候选目 JTB23 的 1 属 o_JTB23	19	10	31	29	27	29	6	0	151
【182】红树杆菌属 *Mangrovibacter*	12	6	20	22	45	32	13	1	151
【183】候选目 HOC36 的 1 属 o_HOC36	16	8	24	32	29	28	12	1	150
【184】毛螺菌科 UCG-003 群的 1 属 Lachnospiraceae_UCG-003	17	14	26	22	26	29	15	0	149
【185】食烷菌属 *Alcanivorax*	0	0	0	0	0	0	0	148	148
【186】巴恩斯氏菌属 *Barnesiella*	32	13	23	20	19	20	21	0	148
【187】短波单胞菌属 *Brevundimonas*	15	22	34	36	16	17	5	0	145
【188】γ- 变形菌纲的 1 属 c_Gammaproteobacteria	9	14	22	16	28	23	8	25	145
【189】乳杆菌目的 1 属 o_Lactobacillales	5	21	24	35	30	6	23	1	145
【190】嗜冷杆菌属 *Psychrobacter*	63	29	13	13	13	5	4	2	142
【191】消化链球菌属 *Peptostreptococcus*	105	11	7	6	8	2	3	0	142
【192】螺杆菌属 *Helicobacter*	27	12	21	29	24	20	8	0	141
【193】毛球菌属 *Trichococcus*	28	9	17	32	20	33	1	1	141
【194】粪球菌属 1 *Coprococcus_1*	13	17	21	17	33	21	16	2	140
【195】候选门 AncK6 分类地位未定的 1 属 norank_p_AncK6	17	10	18	23	37	20	13	1	139

续表

细菌属	好氧发酵罐鸡粪处理过程细菌属相对含量（read）								总和（read）
	未发酵		浅发酵				深发酵		
	XYZ_1	XYZ_2	XYZ_3	XYZ_4	XYZ_5	XYZ_6	XYZ_7	XYZ_8	
【196】沃斯氏菌属 *Woeseia*	15	14	25	31	27	17	8	1	138
【197】朝井氏菌属 *Asaia*	19	14	22	24	25	24	9	0	137
【198】粪便球菌属 *Faecalicoccus*	28	39	21	24	15	3	7	0	137
【199】丹毒丝菌科 UCG-003 群的 1 属 Erysipelotrichaceae_UCG-003	20	16	19	23	18	33	7	0	136
【200】微丝菌目的 1 属 o_Microtrichales	16	10	20	21	28	22	16	2	135
【201】巨单胞菌属 *Megamonas*	22	14	18	24	23	27	5	1	134
【202】候选目 NB1-j 的 1 属 o_NB1-j	18	13	32	15	23	19	13	1	134
【203】丁酸单胞菌属 *Butyricimonas*	11	15	24	18	18	36	10	1	133
【204】萨维奇氏菌属 *Savagea*	11	5	3	0	4	93	16	0	132
【205】副球菌属 *Paracoccus*	30	30	15	25	9	9	4	3	125
【206】嗜血杆菌属 *Haemophilus*	14	10	13	22	26	24	15	0	124
【207】亚群 11 的 1 纲的 1 属 c_Subgroup_11	7	9	21	31	19	23	11	2	123
【208】CL500-29 海洋菌群的 1 属 CL500-29_marine_group	12	6	21	19	33	24	5	2	122
【209】候选纲 OM190 的 1 属 c_OM190	15	11	21	15	31	20	6	2	121
【210】哈夫尼菌属－肥杆菌属 *Hafnia-Obesumbacterium*	9	11	18	31	18	17	11	0	115
【211】解蛋白菌属 *Proteiniclasticum*	23	26	16	18	28	0	4	0	115
【212】候选目 EPR3968-O8a-Bc78 的 1 属 o_EPR3968-O8a-Bc78	14	8	11	21	32	15	9	2	112
【213】理研菌科的 1 属 f_Rikenellaceae	86	19	3	1	0	1	1	0	111
【214】厌氧绳菌科的 1 属 f_Anaerolineaceae	13	14	18	17	20	22	6	1	111
【215】海绵共生菌科的 1 属 f_Entotheonellaceae	13	10	19	25	18	20	3	2	110
【216】气球菌科的 1 属 f_Aerococcaceae	30	14	9	5	13	2	34	0	107
【217】蛭弧菌属 *Bdellovibrio*	10	9	18	25	22	11	10	1	106
【218】赫夫勒氏菌属 *Hoeflea*	10	17	17	9	23	21	7	2	106
【219】兼性芽胞杆菌属 *Amphibacillus*	0	1	3	3	13	2	64	18	104
【220】纤维弧菌目的 1 属 o_Cellvibrionales	15	4	12	27	20	24	1	1	104
【221】德沃斯氏菌属 *Devosia*	8	11	23	13	20	27	2	0	104
【222】柯林斯氏菌属 *Collinsella*	21	2	20	49	9	1	0	0	102
【223】新建芽胞杆菌属 *Novibacillus*	0	0	0	0	0	0	0	101	101
【224】甲基寡养菌科的 1 属 f_Methyloligellaceae	11	9	14	20	15	25	6	0	100

续表

细菌属	好氧发酵罐鸡粪处理过程细菌属相对含量（read）								总和（read）
	未发酵		浅发酵				深发酵		
	XYZ_1	XYZ_2	XYZ_3	XYZ_4	XYZ_5	XYZ_6	XYZ_7	XYZ_8	
【225】糖单胞菌科的 1 属 f_Saccharimonadaceae	11	8	18	15	15	25	6	2	100
【226】NS9 海洋菌群的 1 科的 1 属 f_NS9_marine_group	6	12	17	14	18	21	11	1	100
【227】候选属 FS142-36B-02	8	11	17	14	26	22	1	1	100

菌群多样性指数分析结果见表 5-47。从细菌属菌群分布的时间单元上看，有的细菌属在发酵过程分布在所有的时间单元上，如拟杆菌属分布在发酵过程 8 次采样的全部时间单元上；有的则分布在部分时间单元上，如拟诺卡氏菌属仅分布在 8 次采样的 3 次时间单元上。

从相对含量（read）上看，最高含量的前 3 个细菌属为拟杆菌属（23480.00）、粪杆菌属（21754.00）、乳杆菌属（15363.00），最低含量的后 3 个细菌属为柯林斯氏菌属（102.00）、新建芽胞杆菌属（101.00）、甲基寡养菌科的 1 属（100.00），不同细菌属的含量相差百倍。

从物种丰富度上看，物种丰富度最高的前 3 个细菌属为纤维弧菌目的 1 属（1.5072）、蛭弧菌属（1.5010）、赫夫勒氏菌属（1.5010）；丰富度最低的后 3 个细菌属为向文洲菌属（0.0000）、食烷菌属（0.0000）、新建芽胞杆菌属（0.0000）。物种丰富度与优势度呈正比，优势度越高，丰富度越高，反之也成立，表明物种集中程度越高，丰富度就越高。

从物种香农指数上看，香农指数最高的前 3 个细菌属为红球菌属（2.0464）、γ- 变形菌纲的 1 属（2.0001）、候选目 JG30-KF-CM45 的 1 科的 1 属（1.9669）；最低的后 3 个细菌属为向文洲菌属（0.0000）、食烷菌属（0.0000）、新建芽胞杆菌属（0.0000）；香农指数与物种均匀度指数呈正比，均匀度指数越高，香农指数越高，反之也成立，表明物种分布越均匀，香农指数越高。

表 5-47　好氧发酵罐鸡粪处理过程细菌属菌群多样性指数

物种名称	时间单元	相对含量（read）	细菌属多样性指数			
			丰富度	优势度指数（*D*）	香农指数（*H*）	均匀度指数
拟杆菌属 *Bacteroides*	8	23480.0000	0.6956	0.8366	1.8910	0.9094
粪杆菌属 *Faecalibacterium*	8	21754.0000	0.7009	0.8461	1.9246	0.9255
乳杆菌属 *Lactobacillus*	8	15363.0000	0.7262	0.8437	1.9144	0.9206
瘤胃球菌科 UCG-014 群的 1 属 *Ruminococcaceae*_UCG-014	8	14880.0000	0.7286	0.8491	1.9314	0.9288
奇异杆菌属 *Atopostipes*	8	11765.0000	0.7468	0.8077	1.7760	0.8541
毛螺菌科的 1 属 f_Lachnospiraceae	8	10579.0000	0.7554	0.6614	1.4100	0.6781
假单胞菌属 *Pseudomonas*	8	7906.0000	0.7799	0.8466	1.9245	0.9255
罗氏菌属 *Roseburia*	8	7021.0000	0.7904	0.8480	1.9297	0.9280
暖微菌属 *Tepidimicrobium*	8	6536.0000	0.7968	0.8144	1.7642	0.8484

续表

物种名称	时间单元	相对含量（read）	细菌属多样性指数			
			丰富度	优势度指数（*D*）	香农指数（*H*）	均匀度指数
伊格纳茨席纳菌属 *Ignatzschineria*	7	6203.0000	0.6871	0.7508	1.5854	0.8147
有益杆菌属 *Agathobacter*	8	5649.0000	0.8103	0.8513	1.9422	0.9340
拟诺卡氏菌属 *Nocardiopsis*	3	5270.0000	0.2334	0.0008	0.0036	0.0033
SAR202 进化枝的 1 目的 1 属 o_SAR202_clade	8	5249.0000	0.8172	0.8444	1.9178	0.9222
蒂西耶氏菌属 *Tissierella*	8	4736.0000	0.8271	0.7921	1.7555	0.8442
热粪杆菌属 *Caldicoprobacter*	8	4695.0000	0.8280	0.7240	1.4942	0.7186
嗜蛋白菌属 *Proteiniphilum*	7	4505.0000	0.7132	0.5983	1.0719	0.5509
极小单胞菌属 *Pusillimonas*	6	4228.0000	0.5988	0.0729	0.2026	0.1131
双歧杆菌属 *Bifidobacterium*	8	3335.0000	0.8629	0.8426	1.9125	0.9197
候选目 SBR1031 的 1 属 o_SBR1031	8	3321.0000	0.8633	0.8406	1.9001	0.9137
芽胞杆菌科的 1 属 f_Bacillaceae	8	3295.0000	0.8642	0.2725	0.5783	0.2781
中温厌氧杆菌属 *Tepidanaerobacter*	7	3125.0000	0.7456	0.6525	1.3572	0.6975
肠杆菌属 *Enterobacter*	8	3094.0000	0.8709	0.8437	1.9125	0.9197
石纯杆菌属 *Ulvibacter*	7	3041.0000	0.7481	0.0435	0.1372	0.0705
梭菌目科XI的 1 属 f_Family_ XI _o_Clostridiales	8	2738.0000	0.8844	0.4679	1.0146	0.4879
丹毒丝菌属 *Erysipelothrix*	7	2593.0000	0.7633	0.7392	1.5513	0.7972
梭菌科 1 的 1 属 f_Clostridiaceae_1	7	2575.0000	0.7640	0.7291	1.5937	0.8190
变形杆菌属 *Proteus*	8	2306.0000	0.9040	0.8432	1.9130	0.9200
布劳特氏菌属 *Blautia*	8	2164.0000	0.9115	0.8514	1.9401	0.9330
毛螺菌科 NK4A136 群的 1 属 Lachnospiraceae_NK4A136_group	8	2155.0000	0.9120	0.8494	1.9368	0.9314
龙包茨氏菌属 *Romboutsia*	8	2121.0000	0.9139	0.8527	1.9394	0.9327
戴阿利斯特杆菌属 *Dialister*	8	2089.0000	0.9157	0.8413	1.9027	0.9150
鞘氨醇杆菌科的 1 属 f_Sphingobacteriaceae	5	2055.0000	0.5244	0.0068	0.0274	0.0170
乳球菌属 *Lactococcus*	8	2003.0000	0.9208	0.8431	1.9101	0.9186
芽胞杆菌科的 1 属 f_Bacillaceae	3	1985.0000	0.2634	0.3358	0.5288	0.4813
居膜菌属 *Membranicola*	1	1861.0000	0.0000	0.0000	0.0000	0.0000
泛菌属 *Pantoea*	8	1791.0000	0.9345	0.8412	1.8981	0.9128
嗜胨菌属 *Peptoniphilus*	7	1619.0000	0.8120	0.7911	1.6690	0.8577
醋杆菌属 *Acetobacter*	8	1582.0000	0.9503	0.8418	1.9023	0.9148
科XI的 1 属 f_Family_ XI	7	1534.0000	0.8179	0.6995	1.3742	0.7062
瘤胃球菌科的 1 属 f_Ruminococcaceae	7	1530.0000	0.8182	0.7495	1.5422	0.7925
隐秘小球菌属 *Subdoligranulum*	8	1517.0000	0.9557	0.8523	1.9383	0.9321
不动杆菌属 *Acinetobacter*	8	1507.0000	0.9566	0.8407	1.8953	0.9115

续表

物种名称	时间单元	相对含量（read）	细菌属多样性指数			
			丰富度	优势度指数（*D*）	香农指数（*H*）	均匀度指数
挑剔优杆菌群的 1 属 *[Eubacterium]_eligens* _group	8	1469.0000	0.9599	0.8471	1.9263	0.9264
棒杆菌属 1 *Corynebacterium*_1	8	1453.0000	0.9614	0.8033	1.7440	0.8387
居鸡菌属 *Gallicola*	7	1446.0000	0.8246	0.8295	1.8419	0.9466
产粪甾醇优杆菌群的 1 属 *[Eubacterium]_coprostanoligenes* _group	8	1431.0000	0.9634	0.8463	1.9252	0.9258
Sva0996 海洋菌群的 1 属 Sva0996_marine_group	8	1407.0000	0.9656	0.8384	1.8904	0.9091
毛螺菌科的 1 属 f_Lachnospiraceae	8	1357.0000	0.9705	0.7813	1.7040	0.8195
微球菌目的 1 属 o_Micrococcales	3	1325.0000	0.2782	0.0030	0.0124	0.0113
候选科 A4b 的 1 属 f_A4b	8	1233.0000	0.9835	0.8427	1.9033	0.9153
红球菌属 *Rhodococcus*	8	1226.0000	0.9843	0.8675	2.0464	0.9841
肠球菌属 *Enterococcus*	8	1210.0000	0.9861	0.8503	1.9422	0.9340
细菌域分类地位未定的 1 门未分类的 1 属 unclassified_k_norank_d_Bacteria	8	1146.0000	0.9937	0.8436	1.9145	0.9207
魏斯氏菌属 *Weissella*	8	1076.0000	1.0027	0.8466	1.9205	0.9235
暖绳菌科的 1 属 f_Caldilineaceae	8	1070.0000	1.0035	0.8423	1.9100	0.9185
动球菌科的 1 属 f_Planococcaceae	7	1050.0000	0.8625	0.7600	1.5532	0.7982
丁酸球菌属 *Butyricicoccus*	8	1017.0000	1.0109	0.8449	1.9191	0.9229
候选目 Dadabacteriales 的 1 属 o_Dadabacteriales	8	974.0000	1.0172	0.8359	1.8826	0.9054
瘤胃球菌属 2 *Ruminococcus*_2	8	958.0000	1.0197	0.8528	1.9325	0.9293
硝化螺旋菌属 *Nitrospira*	8	953.0000	1.0205	0.8435	1.9030	0.9151
鞘氨醇单胞菌属 *Sphingomonas*	8	870.0000	1.0342	0.8461	1.9261	0.9263
克里斯滕森菌科 R-7 菌群的 1 属 Christensenellaceae_R-7	8	866.0000	1.0349	0.8363	1.8968	0.9122
发酵单胞菌属 *Fermentimonas*	6	823.0000	0.7448	0.6061	1.1684	0.6521
贝日阿托氏菌属 *Beggiatoa*	8	791.0000	1.0490	0.8376	1.8836	0.9058
链球菌属 *Streptococcus*	8	757.0000	1.0559	0.8495	1.9404	0.9331
粪球菌属 2 *Coprococcus*_2	8	755.0000	1.0563	0.8501	1.9333	0.9297
候选纲 TK30 的 1 属 c_TK30	8	746.0000	1.0582	0.8420	1.9042	0.9157
多雷氏菌属 *Dorea*	8	741.0000	1.0593	0.8493	1.9351	0.9306
亚群 9 的 1 纲的 1 属 c_Subgroup_9	8	738.0000	1.0600	0.8432	1.9010	0.9142
瘤胃球菌属 1 *Ruminococcus*_1	8	735.0000	1.0606	0.8517	1.9457	0.9357
梭菌目的 1 属 o_Clostridiales	7	721.0000	0.9118	0.7809	1.6445	0.8451
寡养单胞菌属 *Stenotrophomonas*	8	719.0000	1.0642	0.8399	1.9058	0.9165
候选属 PAUC26f	8	680.0000	1.0733	0.8427	1.9098	0.9184
柔膜菌纲 RF39 群的 1 目的 1 属 o_Mollicutes_RF39	8	661.0000	1.0780	0.8505	1.9413	0.9335

续表

物种名称	时间单元	相对含量（read）	细菌属多样性指数			
			丰富度	优势度指数（*D*）	香农指数（*H*）	均匀度指数
狭义梭菌属 1 *Clostridium_sensu_stricto*_1	8	655.0000	1.0795	0.8440	1.9025	0.9149
甲基杆菌属 *Methylobacterium*	8	655.0000	1.0795	0.8467	1.9199	0.9233
候选科 EC94 的 1 属 f_EC94	8	632.0000	1.0855	0.8412	1.8960	0.9118
特吕珀菌属 *Truepera*	8	616.0000	1.0898	0.4003	0.9777	0.4702
亚群 6 的 1 纲的 1 属 c_Subgroup_6	8	610.0000	1.0915	0.8403	1.8904	0.9091
候选科 bacteriap25 的 1 属 f_bacteriap25	8	608.0000	1.0920	0.8445	1.9101	0.9186
向文洲菌属 *Wenzhouxiangella*	1	605.0000	0.0000	0.0000	0.0000	0.0000
毛螺菌科 UCG-004 群的 1 属 Lachnospiraceae_UCG-004	8	583.0000	1.0992	0.8472	1.9131	0.9200
创伤球菌属 *Helcococcus*	7	577.0000	0.9437	0.7243	1.4855	0.7634
班努斯菌科的 1 属 f_Balneolaceae	2	553.0000	0.1583	0.0036	0.0132	0.0191
理研菌科肠道菌群 RC9 的 1 属 Rikenellaceae_RC9_gut	7	544.0000	0.9525	0.3074	0.6567	0.3375
厌氧棒杆菌属 *Anaerostipes*	8	542.0000	1.1119	0.8414	1.9005	0.9140
根瘤菌属 *Rhizobium*	8	533.0000	1.1149	0.8402	1.8927	0.9102
瘤胃球菌科 UCG-013 群的 1 属 Ruminococcaceae_UCG-013	8	530.0000	1.1159	0.8481	1.9369	0.9314
毛梭菌属 *Lachnoclostridium*	8	513.0000	1.1217	0.8520	1.9293	0.9278
粪球菌属 3 *Coprococcus*_3	8	513.0000	1.1217	0.8395	1.8859	0.9069
候选属 AT-s3-44	8	511.0000	1.1224	0.8367	1.8694	0.8990
加西亚氏菌属 *Garciella*	8	507.0000	1.1239	0.5680	1.2661	0.6089
候选纲 TK17 的 1 属 c_TK17	8	496.0000	1.1278	0.8337	1.8600	0.8945
无胆甾原体属 *Acholeplasma*	5	495.0000	0.6447	0.3820	0.7171	0.4456
红杆菌科的 1 属 f_Rhodobacteraceae	8	494.0000	1.1286	0.1472	0.4096	0.1970
基尔菌科的 1 属 f_Kiloniellaceae	8	492.0000	1.1293	0.8445	1.9055	0.9164
候选目 S085 的 1 属 o_S085	8	491.0000	1.1297	0.8371	1.8760	0.9022
微杆菌属 *Microbacterium*	8	490.0000	1.1301	0.8420	1.8881	0.9080
候选属 W5053	7	488.0000	0.9693	0.7705	1.6675	0.8569
埃希氏菌 - 志贺氏菌属 *Escherichia-Shigella*	8	487.0000	1.1312	0.8424	1.9034	0.9153
香味菌属 *Myroides*	8	479.0000	1.1342	0.8444	1.9202	0.9234
沙雷氏菌属 *Serratia*	8	454.0000	1.1441	0.8464	1.9255	0.9260
瘤胃球菌科 UCG-005 群的 1 属 Ruminococcaceae_UCG-005	8	451.0000	1.1454	0.8412	1.9079	0.9175
苏黎世杆菌属 *Turicibacter*	8	445.0000	1.1479	0.8411	1.8956	0.9116
海洋球形菌属 *Oceanisphaera*	8	442.0000	1.1492	0.6332	1.3051	0.6276
劣生单胞菌属 *Dysgonomonas*	8	437.0000	1.1513	0.5105	1.0889	0.5236
假纤细芽胞杆菌属 *Pseudogracilibacillus*	7	434.0000	0.9880	0.0320	0.1108	0.0569

续表

物种名称	时间单元	相对含量（read）	细菌属多样性指数			
			丰富度	优势度指数（*D*）	香农指数（*H*）	均匀度指数
候选纲 OLB14 的 1 属 c_OLB14	8	422.0000	1.1580	0.8453	1.9167	0.9217
芽单胞菌纲的 1 属 c_Gemmatimonadetes	8	420.0000	1.1589	0.8491	1.9554	0.9404
候选属 AqS1	8	419.0000	1.1593	0.8456	1.9130	0.9199
鞘氨醇杆菌属 *Sphingobacterium*	8	409.0000	1.1640	0.8437	1.9015	0.9144
樱桃样芽胞杆菌属 *Cerasibacillus*	5	403.0000	0.6668	0.4690	0.9161	0.5692
考拉杆菌属 *Phascolarctobacterium*	8	402.0000	1.1674	0.8489	1.9215	0.9240
海港杆菌门的 1 属 p_Poribacteria	8	395.0000	1.1708	0.8435	1.9104	0.9187
雷沃氏菌属 1 *Prevotella*_1	8	393.0000	1.1718	0.8134	1.7992	0.8652
反刍优杆菌群的 1 属 *[Eubacterium]_ruminantium*_group	8	386.0000	1.1753	0.8530	1.9328	0.9295
副拟杆菌属 *Parabacteroides*	8	386.0000	1.1753	0.7662	1.7078	0.8213
黄杆菌科的 1 属 f_Flavobacteriaceae	8	381.0000	1.1779	0.2912	0.7401	0.3559
毛螺菌属 *Lachnospira*	8	378.0000	1.1795	0.8531	1.9456	0.9357
苛求球菌属 *Fastidiosipila*	8	376.0000	1.1805	0.6661	1.2751	0.6132
海杆形菌目的 1 属 o_Thalassobaculales	8	368.0000	1.1848	0.8295	1.8496	0.8895
肠杆菌科的 1 属 f_Enterobacteriaceae	8	348.0000	1.1961	0.8434	1.9015	0.9144
变形菌门未分类的 1 属 unclassified_p_Proteobacteria	8	347.0000	1.1967	0.8385	1.8852	0.9066
腐螺旋菌科的 1 属 f_Saprospiraceae	8	346.0000	1.1973	0.8408	1.8893	0.9086
候选纲 JG30-KF-CM66 的 1 属 c_JG30-KF-CM66	7	344.0000	1.0273	0.8426	1.8842	0.9683
伯克氏菌科的 1 属 f_Burkholderiaceae	8	339.0000	1.2015	0.6255	1.4382	0.6916
δ-变形菌纲的 1 属 c_Deltaproteobacteria	6	331.0000	0.8618	0.0360	0.1189	0.0664
糖单胞菌目的 1 属 o_Saccharimonadales	7	330.0000	1.0346	0.8428	1.8779	0.9651
苍白杆菌属 *Ochrobactrum*	8	327.0000	1.2090	0.8449	1.9003	0.9138
无色杆菌属 *Achromobacter*	8	318.0000	1.2148	0.8316	1.8827	0.9054
鼠杆形菌科的 1 属 f_Muribaculaceae	8	317.0000	1.2155	0.8481	1.9270	0.9267
应微所菌属 *Iamia*	5	315.0000	0.6953	0.0562	0.1645	0.1022
厌氧盐杆菌属 *Anaerosalibacter*	6	314.0000	0.8697	0.4250	0.9004	0.5025
葡萄球菌属 *Staphylococcus*	8	309.0000	1.2209	0.8504	1.9310	0.9286
扭链瘤胃球菌群的 1 属 *[Ruminococcus]_torques*	8	299.0000	1.2280	0.8541	1.9469	0.9362
瘤胃球菌科 UCG-003 群的 1 属 Ruminococcaceae_UCG-003	7	294.0000	1.0557	0.8358	1.8555	0.9536
毛螺菌科 UCG-010 群的 1 属 Lachnospiraceae_UCG-010	7	290.0000	1.0582	0.8469	1.8973	0.9750
金黄杆菌属 *Chryseobacterium*	8	287.0000	1.2369	0.8334	1.8759	0.9021
纺锤链杆菌属 *Fusicatenibacter*	8	287.0000	1.2369	0.8535	1.9346	0.9303
别样杆状菌属 *Alistipes*	7	283.0000	1.0628	0.8488	1.8994	0.9761

续表

物种名称	时间单元	相对含量（read）	细菌属多样性指数			
			丰富度	优势度指数（*D*）	香农指数（*H*）	均匀度指数
肠道杆菌属 *Intestinibacter*	8	278.0000	1.2439	0.8557	1.9446	0.9352
JTB255 海底菌群的 1 属 JTB255_marine_benthic	8	277.0000	1.2447	0.8340	1.8655	0.8971
芽胞杆菌属 *Bacillus*	8	274.0000	1.2471	0.4160	1.0043	0.4829
明串珠菌属 *Leuconostoc*	8	271.0000	1.2495	0.8401	1.9043	0.9158
剑菌属 *Ensifer*	8	269.0000	1.2512	0.8349	1.8612	0.8951
奥尔森氏菌属 *Olsenella*	7	265.0000	1.0753	0.7530	1.5290	0.7857
副萨特氏菌属 *Parasutterella*	8	264.0000	1.2554	0.8467	1.9051	0.9162
α- 变形菌纲的 1 属 c_Alphaproteobacteria	8	260.0000	1.2588	0.8523	1.9434	0.9346
产碱菌属 *Alcaligenes*	8	254.0000	1.2641	0.8258	1.8478	0.8886
瘤胃球菌科 UCG-002 群的 1 属 Ruminococcaceae_UCG-002	8	252.0000	1.2660	0.8516	1.9277	0.9270
海洋放线菌目的 1 属 o_Actinomarinales	8	245.0000	1.2724	0.8519	1.9267	0.9265
假交替单胞菌属 *Pseudoalteromonas*	8	239.0000	1.2782	0.8420	1.8913	0.9095
土单胞菌属 *Terrimonas*	8	238.0000	1.2792	0.8326	1.8775	0.9029
微丝菌科的 1 属 f_Microtrichaceae	7	235.0000	1.0990	0.8344	1.8533	0.9524
候选属 *Soleaferrea* Candidatus_*Soleaferrea*	7	233.0000	1.1007	0.6667	1.3775	0.7079
α- 变形菌纲的 1 属 c_Alphaproteobacteria	8	230.0000	1.2872	0.8452	1.9174	0.9221
螺旋体属 2 *Spirochaeta_2*	7	229.0000	1.1042	0.8331	1.8411	0.9461
瘤胃梭菌属 9 *Ruminiclostridium_9*	7	229.0000	1.1042	0.8467	1.8906	0.9716
脱硝酸体属 *Denitratisoma*	8	227.0000	1.2903	0.8406	1.8962	0.9119
新鞘氨醇杆菌属 *Novosphingobium*	7	223.0000	1.1096	0.8325	1.8339	0.9424
KI89A 进化枝的 1 目的 1 属 o_KI89A_clade	8	222.0000	1.2957	0.8448	1.9002	0.9138
类产碱菌属 *Paenalcaligenes*	6	206.0000	0.9385	0.6502	1.2136	0.6773
梭菌目 vadinBB60 群的 1 科的 1 属 f_Clostridiales_vadinBB60	7	205.0000	1.1272	0.4364	0.9382	0.4821
候选目 C10-SB1A 的 1 属 o_C10-SB1A	8	204.0000	1.3163	0.8455	1.9118	0.9194
法氏菌属 *Facklamia*	7	200.0000	1.1324	0.6738	1.3758	0.7070
候选纲 P9X2b3D02 的 1 属 c_P9X2b3D02	8	199.0000	1.3224	0.8358	1.8591	0.8941
栖热菌属 *Thermus*	8	199.0000	1.3224	0.8490	1.9271	0.9267
候选属 SM1A02	7	194.0000	1.1390	0.8478	1.8943	0.9735
黄单胞菌科的 1 属 f_Xanthomonadaceae	8	183.0000	1.3437	0.8169	1.8098	0.8703
副雷沃氏菌属 *Paraprevotella*	8	183.0000	1.3437	0.8542	1.9437	0.9347
颗粒链菌属 *Granulicatella*	8	180.0000	1.3480	0.8354	1.8549	0.8920
候选目 JG30-KF-CM45 的 1 科的 1 属 f_JG30-KF-CM45	8	179.0000	1.3494	0.8542	1.9669	0.9459
互养菌属 *Synergistes*	6	178.0000	0.9649	0.3543	0.7829	0.4370

续表

物种名称	时间单元	相对含量（read）	细菌属多样性指数			
			丰富度	优势度指数（*D*）	香农指数（*H*）	均匀度指数
交替赤杆菌属 *Altererythrobacter*	8	171.0000	1.3614	0.3805	0.9273	0.4459
厌氧球菌属 *Anaerococcus*	5	166.0000	0.7825	0.5641	1.0604	0.6589
普雷沃氏菌属 9 *Prevotella_9*	8	166.0000	1.3693	0.8431	1.8968	0.9122
候选纲 Kazania 的 1 属 c_Kazania	7	161.0000	1.1808	0.8505	1.9038	0.9783
片球菌属 *Pediococcus*	8	159.0000	1.3810	0.8350	1.8688	0.8987
消化球菌科的 1 属 f_Peptococcaceae	7	159.0000	1.1837	0.6838	1.4191	0.7293
梭菌科 1 的 1 属 f_Clostridiaceae_1	3	155.0000	0.3966	0.5289	0.8186	0.7452
候选目 JTB23 的 1 属 o_JTB23	7	151.0000	1.1959	0.8358	1.8354	0.9432
红树杆菌属 *Mangrovibacter*	8	151.0000	1.3952	0.8176	1.8118	0.8713
候选目 HOC36 的 1 属 o_HOC36	8	150.0000	1.3970	0.8416	1.8843	0.9062
毛螺菌科 UCG-003 群的 1 属 Lachnospiraceae_UCG-003	7	149.0000	1.1991	0.8532	1.9113	0.9822
食烷菌属 *Alcanivorax*	1	148.0000	0.0000	0.0000	0.0000	0.0000
巴恩斯氏菌属 *Barnesiella*	7	148.0000	1.2007	0.8540	1.9156	0.9844
短波单胞菌属 *Brevundimonas*	7	145.0000	1.2056	0.8283	1.8174	0.9340
γ- 变形菌纲的 1 属 c_Gammaproteobacteria	8	145.0000	1.4065	0.8624	2.0001	0.9618
乳杆菌目的 1 属 o_Lactobacillales	8	145.0000	1.4065	0.8282	1.8209	0.8757
嗜冷杆菌属 *Psychrobacter*	8	142.0000	1.4125	0.7393	1.6200	0.7791
消化链球菌属 *Peptostreptococcus*	7	142.0000	1.2107	0.4423	1.0070	0.5175
螺杆菌属 *Helicobacter*	7	141.0000	1.2124	0.8453	1.8763	0.9642
毛球菌属 *Trichococcus*	8	141.0000	1.4145	0.8213	1.7754	0.8538
粪球菌属 1 *Coprococcus_1*	8	140.0000	1.4165	0.8542	1.9511	0.9383
候选门 AncK6 分类地位未定的 1 属 norank_p_AncK6	8	139.0000	1.4186	0.8414	1.8971	0.9123
沃斯氏菌属 *Woeseia*	8	138.0000	1.4207	0.8439	1.8962	0.9119
朝井氏菌属 *Asaia*	7	137.0000	1.2195	0.8518	1.9004	0.9766
粪便球菌属 *Faecalicoccus*	7	137.0000	1.2195	0.8139	1.7526	0.9007
丹毒丝菌科 UCG-003 群的 1 属 Erysipelotrichaceae_UCG-003	7	136.0000	1.2213	0.8436	1.8732	0.9626
微丝菌目的 1 属 o_Microtrichales	8	135.0000	1.4270	0.8568	1.9550	0.9401
巨单胞菌属 *Megamonas*	8	134.0000	1.4292	0.8468	1.8948	0.9112
候选目 NB1-j 的 1 属 o_NB1-j	8	134.0000	1.4292	0.8503	1.9254	0.9259
丁酸单胞菌属 *Butyricimonas*	8	133.0000	1.4314	0.8386	1.8877	0.9078
萨维奇氏菌属 *Savagea*	6	132.0000	1.0240	0.4828	1.0255	0.5724
副球菌属 *Paracoccus*	8	125.0000	1.4498	0.8250	1.8399	0.8848
嗜血杆菌属 *Haemophilus*	7	124.0000	1.2447	0.8491	1.8935	0.9731

续表

物种名称	时间单元	相对含量（read）	细菌属多样性指数			
			丰富度	优势度指数（*D*）	香农指数（*H*）	均匀度指数
亚群 11 的 1 纲的 1 属 c_Subgroup_11	8	123.0000	1.4546	0.8385	1.8885	0.9082
CL500-29 海洋菌群的 1 属 CL500-29_marine_group	8	122.0000	1.4571	0.8270	1.8406	0.8851
候选纲 OM190 的 1 属 c_OM190	8	121.0000	1.4596	0.8421	1.9027	0.9150
哈夫尼菌属 - 肥杆菌属 *Hafnia-Obesumbacterium*	7	115.0000	1.2645	0.8394	1.8649	0.9584
解蛋白菌属 *Proteiniclasticum*	6	115.0000	1.0538	0.8116	1.6835	0.9396
候选目 EPR3968-O8a-Bc78 的 1 属 o_EPR3968-O8a-Bc78	8	112.0000	1.4835	0.8356	1.8919	0.9098
理研菌科的 1 属 f_Rikenellaceae	6	111.0000	1.0617	0.3728	0.7247	0.4045
厌氧绳菌科的 1 属 f_Anaerolineaceae	8	111.0000	1.4863	0.8536	1.9244	0.9254
海绵共生菌科的 1 属 f_Entotheonellaceae	8	110.0000	1.4892	0.8430	1.8877	0.9078
气球菌科的 1 属 f_Aerococcaceae	7	107.0000	1.2840	0.7863	1.6688	0.8576
蛭弧菌属 *Bdellovibrio*	8	106.0000	1.5010	0.8446	1.9021	0.9147
赫夫勒氏菌属 *Hoeflea*	8	106.0000	1.5010	0.8494	1.9258	0.9261
兼性芽胞杆菌属 *Amphibacillus*	7	104.0000	1.2919	0.5792	1.1875	0.6103
纤维弧菌目的 1 属 o_Cellvibrionales	8	104.0000	1.5072	0.8144	1.7486	0.8409
德沃斯氏菌属 *Devosia*	7	104.0000	1.2919	0.8215	1.7717	0.9105
柯林斯氏菌属 *Collinsella*	6	102.0000	1.0811	0.6869	1.3337	0.7444
新建芽胞杆菌属 *Novibacillus*	1	101.0000	0.0000	0.0000	0.0000	0.0000
甲基寡养菌科的 1 属 f_Methyloligellaceae	7	100.0000	1.3029	0.8400	1.8566	0.9541

以表 5-46 为数据矩阵，对发酵生境进行多样性分析，以发酵过程为样本，以细菌属为指标，计算种类数、丰富度、香农指数、优势度指数、均匀度指数，分析结果见表 5-48、图 5-36。从发酵生境种类数看，浅发酵生境细菌属种类数最多（599 ～ 667），其次为深发酵生境（634 ～ 666），最少为未发酵生境（270 ～ 544），表明随着发酵进程，进入浅发酵阶段后细菌属数量上升，进入深发酵阶段后数量下降。

表 5-48　基于细菌属菌群的好氧发酵罐鸡粪处理过程生境多样性指数

发酵阶段	编号	种类数	丰富度	香农指数	优势度指数	均匀度指数
未发酵	XYZ_7	544	691.5585	3.8372	0.0569	0.0836
	XYZ_8	270	428.3114	2.9005	0.0937	0.0639
浅发酵	XYZ_2	593	706.8935	4.1762	0.0336	0.1083
	XYZ_6	625	713.0147	4.3870	0.0320	0.1272
	XYZ_5	649	731.2389	4.4447	0.0301	0.1299
	XYZ_4	667	750.1629	4.4017	0.0316	0.1210
深发酵	XYZ_1	634	733.0820	4.3088	0.0376	0.1159
	XYZ_3	666	776.2623	4.5301	0.0266	0.1380

从发酵生境丰富度上看（图 5-36），未发酵生境的丰富度（428.3114 ～ 691.5585）＜浅发酵生境的丰富度（706.8935 ～ 750.1629）＜深发酵生境的丰富度（733.0820 ～ 776.2623）；香农指数的变化规律与丰富度相近；多样性指数间的相关性见表 5-49，香农指数与优势度指数的相关系数为 -0.9914（P=0.0000），呈极显著负相关；丰富度与种类数的相关系数为 0.9888，呈极显著正相关（P=0.0000），均匀度指数与优势度指数相关系数为 -0.9410，呈极显著负相关（P=0.0005）。

表 5-49　基于细菌属菌群的好氧发酵罐鸡粪处理过程生境多样性指数之间相关性

因子	种类数	丰富度	香农指数	优势度指数	均匀度指数
种类数		0.0000	0.0000	0.0000	0.0022
丰富度	0.9888		0.0001	0.0002	0.0067
香农指数	0.9904	0.9682		0.0000	0.0003
优势度指数	-0.9778	-0.9550	-0.9914		0.0005
均匀度指数	0.9024	0.8556	0.9503	-0.9410	

注：左下角是相关系数 R，右上角是 P 值。

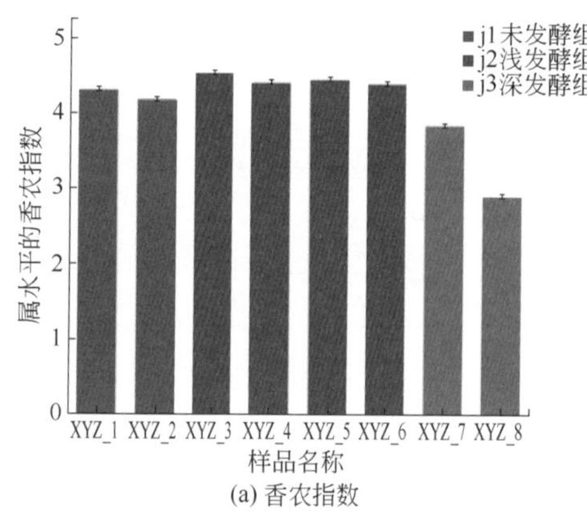

(a) 香农指数

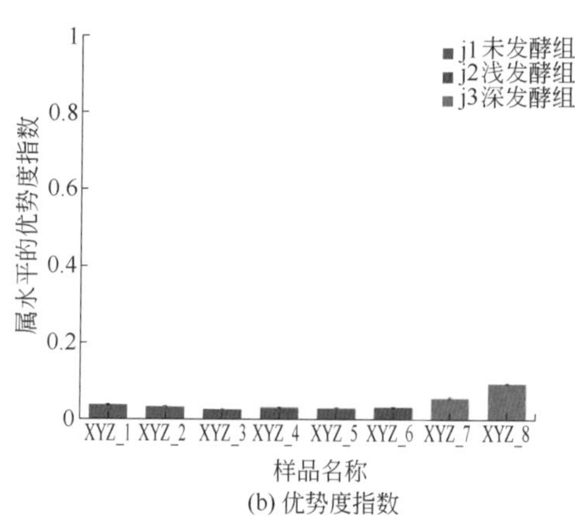

(b) 优势度指数

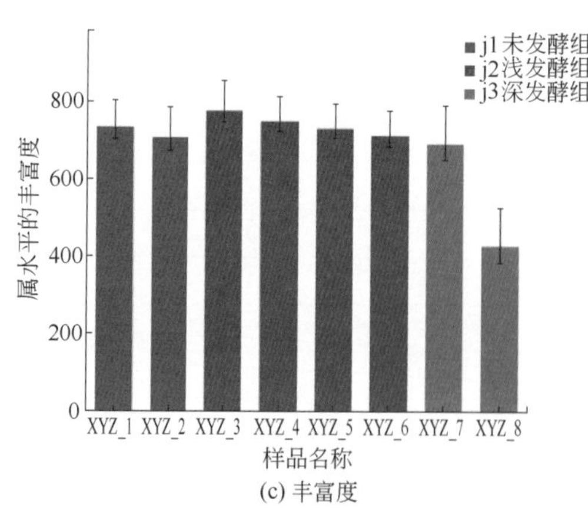

(c) 丰富度

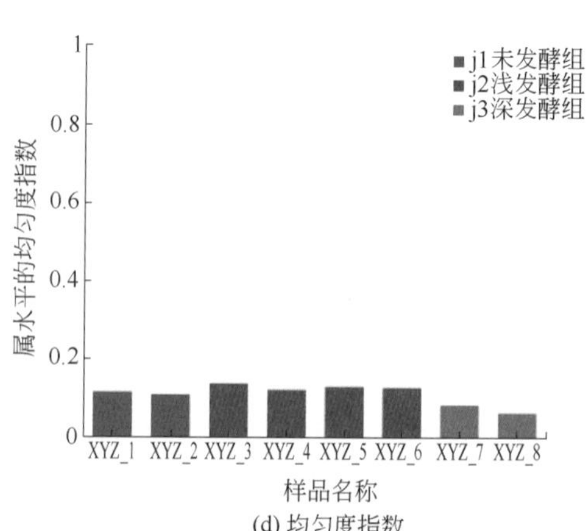

(d) 均匀度指数

图 5-36　基于细菌属菌群的好氧发酵罐鸡粪处理过程生境多样性指数

八、菌群生态位特征

利用表 5-46，以细菌属为样本，发酵时间为指标，计算生态位宽度，分析结果见表 5-50。结果表明 228 个细菌属菌群生态位宽度范围在 1.0000 ～ 7.5082。生态位最宽的菌群为红球菌属，为 7.5082，其相应的常用资源种类为 S4=14.76%（浅发酵阶段）、S5=13.95%（浅发酵阶段）、S6=18.03%（浅发酵阶段）、S8=14.36%（深发酵阶段）。生态位最窄的菌群为新建芽胞杆菌属，为 1.0000，其相应的常用资源种类为 S1=100.00%（未发酵阶段）。不同的细菌属菌群生态位宽度存在差异：生态位宽的菌群，选择多个发酵阶段的概率就大，生态适应性就高；生态位窄的菌群，选择多个发酵阶段的概率就小，生态适应性就差。

表 5-50 好氧发酵罐鸡粪处理过程细菌属菌群生态位宽度

物种名称	生态位宽度	频数	截断比例	常用资源种类				
红球菌属 *Rhodococcus*	7.5082	4	0.13	S4=14.76%	S5=13.95%	S6=18.03%	S8=14.36%	
γ- 变形菌纲的 1 属 c_Gammaproteobacteria	6.9642	4	0.13	S3=15.17%	S5=19.31%	S6=15.86%	S8=17.24%	
肠道杆菌属 *Intestinibacter*	6.7841	3	0.13	S2=14.75%	S4=20.50%	S5=15.11%		
龙包茨氏菌属 *Romboutsia*	6.7694	6	0.13	S1=18.62%	S2=17.35%	S3=13.11%	S4=13.81%	S5=13.72%
瘤胃球菌属 2 *Ruminococcus*_2	6.7519	4	0.13	S3=14.82%	S4=15.66%	S5=18.16%	S6=17.43%	
隐秘小球菌属 *Subdoligranulum*	6.7449	5	0.13	S1=13.32%	S3=15.56%	S4=13.51%	S5=17.93%	S6=17.93%
扭链瘤胃球菌群的 1 属 *[Ruminococcus]*_*torques*_group	6.7204	5	0.13	S1=21.07%	S2=13.38%	S3=16.05%	S5=14.38%	S6=13.04%
有益杆菌属 *Agathobacter*	6.7174	4	0.13	S3=16.25%	S4=16.13%	S5=17.79%	S6=17.68%	
布劳特氏菌属 *Blautia*	6.7125	4	0.13	S3=16.64%	S4=15.67%	S5=16.59%	S6=18.39%	
毛螺菌属 Lachnospira	6.7063	4	0.13	S3=14.81%	S4=16.93%	S5=17.46%	S6=18.52%	
反刍优杆菌群的 1 属 *[Eubacterium]*_*ruminantium*_group	6.7019	5	0.13	S3=16.06%	S4=15.54%	S5=18.65%	S6=16.32%	S7=13.73%
瘤胃球菌属 1 *Ruminococcus*_1	6.6923	4	0.13	S3=17.41%	S4=14.83%	S5=17.69%	S6=18.50%	
纺锤链杆菌属 *Fusicatenibacter*	6.6885	5	0.13	S3=15.33%	S4=16.03%	S5=14.98%	S6=19.51%	S7=14.63%
微丝菌目的 1 属 o_Microtrichales	6.6881	4	0.13	S3=14.81%	S4=15.56%	S5=20.74%	S6=16.30%	
毛梭菌属 *Lachnoclostridium*	6.6826	4	0.13	S3=18.13%	S4=14.81%	S5=16.57%	S6=17.54%	
肠球菌属 *Enterococcus*	6.6471	5	0.13	S1=15.87%	S3=17.52%	S4=15.62%	S5=19.17%	S6=13.31%
副雷沃氏菌属 *Paraprevotella*	6.6460	4	0.13	S1=14.21%	S3=19.67%	S6=16.94%	S7=16.39%	
候选目 JG30-KF-CM45 的 1 科的 1 属 f_JG30-KF-CM45	6.6434	4	0.13	S3=15.64%	S4=18.44%	S5=15.64%	S6=20.67%	
柔膜菌纲 RF39 群的 1 目的 1 属 o_Mollicutes_RF39	6.6340	5	0.13	S1=13.62%	S3=16.04%	S4=15.58%	S5=14.83%	S6=20.57%
瘤胃球菌科 UCG-014 群的 1 属 Ruminococcaceae_UCG-014	6.6255	4	0.13	S3=16.01%	S4=17.06%	S5=17.32%	S6=18.39%	
α- 变形菌纲的 1 属 c_Alphaproteobacteria	6.6249	5	0.13	S1=13.08%	S3=17.31%	S4=18.08%	S5=18.85%	S6=13.85%

续表

物种名称	生态位宽度	频数	截断比例	常用资源种类				
毛螺菌科 NK4A136 群的 1 属 Lachnospiraceae_NK4A136_group	6.6241	4	0.13	S3=16.52%	S4=16.89%	S5=17.40%	S6=18.65%	
粪球菌属 2 *Coprococcus*_2	6.6232	4	0.13	S3=16.03%	S4=16.29%	S5=18.41%	S6=18.28%	
海洋放线菌目的 1 属 o_Actinomarinales	6.5954	5	0.13	S1=13.88%	S3=17.14%	S4=17.55%	S5=16.33%	S6=17.55%
链球菌属 *Streptococcus*	6.5947	4	0.13	S3=15.32%	S4=17.70%	S5=17.17%	S6=19.42%	
巴恩斯氏菌属 *Barnesiella*	6.5897	3	0.14	S1=21.62%	S3=15.54%	S7=14.19%		
瘤胃球菌科 UCG-002 群的 1 属 Ruminococcaceae_UCG-002	6.5876	4	0.13	S3=15.87%	S5=19.84%	S6=17.86%	S7=15.08%	
多雷氏菌属 *Dorea*	6.5858	4	0.13	S3=15.38%	S4=17.27%	S5=17.54%	S6=19.16%	
粪球菌属 1 *Coprococcus*_1	6.5816	3	0.13	S3=15.00%	S5=23.57%	S6=15.00%		
罗氏菌属 *Roseburia*	6.5733	4	0.13	S3=16.07%	S4=17.01%	S5=17.78%	S6=19.14%	
葡萄球菌属 *Staphylococcus*	6.5618	4	0.13	S3=17.15%	S4=18.12%	S5=19.42%	S6=15.21%	
毛螺菌科 UCG-003 群的 1 属 Lachnospiraceae_UCG-003	6.5548	4	0.14	S3=17.45%	S4=14.77%	S5=17.45%	S6=19.46%	
芽单胞菌纲的 1 属 c_Gemmatimonadetes	6.5411	4	0.13	S3=17.38%	S4=15.24%	S5=20.95%	S6=17.38%	
考拉杆菌属 *Phascolarctobacterium*	6.5252	5	0.13	S1=17.66%	S3=16.67%	S4=18.16%	S5=16.42%	S6=14.68%
瘤胃球菌科 UCG-013 群的 1 属 Ruminococcaceae_UCG-013	6.5144	4	0.13	S3=15.85%	S4=18.11%	S5=19.81%	S6=17.36%	
假单胞菌属 *Pseudomonas*	6.5137	5	0.13	S1=14.23%	S3=15.84%	S4=17.38%	S5=18.58%	S6=17.47%
挑剔优杆菌群的 1 属 *[Eubacterium]_eligens* _group	6.5136	4	0.13	S3=16.20%	S4=17.97%	S5=16.07%	S6=20.22%	
粪杆菌属 *Faecalibacterium*	6.4960	4	0.13	S3=16.29%	S4=17.73%	S5=17.06%	S6=19.69%	
厌氧绳菌科的 1 属 f_Anaerolineaceae	6.4882	4	0.13	S3=16.22%	S4=15.32%	S5=18.02%	S6=19.82%	
别样杆状菌属 *Alistipes*	6.4865	4	0.14	S1=15.19%	S4=16.25%	S5=17.67%	S6=18.73%	
魏斯氏菌属 *Weissella*	6.4864	4	0.13	S3=14.78%	S4=17.66%	S5=18.68%	S6=18.96%	
产粪甾醇优杆菌群的 1 属 *[Eubacterium]_coprostanoligenes*_group	6.4815	4	0.13	S3=17.40%	S4=18.24%	S5=17.19%	S6=18.73%	
毛螺菌科 UCG-004 群的 1 属 Lachnospiraceae_UCG-004	6.4814	4	0.13	S3=17.50%	S4=15.27%	S5=16.81%	S6=20.75%	
朝井氏菌属 *Asaia*	6.4743	4	0.14	S3=16.06%	S4=17.52%	S5=18.25%	S6=17.52%	
鼠杆形菌科的 1 属 f_Muribaculaceae	6.4702	4	0.13	S3=15.14%	S4=18.93%	S5=18.61%	S6=18.30%	
甲基杆菌属 *Methylobacterium*	6.4685	4	0.13	S3=14.81%	S4=16.49%	S5=18.47%	S6=20.76%	
候选纲 Kazania 的 1 属 c_Kazania	6.4625	3	0.14	S3=16.77%	S4=19.25%	S5=19.88%		
鞘氨醇单胞菌属 *Sphingomonas*	6.4577	4	0.13	S3=16.09%	S4=17.59%	S5=17.93%	S6=19.43%	
栖热菌属 *Thermus*	6.4423	4	0.13	S3=19.10%	S4=16.08%	S5=20.60%	S6=15.58%	
沙雷氏菌属 *Serratia*	6.4319	4	0.13	S3=20.93%	S4=16.52%	S5=17.18%	S6=16.30%	

续表

物种名称	生态位宽度	频数	截断比例	常用资源种类				
SAR202 进化枝的 1 目的 1 属 o_SAR202_clade	6.4211	4	0.13	S3=17.57%	S4=17.17%	S5=18.88%	S6=18.42%	
丁酸球菌属 *Butyricicoccus*	6.4138	4	0.13	S3=18.39%	S4=16.72%	S5=19.86%	S6=17.11%	
毛螺菌科 UCG-010 群的 1 属 Lachnospiraceae_UCG-010	6.4091	4	0.14	S3=16.55%	S4=18.97%	S5=17.59%	S6=18.62%	
候选目 NB1-j 的 1 属 o_NB1-j	6.4083	4	0.13	S1=13.43%	S3=23.88%	S5=17.16%	S6=14.18%	
乳杆菌属 *Lactobacillus*	6.3974	4	0.13	S3=15.50%	S4=17.87%	S5=19.56%	S6=18.77%	
候选属 AqS1	6.3936	5	0.13	S1=14.80%	S3=17.66%	S4=19.57%	S5=16.71%	S6=16.47%
副萨特氏菌属 *Parasutterella*	6.3883	5	0.13	S1=16.67%	S3=15.53%	S4=15.91%	S5=18.94%	S6=18.18%
候选属 SM1A02	6.3876	5	0.14	S1=13.92%	S3=15.46%	S4=15.98%	S5=20.10%	S6=18.56%
肠杆菌属 *Enterobacter*	6.3868	4	0.13	S3=16.84%	S4=16.45%	S5=19.84%	S6=18.88%	
候选纲 OLB14 的 1 属 c_OLB14	6.3802	4	0.13	S3=18.96%	S4=15.88%	S5=20.62%	S6=17.06%	
候选科 bacteriap25 的 1 属 f_bacteriap25	6.3748	4	0.13	S3=15.79%	S4=17.27%	S5=20.23%	S6=18.75%	
瘤胃梭菌属 9 *Ruminiclostridium_9*	6.3681	5	0.14	S1=14.85%	S3=18.78%	S4=16.16%	S5=19.65%	S6=14.85%
细菌域分类地位未定的 1 门未分类的 1 属 unclassified_k_norank_d_Bacteria	6.3654	4	0.13	S3=15.88%	S4=16.23%	S5=18.41%	S6=21.38%	
变形杆菌属 *Proteus*	6.3622	4	0.13	S3=17.35%	S4=16.70%	S5=19.47%	S6=19.17%	
基尔菌科的 1 属 f_Kiloniellaceae	6.3621	4	0.13	S3=17.89%	S4=19.92%	S5=18.50%	S6=15.65%	
狭义梭菌属 1 *Clostridium_sensu_stricto_1*	6.3587	4	0.13	S3=18.32%	S4=19.85%	S5=15.57%	S6=17.86%	
乳球菌属 *Lactococcus*	6.3557	4	0.13	S3=14.73%	S4=18.62%	S5=16.18%	S6=21.32%	
硝化螺旋菌属 *Nitrospira*	6.3538	5	0.13	S1=13.43%	S3=18.26%	S4=16.79%	S5=18.78%	S6=17.84%
香味菌属 *Myroides*	6.3531	4	0.13	S3=15.45%	S4=17.33%	S5=16.91%	S6=22.34%	
双歧杆菌属 *Bifidobacterium*	6.3428	4	0.13	S3=15.44%	S4=17.72%	S5=18.20%	S6=21.11%	
苍白杆菌属 *Ochrobactrum*	6.3418	5	0.13	S1=13.76%	S3=14.68%	S4=18.35%	S5=18.04%	S6=19.88%
嗜血杆菌属 *Haemophilus*	6.3380	3	0.14	S4=17.74%	S5=20.97%	S6=19.35%		
亚群 9 的 1 纲的 1 属 c_Subgroup_9	6.3307	4	0.13	S3=17.89%	S4=17.07%	S5=18.43%	S6=19.11%	
候选科 A4b 的 1 属 f_A4b	6.3291	4	0.13	S3=15.82%	S4=17.68%	S5=17.84%	S6=20.92%	
鞘氨醇杆菌属 *Sphingobacterium*	6.3142	5	0.13	S1=13.45%	S3=18.34%	S4=14.67%	S5=20.78%	S6=17.36%
α- 变形菌纲的 1 属 c_Alphaproteobacteria	6.3096	4	0.13	S3=15.65%	S4=16.09%	S5=19.13%	S6=21.74%	
候选属 PAUC26f	6.3083	4	0.13	S3=18.24%	S4=14.12%	S5=19.71%	S6=20.44%	
暖绳菌科的 1 属 f_Caldilineaceae	6.3079	4	0.13	S3=15.79%	S4=16.17%	S5=21.21%	S6=18.88%	
海港杆菌门的 1 属 p_Poribacteria	6.3053	4	0.13	S3=18.48%	S4=18.73%	S5=17.22%	S6=18.99%	
赫夫勒氏菌属 *Hoeflea*	6.3053	4	0.13	S2=16.04%	S3=16.04%	S5=21.70%	S6=19.81%	
候选目 C10-SB1A 的 1 属 o_C10-SB1A	6.3035	4	0.13	S3=18.63%	S4=16.67%	S5=21.57%	S6=15.20%	

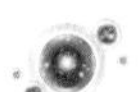

续表

物种名称	生态位宽度	频数	截断比例	常用资源种类				
醋杆菌属 *Acetobacter*	6.2993	4	0.13	S3=17.95%	S4=17.19%	S5=18.65%	S6=19.15%	
KI89A 进化枝的 1 目的 1 属 o_KI89A_clade	6.2894	4	0.13	S3=17.12%	S4=17.57%	S5=21.62%	S6=15.77%	
肠杆菌科的 1 属 f_Enterobacteriaceae	6.2865	4	0.13	S3=17.82%	S4=17.82%	S5=18.68%	S6=19.25%	
戴阿利斯特杆菌属 *Dialister*	6.2838	4	0.13	S3=15.32%	S4=17.81%	S5=18.09%	S6=21.30%	
候选纲 TK30 的 1 属 c_TK30	6.2828	4	0.13	S3=20.51%	S4=16.76%	S5=16.62%	S6=19.44%	
泛菌属 *Pantoea*	6.2805	4	0.13	S3=17.03%	S4=16.64%	S5=17.70%	S6=21.66%	
埃希氏菌 - 志贺氏菌属 *Escherichia-Shigella*	6.2755	3	0.13	S4=20.74%	S5=19.30%	S6=18.69%		
巨单胞菌属 *Megamonas*	6.2696	5	0.13	S1=16.42%	S3=13.43%	S4=17.91%	S5=17.16%	S6=20.15%
候选目 SBR1031 的 1 属 o_SBR1031	6.2629	4	0.13	S3=17.01%	S4=18.46%	S5=19.93%	S6=18.10%	
微杆菌属 *Microbacterium*	6.2617	5	0.13	S1=14.29%	S3=16.73%	S4=18.98%	S5=16.12%	S6=19.39%
糖单胞菌目的 1 属 o_Saccharimonadales	6.2579	4	0.14	S1=18.18%	S3=14.24%	S4=17.88%	S5=20.61%	
候选纲 JG30-KF-CM66 的 1 属 c_JG30-KF-CM66	6.2572	4	0.14	S3=17.73%	S4=14.53%	S5=22.09%	S6=17.44%	
不动杆菌属 *Acinetobacter*	6.2548	4	0.13	S3=17.45%	S4=17.39%	S5=18.71%	S6=20.24%	
厌氧棒杆菌属 *Anaerostipes*	6.2445	4	0.13	S3=18.27%	S4=15.87%	S5=16.79%	S6=22.32%	
候选科 EC94 的 1 属 f_EC94	6.2437	4	0.13	S3=16.30%	S4=19.78%	S5=18.67%	S6=19.15%	
瘤胃球菌科 UCG-005 群的 1 属 Ruminococcaceae_UCG-005	6.2227	4	0.13	S1=24.83%	S2=14.41%	S3=16.85%	S5=13.53%	
螺杆菌属 *Helicobacter*	6.2225	5	0.14	S1=19.15%	S3=14.89%	S4=20.57%	S5=17.02%	S6=14.18%
苏黎世杆菌属 *Turicibacter*	6.2184	5	0.13	S1=15.96%	S2=23.60%	S3=15.96%	S4=14.83%	S5=14.61%
亚群 6 的 1 纲的 1 属 c_Subgroup_6	6.2085	4	0.13	S3=18.03%	S4=19.18%	S5=19.34%	S6=17.54%	
寡养单胞菌属 *Stenotrophomonas*	6.1991	4	0.13	S3=18.22%	S4=15.44%	S5=19.61%	S6=21.14%	
根瘤菌属 *Rhizobium*	6.1954	4	0.13	S3=17.82%	S4=16.14%	S5=19.89%	S6=20.45%	
假交替单胞菌属 *Pseudoalteromonas*	6.1906	3	0.13	S3=19.67%	S4=19.67%	S5=20.50%		
腐螺旋菌科的 1 属 f_Saprospiraceae	6.1856	4	0.13	S3=16.18%	S4=18.50%	S5=16.76%	S6=22.54%	
雷沃氏菌属 9 *Prevotella_9*	6.1729	3	0.13	S4=17.47%	S5=21.08%	S6=21.69%		
粪球菌属 3 *Coprococcus_3*	6.1668	4	0.13	S3=17.15%	S4=16.96%	S5=21.25%	S6=19.10%	
Sva0996 海洋菌群的 1 属 Sva0996_marine_group	6.1657	4	0.13	S3=17.84%	S4=17.91%	S5=19.33%	S6=19.90%	
沃斯氏菌属 *Woeseia*	6.1631	3	0.13	S3=18.12%	S4=22.46%	S5=19.57%		
丹毒丝菌科 UCG-003 群的 1 属 Erysipelotrichaceae_UCG-003	6.1489	4	0.14	S1=14.71%	S3=13.97%	S4=16.91%	S6=24.26%	
明串珠菌属 *Leuconostoc*	6.1339	4	0.13	S3=18.45%	S4=15.87%	S5=16.97%	S6=23.25%	
脱硝酸体属 *Denitratisoma*	6.1322	5	0.13	S1=13.22%	S3=19.38%	S4=14.54%	S5=22.47%	S6=16.74%

续表

物种名称	生态位宽度	频数	截断比例	常用资源种类				
拟杆菌属 *Bacteroides*	6.1203	2	0.13	S1=25.72%	S2=19.25%			
蛭弧菌属 *Bdellovibrio*	6.1198	3	0.13	S3=16.98%	S4=23.58%	S5=20.75%		
贝日阿托氏菌属 *Beggiatoa*	6.1187	4	0.13	S3=18.08%	S4=15.55%	S5=20.99%	S6=20.10%	
变形菌门未分类的 1 属 unclassified_p_Proteobacteria	6.1007	3	0.13	S4=14.70%	S5=23.34%	S6=21.33%		
候选目 HOC36 的 1 属 o_HOC36	6.0976	4	0.13	S3=16.00%	S4=21.33%	S5=19.33%	S6=18.67%	
候选目 S085 的 1 属 o_S085	6.0752	4	0.13	S3=17.72%	S4=16.29%	S5=17.31%	S6=22.81%	
克里斯滕森菌科 R-7 菌群的 1 属 Christensenellaceae_R-7_group	6.0746	3	0.13	S1=27.71%	S2=13.16%	S6=13.16%		
海绵共生菌科的 1 属 f_Entotheonellaceae	6.0743	4	0.13	S3=17.27%	S4=22.73%	S5=16.36%	S6=18.18%	
候选门 AncK6 分类地位未定的 1 属 norank_p_AncK6	6.0739	3	0.13	S4=16.55%	S5=26.62%	S6=14.39%		
候选纲 OM190 的 1 属 c_OM190	6.0676	3	0.13	S3=17.36%	S5=25.62%	S6=16.53%		
候选属 AT-s3-44	6.0617	4	0.13	S3=17.81%	S4=18.20%	S5=19.77%	S6=20.35%	
候选目 Dadabacteriales 的 1 属 o_Dadabacteriales	6.0604	4	0.13	S3=16.84%	S4=18.48%	S5=20.33%	S6=20.53%	
瘤胃球菌科 UCG-003 群的 1 属 Ruminococcaceae_UCG-003	5.9859	4	0.14	S3=18.03%	S4=17.01%	S5=20.75%	S6=21.09%	
丁酸单胞菌属 *Butyricimonas*	5.9619	4	0.13	S3=18.05%	S4=13.53%	S5=13.53%	S6=27.07%	
哈夫尼菌属 - 肥杆菌属 *Hafnia-Obesumbacterium*	5.9545	4	0.14	S3=15.65%	S4=26.96%	S5=15.65%	S6=14.78%	
候选纲 TK17 的 1 属 c_TK17	5.9536	4	0.13	S3=19.56%	S4=17.54%	S5=18.95%	S6=21.57%	
剑菌属 *Ensifer*	5.9463	4	0.13	S3=20.07%	S4=17.10%	S5=23.42%	S6=14.50%	
亚群 11 的 1 纲的 1 属 c_Subgroup_11	5.9399	4	0.13	S3=17.07%	S4=25.20%	S5=15.45%	S6=18.70%	
甲基寡养菌科的 1 属 f_Methyloligellaceae	5.9382	4	0.14	S3=14.00%	S4=20.00%	S5=15.00%	S6=25.00%	
候选纲 P9X2b3D02 的 1 属 c_P9X2b3D02	5.9381	4	0.13	S3=18.59%	S4=20.10%	S5=16.58%	S6=21.11%	
JTB255 海底菌群的 1 属 JTB255_marine_benthic_group	5.9163	4	0.13	S3=17.69%	S4=17.33%	S5=24.91%	S6=16.61%	
微丝菌科的 1 属 f_Microtrichaceae	5.9108	4	0.14	S3=15.74%	S4=24.68%	S5=19.57%	S6=16.17%	
颗粒链菌属 *Granulicatella*	5.9081	4	0.13	S3=16.67%	S4=18.89%	S5=20.56%	S6=21.11%	
金黄杆菌属 *Chryseobacterium*	5.8982	3	0.13	S4=20.21%	S5=19.86%	S6=23.69%		
候选目 JTB23 的 1 属 o_JTB23	5.8933	4	0.14	S3=20.53%	S4=19.21%	S5=17.88%	S6=19.21%	
片球菌属 *Pediococcus*	5.8725	3	0.13	S4=15.72%	S5=24.53%	S6=21.38%		
螺旋体属 2 *Spirochaeta_2*	5.8639	4	0.14	S3=17.90%	S4=16.59%	S5=19.21%	S6=23.58%	
土单胞菌属 *Terrimonas*	5.8504	4	0.13	S3=16.39%	S4=21.43%	S5=16.39%	S6=23.95%	
无色杆菌属 *Achromobacter*	5.8487	4	0.13	S3=18.87%	S4=13.84%	S5=26.73%	S6=16.35%	

续表

物种名称	生态位宽度	频数	截断比例	常用资源种类				
居鸡菌属 *Gallicola*	5.8441	4	0.14	S2=14.66%	S4=19.36%	S5=21.16%	S7=22.41%	
新鞘氨醇杆菌属 *Novosphingobium*	5.8402	4	0.14	S3=17.49%	S4=24.22%	S5=18.39%	S6=16.14%	
候选目 EPR3968-O8a-Bc78 的 1 属 o_EPR3968-O8a-Bc78	5.8182	3	0.13	S4=18.75%	S5=28.57%	S6=13.39%		
海杆形菌目的 1 属 o_Thalassobaculales	5.7878	4	0.13	S3=23.91%	S4=18.75%	S5=19.57%	S6=16.30%	
短波单胞菌属 *Brevundimonas*	5.6352	3	0.14	S2=15.17%	S3=23.45%	S4=24.83%		
产碱菌属 *Alcaligenes*	5.6346	3	0.13	S4=14.17%	S5=24.41%	S6=25.20%		
乳杆菌目的 1 属 o_Lactobacillales	5.6322	5	0.13	S2=14.48%	S3=16.55%	S4=24.14%	S5=20.69%	S7=15.86%
CL500-29 海洋菌群的 1 属 CL500-29_marine_group	5.5620	4	0.13	S3=17.21%	S4=15.57%	S5=27.05%	S6=19.67%	
副球菌属 *Paracoccus*	5.5076	3	0.13	S1=24.00%	S2=24.00%	S4=20.00%		
毛球菌属 *Trichococcus*	5.4186	4	0.13	S1=19.86%	S4=22.70%	S5=14.18%	S6=23.40%	
暖微菌属 *Tepidimicrobium*	5.3853	4	0.13	S1=24.95%	S2=22.48%	S3=18.85%	S7=13.10%	
德沃斯氏菌属 *Devosia*	5.3651	3	0.14	S3=22.12%	S5=19.23%	S6=25.96%		
黄单胞菌科的 1 属 f_Xanthomonadaceae	5.3318	3	0.13	S2=26.23%	S4=24.59%	S5=17.49%		
红树杆菌属 *Mangrovibacter*	5.3236	4	0.13	S3=13.25%	S4=14.57%	S5=29.80%	S6=21.19%	
雷沃氏菌属 1 *Prevotella_1*	5.3004	3	0.13	S3=30.03%	S5=17.30%	S6=19.34%		
粪便球菌属 *Faecalicoccus*	5.2064	4	0.14	S1=20.44%	S2=28.47%	S3=15.33%	S4=17.52%	
奇异杆菌属 *Atopostipes*	5.1991	4	0.13	S2=15.19%	S4=15.48%	S5=24.12%	S7=27.26%	
纤维弧菌目的 1 属 o_Cellvibrionales	5.1702	4	0.13	S1=14.42%	S4=25.96%	S5=19.23%	S6=23.08%	
解蛋白菌属 *Proteiniclasticum*	5.1161	4	0.15	S1=20.00%	S2=22.61%	S4=15.65%	S5=24.35%	
棒杆菌属 1 *Corynebacterium_1*	5.0701	3	0.13	S1=23.68%	S4=27.67%	S5=19.75%		
蒂西耶氏菌属 *Tissierella*	4.8054	3	0.13	S2=36.30%	S6=15.82%	S7=13.18%		
嗜胨菌属 *Peptoniphilus*	4.7758	3	0.14	S2=24.46%	S3=28.72%	S4=21.19%		
毛螺菌科的 1 属 f_Lachnospiraceae	4.5604	3	0.13	S1=22.99%	S6=18.05%	S7=34.49%		
梭菌目的 1 属 o_Clostridiales	4.5418	4	0.14	S2=17.06%	S3=18.45%	S5=16.78%	S7=34.54%	
气球菌科的 1 属 f_Aerococcaceae	4.5235	2	0.14	S1=28.04%	S7=31.78%			
候选属 W5053	4.3274	3	0.14	S1=16.60%	S5=38.73%	S7=18.03%		
副拟杆菌属 *Parabacteroides*	4.2420	2	0.13	S1=41.71%	S2=15.54%			
动球菌科的 1 属 f_Planococcaceae	4.1549	3	0.14	S1=22.10%	S2=29.62%	S6=30.19%		
伊格纳茨席纳菌属 *Ignatzschineria*	4.0113	3	0.14	S1=34.14%	S2=31.74%	S7=14.15%		
奥尔森氏菌属 *Olsenella*	4.0026	3	0.14	S1=22.64%	S4=38.11%	S5=17.74%		
瘤胃球菌科的 1 属 f_Ruminococcaceae	3.9835	3	0.14	S2=33.01%	S3=18.04%	S7=31.18%		
丹毒丝菌属 *Erysipelothrix*	3.8297	2	0.14	S1=38.57%	S2=28.96%			
嗜冷杆菌属 *Psychrobacter*	3.7605	2	0.13	S1=44.37%	S2=20.42%			

续表

物种名称	生态位宽度	频数	截断比例	常用资源种类				
梭菌科1的1属 f_Clostridiaceae_1	3.6871	2	0.14	S1=14.45%	S2=46.10%			
热粪杆菌属 *Caldicoprobacter*	3.6218	3	0.13	S2=20.96%	S6=16.02%	S7=43.68%		
创伤球菌属 *Helcococcus*	3.6107	3	0.14	S2=15.42%	S4=28.60%	S5=40.38%		
科XI的1属 f_Family_ XI	3.3233	3	0.14	S1=26.47%	S2=43.74%	S3=18.12%		
柯林斯氏菌属 *Collinsella*	3.1262	3	0.15	S1=20.59%	S3=19.61%	S4=48.04%		
消化球菌科的1属 f_Peptococcaceae	3.1200	3	0.14	S1=50.31%	S5=16.35%	S6=18.24%		
法氏菌属 *Facklamia*	3.0340	3	0.14	S4=20.50%	S5=50.50%	S7=16.50%		
苛求球菌属 *Fastidiosipila*	2.9793	3	0.13	S1=44.95%	S2=32.98%	S3=15.16%		
候选属 *Soleaferrea* Candidatus_*Soleaferrea*	2.9746	2	0.14	S2=51.07%	S3=24.46%			
毛螺菌科的1属 f_Lachnospiraceae	2.9529	2	0.13	S2=18.08%	S7=53.23%			
中温厌氧杆菌属 *Tepidanaerobacter*	2.8759	3	0.14	S4=53.79%	S5=17.76%	S7=13.98%		
类产碱菌属 *Paenalcaligenes*	2.8328	3	0.15	S1=26.21%	S2=50.00%	S3=17.96%		
海洋球形菌属 *Oceanisphaera*	2.7160	2	0.13	S1=54.75%	S2=23.30%			
伯克氏菌科的1属 f_Burkholderiaceae	2.6569	1	0.13	S8=59.00%				
发酵单胞菌属 *Fermentimonas*	2.5337	2	0.15	S1=55.04%	S2=28.68%			
嗜蛋白菌属 *Proteiniphilum*	2.4884	2	0.14	S1=48.41%	S2=40.11%			
兼性芽胞杆菌属 *Amphibacillus*	2.3452	2	0.14	S6=61.54%	S7=17.31%			
加西亚氏菌属 *Garciella*	2.3089	1	0.13	S7=63.71%				
厌氧球菌属 *Anaerococcus*	2.2762	2	0.16	S3=21.69%	S4=61.45%			
梭菌科1的1属 f_Clostridiaceae_1	2.1073	2	0.2	S1=55.48%	S2=40.65%			
劣生单胞菌属 *Dysgonomonas*	2.0380	2	0.13	S1=67.51%	S2=17.16%			
萨维奇氏菌属 *Savagea*	1.9198	1	0.15	S5=70.45%				
樱桃样芽胞杆菌属 *Cerasibacillus*	1.8790	1	0.16	S2=70.47%				
梭菌目科XI的1属 f_Family_ XI _o_Clostridiales	1.8788	1	0.13	S2=71.22%				
消化链球菌属 *Peptostreptococcus*	1.7832	1	0.14	S1=73.94%				
梭菌目 vadinBB60 群的1科的1属 f_Clostridiales_vadinBB60_group	1.7678	1	0.14	S1=73.66%				
厌氧盐杆菌属 *Anaerosalibacter*	1.7349	1	0.15	S1=74.52%				
芽胞杆菌属 *Bacillus*	1.7078	1	0.13	S8=75.91%				
特吕珀菌属 *Truepera*	1.6657	1	0.13	S8=76.95%				
无胆甾原体属 *Acholeplasma*	1.6161	2	0.16	S1=76.36%	S2=18.59%			
交替赤杆菌属 *Altererythrobacter*	1.6085	1	0.13	S8=78.36%				
理研菌科的1属 f_Rikenellaceae	1.5859	2	0.15	S1=77.48%	S2=17.12%			

续表

物种名称	生态位宽度	频数	截断比例	常用资源种类				
互养菌属 *Synergistes*	1.5441	1	0.15	S1=79.78%				
芽胞杆菌科的 1 属 f_Bacillaceae	1.5052	2	0.2	S2=21.06%	S3=78.74%			
理研菌科肠道菌群 RC9 的 1 属 Rikenellaceae_RC9_gut_group	1.4427	1	0.14	S1=82.35%				
黄杆菌科的 1 属 f_Flavobacteriaceae	1.4093	1	0.13	S8=83.99%				
芽胞杆菌科的 1 属 f_Bacillaceae	1.3745	1	0.13	S8=84.64%				
红杆菌科的 1 属 f_Rhodobacteraceae	1.1721	1	0.13	S8=92.31%				
极小单胞菌属 *Pusillimonas*	1.0786	1	0.15	S6=96.26%				
应微所菌属 *Iamia*	1.0594	1	0.16	S5=97.14%				
石纯杆菌属 *Ulvibacter*	1.0454	1	0.14	S7=97.80%				
δ-变形菌纲的 1 属 c_Deltaproteobacteria	1.0372	1	0.15	S6=98.19%				
假纤细芽胞杆菌属 *Pseudogracilibacillus*	1.0330	1	0.14	S7=98.39%				
鞘氨醇杆菌科的 1 属 f_Sphingobacteriaceae	1.0068	1	0.16	S5=99.66%				
班努斯菌科的 1 属 f_Balneolaceae	1.0036	1	0.2	S2=99.82%				
微球菌目的 1 属 o_Micrococcales	1.0030	1	0.2	S3=99.85%				
拟诺卡氏菌属 *Nocardiopsis*	1.0008	1	0.2	S3=99.96%				
居膜菌属 *Membranicola*	1.0000	1	0.2	S1=100.00%				
向文洲菌属 *Wenzhouxiangella*	1.0000	1	0.2	S1=100.00%				
食烷菌属 *Alcanivorax*	1.0000	1	0.2	S1=100.00%				
新建芽胞杆菌属 *Novibacillus*	1.0000	1	0.2	S1=100.00%				

利用表 5-46 的前 5 个高含量细菌属构建矩阵，以 Pianka 测度计算生态位重叠，结果见表 5-51。结果表明不同菌群间生态位重叠存在显著差异，拟杆菌属与粪杆菌属、乳杆菌属、瘤胃球菌科 UCG-014 群的 1 属、奇异杆菌属之间生态位重叠较高，分别为 0.8389、0.8338、0.8600、0.7316，表明菌群间生存环境具有较高相似性，表现出协调生长的特性。

表 5-51 好氧发酵罐鸡粪处理过程细菌属菌群生态位重叠（Pianka 测度）

物种名称	拟杆菌属 *Bacteroides*	粪杆菌属 *Faecalibacterium*	乳杆菌属 *Lactobacillus*	瘤胃球菌科 UCG-014 群的 1 属 Ruminococcaceae_UCG-014	奇异杆菌属 *Atopostipes*
拟杆菌属 *Bacteroides*	1	0.8389	0.8338	0.8600	0.7316
粪杆菌属 *Faecalibacterium*	0.8389	1	0.9971	0.9985	0.7593
乳杆菌属 *Lactobacillus*	0.8338	0.9971	1	0.9969	0.7680
瘤胃球菌科 UCG-014 群的 1 属 Ruminococcaceae_UCG-014	0.8600	0.9985	0.9969	1	0.7810
奇异杆菌属 *Atopostipes*	0.7316	0.7593	0.7680	0.7810	1

九、菌群亚群落分化

利用表 5-46 构建数据矩阵，以细菌属为样本，发酵时间为指标，马氏距离为尺度，可变类平均法进行系统聚类分析，结果见表 5-52、图 5-37。分析结果可将细菌属亚群落分为 3 组。第 1 组高含量亚群落，包含 11 个细菌属，即拟杆菌属、粪杆菌属、乳杆菌属、瘤胃球菌科 UCG-014 群的 1 属、奇异杆菌属、毛螺菌科的 1 属、假单胞菌属、罗氏菌属、伊格纳茨席纳菌属、有益杆菌属、SAR202 进化枝的 1 目的 1 属；其发酵过程含量平均值（read）范围为 53.6 ～ 1807.0，整个发酵过程保持较高含量，在发酵过程起到关键作用。

第 2 组中含量亚群落，包含 56 个细菌属，即暖微菌属、拟诺卡氏菌属、蒂西耶氏菌属、热粪杆菌属、嗜蛋白菌属、极小单胞菌属、双歧杆菌属、候选目 SBR1031 的 1 属、芽胞杆菌科的 1 属、中温厌氧杆菌属、肠杆菌属、石纯杆菌属、梭菌目科Ⅺ的 1 属、丹毒丝菌属、梭菌科 1 的 1 属、变形杆菌属、布劳特氏菌属、毛螺菌科 NK4A136 群的 1 属、龙包茨氏菌属、戴阿利斯特杆菌属、鞘氨醇杆菌科的 1 属、乳球菌属、芽胞杆菌科的 1 属、居膜菌属、泛菌属、嗜胨菌属、醋杆菌属、科Ⅺ的 1 属、瘤胃球菌科的 1 属、隐秘小球菌属、不动杆菌属、挑剔优杆菌群的 1 属、棒杆菌属 1、居鸡菌属、产粪甾醇优杆菌群的 1 属、Sva0996 海洋菌群的 1 属、微球菌目的 1 属、候选科 A4b 的 1 属、红球菌属、肠球菌属、细菌域分类地位未定的 1 门未分类的 1 属、魏斯氏菌属、暖绳菌科的 1 属、丁酸球菌属、候选目 Dadabacteriales 的 1 属、瘤胃球菌属 2、硝化螺旋菌属、候选纲 TK30 的 1 属、梭菌目的 1 属、特吕珀菌属、向文洲菌属、班努斯菌科的 1 属、红杆菌科的 1 属、假纤细芽胞杆菌属、樱桃样芽胞杆菌属、候选属 *Soleaferrea*；其发酵过程含量平均值（read）范围为 172.3 ～ 444.2，整个发酵过程保持中等含量，在发酵过程起到协同作用。

第 3 组低含量亚群落，包含其余 157 个细菌属，其发酵过程含量平均值（read）范围为 13.2 ～ 55.8，整个发酵过程保持较低含量，在发酵过程起到辅助作用。

表 5-52 好氧发酵罐鸡粪处理过程细菌属菌群亚群落系统聚类分析

组别	物种名称	未发酵		浅发酵				深发酵	
		XYZ_1	XYZ_2	XYZ_3	XYZ_4	XYZ_5	XYZ_6	XYZ_7	XYZ_8
1	拟杆菌属 *Bacteroides*	6038	4519	2461	2588	2616	2455	2752	51
	粪杆菌属 *Faecalibacterium*	2467	2160	3544	3858	3711	4284	1584	146
	乳杆菌属 *Lactobacillus*	1819	1408	2381	2745	3005	2883	1023	99
	瘤胃球菌科 UCG-014 群的 1 属 Ruminococcaceae_UCG-014	1842	1493	2382	2539	2577	2736	1243	68
	奇异杆菌属 *Atopostipes*	499	1787	1181	1821	2838	353	3207	79
	毛螺菌科的 1 属 f_Lachnospiraceae	1214	1913	786	135	352	546	5631	2
	假单胞菌属 *Pseudomonas*	1125	742	1252	1374	1469	1381	506	57
	罗氏菌属 *Roseburia*	760	682	1128	1194	1248	1344	627	38
	伊格纳茨席纳菌属 *Ignatzschineria*	2118	1969	325	285	507	121	878	0
	有益杆菌属 *Agathobacter*	665	543	918	911	1005	999	576	32
	SAR202 进化枝的 1 目的 1 属 o_SAR202_clade	591	487	922	901	991	967	352	38

续表

组别	物种名称	未发酵		浅发酵				深发酵	
		XYZ_1	XYZ_2	XYZ_3	XYZ_4	XYZ_5	XYZ_6	XYZ_7	XYZ_8
第 1 组 11 个样本平均值		1656.6	1524.7	1545.6	1642.1	1807.0	1632.9	1570.8	53.6
2	暖微菌属 *Tepidimicrobium*	1631	1469	1232	75	474	796	856	3
	拟诺卡氏菌属 *Nocardiopsis*	0	0	0	1	1	0	0	5268
	蒂西耶氏菌属 *Tissierella*	225	1719	480	321	615	749	624	3
	热粪杆菌属 *Caldicoprobacter*	456	984	366	55	30	752	2051	1
	嗜蛋白菌属 *Proteiniphilum*	2181	1807	342	124	36	10	5	0
	极小单胞菌属 *Pusillimonas*	33	78	42	4	1	0	0	4070
	双歧杆菌属 *Bifidobacterium*	363	294	515	591	607	704	237	24
	候选目 SBR1031 的 1 属 o_SBR1031	388	287	565	613	662	601	182	23
	芽胞杆菌科的 1 属 f_Bacillaceae	1	318	134	1	1	15	36	2789
	中温厌氧杆菌属 *Tepidanaerobacter*	99	6	194	1681	555	153	437	0
	肠杆菌属 *Enterobacter*	356	279	521	509	614	584	213	18
	石纯杆菌属 *Ulvibacter*	17	28	14	3	2	0	3	2974
	梭菌目科XI的 1 属 f_Family_ XI _o_Clostridiales	53	1950	339	35	56	49	251	5
	丹毒丝菌属 *Erysipelothrix*	1000	751	327	139	219	28	129	0
	梭菌科 1 的 1 属 f_Clostridiaceae_1	372	1187	344	261	202	74	135	0
	变形杆菌属 *Proteus*	258	197	400	385	449	442	158	17
	布劳特氏菌属 *Blautia*	280	222	360	339	359	398	195	11
	毛螺菌科 NK4A136 群的 1 属 Lachnospiraceae_NK4A136_group	232	229	356	364	375	402	182	15
	龙包茨氏菌属 *Romboutsia*	395	368	278	293	291	194	296	6
	戴阿利斯特杆菌属 *Dialister*	255	169	320	372	378	445	138	12
	鞘氨醇杆菌科的 1 属 f_Sphingobacteriaceae	2	1	2	0	0	2	0	2048
	乳球菌属 *Lactococcus*	257	189	295	373	324	427	126	12
	芽胞杆菌科的 1 属 f_Bacillaceae	0	0	0	0	0	4	418	1563
	居膜菌属 *Membranicola*	0	0	0	0	0	0	0	1861
	泛菌属 *Pantoea*	182	172	305	298	317	388	123	6
	嗜胨菌属 *Peptoniphilus*	147	396	465	343	161	103	4	0
	醋杆菌属 *Acetobacter*	195	132	284	272	295	303	91	10
	科XI的 1 属 f_Family_ XI	406	671	278	1	12	53	113	0
	瘤胃球菌科的 1 属 f_Ruminococcaceae	147	505	276	20	26	79	477	0
	隐秘小球菌属 *Subdoligranulum*	202	132	236	205	272	272	193	5
	不动杆菌属 *Acinetobacter*	167	120	263	262	282	305	102	6

续表

组别	物种名称	未发酵		浅发酵				深发酵	
		XYZ_1	XYZ_2	XYZ_3	XYZ_4	XYZ_5	XYZ_6	XYZ_7	XYZ_8
2	挑剔优杆菌群的 1 属 *[Eubacterium]_eligens* _group	162	140	238	264	236	297	123	9
	棒杆菌属 1 *Corynebacterium*_1	344	132	170	402	287	37	80	1
	居鸡菌属 *Gallicola*	101	212	131	280	306	92	324	0
	产粪甾醇优杆菌群的 1 属 *[Eubacterium]_coprostanoligenes* _group	157	128	249	261	246	268	111	11
	Sva0996 海洋菌群的 1 属 Sva0996_marine_group	150	120	251	252	272	280	72	10
	微球菌目的 1 属 o_Micrococcales	0	0	0	1	0	0	1	1323
	候选科 A4b 的 1 属 f_A4b	141	115	195	218	220	258	81	5
	红球菌属 *Rhodococcus*	112	115	151	181	171	221	99	176
	肠球菌属 *Enterococcus*	192	116	212	189	232	161	97	11
	细菌域分类地位未定的 1 门未分类的 1 属 unclassified_k_norank_d_Bacteria	131	85	182	186	211	245	98	8
	魏斯氏菌属 *Weissella*	124	121	159	190	201	204	71	6
	暖绳菌科的 1 属 f_Caldilineaceae	133	97	169	173	227	202	59	10
	丁酸球菌属 *Butyricicoccus*	111	95	187	170	202	174	70	8
	候选目 Dadabacteriales 的 1 属 o_Dadabacteriales	102	69	164	180	198	200	53	8
	瘤胃球菌属 2 *Ruminococcus*_2	114	110	142	150	174	167	100	1
	硝化螺旋菌属 *Nitrospira*	128	79	174	160	179	170	59	4
	候选纲 TK30 的 1 属 c_TK30	69	79	153	125	124	145	46	5
	梭菌目的 1 属 o_Clostridiales	66	123	133	4	121	25	249	0
	特吕珀菌属 *Truepera*	16	25	17	25	20	29	10	474
	向文洲菌属 *Wenzhouxiangella*	0	0	0	0	0	0	0	605
	班努斯菌科的 1 属 f_Balneolaceae	0	1	0	0	0	0	0	552
	红杆菌科的 1 属 f_Rhodobacteraceae	3	7	4	6	7	10	1	456
	假纤细芽胞杆菌属 *Pseudogracilibacillus*	1	1	1	1	1	0	2	427
	樱桃样芽胞杆菌属 *Cerasibacillus*	3	284	34	0	0	0	66	16
	候选属 *Soleaferrea* Candidatus_*Soleaferrea*	14	119	57	16	18	8	1	0
第 2 组 56 个样本平均值		226.3	304.2	226.9	203.1	201.2	205.8	172.3	444.2
3	毛螺菌科的 1 属 f_Lachnospiraceae	312	77	83	77	93	245	468	2
	动球菌科的 1 属 f_Planococcaceae	232	311	80	5	18	317	87	0
	鞘氨醇单胞菌属 *Sphingomonas*	113	66	140	153	156	169	64	9
	克里斯滕森菌科 R-7 菌群的 1 属 Christensenellaceae_R-7_group	240	114	110	103	110	114	71	4

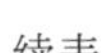

续表

组别	物种名称	未发酵		浅发酵				深发酵	
		XYZ_1	XYZ_2	XYZ_3	XYZ_4	XYZ_5	XYZ_6	XYZ_7	XYZ_8
3	发酵单胞菌属 *Fermentimonas*	453	236	65	40	24	0	5	0
	贝日阿托氏菌属 *Beggiatoa*	89	63	143	123	166	159	44	4
	链球菌属 *Streptococcus*	89	75	116	134	130	147	58	8
	粪球菌属 2 *Coprococcus_2*	84	63	121	123	139	138	83	4
	多雷氏菌属 *Dorea*	91	74	114	128	130	142	56	6
	亚群 9 的 1 纲的 1 属 c_Subgroup_9	89	67	132	126	136	141	44	3
	瘤胃球菌属 1 *Ruminococcus_1*	75	75	128	109	130	136	76	6
	寡养单胞菌属 *Stenotrophomonas*	71	67	131	111	141	152	36	10
	候选属 PAUC26f	74	61	124	96	134	139	47	5
	柔膜菌纲 RF39 群的 1 目的 1 属 o_Mollicutes_RF39	90	74	106	103	98	136	48	6
	狭义梭菌属 1 *Clostridium_sensu_stricto_1*	83	57	120	130	102	117	44	2
	甲基杆菌属 *Methylobacterium*	69	57	97	108	121	136	64	3
	候选科 EC94 的 1 属 f_EC94	70	42	103	125	118	121	50	3
	亚群 6 的 1 纲的 1 属 c_Subgroup_6	73	47	110	117	118	107	35	3
	候选科 bacteriap25 的 1 属 f_bacteriap25	69	54	96	105	123	114	44	3
	毛螺菌科 UCG-004 群的 1 属 Lachnospiraceae_UCG-004	59	58	102	89	98	121	55	1
	创伤球菌属 *Helcococcus*	17	89	28	165	233	41	4	0
	理研菌科肠道菌群 RC9 的 1 属 Rikenellaceae_RC9_gut_group	448	64	15	7	6	3	0	1
	厌氧棒杆菌属 *Anaerostipes*	54	36	99	86	91	121	52	3
	根瘤菌属 *Rhizobium*	52	52	95	86	106	109	30	3
	瘤胃球菌科 UCG-013 群的 1 属 Ruminococcaceae_UCG-013	54	55	84	96	105	92	37	7
	毛梭菌属 *Lachnoclostridium*	57	66	93	76	85	90	45	1
	粪球菌属 3 *Coprococcus_3*	46	54	88	87	109	98	29	2
	候选属 AT-s3-44	53	36	91	93	101	104	32	1
	加西亚氏菌属 *Garciella*	25	24	30	4	43	55	323	3
	候选纲 TK17 的 1 属 c_TK17	40	37	97	87	94	107	33	1
	无胆甾原体属 *Acholeplasma*	378	92	14	8	3	0	0	0
	基尔菌科的 1 属 f_Kiloniellaceae	55	50	88	98	91	77	31	2
	候选目 S085 的 1 属 o_S085	63	36	87	80	85	112	26	2
	微杆菌属 *Microbacterium*	70	49	82	93	79	95	20	2
	候选属 W5053	81	41	11	48	189	30	88	0

续表

组别	物种名称	未发酵		浅发酵				深发酵	
		XYZ_1	XYZ_2	XYZ_3	XYZ_4	XYZ_5	XYZ_6	XYZ_7	XYZ_8
3	埃希氏菌 - 志贺氏菌属 *Escherichia-Shigella*	59	46	63	101	94	91	30	3
	香味菌属 *Myroides*	51	45	74	83	81	107	33	5
	沙雷氏菌属 *Serratia*	59	31	95	75	78	74	37	5
	瘤胃球菌科 UCG-005 群的 1 属 Ruminococcaceae_UCG-005	112	65	76	52	61	55	26	4
	苏黎世杆菌属 *Turicibacter*	71	105	71	66	65	37	28	2
	海洋球形菌属 *Oceanisphaera*	242	103	26	40	21	1	4	5
	劣生单胞菌属 *Dysgonomonas*	295	75	20	15	16	13	2	1
	候选纲 OLB14 的 1 属 c_OLB14	38	39	80	67	87	72	36	3
	芽单胞菌纲的 1 属 c_Gemmatimonadetes	52	27	73	64	88	73	29	14
	候选属 AqS1	62	28	74	82	70	69	31	3
	Sphi 候选纲 OLB14 的 1 属 ngobacterium	55	38	75	60	85	71	23	2
	考拉杆菌属 *Phascolarctobacterium*	71	29	67	73	66	59	35	2
	海港杆菌门的 1 属 p_Poribacteria	47	29	73	74	68	75	25	4
	雷沃氏菌属 1 *Prevotella*_1	32	30	118	51	68	76	17	1
	反刍优杆菌群的 1 属 *[Eubacterium]_ruminantium*_group	40	35	62	60	72	63	53	1
	副拟杆菌属 *Parabacteroides*	161	60	29	40	34	39	22	1
	黄杆菌科的 1 属 f_Flavobacteriaceae	5	10	9	8	11	14	4	320
	毛螺菌属 *Lachnospira*	44	43	56	64	66	70	32	3
	苛求球菌属 *Fastidiosipila*	169	124	57	14	8	1	2	1
	海杆形菌目的 1 属 o_Thalassobaculales	34	25	88	69	72	60	18	2
	肠杆菌科的 1 属 f_Enterobacteriaceae	40	27	62	62	65	67	23	2
	变形菌门未分类的 1 属 unclassified_p_Proteobacteria	28	28	41	51	81	74	43	1
	腐螺旋菌科的 1 属 f_Saprospiraceae	34	29	56	64	58	78	26	1
	候选纲 JG30-KF-CM66 的 1 属 c_JG30-KF-CM66	43	29	61	50	76	60	25	0
	伯克氏菌科的 1 属 f_Burkholderiaceae	16	11	21	27	35	20	9	200
	δ - 变形菌纲的 1 属 c_Deltaproteobacteria	2	1	0	0	1	1	1	325
	糖单胞菌目的 1 属 o_Saccharimonadales	60	44	47	59	68	36	16	0
	苍白杆菌属 *Ochrobactrum*	45	21	48	60	59	65	28	1
	无色杆菌属 *Achromobacter*	30	24	60	44	85	52	18	5
	鼠杆形菌科的 1 属 f_Muribaculaceae	39	26	48	60	59	58	24	3
	应微所菌属 *Iamia*	3	0	1	4	1	0	0	306

续表

组别	物种名称	未发酵		浅发酵				深发酵	
		XYZ_1	XYZ_2	XYZ_3	XYZ_4	XYZ_5	XYZ_6	XYZ_7	XYZ_8
3	厌氧盐杆菌属 *Anaerosalibacter*	234	38	12	0	0	6	21	3
	葡萄球菌属 *Staphylococcus*	34	31	53	56	60	47	26	2
	扭链瘤胃球菌群的 1 属 *[Ruminococcus]_torques*_group	63	40	48	34	43	39	30	2
	瘤胃球菌科 UCG-003 群的 1 属 Ruminococcaceae_UCG-003	19	23	53	50	61	62	26	0
	毛螺菌科 UCG-010 群的 1 属 Lachnospiraceae_UCG-010	32	24	48	55	51	54	26	0
	金黄杆菌属 *Chryseobacterium*	26	33	27	58	57	68	15	3
	纺锤链杆菌属 *Fusicatenibacter*	28	27	44	46	43	56	42	1
	别样杆状菌属 *Alistipes*	43	16	36	46	50	53	39	0
	肠道杆菌属 *Intestinibacter*	34	41	34	57	42	36	33	1
	JTB255 海底菌群的 1 属 JTB255_marine_benthic_group	25	19	19	48	69	46	20	1
	芽胞杆菌属 *Bacillus*	8	9	9	12	14	11	3	208
	明串珠菌属 *Leuconostoc*	29	23	50	43	46	63	12	5
	剑菌属 *Ensifer*	30	25	54	46	63	39	11	1
	奥尔森氏菌属 *Olsenella*	60	21	33	101	47	2	1	0
	副萨特氏菌属 *Parasutterella*	44	18	41	42	50	48	20	1
	α- 变形菌纲的 1 属 c_Alphaproteobacteria	34	28	45	47	49	36	18	3
	产碱菌属 *Alcaligenes*	29	21	28	36	62	64	12	2
	瘤胃球菌科 UCG-002 群的 1 属 Ruminococcaceae_UCG-002	27	21	40	30	50	45	38	1
	海洋放线菌目的 1 属 o_Actinomarinales	34	21	42	43	40	43	21	1
	假交替单胞菌属 *Pseudoalteromonas*	29	21	47	47	49	30	15	1
	土单胞菌属 *Terrimonas*	17	17	39	51	39	57	14	4
	微丝菌科的 1 属 f_Microtrichaceae	20	17	37	58	46	38	19	0
	α- 变形菌纲的 1 属 c_Alphaproteobacteria	23	13	36	37	44	50	24	3
	螺旋体属 2 *Spirochaeta_2*	19	22	41	38	44	54	11	0
	瘤胃梭菌属 9 *Ruminiclostridium_9*	34	22	43	37	45	34	14	0
	脱硝酸体属 *Denitratisoma*	30	10	44	33	51	38	18	3
	新鞘氨醇杆菌属 *Novosphingobium*	26	19	39	54	41	36	8	0
	oKI89A 进化枝的 1 目的 1 属 _KI89A_clade	28	19	38	39	48	35	14	1
	类产碱菌属 *Paenalcaligenes*	54	103	37	1	2	0	0	9
	梭菌目 vadinBB60 群的 1 科的 1 属 f_Clostridiales_vadinBB60_group	151	28	10	8	4	2	2	0

续表

组别	物种名称	未发酵		浅发酵				深发酵	
		XYZ_1	XYZ_2	XYZ_3	XYZ_4	XYZ_5	XYZ_6	XYZ_7	XYZ_8
3	候选目 C10-SB1A 的 1 属 o_C10-SB1A	26	13	38	34	44	31	16	2
	法氏菌属 *Facklamia*	10	10	2	41	101	3	33	0
	候选纲 P9X2b3D02 的 1 属 c_P9X2b3D02	25	10	37	40	33	42	11	1
	栖热菌属 *Thermus*	18	15	38	32	41	31	22	2
	候选属 SM1A02	27	14	30	31	39	36	17	0
	黄单胞菌科的 1 属 f_Xanthomonadaceae	15	48	23	45	32	7	11	2
	副雷沃氏菌属 *Paraprevotella*	26	12	36	23	23	31	30	2
	颗粒链菌属 *Granulicatella*	17	17	30	34	37	38	6	1
	候选目 JG30-KF-CM45 的 1 科的 1 属 f_JG30-KF-CM45	19	12	28	33	28	37	16	6
	互养菌属 *Synergistes*	142	9	12	11	3	1	0	0
	交替赤杆菌属 *Altererythrobacter*	5	4	5	8	8	5	2	134
	厌氧球菌属 *Anaerococcus*	0	9	18	36	102	1	0	0
	普雷沃氏菌属 9 *Prevotella_9*	19	12	20	29	35	36	14	1
	候选纲 Kazania 的 1 属 c_Kazania	22	16	27	31	32	19	14	0
	片球菌属 *Pediococcus*	19	17	18	25	39	34	5	2
	消化球菌科的 1 属 f_Peptococcaceae	80	6	10	1	26	29	7	0
	梭菌科 1 的 1 属 f_Clostridiaceae_1	86	63	6	0	0	0	0	0
	候选目 JTB23 的 1 属 o_JTB23	19	10	31	29	27	29	6	0
	红树杆菌属 *Mangrovibacter*	12	6	20	22	45	32	13	1
	候选目 HOC36 的 1 属 o_HOC36	16	8	24	32	29	28	12	1
	毛螺菌科 UCG-003 群的 1 属 Lachnospiraceae_UCG-003	17	14	26	22	26	29	15	0
	食烷菌属 *Alcanivorax*	0	0	0	0	0	0	0	148
	巴恩斯氏菌属 *Barnesiella*	32	13	23	20	19	20	21	0
	短波单胞菌属 *Brevundimonas*	15	22	34	36	16	17	5	0
	γ- 变形菌纲的 1 属 c_Gammaproteobacteria	9	14	22	16	28	23	8	25
	乳杆菌目的 1 属 o_Lactobacillales	5	21	24	35	30	6	23	1
	嗜冷杆菌属 *Psychrobacter*	63	29	13	13	13	5	4	2
	消化链球菌属 *Peptostreptococcus*	105	11	7	6	8	2	3	0
	螺杆菌属 *Helicobacter*	27	12	21	29	24	20	8	0
	毛球菌属 *Trichococcus*	28	9	17	32	20	33	1	1
	粪球菌属 1 *Coprococcus _1*	13	17	21	17	33	21	16	2
	候选门 AncK6 分类地位未定的 1 属 norank_p_AncK6	17	10	18	23	37	20	13	1
	沃斯氏菌属 *Woeseia*	15	14	25	31	27	17	8	1

续表

组别	物种名称	未发酵		浅发酵				深发酵	
		XYZ_1	XYZ_2	XYZ_3	XYZ_4	XYZ_5	XYZ_6	XYZ_7	XYZ_8
3	朝井氏菌属 *Asaia*	19	14	22	24	25	24	9	0
	粪便球菌属 *Faecalicoccus*	28	39	21	24	15	3	7	0
	丹毒丝菌科 UCG-003 群的 1 属 Erysipelotrichaceae_UCG-003	20	16	19	23	18	33	7	0
	微丝菌目的 1 属 o_Microtrichales	16	10	20	21	28	22	16	2
	巨单胞菌属 *Megamonas*	22	14	18	24	23	27	5	1
	候选目 NB1-j 的 1 属 o_NB1-j	18	13	32	15	23	19	13	1
	丁酸单胞菌属 *Butyricimonas*	11	15	24	18	18	36	10	1
	萨维奇氏菌属 *Savagea*	11	5	3	0	4	93	16	0
	副球菌属 *Paracoccus*	30	30	15	25	9	9	4	3
	嗜血杆菌属 *Haemophilus*	14	10	13	22	26	24	15	0
	亚群 11 的 1 纲的 1 属 c_Subgroup_11	7	9	21	31	19	23	11	2
	CL500-29 海洋菌群的 1 属 CL500-29_marine_group	12	6	21	19	33	24	5	2
	候选纲 OM190 的 1 属 c_OM190	15	11	21	15	31	20	6	2
	哈夫尼菌属 - 肥杆菌属 *Hafnia-Obesumbacterium*	9	11	18	31	18	17	11	0
	解蛋白菌属 *Proteiniclasticum*	23	26	16	18	28	0	4	0
	候选目 EPR3968-O8a-Bc78 的 1 属 o_EPR3968-O8a-Bc78	14	8	11	21	32	15	9	2
	理研菌科的 1 属 f_Rikenellaceae	86	19	3	1	0	1	1	0
	厌氧绳菌科的 1 属 f_Anaerolineaceae	13	14	18	17	20	22	6	1
	海绵共生菌科的 1 属 f_Entotheonellaceae	13	10	19	25	18	20	3	2
	气球菌科的 1 属 f_Aerococcaceae	30	14	9	5	13	2	34	0
	蛭弧菌属 *Bdellovibrio*	10	9	18	25	22	11	10	1
	赫夫勒氏菌属 *Hoeflea*	10	17	17	9	23	21	7	2
	兼性芽胞杆菌属 *Amphibacillus*	0	1	3	3	13	2	64	18
	纤维弧菌目的 1 属 o_Cellvibrionales	15	4	12	27	20	24	1	1
	德沃斯氏菌属 *Devosia*	8	11	23	13	20	27	2	0
	柯林斯氏菌属 *Collinsella*	21	2	20	49	9	1	0	0
	新建芽胞杆菌属 *Novibacillus*	0	0	0	0	0	0	0	101
	甲基寡养菌科的 1 属 f_Methyloligellaceae	11	9	14	20	15	25	6	0
第 3 组 157 个样本平均值		55.8	34.1	46.3	47.5	53.1	51.2	26.3	13.2

图 5-37　好氧发酵罐鸡粪处理过程细菌属菌群亚群落系统聚类分析

第九节 鸡粪好氧发酵罐处理细菌种水平微生物组变化

一、菌群组成

好氧发酵罐处理鸡粪，未发酵组是将鸡粪与垫料等量混合装入发酵罐，尚未进行发酵时取样，浅发酵组是在发酵罐中发酵 10 h，深发酵组是在发酵罐发酵 10h 后，取出陈化堆放 20d。鸡粪发酵过程共检测到 1274 个细菌种，含量总和＞ 1% 有 55 个种，如表 5-53 所列。发酵过程总体含量最高的前 5 个细菌种为粪杆菌属的 1 种来自宏基因组的细菌（17.07%）、毛螺菌科未分类的 1 种（13.18%）、拟杆菌属未培养的 1 种（12.04%）、奇异杆菌属未培养的 1 种（11.29%）、拟诺卡氏菌属未分类的 1 种（9.34%）。

表 5-53　好氧发酵罐鸡粪处理过程细菌种菌群组成

物种名称	细菌种含量 /%			总和 /%
	未发酵	浅发酵	深发酵	
【1】粪杆菌属的 1 种来自宏基因组的细菌 s_metagenome_g_*Faecalibacterium*	5.23	9.23	2.62	17.07
【2】毛螺菌科未分类的 1 种 s_unclassified_f_Lachnospiraceae	3.68	1.10	8.41	13.18
【3】拟杆菌属未培养的 1 种 s_uncultured_g_*Bacteroides*	7.48	1.71	2.85	12.04
【4】奇异杆菌属未培养的 1 种 s_uncultured_g_*Atopostipes*	2.69	3.68	4.92	11.29
【5】拟诺卡氏菌属未分类的 1 种 s_unclassified_g_*Nocardiopsis*	0.00	0.00	9.34	9.34
【6】干酪乳杆菌 *Lactobacillus casei*	2.63	4.76	1.12	8.50
【7】极小单胞菌属未培养的 1 种 s_uncultured_g_*Pusillimonas*	0.00	0.00	6.95	6.95
【8】瘤胃球菌科 UCG-014 群的 1 属未培养的 1 种 s_uncultured_g_Ruminococcaceae_UCG-014	1.94	3.52	1.01	6.46
【9】暖微菌属未培养的 1 种 s_uncultured_g_*Tepidimicrobium*	3.55	1.50	1.08	6.13
【10】芽胞杆菌科未培养的 1 种 s_uncultured_f_Bacillaceae	0.38	0.09	4.95	5.42
【11】石纯杆菌属未培养的 1 种 s_uncultured_g_*Ulvibacter*	0.05	0.01	5.28	5.34
【12】嗜蛋白菌属未培养的 1 种 s_uncultured_g_*Proteiniphilum*	4.65	0.31	0.01	4.97
【13】有益杆菌属的 1 种来自宏基因组细菌 s_metagenome_g_*Agathobacter*	1.36	2.24	0.89	4.49
【14】瘤胃球菌科 UCG-014 群的 1 属未培养的 1 种 s_uncultured_g_Ruminococcaceae_UCG-014	1.33	2.01	0.64	3.98
【15】养猪污水细菌 CHNDP41 s_swine_effluent_bacterium_CHNDP41	2.40	0.22	1.26	3.87
【16】普通拟杆菌 *Bacteroides vulgatus*	1.00	1.97	0.60	3.57
【17】芽胞杆菌科未分类的 1 种 s_unclassified_f_Bacillaceae	0.00	0.00	3.39	3.40
【18】鞘氨醇杆菌科未培养的 1 种 s_uncultured_f_Sphingobacteriaceae	0.00	0.00	3.34	3.34
【19】居膜菌属未培养的 1 种 s_uncultured_g_*Membranicola*	0.00	0.00	3.30	3.30

续表

物种名称	细菌种含量 /%			总和 /%
	未发酵	浅发酵	深发酵	
【20】梭菌目科XI未分类的 1 种 s_unclassified_f_Family_ XI _o_Clostridiales	2.38	0.29	0.38	3.05
【21】罗氏菌属未分类的 1 种 s_unclassified_g_*Roseburia*	0.88	1.50	0.49	2.86
【22】罗氏菌属未培养的 1 种 s_uncultured_g_*Roseburia*	0.81	1.46	0.52	2.79
【23】热粪杆菌属未培养的 1 种 s_uncultured_g_*Caldicoprobacter*	0.22	0.43	2.12	2.77
【24】蒂西耶氏菌属未培养的 1 种 s_uncultured_g_*Tissierella*	0.97	0.87	0.85	2.69
【25】梭菌科 1 未培养的 1 种 s_uncultured_f_Clostridiaceae_1	1.84	0.53	0.20	2.57
【26】罗氏假单胞菌 *Pseudomonas rhodesiae*	0.80	1.40	0.37	2.57
【27】候选目 SBR1031 未分类的 1 种 s_unclassified_o_SBR1031	0.78	1.45	0.31	2.54
【28】肠杆菌属未分类的 1 种 s_unclassified_g_*Enterobacter*	0.74	1.34	0.35	2.43
【29】微球菌目未分类的 1 种 s_unclassified_o_Micrococcales	0.00	0.00	2.35	2.35
【30】产丙酸拟杆菌 *Bacteroides propionicifaciens*	2.17	0.09	0.02	2.28
【31】中温厌氧杆菌属未培养的 1 种 s_uncultured_g_*Tepidanaerobacter*	0.04	1.55	0.63	2.23
【32】丹毒丝菌属未分类的 1 种 s_unclassified_g_*Erysipelothrix*	1.62	0.40	0.18	2.21
【33】伊格纳茨席纳菌属未培养的 1 种 s_uncultured_g_*Ignatzschineria*	1.60	0.44	0.05	2.10
【34】龙包茨氏菌属未培养的 1 种 s_uncultured_g_*Romboutsia*	0.89	0.64	0.45	1.98
【35】黄色假单胞菌 *Pseudomonas lutea*	0.54	1.06	0.26	1.86
【36】蒂西耶氏菌属未分类的 1 种 _unclassified_g_*Tissierella*	1.33	0.43	0.09	1.85
【37】普通变形杆菌 *Proteus vulgaris*	0.53	1.01	0.27	1.81
【38】热粪杆菌属未培养的 1 种 s_uncultured_g_*Caldicoprobacter*	0.84	0.20	0.70	1.75
【39】瘤胃球菌科未分类的 1 种 s_unclassified_f_Ruminococcaceae	0.77	0.25	0.71	1.73
【40】毛螺菌科 NK4A136 群的 1 属未分类的 1 种 s_unclassified_g_Lachnospiraceae_NK4A136_group	0.53	0.88	0.29	1.71
【41】单形拟杆菌 *Bacteroides uniformis*	0.49	0.91	0.27	1.67
【42】青春双歧杆菌 *Bifidobacterium adolescentis*	0.49	0.92	0.24	1.65
【43】戴阿利斯特杆菌属未分类的 1 种 s_unclassified_g_*Dialister*	0.50	0.91	0.23	1.63
【44】乳球菌属未分类的 1 种 s_unclassified_g_*Lactococcus*	0.51	0.84	0.21	1.56
【45】布劳特氏菌属的 1 种来自宏基因组细菌 s_metagenome_g_*Blautia*	0.49	0.78	0.27	1.54
【46】瘤胃球菌科 UCG-014 群的 1 属未分类的 1 种 s_unclassified_g_Ruminococcaceae_UCG-014	0.59	0.62	0.32	1.53
【47】菠萝泛菌 *Pantoea ananatis*	0.41	0.79	0.19	1.40
【48】猪粪嗜胨菌 *Peptoniphilus stercorisuis*	0.64	0.65	0.01	1.30
【49】挑剔优杆菌群的 1 属未培养的 1 种 s_uncultured_g_*Eubacterium_eligens*_group	0.35	0.62	0.20	1.18
【50】毛螺菌科未分类的 1 种 s_unclassified_f_Lachnospiraceae	0.15	0.30	0.69	1.13
【51】向文洲菌属未培养的 1 种 s_uncultured_ g_*Wenzhouxiangella*	0.00	0.00	1.07	1.07
【52】产粪甾醇优杆菌群的 1 属的 1 种来自宏基因组细菌 s_metagenome_g_*Eubacterium_coprostanoligenes*_group	0.30	0.59	0.17	1.07

续表

物种名称	细菌种含量 /%			总和 /%
	未发酵	浅发酵	深发酵	
【53】科XI的 1 属未分类的 1 种 s_unclassified_f_Family_ XI	0.77	0.16	0.10	1.03
【54】动球菌科未分类的 1 种 s_unclassified_f_Planococcaceae	0.64	0.26	0.13	1.02
【55】居鸡菌属未培养的 1 种 s_uncultured_g_*Gallicola*	0.19	0.38	0.45	1.02

二、优势菌群

从菌群结构看（图 5-38），未发酵组细菌种组成一类，前 5 个高含量细菌种优势菌群为拟杆菌属未培养的 1 种（7.48%）、粪杆菌属的 1 种来自宏基因组的细菌（5.23%）、嗜蛋白菌属未培养的 1 种（4.65%）、毛螺菌科未分类的 1 种（3.68%）、暖微菌属未培养的 1 种（3.55%）；浅发酵组细菌种组成一类，前 5 个高含量细菌种优势菌群为粪杆菌属的 1 种来自宏基因组的细菌（9.23%）、干酪乳杆菌（4.76%）、奇异杆菌属未培养的 1 种（3.68%）、瘤胃球菌科 UCG-014 群的 1 属未培养的 1 种（3.52%）、有益杆菌属的 1 种来自宏基因组细菌（2.24%）；深发酵组细菌种组成一类，前 5 个高含量细菌种优势菌群为拟诺卡氏菌属未分类的 1 种（9.34%）、毛螺菌科未分类的 1 种（8.41%）、极小单胞菌属未培养的 1 种（6.95%）、石纯杆菌属未培养的 1 种（5.28%）、芽胞杆菌科未培养的 1 种（4.95%）。发酵不同阶段优势菌群差异显著，未发酵阶段菌群与肠道菌群相关，浅发酵阶段菌群多属于兼性厌氧菌，深发酵阶段菌群多属于兼性好氧菌。

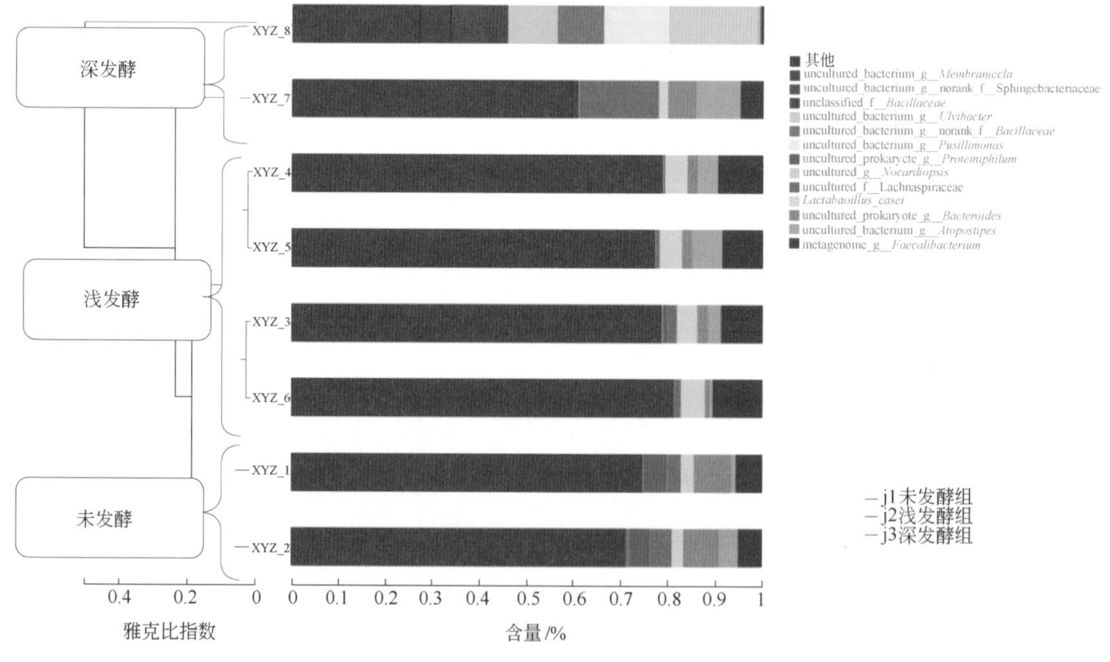

图 5-38　好氧发酵罐鸡粪处理过程细菌种菌群结构

三、菌群种类

从菌群种类看（图 5-39），未发酵组细菌种有 1136 个，浅发酵组细菌种有 1306 个，深发酵组细菌种有 885 个，三个处理共有细菌种 763 个；未发酵组具有 21 个独有细菌种，浅发酵组有 129 个独有细菌种，深发酵组有 34 个独有细菌种；分析表明，随着发酵进程分化出较多的独有细菌种，浅发酵阶段独有细菌种远远多于未发酵和深发酵阶段。

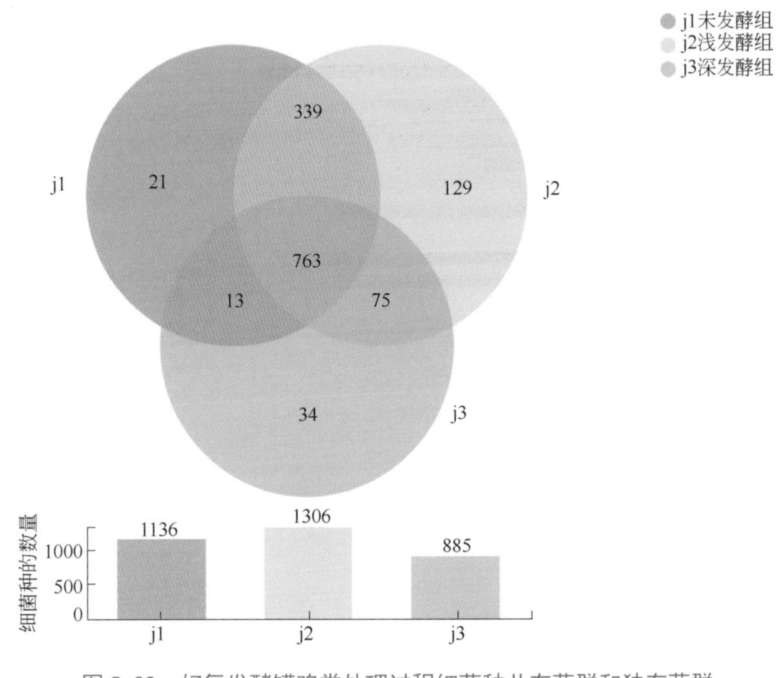

图 5-39　好氧发酵罐鸡粪处理过程细菌种共有菌群和独有菌群

四、菌群差异

从菌群差异性看（图 5-40），前 15 个高含量细菌种菌群中，有 4 个种发酵过程存在含量差异：粪杆菌属的 1 种来自宏基因组的细菌在未发酵、浅发酵、深发酵阶段的含量分别为 5.23%、9.23%、2.62%；干酪乳杆菌在未发酵、浅发酵、深发酵阶段的含量分别为 2.63%、4.76%、1.12%；瘤胃球菌科 UCG-014 群的 1 属未培养的 1 种在未发酵、浅发酵、深发酵阶段的含量分别为 1.94%、3.52%、1.01%；嗜蛋白菌属未培养的 1 种在未发酵、浅发酵、深发酵阶段的含量分别为 4.65%、0.31%、0.01%。其余 11 个种，发酵过程含量差异不显著，即毛螺菌科未分类的 1 种、拟杆菌属未培养的 1 种、奇异杆菌属未培养的 1 种、拟诺卡氏菌属未分类的 1 种、极小单胞菌属未培养的 1 种、暖微菌属未培养的 1 种、芽胞杆菌科未培养的 1 种、石纯杆菌属未培养的 1 种、有益杆菌属的 1 种来自宏基因组细菌、瘤胃球菌科 UCG-014 群的 1 属未培养的 1 种、养猪污水细菌 CHNDP41。

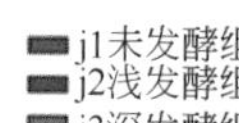

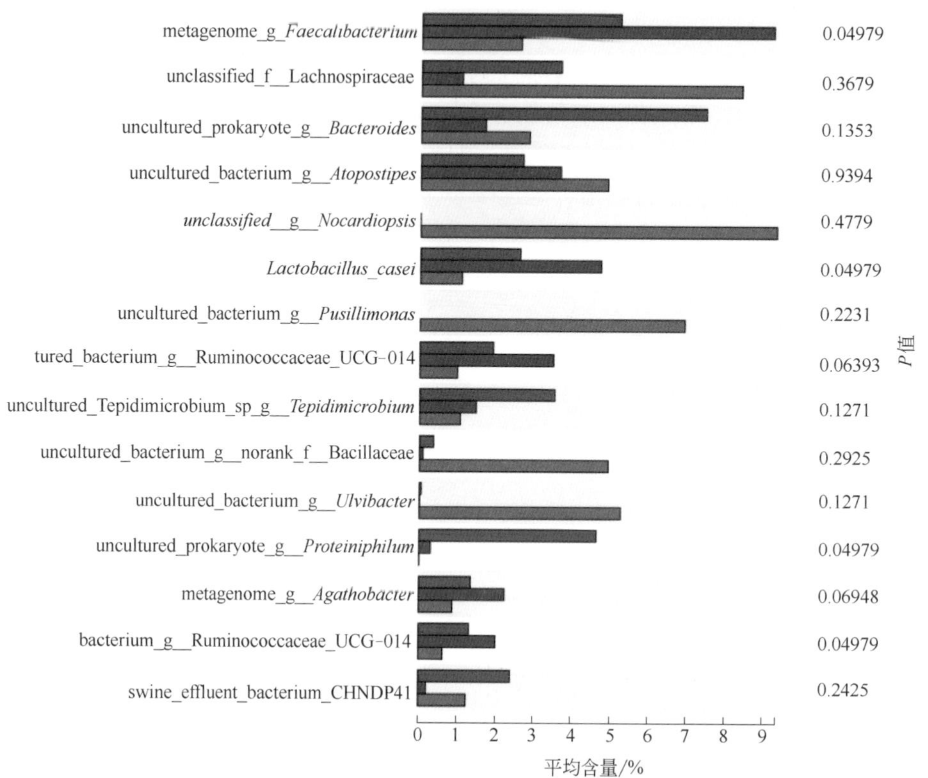

图 5-40　好氧发酵罐鸡粪处理过程细菌种优势菌群差异性比较

五、菌群进化

鸡粪发酵罐处理过程细菌种系统进化树见图 5-41。从菌群进化看，发酵过程含量总和超过 5.0% 有 11 个细菌种（表 5-53），在好氧发酵罐处理系统中起到优势菌群的作用，即粪杆菌属的 1 种来自宏基因组的细菌（17.07%）、毛螺菌科未分类的 1 种（13.18%）、拟杆菌属未培养的 1 种（12.04%）、奇异杆菌属未培养的 1 种（11.29%）、拟诺卡氏菌属未分类的 1 种（9.34%）、干酪乳杆菌（8.50%）、极小单胞菌属未培养的 1 种（6.95%）、瘤胃球菌科 UCG-014 群的 1 属未培养的 1 种（6.46%）、暖微菌属未培养的 1 种（6.13%）、芽胞杆菌科未培养的 1 种（5.42%）、石纯杆菌属未培养的 1 种（5.34%）（表 5-53）。优势菌群在不同发酵阶段表现不同：有的种随发酵过程含量下降，如暖微菌属未培养的 1 种含量未发酵＞浅发酵＞深发酵；有的种随发酵过程含量上升，如奇异杆菌属的 1 种含量未发酵＜浅发酵＜深发酵；有的种未发酵和深发酵阶段含量低，浅发酵阶段含量高，如粪杆菌属的 1 种来自宏基因组的细菌含量浅发酵＞未发酵＞深发酵。发酵阶段作为微生物培养营养和环境条件的综合指标，影响着微生物组的发生、发展和进化。

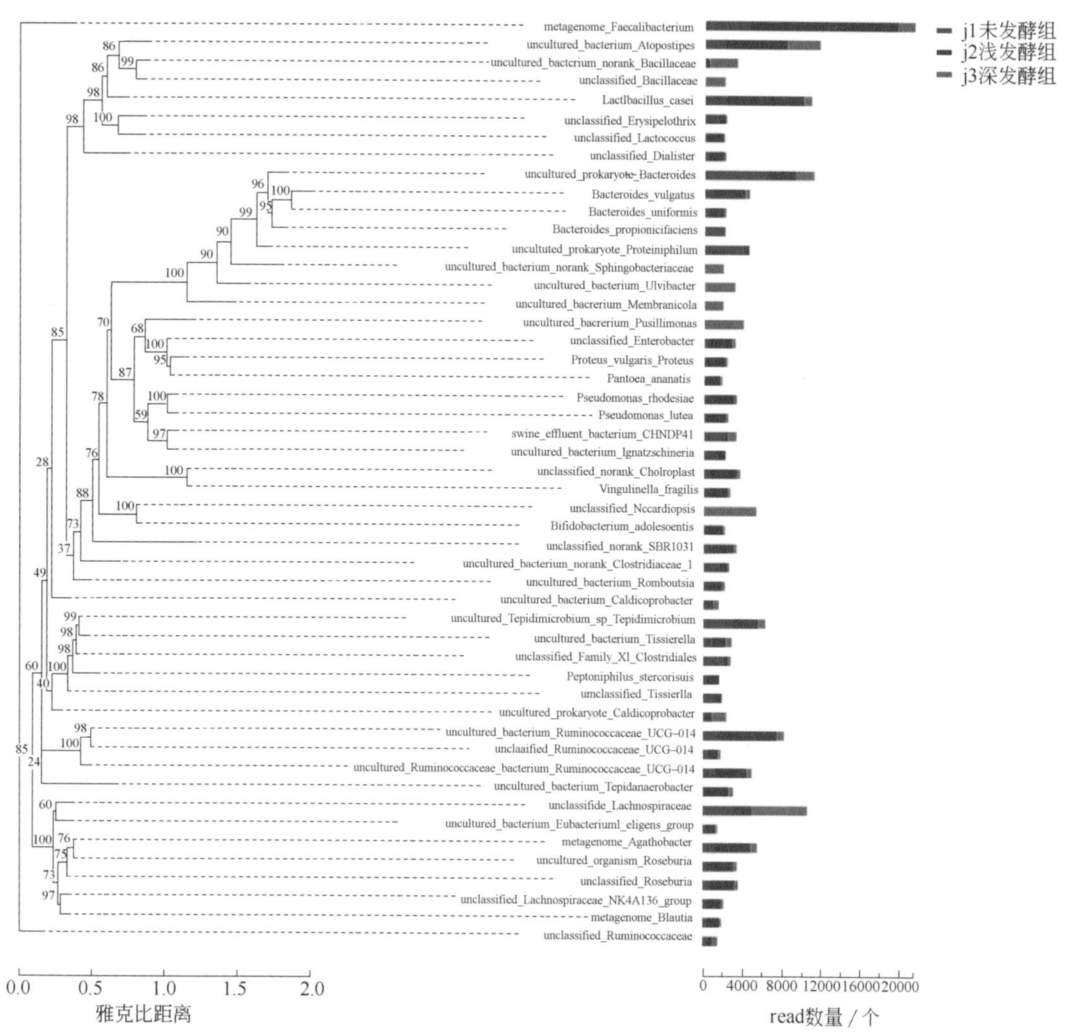

图 5-41　好氧发酵罐鸡粪处理过程细菌种系统进化树

六、菌群动态

从菌群动态看，发酵初期鸡粪 + 垫料装入发酵罐开始发酵，经过 10 h 好氧发酵罐浅发酵，取出放入陈化槽深发酵 20d，细菌种 5 个优势菌群动态变化见图 5-42。粪杆菌属的 1 种随着发酵进程数量逐步增加，进入深发酵阶段数量急剧下降，发酵结束数量降低到 read=146 的低点，数量变化呈抛物线方程：$y=-236.17x^2+1935.2x+1.7857$（$R^2=0.7978$）；奇异杆菌属的 1 种随着发酵进程数量逐步增加，在浅发酵阶段第 6 天时出现一个低谷，随后数量继续增加，进入深发酵阶段数量急剧下降，发酵结束数量降低到 read=79 的低点，数量变化呈抛物线方程：$y=-112.05x^2+1041.2x-360.54$（$R^2=0.2315$）；拟杆菌属的 1 种随着发酵进程数量逐步下降，进入深发酵阶段数量反弹而后急剧下降，发酵结束数量降低到 read=1 的低点，数量变化呈对数方程：$y=-1424\ln x+3280$（$R^2=0.6478$）；干酪乳杆菌随着发酵进程数量逐步增加，进入深发酵阶段数量逐渐下降，发酵结束数量降低到 read=72 的低点，数量变化呈抛物线方程：

$y=-124.86x^2+1022.1x-55.429$（$R^2=0.7882$）；毛螺菌科的 1 种随着发酵进程数量缓慢下降，进入深发酵阶段数量急剧上升，随后急剧下降，发酵结束数量降低到 read=2 的低点，数量变化呈指数方程：$y=3091.1e^{-0.254x}$（$R^2 = 0.3007$）。

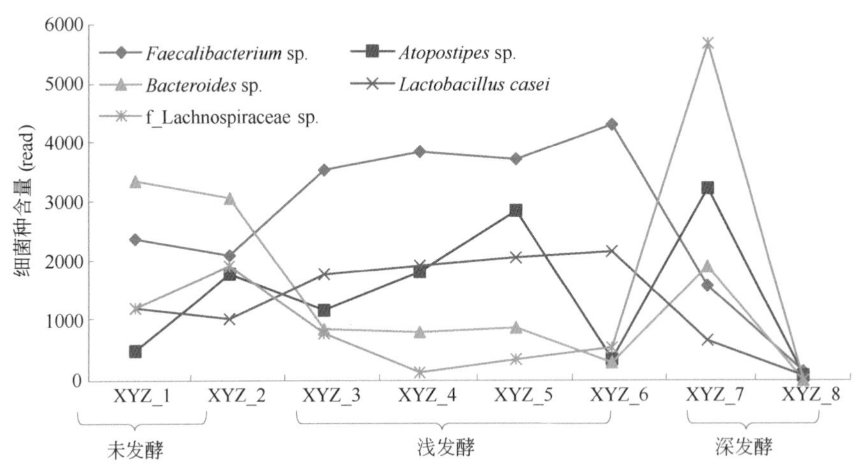

图 5-42　好氧发酵罐鸡粪处理过程细菌种优势菌群动态

七、菌群多样性指数

利用好氧发酵罐鸡粪处理过程细菌种（OTU）总含量（read）＞ 100 的 296 种组成数据矩阵（表 5-54），以细菌种为样本，发酵进程为指标，计算各细菌种在发酵过程的物种多样性指数，分析结果见表 5-55。鸡粪处理过程 8 次采样，共检测到 1374 个细菌种。其中细菌种含量总和（read）超过万级的有 5 个细菌种，即粪杆菌属的 1 种来自宏基因组的细菌、奇异杆菌属未培养的 1 种、拟杆菌属未培养的 1 种、干酪乳杆菌、毛螺菌科未分类的 1 种，为发酵过程主导菌群；总和（read）超过千级的有 61 个细菌种，即瘤胃球菌科 UCG-014 群的 1 属未培养的 1 种、暖微菌属未培养的 1 种、有益杆菌属的 1 种来自宏基因组细菌、拟诺卡氏菌属未分类的 1 种、瘤胃球菌科 UCG-014 群的 1 属未培养的 1 种、普通拟杆菌、嗜蛋白菌属未培养的 1 种、极小单胞菌属未培养的 1 种、罗氏菌属未分类的 1 种、罗氏菌属未培养的 1 种、候选目 SBR1031 未分类的 1 种、芽胞杆菌科未培养的 1 种、罗氏假单胞菌、养猪污水细菌 CHNDP41、肠杆菌属未分类的 1 种、石纯杆菌属未培养的 1 种、中温厌氧杆菌属未培养的 1 种、蒂西耶氏菌属未培养的 1 种、梭菌目科XI的 1 属未分类的 1 种、梭菌科 1 未培养的 1 种、黄色假单胞菌、热粪杆菌属未培养的 1 种、普通变形杆菌、伊格纳茨席纳菌属未培养的 1 种、丹毒丝菌属未分类的 1 种、龙包茨氏菌属未培养的 1 种、毛螺菌科 NK4A136 群的 1 属未分类的 1 种、青春双歧杆菌、单形拟杆菌、戴阿利斯特杆菌属未分类的 1 种、产丙酸拟杆菌、芽胞杆菌科未分类的 1 种、乳球菌属未分类的 1 种、布劳特氏菌属的 1 种来自宏基因组细菌、蒂西耶氏菌属未分类的 1 种、鞘氨醇杆菌科未培养的 1 种、居膜菌属未培养的 1 种、菠萝泛菌、瘤胃球菌科 UCG-014 群的 1 属未分类的 1 种、猪粪嗜胨菌、瘤胃球菌科未分类的 1 种、热粪杆菌属未培养的 1 种、挑剔优杆菌群的 1 属未培养的 1 种、产粪甾醇优杆菌群的 1 属的 1 种来自宏基因组细菌、微球菌目未分类的 1 种、SAR202 进化枝的 1 目未培养的 1 种、植物乳杆菌、不动杆菌属未分类的 1 种、副黄褐假单胞菌、细菌域分类地位未定的 1 门未分类的 1 种、Sva0996 海洋菌群的 1 属未培养的 1 种、隐秘小球菌属未培养的 1 种、居鸡菌属未培养的 1 种、毛螺菌科未分类的 1 种、卵形拟杆菌、食物魏斯氏菌、动球菌科未分类的 1 种、醋杆菌属未分类的 1 种、红城红球菌、丁酸球菌属未培养的 1 种、绿弯菌属未培养的 1 种，为发酵过程重要菌群；总和超过百级的有 230 个细菌种，为发酵过程辅助菌群。

表 5-54 好氧发酵罐鸡粪处理过程细菌种组成数据矩阵

物种名称	好氧发酵罐鸡粪处理过程细菌种相对含量（read）								总和（read）
	未发酵		浅发酵				深发酵		
	XYZ_1	XYZ_2	XYZ_3	XYZ_4	XYZ_5	XYZ_6	XYZ_7	XYZ_8	
【1】粪杆菌属的 1 种来自宏基因组的细菌 s_metagenome_g_*Faecalibacterium*	2371	2093	3519	3821	3696	4276	1582	146	21504
【2】奇异杆菌属未培养的 1 种 s_uncultured_g_*Atopostipes*	496	1782	1174	1817	2834	353	3205	79	11740
【3】拟杆菌属未培养的 1 种 s_uncultured_g_*Bacteroides*	3339	3053	857	808	882	296	1906	1	11142
【4】干酪乳杆菌 *Lactobacillus casei*	1212	1031	1773	1920	2055	2155	664	72	10882
【5】毛螺菌科未分类的 1 种 s_unclassified_f_Lachnospiraceae	1214	1913	786	135	352	546	5631	2	10579
【6】瘤胃球菌科 UCG-014 群的 1 属未培养的 1 种 s_uncultured_g_Ruminococcaceae_ UCG-014	865	789	1343	1382	1463	1647	629	39	8157
【7】暖微菌属未培养的 1 种 s_uncultured_g_*Tepidimicrobium*	1604	1431	1180	75	473	744	725	0	6232
【8】有益杆菌属的 1 种来自宏基因组细菌 s_metagenome_g_*Agathobacter*	640	524	897	880	980	968	558	32	5479
【9】拟诺卡氏菌属未分类的 1 种 s_unclassified_g_*Nocardiopsis*	0	0	0	1	1	0	0	5268	5270
【10】瘤胃球菌科 UCG-014 群的 1 属未培养的 1 种 s_uncultured_g_Ruminococcaceae_ UCG-014	631	504	785	839	852	867	399	25	4902
【11】普通拟杆菌 *Bacteroides vulgatus*	467	385	725	790	764	990	383	17	4521
【12】嗜蛋白菌属未培养的 1 种 s_uncultured_g_*Proteiniphilum*	2171	1804	341	122	36	10	5	0	4489
【13】极小单胞菌属未培养的 1 种 s_uncultured_g_*Pusillimonas*	0	0	0	0	0	0	0	3918	3918
【14】罗氏菌属未分类的 1 种 s_unclassified_g_*Roseburia*	400	349	553	562	666	707	305	18	3560
【15】罗氏菌属未培养的 1 种 s_uncultured_g_*Roseburia*	359	333	574	632	582	636	322	20	3458
【16】候选目 SBR1031 未分类的 1 种 s_unclassified_o_SBR1031	382	284	559	604	655	598	179	22	3283

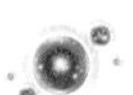

续表

物种名称	好氧发酵罐鸡粪处理过程细菌种相对含量（read）								总和（read）
	未发酵		浅发酵				深发酵		
	XYZ_1	XYZ_2	XYZ_3	XYZ_4	XYZ_5	XYZ_6	XYZ_7	XYZ_8	
【17】芽胞杆菌科未培养的 1 种 s_uncultured_f_Bacillaceae	1	318	134	0	1	15	36	2761	3266
【18】罗氏假单胞菌 *Pseudomonas rhodesiae*	373	313	542	571	627	580	217	26	3249
【19】养猪污水细菌 CHNDP41 s_swine_effluent_bacterium_CHNDP41	326	1699	239	11	18	89	841	0	3223
【20】肠杆菌属未分类的 1 种 s_unclassified_g_*Enterobacter*	356	279	521	509	614	584	213	18	3094
【21】石纯杆菌属未培养的 1 种 s_uncultured_g_*Ulvibacter*	17	28	14	3	2	0	3	2974	3041
【22】中温厌氧杆菌属未培养的 1 种 s_uncultured_g_*Tepidanaerobacter*	27	6	194	1681	555	137	425	0	3025
【23】蒂西耶氏菌属未培养的 1 种 s_uncultured_g_*Tissierella*	178	647	310	316	605	226	563	3	2848
【24】梭菌目科XI的 1 属未分类的 1 种 s_unclassified_f_Family_ XI _o_Clostridiales	53	1950	339	35	56	49	251	5	2738
【25】梭菌科 1 未培养的 1 种 s_uncultured_f_Clostridiaceae_1	372	1187	344	261	202	74	135	0	2575
【26】黄色假单胞菌 *Pseudomonas lutea*	235	226	391	458	457	456	157	16	2396
【27】热粪杆菌属未培养的 1 种 s_uncultured_g_*Caldicoprobacter*	28	158	34	2	2	673	1423	0	2320
【28】普通变形杆菌 *Proteus vulgaris*	258	197	400	385	449	442	158	17	2306
【29】伊格纳茨席纳菌属未培养的 1 种 s_uncultured_g_*Ignatzschineria*	1206	177	61	206	455	32	36	0	2173
【30】丹毒丝菌属未分类的 1 种 s_unclassified_g_*Erysipelothrix*	681	705	309	124	205	26	122	0	2172
【31】龙包茨氏菌属未培养的 1 种 s_uncultured_g_*Romboutsia*	395	368	278	293	291	194	296	6	2121
【32】毛螺菌科 NK4A136 群的 1 属未分类的 1 种 s_unclassified_g_Lachnospiraceae_ NK4A136_ group	228	224	348	356	367	395	179	15	2112
【33】青春双歧杆菌 *Bifidobacterium adolescentis*	237	183	343	365	358	460	148	12	2106
【34】单形拟杆菌 *Bacteroides uniformis*	233	184	335	364	342	470	160	18	2106
【35】戴阿利斯特杆菌属未分类的 1 种 s_unclassified_g_*Dialister*	255	169	319	371	376	443	138	12	2083
【36】产丙酸拟杆菌 *Bacteroides propionicifaciens*	1488	377	54	54	37	3	14	0	2027
【37】芽胞杆菌科未分类的 1 种 s_unclassified_f_Bacillaceae	0	0	0	0	0	4	418	1563	1985

续表

物种名称	好氧发酵罐鸡粪处理过程细菌种相对含量（read）								总和（read）
	未发酵		浅发酵				深发酵		
	XYZ_1	XYZ_2	XYZ_3	XYZ_4	XYZ_5	XYZ_6	XYZ_7	XYZ_8	
【38】乳球菌属未分类的 1 种 s_unclassified_g_*Lactococcus*	248	187	285	367	316	423	125	12	1963
【39】布劳特氏菌属的 1 种来自宏基因组细菌 s_metagenome_g_*Blautia*	227	191	319	312	320	349	167	10	1895
【40】蒂西耶氏菌属未分类的 1 种 s_unclassified_g_*Tissierella*	47	1072	170	5	10	523	61	0	1888
【41】鞘氨醇杆菌科未培养的 1 种 s_uncultured_f_Sphingobacteriaceae	0	0	0	0	0	0	0	1884	1884
【42】居膜菌属未培养的 1 种 s_uncultured_g_*Membranicola*	0	0	0	0	0	0	0	1861	1861
【43】菠萝泛菌 *Pantoea ananatis*	182	172	305	298	317	388	123	6	1791
【44】瘤胃球菌科 UCG-014 群的 1 属未分类的 1 种 s_unclassified_g_Ruminococcaceae_ UCG-014	316	193	244	307	256	220	210	4	1750
【45】猪粪嗜胨菌 *Peptoniphilus stercorisuis*	147	396	465	343	161	103	4	0	1619
【46】瘤胃球菌科未分类的 1 种 s_unclassified_f_Ruminococcaceae	147	505	276	20	26	79	477	0	1530
【47】热粪杆菌属未培养的 1 种 s_uncultured_g_*Caldicoprobacter*	146	568	184	44	26	71	470	1	1510
【48】挑剔优杆菌群的 1 属未培养的 1 种 s_uncultured_g_*Eubacterium_eligens*_group	162	140	238	264	236	297	123	9	1469
【49】产粪甾醇优杆菌群的 1 属的 1 种来自宏基因组细菌 s_metagenome_g_*Eubacterium_coprostanoligenes*_group	138	119	241	248	228	264	106	9	1353
【50】微球菌目未分类的 1 种 s_unclassified_o_Micrococcales	0	0	0	1	0	0	1	1323	1325
【51】SAR202 进化枝的 1 目未培养的 1 种 s_uncultured_o_SAR202_clade	114	118	236	212	248	240	92	6	1266
【52】植物乳杆菌 *Lactobacillus plantarum*	154	110	176	218	238	259	55	11	1221
【53】不动杆菌属未分类的 1 种 s_unclassified_g_*Acinetobacter*	126	92	204	200	243	242	78	6	1191
【54】副黄褐假单胞菌 *Pseudomonas parafulva*	133	94	197	191	232	226	80	8	1161
【55】细菌域分类地位未定的 1 门未分类的 1 种 s_unclassified_k_norank_d_Bacteria	131	85	182	186	211	245	98	8	1146
【56】Sva0996 海洋菌群的 1 属未培养的 1 种 s_uncultured_g_Sva0996_marine_group	118	97	201	203	229	226	61	6	1141
【57】隐秘小球菌属未培养的 1 种 s_uncultured_g_*Subdoligranulum*	145	100	170	154	208	201	142	2	1122

续表

物种名称	好氧发酵罐鸡粪处理过程细菌种相对含量（read）								总和（read）
	未发酵		浅发酵				深发酵		
	XYZ_1	XYZ_2	XYZ_3	XYZ_4	XYZ_5	XYZ_6	XYZ_7	XYZ_8	
【58】居鸡菌属未培养的 1 种 s_uncultured_g_*Gallicola*	44	118	76	226	240	87	302	0	1093
【59】毛螺菌科未分类的 1 种 s_unclassified_f_Lachnospiraceae	50	75	82	76	92	245	458	2	1080
【60】卵形拟杆菌 *Bacteroides ovatus*	135	91	151	182	191	242	82	5	1079
【61】食物魏斯氏菌 *Weissella cibaria*	124	121	159	190	201	204	71	6	1076
【62】动球菌科未分类的 1 种 s_unclassified_f_Planococcaceae	232	311	80	5	18	317	87	0	1050
【63】醋杆菌属未分类的 1 种 s_unclassified_g_*Acetobacter*	118	86	189	168	202	200	57	4	1024
【64】红城红球菌 *Rhodococcus erythropolis*	106	108	149	174	165	218	93	7	1020
【65】丁酸球菌属未培养的 1 种 s_uncultured_g_*Butyricicoccus*	110	95	185	170	202	174	70	8	1014
【66】绿弯菌属未培养的 1 种 s_uncultured_*Chloroflexus*_sp.	126	102	168	157	188	184	75	6	1006
【67】科XI的 1 属未分类的 1 种 s_unclassified_f_Family_ XI	283	374	206	1	12	38	66	0	980
【68】未培养的海绵共生菌 PAWS52f s_uncultured_sponge_symbiont_PAWS52f	125	88	165	169	165	181	49	7	949
【69】卷曲乳杆菌 *Lactobacillus crispatus*	133	68	125	177	211	129	66	3	912
【70】候选目 Dadabacteriales 未分类的 1 种 s_unclassified_o_Dadabacteriales	92	66	153	168	179	181	50	7	896
【71】SAR202 进化枝的 1 目未分类的 1 种 s_unclassified_o_SAR202_clade	103	79	146	155	180	154	62	7	886
【72】脆弱拟杆菌 *Bacteroides fragilis*	75	59	123	188	149	191	75	3	863
【73】鞘氨醇单胞菌属未鉴定的 1 种 s_unidentified_g_*Sphingomonas*	112	65	137	152	154	164	63	9	856
【74】热粪杆菌属的 1 种来自厌氧池细菌 s_anaerobic_digester_metagenome_g_*Caldicoprobacter*	282	258	148	9	2	6	135	0	840
【75】发酵单胞菌属未培养的 1 种 s_uncultured_g_*Fermentimonas*	453	234	65	40	24	0	4	0	820
【76】乳杆菌属未分类的 1 种 s_unclassified_g_*Lactobacillus*	116	60	76	199	185	84	92	6	818
【77】瘤胃球菌属 2 未培养的 1 种 s_uncultured_g_*Ruminococcus*_2	86	82	121	137	153	151	85	1	816
【78】伊格纳茨席纳菌属未分类的 1 种 s_unclassified_g_*Ignatzschineria*	586	93	25	68	34	0	1	0	807

续表

物种名称	好氧发酵罐鸡粪处理过程细菌种相对含量（read）								总和（read）
	未发酵		浅发酵				深发酵		
	XYZ_1	XYZ_2	XYZ_3	XYZ_4	XYZ_5	XYZ_6	XYZ_7	XYZ_8	
【79】粪肠球菌 *Enterococcus faecalis*	87	72	145	135	149	123	71	10	792
【80】硝化螺旋菌属未分类的 1 种 s_unclassified_g_*Nitrospira*	103	62	146	133	145	129	50	3	771
【81】拟杆菌属未分类的 1 种 s_unclassified_g_*Bacteroides*	143	284	77	48	106	71	40	2	771
【82】粪球菌属 2 未分类的 1 种 s_unclassified_g_*Coprococcus*_2	84	63	121	123	139	138	83	4	755
【83】双歧双歧杆菌 *Bifidobacterium bifidum*	77	61	114	132	144	157	54	8	747
【84】候选纲 TK30 未培养的 1 种 s_uncultured _c_TK30	69	79	153	125	124	145	46	5	746
【85】棒杆菌属 1 未分类的 1 种 s_unclassified_g_*Corynebacterium*_1	200	69	75	155	145	28	70	0	742
【86】亚群 9 的 1 纲未分类的 1 种 s_unclassified_c_Subgroup_9	89	66	131	126	136	140	44	3	735
【87】链球菌属未分类的 1 种 s_unclassified_g_*Streptococcus*	87	69	114	130	125	145	57	8	735
【88】梭菌目未分类的 1 种 s_unclassified_o_Clostridiales	66	123	133	4	121	25	249	0	721
【89】贝日阿托氏菌属的 1 种来自宏基因组细菌 s_metagenome_g_*Beggiatoa*	82	59	128	109	146	143	35	3	705
【90】绿弯菌属未培养的 1 种 s_uncultured_*Chloroflexus*_sp.	88	74	106	123	122	150	40	2	705
【91】多雷氏菌属的 1 种来自宏基因组细菌 s_metagenome_g_*Dorea*	86	69	104	121	117	126	52	3	678
【92】干燥棒杆菌 *Corynebacterium xerosis*	140	60	86	232	132	4	8	0	662
【93】寡养单胞菌属未分类的 1 种 s_unclassified_g_*Stenotrophomonas*	62	61	120	103	128	144	33	10	661
【94】向文洲菌属未培养的 1 种 s_uncultured_g_*Wenzhouxiangella*	0	0	0	0	0	0	0	605	605
【95】柔膜菌纲 RF39 群的 1 目未培养的 1 种 s_uncultured_o_Mollicutes_RF39	74	53	96	94	92	136	44	6	595
【96】毛螺菌科 UCG-004 群的 1 属未分类的 1 种 s_uncultured_g_Lachnospiraceae_ UCG-004	59	58	102	89	98	121	55	1	583
【97】热微菌属未培养的 1 种 s_uncultured_*Thermomicrobium*_sp.	61	45	106	104	113	109	41	4	583
【98】双环瘤胃球菌 *Ruminococcus bicirculans*	60	59	98	87	97	113	60	4	578
【99】创伤球菌属未分类的 1 种 s_unclassified_g_*Helcococcus*	17	89	28	165	233	41	4	0	577
【100】清酒乳杆菌 *Lactobacillus sakei*	69	47	89	103	125	103	37	2	575

续表

物种名称	好氧发酵罐鸡粪处理过程细菌种相对含量（read）								总和（read）
	未发酵		浅发酵				深发酵		
	XYZ_1	XYZ_2	XYZ_3	XYZ_4	XYZ_5	XYZ_6	XYZ_7	XYZ_8	
【101】绿弯菌属未培养的1种 s_uncultured_*Chloroflexus*_sp.	73	40	99	85	126	114	27	5	569
【102】克里斯滕森菌科R-7菌群的1属的1种肠道细菌 s_gut_metagenome _g_Christensenellaceae_R-7_group	65	57	73	88	97	111	68	4	563
【103】可可豆醋杆菌 *Acetobacter fabarum*	77	46	95	104	93	103	34	6	558
【104】科XI的1属未培养的1种 s_uncultured_f_Family_ XI	123	297	72	0	0	15	47	0	554
【105】班努斯菌科未分类的1种 s_unclassified_f_Balneolaceae	0	1	0	0	0	0	0	552	553
【106】庞大厌氧棒杆菌 *Anaerostipes hadrus*	54	36	99	86	91	121	52	3	542
【107】瘤胃球菌科UCG-013群的1属的1种来白宏基因组细菌 s_metagenome_g_Ruminococcaceae_UCG-013	54	55	84	96	105	92	37	7	530
【108】香肠乳杆菌 *Lactobacillus farciminis*	56	63	89	80	96	105	26	2	517
【109】粪球菌属3未培养的1种 s_uncultured_g_*Coprococcus*_3	46	54	88	87	109	98	29	2	513
【110】微杆菌属未分类的1种 s_unclassified_g_*Microbacterium*	70	49	82	93	79	95	20	2	490
【111】大肠杆菌 *Escherichia coli*	59	46	63	101	94	91	30	3	487
【112】第三梭菌 *Clostridium tertium*	56	41	90	96	73	91	32	1	480
【113】梭菌目的细菌FK041 s_Clostridiales_bacterium_FK041	73	40	10	48	187	29	87	0	474
【114】特吕珀菌属未分类的1种 s_unclassified_g_*Truepera*	0	0	0	0	0	0	0	466	466
【115】理研菌科肠道菌群RC9的1属未培养的1种 s_uncultured_g_Rikenellaceae_RC9 _gut_group	384	55	13	7	4	1	0	1	465
【116】绿弯菌属未培养的1种 s_uncultured_*Chloroflexus*_sp.	60	36	79	76	80	105	26	2	464
【117】红杆菌科未分类的1种 s_unclassified_f_Rhodobacteraceae	0	4	0	0	1	0	0	455	460
【118】沙雷氏菌属未分类的1种 s_unclassified_g_*Serratia*	59	31	95	75	78	74	37	5	454
【119】假单胞菌属未分类的1种 s_unclassified_g_*Pseudomonas*	67	44	64	71	87	84	30	4	451
【120】苏黎世杆菌属未培养的1种 s_uncultured_g_*Turicibacter*	71	105	71	66	65	37	28	2	445

续表

物种名称	好氧发酵罐鸡粪处理过程细菌种相对含量（read）								总和（read）
	未发酵		浅发酵				深发酵		
	XYZ_1	XYZ_2	XYZ_3	XYZ_4	XYZ_5	XYZ_6	XYZ_7	XYZ_8	
【121】长双歧杆菌 *Bifidobacterium longum*	44	47	53	88	96	74	29	3	434
【122】假纤细芽胞杆菌属未培养的 1 种 s_uncultured_g_*Pseudogracilibacillus*	1	1	1	1	1	0	2	423	430
【123】候选纲 TK17 未培养的 1 种 s_uncultured_c_TK17	34	35	84	78	82	85	29	1	428
【124】丹毒丝菌属未培养的 1 种 s_uncultured_g_*Erysipelothrix*	319	46	18	15	14	2	7	0	421
【125】候选属 AqS1 未培养的 1 种 s_uncultured_g_AqS1	62	28	74	82	70	69	31	3	419
【126】候选纲 OLB14 未培养的 1 种 s_uncultured_c_OLB14	37	39	79	67	87	72	35	3	419
【127】坚韧肠球菌 *Enterococcus durans*	105	44	67	54	83	38	26	1	418
【128】暖绳菌科未培养的 1 种 s_uncultured_f_Caldilineaceae	53	45	56	72	82	73	23	4	408
【129】樱桃样芽胞杆菌属未培养的 1 种 s_uncultured_g_*Cerasibacillus*	3	284	34	0	0	0	66	16	403
【130】候选属 PAUC26f 未培养的 1 种 s_uncultured_g_PAUC26f	39	39	76	55	76	87	28	2	402
【131】反刍优杆菌群的 1 属未培养的 1 种 s_uncultured_g_*Eubacterium_ruminantium*_group	40	35	62	60	72	63	53	1	386
【132】地钱甲基杆菌 *Methylobacterium marchantiae*	39	37	60	57	76	79	33	3	384
【133】埃氏拟杆菌 *Bacteroides eggerthii*	35	26	66	60	52	86	55	4	384
【134】劣生单胞菌属未培养的 1 种 s_uncultured_g_*Dysgonomonas*	288	70	13	6	3	3	0	0	383
【135】黄杆菌科未分类的 1 种 s_unclassified_f_Flavobacteriaceae	5	10	9	8	11	14	4	320	381
【136】毛螺菌属未培养的 1 种 s_uncultured_g_*Lachnospira*	44	43	56	64	66	70	32	3	378
【137】隐秘小球菌属未培养的 1 种 s_uncultured_g_*Subdoligranulum*	43	30	64	49	61	71	50	3	371
【138】候选科 bacteriap25 未培养的 1 种 s_uncultured_f_bacteriap25	41	30	68	61	73	67	28	1	369
【139】亚群 6 的 1 纲未分类的 1 种 s_unclassified_c_Subgroup_6	43	33	62	67	74	71	18	1	369
【140】海杆形菌目未分类的 1 种 s_unclassified_o_Thalassobaculales	34	25	88	69	72	60	18	2	368

续表

物种名称	好氧发酵罐鸡粪处理过程细菌种相对含量（read）								总和（read）
	未发酵		浅发酵				深发酵		
	XYZ_1	XYZ_2	XYZ_3	XYZ_4	XYZ_5	XYZ_6	XYZ_7	XYZ_8	
【141】候选科 EC94 未培养的 1 种 s_uncultured_f_EC94	40	27	68	66	65	67	31	0	364
【142】雷沃氏菌属 1 未培养的 1 种 s_uncultured_g_*Prevotella*_1	32	29	109	47	60	68	16	1	362
【143】消化链球菌科的细菌 SK031 s_Peptostreptococcaceae_bacterium_SK031	57	94	55	54	66	5	22	0	353
【144】污泥假单胞菌 *Pseudomonas caeni*	247	39	26	21	9	2	9	0	353
【145】肠杆菌科未分类的 1 种 s_unclassified_f_Enterobacteriaceae	40	27	62	62	65	67	23	2	348
【146】变形菌门未分类的 1 种 s_unclassified_p_Proteobacteria	28	28	41	51	81	74	43	1	347
【147】海洋球形菌属未培养的 1 种 s_uncultured_g_*Oceanisphaera*	188	77	19	31	17	1	3	5	341
【148】腐螺旋菌科未分类的 1 种 s_unclassified_f_Saprospiraceae	34	29	54	62	58	77	26	1	341
【149】SAR202 进化枝的 1 目未培养的 1 种 s_uncultured_o_SAR202_clade	39	33	64	57	66	56	23	2	340
【150】瘤胃球菌科 UCG-005 群的 1 属未培养的 1 种 s_uncultured_g_Ruminococcaceae_ UCG-005	50	42	62	46	57	54	26	3	340
【151】伯克氏菌科未分类的 1 种 s_unclassified_f_Burkholderiaceae	16	11	21	27	35	20	9	200	339
【152】δ-变形菌纲未分类的 1 种 s_unclassified_c_Deltaproteobacteria	2	1	0	0	1	1	1	325	331
【153】考拉杆菌属未培养的 1 种 s_uncultured_g_*Phascolarctobacterium*	45	22	55	54	62	56	32	2	328
【154】假格里朗苍白杆菌 *Ochrobactrum pseudogrignonense*	45	21	48	60	59	65	28	1	327
【155】无色杆菌属未分类的 1 种 s_unclassified_g_*Achromobacter*	30	24	60	44	85	52	18	5	318
【156】应微所菌属未分类的 1 种 s_unclassified_g_*Iamia*	3	0	1	4	1	0	0	306	315
【157】候选纲 JG30-KF-CM66 未分类的 1 种 s_unclassified_c_JG30-KF-CM66	38	27	52	42	68	55	25	0	307
【158】海洋香味菌 *Myroides marinus*	36	31	38	56	52	68	20	3	304
【159】极小单胞菌属未分类的 1 种 s_unclassified_g_*Pusillimonas*	33	78	42	4	1	0	0	144	302
【160】厌氧盐杆菌属未培养的 1 种 s_uncultured_g_*Anaerosalibacter*	234	38	12	0	0	5	10	0	299

续表

物种名称	好氧发酵罐鸡粪处理过程细菌种相对含量（read）								总和（read）
	未发酵		浅发酵				深发酵		
	XYZ_1	XYZ_2	XYZ_3	XYZ_4	XYZ_5	XYZ_6	XYZ_7	XYZ_8	
【161】头状葡萄球菌 *Staphylococcus capitis*	32	30	51	52	56	47	25	2	295
【162】瘤胃球菌科 UCG-003 群的 1 属未分类的 1 种 s_unclassified_g_Ruminococcaceae_ UCG-003	19	23	53	50	61	62	26	0	294
【163】暖微菌属未分类的 1 种 s_unclassified_g_*Tepidimicrobium*	21	37	52	0	1	52	131	0	294
【164】加西亚氏菌属未分类的 1 种 s_unclassified_g_*Garciella*	25	22	29	2	39	18	152	0	287
【165】纺锤链杆菌属未培养的 1 种 s_uncultured_g_*Fusicatenibacter*	28	27	44	46	43	56	42	1	287
【166】普萨农杆菌 *Agrobacterium pusense*	31	26	52	50	51	56	12	1	279
【167】肠道杆菌属未培养的 1 种 s_uncultured_g_*Intestinibacter*	34	41	34	57	42	36	33	1	278
【168】候选属 PAUC26f 未分类的 1 种 s_unclassified_g_PAUC26f	35	22	48	41	58	52	19	3	278
【169】毛螺菌科未培养的 1 种 s_uncultured_Lachnospiraceae	262	2	1	1	1	0	10	0	277
【170】JTB255 海底菌群的 1 属未培养的 1 种 s_uncultured_g_JTB255_marine_benthic_group	25	19	49	48	69	46	20	1	277
【171】候选属 AT-s3-44 未培养的 1 种 s_uncultured_g_AT-s3-44	28	18	44	49	56	60	21	0	276
【172】肠系膜明串珠菌 *Leuconostoc mesenteroides*	29	23	50	43	46	63	12	5	271
【173】黏着剑菌 *Ensifer adhaerens*	30	25	54	46	63	39	11	1	269
【174】无胆甾原体属未分类的 1 种 s_unclassified_g_*Acholeplasma*	237	16	8	5	3	0	0	0	269
【175】候选科 EC94 未分类的 1 种 s_unclassified_f_EC94	30	15	35	59	53	54	19	3	268
【176】奥尔森氏菌属未分类的 1 种 s_unclassified_g_*Olsenella*	60	21	33	101	47	2	1	0	265
【177】副萨特氏菌属未培养的 1 种 s_uncultured_g_*Parasutterella*	44	18	41	42	50	48	20	1	264
【178】毛梭菌属的 1 种来自宏基因组细菌 s_metagenome_g_*Lachnoclostridium*	34	32	55	37	39	45	17	0	259
【179】根瘤菌属未分类的 1 种 s_unclassified_g_*Rhizobium*	21	26	43	36	55	53	18	2	254
【180】基尔菌科未培养的 1 种 s_uncultured_f_Kiloniellaceae	30	27	44	54	45	40	14	0	254
【181】粪产碱菌 *Alcaligenes faecalis*	29	21	28	36	62	64	12	2	254

续表

物种名称	好氧发酵罐鸡粪处理过程细菌种相对含量（read）								总和（read）
	未发酵		浅发酵				深发酵		
	XYZ_1	XYZ_2	XYZ_3	XYZ_4	XYZ_5	XYZ_6	XYZ_7	XYZ_8	
【182】粪杆菌属未培养的 1 种 s_uncultured_g_*Faecalibacterium*	96	67	25	37	11	5	2	0	243
【183】毛梭菌属的 1 种人肠道细菌 s_human_gut_metagenome_g_*Lachnoclostridium*	22	34	36	38	42	41	28	1	242
【184】芽单胞菌纲未分类的 1 种 s_unclassified_c_Gemmatimonadetes	27	22	51	38	48	39	14	1	240
【185】藤黄紫假交替单胞菌 *Pseudoalteromonas luteoviolacea*	29	21	47	47	49	30	15	1	239
【186】土单胞菌属未培养的 1 种 s_uncultured_g_*Terrimonas*	17	17	39	51	39	57	14	4	238
【187】候选属 AT-s3-44 未分类的 1 种 s_unclassified_g_AT-s3-44	25	18	47	44	45	44	11	1	235
【188】毛螺菌科 UCG-010 群的 1 属未培养的 1 种 s_uncultured_g_Lachnospiraceae_ UCG-010	25	17	44	44	39	42	22	0	233
【189】α- 变形菌纲未分类的 1 种 s_unclassified_c_Alphaproteobacteria	23	13	36	37	44	50	24	3	230
【190】新鞘氨醇杆菌属未培养的 1 种 s_uncultured_g_*Novosphingobium*	26	19	39	54	41	36	8	0	223
【191】海洋放线菌目未培养的 1 种 s_uncultured_o_Actinomarinales	31	19	40	38	36	40	18	1	223
【192】布劳特氏菌属未培养的 1 种 s_uncultured_g_*Blautia*	29	18	33	27	37	49	28	1	222
【193】加西亚氏菌属未培养的 1 种 s_uncultured_g_*Garciella*	0	2	1	2	4	37	171	3	220
【194】候选科 A4b 未培养的 1 种 s_uncultured_f_A4b	26	19	42	36	34	38	16	2	213
【195】未培养的海绵共生菌 PAUC32f s_uncultured_sponge_symbiont_PAUC32f	30	17	41	36	31	47	7	2	211
【196】瘤胃梭菌属 9 未分类的 1 种 s_unclassified_g_*Ruminiclostridium*_9	25	19	40	34	42	33	14	0	207
【197】法氏菌属未培养的 1 种 s_uncultured_g_*Facklamia*	10	10	2	41	101	3	33	0	200
【198】居水管产黑栖热菌 *Thermus scotoductus*	18	15	38	32	41	31	22	2	199
【199】候选纲 P9X2b3D02 未培养的 1 种 s_uncultured_c_P9X2b3D02	25	10	37	40	33	42	11	1	199
【200】多食鞘氨醇杆菌 *Sphingobacterium multivorum*	19	10	37	37	48	31	11	2	195
【201】副拟杆菌属未培养的 1 种 s_uncultured_g_*Parabacteroides*	144	40	8	3	0	0	0	0	195

续表

物种名称	好氧发酵罐鸡粪处理过程细菌种相对含量（read）								总和（read）
	未发酵		浅发酵				深发酵		
	XYZ_1	XYZ_2	XYZ_3	XYZ_4	XYZ_5	XYZ_6	XYZ_7	XYZ_8	
【202】微丝菌科未分类的 1 种 s_unclassified_f_Microtrichaceae	18	16	34	40	37	32	15	0	192
【203】候选目 C10-SB1A 的 1 种来自宏基因组细菌 s_metagenome_o_C10-SB1A	25	13	33	31	40	30	16	2	190
【204】乳瘤胃球菌 *Ruminococcus lactaris*	16	9	36	25	34	37	28	2	187
【205】黄单胞菌科未分类的 1 种 s_unclassified_f_Xanthomonadaceae	15	48	23	45	32	7	11	2	183
【206】常见拟杆菌 *Bacteroides plebeius*	20	22	24	31	27	49	8	0	181
【207】嗜木聚糖副普雷沃氏菌 *Paraprevotella xylaniphila*	26	12	36	23	23	30	29	2	181
【208】互养菌属未培养的 1 种 s_uncultured_g_*Synergistes*	142	9	12	11	3	1	0	0	178
【209】候选属 SM1A02 未培养的 1 种 s_uncultured_g_SM1A02	25	13	28	28	35	34	15	0	178
【210】雌二醇脱硝酸体 *Denitratisoma oestradiolicum*	24	8	35	27	40	27	14	2	177
【211】亚群 6 的 1 纲未培养的 1 种海洋细菌 s_uncultured_marine_c_Subgroup_6	23	13	32	32	36	25	12	2	175
【212】交替赤杆菌属未分类的 1 种 s_unclassified_g_*Altererythrobacter*	5	4	5	8	8	5	2	134	171
【213】红球菌属未分类的 1 种 s_unclassified_g_*Rhodococcus*	0	0	0	0	0	0	0	169	169
【214】普雷沃氏菌属 9 的 1 种来自宏基因组细菌 s_metagenome_g_*Prevotella*_9	19	12	20	29	35	36	14	1	166
【215】鞘氨醇杆菌科未培养的 1 种堆肥细菌 s_uncultured_compost_bacterium_f_Sphingobacteriaceae	0	1	0	0	0	0	0	164	165
【216】候选属 *Soleaferrea* 未培养的 1 种 s_uncultured_g_Candidatus_*Soleaferrea*	11	79	34	14	17	8	1	0	164
【217】α- 变形菌纲未培养的 1 种 s_uncultured_c_Alphaproteobacteria	21	20	27	25	36	24	11	0	164
【218】厌氧球菌属未培养的 1 种 s_uncultured_g_*Anaerococcus*	0	9	18	35	100	1	0	0	163
【219】芳香香味菌 *Myroides odoratus*	12	12	33	22	29	38	13	2	161
【220】候选纲 Kazania 未培养的 1 种 s_uncultured_c_Kazania	22	16	27	31	32	19	14	0	161
【221】克里斯滕森菌科 R-7 菌群的 1 属未分类的 1 种 s_unclassified_g_Christensenellaceae_R-7_group	80	33	27	9	10	0	1	0	160

续表

物种名称	好氧发酵罐鸡粪处理过程细菌种相对含量（read）								总和（read）
	未发酵		浅发酵				深发酵		
	XYZ_1	XYZ_2	XYZ_3	XYZ_4	XYZ_5	XYZ_6	XYZ_7	XYZ_8	
【222】不动杆菌属未培养的 1 种 s_uncultured_g_*Acinetobacter*	19	14	32	22	17	38	17	0	159
【223】候选科 A4b 未分类的 1 种 s_unclassified_f_A4b	10	11	25	40	30	31	12	0	159
【224】消化球菌科未分类的 1 种 s_unclassified_f_Peptococcaceae	80	6	10	1	26	29	7	0	159
【225】戊糖片球菌 *Pediococcus pentosaceus*	19	17	18	25	39	34	5	2	159
【226】颗粒链菌属未培养的 1 种 s_uncultured_g_*Granulicatella*	15	15	26	31	30	35	5	1	158
【227】无胆甾原体属未培养的 1 种 s_uncultured_g_*Acholeplasma*	140	9	5	3	0	0	0	0	157
【228】居粪拟杆菌 *Bacteroides coprocola*	15	15	32	23	30	28	11	1	155
【229】鼠杆形菌科未培养的 1 种 s_uncultured_f_Muribaculaceae	22	16	25	22	28	26	14	2	155
【230】梭菌科 1 未分类的 1 种 s_unclassified_f_Clostridiaceae_1	86	63	6	0	0	0	0	0	155
【231】迪氏副拟杆菌 *Parabacteroides distasonis*	11	18	18	30	27	30	18	1	153
【232】助植物红树杆菌 *Mangrovibacter plantisponsor*	12	6	20	22	45	32	13	1	151
【233】候选目 HOC36 未培养的 1 种 s_uncultured_o_HOC36	16	8	24	32	29	28	12	1	150
【234】毛螺菌科 UCG-003 群的 1 属未培养的 1 种 s_uncultured_g_Lachnospiraceae_ UCG-003	17	14	26	22	26	29	15	0	149
【235】海港杆菌门未培养的 1 种 s_uncultured_p_Poribacteria	20	13	25	26	21	34	8	2	149
【236】候选目 JTB23 未分类的 1 种 s_unclassified_o_JTB23	19	10	31	27	27	29	6	0	149
【237】假单胞菌 108Z1 s_*Pseudomonas*_sp._108Z1	57	16	13	34	26	0	3	0	149
【238】食烷菌属未分类的 1 种 s_unclassified_g_*Alcanivorax*	0	0	0	0	0	0	0	148	148
【239】狭义梭菌属 1 的 1 种来自宏基因组细菌 s_metagenome_g_*Clostridium*_*sensu*_*stricto*_1	16	14	26	31	27	22	10	1	147
【240】瘤胃球菌科 UCG-002 群的 1 属未分类的 1 种 s_unclassified_g_Ruminococcaceae_ UCG-002	16	7	26	20	25	24	27	1	146
【241】候选科 bacteriap25 未培养的 1 种 s_uncultured_f_bacteriap25	19	14	19	22	31	30	9	2	146

续表

物种名称	好氧发酵罐鸡粪处理过程细菌种相对含量（read）								总和（read）
	未发酵		浅发酵				深发酵		
	XYZ_1	XYZ_2	XYZ_3	XYZ_4	XYZ_5	XYZ_6	XYZ_7	XYZ_8	
【242】乳杆菌目未分类的 1 种 s_unclassified_o_Lactobacillales	5	21	24	35	30	6	23	1	145
【243】γ- 变形菌纲未分类的 1 种 s_unclassified_c_Gammaproteobacteria	9	14	22	16	28	23	8	25	145
【244】候选科 A4b 未培养的 1 种 s_uncultured_f_A4b	16	11	20	19	30	35	12	1	144
【245】细枝优杆菌 *Eubacterium ramulus*	22	15	19	28	19	26	15	0	144
【246】苛求球菌属未培养的 1 种 s_uncultured_g_*Fastidiosipila*	58	53	33	0	0	0	0	0	144
【247】消化链球菌属未分类的 1 种 s_unclassified_g_*Peptostreptococcus*	105	11	7	6	8	2	3	0	142
【248】毛球菌属未分类的 1 种 s_unclassified_g_*Trichococcus*	28	9	17	32	20	33	1	1	141
【249】粪球菌属 1 的 1 种来自宏基因组细菌 s_metagenome_g_*Coprococcus*_1	13	17	21	17	33	21	16	2	140
【250】候选门 AncK6 分类地位未定的 1 属未培养的 1 种 s_uncultured_g_norank_p_AncK6	17	10	18	23	37	20	13	1	139
【251】糖杆菌门的细菌 UB2523 s_Candidatus_Saccharibacteria_bacterium_UB2523	44	23	25	22	18	0	7	0	139
【252】螺旋体属 2 未培养的 1 种 s_uncultured_g_*Spirochaeta*_2	12	14	24	17	27	36	8	0	138
【253】海港杆菌门未培养的 1 种 s_unclassified_p_Poribacteria	17	9	28	24	30	20	7	2	137
【254】茂物朝井氏菌 *Asaia bogorensis*	19	14	22	24	25	24	9	0	137
【255】唾液乳杆菌 *Lactobacillus salivarius*	29	11	16	8	18	15	39	1	137
【256】丹毒丝菌科 UCG-003 群的 1 属未培养的 1 种 s_uncultured_g_Erysipelotrichaceae_UCG-003	20	16	19	23	18	33	7	0	136
【257】微丝菌目未分类的 1 种 s_unclassified_o_Microtrichales	16	10	20	21	28	22	16	2	135
【258】SAR202 进化枝的 1 目未培养的 1 种深海细菌 s_uncultured_deep-sea_bacterium_o_SAR202_clade	16	13	20	33	20	27	2	4	135
【259】金黄杆菌属未培养的 1 种 s_uncultured_g_*Chryseobacterium*	9	15	12	28	29	34	5	1	133
【260】恶臭丁酸单胞菌 *Butyricimonas virosa*	11	15	24	18	18	36	10	1	133
【261】鼠杆形菌科未培养的 1 种 s_uncultured_f_Muribaculaceae	13	8	21	32	22	26	8	1	131
【262】耐冷假单胞菌 *Pseudomonas psychrotolerans*	12	10	15	23	28	31	9	3	131

续表

物种名称	好氧发酵罐鸡粪处理过程细菌种相对含量（read）								总和（read）
	未发酵		浅发酵				深发酵		
	XYZ_1	XYZ_2	XYZ_3	XYZ_4	XYZ_5	XYZ_6	XYZ_7	XYZ_8	
【263】巨单胞菌属未培养的 1 种 s_uncultured_g_*Megamonas*	18	14	18	24	23	27	5	1	130
【264】粪嗜冷杆菌 *Psychrobacter faecalis*	58	27	12	12	11	4	4	1	129
【265】瘤胃球菌属 1 的 1 种来自宏基因组细菌 s_metagenome_g_*Ruminococcus*_1	13	14	24	18	26	16	14	2	127
【266】巴恩斯氏菌属未培养的 1 种 s_uncultured_g_*Barnesiella*	14	12	22	20	17	20	21	0	126
【267】类产碱菌属未分类的 1 种 s_unclassified_g_*Paenalcaligenes*	37	54	24	0	1	0	0	9	125
【268】硝化螺旋菌属的 1 种 s_*Nitrospira*_sp.	13	13	21	19	26	26	5	1	124
【269】副流感嗜血杆菌 *Haemophilus parainfluenzae*	14	10	13	22	26	24	15	0	124
【270】亚群 11 的 1 纲未培养的 1 种 s_uncultured_c_Subgroup_11	7	9	21	31	19	23	11	2	123
【271】粪便球菌属未分类的 1 种 s_unclassified_g_*Faecalicoccus*	23	32	21	21	13	3	6	0	119
【272】KI89A 进化枝的 1 目未培养的 1 种 s_uncultured_o_KI89A_clade	16	9	19	23	26	17	9	0	119
【273】解纤维素拟杆菌 *Bacteroides cellulosilyticus*	14	12	11	26	22	19	15	0	119
【274】芬氏别样杆状菌 *Alistipes finegoldii*	16	3	15	22	23	22	16	0	117
【275】基尔菌科未分类的 1 种 s_unclassified_f_Kiloniellaceae	11	16	20	25	18	16	8	2	116
【276】蜂房哈夫尼菌 *Hafnia alvei*	9	11	18	31	18	17	11	0	115
【277】解蛋白菌属未培养的 1 种 s_uncultured_g_*Proteiniclasticum*	23	26	16	18	28	0	4	0	115
【278】扭链瘤胃球菌群的 1 属未分类的 1 种 s_unclassified_g_*Ruminococcus*_*torques*_group	47	31	12	9	9	2	2	0	112
【279】短乳杆菌 *Lactobacillus brevis*	15	7	26	14	20	20	7	2	111
【280】理研菌科未分类的 1 种 s_unclassified_f_Rikenellaceae	86	19	3	1	0	1	1	0	111
【281】芽胞杆菌属未分类的 1 种 s_unclassified_g_*Bacillus*	5	2	1	4	6	1	0	91	110
【282】海绵共生菌科的 1 属未培养的 1 种 s_uncultured_f_Entotheonellaceae	12	10	18	25	18	20	3	2	108
【283】气球菌科未培养的 1 种 s_uncultured_f_Aerococcaceae	30	14	9	5	13	2	34	0	107
【284】芽单胞菌纲未培养的 1 种 s_uncultured_c_Gemmatimonadetes	10	3	16	14	27	14	9	13	106

续表

物种名称	好氧发酵罐鸡粪处理过程细菌种相对含量（read）								总和（read）
	未发酵		浅发酵				深发酵		
	XYZ_1	XYZ_2	XYZ_3	XYZ_4	XYZ_5	XYZ_6	XYZ_7	XYZ_8	
【285】瘤胃球菌科 UCG-002 群的 1 属未培养的 1 种 s_uncultured_g_Ruminococcaceae_ UCG-002	11	14	14	10	25	21	11	0	106
【286】赫夫勒氏菌属未分类的 1 种 s_unclassified_g_*Hoeflea*	10	17	17	9	23	21	7	2	106
【287】沃斯氏菌属未培养的 1 种 s_uncultured_g_*Woeseia*	11	10	21	26	20	11	5	1	105
【288】纤维弧菌目未分类的 1 种 s_unclassified_o_Cellvibrionales	15	4	12	27	20	24	1	1	104
【289】兼性芽胞杆菌属未分类的 1 种 s_unclassified_g_*Amphibacillus*	0	1	3	3	13	2	64	18	104
【290】幽门螺杆菌 *Helicobacter pylori*	11	8	17	22	20	20	6	0	104
【291】CL500-29 海洋菌群的 1 属的 1 种来自宏基因组细菌 s_metagenome_g_CL500-29_ marine_group	11	6	16	14	27	22	5	2	103
【292】新建芽胞杆菌属未分类的 1 种 s_unclassified_g_*Novibacillus*	0	0	0	0	0	0	0	101	101
【293】海洋球形菌属未培养的 1 种 s_uncultured_g_*Oceanisphaera*	54	26	7	9	4	0	1	0	101
【294】甲基寡养菌科未培养的 1 种 s_uncultured_f_Methyloligellaceae	11	9	14	20	15	25	6	0	100
【295】中温厌氧杆菌属未培养的 1 种 s_uncultured_g_*Tepidanaerobacter*	72	0	0	0	0	16	12	0	100
【296】候选属 FS142-36B-02 未培养的 1 种 s_uncultured_g_FS142-36B-02	8	11	17	14	26	22	1	1	100

物种多样性指数分析结果见表 5-55。从细菌种菌群分布的时间单元上看，有的细菌种在发酵过程分布在所有的时间单元上，如粪杆菌属的 1 种来自宏基因组的细菌分布在发酵过程 8 次采样的全部时间单元上；有的则分布在部分时间单元上，如芽胞杆菌科未分类的 1 种仅分布在 8 次采样的 3 次时间单元上。

从相对含量（read）上看，最高含量的前 3 个细菌种为粪杆菌属的 1 种来自宏基因组的细菌（21504.00）、奇异杆菌属未培养的 1 种（11740.00）、拟杆菌属未培养的 1 种（11142.00）；最低含量的后 3 个细菌种为甲基寡养菌科未培养的 1 种（100.00）、热厌氧杆菌目中温厌氧杆菌属未培养的 1 种（100.00）、候选属 FS142-36B-02 未培养的 1 种（100.00），不同细菌种的含量相差百倍。

从物种丰富度上看，物种丰富度最高的前 3 个细菌种为候选属 FS142-36B-02 未培养的 1 种（1.52）、CL500-29 海洋菌群的 1 属的 1 种来自宏基因组细菌（1.51）、纤维弧菌目未分类的 1 种（1.51）；丰富度最低的后 3 个细菌种为向文洲菌属未培养的 1 种（0.00）、食烷菌属未分类的 1 种（0.00）、新建芽胞杆菌属未分类的 1 种（0.00）。物种丰富度与优势度呈正比，优势度越高，丰富度越高，反之也成立，表明物种集中程度越高，丰富度就越高。

从物种香农指数上看，香农指数最高的前3个细菌种为γ-变形菌纲未分类的1种（2.00）、鼠杆形菌科未培养的1种（1.96）、瘤胃球菌属1的1种来自宏基因组细菌（1.96）；最低的后3个细菌种为红球菌属未分类的1种（0.00）、食烷菌属未分类的1种（0.00）、新建芽胞杆菌属未分类的1种（0.00）；香农指数与物种均匀度指数呈正比，均匀度指数越高，香农指数越高，反之也成立，表明物种分布越均匀，香农指数越高。

表 5-55　好氧发酵罐鸡粪处理过程细菌种菌群多样性指数

物种名称	时间单元	相对含量（read）	细菌种多样性指数			
			丰富度	优势度指数（*D*）	香农指数（*H*）	均匀度指数
粪杆菌属的1种来自宏基因组的细菌 s_metagenome_g_*Faecalibacterium*	8.00	21504.00	0.70	0.85	1.92	0.92
奇异杆菌属未培养的1种 s_uncultured_g_*Atopostipes*	8.00	11740.00	0.75	0.81	1.78	0.85
拟杆菌属未培养的1种 s_uncultured_g_*Bacteroides*	8.00	11142.00	0.75	0.79	1.70	0.82
干酪乳杆菌 *Lactobacillus casei*	8.00	10882.00	0.75	0.84	1.91	0.92
毛螺菌科未分类的1种 s_unclassified_f_Lachnospiraceae	8.00	10579.00	0.76	0.66	1.41	0.68
瘤胃球菌科UCG-014群的1属未培养的1种 s_uncultured_g_Ruminococcaceae_UCG-014	8.00	8157.00	0.78	0.84	1.92	0.92
暖微菌属未培养的1种 s_uncultured_g_*Tepidimicrobium*	7.00	6232.00	0.69	0.81	1.76	0.90
有益杆菌属的1种来自宏基因组细菌 s_metagenome_g_*Agathobacter*	8.00	5479.00	0.81	0.85	1.94	0.93
拟诺卡氏菌属未分类的1种 s_unclassified_g_*Nocardiopsis*	3.00	5270.00	0.23	0.00	0.00	0.00
瘤胃球菌科UCG-014群的1属未培养的1种 s_uncultured_g_Ruminococcaceae_UCG-014	8.00	4902.00	0.82	0.85	1.93	0.93
普通拟杆菌 *Bacteroides vulgatus*	8.00	4521.00	0.83	0.84	1.91	0.92
嗜蛋白菌属未培养的1种 s_uncultured_g_*Proteiniphilum*	7.00	4489.00	0.71	0.60	1.07	0.55
极小单胞菌属未培养的1种 s_uncultured_g_*Pusillimonas*	1.00	3918.00	0.00	0.00	0.00	0.00
罗氏菌属未分类的1种 s_unclassified_g_*Roseburia*	8.00	3560.00	0.86	0.85	1.93	0.93
罗氏菌属未培养的1种 s_uncultured_g_*Roseburia*	8.00	3458.00	0.86	0.85	1.93	0.93
候选目SBR1031未分类的1种 s_unclassified_o_SBR1031	8.00	3283.00	0.86	0.84	1.90	0.91
芽胞杆菌科未培养的1种 s_uncultured_f_Bacillaceae	7.00	3266.00	0.74	0.27	0.58	0.30
罗氏假单胞菌 *Pseudomonas rhodesiae*	8.00	3249.00	0.87	0.85	1.92	0.92
养猪污水细菌CHNDP41 s_swine_effluent_bacterium_CHNDP41	7.00	3223.00	0.74	0.64	1.26	0.65
肠杆菌属未分类的1种 s_unclassified_g_*Enterobacter*	8.00	3094.00	0.87	0.84	1.91	0.92
石纯杆菌属未培养的1种 s_uncultured_g_*Ulvibacter*	7.00	3041.00	0.75	0.04	0.14	0.07
中温厌氧杆菌属未培养的1种 s_uncultured_g_*Tepidanaerobacter*	7.00	3025.00	0.75	0.63	1.28	0.66
蒂西耶氏菌属未培养的1种 s_uncultured_g_*Tissierella*	8.00	2848.00	0.88	0.83	1.85	0.89

续表

物种名称	时间单元	相对含量（read）	细菌种多样性指数			
			丰富度	优势度指数（D）	香农指数（H）	均匀度指数
梭菌目科XI的 1 属未分类的 1 种 s_unclassified_f_Family_ XI _o_Clostridiales	8.00	2738.00	0.88	0.47	1.01	0.49
s_Virgulinella_fragilis	8.00	2629.00	0.89	0.84	1.90	0.91
梭菌科 1 未培养的 1 种 s_uncultured_f_Clostridiaceae_1	7.00	2575.00	0.76	0.73	1.59	0.82
黄色假单胞菌 *Pseudomonas lutea*	8.00	2396.00	0.90	0.84	1.91	0.92
热粪杆菌属未培养的 1 种 s_uncultured_g_*Caldicoprobacter*	7.00	2320.00	0.77	0.53	0.97	0.50
普通变形杆菌 *Proteus vulgaris*	8.00	2306.00	0.90	0.84	1.91	0.92
伊格纳茨席纳菌属未培养的 1 种 s_uncultured_g_*Ignatzschineria*	7.00	2173.00	0.78	0.63	1.31	0.67
丹毒丝菌属未分类的 1 种 s_unclassified_g_*Erysipelothrix*	7.00	2172.00	0.78	0.76	1.61	0.83
龙包茨氏菌属未培养的 1 种 s_uncultured_g_*Romboutsia*	8.00	2121.00	0.91	0.85	1.94	0.93
毛螺菌科 NK4A136 群的 1 属未分类的 1 种 s_unclassified_g_Lachnospiraceae_NK4A136_group	8.00	2112.00	0.91	0.85	1.94	0.93
青春双歧杆菌 *Bifidobacterium adolescentis*	8.00	2106.00	0.91	0.84	1.91	0.92
单形拟杆菌 *Bacteroides uniformis*	8.00	2106.00	0.91	0.84	1.92	0.92
戴阿利斯特杆菌属未分类的 1 种 s_unclassified_g_*Dialister*	8.00	2083.00	0.92	0.84	1.90	0.92
产丙酸拟杆菌 *Bacteroides propionicifaciens*	7.00	2027.00	0.79	0.42	0.85	0.44
芽胞杆菌科未分类的 1 种 s_unclassified_f_Bacillaceae	3.00	1985.00	0.26	0.34	0.53	0.48
乳球菌属未分类的 1 种 s_unclassified_g_*Lactococcus*	8.00	1963.00	0.92	0.84	1.91	0.92
布劳特氏菌属的 1 种来自宏基因组细菌 s_metagenome_g_*Blautia*	8.00	1895.00	0.93	0.85	1.94	0.93
蒂西耶氏菌属未分类的 1 种 s_unclassified_g_*Tissierella*	7.00	1888.00	0.80	0.59	1.14	0.59
鞘氨醇杆菌科未培养的 1 种 s_uncultured_f_Sphingobacteriaceae	1.00	1884.00	0.00	0.00	0.00	0.00
居膜菌属未培养的 1 种 s_uncultured_g_*Membranicola*	1.00	1861.00	0.00	0.00	0.00	0.00
菠萝泛菌 *Pantoea ananatis*	8.00	1791.00	0.93	0.84	1.90	0.91
瘤胃球菌科 UCG-014 群的 1 属未分类的 1 种 s_unclassified_g_Ruminococcaceae_UCG-014	8.00	1750.00	0.94	0.85	1.94	0.93
猪粪嗜胨菌 *Peptoniphilus stercorisuis*	7.00	1619.00	0.81	0.79	1.67	0.86
s_unclassified_f_Ruminococcaceae	7.00	1530.00	0.82	0.75	1.54	0.79
热粪杆菌属未培养的 1 种 s_uncultured_g_*Caldicoprobacter*	8.00	1510.00	0.96	0.73	1.54	0.74
挑剔优杆菌群的 1 属未培养的 1 种 s_uncultured_g_*Eubacterium_eligens*_group	8.00	1469.00	0.96	0.85	1.93	0.93
产粪甾醇优杆菌群的 1 属的 1 种来自宏基因组细菌 s_metagenome_g_*Eubacterium_coprostanoligenes*_group	8.00	1353.00	0.97	0.84	1.92	0.92
微球菌目未分类的 1 种 s_unclassified_o_Micrococcales	3.00	1325.00	0.28	0.00	0.01	0.01
SAR202 进化枝的 1 目未培养的 1 种 s_uncultured_o_SAR202_clade	8.00	1266.00	0.98	0.84	1.90	0.91

续表

物种名称	时间单元	相对含量（read）	细菌种多样性指数			
			丰富度	优势度指数（*D*）	香农指数（*H*）	均匀度指数
植物乳杆菌 *Lactobacillus plantarum*	8.00	1221.00	0.98	0.84	1.89	0.91
不动杆菌属未分类的 1 种 s_unclassified_g_*Acinetobacter*	8.00	1191.00	0.99	0.84	1.89	0.91
副黄褐假单胞菌 *Pseudomonas parafulva*	8.00	1161.00	0.99	0.84	1.91	0.92
细菌域分类地位未定的 1 门未分类的 1 种 s_unclassified_k_norank_d_Bacteria	8.00	1146.00	0.99	0.84	1.91	0.92
Sva0996 海洋菌群的 1 属未培养的 1 种 s_uncultured_g_Sva0996_marine_group	8.00	1141.00	0.99	0.84	1.88	0.91
隐秘小球菌属未培养的 1 种 s_uncultured_g_*Subdoligranulum*	8.00	1122.00	1.00	0.85	1.93	0.93
居鸡菌属未培养的 1 种 s_uncultured_g_*Gallicola*	7.00	1093.00	0.86	0.81	1.77	0.91
毛螺菌科未分类的 1 种 s_unclassified_f_Lachnospiraceae	8.00	1080.00	1.00	0.74	1.63	0.78
卵形拟杆菌 *Bacteroides ovatus*	8.00	1079.00	1.00	0.84	1.91	0.92
食物魏斯氏菌 *Weissella cibaria*	8.00	1076.00	1.00	0.85	1.92	0.92
动球菌科未分类的 1 种 s_unclassified_f_Planococcaceae	7.00	1050.00	0.86	0.76	1.55	0.80
醋杆菌属未分类的 1 种 s_unclassified_g_*Acetobacter*	8.00	1024.00	1.01	0.84	1.89	0.91
红城红球菌 *Rhodococcus erythropolis*	8.00	1020.00	1.01	0.85	1.93	0.93
丁酸球菌属未培养的 1 种 s_uncultured_g_*Butyricicoccus*	8.00	1014.00	1.01	0.84	1.92	0.92
绿弯菌属未培养的 1 种 s_uncultured_*Chloroflexus*_sp.	8.00	1006.00	1.01	0.85	1.93	0.93
科XI的 1 属未分类的 1 种 s_unclassified_f_Family_ XI	7.00	980.00	0.87	0.72	1.42	0.73
未培养的海绵共生菌 PAWS52f s_uncultured_sponge_symbiont_PAWS52f	8.00	949.00	1.02	0.84	1.91	0.92
卷曲乳杆菌 *Lactobacillus crispatus*	8.00	912.00	1.03	0.84	1.89	0.91
候选目 Dadabacteriales 未分类的 1 种 s_unclassified_o_Dadabacteriales	8.00	896.00	1.03	0.84	1.89	0.91
SAR202 进化枝的 1 目未分类的 1 种 s_unclassified_o_SAR202_clade	8.00	886.00	1.03	0.85	1.92	0.92
脆弱拟杆菌 *Bacteroides fragilis*	8.00	863.00	1.04	0.83	1.87	0.90
鞘氨醇单胞菌属未鉴定的 1 种 s_unidentified_g_*Sphingomonas*	8.00	856.00	1.04	0.85	1.93	0.93
热粪杆菌属的 1 种来自厌氧池细菌 s_anaerobic_digester_metagenome_g_*Caldicoprobacter*	7.00	840.00	0.89	0.74	1.43	0.73
发酵单胞菌属未培养的 1 种 s_uncultured_g_*Fermentimonas*	6.00	820.00	0.75	0.60	1.16	0.65
乳杆菌属未分类的 1 种 s_unclassified_g_*Lactobacillus*	8.00	818.00	1.04	0.83	1.88	0.91
瘤胃球菌属 2 未培养的 1 种 s_uncultured_g_*Ruminococcus*_2	8.00	816.00	1.04	0.85	1.92	0.92
伊格纳茨席纳菌属未分类的 1 种 s_unclassified_g_*Ignatzschineria*	6.00	807.00	0.75	0.45	0.94	0.52
粪肠球菌 *Enterococcus faecalis*	8.00	792.00	1.05	0.85	1.95	0.94
硝化螺旋菌属未分类的 1 种 s_unclassified_g_*Nitrospira*	8.00	771.00	1.05	0.84	1.90	0.91

续表

物种名称	时间单元	相对含量（read）	细菌种多样性指数			
			丰富度	优势度指数（*D*）	香农指数（*H*）	均匀度指数
拟杆菌属未分类的 1 种 s_unclassified_g_*Bacteroides*	8.00	771.00	1.05	0.79	1.74	0.84
粪球菌属 2 未分类的 1 种 s_unclassified_g_*Coprococcus*_2	8.00	755.00	1.06	0.85	1.93	0.93
双歧双歧杆菌 *Bifidobacterium bifidum*	8.00	747.00	1.06	0.84	1.92	0.92
候选纲 TK30 未培养的 1 种 s_uncultured_c_TK30	8.00	746.00	1.06	0.84	1.90	0.92
棒杆菌属 1 未分类的 1 种 s_unclassified_g_*Corynebacterium*_1	7.00	742.00	0.91	0.82	1.80	0.92
亚群 9 的 1 纲未分类的 1 种 s_unclassified_c_Subgroup_9	8.00	735.00	1.06	0.84	1.90	0.91
链球菌属未分类的 1 种 s_unclassified_g_*Streptococcus*	8.00	735.00	1.06	0.85	1.94	0.93
梭菌目未分类的 1 种 s_unclassified_o_Clostridiales	7.00	721.00	0.91	0.78	1.64	0.85
贝日阿托氏菌属的 1 种来自宏基因组细菌 s_metagenome_g_*Beggiatoa*	8.00	705.00	1.07	0.84	1.88	0.90
绿弯菌属未培养的 1 种 s_uncultured_*Chloroflexus*_sp.	8.00	705.00	1.07	0.84	1.90	0.91
多雷氏菌属的 1 种来自宏基因组细菌 s_metagenome_g_*Dorea*	8.00	678.00	1.07	0.85	1.93	0.93
干燥棒杆菌 *Corynebacterium xerosis*	7.00	662.00	0.92	0.77	1.58	0.81
寡养单胞菌属未分类的 1 种 s_unclassified_g_*Stenotrophomonas*	8.00	661.00	1.08	0.84	1.90	0.92
向文洲菌属未培养的 1 种 s_uncultured_g_*Wenzhouxiangella*	1.00	605.00	0.00	0.00	0.00	0.00
柔膜菌纲 RF39 群的 1 目未培养的 1 种 s_uncultured_o_Mollicutes_RF39	8.00	595.00	1.10	0.85	1.93	0.93
毛螺菌科 UCG-004 群的 1 属未分类的 1 种 s_uncultured_g_Lachnospiraceae_UCG-004	8.00	583.00	1.10	0.85	1.91	0.92
热微菌属未培养的 1 种 s_uncultured_*Thermomicrobium*_sp.	8.00	583.00	1.10	0.84	1.90	0.92
双环瘤胃球菌 *Ruminococcus bicirculans*	8.00	578.00	1.10	0.85	1.94	0.93
创伤球菌属未分类的 1 种 s_unclassified_g_*Helcococcus*	7.00	577.00	0.94	0.72	1.49	0.76
清酒乳杆菌 *Lactobacillus sakei*	8.00	575.00	1.10	0.84	1.89	0.91
绿弯菌属未培养的 1 种 s_uncultured_*Chloroflexus*_sp.	8.00	569.00	1.10	0.84	1.88	0.90
克里斯滕森菌科 R-7 菌群的 1 属的 1 种肠道细菌 s_gut_metagenome_g_Christensenellaceae_R-7_group	8.00	563.00	1.11	0.85	1.95	0.94
可可豆醋杆菌 *Acetobacter fabarum*	8.00	558.00	1.11	0.85	1.92	0.92
科Ⅺ的 1 属未培养的 1 种 s_uncultured_f_Family_ Ⅺ	5.00	554.00	0.63	0.64	1.24	0.77
班努斯菌科未分类的 1 种 s_unclassified_f_Balneolaceae	2.00	553.00	0.16	0.00	0.01	0.02
庞大厌氧棒杆菌 *Anaerostipes hadrus*	8.00	542.00	1.11	0.84	1.90	0.91
瘤胃球菌科 UCG-013 群的 1 属的 1 种来自宏基因组细菌 s_metagenome_g_Ruminococcaceae_UCG-013	8.00	530.00	1.12	0.85	1.94	0.93
香肠乳杆菌 *Lactobacillus farciminis*	8.00	517.00	1.12	0.84	1.90	0.91
粪球菌属 3 未培养的 1 种 s_uncultured_g_*Coprococcus*_3	8.00	513.00	1.12	0.84	1.89	0.91
微杆菌属未分类的 1 种 s_unclassified_g_*Microbacterium*	8.00	490.00	1.13	0.84	1.89	0.91

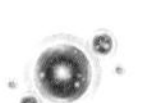

续表

物种名称	时间单元	相对含量（read）	细菌种多样性指数			
			丰富度	优势度指数（D）	香农指数（H）	均匀度指数
大肠杆菌 *Escherichia coli*	8.00	487.00	1.13	0.84	1.90	0.92
第三梭菌 *Clostridium tertium*	8.00	480.00	1.13	0.84	1.89	0.91
梭菌目的细菌 FK041 s_Clostridiales_bacterium_FK041	7.00	474.00	0.97	0.77	1.66	0.85
特吕珀菌属未分类的 1 种 s_unclassified_g_*Truepera*	1.00	466.00	0.00	0.00	0.00	0.00
理研菌科肠道菌群 RC9 的 1 属未培养的 1 种 s_uncultured_g_Rikenellaceae_RC9_gut_group	7.00	465.00	0.98	0.30	0.64	0.33
绿弯菌属未培养的 1 种 s_uncultured_*Chloroflexus*_sp.	8.00	464.00	1.14	0.84	1.88	0.91
红杆菌科未分类的 1 种 s_unclassified_f_Rhodobacteraceae	3.00	460.00	0.33	0.02	0.07	0.06
沙雷氏菌属未分类的 1 种 s_unclassified_g_*Serratia*	8.00	454.00	1.14	0.85	1.93	0.93
假单胞菌属未分类的 1 种 s_unclassified_g_*Pseudomonas*	8.00	451.00	1.15	0.85	1.93	0.93
苏黎世杆菌属未培养的 1 种 s_uncultured_g_*Turicibacter*	8.00	445.00	1.15	0.84	1.90	0.91
长双歧杆菌 *Bifidobacterium longum*	8.00	434.00	1.15	0.84	1.90	0.92
假纤细芽胞杆菌属未培养的 1 种 s_uncultured_g_*Pseudogracilibacillus*	7.00	430.00	0.99	0.03	0.11	0.06
候选纲 TK17 未培养的 1 种 s_uncultured_c_TK17	8.00	428.00	1.16	0.84	1.87	0.90
丹毒丝菌属未培养的 1 种 s_uncultured_g_*Erysipelothrix*	7.00	421.00	0.99	0.41	0.91	0.47
候选属 AqS1 未培养的 1 种 s_uncultured_g_AqS1	8.00	419.00	1.16	0.85	1.91	0.92
候选纲 OLB14 未培养的 1 种 s_uncultured_c_OLB14	8.00	419.00	1.16	0.84	1.91	0.92
坚韧肠球菌 *Enterococcus durans*	8.00	418.00	1.16	0.83	1.87	0.90
暖绳菌科未培养的 1 种 s_uncultured_f_Caldilineaceae	8.00	408.00	1.16	0.85	1.92	0.93
樱桃样芽胞杆菌属未培养的 1 种 s_uncultured_g_*Cerasibacillus*	5.00	403.00	0.67	0.47	0.92	0.57
候选属 PAUC26f 未培养的 1 种 s_uncultured_g_PAUC26f	8.00	402.00	1.17	0.84	1.90	0.91
反刍优杆菌群的 1 属未培养的 1 种 s_uncultured_g_*Eubacterium*_*ruminantium*_group	8.00	386.00	1.18	0.85	1.93	0.93
地钱甲基杆菌 *Methylobacterium marchantiae*	8.00	384.00	1.18	0.85	1.93	0.93
埃氏拟杆菌 *Bacteroides eggerthii*	8.00	384.00	1.18	0.85	1.93	0.93
劣生单胞菌属未培养的 1 种 s_uncultured_g_*Dysgonomonas*	6.00	383.00	0.84	0.40	0.78	0.44
黄杆菌科未分类的 1 种 s_unclassified_f_Flavobacteriaceae	8.00	381.00	1.18	0.29	0.74	0.36
毛螺菌属未培养的 1 种 s_uncultured_g_*Lachnospira*	8.00	378.00	1.18	0.85	1.95	0.94
隐秘小球菌属未培养的 1 种 s_uncultured_g_*Subdoligranulum*	8.00	371.00	1.18	0.85	1.95	0.94
候选科 bacteriap25 未培养的 1 种 s_uncultured_f_bacteriap25	8.00	369.00	1.18	0.84	1.90	0.91
亚群 6 的 1 纲未分类的 1 种 s_unclassified_c_Subgroup_6	8.00	369.00	1.18	0.84	1.88	0.90
海杆形菌目未分类的 1 种 s_unclassified_o_Thalassobaculales	8.00	368.00	1.18	0.83	1.85	0.89
候选科 EC94 未培养的 1 种 s_uncultured_f_EC94	7.00	364.00	1.02	0.84	1.89	0.97

续表

物种名称	时间单元	相对含量（read）	细菌种多样性指数			
			丰富度	优势度指数（*D*）	香农指数（*H*）	均匀度指数
普雷沃氏菌属 1 未培养的 1 种 s_uncultured_g_*Prevotella*_1	8.00	362.00	1.19	0.82	1.81	0.87
消化链球菌科的细菌 SK031 s_Peptostreptococcaceae_bacterium_SK031	7.00	353.00	1.02	0.82	1.77	0.91
污泥假单胞菌 *Pseudomonas caeni*	7.00	353.00	1.02	0.49	1.07	0.55
肠杆菌科未分类的 1 种 s_unclassified_f_Enterobacteriaceae	8.00	348.00	1.20	0.84	1.90	0.91
变形菌门未分类的 1 种 s_unclassified_p_Proteobacteria	8.00	347.00	1.20	0.84	1.89	0.91
海洋球形菌属未培养的 1 种 s_uncultured_g_*Oceanisphaera*	8.00	341.00	1.20	0.63	1.31	0.63
腐螺旋菌科未分类的 1 种 s_unclassified_f_Saprospiraceae	8.00	341.00	1.20	0.84	1.89	0.91
SAR202 进化枝的 1 目未培养的 1 种 s_uncultured_o_SAR202_clade	8.00	340.00	1.20	0.85	1.92	0.92
瘤胃球菌科 UCG-005 群的 1 属未培养的 1 种 s_uncultured_g_Ruminococcaceae_UCG-005	8.00	340.00	1.20	0.85	1.95	0.94
伯克氏菌科未分类的 1 种 s_unclassified_f_Burkholderiaceae	8.00	339.00	1.20	0.63	1.44	0.69
δ-变形菌纲未分类的 1 种 s_unclassified_c_Deltaproteobacteria	6.00	331.00	0.86	0.04	0.12	0.07
考拉杆菌属未培养的 1 种 s_uncultured_g_*Phascolarctobacterium*	8.00	328.00	1.21	0.85	1.93	0.93
假格里朗苍白杆菌 *Ochrobactrum pseudogrignonense*	8.00	327.00	1.21	0.84	1.90	0.91
无色杆菌属未分类的 1 种 s_unclassified_g_*Achromobacter*	8.00	318.00	1.21	0.83	1.88	0.91
应微所菌属未分类的 1 种 s_unclassified_g_*Iamia*	5.00	315.00	0.70	0.06	0.16	0.10
候选纲 JG30-KF-CM66 未分类的 1 种 s_unclassified_c_JG30-KF-CM66	7.00	307.00	1.05	0.84	1.89	0.97
海洋香味菌 *Myroides marinus*	8.00	304.00	1.22	0.85	1.92	0.92
极小单胞菌属未分类的 1 种 s_unclassified_g_*Pusillimonas*	6.00	302.00	0.88	0.68	1.30	0.72
厌氧盐杆菌属未培养的 1 种 s_uncultured_g_*Anaerosalibacter*	5.00	299.00	0.70	0.37	0.77	0.48
头状葡萄球菌 *Staphylococcus capitis*	8.00	295.00	1.23	0.85	1.93	0.93
瘤胃球菌科 UCG-003 群的 1 属未分类的 1 种 s_unclassified_g_Ruminococcaceae_UCG-003	7.00	294.00	1.06	0.84	1.86	0.95
暖微菌属未分类的 1 种 s_unclassified_g_*Tepidimicrobium*	6.00	294.00	0.88	0.72	1.44	0.80
加西亚氏菌属未分类的 1 种 s_unclassified_g_*Garciella*	7.00	287.00	1.06	0.68	1.46	0.75
纺锤链杆菌属未培养的 1 种 s_uncultured_g_*Fusicatenibacter*	8.00	287.00	1.24	0.85	1.93	0.93
普萨农杆菌 *Agrobacterium pusense*	8.00	279.00	1.24	0.84	1.87	0.90
肠道杆菌属未培养的 1 种 s_uncultured_g_*Intestinibacter*	8.00	278.00	1.24	0.86	1.94	0.94
候选属 PAUC26f 未分类的 1 种 s_unclassified_g_PAUC26f	8.00	278.00	1.24	0.85	1.92	0.92
毛螺菌科未培养的 1 种 s_uncultured_Lachnospiraceae	6.00	277.00	0.89	0.10	0.27	0.15
JTB255 海底菌群的 1 属未培养的 1 种 s_uncultured_g_JTB255_marine_benthic_group	8.00	277.00	1.24	0.83	1.87	0.90

续表

物种名称	时间单元	相对含量(read)	细菌种多样性指数			
			丰富度	优势度指数(*D*)	香农指数(*H*)	均匀度指数
候选属 AT-s3-44 未培养的 1 种 s_uncultured_g_AT-s3-44	7.00	276.00	1.07	0.84	1.86	0.96
肠系膜明串珠菌 *Leuconostoc mesenteroides*	8.00	271.00	1.25	0.84	1.90	0.92
黏着剑菌 *Ensifer adhaerens*	8.00	269.00	1.25	0.83	1.86	0.90
无胆甾原体属未分类的 1 种 s_unclassified_g_*Acholeplasma*	5.00	269.00	0.71	0.22	0.51	0.32
候选科 EC94 未分类的 1 种 s_unclassified_f_EC94	8.00	268.00	1.25	0.84	1.89	0.91
奥尔森氏菌属未分类的 1 种 s_unclassified_g_*Olsenella*	7.00	265.00	1.08	0.75	1.53	0.79
副萨特氏菌属未培养的 1 种 s_uncultured_g_*Parasutterella*	8.00	264.00	1.26	0.85	1.91	0.92
毛梭菌属的 1 种来自宏基因组细菌 s_metagenome_g_*Lachnoclostridium*	7.00	259.00	1.08	0.85	1.90	0.98
根瘤菌属未分类的 1 种 s_unclassified_g_*Rhizobium*	8.00	254.00	1.26	0.84	1.90	0.91
基尔菌科未培养的 1 种 s_uncultured_f_Kiloniellaceae	7.00	254.00	1.08	0.84	1.88	0.97
粪产碱菌 *Alcaligenes faecalis*	8.00	254.00	1.26	0.83	1.85	0.89
粪杆菌属未培养的 1 种 s_uncultured_g_*Faecalibacterium*	7.00	243.00	1.09	0.73	1.50	0.77
毛梭菌属的 1 种人肠道细菌 s_human_gut_metagenome_g_*Lachnoclostridium*	8.00	242.00	1.28	0.86	1.94	0.94
芽单胞菌纲未分类的 1 种 s_unclassified_c_Gemmatimonadetes	8.00	240.00	1.28	0.84	1.89	0.91
藤黄紫假交替单胞菌 *Pseudoalteromonas luteoviolacea*	8.00	239.00	1.28	0.84	1.89	0.91
土单胞菌属未培养的 1 种 s_uncultured_g_*Terrimonas*	8.00	238.00	1.28	0.83	1.88	0.90
候选属 AT-s3-44 未分类的 1 种 s_unclassified_g_AT-s3-44	8.00	235.00	1.28	0.84	1.87	0.90
毛螺菌科 UCG-010 群的 1 属未培养的 1 种 s_uncultured_g_Lachnospiraceae_UCG-010	7.00	233.00	1.10	0.85	1.89	0.97
α- 变形菌纲未分类的 1 种 s_unclassified_c_Alphaproteobacteria	8.00	230.00	1.29	0.85	1.92	0.92
新鞘氨醇杆菌属未培养的 1 种 s_uncultured_g_*Novosphingobium*	7.00	223.00	1.11	0.83	1.83	0.94
海洋放线菌目未培养的 1 种 s_uncultured_o_Actinomarinales	8.00	223.00	1.29	0.85	1.92	0.93
布劳特氏菌属未培养的 1 种 s_uncultured_g_*Blautia*	8.00	222.00	1.30	0.85	1.93	0.93
加西亚氏菌属未培养的 1 种 s_uncultured_g_*Garciella*	7.00	220.00	1.11	0.37	0.74	0.38
候选科 A4b 未培养的 1 种 s_uncultured_f_A4b	8.00	213.00	1.31	0.85	1.93	0.93
未培养的海绵共生菌 PAUC32f s_uncultured_sponge_symbiont_PAUC32f	8.00	211.00	1.31	0.84	1.87	0.90
瘤胃梭菌属 9 未分类的 1 种 s_unclassified_g_*Ruminiclostridium_9*	7.00	207.00	1.13	0.85	1.89	0.97
法氏菌属未培养的 1 种 s_uncultured_g_*Facklamia*	7.00	200.00	1.13	0.67	1.38	0.71
居水管产黑栖热菌 *Thermus scotoductus*	8.00	199.00	1.32	0.85	1.93	0.93
候选纲 P9X2b3D02 未培养的 1 种 s_uncultured_c_P9X2b3D02	8.00	199.00	1.32	0.84	1.86	0.89
多食鞘氨醇杆菌 *Sphingobacterium multivorum*	8.00	195.00	1.33	0.83	1.86	0.89

续表

物种名称	时间单元	相对含量（read）	细菌种多样性指数			
			丰富度	优势度指数（D）	香农指数（H）	均匀度指数
副拟杆菌属未培养的 1 种 s_uncultured_g_*Parabacteroides*	4.00	195.00	0.57	0.41	0.74	0.54
微丝菌科未分类的 1 种 s_unclassified_f_Microtrichaceae	7.00	192.00	1.14	0.84	1.88	0.96
候选目 C10-SB1A 的 1 种来自宏基因组细菌 s_metagenome_o_C10-SB1A	8.00	190.00	1.33	0.85	1.93	0.93
乳瘤胃球菌 *Ruminococcus lactaris*	8.00	187.00	1.34	0.85	1.91	0.92
黄单胞菌科未分类的 1 种 s_unclassified_f_Xanthomonadaceae	8.00	183.00	1.34	0.82	1.81	0.87
常见拟杆菌 *Bacteroides plebeius*	7.00	181.00	1.15	0.83	1.85	0.95
嗜木聚糖副普雷沃氏菌 *Paraprevotella xylaniphila*	8.00	181.00	1.35	0.85	1.95	0.94
互养菌属未培养的 1 种 s_uncultured_g_*Synergistes*	6.00	178.00	0.96	0.35	0.78	0.44
候选属 SM1A02 未培养的 1 种 s_uncultured_g_SM1A02	7.00	178.00	1.16	0.85	1.89	0.97
雌二醇脱硝酸体 *Denitratisoma oestradiolicum*	8.00	177.00	1.35	0.84	1.89	0.91
亚群 6 的 1 纲未培养的 1 种海洋细菌 s_uncultured_marine_c_Subgroup_6	8.00	175.00	1.36	0.85	1.92	0.92
交替赤杆菌属未分类的 1 种 s_unclassified_g_*Altererythrobacter*	8.00	171.00	1.36	0.38	0.93	0.45
红球菌属未分类的 1 种 s_unclassified_g_*Rhodococcus*	1.00	169.00	0.00	0.00	0.00	0.00
普雷沃氏菌属 9 的 1 种来自宏基因组细菌 s_metagenome_g_*Prevotella*_9	8.00	166.00	1.37	0.84	1.90	0.91
鞘氨醇杆菌科未培养的 1 种堆肥细菌 s_uncultured_compost_bacterium_f_Sphingobacteriaceae	2.00	165.00	0.20	0.01	0.04	0.05
候选属 *Soleaferrea* 未培养的 1 种 s_uncultured_g_Candidatus_*Soleaferrea*	7.00	164.00	1.18	0.70	1.48	0.76
α- 变形菌纲未培养的 1 种 s_uncultured_c_Alphaproteobacteria	7.00	164.00	1.18	0.85	1.90	0.98
厌氧球菌属未培养的 1 种 s_uncultured_g_*Anaerococcus*	5.00	163.00	0.79	0.57	1.06	0.66
芳香香味菌 *Myroides odoratus*	8.00	161.00	1.38	0.84	1.89	0.91
候选纲 Kazania 未培养的 1 种 s_uncultured_c_Kazania	7.00	161.00	1.18	0.85	1.90	0.98
克里斯滕森菌科 R-7 菌群的 1 属未分类的 1 种 s_unclassified_g_Christensenellaceae_R-7_group	6.00	160.00	0.99	0.68	1.34	0.75
不动杆菌属未培养的 1 种 s_uncultured_g_*Acinetobacter*	7.00	159.00	1.18	0.84	1.88	0.97
候选科 A4b 未分类的 1 种 s_unclassified_f_A4b	7.00	159.00	1.18	0.83	1.83	0.94
消化球菌科未分类的 1 种 s_unclassified_f_Peptococcaceae	7.00	159.00	1.18	0.68	1.42	0.73
戊糖片球菌 *Pediococcus pentosaceus*	8.00	159.00	1.38	0.83	1.87	0.90
颗粒链菌属未培养的 1 种 s_uncultured_g_*Granulicatella*	8.00	158.00	1.38	0.84	1.85	0.89
无胆甾原体属未培养的 1 种 s_uncultured_g_*Acholeplasma*	4.00	157.00	0.59	0.20	0.45	0.33
居粪拟杆菌 *Bacteroides coprocola*	8.00	155.00	1.39	0.85	1.91	0.92
鼠杆形菌科未培养的 1 种 s_uncultured_f_Muribaculaceae	8.00	155.00	1.39	0.86	1.96	0.94

续表

物种名称	时间单元	相对含量（read）	细菌种多样性指数			
			丰富度	优势度指数（D）	香农指数（H）	均匀度指数
梭菌科 1 未分类的 1 种 s_unclassified_f_Clostridiaceae_1	3.00	155.00	0.40	0.53	0.82	0.75
迪氏副拟杆菌 *Parabacteroides distasonis*	8.00	153.00	1.39	0.85	1.92	0.92
助植物红树杆菌 *Mangrovibacter plantisponsor*	8.00	151.00	1.40	0.82	1.81	0.87
候选目 HOC36 未培养的 1 种 s_uncultured_o_HOC36	8.00	150.00	1.40	0.84	1.88	0.91
毛螺菌科 UCG-003 群的 1 属未培养的 1 种 s_uncultured_g_Lachnospiraceae_UCG-003	7.00	149.00	1.20	0.85	1.91	0.98
海港杆菌门未培养的 1 种 s_uncultured_p_Poribacteria	8.00	149.00	1.40	0.85	1.91	0.92
候选目 JTB23 未分类的 1 种 s_unclassified_o_JTB23	7.00	149.00	1.20	0.84	1.84	0.94
假单胞菌 108Z1 s_*Pseudomonas*_sp._108Z1	6.00	149.00	1.00	0.76	1.54	0.86
食烷菌属未分类的 1 种 s_unclassified_g_*Alcanivorax*	1.00	148.00	0.00	0.00	0.00	0.00
狭义梭菌属 1 的 1 种来自宏基因组细菌 s_metagenome_g_*Clostridium_sensu_stricto*_1	8.00	147.00	1.40	0.85	1.91	0.92
瘤胃球菌科 UCG-002 群的 1 属未分类的 1 种 s_unclassified_g_Ruminococcaceae_UCG-002	8.00	146.00	1.40	0.85	1.91	0.92
候选科 bacteriap25 未培养的 1 种 s_uncultured_f_bacteriap25	8.00	146.00	1.40	0.85	1.93	0.93
乳杆菌目未分类的 1 种 s_unclassified_o_Lactobacillales	8.00	145.00	1.41	0.83	1.82	0.88
γ- 变形菌纲未分类的 1 种 s_unclassified_c_Gammaproteobacteria	8.00	145.00	1.41	0.86	2.00	0.96
候选科 A4b 未培养的 1 种 s_uncultured_f_A4b	8.00	144.00	1.41	0.84	1.89	0.91
细枝优杆菌 *Eubacterium ramulus*	7.00	144.00	1.21	0.86	1.92	0.99
苛求球菌属未培养的 1 种 s_uncultured_g_*Fastidiosipila*	3.00	144.00	0.40	0.65	1.07	0.98
消化链球菌属未分类的 1 种 s_unclassified_g_*Peptostreptococcus*	7.00	142.00	1.21	0.44	1.01	0.52
毛球菌属未分类的 1 种 s_unclassified_g_*Trichococcus*	8.00	141.00	1.41	0.82	1.78	0.85
粪球菌属 1 的 1 种来自宏基因组细菌 s_metagenome_g_*Coprococcus*_1	8.00	140.00	1.42	0.85	1.95	0.94
候选门 AncK6 分类地位未定的 1 属未培养的 1 种 s_uncultured_g_norank_p_AncK6	8.00	139.00	1.42	0.84	1.90	0.91
糖杆菌门的细菌 UB2523 s_Candidatus_Saccharibacteria_bacterium_UB2523	6.00	139.00	1.01	0.80	1.68	0.94
螺旋体属 2 未培养的 1 种 s_uncultured_g_*Spirochaeta*_2	7.00	138.00	1.22	0.83	1.84	0.95
海港杆菌门未分类的 1 种 s_unclassified_p_Poribacteria	8.00	137.00	1.42	0.84	1.89	0.91
茂物朝井氏菌 *Asaia bogorensis*	7.00	137.00	1.22	0.85	1.90	0.98
唾液乳杆菌 *Lactobacillus salivarius*	8.00	137.00	1.42	0.83	1.85	0.89
丹毒丝菌科 UCG-003 群的 1 属未培养的 1 种 s_uncultured_g_Erysipelotrichaceae_UCG-003	7.00	136.00	1.22	0.84	1.87	0.96
微丝菌目未分类的 1 种 s_unclassified_o_Microtrichales	8.00	135.00	1.43	0.86	1.95	0.94

续表

物种名称	时间单元	相对含量（read）	细菌种多样性指数			
			丰富度	优势度指数（*D*）	香农指数（*H*）	均匀度指数
SAR202 进化枝的 1 目未培养的 1 种深海细菌 s_uncultured_deep-sea_bacterium_o_SAR202_clade	8.00	135.00	1.43	0.84	1.88	0.90
金黄杆菌属未培养的 1 种 s_uncultured_g_*Chryseobacterium*	8.00	133.00	1.43	0.82	1.81	0.87
恶臭丁酸单胞菌 *Butyricimonas virosa*	8.00	133.00	1.43	0.84	1.89	0.91
鼠杆形菌科未培养的 1 种 s_uncultured_f_Muribaculaceae	8.00	131.00	1.44	0.84	1.87	0.90
耐冷假单胞菌 *Pseudomonas psychrotolerans*	8.00	131.00	1.44	0.84	1.91	0.92
巨单胞菌属未培养的 1 种 s_uncultured_g_*Megamonas*	8.00	130.00	1.44	0.85	1.90	0.91
粪嗜冷杆菌 *Psychrobacter faecalis*	8.00	129.00	1.44	0.73	1.59	0.77
瘤胃球菌属 1 的 1 种来自宏基因组细菌 s_metagenome_g_*Ruminococcus_1*	8.00	127.00	1.45	0.86	1.96	0.94
巴恩斯氏菌属未培养的 1 种 s_uncultured_g_*Barnesiella*	7.00	126.00	1.24	0.86	1.93	0.99
类产碱菌属未分类的 1 种 s_unclassified_g_*Paenalcaligenes*	5.00	125.00	0.83	0.69	1.27	0.79
硝化螺旋菌属的 1 种 s_*Nitrospira*_sp.	8.00	124.00	1.45	0.84	1.88	0.91
副流感嗜血杆菌 *Haemophilus parainfluenzae*	7.00	124.00	1.24	0.85	1.89	0.97
亚群 11 的 1 纲未培养的 1 种 s_uncultured_c_Subgroup_11	8.00	123.00	1.45	0.84	1.89	0.91
粪便球菌属未分类的 1 种 s_unclassified_g_*Faecalicoccus*	7.00	119.00	1.26	0.82	1.77	0.91
KI89A 进化枝的 1 目未培养的 1 种 s_uncultured_o_KI89A_clade	7.00	119.00	1.26	0.85	1.88	0.97
解纤维素拟杆菌 *Bacteroides cellulosilyticus*	7.00	119.00	1.26	0.85	1.90	0.98
芬氏别样杆状菌 *Alistipes finegoldii*	7.00	117.00	1.26	0.84	1.85	0.95
基尔菌科未分类的 1 种 s_unclassified_f_Kiloniellaceae	8.00	116.00	1.47	0.86	1.95	0.94
蜂房哈夫尼菌 *Hafnia alvei*	7.00	115.00	1.26	0.84	1.86	0.96
解蛋白菌属未培养的 1 种 s_uncultured_g_*Proteiniclasticum*	6.00	115.00	1.05	0.81	1.68	0.94
扭链瘤胃球菌群的 1 属未分类的 1 种 s_unclassified_g_*Ruminococcus_torques*_group	7.00	112.00	1.27	0.73	1.51	0.78
短乳杆菌 *Lactobacillus brevis*	8.00	111.00	1.49	0.85	1.91	0.92
理研菌科未分类的 1 种 s_unclassified_f_Rikenellaceae	6.00	111.00	1.06	0.37	0.72	0.40
芽胞杆菌属未分类的 1 种 s_unclassified_g_*Bacillus*	7.00	110.00	1.28	0.31	0.73	0.38
海绵共生菌科的 1 属未培养的 1 种 s_uncultured_f_Entotheonellaceae	8.00	108.00	1.50	0.84	1.89	0.91
气球菌科未培养的 1 种 s_uncultured_f_Aerococcaceae	7.00	107.00	1.28	0.79	1.67	0.86
芽单胞菌纲未培养的 1 种 s_uncultured_c_Gemmatimonadetes	8.00	106.00	1.50	0.85	1.96	0.94
瘤胃球菌科 UCG-002 群的 1 属未培养的 1 种 s_uncultured_g_Ruminococcaceae_UCG-002	7.00	106.00	1.29	0.85	1.89	0.97
赫夫勒氏菌属未分类的 1 种 s_unclassified_g_*Hoeflea*	8.00	106.00	1.50	0.85	1.93	0.93
沃斯氏菌属未培养的 1 种 s_uncultured_g_*Woeseia*	8.00	105.00	1.50	0.84	1.87	0.90

续表

物种名称	时间单元	相对含量（read）	细菌种多样性指数			
			丰富度	优势度指数（D）	香农指数（H）	均匀度指数
纤维弧菌目未分类的 1 种 s_unclassified_o_Cellvibrionales	8.00	104.00	1.51	0.81	1.75	0.84
兼性芽胞杆菌属未分类的 1 种 s_unclassified_g_*Amphibacillus*	7.00	104.00	1.29	0.58	1.19	0.61
幽门螺杆菌 *Helicobacter pylori*	7.00	104.00	1.29	0.84	1.86	0.95
CL500-29 海洋菌群的 1 属的 1 种来自宏基因组细菌 s_metagenome_g_CL500-29_marine_group	8.00	103.00	1.51	0.83	1.87	0.90
新建芽胞杆菌属未分类的 1 种 s_unclassified_g_*Novibacillus*	1.00	101.00	0.00	0.00	0.00	0.00
海洋球形菌属未培养的 1 种 s_uncultured_g_*Oceanisphaera*	6.00	101.00	1.08	0.64	1.26	0.70
甲基寡养菌科未培养的 1 种 s_uncultured_f_Methyloligellaceae	7.00	100.00	1.30	0.84	1.86	0.95
热厌氧杆菌目中温厌氧杆菌属未培养的 1 种 s_uncultured_g_*Tepidanaerobacter*	3.00	100.00	0.43	0.45	0.78	0.71
候选属 FS142-36B-02 未培养的 1 种 s_uncultured_g_FS142-36B-02	8.00	100.00	1.52	0.83	1.80	0.86

以表 5-54 为数据矩阵，对发酵生境进行多样性分析，以发酵过程为样本，以细菌种为指标，计算种类数、丰富度、香农指数、优势度指数、均匀度指数，分析结果见表 5-56、图 5-43。从发酵生境种类数看，浅发酵生境细菌种种类数最多（625 ～ 667），其次为未发酵生境（593 ～ 634），最少为深发酵生境（270 ～ 544），表明随着发酵进程，进入浅发酵阶段后细菌种数量上升，进入深发酵阶段后数量下降。

表 5-56　基于细菌种菌群的好氧发酵罐鸡粪处理过程生境多样性指数

发酵阶段	编号	种类数	丰富度	香农指数	优势度指数	均匀度指数
未发酵	XYZ_1	634	733.08	4.31	0.04	0.12
	XYZ_2	593	706.89	4.18	0.03	0.11
浅发酵	XYZ_3	666	776.26	4.53	0.03	0.14
	XYZ_4	667	750.16	4.40	0.03	0.12
	XYZ_5	649	731.24	4.44	0.03	0.13
	XYZ_6	625	713.01	4.39	0.03	0.13
深发酵	XYZ_7	544	691.56	3.84	0.06	0.08
	XYZ_8	270	428.31	2.90	0.09	0.06

从发酵生境丰富度上看（图 5-43），深发酵生境的丰富度（428.31 ～ 691.55）＜未发酵生境的丰富度（706.89 ～ 733.08）＜浅发酵生境的丰富度（713.01 ～ 776.26）；香农指数的变化规律与丰富度相近；多样性指数间的相关性见表 5-57，香农指数与优势度指数的相关系数为 -0.9715（P=0.0001），呈极显著负相关；丰富度与种类数的相关系数为 0.9888，呈极显著正相关（P=0.0000），均匀度与优势度指数相关系数为 -0.9326，呈极显著负相关（P=0.0007）。

表 5-57　基于细菌种菌群的好氧发酵罐鸡粪处理过程生境多样性指数之间相关性

因子	种类数	丰富度	香农指数	优势度指数	均匀度指数
种类数		0.0000	0.0000	0.0003	0.0024
丰富度	0.9888		0.0001	0.0014	0.0073
香农指数	0.9905	0.9687		0.0001	0.0003
优势度指数	−0.9508	−0.9159	−0.9715		0.0007
均匀度指数	0.8984	0.8513	0.9479	−0.9326	

注：左下角是相关系数 R，右上角是 P 值。

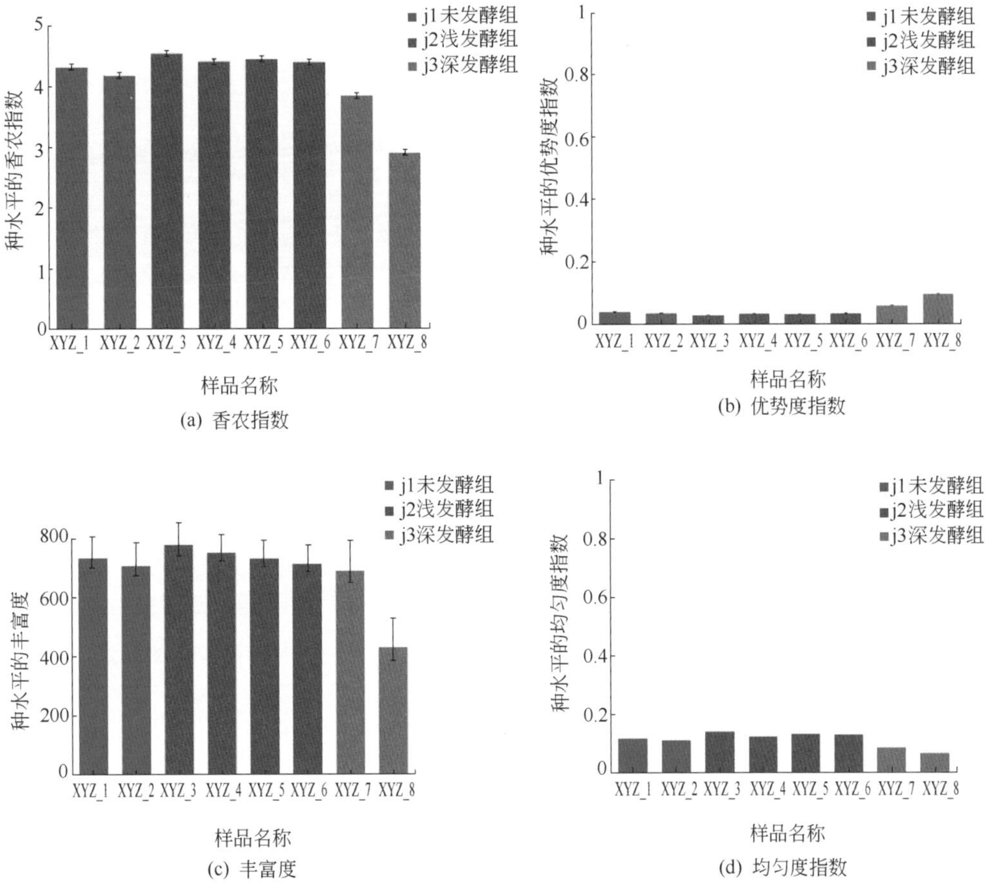

(a) 香农指数

(b) 优势度指数

(c) 丰富度

(d) 均匀度指数

图 5-43　基于细菌种菌群的好氧发酵罐鸡粪处理过程生境多样性指数

八、菌群生态位特征

利用表 5-54，以细菌种为样本，发酵时间为指标，计算生态位宽度，分析结果见表 5-58。结果表明 302 个细菌种菌群生态位宽度范围为 1.0000 ～ 6.9642，生态位最宽的菌群为 γ- 变形菌纲未分类的 1 种，为 6.9642，其相应的常用资源种类为 S3=15.17%（浅发酵阶段）、

S5=19.31%（浅发酵阶段）、S6=15.86%（浅发酵阶段）、S8=17.24%（深发酵阶段）。生态位最窄的菌群为鞘氨醇杆菌科未培养的1种，为1，其相应的常用资源种类为S1=100.00%（未发酵阶段）。不同的细菌种菌群生态位宽度存在差异：生态位宽的菌群，选择多个发酵阶段的概率就大，生态适应性就高；生态位窄的菌群，选择多发酵阶段的概率就小，生态适应性就差。

表5-58 好氧发酵罐鸡粪处理过程细菌种菌群生态位宽度

物种名称	生态位宽度	频数	截断比例	常用资源种类				
γ-变形菌纲未分类的1种 s_unclassified_c_Gammaproteobacteria	6.9642	4	0.13	S3=15.17%	S5=19.31%	S6=15.86%	S8=17.24%	
鼠杆形菌科未培养的1种 s_uncultured_f_Muribaculaceae	6.8467	5	0.13	S1=14.19%	S3=16.13%	S4=14.19%	S5=18.06%	S6=16.77%
瘤胃球菌科UCG-014群的1属未分类的1种 s_unclassified_g_Ruminococcaceae_UCG-014	6.8216	4	0.13	S1=18.06%	S3=13.94%	S4=17.54%	S5=14.63%	
毛梭菌属的1种人肠道细菌 s_human_gut_metagenome_g_*Lachnoclostridium*	6.8019	5	0.13	S2=14.05%	S3=14.88%	S4=15.70%	S5=17.36%	S6=16.94%
肠道杆菌属未培养的1种 s_uncultured_g_*Intestinibacter*	6.7841	3	0.13	S2=14.75%	S4=20.50%	S5=15.11%		
瘤胃球菌科UCG-005群的1属未培养的1种 s_uncultured_g_Ruminococcaceae_UCG-005	6.7705	5	0.13	S1=14.71%	S3=18.24%	S4=13.53%	S5=16.76%	S6=15.88%
龙包茨氏菌属未培养的1种 s_uncultured_g_*Romboutsia*	6.7694	6	0.13	S1=18.62%	S2=17.35%	S3=13.11%	S4=13.81%	S5=13.72%
克里斯滕森菌科R-7菌群的1属的1种肠道细菌 s_gut_metagenome_g_Christensenellaceae_R-7_group	6.756	3	0.13	S4=15.63%	S5=17.23%	S6=19.72%		
巴恩斯氏菌属未培养的1种 s_uncultured_g_*Barnesiella*	6.7443	4	0.14	S3=17.46%	S4=15.87%	S6=15.87%	S7=16.67%	
瘤胃球菌属1的1种来自宏基因组细菌 s_metagenome_g_*Ruminococcus*_1	6.7288	3	0.13	S3=18.90%	S4=14.17%	S5=20.47%		
隐秘小球菌属未培养的1种 s_uncultured_g_*Subdoligranulum*	6.7150	4	0.13	S3=15.15%	S4=13.73%	S5=18.54%	S6=17.91%	
有益杆菌属的1种来自宏基因组细菌 s_metagenome_g_*Agathobacter*	6.7113	4	0.13	S3=16.37%	S4=16.06%	S5=17.89%	S6=17.67%	
隐秘小球菌属未培养的1种 s_uncultured_g_*Subdoligranulum*	6.7086	5	0.13	S3=17.25%	S4=13.21%	S5=16.44%	S6=19.14%	S7=13.48%
毛螺菌属未培养的1种 s_uncultured_g_*Lachnospira*	6.7063	4	0.13	S3=14.81%	S4=16.93%	S5=17.46%	S6=18.52%	
反刍优杆菌群的1属未培养的1种 s_uncultured_g_*Eubacterium_ruminantium*_group	6.7019	5	0.13	S3=16.06%	S4=15.54%	S5=18.65%	S6=16.32%	S7=13.73%

续表

物种名称	生态位宽度	频数	截断比例	常用资源种类				
纺锤链杆菌属未培养的 1 种 s_uncultured_g_*Fusicatenibacter*	6.6885	5	0.13	S3=15.33%	S4=16.03%	S5=14.98%	S6=19.51%	S7=14.63%
微丝菌目未分类的 1 种 s_unclassified_o_Microtrichales	6.6881	4	0.13	S3=14.81%	S4=15.56%	S5=20.74%	S6=16.30%	
双环瘤胃球菌 *Ruminococcus bicirculans*	6.6753	4	0.13	S3=16.96%	S4=15.05%	S5=16.78%	S6=19.55%	
嗜木聚糖副普雷沃氏菌 *Paraprevotella xylaniphila*	6.6601	4	0.13	S1=14.36%	S3=19.89%	S6=16.57%	S7=16.02%	
布劳特氏菌属的 1 种来自宏基因组细菌 s_metagenome_g_*Blautia*	6.6586	4	0.13	S3=16.83%	S4=16.46%	S5=16.89%	S6=18.42%	
瘤胃球菌科 UCG-014 群的 1 属未培养的 1 种 s_uncultured_g_Ruminococcaceae_UCG-014	6.6569	4	0.13	S3=16.01%	S4=17.12%	S5=17.38%	S6=17.69%	
细枝优杆菌 *Eubacterium ramulus*	6.6547	3	0.14	S1=15.28%	S4=19.44%	S6=18.06%		
粪肠球菌 *Enterococcus faecalis*	6.6395	4	0.13	S3=18.31%	S4=17.05%	S5=18.81%	S6=15.53%	
毛螺菌科 NK4A136 群的 1 属未分类的 1 种 s_unclassified_g_Lachnospiraceae_NK4A136_group	6.6280	4	0.13	S3=16.48%	S4=16.86%	S5=17.38%	S6=18.70%	
粪球菌属 2 未分类的 1 种 s_unclassified_g_*Coprococcus*_2	6.6232	4	0.13	S3=16.03%	S4=16.29%	S5=18.41%	S6=18.28%	
瘤胃球菌属 2 未培养的 1 种 s_uncultured_g_*Ruminococcus*_2	6.5949	4	0.13	S3=14.83%	S4=16.79%	S5=18.75%	S6=18.50%	
头状葡萄球菌 *Staphylococcus capitis*	6.5913	4	0.13	S3=17.29%	S4=17.63%	S5=18.98%	S6=15.93%	
罗氏菌属未培养的 1 种 s_uncultured_g_*Roseburia*	6.5848	4	0.13	S3=16.60%	S4=18.28%	S5=16.83%	S6=18.39%	
粪球菌属 1 的 1 种来自宏基因组细菌 s_metagenome_g_*Coprococcus*_1	6.5816	3	0.13	S3=15.00%	S5=23.57%	S6=15.00%		
多雷氏菌属的 1 种来自宏基因组细菌 s_metagenome_g_*Dorea*	6.5771	4	0.13	S3=15.34%	S4=17.85%	S5=17.26%	S6=18.58%	
链球菌属未分类的 1 种 s_unclassified_g_*Streptococcus*	6.5730	4	0.13	S3=15.51%	S4=17.69%	S5=17.01%	S6=19.73%	
绿弯菌属未培养的 1 种 s_uncultured_*Chloroflexus*_sp.	6.5711	4	0.13	S3=16.70%	S4=15.61%	S5=18.69%	S6=18.29%	
基尔菌科未分类的 1 种 s_unclassified_f_Kiloniellaceae	6.5639	5	0.13	S2=13.79%	S3=17.24%	S4=21.55%	S5=15.52%	S6=13.79%
毛螺菌科 UCG-003 群的 1 属未培养的 1 种 s_uncultured_g_Lachnospiraceae_UCG-003	6.5548	4	0.14	S3=17.45%	S4=14.77%	S5=17.45%	S6=19.46%	
海洋放线菌目未培养的 1 种 s_uncultured_o_Actinomarinales	6.5545	5	0.13	S1=13.90%	S3=17.94%	S4=17.04%	S5=16.14%	S6=17.94%
红城红球菌 *Rhodococcus erythropolis*	6.5506	4	0.13	S3=14.61%	S4=17.06%	S5=16.18%	S6=21.37%	

续表

物种名称	生态位宽度	频数	截断比例	常用资源种类				
假单胞菌属未分类的 1 种 s_unclassified_g_*Pseudomonas*	6.5396	5	0.13	S1=14.86%	S3=14.19%	S4=15.74%	S5=19.29%	S6=18.63%
布劳特氏菌属未培养的 1 种 s_uncultured_g_*Blautia*	6.5381	4	0.13	S1=13.06%	S3=14.86%	S5=16.67%	S6=22.07%	
考拉杆菌属未培养的 1 种 s_uncultured_g_*Phascolarctobacterium*	6.5369	5	0.13	S1=13.72%	S3=16.77%	S4=16.46%	S5=18.90%	S6=17.07%
罗氏菌属未分类的 1 种 s_unclassified_g_*Roseburia*	6.5321	4	0.13	S3=15.53%	S4=15.79%	S5=18.71%	S6=19.86%	
候选科 A4b 未培养的 1 种 s_uncultured_f_A4b	6.5213	4	0.13	S3=19.72%	S4=16.90%	S5=15.96%	S6=17.84%	
瘤胃球菌科 UCG-013 群的 1 属的 1 种来自宏基因组细菌 s_metagenome_g_Ruminococcaceae_UCG-013	6.5144	4	0.13	S3=15.85%	S4=18.11%	S5=19.81%	S6=17.36%	
挑剔优杆菌群的 1 属未培养的 1 种 s_uncultured_g_*Eubacterium_eligens*_group	6.5136	4	0.13	S3=16.20%	S4=17.97%	S5=16.07%	S6=20.22%	
食物魏斯氏菌 *Weissella cibaria*	6.4864	4	0.13	S3=14.78%	S4=17.66%	S5=18.68%	S6=18.96%	
毛螺菌科 UCG-004 群的 1 属未分类的 1 种 s_uncultured_g_Lachnospiraceae_UCG-004	6.4814	4	0.13	S3=17.50%	S4=15.27%	S5=16.81%	S6=20.75%	
茂物朝井氏菌 *Asaia bogorensis*	6.4743	4	0.14	S3=16.06%	S4=17.52%	S5=18.25%	S6=17.52%	
芽单胞菌纲未培养的 1 种 s_uncultured_c_Gemmatimonadetes	6.4723	4	0.13	S3=15.09%	S4=13.21%	S5=25.47%	S6=13.21%	
粪杆菌属的 1 种来自宏基因组的细菌 s_metagenome_g_*Faecalibacterium*	6.4716	4	0.13	S3=16.36%	S4=17.77%	S5=17.19%	S6=19.88%	
鞘氨醇单胞菌属未鉴定的 1 种 s_unidentified_g_*Sphingomonas*	6.4670	5	0.13	S1=13.08%	S3=16.00%	S4=17.76%	S5=17.99%	S6=19.16%
暖绳菌科未培养的 1 种 s_uncultured_f_Caldilineaceae	6.4641	4	0.13	S3=13.73%	S4=17.65%	S5=20.10%	S6=17.89%	
候选纲 Kazania 未培养的 1 种 s_uncultured_c_Kazania	6.4625	3	0.14	S3=16.77%	S4=19.25%	S5=19.88%		
迪氏副拟杆菌 *Parabacteroides distasonis*	6.4612	3	0.13	S4=19.61%	S5=17.65%	S6=19.61%		
罗氏假单胞菌 *Pseudomonas rhodesiae*	6.4594	4	0.13	S3=16.68%	S4=17.57%	S5=19.30%	S6=17.85%	
地钱甲基杆菌 *Methylobacterium marchantiae*	6.4521	4	0.13	S3=15.62%	S4=14.84%	S5=19.79%	S6=20.57%	
毛梭菌属的 1 种来自宏基因组细菌 s_metagenome_g_*Lachnoclostridium*	6.4445	4	0.14	S3=21.24%	S4=14.29%	S5=15.06%	S6=17.37%	
居水管产黑栖热菌 *Thermus scotoductus*	6.4423	4	0.13	S3=19.10%	S4=16.08%	S5=20.60%	S6=15.58%	
候选目 C10-SB1A 的 1 种来自宏基因组细菌 s_metagenome_o_C10-SB1A	6.4418	5	0.13	S1=13.16%	S3=17.37%	S4=16.32%	S5=21.05%	S6=15.79%
可可豆醋杆菌 *Acetobacter fabarum*	6.4417	5	0.13	S1=13.80%	S3=17.03%	S4=18.64%	S5=16.67%	S6=18.46%

续表

物种名称	生态位宽度	频数	截断比例	常用资源种类				
瘤胃球菌科 UCG-014 群的 1 属未培养的 1 种 s_uncultured_g_Ruminococcaceae_UCG-014	6.4383	4	0.13	S3=16.46%	S4=16.94%	S5=17.94%	S6=20.19%	
瘤胃球菌科 UCG-002 群的 1 属未分类的 1 种 s_unclassified_g_Ruminococcaceae_UCG-002	6.4360	5	0.13	S3=17.81%	S4=13.70%	S5=17.12%	S6=16.44%	S7=18.49%
沙雷氏菌属未分类的 1 种 s_unclassified_g_*Serratia*	6.4319	4	0.13	S3=20.93%	S4=16.52%	S5=17.18%	S6=16.30%	
SAR202 进化枝的 1 目未培养的 1 种 s_uncultured_o_SAR202_clade	6.4294	4	0.13	S3=18.82%	S4=16.76%	S5=19.41%	S6=16.47%	
SAR202 进化枝的 1 目未分类的 1 种 s_unclassified_o_SAR202_clade	6.4239	4	0.13	S3=16.48%	S4=17.49%	S5=20.32%	S6=17.38%	
α- 变形菌纲未培养的 1 种 s_uncultured_c_Alphaproteobacteria	6.4222	4	0.14	S3=16.46%	S4=15.24%	S5=21.95%	S6=14.63%	
解纤维素拟杆菌 *Bacteroides cellulosilyticus*	6.4164	3	0.14	S4=21.85%	S5=18.49%	S6=15.97%		
丁酸球菌属未培养的 1 种 s_uncultured_g_*Butyricicoccus*	6.4144	4	0.13	S3=18.24%	S4=16.77%	S5=19.92%	S6=17.16%	
埃氏拟杆菌 *Bacteroides eggerthii*	6.4117	5	0.13	S3=17.19%	S4=15.62%	S5=13.54%	S6=22.40%	S7=14.32%
产粪甾醇优杆菌群的 1 属的 1 种来自宏基因组细菌 s_metagenome_g_*Eubacterium_coprostanoligenes*_group	6.4055	4	0.13	S3=17.81%	S4=18.33%	S5=16.85%	S6=19.51%	
柔膜菌纲 RF39 群的 1 目未培养的 1 种 s_uncultured_o_Mollicutes_RF39	6.4055	4	0.13	S3=16.13%	S4=15.80%	S5=15.46%	S6=22.86%	
候选属 AqS1 未培养的 1 种 s_uncultured_g_AqS1	6.3936	5	0.13	S1=14.80%	S3=17.66%	S4=19.57%	S5=16.71%	S6=16.47%
副萨特氏菌属未培养的 1 种 s_uncultured_g_*Parasutterella*	6.3883	5	0.13	S1=16.67%	S3=15.53%	S4=15.91%	S5=18.94%	S6=18.18%
肠杆菌属未分类的 1 种 s_unclassified_g_*Enterobacter*	6.3868	4	0.13	S3=16.84%	S4=16.45%	S5=19.84%	S6=18.88%	
候选属 SM1A02 未培养的 1 种 s_uncultured_g_SM1A02	6.3776	5	0.14	S1=14.04%	S3=15.73%	S4=15.73%	S5=19.66%	S6=19.10%
候选属 PAUC26f 未分类的 1 种 s_unclassified_g_PAUC26f	6.3703	4	0.13	S3=17.27%	S4=14.75%	S5=20.86%	S6=18.71%	
候选科 bacteriap25 未培养的 1 种 s_uncultured_f_bacteriap25	6.3668	5	0.13	S1=13.01%	S3=13.01%	S4=15.07%	S5=21.23%	S6=20.55%
单形拟杆菌 *Bacteroides uniformis*	6.3665	4	0.13	S3=15.91%	S4=17.28%	S5=16.24%	S6=22.32%	
细菌域分类地位未定的 1 门未分类的 1 种 s_unclassified_k_norank_d_Bacteria	6.3654	4	0.13	S3=15.88%	S4=16.23%	S5=18.41%	S6=21.38%	
普通变形杆菌 *Proteus vulgaris*	6.3622	4	0.13	S3=17.35%	S4=16.70%	S5=19.47%	S6=19.17%	

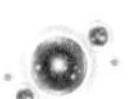

续表

物种名称	生态位宽度	频数	截断比例	常用资源种类				
未培养的海绵共生菌 PAWS52f s_uncultured_sponge_symbiont_PAWS52f	6.3606	5	0.13	S1=13.17%	S3=17.39%	S4=17.81%	S5=17.39%	S6=19.07%
亚群 6 的 1 纲未培养的 1 种海洋细菌 s_uncultured_marine_c_Subgroup_6	6.3603	5	0.13	S1=13.14%	S3=18.29%	S4=18.29%	S5=20.57%	S6=14.29%
候选纲 OLB14 未培养的 1 种 s_uncultured_c_OLB14	6.3593	4	0.13	S3=18.85%	S4=15.99%	S5=20.76%	S6=17.18%	
狭义梭菌属 1 的 1 种来自宏基因组细菌 s_metagenome_g_*Clostridium_sensu_stricto*_1	6.3500	4	0.13	S3=17.69%	S4=21.09%	S5=18.37%	S6=14.97%	
乳球菌属未分类的 1 种 s_unclassified_g_*Lactococcus*	6.3488	4	0.13	S3=14.52%	S4=18.70%	S5=16.10%	S6=21.55%	
硝化螺旋菌属未分类的 1 种 s_unclassified_g_*Nitrospira*	6.3486	5	0.13	S1=13.36%	S3=18.94%	S4=17.25%	S5=18.81%	S6=16.73%
毛螺菌科 UCG-010 群的 1 属未培养的 1 种 s_uncultured_g_Lachnospiraceae_UCG-010	6.3459	4	0.14	S3=18.88%	S4=18.88%	S5=16.74%	S6=18.03%	
假格里朗苍白杆菌 *Ochrobactrum pseudogrignonense*	6.3418	5	0.13	S1=13.76%	S3=14.68%	S4=18.35%	S5=18.04%	S6=19.88%
海洋香味菌 *Myroides marinus*	6.3412	3	0.13	S4=18.42%	S5=17.11%	S6=22.37%		
干酪乳杆菌 *Lactobacillus casei*	6.3410	4	0.13	S3=16.29%	S4=17.64%	S5=18.88%	S6=19.80%	
副流感嗜血杆菌 *Haemophilus parainfluenzae*	6.3380	3	0.14	S4=17.74%	S5=20.97%	S6=19.35%		
普通拟杆菌 *Bacteroides vulgatus*	6.3342	4	0.13	S3=16.04%	S4=17.47%	S5=16.90%	S6=21.90%	
亚群 9 的 1 纲未分类的 1 种 s_unclassified_c_Subgroup_9	6.3292	4	0.13	S3=17.82%	S4=17.14%	S5=18.50%	S6=19.05%	
绿弯菌属未培养的 1 种 s_uncultured_*Chloroflexus*_sp.	6.3256	4	0.13	S3=15.04%	S4=17.45%	S5=17.30%	S6=21.28%	
候选科 bacteriap25 未培养的 1 种 s_uncultured_f_bacteriap25	6.3245	4	0.13	S3=18.43%	S4=16.53%	S5=19.78%	S6=18.16%	
副黄褐假单胞菌 *Pseudomonas parafulva*	6.3230	4	0.13	S3=16.97%	S4=16.45%	S5=19.98%	S6=19.47%	
卵形拟杆菌 *Bacteroides ovatus*	6.3197	4	0.13	S3=13.99%	S4=16.87%	S5=17.70%	S6=22.43%	
候选纲 JG30-KF-CM66 未分类的 1 种 s_unclassified_c_JG30-KF-CM66	6.3191	3	0.14	S3=16.94%	S5=22.15%	S6=17.92%		
青春双歧杆菌 *Bifidobacterium adolescentis*	6.3149	4	0.13	S3=16.29%	S4=17.33%	S5=17.00%	S6=21.84%	
候选科 EC94 未培养的 1 种 s_uncultured_f_EC94	6.3141	4	0.14	S3=18.68%	S4=18.13%	S5=17.86%	S6=18.41%	
香肠乳杆菌 *Lactobacillus farciminis*	6.3119	4	0.13	S3=17.21%	S4=15.47%	S5=18.57%	S6=20.31%	
双歧双歧杆菌 *Bifidobacterium bifidum*	6.3098	4	0.13	S3=15.26%	S4=17.67%	S5=19.28%	S6=21.02%	

续表

物种名称	生态位宽度	频数	截断比例	常用资源种类				
瘤胃梭菌属 9 未分类的 1 种 s_unclassified_g_*Ruminiclostridium*_9	6.3097	4	0.14	S3=19.32%	S4=16.43%	S5=20.29%	S6=15.94%	
α- 变形菌纲未分类的 1 种 s_unclassified_c_Alphaproteobacteria	6.3096	4	0.13	S3=15.65%	S4=16.09%	S5=19.13%	S6=21.74%	
居粪拟杆菌 *Bacteroides coprocola*	6.3074	4	0.13	S3=20.65%	S4=14.84%	S5=19.35%	S6=18.06%	
赫夫勒氏菌属未分类的 1 种 s_unclassified_g_*Hoeflea*	6.3053	4	0.13	S2=16.04%	S3=16.04%	S5=21.70%	S6=19.81%	
黄色假单胞菌 *Pseudomonas lutea*	6.3042	4	0.13	S3=16.32%	S4=19.12%	S5=19.07%	S6=19.03%	
戴阿利斯特杆菌属未分类的 1 种 s_unclassified_g_*Dialister*	6.2901	4	0.13	S3=15.31%	S4=17.81%	S5=18.05%	S6=21.27%	
肠杆菌科未分类的 1 种 s_unclassified_f_Enterobacteriaceae	6.2865	4	0.13	S3=17.82%	S4=17.82%	S5=18.68%	S6=19.25%	
候选纲 TK30 未培养的 1 种 s_uncultured_c_TK30	6.2828	4	0.13	S3=20.51%	S4=16.76%	S5=16.62%	S6=19.44%	
SAR202 进化枝的 1 目未培养的 1 种 s_uncultured_o_SAR202_clade	6.2813	4	0.13	S3=18.64%	S4=16.75%	S5=19.59%	S6=18.96%	
菠萝泛菌 *Pantoea ananatis*	6.2805	4	0.13	S3=17.03%	S4=16.64%	S5=17.70%	S6=21.66%	
海港杆菌门未培养的 1 种 s_uncultured_p_Poribacteria	6.2803	5	0.13	S1=13.42%	S3=16.78%	S4=17.45%	S5=14.09%	S6=22.82%
热微菌属未培养的 1 种 s_uncultured_*Thermomicrobium*_sp.	6.2774	4	0.13	S3=18.18%	S4=17.84%	S5=19.38%	S6=18.70%	
乳瘤胃球菌 *Ruminococcus lactaris*	6.2770	5	0.13	S3=19.25%	S4=13.37%	S5=18.18%	S6=19.79%	S7=14.97%
大肠杆菌 *Escherichia coli*	6.2755	3	0.13	S4=20.74%	S5=19.30%	S6=18.69%		
第三梭菌 *Clostridium tertium*	6.2663	4	0.13	S3=18.75%	S4=20.00%	S5=15.21%	S6=18.96%	
基尔菌科未培养的 1 种 s_uncultured_f_Kiloniellaceae	6.2625	4	0.14	S3=17.32%	S4=21.26%	S5=17.72%	S6=15.75%	
s_Asparagopsis_taxiformis_g_norank	6.2625	4	0.13	S3=16.03%	S4=19.87%	S5=16.03%	S6=20.51%	
微杆菌属未分类的 1 种 s_unclassified_g_*Microbacterium*	6.2617	5	0.13	S1=14.29%	S3=16.73%	S4=18.98%	S5=16.12%	S6=19.39%
候选目 SBR1031 未分类的 1 种 s_unclassified_o_SBR1031	6.2553	4	0.13	S3=17.03%	S4=18.40%	S5=19.95%	S6=18.22%	
s_Virgulinella_fragilis	6.2544	4	0.13	S3=16.70%	S4=18.41%	S5=18.52%	S6=20.12%	
巨单胞菌属未培养的 1 种 s_uncultured_g_*Megamonas*	6.2500	5	0.13	S1=13.85%	S3=13.85%	S4=18.46%	S5=17.69%	S6=20.77%
庞大厌氧棒杆菌 *Anaerostipes hadrus*	6.2445	4	0.13	S3=18.27%	S4=15.87%	S5=16.79%	S6=22.32%	
瘤胃球菌科 UCG-002 群的 1 属未分类的 1 种 s_uncultured_g_Ruminococcaceae_UCG-002	6.2422	2	0.14	S5=23.58%	S6=19.81%			

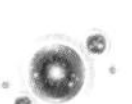

续表

物种名称	生态位宽度	频数	截断比例	常用资源种类				
KI89A 进化枝的 1 目未培养的 1 种 s_uncultured_o_KI89A_clade	6.2301	4	0.14	S3=15.97%	S4=19.33%	S5=21.85%	S6=14.29%	
长双歧杆菌 *Bifidobacterium longum*	6.2287	3	0.13	S4=20.28%	S5=22.12%	S6=17.05%		
清酒乳杆菌 *Lactobacillus sakei*	6.2256	4	0.13	S3=15.48%	S4=17.91%	S5=21.74%	S6=17.91%	
候选属 PAUC26f 未培养的 1 种 s_uncultured_g_PAUC26f	6.2213	4	0.13	S3=18.91%	S4=13.68%	S5=18.91%	S6=21.64%	
苏黎世杆菌属未培养的 1 种 s_uncultured_g_*Turicibacter*	6.2184	5	0.13	S1=15.96%	S2=23.60%	S3=15.96%	S4=14.83%	S5=14.61%
腐螺旋菌科未分类的 1 种 s_unclassified_f_Saprospiraceae	6.2093	4	0.13	S3=15.84%	S4=18.18%	S5=17.01%	S6=22.58%	
芽单胞菌纲未分类的 1 种 s_unclassified_c_Gemmatimonadetes	6.2069	4	0.13	S3=21.25%	S4=15.83%	S5=20.00%	S6=16.25%	
醋杆菌属未分类的 1 种 s_unclassified_g_*Acetobacter*	6.1924	4	0.13	S3=18.46%	S4=16.41%	S5=19.73%	S6=19.53%	
微丝菌科未分类的 1 种 s_unclassified_f_Microtrichaceae	6.1915	4	0.14	S3=17.71%	S4=20.83%	S5=19.27%	S6=16.67%	
藤黄紫假交替单胞菌 *Pseudoalteromonas luteoviolacea*	6.1906	3	0.13	S3=19.67%	S4=19.67%	S5=20.50%		
根瘤菌属未分类的 1 种 s_unclassified_g_*Rhizobium*	6.1892	4	0.13	S3=16.93%	S4=14.17%	S5=21.65%	S6=20.87%	
不动杆菌属未培养的 1 种 s_uncultured_g_*Acinetobacter*	6.1857	2	0.14	S3=20.13%	S6=23.90%			
植物乳杆菌 *Lactobacillus plantarum*	6.1813	4	0.13	S3=14.41%	S4=17.85%	S5=19.49%	S6=21.21%	
不动杆菌属未分类的 1 种 s_unclassified_g_*Acinetobacter*	6.1757	4	0.13	S3=17.13%	S4=16.79%	S5=20.40%	S6=20.32%	
普雷沃氏菌属 9 的 1 种来自宏基因组细菌 s_metagenome_g_Prevotella_9	6.1729	3	0.13	S4=17.47%	S5=21.08%	S6=21.69%		
卷曲乳杆菌 *Lactobacillus crispatus*	6.1705	5	0.13	S1=14.58%	S3=13.71%	S4=19.41%	S5=23.14%	S6=14.14%
粪球菌属 3 未培养的 1 种 s_uncultured_g_*Coprococcus*_3	6.1668	4	0.13	S3=17.15%	S4=16.96%	S5=21.25%	S6=19.10%	
寡养单胞菌属未分类的 1 种 s_unclassified_g_*Stenotrophomonas*	6.1640	4	0.13	S3=18.15%	S4=15.58%	S5=19.36%	S6=21.79%	
短乳杆菌 *Lactobacillus brevis*	6.1636	4	0.13	S1=13.51%	S3=23.42%	S5=18.02%	S6=18.02%	
亚群 6 的 1 纲未分类的 1 种 s_unclassified_c_Subgroup_6	6.1575	4	0.13	S3=16.80%	S4=18.16%	S5=20.05%	S6=19.24%	
丹毒丝菌科 UCG-003 群的 1 属未培养的 1 种 s_uncultured_g_Erysipelotrichaceae_UCG-003	6.1489	4	0.14	S1=14.71%	S3=13.97%	S4=16.91%	S6=24.26%	
绿弯菌属未培养的 1 种 s_uncultured_*Chloroflexus*_sp.	6.1482	4	0.13	S3=17.03%	S4=16.38%	S5=17.24%	S6=22.63%	

续表

物种名称	生态位宽度	频数	截断比例	常用资源种类				
Sva0996 海洋菌群的 1 属未培养的 1 种 s_uncultured_g_Sva0996_marine_group	6.1347	4	0.13	S3=17.62%	S4=17.79%	S5=20.07%	S6=19.81%	
肠系膜明串珠菌 *Leuconostoc mesenteroides*	6.1339	4	0.13	S3=18.45%	S4=15.87%	S5=16.97%	S6=23.25%	
普萨农杆菌 *Agrobacterium pusense*	6.1181	4	0.13	S3=18.64%	S4=17.92%	S5=18.28%	S6=20.07%	
雌二醇脱硝酸体 *Denitratisoma oestradiolicum*	6.1154	5	0.13	S1=13.56%	S3=19.77%	S4=15.25%	S5=22.60%	S6=15.25%
硝化螺旋菌属的 1 种 s_*Nitrospira*_sp.	6.1064	4	0.13	S3=16.94%	S4=15.32%	S5=20.97%	S6=20.97%	
芬氏别样杆状菌 *Alistipes finegoldii*	6.1030	3	0.14	S4=18.80%	S5=19.66%	S6=18.80%		
贝日阿托氏菌属的 1 种来自宏基因组细菌 s_metagenome_g_*Beggiatoa*	6.1008	4	0.13	S3=18.16%	S4=15.46%	S5=20.71%	S6=20.28%	
变形菌门未分类的 1 种 s_unclassified_p_Proteobacteria	6.1007	3	0.13	S4=14.70%	S5=23.34%	S6=21.33%		
候选目 HOC36 未培养的 1 种 s_uncultured_o_HOC36	6.0976	4	0.13	S3=16.00%	S4=21.33%	S5=19.33%	S6=18.67%	
候选目 Dadabacteriales 未分类的 1 种 s_unclassified_o_Dadabacteriales	6.0910	4	0.13	S3=17.08%	S4=18.75%	S5=19.98%	S6=20.20%	
海港杆菌门未分类的 1 种 s_unclassified_p_Poribacteria	6.0879	4	0.13	S3=20.44%	S4=17.52%	S5=21.90%	S6=14.60%	
候选科 A4b 未培养的 1 种 s_uncultured_f_A4b	6.0845	4	0.13	S3=13.89%	S4=13.19%	S5=20.83%	S6=24.31%	
候选门 AncK6 分类地位未定的 1 属未培养的 1 种 s_uncultured_g_norank_p_AncK6	6.0739	3	0.13	S4=16.55%	S5=26.62%	S6=14.39%		
耐冷假单胞菌 *Pseudomonas psychrotolerans*	6.0575	3	0.13	S4=17.56%	S5=21.37%	S6=23.66%		
海绵共生菌科的 1 属未培养的 1 种 s_uncultured_f_Entotheonellaceae	6.0435	4	0.13	S3=16.67%	S4=23.15%	S5=16.67%	S6=18.52%	
候选纲 TK17 未培养的 1 种 s_uncultured_c_TK17	6.0433	4	0.13	S3=19.63%	S4=18.22%	S5=19.16%	S6=19.86%	
绿弯菌属未培养的 1 种 s_uncultured_*Chloroflexus*_sp.	6.0425	4	0.13	S3=17.40%	S4=14.94%	S5=22.14%	S6=20.04%	
候选属 AT-s3-44 未培养的 1 种 s_uncultured_g_AT-s3-44	6.0352	4	0.14	S3=15.94%	S4=17.75%	S5=20.29%	S6=21.74%	
幽门螺杆菌 *Helicobacter pylori*	6.0290	4	0.14	S3=16.35%	S4=21.15%	S5=19.23%	S6=19.23%	
未培养的海绵共生菌 PAUC32f s_uncultured_sponge_symbiont_PAUC32f	6.0253	5	0.13	S1=14.22%	S3=19.43%	S4=17.06%	S5=14.69%	S6=22.27%
候选科 EC94 未分类的 1 种 s_unclassified_f_EC94	6.0225	4	0.13	S3=13.06%	S4=22.01%	S5=19.78%	S6=20.15%	

续表

物种名称	生态位宽度	频数	截断比例	常用资源种类				
候选属 AT-s3-44 未分类的 1 种 s_unclassified_g_AT-s3-44	6.0178	4	0.13	S3=20.00%	S4=18.72%	S5=19.15%	S6=18.72%	
脆弱拟杆菌 *Bacteroides fragilis*	6.0113	4	0.13	S3=14.25%	S4=21.78%	S5=17.27%	S6=22.13%	
芳香香味菌 *Myroides odoratus*	6.0016	4	0.13	S3=20.50%	S4=13.66%	S5=18.01%	S6=23.60%	
瘤胃球菌科 UCG-003 群的 1 属未分类的 1 种 s_unclassified_g_Ruminococcaceae_UCG-003	5.9859	4	0.14	S3=18.03%	S4=17.01%	S5=20.75%	S6=21.09%	
乳杆菌属未分类的 1 种 s_unclassified_g_*Lactobacillus*	5.9629	3	0.13	S1=14.18%	S4=24.33%	S5=22.62%		
恶臭丁酸单胞菌 *Butyricimonas virosa*	5.9619	4	0.13	S3=18.05%	S4=13.53%	S5=13.53%	S6=27.07%	
蜂房哈夫尼菌 *Hafnia alvei*	5.9545	4	0.14	S3=15.65%	S4=26.96%	S5=15.65%	S6=14.78%	
SAR202 进化枝的 1 目未培养的 1 种深海细菌 s_uncultured_deep-sea_bacterium_o_SAR202_clade	5.9500	4	0.13	S3=14.81%	S4=24.44%	S5=14.81%	S6=20.00%	
坚韧肠球菌 *Enterococcus durans*	5.9478	3	0.13	S1=25.12%	S3=16.03%	S5=19.86%		
黏着剑菌 *Ensifer adhaerens*	5.9463	4	0.13	S3=20.07%	S4=17.10%	S5=23.42%	S6=14.50%	
亚群 11 的 1 纲未培养的 1 种 s_uncultured_c_Subgroup_11	5.9399	4	0.13	S3=17.07%	S4=25.20%	S5=15.45%	S6=18.70%	
甲基寡养菌科未培养的 1 种 s_uncultured_f_Methyloligellaceae	5.9382	4	0.14	S3=14.00%	S4=20.00%	S5=15.00%	S6=25.00%	
候选纲 P9X2b3D02 未培养的 1 种 s_uncultured_c_P9X2b3D02	5.9381	4	0.13	S3=18.59%	S4=20.10%	S5=16.58%	S6=21.11%	
JTB255 海底菌群的 1 属未培养的 1 种 s_uncultured_g_JTB255_marine_benthic_group	5.9163	4	0.13	S3=17.69%	S4=17.33%	S5=24.91%	S6=16.61%	
候选目 JTB23 未分类的 1 种 s_unclassified_o_JTB23	5.9092	4	0.14	S3=20.81%	S4=18.12%	S5=18.12%	S6=19.46%	
颗粒链菌属未培养的 1 种 s_uncultured_g_*Granulicatella*	5.8905	4	0.13	S3=16.46%	S4=19.62%	S5=18.99%	S6=22.15%	
蒂西耶氏菌属未培养的 1 种 s_uncultured_g_*Tissierella*	5.8762	3	0.13	S2=22.72%	S5=21.24%	S7=19.77%		
戊糖片球菌 *Pediococcus pentosaceus*	5.8725	3	0.13	S4=15.72%	S5=24.53%	S6=21.38%		
鼠杆形菌科未培养的 1 种 s_uncultured_f_Muribaculaceae	5.8710	4	0.13	S3=16.03%	S4=24.43%	S5=16.79%	S6=19.85%	
土单胞菌属未培养的 1 种 s_uncultured_g_*Terrimonas*	5.8504	4	0.13	S3=16.39%	S4=21.43%	S5=16.39%	S6=23.95%	
沃斯氏菌属未培养的 1 种 s_uncultured_g_*Woeseia*	5.8488	3	0.13	S3=20.00%	S4=24.76%	S5=19.05%		
无色杆菌属未分类的 1 种 s_unclassified_g_*Achromobacter*	5.8487	4	0.13	S3=18.87%	S4=13.84%	S5=26.73%	S6=16.35%	

续表

物种名称	生态位宽度	频数	截断比例	常用资源种类				
新鞘氨醇杆菌属未培养的 1 种 s_uncultured_g_*Novosphingobium*	5.8402	4	0.14	S3=17.49%	S4=24.22%	S5=18.39%	S6=16.14%	
常见拟杆菌 *Bacteroides plebeius*	5.8345	3	0.14	S4=17.13%	S5=14.92%	S6=27.07%		
海杆形菌目未分类的 1 种 s_unclassified_o_Thalassobaculales	5.7878	4	0.13	S3=23.91%	S4=18.75%	S5=19.57%	S6=16.30%	
螺旋体属 2 未培养的 1 种 s_uncultured_g_*Spirochaeta*_2	5.7814	3	0.14	S3=17.39%	S5=19.57%	S6=26.09%		
多食鞘氨醇杆菌 *Sphingobacterium multivorum*	5.7710	4	0.13	S3=18.97%	S4=18.97%	S5=24.62%	S6=15.90%	
CL500-29 海洋菌群的 1 属的 1 种来自宏基因组细菌 s_metagenome_g_CL500-29_marine_group	5.7315	4	0.13	S3=15.53%	S4=13.59%	S5=26.21%	S6=21.36%	
候选科 A4b 未分类的 1 种 s_unclassified_f_A4b	5.6798	4	0.14	S3=15.72%	S4=25.16%	S5=18.87%	S6=19.50%	
粪产碱菌 *Alcaligenes faecalis*	5.6346	3	0.13	S4=14.17%	S5=24.41%	S6=25.20%		
乳杆菌目未分类的 1 种 s_unclassified_o_Lactobacillales	5.6322	5	0.13	S2=14.48%	S3=16.55%	S4=24.14%	S5=20.69%	S7=15.86%
唾液乳杆菌 *Lactobacillus salivarius*	5.5977	3	0.13	S1=21.17%	S5=13.14%	S7=28.47%		
候选属 FS142-36B-02 未培养的 1 种 s_uncultured_g_FS142-36B-02	5.4585	4	0.13	S3=17.00%	S4=14.00%	S5=26.00%	S6=22.00%	
棒杆菌属 1 未分类的 1 种 s_unclassified_g_*Corynebacterium*_1	5.4447	3	0.14	S1=26.95%	S4=20.89%	S5=19.54%		
消化链球菌科的细菌 SK031 s_Peptostreptococcaceae_bacterium_SK031	5.4436	5	0.14	S1=16.15%	S2=26.63%	S3=15.58%	S4=15.30%	S5=18.70%
金黄杆菌属未培养的 1 种 s_uncultured_g_*Chryseobacterium*	5.4311	3	0.13	S4=21.05%	S5=21.80%	S6=25.56%		
毛球菌属未分类的 1 种 s_unclassified_g_*Trichococcus*	5.4186	4	0.13	S1=19.86%	S4=22.70%	S5=14.18%	S6=23.40%	
普雷沃氏菌属 1 未培养的 1 种 s_uncultured_g_*Prevotella*_1	5.3627	3	0.13	S3=30.11%	S5=16.57%	S6=18.78%		
粪便球菌属未分类的 1 种 s_unclassified_g_*Faecalicoccus*	5.3458	4	0.14	S1=19.33%	S2=26.89%	S3=17.65%	S4=17.65%	
黄单胞菌科未分类的 1 种 s_unclassified_f_Xanthomonadaceae	5.3318	3	0.13	S2=26.23%	S4=24.59%	S5=17.49%		
助植物红树杆菌 *Mangrovibacter plantisponsor*	5.3236	4	0.13	S3=13.25%	S4=14.57%	S5=29.80%	S6=21.19%	
暖微菌属未培养的 1 种 s_uncultured_g_*Tepidimicrobium*	5.3046	3	0.14	S1=25.74%	S2=22.96%	S3=18.93%		
居鸡菌属未培养的 1 种 s_uncultured_g_*Gallicola*	5.2149	3	0.14	S4=20.68%	S5=21.96%	S7=27.63%		

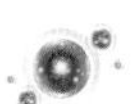

续表

物种名称	生态位宽度	频数	截断比例	常用资源种类				
奇异杆菌属未培养的 1 种 s_uncultured_g_*Atopostipes*	5.1940	4	0.13	S2=15.18%	S4=15.48%	S5=24.14%	S7=27.30%	
纤维弧菌目未分类的 1 种 s_unclassified_o_Cellvibrionales	5.1702	4	0.13	S1=14.42%	S4=25.96%	S5=19.23%	S6=23.08%	
解蛋白菌属未培养的 1 种 s_uncultured_g_*Proteiniclasticum*	5.1161	4	0.15	S1=20.00%	S2=22.61%	S4=15.65%	S5=24.35%	
糖杆菌门的细菌 UB2523 s_Candidatus_Saccharibacteria_bacterium_UB2523	4.8951	4	0.15	S1=31.65%	S2=16.55%	S3=17.99%	S4=15.83%	
猪粪嗜胨菌 *Peptoniphilus stercorisuis*	4.7758	3	0.14	S2=24.46%	S3=28.72%	S4=21.19%		
拟杆菌属未培养的 1 种 s_uncultured_g_*Bacteroides*	4.7104	3	0.13	S1=29.97%	S2=27.40%	S7=17.11%		
拟杆菌属未分类的 1 种 s_unclassified_g_*Bacteroides*	4.6726	3	0.13	S1=18.55%	S2=36.84%	S5=13.75%		
梭菌目未分类的 1 种 s_unclassified_o_Clostridiales	4.5418	4	0.14	S2=17.06%	S3=18.45%	S5=16.78%	S7=34.54%	
气球菌科未培养的 1 种 s_uncultured_f_Aerococcaceae	4.5235	2	0.14	S1=28.04%	S7=31.78%			
干燥棒杆菌 *Corynebacterium xerosis*	4.2997	3	0.14	S1=21.15%	S4=35.05%	S5=19.94%		
梭菌目的细菌 FK041 s_Clostridiales_bacterium_FK041	4.2623	3	0.14	S1=15.40%	S5=39.45%	S7=18.35%		
丹毒丝菌属未分类的 1 种 s_unclassified_g_*Erysipelothrix*	4.1777	3	0.14	S1=31.35%	S2=32.46%	S3=14.23%		
动球菌科未分类的 1 种 s_unclassified_f_Planococcaceae	4.1549	3	0.14	S1=22.10%	S2=29.62%	S6=30.19%		
假单胞菌 108Z1 s_*Pseudomonas*_sp._108Z1	4.0256	3	0.15	S1=38.26%	S4=22.82%	S5=17.45%		
奥尔森氏菌属未分类的 1 种 s_unclassified_g_*Olsenella*	4.0026	3	0.14	S1=22.64%	S4=38.11%	S5=17.74%		
s_unclassified_f_Ruminococcaceae	3.9835	3	0.14	S2=33.01%	S3=18.04%	S7=31.18%		
毛螺菌科未分类的 1 种 s_unclassified_f_Lachnospiraceae	3.9025	2	0.13	S6=22.69%	S7=42.41%			
热粪杆菌属的 1 种来自厌氧池细菌 s_anaerobic_ digester_metagenome_g_*Caldicoprobacter*	3.7867	4	0.14	S1=33.57%	S2=30.71%	S3=17.62%	S7=16.07%	
热粪杆菌属未培养的 1 种 s_uncultured_g_*Caldicoprobacter*	3.7604	2	0.13	S2=37.62%	S7=31.13%			
粪杆菌属未培养的 1 种 s_uncultured_g_*Faecalibacterium*	3.7257	3	0.14	S1=39.51%	S2=27.57%	S4=15.23%		
梭菌科 1 未培养的 1 种 s_uncultured_f_Clostridiaceae_1	3.6871	2	0.14	S1=14.45%	S2=46.10%			

续表

物种名称	生态位宽度	频数	截断比例	常用资源种类				
粪嗜冷杆菌 *Psychrobacter faecalis*	3.6695	2	0.13	S1=44.96%	S2=20.93%			
创伤球菌属未分类的 1 种 s_unclassified_g_*Helcococcus*	3.6107	3	0.14	S2=15.42%	S4=28.60%	S5=40.38%		
扭链瘤胃球菌群的 1 属未分类的 1 种 s_unclassified_g_*Ruminococcus_torques*_group	3.6005	2	0.14	S1=41.96%	S2=27.68%			
科XI的 1 属未分类的 1 种 s_unclassified_f_Family_ XI	3.5790	3	0.14	S1=28.88%	S2=38.16%	S3=21.02%		
暖微菌属未分类的 1 种 s_unclassified_g_*Tepidimicrobium*	3.5454	3	0.15	S3=17.69%	S5=17.69%	S6=44.56%		
候选属 *Soleaferrea* 未培养的 1 种 s_uncultured_g_Candidatus_*Soleaferrea*	3.3337	2	0.14	S2=48.17%	S3=20.73%			
类产碱菌属未分类的 1 种 s_unclassified_g_*Paenalcaligenes*	3.1610	3	0.16	S1=29.60%	S2=43.20%	S3=19.20%		
消化球菌科未分类的 1 种 s_unclassified_f_Peptococcaceae	3.1200	3	0.14	S1=50.31%	S5=16.35%	S6=18.24%		
极小单胞菌属未分类的 1 种 s_unclassified_g_*Pusillimonas*	3.0719	2	0.15	S2=25.83%	S6=47.68%			
加西亚氏菌属未分类的 1 种 s_unclassified_g_*Garciella*	3.0617	1	0.14	S7=52.96%				
克里斯滕森菌科 R-7 菌群的 1 属未分类的 1 种 s_unclassified_g_Christensenellaceae_R-7_group	3.0476	3	0.15	S1=50.00%	S2=20.62%	S3=16.87%		
法氏菌属未培养的 1 种 s_uncultured_g_*Facklamia*	3.0340	3	0.14	S4=20.50%	S5=50.50%	S7=16.50%		
毛螺菌科未分类的 1 种 s_unclassified_f_Lachnospiraceae	2.9529	2	0.13	S2=18.08%	S7=53.23%			
苛求球菌属未培养的 1 种 s_uncultured_g_*Fastidiosipila*	2.8554	3	0.2	S1=40.28%	S2=36.81%	S3=22.92%		
科XI的 1 属未培养的 1 种 s_uncultured_f_Family_ XI	2.7661	2	0.16	S1=22.20%	S2=53.61%			
养猪污水细菌 CHNDP41 s_swine_effluent_bacterium_CHNDP41	2.7586	2	0.14	S2=52.71%	S7=26.09%			
海洋球形菌属未培养的 1 种 s_uncultured_g_*Oceanisphaera*	2.7283	2	0.15	S1=53.47%	S2=25.74%			
中温厌氧杆菌属未培养的 1 种 s_uncultured_g_*Tepidanaerobacter*	2.7140	3	0.14	S4=55.57%	S5=18.35%	S7=14.05%		
伊格纳茨席纳菌属未培养的 1 种 s_uncultured_g_*Ignatzschineria*	2.7118	2	0.14	S1=55.50%	S5=20.94%			

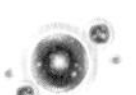

续表

物种名称	生态位宽度	频数	截断比例	常用资源种类				
海洋球形菌属未培养的1种 s_uncultured_g_*Oceanisphaera*	2.7093	2	0.13	S1=55.13%	S2=22.58%			
伯克氏菌科未分类的1种 s_unclassified_f_Burkholderiaceae	2.6569	1	0.13	S8=59.00%				
发酵单胞菌属未培养的1种 s_uncultured_g_*Fermentimonas*	2.5242	2	0.15	S1=55.24%	S2=28.54%			
嗜蛋白菌属未培养的1种 s_uncultured_g_*Proteiniphilum*	2.4877	2	0.14	S1=48.36%	S2=40.19%			
蒂西耶氏菌属未分类的1种 s_unclassified_g_*Tissierella*	2.4454	2	0.14	S2=56.78%	S6=27.70%			
兼性芽胞杆菌属未分类的1种 s_unclassified_g_*Amphibacillus*	2.3452	2	0.14	S6=61.54%	S7=17.31%			
厌氧球菌属未培养的1种 s_uncultured_g_*Anaerococcus*	2.2843	2	0.16	S3=21.47%	S4=61.35%			
热粪杆菌属未培养的1种 s_uncultured_g_*Caldicoprobacter*	2.1489	2	0.14	S6=29.01%	S7=61.34%			
梭菌科1未分类的1种 s_unclassified_f_Clostridiaceae_1	2.1073	2	0.2	S1=55.48%	S2=40.65%			
污泥假单胞菌 *Pseudomonas caeni*	1.9527	1	0.14	S1=69.97%				
樱桃样芽胞杆菌属未培养的1种 s_uncultured_g_*Cerasibacillus*	1.8790	1	0.16	S2=70.47%				
梭菌目科XI的1属未分类的1种 s_unclassified_f_Family_XI_o_Clostridiales	1.8788	1	0.13	S2=71.22%				
伊格纳茨席纳菌属未分类的1种 s_unclassified_g_*Ignatzschineria*	1.8168	1	0.15	S1=72.61%				
中温厌氧杆菌属未培养的1种 s_uncultured_g_*Tepidanaerobacter*	1.7908	1	0.2	S1=72.00%				
消化链球菌属未分类的1种 s_unclassified_g_*Peptostreptococcus*	1.7832	1	0.14	S1=73.94%				
产丙酸拟杆菌 *Bacteroides propionicifaciens*	1.7383	2	0.14	S1=73.41%	S2=18.60%			
副拟杆菌属未培养的1种 s_uncultured_g_*Parabacteroides*	1.6969	2	0.18	S1=73.85%	S2=20.51%			
丹毒丝菌属未培养的1种 s_uncultured_g_*Erysipelothrix*	1.6933	1	0.14	S1=75.77%				
劣生单胞菌属未培养的1种 s_uncultured_g_*Dysgonomonas*	1.6657	2	0.15	S1=75.20%	S2=18.28%			
交替赤杆菌属未分类的1种 s_unclassified_g_*Altererythrobacter*	1.6085	1	0.13	S8=78.36%				
理研菌科未分类的1种 s_unclassified_f_Rikenellaceae	1.5859	2	0.15	S1=77.48%	S2=17.12%			
厌氧盐杆菌属未培养的1种 s_uncultured_g_*Anaerosalibacter*	1.5832	1	0.16	S1=78.26%				

续表

物种名称	生态位宽度	频数	截断比例	常用资源种类				
加西亚氏菌属未培养的 1 种 s_uncultured_g_*Garciella*	1.5794	2	0.14	S5=16.82%	S6=77.73%			
互养菌属未培养的 1 种 s_uncultured_g_*Synergistes*	1.5441	1	0.15	S1=79.78%				
芽胞杆菌科未分类的 1 种 s_unclassified_f_Bacillaceae	1.5052	2	0.2	S2=21.06%	S3=78.74%			
芽胞杆菌属未分类的 1 种 s_unclassified_g_*Bacillus*	1.4467	1	0.14	S7=82.73%				
理研菌科肠道菌群 RC9 的 1 属未培养的 1 种 s_uncultured_g_Rikenellaceae_RC9_gut_group	1.4346	1	0.14	S1=82.58%				
黄杆菌科未分类的 1 种 s_unclassified_f_Flavobacteriaceae	1.4093	1	0.13	S8=83.99%				
芽胞杆菌科未培养的 1 种 s_uncultured_f_Bacillaceae	1.3775	1	0.14	S7=84.54%				
无胆甾原体属未分类的 1 种 s_unclassified_g_*Acholeplasma*	1.2802	1	0.16	S1=88.10%				
无胆甾原体属未培养的 1 种 s_uncultured_g_*Acholeplasma*	1.2503	1	0.18	S1=89.17%				
毛螺菌科未培养的 1 种 s_uncultured_Lachnospiraceae	1.1160	1	0.15	S1=94.58%				
应微所菌属未分类的 1 种 s_unclassified_g_*Iamia*	1.0594	1	0.16	S5=97.14%				
石纯杆菌属未培养的 1 种 s_uncultured_g_*Ulvibacter*	1.0454	1	0.14	S7=97.80%				
δ - 变形菌纲未分类的 1 种 s_unclassified_c_Deltaproteobacteria	1.0372	1	0.15	S6=98.19%				
假纤细芽胞杆菌属未培养的 1 种 s_uncultured_g_*Pseudogracilibacillus*	1.0333	1	0.14	S7=98.37%				
红杆菌科未分类的 1 种 s_unclassified_f_Rhodobacteraceae	1.0220	1	0.2	S3=98.91%				
鞘氨醇杆菌科未培养的 1 种堆肥细菌 s_uncultured_compost_bacterium_f_Sphingobacteriaceae	1.0122	1	0.2	S2=99.39%				
班努斯菌科未分类的 1 种 s_unclassified_f_Balneolaceae	1.0036	1	0.2	S2=99.82%				
微球菌目未分类的 1 种 s_unclassified_o_Micrococcales	1.0030	1	0.2	S3=99.85%				
拟诺卡氏菌属未分类的 1 种 s_unclassified_g_*Nocardiopsis*	1.0008	1	0.2	S3=99.96%				
极小单胞菌属未培养的 1 种 s_uncultured_g_*Pusillimonas*	1.0000	1	0.2	S1=100.00%				

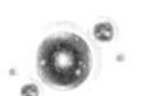

续表

物种名称	生态位宽度	频数	截断比例	常用资源种类				
鞘氨醇杆菌科未培养的 1 种 s_uncultured_f_Sphingobacteriaceae	1.0000	1	0.2	S1=100.00%				
居膜菌属未培养的 1 种 s_uncultured_g_*Membranicola*	1.0000	1	0.2	S1=100.00%				
向文洲菌属未培养的 1 种 s_uncultured_g_*Wenzhouxiangella*	1.0000	1	0.2	S1=100.00%				
特吕珀菌属未分类的 1 种 s_unclassified_g_*Truepera*	1.0000	1	0.2	S1=100.00%				
红球菌属未分类的 1 种 s_unclassified_g_*Rhodococcus*	1.0000	1	0.2	S1=100.00%				
食烷菌属未分类的 1 种 s_unclassified_g_*Alcanivorax*	1.0000	1	0.2	S1=100.00%				
新建芽胞杆菌属未分类的 1 种 s_unclassified_g_*Novibacillus*	1.0000	1	0.2	S1=100.00%				

利用表 5-54 的前 5 个高含量细菌种构建矩阵，以 Pianka 测度计算生态位重叠，结果见表 5-59。由表 5-59 可知不同菌群间生态位重叠存在显著差异：粪杆菌属的 1 种来自宏基因组的细菌与奇异杆菌属未培养的 1 种、拟杆菌属未培养的 1 种、干酪乳杆菌之间生态位重叠较高，分别为 0.7589、0.6441、0.9986，表明菌群间生存环境具有较高相似性，表现出协调生长的特性；粪杆菌属的 1 种来自宏基因组的细菌与毛螺菌科未分类的 1 种生态位重叠值为 0.4364，生态位重叠较低，生存环境的异质性较高，协同生长的能力较低。

表 5-59　好氧发酵罐鸡粪处理过程细菌种菌群生态位重叠（Pianka 测度）

物种名称	粪杆菌属的 1 种来自宏基因组的细菌 s_metagenome_g_ *Faecalibacterium*	奇异杆菌属未培养的 1 种 s_uncultured_g_ *Atopostipes*	拟杆菌属未培养的 1 种 s_uncultured_g_ *Bacteroides*	干酪乳杆菌 *Lactobacillus casei*	毛螺菌科未分类的 1 种 s_unclassified_f_ Lachnospiraceae
【1】粪杆菌属的 1 种来自宏基因组的细菌 s_metagenome_g_ *Faecalibacterium*	1	0.7589	0.6441	0.9986	0.4364
【2】奇异杆菌属未培养的 1 种 s_uncultured_g_*Atopostipes*	0.7589	1	0.6914	0.7514	0.7699
【3】拟杆菌属未培养的 1 种 s_uncultured_g_*Bacteroides*	0.6441	0.6914	1	0.6302	0.6923
【4】干酪乳杆菌 *Lactobacillus casei*	0.9986	0.7514	0.6302	1	0.4035
【5】毛螺菌科未分类的 1 种 s_unclassified_f_Lachnospiraceae	0.4364	0.7699	0.6923	0.4035	1

九、菌群亚群落分化

利用表 5-54 构建数据矩阵，以细菌种为样本，发酵时间为指标，马氏距离为尺度，可变类平均法进行系统聚类分析，结果见表 5-60、图 5-44。分析结果可将细菌种亚群落分为 3 组。第 1 组高含量亚群落，包含 54 个细菌种，如粪杆菌属的 1 种来自宏基因组的细菌、奇异杆菌属未培养的 1 种、拟杆菌属未培养的 1 种、干酪乳杆菌、毛螺菌科未分类的 1 种、瘤胃球菌科 UCG-014 群的 1 属未培养的 1 种等；其发酵过程菌群含量平均值（read）范围为 397.87 ～ 525.39，整个发酵过程保持较高含量，在发酵过程起到关键作用。

第 2 组中含量亚群落，包含 68 个细菌种，典型菌群有蒂西耶氏菌属未分类的 1 种、细菌域分类地位未定的 1 门未分类的 1 种、Sva0996 海洋菌群的 1 属未培养的 1 种、隐秘小球菌属未培养的 1 种、居鸡菌属未培养的 1 种、毛螺菌科未分类的 1 种、卵形拟杆菌、食物魏斯氏菌、动球菌科未分类的 1 种、醋杆菌属未分类的 1 种、红城红球菌等；其发酵过程菌群含量平均值（read）范围为 59.18 ～ 113.32，整个发酵过程保持中等含量，在发酵过程起到协同作用。

第 3 组低含量亚群落，包含其余 174 个细菌种，其发酵过程菌群含量平均值（read）低于 50，整个发酵过程保持较低含量，在发酵过程起到辅助作用。

表 5-60　好氧发酵罐鸡粪处理过程细菌种菌群亚群落分化聚类分析

组别	物种名称	发酵过程菌群含量（read）							
		未发酵		浅发酵				深发酵	
		XYZ_1	XYZ_2	XYZ_3	XYZ_4	XYZ_5	XYZ_6	XYZ_7	XYZ_8
1	粪杆菌属的 1 种来自宏基因组的细菌 s_metagenome_g_*Faecalibacterium*	2371	2093	3519	3821	3696	4276	1582	146
	奇异杆菌属未培养的 1 种 s_uncultured_g_*Atopostipes*	496	1782	1174	1817	2834	353	3205	79
	拟杆菌属未培养的 1 种 s_uncultured_g_*Bacteroides*	3339	3053	857	808	882	296	1906	1
	干酪乳杆菌 *Lactobacillus casei*	1212	1031	1773	1920	2055	2155	664	72
	毛螺菌科未分类的 1 种 s_unclassified_f_Lachnospiraceae	1214	1913	786	135	352	546	5631	2
	瘤胃球菌科 UCG-014 群的 1 属未培养的 1 种 s_uncultured_g_Ruminococcaceae_UCG-014	865	789	1343	1382	1463	1647	629	39
	暖微菌属未培养的 1 种 s_uncultured_g_*Tepidimicrobium*	1604	1431	1180	75	473	744	725	0
	有益杆菌属的 1 种来自宏基因组细菌 s_metagenome_g_*Agathobacter*	640	524	897	880	980	968	558	32
	拟诺卡氏菌属未分类的 1 种 s_unclassified_g_*Nocardiopsis*	0	0	0	1	1	0	0	5268
	瘤胃球菌科 UCG-014 群的 1 属未培养的 1 种 s_uncultured_g_Ruminococcaceae_UCG-014	631	504	785	839	852	867	399	25
	普通拟杆菌 *Bacteroides vulgatus*	467	385	725	790	764	990	383	17
	嗜蛋白菌属未培养的 1 种 s_uncultured_g_*Proteiniphilum*	2171	1804	341	122	36	10	5	0
	极小单胞菌属未培养的 1 种 s_uncultured_g_*Pusillimonas*	0	0	0	0	0	0	0	3918
	罗氏菌属未分类的 1 种 s_unclassified_g_*Roseburia*	400	349	553	562	666	707	305	18

续表

组别	物种名称	发酵过程菌群含量（read）							
		未发酵		浅发酵				深发酵	
		XYZ_1	XYZ_2	XYZ_3	XYZ_4	XYZ_5	XYZ_6	XYZ_7	XYZ_8
	罗氏菌属未培养的 1 种 s_uncultured_g_*Roseburia*	359	333	574	632	582	636	322	20
	候选目 SBR1031 未分类的 1 种 s_unclassified_o_SBR1031	382	284	559	604	655	598	179	22
	芽胞杆菌科未培养的 1 种 s_uncultured_f_Bacillaceae	1	318	134	0	1	15	36	2761
	罗氏假单胞菌 *Pseudomonas rhodesiae*	373	313	542	571	627	580	217	26
	养猪污水细菌 CHNDP41 s_swine_effluent_bacterium_CHNDP41	326	1699	239	11	18	89	841	0
	肠杆菌属未分类的 1 种 s_unclassified_g_*Enterobacter*	356	279	521	509	614	584	213	18
	石纯杆菌属未培养的 1 种 s_uncultured_g_*Ulvibacter*	17	28	14	3	2	0	3	2974
	中温厌氧杆菌属未培养的 1 种 s_uncultured_g_*Tepidanaerobacter*	27	6	194	1681	555	137	425	0
	蒂西耶氏菌属未培养的 1 种 s_uncultured_g_*Tissierella*	178	647	310	316	605	226	563	3
	梭菌目科XI的 1 属未分类的 1 种 s_unclassified_f_Family_ XI _o_Clostridiales	53	1950	339	35	56	49	251	5
1	梭菌科 1 未培养的 1 种 s_uncultured_f_Clostridiaceae_1	372	1187	344	261	202	74	135	0
	黄色假单胞菌 *Pseudomonas lutea*	235	226	391	458	457	456	157	16
	热粪杆菌属未培养的 1 种 s_uncultured_g_*Caldicoprobacter*	28	158	34	2	2	673	1423	0
	普通变形杆菌 *Proteus vulgaris*	258	197	400	385	449	442	158	17
	伊格纳茨席纳菌属未培养的 1 种 s_uncultured_g_*Ignatzschineria*	1206	177	61	206	455	32	36	0
	丹毒丝菌属未分类的 1 种 s_unclassified_g_*Erysipelothrix*	681	705	309	124	205	26	122	0
	龙包茨氏菌属未培养的 1 种 s_uncultured_g_*Romboutsia*	395	368	278	293	291	194	296	6
	毛螺菌科 NK4A136 群的 1 属未分类的 1 种 s_unclassified_g_Lachnospiraceae_NK4A136_group	228	224	348	356	367	395	179	15
	青春双歧杆菌 *Bifidobacterium adolescentis*	237	183	343	365	358	460	148	12
	单形拟杆菌 *Bacteroides uniformis*	233	184	335	364	342	470	160	18
	戴阿利斯特杆菌属未分类的 1 种 s_unclassified_g_*Dialister*	255	169	319	371	376	443	138	12
	产丙酸拟杆菌 *Bacteroides propionicifaciens*	1488	377	54	54	37	3	14	0

续表

组别	物种名称	发酵过程菌群含量（read）							
		未发酵		浅发酵				深发酵	
		XYZ_1	XYZ_2	XYZ_3	XYZ_4	XYZ_5	XYZ_6	XYZ_7	XYZ_8
1	芽胞杆菌科未分类的 1 种 s_unclassified_f_Bacillaceae	0	0	0	0	0	4	418	1563
	乳球菌属未分类的 1 种 s_unclassified_g_*Lactococcus*	248	187	285	367	316	423	125	12
	布劳特氏菌属的 1 种来自宏基因组细菌 s_metagenome_g_*Blautia*	227	191	319	312	320	349	167	10
	鞘氨醇杆菌科未培养的 1 种 s_uncultured_f_Sphingobacteriaceae	0	0	0	0	0	0	0	1884
	居膜菌属未培养的 1 种 s_uncultured_g_*Membranicola*	0	0	0	0	0	0	0	1861
	菠萝泛菌 *Pantoea ananatis*	182	172	305	298	317	388	123	6
	瘤胃球菌科 UCG-014 群的 1 属未分类的 1 种 s_unclassified_g_Ruminococcaceae_UCG-014	316	193	244	307	256	220	210	4
	猪粪嗜胨菌 *Peptoniphilus stercorisuis*	147	396	465	343	161	103	4	0
	瘤胃球菌科未分类的 1 种 s_unclassified_f_Ruminococcaceae	147	505	276	20	26	79	477	0
	热粪杆菌属未培养的 1 种 s_uncultured_g_*Caldicoprobacter*	146	568	184	44	26	71	470	1
	挑剔优杆菌群的 1 属未培养的 1 种 s_uncultured_g_*Eubacterium_eligens*_group	162	140	238	264	236	297	123	9
	产粪甾醇优杆菌群的 1 属的 1 种来自宏基因组细菌 s_metagenome_g_*Eubacterium _coprostanoligenes*_group	138	119	241	248	228	264	106	9
	微球菌目未分类的 1 种 s_unclassified_o_Micrococcales	0	0	0	1	0	0	1	1323
	SAR202 进化枝的 1 目未培养的 1 种 s_uncultured_o_SAR202_clade	114	118	236	212	248	240	92	6
	植物乳杆菌 *Lactobacillus plantarum*	154	110	176	218	238	259	55	11
	不动杆菌属未分类的 1 种 s_unclassified_g_*Acinetobacter*	126	92	204	200	243	242	78	6
	副黄褐假单胞菌 *Pseudomonas parafulva*	133	94	197	191	232	226	80	8
	科Ⅺ的 1 属未分类的 1 种 s_unclassified_f_Family_ Ⅺ	283	374	206	1	12	38	66	0
第 1 组 54 个样本平均值		468.59	525.39	450.62	445.20	470.39	439.86	446.68	397.87
2	蒂西耶氏菌属未分类的 1 种 s_unclassified_g_*Tissierella*	47	1072	170	5	10	523	61	0
	细菌域分类地位未定的 1 门未分类的 1 种 s_unclassified_k_norank_d_Bacteria	131	85	182	186	211	245	98	8

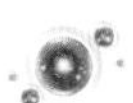

续表

组别	物种名称	发酵过程菌群含量（read）							
		未发酵		浅发酵				深发酵	
		XYZ_1	XYZ_2	XYZ_3	XYZ_4	XYZ_5	XYZ_6	XYZ_7	XYZ_8
2	Sva0996 海洋菌群的 1 属未培养的 1 种 s_uncultured_g_Sva0996_marine_group	118	97	201	203	229	226	61	6
	隐秘小球菌属未培养的 1 种 s_uncultured_g_*Subdoligranulum*	145	100	170	154	208	201	142	2
	居鸡菌属未培养的 1 种 s_uncultured_g_*Gallicola*	44	118	76	226	240	87	302	0
	毛螺菌科未分类的 1 种 s_unclassified_f_Lachnospiraceae	50	75	82	76	92	245	458	2
	卵形拟杆菌 *Bacteroides ovatus*	135	91	151	182	191	242	82	5
	食物魏斯氏菌 *Weissella cibaria*	124	121	159	190	201	204	71	6
	动球菌科未分类的 1 种 s_unclassified_f_Planococcaceae	232	311	80	5	18	317	87	0
	醋杆菌属未分类的 1 种 s_unclassified_g_*Acetobacter*	118	86	189	168	202	200	57	4
	红城红球菌 *Rhodococcus erythropolis*	106	108	149	174	165	218	93	7
	丁酸球菌属未培养的 1 种 s_uncultured_g_*Butyricicoccus*	110	95	185	170	202	174	70	8
	绿弯菌属未培养的 1 种 s_uncultured_*Chloroflexus*_sp.	126	102	168	157	188	184	75	6
	未培养的海绵共生菌 PAWS52f s_uncultured_sponge_symbiont_PAWS52f	125	88	165	169	165	181	49	7
	卷曲乳杆菌 *Lactobacillus crispatus*	133	68	125	177	211	129	66	3
	候选目 Dadabacteriales 未分类的 1 种 s_unclassified_o_Dadabacteriales	92	66	153	168	179	181	50	7
	SAR202 进化枝的 1 目未分类的 1 种 s_unclassified_o_SAR202_clade	103	79	146	155	180	154	62	7
	脆弱拟杆菌 *Bacteroides fragilis*	75	59	123	188	149	191	75	3
	鞘氨醇单胞菌属未鉴定的 1 种 s_unidentified_g_*Sphingomonas*	112	65	137	152	154	164	63	9
	热粪杆菌属的 1 种来自厌氧池细菌 s_anaerobic_digester_metagenome_g_*Caldicoprobacter*	282	258	148	9	2	6	135	0
	发酵单胞菌属未培养的 1 种 s_uncultured_g_*Fermentimonas*	453	234	65	40	24	0	4	0
	乳杆菌属未分类的 1 种 s_unclassified_g_*Lactobacillus*	116	60	76	199	185	84	92	6
	瘤胃球菌属 2 未培养的 1 种 s_uncultured_g_*Ruminococcus*_2	86	82	121	137	153	151	85	1

续表

组别	物种名称	发酵过程菌群含量（read）							
		未发酵		浅发酵				深发酵	
		XYZ_1	XYZ_2	XYZ_3	XYZ_4	XYZ_5	XYZ_6	XYZ_7	XYZ_8
2	伊格纳茨席纳菌属未分类的 1 种 s_unclassified_g_*Ignatzschineria*	586	93	25	68	34	0	1	0
	粪肠球菌 *Enterococcus faecalis*	87	72	145	135	149	123	71	10
	硝化螺旋菌属未分类的 1 种 s_unclassified_g_*Nitrospira*	103	62	146	133	145	129	50	3
	拟杆菌属未分类的 1 种 s_unclassified_g_*Bacteroides*	143	284	77	48	106	71	40	2
	粪球菌属 2 未分类的 1 种 s_unclassified_g_*Coprococcus*_2	84	63	121	123	139	138	83	4
	双歧双歧杆菌 *Bifidobacterium bifidum*	77	61	114	132	144	157	54	8
	候选纲 TK30 未培养的 1 种 s_uncultured_c_TK30	69	79	153	125	124	145	46	5
	棒杆菌属 1 未分类的 1 种 s_unclassified_g_*Corynebacterium*_1	200	69	75	155	145	28	70	0
	亚群 9 的 1 纲未分类的 1 种 s_unclassified_c_Subgroup_9	89	66	131	126	136	140	44	3
	链球菌属未分类的 1 种 s_unclassified_g_*Streptococcus*	87	69	114	130	125	145	57	8
	梭菌目未分类的 1 种 s_unclassified_o_Clostridiales	66	123	133	4	121	25	249	0
	贝日阿托氏菌属的 1 种来自宏基因组细菌 s_metagenome_g_*Beggiatoa*	82	59	128	109	146	143	35	3
	绿弯菌属未培养的 1 种 s_uncultured_*Chloroflexus*_sp.	88	74	106	123	122	150	40	2
	多雷氏菌属的 1 种来自宏基因组细菌 s_metagenome_g_*Dorea*	86	69	104	121	117	126	52	3
	干燥棒杆菌 *Corynebacterium xerosis*	140	60	86	232	132	4	8	0
	寡养单胞菌属未分类的 1 种 s_unclassified_g_*Stenotrophomonas*	62	61	120	103	128	144	33	10
	向文洲菌属未培养的 1 种 s_uncultured_g_*Wenzhouxiangella*	0	0	0	0	0	0	0	605
	柔膜菌纲 RF39 群的 1 目未培养的 1 种 s_uncultured_o_Mollicutes_RF39	74	53	96	94	92	136	44	6
	毛螺菌科 UCG-004 群的 1 属未分类的 1 种 s_uncultured_g_Lachnospiraceae_UCG-004	59	58	102	89	98	121	55	1
	热微菌属未培养的 1 种 s_uncultured_*Thermomicrobium*_sp.	61	45	106	104	113	109	41	4
	双环瘤胃球菌 *Ruminococcus bicirculans*	60	59	98	87	97	113	60	4

续表

组别	物种名称	发酵过程菌群含量（read）							
		未发酵		浅发酵				深发酵	
		XYZ_1	XYZ_2	XYZ_3	XYZ_4	XYZ_5	XYZ_6	XYZ_7	XYZ_8
2	创伤球菌属未分类的 1 种 s_unclassified_g_*Helcococcus*	17	89	28	165	233	41	4	0
	清酒乳杆菌 *Lactobacillus sakei*	69	47	89	103	125	103	37	2
	绿弯菌属未培养的 1 种 s_uncultured_*Chloroflexus*_sp.	73	40	99	85	126	114	27	5
	克里斯滕森菌科 R-7 菌群的 1 属的 1 种肠道细菌 s_gut_metagenome_g_Christensenellaceae_ R-7_group	65	57	73	88	97	111	68	4
	可可豆醋杆菌 *Acetobacter fabarum*	77	46	95	104	93	103	34	6
	科XI的 1 属未培养的 1 种 s_uncultured_f_Family_ XI	123	297	72	0	0	15	47	0
	班努斯菌科未分类的 1 种 s_unclassified_f_Balneolaceae	0	1	0	0	0	0	0	552
	庞大厌氧棒杆菌 *Anaerostipes hadrus*	54	36	99	86	91	121	52	3
	瘤胃球菌科 UCG-013 群的 1 属的 1 种来自宏基因组细菌 s_metagenome_g_Ruminococcaceae_UCG-013	54	55	84	96	105	92	37	7
	香肠乳杆菌 *Lactobacillus farciminis*	56	63	89	80	96	105	26	2
	粪球菌属 3 未培养的 1 种 s_uncultured_g_*Coprococcus*_3	46	54	88	87	109	98	29	2
	微杆菌属未分类的 1 种 s_unclassified_g_*Microbacterium*	70	49	82	93	79	95	20	2
	大肠杆菌 *Escherichia coli*	59	46	63	101	94	91	30	3
	第三梭菌 *Clostridium tertium*	56	41	90	96	73	91	32	1
	特吕珀菌属未分类的 1 种 s_unclassified_g_*Truepera*	0	0	0	0	0	0	0	466
	红杆菌科未分类的 1 种 s_unclassified_f_Rhodobacteraceae	0	4	0	0	1	0	0	455
	苏黎世杆菌属未培养的 1 种 s_uncultured_g_*Turicibacter*	71	105	71	66	65	37	28	2
	假纤细芽胞杆菌属未培养的 1 种 s_uncultured_g_*Pseudogracilibacillus*	1	1	1	1	1	0	2	423
	樱桃样芽胞杆菌属未培养的 1 种 s_uncultured_g_*Cerasibacillus*	3	284	34	0	0	0	66	16
	黄杆菌科未分类的 1 种 s_unclassified_f_Flavobacteriaceae	5	10	9	8	11	14	4	320
	伯克氏菌科未分类的 1 种 s_unclassified_f_Burkholderiaceae	16	11	21	27	35	20	9	200
	δ-变形菌纲未分类的 1 种 s_unclassified_c_Deltaproteobacteria	2	1	0	0	1	1	1	325

续表

组别	物种名称	发酵过程菌群含量（read）							
		未发酵		浅发酵				深发酵	
		XYZ_1	XYZ_2	XYZ_3	XYZ_4	XYZ_5	XYZ_6	XYZ_7	XYZ_8
2	应微所菌属未分类的 1 种 s_unclassified_g_*Iamia*	3	0	1	4	1	0	0	306
	极小单胞菌属未分类的 1 种 s_unclassified_g_*Pusillimonas*	33	78	42	4	1	0	0	144
第 2 组 68 个样本平均值		92.93	95.79	97.51	100.37	108.96	113.32	59.18	59.18
3	梭菌目的细菌 FK041 s_Clostridiales_bacterium_FK041	73	40	10	48	187	29	87	0
	理研菌科肠道菌群 RC9 的 1 属未培养的 1 种 s_uncultured_g_Rikenellaceae_RC9_gut_group	384	55	13	7	4	1	0	1
	绿弯菌属未培养的 1 种 s_uncultured_*Chloroflexus*_sp.	60	36	79	76	80	105	26	2
	沙雷氏菌属未分类的 1 种 s_unclassified_g_*Serratia*	59	31	95	75	78	74	37	5
	假单胞菌属未分类的 1 种 s_unclassified_g_*Pseudomonas*	67	44	64	71	87	84	30	4
	长双歧杆菌 *Bifidobacterium longum*	44	47	53	88	96	74	29	3
	候选纲 TK17 未培养的 1 种 s_uncultured_c_TK17	34	35	84	78	82	85	29	1
	丹毒丝菌属未分类的 1 种 s_uncultured_g_*Erysipelothrix*	319	46	18	15	14	2	7	0
	候选属 AqS1 未培养的 1 种 s_uncultured_g_AqS1	62	28	74	82	70	69	31	3
	候选纲 OLB14 未培养的 1 种 s_uncultured_c_OLB14	37	39	79	67	87	72	35	3
	坚韧肠球菌 *Enterococcus durans*	105	44	67	54	83	38	26	1
	暖绳菌科未培养的 1 种 s_uncultured_f_Caldilineaceae	53	45	56	72	82	73	23	4
	候选属 PAUC26f 未培养的 1 种 s_uncultured_g_PAUC26f	39	39	76	55	76	87	28	2
	反刍优杆菌群的 1 属未培养的 1 种 s_uncultured_g_*Eubacterium_ruminantium*_group	40	35	62	60	72	63	53	1
	地钱甲基杆菌 *Methylobacterium marchantiae*	39	37	60	57	76	79	33	3
	埃氏拟杆菌 *Bacteroides eggerthii*	35	26	66	60	52	86	55	4
	劣生单胞菌属未培养的 1 种 s_uncultured_g_*Dysgonomonas*	288	70	13	6	3	3	0	0
	毛螺菌属未培养的 1 种 s_uncultured_g_*Lachnospira*	44	43	56	64	66	70	32	3
	隐秘小球菌属未培养的 1 种 s_uncultured_g_*Subdoligranulum*	43	30	64	49	61	71	50	3
	候选科 bacteriap25 未培养的 1 种 s_uncultured_f_bacteriap25	41	30	68	61	73	67	28	1

续表

组别	物种名称	发酵过程菌群含量（read）							
		未发酵		浅发酵				深发酵	
		XYZ_1	XYZ_2	XYZ_3	XYZ_4	XYZ_5	XYZ_6	XYZ_7	XYZ_8
3	亚群 6 的 1 纲未分类的 1 种 s_unclassified_c_Subgroup_6	43	33	62	67	74	71	18	1
	海杆形菌目未分类的 1 种 s_unclassified_o_Thalassobaculales	34	25	88	69	72	60	18	2
	候选科 EC94 未培养的 1 种 s_uncultured_f_EC94	40	27	68	66	65	67	31	0
	普雷沃氏菌属 1 未培养的 1 种 s_uncultured_g_*Prevotella*_1	32	29	109	47	60	68	16	1
	消化链球菌科的细菌 SK031 s_Peptostreptococcaceae_bacterium_SK031	57	94	55	54	66	5	22	0
	污泥假单胞菌 *Pseudomonas caeni*	247	39	26	21	9	2	9	0
	肠杆菌科未分类的 1 种 s_unclassified_f_Enterobacteriaceae	40	27	62	62	65	67	23	2
	变形菌门未分类的 1 种 s_unclassified_p_Proteobacteria	28	28	41	51	81	74	43	1
	海洋球形菌属未培养的 1 种 s_uncultured_g_*Oceanisphaera*	188	77	19	31	17	1	3	5
	腐螺旋菌科未分类的 1 种 s_unclassified_f_Saprospiraceae	34	29	54	62	58	77	26	1
	SAR202 进化枝的 1 目未培养的 1 种 s_uncultured_o_SAR202_clade	39	33	64	57	66	56	23	2
	瘤胃球菌科 UCG-005 群的 1 属未培养的 1 种 s_uncultured_g_Ruminococcaceae_UCG-005	50	42	62	46	57	54	26	3
	考拉杆菌属未培养的 1 种 s_uncultured_g_*Phascolarctobacterium*	45	22	55	54	62	56	32	2
	假格里朗苍白杆菌 *Ochrobactrum pseudogrignonense*	45	21	48	60	59	65	28	1
	无色杆菌属未分类的 1 种 s_unclassified_g_*Achromobacter*	30	24	60	44	85	52	18	5
	候选纲 JG30-KF-CM66 未分类的 1 种 s_unclassified_c_JG30-KF-CM66	38	27	52	42	68	55	25	0
	海洋香味菌 *Myroides marinus*	36	31	38	56	52	68	20	3
	厌氧盐杆菌属未培养的 1 种 s_uncultured_g_*Anaerosalibacter*	234	38	12	0	0	5	10	0
	头状葡萄球菌 *Staphylococcus capitis*	32	30	51	52	56	47	25	2
	瘤胃球菌科 UCG-003 群的 1 属未分类的 1 种 s_unclassified_g_Ruminococcaceae_UCG-003	19	23	53	50	61	62	26	0
	暖微菌属未分类的 1 种 s_unclassified_g_*Tepidimicrobium*	21	37	52	0	1	52	131	0
	加西亚氏菌属未分类的 1 种 s_unclassified_g_*Garciella*	25	22	29	2	39	18	152	0

续表

组别	物种名称	发酵过程菌群含量（read）							
		未发酵		浅发酵				深发酵	
		XYZ_1	XYZ_2	XYZ_3	XYZ_4	XYZ_5	XYZ_6	XYZ_7	XYZ_8
3	纺锤链杆菌属未培养的 1 种 s_uncultured_g_*Fusicatenibacter*	28	27	44	46	43	56	42	1
	普萨农杆菌 *Agrobacterium pusense*	31	26	52	50	51	56	12	1
	肠道杆菌属未培养的 1 种 s_uncultured_g_*Intestinibacter*	34	41	34	57	42	36	33	1
	候选属 PAUC26f 未分类的 1 种 s_unclassified_g_PAUC26f	35	22	48	41	58	52	19	3
	毛螺菌科未培养的 1 种 s_uncultured_Lachnospiraceae	262	2	1	1	1	0	10	0
	JTB255 海底菌群的 1 属未培养的 1 种 s_uncultured_g_JTB255_marine_benthic_group	25	19	49	48	69	46	20	1
	候选属 AT-s3-44 未培养的 1 种 s_uncultured_g_AT-s3-44	28	18	44	49	56	60	21	0
	肠系膜明串珠菌 *Leuconostoc mesenteroides*	29	23	50	43	46	63	12	5
	黏着剑菌 *Ensifer adhaerens*	30	25	54	46	63	39	11	1
	无胆甾原体属未分类的 1 种 s_unclassified_g_*Acholeplasma*	237	16	8	5	3	0	0	0
	候选科 EC94 未分类的 1 种 s_unclassified_f_EC94	30	15	35	59	53	54	19	3
	奥尔森氏菌属未分类的 1 种 s_unclassified_g_*Olsenella*	60	21	33	101	47	2	1	0
	副萨特氏菌属未培养的 1 种 s_uncultured_g_*Parasutterella*	44	18	41	42	50	48	20	1
	毛梭菌属的 1 种来自宏基因组细菌 s_metagenome_g_*Lachnoclostridium*	34	32	55	37	39	45	17	0
	根瘤菌属未分类的 1 种 s_unclassified_g_*Rhizobium*	21	26	43	36	55	53	18	2
	基尔菌科未培养的 1 种 s_uncultured_f_Kiloniellaceae	30	27	44	54	45	40	14	0
	粪产碱菌 *Alcaligenes faecalis*	29	21	28	36	62	64	12	2
	粪杆菌属未培养的 1 种 s_uncultured_g_*Faecalibacterium*	96	67	25	37	11	5	2	0
	毛梭菌属的 1 种人肠道细菌 s_human_gut_metagenome_g_*Lachnoclostridium*	22	34	36	38	42	41	28	1
	芽单胞菌纲未分类的 1 种 s_unclassified_c_Gemmatimonadetes	27	22	51	38	48	39	14	1
	藤黄紫假交替单胞菌 *Pseudoalteromonas luteoviolacea*	29	21	47	47	49	30	15	1
	土单胞菌属未培养的 1 种 s_uncultured_g_*Terrimonas*	17	17	39	51	39	57	14	4

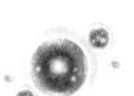

续表

组别	物种名称	发酵过程菌群含量（read）							
		未发酵		浅发酵				深发酵	
		XYZ_1	XYZ_2	XYZ_3	XYZ_4	XYZ_5	XYZ_6	XYZ_7	XYZ_8
3	候选属 AT-s3-44 未分类的 1 种 s_unclassified_g_AT-s3-44	25	18	47	44	45	44	11	1
	毛螺菌科 UCG-010 群的 1 属未培养的 1 种 s_uncultured_g_Lachnospiraceae_UCG-010	25	17	44	44	39	42	22	0
	α- 变形菌纲未分类的 1 种 s_unclassified_c_Alphaproteobacteria	23	13	36	37	44	50	24	3
	新鞘氨醇杆菌属未培养的 1 种 s_uncultured_g_*Novosphingobium*	26	19	39	54	41	36	8	0
	海洋放线菌目未培养的 1 种 s_uncultured_o_Actinomarinales	31	19	40	38	36	40	18	1
	布劳特氏菌属未培养的 1 种 s_uncultured_g_*Blautia*	29	18	33	27	37	49	28	1
	加西亚氏菌属未培养的 1 种 s_uncultured_g_*Garciella*	0	2	1	2	4	37	171	3
	候选科 A4b 未培养的 1 种 s_uncultured_f_A4b	26	19	42	36	34	38	16	2
	未培养的海绵共生菌 PAUC32f s_uncultured_sponge_symbiont_PAUC32f	30	17	41	36	31	47	7	2
	瘤胃梭菌属 9 未分类的 1 种 s_unclassified_g_*Ruminiclostridium*_9	25	19	40	34	42	33	14	0
	法氏菌属未培养的 1 种 s_uncultured_g_*Facklamia*	10	10	2	41	101	3	33	0
	居水管产黑栖热菌 *Thermus scotoductus*	18	15	38	32	41	31	22	2
	候选纲 P9X2b3D02 未培养的 1 种 s_uncultured_c_P9X2b3D02	25	10	37	40	33	42	11	1
	多食鞘氨醇杆菌 *Sphingobacterium multivorum*	19	10	37	37	48	31	11	2
	副拟杆菌属未培养的 1 种 s_uncultured_g_*Parabacteroides*	144	40	8	3	0	0	0	0
	微丝菌科未分类的 1 种 s_unclassified_f_Microtrichaceae	18	16	34	40	37	32	15	0
	候选目 C10-SB1A 的 1 种来自宏基因组细菌 s_metagenome_o_C10-SB1A	25	13	33	31	40	30	16	2
	乳瘤胃球菌 *Ruminococcus lactaris*	16	9	36	25	34	37	28	2
	黄单胞菌科未分类的 1 种 s_unclassified_f_Xanthomonadaceae	15	48	23	45	32	7	11	2
	常见拟杆菌 *Bacteroides plebeius*	20	22	24	31	27	49	8	0
	嗜木聚糖副普雷沃氏菌 *Paraprevotella xylaniphila*	26	12	36	23	23	30	29	2
	互养菌属未培养的 1 种 s_uncultured_g_*Synergistes*	142	9	12	11	3	1	0	0
	候选属 SM1A02 未培养的 1 种 s_uncultured_g_SM1A02	25	13	28	28	35	34	15	0

续表

组别	物种名称	发酵过程菌群含量（read）							
		未发酵		浅发酵				深发酵	
		XYZ_1	XYZ_2	XYZ_3	XYZ_4	XYZ_5	XYZ_6	XYZ_7	XYZ_8
3	雌二醇脱硝酸体 *Denitratisoma oestradiolicum*	24	8	35	27	40	27	14	2
	亚群 6 的 1 纲未培养的 1 种海洋细菌 s_uncultured_marine_c_Subgroup_6	23	13	32	32	36	25	12	2
	交替赤杆菌属未分类的 1 种 s_unclassified_g_*Altererythrobacter*	5	4	5	8	8	5	2	134
	红球菌属未分类的 1 种 s_unclassified_g_*Rhodococcus*	0	0	0	0	0	0	0	169
	普雷沃氏菌属 9 的 1 种来自宏基因组细菌 s_metagenome_g_*Prevotella*_9	19	12	20	29	35	36	14	1
	鞘氨醇杆菌科未培养的 1 种堆肥细菌 s_uncultured_compost_bacterium_f_Sphingobacteriaceae	0	1	0	0	0	0	0	164
	候选属 *Soleaferrea* 未培养的 1 种 s_uncultured_g_Candidatus_*Soleaferrea*	11	79	34	14	17	8	1	0
	α- 变形菌纲未培养的 1 种 s_uncultured_c_Alphaproteobacteria	21	20	27	25	36	24	11	0
	厌氧球菌属未培养的 1 种 s_uncultured_g_*Anaerococcus*	0	9	18	35	100	1	0	0
	芳香香味菌 *Myroides odoratus*	12	12	33	22	29	38	13	2
	候选纲 Kazania 未培养的 1 种 s_uncultured_c_Kazania	22	16	27	31	32	19	14	0
	克里斯滕森菌科 R-7 菌群的 1 属未分类的 1 种 s_unclassified_g_Christensenellaceae_R-7_group	80	33	27	9	10	0	1	0
	不动杆菌属未培养的 1 种 s_uncultured_g_*Acinetobacter*	19	14	32	22	17	38	17	0
	候选科 A4b 未分类的 1 种 s_unclassified_f_A4b	10	11	25	40	30	31	12	0
	消化球菌科未分类的 1 种 s_unclassified_f_Peptococcaceae	80	6	10	1	26	29	7	0
	戊糖片球菌 *Pediococcus pentosaceus*	19	17	18	25	39	34	5	2
	颗粒链菌属未培养的 1 种 s_uncultured_g_*Granulicatella*	15	15	26	31	30	35	5	1
	无胆甾原体属未分类的 1 种 s_uncultured_g_*Acholeplasma*	140	9	5	3	0	0	0	0
	居粪拟杆菌 *Bacteroides coprocola*	15	15	32	23	30	28	11	1
	鼠杆形菌科未培养的 1 种 s_uncultured_f_Muribaculaceae	22	16	25	22	28	26	14	2
	梭菌科 1 未分类的 1 种 s_unclassified_f_Clostridiaceae_1	86	63	6	0	0	0	0	0
	迪氏副拟杆菌 *Parabacteroides distasonis*	11	18	18	30	27	30	18	1
	助植物红树杆菌 *Mangrovibacter plantisponsor*	12	6	20	22	45	32	13	1

续表

组别	物种名称	发酵过程菌群含量（read）							
		未发酵		浅发酵				深发酵	
		XYZ_1	XYZ_2	XYZ_3	XYZ_4	XYZ_5	XYZ_6	XYZ_7	XYZ_8
3	候选目 HOC36 未培养的 1 种 s_uncultured_o_HOC36	16	8	24	32	29	28	12	1
	毛螺菌科 UCG-003 群的 1 属未培养的 1 种 s_uncultured_g_Lachnospiraceae_UCG-003	17	14	26	22	26	29	15	0
	海港杆菌门未培养的 1 种 s_uncultured_p_Poribacteria	20	13	25	26	21	34	8	2
	候选目 JTB23 未分类的 1 种 s_unclassified_o_JTB23	19	10	31	27	27	29	6	0
	假单胞菌 108Z1 s_*Pseudomonas*_sp._108Z1	57	16	13	34	26	0	3	0
	食烷菌属未分类的 1 种 s_unclassified_g_*Alcanivorax*	0	0	0	0	0	0	0	148
	狭义梭菌属 1 的 1 种来自宏基因组细菌 s_metagenome_g_*Clostridium_sensu_stricto*_1	16	14	26	31	27	22	10	1
	瘤胃球菌科 UCG-002 群的 1 属未分类的 1 种 s_unclassified_g_Ruminococcaceae_UCG-002	16	7	26	20	25	24	27	1
	候选科 bacteriap25 未培养的 1 种 s_uncultured_f_bacteriap25	19	14	19	22	31	30	9	2
	乳杆菌目未分类的 1 种 s_unclassified_o_Lactobacillales	5	21	24	35	30	6	23	1
	γ- 变形菌纲未分类的 1 种 s_unclassified_c_Gammaproteobacteria	9	14	22	16	28	23	8	25
	候选科 A4b 未培养的 1 种 s_uncultured_f_A4b	16	11	20	19	30	35	12	1
	细枝优杆菌 *Eubacterium ramulus*	22	15	19	28	19	26	15	0
	苛求球菌属未培养的 1 种 s_uncultured_g_*Fastidiosipila*	58	53	33	0	0	0	0	0
	消化链球菌属未分类的 1 种 s_unclassified_g_*Peptostreptococcus*	105	11	7	6	8	2	3	0
	毛球菌属未分类的 1 种 s_unclassified_g_*Trichococcus*	28	9	17	32	20	33	1	1
	粪球菌属 1 的 1 种来自宏基因组细菌 s_metagenome_g_*Coprococcus*_1	13	17	21	17	33	21	16	2
	候选门 AncK6 分类地位未定的 1 属未培养的 1 种 s_uncultured_g_norank_p_AncK6	17	10	18	23	37	20	13	1
	糖杆菌门的细菌 UB2523 s_Candidatus_Saccharibacteria_bacterium_UB2523	44	23	25	22	18	0	7	0
	螺旋体属 2 未培养的 1 种 s_uncultured_g_*Spirochaeta*_2	12	14	24	17	27	36	8	0
	海港杆菌门未分类的 1 种 s_unclassified_p_Poribacteria	17	9	28	24	30	20	7	2
	茂物朝井氏菌 *Asaia bogorensis*	19	14	22	24	25	24	9	0

续表

组别	物种名称	发酵过程菌群含量（read）							
		未发酵		浅发酵				深发酵	
		XYZ_1	XYZ_2	XYZ_3	XYZ_4	XYZ_5	XYZ_6	XYZ_7	XYZ_8
3	唾液乳杆菌 *Lactobacillus salivarius*	29	11	16	8	18	15	39	1
	丹毒丝菌科 UCG-003 群的 1 属未培养的 1 种 s_uncultured_g_Erysipelotrichaceae_UCG-003	20	16	19	23	18	33	7	0
	微丝菌目未分类的 1 种 s_unclassified_o_Microtrichales	16	10	20	21	28	22	16	2
	SAR202 进化枝的 1 目未培养的 1 种深海细菌 s_uncultured_deep-sea_bacterium_o_SAR202_clade	16	13	20	33	20	27	2	4
	金黄杆菌属未培养的 1 种 s_uncultured_g_*Chryseobacterium*	9	15	12	28	29	34	5	1
	恶臭丁酸单胞菌 *Butyricimonas virosa*	11	15	24	18	18	36	10	1
	鼠杆形菌科未培养的 1 种 s_uncultured_f_Muribaculaceae	13	8	21	32	22	26	8	1
	耐冷假单胞菌 *Pseudomonas psychrotolerans*	12	10	15	23	28	31	9	3
	巨单胞菌属未培养的 1 种 s_uncultured_g_*Megamonas*	18	14	18	24	23	27	5	1
	粪嗜冷杆菌 *Psychrobacter faecalis*	58	27	12	12	11	4	4	1
	瘤胃球菌属 1 的 1 种来自宏基因组细菌 s_metagenome_g_*Ruminococcus*_1	13	14	21	18	26	16	14	2
	巴恩斯氏菌属未培养的 1 种 s_uncultured_g_*Barnesiella*	14	12	22	20	17	20	21	0
	类产碱菌属未分类的 1 种 s_unclassified_g_*Paenalcaligenes*	37	54	24	0	1	0	0	9
	硝化螺旋菌属的 1 种 s_*Nitrospira*_sp.	13	13	21	19	26	26	5	1
	副流感嗜血杆菌 *Haemophilus parainfluenzae*	14	10	13	22	26	24	15	0
	亚群 11 的 1 纲未培养的 1 种 s_uncultured_c_Subgroup_11	7	9	21	31	19	23	11	2
	粪便球菌属未分类的 1 种 s_unclassified_g_*Faecalicoccus*	23	32	21	21	13	3	6	0
	KI89A 进化枝的 1 目未培养的 1 种 s_uncultured_o_KI89A_clade	16	9	19	23	26	17	9	0
	解纤维素拟杆菌 *Bacteroides cellulosilyticus*	14	12	11	26	22	19	15	0
	芬氏别样杆状菌 *Alistipes finegoldii*	16	3	15	22	23	22	16	0
	基尔菌科未分类的 1 种 s_unclassified_f_Kiloniellaceae	11	16	20	25	18	16	8	2
	蜂房哈夫尼菌 *Hafnia alvei*	9	11	18	31	18	17	11	0
	解蛋白菌属未培养的 1 种 s_uncultured_g_*Proteiniclasticum*	23	26	16	18	28	0	4	0

续表

组别	物种名称	发酵过程菌群含量（read）							
		未发酵		浅发酵				深发酵	
		XYZ_1	XYZ_2	XYZ_3	XYZ_4	XYZ_5	XYZ_6	XYZ_7	XYZ_8
3	扭链瘤胃球菌群的 1 属未分类的 1 种 s_unclassified_g_*Ruminococcus_torques*_ group	47	31	12	9	9	2	2	0
	短乳杆菌 *Lactobacillus brevis*	15	7	26	14	20	20	7	2
	理研菌科未分类的 1 种 s_unclassified_f_Rikenellaceae	86	19	3	1	0	1	1	0
	芽胞杆菌属未分类的 1 种 s_unclassified_g_*Bacillus*	5	2	1	4	6	1	0	91
	海绵共生菌科的 1 属未培养的 1 种 s_uncultured_f_Entotheonellaceae	12	10	18	25	18	20	3	2
	气球菌科未培养的 1 种 s_uncultured_f_Aerococcaceae	30	14	9	5	13	2	34	0
	芽单胞菌纲未培养的 1 种 s_uncultured_c_Gemmatimonadetes	10	3	16	14	27	14	9	13
	瘤胃球菌科 UCG-002 群的 1 属未培养的 1 种 s_uncultured_g_Ruminococcaceae_UCG-002	11	14	14	10	25	21	11	0
	赫夫勒氏菌属未分类的 1 种 s_unclassified_g_*Hoeflea*	10	17	17	9	23	21	7	2
	沃斯氏菌属未培养的 1 种 s_uncultured_g_*Woeseia*	11	10	21	26	20	11	5	1
	纤维弧菌目未分类的 1 种 s_unclassified_o_Cellvibrionales	15	4	12	27	20	24	1	1
	兼性芽胞杆菌属未分类的 1 种 s_unclassified_g_*Amphibacillus*	0	1	3	3	13	2	64	18
	幽门螺杆菌 *Helicobacter pylori*	11	8	17	22	20	20	6	0
	CL500-29 海洋菌群的 1 属的 1 种来自宏基因组细菌 s_metagenome_g_CL500-29_marine_group	11	6	16	14	27	22	5	2
	新建芽胞杆菌属未分类的 1 种 s_unclassified_g_*Novibacillus*	0	0	0	0	0	0	0	101
	海洋球形菌属未培养的 1 种 s_uncultured_g_*Oceanisphaera*	54	26	7	9	4	0	1	0
	甲基寡养菌科未培养的 1 种 s_uncultured_f_Methyloligellaceae	11	9	14	20	15	25	6	0
	中温厌氧杆菌属未培养的 1 种 s_uncultured_g_*Tepidanaerobacter*	72	0	0	0	0	16	12	0
	候选属 FS142-36B-02 未培养的 1 种 s_uncultured_g_FS142-36B-02	8	11	17	14	26	22	1	1
第 3 组 174 个样本平均值		40.84	21.53	31.62	31.81	36.17	32.31	17.43	6.01

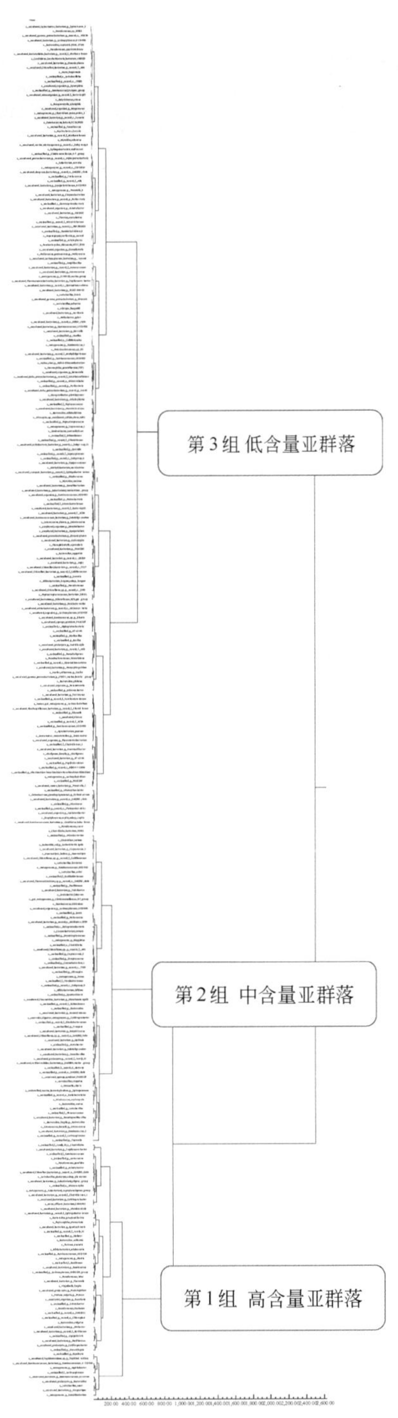

图 5-44　好氧发酵罐鸡粪处理过程细菌种菌群亚群落分化聚类分析

第六章

养殖废弃物生物肥药堆肥发酵资源化技术

第一节 概述

养殖废弃物生物肥药堆肥发酵资源化技术是将使用过的畜禽养殖发酵床垫料进行培养基配方调整，接种生物菌肥的功能性微生物菌种，进行堆肥发酵，生产功能性生物肥药。其使用过程既能够促进植物生长起到生物肥料的作用，又能够抑制土传病虫害起到生物农药的作用。随着畜牧业生产规模的日益扩大，随之产生的大量畜禽排泄物的处理已成为一个亟待解决的新问题。由于畜禽排泄物的处理费用很高，所以有些养殖业主往往把含有畜禽排泄物的污水直接排放入河流、湖泊，导致河水污染以及富营养化，破坏了生态环境。近几年从日本引进并迅速在中国改进、推广、应用的零污染养猪技术取得了很大的成效。这种技术主要借助养猪垫料中特殊微生物的作用，达到降解畜禽排泄物的目的，减少了污染。

一、生物肥药简介

生物肥药是福建省农业科学院农业微生物创新团队近年来提出来的一种生物农药与生物肥料结合的制剂，属于生物菌肥。利用畜禽养殖后发酵床垫料，接入具有特定微生物功能的菌种，进行二次发酵，开发成一种既具有生物农药功效也有田间肥效的产品（刘波 等，2009）。这种把特定微生物接入有机肥开发出产品的报道很多，不过之前研究人员都是将其统称为生物肥料、微生物肥料。张志红等（2008）将 3 株生防菌与腐熟的有机肥结合，组合成生物复混肥和生物有机肥，将它们施用在香蕉上，研究了其对枯萎病病害的防治效果。

微生物肥料可以按照不同的分类依据来进行分类。根据作用特性可分为两类：其中一类是微生物接种剂，即将有效微生物接种到作物根部，通过微生物的生命活动产生肥效或促进生长效应。这种类型以根瘤菌接种剂为代表，包括所有以接种为手段的生物肥料。另一类是复合微生物肥料，即将有益微生物与有机肥混合在一起制成，其中既含有用以接种的有益微生物，又含有作为促进微生物活动的有机肥基质（孟瑶 等，2008）。从这个分类定义来讲，笔者提出的生物肥药应归类为复合微生物肥料。根据功能和肥效可分为五类：第一，增加土壤氮素和作物氮素营养的菌肥，如根瘤菌肥、固氮菌肥、固氮蓝藻等；第二，分解土壤有机质的菌肥，如有机磷细菌肥料、综合性菌肥；第三，分解土壤难溶性矿物质的菌肥，如无机磷细菌肥料、钾细菌菌肥；第四，刺激植物生长的菌肥，如抗生菌肥料、促生菌肥；第五，增加作物根系吸收营养能力的菌肥，如菌根菌肥料。从微生物肥料发展的趋势来看，以复合微生物功能多、适应能力强的生物制剂配合有机肥料生产的有机复合肥，或开发的多功能光合菌肥市场前景较好（连宾 等，2004）。从之前微生物肥料的研究状况来看，对具防虫抗病功效的生物农药性质的微生物肥料研究还是比较少的。

根据现在已研究开发生产的微生物肥料统计分析发现，其主要有以下作用。第一，产生植物激素类物质刺激作物生长，从而使植物生长健壮，营养状况得到改善。Abbass 等（1993）研究表明，在植物的生长发育过程中共生微生物产生的植物激素确实起到一定的作用。而且，微生物产生的细胞分裂素与植物根的生长有很好的相关性（侯鹏飞 等，2017）。第二，提高了作物的抗逆性。由于微生物肥料的施用，其所含的菌种能诱导作物产生超氧化物歧化酶，在植物遭受病害、虫害，处于干旱等逆境时，消除因逆境而产生的自由基来提高作物的抗逆性，减轻病害。第三，增加土壤肥力，这是微生物肥料的主要功效之一。如各种自生、联合、共生的固氮微生物肥料，可以增加土壤中的氮素来源；多种解磷、解钾微生物的应用，可以将土壤中难溶的磷、钾分解出来，从而能为作物吸收利用。第四，对有害微生物起到生物防治作用。肥料中的有益微生物生长繁殖，在作物根际土壤微生态系统内形成优势种群，限制了其他病原微生物的生长繁殖机会，有的还有拮抗病原微生物的作用，达到减轻作物病害的功效；施用微生物肥料可以节约能源，降低生产成本，其不仅用量少，而且本身具有无毒无害、没有环境污染的特点。

二、生物肥药菌种的生物学特性

1. 生物肥药菌种筛选

研制生物肥药最关键的技术是得到和保存优良的微生物菌种，目前应用的微生物肥料主要是细菌肥料，而细菌的自发突变性往往会使细菌的生产特性减弱，加之有很多优良基因位于质粒上而易于丢失。目前虽然微生物肥料种类很多，但多数还是传统的固氮、解磷、解钾细菌，而具备防虫抗病的生防菌很少，有的甚至还在用酵母菌，缺乏新型高效产品。福建省农业科学院农业生物资源研究所微生物创新团队长期从事微生物的分离、筛选、鉴定和保存工作，并且同时对鉴定的菌株进行了生物学特性、分子生物学特性、发酵条件、代谢产物的生物效应和田间防效的研究。

2. 生物肥药菌种——无致病力尖孢镰刀菌的生物学特性

尖孢镰刀菌（*Fusarium oxysporum*）既存在于各种土壤中，也存在于植物根际，即使在北极的永冻层和撒哈拉沙漠的沙子中也可分离到。尖孢镰刀菌包括非致病菌、植物致病菌以及人类致病菌。尖孢镰刀菌的植物致病菌能侵入植物根部引起根腐或侵入植物维管束系统导致植物萎蔫枯死；非致病菌株虽然能够侵入根部但不能侵入植物维管束系统或引起病害。除了草和大多数木本作物，大多数栽培作物都是植物致病菌的寄主。尖孢镰刀菌的植物致病菌株可使许多重要经济作物（大豆、棉花、香蕉和咖啡等）发生病害，并常导致严重的经济损失。

尖孢镰刀菌的防治主要是通过化学防治和抗病育种，化学防治污染环境，应用抗病品种是最有效、对环境最安全的防治方法，但现在农业生产中行之有效的抗病品种却很少。所以各国植病专家们致力于生物方法防治镰刀菌病害，有效防治尖孢镰刀菌病害的非致病菌已经从健康的植物茎部分离出来。吴营昌等（1991）把尖孢镰刀菌的弱致病菌株的孢子悬浮液接种到黄瓜四叶期的幼苗上，诱导黄瓜对枯萎病产生了抗性。刘喜梅等（2006）认为非致病性尖孢镰刀菌在防治致病病株时有 3 种作用模式：直接拮抗作用、间接拮抗作用 - 诱导系统抗性和互补作用。

目前，非致病性尖孢镰刀菌在防治尖孢镰刀菌病害中已经得到了广泛的应用。Cachinero 等（2002）用尖孢镰刀菌鹰嘴豆亚种（*F. oxysporum* f.sp. *ciceris*，Foc）的非亲和 Foc 0 号小种接种鹰嘴豆，3d 后用浸根法接种强致病菌 Foc 5 号小种，接种非致病菌延迟了症状发生，并明显降低 Foc 5 号小种引起的镰刀菌枯萎病的最终发病数量，在苗期接种非致病菌可提高山槐素（maackiain）和植物防御素（plant defensin）的合成，也能引起植物根部几丁质酶、β-1,3- 葡聚糖酶和过氧化物酶的积累。

基于尖孢镰刀菌在生物防治上的突出效果，笔者在筛选尖孢镰刀菌时得到一株弱株系，可用于养猪垫料的接种实验。

3. 生物肥药菌种——淡紫拟青霉的生物学特性

淡紫拟青霉（*Paecilomyces lilacinus*）广泛分布于世界各地，具有功效高、寄生广、易培养等优点，特别在控制植物病原线虫方面功效卓著。半个多世纪以来，国内外许多专家学者对此菌进行了广泛而深入的研究，在生物学、生态学、大量培养、控害效能与田间应用等方面取得了一系列研究成果。

淡紫拟青霉对营养条件要求不高，它不仅能在多种常规培养基上生长，而且能在多种自然基质，如农副产品废料、废渣与植物叶片或植物浸提液中生长（Mani et al., 1989; Sosamma et al., 1997）。相关研究表明：菌体生长的最适 pH 为中性偏酸，在碱性培养基上生长缓慢；此菌在 15 ～ 35℃都能正常生长，在 24 ～ 25℃条件下生长最为迅速，产孢量最大；湿度对孢子萌发至关重要，湿度达到 85% 时孢子才开始萌发，湿度在 98%、温度 25℃时孢子萌发的速率最高；含 N、S 的培养基能刺激菌体细胞内酶的产生并增加酶的活性，当培养基中添加可溶性淀粉时能增加此菌对化学合成物的溶解作用。

淡紫拟青霉施用到土壤中能引起土壤菌系的明显变化，土壤中多种习居菌会抑制淡紫拟青霉孢子的萌发，同时此菌也会抑制土壤汇总其他菌类如放线菌。李芳报道了大豆田施用淡紫拟青霉菌剂对根围菌系的影响。在施用的第 1 周内，根系微生物的种类明显减少，真菌、细菌和放线菌分别减少 16%、27% 和 37%；4 周后菌系趋于平衡，菌剂对大豆根部有一定亲和能力，可以在根围或根内定殖（李芳 等，1998）。

淡紫拟青霉的生防功能主要表现在三个方面：第一，对植物病原线虫的寄生作用。淡紫拟青霉对植物根结线虫的寄生作用是秘鲁国际马铃薯研究中心的 P. Jatala 博士首先发现的，并在 1979 年首次报道，该菌是南方根结线虫与白色胞囊线虫卵的有效寄生菌，对南方根结线虫卵寄生率达到 60% ～ 70%。第二，对昆虫的寄生作用。据文献资料，淡紫拟青霉可寄生半翅目的荔枝蝽、稻黑蝽（李芳 等，2004）；同翅目的叶蝉、褐飞虱；等翅目的白蚁（Khan et al., 1990）；鞘翅目的甘薯鼻虫（Khan et al., 1992）；鳞翅目的茶蚕、灯蛾；还有双翅目的伊蚊等（Agarwala et al., 1999）。第三，从生理功能上来讲，淡紫拟青霉主要有促进植物生长、产生多种功能酶和降解效应等作用。

4. 生物肥药菌种——无致病力铜绿假单胞菌的生物学特性

铜绿假单胞菌（*Pseudomonas aeruginosa*）原称绿脓杆菌。在自然界分布广泛，为土壤中存在的最常见的细菌之一。其为形态直或稍弯、两端钝圆的杆菌，大小（0.5 ～ 0.8)μm×(1.5 ～ 3.0)μm，有 1 ～ 3 根单端鞭毛，运动活泼。临床分离的菌株常有菌毛和微荚膜，不形成芽胞。革兰染色阴性。专性需氧菌。最适生长温度 35℃，在 41℃也能生长。在普通培养基上生长良好，菌落大小不一，平均直径 2 ～ 3mm，扁平，边缘不整齐，且常呈相互融合状态。由于本菌产生水溶性色素，培养基易被染成蓝绿色或黄绿色。在血琼脂平板上菌落较大，有金属光泽和生姜气味，菌落周围形成透明溶血环。在肉汤中形成菌膜，肉汤澄清或微混浊，菌液上层呈绿色。培养在 pH 8.0 的碱性环境中有自溶现象。

以铜绿假单胞菌作为生防菌防治植物病害，国内外已有一些报道。钟小燕等（2009）研究表明铜绿假单胞菌（*P. aeruginosa*）对香蕉枯萎病具有明显的抑制作用；Uddin 等（2003）从食用菌菌糠中分离到一株铜绿假单胞菌，通过盆栽和大田试验，发现预先施用该菌能有效防治黑麦草灰斑病。Siddiqui 等（2003）用铜绿假单胞菌处理土壤后，番茄根际真菌种群和丰富度以及内生线虫数量均下降，有效减少了根结线虫对番茄的危害，同时促进了番茄植株的生长。沈微等（2004）筛选出了一株铜绿假单胞菌并对其发酵工艺进行了研究。任小平等（2006）研究了铜绿假单胞菌的粗提液对水稻纹枯病的防治效果，结果表明抑制病菌侵染的能力随着粗提液浓度提高和处理时间的延长而增强。

5. 生物肥药菌种——凝结芽胞杆菌 LPF-1 菌株的生物学特性

凝结芽胞杆菌 LPF-1 菌株是福建省农业科学院农业生物资源研究所微生物研究中心的研究人员从零污染猪舍基质垫层中分离出来的。该菌株的生长曲线的测定结果如图 6-1 所示，0 ～ 2h 为菌株的生长迟缓期，菌株刚刚开始生长；2 ～ 10h 为对数生长期，菌株生长迅速；10 ～ 20h 为平稳生长期，最高生长点出现在第 10h，此时 $OD_{600\ nm}$ 值为 2.457。因此，该菌株种子液制备时间最好是在其生长最高点（10h 左右），然后开始发酵。在缺碳源条件下，凝结芽胞杆菌 LPF-1 菌株能很好地生长，在缺氮源条件下生长不好或不能生长。

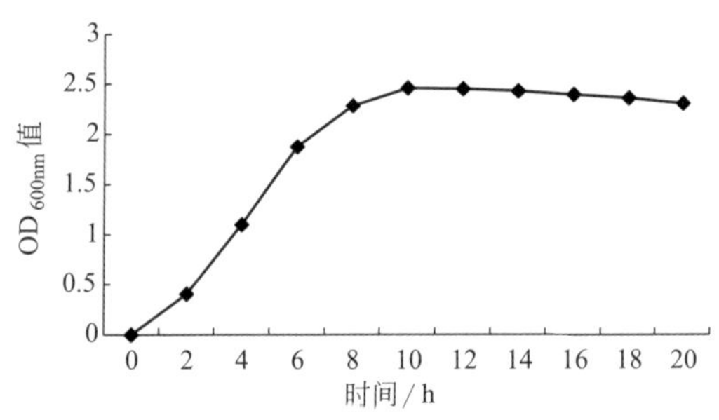

图 6-1　菌株 LPF-1 的生长曲线

6. 生物肥药菌种——短短芽胞杆菌 JK-2 菌株的生物学特性

短短芽胞杆菌（*Brevibacillus brevis*）的一些菌株是具有广谱抗菌活性的潜在生物控制剂，能以活体形式寄居到灰葡萄孢、苍耳单丝壳菌及终极腐霉中，并且可以通过分泌抗菌代谢物短杆菌肽 S 抑制真菌或细菌的生长。葛慈斌等（2009）从西瓜根际土壤中筛选得到一株短短芽胞杆菌菌株，并且命名为 JK-2 菌株，研究表明 JK-2 菌株对大丽花轮枝孢（*Verticillium dahliae*）、黑白轮枝菌（*Verticillium alboatrum*）、菌生轮枝霉（*Verticillium fungicola*）、胶孢刺盘孢（*Colletotrichum gloeosporioides*）、桃褐腐丛梗孢（*Monilia laxa*）和青枯雷尔氏菌（*Ralstonia solanacearum*）都具有较强的抑制作用。JK-2 产生的抗菌物质对热的稳定性较强，对蛋白酶 K 不敏感；盆栽及田间小区试验结果表明，JK-2 对西瓜枯萎病的防效分别可达 83.60% 和 78.96%（郝晓娟 等，2007）。郝晓娟等（2009）研究发现 JK-2 菌株对病菌孢子萌发也有较强的抑制作用。

正是基于 JK-2 的良好的生防效果，把 JK-2 菌株开发成菌剂然后应用于生产具有很好的前景。为了便于追踪，笔者把绿色荧光蛋白基因 *gfp* 转入了 JK-2 菌株，并且用卡那霉素进行了标记，该菌株既具有产生荧光特性，又具有卡那霉素抗性。

7. 生物肥药菌种——无致病力青枯雷尔氏菌的生物学特性

青枯雷尔氏菌引起植物青枯病，是一种毁灭性土传病，可造成作物严重减产，是严重威胁农业生产的主要病害之一。国内外的大量研究表明，青枯雷尔氏菌的无致病力突变菌株在防治植物青枯病中具有重要的潜力（董春 等，1999；陈庆河 等，2003；肖田 等，2008）。

张赛群等（2008）研究发现，无致病力突变株 RS-F523 在体外对强致病力菌株 RS-F052 没有直接的抑制作用，但在接种到植株后，一段时间植株中与系统获得抗性（systemic acquired resistance，SAR）相关的过氧化物酶（POD）活性、过氧化氢酶（CAT）活性，H_2O_2 含量以及植株可溶性总蛋白都发生了波动变化，其变化方式和特点与 RS-F052 接种植株后的变化完全不同，提示 RS-F523 的生防机制可能与其接种后导致植物的 SAR 有关。朱育菁等（2004）研究了无致病力青枯雷尔氏菌与强致病力青枯雷尔氏菌之间的生长竞争关系，无致病力菌株在一定的时间内具有高于强致病力菌的生长能力，当与强致病力菌混合时，能较快成为优势种群。为了对无致病力青枯雷尔氏菌进行跟踪研究，车建美等（2008）将绿色荧光蛋白基因成功导入了青枯雷尔氏菌，并且发现将 *gfp* 基因和 *luxAB* 融合基因成功转入青枯雷尔氏菌，融合基因在标记菌株中的表达高效稳定，导入的 *gfp* 基因对宿主的生长特性及致病性没有影响。

8. 生物肥药菌种——蜡样芽胞杆菌 ANTI-8098A 菌株的生物学特性

青枯病生防菌 ANTI-8098A 采自福建省番茄青枯病植株根际土壤，经德国菌种保存中心鉴定为蜡样芽胞杆菌（*Bacillus cereus*）。曹宜等（2003）研究了青枯病生防菌 ANTI-8098A 的生物学特性，结果显示，该菌为芽胞杆菌（0.8μm×2.2μm），周生鞭毛，多为四联体形式，芽胞椭圆形；该菌甲基红试验阳性，接触酶反应阳性，水解利用淀粉，也能利用赖氨酸。其生长的最适温度为 30 ～ 35℃；其最佳 pH 值为 7.5；葡萄糖是最好的碳源，氨基氮优于硝基氮或尿素。由于青枯病生防菌 ANTI-8098A 对青枯雷尔氏菌具有较强的抑菌作用，为了便于对其追踪，目前该菌株已经成功利用 *gfp* 基因进行了标记，同时转化时所使用的质粒具有红霉素抗性基因，标记菌株为 ANTI-8098A:pCM20，具有红霉素抗性。

三、生物肥药发酵培养基——微生物发酵床养猪垫料特性

零污染养猪技术就是从土壤中分离筛选出一种功能微生物菌种；然后通过特定的营养剂的培养形成白色土著微生物原种，将原种按一定比例掺拌锯末、谷壳、泥土；再控制一定的条件让其发酵成优势群落；最后制成猪舍的垫料。把垫料在猪舍铺设成一定厚度的垫料层，利用生猪拱翻的生活习性，使垫料和猪粪尿充分混合，通过土壤微生物菌落的分解发酵，使猪粪尿中的有机物质得到充分分解和转化。并且同时给猪配以专一性的益生菌，最终达到降解、消化猪粪便，除去异味和无害化的目的，这是一种无污染、零排放的新型环保养猪技术。使用过的养猪垫料由于混有了猪粪和尿，通过微生物的作用，里面含有丰富的养料，可以转化为有机肥料，然后还田实现了资源的循环利用；同时，还是理想的生物肥药二次发酵的培养基。

微生物发酵床零污染养猪技术作为一项新型的无污染、高效益的环保农业技术，近几年在我国推广与应用的过程中，已经取得了良好的成效。而使用几年后的废弃垫料经过微生物的发酵、除臭和转化作用后，可以作为功能微生物培养基，接入农药降解菌（固氮、解磷、解钾）、土传病害生防菌进行发酵，加工造粒形成具农药降解、植物病害防治功能的有机肥药，施用到作物上，既可肥田又可降解土壤中的农药残留、防治土传病害。通过资源循环有望彻底地解决养猪业的环境污染问题，有效地进行猪场废弃物的资源化，为保障村镇塘坝地

表饮用水的安全提供技术支撑。笔者开展了主要包括以下几个方面的研究：① 不同微生物在养猪垫料中的发酵特性研究；② 养猪垫料发酵后微生物群落结构动态变化；③ 养猪垫料发酵后微生物群落磷脂脂肪酸（PLFAs）生物标记特性研究；④ 利用养猪垫料生产生物肥药工艺研究。

四、脂肪酸组在生物肥药发酵过程微生物群落研究中的应用

磷脂是所有生物活细胞重要的膜组分，在真核生物和细菌的膜中磷脂分别占约 50% 和 98%（Bai et al., 2006）。PLFAs 是磷脂的构成成分，它具有结构多样性和生物特异性，各种基质中 PLFAs 的存在及其丰度可揭示特定生物或生物种群的存在及其丰度。磷脂在细胞死亡后快速降解（厌氧条件下约需 2d，而好氧条件下需 12 ～ 16d），故用以表征微生物群落中“存活”的那部分群体。PLFAs 的命名一般采用以下原则：以总碳数：双键数和双键距离分子末端位置命名，*c* 表示顺式，*t* 表示反式，*a* 和 *i* 分别表示支链的反异构和异构，*ω* 表示不饱和脂肪酸双键的位置，br 表示不知道甲基的位置，10Me 表示一个甲基团在距分子末端第 10 个碳原子上，环丙烷脂肪酸用 cy 表示。从已有的研究结果可以发现，作为革兰氏阳性细菌的标记 PLFAs 主要有 *i*14：0、*a*15：0、*i*15：0、18：1*ω*9*c*；作为革兰氏阴性细菌的标记 PLFAs 主要有 cy17：0、cy19：0；16：1*ω*5*c*、18：1*ω*9*c* 18：3*ω*6*c*(6,9,12) 是标记真菌的 PLFAs；用作放线菌的标记 PLFAs 主要是 10Me18：0。当然，对这些 PLFAs 来源的划分并不是绝对的，而是根据它们在同类群微生物中出现概率和专一性及稳定性的一个相对划分，旨在通过它们反映土壤微生物的变化。不可否认的是，有些 PLFAs 可能同时来自不止一种微生物，如 10Me18：0 就可能同时来自放线菌和细菌。总之，通过对 PLFAs 的定量测定可完成对微生物活细胞生物量的测定，并可通过根据 PLFAs 分析的种类了解土壤微生物群落结构。生物标记物可分为通用生物标记物 (general biomarkers) 和特定生物标记物 (specific biomarkers) 两类。

通用生物标记物可反映总生物量。如 PLFAs、酯链磷脂脂肪酸（EL-PLFAs）的总量可用于了解土壤微生物总生物量。革兰氏阳性和阴性细菌中均含有单不饱和脂肪酸（MUFA），但在革兰氏阳性细菌中它们对总 PLFAs 的相对贡献很少（<20%），所以 MUFA 可用作革兰氏阴性细菌的通用生物标记。甲烷营养细菌特征性 PLFAs 的总量可被当作甲烷营养菌生物量。

特定生物标记物表征特定微生物。总 PLFAs 谱中某些特征脂肪酸分别对细菌、真菌和放线菌是特异的，且在大多数情况下 PLFAs 的某专一类型在某一土壤微生物分类中占优势。直链脂肪酸广泛分布在微生物中。细菌除含有在其他生物中常见的直链脂肪酸，如油酸或顺型异油酸［十八碳 -11- 烯酸（顺），简写为 18：1*ω*7］外，还含有一些独特的脂肪酸，如具有分支 *β*- 羟基和环丙基的脂肪酸。MUFA（特别是 18：1*ω*7）是具有厌氧 - 去饱和酶途径的真细菌的特征脂肪酸。支链脂肪酸（异、反异和支链的）主要发现于革兰氏阳性菌和革兰氏阴性的硫酸盐还原菌、噬纤维菌属（*Cytophaga*）和黄杆菌属（*Flavobacterium*）中，而环丙基脂肪酸常见于革兰氏阴性菌株和革兰氏阳性厌氧菌株。非酯链磷脂脂肪酸（NEL-PLFAs）是鞘酯、缩醛磷脂和其他氨基磷脂的组分。鞘酯已发现存在于拟杆菌属（*Bacteroides*）、黄杆菌属中。缩醛磷脂主要存在于梭菌属等厌氧细菌中，只有很少数的好氧和兼性厌氧细菌含有缩醛磷脂。在第 10 个碳上有甲基支链的脂肪酸是放线菌所特有的。多不饱和脂肪酸（PUFA）只存在于蓝细菌（*Cyanobacteria*）中（徐华勤 等，2007），并被认为是原核生物的特征性脂肪酸。真菌菌丝中已检测出存在长链非酯链羟基取代脂肪酸。

Steger 等（2003）用 PLFAs 方法检测堆肥过程中接种菌种和调节 pH 值对堆体微生物群落结构的影响，结果发现，在出现温度高峰前接种菌种对堆体的微生物群落结构无影响，但起始 pH 值对微生物群落结构影响显著。

第二节　生物肥药功能菌在养猪垫料上的发酵特性

一、概述

生物肥药研制的一个关键点就是要找到一种合适的微生物菌种。所要求的菌种除了应该具有本身的农残降解、防虫抗病功能外，还应该能很好地在有机肥料中存活并能在一定时期维持数量优势，并且可以使介质中的微生物群落更加丰富。而在堆肥发酵的过程中，发酵的特征如温度变化、pH 值变化和肥料中营养成分的变化能够较好地指示发酵的进程。孙晓华等（2004）把纤维素分解菌接种到培养料中，有利于快速分解有机物的有益菌种形成优势群落，提高发酵温度，加快腐熟；同时由于微生物的分解作用，可使养分含量相对增加。

二、研究方法

1. 试验材料

（1）养猪垫料　养猪垫料购于福建省莆田市农业科学研究所微生物发酵床试验猪舍，垫料已利用两年，经过分筛粉碎。

（2）实验菌株　待用菌株为无致病力尖孢镰刀菌、淡紫拟青霉、无致病力铜绿假单胞菌、凝结芽胞杆菌 LPF-1 菌株、短短芽胞杆菌 JK-2 菌株、无致病力青枯雷尔氏菌和蜡样芽胞杆菌 ANTI-8098A 菌株，菌株来源于福建省农业科学院农业生物资源研究所微生物研究中心菌种保藏库。

2. 试验方法

（1）菌种制作　从菌库取出 7 个菌株，在相应的平板上活化，然后从平板挑取单菌落，接入发酵罐发酵培养，每隔一天取样镜检并通过血球计数板计数统计，当孢子数达到 10^8 个数量级时停止发酵，放入 4℃冰箱保存备用。

（2）堆肥试验　各取 2L 发酵液，用纯水稀释 100 倍，然后与养猪垫料按质量比 1∶10 的比例混合均匀，含水量调节到 40% ～ 50%。然后用塑料薄膜进行覆盖。对堆肥日常管理，适时对堆肥补充水分。

（3）温度测定　在每堆堆肥的上、中、下三层的 20cm 各插入一根水银温度计，每天上午 11：30 分读取数据并记录。同时测量大气温度。

（4）样本的采集与保存　在堆肥试验的第 2 天、第 4 天、第 8 天、第 16 天、第 32 天，每堆堆肥分三层取样，然后拿回实验室过筛处理后，把每堆三层的样本混合均匀，分别分成3份：第1份用于理化性质的测定，约500g，室温保存；第2份用于土壤微生物群落结构分析，约20g，-70℃保存；第3份用于可培养微生物类群分析，约50g，放于4℃冰箱中保存，每份样本分成三个平行重复样品。

三、无致病力尖孢镰刀菌在养猪垫料上的发酵特性

1. 发酵过程温度变化

接种初期，气温基本上都维持在10℃左右，对照组（CK）和处理组温度迅速上升。并且二者大约在发酵的第8天温度较高，约34℃。但与CK相比较，处理组稍微提前达到高温。随后CK和处理组的温度有所起伏，基本维持在30℃左右。与CK相比较，处理组在后期的发酵温度高2～3℃（图6-2）。结果表明，接种无致病力尖孢镰刀菌可以使养猪垫料堆肥发酵提前达到高温期，延长高温持续时间，使养猪垫料充分发酵，杀死养猪垫料中的有害微生物（孙晓华 等，2004），有利于垫料的腐熟以及各类物质之间的相互转化，但与不接外源微生物相比较，其效果并不明显。

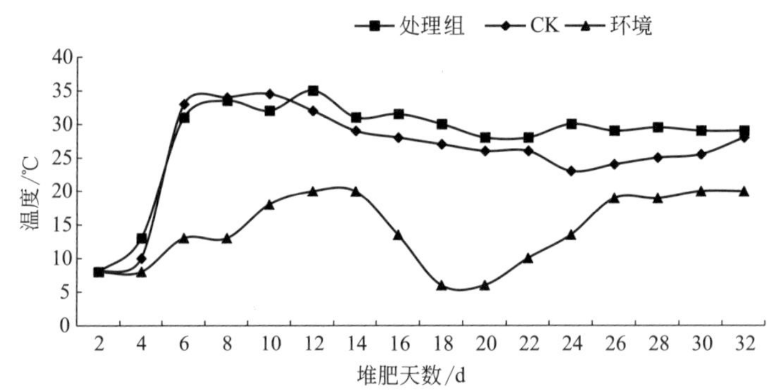

图6-2　接种无致病力尖孢镰刀菌后养猪垫料温度变化

2. 发酵过程pH值变化

在堆肥发酵的过程中，对照组（CK）和处理组的pH值都有明显上升，但总体而言，在发酵8d前，接种无致病力尖孢镰刀菌后，pH值变化比较平稳，发酵8d后到32d，CK pH值显著地高于处理组（图6-3）。pH值上升是由于含氮有机物在微生物的作用下生成铵态氮，而pH值下降是由于硝化作用生成硝态氮以及微生物代谢产生酸（黄国锋 等，2002；袁月祥 等，2002），结果表明处理组微生物作用更为强烈。

四、淡紫拟青霉在养猪垫料上的发酵特性

1. 发酵过程温度变化

在堆肥发酵的初期，处理组和对照组（CK）堆温迅速上升，在第8天左右达到最高温。处理组与CK存在差异（图6-4），总体上看，接种淡紫拟青霉发酵温度较CK高2～8℃。

发酵初期接种到养猪垫料中的淡紫拟青霉，到发酵后期没有检测到，表明淡紫拟青霉接种改变了垫料堆体微生物菌群结构，产生出不同的温度效应，但是，淡紫拟青霉在发酵过程中的竞争力较差，发酵结束就退出了堆体微生物群落。

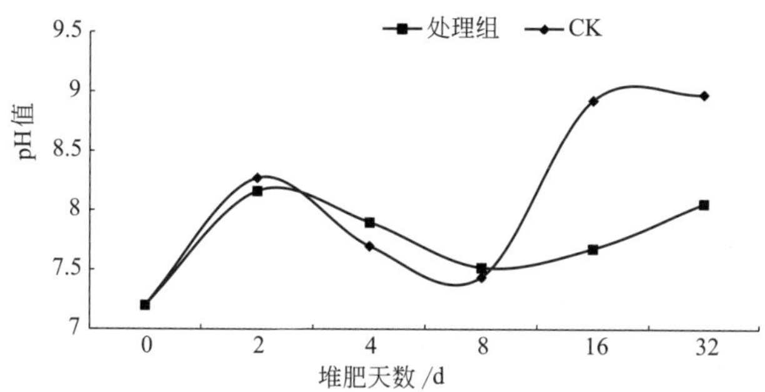

图 6-3　接种无致病力尖孢镰刀菌后养猪垫料 pH 值变化

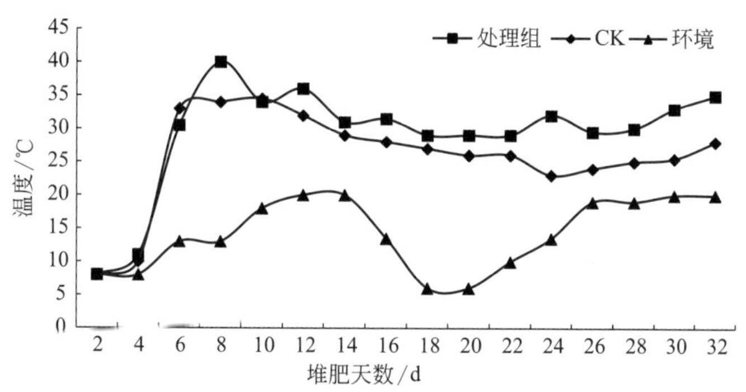

图 6-4　接种淡紫拟青霉后养猪垫料温度变化

2. 发酵过程 pH 值变化

发酵前期处理组与对照组（CK）无太大区别。在堆肥发酵的过程中，起始养猪垫料的pH 接近于中性，随着发酵的进行，pH 值先上升然后下降，接下来上升到一定值并保持稳定（图 6-5），发酵 8d 后到 32d，CK pH 值显著地高于处理组，这与养猪垫料中的微生物代谢过程是相适应的。

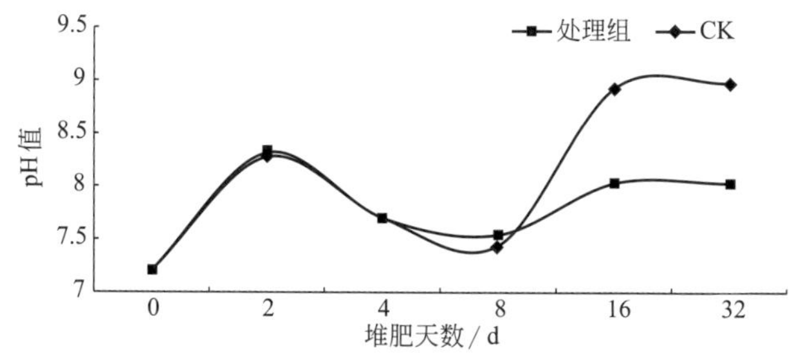

图 6-5　接种淡紫拟青霉后养猪垫料 pH 值变化

五、无致病力铜绿假单胞菌在养猪垫料上的发酵特性

1. 发酵过程温度变化

接种无致病力铜绿假单胞菌后，养猪垫料的堆温迅速上升，在第 8 天达到最高温 37℃，其后温度略有下降，但基本上维持在 30℃左右。这种变化趋势与没有接入外源微生物的 CK 基本是相同的（图 6-6）。这表明接种无致病力铜绿假单胞菌不会对养猪垫料的发酵过程产生重要的影响。

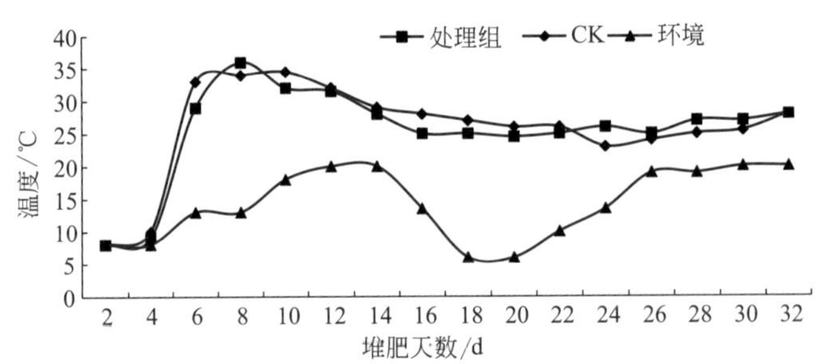

图 6-6　接种无致病力铜绿假单胞菌后养猪垫料温度变化

2. 发酵过程 pH 值变化

在整个发酵过程中 pH 值呈现出先上升然后下降然后又上升下降的趋势（图 6-7）。从 pH 值的变化上可以看出，发酵 4d 前，处理组和对照组（CK）pH 值变化曲线相近，发酵 8d 后到 32d，处理组 pH 值明显地高于对照组。

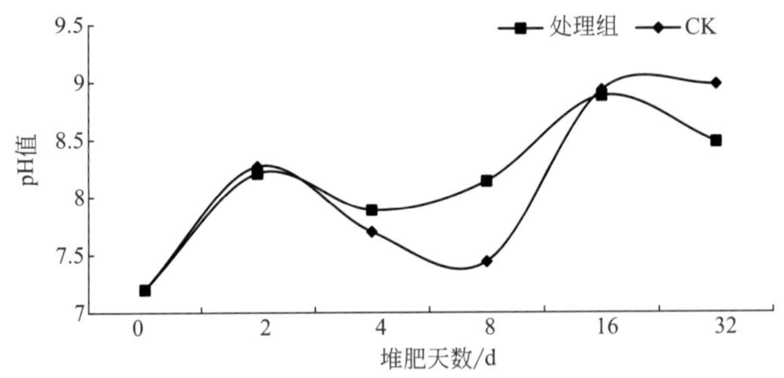

图 6-7　接种无致病力铜绿假单胞菌后养猪垫料 pH 值变化

六、凝结芽胞杆菌 LPF-1 菌株在养猪垫料上的发酵特性

1. 发酵过程温度变化

与环境相比较，对照组（CK）在堆肥的初期，堆温迅速上升，在第 8 天温度达到 37℃，然后温度有所下降，但基本保持在 25℃左右，与环境温度始终相差 10℃左右。接种外源微生物凝结芽胞杆菌 LPF-1 菌株（零排放 1 号）后，发酵 18d 之前，处理组的温度变化与 CK

变化趋势大致相同（图 6-8）。这表明接种外源微生物后对养猪垫料的发酵特性没有很重要的影响。发酵 18d 以后，处理组（零排放 1 号）发酵温度逐渐上升，之后高于对照组。

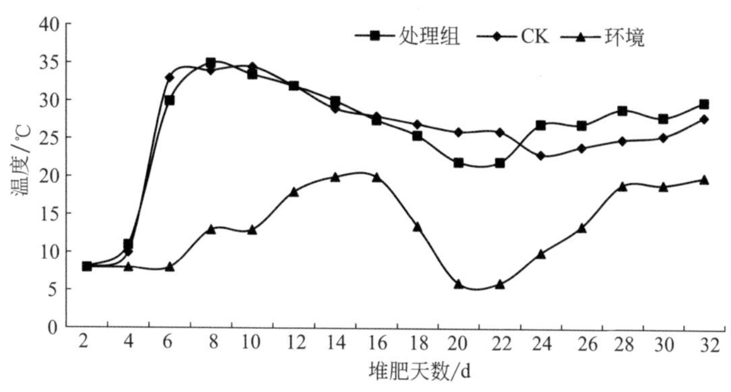

图 6-8　接种零排放 1 号后养猪垫料温度变化

2. 发酵过程 pH 值变化

接种外源微生物凝结芽胞杆菌 LPF-1 后，pH 值呈现先上升然后下降接下来又上升之后下降的趋势（图 6-9），这大致符合微生物的先生成铵态氮，然后产生酸的代谢过程。处理组发酵过程 pH 值动态趋势与对照组（CK）相近，pH 值的变化较对照组大，发酵 16d 两者趋近相同，发酵结束（32d），对照组 pH 值显著高于处理组。

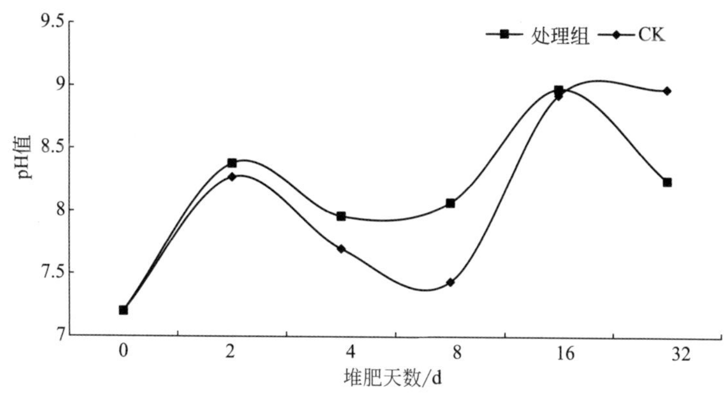

图 6-9　接种零排放 1 号后养猪垫料 pH 值变化

七、短短芽胞杆菌 JK-2 菌株在养猪垫料上的发酵特性

1. 发酵过程温度变化

在接种了 JK-2 菌株后，堆温在初期迅速上升，在第 8 天处理组达到最高 38℃，而 CK 相对而言堆温偏低，其后处理组和 CK 的堆温有所下降，然后在 25℃左右维持稳定（图 6-10）。通过以上分析表明，养猪垫料在接种 JK-2 菌株后可以达到更高的堆温，其发酵更加彻底。

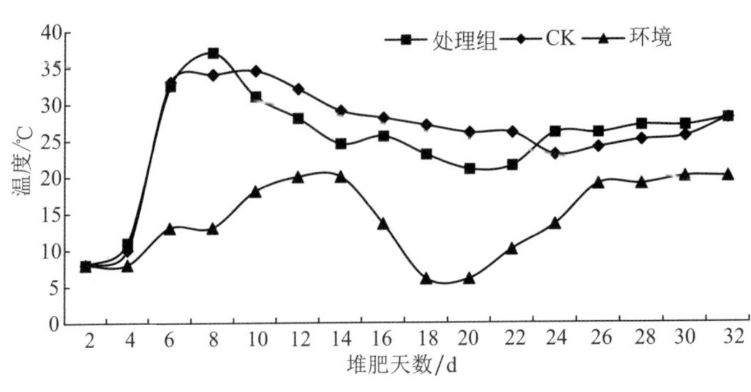

图 6-10　接种 JK-2 菌株后养猪垫料温度变化

2. 发酵过程 pH 值变化

接种外源微生物 JK-2 菌株后（处理组），pH 值呈现先上升然后下降接下来又上升之后稍微下降的趋势，和对照组（CK）变化趋势相近（图 6-11），这大致符合微生物的先生成铵态氮，然后产生酸的代谢过程。

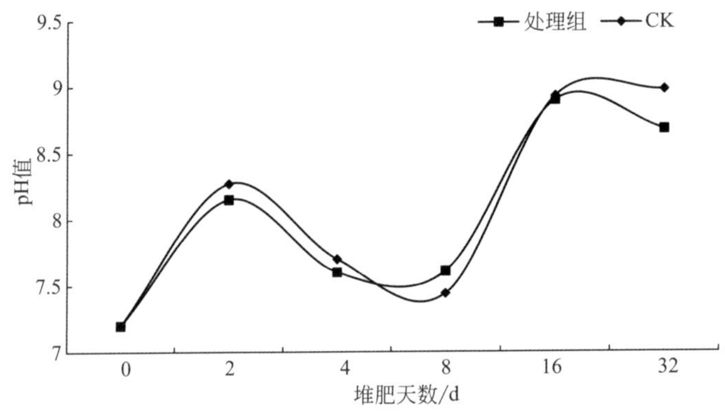

图 6-11　接种 JK-2 菌株后养猪垫料 pH 值变化

八、无致病力青枯雷尔氏菌在养猪垫料上的发酵特性

1. 发酵过程温度变化

在接种了无致病力青枯雷尔氏菌后（处理组），堆温在初期迅速上升，在第 6 天堆温达到了 39℃左右。其比对照组（CK）提前达到了最高温。随后温度略有下降，但到后期温度在 27℃左右保持相对稳定（图 6-12）。表明堆肥在接种了外源微生物后，发酵更加彻底，有利于养猪垫料的高温腐熟。

2. 发酵过程 pH 值变化

接种外源微生物无致病力青枯雷尔氏菌菌株后（处理组），pH 值变化趋势与对照组（CK）相近，呈现先上升然后下降接下来又上升之后趋于平稳的趋势（图 6-13），这大致符合微生物的先生成铵态氮，然后产生酸的代谢过程。

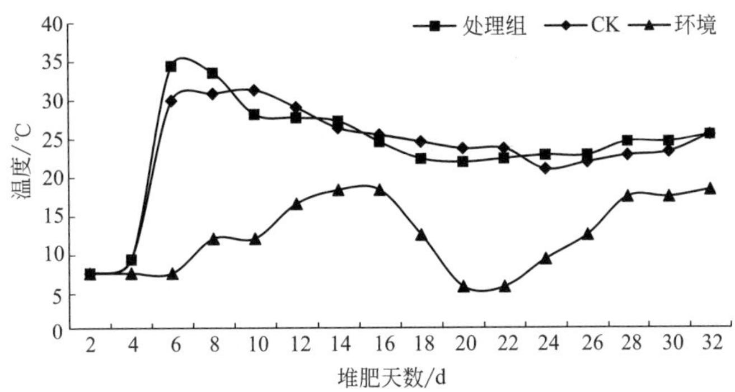

图 6-12　接种无致病力青枯雷尔氏菌后养猪垫料温度变化

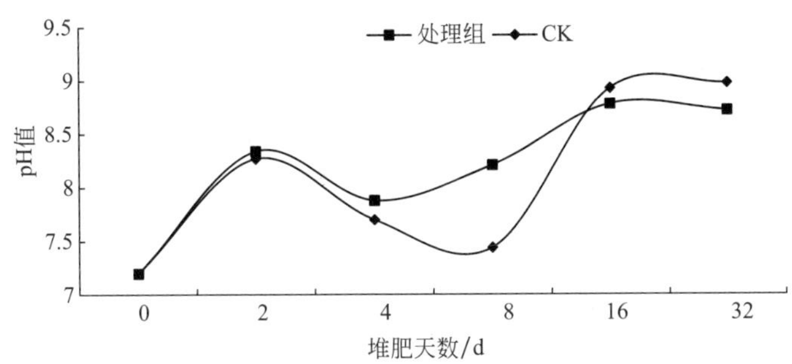

图 6-13　接种无致病力青枯雷尔氏菌后养猪垫料 pH 值变化

九、蜡样芽胞杆菌 ANTI-8098A 菌株在养猪垫料上的发酵特性

1. 发酵过程温度变化

养猪垫料在接种了菌株 ANTI-8098A 后（处理组），堆温从第 4 天开始迅速上升，在第 8 天堆温达到了 43℃，而 CK 堆温才 35℃，并且随后处理组的温度一直高于 CK 堆温（图 6-14）。这表明接种菌株 ANTI-8098A，对养猪垫料的发酵进程产生了很大的影响，大大加快了发酵的进程，并且使发酵非常彻底。

2. 发酵过程 pH 值变化

接种菌株 ANTI-8098A 后（处理组），和对照组（CK）一致，pH 值也经历了上升下降上升下降的过程（图 6-15），发酵前期（4d 前）处理组与对照组 pH 值曲线趋势相近，发酵后期（8d 后）处理组呈先上升后下降趋势，对照组呈先上升后趋于平稳趋势，说明菌株 ANTI-8098A 能在养猪垫料上很好地存活，并且其代谢产物大大地影响了基质养猪垫料的营养成分。

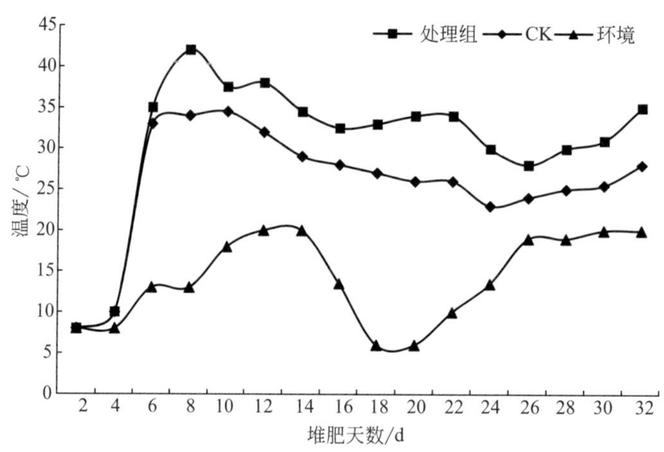

图 6-14　接种 ANTI-8098A 后养猪垫料温度变化

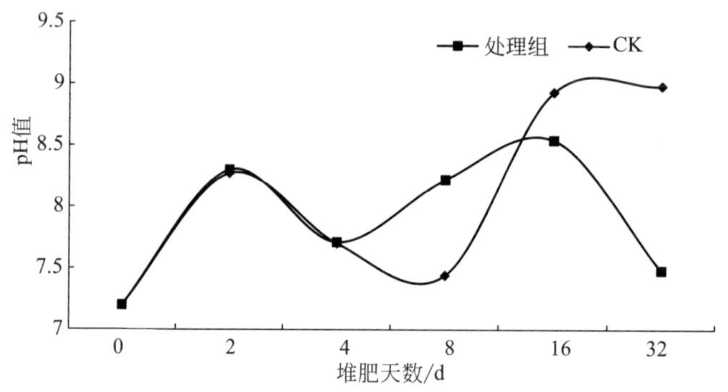

图 6-15　接种 ANTI-8098A 后养猪垫料 pH 值变化

十、讨论与总结

微生物接种对堆肥发酵过程的影响。虽然堆肥原料中含有大量的微生物，但依靠堆肥原料中微生物的作用达到高温期的时间相对较长，尤其在气温较低的季节（王伟东 等，2006）。为了增加开始时堆肥原料中的微生物群体种类和数量、缩短堆肥达到高温期的时间、增强微生物的降解活性和加速有机物的分解，从而展开了堆肥微生物接种剂的研究。目前已有的研究表明，接种微生物对堆肥发酵是否有影响存在截然相反的两种观点：一种观点认为添加接菌剂不会改变堆肥化进程。Lei 等（2000）研究了接菌剂和 pH 值对堆肥过程中微生物群体结构的影响后指出，一旦温度达到峰值以后接菌对于堆肥微生物群体结构影响较小，而处理的温度与起始 pH 值有显著的影响。另一种观点认为，在初级发酵前人工接入菌种，能加快有机物的降解速度，温度上升迅速，缩短发酵时间（冯明谦 等，1999）。

而笔者通过实验表明，在分别接种的 7 株微生物菌种中，其中菌株蜡样芽胞杆菌 ANTI-8098A 大大地加快了堆肥发酵的进程，与对照组相比较，其堆温也比较高。而尖孢镰刀菌、淡紫拟青霉、铜绿假单胞菌、凝结芽胞杆菌、短短芽胞杆菌和青枯雷尔氏菌对堆肥发酵进程没有很明显的影响。两相对比可发现，在实现养猪垫料资源化利用的过程中菌种的选择是非常重要的，要选择与基质相适应的微生物菌种。

第三节 生物肥药功能菌堆肥发酵过程垫料理化性质的变化

一、概述

生物肥药是利用微生物发酵床使用过的垫料，接种功能微生物菌种，进行堆肥发酵来生产的。生物肥药堆肥发酵过程是一种自然发酵的过程，堆体物料未进行灭菌，含有大量的微生物，本身就可以在适宜生长条件下开始二次发酵。外源接种只是增强某种微生物种群的含量，以改变微生物菌群的竞争结构，对生物肥药发酵过程中菌群理化性质的影响有待研究。为研究自然发酵堆体中外源接种微生物的影响，接种绿色荧光蛋白基因标记的蜡样芽胞杆菌菌株 *Bacillus cereus* ANTI-8098A:pCM20，便于堆体发酵过程中接种体的监测，分析生物肥药发酵过程垫料堆体理化性质的变化。在接菌发酵过程，检测垫料堆体物料的理化成分，包括 pH 值、总氮、总磷、总钾、速效磷、有机质和有机碳含量，分析接菌和不接菌理化成分变化的差异，揭示微生物接菌对垫料堆体发酵的影响。

二、研究方法

垫料理化性质的测定：《土壤中 pH 值的测定》（NY/T 1377—2007）；《土壤　有机碳的测定　重铬酸钾氧化 - 分光光度法》（HJ 615—2011）；《土壤质量　全氮的测定　凯氏法》（HJ 717—2014）；《土壤检测　第 7 部分：土壤有效磷的测定》（NY/T 1121.7—2014）；《土壤速效钾和缓效钾含量的测定》（NY/T 889—2004）（邓强 等，2007）。

三、生物肥药发酵过程垫料理化性质检测结果

分析结果见表 6-1。发酵过程垫料理化性质分析显示，与清水对照组相比较，在接种生防菌 *Bacillus cereus* ANTI-8098A:pCM20 后，pH 值、总氮、总磷、总钾、速效磷、有机质和有机碳含量均没有明显差异，但是速效氮的含量于发酵 16 d 后明显偏低。从养猪垫料的养分组成看，氮、磷和钾的含量都较高。从发酵进程上看，随着发酵的进行，各项指标都有下降的趋势，其中在接种生防菌后，速效氮含量下降得比较明显。

表 6-1　接种 *Bacillus cereus* ANTI-8098A:pCM20 对养猪垫料理化性质的影响

发酵时间	pH 值		总氮 /%		总磷 /%		总钾 /%	
	处理	CK	处理	CK	处理	CK	处理	CK
发酵 2d	7.2	7.2	1.861	1.853	2.295	2.236	1.14	1.24
发酵 4d	8.3	8.27	1.902	1.839	1.856	2.123	0.65	0.863

续表

发酵时间	pH 值		总氮 /%		总磷 /%		总钾 /%	
	处理	CK	处理	CK	处理	CK	处理	CK
发酵 8d	7.71	7.7	1.858	1.862	2.324	2.323	0.812	1.13
发酵 16d	8.22	7.44	1.831	1.784	2.225	1.961	1.39	0.844
发酵 32d	8.54	8.93	1.782	1.564	2.125	1.876	1.56	0.98
发酵时间	速效氮 / (mg/kg)		速效磷 / (mg/kg)		有机质 /%		有机碳 /%	
	处理	CK	处理	CK	处理	CK	处理	CK
发酵 2d	2373.8	69.7	4645.4	5053.1	34.99	35.17	20.3	20.4
发酵 4d	1535.4	2131.9	4361	3811.2	34	37.84	19.72	21.95
发酵 8d	1391.8	1274.6	3887	3972.3	34.93	35.61	20.26	20.66
发酵 16d	444.5	1254.9	3413	3792.2	33.19	33.79	19.25	19.6
发酵 32d	234.4	987.2	3089.1	3623.2	32.12	32.45	16.72	16.93

四、生物肥药发酵过程垫料有机质变化

接种 *Bacillus cereus* ANTI-8098A:pCM20 后，生物肥药发酵过程垫料有机质变化动态见图 6-16。生物肥药发酵过程，处理组和对照组（CK）总体有机质的变化是随着发酵时间的增加有机质含量逐渐下降。处理组和对照组有机质差异最大的地方出现在发酵 4d，处理组有机质含量为 34%，比对照组的 37.84% 下降了 10.15%，表明接种蜡样芽胞杆菌后建立的微生物群落新平衡，消耗了较多的垫料有机质；发酵 8d 以后，处理组和对照组的有机质含量趋近相同，差异不大。处理组发酵过程有机质含量的变化呈抛物线方程：$y=-0.5436x^2+2.3124x+34.014$（$R^2=0.7999$）；对照组则呈指数方程：$y=35.869e^{-0.02x}$（$R^2=0.7276$）。

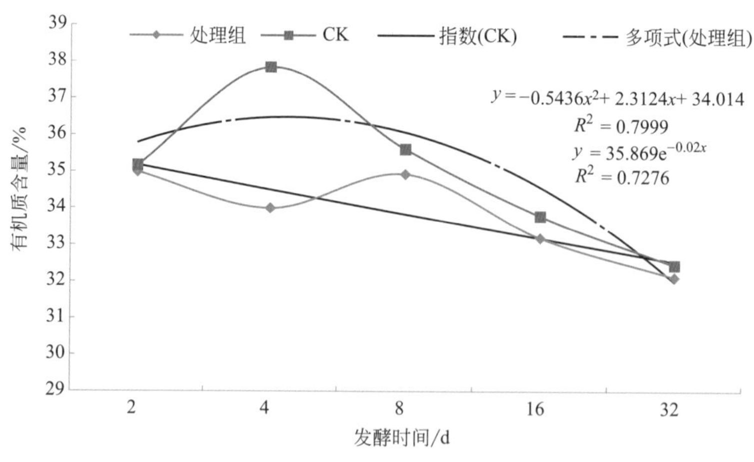

图 6-16　接种 ***Bacillus cereus*** ANTI-8098A:pCM20 后生物肥药发酵过程垫料有机质变化动态

五、生物肥药发酵过程垫料有机碳变化

接种 *Bacillus cereus* ANTI-8098A:pCM20 后，生物肥药发酵过程垫料有机碳变化动态见图 6-17。生物肥药发酵过程，处理组和对照组（CK）总体有机碳的变化是随着发酵时间的增加，有机碳含量逐渐下降。处理组和对照组有机碳差异最大的地方出现在发酵 4d，处理组有机碳含量为 19.72%，比对照组的 21.95% 下降了 10.16%，表明接种蜡样芽胞杆菌后建立的微生物群落新平衡，消耗了较多的垫料有机碳；发酵 8d 以后，处理组和对照组的有机碳含量趋近相同，差异不大。处理组发酵过程有机碳含量的变化呈抛物线方程：$y=-0.5864x^2+2.5896x+18.59$（$R^2=0.9644$）；对照组则呈线性方程：$y=-0.763x+21.539$（$R^2=0.6658$）。

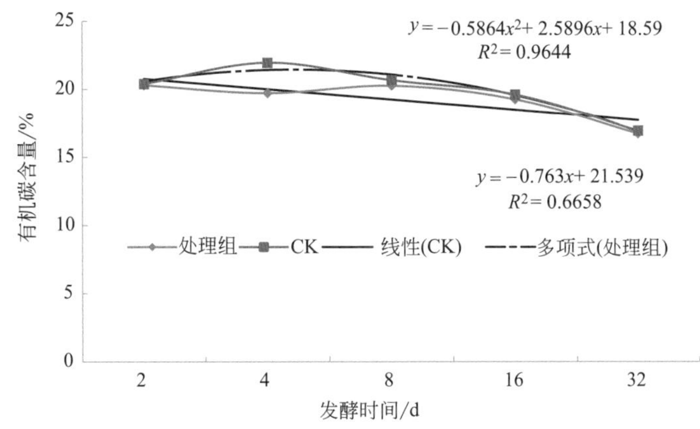

图 6-17　接种 *Bacillus cereus* ANTI-8098A:pCM20 后生物肥药发酵过程垫料有机碳变化动态

六、生物肥药发酵过程垫料氮素变化

从垫料总氮变化动态看，接种 *Bacillus cereus* ANTI-8098A:pCM20 后，生物肥药发酵过程垫料总氮变化动态见图 6-18。生物肥药发酵过程，处理组和对照组（CK）总体总氮的变化较为平稳，随着发酵时间的增加，总氮含量微微下降。处理组和对照组总氮差异最大的地方出现在发酵 32d，处理组总氮含量为 1.78%，比对照组的 1.56% 增加了 14.10%，表明接种蜡样芽胞杆菌后建立的微生物群落新平衡，在发酵后期提升垫料总氮含量；发酵 16d 以前，处理组和对照组的总氮含量变化相似，差异不大。处理组发酵过程总氮含量的变化呈抛物线方程：$y=-0.0116x^2+0.047x+1.834$（$R^2=0.913$）；对照组亦呈抛物线方程：$y=-0.0366x^2+0.1566x+1.7138$（$R^2=0.9463$）。

从垫料速效氮变化动态看，接种 *Bacillus cereus* ANTI-8098A:pCM20 后，生物肥药发酵过程垫料速效氮变化动态见图 6-19。生物肥药发酵过程，处理组和对照组（CK）总体速效氮的变化差异显著，处理组随着发酵时间的增加，速效氮含量大致呈直线下降，线性方程为：$y=-536.97x+2806.9$（$R^2=0.9516$）；对照组随着发酵时间增加速效氮含量上升，到 4d 达到峰值，而后逐步缓慢波动下降，直到发酵结束，对照组速效氮呈三次方程变化：$y=222.62x^3-2276.6x^2+6987.8x-4794.9$（$R^2=0.8466$）。处理组接种蜡样芽胞杆菌，调整了垫料微生物群落平衡，表现出强烈的消耗速效氮的特性；对照组初始速效氮含量极低，在启动发酵过程后速效

氮迅速增加，发酵 4d 时超过处理组；随后，对照组微生物种群的平衡机制使得对垫料内的速效氮消耗增加，但是消耗程度不及处理组，仍保持较高的速效氮水平。结果表明，接种外源微生物大幅度消耗垫料的速效氮，不接种外源微生物，对速效氮消耗程度较轻。

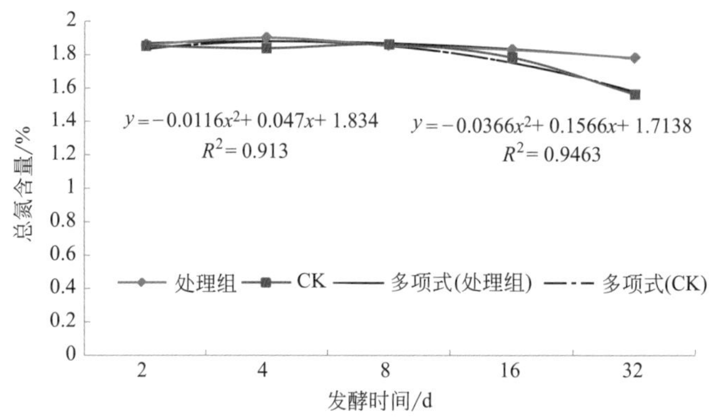

图 6-18　接种 ***Bacillus cereus*** ANTI-8098A:pCM20 后生物肥药发酵过程垫料总氮变化动态

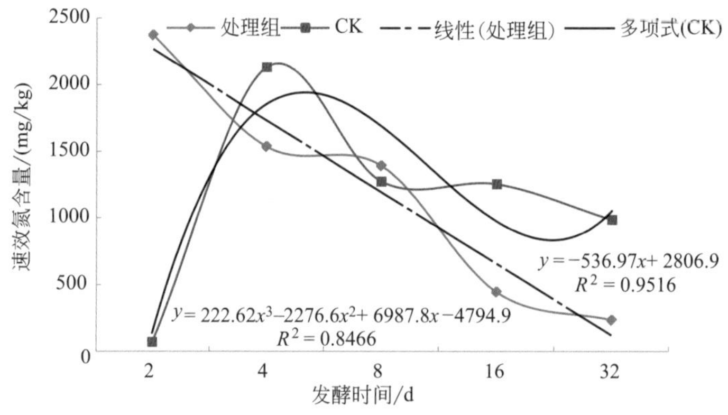

图 6-19　接种 ***Bacillus cereus*** ANTI-8098A:pCM20 后生物肥药发酵过程垫料速效氮变化动态

七、生物肥药发酵过程垫料磷变化

从垫料总磷变化动态看，接种 *Bacillus cereus* ANTI-8098A:pCM20 后，生物肥药发酵过程垫料总磷变化动态见图 6-20。生物肥药发酵过程，处理组和对照组（CK）总体总磷含量变化差异显著；随着发酵时间的增加，处理组和对照组总磷含量下降，4d 后又开始上升，到 8d 两组总磷含量相近，8 ～ 32d 两组处理垫料总磷含量呈下降的相近态势，对照组比处理组总磷含量下降更甚；整个发酵过程前期（2 ～ 8d），处理组总磷含量低于对照组，表明接种组前期对总磷的消耗旺盛，指示微生物群落发展旺盛；发酵后期（8 ～ 32d）处理组总磷含量高于对照组，表明不接种组在后期，微生物群落发展起来，对总磷的需求量增加。处理组发酵过程总磷含量的变化呈四次多项式方程：y=0.085x^4−1.0957x^3+4.9025x^2−8.7518x+7.155（R^2=1.0000）；对照组则呈抛物线方程：y=−0.0361x^2+0.1287x+2.1154（R^2=0.6953）。

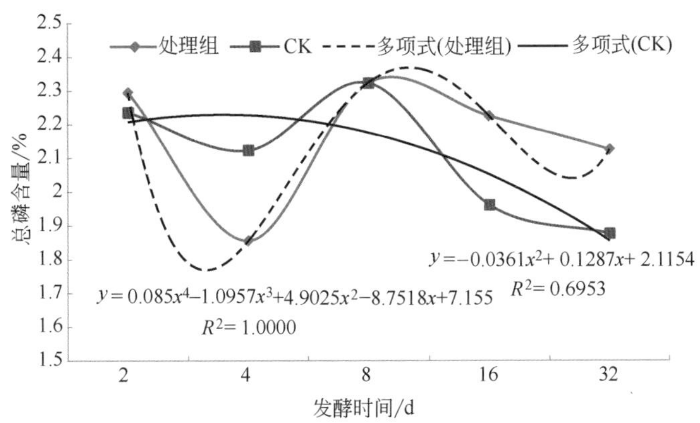

图 6-20　接种 ***Bacillus cereus*** ANTI-8098A:pCM20 后生物肥药发酵过程垫料总磷变化动态

从垫料速效磷变化动态看，接种 *Bacillus cereus* ANTI-8098A:pCM20 后，生物肥药发酵过程垫料速效磷变化动态见图 6-21。生物肥药发酵过程，处理组和对照组（CK）总体速效磷含量变化差异显著；随着发酵时间的增加，处理组和对照组速效磷含量下降，4d 后对照组又开始上升，到 8d 两组速效磷含量相近，8 ～ 32d 两组处理垫料速效磷含量变化呈相近态势，处理组比对照组速效磷含量下降更甚；整个发酵过程前期（2 ～ 8d）处理组速效磷含量高于对照组，表明接种组微生物代谢产生更多的速效磷；反之，对照组速效磷的积累更少，指示微生物群落发展与速效磷的积累呈正比。发酵后期（8 ～ 32d）处理组速效磷含量低于对照组，表明不接种组在后期，微生物群落发展起来，增加了速效磷的累积，而接种组后期微生物群落趋于缓和，降低了速效磷的积累。处理组发酵过程速效磷含量的变化呈线性方程：y=−406.06x+5097.3（R^2=0.9928）；对照组则呈幂指数方程：y=4801.6$x^{-0.185}$（R^2=0.7981）。

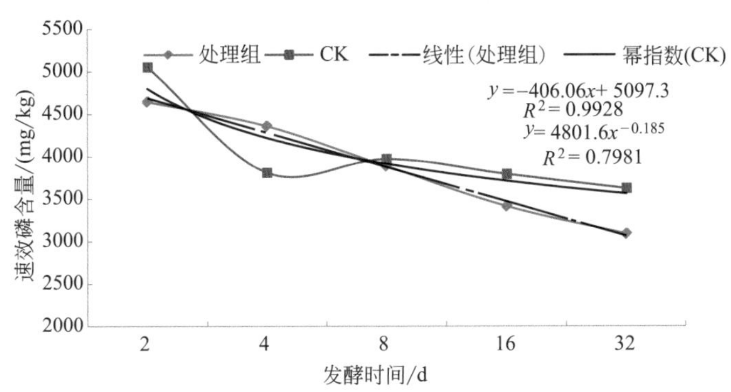

图 6-21　接种 ***Bacillus cereus*** ANTI-8098A:pCM20 后生物肥药发酵过程垫料速效磷变化动态

八、生物肥药发酵过程垫料钾变化

从垫料总钾变化动态看，接种 *Bacillus cereus* ANTI-8098A:pCM20 后，生物肥药发酵过程垫料总钾变化动态见图 6-22。生物肥药发酵过程，处理组总体总钾含量随着发酵时间增加波动上升，对照组（CK）总体总钾含量随着发酵时间的增加波动平稳变化。在发酵的前期（2 ～ 8d），处理组总钾含量低于对照组；在发酵后期（8 ～ 32d），处理组总钾含量高于对照组。处理组发酵过程总钾含量的变化呈抛物线方程：y–0.124x^2–0.586x+1.5044（R^2=0.7985）；对照组则呈四次多项式方程：y=0.0905x^4–1.1045x^3+4.6865x^2–8.0625x+5.63（R^2=1.0000）。

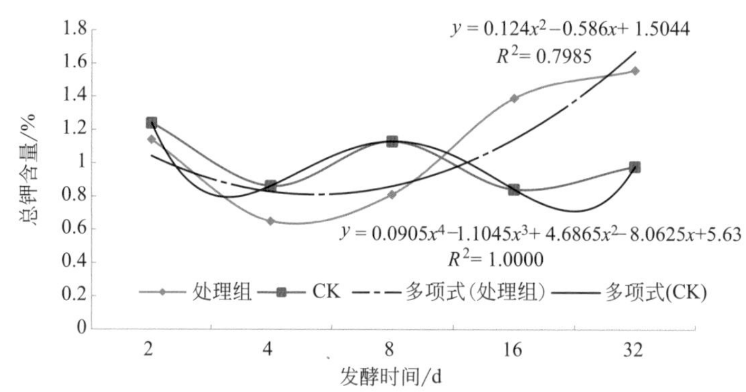

图 6-22　接种 ***Bacillus cereus*** ANTI-8098A:pCM20 后生物肥药发酵过程垫料总钾变化动态

九、讨论与总结

微生物接种对养猪垫料营养成分的影响。畜禽的规模化养殖中大量的固体废弃物是重要的污染源，利用堆肥发酵使污染环境的畜禽粪便转化成高效的商品有机肥，是畜禽粪便无害化、资源化处理的有效方法。黄国锋等（2002）研究在堆肥前期，有机氮被强烈分解而产生大量 NH_3，在碱性和高温环境中极易挥发损失，引起总氮含量下降；而在堆肥发酵的后期随着 pH 值的下降及温度、湿度的降低，NH_3 的挥发损失减少，而微生物的分解使有机碳的数量减少引起的浓缩效应增加，从而使总氮的含量增加（Vuorinen et al., 1997）。本节的结果表明，在接种生防菌 ANTI-8098A:pCM20 后，pH 值、总氮、总磷、总钾、速效磷、有机质和有机碳含量均没有明显差异，但是速效氮的含量却明显偏低，说明菌株 ANTI-8098A 利用氮源的速度大大加快了。

第四节 生物肥药发酵过程功能菌鉴别及其数量动态

一、概述

将具有功能的微生物菌种进行发酵，一方面希望功能菌种本身可以在发酵中提高种群数量，形成具有生物肥料和生物农药特色的生物肥药；另一方面希望通过添加功能菌种提高生物肥药的发酵水平。有的功能菌种在发酵过程数量得到增加，使得生物肥药的功能性更加确定；有的功能菌种在发酵过程促进了生物肥药中有益微生物种群的增加，而自身数量并未增加，甚至消失，也可形成非特异功能的生物肥药。把具有特殊功能的生物肥药菌种接入到养猪垫料堆肥发酵后，一个重要的目标是要调查菌种能否在垫料中存活并且成为优势菌落。所以从经过一定时间发酵的堆肥样本中重新分离和保存微生物，然后通过形态学观察、*gfp* 基因检测、16S rDNA 分子鉴定等方法来鉴定目标菌，以了解目标菌在养猪垫料中的存活情况以及数量变化动态，分析生物肥药的功能特征。

二、研究方法

1. 试验材料

（1）堆肥样本　在堆肥试验的第 2 天、第 4 天、第 8 天、第 16 天、第 32 天，每堆堆肥分三层取样，然后拿回实验室过筛处理后，把每堆三层的样本混合均匀，然后分别分成 3 份：第 1 份用于理化性质的测定，约 500g，室温保存；第 2 份用于土壤微生物群落结构分析，约 20g，-70℃保存；第 3 份用于可培养微生物类群分析，约 50g，放于 4℃冰箱中保存，每份样本分成三个平行重复样品。

（2）目标菌分离培养基　无致病力尖孢镰刀菌与淡紫拟青霉分离培养基（PDA 培养基）：马铃薯 200g，葡萄糖 20g，琼脂 18g。无致病力铜绿假单胞菌、凝结芽胞杆菌 LPF-1 菌株、短短芽胞杆菌 JK-2 菌株、蜡样芽胞杆菌 ANTI-8098A 菌株分离培养基（NA 培养基）：牛肉浸膏 3g，蛋白胨 5g，葡萄糖 10g，琼脂 18g，pH 值 7.0。无致病力青枯雷尔氏菌分离培养基（TTC 培养基）：葡萄糖 5g，蛋白胨 10g，水解酪蛋白 1g，100mL 培养基加入 1.0% TTC 溶液 0.5mL。

（3）进行 16S rDNA 分子鉴定的待测菌株（FJAT-）　5545，5547，5557，5558，5560，5561，5563 ～ 5566，5569，5570，5575，5664 ～ 5666，5672，5673，5675，6005，6008 ～ 6010，6013，6014。

（4）进行 *gfp* 基因检测的待测菌株　5674，6007。

2. 试验方法

（1）目标菌的分离方法　采用稀释涂布法从土壤中分离芽胞杆菌。具体操作方法如下：称取 10g 垫料至装有 90mL 无菌水的三角瓶，振荡 15min，使之充分溶解，即配成 10^{-1} 浓度；吸取 1mL 原液至装有 9mL 无菌水的试管，即配成 10^{-2} 浓度，依次稀释成 10^{-3}、10^{-4}、10^{-5}、10^{-6} 浓度；溶液在振荡器上振荡 10 ～ 20s，吸取 100μL 至相应标记浓度的平板上，溶液滴至平板中央，涂布棒涂匀，每个梯度重复 3 次；将涂好的平板倒置于 30℃恒温箱中培养 1 ～ 2d；选取要纯化分离的芽胞杆菌菌株并编号，纯化后 30℃培养箱中培养；结果计算：每克土样中芽胞杆菌的数量＝同一稀释浓度的 3 个平板上菌落平均数 × 稀释倍数 / 含菌样品质量（g）。

（2）16S rDNA 分子鉴定　挑取 2 环纯化的菌落于 1.5mL 离心管中，加入 1μL 1mol/L NaOH 和 2.5μL SDS（2%），再加入 16.5μL 无菌水于 95℃煮 15min，然后加入 180μL 无菌水，于 -20℃保存。16S rDNA 基因序列扩增引物由上海生物工程有限公司合成，引物序列如下。

正向引物：5'-AGTCGTAACAAGGTAGCCGT-3'；反向引物：5'-CCACCTACGGAACCGTG-3'。PCR扩增反应体系为25μL：去离子水18.9μL，缓冲液2.5μL，dNTP 0.3μL，引物1 1.0μL，引物2 1.0μL，*Taq* DNA聚合酶0.3μL，DNA模板1.0μL。PCR反应条件，94℃预变性5min，94℃变性30s，50℃复性30s，72℃延伸90s，30个循环。电泳，1.5%琼脂糖凝胶电泳，4μL PCR产物与2μL的上样缓冲液混合点样。序列测定，序列的测定由上海英骏生物技术有限公司［现为英潍捷基（上海）贸易有限公司］完成。数据处理，测序序列在NCBI上进行Blast比对，将未知菌株初步鉴定到种，Clustal X对齐和Mega 4.0进行聚类分析。

（3）*gfp* 基因检测　挑取2环纯化的菌落于1.5mL离心管中，加入1μL 1mol/L NaOH和2.5μL SDS(2%)，再加入16.5μL无菌水于95℃煮15min，然后加入180μL无菌水，于－20℃保存。*gfp* 基因序列扩增引物序列如下。正向引物：5'-ATGAGTAAAGGAGAAG AACTT-3'，反向引物：5'-TATAGTTCATCCATGCCAT-3'。PCR扩增反应体系为25μL：去离子水18.7μL，缓冲液2.5μL，dNTP 0.5μL，引物1 1.0μL，引物2 1.0μL，*Taq* DNA聚合酶0.3μL，DNA模板1.0μL。PCR反应条件，94℃预变性4min，94℃变性60s，50℃复性60s，72℃延伸90s，30个循环。电泳，1.5%琼脂糖凝胶电泳，4μL PCR产物与2μL的上样缓冲液混合点样。

三、生物肥药功能菌形态学鉴定

从接种了尖孢镰刀菌的养猪垫料中分离到的平板［图6-23（a）]：菌落绒毛状、粉红色、菌落大、结合紧密。把此菌落在PDA平板上纯化培养［图6-23（b）]，菌落形态更加明显，菌落大、圆形、中间凸起、边缘光滑。由于尖孢镰刀菌具有区别于其他真菌的明显特征，表明其在接入养猪垫料后能在养猪垫料中存活，并且在第32天仍然发现尖孢镰刀菌的存在，说明其在垫料中的存活时间较长。从接种了淡紫拟青霉的养猪垫料（处理2）中分离真菌，分离的PDA平板见图6-23（c），综合分析发现，从垫料中没有分离到淡紫拟青霉。从接种了无致病力铜绿假单胞菌的养猪垫料（处理3）中分离细菌，分离的NA平板见图6-23（d），从里分离的菌株保存编号为5663～5666，有待于16S rDNA分子鉴定。

从接种了凝结芽胞杆菌LPF-1菌株的养猪垫料（处理4）中分离细菌，分离的NA平板见图6-24（a），从里分离的菌株保存编号为5670～5675，有待于16S rDNA分子鉴定。从接种了短短芽胞杆菌JK-2菌株的养猪垫料（处理5）中分离细菌，分离的NA平板见图6-24（b），保存菌株，编号为13～22，有待于 *gfp* 基因检测。从接种了青枯雷尔氏菌的养猪垫料中用特异选择性培养基TTC平板分离青枯雷尔氏菌［图6-24（c）]，菌落呈颗粒状、湿润、红色，由于青枯雷尔氏菌在具卡那霉素抗性的TTC平板上呈现特异性菌落，表明其能够在养猪垫料中存活。从接种了ANTI-8098A: pCM20的养猪垫料中分离出来的细菌进行纯化培养后［图6-24（d）]，菌落呈圆形、边缘不规则、扁平、粉状、白色，与菌株ANTI-8098A: pCM20呈相同的菌落形态，初步表明此单菌落为ANTI-8098A: pCM20，保存菌株，编号为1～12，接下来对其进行 *gfp* 基因检测。

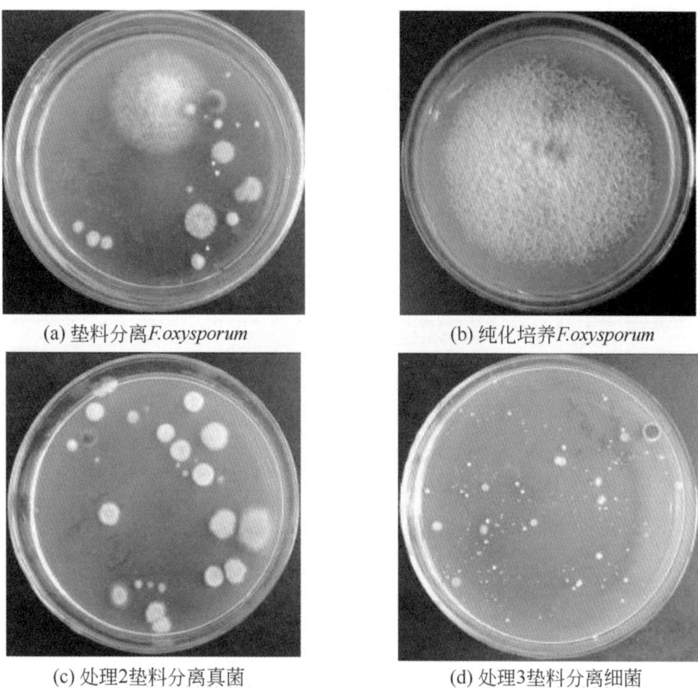

(a) 垫料分离*F.oxysporum*　(b) 纯化培养*F.oxysporum*

(c) 处理2垫料分离真菌　(d) 处理3垫料分离细菌

图 6-23　生物肥药微生物分离结果（Ⅰ）

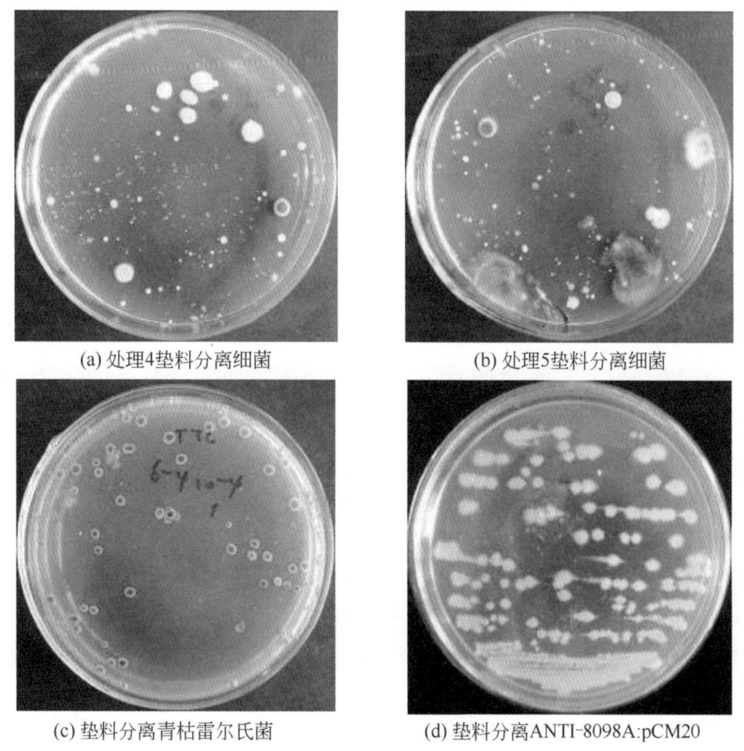

(a) 处理4垫料分离细菌　(b) 处理5垫料分离细菌

(c) 垫料分离青枯雷尔氏菌　(d) 垫料分离ANTI-8098A:pCM20

图 6-24　生物肥药微生物分离结果（Ⅱ）

四、生物肥药功能菌 16S rDNA 分子鉴定

同时对从垫料中分离的其他单菌落进行 16S rDNA 基因分子鉴定，其电泳结果片段大小约为 1600bp。测序鉴定结果如表 6-2。结果表明，鉴定出 11 种细菌，其中主要以枯草芽胞杆菌（*Bacillus subtilis*）为主。同时从接种了无致病力铜绿假单胞菌的养猪垫料中分离的编号为 5564 的为铜绿假单胞菌（*Pseudomonas aeruginosa*），表明其能在垫料中存活。

表 6-2　25 株细菌 16S rDNA 分子鉴定结果

菌株编号	16S rDNA 分子鉴定
5545、5547、5557、5558、5560、5561	枯草芽胞杆菌（*Bacillus subtilis*）
5565、5566、5664、6005、6008、6014	枯草芽胞杆菌（*Bacillus subtilis*）
5563、5665	地衣芽胞杆菌（*Bacillus licheniformis*）
5564	铜绿假单胞菌（*Pseudomonas aeruginosa*）
5569、5575	细菌 RSW1-1（*Bacterium* RSW1-1）
5570	阿尔莱特葡萄球菌（*Staphylococcus arlettae*）
5666	肠道沙门氏菌（*Salmonella enterica*）
5672	大肠杆菌（*Escherichia coli*）
5673、5675	克氏柠檬酸杆菌（*Citrobacter koseri*）
6009、6010	水稻苍白杆菌（*Ochrobactrum oryzae*）
6013	不解糖假苍白杆菌（*Pseudochrobactrum asaccharolyticum*）

五、生物肥药功能菌 *gfp* 基因检测

通过形态上的鉴定之后，进行 *gfp* 基因检测，得到其电泳结果（图 6-25）。由于短短芽胞杆菌 JK-2 菌株和 ANTI-8098A:pCM20 都转入了 *gfp* 基因，其基因片段大小为 700bp，电泳结果正好相符，再次说明短短芽胞杆菌 JK-2 菌株和 ANTI-8098A: pCM20 能够在养猪垫料中存活。

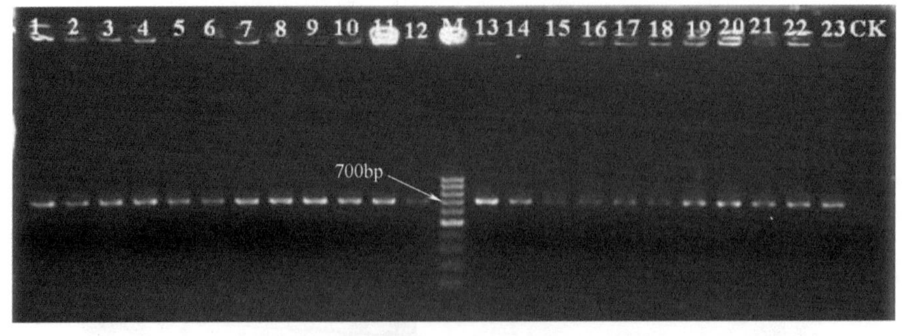

图 6-25　目标菌 *gfp* 基因检测电泳结果

菌株 5674 编号 11，菌株 6007 编号 12

六、生物肥药功能菌堆肥发酵数量动态

把在养猪垫料中存活的目标菌进行统计作图 6-26。生物肥药功能菌无致病力尖孢镰刀菌随着堆肥发酵时间的延长，菌种数量呈指数增长，在发酵的第 32 天达到最大，种群数量达 1.25×10^3 CFU/g，指数方程为：y=0.0247$e^{0.7056x}$（R^2=0.8724）。

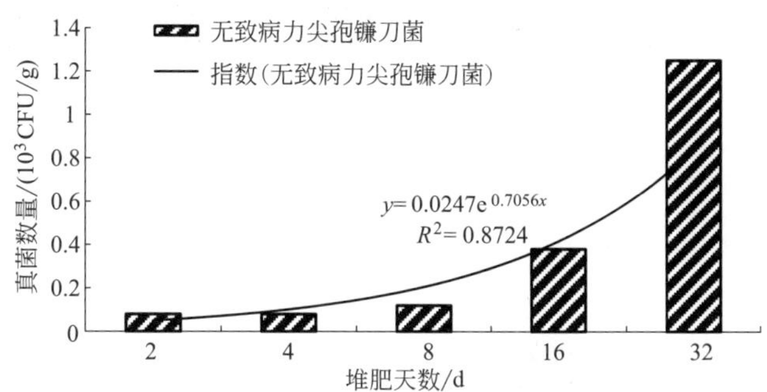

图 6-26　接种无致病力尖孢镰刀菌后养猪垫料中无致病力尖孢镰刀菌变化

把在养猪垫料中存活的目标菌进行统计作图 6-27。生物肥药功能菌短短芽胞杆菌 JK-2 菌株随着堆肥发酵时间的延长，菌种数量呈线性下降趋势，在发酵的第 4 天达到最大，种群数量达 6.23×10^7CFU/g，随后种群数量逐渐下降，线性方程为 y=−0.843x+5.555（R^2=0.3583）。

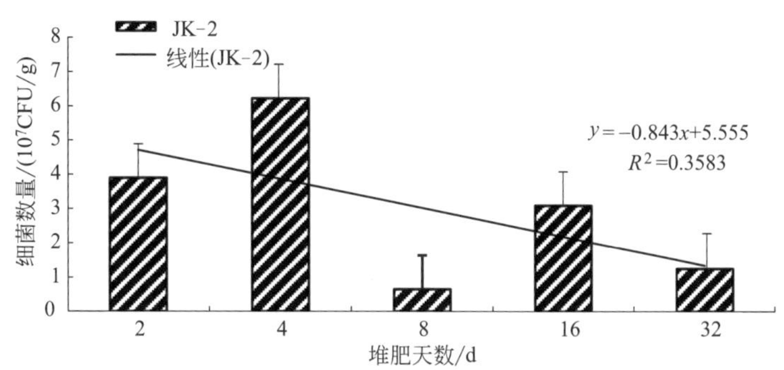

图 6-27　接种 JK-2 后养猪垫料中 JK-2 变化

生物肥药功能菌无致病力青枯雷尔氏菌随着堆肥发酵时间的延长，种群数量呈逐渐上升趋势，在发酵的第 16 天达到最大，种群数量达 3.8×10^6CFU/g，幂指数方程为 y=0.1194$x^{1.9699}$（R^2=0.8862）（图 6-28）。

生物肥药功能菌蜡样芽胞杆菌 ANTI-8098A:pCM20 菌株随着堆肥发酵时间的延长，菌种数量呈抛物线变化趋势，在发酵的第 4 天达到最大，种群数量达 3.0×10^5CFU/g，随后种群数量逐渐下降，抛物线方程为 y=−0.1793x^2+0.8347x+1.032（R^2=0.3783）（图 6-29）。

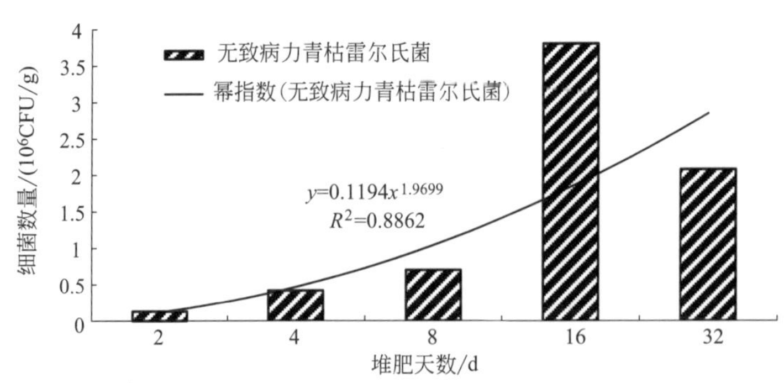

图 6-28　接种无致病力青枯雷尔氏菌后养猪垫料中无致病力青枯雷尔氏菌变化

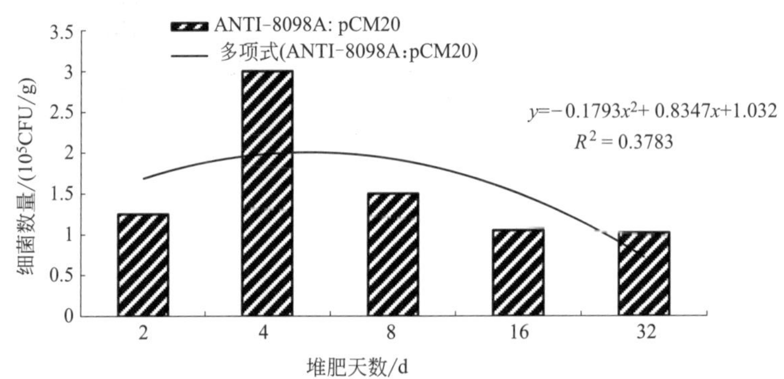

图 6-29　接种 ANTI-8098A:pCM20 后养猪垫料中 ANTI-8098A:pCM20 变化

七、讨论与总结

目标菌在养猪垫料中存活状况分析。经过形态学观察、*gfp* 基因检测以及 16S rDNA 分子鉴定结果表明，在堆肥发酵的过程中养猪垫料中没有发现淡紫拟青霉和凝结芽胞杆菌 LPF-1 菌株。淡紫拟青霉生长的最适 pH 为中性偏酸，在碱性培养基上生长缓慢；并且其生长时对有机碳源的含量要求较高。而养猪垫料的理化性质测定表明，其偏碱性，有机碳含量较低，说明养猪垫料的理化性质影响了淡紫拟青霉的存活。而凝结芽胞杆菌 LPF-1 菌株本来就是从零排放发酵舍的养猪垫料中分离出来的，但这些垫料已经经过两年利用，并且经过高温高压粉碎，说明高温高压粉碎的利用两年的垫料不适合凝结芽胞杆菌 LPF-1 菌株。其他 5 株：无致病力尖孢镰刀菌、无致病力铜绿假单胞菌、短短芽胞杆菌 JK-2 菌株、无致病力青枯雷尔氏菌、蜡样芽胞杆菌 ANTI-8098A:pCM20 菌株能在高温高压粉碎的利用两年的垫料中存活。

存活目标菌在发酵过程中的数量动态变化。在养猪垫料中大量存活的生物肥药菌种中，短短芽胞杆菌 JK-2 菌株的含量是最高的，达到了 10^7CFU/g。在整个 32d 的发酵过程中，短短芽胞杆菌 JK-2 菌株始终保持了较高的数量，说明这种生物肥药菌种能够很好地在养猪垫料的环境中存活并始终保持较高的含量。而无致病力青枯雷尔氏菌与蜡样芽胞杆菌 ANTI-8098A:pCM20 菌株在垫料中的含量也始终保持在 10^6CFU/g 和 10^5CFU/g 左右。从这点可得出，这 3 株生防菌有望作为菌种应用于有机肥料生产。

第五节
生物肥药发酵过程对微生物群落的影响

一、概述

中国是养殖业大国，近年来，由于规模化、集约化畜禽养殖业的迅速发展，每年产生约 1.37×10^8t 的畜禽粪便，由于缺少安全有效的处理措施，畜禽粪便大量堆积，正逐渐成为新的污染源，如何合理有效地处理利用畜禽粪成为一个亟待解决的问题。现代学者从生态学观点分析认为，利用堆肥法处理畜禽粪便后作为有机肥还田是最佳的利用途径，可达到资源化、无害化的目的（李亚红 等，2002）。微生物是好氧堆肥发酵的主体，其数量种类变化对畜禽粪便发酵影响很大，已有研究表明，堆肥过程中的一切变化（有机物、温度、pH 值等）都与微生物的活动密切相关（丁文川 等，2002；袁月祥 等，2002）。本节把 7 株中具有防治土传病害功能的生防菌接入到养猪垫料中进行堆肥发酵，然后研究养猪垫料中细菌、真菌和放线菌数量变化，为寻找合适的生物肥药的微生物菌种做准备。

二、研究方法

1. 试验材料

（1）堆肥样本　在堆肥试验的第 2 天、第 4 天、第 8 天、第 16 天、第 32 天，每堆堆肥分三层取样，然后拿回实验室过筛处理后，把每堆三层的样本混合均匀，然后分别分成 3 份：第 1 份用于理化性质的测定，约 500g，室温保存；第 2 份用于土壤微生物群落结构分析，约 20g，−70℃保存；第 3 份用于可培养微生物类群分析，约 50g，放于 4℃冰箱中保存，每份样本分成三个平行重复样品。

（2）细菌分离 NA 培养基　牛肉浸膏 3g，蛋白胨 5g，葡萄糖 10g，琼脂 18g，pH 7.0；细菌保存于 −80℃超低温冰箱。

（3）真菌分离 PDA 培养基　马铃薯 200g，葡萄糖 20g，琼脂 18g。

（4）放线菌分离高氏一号培养基　可溶性淀粉 20g，硝酸钾 1g，磷酸氢二钾 0.5g，硫酸镁 0.5g，硫酸亚铁 0.01g，琼脂 18g，pH 7.6。

2. 目标菌的分离方法

采用稀释涂布法从土壤中分离芽胞杆菌，实验方法操作参照钱存柔、黄仪秀编著的《微生物学实验教程》。具体操作方法如下：称取 10g 垫料至装有 90mL 无菌水的三角瓶，振荡 15min，使之充分溶解，即配成 10^{-1} 浓度；吸取 1mL 原液至装有 9mL 无菌水的试管，即配成 10^{-2} 浓度，依次稀释至 10^{-3}、10^{-4}、10^{-5}、10^{-6} 浓度；溶液在振荡器上振荡 10 ～ 20s，吸取 100μL 至相应标记浓度的平板上，溶液滴至平板中央，涂布棒涂匀，每个梯度重复 3 次；将涂好的平板倒置于 30℃恒温箱中培养 1 ～ 2d；选取要纯化分离的芽胞杆菌菌株并编号，纯化后 30℃培养箱中培养。

3. 数据统计

采用涂抹平板分离法培养的微生物在计算结果时，常按下列标准从接种后的 3 个稀释度中，选择 1 个合适的稀释浓度，求出每克菌剂中的活菌数。同一稀释浓度各个重复的菌数相差不太悬殊；细菌、放线菌以每皿 30 ～ 300 个菌落为宜，真菌以每皿 10 ～ 100 个菌落为宜。每克样品的活菌数 = 同一稀释浓度几次重复的菌落平均数 ×10× 稀释倍数。

三、接种无致病力尖孢镰刀菌堆肥发酵对微生物群落的影响

接种无致病力尖孢镰刀菌后，养猪垫料中细菌的数量要高于 CK（图 6-30），并且在发酵的第 8 天二者数量相差非常明显。而对于真菌数量而言，正好相反，CK 中真菌的数量明显高于接种了无致病力尖孢镰刀菌的处理组（图 6-31）。CK 和处理组放线菌的数量相差不大，而且数量大小呈交替变化（图 6-32）。由于无致病力尖孢镰刀菌对真菌具有很强的抑制作用，所以在接种了无致病力尖孢镰刀菌后，养猪垫料中的真菌生长受到了抑制，导致处理组明显少于 CK。

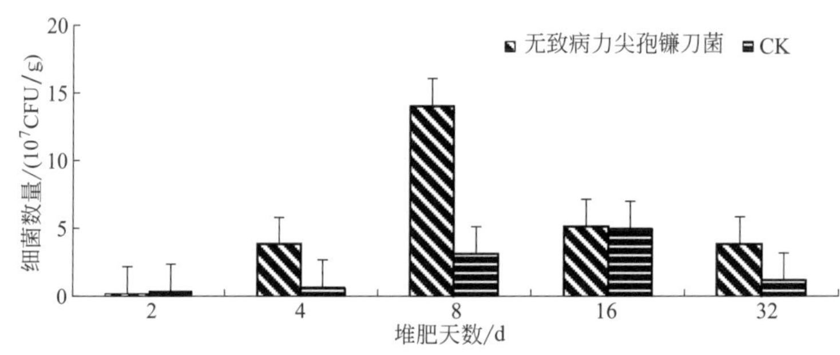

图 6-30　接种无致病力尖孢镰刀菌对养猪垫料中可培养细菌的影响

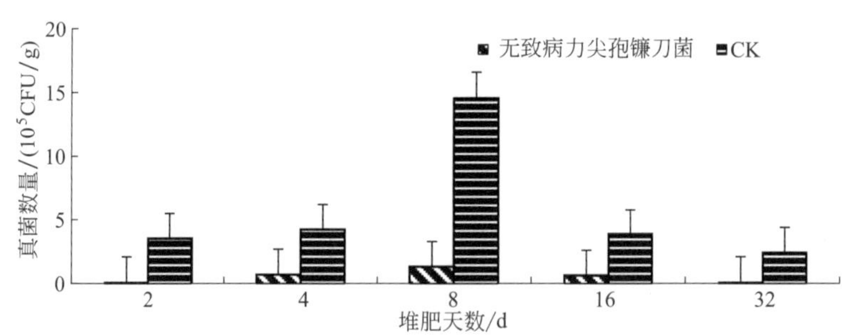

图 6-31　接种无致病力尖孢镰刀菌对养猪垫料中可培养真菌的影响

四、接种淡紫拟青霉堆肥发酵对微生物群落的影响

接种淡紫拟青霉后，养猪垫料中细菌数量高于 CK，细菌数量在发酵的第 8 天达到最高，而 CK 中细菌数量在发酵的第 16 天达到最高（图 6-33）。除发酵第 16 天外，处理组真菌数量都要低于 CK（图 6-34）。对于放线菌的数量而言，除发酵第 16 天外，处理组放线菌数量都要高于 CK（图 6-35）。通过对发酵养猪垫料中目标菌淡紫拟青霉的检测发现，养猪垫料中没有检测到淡紫拟青霉。

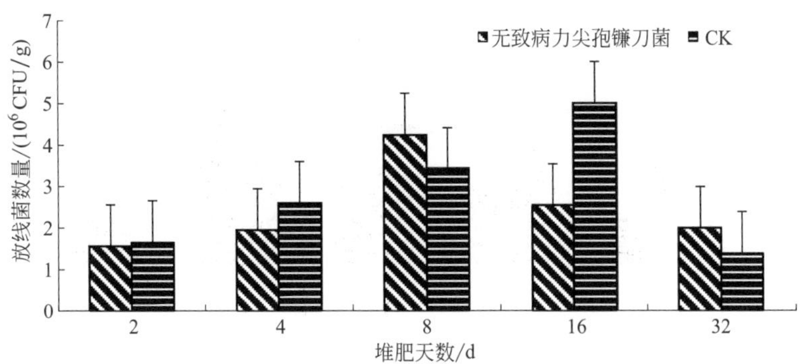

图 6-32　接种无致病力尖孢镰刀菌对养猪垫料中可培养放线菌的影响

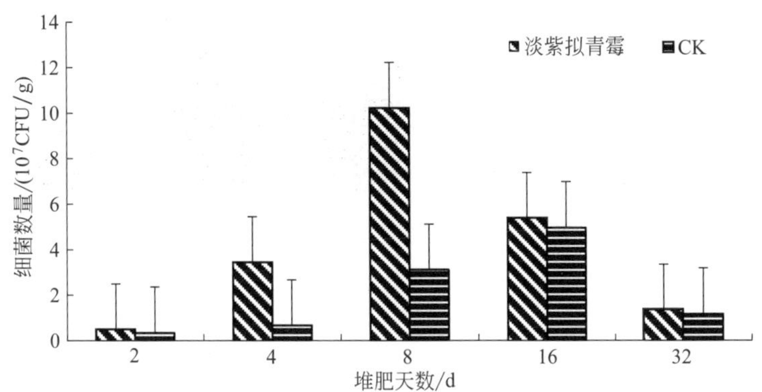

图 6-33　接种淡紫拟青霉对养猪垫料中可培养细菌的影响

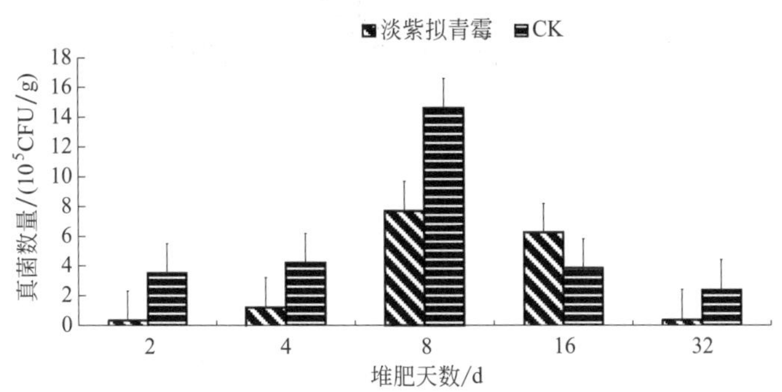

图 6-34　接种淡紫拟青霉对养猪垫料中可培养真菌的影响

五、接种无致病力铜绿假单胞菌堆肥发酵对微生物群落的影响

接种无致病力铜绿假单胞菌后，养猪垫料中细菌数量除了在发酵的第 8 天外，其他发酵时间都要低于 CK（图 6-36）。在整个 32 天的发酵过程中，接种无致病力铜绿假单胞菌养猪垫料中的真菌数量都要低于 CK（图 6-37）。放线菌的数量变化也呈现出与真菌相同的变化规律（图 6-38）。通过以上分析表面，无致病力铜绿假单胞菌能明显抑制其他微生物的生长。

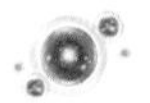

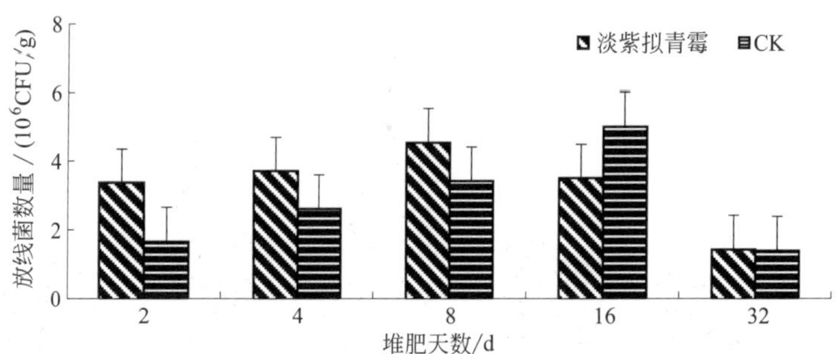

图 6-35　接种淡紫拟青霉对养猪垫料中可培养放线菌的影响

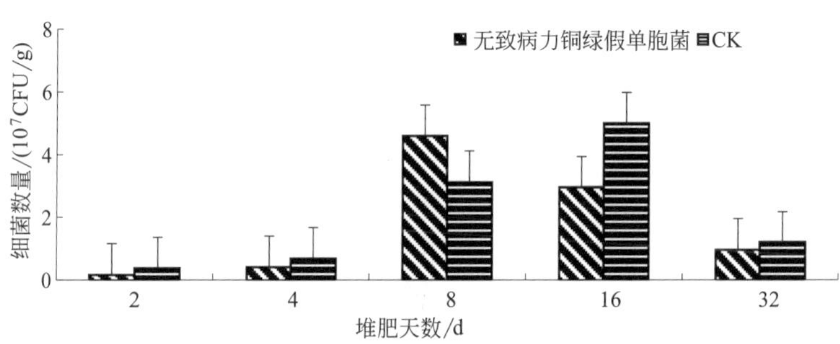

图 6-36　接种无致病力铜绿假单胞菌对养猪垫料中可培养细菌的影响

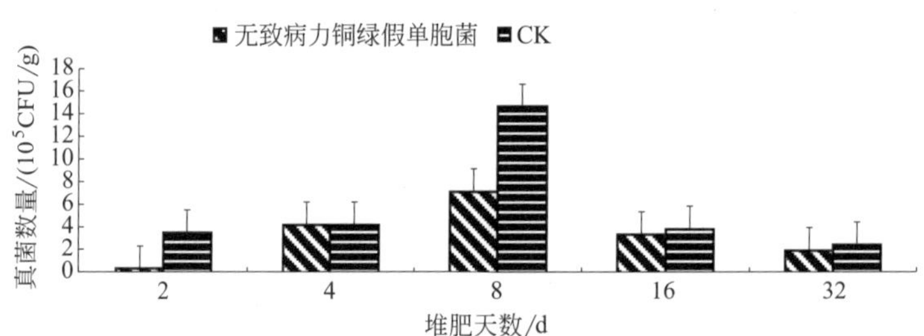

图 6-37　接种无致病力铜绿假单胞菌对养猪垫料中可培养真菌的影响

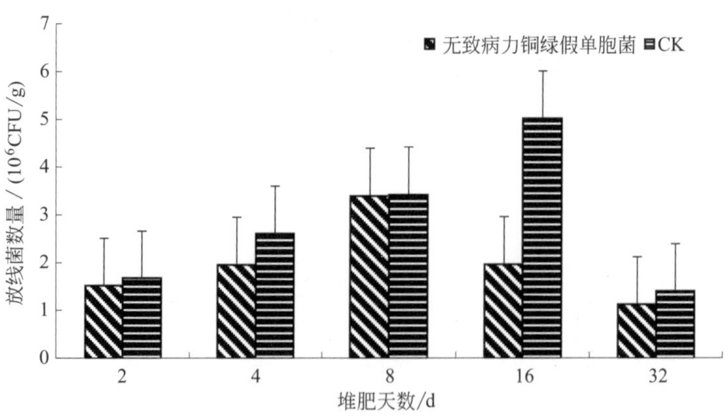

图 6-38　接种无致病力铜绿假单胞菌对养猪垫料中可培养放线菌的影响

六、接种凝结芽胞杆菌 LPF-1 菌株堆肥发酵对微生物群落的影响

接种凝结芽胞杆菌 LPF-1 后，在第 8 天细菌数量高于 CK（图 6-39）。在整个的发酵过程中，真菌的数量（图 6-40）和放线菌的数量（图 6-41）都要低于 CK（放线菌第 32 天除外）。凝结芽胞杆菌对某些微生物具有抑制作用，所以接种凝结芽胞杆菌导致了养猪垫料中的微生物数量要偏低。

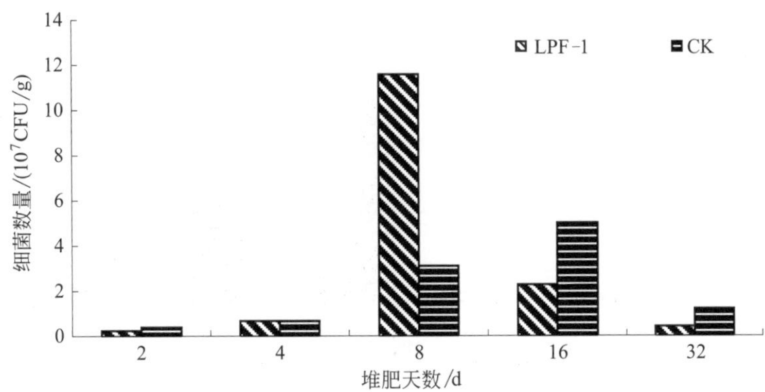

图 6-39 接种凝结芽胞杆菌对养猪垫料中可培养细菌的影响

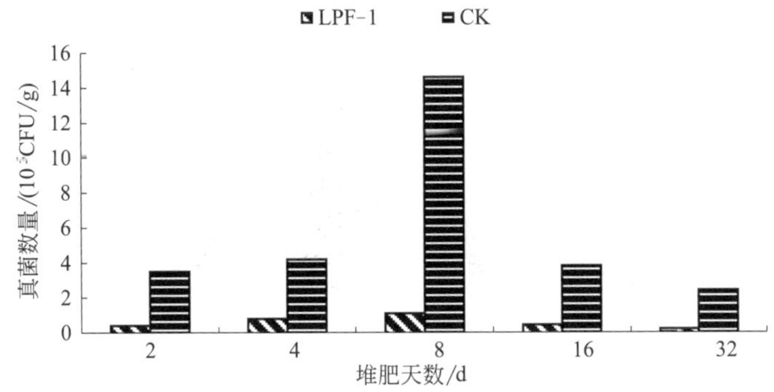

图 6-40 接种凝结芽胞杆菌对养猪垫料中可培养真菌的影响

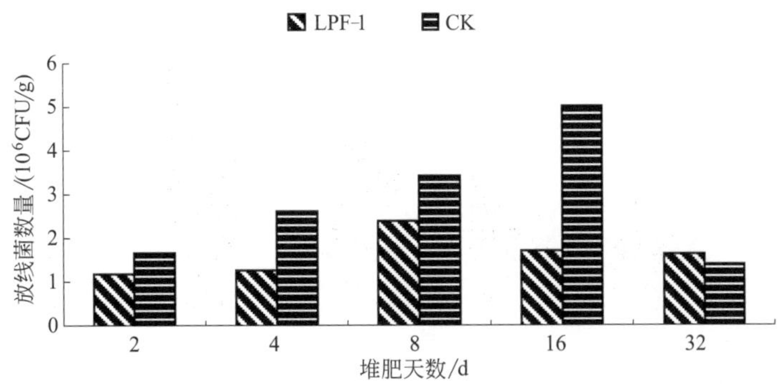

图 6-41 接种凝结芽胞杆菌对养猪垫料中可培养放线菌的影响

七、接种短短芽胞杆菌 JK-2 菌株堆肥发酵对微生物群落的影响

接种短短芽胞杆菌 JK-2 后，养猪垫料中细菌的数量高于 CK（图 6-42）。处理组中真菌的数量要远远低于 CK（图 6-43）。除了在发酵第 32 天外，处理组中放线菌的数量也要低于 CK（图 6-44）。JK-2 作为一种对其他微生物有强烈抑制作用的生防菌，可以抑制其他微生物的生长，所以在接种了 JK-2 后，真菌和放线菌的数量大大减少了，而外源微生物 JK-2 由于本身在竞争中占优势而成为优势群落，导致细菌的数量上升。

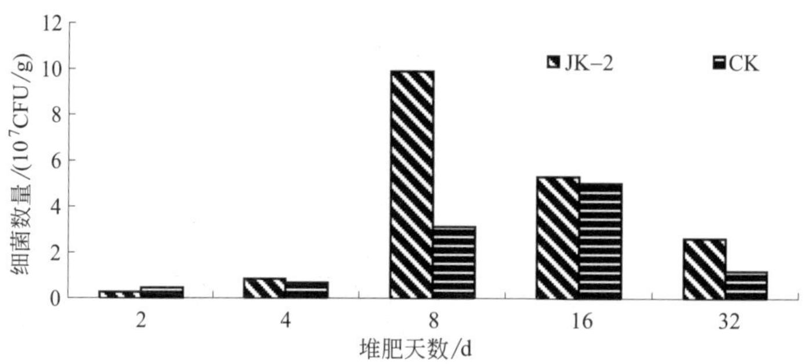

图 6-42　接种 JK-2 对养猪垫料中可培养细菌的影响

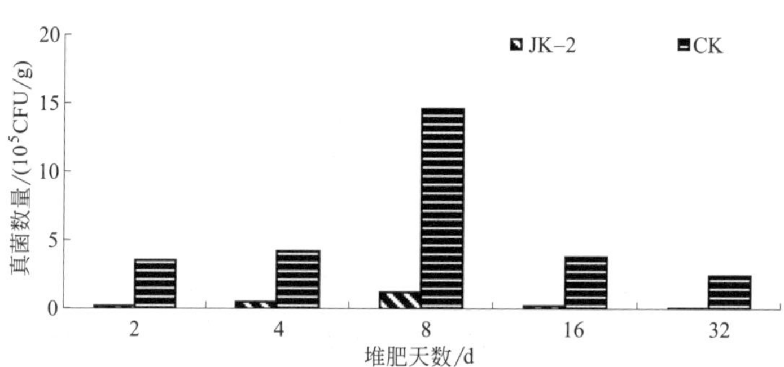

图 6-43　接种 JK-2 对养猪垫料中可培养真菌的影响

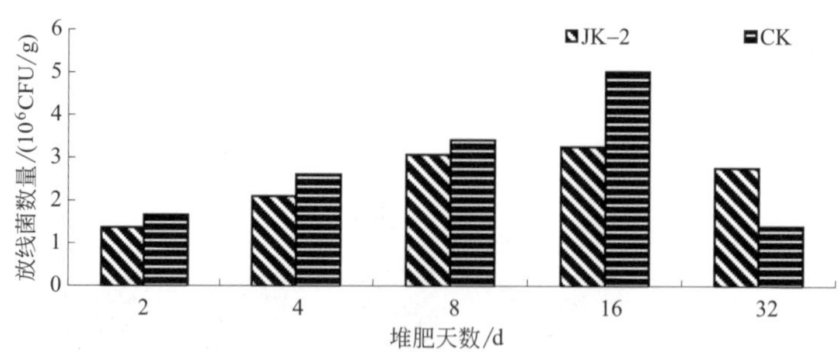

图 6-44　接种 JK-2 对养猪垫料中可培养放线菌的影响

八、接种无致病力青枯雷尔氏菌堆肥发酵对微生物群落的影响

在接种无致病力青枯雷尔氏菌后，养猪垫料中细菌的数量在第 16 天达到了最大值，此时处理组与 CK 细菌数量大致相同（图 6-45）。除了在发酵的第 4 天外，CK 的真菌数量都要高于处理组（图 6-46）。对放线菌的数量而言，处理组和 CK 的数量大致相同（图 6-47）。

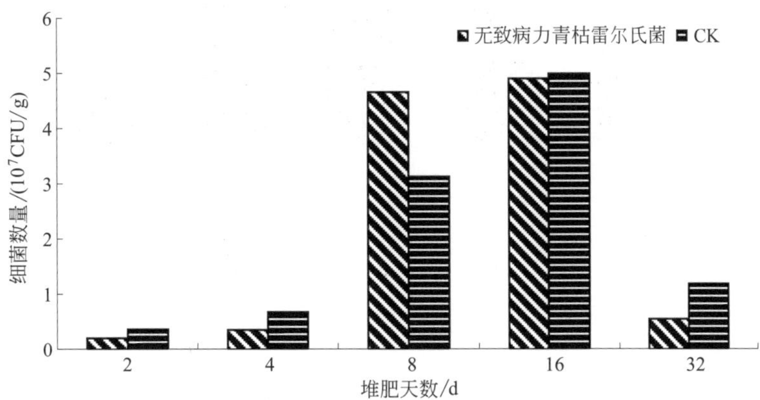

图 6-45　接种无致病力青枯雷尔氏菌对养猪垫料中可培养细菌的影响

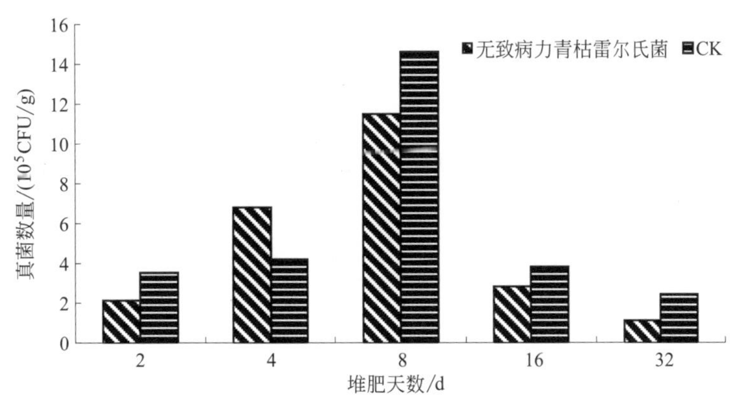

图 6-46　接种无致病力青枯雷尔氏菌对养猪垫料中可培养真菌的影响

九、接种蜡样芽胞杆菌 ANTI-8098A: pCM20 菌株堆肥发酵对微生物群落的影响

根据结果数据分析表明，养猪垫料中的细菌数量达到了 10^7CFU/g（图 6-48），真菌数量达到了 10^5CFU/g（图 6-49），放线菌数量为 10^6CFU/g（图 6-50），三大类可培养微生物群落正好相差一个数量级。在整个的发酵进程中，接种生防菌 ANTI-8098A:pCM20 后，养猪垫料的可培养细菌、可培养真菌和可培养放线菌数量在发酵的第 8 天达到最高。在发酵的第 8 天，可培养细菌和可培养放线菌的数量都要高于 CK。在整个发酵过程中，除了发酵的第 4 天外，CK 的真菌数量都要高于实验组。

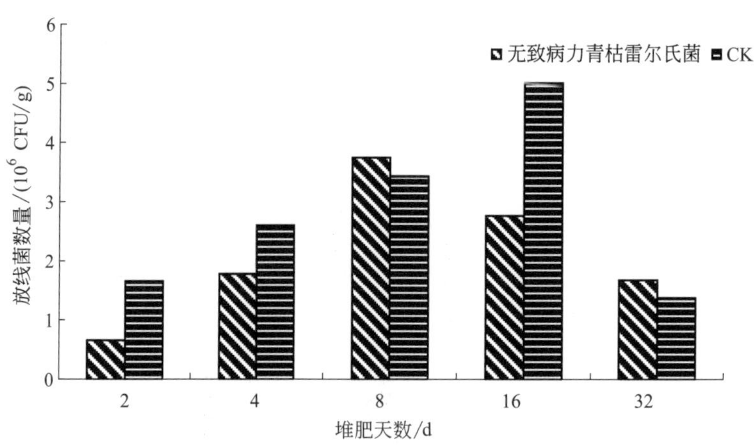

图 6-47　接种无致病力青枯雷尔氏菌对养猪垫料中可培养放线菌的影响

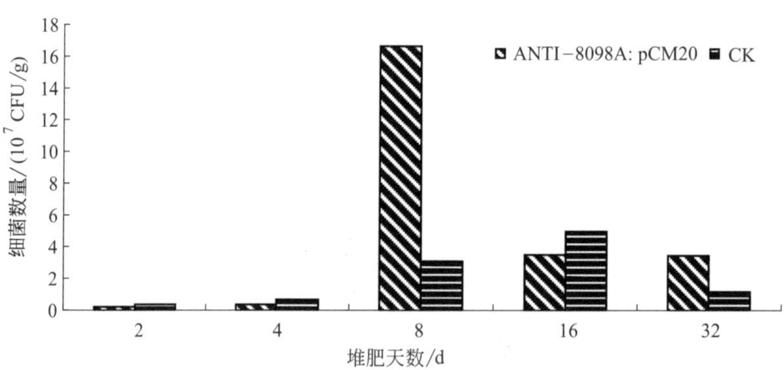

图 6-48　接种蜡样芽胞杆菌对养猪垫料中可培养细菌的影响

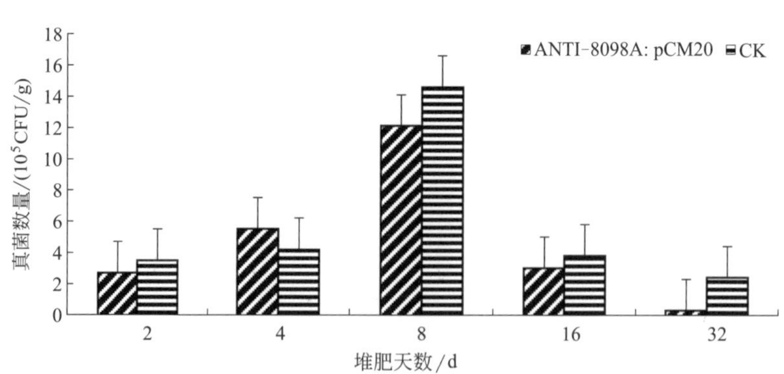

图 6-49　接种蜡样芽胞杆菌对养猪垫料中可培养真菌的影响

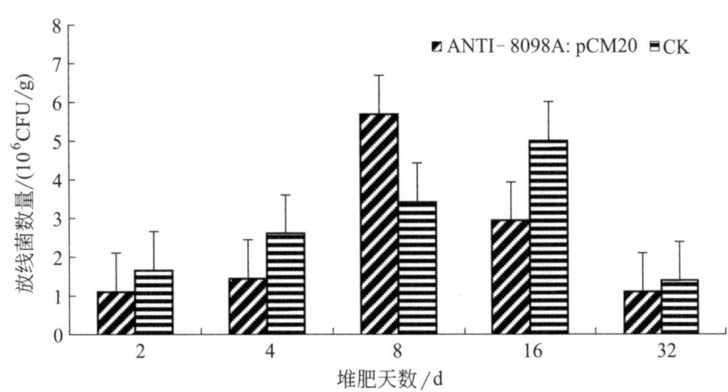

图 6-50　接种蜡样芽胞杆菌对养猪垫料中可培养放线菌的影响

十、讨论与总结

堆肥化过程中细菌、放线菌和真菌数量的动态变化。在养猪垫料的堆肥化过程中，细菌的数量最多，其次为放线菌，最少的为真菌。三大类微生物由大到小，正好相差一个数量级。三大类微生物数量都经历了缓慢上升，达到最大值然后下降的过程。在接种了 7 株不同生防菌的养猪垫料中，细菌数量都是在发酵的第 8 天达到最大值。

添加接种剂对堆肥微生物群落结构变化的影响。对养猪垫料经传统的分离培养分析显示，接种生物肥药菌种对放线菌含量影响较小，对细菌与真菌数量有很大影响。在发酵的第 8 天，接种生物肥药菌种的养猪垫料中细菌的数量与对照组相比较，差异非常明显，接种生物肥药菌种的养猪垫料中细菌含量比较丰富。

第六节 生物肥药发酵过程脂肪酸组的变化

一、概述

接菌堆肥发酵过后的养猪垫料，利用传统的平板分离计数法来研究微生物群落动态工作量繁重，并且分离鉴定的微生物只占 0.1% ～ 10%（彭萍 等，2007），因此使得全面了解微生物实际群落变化比较困难。脂肪酸组法可以完整检测到样品中微生物群落（如真菌、放线菌、耗氧细菌、厌氧细菌等）变化。White 等（1979）引入 FAME 谱图分析方法，研究微生物脂肪酸组变化动态，指示微生物群落的变化。FAME 谱图分析方法的原理是基于脂类几乎是所有生物细胞膜的重要组成部分，不同微生物体内往往具有不同的磷脂脂肪酸组成和含量水平，其含量和结构具有种属特征或与其分类位置密切相关，能够标识某一类或某种特定微生物的存在（Vestal et al., 1989；Steger et al., 2003；Fraterrigo et al., 2006；Liu et al., 2006），是一类最常见的、有效的生物标记物（Ponder et al., 2002；Törneman et al., 2008）。但是古菌不能使用 FAME 谱图进行分析，因为它的极性脂质是以醚而不是酯键的形式出现（Masood et al., 2005）。此外，磷脂不能作为细胞的贮存物质，一旦生物细胞死亡，其中的磷脂化合物就会马上消失，因此磷脂脂肪酸可以代表微生物群落中“存活”的那部分群体（Winding et al., 2005；Webster et al., 2006；Neufeld et al., 2007）。

本章节应用 PLFAs 法分析零排放猪舍基质垫层微生物群落磷脂脂肪酸组特征，并结合香农指数（H_1）和 Pielou 均匀度指数（J）等测定方法，进行微生物群落脂肪酸组总量的比较、微生物群落脂肪酸组的检测和聚类分析以及微生物群落脂肪酸组多样性指数的分析，旨在揭示养猪垫料在接种了外源微生物后，其微生物群落的动态变化情况。

二、研究方法

1. 试验材料

（1）堆肥样本　在堆肥试验的第 2 天、第 4 天、第 8 天、第 16 天、第 32 天，每堆堆肥分三层取样，然后拿回实验室过筛处理后，把每堆三层的样本混合均匀，然后分别分成 3 份：第 1 份用于理化性质的测定，约 500g，室温保存；第 2 份用于土壤微生物群落结构分析，约 20g，-70℃保存；第 3 份用于可培养微生物类群分析，约 50g，放于 4℃冰箱中保存，每份样本分成三个平行重复样品。

（2）脂肪酸鉴定　脂肪酸鉴定仪器包括 Agilent 6890N 型气相色谱仪、MIDI 全自动微生物鉴定系统。脂肪酸提取［试剂 1］0.2 mol/L KOH- 甲醇溶液：甲醇（色谱级）1000mL，KOH 11.2g；［试剂 2］1.0mol/L 冰醋酸溶液：冰醋酸（分析纯）13.8mL，超纯水 226.2mL；［试剂 3］正己烷（色谱级）；［试剂 4］正己烷与甲基叔丁基醚（MTBE）混合液：正己烷 10mL，MTBE 10mL。

2. 试验方法

（1）生物肥药磷脂脂肪酸的提取和测定　物料磷脂脂肪酸的提取：PLFAs 的提取方法参考 Frostegård 等（1993）和 Kourtev 等（2002）略做修改。脂肪酸提取步骤如下：① 脂肪酸的释放和甲酯化，取 10g 养猪垫料于 50mL 离心管中，加入 15mL［试剂 1］，涡旋振荡 5min，并于 37℃水浴 lh，每 10min 涡旋样品一次。② 中和溶液 pH 值：加入 3mL［试剂 2］，充分摇匀。③ 脂肪酸的提取：加入 10mL［试剂 3］，充分摇匀，2000r/min 离心 15min，取上层正己烷相于干净玻璃试管中，吹干，溶剂挥发。④ 在玻璃试管中加入 0.6mL［试剂 4］，充分溶解 3 ～ 5min，转入 GC 小瓶，用于脂肪酸测定。物料磷脂脂肪酸的测定，在下述色谱条件下平行分析脂肪酸甲酯混合物标样和待检样本：二阶程序升高柱温，170℃起始，5℃ / min 升温至 260℃，而后 40℃ /min 升温至 310℃，维持 90s；气化室温度 250℃、检测器温度 300℃；载气为 H_2(2mL/min)、尾吹气为 N_2(30mL/min)；柱前压 10.00 psi(1psi=6.895kPa)；进样量 lμL，进样分流比 100 ：1。磷脂脂肪酸（PLFAs）的鉴定采用美国 MIDI 公司（MIDI，Newark，Delaware，USA）开发的基于细菌细胞脂肪酸成分鉴定的 Sherlock MIS 4.5 系统（Sherlock Microbial Identification System）。

（2）统计分析方法（发酵第 16 天不同接菌养猪垫料 PLFAs 生物标记聚类分析）　将发

酵第16天的养猪垫料样本微生物脂肪酸组分析的结果，以不同接菌处理为指标，以脂肪酸组为样本，构建矩阵，将数据进行中心化处理，兰氏距离为聚类尺度，用类平均法对数据进行系统聚类，分析各类的特点。

（3）PLFAs生物标记多样性分析 本节将脂肪酸组作为数量测度，引入生态学多样性测度香农指数（H_1）、丰富度指数（S）和Pielou均匀度指数（J）、Simpson优势度指数（D）等方法（Amann et al., 1995；Yao et al., 2001），分析微生物PFLAs生物标记。

1）香农指数（H_1）

计算公式为（颜慧 等，2006）：

$$H_1=-\sum P_i \ln P_i$$

式中，$P_i=N_i/N$，N_i为处理i的特征脂肪酸个数；N为该试验中总特征脂肪酸个数。

2）Pielou均匀度指数（J）

计算公式为（颜慧 等，2006）：

$$J=-\sum P_i \ln P_i/\ln S$$

式中，S为微生物群落中磷脂脂肪酸（PLFAs）生物标记出现的频次，即丰富度。

3）Simpson优势度指数（D）

计算公式为（颜慧 等，2006）：

$$D=1-\sum P_i^2$$

式中，P_i指第i种特征脂肪酸占该试验中总的特征脂肪酸个数的比例。

（4）物料微生物群落PLFAs生物标记数聚类分析 以所获得的各磷脂脂肪酸生物标记计算出的在不同处理样本中的分布频次（S）、PLFAs值总和、Simpson优势度指数（D）、香农指数（H_1）、均匀度指数（J）、Evenness、Brillouin多样性指数（H_2）、Mcintosh多样性指数（H_3），并以以上参数为指标，以脂肪酸组为样本，构建分析矩阵。以欧氏距离（Euclidian Distance）为聚类分析的尺度，用最短距离法对矩阵进行系统聚类，分析利用多样性指标将脂肪酸组归类的结果，阐明其相似程度。

1）Brillouin多样性指数（H_2）

计算公式为（Yao et al., 2001）：

$$H_2=\frac{1}{N}\lg\left(\frac{N!}{n_1!n_2!\ldots n_i!}\right)$$

式中，n_1为第1个磷脂脂肪酸生物标记的个体数量；n_2为第2个磷脂脂肪酸生物标记的个体数量；n_i为第i个磷脂脂肪酸生物标记的个体数量；N为所有供试处理中磷脂脂肪酸生物标记出现的个体总和。

2）Mcintosh多样性指数（H_3）

计算公式为（颜慧 等，2006）：

$$H_3=\frac{N-\sqrt{\sum N_i^2}}{N-N\sqrt{S}}$$

式中，N为特征脂肪酸总数。

三、生物肥药功能菌发酵过程微生物群落脂肪酸组的分布

1. 无致病力尖孢镰刀菌和淡紫拟青霉生物肥药发酵过程脂肪酸组的变化

试验结果见表 6-3 和表 6-4。从尖孢镰刀菌和淡紫拟青霉处理过的不同发酵时间的养猪垫料中分析出 47 个脂肪酸组，指示着不同类群的微生物，包括细菌、真菌、放线菌、原生生物等。不同脂肪酸组在不同发酵时间的养猪垫料中有几种类型：① 生物标记数量大，在不同发酵时间完全分布，如 16：1 *ω9c* 指示着革兰氏阴性菌，数量在 3162 ～ 36727 之间，在两种微生物菌种处理的养猪垫料在不同发酵时间完全分布；② 在尖孢镰刀菌处理组中完全分布，在淡紫拟青霉处理组不完全分布，如 18：0 指示着嗜热解氢杆菌，数量在 51534 ～ 507968 之间，在淡紫拟青霉处理组中只有在发酵第 2 天有分布，而发酵的其他时间没有分布；③ 在尖孢镰刀菌处理组中不完全分布，在淡紫拟青霉处理组完全分布，如 11：0 3OH，数量在 1673 ～ 74190 之间，在尖孢镰刀菌处理组的第 2 天、第 4 天中分布；④ 生物标记数量大，在不同发酵时间不完全分布，如 *i*18：0 指示着革兰氏阳性菌，数量在 5849 ～ 100035 之间，两个处理组都只在发酵第 2 天、第 4 天分布，在发酵第 8 天、第 16 天没有分布；⑤ 两个处理中其中一个处理完全没有分布，如 10：0、10：0 3OH、*i*15：1 F、*i*17：1 *ω*10*c*、*i*19：1 I 和 20：4 *ω*6,9,12,15*c* 在淡紫拟青霉处理组完全没有分布。

表 6-3　无致病力尖孢镰刀菌生物肥药发酵过程脂肪酸组的分布

序号	脂肪酸组	微生物类型	无致病力尖孢镰刀菌处理组			
			第 2 天	第 4 天	第 8 天	第 16 天
1	10：0		2367	652	575	1412
2	10：0 3OH		18466	1761	6559	3436
3	11：0 3OH		2765	1673	0	0
4	*i*11：0	细菌（bacteria in general）	1654	917	1508	786
5	*a*11：0		6662	1189	2454	1706
6	*i*11：0 3OH	革兰氏阳性菌（Gram-positive bacteria）	3915	982	6021	2339
7	12：0	细菌（bacteria in general）	29705	7562	7064	7569
8	12：0 2OH	革兰氏阳性菌（Gram-positive bacteria）	7170	555	1346	2280
9	12：0 3OH	革兰氏阳性菌（Gram-positive bacteria）	10394	3453	14784	5667
10	*i*12：0		8371	1085	3583	1431
11	13：0		6443	1447	5612	1159
12	*a*13：0		19274	1835	0	0
13	*i*13：0	黄杆菌属（*Flavobacterium*）	9389	1493	5244	1507
14	14：0	细菌（bacteria in general）	97150	18921	25764	17440
15	*i*14：0	耗氧细菌（Aerobes G^+）	66305	16561	18788	11351
16	*i*14：0 3OH		1826	0	0	0
17	*a*15：0	细菌（bacteria in general）	395920	79438	116338	59269

续表

序号	脂肪酸组	微生物类型	无致病力尖孢镰刀菌处理组			
			第 2 天	第 4 天	第 8 天	第 16 天
18	*i*15 ∶ 0	细菌（bacteria in general）	278752	46694	85686	44095
19	15 ∶ 0 2OH		9244	3095	4562	3251
20	*i*15 ∶ 0 3OH	革兰氏阴性菌（Gram-negative bacteria）	66713	5164	27623	11298
21	*a*15 ∶ 1 A		16326	30095	52113	22164
22	*i*15 ∶ 1 F		0	0	0	0
23	*i*15 ∶ 1 G	细菌（Bacteria in general）	13489	9386	26211	8173
24	15 ∶ 1 *ω*6*c*		17236	3903	0	0
25	15 ∶ 1 *ω*8*c*		4752	0	0	0
26	16 ∶ 0	假单胞菌（*Pseudomonas* sp.）	941285	224418	196663	161039
27	16 ∶ 0 2OH		4997	0	0	0
28	*a*16 ∶ 0	革兰氏阳性菌（Gram-positive bacteria）	4897	4462	28033	8619
29	*i*16 ∶ 0	革兰氏阳性菌（Gram-positive bacteria）	245800	59645	58490	38035
30	16 ∶ 0 N alcohol	细菌（莫拉氏菌属 *Moraxella*）	28781	1903	22390	4229
31	16 ∶ 1 2OH		3836	0	0	0
32	*i*16 ∶ 1 H		2994	14071	8675	5954
33	16 ∶ 1 *ω*5*c*	甲烷氧化菌（methane-oxidizing bacterial）	14643	17500	31094	39328
34	16 ∶ 1 *ω*7*c* alcohol		4886	0	0	0
35	16 ∶ 1 *ω*9*c*	革兰氏阴性菌（Gram-negative bacteria）	4885	5385	10505	5580
36	*a*17 ∶ 0	革兰氏阳性菌（Gram-positive bacteria）	149483	38377	93312	36760
37	cy17 ∶ 0	革兰氏阴性菌（Gram-negative bacteria）	144778	38275	55089	34276
38	*i*17 ∶ 0	耗氧细菌（aerobes）	93505	24102	54837	24958
39	*i*17 ∶ 1 *ω*10*c*		0	0	0	0
40	10Me17 ∶ 0	放线菌（*Actinobacteria*）	49030	7839	22366	6076
41	17 ∶ 1 *ω*8*c*	革兰氏阴性菌（Gram-negative bacteria）	49269	19748	53686	15576
42	18 ∶ 0	嗜热解氢杆菌（*Hydrogenobacter*）	387603	51534	507968	66180
43	*i*18 ∶ 0	革兰氏阳性菌（Gram-positive bacteria）	80987	5849	0	0
44	10Me18 ∶ 0	放线菌（*Actinobacteria*）	5326	26249	47227	9227
45	18 ∶ 3 *ω*6*c* (6,9,12)	真菌（fungi）	46101	4768	36172	7796
46	*i*19 ∶ 1 I		548800	8212	0	0
47	20 ∶ 4 *ω*6,9,12,15*c*	原生生物（protozoa）	26424	21487	72799	17340

注：*i*、*a*、cy 和 Me 分别表示异、反异、环丙基和甲基分支脂肪酸；*ω*、*c* 和 *t* 分别表示脂肪酸端、顺式空间构造和反式空间构造。余同。

表 6-4　淡紫拟青霉生物肥药发酵过程脂肪酸组的分布

序号	脂肪酸组	微生物类型	淡紫拟青霉处理组			
			第 2 天	第 4 天	第 8 天	第 16 天
1	10：0		0	0	0	0
2	10：0 3OH		0	0	0	0
3	11：0 3OH		3742	74190	5818	1962
4	*i*11：0	细菌（bacteria in general）	7862	21006	1314	603
5	*a*11：0		6578	18687	3205	1459
6	*i*11：0 3OH	革兰氏阳性菌（Gram-positive bacteria）	2663	19202	2642	1308
7	12：0	细菌（bacteria in general）	13756	9876	9299	5088
8	12：0 2OH	革兰氏阳性菌（Gram-positive bacteria）	9601	16571	1869	1414
9	12：0 3OH	革兰氏阳性菌（Gram-positive bacteria）	12579	3256	9776	4546
10	*i*12：0		4673	3678	2605	1503
11	13：0		12360	8976	3014	966
12	*a*13：0		14065	0	0	0
13	*i*13：0	黄杆菌属（*Flavobacterium*）	7102	6578	2463	1461
14	14：0	细菌（bacteria in general）	70794	54196	39573	15215
15	*i*14：0	耗氧细菌（aerobes G^{+}）	47428	29608	28377	12816
16	*i*14：0 3OH		19597	5936	6628	395
17	*a*15：0	细菌（bacteria in general）	222249	143636	151486	54699
18	*i*15：0	细菌（bacteria in general）	154859	97865	109588	36976
19	15：0 2OH		56873	57376	21682	2399
20	*i*15：0 3OH	革兰氏阴性菌（Gram-negative bacteria）	108565	97222	36466	9366
21	*a*15：1 A		38215	67852	72080	21221
22	*i*15：1 F		32324	30123	0	0
23	*i*15：1 G	细菌（bacteria in general）	0	0	0	0
24	15：1 *ω*6*c*		27279	5144	0	0
25	15：1 *ω*8*c*		18412	656459	10462	0
26	16：0	假单胞菌（*Pseudomonas* sp.）	687558	465722	363394	134302
27	16：0 2OH		78155	36113	19453	473
28	*a*16：0	革兰氏阳性菌（Gram-positive bacteria）	28109	161409	17556	2932
29	*i*16：0	革兰氏阳性菌（Gram-positive bacteria）	156816	13144	96436	41832
30	16：0 N alcohol	细菌（莫拉氏菌属 *Moraxella*）	42611	5050	14495	2549
31	16：1 2OH		47817	0	0	0
32	*i*16：1 H		38868	44607	12971	4006
33	16：1 *ω*5*c*	甲烷氧化菌（methane-oxidizing bacteria）	24701	3095	32638	12845
34	16：1 *ω*7*c* alcohol		18730	15333	4892	875

续表

序号	脂肪酸组	微生物类型	淡紫拟青霉处理组			
			第 2 天	第 4 天	第 8 天	第 16 天
35	16 ∶ 1 *ω*9*c*	革兰氏阴性菌（Gram-negative bacteria）	36727	23465	12363	3162
36	*a*17 ∶ 0	革兰氏阳性菌（Gram-positive bacteria）	199954	150805	105630	31001
37	cy17 ∶ 0	革兰氏阴性菌（Gram-negative bacteria）	190873	62721	109116	26281
38	*i*17 ∶ 0	耗氧细菌（aerobes）	146196	69052	59402	16360
39	*i*17 ∶ 1 *ω*10*c*		163500	62730	0	0
40	10Me17 ∶ 0	放线菌（*Actinobacteria*）	74268	64532	32456	4786
41	17 ∶ 1 *ω*8*c*	革兰氏阴性菌（Gram-negative bacteria）	67842	167881	75194	12561
42	18 ∶ 0	嗜热解氢杆菌（*Hydrogenobacter*）	326186	0	0	0
43	*i*18 ∶ 0	革兰氏阳性菌（Gram-positive bacteria）	100035	11704	0	0
44	10Me18 ∶ 0	放线菌（*Actinobacteria*）	9872	31562	9872	7436
45	18 ∶ 3 *ω*6*c* (6,9,12)	真菌（fungi）	97963	11728	34842	3001
46	*i*19 ∶ 1 I		0	0	0	0
47	20 ∶ 4 *ω*6,9,12,15*c*	原生生物（protozoa）	0	0	0	0

2. 铜绿假单胞菌和凝结芽胞杆菌生物肥药发酵过程脂肪酸组的变化

试验结果见表 6-5 和表 6-6。从铜绿假单胞菌和凝结芽胞杆菌（LPF#1）处理过的不同发酵时间的养猪垫料中分析出 52 个脂肪酸组，指示着不同类群的微生物，包括细菌、真菌、放线菌、原生生物等。不同脂肪酸组在不同发酵时间的养猪垫料中有几种类型：① 生物标记数量大，在不同发酵时间完全分布，如 12∶0 3OH 指示着革兰氏阳性菌，数量在 3211 ～ 34995 之间，在两种微生物菌种处理的养猪垫料在不同发酵时间完全分布；② 在铜绿假单胞菌处理组中完全分布，在 LPF#1 处理组不完全分布，如 *i*11∶0 3OH 指示着革兰氏阳性菌，数量在 601 ～ 11272 之间，在 LPF#1 处理组中在发酵第 2 天、第 4 天、第 8 天有分布，在发酵的第 16 天没有分布；③ 在铜绿假单胞菌处理组中不完全分布，在 LPF#1 处理组完全分布，如 *i*12∶0，数量在 1329 ～ 9513 之间，在铜绿假单胞菌处理组的第 2 天中分布；④ 生物标记数量大，在不同发酵时间不完全分布，如 15∶1 *ω*6*c* 和 15∶1 *ω*8*c*，两个处理组都只在发酵第 2 天分布，在发酵第 4 天、第 8 天、第 16 天没有分布；⑤ 两个处理中其中一个处理完全没有分布，如 *i*15:1 F 在铜绿假单胞菌处理组完全没有分布。

表 6-5 铜绿假单胞菌生物肥药发酵过程脂肪酸组的分布

序号	脂肪酸素	微生物类型	铜绿假单胞菌处理组			
			第 2 天	第 4 天	第 8 天	第 16 天
1	10 ∶ 0		2506	2346	3057	626
2	*i*10 ∶ 0		2428	2803	2438	994
3	10 ∶ 0 2OH		2117	0	0	0

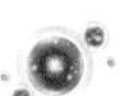

续表

序号	脂肪酸素	微生物类型	铜绿假单胞菌处理组			
			第 2 天	第 4 天	第 8 天	第 16 天
4	10：0 3OH		9418	11459	11498	2679
5	11：0 3OH		3790	5708	5733	1878
6	*i*11：0	细菌（bacteria in general）	1633	1703	1730	542
7	*i*11：0 3OH	革兰氏阳性菌（Gram-positive bacteria）	2528	3452	4237	601
8	12：0	细菌（bacteria in general）	17661	18819	14115	3906
9	12：0 2OH	革兰氏阳性菌（Gram-positive bacteria）	3084	4830	2944	0
10	12：0 3OH	革兰氏阳性菌（Gram-positive bacteria）	8146	19447	11393	4482
11	*i*12：0		5765	0	0	0
12	13：0		4216	3628	4930	856
13	*a*13：0		10893	0	0	0
14	*i*13：0	黄杆菌属（*Flavobacterium*）	6940	3977	5557	1162
15	*i*13：0 3OH		2417	965	575	1033
16	13：1 A 12-13		1981	1680	3459	289
17	14：0	细菌（bacteria in general）	69393	62326	33685	16200
18	*i*14：0	耗氧细菌（aerobes G^+）	41603	42585	25448	10341
19	*a*15：0	细菌（bacteria in general）	209980	229448	133750	52393
20	*i*15：0	细菌（bacteria in general）	162450	153994	89516	34888
21	15：0 2OH		17547	10062	15186	3338
22	*i*15：0 3OH	革兰氏阴性菌（Gram-negative bacteria）	27360	47354	37428	10869
23	*a*15：1 A		25855	60209	38662	17029
24	*i*15：1 F		0	0	0	0
25	*i*15：1 G	细菌（bacteria in general）	23156	26963	41895	6508
26	15：1 *ω*6*c*		12441	0	0	0
27	15：1 *ω*8*c*		5627	0	0	0
28	16：0	假单胞菌（*Pseudomonas* sp.）	565430	648551	349018	135156
29	16：0 2OH		20927	2733	10865	663
30	16：0 3OH		28428	3151	0	0
31	*a*16：0	革兰氏阳性菌（Gram-positive bacteria）	13379	31504	19576	8034
32	*i*16：0	革兰氏阳性菌（Gram-positive bacteria）	145587	171017	92448	34667
33	16：0 N alcohol	细菌（莫拉氏菌属 *Moraxella*）	10610	20559	11158	3365
34	16：1 2OH		26115	0	0	0
35	*i*16：1 H		19819	4324	15379	4916
36	16：1 *ω*5*c*	甲烷氧化菌（methane-oxidizing bacteria）	25624	52327	32894	23549
37	16：1 *ω*9*c*	革兰氏阴性菌（Gram-negative bacteria）	20509	3945	9494	3827

续表

序号	脂肪酸素	微生物类型	铜绿假单胞菌处理组			
			第 2 天	第 4 天	第 8 天	第 16 天
38	17 ∶ 0	节杆菌（*Arthrobacter*）	79397	39183	44379	9232
39	*a*17 ∶ 0	革兰氏阳性菌（Gram-positive bacteria）	123457	134673	81155	27037
40	cy17 ∶ 0	革兰氏阴性菌（Gram-negative bacteria）	161956	102420	83572	26899
41	*i*17 ∶ 0	耗氧细菌（aerobes）	95865	69528	52939	15558
42	10Me17 ∶ 0	放线菌（*Actinobacteria*）	41377	15027	17260	3358
43	17 ∶ 1 *ω*8*c*	革兰氏阴性菌（Gram-negative bacteria）	77536	45435	41563	6965
44	18 ∶ 0	嗜热解氢杆菌（*Hydrogenobacter*）	210635	151496	105427	33515
45	*i*18 ∶ 0	革兰氏阳性菌（Gram-positive bacteria）	46329	5377	21478	3825
46	10Me18 ∶ 0	放线菌（*Actinobacteria*）	5326	56104	56315	8483
47	18 ∶ 1 *ω*9*c*	真菌（fungi）	326015	606463	292984	96329
48	18 ∶ 3 *ω*6*c* (6,9,12)	真菌（fungi）	36757	14742	24222	3755
49	19 ∶ 0		18472	6225	0	0
50	cy19 ∶ 0 *ω*8*c*	伯克氏菌（*Burkholderia*）	132390	132024	122619	31998
51	20 ∶ 1 *ω*9*c*		11575	7136	28868	0
52	20 ∶ 4 *ω*6,9,12,15*c*	原生生物（protozoa）	32935	53613	60558	9463

表 6-6　凝结芽胞杆菌（LPF#1）生物肥药发酵过程脂肪酸组的分布

序号	脂肪酸组	微生物类型	凝结芽胞杆菌（LPF#1）处理组			
			第 2 天	第 4 天	第 8 天	第 16 天
1	10 ∶ 0		1088	2284	1212	3296
2	*i*10 ∶ 0		2428	1793	1065	455
3	10 ∶ 0 2OH		2167	3454	1176	0
4	10 ∶ 0 3OH		15943	12113	3202	0
5	11 ∶ 0 3OH		3853	12718	1534	1723
6	*i*11 ∶ 0	细菌（bacteria in general）	1137	1627	523	2686
7	*i*11 ∶ 0 3OH	革兰氏阳性菌（Gram-positive bacteria）	2287	11272	1274	0
8	12 ∶ 0	细菌（bacteria in general）	23222	20387	3525	35239
9	12 ∶ 0 2OH	革兰氏阳性菌（Gram-positive bacteria）	5147	0	0	0
10	12 ∶ 0 3OH	革兰氏阳性菌（Gram-positive bacteria）	14737	34995	6929	3211
11	*i*12 ∶ 0		6480	9513	1329	1504
12	13 ∶ 0		7018	10389	1503	4313
13	*a*13 ∶ 0		15896	0	0	0
14	*i*13 ∶ 0	黄杆菌属（*Flavobacterium*）	6497	10216	1176	1860
15	*i*13 ∶ 0 3OH		3420	0	0	0

续表

序号	脂肪酸组	微生物类型	凝结芽胞杆菌（LPF#1）处理组			
			第 2 天	第 4 天	第 8 天	第 16 天
16	13 ： 1 A 12-13		2656	8865	812	1495
17	14 ： 0	细菌（bacteria in general）	95480	65405	12527	28610
18	*i*14 ： 0	耗氧细菌（aerobes G$^+$）	60191	49625	9662	14595
19	*a*15 ： 0	细菌（bacteria in general）	336113	196313	55351	86964
20	*i*15 ： 0	细菌（bacteria in general）	235385	143755	30168	62295
21	15 ： 0 2OH		62374	29637	3238	0
22	*i*15 ： 0 3OH	革兰氏阴性菌（Gram-negative bacteria）	27321	58463	9846	2659
23	*a*15 ： 1 A		35690	72205	19180	11110
24	*i*15 ： 1 F		14638	0	0	0
25	*i*15 ： 1 G	细菌（bacteria in general）	12867	61601	5871	8972
26	15 ： 1 *ω6c*		24983	0	0	0
27	15 ： 1 *ω8c*		15518	0	0	0
28	16 ： 0	假单胞菌（*Pseudomonas* sp.）	918037	578597	135689	324158
29	16 ： 0 2OH		68900	33038	687	4717
30	16 ： 0 3OH		95170	4343	0	0
31	*a*16 ： 0	革兰氏阳性菌（Gram-positive bacteria）	38277	44312	7246	15268
32	*i*16 ： 0	革兰氏阳性菌（Gram-positive bacteria）	255707	171583	34426	64946
33	16 ： 0 N alcohol	细菌（莫拉氏菌属 *Moraxella*）	47025	33910	2847	6642
34	16 ： 1 2OH		81974	0	0	0
35	*i*16 ： 1 H		37328	37823	3037	7802
36	16 ： 1 *ω5c*	甲烷氧化菌（methane-oxidizing bacteria）	46558	69854	8946	16493
37	16 ： 1 *ω9c*	革兰氏阴性菌（Gram-negative bacteria）	47660	20792	0	0
38	17 ： 0	节杆菌（*Arthrobacter*）	82397	110647	8822	33794
39	*a*17 ： 0	革兰氏阳性菌（Gram-positive bacteria）	248210	152290	27372	66673
40	cy17 ： 0	革兰氏阴性菌（Gram-negative bacteria）	267109	141572	27586	36960
41	*i*17 ： 0	耗氧细菌（aerobes）	207877	102177	13729	46511
42	10Me17 ： 0	放线菌（*Actinobacteria*）	41177	65551	2741	15560
43	17 ： 1 *ω8c*	革兰氏阴性菌（Gram-negative bacteria）	152598	104818	10822	20126
44	18 ： 0	嗜热解氢杆菌（*Hydrogenobacter*）	479011	217881	25175	223656
45	*i*18 ： 0	革兰氏阳性菌（Gram-positive bacteria）	131594	0	0	0
46	10Me18 ： 0	放线菌（*Actinobacteria*）	5626	130570	10154	0
47	18 ： 1 *ω9c*	真菌（fungi）	560842	606463	131788	352488
48	18 ： 3 *ω6c* (6,9,12)	真菌（fungi）	105623	53455	5705	14715
49	19 ： 0		57248	0	0	0

续表

序号	脂肪酸组	微生物类型	凝结芽胞杆菌（LPF#1）处理组			
			第 2 天	第 4 天	第 8 天	第 16 天
50	cy19 ∶ 0 *ω*8*c*	伯克氏菌（*Burkholderia*）	213058	168386	23938	71464
51	20 ∶ 1 *ω*9*c*		54561	67362	9499	28986
52	20 ∶ 4 *ω*6,9,12,15*c*	原生生物（protozoa）	32935	103359	10972	0

3. 短短芽胞杆菌和无致病力青枯雷尔氏菌生物肥药发酵过程脂肪酸组的变化

试验结果见表 6-7 和表 6-8。从短短芽胞杆菌（JK-2）和无致病力青枯雷尔氏菌处理过的不同发酵时间的养猪垫料中分析出 46 个脂肪酸组，指示着不同类群的微生物，包括细菌、真菌、放线菌、原生生物等。不同脂肪酸组在不同发酵时间的养猪垫料中有几种类型：① 生物标记数量大，在不同发酵时间完全分布，如 12∶0 3OH 指示着革兰氏阳性菌，数量在 3185 ～ 23562 之间，在两种微生物菌种处理的养猪垫料在不同发酵时间完全分布；② 在 JK-2 处理组中完全分布，在无致病力青枯雷尔氏菌处理组不完全分布，如 10∶0 2OH，数量在 812 ～ 2128 之间，在无致病力青枯雷尔氏菌处理组中在发酵第 2 天有分布，在发酵的第 4 天、第 8 天、第 16 天没有分布；③ 生物标记数量大，在不同发酵时间不完全分布，如 15∶1 *ω*6*c*，两个处理组都只在发酵第 2 天分布，在发酵第 4 天、第 8 天、第 16 天没有分布；④ 两个处理中其中一个处理完全没有分布，如 17∶1 *ω*8*c* 指示革兰氏阴性菌，在无致病力青枯雷尔氏菌处理组完全没有分布。

表 6-7　短短芽胞杆菌（JK-2）生物肥药发酵过程脂肪酸组的分布

序号	脂肪酸组	微生物类型	短短芽胞杆菌（JK-2）处理组			
			第 2 天	第 4 天	第 8 天	第 16 天
1	10 ∶ 0		1557	2467	918	3798
2	*i*10 ∶ 0		2853	2179	881	2491
3	10 ∶ 0 2OH		2128	1722	916	910
4	10 ∶ 0 3OH		14873	19300	4803	13783
5	11 ∶ 0 3OH		5506	11931	3149	6209
6	*i*11 ∶ 0	细菌（bacteria in general）	806	1770	778	1855
7	*i*11 ∶ 0 3OH	革兰氏阳性菌（Gram-positive bacteria）	6095	4669	1380	3546
8	12 ∶ 0	细菌（bacteria in general）	10479	24394	8981	16652
9	12 ∶ 0 3OH	革兰氏阳性菌（Gram-positive bacteria）	10288	22197	5378	14123
10	*i*12 ∶ 0		5587	7168	1488	2417
11	13 ∶ 0		6475	6519	2388	4345
12	*i*13 ∶ 0	黄杆菌属（*Flavobacterium*）	8179	6010	2036	4196
13	13 ∶ 1 A 12-13		5343	6314	2528	2248
14	14 ∶ 0	细菌（bacteria in general）	47243	101968	22861	62949

续表

序号	脂肪酸组	微生物类型	短短芽胞杆菌（JK-2）处理组			
			第 2 天	第 4 天	第 8 天	第 16 天
15	*i*14：0	耗氧细菌（aerobes G^+）	30654	85961	19129	52023
16	*a*15：0	细菌（bacteria in general）	158947	395073	95837	268329
17	*i*15：0	细菌（bacteria in general）	119557	245936	58229	179157
18	15：0 2OH		23194	19259	4645	16558
19	*i*15：0 3OH	革兰氏阴性菌（Gram-negative bacteria）	57900	75425	12735	49652
20	*a*15：1 A		31879	134810	43169	75690
21	*i*15：1 F		20425	0	0	0
22	*i*15：1 G	细菌（bacteria in general）	8995	51073	13538	27889
23	15：1 *ω6c*		20800	0	0	0
24	15：1 *ω8c*		15416	5784	0	0
25	16：0	假单胞菌（*Pseudomonas* sp.）	393311	1042000	247258	663819
26	*a*16：0	革兰氏阳性菌（Gram-positive bacteria）	19866	62028	13441	43026
27	*i*16：0	革兰氏阳性菌（Gram-positive bacteria）	103638	247446	61597	179605
28	16：0 N alcohol	细菌（莫拉氏菌属 *Moraxella*）	32343	19349	3789	19982
29	16：1 2OH		33472	0	0	0
30	*i*16：1 H		26022	24789	7320	26103
31	16：1 *ω5c*	甲烷氧化菌（methane-oxidizing bacteria）	19070	94444	19911	96315
32	16：1 *ω9c*	革兰氏阴性菌（Gram-negative bacteria）	31108	24052	7343	28328
33	17：0	节杆菌（*Arthrobacter*）	71335	71703	20379	76294
34	*a*17：0	革兰氏阳性菌（Gram-positive bacteria）	104788	188480	53618	152857
35	cy17：0	革兰氏阴性菌（Gram-negative bacteria）	117689	168612	61597	157244
36	*i*17：0	耗氧细菌（aerobes）	89675	96515	27156	100074
37	10Me17：0	放线菌（*Actinobacteria*）	33230	18780	6561	37451
38	17：1 *ω8c*	革兰氏阴性菌（Gram-negative bacteria）	74975	96777	27693	78269
39	18：0	嗜热解氢杆菌（*Hydrogenobacter*）	278209	211559	93397	235522
40	18：0 3OH		13589	16585	10387	0
41	*i*18：0	革兰氏阳性菌（Gram-positive bacteria）	60455	2383	21046	59552
42	10Me18：0	放线菌（*Actinobacteria*）	1569000	50260	13650	77483
43	18：3 *ω6c* (6,9,12)	真菌（fungi）	6511	10076	10151	41312
44	*i*19：0		88329	6511	8611	45775
45	20：2 *ω6,9c*		57104	0	0	0
46	20：4 *ω6,9,12,15c*	原生生物（protozoa）	123741	111741	28890	146217

表 6-8　无致病力青枯雷尔氏菌生物肥药发酵过程脂肪酸组的分布

序号	脂肪酸组	微生物类型	无致病力青枯雷尔氏菌处理组			
			第 2 天	第 4 天	第 8 天	第 16 天
1	10 ：0		2109	1564	1235	462
2	*i*10 ：0		2522	1641	817	734
3	10 ：0 2OH		812	0	0	0
4	10 ：0 3OH		19170	8348	3117	3430
5	11 ：0 3OH		4272	11931	1151	3860
6	*i*11 ：0	细菌（bacteria in general）	806	1371	315	669
7	*i*11 ：0 3OH	革兰氏阳性菌（Gram-positive bacteria）	3282	7660	799	2136
8	12 ：0	细菌（bacteria in general）	17147	10826	2857	9238
9	12 ：0 3OH	革兰氏阳性菌（Gram-positive bacteria）	23562	18099	3185	6762
10	*i*12 ：0		3972	6033	1735	2381
11	13 ：0		5619	7157	432	1911
12	*i*13 ：0	黄杆菌属（*Flavobacterium*）	6149	5777	851	1483
13	13 ：1 A 12-13		2678	6314	239	0
14	14 ：0	细菌（bacteria in general）	64793	32864	9674	18245
15	*i*14 ：0	耗氧细菌（aerobes G^+）	42808	29847	7236	16628
16	*a*15 ：0	细菌（bacteria in general）	243429	114489	42071	84541
17	*i*15 ：0	细菌（bacteria in general）	162158	83995	21542	52354
18	15 ：0 2OH		23194	19683	2314	0
19	*i*15 ：0 3OH	革兰氏阴性菌（Gram-negative bacteria）	42227	39106	8407	13162
20	*a*15 ：1 A		38923	58035	16033	33087
21	*i*15 ：1 F		17648	0	0	0
22	*i*15 ：1 G	细菌（bacteria in general）	19932	28724	5288	10423
23	15 ：1 *ω*6*c*		18142	0	0	0
24	15 ：1 *ω*8*c*		8951	0	0	0
25	16 ：0	假单胞菌（*Pseudomonas* sp.）	641897	263243	106010	194512
26	*a*16 ：0	革兰氏阳性菌（Gram-positive bacteria）	21080	25698	7191	14157
27	*i*16 ：0	革兰氏阳性菌（Gram-positive bacteria）	121229	78128	21024	60366
28	16 ：0 N alcohol	细菌（莫拉氏菌属 *Moraxella*）	18787	17831	2178	7309
29	16 ：1 2OH		14773	0	0	0
30	*i*16 ：1 H		17240	17739	2447	9127
31	16 ：1 *ω*5*c*	甲烷氧化菌（methane-oxidizing bacteria）	16034	33517	9454	22294
32	16 ：1 *ω*9*c*	革兰氏阴性菌（Gram-negative bacteria）	15830	15351	2508	7034
33	17 ：0	节杆菌（*Arthrobacter*）	71335	71703	6549	26060
34	*a*17 ：0	革兰氏阳性菌（Gram-positive bacteria）	165121	109935	23107	61366

续表

序号	脂肪酸组	微生物类型	无致病力青枯雷尔氏菌处理组			
			第 2 天	第 4 天	第 8 天	第 16 天
35	cy17 ∶ 0	革兰氏阴性菌（Gram-negative bacteria）	134082	73545	17602	43160
36	*i*17 ∶ 0	耗氧细菌（aerobes）	95562	58332	8775	41965
37	10Me17 ∶ 0	放线菌（*Actinobacteria*）	33230	27955	1614	17957
38	17 ∶ 1 *ω*8*c*	革兰氏阴性菌（Gram-negative bacteria）	0	0	0	0
39	18 ∶ 0	嗜热解氢杆菌（*Hydrogenobacter*）	226940	118466	22974	91508
40	18 ∶ 0 3OH		13589	0	0	0
41	*i*18 ∶ 0	革兰氏阳性菌（Gram-positive bacteria）	60455	0	0	0
42	10Me18 ∶ 0	放线菌（*Actinobacteria*）	1569000	71858	5284	34664
43	18 ∶ 3 *ω*6*c* (6,9,12)	真菌（fungi）	6511	8765	4142	18319
44	*i*19 ∶ 0		60524	0	0	0
45	20 ∶ 2 *ω*6,9*c*		11781	0	0	0
46	20 ∶ 4 *ω*6,9,12,15*c*	原生生物（protozoa）	123741	111341	14010	57049

4. 蜡样芽胞杆菌和对照组生物肥药发酵过程脂肪酸组的变化

试验结果见表 6-9 和表 6-10。从蜡样芽胞杆菌 ANTI-8098A:pCM20 处理和对照组（CK）的不同发酵时间的养猪垫料中分析出 50 个脂肪酸组，指示着不同类群的微生物，包括细菌、真菌、放线菌、原生生物等。不同脂肪酸组在不同发酵时间的养猪垫料中有几种类型：① 生物标记数量大，在不同发酵时间完全分布，如 16 : 0 N alcohol 指示着细菌（莫拉氏菌属 *Moraxella*），数量在 1624 ～ 26131 之间，两种微生物菌种处理的养猪垫料在不同发酵时间完全分布；② 在 ANTI-8098A:pCM20 处理组中完全分布，在 CK 不完全分布，如 10 : 0，数量在 687 ～ 2859 之间，在 CK 中发酵第 2 天、第 4 天、第 8 天有分布，在发酵的第 16 天没有分布；③ 生物标记数量大，在不同发酵时间不完全分布，如 10 : 0 2OH，在 ANTI-8098A:pCM20 处理组中第 2 天有分布，CK 中第 2 天、第 4 天有分布；④ 两个处理中其中一个处理完全没有分布，如 *i*15 : 1 F 在 ANTI-8098A:pCM20 处理组完全没有分布。

表 6-9　蜡样芽胞杆菌生物肥药发酵过程脂肪酸组的分布

序号	脂肪酸组	微生物类型	蜡样芽胞杆菌 ANTI-8098A:pCM20 处理组			
			第 2 天	第 4 天	第 8 天	第 16 天
1	10 ∶ 0		1192	2859	889	2827
2	*i*10 ∶ 0		1737	1239	1077	1929
3	10 ∶ 0 2OH		1852	0	0	0
4	10 ∶ 0 3OH		9725	9811	4356	6583
5	11 ∶ 0		1133	3279	619	2014
6	11 ∶ 0 3OH		7189	2968	3094	11028

续表

序号	脂肪酸组	微生物类型	蜡样芽胞杆菌 ANTI-8098A:pCM20 处理组			
			第 2 天	第 4 天	第 8 天	第 16 天
7	*i*11 ∶ 0	细菌（bacteria in general）	1043	466	890	1600
8	*a*11 ∶ 0		3040	4871	1916	4709
9	*i*11 ∶ 0 3OH	革兰氏阳性菌（Gram-positive bacteria）	5784	1909	1624	5726
10	12 ∶ 0	细菌（bacteria in general）	12034	18388	7152	10697
11	12 ∶ 0 2OH	革兰氏阳性菌（Gram-positive bacteria）	3911	7189	0	0
12	12 ∶ 0 3OH	革兰氏阳性菌（Gram-positive bacteria）	14615	15521	6076	15736
13	*i*12 ∶ 0		2374	5789	1642	8140
14	13 ∶ 0		2988	7250	1245	6929
15	*a*13 ∶ 0		4168	11614	0	0
16	*i*13 ∶ 0	黄杆菌属（*Flavobacterium*）	2364	8912	1672	7539
17	13 ∶ 1 A 12-13		1292	5246	494	5808
18	14 ∶ 0	细菌（bacteria in general）	39242	57037	21547	35687
19	*i*14 ∶ 0	耗氧细菌（aerobes G^+）	30464	12235	17832	29993
20	*i*14 ∶ 0 3OH		0	0	0	0
21	14 ∶ 1 *ω*5*c*		3392	4963	1266	0
22	*a*15 ∶ 0	细菌（bacteria in general）	136551	196810	85173	120360
23	*i*15 ∶ 0	细菌（bacteria in general）	89532	152702	54442	73818
24	15 ∶ 0 2OH		12437	869447	9081	0
25	*i*15 ∶ 0 3OH	革兰氏阴性菌（Gram-negative bacteria）	33494	50313	15791	36401
26	*a*15 ∶ 1 A		39484	32185	31596	57553
27	*i*15 ∶ 1 F		0	0	0	0
28	*i*15 ∶ 1 G	细菌（bacteria in general）	17232	24628	10740	25068
29	16 ∶ 0	假单胞菌（*Pseudomonas* sp.）	383477	596594	232345	210581
30	16 ∶ 0 2OH		12123	43746	7777	19189
31	16 ∶ 0 3OH		15721	66067	0	0
32	*a*16 ∶ 0	革兰氏阳性菌（Gram-positive bacteria）	23813	25060	11898	26383
33	*i*16 ∶ 0	革兰氏阳性菌（Gram-positive bacteria）	101625	141202	60145	86998
34	16 ∶ 0 N alcohol	细菌（莫拉氏菌属 *Moraxella*）	13600	24929	5105	18233
35	*i*16 ∶ 1 H		14446	30123	8123	0
36	16 ∶ 1 *ω*5*c*	甲烷氧化菌（methane-oxidizing bacteria）	38558	44229	23954	41928
37	16 ∶ 1 *ω*7*c* alcohol		4608	9483	0	0
38	16 ∶ 1 *ω*9*c*	革兰氏阴性菌（Gram-negative bacteria）	12427	25825	8308	11249
39	*a*17 ∶ 0	革兰氏阳性菌（Gram-positive bacteria）	94499	97693	49908	86794
40	cy17 ∶ 0	革兰氏阴性菌（Gram-negative bacteria）	89659	137381	52588	74699

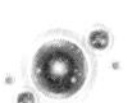

续表

序号	脂肪酸组	微生物类型	蜡样芽胞杆菌 ANTI-8098A:pCM20 处理组			
			第 2 天	第 4 天	第 8 天	第 16 天
41	*i*17 ：0	耗氧细菌（aerobes）	61419	129169	35106	54132
42	10Me 17 ：0	放线菌（*Actinobacteria*）	23480	82995	14115	29416
43	17 ：1 *ω*8*c*	革兰氏阴性菌（Gram-negative bacteria）	46826	152915	27043	35560
44	18 ：0	嗜热解氢杆菌（*Hydrogenobacter*）	126973	769202	73930	85246
45	10Me 18 ：0	放线菌（*Actinobacteria*）	81590	537018	28966	42297
46	18 ：1 *ω*9*c*	真菌（fungi）	483162	740640	192560	196012
47	18 ：3 *ω*6*c* (6,9,12)	真菌（fungi）	45163	549411	16340	18731
48	cy19 ：0 *ω*8*c*	伯克氏菌（*Burkholderia*）	162823	333872	83100	70636
49	20 ：1 *ω*9*c*		38026	77627	26920	34801
50	20 ：4 *ω*6,9,12,15*c*	原生生物（protozoa）	69801	174179	0	0

表 6-10　对照组生物肥药发酵过程脂肪酸组的分布

序号	脂肪酸组	微生物类型	对照组（CK）			
			第 2 天	第 4 天	第 8 天	第 16 天
1	10 ：0		687	1011	1702	0
2	*i*10 ：0		1209	1239	1274	0
3	10 ：0 2OH		1222	1313	0	0
4	10 ：0 3OH		16663	3106	5062	2024
5	11 ：0		1133	675	642	0
6	11 ：0 3OH		1935	2968	4190	2417
7	*i*11 ：0	细菌（bacteria in general）	501	466	1009	296
8	*a*11 ：0		3387	469	2573	0
9	*i*11 ：0 3OH	革兰氏阳性菌（Gram-positive bacteria）	1817	2743	1701	1290
10	12 ：0	细菌（bacteria in general）	9465	5973	9393	6848
11	12 ：0 2OH	革兰氏阳性菌（Gram-positive bacteria）	7801	2470	3170	1071
12	12 ：0 3OH	革兰氏阳性菌（Gram-positive bacteria）	9599	0	0	0
13	*i*12 ：0		5250	2053	2264	2025
14	13 ：0		3100	732	2933	1350
15	*a*13 ：0		10745	0	0	0
16	*i*13 ：0	黄杆菌属（*Flavobacterium*）	4210	941	3191	1587
17	13 ：1 A 12-13		1780	454	0	0
18	14 ：0	细菌（bacteria in general）	48355	12405	30064	21389

续表

序号	脂肪酸组	微生物类型	对照组（CK）			
			第2天	第4天	第8天	第16天
19	*i*14：0	耗氧细菌（aerobes G+）	29503	12235	24766	18639
20	*i*14：0 3OH		5474	0	0	0
21	14：1 *ω*5*c*		8724	873	5254	542
22	*a*15：0	细菌（bacteria in general）	165158	65874	120011	92427
23	*i*15：0	细菌（bacteria in general）	92920	59990	63651	60501
24	15：0 2OH		22995	0	0	0
25	*i*15：0 3OH	革兰氏阴性菌（Gram-negative bacteria）	47949	6954	15595	6798
26	*a*15：1 A		12007	38548	42592	29860
27	*i*15：1 F		11423	0	0	0
28	*i*15：1 G	细菌（bacteria in general）	17232	17242	16228	9613
29	16：0	假单胞菌（*Pseudomonas* sp.）	524478	152908	303277	244029
30	16：0 2OH		35484	43746	1366	5078
31	16：0 3OH		0	0	0	0
32	*a*16：0	革兰氏阳性菌（Gram-positive bacteria）	14588	9967	21333	8141
33	*i*16：0	革兰氏阳性菌（Gram-positive bacteria）	104721	42543	83596	71122
34	16：0 N alcohol	细菌（莫拉氏菌属 *Moraxella*）	26131	1624	6761	3956
35	*i*16：1 H		14446	6921	10620	12949
36	16：1 *ω*5*c*	甲烷氧化菌（methane-oxidizing bacteria）	15019	13548	27641	32024
37	16：1 *ω*7*c* alcohol		14577	9483	1559	1263
38	16：1 *ω*9*c*	革兰氏阴性菌（Gram-negative bacteria）	21086	5163	8660	7261
39	*a*17：0	革兰氏阳性菌（Gram-positive bacteria）	102357	80305	68599	56044
40	cy17：0	革兰氏阴性菌（Gram-negative bacteria）	102341	48047	46423	58225
41	*i*17：0	耗氧细菌（aerobes）	75625	42411	35880	38659
42	10Me 17：0	放线菌（*Actinobacteria*）	23480	82995	10367	19292
43	17：1 *ω*8*c*	革兰氏阴性菌（Gram-negative bacteria）	65952	45810	29932	30582
44	18：0	嗜热解氢杆菌（*Hydrogenobacter*）	199373	75540	73792	100421
45	10Me 18：0	放线菌（*Actinobacteria*）	81590	40925	18182	33912
46	18：1 *ω*9*c*	真菌（fungi）	286968	240818	273041	206386
47	18：3 *ω*6*c* (6,9,12)	真菌（fungi）	45163	549411	11772	15467
48	cy19：0 *ω*8*c*	伯克氏菌（*Burkholderia*）	162823	76358	62038	99691
49	20：1 *ω*9*c*		38026	21154	6973	34457
50	20：4 *ω*6,9,12,15*c*	原生生物（protozoa）	69801	40275	31776	49094

四、生物肥药功能菌发酵过程微生物群落脂肪酸组总量的比较

1. 无致病力尖孢镰刀菌和淡紫拟青霉发酵过程脂肪酸组总量比较

试验结果见图 6-51。各生物标记 PLFAs 含量的总和代表着微生物的总量。淡紫拟青霉菌种处理组、尖孢镰刀菌菌种处理组与 CK 不同发酵天数的微生物生物标记 PLFAs 总量变化趋势相近，三者在发酵的第 2 天微生物含量最高，在随后的第 4 天、第 8 天、第 16 天微生物含量呈不断下降的趋势。在发酵的第 2 天，微生物含量呈现：尖孢镰刀菌处理组＞淡紫拟青霉处理组＞ CK，而其他天数接菌处理与 CK 差异不明显。

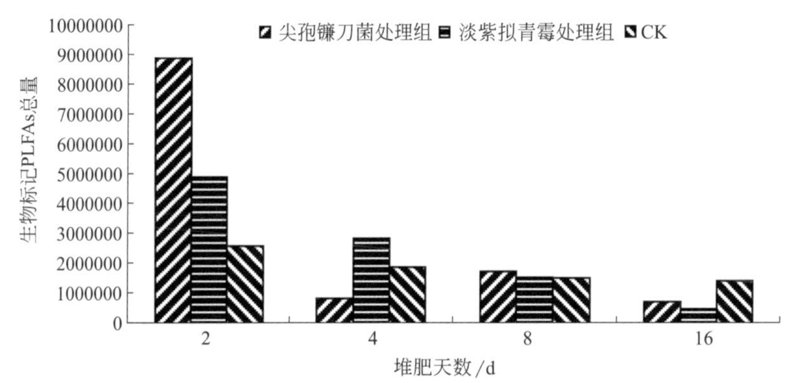

图 6-51 无致病力尖孢镰刀菌和淡紫拟青霉发酵过程脂肪酸组总量比较

2. 铜绿假单胞菌和凝结芽胞杆菌发酵过程脂肪酸组总量比较

试验结果见图 6-52。各生物标记 PLFAs 含量的总和代表着微生物的总量。铜绿假单胞菌种处理组、凝结芽胞杆菌（零排放 1 号）菌种处理组与 CK 不同发酵天数的微生物生物标记脂肪酸总量变化趋势相近，三者在发酵的第 2 天微生物含量最高，在随后的第 4 天、第 8 天、第 16 天微生物含量呈不断下降的趋势（零排放 1 号菌种处理组在第 16 天略有升高）。在发酵的第 2 天，微生物含量呈现：零排放 1 号菌种处理组＞铜绿假单胞菌菌种处理组＞ CK，而其他天数接菌处理与 CK 差异不明显。

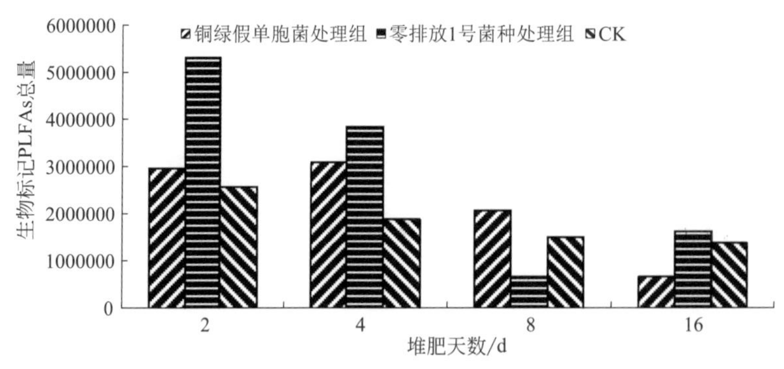

图 6-52 铜绿假单胞菌和凝结芽胞杆菌发酵过程脂肪酸组总量比较

3. 短短芽胞杆菌、无致病力青枯雷尔氏菌、蜡样芽胞杆菌发酵过程脂肪酸组总量比较

试验结果见图 6-53。各生物标记 PLFAs 含量的总和代表着微生物的总量。与 CK 相比较，短短芽胞杆菌（JK-2）菌种处理组和无致病力青枯雷尔氏菌处理组在发酵的第 2 天微生物含量较高，而蜡样芽胞杆菌（ANTI-8098A:pCM20）处理组跟 CK 持平。在发酵的第 4 天，ANTI-8098A:pCM20 处理组的微生物含量达到最高。

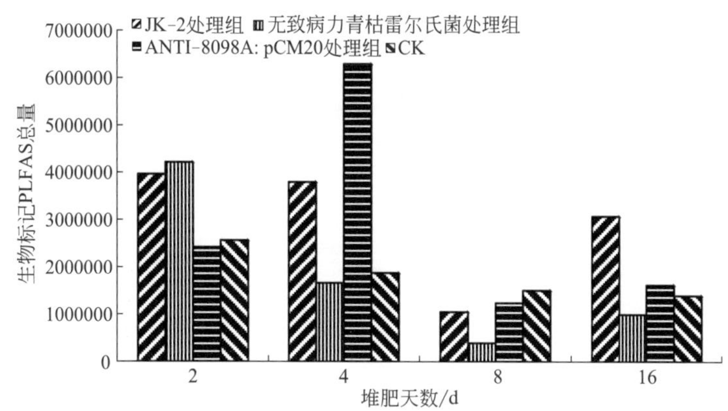

图 6-53　不同微生物菌种处理组发酵过程脂肪酸组总量变化

从总体上来看，所接种的 7 种生防菌中，零排放 1 号和 ANTI-8098A:pCM20 对养猪垫料的微生物含量影响较大，可明显增大微生物群落的数量。

五、生物肥药功能菌发酵过程微生物主要类群 PLFA 相对含量

特征脂肪酸为 16：0 的是细菌 PLFAs 的主要生物标记之一，特征脂肪酸为 18：3ω6c(6,9,12) 的是真菌 PLFAs 主要的生物标记之一，特征脂肪酸为 TBSA 10Me18：0 的是放线菌 PLFAs 主要的生物标记之一（Torsvik et al., 1990）。由表 6-11 ～表 6-18 可知，在养猪垫料中三大类微生物（细菌、真菌和放线菌）是比较丰富的。其中细菌的含量在 JK-2 菌种处理组的发酵第 4 天达到了 1042000（表 6-15）。

表 6-11　无致病力尖孢镰刀菌发酵过程特征微生物群落脂肪酸组含量的比较

脂肪酸组	微生物种类型	无致病力尖孢镰刀菌处理组			
		第 2 天	第 4 天	第 8 天	第 16 天
16：0	细菌（bacteria in general）	941285	224418	196663	161039
TBSA 10Me18：0	放线菌（*Actinobacteria*）	5326	26249	47227	9227
18：3 ω6c (6,9,12)	真菌（fungi）	46101	4768	36172	7796

表 6-12 淡紫拟青霉发酵过程特征微生物群落脂肪酸组含量的比较

脂肪酸组	微生物种类型	淡紫拟青霉处理组			
		第 2 天	第 4 天	第 8 天	第 16 天
16 ∶ 0	细菌（bacteria in general）	687558	465722	363394	134302
TBSA 10Me18 ∶ 0	放线菌（*Actinobacteria*）	9872	31562	9872	7436
18 ∶ 3 *ω6c* (6,9,12)	真菌（fungi）	97963	11728	34842	3001

表 6-13 铜绿假单胞菌发酵过程特征微生物群落脂肪酸组含量的比较

脂肪酸组	微生物种类型	铜绿假单胞菌处理组			
		第 2 天	第 4 天	第 8 天	第 16 天
16 ∶ 0	细菌（bacteria in general）	565430	648551	349018	135156
TBSA 10Me18 ∶ 0	放线菌（*Actinobacteria*）	5326	56104	56315	8483
18 ∶ 3 *ω6c* (6,9,12)	真菌（fungi）	36757	14742	24222	3755

表 6-14 凝结芽胞杆菌发酵过程特征微生物群落脂肪酸组含量的比较

脂肪酸组	微生物种类型	凝结芽胞杆菌（零排放 1 号）处理组			
		第 2 天	第 4 天	第 8 天	第 16 天
16 ∶ 0	细菌（bacteria in general）	918037	578597	135689	324158
TBSA 10Me18 ∶ 0	放线菌（*Actinobacteria*）	5626	130570	10154	0
18 ∶ 3 *ω6c* (6,9,12)	真菌（fungi）	105623	53455	5705	14715

表 6-15 短短芽胞杆菌发酵过程特征微生物群落脂肪酸组含量的比较

脂肪酸组	微生物种类型	短短芽胞杆菌（JK-2）处理组			
		第 2 天	第 4 天	第 8 天	第 16 天
16 ∶ 0	细菌（bacteria in general）	393311	1042000	247258	663819
TBSA 10Me18 ∶ 0	放线菌（*Actinobacteria*）	1569000	50260	13650	77483
18 ∶ 3 *ω6c* (6,9,12)	真菌（fungi）	6511	10076	10151	41312

表 6-16 无致病力青枯雷尔氏菌发酵过程特征微生物群落脂肪酸组含量的比较

脂肪酸组	微生物种类型	无致病力青枯雷尔氏菌处理组			
		第 2 天	第 4 天	第 8 天	第 16 天
16 ∶ 0	细菌（bacteria in general）	641897	263243	106010	194512
TBSA 10Me18 ∶ 0	放线菌（*Actinobacteria*）	1569000	71858	5284	34664
18 ∶ 3 *ω6c* (6,9,12)	真菌（fungi）	6511	8765	4142	18319

表 6-17　蜡样芽胞杆菌发酵过程特征微生物群落脂肪酸组含量的比较

脂肪酸组	微生物种类型	蜡样芽胞杆菌 ANTI-8098A:pCM20 处理组			
		第 2 天	第 4 天	第 8 天	第 16 天
16 ：0	细菌（bacteria in general）	383477	596594	232345	210581
TBSA 10Me18 ：0	放线菌（*Actinobacteria*）	81590	537018	28966	42297
18 ：3 *ω6c* (6,9,12)	真菌（fungi）	45163	549411	16340	18731

表 6-18　对照组发酵过程特征微生物群落脂肪酸组含量的比较

脂肪酸组	微生物种类型	对照处理组			
		第 2 天	第 4 天	第 8 天	第 16 天
16 ：0	细菌（bacteria in general）	524478	152908	303277	244029
TBSA 10Me18 ：0	放线菌（*Actinobacteria*）	81590	40925	18182	33912
18 ：3 *ω6c* (6,9,12)	真菌（fungi）	45163	549411	11772	15467

六、生物肥药发酵过程微生物群落脂肪酸生物标记的聚类分析

聚类分析结果见图 6-54，当兰氏距离为 43.67 时，可将发酵第 16 天的不同接菌处理和 CK 养猪垫料的磷脂脂肪酸组分成两个大的类群。类型Ⅰ包括磷脂脂肪酸组 10：0、*i*10：0、11 ：0、A11 ：0、13 ：1 A 12-13、14 ：1 *ω5c*、10 ：0 3OH、*i*12 ：0、11 ：0 3OH、15 ：0 2OH、*i*11 ：0 3OH、13 ：0、12 ：0 2OH、*i*13 ：0、12 ：0 3OH、16 ：0 N alcohol、16 ：0 2OH、12：0、*i*15：0 3OH、16：1 *ω9c*、*a*16：0、*i*15：1 G、14：0、*i*14：0、10Me 17：0、*i*16 ：1 H、18 ：3 *ω6c* (6,9,12)、*i*18 ：0、11Me 18 ：1 *ω7c*、*a*15 ：1 A、17 ：0、17 ：1 *ω8c*，其特征是生物标记含量稍低，当中既有完全分布，也有不完全分布。类型Ⅱ包括脂肪酸组 *a*15：0、18：0、18：0 3OH、*i*15：0、cy17：0、*a*17：0、*i*16：0、20：4 *ω*6,9,12,15*c*、16：0、18：1 *ω9c*、16：1 *ω5c*、*i*17：0，其特征为生物标记含量高，基本上为完全分布。

七、讨论与总结

堆肥是一个复杂的反应体系，在堆肥过程中，随着堆肥环境的变化，堆肥微生物群落结构也随之发生相应的变化。利用磷脂脂肪酸（PLFAs）方法分析堆肥化过程中微生物群落结构的变化是一种非常有效的方法。在对照中一共检测出 50 个脂肪酸组。从接种了无致病力尖孢镰刀菌的养猪垫料中分析出 47 个脂肪酸组，其他处理依次分析到得脂肪酸组分别为 47、52、52、46、46、50。在接种了无致病力尖孢镰刀菌、淡紫拟青霉、短短芽胞杆菌（JK-2）菌株、无致病力青枯雷尔氏菌菌株的养猪垫料中生物标记 PLFAs 都比对照组要少，而接种了无致病力铜绿假单胞菌、凝结芽胞杆菌 LPF-1 菌株的养猪垫料生物标记 PLFAs 要比对照组多。从微生物总量来看，接种生物肥药菌种后，在发酵的初期与中期微生物的总量要大于对照组，在发酵的后期处理组与对照组基本上持平。

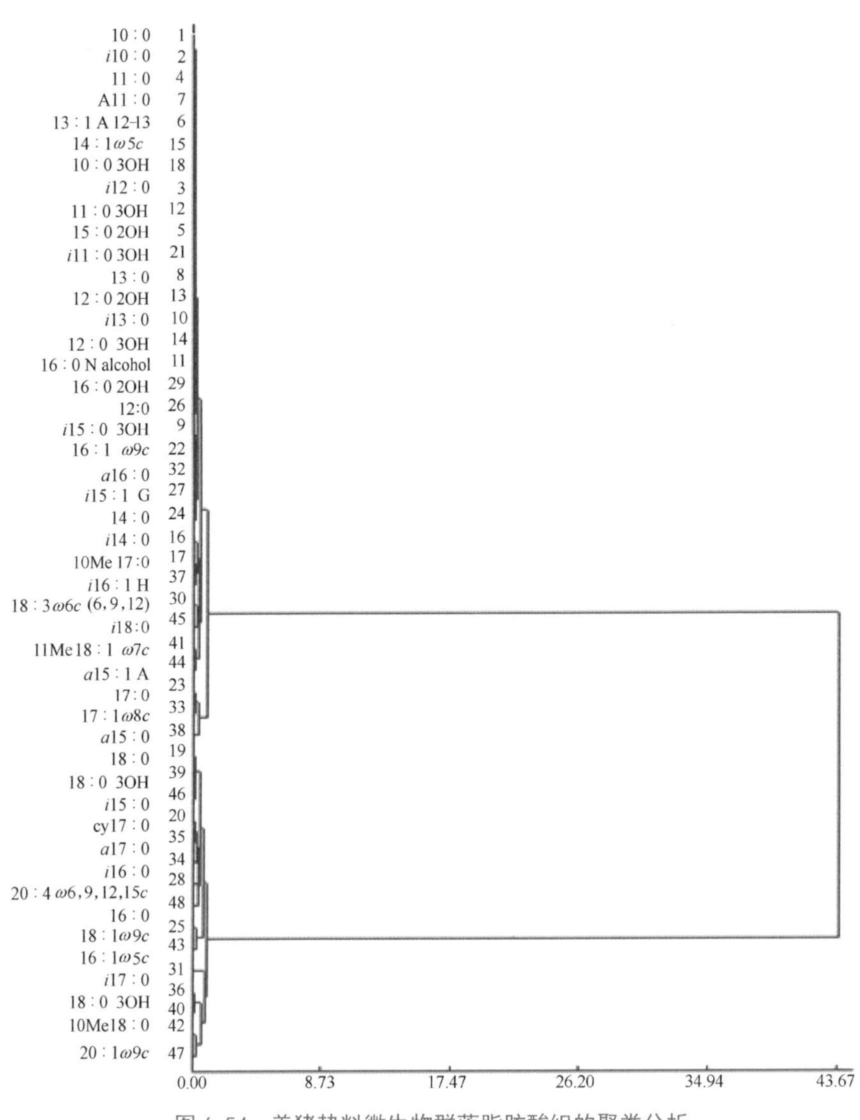

图 6-54　养猪垫料微生物群落脂肪酸组的聚类分析

第七节 生物肥药生产工艺研究

一、概述

淡紫拟青霉是土壤和植物中普遍存在的腐生菌，对根结线虫和孢囊线虫的卵有很强的寄生能力，是造成根结线虫和孢囊线虫自然衰退的主要因素之一（牟宏晶 等，2008）。在生物防治测定中，有较好的防治效果和促进大豆增产的作用（刘杏忠 等，1995）。正是基于淡紫拟青霉具有的强大的杀灭线虫的生防能力，所以把淡紫拟青霉开发成菌剂就成了当前研究的热点。潘沧桑等（1999）研究了用剩饭和西瓜皮、菠萝皮、香蕉皮等多种果皮为原料生产淡紫拟青霉菌剂，取得了良好的效果。

研究主要以零排放猪舍废弃养猪垫料为原料来开发淡紫拟青霉菌剂，试验的目的是改造废弃养猪垫料，培养淡紫拟青霉固体发酵物，每克成品的淡紫拟青霉活孢子数不低于 10^8 CFU/g。

二、研究方法

1. 试验材料

原料：废弃养猪垫料（采自宁德市农业科学研究院畜牧场猪舍）和米糠。菌株：淡紫拟青霉 NH-PL-03 菌株，由福建省农业科学院农业生物资源研究所提供。培养基：一级发酵液体培养基（察氏培养基）$NaNO_3$ 2g，K_2HPO_4 1g，KCl 0.5g，$MgSO_4$ 0.5g，$FeSO_4$ 0.01g；分离计数培养基（PDA 培养基）马铃薯 200g，葡萄糖 20g，琼脂 18g。

2. 组培瓶与菌袋淡紫拟青霉固体发酵试验

一级淡紫拟青霉液体发酵。将淡紫拟青霉 NH-PL-03 菌株从冻存管中划线转接在察氏平板上，于 28℃恒温箱中培养 7d。用接种环从平板上挑取淡紫拟青霉孢子于察氏液体培养基中，28℃、180r/min 摇床培养 4d 后作为种子液待用。二级淡紫拟青霉固体发酵，按照以下配比将垫料与米糠混合均匀，高温高压灭菌，然后接入相应的种子液（表 6-19）中，用无菌水调节湿度为 50% 左右。其中序号 1、2、3、4 的处理转入组培瓶，序号 5、6、7、8 的处理转入菌袋，然后把组培瓶和菌袋放到 30℃恒温培养箱中培养。

表 6-19　固体发酵试验处理

序号	接种原料	接入种子液量
1	垫料 14g，米糠 6g	5mL
2	垫料 14g，米糠 6g	10mL
3	垫料 13g，米糠 7g	5mL
4	垫料 13g，米糠 7g	10mL
5	垫料 85g，米糠 15g	10mL
6	垫料 85g，米糠 15g	25mL
7	垫料 425g，米糠 75g	50mL
8	垫料 425g，米糠 75g	100mL

生物肥药微生物的分离培养：分别在接菌处理后的第 7 天取样 5mg，放入 45mL 无菌水中稀释成 10^{-2} 的溶液，然后再稀释至 10^{-4}、10^{-5}、10^{-6}、10^{-7}，从 10^{-5}、10^{-6}、10^{-7} 每个梯度稀释液吸取 0.1mL 接种在 PDA 培养基上，用无菌玻璃涂布棒将菌液在平板上涂抹均匀，每个梯度设 3 个重复，涂抹好的平板平放于桌上静置 20 ～ 30min 后，置于 30℃恒温箱培养 3 ～ 5d。结果计算：观察培养 4d、11d 的平板，然后统计培养第 4 天的 PDA 平板上的淡紫拟青霉菌落数。每克土样中微生物的数量＝同一稀释浓度的 3 个平板上菌落平均数 × 稀释倍数 / 含菌样品质量（g）。

3. 盒子淡紫拟青霉固体发酵试验步骤

一级淡紫拟青霉液体发酵。将淡紫拟青霉 NH-PL-03 菌株从冻存管中划线转接在察氏平板上，于 28℃恒温箱中培养 7d。用接种环从平板上挑取淡紫拟青霉孢子于察氏液体培养基中，28℃、180r/min 摇床培养 4d 后作为种子液待用。二级淡紫拟青霉固体发酵，固体发酵基础配方：垫料：米糠 =7：3，水分含量 50%。试验设 5 个处理，分别为处理 1、处理 2、处理 3、处理 4、处理 5，各自添加 1%、2%、3%、4%、5% 的蔗糖，以不加蔗糖的基础培养基为对照组（CK），按 400g 湿重的量将培养基装在带有透明上盖的耐高温塑料盒中，各处理 121℃湿热灭菌 25min，冷却后按 10% 的接种量接入种子液。将种子液与培养基充分搅拌均匀后，置于 28℃恒温箱中培养，逐日观察发酵情况，待发酵完全后测定产孢量。产孢量测定方法：将固体发酵物混匀，称取 5g 用蒸馏水（含 0.2% 吐温 -80）振荡洗涤 3 次，收集孢子悬浮液并定容至 50mL。悬浮液稀释至适宜浓度后用血球计数板测定孢子悬浮液的浓度，计算孢子含量和产孢量（CFU/g），在察氏平板上涂布培养测定孢子萌发率（黄永兵 等，2007）。

三、组培瓶与菌袋淡紫拟青霉固体发酵试验

经过平板分离如图 6-55，从处理 1、处理 2、处理 3、处理 4 的养猪垫料中分离出来淡紫拟青霉，在培养的第 4 天菌落呈现淡紫色，培养的第 11 天菌落呈现粉红色。而在处理 5、处理 6、处理 7、处理 8 的养猪垫料中未发现淡紫拟青霉。

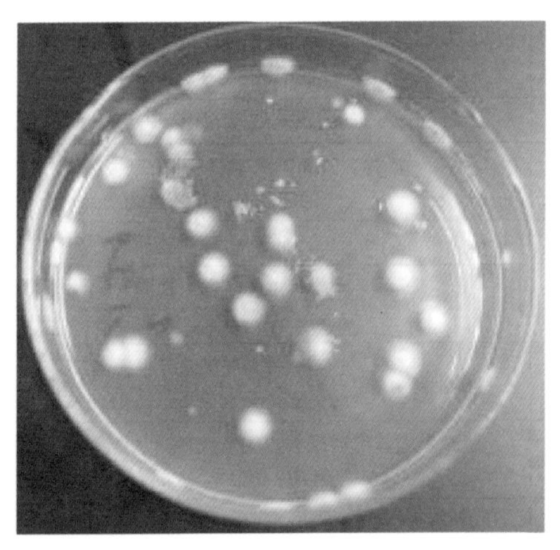

(a) 接种4d后分离菌落形态

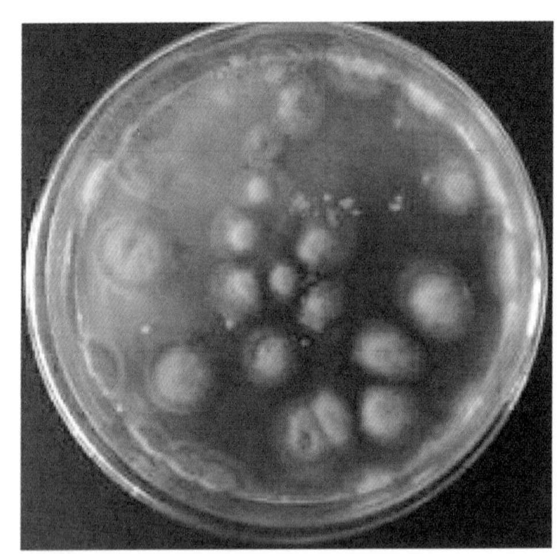

(b) 接种11d后分离菌落形态

图 6-55　养猪垫料固体发酵淡紫拟青霉平板分离状况

处理 1、处理 2、处理 3、处理 4 的养猪垫料中的孢子数量如表 6-20 所列。在用组培瓶 20g 原料固体发酵中淡紫拟青霉的数量都达到了 10^8CFU/g，并且随着加入米糠的比例增大，种子液接种量的增多，淡紫拟青霉的数量也增多。但是在用菌袋进行 100g、500g 原料固体发酵时，用平板未分离到淡紫拟青霉。

表 6-20　平板分离淡紫拟青霉计数统计

序号	接种原料	接入种子液量	菌落计数 / (10^8CFU/g)
1	垫料 14g，米糠 6g	5mL	0.48
2	垫料 14g，米糠 6g	10mL	2.98
3	垫料 13g，米糠 7g	5mL	1.05
4	垫料 13g，米糠 7g	10mL	3.23
5	垫料 85g，米糠 15g	10mL	0
6	垫料 85g，米糠 15g	25mL	0
7	垫料 425g，米糠 75g	50mL	0
8	垫料 425g，米糠 75g	100mL	0

四、盒子淡紫拟青霉固体发酵试验结果

实验结果见表 6-21。在缺乏速效碳源的基础培养基上，未观察到淡紫拟青霉菌丝的生长。而不同的蔗糖添加量对淡紫拟青霉固体发酵有一定影响。在 1% ～ 3% 的添加范围内，淡紫拟青霉 NH-PL-03 菌株的产孢量随蔗糖含量的增加而提高，3% 的蔗糖添加量可使固体发酵物的产孢量达到 8.69×10^8CFU/g；蔗糖添加量至 3% 以上时，对淡紫拟青霉的菌丝生长促进作用较为明显，表现为菌丝扩展速度较快。

表 6-21　蔗糖添加量对淡紫拟青霉固体发酵产孢的影响　　单位：10^8CFU/g

项目	处理 1	处理 2	处理 3	处理 4	处理 5	CK
产孢量	3.31	5.47	8.69	8.92	8.74	0

培养 10d 后，NH-PL-03 菌株固体发酵完全，发酵物呈淡紫色，抖动发酵物可见孢子粉呈雾状飘动见图 6-56。

图 6-56　养猪垫料固体发酵淡紫拟青霉生长状况

五、讨论与总结

黄靖等（2007）对淡紫拟青霉的培养条件进行了优化，结果表明：以蔗糖为碳源（60g/L），硝酸铵为氮源（1.5g/L），pH 值 5 ～ 6，培养温度为 30℃时最适合该菌的生长。根据察氏培养基以及前人的研究中淡紫拟青霉固体发酵培养基的配方计算，适合淡紫拟青霉生长的培养

基其 C/N 值一般都在 40∶1 左右（肖顺 等，2008）。以垫料作为基础培养基进行淡紫拟青霉 NH-PL-03 的固体发酵，理化性质数据测定显示，其 C/N 值仅为 11∶1，这种营养条件下淡紫拟青霉不能生长；仅添加缓效碳源米糠，在小量原料堆肥，并且种子液接种量大的情况下可以生长，但是在固体发酵量大的情况下淡紫拟青霉就不能生长。添加速效碳源蔗糖后，淡紫拟青霉即可在垫料中生长，不同的蔗糖添加量对淡紫拟青霉固体发酵有一定影响，蔗糖添加量至 3% 以上时，对淡紫拟青霉的菌丝生长促进作用较为明显，但继续提高蔗糖添加比例对产孢量的促进作用不明显。

本节是以 7 株可以防治土传病害的生防菌（无致病力尖孢镰刀菌、淡紫拟青霉、无致病力铜绿假单胞菌、凝结芽胞杆菌 LPF-1 菌株、短短芽胞杆菌 JK-2 菌株、无致病力青枯雷尔氏菌和蜡样芽胞杆菌 ANTI-8098A:pCM20 菌株）为菌种，以微生物发酵床养猪垫料为培养基，进行二级固体堆肥发酵。通过堆肥发酵特性的测定、目标菌株的鉴定、稀释平板分离、垫料磷脂脂肪酸的测定等方法寻找合适的生物肥药菌种；同时，还特别对可防治植物线虫的淡紫拟青霉菌株加工成生物肥药的工艺进行了研究。总结如下：

1）7 株生防菌接种到养猪垫料固体堆肥发酵，堆肥温度明显高于外界环境，但与对组组相差不是很大，其中差异比较大的是蜡样芽胞杆菌 ANTI-8098A:pCM20 菌株。pH 值与对照组相比较差异不明显，这与养猪垫料开始没高温灭菌，养猪垫料中本身存在大量微生物有关。另外，两年养猪利用的废弃养猪垫料中有机碳源含量比例较低。

2）生防菌无致病力尖孢镰刀菌、无致病力铜绿假单胞菌、短短芽胞杆菌 JK-2 菌株、无致病力青枯雷尔氏菌和蜡样芽胞杆菌 ANTI-8098A:pCM20 菌株为菌种可在没有灭菌的养猪垫料中存活，其中短短芽胞杆菌 JK-2 菌株达到了 10^7CFU/g，无致病力青枯雷尔氏菌和蜡样芽胞杆菌 ANTI-8098A:pCM20 菌株达到了 10^6CFU/g，无致病力尖孢镰刀菌孢子量为 10^5CFU/g，而无致病力铜绿假单胞菌量较少。淡紫拟青霉和凝结芽胞杆菌 LPF-1 菌株没有被鉴定出来。

3）接种 7 株生防菌后，养猪垫料中的微生物群落结构发生很大变化。其中对细菌与真菌的影响较大，而对放线菌的影响较小。

4）磷脂脂肪酸法研究养猪垫料微生物群落结构变化显示，养猪垫料的生物标记非常丰富。在接种 7 株生防菌后，其微生物总量先增加然后缓慢减少。三大类微生物细菌、真菌和放线菌在堆肥发酵过程中先增加后减少。各种不同生物标记的微生物其总量与分布的频率都存在差异，并且发酵第 16 天的所有生物标记微生物可聚类分析为两大类。

5）植物线虫的生防菌淡紫拟青霉菌株在未灭菌的养猪垫料中没有被发现，在加入速效碳源蔗糖后，淡紫拟青霉生长迅速，并可以达到微生物肥料所要求的孢子含量 10^7CFU/g。

生物肥药是根据“以菌治菌，以肥抗病”的原理，经过多年试验，研制开发出的具有肥药多效的最新一代微生物肥料。它利用微生物的生命活动及其代谢产物的作用，改善作物养分供应，向作物提供营养元素、生长物质、土壤病原菌的拮抗物质，达到提高产量，改善品质，减少化肥使用，减轻土传、重茬病害，提高土壤肥力，改善环境的目的。

将零污染养猪生产处的养猪垫料，经过配方处理作为食用菌的培养料，培养食用菌，用菌糠作为生物肥药的培养基，接种本实验室筛选出的土传病害（青枯病和枯萎病）生防菌 JK-2、淡紫拟青霉 NH-PL-03 菌株，进行固体发酵，生产出含有 0.1×10^8 个孢子 /g 的生物肥药，既有肥效作用，又能控制土传病害（线虫病、青枯病和枯萎病）的发生，同时还能降解农药残留。

第七章

养殖废弃物食用菌培养基质资源化技术

- 发酵垫料培养基配方对食用菌菌丝生长的影响
- 发酵垫料食用菌培养基配方优化
- 基于发酵垫料配方真姬菇的生长特性

第一节
发酵垫料培养基配方对食用菌菌丝生长的影响

一、概述

微生物发酵床是利用微生物处理猪排泄物的“零排放”环保养猪技术，将高效粪污降解菌剂与椰子壳粉、锯末、生猪粪以一定比例搅拌发酵制成猪圈有机垫料。近年来生物发酵床养殖技术得到较大面积的推广，许多大规模、正规的养猪基地采用微生物发酵床技术，目前，废弃垫料基本是堆积闲置，无任何管护措施，成了新的废弃物污染，造成了新的资源浪费。随着食用菌产业的迅猛发展，各地均遇到了原料短缺、价格猛涨等制约产业发展的问题，因此，为了降低生产成本，通过寻求其他农牧废弃物替代部分现有栽培主料已成为食用菌产业亟待解决的问题。本节以废弃垫料为原料，测定垫料的营养价值，研究垫料对高温平菇、杏鲍菇、金针菇、真姬菇、茶树菇、凤尾菇、灵芝、灰树花菌丝生长的影响，旨在为深入研究垫料在食用菌栽培上的应用奠定基础。

以猪舍废弃垫料作食用菌栽培基质，实现菌棒专业化、规模化生产的目标。开展猪舍垫料基质营养价值评价及物理特性分析；适宜猪舍垫料为栽培基质的食用菌品种筛选及基质配方研发；垫料基质生产木生菌食用菌无公害栽培配套技术与示范等研究，突破猪舍垫料栽培食用菌循环利用技术问题，构建养猪场猪舍垫料栽培食用菌循环利用技术体系。猪舍垫料基质营养价值评价及物理特性分析，表明猪舍发酵垫料含有丰富的营养成分，包括 C、N、P、K、C/N 值、纤维素、半纤维素、木质素等。这些研究为开发利用垫料资源作为食用菌培养基开辟了新途径。

适宜猪舍垫料为栽培基质的食用菌品种筛选及基质配方研发。以菌丝生长速度、菌丝长势、产量和农艺性状为综合指标，研究不同食用菌在同一猪舍垫料基质配方下的性状表现，筛选出能够以猪舍垫料为栽培基质的食用菌品种。并针对不同食用菌品种，研发与各个品种相适宜的基质配方。

垫料基质生产木生菌、草生菌无公害栽培配套技术研究。以猪舍垫料为栽培基质，优化栽培木生菌（金针菇、杏鲍菇、滑菇等）和草生菌（双孢蘑菇、姬松茸等）的基质配方；开展制种、制袋、消毒灭菌、接种等栽培工艺研究，并通过对食用菌栽培中的菌丝培养及子实体生长发育所需温度、湿度、光照、CO_2 进行研究，集成与其相配套的栽培管理技术。

二、研究方法

1. 试验材料

试验所用菌株为福建省农业科学院食用菌研究所保藏的平菇、毛木耳、金针菇、滑菇、真姬菇、高温平菇、杏鲍菇、茶树菇、凤尾菇、灵芝、灰树花（又名舞茸）等食药用菌的菌株，菌株活化培养基为PDA培养基。试验所用的猪舍垫料由福州万宇农牧有限公司提供，猪舍垫料为经猪舍垫圈使用18个月的废弃垫料，棉籽壳、木屑、麸皮、玉米粉应新鲜、干燥、无霉变，上述原料在50℃下烘干至恒重备用。选用木生菌生产上通用的培养料配方为对照，以垫料部分代替对照配方的棉籽壳、杂木屑和麸皮来设计试验配方处理。

2. 培养基配方

根据上述培养基配方称取原材料，混合拌匀，含水量控制在63%，装入30mm×200mm的试管，上紧下松，装料高度一致，塞上棉花塞，用聚丙烯薄膜封口。将已装好培养料的试管放到高压蒸汽灭菌锅中，高压126℃灭菌2h，灭菌冷却后放入超净工作台消毒待用。采用无菌操作，用打孔器在活化的平板菌种上，呈圆周形打取菌龄一致、直径为5mm的接种块，并将其接入试管料面中央。每个品种分别接种10组，共10个处理，每个处理3个重复，每个重复接种5支试管，将已接种的试管放入生化培养箱25 ℃暗培养。

3. 垫料成分测定

C、N的测定按国标《土壤有机质测定法》（NY/T 85—1988）的方法进行；P的测定按《饲料中总磷的测定　分光光度法》（GB/T 6437—2018）的方法进行；K的测定按《饲料中钙、铜、铁、镁、锰、钾、钠和锌含量的测定　原子吸收光谱法》（GB/T 13885—2017）的方法进行；纤维素、半纤维素、木质素的测定参考王加启等（2004）的方法。

4. 菌丝生长测定

当菌丝吃料1～2cm时，在菌丝前缘画线作为生长起始线，当菌丝即将长满试管时取出，在菌丝前缘再画一终止线，用尺子测量起始线与终止线之间的距离，计算菌丝生长速率，取平均值，同时记录菌丝长势（分别将不同处理的菌丝生长情况相互比较，用“+”号表示菌丝密度和生长势强弱）。用DPS进行数据处理和统计分析。

三、发酵垫料营养成分测定

由表7-1可知，垫料含氮量较高，达到1.63%，垫料碳氮比（C/N值）为19.20，均低于黄牛粪碳氮比21.69、猪粪碳氮比44.64、马粪碳氮比21.09、羊粪碳氮比24.98，但高于鸡粪碳氮比3.15和鸭粪碳氮比13.80；垫料碳氮比也低于玉米粉碳氮比22.30、麦麸碳氮比20.30、米糠碳氮比19.80，而高于豆饼碳氮比6.80。垫料碳氮比与食用菌栽培常用的麸皮、玉米粉的碳氮比接近，垫料所含的碳源和氮源以及纤维素等均适合一般食用菌利用。

表7-1　养猪发酵垫料主要营养成分

项目	C	N	TP	K	纤维素	半纤维素	木质素
垫料	31.3%	1.63%	1.89%	0.44%	22.5%	11.7%	19.6%

四、谷壳为主发酵垫料配方培养基对食用菌菌丝生长的影响

1. 对平菇菌丝生长的影响

由表 7-2 可知，对照组（CK）采用常规平菇培养基。平菇菌丝在垫料添加比例 10% ～ 50% 的培养基上均能生长，其菌丝生长速率均快于对照组，表明添加垫料可提高平菇菌丝的生长速率。随着垫料添加比例的提高，菌丝生长速率呈先升后降趋势，添加比例为 35%（配方 6）时，菌丝生长速率最快，达到 9.50mm/d，极显著快于对照组，随着垫料含量的进一步提高，菌丝生长速率逐渐变小。随着垫料添加比例的提高，菌丝长势呈先增强后变弱的趋势，添加比例为 30%、35%、40%（配方 5、配方 6、配方 7）时菌丝长势健壮，菌丝洁白浓密。添加比例为 35%（配方 6）时，菌丝生长速率和菌丝长势最佳，表明正确的发酵垫料的添加使平菇菌丝生长优于原培养基，发酵垫料可用于平菇培养基的配制，垫料添加 30% ～ 40% 为优，可以节省大量原料。

表 7-2　发酵垫料配方对平菇菌丝生长的影响

培养基中发酵垫料含量	菌丝长势	菌丝生长速率 /（mm/d）	差异显著性	
			0.05	0.01
CK（0%）	++	8.39±0.058	d	B
配方 1（10%）	++	8.42±0.252	d	B
配方 2（15%）	++	8.44±0.100	cd	B
配方 3（20%）	++	8.53±0.265	bcd	B
配方 4（25%）	++	8.77±0.249	b	B
配方 5（30%）	+++	9.20±0.075	a	A
配方 6（35%）	+++	9.50±0.140	a	A
配方 7（40%）	+++	9.43±0.117	a	A
配方 8（45%）	++	8.73±0.253	bc	B
配方 9（50%）	+	8.43±0.153	cd	B

注："+++"表示菌丝长势健壮、浓密；"++"表示菌丝长势一般；"+"表示菌丝长势稀疏。表中的数据为试验平均值 ±SD，小写字母表示差异显著（$P<0.05$），大写字母表示差异极显著（$P<0.01$），余同。

2. 对毛木耳菌丝生长的影响

由表 7-3 可知，对照组（CK）采用常规毛木耳培养基。毛木耳菌丝在垫料添加比例 10% ～ 50% 的培养基上均能生长，其菌丝生长速率均快于对照。随着垫料添加比例的提高，菌丝生长速率呈先升后降趋势，添加比例为 40%（配方 7）时，菌丝生长速率最快，达到 4.50mm/d，极显著快于对照组，随着垫料含量的进一步提高，菌丝生长速率逐渐减慢，当添加比例为 50%（配方 9）时，菌丝生长速率还极显著快于对照组。添加比例为 10%、15%、20%、25%、30%（配方 1、配方 2、配方 3、配方 4、配方 5）时菌丝长势和对照组相当，菌丝洁白、浓密，随着垫料添加比例的进一步提高，菌丝长势变弱，添加比例为 50%（配方 9）

时菌丝长势稀疏。表明正确的发酵垫料的添加使毛木耳菌丝生长优于原培养基，发酵垫料可用于毛木耳培养基的配制，垫料添加 10% ～ 30% 为优，可以节省大量原料。

表 7-3　发酵垫料配方对毛木耳菌丝生长的影响

培养基中发酵垫料含量	菌丝长势	菌丝生长速率 /（mm/d）	差异显著性	
			0.05	0.01
CK（0%）	+++	3.66±0.060	d	D
配方 1（10%）	+++	3.72±0.042	d	D
配方 2（15%）	+++	3.74±0.031	d	CD
配方 3（20%）	+++	3.80±0.097	c	BC
配方 4（25%）	+++	3.97±0.153	b	B
配方 5（30%）	+++	4.14±0.101	a	A
配方 6（35%）	++	4.41±0.137	a	A
配方 7（40%）	++	4.50±0.105	a	A
配方 8（45%）	++	4.46±0.030	a	A
配方 9（50%）	+	4.43±0.035	a	A

注：“+++”表示菌丝长势健壮、浓密；“++”表示菌丝长势一般；“+”表示菌丝长势稀疏。

3. 对金针菇菌丝生长的影响

由表 7-4 可知，对照组（CK）采用常规金针菇培养基。金针菇菌丝在垫料添加比例 10% ～ 50% 的培养基上均能生长，随着垫料添加比例的提高，菌丝生长速率呈先升后降趋势，添加比例为 35%（配方 6）时菌丝生长速率最快，达到 4.35mm/d，极显著快于对照组，随着垫料含量的进一步提高，菌丝生长速率逐渐减慢，当添加比例为 50%（配方 9）时菌丝生长速率最慢，和对照组没有差异。添加比例为 10%、15%、20%、25%（配方 1、配方 2、配方 3、配方 4）时菌丝长势和对照组相当，菌丝长势好、洁白浓密、粗壮有力，随着垫料添加比例的进一步提高，菌丝长势变弱，添加比例为 35%（配方 6）以上时菌丝明显稀疏、长势较弱。表明正确的发酵垫料的添加使金针菇菌丝生长优于原培养基，发酵垫料可用于金针菇培养基的配制，垫料添加 10% ～ 25% 为优，可以节省大量原料。

表 7-4　发酵垫料配方对金针菇菌丝生长的影响

培养基中发酵垫料含量	菌丝长势	菌丝生长速率 /（mm/d）	差异显著性	
			0.05	0.01
CK（0%）	+++	4.12±0.060	c	B
配方 1（10%）	+++	4.18±0.086	bc	AB
配方 2（15%）	+++	4.22±0.082	abc	AB
配方 3（20%）	+++	4.27±0.091	ab	AB
配方 4（25%）	+++	4.29±0.064	ab	AB

续表

培养基中发酵垫料含量	菌丝长势	菌丝生长速率 / (mm/d)	差异显著性	
			0.05	0.01
配方 5（30%）	++	4.33±0.104	a	A
配方 6（35%）	+	4.35±0.065	a	A
配方 7（40%）	+	4.25±0.115	abc	AB
配方 8（45%）	+	4.18±0.109	bc	AB
配方 9（50%）	+	4.11±0.062	c	B

注：“+++”表示菌丝长势健壮、浓密；“++”表示菌丝长势一般；“+”表示菌丝长势稀疏。

4. 对滑菇菌丝生长的影响

由表 7-5 可知，对照组（CK）采用常规滑菇菌培养基。滑菇菌丝在垫料添加比例 10% ～ 50% 的培养基上均能生长，当添加比例为 20%（配方 3）时菌丝生长速率最快，达到 4.52mm/d，极显著快于对照，随着垫料含量的进一步提高，菌丝生长速率逐渐减慢，当添加比例为 45%、50%（配方 8、配方 9）时菌丝生长速率显著慢于对照组。添加比例为 10%、15%、20%（配方 1、配方 2、配方 3）时菌丝长势和对照组相当，菌丝长势好、健壮浓密，随着垫料添加比例的进一步提高，菌丝长势一般。表明正确的发酵垫料的添加使滑菇菌丝生长优于原培养基，发酵垫料可用于滑菇菌培养基的配制，垫料添加 10% ～ 20% 为优，可以节省大量原料。

表 7-5 发酵垫料配方对滑菇菌丝生长的影响

培养基中发酵垫料含量	菌丝长势	菌丝生长速率 / (mm/d)	差异显著性	
			0.05	0.01
CK（0%）	+++	4.30±0.052	bc	BCD
配方 1（10%）	+++	4.39±0.049	ab	ABC
配方 2（15%）	+++	4.42±0.053	ab	AB
配方 3（20%）	+++	4.52±0.043	a	A
配方 4（25%）	++	4.33±0.193	bc	ABCD
配方 5（30%）	++	4.28±0.046	bcd	BCD
配方 6（35%）	++	4.24±0.060	cd	BCD
配方 7（40%）	++	4.21±0.052	cd	CD
配方 8（45%）	++	4.15±0.104	d	D
配方 9（50%）	++	3.86±0.046	e	E

注：“+++”表示菌丝长势健壮、浓密；“++”表示菌丝长势一般；“+”表示菌丝长势稀疏。

5. 对真姬菇菌丝生长的影响

由表 7-6 可知，对照组（CK）采用常规真姬菇培养基。真姬菇菌丝在垫料添加比例

10% ～ 50% 的培养基上均能生长，其菌丝生长速率均快于对照组。随着垫料添加比例的提高，菌丝生长速率呈先逐渐升高后下降趋势，添加比例为 20%（配方 3）以上时，菌丝生长速率显著快于对照组，添加比例为 45%（配方 8）时，菌丝生长速率最快，达到 2.60mm/d，极显著快于对照组，当添加比例为 50%（配方 9）时，菌丝生长速率还极显著快于对照组。添加比例为 10%、15%、20%、25%（配方 1、配方 2、配方 3、配方 4）时菌丝长势和对照组相当，菌丝长势好，菌丝洁白、粗壮、浓密，随着垫料添加比例的进一步提高，菌丝长势一般，添加比例为 50%（配方 9）时菌丝长势稀疏。表明正确的发酵垫料的添加使真姬菇菌丝生长优于原培养基，发酵垫料可用于真姬菇培养基的配制，垫料添加 10% ～ 25% 为优，可以节省大量原料。

表 7-6　发酵垫料配方对真姬菇菌丝生长的影响

培养基中发酵垫料含量	菌丝长势	菌丝生长速率 /（mm/d）	差异显著性	
			0.05	0.01
CK（0%）	+++	2.05±0.144	e	F
配方 1（10%）	+++	2.14±0.114	de	EF
配方 2（15%）	+++	2.19±0.055	de	DEF
配方 3（20%）	+++	2.22±0.040	cd	DEF
配方 4（25%）	+++	2.25±0.081	cd	CDEF
配方 5（30%）	++	2.29±0.058	cd	CDE
配方 6（35%）	++	2.36±0.029	bc	BCD
配方 7（40%）	++	2.47±0.190	ab	ABC
配方 8（45%）	++	2.60±0.050	a	A
配方 9（50%）	+	2.51±0.045	ab	AB

注：“+++”表示菌丝长势健壮、浓密；“++”表示菌丝长势一般；“+”表示菌丝长势稀疏。

五、椰糠为主发酵垫料配方培养基对食用菌菌丝生长的影响

1. 对高温平菇菌丝生长的影响

由表 7-7 可知，菌丝在所有配方上都能生长，随着垫料含量的逐渐提高，菌丝生长速率逐渐加快，添加比例为 30%（配方 3）的菌丝生长速率最快，达到 6.58mm/d；添加比例为 30% 以上，随着垫料含量的逐渐提高，菌丝生长速率逐渐减慢。随着垫料含量的提高，菌丝长势逐渐增强，添加比例为 20%、30% 和 40% 时，菌丝健壮旺盛、洁白浓密，添加比例为 50% 时，菌丝生长明显变弱。添加比例为 30%（配方 3）时，菌丝生长速率和菌丝长势达到最佳效果。

表 7-7　发酵垫料配方对高温平菇菌丝生长的影响

培养基中发酵垫料含量	菌丝长势	菌丝生长速率 /（mm/d）
CK（0%）	+++	6.37
配方 1（10%）	+++	6.38
配方 2（20%）	++++	6.42
配方 3（30%）	++++	6.58
配方 4（40%）	++++	5.96
配方 5（50%）	+++	4.59
配方 6（60%）	+++	4.90
配方 7（70%）	++	4.08
配方 8（80%）	++	3.74
配方 9（90%）	+	2.94
配方 10（100%）	+	2.75

注："++++"表示菌丝长势旺盛；"+++"表示菌丝长势健壮、浓密；"++"表示菌丝长势一般；"+"表示菌丝长势稀疏。

2. 对真姬菇菌丝生长的影响

由表 7-8 可知，菌丝在所有配方上都能生长，随着垫料含量的逐渐提高，菌丝生长速率逐渐加快，添加比例为 20%（配方 2）菌丝生长速率最快达到 2.38mm/d；添加比例为 30% 以上，随着垫料含量的逐渐提高，菌丝生长速率逐渐减慢。垫料添加比例为 0%、10%、20%、30%、40%、50% 的菌丝长势好，菌丝洁白、粗壮、浓密；添加比例为 60% 和 70% 时，菌丝长势一般；添加比例为 80% 以上的，菌丝长势较为稀疏。

表 7-8　发酵垫料配方对真姬菇菌丝生长的影响

培养基中发酵垫料含量	菌丝长势	菌丝生长速率 /（mm/d）
CK（0%）	+++	2.25
配方 1（10%）	+++	2.32
配方 2（20%）	++++	2.38
配方 3（30%）	+++	2.11
配方 4（40%）	+++	1.79
配方 5（50%）	+++	1.39
配方 6（60%）	++	1.36
配方 7（70%）	++	1.04
配方 8（80%）	+	1.00
配方 9（90%）	+	0.82
配方 10（100%）	+	0.79

注："++++"表示菌丝长势旺盛；"+++"表示菌丝长势健壮、浓密；"++"表示菌丝长势一般；"+"表示菌丝长势稀疏。

3. 对金针菇菌丝生长的影响

由表 7-9 可知，菌丝在所有配方上都能生长，添加比例为 10%（配方 1）的菌丝生长速率最快，达到 3.88mm/d；添加比例为 20% 以上，随着垫料含量的逐渐提高，菌丝生长速率逐渐减慢。垫料添加比例为 0%、10%、20%、30%、40%、50% 的菌丝长势好、洁白浓密、粗壮有力；添加比例为 60%、70%、80%、90% 的菌丝长势一般；添加比例为 100% 的，菌丝明显稀疏、长势变弱。

表 7-9　发酵垫料配方对金针菇菌丝生长的影响

培养基中发酵垫料含量	菌丝长势	菌丝生长速率 / (mm/d)
CK（0%）	+++	3.81
配方 1（10%）	++++	3.88
配方 2（20%）	+++	3.46
配方 3（30%）	+++	3.43
配方 4（40%）	+++	3.21
配方 5（50%）	+++	2.89
配方 6（60%）	++	2.76
配方 7（70%）	++	2.63
配方 8（80%）	++	2.44
配方 9（90%）	++	1.99
配方 10（100%）	+	1.97

注："++++" 表示菌丝长势旺盛；"+++" 表示菌丝长势健壮、浓密；"++" 表示菌丝长势一般；"+" 表示菌丝长势稀疏。

4. 对杏鲍菇菌丝生长的影响

由表 7-10 可知，菌丝在所有配方上都能生长，垫料添加比例为 10%（配方 1）的生长速率最快达到 4.59mm/d；添加比例大于 10%，随着垫料含量的逐渐提高，菌丝生长速率逐渐减慢。垫料添加比例为 0%、10%、20%、50% 时菌丝长势好；添加比例为 30%、40% 时菌丝生长健壮旺盛、洁白浓密。

表 7-10　发酵垫料配方对杏鲍菇菌丝生长的影响

培养基中发酵垫料含量	菌丝长势	菌丝生长速率 / (mm/d)
CK（0%）	+++	4.57
配方 1（10%）	+++	4.59
配方 2（20%）	+++	4.47
配方 3（30%）	++++	3.96
配方 4（40%）	++++	3.63
配方 5（50%）	+++	2.50
配方 6（60%）	++	2.45

续表

培养基中发酵垫料含量	菌丝长势	菌丝生长速率 / (mm/d)
配方 7（70%）	++	1.95
配方 8（80%）	++	1.62
配方 9（90%）	+	1.17
配方 10（100%）	+	0.90

注：“++++”表示菌丝长势旺盛；“+++”表示菌丝长势健壮、浓密；“++”表示菌丝长势一般；“+”表示菌丝长势稀疏。

5. 对茶树菇菌丝生长的影响

由表 7-11 可知，菌丝在所有配方上都能生长，垫料添加比例为 10%（配方 1）的菌丝生长速率最快达到 3.52mm/d；添加比例大于 10%，随着垫料含量的逐渐提高，菌丝生长速率逐渐减慢。添加比例为 0%、10% 的菌丝生长健壮旺盛，添加比例为 20%、30%、40%、50%、60% 的菌丝长势健壮、浓密。

表 7-11　发酵垫料配方对茶树菇菌丝生长的影响

培养基中发酵垫料含量	菌丝长势	菌丝生长速率 / (mm/d)
CK（0%）	++++	3.51
配方 1（10%）	++++	3.52
配方 2（20%）	+++	3.38
配方 3（30%）	+++	3.24
配方 4（40%）	+++	2.82
配方 5（50%）	+++	2.4
配方 6（60%）	+++	2.38
配方 7（70%）	++	1.90
配方 8（80%）	+	1.65
配方 9（90%）	+	1.49
配方 10（100%）	+	1.44

注：“++++”表示菌丝长势旺盛；“+++”表示菌丝长势健壮、浓密；“++”表示菌丝长势一般；“+”表示菌丝长势稀疏。

6. 对凤尾菇菌丝生长的影响

由表 7-12 可知，菌丝在所有配方上都能生长，对照组（CK）生产速率最快到达 6.49mm/d，随着垫料含量的逐渐提高，菌丝生长速率逐渐降低。垫料添加比例为 20%（配方 2）的菌丝长势旺盛，洁白、粗壮、浓密；添加比例为 0%、10%、30%、40% 的菌丝长势健壮、浓密。

表 7-12　发酵垫料配方对凤尾菇菌丝生长的影响

培养基中发酵垫料含量	菌丝长势	菌丝生长速率 /（mm/d）
CK（0%）	+++	6.49
配方 1（10%）	+++	6.23
配方 2（20%）	++++	6.05
配方 3（30%）	+++	5.89
配方 4（40%）	+++	5.59
配方 5（50%）	++	4.55
配方 6（60%）	++	4.10
配方 7（70%）	++	4.08
配方 8（80%）	+	3.43
配方 9（90%）	+	3.11
配方 10（100%）	+	2.70

注：“++++”表示菌丝长势旺盛；“+++”表示菌丝长势健壮、浓密；“++”表示菌丝长势一般；“+”表示菌丝长势稀疏。

7. 对灵芝菌丝生长的影响

由表 7-13 可知，除了垫料添加比例为 100% 的配方外，菌丝在其余所有配方上都能生长，添加比例为 10%（配方 1）的菌丝生长速率最快达到 6.14mm/d；添加比例大于 10%，随着垫料含量的逐渐提高，菌丝生长速率逐渐降低。添加比例为 10%、20% 的菌丝长势旺盛，洁白、粗壮、浓密；添加比例为 0%、30%、40%、50% 的菌丝长势健壮、浓密。

表 7-13　发酵垫料配方对灵芝菌丝生长的影响

培养基中发酵垫料含量	菌丝长势	菌丝生长速率 /（mm/d）
CK（0%）	+++	6.09
配方 1（10%）	++++	6.14
配方 2（20%）	++++	5.41
配方 3（30%）	+++	5.28
配方 4（40%）	+++	4.56
配方 5（50%）	+++	3.58
配方 6（60%）	++	3.33
配方 7（70%）	+	2.29
配方 8（80%）	+	1.08
配方 9（90%）	+	0.78
配方 10（100%）	—	0

注：“++++”表示菌丝长势旺盛；“+++”表示菌丝长势健壮、浓密；“++”表示菌丝长势一般；“+”表示菌丝长势稀疏；“—”表示菌丝没有生长。

8. 对灰树花菌丝生长的影响

由表 7-14 可知，除了垫料添加比例为 70%、80%、90% 和 100% 的配方外，菌丝在其余所有配方上都能生长，添加比例为 10%（配方 1）的菌丝生长速率最快达到 3.20 mm/d；添加比例大于 10%，随着垫料含量的逐渐提高，菌丝生长速率逐渐降低。添加比例为 10% 的菌丝长势旺盛，洁白、粗壮、浓密；添加比例为 0%、20%、30%、40% 的菌丝长势健壮、浓密。

表 7-14　发酵垫料配方对灰树花菌丝生长的影响

培养基中发酵垫料含量	菌丝长势	菌丝生长速率 / (mm/d)
CK（0%）	+ + +	3.16
配方 1（10%）	+ + + +	3.20
配方 2（20%）	+ + +	2.25
配方 3（30%）	+ + +	1.75
配方 4（40%）	+ + +	1.45
配方 5（50%）	+ +	1.22
配方 6（60%）	+	1.03
配方 7（70%）	—	0
配方 8（80%）	—	0
配方 9（90%）	—	0
配方 10（100%）	—	0

注:“+ + + +” 表示菌丝长势旺盛;“+ + +” 表示菌丝长势健壮、浓密;“+ +” 表示菌丝长势一般;“+” 表示菌丝长势稀疏;“—” 表示菌丝没有生长。

六、讨论与总结

1．常规谷壳垫料不同配方对 5 种食用菌菌丝生长的影响效果分析

本节通过对垫料培养平菇、毛木耳、金针菇、滑菇和真姬菇菌丝生长情况的研究发现，5 种食用菌菌丝在不同的垫料添加量配方上都能正常生长，适量垫料添加对 5 种食用菌菌丝的生长有促进作用，这可能与垫料含氮量较高及垫料原料中的木屑、谷壳等经过微生物充分发酵降解有关，有助于菌丝对养分吸收。

不同食用菌长势和生长速率在不同的配方上表现不同，滑菇在垫料添加比例为 20%（配方 3）的培养基上生长速率最快，而真姬菇在垫料添加比例为 45%（配方 8）的培养基上生长速率最快；当垫料添加比例为 50%（配方 9）时，毛木耳和真姬菇的菌丝生长速率极显著快于对照组，垫料对毛木耳和真姬菇的菌丝生长有明显促进作用。滑菇在垫料添加比例为 50%(配方 9) 的菌丝长势一般，垫料对滑菇菌丝长势影响较小；而金针菇在垫料添加比例 35%（配方 6）及以上时，菌丝长势明显变弱，垫料对金针菇菌丝长势影响加大。

添加适量垫料比例对 5 种食用菌菌丝的生长有明显的促进作用，可加快菌丝生长速率，

缩短菌丝培养时间，增强菌丝长势，提高菌丝活力。因此，添加适量垫料栽培毛木耳、滑菇、平菇、真姬菇和金针菇具有可能性，利用垫料栽培食用菌，既实现了废弃垫料资源化利用，又丰富了食用菌栽培的原料来源，降低了生产成本。垫料栽培食用菌具有良好的经济和生态效益，而其对此 5 种食用菌产量及品质的影响有待进一步研究。

2. 椰糠垫料不同配方对 8 种食用菌菌丝生长的影响效果分析

通过对垫料培养高温平菇、杏鲍菇、金针菇、真姬菇、茶树菇、凤尾菇、灵芝、灰树花菌丝生长情况的研究发现，高温平菇、杏鲍菇、金针菇、真姬菇、茶树菇、凤尾菇菌丝在不同的垫料添加量配方上都能正常生长，灵芝菌丝在垫料添加到 100% 的培养基上不能生长，灰树花菌丝在垫料添加到 70% 及以上的培养基上不能生长，高温平菇、真姬菇的垫料添加量可适当加大，但不宜超过 30%，其他菌株的垫料添加量控制在 10% 左右为宜。

第二节
发酵垫料食用菌培养基配方优化

一、杏鲍菇发酵垫料配方培养基的优化

1. 概述

杏鲍菇（*Pleurotus eryngii*）菌肉肥厚，质地脆嫩，风味独特，具有杏仁香味和鲍鱼味，故称“杏仁鲍鱼菇”，有“平菇王”“草原上的美味牛肝菌”之称。杏鲍菇分解纤维素、木质素和蛋白质的能力较强，而栽培杏鲍菇的主要大宗原料为木屑、棉籽壳和玉米芯。在食用菌产业快速发展的今天，虽然常规基质的使用仍然占据着主导地位，但是由于其价格的不断上涨，以及国家对环保节能要求的不断提高，许多新型栽培基质相继被研究出来并加以利用。

微生物发酵床养猪垫料中的木屑、谷壳等经过微生物发酵降解产生腐殖质、纤维素、木质素，垫料中富含有机质、氮、磷、钾以及铁、锰、镁、锌等营养物质，微生物发酵床养猪垫料中的木屑可被杏鲍菇分解利用，利用微生物发酵床养猪垫料栽培杏鲍菇，丰富了杏鲍菇产业的原料资源，降低了生产成本，实现了农业废弃垫料资源化利用，对农业生产的可持续发展有着积极意义。

2. 研究方法

（1）试验材料　杏鲍菇菌株由福建省益升食品有限公司提供。供试原料为新鲜、干燥、无霉变的棉籽壳、木屑、麸皮、玉米粉。分别称取三份棉籽壳、木屑、麸皮、玉米粉、垫料，烘干至恒重计算其含水量；猪舍垫料由福州万宇农牧有限公司提供，猪舍垫料为经猪舍垫圈使用 18 个月的废弃垫料。

选用目前生产上使用较多的栽培料配方为本试验各个处理的对照组，以垫料部分代替对照组（CK）配方的棉籽壳、杂木屑和麸皮来设计试验配方处理。设计试验配方见表 7-15。

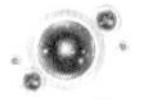

表 7-15　供试的 10 个杏鲍菇栽培料配方

单位：%

配方	垫料	杂木屑	棉籽壳	麸皮	玉米粉	轻质碳酸钙	石灰
CK	0	39	39	15	5	1	1
配方 1	10	29	39	15	5	1	1
配方 2	15	24	39	15	5	1	1
配方 3	20	19	39	15	5	1	1
配方 4	25	14	39	15	5	1	1
配方 5	30	14	34	15	5	1	1
配方 6	35	14	34	10	5	1	1
配方 7	40	14	34	5	5	1	1
配方 8	45	14	34	5	0	1	1
配方 9	50	14	34	0	0	1	1

（2）试验方法　将配制好的培养料装入聚丙烯塑料袋（17cm×33cm×0.005cm）中，装料时要用力压实，袋子中下部可稍松些。料高 15cm 并压实表面培养料。然后用一根打孔棒在培养料中央位置打孔至袋底，使料层中央形成一个通气道，以增加培养料的通透性，有利于菌丝生长。最后，清洁袋口，套上套环塞好棉塞。每配方 30 袋，每袋干料重 420g。126℃灭菌 2.5h，接种后及时移入发菌室，按杏鲍菇常规方法进行管理。接种后观察菌丝长势，记录、统计生长周期、单袋平均产量和生物转化率。

3. 发酵垫料配方对杏鲍菇生长的影响

菌丝培养 20d 长满袋后，继续 10d 左右后熟培养，移入出菇库进行出菇管理。从表 7-16 可知，随着垫料添加量的逐渐提高，菌丝长势逐渐增强，垫料添加量达 20% 时菌丝长势旺盛，浓密、粗壮、洁白；随着垫料添加量的逐渐提高，生长周期逐渐缩短，配方 8、配方 9 生长周期最短，和对照组相差 5d；垫料添加量 10% ～ 50% 时，每个处理都能正常出菇，适当比例垫料代替杂木屑，不仅不会影响产量，而且还可以促进产量提高；随着垫料添加量的逐渐提高，杏鲍菇单袋平均产量呈先升高后下降的趋势。配方 3 时，产量达到最高为 0.272 kg/ 袋，高于对照组 11.02%，生物转化率为 64.8%，配方 6 的产量和对照组有显著差异，垫料添加到 35% 以内都不会对单袋产量造成较大影响。

表 7-16　不同栽培料处理对杏鲍菇农艺性状的影响

配方	菌丝长势	生长周期 /d	单袋平均产量 /kg	生物转化率 /%
CK	+++	60	0.245±0.034 ab ABC	58.3
配方 1	+++	59	0.261±0.043 a AB	62.1
配方 2	+++	58	0.267±0.035 a A	63.6
配方 3	++++	58	0.272±0.032 a A	64.8
配方 4	++++	57	0.261±0.026 a AB	62.1
配方 5	+++	56	0.247±0.042 ab ABC	58.8

续表

配方	菌丝长势	生长周期 /d	单袋平均产量 /kg	生物转化率 /%
配方 6	+++	56	0.225±0.034 bc BCD	53.6
配方 7	+++	56	0.218±0.037 bcd CD	51.9
配方 8	++	55	0.209±0.027 cd CD	49.8
配方 9	++	55	0.191±0.012 d D	45.5

注："+"表示菌丝长势较弱；"++"表示菌丝长势一般；"+++"表示菌丝长势较好；"++++"表示菌丝长势旺盛。生物转化率表示每袋鲜菇产量与袋实际培养料干重的百分比。

4. 讨论与总结

本节证实，以垫料为主要原材料部分替代杏鲍菇生产中的木屑、棉籽壳和麸皮用于杏鲍菇生产也是可行的。当垫料添加量为 20%，产量达到最高；当垫料添加量达到 50%，生长周期最短，但产量较低，和对照组差异极显著。随着杏鲍菇产业规模化、工厂化的发展，杏鲍菇生产企业需要大量的原料，猪舍垫料为杏鲍菇栽培提供了很好的氮源，利用猪舍垫料作为杏鲍菇培养料，取代部分常规垫料中的棉籽壳、木屑、麸皮和玉米粉等，为企业节约了生产成本。

二、平菇发酵垫料配方培养基的优化

1. 概述

平菇（*Pleurotus ostreatus*）是世界上栽培量最大的食用菌之一，也是中国发展速度较快、种植面积较广、经济效益较高的食用菌种类。栽培平菇原料价格不断上涨，导致生产成本不断增加，经济效益下滑，因此，为了降低生产成本，寻求其他新型廉价食用菌栽培基质已成为食用菌产业亟待解决的问题。微生物发酵床养猪垫料中的木屑、谷壳等经过微生物发酵降解产生腐殖质、纤维素、木质素，垫料中富含有机质、氮、磷、钾以及铁、锰、镁、锌等营养物质，可为食用菌栽培基质提供丰富的养分。目前，垫料资源再利用技术研究还比较薄弱，一些废弃垫料基本是堆积闲置状态，造成了资源浪费及废弃物污染。近年来，随着微生物发酵床畜禽养殖技术逐渐发展、迅速推广，有关垫料用作有机肥的资源化应用技术已见报道，垫料在栽培双孢蘑菇上的应用也取得了理想效果，但关于垫料栽培平菇未见报道。为了充分利用垫料廉价资源，本节尝试利用垫料栽培平菇，探讨垫料的不同添加量对平菇菌丝长势、生长速率、产量的影响，筛选出适宜平菇栽培的垫料基质配方，旨在为利用垫料栽培平菇提供理论依据。

2. 研究方法

平菇菌株苏平 1 号由福建省农业科学院食用菌研究所保藏中心提供。供试原料为新鲜、干燥、无霉变的棉籽壳、木屑、麸皮、玉米粉。微生物发酵床养猪垫料（简称为垫料）由福州万宇农牧有限公司提供，为猪舍垫圈使用 18 个月的废弃垫料，经福建省农业科学院中心实验室检测，垫料总碳含量为 31.3%，总氮含量为 1.63%，总磷含量为 1.89%，总钾含量为

0.44%，木质素含量为 19.6%，纤维素含量为 22.5%，半纤维素含量为 11.7%。

选用目前生产上常用栽培料配方为对照：棉籽壳 75%，杂木屑 15%，麸皮 8%，石灰 2%。以垫料替代对照配方中的棉籽壳、杂木屑、麸皮，其比例分别为 10%（A10）、20%（A20）、30%（A30）、40%（A40）、50%（A50）、60%（A60）、70%（A70）、80%（A80）、90%（A90）、100%（A100），其他与对照组相同。

根据上述培养基配方称取原材料，混合拌匀，含水量控制在 63%，装入 30mm×200mm 的试管，高压 126℃灭菌 2h，灭菌冷却后放入超净工作台消毒待用。用打孔器在活化的平板菌种上，呈圆周形打取菌龄一致、直径为 5mm 的接种块，并将其接入试管料面中央。共 11 个处理，每个处理 3 个重复，每个重复接种 5 支试管，将已接种的试管放入生化培养箱 25℃暗培养。之后进行菌丝生长情况观察；将配制好的培养料装入聚丙烯塑料袋（17cm×33cm×0.005cm）中，每配方 30 袋，设 3 次重复，每袋干料重 0.420kg。126℃灭菌 2.5h，接种后及时移入发菌室，进行墙式立体栽培。

测定方法与统计分析。当菌丝吃料 1 ～ 2cm 时，在菌丝前缘画线作为生长起始线，当菌丝即将长满试管时取出，在菌丝前缘再画一终止线，用尺子测量起始线与终止线之间的距离，计算菌丝生长速率，取平均值，同时记录菌丝长势；接种后观察菌丝长势，记录菌丝满袋时间、单袋平均产量，前三潮的产量总和为每个重复的产量，计算生物转化率（生物转化率 = 每袋鲜菇产量 / 每袋干料质量 ×100%）。

磷含量的测定方法依照《饲料中总磷的测定　分光光度法》（GB/T 6437—2018），钾、钠、钙、镁、铁、锌和锰含量的测定方法依照《饲料中钙、铜、铁、镁、锰、钾、钠和锌含量的测定　原子吸收光谱法》（GB/T 13885—2017），砷含量的测定方法依照《饲料中总砷的测定》（GB/T 13079—2006），汞含量的测定方法依照《饲料中汞的测定》（GB/T 13081—2006），铅含量的测定方法依照《饲料中铅的测定　原子吸收光谱法》（GB/T 13080—2018），镉含量的测定方法依照《饲料中镉的测定方法》（GB/T 13082—1991），以上测定由福建省农业科学院中心实验室承担并完成。

所有数据均采用 Excel 2003 和 DPS 7.05 软件进行整理和统计分析。

3. 发酵垫料配方对平菇菌丝生长的影响

平菇菌丝在所有配方上都能生长，随着垫料含量的逐渐提高，菌丝生长速率逐渐加快，处理 A30 的菌丝生长速率最快，达到 7.32mm/d，极显著快于对照组；随着垫料含量的进一步提高，菌丝生长速率逐渐减慢，当垫料替代量达到 50% 以上时，各处理的菌丝生长速率均慢于对照组，与对照组差异极显著。随着垫料替代比例的提高，菌丝长势呈先增强后变弱的趋势，添加比例为 20%（A20）、30%（A30）、40%（A40）时菌丝生长旺盛，洁白、浓密，垫料替代比例到 50% 以上时，菌丝长势明显变弱。垫料替代比例为 30%（培养基中垫料含量为 29.4%）时，菌丝生长速度和菌丝长势最佳（表 7-17）。

表 7-17　不同垫料配方对平菇菌丝生长和产量的影响

处理	菌丝长势	菌丝生长速率 /（mm/d）	单袋平均产量 /（kg/ 袋）	生物转化率 /%
对照组	+++	6.93±0.139 c C	0.434±9.7 c C	103.25
A10	+++	7.02±0.085 bc BC	0.461±5.5 b AB	109.84

续表

处理	菌丝长势	菌丝生长速率 / (mm/d)	单袋平均产量 / (kg/ 袋)	生物转化率 /%
A20	++++	7.10±0.066 b BC	0.475±5.9 ab A	113.17
A30	++++	7.32±0.103 a A	0.483±8.4 a A	114.92
A40	++++	7.18±0.055 ab AB	0.462±4 b AB	110.00
A50	+++	5.64±0.087 d D	0.442±6.5 c BC	105.16
A60	+++	5.35±0.066 e E	0.403±15.5 d D	96.03
A70	++	4.75±0.08 f F	0.271±7.2 e E	64.44
A80	++	3.95±0.144 g G	0.206±17.2 f F	48.97
A90	+	3.12±0.065 h H	—	
A100	+	2.83±0.071i I	—	

注：“+”表示菌丝生长较弱；“++”表示菌丝生长一般；“+++”表示菌丝生长较好；“++++”表示菌丝生长旺盛；“—”表示未出菇。数据为试验平均值 ±SD。

4. 发酵垫料配方对平菇产量的影响

不同培养料配方对平菇产量的影响如表 7-17 所列，当垫料添加到 80% 时平菇菌丝还能生长出菇。回归分析结果表明（图 7-1），产量与垫料替代比例呈明显的抛物线关系（R^2=0.9771），产量呈现先升高后降低趋势，A30 的产量达到最高，单袋平均产量最高为 0.483kg，与对照组差异达到极显著水平（P<0.01），生物转化率为 114.92%，比对照组单袋产量提高 11.29%；A10、A20、A40 单袋平均产量也极显著高于对照组，当垫料添加比例到 60% 以上时，单袋平均产量逐渐降低，与对照组差异极显著（P<0.01），从图 7-1 关系方程得出，当垫料替代比例为 24.5% 时单袋平均产量达到最高 0.490kg。

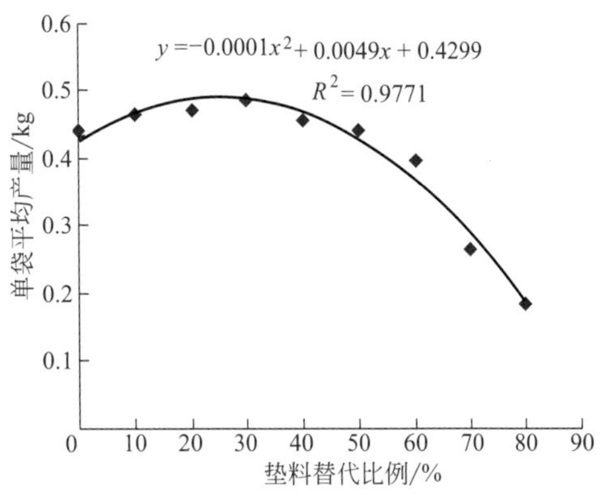

图 7-1　不同替代量垫料的培养料栽培平菇的单袋平均产量

5. 发酵垫料配方对平菇子实体元素含量的影响

重金属铅（Pb）、镉（Cd）、砷（As）和汞（Hg）含量：依据《绿色食品　食用菌》(NY/T 749—2018)，食用菌子实体干品重金属标准：Pb ≤ 2.0mg/kg，Cd ≤ 1.0（香菇≤ 2.0，姬松茸≤ 5.0)mg/kg，As ≤ 1.0mg/kg，Hg ≤ 0.2mg/kg。由表 7-18 可知，在测定的所有处理中，平菇子实体重金属砷、铅和镉的含量都符合绿色食品标准；A50 和 A60 中的汞含量超过绿色食品标准，为了使平菇子实体中汞的含量符合绿色食品标准，平菇栽培基质中的垫料替代量以控制在 40%（培养基中垫料含量为 39.2%）以内为宜。

表 7-18　不同栽培料对平菇子实体中重金属元素含量的影响

测定项目	对照组	A10	A20	A30	A40	A50	A60
As/(mg/kg)	0.166	0.051	0.099	0.108	0.164	0.204	0.192
Hg/(mg/kg)	0.006	0.071	0.108	0.165	0.159	0.249	0.393
Pb/(mg/kg)	<0.5	<0.5	<0.5	<0.5	<0.5	<0.5	<0.5
Cd/(mg/kg)	<0.1	0.28	0.18	<0.22	<0.21	<0.22	<0.21

6. 讨论与总结

利用垫料栽培平菇试验结果表明，垫料栽培平菇确实可行，添加适量的垫料可促进平菇菌丝生长。垫料中的木屑经过微生物发酵分解，更有利于平菇菌丝的吸收。配方 A30 栽培平菇效果较好，不但明显提高了产量，还缩短了菌丝培养时间。

当垫料替代量控制在 40% 以内，本试验中的发酵床养猪垫料中 4 种有害重金属含量均在相关标准限量范围内，各处理子实体中铅、镉、砷和汞含量均符合国家食用菌绿色食品标准。

利用微生物发酵床养猪垫料栽培平菇，丰富了平菇产业的原料资源，降低了生产成本，实现了废弃垫料资源化利用，对农业生产的可持续发展有着积极意义。

三、毛木耳发酵垫料配方培养基的优化

1. 概述

毛木耳（*Auricularia polytricha*）隶属于木耳属，与黑木耳（*Auricularia auricular*）同属，是黄背木耳和白背木耳等的总称，为我国的主栽食用菌和重要出口食用菌。栽培毛木耳的主要原料为木屑、棉籽壳和玉米芯，但随着原材料的价格不断上涨，导致生产成本不断增加，经济效益下滑。垫料资源再利用技术研究还比较薄弱，一些废弃垫料基本是堆积闲置状态，造成了资源浪费及废弃物污染。近年来，随着微生物发酵床畜禽养殖技术逐渐发展、迅速推广，有关垫料用作有机肥的资源化应用技术已见报道，垫料在栽培双孢蘑菇的应用上也取得了理想效果，关于垫料栽培毛木耳未见报道。为了充分利用垫料廉价资源，笔者尝试利用垫料栽培毛木耳，筛选出适宜毛木耳栽培的垫料基质配方，同时对其子实体矿质元素含量和铅、镉、砷、汞重金属含量进行了研究，旨在降低毛木耳生产成本、改善培养料成分，为构建垫料栽培食用菌循环利用技术体系奠定了基础。

2. 研究方法

（1）试验材料　毛木耳菌株 781 由福建省农业科学院食用菌研究所保藏中心提供。供试原料为新鲜、干燥、无霉变的棉籽壳、木屑、麸皮、玉米粉。废弃微生物发酵床养猪垫料（简称为垫料）由福州万宇农牧有限公司提供，垫料由木屑和谷壳按照 1∶1 的比例混合，加入福建省农业科学院农业生物资源研究所研发的“零排放 1 号”发酵菌剂 1000 倍液至垫料含水量为 45% 左右。本试验使用的废弃垫料为猪舍垫圈使用 18 个月的废弃垫料，选用目前生产上常用栽培料配方为对照组（CK），以垫料部分代替对照组配方的棉籽壳、杂木屑和麸皮，设计试验配方见表 7-19。

表 7-19　供试的 10 个栽培料配方

单位：%

配方	垫料	木屑	棉籽壳	麸皮
对照组	0	70	17	10
A1	10	63	15	9
A2	20	56	13	8
A3	30	49	11	7
A4	40	42	9	6
A5	50	35	7	5
A6	60	28	5	4
A7	70	19	5	3
A8	80	10	5	2
A9	90	4	2	1
A10	100	0	0	0

注：对照组和 A1 ～ A9 含有 1% 石膏、1% 石灰、1% 轻质碳酸钙，含水量为 63%。

（2）菌袋制作　将配制好的培养料装入聚丙烯塑料袋（17cm×33cm×0.005cm）中，每配方 30 袋，设 3 次重复，每袋干料重 0.420kg。126℃灭菌 2.5h，接种后及时移入发菌室，进行墙式立体栽培。采收后的新鲜子实体置于 50℃烘干箱中烘干，粉碎机粉碎至约 50 目大小的颗粒，粉碎好的样品用作检测。

（3）测定处理与统计分析　接种后观察菌丝长势，记录菌丝满袋时间、单袋平均产量，测定的产量为前三潮产量的总和，计算生物转化率（生物转化率 = 每袋鲜菇产量 / 每袋干料质量 ×100%）。毛木耳子实体的主要元素及重金属含量测定由福建省农业科学院中心实验室承担并完成。所有数据均采用 DPS 软件进行差异显著性分析。

3. 发酵垫料配方栽培毛木耳重金属残留量检测

垫料中重金属 As、Hg、Pb 和 Cd 残留量分别为 1.63mg/kg、0.08mg/kg、1.79mg/kg 和 0.47mg/kg，参照《农用污泥污染物控制标准》（GB 4284—2018），垫料中砷、汞、铅、镉重金属含量均在标准限量范围内。

4. 发酵垫料配方对毛木耳生长的影响

不同培养料配方对毛木耳菌丝长势、菌丝满袋时间和单袋平均产量的影响如表 7-20 所列，当垫料添加到 90% 时，毛木耳菌丝还能生长出菇，在培养基 A2、A3、A4 上的菌丝生长旺盛、洁白、浓密，菌丝长势最好；随着垫料添加量的逐渐提高，菌丝满袋时间逐渐缩短，垫料添加到 80% 以上时，菌丝满袋天数缩短到 40d 以内；A2、A3 袋单产极显著高于对照组，垫料添加到 30% 时毛木耳单袋平均产量最高为 269g，比对照组单袋产量提高 11.16%，生物转化率为 64.05%，垫料添加到 40% 以上时单袋平均产量显著低于配方 A3。

表 7-20 不同培养料配方对毛木耳菌丝和子实体生长的影响

处理	菌丝长势	菌丝满袋时间 /d	单袋平均产量 /g	生物转化率 /%
对照组	+++	45±2	242±5.9 cd BC	57.54
A1	+++	44±2	258±6.0 ab AB	61.35
A2	++++	44±2	265±7.0 ab A	63.17
A3	++++	43±1	269±6.6 a A	64.05
A4	++++	43±1	252±10 bc AB	60.00
A5	+++	42±2	232±5.1 d C	55.32
A6	+++	41±1	145±5.6 e D	34.52
A7	++	41±2	111±15.4 f E	26.35
A8	++	39±2	51±6.1 g F	12.22
A9	+	38±1	41±4.0 g F	9.76
A10	—			

注：“+”表示菌丝生长较弱；“++”表示菌丝生长一般；“+++”表示菌丝生长较好；“++++”表示菌丝生长旺盛；“—”表示菌丝未生长。数据为试验平均值 ±SD。

5. 发酵垫料配方对毛木耳子实体元素含量的影响

（1）元素磷、钾、钠、钙、镁、铁、锌和锰含量　由表 7-21 可知，各处理子实体中磷和钾含量随着垫料添加量的增加而升高，A6 子实体的磷和钾含量最高，比对照组高 127.8% 和 59.8%；各处理子实体中钠、镁、锌和锰含量都要高于对照组的含量，与对照组差异明显，A5 子实体中的钠含量最高，比对照组高 163.74%；A6 子实体中的镁和锌含量最高，比对照组高 84.08% 和 73.08%；A2 子实体中的锰含量最高，比对照组高 50.51%；A5 子实体中的铁和 A1 子实体中的钙含量分别比对照组高 185.47% 和 22.47%。

表 7-21 不同栽培料对毛木耳子实体中磷、钾、钠等元素以及重金属元素含量的影响

测定项目	对照组	A1	A2	A3	A4	A5	A6
P/%	0.18	0.19	0.22	0.30	0.32	0.34	0.41
K/%	0.97	0.90	0.88	1.22	1.24	1.24	1.55
Na/(mg/kg)	597.10	687.20	829.30	820.07	902.90	1574.80	984.40
Ca/(mg/kg)	1086.00	1330.00	1317.00	1278.00	1131.00	910.00	1034.00
Mg/(mg/kg)	1113.67	1651.29	1835.88	2034.45	1892.85	1887.15	2050.06
Fe/(mg/kg)	108.28	91.38	86.58	114.80	108.77	309.11	207.28
Zn/(mg/kg)	10.40	12.42	13.42	16.49	15.14	17.03	18.00
Mn/(mg/kg)	3.90	5.58	5.87	5.68	3.99	4.96	4.99
As /(mg/kg)	0.035	0.067	0.061	0.092	0.147	0.147	0.22
Hg /(mg/kg)	0.032	0.018	0.13	0.074	0.045	0.11	0.161
Pb /(mg/kg)	<0.5	<0.5	<0.5	<0.5	<0.5	<0.5	<0.5
Cd /(mg/kg)	<0.1	<0.1	<0.1	<0.1	<0.1	<0.1	<0.1

（2）重金属 Pb、Cd、As 和 Hg 含量　依据《绿色食品　食用菌》（NY/T 749—2018），食用菌子实体干品重金属标准：Pb ≤ 2.0mg/kg，Cd ≤ 1.0（香菇≤ 2.0，姬松茸≤ 5.0）mg/kg，As ≤ 1.0mg/kg，Hg ≤ 0.2mg/kg。由表 7-21 可知，供试培养料栽培的毛木耳子实体中四种重金属含量都符合绿色食品标准；在不同处理中，毛木耳子实体中砷的含量随着垫料含量的增加而逐渐升高，而毛木耳子实体中汞的含量表现各异。

6. 讨论与总结

利用垫料栽培毛木耳试验结果表明，垫料栽培毛木耳确实可行，与其他原料按照一定配比组合完全可以满足毛木耳菌丝生长及子实体生长发育的营养要求。垫料中的木屑经过微生物发酵分解，更有利于毛木耳菌丝的吸收。配方 A3 栽培毛木耳效果较好，不但明显提高了产量，还缩短了生长周期，而且子实体中的矿质元素含量也高于对照组。

利用微生物发酵床养猪垫料栽培毛木耳，丰富了毛木耳产业的原料资源，降低了生产成本，实现了废弃垫料资源化利用，对农业生产的可持续发展有着积极意义。

四、茶树菇发酵垫料配方培养基的优化

1. 概述

茶树菇又名茶薪菇，在分类学上隶属真菌门，担子菌亚门，层菌纲，伞菌目，粪锈伞科，田头菇属。茶树菇风味浓郁，口感极佳，营养丰富，含有 18 种氨基酸和多种矿质元素，其中 8 种氨基酸为人体必需氨基酸。近年来迅速发展成我国食用菌的主要栽培品种之一。野生茶树菇通常生长在腐朽的油茶树的树枝和树根上，野生茶树菇天然美味、风味独特，但是数量极为稀少。人工栽培茶树菇通常以棉籽壳和木屑为主要原材料，随着食用菌产业发展，对原材料的需求急剧增大，菌林矛盾日益突出，木屑的供应逐渐受限。为了开辟新型茶树菇栽培原材料，同时保持和增强茶树菇特有的品质和风味，本节在基础培养料基础上，分别添加不同比例的垫料进行栽培试验，探究对茶树菇产量、品质的影响，为茶树菇优质、高效栽培提供依据。

2. 研究方法

供试菌种为茶新菇 6 号，由福建省农业科学院土壤与肥料研究所食用菌组提供。培养料基础配方为棉籽壳 89%、麦皮 10%、碳酸钙 1%。试验共设 7 个处理，在基础培养料基础上，分别添加垫料用量为 0%（对照组，B0）、10%（B1）、20%（B2）、30%（B3）、40%（B4）、50%（B5）、60%（B6）。

按照 1∶1.6 的料水比将垫料加入培养料中拌匀，pH 值调到 8 为止。后装入塑料袋，每袋装干料 250g，套上封口环，环内塞棉花，高压灭菌。待垫料温度冷却至 26℃左右接种，每处理 5 个重复，每重复 10 袋。接种后的菌袋直立于培养室架上避光培养。培养温度 25 ～ 26℃，空气湿度 70% ～ 75%，菌丝满袋后移入栽培室。栽培室温度控制在 23 ～ 26℃，空气湿度控制在 88% ～ 93% 之间，待子实体菌盖边缘内卷，孢子尚未弹射前采收，将不同垫料用量下样品置于 65℃烘干箱内，以烘干法计算其含水量，粉碎后进行样品分析。

测定方法与统计分析：子实体中的氨基酸含量用日立 8801 型氨基酸自动分析仪测定，

重复 3 次。所有的数据处理应用 Excel 2003 和 DPS 7.05 软件进行统计分析。

3. 发酵垫料配方对茶树菇第一茬产量的影响

由图 7-2 可知，垫料用量为 10% 和 20% 处理的茶树菇产量平均比对照组分别提高了 47.85% 和 26.43%，差异达到极显著水平（$P<0.01$）；垫料用量为 30%、40% 和 50% 处理的茶树菇产量平均比对照组分别提高了 12.42%、6.25% 和 1.70%，差异不显著。垫料用量为 60% 处理的茶树菇产量平均比对照组减少了 7.01%，差异不显著。

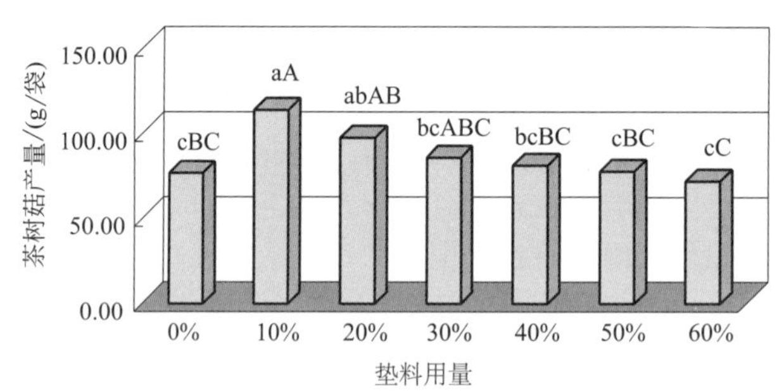

图 7-2　垫料用量对茶树菇第一茬产量的影响

图中的小写字母表示差异显著（$P<0.05$），大写字母表示差异极显著（$P<0.01$），余同

4. 发酵垫料配方对茶树菇第一茬中的各种氨基酸含量的影响

（1）对茶树菇第一茬中的天冬氨酸含量的影响　由图 7-3 可知，垫料用量为 20% 处理的茶树菇天冬氨酸含量平均比对照组提高了 19.65%，差异达到极显著水平（$P<0.01$）；垫料用量为 10%、30%、40%、50% 和 60% 处理的茶树菇中天冬氨酸含量平均比对照组分别减少了 5.20%、8.09%、17.92%、20.81% 和 19.08%，差异达到极显著水平（$P<0.01$）。

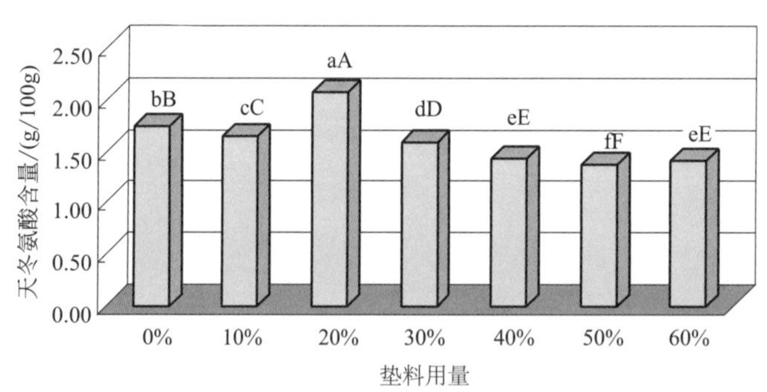

图 7-3　垫料用量对茶树菇第一茬中的天冬氨酸含量的影响

（2）对茶树菇第一茬中的苏氨酸含量的影响　由图 7-4 可知，垫料用量为 20% 处理的茶树菇苏氨酸含量平均比对照组提高了 11.34%，差异达到极显著水平（$P<0.01$）；垫料用量为 10%、30%、40%、50% 和 60% 处理的茶树菇中苏氨酸含量平均比对照组分别减少了 4.12%、3.10%、9.28%、10.31% 和 18.56%，差异达到极显著水平（$P<0.01$）。

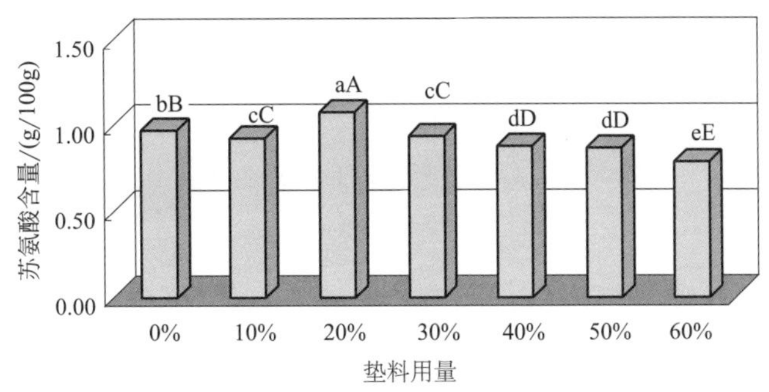

图 7-4　垫料用量对茶树菇第一茬中的苏氨酸含量的影响

（3）不同垫料用量对茶树菇第一茬中的丝氨酸含量的影响　由图 7-5 可知，垫料用量为 20% 处理的茶树菇丝氨酸含量平均比对照组提高了 12.63%，差异达到极显著水平（$P<0.01$）；垫料用量为 10%、30%、40%、50% 和 60% 处理的茶树菇中丝氨酸含量平均比对照组分别减少了 5.26%、6.32%、13.68%、11.58% 和 21.10%，差异达到极显著水平（$P<0.01$）。

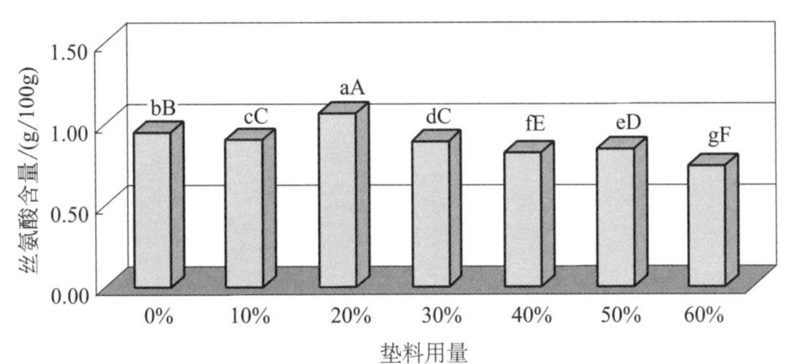

图 7-5　垫料用量对茶树菇第一茬中的丝氨酸含量的影响

（4）对茶树菇第一茬中的谷氨酸含量的影响　由图 7-6 可知，垫料用量为 20% 处理的茶树菇谷氨酸含量平均比对照组提高了 7.17%，差异达到极显著水平（$P<0.01$）；垫料用量为 10%、40%、50% 和 60% 处理的茶树菇中谷氨酸含量平均比对照组分别减少了 1.63%、7.49%、3.26% 和 19.54%，差异达到极显著水平（$P<0.01$）。

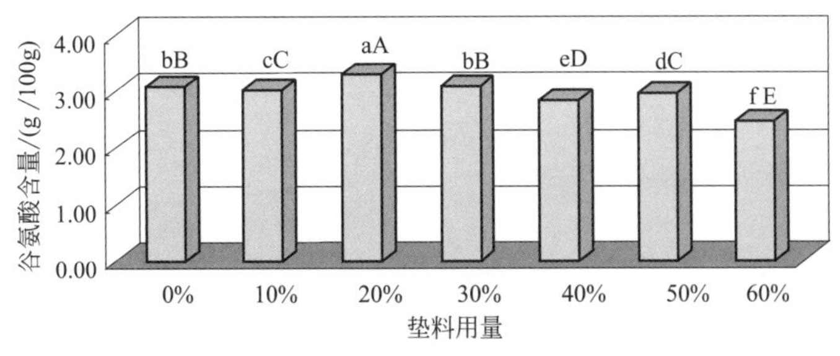

图 7-6　垫料用量对茶树菇第一茬中的谷氨酸含量的影响

（5）对茶树菇第一茬中的甘氨酸含量的影响　由图 7-7 可知，垫料用量为 20% 处理的茶树菇甘氨酸含量平均比对照组提高了 13.25%，差异达到极显著水平（$P<0.01$）；垫料用量为 10%、30%、40%、50% 和 60% 处理的茶树菇中甘氨酸含量平均比对照组分别减少了 4.82%、2.41%、10.84%、8.43% 和 20.48%，差异达到极显著水平（$P<0.01$）。

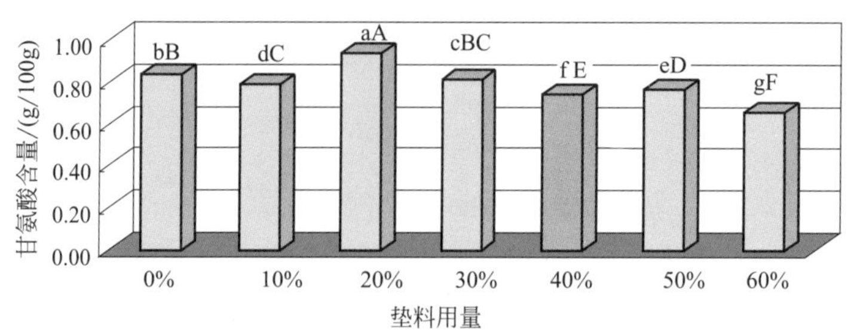

图 7-7　垫料用量对茶树菇第一茬中的甘氨酸含量的影响

（6）对茶树菇第一茬中的丙氨酸含量的影响　由图 7-8 可知，垫料用量为 20% 处理的茶树菇丙氨酸含量平均比对照组提高了 1.49%，差异水平不显著；垫料用量为 10%、30%、40%、50% 和 60% 处理的茶树菇中丙氨酸含量平均比对照组分别减少了 10.45%、6.72%、13.43%、12.69% 和 16.42%，差异达到极显著水平（$P<0.01$）。

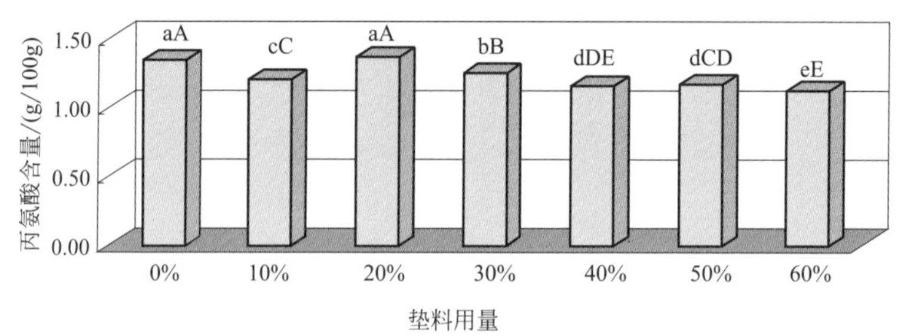

图 7-8　垫料用量对茶树菇第一茬中的丙氨酸含量的影响

（7）对茶树菇第一茬中的胱氨酸含量的影响　由图 7-9 可知，垫料用量为 20% 和 30% 处理的茶树菇天冬氨酸含量平均比对照组分别提高了 28.57% 和 14.29%，差异达到极显著水平（$P<0.01$）；垫料用量为 10%、40% 和 50% 处理的茶树菇中天冬氨酸含量平均比对照组分别减少了 4.76%、4.76% 和 19.05%，差异达到极显著水平（$P<0.01$）。

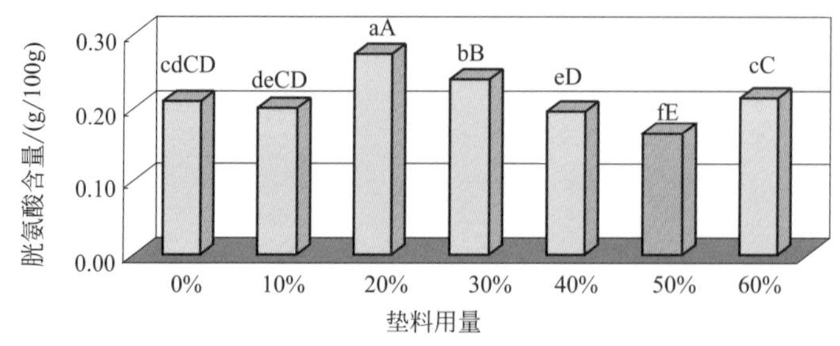

图 7-9　垫料用量对茶树菇第一茬中的胱氨酸含量的影响

（8）对茶树菇第一茬中的缬氨酸含量的影响 由图 7-10 可知，垫料用量为 20% 处理的茶树菇缬氨酸含量平均比对照组提高了 8.57%，差异达到极显著水平（$P<0.01$）；垫料用量为 10%、30%、40%、50% 和 60% 处理的茶树菇中缬氨酸含量平均比对照组分别减少了 5.71%、4.76%、12.38%、13.33% 和 22.86%，差异达到极显著水平（$P<0.01$）。

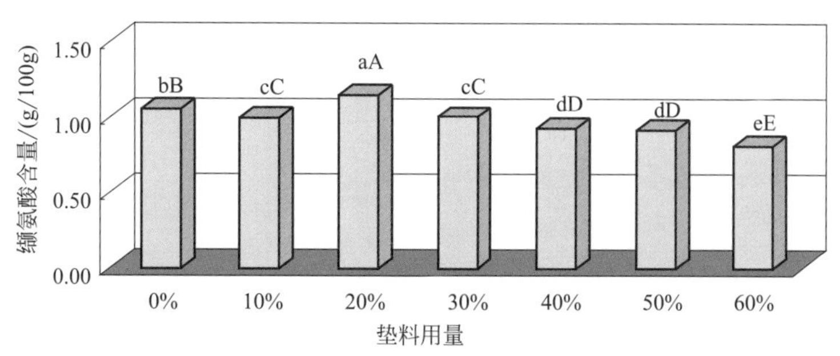

图 7-10 垫料用量对茶树菇第一茬中的缬氨酸含量的影响

（9）对茶树菇第一茬中的甲硫氨酸含量的影响 由图 7-11 可知，垫料用量为 10%、20%、30% 和 40% 处理的茶树菇甲硫氨酸含量平均比对照组分别提高了 5.88%、29.41%、11.76% 和 11.76%，差异达到极显著水平（$P<0.01$）；垫料用量为 60% 处理的茶树菇中甲硫氨酸含量平均比对照组减少了 5.88%，差异水平不显著。

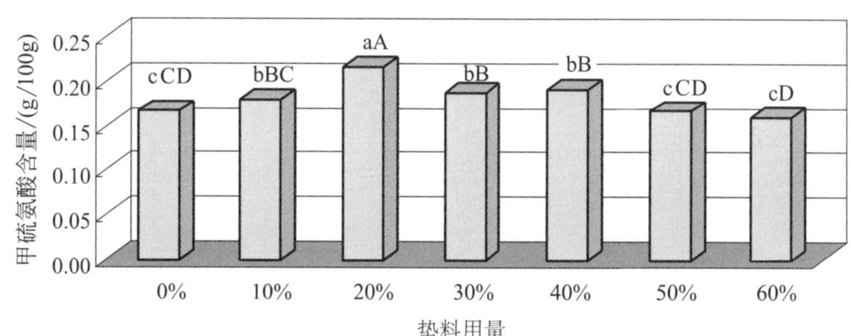

图 7-11 垫料用量对茶树菇第一茬中的甲硫氨酸含量的影响

（10）对茶树菇第一茬中的异亮氨酸含量的影响 由图 7-12 可知，垫料用量为 20% 处理的茶树菇异亮氨酸含量平均比对照组提高了 3.33%，差异达到极显著水平（$P<0.01$）；垫料用量为 30%、40%、50% 和 60% 处理的茶树菇中异亮氨酸含量平均比对照组分别减少了 2.67%、6.00%、10.67% 和 14.67%，差异达到极显著水平（$P<0.01$）。

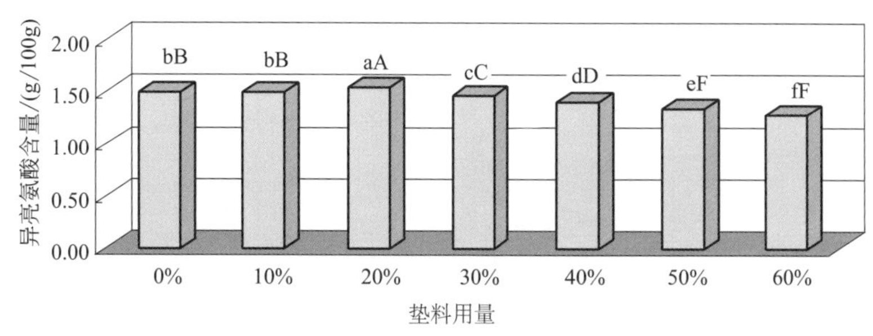

图 7-12 垫料用量对茶树菇第一茬中的异亮氨酸含量的影响

（11）对茶树菇第一茬中的亮氨酸含量的影响　由图 7-13 可知，垫料用量为 20% 处理的茶树菇亮氨酸含量平均比对照组提高了 11.36%，差异达到极显著水平（P<0.01）；垫料用量为 10%、30%、40%、50% 和 60% 处理的茶树菇中亮氨酸含量平均比对照组分别减少了 3.79%、3.79%、9.09%、9.85% 和 18.94%，差异达到显著或极显著水平。

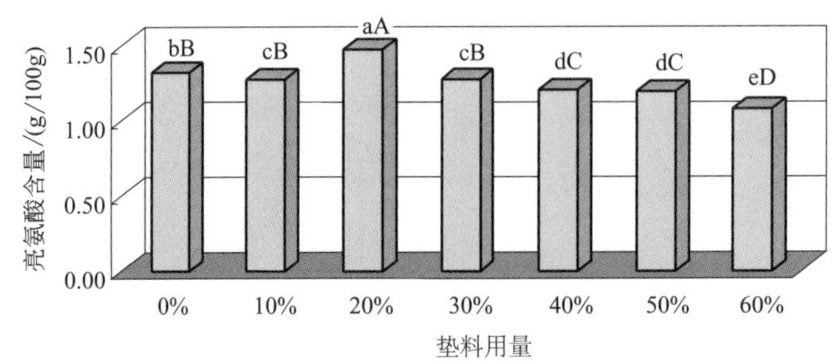

图 7-13　垫料用量对茶树菇第一茬中的亮氨酸含量的影响

（12）对茶树菇第一茬中的酪氨酸含量的影响　由图 7-14 可知，垫料用量为 10%、20% 和 30% 处理的茶树菇酪氨酸含量平均比对照组分别提高了 5.77%、19.23% 和 9.62%，差异达到极显著水平（P<0.01）；垫料用量为 50% 和 60% 处理的茶树菇中酪氨酸含量平均比对照组分别减少了 5.77% 和 15.38%，差异达到极显著水平（P<0.01）。

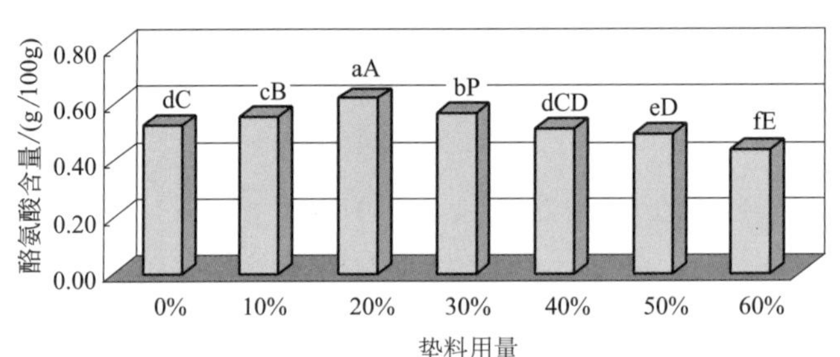

图 7-14　垫料用量对茶树菇第一茬中的酪氨酸含量的影响

（13）对茶树菇第一茬中的苯丙氨酸含量的影响　由图 7-15 可知，垫料用量为 20% 处理的茶树菇苯丙氨酸含量平均比对照组提高了 12.86%，差异达到极显著水平（P<0.01）；垫料用量为 10%、30%、40%、50% 和 60% 处理的茶树菇中苯丙氨酸含量平均比对照组分别减少了 8.57%、8.57%、17.14%、14.28% 和 22.86%，差异达到极显著水平（P<0.01）。

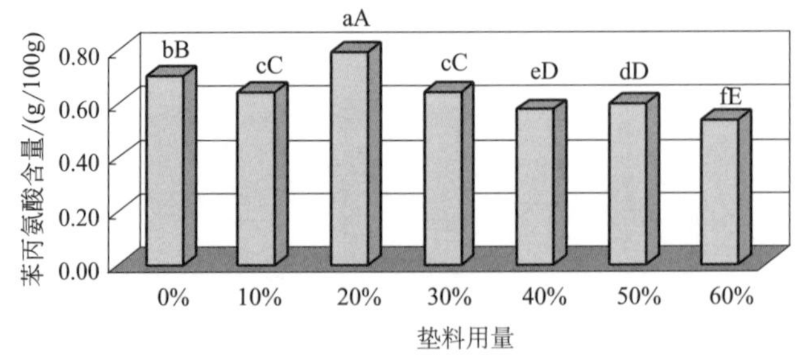

图 7-15　垫料用量对茶树菇第一茬中的苯丙氨酸含量的影响

（14）对茶树菇第一茬中的赖氨酸含量的影响　由图 7-16 可知，垫料用量为 20% 处理的茶树菇赖氨酸含量平均比对照组提高了 13.59%，差异达到极显著水平（$P<0.01$）；垫料用量为 10%、30%、40%、50% 和 60% 处理的茶树菇中赖氨酸含量平均比对照组分别减少了 7.77%、4.85%、14.56%、10.68% 和 21.36%，差异达到极显著水平（$P<0.01$）。

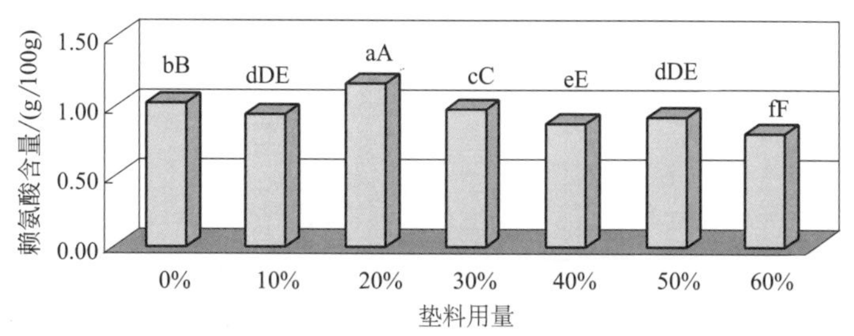

图 7-16　垫料用量对茶树菇第一茬中的赖氨酸含量的影响

（15）对茶树菇第一茬中的组氨酸含量的影响　由图 7-17 可知，垫料用量为 20% 和 30% 处理的茶树菇组氨酸含量平均比对照组分别提高了 10.00% 和 7.50%，差异达到极显著水平（$P<0.01$）；垫料用量为 10%、40%、50% 和 60% 处理的茶树菇中组氨酸含量平均比对照组分别减少了 5.00%、5.00%、5.00% 和 17.50%，差异达到极显著水平（$P<0.01$）。

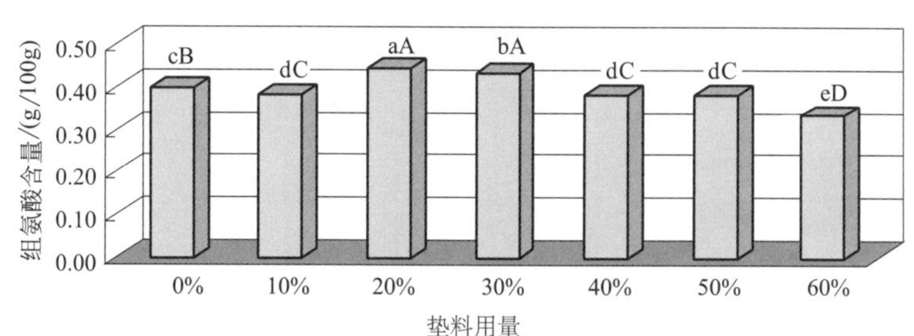

图 7-17　垫料用量对茶树菇第一茬中的组氨酸含量的影响

（16）对茶树菇第一茬中的精氨酸含量的影响　由图 7-18 可知，垫料用量为 20% 和 30% 处理的茶树菇精氨酸含量平均比对照组分别提高了 13.27% 和 2.04%，差异达到极显著水平（$P<0.01$）；垫料用量为 40%、50% 和 60% 处理的茶树菇中精氨酸含量平均比对照组分别减少了 8.16%、7.14% 和 20.41%，差异达到极显著水平（$P<0.01$）。

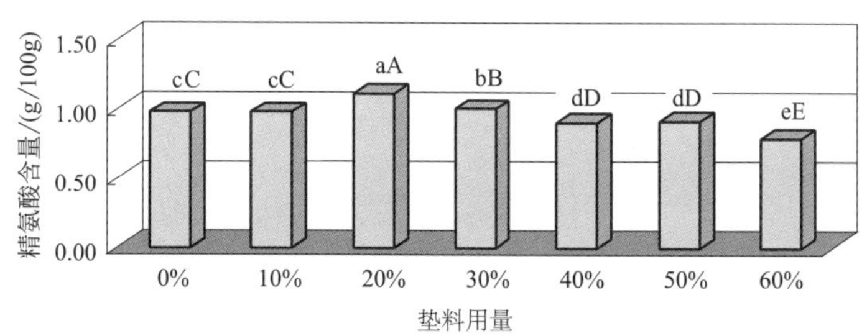

图 7-18　垫料用量对茶树菇第一茬中的精氨酸含量的影响

（17）对茶树菇第一茬中的脯氨酸含量的影响　由图 7-19 可知，垫料用量为 20% 处理的茶树菇脯氨酸含量平均比对照组提高了 20.90%，差异达到极显著水平（$P<0.01$）；垫料用量为 40%、50% 和 60% 处理的茶树菇中脯氨酸含量平均比对照组分别减少了 7.46%、4.48% 和 19.40%，差异达到极显著水平（$P<0.01$）。

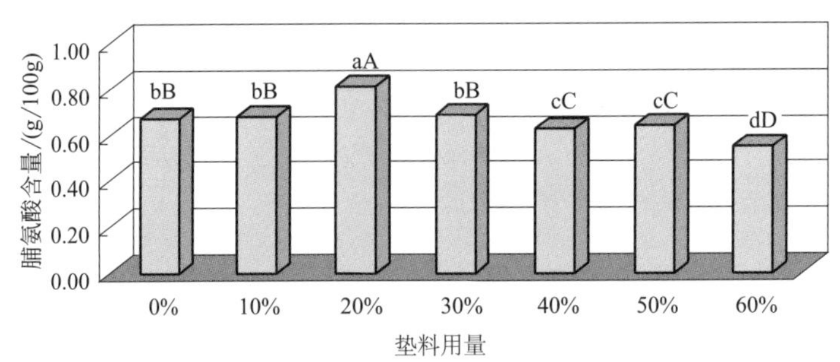

图 7-19　垫料用量对茶树菇第一茬中的脯氨酸含量的影响

（18）对茶树菇第一茬中的氨基酸总量的影响　由图 7-20 可知，垫料用量为 20% 处理的茶树菇氨基酸总量平均比对照组提高了 11.30%，差异达到极显著水平（$P<0.01$）；垫料用量为 10%、30%、40%、50% 和 60% 处理的茶树菇中氨基酸总量平均比对照组分别减少了 3.56%、2.24%、10.21%、9.87% 和 18.76%，差异达到极显著水平（$P<0.01$）。

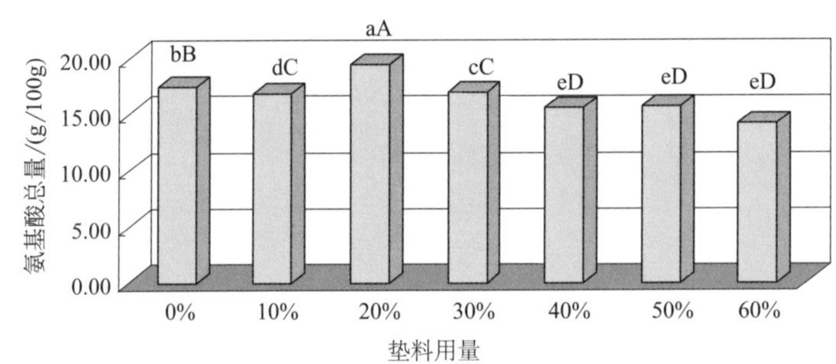

图 7-20　垫料用量对茶树菇第一茬中的氨基酸总量的影响

5. 讨论与总结

通过上述茶树菇产量和氨基酸含量分析表明，以垫料用量为 20% 的处理生产效果最佳，产量比对照组提高了 26.43%，茶树菇氨基酸总量平均比对照组提高了 11.30%，通过垫料的合理利用，有效提高了产量和品质。

五、秀珍菇发酵垫料配方培养基的优化

1. 概述

秀珍菇是侧耳属的一种小型蕈菌，其菇型秀小、外形悦目、味道鲜美，富含蛋白质、多

糖、维生素和人体必需氨基酸，是当前深受市场欢迎的食用菌品种。秀珍菇能够利用棉籽壳、木屑、稻草、玉米茎秆等众多农副产品下脚料作为栽培基质。不同种类的培养基配方对秀珍菇菌丝的萌发、生长发育状况、现蕾天数、产量及品质都有显著影响。国内秀珍菇栽培的主要原料为棉籽壳和木屑，这两种原材料的价格持续上涨直接影响了栽培的效益。筛选既能满足秀珍菇生长营养需求，而且来源丰富、价格低廉、配制方便的培养基配方具有重要的生产价值。不同的地区为了充分利用当地资源和降低生产成本，筛选出了适用于当地的配方。本节采用垫料替代棉籽壳作为栽培原料尝试生产秀珍菇，旨在为秀珍菇基质配方选择提供参考。

2. 研究方法

供试菌种为秀珍菇 57 号，由福建省农业科学院土壤与肥料研究所食用菌组提供。培养料基础配方为菌渣 44.5%、棉籽壳 44.5%、麦皮 10%、碳酸钙 1%。试验共设 8 个处理，在基础培养料基础上，分别添加垫料用量为 0%（对照组，A0）、10%（A1）、20%（A2）、30%（A3）、40%（A4）、50%（A5）、60%（A6）、70%（A7）。

按照 1∶1.6 的料水比将垫料加入培养料中拌匀，pH 值调到 8 为止。后装入塑料袋，每袋装干料 230g，套上封口环，环内塞棉花，高压灭菌。待垫料温度冷却至 26℃左右接种，每处理 4 个重复，每重复 10 袋。接种后的菌袋直立于培养室架上避光培养。培养温度 22 ～ 23℃，空气湿度 70% ～ 75%，菌丝满袋后移入栽培室。栽培室温度控制在 18 ～ 23℃，空气湿度控制在 88% ～ 93% 之间。待子实体菌盖长至 2.5cm 左右，盖边缘内卷，孢子尚未弹射前采收，将不同垫料用量下样品置于 65℃烘干箱内，以烘干法计算其含水量，粉碎后进行样品分析。

测定方法与统计分析：子实体中的氨基酸含量用日立 8801 型氨基酸自动分析仪测定，重复 3 次。所有的数据处理应用 Excel 2003 和 DPS 7.05 软件进行统计分析。

3. 对秀珍菇菌丝生长的影响

由表 7-22 显示，试验设 8 个处理，分别添加垫料用量为 0%（CK）、10%、20%、30%、40%、50%、60% 和 70%。经过袋栽试验，对菌丝日长速进行了统计分析，发现随着添加量的增大，秀珍菇的菌丝长度呈先升高后下降的趋势。从表 7-22 可以看出，添加量为 50% 处理的秀珍菇菌丝长度最长，与各处理间差异达到极显著水平（$P<0.01$）。

表 7-22　垫料添加量对秀珍菇菌丝生长的影响

垫料添加量 /%	菌丝长度均值 /cm	比 CK 增减 /%
0	0.51cdeBC	—
10	0.49eC	-3.92
20	0.51deBC	0.00
30	0.52cdeBC	1.96
40	0.53bcdBC	3.92
50	0.63aA	23.53
60	0.56bB	9.80
70	0.55bcB	7.84

4. 对秀珍菇产量的影响

由图 7-21 显示，垫料用量为 10% 和 20% 处理的秀珍菇产量平均比对照组分别提高了 21.39% 和 19.55%，差异达到极显著或显著水平；垫料用量为 30% 处理的秀珍菇产量平均比对照组提高了 15.25%，其与对照组间差异不显著；垫料用量为 40% 和 50% 处理的秀珍菇产量平均比对照组分别减少了 5.32% 和 11.25%，但差异不显著；用量为 60% 和 70% 垫料处理的秀珍菇产量平均比对照组分别减少了 20.05% 和 36.32%，差异达到显著或极显著水平。

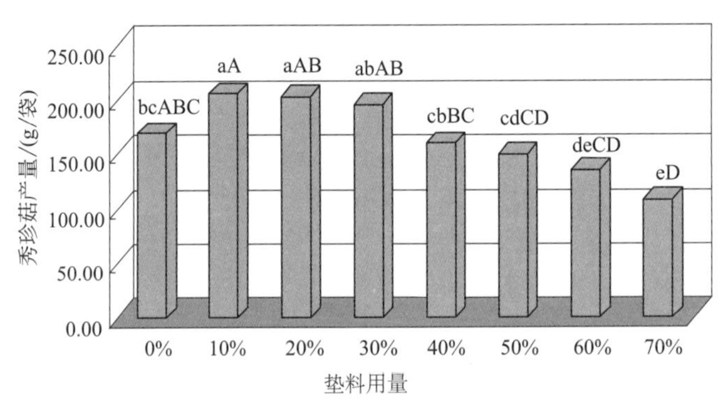

图 7-21　垫料用量对秀珍菇产量的影响

5. 对秀珍菇第一茬中的各种氨基酸含量的影响

（1）不同垫料用量对秀珍菇第一茬中的天冬氨酸含量的影响　由图 7-22 可知，垫料用量为 20% 和 30% 处理的秀珍菇天冬氨酸含量平均比对照组分别提高了 2.72% 和 5.03%，差异达到极显著水平（$P<0.01$）；垫料用量为 10%、40%、50%、60% 和 70% 处理的秀珍菇中天冬氨酸含量平均比对照组分别减少了 4.76%、4.08%、10.20%、9.39% 和 13.19%，差异达到极显著水平（$P<0.01$）。

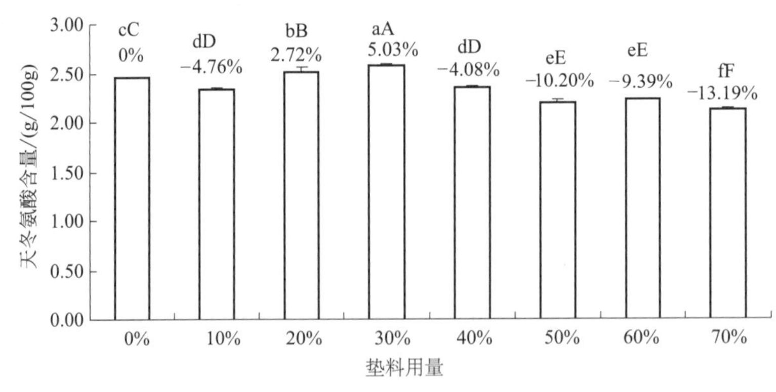

图 7-22　垫料用量对秀珍菇第一茬中的天冬氨酸含量的影响

（2）不同垫料用量对秀珍菇第一茬中的苏氨酸含量的影响　由图 7-23 可知，垫料用量为 20% 和 30% 处理的秀珍菇苏氨酸含量平均比对照组分别提高了 7.47% 和 9.87%，差异达到极显著水平（$P<0.01$）；垫料用量为 10%、40%、50%、60% 和 70% 处理的秀珍菇中苏氨酸含量平均比对照组分别减少了 6.67%、4.27%、6.93%、7.47% 和 11.73%，差异达到极显著水平（$P<0.01$）。

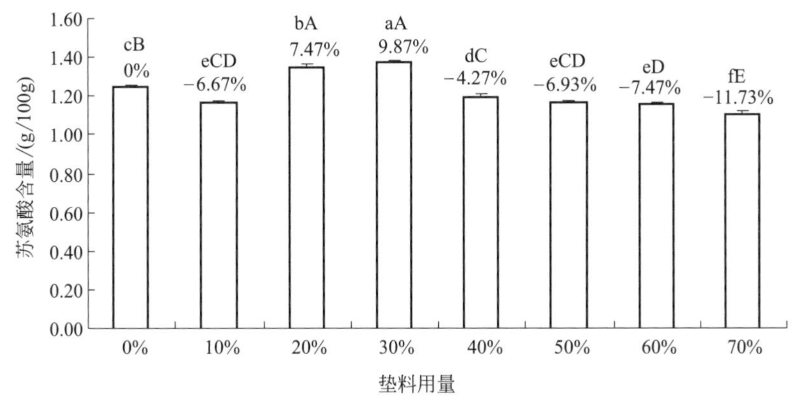

图 7-23　垫料用量对秀珍菇第一茬中的苏氨酸含量的影响

（3）不同垫料用量对秀珍菇第一茬中的丝氨酸含量的影响　由图 7-24 可知，垫料用量为 20% 和 30% 处理的秀珍菇丝氨酸含量平均比对照组分别提高了 4.22% 和 6.60%，差异达到极显著水平（$P<0.01$）；垫料用量为 10%、40%、50%、60% 和 70% 处理的秀珍菇中丝氨酸含量平均比对照组分别减少了 6.60%、5.81%、8.97%、9.24% 和 12.40%，差异达到极显著水平（$P<0.01$）。

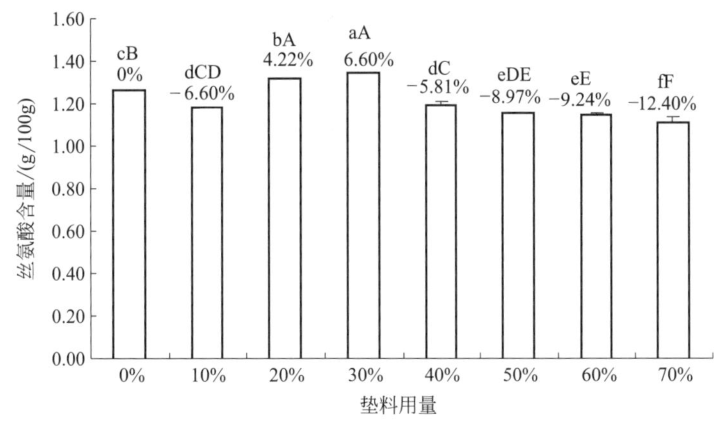

图 7-24　垫料用量对秀珍菇第一茬中的丝氨酸含量的影响

（4）不同垫料用量对秀珍菇第一茬中的谷氨酸含量的影响　由图 7-25 可知，垫料用量为 20% 和 30% 处理的秀珍菇谷氨酸含量平均比对照组分别提高了 12.05% 和 14.30%，差异达到极显著水平（$P<0.01$）；垫料用量为 10%、40%、50%、60% 和 70% 处理的秀珍菇中谷氨酸含量平均比对照组分别减少了 9.39%、11.57%、10.62%、8.99% 和 17.09%，差异达到极显著水平（$P<0.01$）。

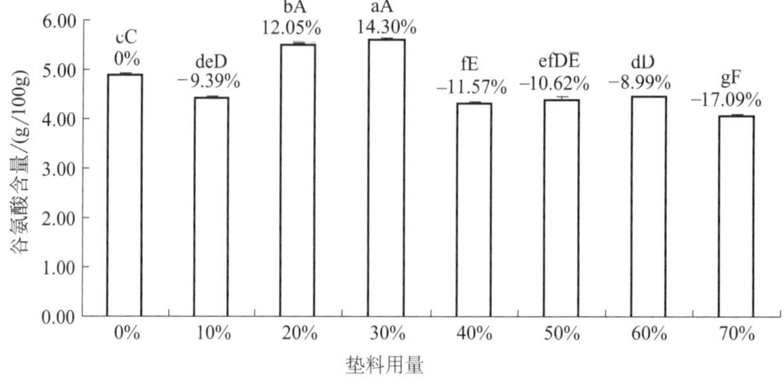

图 7-25　垫料用量对秀珍菇第一茬谷氨酸含量的影响

（5）不同垫料用量对秀珍菇第一茬中的甘氨酸含量的影响　由图 7-26 可知，垫料用量为 20% 和 30% 处理的秀珍菇甘氨酸含量平均比对照组分别提高了 4.61% 和 8.13%，差异达到极显著水平（$P<0.01$）；垫料用量为 10%、40%、50%、60% 和 70% 处理的秀珍菇中甘氨酸含量平均比对照组分别减少了 7.32%、6.50%、8.94%、10.30% 和 13.55%，差异达到极显著水平（$P<0.01$）。

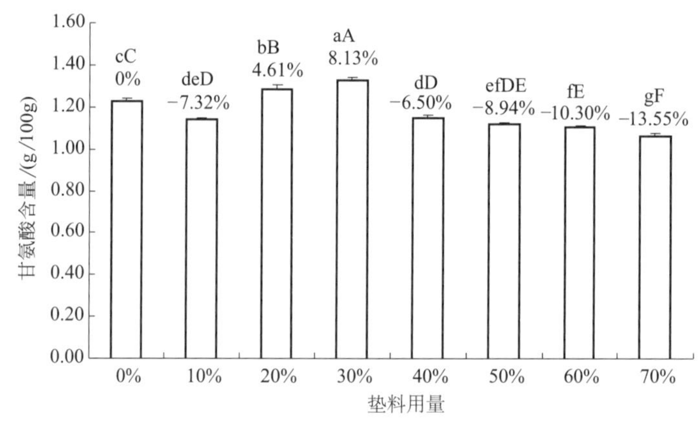

图 7-26　垫料用量对秀珍菇第一茬中的甘氨酸含量的影响

（6）不同垫料用量对秀珍菇第一茬中的丙氨酸含量的影响　由图 7-27 可知，垫料用量为 20% 和 30% 处理的秀珍菇丙氨酸含量平均比对照组分别提高了 5.05% 和 7.91%，差异达到极显著水平（$P<0.01$）；垫料用量为 10%、40%、50%、60% 和 70% 处理的秀珍菇中丙氨酸含量平均比对照组分别减少了 8.13%、5.06%、5.71%、9.67% 和 9.89%，差异达到极显著水平（$P<0.01$）。

（7）不同垫料用量对秀珍菇第一茬中的胱氨酸含量的影响　由图 7-28 可知，垫料用量为 10%、20%、30% 和 40% 处理的秀珍菇胱氨酸含量平均比对照组分别提高了 6.90%、65.52%、24.14% 和 31.03%，差异达到极显著水平（$P<0.01$）；垫料用量 50% 和 70% 处理的秀珍菇中胱氨酸含量平均比对照组分别减少了 17.24% 和 20.69%，差异达到极显著水平（$P<0.01$）；垫料用量 60% 处理的秀珍菇中胱氨酸含量平均比对照组减少了 3.45%，但差异不显著（$P>0.05$）。

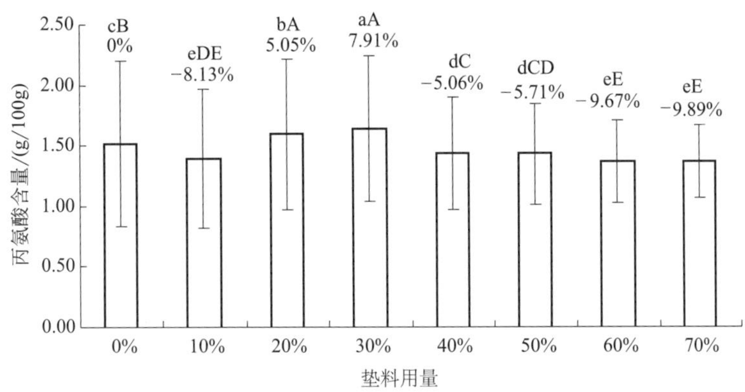

图 7-27　垫料用量对秀珍菇第一茬中的丙氨酸含量的影响

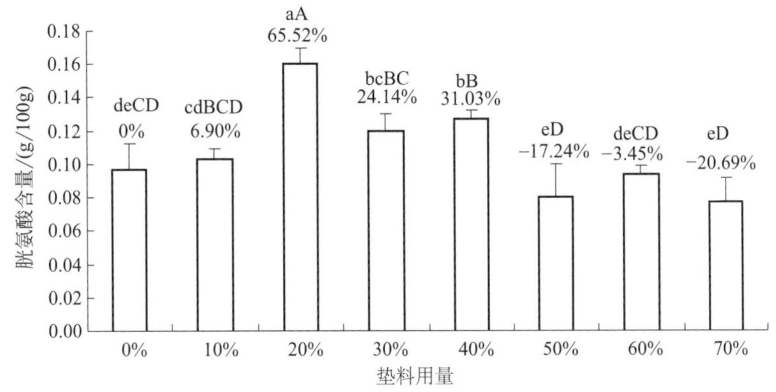

图 7-28　垫料用量对秀珍菇第一茬中的胱氨酸含量的影响

（8）不同垫料用量对秀珍菇第一茬中的缬氨酸含量的影响　由图 7-29 可知，垫料用量为 20% 和 30% 处理的秀珍菇缬氨酸含量平均比对照组分别提高了 6.78% 和 9.69%，差异达到极显著水平（$P<0.01$）；垫料用量为 10%、40%、50%、60% 和 70% 处理的秀珍菇中缬氨酸含量平均比对照组分别减少了 6.05%、4.36%、6.54%、8.48% 和 11.62%，差异达到极显著水平（$P<0.01$）。

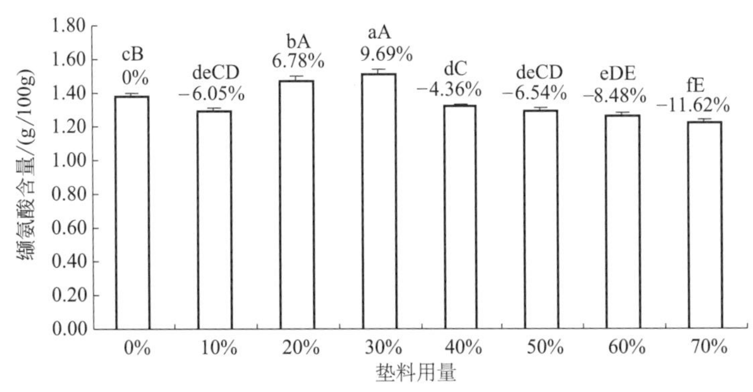

图 7-29　垫料用量对秀珍菇第一茬中的缬氨酸含量的影响

（9）不同垫料用量对秀珍菇第一茬中的甲硫氨酸含量的影响　由图 7-30 可知，垫料用量为 20% 和 30% 处理的秀珍菇甲硫氨酸含量平均比对照组分别提高了 8.82% 和 10.78%，差异达到极显著水平（$P<0.01$）；垫料用量为 10%、50%、60% 和 70% 处理的秀珍菇中甲硫氨酸含量平均比对照组分别减少了 10.78%、14.71%、11.71% 和 13.73%，差异达到极显著水平（$P<0.01$）；垫料用量为 40% 处理的秀珍菇中甲硫氨酸含量平均比对照组分别减少了 6.86%，但差异不显著（$P>0.05$）。

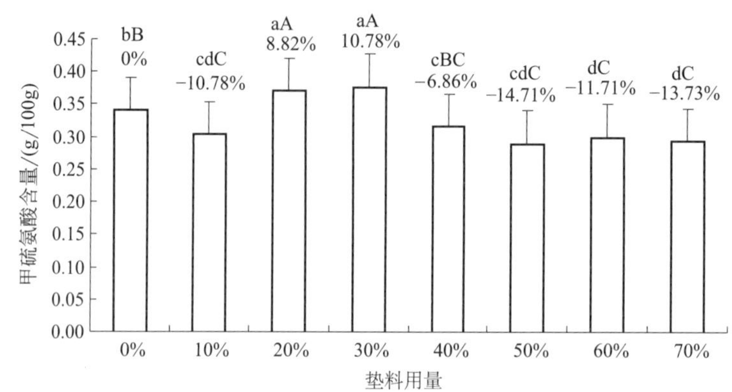

图 7-30　垫料用量对秀珍菇第一茬中的甲硫氨酸含量的影响

（10）不同垫料用量对秀珍菇第一茬中的异亮氨酸含量的影响　由图 7-31 可知，垫料用量为 20% 和 30% 处理的秀珍菇异亮氨酸含量平均比对照组分别提高了 5.54% 和 6.58%，差异达到极显著水平（$P<0.01$）；垫料用量为 10%、40%、50%、60% 和 70% 处理的秀珍菇中异亮氨酸含量平均比对照组分别减少了 7.94%、3.63%、7.23%、10.88% 和 11.79%，差异达到极显著水平（$P<0.01$）。

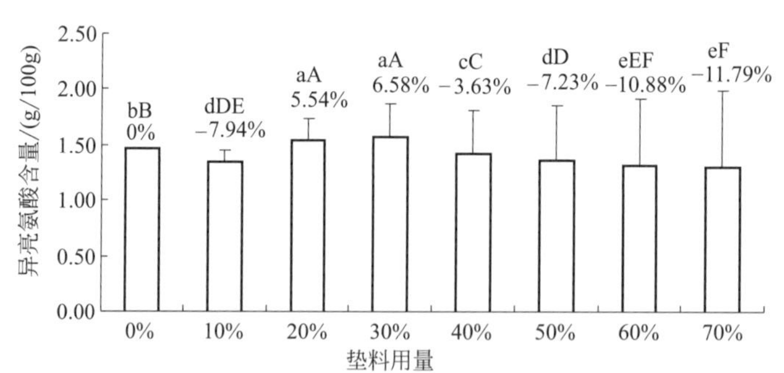

图 7-31　垫料用量对秀珍菇第一茬中的异亮氨酸含量的影响

（11）不同垫料用量对秀珍菇第一茬中的亮氨酸含量的影响　由图 7-32 可知，垫料用量为 20% 和 30% 处理的秀珍菇亮氨酸含量平均比对照组分别提高了 6.77% 和 8.83%，差异达到极显著水平（$P<0.01$）；垫料用量为 10%、40%、50%、60% 和 70% 处理的秀珍菇中亮氨酸含量平均比对照组分别减少了 5.83%、4.89%、6.20%、9.02% 和 12.41%，差异达到极显著水平（$P<0.01$）。

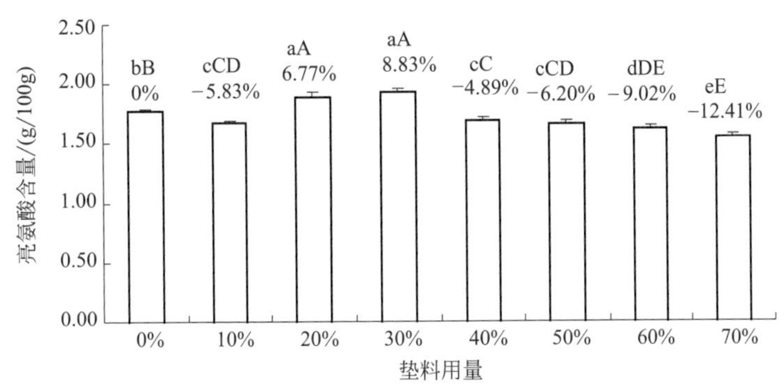

图 7-32　垫料用量对秀珍菇第一茬中的亮氨酸含量的影响

（12）不同垫料用量对秀珍菇第一茬中的酪氨酸含量的影响　由图 7-33 可知，垫料用量为 20% 和 30% 处理的秀珍菇酪氨酸含量平均比对照组分别提高了 14.80% 和 16.59%，差异达到极显著水平（$P<0.01$）；垫料用量为 40% 处理的秀珍菇酪氨酸含量平均比对照组提高了 4.04%，差异达到显著水平（$P<0.05$）；垫料用量为 10%、50%、60% 和 70% 处理的秀珍菇中酪氨酸含量平均比对照组分别减少了 10.31%、4.93%、6.73% 和 12.56%，差异达到极显著水平（$P<0.01$）。

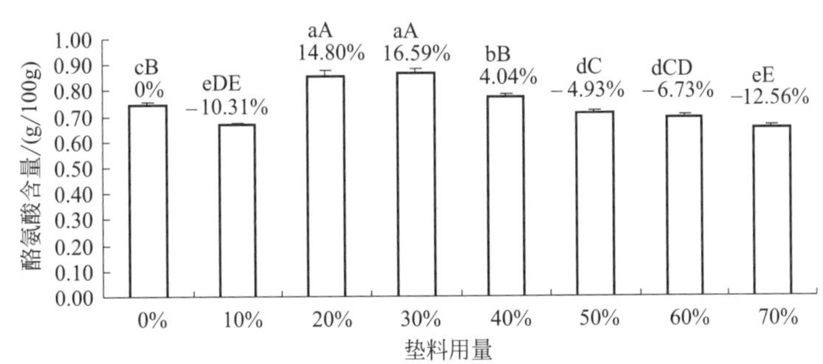

图 7-33　垫料用量对秀珍菇第一茬中的酪氨酸含量的影响

（13）不同垫料用量对秀珍菇第一茬中的苯丙氨酸含量的影响　由图 7-34 可知，垫料用量为 20% 和 30% 处理的秀珍菇苯丙氨酸含量平均比对照组分别提高了 7.45% 和 9.17%，差异达到极显著水平（$P<0.01$）；垫料用量为 10%、40%、50%、60% 和 70% 处理的秀珍菇中苯丙氨酸含量平均比对照组分别减少了 7.45%、6.02%、9.74%、10.03% 和 12.32%，差异达到极显著水平（$P<0.01$）。

（14）不同垫料用量对秀珍菇第一茬中的赖氨酸含量的影响　由图 7-35 可知，用量为 20% 和 30% 垫料处理的秀珍菇赖氨酸含量平均比对照组分别提高了 5.91% 和 8.55%，差异达到极显著水平（$P<0.01$）；用量为 10%、40%、50%、60% 和 70% 垫料处理的秀珍菇中赖氨酸含量平均比对照组分别减少了 5.91%、7.13%、9.57%、10.18% 和 14.66%，差异达到极显著水平（$P<0.01$）。

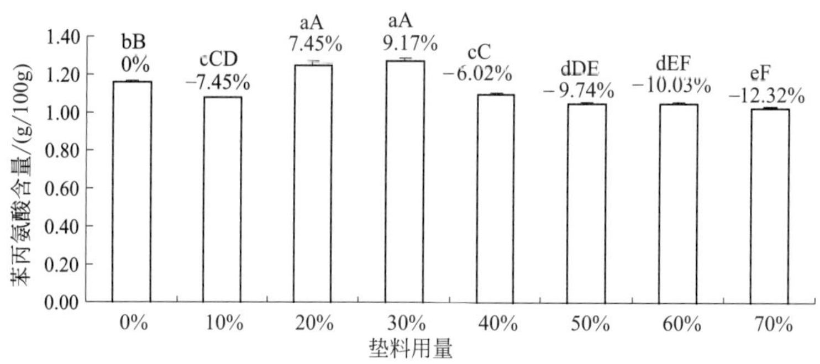

图 7-34 垫料用量对秀珍菇第一茬中的苯丙氨酸含量的影响

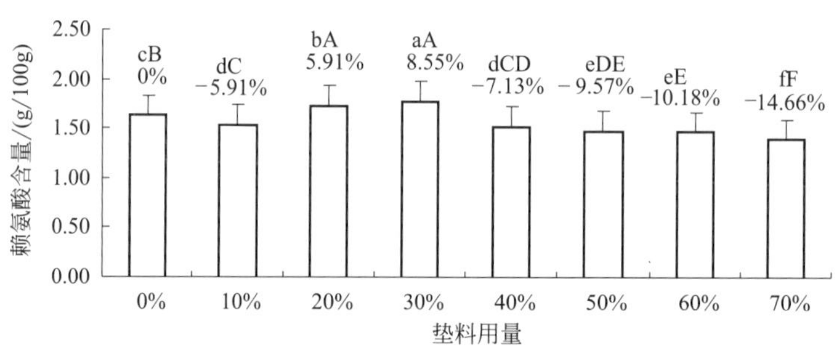

图 7-35 垫料用量对秀珍菇第一茬中的赖氨酸含量的影响

（15）不同垫料用量对秀珍菇第一茬中的组氨酸含量的影响　由图 7-36 可知，用量为 20% 和 30% 垫料处理的秀珍菇组氨酸含量平均比对照组分别提高了 5.00% 和 6.67%，差异达到极显著水平（$P<0.01$）；用量为 10%、40%、50%、60% 和 70% 垫料处理的秀珍菇中组氨酸含量平均比对照组分别减少了 7.22%、7.78%、8.33%、11.11% 和 15.56%，差异达到极显著水平（$P<0.01$）。

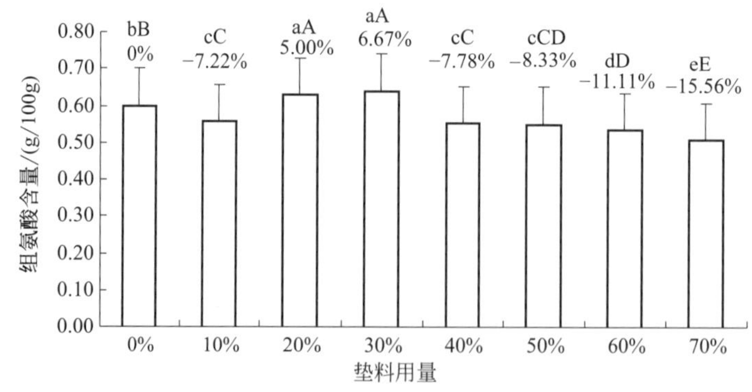

图 7-36 垫料用量对秀珍菇第一茬中的组氨酸含量的影响

（16）不同垫料用量对秀珍菇第一茬中的精氨酸含量的影响　由图 7-37 可知，垫料用量为 30% 处理的秀珍菇精氨酸含量平均比对照组分别提高了 0.08%，差异不显著（$P>0.05$）；

垫料用量为 10%、20%、40%、50%、60% 和 70% 处理的秀珍菇中精氨酸含量平均比对照组分别减少了 5.69%、1.22%、1.22%、11.59%、14.02% 和 16.87%，差异达到极显著水平（$P<0.01$）。

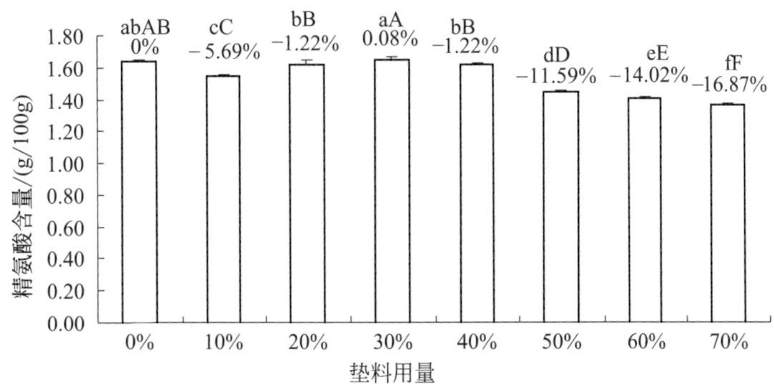

图 7-37　垫料用量对秀珍菇第一茬中的精氨酸含量的影响

6. 对秀珍菇第一茬中的各类氨基酸总量的影响

（1）不同垫料用量对秀珍菇第一茬中的鲜味氨基酸总量的影响　由图 7-38 可知，垫料用量为 20% 和 30% 处理的秀珍菇鲜味氨酸总量平均比对照组分别提高了 8.94% 和 11.21%，差异达到极显著水平（$P<0.01$）；垫料用量为 10%、40%、50%、60% 和 70% 处理的秀珍菇中鲜味氨酸总量平均比对照组分别减少了 7.85%、9.07%、10.48%、9.12% 和 15.79%，差异达到极显著水平（$P<0.01$）。

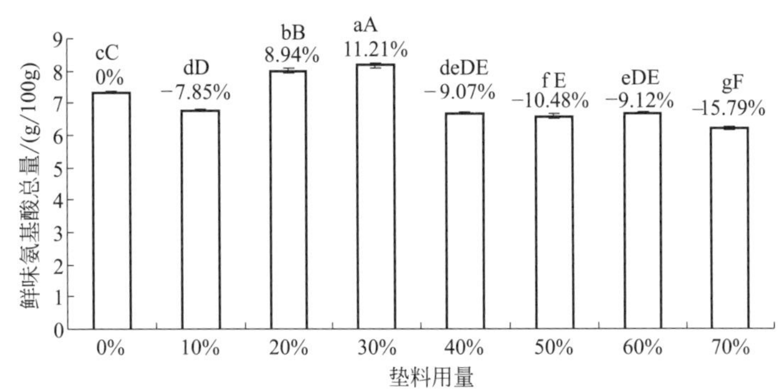

图 7-38　垫料用量对秀珍菇第一茬中的鲜味氨基酸总量的影响

（2）对秀珍菇第一茬中的甜味氨基酸总量的影响　由图 7-39 可知，垫料用量为 20% 和 30% 垫料处理的秀珍菇甜味氨酸总量平均比对照组分别提高了 5.71% 和 7.35%，差异达到极显著水平（$P<0.01$）；垫料用量为 10%、40%、50%、60% 和 70% 处理的秀珍菇中甜味氨酸总量平均比对照组分别减少了 7.68%、5.65%、8.40%、9.92% 和 12.15%，差异达到极显著水平（$P<0.01$）。

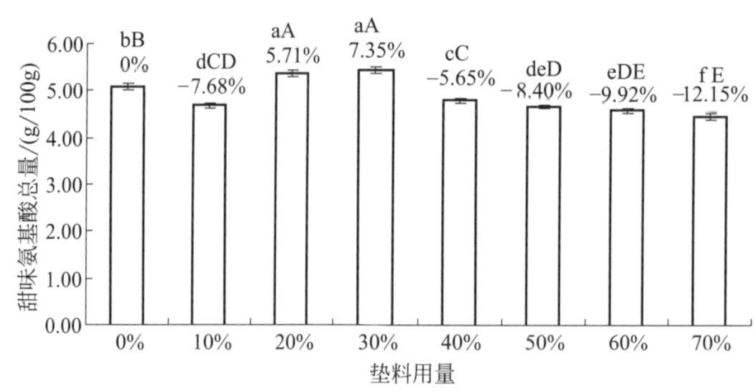

图 7-39　垫料用量对秀珍菇第一茬中的甜味氨基酸总量的影响

（3）对秀珍菇第一茬中的硫氨基酸总量的影响　由图 7-40 可知，垫料用量为 20% 和 30% 处理的秀珍菇硫氨酸总量平均比对照组分别提高了 21.37% 和 13.74%，差异达到极显著水平（$P<0.01$）；垫料用量为 40% 处理的秀珍菇硫氨酸总量平均比对照组分别提高了 1.53%，但差异水平不显著；垫料用量为 10%、50%、60% 和 70% 垫料处理的秀珍菇中硫氨酸总量平均比对照组分别减少了 6.87%、15.27%、9.92% 和 15.27%，差异达到极显著水平（$P<0.01$）。

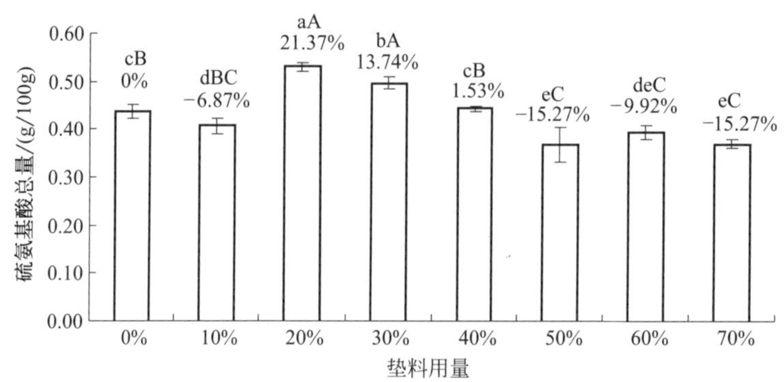

图 7-40　垫料用量对秀珍菇第一茬中的硫氨基酸总量的影响

（4）对秀珍菇第一茬中的支链氨基酸总量的影响　由图 7-41 可知，垫料用量为 20% 和 30% 处理的秀珍菇支链氨酸总量平均比对照组分别提高了 6.06% 和 8.37%，差异达到极显著水平（$P<0.01$）；用量为 10%、40%、50%、60% 和 70% 垫料处理的秀珍菇中支链氨酸总量平均比对照组分别减少了 6.57%、4.33%、6.64%、9.45% 和 11.98%，差异达到极显著水平（$P<0.01$）。

（5）不同垫料用量对秀珍菇第一茬中的芳香族氨基酸总量的影响　由图 7-42 可知，垫料用量为 20% 和 30% 处理的秀珍菇芳香族氨酸总量平均比对照组分别提高了 10.31% 和 12.06%，差异达到极显著水平（$P<0.01$）；垫料用量为 40% 处理的秀珍菇中芳香族氨酸总量平均比对照组分别减少了 2.10%，但差异不显著。垫料用量为 10%、50%、60% 和 70% 处理的秀珍菇中芳香族氨酸总量平均比对照组分别减少了 8.57%、7.87%、8.74% 和 12.41%，差异达到极显著水平（$P<0.01$）。

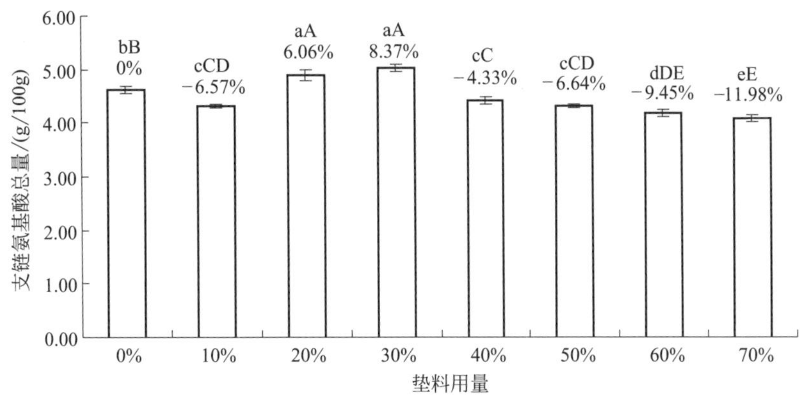

图 7-41 垫料用量对秀珍菇第一茬中的支链氨基酸总量的影响

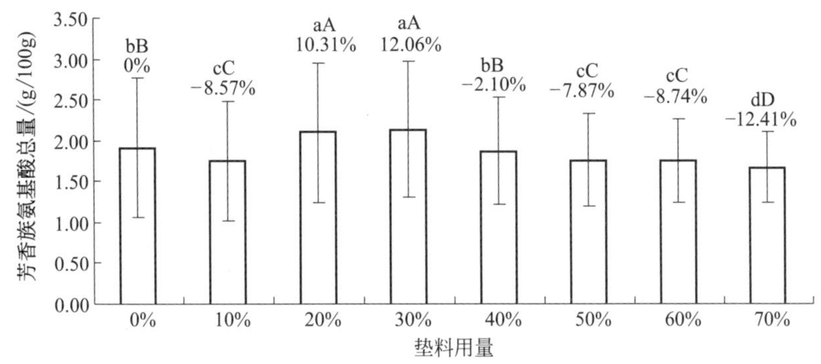

图 7-42 垫料用量对秀珍菇第一茬中的芳香族氨基酸总量的影响

（6）对秀珍菇第一茬儿童氨基酸总量的影响 由图 7-43 可知，垫料用量为 20% 处理的秀珍菇儿童氨基酸总量平均比对照组提高了 0.45%，但差异不显著；垫料用量为 30% 处理的秀珍菇儿童氨基酸总量平均比对照组提高了 2.38%，差异达到极显著水平（$P<0.01$）；用量为 10%、40%、50%、60% 和 70% 垫料处理的秀珍菇中儿童氨基酸总量平均比对照组分别减少了 6.10%、2.98%、10.71%、13.24% 和 16.52%，差异达到极显著水平（$P<0.01$）。

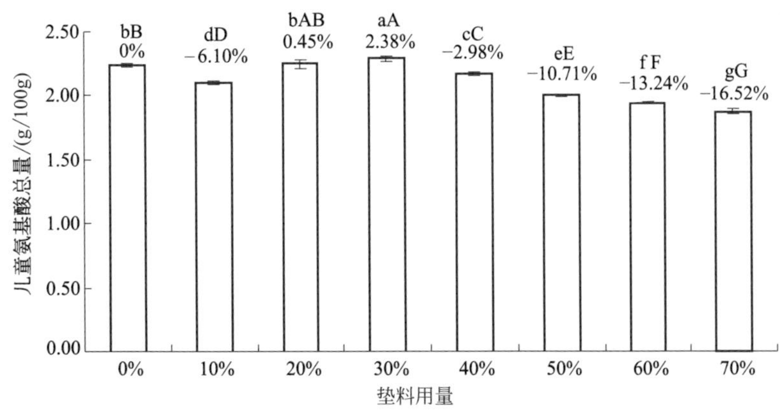

图 7-43 垫料用量对秀珍菇第一茬儿童氨基酸总量的影响

（7）对秀珍菇第一茬中的必需氨基酸总量的影响　由图 7-44 可知，垫料用量为 20% 和 30% 处理的秀珍菇必需氨基酸总量平均比对照组分别提高了 7.72% 和 9.54%，差异达到极显著水平（$P<0.01$）；垫料用量为 10%、40%、50%、60% 和 70% 处理的秀珍菇中必需氨基酸总量平均比对照组分别减少了 6.87%、4.09%、7.78%、9.21% 和 12.62%，差异达到极显著水平（$P<0.01$）。

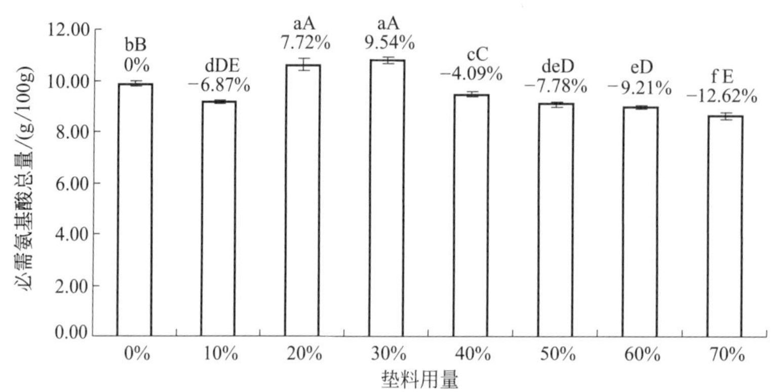

图 7-44　垫料用量对秀珍菇第一茬中的必需氨基酸总量的影响

7. 讨论与总结

通过上述垫料栽培秀珍菇试验分析表明，以垫料用量为 20% 和 30% 的处理生产效果较佳，产量分别比对照组提高了 19.55% 和 15.25%，必需氨基酸等各类氨基酸含量均得到不同程度的提高，有效提高了秀珍菇品质。

六、金针菇发酵垫料配方培养基的优化

1. 概述

金针菇 [*Flammulina velutipes*（Fr.）Sing.] 隶属于真菌门，担子菌亚门，层菌纲，无隔担子菌亚纲，伞菌目，口蘑科，小火焰菌属，因形似金针菜而得名。随着食用菌产业的迅猛发展，栽培食用菌的主要大宗原料为木屑、棉籽壳和玉米芯，但随着原材料价格的不断上涨，导致生产成本不断增加，经济效益下滑，尤其福建省的棉籽壳、玉米芯等原料都来自北方。因此，为了降低生产成本，寻求其他农林牧副产物替代部分现有栽培主料已成为食用菌产业亟待解决的问题。微生物发酵床养猪垫料中的木屑、谷壳等经过微生物发酵降解产生腐殖质、纤维素、木质素，更利于被食用菌菌丝体利用，垫料中富含有机质、氮、磷、钾以及铁、锰、镁、锌等营养物质，有利于提升金针菇品质。利用微生物发酵床养猪垫料（常规谷壳垫料或椰糠垫料）栽培金针菇，有利于金针菇产量和品质的提高，建立相应的栽培工艺，实现金针菇栽培基质的多元化，降低生产成本，具有显著的经济效益和生态效益。

2. 研究方法

金针菇闽金 1 号由福建省农业科学院食用菌研究所保藏中心提供。供试原料为新鲜、干燥、无霉变的棉籽壳、木屑、麸皮、玉米粉。棉籽壳、木屑、麸皮、玉米粉和猪舍垫料在 50 ℃下烘干至恒重；猪舍垫料由福建省农科院福清渔溪部队农场基地提供，猪舍垫料烘干备用。

选用目前生产上常用栽培料配方为对照：杂木屑 25%，棉籽壳 38%，麸皮 32%，玉米粉 3%，轻质碳酸钙 1.5%，过磷酸钙 0.5%。一是以常规谷壳垫料替代对照组配方中的棉籽壳、杂木屑、麸皮和玉米粉，其比例分别为 10%（A10）、20%（A20）、30%（A30）、40%（A40）、50%（A50）、60%（A60）、70%（A70）、80%（A80）、90%（A90）、100%（A100），其他与对照组相同；二是以椰糠垫料替代对照组配方中的棉籽壳、杂木屑、麸皮和玉米粉，其比例分别为 15%（A15）、20%（A20）、25%（A25）、30%（A30）、35%（A35），其他与对照组相同。

将配制好的培养料装入聚丙烯塑料袋（17cm×33cm×0.005cm）中，每配方 30 袋，设 3 次重复，每袋干料重 0.450kg。126℃灭菌 2.5h，接种后及时移入发菌室，按常规方法进行栽培。

测定方法与统计分析：接种后观察菌丝长势，记录菌丝满袋时间、单袋平均产量，前三潮的产量总和为每个重复的产量，计算生物转化率。将各处理采收后的新鲜子实体置于 50℃烘干箱中，烘干粉碎后作分析样品。金针菇子实体的氨基酸含量、主要元素及重金属含量测定由福建省农业科学院中心实验室承担并完成。所有数据均采用 DPS 软件进行差异显著性分析。

3. 谷壳为主发酵垫料配方对金针菇生长的影响

谷壳为主的不同培养料配方对金针菇菌丝生长和产量的影响如表 7-23 所列，随着垫料的替代量逐渐增加，菌丝满袋时间逐渐延长，垫料替代 10% 和对照满袋时间一样为 27d，垫料替代量达到 30% 以上时，满袋时间延长明显。垫料替代量为 100% 时原基还能正常形成，但菌丝长势弱，垫料替代量为 10%、20% 的采收时间比对照组短 1d，垫料替代量达到 30% 以上时，随着垫料的替代量逐渐增加，采收时间逐渐延长，垫料替代量为 10% 的单袋平均产量最高为 0.336kg/ 袋，生物转化率为 74.66%，垫料替代量为 20% 单袋平均产量和对照组相当，垫料替代量达到 20% 以上时，随着垫料的替代量逐渐增加，单袋平均产量逐渐降低，垫料替代量至 80% 以上时，由于骨体质量差，没有商品价值。

表 7-23　谷壳为主的垫料配方对金针菇菌丝生长和产量的影响

处理	菌丝长势	菌丝满袋时间 /d	开袋时间 /d	采收时间 /d	单袋平均产量 /kg	生物转化率 /%
对照组	+++	27	52	71	0.320	71.11
A10	++++	27	52	70	0.336	74.66
A20	+++	28	52	70	0.318	70.67
A30	+++	29	53	72	0.287	63.78
A40	+++	30	53	73	0.265	58.89
A50	+++	31	53	74	0.258	57.33

续表

处理	菌丝长势	菌丝满袋时间 /d	开袋时间 /d	采收时间 /d	单袋平均产量 /kg	生物转化率 /%
A60	++	31	54	74	0.236	52.44
A70	++	32	54	76	0.218	48.44
A80	++	33	55	78	0.187	41.56
A90	++	34	55	—	—	—
A100	+	34	57	—	—	—

注:“++++”表示菌丝长势旺盛;“+++”表示菌丝长势健壮、浓密;“++”表示菌丝长势一般;“+”表示菌丝长势稀疏;“—”表示菌丝没有生长。

4. 椰糠为主发酵垫料配方对金针菇生长的影响

由表 7-24 可知，随着垫料的替代量逐渐增加，菌丝满袋时间逐渐延长，垫料替代 15% 和对照组满袋时间一样为 26d，垫料替代量达到 30% 以上时，满袋时间延长明显。垫料替代量为 35% 时原基还能正常形成，但菌丝长势相对较弱，垫料替代量为 20% 的单袋平均产量最高为 0.343kg/ 袋，生物转化率为 76.22%，比对照组产量高 7.86%。

表 7-24　椰糠为主的垫料配方对金针菇菌丝生长和产量的影响

处理组	菌丝长势	菌丝满袋时间 /d	开袋时间 /d	采收时间 /d	单袋平均产量 /kg	生物转化率 /%
对照组	+++	26	52	70	0.318	70.67
A15	++++	26	52	70	0.331	73.56
A20	+++	27	52	70	0.343	76.22
A25	+++	27	53	72	0.329	73.11
A30	+++	29	53	73	0.312	69.33
A35	+++	30	54	74	0.278	61.78

注：“+++”表示菌丝生长较好；“++++”表示菌丝生长旺盛。

5. 发酵垫料配方对金针菇子实体氨基酸含量的影响

由表 7-25 可以看出，供试 7 种配方栽培金针菇子实体氨基酸总量为 6.78 ～ 11.84g/100 g，其中对照组最低为 6.78g/100g，处理 A10 中的氨基酸总量和对照组相当，处理 A20、A30、A40、A50、A60 中的氨基酸总量比对照组分别高 10.77%、29.2%、47.94%、59.44%、74.63%，当垫料添加到 20% 以上时，随着垫料含量的不断增加，氨基酸含量逐渐升高，最高为处理 A60 达到 11.84 g/100 g。随着垫料含量的不断增加，金针菇子实体中的必需氨基酸含量、支链氨基酸含量逐渐升高，处理 A60 达到最高，分别比对照组高 77.17%、79.55%。处理 A60 中的儿童氨基酸含量、含硫氨基酸含量、鲜味氨基酸含量、甜味氨基酸含量、芳香族氨基酸含量达到最高，分别比对照组高 66.13%、41.67%、66.67%、82.53%、84.48%。就不同配方栽培金针菇子实体的 17 种氨基酸含量而言，除了异亮氨酸之外，其他 16 种子实体氨基酸的含量都是处理 A60 最高，其中增量最高的缬氨酸比对照组高 102.63%，其中增量最低的胱氨酸比对照组高 40%。

表 7-25　不同栽培料处理对金针菇子实体氨基酸含量的影响

类别		各处理子实体氨基酸含量 / (g/100 g)						
		对照	A10	A20	A30	A40	A50	A60
必需氨基酸	苏氨酸	0.45	0.44	0.49	0.59	0.67	0.75	0.82
	缬氨酸	0.38	0.42	0.44	0.53	0.62	0.68	0.77
	蛋氨酸	0.07	0.07	0.07	0.08	0.1	0.1	0.1
	异亮氨酸	0.41	0.43	0.47	0.52	0.74	0.64	0.7
	亮氨酸	0.53	0.51	0.58	0.67	0.76	0.82	0.9
	苯丙氨酸	0.35	0.34	0.39	0.48	0.54	0.6	0.66
	赖氨酸	0.35	0.34	0.37	0.43	0.5	0.51	0.55
	小计	2.54	2.55	2.81	3.3	3.93	4.1	4.5
支链氨基酸	缬氨酸	0.38	0.42	0.44	0.53	0.62	0.68	0.77
	异亮氨酸	0.41	0.43	0.47	0.52	0.74	0.64	0.7
	亮氨酸	0.53	0.51	0.58	0.67	0.76	0.82	0.9
	小计	1.32	1.36	1.49	1.72	2.12	2.14	2.37
儿童氨基酸	组氨酸	0.18	0.17	0.19	0.22	0.24	0.25	0.27
	精氨酸	0.44	0.43	0.51	0.55	0.65	0.72	0.76
	小计	0.62	0.6	0.7	0.77	0.89	0.97	1.03
含硫氨基酸	蛋氨酸	0.07	0.07	0.07	0.08	0.1	0.1	0.1
	胱氨酸	0.05	0.09	0.02	0.04	0.06	0.06	0.07
	小计	0.12	0.16	0.09	0.12	0.16	0.16	0.17
鲜味氨基酸	天冬氨酸	0.78	0.77	0.88	1.02	1.13	1.26	1.4
	谷氨酸	0.9	0.86	1.01	1.12	1.19	1.28	1.4
	小计	1.68	1.63	1.89	2.14	2.32	2.54	2.8
甜味氨基酸	丝氨酸	0.42	0.41	0.45	0.53	0.59	0.65	0.71
	脯氨酸	0.35	0.35	0.38	0.48	0.55	0.63	0.69
	甘氨酸	0.34	0.36	0.39	0.47	0.52	0.58	0.64
	丙氨酸	0.55	0.56	0.62	0.74	0.82	0.9	0.99
	小计	1.66	1.68	1.84	2.22	2.48	2.76	3.03
芳香族氨基酸	酪氨酸	0.23	0.22	0.25	0.29	0.35	0.38	0.41
	苯丙氨酸	0.35	0.34	0.39	0.48	0.54	0.6	0.66
	小计	0.58	0.56	0.64	0.77	0.89	0.98	1.07
17 种氨基酸	总量	6.78	6.77	7.51	8.76	10.03	10.81	11.84

6. 发酵垫料配方对金针菇子实体元素含量的影响

① 元素磷、钾、钠、镁、铁、锌和锰含量。由表 7-26 可知，处理 A10 ～ A50 子实体中磷的含量和对照组相当，A60 子实体中磷的含量最高为 1.11%，比对照组高 81.97%；处

理 A10 子实体钾的含量最高为 2.79%，比对照组高 38.12%；处理 A10 子实体镁的含量最高为 0.16%，比对照组高 23.08%；各处理子实体的钠含量中，A10 子实体钠的含量最高为 39820.21mg/kg，比对照组高 6195.39%；处理 A10 子实体铁的含量最高为 127.37mg/kg，比对照组高 72.33%；处理 A60 子实体锌的含量最高为 32.49mg/kg，比对照组高 22.28%；处理 A10 子实体锰的含量最高为 5.10mg/kg，比对照组高 52.69%。

表 7-26　不同栽培料对金针菇子实体中磷、钾、钠、镁、铁、锌、锰元素含量的影响

测定项目	对照	A10	A20	A30	A40	A50	A60
P/%	0.61	0.61	0.66	0.61	0.61	0.61	1.11
K/%	2.02	2.79	1.91	2.08	2.3	1.83	2.02
Mg/%	0.13	0.16	0.14	0.12	0.12	0.10	0.12
Na/(mg/kg)	632.53	39820.21	17516.41	6860.69	1652.26	449.7	6284.8
Fe/(mg/kg)	73.91	127.37	67.00	72.59	73.30	66.47	67.4
Zn/(mg/kg)	26.57	28.34	25.28	32.43	29.75	31.18	32.49
Mn/(mg/kg)	3.34	5.10	3.17	3.19	4.18	3.95	3.38

② 重金属 Pb、Cd、As 和 Hg 含量。依据《绿色食品　食用菌》（NY/T 749—2018），食用菌子实体干品重金属标准：Pb ≤ 2.0 mg/kg，Cd ≤ 1.0（香菇≤ 2.0，姬松茸≤ 5.0）mg/kg，As ≤ 1.0mg/kg，Hg ≤ 0.2mg/kg。由表 7-27 可知，供试培养料栽培的金针菇子实体中四种重金属含量都符合绿色食品标准；在不同处理中，金针菇子实体中砷含量都比对照高，金针菇子实体中砷的含量随着垫料含量的增加而呈先升高后下降趋势，垫料添加为 40% 时，金针菇子实体中砷含量最高；在不同处理中，金针菇子实体中铅含量都比对照低，金针菇子实体中铅的含量随着垫料含量的增加而呈降低趋势；在不同处理中，金针菇子实体中镉含量都比对照高，金针菇子实体中镉的含量随着垫料含量的增加而呈升高趋势；在不同处理中，金针菇子实体中汞含量都小于 0.001mg/kg，不同垫料添加量对金针菇子实体汞的含量没有影响。

表 7-27　不同栽培料对金针菇子实体中重金属元素含量的影响

测定项目	对照	A10	A20	A30	A40	A50	A60
As/(mg/kg)	0.01	0.06	0.08	0.12	0.15	0.11	0.06
Hg/(mg/kg)	<0.001	<0.001	<0.001	<0.001	<0.001	<0.001	<0.001
Pb/(mg/kg)	0.54	0.26	0.22	0.16	0.07	0.08	0.05
Cd/(mg/kg)	0.06	0.08	0.09	0.14	0.12	0.13	0.15

七、香菇发酵垫料配方培养基的优化

1. 概述

香菇栽培阔叶树木屑用量大，为了种植香菇每年砍伐了大量的木材，随着香菇产业发展，食用菌栽培原料资源日趋紧张，尤其是“菌林矛盾”日益突出，拓展食用菌栽培原料资

源迫在眉睫。微生物发酵床养猪垫料中的木屑、谷壳等经过微生物发酵降解产生腐殖质、纤维素、木质素，垫料中富含有机质、氮、磷、钾以及铁、锰、镁、锌等营养物质，可为食用菌栽培基质提供丰富的养分。本节所研究方法降低了香菇生产成本，解决了原料短缺问题，同时对生态保护起到积极作用。

2. 研究方法

香菇菌株由福建省古田县为平食用菌研究所提供。猪舍垫料由福建省农业科学院福清渔溪部队农场基地提供，猪舍垫料烘干备用。

选用目前生产上常用栽培料配方为对照组：杂木屑 80%，麸皮 19%，石膏 1%。以垫料替代对照组配方中的杂木屑、麸皮，其比例分别为 10%（A10）、20%（A20）、30%（A30）、40%（A40）、50%（A50），其他与对照组相同。

将配制好的培养料装入聚丙烯塑料袋（15.3cm×60cm×0.0055cm）中，每配方 100 袋，设 3 次重复，每袋干料重 1kg。126℃灭菌 2.5h，接种后及时移入发菌室，按常规方法进行栽培。

测定方法与统计分析：接种后观察菌丝长势，记录菌丝满袋时间、单袋平均产量，前三潮的产量总和为每个重复的产量，计算生物转化率。所有数据均采用 DPS 软件进行差异显著性分析。

3. 发酵垫料配方对香菇生长的影响

由表 7-28 可知，随着垫料的替代量逐渐增加，菌丝满袋时间逐渐延长，垫料替代量达到 30% 以上时，满袋时间延长。垫料替代量为 10%、20%、30% 处理与对照组的菌丝满袋时间和单袋平均产量相差不大，但添加垫料的香菇出菇集中，垫料添加量为 40% 时出菇最集中，垫料替代量为 20% 的单袋平均产量最高为 0.703kg/ 袋，生物转化率为 70.3%，与对照组差异不显著，但比对照组产量高 5.71%。

表 7-28　不同垫料配方对香菇菌丝生长和产量的影响

处理	菌丝长势	菌丝满袋时间 /d	脱袋时间 /d	单袋平均产量 / (kg/ 袋)	生物转化率 /%
对照组	+ + +	39	64	0.665±0.6647 ab A	66.5
A10	+ + + +	40	64	0.680±0.0172 ab A	68.0
A20	+ + + +	40	65	0.703±0.0121 a A	70.3
A30	+ + +	41	66	0.655±0.0154 b A	65.5
A40	+ + +	43	68	0.600±0.0490 c B	60.0
A50	+ +	45	69	0.565±0.0089 c B	56.5

注：“+ +”表示菌丝生长一般；“+ + +”表示菌丝生长较好；“+ + + +”表示菌丝生长旺盛。单袋平均产量为前三潮产量之和除以袋数。

4. 讨论与总结

垫料替代量为 10%、20%、30% 处理与对照组的菌丝满袋时间和单袋平均产量相差不大，但添加垫料的香菇出菇集中，垫料添加量为 40% 时出菇最集中，垫料替代量为 20% 的单袋平均产量最高为 0.703kg/ 袋，此研究表明垫料栽培香菇是可行的，尤其是垫料添加量为

30%时，产量和对照组相当，但采收集中，提高了采收效率。香菇栽培阔叶树木屑用量大，为了种植香菇每年砍伐了大量的木材，垫料栽培香菇可节约阔叶树木屑的用量，降低了生产成本，解决了原料短缺问题，同时对生态保护起到积极作用。

八、大杯香菇（猪肚菇9号）发酵垫料配方培养基的优化

1. 概述

大杯香菇（猪肚菇9号）（*Panus giganteus*）又名猪肚菇、大漏斗菌、笋菇（福建）、红银盘（山西）、巨大韧伞等，是一种食药兼用菌。据《西藏大型经济真菌》报道，该菇富含各类氨基酸、亚油酸及蛋白多糖等，具有抗癌作用。目前对大杯香菇的研究主要集中在用锗、锌、硒添加培养料栽培大杯香菇上，在适当浓度范围内，能增加细胞保护酶活性，并提高产量，增加蛋白质的营养价值，有利于品种选育等。但未见通过垫料用量提高猪肚菇矿物元素含量的报道，本节首次研究并运用灰色关联分析探讨猪肚菇子实体中垫料用量与6种矿物元素含量的关系，就其垫料用量与6种矿物元素含量进行灰色关联评判，为大面积栽培大杯香菇提供科学依据。

2. 研究方法

供试菌种为猪肚菇9号，由福建省农业科学院土壤与肥料研究所环保室食用菌组提供。培养料配方：菌渣44.5%、棉籽壳44.5%、麦皮10%、碳酸钙1%。

试验共设8个处理，分别为垫料用量0%（对照组，A0）、10%（A1）、20%（A2）、30%（A3）、40%（A4）、50%（A5）、60%（A6）、70%（A7）。

按照1：1.5的料水比将垫料加入培养料中拌匀，pH值调到8后装入塑料袋，每袋装干料230g，套上封口环，环内塞棉花，高压灭菌。待垫料温度冷却至26℃左右接种，每处理4个重复，每重复10袋。接种后的菌袋直立于培养室架上避光培养。培养温度26～28℃，空气湿度70%～75%，菌丝满袋后移入栽培室。栽培室温度控制在25～28℃，空气湿度控制在90%～93%之间。待子实体盖边缘内卷，孢子尚未弹射前采收。

测定方法与统计分析：将不同垫料用量下样品置于65℃烘干箱内，以烘干法计算其含水量，粉碎后进行样品分析。其子实体的铜、锰、铁、锌、钾、钙和铅含量分别采用原子吸收法测定。所有的数据处理应用Excel 2003和DPS 7.05软件进行统计分析。

3. 大杯香菇子实体主要矿物质元素与铅含量的灰色关联分析

（1）发酵垫料配方对大杯香菇子实体中主要矿物质元素与铅含量的影响　本试验通过测定，得到大杯香菇6种主要矿物质元素含量和铅含量的原始数据见表7-29。

表7-29　各垫料用量的子实体中矿物质元素和铅含量的值

Cu/(μg/g) X1	Mn/(μg/g) X2	Fe/(μg/g) X3	Zn/(μg/g) X4	K/(μg/g) X5	Ca/(μg/g) X6	Pb/(μg/g) X7	垫料用量/% X0
9.93	8.24	116.56	64.28	5.02	26.87	1.65	0
8.76	7.39	109.09	56.67	2.3	12.48	1.46	10

续表

Cu/ (μg/g) X1	Mn /(μg/g) X2	Fe/ (μg/g) X3	Zn /(μg/g) X4	K/(μg/g) X5	Ca/ (μg/g) X6	Pb/ (μg/g) X7	垫料用量 / % X0
9.66	6.76	114.52	54.32	4.56	13.74	1.07	20
11.46	8.04	141.4	59.58	4.61	16.58	1.27	30
10.24	7.36	121.8	60.81	3.85	15.74	1.52	40
12.5	8.27	117.49	61.7	4.36	26.3	1.00	50
10.57	7.3	104.18	59.5	4.54	32.89	1.07	60
12.21	9.53	194.55	79.13	4.91	34.35	1.89	70

（2）大杯香菇子实体中矿物质元素和铅含量的原始数据标准化　根据灰色关联分析原理，通过设立标准参考数据列曲线，将各个参评的比较数据按一定的规则进行比较计算，用关联度表示相似度，曲线形状越相似，关联度越大，相似性越好。各垫料用量与大杯香菇子实体中矿物元素含量的关系评价时，根据具体条件要求确定参考序列，参考函数剂量 X0（*K*）；比较函数铜 X1（*K*）、锰 X2（*K*）、铁 X3（*K*）、锌 X4（*K*）、钾 X5（*K*）、钙 X6（*K*）、铅 X7（*K*）。将表 7-29 各垫料用量的数据按照参考函数剂量 X0（*K*）标准化，见表 7-30。

表 7-30　各垫料用量的数据标准化结果

Cu /(μg/g) X1	Mn/(μg/g) X2	Fe/(μg/g) X3	Zn/(μg/g) X4	K /(μg/g) X5	Ca/(μg/g) X6	Pb/(μg/g) X7	垫料用量 /% X0
−0.5681	0.4425	−0.3722	0.3019	0.8625	0.5127	0.8934	−1.4289
−1.471	−0.5506	−0.6275	−0.7052	−2.2604	−1.1262	0.2952	−1.0206
−0.7765	−1.2866	−0.4419	−1.0163	0.3344	−0.9827	−0.9327	−0.6124
0.6125	0.2088	0.4768	−0.3201	0.3918	−0.6593	−0.3030	−0.2041
−0.3289	−0.5856	−0.1931	−0.1573	−0.4808	−0.755	0.4841	0.2041
1.4151	0.4776	−0.3404	−0.0395	0.1048	0.4477	−1.1531	0.6124
−0.0743	−0.6557	−0.7953	−0.3307	0.3114	1.1983	−0.9327	1.0206
1.1913	1.9496	2.2934	2.2673	0.7363	1.3646	1.6490	1.4289

（3）大杯香菇子实体中主要矿物质元素与铅含量的绝对差值　按公式 Δ0*i*（*K*）= X*i*（*K*）− X0（*K*）列出绝对差值（*i* = 1, 2…, 6），见表 7-31。不同猪垫料用量对矿质元素的含量有影响，如 Cu 随着猪垫料用量的增加总体上含量下降，但是在 50% 用量时，其含量出现异常点。

表 7-31　猪垫料用量的子实体中主要矿物质元素的绝对差值

指标	猪垫料用量 /%							
	0	10	20	30	40	50	60	70
Cu/(μg/g) X1	1.4615	1.7662	0.1562	0.9155	0.8130	2.5682	0.8584	0.4577
Mn/(μg/g) X2	0.4509	0.8457	0.3539	0.5119	1.0697	1.6307	0.2770	0.3007
Fe/(μg/g) X3	1.2655	0.9226	0.4908	0.7799	0.6771	0.8127	0.1374	0.6444

续表

指标	猪垫料用量 /%							
	0	10	20	30	40	50	60	70
Zn/(μg/g) X4	0.5914	1.0004	0.0836	0.0171	0.6414	1.1136	0.6020	0.6183
K/(μg/g) X5	0.0308	2.5556	1.2671	0.6948	0.9649	1.2579	1.2441	0.9127
Ca/(μg/g) X6	0.3807	1.4214	0.0500	0.3563	1.2390	1.6008	2.1310	0.2844

（4）大杯香菇子实体中主要矿物质元素的关联系数　决定分辨系数：取 P=0.5。关联系数计算公式为

$$\varepsilon 0i=\frac{\Delta\min+P\times\Delta\max}{\Delta 0i\,(K)+P\times\Delta\max}$$

由表 7-32 可知，各处理铅与各主要矿物质元素含量的关联度排序为：A2>A3>A7> A0> A6> A4> A1>A5。其中 A2 处理关联度最大，为 0.8113；A5 处理关联度最小，为 0.4850。说明猪垫料用量对大杯香菇子实体中铅与各主要矿物质元素含量的关联度有一定的影响。

表 7-32　各处理铅与各主要矿物质元素含量的关联系数

指标	猪垫料用量 /%							
	0	10	20	30	40	50	60	70
Cu/(μg/g) X1	0.4739	0.4266	0.9034	0.5915	0.6205	0.3378	0.6073	0.7470
Mn/(μg/g) X2	0.7500	0.6109	0.7944	0.7245	0.5528	0.4464	0.8335	0.8210
Fe/(μg/g) X3	0.5103	0.5896	0.7331	0.6304	0.6635	0.6206	0.9154	0.6747
Zn/(μg/g) X4	0.6938	0.5696	0.9514	1.0000	0.6758	0.5427	0.6899	0.6840
K/(μg/g) X5	0.9896	0.3389	0.5100	0.6575	0.5786	0.5119	0.5147	0.5923
Ca/(μg/g) X6	0.7816	0.4809	0.9753	0.7932	0.5157	0.4510	0.3810	0.8296
关联度	0.6999	0.5028	0.8113	0.7329	0.6011	0.4850	0.6570	0.7248
排序	4	7	1	2	6	8	5	3

（5）大杯香菇子实体中主要矿物质元素含量的关联度及排序　关联度公式为

$$r0i=\frac{1}{N}\sum_{K=1}^{N}\varepsilon 0i\,(K)$$

将表 7-32 中的数据代入公式分别求出相应的关联度，结果见表 7-33。结果表明，各处理铅含量与各主要矿物质元素含量的关联度顺序为：Zn>Mn>Fe>Ca>Cu>K。其中 Zn 含量与重金属铅含量关联度最大，为 0.7259，关联度越大，相似程度就越高，说明猪垫料作用下大杯香菇子实体中 Zn 含量与铅含量的关系最为密切，其次是 Mn 含量；关联度最小的是 K。

表 7-33　各处理铅含量与各主要矿物质元素含量的关联度及排序

指标	关联度	排序
Cu/(μg/g) X1	0.5885	5
Mn/(μg/g) X2	0.6917	2

续表

指标	关联度	排序
Fe/(μg/g) X3	0.6672	3
Zn/(μg/g) X4	0.7259	1
K/(μg/g) X5	0.5867	6
Ca/(μg/g) X6	0.6510	4

4. 大杯香菇子实体矿物质元素与发酵垫料配方的灰色关联分析

（1）发酵垫料配方大杯香菇子实体中矿物质元素含量的绝对差值　按公式 $\Delta 0i(K) = Xi(K) - X0(K)$ 列出绝对差值（$i = 1, 2\cdots, 6$），结果见表 7-34。不同猪垫料用量对矿物质元素的含量有影响，如 Ca 随着猪垫料用量的增加总体上含量下降。

表 7-34　各垫料用量与子实体中矿物元素含量的绝对差值

指标	猪垫料用量 /%							
	0	10	20	30	40	50	60	70
Cu/(μg/g) X1	0.8607	0.4504	0.1641	0.8166	0.5331	0.8027	1.0949	0.2376
Mn/(μg/g) X2	1.8714	0.4700	0.6742	0.4130	0.7897	0.1348	1.6763	0.5208
Fe/(μg/g) X3	1.0567	0.3932	0.1705	0.6809	0.3972	0.9527	1.8159	0.8645
Zn/(μg/g) X4	1.7308	0.3154	0.4039	0.1160	0.3615	0.6519	1.3513	0.8384
K/(μg/g) X5	2.2914	1.2398	0.9468	0.5959	0.6849	0.5076	0.7092	0.6926
Ca/(μg/g) X6	1.9415	0.1056	0.3704	0.4552	0.9591	0.1646	0.1777	0.0643

（2）大杯香菇子实体中矿物质元素含量与各垫料用量的关联系数　决定分辨系数：取 P=0.5。计算关联系数公式为

$$\varepsilon 0i = \frac{\Delta \min + P \times \Delta \max}{\Delta 0i\,(K) + P \times \Delta \max}$$

将表 7-34 中的数据代入上式分别求出相应的关联度，结果见表 7-35。不同猪垫料用量对矿质元素的含量有影响，如 Cu 随着猪垫料用量的增加总体上含量关联度较为稳定。

表 7-35　各垫料用量与各矿物元素含量的关联系数

指标	猪垫料用量 /%							
	0	10	20	30	40	50	60	70
Cu/(μg/g) X1	0.6031	0.7581	0.9238	0.6166	0.7208	0.6210	0.5400	0.8747
Mn/(μg/g) X2	0.4011	0.7489	0.6649	0.7763	0.6252	0.9450	0.4288	0.7261
Fe/(μg/g) X3	0.5494	0.7863	0.9193	0.6624	0.7842	0.5766	0.4086	0.6019
Zn/(μg/g) X4	0.4207	0.8282	0.7809	0.9590	0.8028	0.6731	0.4846	0.6099
K/(μg/g) X5	0.3520	0.5072	0.5783	0.6948	0.6610	0.7319	0.6523	0.6582

续表

指标	猪垫料用量/%							
	0	10	20	30	40	50	60	70
Ca/(μg/g) X6	0.3919	0.9670	0.7981	0.7558	0.5749	0.9235	0.9143	1.0000
关联度	0.4530	0.7659	0.7775	0.7442	0.6948	0.7452	0.5714	0.7451
排序	8	2	1	5	6	3	7	4

由表 7-35 可知，8 种猪垫料处理的关联度的大小顺序为：20%> 10%> 50%> 70%> 30%> 40%> 60%> 0%。其中 20% 处理关联度最大，为 0.7775，0% 处理关联度最小，为 0.4530。说明猪垫料用量对猪肚菇子实体中矿物质元素含量有一定的影响。

（3）大杯香菇子实体中矿物质元素含量与各垫料用量的关联度及排序　关联度公式为

$$r0i=\frac{1}{N}\sum_{K=1}^{N}\varepsilon 0i(K)$$

将表 7-35 中的数据代入公式分别求出相应的关联度，结果见表 7-36。

表 7-36　各垫料用量与各种矿物元素含量的关联度及排序

指标	关联度	排序
Cu/(μg/g) X1	0.7073	2
Mn/(μg/g) X2	0.6645	4
Fe/(μg/g) X3	0.6611	5
Zn/(μg/g) X4	0.6949	3
K/(μg/g) X5	0.6045	6
Ca/(μg/g) X6	0.7907	1

由表 7-36 可知，猪垫料用量与各种矿物元素含量的关联度顺序为：Ca> Cu> Zn> Mn> Fe> K。其中 Ca 含量与各垫料用量关联度最大，为 0.7907，关联度越大，相似程度就越高，说明各垫料用量与矿物元素 Ca 含量的关系最为密切，其次是 Cu 含量；关联度最小的是 K。

5. 讨论与总结

本节的结果表明，各处理铅含量与各主要矿物质元素含量的关联度顺序为：Zn> Mn> Fe> Ca> Cu> K。其中 Zn 含量与重金属铅含量关联度最大，为 0.7259，关联度越大，相似程度就越高，说明猪垫料作用下大杯香菇子实体中主要矿物质元素 Zn 含量与铅含量的关系最为密切，其次是 Mn 含量，关联度最小的是 K。

随着猪垫料用量的增加，各种矿物元素指标变化明显，不同处理猪垫料用量与矿物质元素含量的关联度及排序为：20%>10%>50%>70%>30%>40%>60%>0%。其中 20% 处理关联度最大，为 0.7775，0% 处理关联度最小，为 0.4530。说明猪垫料用量对猪肚菇子实体中矿物元素含量有一定效应。至于不同材料猪垫料、不同季节、不同材料培养料的添加猪垫料用量与猪肚菇矿物质元素含量的关系还需做进一步深入研究。

猪垫料用量与 6 种矿物质元素含量的关联度顺序为：Ca>Cu>Zn>Mn>Fe>K。说明猪垫料用量与矿物质元素 Ca 含量的关系最为密切，其次是 Cu 含量，关联度最小的是 K。通过本节了解猪垫料用量与 6 种矿物质元素的关系，对今后其他食药用菌选择猪垫料用量具有重要的指导意义。

第三节 基于发酵垫料配方真姬菇的生长特性

一、概述

真姬菇（*Hypsizigus marmorens*）又名玉蕈、斑玉蕈、蟹味菇等，是一种珍稀食用菌，它隶属担子菌亚门，层菌纲，伞菌目，白蘑科，玉蕈属，自然分布于欧洲、北美、西伯利亚和日本等地（张桂香 等，2002；孙培龙 等，2005）。真姬菇具有良好的保健功能，还具有一定的药用价值，故在国内外市场很受欢迎（Harada et al., 2006；2003；王耀松 等，2006）。目前该菇供需缺口大，有广阔的市场及开发前景（郑宇 等，2001）。栽培真姬菇培养基中最主要的成分是原木木屑，大量的需求与我国目前森林覆盖面积逐渐减少成为矛盾，也导致真姬菇培养基成本日益升高，成为产业发展的主要瓶颈，寻找可替代的、循环利用的资源成为必须要做的事。

真姬菇袋栽培养基配方中最主要成分是棉籽壳（45%）和木屑（35%）（渠继红 等，2010），其主要营养成分为氮源和碳源。微生物发酵床养猪技术是根据微生态原理和发酵技术，将微生物与木屑、谷壳等按一定比例混合进行发酵后作为有机垫料制成发酵床。使用 1.5 年左右的垫料，与猪粪尿充分混合、腐熟，含 N、C、P 等成分。与真姬菇培养料相比，调整垫料添加比例，完全能够满足真姬菇生长的需要。本节以真姬菇常规培养料为基础培养基，用使用 1.5 年的养猪微生物发酵床垫料按 0%、10%、20%…、100% 不同比例替换真姬菇培养料，研究筛选出基于发酵床养猪废弃垫料为基质的真姬菇栽培基质配方。这样既可以使原有废弃的微生物发酵床垫料得到循环利用，也可以降低真姬菇培养基质的成本，同时也可以提高真姬菇的产量和品质，为工厂带来经济利益，具有很好的应用前景。

二、研究方法

（1）试验设计　使用 1.5 年的微生物发酵床垫料，主要成分为谷壳∶木屑 =1 ∶ 1。以常规培养基质为基础，按照 10%、20%、30%…、100% 的比例添加垫料，共 10 个处理；具体培养基配方见表 7-37。每处理 1000kg，分装为 1000 袋，每袋平均 1kg。每隔 10 天采样一次，从各处理的 1000 袋培养基中随机抽取 10 袋，观察菌袋中菌丝生长情况。本试验旨在研究替代培养基营养成分对真姬菇菌丝生长速率的影响，所以选用第一批次样品测定其有机成分及含水量。

表 7-37　海鲜菇栽培基质配方表

单位：kg

处理	棉籽	木屑	玉米芯	麸皮	玉米粉	石灰石	石膏	垫料
0%	290.5	42	35	112	21	7	2.45	0
10%	261.45	37.8	31.5	100.8	18.9	7	2.45	100
20%	232.4	33.6	28	89.6	16.8	7	2.45	200
30%	203.35	29.4	24.5	78.4	14.7	7	2.45	300
40%	174.3	25.2	21	67.2	12.6	7	2.45	400
50%	145.25	21	17.5	56	10.5	7	2.45	500
60%	116.2	16.8	14	44.8	8.4	7	2.45	600
70%	87.15	12.6	10.5	33.6	6.3	7	2.45	700
80%	58.1	8.4	7	22.4	4.2	7	2.45	800
90%	29.05	4.2	3.5	11.2	2.1	7	2.45	900
100%						7	2.45	1000

（2）垫料样品中各有机含量的测定　用报纸包好垫料样品 500g，放入 50℃烘箱烘干，烘干后用磨碎机磨碎后测量样品中各有机含量。碳、氮、钾、磷等有机含量测定方法参考《微生物肥料产品检验规程》（NY/T 2321—2013）。

（3）垫料样品含水量的测定　天平称量袋料样品的质量 m_1，用报纸包好袋料放入 50℃的烘箱烘干，烘干后再用天平称量袋料质量 m_2，计算出袋料的含水量。含水量 =（m_1−m_2）/m_1。

（4）不同比例垫料培养基袋料中菌丝生长速率测定　用塑料烧杯固定垫料培养基袋料，从袋料中间竖着切开，观察袋料中菌丝生长情况，真姬菇菌丝在袋料中的生长是不规则的，通过观察不同比例垫料培养基中菌丝长满的时间 t，测量菌袋平均体积 V，计算出不同比例垫料培养基中的菌丝平均生长速率。菌丝平均生长速率 =V/t。

（5）真姬菇菌丝生长最适垫料培养基模型建立方法　应用数据处理软件 SPSS 对不同比例垫料培养基各有机成分和菌丝生长速率进行线性回归分析。

三、发酵垫料配方培养基真姬菇菌丝生长速率的测定

试验结果见表 7-38。栽培菌袋为圆柱体，接种真姬菇菌种从菌袋中央圆孔由上至下，且真姬菇菌丝为非厌氧性真菌，菌丝在菌袋中生长情况为：从菌袋中间向周边生长扩散，菌袋上开口有通气孔，菌袋口先长满菌丝，再慢慢向下扩散，直至长满整个菌袋。

抽样得到菌袋平均体积为 $1.44\times10^{-3}m^3$，基础培养基真姬菇菌丝长满天数为 41d，菌丝生长速率为 $3.51\times10^{-5}m^3/d$；10% 垫料培养基真姬菇菌丝长满天数为 40d，菌丝生长速率为 $3.60\times10^{-5}m^3/d$；20% 垫料培养基真姬菇菌丝长满天数为 60d，菌丝生长速率为 $2.40\times10^{-5}m^3/d$；30% 垫料培养基真姬菇菌丝长满天数为 75d，菌丝生长速率为 $1.92\times10^{-5}m^3/d$；40% 垫料培养基真姬菇菌丝长满天数为 95d，菌丝生长速度为 $1.52\times10^{-5}m^3/d$；50% 垫料培养基真姬菇菌丝长满天数为 125d，菌丝生长速率为 $1.15\times10^{-5}m^3/d$；在菌袋开袋前，60%、70% 垫料培

养基真姬菇菌丝都未长满，无法计算其两种比例垫料培养基中菌丝生长速率，80% 比例以上垫料培养基菌丝基本不生长，生长速率为零。

对比不同比例垫料培养基中真姬菇菌丝平均生长速率情况：10% 垫料培养基菌丝生长速率比基础培养基快，20% 垫料培养基菌丝生长速率比基础培养基稍慢，30% 比例以上垫料培养基，随着垫料比例增加，真姬菇菌丝生长速率越来越慢，80% 比例以上垫料培养基中，真姬菇菌丝基本不生长。

表 7-38　不同比例垫料替代培养基菌丝生长速率

项目	垫料替代比例										
	0%	10%	20%	30%	40%	50%	60%	70%	80%	90%	100%
菌丝长满天数 /d	41	40	60	75	95	125	147	189	—	—	—
菌丝生长速率 /（10^{-5} m^3/d）	3.51	3.60	2.40	1.92	1.52	1.15	0.98	0.76	0	0	0

注：“—”表示不能生长。

四、曲线估计发酵垫料配方培养基真姬菇菌丝最大生长速率

应用表 7-38 不同比例菌丝生长速率进行 SPSS 回归曲线估计处理，10% 垫料培养基中菌丝生长速率比基础菌丝生长速率快，20% 比例以上菌丝生长速率越来越慢，菌丝生长速率曲线是先递增后递减，回归曲线估计处理分别进行线性、二次项、对数、立方和指数分布曲线拟合，显著性都不明显，因此先对递增部分进行线性拟合，递减部分进行二次项拟合，得到结果呈显著性。

设菌丝生长速率为 y，不同垫料比例为 x，基础培养基 $x_0=0$，10% 垫料培养 $x_{10\%}=1.0$，故 $x_{20\%}=2.0$，$x_{30\%}=3.0$，$x_{40\%}=4.0$，$x_{50\%}=5.0$，$x_{60\%}=6.0$，$x_{70\%}=7.0$。对递增部分进行线性拟合得到线性曲线为 $y_1=0.09x+3.51$，对递减部分进行二次项拟合结果如表 7-39，显著水平 Sig 远远小于 0.05，说明拟合模型效果好，二次曲线为 $y_2=0.099x^2-1.278x+4.976$。$y_1$ 曲线为递增部分拟合，y_2 曲线为递减部分拟合，当两条曲线相交时，即菌丝最大生长速率，$y_1=y_2$，求出对应 x，带入曲线公式得菌丝最大生长速率：$y_{max}=3.62\times10^{-5}m^3/d$。

表 7-39　菌丝生长速率模型汇总和参数估计值

方程	模型汇总					参数估计值		
	R^2	F	$df1$	$df2$	Sig	常数	$b1$	$b2$
二次	0.941	31.748	2	4	0.004	4.976	-1.278	0.099

注：1. 自变量为 x。

2. R^2 是指线性回归分析中的拟合度，F 检验值反映整体显著性，$df1$ 为样本个数，$df2$ 为变量个数，Sig 为 F 检验得出的 P 值；余同。

五、真姬菇菌丝生长速率与发酵垫料替代培养基营养结构线性关系判定

垫料替代培养基有机含量测量结果见表 7-40。曲线估计菌丝最大生长速率为 $3.62\times10^{-5}m^3/d$，多元线性回归分析培养基中各有机成分与菌丝生长速率，由双因素方差分析可知不同比例垫料培养基中含氮量差别不显著，多元线性回归分析去除含氮量的影响，不同比例垫料培养中总磷含量、总钾含量、有机质、pH 值、碳氮比、含水量差别显著。80% 比例以上垫料培养基中菌丝基本不生长，回归分析可不考虑 80% 比例以上垫料培养基，以总磷含量、总钾含量、有机质、pH 值、碳氮比、含水量为自变量，菌丝生长速率为因变量，多元线性回归分析结果见表 7-41 和表 7-42。

表 7-39 中模型的显著性水平 Sig 值小于 0.05，即模型有效。表 7-40 中的各个自变量显著性水平 Sig 都大于 0.05，说明各个自变量对因变量影响不显著，即各个自变量对因变量关系不成线性。因此采用单因素曲线估计回归分析模型。

表 7-40　垫料替代培养基有机含量测量结果

垫料替代比例	总磷（P_2O_5）/%	总钾（K_2O）/%	有机质 %	pH 值	碳氮比	含水量 /%	菌丝生长速率 /（$10^{-5}m^3/d$）
0%	0.670	1.25	68.0	6.6	36.8	60.0	3.51
10%	0.824	1.54	66.7	6.8	37.9	61.5	3.60
20%	1.24	1.83	61.3	6.4	27.3	60.8	2.40
30%	1.52	1.92	63.1	6.4	28.2	59.8	1.92
40%	1.97	2.04	62.4	6.8	28.7	56.7	1.52
50%	2.09	2.10	58.3	7.1	27.5	54.4	1.15
60%	1.91	2.24	52.8	7.4	29.7	52.4	0.98
70%	2.46	2.27	46.4	7.5	23.6	50.2	0.76
80%	2.73	2.71	50.1	8.1	23.8	53.0	0
90%	3.38	2.80	46.0	8.5	21.7	45.9	0
100%	2.84	2.67	45.5	8.2	22.4	42.7	0

表 7-41　线性回归拟合参数（Ⅰ）

模型		平方和	*df*	均方	*F*	Sig
1	回归	8.940	6	1.490	247.396	0.049
	残差	0.006	1	0.006		
	总计	8.946	7			

表 7-42　线性回归拟合参数（Ⅱ）

模型		非标准化系数		标准系数	t 检验值	Sig
		B	标准误差	试用版		
1	常量	−18.959	5.149		−3.682	0.169
	总磷含量	0.863	0.409	0.484	2.112	0.282
	总钾含量	−2.444	0.333	−0.762	−7.350	0.086
	有机质含量	−0.091	0.034	−0.579	−2.674	0.228
	碳氮比	0.085	0.053	0.370	1.624	0.351
	pH 值	1.012	0.595	0.379	1.703	0.338
	含水量	0.353	0.040	1.325	8.767	0.072

六、发酵垫料培养基营养成分与真姬菇菌丝生长速率模型

根据菌袋中各有机成分含量，建立数学模型，分析各有机成分对真姬菇菌丝生长影响及真姬菇菌丝生长最优垫料培养基比例。应用曲线估计回归分析每个单因素与菌丝生长速率，得到回归分析曲线，已知菌丝最大生长速率，计算相应单因素含量，即菌丝生长速率最大时垫料培养基中各有机成分含量。

发酵垫料培养基总磷含量与菌丝生长速率曲线估计回归模型。曲线估计回归分析总磷含量，以总磷含量为变量，菌丝生长速率为因变量，得到结果见表 7-43，对数和指数及二次项曲线的显著性 Sig 远远小于显著水平 0.05，说明对数、指数及二次项曲线模型拟合性好，因 $R^2_{二次}$（0.964）>$R^2_{对数}$（0.958）>$R^2_{指数}$（0.939），选二次项曲线拟合模型，即二次项曲线为：y=5.619−3.177x+0.488x^2，当 y_{max}=3.62，解得：x=0.71。当菌丝在垫料培养基中达到最大生长速率时，垫料培养基中的总磷含量为 0.71%，即菌丝生长最适垫料培养基总磷含量为 0.71%。

表 7-43　总磷含量模型汇总和参数估计值

方程	模型汇总					参数估计值			
	R^2	F	df1	df2	Sig	常数	b1	b2	b3
对数	0.958	135.389	1	6	0.000	2.849	−2.315		
二次	0.964	66.816	2	5	0.000	5.619	−3.177	0.488	
三次	0.965	37.254	3	4	0.002	4.792	−1.246	−0.837	0.278
指数	0.939	91.744	1	6	0.000	6.967	−0.883		

七、发酵垫料培养基总钾含量与真姬菇菌丝生长速率曲线估计回归模型

曲线估计回归分析总钾含量，以总钾含量为变量，菌丝生长速率为因变量，得到结果如表 7-44 所列，因二次项曲线模型拟合性好，选用二次项曲线拟合模型，即二次项曲线为：

y=2.720+2.849x−1.656x^2，当 y_{max}=3.62，解得：x=1.30。当菌丝在垫料培养基中达到最大生长速率时，垫料培养基中总钾含量为 1.30%，即菌丝生长最适垫料培养基总钾含量为 1.30%。

表 7-44　总钾含量模型汇总和参数估计值

方程	模型汇总					参数估计值			
	R^2	F	$df1$	$df2$	Sig	常数	$b1$	$b2$	$b3$
对数	0.896	51.589	1	6	0.000	5.172	−5.114		
二次	0.958	56.620	2	5	0.000	2.720	2.849	−1.656	
三次	0.955	53.156	2	5	0.000	4.545	0.000	−0.235	−0.228
指数	0.886	46.520	1	6	0.000	32.186	−1.543		

八、发酵垫料培养基有机质含量与真姬菇菌丝生长速率模型

曲线估计回归分析有机质含量，以有机质含量为变量，菌丝生长速率为因变量，得到结果如表 7-45 所列，因三次曲线拟合模型拟合性好，选三次曲线拟合模型，即三次曲线为：y=6.851−0.007x^2+9.74×10^{-5}x^3，当 y_{max}=3.62，解得：x=63.70。当菌丝在垫料培养基中达到最大生长速率时，垫料培养基中有机质含量为 63.70%，即菌丝生长最适垫料培养基有机质含量为 63.70%。

表 7-45　有机质含量模型汇总和参数估计值

方程	模型汇总					参数估计值			
	R^2	F	$df1$	$df2$	Sig	常数	$b1$	$b2$	$b3$
对数	0.685	13.031	1	6	0.011	−27.269	7.159		
二次	0.887	19.674	2	5	0.004	24.608	−0.949	0.009	
三次	0.891	20.400	2	5	0.004	6.851	0.000	−0.007	9.740×10^{-5}
指数	0.851	34.347	1	6	0.001	0.021	0.074		

九、发酵垫料培养基碳氮比与真姬菇菌丝生长速率模型

曲线估计回归分析碳氮比，以碳氮比为变量，菌丝生长速率为因变量，得到结果如表 7-46 所列，因二次曲线拟合模型拟合性好，选二次曲线拟合模型，即二次曲线为：y=2.846−0.242x+0.007x^2，当 y_{max}=3.62，解得：x=37.50。当菌丝在垫料培养基中达到最大生长速率时，垫料培养基中碳氮比为 37.50，即菌丝生长最适垫料培养基碳氮比为 37.50。

表 7-46　碳氮比模型汇总和参数估计值

方程	模型汇总					参数估计值			
	R^2	F	$df1$	$df2$	Sig	常数	$b1$	$b2$	$b3$
对数	0.739	16.983	1	6	0.006	−18.358	6.002		

续表

方程	模型汇总					参数估计值			
	R^2	F	$df1$	$df2$	Sig	常数	$b1$	$b2$	$b3$
二次	0.772	8.484	2	5	0.025	2.846	−0.242	0.007	
三次	0.774	8.561	2	5	0.024	0.719	0.000	−0.002	0.000
指数	0.663	11.824	1	6	0.014	0.097	0.096		

十、发酵垫料培养基 pH 值与真姬菇菌丝生长速率模型

曲线估计回归分析培养基 pH 值，以 pH 值为变量，菌丝生长速率为因变量，得到结果如表 7-47 所列，因指数曲线拟合模型拟合性好，选指数曲线拟合模型，即指数曲线为：$\ln y=\ln 2784.433-1.075x$，当 $y_{max}=3.62$，解得：$x=6.18$。当菌丝在垫料培养基中达到最大生长速率时，垫料培养基中 pH 值为 6.18，即菌丝生长最适垫料培养基 pH 值为 6.18。

表 7-47　pH 值模型汇总和参数估计值

方程	模型汇总					参数估计值			
	R^2	F	$df1$	$df2$	Sig	常数	$b1$	$b2$	$b3$
对数	0.423	4.405	1	6	0.081	24.617	−11.752		
二次	0.526	2.771	2	5	0.1550	−109.486	33.923	−2.567	
三次	0.523	2.740	2	5	0.157	−67.457	15.913	0.000	−0.122
指数	0.620	9.801	1	6	0.020	2784.433	−1.075		

十一、发酵垫料培养基含水量与真姬菇菌丝生长速率曲线估计回归模型

曲线估计回归分析培养基含水量，以含水量为变量，菌丝生长速率为因变量，得到结果如表 7-48 所列，因指数曲线拟合模型拟合性好，选指数曲线拟合模型，即指数曲线为：$\ln y=\ln 0.001+0.129x$，当 $y_{max}=3.62$，解得：$x=63.52$。当菌丝在垫料培养基中达到最大生长速率时，垫料培养基中的含水量为 63.52%，即菌丝生长最适垫料培养基含水量为 63.52%。

表 7-48　含水量模型汇总和参数估计值

方程	模型汇总					参数估计值			
	R^2	F	$df1$	$df2$	Sig	常数	$b1$	$b2$	$b3$
对数	0.746	17.633	1	6	0.006	−48.850	12.581		
二次	0.811	10.705	2	5	0.016	56.556	−2.193	0.022	
三次	0.812	10.778	2	5	0.015	16.258	0.000	−0.018	0.000
指数	0.899	53.569	1	6	0.000	0.001	0.129		

十二、讨论与总结

通过测定不同比例垫料培养基各有机含量及菌丝平均生长速率，建立数学模型，得出真姬菇菌丝生长最适垫料培养基总磷含量为0.71%；总钾含量为1.30%；有机质含量为63.70%；碳氮比为37.50；pH值为6.18；含水量为63.52%。杜双田等（1992）应用二次通用旋转组合研究麦草栽培姬菇配方的数学模型中得到麸皮、玉米粉、过磷酸钙、黄豆饼粉四因素对姬菇培养基出菇的影响，因四因素呈线性关系，利用线性回归分析得到试验结果。其数学模型分析方法在食用菌栽培研究中属首次应用，取得令人满意的效果，表明此类分析方法在食用菌研究中是可行的。杜双田等（1992）试验中因变量为姬菇出菇情况，而本试验因变量为菌丝生长速率，减少了出菇管理中各因素的影响。目前很多报道主要研究真姬菇培养基成分中木屑、棉籽壳及玉米芯比例（上官舟建 等，2003；崔巍 等，2009），对其各有机含量研究报道较少，本试验测量垫料培养基中各有机含量，建立数学模型，对其各有机含量进行量化研究，为以后真姬菇培养基研究提供了理论依据。

本试验栽培真姬菇规模较大，相比实验室小规模试验精准度不高，无法保证每个垫料真姬菇菌袋培养基成分均匀，因此在采样过程中尽量多点重复采样，减少样品偶然性，尽可能准确测量不同批次垫料培养基中各有机成分含量。配制最适垫料培养基时也存在一定问题，本试验结果为量化指标，必须换算成垫料比例。使用垫料代替部分培养基成分可以减少真姬菇培养基成本，使产品成本得到降低达到更大经济效益；也可以使垫料得到循环利用，减少环境污染（黄清荣 等，2006）。

第八章

养殖废弃物生物基质资源化技术

第一节 生物基质研究进展

一、生物基质的研发与应用

1. 概述

生物基质主要应用于育苗基质、栽培基质、修复基质、园林基质等，作为一种疏松的植物根系载体，提供植物根系定植条件，具有通风透气的优点，能提供有机质、保水保肥，促进根际微生物群落发展，保障植物健康生长。传统生物基质的加工采用腐殖质矿，随着腐殖质矿的开采受到限制，利用秸秆和养殖废弃物混合发酵形成人工腐殖质，成为生物基质原料的主要来源。养殖废弃物生物基质资源化技术，利用微生物发酵床处理养殖废弃物，将发酵后的物料加工成生物基质，可用于工厂化蔬菜育苗等。随着人们对环境质量要求的不断提高及耕地面积的不断减少，植物育苗、栽培与环境保护之间的矛盾不断凸显，因此，工厂化育苗（穴盘育苗）的技术应运而生。穴盘育苗是利用穴盘作育苗容器，采用草炭、蛭石、珍珠岩等轻基质材料作育苗基质，一穴一粒、一次性成苗的一种现代化的育苗方法。它是欧美国家 20 世纪 70 年代发展起来的一项新育苗技术，具有出苗率高、出苗整齐、缓苗快、病虫害少、机械化程度高、省工、省时等许多优点，目前已经成为许多国家育苗的主要方式。我国自 80 年代中期引进该技术以后，各地科技工作者在对其消化、吸收的基础上，不断探索适合我国的穴盘育苗生产体系，取得了一定成效，到目前为止，对蔬菜穴盘育苗的研究主要集中在对育苗基质的选配、苗龄和营养面积、肥水管理等几个方面（胡文娟 等，2006）。其中，育苗基质是穴盘种苗生产的基础物质，而具有良好理化性状的基质是为植物提供良好生长环境的重要保障，能为幼苗提供具有稳定协调的水、气、肥结构的生长介质。除了支持、固定植株外，育苗基质更重要的作用是充当“植物根系营养库”，使来自营养液的养分、水分得以保存，植物根系从中按需选择吸收（周建 等，2012）。植物根系直接与基质接触，基质质量的优劣直接决定了栽培植株的营养供给及生长发育状况。

2. 生物基质的研发现状

（1）国外　植物工厂化生产的雏形最早出现在北欧的设施园艺（高仓直 等，1986）。在丹麦，克里斯麦塞栽培场最早运用工厂化管理方式进行水芹生产；20 世纪 70 年代，奥地利维也纳技术大学建成一些利用自然光源的玻璃温室植物工厂，按一定程序进行播种、育苗、定植、收获等操作；美国的蔬菜工厂化生产是从荷兰引进的，起初生产果菜类，单位面积产量达普通温室栽培的 10 倍左右，此后，其他公司相继建成了生菜、色拉莴苣、菠菜等叶菜类蔬菜生产工厂；苏联、波兰、罗马尼亚的植物工厂除了生产蔬菜作物外，还进行香石竹、非洲菊和月季切花的生产（周建 等，2012）。蔬菜工厂化育苗是在植物工厂化的发展过程中逐渐分化出来的，现已形成一项独立的产业。工厂化育苗最先使用的育苗基质为岩棉，底部铺设不织布供应营养液。大型专业化育苗工厂大多采用 20 世纪 60 ～ 70 年代的基质配方，如美国康奈尔大学 60 年代研制的复合基质 A 和 B、加利福尼亚大学的 VC 培养土以及英国的 GCRI 配合物（李式军 等，1988）。后来，日本又发明了一种专用育苗钵块，种子可以直接播入钵内，覆盖基质后排列在育苗床上，用水喷湿即可，钵块的材料可用岩棉、草炭、椰壳发酵物等（崔秀敏 等，2001）。

（2）国内　从 20 世纪 80 年代中期开始，我国引进美国和欧盟的穴盘育苗精良播种生产线，在北京郊区投入工厂化、商品化生产。1991 年工厂化育苗被农业部列为“八五”重点项目、“九五”期间国家科委立项工厂化高效农业产业工程，其中育苗基质的研究就是一项重要内容（周建 等，2012）。李萍萍等（2002）对以芦苇渣为原料制成的基质进行蔬菜栽培试验。结果表明，在芦苇渣基质中，生菜产量比常规的草炭混合基质提高 10%以上，番茄产量增加 30%以上，而红花木莲幼苗在芦苇末基质中也明显地表现出生长促进现象。分析原因应该是添加的芦苇渣改善了育苗基质的理化特性如透气性等（裘丽珍 等，2005）。秦嘉海等（1997）选择糠醛渣、炉渣、草炭、发酵羊粪等基质，加入定量的生物有机、无机复合型专用肥，配制成全营养复合栽培基质，结果表明，当炉渣、羊粪、糠醛渣比例为 2.5∶1∶1.5 时，最有利于番茄的生长发育。单一的草木灰基质理化性状优良，营养元素配比合理，也可以作为较好的育苗基质，尤其适用于黄瓜、辣椒等的育苗（邵文奇 等，2011）。

（3）育苗基质配方　在育苗基质的配制中，食用菇废渣成为代替草炭的重要来源（陈世昌 等，2011）。研究表明，香菇、金针菇的废料能完全代替草炭，尤其是金针菇渣培育的番茄苗性状明显优于草炭（洪春来 等，2011）。此外，棉秸秆降解腐熟后也是较好的育苗基质，与食用菇废渣（3∶2）混合，可用于番茄、辣椒的育苗（周亚飞 等，2011）。赵仁顺等（1996）用炭化稻壳与砂（7∶3）混合配制基质，配合使用 pH6 的营养液，幼苗生长良好。与此相似，稻草秸秆腐熟降解后，能很好地取代草炭，秸秆含量达到 60% 的稻草复合基质能培养出达到绿色食品标准的番茄幼苗（金伊洙 等，2005）。程庆荣（2002）以蔗渣、木屑为原料作尾叶桉容器育苗基质，进行不同配方、堆沤及追肥处理的试验，结果表明：木屑、蔗渣经过配比、堆沤、追肥处理后可以作为尾叶桉容器育苗的基质；配方以 V（木屑或蔗渣）∶V（煤渣）∶V（黄心土）=5∶2∶3 最好，经堆沤后，基质的 N、P、K 含量明显上升，苗木生长指标提高；育苗性能优于或等于泥炭的基质为 V（木屑）∶V（煤渣）∶V（黄心土）＝5∶2∶3。陈振德和黄俊杰（1996）用草炭、蛭石、珍珠岩等基质，按照不同的配比，混合成不同的甘蓝育苗基质，试验结果表明，混合基质促进了甘蓝幼苗生长，增加了干物质积累，提高了植株对氯、磷、钾的吸收。通过栽培金盏菊试验，李新举等（2006）发现，基质中蛭石的比例显著影响幼苗生长，但其颗粒大小对幼苗影响不明显；通过试验得出了基质参考标准：总孔隙度为 65%～87%，通气孔隙度为 7%～15%，容重为 0.25～0.4g/cm^3，电导率为 1～1.6mS/cm，pH 值为 5.5～6.5。在草炭、蛭石、珍珠岩形成的混合基质中，加入降解粉碎的核桃壳或煤渣，可以提高通气性与保水性，促进观赏竹类幼苗的生长发育（郭璟 等，2009）。侯建伟和董礼华（2009）用蛭石、珍珠岩、草炭、腐熟鸡粪、腐熟猪粪配制育苗基质，在温室条件下研究其对翠菊（*Callistephus chinensis*）幼苗质量的影响，结果表明：翠菊苗在处理 3（草炭∶蛭石∶珍珠岩∶腐熟鸡粪为 3∶3∶2∶2）基质上生长最好；苗期指标显示，生长在处理 3 基质上的苗全株干重为 1440.21mg，地下干重为 406.56mg，茎粗为 0.37cm，株高为 7.22cm，壮苗指数为 1367.43，叶绿素含量为 2.82mg/dm^2，光合速率（以 CO_2 计）达到 5.39μmol/（m^2·s），差异均达到显著水平。有机基质降解过程复杂，理化性状不稳定，易导致营养成分的变化从而影响幼苗生长。在栽培番茄苗时，刘超杰等（2005）发现玉米秸秆基质存在幼苗早期生长势不旺的问题。通过对玉米秸秆进行饱和浸泡，能有效地解决此问题，其中浸泡

10d 的秸秆基质效果最好，能明显地促进番茄地上部、地下部及全株鲜质量和干质量，显著高于草炭（王吉庆 等，2011）。

（4）城市污泥和动物粪便作为育苗基质　城市污泥和动物粪便含有丰富的养分，经堆积处理后，可成为优良的育苗基质材料。李艳霞等（2000）研究发现，污泥和垃圾堆肥可以部分替代泥炭，能明显促进苗木生长，其叶片叶绿素含量明显高于对照。蚯蚓粪能完全替代泥炭，纯蚯蚓粪基质所培育的番茄幼苗的形态指标和生理指标与对照（草炭基质）无差异；加入部分蛭石，育苗效果更佳（宋丽芬 等，2011）。腐熟的羊粪、牛粪配成的基质对侧柏、油松、刺槐幼苗的生长具有明显的促进作用，三者的苗高、苗径显著高于对照（张增强 等，2000）。唐金陵和张文佳（2007）在试验中发现，应控制育苗基质中的蝇蛆粪含量，随着其含量上升（10% ～ 40%），所种植的黄瓜、西瓜和番茄的生长与发育受到严重抑制，其最佳含量为 5% ～ 7%。

3. 育苗基质的发展趋势

近年来引进的工厂化育苗设施大都采用草炭∶蛭石为 2∶1 或添加部分有机质配制的复合基质。虽然草炭是一种优良的基质改良剂，但国内草炭资源分布不均匀，受产地所限，长途运输无疑会增加育苗成本。再加上草炭为不可再生的自然资源，长期开采必然会造成资源枯竭。为适应当前低碳与循环经济的大形势，可以考虑开发利用农业生产废弃物，将其降解，用以取代草炭，延长农业生态系统生产环节，减少不可再生资源的消耗，形成有效的生态循环经济。

此外，草炭虽然全氮量较高，但多为有机态氮，转换成有效氮的速度很慢，数量甚少，加上有效磷、有效钾含量不高，且灰分偏高，酸性大，有时含活性铝，有机质难分解，幼苗直接利用率低下，肥效相对较差。国外进口基质的育苗效果明显优于国产以草炭为主的传统基质。分析原因，国外的育苗基质大都进行人为调节，例如添加营养驱动剂与保水剂。相比之下，在传统基质中，针对其肥力较差、后劲不强的问题，往往考虑的是增加基质的肥料，注重基质物质的选择及调节其相应配比（唐金陵 等，2007），而对于基质的作用机理则研究较少，大都是被动性的调节。因此，可对育苗基质进行主动性调节，添加生物肥力驱动剂，例如专性微生物菌剂，对基质和栽培植株进行主动改造，用以增强植物吸收肥料的能力，提高对基质中有效肥料的利用效率（周建，2020）。

二、基质资源主要种类及特性

1. 概述

随着农业种植结构的调整和传统农业向现代化农业转变，我国设施农业快速发展，育苗基质变得越来越重要。育苗基质就是根据幼苗生长的需要，利用有机、无机材料及微生物制剂配制而成的优质土壤或无土栽培基质。目前常用育苗基质有泥炭、椰丝、蛭石、种过平菇的棉籽壳、珍珠岩、细砂、有机肥、锯木屑等，这些基质的生理生化特性不同，各有优缺点（王缇，2009）。

2. 有机基质

（1）泥炭　泥炭是由泥炭类苔藓在酸性的沼泽地条件下形成的，保持了植物纤维的基本结构，是目前公认的性质优良、使用最广泛的育苗基质成分。泥炭具有良好的保水力、通气性，以及高 EC 值和不易降解的特点，但不同来源、不同地区的泥炭差别很大，大部分泥炭的 pH 值在 3.0 ～ 4.0 之间。具有优质纤维的泥炭优于粉末状泥炭，选择泥炭时应该采用具有一定纤维结构并在晾干的条件下呈棕色的泥炭，将不同种类的泥炭按照一定比例进行混合，其物理性质会发生改变，从而更适宜某种作物的需要。

（2）椰丝　也叫椰糠、椰土，椰砖、椰粉砖、椰糠砖其实都是指加工成块的椰糠，由椰子外壳加工而成，是天然的有机质介质。椰糠的优点包括：① 椰糠是经过加工处理的，无毒、无臭、无菌、环保，非常适合无土栽培；② 椰糠质地松软，可以疏松土壤，透气性好，与其他基质混合可以防止土壤板结；③ 椰糠由纯天然椰纤维制成，不含线虫、病菌，非常适合家庭园艺；④ 可以直接用于育苗、扦插，成活率非常高。椰糠的缺点有：① 椰糠本身不含营养，使用过程中需根据情况添加肥料，多用作栽培基质，无法提供植物生长所需养分；② 脱盐不彻底会影响植物的生长。椰糠的理化特性为：① pH 值为 5.5 ～ 6.5，pH 值较低，微生物不易滋生，有利于植株栽培；② 椰糠 EC 值在 1.30 ～ 3.60mS/cm，而最适合植物的 EC 值应小于 0.5mS/cm；③ 颜色：新鲜椰糠的颜色比较浅，一般为棕褐色，水分过多或沤制过的椰糠，颜色就比较深。

（3）菇渣　菇渣为培育香菇后的废弃材料。中国食用菌产量很大，大量的菇渣随意堆积或被烧掉，既污染环境，又造成资源浪费（朱晓婷 等，2011）。基于以上情况，一些学者经过研究发现，菇渣经发酵以后可以作为良好的栽培基质。方贯娜等（2005）以菇渣作为马铃薯微型薯扦插苗的栽培基质，研究结果表明：以菇渣作基质生产微型薯在株高、茎粗及产量上均有明显优势，菇渣是替代蛭石和草炭的理想基质。李晓强（2006）采用农业废弃物食用菌栽培废料菌渣发酵生产园艺基质，进行现代化大型温室蔬菜无土栽培的应用研究。其主要结果如下。① 在每立方米的金针菇工厂化生产的废料菌渣中加入 0.2kg 发酵微生物、0.5kg 尿素及 3kg 干芝麻渣或鸡粪进行发酵，结果表明，发酵堆最佳发酵温度为 50 ～ 60℃，最佳含水量 50% ～ 60%，最佳发酵层范围为发酵堆表层下 20 ～ 60cm，发酵时间 3 个月以上。② 选用生产中应用范围广的蛭石和珍珠岩与菇渣进行复配（体积比）：菇渣与珍珠岩（4∶1，3∶1，2∶1，1∶1，1∶2），菇渣与蛭石（6∶1，5∶1，4∶1，3∶1，2∶1），菇渣与珍珠岩和蛭石（2∶1∶1，1∶1∶1）。复合基质与菇渣相比 EC 值下降 0.69 ～ 1.70mS/cm，而 pH 值变化不大。在灌溉清水的情况下，菇渣∶珍珠岩 =3∶1、菇渣∶珍珠岩 =2∶1 复合基质育出的番茄、甜椒、黄瓜幼苗的株高、茎粗、叶面积、壮苗指数等指标显著高于对照（草炭∶珍珠岩 =1∶1）；而在灌溉营养液和清水两种方式下进行甜椒育苗时，则是菇渣∶珍珠岩 =3∶1 和菇渣∶蛭石 =3∶1 显著好于对照。③ 采用菇渣与珍珠岩或蛭石复配的 10 种复合基质进行黄瓜短季节栽培，各菇渣复合基质植株生长情况与对照（草炭∶珍珠岩 =1∶1）相近，孔隙度变化趋势与对照相近，EC 值在栽培前期比对照高 20% ～ 60%，到栽培中后期与对照相近，整个栽培过程 pH 值维持在 6.3 ～ 7.5 之间，显著高于对照（4.5 ～ 5.8）。菇渣与蛭石复合基质的含水量均显著高于对照，尤其是菇渣∶蛭石 =2∶1，但其大小孔隙比值到栽培后期只有 0.13，不利于作物的后期栽培。④ 采用菇渣与珍珠岩复配的 5 种复合基质进行甜椒长季节栽培，整个生育期菇渣各复合基质的容重、通气孔隙度、持水孔隙度、总孔隙度、含水量、CEC 值及一天内含水量和 EC 值变化规律与对照（草炭:珍珠岩 =1：1）有相同的趋势，变化幅度也与对照相近，但整个生育期菇渣复合基质的 pH 值均在 6.7 ～ 7.2 之间，变化幅度显著小于对照（3.3 ～ 5.6）；菇渣复合基质栽培的植株开花期均比对照早，株高、最大叶片叶面积比对照小，果型指数，果肉厚度，果实的干物质含量、折光糖度和维生素 C 含量与对照没有显著差异，但复合基质 T4（菇渣:珍珠岩 =1：1）、T3（菇渣:珍珠岩 =2：1）、T5（菇渣:珍珠岩 =1：2）栽培的甜椒茎粗、植株分杈数均大于对照，总产量分别比对照增加 5.2%、3.5%、2.0%，而次年大面积栽培试验中 T3、T4、T5 总产量分别比对照提高了 22.9%、13.7%、12.0%。通过以上试验建立了一套“菇渣发酵 - 基质复配 - 播种育苗 - 短季节栽培 - 长季节栽培”的蔬菜无土栽培体系，该体系的应用有助于菇渣基质生产和利用的规范化、标准化。

（4）枯枝落叶、树皮　每年秋季，大量的枯枝落叶被焚烧或运到郊外填埋，不利于资源的循环利用。枯枝落叶不仅取材方便，而且是乔木中养分最丰富的组成部分，含有很丰富的 N、P、K、Ca、Mg 等（朱晓婷 等，2011）。阔叶树的树皮在全国许多地区被广泛用于容器育苗的栽培基质，新鲜的阔叶树树皮，其 pH 值一般为 5.0 ～ 5.5，一般情况下，新鲜树皮及其浸出液可能会对植物产生毒害作用，因此需经过堆制处理后才能作为育苗基质应用。此外，锯末、刨花和木片也可作为基质材料，但效果远不如树皮，用前需要发酵。

（5）花生壳　花生壳可作为盆栽基质的补充材料。花生壳具有大量的纤维组织结构，在栽培初期可提供植物生长所需的通气孔隙，但是，在水肥的作用下，其纤维结构会快速降解破坏，因此，这种基质适宜 6 ～ 12 周的短期作物栽培，不适宜作长期栽培基质。如采用花生壳作基质，需先采取高温蒸制或化学方法杀除附生在壳内的有害线虫等。叶瑞睿（2009）以广泛使用的花生壳、椰糠为原料，对栽培基质材料的前期处理方式、方法做了较为详细的研究，并通过不同基质配比进行盆栽花墨兰的栽培。其主要结果如下。① 以花生壳和椰糠作为基质原料，选择水浸泡、露天堆放以及加入活性菌 3 种方式进行处理，结果表明：在一个月的处理时间中，加入活性菌的处理可以显著提高基质的发酵腐熟程度，促进基质中碳元素的分解，使基质 C/N 降至 30 左右，并使 EC 值和 pH 值稳定在栽培种植的要求范围内，是相对较好的基质处理方式。② 在原料的前期处理中分别加入 1/500、1/1000 和 1/1500 三种浓度的 EM 活性菌。通过测定比较温度、pH 值、EC 值、容重等 9 类基质指标，并结合综合函数的计算，结果表明：加入 1/1000 浓度的活性菌处理的基质材料的综合指标值明显优于对照以及其他浓度处理，为最佳处理浓度。③ 采用经过前期处理的基质作为原料，选用了 6 个处理进行墨兰的栽培种植试验，比较并分析了基质的理化性质、植株株高、根系等 8 个指标的综合指标值，筛选 2 个综合指标值都显著优于对照以及其他处理的基质配方（花生壳:石砾 =1：2 以及椰糠:石砾 =1：2），以椰糠:石砾 =1：2 这种配比作为栽培基质效果最好。④ 讨论了墨兰基质的成本核算方法与核算体系，结果表明，筛选出的基质成本仅为目前生产中常用的兰花专用混合基质的 15% ～ 20%，是一种可以在墨兰生产栽培中普及的价廉物美的基质类型。黄国京等（2013）以芍药品种“大富贵”（*Paeonia lactiflora* ‘Da Fu Gui’）为试材，研究以棉籽皮和花生壳两种可再生农业废弃物为主要成分的基质配方代替草炭作为芍药盆栽基质的可行性。试验设置两种基质，基质 A 为棉籽皮:蛭石:珍珠岩 =4：3：3，基质 B 为花生壳:蛭石:珍珠岩 =5：3：2；以前期筛选的栽培效果良好的草炭:蛭石:珍珠岩 =3：1：1 基质为对照。结果表明：两种基质的总孔隙度、EC 值与对照相同，pH 值均高于对照，大小孔隙比小于对照，基质 A 的容重高于基质 B 及对照；两种基质上栽培的芍药株高、冠幅、单株开花数、生物量、叶绿素 a/b 等指标与对照无显著差异，但茎粗、花径、单朵花期、根冠比、根生长指标、叶绿素、叶绿素 a、叶绿素 b、类胡萝卜素含量不同；基质 B 栽培的芍药茎粗、单朵花期、根冠比、主根数显著高于对照，其他指标与对照无明显差异；基质 A 栽培的芍药仅花径和主根数大于对照，茎粗、单朵花期和根冠比与对照相同，但根生长指标、叶片色素等相关指标均低于对照。此外，棉籽皮为主成分的基质栽种的芍药叶片叶绿素含量显著低于基质 B 和对照，呈黄绿色，对观赏性有一定影响，需要进一步改良研究方可用于芍药栽培。以花生壳为主成分的基质能明显促进植株根系的生长，综合评价指数最优，可以作为芍药栽培基质。

（6）稻壳　无土栽培中通常先将稻壳炭化后才使用。炭化稻壳的总孔隙度 82.5%，大孔隙 57.5%，小孔隙 25.0%，水气比 1：0.43。稻壳炭化后，pH 值常达 9.0 以上，必须经过水洗或用酸调节后使用，才能保证作物正常生长发育。由于稻壳的结构与花生壳类似，纤维结构会快速降解破坏，因而也不宜作长期育苗基质。冯臣飞（2018）利用牛粪、花生壳、炭化稻壳有机废弃物，与草炭、蛭石、珍珠岩传统基质原料配制成不同的基质配方，于 2017 年 5 ～ 6 月进行黄瓜育苗基质配方的初步筛选，试验共设置 17 个处理；9 ～ 10 月进行基质配方的进一步筛选，试验共 7 个处理；10 ～ 11 月进行第三次试验，对前期较好的基质配方进行最终评价，设置 4 个处理。所有试验均以传统基质配方草炭 : 蛭石 : 珍珠岩 =60：20：20 为对照，研究了不同基质配方对黄瓜的出苗状况、幼苗形态指标、生理指标、根系发育状况和酶活性的影响，并进行了关联度分析，从中筛选出最佳基质配方，以代替传统基质配方作为黄瓜育苗基质使用。其主要结果如下：① 不同的基质配方的黄瓜出苗率不同，T1（牛粪 : 草炭 : 蛭石 : 珍珠岩 =17：49：17：17）、T2（牛粪 : 花生壳 : 草炭 : 蛭石 : 珍珠岩 = 14：14：44：14：14）、T3（牛粪 : 炭化稻壳 : 草炭 : 蛭石 : 珍珠岩 =14：14：44：14：14）、CK（对照）在不同时期的出苗率不存在显著性差异，但在播种后的第 5 天出苗率均达到 90% 以上，符合优质基质对出苗率的要求，在播后第 7 天，T1 与 CK 出苗率最高，均为 97%。② 在株高、茎粗、根长、地上鲜重、地下鲜重、地上干重、地下干重、叶面积、*G* 值和壮苗指数方面，T1、T2、T3 均优于 CK，T1、T2、T3 分别与 CK 存在显著性差异；T1 综合形态指标表现最佳。③ T1 在氮含量、叶绿素含量方面表现最佳；在叶绿素 a 含量方面，T2 表现最佳；在根系活力方面，T1 活性最大；综合 6 项生理指标，T1 表现最佳。④ 在基质中牛粪的使用量应小于总体积的 40%，否则易出现根系发黄、根系与基质缠绕性欠佳等不良现象。适量的牛粪可以提高幼苗质量，增加幼苗的茎粗，提高株高，促进根系生长。当花生壳的粒径为 5mm 时，花生壳在基质中的使用量应不大于总体积的 14%。⑤ 基质中添加牛粪、花生壳、炭化稻壳可以改变植株叶片的酶活性表达量。在 SOD（过氧化物歧化酶）、POD（过氧化物酶）、CAT（过氧化氢酶）的酶活性方面，T3 表现最佳。⑥ 应用灰色关联分析，在最后基质配方的筛选中，r_{T1}=0.81，r_{T2}=0.79，r_{T3}=0.79，r_{CK}=0.44，三种基质配方均优于对照，其中 T1 表现最佳，并且基质配方价格最低。

（7）秸秆　秸秆具有大量的纤维组织结构，在栽培初期可提供植物生长所需的通气孔隙，除含有纤维素和木质素等有机成分外，还有一定量的钾、钠、钙、硫、硅等无机矿物质（金伊洙 等，2005）。不同作物种类的秸秆理化性质差异较大，其容重均较低，经过腐熟用于栽培基质中，能够提供一定养分，但纤维结构会快速降解破坏，因而也不宜作长期育苗基质。秸秆等农业废弃物是重要的环境污染源，同时也是一个巨大的生物质资源库，利用废弃的小麦秸秆作为有机基质进行蔬菜栽培，可有效减轻其对环境的不利影响，同时也可为蔬菜育苗提供廉价、取材范围广的育苗基质。刘涛（2012）以小麦秸秆为试验材料，研究不同氮源和含水量对小麦秸秆堆腐过程中相关酶活性和腐熟物的理化性质变化的影响。以“世纪红”辣椒、“圣粉一号”番茄、“津杂 1 号”黄瓜为试验材料，分别将蛭石、珍珠岩、沙子和发酵好的小麦秸秆按不同比例（蛭石∶小麦秸秆 =1 ∶ 2；蛭石∶小麦秸秆 =1 ∶ 3；4 份小麦秸秆；珍珠岩∶小麦秸秆 =1 ∶ 2；沙子∶小麦秸秆 =1 ∶ 3）混合后作为育苗基质，以草炭∶珍珠岩∶蛭石（3 ∶ 1 ∶ 1）配比为对照（CK），研究以小麦秸秆为主要成分的混配基质对辣椒、番茄、黄瓜穴盘育苗效果的影响，旨在为农业秸秆育苗基质的标准化研究和育苗基质的生产实践提供一定的理论依据和实践基础。其主要结果如下：① 在小麦秸秆堆腐过程中，添加有机氮处理的蔗糖酶、多酚氧化酶、过氧化物酶活性明显高于无机氮处理；有机氮处理的纤维素酶、脲酶、过氧化物酶、脱氢酶活性变化幅度较无机氮处理要更稳定。40%、60% 和 80% 三种不同含水量处理条件下，在发酵过程中，60% 含水量处理的纤维素酶、脲酶、蔗糖酶、过氧化物酶、脱氢酶五种酶活性变化幅度最小，稳定性好。60% 含水量处理的小麦秸秆堆腐过程，为微生物提供了合适的水分环境，得到最好的腐熟效果。② 有机氮处理的麦秆基质的物理性状明显优于无机氮处理，不同含水量处理差异不显著。发酵结束后 60% 含水量 + 有机氮（羊粪）处理的小麦秸秆基质的容重为 0.26g/cm^3，大小孔隙比为 0.35，EC 值为 1.968mS/cm，均在优良无土栽培基质要求的范围内。综合考虑，小麦秸秆发酵的最佳处理为 60% 含水量 + 有机氮（羊粪）。③ T2（蛭石∶小麦秸秆 =1 ∶ 2）处理培育的辣椒、番茄、黄瓜幼苗主根长、干鲜重、叶绿素含量等指标明显优于其他处理。T2 处理能满足辣椒、番茄和黄瓜根系对水、气和肥的要求，有利于辣椒、番茄和黄瓜穴盘苗的生长，是最适合辣椒、番茄和黄瓜穴盘育苗的基质配比。苏丽影（2013）以当地资源丰富的玉米秸秆、沸石、田园土为主要基质材料，研究了按不同体积比混配的玉米秸秆 / 草炭 / 蛭石混合基质、草炭 / 沸石混合基质、玉米秸秆 / 沸石混合基质、玉米秸秆 / 田园土混合基质的理化性质及对番茄、辣椒、茄子、黄瓜育苗效果的影响，为筛选有机、环保、低成本、本土化的蔬菜穴盘育苗配方和玉米秸秆的资源化利用提供理化依据和技术指导。其主要结果如下：① 用发酵的玉米秸秆基质、草炭、蛭石为主要原料配制成 4 种基质配方，以草炭∶蛭石（体积比）=2 ∶ 1 基质为对照，用于番茄、辣椒、茄子、黄瓜育苗试验。4 种复合基质育苗前后理化性状在合理指标范围内。其中 A3(玉米秸秆∶草炭∶蛭石 =3 ∶ 1 ∶ 2）所培育的番茄、辣椒、茄子、黄瓜生长旺盛，干物质积累量大，壮苗指数高，根系活力、叶绿素含量、净光合速率显著高于对照及其他处理，定植后产量高，表明玉米秸秆基质代替草炭用于番茄、辣椒、茄子、黄瓜育苗具有可行性。② 用草炭、10 目沸石、20 目沸石、40 目沸石为主要原料配成 12 种基质配方，草炭∶蛭石 =2 ∶ 1 基质为对照，用于番茄、辣椒、茄子、黄瓜育苗试验。除 B1（草炭∶ 10 目沸石 =90 ∶ 10）、C1（草炭∶ 20 目沸石 =90 ∶ 10）、D4（草炭∶ 40 目沸石 =60 ∶ 40）基质水气比不符合理想基质标准外，其他处理育苗前后理化性质均在合理指标范围内。其中草炭添加 30% 的 10 目沸石，20% 的 20 目、40 目沸石时番茄、辣椒、茄子、黄瓜生长旺盛，干物质积累量大，壮苗指数高，根系活力、叶绿素含量、净光合速率高，定植后产量高，说明 30% 的 10 目沸石，20% 的 20 目、40 目沸石可替代蛭石用于蔬菜育苗基质中。③ 用发酵的玉米秸秆基质、10 目沸石、20 目沸石、40 目沸石为主要原料配成 12 种基质配方，以草炭∶蛭石 =2 ∶ 1 基质为对照 , 用于番茄、辣椒、茄子、黄瓜育苗试验。玉米秸秆基质添加 20% ～ 40% 的 10 目沸石、20 目沸石及 10% ～ 40% 的 40 目沸石作为基质可有效改善玉米秸秆基质的理化性质，使复合基质理化性质符合育苗要求。其中玉米秸秆基质添加 30% 的 10 目沸石，20% 的 20 目、40 目沸石时，番茄、辣椒、茄子、黄瓜生长旺盛，干物质积累量大，壮苗指数高，根系活力、叶绿素含量、净光合速率高，定植后产量高，说明玉米秸秆基质添加 30% 的 10 目沸石，20% 的 20 目、40 目沸石可完全代替草炭蛭石复合基质用于番茄、辣椒、茄子、黄瓜育苗。④ 用发酵的玉米秸秆基质与田园土按不同体积比配制的复合基质育苗前后理化性状均在合理指标范围内。其中 H3（玉米秸秆∶田园土 =6 ∶ 4）番茄、辣椒、茄子、黄瓜生长旺盛，干物质积累量大，壮苗指数高，根系活力、叶绿素含量、净光合速率显著高于对照及其他处理，定植后产量高，可以代替草炭蛭石复合基质用于番茄、辣椒、茄子、黄瓜育苗。

（8）棉籽壳　作为育苗基质成分的棉籽壳一般指种过平菇的下脚料，一般含全氮 2.2%，含全磷 2.2%，含全钾 0.17%，容重为 $0.24g/cm^3$，总孔隙度为 74.9%，pH 值为 6.4。其可以提供苗木生长所需的部分养分，降低基质容重，但使用前应进行消毒或堆制腐熟。董传迁等（2014）利用腐熟玉米秸秆、棉籽壳菇渣与草炭和蛭石按照不同的比例组配成复合基质，进行番茄和甜椒穴盘育苗。结果表明：番茄穴盘苗培育以等体积的棉籽壳菇渣、草炭、蛭石混配基质的效果最好，其次是等体积玉米秸秆、草炭、蛭石混配的基质；玉米秸秆∶蛭石（2 ∶ 1）混配的基质适于甜椒穴盘育苗，其次是等体积的棉籽壳菇渣、草炭、蛭石混配的基质。合理使用腐熟玉米秸秆和棉籽壳菇渣可以减少草炭用量，改善基质理化性状，促进番茄和甜椒幼苗生长，培育优质壮苗。

（9）厩肥　从古至今，厩肥一直被用作育苗基质，虽然厩肥含有植物生长所必需的大多数养分，但其养分含量差异很大，一般与家畜种类、垫圈材料、肥料收集与贮存方式和堆放时间等有较大关系，厩肥质量的一致性也是育苗企业利用其作为栽培基质需要解决的一个问题。未经无害化处理的厩肥中可能含有杂草种子、害虫、病原菌和线虫等，因此厩肥用作育苗基质必须经过充分腐熟，且其比例最高不宜超过 10% ～ 15%，同时应注意监测基质中的可溶性盐含量，防止含量过高伤害苗木。基于厩肥中存在的各种潜在危害，建议基质中尽量不使用。

（10）污泥堆肥　在美国，污泥与木片混合堆肥已经成功取代或部分代替了育苗基质中的泥炭和树皮，我国目前也进行了污泥堆肥用作基质的试验并取得初步成功。可以预计，污泥堆肥将更广泛地用于苗木培育，但堆制的工艺及使用方法因污水处理工艺而异。

3. 无机基质

（1）珍珠岩　珍珠岩容重 $0.16g/cm^3$，总孔隙度 60.3%，大孔隙 29.5%，小孔隙 30.8%，水气比 1 ∶ 1.04，pH 值为 6.3。其本身几乎不具备持水能力，且不具养分，阳离子交换能力极低，对基质的 pH 值无显著影响，可广泛用于低容重、物理性状稳定、可满足非毛管孔隙的混合基质。珍珠岩颗粒粗细对物理性状影响很大，使用时要选用粒径中等的珍珠岩。

（2）蛭石　蛭石容重 $0.25g/cm^3$，总孔隙度 133.5%，大孔隙 25.0%，小孔隙 108.5%，水气比 1 ∶ 4.35，pH 值为 6.0 ～ 8.9，具有较好的缓冲能力和阳离子交换能力。蛭石正在越来越广泛地用于盆栽辅助基质，效果良好。蛭石的缺点是在水湿后物理结构不稳定，尤其是在二次或多次重复利用的基质中，因此栽培上应用的蛭石以粒径在 3mm 以上者较好，只能重复使用一次。

（3）砂　砂容重 $1.49g/cm^3$，总孔隙度 30.5%，大孔隙 29.5%，小孔隙 1.0%，水气比

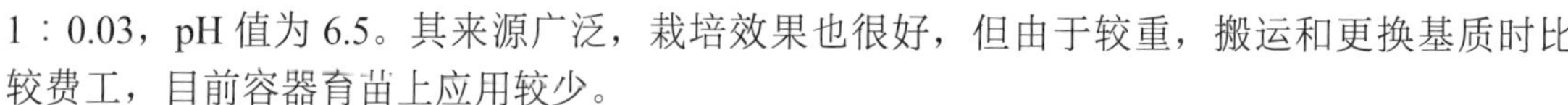

1：0.03，pH 值为 6.5。其来源广泛，栽培效果也很好，但由于较重，搬运和更换基质时比较费工，目前容器育苗上应用较少。

4. 工业废弃物基质原料

（1）矿渣棉　矿渣棉是工业岩棉的一种，是以工业废料矿渣为原料，熔化后用蒸汽喷射法或离心法制成的絮状材料。也可用沥青或酚醛树脂制成各种规格的板毡和管壳等。矿渣棉几乎囊括了非岩棉类无土栽培基质的优点，如具有很强的透水性、透气性、保水性，物理性状良好，化学性质稳定，隔热性能好，能使根际温度保持稳定，经高温消毒，无病虫害，不腐烂，不破碎，使用寿命长等。此外它还可单独作基质，不必与其他基质配制就能给作物根际创造良好的水、气供应环境。矿渣棉不易变形，物理结构稳定，不会板结，不用松土、换土。矿渣棉可塑性强，可人工将矿渣棉板、管割成各种形状，再以不易腐烂变质的尼龙、塑料、玻璃制品做包装，制成形状、颜色多样的简易养花器皿（盖伟玲 等，1998）。由于质轻，还可用于花卉的悬挂、壁挂，增加装饰性。矿渣棉除具有以上和岩棉相同的优点外，还存在和岩棉一样的缺点：首先，其所含元素大多为不可利用态，不能被作物吸收；其次，作物根部扎入矿渣棉中，移植时会造成伤根，必须在根系很小时移植或带矿渣棉一同移植。另外，矿渣棉还有使皮肤刺痒的缺点，操作时最好先用水浸泡至饱和，并轻拿轻放。但由于其价格低廉，较为适合中国的无土栽培（毛羽 等，2004）。

（2）粉煤灰　中国是世界上以煤为主要能源的国家之一，煤在能源构成中约占 78%，全国燃煤消耗量达 12×10^{8}t/a，排放的粉煤灰渣高达 1.8×10^{8}t/a（江学荣 等，2002）。在中国，粉煤灰取材较为容易，成本低，利用好粉煤灰具有重要的现实意义。从理化性质看，粉煤灰具有容重小、比表面积大、通气性好、透水性好等特性，机械组成相当于砂质土。此外，粉煤灰还可改良土壤，可以降低土壤的黏粒含量、土壤容重；增加土壤的孔隙度，提高土壤的保水性。但是粉煤灰 pH 值偏高，使用时应进行调节。

（3）炉渣　炉渣为煤燃烧后的残渣，pH 值为 6.8，如果未受污染，不带病菌，不易产生病毒，含有较多微量元素，种植时可不加微量元素。容重适中，种植花卉不易倒伏，但使用时必须粉碎，过 5mm 筛，适宜的炉渣基质应有 80% 的颗粒在 1 ～ 5mm 之间。炉渣的保水性差，不宜单独使用，应与其他基质搭配使用。

（4）糠醛渣　糠醛渣是玉米芯经水解生产糠醛（呋喃甲醛）的副产品，目前中国共有 200 多个糠醛生产厂家，糠醛总产量约 20×10^{4}t/a，而糠醛废渣的产量约 200×10^{4}t/a（王擎 等，2004）。目前大都采用堆积或挖坑倾倒的方法处理。糠醛渣富含有机质，质地疏松，可以作为基质用于无土栽培，但是由于酸性较强，在利用时应加入石灰调节 pH 值。糠醛渣属于废弃资源，取材较为容易，而且使用成本较低，合理利用后还可以降低对环境的污染，因此具有很好的经济效益和社会效益。

5. 其他类型基质

（1）水晶泥　水晶泥作为新型栽培基质，目前在市场上较为流行，受到大众的喜爱。水晶泥是以辐射聚合方法生产的超强吸水材料为主要原料研制而成的，呈凝胶状，是较为理想的基质。水晶泥质量轻，总孔隙度大，吸水率大，持水力强，具有一定的弹性和伸长性，热容大，绝热性能好，对温度反应稳定，适用于种植各种类型的花卉、蔬菜和粮棉等作物。水晶泥清洁卫生，无公害，降解后分解为水和 CO_2，能完全被植物吸收，没有残余，本身不携带任何土传性病虫草害，外来病虫害不易在其中滋生。并且具有无毒、无味、不沾手、易清洗等特点，可配成不同的颜色，本身具有较好的观赏性。可根据不同植物的需求制成不同营养成分的配方，使其含有植物必需的各种营养元素和大量水分，日常管理简单（龚建军 等，2006）。

（2）模制基质　模制基质是把基质模制成固定形状，在上面预留栽培穴，种子或幼苗直接种在穴内，省去了栽培容器，便于消毒。农用岩棉就是模制基质。模制基质在花卉栽培上应用较多，浇水后基质的形状随容器的形状而改变（毛羽 等，2004）。

（3）吸水性聚氨酯泡沫　在传统的聚氨酯泡沫中引入亲水基团，以提高泡沫的吸水、保水功能。在聚氨酯泡沫的合成过程中，可以通过调整配方比例控制泡沫的吸水量，控制泡沫在使用中的固、气、水的组成比例，以满足不同作物根系生长的要求。吸水性聚氨酯泡沫自身质量轻，可根据不同作物要求进行调整，并可制成各种形状（姚碧霞，1999）。

综上所述，单一基质一般存在理化性状上的缺陷，很难满足苗木生长的各项要求，加之成本、栽培管理等方面的因素，因此生产上用多种基质成分按一定比例混合更经济适用。无土栽培已经在全国各地蓬勃发展起来，同时栽培基质的研制、开发和利用也有了大规模的发展，受到各地的重视，因地制宜、就地取材、变废为宝将成为今后基质研发的主要方向。有机废弃物的无害化处理实现了资源的可循环重复利用，对缓解资源压力、减轻环境污染也具有重要意义。

第二节 蔬菜育苗专用基质的成分分析

一、概述

针对选定的温室作物和育苗移栽作物品种，开展番茄、黄瓜等专用基质的配方研究与生产。基质原材料的选择与测定，以资源丰富，取材便利，价格低廉，不携带病菌、虫卵及其他有毒物质（重金属、苯类化合物等），且密度较小，粒径适当，总孔隙度大，气水比例协调，具有一定量的速效与缓效兼备的营养物质为原则。对椰纤维、畜禽粪便、作物秸秆、食用菌渣、蛭石等十几种材料进行物理性状（容重、密度、持水量等）和化学性状（pH 值、CEC 值、有机质、氮磷钾含量等）的测定，从中筛选出适合作基质的材料。

随着我国农业种植结构的调整和传统农业向现代农业转变，设施农业得到了快速发展，农业生产越来越趋向于集约化、标准化，育苗基质也变得越来越重要。为适宜作物生长，要求基质必须具有四个方面的性质：① 供给水分；② 供给养分；③ 保证根际的气体交换；④ 为植株提供支撑。这些性质是由栽培基质本身的物理特性与化学特性所决定的，因此研究基质的物理、化学性质对研究基质有很重要的意义。为此笔者对主材料和辅助材料分别做了相应的检测，为新型基质的研发提供一定的技术参考和理论依据。

二、研究方法

1. 菌渣原料发酵试验

利用食用菌渣制作微生物发酵床进行畜禽养殖，使用后的发酵垫料经进一步地发酵后作为生物基质使用。将食用菌废弃物进行发酵，筛选出的 3 ～ 5 种主要材料进行堆沤发酵技术试验。发酵菌液加入量控制在总量的 0.4% ～ 0.6%，发酵前期 C/N 比控制在 28 ～ 30，水分控制在 55% ～ 65%。温度要求：试验要求每天测温度，每个槽中插 4 根温度计，顶部 30cm 1 根，50cm 1 根，100cm 1 根，130cm 1 根，另加 1 个为测室温的温度计，共 5 根。试验要求 60 ～ 65℃连续 3d，温度超过 65℃就要翻堆，大约每隔 3 ～ 5d 翻堆一次，发酵期总共 45 ～ 50d。

2. 基质原料组合筛选试验

将发酵后的基质材料与珍珠岩、蛭石、草炭等进行不同组合比例的试验。分别测定其 pH 值、CEC 值、孔隙度、容重、电导率、有机质、氮磷钾等，选择出适宜的茄果类和瓜类蔬菜专用基质组合：草碳土∶珍珠岩∶椰糠＝ 40 ∶ 20 ∶ 40，添加生物有机肥 2.0%，45% 复合肥 0.5% 和硅钙肥 0.1%。提出育苗基质研究与生产技术路线见图 8-1。

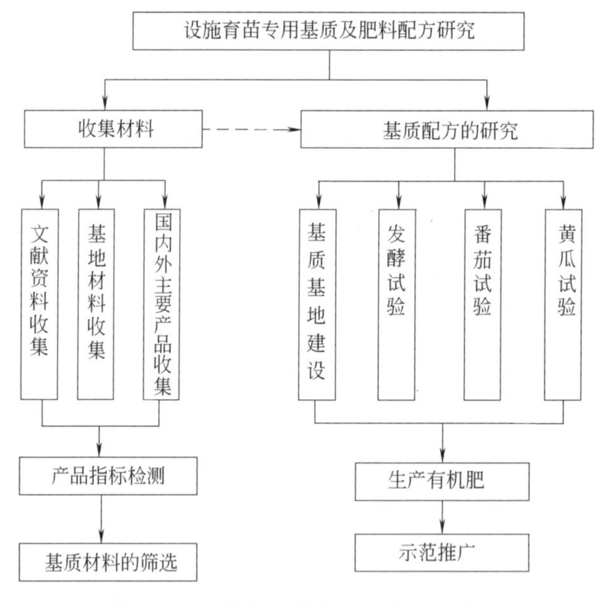

图 8-1　育苗基质研究与生产技术路线

3. 国内外主要基质的采集与分析检测

对主要原材料草炭和椰粉测定了有机质、氮磷钾以及砷、汞、铅等指标。对苗木基质无纺布轻基质 1、无纺布轻基质 2 测定了有机质、氮磷钾以及腐殖酸等指标。此外，对岩棉、蛭石、珍珠岩、细砂、杏鲍茹渣、海鲜茹渣、草炭等辅助材料也进行了相关指标的测定。收集了国内外160多家基质生产厂家的基本资料及相关主要蔬菜育苗基质产品资料，从中筛选了国外5个蔬菜育苗基质产品（分别是1—丹麦、2—德国、3—德国、4—德国、5—芬兰）和国内7个蔬菜育苗基质产品（分别是1—寿光绿旺、2—学庆育苗基质、3—农友种苗、4—江苏淮安柴米河基质肥料有限公司、5—江苏培蕾基质科技发展有限公司、6—杭州锦海农业科技有限公司、7—厦门江平生物基质技术有限公司），按蔬菜育苗基质国家标准（NY/T 2118—2012）对这些产品进行物理、化学性状的检测，物理性状包括容重、总孔隙度、通气孔隙度、持水孔隙度、气水比、相对含水量、阳离子交换量、粒径大小，化学性状包括电导率、有机质、pH值、氮磷钾总养分。

4. 育苗基质配方生物测定

（1）番茄试验　试验在福建省农业科学院土壤与肥料研究所塑料大棚进行，试验施肥量统一为N 200mg/L，N：P_2O_5：K_2O：CaO：MgO=2：1：2：1.5：0.5。试验设4个处理，分别为：100%肥料添加于基质；30%肥料添加于基质+70%喷灌；50%肥料添加于基质+50%喷灌；100%肥料喷灌施用。试验作物为番茄。研发出番茄基质配方肥二个配方。配方一：草炭、蛭石、珍珠岩（质量比3：1：1）为育苗基质，添加生物有机肥0.7%，45%复合肥0.3%和硅钙肥0.1%。配方二：草炭、蛭石、珍珠岩（质量比3：1：1）为育苗基质，添加生物有机肥1.2%，45%复合肥0.5%和硅钙肥0.05%。

（2）黄瓜试验　在供试基质和氮钾钙镁浓度条件下，不同磷浓度对黄瓜幼苗生长有显著影响，提高磷浓度可使幼苗生长旺盛，株高、茎粗、根系体积、干重指标均显著提高，说明适当提高磷浓度有促进幼苗生长的作用，磷是培育优质壮苗的重要营养元素。若用以养分含量较少的泥炭、珍珠岩等为主要原料的育苗基质生产黄瓜苗，较为合适的营养液用量为每升基质N 100mg、P_2O_5 100mg、K_2O 100mg、CaO 100mg、MgO 35mg。

三、基质原料的堆肥发酵

1. 菌渣和茶叶渣原料成分检测

泥炭土是育苗基质的主要材料，由于大量开采，目前资源越来越少，且成本越来越高。从食用菌种植废弃物，主要是从杏鲍茹渣、海鲜茹渣、木耳渣、茶叶渣等价格比较低廉的材料中筛选，经过发酵可部分替代泥炭土。

根据有机物料调查与取样分析的主要营养成分含量，并充分考虑原料形态、化学性质等，选取廉价、优质、无污染的有机原材料，开展食用菌渣的堆肥化处理配方研究及相关工艺技术研究，达到原料养分形态配伍科学、生产成本最低的效果。建立菌渣生产的发酵工艺流程和技术参数，主要是对有效菌种的筛选、水分控制、温度调节、C/N比及有机物料含量等，优化菌渣发酵生产工艺，掌握有机物料→配料系统→搅拌混合→发酵→研磨过筛→计量→成品包装整个生产流程中的主要性能与技术参数，解决菌渣资源化问题并实现产业化再利用。分析结果表明（表8-1），杏鲍菇渣、茶叶渣中有机质含量达70%，N、P、K总量为海鲜茹渣（5.09%）＞茶叶渣（3.5%）＞杏鲍茹渣（2.48%）＞木耳渣（2.08%）；海鲜菇渣和茶叶渣有机质和营养元素含量较高，作为育苗基质较好。

表 8-1 有机物料调查与取样分析

材料	pH 值	有机质 /%	N/%	P_2O_5/%	K_2O/%	N、P、K 总量 /%
杏鲍茹渣	6.25	70	1.68	0.28	0.52	2.48
海鲜茹渣	6.5	64.5	2.13	1.2	1.76	5.09
木耳渣	7.5	28.5	1.36	0.22	0.5	2.08
茶叶渣	6.2	70	2.2	0.4	0.9	3.5

2. 菌渣原料发酵试验

要求每天测温度，每个槽中插 4 根温度计，顶部 30cm 1 根，50cm 1 根，100cm 1 根，130cm 1 根，另加 1 个为测室温的温度计，共 5 根。试验要求 65 ～ 70℃连续 3d，温度超过 65℃就要翻堆，大约每隔 3 ～ 5d 翻堆一次，发酵期总共 45 ～ 50d。发酵生产配方：杏鲍茹渣 85%，海鲜茹渣 15%。

试验前取各种物料进行化验。温度测定：堆温和室温每天上午 9:00 和下午 4:00 各一次。由图 8-2 可知，在堆肥发酵过程中温度变化主要集中在 30 ～ 50cm 之间，4d 内温度可达 66℃，提高了 22℃；翻堆后 3d 内可达 60℃，升温达 12℃；第三次翻堆后，在 4d 内达到 67℃，升温达 18℃；第四次翻堆后，3d 内达 67.5℃，升温达 18℃，此次维持在最高温 67℃。

在堆肥发酵过程中 100 ～ 130cm 之间温度变化不大，4d 内温度只达 39℃，提高了 4.5℃；翻堆后 3d 内只达 44℃，升温达 4℃；第三次翻堆后，在 4d 内达到 47℃，升温达 3℃；第四次翻堆后，3d 内达 50℃，升温达 3℃，此次维持在最高温 50℃。这说明在堆肥发酵过程中，温度变化主要集中在 30 ～ 50cm 之间，发酵 3 ～ 4d，温度就可提高 18 ～ 22℃。100cm 以下发酵温度变化不大，只提高 3 ～ 5℃。因此，在发酵过程中要常翻堆，确保堆肥发酵腐熟。

杏鲍茹渣 85%+ 海鲜茹渣 15% 混合发酵，经过 30d 的发酵，发酵产物得以充分腐熟，作为原料加工成育苗基质。发酵产品物质成分检测结果见表 8-2。检测结果表明，混合菇渣发酵产品物质含量为有机质 65.9%、总氮 1.28%、总磷（P_2O_5）0.792%、总钾（K_2O）1.29%、汞（0.018mg/kg）、砷（0.35mg/kg）、铅（4.28mg/kg）、镉（2.99mg/kg）、铬（5.10mg/kg）。

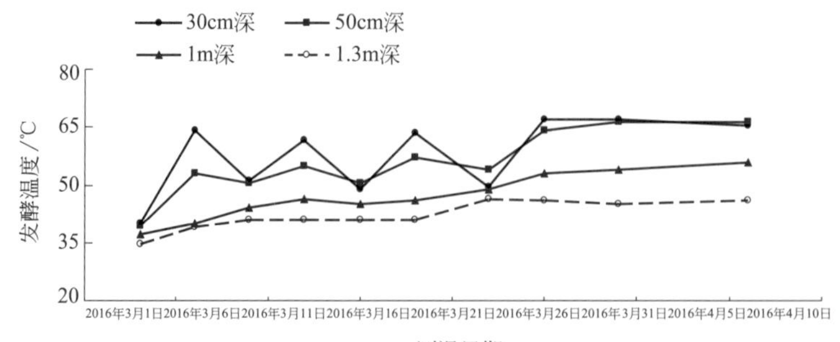

(a) 6#槽：15% 海鲜菇渣 +85% 杏鲍菇渣 + 水 +160314 菌 (500mL)

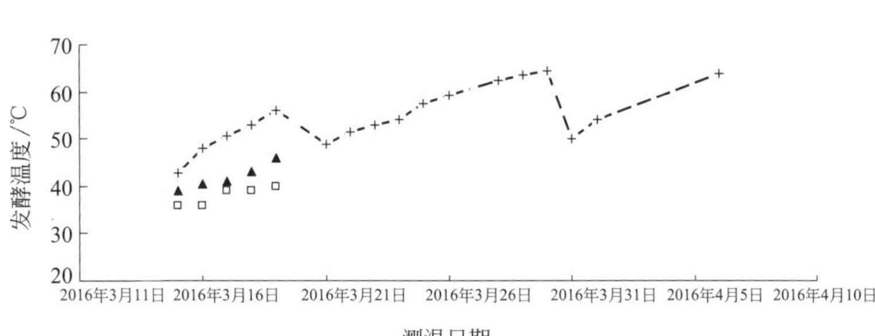

(b) 1#槽：15%海鲜菇渣+85%杏鲍菇渣+水+160314菌(500mL)

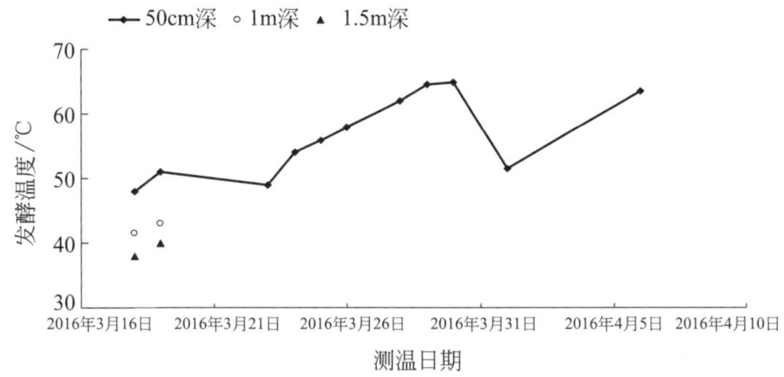

(c) 2#槽：15%海鲜菇渣+85%杏鲍菇渣+水+160317菌(500mL)

图 8-2 15% 海鲜菇渣 +85% 杏鲍菇渣添加不同发酵菌种的堆体温度变化

表 8-2 菌渣发酵产品物质成分的检测

检测项目	含量	检测项目	含量
有机质 /%	65.9	砷 /（mg/kg）	0.35
总氮 /%	1.28	铅 /（mg/kg）	4.28
总磷（P_2O_5）/%	0.792	镉 /（mg/kg）	2.99
总钾（K_2O）/%	1.29	铬 / (mg/kg)	5.10
汞 /（mg/kg）	0.018		

四、基质产品的检测指标

收集了国内外 160 多家基质生产厂家的基本资料及相关主要蔬菜育苗基质产品资料，从中筛选了国外 5 个蔬菜育苗基质产品（分别是 1—丹麦、2—德国、3—德国、4—德国、5—芬兰）和国内 7 个蔬菜育苗基质产品（1—寿光绿旺、2—学庆育苗基质、3—农友种苗、4—淮安柴米河基质肥料有限公司、5—培蕾基质科技发展有限公司、6—杭州锦海农业科技有限公司、7—厦门江平生物基质技术有限公司），按《蔬菜育苗基质》（NY/T 2118—2012）对这些产品进行物理化、学性状的检测。总结出蔬菜育苗基质物理性状参考指标（表 8-3），包括容重、总孔隙度、通气孔隙度、持水孔隙度、气水比、相对含水量、阳离子交换量、粒径大小等；蔬菜育苗基质化学性状参考指标（表 8-4），包括 pH 值、电导率（mS/cm）、有机质（%）、水解氮（mg/kg）、速效磷（mg/kg）、速效钾（mg/kg）、硝态氮 / 铵态氮、交换钙（mg/kg）、交换镁（mg/kg）等；泥炭、椰糠配制的蔬菜育苗基质特征（表 8-5），包括有机质（%）、pH 值、总氮（N，%）、总磷（P_2O_5，%）、总钾（K_2O，%）、腐殖酸碳（%）、砷（As，mg/kg）、汞（Hg，mg/kg）、铅（Pb，mg/kg）、镉（Cd，mg/kg）、铬（Cr，mg/kg）等；苗木无纺布轻基质特征（表 8-6），包括有机质（%）、pH 值、总氮（N，%）、总磷（P，%）、总钾（K，%）、碱解氮（mg/kg）、有效磷（mg/kg）、速效钾（mg/kg）、CEC 值 (cmol/kg)、腐殖酸碳（%）等。这些指标用于相关基质的检测。

表 8-3　蔬菜育苗基质物理性状参考指标

项目	指标	项目	指标
容重 /（g/cm^3）	0.20 ～ 0.60	气水比	1 ：（2 ～ 4）
总孔隙度 /%	＞ 60	相对含水量 /%	<35.0
通气孔隙度 /%	＞ 15	阳离子交换量（以 NH_4^+ 计）/（cmol/kg）	＞ 15.0
持水孔隙度 /%	＞ 45	粒径大小 /mm	<20

表 8-4　蔬菜育苗基质化学性状参考指标

项目	指标	项目	指标
pH 值	5.5 ～ 7.5	速效钾 /（mg/kg）	50 ～ 600
电导率 /（mS/cm）	0.1 ～ 0.2	硝态氮 / 铵态氮	（4 ～ 6）：1
有机质 /%	≥ 35.0	交换钙 /（mg/kg）	50 ～ 200
水解氮 /（mg/kg）	50 ～ 500	交换镁 /（mg/kg）	25 ～ 100
速效磷 /（mg/kg）	10 ～ 100		

注：测定方法采用体积比 1 ：10 稀释法。

表 8-5　泥炭、椰糠蔬菜育苗基质特征

项目	泥炭	椰粉
有机质 /%	57.9	74.2
pH 值	5.10	5.50
总氮（N）/%	1.47	0.252
总磷（P_2O_5）/%	0.279	0.183
总钾（K_2O）/%	0.620	1.79
腐殖酸碳 /%	11.5	—
砷（As）/（mg/kg）	—	0.47
汞（Hg）/（mg/kg）	—	0.017
铅（Pb）/（mg/kg）	—	11
镉（Cd）/（mg/kg）	—	0.03
铬（Cr）/（mg/kg）	—	9

表 8-6　苗木无纺布轻基质特征

项目	无纺布轻基质 1	无纺布轻基质 2
有机质 /%	56.6	51.2
pH 值	4.4	5.1
总氮（N）/%	0.722	0.780
总磷（P）/%	0.0740	0.0856
总钾（K）/%	0.991	0.925
碱解氮 /（mg/kg）	552.4	552.4
有效磷 /（mg/kg）	116.9	105.5
速效钾 /（mg/kg）	514.7	415.9
CEC 值 /（cmol/kg）	43.4	72.0
腐殖酸碳 /%	7.85	7.28

五、基质辅助材料的检测

收集了岩棉、蛭石、珍珠岩、细砂、杏鲍茹渣、海鲜茹渣、泥炭土等辅助材料进行检测分析。总结出基质材料的物理特性（表 8-7），检测指标包括容重（g/cm^3）、密度（g/cm^3）、持水量（%）、总孔隙度（%）、通气孔隙度（%）、毛管孔隙度（%）。由表可知，岩棉、蛭石、珍珠岩、细砂的总孔隙度分别为 96.0%、81.7%、92.3%、44.2%，蛭石的总孔隙度比细砂高出约 1 倍。总结出基质材料的化学特性（表 8-8），包括 pH 值、电导率（mS/cm）、CEC 值（10^{-6}cmol/kg）、有机质（%）、碱解氮（mg/kg）、有效磷（mg/kg）、速效钾（mg/kg）等。

表 8-7　基质材料的物理特性

原料基质	容重 /（g/cm^3）	密度 /（g/cm^3）	持水量 /%	总孔隙度 /%	通气孔隙度 /%	毛管孔隙度 /%
岩棉	0.11	0.25 ～ 0.5	很大	96.0	2.0	94.0
蛭石	0.46	2.52	144.1	81.7	15.4	66.3
珍珠岩	0.09	1.20	568.7	92.3	40.4	52.3
细砂	1.45	2.60	22.4	44.2	12.9	31.3

表 8-8　基质材料的化学特性

原料基质	pH 值	电导率 /（mS/cm）	CEC 值 /（10^{-6} cmol/kg）	有机质 /%	碱解氮 /（mg/kg）	有效磷 /（mg/kg）	速效钾 /（mg/kg）
岩棉	5.8 ～ 7.0	—	—	4.75	无	—	—
蛭石	7.57	135.0 ～ 165	0.067	5.15	0.06	9.3	22.2
珍珠岩	7.45	120.0 ～ 146.1	0.007	1.25	0.09	15.1	10.8
细砂	7.22	113	0.016	—	0.41	73.5	4.4

六、发酵基质原料植物营养检测

从众多基质主材料与辅助材料中选择了顺昌海鲜菇渣、漳平已发酵蘑菇土、嘉田杏鲍菇渣、圣农发酵鸡粪以及渔溪生态园的养猪垫料作为基质堆肥发酵材料，并对其进行检测，了解其养分含量。分析结果见表 8-9。发酵基质的有机质含量在 15.9% ～ 70.0% 之间，其中养猪垫料、海鲜菇渣、杏鲍菇渣、发酵鸡粪等有机质含量较高；氮含量以发酵鸡粪、养猪垫料、海鲜菇渣等较高；磷含量以发酵鸡粪、养猪垫料、海鲜菇渣等较高；钾含量以养猪垫料、发酵鸡粪、海鲜菇渣等较高。

表 8-9　杏鲍茹渣、海鲜茹渣、泥岩土等养分检测

材料	pH 值	有机质 /%	N/%	P_2O_5/%	K_2O/%
海鲜茹渣（罗源）	6.50	64.5	2.13	1.20	1.76
海鲜菇渣（福建省顺昌县商宇生物科技有限公司）	6.2	69.6	1.81	0.742	0.871
已发酵蘑菇土（福建漳平南园蘑菇加工厂）	7.6	15.9	0.734	0.707	0.435
杏鲍茹渣（罗源）	6.25	70.0	1.68	0.28	0.52
杏鲍菇渣（福建嘉田农业开发有限公司）	4.3	68.1	1.20	0.595	0.641
泥炭土（尤溪）	4.77	36.0	1.01	0.465	0.452
发酵鸡粪（圣农集团光泽县绿事园肥业有限公司）	7.5	58.0	3.48	2.51	2.90
养猪垫料（渔溪生态园）	7.4	60.4	1.76	3.02	3.37

七、国内外主要育苗基质特性比较

收集了国内外 160 多家基质生产厂家的基本资料及相关主要蔬菜育苗基质产品资料，从中筛选了国外 5 个蔬菜育苗基质产品（分别是 1—丹麦、2—德国、3—德国、4—德国、5—芬兰）和国内 7 个蔬菜育苗基质产品（分别为 1—寿光绿旺、2—学庆育苗基质、3—农友种苗、4—江苏淮安柴米河基质肥料有限公司、5—江苏培蕾基质科技发展有限公司、6—杭州锦海农业科技有限公司、7—厦门江平生物基质技术有限公司），按《蔬菜育苗基质》（NY/T 2118—2012）对这些产品进行物理、化学性状的检测，物理性状包括容重、总孔隙度、通气孔隙度、持水孔隙度、气水比、相对含水量、阳离子交换量、粒径大小，化学性状包括电导率、有机质、pH 值、氮磷钾总养分。检测数据见表 8-10。结果表明，国外基质的有机质平均含量为 79.7%，高于国内基质平均含量（40.6%）；全氮磷钾含量国内外基质相当；国外基质的阳离子总量、交换性钙镁含量远高于国内基质。

表 8-10　国内外基质检测结果

品牌	有机质 /%	总氮 /%	总磷 /%	总钾 /%	CEC 值 /（cmol/kg）	交换性钙 /（cmol/kg）	交换性镁 /（cmol/kg）
丹麦品氏	82.14	3.33	0.30	1.39	3.16	1339.34	122.01
德国斯康德	75.08	13.42	0.07	1.39	7.47	1165.76	23.64

续表

品牌	有机质 /%	总氮 /%	总磷 /%	总钾 /%	CEC 值 /（cmol/kg）	交换性钙 /（cmol/kg）	交换性镁 /（cmol/kg）
德国克拉斯曼	85.11	2.16	0.20	0.24	6.92	965.33	241.33
德国花园卫士	76.88	2.44	0.31	0.31	6.68	935.79	118.56
芬兰凯吉拉	79.48	6.24	0.27	0.27	7.62	803.49	219.48
寿光绿旺	32.74	2.92	0.43	0.43	2.11	411.46	139.01
学庆育苗基质	40.75	9.12	0.72	0.72	3.36	316.95	336.00
农友种苗	29.28	15.09	2.07	2.07	5.59	286.5	273.40
江苏淮安柴米河基质肥料有限公司	49.57	7.25	0.59	0.59	2.92	769.77	99.17
江苏培蕾基质科技发展有限公司	28.74	8.08	0.50	0.50	8.74	212.66	80.55
杭州锦海农业科技有限公司	37.50	6.70	0.57	0.57	4.97	415.11	281.31
厦门江平生物基质技术有限公司	65.52	3.11	1.20	1.20	5.67	758.88	212.31

第三节 发酵垫料蔬菜育苗基质配方研究

一、概述

随着我国蔬菜无土栽培面积的不断扩大，栽培基质对无土栽培发展的限制日益受到重视，利用来源方便、价格低廉的农业副产物开发出蔬菜栽培的新育苗基质已成为当前设施园艺领域研究的热点。目前，常用于生产蔬菜育苗基质的原材料主要有草炭、蛭石、珍珠岩、岩棉等，但存在泥炭不可再生、珍珠岩成本高、岩棉不可降解等问题。近年来，逐步发展了以工业或农业废弃物如芦苇末（李谦盛 等，2003）、菇渣（张润花 等，2011）、椰壳粉（陈贵林 等，2000）等为主要成分开发育苗基质的技术，取得了良好的效果。研究表明，与草炭相比，椰壳粉富含多种营养元素，具有优良的保水能力、适宜的 pH 值和电导率，且使用后其理化性状改变较小（Meerow，1994），已经作为栽培基质运用于凤梨（李伟 等，2012）、香蕉（王必尊 等，2013）、黄瓜（相宗国 等，2012）等果蔬作物的育苗生产中。

随着我国生猪养殖规模迅速发展和扩大，减少猪粪排放的微生物发酵床养猪技术得到了广泛应用（朱洪 等，2008），由此也产生了大量废弃物，废弃物的再利用问题亟待解决。微生物发酵床养猪形成的人工腐殖质——垫料，是通过微生物菌种将谷壳、锯末等发酵床的原料以及猪粪、尿等混合物（王连珠 等，2008），经 70℃左右高温分解发酵形成的，无异味、无害且含有丰富的养分，是不可多得的人工腐殖质和有机肥（蓝江林 等，2012）。目前对于垫料的资源化转化利用主要是经过高温堆肥处理，制成有机肥料使用（常志州 等，2009）及栽培鸡腿菇（郑社会，2011）。利用垫料制作育苗基质的技术暂未见报道。

结合新育苗基质开发需求及垫料资源化再利用问题，拟采用垫料和椰子壳粉为主要配方研制新基质。由于垫料会因不同养猪场管理模式的不同，存在成分差异（相宗国 等，2012），故拟将垫料广泛应用于种苗繁育，需先研究不同来源垫料的成分对育苗的影响。依靠传统的穴盘育苗进行基质配方筛选，存在周期性长和工作量大的问题（聂书明 等，2013）。本节拟首先通过分析垫料理化性质，以明确其是否可用于生产育苗基质，同时利用垫料浸提液处理种子的方法筛选出基质中垫料的适宜含量，最后通过穴盘育苗比较出苗率与成苗率，检测利用垫料浸提液进行配方研究的方法的可靠性与可行性。该研究方法可方便快捷、省时省力地解决不同批次、来源的垫料成分存在差异的问题，有利于垫料资源化再利用。

二、研究方法

（1）试验材料　供试种子：甜瓜、黄瓜、白菜、甘蓝、辣椒、番茄，购自福建农科农业良种开发有限公司。供试基质材料：使用年限分别为一年和半年的微生物发酵床垫料（以下简称垫料）、粉碎好的椰壳粉。

（2）垫料浸提液的制备　分别取一年和半年的垫料适量，蒸馏水浸泡，水量以垫料完全润湿且无水滴下为宜，浸提 24h 后挤出过滤得垫料浸提原液，分别用蒸馏水稀释原液成 100%、70%、50%、30% 浓度垫料浸提液，保存于 4℃冰箱中备用。

（3）浸种和发芽试验　分别选取饱满、无病虫害的甜瓜、黄瓜、白菜、甘蓝、辣椒、番茄种子，用煮沸并冷却至 50 ～ 60℃的水洗净，捞出淋干，用稀释好的各垫料浸提液浸种 8h，再转移到铺有两层滤纸的培养皿上，并用对应的稀释好的垫料浸提液作为营养液，一个处理 30 粒，3 次重复，置 28℃恒温箱内催芽。当有种子发芽（以子叶展开为发芽）时开始记录每天发芽种子数直到发芽终止，分别计算发芽率、发芽势和发芽指数。

（4）浸种和育苗试验　分别选取饱满、无病虫害的甜瓜、黄瓜、白菜、甘蓝、辣椒、番茄种子，用煮沸并冷却至 50 ～ 60℃的水浸泡 8h，捞出淋干，分别植播于装满 8 种不同配比基质的穴盘中。基质配方以垫料和椰子壳粉为成分，结合垫料的浸提液稀释倍数，用椰子壳粉替代水的含量，将不同垫料与椰子壳粉按一定比例（表 8-11）配制成不同配方的育苗基质。播种后放置在玻璃温室中常规培养。一个处理 50 粒，3 次重复。当有种苗发芽时开始记录每天出苗数直到 35d 育苗期，分别计算出苗率和成苗率。

表 8-11　微生物发酵床垫料蔬菜育苗基质配方

基质配方编号	垫料使用年限	垫料：椰壳粉（体积比）	垫料含量 /%
A1	0.5 年	3 ∶ 7	30
A2		5 ∶ 5	50
A3		7 ∶ 3	70
A4		10 ∶ 0	100
B1	1 年	3 ∶ 7	30
B2		5 ∶ 5	50
B3		7 ∶ 3	70
B4		10 ∶ 0	100

（5）垫料育苗基质配方的理化性质测定　利用传统试验方法测定表 8-11 中 8 个基质配方的理化性质，具体测试方法如下。基质容重、孔隙度的测定（李谦盛，2004；谢嘉霖 等，2006）：用一定体积 V 的容器（容器质量为 W_0），装满自然风干基质，称重 W_1；浸泡水中达到饱和状态时称重 W_2；水分自然沥干后，称重 W_3；容重 =（W_1-W_0）/V；总孔隙度（TP）= [（W_2-W_1）/V]×100%；通气孔隙度（AP）=[（W_2-W_3）/V]×100%；持水孔隙度（WHP）= 总孔隙度 - 通气孔隙度。基质 pH 值测定（谢嘉霖 等，2006）：称取风干基质 10 g，固:液（去离子水）（质量体积比）=1 ：5 混合振荡 40min 后提取浸提液，测定 pH 值。

（6）种子发芽指标的测定　在发芽试验中调查记录发芽种子数直到发芽终止，一个处理随机挑选 6 株发芽种子，测定其胚根长度，计算种子发芽势、种子发芽指数和种子活力指数（余叔文，1998）。

发芽势（%）=（指定天数的发芽种子数 / 供试种子数）×100%

$$发芽指数（GI）=\Sigma（G_t/D_t）$$

式中，G_t 为第 td 的发芽种子数；D_t 为相应发芽天数。

活力指数（VI）= 发芽指数 × 胚根长（cm）

（7）基质育苗指标的测定　从播种当日开始算苗龄，15d 时，观测各处理的出苗株数，计算出苗率；苗龄 35d 时，观测各处理的育苗成活株数，计算成苗率。

出苗率 =（出苗株数 / 播种株数）×100%

成苗率 =（成活苗株数 / 播种株数）×100%

（8）数据分析　以种子发芽率、发芽指数、活力指数、出苗率和成苗率为指标，各处理为样本，采用 SPSS 软件进行相关性分析，各处理间数据差异显著性测验采用新复极差法（Duncan 法）。

三、发酵床垫料蔬菜育苗基质配方的理化性质分析

使用半年的垫料不同基质配方各理化性质分析结果表明（表 8-12）：各处理的容重为 0.2 ～ 0.27g/cm^3，通气孔隙度为 23.4% ～ 38.7%，pH 值为 6.27 ～ 6.64，孔隙度为 75.6% ～ 79.6%，持水孔隙度为 36.9% ～ 56.2%，容重、通气孔隙度、pH 值三者都随着垫料含量的增多而逐渐增高，孔隙度、持水孔隙度两者都随着垫料含量的增多而逐渐降低。

表 8-12　使用半年的垫料不同基质配方的理化特性

基质配方编号	垫料：椰壳粉（体积比）	平均容重 /（g/cm^3）	孔隙度 /%	通气孔隙度 /%	持水孔隙度 /%	pH 值
A1	3 ：7	0.20±0.006a	79.60±2.20a	23.40±2.60a	56.20±4.80a	6.27±0.015a
A2	5 ：5	0.21 ±0.006b	77.10±0.30ab	24.10±3.50a	53.00±3.20ab	6.39±0.010b
A3	7 ：3	0.24±0.010c	77.00±1.00ab	32.20±5.80b	44.80±6.80bc	6.53±0.006c
A4	10 ：0	0.27±0.010c	75.60±1.40b	38.70±2.90b	36.90±1.50c	6.64±0.020d

注：同列数据后的小写字母相同表示组间差异不显著（$P>0.05$），小写字母不同表示组间差异显著（$P<0.05$）。

使用一年的垫料不同基质配方各理化性质分析结果表明（表 8-13）：各处理的容重为 0.2 ～ 0.41g/cm^3，通气孔隙度为 7.5% ～ 23.2%，pH 值为 6.55 ～ 7.05，孔隙度为

54.7% ～ 73.1%，持水孔隙度为 45.2% ～ 63.4%。容重、通气孔隙度、pH 值三者都随着垫料含量的增多而逐渐增高，孔隙度、持水孔隙度两者都随着垫料含量的增多而逐渐降低。

表 8-13　使用一年的垫料不同基质配方的理化特性

基质配方编号	垫料：椰壳粉（体积比）	平均容重 /（g/cm^3）	孔隙度 /%	通气孔隙度 /%	持水孔隙度 /%	pH 值
B1	3 ：7	0.20±0.006a	73.10±0.50a	7.50±1.50a	63.40±2.00a	6.55±0.015a
B2	5 ：5	0.24±0.020b	68.20±0.40b	9.70±1.30b	56.30±1.70a	6.68±0.045b
B3	7 ：3	0.26±0.006b	67.00±1.20b	10.70±2.70b	47.90±1.50a	6.90±0.01ec
B4	10 ：0	0.41±0.006c	54.70±0.30c	23.20±11.80b	45.20±11.50b	7.05±0.025d

四、发酵床垫料蔬菜育苗基质配方对蔬菜生长的影响

使用年限为半年和一年的垫料不同浓度浸提液对甜瓜、黄瓜、白菜、甘蓝、番茄和辣椒种子的发芽指数、活力指数、发芽势均有显著影响（$P < 0.05$），浸提液浓度越高对种子发芽抑制越大（表 8-14 和表 8-15）；基质中垫料的不同含量也对甜瓜、黄瓜、白菜、甘蓝、番茄和辣椒的育苗均有显著影响（$P < 0.05$），基质中垫料含量越高对种苗生长抑制越大；且垫料浸提液对种子发芽的影响与基质中垫料含量对幼苗生长的影响两者间具有相关性。

根据使用年限为半年的垫料浸提液对甜瓜、黄瓜、白菜、甘蓝、番茄、辣椒种子发芽指数、发芽势、活力指数的影响，其适宜浓度依次为 30% > 50% > 70% > 100%；根据基质中垫料含量对甜瓜、黄瓜、白菜、甘蓝、番茄、辣椒出苗率和成苗率的影响，其适宜含量依次为 30% > 50% > 70% > 100%。综合分析：垫料浸提液浓度 30% 最适宜蔬菜种子发芽；垫料∶椰壳粉（体积化）=3 ：7 配比最适宜栽培，甜瓜、黄瓜、番茄出苗率高达 100%，成苗率均达 95% 以上，辣椒出苗率也可达 90% 以上，成苗率达 85% 以上（表 8-14）。

表 8-14　使用半年的微生物发酵床垫料对蔬菜生长的影响

蔬菜品种	种子发芽特性				种苗生长特性		
	垫料浸提液浓度 /%	种子发芽指数	种子发芽势	种子活力指数	基质中垫料含量 /%	出苗率 /%	成苗率 /%
甜瓜	30	23.06±0.58a	100.00±0.00a	121.45±29.17a	30	100.00±0.00a	96.00±4.58a
	50	15.14±0.79b	80.00±13.33ab	30.84±15.54b	50	80.00±7.21b	64.00±11.53b
	70	13.91±0.13c	63.33±34.81b	24.98±16.24b	70	56.67±7.03c	33.33±07.58c
	100	0.22±0.13c	2.22±3.85c	1.02±0.47b	100	43.33±7.57d	20.00±6.25c
黄瓜	30	27.60±6.61a	100.00±0.00a	190.43±53.66ab	30	100.00±0.00a	95.83±3.97a
	50	23.84±1.08a	95.56±7.70a	88.21±37.10bc	50	83.33±5.03b	68.00±14.99b
	70	21.62±3.27a	95.56±7.70a	46.45±37.77c	70	56.67±7.03c	20.00±8.17c
	100	7.25±1.17b	44.44±3.85b	4.96±1.62c	100	10.00±5.00d	3.45±1.04d

续表

蔬菜品种	种子发芽特性				种苗生长特性		
	垫料浸提液浓度 /%	种子发芽指数	种子发芽势	种子活力指数	基质中垫料含量 /%	出苗率 /%	成苗率 /%
白菜	30	22.73±2.02a	100.00±0.00a	43.56±5.99a	30	80.00±10.44a	50.00±10.00a
	50	20.14±1.94a	97.78±3.85a	35.21±3.54ab	50	80.00±7.21a	34.62±4.14b
	70	14.08±2.10b	88.89±10.18a	7.27±0.93bc	70	53.33±3.05b	7.41±1.23c
	100	4.08±0.62c	44.44±39.06b	0.47±0.24c	100	13.33±2.88c	0.03±0.02c
甘蓝	30	29.92±3.51a	100.00±0.00a	61.83±9.68a	30	80.00±5.00a	23.08±5.12a
	50	28.58±3.21a	100.00±0.00a	56.13±39.77ab	50	63.33±5.69b	7.41±2.54b
	70	19.87±2.91b	95.56±7.70a	22.21±13.31bc	70	40.00±5.00c	3.70±2.06bc
	100	10.69±6.12c	93.33±2.89a	4.20±1.65c	100	3.33±1.48d	0.00±0.00c
番茄	30	2.83±1.42a	42.22±31.50a	4.10±1.59a	30	100.00±0.00a	96.15±2.48a
	50	1.62±1.25b	20.00±2.00ab	1.93±0.40a	50	96.67±15.36b	92.31±3.83a
	70	0.00±0.00b	0.00±0.00b	0.00±0.00a	70	13.33±1.53c	7.14±0.77b
	100	0.00±0.00b	0.00±0.00b	0.00±0.00a	100	6.67±0.84d	3.45±0.79b
辣椒	30	6.15±2.43a	60.00±23.09a	2.77±0.70a	30	93.33±6.67a	88.46±11.33a
	50	2.35±0.25b	20.00±5.77b	1.21±0.49a	50	66.67±5.22b	60.00±4.66b
	70	0.00±0.00c	0.00±0.00b	0.00±0.00a	70	43.33±9.17c	34.62±4.87c
	100	0.00±0.00c	0.00±0.00b	0.00±0.00a	100	16.67±2.09d	10.00±4.73d

根据使用年限为一年的垫料浸提液对甜瓜的发芽势、活力指数的影响，其较适宜浓度依次为 70% > 50% > 30% > 100%，根据对甜瓜的发芽指数影响，适宜浓度依次为 50% > 70% > 100% > 30%，但浓度 50% 和 70%、30% 和 100% 之间发芽指数差异不显著；根据基质中垫料含量对甜瓜出苗率和成苗率的影响，其适宜含量依次为 70% > 50% > 30% > 100%。根据垫料浸提液对黄瓜、白菜、甘蓝、番茄、辣椒种子发芽势、活力指数、发芽指数的影响，适宜浓度依次为 30% > 50% > 70% > 100%；根据基质中垫料含量对黄瓜、白菜、甘蓝、番茄、辣椒出苗率和成苗率的影响，其适宜含量依次为 30% > 50% > 70% > 100%。综合分析：① 垫料浸提液浓度 70% 最适宜甜瓜发芽；垫料 : 椰壳粉 =7 : 3 配比最适宜甜瓜栽培，出苗率高达 100%，成苗率达 95% 以上。② 垫料浸提液浓度 30% 最适宜黄瓜、白菜、甘蓝、辣椒、番茄种子发芽；垫料 : 椰壳粉 =3 : 7 配比最适宜这几种蔬菜栽培，黄瓜、番茄、辣椒出苗率高达 100%，成苗率均达 95% 以上（表 8-15）。

表 8-15　使用年限为一年的微生物发酵床垫料对蔬菜生长的影响

蔬菜品种	种子发芽特性				种苗生长特性		
	垫料浸提液浓度 /%	种子发芽指数	种子发芽势	种子活力指数	基质中垫料含量 /%	出苗率 /%	成苗率 /%
甜瓜	30	22.50±2.41a	95.56±7.70a	92.27±50.69a	30	96.67±5.70a	96.00±1.00a
	50	23.47±0.42a	97.78±3.85a	116.50±48.80a	50	100.00±5.00a	96.00±5.29a
	70	23.45±0.42a	100.00±0.00a	122.90±22.90a	70	100.00±0.00a	96.00±4.00a
	100	22.51±2.40a	95.56±7.69a	80.51±22.06a	100	96.67±5.04a	88.00±2.65b

续表

蔬菜品种	种子发芽特性				种苗生长特性		
	垫料浸提液浓度 /%	种子发芽指数	种子发芽势	种子活力指数	基质中垫料含量 /%	出苗率 /%	成苗率 /%
黄瓜	30	38.89±0.00a	100.00±0.00a	330.59±19.45a	30	100.00±0.00a	100.00±0.00a
	50	38.89±0.00a	100.00±0.00a	267.95±42.08ab	50	100.00±0.00a	100.00±0.00a
	70	38.23±0.58a	100.00±0.00a	266.31±87..41ab	70	100.00±0.00a	100.00±0.00a
	100	36.89±1.00b	100.00±0.00a	163.56±37.10b	100	93.33±2.31b	84.00±6.55b
白菜	30	23.89±0.00a	100.00±0.00a	61.64±22.96a	30	76.67±7.64a	44.00±5.29a
	50	23.73±0.29a	97.78±3.85a	52.206±18.63a	50	63.33±5.77b	28.00±7.21b
	70	23.73±0.29a	95.55±4.20ab	33.22±7.89a	70	60.00±5.00bc	29.17±5.75b
	100	22.57±1.44a	91.11±1.84b	26.89±9.19a	100	50.00±5.00c	4.00±2.00c
甘蓝	30	34.25±0.00a	100.00±0.00a	113.71±23.96a	30	93.33±6.11a	69.23±6.31a
	50	33.58±1.15a	100.00±0.00a	80.59±24.49ab	50	93.33±2.52a	50.00±3.50b
	70	32.58±1.15a	97.78±3.85a	59.74±25.22bc	70	86.67±8.01a	40.74±4.93b
	100	30.75±1.32b	97.78±3.85a	39.97±13.29c	100	83.33±8.51a	30.77±5.88c
番茄	30	20.43±1.27a	97.78±3.85a	59.93±10.37a	30	100.00±0.00a	95.83±2.02a
	50	18.04±1.20a	93.33±6.67a	60.74±19.60a	50	93.33±2.52a	96.15±2.82a
	70	9.83±1.88b	71.11±16.78b	25.07±13.86b	70	73.33±4.72b	65.38±1.47b
	100	4.23±3.10c	33.33±2.52c	2.11±1.40b	100	66.67±4.94b	62.96±5.36b
辣椒	30	17.70±2.26a	100.00±0.00a	61.36±12.29a	30	100.00±0.00a	100.00±0.00a
	50	15.14±5.33ab	95.56±3.85ab	52.53±8.12a	50	100.00±0.00a	100.00±0.00a
	70	7.25±0.72cd	82.22±20.37ab	6.74±1.05b	70	96.67±3.06ab	96.15±2.82a
	100	4.40±2.24d	73.33±20b	2.28±1.05b	100	93.33±4.00b	96.15±2.82a

五、基于发酵床垫料基质配方蔬菜育苗生长特性的相关性分析

垫料浸提液对种子的发芽特性与基质中垫料含量对种苗的生长特性两者之间的相关性分析显示（表 8-16 和表 8-17）：垫料浸提液对种子发芽势、发芽指数、活力指数的影响与基质中垫料含量对种苗出苗率和成苗率的影响都具有正相关性，且大部分达到显著正相关，部分达到极显著正相关，相关系数均在 0.5 以上，最高相关系数达到 1.0。其中出苗率最为突出，其与种子发芽势、发芽指数、活力指数都达到显著正相关：使用半年的垫料制备的基质对种苗的出苗率与相对应的垫料浸提液对种子发芽的各指标两者间显著正相关，相关系数最大达到 0.992，最小为 0.901；使用一年的垫料制备的基质对种苗的出苗率与相对应的垫料浸提液对种子发芽的各指标两者间显著正相关，相关系数最大达到 1.000，最小为 0.902。

表 8-16　使用半年的微生物发酵床垫料基质配方蔬菜育苗生长特性的相关性分析

品种	指标	出苗率 /%	成苗率 /%	种子发芽指数	种子发芽势
甜瓜	成苗率 /%	0.997**			
	种子发芽指数	0.913*	0.892		
	种子发芽势	0.912*	0.881	0.988**	
	种子活力指数	0.903*	0.926*	0.853	0.785
黄瓜	成苗率 /%	0.938*			
	种子发芽指数	0.980*	0.857		
	种子发芽势	0.917*	0.722	0.972*	
	种子活力指数	0.901*	0.957*	0.850	0.706
白菜	成苗率 /%	0.883			
	种子发芽指数	0.992**	0.919*		
	种子发芽势	0.974*	0.782	0.964*	
	种子活力指数	0.905*	0.994**	0.928*	0.798
甘蓝	成苗率 /%	0.773			
	种子发芽指数	0.989**	0.672		
	种子发芽势	0.959*	0.612	0.986**	
	种子活力指数	0.972*	0.698	0.982**	0.992**
番茄	成苗率 /%	1.000**			
	种子发芽指数	0.941*	0.943*		
	种子发芽势	0.903*	0.906*	0.995**	
	种子活力指数	0.902*	0.904*	0.995**	1.000**
辣椒	成苗率 /%	0.999**			
	种子发芽指数	0.924*	0.937*		
	种子发芽势	0.913*	0.926*	0.999**	
	种子活力指数	0.933*	0.946*	0.998**	0.994**

注：** 表示在 0.01 水平（单侧）上极显著相关，* 表示在 0.05 水平（单侧）上显著相关。下同。

表 8-17　使用一年的微生物发酵床垫料基质配方蔬菜育苗生长特性的相关性分析

品种	指标	出苗率 /%	成苗率 /%	种子发芽指数	种子发芽势
甜瓜	成苗率 /%	0.577			
	种子发芽指数	1.000**	0.571		
	种子发芽势	0.905*	0.522	0.898	
	种子活力指数	0.962*	0.751	0.958*	0.926*
黄瓜	成苗率 /%	1.000**			
	种子发芽指数	0.944*	0.944*		
	种子发芽势	1.000**	1.000**	0.944*	
	种子活力指数	0.902*	0.902*	0.925*	0.902*

续表

品种	指标	出苗率 /%	成苗率 /%	种子发芽指数	种子发芽势
白菜	成苗率 /%	0.958*			
	种子发芽指数	0.945*	0.843		
	种子发芽势	0.960*	0.963*	0.817	
	种子活力指数	0.927*	0.839	0.832	0.943*
甘蓝	成苗率 /%	0.877			
	种子发芽指数	0.954*	0.926*		
	种子发芽势	0.962*	0.842	0.853	
	种子活力指数	0.904*	0.998**	0.942*	0.867
番茄	成苗率 /%	0.977*			
	种子发芽指数	0.990**	0.957*		
	种子发芽势	0.904*	0.877	0.953*	
	种子活力指数	0.971*	0.961*	0.990**	0.975*
辣椒	成苗率 /%	0.904*			
	种子发芽指数	0.955*	0.969*		
	种子发芽势	0.980*	0.943*	0.993**	
	种子活力指数	0.922*	0.991**	0.991**	0.970*

六、讨论与总结

适宜混合基质的标准容重在 0.2 ～ 0.8g/cm^3 之间，孔隙度在 54% 以上，通气孔隙度不低于 15%，持水孔隙度不低于 50%（刘伟 等，2006），pH 值以 6.0 ～ 7.0 为宜（李天林 等，1999；郭世荣 等，2000）。本节所配制的 8 种基质，其容重、孔隙度、pH 值均在理想范围内。基质中垫料含量在 50% 以下的，其持水孔隙度在理想范围，基质中垫料含量太大，其持水性就差，需采用椰壳粉进行调配，这与陈贵林和高秀瑞（2000）采用椰壳粉能提高基质持水性的研究结果一致。使用半年的垫料制备的基质通气孔隙度都符合理想范围，而使用一年的垫料，除了纯垫料制备的基质符合理想范围，其他都偏低。其中垫料∶椰壳粉（体积比）配制成的基质 A1（3 ∶ 7）、A2（5 ∶ 5）、B1（3 ∶ 7）、B2（5 ∶ 5）较为理想。综合分析，认为垫料和椰壳粉用于生产育苗基质具有可行性。

为解决各种因素导致的不同批次垫料成分差距问题，减少采用传统的穴盘育苗筛选基质配方方法的长周期性和烦琐性（聂书明 等，2013），本节通过垫料浸提液进行种子发芽试验，筛选出使用半年的垫料的浸提液浓度为 30% 时最适宜种子发芽；并通过穴盘育苗比较出苗率与成苗率，得出使用半年的垫料，其垫料∶椰壳粉 =3 ∶ 7 配比最适宜栽培，除白菜和甘蓝外，其他 4 种蔬菜出苗率和成苗率均达 85% 以上；使用一年的垫料浸提液最适宜甜瓜发芽的浓度为 70%，最适宜栽培配比为垫料∶椰壳粉 =7 ∶ 3，最适宜黄瓜、白菜、甘蓝、番茄、辣椒发芽的浓度为 30%，最适宜栽培配比为垫料∶椰壳粉 =3 ∶ 7，除白菜和甘蓝外，其他 4 种蔬菜育苗出苗率和成苗率均达 95% 以上。综合对比，使用一年的垫料比使用半年的垫料更适合配制育苗基质，使用一年的垫料经发酵对植物的毒性比半年的垫料轻，王定美等（2011）通过试验验证了这点。采用浸提液进行种子发芽试验借鉴了浸提液对植物的化感效应及有机肥检测方法（黄国锋 等，2002；吴春芳，2007；顾卫兵 等，2008），不同浸提物可通过释放不同的化感物质对植物生长产生促进或抑制的化感作用（邵庆勤 等，2007），而基质育苗出苗率和成苗率的检测是目前很多基质配方研究较为常规的方法。

本节通过采用不同使用年限的垫料及不同蔬菜品种进行大量试验，发现垫料浸提液对种子发芽试验各指标与基质对种苗的出苗率和成苗率两者间相关性分析中，种子发芽各指标与幼苗的出苗率间差异显著，相关系数均高达 0.9 以上，进一步验证了利用垫料浸提液处理种子筛选出基质中垫料的适宜含量方法的可靠性与可行性，如通过垫料浸提液筛选出最适宜甜瓜发芽的浓度为 70%，则可确定最适宜甜瓜育苗的基质配比（体积比）为垫料∶椰壳粉 = 7∶3。本试验筛选出了部分蔬菜适宜的栽培基质配方，后续将在这个研究方法的基础上进一步优化出更多适宜不同品种蔬菜的最佳基质配方。该方法方便快捷，省时省力，便于解决不同批次来源垫料成分存在差异的问题，有利于垫料资源化再利用。

第四节　发酵垫料辣椒育苗基质配方研究

一、概述

目前国内育苗基质每年用量约 2000 万立方米，总规模约 50 亿元，应用前景广泛。常用于蔬菜生产育苗基质的原料主要有草炭、蛭石、珍珠岩、岩棉等，但随着我国蔬菜无土栽培面积的不断扩大，草炭不可再生、珍珠岩成本高、岩棉不可降解等问题日益凸显，因此利用取材方便、价格低廉的农业副产物开发蔬菜新育苗基质已成为当前设施园艺研究的热点（刘帅成 等，2014）。近年来，研究人员以工业或农业副产物如秸秆（蔡雯竹 等，2017）、菇渣（张润花 等，2011）、椰壳粉（任志雨 等，2015）等为主要成分开发育苗基质，均取得良好效果。印文彪和田端华（2015）报道，与草炭相比，椰壳粉具有优良的持水性，适宜的 pH 值和电导率，且使用后理化性状改变较小。椰壳粉已作为栽培基质应用于凤梨（李伟 等，2012）、香蕉（王必尊 等，2013）、黄瓜（相宗国 等，2012）等果蔬作物的育苗。

随着我国微生物发酵床养猪技术的广泛应用，产生了大量垫料废弃物，亟待解决。垫料是不可多得的人工腐殖质和有机肥（蓝江林 等，2012），目前关于垫料资源化转化主要的研究在肥料和栽培菌菇方面（刘海琴 等，2015；郑社会，2011）。基质应用方面的研究相对较少，葛慈斌等（2013）将垫料用于育苗基质的研发，以垫料∶沙土（体积比）=1∶3 进行蕹菜育苗，取得良好效果，故垫料在生物基质的研发中具有很好的应用价值。陈燕萍等（2015）研究建立了一种筛选基质的新方法：利用不同浓度的垫料浸提液检测作物种子发芽情况，筛选最适宜种子生长的浓度，从而依据该浓度推导出基质配方中最适的垫料含量。

故本节拟选用垫料为育苗基质原料之一，选择农业副产物麸皮、棉籽壳、椰糠，以草炭为对照，参照笔者前期研究建立的一种快速筛选基质配方的方法（陈燕萍 等，2015），研究不同基质配方浸提液对辣椒种子萌发的影响，筛选适宜辣椒育苗基质的原料。在此基础上将该原料与垫料按不同比例混合配制成复合育苗基质，进行辣椒穴盘育苗，筛选辣椒育苗基质最佳配方，旨在为低成本、环保型蔬菜育苗基质的研发提供参考依据。

二、研究方法

1. 试验材料

供试种子：辣椒种子购自福建农科农业良种开发有限公司。供试基质材料：使用年限为一年的垫料、椰糠、棉籽壳、麸皮、草炭。

2. 试验方法

（1）不同配方的基质对辣椒种子萌发的影响　将垫料分别与椰糠、棉籽壳、麸皮按一定比例（体积比）混合配制成不同基质配方，以草炭作为对照（表 8-18）。用蒸馏水对不同配方基质进行浸泡，以基质完全被润湿且无水滴下为准，浸泡 24h 后提取并过滤得基质浸提液，保存于 4 ℃冰箱中备用。

表 8-18　不同原料混合配制（体积比）的复合基质

处理组	垫料：棉籽壳	垫料：椰糠	垫料：麸皮	垫料：草炭（CK）
1	0 ∶ 10（纯棉籽壳）	0 ∶ 10（纯椰糠）	0 ∶ 10（纯麸皮）	0 ∶ 10（纯草炭）
2	1 ∶ 9	1 ∶ 9	1 ∶ 9	1 ∶ 9
3	3 ∶ 7	3 ∶ 7	3 ∶ 7	3 ∶ 7
4	5 ∶ 5	5 ∶ 5	5 ∶ 5	5 ∶ 5
5	10 ∶ 0（纯垫料）	10 ∶ 0（纯垫料）	10 ∶ 0（纯垫料）	10 ∶ 0（纯垫料）

选取饱满、无病虫害的辣椒种子，用 50 ～ 60℃的温开水洗净，捞出沥干，用以上制备好的各基质浸提液浸种 8h，以清水为阴性对照。浸泡 1h 后转移到铺有两层滤纸的培养皿上，共 8 个处理，每个处理 3 次重复，每个培养皿 30 粒种子，置于 28℃恒温箱内催芽。当种子发芽（以子叶展开为发芽）时开始观察并记录每天的种子发芽数，直到无新增种子发芽时，计算种子发芽率、种子发芽指数；在种子发芽指数基础上，测量种子发芽胚根长度，计算种子活力指数。

$$发芽率（\%）=（全部发芽种子数 / 供试种子数）\times 100\%$$

$$发芽指数（GI）=\Sigma(G_t/D_t)$$

$$种子活力指数（VI）= 种子发芽指数 \times 胚根长（cm）$$

式中，G_t 为第 td 的发芽种子数；D_t 为相应发芽天数。

（2）不同配方的基质对辣椒幼苗生长性状的影响　选用上述筛出的育苗基质适宜物料椰糠为原料，分别与垫料按 10 : 0（纯椰糠）、3 : 7、5 : 5、7 : 3、0 : 10（纯垫料）比例（体积比）配制育苗基质，进行辣椒穴盘育苗，以市售泥炭基质为对照，共设 6 个处理（表 8-19）。将试验原料按照各处理设计的体积比混匀后装入 50 孔穴盘中，浇水湿润。辣椒种子浸泡 6h 后播种，并用少量蛭石覆盖。自播种 15d 后测其出苗株数，计算出苗率；25d 后测成苗株数，计算成苗率；25d 后从各处理中选取 5 株辣椒幼苗，测量株高、茎粗、根长、鲜重、地上部鲜重、地下部鲜重。株高、根长用直尺测量，株高起点自茎底部，终点到心叶叶尖，根长为最长根长；茎粗用游标卡尺测量，均取子叶下端位置；地上、地下部分鲜重用精确度 0.001g 的电子天平称量。

出苗率（%）=（出苗植株数 / 播种植株数）×100%

成苗率（%）=（成活苗植株数 / 播种植株数）×100%

表 8-19　不同原料混合配制的基质

处理组	1	2	3	4	5	6
垫料：椰糠（体积比）	0 ： 10（纯椰糠）	3 ： 7	5 ： 5	7 ： 3	10 ： 0（纯垫料）	草炭基质（CK）

（3）数据处理　数据统计采用 Excel 2003 处理，差异性分析采用 DPS 7.05 软件处理。

三、不同配方的基质对辣椒种子发芽率的影响

不同基质配方其浸提液对辣椒种子发芽率的影响显示（表 8-20）：垫料与椰糠按 0 ∶ 10、1 ∶ 9、3 ∶ 7、5 ∶ 5 混合配制的育苗基质对辣椒种子发芽率与清水对照均无显著差异（$P>0.05$），发芽率在 85% 以上；垫料与椰糠按 0 ∶ 10、5 ∶ 5 混合配制的育苗基质上的辣椒种子发芽率分别为 93.33% 和 85.67%，显著高于垫料与草炭混合配制对照处理的 85.00% 和 68.33%（$P<0.05$），1 ∶ 9、3 ∶ 7 混合配制的育苗基质与草炭组对照无显著差异（$P>0.05$）。棉籽壳与垫料按 1 ∶ 9 混合配制的处理组与清水对照无显著差异（$P>0.05$），其他处理组均显著低于清水对照（$P<0.05$）；棉籽壳处理组与草炭处理组均无显著差异（$P>0.05$）。而麸皮与垫料混合配制的处理组和纯垫料对辣椒种子萌发抑制强，各处理组均无发芽。故从发芽率综合考虑，椰糠较适宜与垫料混合配制辣椒育苗基质，其次是棉籽壳，而麸皮不适宜。

表 8-20　不同配比基质对辣椒种子发芽率的影响　　单位：%

处理组	垫料：椰糠			
	0 ： 10	1 ： 9	3 ： 7	5 ： 5
清水对照	95.00±5.00a	95.00±5.00a	95.00±5.00a	95.00±5.00a
垫料：棉籽壳	86.67±2.88bc	88.33±16.07a	66.67±14.43b	66.67±20.21b
垫料：椰糠	93.33±7.63ab	88.33±2.89a	86.33±14.43a	85.67±5.77a
垫料：麸皮	0.00±0.00d	0.00±0.00b	0.00±0.00c	0.00±0.00c
垫料：草炭（对照）	85.00±5.00c	93.33±7.63a	80.00±5.00ab	68.33±17.56b
纯垫料	0.00±0.00d	0.00±0.00b	0.00±0.00c	0.00±0.00c

注：表中数据为平均数 ± 标准误差。全书同。

四、不同配方的基质对辣椒种子发芽指数的影响

不同基质配方其浸提液对辣椒种子发芽指数的影响显示（表 8-21）：原料间配比 1∶9 的处理组，棉籽壳组、椰糠组与清水对照、草炭对照均无显著差异（$P > 0.05$），且椰糠组种子发芽指数为 24.85，比棉籽壳组、清水对照、草炭对照组的值略高。原料间配比 3∶7 的处理组，椰糠组与草炭组无显著差异（$P > 0.05$），显著低于清水对照（$P<0.05$），而棉籽壳组均显著低于清水对照和草炭对照（$P<0.05$）。麸皮与垫料混合配制的处理组和纯垫料对辣椒种子萌发抑制强，各处理组均无发芽。故根据种子发芽指数综合分析，较适宜与垫料混合配制辣椒育苗基质的为椰糠，棉籽壳、麸皮不适宜。

表 8-21　不同配比基质对辣椒种子发芽指数的影响

处理组	垫料：椰糠			
	0∶10	1∶9	3∶7	5∶5
清水对照	21.68±1.56b	21.68±1.56a	21.68±1.56a	21.68±1.56a
垫料：棉籽壳	18.28±2.41c	19.46±4.35a	7.34±2.12c	7.54±3.09c
垫料：椰糠	18.68±1.71a	24.85±1.81a	15.83±2.69b	13.68±0.97b
垫料：麸皮	0.00±0.00d	0.00±0.00b	0.00±0.00d	0.00±0.00d
垫料：草炭（对照）	21.16±1.48b	18.98±0.56a	15.60±0.72b	8.08±3.87c
纯垫料	0.00±0.00d	0.00±0.00b	0.00±0.00d	0.00±0.00d

五、不同配方的基质对辣椒种子活力指数的影响

不同基质配方其浸提液对辣椒种子活力指数的影响显示（表 8-22）：垫料与椰糠按 0∶10、1∶9、3∶7 混合配制的育苗基质对辣椒种子活力指数与草炭对照均无显著差异（$P > 0.05$），且其中 0∶10、1∶9 处理组种子活力指数分别为 123.42 和 102.02，显著高于清水对照（$P<0.05$）。棉籽壳处理组均显著低于清水对照和草炭对照组（$P<0.05$）。而麸皮与垫料混合配制的处理组和纯垫料对辣椒种子萌发抑制强，各处理组均无发芽。故根据种子活力指数综合分析，较适宜与垫料混合配制辣椒育苗基质的为椰糠，棉籽壳、麸皮不适宜。

表 8-22　不同配比基质对辣椒种子活力指数的影响

处理组	垫料：椰糠			
	0∶10	1∶9	3∶7	5∶5
清水对照	57.63±9.39b	57.63±9.39b	57.63±9.39a	57.63±9.39a
垫料：棉籽壳	17.36±14.27c	8.34±3.07c	1.82±0.28b	2.51±0.69c
垫料：椰糠	123.42±10.83a	102.02±28.82a	55.08±1.19a	30.47±23.62b
垫料：麸皮	0.00±0.00d	0.00±0.00c	0.00±0.00b	0.00±0.00c
垫料：草炭（对照）	117.79±12.77a	105.25±14.17a	71.28±21.28a	5.68±3.68c
纯垫料	0.00±0.00d	0.00±0.00c	0.00±0.00b	0.00±0.00c

六、不同配方的基质对辣椒幼苗生长性状和植株质量的影响

将上述筛选出的最适宜原料椰糠与垫料按不同比例混合配制育苗基质，进行辣椒穴盘育苗，其幼苗生长性状和植株质量结果显示（表 8-23 和表 8-24）：垫料∶椰糠为 3 ∶ 7 时，辣椒穴盘育苗的出苗率和成苗率分别为 95.33% 和 88.46%，显著高于其他配比（$P<0.05$），与草炭对照无显著差异（$P > 0.05$）；幼苗苗高、根长、叶片数、地上鲜重均与草炭基质无显著差异（$P > 0.05$），各数值分别为 9.93cm、9.42cm、4.83 片、0.267g，均比草炭基质的各数值略高，且均优于其他配比；茎粗、整株鲜重、地下鲜重均显著高于草炭基质，分别为茎粗 0.121cm、整株鲜重 0.387g、地下鲜重 0.120g，是草炭对照的 1.22 倍、1.97 倍、2.4 倍。故综合分析，垫料与椰糠比例为 3 ∶ 7 时辣椒幼苗各方面生长性状最佳。

表 8-23　不同配方的基质对辣椒幼苗生长性状的影响

垫料：椰糠（体积比）	出苗率 /%	成苗率 /%	苗高 /cm	茎粗 /cm	根长 /cm	叶片数 / 片
纯椰糠（0 ∶ 10）	80.33±3.40b	62.00±3.08b	11.63±0.67bc	0.137±0.005ab	7.41±0.72a	6.50±0.34a
3 ∶ 7	95.33±3.85a	88.46±6.54a	9.93±0.65cd	0.121±0.007b	9.42±1.32a	4.83±0.60b
5 ∶ 5	66.67±3.01b	60.00±2.69b	13.22±0.75b	0.144±0.003a	8.55±0.60a	6.50±0.50a
7 ∶ 3	43.33±5.29c	34.62±2.81c	15.42±0.29a	0.146±0.004a	9.58±1.29a	7.00±0.36a
纯垫料（10 ∶ 0）	16.67±1.21d	10.00±2.73d	11.83±0.76bc	0.121±0.005b	7.03±0.80a	5.67±0.21ab
草炭基质（CK）	100.00±1.21a	95.00±1.21a	8.70±0.73d	0.099±0.007c	7.20±0.85a	4.33±0.56b

表 8-24　不同配方的基质对辣椒幼苗植株质量的影响

垫料：椰糠（体积比）	整株鲜重 /g	地上鲜重 /g	地下鲜重 /g
纯椰糠（0 ∶ 10）	0.444±0.020c	0.36±0.012c	0.084±0.008bc
3 ∶ 7	0.387±0.020c	0.267±0.001c	0.120±0.012b
5 ∶ 5	0.695±0.055b	0.556±0.004b	0.139±0.001b
7 ∶ 3	0.943±0.026a	0.739±0.011a	0.204±0.031a
纯垫料（10 ∶ 0）	0.440±0.012c	0.323±0.101c	0.118±0.025b
草炭基质（CK）	0.196±0.009d	0.218±0.073c	0.050±0.001c

七、讨论与总结

发芽率、发芽指数和活力指数是评价种子发芽状况常用的指标，反映了种子发芽速度、发芽整齐度和幼苗健壮的潜势。种子播种后的发芽状况可以用发芽率、发芽指数、活力指数等衡量。椰子壳和以草炭为主的市售基质最适宜作为载体与垫料按一定比例混合配制成育苗基质进行辣椒育苗，其次是棉籽壳，麸皮不适宜。基质是幼苗生长的介质，其物理结构决定了基质水分、养分吸附性能和空气的含量，从而影响水分、养分的供应、吸收甚至运输（张世超 等，2006）。代惠洁等（2015）以椰糠、草炭、蛭石和珍珠岩为基质，按照不同配比混

合，研究其对番茄“小凤仙”出苗率、株高、茎粗、叶面积、根冠比、壮苗指数、根系活力等生长指标的影响，筛选出替代草炭的最佳育苗基质配比。结果表明：椰糠处理组T2（椰糠:草炭:蛭石:珍珠岩=2：2：4：4）的株高、茎粗、叶面积、干物质积累及壮苗指数等各项指标均优于其他椰糠处理组，与对照组CK（椰糠:草炭:蛭石:珍珠岩=0：1：1：1）无显著性差异，可以推荐作为番茄育苗基质。孙建磊等（2016）研究表明，椰糠与蛭石不同配比均可明显改善基质的理化性质；综合植株长势、*G*值、鲜质量、叶绿素含量、可溶性蛋白、可溶性糖及根系活力等重要生理生化指标，椰糠与蛭石（体积比5：5）的基质配方最利于番茄穴盘苗生长。

陈燕萍等（2015）建立了一套筛选基质的新方法：采用垫料浸提液检测作物种子的生长情况，筛选适宜种子生长的最佳浸提液浓度，从而推导符合该品种生长的基质配方中垫料最适含量（即相当于浸提液的最佳稀释浓度），结合以上研究结果可初步推导辣椒育苗基质中垫料含量小于30%较为适宜。故以此为基础，按不同配比配制育苗基质进行辣椒穴盘育苗，结果显示：垫料:椰糠为3：7时，出苗率、成苗率、苗高、根长、叶片数、地上鲜重均优于其他配比，与草炭对照组差异不显著；茎粗、整株鲜重、地下鲜重显著优于其他处理组和草炭对照。故利用微生物发酵床养猪垫料配制辣椒穴盘育苗基质的适宜配方为垫料:椰糠=3：7（体积比）。

第五节 黄瓜基质育苗根外施肥技术

一、概述

利用育苗基质培养黄瓜种苗，育苗基质含有大量的腐殖质，而植物营养元素含量较低，有利于黄瓜种子的发芽和出苗；待黄瓜出苗后必须从根外补充植物营养元素来促进种苗的生长。穴盘育苗施肥主要采用播种前肥料与基质混合均匀的方式、育苗期间浇营养液的液肥方式以及前两者并用这三种方式，三种施肥方式操作上各有优缺点，但不同施肥方式对菜苗品质的影响尚缺少研究，鉴于此开展不同施肥方式对黄瓜穴盘育苗幼苗生长的影响研究。基质育苗施肥方法共进行两次试验，分别在春、秋两季各进行一次试验。

二、研究方法

供试黄瓜为郑研种苗公司生产的黄瓜王，采用72孔长方形标准育苗盘，基质为草炭:珍珠岩=6：4（体积比）。春季试验设4个处理，分别为完全基质施肥（T1）、完全营养液追肥（T2）、30%基质施肥+70%营养液追肥（T3）、对照CK（商品基质，后期不追肥），每个处理3次重复192穴。除对照外，所有处理施肥统一为每升基质N 200mg、P_2O_5 100mg、K_2O 200mg、CaO 200mg、MgO 70mg。完全基质施肥处理与30%基质施肥处理分别将100%、30%的养分在播种前与基质混合。完全营养液追肥、30%基质施肥处理将100%、70%的养分配置成 6L 的营养液进行追肥。试验于 5 月 29 日播种，播种后将穴盘置于转运箱中，完全基质施肥与对照处理添加自来水至转运箱底部 0.5cm 处，完全营养液追肥与 30% 基质施肥处理添加营养液至转运箱底部 0.5cm 处，以后每天添加自来水或营养液保持 0.5cm 液位。

秋季试验设 3 个处理，分别为完全基质施肥（T1）、完全营养液追肥（T2）、30% 基质施肥 +70% 营养液追肥（T3）。春季试验过程发现整体施肥量偏少，秋季试验的施肥量按春季试验的 5 倍进行。秋季试验采用自行设计的浅层自动供液育苗装置进行育苗试验。播种至齐苗，每天考察出苗率，子叶展平及两片真叶期测定叶面积、株高、茎粗、根长、根体积、植株生物量、叶绿素含量、植株 NPK 含量、基质 NPK 含量等。

三、不同处理基质电导率

基质电导率与基质盐分含量呈正相关，电导率过低表示基质养分缺乏，过高则可能因为盐分含量过高影响种子萌发，因此电导率是育苗基质的重要指标。表 8-25 为播种前不同处理基质测定的电导率。完全营养液追肥处理由于草炭与珍珠岩养分含量极低，其电导率仅为 0.269mS/cm，30% 基质施肥处理在添加 30% 养分后基质电导率明显提高，而完全基质施肥处理电导率高达 3.07mS/cm，已达育苗基质电导率指标上限水平，因此，采用草炭∶珍珠岩 = 6∶4 基质育苗施肥量不宜超过本试验施肥量。对照商品基质电导率高达 6mS/cm，明显高于育苗基质合适的电导率指标。

表 8-25　不同处理基质电导率

处理	电导率 /（mS/cm）	处理	电导率 /（mS/cm）
T1	3.07	T3	1.366
T2	0.269	T4	6

四、不同施肥处理对黄瓜出苗率的影响

由于试验期间气温已稳定在 20℃以上，所有处理在播种第三天出苗率就达 30% 以上。从图 8-3 可以看出，不同处理的黄瓜出苗率差异明显：完全基质施肥（T1）处理出苗最快，2 天后出苗率达 44.3%；30% 基质施肥（T3）处理其次，出苗率达 42.2%；完全营养液追肥（T2）与对照（T4）处理出苗速度明显落后于前两个处理，2 天后出苗率仅为 34.4%、33.9%。对照处理出苗慢，播种 4 天之内出苗率均为最低，与基质电导率偏高有关。第 5 天齐苗时，完全基质施肥与 30% 基质施肥处理的出苗率最高达 86.9%、86.3%；完全营养液追肥处理出苗率最低，仅为 76.8%；对照商品基质处理后期出苗率有所上升，齐苗时出苗率达 80.4%。

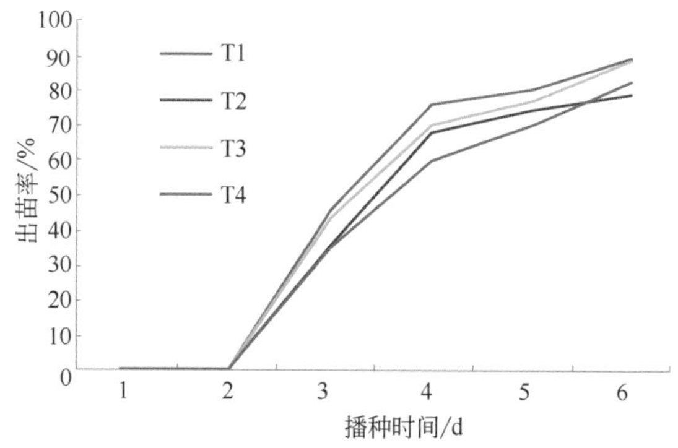

图 8-3　不同施肥处理黄瓜出苗率

五、不同施肥处理对子叶展平期黄瓜幼苗生长的影响

通常认为，种子自带的营养能够满足幼苗子叶生长的需求，基质穴盘育苗采用营养液追肥的施肥方式一般都从子叶展平开始进行追肥。然而试验结果（表 8-26）表明，相同基质不同施肥处理对黄瓜子叶展平期幼苗生长有显著的影响。相同基质不同施肥处理子叶质量和子叶宽度均以完全基质施肥处理最高，完全营养液追肥处理最低，而根系质量则相反。根系生物量增大而地上部生物量低（根冠比提高）是植物营养胁迫的表现。因此，基质育苗在播种期间必须添加足够的肥料，保证幼苗生长对营养的需要。

表 8-26 不同施肥处理对子叶展平期黄瓜幼苗生长的影响

处 理	根系重①/g	子叶重①/g	子叶宽 /cm	子叶长 /cm
T1	0.177bc	2.7532a	1.8444a	3.0278a
T2	0.2499a	1.8055c	1.5611b	2.6500a
T3	0.2213ab	1.9214bc	1.6167b	2.7556ab
T4	0.1457c	2.1625b	1.5889b	2.6222b

① 根系与子叶均为 5 株鲜重的平均数。

六、不同施肥处理对成苗期黄瓜苗生长的影响

茎干粗壮是优质蔬菜苗的重要指标之一。表 8-27 显示，成苗期商品基质处理的黄瓜苗茎干最粗，达 4.76mm。其次是完全基质施肥处理，为相同基质不同施肥 3 个处理中最高，与完全营养液追肥及 30% 基质施肥处理差异显著。生物量测定数据表明，对照处理无论是茎叶鲜重还是根系鲜重，均显著高于试验处理。与子叶展平期不同，相同基质不同施肥 3 个处理根系质量最高仍为完全营养液追肥处理，但 3 个处理根系鲜重差异未达显著水平（$P<0.05$）。相同基质不同施肥 3 个处理中，地上部茎叶鲜重仍以完全基质施肥处理最高，与其他两个施肥处理差异达显著水平，但完全营养液追肥处理与 30% 基质施肥处理间差异不显著。对照处理与完全基质施肥处理根冠比显著低于其他两个处理。

表 8-27 不同施肥处理成苗期黄瓜苗生长性状

处 理	茎粗 /mm	茎叶重①/g	根系重①/g	根冠比
T1	3.69b	25.283b	4.036b	0.16b
T2	3.48c	19.115c	4.545b	0.24a
T3	3.33c	19.994bc	4.232b	0.21a
T4	4.76a	44.060a	6.428a	0.15b

① 茎叶及根系均为 5 株鲜重的平均数。

七、不同施肥处理对黄瓜幼苗叶绿素含量的影响

叶绿素是与植物光合作用关系密切的色素，它在光合作用的光吸收中起核心作用，因此，叶绿素含量是评价植物光合作用能力的重要指标之一。结果表明，相同基质 3 个不同施肥处理中完全基质施肥的叶绿素含量均为最高，其次为 30% 基质施肥处理，而完全营养液追肥处理的叶绿素含量显著低于其他两个处理（表 8-28）。所有处理中，对照处理的叶绿素含量最低，这可能与其生物量明显大于其他处理的稀释效应有关，也可能与其基质盐分含量偏高影响黄瓜幼苗叶绿素合成有关。

表 8-28　不同施肥处理黄瓜幼苗叶绿素含量

处 理	叶绿素 a/（mg/g）	叶绿素 b/（mg/g）	总叶绿素 /（mg/g）
T1	2.1535a	0.6746a	2.8281a
T2	1.4775b	0.4358b	1.9133b
T3	2.0932a	0.6540a	2.7472a
T4	1.4526b	0.4422b	1.8948b

注：均以鲜重计。

八、不同施肥处理基质养分变化

穴盘育苗根系生长空间较小，基质养分供应强度与幼苗生长关系密切。检测结果（图 8-4）表明，相同基质不同施肥处理的基质碱解氮含量差异明显，完全基质施肥处理碱解氮含量最高，达 745mg/kg，而完全营养液追肥处理由于基质未添加肥料，其碱解氮仅为 281mg/kg。对照处理虽然电导率高达 6mS/cm，但其碱解氮含量仅为 554mg/kg，低于完全基质施肥处理，说明其盐成分中除了养分氮离子还有其他养分甚至非植物需要的离子，这些养分和离子所占比重较大，对照处理成苗期叶绿素含量较低可能与养分氮离子所占比重偏低有关。

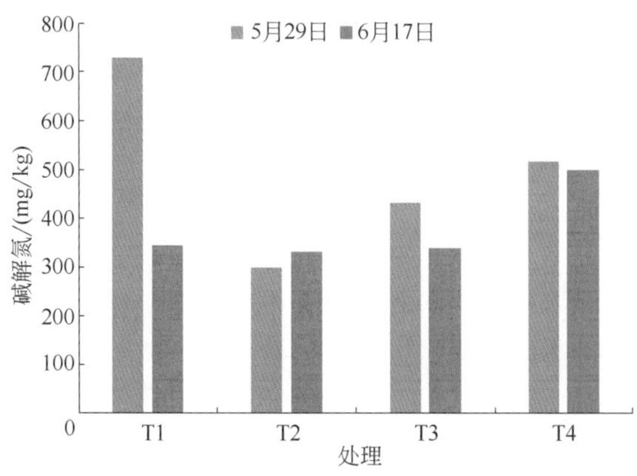

图 8-4　相同基质不同施肥处理的基质碱解氮含量

成苗期相同基质相同施肥量不同施肥方式的3个处理基质碱解氮含量差异较小，但不同施肥处理基质养分动态变化有显著差异。与播种期相比，完全基质施肥处理基质碱解氮下降幅度最大，这与其后期不追肥有关，而30%基质施肥处理碱解氮也呈下降趋势，但下降幅度较完全基质施肥处理小。对照处理商品基质成苗期基质碱解氮含量与播种期比较变化不大，说明商品基质氮素功应能力强，在整个育苗期能够平稳地提供氮素养分。而草炭:珍珠岩=6：4基质在试验施肥量条件下，氮素养分供应仍显不足，应适当提高氮素施肥量。

九、养分添加对基质有效养分及电导率的影响

基质育苗施肥方法试验结果表明，在子叶展开前适量供应养分有利黄瓜育苗的种子发芽及瓜苗生长。在生产实践中，为提高基质养分，即便经过严格计算化肥用量，仍然存在不同批次养分含量不均、育苗效果差异明显的问题。为此本试验采用室内培养的方法研究添加化肥对基质有效养分的影响。试验设3个处理，分别为不添加养分T1、添加低量养分T2、添加高量养分T3，具体养分添加量见表8-29。养分原料为硝酸钙、硝酸钾、硫酸镁和磷酸二氢铵。试验基质采用以菇渣为主要原料的商品基质，并按40%体积添加珍珠岩。养分原料按表8-29计算称量后溶于去离子水与基质拌匀，T1用等体积的去离子水湿润基质。基质处理后置于室内自然风干，分别在第1、3、6、9、12周取样测定基质有效氮磷钾及电导率。

表8-29　不同处理养分添加量

处理	N/（mg/L）	P_2O_5/（mg/L）	K_2O/（mg/L）	CaO/（mg/L）	MgO/（mg/L）
T1	0	0	0	0	0
T2	90	45	90	90	31.5
T3	300	150	300	300	105

试验结果（图8-5）表明，该基质养分含量显著偏高，碱解氮达618mg/kg，有效磷与速效钾更是高达356mg/kg和3772mg/kg。经过42d和63d的培养，添加不同养分的基质除有效磷有不同程度的增加外，碱解氮和速效钾无明显的增加，这可能与商品基质本体养分偏高有关。从不同培养时间来看，不同处理基质经42d与63d的培养，各处理碱解氮含量均呈提高的趋势，培养62d比培养42d碱解氮增加了178～219mg/kg，配对t检测表明不同培养时间基质碱解氮差异达到极显著水平。而各处理基质的有效磷与速效钾养分变化不明显，且无明显规律，经配对t检测，不同培养时间基质有效磷、速效钾均无显著差异。

电导率是育苗基质的重要指标，电导率是育苗基质离子含量的间接表现，养分离子含量与离子电导率呈正相关，过高的电导率对种子发芽等有明显的抑制作用。试验表明，添加不同养分基质电导率显著提高，添加低量养分基质电导率即可提高1.95mS/cm（饱和浸提法测定），添加高量养分电导率则提高了7.04mS/cm，前期试验表明，基质电导率高于5.0mS/cm（饱和浸提法测定）即可影响黄瓜种子的发芽率（表8-30）。因此，为保证基质的安全性，即便是泥炭等低养分基质，添加养分的数量也不应高于本试验的高量水平。

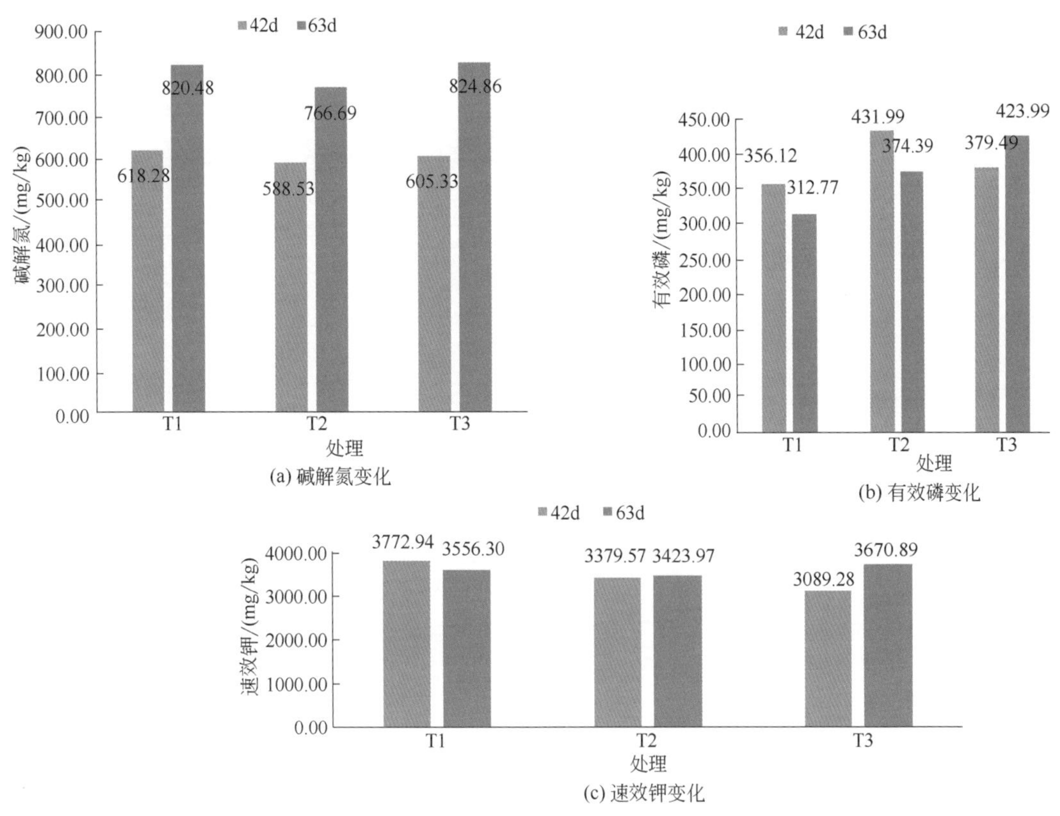

图 8-5　不同培养时间不同处理基质有效养分变化

表 8-30　不同处理基质电导率

处理	电导率 /（mS/cm）	增加 /（mS/cm）
T1	9.16±0.55c	
T2	11.11±2.17b	1.95
T3	16.2±0.91a	7.04

注：F=20.356**。

第六节 番茄幼苗抗盐性育苗基质的筛选

一、概述

中国受盐分影响的土地面积大，这些土地不利于番茄生长（邓用川 等，2003）。此外，作物苗期也是对盐分极为敏感的时期，苗的质量关系到番茄最终的产量和品质。因此，培育抗盐壮苗是盐土栽培番茄的关键环节（Frary et al., 2010）。番茄是一种普遍种植的中等耐盐蔬菜，也是茄科作物研究中的模式作物（李宁 等，2010）。近年来，国内外已开展了番茄种苗抗盐性方面的研究。研究发现，氮磷钾复合肥与生物发酵鸡粪一起配制成有机无机复混肥，处理番茄幼苗，可以促进盐胁迫条件下幼苗的生长，增加叶片中脯氨酸、叶绿素含量和抗氧化酶活性，从而增加番茄产量（韩晓玲 等，2005；郝小雨 等，2012；Rady，2012）。另外，钙、硅等无机营养元素在增强番茄幼苗抗盐性方面也发挥重要的功能。例如，番茄分别经过 0.5mmol/L、5mmol/L、25mmol/L 钙含量的营养液处理后，高钙含量处理的番茄株高、直径和生物量均较钙含量低的处理大，且根、茎、叶中钙含量较高，过氧化物酶和多酚氧化酶活性较强，表明钙参与了番茄植株抗氧化胁迫的调控（Jiang et al., 2013）。同样，施 0.83mmol/L 硅处理作物，在盐胁迫条件下，植株体内 Na^+ 含量低，而渗透调节物质如蔗糖和果糖的含量高，说明硅也有利于改善作物的耐盐性，能减轻盐分诱导的渗透胁迫和离子毒害（Yin et al., 2013）。综上，有机无机肥配施以及钙、硅肥单施均能一定程度改善番茄幼苗的部分耐盐性状。因此，为了全面提升番茄幼苗的抗盐性，解决盐土种植番茄的问题，优化组合不同水平的这些有机肥、三元复合肥和硅钙肥等与番茄抗盐性有关的肥料，并选用草炭、蛭石、珍珠岩（3：1：1）为基质材料，比较研究这些不同配比的肥料营养基质分别在 0mmol/L（对照）、100mmol/L NaCl 下对“石头 168”番茄幼苗生长生理特征的影响，以便筛选出能明显增强番茄幼苗抗盐性的较佳配方的营养基质。

二、研究方法

（1）正交试验　在玻璃温室内进行番茄幼苗移栽试验。试验采用 L_9 正交试验，其因子与水平主要参照中华人民共和国农业行业标准蔬菜育苗基质进行设计，见表 8-31，试验用的塑料盆长、宽、高分别为 14cm、16cm、12cm。每盆种 1 株幼苗，每个处理 3 次重复。番茄品种为“石头 168”，取自福建省永泰县丰园蔬菜育苗有限公司，苗龄为 29d，株高均为 9.9cm 左右。选择草炭、蛭石、珍珠岩（3：1：1）为基质原料，分别加入不同水平的有机肥、复合肥和硅钙肥等基质营养。其中，有机肥中有机质含量为 368.9g/kg，全氮含量为 9.0g/kg，全磷含量为 22.90g/kg，全钾含量为 5.29g/kg；复合肥中全氮含量为 150.0g/kg，全磷含量为 150.0g/kg，全钾含量为 150.0g/kg；硅钙肥中 $SiO_2 \geqslant 250$g/kg，$CaO \geqslant 320$g/kg。试验开始时，先用淡水浇灌 23d，待番茄苗恢复正常生长后，2015 年 6 月 25 日开始分别进行 0mmol/L、100mmol/L NaCl 溶液处理，浇灌量均为每盆 300mL，盐处理的番茄幼苗隔天浇灌一次盐水，其他时间同 0mmol/L NaCl 处理一样均用淡水，在每天上午的 8:00 ～ 9:00 浇水。7 月 18 日进行采样，以备检测番茄生长生理指标。

表 8-31　正交试验 $L_9(3^3)$ 各处理的施肥种类及用量

处理号	肥料用量 /（g/kg）		
	有机肥	三元复合肥	硅钙肥
1#	4.05	2.70	0.54
2#	4.05	5.40	1.08
3#	4.05	8.10	2.16

续表

处理号	肥料用量 /（g/kg）		
	有机肥	三元复合肥	硅钙肥
4#	6.75	2.70	1.08
5#	6.75	5.40	2.16
6#	6.75	8.10	0.54
7#	12.15	2.70	2.16
8#	12.15	5.40	0.54
9#	12.15	8.10	1.08

（2）生长指标　定期使用钢卷尺测量番茄苗株高、叶长和叶宽，并利用游标卡尺分别测定茎粗。番茄幼苗采收后，一部分植株样品经洗净、吸干，称取鲜重后，在 105℃烘箱杀青 15min，于 80℃烘箱烘至恒重，称取干重，并计算根冠比、壮苗指数和植株含水量。指标的计算公式分别为：

根冠比 = 根干重 / 地上部植株干重

植株含水量（%）=（鲜重 − 干重）/ 鲜重 ×100

壮苗指数 =（茎粗 / 株高 + 根干物质量 / 地上部干物质量）× 全株干重

相对生长速度 =（成株株高 − 定植株高）/ 试验天数

（3）生理指标　新鲜的番茄幼苗叶片被采收后，及时测定其生理指标。采用丙酮浸提法测定叶绿素含量，采用电导法测定叶片电解质的相对外渗率。

（4）数据处理　数据采用 SAS 8.02 软件进行 Duncan's 法新复极差多重比较（$P<0.05$）分析，并进行主成分分析。其他统计分析则采用 Excel 2003 处理。

三、不同育苗基质对盐分条件下番茄幼苗植株形态指标的影响

盐分条件下，8#、5#、7#、4#、9# 育苗基质的番茄幼苗形态指标值较优（表 8-32）。尤其是处理 8# 的番茄幼苗根干重、地上部干重、全株干重及壮苗指数均显著优于其他育苗基质，增幅分别为 20.48% ～ 127.28%、1.81% ～ 61.88%、3.27% ～ 65.96%、20.26% ～ 127.51%，这表明 8# 处理更有利于番茄幼苗植株生物量的累积，从而促进幼苗的茁壮生长。

表 8-32　不同育苗基质对盐分条件下番茄幼苗植株形态指标的影响

营养基质	叶长 /cm	叶宽 /cm	株高 /cm	茎粗 /mm	根鲜重 /g	根干重 /g	地上部鲜重 /g	地上部干重 /g	鲜重 /g	干重 /g	根冠比	壮苗指数
1#	8.1e	3.9cd	81.2e	5.76i	1.82h	0.61f	55.79e	9.58d	57.61e	10.19d	0.064f	0.723h
2#	8.7bc	4.2ab	74.0i	7.06e	2.44e	0.73d	50.62g	7.54h	53.06g	8.27h	0.097a	0.880f
3#	9.0a	4.1bc	81.8d	7.80b	1.91g	0.66e	48.43h	7.89g	50.34h	8.55g	0.078d	0.744g
4#	8.9ab	4.3ab	87.7b	7.12d	2.80b	0.83b	54.75f	9.16e	57.54f	9.99e	0.090c	0.990c
5#	8.5cd	3.9cd	85.0c	6.80g	2.52d	0.82b	66.48a	10.51b	69.00a	11.33b	0.078d	0.979d

续表

营养基质	叶长/cm	叶宽/cm	株高/cm	茎粗/mm	根鲜重/g	根干重/g	地上部鲜重/g	地上部干重/g	鲜重/g	干重/g	根冠比	壮苗指数
6#	8.1e	3.7d	78.5g	6.20h	1.47i	0.44g	41.89i	6.61i	43.36i	7.05i	0.067e	0.527i
7#	8.4d	4.4a	88.5a	7.86a	2.05f	0.79c	62.91d	10.16c	64.96d	10.95c	0.077d	0.944e
8#	8.7bc	3.9cd	78.0h	7.46c	2.59c	1.00a	63.43c	10.70a	66.02c	11.70a	0.093b	1.199a
9#	8.8ab	3.9cd	79.0f	6.86f	4.19a	0.83b	64.68b	8.75f	68.87b	9.58f	0.095ab	0.997b

四、不同育苗基质对番茄幼苗相对生长速度的影响

不同育苗基质的番茄幼苗在盐分处理前、后相对生长速度见表 8-33。经过盐分处理后，不同育苗基质的幼苗相对生长速度均有明显下降。与对照（盐分处理前）相比，处理 1#、2#、3#、4#、5#、6#、7#、8#、9# 的降幅分别为 43.81%、70.79%、46.15%、51.37%、55.79%、62.63%、50.66%、57.21%、60.44%。其中，盐分处理前，处理 4# 番茄幼苗相对生长速度最大，其次是 5#，最小的是 6#。由此可知，在有盐分和无盐分条件下，处理 4# 的番茄幼苗生长均表现较好。

表 8-33　不同育苗基质对番茄幼苗相对生长速度的影响

营养基质	相对生长速度 / (cm/d)	
	NaCl 处理前	NaCl 处理后
1#	2.10fA	1.18bB
2#	2.02gA	0.59hB
3#	2.21eA	1.19bB
4#	2.55aA	1.24aB
5#	2.42bA	1.07dB
6#	1.98hA	0.74gB
7#	2.29cA	1.13cB
8#	2.29cA	0.98eB
9#	2.25dA	0.89fB

注：同一列不同小写字母表示样品间差异显著（$P < 0.05$）；同一行不同大写字母表示样品间差异极显著（$P < 0.01$）。

五、不同育苗基质对盐分条件下番茄幼苗植株各组织含水率的影响

盐分条件下，不同育苗基质对番茄幼苗植株各组织含水率具有明显的影响（表 8-34）。其中，处理 9# 番茄根系、地上部分和全株含水率在各处理组中是最高的；其他处理组地上部分和全株含水率的差异不明显，而根系含水率差异较大。

表 8-34　不同育苗基质对盐分条件下番茄幼苗植株各组织含水率的影响

营养基质	含水率 /%		
	根系	地上部分	全株
1#	66.37g	82.83i	82.31h
2#	70.08c	85.10b	84.41b
3#	67.80e	83.71f	83.10f
4#	70.20b	83.27g	82.65g
5#	67.30f	84.19d	83.57d
6#	69.93d	84.22c	83.74c
7#	61.66h	83.85e	83.15e
8#	61.58i	83.13h	82.29h
9#	80.10a	86.47a	86.08a

六、不同育苗基质对番茄幼苗叶片叶绿素含量的影响

叶绿素是植物进行光合作用的主要色素，它在光合作用的光吸收中起核心作用，主要有叶绿素 a 和 b。由表 8-35 可知，不同育苗基质的番茄幼苗，经盐分处理后，其叶片的叶绿素 a、叶绿素 b 和叶绿素（a+b）含量均比对照明显降低，表明盐分处理会降低番茄幼苗叶片的叶绿素含量。然而，所有盐分处理的番茄幼苗叶片叶绿素 a/ 叶绿素 b 比值却较对照均有明显增加。这表明盐分处理虽然会降低番茄幼苗叶片中叶绿素 a、叶绿素 b 的绝对含量，但同时番茄幼苗自身又可以通过调高叶绿素 a/ 叶绿素 b 比值，在一定程度上缓解盐分对番茄幼苗叶片吸收光能的不利影响。此外，在盐分条件下，处理 9# 番茄幼苗叶片叶绿素 a、叶绿素 b 和叶绿素（a+b）含量均相对较高，而 8# 幼苗叶片的叶绿素 a/ 叶绿素 b 比值则较大（表 8-35），有利于番茄幼苗在盐分条件下维持较高的光合作用水平。

表 8-35　不同育苗基质对番茄幼苗叶片叶绿素含量的影响

营养基质	NaCl /（mmol/L）	叶绿素 a /（mg/g）	叶绿素 b /（mg/g）	叶绿素（a+b）/（mg/g）	叶绿素 a/ 叶绿素 b /（mg/g）
1#	0	1.037gA	0.562iA	1.599iA	1.845bB
	100	1.001fB	0.503fB	1.504fB	1.990bA
2#	0	1.119eA	0.723dA	1.842dA	1.548fB
	100	0.797hB	0.450hB	1.246hB	1.772gA
3#	0	1.055fA	0.567hA	1.622hA	1.861aA
	100	0.683iB	0.367iB	1.050iB	1.860cA
4#	0	1.120eA	0.621gA	1.741gA	1.804cB
	100	0.905gB	0.488gB	1.393gB	1.853dA
5#	0	1.153cA	0.670fA	1.822fA	1.722dB
	100	1.089dB	0.594cB	1.683cB	1.834eA

续表

营养基质	NaCl /（mmol/L）	叶绿素 a /（mg/g）	叶绿素 b /（mg/g）	叶绿素（a+b）/（mg/g）	叶绿素 a/叶绿素 b /（mg/g）
6#	0	1.198abA	1.066bA	2.264bA	1.123hB
	100	1.103bB	0.765bB	1.868bB	1.442iA
7#	0	1.128dA	0.702eA	1.830eA	1.607eB
	100	1.071eB	0.588dB	1.659dB	1.823fA
8#	0	1.196bA	1.122aA	2.318aA	1.065iB
	100	1.098cB	0.547eB	1.644eB	2.009aA
9#	0	1.199aA	1.046cA	2.244cA	1.146gB
	100	1.178aB	0.803aB	1.981aB	1.467hA

注：叶绿素含量均以鲜重计。

七、不同育苗基质对番茄幼苗叶片电解质相对外渗率的影响

不同育苗基质下番茄幼苗叶片电解质相对外渗率对盐分的响应见图 8-6。与对照相比，处理 1#、2#、3#、4#、5#、6#、7#、8#、9# 的增幅分别为 10.53%、39.75%、121.39%、0.89%、128.76%、13.55%、247.60%、14.75%、200.37%。由此可知，在遭受盐渍时，营养基质处理 1#、4#、6#、8# 的番茄幼苗叶片电解质相对外渗率的增幅相对较小，特别是 4# 处理的叶片电解质相对外渗率在有或无盐分条件下都很小，这有助于缓解盐分对细胞膜造成的损伤，使细胞膜透性增大变缓，细胞内的电解质外渗速度增幅降低，外液电导率增幅变小，从而有利于减缓番茄苗期的盐害。

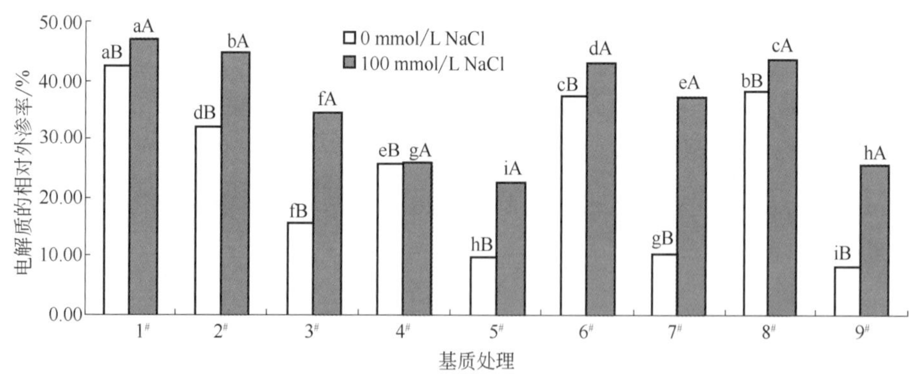

图 8-6　不同配方肥料在无土基质中对番茄幼苗叶片电解质相对外渗率的影响

不同小写字母表示样品间差异显著（$P < 0.05$）；不同大写字母表示样品间差异极显著（$P < 0.01$）

八、讨论与总结

与曹兵等（2014）配制的含有复合肥的常规番茄育苗基质和包膜尿素的控施肥育苗基质相比，盐分条件下含有硅钙肥的处理 1#、2#、3#、4#、5#、6#、7#、8#、9# 比非盐分条件

下常规基质育苗的番茄壮苗指数分别增加了50.59%、64.38%、69.85%、68.97%、88.83%、16.00%、102.61%、133.13%、73.31%；除了6[#]外，其他处理比控施肥育苗的壮苗指数也相应增加了1.81%、11.13%、14.83%、14.23%、27.66%、36.97%、57.61%、17.17%。由此可见，尽管本试验处理番茄遭受盐渍，但培育的番茄幼苗质量仍优于非盐渍条件的控施肥育苗和常规育苗。此外，与番茄苗有机基质配方（杨军 等，2011）相比，本试验所有处理在75d时，番茄幼苗在株高、茎粗和生物量等重要生长指标方面具有明显的优势，这是因为有机肥的肥效释放速率相对较慢，不能被番茄幼苗迅速吸收促进生长。而且，本试验处理1[#]～9[#]的番茄幼苗相对生长速度是有机无机复合番茄幼苗基质的3.19～5.74倍（高新昊 等，2005）。研究结果分析表明，无论是在盐分环境中，还是非盐分条件下，本试验掺入了硅钙肥的有机无机复合基质在番茄育苗方面具有明显的优势，尤其是8[#]、4[#]这两个番茄育苗基质培育的幼苗在生长和生理等方面均表现良好，为盐土栽培番茄后期的丰产奠定了良好的基础。这是因为硅钙肥中含有有效活菌数≥2×10^8/g，并同时富含活性硅、钙、镁、锌、铁、硼、铜、钛、钼等中微量元素，且特别添加了免深耕调理剂、蚯蚓蛋白酶和磷素活化剂等（李子双 等，2015），因此更有利于和有机肥、化肥起协同效应，共同促进番茄幼苗茁壮生长。

第七节
发酵床垫料生物基质产品研发

一、生物基质用途

采用泥炭、椰糠、珍珠岩、枯枝落叶等堆肥原料，根据不同的植物生长特性，配制适合特定条件的专用栽培营养基质。陶化营养土是一种新型的无土栽培基质，它富含植物生长所需要的氮（N）、磷（P）、钾（K）、钙（Ca）、镁（Mg）、硫（S）等12种元素的化合物，可完全代替土壤和肥料，是真正的无土栽培基质。它适合须根植物、肉质根植物（兰花、君子兰、大蕙兰花、金钱树等）、木本质植物（牡丹、茉莉花、一帆风顺等）的生长发育，可广泛应用于盆花的种植，观赏鱼、水草、睡莲的养殖，屋顶花园的栽培。它比泥土轻，透气利水，不板结，无粉尘，泡水后不会解体，冻融试验无变化，没有病虫害。用作屋顶花园基质时，可安装自动补水箱长年保持水位，一年四季无须人工浇水。可重复使用8年，无须添加营养元素，方便实惠。陶化营养土还具有很好的吸潮性，能吸收空气中的水分、有害气体等，保水性能好。此种基质具有无泥水、无尘埃、无臭气、不滋生蚊蝇、清洁卫生、维护方便等优点，植物生长良好，是花卉尤其是室内花卉理想的栽培基质。

在现阶段的农业生产过程中，育苗基质发挥着非常重要的作用，不仅能够为农作物生长提供一定的营养物质，还能很好地维系农作物根系的生长，固定农作物秧苗，为种子抽芽和根系生长发育提供适宜的条件。有土育苗的基质为营养土或泥土。无土育苗的基质种类较多，有沙、砾石、炉渣、木屑、炭化稻壳、蛭石、珍珠岩、岩棉、泥炭藓等。适宜的基质应容重较小，既能牢固秧苗，又易搬运；总孔隙度较大，大小孔隙配比适当，水气比适中，有利于根系呼吸、吸收养分和生长发育；不携带病虫害；资源丰富，取材方便，价格低廉。育苗时，可根据以上要求，选用一种基质，或几种基质混合使用。

蔬菜育苗时期，秧苗较小，每一棵植株的营养吸收量较少，但因植株密集、根系较弱、对泥土溶液浓度敏感等，对营养条件的要求较高，营养元素必须数量多、浓度较低，且为幼苗易吸收的状态。因此，要多选用有机肥，适量施用无机肥，以氮肥、磷肥为主。

氮是蛋白质的重要组成元素，植物的细胞质、细胞核、核酸、酶、叶绿素、维生素、激素等都含有蛋白质，即氮是植物构造的重要组成部分，是植物生命活动所必需的重要元素之一，缺氮将影响秧苗的新陈代谢、光合作用等，导致秧苗矮小、叶色淡。磷也是植物构造的重要组成部分之一，缺磷会影响新陈代谢、花芽分化等，致使秧苗矮小、叶片暗绿、生长缓慢。氮肥和磷肥均可促进幼苗生长及花芽分化形成，而在光照充足、温度适宜的条件下，应适量增施氮肥，才不会引起秧苗徒长。

另外，镁、硫、铁、锰、铜等元素均与叶绿体的形成有关，缺少任何一种元素，对光合作用都有影响。钾、钙、硼等元素不足时，叶片中养分的运输就会受阻，使碳水化合物过多地滞留在叶片中，造成叶片的黄化。有时，环境中并不缺少某种元素，但由于温度、通气性、养分浓度及比例、泥土或营养液的酸碱度等因素影响了根系的生长及养分的运输等，秧苗对营养元素的吸收利用受到影响。因此，育苗期应注意营养元素的合理配合，并综合调控其他生长条件，做到合理施肥。

实践证明，苗期营养条件良好时，秧苗生长正常，根系发达，果菜类的花芽分化早，花的发育良好。苗期营养不良时，秧苗生长受限制，定植后秧苗发育差，果菜类花芽的形成及发育不良。

以下是笔者与厦门市江平生物基质技术股份有限公司合作，利用发酵床垫料研发的部分基质产品的介绍。

二、育苗基质研发

1. 蔬菜育苗基质

（1）蔬菜育苗基质一号

产品规格：非压缩容量45L±2L，6L覆盖料。技术参数：$N+P_2O_5+K_2O \geqslant 3\%$，有机质≥45%，pH 值为 5.5 ～ 6.5。应用范围：番茄、辣椒、茄子、苦瓜、黄瓜、西兰花等蔬菜育苗（图 8-7）。

产品特点：① 基质具有良好的物理结构，疏松透气，保水保肥，给幼苗根系提供良好的生长环境，所育幼苗根系发达、盘根力强，移栽不伤根，缓苗快；② 酸碱度适中，富含植物生长所需的氮、磷、钾及各种微量元素，营养均衡，科学配比，苗壮苗齐；③ 富含有益菌群，幼苗抗逆性强，移栽后可改善根部微环境，利于蔬菜后期生长；④ 没有病、虫、草害，不污染环境。

使用方法：① 将基质适量喷水，以手握成型、指缝见水不滴为宜；② 将预湿好的基质装入穴盘，刮平；③ 将蔬菜种植播于穴盘中，按照实际需要每穴播 1 粒；④ 播种后取覆盖料覆盖种子，覆盖厚度按茄科类 0.5 ～ 0.7cm、瓜果类 0.7 ～ 1cm、甘蓝类 0.5cm；⑤ 缓慢浇水至浇透基质，见水从苗盘底部流出为宜；⑥ 将播种后的苗盘置于催芽室催芽或置于温室大棚中，常规苗期管理。

(a)

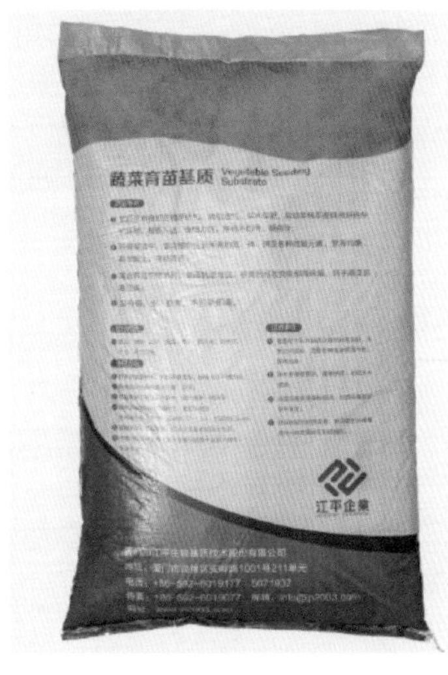

(b)

图 8-7　蔬菜育苗基质产品

（2）蔬菜育苗基质二号

产品规格：非压缩容量 50L±2L。技术参数：$N+P_2O_5+K_2O \geqslant 3\%$，有机质≥ 45%，pH 值为 5.5 ～ 6.5。应用范围：番茄、辣椒、茄子、苦瓜、黄瓜、西兰花、四季豆、豇豆、荷兰豆等。

产品特点：① 基质具有良好的物理结构，疏松透气，保水保肥，给幼苗根系提供良好的生长环境，所育幼苗根系发达、盘根力强，移栽不伤根，缓苗快；② 酸碱度适中，富含植物生长所需的氮、磷、钾及各种微量元素，营养均衡，科学配比，苗壮苗齐；③ 富含有益菌群，幼苗抗逆性强，移栽后可改善根部微环境，利于蔬菜后期生长；④ 没有病、虫、草害，不污染环境。

使用方法：① 将基质适量喷水，以手握成型、指缝见水不滴为宜；② 将预湿好的基质装入穴盘，刮平；③ 将蔬菜种植播于穴盘中，按照实际需要每穴播 1 粒；④ 播种后取覆盖料覆盖种子，覆盖厚度按茄科类 0.5 ～ 0.7cm、瓜果类 0.7 ～ 1cm、甘蓝类 0.5cm；⑤ 缓慢浇水至浇透基质，见水从苗盘底部流出为宜；⑥ 将播种后的苗盘置于温室大棚中，常规苗期管理。

2. 林木育苗基质

产品规格：非压缩容量 50L±2L。技术参数：$N+P_2O_5+K_2O \geqslant 3\%$，有机质≥ 45%，pH 值为 5.5 ～ 6.5。应用范围：适用于绿化及造林树种的播种、组培苗移栽或扦插育苗，如杉木、马尾松、樟树、闽楠、油茶、红叶石楠等（图 8-8）。

产品特点：① 基质具有良好的物理结构，疏松透气、保水保肥，给根系提供良好的生长环境，所育幼苗根系发达、盘根力强，移栽不伤根，缓苗快；② 酸碱度适中，富含植物生长所需的氮、磷、钾及各种微量元素，营养均衡 , 科学配比，减少苗期肥料用量并便于管理；③ 基质富含有机物，为菌根菌等益生微生物提供丰富的营养，同时可产生大量的多种酶和激素，有利于促进根系生长和提高容器苗的抗性；④ 根系和基质交织在一起形成根团，可保持长途运输不散团，移植后缓苗期短，可显著提高成活率；⑤无有害病原菌、虫卵及杂草种子，不污染环境。

使用方法：①装袋前可适量喷水搅拌均匀，便于播种后浇水；②采用广谱杀菌剂再次进行基质消毒；③装袋时袋内基质以自然状态为好，不要过分压实，否则会降低基质透气性，影响出苗；④常规方法进行种子播种、组培苗木移植、穗条扦插。

3. 水稻育苗基质

产品规格：非压缩容量 50L±2L。技术参数：$N+P_2O_5+K_2O$ ≥ 4%，有机质≥ 45%，pH 值为 5.5 ～ 7.0。适用范围：机插或手插水稻秧育苗（图 8-9）。

图 8-8　林木育苗基质产品

图 8-9　水稻育苗基质产品

产品特点：①出苗快、苗壮整齐，抗逆性好，减少苗期农药的使用量；②秧苗根系发达，盘根力强，白根数多，移栽缓苗期短；③基质容重小，与机器插秧技术兼容性强，播种均匀性好；④基质育苗省工，易管理，节约成本，可实现水稻增产增收。

使用方法：①将基质适量喷水，以手握成型、指缝见水不滴为宜；②将预湿好的基质装入苗盘，刮平，装盘厚度约为 2cm；③通过人工或机器将已催芽的稻种均匀撒播在苗盘内；④播种后覆盖基质，厚度 5 ～ 6mm，以盖没种子为宜；⑤缓慢浇水至浇透基质，见水从苗盘底部流出为宜；⑥将播种后的苗盘置于温室或大棚中，常规苗期管理。

4. 烟叶育苗基质

产品规格：非压缩容量 50L±2L。技术参数：$N+P_2O_5+K_2O$ ≥ 3%，有机质≥ 45%，pH 值为 5.5 ～ 7.0，水分≤ 40%。使用范围：适用于烤烟等烟叶育苗（图 8-10）。

产品特点：① 基质疏松透气性好，保水保肥，浇水不易板结，利于根系的生长；② 酸碱度呈中性偏弱酸，理化性质稳定均匀，出苗齐，幼苗根系发达，盘根力强，成团性好，移栽缓苗期短；③ 无有害病原菌、虫卵及杂草种子，不污染环境。

使用方法：① 将基质装入新育苗盘或经消毒的旧育苗盘内，基质以自然状态为好，不宜压实，装满后用刮板刮去多余基质，使盘面平整；② 用压穴板压 3 ～ 5mm 深的种穴，每个育苗空穴内播种 1 ～ 2 粒种子，播完一盘后用刮板或手轻抹盘面，使种子自然覆盖；③ 播种完后用喷雾器在盘上方均匀反复喷洒清水（雾状），使种子充分吸水；④ 采用烟草湿润育苗技术进行烟草幼苗培育。

三、栽培基质研发

1. 多肉植物栽培基质

产品规格：非压缩容量 50L±2L 。技术参数：$N+P_2O_5+K_2O \geqslant 3\%$，有机质≥ 45%，pH 值为 5.5 ～ 6.5，水分≤ 40%。使用范围：生石花、蟹爪兰、蓝石莲、长寿花、虎尾兰等多肉植物（图 8-11）。

图 8-10　烟叶育苗基质产品

图 8-11　多肉植物栽培基质产品

产品特点：① 基质具有良好的通透性及一定的保水性，为多肉植物根系生长提供健康的根际环境；② pH 值为 5.5 ～ 6.5，适合大多数多肉植物的生长需求；③ 添加多肉植物专用颗粒缓释肥，速效肥、缓效肥兼备；④ 无有害病原菌、虫卵及杂草种子，不污染环境。

使用方法：① 使用前基质适量喷水，搅拌均匀，以手握成型、指缝见水不滴为宜；② 将预湿润好的基质装入排水性良好的容器中，基质保持松散状态为宜；③ 基质装满容器一大

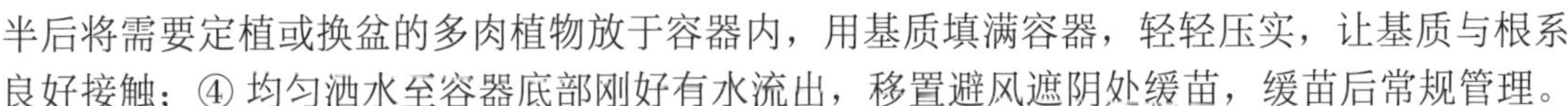

半后将需要定植或换盆的多肉植物放于容器内，用基质填满容器，轻轻压实，让基质与根系良好接触；④ 均匀洒水至容器底部刚好有水流出，移置避风遮阴处缓苗，缓苗后常规管理。

2. 园林绿化栽培基质

产品规格：非压缩容量 50L±2L。技术参数：$N+P_2O_5+K_2O \geqslant 4\%$，有机质≥ 50%，pH 值为 5.5 ～ 7.5。使用范围：道路、广场、小区园林绿化的土壤改良，立体绿化的栽培基质（图 8-12）。

产品特点：① 采用农林废弃物为原材料，经严格基质化发酵工艺精制而成；② 富含有机质及益生菌菌群，对贫瘠、盐渍化、沙化土壤具有持久的改良效果；③ 富含植物生长所需的营养元素，保水、保肥、透气性良好，可明显提高植物成活率和生长势；④ 不含虫卵、病原菌及杂草种子，是环境友好型的土壤改良基质；⑤ 容重小，质地疏松，是壁面、屋顶等立体绿化的首选栽培基质。

使用方法：① 绿化地整理后，将基质直接平铺于绿化地段，厚度约 5cm，与原土充分混拌均匀，再定栽园林绿化植物；② 作为栽培基质使用时，依据实际情况添加适量土壤，搅拌后定植园林绿化植物。

3. 草莓栽培专用基质

产品规格：非压缩容量 50L±2L。技术参数：$N+P_2O_5+K_2O \geqslant 2\%$，有机质≥ 50%，pH 值为 5.5 ～ 6.5。使用范围：草莓盆（袋）式栽培、槽式栽培（图 8-13）。

图 8-12　园林绿化栽培基质产品

图 8-13　草莓栽培专用基质产品

产品特点：① 以优质泥炭及进口椰纤维为主要原料，科学配比，具有良好的透气性和持水保肥能力，为草莓根系生长提供健康的根际环境；② 酸碱度适中，富含有机质，已添加适量的启动肥，满足草莓苗期生长的营养需求，有利于栽培期养分管理；③ 基质不含有害病原菌、虫卵及杂草种子，干净、环保；④ 质地适中，直接使用，方便快捷。

使用方法：① 盆（袋）式栽培，先将基质适量喷水拌匀，以手握成型、指缝见水不滴为宜，再将预湿润好的基质装入盆（袋）中至容器上沿口 2cm 处；槽式栽培，将基质直接填于种植槽内，均匀浇水至槽底刚好有水渗出为宜。② 将已修剪、整理好的健康草莓苗定植于基质中，品字形栽培，行距 10cm，株距 20cm，花茎统一朝外，便于花茎伸出，种植深度以刚刚盖住根部为宜，将根周围基质轻轻压实。③ 用广谱性杀菌剂溶液（如 1000 倍多菌灵）作为定根水灌根。④ 定植后的草莓宜遮阴处理 7 ～ 15 日，待新植草莓苗长出新叶后揭去遮阴网。⑤ 栽培期常规管理，建议采用滴灌方式进行养分、水分供给。

4. 杜鹃栽培专用基质

产品规格：非压缩容量 50L±2L。技术参数：N+P_2O_5+K_2O ≥ 3%，有机质≥ 45%，pH 值为 5.5 ～ 6.5。使用范围：春鹃、冬鹃、西鹃、毛鹃等杜鹃花盆栽（图 8-14）。

产品特点：① 以优质泥炭、椰纤维为主要原料，科学配比，具有良好的透气性，利于根系生长，多孔疏松的结构方便杜鹃苗纤细根群的伸展；② 弱酸性，富含有机质，已添加适量的启动肥，满足杜鹃苗期生长的营养需求，有利于栽培期养分管理；③ 基质无有害病原菌、虫卵及杂草种子，干净、环保；④ 质地适中，直接使用，方便快捷。

使用方法：① 先将基质适量喷水拌匀，以手握成型、指缝见水不滴为宜；② 将预湿润好的基质装入盆（袋）中，移栽杜鹃苗定植于基质中，轻轻压实，使根系和新基质充分接触，基质填至容器上沿口 2cm 处为宜；③ 缓慢喷水至底部有水渗出即可；④ 置于栽培棚，常规管理。

5. 蔬菜设施栽培基质

产品规格：非压缩容量 50L±2L。技术参数：N+P_2O_5+K_2O ≥ 3%，有机质≥ 45%，pH 值为 5.5 ～ 6.5。使用范围：黄瓜、茄子、番茄、生菜等各类蔬菜设施化栽培，亦可用于家庭露台、阳台蔬菜栽培（图 8-15）。

图 8-14 杜鹃栽培专用基质产品

图 8-15 蔬菜设施栽培基质产品

产品特点：① 以优质泥炭、进口椰纤维为主要原料，经科学配比混合而成，具有良好的保肥、持水及透气性，为植物根系生长提供健康的根际环境；② pH 值为 5.5 ～ 6.5，适合大多数植物的生长需求；③ 含有植物生长所必需的营养元素，特定配比，营养均衡，有利于蔬菜生长发育；④ 无有害病原菌、虫卵及杂草种子，不污染环境。

使用方法：① 盆（袋）式栽培，先将基质适量喷水拌匀，以手握成型、指缝见水不滴为宜，再将预湿润好的基质装入盆（袋）中至容器上沿口 2cm 处；槽式栽培，将基质直接填于种植槽内，均匀浇水至槽底刚好有水渗出为宜。② 按合理间距将蔬菜苗定植于种植盆（槽）内，轻轻压实根系周围基质，使根与基质良好接触，后常规栽培管理。

四、家庭园艺基质研发

1. 家庭园艺通用基质

产品规格：6L。技术参数：pH 值为 5.5 ～ 6.5。使用范围：适用于园艺植物的室内外种植（图 8-16）。

产品特点：① 以优质泥炭、进口椰纤维为主要原料，经科学配比混合而成，具有良好的保肥、持水及透气性，为植物根系生长提供健康的根际环境；② pH 值为 5.5 ～ 6.5，适合大多数植物的生长需求；③ 含有植物生长所必需的营养元素，特定配比，营养均衡，有利于植物生长发育；④ 添加颗粒缓释肥，保证肥效的持续性；⑤ 无有害病原菌、虫卵及杂草种子，不污染环境。

使用方法：① 选择有排水孔的容器；② 装入家庭园艺通用栽培基质；③ 将温水浸泡过的种子撒播 / 点播于栽培基质中，并用适量基质覆盖种子；④ 将育好的苗移于栽培基质中，轻轻压实基质表面，使其与植物根部紧密接触；⑤ 洒水至排水孔有水渗出。

2. 家庭园艺多肉植物专用基质

产品规格：6L。技术参数：pH 值为 5.5 ～ 6.5。使用范围：虹之玉、生石花、蟹爪兰、蓝石莲、条纹十二卷、丽娜莲、观音莲等多肉植物（图 8-17）。

产品特点：① 以进口泥炭、椰纤维为主要原料，经科学配比混合而成，具有良好的透气性和持水保肥能力，为植物根系生长提供健康的根际环境；② pH 值为 5.5 ～ 6.5，适合大多数多肉植物生长；③ 增加颗粒缓释肥，肥效长久。

使用方法：① 选择有排水孔的容器；② 加入适量多肉植物专用基质，栽种多肉植物苗，注意栽植深度适宜，宜浅不宜深；③ 添满多肉植物专用基质，轻压基质表面使其与植物根部紧密接触；④ 缓缓浇水至容器底部有水渗出为宜，可在容器表面覆盖薄层透气性装饰材料。

3. 有机果蔬专用基质

产品规格：6L。技术参数：基质养分除 $N+P_2O_5+K_2O \geqslant 3\%$（以干基计）外，还含有中量元素及植物更容易吸收的螯合态微量元素。使用范围：适用于植物的室内外种植（图 8-18）。

产品特点：基质养分除 $N+P_2O_5+K_2O \geqslant 3\%$（以干基计）外，还含有中量元素及植物更容易吸收的螯合态微量元素。

图 8-16　家庭园艺通用基质产品

图 8-17　家庭园艺多肉植物专用基质产品

使用方法：① 选择有排水孔的容器；② 装入家庭园艺有机果蔬专用栽培基质；③ 将温水浸泡过的种子撒播 / 点播于栽培基质中，并用适量基质覆盖种子；④ 将育好的苗移于栽培基质中，轻轻压实基质表面，使其与植物根部紧密接触；⑤ 洒水至排水孔有水渗出。

4. 兰花栽培专用基质

产品规格：6L。技术参数：pH 值为 5.5 ～ 6.5，EC 值小于 1mS/cm。使用范围：兰科植物（图 8-19）。

图 8-18　有机果蔬专用基质产品

图 8-19　兰花栽培专用基质产品

产品特点：① 以进口泥炭、进口椰壳块、优质树皮为主要原料，经科学配比混合而成，具有良好的透气性，兼具保水保肥功能，为兰科植物根系生长提供健康的根际环境；② pH 值为 5.5 ～ 6.5，EC 值小于 1 mS/cm，适合兰科植物生长；③ 不易分解，使用期限长；④ 无有害病原菌、虫卵及杂草种子，不污染环境。

使用方法：① 选择有排水孔的花盆；② 装入家庭园艺兰花专用栽培基质至 1/3 盆深处；③ 将待换盆的植物放入新盆，添加基质至盆满，将植物固定后轻轻压实基质表面，使其与植物根部紧密接触；④ 洒水至排水孔有水渗出。

五、林业育苗轻型基质袋研发

产品规格：直径 3.5cm/4.5cm/5.5cm、高 8 cm 轻型基质袋。技术参数：$N+P_2O_5+K_2O$ ≥ 3%，有机质 ≥ 45%，EC 值小于 1mS/cm，pH5.5 ～ 6.5。使用范围：直径 3.5cm、高 8cm 轻型基质袋，适用于桉树、马尾松、湿地松等造林苗木育苗；直径 4.5cm、高 8cm 轻型基质袋，适用于杉木、木荷、福建山樱花、红叶石楠等造林绿化苗木育苗；直径 5.5cm、高 8cm 轻型基质袋，适用于油茶等生长期较长苗木育苗（图 8-20）。

图 8-20　林业育苗轻型基质袋产品

产品特点：① 可显著促进根系生长，使根系自由舒展，没有互相缠绕和窝根现象；② 根团的形成有利于长途运输，造林后缓苗期短，可显著提高造林成活率；③ 富含有机物，为菌根菌等益生微生物提供丰富的营养，同时可产生大量的多种酶和激素，有利于促进根系生长和提高容器苗的抗性；④ 无有害病原菌、虫卵及杂草种子，不污染环境。

使用方法：① 苗木定植前，将轻型基质袋泡水浸透，适当疏摆确保袋间通透；② 采用广谱杀菌剂再次进行基质消毒；③ 常规方法进行种子播种、苗木移植。

六、生态修复基质研发

1. 喷播底料基质

产品规格：非压缩容量 50L±2L。技术参数：$N+P_2O_5+K_2O$ ≥ 4%，有机质 ≥ 50%，pH 值为 5.5 ～ 7.5。使用范围：高速公路边坡、铁路边坡、矿山等各类裸露边坡的生态修复（图 8-21）。

产品特点：① 基质疏松透气，有机质含量高，与红心土混合后加入团粒剂能形成良好的团粒结构，在边坡上附着性好，耐冲刷，同时保水透气，给植物根系提供良好的生长环境；② 含有植物生长必需的营养元素，可以保证绿化植物生长对营养的需求，植物生长迅速，使边坡快速复绿；③ 原料纯天然，不会对环境造成污染，安全环保。

使用方法：施工现场与红心土按 6∶4 的比例混合，加入保水剂、黏合剂、团粒剂等外加剂，搅拌均匀后经喷播机喷播于边坡上。

2. 喷播面料基质

产品规格：非压缩容量 50L±2L。技术参数：$N+P_2O_5+K_2O \geqslant 3\%$，有机质≥ 50%，pH 值为 5.5 ～ 7.5。使用范围：高速公路边坡、铁路边坡、矿山等各类裸露边坡的生态修复（图 8-22）。

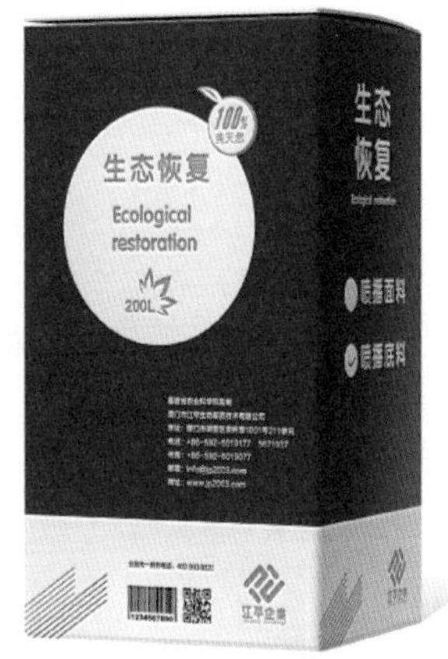

图 8-21　喷播底料基质产品

图 8-22　喷播面料基质产品

产品特点：① 基质疏松透气，有机质含量高，与红心土混合后加入团粒剂能形成良好的团粒结构，在边坡上附着性好，耐冲刷，同时保水透气，给植物根系提供良好的生长环境；② 含有植物生长必需的营养元素，可以保证绿化植物生长对营养的需求，植物生长迅速，使边坡快速复绿；③ 原料纯天然，不会对环境造成污染，安全环保。

使用方法：配合边坡底料基质使用，施工现场与红心土按 6∶4 的比例混合，加入保水剂、黏合剂、团粒剂等外加剂及绿化植物种子，搅拌均匀后经喷播机喷播于边坡底料基质上。

七、土壤修复基质研发

产品规格：非压缩容量 50L±2L。技术参数：$N+P_2O_5+K_2O \geqslant 4\%$，有机质≥ 50%，pH 值为 5.5 ～ 7.5。使用范围：适应于贫瘠、盐渍化、沙化和轻度污染土壤的修复。

产品特点：① 采用农林废弃物为原材料，经严格基质化发酵工艺精制而成，可直接增加土壤中碳源、营养物质等缓释物质，促进污染土壤中原生微生物生长繁殖，提高污染物降解速率；② 添加活性铁等土壤调理剂，降低土壤的氧化还原电位，创造微生物生长的适宜环境；③ 富含有机质及益生菌菌群，对贫瘠、盐渍化、沙化和轻度污染土壤具有持久的修复效果；④ 富含植物生长所需的营养元素，保水、保肥、透气性良好，可明显提高植物成活率和生长势。

使用方法：将基质直接平铺在需土壤修复的地段，厚度约 10cm，与原土充分混拌均匀，再定栽目的植物。

第九章

微生物菌肥自动化生产线

第一节 概述

一、养殖废弃物资源化利用

国家发展和改革委员会会同原农业部（现为农业农村部）制定了《全国畜禽粪污资源化利用整县推进项目工作方案（2018—2020 年）》，整合中央投资专项，重点支持畜牧大县整县推进畜禽粪污资源化利用基础设施建设。全国畜牧总站组织征集畜禽粪污资源化利用典型技术模式，在全国共收集了 29 个省 239 种技术模式，经专家筛选评审，总结提炼出种养结合、清洁回用及达标排放 3 个方面 9 种畜禽粪污资源化利用主推技术模式；2021 年增加了原位发酵资源化利用（图 9-1）。

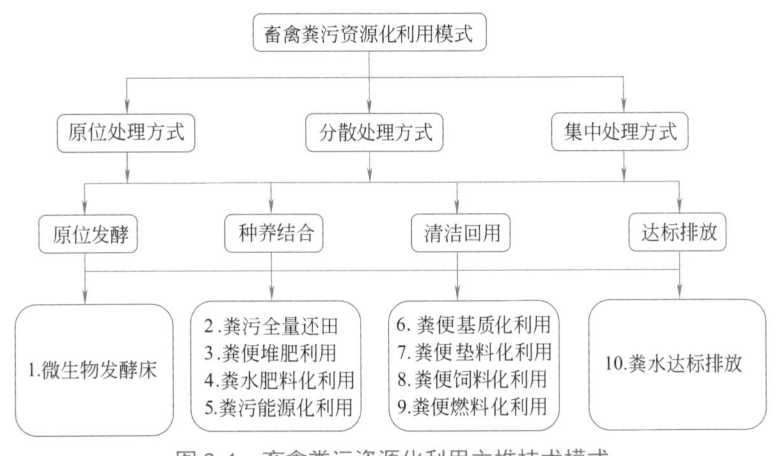

图 9-1 畜禽粪污资源化利用主推技术模式

1. 微生物发酵床模式

微生物发酵床是利用农业秸秆粉碎作为垫料，铺设在养殖场舍的底部，接入功能微生物，畜禽粪污排放其上，与垫料混合原位发酵，降解和消纳畜禽粪便。微生物发酵床的类型有原位发酵床、异位发酵床、低位发酵床、饲料发酵床、方舱发酵床等模式。主要优点：① 微生物发酵床有极强的粪污消纳能力和除臭能力，能够迅速地分解养殖场臭味，降低氨气浓度，这是其他除臭方法（物理的、化学的）不可比拟的；② 整个养殖过程，无臭味，无排放；③ 能够提高畜禽抗病免疫能力，减少抗生素的使用，提高肉类品质；④ 发酵垫料转化成优质有机肥，加工成生物基质，作为育苗基质、栽培基质、修复基质等，提供给农业生产使用；⑤ 微生物发酵床既提供了一个干净环保的养殖空间，又节省了粪污处理的人力、物力、财力投入。发酵床优点总结为“543210”，即：五省（省水、省工、省料、省药、省电）；四提（提高品质、提高免疫力、提高出栏率、提高肉料比）；三无（无臭味、无蝇蛆、无环境污染）；两增（增加经济效益、增加生态效益）；一少（减少猪肉药物残留）；零排放（无粪污排放到环境中）。主要缺点：① 微生物发酵床消耗大量的垫料，如果没有提升发酵垫料的资源化利用水平，会增加养殖成本；② 发酵床管理，包括翻耕、补菌、补料等，比较麻烦，增加管理的工作量。适用范围：微生物发酵床发展出原位发酵床、异位发酵床、低位发酵床、饲料发酵床、方舱发酵床等，可用于猪、牛、羊、兔、鸡、鸭、鹅等畜禽养殖以及畜禽粪污、餐厨垃圾、城市污泥的处理。

2. 粪污全量还田模式

对养殖场产生的粪便、粪水和污水集中收集，全部进入氧化塘贮存。氧化塘分为敞开式和覆膜式两类，粪污通过氧化塘贮存进行无害化处理，在施肥季节进行农田利用。主要优点：粪污收集、处理、贮存设施建设成本低，处理利用费用也较低；粪便、粪水和污水全量收集，养分利用率高。主要不足：粪污贮存周期一般要达到半年以上，需要足够的土地建设氧化塘贮存设施；施肥期较集中，需配套专业化的搅拌设备、施肥机械、农田施用管网等；粪污长距离运输费用高，只能在一定范围内施用。适用范围：适用于猪场水泡粪工艺或奶牛场的自动刮粪回冲工艺，粪污的总固体含量小于 15%；需要与粪污养分量相配套的农田。

3. 粪便堆肥利用模式

粪便堆肥利用模式［包括条垛式、槽式、筒仓式、高（低）架发酵床、异位发酵床］以生猪、肉牛、蛋鸡、肉鸡和羊规模养殖场的固体粪便为主，经好氧堆肥无害化处理后，就地农田利用或生产有机肥。主要优点：好氧发酵温度高，粪便无害化处理较彻底，发酵周期短；堆肥处理提高粪便的附加值。主要不足：好氧堆肥过程易产生大量的臭气。适用范围：适用于只有固体粪便、无污水产生的家禽养殖场或羊场等。

4. 粪水肥料化利用模式

养殖场产生的粪水经氧化塘处理贮存后，在农田需肥和灌溉期间，将无害化处理的粪水与灌溉用水按照一定的比例混合，进行水肥一体化施用。主要优点：粪水进行氧化塘无害化处理后，为农田提供有机肥水资源，解决粪水处理压力。主要不足：要有一定容积的贮存设施，周边配套一定农田面积；需配套建设粪水输送管网或购置粪水运输车辆。适用范围：适用于周围配套有一定面积农田的畜禽养殖场，在农田作物灌溉施肥期间进行水肥一体化施用。

5. 粪污能源化利用模式

粪污能源化利用模式（含沼渣、沼液、沼气）以专业生产可再生能源为主要目的，依托专门的畜禽粪污处理企业，收集周边养殖场粪便和粪水，投资建设大型沼气工程，进行厌氧发酵，沼气发电上网或提纯生物天然气，沼渣生产有机肥农田利用，沼液农田利用或深度处理达标排放。主要优点：对养殖场的粪便和粪水集中统一处理，减少小规模养殖场粪污处理设施的投资；专业化运行，能源化利用效率高。主要不足：一次性投资高；能源产品利用难度大；沼液产生量大且集中，处理成本较高，需配套后续处理利用工艺。适用范围：适用于大型规模养殖场或养殖密集区，具备沼气发电上网或生物天然气进入管网条件，需要地方政府配套政策予以保障。

6. 粪便基质化利用模式

以畜禽粪污、菌渣及农作物秸秆等为原料，进行堆肥发酵，生产基质盘和基质土应用于栽培果菜。主要优点：畜禽粪污、食用菌废弃菌渣、农作物秸秆三者结合，科学循环利用，实现农业生产链零废弃、零污染的生态循环生产，形成一个有机循环农业综合经济体系，提高资源综合利用率。主要不足：生产链较长，精细化技术程度高，要求生产者的整体素质高，培训期和实习期较长。适用范围：该模式既适用大中型生态农业企业，又适合小型农村家庭生态农场，同时适合小型农村家庭农场分工、联合经营。

7. 粪便垫料化利用模式

基于奶牛粪便纤维素含量高、质地松软的特点，将奶牛粪污固液分离后，固体粪便进行好氧发酵无害化处理后回用作为牛床垫料，污水贮存后作为肥料进行农田利用。主要优点：牛粪替代沙子和土作为垫料，降低粪污后续处理难度。主要不足：作为垫料如无害化处理不彻底，可能存在一定的生物安全风险。适用范围：适用于规模奶牛场。

8. 粪便饲料化利用模式

粪便饲料化利用模式将畜禽养殖（主要养殖蚯蚓、蝇蛆、黑水虻等）过程中的干清粪与蚯蚓、蝇蛆及黑水虻等动物蛋白进行堆肥发酵，生产有机肥用于农业种植，发酵后的蚯蚓、蝇蛆及黑水虻等动物蛋白用于制作饲料等。主要优点：改变了传统利用微生物进行粪便处理的理念，可以实现集约化管理，成本低、资源化效率高，无二次排放及污染，实现生态养殖。主要不足：动物蛋白饲养温度、湿度、养殖环境的透气性要求高，要防止鸟类等天敌的偷食。适用范围：适用于远离城镇，养殖场有闲置地，周边有农田，农副产品较丰富的中、大规模养殖场。

9. 粪便燃料化利用模式

粪便燃料化利用模式（生物干化、生物质压块燃料）将畜禽粪便经过搅拌后脱水加工，进行挤压造粒，生产生物质燃料棒。主要优点：畜禽粪便制成生物质环保燃料，作为替代燃煤生产用燃料，成本比燃煤价格低，减少二氧化碳和二氧化硫排放量。主要不足：粪便脱水干燥能耗较高。适用范围：适用于城市和工业燃煤需求量较大的地区。

10. 粪水达标排放模式

养殖场产生的粪水进行厌氧发酵＋好氧处理等组合工艺进行深度处理，粪水达到《畜禽养殖业污染物排放标准》（GB 18596—2001，其中 COD 低于 400mg/L，NH_3-N 低于 80mg/L，TP 低于 8mg/L）或地方标准后直接排放，固体粪便进行堆肥发酵就近肥料化利用或委托他人进行集中处理。主要优点：粪水深度处理后，实现达标排放；不需要建设大型粪水贮存池，可减少粪污贮存设施的用地。主要不足：粪水处理成本高，大多养殖场难以承受。适用范围：适用于养殖场周围没有配套农田的规模化猪场或奶牛场。

二、微生物菌肥的研究与应用

1. 微生物菌肥概念

微生物菌肥是根据土壤微生态学原理、植物营养学原理以及现代“有机农业”的基本概念而研制出来的。微生物肥料是以活性（可繁殖）微生物的生命活动导致作物得到所需养分（肥料）的一种新型肥料生物制品，是农业生产中肥料的一种（也称第三代肥料）。

微生物菌肥含有多达 10 余种高效活性有益微生物菌，适用于各种作物使用，可活化养分，提高养分利用率，具有广普性，打破了普通生物肥的“专一性”“局限性”“专用肥”的固有弱点，这是其他生物肥料无法比拟的。可适用于各种类型的土壤，一般讲，凡是有植物生长的土地都可以施用微生物菌肥来进行改良土壤和减少化学肥料的使用从而促进作物的生长。有助于让土壤重返自然状态，让土壤的 pH 值平衡至作物需要的程度。所有这些就是为了帮助提高土壤肥力，帮助降低土壤、水和大气中的污染。

微生物菌肥是 21 世纪的新型肥料。它是用现代生物工程即国际先进工艺生产的生物产品。是一种低碳、纯天然、无毒、无害、无污染的有机微生物菌肥，具有提高土壤肥力，增加土壤中有益微生物数量并增强其活性，改善土壤活化性状，防止土壤板结，提高土壤保肥、保水、抗寒能力，迅速繁殖形成有益菌群增强作物抗病能力，增加土壤中的有机质含量，阻止病原菌入侵，减少植物的病虫害生长，促进农作物生长，提高农作物产量，改善和还原农产品品质等功能。

2. 微生物菌肥特性

土壤主要由矿物质、有机质和微生物 3 大部分组成，土壤微生态区系微生物的活性强弱，对植物根部营养非常重要，因为土壤中的有益微生物直接参与土壤肥力的形成，包括土壤中物质和能量的转化、腐殖质的形成和分解、养分的释放、氮素的固定等。但纯自然状态下有益微生物数量不够，作用力也有限。因此，采用“人为方式”向土壤中添加有益微生物，就能够增加土壤中微生物的数量并增强其整体活性，从而明显提高土壤的肥力。这就是施用菌肥可以提高土壤肥力、减少化肥用量的科学原理。

3. 微生物菌肥功效特点

（1）微生物菌肥施用减少化肥用量　可减少化肥用量高达 30% ～ 60%；微生物经再增殖后含有大量的固氮菌，可以大大提高土壤中的中微量元素含量，减少氮、磷、钾和其他中微量元素的施用量；同时，含有多种高效活性有益微生物菌，增加土壤有机质含量，加速有机质降解转化为作物能吸收的营养物质，大大提高土壤肥力，减少化肥用量。

（2）微生物菌肥提高作物产量　增产效果明显，高达 20% ～ 60%（视作物不同）。改善作物和农产品的品质，使农民增收。

（3）微生物菌肥重构健康的土壤　① 改良土壤板结，激发土壤活力，提供额外的天然植物生长激素和抗生素，使根系发达，吸收能力增强，提高作物免疫力和抵抗力；② 抑制土壤中的真菌和线虫及植物根部病虫害，从根本上减少了农药的使用量。

（4）微生物菌肥促进植物生长发育　促进根系生长，提高抗逆能力，在果树上具有开花整齐、保花、保果的效果；同时具有落叶期晚、抗早春病害的特点。防止早衰，抗重茬、抗倒伏、抗旱、抗寒。

（5）微生物菌肥无毒、无害、无污染　微生物菌肥用于生产无公害、环保、绿色有机农作物。减少温室气体排放高达 40% ～ 50%，对全球环境友好。

（6）微生物菌肥缓释、长效、高能　根据作物的需肥特点，每一时期有不同的需肥量，使作物不会出现前期旺长后期脱肥的现象，可提高化肥利用率。随着化肥的大量使用，其利用率不断降低已是众所周知的事实。这说明，仅靠大量增施化肥来提高作物产量是有限的，更何况还有污染环境等一系列的问题。为此各国科学家一直在努力探索提高化肥利用率达到平衡施肥、合理施肥以克服其弊端的途径。微生物肥料在解决这方面问题上有独到的作用。所以，根据我国作物种类和土壤条件，采用微生物肥料与化肥配合施用，既能保证增产，又减少了化肥使用量，降低成本，同时还能改善土壤及作物品质，减少污染。

4. 微生物菌肥在绿色食品生产中的作用

随着人民生活水平的不断提高，尤其是人们对生活质量提高的要求，国内外都在积极发展绿色农业（生态有机农业）来生产安全、无公害的绿色食品。生产绿色食品过程中要求不用或尽量少用（或限量使用）化学肥料、化学农药和其他化学物质。它要求肥料必须首先保护和促进施用对象生长和提高品质；其次不造成施用对象产生和积累有害物质；最后对生态环境无不良影响。微生物肥料基本符合以上 3 个原则。近年来，我国已用具有特殊功能的菌种制成多种微生物肥料，不但能缓和或减少农产品污染，而且能够改善农产品的品质。

5. 微生物菌肥在环保中的作用

利用微生物的特定功能分解发酵城市生活垃圾及农牧业废弃物而制成微生物肥料是一条经济可行的有效途径。目前已应用的主要是两种方法：一是将大量的城市生活垃圾作为原料经处理由工厂直接加工成微生物有机复合肥料；二是工厂生产特制微生物肥料（菌种剂）供应于堆肥厂（场），再对各种农牧业物料进行堆制，以加快其发酵过程，缩短堆肥的周期，同时还提高堆肥质量及成熟度。另外，还可将微生物肥料作为土壤净化剂使用。

6. 微生物菌肥在改良土壤中的作用

微生物肥料中有益微生物能产生糖类物质，占土壤有机质的 0.1%，与植物黏液、矿物胚体和有机胶体结合在一起，可以改善土壤团粒结构，增强土壤的物理性能和减少土壤颗粒的损失，在一定的条件下还能参与腐殖质形成。所以施用微生物肥料能改善土壤物理性状，有利于提高土壤肥力。

7. 微生物菌肥的发展现状及前景

微生物在农业上的作用已逐渐被人们所认识。现国际上已有 70 多个国家生产、应用和推广微生物肥料，我国目前也有 250 家企业年产数十万吨微生物肥料应用于生产。这虽与同期化肥产量和用量不能相比，但已经开始在农业生产中发挥作用，取得了一定的经济效益和社会效益，已初步进入正规工业化生产阶段。随着研究的深入和应用的需要不断扩大以及新品种的研发，微生物肥料现已形成以下态势：① 由豆科作物接种剂向非豆科作物肥料转化；② 由单一接种剂向复合生物肥转化；③ 由单一菌种向复合菌种转化；④ 由单一功能向多功能转化；⑤ 由用无芽胞菌种生产向用有芽胞菌种生产转化等。不仅如此，近 20 年来，许多国家更认识到微生物肥料作为活的微生物制剂，其有益微生物的数量和生命活动旺盛与否是质量的关键，是应用效果好坏的关键之一。为此，现已有许多国家建立了行业或国家标准及相应机构以检查产品质量。我国也制定了相关标准并成立了微生物质量检测中心，并已于 1996 年正式对微生物肥料制品进行产品登记、检测及发放生产许可证等工作。

我国微生物肥料产业有几大特点：① 产品种类多，与其他国家相比，我国的微生物肥料使用菌种多，菌种产品种类多，尤其是在研制开发微生物与有机营养物质、微生物与无机营养物质复合而成的新产品方面，处于领先地位；② 应用面积广，每年应用面积累计 2×10^8 亩（1 亩 $=666.67m^2$），几乎在所有作物上都有应用，在提高化肥利用率、降低化肥使用量和减少化肥过量使用导致环境污染方面，已取得了较好的效果，研制开发具有广阔前景；③ 生产规模大，目前我国已形成较大生产规模，产能达 1.5×10^7t 以上；④ 技术创新亟待提高，新的功能菌种、科学合理的工艺、产品质量的提高、生产成本的降低、应用效果的稳定等问题，仍是我国微生物肥料产业面临并且是亟须解决的课题。

目前中国微生物肥料应用主要集中在 3 大区域：① 南方水稻种植区域，应用面积达到 4.7×10^7 亩，用量超过 10^5t；② 大中城市周边区域，该区域多为蔬菜、水果等经济价值较高的农产品种植区域，应用微生物肥料可提高农产品品质，减少土传病害的发生，增加农产品的经济价值；③ 珠江三角洲、长江三角洲的污染耕地区域，正在探索应用微生物肥料抑制重金属、降低农药用量、保护生态环境的技术方法和措施。

8. 微生物菌肥的使用方法

（1）底肥追肥　亩用 1 ～ 2kg，与农家肥、化肥或细土混匀后沟施、穴施、撒施均可。

（2）沟施穴施　幼树环状沟施，每棵树用 200g；成年树放射状沟施，每棵用 0.5 ～ 1kg。可拌肥施，也可拌土施。

（3）蘸根灌根　亩用 1 ～ 2kg，兑水 3 ～ 4 倍，移栽时蘸根或栽后其他时期灌于根部。

（4）拌苗床土　每平方米苗床土用 200 ～ 300g，与苗床土混匀后播种。

（5）追肥或作底肥　园林盆栽与花卉草坪，每公斤盆土用 10 ～ 15g 追肥或作底肥。

（6）冲施　根据不同作物亩用本品 1 ～ 2kg，与化肥混合，用适量水稀释后灌溉时随水冲施。

9. 微生物菌肥使用注意事项

（1）选择质量合格，过期不能用　菌肥必须保存在低温（最适温度 4 ～ 10℃）、阴凉、通风、避光处，以免失效。有的菌种需要特定的温度范围，如哈茨木霉菌需要保存在 2 ～ 8℃的恒温箱内，有效期为 1 年，而一些芽胞杆菌要根据生产质量高低，主要是看芽胞化水平，芽胞化高的能保存 1.5 年甚至更久，芽胞化不好的不到半年就失效，所以菜农应谨慎选择菌肥产品。不可以贪图便宜选择过期产品，这样的生物菌含量很少，易失去功效，一般超过 2 年的生物菌肥要慎重选择。

（2）根据菌种特性，选择使用方法　建议大家在使用生物菌肥的时候，基施可用方法有撒施、沟施、穴施，也可以先撒施一部分，剩余部分再穴施效果更佳。不建议冲施生物菌肥，这样效果不佳，但是可以灌根，主要针对液体生物菌肥。

（3）尽量减少微生物死亡　施用过程中应避免阳光直射；蘸根时加水要适量，使根系完全吸附。蘸根后要及时定植、覆土，且不可与农药、化肥混合施用，特别是现在很多菜农为防治根茎部病害，使用农药灌根，如多菌灵、噁霉灵、硫酸铜等药剂，真菌、细菌都能防治，但对菌肥中的有益菌也有杀灭作用，所以建议使用菌肥后不要再用农药灌根。

（4）为微生物菌肥施用提供良好的繁殖环境　菌肥中的菌种只有经过大量繁殖，在土壤中形成规模后才能有效体现出菌肥的功能，为了让菌种尽快繁殖，就要给其提供合适的环境。① 适宜的 pH 值。一般菌肥在酸性土壤中直接施用效果较差，如硅酸盐细菌需要在 pH

值为 7 ～ 8 的土壤中生存，所以要配合施用石灰、草木灰等，以加强微生物的活动。② 微生物生长需要足够的水分，但水分过多又会造成通气不良，影响好气性微生物的活动，因此必须注意及时排灌，以保持土壤中适量的水分。③ 生物肥料中的微生物大多是好气性的，如根瘤菌、自生固氮菌、磷细菌等。因此，施用菌肥必须配合改良土壤和合理耕作，以保持土壤疏松、通气良好。④ 使用生物菌肥必须投入充足有机肥。有机质是微生物的主要能源，有机质分解还能供应微生物养分。因此，施用生物肥料时必须配合施用有机肥料，所以菜农在使用菌肥时应与粪肥等有机肥一起施用，不但可加快有机肥的腐熟速度，而且能促进菌群的形成，提供菌肥的肥效。因此，必须供应充足的氮、磷、钾及微量元素。例如豆科作物生长的早期，必须供应适量的氮素，以促进作物生长和根瘤的发育，提高固氮量；施磷肥能发挥“以磷增氮”的作用；适量的钾、钙营养有利于微生物的大量繁殖；钼是根瘤菌合成固氮酶必不可少的元素，钼肥与根瘤菌肥配合施用，可明显提高固氮效率。⑤ 微生物菌肥不宜与氮、磷、钾大量元素肥料共同使用。生物菌适合与有机质共同使用，但是与氮、磷、钾等复合肥料共用，能杀死部分微生物菌，降低肥效。

三、微生物菌肥生产模式

1. 发酵垫料制作微生物菌肥

利用农业秸秆粉碎物作为垫料制作微生物发酵床，混合养殖废弃物（畜禽粪便），形成合理的物料碳氮比，选择土著微生物种群接种，促进养殖废弃物的发酵，提升物料的微生物种类和数量，转化为“发酵垫料”，即形成微生物菌肥。微生物发酵床的运行过程总体上分为两个类型：一是原位发酵床，秸秆粉碎铺垫形成发酵床，畜禽养殖在发酵床上，排出的粪便与垫料混合，形成适合于微生物发酵碳氮比的垫料，发酵过程消纳畜禽粪便和臭味，这类发酵床包括了方舱发酵床、饲料发酵床等；二是异位发酵床，发酵床与畜禽分离，通过管道等输送设备将畜禽粪污引入发酵床，与垫料混合，进行微生物发酵，转化成“发酵垫料”，形成微生物菌肥，这类发酵床包括了异位发酵床、低位发酵床等。微生物发酵床经过半年以上的好氧发酵运行，培养出丰富的微生物种群，形成“发酵垫料”，直接作为微生物菌肥使用。

2. 微生物菌肥商品化生产

微生物菌肥商品化生产过程分为两个阶段，即发酵垫料形成阶段和微生物菌肥加工阶段。微生物菌肥的商品化生产采用“分段发酵 - 整体配伍”生产模式：分段发酵就是将菌肥的发酵与畜禽养殖结合，利用发酵床在养殖过程中逐步地发酵物料，形成微生物含量高的“发酵垫料”，作为菌肥的生产原料；整体配伍是根据微生物菌肥需要添加的植物营养和微量元素，进行专业性配伍，形成微生物菌肥产品，进行产品包装后形成微生物菌肥的商品。

3. 微生物菌肥包装体系

微生物菌肥的生产采用“分段发酵 - 整体配伍”模式，分段发酵解决微生物菌肥的原料来源，整体配伍不仅解决微生物菌肥的配方，同时解决微生物菌肥包装过程的自动化。系统包括了机械进料、自动称样、自动配料、混合搅拌、自动造粒、自动装袋、自动码垛等，形成微生物菌肥自动生产线。

第二节 微生物菌肥自动化生产线系统设计

微生物菌肥自动化装备主要是由自动配料系统、发酵造粒系统、自动包装系统、自动码垛系统、计算机控制系统五大部分组成（图 9-2）。

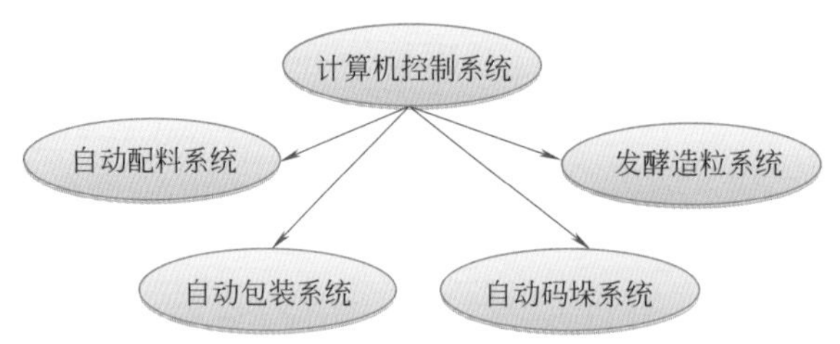

图 9-2　微生物菌肥自动化生产装备结构

通过自动配料系统，将物料（微生物培养基）进行自动配料，通过输送带送入提升机，进入气动分料器，分成两路，一路可以进入发酵，另一路可以进入混合。两路处理的物料，汇合到包装储料仓，进行自动称量、包装、热合封口、倒袋、整形、喷码、堆垛，完成整个生产过程。该生产装备现场操作人员 2 人，年产 10^5m^3 生物基质（不经发酵，直接混合包装）和 10^4t 微生物菌肥。

一、自动配料系统

微生物菌肥自动化生产线配料系统由 5 个主料仓、5 个辅料仓、皮带流量秤、皮带输送机组成（图 9-3）。5 个主料仓用于配备主要原料，如可以是发酵后的猪粪、发酵后的鸡粪、粉碎后的椰糠、粉碎的秸秆、疏松后的珍珠岩等，5 个辅料仓用于添加营养元素，如可以是氮元素、磷元素、钾元素、大量元素、微量元素等。通过设置主料仓和辅料仓各原料配方的使用质量，计算机自动地控制各仓的下料，实现 10 个料仓同时定量下料，通过输送带送入混合器。

(a) 5个主料仓

(b) 5个辅料仓

(c) 皮带流量秤

(d) 皮带输送机

图 9-3　微生物菌肥自动化生产线配料系统

二、发酵造粒系统

1. 工艺设计

发酵造粒系统由自发热隧道固体发酵罐、烘干加热系统、喷水湿控系统、造粒输送系统组成。自发热隧道固体发酵罐体积 8m^3，可以用于发酵和烘干。用于发酵时，将原料配方通过自动配料系统输送到发酵罐体，发酵采用两段发酵方式：第一段，利用原料自身带有的微生物发酵，产生热量，自然带菌的原料发酵发热，形成 60 ～ 70℃高温，对培养基进行消毒；第二段，培养料经过降温，调节培养基的碳氮比，接入功能微生物，通过温度、湿度、罐体旋转速度调节发酵条件，再次进行发酵，达到生产功能微生物菌肥的目的。发酵好的产品，通过烘干机和鼓风机，进行干燥，让湿度达到 30% 左右，通过输送带送入造粒机，通过挤压造粒形成颗粒剂，经过分拣筛将破碎的、小的颗粒筛出，通过输送带送入包装料仓。

2. 发酵原理

利用隧道发酵滚筒装置，设有加热风机系统提供热风、通风和除尘，实现控温、通风功能；喷水装置提供物料的湿度控制；发酵滚筒可设定转速，提供发酵过程物料的翻动和增加通风。自发热隧道固体发酵原理是进行两次发酵。第一次发酵，将物料放入隧道发酵滚筒，湿度调节到 50% ～ 60%，温度调节至 30℃，设定隧道滚筒速度，让物料利用其自身的微生物群落，自然接种发酵 3 ～ 5d，使得物料温度上升至 60℃左右，进行巴氏消毒，杀死有害的微生物和寄生虫卵等；而后，利用加热通风设备，对物料进行烘干，使得水分下降到 30% 左右，调节培养基配方和 pH 值，接入功能微生物，进行二次发酵。第二次发酵，功能微生物通过水系统喷入物料，使得物料含水率达到 50%，接种量在 1%。而后，控制温度为 30℃，使得发酵滚筒慢速旋转，进行通风发酵。检测温度、含水量、通气量、旋转速度、pH 值等，通过计算机进行发酵条件控制，发酵时间 3 ～ 5d。其特点是利用物料自身的微生物进行一次发酵发热，利用发酵热量对物料进行消毒，杀死非芽胞杆菌杂菌、病原菌以及寄生虫的卵等；而后，进行配方培养基，接入目标芽胞杆菌，进行二次发酵，功能微生物随着物料的腐熟而生长，形成功能微生物菌肥。自发热隧道固体发酵原理见图 9-4。

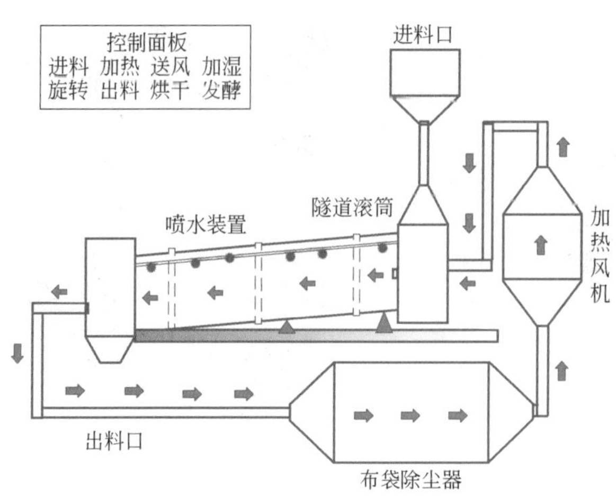

图 9-4　自发热隧道固体发酵原理

3. 发酵工艺

自发热隧道固体发酵系统采用两次发酵工艺，发酵工艺过程分为 6 个阶段，即一次发酵阶段、升温阶段、巴氏消毒阶段、降温阶段、二次发酵阶段、降温出料阶段（图 9-5）。一次发酵通过调节湿度到 50%，配合加热通风和滚筒旋转，增加通气量，使得微生物发酵，产生热能，进入升温阶段，维持 55℃温度一段时间，进行巴氏消毒，利用自身发热杀死物料中杂菌、非芽胞杆菌、病原菌、虫卵等，达到物料消毒目的。而后进入二次发酵，调整物料的碳氮比和 pH 值，接入功能微生物，控制温度曲线走势，让功能微生物充分发酵，形成微生物菌肥，与物料原有的微生物形成稳定的群落，达到一定的质量标准，整个发酵过程约 7 ～ 9d，形成微生物菌肥产品，干燥后进行造粒、分筛、包装。

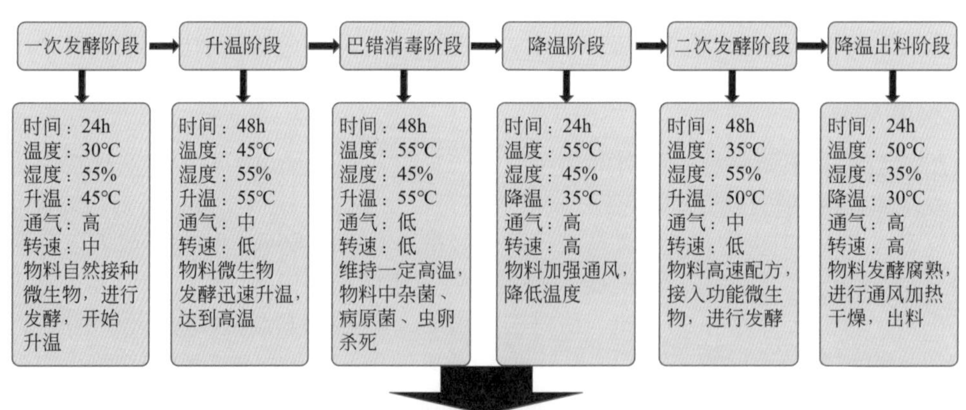

图 9-5　微生物菌肥自发热隧道固体发酵工艺

4. 造粒系统

造粒系统采用半包电机的设计，外观小巧简单。料口直径大，平模动盘设计，适合用作物料颗粒机。机器最高产量能达 250 ～ 400kg/h；物料颗粒机达到了喂料干进干出。通过压辊和模盘之间的挤压，在生产过程中可以达到 80℃的温度，加工出表面光滑、均匀的颗粒，并有一定的硬度。可以根据不同需要选择不同孔径和压缩比，获得最佳的技术和经济效益。平模动盘物料颗粒机的结构特点如下：① 齿轮箱采用优质灰口铸铁材料，噪声小，具有良好的减震性；② 采用锥齿轮传动，较皮带传动和蜗轮蜗杆传动效率更高，并可避免皮带传动中皮带打滑、皮带寿命短等缺点；③ 壳体增加了加强筋，并加大铸件厚度，从而大大加强了机器强度，杜绝了饲料颗粒机的壳体断裂现象；④ 模盘和压辊采用优质合金钢，硬度达到 55 ～ 60HRC；⑤ 具有最适合物料加工的模孔结构，通过大量的实验取得核心技术，即最佳的模孔压缩比；⑥ 安全的电控系统，完全符合 CE 标准的操作系统，急停按钮可在紧急情况下快速关停机器。

5. 装备组成

自发热隧道固体发酵装备由电加热系统（内含热风机）、筛分系统、隧道固体发酵滚筒、除尘系统、制粒系统等组成（图 9-6）。自发热隧道固体发酵滚筒罐长 6m，滚筒直径 1.5m，装料容积 6t。离端部 1.5m 处有旋转齿轮装备，滚筒罐形成 4% 的斜角，固定在机座上。功能：可选发酵模式、烘干模式，烘干效率高，可控温、湿度，冷却快，有制粒效果。发酵过程参数自动记录与控制。

(a) 电加热系统

(b) 筛分系统

(c) 隧道固体发酵滚筒

(d) 除尘系统

图 9-6

(e) 制粒系统

(f) 热风机

图 9-6　自发热隧道固体发酵装备组成

三、自动包装系统

自动包装系统由包装料仓、自动称量机构、取袋机构、上袋机构、拍袋机构、移包机构、导引机构、热合机等组成。其中，移包机构、包装料仓、自动称量机构、热合机如图 9-7 所示。物料通过包装料仓进入自动称量机构，取袋机构从包装袋架上取出包装袋，上袋机构将包装袋固定在称量机构下方，通过自动称量机构将定量的物料装入袋内，拍袋机构将物料袋震动拍实，进入移包机构，通过导引机构对包装袋进行热合，实现上袋－打包－热合一系列自动化操作。

(a) 移包机构

(b) 包装料仓

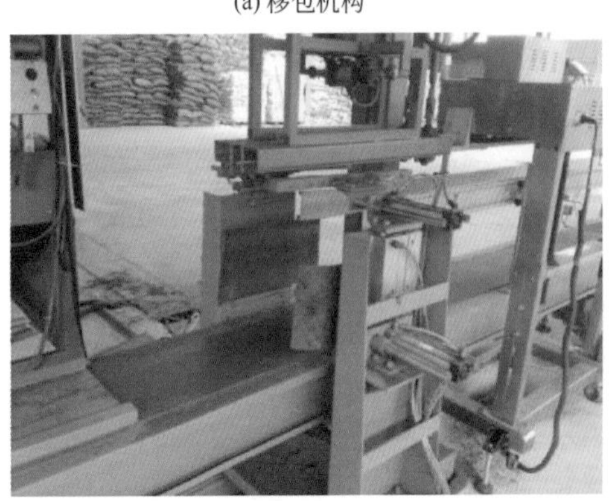
(c) 自动称量机构

(d) 热合机

图 9-7　自动包装系统的组成

四、自动码垛系统

自动码垛生产线由倒袋整形机、斜坡输送机、过渡输送机、待码输送机、库卡机器人、托盘库、缠绕机、叉车位输送机等组成（图 9-8）。封口完毕的包装袋通过倒袋整形机将包装袋倒下，压平整形，通过斜坡输送机送入过渡输送机，运往待码输送机，进行自动喷码，自动喷码机根据计算机的设置，将包装信息喷在包装袋上，送入库卡机器人的托盘库，由机器人进行堆垛，用缠绕机对堆垛进行薄膜绕缠包装成大垛，供叉车搬运。

图 9-8　微生物菌肥自动化生产线码垛系统

五、计算机控制系统

计算机控制系统对整条生产线的各个环节进行控制，包括伺服机控制、开关电源控制、变频器控制、系统软件（GM8804CD）控制、库卡机器人控制、喷码机控制、皮带秤控制、配料称量控制、包装称量封口控制、码垛喷码机控制、皮带流量秤控制、套袋机控制、发酵装备控制等。

最有特色的是全自动配料包装码垛设备，它是一种专业化、集成化、智能化的工业设备。整条生产包装线的设备，可提高生产能力或转运能力。全自动配料包装码垛设备特点如下：① 配料系统采用流量控制系统，多种配方的组分质量值可以灵活设置，操作方便、直观，可以实现多达 10 余种配方的设置；② 采用滚筒式烘干发酵制粒设备，烘干效率高，使用寿命长，制粒颗粒美观匀称；③ 全自动套袋系统稳定性好，上袋效率高，操作简单；④ 全自动码垛系统码垛机器人的码垛能力比传统码垛机、人工码垛要高得多，且结构非常简单，故障率低，易于保养及维修，主要构成零配件少，维护费用很低；⑤ 全自动托盘库缠绕系统，自动化效率高，结构简单，故障率低，易保养，缠绕美观、方便、智能；⑥ 整体系统由 PLC 电脑控制，可以实时显示系统工作状态，并进行数据的存储，实现了现代化、智能化的控制。

第三节 微生物菌肥自动化生产线操作

一、主要技术参数

配料能力：$10^5m^3/a$；包装能力：400 ～ 500 包 /h；码垛能力：600 ～ 1300 包 /h；烘干能力：150kg/h；发酵能力：6t/罐；制粒能力：200kg/h；工作气源压力：0.5 ～ 0.8MPa；工作电源：AC 380V/AC 220V，50Hz，±10%；功率损耗：约 250 kW；码垛层数：1 ～ 10 层。

二、系统开机调试

① 检查元器件是否完好；② 检查元器件连线是否正确、牢靠；③ 检查波纹传感器到控制柜的接线，包括绿线、黑线、白线、红线、屏蔽线；④ 用万用表测地相是否短路；⑤ 检查无误后上电开机；⑥ 上电后检查输送皮带转向是否按提示方向转动；⑦ 检查皮带输送是否跑偏，如有跑偏，可在输送带的两端进行微调。

三、操作注意事项

① 设备维护时，注意切断电源以及气源避免出现意外；② 机器人抓手活动区域禁止人员进入；③ 电源接线为三相五线制，地线为单独地线，与零线分开。

四、日常维护保养

① 每次开机前应检查电源、气源是否正常；② 压缩空气滤器二连件放水；③ 每周检查一次抓手气缸及活动部件的螺丝是否松动；④ 电气在使用一段时间后，应用干净的气体吹风，尽量避免粉尘进入电气箱仪表内部，保持电控箱的清洁干燥；⑤ 皮带输送电机定期加入润滑油；⑥ 本设备除专业维修人员及操作人员不得随意操作，长期不开机应关闭电源。

五、电气件安装工艺说明

（1）电气安装的四项原则　安全运行；维修方便；美观大方；节省材料。

（2）电气安装的步骤　① 读懂原理图，了解整个电气控制的组成部分；② 参考安装图，优化电气件的具体安装位置；③ 按照接线图，正确连接各电气件的接线。

（3）导线的选用　① 根据负载的额定电流选用铜芯多股软线（RV），常用的导线有 $0.75mm^2$、$1mm^2$、$1.5mm^2$、$2.5mm^2$、$4mm^2$、$6mm^2$。② 根据控制电压的高低选择不同颜色的导线：动力线—红色；220V 控制线—黄色；零线—黑色；地线—黄绿双色；DC 24V+—绿色；DC 24V-—蓝色。

（4）号码管的打印和穿管　① 根据导线的粗细选用相应的号码管；② 依标注符号和数

字的长短选择号码管的长度；③ 号码管的穿线方向以方便读出为原则，一般是从上往下、从左往右的顺序。

（5）标签的正确使用　对电气件的标示，采用 IEC 标准符。电源总开关：QF0；小型断路器：QF1，QF2；交流接触器：KM；热继电器：FR；熔断器：FU；中间继电器：KA；端子排：XT；控制变压器：BT。

（6）电气柜的整体安检　① 检查接线端子是否压接牢靠；② 强电弱电线路尽量分开走线；③ 强电检查相与相、相与地之间是否短路；④ 弱电检查 DC 24V 的＋、－接线是否正确。

（7）通电试机　经过安全检查确认无误的情况下可以上电试机。先断开主线路，控制线路通电，调试各动作信号是否正常。

（8）电气柜的美化与包装　通过上电调试各部分正常之后，断开电源，线路绑扎整理，线槽盖好；电气柜外部擦拭干净；仪表、按钮、指示灯等易损部分做好保护，防止运输过程损坏。

六、自动化生产线操作说明

1. 系统的开机与操作

（1）电源开启　① 先确认工作方式；如配料还是包装码垛；如为配料，则要将流量秤柜电源、总控柜电源打开，如要干燥，请将干燥柜电源也打开；如为包装码垛，需将总控柜电源、套袋机电源、缠绕机电源打开，确认上述电柜所有电源处于开启状态；如果是包装码垛，则等待总控柜电源打开后再打开机器人控制柜电源。顺序不得错误，否则电源全部关闭重新打开。② 压力确认，启动前必须确认压缩空气是否已达到 0.6MPa 以上。③ 打开电脑电源，如是干燥，则应该也打开干燥工艺的电脑。打开后工控机会自动跳出欢迎界面，点击主菜单则进入系统开机与操作界面（图 9-9）。

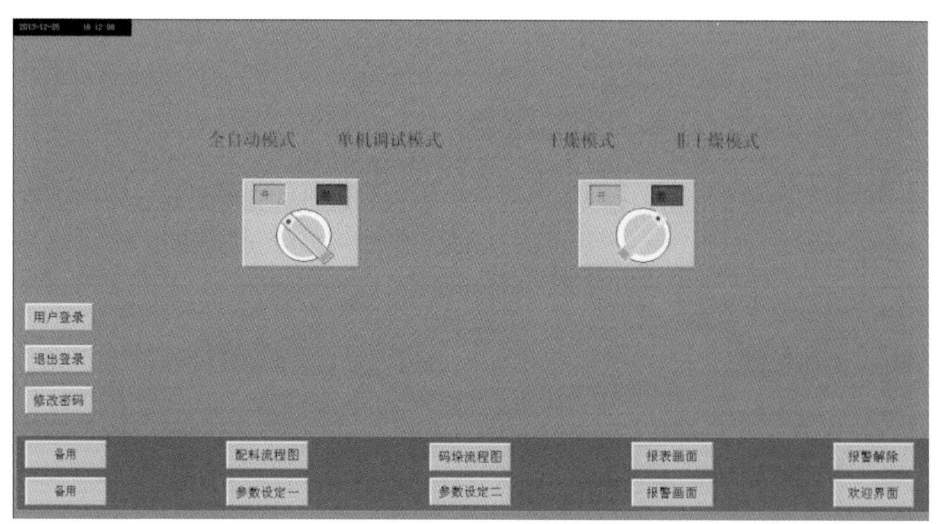

图 9-9　系统的开机与操作界面

（2）用户登录　点击用户登录，将跳出登录对话框，要求选择账户与输入密码，密码错误系统将无法自动运行，如登录的是“系统管理员”，则对系统拥有所有权利；如是“操作员”用户，则不能修改配方；如果不登录，将无法对系统进行开关机操作。

（3）模式设置　登录成功后，系统分为“自动模式”与“单机调式模式”，“干燥模式”与“非干燥模式”（本说明书不包括干燥造粒）。① 当选择“单机调式模式”运行时，设备将要人为进行启停，机器人将无法自动抓包，流量秤手动无法启动，需到现场启动。双秤也需到现场柜启停。② 点击对应设备的相应编号，则设备开始运行。如启动设备 M101 破拱电机为例，当点击时将跳出启动对话框，可对设备进行操作，自动模式下无效。③ 当运行时，相应的电机为绿色；当此设备故障时，出现红色闪烁状态。④ 干燥模式，即流量秤配料直接经过提升机进入干燥暂储仓，再进入干燥窑。非干燥模式，即流量秤配料经过提升机再经过在线混合机进入双秤暂储仓。启动配料之前应该确认此模式。⑤ 对所有的配方进行查看，并对参数进行确认。为了使刚运行时将所有要配的料都同一时间进入提升机，在此有“1# 秤动作延时设定”到“10# 秤动作延时设定”。设定原则：10# 的值最大，1# 的值最小，依次顺序排列。当 1# 流量秤的料抵达 2# 流量秤下料口处时，2# 秤的料刚好下料抵达 2# 下料口处，此时间间隔即为“2# 秤动作延时设定”的参数值。当 1# 流量秤的料抵达 3# 流量秤下料口时，3# 秤的料也刚好下料抵达 3# 下料口处，此时间间隔即为“3# 秤动作延时设定”的参数值。其他依此类推。“1# 秤动作延时设定”可固定设定为 10×100ms 不用修改，所有秤的时间均以 1# 秤的时间计算。⑥ 启动之前请切换到自动模式，登录用户，系统处于一键启停状态。

2. 生产单元的设置

（1）打包码垛操作步骤　① 手动模式操作与配料的操作方法一样。② 运行前必须调整整形机的压包高度，高度必须适宜，否则可能导致压包机下方六角滚的链条损坏或包装袋损坏。③ 自动启动之前必须确认机器人处于 HOME 位置，如果不是请手动将机器人调到 HOME 位置，并确认机器人的所有参数。如果是新过来的托盘，即空托盘，机器人确认参数“ge1”和“ceng1”都为“1”。④ 确认上述参数后点击自动启动，如果不启动可点击“状态查看”，自动启动时“Robot AutoEXT 模式”“Robot Home_Point 信号”“Robot Ready 信号”“Robot Fault 信号”“Robot 垛盘到位信号”“Robot 允许码垛盘信号”“Robot 物料到位信号”各指示灯均为绿色，如图 9-10 所示。⑤ 机器人开始运行后。如果托盘未放满就被拿走，如果被取走后垛盘位置没有垛盘请点击图 9-10 中的“复位垛盘到位”按钮，机器人将认为此处无托盘，如果有新的垛盘就无需按下此操作。如果新换了垛盘后，进入机器人 T1 模式（机器人操作步骤中将讲述）下手动并退出机器人程序如“stack**”，并在“T1”模式下进入“main”程序，重复操作步骤 ③。如果每一次都是自动出的垛盘则无需本条内的所有操作。⑥ 启动之前对双秤的配方进行确认，对缠绕机参数进行确认，对套袋机参数进行

图 9-10　打包码垛操作模式信号灯

确认。确认完成后可一键进行启动。⑦ 刚自动开机时会等待热合机 1.5min 的预热时间。在此时间内系统不会放料打包，此时请确认套袋机已开启，热合机的电源已打开。

（2）机器人操作步骤　机器人电源打开后，示教器出现画面，必须先打开总控柜电源，否则等待总控拒电源打开后重新启动此电源。先将机器人的两个坐标轴切换到“全局”下。回 HOME 点的步骤如下。① 在“T1”模式下，先确认机器人抓手位置到 HOME 点直线之间不会碰撞到任何东西；② 如果可能碰撞，则先将抓手抬到足够高，按住“使能”键再按示教器面板右侧上的“Z+”进行调节（必须是在全局模式下），并调节到足够高；③ 选中“main”程序点击下面的“选定”按钮进入“main”程序；④ 按下“使能”键，再按住绿色的“程序执行”键，则机器人开始运行，回到 HOME 点；⑤“T1”与“EXT”模式的切换：“T1”模式工作在手动操作机器人的情况下；“EXT”模式工作在全自动模式情况下。旋转面板上钥匙进行切换。

（3）机器人用户的登录　依次点击“设置”“配制”“用户组”“登录”“EXPERT”并输入密码。修改“ge1”“ceng1”“ge2”“ceng2”的数据的步骤如下（本系统只要修改“ge1”“ceng1”）。① 放入新托盘在自动启动之必须确认上面的 4 个变量数据为“1”。② 登录用户“EXPERT”。③ 依次点击“设置”“显示”“变量”“单个”，并跳出修改对话框。④ 点击“更新”并在“名称”里找出要修改的变量如“ceng1”，在“新值”里面改为“1”，再点击右边的“设定值”，如果没有登录用户，此按钮将是灰色不可操作状态。

（4）如何手动打开手抓　① 依次点击“设置”“显示”“输入 / 输出端”“数字输入 / 输出端”弹出其对话框。② 选中“输出端”并选择相应的数字编号，“1”为手抓打开与闭合，“2”为下压气缸控制。按下“使能”键，再点击右侧的“值”。

（5）中途急停如何将机器人重新启动　① 先将电柜自动停机。② 将机器人在“T1”模式下回 HOME 点。③ 将机器人切换到“EXT”模式，并在电柜上人机界面点击“自动启动”。

（6）缠绕机操作步骤　本缠绕机具有缠绕功能，也可当成单纯的输送机使用。本缠绕机可与总控柜联动，也可单独使用（本系统要求与总控柜联动）。当单独使用时直接进入触摸屏的自动画面点击启动按钮进行启动。联机使用时先进行参数的设定。“手动 / 自动模式”“缠绕功能开关”“断膜功能开关”“联机模式开关”必须打开（图 9-11）。“无膜或断膜报警”如果打开，当缠绕时没有膜将报警。如果本设备只是输送功能则关闭“缠绕功能开关”和“断膜功能开关”。

如果是手动控制调试，则进入手动画面，模式必须为手动操作有效（图 9-12）。

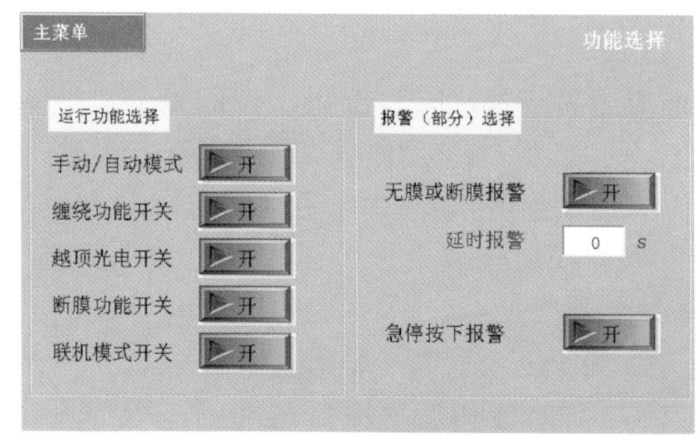

图 9-11　缠绕机操作界面

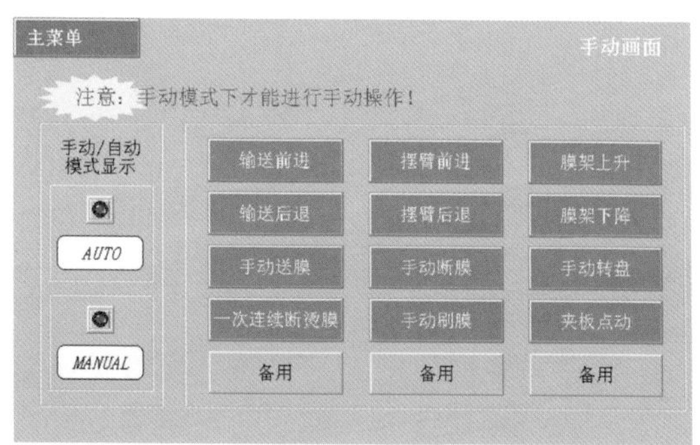

图 9-12　缠绕机手动控制调试界面

对缠绕的膜的参数进行设定请进入“主菜单”-“参数设定”-“用户登录”并输入密码，进入如图 9-13 所示的界面进行操作。

如果工作过程中程序工作不正常请重新开关下电源。报警信息在“主菜单”-“报警历史”内查看（详细操作也可见触摸屏中的操作说明）。

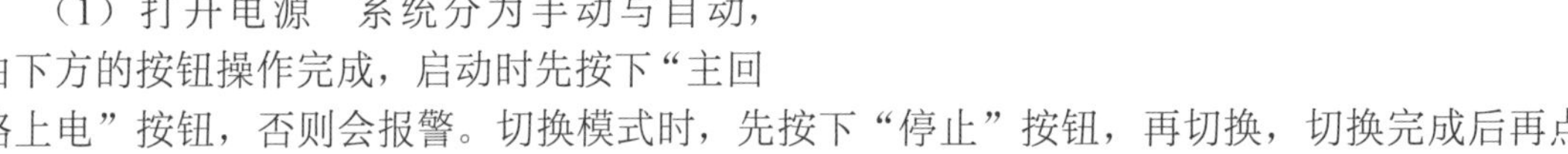

图 9-13　缠绕机缠绕的膜的参数设置界面

3. 套袋机的参数设定步骤

（1）打开电源　系统分为手动与自动，由下方的按钮操作完成，启动时先按下“主回路上电”按钮，否则会报警。切换模式时，先按下“停止”按钮，再切换，切换完成后再点击“运行”，系统方可正常操作。

（2）手动操作时切换旋钮放到手动模式　点击“主回路上电”-“运行”，再点击触摸屏上的“主菜单”-“手动控制”，进入手动控制界面（图 9-14），手动操作时须谨慎操作，以免发生设备相撞，造成不可挽回的损失。

（3）自动操作模式　自动操作时，先切换操作旋钮，操作方法参考第（1）条所述。点击触摸屏“主菜单”-“自动控制”则进入自动操作界面。

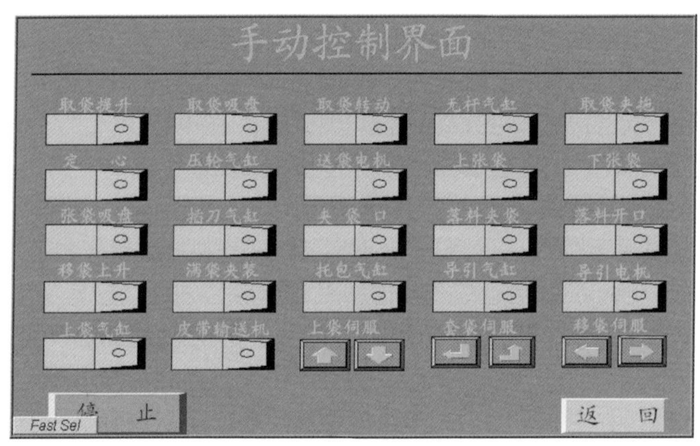

图 9-14　套袋机的手动控制界面

（4）装袋数量设置　首先确认是重新上袋还是使用装袋盘上剩余的袋子。如果是使用重新上袋，请确认装袋盘上无袋子，在上袋区放入一个已知的袋子，如 30 个。① 点击“原点搜索完成”，等待搜索完成后，界面的按钮会提示原点搜索完成。② 点击“回初始位”，完成后再点击“输入上袋数量”。③ 输入“上袋数量”，如 30 个。④ 点击“启动上袋”和“RUN”按钮，系统将开始工作。

如果袋子被使用完，套袋机将不会继续工作，将袋子放入上袋区，输入上袋数量，并点击下方的“继续上袋”按钮，设备将开始重新上袋子。如果使用的是装袋盘上剩余的袋子，则：① 点击“原点搜索完成”，等待搜索完成后，界面的按钮会提示，原点搜索完成。② 点击“回初始位”，完成后再点击“输入余袋数量”。③ 输入“余袋数量”，如 2(一般无需输入，系统会自动记录)。④ 点击“启动上袋”和“RUN”按钮，系统将开始工作。装袋数量设置界面如图 9-15 所示。

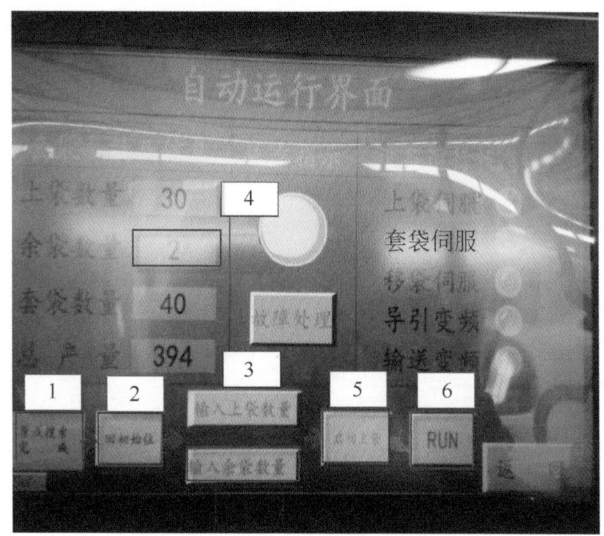

图 9-15　装袋数量设置界面

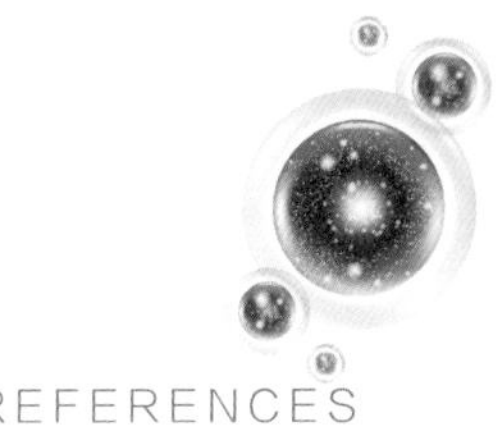

参考文献

REFERENCES

白志辉，王璠，曹建喜，吴尚华，徐圣君，马双龙，2015. 解淀粉芽孢杆菌菌剂对雪菜生长和土壤氧化亚氮排放的影响 [J]. 农业科学与技术，(4): 727-732, 749.

包苏日娜，2018. 大柳塔矿区土壤乡土解磷菌和解钾菌的筛选与鉴定 [D]. 呼和浩特：内蒙古大学 .

鲍艳宇，周启星，颜丽，关连珠，2007. 鸡粪堆肥过程中各种氮化合物的变化及腐熟度评价指标 [J]. 农业环境科学学报，26(4): 1532-1537.

蔡雯竹，张婷，2017. 秸秆用作蔬菜育苗基质的研究进展 [J]. 农业与技术，37(1): 8-10.

曹兵，倪小会，肖强，徐凯，杨俊刚，衣文平，李丽霞，2014. 包膜尿素对温室番茄产量、品质和经济效益的影响 [J]. 植物营养与肥料学报，20(2): 389-395.

曹凤明，李俊，沈德龙，关大伟，李力，2009. 多重 PCR 技术检测微生物肥料中巨大芽孢杆菌和蜡样群芽孢杆菌的研究与应用 [J]. 微生物学通报，36(9): 1436-1441.

曹凤明，沈德龙，李俊，关大伟，姜昕，李力，冯瑞华，杨小红，陈慧君，葛一凡，2008. 应用多重 PCR 鉴定微生物肥料常用芽孢杆菌 [J]. 微生物学报，48(5): 651-656.

曹宜，刘波，朱育菁，葛慈斌，2003. 青枯病生防菌 ANTI-8098A 菌株生物学特性的研究 [J]. 福建农业学报，18(4): 239-242.

曹媛媛，张丽娜，郭婷婷，裴洲洋，朱启法，夏春，谢强，顾勇，周本国，2019. 根际解钾菌对烟草生长及钾素吸收的影响 [J]. 安徽农业大学学报，46(1): 141-145.

常志州，掌子凯，2009. 发酵床垫料的再生与堆肥 [J]. 农家致富，1: 38.

车建美，蓝江林，刘波，2008. 转绿色荧光蛋白基因的青枯雷尔氏菌生物学特性 [J]. 中国农业科学，41(11): 3626-3635.

车玉伶，王慧，胡洪营，梁威，郭玉凤，2005. 微生物群落结构和多样性解析技术研究进展 [J]. 生态环境，14(1): 127-133.

陈贵林，高秀瑞，2000. 椰壳粉与蛭石不同配比基质对黄瓜幼苗生长的影响 [J]. 中国蔬菜，2: 15-18.

陈腊，李可可，米国华，胡栋，隋新华，陈文新，2021. 解钾促生菌的筛选鉴定及对东北黑土区玉米的促生效应 [J]. 微生物学通报，5: 1560-1570.

陈绿素，彭乃木，郑秀兰，金大春，2010. 生物发酵舍零排放环保养猪技术的基本原理及关键技术 [J]. 畜禽业，7(2): 32-33.

陈平亚，汪军，景晓辉，戴青冬，张剑伟，曹智淳，黄俊生，2014. 施用枯草芽孢杆菌与覆盖对香蕉生长与枯萎病防治的作用 [J]. 广东农业科学，41(11): 78-81.

陈倩，高淼，胡海燕，徐晶，周义清，孙建光，2011a. 一株拮抗病原真菌的固氮菌 *Paenibacillus* sp.GD812[J]. 中国农业科学，44(16): 3343-3350.

陈倩，胡海燕，高淼，徐晶，周义清，孙建光，2011b. 一株具有 ACC 脱氨酶活性固氮菌的筛选与鉴定 [J]. 植物营养与肥料学报，17(6): 1515-1521.

陈庆河，翁启勇，胡方平，2003. 青枯无致病力菌株诱导番茄抗青枯病的生化机制 [J]. 福建农林大学学报：自然科学版，23(3): 296-300.

陈世昌，常介田，张变莉，2011. 菌糠复合基质在番茄育苗上的效果 [J]. 中国土壤与肥料，1: 73-75, 79.

陈燕萍，肖荣凤，刘波，唐建阳，蓝江林，史怀，2015. 利用微生物发酵床养猪垫料制备蔬菜育苗基质的研究 [J].

福建农业学报 , 30(8): 802-809.

陈友华 , 2010. 德菲尔法、聚类分析与因子分析在民生调查中运用研究——以南京市建邺区为研究个案 [J]. 华东经济管理 , 24(1): 122-128.

陈振德 , 黄俊杰 , 1996. 混合基质的理化特性及其对甘蓝幼苗生长的影响 [J]. 中国土壤与肥料 , 2: 14-18.

程庆荣 , 2002. 蔗渣和木屑作尾叶桉容器育苗基质的研究 [J]. 华南农业大学学报 : 自然科学版 , 23(2): 11-14.

褚长彬 , 吴淑航 , 张学英 , 2011. 施用微生物肥料对柑橘园土壤肥力和柑橘养分、品质的影响 [J]. 上海农业科技 , (1): 93-94.

崔松松 , 2014. 油菜根际高效促生菌的筛选及其促生效果的评价 [D]. 合肥 : 安徽农业大学 .

崔伟国 , 尹彦舒 , 张方博 , 崔曼 , 杨茉 , 张树清 , 郑红丽 , 高淼 , 2020. 马铃薯细菌多样性解析及促生高产 IAA 菌株的筛选 [J]. 中国土壤与肥料 , 1: 223-231.

崔巍 , 刘东海 , 2009. 真姬菇菌种、配方及生产工艺研究 [J]. 牡丹江师范学院学报 : 自然科学版 , (2): 13-15.

崔文艳 , 何朋杰 , 尚娟 , 李艳云 , 吴毅歆 , 何月秋 , 2015. 解淀粉芽孢杆菌 B9601-Y2 对玉米的防病促生长效果研究 [J]. 玉米科学 , 23(5): 153-158.

崔文艳 , 何朋杰 , 杨丽娟 , 何鹏飞 , 何鹏搏 , 吴毅歆 , 李兴玉 , 何月秋 , 2019. B9601-Y2 溶磷解钾固氮能力及促玉米生长效果研究 [J]. 玉米科学 , 27(3): 155-160.

崔晓双 , 王伟 , 张如 , 张瑞福 , 2015. 基于根际营养竞争的植物根际促生菌的筛选及促生效应研究 [J]. 南京农业大学学报 , 38(6): 958-966.

崔秀敏 , 王秀峰 , 2001. 蔬菜育苗基质及其研究进展 [J]. 天津农业科学 , 7(1): 37-42.

代惠洁 , 纪祥龙 , 杜迎刚 , 2015. 椰糠替代草炭作番茄穴盘育苗基质的研究 [J]. 北方园艺 , 9: 46-48.

党雯 , 2015. 解钾菌的筛选及其对矿区复垦土壤肥力的影响 [D]. 太原 : 山西大学 .

邓强 , 杨向属 , 王慧杰 , 2007. 微生态调节剂对猪粪堆肥过程中微生物群落的影响 [J]. 河南农业科学 , 7(8): 75-77.

邓用川 , 陈菊培 , 林栖凤 , 李冠一 , 2003. 导入红树 DNA 的番茄后代在 NaCl 胁迫下的某些生理变化 [J]. 海南大学学报 : 自然科学版 , 21(3): 255-258.

邓振山 , 段阳阳 , 2018. 秋海棠中植物促生菌的筛选及其促生效果研究 [J]. 西北农林科技大学学报 : 自然科学版 , 46(2): 131-137.

丁方丽 , 李嫚 , 刘东平 , 张忠良 , 孙治强 , 朴凤植 , 申顺善 , 2018. 植物根际促生菌普城沙雷菌 A21-4 对黄瓜生长及土壤微生态的影响 [J]. 中国蔬菜 , 5: 36-41.

丁文川 , 李宏 , 郝以琼 , 曾晓岚 , 2002. 污泥好氧堆肥主要微生物类群及其生态规律 [J]. 重庆大学学报 : 自然科学版 , 25(6): 113-116.

董传迁 , 尹程程 , 魏珉 , 杨凤娟 , 史庆华 , 王秀峰 , 张伟丽 , 2014. 玉米秸秆 , 棉籽壳菇渣替代草炭作为番茄和甜椒育苗基质研究 [J]. 中国蔬菜 , 8: 33-37.

董春 , 曾宪铭 , 刘琼光 , 1999. 利用无致病力青枯菌株防治番茄青枯病的研究 [J]. 华南农业大学学报 , 20(4): 1-4.

董春娟 , 王玲玲 , 李亮 , 秦宇轩 , 李平兰 , 尚庆茂 , 2018. 解淀粉芽胞杆菌 K103 对黄瓜穴盘苗的促生作用 [J]. 园艺学报 , 45(11): 2199-2208.

董萍 , 孙寓姣 , 王红旗 , 陈利顶 , 张辉 , 2011. 利用 T-RFLP 技术对温榆河微生物群落结构研究 [J]. 中国环境科学 , 31(4): 631-636.

窦承阳 , 王焱 , 张岳峰 , 江明明 , 叶建仁 , 2017. 3 种促生有益微生物在上海梨树上的应用 [J]. 南京林业大学学报 : 自然科学版 , 41(4): 190-196.

杜双田, 张檀, 杨祥, 1992. 麦草栽培姬菇配方的数学模型研究 [J]. 生物数学学报, 7(2): 188-194.

樊志刚, 李胜刚, 鞠立杰, 刘义涛, 2008. 生物发酵舍养猪技术原理及优点 [J]. 畜禽饲养, 11: 18-19.

方换男, 2018. 生防菌剂 G2-7 和 H1-2 对烟草促生和对黑胫病防治效果分析 [D]. 泰安: 山东农业大学.

方贯娜, 庞淑敏, 杨永霞, 2005. 菇渣作基质生产脱毒微型薯试验研究 [J]. 内蒙古农业科技, 6: 44-45.

冯臣飞, 2018. 有机废弃物作为黄瓜育苗基质不同配方的筛选 [D]. 郑州: 河南农业大学.

冯明谦, 刘德明, 1999. 滚筒式高温堆肥中微生物种类数量的研究 [J]. 中国环境科学, 19(6): 490-492.

付小猛, 毛加梅, 沈正松, 刘红明, 龙春瑞, 王跃全, 岳建强, 2017. 中国生物有机肥的发展现状与趋势 [J]. 湖北农业科学, 56(3): 401-404.

高仓直, 陈兰庄, 1986. 世界无土栽培的现状及今后的展望 [J]. 世界农业展望, 6: 40-44.

高加明, 张健行, 佘梦林, 王冬, 陈守文, 马昕, 2021. 土壤高效解钾菌的筛选鉴定及烟草栽培应用效果评价 [J]. 湖北农业科学, 60(7): 34-39,46.

高觅, 周涛, 郭永青, 章学梅, 仝宝生, 2014. 腐植酸微生物菌剂在连作马铃薯上的应用效果研究 [J]. 腐植酸, 2: 29-32.

高生军, 宋绍富, 2008. 戈尔膜过滤器在采油废水处理中的应用 [J]. 油气田环境保护, (1): 47-49, 62.

高树青, 王宝申, 陈宝江, 王炳华, 刘秀春, 高艳敏, 2011. 生物有机肥在果树上的应用效果研究 [C]. 2010 中国腐植酸行业低碳经济交流大会暨第九届全国绿色环保肥料 (农药) 新技术、新产品交流会论文集.

高伟, 郑国砥, 高定, 陈同斌, 韩晓日, 张义安, 2006. 堆肥处理过程中猪粪有机物的动态变化特征 [J]. 环境科学, 27(5): 987-990.

高新昊, 张志斌, 郭世荣, 贺超兴, 王怀松, 2005. 氮钾肥配施对番茄幼苗生长及前期产量构成的影响 [J]. 土壤通报, 36(4): 549-552.

郜晨, 黄淑芬, 胡莉, 王增, 曹玉琳, 谭志远, 2018. 尼瓦拉野生稻内生菌多样性和促生作用 [J]. 应用与环境生物学报, 24(1): 33-38.

盖伟玲, 盖树鹏, 1998. 矿渣棉——花卉无土栽培好基质 [J]. 中国花卉盆景, 11: 18.

葛慈斌, 刘波, 蓝江林, 黄素芳, 朱育菁, 2009. 生防菌 JK-2 对尖孢镰刀菌抑制特性的研究 [J]. 福建农业学报, 24(1): 29-34.

葛慈斌, 黄素芳, 刘波, 朱育菁, 蓝江林, 余山红, 2013. 利用养殖垫料、蘑菇渣土制备育苗基质的研究 [J]. 武夷科学, 29(1): 211-215.

葛红莲, 纪秀娥, 2017. 黄瓜根际解钾细菌的分离筛选, 鉴定及其促生效果 [J]. 北方园艺, 13: 21-25.

龚凤娟, 张宇凤, 2011. 具有 ACC 脱氨酶活性的杜仲内生细菌的分离鉴定及其抗菌活性 [J]. 微生物学通报, 38(10): 1526-1532.

龚建军, 李青峰, 2006. 新型栽培基质——水晶泥 [J]. 农业工程技术: 温室园艺, 3: 66.

龚文秀, 2015. 烟草亲和性解钾 PGPR 筛选及促生效果评价 [D]. 合肥: 安徽农业大学.

贡胜军, 2019. 陶瓷膜与有机膜的对比报告 [J]. 化工管理, (2): 127-128.

古丽尼沙•沙依木, 张志东, 杨波, 章世奎, 唐琦勇, 宋素琴, 朱静, 郭春苗, 顾美英, 2020. 不同品种苹果树内生细菌群落多样性及功能 [J]. 微生物学通报, 47(2): 500-511.

顾卫兵, 乔启成, 杨春和, 白晓龙, 2008. 有机固体废弃物堆肥腐熟度的简易评价方法 [J]. 江苏农业科学, 6: 258-259.

关松荫, 1986. 土壤酶及其研究方法 [M]. 北京: 农业出版社.

郭飞宏, 郑正, 张继彪, 2011. PCR-DGGE 技术分析塔式蚯蚓生态滤池微生物群落结构 [J]. 中国环境科学, 31(4): 597-602.

郭鹤宝 , 何山文 , 王星 , 章俊 , 张晓霞 , 2019. 水稻种子内生泛菌 (*Pantoea* spp.) 系统发育多样性及其促生功能 [J]. 微生物学报 , 59(12): 2285-2295.

郭恒萍 , 2010. 冶炼含砷污酸与酸性含砷废水处理试验及应用研究 [D]. 西安 : 长安大学 .

郭璟 , 王燕 , 干甜芳 , 王洁 , 应叶青 , 2009. 观赏竹容器育苗基质开发初步研究 [J]. 北方园艺 , 12: 180-183.

郭世荣 , 李式军 , 程斐 , 马娜娜 , 2000. 有机基质在蔬菜无土栽培上的应用研究 [J]. 沈阳农业大学学报 , 31(1): 89-92.

国辉 , 毛志泉 , 宋振 , 张本峰 , 仇念全 , 刘训理 , 2011. 苹果树根际促生细菌种群分析 [J]. 中国生态农业学报 , 19(6): 1372-1378.

韩华雯 , 孙丽娜 , 姚拓 , 张英 , 王国基 , 2013a. 苜蓿根际有益菌接种剂对苜蓿生长特性影响的研究 [J]. 草地学报 , 21(2): 353-359.

韩华雯 , 姚拓 , 王国基 , 赵桂琴 , 张玉霞 , 马文文 , 马文彬 , 2013b. 不同根际促生菌肥复合载体对燕麦产量的影响 [J]. 草原与草坪 , 33(4): 39-44.

韩晓玲 , 张乃文 , 贾敬芬 , 2005. 生物有机无机复混肥对番茄产量、品质及土壤的影响 [J]. 土壤肥料 , 3: 51-53.

韩泽宇 , 2019. 黄瓜高效耐盐促生菌株筛选鉴定及复合菌剂的制备 [D]. 银川 : 宁夏大学 .

郝小雨 , 高伟 , 王玉军 , 黄绍文 , 唐继伟 , 金继运 , 2012. 有机无机肥料配合施用对设施番茄产量、品质及土壤硝态氮淋失的影响 [J]. 农业环境科学学报 , 31(3): 538-547.

郝晓娟 , 刘波 , 葛慈斌 , 周先治 , 2009. 短短芽孢杆菌 JK-2 菌株抑菌活性物质产生条件的优化 [J]. 河北农业科学 , 13(6): 46-49.

郝晓娟 , 刘波 , 谢关林 , 葛慈斌 , 林抗美 , 2007. 短短芽孢杆菌 JK-2 菌株对番茄枯萎病的抑菌作用及其小区防效 [J]. 中国生物防治 , 23(3): 233-236.

何建清 , 张格杰 , 赵伟进 , 王孝先 , 卢玉君 , 刘晓凤 , 2018. 青稞根际解有机磷细菌的筛选及对青稞种子萌发和幼苗的促生效应 [J]. 高原农业 , 2(6): 601-606.

何振立 , 1997. 土壤微生物量及其在养分循环和环境质量评价中的意义 [J]. 土壤 , 29(2): 61-67.

贺字典 , 高玉峰 , 王燕 , 李翠霞 , 高歆瑶 , 张志浩 , 2020. 植物根际促生菌 (PGPR) 解磷菌的筛选及其对番茄促生作用的研究 [J]. 西南农业学报 , 12: 2891-2896.

洪春来 , 朱凤香 , 陈晓旸 , 薛智勇 , 王卫平 , 吴传珍 , 2011. 不同菇渣复合基质对番茄育苗效果的影响 [J]. 现代农业科技 , 1: 124-126.

侯会静 , 韩正砥 , 杨雅琴 , 李占超 , 王洁 , 2019. 生物有机肥的应用及其农田环境效应研究进展 [J]. 中国农学通报 , 35(14): 82-88.

侯建伟 , 董礼华 , 2009. 不同育苗基质对翠菊幼苗质量的影响 [J]. 湖北农业科学 , 48(11): 2775-2776.

侯俊杰 , 康丽华 , 陆俊锟 , 朱亚杰 , 王胜坤 , 2014. 芽孢杆菌对桉树幼苗的促生效果及其 ACC 脱氨酶活性的研究 [J]. 微生物学通报 , 41(10): 2029-2034.

侯鹏飞 , 贾振华 , 宋水山 , 2017. 生长素和细胞分裂素调控植物根和微生物互作的研究进展 [J]. 生物技术通报 , 33(7): 1-6.

侯贞 , 2015. 烟草根际促生细菌的筛选鉴定及发酵培养基优化 [D]. 泰安 : 山东农业大学 .

胡秀娜 , 2016. 苹果根际促生菌的筛选鉴定及其对苹果砧木平邑甜茶的促生效果 [D]. 泰安 : 山东农业大学 .

胡文娟 , 曲英华 , 2006. 我国蔬菜穴盘育苗的研究现状分析 [J]. 农业工程技术 (温室园艺), 1: 30-31.

黄灿 , 唐新燕 , 彭绪亚 , 2009. 猪排泄物恶臭产生与控制的微生物学原理 [J]. 中国生态农业学报 , 17(4): 823-828.

黄光群 , 方晨 , 马双双 , 韩鲁佳 , 2018. 奶牛粪微好氧耦合功能膜贮存稳定性与气体减排研究 [J]. 农业机械学

报 , 49(7): 335-341.

黄国锋 , 钟流举 , 张振钿 , 吴启堂 , 2002. 猪粪堆肥化处理过程中的氮素转变及腐熟度研究 [J]. 应用生态学报 , 13(11): 1459-1462.

黄国京 , 叶露莹 , 刘爱青 , 韩婧 , 贾清华 , 刘燕 , 2013. 棉籽皮与花生壳基质对盆栽芍药生长发育的影响 [J]. 西南农业学报 , 26(2): 754-757.

黄靖 , 廖美德 , 徐汉虹 , 2007. 淡紫拟青霉 (*Paecilomyces lilacinus*) 培养条件的优化 [J]. 微生物学杂志 , 27(3): 45-49.

黄军 , 2018. 养殖废弃物好氧发酵罐研究与设计 [D]. 南宁 : 广西大学 .

黄清荣 , 幸晓林 , 王艳华 , 赵兴艳 , 张波 , 2006. 真姬菇深层培养条件的研究 [J]. 安徽农业科学 , 34(3): 461-463.

黄文茂 , 易伦 , 彭思云 , 黄承森 , 程代松 , 韩丽珍 , 2020. PGPR 复合菌剂对辣椒生长及根际土壤微生物结构的影响 [J]. 中国土壤与肥料 , 1: 195-201.

黄显昆 , 李浩铭 , 蒋海福 , 全嘉榕 , 张燕杰 , 甘冬丽 , 黄福川 , 2019. 有机物好氧发酵罐废热回收系统的设计与模拟研究 [J]. 环境工程 , 37(7): 194-198, 214.

黄一东 , 2013. 戈尔膜过滤技术在冶炼废水处理中的应用 [J]. 化学工程与装备 , (5): 232-236.

黄永兵 , 肖炎农 , 黄蓉 , 成儒萍 , 江丽娜 , 2007. 应用玉米秸秆生产淡紫拟青霉 36-1 菌株孢子 [J]. 中国生物防治 , 23(4): 338-341.

冀玉良 , 2017. 植物根际促生菌的分离及对桔梗的促生效应 [J]. 商洛学院学报 , 31(6): 42-46.

冀玉良 , 李丹 , 罗嘉凡 , 2021. ACC 脱氨酶活性菌的分离及其对桔梗的促生作用 [J]. 商洛学院学报 , 36(2): 33-40.

贾芳曌 , 易忠经 , 杨在友 , 查承瑶 , 2013. 青枯菌拮抗菌生物有机肥防控烟草青枯病研究 [J]. 天津农业科学 , 19(11): 12-14.

贾小红 , 周顺桂 , 李旭军 , 黄中乔 , 刘西莉 , 2007. 北京地区紫花苜蓿根瘤菌接种剂的研制 [J]. 应用基础与工程科学学报 , 15(1): 17-22.

江丽华 , 王梅 , 张文君 , 林海涛 , 郑福丽 , 2010. 固氮、解磷、解钾混合菌株协同固定化技术 [J]. 中国农学通报 , 26(12): 18-21.

江学荣 , 林介东 , 莫乾凯 , 江潮全 , 2002. 粉煤灰综合利用现状及发展方向 [J]. 电力环境保护 , 18(3): 55-58.

姜霁航 , 彭霞薇 , 颜振鑫 , 何不为 , 朱昌雄 , 国辉 , 耿兵 , 2017. 苹果树根际高效解钾菌的筛选及鉴定 [J]. 中国农业气象 , 38(11): 738-748.

姜利红 , 2007. 稻草型生物有机肥对蔬菜的作用效果与机理研究 [D]. 长沙 : 湖南农业大学 .

姜利红 , 荣湘民 , 刘强 , 谢桂先 , 彭建伟 , 张玉平 , 雷虹 , 2011. 稻草型生物有机肥对莴苣的作用效果研究 [J]. 湖南农业科学 , 3: 33-35.

姜瑛 , 吴越 , 王国文 , 徐文思 , 张振 , 徐莉 , 胡锋 , 李辉信 , 2015. 一株固氮解磷菌的筛选鉴定及其对花生的促生作用研究 [J]. 土壤 , 47(4): 698-703.

蒋岁寒 , 刘艳霞 , 孟琳 , 朱春波 , 李想 , 沈标 , 石俊雄 , 杨兴明 , 2016. 生物有机肥对烟草青枯病的田间防效及根际土壤微生物的影响 [J]. 南京农业大学学报 , 5: 784-790.

金涣峻 , 2017. 半透膜覆盖好氧堆肥系统处理牛粪 / 秸秆的效能及功能微生物作用机制 [D]. 哈尔滨 : 哈尔滨工业大学 .

金伊洙 , 赵立新 , 2005. 稻草秸秆穴盘育苗基质对番茄秧苗质量影响的研究 [J]. 北方园艺 , 3: 61-63.

晋婷婷 , 任嘉红 , 刘瑞祥 , 2016. 南方红豆杉根际解有机磷细菌的鉴定及其解磷特性和促生作用研究 [J]. 西北植物学报, 36(9): 1819-1827.

靳振江, 刘杰, 肖瑜, 李金城, 田海涛, 吴蕾, 2011. 处理重金属废水人工湿地中微生物群落结构和酶活性变化 [J]. 环境科学, 32(4): 1202-1209.

敬芸仪, 邓良基, 张世熔, 2006. 主要紫色土电导率特征及其影响因素研究 [J]. 土壤通报, 37(3): 617-619.

鞠伟, 2016. 杨树根际高效解钾细菌的分离筛选与鉴定 [D]. 南京: 南京林业大学.

柯春亮, 2015. 香蕉根际土壤无机磷细菌的筛选, 鉴定及促生效应研究 [D]. 海口: 海南大学.

郐士鹏, 2005. 我国微生物肥料的现状及其发展趋势 [J]. 现代化农业, 11: 15-17.

蓝江林, 刘波, 宋泽琼, 史怀, 黄素芳, 2012. 微生物发酵床养猪技术研究进展 [J]. 生物技术进展, 2(6): 411-416.

蓝江林, 刘波, 唐建阳, 郑雪芳, 叶耀辉, 2010. 基于微生物发酵床养猪模式的生态安全探讨 [J]. 中国农学通报, 26(19): 324-326.

蓝桃菊, 张艳, 谢玲, 陈艳露, 张雯龙, 黄昌艳, 2020. 一株木榄内生真菌菌株的分类鉴定及其对铁皮石斛生长和多糖积累的影响 [J]. 南方农业学报, 51(2): 275-282.

李芳, 刘波, 黄素芳, 2004. 淡紫拟青霉菌的研究概况和展望 [J]. 昆虫天敌, 26(3): 132-139.

李芳, 张绍升, 陈家骅, 1998. 淡紫拟青霉菌对烟草根结线虫病的防治效果 [J]. 福建农业大学学报, 27(2): 196-199.

李广坤, 2016. 功能膜覆盖式污泥好氧堆肥系统的效能研究 [D]. 北京: 北京林业大学.

李亮, 张翔, 毛家伟, 司贤宗, 李国平, 范艺宽, 张佩佳, 2016. 生物有机肥在烟草上的应用研究进展及展望 [J]. 中国农学通报, 32(18): 47-52.

李梦梅, 2005. 生物有机肥对提高蔬菜产量品质的作用机理研究 [D]. 南宁: 广西大学.

李明亮, 陆从相, 朱璟, 杨书根, 王淼, 沈维峰, 2020. 畜禽粪便好氧发酵罐用热交换机设计 [J]. 轻工属技, 36(7): 71-72.

李宁, 许向阳, 姜景彬, 李景富, 2010. 番茄生物学研究的相关网络资源 [J]. 植物学报, 45(1): 95-101.

李培根, 2020. 马铃薯、番茄根际促生细菌的筛选鉴定及促生效果研究 [D]. 泰安: 山东农业大学.

李萍萍, 胡永光, 李式军, 程斐, 2002. 芦苇末有机基质在蔬菜栽培上应用效果的研究 [J]. 沈阳农业大学学报, 31(1): 93-95.

李谦盛, 2004. 芦苇末基质的应用基础研究及园艺基质质量标准的探讨 [D]. 南京: 南京农业大学.

李谦盛, 卜崇兴, 叶军, 郭世荣, 李式军, 2003. 芦苇末基质应用于番茄穴盘育苗的配比优化 [J]. 上海农业学报, 19(4): 3-7.

李式军, 高祖明, 1988. 现代无土栽培技术 [M]. 北京: 农业大学出版社.

李朔, 严如玉, 张鹏, 易欣欣, 2012. 复合微生物肥料功能菌的筛选与培养 [J]. 宁夏农林科技, 53(10): 121-123.

李天林, 沈兵, 1999. 无土栽培基质培选料的参考因素与发展趋势 [J]. 石河子大学学报, 3(3): 9-13.

李伟, 郁书君, 崔元强, 2012. 椰糠替代泥炭作观赏凤梨基质的研究 [J]. 热带作物学报, 33(12): 2180-2184.

李文英, 彭智平, 杨少海, 于俊红, 黄继川, 吴雪娜, 杨林香, 2012. 植物根际促生菌对香蕉幼苗生长及抗枯萎病效应研究 [J]. 园艺学报, 39(2): 234-242.

李香真, 曲秋皓, 2002. 蒙古高原草原土壤微生物量碳氮特征 [J]. 土壤学报, (1): 99-104.

李想, 刘艳霞, 夏范讲, 蔡刘体, 张恒, 石俊雄, 2017. 烟草根际促生菌 (PGPR) 的筛选, 鉴定及促生机理研究 [J]. 中国烟草学报, 23(3): 111-118.

李小杰, 李成军, 姚晨琥, 宋瑞芳, 刘畅, 邱睿, 陈玉国, 白静科, 李淑君, 2020. 拮抗烟草疫霉菌的木霉菌株筛选鉴定及防病促生作用研究 [J]. 中国烟草科学 , 41(3): 65-70.

李晓强 , 2006. 有机基质菇渣在现代化大型温室蔬菜无土栽培中的应用研究 [D]. 南京 : 南京农业大学 .

李新举 , 张志国 , 米庆华 , 2006. 花卉育苗基质的研究 [J]. 温室园艺 , 6: 36-37.

李新新 , 高新新 , 陈星 , 卢维浩 , 董彩霞 , 崔中利 , 曹慧 , 2014. 一株高效解钾菌的筛选、鉴定及发酵条件的优化 [J]. 土壤学报 , 51(2): 381-388.

李星星 , 张胜 , 蒙美莲 , 高翔 , 苑志强 , 王祥植 , 吴玉峰 , 董璞 , 2019. F01 复合微生物菌剂对马铃薯生长、产量和品质的影响 [J]. 内蒙古农业科技 , 47(5): 48-53.

李亚红 , 曹林奎 , 2002. 畜禽粪便好氧堆肥研究进展 [J]. 农业属技通报 , 12: 23-24.

李艳霞 , 薛澄泽 , 陈同斌 , 2000. 污泥和垃圾堆肥用作林木育苗基质的研究 [J]. 农业生态环境 , 16(1): 60-63.

李艳星 , 郭平毅 , 孙建光 , 2017. 块根块茎类作物内生固氮菌分离鉴定、系统发育与促生特性 [J]. 中国农业科学 , 1: 104-122.

李一伦 , 张妍妍 , 余浩 , 余辉 , 殷全玉 , 李本银 , 李烜桢 , 李俊朋 , 吴明作 , 2020. 根际促生菌对烟草吸收和积累 Cd 的影响 [J]. 河南农业科学 , 49(4): 62-71.

李英楠 , 曹正 , 杜南山 , 国志信 , 朴凤植 , 2019. 三种 PGPR 菌株对黄瓜生长及根际土壤环境的影响 [J]. 北方园艺 , (24): 21-27.

李玉娥 , 姚拓 , 荣良燕 , 2010. 溶磷菌溶磷和分泌 IAA 特性及对苜蓿生长的影响 [J]. 草地学报 , 18(1): 84-88.

李玉红 , 王岩 , 李清风 , 2006. 外源微生物对牛粪高温堆肥的影响 [J]. 农业环境科学学报 , 25(增刊): 609-612.

李子双 , 王薇 , 张世文 , 贺洪军 , 赵同凯 , 黄元仿 , 2015. 氮磷与硅钙肥配施对辣椒产量和品质的影响 [J]. 植物营养与肥料学报 , 21(2): 458-466.

连宾 , 臧金平 , 袁生 , 2004. 微生物肥料科学研究中几个热点问题 [J]. 南京师大学报 : 自然科学版 , 27(2): 65-69.

梁桂 , 2010. 发酵床养猪利弊探析 [J]. 广西畜牧兽医 , 26(1): 28-29.

梁晓琳 , 孙莉 , 张娟 , 刘小玉 , 赵买琼 , 李荣 , 华正洪 , 沈其荣 , 2015. 利用 *Bacillus amyloliquefaciens* SQR9 研制复合微生物肥料 [J]. 土壤 , 47(3): 558-563.

梁新冉 , 李乃荟 , 周新刚 , 杨洋 , 吴宇琪 , 吴凤芝 , 2018. 番茄根内促生放线菌的分离鉴定及其促生效果 [J]. 微生物学通报 , 45(6): 1314-1322.

梁昱婷 , 2010. 基于实时荧光定量 PCR 的浸矿微生物群落结构分析的方法研究 [D]. 长沙 : 中南大学 .

林英 , 余涛 , 王茜茜 , 叶灏珩 , 2019. 高温膜覆盖好氧发酵在城市污水厂污泥处理中的应用 [J]. 低碳世界 , 9(3): 10-11.

林振清 , 2010. 建瓯市毛竹林土壤有机质及氮磷钾含量的空间分布 [J]. 竹子研究汇刊 , 29(4): 21-26.

凌云 , 路葵 , 徐亚同 , 2007. 禽畜粪便堆肥中优势菌株的分离及对有机物质降解能力的比较 [J]. 华南农业大学学报 , 28(1): 36-39.

刘波 , 陈倩倩 , 陈峥 , 黄勤楼 , 王阶平 , 余文权 , 王隆柏 , 陈华 , 谢宝元 , 2017b. 饲料微生物发酵床养猪场设计与应用 [J]. 家畜生态学报 , 38(1): 73-78.

刘波 , 戴文霄 , 余文权 , 蓝江林 , 陈倩倩 , 王阶平 , 黄勤楼 , 陈华 , 陈峥 , 朱育菁 , 2017a. 养猪污染治理异位微生物发酵床的设计与应用 [J]. 福建农业学报 , 32(7): 697-702.

刘波 , 蓝江林 , 唐建阳 , 史怀 , 2014. 微生物发酵床菜猪大栏养殖猪舍结构设计 [J]. 福建农业学报 , 29(5): 505-509.

刘波 , 蓝江林 , 余文权 , 黄勤楼 , 陈倩倩 , 王阶平 , 陈华 , 陈峥 , 朱育菁 , 潘志针 , 2016. 低位微生物发酵床养猪舍的设计与应用 [J]. 氨基酸和生物资源 , 38(3): 68-72.

刘波, 郑雪芳, 朱昌雄, 蓝江林, 林营志, 林斌, 叶耀辉, 2008. 脂肪酸生物标记法研究零排放猪舍基质垫层微生物群落多样性 [J]. 生态学报, 28(12): 1-11.

刘波, 朱昌雄, 2009. 微生物发酵床零污染养猪技术研究与应用 [M]. 北京: 中国农业科学技术出版社.

刘超杰, 王吉庆, 王芳, 2005. 不同氮源发酵的玉米秸基质对番茄育苗效果的影响 [J]. 农业工程学报, 21(增刊): 162-164.

刘春菊, 杜传印, 梁子敬, 张德珍, 刘爱新, 于金凤, 2020. 烟草根际溶磷细菌的筛选鉴定及抑菌促生效果研究 [J]. 中国烟草科学, 41(1): 9-15, 29.

刘东昀, 袁永强, 仇荣亮, 王诗忠, 黄雄飞, 黄海燕, 2021. 根际促生菌 *Enterobacter* sp. EG16 对小白菜生长及硒吸收的影响 [J]. 农业环境科学学报, 40(7): 1420-1431.

刘海琴, 张志勇, 罗佳, 张迎颖, 刘丽珠, 王岩, 严少华, 2015. 养猪发酵床废弃垫料高温堆制肥料的研究 [J]. 江西农业学报, 27(8): 44-48.

刘辉, 范小明, 肖艳, 龙梅芳, 曾晓群, 黄娟, 刘林珠, 刘金泉, 曾敬富, 2015. 复合生物有机肥在柑橘 (井冈蜜柚) 上的肥效研究与应用 [J]. 土肥植保, 32(12): 128, 225.

刘军, 刘艳明, 徐在超, 王卓娅, 黄雅丽, 邓祖军, 2018. 檀香内生真菌多样性及其抗菌与促生特性的研究 [J]. 中国中药杂志, 43(17): 3477-3483.

刘丽, 马鸣超, 姜昕, 关大伟, 杜秉海, 曹凤明, 李俊, 2015. 根瘤菌与促生菌双接种对大豆生长和土壤酶活的影响 [J]. 植物营养与肥料学报, 21(3): 644-654.

刘丽辉, 蒋慧敏, 区宇程, 谭志远, 彭桂香, 2020. 南方野生稻内生细菌的分离鉴定及促生作用 [J]. 应用与环境生物学报, 26(5): 1051-1058.

刘清术, 郭照辉, 刘前刚, 吴民熙, 陈海荣, 2013. 响应面法优化巨大芽胞杆菌发酵培养基 [J]. 中国农学通报, 18: 142-146.

刘让, 陈少平, 张鲁安, 苏贵成, 李岩, 2010. 生态养猪发酵益生菌的分离鉴定及体外抑菌试验研究 [J]. 国外畜牧学 (猪与禽), 30(2): 62-64.

刘帅成, 何洪城, 曾琴, 2014. 国内外育苗基质研究进展 [J]. 北方园艺, 15 : 205-208.

刘涛, 2012. 麦秆堆腐基质理化特性, 酶活性变化及穴盘育苗的应用 [D]. 杨凌: 西北农林科技大学.

刘伟, 余宏军, 蒋卫杰, 2006. 我国蔬菜无土栽培基质研究与应用进展 [J]. 中国生态农业学报, 14(3): 4-7.

刘喜梅, 何晨阳, 许艳丽, 2006. 非致病性尖孢镰刀菌及其在生物防治中的应用 [J]. 植物保护, 32(5): 5-7.

刘晓倩, 杜杏蓉, 谭玉娇, 罗奇, 王娜, 2019. 增施不同配比解磷菌、解钾菌生物菌肥对烤烟生长发育和根际土壤酶活性的影响 [J]. 云南农业大学学报: 自然科学版, 34(5): 845-851.

刘笑玮, 秦元霞, 袁莲莲, 何青云, 杨金广, 申莉莉, 2018. 两株根际促生细菌对 TMV 的生防作用研究 [J]. 中国烟草学报, 24(6): 78-85.

刘杏忠, 刘文敏, 张东升, 1995. 定殖于大豆胞囊线虫的淡紫拟青霉生物学特性研究 [J]. 中国生物防治, 11(2): 70-74.

刘秀花, 梁峰, 刘茵, 翟兴礼, 2006. 河南省土壤中芽孢杆菌属资源调查 [J]. 河南农业科学, (8): 67-71.

刘璇, 孔凡玉, 张成省, 王静, 冯超, 赵杰, 2012. 烟草根际解钾菌的筛选与鉴定 [J]. 中国烟草科学, 33(3): 28-31.

刘艳萍, 滕松山, 赵蕾, 2011. 高产嗜铁素恶臭假单胞菌 A3 菌株的鉴定及其对黄瓜的促生作用 [J]. 植物营养与肥料学报, 6: 1507-1514.

刘艳霞, 李想, 蔡刘体, 石俊雄, 2017. 生物有机肥育苗防控烟草青枯病 [J]. 植物营养与肥料学报, 23(5): 1303-1313.

刘晔，刘晓丹，张林利，吴越，王国文，汪强，姜瑛，2017. 花生根际多功能高效促生菌的筛选鉴定及其效应研究 [J]. 生物技术通报，33(10): 125-134.

刘迎旗，2014. 固体废弃物对农业环境的危害及污染防治 [J]. 城市建设理论研究，29: 2076-2077.

刘泽平，王志刚，徐伟慧，陈文晶，吕智航，王春龙，史一然，2018. 水稻根际促生菌的筛选鉴定及促生能力分析 [J]. 农业资源与环境学报，35(2): 119-125.

卢秉林，王文丽，李娟，郭天文，2009. 自生固氮菌的固氮能力及其对春小麦生长发育的影响 [J]. 中国生态农业学报，17(5): 895-899.

卢林纲，2005. 黑龙江省大豆根瘤菌复合颗粒肥的研制及其应用技术研究 [D]. 北京：中国农业大学.

路晓培，唐凯，李蘅，程永乐，杨杉杉，郭慧玲，郭惠琴，云欣悦，冯福应，2020. 薄层菌 L28 的分离鉴定及其对马铃薯快繁苗生长的促进作用 [J]. 微生物学通报，47(12): 4050-4058.

栾炳志，2009. 厚垫料养猪模式垫料参数的研究 [D]. 泰安：山东农业大学.

罗定棋，张永辉，陈一龙，梁鹰，2008. 光合菌肥在烟草上的应用研究 [J]. 泸州科技，(4): 24-26.

罗华元，常寿荣，王绍坤，徐洁，周晓罡，张娇，2011. 云烟高端品牌植烟区根际土壤高效解钾菌的筛选 [J]. 西南农业学报，24(5): 30-34, 1813-1817.

罗娜，周德明，徐睿，周国英，2016. 降香黄檀、檀香根际解钾菌的筛选与活性研究 [J]. 热带作物学报，5: 964-970.

罗亚平，李金城，刘杰，朱义年，林炳营，2006. 多元生物有机肥的特征及其施用效果 [J]. 广西农业科学，37(2): 170-172.

罗云艳，安航，何佶弦，杨洋，江连强，闫芳芳，徐传涛，安德荣，李斌，2021. 烟草根黑腐病根际拮抗菌的筛选，鉴定及其促生防病效果 [J]. 中国烟草科学，42(3): 57-64.

吕德国，高鹤，秦嗣军，刘灵芝，马怀宇，2011. 嫁接对东北山樱 (*Cerasus sachalinensis* Kom.) 根际微生物群落结构及多样性的影响 [J]. 中国农业通报，27(10): 82-87.

吕黎，王蕾，周佳敏，罗志威，丰来，2014. 巨大芽孢杆菌的研究现状及应用 [J]. 农业科学研究，35(3): 48-52.

吕雅悠，于迪，丁方丽，朴凤植，申顺善，2016. 促植物生长根际细菌 A21-4 对田间辣椒生长及根际土壤微生态环境的影响 [J]. 中国生物防治学报，32(1): 86-92.

吕彦彬，栗占芳，张凤英，2007. 生物有机肥在马铃薯上施用效应研究 [J]. 河北北方学院学报：自然科学版，23(1): 13-15, 20.

侣国涵，袁家富，熊又升，赵书军，彭成林，徐祥玉，刘晔，2012. 生物有机肥发展现状及对策——以湖北省为例 [J]. 宁夏农林科技，1: 47-48, 50.

马海林，杜秉海，邢尚军，丁延芹，刘方春，姚良同，马丙尧，杜振宇，2013. 解磷、解钾根际促生菌的筛选与鉴定 [J]. 山东林业科技，43(6): 1-4.

马鸣超，姜昕，李力，李俊，2014. 胶质类芽孢杆菌功能及基因组学研究进展 [J]. 生命科学，26(10): 1038-1045.

马鸣超，刘丽，姜昕，关大伟，李俊，2015. 胶质类芽孢杆菌与慢生大豆根瘤菌复合接种效果评价 [J]. 中国农业科学，48(18): 3600-3611.

马宁，刘艳霞，李想，陈雪，杨兴明，2020. 基于熵权法综合评价植物根际促生菌对烟草的促生作用 [J]. 南京农业大学学报，43(5): 887-895.

马赛，宋雨萌，罗兰，2020. 哈茨木霉菌对大白菜的促生作用及对根肿病的防治效果 [J]. 山东农业科学，52(5): 110-112.

马双双，孙晓曦，韩鲁佳，李仁权，Schlick U W E, 黄光群，2017. 功能膜覆盖好氧堆肥过程氨气减排性能研究

[J]. 农业机械学报 , 48(11): 344-349.

毛露甜 , 吴幸芳 , 黄雁 , 陈兆贵 , 周立斌 , 2013. 鸡粪开发生产微生物肥料的探讨 [J]. 广东农业科学 , (3): 51-53, 56.

毛露甜 , 谢山麟玉 , 黄雁 , 宋冠华 , 陈勇智 , 李盼 , 2014. 固氮菌肥在几种蔬菜上的肥效试验 [J]. 惠州学院学报 , 34(6): 23-27.

毛羽 , 张无敌 , 2004. 无土栽培基质的研究进展 [J]. 农业与技术 , 24(3): 83-88.

孟令洋 , 2014. 农产品加工副产物的综合利用 [J]. 农产品加工・综合刊 , 7: 14-15.

孟瑶 , 徐凤花 , 孟庆有 , 顾万荣 , 2008. 中国微生物肥料研究及应用进展 [J]. 中国农学通报 , 24(6): 276-279.

牟宏晶 , 杨路清 , 张辉 , 张桂玲 , 2008. 淡紫拟青霉的固体发酵工艺研究 [J]. 技术交流 , 30(4): 68-72.

聂书明 , 杜中平 , 2013. 不同基质配方对番茄果实品质及产量的影响 [J]. 中国农学通报 , 29(16): 149-152.

宁楚涵 , 李文彬 , 张晨 , 刘润进 , 2019. 丛枝菌根真菌与放线菌对辣椒和茄子的促生防病效应 [J]. 应用生态学报 , 30(9): 3195-3202.

潘沧桑 , 徐腾 , 林竞 , 1999. 用食品废弃物培养淡紫拟青霉的研究 [J]. 云南农业大学学报 : 自然科学版 , 14(增刊): 88-92.

庞旭楞 , 2021. 鸡粪无害化处理研究及其主机设计 [D]. 成都 : 成都大学 .

彭萍 , 杨水平 , 李品武 , 侯渝嘉 , 胡翔 , 徐进 , 2007. 植茶对土壤环境效应分析研究 [J]. 茶叶科学 , 27(3): 265-270.

齐鸿雁 , 薛凯 , 张洪勋 , 2003. 磷脂脂肪酸谱图分析方法及其在微生物生态学领域的应用 [J]. 生态学报 , 23 (8): 1576-1582.

钱兰华 , 钱玮 , 沈雪林 , 胡翠英 , 刘乾 , 蒋晨威 , 朱昫飏 , 王桃云 , 2019. 耐盐促生菌的筛选、鉴定及其对黄瓜的促生作用 [J]. 江苏农业科学 , 47(18): 160-163.

钱晓雍 , 沈根祥 , 黄丽华 , 2009. 畜禽粪便堆肥腐熟度评价指标体系研究 [J]. 农业环境科学学报 , 28(3): 549-554.

秦宝军 , 罗琼 , 高淼 , 胡海燕 , 徐晶 , 周义清 , 孙建光 , 2012. 小麦内生固氮菌分离及其 ACC 脱氨酶测定 [J]. 中国农业科学 , 45(6): 1066-1073.

秦殿武 , 金京实 , 2009. 粪便腐熟度评估与判定 [J]. 畜牧与饲料科学 , 30(9): 98-99.

秦嘉海 , 陈广泉 , 陈修斌 , 1997. 糠醛渣混合基质在番茄无土栽培中的应用 [J]. 中国蔬菜 , 4: 13-15.

秦臻 , 郑佳 , 彭昱雯 , 金扬 , 黄钧 , 周荣清 , 2011. 生物标记法剖析传统酿造用大曲微生物群落结构 [J]. 食品科学 , 32(11): 165-170.

覃柳燕 , 郭成林 , 黄素梅 , 李朝生 , 韦莉萍 , 韦绍龙 , 田丹丹 , 周维 , 2017. 棘孢木霉菌株 PZ6 对香蕉促生效应及枯萎病室内防效的影响 [J]. 南方农业学报 , 48(2): 277-283.

裘丽珍 , 汪传佳 , 林建军 , 郑勇平 , 徐小静 , 2005. 红花木莲育苗基质开发研究 [J]. 林业实用技术 , 8: 11-13.

渠继红 , 罗雯娟 , 韩晓芳 , 孟俊龙 , 常明昌 , 2010. 真姬菇原种及袋栽培养基配方的筛选 [J]. 山西农业科学 , (5): 15-18.

全乃华 , 黄文培 , 陈乃铸 , 莫少兰 , 2016. 生物有机肥在柑橘上的应用效果研究 [J]. 现代农业科技 , 10: 2.

任建国 , 王俊丽 , 2015. 太子参土壤固氮菌与解钾菌的分离、筛选及鉴定 [J]. 西南师范大学学报 : 自然科学版 , 2: 59-65.

任小平 , 谢关林 , 王笑 , 2006. 铜绿假单胞菌 ZJ1999 对水稻纹枯病的防治及其在水稻上的定殖 [J]. 中国生物防治 , 22(1): 51-54.

任志雨 , 姚萌 , 切岩祥和 , 王丽娟 , 2015. 椰糠与蛭石的不同配比对甜椒幼苗质量的影响 [J]. 湖北农业科学 ,

54(18): 4493-4497.
荣良燕 , 姚拓 , 黄高宝 , 柴强 , 刘青海 , 韩华雯 , 卢虎 , 2013. 植物根际优良促生菌 (PGPR) 筛选及其接种剂部分替代化肥对玉米生长影响研究 [J]. 干旱地区农业研究 , 31(2): 59-65.
荣良燕 , 姚拓 , 马文彬 , 李德明 , 李儒仁 , 张洁 , 陆飒 , 2014. 岷山红三叶根际优良促生菌对其宿主生长和品质的影响 [J]. 草业学报 , (5): 231-240.
桑建伟 , 陈奕鹏 , 蔡吉苗 , 杨扬 , 徐春华 , 黄贵修 , 2018. 拮抗内生细菌 BEB17 对 4 个香蕉品种组培杯苗的定殖、促生分析和抗病性评价 [J]. 热带作物学报 , 39(7): 1383-1389.
善文辉 , 胡海瑶 , 王红丽 , 王金娥 , 汪海霞 , 袁云刚 , 赵强 , 张文波 , 王琦 , 2020. 微生态制剂在葡萄上的促生防病效果 [J]. 果树学报 , 37(3): 404-410.
邵庆勤 , 何克勤 , 张伟 , 2007. 小麦秸秆浸提物的化感作用研究 [J]. 种子 , 26(4): 11-13.
邵文奇 , 孙春梅 , 纪力 , 张山泉 , 孙朋 , 2011. 草木灰蔬菜育苗基质的特性及应用 [J]. 浙江农业科学 , 2: 256-258.
上官舟建 , 张运茂 , 林汝楷 , 孔秋生 , 2003. 真姬菇栽培的相关技术研究 [J] . 食用菌 , 25(6): 25-26.
沈德龙 , 曹凤明 , 李力 , 2007. 我国生物有机肥的发展现状及展望 [J]. 中国土壤与肥料 , 6: 1-5.
沈德龙 , 李俊 , 姜昕 , 2013. 我国微生物肥料产业现状及发展方向 [J]. 微生物学杂志 , (3): 1-4.
沈德龙 , 李俊 , 姜昕 , 2014. 我国微生物肥料产业现状及发展方向 [J]. 中国农业信息 , (18): 41-42, 64.
沈其荣 , 2012. 应加强固体有机废弃物高附加值资源化利用 [J]. 中国农资 , 47: 24.
沈微 , 杨树林 , 宁长发 , 唐仕荣 , 陆晓 , 2004. 铜绿假单胞菌 (*Pseudomonas aeruginosa*)BS-03 的诱变育种及产鼠李糖脂类生物表面活性剂的摇瓶工艺初探 [J]. 食品与发酵工业 , 30(12): 26-29.
盛金良 , 龚莹 , 宫宁 , 施炜 , 2013. 污泥膜覆盖好氧发酵通风调节方法 [J]. 环境工程学报 , 7(2): 705-710.
盛清凯 , 武英 , 赵红波 , 刘华阳 , 王星凌 , 2010. 发酵床养殖垫料组分的变化规律 [J]. 西南农业学报 , 23(5): 1703-1705.
师利艳 , 黄凯 , 操琼 , 吴自友 , 王勇 , 刘岱松 , 魏小慧 , 刘丹 , 2015. 恩格兰微生物菌剂在金神农烤烟生产中的应用研究 [J]. 现代农业科技 , (16): 9-10, 12.
施光华 , 甘友保 , 朱冠元 , 何柏水 , 丁正金 , 2006. 土壤微生物发酵床养猪技术 [J]. 畜牧与兽医 , 38(3): 59.
施文 , 2015. 烟草促生菌的筛选及生物学效应 [D]. 南京 : 南京农业大学 .
时连辉 , 2017. 几种农业废弃物堆肥过程中理化性状的变化研究 [J]. 山东农业大学学报 : 自然科学版 , 48(5): 716-721.
时亚南 , 张奇春 , 王光火 , 2007. 不同施肥处理对水稻土微生物生态特性的影响 [J]. 浙江大学学报 , 33(5): 551-556.
宋聪 , 宋水山 , 贾振华 , 2020. 高效解钾菌的分离筛选鉴定及其对山区黄瓜的促生效果 [J]. 江苏农业科学 , 48(17): 266-270.
宋娟 , 徐国芳 , 赵邢 , 姚尧 , 杨学祥 , 唐荣林 , 崔家旺 , 陈凤毛 , 任嘉红 , 2020. 枫香根际解有机磷细菌筛选及其促生效应 [J]. 南京林业大学学报 : 自然科学版 , 44(3): 95-104.
宋丽芬 , 李海青 , 2011. 蚯蚓粪便基质在番茄穴盘育苗中的应用研究北方园艺 , 3: 24-25.
宋松 , 孙莉 , 石俊雄 , 冯永刚 , 杨兴明 , 谭石勇 , 李荣 , 沈其荣 , 2013. 连续施用生物有机肥对烟草青枯病的防治效果 [J]. 土壤 , 3: 451-458.
宋晓军 , 2017. 苹果根际微生物群落结构分析及苹果根际促生细菌的筛选 [D]. 泰安 : 山东农业大学 .
苏坤 , 2018. 牛大力内生细菌的分离鉴定及其促生作用研究 [D]. 南宁 : 广西大学 .
苏丽影 , 2013. 玉米秸秆混合基质在蔬菜穴盘育苗中的应用研究 [D]. 长春 : 吉林农业大学 .

苏铁，李丽立，肖定福，张松柏，黎卫，陈文，张彬，陈宇光，2010. 生物发酵床对猪生长性能和猪舍环境的影响 [J]. 中国农学通报，19(20): 18-20.

孙广正，2015. 微生物接种剂对油菜和西葫芦病害防治及其促生作用研究 [D]. 兰州：甘肃农业大学.

孙科，耿凤英，于秋菊，王锋，2020. 牛蒡根际土壤中解钾菌筛选，鉴定及解钾条件优化 [J]. 中国酿造，10: 103-108.

孙建光，徐晶，胡海燕，张燕春，刘君，王文博，孙燕华，2009a. 中国十三省市土壤中非共生固氮微生物菌种资源研究 [J]. 植物营养与肥料学报，15(6): 1450-1465.

孙建光，张燕春，徐晶，胡海燕，2009b. 高效固氮芽孢杆菌筛选及其生物学特性 [J]. 中国农业科学，42(6): 2043-2051.

孙建光，张燕春，徐晶，胡海燕，2010. 玉米根际高效固氮菌 *Sphingomonas* sp. GD542 的分离鉴定及接种效果初步研究 [J]. 中国生态农业学报，18(1): 89-93.

孙建磊，吕晓惠，赵西，杨宁，孙凯宁，王晓，李勇军，王克安，焦自高，2016. 椰糠与蛭石不同配比对番茄穴盘苗生长的影响 [J]. 中国蔬菜，5: 45-48.

孙培龙，魏红福，杨开，何荣军，孟祥河，2005. 真姬菇研究进展 [J]. 食品科技，9: 54-57.

孙晓华，罗安程，仇丹，2004. 微生物接种对猪粪堆肥发酵过程的影响 [J]. 植物营养与肥料学报，10(5): 557-559.

孙晓曦，崔儒秀，马双双，韩鲁佳，黄光群，2018. 智能型规模化膜覆盖好氧堆肥系统设计与试验 [J]. 农业机械学报，49(10): 356-362.

孙晓曦，马双双，韩鲁佳，黄光群，2016. 智能型膜覆盖好氧堆肥反应器设计与试验 [J]. 农业机械学报，47(12): 240-245.

孙永梅，陈志宇，苍晶，郭自荣，2009. 几种实验动物垫料的物理特性比较 [J]. 安徽农业科学，37(2): 616-617, 624.

谭莎莎，2017. 好氧堆肥反应器的设计及鸡粪堆肥过程中细菌群落多样性分析 [D]. 南昌：南昌大学.

唐金陵，张文佳，2007. 蝇蛆粪渣配制穴盘育苗基质试验研究 [J]. 安徽农业科学，35(9): 2663-2664, 2666.

唐莉娜，张秋芳，刘波，林营志，刘丹莹，史怀，杨述省，王国芬，2008. 有机肥与化肥对烤烟土壤微生物群落 PLFAs 动态的影响 [J]. 中国农学通报，24(12): 260-265.

陶树兴，房薇，2006. 8 种肥料微生物对化肥和农药的敏感性 [J]. 浙江林学院学报，23(1): 80-84.

田磊，姜云，陈长卿，张冠军，李桐，佟斌，许朋，2014. 一株人参内生 1- 氨基环丙烷 -1-1 羧酸 (ACC) 脱氨酶活性细菌的筛选、鉴定及其对宿主生长的影响 [J]. 微生物学报，7: 760-769.

田雅楠，王红旗，2011. Biolog 法在环境微生物功能多样性研究中的应用 [J]. 环境科学与技术，34(3): 50-57.

汪豪，2020. 病死猪高温好氧发酵工艺研究 [D]. 武汉：华中农业大学.

王宝申，刘秀春，孙立群，高艳敏，高树青，陈宝江，王炳华，2007. 生物有机肥在果树上的施用效果试验 [J]. 广东农业科学，9: 49, 58.

王宝申，孙乃波，姜海忱，冯孝严，2013. 生物有机肥的特点及其在桃树上的施用效果试验 [J]. 农业科学与技术，14(8): 1132-1136.

王必尊，何应对，唐粉玲，刘永霞，马蔚红，臧小平，周兆禧，韩丽娜，2013. 基于椰糠配比基质对香蕉组培苗生长的影响 [J]. 江苏农业科学，41(2): 146-149.

王翠，2017. 烟草促生与防病细菌的筛选、鉴定及效果评价 [D]. 泰安：山东农业大学.

王丹，赵学强，郑春丽，沈仁芳，2017. 两种根际促生菌在不同氮磷条件下对油菜生长和养分吸收的影响 [J]. 土壤，49(6): 1078-1083.

王丹, 赵亚光, 张凤华, 2020. 耐盐促生菌筛选, 鉴定及对盐胁迫小麦的效应 [J]. 麦类作物学报, 40(1): 110-117.

王定美, 武丹, 李季, 张陇利, 2011. 猪粪及其堆肥不同水浸提比对种子发芽特性指标的影响 [J]. 中国环境科学学报, 30(3): 579-584.

王飞, 2016. 香蕉根际土壤抗枯萎病固氮菌的筛选及其抑菌促生效应评价 [D]. 海口: 海南大学.

王国基, 张玉霞, 姚拓, 柴强, 马文彬, 马文文, 2014. 玉米专用菌肥研制及其部分替代化肥施用对玉米生长的影响 [J]. 草原与草坪, 34(4): 1-7.

王涵, 林清强, 胡雪娇, 武广珩, 徐庆, 2019. 金线莲内生促生真菌的筛选及其促生机制探讨 [J]. 福建师范大学学报: 自然科学版, 35(3): 72-79, 95.

王华笑, 2020. 解淀粉芽孢杆菌 YM6 对盐胁迫下玉米促生作用及机理研究 [D]. 银川: 北方民族大学.

王慧春, 赵修堂, 王启兰, 2006. 青海高寒草甸不同植被土壤微生物生物量的测定 [J]. 青海草业, 15(4): 2-5.

王吉庆, 赵月平, 刘超杰, 2011. 水浸泡玉米秸基质对番茄育苗效果的影响 [J]. 农业工程学报, 27(3): 276-281.

王加启, 于建国, 2004. 饲料分析与检验 [M]. 北京: 中国计量出版社.

王婧, 方蕊, 蒋秋悦, 肖明, 2012. 载体和保护剂对桔黄假单胞菌 JD37 微生物肥料活性的影响 [J]. 上海师范大学学报: 自然科学版, 41(2): 179-185.

王娟, 刘东平, 丁方丽, 申沐京, 文才艺, 朴凤植, 申顺善, 2016. 促植物生长根际细菌 HG28-5 对黄瓜苗期生长及根际土壤微生态的影响 [J]. 中国蔬菜, 8: 50-55.

王磊, 2012. 固氮芽孢杆菌的筛选及其生物学特性初探 [J]. 安徽农学通报, 18(9): 45-47.

王连珠, 李奇民, 潘宗海, 2008. 微生物发酵床养猪技术研究进展 [J]. 中国动物保健, 7: 29-30.

王明富, 2012. 复合微生物肥料生产研究及其应用前景 [C]. 全国生物肥料研究开发与综合应用新技术、新设备交流研讨会论文集.

王明富, 刘华, 2012. 复合微生物肥料生产研究及其应用前景 [C]. 全国功能性肥料研究开发暨新产品、新工艺、新设备交流研讨会.

王擎, 侯凤云, 孙东红, 崔畅林, 孙键, 2004. 糠醛渣热解特性及其动力学研究 [J]. 太阳能学报, 25(6): 750-754.

王少华, 徐光, 2007. 生物发酵舍生态养猪技术研究 [J]. 环境控制, 24 (11): 66-67.

王舒, 2015. 油茶根际土壤高效溶磷细菌的筛选、鉴定及其促生效应 [D]. 南昌: 江西农业大学.

王缇, 2009. 育苗基质研究综述 [J]. 现代农业科技, 16: 77.

王伟东, 刘建斌, 牛俊玲, 吕育财, 崔宗均, 2006. 堆肥化过程中微生物群落的动态及接菌剂的应用效果 [J]. 农业工程学报, 22(4): 148-151.

王雯丽, 曾庆超, 李燕, 夏博, 黄鹤, 林祥, 吴元华, 王琦, 2021. 烟草赤星病拮抗芽胞杆菌的筛选、鉴定及促生防病作用 [J]. 中国烟草科学, 42(2): 43-49.

王小龙, 刘凤之, 史祥宾, 王孝娣, 冀晓昊, 王志强, 王宝亮, 郑晓翠, 王海波, 2019. 不同有机肥对葡萄根系生长和土壤养分状况的影响 [J]. 华北农学报, 34(5): 177-184.

王小龙, 张昕红, 缪玉春, 2005. 戈尔膜技术处理污酸污水新工艺 [J]. 矿冶, 14(3): 72-74.

王心选, 高小宁, 郑刚, 王辉, 魏国荣, 康振生, 黄丽丽, 2009. 内生枯草芽孢杆菌 E1R-J 对萝卜、白菜促生作用 [J]. 西北农业学报, 18(6): 231-236.

王秀呈, 曹艳花, 唐雪, 马晓彤, 高菊生, 张晓霞, 2014. 水稻内生固氮菌 *Herbaspirillum seropedicae* DX35 的筛选及其促生特性 [J]. 微生物学报, 3: 292-298.

王亚楠, 陈莹莹, 吴玉洪, 吴海霞, 暴增海, 马桂珍, 2020. 甲基营养型芽孢杆菌对黄瓜促生作用及其机理研

究 [J]. 北方园艺 , 12: 1-7.
王艳霞 , 2005. 葡萄有益内生芽孢杆菌的筛选及其作用机制研究 [D]. 北京 : 中国农业大学 .
王艳霞 , 解志红 , 张蕾 , 常大勇 , 2020. 田菁根际促生菌的筛选及其促生耐盐效果 [J]. 微生物学报 , 60(5): 1023-1035.
王耀松 , 刑增涛 , 冯志勇 , Buswell J, 刘兴华 , 2006. 真姬菇营养成分的测定与分析 [J]. 菌物研究 , (4): 33-37.
王勇 , 陈燕琼 , 温书恒 , 陈希唐 , 李晓蕾 , 2019. 一株溶磷解钾菌的分离筛选与鉴定 [J]. 安徽农业科学 , 47(10): 5-9.
王朝霞 , 2015. 烟台地区葡萄根部内生真菌的多样性及促生效应的研究 [D]. 烟台 : 鲁东大学 .
王兆勇 , 2009. 自然养猪法的垫料管理技术 [J]. 山东畜牧兽医 , 30(7): 100-101.
王振玲 , 王伟清 , 郭秀山 , 邓志峰 , 李景芝 , 2009. 消毒药对发酵床微生物的影响 [J]. 猪业科学 , 26(3): 98-99.
魏婷 , 孙燕妮 , 李鲜 , 2020. 一株耐镉促生菌的筛选 , 鉴定及对番茄幼苗生长与镉累积的影响 [J]. 陕西科技大学学报 , 38(4): 25-30.
吴春芳 , 2007. 白龙港污泥高温好氧堆肥腐熟度指标的探讨 [D]. 上海 : 同济大学 .
吴浩玮 , 孙小淇 , 梁博文 , 陈家斌 , 周雪飞 , 2020. 我国畜禽粪便污染现状及处理与资源化利用分析 [J]. 农业环境科学学报 , 39(6): 1168-1176.
吴红艳 , 于淼 , 冯健 , 王智学 , 冯敏 , 2020. 土壤中解钾菌 K02 的筛选 , 鉴定及培养条件优化 [J]. 微生物学杂志 , 40(4): 60-65.
吴俊林 , 张正杨 , 李翔 , 栗卫华 , 毕乐乐 , 冯国胜 , 王红保 , 周权 , 郝浩浩 , 刘建丰 , 2020. 一株高效解钾菌的筛选鉴定及其对烟草吸收钾磷的影响 [J]. 江苏农业科学 , 48(5): 276-280.
吴伟 , 张鹏飞 , 张桂萍 , 李秀芳 , 任嘉红 , 2018. 连翘根际高效解有机磷细菌的筛选鉴定及促生长特性研究 [J]. 西南林业大学学报 , 38(3): 93-100.
吴翔 , 陈影 , 甘炳成 , 唐亚 , 谭昊 , 黄忠乾 , 谢丽源 , 彭卫红 , 唐杰 , 周洁 , 2018. 四川烟草主栽区根际促生菌筛选及促生菌系构建 [J]. 烟草科技 , 3: 1-9.
吴银宝 , 汪植三 , 廖新俤 , 刘胜安 , 梁敏 , 吴启堂 , 黄焕忠 , 周立祥 , 2003. 猪粪堆肥腐熟指标的研究 [J]. 农业环境科学学报 , 22(2): 189-193.
吴营昌 , 王守正 , 1991. 利用弱致病菌株诱导黄瓜抗枯萎病研究 [J]. 河南农业大学学报 , 25(4): 433-435.
吴永娜 , 2013. 有益土壤细菌对党参生长 , 耐盐性和代谢产物积累的调控研究 [D]. 兰州 : 兰州大学 .
伍善东 , 雷平 , 郭照辉 , 单世平 , 付祖姣 , 程伟 , 2016, 1 株高效解钾菌的分离、鉴定及培养条件优化 [J]. 贵州农业科学 , 44(5): 77-80.
武淑霞 , 刘宏斌 , 黄宏坤 , 雷秋良 , 王洪媛 , 翟丽梅 , 刘申 , 张英 , 胡钰 , 2018. 我国畜禽养殖粪污产生量及其资源化分析 [J], 20(5): 103-111.
席琳乔 , 李德锋 , 王静芳 , 马金萍 , 张利莉 , 2008. 棉花根际促生菌固氮和分泌生长激素能力的测定 [J]. 干旱区研究 , 25(5): 690-694.
夏帆 , 2007. 侧胞芽孢杆菌发酵工艺的研究 [J]. 中国土壤与肥料 , 2: 68-70.
夏觅真 , 马忠友 , 齐飞飞 , 常慧萍 , 唐欣昀 , 甘旭华 , 2008. 棉花根际亲和性高效促生细菌的分离筛选 [J]. 微生物学通报 , 35(11): 1738-1743.
夏铁骑 , 2007. 微生物肥料的研究与评价 [J]. 濮阳职业技术学院学报 , (3): 20-22.
夏艳 , 徐茜 , 董瑜 , 林勇 , 孔凡玉 , 张成省 , 王静 , 宋毓峰 , 2014. 烟草青枯病菌拮抗菌的筛选 , 鉴定及生防特性研究 [J]. 中国生态农业学报 , 22(2): 201-207.
相宗国 , 赵瑞 , 陈俊琴 , 2012. 不同粉碎度的椰糠基质对黄瓜穴盘苗生长发育及其质量的影响 [J]. 中国蔬菜 ,

14: 65-69.

肖泸燕, 2009. 生物发酵零排放养猪技术的应用推广 [J]. 山东畜牧兽医, 30(2): 10-11.

肖顺, 刘国坤, 张绍升, 2008. 用菌草培养食线虫真菌淡紫拟青霉 [J]. 福建农林大学学报 : 自然科学版, 37(5): 460-462.

肖田, 肖崇刚, 邹阳, 袁希雷, 2008. 青枯菌无致病力菌株对烟草青枯病的控病作用初步研究 [J]. 植物保护, 34(2): 79-82.

肖伟, 闫培生, 2014. 海带渣废弃物资源化利用以及多功能菌肥固体发酵条件的优化 [J]. 环境工程学报, 8(11): 4984-4990.

谢春琼, 魏兰芳, 汪钱龙, 2013. 植物促生细菌对辣椒生长的影响 [J]. 贵州农业科学, 41(2): 124-126.

谢嘉霖, 刘荣华, 叶启芳, 曹维凑, 徐秋华, 2006. 无土栽培基质电导率和 pH 值测定条件的研究 [J]. 安徽农业科学, 34(3): 415-416.

谢玲, 张雯龙, 蓝桃菊, 陈艳露, 覃丽萍, Kazuhiko N, 刘斌, 2016. 1 株内生真菌的分离鉴定及其对铁皮石斛的促生作用 [J]. 华中农业大学学报, 35(3): 83-88.

谢梓语, 郭恩辉, 孙宇波, 韩立荣, 冯俊涛, 张兴, 2018. 枯草芽胞杆菌 B1409 对番茄和辣椒的防病促生作用 [J]. 植物保护学报, 45(3): 520-527.

解开治, 徐培智, 张仁陟, 张发宝, 杨少海, 陈建生, 唐栓虎, 何玉梅, 2007. 一种腐熟促进剂配合微生物腐熟剂对鲜牛粪堆肥的效应研究 [J]. 农业环境科学学报, 26(3): 1142-1146.

邢芳芳, 高明夫, 胡兆平, 李新柱, 2016. 1 株高产 IAA 菌株的筛选、鉴定及对白菜的促生作用 [J]. 江苏农业科学, 44(10): 458-460.

徐福乐, 纵明, 杨峰, 李丹楠, 2005. 生物有机肥的肥效及作用机理 [J]. 6: 8-9.

徐华勤, 肖润林, 邹冬生, 宋同清, 2007. 长期施肥对茶园土壤微生物群落功能多样性的影响 [J]. 生态学报, 27(8): 3355-3361.

徐立国, 方换男, 肖云峰, 王汝法, 刘爱新, 李现道, 刘春菊, 2018. 烟草根际溶磷解钾细菌的筛选鉴定及对烟草的促生作用 [J]. 山东农业科学, 50(3): 107-112.

徐丽娟, 谭树朋, 许琳, 刘润进, 2017. 生姜和马铃薯根围促生细菌和丛枝菌根真菌的初步调查 [J]. 青岛农业大学学报 : 自然科学版, 34(2): 85-89.

徐文思, 姜瑛, 李引, 张振, 徐莉, 胡锋, 李辉信, 2014. 一株植物促生菌的筛选、鉴定及其对花生的促生效应研究 [J]. 土壤, 46(1): 119-125.

许芳芳, 2017. 荒漠植物耐盐碱 PGPR 的分离筛选及其对盐胁迫下三种植物的促生效应和机理 [D]. 呼和浩特 : 内蒙古农业大学 .

许芳芳, 邵玉芳, 范国花, 周心爱, 郑文玲, 李冬梅, 冯福应, 2018. 肠杆菌 FYP1101 对盐胁迫下小麦幼苗的促生效应 [J]. 微生物学通报, 45(1): 102-110.

许明双, 生吉萍, 郭顺堂, 申琳, 2014. 水稻内生菌 K12G2 菌株的鉴定及其促生特性研究 [J]. 中国农学通报, 30(9): 66-70.

薛晓昀, 冯瑞华, 关大伟, 李俊, 曹凤明, 2011. 大豆根瘤菌与促生菌复合系筛选及机理研究 [J]. 大豆科学, 4: 613-620.

薛玉霞, 2013. 生物有机肥功效与优点 [J]. 四川农业科技, 10: 45.

闫海洋, 金荣德, 朴光一, 孙卉, 王立春, 2015. 不同肥力土壤中分解几丁质微生物代谢产物对玉米的促生效果研究 [J]. 玉米科学, 23(3): 119-123.

颜慧, 蔡祖聪, 钟文辉, 2006. 磷脂脂肪酸分析方法及其在土壤微生物多样性研究中的应用 [J]. 土壤学报,

43(5): 851-859.

阳洁 , 江院 , 王晓甜 , 尹坤 , 秦莹溪 , 谭志远 , 2016. 几株高效溶磷解钾药用稻内生固氮菌的筛选与鉴定 [J]. 农业生物技术学报 , 2: 186-195.

杨焕文 , 何月秋 , 何鹏飞 , 刘剑金 , 焦蓉 , 吴毅歆 , 王军伟 , 王戈 , 2018. 抑制烟草黑胫病菌和促烟草幼苗生长内生菌的分离与鉴定 [J]. 云南农业大学学报 (自然科学), 33(6): 1037-1045.

杨军 , 邵玉翠 , 仁顺荣 , 贺宏达 , 高玉兴 , 2011. 不同基质配方对番茄冬季育苗的影响 [J]. 中国农学通报 , 27(4): 223-226.

杨丽楠 , 2020. 膜覆盖好氧堆肥系统处理农业废弃物的效能及系统优化设计 [D]. 哈尔滨 : 哈尔滨工业大学 .

杨丽楠 , 李昂 , 袁春燕 , 杨超 , 冯亮 , 庞长泷 , 2020. 半透膜覆盖好氧堆肥技术应用现状综述 [J]. 环境科学学报 , 40(10): 3559-3564.

杨柳 , 唐旺全 , 蒋艳 , 段月鹏 , 2011. 解钾芽孢杆菌的分离・鉴定及其代谢产物分析 [J]. 安徽农业科学 , 39(28): 17265-17267.

杨茉 , 高婷 , 李滟璟 , 魏崇瑶 , 高淼 , 马莲菊 , 2020. 辣椒根际促生菌的分离筛选及抗病促生特性研究 [J]. 生物技术通报 , 36(5): 104-109.

杨榕 , 宋春晖 , 李晓光 , 黄志勇 , 2019. 接种木霉菌对黄瓜幼苗生长和根际土壤 AM 真菌侵染的影响 [J]. 菌物学报 . 38(2): 178-186.

杨杉杉 , 2018. 耐盐植物根际促生细菌筛选及其对盐胁迫小麦幼苗的促生效应研究 [D]. 南京 : 南京农业大学 .

杨秀娟 , 陈福如 , 甘林 , 杜宜新 , 阮宏椿 , 2010. 香蕉内生枯草芽孢杆菌 EBT1 对香蕉生长和抗枯萎病的影响 [J]. 植物保护学报 , 37(4): 300-306.

杨旭 , 孟金萍 , 孙淑华 , 王艳容 , 刘云波 , 2007. 实验动物垫料的性状比较 [J]. 实验动物科学 , 24(增刊): 64-67.

杨延梅 , 刘鸿亮 , 杨志峰 , 席北斗 , 张相锋 , 2005. 控制堆肥过程中氮素损失的途径和方法综述 [J]. 北京师范大学学报 : 自然科学版 , 41(2): 213-216.

杨珍福 , 吴毅歆 , 陈映岚 , 何月秋 , 2014. 烟草拮抗内生细菌的筛选与防病促生长效果 [J]. 中国烟草科学 , 35(6): 48-53.

姚碧霞 , 1999. 新型无土栽培基材——吸水性聚氨酯泡沫 [J]. 适用技术之窗 , 4: 9-10.

叶瑞睿 , 2009. 利用花生壳 , 椰糠作为墨兰盆栽基质的研究 [D]. 北京 : 北京林业大学 .

尹燕亓 , 张树山 , 施庆新 , 石风强 , 2019. 饱和盐水膜法脱硝工艺应用及经济效益分析 [J]. 氯碱工业 , 55(12): 12-15.

印文彪 , 田端华 , 2015. 以再生资源椰糠为基质的新型蔬菜育苗技术 [J]. 长江蔬菜 , 15: 46.

应三成 , 吕学斌 , 何志平 , 龚建军 , 陈晓晖 , 2010. 不同使用时间和类型生猪发酵床垫料成分比较研究 [J]. 西南农业学报 , 23(4): 1279-1281.

于素梅 , 2018. 植物促生细菌 *Bacillus* sp. YM-1 对土壤 Pb 钝化及油菜促生作用的研究 [D]. 哈尔滨 : 东北农业大学 .

余叔文 , 1998. 植物生理与分子生物学 [M]. 2 版 . 北京 : 科学出版社 .

喻曼 , 曾光明 , 陈耀宁 , 郁红艳 , 黄丹莲 , 陈芙蓉 , 2007. PLFA 法研究稻草固态发酵中的微生物群落结构变化 [J]. 环境科学 , 28(11): 2603-2609.

袁月祥 , 廖银章 , 刘晓风 , 郭鲁宏 , 陈耀初 , 2002. 有机垃圾发酵过程中的微生物研究 [J]. 微生物学杂志 , 22(1): 22-23.

岳耀稳 , 王丽萍 , 张仲友 , 2016. 防治烟草黑胫病内生细菌的分离鉴定及促生作用研究 [J]. 现代农业科技 , 9:

120-122.

曾庆飞，王茜，陆瑞霞，刘正书，吴住海，王小利，2017. 大豆根际促生菌的分离筛选及其对大豆和百脉根生长与品质的影响 [J]. 草业学报，26(1): 99-111.

詹寿发，卢丹妮，毛花英，熊蓉露，黄丹，陈晔，2017. 2 株溶磷、解钾与产 IAA 的内生真菌菌株的筛选，鉴定及促生作用研究 [J]. 中国土壤与肥料，3: 142-151.

张宝俊，张家榕，韩巨才，刘慧平，王建明，2010. 梨树内生细菌 LP-5 的鉴定及其促生作用研究 [J]. 核农学报，24(2): 249-253.

张光杰，杜磊，路志芳，袁超，陈笛，2019. 不同环糊精对角鲨烯的包合作用 [J]. 精细化工，36(4): 703-707.

张桂香，任爱民，王英利，杨建杰，2002. 真姬菇的特征特性及栽培技术要点 [J]. 甘肃农业科技，12: 27-28.

张海耿，马绍赛，李秋芬，傅雪军，张艳，曲克明，2011. 循环水养殖系统 (RAS) 生物载体上微生物群落结构变化分析 [J]. 环境科学，32(1): 231-239.

张瀚能，2019. 甘孜地区药用植物内生放线菌生物多样性与抗菌促生功能评价 [D]. 成都：四川农业大学.

张晖，宋圆圆，吕顺，郭婧婧，曾任森，2015. 香蕉根际促生菌的抑菌活性及对作物生长的促进作用 [J]. 华南农业大学学报，36(3): 65-70.

张晶晶，李建贵，郭艺鹏，2016. 新疆核桃根际土壤中解钾菌的分离筛选及鉴定 [J]. 经济林研究，34(2): 30-34.

张磊，袁梅，孙建光，樊明寿，高淼，郑红丽，2016. 马铃薯内生固氮菌的分离及其促生特性研究 [J]. 中国土壤与肥料，6: 139-145.

张立成，杨敬林，王璟，黄蔚，杨胜，胡德勇，2018. 稻 - 稻 - 油轮作土壤解磷菌与解钾菌的分离与鉴定 [J]. 土壤通报，49(5): 1097-1102.

张亮，盛浩，谭丽，袁红，易建平，邓立平，2020. 复合促生菌株筛选及其对油菜，黄瓜幼苗的促生效果 [J]. 蔬菜，6: 15-19.

张妙宜，陈宇丰，周登博，起登凤，高祝芬，张锡炎，2016. 蓖麻根际土壤解钾菌的筛选鉴定及发酵条件的优化 [J]. 热带作物学报，37(12): 2268-2275.

张明宇，刘高峰，李小龙，舒勤静，田艳华，石德兴，王岩，2020. 施用生物有机肥对烟草根际土壤微生物区系的影响 [J]. 河南农业大学学报，54(2): 317-325.

张庆宁，胡明，朱荣生，任相全，武英，王怀忠，刘玉庆，王述柏，2009. 生态养猪模式中发酵床优势细菌的微生物学性质及其应用研究 [J]. 山东农业科学，4: 99-105.

张润花，段增强，2011. 不同配比菇渣和牛粪基质的性状及其对幼苗生长的影响 [J]. 安徽农业科学，39(25)：15297-15300.

张赛群，邹燕红，吴素琴，胡菁捷，周涵韬，2008. 青枯雷尔氏菌无致病力菌株诱导番茄系统获得性抗性研究 [J]. 厦门大学学报：自然科学版，47(2): 31-35.

张世超，陈少雄，彭彦，2006. 无土栽培基质研究概况 [J]. 桉树科技，23(1): 49 -54.

张缇，龚凤娟，2015. 具有 ACC 脱氨酶活性的绞股蓝内生细菌的分离鉴定及其抑菌促生作用 [J]. 微生物学杂志，3: 23-30.

张万儒，杨光滢，屠星南，1999. 中华人民共和国林业行业标准——森林土壤分析方法 [M]. 北京：中国标准出版社.

张威，2008. 蚯蚓处理不同畜禽粪和秸秆组合试验研究 [D]. 长春：东北师范大学.

张燕春，孙建光，徐晶，胡海燕，2009. 固氮芽孢杆菌 GD272 的筛选鉴定及其固氮性能研究 [J]. 植物营养与肥料学报，15(5): 1196-1201.

张杨，文春燕，赵买琼，张苗，高琦，李荣，沈其荣，2015. 辣椒根际促生菌的分离筛选及生物育苗基质研制 [J].

南京农业大学学报 , 38(6): 950-957.

张义 , 程晓 , 王全龙 , 刘淑杰 , 吴秉奇 , 2015. 芡实根际促生细菌的筛选及其生物学特性 [J]. 山东农业科学 , 47(8): 53-58.

张余莽 , 周海军 , 张景野 , 刘淑霞 , 吴海燕 , 2010. 生物有机肥的研究进展 [J]. 吉林农业科学 , 35(3): 37-40.

张越己 , 2013. 中华补血草植物促生菌的分离、筛选及其盐胁迫下对幼苗生长的影响 [D]. 徐州 : 江苏师范大学 .

张增强 , 孟昭福 , 薛澄泽 , 唐新保 , 李艳霞 , 杨毓峰 , 2000. 生物固体用作树木容器育苗基质的研究 [J]. 农业环境保护 , 19(1): 18-20.

张志红 , 李兴华 , 韦翔华 , 刘序 , 彭桂香 , 2008. 生物肥料对香蕉枯萎病及土壤微生物的影响 [J]. 生态环境 , 17(6): 2421-2425.

张中峰 , 周龙武 , 徐广平 , 张金池 , 2018. 广西喀斯特地区植物根际土壤解磷菌筛选及促生效应研究 [J]. 广西科学 , 25(5): 590-598.

张紫玉 , 2017. 生物有机肥的发展现状及展望 [J]. 农业与技术 , 37(1): 36.

赵栋 , 王有科 , 李杰 , 周倩倩 , 陈娜 , 杨娟 , 2012. 4 种微生物肥对枸杞生长及抗病性的影响 [J]. 甘肃农业大学学报 , 47(6): 87-92.

赵龙飞 , 徐亚军 , 曹冬建 , 李源 , 厉静杰 , 吕佳萌 , 朱自亿 , 秦珊珊 , 贺学礼 , 2015. 溶磷性大豆根瘤内生菌的筛选、抗性及系统发育和促生 [J]. 生态学报 , 13: 4425-4435.

赵龙飞 , 徐亚军 , 常佳丽 , 李敏 , 张艳玲 , 党永杰 , 王梦思 , 程亚稳 , 张斌月 , 2016. 具 ACC 脱氨酶活性大豆根瘤内生菌的筛选、抗性及促生作用 [J]. 微生物学报 , 56(6): 1009-1021.

赵仁顺 , 冯光宇 , 闫德来 , 1996. 蔬菜简易无土育苗技术 [J]. 天津农业科学 , 3: 37-38.

赵艳 , 洪坚平 , 张晓波 , 2010. 胶质芽孢杆菌遗传多样性 ISSR 分析 [J]. 草地学报 , 18(2): 212-218.

赵艳 , 张晓波 , 郭伟 , 2009. 不同土壤胶质芽孢杆菌生理生化特征及其解钾活性 [J]. 生态环境学报 , 18(6): 2283-2286.

赵勇 , 2013. 家电产品中镍氢电池的氢气释放以及解决方法 [J]. 家电科技 , (1): 77-79.

赵宗强 , 张天国 , 马林 , 王飞 , 2017. 一次盐水精制系统凯膜与戈尔膜应用技术比较 [J]. 氯碱工业 , 53(8): 9-11.

赵子定 , 常玉海 , 2001. 国外微生物肥料的发展概况 [J]. 中国农业信息快讯 , 1(7): 17-18.

郑娜 , 柯林峰 , 杨景艳 , 王雪飞 , 黄典 , 程万里 , 李嘉晖 , 郑龙玉 , 喻子牛 , 张吉斌 , 2018. 来源于污染土壤的植物根际促生细菌对番茄幼苗的促生与盐耐受机制 [J]. 应用与环境生物学报 , 24(1): 47-52.

郑社会 , 2011. 千岛湖利用生态猪场发酵床垫料废渣栽培鸡腿菇 [J]. 浙江食用菌 , 5: 46.

郑挺颖 , 崔悦 , 2018. 在 20 多国建了特色堆肥厂零臭味膜覆盖技术让垃圾变膏肥 [J]. 环境与生活 , 8: 28-31.

郑宇 , 林兴生 , 陈福如 , 2001. 真姬菇生物学特性研究初探 [J]. 食用菌 , 3: 12-13.

钟小燕 , 梁妙芬 , 甄锡壮 , 赖进为 , 赖锡隆 , 2009. 假单胞菌对香蕉枯萎病菌的抑制作用 [J]. 植物保护 , 35(1): 86-89.

周登博 , 井涛 , 张锡炎 , 起登凤 , 何应对 , 刘永霞 , 段雅婕 , 2015. 6 种基质复合拮抗菌发酵液对香蕉幼苗的促生作用 [J]. 热带作物学报 , 36(1): 35-40.

周国英 , 苟志辉 , 郝艳 , 李河 , 2010. 油茶根际硅酸盐细菌拮抗菌筛选及稳定性分析 [J]. 中南林业科技大学学报 , 30(3): 118-122.

周佳宇 , 贾永 , 王宏伟 , 戴传超 , 2013. 茅苍术叶片可培养内生细菌多样性及其促生潜力 [J]. 生态学报 , 33(4): 1106-1117.

周建 , 郝峰鸽 , 李保印 , 2012. 工厂化育苗基质的研究进展 [J]. 广东农业科学 , 4: 224-225.

周建, 2020. 微生物菌剂在育苗基质中的应用与研究进展 [J]. 现代农业科技, 2: 58-60.

周浓, 朱芙蓉, 杜慧慧, 郭冬琴, 赵顺鑫, 李庆天, 2021. 不同生境滇重楼根际解钾菌的筛选与鉴定 [J]. 中国中药杂志, 5: 1073-1078.

周亚飞, 崔卫东, 王炜, 詹发强, 林瑞峰, 2011. 棉秸秆混合基质育苗分析 [J]. 新疆农业科学, 48(1): 128-134.

朱海伟, 陶依雯, 高毅, 虞光明, 2015a. 不同粒径生活污泥对膜覆盖高温好氧发酵影响的研究 [J]. 资源节约与环保, 6: 43-44.

朱海伟, 陶依雯, 吴海俊, 王晨, 2015b. 污泥膜覆盖高温好氧发酵的实验研究 [J]. 资源节约与环保, 7: 57-58.

朱红, 常志州, 王世梅, 黄红英, 陈欣, 费辉盈, 2006. 基于畜禽废弃物管理的发酵床技术研究：Ⅰ发酵床剖面特征研究 [J]. 农业环境科学学报, 26(2): 754-758.

朱洪, 常志州, 叶小梅, 费辉盈, 2008. 基于畜禽废弃物管理的发酵床技术研究：Ⅲ高湿热季节养殖效果评价 [J]. 农业环境科学学报, 27(1): 354-358.

朱红梅, 荣湘民, 刘强, 姜利红, 彭建伟, 谢桂先, 宋海星, 2009. 稻草型生物有机肥对萝卜的作用效果 [J]. 生态环境学报, 2: 679-682.

朱宁, 马骥, 2014. 中国畜禽粪便产生量的变动特征及未来发展展望 [J]. 农业展望, 1(1): 46-48.

朱晓婷, 董立军, 林夏珍, 刘胜龙, 2011. 几种农林废弃物发酵基质与常用轻型基质的理化性质比较 [J]. 浙江林业科技, 31(2): 57-60.

朱育菁, 周涵韬, 刘波, 张赛群, 朱红梅, 朱航, 车建美, 曹宜, 2004. 番茄青枯雷尔氏菌的强致病力与无致病力菌株生长竞争关系的研究 [J]. 厦门大学学报：自然科学版, 43(增刊): 97-100.

Abbass Z, Okon Y, 1993. Plant growth promotion by *Azotobacter paspali* in the rhizosphere[J]. Soil Biol Biochem, 25(8): 1075-1083.

Agarwala S P, Segar S K, Sehgal S S, 1999. Use of mycelial suspension and metabolites of *Paecilomyces lilacinus* (Fungi: Hyphomycetes) in control of *Aedes aegypti* larvae[J]. J Commun Diseases, 31: 193-196.

Amann R I, Ludwig W, Schleifer K H, 1995. Phylogenetic identification and in situ detection of individual microbial cells without cultivation[J]. Microbio1 Rev, 59(1): 143-169.

Andeson T H, Dormsch K H, 1993. The metabolic quotient for CO_2, (qCO_2) as a specific activity parameter to assess the effects of enviornmental conditions, such as pH, on the micorbial biomass of forest soils[J]. Soil Biol Biochem, 25(3): 393-395.

Antwi P, Zhang D, Xiao L, Kabutey F T, Quashie F K, Luo W, Meng J, Li J, 2019. Modeling the performance of Single-stage Nitrogen removal using Anammox and Partial nitritation (SNAP) process with backpropagation neural network and response surface methodology[J]. Sci Total Environ, 690: 108-120.

Bååth E, 1989. Effects of heavy metals in soil on microbial processes and populations (a review)[J]. Water Air Soil Pollut, 47: 335-379.

Bai Z, He H B, Zhang W, Xie H T, Zhang X D, Wang G, 2006. PLFAs technique and its application in the study of soil microbiology[J]. Acta Ecologica Sinica, 26(7): 2387-2394.

Bolyen E, Rideout J R, Dillon M R, Bokulich N A, Abnet C C, Al-Ghalith G A, Alexander H, Alm E J, Arumugam M, Asnicar F, Bai Y, Bisanz J E, Bittinger K, Brejnrod A, Brislawn C J, Brown C T, Callahan B J, Caraballo-Rodríguez A M, Chase J, Cope E K, da Silva R, Diener C, Dorrestein P C, Douglas G M, Durall D M, Duvallet C, Edwardson C F, Ernst M, Estaki M, Fouquier J, Gauglitz J M, Gibbons S M, Gibson D L, Gonzalez A, Gorlick K, Guo J, Hillmann B, Holmes S, Holste H, Huttenhower C, Huttley GA, Janssen S, Jarmusch A K, Jiang L, Kaehler B D, Kang K B, Keefe C R, Keim P, Kelley S T, Knights D, Koester I, Kosciolek T, Kreps J, Langille M G I, Lee

J, Ley R, Liu Y X, Loftfield E, Lozupone C, Maher M, Marotz C, Martin BD, McDonald D, McIver L J, Melnik A V, Metcalf J L, Morgan S C, Morton J T, Naimey A T, Navas-Molina J A, Nothias L F, Orchanian S B, Pearson T, Peoples S L, Petras D, Preuss M L, Pruesse E, Rasmussen L B, Rivers A, Robeson M S, Rosenthal P, Segata N, Shaffer M, Shiffer A, Sinha R, Song S J, Spear J R, Swafford A D, Thompson L R, Torres P J, Trinh P, Tripathi A, Turnbaugh P J, Ul-Hasan S, van der Hooft J J J, Vargas F, Vázquez-Baeza Y, Vogtmann E, von Hippel M, Walters W, Wan Y, Wang M, Warren J, Weber K C, Williamson C H D, Willis A D, Xu Z Z, Zaneveld J R, Zhang Y, Zhu Q, Knight R, Caporaso J G, 2009. Reproducible, interactive, scalable and extensible microbiome data science using QIIME 2[J]. Nat Biotechnol, 37(8): 852-857.

Brokes P C, Landman A, Pruden G, 1985. Chloroform fumigation and the release of soil nitrogen: A rapid direct extraction method for measuring microbial biomass nitrogen in soil[J]. Soil Biol Biochem, 17: 837-842.

Cáceres R, Magrí A, Marfà O, 2015. Nitrification of leachates from manure composting under field conditions and their use in horticulture[J]. Waste manag, 44: 72-81.

Cáceres R, Malińska K, Marfà O, 2018. Nitrification within composting: a review[J]. Waste Manag, 72: 119-137.

Cachinero J M, Hervás A, Jiménez-Díaz R M, Tena M, 2002. Plant defence reactions against fusarium wilt in chickpea induced by incompatible race 0 of *Fusarium oxysporum* f.sp. ciceris and nonhost isolates of F. *oxysporum*[J]. Plant Pathol, 51: 765-776.

Canfield D E, Glazer A N, Falkowski P G, 2010. The evolution and future of Earth's nitrogen cycle[J]. Science, 330(6001): 192-196.

Cao Y, Wang X, Liu L, Velthof G L, Misselbrook T, Bai Z, Ma L, 2020. Acidification of manure reduces gaseous emissions and nutrient losses from subsequent composting process[J]. J Environ Manage, 264:110454.

Chadwick D, Jia W, Tong Y A, Yu G H, Shen Q R, Chen Q, 2015. Improving manure nutrient management towards sustainable agricultural intensification in China[J]. Agric Ecosyst Environ, 209: 34-46.

Chan D K O, Chaw D, Christina Y Y L, 1994. Management of the sawdust litter in the 'pig-on-litter' system of pig waste treatment[J]. Resour Conserv Recy, (11): 51-72.

Chen M L, Wang C, Wang B R, Bai X J, Gao H, Huang Y M, 2019. Enzymatic mechanism of organic nitrogen conversion and ammonia formation during vegetable waste composting using two amendments[J]. Waste Manag, 95: 306-315.

Chen Q Q, Liu B, Wang J P, Che J M, Liu G H, Guan X, 2017. Diversity and dynamics of the bacterial community involved in pig manure biodegradation in a microbial fermentation bed system[J]. Ann Microbiol, 67(7): 491-500.

Choi K H, Dobbs F C, 1999. Comparison of two kinds of Biolog microplates (GN and ECO) in their ability to distinguish among aquatic microbial communities[J]. J Microbiol Methods, 36(3): 203-213.

Fang M, Wong J W C, Ma K K, Wong M H, 1999. Co-composting of sewage sludge and coal fly ash: Nutrient transformations[J]. Bioresource Technol, 67: 19-24.

Findlay R H, King G M, Watling L, 1989. Efficacy of phospholipid analysis in determining microbial biomass in sediments[J]. Appl Environ Microbiol, 55(11): 2888-2893.

Frary A, Göl D, Keleş D, Okmen B, Pinar H, Siğva H O, Yemenicioğlu A, Doğanlar S, 2010. Salt tolerance in Solanum pennellii: antioxidant response and related QTL[J]. BMC Plant Biol, 10: 58.

Fraterrigo JM, Balser TC, Turner MG. 2006. Microbial community variation and its relationship with nitrogen mineralization in historically altered forests[J]. Ecology, 87(3):570-579.

Frostegård A, Tunlid A, Bååth E, 1993. Phospholipid fatty acid composition, biomass, and activity of microbial communities from two soil types experimentally exposed to different heavy metals[J]. Appl Environ Microbiol, 59(11): 3605-3617.

Groenestein C M, van Faassent H G, 1996. Volatilization of ammonia, nitrous Oxide and nitric oxide in deep-litter systems of fattening pigs[J]. J Agric Engin Res, 65(4): 269-274.

Guo H, Geng B, Liu X, Ye J, Zhao Y K, Zhu C X, Yuan H L, 2013. Characterization of bacterial consortium and its application in an ectopic fermentation system[J]. Bioresour Technol, 139: 28-33.

Guo H, Zhu C X, Geng B, Liu X, Ye J, Tian Y L, Peng X W, 2015. Improved fermentation performance in an expanded ectopic fermentation system inoculated with thermophilic bacteria[J]. Bioresour Technol, 198: 867-875.

Harada A, Yoneyama S, Doi S, Aoyama M, 2003. Changes in contents of free amino acids and soluble carbohydrates during fruit-body development of *Hypsizygus marmoreus*[J]. Food Chem, 83(3): 343-347.

Harada A, Gisusi S, Yoneyama S, Aoyama M, 2004. Effects of strain and cultivation medium on the chemical composition of the taste components in fruit-body of *Hypsizygus marmoreus*[J]. Food Chem, 84(2): 265-270.

Hausmann B, Pelikan C, Herbold C W, Köstlbacher S, Albertsen M, Eichorst S A, Del Rio T G, Huemer M, Nielsen P H, Rattei T, Stingl U, Tringe S G, Trojan D, Wentrup C, Woebken D, Pester M, Loy A, 2018. Peatland Acidobacteria with a dissimilatory sulfur metabolism[J]. ISME J, 12(7): 1729-1742.

Horel A, Mortazavi B, Sobecky P A, 2015. Input of organic matter enhances degradation of weathered diesel fuel in sub-tropical sediments[J]. Sci Total Environ, 533: 82-90.

Jami E, Israel A, Kotser A, Mizrahi I, 2013. Exploring the bovine rumen bacterial community from birth to adulthood[J]. ISME J, 7(6): 1069-1079.

Jenkinson D S, Powlson D S, 1976. The effects of biocidal treatments on metabolism in soil-V. A method for measuring soil biomass[J]. Soil Bio1 Biochem, 8: 209-213.

Jiang J F, Li J G, Dong Y H, 2013. Effect of calcium nutrition on resistance of tomato against bacterial wilt induced by Ralstonia solanacearum[J]. Eur J Plant Pathology, 136(3): 547-555.

Kambura A K, Mwirichia R K, Kasili R W, Karanja E N, Makonde H M, Boga H I, 2016. Bacteria and Archaea diversity within the hot springs of Lake Magadi and Little Magadi in Kenya[J]. BMC Microbiol, 16(1):136.

Keymer A, Pimprikar P, Wewer V, Huber C, Brands M, Bucerius S L, Delaux P M, Klingl V, von Röpenack-Lahaye E, Wang T L, Eisenreich W, Dörmann P, Parniske M, Gutjahr C, 2017. Lipid transfer from plants to arbuscular mycorrhiza fungi[J]. eLife, 6: e29107.

Khan H K, Jayaraj S, Rabindra R J, 1990. Evaluation of mycopathofens afainst sweet potato weevil *Cylas formicarius* (F.)[J]. J Biol Control, 4(2): 109-111.

Khan H K, Jayaraj S, Gopalan M, 1992. Testing of entomopathogenic fungi against agro-forestry termite, Odontotermes wallonensis (Wasmann)[J]. Indian Journal of Forestry, 15: 342-345.

Kourtev P S, Ehrenfeld J G, Häggelom M, 2002. Exotic plant species alter the microbial community structure and function in the soil[J]. Ecology, 83(11): 3152-3166.

Kuypers M, Marchant H K, Kartal B, 2018. The microbial nitrogen-cycling network[J]. Nat Rev Microbiol, 16: 263-276.

Ladd J N, Butler J H A, 1972. Short-term assay of soil proteolytic enzyme activities using proteins and dipeptide derivatives as substrates[J]. Soil Biol Biochem, 4(1): 19-39.

Le P D, Aarnik A J A, Ogink N W M, Becker P M, Verstegen M W A, 2005. Odour from animal production facilities: its relationship to diet[J]. Nutr. Res. Rev, 18(1): 3-30.

Lei F, Vander-Gheynst J S, 2000. The effect of inoculation and pH on microbial community structure changes during composting[J]. Process Biochem, 35: 923-929.

Li J, Wang J, Wang F, Wang A, Yan P, 2017. Evaluation of gaseous concentrations, bacterial diversity and microbial quantity in different layers of deep litter system[J]. Asian-Australas J Anim Sci, 30(2): 275-283.

Li J, Bao H Y, Xing W J, Yang J, Liu R F, Wang X, Lü L H, Tong X G, Wu F Y, 2020. Succession of fungal dynamics and their influence on physicochemical parameters during pig manure composting employing with pine leaf biochar[J]. Bioresour Technol, 297: 122377.

Liu B R, Jia G M, Chen J, Wang G, 2006. A review of methods for studing microbial diversity in soils[J]. Pedosphere, 16(1):18-24.

Liu T, Wang M J, Mukesh K A, Chen H Y, Sanjeev K A, Duan Y M, Zhang Z Q, 2019. Measurement of cow manure compost toxicity and maturity based on weed seed germination[J]. J Clean Prod, 245: 118078.

Liu W, Huo R, Xu J X, Liang S X, Li J J, Zhao T K, Wang S T, 2017. Effects of biochar on nitrogen transformation and heavy metals in sludge composting[J]. Bioresour Technol, 235: 43-49.

Liu X, Wang Y Z, Liu Y H, Chen H, Hu Y L, 2020. Response of bacterial and fungal soil communities to Chinese fir (*Cunninghamia lanceolate*) long-term monoculture plantations[J]. Front Microbiol, 28: 181.

Liu Y, Dai Q Y, Jin X Q, Dong X D, Peng J, Wu M, Liang N, Pan B, Xing B S, 2018. Negative impacts of biochars on urease activity: high ph, heavy metals, polycyclic aromatic hydrocarbons, or free radicals?[J]. Environ Sci Technol, 52(21): 12740-12747.

Malm S, Tiffert Y, Micklinghoff J, Schultze S, Joost I, Weber I, Horst S, Ackermann B, Schmidt M, Wohlleben W, Ehlers S, Geffers R, Reuther J, Bange F C, 2009. The roles of the nitrate reductase NarGHJI, the nitrite reductase NirBD and the response regulator GlnR in nitrate assimilation of Mycobacterium tuberculosis[J]. Microbiology, (4): 1332-1339.

Mani A, Anandam R J, 1989. Evalution of plant leaves, oil cakes and agro-industrial wastes as substrates for mass multiplication of nematopfagous fungus, *Paecilomyces lilacinus*[J]. J Biol Control, 3(1): 56-58.

Martins O, Dewes T, 1992. Loss of nitrogenous compounds during composting of animal wastes[J]. Bioresour Technol, 42: 103-111.

Masella A P, Bartram A K, Truszkowski J M, Brown D G, Neufeld J D, 2012. PANDAseq: paired-end assembler for illumina sequences[J]. BMC Bioinformatics, 13: 31.

Masood A, Stark K D, Salem J N, 2005. A simplified and efficient method for the analysis of fatty acid methyl esters suitable for large clinical studies[J]. J Lipid Res, 46(10): 299-305.

Meerow A W, 1994. Growth of two subtropical ornamentals using coir (coconut mesocarp pith) as a peat substitute[J]. Hort Sci, 29(12):1484-1486.

Mergaert J, Cnockaert M C, Swings J, 2003. *Thermomonas fusca* sp. nov. and *Thermomonas brevis* sp. nov. two mesophilic species isolated from a denitrification reactor with poly(epsilon-caprolactone) plastic granules as fixed bed, and emended description of the genus *Thermomonas*[J]. Int J Syst Evol Microbiol, 53(6): 1961-1966.

Mitloehner F M, Schenker M B, 2007. Environmental exposure and health effects from concentrated animal feeding operations[J]. Epidemiology, 18(3): 309-311.

Morrison R S, Hemsworth P H, Cronin G M, Campbellc R G, 2003. The social and feeding behaviour of growing pigs in deep-litter, large group housing systems[J]. Appl Anim Behav Sci, 82(3): 173-188.

Morrison R S, Johnston L J, Hilbrands A M, 2007. The behaviour, welfare, growth performance and meat quality of pigs housed in a deep-litter, large group housing system compar-ed to a conventional confine-ment system[J]. Appl Anim Behav Sci, 103(1-2): 12-24.

Neufeld J D, Dumont M G, Vohra J, Murrell J C, 2007. Methodological considerations for the use of stable isotope probing in microbial ecology[J]. Microbial Ecol, 53(3): 435-442.

Nunan N, Morgan M A, Herlihy M, 1998. Ultraviolet absorbance (280nm) of compounds released from soil during chloroform fumigation as an estimate of the microbial biomass[J]. Soil Biol Biochem, 30(12): 1599-1603.

Oberauner L, Zachow C, Lackner S, Högenauer C, Smolle K H, Berg G, 2013. The ignored diversity: complex bacterial communities in intensive care units revealed by 16S pyrosequencing[J]. Sci Rep, 3: 1413.

Parks D H, Beiko R G, 2010. Identifying biologically relevant differences between metagenomic communities[J]. Bioinformatics, 26(6): 715-721.

Philippe F X, Laitat M, Canart B, Vandenheede M, Nicks B, 2007. Comparison of ammonia and greenhouse gas emissions during the fattening of pigs, kept either on fully slatted floor or on deep litter[J]. Livestock Science, 111(1): 144-152.

Poerschmann J, Spijkerman E, Langer U, 2004. Fatty acid patterns in *Chlamydomonas* sp.,as a marker for nutritional Regimes and temperature under extremely acidic conditions[J]. Microb Ecol, 48(1): 78-89.

Ponder J F, Tadrus M. 2002. Phospholipid fatty acids in forest soil four years after organic matter removal and soil compaction[J]. Appl Soil Ecol, 19: 173-182.

Qiao C C, Penton R C, Liu C, Shen Z Z, Ou Y N, Liu Z Y, Xu X, Li R, Shen Q R. 2019. Key extracellular enzymes triggered high-efficiency composting associated with bacterial community succession[J]. Bioresour Technol, 288: 121576.

Quan Z X, Kim K K, Kim M K, Jin L, Lee S T, 2007. *Chryseobacterium caeni* sp. nov. isolated from bioreactor sludge[J]. Int J Syst Evol Microbiol, 57 (1): 141-145.

Quast C, Pruesse E, Yilmaz P, Gerken J, Schweer T, Yarza P, Peplies J, Glöckner F O, 2013. The SILVA ribosomal RNA gene database project: improved data processing and web-based tools[J]. Nucleic Acids Res, 41: 590-596.

Rady M M, 2012. A novel organo-mineral fertilizer can mitigate salinity stress effects for tomato production on reclaimed saline soil[J]. S Afr J Bot, 81: 8-14.

Rawoteea S A, Mudhoo A, Kumar S, 2017. Co-composting of vegetable wastes and carton: effect of carton composition and parameter variations[J]. Bioresour Technol, 227: 171-178.

Robledo-Mahón, Gómez-Silván C, Andersen G L, Calvo C, Aranda E, 2020. Assessment of bacterial and fungal communities in a full-scale thermophilic sewage sludge composting pile under a semipermeable cover[J]. Bioresour Technol, 298: 122550.

Ross D J, 1987. Estimation of soil microbial C by a fumigation-extraction procedure: influence of soil moisture content[J]. Soil Biol.Biochem, 19: 397-107.

Rynk R, 2000. Monitoring moisture in composting systems[J]. Biocyele, 41(10): 53-58.

Schloss P D, Westcott S L, Ryabin T, Hall J R, Hartmann M, Hollister E B, Lesniewski RA , Oakley B B, Parks D H, Robinson C J, Sahl J W, Stres B, Thallinger G G, van Horn D J, Weber C F, 2009. Introducing mothur: open-source, platform-independent, community-supported software for describing and comparing microbial communities[J]. Appl Environ Microbiol, 75(23): 7537-7541.

Siddiqui I A, Shaukat S S, 2003. Suppression of root-knot disease by *Pseudomonas fluorescens* CHA0 in tomato: importance of bacterial secondary metabolite, 2,4-diacetylpholoroglucinol[J]. Soil Biol Biochem, 35(12): 1615-

1623.

Song X H, Hopke P K, Bruns M A, Graham K, Scow K, 1999. Pattern recognition of soil samples based on the microbial fatty acid contents[J]. Environ Sci Technol, 33(20): 3524-3530.

Sosamma V K, Koshy P K, 1997. Biological control of *Meloidogyne incognita* on black pepper by *Pastruria penetrsns* and *Paecilomyces lilacinus*[J]. J Plant Crops, 25(1): 72-76.

Steger K, Jarvis A, Smårs S, Sundh I, 2003. Comparison of signature lipid methods to determine microbial community structure in compost[J]. J Microbiol Methods, 55(2): 371-382.

Stevens H, Stübner M, Simon M, Brinkhoff T, 2005. Phylogeny of proteobacteria and bacteroidetes from oxic habitats of a tidal flat ecosystem[J]. FEMS Microbiol Ecol, 54(3): 351-365.

Sun Z Y, Zhang J, Zhong X Z, Tan L, Tang Y Q, Kida K, 2016. Production of nitrate-rich compost from the solid fraction of dairy manure by a lab-scale composting system[J]. Waste Manage, 51: 55-64.

Tiquia S M, Tam N F, Hodgkiss I J, 1997. Effects of bacterial inoculum and moisture adjustment on composting of pig manure[J]. Environ Pollut, 96(2): 161-171.

Törneman N, Yang X H, Bååth E, Bengtsson G, 2008. Spatial covariation of microbial community composition and polycyclic aromatic hydmcarbon concentration in a creosote polhted soil[J]. Environ Toxieol Chem, 27(5): 1039-1046.

Torsvik V, Goksøyr J, Daae F L, 1990. High diversity in DNA of soil bacteria[J]. Appl Environ Microbiol, 56(3): 782-787.

Tsementzi D, Wu J Y, Deutsch S, Nath S, Rodriguez R L M, Burns A S, Ranjan P, Sarode N, Malmstrom R R, Padilla C C, Stone B K, Bristow L A, Larsen M, Glass J B, Thamdrup B, Woyke T, Konstantinidis K T, Stewart F J, 2016. SAR11 bacteria linked to ocean anoxia and nitrogen loss[J]. Nature, 536(7615):179-183.

Uddin W, Serlemitsos K, Viji G, 2003. A temperature and leaf wetness duration-based model for prediction of gray leaf spot of perennial ryegrass turf[J]. Phytopathology, 93(3): 336-343.

Vestal J R, White D C, 1989. Lipid analysis in microbial ecology: quantitative approach to the study of microbial communities[J]. Bioscience, 39(8): 535-541.

Villar I, Alves D, Garrido J, Mato S, 2016. Evolution of microbial dynamics during the maturation phase of the composting different types of waste[J]. Waste Manag, 54: 83-92.

Vuorinen A H, Saharlnen M H, 1997. Evolution of microbiological andchemical parameters during manure and straw co-composting in a drum composting system[J]. Agri Ecosyst Enviroment, 66(17): l9-29.

Wang J Q, Lu P, Su W, Xing Y, Li R, Li Y R, Zhu T Y, Yue H F, Cui Y K, 2019. Study on the denitrification performance of $Fe_xLa_yO_z$/activated coke for NH_3-SCR and the effect of CO escaped from activated coke at mid-high temperature on catalytic activity[J]. Environ Sci Pollut Res Int, 26(20): 20248-20263.

Wang Q, Garrity G M, Tiedje J M, Cole J R, 2007. Naive Bayesian classifier for rapid assignment of rRNA sequences into the new bacterial taxonomy[J]. Appl Environ Microbiol, 73(16): 5261-5267.

Wang R, Zhong Y, Gu X, Yuan J, Saeed A F, Wang S, 2015. The pathogenesis, detection, and prevention of *Vibrio parahaemolyticus*[J]. Front Microbiol, 6: 144.

Webster G, Watt L C, Rinna J, Fry J C, Evershed R P, Parkes R J, Weightman A J, 2006. A comparison of stable-isotope probing of DNA and phospholipid fatty acids to study prokaryotic functional diversity in sulfate-reducing maline sediment enrichment slurries[J]. Environ Microbiol, 8(9): 1575-1589.

Weon H Y, Kim B Y, Yoo S H, Lee S Y, Kwon S W, Go S J, Stackebrandt E, 2006. *Niastella koreensis* gen. nov. sp.

nov. and *Niastella yeongjuensis* sp. nov. novel members of the phylum Bacteroidetes, isolated from soil cultivated with Korean ginseng[J]. Int J Syst Evol Microbiol, 56 (8): 1777-1782.

White D C, Davis W M, Nickels J S, King J D, Bobbie R J, 1979. Detemination of the sedimentary microbial biomass by extractible lipid phosphate[J]. Oecologia, 40(1): 51-62.

White D C, Stair J O, Ringelberg D B, 1996. Quantitative comparisons of in situ microbial biodiversity by signature biomarker analysis[J]. J Ind Microbiol Biotechnol, 17(3): 185-196.

Wilkinson S C, Anderson J M, Scardelis S P, Tisiafouli M, Taylor A, Wolters V, 2002. PLFA profiles of microbial communities in decomposing conifer litters subject to moisture stress[J]. Soil Biol Biochem, 34: 189-200.

Winding A, Hund-Rinke K, Rutgers M, 2005. The use of microorganisms in ecological soil classification and assessment concepts[J]. Ecotoxicol Environ Saf, 62(2): 230-248.

Wu J Q, Zhao Y, Zhao W, Yang T X, Zhang X, Xie X Y, Cui H Y, Wei Z M, 2017. Effect of precursors combined with bacteria communities on the formation of humic substances during different material composting[J]. Bioresour Technol, 226: 191-199.

Yamamoto N, Otawa K, Nakai Y, 2010. Diversity and abundance of ammonia-oxidizing bacteria and ammonia-oxidizing archaea during cattle manure composting[J]. Microbial Ecol, 60: 807-815.

Yang X C, Han Z Z, Ruan X Y, Chai J, Jiang S W, Zheng R, 2019a. Composting swine carcasses with nitrogen transformation microbial strains: Succession of microbial community and nitrogen functional genes[J]. Sci Total Environ, 688: 555-566.

Yang X T, Song Z, Zhou S H, Guo H, Geng B, Peng X W, Zhao G Z, Xie Y J, 2019b. Insights into functional microbial succession during nitrogen transformation in an ectopic fermentation system[J]. Bioresour Technol, 284: 266-275.

Yao H Y, He Z L, Huang C Y, 2001. Phospholipid fatty acid profiles of Chinese red soil with varying fertility levels and land use histories[J]. Pedosphere, 11(2): 97-l03.

Yin L, Wang S, Li J, Tanaka K, Oka M, 2013. Application of silicon improves salt tolerance through ameliorating osmotic and ionic stresses in the seedling of Sorghum bicolor[J]. Acta Physiologiae Plantarum, 35(11): 3099-3107.

Zoric M, Nilsson E, Mattsson S, Lundeheim N, Wallgren P, 2008. Abrasions and lameness in piglets born in different farrowing systems with different types of floor[J]. Acta Vet Scand, 50(1): 37.